ROTHAMMELS
ANTENNENBUCH

ROTHAMMELS
ANTENNENBUCH

neu bearbeitet und erweitert von
Alois Krischke

Mit 1270 Abbildungen und über 135 Tabellen

12. aktualisierte und erweiterte Auflage

DARC Verlag Baunatal

ISBN: 3-88692-033-X
12. Auflage 2001
2. Druckauflage 2002
DARC Verlag GmbH

Satz: DARC Verlag
Druck: Hessendruck, Baunatal

Karl Rothammel, geboren 1914 in Fürth/Bayern. Seit 1932 Funkamateur (DE 3040/L). Im Krieg war er Luftwaffenfunker, danach Gast- und Landwirt. Später 10 Jahre im Postdienst der DDR und betreute dort die Rundfunk- und Fernsehsendeanlagen. Anschließend 25jährige Tätigkeit in der Informations- und Dokumentationsstelle bei der Radiogerätefabrik Stern-Radio. Seit 1954 hatte er das Rufzeichen *DM2ABK*, seit 1980 *Y21BK*. Langjähriger Klubstationsleiter in Sonneberg/Thüringen, Mitglied der Prüfungskommission im Bezirk Suhl und Abnahmeberechtigter für das Funkleistungsabzeichen in Gold. Auf dem Amateurfunksektor war UKW sein bevorzugtes Gebiet. Er arbeitete mehrere Jahre als UKW-Referent und schrieb 5 Jahre lang die UKW-Berichte in der Zeitschrift FUNKAMATEUR. Von seinem bekannten UKW-Standort (Gaststätte „Blockhütte") machte er die Erstverbindungen auf 2 m nach F, G, LX, ON, OZ und PA0.

Er war Autor der Bücher „Ultrakurzwellen" und „Praxis der Fernsehantennen" Teil 1 und 2. Außerdem war er noch Mitautor der Bücher „Taschenbuch für den Kurzwellenamateur", „Amateurfunkpraxis", „Amateurfunkhandbuch", „Elektronicum" und „Elektronisches Jahrbuch".

Er starb 1987 im Alter von 73 Jahren in Sonneberg.

Dipl.-Ing. *Alois Krischke*, geboren 1936 in Klagenfurt. Studium der Nachrichtentechnik an der Technischen Hochschule in Wien. Schon während des Studiums Spezialisierung auf Antennen. Seit 1968 bei *Rohde & Schwarz* in München beschäftigt. Langjährige Tätigkeit in der Antennenentwicklung. Danach System- und Produktvertrieb, sowie Systemprojektierung und Projektrealisierung im Bereich Funkerfassung und Funkortung. Dabei auch zuständig für elektromagnetische Verträglichkeit. Dann Tätigkeit in der Zentralen Technik. Seit 1996 im Ruhestand.

Frühes Interesse an Funk, als Gymnasiast erst SWL, dann schon Sendeversuche und Selbstbau von Geradeausempfänger, Sender, Antennen, Meß- und Prüfgeräten.

Funkamateur seit 1956 mit dem Rufzeichen *OE8AK*, seit 1968 auch als *DJ0TR*. Weitere Funkaktivitäten mit anderen Rufzeichen waren z.B.: *DF2WCY* (Weltkommunikationsjahr), *DL0RUS* (Rohde & Schwarz), *DF0MOF* (Münchner Oktoberfest), *DK0MO* (München Ost), *DF0AFM* und *DL0AFM* (Amateurfunkmuseum) und auch noch immer regelmäßig *DL0DM* (Deutsches Museum).

Langjährige erfolgreiche Fuchsjagdaktivitäten in Österreich und Deutschland. Fünf Jahre Mitglied beim „Arbeitskreis Funkentstörung" im Distrikt Bayern-Süd des Deutschen Amateur-Radio-Clubs (*DARC*). *DARC*-Ehrennadel.

Seit einigen Jahren Mitglied des Funkerteams im Deutschen Museum und Mitglied des Fördervereins Amateurfunkmuseum.

Neben einer umfangreichen Bibliothek von Antennenliteratur und langjährigen Datensammlungen von professionellen und amateurmäßigen Antennen ist auch eine große private Antennenpatentsammlung vorhanden, die von den ersten Antennenpatenten von *Marconi* (England 1896), *Braun* (Deutschland 1898) und *Fessenden* (USA 1899) bis in die Gegenwart reicht.

Diverse Veröffentlichungen über Antennen, Antennenneuheiten und Antennenpatente.

Mitautor des 1988 veröffentlichten Buches „Das Antennen-Lexikon".

Vorwort des Verlages

Der „Rothammel" gilt seit Jahren nicht nur unter Funkamateuren als ein unentbehrliches Standardwerk und hat seinen festen Platz in der Antennenliteratur. Aus einem Hilfsbuch der fünfziger Jahre in der DDR hat sich im Laufe der Zeit ein umfangreiches praxisorientiertes Nachschlagewerk für Antennen entwickelt. Obwohl der Verfasser *Karl Rothammel, DM2ABK*, danach *Y21BK*, bereits 1987 verstarb, lebt sein Antennenbuch aktiv fort. Nach dem Tod von *Karl Rothammel* übernahm *Alois Krischke, DJ0TR/OE8AK*, der auch mit *Karl Rothammel* befreundet war, die Überarbeitung und Ergänzung und führte auch danach die weiteren Bearbeitungen durch. Dank dieser Mitwirkung bleibt das Antennenbuch nicht auf seinem alten Stand, sondern wird beständig fortgeführt, weiterentwickelt und mit neuesten Erkenntnissen versehen. Diese Tatsache spiegelt sich auch in den relativ kurzen Erscheinungsperioden der aktualisierten Ausgaben wieder.

Dem Leser werden die Technik und Wirkung der unterschiedlichsten Antennenformen verständlich näher gebracht, so daß sich dieser Titel als beliebtes Standardwerk nicht nur in Deutschland etablieren konnte. Dabei sind die zahlreichen Bauvorschläge nach wie vor Grundlage für zahlreiche Erfolgserlebnisse der Do-it-yourself-Amateure.

Bis 1988/89 gab es getrennte und auch inhaltlich etwas unterschiedliche Auflagen in Ost und West. Im Jahre 1991 ist dann erstmals eine gesamtdeutsche Auflage erschienen. Die Auflage wurde von nun an mit der 10. Auflage weitergeführt.

Von Auflage zu Auflage wurde das „Antennenbuch" ständig verbessert. Vor jeder Neuauflage wird das Werk gründlich überarbeitet und so im Umfang und Inhalt erweitert, mit neuen Bildern und Tabellen ausgestattet und mit aktuellen Literaturhinweisen versehen. Bei der vorliegenden Auflage konnte das Werk neu gegliedert werden und damit war es auch möglich bisher in verschiedenen Abschnitten befindliche Antennen endlich zusammenzufassen. Alle Abschnitte wurden bearbeitet, viele Abschnitte wurden erweitert.

Neu aufgenommen sind die Abschnitte: Begriffe, Felder, Wellen; Antennenkenngrößen; Horizontale HF-Monobandantennen; Horizontale HF-Multibandantennen; Breitbandantennen; Große Schleifenantennen; Mehrelement HF-Richtantennen (Beams); Vertikale HF-Monobandantennen; Vertikale HF-Multibandantennen; Vertikale HF-Richtantennen; Rundstrahlantennen für VHF und UHF; Richtantennen für VHF und UHF; Logarithmisch-periodische Antennen; Antenneninformationen; Blitzschutz, Erdung und Überspannungsschutz; EMV; EMVU.

Aktualisiert wurden auch alle Literaturstellen und Patentangaben. Bei den Patenten ist dabei das Jahr der Anmeldung (Priorität) angegeben.

Heinz Kamper, DK4EI
DARC Verlag GmbH

Danksagung des Autors

Nachdem bei umfangreichen Buchbearbeitungen immer die Frauen darunter zu leiden haben, möchte ich an dieser Stelle Dank sagen meiner verstorbenen Frau *Inge* und meiner neuen Partnerin *Brigitte*. Daß man beim Funken die Frauen nicht vergessen soll, hat übrigens *DM2ARD* in einem Gedicht, frei nach *Eugen Roth*, sehr treffend ausgedrückt: „Und die Moral von der Geschicht': Vergeßt die Ehefrauen nicht. Das Funken ist zwar schön und fein doch was and'res muß auch noch sein!"

Ergänzende Hinweise und Anregungen zur weiteren Ausgestaltung des Antennenbuchs werden gerne entgegengenommen.

Alois Krischke
DJ0TR / OE8AK

Inhalt

1. Begriffe, Felder, Wellen

1.1 Begriffe

1.1.1 Einführung

Reine Praktiker können das ganze Kapitel 1.1 überspringen.

Es werden zuerst einige allgemeine, mathematische und physikalische Grundbegriffe der elektrischen Nachrichtentechnik angegeben.

Bei den allgemeinen Begriffen sind Größen, Einheiten, Gleichungen definiert und es wird die Anwendung von griechischen Buchstaben und Indizes und der Gebrauch von zusammengesetzten Wörtern wie Maß, Pegel und besonderen Wörtern wie relativ, normiert usw. erläutert.

Bei den mathematischen Begriffen finden sich mathematische Zeichen und Begriffe wie Skalar und Vektor.

Bei den physikalischen Begriffen werden Formelzeichen mit der jeweiligen Bedeutung und Einheit aufgeführt.

Danach wird eine kurze Darstellung von Koordinatensystemen gebracht. Abschließend werden Begriffe der Antennentechnik allgemein verständlich und ohne zuviel Mathematik erklärt, nämlich *Maxwell*sche Gleichungen, *Poynting*scher Vektor, Reziprozitätstheorem und *Babinet*sches Prinzip.

1.1.2 Allgemeine Begriffe

Bezogen

Bezogene Größen sind Quotienten aus zwei Größen. Der Quotient besteht aus einem Zähler (oben) und einem Nenner (unten). Die im Nenner stehende Größe heißt Bezugsgröße. Bezogene Größen werden oft durch Beiwörter ergänzt wie längenbezogen, flächenbezogen usw.

Statt eines Beiworts bildet man oft auch ein neues Wort, z. B.:

Widerstandsbelag
statt **längenbezogener Widerstand**
Stromdichte
statt **querschnittbezogene Stromstärke**
Raumladungsdichte
statt **volumenbezogene Ladung**

Einheiten

Früher auch Maßeinheiten genannt, sind aus der Menge gleichartiger Größen ausgewählte und international vereinbarte Vergleichsgrößen, die einen festen, jederzeit reproduzierbaren Betrag haben. Es gibt Basiseinheiten und über Definitionsgleichungen abgeleitete Einheiten. Für jede Größenart ist eine Einheit festgelegt. Im Internationalen Einheitensystem (SI), z. B. ‚für die Größe „Länge“ die Einheit „Meter“.

Die Angabe von Einheiten erfolgt oft in eckigen Klammern, z. B. [dB] oder in den zugeschnittenen Gleichungen, z. B. R/Ω. Dabei werden Einheiten in Normalschrift dargestellt, z. B. Hz (*Hertz*) oder V (Volt), Größen und Eigennamen in *Kursivschrift*.

Faktor

Eine Zahl oder eine Größe, die mit einer anderen multipliziert wird, z. B.: Gewinn (Gewinnfaktor)

Gleichungen

Die Schreibweise physikalischer Gleichungen geht auf das Jahr 1931 zurück.

Größengleichungen

sind Gleichungen, in denen die Formelzeichen physikalische Größen oder mathematische Zeichen (Zahlen, Variable, Funktionen) bedeuten. Größengleichungen sind von der Wahl der Einheiten unabhängig. Bei der Auswertung der Größengleichungen sind für die Formelzeichen der Größen die Produkte aus Zahlenwert und Einheit einzusetzen. Zahlenwert und Einheit werden als selbstständige Faktoren behandelt.

Die Gleichung $U = R \cdot I$ liefert immer dasselbe Ergebnis, unabhängig davon, in welchen Einheiten man den Widerstand R und den Strom I einsetzt.

Zugeschnittene Größengleichungen

sind Größengleichungen, in denen jede Größe durch eine zugehörige Einheit dividiert ist. Sie werden verwendet, wenn die im Ergebnis gewünschte Einheit sich nicht von selbst aus den Einheiten der bekannten Größen ergibt. Die allgemeine Größengleichung wird so geändert, daß sich die gewünschte Einheit ergibt; sie wird also auf die gegebenen und die gewünschten Einheiten „zugeschnitten“. Zwischen den Größen und ihren Einheiten setzt man einen schrägen Bruchstrich.

Die Gleichung $U = R \cdot I$
wird zu $U/\mathrm{V} = R/\Omega \cdot I/\mathrm{A}$

Beispiel:

Will man U in kV haben, dann wird auf beiden Seiten durch 10^3 dividiert

$U/\mathrm{V} \cdot 1/10^3 = U/\mathrm{kV} = R/\Omega \cdot I/\mathrm{A} \cdot 1/10^3$
$U/\mathrm{kV} = R/\Omega \cdot I/\mathrm{A} \cdot 1/10^3 = (R/\Omega \cdot 1/10^3) \cdot I/\mathrm{A}$
$U/\mathrm{kV} = R/\mathrm{k}\Omega \cdot I/\mathrm{A}$

Die zugeschnittene Größengleichung hat den Vorzug, daß die Quotienten aus Größe und Einheit unmittelbar die Zahlenwerte bei den angegebenen Einheiten darstellen. Es bleiben die Gleichungen auch dann richtig, wenn man für die Größen die Produkte aus Zahlenwert und Einheit in anderen Einheiten einsetzt.

Größen
Physikalische Erscheinungen werden durch meßbare Größen beschrieben. Der Wert einer Größe ist das Produkt aus Zahlenwert und Einheit.
Größenwert = Zahlenwert · Einheit

Wenn sich z.B. durch den Gebrauch einer Einheit mit Vorsatzzeichen die Einheit ändert, dann ändert sich auch der Zahlenwert. Das Produkt aus Zahlenwert und Einheit bleibt dabei aber konstant.
Beispiel: $U = 0{,}1\ \mathrm{V} = 100\ \mathrm{mV}$
0,1 V und 100 mV haben denselben Größenwert.

Die Größe „Spannung" besteht aus dem Formelzeichen *U*, einem Zahlenwert und der Einheit Volt (V), oder einem anderen Zahlenwert und der Einheit Millivolt (mV).

Die Begriffe und Schreibweisen der Physikalische Größen und Gleichungen sind in DIN 1313 festgelegt. Allgemeine Formelzeichen in DIN 1304, Formelzeichen der Nachrichtentechnik in 1344 und die Einheiten in DIN 1301.

Formelzeichen sollen aus nur einem Buchstaben bestehen und werden im Druck *kursiv* (*schräg*) wiedergegeben.

Physikalische Konstante sind auch Größen. Das Verhältnis zweier Größen ist auch wieder eine Größe (Verhältnisgröße).

Zahlen und Einheiten erscheinen im Druck nicht kursiv.

Komplexe Größen
haben im allgemeinen nicht besonders gekennzeichnete Formelzeichen. Soll hervorgehoben werden, daß es sich um eine komplexe Größe handelt, dann kann das Formelzeichen entsprechend DIN 5483 unterstrichen werden z.B.: $\underline{Z}$ statt *Z*.

Indizes
werden unmittelbar rechts neben das Formelzeichen tief gesetzt, in einer kleineren Type als das Hauptzeichen und normal (steil), nicht *schräg* (*kursiv*). Indizes haben meist eine besondere Bedeutung.

Beispiele:
Der Index 0 hat die Bedeutung „leerer Raum", z.B.: c_0 .... Lichtgeschwindigkeit im leeren Raum.
Der Index v hat die Bedeutung „Verlust", z.B.: P_v .... Verlustleistung.

Koeffizient
In Physik und Technik ist das eine Größe, die den Einfluß einer Stoffeigenschaft oder eines Systems auf einen physikalischen Zusammenhang kennzeichnet, z. B. Absorptionskoeffizient

Konstante
In der Mathematik ist die Konstante ein Symbol mit unveränderlicher Bedeutung (im Gegensatz zu einer Variablen), z. B. die Zahl π (Pi) = 3,1415... oder die Imaginäreinheit $\mathrm{j} = \sqrt{-1}$.

In der Physik ist die Konstante eine bei gegebenen Bedingungen unveränderliche Materialgröße. Konstante werden in Normalschrift dargestellt.

Physikalische Konstante ist eine Naturkonstante, die etwa in physikalischen Gesetzen als universelle (nicht von einem speziellen Material abhängige) Größe vorkommt, z. B. Lichtgeschwindigkeit *c*.

Maß
Ein logarithmiertes Verhältnis von Leistungs- oder Feldgrößen zur Kennzeichnung einer Objekteigenschaft (z. B. eines Vierpols). Das entsprechende zusammengesetzte Wort endet mit dem Grundwort „-maß", z. B.:

Leistungsverstärkungsmaß (Gewinnmaß)

$$-a_p = 10\left(\lg\frac{P_2}{P_1}\right)\mathrm{dB}$$

Normiert
Wird eine Größe auf eine gleichartige, aber von Fall zu Fall wechselnde Größe bezogen, so wird das Wort „normiert" benutzt, z. B.:
Normierte Frequenz f/f_o = Verhältnis der Betriebsfrequenz f zur Resonanzfrequenz f_o

Pegel
Ein logarithmiertes Verhältnis zweier Leistungs- oder Feldgrößen, wobei die Nennergröße ein Bezugswert ist. Die Bezugsgröße sollte angegeben werden. In Kurzform wird die Bezugsgröße hinter das dB-Zeichen gesetzt, z. B.:
Leistungspegel

$$L_p = 10\left(\lg\frac{P}{1\,mW}\right)\mathrm{dB}$$

in Kurzform: dB (mW) oder dBm.

Relativ
Sind bei einer bezogenen Größe die im Zähler und Nenner stehenden Größen von gleicher Art und wird eine festgelegte Bezugsgröße verwendet, so wird die bezogene Größe „relative" Größe genannt. Ist die Bezugsgröße eine Naturkonstante, dann wird statt des Beiwortes „relativ" das Wort „-Zahl" verwendet, z. B.:

relative Permittivität = Permittivitätszahl
$\varepsilon_r = \varepsilon / \varepsilon_o$
relative Permeabilität = Permeabilitätszahl
$\mu_r = \mu / \mu_o$

Variable
In der Physik eine Größe, deren Wert im Gegensatz zu einer Konstanten nicht festgelegt ist. Variable werden in *Kursivschrift* dargestellt. Vektorielle Variable in ***fetter Kursivschrift***.

Griechische Buchstaben
werden oft auch als Formelzeichen verwendet. Dabei werden diese im Druck wieder *schräg* (*kursiv*) dargestellt. Die Zahl π und die mathematischen Zeichen Σ und Δ und die Einheit Ω aber normal (steil).

α	Alpha	Dämpfungskonstante, Öffnungswinkel, Halbwertsbreite
β	Beta	Phasenkonstante, Wellenzahl
γ	Gamma	Ausbreitungskoeffizient
δ	Delta	Eindringtiefe, Verlustwinkel
Δ	Delta	Differenz, Änderung
ε	Epsilon	Permittivität, Dielektrizitätszahl
ζ	Zeta	Phasenwinkel
η	Eta	Wirkungsgrad
ϑ	Theta	Polarwinkel, Zenitwinkel
Θ, θ	Theta	Elektrische Durchflutung
κ	Kappa	elektrische Leitfähigkeit
λ	Lambda	Wellenlänge
μ	Mü	Permeabilität, Induktionszahl
π	Pi	3,1415...
ρ	Rho	Raumladungsdichte, spezifischer elektrischer Widerstand
σ	Sigma	Flächenladungsdichte, Abstandsfaktor
Σ	Sigma	Summe
τ	Tau	Zeitkonstante, Stufungsfaktor
φ	Phi	Azimutwinkel, Winkel, Phasenwinkel
Φ	Phi	Magnetischer Fluß
ψ	Psi	Elevationswinkel
Ψ	Psi	Elektrischer Fluß
ω	Omega	Kreisfrequenz
Ω	Omega	Raumwinkel
Ω	Omega	Ohm

1.1.3 Mathematische Begriffe

Die vier Grundrechnungsarten Addieren, Subtrahieren, Multiplizieren und Dividieren werden als bekannt vorausgesetzt.

Bei den drei weiteren Grundrechnungsarten Potenzieren, Radizieren (Wurzelziehen) und Logarithmieren wird dann im Anwendungsfall der Rechengang etwas ausführlicher dargestellt. Begriffe wie Skalar und Vektor werden kurz erklärt.

Mathematische Zeichen

$x = y$	x gleich y
$x \neq y$	x ungleich y
$x \approx y$	x ungefähr y
$x \equiv y$	x entspricht y
$x < y$	x kleiner als y
$x \ll y$	x ist (sehr) klein gegen y
$x \leq y$	x kleiner oder gleich y
$x > y$	x größer als y
$x \gg y$	x ist (sehr) groß gegen y
$x \geq y$	x größer oder gleich y
$x + y$	x plus y
$x - y$	x minus y
$x \cdot y$	
$x \times y$	x mal y
xy	
$x : y$	
$\frac{x}{y}$	x durch y
x / y	
$x \cdot y^{-1}$	
x^n	x hoch n, n-te Potenz von x
$\sqrt{x}$	Wurzel (Quadratwurzel) aus x
$x^{1/2}$	
e^x	e hoch x
exp x	Exponentialfunktion von x
lg x	dekadischer Logarithmus von x
ln x	natürlicher Logarithmus von x
sin x	Sinus von x
cos x	Kosinus von x
tan x	Tangens von x
cot x	Kotangens von x
Arcsin x	Arcussinus von x
j	imaginäre Einheit $(\sqrt{-1})$
Re x	Realteil von x
Im x	Imaginärteil von x
$\|x\|$	Betrag von x
$\angle$	Winkel, Versor
$x \perp y$	x rechtwinklig zu y
$x \parallel y$	x parallel y
$x \sim y$	x ähnlich (proportional) y
e	*Euler*sche Zahl (2,71828...)
π	Kreiszahl Pi (3,1415926...)
∞	unendlich
°	Grad
∅	Durchmesser
Σ	Summe

Δ	Differenz, Änderung, Delta
∇	Nabla-Operator
rad	Radiant
	1 rad = 57,29578° = 57° 17' 41,8"

y/x ist der reziproke Wert (Kehrwert) von *x/y*
Computerschreibweise von $10 = 10^1$:
1E01 = 1E1
Computerschreibweise von $1 = 10^0$:
1E0
Computerschreibweise von $1/10 = 0{,}1 = 10^{-1}$:
1E–01 = 1E–1

Skalar

Ein Skalar ist eine Zahl, die allein durch Angabe eines, von Ort zu Ort veränderlichen, Zahlenwertes charakterisiert ist.

Skalar: ..... räumlich ungerichtete Größe

Beim Übergang von einem Koordinatensystem zu einem anderen bleibt die Zahl unverändert.

Vektor

Ein Vektor ist eine Größe, die durch Betrag und Richtung bestimmt ist und sich durch eine Strecke veranschaulichen läßt, dessen Länge dem jeweiligen Betrag dieser Größe entspricht.

Vektor: ...... räumlich gerichtete Größe

Vektoren werden nach bestimmten Regeln addiert und subtrahiert.

Die Vektorbezeichnung ist hier mit **Fettdruck** (lateinischer Großbuchstabe, **fett**).

Ältere Bezeichnungen für Vektoren: deutsche Großbuchstaben oder lateinische Großbuchstaben mit einem Pfeil darüber.

Neueste Bezeichnung für Vektoren nach DIN 1303 sind lateinische Kleinbuchstaben, fett, z.B.: ***h*** für die magnetische Feldstärke, als Formelzeichen im Druck *kursiv*.

1.1.4 Physikalische Begriffe

Die Angabe von Formelzeichen und Bedeutung für Begriffe der elektrischen Nachrichtentechnik erfolgt entsprechend DIN oder IEC.

Die Einheiten sind im Internationalen Einheitensystem (SI-Einheiten) angegeben, wie im Anhang (Abschnitt 41) ersichtlich.

Bedeutung	Formelzeichen	Einheit
Komplexer Widerstand	Z	Ω
(Impedanz)	$Z = R + \mathrm{j}X$	Ω
Wirkwiderstand		
(Resistanz)	R	Ω
Blindwiderstand		
(Reaktanz)	X	Ω
Scheinwiderstand	$\lvert Z\rvert$	Ω
(Betrag von *Z*)	$\lvert Z\rvert = \sqrt{R^2 + X^2}$	Ω
Komplexer Widerstand	Z	Ω
(Impedanz)	$Z = \lvert Z\rvert \cdot \angle\varphi$	Ω
Scheinwiderstand		
(Betrag von *Z*)	$\lvert Z\rvert$	Ω
Versor plus Phi	$\angle\varphi = \exp(\mathrm{j}\varphi) = e^{j\varphi}$	
Winkel der Impedanz		
(Phase oder Argument)	φ	rad
Komplexer Leitwert	Y	1/Ω
(Admittanz)	$Y = G + \mathrm{j}B$	1/Ω
Wirkleitwert		
(Konduktanz)	G	1/Ω
Blindleitwert		
(Suszeptanz)	B	1/Ω
Scheinleitwert	$\lvert Y\rvert$	1/Ω
(Betrag von *Y*)	$\lvert Y\rvert = \sqrt{G^2 + B^2}$	1/Ω
Komplexer Leitwert	Y	1/Ω
(Admittanz)	$Y = \lvert Y\rvert \cdot \angle-\varphi$	1/Ω
Scheinleitwert	$\lvert Y\rvert$	1/Ω
(Betrag von *Y*)		
Versor minus Phi	$\angle\text{-}\varphi = \exp(-\mathrm{j}\varphi) = e^{-j\varphi}$	
Winkel der Admittanz	$-\varphi$	rad
(Phase oder Argument)		
Wellenwiderstand	Z_0, Z_L, Z_W	Ω
Ausbreitungskoeffizient	$\gamma = \alpha + \mathrm{j}\beta$	1/m
Dämpfungskoeffizient	α dB/m	1/m
Phasenkoeffizient	β	1/m

Das elektromagnetische Feld in Nichtleitern ist durch vier Vektoren gekennzeichnet:

Elektrische Feldstärke	***E***	V/m
Elektrische Flußdichte	***D***	$\mathrm{A \cdot s/m^2}$
(elektrische Verschiebung)		
Magnetische Feldstärke	***H***	A/m
Magnetische Flußdichte	***B***	$\mathrm{V \cdot s/m^2}$
(magnetische Induktion)		

Zu diesen Grundvektoren kommt in Leitern noch dazu:

als Vektor		
Elektrische Stromdichte	***J***	$\mathrm{A/m^2}$
als Skalar		
Raumladungsdichte	ρ	$\mathrm{A \cdot s/m^3}$

Verknüpfung der einzelnen Vektoren durch die Materialgleichungen ist:

$\boldsymbol{D} = \varepsilon \cdot \boldsymbol{E}$ mit der Permittivität ε in A·s/V·m
$\boldsymbol{B} = \mu \cdot \boldsymbol{H}$ mit der Permeabilität μ in V·s/A·m
$\boldsymbol{J} = \kappa \cdot \boldsymbol{E}$ mit der Leitfähigkeit κ in A/V·m

Dabei ist $\varepsilon = \varepsilon_o \cdot \varepsilon_r$ und $\mu = \mu_o \cdot \mu_r$,
mit den jeweiligen Feldkonstanten:
$\varepsilon_o = 8{,}854 \cdot 10^{-12}$ A·s/V·m .....
elektrische Feldkonstante oder Permittivität des leeren Raumes und
$\mu_o = 1{,}257 \cdot 10^{-6}$ V·s/A·m .....
magnetische Feldkonstante oder Permeabilität des leeren Raumes

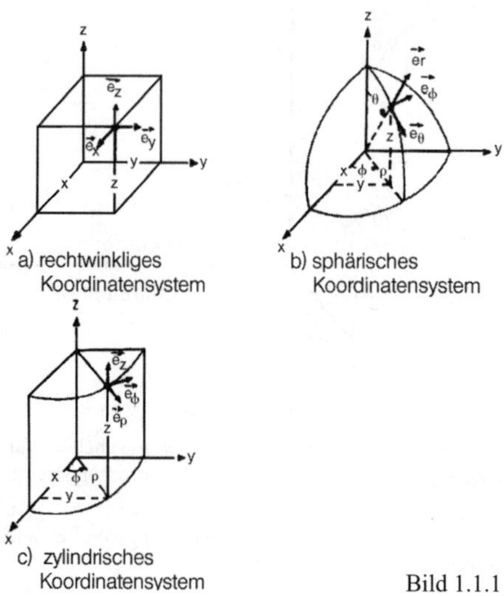

Bild 1.1.1

1.1.5 Koordinatensysteme

Koordinaten sind Größen, durch die Punkte in der Ebene oder im Raum festgelegt sind. Ein Punkt im Raum ist durch ein dreidimensionales Koordinatensystem, also durch drei Koordinaten eindeutig beschrieben.
Die drei Komponenten (Koordinaten) stehen rechtwinkelig aufeinander und bilden ein orthogonales Achsenkreuz (Dreibein). Der gemeinsame Schnittpunkt wird Nullpunkt oder Koordinaten-Anfangspunkt genannt.

Ein Vektor im Raum wird in drei Komponenten zerlegt. **Bild 1.1.1** zeigt einen Einheitsvektor in Pfeilschreibweise mit seinen Komponenten in drei Koordinatensystemen. Die Richtung des Einheitsvektors wird durch den Index angegeben.

Die drei Koordinaten $\boldsymbol{x, y, z}$ bilden hier das senkrecht aufeinander stehende (orthogonale) Achsenkreuz.

Kugelförmiges (sphärisches)
Koordinatensystem
Die drei Koordinaten $\boldsymbol{r}$, θ, φ bilden hier das senkrecht aufeinander stehende (orthogonale) Achsenkreuz. Dabei ist r der Kugelradius, θ der Winkel von der z-Achse (Zenitwinkel) und φ der Winkel von der x-Achse (Azimutwinkel).

Die Transformation eines Vektors vom rechtwinkeligen ins kugelförmige Koordinatensystem und umgekehrt geht über folgende Gleichungen:

$x = r \sin\theta \cos\varphi$
$y = r \sin\theta \sin\varphi$
$z = r \cos\theta$

Zylindrisches Koordinatensystem
Die drei Koordinaten ρ, φ, z bilden hier das Dreibein. Dabei ist ρ der Zylinderradius, φ der Winkel von der x-Achse und z die gleichnamige Koordinate.

Die beiden ersten Koordinatensysteme werden in der Antennentechnik häufig verwendet.

1.1.6 *Maxwell*sche Gleichungen

Da die *Maxwell*schen Gleichungen die Basis für die Antennentechnik darstellen, werden sie hier auch besprochen. Es wird nachfolgend versucht, Zusammenhänge allgemeinverständlich darzustellen und zu erklären.

Der englische Physiker *J.C. Maxwell* (1831–1879) sagte 1864 die Existenz elektromagnetischer Wellen voraus, die dann 1887 vom deutschen Physiker *H. Hertz* (1857–1894) experimentell bestätigt wurden. Zusammen mit dem Induktionsgesetz des englischen Physikers *M. Faraday* (1791–1867) und dem Durchflutungsgesetz des französischen Physikers *A.M. Ampère* (1775– 1836) wurden von *Maxwell* die Gleichungen mathematisch formuliert und haben durch Einführung des Verschiebungsstroms Gültigkeit für beliebig schnell veränderliche Felder.

Die *Maxwell*schen Gleichungen stellen ein gekoppeltes System partieller Differentialgleichungen für die beiden Unbekannten $\boldsymbol{E}$ und $\boldsymbol{H}$ dar. Verkoppelt bedeutet, daß die unbekannten Größen in mehreren Gleichungen vorkommen. Die Darstellung der *Maxwell*schen Gleichungen kann in Integralform oder Differentialform sein.

Die allgemeine Differentialform lautet:

1. $\text{rot}\, \boldsymbol{H} = \nabla \times \boldsymbol{H} = \boldsymbol{J} + \partial \boldsymbol{D} / \partial t$ (1.1.1)
2. $\text{rot}\, \boldsymbol{E} = \nabla \times \boldsymbol{E} = -\, \partial \boldsymbol{B} / \partial t$ (1.1.2)
3. $\text{div}\, \boldsymbol{D} = \nabla \cdot \boldsymbol{D} = \rho$ (1.1.3)
4. $\text{div}\, \boldsymbol{B} = \nabla \cdot \boldsymbol{B} = 0$ (1.1.4)

Die Rotation eines Vektors (z. B.: $\text{rot}\, \boldsymbol{H} = \nabla \times \boldsymbol{H}$) ist selbst ein Vektor und ein Maß für die spezifische Wirbelung. Es wird auch als Vektorprodukt, Kreuzprodukt oder Äußeres Produkt bezeichnet.

Die Divergenz eines Vektors (z. B.: $\text{div}\, \boldsymbol{D} = \nabla \cdot \boldsymbol{D}$) ist ein Skalar, der in jedem Raumpunkt die Quelldichte des Vektors angibt. Es wird auch als Skalarprodukt oder Inneres Produkt bezeichnet.

Das Zeichen ∇ ist der Nabla-Operator. Der Quotient z. B.: $\partial \boldsymbol{D} / \partial t$ ist der partielle Differentialquotienten oder die partielle Ableitung der Funktion $\boldsymbol{D}$ nach der Zeit. Partielle Differentiation bedeutet, wenn die Funktion von zwei Variablen abhängt wird nur nach einer Variablen differenziert.

Die Gleichungen 1. und 2. bezeichnet man als Feldgleichungen.

Die Gleichungen 3. und 4. als Zusatzbedingungen.

1. *Ampère*sches Durchflutungsgesetz:
Jeder elektrische Strom (Leitungs- und Verschiebungsstrom) ist von geschlossenen magnetischen Feldlinien umgeben.

2. *Faraday*sches Induktionsgesetz:
Jedes zeitlich veränderliche Magnetfeld ist von geschlossenen elektrischen Feldlinien umgeben.
3. *Gauß*scher Satz der Elektrostatik:
Von positiven elektrischen Ladungen gehen elektrische Feldlinien aus, die an negativen Ladungen enden, d. h. die elektr. Ladungen sind Quellen des 00, elektr. Feldes (***D***-Feld).
4. Quellenfreiheit der Induktion:
Die Feldlinien der magnetischen Flußdichte (Induktion) sind in sich geschlossen, das ***B***-Feld ist quellenfrei. Die Materialgleichungen dazu sind:

$\boldsymbol{J} = \kappa \cdot \boldsymbol{E}$ mit der Leitfähigkeit κ in A/V · m
$\boldsymbol{D} = \varepsilon \cdot \boldsymbol{E}$ mit der Permittivität ε in A · s/V · m
$\boldsymbol{B} = \mu \cdot \boldsymbol{H}$ mit der Permeabilität μ in V · s/A · m

In einem zeitlich konstanten, linearen, isotropen Medium.

Isotrop bedeutet ohne Vorzugsrichtungen der elektrischen und magnetischen Eigenschaften.

Für periodische Schwingungen bei sinusförmiger Anregung mit der Kreisfrequenz ω lauten die *Maxwell*schen Gleichungen:

$\text{rot}\, \boldsymbol{H} = (\kappa + j\omega\varepsilon)\boldsymbol{E}$
$\text{rot}\, \boldsymbol{E} = -j\omega\mu\boldsymbol{H}$
$\text{div}\, \boldsymbol{E} = \rho / \varepsilon$
$\text{div}\, \boldsymbol{H} = 0$

Die Kreisfrequenz $\omega = 2\pi f$ mit $\pi = 3{,}1415...$ und es wird eine Zeitabhängigkeit von der Art $e^{j\omega t}$ vorausgesetzt ($j = \sqrt{-1}$).

ε und μ sind für den ungedämpften Energietransport zuständig, κ kennzeichnet die Verluste.

Im freien Raum (ohne Leiter) gibt es keine elektrischen Strom- und Ladungsdichten: $\kappa = 0$ und damit auch $\boldsymbol{J} = 0$ und $\rho = 0$. Die Welle wird nicht gedämpft.

Die *Maxwell*schen Gleichungen sagen aus, daß elektromagnetische Wellen im freien Raum sich dämpfungsfrei mit Lichtgeschwindigkeit ausbreiten.

1.1.7 *Poynting*scher Vektor

Der *Poynting*sche Vektor, benannt nach dem englischen Physiker *J.H. Poynting* (1852–1914), ist der Vektor der elektromagnetischen Leistungsdichte.

$$\boldsymbol{S} = \boldsymbol{E} \times \boldsymbol{H} \quad (1.1.5)$$

Das Vektor- oder Kreuzprodukt aus ***E*** und ***H*** bildet im Fernfeld den Vektor ***S*** in Ausbreitungsrichtung. Die drei Vektoren stehen senkrecht aufeinander und bilden in der Reihenfolge ***E, H, S*** ein Rechtssystem (**Bild 1.1.2**).

E und ***H*** sind phasengleich, d. h. sie haben ihre Maxima an der gleichen Stelle.

S ist der Betrag des *Poynting*schen Vektors

$$S = E \cdot H \quad (1.1.6)$$

und wird als Energiestromdichte oder elektromagnetische Leistungsdichte bezeichnet mit der Einheit W/m² also Leistung pro Flächeneinheit.

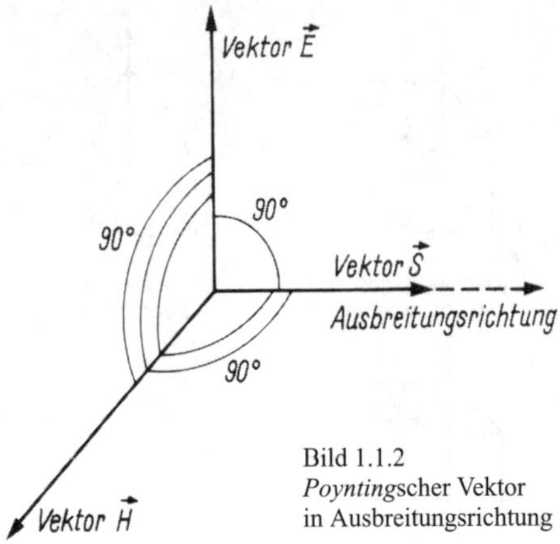

Bild 1.1.2
*Poynting*scher Vektor in Ausbreitungsrichtung

Mit dem Feldwellenwiderstand Z_0 (Wellenwiderstand des freien Raums)

$$Z_0 = E / H \quad (1.1.7)$$

wird

$$S = E^2 / Z_0 \quad (1.1.8)$$

1.1.8 Reziprozitätstheorem

Das *Reziprozitätstheorem* (Umkehrsatz), auch Reziprozitätsgesetz genannt, aus der Vierpoltheorie gilt nach *A. Sommerfeld* aus Deutschland (1925) und *J.R. Carson* aus USA (1929) verallgemeinert auch für Antennen.

Das Gesamtsystem einer Radioverbindung, bestehend aus einer Sendeantenne, einer Empfangsantenne und dem Ausbreitungsmedium kann als Vierpol betrachtet werden. Die Antennen können beliebig zueinander angeordnet sein und beliebige Abstände haben, das Medium muß isotrop (richtungsunabhängig) und linear sein. Die Antenne 1 arbeitet als Sendeantenne mit einem bestimmten Strom und erzeugt bei der Antenne 2 eine entsprechende Leerlaufspannung. Wird nun Antenne 2 mit dem gleich großen Strom betrieben, dann erzeugt dies bei Antenne 1 eine gleich große Leerlaufspannung. Daraus folgt die Gleichheit der Kopplungsimpedanzen.

Das *Reziprozitätstheorem* besagt, daß die Impedanz einer Antenne und das Richtdiagramm und damit auch der Gewinn im Sende- und Empfangsfall gleich sind. Die Stromverteilung auf den Antennen kann aber im Sende- und Empfangsfall unterschiedlich sein.

1.1.9 *Babinet*sches Prinzip

Das *Babinet*sche Prinzip aus der Optik und Akustik benannt nach dem französischen Physiker *J. Babinet* (1794–1872) gilt nach *H.G. Booker* aus England auch für vektorielle elektromagnetische Strahlung (1946). Dabei erlaubt die Symmetrie der *Maxwell*schen Gleichungen in ***E*** und ***H*** die Lösung eines Feldproblems direkt anzugeben, wenn die Größen des dazu dualen Feldes bekannt sind.

Dualität bedeutet, daß ***E*** gegen ***H***, ***H*** gegen ***-E*** und Leiter gegen Nichtleiter ausgetauscht werden.

Ein Schlitz mit stromführenden Kanten in einer großen Metallplatte ist dual zu dem Feld des komplementären (ergänzenden) Strahlers, der durch Metallisieren des Schlitzes und Entfernen der Metallplatte entsteht. Ein Schlitz in einer leitenden Ebene hat nach dem Babinetschen Prinzip das gleiche Strahlungsdiagramm wie ein Dipol mit den Abmessungen des Schlitzes, wenn man Spannung U und Strom I, Widerstand Z und Leitwert Y, Elektrische Feldstärke ***E*** und Magnetische Feldstärke ***H***, Permittivität ε und Permeabilität μ gegeneinander vertauscht.

Dabei strahlt ein senkrechter Schlitz wie ein waagrechter Dipol, ist also horizontal polarisiert. Die Vertauschung von ***E*** und ***H*** entspricht der Drehung der Polarisationsebene um $90° = \pi/2$.

Das *Babinet*sche Prinzip gestattet die Berechnung von Diagrammen und Impedanzen für Öffnungen und Schlitze mit Hilfe von komplementären Formen. Durch duale Umwandlung ist es möglich das Feldbild einer geschlitzten Platte aus dem eines Dipols herzuleiten.

1.2 Felder

Ein Feld ist der physikalische Zustand des Raumes. Jedem Raumpunkt wird der Wert einer physikalischen Größe zugeordnet.

Man unterscheidet zwischen Skalarfeldern (z. B. Temperatur, Potential) und Vektorfeldern (z. B. Kraft, elektrische und magnetische Feldstärke). Darüber hinaus gibt es noch Tensorfelder und Spinorfelder, die aber hier nicht interessieren.

Vektorfelder lassen sich durch Feldlinien veranschaulichen. Die Tangenten der Feldlinien stimmen mit den Feldgrößen überein, während die Feldliniendichte ein Maß für den Betrag der Feldgröße (z. B. Feldstärke) ist.

Je nach der Struktur eines Vektorfeldes unterscheidet man zwischen Quellenfeldern, bei denen die Feldlinien von Quellen ausgehen und in Senken enden (elektrisches Feld) und Wirbelfeldern, die in sich geschlossene Feldlinien haben (magnetisches Feld).

Die Grundbegriffe für das elektrische und magnetische Feld sind in DIN 1324 zusammengefaßt.

1.2.1 Elektrisches Feld

Das elektrische Feld ist das Kraftfeld, das sich zwischen elektrisch geladenen Körpern ausbildet. Entsprechend der Größe seiner elektrischen Ladung wird auf einen Körper im elektrischen Feld eine Kraftwirkung ausgeübt.

Das wurde von dem franz. Physiker *C.A. de Coulomb* (1785) entdeckt und von dem deutschen Mathematiker *C.F. Gauß* später als Divergenztheorem mathematisch formuliert.

Befinden sich zwei elektrisch verschieden geladene Gegenstände, z. B. Kugeln oder Platten, in einem bestimmten Abstand voneinander, so baut sich im Raum zwischen diesen Gegenständen ein elektrisches Feld auf. Wenn sich die Ladung und damit das Feld nicht verändern, spricht man von einem *elektrostatischen* Feld.

Bild 1.2.1 zeigt einen Kondensator, dessen Platten entgegengesetzte Ladungen aufweisen. Das elektrische Feld wird nach Richtung und Stärke durch die Kraftlinien dargestellt, die man auch als *elektrische Feldlinien* bezeichnet. In dieser zweidimensionalen Darstellung erscheinen die Kondensatorplatten im Querschnitt. Der Spannungsunterschied zwischen den Kondensatorplatten und ihr gegenseitiger Abstand bestimmen die Stärke des elektrischen Feldes.

Maß für die Stärke und Richtung dieser Kraftwirkung ist die elektrische Feldstärke.

1.2.1.1 Elektrische Feldstärke

Nach dem Grundgesetz des Elektrostatik, nämlich dem *Coulomb*schen Gesetz (1785), benannt nach dem franz. Physiker *C.A. de Coulomb*, wirkt auf einen Körper mit der elektrischen Ladung Q in einem elektrischen Feld mit der Feldstärke ***E*** die Kraft ***F***.

Im Druck wird die Ladung Q als Größe *kursiv*, die Kraft ***F*** und die elektrische Feldstärke ***E*** als Feldgrößen (Vektoren) *kursiv* und **fett** dargestellt.

Elektrische Ladungen Q sind quantisiert, d. h. sie treten nur in ganzzahligen Vielfachen der Elemen-

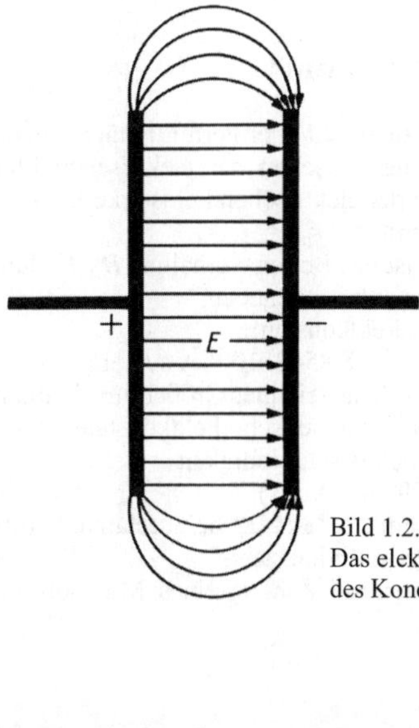

Bild 1.2.1
Das elektrische Feld
des Kondensators

tarladung auf. Die Elementarladung mit dem Formelzeichen *e* ist eine Naturkonstante, nämlich die kleinste nachgewiesene positive oder negative Ladung ($e = 1{,}6022 \cdot 10^{-19}$ Coulomb).

Verursacher dieser Ladungen sind Protonen (positive Ladungen) und Elektronen (negative Ladungen). Man nennt die Größe $\boldsymbol{F} / Q = \boldsymbol{E}$ die elektrische Feldstärke. Die Richtung des Vektors ***E*** ist die Richtung der Kraft ***F***, wenn *Q* eine positive Ladung ist.

Die entsprechende SI-Einheit für ***E*** erhält man nach Umwandlung der Einheiten von Kraft und Ladung (vgl. Abschnitt 41 „Anhang, SI-Basiseinheiten").
Elektrische Feldstärke ***E*** in V/m (Volt pro Meter)

Beispiel:
2 Kondensatorplatten stehen sich in einem Abstand von 0,2 m gegenüber. Die Spannung an den Platten beträgt 10 V. Daraus ergibt sich eine elektrische Feldstärke von

$$\frac{10\,\mathrm{V}}{0{,}2\,\mathrm{m}} = 50\,\frac{\mathrm{V}}{\mathrm{m}}$$

1.2.1.2 Elektrische Flußdichte

Die elektrische Flußdichte oder elektrische Verschiebung(sdichte) ***D*** gibt als Vektor die Konzentration des Normalanteils des von der Ladung *Q* hervorgerufenen elektrischen Flusses pro Flächeneinheit.

Die elektrische Feldstärke ***E*** und die elektrische Flußdichte ***F*** existieren gleichzeitig im Raum an jeder Stelle. Im isotropen (in allen Richtungen mit gleichen Eigenschaften) Dielektrikum (isolierender Stoff) haben ***D*** und ***E*** die gleiche Richtung und sind über die Permittivität ε miteinander verknüpft.

Elektrische Flußdichte ***D*** in $\mathrm{A{\cdot}s/m^2}$ (Coulomb pro Quadratmeter) mit 1 Coulomb = 1 C = 1 A·s (Ampere Sekunde)

1.2.1.3 Permittivität

Die Dielektrizitätszahl oder Permittivität ε gibt den Zusammenhang zwischen der elektrischen Flußdichte ***D*** und der elektrischen Feldstärke ***E*** an.

$\varepsilon = \boldsymbol{D} / \boldsymbol{E}$ mit $\varepsilon = \varepsilon_0 \cdot \varepsilon_r$

Im Freiraum ist das Betragsverhältnis $\boldsymbol{D} / \boldsymbol{E}$ durch die Naturkonstante ε_0 gegeben.

Elektrische Feldkonstante

$\varepsilon_0 = 1 / \mu_0 {\cdot} c_0^2 = 8{,}8542 \cdot 10^{-12}\ \mathrm{A{\cdot}s / V{\cdot}m}$

Der Index 0 kennzeichnet Größen im Freiraum. Dabei ist μ_0 die magnetische Feldkonstante und c_0 die Freiraumlichtgeschwindigkeit
($c_0 = 299\,792{,}458$ km/s).

Das Verhältnis $\varepsilon / \varepsilon_0 = \varepsilon_r$ heißt relative Permittivität oder Permittivitätszahl.

Die einheitenlose Zahl ε_r eines Materials gibt den Faktor an, um den ein elektrisches Feld ***E*** bei konstanter Ladungsverteilung in der Materie gegenüber dem Freiraum **geschwächt** wird.

Weist ein dielektrischer Stoff dielektrische Verluste und elektrische Leitfähigkeit auf, sind die Feldvektoren Sinusschwingungen mit der Kreisfrequenz ω. Es ergibt sich dann eine komplexe Permittivität

$\underline{\varepsilon} = \varepsilon' - \mathrm{j}\,\varepsilon''$.

Zusammenfassung
Nach dem *Gauß*schen Satz der Elektrostatik, benannt nach dem deutschen Physiker *C.F. Gauß,* ist die Quellstärke (Divergenz) der elektrischen Flußdichte ***D*** die Raumladung ρ.

Für das elektrische Feld gilt also: Ruhende elektrische Ladungen erzeugen elektrische Felder, deren Feldlinien in den Ladungen beginnen oder enden.

1.2.2 Magnetisches Feld

Das magnetische Feld ist das Kraftfeld, das von bewegten elektrischen Ladungen hervorgerufen wird. Magnetische Felder treten in der Umgebung von stromdurchflossenen Leitern oder Dauermagneten auf. Bei Dauermagneten entsteht der Magnetismus durch Eigendrehimpuls (Spin) der Ladungsträger. Ströme oder bewegte Ladungen rufen ein Magnetfeld hervor. Um jeden stromdurchflossenen Leiter baut sich ein magnetisches Feld auf. Das wurde erstmalig 1819 vom dänischen Physiker *H. Ch. Oersted* entdeckt. Der französische Physiker *A. M. Ampère* erweiterte diese Entdeckung 1820. Nach ihm wird diese Erscheinung auch *Ampère*scher Magnetismus genannt.

Die *magnetischen Feldlinien* bilden konzentrische Kreise um den Leiter (**Bild 1.2.2**). Die magnetischen Feldlinien sind in sich geschlossen. Im Gegensatz zum elektrischen Feld gibt es keine magnetischen Ladungen. Das magnetische Feld ist quellfrei.

Zwischen zwei stromdurchflossenen Leitern bildet sich ein resultierendes Magnetfeld aus. Entsprechend der Größe und Richtung der Ströme wird auf die Leiter im magnetischen Feld eine Kraftwirkung ausgeübt. Bei gleicher Stromrichtung erfolgt eine Anziehung der Leiter. Im Gegensatz zum elektrischen Feld, wo sich gleichnamige Ladungen abstoßen, ziehen sich hier gleiche Ströme an.

Im internationalen Einheitensystem (SI) wird die Stromstärke Ampere damit als Kraft definiert.

1.2.2.1 Magnetische Feldstärke

Nach dem Grundgesetz des Elektromagnetismus, nämlich dem Gesetz von *Biot-Savart* (1820), benannt nach den franz. Physikern *J.-P. Biot* und

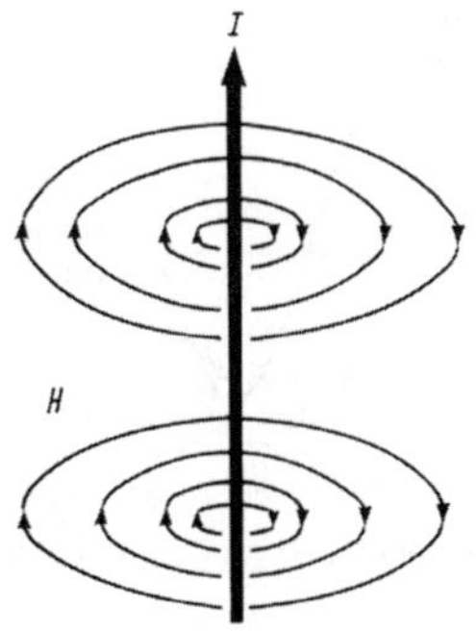

Bild 1.2.2
Das magnetische Feld eines stromdurchflossenen Leiters

F. Savart über die magnetische Wirkung stationärer elektrischer Ströme, umkreisen die magnetischen Feldlinien den Leiter und sind geschlossen. Die Richtung der magnetischen Feldstärke ***H*** steht senkrecht auf die Stromrichtung und den Abstand vom Leiter. Durch das Vektor- oder Kreuzprodukt bilden die Stromrichtung, der Abstand und die magnetische Feldstärke ***H*** ein Rechtssystem.

Magnetische Feldstärke ***H*** in A/m (Ampere pro Meter)

1.2.2.2 Magnetische Flußdichte

Die Kraftwirkung zwischen bewegten Ladungen, einem stromdurchflossenen Leiter oder einer stromdurchflossenen Leiterschleife und jeweils einem Magnetfeld wird von der Feldgröße ***B*** bestimmt.

Die Richtung dieser Kraftwirkung steht jeweils senkrecht zur Bewegungsrichtung, zur Leiterrichtung, zur Leiterschleifenfläche und zur magnetischen Flußdichte.

Der Vektor ***B*** heißt magnetische Flußdichte oder magnetische Induktion (veraltet). Die magnetische Feldstärke ***H*** und die magnetische Flußdichte ***B*** existieren gleichzeitig im Raum an jeder Stelle. Im einem magnetisch isotropen Stoff haben ***H*** und ***B*** die gleiche Richtung und sind über die Permeabilität μ miteinander verknüpft.
Magnetische Flußdichte ***B*** in $V \cdot s/m^2$
(Weber pro Quadratmeter)
Nach dem dt. Physiker *W. E. Weber* mit 1 Weber = 1 Wb = 1 V·s (Volt Sekunde)

Die Einheit von ***B*** wird nach dem amerikan. Physiker *N. Tesla* auch Tesla genannt.
$1 \text{ Tesla} = 1 \text{ T} = 1 \text{ Weber/m}^2 = 1 \text{ Wb/m}^2 = 1 \text{ V}\cdot\text{s/m}^2$

1.2.2.3 Permeabilität

Die Permeabilität μ gibt den Zusammenhang zwischen der magnetischen Flußdichte ***B*** und der magnetischen Feldstärke ***H***.

$\mu = \boldsymbol{B} / \boldsymbol{H}$ mit $\mu = \mu_0 \cdot \mu_r$

Im Freiraum ist das Betragsverhältnis ***B*** / ***H*** durch die magnetische Feldkonstante μ_0 oder Induktionskonstante (veraltet) gegeben.
Magnetische Feldkonstante
$\mu_0 = 1{,}2567 \cdot 10^{-6}\ \text{V}\cdot\text{s / A}\cdot\text{m}$
$(\mu_0 = 4\,\pi \cdot 10^{-7}\ \text{V}\cdot\text{s / A}\cdot\text{m})$

Der Index 0 kennzeichnet wieder Größen im Freiraum.

Das Verhältnis $\mu / \mu_0 = \mu_r$ heißt relative Permeabilität oder Permeabilitätszahl.

Die einheitenlose Zahl μ_r gibt den Faktor an, um den ein Flußdichtefeld ***B*** in der Materie gegenüber dem Freiraum **verstärkt** wird.

Bei diamagnetischen Stoffen ($\mu_r \leq 1$, z. B. Kupfer) und bei paramagnetischen Stoffen ($\mu_r \geq 1$, z. B. Chrom, Aluminium) ist die Permeabilität eine Materialkonstante.

Bei ferromagnetischen (eisenartigen) Stoffen muß die Permeabilität je nach den Stoffen und den betrachteten Vorgängen besonders definiert werden. So hängt sie auch von der Feldstärke ab.

Zusammenfassung
Nach dem Durchflutungsgesetz, auch *Ampère*sches Gesetz genannt, ist die Wirbelstärke (Rotation) der magnetischen Feldstärke ***H*** gleich der Stromdichte ***J***.

Für das magnetische Feld gilt also:

Ströme, d. h. bewegte Ladungen, erzeugen Magnetfelder, deren geschlossene Feldlinien die Ströme umkreisen.

1.2.3 Elektromagnetisches Feld

Ein elektromagnetisches Feld besteht aus einem elektrischen Feld und einem magnetischen Feld. Die beiden Komponenten des elektromagnetischen Feldes, also die beiden Felder, stehen immer senkrecht aufeinander.

Bewegte Magnetfelder erzeugen Ströme und/oder Spannungen. Man nennt die Rückwirkung magnetischer Felder auf Leiter und Magnete die Induktion. Induktion bedeutet Spannungserzeugung, also Erzeugung elektrischer Felder aus Magnetfeldern. Das wurde 1831 von dem englischen Physiker *M. Faraday* entdeckt und nach ihm *Faraday*sches Induktionsgesetz oder auch *Faraday*scher Magnetismus genannt.

Das Induktionsgesetz von *Faraday* ist eine Folge der *Lorentz*-Kraft, benannt nach dem niederländischen Physiker *H.A. Lorentz* (1892).

Ist bei einem Induktionsvorgang der Leiter geschlossen, fließt ein Strom, der seinerseits gemäß dem *Ampère*schen Magnetismus wieder ein Magnetfeld hervorruft. Das Magnetfeld wirkt der ursprünglichen Flußänderung entgegen. Die Richtung des induzierten elektrischen Stromes wird durch die *Lenz*sche Regel (1855) beschrieben. Benannt nach dem russischen Physiker *H. Lenz*.

Induzierte Spannungen sind quellenfrei und bilden statt dessen Wirbeln d. h. die Feldlinien der induzierten elektrischen Feldstärke sind in sich geschlossen und haben weder Anfang noch Ende. Sie sind wie die Felder der magnetischen Flußdichte quellenfreie Wirbelfelder um zeitveränderliche Magnetfelder.

Zusammenfassung

Nach dem *Faraday*schen Induktionsgesetz ist die Wirbelstärke (Rotation) der elektrischen Feldstärke $\boldsymbol{E}$ gleich der negativen zeitlichen Änderung ($-\partial / \partial t$) der magnetischen Flußdichte $\boldsymbol{B}$.

Für das elektromagnetische Feld gilt also: Sich ändernde Magnetfelder erzeugen elektrische Felder, deren geschlossene Feldlinien die Änderungsrichtung des Magnetfeldes umkreisen.

1.3 Elektromagnetische Wellen

Die bisherigen drei Feldbetrachtungen beinhalten ruhende elektrische Ladungen, bewegte Ladungen (Ströme) und sich ändernde Magnetfelder, die elektrische Felder erzeugen.

Zum Verständnis der elektromagnetischen Wellen fehlt noch ein vierter Schritt.

Maxwell ermöglichte ihn durch Einführung des „Verschiebungsstromes". Die Verschiebungsstromdichte ist nun die zeitliche Änderung ($\partial/\partial t$) der elektrischen Flußdichte $\boldsymbol{D}$. Das ist der Teil des Verschiebungsstromes, der fließt, wenn sich das elektrische Feld dort ändert. Mit der zeitlichen Änderung des elektrischen Feldes wird ein Magnetfeld erzeugt, wie es auch ein Leitungsstrom erzeugt.

Damit ergibt sich nun:

$\operatorname{rot} \boldsymbol{H} = \nabla \times \boldsymbol{H} = \partial \boldsymbol{D} / \partial t$

1. *Maxwell*sche Gleichung

$\operatorname{rot} \boldsymbol{E} = \nabla \times \boldsymbol{E} = -\partial \boldsymbol{B} / \partial t$

2. *Maxwell*sche Gleichung

Aus den *Maxwell*schen Gleichungen folgt die völlige Symmetrie zwischen elektrischem und magnetischem Feld:

Ein sich zeitlich änderndes elektrisches Feld erzeugt ein magnetisches Wirbelfeld und ein sich zeitlich änderndes magnetisches Feld erzeugt ein elektrisches Wirbelfeld. Elektrische und magnetische Felder können sich gegenseitig induzieren.

Da es bei den Wellen keine elektrischen oder magnetischen Quellen gibt (die Divergenz eines Vektors, der hervorgegangen ist aus einer Rotation, ist Null) lauten die weiteren *Maxwell*schen Gleichungen:

$\operatorname{div} \boldsymbol{D} = \nabla \cdot \boldsymbol{D} = 0$ 3. *Maxwell*sche Gleichung

$\operatorname{div} \boldsymbol{B} = \nabla \cdot \boldsymbol{B} = 0$ 4. *Maxwell*sche Gleichung

Das bedeutet:

Die elektromagnetischen Wellen sind nicht longitudinal (mit Quellen und Senken), sondern transversal, da das $\boldsymbol{E}$- und $\boldsymbol{H}$-Feld quellenfrei ist. Die Vektoren $\boldsymbol{D}$ und $\boldsymbol{E}$ sowie $\boldsymbol{B}$ und $\boldsymbol{H}$ stehen senkrecht zur Ausbreitungsrichtung. Dabei sind $\boldsymbol{E}$ und $\boldsymbol{H}$ in Phase d. h. sie haben ihre Maxima an der gleichen Stelle.

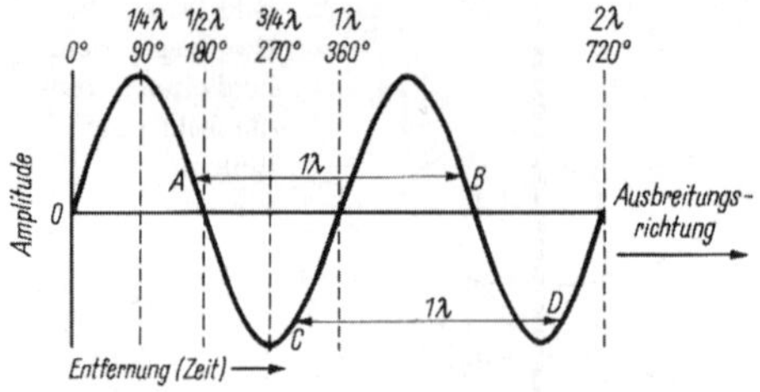

Bild 1.3.1
Der zeitliche Verlauf einer elektromagnetischen Welle

Wellen sind durch folgende Begriffe definiert:

Wellenlänge: λ – kleinster Abstand zweier Punkte voneinander, die sich im gleichen Wellenzustand befinden, in diesem Falle also die Entfernung zwischen 2 benachbarten Wellenkämmen oder Wellentälern;

Frequenz: f – Anzahl der Wellenbewegungen (Wellenlängen), die sich in einer Sekunde ausbilden; Ausbreitungsgeschwindigkeit: c – Fortpflanzungsgeschwindigkeit des Wellenzuges von der Energiequelle aus.

Das Verhältnis dieser 3 Begriffe zueinander wird durch die Formel $\lambda = c / f$ (1.3.1)

($c \cong 3 \cdot 10^8$ m/s) ausgedrückt.

Eine Wellenlänge ist der Abstand zwischen 2 Wellenfronten mit gleicher Phasenlage. **Bild 1.3.1** zeigt die übliche Darstellung eines sinusförmigen Wechselstromes, die gleichfalls den Augenblickszustand einer ungedämpften elektromagnetischen Welle kennzeichnet. Der Momentanwert der Amplitude ändert sich nach Größe und Polarität abhängig von der Zeit (= Entfernung) in Form einer Sinuskurve. Aus den eingezeichneten Meßstrecken *A–B* und *C–D* geht hervor, daß die Wellenlänge nicht nur auf der Nullinie, sondern auch zwischen allen beliebigen, einander benachbarten Punkten mit gleicher Phasenlage gemessen werden kann.

Es ist üblich, die Phasenlage als Winkel anzugeben, wobei ein vollständiger Schwingungsvorgang (1 Wellenlänge) immer gleich 360° gesetzt wird. Auf diese Weise lassen sic einfache Phasenvergleiche anstellen und Phasenverschiebungen kennzeichnen.

Die Maßeinheit der Frequenz ist das Hertz (Hz):

1 Hz = 1 Schwingungsvorgang in 1 Sekunde,

1 kHz (1 Kilohertz) = $1 \cdot 10^3$ Hz,

1 MHz (1 Megahertz) = $1 \cdot 10^6$ Hz,

1 GHz (1 Gigahertz) = $1 \cdot 10^9$ Hz.

Die Ausbreitungsgeschwindigkeit der elektromagnetischen Wellen im freien Raum beträgt rund 300 000 000 m/s und entspricht damit der Lichtgeschwindigkeit. Wenn von der Ausbreitungsgeschwindigkeit im freien Raum gesprochen wird, so kennzeichnet man damit einen völlig leeren Raum, einen Idealzustand, den es in Wirklichkeit nicht gibt. Selbst der Weltraum ist nicht völlig leer. Breiten sich die elektromagnetischen Wellen nicht im leeren Raum aus, so ist ihre Ausbreitungsgeschwindigkeit etwas geringer als 300 000 km/s. Die Geschwindigkeitsminderung hängt von dem Medium ab, in welchem sich die Wellen ausbreiten. Handelt es sich bei diesem Medium um die atmosphärische Luft, dann ist die Verminderung der Ausbreitungsgeschwindigkeit so gering, daß sie in fast allen praktischen Fällen vernachlässigt werden kann.

In der Hochfrequenztechnik wird allgemein mit einem Wert c von 300 000 km/s gerechnet. In die Formel (1.3.1) eingesetzt, ergibt das

$$\frac{\lambda}{\mathrm{m}} = \frac{3 \times 10^8}{\frac{f}{\mathrm{Hz}}} \qquad (1.3.2)$$

oder

$$\frac{\lambda}{\mathrm{m}} = \frac{3 \times 10^5}{\frac{f}{\mathrm{kHz}}}$$

durch Umstellen der Formel ergibt sich außerdem

$$\frac{f}{\mathrm{kHz}} = \frac{3 \times 10^5}{\frac{\lambda}{\mathrm{m}}}$$

bzw.

$$\frac{\lambda}{\mathrm{m}} = \frac{300}{\frac{f}{\mathrm{MHz}}}$$

bzw.

$$\frac{f}{\mathrm{MHz}} = \frac{300}{\frac{\lambda}{\mathrm{m}}}$$

Tabellen zur Umrechnung von Frequenzen in Wellenlängen und umgekehrt befinden sich im Anhang.

1.3.1 Wellenformung und -ablösung

Elektromagnetische Wellen können sich entlang metallischer oder auch innerhalb dielektrischer Leiter ausbreiten. Leitungen führen transversal-elektromagnetische (TEM-) Wellen. Sie haben eindeutige Hin- und Rückleiter. Die Leitung leitet zwar Elektronen, Träger des Energie ist aber der Außenraum.

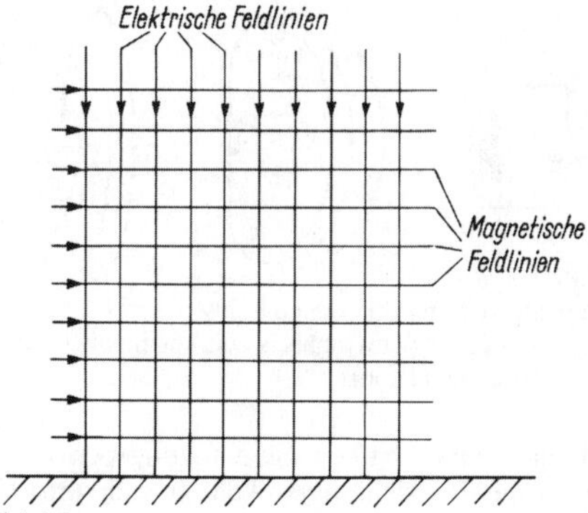

Bild 1.3.2
Das Augenblicksfeld einer ebenen Welle

Wellenleiter führen transversal-elektrische (TE-) Wellen und transversal-magnetische (TM-) Wellen. Bei ihnen hat das Feld jeweils noch eine Longitudinalkomponente der magnetischen bzw. elektrischen Feldstärke. So bilden bei Hohlleitern Hin- und Rückleiter eine Einheit.

Bei Leitungen und Wellenleiter kann man bei harmonischer Anregung (sinusförmige Vorgänge) unterscheiden zwischen fortschreitender Welle bei Anpassung und rücklaufender oder reflektierter Welle bei Fehlanpassung. Bei Spezialfällen des Abschlußwiderstandes (Kurzschluß, Leerlauf oder reiner Blindwiderstand) ergeben sich stehende Wellen.

Freiraumübertragungssysteme haben keine expliziten Leitungen, die Wellenausbreitung erfolgt durch Strahlung. Dabei werden geographische Objekte, wie die Erde bei niedrigen Frequenzen oder ionisierte Luftschichten bei höheren Frequenzen teilweise technisch genutzt.

Ebene Wellen

Elektromagnetische Wellen, die von einer punktförmigen Strahlungsquelle im freien Raum ausgestrahlt werden, breiten sich nach allen Richtungen gleichmäßig und mit gleicher Geschwindigkeit aus. In der Nähe der Strahlungsquelle sind sie noch kugelförmig, in weiterer Entfernung sind sie wegen der nicht mehr sichtbaren Krümmung fast eben. So wird auch die Erdoberfläche wegen der großen Ausdehnung der Kugeloberfläche als ebene Fläche empfunden.

Man betrachtet deshalb auch elektromagnetische Wellen, die sich weit genug von ihre Strahlungsquelle entfernt befinden, als **ebene Wellen**. Das Augenblicksfeld einer ebenen Welle mit ihren elektrischen und magnetischen Feldlinien zeigt **Bild 1.3.2**. Die Pfeile geben die momentane Feldrichtung einer Welle an, deren Ausbreitungsrichtung frontal zur Fläche verläuft (die Welle „kommt auf den Betrachter zu"). Man spricht deshalb auch von einer **ebenen Wellenfront**. Die Richtung der elektrischen und der magnetischen Feldlinien dreht sich

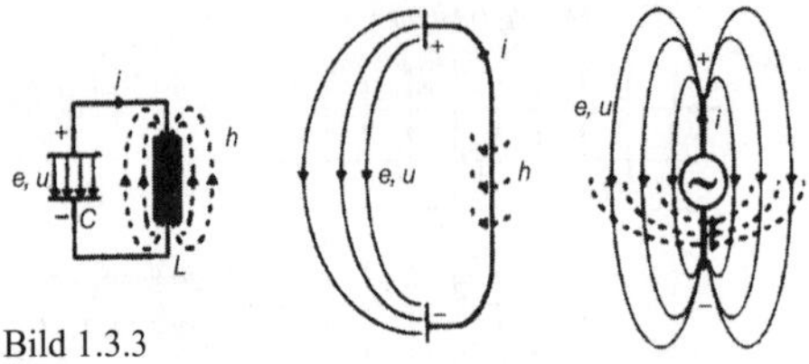

Bild 1.3.3
Übergang vom geschlossenen Schwingkreis über den offenen Schwingkreis zur Antennenstruktur eines *Hertz*schen Dipols

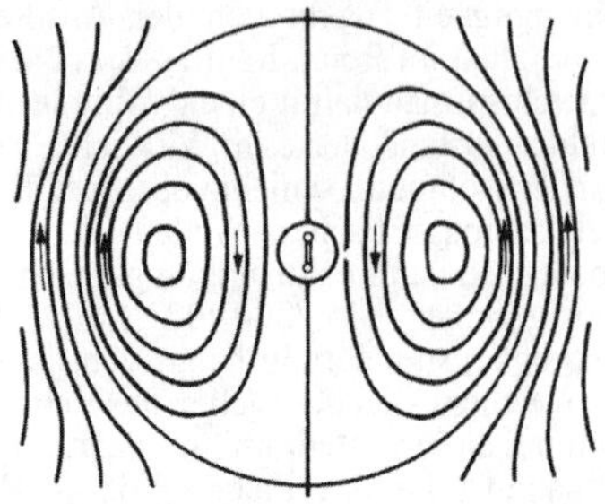

Bild 1.3.4
Elektrische Feldlinien bei einem *Hertz*schen Dipol

innerhalb einer halben Schwingungsperiode um 180° (die Pfeilrichtungen kehren sich um). Die Ausbreitungsrichtung verändert sich dabei nicht, sie steht immer senkrecht zur Wellenfront.

Antennengrundstruktur und Ausbreitung

Ausgehend von einem ungedämpften Schwingkreis gemäß **Bild 1.3.3** öffnet man den Kondensator und dehnt die Spule. Damit erhält man ein kurzes Stück Draht mit kapazitiven und induktiven Eigenschaften. In der Mitte wird eine hochfrequente Spannungsquelle eingeschaltet. In dem Draht schwingen die freien Elektronen im Rhytmus der Frequenz zu den Enden und setzen sich im Außenraum als Verschiebungsstrom mit dem dargestellten Feldlinienbild fort. Die Antennengrundstruktur ist hier der *Hertz*sche Dipol. Im Bild sind übrigens nach der neuesten Bezeichnung die zeitabhängigen Größen kursiv in Kleinschrift dargestellt.

Aus dem Verhalten eines elektromagnetischen Feldes, das durch einen Wechselstrom erzeugt wird, kann man die Fernwirkung (Ausstrahlung) der elektromagnetischen Wellen erklären. Jedes Feld erhält Energie, die vom speisenden Generator entnommen wird. Beim Einschalten des Generators gibt der Leiter nach einer gewissen Zeit Energie an seine Umgebung ab: Das Feld baut sich auf („nach einer gewissen Zeit" deshalb, weil sich die elektrische Energie nicht unendlich schnell, sondern „nur" mit Lichtgeschwindigkeit ausbreitet). Schaltet man den Generator wieder ab, so bricht auch das Feld zusammen, d.h., die Energie des Feldes kehrt in den Leiter zurück. Dieser Rückkehrvorgang erfordert ebenfalls eine laufzeitbedingte Zeitspanne. Deshalb können die am weitesten vom Leiter entfernten Feldteile nur als letzte zu diesem zurückkehren.

Wird ein Leiter von einem Wechselstrom durchflossen, so wiederholen sich Ein- und Ausschaltvorgänge laufend in Abhängigkeit von der Frequenz.

Mit dem Ansteigen des Wechselstroms baut sich – durch die Laufzeit etwas verzögert – ein elektromagnetisches Feld auf. Fällt der Strom entsprechend dem sinusförmigen Verlauf wieder ab, dann kehrt auch die Feldenergie wieder in den Leiter zurück. Da aber, bedingt durch die Laufzeit, Teile der Feldenergie verspätet beim Leiter ankommen, herrscht dort bereits eine völlig veränderte Stromverteilung. Dieser neue Strom baut wieder ein neues Feld auf, das Teile des zurückkehrenden alten Feldes vom Leiter wegdrückt. Die auf diese Weise „ausgesperrten" elektrischen Feldlinien bilden geschlossene Schleifen, die von magnetischen Feldlinien umschlungen sind. Da sich dieser Vorgang entsprechend der Periodizität des Wechselstromes dauernd wiederholt, breitet sich eine elektromagnetische Welle aus, die in Frequenz und Wellenlänge dem erregenden Wechselstrom genau entspricht. Sie entfernt sich mit Lichtgeschwindigkeit vom Leiter in den Raum

Als Voraussetzung für die beschriebenen Abläufe muß der Generator stets zu einem ganz bestimmten Zeitpunkt eine entgegengesetzt gerichtete Stromverteilung liefern, die dem zusammenbrechenden Feld die Rückkehr zum Leiter versperrt und es somit zwingt, in den Raum abzuwandern. **Bild 1.3.4** zeigt die Abschnürung der elektrischen Feldlinien bei einem *Hertz*schen Dipol. Es handelt sich dabei um eine Kugelwelle mit linearer (vertikaler) Polarisation.

Die Ausbreitungsrichtung der elektromagnetischen Wellen im freien Raum und damit die Energieübertragung wird vom *Poynting*schen Vektor ***S*** bestimmt, der senkrecht zu den beiden Feldstärkevektoren ***E*** und ***H*** verläuft (**Bild 1.1.2**). Der Vektor ***S*** kennzeichnet die Energiemenge, die je Sekunde durch eine senkrecht zur Ausbreitungsrichtung stehende Fläche von 1 m^2 strömt.

Im freien Raum nimmt die elektromagnetische Leistungsdichte quadratisch mit der Entfernung ab. Da sich die Energie mit wachsender Entfernung auf immer größere Flächen verteilen muß, wird sie sozusagen „verdünnt". Man spricht dabei – nicht ganz korrekt – von einer „Freiraumdämpfung". Die Feldstärken nehmen dabei linear mit der Entfernung ab. Wenn z. B. eine Strahlungsquelle im freien Raum in 1 km Entfernung eine elektrische Feldstärke von 1 V/m erzeugt, so beträgt die Feldstärke in 10 km Abstand 100 μ V/m, in 100 km =10 μ V/m und 1000 km = 1 μ V/m.

1.3.2 Feldwellenwiderstand

Der Feldwellenwiderstand in einem ebenen Wellenfeld ist komplex und wird von Permeabilität, Permittivität, Leitfähigkeit und Frequenz bestimmt. Darunter versteht man bei einer fortschreitenden Welle das Verhältnis der transversalen Feldkomponenten ***E*** und ***H***.

In einem leitenden Medium mit realem μ und ε ist der Feldwellenwiderstand $\underline{Z}$ komplex:

$$\underline{Z}/\Omega = \frac{E}{H} = \sqrt{\frac{\mathrm{j}\omega\mu}{\kappa + \mathrm{j}\,\omega\varepsilon}} \qquad (1.3.3)$$

Für verlustfreie Medien (verschwindende Leitfähigkeit κ) wird $\underline{Z}$ *reell*:

$$Z/\Omega = \sqrt{\frac{\mu}{\varepsilon}} = \sqrt{\frac{\mu_0 \cdot \mu_r}{\varepsilon_0 \cdot \varepsilon_r}} \qquad (1.3.4)$$

Für den freien Raum ($\mu_r = \varepsilon_r = 1$):

$$Z_0/\Omega \approx \sqrt{\frac{\mu_0}{\varepsilon_0}} = 120 \cdot \pi = 376.73 = 377 \qquad (1.3.5)$$

Der Wert des Feldwellenwiderstandes ist ortsunabhängig und ist bei hohen Frequenzen

$$Z_W = Z_0 \cdot \sqrt{\frac{\mu_r}{\varepsilon_r}} \qquad (1.3.6)$$

In Leitungen ist $\mu_r = 1$, aber $\varepsilon_r > 1$und damit der Feldwellenwiderstand

$$Z_L = \frac{Z_0}{\sqrt{\varepsilon_r}} < 377\,\Omega$$

Bei Leitungen spricht man von einem Leitungswellenwiderstand. Das Verhältnis der Integrale von ***E*** und ***H*** ergibt hierbei

$$\underline{Z}_L = \sqrt{\frac{R + \mathrm{j}\omega L}{G + \mathrm{j}\omega C}} \qquad (1.3.7)$$

Bei verlustfreien Leitungen ($R = 0$, $G = 0$):

$$Z_L = \sqrt{\frac{L}{C}} \qquad (1.3.8)$$

genau genommen werden statt *L* ..... *L'* und statt *C*..... *C'* die jeweiligen Induktivitäts- und Kapazitätsbeläge (Werte pro Länge) eingesetzt.

Feldwellenwiderstand im Nahfeld von Antennen

Der Feldwellenwiderstand Z_W in der Entfernung *r* von einer Antenne ist definiert als das Verhältnis der transversalen elektrischen zur transversalen magnetischen Feldstärke. Die radiale Komponente wird dabei nicht berücksichtigt. **Bild 1.3.5** zeigt den Feldwellenwiderstand in der Nähe von E- und H-Feld-Quellen.

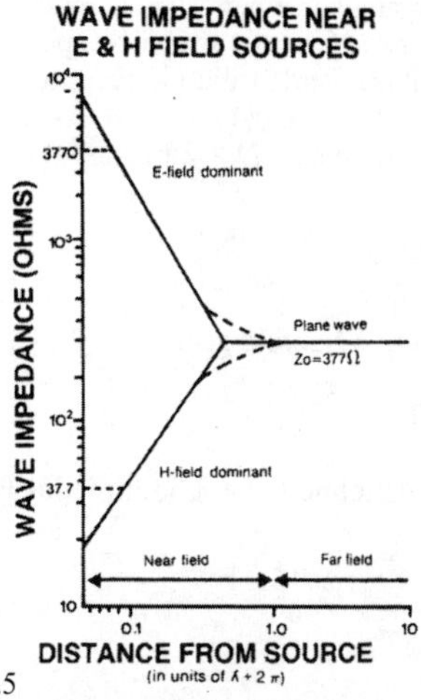

Bild 1.3.5
Feldwellenwiderstand in der Nähe v
von E- und H-Feld-Quellen
E-Feld-Quelle = elektrische Antenne (Dipol)
H-Feld-Quelle = magnetische Antenne (Rahmen)

Als Grenze zwischen Nahfeld und Fernfeld ist hier $r = \lambda/2\pi = 1$.

Nahfeld des elektrischen Dipols:

$$Z_W = Z_0 \cdot \frac{1}{2\pi} \cdot \frac{\lambda}{r} \qquad (1.3.9)$$

Der Feldwellenwiderstand im Nahfeld eines elektrischen Dipols ist sehr viel größer als der Wellenwiderstand des freien Raumes. Das elektrische Feld ist ein hochohmiges Feld.

Nahfeld des magnetischen Dipols:

$$Z_W = Z_0 \cdot 2\,\pi \cdot \frac{r}{\lambda} \qquad (1.3.10)$$

Der Feldwellenwiderstand im Nahfeld des magnetischen Dipols ist sehr viel kleiner als der Wellenwiderstand des freien Raumes. Das magnetische Feld ist ein niederohmiges Feld.

1.3.3 Antennenfeldzonen

Der Raum um ein strahlendes Antennensystem wird üblicherweise in drei Gebiete unterteilt:

- Nahfeld
- Übergangsfeld (Fresnel-Region)
- Fernfeld (Fraunhofer-Region)

Der Übergang von einem zum anderen Gebiet ist fließend. Genaue Grenzen sind nicht spezifiziert. Je nach Definition werden die Grenzen unterschiedlich definiert.

Für große Antennen $D > \lambda$ beginnt das Fernfeld nach [3.1]

$$\text{bei } r = \frac{2D^2}{\lambda} \qquad (1.3.11)$$

und das reaktive Nahfeld geht nach [3.2]

$$\text{bis } r = 0{,}62 \cdot \sqrt{D^3 / \lambda} \qquad (1.3.12)$$

Für kleine Antennen $D < \lambda$ beginnt das Fernfeld nach [3.3]

$$\text{bei } r = \frac{1}{2\pi} \cdot \lambda \qquad (1.3.13)$$

r ..... Abstand von der Antenne
D ..... Größte Ausdehnung der Antenne
Nach [3.4] sind die Antennenfeldzonen:
Nahfeld: $r < 0{,}1\ \lambda$
Übergangsfeld: $0{,}1\ \lambda \leq r \leq 4\ \lambda$
Fernfeld: $r > 4\ \lambda$
Nach [3.5] sind die Antennenfeldzonen für 30 bis 1000 Mhz:
Nahfeld: $r < 0{,}2\ \lambda$
Übergangsfeld: $0{,}2\ \lambda \leq r \leq 4\ \lambda$
Fernfeld: $r > 4\ \lambda$

1.3.3.1 Nahfeld

Reaktives Nahfeld
Nach Definition der Behörde (RegTP) [3.6] geht das *reaktive Nahfeld* von derAntenne bis $\lambda/2\pi = 0{,}159\lambda$.

Der Abstand wird dabei von jedem Punkt der Antenne aus gemessen.

Band m	Frequenz MHz	reakt. Nahfeld m
160	1,810	26,38
80	3,500	13,64
40	7,000	6,82
30	10,100	4,73
20	14,000	3,41
17	18,068	2,64
15	21,000	2,27
12	24,890	1,92
10	28,000	1,71
6	50,080	0,95
2	144,000	0,33
0,70	430,000	0,11
0,23	1240,000	0,04

Tabelle 1.1
Nahfeldabstände für Amateurbänder

In diesem Bereich ist im Rahmen der Plausibilitätsprüfung eine Nahfeldbetrachtung notwendig, d.h. eine getrennte Messung von H- und E-Feld (vgl. Abschn. 38), oder eine Berechnung mit eingeschränkten Fernfeldformeln, wie in [3.7]angegeben, oder eine Berechnung mit einem speziellen Feldberechnungsprogramm, z.B. FEKO [3.8].

Das reaktive Nahfeld ist ein Feld, das Blindenergie speichert und nichts abstrahlt. Die elektrischen und magnetischen Feldkomponenten haben eine Phasenverschiebung von bis zu 90°. Zwischen Antenne und Umgebung pendelt Blindleistung hin und her. Ein Dipol (elektrische Antenne) hat im Nahfeld ein sehr starkes elektrisches magnetisches Feld. Bei einem Dipol nehmen mit zunehmender Entfernung r die elektrischen Feldstärken (radial und tangential) um den Faktor $1/r^3$ ab. Die magnetische Feldstärke um den Faktor $1/r^2$. Im Nahfeld hat z.B. ein Dipol in Achsenrichtung keine Nullstelle, sondern auchAnteile an elektrischer Feldstärke!

Strahlendes Nahfeld
Nach Definition der Behörde (RegTP) geht das *strahlende Nahfeld* von $0{,}159\ \lambda$ bis $4\ \lambda$.

In diesem Bereich kann im Rahmen der Plausibilitätsprüfung eine vereinfachte Fernfeldbetrachtung durchgeführt werden, d.h. eine Berechnung mit Fernfeldformeln erscheint zulässig. Eventuell mit einem Sicherheitszuschlag von 3 dB nach [3.7].

Die tatsächlichen Feldstärken können u.U. aber kleiner sein, als die errechneten.

Eine Kontrollmessung kann in Grenzsituationen daher sinnvoll sein.

Im strahlenden Nahfeld ändern sich Amplitude und Phase der elektromagnetischen Feldkomponenten laufend mit dem räumlichen Winkel und dem Abstandvon der Antenne.

Bei einem Dipol nehmen mit zunehmender Entfernung r die Feldstärken um den Faktor $1/r^2$ ab.

Das strahlende Nahfeld entspricht dem Übergangsfeld.

1.3.3.2 Fernfeld

Die blinde Anwendung der bekannten Fernfeld-Formel nach *Kraus* $r = 2\ D^2/\lambda$ führt zu Fehlern. Die elektrische Größe (D/λ) ist dabei wichtig.
Nach [3.9] sind die Fernfeldbedingungen:
$r > 2\ D^2/\lambda$
$r > 5\ D$
$r > 1{,}6\ \lambda$
Die *Kraus*-Formel ist nur richtig für $D > 2{,}5\ \lambda$. Wenn $D < 0{,}33\ \lambda$ ist, dann gilt als Kriterium $r > 1{,}6\ \lambda$. Im Bereich dazwischen, also $0{,}33\ \lambda < D > 2{,}5\ \lambda$ gilt als Kriterium $r > 5\ D$.

Tabelle 1.2 zeigt die (gerundete) Fernfeldabstände für Amateurbänder.

Band m	Frequenz MHz	Fernfeld m
160	1,810	663
80	3,500	343
40	7,000	171
30	10,100	119
20	14,000	86
17	18,068	66
15	21,000	57
12	24,890	48
10	28,000	43
6	50,080	24
2	144,000	8
0,70	430	3
0,23	1240	1

Tabelle 1.2
Fernfeldabstände für Amateurbänder

Das Fernfeld ist ein strahlendes Feld, es wird Wirkleistung abgestrahlt.

Die elektrischen und magnetischen Feldkomponenten sind in Phase. Man definiert diesen Zustand als ebene Welle und spricht von einem elektromagnetischen Feld. Die Feldkomponenten sind linear über den Feldwellenwiderstand des freien Raums $Z_0 = 77\ \Omega$ miteinander verknüpft. Die Feldstärken nehmen mit zunehmender Entfernung r um den Faktor $1/r$ ab.

1.3.4 Polarisation

Die Polarisation einer Antenne wird nach der Ausrichtung des Vektors der elektrischen Feldstärke angegeben. Dabei kann man folgende Polarisationsarten unterscheiden:

- linear
- zirkular
- elliptisch

1.3.4.1 Lineare Polarisation

Der Endpunkt des Vektors der elektrischen Feldstärke schwingt auf einer Geraden und ändert periodisch seinen Betrag. Linear polarisierte Wellen in Erdnähe werden auf die Erde als Bezugsebene bezogen. Ein horizontaler Dipol hat eine „horizontale Polarisation", die elektrischen Feldlinien verlaufen parallel zur Erdoberfläche. Ein vertikaler Dipol hat eine „vertikale Polarisation", die elektrischen Feldlinien stehen lotrecht auf der Erdoberfläche.

Für große Zenitwinkel ($\vartheta = 90°$, also in der Horizontalebene) ist die vertikale Polarisation eindeutig, für kleine Zenitwinkel ist das nicht mehr der Fall. Hier ist es angebracht die Polarisation durch die Komponenten von E_ϑ und E_φ auszudrücken. Es besteht jedoch auch die Möglichkeit, die Wellen in jede beliebige Lage zwischen horizontal und vertikal zu polarisieren (z.B. 45° geneigt). Man verwendet diese lineare 45°-Polarisation vereinzelt bei UKW-Rundfunksendern (z.B. in Großbritannien), weil solche Ausstrahlungen sowohl mit den horizontal polarisierten Antennen ortsfester Empfangsanlagen als auch mit vertikal polarisierten Stabantennen (z.B. Autoantennen) gut aufgenommen werden können.

1.3.4.2 Zirkulare Polarisation

Der Vektor der elektrischen Feldstärke ist dem Betrag nach konstant und rotiert in einer Spirale um den Ausbreitungvektor. Im Gegensatz zur linearen Polarisation ist sowohl $\boldsymbol{E}$ als auch $\boldsymbol{H}$ zu keiner Zeit und an keinem Ort Null. Ein Spiralumlauf ist nach der Wellenlänge λ vollendet. Die Schraubenlinie kann rechtsgängig oder linksgängig sein. Die Polarisation ist rechtsdrehend, wenn sich Drehsinn und Ausbreitungsrichtung zu einem Rechtssystem ergänzen und umgekehrt [3.8]. Zirkulare Polarisation kann man mit zwei senkrecht zueinander linear polarisierten Wellenfeldern gleicher Amplitude mit 90° Phasenverschiebung erzeugen.

Rechtszirkulare Polarisation:
RCP.....CW (clockwise)
Linkszirkulare Polarisation:
LCP.....CCW (counterclockwise)

Bei elliptischer Polarisation ändert der Vektor der elektrischen Feldstärke seinen Betrag und seine Richtung. Der Vektor beschreibt bei der Rotation eine Ellipse mit beliebiger Lage der Hauptachse. Jede elliptisch polarisierte Welle läßt sich aus zwei entgegengesetzt drehenden zirkular polarisierten Wellen verschiedener Amplitude zusammensetzen.

Tabelle 1.3 zeigt die durch unterschiedliche Polarisation zwischen Feld und Antenne entstehende

Feldpolarisation / Antennenpolarisation	vertikal ↑	horizontal →	zirkular rechtsdrehend ↻	zirkular linksdrehend ↺
vertikal ↑	0 dB	∞	3 dB	3 dB
horizontal →	∞	0 dB	3 dB	3 dB
zirkular rechtsdrehend ↻	3 dB	3 dB	0 dB	∞
zirkular linksdrehend ↺	3 dB	3 dB	∞	0 dB

Tabelle 1.3
Polarisationsdämpfung

Dämpfung. Bei gleicher Polarisation zwischen Feld und Antenne entsteht kein Verlust (0 dB). Bei Polarisationen, die orthogonal (senkrecht dazu) linear oder entgegengesetzt zirkular sind, wird theoretisch nichts aufgenommen, die Dämpfung wäre dann unendlich.

Bei zirkularer Feldpolarisation, die man sich aus zwei gleichen horizontalen und vertikalen Komponenten zusammengesetzt vorstellen kann, wird bei linearer Antennenpolarisation nur die Hälfte aufgenommen, der Verlust ist somit 3 dB.

Für schräg lineare Polarisation (45° geneigt) gilt ähnliches. Alle linearen oder zirkularen Antennen ergeben 3 dB Verlust. Ausgenommen sind Antennen gleicher Polarisation mit 0 dB und Antennen mit orthogonaler Polarisation, die theoretisch unendliche Dämpfung bewirken.

Bei tiefen Frequenzen (Langwelle und Mittelwelle) und für Grundwellenempfang auf Kurzwelle verwendet man vertikale Polarisation.

Bei mittleren Frequenzen (Kurzwelle) und Raumwellenempfang verwendet man horizontale Polarisation. Durch den Ausbreitungsvorgang in der Ionosphäre hervorgerufen, treten im Kurzwellenbereich ständig Polarisationsänderungen auf. Sie verursachen eine Schwunderscheinung, das sogenannte Polarisationsfading.

Bei hohen Frequenzen (Ultrakurzwelle und Meterwelle) sind beide Polarisationen üblich. Es treten hier kaum Polarisationänderungen auf. Es wird auch noch zirkulare Polarisation verwendet.

Allgemein kann man sagen, daß eine waagerecht aufgebaute Antenne meist auch eine horizontal polarisierte Welle abstrahlt. Sinngemäß liefert eine senkrecht orientierte Antenne eine vertikal polarisierte Welle. Bei manchen Antennenformen ist jedoch die Polarisation nicht sofort aus dem Leiterverlauf erkennbar (z.B. bei Schlitzantennen, Cubical Quad, DDRR).

Literatur zu Abschnitt 1

[1] *Blankenburg, K.H.:* Der korrekte Umgang mit Größen, Einheiten und Gleichungen. Neues von Rohde & Schwarz, 1998/I, H. 157, S. 32–33; 1998/II, H. 158, S. 30–31
Zuhrt, H.: Elektromagnetische Strahlungsfelder. Springer, Berlin, 1953
Zinke, O.; Brunswig, H.: Lehrbuch der Hochfrequenztechnik. Springer, Berlin, 1973
Dubost, G.; Zisler, S.: Breitband-Antennen. Oldenbourg, München, 1977
Balanis, C.A.: Antenna – Theory Analysis and Design. Wiley, New York, 1982
Kraus, J.D.: Electromagnetics. McGraw-Hill, Singapore, 1984
Kraus, J.D.: Antennas. McGraw-Hill, New York, 1988
Georg, O.: Elektromagnetische Wellen. Springer, Berlin, 1997.
Maxwell, J.C.: A treatise on electricity and magnetism. Oxford University, London, 1873
Hertz, H.: Über sehr schnelle elektrische Schwingungen. Wiedemanns Ann. Phys. Bd. 31, 1887
Sommerfeld, A.: Das Reziprozitätstheorem in der drahtlosen Telegraphie. Z. Hochfrequenztechn. Jg. 26, 1925, S. 93–98
Carson, J.R.: Reciprocial Theorem in Radio Communication. Proc. IRE, vol. 17, Jun 1929, pp. 952–956
Booker, H.G.: Slot aerials and their relation to complementary wire aerials. JIEE (London), vol. 93, part IIIA, no. 4, 1946
DIN: Einheiten. DIN 1301. Beuth, Berlin
DIN: Mathematische Zeichen. DIN 1302. Beuth, Berlin
DIN: Allgemeine Formelzeichen. DIN 1304. Beuth, Berlin
DIN: Physikalische Größen und Gleichungen. DIN 1313. Beuth, Berlin
DIN: Runden von Dezimalzahlen. DIN 1333. Beuth, Berlin
DIN: Elektrische Nachrichtentechnik. DIN 1344. Beuth, Berlin
DIN: Logarithmische Größen und Einheiten. DIN 5493. Beuth, Berlin
-----: Symbole, Einheiten und Nomenklatur in der Physik. Physik, Weinheim, 1980

[2] *Georg, O.:* Elektromagnetische Wellen. Springer, Berlin, 1997
Gerthsen, Ch.; Vogel, H.: Physik. Springer, Berlin, 1993
Kraus, J.D.: Electromagnetics. McGraw-Hill, Singapore, 1989
DIN: Elektrisches Feld. DIN 1324. Beuth, Berlin
DIN: Magnetisches Feld. DIN 1325. Beuth, Berlin

[3.1] *Kraus, J.D.:* Antennas. McGraw-Hill, New York, 1988
[3.2] *Balanis, C.A.:* Antenna Theory, Analysis and Design. Wiley, New York, 1982
[3.3] *Wheeler, H.A.:* The Radianspere Around a Small Antenna. Proc. IRE, Aug. 3, 1959, pp. 1325–1331
[3.4] *Warner, A.:* Taschenbuch der Funk-Entstörung. VDE, Berlin, 1965
[3.5] *FTZ:* Messung der Störfeldstärke und der Störstrahlungsleistung (30 bis 1000MHz). Anlage 1, Grenzen des Fern-, Übergangs- und Nahfeldes in Abhängigkeit von der Frequenz. FTZ 17 R 46. FTZ, 1984
[3.6] http://www.regtp.de/Fachinfo/EMVU/afu
[3.7] *Jakobus, U.:* Fernfeldformeln im Nahfeld. CQ DL 4/99, S. 289–293
[3.8] *Jakobus, U.:* Bedienungsanleitung zum Programm FEKO. Institut für Hochfrequenztechnik, Universität Stuttgart, 1998
[3.9] *Bansal, R.:* The Far-Field: How Far is Far Enough?. Applied Microwave &Wireless, Nov. 1999, pp. 58, 60
[3.8] *IEEE:* Standard Test Procedures for Antennas. IEEE Std 149-1979. IEEE, New York, 1979

2 Ausbreitung elektromagnetischer Wellen

2.1 Einführung

Die Erforschung der Wellenausbreitung ist die Erforschung der Ionosphäre.

Bereits im Jahre 1902 wurde unabhängig von *A.E. Kennelly* in New York und *O. Heaviside* in London zur Erklärung der 1901 von *G. Marconi* erfolgreichen Funkverbindung über den Atlantic das Vorhandensein einer elektrisch leitenden Schicht in großer Höhe angenommen. Den Engländern Sir *Appleton* und *Barnett* gelang im Jahre 1925 der experimentelle Nachweis reflektierender Schichten in der oberen Atmosphäre, womit sich die Theorie von *Kennelly* und *Heaviside* bestätigte. Später wurde von den beiden Amerikanern *G. Breit* und *M.A. Tuve* nach dem Prinzip der Echolotung, einer Impuls-Echomethode mit Kurzwellen (70 m), festgestellt, daß nicht nur eine, die sogenannte *Kennelly-Heaviside*-Schicht, sondern ein ganzes Schichtsystem in der Hochatmosphäre vorhanden ist. Ergänzt und präzisiert wurden die Erkenntnisse über die Eigenschaften der Ionosphäre durch Meßwerte von Radiosonden und später von Satelliten.

Vor dem ersten Weltkrieg wurde die Erforschung speziell der Längstwellen in Deutschland durch *J. Zenneck* und *A. Sommerfeld* weitergeführt. Nach dem ersten Weltkrieg bewiesen Funkamateure die Brauchbarkeit der Kurzwellen für Weitverbindun-

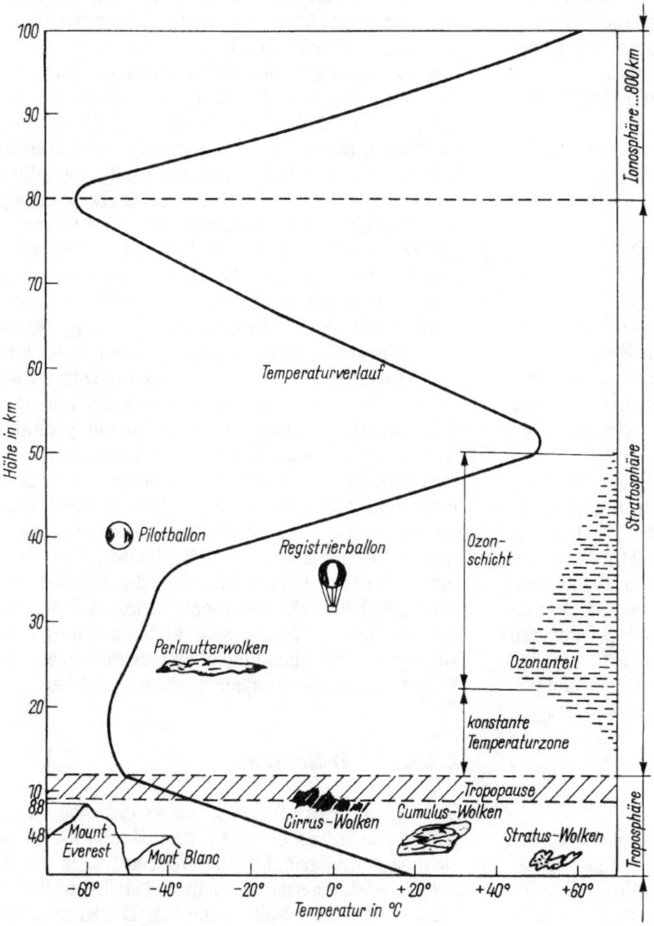

Bild 2.2.1:
Die Schichtung und die Temperaturverläufe in der unteren Atmosphäre

gen. Seit 1932 gibt es Durchdrehsender, mit denen man den ganzen Kurzwellenbereich überstreichen konnte.

Während des zweiten Weltkrieges wurde die Ionosphärenforschung aus militärischen Gründen stark ausgebaut. Es ergab sich die Notwendigkeit, über die ganze Erde verteilte Meßstationen einzurichten. Während Anfang 1941 nur 3 Stationen auf Seiten der Alliierten Informationen lieferten, waren bei Kriegsende 44 Stationen regelmäßig im Einsatz und lieferten ihre Ergebnisse an Zentralbehörden (Central Radio Propagation Laboratory = CRPL) weiter. Bekannte Namen dieser Zeit waren in USA *J.H. Dellinger* (National Bureau of Standard = NBS) und in Deutschland *W. Dieminger* (Institut für Ionosphärenforschung Lindau).

2.2 Erdatmosphäre

Eine bedeutende Rolle bei der Ausbreitung elektromagnetischer Wellen spielt die Erdatmosphäre. Diese Gashülle der Erde reicht bis in eine Höhe von 2000…3000 km und besteht hauptsächlich aus Stickstoff, Sauerstoff und Wasserdampf.

Man unterteilt die Atmosphäre in 3 Hauptregionen (**Bild 2.2.1**):

- Troposphäre,
- Stratosphäre
- und Ionosphäre.

2.2.1 Troposphäre

Sie erstreckt sich vom Erdboden bis zu einer Höhe von etwa 11 km. Man nennt sie auch *Wettersphäre,* denn in ihr spielen sich in erster Linie die wetterbestimmenden meteorologischen Vorgänge ab. Die *Troposphäre* enthält annähernd 75 % der gesamten Stoffe der Atmosphäre.

Die Temperatur der *Troposphäre* fällt im allgemeinen mit zunehmender Höhe, und zwar um 6…8 K je 1000 m Anstieg. Sie erreicht an ihrer Obergrenze, in der sogenannten *Tropopause,* ein Minimum von durchschnittlich –50 °C. Die Höhe der Tropopause ist Schwankungen unterworfen. Sie liegt in unseren Breiten im März mit durchschnittlich 9,7 km am tiefsten, im Juli mit 11,1 km am höchsten.

Der Zustand der *Troposphäre* ist für die Ausbreitung der Meterwellen von besonderer Bedeutung.

2.2.2 Stratosphäre

In einer Höhe von 11…80 km erstreckt sich die *Stratosphäre.* Sie ist ein Bereich ohne gewöhnliche Wettererscheinungen und wird durch das völlige Fehlen von Wasserdampf gekennzeichnet. In ihr bleibt die Lufttemperatur bis in eine Höhe von etwa 20 km nahezu konstant (konstante Temperaturzone). Oberhalb 20 km Höhe steigt die Temperatur stetig an und erreicht in 50 km Höhe annähernd + 50 °C. Dieser Bereich des Temperaturanstieges wird auch *Ozonsphäre* genannt, da die Luft dort einen relativ hohen Ozongehalt aufweist. Die Ozonschicht ist für die Entwicklung und den Bestand des Lebens auf der Erde von Bedeutung, denn sie absorbiert einen großen Teil der von der Sonne ausgehenden Ultraviolettstrahlung, die bakterien- und zellschädigend wirkt.

Oberhalb 50 km nimmt die Temperatur mit steigender Höhe wieder ab, um schließlich bei 80 km Höhe – am Übergang zur Ionosphäre – erneut anzusteigen.

2.2.3 Ionosphäre

Oberhalb einer Höhe von etwa 70 km erstreckt sich die *Ionosphäre.* Sie reicht bis in eine Höhe von annähernd 800 km und geht dabei allmählich in den interstellaren Raum über. Das Übergangsgebiet zum interstellaren Raum nennt man *Exosphäre.* In der *Ionosphäre* sind eine große Zahl elektrisch geladener Teilchen – Ionen und Elektronen – vorhanden. Sie entstehen als Folge der Aufspaltung (Ionisation) neutraler Luftmoleküle. Die Ionisation wird in erster Linie durch die Ultraviolett- und Röntgenstrahlung der Sonne verursacht. Auch die kosmische Strahlung und Meteorströme, die pausenlos in der Erdatmosphäre verglühen (einige 10 Milliarden Meteorteilchen in 24 Stunden), sind an der Ionisation beteiligt.

Die Strahlung in der Hochatmosphäre ist energiereich und kann ein Elektron aus dem Atomverband der vorhandenen Gase herauslösen. Durch das fehlende Elektron bildet der Atomkern mit seinen restlichen Elektronen ein positiv geladenes Ion. Das freie Elektron gelangt entweder an ein neutrales Atom oder Molekül und bildet mit diesem ein negatives Ion, oder es vereinigt sich mit einem positiven Ion, wobei wieder ein neutrales Atom entsteht. Diesen Vorgang der Rückbildung nennt man *Rekombination.* Die Anzahl der freien Elektronen je Volumeneinheit ist von der Intensität der Einstrahlung abhängig. Durch die Anwesenheit elektrisch geladener Teilchen, der Ionen, wird die hohe Atmosphäre zu einem elektrischen Leiter, der elektromagnetische Wellen bestimmter Frequenzbereiche reflektiert.

2.2.3.1 D-Schicht

Sie liegt in etwa 60…90 km über der Erde (siehe **Bild 2.2.2**) und ist nur am Tage wirksam, nachts ist sie nicht vorhanden. Die Elektronendichte in der *D-Schicht* ist sehr gering, deshalb sind an ihr nur Reflexionen sehr langer Wellen möglich. Die Kurzwellen

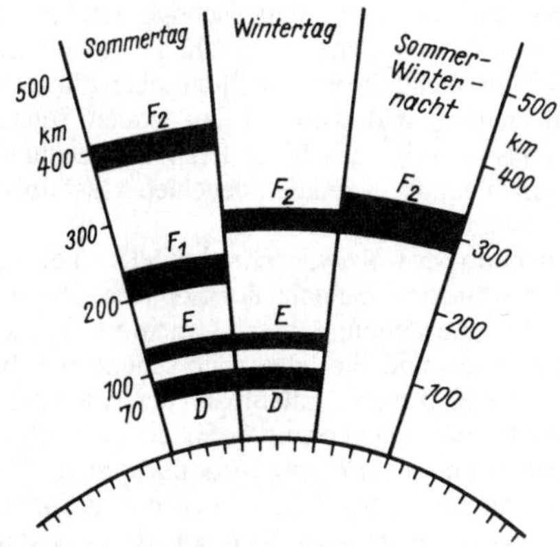

Bild 2.2.2: Ionosphärenschichten

durchdringen die *D-Schicht,* wobei sie teilweise stark gedämpft und im Extremfall völlig absorbiert werden. Die Absorption ist frequenzabhängig und nimmt mit zunehmender Frequenz quadratisch ab. Deshalb ist die *D-Schicht* im Normalfall für die Raumwellenausbreitung der 10-, 15- und 20-m-Wellen kaum ein Hindernis; für die 40-m-Welle ist die Dämpfung schon beträchtlich, und am stärksten wird die Brauchbarkeit der 80- und 160-m-Wellen beeinträchtigt. Die Absorption ist außerdem um so größer, je kleiner der Winkel φ ist, mit dem die Welle in die *D-Schicht* eintritt und je höher die Elektronendichte in der Schicht ist. Sie bestimmt die LUF (Lowest Usable Frequency vgl. Abschnitt 2.13).

Da sich die *D-Schicht* nur unter Sonneneinstrahlung aufbauen kann und der Vorgang der Rekombination sehr schnell verläuft, löst sie sich bei Sonnenuntergang beinahe schlagartig in wenigen Minuten auf. Sie reflektiert VLF und dämpft und reflektiert die tiefen Frequenzen von LF bis zu den unteren Frequenzen von HF. Längstwellen werden reflektiert. Lang- und Mittelwellen werden tagsüber sehr stark gedämpft und erst nachts hörbar. Die relativ geringen Tagesreichweiten im 80- und teilweise im 40-m-Band sind auf die *D-Schicht-Dämpfung* zurückzuführen. Zur Fernausbreitung der Kurzwellen über Reflexion kann die *D-Schicht* nichts beitragen, sie ist ausschließlich als eine dämpfende Schicht zu betrachten, die die Raumwellenausbreitung behindert.

2.2.3.2 E-Schicht

Die darauf folgende *E-Schicht (Kennelly-Heaviside-Schicht)* reicht von etwa 100...125 km. Ihre Intensität ist von der Sonneneinstrahlung abhängig. Hier werden bereits niedrige Frequenzen reflektiert. Bei einer mittleren Elektronenkonzentration von etwa 100000/cm³ sind nur 0,1 % der vorhandenen Atome ionisiert. Sie bildet sich über der Tagseite der Erde aus; kurz nach Sonnenaufgang steigt die Ionisation schnell an, erreicht um die Mittagszeit ein Maximum und fällt dann langsam wieder ab bis zum Sonnenuntergang. Nach Sonnenuntergang führt die starke Rekombination dazu, daß sich die *E-Schicht* schon nach einer Stunde fast völlig aufgelöst hat. Mitunter besteht auch noch während der Nachtstunden eine *E-Schicht,* die allerdings wegen der fehlenden Sonneneinstrahlung von sehr geringer Innendichte ist. Die *kritische Frequenz* f_c, das ist die höchste Frequenz, bei der senkrecht einfallende Strahlung von der Ionosphäre noch reflektiert wird, liegt bei der Tages-*E-Schicht* fast immer zwischen 2 und 4 MHz, sie ist im Sonnenfleckenmaximum höher als im Sonnenfleckenminimum.

In der gleichen Höhe bildet sich auch die *sporadische E-Schicht* (*E_s-Schicht* vgl. Abschnitt 2.10) eine häufige, aber keineswegs regelmäßig auftretende Erscheinung in der Ionosphäre. Ihre Struktur ist nicht schichtförmig zusammenhängend, sondern mehr wolkenartig.

2.2.3.3 F-Schichten

Darüber befindet sich die *F-Schicht (Appleton-Schicht),* die sich im Sommer während der Tagesstunden in die Schichten F_1 (F1) und F_2 (F2) aufspaltet. Die *F_1-Schicht* ist vergleichbar mit der E-Schicht, ist aber in unseren Breiten weniger interessant. Geeignete Ionisation besteht bei der *F_1-Schicht* in etwa 200 km Höhe und bei der *F_2-Schicht* in einer Höhe von etwa 200…400 km. Die Ionisation steigt von Schicht zu Schicht an und erreicht in der *F_2-Schicht* bei etwa 400 km Höhe ein Maximum. Sie bildet ein breites Maximum der Elektronendichte mit rund 1 Million freier Elektronen je cm³ und ist von allen Schichten am stärksten ionisiert.

Über Reflexion an der *F_2-Schicht* kommen die meisten Kurzwellen-Fernverbindungen (DX) zustande. Auf Grund der sehr trägen Rekombination ist die *F_2-Schicht* auch über die Nachtstunden in mehr oder weniger abgeschwächter Form vorhanden. Kurz vor Sonnenaufgang besteht ein Minimum der Elektronendichte; nach Sonnenaufgang steigt die Ionisation an und erreicht innerhalb von 1...2 Stunden durchschnittlichen Tagespegel. Im Sommer liegt die *F_2-Schicht* tagsüber bei etwa 400 km Höhe; im Winter und während der Nachtstunden sinkt sie auf 250…300 km Höhe ab. Die *F_2-Schicht* bestimmt die MUF (Maximal Usable Frequency vgl. Abschnitt 2.13). Oberhalb der *F_2-Schicht* wird die Ionisierung immer geringer und verschwindet schließlich ganz.

Die *F_2-Schicht* weist einige *Anomalien* (Regelwidrigkeiten) auf.

Bei der *Tagesanomalie* läßt sich beispielsweise beim höchsten Sonnenstand nicht das Maximum der Elektronendichte feststellen; es ist zumeist in die frühen Nachmittagsstunden verlagert. Die *Nachtanomalie* zeigt sich darin, daß die Ionisierung während der Nachtstunden noch ansteigen kann, obwohl keine Sonneneinstrahlung stattfindet. Bei der *Polaranomalie* beobachtet man im Winter über den Gebieten der Polarnacht eine F_2*-Schicht* trotz langzeitigen Fehlens der Sonneneinstrahlung. Ungeklärt ist schließlich auch die *jahreszeitliche Anomalie,* die darin besteht, daß die Elektronendichte im Winter größer ist als im Sommer. Auch das sommerliche Ionisationsmaximum tritt nicht, wie zu erwarten wäre, zu Zeiten des höchsten Sonnenstandes auf, sondern kurz nach den *Äquinoktien* (Äquinoktium = Tag und Nacht sind gleich lang; Frühlingsäquinoktium 21. März; Herbstäquinoktium 23. September). Wenn im *Äquinoktium* die Sonne über dem Äquator steht, ist die Ionisation über nördlichen und südlichen Breiten am stärksten. Beide Gebiete großer Elektronendichte werden durch einen Abschnitt minimaler Ionisation getrennt, der sich entlang dem magnetischen Äquator ausbreitet. Man nennt es die *erdmagnetische Anomalie.*

Die F_1*-Schicht* bildet sich nur tagsüber in einer Höhe von etwa 200 bis 280 km aus.

Sie ist im Sommer häufiger als im Winter. Von der Untergrenze der F_2*-Schicht* ist sie durch ein etwa 50 km breites Gebiet geringer Elektronenkonzentration getrennt. Die F_1*-Schicht* enthält maximal etwa 400 000 freie Elektronen je cm^3. Für die Kurzwellenausbreitung ist die F_1*-Schicht* unerwünscht, weil sie die Ausbreitung über die F_2*-Schicht* durch Absorption behindert. Die F_1*-Schicht* kann immer nur im Zusammenhang mit der F_2*-Schicht* entstehen. Beide Schichten gehören deshalb zusammen und bilden einen Komplex, die *F-Schichten.*

Den in **Bild 2.2.2** gezeigten Aufbau darf man sich nicht als ein starres System übereinanderliegender Schichten vorstellen. Der Ionisationsgrad verändert sich laufend, abhängig von Jahres- und Tageszeit, von der zyklischen Veränderung der Sonnenaktivität und von der geographischen Breite.

2.3 Sonne

Die Sonne ist ein riesiger Gasball (Plasma), der hauptsächlich aus 75 % Wasserstoff und ca. 25 % Helium besteht. Ihr Durchmesser ist fast 1,4 Millionen Kilometer. Für Astronomen ist die Sonne ein „normaler" Zwerg unter den Sternen mit der Spektralklasse G2 und der Leuchtklasse V. Das Alter der Sonne schätzt man auf rd. 4,6 Milliarden Jahre, ihre Lebensdauer auf rd. 10 Milliarden Jahre.

Was sich den Augen als Sonne darbietet, ist in Wirklichkeit deren *Photosphäre,* eine etwa 400 km dicke Schicht, welche das Sonneninnere von der Sonnenatmosphäre trennt. Oberhalb der *Photosphäre* befindet sich eine durchsichtige Region, die *Chromosphäre,* welche bis in eine Höhe von etwa 10 000 km reicht. Sie ist vom Photosphärenlicht völlig überstrahlt und wird nur bei totalen Sonnenfinsternissen oder mit besonderen Beobachtungsinstrumenten als schmaler, leuchtendrosafarbener Saum sichtbar.

Oberhalb der *Chromosphäre* breitet sich die *Korona* als äußerste Schicht der Sonnenatmosphäre aus. Ihre Ausdehnung beträgt mehrere Sonnendurchmesser, und die letzten Forschungen haben ergeben, daß sich die Umlaufbahn der Erde noch in der äußeren *Sonnenkorona* befindet. Da auch die *Korona* von der *Photosphäre* überstrahlt wird, kann man sie nur zu Zeiten einer totalen Sonnenfinsternis als leuchtenden Lichthof (Halo) rund um die Sonnenscheibe beobachten.

Im Sonneninneren werden durch die hohen Werte von Temperatur, Druck und Dichte Kernprozesse ausgelöst. Die freigesetzte Energie wird durch Strahlung nach außen transportiert und in den Weltraum abgestrahlt. Die Gesamtstrahlung der Sonne setzt sich zusammen aus elektromagnetischen Wellen und aus einer Teilchenstrahlung (Korpuskularstrahlung).

2.3.1 Elektromagnetische Strahlung

Der größte Teil der Sonnenenergie kommt aus der *Photosphäre* als Strahlung sichtbaren Lichtes mit Wellenlängen zwischen 400 und 800 nm, wobei die maximale Intensität bei 470 nm liegt. Die Emission elektromagnetischer Wellen reicht über das ganze Spektrum von der Gammastrahlung über die Röntgen-, Ultraviolett-, Licht- und Infrarotstrahlung bis zu den Radiowellen. Zum Aufbau und Zustand der Ionosphäre tragen jedoch nur die solaren Röntgen- und Ultraviolettstrahlen entscheidend bei.

Die Röntgenstrahlung hat ihren Ursprung in der *Korona,* sie ionisiert hauptsächlich die Erdatmosphäre in Höhen zwischen etwa 50 und 150 km *(D- und E-Schicht).*

Die Ultraviolettstrahlung kommt aus der *Chromosphäre.* Sie bewirkt vor allem die Ausbildung der *F-Schicht;* zu einem kleinen Teil wird von ihr auch das in der *D-Schicht* schwach vorkommende Stickstoffoxid (NO) ionisiert.

Beim Eindringen in die Erdatmosphäre wirkt die Ultraviolett- und Röntgenstrahlung auf die dort vorhandenen Atome und Moleküle ionisierend, gleichzeitig wird die Strahlung nach und nach absorbiert. Je tiefer die Strahlung in die Erdatmosphäre vorstößt, desto dichter wird diese, und desto größer wird die Abschwächung, bis schließlich keine nennenswerte ionisierende Strahlung mehr nachweisbar ist.

Schichten werden innerhalb der *Ionosphäre* gebildet, weil bestimmte Wellenlängen innerhalb des Ultraviolett- und Röntgen-Strahlungsbereiches durch einige Atom- oder Molekülarten (z.B. O, O_2,

N_2, NO) absorbiert werden, wobei dieser Vorgang in unterschiedlichen Höhen stattfindet.

2.3.2 Kosmische Strahlung

Von geringerem Einfluß auf die Ionosphäre ist die *Korpuskularstrahlung.* Heute bezeichnet man diese Teilchenstrahlung zutreffender als *Sonnenwind* (solaren Wind), da es sich um einen ständigen Materiestrom aus der Sonnenkorona handelt, der nach magnetogasdynamischen Gesetzen verläuft. Erstmalig festgestellt und gemessen wurde der *Sonnenwind* von Raumfahrzeugen. Geschwindigkeit und Turbulenz sind von der Sonnentätigkeit abhängig.

Sonnenwind

Der *Sonnenwind* besteht im wesentlichen aus Elektronen und positiven Ionen des Sauerstoffs. Sein Ursprung sind Bereiche niedriger Dichte der Sonnenkorona, die sogenannten koronalen Löcher. Der Sonnenwind weht in Erdnähe mit einer mittleren Geschwindigkeit von rd. 400 km pro Sekunde. Steigt die Geschwindigkeit und damit die kinetische Energie der Elektronen und Ionen des Sonnenwindes, so gibt es Interferenzen mit dem Erdmagnetfeld und wir müssen mit gestörten Ausbreitungsbedingungen rechnen.

Die Temperatur der Sonnenkorona beträgt etwa 1 Million Kelvin (10^6 K). Die in ihr verteilten Partikel befinden sich im Zustand des Plasmas und bewegen sich mit Geschwindigkeiten von über 600 km/s. Es handelt sich dabei hauptsächlich um *Protonen* (Kerne des Wasserstoffatoms). Der Gasdruck der sehr heißen Koronamaterie ist so hoch, daß die Anziehungskraft der Sonne diesen nicht vollständig kompensieren kann. Dadurch kommt es zu einem ständigen Materiestrom, der allerdings von der Sonne weg in den interplanetaren Raum entweicht. Dieser *Sonnenwind* hat im Durchschnitt eine Geschwindigkeit von 320 km/s bei einer Teilchendichte von etwa 5/cm³; er besteht im wesentlichen aus Wasserstoff mit einer Temperatur von $10^4 \ldots 10^5$ K.

Durch ihre Bewegung erzeugen die geladenen Partikel des Sonnenwindes Magnetfelder, die mit dem Geomagnetfeld über der Tagseite der Erde kollidieren. Dabei bildet sich in etwa 100000 km Entfernung vom Erdmittelpunkt eine *Schockfront* aus, die annähernd mit der Kopfwelle beim Überschallflug zu vergleichen ist. Der *Sonnenwind* gerät nun in ein *Übergangsgebiet,* wird dort verwirbelt und schließlich an der *Magnetopause* gezwungen, die *Magnetosphäre* der Erde zu umfließen. Mit Hilfe von Erdsatelliten konnte der Aufbau der Erdmagnetosphäre, die vom *Sonnenwind* stark beeinflußt wird, erforscht werden. **Bild 2.3.1** soll ihren prinzipiellen Aufbau deutlich machen.

Die Grenzschicht *Magnetopause* zwischen dem *Übergangsgebiet* und der *Magnetosphäre* ist dadurch gekennzeichnet, daß in ihr das Gleichgewicht zwischen der Energie des Erdmagnetfeldes und der Bewegungsenergie des *Sonnenwindes* hergestellt ist. Dadurch kann der *Sonnenwind* nicht oder nur an bestimmten Stellen und unter besonderen Voraussetzungen in die *Magnetosphäre* eindringen.

Durch die Einwirkung des *Sonnenwindes* wird das Erdmagnetfeld über der Tagseite komprimiert. Dagegen orientieren sich die Feldlinien über der Nachtseite zu einem langgestreckten, offenen Schweif, der weit über die Mondbahn hinausreicht. In etwa 130 000 km Abstand vom Erdmittelpunkt formieren sich parallel zueinander zwei gleich starke, aber entgegengesetzt gerichtete Magnetfelder, die durch die *Neutralschicht* voneinander getrennt sind. Die *Neutralschicht* ist von einer *Plasmaschicht* solaren Ursprungs umschlossen. Es handelt sich dabei um Partikel des *Sonnenwindes,* der über das offene Ende des *Magnetosphärenschweifs* eindringt. Die *Plasmaschicht* pflanzt sich auf der Nachtseite der Erde bis in die Erdatmosphäre fort, wobei sie in eine ringförmige Zone, das *Polarlicht-Oval,* einmündet. Aber auch auf der Tagseite der Erde kann solares Plasma in die Erdatmosphäre einströmen, und zwar an den *neutralen Punkten,* die sich im Grenzgebiet zwischen offenen und

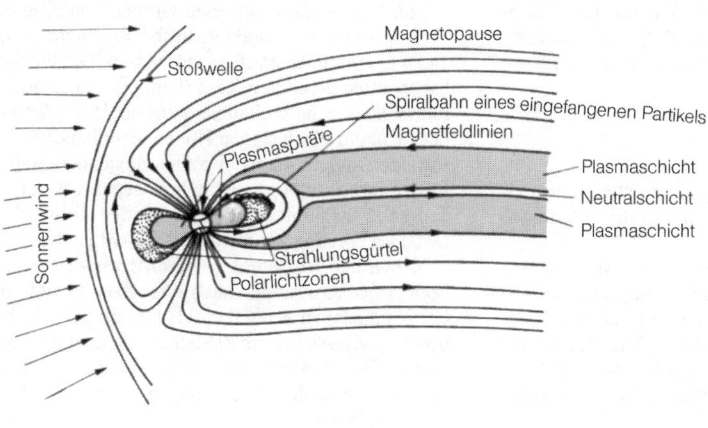

Bild 2.3.1
Prinzipieller Aufbau der Magnetosphäre der Erde mit der vom Sonnenwind verursachten Deformation

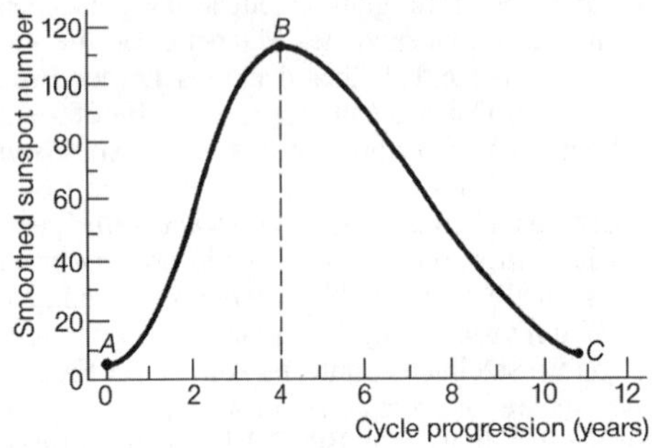

Bild 2.3.2
Mittlerer Sonnenfleckenzyklus seit 1749
A ...... Minimalwert; B ...... Maximalwert 112;
A-B ...... 4 Jahre; B-C ...... 6,8 Jahre;
A-C ...... 10,8 Jahre

geschlossenen Feldlinien an der *Magnetopause* befinden.

Um die Erde befindet sich ein hochenergetischer Strahlungsgürtel, der nach dem amerikanische Physiker *J. van Allen* benannt ist. Der Nachweis erfolgte 1958 durch Erdsatelliten (Explorer).

Der „normale" ständige *Sonnenwind,* der von einer „ruhigen" Sonne ausgeht, beeinträchtigt die Ausbreitung von Kurzwellen kaum, da er in der Ionosphäre keine besonderen Ereignisse auslöst. Erst wenn die Sonne durch bestimmte Aktivitätszentren zusätzliche Materieströme aussendet, treten Ausbreitungsstörungen auf, die noch besprochen werden.

Koronale Löcher

Das sind Gebiete mit geringerer Dichte innerhalb der Sonnenkorona, die auch eine geringere Temperatur als die sie umgebenden Gebiete der Korona aufweisen. Sie sind von der Erde aus als dunklere Gebiete sichtbar. Ihre Häufigkeit ist in den Jahren des Sonnenfleckenminimums am größten. Man kann *koronale Löcher* als großen dunklen Bereich auf Röntgenaufnahmen ausmachen.

In den vergangen Jahren mit niedriger solarer Aktivität wird recht häufig berichtet von den koronalen Löchern als Ursache starken Sonnenwindes, der unser geomagnetisches Feld beeinflußt und die Kurzwellenausbreitung teilweise empfindlich dämpft.

2.3.3 Sonnenflecken

Das Erscheinen von *Sonnenflecken* steht unmittelbar im Zusammenhang mit einer gesteigerten Sonnenaktivität.

Sonnenflecken treten einzeln und in Gruppen auf. *Sonnenflecken* haben einen Durchmesser von 1000 bis etwa 50 000 km. Je nach Größe beträgt ihre Lebensdauer Tage bis mehrere Monate. Sie erscheinen gehäuft im Bereich zwischen 20 Grad nördlich und 20 Grad südlich vom Sonnenäquator und bewegen sich mit der Sonnenrotation. Das bedeutet, daß langlebige Flecken für den irdischen Beobachter nach 27 Tagen wieder an der gleichen Stelle erscheinen.

Bereits vor 2000 Jahren wurden in China die *Sonnenflecken* festgestellt. Um 1611 wurden in Deutschland durch den Jesuiten *Ch. Scheiner* (1575–1650) und in Italien durch den Astronomen *G. Galilei* (1564–1642) diese dunklen Flecken auf der Sonnenscheibe entdeckt. Der Amateurastronom *H.S. Schwabe* aus Dessau sammelte über einen Zeitraum von 20 Jahren beobachtete Sonnenfleckendaten und schlussfolgerte 1843 daraus, daß die Fleckenhäufigkeit einer Periodendauer von 10 Jahren unterliegen würde. Er gilt deshalb als der Entdecker des *Sonnenfleckenzyklus.* Aus den regelmäßigen Beobachtungen der *Sonnenflecken* ergab sich bald, daß sich deren Relativzahl periodisch etwa alle 11 Jahre verändert. Das ist ein Durchschnittswert, der im Einzelfall zwischen 7 und 17 Jahren schwanken kann. **Bild 2.3.2** zeigt die typische Form eines *Sonnenfleckenzyklus* mit einem steilen Anstieg (4 Jahre) und einem flachen Abfall (rd. 7, genau 6,8 Jahre), gemittelt über die bisherigen 21 Zyklen [3.1].

R. Wolf, Direktor des Observatoriums Zürich, verfolgte 1849 die früheren Sonnenfleckenbeobachtungen bis zum Jahr 1749 zurück und ermittelte daraus die seit dieser Zeit abgelaufenen Sonnenfleckenzyklen, wobei der Beginn des Zyklus Nr. 1 für den Februar 1755 (Sonnenfleckenminimum) festgelegt wurde. Seither werden die Zyklen fortlaufend numeriert, wobei jeder Zyklus mit dem Fleckenminimum beginnt.

Im Zuge einer Vereinheitlichung der Beobachtungsergebnisse wurde international die Fleckenhäufigkeit mit der *Sonnenfleckenrelativzahl R* bezeichnet (vgl. 2.13).

Sonnenflecken erscheinen als dunkle Punkte auf der Sonne, weil sie kühler sind als die sie umgebende Photosphäre. Sie sind Konzentrationspunkte des magnetischen Flusses zwischen bipolaren Klustern oder Gruppen von *Sonnenflecken*.

Meist entwickelt sich eine Gruppe von *Sonnenflecken*, die eine charakteristische Zweiteilung um einen größeren Zentralfleck aufweisen. Die Flecken haben einen dunkleren Kern (Umbra) und einen darumliegenden halbschattenähnlichen Hof (Penumbra). Hat ein Fleck seinen Höhepunkt überschritten, so bilden sich an meist gegenüberliegenden Stellen Einschnürungen, die schließlich den Fleck teilen. Die setzt sich mit den verbleibenden Teilstücken fort. Der Vorgang kann Tage oder Wochen dauern.

Neben der *Sonnenfleckenrelativzahl* werden die Sonnenfleckengruppen nach Ihrer Komplexität mit Großbuchstaben A bis F und H klassifiziert. Dabei bedeutet Klasse-A: Ein kleiner einzelner unipolarer Sonnenfleck oder eine sehr kleine Sonnenfleckengruppe ohne Halbschatten, F steht für: Eine

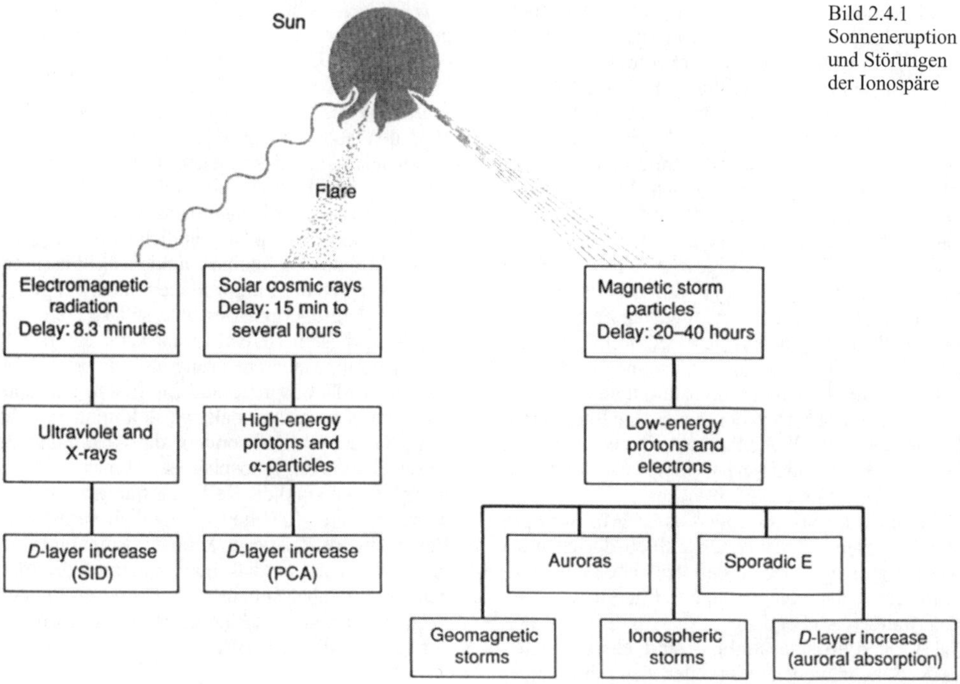

Bild 2.4.1
Sonneneruption und Störungen der Ionospäre

ausgedehnte bipolare Sonnenfleckengruppe mit Halbschatten an beiden Enden mit mindestens 15 Winkelgrade umfassender longitudinaler Ausdehnung. Je komplexer die Sonnenfleckengruppen sind, um so größer ist der solare Flux und um so besser kann unser Funkwetter sein.

Mit Zunahme der *Sonnenflecken* verbessert sich die Möglichkeit Kurzwellenfernverbindungen (DX) zu machen.

Eine Erklärung für den Sonnenfleckenzyklus konnte bisher noch nicht gefunden werden, und auch die *Sonnenflecken* selbst geben der Wissenschaft noch viele Rätsel auf. Man deutet die Flecken als die sichtbaren Zeichen außerordentlich starker Magnetfelder, wobei benachbarte Flecken oft von unterschiedlicher Polarität sind (unipolare und bipolare Fleckenfelder). Die Magnetfelder haben Feldstärken bis 0,4 Tesla (zum Vergleich: Magnetfeld der Erde $0{,}5 \cdot 10^{-4}$ T). Die Magnetfelder sind vermutlich verantwortlich für den Sonnenfleckenzyklus. Alle 11 Jahre polt sich das Magnetfeld der Sonne um. Aus einem Sonnennordpol wird ein Südpol und umgekehrt. Man kann also von einem 22jährigen Sonnenzyklus sprechen.

Die Temperatur in den *Sonnenflecken* liegt etwa 1200 K niedriger als die der sie umgebenden *Photosphäre,* welche mit rd. 6000 °C ermittelt wurde. Die *Sonnenflecken* stellen jedoch lediglich einen kleinen räumlichen und zeitlichen Ausschnitt eines gewaltigen Aktivitätszentrums dar, das sich unterhalb der *Photosphäre* befindet und somit der direkten Beobachtung entzogen ist. Gebunden an einen *Sonnenfleck* bilden sich an dessen äußerer Begrenzung sogenannte *Fackelgebiete* aus, die man im Licht bestimmter Spektrallinien beobachten kann. Die *Fackeln* sind heller und damit heißer als ihre Umgebung, sie haben riesige Ausmaße und treten sowohl in der Photosphäre als auch in der Chromosphäre auf. Innerhalb der Fackelgebiete in der Chromosphäre ereignen sich häufig Eruptionen (Ausbrüche), die ein plötzliches „Aufflackern" und gleichzeitiges Vergrößern der Fackelflächen verursachen. Solche Eruptionen nennt man *Flares* (flare = helles, flackerndes Licht), denen man auch Buchstaben zuordnet. Es gibt 5 Klassen (A, B, C, M, X), die sich untereinander um den Faktor 1000 in der Intensität (W/m^2) unterscheiden.

Als Folge der *Sonneneruptionen* entstehen alle Formen elektromagnetischer Strahlung; bei größeren Ausbrüchen findet auch eine erhöhte *Korpuskularstrahlung* statt.

Die Leuchtkraft der Sonne (das sichtbare Licht) wird in ihrer Intensität von der wechselnden Sonnenaktivität nicht merkbar beeinflußt wird. Man darf sie als konstant annehmen.

2.4 Ionosphärische Störungen

Störungen der Ionosphäre treten nach Sonneneruptionen in der näheren Umgebung von Sonnenflecken auf. Dabei wird Materie ins All geschleudert zusammen mit einer intensiven UV- und Röntgenstrahlung. Sonneneruptionen (Ausbrüche) nennt man *Flares* (flare = helles, flackerndes Licht). Sie zeigen sich mit unterschiedlicher Helligkeit, Größe und Dauer. *Flares* flammen innerhalb weniger Minuten auf und verlieren dann nach 30...60 min wieder ihre Helligkeit. Auch wesentlich kürzere oder längere Zeitspannen sind möglich. Das Entstehen der *Flares* führt man ebenfalls auf intensive Magnetfelder zurück. Bei den *Flares* werden kurzfristig gewaltige Energien freigesetzt. Wir registrieren sie als Bereiche großer Helligkeit und als Quellen starker Strahlung, die in einem weiten Frequenzbereich auftritt. Es gibt fünf Klassen von *Flares* (A, B, C, M, X), die sich um jeweils eine Größenordnung (Faktor 1000 in der Intensität) unterscheiden.

Beim *A-Flare* beträgt der gemessene Energiefluß (gemessen im Wellenlängenbereich zwischen 100 und 800 Nanometer) weniger als 100 Nanowatt pro Quadratmeter Meßfläche.

Beim *X-Flare* ist er größer als 0,1 Milliwatt pro Quadratmeter. Diese kleinen Zahlen dürfen nicht darüber hinwegtäuschen, daß der bei einem *Flare* in die Ionosphäre eingekoppelte Energiebetrag im Gigawattbereich liegt!

UV- und Röntgenstrahlen sind elektromagnetische Schwingungen und breiten sich mit Lichtgeschwindigkeit aus. Ihre Laufzeit bis zur Erde beträgt etwa 8 Minuten.

Ein Teil der Kosmischen Strahlung besteht aus energiereichen Protonen und α-Partikeln und ist erheblich langsamer als die elektromagnetische Welle. Je nach Geschwindigkeit der Teilchen treffen diese erst innerhalb von etwa 15 Minuten bis zu einigen Stunden in der Erdatmosphäre ein. Ein anderer Teil der Kosmischen Strahlung besteht aus energiearmen Protonen und Elektronen. Die Laufzeit dieser Teilchen bis zur Erde beträgt 20–40 Stunden.

Das **Bild 2.4.1** zeigt die Sonneneruption (Flare) mit ihren Störungen der Ionosphäre nach [4.1][4.2].

2.4.1 *Mögel-Dellinger*-Effekt

Dieser Effekt wird nach seinen Entdeckern *H. Mögel* (Telefunken, Deutschland) und *J. H. Dellinger* (Bureau of Standards, USA) benannt. Darunter versteht man den plötzlichen Ausfall der Kurzwellenfernverbindungen auf der sonnenbeschienenen Seite der Erde. Die erhöhte Ultraviolett- und Röntgenstrahlung wird in der Ionosphäre absorbiert und bewirkt dort eine zusätzliche Ionisation, die sich besonders in der *D-Schicht* auswirkt. Mit der erhöhten Elektronenkonzentration der *D-Schicht* steigt deren Absorptionsfähigkeit für Kurzwellen. Diesen Extremfall nennt man *Mögel-Dellinger-Effekt (MDE),* manchmal auch bezeichnet als *SWF* (Short Wave Fadeout) oder als *SID* (Sudden Ionospheric Disturbance).

H. Mögel beobachtete 1927 erstmalig kurzzeitige Störungen der KW-Fernverbindungen und veröffentlichte 1930 seine Erkenntnisse von 30 Kurzzeitstörungen seit 1927 im Zusammenhang mit Störungen des Magnetfeldes; *J. H. Dellinger* stellte 1935 den Abbruch aller KW-Verbindungen im Zusammenhang mit einer gleichzeitigen Sonneneruption fest. Die Kurzwellen-Funkverbindungen auf der Tagseite der Erde sind dann für die Dauer des Effekts unterbrochen. Gewöhnlich dauert ein *MDE* einige Minuten bis einige Stunden. In dieser Zeit verbessert sich der Langwellenempfang bei gleichzeitiger Vergrößerung des atmosphärischen Störpegels in diesem Bereich. Man kann eine solche plötzliche Ionosphärenstörung als eine erste Reaktion der Erdatmosphäre auf das Erscheinen eines *Flare* betrachten. Normalerweise kommt es dabei nicht bis zum *MDE,* sondern die Absorption der Kurzwellen in der Ionosphäre steigt mehr oder weniger heftig an und die Reflexionsfähigkeit fällt ab, wodurch sich *MUF* und f_c plötzlich vermindern. Bei einem *MDE* dagegen kann der Empfänger völlig „tot" sein, so daß man an einen Empfängerdefekt glauben möchte. *MDE* sind im Sonnenfleckenmaximum am häufigsten, sie treten nur an der Tagseite der Erde auf.

2.4.2 Ionosphärensturm / Magnetsturm

Die komplizierten Wechselwirkungen zwischen dem Magnetfeld der Erde und dem solaren Plasma rufen eine Schwankung des Erdmagnetfeldes hervor. Diese Unruhe wird laufend meßtechnisch registriert und in *Magnetogrammen* ausgewertet. Stark vermehrte Korpuskularstrahlung wird im Magnetogramm als eine besonders große Veränderung des Erdmagnetfeldes ausgewiesen, man bezeichnet sie dann als *erdmagnetischen Sturm* oder kurz als *Magnetsturm.* Das vom Erdmagnetfeld abgelenkte solare Plasma dringt dabei auf verschiedenen Wegen vermehrt in die Erdatmosphäre ein und verursacht dort einen *Ionosphärensturm.*

Da das aus Protonen und Elektronen bestehende solare Plasma, dessen Ausbruch ebenfalls von einem intensiven *Flare* angezeigt wird, die Erde erst nach einer Laufzeit von etwa 20...40 Stunden erreicht, kann man oft damit rechnen, daß 1...3 Tage nach einem *MDE* oder intensiven *SID* ein von einem *Magnetsturm* begleiteter *Ionosphärensturm* einsetzt, der von erheblich längerer Dauer (mehrere Tage) ist, als die *SID*.

Hauptmerkmale des *Ionosphärensturmes* sind das Absinken der kritischen F_2*-Schicht-Frequenz* bis auf die Hälfte des „normalen" Wertes und Ansteigen der *D-Schicht-Absorption.* Insgesamt ist das Spektrum der noch brauchbaren Kurzwellenfrequenzen stark eingeengt, nach oben durch die niedrige f_c und nach unten durch die starke *D-*

Schicht-Absorption, welche die längeren Kurzwellen bis zur Auslöschung dämpft. Während der Sturmperiode, die in Intensität und Dauer variiert, sind empfangene Kurzwellensignale sehr schwach und oft mit *Flatterfading* behaftet. Bei einem schweren *Ionosphärensturm* können „Blackouts" auftreten, während deren Dauer Weitverbindungen (DX) in viele Gebiete der Erde unmöglich werden. Bemerkenswert ist die Beobachtung, daß kurz vor einem *Blackout* oft besonders gute Weitverkehrsbedingungen bestehen. Der Funkamateur kann diese Feststellung zu seinem Vorteil nutzen, indem er in den Tagen nach einem *MDE* oder *SID* die DX-Bänder besonders häufig beobachtet.

Die Auswirkungen von *Ionosphärenstürmen* sind am Tage und in der Nacht vorhanden. Zu Zeiten des Sonnenfleckenmaximums sind sie intensiver, aber von kürzerer Dauer als im Sonnenfleckenminimum.

Die mit erdmagnetischen Störungen verbundenen Ionosphärenstörungen haben, besonders wenn sie Sturmstärke erreichen, noch Begleiterscheinungen, welche die Kurzwellenausbreitung mehr oder weniger stark beeinflussen. Ein optisch eindrucksvolles Phänomen, das in höheren erdmagnetischen Breitengraden häufig, in mittleren Breiten aber nur selten zu beobachten ist, bildet das *Polarlicht,* welches man auch *Aurora* nennt. Es wird von den *Polarlicht*-Teilchen im Energiebereich von etwa 10^4 eV hervorgerufen (eV = Elektronenvolt: 1 eV ist die Energie, die ein Elektron beim Beschleunigen durch eine Spannung von 1 Volt gewinnt). Bei ihrem Eintritt in die Ionosphäre kommt es durch Stoßionisation zu erheblichen Steigerungen der Elektronendichte. Die elektrische Leitfähigkeit der ionisierten Gebiete nimmt dadurch beträchtlich zu, und unter dem Einfluß elektrischer Felder entstehen mächtige Stromsysteme (Elektrojets), als deren Begleiterscheinung die Polarlichter gedeutet werden.

In der Umgebung des *Polarlichtes,* am *Radio-Polarlicht,* können die Kurzwellen eventuell zurückgestreut werden. Wenn allerdings der erdmagnetische Störungsgrad zu hoch ist, werden die Kurzwellen in dem im Polarlichtbereich entstehenden *Aurora-Absorptionsgebiet* stark gedämpft. Das Absorptionsgebiet kann sich bei sehr starken erdmagnetischen Störungen bis in mittlere Breiten ausdehnen und die ionosphärische Kurzwellenausbreitung stark behindern.

Das *Radio-Polarlicht* tritt am Tage und in der Nacht mit deutlichen Häufigkeitsmaxima zwischen 01.00 und 03.00 sowie 17.00 und 19.00 Uhr Ortszeit auf. Es ist im Frühling und im Herbst am häufigsten. Die stärksten Polarlichter sind im Sonnenfleckenmaximum zu erwarten.

Kurzwellenverbindungen über *Polarlicht*-Rückstreuungen haben im Amateurfunkbetrieb wenig Bedeutung. Sie könnten, besonders zu Zeiten des Sonnenfleckenminimums, das 10-, 15- und teilweise das 20-m-Band etwas beleben. Von den 2-m-Amateuren werden Aurora-Bedingungen allerdings wie festliche Ereignisse erwartet (siehe Abschnitt 2.10).

2.4.3 Polarkappenabsorbtion

Die Polarkappen sind ovalförmige Bereiche auf der Erde zwischen 70° und 90° geomagnetischer Breite, d.h. Gebiete um den magnetischen Nord- oder Südpol mit einer Breite von etwa 2000 km. Bei außergewöhnlich starken Sonneneruptionen entsteht häufig eine Strahlung, die vorzugsweise aus Protonen und Alphateilchen (Heliumatomen) besteht. Es handelt sich dabei um schnelle Teilchen mit Energien oberhalb 10^9 eV, die man auch als „Höhenstrahlung" oder „kosmische Strahlung" bezeichnet. Sie dringen nach einer Laufzeit von 15 Minuten bis zu einigen Stunden über die Magnetpolkappen in die Erdatmosphäre ein. In hohen geomagnetischen Breiten ist dadurch die *D-Schicht-Ionisation* über diesen Gebieten groß und verursacht eine starke Absorption der Kurzwellen. Diese *Polarkappenabsorption* (Polar Cap Absorption = *PCA*) dauern im Mittel 2...3 Tage, selten bis zu 10 Tagen.

2.5 Ausbreitungsarten

Elektromagnetische Wellen können sich auf drei Arten ausbreiten:

- Bodenwelle
- Troposphärenwelle
- Raumwelle

2.5.1 Bodenwelle

Die Bodenwelle ist der Ausbreitungsanteil, der durch den Erdboden beeinflußt wird.
Die Bodenwelle folgt der Erdkrümmung und ist dabei dem absorbierenden Einfluß des Erdbodens, über den sie läuft, ausgesetzt. Die Absorption vergrößert sich mit steigender Frequenz. Sehr niedrige Frequenzen (z. B. Längstwellen) haben deshalb eine große Bodenwellenreichweite. Die Bodenwelle besteht aus drei Teilen:

Oberflächenwelle
Die Oberflächenwelle wird von der elektrischen Leitfähigkeit des Erdbodens und von der Struktur der Erdoberfläche (Bebauung, Bewuchs usw.) beeinflußt, ihre Reichweite hängt von der Strahlungsleistung ab.

Direktwelle
Die Direktwelle oder auch Sichtwelle ist der direkte Strahlungsanteil zwischen Sender und Empfänger.

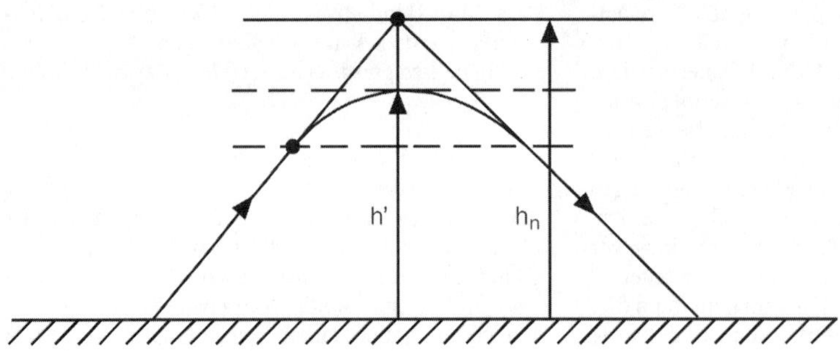

Bild 2.5.1
Tatsächlicher und scheinbarer Weg einer Welle in der Ionosphäre
h′ ..... wahre Reflexionshöhe,
h_n ..... scheinbare Reflexionshöhe

Erdreflexionswelle
Das ist der Wellenanteil, der auf die Erde auftrifft und von ihr wieder reflektiert wird.

Die praktische Ermittlung der Feldstärke wird meist mit den Diagrammen vom CCIR-Report 368 durchgeführt [5.1]. Das sind Diagramme für die Ausbreitung der Bodenwelle über Seewasser und über Land mit verschiedenen Leitfähigkeiten. Bei horizontaler Polarisation ergibt sich eine erhebliche Dämpfung der Bodenwelle. Bodenwellenverbindungen arbeiten daher grundsätzlich mit vertikal polarisierten Wellen. Das ist der Grund, warum Lang- und Mittelwellen-Rundfunksender mit vertikalen Sendemasten als Antennen arbeiten. Die Feldstärke der Bodenwelle sinkt schnell mit steigender Frequenz und damit die Reichweite. Bezogen auf den gleichen Feldstärkepegel, verringert sich bei mittlerer Leitfähigkeit eine Bodenwellenreichweite von etwa 100 km im 80-m-Band auf nur etwa 15 km im 10-m-Band.

Wenn besonderer Wert auf große Bodenwellenreichweite gelegt wird, muß die Frequenz entsprechend niedrig gewählt werden und die Antenne muß vertikal polarisiert sein.

2.5.2 Troposphärenwelle

Was oberflächlich betrachtet als Freiraumausbreitung angesehen wird, ist meist die Wellenausbreitung in der erdnahen Troposphäre. Die Troposphärenwelle ist der Anteil der Strahlung, der durch Beugung, Brechung und Reflexion in der Troposphäre weitergeleitet wird (vgl. die Abschnitte 2.9 und 2.10). Besonders bei den höheren Frequenzen (VHF, UHF und SHF) spielt diese Ausbreitung eine wichtige Rolle. Größere Entfernungen können im UKW-Bereich durch Beugung, Brechung und Streuung in der Troposphäre überbrückt werden. Die Troposphäre unterliegt dauernden zeitlichen Veränderungen. Aussagen über die erreichbaren Entfernungen können nur auf statistischer Basis erfolgen.

2.5.3 Raumwelle

Für die Kurzwellenausbreitung ist die Raumwelle die wichtigste Welle.

Die Überbrückung größter irdischer Entfernungen wird im Kurzwellenbereich durch die Raumwelle ermöglicht. Dabei werden die Raumwellen in der Ionosphäre reflektiert. Genau betrachtet ist es keine echte *Reflexion* (Spiegelung), denn die Wellen werden in der *Ionosphäre* nicht abrupt, sondern allmählich, entsprechend der sich stetig verändernden Ionisierung und damit verbundenen Änderung der Permittivität, umgelenkt. Man sollte deshalb genauer von einer *Refraktion* (Brechung) sprechen [5.2]. **Bild 2.5.1** zeigt den tatsächlichen und scheinbaren Weg einer Welle in der Ionosphäre.

Die Fortpflanzungsgeschwindigkeit der Wellenfront in der Ionosphäre (Phasengeschwindigkeit) ist etwas größer als die in der Troposphäre und hängt von der Elektronendichte und der Frequenz ab. Eine Vergrößerung der Elektronendichte bei gegebener Frequenz erhöht die Phasengeschwindigkeit.

Tritt nun die Wellenfront schräg in die Ionosphäre ein, dann überholen die höherliegenden, „schnelleren“ Teile der Front die darunterliegenden. Als Folge dieser unterschiedlichen Phasengeschwindigkeit wird die Wellenfront abgelenkt und kann bei ausreichend starker Elektronendichte zur Erde hin gebrochen werden.

Es bestehen folgende Zusammenhänge: Zur Reflexion der Kurzwellen in der Ionosphäre muß die Elektronendichte um so stärker sein, je höher die Betriebsfrequenz ist. Die Raumwelle wird um so leichter in Richtung Erde gebrochen, je kleiner der Abstrahlwinkel θ der Antenne ist, das heißt, je „flacher“ die Welle in die Ionosphärenschicht eintritt.

Die Auswirkung dieser Gesetzmäßigkeiten auf die Raumwellenausbreitung der Kurzwellen soll **Bild 2.5.2** in vereinfachter Form deutlich machen. Die Welle 1, welche die Sendeantenne in einem kleinen Abstrahlwinkel θ verläßt, tritt unter dem Einfallswinkel φ relativ „flach“ in die Ionosphäre ein und wird dort so abgelenkt, daß sie erst in großer Entfernung wieder die Erdoberfläche erreicht: Kleiner Abstrahlwinkel $\theta \cong$ großem

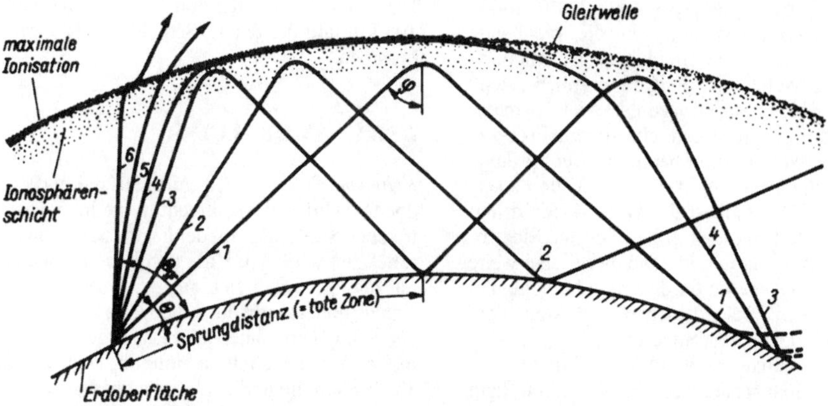

Bild 2.5.2
Einfluß des Abstrahlwinkels auf die Beugung in der Ionospäre.
θ_{gr} = Grenzwinkel, φ = Einfallswinkel in die Ionosphärenschicht

„Sprung". Diese *Sprungdistanz* wird um so größer, je höher die brechende Schicht liegt. An der höchsten Ionosphärenregion, der *F_2-Schicht,* beträgt die maximale Sprungdistanz etwas über 4000 km, an der *E-Schicht* im Höchstfall etwa 2000 km.

Man erkennt daraus, wie wichtig es für die Fernausbreitung der Kurzwellen ist, den Abstrahlwinkel (θ) der Antenne (man nennt ihn auch den *vertikalen Erhebungswinkel)* möglichst klein zu wählen.

Die entsprechenden Winkel werden hier ausnahmsweise mit φ und θ bezeichnet. Sonst versteht man darunter die Azimut- und Zenitwinkel.

Bild 2.5.3 verdeutlicht in schematischer Darstellung einige typische Übertragungswege über E- und F-Schicht-Reflexionen.

Zwischen dem Abgangsort der Welle und dem Ort ihres Wiederauftreffens an der Erdoberfläche befindet sich eine Zone ohne Empfang „tote Zone". Genau betrachtet erstreckt sie sich vom Abklingbereich der Bodenwelle bis zu den Punkten, an denen die reflektierte Raumwelle wieder die Erdoberfläche erreicht. Läßt man die bei Kurzwellen ohnehin sehr geringe Bodenwellenreichweite unberücksichtigt, kann die Ausdehnung der *toten Zone* mit der minimalen Sprungdistanz gleichgesetzt werden.

Die Welle wird von der Erdoberfläche erneut zur Ionosphäre hin abgelenkt und kann dort – eine entsprechend ionisierte Schicht vorausgesetzt – ein zweites Mal reflektiert werden. Dieser Vorgang wiederholt sich oft mehrmals, es kommt sogar vor, daß die Welle den Erdball umrundet. Insgesamt ist der Mechanismus der *Mehrfachsprünge* sehr kompliziert, denn der Zustand der Ionosphäre ändert sich von Ort zu Ort, wobei die Welle manchmal bereits von der *E-Schicht,* dann wieder von der *F_2-Schicht* reflektiert wird oder zwischen beiden Schichten springt.

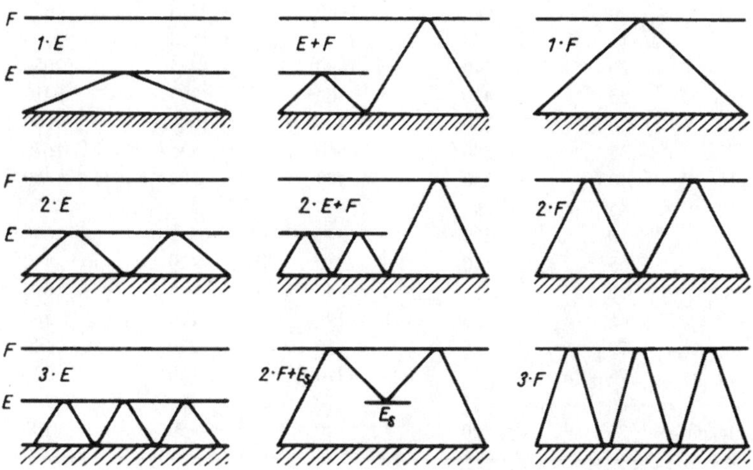

Bild 2.5.3
Einige ionospärische Übertragungswege in schematischer Darstellung

Bei der Welle 2 ist der Abstrahlwinkel θ größer, sie dringt auch etwas tiefer in die brechende Schicht ein, und ihre Sprungdistanz ist erheblich geringer. Die Welle 3 wird schon ziemlich „steil" abgestrahlt. Sie muß fast bis zum Gebiet der maximalen Ionisation vordringen, ehe sie zur Erdoberfläche abgelenkt wird, und benötigt zwei Sprünge, um annähernd die Sprungdistanz von Welle 1 zu erreichen. Ein Sonderfall ist die Welle 4. Sie dringt bis an die Unterkante der Zone höchster Elektronenkonzentration vor und läuft an dieser über weite Strecken entlang, ehe sie durch eine Inhomogenität wieder zur Erde zurückgebrochen wird. Man nennt sie *Gleitwelle* oder auch „Supermode".

Die sehr steil abgestrahlten Wellen 5 und 6 werden von der Ionosphärenschicht nur geringfügig abgelenkt. Sie durchdringen deshalb die Zone maximaler Ionisation und werden nicht mehr zur Erde zurückgebrochen. Nimmt man aber an, es handle sich bei der gezeichneten Schicht um die *E-Schicht,* so könnten die Wellen 5 und 6 immer noch an der darüber liegenden *F-Schicht* gebrochen werden. Die Wellen 1 ... 4 wären in diesem Fall von der *E-Schicht* gegenüber der *F-Schicht* abgedeckt. Diese *Abdeckung* spielt bei der Fernausbreitung der Kurzwellen oft eine unerwünschte Rolle.

Der Abstrahlwinkel der Welle 5 ist als *Grenzwinkel* θ_{gr} gekennzeichnet. Das bedeutet, daß die unter diesem Winkel abgestrahlte Welle die erste ist, die diese Schicht nach oben hin durchdringt.

Tabelle 2.1 veranschaulicht die Sprungdistanzen über E-Schicht- bzw. F_2-Schicht-Reflektionen in Abhängigkeit vom vertikalen Abstrahlwinkel (θ). Dabei wird eine Reflektionshöhe der E-Schicht von 105 km und die der F_2-Schicht mit 320 km angenommen.

2.5.3.1 MUF / LUF

Kritische Frequenz f_c nennt man die höchste Frequenz, bei der die senkrecht in die Ionosphäre eintretende Strahlung von der gegebenen Schicht noch reflektiert wird. Mit Hilfe von Echolotungen ermittelt man f_c, wobei sich aus der Laufzeit des Meßsignals gleichzeitig auch die Höhe der reflektierenden Schicht errechnen läßt. Das Ergebnis ist die *virtuelle Höhe* (scheinbare Höhe) h_n (vgl **Bild 2.5.1**). Tatsächlich liegt die Unterkante der Reflexionsschicht etwas tiefer als die virtuelle Höhe, weil bei der Laufzeitmessung die unterschiedlich kleinere Fortpflanzungsgeschwindigkeit der elektromagnetischen Welle innerhalb der ionisierten Schicht nicht berücksichtigt ist. Die kritische Frequenz ist der Wurzel aus der Elektronendichte N proportional. Die kritische Frequenz gilt für einen Abstrahlwinkel θ von 90°, dabei wird der Strahl wieder zu seinem Ausgangsort zurückgeworfen. Erst wenn θ kleiner wird, gibt es eine Sprungdistanz bzw. tote Zone, und gleichzeitig erhöht sich in Abhängigkeit von θ die Frequenz, die noch reflektiert wird. Man nennt sie *obere Grenzfrequenz* oder *MUF* (**M**aximum **U**sable **F**requency). Durch das *Sekansgesetz* ist die *MUF* mit der Frequenz f_c verbunden.

$$\text{MUF} = f_c \cdot \sec \varphi.$$

Abstrahlwinkel in Grad	I. Sprung E-Schicht in km	2. Sprung E-Schicht in km	I. Sprung Fz-Schicht in km	2. Sprung Fz-Schicht in km
0	2250	4500	4025	8050
5	1400	2800	3010	6020
10	980	1960	2315	4620
15	700	1400	1800	3600
20	540	1080	1475	2950
25	430	860	1205	2410
30	350	700	1000	2000
35	280	560	835	1670
40	240	480	700	1400
45	205	410	585	1170
50	170	340	500	1000
55	140	280	420	840
60	120	240	345	690
65	95	190	280	560
70	75	150	220	440
75	55	110	160	320
80	35	70	100	200
85	20	40	50	100

Tabelle 2.1
Sprungdistanzen in Abhängigkeit vom vertikalen Abstrahlwinkel

Da sec $\varphi = 1/\cos \varphi$ und ohne Berücksichtigung der Erdkrümmung $\cos \varphi = \sin \theta$, kann man ableiten:

$\text{MUF} = f_c \cdot 1/\cos \varphi = f_c \cdot 1/\sin \theta$

Die Ausdrücke $1/\cos \varphi$ bzw. $1/\sin \theta$ stellen den MUF-Faktor dar. Der MUF-Faktor wird mit dem sich verringernden Abstrahlwinkel θ größer.

Klassische MUF nennt man die höchste brauchbare Frequenz, bei der sich elektromagnetische Wellen zwischen gegebenen Endpunkten ausschließlich infolge ionosphärischer Brechung ausbreiten können. Die *Standard-MUF* ist eine Näherung zur klassischen MUF, die durch Umrechnung aus der kritischen Frequenz gewonnen wird.

In der Ionosphäre werden die freien Elektronen und Ionen von den einfallenden elektromagnetischen Wellen zum Mitschwingen angeregt und kollidieren dabei mit benachbarten Gasmolekülen. Bei diesem Zusammenstoß verwandelt sich ein Teil der aufgenommenen Schwingungsenergie in Wärme. Das bedeutet für die Wellen eine *Dämpfung,* die mit dem Quadrat der Wellenlänge anwächst. Die Dämpfung oder *Absorption* der Wellen steigt mit der Trägerdichte, denn je mehr freie Elektronen, Ionen und Gasmoleküle sich je Raumeinheit befinden, desto häufiger können die energieumwandelnden Kollisionen stattfinden. Daraus geht außerdem hervor, daß die Absorption um so größer sein muß, je größer der Weg ist, den die elektromagnetische Welle in der Ionosphärenschicht zurücklegt. Ein indirektes Maß für die Dämpfung in der Ionosphäre ist die *LUF* (**L**owest **U**sable **F**requency). Man bezeichnet sie auch als *Dämpfungsfrequenz,* und sie gibt die niedrigste Frequenz im Kurzwellenbereich an, die für Verbindungen über Raumwellenausbreitung noch brauchbar ist. Der nutzbare Frequenzbereich wird somit von der *MUF* nach oben und von der *LUF* nach unten begrenzt.

Die Lowest Usable Frequency, *LUF,* erreicht mittags in Jahren der aktiven Sonne Werte um 10 MHz. Im Sonnenfleckenminimum kann sie unter 7 MHz liegen, so daß auf 40 m ganztägig DX-Verbindungen möglich sind. Nachts, wenn die D-Schicht verschwindet, liegen die *LUF*-Werte im Mittelwellenbereich oder darunter, die BCDX-er wissen das. Im Gegensatz zur *MUF,* kann man senderseitig durch höhere Strahlungsleistung und empfängerseitig beispielsweise mit Beverageantennen die *LUF* noch unten verschieben, denn sie wird durch die Dämpfung bzw. durch die erwartete Empfangsqualität bestimmt. Kurzwellenverbindungen sind demnach auf Frequenzen zwischen *LUF* und *MUF* aufbaubar. Maximale Werte der Feldstärken an den Empfangsorten ergeben sich etwa in der geometrischen Mitte zwischen *LUF* und *MUF.* Bei Weitverkehrsverbindungen zwischen Orten verschiedener Längengrade müssen die längs der Ausbreitungswege sich ändernden Werte von *LUF* und *MUF* berücksichtigt werden, also die entsprechenden Werte beider Orte betrachtet werden.

2.6 VLF-Ausbreitung

Der VLF-Bereich (VLF = Very Low Frequencies) geht von 3 bis 30 kHz, die Wellenlänge geht von 100 bis 10 km. Der Bereich wird auch als Längstwellenbereich bezeichnet.

Dieser Bereich wird genutzt von Zeitzeichensender, Navigationssender (OMEGA-System) und von Marinesendern für militärische Zwecke, z. B. Funksprüche an getauchte U-Boote. Die Längstwellen dringen kaum in die Ionosphäre, aber bis zu 10 m tief in die Erde bzw. ins Wasser ein.

Natürliche Radiowellen (Sferics)

Speziell im Längstwellenbereich (VLF) sind extrem niederfrequente Radiowellen, sogenannte „sferics" (verkürzt für Atmosferics) festzustellen. Sie sind auf Entladungsvorgänge in der Atmosphäre zurückzuführen und sind als knackende, prasselnde oder brodelnde Geräusche in Empfängern hörbar [6.1]–[6.3].

Aus einer Entladung (Blitz) in den Tropen entstehen „sferics" mit zusätzlichen Erscheinungen. Die „sferics" selbst sind kurzlebige elektromagnetische Felder, die sich zwischen der Erdoberfläche und der unteren Ionosphärengrenze (D-Schicht) fast verlustfrei ausbreiten. Die „sferics" sind von einer Reihe von Erscheinungen begleitet:

Tweeks (Piepsen)
Kurze Töne um 1,7 kHz, erinnert an „Klingeln" von Filtern. Entsteht wahrscheinlich durch Mehrfachreflexion der „sferics" zwischen Erdoberfläche und D-Schicht.

Chorus (Vogelgezwitscher)
Klingt wie das Gezwitscher von Vögeln im Schwarm. Tritt oft in den Morgenstunden auf, wird daher meist als „dawn chorus" (Morgendämmerungschor) bezeichnet. Ausgelöst durch Änderungen der Magnetosphäre. Spektrum: 1 bis 5 kHz.

Hiss (Zischen)
Klingt wie ein Zischen, fast wie ein Breitbandrauschen. Tritt häufig mit steigender Aurora-Aktivität auf. Spektrum: 2 bis 30 kHz.

Whistler (Pfeifen)
Klingt wie ein in der Tonhöhe veränderlicher Pfiff. Tritt in der Nacht oder in den Morgenstunden knapp vor Dämmerungsbeginn auf, bevorzugt in mittleren geographischen Breiten.

Die Ausbreitung dieser Erscheinungen erfolgt dabei nicht in der Ionosphäre, wie bei den „sferics", sondern außerhalb davon entlang von magnetosphärischen Wellenleitern, die sich hufeisenförmig bis zu 10.000 km in den Weltraum hinaus erstrecken. Das damit verbundene elektromagnetische Feld durchdringt dabei die Ionosphäre und folgt den Erdmagnetfeldlinien und erreicht so die andere Erdhälfte. Dabei erreichen die höheren Frequenzanteile den Empfangsort schneller als die tieferen. Der zeitliche Abstand des Eintreffens der hoch- und tieffrequenten Bereiche wird „Dispersion“ genannt. Daraus können Rückschlüsse auf die Zusammensetzung der Ionosphäre und Magnetosphäre gezogen werden.

2.7 LF / MF Ausbreitung

LF-Ausbreitung

Der LF-Bereich (LF = Low Frequencies) geht von 30 bis 300 kHz, die Wellenlänge beträgt 10 bis 1 km. Der Bereich wird auch als Langwellenbereich bezeichnet.

Dieser Bereich wird hauptsächlich genutzt von Navigationssendern (LORAN, DECCA, NDBs), Küstenfunkstellensendern und Rundfunksendern.

Am Tag ist ausschließlich die Bodenwelle zu empfangen. Die Raumwelle wird wegen zu geringer Ionisation der D-Schicht nicht von dieser reflektiert. Zur E-oder F-Schicht können die Langwellen nicht vordringen. Bei Dunkelheit kommt es zu einer Erhöhung der Reichweite. Zur Verminderung von Interferenzen (Störungen) mit anderen Rundfunksendern auf der gleichen Frequenz reduzieren daher Langwellensender ihre Leistung bei Nacht oder verwenden nachts Schaltungen, um die Antennen gerichtet zu betreiben.

MF-Ausbreitung

Der MF-Bereich (MF = Medium Frequencies) geht von 300 kHz bis 3 Mhz, die Wellenlänge beträgt 1000 bis 100 m. Der Bereich wird als Mittelwellenbereich bezeichnet. Dieser Bereich wird hauptsächlich von Rundfunksendern genutzt.

Am Tag wird der Raumwellenanteil vollständig von der D-Schicht absorbiert, nur die Bodenwelle bleibt wirksam. Die Reichweite hängt von der Frequenz und der Bodenleitfähigkeit ab. Bei Nacht dringt die Raumwelle bis zur Ionosphäre vor und wird dort reflektiert. Besonders im unteren Frequenzbereich bis etwa 500 kHz speziell an die Sporadic-E-Schicht (E_S). Oberhalb von 500 kHz und gegen Morgen erfolgt die Reflexion an der F_2-Schicht.

Durch das Zusammentreffen von Boden- und Raumwelle kommt es bei Mittelwellensendern zu Schwunderscheinungen (Nahbereichsschwund). Abhilfe dagegen bringen schwundmindernde (mittengespeiste) Antennen.

2.8 HF-Ausbreitung

Der HF-Bereich (HF = High Frequencies) geht von 3 bis 30 MHz, die Wellenlänge beträgt 100 bis 10 m. Der Bereich wird auch als Kurzwellenbereich bezeichnet. Dieser Bereich wird von vielen Anwendern benutzt.

Die Kurzwellenausbreitung wird anhand der einzelnen Kurzwellen-Amateurbänder besprochen. Bei der Besprechung wird auch der s.g. Grenzwellenbereich von 1,5 bis 3 MHz durch das 160-m-Amateurband mit erfaßt.

Nahverbindungen

Kurzwellen-Funkverbindungen über sehr kurze Entfernungen werden über die Bodenwelle abgewickelt. Dabei wird praktisch ausschließlich vertikale Polarisation verwendet. Bei niedrigen Frequenzen folgen die Wellen besser der Erdkrümmung, daher sinkt die Reichweite mit steigender Frequenz. Zu tiefen Frequenzen nimmt wegen der steigenden Verluste der Anpaßelemente der Antennenwirkungsgrad für mobil einsetzbare Antennenformen schnell ab, so daß auch keine zu tiefen Frequenzen eingesetzt werden können. Wesentlich in die Reichweite geht auch die Höhe der Antennen über Grund ein. Für Sendeleistungen von etwa 1 kW und Frequenzen von wenigen MHz ergeben sich über Land typische Reichweiten um 100 km und über Wasser bis zu etwa 1000 km.

An den mit Bodenwellen erreichbaren Nahbereich schließt sich, zumindestens über Land, die *„tote Zone“* an, die mit Bodenwellen nicht mehr und mit Raumwellen noch nicht erreicht werden kann. Wegen der während der Nachtstunden erst in größeren Höhen erfolgenden Reflexionen ist die *tote Zone* tagsüber schmal und nachts breiter.

Verbindungen über mittlere Entfernungen

Funkverbindungen über Entfernungen, die mit Bodenwellen nicht mehr erreicht werden können, sind möglich über Reflexionen an der Ionosphäre bei steilen Auftreffwinkeln. Da tiefe Frequenzen noch bei steilerem Auftreffen reflektiert werden als höhere Frequenzen, ist für derartige Kurzwellen-Verbindungen vor allem der Frequenzbereich bis etwa 6 MHz geeignet, der auch für Bodenwellenverbindungen eingesetzt wird. Im Gegensatz zu Bodenwellenverbindungen sind jedoch für Ionosphärenverbindungen Antennen mit guten Steilstrahlungseigenschaften wünschenswert. Verbindungen über Steilstrahlung werden auch als „NVIS“ (near vertical incidence skywave) bezeichnet. Mit Vertikalantennen, deren Hauptstrahlrichtung in die Horizontale gerichtet ist, ergibt sich eine breite „tote Zone“ z. B. bis 500 km. Tagsüber ist diese Zone kleiner als nachts, da die Reflexion tagsüber in geringerer Höhe erfolgt. Antennen mit guten Steilstrahleigenschaften ergeben eine deutlich kleinere tote Zone.

Verbindungen über große Entfernungen

Je größer die zu überbrückende Entfernung, desto flacher müssen die Antennen abstrahlen. Daraus folgt, daß von mehreren möglichen Ausbreitungswegen von der Sendestation zum Empfänger in der Regel Ausbreitungswege mit nur einem „hop“ (Entfernung bis maximal 3000 km) bzw. mit wenigen „hops“ die größten Feldstärkewerte ergeben, da jeder Durchtritt durch die D-Schicht und jede Reflexion an der Ionosphäre und Erde die Welle dämpft. Außerdem treten auch Polarisationsdrehungen auf.

Der Funkamateur hat nicht die Möglichkeit, den für die Fernausbreitung der Kurzwellen entscheidenden Zustand der Ionosphäre zu messen, und er könnte sich auch nicht die für eine optimale Übertragung günstigste Frequenz auswählen, da er an die einzelnen Amateurbänder gebunden ist. Durch häufige Bandbeobachtung, gepaart mit einigem Wissen vom Ausbreitungsmechanismus, hat er bald ein „Gespür“ dafür, welche Verbindungsmöglichkeiten ein bestimmtes Kurzwellenband zu einem bestimmten Zeitpunkt bietet. Diese Praxis ist auch nicht durch langfristige Voraussagen und Regeln zur Brauchbarkeit der Kurzwellenamateurbänder zu ersetzen, denn sie können nur von einer „normalen“, relativ ungestörten Ionosphäre ausgehen und sind deshalb immer mit dem Unsicherheitsfaktor der ständig wechselnden Sonnenaktivität behaftet.

160-m-Amateurband

Das 160-m-Band ist international von 1800…2000 kHz zugelassen. Fast alle Länder machen von ihrem Recht Gebrauch, nur bestimmte Bereiche innerhalb des Bandes für den Amateurfunkbetrieb freizugeben. Diese Frequenzabschnitte sind unterschiedlich verteilt. Das Band wird weltweit auch als „Top-Band“ bezeichnet und hat seine besonderen Liebhaber. Da es praktisch nur in den Nachtstunden für größere Entfernungen brauchbar ist, nennt man es bei den Funkamateuren oft „Nachteulenband“.

Außer in den Winternächten des Sonnenfleckenminimums liegt das 160-m-Band stets unterhalb der Grenzfrequenz. Die Dämpfung in der D-Schicht ist sehr hoch, so daß tagsüber nur Verbindungen innerhalb der Bodenwellenreichweite möglich sind. Im Winter ist das Band ziemlich ruhig, im Sommer ist der atmosphärische Störpegel dagegen hoch. Größere Entfernungen können nur während der Nachtstunden überbrückt werden, wobei man die besten DX-Ausbreitungsbedingungen in den Nächten des Winters erwarten kann. Eine tote Zone tritt normalerweise nicht auf. Die Ausbreitung ist der des benachbarten Mittelwellen-Rundfunkbereiches sehr ähnlich.

80-m-Amateurband

Der Frequenzbereich geht hier in Europa von 3,500 bis 3,800 MHz. Das Band wird als „Deutschland-Band“ bezeichnet. Während der Tagesstunden können nur relativ geringe Entfernungen überbrückt werden, weil die 80-m-Welle von der D-Schicht stark absorbiert wird. Im Winter sind die Tagesreichweiten etwas größer als im Sommer, maximal betragen sie etwa 400 km.

Mit dem Abbau der D-Schicht nach Sonnenuntergang wird die Dämpfung verringert, und die Reichweiten steigen an. Während der Nachtstunden können nicht selten mehr als 1000 km überbrückt werden, sofern störende Nahstationen im sehr dicht besetzten Band und der im Sommer hohe atmosphärische Störpegel eine einwandfreie Verbindung zulassen.

Während der Wintermonate und besonders zu Zeiten des Sonnenfleckenminimums ist in den ersten Morgenstunden (vor Sonnenaufgang) oft interkontinentaler Funkverkehr möglich. Die dabei auftretende tote Zone von etwa 1000 km Sprungdistanz bewirkt, daß Europastationen nur innerhalb ihrer Bodenwellenreichweite den Empfang stören können.

40-m-Amateurband

Der Frequenzbereich geht hier in Europa von 7,000 bis 7,100 MHz. Das Band wird als „Europa-Band“ bezeichnet. Auch im 40-m-Band ist die Dämpfung durch die Tages-D-Schicht noch erheblich, allerdings erreicht man bereits normale Tagesreichweiten bis 1000 km, die bei günstigen Ausbreitungsbedingungen bis auf etwa 2000 km ansteigen können. Die tote Zone beträgt am Tage etwa 100 km.

Besonders zu Zeiten des Sonnenfleckenminimums bestehen oft bereits in den späten Nachmittagsstunden interkontinentale Verbindungsmöglichkeiten, die aber wegen störender Nahstationen nur selten genutzt werden können. Nachts – und insbesondere während der Wintermonate vergrößert sich die Sprungdistanz, deren Maximum etwa um Mitternacht vorhanden ist. Da Europa dann in der toten Zone liegt, können störungsfreie Funkverbindungen mit allen Kontinenten hergestellt werden. Geringste Dämpfung und damit größte Reichweiten treten auf, wenn sich der gesamte Ausbreitungspfad auf der Nachtseite der Erde befindet (Fehlen der absorbierenden D-Schicht).

Die atmosphärischen Störungen sind geringer als im 80-m-Band, sie können jedoch besonders im Sommer die Verkehrsmöglichkeiten erheblich beeinträchtigen.

30-m-Amateurband

Der Frequenzbereich geht von 10,100 bis 10,150 MHz. Das 30-m-Band wurde von der Welt-Funkverwaltungskonferenz am 1.1.1982 für den Amateurfunkbetrieb neu zugeteilt. Es wird von den Ländern nach eigenem Ermessen für den Betrieb freigegeben. Da das Band nur 50 kHz breit ist und mit anderen Funkdiensten geteilt werden muß, wird es in den meisten Ländern nur für die Betriebsart Telegrafie zugelassen.

Es ist ein „Tag- und Nachtband“ und vereinigt in sich viele Vorzüge des 20-m-Bandes mit denen des 40-m-Bandes. Zu Zeiten geringer Sonnenaktivität, wenn die DX-Bänder 10, 12 und teilweise 15 m nicht mehr brauchbar sind, kann dieses Band eine Ersatzfunktion übernehmen. DX-Verbindungen sind zu allen Jahres- und Tageszeiten möglich, die Tagesdämpfung durch die D-Schicht ist relativ gering.

20-m-Amateurband

Der Frequenzbereich geht von 14,000 bis 14,350 MHz. Das 20-m-Amateurband stellt das traditionelle DX-Band dar (DX ≡ Verbindung über sehr weite, interkontinentale Entfernungen). Fast zu allen Zeiten läßt sich dieses Band „rund um die Uhr“ für den Verkehr mit anderen Kontinenten benutzen, lediglich zur Zeit des Sonnenfleckenminimums ist das 20-m-Band nur tagsüber und in den Dämmerungsperioden „offen“, nachts bestehen dann keine Verbindungsmöglichkeiten.

Es tritt fast immer eine tote Zone auf, deren Sprungdistanz am Tage zu Zeiten geringer Sonnentätigkeit etwa 1000 km beträgt; im Sonnenfleckenmaximum geht sie auf 400 km und weniger zurück. In den Sommermonaten ist dann zeitweise keine tote Zone mehr vorhanden.

Mit Eintritt der Abenddämmerung dehnt sich die tote Zone rasch aus, die nächtliche Sprungdistanz kann dann im Maximum 4000 km betragen. Besonders günstige Bedingungen sind gegeben, wenn ein Teil des Ausbreitungspfades über die Nachtseite der Erde läuft. Für Europaverbindungen ist das 20-m-Band nur während des Sonnenfleckenmaximums im Sommer bedingt brauchbar. Atmosphärische Störungen treten kaum in Erscheinung.

17-m-Amateurband

Der Frequenzbereich geht von 18,068 bis 18,168 MHz. Das 17-m-Band wurde von der Welt-Funkverwaltungskonferenz am 1.1.1982 für den Amateurfunkbetrieb neu zugelassen. Die Betriebsfreigabe liegt im Ermessen der einzelnen Länder. Es ist ein ausgesprochenes DX-Band, welches stark vom Sonnentätigkeitszyklus abhängt. Normalerweise bestehen in den Tagesstunden Verbindungsmöglichkeiten nach allen Kontinenten. Die Ausbreitungsbedingungen sind denen des 15-m-Bandes ähnlich.

Im Sonnenfleckenmaximum ist das Band meistens durchgehend offen, im Sonnenfleckenminimum nur tagsüber. Es tritt immer eine tote Zone auf. Atmosphärische Störungen sind sehr selten.

15-m-Amateurband

Der Frequenzbereich geht von 21,000 bis 21,450 MHz. Die Ausbreitungsbedingungen sind stark vom Sonnentätigkeitszyklus abhängig. Während des Sonnenfleckenmaximums ist das Band fast durchgehend für den DX-Verkehr geöffnet. Dabei können wegen der geringen Dämpfung mit kleinen Strahlungsleistungen sehr große Entfernungen überbrückt werden.

Zu Zeiten des Sonnenfleckenminimums ist das Band bestenfalls in den Sommermonaten tagsüber und meist nur kurzzeitig brauchbar. Nachts bestehen dann keine Fernverbindungsmöglichkeiten, in den Wintermonaten fällt das Band ganztägig aus.

Gelegentlich können Reflexionen an der *sporadischen E-Schicht* auftreten, es sind dann Kontakte über Entfernungen von etwa 2000 km möglich. Atmosphärische Störungen beeinflussen das 15-m-Band nicht.

12-m-Amateurband

Der Frequenzbereich geht von 24,890 bis 24,990 MHz. Auch das 12-m-Band wurde mit Wirkung vom 1.1.1982 für den Amateurfunkbetrieb neu zugelassen und wird nach eigenem Ermessen der Länder für den Betrieb freigegeben. Es ist ein „Tages-DX-Band“, seine Gebrauchseigenschaften ähneln denen des 10-m-Amateurbandes. Es besteht eine sehr starke Abhängigkeit von der Sonnentätigkeit. Davon unabhängig sind nur Verbindungen über die sporadische E-Schicht, die jederzeit vorkommen können.

In den Jahren des Sonnenfleckenmaximums ist das Band tagsüber für DX-Verbindungen nach allen Kontinenten hervorragend brauchbar, häufig auch noch in den frühen Abendstunden. Mit dem Absinken der Sonnentätigkeit verschlechtern sich die DX-Bedingungen, es werden dann nur noch kurzzeitig in den frühen Nachmittagsstunden DX-Verbindungen möglich. Im Sonnenfleckenminimum sind interkontinentale Verbindungen nicht mehr durchzuführen.

10-m-Amateurband

Der Frequenzbereich geht von 28,000 bis 29,700 MHz. Das Band ist nur in Zeiten starker Sonnenaktivität für Verbindungen über Raumwellenreflexion brauchbar. Es bestehen dann während der Tagesstunden hervorragende DX-Möglichkeiten, wobei selbst mit sehr kleinen Senderleistungen Weitverbindungen hergestellt werden können. Es ist mit einer toten Zone von 4000 km zu rechnen. Der Ausbreitungsweg muß auf der Tagseite der Erde verlaufen, d. h., bei Bandöffnung in den Morgenstunden sind zunächst fernöstliche Stationen zu erreichen. Bei maximaler Sonnentätigkeit kann das Band im Sommer bis in die späten Abendstunden brauchbar sein. Die Abhängigkeit von der Sonnentätigkeit ist extrem.

Zu Zeiten des Sonnenfleckenminimums fällt das 10-m-Band für Fernverbindungen völlig aus. Lediglich durch Reflexionen an der sporadischen E-

Schicht bestehen gelegentlich kurzzeitige Verbindungsmöglichkeiten über mittlere Entfernungen.

2.9 VHF-SHF-Ausbreitung

Darunter versteht man folgende Bereiche: VHF-Bereich (VHF = Very High Frequencies) von 30 bis 300 MHz, die Wellenlänge beträgt 10 bis 1 m. Die Wellenlängenbezeichnung ist auch Ultrakurzwellen oder Meterwellen.

UHF-Bereich (UHF = Ultra High Frequencies) von 300 MHz bis 3 GHz, die Wellenlänge beträgt 10 bis 1 dm. Die Wellenlängenbezeichnung ist auch Ultrakurzwellen oder Dezimeterwellen.

SHF-Bereich (SHF = Super High Frequencies) von 3 bis 30 GHz, die Wellenlänge beträgt 10 bis 1 cm. Die Wellenlängenbezeichnung ist auch Mikrowellen oder Zentimeterwellen.

2.9.1 Quasioptische Ausbreitung

Darunter versteht man Radioverbindungen bei denen zwischen Sender und Empfänger entweder Sichtverbindung besteht, oder der Empfänger sich etwas hinter dem Horizont befindet. Die Frequenzen eignen sich gut zur sicheren Überbrückung von Entfernungen innerhalb der theoretisch möglichen optischen Sichtweite. Innerhalb dieser Distanz treten praktisch keine Feldstärkeschwankungen auf, und selbst mit kleinsten Senderleistungen ist eine zuverlässige Funkverbindung, unabhängig von ionosphärischen oder meteorologischen Einflüssen, gewährleistet.

Bei optischer Sicht spricht man von einer Freiraumwelle. Der Übertragungsverlust zwischen zwei Antennen:

$$\frac{P_S}{P_E} = \left(\frac{4\pi R}{\lambda}\right)^2 \cdot G_S \cdot G_E \qquad (2.1)$$

P_S ..... Sendeleistung
P_E ..... Empfangsleistung
R ..... Entfernung
λ ..... Wellenlänge
G_S ..... Gewinn der Sendeantenne
G_E ..... Gewinn der Empfangsantenne

(beide Gewinne bezogen auf isotropen Strahler)
(Entfernung und Wellenlänge in gleichen Einheiten)

Bei isotropen Antennen ($G_S = G_E = 1$) ist der quadrierte Klammerausdruck der Übertragungsverlust. Die Übertragungsdämpfung im freien Raum (Freiraumdämpfung) im logarithmischen Maß ist definiert durch

$$\frac{L}{\text{dB}} = 10 \cdot \lg \frac{P_S}{P_E} \qquad (2.2)$$

Mit Gl. 2.1 und Gl. 2.2 wird daraus

$$\frac{L}{\text{dB}} = 32{,}45 + 20\lg \frac{f}{\text{MHz}} + 20\lg \frac{R}{\text{km}} \qquad (2.3)$$

Das zugehörige Nomogramm im Abschnitt 41 „Anhang“ zeigt die Freiraumdämpfung zwischen isotropen Antennen.

2.9.1.1 Sichthorizont

Der Horizont, die Linie wo Himmel und Erde zusammenstoßen, ist die Grenze für die Übertragung mit optischer Sicht. Die Reichweite ist die optische Sichtweite auch Sichthorizont oder geometrischer Horizont genannt. Dabei berührt die Freiraumwelle gerade die Erde.

Der Horizont für eine Freiraumwelle kann erweitert werden, wenn man die Sendeantenne und/oder die Empfangsantenne erhöht.

$$\frac{R_G}{\text{km}} = 3{,}57 \cdot \left(\sqrt{\frac{H_S}{\text{m}}} + \sqrt{\frac{H_E}{\text{m}}}\right) \qquad (2.4)$$

R_G ..... geometr. Horizont
H_S ..... Senderhöhe
H_E ..... Empfängerhöhe

2.9.1.2 Radiohorizont

Die Grenze für eine Radioverbindung ist aber der Radiohorizont. Durch die Atmosphäre wird die Welle zur Erde hin gekrümmt (gebrochen) und landet hinter dem geometrischen Horizont. Daher kann man Signale noch rd. 15 % weiter hinter dem Horizont empfangen.

Die Reichweite vergrößert sich dabei um $\sqrt{\frac{4}{3}}$ auf

$$\frac{R_R}{\text{km}} = 4{,}12 \cdot \left(\sqrt{\frac{H_S}{\text{m}}} + \sqrt{\frac{H_E}{\text{m}}}\right) \qquad (2.5)$$

R_R ..... Radiohorizont

Dieser Formel liegt der sogenannte *Vierdrittel-Radius* der Erde zugrunde, d.h., es wird nicht mit dem tatsächlichen mittleren Erdradius von 6370 km gerechnet, sondern mit einem um ein Drittel vergrößerten *effektiven Erdradius* von 8470 km.

Das zugehörige Nomogramm im Abschnitt 41 „Anhang“ zeigt die maximal mögliche Reichweite für VHF/UHF zwischen zwei Antennen mit unterschiedlichen Höhen.

2.9.2 Spiegelung (Reflexion)

Eine *Spiegelung* tritt bei ebenen Flächen auf. Man spricht dabei von *gerichteter* Reflexion (Spiegelung). An Trennflächen zwischen zwei Medien mit verschiedenen elektromagnetischen Eigenschaften wird ein Teil der Energie reflektiert, der Rest wird gebrochen. Wenn ein Strahl auf diese Grenzfläche oder „spiegelnde Fläche" trifft wird er aus seiner ursprüngliche Richtung abgelenkt. Dabei ist der Ein- und Ausfallwinkel des Strahles, beide vom Lot aus gemessen, gleich. Die Verschiedenheit der Medien wird durch den Brechungsindex *n* charakterisiert.

$$n = \sqrt{\frac{\varepsilon_2 \cdot \mu_2}{\varepsilon_1 \cdot \mu_1}}$$

Spiegelnde Flächen für Funkwellen im betrachteten Frequenzbereich sind glatte Bergwände (Felsen), Gebäude mit hohem Metallanteil, Kräne und Flugzeuge.

Bei Reflexion treten regelmäßig Phasenverschiebungen und Polarisationsdrehungen auf.

2.9.3 Streuung (Scattering)

Fällt eine Welle auf eine unebene (rauhe) Fläche, wird die Welle nach allen Seiten gestreut. Man spricht dann von einer *gestreuten* Reflexion (diffuse Reflexion). Bei der Spiegelung ist Ein- und Ausfallwinkel gleich, bei der Streuung dagegen nicht. Der Übergang zwischen Spiegelung und Streuung ist fließend. Streuung erfolgt z. B. an Vegetation und rauhem Gelände.

In der hohen Troposphäre, vorzugsweise bei etwa 10 km Höhe, finden intensive Vertikalbewegungen der Luft, sogenannte Ausgleichsvorgänge, statt. Diese Durchmischung von Luftströmungen mit unterschiedlichen Temperaturen verursacht eine dauernde Turbulenz. Es entstehen dabei parasitäre Inhomogenitäten – man könnte sie auch als Luftschlieren bezeichnen –, die sich von den sie umgebenden Luftteilchen hinsichtlich Temperatur, Druck und Feuchtigkeit unterscheiden (**Bild 2.9.1**). Bewegt sich die Welle durch das Gebiet dieser Inhomogenitäten, so wird ein geringer Bruchteil der Strahlung diffus zerstreut. Da die gestreuten Wellen in verschiedenen Richtungen auseinandergehen, gelangt ein Teil dieser Wellen hinter der Grenze der direkten Sicht wieder zur Erdoberfläche. Diese Restfeldstärke ist außerordentlich gering, zeigt aber eine gewisse Konstanz.

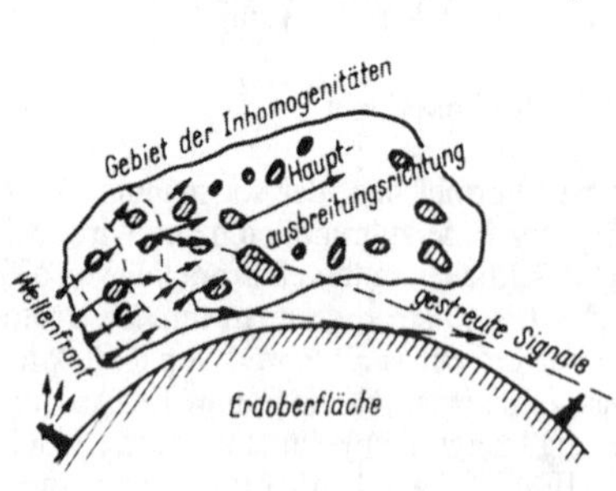

Bild 2.9.1
Die Streuung hochfrequenter Wellen in der Troposphäre

Bei der *troposphärischen Streuübertragung (tropospheric scatter)* verwendet man Frequenzen zwischen 100 MHz und einigen GHz (vorzugsweise um 500 MHz). Dabei kann die Funkfeldlänge bis 800 km (manchmal auch 1000 km) betragen. Die Empfangsqualität ist gering und die Bandbreite des zu übertragenden Signals verringert sich. Die Bandbreitenverringerung wird durch irreguläre Phasenverschiebungen der aus verschiedenen Streubereichen zum Empfänger gelangenden Wellen hervorgerufen. Durch Lageveränderungen der Streuzellen in der Troposphäre entstehen außerdem mehr oder weniger tiefe Schwundeinbrüche.

Bei der *ionosphärischen Streuübertragung* (*ionospheric scatter*) nutzt man eine gewisse Streuung an den unteren Ionosphärenschichten in einer Höhe von annähernd 100 km aus. Dabei werden Frequenzen zwischen 25 und 60 MHz verwendet. Die Funkfeldlänge beträgt 1000…2500 km. Bei geringeren Entfernungen als 1000 km nimmt die Feldstärke der Streustrahlung stark ab.

2.9.4 Brechung (Refraktion)

Eine *Brechung* der elektromagnetischen Wellen tritt beim Übergang in ein Medium mit anderer Dielektrizitätskonstante auf. Die Ausbreitungsgeschwindigkeit der elektromagnetischen Wellen ist von der Dielektrizitätskonstante des Mediums abhängig, das gerade durchlaufen wird. Ändert sich das Medium, so ändert sich auch die Geschwindigkeit. Die Geschwindigkeitsänderung bewirkt eine Richtungsänderung, die *Refraktion*. Auch die atmosphärische Luft weist je nach Dichte und relativer Feuchte unterschiedliche Dielektrizitätskonstanten auf. Die Brechung hängt vom Brechungsindex ab, dieser wird von Luftfeuchte, Temperatur und Luftdruck beeinflußt. In der Troposhäre ist die Standardbrechung zur Erdoberfläche hin gerichtet also eine *Standardrefraktion*. Der Radiohorizont ist eine Folge davon. Bei noch größerer Krümmung zur Erde hin spricht man von *Superrefraktion*. Das kann soweit gehen, daß sich die Welle parallel zur Erdoberfläche ausbreitet und der Radiohorizont in diesem Grenzfall aufgehoben ist. Ist die Brechung von der Erdoberfläche weggerichtet spricht man von *Subrefraktion*.

Neben der Brechung in der vertikalen Ebene infolge von übereinander liegenden Luftschichten gibt es auch eine Brechung in der horizontalen Ebene durch nebeneinanderliegende Luftschichten. Ein praktisches Beispiel hierfür ist bei der Peilung der s. g. „Küsteneffekt“ auch „Küstenbrechung“ genannt. Die Ablenkung des vom am Land befindlichen Senders (NDB = Non Directional Beacon in Küstennähe) kommenden Funkstrahles erfolgt „immer zur Küste“ hin. Der Grund für die Ablenkung ist, daß die Luft über dem Wasser besser leitfähig ist als die Luft über trockenem Boden. Solange der Winkel zwischen Funkstrahl und Küstenlinie 90° bis 60° beträgt, kann die Ablenkung vernachlässigt werden. Wird der Winkel aber kleiner als 60°, sollte man den Strahl nicht als Peilstrahl verwenden.

2.9.5 Temperaturumkehr (Inversion)

Die Temperatur der Troposphäre fällt im allgemeinen mit zunehmender Höhe, und zwar um 6…8 K je 1000 m Anstieg (siehe **Bild 2.2.1**). Infolge von Luftbewegungen und sonstigen meteorologischen Einflüssen kann sich jedoch die Lufttemperatur sowie die relative Feuchte im unteren Teil der Troposphäre (500 bis 1000 m) sehr sprunghaft und dadurch vom Normalverlauf abweichend ändern. Eine solche *Temperaturumkehr* (*Inversion*) bedeutet einen Wechsel in der Luftdichte. Dabei bildet die Warmluft ein dünneres Medium als die Kaltluft. Je größer der Temperaturunterschied, um so größer ist Dichteunterschied und damit der Brechungsindex (Gl. 2.6). Beim Eintritt in eine Inversionsschicht wird die Wellenfront zur Erdoberfläche hin gekrümmt. Es gibt vier Arten von Inversionen:

■ Bodeninversion
Bodeninversionen bilden sich bei Nebellagen am späten Nachmittag. Abgabe der tagsüber durch intensive Sonneneinstrahlung im Boden gespeicherten Wärme in die unteren Luftschichten. Man spricht von „leicht angehobenen Bedingungen“. Reichweite 300 bis 400 km.

■ Höheninversion
Über Nebelfelder oder Dunstschichten in Bodennähe ist strahlender Sonnenschein mit warmen Temperaturen in höheren Lagen. Die Luft in Bodennähe kühlt ab, die Luft in der Höhe ist wärmer. Die Sonne löst die Inversionsschichten wieder auf („wegheizen“). Im Winter hält die Inversionswetterlage, da die Sonne nicht stark genug ist, einige Tage an.

■ Absinkinversion
Erwärmung absinkender Luft bei einer Hochdrucklage durch steigenden Druck. Tritt nicht sehr häufig auf.

■ Advektionsinversion
Aufgrund der Großwetterlage legt sich großflächig Warmluft in der Höhe auf kältere Luftmassen. Sie bildet sich wenn z. B. Warmluft vom Mittelmeer oder subtropische. Luft nach Deutschland einströmt. Es bildet sich ein Schlauch (Duct). Reichweite bis 1200 km. Häufigste Inversion.

2.9.6 Führung (Ducting)

Die troposphärische *Ductübertragung* (*tropospheric duct propagation* oder kurz *ducting*) kann entstehen, wenn mehrere Inversionsschichten übereinander liegen. Eine Welle, die zwischen diese Schichten gelangt, wird so lange von einer zur anderen Schicht reflektiert, bis die untere Schicht „Löcher“ zeigt (**Bild 2.9.2 a**). Diese Ausbreitungsform nennt man *„hochliegenden duct“* (*elevated*

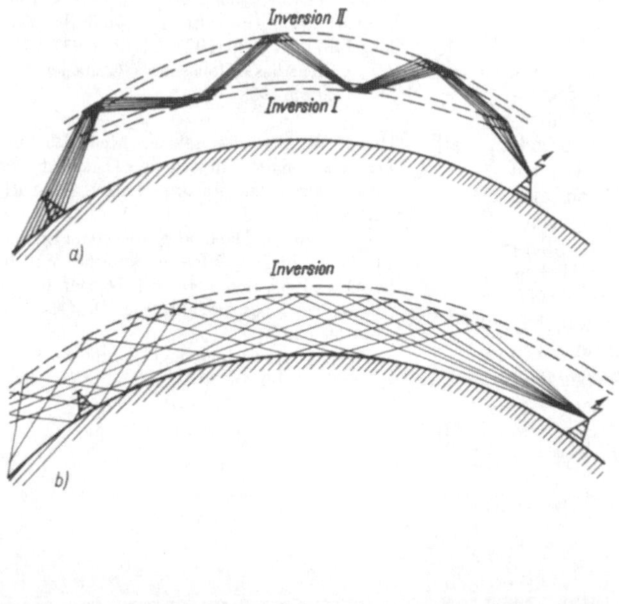

Bild 2.9.2
Troposphärische Ductübertragung
a) - zwischen 2 Inversionsschichten
b) - zwischen Erdoberfläche und einer Bodeninversionsschicht

duct). In diesem Fall sind Verbindungen mit weit entfernten Stationen nur in einem oft sehr eng begrenzten geografischen Raum möglich. Dazwischen befindet sich eine empfangstote Zone.

Die Ductübertragung kann sich aber auch zwischen der Erdoberfläche und einer sehr weitreichenden Bodeninversionsschicht ausbilden (**Bild 2.9.2 b**).

Diese Ausbreitungsform nennt man „*Bodenduct*“ (*ground duct*). Kennzeichnend dafür ist, daß es auf dem Ausbreitungsweg keine empfangstoten Zonen gibt. Bei dieser Übertragung in einem Schlauch (*duct*) können Entfernungen bis über 1000 km überbrückt werden.

2.9.7 Beugung (Diffraktion)

Die *Beugung* elektromagnetischer Wellen tritt an Kanten auf, die im Ausbreitungsweg liegen. Sie bewirkt, daß auch in Gebieten des Wellenschattens, etwa hinter Bergen oder Gebäuden, oftmals noch ein Empfang von Radiowellen möglich wird. In welchem Ausmaß das Feld in den Schattenraum eindringt ist abhängig von der Wellenlänge und der Gestalt des Hindernisses. Kanten (Bergkämme, Dächer) bewirken mehr oder weniger ausgeprägte Richtungsänderungen. Diese *Beugung* führt zu einer Reichweitenerhöhung. Die Diffraktion ist frequenzabhängig; sie nimmt mit steigender Frequenz ab.

2.9.8 Schwächung (Extinktion)

Die *Schwächung* auf dem Übertragungsweg, manchmal auch als *Dämpfung* (Absorption) bezeichnet, wird hervorgerufen durch:

- atmosphärische Gase (Stickstoff, Sauerstoff, Wasserdampf)
- Hydrometeore (Regen, Schnee, Hagel, Nebel, Wolken)
- Aerosole (Staub, Rauch)

Gasmoleküle absorbieren im Bereich ihrer Spektrallinien elektromagnetische Energie. In der dichten unteren Troposphäre sind diese Linien zu breiten Absorptionsbändern ausgeweitet. Im Bereich von 1 bis 100 Ghz besitzt der Wasserdampf eine Spektrallinie bei 22,23 GHz und Sauerstoff mehrere Spektrallinien zwischen 53 und 66 GHz. Stickstoff und Kohlendioxyd spielen unter 100 GHz keine Rolle. Die *Dämpfung* durch atmosphärische Gase ist näherungsweise proportional der Gasdichte. Wichtig sind diese Daten bei der Planung von Richtfunkverbindungen. Generell ist die *Dämpfung* im Sommer höher als im Winter.

Literatur zu Abschnitt 2

[1] Becken, K.-D.: Ausbreitung elektromagnetischer Wellen. Springer Verlag, Berlin, 1974

Beckmann, P.: Die Ausbreitung der ultrakurzen Wellen. Akadem. Verlagsges. Geest & Portig KG, 1963

Doluchanow, M.P.: Die Ausbreitung von Funkwellen. VEB Verlag Technik, Berlin, 1956

Fränz, K.; Lassen, H.: Antennen und Ausbreitung. Springer, Berlin, 1956

Gierlach, W.: Antennen und Funkwellen-Ausbreitung, DARC-Verlag, Baunatal, 1985

Grosskopf, J.: Wellenausbreitung I und II. Bibliograph. Institut. Mannheim, 1970

Jacobs, G.; Cohen, T.J.: The Shortwave Propagation Handbook. Cowan Publ. Inc., Port Washington, NY, 1979

Jacobs, G.; Cohen, T.J.; Rose, R.B.: The NEW Shortwave Propagation Handbook. CQ, Hicksville NY, 1997

Klawitter, G.: Ionosphäre und Wellenausbreitung. Siebel Verlag, Meckenheim, 1990

Lee, J.G.: An Introduction to Radio Wave Propagation. Babani Ltd., London, 1997

Rohrbacher, H.; Cohen, T.; Jacobs, G.: Kurzwellenausbreitung, Voraussage bis zum Jahr 2050. Frech Verlag, Stuttgart, 1985

Schütz, H.: Sonne Erde Ionosphäre und Kurzwellen-Ausbreitung. DARC, Baunatal, 1994

Siwiak, K.: Radio propagation and antennas for personal communications. Artech House, Norwood MA, 1998

Stark, A.: Ausbreitung elektromagnetischer Wellen. Neues von Rohde & Schwarz, Nr. 112, 1985; Nr. 113/114/115, 1986

Vogelsang, E.: Wellenausbreitung in der Nachrichtentechnik. Franzis-Verlag, München, 1984

Weiner, K.: UHF-Applikation, UKW-Wellenausbreitung. Hof,

ITG: Begriffe aus dem Gebiet der Ausbreitung elektro-magnetischer Wellen.
ITG 2.5/02 Empfehlung 1987 (früher NTG 1402 Entwurf 1977), (Entwurf 1977 wurde Empfehlung 1987). NTZ, 30 (1977), H. 12, S. 937–947

ITU: CCIR Atlas of Ionospheric Characteristics. ITU, Geneva, 1988

[2] Hüter, W.: Die Ionosphäre, Methoden und Ergebnisse ihrer Erforschung. Handbuch für Hochfrequenz- und Elektrotechniker, Band III, Berlin, 1954

Lange-Hesse, G.: Die Ionosphäre und ihr Einfluß auf die Ausbreitung kurzer elektrischer Wellen. DL-QTC, 1955, Heft 9 bis 12; 1956, Heft 1 bis 3

Birr, K.-H.: Ionosphärenbegriffe. DL-QTC 10/67, S. 501–507

Salewski, G.: Entstehung und Ursache der Ionosphäre. Funk 1/94, S. 70–72

[3]

[4.1] *Jacobs, G.; Cohen, T. J.; Rose, R. B.*: The NEW Shortwave Propagation Handbook. CQ, Hicksville NY, 1997, p. 1–21
Morgenroth, O.: Die Störungen der Ionosphäre und ihre Ursachen. CQ 9/1935, S. 129
Krischke, A.: Mögel-Dellinger-Effekt. OEM 4/66, S. 128
Schütz, H.: Sonne Erde Ionosphäre und Kurzwellen-Ausbreitung. DARC, Baunatal, 1994, S. 76–91
Eisenwagner, R.: Polarkappenabsorption – PCA. Qsp 1/99, S. 16–18

[5.1] *CCIR*: Recommendations and Reports of the CCIR, Volume V, Propagation in Non-Ionized Media, ITU, Geneva

[5.2] *W. Dieminger*: Beugung, Brechung und Spiegelung von Radiowellen. cq-DL 12/92, S.749–751

[6.1] *Kukan, A.*: Sferics bei VLF. Funk 11/88, S. 34–36

[6.2] *Schneider, D.*: Mother Nature's Radio. QST Jan 1994, pp. 49–51

[6.3] *Kerckhoff, M. F.*: Natürliche Radiowellen – der Sound von Mutter Erde. FA 3/97, S. 280–282

[7] Eichenauer, W.: Längst-, Lang- und Mittelwellen. Funk 4/85, S.

[8] Lindenmeier, H.; Hopf,J.: Kurzwellenantennen. Hüthig, Stuttgart, 1992
Farmer, E.: A Look at NVIS Techniques. QST Jan 1995, pp. 39–42
Schiffhauer, N.: Amateurfunkbänder: Die Auswahl ist groß. Funk 2/99, S. 76–79

[9] Dieminger, W.: Beugung, Brechung und Spiegelung von Radiowellen. cq-DL 12/92 S. 749–751
Dengler, R.: VHF-UHF-SHF Raumdiversity. 2.Teil. Funk 4/95, S. 76–78
Preben-Hansen, P.: Täglich DX über 30 MHz. CQ DL 11/95, S. 840-844, CQ DL 12/95, S. 911–913
Jeratsch, R.: Tropo-DX. DX auf UKW (5). CQ DL 3/98, S. 248–249

[10] Steyer, M.: Ohne Telegrafie geht wenig. CQ DL 7/96, S. 557–559
Bacon, J.: An Introduction to Sporadic E. Radio Communication, May 1989, pp. 37–41, Jun 89, pp. 37–39, Jul 89, pp. 51–54, Aug 89, pp. 48–52
Whitehead, D.: Sporadic E – A Mystery Solved?. QST Nov 1997, pp. 38–42
Jacobs, G.; Cohen, T.J.; Rose, R.B.: The NEW Shortwave Propagation Handbook. CQ, Hicksville NY, 1997, pp. 7-15 to 7–17
Weigl, J.A.: Aurora – Polarlicht über Mitteleuropa. Beam 7/90, S. 24–26
Borschel, W.: Zum Thema Wellenausbreitung – Troposcatter. UKW-Berichte 1/90, S. 27–28
Milker, R.: Ausbreitung über Tropo-Scatter. CQ DL 4/98, S. 338
Moltrecht, E.K.W.: Meteor-Scatter-Funkbetrieb. Beam 7/89, S. 24–27
Bredin, D.: Faszination Meteor-Scatter. CQ DL 3/94, S.183–185
Bredin, D.: Meteorscatter für Einsteiger. FA 4/97, S.390–393
VE3ERP: HAMCALC (Free-Software for US$ 5), George Murphy, 77 Mc Kenzie St., Orillia, ON L3V 6A6, Canada.
FT: Funk Telegramm, Magazin für Funkamateure. Verlag Rojahn + Kraft GbR, Postfach 620367, 22403 Hamburg
Zimmermann, E.: Regenscatter, eine interessante Ausbreitungsart bei 10 Ghz. UKW-Berichte 3/94, S. 189–190
Waldner, P.: Regenscatter wird immer wichtiger. UKW-Berichte 3/95, S. 189–190
Rentzow, H.: Backscatter auf 10 m – die etwas andere Betriebsart. cq-DL 3/90, S. 170
Mischlewski, B.: Transäquatorialausbreitungen auf 50 Mhz. Funk 6/97, S. 84–85
Luetzelschwab, C.: The Equatorial Ionosphere. Antenna Compendium Vol. 5. ARRL, Newington CT, 1996
Schiffhauer, N.: Gray line – DXen in der Grauzone. Funk 7/92, S. 54–57
Russel, T.: An Introduction to Gray-Line DXing. QST Nov 1992, pp. 80–82
Weiss, U.: Der „Funk-Globus" Beschreibung und Anwendungsmöglichkeiten. cq-DL 11/79, S. 486–488
Weigl, J.A.: Der lange Weg DX-Verbindungen über den „long path". Funk 3/91, S. 44–45
Luetzelschwab, C.: 10-Meter Long Path During Solar Cycles 21 and 22. Antenna Compendium Vol. 4. ARRL, Newington CT, 1995

[11] Fendler, F.: Zum Fadingstudium. CQ 3/1935, S. 131
Greiner, G.: Kurzwellenkommunikation. Kompendium 7 der Telekompraxis, Schiele & Schön GmbH, Berlin, 1990
ITG: Begriffe aus dem Gebiet der Ausbreitung elektro-magnetischer Wellen.
ITG 2.5/02 Empfehlung 1987 (früher NTG 1402 Entwurf 1977), (Entwurf 1977 wurde Empfehlung 1987). NTZ, 30 (1977), H. 12, S. 937–947

[12] Runge, W.: – US Pat. 1,892,221 – deutsche Priorität 1928
Lindenmeier, H.; Manner, E.: Leistungsfähigkeit von Mehr-Antennen-Diversity für den UKW-Rundfunk im Auto. NTG Band 91, NTG-Tagung Hörrundfunk 6, Mannheim, 1985
Lindenmeier, H.; Reiter, L.: Antennen-Diversity-System für den UKW-Rundfunkempfang im Kfz. ITG-Fachbericht 99, Fachtagung Antennen, Würzburg, 1987
ITG: Begriffe aus dem Gebiet der Ausbreitung elektro-magnetischer Wellen.
ITG 2.5/02 Empfehlung 1987 (früher NTG 1402 Entwurf 1977), (Entwurf 1977 wurde Empfehlung 1987). NTZ, 30 (1977), H. 12, S. 937–947

[13.1] *Greiner, G.:* Kurzwellenkommunikation. Kompendium 7 der Telekompraxis, Schiele & Schön GmbH, Berlin, 1990

[13.2] *CCIR*: Report 340.CCIR-Atlas of ionospheric characteristics. ITU, Geneva

[13.3] *Wippo, J.*: Sonnenfleckenrelativzahlen R – von Anfang an. FA 3/97, S. 363

[13.4] *Jacobs, G.; Cohen, T. J.; Rose, R. B.*: The NEW Shortwave Propagation Handbook. CQ, Hicksville NY, 1997, pp. 2–14 to 2–18

[13.5] *Stewart, F.G.; Leftin, M.*: Relationship between Ottawa 10,7 cm Solar Radio Noise and Zurich Sunspot Number. Telecommunication Journal Vol. 39, No. III, 1972

Janda, F.: Die Ausbreitung der Funkwellen, ihre Veränderungen und Vorhersage. cq-DL 2/83, S, 68–71, cq-DL 3/83, S. 118–121

Eichenauer, W.: Anmerkungen zum telephonischen Funkwetterbericht der Deutschen Bundespost. cq-DL 5/90, SS. 303–305

Büttig, H.: Funkwetter-Lexikon. DARC-Rundsprüche, 1997 und 1998

Pavliouk, A.: Publication by the CCIR Secretariat of the basic indices for ionospheric propagation. Telecommunication Journal Vol. 51, I/1984, pp. 29–31

Schiffhauer, N.: „Wetterberichte" von der Sonne – hier werden Sie fündig. Funk 5/96, S.40–42

Adam, Th.: Ausbreitungsvorhersagen für KW und MW im Internet. FA 5/98, S. 525–527; FA 6/98, S. 650–652

Müller, U.: DK0WCY – Die Funkwetter- und Aurorawarnbake in Schleswig-Holstein. CQ DL 9/94, S.644–646

Müller, U.: Bakenprojekt DK0WCY. 3. Kurzwellentagung München. DARC, 1997

3 Antennenformen

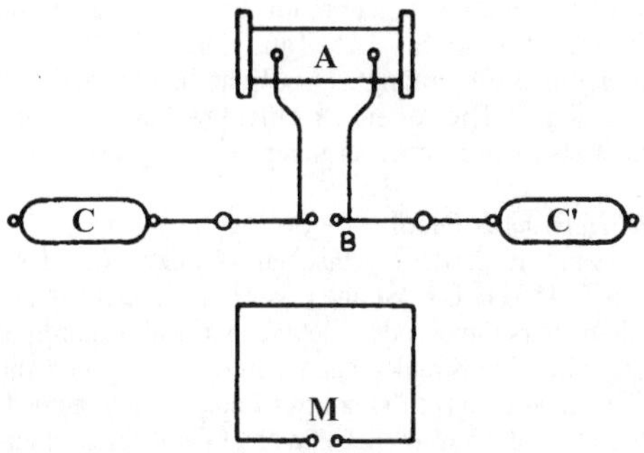

Bild 3.0.1
Schaltbild der ersten Antennenanordnung nach *H. Hertz*
A - Funkeninduktor („Sender"), B - Funkenstrecke,
C, C´ - Endkapazitäten der (Elementar-) Dipolantenne,
M - Funkenstrecke der Drahtschleife („Empfänger")

Antennen gehören zum heutigen Alltagsbild. Sie finden Verwendung als Sende- und/oder Empfangsantennen bei Rundfunk und Fernsehen, bei Kommunikation, Navigation und Ortung, bei Radar und Richtfunk, in der Satellitentechnik, in der Radioastronomie und in der medizinischen Therapie.

Antennen gibt es seit über 100 Jahren. Im Jahre 1887 machte der deutsche Physiker *Heinrich Hertz* in Karlsruhe seine klassischen Versuche zum Beweis der Wellenausbreitungstheorie des englischen Physikers *J.C. Maxwell.*

Bild 3.0.1 zeigt das Schaltbild seiner Versuchsanordnung [3.1]. Die Sendeantenne war dabei eine gerade Drahtantenne mit kapazitiver Belastung (Konduktoren) an den Enden, die Empfangsantenne eine quadratische Drahtschleife.

Vorläufer der Antennen waren die Drachenantenne von *B. Franklin* zum Nachweis der elektrischen Natur des Blitzes im Jahr 1752 und die von *T.A. Edison* vorgeschlagene und auch patentierte geerdete Vertikalantenne für ein geplantes Nachrichtenübermittlungssystem im Jahr 1885.

Die Antenne hat die Aufgabe, die vom Sender ausgehende Leitungswelle in die Freiraumwelle überzuführen oder umgekehrt die Freiraumwelle aus dem Raum aufzunehmen und in die Leitungswelle überzuführen, die dann zum Empfänger geführt wird (**Bild 3.0.2**). Die Antenne ist ein Übertragungsbereich, den man sich als eine aufgespreizte Leitung vorstellen kann. Sie wirkt wie ein Anpassungstransformator zwischen Leitung und Freiraum. Bei Leistungsanpassung, die im Sende- und Empfangsfall angestrebt wird, bildet sich eine fortschreitende Welle in eingezeichneter Richtung [3.2].

Das Wort „Antenne" kommt vom lateinischen Wort „antenna" = (Segel)stange. Zoologie: „antenna" ist ein Insektenfühler (Tast- u. Geruchssinnesorgan). Elektrotechnik: „Antenne" ist eine Vorrichtung zum Senden oder Empfangen von elektromagnetischen Wellen.

Die frühen Bezeichnungen für Antennen waren: linearer Oszillator, offener Oszillator, Luftleiter, Geberdraht oder Erreger.

Es gibt mehrere Möglichkeiten die Antennen in Kategorien einzuteilen: nach der Form: in elektrische oder magnetische Antennen; nach der Polarisation: in lineare und zirkulare Antennen; nach der Bandbreite: in schmalbandige und breitbandige Antennen; nach der Resonanz: in resonante und aperiodische Antennen; nach der Strahlungsrichtung: in rundstrahlende und gerichtete Antennen.

Bei einer Einteilung nach der Art der Erregung und Strahlung ergeben sich für die Antennen vier Kategorien von Strahlertypen:

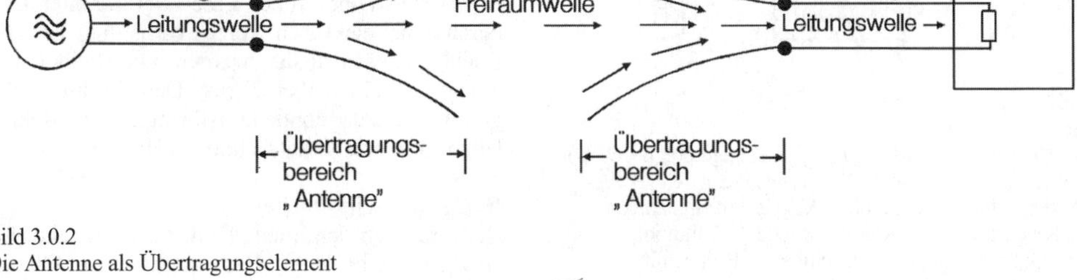

Bild 3.0.2
Die Antenne als Übertragungselement

- Strahlerelemente
- Strahlergruppen
- Strahlerstrukturen
- Strahleraperturen

Die Zuordnung zu den einzelnen Kategorien ist nicht immer eindeutig. Es ergeben sich zwischen den einzelnen Kategorien auch Überschneidungen.

3.1 Strahlerelemente

Die Strahler bestehen aus einzelnen Elementen. **Bild 3.1.1** zeigt einige Strahlerelemente. Innerhalb dieser Kategorie ergibt sich folgende Unterteilung:

- Elementarstrahler
- Linearantennen
- Formantennen
- Schleifenantennen
- Schlitzantennen
- Aktivantennen

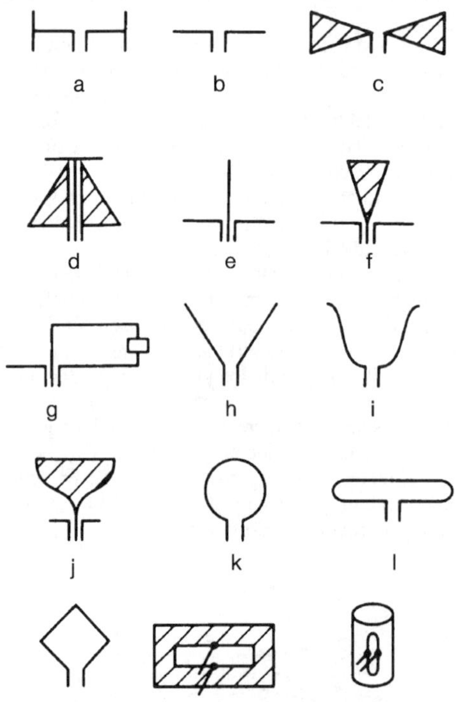

Bild 3.1.1
Strahlerelemente
a - *Hertz*scher Dipol, b - Dipol, c - Kegeldipol, d - Diskonantenne, e - Monopol, f - Konusantenne, g - *Beverage*-Antenne, h - Winkeldipol, i - Vogelschwingenantenne, j - Kelchstrahler, k - Kleine Schleife, l - Faltdipol, m - Quadantenne, n - Langschlitz, o - Rohrschlitz

3.1.1 Elementarstrahler

Elementarstrahler sind Antennen, deren Länge im Vergleich zur Wellenlänge klein ist und auf dessen Länge die gleiche Amplitude und Phase auftritt.

- Kugelstrahler

Auch Isotropstrahler oder Isotropantenne genannt. Eine verlustlose Antenne, die gleichmäßig in alle Richtungen strahlt bzw. aus allen Richtungen gleichmäßig empfängt. Die Richtcharakteristik ist eine Kugel. Die Antenne ist nicht realisierbar, wird aber als theoretische Vergleichsantenne verwendet.

- *Hertz*scher Dipol

Benannt nach dem deutschen Physiker *H. Hertz* (1857–1894). Der Strahler wird auch elektrischer Elementarstrahler oder elektrischer Elementardipol genannt. Der Strahler kann durch einen gegen die Wellenlänge kurzen Dipol mit Endkapazitäten annähernd realisiert werden. Gegenüber dem Isotropstrahler ist bereits eine Richtwirkung senkrecht zur Dipolachse vorhanden. Die Richtcharakteristik ist ein Torus. Das Strahlungsdiagramm ist doppelkreisförmig. Die effektive Höhe ist gleich der tatsächlichen Länge.

- *Fitzgerald*scher Dipol

Benannt nach dem irischen Physiker *F. G. Fitzgerald* (1851–1901). Der Strahler wird auch magnetischer Elementarstrahler oder magnetischer Elementardipol genannt. Der Strahler kann durch eine gegen die Wellenlänge kleine Stromschleife annähernd realisiert werden. Gegenüber dem Isotropstrahler ist bereits eine Richtwirkung in der Rahmenebene vorhanden. Die Richtcharakteristik ist ein Torus. Das Strahlungsdiagramm ist doppelkreisförmig.

- Halbkugelstrahler

Auch Hemisphärenstrahler genannt. Eine verlustlose Antenne, die gleichmäßig in alle Richtungen der oberen Halbebene über ideal leitender Ebene, quasi semiisotrop, strahlt bzw. aus diesen Richtungen gleichmäßig empfängt. Die Richtcharakteristik ist eine Halbkugel. Die Antenne ist nicht realisierbar. Sie wurde von *J.D. Kraus* vorgeschlagen.

- *Abraham*scher Erreger

Benannt nach dem deutschen Physiker *M. Abraham* (1898). Der Strahler ist eine Hälfte eines *Hertz*schen Dipols über Erde. Der Strahler kann durch eine elektrisch kurze Vertikalantenne mit Dachkapazität realisiert werden. Die Richtcharakteristik ist ein halber Torus. Das Strahlungsdiagramm ist halb doppelkreisförmig. Die effektive Höhe ist gleich der tatsächlichen Höhe.

- *Huygens*sche Quelle

Benannt nach dem niederländischen Physiker *Ch. Huygens* (1629–1695). Der Strahler entspricht eine

Kombination aus einer kleinen Schleife (magnetische Komponente) und einem in der Rahmenebene liegenden kurzen Dipol (elektrische Komponente) passender Länge. Das Horizontal- und das Vertikaldiagramm ist eine Herzkurve (Kardioide). Die Diagramme haben jeweils nur eine Nullstelle.

3.1.2 Linearantennen

Offene (elektrische) Antennen mit linearen (geradlinigen) Elementen.

■ Dipol
Die einfachste Antennenform bei symmetrischer Speisung ist ein Zweipol (Dipol) mit sinusförmiger Stromverteilung. Halbwellendipol: Länge = $\lambda/2$, eine ältere Bezeichnung dafür ist Doublet. Ganzwellendipol: Länge = λ, (Doppelzepp). Antenne mit einer Länge von 1,28 λ wird verlängerter Doppelzepp genannt.

Breitbanddipol: Dipol in Kegelform (Kegeldipol, Doppelkonusdipol), Dipol in Flächenform (Fächerdipol, Spreizdipol, Flachdipol). Unsymmetrische (vorzugsweise vertikale) Dipole sind: Koaxialdipol, Zylinderkonusantenne, Scheibenkonusantenne (Diskonantenne).

■ Monopol
Auch Unipol oder Halbdipol genannt. Die einfachste Antennenform bei unsymmetrischer Speisung ist ein Monopol (Einpol) oder ein halber Dipol mit sinusförmiger Stromverteilung über einer leitenden Ebene (Erde). Die Antennenlänge ist $\lambda/4$. Die Antenne wird auch als *Marconi*antenne bezeichnet. Sie wird Groundplane bezeichnet, wenn die leitende Ebene durch ein isoliert angebrachtes Gegengewicht in Form von Viertelwellen-Radials ersetzt ist.

Vertikalantennen mit Antennenlängen von $\lambda/2$, $5\lambda/8$ werden auch verwendet. Breitbandmonopol: Monopol in Kegelform (Konusantenne), Monopol in Flächenform (Fächerantenne, Harfenantenne).

■ Langdraht
Drahtantenne länger als eine Halbwellenlänge oder Wellenlänge. Kann resonant oder aperiodisch, symmetrisch oder unsymmetrisch, mit Steh- oder Wanderwellen gespeist werden. z.B.: V-Antenne, *Beverage*, Rhombusantenne.

3.1.3 Formantennen

Offene (elektrische) Antennen mit geformten Elementen.

■ Geknickter Dipol
Zur Erzeugung von Breitbandigkeit, z. B.: Reusendipol. Zur Erzeugung einer Rundstrahlcharakteristik. z.B.: Winkeldipol, Knickdipol.

■ Geknickter Monopol
Zur Erzeugung von Breitbandigkeit, z. B.: Doppelkonusantenne, Reusenantenne.

■ Gekrümmter Dipol
Zur Erzeugung von Breitbandigkeit, z. B. als Kelchdipol. Bei Gewinnoptimierung als ein 1,5 λ-Dipol nach *Landstorfer* (Vogelschwingenantenne).

■ Gekrümmter Monopol
Zur Erzeugung von Breitbandigkeit, z. B. als Kelchstrahler.

3.1.4 Schleifenantennen

Geschlossene (magnetische) Antennen mit schleifenförmigen Elementen.

■ Kleine Schleife
Auch Rahmenantenne oder Magnetantenne genannt. Gegen die Wellenlänge kleine Antennenschleife (Umfang = 1/10 λ), z. B.: Luftspule, Ferrit(stab)antenne.

■ Große Schleife
Gegen die Wellenlänge große Antennenschleife (Umfang $\approx$ 1λ), z. B.: Faltdipol, Ringantenne, Quadantenne, Delta-Loop-Antenne.

3.1.5 Schlitzantennen

Geschlossene Antennen mit schlitzförmigen Elementen in leitender Ebene. Die Schlitze können dabei Längen von $\lambda/2$ oder λ haben und können linear sein, z.B. als Langschlitz, Rohrschlitz (Pylonantenne) oder kreisförmig, z. B. als Ringschlitzantenne.

3.1.6 Aktivantennen

Ein (passives) Antennenelement (Dipol oder Monopol) mit integriertem „aktiven Teil" (Verstärker). Dadurch ergibt sich ein kleines, breitbandiges, empfindliches Antennensystem, das eingeschränkt linear und nicht reziprok ist. Beispiel: Aktive Empfangsantenne.

3.2 Strahlergruppen

Die Strahler bestehen aus Gruppen von Einzelstrahlern. Die Strahleranordnung und die Art der Speisung (Amplitude und Phase) ergeben die Strahlungseigenschaften. Durch eine Phasensteuerung läßt sich die Hauptstrahlrichtung elektronisch schwenken (phasengesteuerte Gruppe). Bei einer beliebig großen Zahl von Einzelstrahlern kann man fast jede Strahlungsverteilung erzielen. **Bild 3.2.1**

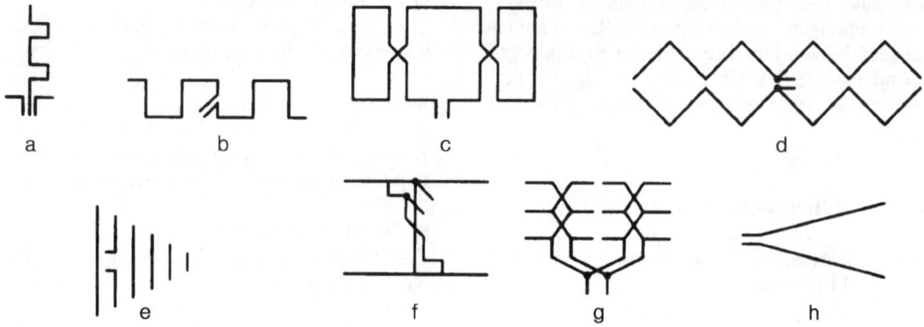

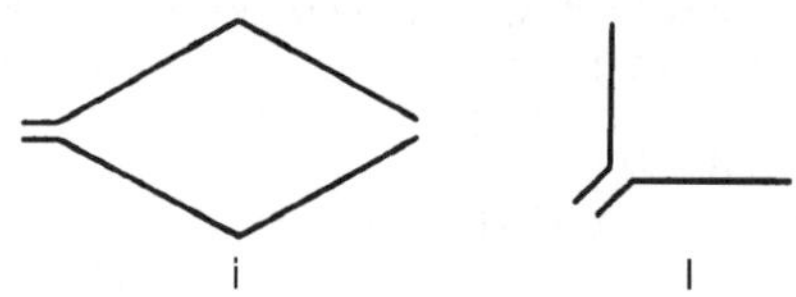

Bild 3.2.1
Strahlerelemente
a - *Hertz*scher Dipol, b - Dipol, c - Kegeldipol, d - Diskonantenne, e - Monopol, f - Konusantenne, g - *Beverage*-Antenne, h - Winkeldipol, i - Rhombusantenne, j - Quadrantantenne,

zeigt einige Strahlergruppen. Innerhalb dieser Kategorie ergibt sich folgende Unterteilung:
- Lineare Gruppen,
- Ebene Gruppen,
- Räumliche Gruppen,
- Netzwerkgespeiste Gruppen.

3.2.1 Lineare Gruppen

Die Einzelstrahler sind dabei in gerader Linie (eindimensional) angeordnet.

■ Querstrahler
Gleichphasig erregte Kombination von hintereinander angeordneten Einzelelementen z.B. Dipolen, die quer zur Gruppe strahlt.
Beispiele: *Franklin*-Antenne, *Bruce*-Antenne, *Sterba*-Antenne, *Chireix-Mesny*-Antenne.

■ Längsstrahler
Gegenphasig erregte Kombination von nebeneinander angeordneten Einzelelementen z.B. Dipolen, die in der Gruppenrichtung strahlt.
Beispiele: *Yagi-Uda*-Antennen, Kreuzyagis, ZL-Spezial, *HB9CV*, Leitscheibenantenne.

3.2.2 Ebene Gruppen

Die Einzelstrahler sind dabei in einer Ebene (zweidimensional), meist vor einem Reflektor, angeordnet. Die Gruppe kann aus mehreren Untergruppen bestehen (2 x 2, 4 x 4, usw.).

■ Wände
Im Kurzwellenbereich als Dipolwände oder Vorhangantennen aus Halb- oder Ganzwellendipolen.

■ Felder
Im FM- und TV-Bereich als Antennenfelder aus Halb- oder Ganzwelldipolen. z.B. als Vierer- oder Achterfeld.

■ Flachantennen
Im Mikrowellenbereich als Satellitenflachantennen. Die Einzelstrahler sind Dipole, Flächenstrahler (rechteckig oder kreisförmig) oder Schlitzantennen.

■ Summenstrahler
Die Einzelstrahler, Dipole oder Langdrahtantennen, sind in verschiedenen Konfigurationen in einer Ebene angeordnet. Die Gesamtstrahlung ist die Summe der einzelnen Strahlungskomponenten. Beispiele: Drehkreuzantenne, V-Antenne, Rhombusantenne, Quadrantantenne.

3.2.3 Räumliche Gruppen

Die Einzelstrahler sind dabei im Raum (dreidimensional) angeordnet.

■ Kreisgruppen
Die Einzelstrahler dieser Gruppe sind auf einem Kreisring angeordnet oder bilden ein regelmäßiges Vieleck.

■ Rundstrahler
Mit gleichphasig gespeisten Einzelstrahlern läßt sich Rund- bzw. Quasirundstrahlung erzielen. Beispiele: Dipoldreieck, Dipolquadrat, Schleifendreieck, Schleifenquadrat, Kleeblattantenne, Malteserkreuz.

■ Richtstrahler
Mit geeigneten Phasen in den Einzelstrahlern kann

Bild 3.3.1
Strahlerstrukturen
a - Log. per. Dipolantenne,
b - Log. per. V-Antenne,
c - Mäanderantenne,
d - Zickzackantenne
e - LP-Dipolantenne nach *Landsdorfer*,
f - *Archimed*ische Spirale,
g - logarithmische Spirale,
h - LP-Planarantenne,
i - Gewinkelte LP-Antenne,
j - Wendelantennen,
k - Spiralantennen

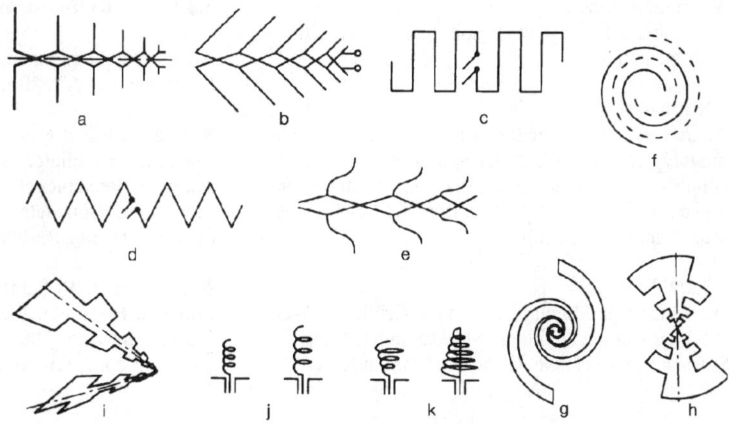

die Kreisgruppe auch als Richtstrahler wirken. Beispiel: Wullenwever-Antenne.

■ Konforme Gruppen
Die Einzelstrahler sind auf vorgegebenen nichtebenen Flächen (Kugel-, Zylinder- oder Kegeloberflächen angeordnet. Beispiel: Flugkörperantennen.

3.2.4 Netzwerkgespeiste Gruppen

■ Matrixspeisesysteme
Es lassen sich bei derselben Frequenz simultan mehrere, voneinander unabhängige Richtcharakteristiken bilden. Den Zusammenhang von Ein- und Ausgängen gibt die Koppelmatrix des Netzwerks aus Richtkopplern und Phasenschiebern. Beispiel: *Butler*-Matrix.

■ Adaptive Speisesysteme
Durch geeignete Phasen- und Amplitudenbelegung einer Gruppenantenne lassen sich die Lage der Hauptstrahlrichtung und die Lage der Nulleinzüge steuern. Beispiel: Adaptives Antennensystem.

3.3 Strahlerstrukturen

Die Strahler bestehen aus strahlenden Strukturen mit verschiedenen Formen. **Bild 3.3.1** zeigt einige Strahlerstrukturen. Innerhalb dieser Kategorie ergibt sich folgende Unterteilung:
■ Ebene Strukturen
■ Räumliche Strukturen.

3.3.1 Ebene Strukturen

■ Gerade Strukturen
Die Einzelelemente dieser Strahler sind geradlinig angeordnet. Beispiele: Logarithmisch-periodische (LP) Dipol- oder Monopolantennen.
Geknickte Strukturen
Beispiel: Logarithmisch-periodische V-Antenne.

■ Gefaltete Strukturen
Beispiele: Mäanderantenne, Zickzackantenne.

■ Gekrümmte Strukturen
Beispiel: LP-Dipolantenne mit gewinnoptimierter Kontur (nach *Landstorfer*).
Gedrehte Strukturen (Ebene Spiralantennen)
Beispiele: *Archimed*ische Spirale, Logarithmische Spirale, Spiralschlitzantenne.

■ **Flächenstruktur**
Beispiel: LP-Planarantenne.

3.3.2 Räumliche Strukturen

■ Gewinkelte LP-Antenne
Zwei mit der Spitze zusammenlaufende LP-Antennen.

■ Wendelantennen
Man unterscheidet je nach Wendelgröße zwei Strahlungszustände:
– Normal Mode
Auch omnidirektionaler oder radialer Strahlungstyp genannt. Wenn der Wendelumfang klein ist gegenüber der Wellenlänge, strahlt die Struktur senkrecht zur Wendelachse. Beispiel: Gummiwendel für Sprechfunkgeräte.

– Axial Mode
Wenn der Wendelumfang in die Größe der Wellenlänge kommt, strahlt die Struktur in Richtung der Wendelachse. Genau in Achsenrichtung zirkular, in davon abweichenden Richtungen elliptisch. Beispiele: VHF/UHF-Wendelantennen.

■ Spiralantennen
Man unterscheidet je nach Spiralgröße zwei Strahlungszustände:

– Normal Mode
Auch omnidirektionaler oder radialer Strahlungstyp genannt. Wenn der Spiraldurchmesser gegenüber der Wellenlänge klein ist, strahlt die Struktur senkrecht zur Spiralachse. Beispiele: Schneebesenantenne, Wendeldipol.

– Axial Mode
Wenn der Spiraldurchmesser in die Größe der Wellenlänge kommt, strahlt die Struktur in Richtung der Spiralachse. Beispiele: Konische Spiralantenne.

3.4 Strahleraperturen

Die Strahler bestehen aus strahlenden Öffnungsflächen (Aperturen). Die Strahlungscharakteristik dieser Antennen hängt ab von der Form und Größe der Aperturen und der Feldverteilungen in ihnen. In dieser Kategorie finden sich auch oberwellengeführte Antennen. **Bild 3.4.1** zeigt einige Strahleraperturen. Innerhalb dieser Kategorie ergibt sich folgende Unterteilung:

- Reflektorantennen,
- Hornantennen,
- Linsenantennen,
- Dielektrische Antennen,
- Leckwellenantennen.

3.4.1 Reflektorantennen

Auch Spiegelantennen genannt. Die angestrahlte Energie wird verlustfrei reflektiert.

■ Ebene Reflektoren
Einfache Beispiele: Plattenreflektor, Reflektorwand, Umlenkspiegel.
Mehrfache Beispiele: Winkelreflektor, Eckenreflektor, *Van Atta*-Reflektor.

■ Gekrümmte Reflektoren
Einfache Beispiele: Parabolantenne, Hornparabol, Muschelantenne. Mehrfache Beispiele: *Cassegrain*-Antenne, *Gregory*-Antenne.

3.4.2 Hornantennen

Die in einem Wellenleiter geführte Energie wird am offenen Leitungsende abgestrahlt.

■ Hohlleiterantenne
Ein offener Hohlleiter mit rundem oder quadratischem Querschnitt wirkt als Antenne.

■ Hornstrahler
Ein trichterförmig aufgeweiteter Hohlleiter verbessert die Abstrahlung. Beispiele: E-Sektorhorn, H-Sektorhorn, Pyramidenhorn, Kegel horn (*Potter*-Horn, Rillenhorn).

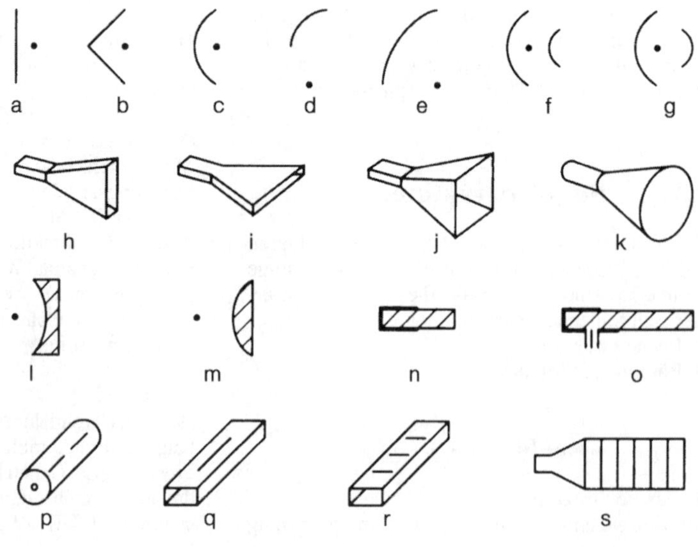

Bild 3.4.1
Strahleraperturen
a - Plattenreflektor,
b - Winkelreflektor,
c - Parabolantenne,
d - Hornparabol,
e - Muschelantenne,
f - *Cassegrain*-Antenne,
g - *Gregory*-Antenne,
h - E-Sektorhorn,
i - H-Sektorhorn,
j - Pyramidenhorn,
k - Kegelhorn,
l - Beschleunigungslinse,
m - Verzögerungslinse,
n - Nahfeldlinse,
o - Polyrodantenne,
p - Koaxialleitung geschlitzt,
q / r - Hohlleiter geschlitzt,
s - Rillenantenne

3.4.3 Linsenantennen

Bei der Umwandlung von gekrümmten in ebene Phasenfronten verwendet man Linsen.

■ Beschleunigungslinsen
Die Phasengeschwindigkeit in den Linsen wird dabei vergrößert. Beispiele: Metallplattenlinsen, Lochplattenlinsen, Stufenlinsen.

■ Verzögerungslinsen
Die Phasengeschwindigkeit in den Linsen wird dabei verkleinert. Beispiele: Dielektrische Linsen, Metallstreifenlinsen, Umweglinsen.

■ Weitwinkellinsen
Die Phasengeschwindigkeit in den Linsen ist dabei ortsabhängig. Beispiel: *Luneberg*-Linse.

■ Nahfeldlinsen
Das sind kurze dielektrische Strahler mit fast gleichen Längs- und Querabmessungen.

3.4.4 Dielektrische Antennen

Dabei handelt es sich um Längsstrahler, deren Wirkungsprinzip auf der Führung von Oberflächenwellen beruht.

■ Kurze Strahler
Siehe Nahfeldlinsen.

■ Lange Strahler
Stabstrahler
Auch Stielstrahler genannt. Die Strahler bestehen aus konischen oder zylindrischen Stäben. Beispiel: Polyrod-Antenne.

■ Rohrstrahler
Auch Mantelstrahler genannt. Die Strahler bestehen aus zylindrischen Rohren.

■ Stufenstrahler
Die Strahler bestehen aus Stäben mit abgestufter Dicke.

■ Plattenstrahler
Die Strahler bestehen aus Platten mit abgestufter Dicke.

3.4.5 Leckwellenantennen

Durch gleichmäßige oder periodische Wellenleiteröffnungen erfolgt die Abstrahlung einer fortschreitenden Welle.

■ Strahlende Koaxialleitung
Die Abstrahlung erfolgt durch periodische Schlitze oder Löcher im Koaxialkabelmantel.

■ Längsschlitze im Hohlleiter
Die Abstrahlung erfolgt durch einen langen Schlitz im Rechteck- oder Rundhohlleiter.

■ Querschlitze im Rechteckhohlleiter
Die Abstrahlung erfolgt durch eine Reihe von Querschlitzen.

■ Oberflächenwellenantennen
Die Abstrahlung erfolgt jeweils von einem offenen Wellenleiter über periodisch verteilte metallische Rillen oder Zähne oder von einer Mikrostreifenleitung mit Schlitzen. Beispiele: Rillenantenne, Riffelantenne.

Literatur zu Abschnitt 3

[3.1] *Hertz, H.:* Über sehr schnelle elektrische Schwingungen. Wiedemanns Ann.Phys. Bd. 31, 1887

[3.2] *Stirner, E.:* Antennen. Band 2 (Praxis). Hüthig, Heidelberg, 1980

Eisenberg, G.Z. ; Yampolskiy, V.G.: Antennas for Radio Broadcasting, RadioCommunications and Television. Telecommunications & Radio Engineering, 1978, No. 1, pp. 1–11

Koch, G.F.: Fortschritte in Theorie und Technik von Hornstrahlern und Spiegelantennen. NTZ, 26(1973), H. 8, S. 354–360

Koch, G.F.: Beiträge zur Theorie und Technik der Antennen aus den Jahren 1949bis 1954. NTZ, 43(1981), H. 9, S. 600–606

Kraus, J.D.: Antennas: Our Electronic Eyes and Ears. Microwave Journal, January1989, pp. 77–92

Meinke, H.H.; Gundlach, F.W. (Hrsg.): Taschenbuch der Hochfrequenztechnik, Band 2: Komponenten. Springer, Berlin, 1992

Page, H.: Aerials. Proc. IEE, Vol. 108, Part B, No. 41, Sept. 1961, pp. 473–489

Rebeiz, G.M.: Millimeter-Wave and Terahertz Integrated Circuit Antennas. Proc.IEEE, Vol. 80, No. 11, Nov. 1992, pp. 1748–1770

Stirner, E.: Antennen. Unterrichtsblätter der DBP, Fernmeldewesen, Jg. 36/1983, Nr. 8, S. 307–338

NTG: Antennengattungen und Antennenformen. NTG 1302.

4 Antennenkenngrößen

Bei Antennenkenngrößen wird in der Regel nicht zwischen Sende- und Empfangsfall unterschieden. Aufgrund des Reziprozitätstheorems (vgl. Abschnitt 1.1.8) genügt es jeweils einen Fall zu betrachten. Eine Ausnahme ist die Antennenwirkfläche, die nur im Empfangsfall berücksichtigt wird. Zum besseren Verständnis werden z.B. bei der Richtcharakteristik (Abschnitt 4.12) beide Fälle definiert.

4.1 Eingangsimpedanz

Die Antennenimpedanz mit dem Index A ist der auf eine bestimmte Stelle der Antenne bezogene komplexe Antennenwiderstand:

$$Z_A = R_A + j\,X_A \qquad (4.1.1)$$

Gewöhnlich wird die Antennenimpedanz auf den Speisepunkt, bei Vertikalantennen auf den Fußpunkt der Antenne bezogen, also auf den „Eingang“. Daher der Name *Eingangsimpedanz* mit dem Index E.

$$Z_E = R_E + j\,X_E \qquad (4.1.2)$$

Bei einem verlustfreien Halbwellendipol ist der Realteil R_E (Wirkwiderstand) der *Eingangsimpedanz* gleich dem Strahlungswiderstand R_S. Die Eingangsimpedanz einer Antenne ergibt eine Impedanzkurve, die aus mehreren Schleifen besteht, die mit wachsender Frequenz im Uhrzeigersinn durchlaufen werden. Bei der Frequenz Null beginnt jede Impedanzkurve auf der imaginären Achse. Bei einer elektrischen Antenne beginnt sie im Punkt $-\infty$, bei einer magnetischen Antenne im Nullpunkt. **Bild 4.1.1** zeigt vereinfacht den typischen Verlauf einer Dipol-Eingangsimpedanz nach *DB1NV*. Links erkennt man den Halbwellendipol, rechts den Ganzwellendipol. Der Wirkanteil entspricht im Falle des Halbwellendipols dem Strahlungswiderstand (vgl. Abschnitt 4.2). Der Schleifendurchmesser hängt vom Schlankheitsgrad ab (vgl. Abschnitt 4.10). Bei dünnen Antennen ist der Durchmesser groß, bei dicken Antennen hingegen klein. Bei Leistungsanpassung wird der Blindwiderstand X_E der Antenne weggestimmt und der Wirkwiderstand R_E durch Transformation an den Sender angepaßt. Bei Frequenzwechsel muß die Antenne jeweils neu abgestimmt werden. Die Anpassung erfolgt durch einen HF-Transformator oder eine LC-

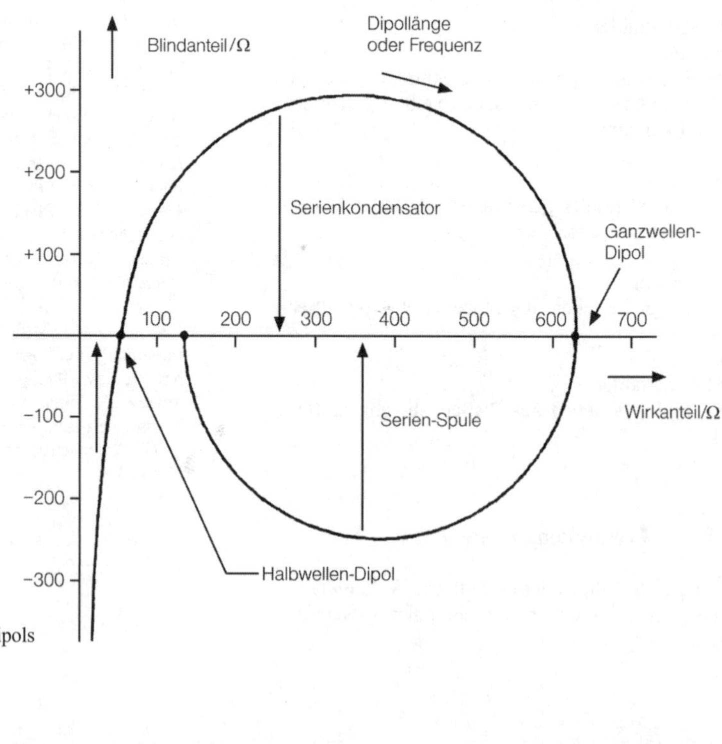

Bild 4.1.1
Eingangsimpedanz eines Dipols

Anpaßschaltung. Der genaue Zahlenwert des Eingangswiderstandes ist kein Qualitätskriterium, doch sollte die Antenne einen reellen Eingangswiderstand haben. Die Antenne soll „resonant“ sein. Der Imaginärteil oder Blindanteil soll daher gleich Null sein. Die Abstimmung erfolgt durch Kompensation des Blindanteils durch Längenänderung der Antenne oder durch Kompensationsmaßnahmen mit Blindwiderständen. Im oberen Halbkreis von **Bild 4.1.1** durch einen Serienkondensator, im unteren Halbkreis durch eine Serienspule.

Wenn man den Speisepunkt eines resonanten Dipols aus der Dipolmitte zu einem Ende hin verschiebt, erhöht sich die Eingangsimpedanz.

Die exakte Berechnung der Eingangsimpedanz einer Antenne ist aufwendig und wurde 1933 von *Siegel/Labus* durchgeführt [1.1]. Zur Berechnung der Eingangsimpedanz eines Halbwellendipols benötigt man die Funktionen Integralsinus und Integralcosinus.

Die Eingangsimpedanz eines idealen $\lambda/2$-Dipols (unendlich dünn, verlustlos, im freien Raum) ist $Z_E = R_E + j\,X_E = 73 + j\,42{,}5\ \Omega$ [1.2] [1.3].

Daraus geht hervor, daß ein Dipol, der genau $\lambda/2$ lang ist, nicht resonant ist, er hat einen positiven Blindanteil. Um Resonanz zu erhalten ($X_E = 0$), muß der Dipol etwas gekürzt werden. Dabei wird der Wirkwiderstand etwas kleiner als 73 Ω.

Bei einem realen Dipol ist die Eingangsimpedanz abhängig vom Schlankheitsgrad, vom Abstand von der Erde und von der Umgebung. Durch die stärkere Verkürzung wird dann der Wirkanteil wesentlich kleiner als 73 Ω. Ein realer resonanter $\lambda/2$-Dipol mit einem Durchmesser von etwa $0{,}005\lambda$ hat nach *Kraus* [1.2] $Z_E = 67 + j\,0\ \Omega$.

Die Eingangsimpedanz eines idealen Monopols (unendlich dünn, verlustlos und über idealer Erde) ist halb so groß, wie die Impedanz eines Halbwellendipols, nämlich $Z_E = R_E + j\,X_E = ½\,(73 + j\,42{,}5\ \Omega) = 36{,}5 + j\,21{,}25\ \Omega$ [1.3].

Bei einer realen Monopolantenne ist die Eingangsimpedanz abhängig vom Schlankheitsgrad, von der Umgebung der Antenne und von den Erdverlusten bzw. von der Anzahl der resonanten Radials. Der Realteil der Eingangsimpedanz ist von der Anzahl abhängig, der Imaginärteil bleibt nahezu konstant. Der Wirkanteil ist bei wenig Radials höher als 36,5 Ω; z.B. 1 Radial ergibt etwa 84 Ω, 4 Radials ergeben rd. 41 Ω, 50 Radials ergeben rd. 37 Ω [1.4].

Näherungsformeln für Eingangsimpedanzen (Strahlungswiderstände) von einem Dipol oder Monopol sind zu finden bei [1.5].

Sehr kurze Antennen weisen einen kapazitiven Imaginärteil ($X_E < 0$) und Impedanzwerte von einigen kΩ auf, während elektrisch lange Antennen am induktiven Imaginärteil ($X_E > 0$) zu erkennen sind.

Für den Eingangsblindwiderstand X_E gilt

$$X_E = -\frac{Z_W}{\tan 2\pi \frac{l}{\lambda}} \qquad (4.1.3)$$

Z_W = Wellenwiderstand

Die Berechnung ist allerdings auf Antennenlängen von $l < 0{,}7\,\lambda$ (bzw. $h < 0{,}35\,\lambda$) beschränkt, da für größere Längen die Voraussetzung einer sinusförmigen Stromverteilung selbst für schlanke Antennen nicht mehr zutrifft.

Bei Anwesenheit von benachbarten Antennen tritt Strahlungskopplung auf, dadurch wird die Eingangsimpedanz der Antenne verändert. Näheres dazu ist im Abschnitt 4.2.1 zu finden.

4.2 Strahlungswiderstand

Der *Strahlungswiderstand* R_S einer Antenne ist neben dem Gewinn eine wichtige Antennenkenngröße.

Strahlungswiderstand-Definition nach ITG 2.1/02 [0]: Der auf einen bestimmten Antennenpunkt bezogene *Strahlungswiderstand* R_S ist gleich der Strahlungsleistung P_S dividiert durch das Quadrat des Effektivwertes des Antennenstroms I im Bezugspunkt.

$$R_S = \frac{P_S}{I^2} \qquad (4.2.1)$$

Der Wert ist ortsabhängig, daher gehört zu seiner Angabe stets auch der Hinweis, für welchen Punkt der Antenne er gelten soll. Übliche Angaben sind der Antennenspeisepunkt (Fußpunkt), oder aber das Strommaximum. Bei einigen Antennentypen fallen beide Orte zusammen.

Für die praktische Berechnung ist bei Antennenlängen $l > \lambda/2$ (bzw. $h > \lambda/4$) stets der Strahlungswiderstand im Strommaximum der Ausgangspunkt.

Bei Längen von $l < \lambda/2$ (bzw. $h < \lambda/4$), bei denen kein reelles Strommaximum vorhanden ist lautet die Umrechnung vom Strahlungswiderstand des Einspeisepunkt auf den Strahlungswiderstand:

$$R_{SE} = R_E = \frac{R_S}{\sin^2\left(2\pi \frac{l}{\lambda}\right)} \qquad (4.2.2)$$

Bei verlustfreien Antennen ist der Realteil R_E (Wirkwiderstand) der Eingangsimpedanz gleich dem Strahlungswiderstand R_S.

Verschiedene Strahlungswiderstände:

Kurzer Dipol

$$\frac{R_S}{\Omega} = 20\,\pi^2\left(\frac{l}{\lambda}\right)^2 = 197\cdot\left(\frac{l}{\lambda}\right)^2 \qquad (4.2.3)$$

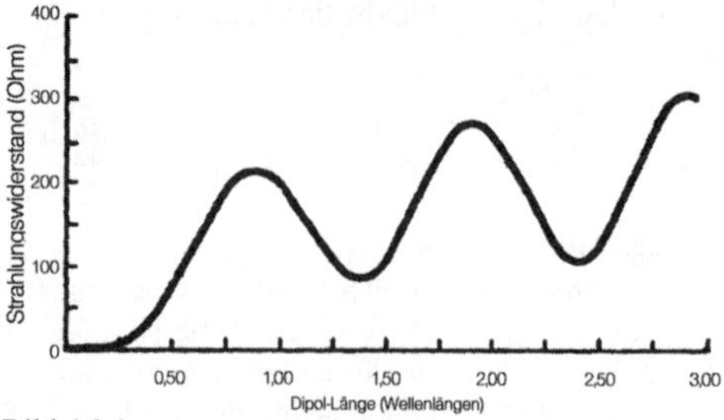

Bild 4.2.1
Strahlungswiderstand eines Halbwellendipols in Abhängigkeit von seiner Länge

Kurzer Dipol mit Dachkapazität

$$\frac{Rs}{\Omega} = 80\pi^2\left(\frac{l}{\lambda}\right)^2 = 790\cdot\left(\frac{l}{\lambda}\right)^2 \qquad (4.2.4)$$

(*Hertzscher* Dipol)
Kurzer Monopol

$$\frac{Rs}{\Omega} = 40\,\pi^2\left(\frac{h}{\lambda}\right)^2 = 395\cdot\left(\frac{h}{\lambda}\right)^2 \qquad (4.2.5)$$

Kurzer Monopol mit Dachkapazität

$$\frac{Rs}{\Omega} = 160\,\pi^2\left(\frac{h}{\lambda}\right)^2 = 1579\cdot\left(\frac{h}{\lambda}\right)^2 \qquad (4.2.6)$$

(*Abraham*scher Erreger *)

Der Strahlungswiderstand eines Dipols im Freiraum hängt ab von seiner Länge. **Bild 4.2.1** aus [2.2] zeigt diese Abhängigkeit.

Jede Verkleinerung der Antenne verringert den Strahlungswiderstand. Bei kurzen Antennen ist diese Verringerung sogar quadratisch. Der quadratische Verlauf ist zu erkennen an $(l/\lambda)^2$ und $(h/\lambda)^2$ in den Gleichungen (4.2.3) bis (4.2.6). Das bedeutet: Wird die Länge auf die Hälfte verringert, sinkt der Strahlungswiderstand auf ein Viertel!

Der Strahlungswiderstand eines Halbwellendipols hängt ab von seiner Höhe über idealer Erde. **Bild 4.2.2** aus [2.2] zeigt diese Abhängigkeit. Dabei pendelt der Wert um den Freiraumwert 73 Ω.

4.2.1 Strahlungskopplung

Bei Antennensystemen mit mehreren Einzelantennen führt Gl. (4.2.1) zu den Begriffen Strahlungswiderstand der Einzelelemente (Eigenstrahlungswiderstand) und gegenseitiger Strahlungswiderstand (Gegenstrahlungswiderstand) zwischen mehreren Elementen und dem Strahlungswiederstand der Gesamtanordnung.

Die entsprechenden Impedanzen werden Eigenimpedanz und Kopplungsimpedanz bezeichnet.

Dabei sind die Eigenstrahlungswiderstände (R_{11}, R_{22}, R_{33} usw.) und die Gegenstrahlungswiderstände (R_{12}, R_{21} und R_{13}, R_{31}, usw.) jeweils gleich.

Entsprechende Tabellen für verschiedene Abstände und Höhenunterschiede finden sich etwa in [2.3] und [2.4].

Beispiel:
Vier parallele Halbwellendipole jeweils im Abstand von λ/2 von einander entfernt ergeben den Gesamtstrahlungswiderstand:
$4 \cdot R_{11} + 6 \cdot R_{12} + 4 \cdot R_{13} + 2 \cdot R_{14} =$
$4 \cdot 73{,}1\,\Omega + 6 \cdot (-\,12{,}4)\,\Omega + 4 \cdot 4{,}1\,\Omega + 2 \cdot (-\,1{,}8)\,\Omega$
$= 231\,\Omega$

* Legt man durch die Äquatorebene des *Hertz*schen Dipols eine vollkommen leitende Ebene, so erhält man den *Abraham*schen Erreger nach *M. Abraham* (1898) [2.5].

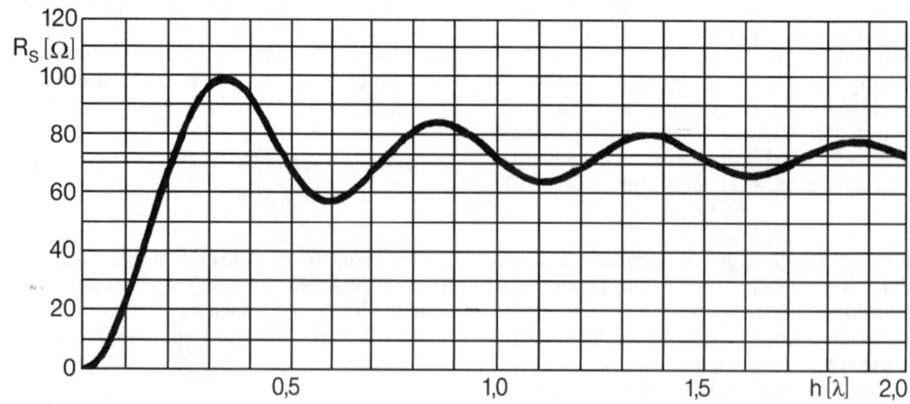

Bild 4.2.2
Strahlungswiderstand eines Halbwellendipols in Abhängigkeit seiner Höhe über idealer Erde

4.3 Wellenwiderstand

Der im Zusammenhang mit Antennen gelegentlich noch gebrauchte Begriff *Wellenwiderstand* stammt ursprünglich aus der Theorie der Hochfrequenzleitungen. Die Antennen lassen sich in einem Ersatzschaltbild als auf Leitern seriell verteilte Wirkwiderstände und Induktivitäten sowie zwischen ihnen angeordnete Kapazitäten und Leitwerte darstellen und auch oft vorteilhaft berechnen.

$$Z_W = \sqrt{\frac{R' + j\omega L'}{G' + j\omega C'}} \qquad (4.3.1)$$

Die s.g. Leitungsbeläge, die auch ortsabhängig sein können, werden durch einen hochgestellten Strich gekennzeichnet, der auf die Einheit Größe pro Länge hinweist.

Für verlustfreie Leitungen reduziert sich der Wellenwiderstand auf

$$Z_W = \sqrt{\frac{L'}{C'}} \qquad (4.3.2)$$

Der Wellenwiderstand wird auch *mittlerer Wellenwiderstand* genannt, weil er aus der mittleren Kapazität pro Längeneinheit $C' = C/l$ und der mittleren Induktivität $L' = L/l$ gebildet wird. Dabei wird für C' die statische Kapazität der Antenne und für L' die Umrechnung verwendet

$$L' = \frac{1}{c_0^2 \cdot C'} \qquad (4.3.3)$$

mit $c_0 = 2{,}99792458 \cdot 10^8$ m/s≈ 300 000 km/s (Vakuumlichtgeschwindigkeit)

Der Wellenwiderstand ergibt sich dann zu

$$\frac{Z_W}{\Omega} = 120 \cdot \left(\ln \frac{2l}{d} - 0{,}55 \right)$$

$$\frac{Z_W}{\Omega} \approx 120 \cdot \ln 1{,}15 \frac{l}{d}$$

für Dipole (4.3.4)

$$\frac{Z_W}{\Omega} = 60 \cdot \left(\ln \frac{2h}{d} - 0{,}55 \right)$$

$$\frac{Z_W}{\Omega} \approx 60 \cdot \ln 1{,}15 \frac{h}{d}$$

für Monopole (4.3.5)

4.4 Verlustwiderstände

Der Gesamtverlustwiderstand R_V eines Antennensystems (Antenne, Erde, Transformationsschaltung) besteht aus 4 Komponenten, die sich wie folgt verteilen:

- R_L Leiterwiderstand der Antenne
- R_I Isolationswiderstand der Antenne
- R_G Erdwiderstand des Antennensystems
- R_T Verlustwiderstand der Anpaßschaltung

Man kann die vier Verlustwiderstände getrennt oder als einen einzelnen Summenwiderstand R_V zusammenfassen.

$$R_V = R_L + R_I + R_G + R_T \qquad (4.4.1)$$

Leiterwiderstand der Antenne

Die ohmschen Verluste im Antennenleiter, die sich als Stromwärmeverluste darstellen, sind meist viel kleiner als die übrigen Verluste, da oft schon aus mechanischen Gründen größere Leiter verwendet werden. Nimmt man für die Antenne gut leitende Metalle, wie Kupfer oder Aluminium, tritt erst bei hohen Frequenzen die Stromverdrängung oder der Skineffekt (Hauteffekt) störend auf. Bei diesen hohen Frequenzen überwiegt aber bei weitem der Anteil des Strahlungswiderstandes beim Wirkungsgrad.

Bei kurzen Antennen und tiefen Frequenzen können diese Stromwärmeverluste beträchtliche Werte annehmen. Diese Verluste können mit Hilfe der „wirksamen Schichtdicke“ oder „äquivalenten Leiterschichtdicke“ *s* abgeschätzt werden. Dabei denkt man sich den Leiter mit ungleichmäßiger Wandstromdichte ersetzt durch ein Rohr mit gleichmäßiger Stromdichte in der Wand.

Für zylindrische Leiter mit dem Rohrdurchmesser *d* viel größer (») als die wirksame Schichtdicke, gilt folgende Gleichung, wobei der Strom um den Faktor 1/e abgesunken ist.

$$\delta \approx \frac{1}{\sqrt{f \cdot \pi \cdot \mu \cdot \kappa}} \qquad (4.4.2)$$

Der hochfrequente Leiterwiderstand (HF-Widerstand) einer Länge *l* ist dann

$$R_L = \frac{l}{(d \cdot \pi \cdot \delta \cdot \kappa)} = \frac{l}{d} \cdot \sqrt{\frac{f \cdot \mu}{\pi \cdot \kappa}} \qquad (4.4.3)$$

Beispiele:

$\lambda/2$-Dipol für 14 MHz aus Kupfer mit 2 mm Durchmesser (∅)
$f = 14$ MHz, $d = 2$ mm, $\mu_r \approx 1$, $\kappa = 58$ m/Ωmm^2,
daraus ergibt sich die wirksame Schichtdicke
$\delta = 0{,}02$ mm,
für eine $\lambda/2$-Antennenlänge ist $l \approx 10$ m folgt dann
$R_L = 1{,}6\ \Omega$

$\lambda/2$-Dipol für 3,5 MHz, Kupfer 2 mm
$\varnothing\delta = 0{,}035$ mm $R_L = 3{,}1\ \Omega$
$\lambda/2$-Dipol für 7 MHz, Kupfer 2 mm
$\varnothing\delta = 0{,}025$ mm $R_L = 2{,}2\ \Omega$
λ-Dipol für 7 MHz, Kupfer, 1 mm
$\varnothing\delta = 0{,}025$ mm $R_L = 8{,}8\ \Omega$
$\lambda/4$-Monopol für 28 MHz, Alu 25 mm
$\varnothing\delta = 0{,}02$ mm $R_L = 0{,}07\ \Omega$
Drahtantennen aus Edelstahl:
Edelstahl hat etwa 1/8 der Leitfähigkeit von Kupfer und $\mu_r \neq 1$. Unter Vernachlässigung von μ_r erhöht sich dabei der HF-Widerstand rd. um den 8-fachen Wert!

Isolationswiderstand der Antenne

Unter den Isolationsverlusten versteht man die dielektrischen Verluste der Antennenisolatoren. Das elektrische Ersatzschaltbild für die dielektrischen Verluste eines Kondensators besteht aus einer Parallelschaltung eines verlustlosen Kondensators mit einem Widerstand. Durch den Verlustwiderstand wird der Phasenwinkel verkleinert. Der Tangens des Verlustwinkels δ ist der Verlustfaktor.

$$\tan\delta = \frac{1}{\omega C R} \tag{4.4.4}$$

C ..... Isolatorkapazität
R ..... Verlustwiderstand

Der Verlustfaktor hängt ab vom Isolierstoff, der Feldverteilung im Isolator, also von der Form, von der Frequenz und von der Oberfläche. Staub und Feuchtigkeit vergrößern den Verlustfaktor. Wichtig ist eine trockene und saubere Oberfläche. Wegen der hohen mechanischen Anforderungen und der äußerst geringen Wasseraufnahme kommen meist nur keramische Isolatoren in Frage.

Für die Ermittlung des Isolationswiderstandes R_I ist es zweckmäßiger R_I in einen Serienwiderstand zu entwickeln, als die übliche Entwicklung in einen Parallelleitwert.

Nach Umwandlung der Parallelschaltung kommt man zu einer Serienschaltung, die aus der Antennenkapazität C_A, dem Strahlungswiderstand R_S und dem Isolationswiderstand R_I besteht.

$$R_I \approx \frac{C \cdot \tan\delta}{\omega C_A^2} \tag{4.4.5}$$

C ..... Isolationskapazität
C_A ..... Antennenkapazität

Der Isolationswiderstand ist umgekehrt proportional der Frequenz. Daher ist er nur bei tiefen Frequenzen wichtig. Die Isolationskapazität und der Verlustfaktor gehen direkt ein. Im Hinblick auf die Isolationsverluste sind ein kleiner Wellenwiderstand, d.h. ein großer Leiterdurchmesser und eine große Leiterlänge günstig.

Erdwiderstand des Antennensystems

Von den Gesamtwiderständen ist der Erdwiderstand R_G meist am größten und daher maßgebend für den Wirkungsgrad der Antenne, besonders bei Vertikalantennen. (Index G ... ground)

Der in die Erde eintretende Verschiebungsstrom kehrt als Leiterstrom zum Generator zurück. Dabei treten Stromwärmeverluste auf. Der Erdboden ist aber nicht homogen (gleichartig), daher ändern sich die Leitfähigkeit und Permittivität (Dielektritätskonstante) in horizontaler und vertikaler Richtung. Die Werte sind auch jahreszeitlich nicht konstant. Die wirksame Schichtdicke des Erdbodens ist bei mittlerer Leitfähigkeit schon so groß, daß Tiefenerder dieser Länge unwirtschaftlich wären.

Man verringert die Erdverluste durch Verwendung metallischer Leiter in oder unmittelbar über der Erde. Der Erdstrom verteilt sich zum Teil auf die Drähte und zum Teil auf den Boden. Dabei richtet sich die Stromverteilung nicht nur nach der Leitfähigkeit der beiden Stoffe, sondern auch nach dem Blindwiderstand der beiden Strombahnen. Daher sollen bei einer geringen Zahl von kurzen Drähten diese mindestens $\lambda/4$ lang sein und am Ende isoliert (Radial = Gegengewicht). Der Realteil der Eingangsimpedanz ist von der Drahtanzahl abhängig, der Imaginärteil bleibt nahezu konstant. Die Drahtstärke hat nur geringen Einfluß auf die Stromverteilung, da sie nur logarithmisch eingeht. Durch Erhöhung der Bodenleitfähigkeit nehmen die Verluste nicht im gleichen Verhältnis ab. Nach *Brown/Lewis/Epstein* werden für niedrige Antennen und eine mittlere Bodenleitfähigkeit, unabhängig von der Wellenlänge, etwa 120 Drähte, nach Möglichkeit $\lambda/2$ lang, benötigt.

Typische Werte des Erdwiderstandes liegen nach *ARRL* für Antennen bis $\lambda/4$ bei der Radialanzahl von 15 bis 4 Stück bei 5 bis 30 Ω.

Verlustwiderstand der Anpaßschaltung

In einer Anpaß- oder Transformationsschaltung zur Abstimmung und Anpassung werden Spulen und Kondensatoren verwendet. Der Verlustfaktor der Spulen ist dabei um eine Potenz größer als der der Kondensatoren. Das Ersatzschaltbild einer verlustbehafteten Spule besteht aus einer Serienschaltung einer verlustlosen Spule mit einem Widerstand. Durch den Verlustwiderstand wird der Phasenwinkel verkleinert. Der Tangens des Verlustwinkels δ ist der Verlustfaktor.

$$\tan\delta = \frac{R}{\omega L} \tag{4.4.6}$$

R ..... Spulenverlustwiderstand
L ..... Spuleninduktivität

$$R_T \approx R \tag{4.4.7}$$

Daher sind in erster Näherung für die Anpaßverluste die Spulenverluste maßgebend.

Die Größe von R wird noch beeinflußt durch den Skineffekt, Proximityeffekt (Naheffekt) und Wirbelstromeffekt. Der Anpaßverlustwiderstand ist umso größer, je größer der induktive Blindwiderstand ist und dieser richtet sich nach dem kapazitiven Blindwiderstand der Antenne.

Es ist daher zweckmäßig, eine Antenne in Resonanz oder in der Nähe von Resonanzfrequenzen zu betreiben. Wo dies nicht durchführbar ist, etwa bei einer Breitbandantenne, soll der Wellenwiderstand der Antenne klein sein.

4.5 Wirkungsgrad

Die der Antenne zugeführte Eingangsleistung P_E wird nur teilweise in elektromagnetische Stahlungsleistung P_S umgewandelt. Der Rest geht als Verlustleistung P_V verloren.

$$P_E = P_S + P_V \tag{4.5.1}$$

Der *Wirkungsgrad* ist definiert als Verhältnis der zugeführten Leistung zur abgegebenen Leistung.

$$\eta = \frac{P_S}{P_E} \tag{4.5.2}$$

Er kann als Faktor ($0 < \eta < 1$) angegeben werden, oder in Prozent ($0 < \eta < 100\%$).

$$\eta = \frac{R_S}{R_S + R_V} = \frac{1}{1 + \frac{R_V}{R_S}} \tag{4.5.3}$$

Dabei ist es gleichgültig, an welcher Stelle des Antennensystems und in welcher Form der Verlust eintritt.

Der *Wirkungsgrad* einer Antenne kann auch noch anders definiert werden, nämlich über den Richtfaktor D und den Gewinn G (bezogen auf den Isotropstrahler).

$$\eta = \frac{G}{D} \tag{4.5.4}$$

Näheres dazu findet man in den Unterabschnitten 4.6 und 4.7.

Die Bezeichnung für die Leistung P kommt vom engl. Wort „power“

4.6 Richtfaktor

Der *Richtfaktor D* (directivity), auch Strahlungsgewinn genannt, gibt die Leistungssteigerung an in Richtung ϑ und φ im Vergleich zu der mittleren nach allen Richtungen abgestrahlten Leistung. Er drückt also die Bündelungseigenschaft der Antenne aus.

Richtfaktor-Definition im Sendefall nach ITG 2.1/02 [0]:

Verhältnis der in Hauptstrahlrichtung im Fernfeld erzeugten Strahlstärke Φ_{max} zur Strahlstärke Φ_i des (verlustlosen) isotropen Strahlers * mit gleicher Strahlungsleistung wie die der betrachteten Antenne.

$$D = \frac{\Phi_{max}}{\Phi_i} \tag{4.6.1}$$

Die Strahlstärke Φ ist definiert nach [6.1] als Leistung P_S, die in ein Raumwinkelelement abgestrahlt wird, dividiert durch das Raumwinkelelement.

Das Raumwinkelelement wird auch Raumwinkel Ω genannt. Der Raumwinkel des isotropen Strahlers ist 4π, die ganze Kugeloberfläche.

mit

$$\Phi_{max} = \frac{P_S}{\Omega} \tag{4.6.2}$$

und

$$\Phi_i = \frac{P_S}{4\pi} \tag{4.6.3}$$

ergibt sich

$$D = \frac{4\pi}{\Omega} \tag{4.6.4}$$

Eine einfache Näherungsmethode nach *Kraus* [1.2] ersetzt die Raumfläche (Raumwinkel Ω) durch eine Rechteckfläche, gebildet aus dem Produkt der Halbwertsbreiten (Öffnungswinkel) in der E-Ebene α_E und in der H-Ebene α_H in Grad.

Damit erhält man für den *Richtfaktor* näherungsweise

$$D \approx \frac{41\,253}{\alpha_E \cdot \alpha_H} \tag{4.6.5}$$

Die Näherungsformel ist auf Antennen beschränkt, die nicht zu breite Keulen und keine wesentlichen Nebenzipfel haben.

Eine andere Näherungsmethode nach [6.2] ersetzt die Raumfläche durch eine Ellipsenfläche, die von den Halbwertsbreiten begrenzt wird. Die Ellipsenfläche

$$\pi \cdot \frac{\alpha_E}{2} \cdot \frac{\alpha_H}{2}$$

ist kleiner als die Rechteckfläche ($\alpha_E \cdot \alpha_H$), dadurch fällt der Richtfaktor um $4/\pi$, also rund 27%, größer aus.

$$D \approx \frac{52\,525}{\alpha_E \cdot \alpha_H} \qquad (4.6.6)$$

Es ist zweckmäßig den Richtfaktor als logarithmisches Verhältnis in Dezibel (dB) angegeben. Bei der Anwendung von dB-Werten werden Rechenoperationen auf die nächst tiefere Stufe reduziert, d.h. eine Multiplikation wird zu einer Addition. Als logarithmisches Leistungsverhältnis ergibt sich

$$d\,/\,\mathrm{dB} = 10 \cdot \lg D \qquad (4.6.7)$$

mit der Angabe dBi (dB bezogen auf den Isotropstrahler *).

Der *Richtfaktor D* ist der Gewinn einer verlustfreien Antenne bezogen auf den Isotropstrahler (Kugelstrahler).

Beispiel:
Eine Antenne hat folgende Halbwertsbreiten α_E = 20°, α_H = 20°,
nach Gl. (4.6.5) ergibt sich $D \approx 103{,}1$ bzw. $d \approx 20{,}1$ dBi
nach Gl. (4.6.6) ergibt sich $D \approx 131{,}3$ bzw. $d \approx 21{,}2$ dBi
Der Unterschied im Ergebnis zwischen beiden Gleichungen ist hier etwa 1 dB.

Erläuterung:
Der ebene Winkel wird im Bogenmaß angegeben. Das Bogenmaß (lat. Arcus), Zeichen arc, ist das Maß für die Größe eines ebenen Winkels. Es ist definiert als das Verhältnis der Bogenlänge des Kreisbogens zum Radius des Kreises. Der besondere Name der SI-Einheit des ebenen Winkels ist Radiant (rad), die SI-Basiseinheit selbst ist m/m. Die Einheit kann durch 1 ersetzt werden. Zum Bogenmaß 1 gehört der ebene Winkel 1 rad.

1 rad ist der Winkel, bei dem, bei einem Radius von 1 m, die Bogenlänge 1m ist.

360° = 2π rad , daraus folgt:1 rad = 360°/2π = 180°/π = 57,295°

Der Raumwinkel mit dem Formelzeichen *Ω* ist das Verhältnis der Oberfläche der Kugelkappe (Kalotte), die ein Kegelmantel aus der Kugel ausschneidet, zum Quadrat des Radius der Kugel. Der besondere Name der SI-Einheit des Raumwinkels ist Steradiant (sr), die SI-Basiseinheit selbst ist m^2/m^2. Die Einheit kann durch 1 ersetzt werden.

1 sr ist der Raumwinkel, bei dem, bei einem Kugelradius von 1 m, die Kugeloberfläche 1 m^2 ist.

1 sr = 1 $(\mathrm{rad})^2 = (57{,}295°)^2 = 3282{,}717\ (°)^2$

Die Oberfläche einer Kugel ist $4\pi r$. Der gesamte Raumwinkel (Kugeloberfläche) ist also $4\pi \cdot 3282{,}717\ (°)^2 \approx 41\,253\ (°)^2$. Der Raumwinkel 4π hat somit den Zahlenwert 41 253.

* Eine Antenne, die in alle Richtungen des Raumes die Energie völlig gleichmäßig abstrahlt, nennt man *Kugelstrahler* oder *isotropen Strahler*. Ein solcher Kugelstrahler kann praktisch nicht hergestellt werden, er existiert nur in der Theorie und wird für Vergleichszwecke verwendet.

4.7 Gewinn

Eine der wichtigen Antennenkenngrößen ist der *Gewinn*. Er drückt, wie der Richtfaktor, die Bündelungseigenschaft der Antenne aus verbunden mit dem Antennenwirkungsgrad. Als Zahl oder Größe wird er auch als *Gewinnfaktor* bezeichnet.

Gewinn-Definition im Empfangsfall nach ITG 2.1/02 [0]:

Der *Gewinn G* ist das Verhältnis der maximalen Empfangsleistung P_{max} im ebenen Wellenfeld zur Empfangsleistung P_i des (verlustlosen) isotropen Strahlers bei Leistungs- und Polarisationsanpassung.

$$G = \frac{P_{max}}{P_i} \qquad (4.7.1)$$

Entsprechend dem Reziprozitätsprinzip (vgl. 1.1.8) gelten die Betrachtungen für den Sendefall und für den Empfangsfall gleichermaßen.

Der Antennengewinn ist eine dimensionslose Zahl und entspricht einem Leistungsverhältnis. Die Angabe „Leistungsgewinn" einer Antenne ist überdefiniert, ähnlich wie der „weiße Schimmel".

Aus einem Leistungsverhältnis kann man aber mit der Beziehung

$$P = \frac{U^2}{R}$$

bei gleichem Widerstand, ein Spannungsverhältnis errechnen. Das Spannungsverhältnis ist dann die Quadratwurzel aus dem Gewinn. Man spricht dabei auch von „Feldstärkegewinn".

Beispiel:
Ein Antennengewinn von 10 entspricht einem Feldstärkegewinn von 3,16.

Anders ausgedrückt: Eine Antenne mit einem Gewinn von 10 erzeugt eine 3,16-fach größere Feldstärke (als eine Antenne mit einem Gewinn von 1).

Es ist zweckmäßig den *Gewinn* als logarithmisches Leistungsverhältnis (Leistungsmaß oder Gewinnmaß) in Dezibel (dB) angegeben.

$$g\,/\,\mathrm{dB} = 10 \cdot \lg G \qquad (4.7.2)$$

Der *Gewinn* bezieht sich – wenn nicht anders angegeben – immer auf den isotropen Strahler (Kugelstrahler). Das ist eine Antenne, die in alle Richtungen des Raumes die Energie völlig gleichmäßig aufnimmt oder abstrahlt. Allerdings kann ein solcher Kugelstrahler praktisch nicht hergestellt werden. Er existiert nur in der Theorie und wird für Vergleichszwecke verwendet.

Als Index beim *Gewinn* wird zusätzlich oft G_i, G_K oder G_o verwendet. Ebenso findet sich der Index beim Gewinnmaß mit g_i, g_K oder g_o.

Der Index bei dB ist dann entsprechend dB_i.

Der Index kommt dabei aber nur einmal vor: entweder g_i in dB oder g in dB_i

Der Zusammenhang zwischen Gewinn G und Richtfaktor D ist gegeben durch die Beziehung

$$G = \eta \cdot D \qquad (4.7.3)$$

Der *Gewinn G* enthält die Antennenverluste.

Für verlustlose (ideale) Antennen mit $\eta = 1$ ist dann $G = D$.

Der maximal mögliche Gewinn ist der Richtfaktor.

Im Gegensatz zum Richtfaktor D, der eine Rechengröße ist, ist der Gewinn G eine Meßgröße.

Es gibt zwei Methoden den Gewinn von Antennen zu ermitteln:

- Vergleichsmethode
- Absolutmethode

Beides sind Meßmethoden.

In der Praxis mißt man den Gewinn einer Antenne durch Vergleich mit einer Antenne deren Gewinn bekannt ist. Diese Antenne wird als Referenz-, Bezugs-, Standard- oder Normalantenne bezeichnet. Nähers dazu in den Abschnitten 27 und 31.

Bei der Messung nach der Vergleichsmethode ist es wegen der Reziprozität egal, ob man am Sendeort oder Empfangsort die Antennen wechselt und den Gewinn ermittelt.

Eine wichtige Bezugsantenne ist der Halbwellendipol mit einem Gewinn

$G = 1{,}64$ bzw. $g = 2{,}15$ dB oder $g = 2{,}15$ dBi

($G_i = 1{,}64$ bzw. $g_i = 2{,}15$ dB)

Damit man erkennt, daß der Gewinn auf den Halbwellendipol bezogen ist wird der Index D oder d verwendet, z.B.: G_D, G_d bzw. g_D, g_d und dBd, seltener dBD.

Eine mehr theoretische Bezugsantenne für manche Antennenberechnungen ist der *Hertz*sche Dipol mit dem Gewinn

$G = 1{,}5$ bzw. $g = 1{,}76$ dB

Um festzulegen, daß der Gewinn auf den *Hertz*schen Dipol bezogen ist, wird der Index Hz verwendet, z.B.: G_{Hz} bzw. g_{Hz}.

Für Vertikalantennen über Erde ist der Gewinn oft auch gegen eine $\lambda/4$ Groundplane oder $\lambda/4$ Monopol über Erde angegeben.

Die Gewinnangabe ist dann als G_{GP} bzw. g_{GP} oder dBGP oder dB/GP oder dB/gp bezeichnet.

Eine Angabe von G_D, also des Gewinns gegen den Halbwellendipol, bei Vertikalantennen ist genau so wenig sinnvoll wie die Angabe von G_{GP}, also des Gewinns gegen eine Groundpane, bei Horizontalantennen.

Die **Tabelle 4.1**. zeigt die wichtigsten Antennenkenngrößen (Gewinne, Strahlungswiderstand und Halbwertsbreite) von einigen speziellen Antennen.

Erläuterung zu Tabelle 4.1:

Die Antennen Nr. 1 bis 7 befinden sich freien Raum. Die folgenden Antennen Nr. 8 bis 13 befinden sich über ideal leitender Ebene. Die restlichen Antennen Nr. 14 bis 17 sind wieder im freien Raum. Alle Antennen sind verlustlos und angepaßt.

Der Gewinn ist auf den Isotropstrahler im freien Raum bezogen, er entspricht dem Richtfaktor. Die weiteren Gewinnangaben sind der Gewinn über den Halbwellendipol und der Gewinn über die Groundplaneantenne.

Der Strahlungswiderstand ist bei den kurzen Antennen auf den Speisepunkt bezogen, bei den resonanten Antennen auf den Strombauch.

Die Halbwertsbreite ist angegeben im Azimut bzw. bei Vertikalantennen in der Elevation.

Die Tabellenform stammt ursprünglich aus [2.3], die Gewinne G_D und g_D wurden zusätzlich aufgenommen [7.1] und die Tabelle um einige Antennen [7.2], den Halbkugelstrahler [1.2], die Gewinne G_{GP} und g_{GP} und die Halbwertsbreite erweitert. Die neueren Werte für die Gewinne und Strahlungswiderstände bei den Antennen 15 bis 17 stammen von *Lawson* [7.3].

Ähnliche Antennenformen, die in der Tabelle nicht ausgewiesen sind:

Faltdipol: Gleiche Werte wie Halbwellendipol, Strahlungswiderstand ist 4 mal so groß (einfach gefaltet; konstanter Leiterdurchmesser).

Halbwellenschlitzantenne (2seitige Abstrahlung): Gleiche Werte wie Halbwellendipol, Strahlungswiderstand ist etwa 7 mal so groß, und die Polarisation ist umgekehrt. Ein horizontaler Schlitz ergibt eine vertikale Polarisation.

Die Antennen werden üblicherweise als Freiraumstrahler betrachtet, das heißt, man bezieht den Gewinn auf einen Bezugsstrahler im freien Raum. Tatsächlich ergibt sich aber durch den Erdboden nur eine Abstrahlung in den oberen Halbraum. Der Erdboden wirkt dabei als Reflektor. Bei ideal leitendem und reflektierendem Erdboden verdoppelt sich durch die Reflexion die Feldstärke am Empfangsort. Die Gewinnerhöhung ist um den Faktor 4, entsprechend 6 dB. In der Praxis bleiben aber von den 6 dB Gewinn durch die Reflexion nur etwa 3 bis 4 dB übrig, abhängig von der Frequenz und der Bodenleitfähigkeit.

Tabelle 4.1 Antennenkenngrößen

Nr.	Antennenart	Stromverteilung	Gewinn (über Kugelstrahler) G	g/dB	Gewinn über Halbwellendipol G_D	g_D/dB	Gewinn über Groundplane G_{GP}	g_{GP}/dB	Strahlungswiderstand R_S/Ω	Halbwertsbreite $\Delta\varphi/°$, $\Delta\vartheta/°$
1	Kugelstrahler (Isotropstrahler)	–	1	0	0,61	–2,15	0,31	–5,16	–	–
2	Kurzer Dipol ($l < \lambda/5$)	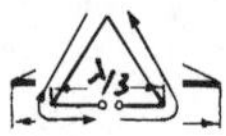	1,5	1,76	0,91	–0,39	–	–	$197\,(l/\lambda)^2$	90
3	*Hertz*scher Dipol (kurzer Dipol mit Dachkapazitäten)	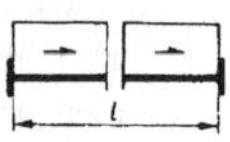	1,5	1,76	0,91	–0,39	–	–	$790\,(l/\lambda)^2$	90
4	Halbwellendipol (λ/2-Dipol)	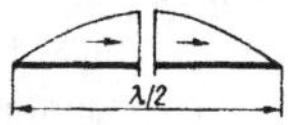	1,64	2,15	1	0	–	–	73	78
5	Ganzwellendipol (λ-Dipol, Doppelzepp)		2,41	3,82	1,47	1,67	–	–	199	47
6	Verlängerter Doppelzepp	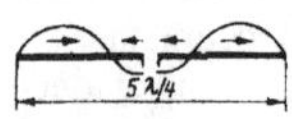	3,3	5,18	2,01	3,03	–	–	98	33
7	Kreuzdipol (Drehkreuzantenne, Turnstile Antenne)		0,82	–0,86	0,5	–3,01	–	–	36,5	–
8	Halbkugelstrahler (Hemisphärenstrahler)	–	2	3,01	–	–	0,61	–2,15	–	–
9	Kurze Vertikalantenne ($h < \lambda/10$)	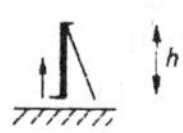	3	4,77	–	–	0,91	–0,39	$395\,(h/\lambda)^2$	45
10	Kurze Vertikalantenne mit Dachkapazität		3	4,77	–	–	0,91	–0,39	$1579\,(h/\lambda)^2$	45
11	Viertelwellenmonopol (λ/4-Vertikalantenne Marconi-Antenne)	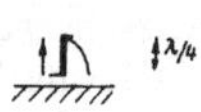	3,28	5,16	–	–	1	0	36,5	39
12	λ/2-Vertikalantenne	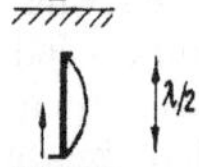	4,82	6,83	–	–	1,47	1,67	99,5	23,5
13	5λ/8-Vertikalantenne (≈0,64λ)	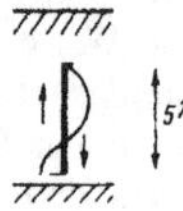	6,6	8,19	–	–	2,01	3,03	49	16,5
14	Kleiner Rahmen (Beliebige Form, Fläche A, Umfang ≪λ)		1,5	1,76	0,91	–0,39	–	–	$31171\,(A/\lambda^2)^2$	90
15	Dreieck-Elemente (Delta-, Nabla-Loop, Umfang 1λ)	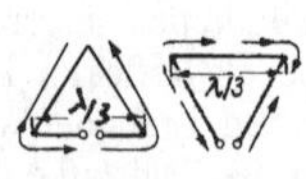	1,86	2,70	1,14	0,55	–	–	105	
16	Quadrat-Elemente (Umfang 1λ)	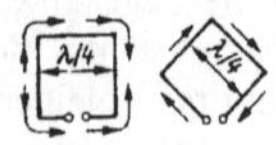	1,99	2,99	1,21	0,84	–	–	120	
17	Ring-Element (Umfang 1λ)									

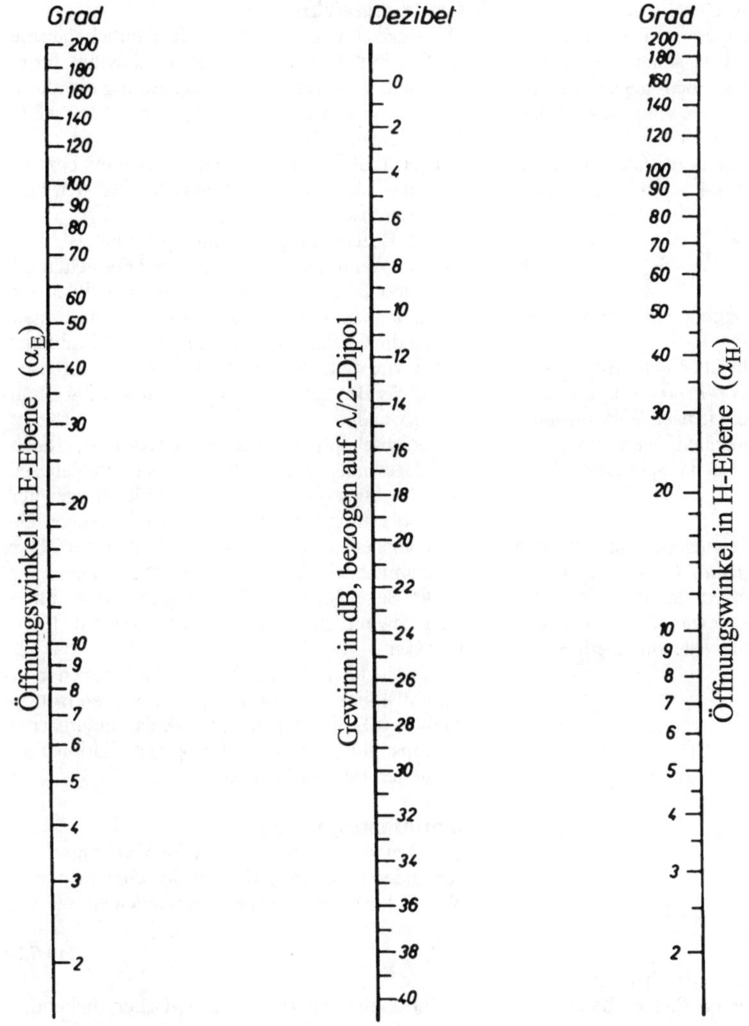

Bild 4.7.1
Nomogramm
zur Bestimmung
des maximalen Gewinns
von Richtantennen
bezogen auf einen
Halbwellendipol
bei bekannten
Öffnungswinkel

Ein Halbwellendipol in einer Höhe von λ/2 über der Erde – das ist die Höhe, in der der Strahlungswiderstand wieder wie im freien Raum 73 Ω beträgt – hat theoretisch den Gewinn von 6 dB + 2,15 dB =8,15 dB. Die Rechnung ergibt 8,43 dB bei einem Erhebungswinkel (Elevationswinkel) von rund 30°. Der theoretisch höchste Gewinn von 9,2 dB für einen horizontalen Halbwellendipol über der Erde entsteht bei einer Höhe von 0,6 λ über idealem Erdboden bei einem Elevationswinkel von etwa 25°.

Bei direkt gegen Erde erregten Vertikalantennen entsteht mit dem gleichphasigen Spiegelbild quasi ein Freiraumstrahler. Da durch den Erdboden jedoch in die untere Halbebene nichts abgestrahlt werden kann, ergibt sich bei gleicher zugeführter Leistung für die obere Halbebene eine Leistungsverdopplung, d.h. eine Gewinnerhöhung um den Faktor 2 entsprechend 3 dB. Man setzt meistens unendlich gut leitenden Erdboden voraus und bezieht den Gewinn auf einen Bezugsstrahler im freien Raum, im allgemeinen auf den Kugelstrahler. Für reale vertikale Antennen müssen die Reflexionseigenschaften des Erdbodens besonders berücksichtigt werden. Eine elektrisch kurze Vertikalantenne wird z.B. als Bezugsantenne bei Industriestörungen verwendet (CCIR Rep. 258-4) oder als Meßantenne bei Feldstärke- oder Störstrahlungsmessungen im Kurzwellenbereich. In der Praxis werden vertikale Meßantennen nicht gerne verwendet, einerseits wegen der notwendigen Erdnetze oder Gegengewichte, andererseits wegen der Umgebungseinflüsse. So mißt man aus diesen Gründen die Feldstärke statt mit Stabantennen vorteilhafter mit Rahmenantennen.

Eine Viertelwellen-Groundplane-Antenne wird häufig einer Viertelwellen-Marconi-Antenne über idealem Erdboden mit dem Gewinn von 3,28, entsprechend 5,16 dBi, gleichgesetzt. Das ist jedoch unzutreffend. Die Groundplane-Antenne in Erdnähe entspricht elektrisch eher einem gegen Erde erregten Vertikaldipol. Dessen Gewinn ist 4,82 entsprechend 6,83 dBi.

Die Formel für den Richtfaktor (Gl. 4.6.5), mit „*G*" statt „*D*", wird als Kraus-Formel bezeichnet.

$$G \approx \frac{41\,253}{\alpha_E \cdot \alpha_H} \quad (4.7.4)$$

Das ist der maximal mögliche Gewinn bei (verlustlosen) Antennen.

Die Zahl in der Formel über dem Bruchstrich wird als *Gewinnbandbreite-Produkt* bezeichnet. Praktisch sind bei Antennen, je nach Wirkungsgrad und der Größe der Nebenkeulen, Werte zwischen 32 000 und 38 000 üblich. Nach [7.4] sind der Wert sogar nur 30 000.

Weit verbreitet ist die Gewinnermittlung aus den Halbwertsbreiten nach der *Kraus-Formel* (Gl. 4.7.4), indem man diese so modifiziert, daß man als Ergebnis den theoretischen Höchstgewinn G_{Dmax}, bezogen auf einen abgestimmten Halbwellendipol, erhält.

$$G_D = \frac{G}{1{,}64} \quad (4.7.5)$$

$$GD_{max} = \frac{25\,154}{\alpha_E \cdot \alpha_H} \quad (4.7.6)$$

$$\frac{g_{d\,max}}{\text{dB}} = 10 \cdot \lg \frac{25\,154}{\alpha_E \cdot \alpha_H} \quad (4.7.7)$$

Diese Gewinnaussage bezieht sich auf Antennen mit idealisierten Diagrammen (keine Rückwärtsstrahlung, keine oder nur kleine Nebenkeulen), daher ist der errechnete Gewinn ein Höchstwert, der in der Praxis nicht erreicht wird. Es wird deshalb allgemein empfohlen, von dem erhaltenen Ergebnis 1 bis 2 dB abzuziehen.

Eine Kurve zur Gewinnminderung durch Nebenzipfel findet sich in [7.5].

Ein auf der Grundlage dieser Näherungsformel konstruiertes Nomogramm ist in **Bild 4.7.1** dargestellt. Es gestattet das direkte Ablesen des annähernden Gewinns in dB bei bekannten Öffnungswinkeln (Halbwertsbreiten). Wenn nur der Gewinn und ein Öffnungswinkel bekannt sind, kann man den unbekannten Öffnungswinkel ebenfalls aus dem Nomogramm ermitteln.

Beispiel:
Eine Antenne mit den Öffnungswinkeln $\alpha_E = 34°$, $\alpha_H = 37°$ ergibt einen maximalen Gewinn von 13 dBd.

Gewinnbezeichnungen
Die Bezeichnungen nach CCIR, nämlich „absoluter Gewinn" für G_i und „relativer Gewinn" für G_d sind nicht sehr verbreitet. Ebensowenig die älteren Bezeichnungen „praktischer Gewinn" oder „effektiver Gewinn" für G_d.

Die CCIR Bezeichnung G_v für Gewinn bezogen auf eine kurze Vertikalantenne konnte sich auch nicht durchsetzen.

Die Bezeichnung „Freiraumgewinn" ist überflüssig. Wenn nicht anders angegeben, gelten alle Gewinne für den Freiraum. Ausnahmen bilden Vertikalantennen. Bei vertikalen Antennen in Erdnähe gelten die Gewinne oft für den (oberen) Halbraum, dabei wird eine ideale Erde als Reflektor vorausgesetzt. Als Bezugsantenne wird dann ein $\lambda/4$-Strahler verwendet.

Sprachschöpfungen wie „Höhengewinn", „Raumwellengewinn", „DX-Gewinn", „Flachstrahlungsgewinn", „Short-Skip-Gewinn", „Reflexionsgewinn" sind unbestimmt. Auch Antennen mit weniger Gewinn können unter bestimmten Verhältnissen (Höhe, Abstrahlwinkel) ein stärkeres Signal erzeugen.

Die Bezeichnungen „Richtgewinn" und „Strahlungsgewinn" sind keine Gewinne, sondern „Richtfaktoren".

Gebräuchlich Zusätze bei Gewinnangaben in dB sind: dBli bezogen auf linear polarisierten Isotropstrahler, dBci bezogen auf zirkular polarisierten Isotropstrahler bzw. dBdc bezogen auf zirkular polarisierten Halbwellendipol

Gewinnumrechnung
Der Gewinn einer Antenne A im Verhältnis zu einer anderen Antenne B, also der Gewinn von A über B, kann auch geschrieben werden als

$$G_B^A \quad (4.7.8)$$

Zur Gewinnumrechnung zwischen beliebigen Antennen gelten folgenden Formeln:
numerisch

$$G_B^A \cdot G_C^B = G_C^A \quad (4.7.9)$$

$$\frac{1}{G_B^A} = G_A^B \quad (4.7.10)$$

$$G_A^A = 1 \quad (4.7.11)$$

logarithmisch (dB)

$$g_B^A + g_C^B = g_C^A \quad (4.7.12)$$

$$-g_B^A = g_A^B \quad (4.7.13)$$

$$g_A^A = 0 \quad (4.7.14)$$

Beispiel:
Gesucht ist der Gewinn eines sehr kurzen Dipols (Antenne A) über einen Halbwellendipol (Antenne C); die Bezugsantenne ist ein Kugelstrahler (Antenne B).

numerisch:

$$G_B^A = 1{,}5; \; G_B^C = 1{,}64$$

$$G_C^A = G_B^A \cdot G_C^B = G_B^A \cdot 1/G_B^C = 1{,}5 \cdot 1{,}64 = 0{,}91$$

$$G_C^A \approx 0{,}9$$

oder logarithmisch:

$$g_B^A = 1{,}76 \text{ dB}; \; g_B^C = 2{,}15 \text{ dB}$$

$$g_C^A = g_B^A + g_C^B = g_B^A - g_B^C$$

$$= 1{,}76 \text{ dB} - 2{,}15 \text{ dB} = -0{,}39 \text{ dB}$$

$$g_C^A \approx -0{,}4 \text{ dB}$$

Das bedeutet, daß der sehr kurze Dipol, unabhängig von seiner Länge, einen nur um etwa 10% geringeren Gewinn hat als der Halbwellendipol. Der Verlust beträgt rund 0,4 dB.

Dabei wird jedoch vorausgesetzt, daß der Wirkungsgrad 100% ist und Anpassung besteht. Beide Voraussetzungen sind in der Praxis aber nicht gegeben.

4.7.1 Strahlungsleistungen

Definitionen nach ITG 2.5/02, Empfehlung 1987:

Äquivalente Strahlungsleistung

ERP (effective radiated power): Produkt aus der der Antenne zugeführte Leistung, und dem Antennengewinn, bezogen auf die Strahlungsleistung eines Halbwellendipols in Hauptstrahlrichtung.

Äquivalente isotrope Strahlungsleistung

EIRP (effective isotropically radiated power): Produkt aus der der Antenne zugeführten Leistung und dem Antennengewinn, bezogen auf die Strahlungsleistung einer isotropen Antenne.

Äquivalente monopole Strahlungsleistung

EMRP (effective monopole radiated power): Produkt aus der der Antenne zugeführten Leistung und dem Antennengewinn, bezogen auf die Strahlungsleistung einer kurzen vertikalen Antenne in der Horizontalebene über unendlich gut leitendem, ebenen Boden.

Nach CCIR Radio Regulations wird bei der englischen Bezeichnung von ERP das Wort „equivalent" statt „effective" verwendet.

4.8 Wirkfläche

Der Begriff *Wirkfläche* wurde 1908 von *R. Rüdenberg* in die Antennentechnik eingeführt .

Wirkfläche-Definition im Empfangsfall nach ITG 2.1/02 [0]:

Zur Ausbreitung senkrechte Fläche, durch die bei einer einfallenden ebenen Welle mit der elektromagnetischen Leistungsdichte S und der Wellenlänge λ die maximale Empfangsleistung P_{max} der Antenne bei Leistungsanpassung hindurchtreten würde.

$$A = \frac{P_{max}}{S} \qquad (4.8.1)$$

Die Bezeichnung für die Fläche „A" kommt vom engl. Wort „area".

Man unterscheidet *Theoretische Wirkfläche*
Effektive Wirkfläche

Theoretische Wirkfläche

$$A_0 = \frac{\lambda^2}{4\pi} \cdot D \qquad (4.8.2)$$

Effektive Wirkfläche

$$A_W = \frac{\lambda^2}{4\pi} \cdot G \qquad 4.8.3)$$

Wenn man von der Antennenwirkfläche spricht meint man meist A_W.

Die Gewinne zweier Antennen verhalten sich wie ihre Wirkflächen.

Die *Wirkfläche* ist eine fiktive Fläche. Obwohl die Antennenwirkfläche zur Ausbreitungsrichtung der einfallenden Ebene senkrecht angeordnet ist, ist sie nicht notwendigerweise mit der geometrischen Fläche identisch.

Das Verhältnis der theoretischen Wirkfläche A_0 zur geometrischen Fläche A_g ist der Flächenwirkungsgrad q

$$q = \frac{A_0}{A_g} \qquad (4.8.4)$$

Verschiedene Wirkflächen:

Isotropantenne $A_W = \frac{\lambda^2}{4\pi} = 0{,}08\,\lambda^2$ (4.8.5)

*Hertz*scher Dipol $A_W = \frac{3}{8\pi}\lambda^2 = 0{,}12\,\lambda^2$ (4.8.6)

Halbwellendipol $A_W = \frac{30}{73\pi}\lambda^2 = 0{,}13\,\lambda^2$ (4.8.7)

Wie **Bild 4.8.1** zeigt, entspricht die Wirkfläche eines Halbwellendipols etwa einem Rechteck der

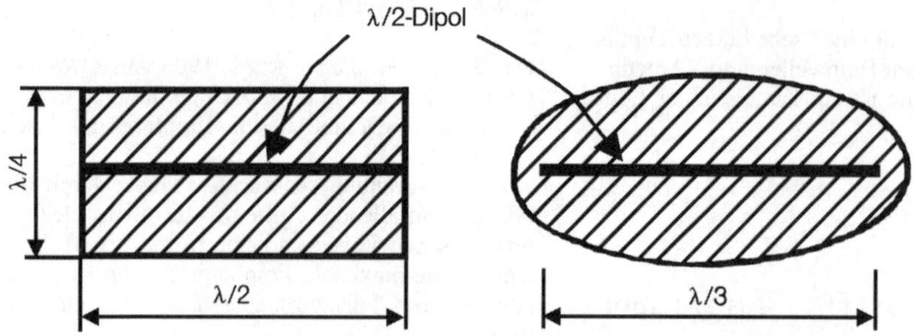

Bild 4.8.1 Wirkfläche eines Halbwellendipols

Breite $\lambda/2$ und der Höhe $\lambda/4$ mit einer Fläche von $0{,}125\ \lambda^2$. Alternativ dazu wird als Wirkfläche auch eine Ellipse der Breite $\lambda/3$ und der Höhe $\lambda/4$ mit einer Fläche von $0{,}13\ \lambda^2$ angegeben.

Mit steigender Frequenz sinkt die Wirkfläche und damit die abgegebene Empfangsleistung.

Im Sendefall ist die Strahlungsleistung eines verlustlosen Halbwellendipols frequenzunabhängig. So gibt z.B. ein 40 m langer Dipol für 3,5 MHz dieselbe Feldstärke wie ein 1 m langer Dipol für 144 MHz bei gleicher Senderleistung. Im Empfangsfall entnimmt der 40 m lange Halbwellendipol für 3,5 MHz jedoch etwa 40 mal mehr Empfangsspannung aus dem Feld gleicher Feldstärke, als der 1 m lange Halbwellendipol für 144 MHz.

Das ist die Folge der frequenzabhängigen Wirkflächen. Die bei hohen Frequenzen geringe Empfangsleistung muß daher durch erhöhten Antennengewinn sende- oder empfangsseitig bzw. durch Erhöhen der Senderleistung ausgeglichen werden.

Neben der Wirkfläche existiert noch die *Streufläche.* Eine Empfangsantenne gibt nicht die ganze aus dem Strahlungsfeld entnommene theoretische Empfangsleistung an den Verbraucher ab, sondern bei Anpassung nur die Hälfte. Sie strahlt somit genausoviel Leistung wieder in den Raum zurück, wie sie an den Abschlußwiderstand liefert. Bei Kurzschluß ergibt sich die größte Streufläche (Düppel-Streifen bei Radar).

Für spezielle Antennen (z.B. Hornstrahler, Linsenantennen, Parabolspiegel usw.) gibt es besondere Formeln für den Zusammenhang zwischen Gewinn und Wirkfläche.

4.9 Wirksame Länge

Die Leerlaufspannung U_0 einer Antenne ist proportional der Feldstärke. Der Proportionalitätsfaktor hat die Dimension einer Länge.

Seine Bezeichnung ist *wirksame Länge* l_w oder auch *effektive Länge* l_e bzw. l_{eff}.

Manchmal wird sie auch als *wirksame* Höhe h_w oder *effektive Höhe* h_e bzw. h_{eff} bezeichnet, speziell bei Vertikalantennen.

Der Ausdruck „Wirklänge", analog zur Wirkfläche, ist in den 50er Jahren in der Literatur vereinzelt gebraucht worden hat sich aber leider nicht durchgesetzt.

$$l_W = \frac{U_0}{E_0} \quad (4.9.1)$$

$$E_0 = E \cdot \cos\vartheta \quad (4.9.2)$$

Der Winkel ϑ ist zwischen der Antenne und dem Feldstärkevektor $\boldsymbol{E}$.

Wenn die Antenne parallel zum Feldstärkevektor ist (optimale Orientierung), dann ist $\vartheta = 0$, $\cos\vartheta = 1$ und $E_0 = E$.

Die wirksame Länge ist nicht identisch mit der tatsächlichen (geometrischen) Länge. Nur für gleichförmige Strombelegung, d.h. wenn der Strom ortsunabhängig ist (*Hertz*scher Dipol), stimmt l_w mit der tatsächlichen Länge überein. Anderenfalls ist die effektive Länge infolge der ungleichmäßigen Stromverteilung kleiner. Man erhält im allgemeinen Fall l_w, indem man die Stromfläche in ein flächengleiches Rechteck mit dem maximalen Strom als Schmalseite verwandelt. Die Breitseite ist dann l_w. Die Umrechnung zwischen effektiver Länge und Wirkfläche ist

$$l_w = 2 \cdot \sqrt{\frac{A_W \cdot R_S}{Z_0}} \quad (4.9.3)$$

Beim *Hertz*schen Dipol ergibt sich fast eine konstante Stromverteilung.

*Hertz*scher Dipol $l_w \approx l$ (4.9.4)

Beim Halbwellendipol ($l = \lambda/2$) errechnet sich die wirksame Länge zu $l_w = 0{,}64\ l$.

Halbwellendipol $l_w = \lambda / \pi = 0{,}32\ \lambda$ (4.9.5)

Bei der sehr kurzen Monopolantenne ($h < \lambda/10$) ergibt sich eine lineare Stromverteilung (Dreiecksstromverteilung), die wirksame Höhe ist dann die Hälfte der tatsächlichen Höhe.

Kurze Monopolantenne $h_w = \frac{h}{2}$ (4.9.6)

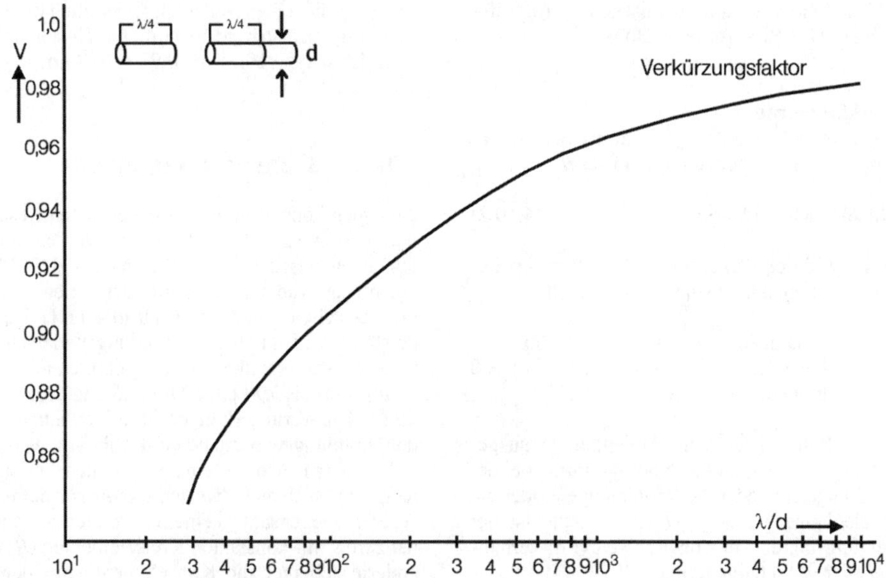

Bild 4.10.1
Verkürzungsfaktor eines Halbwellendipols in Abhängigkeit vom Verhältnis λ/d

4.10 Verkürzungsfaktor

Zur richtigen Dimensionierung einer Antenne ist die Resonanzlänge wichtig.

Es zeigt sich, daß die Resonanzlänge eines Halbwellendipols in der Praxis kleiner ist als $\lambda/2$ und daß die Resonanzlänge eines Monopols kleiner ist als $\lambda/4$.

Diesen Effekt bezeichnet man als Antennenverkürzung. Der zugehörige Faktor ist der

$$\textit{Verkürzungsfaktor } V = \frac{l_R}{l_E} \qquad (4.10.1)$$

l_R ..... Resonanzlänge,
geometrische oder physikalische Länge,
l_E ..... Freiraumlänge, elektrische Länge
oder theoretische Länge

Der *Verkürzungsfaktor V* ist kleiner als 1.

Der Verkürzungseffekt wird hervorgerufen durch eine verringerte Ausbreitungsgeschwindigkeit auf der Antenne verbunden mit einer zusätzlichen kapazitiven Belastung, speziell an den Antennenenden. Dabei geht das Verhältnis Antennenlänge zu Antennendurchmesser der s.g. Schlankheitsgrad, das Material und die Kapazitäten rund um die Antenne (Antennenkapazität und Isolatorkapazität, wie Antennenhalterung und Abspannung) ein. Die kapazitive Wirkung, die deutlich überwiegt, bezeichnet man als *Endeffekt.*

Der Verkürzungsfaktor einer Antenne wird also zum großen Teil von der kapazitiven Randwirkung an den Strahlerenden bestimmt. Bei einem in seinen Harmonischen erregten Draht, der also mehrere Halbwellen lang ist, findet die verkürzende kapazitive Einwirkung nur an den äußeren Drahtenden statt, während die innenliegenden Halbwellenstücke unbeeinflußt bleiben. (**Bild 4.10.1**). Die kapazitive Randwirkung, die antennenverlängernd wirkt, muß durch eine Strahlerverkürzung kompensiert werden.

Aus **Bild 4.10.1** geht hervor, daß ein Strahler mit einer Länge von mehreren Halbwellen nur mit seinen Enden der kapazitiven Randwirkung ausgesetzt ist und deshalb nicht so stark verkürzt werden darf wie ein Halbwellenstrahler.

Der Verkürzungsfaktor wird in Nomogrammen in Abhängigkeit vom Schlankheitsgrad angegeben.

Es gibt ältere experimentelle Werte des Verkürzungsfaktors [10.1] [10.2] und ältere theoretische Werte nach NEC-2 aus der Programmsammlung von *VE3ERP* [10.5] finden.

Beispiel:
Ein Dipol mit einem Drahtdurchmesser (∅) von 2,1 mm (AWG #12) hat bei 3,5 MHz den Schlankheitsgrad $S = l : d = 20\,000$ und den Verkürzungsfaktor $V = 0{,}974$, die Verkürzung ist also etwas unter 3%. Mit gleichem ∅ ist bei 14 MHz: $s = l : d = 5\,000$, v = 0,970, Verkürzung genau 3%; bzw. bei 28 MHz: $s = l : d = 2\,500$, v = 0,967, Verkürzung etwas über 3%.

Daraus ist ersichtlich, daß der im Kurzwellenbereich üblicherweise verwendete Verkürzungsfaktor von 0,95 zu klein ist, also 5% Verkürzung zuviel sind. Diese Verkürzung von 5% findet sich schon in den 50er Jahren in amerikanischen Veröffentlichungen (z.B. ARRL Antenna Book).

Schlankheitsgrad

Darunter versteht man das Verhältnis der Antennenlänge *l* zum Antennendurchmesser *d*.

$$\text{Schlankheitsgrad } S = \frac{l}{d} \qquad (4.10.2)$$

Damit wird der Verkürzungsfaktor *V* in Abhängigkeit vom Schlankheitsgrad *S* dargestellt.

schlanke Antennen:	$S = l{:}d = > 1\,000$
mittlere Antennen:	$S = l{:}d = 100$ bis 1 000
dicke Antennen:	$S = l{:}d = < 100$

Da die Länge *l* auch in Wellenlängen ausgedrückt werden kann, gibt es Nomogramme, bei denen als Länge entweder die Wellenlänge λ oder die Halbwelenlänge $\lambda/2$ angegeben ist. Dann ist der Verkürzungsfaktor *V* in Abhängigkeit vom Verhältnis $\lambda{:}d$ oder $\lambda/2{:}$d dargestellt.

Bild 4.10.2 zeigt in erster Näherung die Abhängigkeit des Verkürzungsfaktors vom Verhältnis λ/d.

Beispiel:

Frequenz = 50 MHz, Wellenlänge = 6 m, Durchmesser = 2 cm,

Damit ergibt sich: λ/d = 300, v = 0,938 ≈ 0,94, rd. 6% Verkürzung. Die Verkürzung ist umso größer je kleiner der Schlankheitsgrad der Antenne ist d.h. je dicker die Antenne ist.

Resonanzlänge

Antennen haben zur Wellenlänge ein bestimmtes Verhältnis. Die kürzeste Resonanzlänge einer Antenne im freien Raum ist $\lambda/2$. Diese symmetrische Strahlerform wird Dipol oder Halbwellendipol genannt. Für Antennen im Halbraum über leitender Ebene ist diese Länge $\lambda/4$. Diese unsymmetrische Strahlerform wird als Monopol oder Unipol bezeichnet.

Resonanz bedeutet Verschwinden der Blindkomponente (Reaktanz) des Scheinwiderstandes (Impedanz). Das Herbeiführen der Resonanz nennt man abstimmen. Im Gegensatz dazu bedeutet anpassen die Widerstandstransformation auf einen bestimmten Wert z.B auf die 50 Ω eines Koaxialkabels.

$$\text{Resonanzlänge} \quad l_R = l_E \cdot V \qquad (4.10.3)$$

Allgemein gilt: Eine Vergrößerung des Antennendurchmessers verringert die Resonanzlänge.

Beispiel:

Für den oben angeführten 14-MHz-Dipol mit einem Verkürzungsfaktor von $V = 0{,}97$ ist die elektrische Länge l_E die halbe Wellenlänge, nämlich die Hälfte von 21,43 m, also rund 10,71 m. Die Resonanzlänge l_R ergibt sich zu 10,71 m · 0,97 = 10,39 m.

4.11 Güte und Bandbreite

Antennen können in der Nähe der ersten Resonanz durch einen Serienkreis dargestellt werden. Für Dipolantennen ist das die $\lambda/2$-Resonanz und für Monopolantennen die $\lambda/4$-Resonanz. Der Serienresonanzkreis besteht aus *R*, *L* und *C* (**Bild 4.11.1**). Der Widerstand wird durch den Strahlungswiderstand R_S und dem Verlustwiderstand R_V gebildet. Für Dipole ist $R_S \approx 60$ bis 70 Ω, für Monopole ist $R_S \approx 30$ bis 35 Ω. Die Verluste können im allgemeinen gegen den Strahlungswiderstand vernachlässigt werden.

Man kann, wie bei einem normalen Serienresonanzkreis, auch hier *Güte* und *Bandbreite* definieren. Aber im Gegensatz zu einem normalen Serienresonanzkreis mit konstanten Kreiselementen (*R*, *L*, *C*) ändern sich hier die Kreiselemente mit der Frequenz. In Resonanznähe ändern sich die Blindanteile stärker als der Wirkanteil.

Güte

Bei einem Serienresonanzkreis ist die *Güte* definiert als Verhältnis von Blindanteil zu Wirkanteil.

$$Q = \frac{\omega L}{Rs} = \frac{1}{\omega C \cdot Rs} \qquad (4.11.1)$$

Wegen des Formelzeichens *Q* wird die *Güte* manchmal auch als *Q-Faktor* bezeichnet.

Da bei Resonanz der Blindanteil verschwindet kann man *Q* dort nicht messen. Eine Näherungsformel für die Güte einer Antenne Q_A ist nach [11.1]

$$Q_A \approx \frac{|X|}{Rs \cdot 2\left(\frac{f - f_0}{f_0}\right)} \qquad (4.11.2)$$

$|X|$ ..... Betrag des Blindanteils ωL oder $1/\omega C$

Man mißt den Blindanteil etwas oberhalb der Resonanzfrequenz.

Beispiel:

Bei einer Antenne ist $X = 10$ Ω, $R_S = 50$ Ω, Resonanzfrequenz $f_0 = 14{,}175$ MHz, Meßfrequenz $f =$ 14,350 Mhz.$f - f_0 = 0{,}175$, $(f - f_0)/f_0 = 0{,}012346$,

$Q_A \approx 10\ \Omega/(50\ \Omega \cdot 2 \cdot 0{,}012346) \approx 8{,}1$

Eine andere Näherungsformel für die Güte eines Monopols ist nach [11.2]

$$Q_A \approx \frac{\pi}{4} \cdot \frac{Z_W}{Rs} \qquad (4.11.3)$$

Beispiel:
Bei einem Monopol mit 10 m Länge und 10 cm Durchmesser ist bei Resonanz $R_S = 30\ \Omega$. Der Wellenwiderstand Z_W ergibt sich nach Gl. 4.3.5 zu 420 Ω,

$$Q_A \approx 0{,}79 \cdot 420\ \Omega / 30\ \Omega \approx 11$$

Übliche Gütewerte von Antennen liegen zwischen 8 bis 16, je nach Schlankheitsgrad (Länge/ Durchmesser-Verhältnis).

Die Güte einer Antenne kann verringert werden durch:

- Verkleinerung der Antenneninduktivität
- Vergrößerung der Antennenkapazität
- Erhöhung des Antennenwiderstandes

Bandbreite

Die Güte einer Antenne legt die Frequenzbandbreite Δf fest, innerhalb derer bestimmte Phasenbeziehungen zwischen Strom und Spannung erfüllt sind.

Die Differenzfrequenz Δf heißt *Bandbreite*, (3dB-Bandbreite).

$$\Delta f = 2|f - f_0| \qquad (4.11.4)$$

Güte und Bandbreite einer Antenne sind verknüpft durch

$$Q_A = \frac{f_0}{\Delta f} \qquad (4.11.5)$$

Der Wirkwiderstand ist gleich dem Blindwiderstand, wenn

$$Q_A = \frac{f_0}{2|f - f_0|} \qquad (4.11.6)$$

f_0 ..... Resonanzfrequenz

Der Wert $2\,|f - f_0|$ bei 45°-Verstimmung ist ein Maß für die Breite der Resonanzkurve.

Die „3dB-Grenze" gibt an, bei welchen Frequenzen Real- und Imaginärteil des komplexen Eingangswiderstandes der verstimmten Antenne gleich groß sind und sich ein Phasenwinkel von ± 45° ergibt. Der Scheinwiderstand (Betrag von Z) ist auf das $1/\sqrt{2}$-fache seines Wertes bei der Resonanzfrequenz f_0 gesunken (3 dB-Abfall).

Je schmaler die Resonanzkurve eines Kreises ist, desto geringer ist seine Bandbreite.

Man unterscheidet zwischen zwei Arten:

Die absolute Bandbreite

Die Differenz der beiden Frequenzen, (obere und untere Grenzfrequenz), welche die Bandbreite eingrenzen.

$$f_{OG} - f_{UG} = \Delta f \qquad (4.11.7)$$

Die Resonanzfrequenz f_0 liegt in der (geometrischen) Mitte.

Die relative Bandbreite

Auch *normierte Bandbreite* genannt. Das ist das Verhältnis der absoluten Bandbreite zur Resonanzfrequenz. Die Angabe erfolgt entweder als Verhältniszahl zweier Frequenzen

$$\frac{\Delta f}{f_0} \qquad (4.11.8)$$

oder in Prozent.

$$\frac{\Delta f}{f_0} \cdot 100\ [\%] \qquad (4.11.9)$$

Beim Vergleich zwischen Antennen unterschiedlicher Frequenzbereiche ist die Angabe der relativen Bandbreite in Prozent zweckmäßig.

2:1-Bandbreite

Bei Antennen ist die Angabe einer relativen Bandbreite bei einer maximalen Welligkeit von $s = 2$ üblich. Hier vergleicht man Antennen unterschiedlicher Frequenzbereiche mit der absoluten Bandbreite Δf für $s = 2$.

Bandbreiten für eine Welligkeit von 2:1 von verlustlosen Dipolen im freien Raum berechnet für Drahtdurchmesser von 1 mm (AWG#18) und 2,1 mm (AWG#12) mit einem Berechnungsprogramm aus der Programmsammlung von *VE3ERP* [11.3].

Die Berechnung erfolgt nach NEC-2 für verlustlose Drahtdipole im freien Raum mit einer Eingangsimpedanz von 72 Ω, ohne Einfluß der Umgebung. Für die Berechnung wird eine mittlere Genauigkeit von 5% angegeben.

Tabelle 4.2 zeigt die errechneten Werte.

Die Welligkeitskurve (SWR-Kurve) einer Antenne entspricht einer umgekehrten d.h. „auf den Kopf gestellten" Resonanzkurve. Dabei entspricht dem SWR-Wert 2:1 auf der Ordinate der Kehrwert 1/SWR also 0,5 , dem SWR-Wert 3:1 der Kehrwert, also 0,33 usw. Die Einteilung ist aber nicht linear,

Frequenz	1 mm Ø kHz	2,1 mm Ø kHz
3,5	180	195
7,0	375	403
10,1	555	597
14,0	795	855
18,1	1064	1144
21,0	1263	1358
24,9	1543	1660
28,0	1777	1911

Tabelle 4.2
2:1-Bandbreiten für Dipole

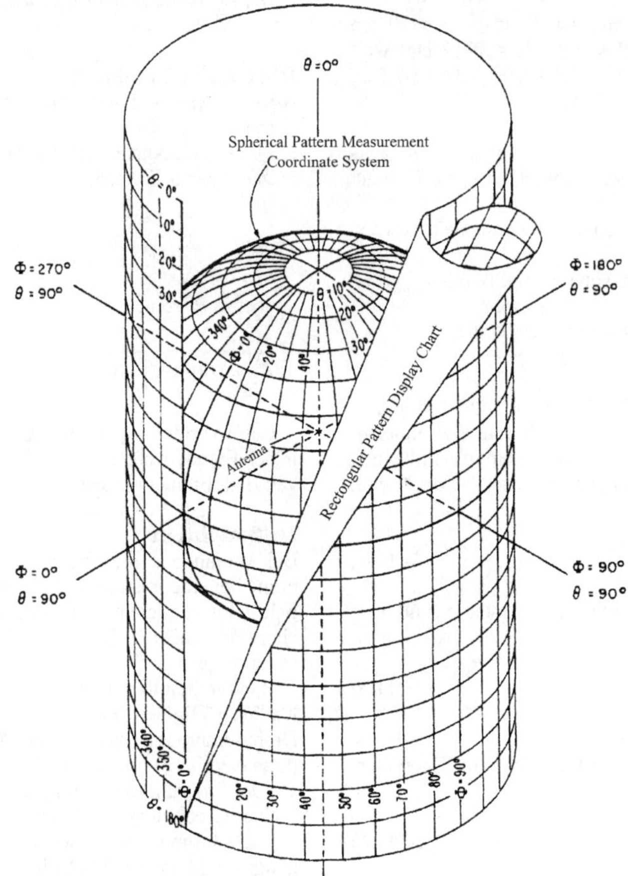

Bild 4.12.1
Antennenkoordinatensystem mit den Winkeln θ und Φ

d.h. die aufgetragene Resonanzkurve entspricht nicht dem tatsächlichen Verlauf.

Um zu der Antennengüte nach Gl. 4.11.5 zu bekommen, muß der errechnete Wert (umgekehrte normierte Bandbreite für s = 2) noch mit dem Faktor $1/\sqrt{2} = 0{,}71$ multipliziert werden [11.4].

Eine kurze Antenne (kleiner Wirkanteil und hoher Blindanteil) hat eine hohe Güte und damit eine kleine Bandbreite.

Eine dicke Antenne hat eine höhere Kapazität und eine geringere Induktivität, somit eine niedrige Güte und damit eine größere Bandbreite.

4.12 Richtcharakteristik

Die *Richtcharakteristik* oder *Strahlungscharakteristik* ist definiert nach ITG 2.1/02 [0]:

■ im **Sendefall**: Richtungsabhängigkeit der von einer Antenne erzeugten Feldstärke nach Amplitude, Phase und Polarisation in einem konstanten Abstand unter Fernfeldbedingungen.

■ im **Empfangsfall**: Richtungsabhängigkeit der von einer Antenne aus einem ebenen Wellenfeld vorgegebener Polarisation aufgenommene Empfangsspannung nach Amplitude und Phase.

In der Regel werden die Kugelkoordinaten r, ϑ, φ verwendet.

Dabei ist ϑ der Zenitwinkel oder Polarwinkel und φ der Azimutwinkel. Für die Winkel ϑ, φ werden manchmal auch die Großbuchstaben Θ oder θ und Φ verwendet.

Bild 4.12.1 zeigt das Antennenkoordinatensystem mit den Winkeln θ und Φ [12.1]. In der Praxis wird diese Richtungsabhängigkeit häufig durch die Amplitude $E(\vartheta, \varphi)$ oder $H(\vartheta, \varphi)$ der elektrischen oder magnetischen Feldstärke einer bestimmten Polarisation oder durch die von einer Antenne aus einem ebenen Wellenfeld bestimmter Polarisation aufgenommene Empfangsspannung U beschrie-

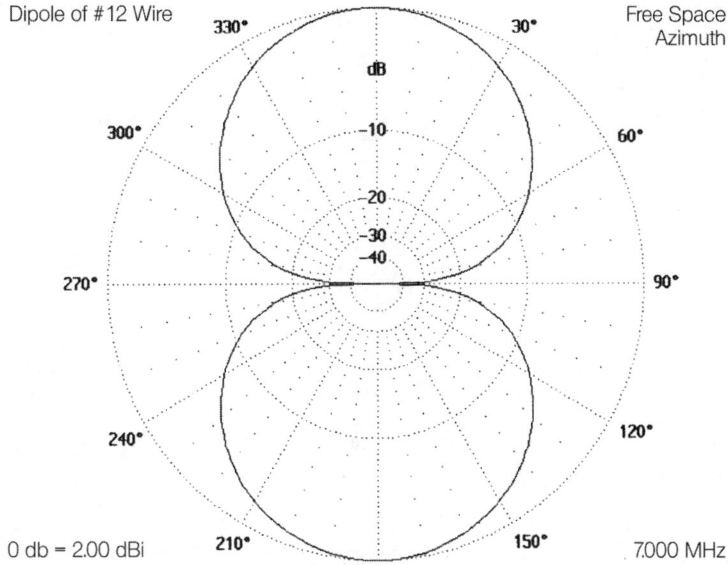

Bild 4.13.1 Polardiagramm mit logarithmischer Teilung (Freiraum-Diagramm eines Dipols)

ben. Im allgemeinen bezieht man die *Richtcharakteristik* auf den Maximalwert.

$$C(\vartheta, \varphi) = \frac{E(\vartheta, \varphi)}{E_{\max}} \qquad (4.12.1)$$

Eine ältere Bezeichnung dafür ist das *Strahlungsmaß* $F(\vartheta, \varphi)$.

Die Richtcharakteristik bestimmt die Feldstärkeverteilung und ist unabhängig vom Strom in der Antenne und vom Abstand der Antenne zum betrachteten Punkt.

Ein Antennensystem ist die Zusammenfassung mehrerer Einzelantennen (Elemente) zu einer Gruppe. Mit derartigen Systemen kann man eine stärkere Bündelung in einer Vorzugsrichtung erreichen. Die Richtcharakteristik entsteht dadurch, daß sich die von den einzelnen Elementen ausgehenden Wellen überlagern.

Um die Charakteristik eines Antennensystems zu erhalten, kann eine Summation der Wirkungen aller Einzelstrahler nach Betrag und Phase durchgeführt werden.

Einfacher ist es aber das *„**multiplikative Gesetz**"* anzuwenden: „Die Gesamtcharakteristik des Systems ist gleich der Charakteristik des Einzelstrahlers, multipliziert mit der Charakteristik der Gruppe."

Gruppencharakteristik

Die *Gruppencharakteristik* auch *Gruppenfaktor* genannt ist der richtungsabhängige Faktor, mit dem die Richtcharakteristik der isoliert betrachteten Einzelstrahler zu multiplizieren ist, um die Strahlungscharakteristik einer aus mehreren gleichen oder gleichorientierten Einzelstrahler zusammengesetzten Gruppe zu erhalten.

Die zeichnerische Darstellung eines Schnittes durch die *Richtcharakteristik* ergibt das Richtdiagramm.

4.13 Richtdiagramm

Das *Richtdiagramm* oder *Strahlungsdiagramm* ist definiert nach ITG 2.1/02 [0]:

Grafische Darstellung der Richtchoder von ϑ für φ = const.

Der Winkel φ ist der Azimutwinkel in der horizontalen Ebene. Der Winkel ϑ ist der Polarwinkel oder Zenitwinkel in der vertikalen Ebene. Manchmal wird ϑ auch als Elevationswinkel oder Erhebungswinkel bezeichnet. Das Richtdiagramm ist die zeichnerische Darstellung eines Schnittes durch die Richtcharakteristik, die durch den Ursprung und das Strahlungsmaximum geht.

4.13.1 Polar- und Kartesisches Diagramm

Polardiagramm

Das *Polardiagramm* ist die der Feldstärkedarstellung in Polarkoordinaten. Im *Polardiagramm* werden die (absoluten oder relativen) Feldstärken direkt in den Strahlungsrichtungen aufgetragen und ihre Endpunkte durch eine Kurve verbunden. Der Abstand zwischen dem Koordinatenursprung und dieser Kurve, dem *Polardiagramm*, ist dann ein Maß für die Feldstärke in der betreffenden Richtung. Die Feldstärke wird als Verhältnis „normiert", d.h. auf den Maximalwert bezogen, angegeben.

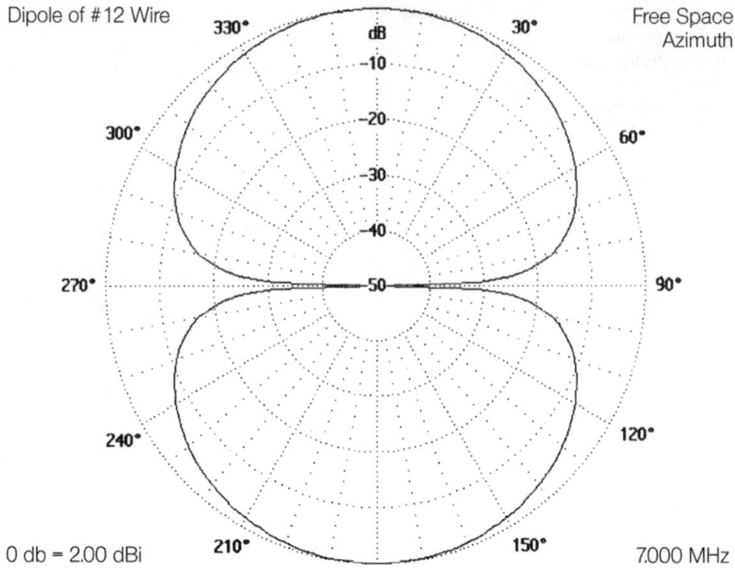

Bild 4.13.2
Polardiagramm
mit linearer Teilung
(Freiraum-Diagramm
eines Dipols)

Maßeinteilung

Die Skala für die Feldstärke kann logarithmisch oder linear sein.

Logarithmische Teilung

Die Feldstärke ist als Verhältnis in dB angegeben. Der Maximalwert ist 0 dB.

Die Skala geht logarithh außen bis theoretisch –∞ in der Mitte des Diagramms. Praktisch geht die Einteilung bis –40 dB (**Bild 4.13.1**).

Lineare Teilung

Die Feldstärke ist meistens in dB angegeben. Der Maximalwert ist 0 dB. Die Skala geht linear von 0 dB außen bis etwa –50 dB in der Mitte des Diagramms (**Bild 4.13.2**). Diese Darstellung ist zweckmäßig bei kleinen Nebenkeulen, die in einem logarithmischen Diagramm schwer darzustellen sind.

Es gibt auch Diagramme mit linearer Teilung, in denen normiert die relative Feldstärke $E_{rel} = E / E_{max}$ aufgetragen wird. Der Maximalwert ist dabei 1, seltener 100.

Die Skala geht bis von 1,0 außen bis theoretisch 0,0 und praktisch 0,1 in der Mitte des Diagramms.

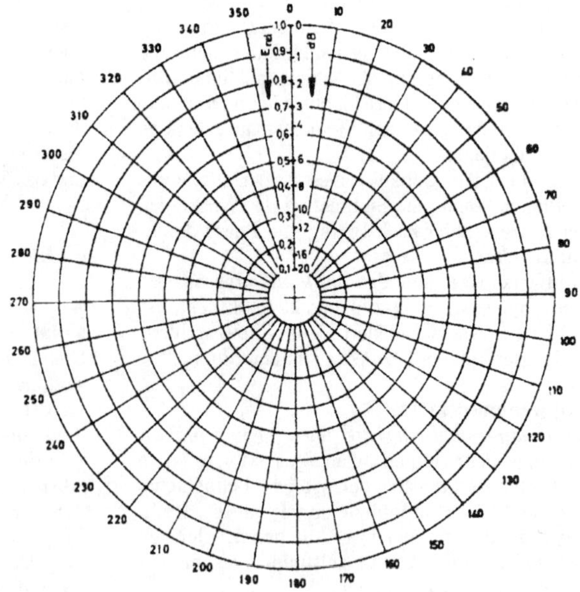

Bild 4.13.3
Polardiagramm mit linearer Teilung
für relative Feldstärken

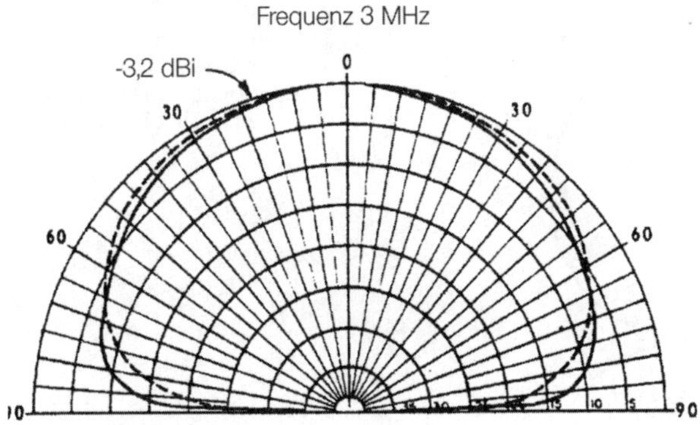

Bild 4.13.4
Polardiagramm mit linearer Teilung
(Halbraum-Diagramm)

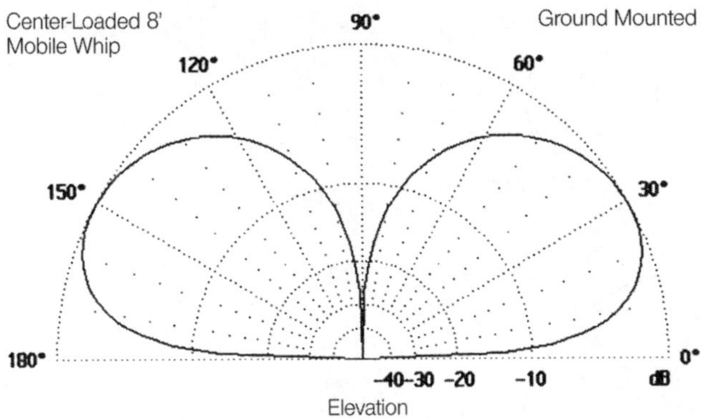

Bild 4.13.5
Polardiagramm
mit logarithmischer Teilung
(Halbraum-Diagramm
eines Monopols)

Diese Diagramme sind seit langer Zeit in Verwendung. Ein neues Diagramm dieser Art mit noch einer zusätzlichen dB-Skala –20 dB zeigt das **Bild 4.14.3**. Die Winkeleinteilung geht von 0° bis 360° im Uhrzeigersinn, 0° ist oben. Die Skala für die Winkel ist nicht einheitlich. Die Diagramme von verschiedenen Firmen, Organisationen oder Programmen sind oft unterschiedlich.

Freiraum-Diagramme

Der Winkel φ geht von 0° bis 360° im Uhrzeigersinn. Dabei ist 0° oben, wie in den **Bildern 4.13.1** und **4.13.2** ersichtlich. Der Winkel ϑ geht meistens von 0° bis 360° im Uhrzeigersinn. Dabei ist 0° wieder oben. Oder von 0° bis –180° im Gegenuhrzeigersinn und von 0° bis 180° im Uhrzeigersinn. Dabei ist 0° rechts. Es gibt auch Diagramme, die den Winkel ϑ als Erhebungswinkel definieren. Dabei geht der Winkel ϑ von 0° bis 360°, wobei 0° rechts liegt. Oder von 0° bis –180° im Uhrzeigersinn und von 0° bis 180° im Gegenuhrzeigersinn. Dabei ist 0° rechts.

Halbraum-Diagramme

Der Winkel ϑ geht von 0° bis 90°. Dabei ist 0° oben (**Bild 4.13.4**).

Als Elevationswinkel (Erhebungswinkel) von 0° bis 180° im Gegenuhrzeigersinn (**Bild 4.13.5**). Dabei ist 0° rechts. Oder von 0° bis 90°, wobei 0° links und rechts liegt (**Bild 4.13.6**).

Kartesisches Diagramm

Das *Kartesische Diagramm* zeigt die Feldstärkedarstellung in rechtwinkligen Koordinaten. Im *Kartesischen Diagramm* werden die Feldstärkewerte vertikal auf der Ordinatenachse über den zugehörigen Winkeln φ bzw. ϑ horizontal auf der Abszissenachse aufgetragen.

Maßeinteilung

Die Skala für die Feldstärke wird linear von 0 dB oben bis – 50 dB unten dargestellt. Die Skala für die Winkel φ bzw. ϑ geht von 0° in der Mitte bis –180° nach links und bis 180° nach rechts. **Bild 4.13.7** zeigt den Azimut eines horizontalen Dipols im freien Raum in Polar- und Kartesischem Diagramm. **Bild 4.13.8** zeigt die Elevation eines horizontalen Dipols im freien Raum in beiden Diagrammen.

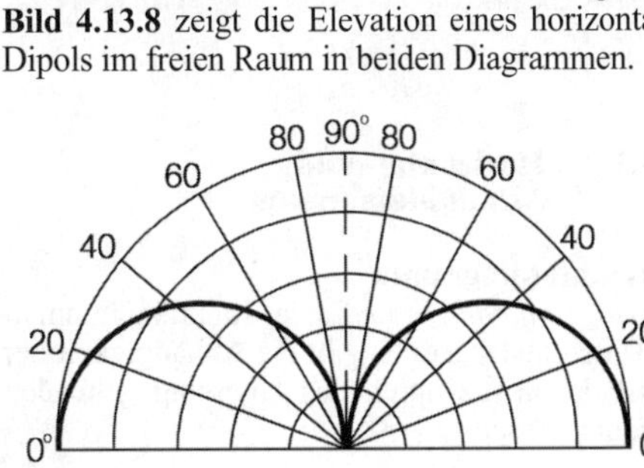

Bild 4.13.6
Polardiagramm mit linearer Teilung
(Halbraum-Diagramm)

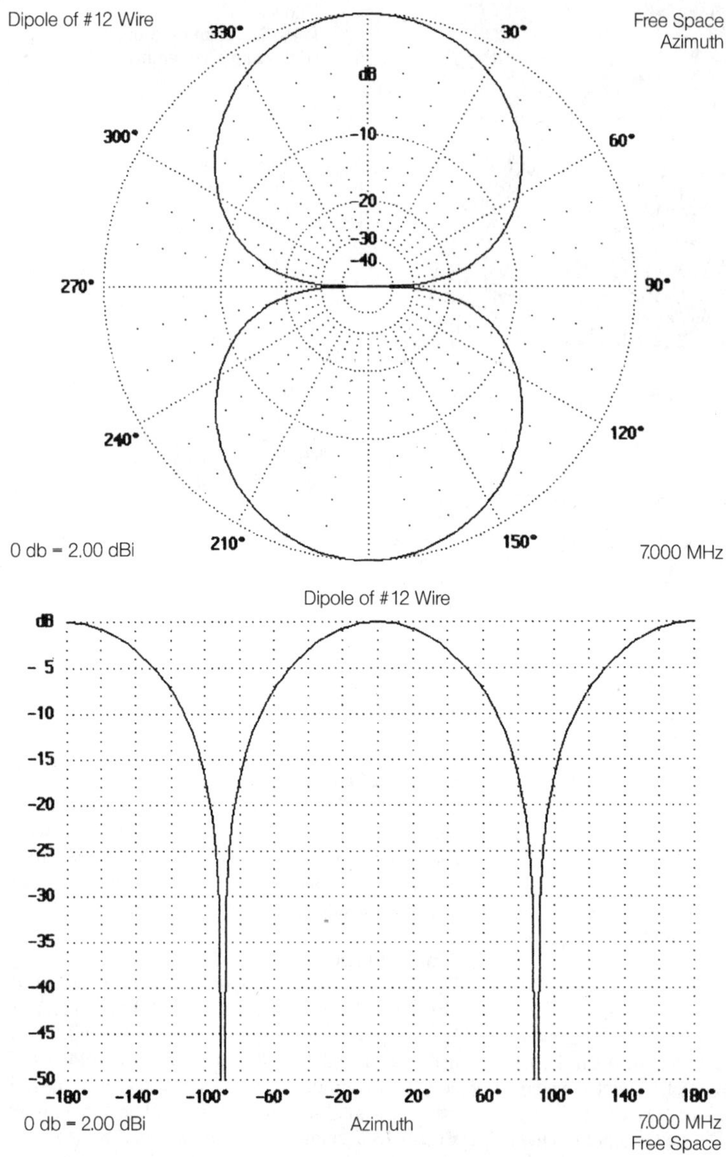

Bild 4.13.7
Polar- und Kartesisches Diagramm (Freiraum-Diagramm eines Dipols, Azimut)

4.13.2 Horizontal- und Azimutaldiagramm

Horizontaldiagramm

Das *Horizontaldiagramm* ist das Richtdiagramm in der Horizontalebene. Es gibt die Abhängigkeit der Feldstärke in der durch den Ursprung gehenden Horizontalebene an.

Azimutaldiagramm

Bei Strahleranordnungen, bei denen die Haupt strahlrichtung nicht in der Horizontalebene liegt, sondern mit der z-Achse einen Winkel $\vartheta \neq \pi/2$ einschließt, tritt anstelle des Horizontaldiagramms das s.g. *A*zimutaldiagramm.

Das *Azimutaldiagramm* stellt das Richtdiagramm in Abhängigkeit vom Azimut bei konstanter Elevation dar. Das Diagramm gibt die Abhängigkeit der Feldstärke oder der Feldstärkekomponenten vom Azimut auf einer Kegelfläche wieder.

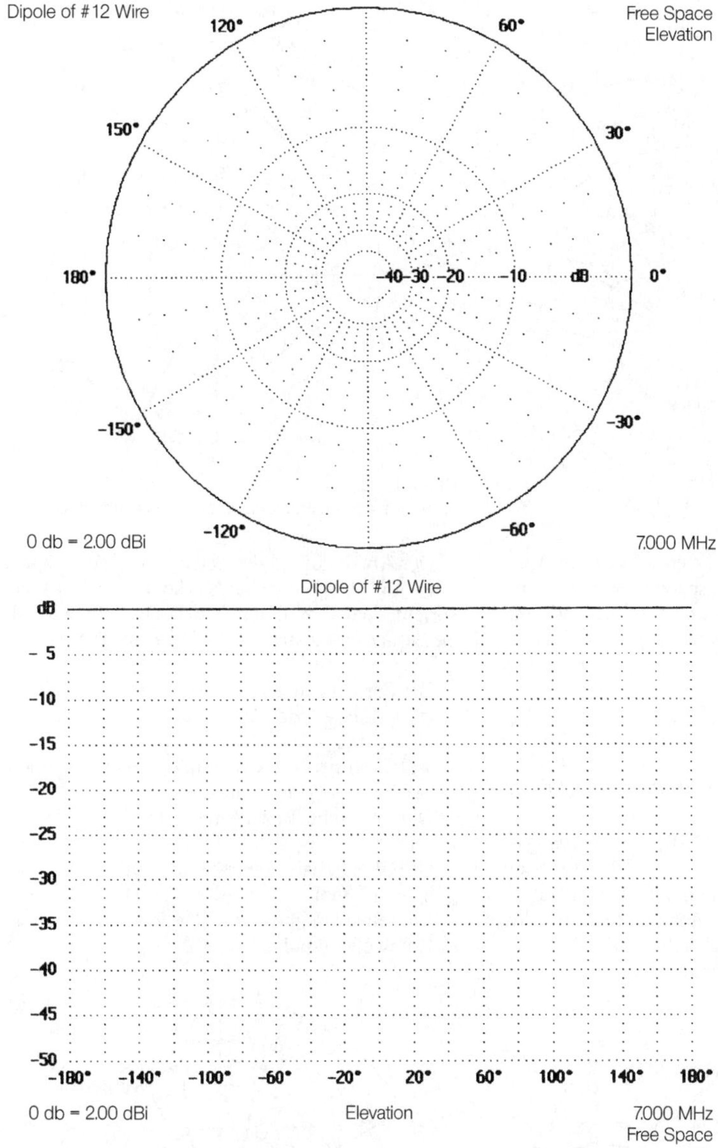

Bild 4.13.8
Polar- und Kartesisches Diagramm (Freiraum-Diagramm eines Dipols, Elevation)

4.13.3 Vertikal- und Elevationsdiagramm

Vertikaldiagramm

Das *Vertikaldiagramm* ist das Richtdiagramm in der Vertikalebene. Es gibt die Abhängigkeit der Feldstärke in der durch den Ursprung gehenden Vertikalebene an.

Elevationsdiagramm

Das *Elevationsdiagramm* zeigt das Richtdiagramm in der Vertikalebene, welche die Hauptstrahlrichtung der Antenne enthält.

4.13.4 E- und H-Ebenen-Diagramm

Richtdiagramm einer überwiegend linear polarisierten Antenne in der durch die Hauptstrahlrichtung und den elektrischen bzw. magnetischen Feldvektor gebildeten Ebene.

Für spezielle Anwendungen gibt es auch besondere Diagramme. Ein Strahlungsdiagramm aus der Richtfunktechnik mit einer linearen dB-Teilung sogar bis 80 dB zeigt **Bild 4.13.9**.

Strahlungsdiagramme beruhen in der Regel auf Berechnungen. Es ist aber möglich, diese Diagramme auch meßtechnisch mit einem Hubschrauber zu

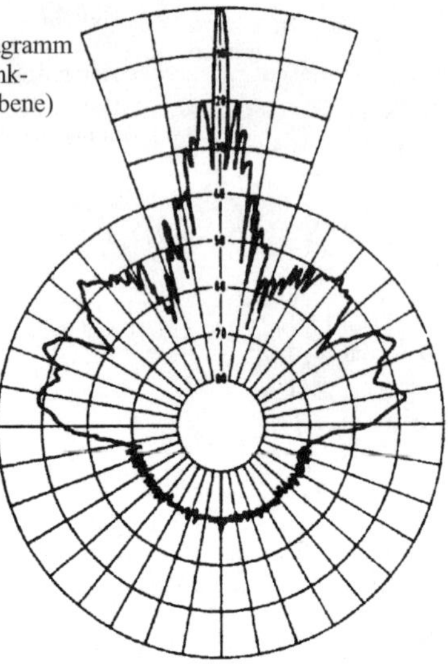

Bild 4.13.9
Strahlungsdiagramm einer Richtfunkantenne (H-Ebene)

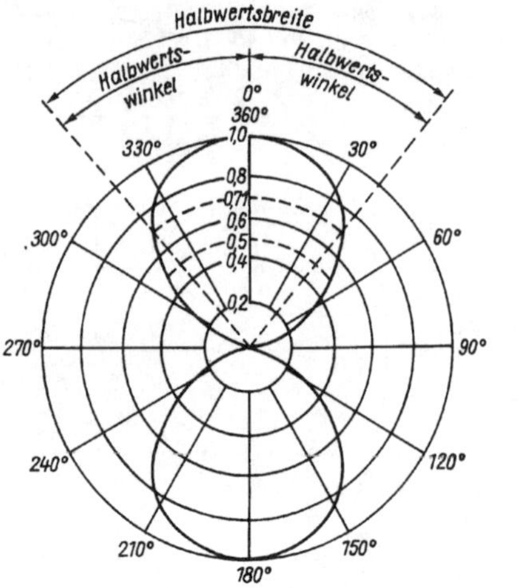

Bild 4.13.11
Normiertes Horizontaldiagramm eines Halbwellendipols

ermitteln [13.1] [13.2]. Das FTZ entwickelte ein Verfahren, bei dem die Strahlungsparameter von einem Hubschrauber aus gemessen und anschließend von einem Rechner ausgewertet werden [13.3]–[13.5].

4.13.5 Öffnungswinkel (Halbwertsbreite)

Der *Öffnungswinkel* ist ein Maß für die Richtwirkung einer Antenne.

Definition nach ITG 2.1/02 [0]: Der *Öffnungswinkel* oder die *Halbwertsbreite* ist der Winkel in einem das Strahlungsmaximum enthaltenen Richtdiagramm zwischen den Richtungen, in denen die elektromagnetische Leistungsdichte, auf die Hälfte ihres Maximalwertes abgesunken ist.

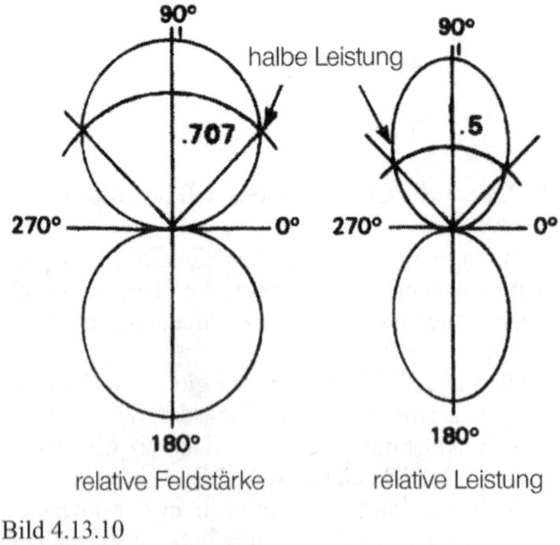

Bild 4.13.10
Halbwertsbreiten (Feldstärke und Leistung)

Der Abfall auf 0,5 der Leistung (halbe Leistung) oder auf 0,707 der Feldstärke (Spannung) entspricht dem Abfall um 3 dB. Deshalb wird die *Halbwertsbreite* auch *3-dB-Breite* genannt.

Die Formelzeichen dafür sind:

φ_{3dB}, $\Delta\varphi_{3dB}$ oder $\Delta\varphi$

ϑ_{3dB}, $\Delta\vartheta_{3dB}$ oder $\Delta\vartheta$

Der *Öffnungswinkel* wird in der E-Ebene α_E und in der H-Ebene α_H bezeichnet.

Die englische Bezeichnung für die *Halbwertsbreite* ist

HPBW ..... half-power beam width

Kurzer Dipol	($l < \lambda/5$)	90°
Viertelwellendipol	($l = \lambda/4$)	87°
Halbwellendipol	($l = \lambda/2$)	78°

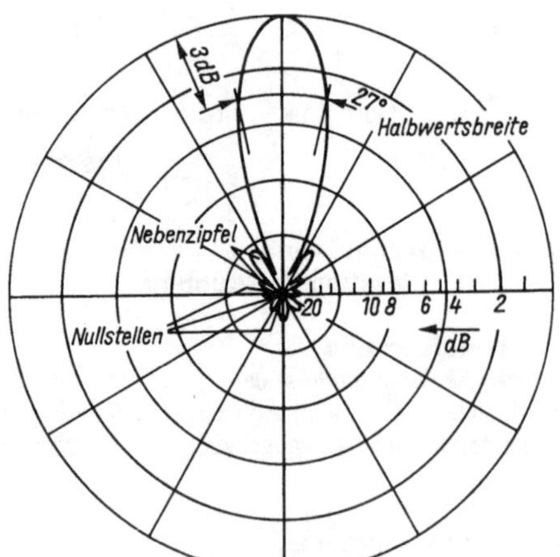

Bild 4.13.12
Horizontaldiagramm einer Lang-Yagi-Antenne

Dreiviertelwellendipol ($l = 3\lambda/4$) 64°
Ganzwellendipol ($l = \lambda$) 48°

Je kleiner der Öffnungswinkel, desto größer ist der Gewinn.

Es gibt auch Strahlungsdiagramme, bei denen - abweichend von der Definition – nicht die relative Feldstärke, sondern die relative Leistung aufgetragen ist.

In diesen Diagrammen schauen die Kurven schmäler aus!

Bild 4.13.10 zeigt die entsprechenden Öffnungswinkel jeweils in einem Feldstärke- und einem Leistungsdiagramm. Die Diagramme heißen „relativ" oder „normiert", weil sie auf die Maximalwerte bezogen sind. Das Maximum ist 100% oder 1.

Unter **Halbwertswinkel** versteht man den Winkel zwischen der Richtung des Strahlungsmaximums und der Richtung, in der die elektromagnetische Leistungsdichte auf die Hälfte ihres Maximalwerts abgesunken ist. Der *Halbwertswinkel* ist die Hälfte des *Öffnungwinkels*. **Bild 4.13.11** zeigt ein normiertes Horizontaldiagramm eines Halbwellendipols.

4.13.6 Nebenzipfeldämpfung

Die *Nebenzipfeldämpfung* ist ein in dB ausgedrücktes Verhältnis zwischen Haupt- und Nebenkeule.

Definition der N*ebenzipfeldämpfung* nach ITG 2.1/02 [0]: Die N*ebenzipfeldämpfung* oder *Nebenkeulendämpfung* ist die minimale Dämpfung der Nebenzipfel relativ zum in einem interessierenden Winkelbereich.

Die Nebenzipfel sind eigentlich verschwendete Energie. Der negative Wert der *Nebenzipfeldämpfung* wird auch als Nebenzipfelpegel bezeichnet.

Häufig wird die *Nebenzipfeldämpfung* eines Richtdiagramms in Abhängigkeit vom Winkel zur Hauptstrahlrichtung angegeben. **Bild 4.13.12** zeigt das Horizontaldiagramm einer Lang-Yagi-Antenne in der E-Ebene mit einer Halbwertsbreite von 27°.

4.13.7 Vor-Rück-Verhältnis

Definition für das *Vor-Rück-Verhältnis* nach ITG 2.1/02 [0]: Das *Vor-Rück-Verhältnis* ist der Wert der Nebenzipfeldämpfung in einem anzugebenden rückwärtigen Winkelbereich, der häufig symmetrisch um die Gegenrichtung der Hauptstrahlrichtung liegt.

Dieses Verhältnis läßt sich auf verschiedene Weise definieren. Üblicherweise wird das *Vor-Rück-Verhältnis V/R* auf Spannungs-Richtfaktoren bezogen.

$$V/R = a_{BL} = U_V / U_R \qquad (4.13.1)$$

a_{BL} ..... Backlobe-Dämpfung
U_V ..... Spannung in Hauptrichtung (0°)
U_R ..... Spannung in Gegenrichtung (180°)

Diese Definition ist zwar einfach aber nicht praxisgerecht, da es meist nicht nur eine Nebenkeule genau aus der Gegenrichtung gibt, sondern oft mehrere Nebenkeulen mit unterschiedlicher Größe und Richtung.

$$V/R = \frac{U_V}{\frac{U_{R1} + U_{R2}}{2}} = \frac{2 \cdot U_V}{U_{R1} + U_{R2}} \qquad (4.13.2)$$

Diese Definition berücksichtigt den arithmetischen Mittelwert der Spannung U_{R1} einer Nebenkeule in Gegenrichtung (180°) und der Spannung

Bild 4.14.1
Antennenmaß
einer Rahmenantenne

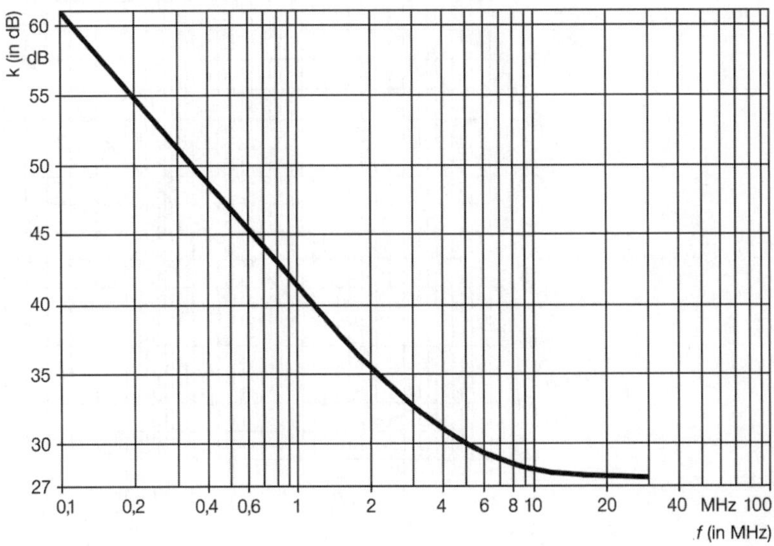

U_{R2} von zwei symmetrischen Nebenkeulen (im Bereich zwischen 90° und 270°) [13.6].

Außerdem ist das *V/R-Verhältnis* frequenzabhängig. Das bedeutet, daß man bei Breitbandantennen oder Kanalantennen das *V/R*-Verhältnis auch über die Frequenz mitteln muß [13.6][13.7].

$$(V/R)_M = [(V/R)_u + (V/R)_o + 2 \cdot (V/R)_m] : 4 \quad (4.13.3)$$

$(V/R)_M$ .....mittleres V/R-Verhältnis im Kanal
$(V/R)_u$ .....V/R-Verhältnis bei unterer Kanalgrenze
$(V/R)_o$ .....V/R-Verhältnis bei oberer Kanalgrenze
$(V/R)_m$ .....V/R-Verhältnis in Kanalmitte

4.14 Antennenfaktor

Der *Antennenfaktor*, *K-Faktor* oder *Wandlungsfaktor* wird benötigt um aus der von einer Antenne (Meßantenne) abgegebenen Spannung auf die Feldstärke zu schließen.

Bei elektrischen Antennen ist es die elektrische Feldstärke.

$$A_F = K = \frac{\text{Elektrische Feldstärke}}{\text{Spannung an } 50\,\Omega} \quad (4.14.1)$$

Es ist zweckmäßig den *Antennenfaktor* als logarithmisches Spannungsverhältnis mit der Bezeichnung *Antennenmaß*, *Feldmaß* oder *Wandlungsmaß* in Dezibel (dB) anzugeben.

$$k = 20 \cdot \lg \cdot K \quad (4.14.2)$$

$$\frac{k}{\text{dB}/m} = \frac{F}{\text{dB}\mu V/m} - \frac{P_U}{\text{dB}/\mu V} \quad (4.14.3)$$

Das Wandlungsmaß *k* ist der Feldstärkepegel *F* abzüglich des Spannungspegels P_U der am Empfänger angezeigt wird.

Der Antennenfaktor beinhaltet die effektive Länge, die Antennenimpedanz und die Verluste bzw. den Gewinn.

Der Zusammenhang zwischen dem *K-Faktor* und dem Gewinn in einem 50 Ω-System:

$$K = \frac{9{,}73}{\lambda} \cdot \frac{1}{\sqrt{G}} = \frac{9{,}73}{300} \cdot f/\text{MHz} \cdot \frac{1}{\sqrt{G}} \quad (4.14.4)$$

$$k = -29{,}78 + 20 \cdot \lg \cdot f - g \quad (4.14.5)$$

Bei 75 Ω: $\quad k = -31{,}5 + 20 \cdot \lg \cdot f - g \quad (4.14.6)$

Bei 300 Ω: $\quad k = -37{,}6 + 20 \cdot \lg \cdot f - g \quad (4.14.7)$

Die Umrechnung vom elektrischen Feldmaß k_E ins magnetische Feldmaß k_M für eine ebene Welle im freien Raum und im Fernfeld:

$$k_E = k_M + 20 \cdot \lg \cdot Z_0 = k_M + 51{,}53 \quad (4.14.6)$$

Je größer der Gewinn, desto kleiner der Antennenfaktor vgl.Gl. (4.14.4).

Bild 4.14.2
Antennenmaß einer logarithmisch-periodischen Antenne

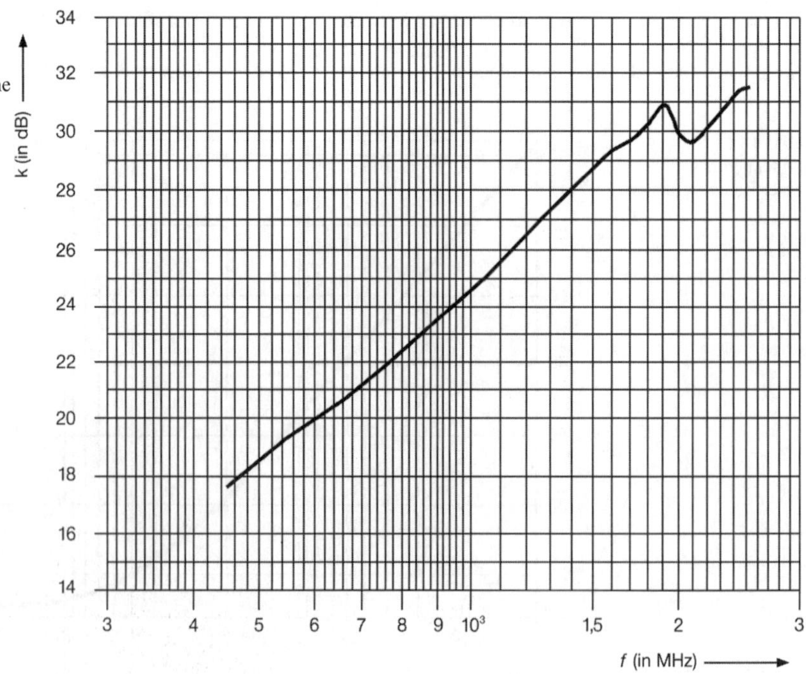

Eine Antenne gibt bei gegebener Feldstärke umso mehr Spannung ab, je kleiner ihr Antennenmaß ist. Breitbandige Antennen haben ein großes, schmalbandige Antennen haben ein kleines Antennenmaß.

Aktive Antennen haben durch besondere Maßnahmen oft einen weitgehend unabhängigen Antennenfaktor. Dadurch kann eine Feldstärkemessung schnell und bequem durchgeführt werden.

Für Meßantennen liefern die Antennenhersteller Kurven für das Antennenmaß als Funktion der Frequenz. Beispiele sind in **Bild 4.14.1** und **4.14.2**. zu sehen.

4.15 Antennenrauschtemperatur

Definition nach ITG 2.1/02 [0]:
Die *Antennenrauschtemperatur* T_A ist die Temperatur eines Widerstandes in Kelvin, der gleich dem Realteil der Eingangsimpedanz der Antenne ist und der die gleiche verfügbare Rauschleistung aufweist wie die betrachtete Empfangsantenne.

Die *Antennenrauschtemperatur* berücksichtigt die durch ohmsche Verluste verursachte sowie die über die Strahlungscharakteristik empfangene Rauschleistungsbeiträge.

An jedem Wirkwiderstand tritt eine bestimmte Rauschspannung auf. Es sind kleine Spannungen, die durch die ungleichmäßigen Wärmebewegungen der freien Leitungselektronen hervorgerufen werden.

Antennen rauschen, denn sie enthalten Wirkwiderstände. Die Stärke des Antennenrauschens wird von der Wirkkomponente R_A des Antennenwiderstandes bestimmt. Dabei ist R_A gleich der Summe von Strahlungswiderstand R_s und Verlustwiderstand R_v der Antenne.

Die Rauschleistung P_R eines Widerstandes wird unabhängig von seinem Widerstandswert nur durch die absolute Temperatur T_0 (in Kelvin) und die Bandbreite des beobachteten Frequenzbereiches Δf (in Hertz) bestimmt:

$$P_R = 4\,k\,T_0\,\Delta f \qquad (4.15.1)$$

Die Rauschleistung einer Antenne gibt an, wieviel Außenrauschleistung die Antenne an einen angeschlossenen Verbraucher mit der Bandbreite Δf abgibt. Sie wird gewöhnlich in Abhängigkeit von der Frequenz in dB über kT_0B angegeben.

Dabei ist k die *Boltzmannsche Konstante,* welche die Größe der Rauschleistung je Grad und *Hertz* charakterisiert:

$$k = 1{,}38\cdot 10^{-23}\cdot \mathrm{W/K\cdot Hz} = 1{,}38\cdot 10^{-23}\cdot \mathrm{Ws/K} \qquad (4.15.2)$$

Wichtig für den praktischen Gebrauch ist die Kenntnis der Rauschspannung U_R, deren Höhe durch den Widerstandswert bestimmt wird

$$U_R = \sqrt{4\cdot k\cdot T_A\cdot \Delta f\cdot R_A} \qquad (4.15.3)$$

Das durch den Wirkwiderstand R_A einer Antenne verursachte Rauschen könnte man als ihr Eigenrauschen bezeichnen. Zu diesem muß eine weitere Rauschquelle addiert werden; es ist die Rauscheinstrahlung aus der Atmosphäre und darüber hinaus aus dem Weltall (kosmische Rauscheinstrahlung oder galaktisches Rauschen). Manche 2-m-Funkamateure verwenden z.B. das von der Sonne ausgehende Rauschen als Indikator für die Güte ihrer Empfangsanlage, indem sie den hörbaren Rauschanstieg bei Sonnenaufgang beobachten.

Formelmäßig wird die Gesamtrauschspannung erfaßt, indem man nur den Antennenwiderstand R_A verwendet, die Rauschtemperatur T_A aber so hoch ansetzt, daß sie das gleiche Gesamtrauschen erzeugt wie die Summe aus Eigenrauschen und Weltallrauschen.

Nach [15.1] kann man im Mittel mit folgenden Antennenrauschtemperaturen T_A rechnen:

Frequenzbereich um

10 MHz	T_A	$= (0{,}2 \ldots 2)\cdot 10^6$ K
100 MHz	T_A	$= (0{,}6 \ldots 6)\cdot 10^3$ K
1000 MHz	T_A	$= 3 \ldots 7$ K

Erläuterung:
Das Kelvin, benannt nach *W. Thomson* = Lord *Kelvin,* ist die SI-Basiseinheit der thermodynamischen Temperatur. Der Skalennullpunkt ist der absolute Nullpunkt (0K = -273,15°C), die Temperatur des Eispunktes beträgt T_0 = 273,15 K (= 0°C) und die des Tripelpunktes von Wasser ist 273,16K = 0,01°C.

Der Tripelpunkt (Dreiphasenpunkt) eines Stoffes ist der Punkt, indem die drei Phasen (fest, flüssig, gasförmig) im stabilen Gleichgewicht nebeneinander bestehen können.

4.16 Kenngrößen von aktiven Antennen

Die Definitionen von *Kenngrößen von aktiven Antennen* sind zu finden im Anhang „Aktive Antennen" zu ITG 2.1/02 [0].

Die meisten Begriffe der ITG Empfehlung sind auch auf aktive Antennen anwendbar.

Folgende Begriffe sind allerdings nicht anwendbar:

Wirkungsgrad
Strahlungswiderstand
Verlustwiderstand
Theoretische Wirkfläche
Neu eingefügt werden muß:

Innere Verstärkung
Als Verhältnis aus Gewinn und Richtfaktor.

$$G_i = G / D \quad (4.16.1)$$

$$g_i / \mathrm{dB} = 10 \cdot \lg G_i \quad (4.16.2)$$

Feldstärkeempfindlichkeit
Die auf die Meßbandbreite B bezogene äquivalente Rauschfeldstärke E_e, die am Antennenausgang ein Signal-Rausch-Verhältnis von eins, entsprechend einem Signal-Rausch-Abstand von 0 dB, erzeugt. Dabei muß angegeben werden, ob die Feldstärkeempfindlichkeit mit empfangenen Rauschleistungsbeiträgen oder ohne diese bestimmt wurde.

Interceptpunkt n-ter Ordnung
Fiktive Größe der Feldstärke, der Spannung oder der Leistung zweier zeitlich sinusförmiger Signale gleicher Größe, bei der das Intermodulationsprodukt *n*-ter Ordnung die gleiche Größe besitzt wie die beiden Signale. Der Interceptpunkt wird bei hinreichend kleinen Signalpegeln berechnet.

1-dB-Kompressionspunkt
Grenzwert der Feldstärke, der Spannung oder der Leistung, unterhalb dessen die innere Verstärkung g_i der aktiven Antenne aufgrund von Begrenzungswirkung um weniger als 1 dB absinkt.

Intermodulationsfreier Dynamikbereich
Unterschied zwischen dem Rauschpegel und dem Pegel eines von zwei zeitlich sinusförmigen Signalen gleicher Größe, deren Intermodulationsproduktpegel *n*-ter Ordnung die gleiche Größe besitzt wie der Rauschpegel in einer Meßbandbreite *B*. Dabei muß angegeben werden, ob der Dynamikbereich mit Rauschleistungsbeiträgen oder ohne diese bestimmt wurde.

Literatur zu Abschnitt 4

[0] *ITG:* Begriffe aus dem Gebiet der Antennen. ITG 2.1/02 Empfehlung 1993. NTZ Bd. 46, H. 12/ 1993, S. 957–960;

[1.1] *Siegel, E.;* Labus, J.: Scheinwiderstand von Antennen. Jahrb. der drahtlosenTelegraphie Bd. 41, 1933, S. 166–172

[1.2] *Kraus, J.D.:* Antennas. McGraw-Hill, New York, 1988

[1.3] *Balanis, C.A.:* Antenna Theory – Analysis and Design. Wiley, New York, 1982

[1.4] *Janzen, G.:* Monopolantennen und Vertikalantennen. Janzen, Kempten, 1999

[1.5] *Schwartz, R.F.:* Input Impedance of a Dipole or Monopol. Microwave JournalDec 1972, p. 22

[2.1] *Balanis, C.A.:* Antenna Theory – Analysis and Design. Wiley, New York, 1982

[2.2] *Hille, K.H.:* Der Dipol in Theorie und Praxis. Funkamateur-Bibliothek Bd. 7. Theuberger Verlag, Berlin, 1995

[2.3] *Brückmann, H.:* Antennen – Ihre Theorie und Technik. Hirzel, Leipzig, 1939

[2.4] *Meinke, H.; Gundlach, F.W.:* Taschenbuch der Hochfrequenztechnik. Antennen Springer, Berlin, 1968

[2.5] *Zuhrt, H.:* Elektromagnetische Strahlungsfelder. Springer, Berlin, 1953

[3] *Zinke, O; Brunswig, H.:* Lehrbuch der Hochfrequenztechnik. Springer, Berlin, 1965

[4] *Krischke, A.:* Kurze Vertikalantennen. Rohde & Schwarz Fachbericht RH 11591, S. 244–283, 288-290,1969/1970
Nührmann, D.: Das große Werkbuch Elektronik. Franzis Verlag, München, 1984
Brown, G.H.; Lewis, R.F.; Epstein, J.: Ground Systems as a Factor in Antenna Efficiency. Proc. IRE 1937, pp. 753–787
ARRL: The ARRL Antenna Book. ARRL, Newington CT, 1997

[5] *Spillner, F.:* Der Wirkungsgrad eines Amateur-Dipols. Funkschau, H.23, 1976, S. 106–108

[6.1] *DIN:* Begriffe aus dem Gebiet der Wellenausbreitung. DIN 45020. Beuth, Berlin

[6.2] *Orr, W.I.; Cowan, S.T.:* Beam Antenna Handbook. Radio Publications, Wilton CT 1985

[7.1] *Krischke, A.:* Antennengewinn. cq-DL 3/84, S. 111–112

[7.2] *Hille, K.H.; Krischke, A.:* Das Antennen-Lexikon. Verlag für Technik und Handwerk, Baden-Baden, 1988

[7.3] *Lawson, J.L.:* Yagi-Antenna Design. ARRL, Newington CT, 1986

[7.4] *Balanis, C.A.:* Antenna Theory – Analysis and Design. Wiley, New York, 1982

[7.5] *Schwarzbeck, G.:* Streifzug durch den Antennenwald: Das verlorene dB, das gefundene dB. cq-DL 3/81, S. 128–130

Krischke, A.: Antennengewinne (mit und ohne dB). cq-DL 11/83, S. 566–567
ITG: Begriffe aus dem Gebiet der Ausbreitung elektro-magnetischer Wellen. ITG 2.5/02 Empfehlung 1987 (früher NTG 1402 Entwurf 1977),(Entwurf 1977 wurde Empfehlung 1987). NTZ, 30 (1977), H. 12, S. 937–947

[10.1] *Brown, G.H.; Woodward, O.M.:* Proc. IRE, April 1945, Fig. 11
[10.2] *Lamberts, K.; Pungs, L.:* Experimentelle Untersuchungen an Meter- und Dezimeterwellen-Antennen für breite Frequenzbänder. FTZ, Heft 5, 1950. S. 165–168
[10.3] *King, R.; Harrison, C.W.:* The Distribution of Current Along a Symmetrical Center-driven Antenna. Proc. IRE, Oct 1943, pp. 548–567
[10.4] *Schelkunoff, S.A.; Friis, H.T.:* Antennas – Theory and Practice. Wiley, 1952
[10.5] *VE3ERP:* HAMCALC (Free-Software for US$ 5), George Murphy, 77 Mc Kenzie St.,Orillia, ON L3V 6A6, Canada.
Krischke, A.: Antennenlängen. Beam 12/85, S. 20–22

[11.1] *Hille, K.H.; Krischke, A.:* Das Antennen-Lexikon. Verlag für Technik und Handwerk, Baden-Baden, 1988
[11.2] *Dubost, G.; Zisler, S.:* Breitband-Antennen – Theorie und Anwendung. Oldenbourg Verlag, München, 1977
[11.3] *VE3ERP:* HAMCALC (Free-Software for US$ 5), George Murphy, 77 Mc Kenzie St.,Orillia, ON L3V 6A6, Canada.
[11.4] *Spillner, F.:* Die KW-Amateur-Antenne als LC-Kreis. Funkschau, H. 2 1976, S. 63–65
Janzen, G.: Kurze Antennen. Franckh Verlag, Stuttgart, 1986

[12.1] *IRIG:* Standard coordinate system and data format for antenna pattern. Inter-Range Instrum. Group, White Sands Missile Range, New Mexico, 1961
Zinke, O; Brunswig, H.: Lehrbuch der Hochfrequenztechnik. Springer, Berlin, 1965
Heilmann, A.: Antennen II, Bibliographisches Institut, Mannheim, 1970
Stirner, E.: Antennen Band 1. Hüthig Verlag, Heidelberg, 1977

[13.1] *Brückmann, H.:* Helicopter Measures Antenna Pattern. Electronics, Nov 1955, pp. 134–136
[13.2] *Bauermeister, E.:* Ermittlung von Antennendiagrammen mit Hilfe von Hubschraubern. Techn. Hausmitt. NWDR, Jg. 8, 1956, S. 66–77
[13.3] *Henß, Ph.:* Das Messen von Strahlungsdiagrammen an TV-Sendeantennen derDeutschen Bundespost mittels eines Hubschraubers. Fernmelde-Ingenieur, Jg. 21, 1967,H. 10
[13.4] *Henß, Ph.:* Messungen von Richtdiagrammen und Gewinnkurven an Sende-und Empfangsantennen im Kurzwellenbereich mittels eines Hubschraubers. Fernmelde-Ingenieur, Jg. 26, 1972, H. 2, S. 1–34
[13.5] *Henß, Ph.:* Strahlungsmessungen an Rundfunk- und TV-Antennen mit einem Hubschrauber. Neues von Rohde & Schwarz, Nr. 79, 1977, S. 26-29 und Nr. 80, S. 20–24
[13.6] *Lohr, M.:* Kennwerte von Fernsehempfangsantennen. Radio Mentor, Nr. 8, 1955, S. 459–461
[13.7] *Bergtold, F.:* Gedanken über die Angabe von Antennendaten. Radio Mentor, Nr. 4, 1955, S. 188–189

[14] *Carnagan, H.V.:* Measure That Field Using Any Antenna. Microwaves, July 1975, pp. 45–47

[15.1] *Schröder, H.:* Elektrische Nachrichtentechnik. Band II, Abschn. VII Rauschen. Verlag für Radio-Foto-Kinotechnik, Berlin, 1968

[16] *Demmel, F.:* Kenngrößen aktiver Empfangsantennen. Nachrichten Elektronik, H. 9, 1980, S.326–328.

5 Leitungen

HF-Speiseleitungen haben die Aufgabe, die HF-Energie möglichst verlustarm weiterzuleiten, ohne dabei selbst zu strahlen.

Eigentlich sollte man statt der speziellen Bezeichnung HF (3-30 MHz) die allgemeine Bezeichnung RF (Radio Frequenz), wie international gebräuchlich, verwenden.

Da zwischen dem Sender und der Antenne in den meisten Fällen eine Leitung eingefügt ist, muß auch diese so beschaffen sein, daß sie die Anpassungsbeziehung zwischen Sender und Antenne nicht stört.

Größtmögliche Leistung wird übertragen, wenn der Scheinwiderstand des Generators (Sender) an den Scheinwiderstand des Verbrauchers (Antenne) angepaßt ist.

Sinngemäß gelten diese Überlegungen auch für den Empfang, hier wird lediglich die Antenne zum Generator und der Empfänger zum Verbraucher.

5.1 Einführung

Schon *H. Hertz* beschäftigte sich 1888 mit leitungsgeführter Wellenausbreitung. Seinen geradlinig ausgespannten Draht umgab er als Schutz gegen störende Einflüsse von außen mit einem zylindrischen Drahtkäfig und baute somit eine Koaxialleitung auf [1.1].

Angeregt durch diese Versuche baute *E. Lecher* 1890 eine Doppelleitung aus zwei parallel verlaufenden Drähten im Abstand klein gegen die Wellenlänge [1.2]. Das daraus entwickelte „Lecher-System“ wurde zu einem viel verwendeten Meßinstrument.

Das Problem der Ausbreitung elektromagnetischer Wellen längs eines Metalldrahtes wurde 1899 von *A. Sommerfeld* für die Grundwelle exakt gelöst [1.3].

Lord Rayleigh konnte 1897 nachweisen, daß sich auch elektromagnetische Wellen in leitenden Hohlzylindern ausbreiten können [1.4].

Die Ausbreitung von elektromagnetischen Wellen längs dielektrischer Kreiszylinder wurde 1910 von *D. Hondros* und *P. Debye* untersucht [1.5].

Diese frühen Arbeiten hatten aber zur damaligen Zeit wenig praktische Bedeutung, da kein Bedarf an Wellen hoher Frequenz und deren kommerzieller Nutzung bestand. Sie scheinen völlig in Vergessenheit geraten zu sein, nachdem auch einschlägige Lehrbücher bis etwa 1940 nur die Ausbreitung längs Doppelleitungen behandeln [1.6]

Mitte der 30er Jahre werden die Koaxialleitung durch *S.A. Schelkunoff* [1.7] und die Hohlleiter durch *G.C. Southworth* [1.8] und *W.L. Barrow* [1.9] wiederentdeckt.

Die Eindrahtleitung mit dielektrischem Überzug wird 1950 durch *G. Goubau* [1.10] neu erfunden.

Die Streifenleitung (strip line) [1.11] und die Mikrostreifenleitung (microstrip line) [1.12] entstanden beide 1952.

Die ständig wachsende Informationsmenge in der Nachrichtenübertragung und die dafür erforderliche größere Bandbreite führte 1966 zur Entwicklung der Glasfaserkabeln [1.13]. Diese s.g. LWL-Kabel (**L**icht**W**ellen**L**eiter-Kabel) sind das Übertragungsmedium der Zukunft und werden die Kupferkabel mehr und mehr verdrängen.

5.2 Leitungseigenschaften

5.2.1 Wellenwiderstand

Eine wichtige Größe bei HF-Leitungen ist der Wellenwiderstand mit dem Formelzeichen Z_0, Z_L oder Z_W und der SI-Einheit Ω. Er wird auch Leitungswellenwiderstand, charakteristische Impedanz oder Kennwiderstand genannt.

Definition des Wellenwiderstandes:

$$Z_0 = \sqrt{\frac{R' + j\omega L'}{G' + j\omega C'}} \qquad (5.2.1)$$

$$R' = \frac{R}{l} \quad \text{..... Widerstandsbelag} \qquad (5.2.2)$$

$$L' = \frac{L}{l} \quad \text{..... Induktivitätsbelag} \qquad (5.2.3)$$

$$G' = \frac{G}{l} \quad \text{..... Ableitungsbelag} \qquad (5.2.4)$$

$$C' = \frac{C}{l} \quad \text{..... Kapazitätsbelag} \qquad (5.2.5)$$

Bei geringen Verlusten: $\omega L' \gg R'$ und $\omega C' \gg G'$ folgt aus (5.2.1)

$$Z_0 \approx \sqrt{\frac{L'}{C'}} \qquad (5.2.6)$$

Material		Cu	Ag	Sn
Spezifischer elektrischer Widerstand ρ	$\left[\frac{\Omega \cdot mm^2}{m}\right]$	0,017	0,015	0,10
Elektrische Leitfähigkeit κ	$\left[\frac{m}{\Omega \cdot mm^2}\right]$	59	67	10

Tabelle 5.1
Elektrische Daten der Leitermaterialien

Z_0 ist bei dieser Näherung reell, der Wellenwiderstand hängt nicht von der Frequenz und der Leitungslänge ab.

Eine HF-Leitung kann daher als die Zusammensetzung von Längsinduktivitäten und Querkapazitäten dargestellt werden. Dieser Vorstellung entspricht auch das vereinfachte Ersatzbild für eine HF-Leitung (Doppelleitung) wie in **Bild 5.2.1** dargestellt.

Dabei steht ΔL für L' und ΔC für C'.

Beispiel:
An einem Kabelstück von $l = 1{,}2$ m Länge wird eine Kapazität C von 81,6 pF gemessen. Der Kapazitätsbelag ergibt sich zu:

$$C' = \frac{C}{l} = \frac{81{,}6 \text{ pF}}{1{,}2 \text{ m}} = 68 \text{ pF/m}$$

Aus Gl. (5.2.6) geht hervor, daß eine große Induktivität L und eine kleine Kapazität C einen großen Wellenwiderstand Z_0 ergeben. Das bedeutet für die Praxis, daß dünne Leiter (großes L) in weitem Abstand voneinander (kleines C) einen großen Wellenwiderstand Z_0, dagegen dicke Leiter (kleines L) in geringem Abstand voneinander (großes C) einen kleinen Wellenwiderstand Z_0 aufweisen.

Der Wellenwiderstand Z_0 wird demnach in erster Linie von den geometrischen Abmessungen des Leitungsquerschnittes bestimmt.

5.2.2 Leitermaterial

Das Leitermaterial besteht aus Elektrolyt-Kupfer mit geringen Toleranzen. Es handelt sich entweder

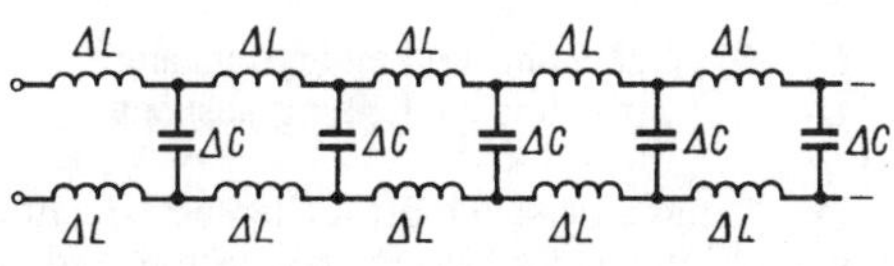

Bild 5.2.1
Ersatzschaltung einer Hochfrequenzleitung

eindrahtig (n × mm)	mehrdrahtig (n × mm)	Nenndurchmesser (mm)
	7 × 0,1	0,3
	7 × 0,18	0,54
1 × 0,6	7 × 0,2	0,6
1 × 0,65		0,65
	27 × 0,13	0,8
	19 × 0,18	0,9
1 × 0,95		0,95
	19 × 0,2	1,0
	7 × 0,4	1,2
1 × 1,37		1,37
1 × 1,5		1,5
	7 × 0,75	2,25
	7 × 0,8	2,4
	7 × 0,82	2,46
	19 × 0,64	3,18
1 × 5,0		5,0

Tabelle 5.2
Leiteraufbau

um Drähte oder um verseilte Litze in blanker (Cu), versilberter (CuAg) und verzinnter (CuSn) Ausführung. Der Oberflächenschutz dient zur Vermeidung von Oxydation des Kupferleiters.

Für Leiter bei denen eine höhere Festigkeit gefordert ist wird Stakudraht ein kupferplatierter Draht (StCu) verwendet. Drähte haben die kleinste Dämpfung. Litzen haben erhöhte Flexibilität und auch höhere Dämpfung.

Für Dämpfungskabel wird z.B. Nichrom (CrNi) verwendet.

Die Leitfähigkeit wird durch den spezifischen elektrischen Widerstand ρ (Rho) bei 20°C ausgedrückt. Der Leitwert κ (Kappa) ist der rezipoke Wert des spezifischen Widerstandes in Siemens (1 / Ω), $\kappa = 1/\rho$.

Tabelle 5.1 zeigt die typischen Werte von ρ und κ für die gebräuchlichen Leitermaterialien.

Tabelle 5.2 zeigt den Leiteraufbau eindrahtig und mehrdrahtig für verschiedene Nennquerschnitte.

5.2.3 Isolationsmaterial

Die Isolierung, also das Dielektrikum zwischen den Leitern, ist in den meisten Fällen Polyäthylen (PE) uzw. Voll-PE mit $\varepsilon_r = 2{,}28$.

Die einheitenlose relative Permittivität ε_r (alt Dielektrizitätskonstante, oder relative Dielektrizitätskonstante) eines Materials gibt den Faktor an, um den ein elektrisches Feld $\boldsymbol{E}$ bei konstanter äußerer Ladungsverteilung im Material gegenüber dem Freiraum geschwächt wird.

Dämpfungsärmer ist Zell-PE oder Schaum-PE (Foam PE) mit $\varepsilon_r = 1{,}5$.

Vorteile bei Koaxkabeln gegenüber Voll-PE:

- Dämpfung ca. 30% niedriger
- Kapazität ca. 20% niedriger
- Verkürzungsfaktor ca. 23% höher
- Flexibilität ausgezeichnet
- Grenzfrequenz ca. 15% höher
- Gewicht ca. 60% niedriger bei gleicher Dämpfung
- Durchmesser ca. 25% kleiner bei gleicher Dämpfung

Nachteile bei Koaxialkabeln gegenüber Voll-PE:

- nicht ganz so kältebeständig
- nicht ganz so feuchtigkeitsbeständig
- nicht ganz so dimensionsstabil

Ein weiter Isolationsstoff ist Teflon (Polytetrafluoräthylen = PTFE) oder Fluon (Fluoräthylenpropylen = FEP) mit $\varepsilon_r = 2{,}0$ oder auch geschäumtes PTFE (Celloflon, Coroflex) mit $\varepsilon_r = 1{,}1$ - $1{,}9$. Ein wesentlicher Vorteil von Teflon ist die erhöhte Kälte- und Wärmebeständigkeit.

5.2.4 Verkürzungsfaktor

Die Ausbreitungsgeschwindigkeit v der elektromagnetischen Welle wird durch das Medium bestimmt, das sie durchläuft.

$$v = \frac{c_0}{\sqrt{\varepsilon_r}} \qquad (5.2.7)$$

Handelt es sich bei diesem Medium um atmosphärische Luft, so ist $v \approx c_0 \approx 3 \cdot 10^8$ m/s (Lichtgeschwindigkeit), da die relative Permittivität ε_r des Vakuums oder der atmosphärischen Luft den Zahlenwert 1 hat. Die relative Permittivität ε_r aller anderen Stoffe ist immer > 1.

Dielektrikum	ε_r	v/%	V
Voll-PE	2,3	66	0,66
PTFE/FEP	2,0	71	0,71
Schaum-PE	1,5	82	0,82
Schaum-PTFE	1,6	79	0,79
Luft, Vakuum	1,0	100	1,00

Tabelle 5.3
Verkürzungsfaktoren

Auf HF-Leitungen ist die Ausbreitungs-Geschwindigkeit (Signalfortpflanzungs-Geschwindigkeit) also geringer. Die Angabe von v erfolgt in % der Lichtgeschwindigkeit c_0. Die Signal-Laufzeit liegt bei etwa 5 ns/m.

Aus der relativen Permittivität ε_r des verwendeten Dielektrikums läßt sich der Verkürzungsfaktor V einer Leitung bestimmen. Man erhält den Verkürzungsfaktor V aus der Beziehung

$$V = \frac{1}{\sqrt{\varepsilon_r}} \qquad (5.2.8)$$

Der Verkürzungsfaktor ist in den Datenblättern von HF-Leitungen fast immer angegeben. Man benötigt ihn unter anderem als Multiplikationsfaktor, wenn eine HF-Leitung auf eine bestimmte elektrische Länge zugeschnitten werden soll.

Tabelle 5.3 zeigt die typischen Werte von V für gebräuchliche Isolationsmaterialien.

5.2.5 Dämpfung

Die Dämpfung einer HF-Leitung ist im Gegensatz zu Wellenwiderstand und Verkürzungsfaktor frequenzabhängig und steigt mit wachsender Frequenz. Sind Leitungen mit ihrem Wellenwiderstand abgeschlossen, werden die Verluste ausschließlich durch den Längswiderstand der Leiter und durch den Verlustwinkel des verwendeten Isoliermaterials bestimmt.

Die Dämpfung α einer HF-Leitung resultiert hauptsächlich aus den proportional zu

$$\sqrt{f}$$

zunehmenden Leiterverlusten (Skineffekt) und den oberhalb von etwa 10 MHz auftretenden, proportional zu f zunehmenden dielektrischen Verlusten (ε_r - abhängig).

Die Dämpfung ist vom Durchmesserverhältnis abhängig. Temperatur und Alterung verändern die Dämpfung.

$$\alpha = 20 \cdot \lg \frac{U_1}{U_2} \quad [\mathrm{dB/m}] \qquad (5.2.9)$$

U_1..... Spannung am Leitungseingang
U_2 ..... Spannung am Leitungsausgang

Der Längswiderstand der Leiter bei Hochfrequenz ist infolge des *Skin-Effektes* (Stromverdrängung zur Leiteroberfläche, Hautwirkung) wesentlich größer als ihr Gleichstromwiderstand. Der frequenzabhängige Längswiderstand läßt sich für die üblichen Leitungsabmessungen mit Kupferleiter durch folgende Näherungsformel errechnen:

$$\frac{R/\Omega}{m} \approx \frac{0{,}084}{d/mm} \cdot \sqrt{\frac{f}{MHz}} \qquad (5.2.10)$$

Der gesamte Längswiderstand ergibt sich durch Addition des Hin- und Rückleiterwiderstandes. Handelt es sich bei den Leitern nicht um glatte Drähte oder Rohre, so erhöht sich bei Litzenleitern der Widerstand um etwa 1/4, während bei den üblichen Geflechten von Koaxialkabelaußenleitern mit dem bis 2fachen Widerstand zu rechnen ist.

Hersteller geben die Dämpfung für eine Reihe von Meßfrequenzen in dB/100 m an. In den angelsächsischen Ländern wird häufig mit Dezibel je 100 Fuß (db/100 ft) gerechnet.

Die Dämpfungsverluste auf einer Hochfrequenzleitung können erhebliche Werte erreichen. Besonders wenn größere Leitungslängen eingesetzt werden müssen, ist es ratsam, eine Energiebilanz der Antennenanlage aufzustellen. Das Diagramm (**Bild 5.2.2**) gestattet es, bei bekannter Dämpfung in dB sehr schnell und einfach den Prozentsatz des Wirkungsgrades bzw. der Verluste nach Leistung und Spannung abzulesen.

Beispiel:
Ein VHF-Sender mit einer Ausgangsleistung von 100 W soll bei einer Sendefrequenz von 145 MHz über ein 25 m langes 50 Ω Koaxialkabel die Sendeantenne speisen. Für diesen Kabeltyp wird bei 145 MHz eine Leitungsdämpfung von 9,1 dB/100 m angegeben. Da nur 25 m Leitungslänge gebraucht werden, beträgt die tatsächliche Leitungsdämpfung nur 1/4 des Wertes, der bei 100 m Länge auftritt, d.h. 9,1 dB : 4 ≈ 2,3 dB. Auf der Abszisse in **Bild 5.2.2** sucht man den Punkt 2,3 dB und geht von dort senkrecht nach oben bis zum Schnittpunkt mit der Leistungsgeraden. Auf der linken Ordinate kann abgelesen werden, daß bei einer Dämpfung von 2,3 dB noch 60% der vorhandenen Leistung verfügbar sind, da 40% Dämpfungsverluste (rechte Ordinate) im Koaxialkabel auftreten. Bei einer Leistung von 100 W betragen die Kabelverluste demnach bereits 40 W.

Würde im vorliegenden Fall ein hochwertiges Kabel eingesetzt, so wären die Verhältnisse bedeutend günstiger. Bei einer Leitungsdämpfung von 1,4 dB beträgt der Wirkungsgrad etwa 73%, und die Leitungsverluste verringern sich auf 27 W.

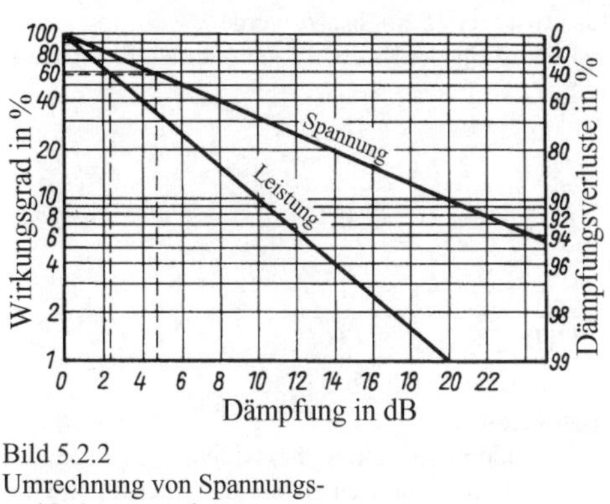

Bild 5.2.2
Umrechnung von Spannungs- und Leistungsverlust

5.3 Koaxialkabel

(*C.S. Franklin* – GB 284,005 – 1926)
Ein koaxiales Kabel wurde erstmals 1884 von *W. Siemens* vorgeschlagen und patentiert [3.1]. Dieses Kabel wurde damals allerdings nur für Niederfrequenz verwendet.

Die erste Anwendung für Hochfrequenz wurde in USA durch *Lee de Forest* als Spezialform des *Lecher*-Systems zur Speisung einer Antenne 1902 vorgeschlagen und 1903 patentiert [3.2]. Auf das Koaxialkabel selbst wurde in dem Patent aber nicht eingegangen.

Erst 1926 wurde in England von *C.S. Franklin* das erste HF-Koaxialkabl mit detalliertem Aufbau zum Patent angemeldet [3.3]. Der Innenleiter war ein Kupferrohr, das Dielektrikum bestand aus einzelnen Isolationsteilen.

Ende der 20er Jahre folgten dann weitere Patente in USA durch *H.A. Affel* und *L. Espenschied* und deren Miterfinder [3.4] [3.5].

In Deutschland wurde 1931 von *L. Walter* (Telefunken) ein biegsames Koaxialkabel entwickelt mit Kugelgelenken und Porzelanringen [3.6]. Später folgten weitere Patente über Koaxialkabel der Firmen Lorenz und Siemens & Halske. Die Theorie zum Koaxialkabel lieferte 1934 *S.A. Schelkunoff* [3.7]. Einer der frühen Artikel über Koaxialkabel erschien 1935 in der Zeitschrift „Electronics" [3.8].

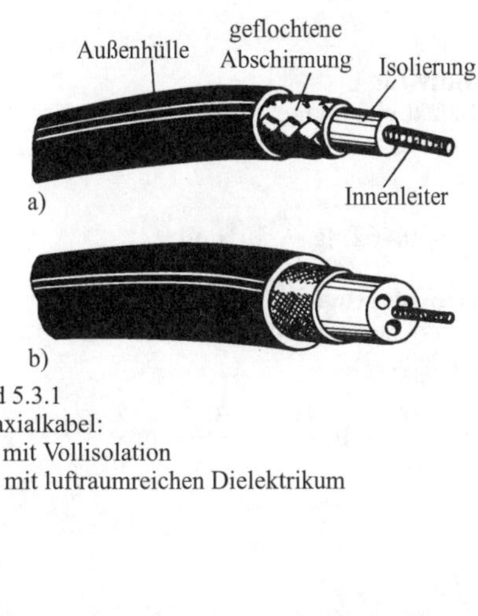

Bild 5.3.1
Koaxialkabel:
a) - mit Vollisolation
b) - mit luftraumreichen Dielektrikum

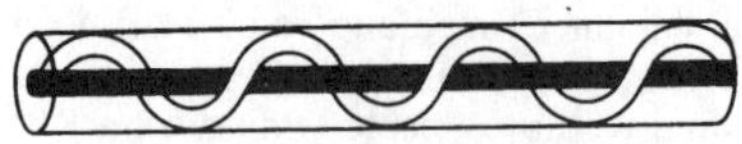

Bild 5.3.2
Koaxialkabel mit Hohlraumisolation

In der deutschen Fachliteratur wurde das Koaxialkabel ab 1936 als „Breitbandkabel“ oder „Rohrdrahtleitung“ [3.9] behandelt.

Koaxialkabel sind axialsymmetrisch aufgebaut und bezogen auf die Erde kann man sie als unsymmetrisch bezeichnen. Koaxialkabel bestehen aus dem Innenleiter, der konzentrisch in ein Dielektrikum eingebettet ist, dem Außenleiter und dem Außenschutzmantel (**Bild 5.3.1**).

Koaxialkabel mit geschäumten Dielektrikum (Schaum-PE) haben große Vorteile (vgl. Abschn. 5.2.3). Kabelbezeichnung sind z.B. Cellflex (Fa. *Hackethal*), Heliax (Fa. *Andrew*).

Besonders große Lufträume haben Kabel, bei denen zur Isolation des Innenleiters vom Außenleiter als Hohlraumisolation eine schraubenförmig um den Innenleiter gewickelte Isolierstoffwendel verwendet wird (**Bild 5.3.2**). Sie sind sehr verlustarm. Ähnlich verlustarm sind auch Koaxialkabel mit Stegen oder dünnen Scheiben aus Isoliermaterial oder Luftkammern. Dabei besteht der Außenleiter wegen der mechanischen Stabilität aus Vollmaterial oder aus gerillter Kupferfolie (Rillenkabel). Kabelbezeichnung ist z.B. Flexwell (Fa. *Hackethal*).

5.3.1 Technik

Kapazität

Die Kapazität nimmt proportional zur Kabellänge zu. Sie ist wie der Wellenwiderstand abhängig von ε_r und den Durchmessern. Oberhalb von ca. 1 MHz ist die Kapazität unabhängig von der Frequenz.

$$C' = \frac{24{,}1 \cdot \varepsilon_r}{\lg \frac{D}{d}} \text{ [pF/m]} \tag{5.3.1}$$

Induktivität

Die Induktivität nimmt proportional zur Kabellänge zu und ist von den Durchmessern abhängig.

$$L' = 0{,}462 \cdot \lg \frac{D}{d} \text{ [µH/m]} \tag{5.3.2}$$

Wellenwiderstand

Definition des Wellenwiderstandes einer runden Koaxialleitung:

$$Z_0 = \frac{60}{\sqrt{\varepsilon_r}} \cdot \ln \frac{D}{d} = \frac{138{,}2}{\sqrt{\varepsilon_r}} \cdot \lg \frac{D}{d} \text{ [}\Omega\text{]} \tag{5.3.3}$$

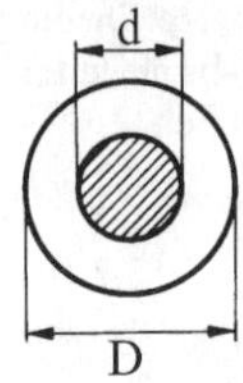

Bild 5.3.3
Querschnitt durch ein Koaxialkabel

Die beiden Variablen, die Durchmesser *D* und *d* (in gleichen Einheiten), sind aus **Bild 5.3.3** ersichtlich.

Der Wellenwiderstand ist konstant und frequenzunabhängig zwischen 1 MHz und der Grenzfrequenz f_G.

Bild 5.3.4 zeigt den Wellenwiderstand einer runden Koaxialleitung für Luftisolation ($\varepsilon_r = 1$).

Definition des Wellenwiderstandes einer Koaxialleitung mit quadratischem Außenleiter:

$$Z_0 \approx \frac{60}{\sqrt{\varepsilon_r}} \cdot \ln\left(1{,}07 \frac{D}{d}\right) \text{ [}\Omega\text{]} \tag{5.3.4}$$

$$\frac{D}{d} \geq 1{,}25$$

Bild 5.3.5 zeigt den Wellenwiderstand einer Koaxialleitung mit Luftisolation

($\varepsilon_r = 1$) bei rundem Innenleiter und quadratischem Außenleiter.

Die nach dem Krieg in Deutschland versuchte Vereinheitlichung der Wellenwiderstände auf den Wert von 60 Ω [3.10] hat sich international aber nicht durchsetzen können.

Bevorzugte Wellenwiderstände:
50 Ω, 75 Ω, 95 Ω, 120 Ω
Widerstandstoleranzen: ±1, ±2, ±5 Ω

Grenzfrequenz

Der nutzbare Frequenzbereich liegt zwischen Gleichstrom und der oberen Grenzfrequenz, bei der sich die Ausbreitungscharakteristik der elektromagnetischen Welle ändert. Flexible Kabeln können bis etwa 5 GHz eingesetzt werden.

Definition der Grenzfrequenz einer Koaxialleitung:

$$f_G = \frac{2 \cdot c}{\pi \sqrt{\varepsilon_r}} \cdot \frac{1}{D + d} \tag{5.3.4}$$

$$\frac{f_G}{\text{GHz}} = \frac{191}{\sqrt{\varepsilon_r}} \cdot \frac{1}{\frac{D+d}{\text{mm}}} \tag{5.3.5}$$

Außenleiter

Der Außenleiter eines Koaxialkabels wirkt als Schirm und schützt einerseits das übertragene Signal vor Störungen von außen, als auch die Umge-

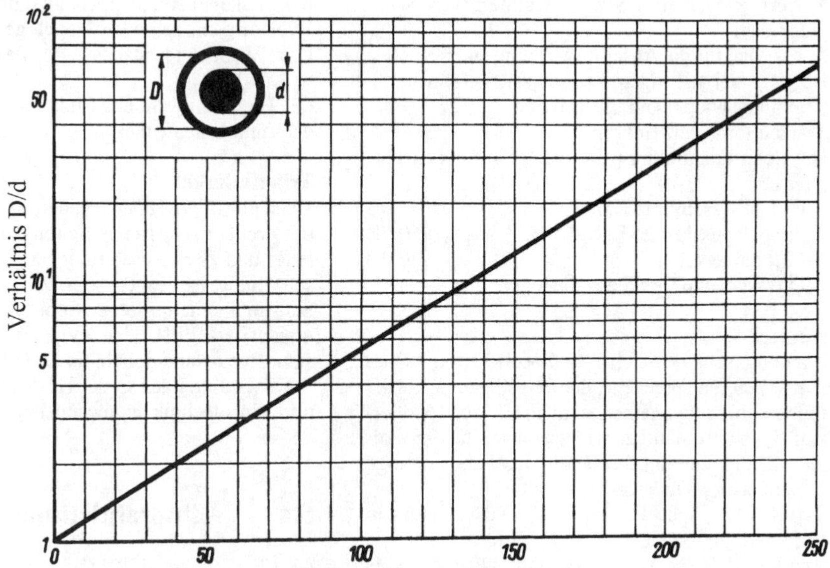

Bild 5.3.4
Wellenwiderstand eines Koaxialkabels mit Luftisolation

bung vor Störungen aus dem Kabel. Der Außenleiter ist meistens ein Schirmgeflecht aus blanken, versilberten oder verzinnten Kupferdrähten.

Für besondere Anforderungen – mechanische oder elektrische – besteht der Außenleiter aus Doppelgeflecht, Geflecht und Folie (Folienkabel) oder aus Vollmaterial.

Festmantelkabel (semi rigid) werden z.B. als Meßkabel oder als Erdkabel für Kabelanlagen verwendet.

Man spricht bei Geflechten von Bedeckungsgrad. Das ist eine berechnete Prozentangabe, die beschreibt, wie gut ein geflecht die darunterliegende Oberfläche bedeckt.

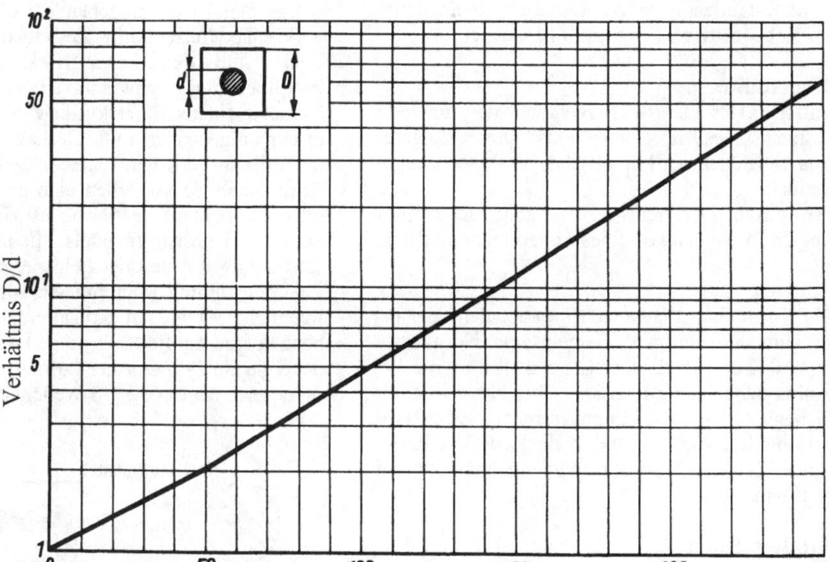

Bild 5.3.5
Wellenwiderstand einer Koaxialleitung mit Luftisolation bei rundem Innenleiter und quadratischem Außenleiter

Werte zwischen 80–90% sind üblich, 95% ist ein guter Wert.

Als Maß für die Abschirmwirkung sind folgende Begriffe bei niedrigen Frequenzen gebräuchlich: Kopplungswiderstand [Ω/m] bzw. [mΩ/m] oder Transferimpedanz [mΩ/m]
Die Schirmdämpfung [dB] beträgt bei hohen Frequenzen:

einfach geschirmte Kabel	> 40 dB
doppelt geschirmte Kabel	> 60 dB
Vollmantelkabel	> 120 dB

Die Werte sind frequenzabhängig.

Mantel
Man unterscheidet nach MIL-Spezifikation 7 Qualitätstypen, entsprechend den jeweiligen Anforderungen. Im allgemeinen sind die Mantel-Isolierstoffe wetterbeständig, widerstandsbeständig, kältebeständig, alterungsbeständig und haben geringe Weichmacherwanderung.
Typ I: PVC, schwarz, –40° bis +80° C, kann in Erde verlegt werden
Typ IIa: PVC, schwarz oder grau, –40°(–55°) bis +90° C, kann in Erde verlegt werden
Typ IIIa: PE, schwarz, -55° bis +85° C, besonders geeignet für Erdverlegung
Typ V: Glasseidengeflecht, silikonimprägniert, –55° bis +250° C
Typ VII: PTFE, extrudiert, –55° bis +250° C, beständig gegen alle Chemikalien
Typ IX: FEP, extrudiert, transparent-braun, –55° bis +250° C, beständig gegen alle Chemikalien
Zusätzlich kann noch eine Armierung aus Stahldraht, St-Geflecht oder Aramidfasern kommen, um das Kabel trittfest oder zugfest zu machen.

Biegeradius
statisch: Der kleinste Biegeradius der für feste Montage eines Kabels zulässig ist. Dieser Biegeradius wird auch bei klimatischen Prüfungen angewendet.
dynamisch: Der kleinste Biegeradius der bei bewegten Anwendungen eines Kabels zulässig ist.

Normen
Die Koaxialkabel entsprechen nationalen oder internationalen Normen. Gemeinsame Normwerte sind 50 Ω und 75 Ω. Überwiegend wird für die Typenbezeichnung die amerikanischen Norm MIL-C-17 benutzt. Die Bezeichnungen reichen von RG 6 A/U bis RG 405/U. Dabei bedeutet RG ... Radio Guide. Einzelne Typen sind auch noch unterteilt in A, B und C.

Sonderformen
Außer den normalen Koaxialkabeln gibt es:

Twinaxialkabel
Es wird auch kurz *Twinaxkabel* genannt und ist ein Koaxialkabel mit doppeltem Innenleiter, also ein zweiadrig einfach oder doppelt geschirmtes Kabel. Drei Wellenwiderstandswerte sind üblich: 78 Ω, 95 Ω, 105 Ω
Die Haupt-Anwendung findet es in der Audio-, Video- und Datentechnik.

Triaxialkabel
Auch kurz *Triaxkabel* genannt, ist ein Koaxialkabel mit drei konzentrischen Leitungen uzw. ein Innenleiter und zwei Abschirmungen. Die doppelte Abschirmung ist isoliert, d.h. zwischen dem ersten Schirm und dem zweiten Schirm ist ein Zwischenmantel aus FEP oder PVC. Zwei Wellenwiderstandswerte sind üblich: 50 Ω, 75 Ω

Es wird vielfach in der HF-Meßtechnik, Audio- und Videotechnik angewendet.

5.4 Eindrahtleitung

(*G.J.E. Goubau* – US 2,685,068 – 1950)
Zur verlustarmen Übertragung von Hochfrequenz über größere Strecken wird teilweise eine Eindrahtwellenleitung verwendet. Sie ist nach ihrem Erfinder, dem Physiker *Dr. Georg Goubau,* als *Goubau*-Leitung bekannt geworden.

Die Oberflächenwellenleitung stellt ein verblüffend einfaches Gebilde dar. Sie besteht lediglich aus einem metallischen Leiter, der von einer mehr oder weniger dicken Schicht eines Dielektrikums umgeben ist (**Bild 5.4.1**).

Das den Leiter umgebende Isoliermaterial bewirkt eine Konzentration des elektromagnetischen Feldes um den Leiter. Bekanntlich ist die Fortpflanzungsgeschwindigkeit der Hochfrequenzwellen in einem Isolierstoffdielektrikum kleiner als in der umgebenden Luft. Deshalb kann man sich die Wirkung des den Leiter umgebenden Isolierstoffmantels so vorstellen, daß er das elektromagnetische Feld in seiner Nähe festhält. Im Dielektrikum des Kunststoffmantels pflanzt sich nur ein sehr geringer Anteil der Feldenergie fort. Je nach Leiterausführung (Durchmesser des metallischen Innenleiters sowie Art und Durchmesser des umgebenden Kunststoffdielektrikums) wird von der Feldenergie ein zylindrischer Luftraum um den Leiter durchsetzt, der etwa 2 ... 3 Wellenlängen im Radius

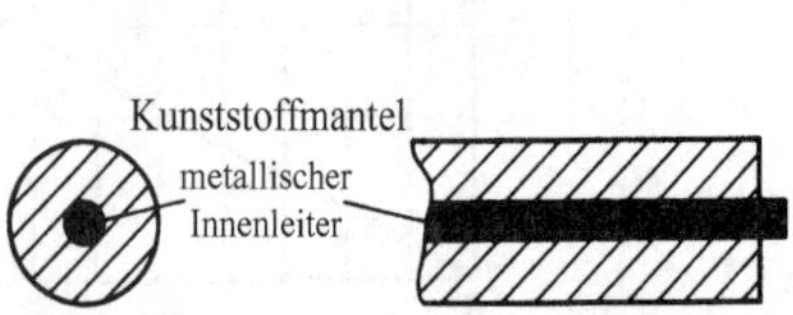

Bild 5.4.1
Aufbau einer *Goubau*-Leitung

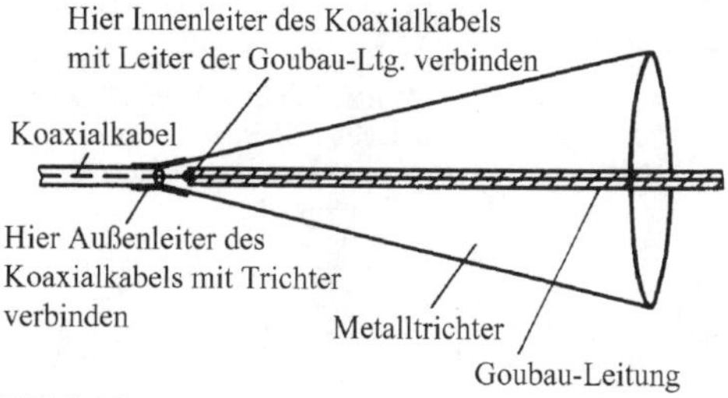

Bild 5.4.2
Übergang von Koaxialkabel auf *Goubau*-Leitung

umfaßt. Die die Leitung umgebende Feldstärke nimmt jedoch nach außen hin sehr schnell ab, etwa 90% der übertragenen Energie strömt in einem Luftraum mit 0,7λ Radius um den Leiter. Die Energie wird im umgebenden Luftraum strahlungsfrei weitergeleitet, deshalb wird mit der *Goubau*-Leitung eine außerordentlich geringe Dämpfung erzielt. Voraussetzung für eine solche dämpfungsarme Wellenleitung ist natürlich, daß der die *Goubau*-Leitung umgebende Luftraum frei von metallischen und größeren dielektrischen Gegenständen gehalten wird. Den Durchmesser des Luftraumes, in dem mehr als 90% der Gesamtenergie übertragen werden, nennt man *Grenzdurchmesser.*

Die *Goubau*-Leitung sollte möglichst geradlinig verlegt werden. Richtungsänderungen bis zu einem Knickwinkel von 20° sind zulässig. Die Oberflächenwellenleitung wird zweckmäßig an Trägern mit Querausleger aufgehängt. Durch V-förmig angeordnete Kunststoffschnüre hält man die Leitung in angemessenem Abstand vom Träger.

Die *Goubau*-Leitung stellt ein unsymmetrisches System dar. Es liegt deshalb nahe, sie über ein kurzes Stück Koaxialkabel durch einen Metalltrichter (**Bild 5.4.2**) an die Energiequelle anzukoppeln. Der Außenleiter des Koaxialkabels wird dabei mit dem Trichter verlötet, der Innenleiter ist im Trichtergrund mit dem Leiter der *Goubau*-Leitung verbunden. Die Ankopplungsverluste sind gering, wenn die Trichterabmessungen nicht zu klein gewählt werden. Besonders günstige Ergebnisse wurden bei einer Trichterlänge von 1λ und einem Durchmesser von etwa $\lambda/2$ erzielt.

Gut bewährt haben sich Exponentialtrichter, mit denen etwas geringere Ankopplungsverluste als mit einem normalen Trichter erzielt werden können. Die Exponentialform gewährleistet einen stoßstellenarmen Übergang vom Koaxialkabel auf die *Goubau*-Leitung.

Aufschlußreich ist ein Vergleich der Dämpfungswerte von *Goubau*-Leitungen und handelsüblichen Koaxialkabeln sowie symmetrischen Leitungen mit Kunststoffdielektrikum. Aus **Tabelle 5.4** kann man die minimalen Verluste von Goubau-Leitungen erkennen.

Tabelle 5.4.
Dämpfungswerte verschiedener Energieleitungen

Art der Leitung	Dämpfung in dB/100m bei 200 MHz
Goubau-Leitungen	
25 mm Durchmesser des Außenmantels	0,29
10 mm Durchmesser des Außenmantels	0,69
8 mm Durchmesser des Außenmantels	0,81
5 mm Durchmesser des Außenmantels	1,06
Koaxialkabel	
hochwertiges Koaxialkabel 22 mm Durchmesser des Außenmantels mit Hohlraumisolation	+ 4,95
gutes Koaxialkabel mit Vollisolation	10...17
Flachbandleitungen (UKW-Bandleitungen)	
abgeschirmte, symmetrische Leitungen	10...25

Zu bemerken ist noch, daß der Isolierstoffmantel von Goubau-Leitungen im allgemeinen aus einem Kunststoff auf *Polyäthylen*-Basis besteht. Dabei verhält sich der Durchmesser des metallischen Leiters zum Außendurchmesser des Isolierstoffmantels etwa wie 1:2,5. Da *Polyäthylen* unter dem Einfluß der Sonnenbestrahlung nach längerer Zeit verwittert, pigmentiert man dieses Material häufig mit Ruß und schafft damit einen wirksamen Schutz gegen Verwitterung. Durch diese Maßnahme werden allerdings die elektrischen Eigenschaften des *Polyäthylens* verschlechtert, und die Leitungsdämpfung steigt an. Deshalb mengt man neuerdings nur der äußersten Schicht des *Polyäthylen*-Mantels Ruß bei und erzielt dadurch eine gegen Verwitterung sehr beständige Drahtwellenleitung, ohne dabei mit einer merkbaren Dämpfung rechnen zu müssen.

5.5 Zweidrahtleitungen

Eine Zweidrahtleitung besteht aus zwei parallel verlaufenden Drähten, im Abstand klein gegen die Wellenlänge. Dieser Leitungstyp wurde 1890 von *E. Lecher* gebaut. Daraus entwickelte sich dann das bekannte „Lecher-System", ein bis vor Jahren noch viel verwendetes Meßmittel in der KW- und UKW-Technik [5.1] und [5.2]. Praktische Erkenntnisse über Paralleldrahtleitungen waren Anfang der 30er Jahre auch schon veröffentlicht [5.3].

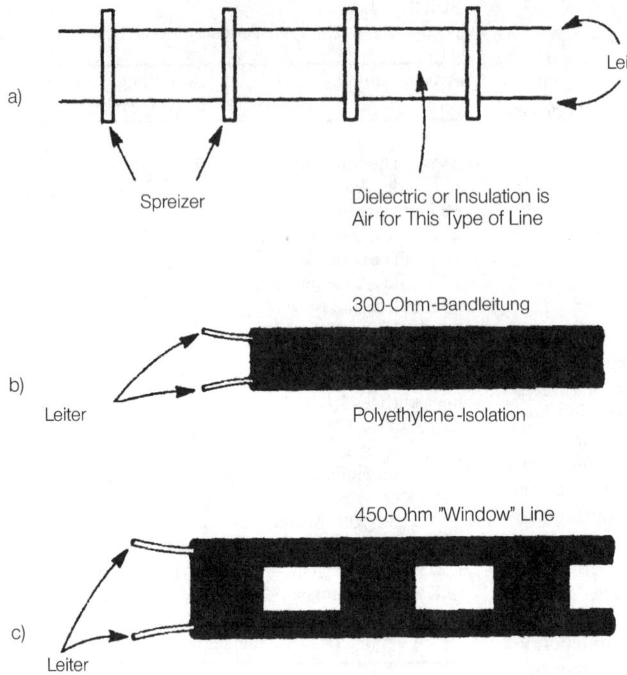

Bild 5.5.1
Bauformen von Zweidrahtleitungen
a) - Offene Leitung (Hühnerleiter),
b) - Flachbandleitung (Twin-Lead),
c) - Halb-offene Bandleitung (Window line)

Zweidrahtleitungen, Doppelleitungen oder auch Paralleldrahtleitungen genannt sind symmetrisch gegen Erde aufgebaut.

Bild 5.5.1 zeigt einige Bauformen von Zweidrahtleitungen.

Wellenwiderstand

Definition des Wellenwiderstandes einer Zweidrahtleitung:

$$Z_0 \approx \frac{120}{\sqrt{\varepsilon_r}} \cdot \ln\left(\frac{2D}{d}\right) = \frac{276{,}4}{\sqrt{\varepsilon_r}} \cdot \lg\left(\frac{2D}{d}\right) \tag{5.5.1}$$

D/d > 2,5.

Die beiden Variablen, die Durchmesser (in gleichen Einheiten), sind aus **Bild 5.5.2** ersichtlich. **Bild 5.5.3** zeigt den Wellenwiderstand einer Zweidrahtleitung mit Luftisolation und **Bild 5.5.4** den Wellenwiderstand einer geschirmten Zweidrahtleitung. Übliche Wellenwiderstände von Zweidrahtleitungen:

75, 95, 125, 150, 240, 300, 400, 450, 600 Ω

Bild 5.5.2
Querschnitt durch eine Zweidrahtleitung

Die Vorteile der Zweidrahtleitung im Vergleich zur Koaxialleitung sind die geringere Dämpfung und die niedrigeren Kosten bei vergleichbaren Außenabmessungen.

Die geringsten Verluste weisen stets HF-Leitungen mit Luftisolation auf. Deshalb benutzen besonders die Kurzwellenamateure oft selbstgebaute Speiseleitungen, die aus parallelen, freiliegenden Drähten hergestellt sind. Durch Spreizstücke aus verlustarmem Isoliermaterial wird der Leiterabstand konstant gehalten. Solche Leitungen werden sehr treffend *„Hühnerleiter"* genannt (**Bild 5.5.1a**). Um eine solche Leitung mit einem bestimmten Wellenwiderstand bauen zu können, entnimmt man aus **Bild 5.5.3** das erforderliche Abstand/Durchmesser-Verhältnis *D/d.* Aus mechanischen Gründen ist der Wellenwiderstand Z_0 meist auf 500 bis 600 Ω beschränkt. Bei kleineren Wellenwiderständen werden die Spreizerlängen zu gering, um noch eine ausreichende Stabilität der Leitung zu gewährleisten.

Flachbandleitungen (Twin-Leads) sind leicht und haben auch eine geringe Dämpfung (**Bild 5.5.1b**). Das Dielektrikum besteht meist aus dem Kunststoff *Polyäthylen.* Handelsübliche transparente Bandleitungen für Fersehen haben Wellenwiderstände von 120, 240 und 300 Ω. Nach längerem Witterungseinfluß muß man jedoch mit erheblich schlechteren Dämpfungswerten rechnen. Durch die Ultraviolettstrahlung der Sonne verändert das Dielektrikum mit der Zeit seine elektrischen Eigen-

Bild 5.5.3
Wellenwiderstand einer Zweidrahtleitung mit Luftisolation

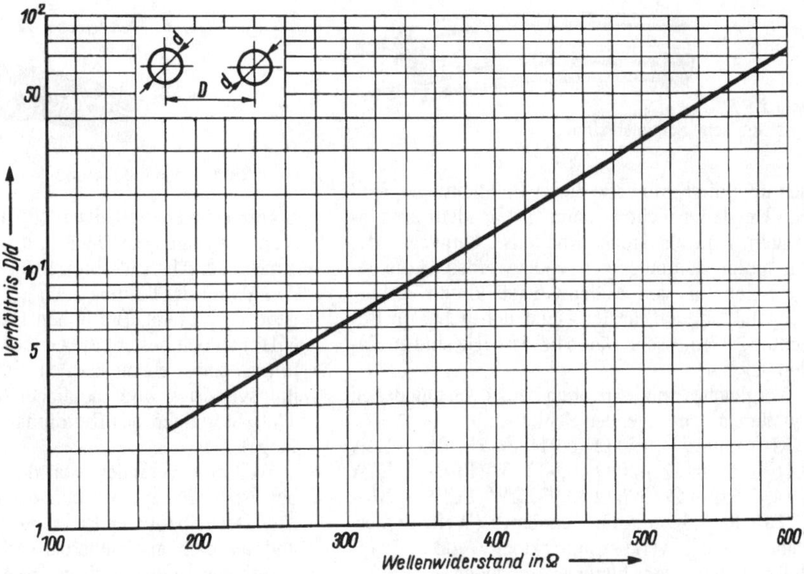

schaften in ungünstiger Weise. Diesen Alterungseinfluß durch Snnenstrahlung versucht man durch Pigmentierung des Kunststoffs mit Ruß oder anderen Stoffen zu verhindern oder zumindest stark zu verzögern. Handelsname „Lupolen". Neuere Flachbandleitungen sind daher schwarz.

Besonders große Veränderungen der Kennwerte weisen Bandleitungen bei Regen, Reif oder Nebel auf, da sie sich dann mit einem Wasserfilm überziehen, der eine merkliche Veränderung des Wellenwiderstandes bewirkt und außerdem die Dämpfung beträchtlich erhöht. Hat eine trockene Flachbandleitung bei 50 MHz eine Dämpfung von ca. 1 dB / 100 m, so erhöht sich die Dämpfung bei einer nassen Flachbandleitung auf etwa 6 dB / 100 m. Handelsübliche UKW-Bandleitungen sollte der Funkamateur wegen der vorhandenen Nachteile nur in Ausnahmefällen verwenden, z.B. beim Portableeinsatz.

Seit einigen Jahren gibt es für Sendezwecke „halb-offene" Bandleitungen (Window-lines) aus USA. Die Wellenwiderstände gehen von 360 bis 450 Ω, die Verkürzungsfaktoren von 0,90 bis 0,95. Hersteller ist z.B. Wireman (Landrum, SC). Anga-

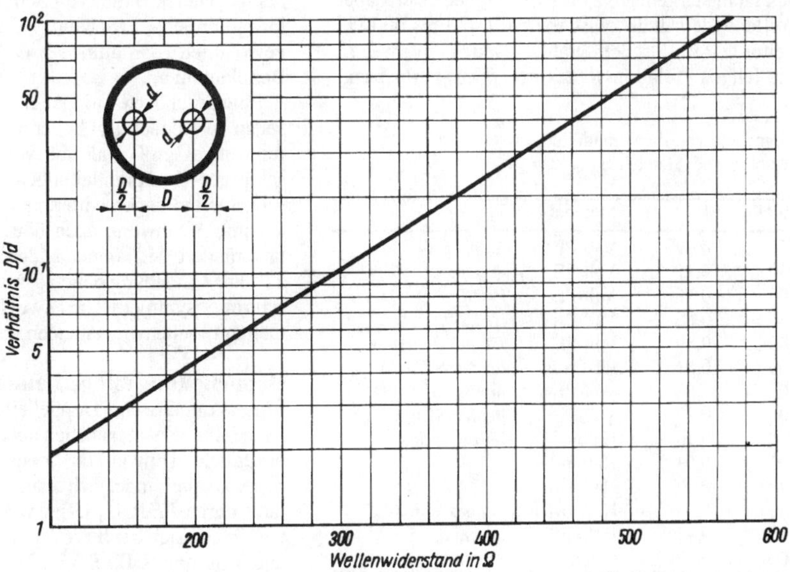

Bild 5.5.4
Wellenwiderstand einer geschirmten Zweidrahtleitung mit Luftisolation

Bild 5.5.5
Symmetrische Schlauchleitung

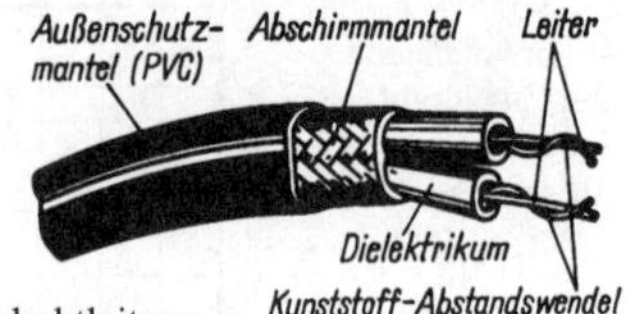

Bild 5.5.6
Geschirmte Zweidrahtleitung

ben über die Kennwerte dieser Bandleitungen sind laut Hersteller nicht vorhanden. Nachdem die Leitungen nicht als Transformations-, Umweg- oder Anpassungsleitungen verwendet werden ist die genaue Kenntnis von Wellenwiderstand und Verkürzungsfaktor auch für den Hersteller nicht von Bedeutung. Gemessene Daten bei 50 MHz sind zu finden bei [5.4].

Vergleiche mit Angaben aus verschiedenen Quellen lassen folgenden Schluß zu:

# 18≈1 mm ∅	450 Ω	0,911 kW (PEP)	13 A
# 16≈1,3 mm ∅	420 Ω	0,922 kW (PEP)	17 A
# 14≈1,6 mm ∅	390 Ω	0,933 kW (PEP)	20 A

Tabelle 5.5 zeigt die Kenndaten (Wellenwiderstand und Verkürzungsfaktor) von Zweidrahtleitungen verschiedener Hersteller.

Die Dämpfung im 80 m-Band ist rd. 0,3 dB auf 100 m bei Wanderwellenbetrieb. Bei Stehwellenbetrieb erhöht sich die Dämpfung beträchtlich.

Die „offene" Zweidrahtleitung („Hühnerleiter") ist für den Funkamateur im Kurzwellenbereich sehr hilfreich, insbesondere dann, wenn *abgestimmte* Speiseleitungen gebraucht werden. Hinsichtlich ihrer geringen Verluste wird sie von keiner Bandleitung übertroffen. Als verlustarme Spreizer (Abstandshalter) bieten sich die modernen Kunststoffe in großer Vielfalt an. Sie sind leicht, sehr verlustarm und lassen sich gut bearbeiten. Die Länge der Spreizer wählt man zwischen 50 und 150 mm. Mit den Drahtstärken von 2 bis 3 mm ergeben sich dabei Wellenwiderstände zwischen etwa 420 bis 600 Ω. Leitungen mit großen Drahtabständen sind wegen des langen Isolationsweges besonders verlustarm.

Tabelle 5.5
Kennwerte von Zweidrahtleitungen verschiedener Hersteller

Z_0/Ω	V	Material	Typ
75	0,69	Voll-PE	*Amphenol*
150	0,77	Voll-PE	*Amphenol*
200	0,71	Voll-PE	*VDL*
240	0,86	Voll-PE	*HFL240*
250	0,89	Voll-PE	*Titanex Twincom*
300	0,8	PE-Oval	*Belden 8275*
300	0,82	Voll-PE	*Amphenol*
300	0,83	Voll-PE	*Belden 8230*
300	0,90	Halb-offen	*Wireman* 562
390	0,93	Halb-offen	
420	0,92	Halb-offen	
440	0,95	Halb-offen	*Titanex TSL 440*
450	0,91	Halb-offen	*Wireman 551*
400–600	0,97–0,98	Offen	Selbstbau

Spreizerlängen von etwa 100 mm sind für alle Kurzwellenamateurbänder gut brauchbar. Mit der Anzahl der Abstandsspreizer soll nicht gespart werden, damit die Leitung auch bei Wind noch genügend starr bleibt. Bei hohen Frequenzen (z.B. 28 MHz) jedoch besteht die Gefahr, daß „breite" Leitungen selbst etwas strahlen. Es kommt zu Strahlungsverlusten und möglicherweise zu BCI und TVI (Störungen des Rundfunk- und Fernsehempfangs).

Weiterhin verändert sich der Wellenwiderstand bei Annäherung an Gebäudeteile, Metallmasten usw. Deshalb müssen Bandleitungen möglichst frei und räumlich unveränderbar verlegt werden.

Bei der Leitungsführung einer „Hühnerleiter" sind plötzliche Richtungsänderungen zu vermeiden. Es ist besonders darauf zu achten, daß die Leitung nicht parallel zu anderen Leitern verläuft. Läßt sich eine Annäherung an Regenrinnen, Fallrohre und sonstige größere Metallteile nicht umgehen, dann soll ein Abstand von mindestens 3 x Leitungsbreite gehalten werden.

Offene symmetrische Leitungen werden sogar bis zu 435 MHz als Phasenleitungen mit niedriger Dämpfung und geringen Kosten verwendet [5.5] [5.6].

Nicht so witterungsabhängig sind symmetrische Schlauchleitungen, bei denen das Dielektrikum die beiden Leiter schlauchförmig umgibt (**Bild 5.5.5**). Da das Dielektrikum von Schlauchleitungen meist luftraumreich ist (Schaum-PE oder Luft), sind sie gewöhnlich dämpfungsärmer als vergleichbare Bandleitungen .

Eine geschirmte Doppelleitung (**Bild 5.5.6**) wird selten verwendet. Bei höherem Preis ist die Dämpfung etwas größer als die vergleichbarer unabgeschirmter Zweidrahtleitungen. Jedoch sind abgeschirmte Leitungen witterungsbeständig und behalten ihre Kennwerte auch über größere Zeiträume unverändert. Sie können außerdem ohne Rücksicht auf ihre Umgebung beliebig verlegt werden. Abgeschirmte symmetrische Zweidrahtleitungen stellt man mit Wellenwiderständen von 70 und 450 Ω her.

Doppelleitung mit getrennten Koaxialkabeln

Eine symmetrische Doppelleitung mit getrennten Koaxialkabeln ist natürlich auch möglich. Ein diesbezügliche Hinweis auf zwei und vier getrennte Koaxialkabel findet sich erstmalig 1981 in der Literatur durch *VE2CV* [5.7]. Zwei Anwendungen davon finden sich bei *W1ICP* [5.8]. Einmal als Wanddurchführung (**Bild 5.5.7**). Dabei sind beide kurze

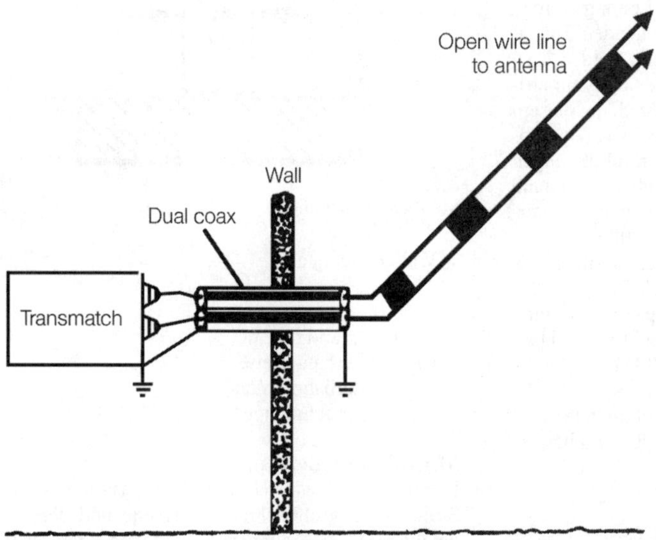

Bild 5.5.7
Wanddurchführung
für Zweidrahtleitung

Koaxialkabel an den Enden miteinander verbunden und jeweils geerdet. Das andere Mal als Speiseleitung von 24 m mit 2 x RG-11/U für den *Spencer*-Multiband-Dipol. Dabei sind wieder beide Koaxialkabel an den Enden miteinander verbunden und am unteren Ende geerdet. Weitere Veröffentlichungen dazu finden sich in [5.9] bis [5.12].

Der Aufbau einer symmetrischen Speiseleitung mit getrennten Koaxialkabeln ist sinnvoll, wenn ein Einsatz von Bandleitungen nicht möglich ist. Das ist z.B. der Fall bei Wanddurchführungen oder bei einer Verlegung innen im Haus. Wichtig dabei ist die Verbindung beider Koaxialkabel am oberen und unteren Ende, sowie eine Erdung mindestens an einem Ende, zweckmäßig am unteren Ende. Der Nachteil ist dic crhöhte Dämpfung, uzw. mehr als das Doppelte des einfachen Koaxialkabels schon bei Wanderwellenbetrieb. Bei Stehwellenbetrieb erhöhen sich die Verluste beträchtlich gegenüber den Doppelleitungen.

5.6 Mehrdrahtleitungen

Eine wenig bekannte, aber nahezu ideale Paralleldrahtleitung ist die *Vierleiter-Speiseleitung* oder *Quadro-Line* [6.1]–[6.3]. Sie besteht aus 4 parallel geführten Einzeldrähten, die an der Peripherie einer Kreisscheibe in gleichmäßigem Abstand oder an den 4 Ecken eines Quadrates gehaltert sind.

Die Kunststoffscheiben (es können auch kreuzförmige Spreizer sein) haben die gleiche Aufgabe wie die Spreizer bei einer „Hühnerleiter", sie müssen lediglich 4 Drähte in Reusenform auf gleiche Abstände bringen.

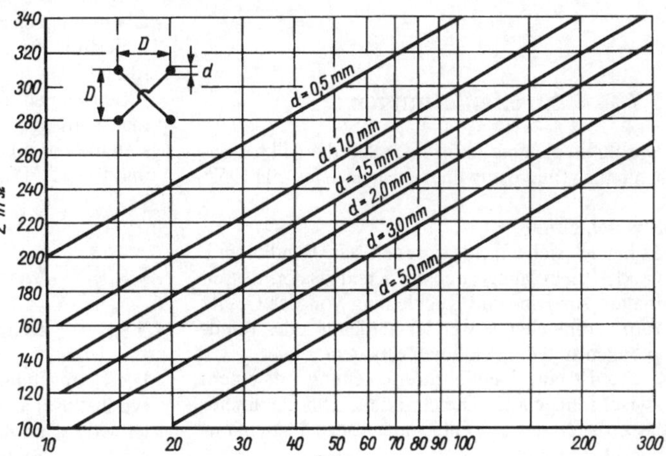

Bild 5.6.1
Wellenwiderstand einer
Vierdrahtleitung mit Luftisolation

Am Anfang und am Ende dieser Leitung werden jeweils die beiden sich gegenüberstehenden Einzeldrähte miteinander verbunden (siehe **Bild 5.6.1**). Damit ist die elektrische Funktion einer symmetrischen Zweidrahtleitung gegeben. Auch in diesem Fall wählt man Scheibendurchmesser bzw. Leiterabstände zwischen 50 und 200 mm. Vierdrahtleitungen dieser Art haben einen kleineren Wellenwiderstand als einfache Zweidrahtleitungen bei gleichen Leiterabständen (Z etwa zwischen 180 und 200 Ω).

Die Dämpfungen sind wesentlich geringer als bei Koaxialkabeln. So werden nach [6.1] für das 2 m-Band 0,6 dB/100 ft angegeben. Im Vergleich dazu haben gleich lange Koaxialkabel RG213/U eine Dämpfung von 2,3 dB und RG58/U eine Dämpfung von 6,0 dB.

Vier Drähten im Quadrat, die miteinander verbunden sind und ein Draht in der Mitte ergeben eine *Fünfdrahtleitung*.

Wellenwiderstand

Definition des Wellenwiderstandes für eine quadratische *Vierdrahtleitung*:

$$Z_0 = \frac{138}{\sqrt{\varepsilon_r}} \cdot \lg\left(\frac{D}{d} \cdot \sqrt{2}\right) \tag{6.1.1}$$

$d << D$

Bild 5.6.1 zeigt den Wellenwiderstand einer quadratische Vierdrahtleitung mit Luftisolation ($\varepsilon_r = 1$).

Definition des Wellenwiderstandes für eine quadratische *Fünfdrahtleitung*:

$$Z_0 = \frac{173}{\sqrt{\varepsilon_r}} \cdot \lg \cdot \frac{D}{0{,}933\,d} \tag{6.1.2}$$

$d << D$

5.7 Streifenleitungen

Die Streifenleitung (strip line) und die Mikrostreifenleitung (microstrip line) entstanden jeweils 1952.

Streifenleitung

Es handelt sich um eine symmetrische Bandleitung, praktisch ein langgestreckter Kondensator, dessen Platten zur Hin- und Rückleitung von der Quelle zum Verbraucher verwendet werden. An den Randgebieten sind die Feldlinien gebogen.

Das ist eine Parallel-Streifenleitung mit einem zwischenliegenden Dielektrikum. Die Parameter lassen sich aus den Gleichungen des Plattenkondensators berechnen.

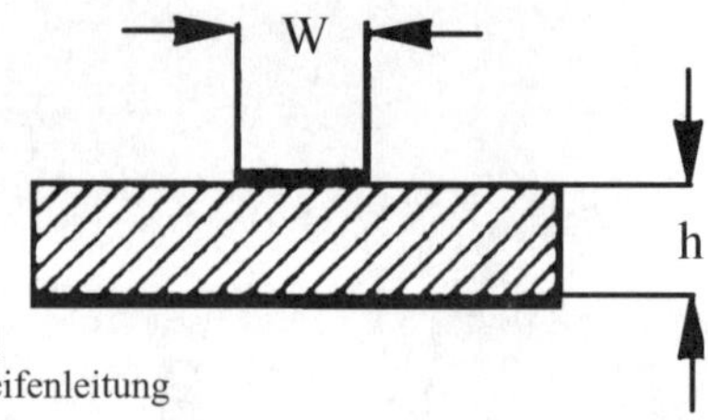

Bild 5.7.1
Mikrostreifenleitung

Wellenwiderstand: $$\frac{Z_0}{\Omega} = \frac{377}{\sqrt{\varepsilon_r}} \cdot \frac{w}{h} \tag{5.7.1}$$

$w / h < 0{,}1$ und $l >> w$
w..... Leiterbahnbreite
h..... Leiterbahnabstand
l ..... Leiterbahnlänge

Mikrostreifenleitung

Dabei handelt es sich um eine unsymmetrische Struktur mit großflächiger Unterseite und dem eigentlichen Streifen auf der Oberseite in Schichtschaltungstechnik wie bei der Herstellung von Leiterplatten [7.1] (**Bild 5.7.1**). Das Dielektrikum ist Epoxy-Glashartgewebe, Teflon-Gewebe oder Keramiksubstrat (GaAs oder Si).Man spricht auch von planaren Mikrowellenleitern. Mikrostreifenleitungen werden wegen des einfachen Aufbaus gerne verwendet [7.2]. Nachteilig sind die Abstrahlungsprobleme wegen der offenen Struktur. Für spezielle Anwendungen gibt es eine Vielzahl von Streifenleitungsarten.

Wellenwiderstand:

$$\frac{Z_0}{\Omega} = \frac{377}{\frac{w}{h} + 2{,}42 - 0{,}44 \cdot \frac{h}{w} + \left(1 - \frac{h}{w}\right)^6} \tag{5.7.2}$$

Das Übertragungsverhalten von HF-Leitungen ist kompliziert, seine mathematische Beschreibung noch komplizierter. Viele Veröffentlichungen über Übertragungen auf HF-Leitungen sind leider nicht fehlerfrei. Zu empfehlen sind folgende Beiträge [8.1]–[8.3].

Seit einiger Zeit gibt es Programme, mit denen man Vorgänge auf Leitungen simulieren und analysieren kann z.B. LEITUNG in MATHCAD [8.2] und PSPICE [8.3].

5.8. Vorgänge auf Leitungen

5.8.1 Grundlagen

Die Betrachtung wird durchgeführt für eine ideale (verlustlose) Leitung der Länge l mit dem Wellenwiderstand Z_W, die am Ende mit einem Verbraucher Z_V belastet ist [8.4].

Den Zusammenhang zwischen den Eingangsgrößen (U_1, I_1) und den Ausgangsgrößen (U_2, I_2), den Leitungsgrößen (Z_W, Phasenmaß β und Leitungslänge l beschreiben die Leitungsgleichungen:

$$U_1 = U_2 \cdot \cos \beta_l + \mathrm{j}\, I_2\, Z_W \cdot \sin \beta_l \qquad (5.8.1)$$

$$I_1 = I_2 \cdot \cos \beta l + \mathrm{j} \frac{U_2}{Z_W} \cdot \sin \beta l \qquad (5.8.2)$$

$$U_2 = I_2 \cdot Z_V \qquad (5.8.3)$$

Man denkt sich auf Leitungen - analog wie bei Vierpolen - Strom, Spannung und Leistung immer aus „hinlaufenden" und „rücklaufenden" (reflektierten) Anteilen zusammengesetzt.

An jeder Stelle x sind Strom und Spannung aus dem hin- und rücklaufenden Anteil zusammengesetzt:

$$U_x = U_h + U_r I_x = I_h - I_r \qquad (5.8.4)$$

Der Eingangswiderstand der belasteten Leitung ist:

$$Z_E = Z_W \cdot \frac{Z_V + \mathrm{j} Z_W \cdot \tan \beta l}{Z_W + \mathrm{j} Z_V \cdot \tan \beta l} \qquad (5.8.5)$$

Hin- und rücklaufende Ströme und Spannungen sind über den Wellenwiderstand verknüpft:

$$U_h = Z_W \cdot I_h U_r = -Z_W \cdot I_r \qquad (5.8.6)$$

Als Hilfgrößen zwischen hinlaufenden und rücklaufenden Anteilen sind gebräuchlich:

- Reflexionsfaktor
- Rückflußdämpfung
- Stehwellenverhältnis
- Anpassungsfaktor

Reflexionsfaktor

Der Reflexionsfaktor wird definiert als Verhältnis der rücklaufenden zur hinlaufenden Spannung

$$r = \frac{U_r}{U_h} \qquad (5.8.7)$$

Wegen des Zusammenhangs zwischen Leistung und Spannung kann der Reflexionsfaktor auch ausgedrückt werden durch

$$r = \sqrt{\frac{P_r}{P_h}} \qquad (5.8.8)$$

Der Reflexionsfaktor kann auch durch den Lastwiderstand Z_V und den Wellenwiderstand Z_W ausgedrückt werden

$$r = \frac{Z_V - Z_W}{Z_V + Z_W} \qquad (5.8.9)$$

Wenn der Lastwiderstand Z_V rein ohmisch ist, also keine Blindanteile hat, dann ist der Reflexionsfaktor r rein reell und schwankt zwischen

= – 1	bei Kurzschluß	$Z_V = 0$
= 0	bei Anpassung	$Z_V = Z_W$
= 1	bei Leerlauf	$Z_V = \infty$

Man erhält ein positives Ergebnis wenn der Verbraucherwiderstand Z_v größer als Z_w ist und es wird negativ bei $Z_V < Z_W$.

Im allgemeinen Fall (komplexer Lastwiderstand Z_V) ist r komplex, aber immer ist $|r| \leq 1$.

Bei den Umrechnungsformeln wird deshalb immer $|r|$ angegeben, also der Betrag des Reflexionsfaktors.

Rückflußdämpfung

Als Rückflußdämpfung bezeichnet man die Größe

$$\frac{a_r}{\mathrm{dB}} = 10 \cdot \lg \left(\frac{P_h}{P_r} \right) \qquad (5.8.10)$$

mit der Gleichung (5.8.8) läßt sich dafür auch schreiben

$$\frac{a_r}{\mathrm{dB}} = 10 \cdot \lg \left(\frac{1}{|r^2|} \right) = 20 \cdot \lg \frac{1}{|r|} = -20 \cdot \lg |r| \qquad (5.8.11)$$

Die Rückflußdämpfung a_r kann folgende Werten annehmen

∞ bei Anpassung
0 bei Leerlauf bzw. Kurzschluß

Stehwellenverhältnis (Welligkeit)

Ist eine verlustlose Leitung an ihrem Ende mit einem Lastwiderstand R_a abgeschlossen, der dem Leitungswellenwiderstand Z entspricht, so wird die zum Abschlußwiderstand hinlaufende Leistung in diesem restlos verbraucht. Dabei verteilt sich die Spannung (und damit auch der Strom) an allen Punkten der Leitung in gleichbleibender Größe. Dieser Fall der Anpassung ist in **Bild 5.8.1** dargestellt.

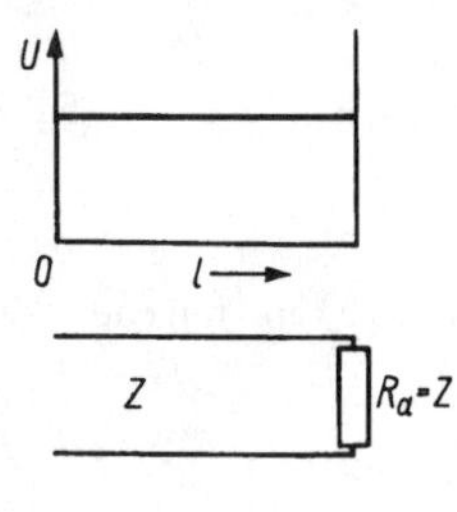

Bild 5.8.1
Spannungsverteilung auf einer Leitung bei Anpassung ($Ra = Z$)

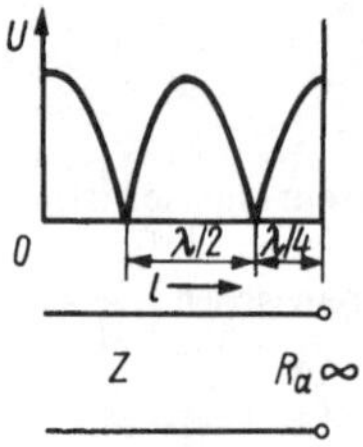

Bild 5.8.2
Spannungsverteilung auf einer am Ende offenen Leitung ($R_a = \infty$)

Entfernt man den Abschlußwiderstand, so stellt das offene Leitungsende für den Strom einen unendlich großen Widerstand dar ($R_a = \infty$). Die vom Sender zum Leitungsende hinlaufende Welle findet dort keinen Verbraucher vor und wird deshalb wieder vollständig zu ihrem Ausgangspunkt reflektiert (**Bild 5.8.2**).

Somit entsteht auf der Leitung eine hinlaufende und eine rücklaufende Welle. Wegen der endlichen Laufzeit überlagern sich hinlaufende und rücklaufende Wellen. Dadurch entstehen über die Länge l der Speiseleitung verteilt Spannungsmaxima und Spannungsnullstellen, wobei am offenen Leitungsende immer ein Spannungsmaximum vorhanden ist, wie auch **Bild 5.8.2** zeigt. Für die Verteilung des Stromes gelten die gleichen Überlegungen. Am offenen Leitungsende kann kein Strom mehr fließen, dort ist deshalb eine Stromnullstelle. Demnach steht dem Spannungsmaximum ein Stromminimum gegenüber und umgekehrt. Spannung und Strom sind um 90° ($\lambda/4$-Abstand) phasenverschoben. Im Abstand von jeweils $\lambda/4$ wechseln entsprechend dem sinusförmigen Verlauf Spannungsmaxima und Stromnullstellen einander ab.

Diese Verteilung von Strom und Spannung auf einer Leitung nennt man stehende Wellen.

Sie entstehen immer dann, wenn reflektierte Wellen vorhanden sind. Dabei ist die Spannung an jedem gegebenen Punkt der Leitung gleich der Vektorsumme der Spannung aus hinlaufender und rücklaufender Welle. Entsprechend den jeweils bestehenden laufzeitabhängigen Phasenverhältnissen von hinlaufenden und reflektierten Wellen bildet sich die Strom- und Spannungsverteilung stehender Wellen aus. Dabei ist der Scheinwiderstand an jedem Punkt der Speiseleitung gleich dem Verhältnis aus Spannung und Strom.

Man definiert als Stehwellenverhältnis (engl. VSWR von voltage standing wave ratio) oder Welligkeit das Verhältnis (Quotienten)

$$s = \frac{U_{\max}}{U_{\min}} \qquad (5.8.12)$$

$s \geq 1$

Das Stehwellenverhältnis s kann folgende Werte annehmen

1 bei Anpassung
∞ bei Leerlauf bzw. Kurzschluß

Bei Anpassung ist $U_{max} = U_{min}$ und bei Totalreflexion ist $U_{min} = 0$.

Die Überlagerung der hin- und rücklaufenden Wellen bei nicht vollständigem Abschluß der Leitung führt zu einer Spannungsverteilung (Betrag der Spannung) entlang der Leitung mit mehr oder weniger stark ausgeprägten Maxima und Minima (**Bild 5.8.4**). Es findet keine vollkommene Reflexion mehr statt, denn ein Teil der Energie wird im Lastwiderstand verbraucht. Nur die „überschüssigen" Anteile, die R_a wegen der vorhandenen Fehlanpassung nicht mehr verbrauchen kann, werden zum Eingang reflektiert und verursachen die stehende Wellen. Die Welligkeit ist aber viel geringer als im Kurzschluß oder im Leerlauf, und es sind keine Spannungsnullstellen vorhanden, sondern Spannungsminima.

Für den Fall $R_a > Z$ (Abschlußwiderstand R_a größer als der Wellenwiderstand Z der Leitung) gilt **Bild 5.8.4a**. Am Leitungsende tritt ein Spannungsmaximum auf.

Für den Fall $R_a < Z$ (Abschlußwiderstand R_a kleiner als der Wellenwiderstand Z der Leitung) gilt **Bild 5.8.4b**. Am Leitungsende tritt ein Spannungsminimum auf.

Da an den Stellen maximaler und minimaler Spannung die Gleichung (5.8.4) gilt und die Amplituden der hin. und rücklaufenden Wellen entlang der Leitung konstant sind, ergibt sich bei Gleichphasigkeit

$$U_{\max} = |U_h| + |U_r| \qquad (5.8.13)$$

$$U_{\min} = |U_h| - |U_r| \qquad (5.8.14)$$

Mit diesen Gleichungen kann man die Welligkeit auch ausdrücken durch

$$s = \frac{|U_h| + |U_r|}{|U_h| - |U_r|} \qquad (5.8.15)$$

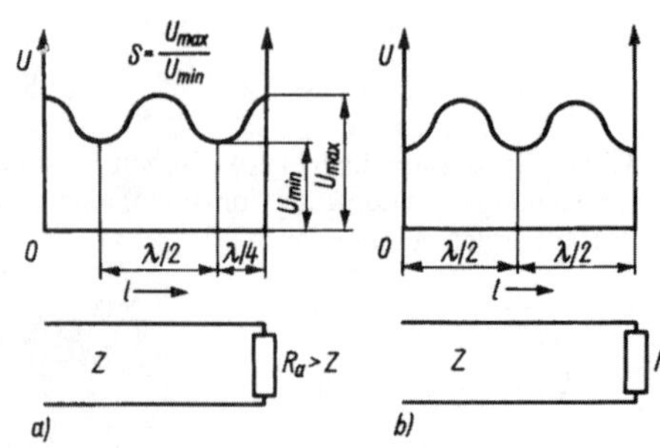

Bild 5.8.4
Spannungsverteilung auf einer Leitung mit Fehlanpassung am Ende
a) $R_a > Z$, b) $R_a < Z$

oder mit den Leistungen Ph und Pr

$$s = \frac{\sqrt{P_h} + \sqrt{P_r}}{\sqrt{P_h} - \sqrt{P_r}} \qquad (5.8.16)$$

Durch Division von Zähler und Nenner mit $|U_h|$ bzw. $\sqrt{P_h}$ ergibt den Zusammenhang zwischen s und r , nämlich

$$s = \frac{1+|r|}{1-|r|} \qquad (5.8.17)$$

und

$$|r| = \frac{s-1}{s+1} \qquad (5.8.18)$$

Eine gute Übersicht über die Zusammenhänge zwischen Welligkeit, Reflexionsfaktor und Rückflußdämpfung sind in Tabellenform (Abschnitt 42.6) und als Diagramme (Abschnitt 42.7) im Anhang zu finden.

Anpassungsfaktor
Den Kehrwert der Welligkeit bezeichnet man als Anpassungsfaktor m.

Er wird aber heute kaum mehr verwendet.

$$m = \frac{1}{s} = \frac{1-|r|}{1+|r|} \qquad (5.8.19)$$

Der Anpassungsfaktor m kann folgende Werte annehmen

1 bei Anpassung
0 bei Leerlauf bzw. Kurzschluß

Wird die Leitung mit einem reinen Blindwiderstand abgeschlossen, wie ihn eine Kapazität oder eine Induktivität darstellt, dann herrscht die gleiche Spannungsverteilung wie bei Leerlauf oder Kurzschluß, denn der Blindwiderstand nimmt keine Leistung auf, er reflektiert sie. Es verschiebt sich lediglich die Spannungskurve so weit entlang der Leitung, daß am Leitungsende die Spannung der am Kondensator oder der Spule auftretenden Spannung entspricht.

Neben dem Wirkwiderstand sind beim Generator und beim Verbraucher oft auch noch Blindanteile vorhanden. Blindwiderstände werden mit dem Symbol X gekennzeichnet, sie können ein positives Vorzeichen (induktiver Blindwiderstand, auch X_L) oder ein negatives Vorzeichen (kapazitiver Blindwiderstand, auch X_C) haben.

Beispiel 1:
Eine Leitung mit dem Wellenwiderstand $Z = 240\ \Omega$ ist dem reellen Eingangswiderstand R_a von 480 Ω abgeschlossen. Der Reflexionsfaktor r errechnet sich aus Gl. (5.8.9) mit

$$r = \frac{480\Omega - 240\Omega}{480\Omega + 240\Omega} = \frac{240\Omega}{720\Omega} = \frac{1}{3} = +0{,}333...$$

Die Amplitude der reflektierten Welle beträgt demnach 1/3 oder 0,33 (periodisch) von der der hinlaufenden Welle und hat gleiche Polarität (Vorzeichen +, $R_a > Z$).

Beispiel 2:
Würde der Abschlußwiderstand R_a bei gleicher Leitung nur 60 Ω betragen, wäre der Reflexionsfaktor r dann

$$r = \frac{60\Omega - 240\Omega}{60\Omega + 240\Omega} = \frac{-180\Omega}{300\Omega} = -\frac{3}{5} = -0{,}6$$

In diesem Fall beträgt die Amplitude der rücklaufenden Welle 60% der vorlaufenden. Das Vorzeichen ist negativ. Deshalb tritt entgegengesetzte Polarität auf ($R_a < Z$).

Beispiel 3:
Schließlich kann man noch den Anpassungsfall $R_a = Z = 240\ \Omega$ untersuchen.

$$r = \frac{240\Omega - 240\Omega}{240\Omega + 240\Omega} = \frac{0}{2} = 0$$

Der Reflexionsfaktor 0 zeigt an, daß keine reflektierte Welle auftritt.

Das Ergebnis dieser Transienten-Analyse zeigt schon für eine ideale (verlustlose) angepaßte Leitung interessante Ergebnisse. Man erkennt, daß die Spannung am Eingang der Leitung vom ersten Augenblick an nur halb so groß ist wie die Generatorspannung. Am Ende der Leitung erscheint für eine halbe Periodendauer nach dem Einschalten noch keine Spannung. Ursache ist die Laufzeit durch die Leitung. Aus gleichem Grund ist die Ausgangsspannung dann hier auch um 180° phasenverschoben gegenüber der Eingangsspannung.

Bei Fehlanpassung bilden sich stehende Wellen aus, was die Spannungen gegenüber Leistungsanpassung verändert.

Hin- und rücklaufende Spannungen addieren sich am Leitungsausgang Nach dem Einschwingen addieren sich auch am Leitungseingang hin- und rücklaufende Spannungen Hin- und rücklaufende Ströme am Leitungseingang ergeben infolge Phasenverschiebung einen kleineren Gesamtstrom

Die Summe von vor- und rücklaufender Leistung bildet die Gesamtleistung am Leitungseingang. Mit dem Eintreffen der reflektierten Leistung am Leitungseingang sinkt die vom Generator gelieferte

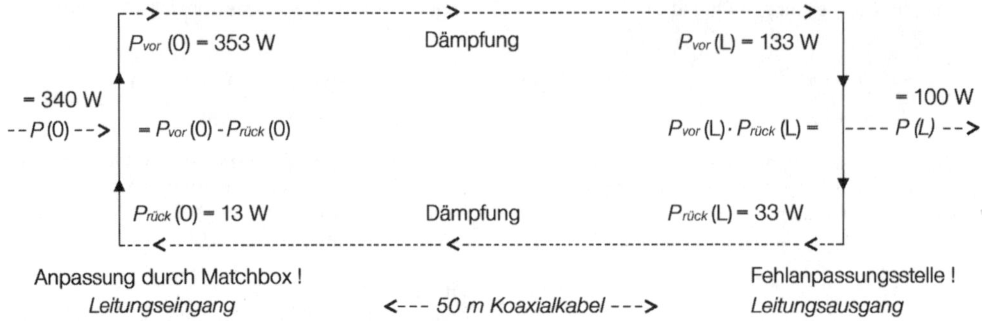

Bild 5.8.5
Aufteilung der einzelnen Leistungsanteile

Leistung um den Wert der reflektierten Leistung. Bei der reflektierten Leistung handelt es sich um eine Wirkleistung (Blindleistung hat immer den Mittelwert 0!). Die hinlaufende Leistung wird durch die reflektierte Leistung jedoch nicht verändert, sie bleibt konstant. Die reflektierte Leistung geht aber nicht verloren, sondern unterstützt den Generator beim Liefern der hinlaufenden Leistung. Es ergibt sich hier auch keine Rück-Reflexion, wie manchmal beschrieben. Am Leitungseingang liegt Anpassung vor.

Die vom Generator gelieferte Leistung ist zu Beginn für die Dauer von zwei Laufzeiten doppelt so hoch wie anschließend. Dieser Leistungsanteil lädt gewissermaßen die Leitung auf, verbleibt in ihr und wird erst nach dem Abschalten verbraucht.

Bei einer realen (verlustbehafteten) Leitung mit Fehlabschluß ist wegen der Leitungsdämpfung das Stehwellenverhältnis am Leitungseingang kleiner als am Leitungsausgang. Die Dämpfung kann aus den Amplituden der hin- und rücklaufenden Spannungen am Anfang und am Ende der Leitung berechnet werden.

Nach [8.2] erhält man beispielsweise bei einer Frequenz von 28 MHz und 50 m RG-58-Kabel 100 W Wirkleistung am Abschlußwiderstand $Z_A = 150$ Ω. Die Kabeldämpfung ist 4,2 dB ≡ 2,65, der entsprechende Dämpfungsfaktor ist 1/2,65 = 0,377. Am Leitungsausgang ist bei einer Fehlanpassung von 150 Ω/ 50 Ω die Welligkeit $s = 3$, der Reflexionsfaktor $r = 0{,}5$. Für die Leistung gilt der quadrierte Faktor $r^2 = 0{,}5^2 = 0{,}25$. Der Eingangswiderstand (= leitungstranformierter Widerstand Z_A) $Z_E = 66{,}2$ Ω – j 15 Ω. Am Leitungseingang wird durch eine Matchbox Anpassung erzielt.

Leistungsbilanz

Eine Generatorleistung von 340 W ergibt am Leitungseingang zusammen mit einer Rücklaufleistung von 13 W eine Vorlaufleistung von 353 W (340 W + 13 W). Davon kommen wegen der Kabeldämpfung am Leitungsausgang als Vorlaufleistung nur 133 W an (353 W · 0,377). Davon werden 33 W (133 W · 0,25) reflektiert. Die Wirkleistung am Ausgang setzt sich zusammen aus der Vorlaufleistung von 133 W abzüglich der Rücklaufleistung von 33 W und ist somit 100 W. Von den 33 W Rücklaufleistung am Leitungsausgang kommen am Leitungseingang nur 13 W (33 W · 0,377) an. Mit der Vorlaufleistung 353 W und der Rücklaufleistung 13 W erhält man am Leitungseingang wieder die Wirkleistung (Generatorleistung) von 340 W (353 W – 13 W). **Bild 5.8.5** zeigt die Aufteilung der einzelnen Leistungsanteile.

5.8.2. Zusatzverluste durch Fehlanpassung

Wie bereits in Abschnitt 5.2.5 ausgeführt wurde, hat jede HF-Leitung eine bestimmte frequenzabhängige Dämpfung je Längeneinheit, die von den Verlusten in den Leitern („Kupferverluste") und im Dielektrikum zwischen den Leitern (dielektrische Verluste) hervorgerufen wird. Diese Dämpfung ist unvermeidlich bei jeder Leitung vorhanden und wird als Leitungsdämpfung bezeichnet. Ist eine Speiseleitung sender- und antennenseitig mit ihrem Wellenwiderstand abgeschlossen, d.h. angepaßt, wird nur die reine Leitungsdämpfung wirksam. Beträgt beispielsweise die Leitungsdämpfung 3 dB, so erhält die Antenne nur noch die Hälfte der vom Sender abgegebenen HF-Leistung, die andere Hälfte wird von der Speiseleitung in Verlustwärme umgesetzt. Da die Dämpfung von industriell gefertigten HF-Kabeln vom Hersteller immer angegeben wird, kann man sich die Verluste bei Anpassung leicht ausrechnen. Ist die Leitung fehlangepaßt, treten zusätzliche Leitungsverluste auf.

Zur Erklärung solcher zusätzlicher Leitungsverluste wird davon ausgegangen, daß heute die meisten Amateursendeanlagen mit angepaßten Speiseleitungen arbeiten. Dabei werden fast immer Koaxialkabel mit 50 Ohm als Speiseleitun-gen verwendet. Ist die am Ende der Speiseleitung angeschlossene Antenne in Resonanz mit der Senderfrequenz, stellt sie für den Sender eine reine Wirklast dar, wenn der reelle Eingangswiderstand der Antenne gleich dem Wel-

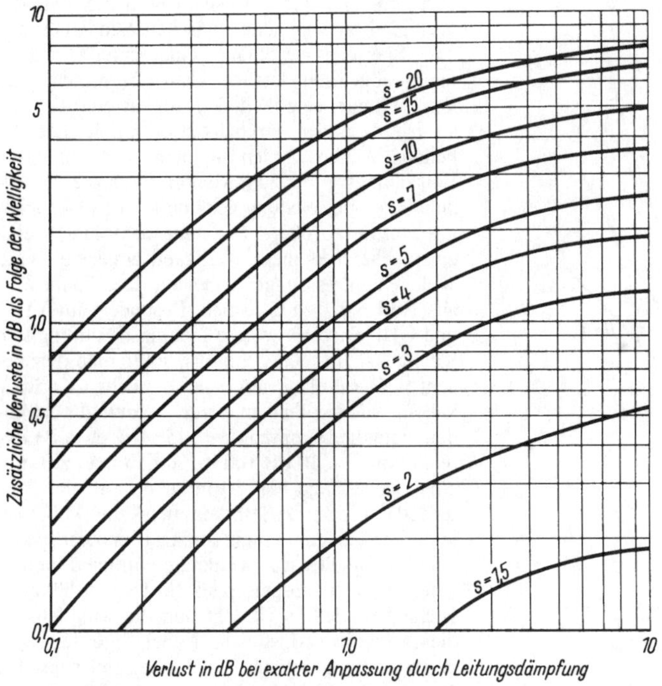

Bild 5.8.6
Zusatzverluste
durch Fehlanpassung

lenwiderstand des Speisekabels ist. Dieser Idealfall kommt in der Praxis kaum vor. Es ist nicht zu vermeiden, daß die Antenne auch mehr oder weniger außerhalb ihrer Resonanz betrieben werden muß, denn die Sendefrequenz bewegt sich innerhalb des ganzen zugelassenen Ama-teurbandes. Das bedeutet, daß bei Veränderung der Sendefrequenz am Antennenspeisepunkt ein Blindwiderstand auftritt, der kapazitiv oder induktiv sein kann. Da Blindwiderstände keine Leistung aufnehmen, stellt nun die Antenne keine reine Wirklast mehr dar, und sie reflektiert einen mehr oder weniger großen Anteil der angebotenen Leistung zum Speiseleitungsanfang. Die auf der Speiseleitung „vorlaufende" Welle wird von dieser „rücklaufenden" (reflektierten) Welle überlagert, und es bilden sich auf der Speiseleitung stehende Wellen aus, wie bereits an Abschnitt 5.8.1 beschrieben. Die von der Speiseleitung zum Senderausgang transformierten Blindanteile können dort mit den vorhandenen Abstimmitteln oder durch zusätzliche Anpassungsnetzwerke kompensiert werden.

Eine zweite Möglichkeit für das Auftreten von Stehwellen besteht darin, daß der Eingangswiderstand der angeschlossenen Antenne zwar reell ist, aber in seiner Größe nicht dem Wellenwiderstand Z der Speiseleitung entspricht, so daß auch in diesem Fall wieder eine Teilreflexion stattfindet. Häufig treten beide Möglichkeiten gemeinsam auf. Fehlanpassung zwischen Senderausgang und Speiseleitungsanfang kann bei diesen Betrachtungen ausgeklammert werden, weil man die Möglichkeit hat, die Anpassung entweder durch entsprechende Senderabstimmung oder durch ein zwischengeschaltetes Anpassungsnetzwerk herbeizuführen.

Wenn stehende Wellen auf der Leitung vorhanden sind, vergrößert sich die Leitungsdämpfung mit dem Anwachsen der Welligkeit s, weil die Effektivwerte von Strom und Spannung mit steigender Welligkeit größer werden. Dabei erhöht der größere Effektivstrom die ohmschen Leitungsverluste („Kupferverluste") und die größere Effektivspannung die dielektrischen Verluste. Die Leitungsdämpfung insgesamt wird somit größer. Dieser Vorgang wird gedanklich noch klarer, wenn man sich vorstellt, daß der reflektierte Anteil die Speiseleitung erneut durchlaufen muß und dabei wieder der Leitungsdämpfung unterliegt.

Aus **Bild 5.8.6** lassen sich die Gesamtverluste in dB ermitteln, die auf einer fehlangepaßten Speiseleitung entstehen. Die Kurven sind für alle in der Praxis vorkommenden Welligkeiten vorhanden, Zwischenwerte können interpoliert werden. Da die zusätzlichen Verluste durch Fehlanpassung in ihrer Auswirkung auf die Leistungsbilanz der Antenne von vielen Funkamateuren weit überschätzt werden, soll dies an einem praktischen Beispiel näher untersucht werden, wie sich die Verhältnisse tatsächlich darstellen.

Beispiel:
Eine Sendeantenne, die für eine Resonanzfrequenz von 3600 kHz bemessen ist, wird über ein 40 m

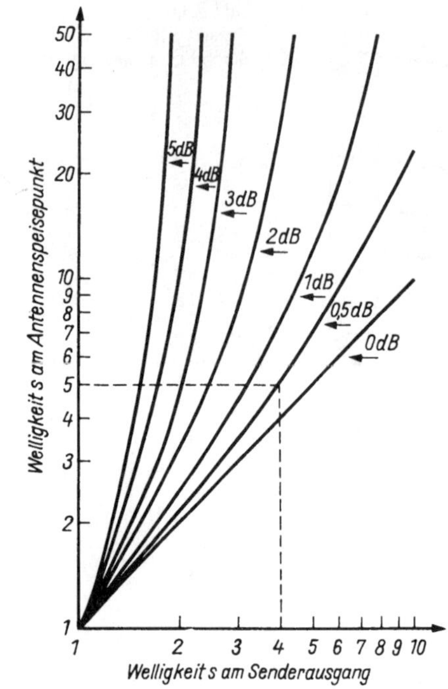

Bild 5.8.7
Unterschiede der Welligkeitsanzeige
am Antenneneingang
und Senderausgang in Abhängigkeit
der Leitungsdämpfung

langes Koaxialkabel gespeist, für das der Kabelhersteller eine frequenzbezogene Dämpfung von 2 dB/100 m angibt. Die Leitung ist angepaßt, stehende Wellen sind nicht vorhanden. Die Gesamtverluste betragen für 40 m Leitungslänge (40 m/100 m) · 2 dB = 0,8 dB. Nun wird die Sendefrequenz innerhalb des Amateurbandes verändert, wobei die am Antennenspeisepunkt gemessene Welligkeit auf maximal $s = 3$ ansteigen möge. Aus **Bild 5.8.6** ist für diesen Betriebsfall ein zusätzlicher Verlust durch Welligkeit von 0,45 dB zu entnehmen. Selbst bei einer Welligkeit $s = 5$ würde der Zusatzverlust noch unter 1 dB liegen. Nach praktischen Erfahrungen sind Leistungsminderungen $\leq$ 1 dB von der empfangenden Gegenstelle überhaupt nicht feststellbar.

Aus dem Beispiel ist zu ersehen, daß die Sorge um besonders niedrige Welligkeit in den meisten Fällen unbegründet ist. Deshalb sollte man die auftretende Welligkeit keinesfalls als ausschlaggebenden Wertmesser für die Brauchbarkeit einer Antenne betrachten.

Es muß in diesem Zusammenhang noch vermerkt werden, daß man die „richtige" Welligkeit nur dort messen kann, wo sie ihren Ursprung hat, nämlich am Antennenspeisepunkt. Eine solche Messung ist in der Praxis oft unmöglich, zumindest aber sehr unbequem. Deshalb wird meistens das Welligkeitsanzeigegerät zwischen Senderausgang und Speiseleitungsanfang eingeschleift, wo es leicht abgelesen werden kann. In diesem Fall kommt immer eine Welligkeit zur Anzeige, die besser ist, als es der Wirklichkeit entspricht. Die stehenden Wellen werden auf dem Weg von ihrem Entstehungsort bis zum Meßort durch die verlustbehaftete Speiseleitung gedämpft, so daß - abhängig von der Größe der Leitungsdämpfung - eine entsprechend kleinere Welligkeit angezeigt wird. Welche Fehlmessungen dabei auftreten können, ist aus **Bild 5.8.7** zu erkennen. Besonders im VHF- und UHF-Bereich, wo die Leitungsdämpfung von Koaxialkabeln relativ groß ist, sollte man dies beachten. Bei einfacheren handelsüblichen Koaxialkabeln, wie sie Funkamateure bevorzugt verwenden, liegt die Dämpfung bei 145 MHz etwa im Bereich von 7 ... 10 dB/100 m, so daß man z.B. mit einer Kabellänge von 30 m schon auf eine Leitungsdämpfung von 3 dB kommen kann. Mißt man in diesem Fall am Leitungsanfang (Senderausgang) eine Welligkeit $s = 2$, würde die wirkliche Welligkeit am Antennenspeisepunkt fast $s = 5$ betragen (siehe **Bild 5.8.7**). Besteht nun die Möglichkeit, dieses relativ verlustreiche Kabel gegen ein sehr verlustarmes auszutauschen, das beispielsweise bei 30 m nur 0,5 dB Verlust aufweist, bleibt die „echte" Welligkeit $s = 5$ am Antennenspeisepunkt bestehen, aber die scheinbare Welligkeit am Leitungsanfang würde nach **Bild 5.8.7** von vorher $s = 2$ auf $s = 4$ ansteigen (gestrichelt eingezeichnet).

Leitungsverluste durch Strahlung der Speiseleitung

Speiseleitungen, die Hochfrequenz übertragen, neigen dazu, selbst als Antenne zu wirken. Die in ihre Umgebung abgegebene Strahlung kann unerwünschte Richtwirkungen und Verluste verursachen. Strahlende Speiseleitungen können auch Störungen des Rundfunk- und Fernsehempfanges hervorrufen. Diese Nebenwirkung ist gewöhnlich unangenehmer als der geringe Strahlungsverlust.

Die unerwünschte Strahlung von Speiseleitungen hängt einerseits ab vom Aufbau der Leitung und andererseits vom Grad der Fehlanpassung auf der Leitung, sie vergrößert sich mit zunehmender Welligkeit.

Eindrahtleitung

Eindrahtleitungen sind erdunsymmetrisch und neigen daher zur Stahlung.

Zweidrahtleitung

Zweidrahtleitungen sind erdsymmetrisch, beide Einzelleiter haben gleichen Querschnitt und gleiche Erdverhältnisse. Deshalb sind auch die in beiden Leitern fließenden Ströme gleich groß, aber entgegengesetzt gerichtet. Die magnetischen Felder ver-

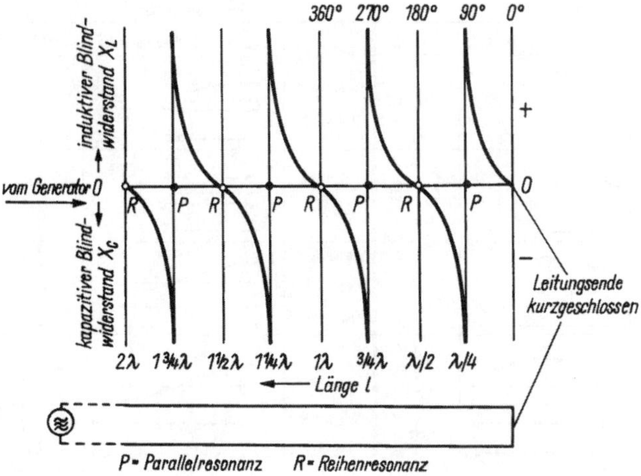

Bild 5.8.8
Verlauf des Scheinwiderstandes einer am Ende kurzgeschlossenen Leitung als Funktion der Leitungslänge

halten sich analog. Sie würden sich aufheben, wenn beide Leiter räumlich zusammenfielen, was sich aber praktisch nicht verwirklichen läßt. Wegen des immer vorhandenen räumlichen Abstandes der beiden Leiter ist die Auslöschung nicht vollkommen. Die Verluststrahlung einer Zweidrahtleitung wächst direkt mit dem Quadrat des Leiterabstandes und der Betriebsfrequenz. Das bedeutet, daß der Leiterabstand mit steigender Frequenz geringer werden soll.

Mehrdrahtleitungen
Mehrdrahtleitungen sind meistens erdsymmetrisch und neigen daher weniger zur Strahlung.

Koaxialkabel
Günstig bezüglich der Strahlungsverluste sind Koaxialkabel, die auf Grund ihres axialsymmetrischen Aufbaus nach außen kaum strahlen. Allerdings können hier sogenannte *Mantelwellen* auftreten. Das sind Ausgleichströme, die sich auf dem Kabelaußenleiter bilden, wodurch der Kabelmantel selbst strahlt.

Mantelwellen entstehen durch Unsymmetrien. Entweder wenn eine symmetrische Antenne direkt mit einem unsymmetrischen Koaxialkabel gespeist wird, oder wenn das Koaxialkabel zu nahe an der Antenne geführt wird (Einkopplung), oder dadurch, daß der Gesamtkomplex Antenne und koaxiales Speisekabel sich in Resonanz mit der erregenden Frequenz befindet und deshalb auch in seiner Gesamtheit strahlt.

Abhilfe schaffen hier Symmetrierglieder, Sperrglieder (Mantelwellensperren) und Veränderungen der Kabellängen.

5.8.3 Leitungen als Abstimmelement

Es wurde bereits festgestellt, daß sich auf einer Leitung, die nicht mit ihrem Wellenwiderstand Z abge-

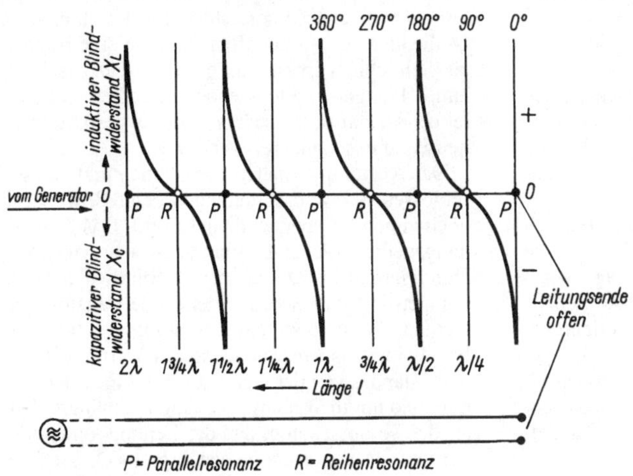

Bild 5.8.9
Verlauf des Scheinwiderstandes einer am Ende offenen Leitung als Funktion der Leitungslänge

Bild 5.8.10
Das Abstimmverhalten von kurzgeschlossenen und offenen Leitungen mit Längen bis $\lambda/2$

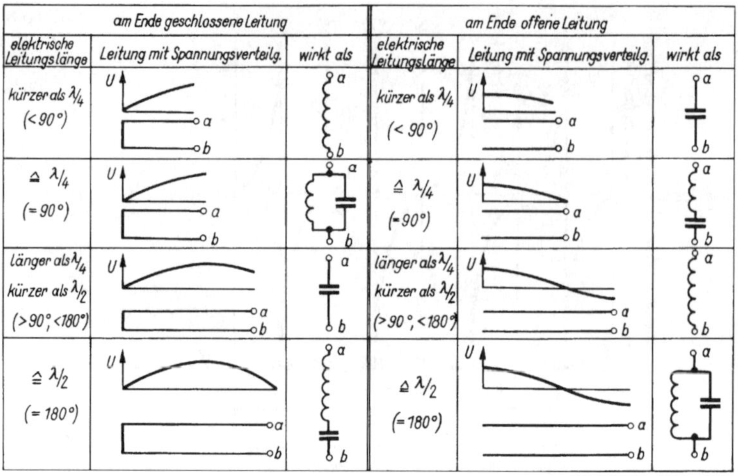

schlossen ist, stehende Wellen ausbilden. Diese stellen Strom- und Spannungsmaxima dar, die gegeneinander in der Phase verschoben sind. Man könnte deshalb für jeden Punkt der Leitung den Scheinwiderstand (Quotient aus Spannung und Strom) feststellen. Die Phasendifferenz zwischen Spannung und Strom bewirkt, daß neben dem ohmschen Widerstand auch noch ein Blindwiderstand vorhanden ist. Dieser kann in Abhängigkeit von der Richtung der Phasenverschiebung induktiven Charakter haben (X_L) oder kapazitiv sein (X_C).

Bei den Scheinwiderstandskurven nach **Bild 5.8.8** sind (wie üblich) die induktiven Anteile oberhalb der Nullinie (+) und die kapazitiven Reaktanzen unterhalb der Nullinie (-) aufgetragen. Ausgehend vom kurzgeschlossenen Abschluß steigt der Scheinwiderstand im induktiven Bereich und erreicht bei einem Abstand von $\lambda/4$ einen nahezu unendlichen Wert. Da ihm aber eine gleich große kapazitive Reaktanz gegenübersteht, ist der sehr große Scheinwiderstand weder induktiv noch kapazitiv, sondern rein ohmisch. Man kann auch sagen, daß im Abstand $\lambda/4$ vom Kurzschluß entfernt ein induktiver Blindwiderstand X_L einem gleich großen kapazitiven Blindwiderstand X_C parallelgeschaltet ist. Eine solche Zusammenschaltung stellt der bekannte Parallelresonanzkreis dar, und ein kurzgeschlossenes Viertelwellenstück weist auch alle Eigenschaften eines Parallelresonanzkreises auf.

Der kapazitive Scheinwiderstand im Bereich zwischen $\lambda/4$ und $\lambda/2$ erreicht bei $\lambda/2$ die Nullinie und ist wieder rein ohmisch, aber im Betrag theoretisch Null. Einer kurzgeschlossenen Halbwellenleitung können alle Eigenschaften eines Serienresonanzkreises unterstellt werden.

Man kann sich vorstellen, daß bei einem *verlustfreien* Serienresonanzkreis der Durchlaßwiderstand ebenfalls Null ist, im Gegensatz zum *verlustfreien* Parallelresonanzkreis, bei dem er unendlich groß wird.

Die Scheinwiderstandskurven wiederholen sich nun in der gleichen Reihenfolge. Eine mit einem Kurzschluß angeschlossene Zweidrahtleitung kann je nach ihrer Länge – bezogen auf λ als Induktivität, als Kapazität, als Serienresonanzkreis oder als Parallelresonanzkreis eingesetzt werden.

Ähnlich verhält sich eine am Ende offene Zweidrahtleitung. Bei ihr sind die Scheinwiderstandsverhältnisse lediglich um 90° gegenüber dem Kurzschlußbetrieb versetzt (**Bild 5.8.9**). Am offenen Leitungsabschluß befindet sich eine nahezu unendliche kapazitive Reaktanz, die bei $\lambda/4$ die Nullinie erreicht. Dort repräsentiert die Leitung eines Serienresonanzkreis (Scheinwiderstand rein ohmisch). Zwischen $\lambda/4$ und $\lambda/2$ ist die Reaktanz induktiv, bei $\lambda/2$ tritt wieder Parallelresonanz auf usw.

Leitungsabschnitte, die man als Schaltelemente (Induktivität, Kapazität oder Kreis) verwendet, haben gewöhnlich eine Länge von $\leq \lambda/4$; denn damit können alle gewünschten Eigenschaften realisiert werden. Wird z.B. eine Induktivität benötigt, nimmt man eine kurzgeschlossene Leitung $<\lambda/4$. Ist die gleiche Leitung offen, hat man eine Kapazität. Schließlich erhält man mit einer elektrisch genau $\lambda/4$ langen geschlossenen Leitung einen Parallelresonanzkreis, der sich bei offener Leitung in einen Serienresonanzkreis verwandelt.

Das Abstimmverhalten von offenen und kurzgeschlossenen Zweidrahtleitungen zeigt **Bild 5.8.10** noch einmal in übersichtlicher Form. Das Anwendungsgebiet solcher Leitungen ist sehr vielseitig. Durch ihren Einsatz können z.B. Blindwiderstände kompensiert und Scheinwiderstände transformiert werden. Wenn man einen Leitungsabschnitt als Blindwiderstand verwendet, ist der Wert des Blindwiderstandes von der elektrischen Länge l der Leitung und ihrem Wellenwiderstand Z abhängig. Unter der Voraussetzung, daß die Leitung keine oder nur geringe Verluste aufweist, ergibt sich bei einer

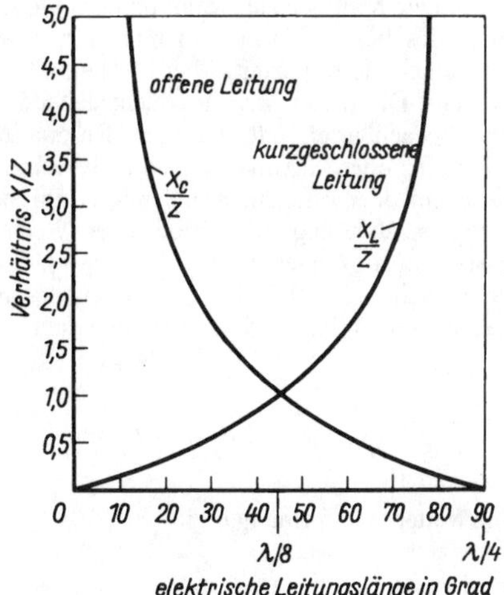

Bild 5.8.11
Diagramm zur Ermittlung des Blindwiderstandes von Leitungsabschnitten bis λ/4

kurzgeschlossenen Leitung <λ/4 der induktive Blindwiderstand X_L in Ω aus

$$X_L = Z \cdot \tan 180° \frac{l}{\lambda} \quad (5.8.20)$$

Aus dieser Beziehung resultiert noch eine wichtige Feststellung: Da der Tangens von 45° = 1 beträgt, ist auch 45° (λ/8) vom Kurzschluß entfernt X_L stets gleich dem Wellenwiderstand Z der Leitung.

Analog ergibt sich der kapazitive Blindwiderstand X_C einer offenen Leitung > λ/4 aus

$$X_C = Z \cdot \cot 180° \frac{l}{\lambda} \quad (5.8.21)$$

Da auch der Kotangens 45° = 1 ist, wird X_C im λ/8-Abstand vom offenen Leitungsende ebenfalls gleich Z.

In Auswertung der Gl. (5.8.20) und Gl. (5.8.21) läßt sich aus **Bild 5.8.11** der Blindwiderstandswert von Leitungsabschnitten < λ/4 in Abhängigkeit von der elektrischen Länge als das Verhältnis X/Z für offene (X_C) und kurzgeschlossene (X_L) Leitungsstücke ersehen.

Beispiel:
Ein kurzgeschlossener Leitungsabschnitt mit einem Wellenwiderstand Z von 400 Ω hat eine elektrische Länge von λ/12 = 30°. Der induktive Widerstand X_L = ?
Ausgehend vom Punkt 30° auf der Abszisse senkrecht nach oben bis zum Schnittpunkt mit der X_L-Kurve findet man in gleicher Höhe auf der Ordinate den Wert X/Z mit etwa 0,6. Daraus ergibt sich X_L = 400 Ω · 0,6 = 240 Ω.

Wäre die gleiche Leitung offen, würde man den kapazitiven Blindwiderstand X_c über den Schnittpunkt der X_c-Kurve mit X/Z =1,75 finden und erhielte als Ergebnis X_c = 400 Ω · 1,75 = 700 Ω.

Natürlich können die Kurven auch in umgekehrter Weise verwendet werden. Wird z.B. ein Leitungsstück gebraucht, das einen vorgegebenen Blindwiderstand haben soll, errechnet man zunächst den Quotienten aus X/Z und sucht diesen Wert auf der Ordinate. Von dort ausgehend bis zum Schnittpunkt mit der entsprechenden Kurve findet man auf der Abszisse die erforderliche elektrische Leitungslänge in Grad.

Die den induktiven oder kapazitiven Blindwiderständen äquivalenten Induktivitäten und Kapazitäten sind frequenzabhängig. Sie können nach den bekannten Beziehungen

$$X_L = \omega L = 2\pi \cdot f \cdot L \quad (5.8.22)$$

und

$$X_C = \frac{1}{\omega C} = \frac{1}{2\pi \cdot f \cdot C} \quad (5.8.23)$$

errechnet oder aus den entsprechenden Nomogrammen entnommen werden (vgl. Abschnitt 6).

5.9 Messungen an Leitungen

Für die Verwendung von Leitungen ist die Kenntnis der Leitungskonstanten Wellenwiderstand und Verkürzungsfaktor wichtig. Den Wert des Wellenwiderstandes benötigt man für die Anpassung den Wert des Verkürzungsfaktors, bei Transformationsleitungen, λ/2-Umweg- und λ/4-Stichleitungen.

Es ist in einfacher Weise möglich eine relativ genaue Bestimmung dieser beiden wichtigen Werte vorzunehmen.

Für die Messung werden einerseits ein Induktivitäts- und ein Kapazitätsmesser oder ein kombiniertes LC-Meßgerät (z.B. digitales LCR-Meßgerät) und andererseits ein Griddipmeter bzw. Generator und HF-Voltmeter benötigt.

Hinweis:
Es zeigt sich, daß die Werte an längeren Leitungsstücken leichter zu ermitteln sind.

Einerseits sind die gemessenen Induktivitäts- und Kapazitätswerte größer und damit auch etwas genauer, andererseits sind tiefere Frequenzwerte auch etwas genauer einstellbar.

5.9.1 Ermittlung des Wellenwiderstandes

Bei einem relativ kurzen Leitungsstück kann man von einer verlustfreien Leitung ausgehen. Nach Gl.

(5.2.6) ist die Näherungsformel für den Wellenwiderstand

$$Z_0 \approx \sqrt{\frac{L'}{C'}} \quad (5.9.1)$$

L' und C' sind die Induktivitäts- und Kapazitätsbeläge pro Längeneinheit.

Der Wellenwiderstand ist unabhängig von der Leitungslänge und von der Frequenz. Man kann daher die Messung bei einer tiefen Frequenz (z.B. bei 1 kHz, wie in digitalen LCR-Metern üblich) vornehmen.

Von der unbekannten Leitung wird ein kurzes Stück (2 bis 3 m) abgeschnitten.

Das Ende der Leitung ist zuerst bei der Induktivitätsmessung kurzgeschlossen und danach bei der Kapazitätsmessung offen (leerlaufend) [9.1].

Die Induktivität wird im Kurzschluß gemessen, die Kapazität im Leerlauf.

Bild 5.9.1 zeigt den Meßaufbau [9.2].

$$\frac{Z}{\Omega} = 1000 \cdot \sqrt{\frac{\frac{L}{\mu H}}{\frac{C}{pF}}} \quad (5.9.2)$$

Die erhaltenen Meßwerte für L in µH und für C in pF werden in Gleichung (5.9.2) eingesetzt und ergeben den Wellenwiderstand Z in Ω.

Beispiel:
Ein unbekanntes Koaxialkabel von 1,2 m Länge hat eine Induktivität von 0,35 µH und eine Kapazität von 98 pF.

$$\frac{Z}{\Omega} = 1000 \cdot \sqrt{\frac{0{,}35}{98}} = 10^3 \cdot \sqrt{0{,}0036} = 10^3 \cdot 0{,}0598 = 59{,}8$$

$$Z \approx 60\,\Omega$$

Eine andere Methode zur Ermittlung des Wellenwiderstandes besteht darin, daß man von einem Leitungsstück die Kapazität C bei 1 kHz mißt und mit einem Dip-Meter den Frequenzabstand Δf zweier benachbarter, gleichartiger Resonanzen (z.B. Minima oder Maxima) feststellt. Bei kurzgeschlossenem oder offenem Kabelende ergibt sich bei Frequenzänderung ein periodischer Wechsel des Kabeleingangswiderstandes.

Die Gleichung (5.9.1) kann auch anders geschrieben werden [9.3] und es ergibt sich dann

$$Z = \frac{1}{2 \cdot C \cdot \Delta f} \quad (5.9.3)$$

Eine weitere Umformung ergibt

$$\frac{Z}{\Omega} = \frac{500000}{\frac{C}{pF} \cdot \frac{\Delta f}{MHz}} \quad (5.9.4)$$

Die erhaltenen Meßwerte für die Kapazität C in pF und den Frequenzabstand Δf in MHz in Gleichung (5.9.4) eingesetzt ergeben den Wellenwiderstand Z in Ω.

Zur Erhöhung der Genauigkeit mißt man nicht nur „zwei", sondern „n" benachbarte gleichartige Resonanzen und benutzt folgende Formel

$$(n-1) \cdot \Delta f = f_n - f_1 \quad (5.9.5)$$

Diese Meßmethode ist nach DIN 47 250 bzw. IEC 96-1 für die Messung des mittleren Wellenwiderstandes bei 200 MHz festgelegt [9.4].

Beispiel:
Für eine Kabellänge von etwa 8 m von RG-9 B/U wird eine Kapazität von 759,3 pF gemessen. Es werden drei Resonanzen gefunden (n = 3). Die erste Resonanz tritt auf bei $f1$ = 6,4 MHz, die zweite

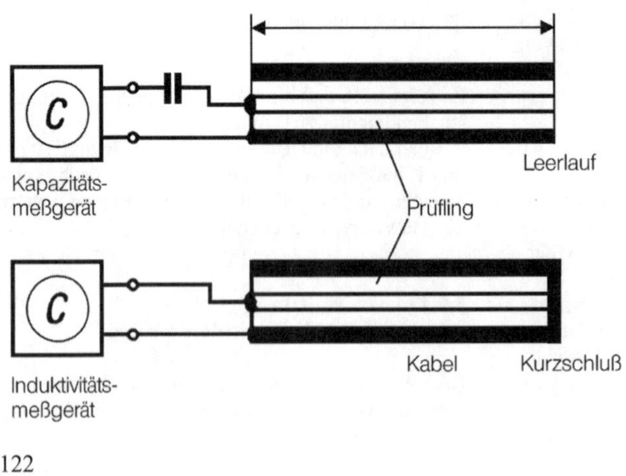

Bild 5.9.1
Meßaufbau zur Ermittlung des Wellenwiderstandes

bei $f2$ = 19,43 MHz und die dritte bei $f3$ = 32,46 MHz. Die Frequenzdifferenz Δf zwischen zwei benachbarten Minimas ist 13,03 MHz.

Kontrolle zur größeren Genauigkeit:
$(3-1) \cdot \Delta f = (32{,}46 - 6{,}4)$ MHz
$2 \cdot \Delta f = 26{,}06$ MHz
$\Delta f = 13{,}03$ MHz

$$\frac{Z}{\Omega} = \frac{500000}{759{,}3 \cdot 13{,}03} = \frac{500000}{9893{,}68} = 50{,}54$$

$Z \approx 50{,}5\ \Omega$

Eine weitere Methode zur Ermittlung des Wellenwiderstandes besteht darin, die $\lambda/4$-Transformation einer unbekannten Leitung auszunützen [9.5]. Die Meßmittel dafür sind: ein Transceiver, ein SWR-Meter und ein Abschlußwiderstand (Dummyload).

Der Transceiver wird auf eine Frequenz eingestellt, die etwa der vierfachen Wellenlänge der zu messenden Leitung entspricht. Mit dem Abschlußwiderstand ergibt sich dabei am SWR-Meter eine Welligkeit $s = 1$. Dann wird das am Ende kurzgeschlossene Leitungsstück parallel zum Abschlußwiderstand geschaltet. Die vorher vorhandene Welligkeitsanzeige „$s = 1$" wird sich dann verschlechtern auf vielleicht „$s \approx 3$". Danach wird am Transceiver die Frequenz langsam verkleinert bis die Welligkeitsanzeige wieder „1,0" ist. Bei dieser Frequenz ist das Leitungsstück dann elektrisch genau $\lambda/4$ lang und als Parallelkreis hochohmig. Nun wird das Leitungsstück (ohne Kurzschluß) in Serie mit dem Abschlußwiderstand ZA = 50 Ω geschaltet. Die $\lambda/4$-Länge mit dem Wellenwiderstand Z transformiert den Abschlußwiderstand ZA in den Eingangswiderstand ZE nach der Formel

$$Z = \sqrt{Z_E \cdot Z_A} \tag{5.9.6}$$

Wenn sich eine Welligkeit $s = 1$ ergibt, dann hat die Leitung den Wellenwiderstand $Z = 50\ \Omega$.

Wenn aber die Welligkeit $s > 1$ ist, dann ist mit ZE = $(50 \cdot s)\ \Omega$, der Wellenwiderstand

$$\frac{Z}{\Omega} = 50 \cdot \sqrt{s} \tag{5.9.10}$$

Beispiel:
Das Leitungsstück ($\lambda/4$) hat eine Länge von 7,5 m. Die (freie) Wellenlänge $\lambda = 30$ m. Die zugehörige Frequenz $f = 10$ MHz. Mit parallelgeschalteter $\lambda/4$-Leitung ergibt sich eine Frequenz von 6,7 MHz. Mit seriell geschalteter $\lambda/4$-Leitung wird dann die Welligkeit $s = 2{,}2$. Daraus folgt

$$\frac{Z}{\Omega} = 50 \cdot \sqrt{2{,}2} = 74{,}2;\ Z \approx 75\ \Omega$$

5.9.2 Ermittlung des Verkürzungsfaktors

Infolge des Dielektrikums $\varepsilon_r > 1$ ist die Ausbreitungsgeschwindigkeit auf Leitungen kleiner als die Lichtgeschwindigkeit. Die tatsächliche Länge (Leitungslänge) stimmt nicht mit der elektrischen Länge (Freiraumlänge) überein.

Die Formel für den Verkürzungsfaktor lautet

$$V = \frac{l_L}{l_0} \tag{5.9.11}$$

l_L ..... Leitungslänge,
geometrische, mechanische oder physikalische Länge
l_0 ..... Freiraumlänge, elektrische Länge ausgedrückt in Wellenlängen

$$V = \frac{\lambda_L}{\lambda_0} \tag{5.9.12}$$

Von der unbekannten Leitung wird ein kurzes Stück (2 bis 3 m) abgeschnitten und an einem Ende kurzgeschlossen. Das andere Ende bekommt eine Koppelschleife. Koppelt man nun die Leitung an ein Dip-Meter, oder an einen Generator mit einem HF-Voltmeter oder einen RX mit S-Meter zur Anzeige, so kann man durch langsames Verändern der Frequenzeinstellung mehrere Resonanzpunkte ermitteln.

Die Leitung ist an beiden Enden kurzgeschlossen, es handelt sich dabei um eine $\lambda/2$-Resonanz.

Bild 5.9.2 aus zeigt den Meßaufbau [9.2].

Zuerst wird die geometrische (mechanische) Gesamtlänge l_L ermittelt, welche identisch ist mit der verkürzten resonanten Wellenlänge $\lambda_L/2$.

Danach wird die Frequenz f ermittelt und daraus über die Beziehung $\lambda = c_0 / f$ die entsprechende Freiraumwellenlänge λ_0 (Wellenlänge in der Luft).

Abschließend wird der Verkürzungsfaktor V ermittelt aus der Beziehung

$$V = \frac{\lambda_L}{\lambda_0}$$

Beispiel:
Eine 1,2 m langen Leitung hat eine Leitungslänge $l_L = \lambda_L/2 = 1{,}2$ m. Die Frequenzen für Halbwellenresonanzen ergeben sich zu 83,1 MHz, 166,2 MHz, 249,3 MHz. Es wird dabei als Grundfrequenz die niedrigste Frequenz von 83,1 MHz für die Ermittlung der Freiraumwellenlänge λ_0 verwendet.

$$\lambda_0 = \frac{300 \cdot 10^6}{83{,}1 \cdot 10^6} \frac{\mathrm{m\,s^{-1}}}{\mathrm{s^{-1}}} = 3{,}61\ \mathrm{m}$$

$\lambda 0 / 2 = 3{,}61 / 2 = 1{,}805$ m

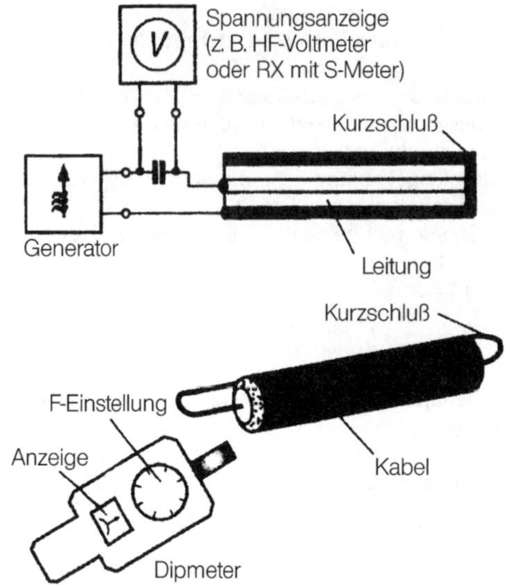

Bild 5.9.2
Meßaufbau zur Ermittlung des Verkürzungsfaktors

$V = 1{,}2 / 1{,}805 = 0{,}66$

Man kann aber auch mit der halben Länge eine $\lambda/4$-Resonanz erzeugen. Dabei ist ein Ende offen und das zweite für die Messung mit dem Dip-Meter mit der Koppelschleife geschlossen.

Eine weitere Methode zur Ermittlung des Wellenwiderstandes besteht darin, die $\lambda/4$-Transformation einer unbekannten Leitung auszunützen [9.5].

Die Meßmittel dafür sind: ein Transceiver, ein SWR-Meter und ein Abschlußwiderstand (Dummyload).

Der Transceiver wird auf eine Frequenz f_0 eingestellt, die etwa der vierfachen Wellenlänge der zu messenden Leitung entspricht. Mit dem Abschlußwiderstand ergibt sich dabei am SWR-Meter eine Welligkeit „$s = 1$". Dann wird das am Ende kurzgeschlossene Leitungsstück parallel zum Abschlußwiderstand geschaltet. Die vorher vorhandene Welligkeitsanzeige „$s = 1$" wird sich dann verschlechtern auf vielleicht „$s \approx 3$". Danach wird am Transceiver die Frequenz langsam verkleinert bis die Welligkeit wieder „$s = 1$" ist. Bei dieser Frequenz f ist das Leitungsstück dann elektrisch genau $\lambda/4$ lang und als Parallelkreis hochohmig.

Der Verkürzungsfaktor V ergibt sich dann aus der Beziehung

$$V = \frac{f}{f_0} \qquad (5.9.13)$$

Beispiel:
Das Leitungsstück ($\lambda/4$) hat eine Länge von 7,5 m. Die (freie) Wellenlänge $\lambda_0 = 30$ m. Die zugehörige Frequenz $f_0 = 10$ MHz. Mit parallelgeschalteter $\lambda/4$-Leitung ergibt sich dann eine Frequenz $f = 6{,}7$ MHz.

$V = f / f_0 = 6{,}7 / 10 = 0{,}67$

Aus dem Verkürzungsfaktor läßt sich die relative Permittivität (Dielektrizitätskonstante) ermitteln

$$\varepsilon_r = \frac{1}{V^2} \qquad (5.9.14)$$

Literatur zu Abschnitt 5

[1.1] *Hertz, H.*: Über die Fortleitung elektrischer Wellen durch Drähte. Wiedemanns Ann. Phys. 37 (1889), S. 395–497

[1.2] *Lecher, E.*: Eine Studie über elektrische Resonanzerscheinungen. Wiedemanns Ann. Phys. 41 (1890), S. 850–870

[1.3] *Sommerfeld. A.*: Über die Fortpflanzung elektrodynamischer Wellen längs eines Drahtes. Ann. Phys. 67 (1899), S. 233–290

[1.4] *Lord Rayleigh*: On the Passage of Electric Waves through Tubes or the Vibrations of electric Cylinders. Phil. Mag. 43 (1897), pp. 125–132

[1.5] *Hondros, D.; Debye, P.*: Elektromagnetische wellen an dielektrischen Drähten. Ann. Phys. 32 (1910), S. 465–476

[1.6] *Severin, H.*: 100 Jahre elektromagnetische Wellen – Ausbreitung längs Leitungen. Frequenz, 1988, H. 8, S. 210–216

[1.7] *Schelkunoff, S.A.*: The Electromagnetic Theory of Coaxial Transmission Lines and Cylindrical Shields. Bell Syst. Techn. J. 13 (1934), pp. 532–579

[1.8] *Southworth, G.C.*: Hyper-Frequency Wave Guides – General Considerations and Experimental Results. Bell Syst. Techn J. 15 (1936), pp. 284–309

[1.9] *Barrow, W.L.*: Transmission of Electromagnetic Waves in Hollow Tubes of Metal. Proc. IRE (1936), pp. 1298–1328

[1.10] *Goubau, G.*: Surface Waves and their Application to Transmission Lines. J. Appl. Phys. 21 (1950), pp. 1119–1128

[1.11] *Barrett, R.M.*: Etched Sheets Serve as Micromave Components. Electronics 25 (1952), pp. 114–118

[1.12] *Grieg, D.D.; Engelmann, H.F.*: Microstrip – A New Transmission Technique for the Kilomegacycle Range. Proc. IRE 40 (1952), pp. 1644–1650

[1.13] *Kao, K.C.; Hockham, G.A.*: Dielectric-Fibre Surface Waveguide for Optical Frequencies. Proc. IEE 113 (1966), pp. 1151–1158

[2] *Zinke, O; Brunswig, H.*: Lehrbuch der Hochfrequenztechnik. Springer, Berlin, 1965
Hilberg, W.: Charakteristische Größen elektrischer Leitungen. Berliner Union, Stuttgart, 1972
Dummer, G.W.A.; Blackband, W.T.: Wires and RF Cables. Pitman, London, 1961

Nührmann, D.: Das große Werkbuch Elektronik. Franzis Verlag, München, 1984
Prange, H.W.: Eigenschaften und Kennwerte von Speiseleitungen, Paralleldraht- und Koaxialleitungen. Funkamateur 3/94, S. 213–215
Buschbeck, W.: Der Wellenwiderstand zylindrischer Leiter gegen verschiedenartig angeordnete ebene Schirmwände. Telefunken-Zeitung Jg. 34, März 1961, H. 131,S. 69–76
-----: Funktechnische Arbeitsblätter Sk 81, Wellenwiderstand von Paralleldraht- und konzentrischen Leitungen. Franzis, München, 1961

[3.1] --- - DE 28 978 - 1884
[3.2] *Lee de Forest* - US 730,246 - 1902
[3.3] *C.S. Franklin* - GB 284,005 -1926
[3.4] *H.A. Affel et al* - US 1,781,092 - 1929
[3.5] *L. Espenschied et al* - US 1,835,031 - 1929
[3.6] *L. Walter* -DE 546 359 - 1931
[3.7] *Schelkunoff, S.A.*: Electromagnetic theory of coaxial transmission lines and cylindrical shields. Bell Syst. Tech. Journ., Oct. 1934
[3.8] *Tinus, W.C.*: Ultra-high frequency Antenna Terminations – using concentric lines. Electronics, Aug. 1953, pp. 239–241
[3.9] *Rohde, L.*: Der Rohrdraht als Hochfrequenzleitung. Hochfrequenztechn. und Elektroakustik, 62 (1943), S. 1–6
[3.10] *Gutzmann, F.*: Zur Wahl des richtigen Wellenwiderstandes von Hochfrequenz-Kabeln. FTZ, H. 3, 1954, S. 136–139
Smith, P.H.: Optimum Coax Diameters. Electronics, February 1950, pp. 111, 112, 114
Queck, U.: Wellenwiderstand einfach bestimmt. Funkschau 13/1986, S. 42– 44

[4] *Goubau, G.*: Surface Waves and their Application.Jour. Appl. Phys., Vol. 21, Nov. 1950, pp. 1119–1128
Goubau, G.: Single-Conductor Surface-Wave Transmission Lines. Proc. IRE, Jun. 1951, pp. 619–624
Greif, R.: Anwendung der Oberflächen-Leitung. Rohde & Schwarz-Mitteilungen, Nr. 8, 1956, S. 48–58
Huber, F.R.; Neubauer, H.: Die Goubau-Leitung im praktischen Einsatz. Rohde & Schwarz-Mitteilungen, Nr. 13, 1960, S. 332–343
O. Zinke; H. Larsen - DE 953 272 - 1953
O. Zinke - DE 955 613 - 1953
G.J.E. Goubau - DE 976 164 - 1951

[5.1] *Schmidt, O.*: Das Paralleldrahtsystem als Meßinstrument in der Kurzwellentechnik. Bd. 41 (1933), S. 2–16
[5.2] *Rohde, L.; Schwarz, H.*: Was man vom Lechersystem wissen muß. CQ 7/1932, S. 49ff.
[5.3] *Roosenstein, H.O.*: Die Fortleitung hochfrequenter elektrischer Schwingungsenergie. Z. für Hochfrequenztechnik, September 1930, S. 81-85; Oktober 1930, S. 121–133
[5.4] *Stewart, W.*: Balanced Transmission Lines in Current Amateur Practice. ARRL Antenna Compendium Vol. 6, 1999
[5.5] *Bertelsmeier, R.*: Open Feed Systems for 432 Mhz Yagi Arrays. DUBUS 3/1993, pp. 46–59
[5.6] *Beyer, P.*: Effective Use of Open Wire Feed Line. DUBUS 1/1991, pp. 19–22
[5.7] *Belrose, J.S.*: Tuning and constructing balanced transmission lines. QST May 1981, p. 43
[5.8] *McCoy, L.*: Lew McCoy on Antennas. CQ Communications,Hicksville, NY, 1994
[5.9] *Steyer, M.*: Zweidrahtspeiseleitungen direkt am Transceiver betreiben?. FA 3/97, S. 352
[5.10] *Krämer, K.; Metzner, M.*: Zweidrahtspeisung mit Koaxialkabeln. CQ DL 7/98, S. 534
[5.11] *Brandt, H.*: Zweidrahtspeisung von Antennen mit Koaxialkabeln. CQ DL 8/98, S. 633
[5.12] *Klüß, A.*: Machen zwei Koaxialkabel schon eine Hühnerleiter?. Funk 2/99, S. 46–47

[6.1] *Elwell, H.G.*: Open-wire line for 2 meters. Ham Radio Jan. 1987, pp. 94–95
[6.2] *Dillnberger v., K.*: Quadro-Line – die ideale UKW-Leitung. CQ DL 7/91, S. 411-414; CQ DL 10/91, S. 623
[6.3] *Krischke, A.*: Quadro-Line. CQ DL 12/91, S. 759

[7.1] *Steppuhn, Ch.*: Streifenleitungen für HF-Schaltungen. CQ DL 8/80, S.362–363
[7.2] *Bahl, I.J.; Garg, R.*: A Designer's Guide to Stripline Circuits. Microwaves Jan. 1978, pp. 90–96
[7.3] *Katehi, L.P.B.*: Novel Transmission Lines for the Submillimeter-Wave Region. Proc. IEEE Nov. 1992, pp. 1771–1776
Hupfer, K.: Streifenleitungen in der VHF- und UHF-Technik. Int. Elektron. Rundschau 1972 Nr. 3, S. 65–69

[8.1] *Maxwell, M.W.*: Reflections – Transmission Lines and Antennas. ARRL, Newington, CT, 1990
[8.2] *Janzen, G.*: Die Geheimnisse der Hochfrequenzleitung. UKW-Berichte 3/97, S. 157–177
[8.3] *Borucki, L.*: Vorgänge auf Leitungen. CQ DL 3/98, S. 224–226
[8.4] *Nibler, F.*: Reflexionsfaktor, Rückflußdämpfung, Stehwellenverhältnis und Anpassungsfaktor. cq-DL 1/78, S. 10–13

[9.1] *Dohlus, H.*: Die Ermittlung von Konstanten unbekannter HF-Leitungen. DL-QTC 10/62, S. 434–442
[9.2] *Prange, H.W.*: Frequenzbestimmende Baugruppen in der Funktechnik (6). FA 4/98, S.428–430
[9.3] *Viles, R.S.*: Accurate cable impedance measurement. Marconi Instrumentation Vol. 14, No.1,pp. 22–24
[9.4] *DIN*: Hochfrequenz-Kabel und -Leitungen – Begriffe, Prüfverfahren und Kennzeichnung. DIN 47250. Beuth, Berlin
[9.5] *Jahn, H.*: Das unbekannte Kabel

6 Anpassungs- und Transformationsglieder

6.1 Einführung

Die Antennenimpedanz ist normalerweise komplex ($Z = R + jX$) mit einem Wirk- und Blindanteil. Bei induktiver Komponente ist der Blindanteil positiv ($+X$), bei kapazitiver Komponente ist der Blindanteil negativ ($-X$).

Bei abgestimmter Antenne, also bei Resonanz, ist die Antennenimpedanz $Z = R$, rein ohmisch. Das tritt nur bei einer Frequenz auf, nämlich bei der Resonanzfrequenz. Um die Antennenimpedanz an die Kabelimpedanz anzupassen, werden Transformations- oder Anpassungsglieder eingesetzt.

Als Hochfrequenztransformatoren verwendet man bei tiefen Frequenzen Netzwerke aus konzentrierten Schaltelementen (L und C) mit 2 bis 4 Reaktanzen. Bei höheren Frequenzen kommen Leitungstransformatoren (Zweidrahtleitung, Koaxialleitung oder Hohlleiter) zum Einsatz. Für größere Bandbreiten, also Breitbandanpassungen, verwendet man Kompensationsschaltungen oder Breitbandübertrager.

Der Einsatz von Anpassungs- und Transformationsgliedern am Antenneneingang beschränkt sich meist auf den Anschluß angepaßter Speiseleitungen, denn nur bei diesen ist eine Anpassung erforderlich. Bei der abgestimmten Leitung stellt die Leitung selbst bereits ein Transformationsglied dar.

Direkt an der Antenne befindliche Anpassungsglieder z.B. Gamma- oder Omega-Anpassung sind besondere Variationen der HF-Transformatoren.

Aus elektrischen und mechanischen Gründen ist eine Antenne, die ohne zusätzliche Anpassungsglieder auskommt, immer die bessere Lösung. Darüber hinaus haben Transformationsglieder die unerwünschte Eigenschaft, die Bandbreite einer Antenne einzuengen. Es sollte deshalb immer versucht werden, Strahlerkonstruktionen zu verwenden, bei denen der Eingangswiderstand dem Wellenwiderstand der vorgesehenen Speiseleitung bereits entspricht.

6.2 Antennenanpassungen

6.2.1 Delta-Anpassung

(*J.F. Morrison* – US Pat. 2,153,768 – 1936)
Die *Delta-Anpassung* nach **Bild 6.2.1** wird gern verwendet, wenn ein Kurzwellendipol an selbsthergestellte Zweidrahtleitungen mit Wellenwiderständen zwischen 400 und 600 Ω angepaßt werden soll.

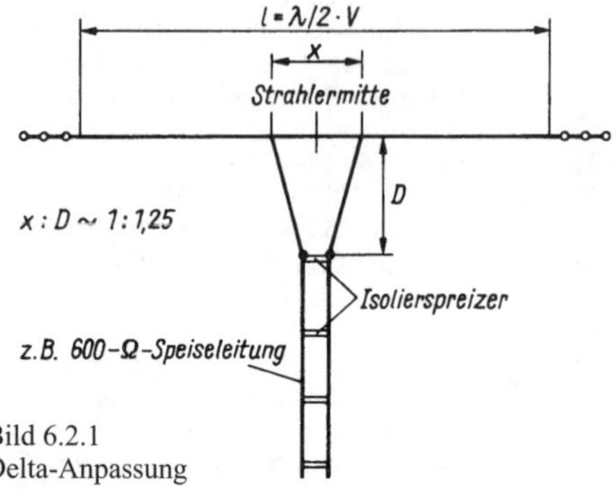

Bild 6.2.1
Delta-Anpassung

Analog der Strom-/Spannungs-Verteilung und der daraus resultierenden Impedanzverteilung auf einem λ/2-Dipol, greift man bei der Delta-Anpassung 2 symmetrisch zur Strahlermitte liegende Anschlußpunkte ab, bei denen die Impedanz dem Wellenwiderstand der Speiseleitung entspricht. Das dabei erforderliche Auseinanderspreizen der Speiseleitung ergibt das Aussehen eines Delta. Entsprechende Literaturstellen sind [2.1]–[2.3].

Der Leitungsanschluß wirkt sich wie eine Verlängerung des Antennenleiters aus und verschiebt deshalb dessen Resonanzlage nach niedrigen Frequenzen hin. Darum ist für die Betriebsfrequenz, für die der Strahler ohne Delta-Anpassung bemessen wurde, ein mehr oder weniger großer induktiver Blindanteil am Antennenspeisepunkt vorhanden, d.h., daß mit einer bestimmten Welligkeit auf der Speiseleitung gerechnet werden muß. Sie wird verringert oder völlig beseitigt, wenn man die Länge des Antennenleiters für eine etwas höhere als die gewünschte Betriebsfrequenz bemißt (Leiter zusätzlich etwas verkürzen). Der dadurch bedingte kapazitive Blindanteil der Antennen kann dann durch die induktive Blindkomponente der Delta-Anpassung weitgehend kompensiert werden.

Allgemein ist zu sagen, daß das Längenverhältnis $x : D$ etwa 1 : 1,25 betragen soll. Für die Anpassung einer 600-Ω-Speiseleitung an einen Halbwellendipol können folgende Näherungsformeln benutzt werden:

für Kurzwellenantennen

$$\frac{x}{\text{mm}} \approx \frac{36000}{\frac{f}{\text{MHz}}} \qquad (6.2.1)$$

für VHF-Antennen

$$\frac{x}{\text{mm}} = \frac{34000}{\frac{f}{\text{MHz}}} \tag{6.2.2}$$

$$\frac{D}{\text{mm}} \approx \frac{45100}{\frac{f}{\text{MHz}}} \tag{6.2.3}$$

Die Delta-Anpassung hat den mechanischen Vorzug, daß der Antennenleiter in der geometrischen Mitte nicht aufgetrennt wird, wie das beim Halbwellendipol im allgemeinen erforderlich ist. Die Strahlenmitte läßt sich ohne Bedenken mit einer metallischen Trägerkonstruktion leitend verbinden bzw. erden.

6.2.2 T-Anpassung

Die *T-Anpassung* nach **Bild 6.2.2** ist aus der Delta-Anpassung hervorgegangen [2.4]. Sie stellt eine mechanisch starre Abwandlung der Delta-Anpassung dar und eignet sich deshalb besonders für Strahler mit rohrförmigem Leiter. Daraus geht hervor, daß die T-Anpassung hauptsächlich im VHF-Bereich verwendet wird. In etwas abgewandelter und elektrisch verbesserter Form findet man sie jedoch oft als Anpassungsglied an Kurzwellendrehrichtstrahlern (Gamma- und Omega-Anpassung).

Außer einer geringen Materialeinsparung hat die T-Anpassung im VHF-Bereich keine Vorzüge gegenüber Faltdipolen. Im Gegenteil, die Abgriffe am Strahler verursachen – ebenso wie bei der Delta-Anpassung – eine Blindkomponente. Diese wird durch die Parallelführung der Leiterstücke im geringen Abstand zum Antennenleiter noch größer als bei der Delta-Anpassung. Die damit verbundenen Schwierigkeiten kann man bei der Verwendung entsprechend bemessener Faltdipole umgehen, wie bereits zu Beginn des Abschnittes erwähnt wurde.

Der Eingangswiderstand einer T-Anpassung nach **Bild 6.2.2** ist reell, wenn der Abstand $x = 0{,}475$ der Dipollänge l beträgt. Dabei wird $D = 0{,}033\ \lambda$ vorausgesetzt, wobei $d_1 = d_2$ und λ/d_1 mit etwa 150 zu wählen sind. Unter diesen Bedingungen ist am Speisepunkt des T-Gliedes ein reeller Eingangswiderstand von etwa 650 Ω vorhanden, sofern der Strahler aus einem einfachen Halbwellendipol besteht. Da der Eingangswiderstand eines $\lambda/2$-Dipols zwischen 60 und 70 Ω liegt, wird mit einer auf diese Weise dimensionierten T-Anpassung ein Widerstandsübersetzungsverhältnis von 1:10 erreicht. Alle anderen möglichen Strahlerabgriffe ergeben komplexe Eingangswiderstände. Ihre Blindkomponente kann beseitigt werden, wenn gleichzeitig die Strahlenlänge verkürzt wird. Reelle Eingangswiderstände zwischen etwa 270 und 680 Ω lassen sich dann mit einer T-Anpassung einstellen.

Unter den vorstehend genannten Bedingungen ergibt sich bei einem Abstand $x = 0{,}5\ l$ ein Widerstandsübersetzungsverhältnis von etwa 1:6, bezogen auf den Eingangswiderstand eines gestreckten $\lambda/2$-Dipols (etwa 400 Ω). Die erforderliche Strahlenlänge l muß in diesem Fall nach der Beziehung

$$\frac{l}{\text{mm}} = \frac{138250}{\frac{f}{\text{MHz}}} \tag{6.2.4}$$

berechnet werden. In diese Berechnungsformel ist die erforderliche zusätzliche Strahlenverkürzung bei einem λ/d von 150 eingearbeitet.

Für einen Abstand x von $0{,}7l$ beträgt das Widerstandsübersetzungsverhältnis 1:4,5 (etwa 300 Ω), und l errechnet sich nach

$$\frac{l}{\text{mm}} = \frac{130580}{\frac{f}{\text{MHz}}} \tag{6.2.5}$$

Eine Möglichkeit zum Verändern der T-Abgriffe in kleinen Grenzen sollte vorgesehen werden **(Bild 6.2.2)**. Wird $x = l$, entsteht der bekannte Faltdipol.

Für den Einsatz in den hochfrequenten Amateurbändern des Kurzwellenbereiches ist die normale T-Anpassung zu unförmig. In diesem Fall zieht man es vor, den Durchmesser d_2 und den Abstand D zu verringern. Praktische Werte für einen Eingangswiderstand von etwa 300 Ω gehen aus **Bild 6.2.3** hervor. Eine zusätzliche Strahlenverkürzung ist nicht vorgesehen, die Blindkomponente wird durch 2 Serienkondensatoren am Speisepunkt kapazitiv kompen-

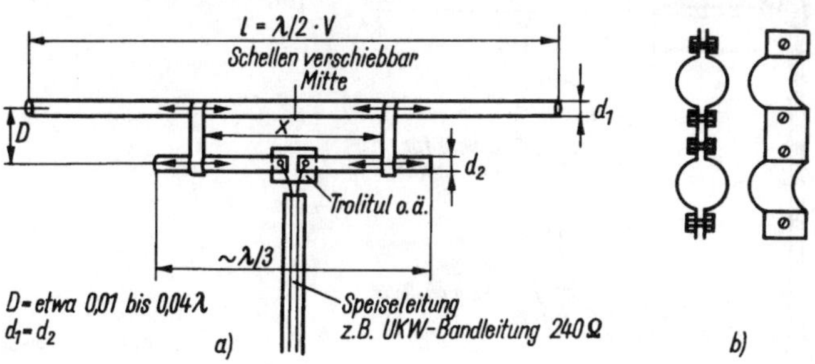

Bild 6.2.2
T-Anpassung
a) - Vorschlag
für die praktische Lösung
b) - Ausführungsvorschlag
für die verschiebbaren Schellen

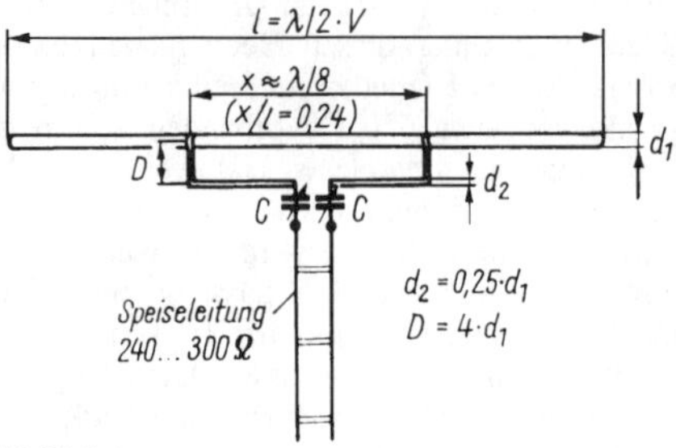

Bild 6.2.3
T-Glied-Anpassung mit kapazitiver Kompensation

Tabelle 6.1
Abmessungen der Gamma-Anpassung (Näherungswerte)

	Länge l_1 des Anpassungsrohres in mm	Abstand D in mm	Maximal-kapazität von C in pF	Verhältnis $d_2 : d_1$
10-m-Band	800	100	50	0,15...0,25
15-m-Band	1200	140	80	0,33
20-m-Band	1700	160	150	0,15

siert. Nach einer Faustregel soll die Maximalkapazität jedes Drehkondensators 8 pF je 1 m Wellenlänge betragen. Für das 10-m-Amateurband wären demnach je 80 pF Maximalkapazität erforderlich. Es ist zweckmäßig, nach erfolgtem Abgleich die an den Drehkondensatoren eingestellten Kapazitätswerte genau auszumessen und die Drehkondensatoren dann durch entsprechende Festkondensatoren zu ersetzen. Zum Schutz vor Witterungseinflüssen empfiehlt es sich, die Kondensatoren in wasserdicht verklebten Kunststoffgehäusen unterzubringen.

6.2.3 Gamma-Anpassung

Die *Gamma-Anpassung* verwendet man, um einen symmetrischen Strahler (vorzugsweise Richtantennen) ohne besonderen Symmetriewandler direkt mit einem Koaxialkabel speisen zu können. Gleichzeitig wird damit eine Widerstandsanpassung analog zur T-Anpassung ermöglicht. Praktisch handelt es sich beim Gamma-Glied um ein halbes T-Glied (**Bild 6.2.4**). Eine solche Lösung scheint elektrisch nicht ganz einwandfrei zu sein; denn es ist zu erwarten, daß die beiden Dipolzweige nicht gleichmäßig erregt werden. In der Praxis hat sich aber die Gamma-Anpassung sehr gut bewährt [2.5] bis [2.10].

Da bei Kurzwellendrehrichtstrahlern (Beams) wegen der geringen Elementabstände im allgemeinen mit Eingangswiderständen von 20 bis 40 Ω am gespeisten Halbwellenelement gerechnet werden muß, wird die Gamma-Anpassung für ein Widerstandsübersetzungsverhältnis von etwa 1:3 ausgelegt. Dadurch erreicht man eine günstige Abschlußmöglichkeit für handelsübliche Koaxialkabel. Die induktive Blindkomponente des Gamma-Gliedes wird auch in diesem Fall kapazitiv kompensiert.

Für einen Aufbau nach **Bild 6.2.4** sind die praktischen Angaben der Abmessungen von Gamma-Gliedern in **Tabelle 6.1** aufgeführt.

Die metallische Verbindungsstelle zwischen Strahler und Anpassung ist verstellbar und wird bei eingedrehtem Kondensator so lange verschoben, bis sich auf dem Koaxialkabel ein Minimum an stehenden Wellen feststellen läßt. Dann kann durch entsprechende Veränderung des Drehkondensators die Blindkomponente und damit die restliche Welligkeit beseitigt werden.

6.2.4 Omega-Anpassung

Eine weitere Verbesserung der Gamma-Anpassung ist unter der Bezeichnung *Omega-Anpassung* bekannt [2.11]. Bei der Omega-Anpassung ist die Abgreifschelle nicht verstellbar, sondern fest montiert. Die Anpassung hat auch den Vorteil, daß ein kürzerer Gamma-Stab benutzt werden kann. Das Anpaßglied

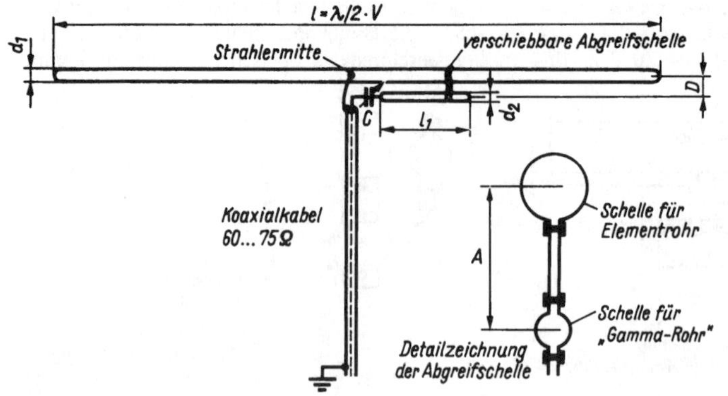

Bild 6.2.4
Gamma-Anpassung

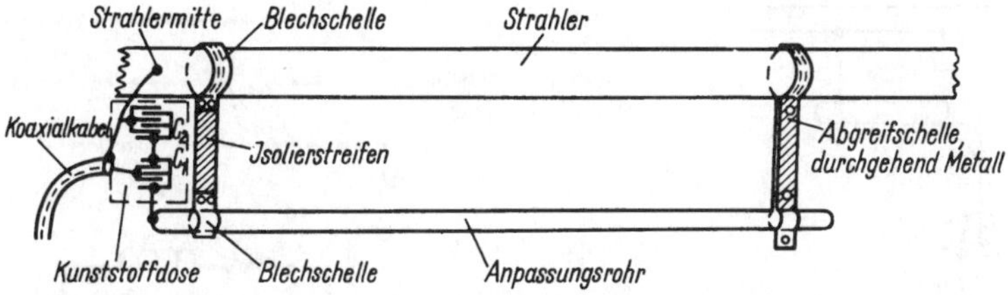

Bild 6.2.7
Vorschlag für den mechanischen Aufbau der Omega-Anpassung

wird mit 2 Drehkondensatoren, die nahe der Strahlermitte angebracht sind, abgestimmt (**Bild 6.2.5**).

Da das Anpassungsrohr bei der Omega-Anpassung nur halb so lang ist wie beim Gamma-Glied, kommt dieser Umstand neben einer Materialeinsparung auch der mechanischen Festigkeit des Anpassungssystems zugute. **Bild 6.2.6** zeigt die empfehlenswerte Omega-Anpassung. C_1 soll den induktiven Blindanteil kompensieren. C_2 hat die Aufgabe der verschiebbaren Abgreifschelle übernommen. Mit diesem Drehkondensator kann schnell und genau der Impedanzwert eingestellt werden, der dem Wellenwiderstand des verwendeten Koaxialkabels entspricht.

Die Angaben für die Gamma-Anpassung (**Tabelle 6.1**) gelten bei der Omega-Anpassung mit der Einschränkung, daß die Länge *l* nur halb so groß ist wie beim Gamma-Glied. Der zusätzliche Drehkondensator C_2 soll etwa folgende Endkapazitäten aufweisen:

10-m-Band	20 pF,
15-m-Band	25 pF,
20-m-Band	30 pF.

Für C_1 und C_2 genügen einfache Ausführungen mit geringem Plattenabstand, da am Strahlerfußpunkt keine großen Spannungen auftreten. Nach dem Abgleich können die Drehkondensatoren gegen Festkondensatoren der gleichen Kapazität ausgetauscht werden. Dabei sollte man den an den Drehkondensatoren eingestellten Kapazitätswert genau messen. Die festgestellten Kapazitäten werden dann durch entsprechendes Zusammenschalten von Festkondensatoren mit geringem Temperaturgang nachgebildet (Luftblockkondensatoren, Glimmerkondensatoren). Die Kapazitäten lassen sich auch durch die weniger kostspieligen Tauchttrimmer ersetzen, die dann in der Schaltung verbleiben können, aber vor Witterungseinflüssen absolut geschützt werden müssen. Dazu bringt man Drehkondensatoren oder Festkondensatoren in einer Kunststoffdose wettergeschützt unter.

Die mechanische Halterung des Anpassungsrohres muß man im Speisepunkt vom Strahler isolieren. Dazu werden entweder einfache Abstandsisolatoren oder Rohrschellen verwendet, die durch einen Isolierstreifen miteinander verbunden sind (**Bild 6.2.6, Bild 6.2.7**).

Die Omega-Anpassung wurde von *Bill Orr W6SAI* im Jahre 1955 entwickelt [2.12].

Bild 6.2.8
Prinzip der Parallel-Anpassung (Parallel-induktivität)

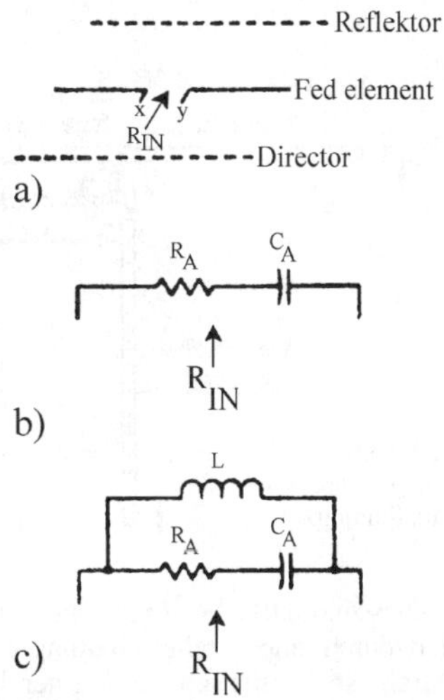

6.2.5 Parallel-Anpassung

Diese Form der Anpassung wird auch *Haarnadelanpassung* (Hairpin-Match) oder *Beta-Anpassung* genannt und findet Anwendung bei geteilten Strahlern. Die bevorzugte Anwendung erfolgt bei 3 Element Beams. Durch die 2 Parasitärelemente sinkt der Strahlungswiderstand im Resonanzfall ($\lambda/2$) auf etwas über 25 Ω. Durch eine leichte Verkürzung des Strahlers wird dieser kapazitiv (dabei verringert sich auch der Strahlungswiderstand leicht). Das wird durch eine Serienersatzschaltung eines Widerstandes mit einer Kapazität symbolisiert (**Bild 6.2.8**).

Diese kapazitive Verstimmung wird nun kompensiert durch eine Parallelschaltung einer Induktivität, die aus einer kleinen Spule oder einer Schleife in Form einer Haarnadel besteht. Durch diese Parallelschaltung einer Induktivität wird eine Anpassung an den Wellenwiderstand der Speiseleitung (50 Ω) erreicht [2.13] [2.14].

Bild 6.2.9 zeigt die praktische Ausführung dieser Anpassung. Eine andere Ausführung der Parallelanpassung besteht darin, daß man den Strahler im Resonanzfall etwas über $\lambda/2$ verlängert. Durch eine leichte Verlängerung des Strahlers wird dieser induktiv (dabei vergrößert sich auch der Strahlungswiderstand leicht). Das wird durch eine Serienersatzschaltung eines Widerstandes mit einer Induktivität symbolisiert (**Bild 6.2.10**).

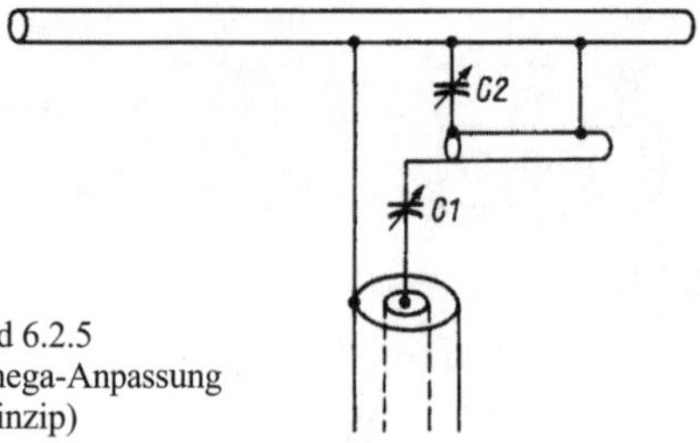

Bild 6.2.5
Omega-Anpassung
(Prinzip)

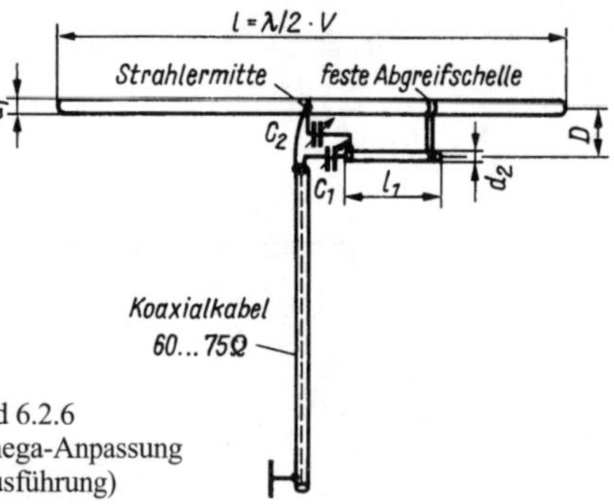

Bild 6.2.6
Omega-Anpassung
(Ausführung)

Diese induktive Verstimmung wird nun kompensiert durch eine Parallelschaltung einer Kapazität. Durch die Parallelschaltung einer Kapazität wird eine Anpassung an den Wellenwiderstand der Speiseleitung (50 Ω) erreicht [2.13].

6.2.6 Serien-Anpassung

Diese Form der Anpassung findet auch Anwendung bei geteilten Strahlern. Das Prinzip der Serienanpassung besteht darin, daß man den Strahler im Resonanzfall etwas über $\lambda/2$ verlängert. Bei Resonanz hat die Mehrelement-Antenne eine Antennenimpedanz von $Z_A = (30 + j\,0)\,\Omega$.

Bild 6.2.10
Prinzip der
Parallel-Anpassung
(Parallelkapazität)

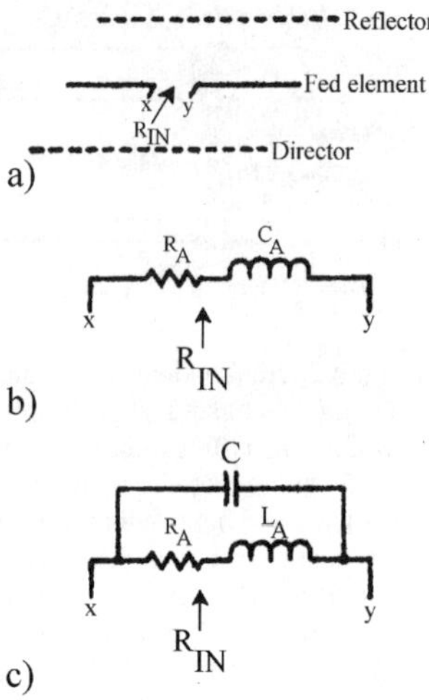

Durch eine Verlängerung des Strahlers wird dieser induktiv (dabei vergrößert sich auch der Strahlungswiderstand). Es ergibt sich nun die Impedanz $Z_A = (50 + j\,50)\,\Omega$. Diese induktive Verstimmung wird nun kompensiert durch eine Serienschaltung einer Kapazität mit 50 Ω Reaktanz. Die Impedanz ist dann $Z_A = (50 + j\,0)\,\Omega$ (**Bild 6.2.11**). Durch diese Serienschaltung wird eine Anpassung an den Wellenwiderstand der Speiseleitung (50 Ω) erreicht [2.13].

Dieses Prinzip wurde in den 70er-Jahren bei den Classic Beams der Fa. *Mosley* verwendet und als *Mosley* Feed oder *Mosley* Match bezeichnet. Es soll dafür auch ein Patent geben.

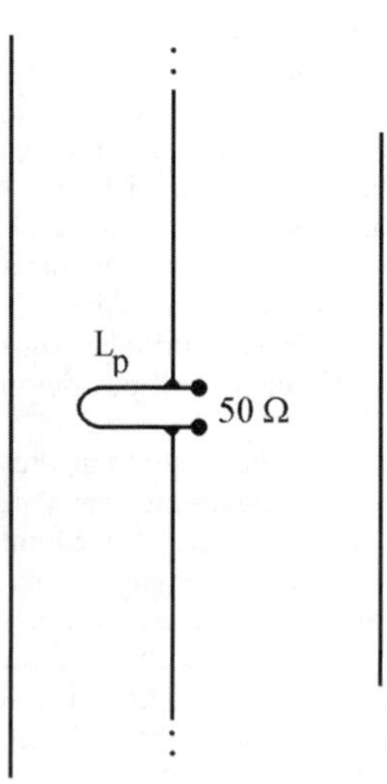

Bild 6.2.9
Ausführung
der Parallel-
Anpassung
(Parallelinduktivität)

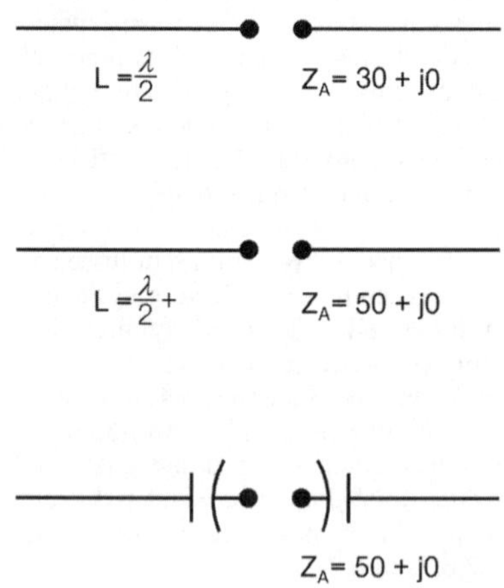

Bild 6.2.11
Prinzip einer Serien-Anpassung (Serienkapazität)

6.3 Anpassung mit 2 Reaktanzen

6.3.1 L-Glied

(*C.S. Franklin* – GB 282,905 – 1926)
Die einfachste Anpassungsschaltung, um einen Widerstand R_1 in einen Widerstand R_2 zu transformieren, besteht aus zwei unterschiedlichen Reaktanzen (*L* und *C*), wobei das eine Element seriell (X_s) und das andere Element parallel (X_P) angeordnet ist [3.1] bis [3.4]. Einer der beiden Widerstände (R_1, R_2) ist immer größer als der andere. Der kleinere Widerstand wird R_s bezeichnet und dort wird das Serienelement (X_s) eingesetzt. Der größere Widerstand wird R_P bezeichnet und dort wird das Parallelelement (X_P) eingesetzt.

$$R_s < R_p \tag{6.3.1}$$

Wird als Serienelement eine Kapazität eingesetzt, dann muß als Parallelelement eine Induktivität folgen und umgekehrt. Für jede Kombination von R_s mit X_s gibt es eine Kombination von R_P mit X_P mit gleicher Impedanz und gleichem Phasenwinkel. Jede Form läßt sich rechnerisch in die andere umwandeln (Serienschaltung in Parallelschaltung und umgekehrt).

$$R_s \cdot R_p = X_s \cdot X_P \tag{6.3.2}$$

Bei vorgegebenen Widerstandswerten R_s und R_p kann man die Reaktanzwerte X_s und X_P errechnen.

$$X_S = R_S \cdot \sqrt{\frac{R_P - R_S}{R_S}} \tag{6.3.3}$$

$$X_P = R_P \cdot \sqrt{\frac{R_S}{R_P - R_S}} \tag{6.3.4}$$

Beispiel:
Eine Viertelwellen-Vertikalantenne mit 36 Ω Eingangswiderstand ist im 20 m-Band an das Koaxialkabel mit 50 Ω Wellenwiderstand anzupassen.
$R_s = 36\ \Omega$, $R_p = 50\ \Omega$,
$f = 14{,}15$ MHz, $\omega = 2\pi f = 88{,}91 \cdot 10^6$ MHz

$$\frac{X_S}{\Omega} = 36 \cdot \sqrt{\frac{50-36}{36}} = 22{,}45 \quad ; X_s = 22{,}45\ \Omega$$

$$\frac{X_P}{\Omega} = 50 \cdot \sqrt{\frac{36}{50-36}} = 80{,}18 \quad ; X_P = 80{,}18\ \Omega$$

$$X_L = X_s = \omega L \quad L = \frac{X_S}{\omega} = \frac{22{,}45}{88{,}91 \cdot 10^6} \cdot \frac{\Omega}{\text{Hz}}$$

$$= 0{,}253 \cdot 10^{-6} \cdot \text{Vs/A} \quad L = 0{,}253\ \mu\text{H}$$

Bild 6.3.1
L-Glied

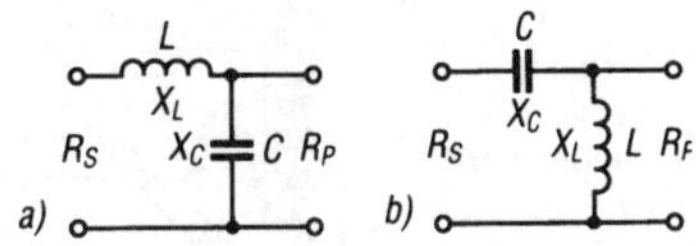

Bild 6.3.2
L-Glied
von Bild 6.3.1
mit den
errechneten
Werten

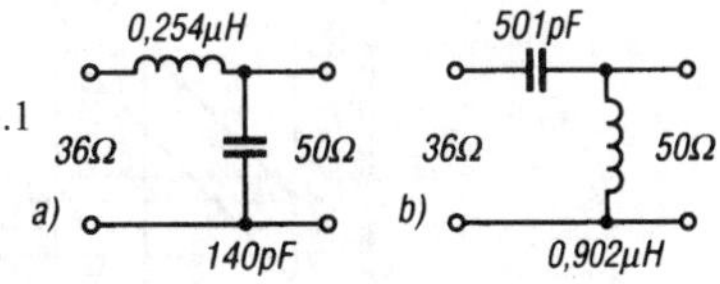

Bild 6.3.3
Symmetrisches
L-Glied

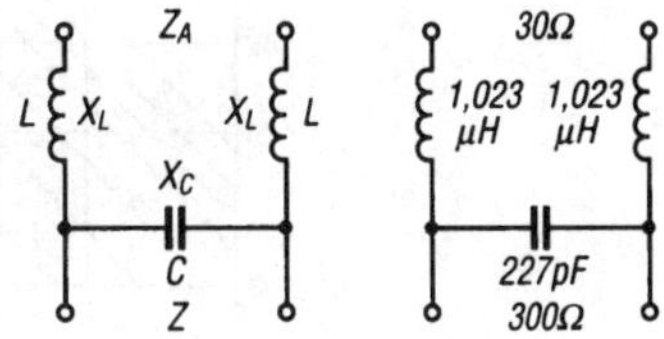

$$X_C = X_P = 1/\omega C$$

$$C = \frac{1}{\omega\, X_P} = \frac{1}{80{,}18 \cdot 88{,}91 \cdot 10^6} \cdot \frac{1}{\Omega \cdot \text{Hz}}$$

$$= 140 \cdot 10^{-12} \cdot \text{As/V} \quad C = 140\ \text{pF}$$

für **Bild 6.3.1 b** ergibt sich

$$X_C = X_s = 1/\omega C$$

$$C = \frac{1}{\omega \cdot X_S} = \frac{1}{22{,}45 \cdot 88{,}91 \cdot 10^6} \cdot \frac{1}{\Omega \cdot \text{Hz}}$$

$$= 501 \cdot 10^{-12} \cdot \text{As/V} \quad C = 501\ \text{pF}$$

$$X_L = X_P = \omega L$$

$$L = \frac{X_P}{\omega} = \frac{80{,}18}{88{,}91 \cdot 10^6} \cdot \frac{\Omega}{\text{Hz}}$$

$$= 0{,}902 \cdot 10^{-6} \cdot \text{Vs/A} \quad L = 0{,}902\ \mu\text{H}$$

Bild 6.3.2 a und **b** zeigt die *L*-Glied-Schaltungen mit den zugehörigen Werten.

Kontrolle:
$R_s \cdot R_p = X_s \cdot X_P$
$36 \cdot 50 = 22{,}45 \cdot 80{,}18$
$1800 = 1800$

Bild 6.3.4
Induktiver Widerstand X_L und Induktivität einer Spule in Abhängigkeit von den Amateurbändern

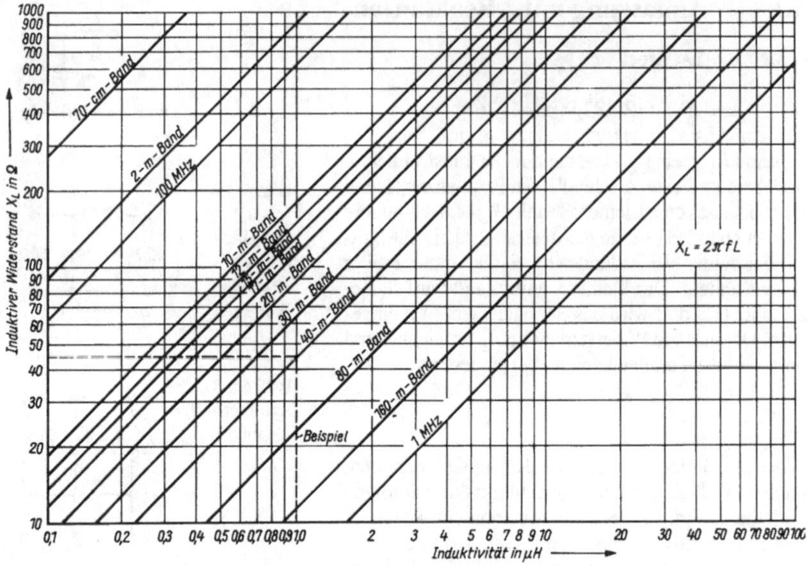

Die Anpassung eines Strahlers einer Mehrelement-beam mit 30 Ω Strahlungswiderstand direkt an ein symmetrisches 300 Ω Bandleitungskabel ist in **Bild 6.3.3** zu sehen. Die Formeln dafür sind:

Beispiel:

$R_s = 30\ \Omega$, $R_p = 300\ \Omega$

$f = 7$ MHz, $\omega = 2\pi f = 43{,}98 \cdot 10^6$ Hz $\approx 44 \cdot 10^6$ Hz

$$\frac{Xs}{\Omega} = 15\cdot\sqrt{\frac{300-30}{30}} = 45 \quad X_s = 45\ \Omega$$

$$X_L = X_s = \omega L \quad L = \frac{Xs}{\omega} = \frac{45}{44\cdot 10^6}\cdot\frac{\Omega}{\text{Hz}}$$

$$= 1{,}023 \cdot 10^{-6} \cdot \text{Vs/A} \quad L = 1{,}023\ \mu\text{H}$$

$$X_P = 300\cdot\sqrt{\frac{30}{300-30}} = 100 \quad X_P = 100\ \Omega$$

Bild 6.3.5
Kapazitiver Widerstand X_C und Kapazität eines Kondensators in Abhängigkeit von den Amateurbändern

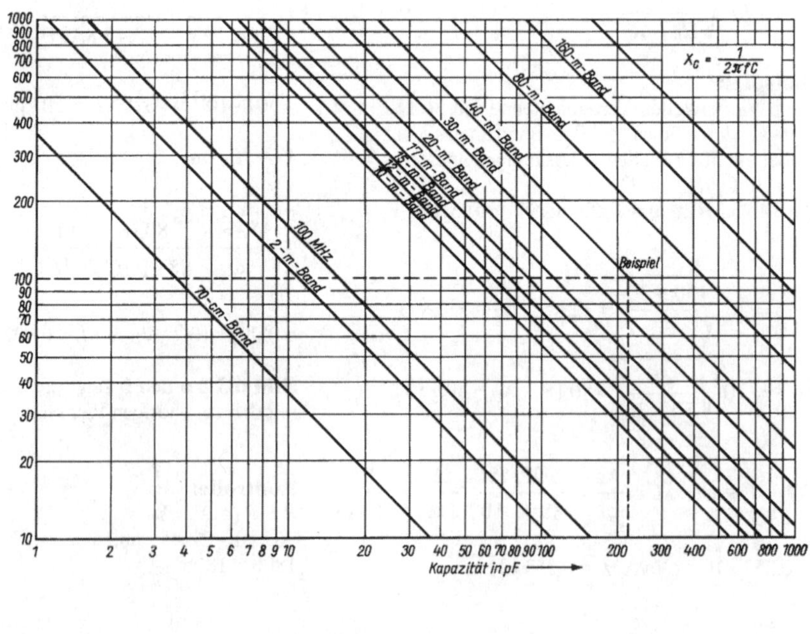

$X_C = X_P = 1/\omega C$

$$C = \frac{1}{\omega \cdot X_P} = \frac{1}{44 \cdot 10^6 \cdot 100} \cdot \frac{1}{\Omega \cdot \text{Hz}}$$

$= 227 \cdot 10^{-12} \cdot \text{As/V} \qquad C = 227\ \text{pF}$

Kontrolle:
$R_s \cdot R_p = 2 \cdot (X_s \cdot X_P)$
$30 \cdot 300 = 2 \cdot (45 \cdot 100)$
$9000 = 9000$

Durch die Verwendung der Diagramme (**Bild 6.3.4** und **6.3.5**) kann der Rechengang erspart werden. Das Ergebnis (1 µH und 225 pF) ist für die Praxis ausreichend genau. Das Beispiel ist in beiden Bildern eingezeichnet.

Die Reaktanzen sind hier als verlustlos angenommen. Dies ist in der Praxis (als 1. Näherung) zulässig. Für genaue Betrachtungen müssen die Güten der Reaktanzen berücksichtigt werden. Die Transformationswege sind dann, abhängig von der Güte, die wiederum vom Transformationsverhältnis abhängt, etwas anders.

Außer der Anpassung von 2 reellen Widerständen (Ohmsche Widerstände) gibt es generell 8 Möglichkeiten einen komplexen Antennenwiderstand auf einen reellen Widerstand (50 Ω Kabelwiderstand) zu transformieren. Entsprechende Hinweise sind zu finden bei [3.5].

6.4 Anpassung mit 3 Reaktanzen

6.4.1 Pi-Glied

Ein *Pi-Glied*, *Pi-Filter* oder *Collins-Filter* besteht aus 3 Reaktanz-Elementen (**Bild 6.4.1**) und ermöglicht beliebig viele Kombinationen, die alle bei einer Frequenz die Anpaßbedingung erfüllen. Das Filter besteht aus 2 gleichen Halbgliedern und hat die Eigenschaft einer transformierenden Viertelwellenleitung.

Die Impedanz des Transformationsgliedes errechnet sich nach der Formel

$$Z_T = \sqrt{Z_1 \cdot Z_2} \tag{6.4.1}$$

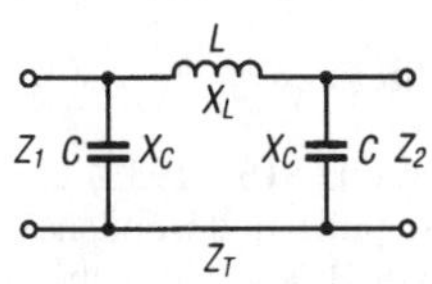

Bild 6.4.1
Pi-Glied

$$Z_T = \omega L \qquad Z_T = \frac{1}{\omega C} \tag{6.4.2}$$

Die Induktivität und Kapazität ergeben sich aus den induktiven und kapazitiven Blindwiderständen aus den bekannten Formeln

$$L = \frac{Z_T}{\omega} \quad C = \frac{1}{\omega \cdot Z_T} \tag{6.4.3}$$

Beispiel:
Der Eingangswiderstand (Z_1) einer Vertikalantenne von 36 Ω soll im 20-m-Band an den Wellenwiderstand (Z_2) des Koaxialkabels von 50 Ω angepaßt werden.
$Z_1 = 36\ \Omega$, $Z_2 = 50\ \Omega$, $f = 14{,}15$ MHz, $\omega = 2\pi f = 88{,}91 \cdot 10^6$ Hz

$$\frac{Z_T}{\Omega} = \sqrt{36 \cdot 50} = \sqrt{1800} = 42{,}43 \qquad Z_T = 42{,}43\ \Omega$$

$$L = \frac{Z_T}{\omega} = \frac{42{,}43}{88{,}91 \cdot 10^6} \cdot \frac{\Omega}{\text{Hz}}$$

$$\frac{L}{\text{H}} = 0{,}477 \cdot 10^{-6} \quad L = 0{,}477\ \mu\text{H}$$

$$C = \frac{1}{\omega \cdot Z_T} = \frac{1}{88{,}91 \cdot 10^6 \cdot 42{,}43} \cdot \frac{1}{\text{Hz} \cdot \Omega}$$

$$\frac{C}{\text{F}} = \frac{10^{-9}}{3{,}772} = 265 \cdot 10^{-12} \quad C = 265\ \text{pF}$$

Die Reaktanzen sind hier wieder als verlustlos angenommen. Für genaue Betrachtungen müssen die Güten der Reaktanzen berücksichtigt werden. Die Transformationswege sind dann, abhängig von der Güte, die wiederum vom Transformationsverhältnis der beiden Widerstände abhängt, etwas anders. Ein entsprechender Beitrag, mit BASIC-Programm, ist zu finden bei [4.1], ein Pi-Filter-Programm in [4.2] und Tabellen in [4.3]. Die Berechnung des obigen Beispiels für eine Güte $Q = 3$ ergibt nach [4.2]:

$C_1 = 413$ pF, $C_2 = 378$ pF, $L = 0{,}4$ µH
Für $Z_1 = 30\ \Omega$, $f = 14{,}0$ MHz und $Q = 3$ ergibt sich nach [4.3]:
$C_1 = 401$ pF, $C_2 = 459$ pF, $L = 0{,}41$ µH

Ein entsprechender Beitrag zur exakten Filterberechnung ist zu finden in [4.4]. Pi-Filter werden seit Jahren in Endstufen und Anpaßgeräten benutzt, als Tiefpaßfilter, das Oberwellen unterdrückt.

6.4.2 T-Glied

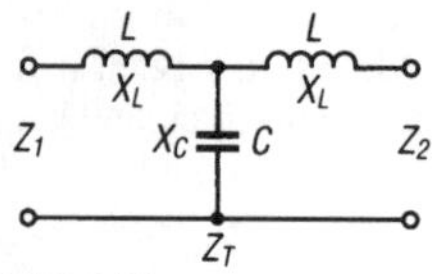

Bild 6.4.2
T-Glied

Eine weitere Anpassungsschaltung mit 3 Reaktanz-Elementen ist das T-Glied (**Bild 6.4.2**). Es läßt sich überall dort verwenden, wo ein unsymmetrisches Speisekabel (Koaxialkabel) an eine unsymmetrische Antenne (z.B. Viertelwellenstab, Groundplane usw.) angepaßt werden soll. Die erforderliche Impedanz des Transformationsgliedes Z_T errechnet sich nach der bereits beim Pi-Glied benutzten Formel

$$Z_T = \sqrt{Z_1 \cdot Z_2} \quad (6.4.1)$$

$$Z_T = \omega L \qquad Z_T = \frac{1}{\omega C} \quad (6.4.2)$$

Die Induktivität und Kapazität ergeben sich aus den induktiven und kapazitiven Blindwiderständen aus den bekannten Formeln

$$L = \frac{Z_T}{\omega} \qquad C = \frac{1}{\omega \cdot Z_T} \quad (6.4.3)$$

Der erhaltene Wert für Z_T stellt gleichzeitig den induktiven Widerstand von X_L und den kapazitiven Widerstand von X_C dar. Die Induktivität der beiden Spulen X_L in µH und die Kapazität von X_C in pF, abhängig von der Betriebswellenlänge, kann aus **Bild 6.3.4** und **Bild 6.3.5** abgelesen werden. Es ist zu beachten, daß die beiden Spulen möglichst nicht miteinander koppeln. Für das Beispiel vom Pi-Glied ergeben sich die gleichen Werte für *L* und *C*. Die Reaktanzen sind auch hier wieder als verlustlos angenommen.

Für genaue Betrachtungen müssen die Güten der Reaktanzen berücksichtigt werden. Die Transformationswege sind dann, abhängig von der Güte, die wiederum vom Transformationsverhältnis abhängt, etwas anders [4.5]. T-Glieder werden seit Jahren in Anpaßgeräten benutzt. Von der Wirkung her ist das T-Glied ein Hochpaßfilter. Neue Senderkonzepte erzeugen die Sendefrequenzen nicht mehr durch Verdopplung, wie vor Jahren, sondern durch Mischung. Daher ist das Problem der Oberwellenunterdrückung nicht mehr ganz so bedeutend.

6.4.3 Teilkopplungsanpassung

Wenn man niederohmige in hochohmige Widerstände, oder umgekehrt, transformieren will, verwendet man die Teilkopplungsanpassung. Diese

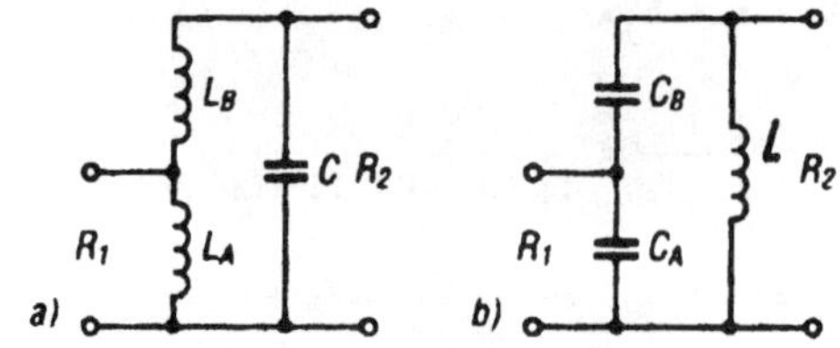

Bild 6.4.3
Teilkopplungsanpassung
a) - induktive Kopplung
b) - kapazitive Kopplung

wird auch Schwingkreisanpassung oder Resonanztransformation genannt [4.6] bis [4.8]. Bei Resonanz $\omega^2 LC = 1$ ist das Widerstandsverhältnis gleich dem Quadrat des Spannungsverhältnisses zwischen Ein- und Ausgang.

$$\frac{R_2}{R_1} = \left(\frac{U_2}{U_1}\right)^2 \quad (6.4.4)$$

$$R_1 < R_2 \quad (6.4.5)$$

Induktive Teilkopplung
(ohne Spulenkopplung)
Die Näherungsformel gilt für $R_1 > 10 \cdot X_{LA}$

$$\frac{U_1}{U_2} = \left(\frac{L_A}{L_A + L_B}\right) \quad (6.4.6)$$

$$R_2 = R_1 \cdot \left(\frac{L_A + L_B}{L_A}\right)^2 \quad (6.4.7)$$

Kapazitive Teilkopplung
Die Näherungsformel gilt für $R_1 > 10 \cdot X_{CA}$

$$\frac{U_1}{U_2} = \left(\frac{C_B}{C_A + C_B}\right) \quad (6.4.8)$$

$$R_2 = R_1 \cdot \left(\frac{C_A + C_B}{C_B}\right)^2 \quad (6.4.9)$$

Bild 6.4.3 zeigt die beiden Teilkopplungsschaltungen. Die Reaktanzen sind hier wieder als verlustlos angenommen.

6.5 Anpassung mit 4 Reaktanzen

6.5.1 *Boucherot*-Brücke

(*R. Wundt, H. Hornung* – DE 603 816 – 1932)
Durch die Kombination von Spulen und Kondensatoren nach Art einer *Boucherot*-Brücke läßt sich die

Bild 6.5.1
Boucherot-Brücke
a) - Prinzipschaltung
b) - Praktisches Beispiel

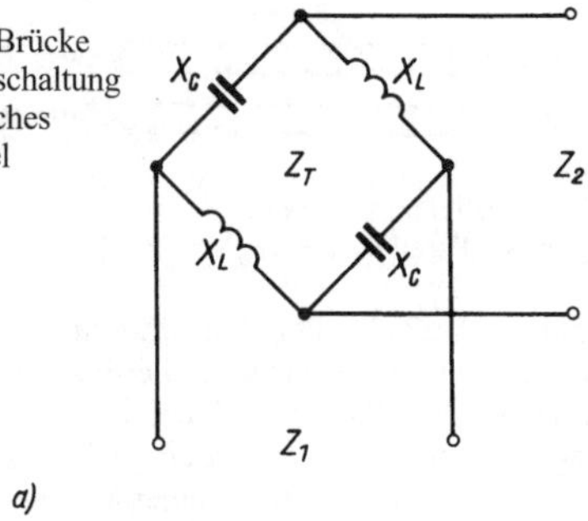

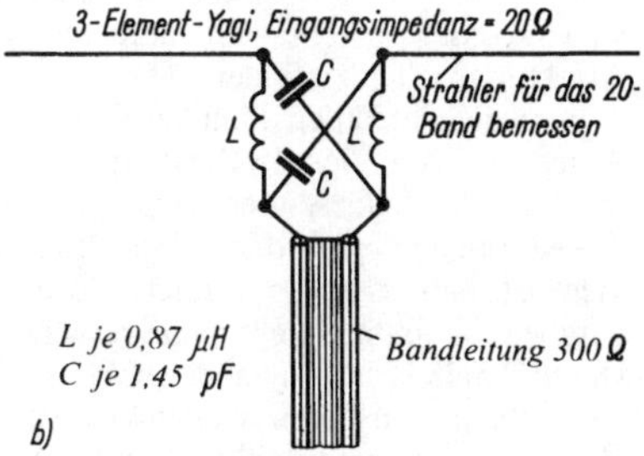

Impedanz ebenfalls transformieren (**Bild 6.5.1**) [5.1]. Die Berechnung der erforderlichen Werte für die Schaltelemente ist einfach. Zuerst wird die benötigte Brückenimpedanz Z_T festgestellt. Die Impedanz des Transformationsgliedes Z_T errechnet sich nach der Formel

$$Z_T = \sqrt{Z_1 \cdot Z_2} \qquad (6.5.1)$$

$$Z_T = \omega L \qquad Z_T = \frac{1}{\omega C} \qquad (6.5.2)$$

$$Z_T = X_L = X_C \qquad (6.5.3)$$

Da $Z_T = X_L = X_C$ ist, kann abhängig von der Betriebswellenlänge, die Induktivität der Spule X_L in µH aus **Bild 6.3.4** und die Kapazität des Kondensators X_C in pF aus **Bild 6.3.5** abgelesen werden.

Beispiel:
Eine 3-Element-*Yagi*-Antenne für das 20-m-Band hat einen Eingangswiderstand Z_1 von 20 Ω. Sie soll mit einer 300-Ω-Bandleitung Z_2 gespeist werden. Die Brückenimpedanz Z_T ergibt sich aus

$$\frac{Z_T}{\Omega} = \sqrt{20 \cdot 300} = \sqrt{6000} = 77{,}46 \quad Z_T \approx 77\,\Omega$$

Da $Z_T = X_L = X_C$ ist, beträgt der induktive Widerstand jeder Spule X_L je 77 Ω, ebenso wie der kapazitive Widerstand X_C jedes Kondensators. Aus **Bild 6.3.4** ist ersichtlich, daß für $X_L = 77\,\Omega$ im 20-m-Band die Induktivität etwa 0,85 µH beträgt; aus **Bild 6.3.5** läßt sich für $X_C = 77\,\Omega$ eine Kapazität von ca. 150 pF ablesen. Die exakten Rechenwerte sind: $L = 0{,}87$ µH, $C = 145$ pF.

6.6 Leitungstransformationen

6.6.1 Viertelwellen-Transformator

(*H.-O. Roosenstein* – DE 515 121 – 1928)
Bereits im Jahre 1928 wurde von *Roosenstein* in einem Patent die Viertelwellenleitung zur frequenzabhängigen Transformation vorgeschlagen. Der Viertelwellen-Transformator wird auch Q-Match genannt (Q steht für Quarterwave ≡ Viertelwelle). Zwischen dem Wellenwiderstand Z einer elektrisch $\lambda/4$ langen Zweidrahtleitung, deren Eingangsimpedanz Z_E und dem Ausgangsimpedanz Z_A besteht die Beziehung

$$Z = \sqrt{Z_E \cdot Z_A} \qquad (6.6.1)$$

Das bedeutet, der erforderliche Wellenwiderstand einer $\lambda/4$-Leitung muß immer dem geometrischen Mittel der beiden anzupassenden Impedanzen Z_E und Z_A entsprechen.

Wird für Z_E der Wellenwiderstand der vorhandenen Speiseleitung und für Z_A der Eingangswiderstand der Antenne eingesetzt, so kann man aus den obigen Beziehungen den für genaue Anpassung erforderlichen Wellenwiderstand Z der Viertelwellentransformationsleitung errechnen. Durch Umstellung dieser Formel ergibt sich

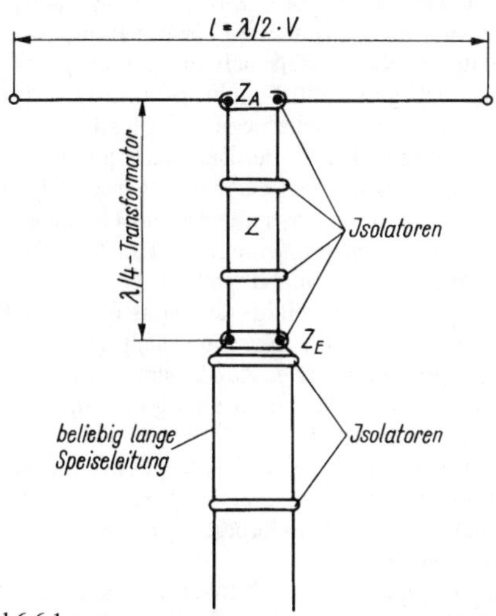

Bild 6.6.1
Viertelwellen-Transformator

$$Z_E = \frac{Z^2}{Z_A} \qquad (6.6.2)$$

Bild 6.6.1 zeigt einen solchen Viertelwellentransformator [6.1]. Diese Transformationsleitung läßt sich für alle symmetrisch gespeisten Antennensysteme und sämtliche Arten von symmetrischen Speiseleitungen verwenden, sofern sich für den Wellenwiderstand Z der Transformationsleitung ein Wert ergibt, der mechanisch noch verwirklicht werden kann. Das ist praktisch bei Wellenwiderständen zwischen 50 und 600 Ω möglich.

Beispiel:
Ein Antennensystem mit einem Eingangswiderstand von 120 Ω soll über eine symmetrische Zweidrahtleitung, Wellenwiderstand 280 Ω, gespeist werden. Wie groß ist der Wellenwiderstand Z der zur Anpassung erforderlichen Viertelwellentransformationsleitung?

$$Z = \sqrt{120\ \Omega \cdot 280\ \Omega} = \sqrt{33600\ \Omega^2} \approx 183\ \Omega$$

Nach Bild 5.5.3 läßt sich eine Doppelleitung mit einem Z von 183 Ω herstellen, wenn das Verhältnis Leiterabstand zu Leiterdurchmesser gleich 2,5:1 ist und Luftisolation verwendet wird.

Nimmt man etwas größere Verluste in Kauf, dann können für die Herstellung einer solchen $\lambda/4$-Transformationsleitung auch handelsübliche HF-Leitungen verwendet werden, wenn ihr Wellenwiderstand dem geforderten Wert entspricht. Weiterhin lassen sich auch durch Parallelschaltung solcher HF-Leitungen andere Werte des resultierenden Wellenwiderstandes erreichen. Wird beispielsweise ein Wellenwiderstand von 140 Ω benötigt, so kann man zwei $\lambda/4$-Stücke von 280-Ω-Bandleitung parallelschalten. Dabei dürfen sich die beiden parallelen Leitungen gegenseitig nicht beeinflussen (möglichst weit auseinanderbiegen und festlegen!), und der Verkürzungsfaktor der Bandleitung muß bei der Längenbemessung berücksichtigt werden. Der Verkürzungsfaktor läßt sich aus den einschlägigen Datenblättern ersehen und liegt bei Kunststoff-Bandleitungen im allgemeinen um 0,8.

Es ist ein Nachteil dieser Transformationsleitung, daß man die Anpassung nachträglich kaum noch korrigieren kann. Zu diesem Zweck müßte der Wellenwiderstand der Leitung in kleinen Grenzen geändert werden.

Für den VHF-Bereich lassen sich mit etwas mechanischem Aufwand solche Viertelwellentransformatoren mit veränderbarem Wellenwiderstand herstellen.

Zum Anpassen eines Koaxialkabels an eine unsymmetrische Antenne (z.B. Groundplane) kann selbstverständlich auch ein unsymmetrisch aufgebauter Viertelwellen-Transformator verwendet werden. Nicht immer wird allerdings ein Koaxialkabel mit dem für einen Viertelwellentransformator erforderlichen Wellenwiderstand handelsüblich sein, so daß der Selbstbau einer koaxialen $\lambda/4$-Leitung oft nicht zu umgehen ist. Wegen der sich daraus ergebenden mechanischen Schwierigkeiten sind koaxiale Viertelwellentransformatoren bei Amateuren selten zu finden.

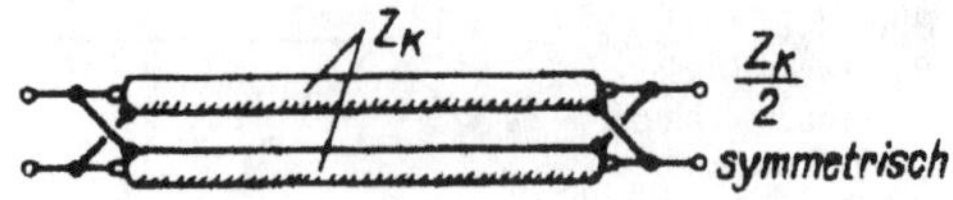

Bild 6.6.2
Viertelwellentransformator
(koaxiale Parallelschaltung, $Z = Z_K/2$)

In manchen Fällen können Koaxialkabel zum Anfertigen von Viertelwellentransformatoren sehr nützlich sein, insbesondere dann, wenn der für die Transformation geforderte Wellenwiderstand so klein ist, daß er sich mit einer selbsthergestellten Paralleldrahtleitung nicht mehr verwirklichen läßt. Durch Parallelschalten handelsüblicher Koaxialkabel halbiert sich deren Wellenwiderstand, so daß Viertelwellentransformatoren mit Wellenwiderständen zwischen 25 und 37 Ω problemlos hergestellt werden können (**Bild 6.6.2**). Solche Leitungen haben den Vorteil, daß der Wellenwiderstand über die ganze Leitungslänge absolut konstant ist und daß die Länge der Leitung - bedingt durch den Verkürzungsfaktor des Koaxialkabels mit durchschnittlich $V = 0{,}66$ - erheblich kürzer als die einer luftisolierten Paralleldrahtleitung ist.

Alle Leitungen, deren elektrische Länge ungeradzahlige Vielfache von $\lambda/4$ beträgt (3/4, 5/4, 7/4 usw.) weisen theoretisch die gleichen Transformationseigenschaften wie ein Viertelwellentransformator auf.

6.6.2 Exponential-Transformator

(*H.-O. Roosenstein* – DE 502 807 – 1928)
Bereits im Jahre 1928 wurde von *Roosenstein* in einem Patent die Exponentialleitung zur frequenzunabhängigen Transformation vorgeschlagen.

Eine frequenzunabhängige Anpassung erreicht man, wenn man eine Anpassungsleitung verwendet, deren Wellenwiderstand sich stetig ändert [6.2] [6.3]. Die allmähliche Änderung des Wellenwiderstandes wird durch eine entsprechende stetige Änderung des Abstandes der Anpassungsleitung erreicht. In der Praxis wird dieser Exponentialverlauf oft näherungsweise durch ein Polygon (Vieleck) ersetzt. Das hauptsächliche Anwendungsgebiet ist die frequenzunabhängige Transformation von ohmschen Widerständen in einem großen Frequenzbereich.

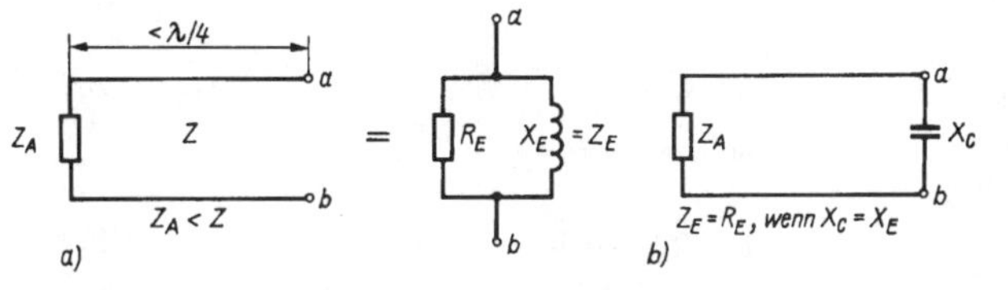

Bild 6.6.3
Kompensation des induktiven Blindanteils bei Leitungen < λ/4;
a) - Ersatzschaltung
b) - Kompensation von X_E durch X_C

Die Exponentialleitung wirkt als Hochpaß. Der Frequenzbereich hängt von der Baulänge ab. Die Länge kann durch passende Kompensation mit Reaktanzen auf beiden Seiten erheblich reduziert werden. Der Exponential-Transformator wird dazu auf der hochohmigen Seite mit einer Serienkapazität und auf der niederohmigen Seite mit einer Parallelinduktivität abgeschlossen. Eine zusätzliche Verbesserung erhält man durch eine Parallelinduktivität auf der hochohmigen Seite und eine Serienkapazität auf der niederohmigen Seite. Nähere Details darüber finden sich in [6.4]. Die Hauptanwendung war bei der Speisung von Rhombusantennen in Form einer ST-Leitung (Symmetrier- und Transformationsleitung) in den 50er-Jahren [6.5]. Bei den Funkamateuren wird die Exponentialleitung selten verwendet. Eine Alternative dazu ist die Verwendung von mehrstufigen Viertelwellenleitungen.

6.6.3 Anpaßleitungen (Stichleitungen)

Die *Viertelwellen-Anpaßleitung* bietet eine bequeme Einstellmöglichkeit der optimalen Anpassung und dürfte die Schaltung sein, die den geringsten mechanischen Aufwand erfordert. Sie ist auch unter dem Namen *λ/4-Stichleitung* oder *Matching-Stub* bekannt [6.6] bis [6.8].

Ihr Anwendungsgebiet erstreckt sich in erster Linie auf die Anpassung von Kurzwellendrahtantennen an eine beliebige symmetrische Speiseleitung. Als frequenzabhängiges Gebilde beschneidet sie die Bandbreite der Antenne in bestimmten Grenzen. Ihr Einsatz in Verbindung mit breitbandigen Antennenformen ist daher nicht sinnvoll.

In Abschnitt 5.8.3. wurde bereits das Abstimmverhalten von Zweidrahtleitungen beschrieben und festgestellt, daß ein Leitungsstück < λ/4 immer als ein reiner Blindwiderstand wirkt. Diese Reaktanz ist bei geschlossener Leitung induktiv (X_L), bei offener Leitung kapazitiv (X_C). Wird eine Leitung der Länge < λ/4 mit einem reellen Widerstand Z_A abgeschlossen, dessen Widerstandswert kleiner ist als der Wellenwiderstand Z der Leitung, dann erscheint Z_E am anderen Leitungsende als die Parallelschaltung eines Wirkwiderstandes R_E und eines Blindwiderstandes X_E (**Bild 6.6.3 a**). Um einen reellen Z zu erhalten, muß der induktive Blindanteil durch einen gleich großen parallelen kapazitiven Blindwiderstand kompensiert werden. (**Bild 6.6.3 b**)

Der umgekehrte Fall liegt vor, wenn der Abschlußwiderstand Z_A einen größeren Wert hat als der Wellenwiderstand Z der Leitung (**Bild 6.6.4 a**). Dann ist Z_E mit einem kapazitiven Blindanteil X_E beaufschlagt, der durch die Parallelschaltung einer Induktivität kompensiert werden muß (**Bild 6.6.4 b**).

Damit besteht die Eingangsimpedanz Z_E nur noch aus dem Realteil R_E. Je nach Leitungslänge kann $R_E = Z_E$ einen Wert zwischen Z_A (bei Leitungslänge 0) und Z^2/Z_A (Leitungslänge elektrisch = λ/4) annehmen. Die Anpaßleitung ist die praktische Anwendung dieser Erkenntnisse. Nach **Bild 6.6.5** schließt man eine Speiseleitung mit einem Wellenwiderstand Z direkt an den Eingang der Antenne Z_A an, der durch einen Widerstand dargestellt wird. Wenn Z nicht gleich Z_A ist, besteht keine Anpassung, und es treten stehende Wellen auf. Deren Welligkeit s wird direkt zum Verhältnis Z_A zu Z bestimmt. In der Entfernung C vom Speisepunkt Z_A entspricht der Scheinwiderstand dem Wellenwiderstand Z der Speiseleitung, aber er ist dort mit einem Blindwiderstand behaftet. Kompensiert man an dieser Stelle den Blindanteil durch eine Stichleitung („Blindschwanz"), dann hat Z einen reellen Wert, und die Antenne ist angepaßt.

Hat Z_A einen kleineren Wert als Z, dann muß mit einem offenen Stub (**Bild 6.6.5 a**) kompensiert werden (Kapazität). Wird dagegen Z_A größer als Z, verwendet man einen kurzgeschlossenen Stub (Induktivität) nach **Bild 6.6.5 b**.

Daraus geht hervor, daß man zunächst feststellen muß, ob Z_A größer oder kleiner als Z ist. Diese Entscheidung bereitet keine Schwierigkeiten, denn der Wellenwiderstand Z der Speiseleitung dürfte immer genau bekannt sein und der Eingangswiderstand Z_A der üblichen Kurzwellenantennen wird meist in den

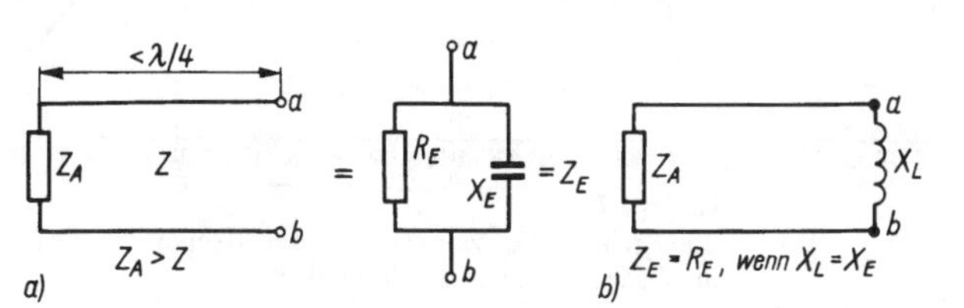

Bild 6.6.4
Kompensation des kapazitiven Blindanteils bei Leitungen < λ/4;
a) - Ersatzschaltung
b) - Kompensation von X_E durch X_L

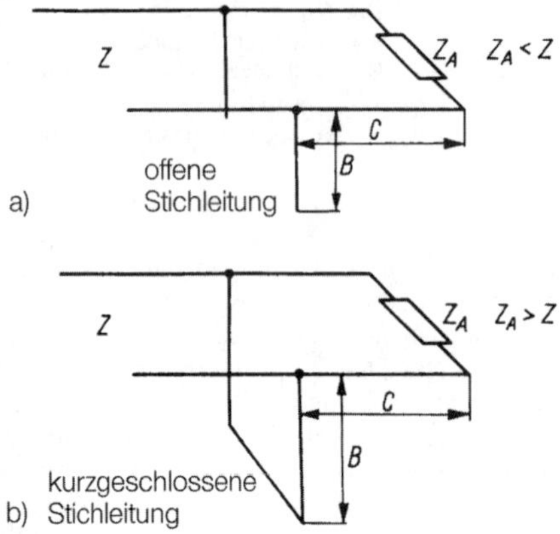

Bild 6.6.5
Schema der Anpaßleitung
a) - offene Stichleitung
b) - kurzgeschlossene Stichleitung

Beschreibungen angegeben oder läßt sich mit hinreichender Genauigkeit abschätzen. Der Eingangswiderstand einer im Strombauch gespeisten Antenne weist im allgemeinen niedrige Werte auf (z.B. Halbwellendipol), deshalb ist in diesem Fall praktisch immer $Z_A < Z$. Handelt es sich um eine spannungsgespeiste Antenne (z.B. Ganzwellendipol oder endgespeister Strahler), so liegt eine große Eingangsimpedanz vor ($Z_A > Z$).

Der Abstand *C* zwischen dem Antenneneingang Z_A und den Anschlußpunkten für den Stub sowie die Länge *B* der Stichleitung sind vom Wellenwiderstand *Z* der Speiseleitung und dem der Stichleitung bzw. dem Verhältnis Z_A zu *Z* abhängig. Weil Z_A/Z bzw. Z/Z_A gleichzeitig die Welligkeit *s* darstellt, sind der Abstand C und die Länge *B* eine Funktion der Welligkeit *s*. Wenn Speiseleitung und Stichleitung den gleichen Wellenwiderstand haben, gelten für den Fall, daß $Z_A > Z$ ist, die Beziehungen

$$\tan C = \sqrt{s} \qquad (6.6.3)$$

und

$$\cot B = \frac{s-1}{\sqrt{s}} \qquad (6.6.4)$$

Wenn $Z_A < Z$, so errechnen sich die Längen nach

$$\cot C = \sqrt{s} \qquad (6.6.5)$$

und

$$\tan B = \frac{s-1}{\sqrt{s}} \qquad (6.6.6)$$

Die Längen *C* und *B* sind in Grad ausgedrückt und lassen sich mit der Beziehung

$$\text{Länge in Grad} = 360 \cdot \text{Länge in } \lambda \qquad (6.6.7)$$

umrechnen. In Auswertung der Gleichung sind die Kurven in **Bild 6.6.6** und **Bild 6.6.7** entstanden. Aus ihnen lassen sich ohne besonderen Aufwand die Werte für *A*, *B* und *C* ($A = B + C$) in Abhängigkeit von der Welligkeit *s* entnehmen.

Dabei wird vorausgesetzt, daß der Wellenwiderstand der Anpaßleitung Z_L gleich dem Wellenwiderstand der Speiseleitung *Z* ist. Darüber hinaus darf der Eingangswiderstand der Antenne Z_A keine Blindanteile enthalten. Das bedeutet, daß sich die Antenne in Resonanz bei der Betriebswellenlänge befinden muß.

Da es sich bei der Viertelwellenanpassung um eine abgestimmte Leitung handelt, muß der Verkürzungsfaktor der dazu verwendeten Leitungsstücke berücksichtigt werden. Bei luftisolierten Paralleldrahtleitungen beträgt *V* durchschnittlich 0,975; mit diesem Wert sind die ermittelten Streckenwerte zu multiplizieren. Für handelsübliche Leitungen

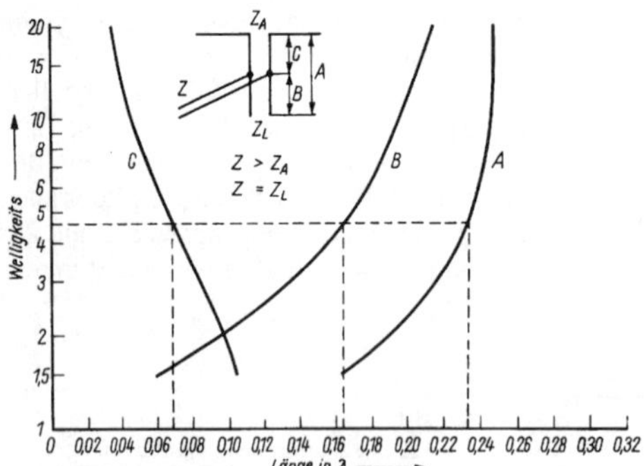

Bild 6.6.6
Längen bei der offenen Stichleitung
in Abhängigkeit von der Welligkeit

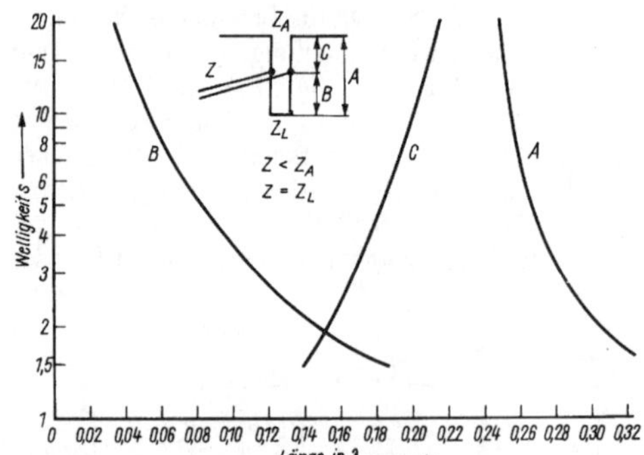

Bild 6.6.7
Längen bei der kurzgeschlossenen Stichleitung
in Abhängigkeit von der Welligkeit

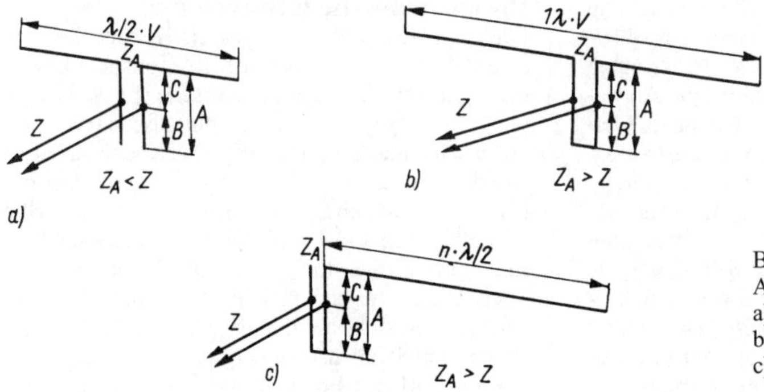

Bild 6.6.8
Anwendungsbeispiele (Anpassung)
a) - Halbwellendipol
b) - Ganzwellendipol
c) - Endgespeiste Antenne

mit Kunststoffdielektrikum werden die Verkürzungsfaktoren in den Datenblättern angegeben.

Beispiel:
Ein Halbwellendipol für das 40-m-Band (Resonanzfrequenz 7025 kHz, entsprechend etwa 42,7 m Wellenlänge) hat einen Eingangswiderstand von 65 Ω. Er soll über eine Anpaßleitung in eine symmetrische Zweidrahtleitung (Wellenwiderstand Z = 300 Ω, Verkürzungsfaktor V = 0,8) angepaßt werden. Die Anpaßleitung wird aus dem gleichen Leitungstyp hergestellt. Zunächst stellt man fest, daß der Wellenwiderstand größer ist als der Eingangswiderstand. Es muß deshalb ein *offener* Stub verwendet werden, und die Kurven in **Bild 6.6.6** haben Gültigkeit.

Die Welligkeit s ergibt sich aus $Z : Z_A = 300 : 65 = 4{,}6$. Man sucht auf der senkrechten Teilung den Punkt 4,6 und geht von dort aus waagrecht bis zum Schnittpunkt mit Kurve C. Vom Schnittpunkt aus fällt man das Lot und findet auf der waagrechten Wellenlängenteilung für die Strecke C eine Länge von 0,068 λ. Der Schnittpunkt mit Kurve B ergibt eine Stublänge B von 0,165 λ. Die Feststellung der Gesamtlänge A über Kurve A könnte entfallen, denn sie ergibt sich bereits aus $B + C = 0{,}233\ \lambda$.
Für die Wellenlänge von 42,7 m ergibt

$C = 42{,}7\ \text{m} \cdot 0{,}068 = 2{,}9036\ \text{m} \approx 2{,}9\ \text{m}$ und
$B = 42{,}7\ \text{m} \cdot 0{,}165 = 7{,}0455\ \text{m} \approx 7{,}05\ \text{m}$.

Mit dem Verkürzungsfaktor der Leitung erhält man:

$C = 2{,}9036\ \text{m} \cdot 0{,}8 = 2{,}32288 \approx 2{,}32\ \text{m}$,
$B = 7{,}0455\ \text{m} \cdot 0{,}8 = 5{,}63640 \approx 5{,}64\ \text{m}$.

Daraus ergibt sich, daß Anpassung besteht, wenn etwa 2,32 m vom Antennenspeisepunkt entfernt (Strecke C) die Speiseleitung angezapft wird und man dort einen etwa 5,64 m langen offenen Stub (Länge B) aus der gleichen Bandleitung anlötet. Dieses Beispiel ist in **Bild 6.6.6** gestrichelt eingezeichnet.

Die besten Anpassungsergebnisse werden erzielt, wenn ein Welligkeitsmesser zur Verfügung steht. Dann wird zunächst die Antenne direkt mit der vorgesehenen Speiseleitung *(ohne* angesetzten Stub) verbunden und die auftretende Welligkeit gemessen. Da die Messung den exakten Wert der Welligkeit ergibt, lassen sich auch aus **Bild 6.6.6** bzw. **6.6.7** genaue Werte für B und C ermitteln. Ohne die Speiseleitung noch einmal entfernen zu müssen, kann dann im Abstand C vom Antenneneingang die Stichleitung B an die Speiseleitung angelötet werden, und die Anpassung ist hergestellt.

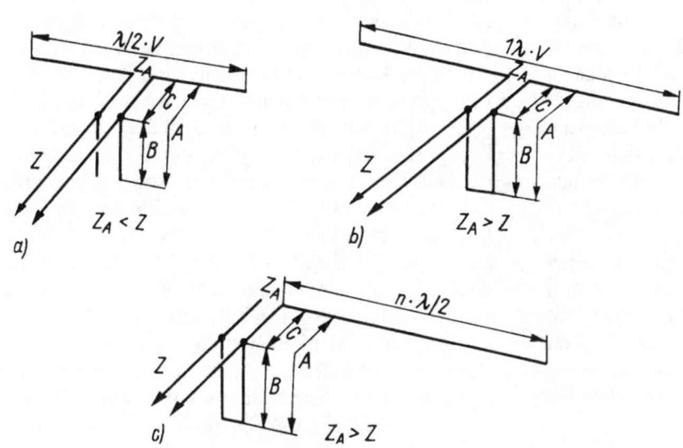

Bild 6.6.9
Anwendungsbeispiele (Stichleitung)
a) - Halbwellendipol
b) - Ganzwellendipol
c) - Endgespeiste Antenne

Die zeichnerisch unterschiedliche Darstellung der Stichleitung in **Bild 6.6.5** und die als Anpaßleitung in **Bild 6.6.6** und **Bild 6.6.7** könnte vermuten lassen, daß es sich hier um 2 verschiedene Anpassungsarten handelt. Tatsächlich besteht nur ein kleiner Unterschied in der konstruktiven Gestaltung, elektrisch sind beide Arten der Zusammenschaltung völlig gleichwertig. In **Bild 6.6.8** werden verschiedene Anwendungsbeispiele für die Anpassung zeichnerisch dargestellt, während **Bild 6.6.9** die gleichen und auch elektrisch gleichwertigen Beispiele mit Stichleitung zeigt. Endgespeiste Strahler sind am Speisepunkt hochohmig, sie müssen deshalb eine kurzgeschlossene Stichleitung erhalten.

Die Leitung *B* soll möglichst im rechten Winkel von der Speiseleitung weggeführt werden. Dieser Forderung entsprechend muß man nach den örtlichen Verhältnissen entscheiden, ob die konstruktive Ausführung nach **Bild 6.6.8** als Anpaßleitung oder die nach **Bild 6.6.9** als Stichleitung günstiger ist.

Auf allen abgestimmten Leitungen befinden sich stehende Wellen. Zur Vermeidung von größeren Verlusten sollen deshalb die Leitungsstücke *B* und *C* aus möglichst dicken Drähten hergestellt und hochwertige Isolatoren verwendet werden. Das gilt besonders, wenn das Verhältnis $Z_A : Z$ bzw. $Z : Z_A$ sehr hoch ist. Bis zu einer Welligkeit von etwa $s = 5$ braucht man jedoch auch bei Verwendung von dünneren Drähten und mäßiger Isolation noch nicht mit nennenswerten Verlusten zu rechnen. In solchen Fällen kann die handelsübliche UKW-Bandleitung verwendet werden.

Mit einer Stichleitung läßt sich auch Anpassung erzielen, wenn der Antennenspeisepunktwiderstand Z_A einen Blindanteil aufweist. Ist Z_A komplex, dann verschiebt sich die Strom- und Spannungsverteilung auf der Leitung in Abhängigkeit von der Größe und dem Vorzeichen des Blindanteiles. Dadurch treten die Strom- und Spannungsmaxima bzw. -minima der stehenden Welle nicht mehr um elektrisch genau $\lambda/4$ (bzw. $n \cdot \lambda/4$) vom Antenneneingang entfernt auf der Leitung auf, wie das bei einem reellen Eingangswiderstand der Fall ist. Deshalb muß man mit geeigneten Meßmitteln beim Antenneneingang beginnend den ersten Stromknoten oder auch Strombauch auf der Leitung suchen. Von diesem Punkt ausgehend *in Richtung zum Sender* (bzw. Empfänger), müssen dann die Längen *C* und *B* hergestellt werden. Geht man von einem Strombauch aus (Spannungsminimum), ist für die Errechnung von *C* und *B* **Bild 6.6.6** maßgebend, handelt es sich bei dem Beziehungspunkt um einen Stromknoten (Spannungsmaxima), gilt **Bild 6.6.7**. Für Amateure, die nur über unzureichende Meßmittel verfügen, läßt sich diese Methode kaum anwenden. Im übrigen wird man immer versuchen, die Antenne in Resonanz bei der Betriebsfrequenz zu betreiben, dann ist auch ihr Eingangswiderstand Z_A reell.

Die unsymmetrische Stichleitung

Für das Erregen einer endgespeisten Antenne über eine Anpaßleitung eignet sich Koaxialkabel besonders günstig. Der unsymmetrische Einspeisungspunkt findet im ebenfalls unsymmetrischen Koaxialkabel seine ideale Fortsetzung. Das Koaxialkabel ist überdies wetterfest und verhindert wegen seiner nahezu vollkommenen Abschirmung unerwünschte Abstrahlungen (TVI und BCI). Selbstverständlich stellt man in diesem Fall die Stichleitung und die Speiseleitung aus dem gleichen Koaxialkabeltyp her. Die vorherigen Ausführungen haben auch für die koaxiale Viertelwellenanpassung volle Gültigkeit.

Da am offenen Ende eines abgestimmten Antennenleiters der Länge $\lambda/2$ (oder $n \cdot \lambda/2$) immer ein Spannungsmaximum vorhanden ist, muß auch der Speisepunkt einer endgespeisten Antenne sehr hochohmig sein. Das Koaxialkabel hingegen hat einen Wellenwiderstand von etwa 50 Ω. Deshalb ist Z_A in jedem Fall viel größer als *Z*. Daraus geht hervor, daß eine kurzgeschlossene Stichleitung verwendet werden muß, wobei die Abmessungen *C* und *B* aus **Bild 6.6.7** zu ersehen sind. Da die Eingangsimpedanz dieser endgespeisten Antennen immer > 1000 Ω ist, kann man mit einer Welligkeit $s = 20$ rechnen. Das besagt, daß sich der Anzapfpunkt für die Stichleitung (Länge *C*) etwa 0,216 λ vom Speisepunkt entfernt befindet und daß die dort angesetzte kurzgeschlossene Stichleitung eine Länge *B* von 0,034 λ haben muß.

Beim Errechnen der erforderlichen Kabellängen und der Lage des Anzapfpunktes ist der Verkürzungsfaktor des Koaxialkabels zu berücksichtigen. Da dieser durchschnittlich bei 0,66 liegt (siehe Kabelliste im Anhang), sind die errechneten Werte mit diesem Faktor zu multiplizieren.

Für die Stichleitung wird ein Stück Koaxialkabel so zugeschnitten, daß die elektrische Länge 0,034 λ beträgt. Am unteren Ende dieses Leitungsstückes verlötet man den Innenleiter mit dem Außenleiter (kurzgeschlossener Stub!); dort entsteht also ein Kurzschluß. Der einwandfreie Anschluß der Anzapfung erfordert etwas Geschick. Man entfernt an der Stelle des zukünftigen Anzapfpunktes einige Zentimeter von dem Außenschutzmantel (PVC) des Speisekabels. Dann drückt man den nunmehr freiliegenden Außenleiter des Kabels (Abschirmgeflecht) möglichst weit auseinander, so daß das Dielektrikum (meist Polyäthylen) gut zugänglich ist. Das Dielektrikum wird jetzt so weit entfernt, daß man den Innenleiter der Stichleitung an den freiliegenden Innenleiter des Speisekabels löten kann. Anschließend muß die Verbindungsstelle wieder gut mit einem geeigneten Kleber vergossen werden. Dabei dürfen sich Innen- und Außenleiter am Anzapfpunkt nicht berühren. An der Anzapfstelle wird dann der Außenleiter des Stubs mit dem Außenleiter des Speisekabels sauber verlötet. Die gesamte Verbindungsstelle muß schließlich noch

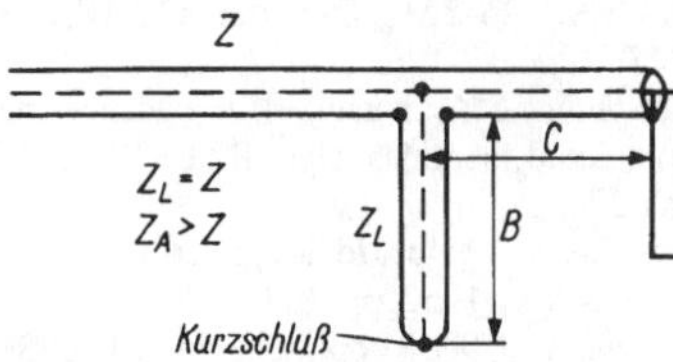

Bild 6.6.10
Koaxiale Stichleitung

mit einem guten Kunststoffklebeband wasserdicht umwickelt werden. **Bild 6.6.10** zeigt die koaxiale Stichleitung.

Eine mechanisch und elektrisch ideale, wenn auch nicht ganz billige Lösung ergibt sich, wenn im Anzapfpunkt eines der käuflichen T-Stücke für Koaxialkabel eingesetzt wird. Dazu braucht man dann noch 3 passende Koaxialkabelschraubstecker. Den freihängenden Kabelschwanz darf man zu einem Ring aufwickeln. Das Speisekabel selbst kann beliebig verlegt werden, da es keinerlei äußeren Einflüssen mehr unterliegt. Oft werden koaxiale Stichleitungen auch zum Anpassen von Viertelwellenstrahlern verwendet, die senkrecht über einem Erdnetz oder über Gegengewichten errichtet sind. Bei diesen sogenannten Groundplane-Antennen ist der Speisepunkt ebenfalls unsymmetrisch, und der Eingangswiderstand liegt bei 30 Ω. Zum Rechnen mit komplexen Zahlen und zur Lösung von Anpassungsaufgaben mit dem *Smith*-Diagramm wird auf Abschnitt 32 verwiesen.

6.7 Breitbandübertrager

Breitbandübertrager oder Breitbandtransformatoren als Leitungsübertrager meist auf Ringkernen aus Ferrit werden auch zur Anpassung eingesetzt.

Bei Leitungsübertragern gibt es keine Trennung von Primär- und Sekundärkreisen. Die Entkopplung entsteht durch die entsprechende elektrische Leitungslänge und Induktivitätserhöhung.

Nach *Guanella* [7.1] lassen sich durch passende Zusammenschaltung (seriell und parallel) unterschiedliche Transformationsverhältnisse erzielen. Mit 2-, 3- und 4-fachen gleichsinnigen Wicklungen ergeben sich Widerstandsverhältnisse von 4:1, 9:1 und 16:1.

Mit entsprechenden Anzapfungen kann man auch andere Verhältnisse erreichen, z.B. 1½:1, 2:1 und 3:1 [7.2]. Es gibt verschiedene Ausführungsformen der Leitungsübertrager (Verdrillte Leitung, Paralleldrahtleitung, Koaxialleitung) [7.3] bis [7.6].

Zur Anpassung einer Langdrahtantenne an ein Koaxialkabel wird ein 1:9 Breitbandübertrager beschrieben [7.7]. *DL6NCV* hat auf einen Ferritkern vom Typ Amidon FT 50/43 drei verdrillte 25 cm

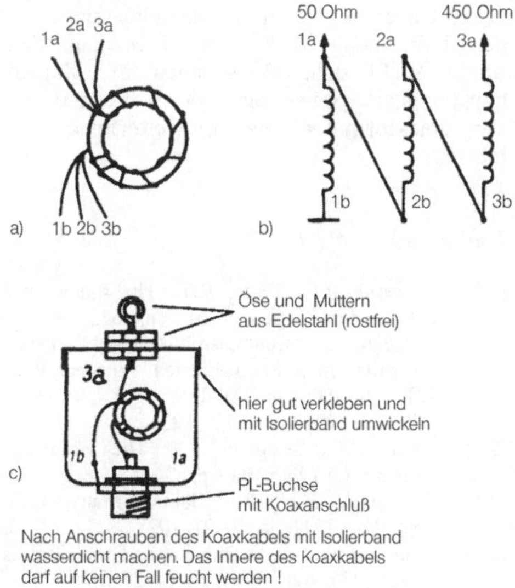

Bild 6.7.1
Details des Breitbandübertragers
a) - Wicklungsschema
b) - Schaltschema
c) - Ausführung

lange 0,25 mm dicke Kupferlackdrähte mit 9 Windungen aufgewickelt.

Bild 6.7.1 a bis **c** zeigt die Details. **Bild 6.7.2** zeigt das fertige Selbstbauprodukt zusammen mit einem käuflichen Produkt („MLB“ der Firma *RF-Systems*). MLB steht für „Magnetic Longwire Balun“. Der Übertrager ist aber kein Balun, sondern ein „Unun“ (unbalanced to unbalanced). Informationen über Breitbandübertrager finden sich in [7.2] bis [7.5] und in [7.8] und [7.9].

Bild 6.7.2
Breitbandübertrager
Links Selbstbauprodukt,
rechts käufliches Produkt

Seit längerem ist so ein Breitbandübertrager mit der Bezeichnung MTFT (Fa. *WiMo*) auf dem Markt. MTFT steht offensichtlich für „Magnettransformator". Neuerdings gibt es diesen Widerstandstransformator auch im wetterfesten Gehäuse.

Literatur zu Abschnitt 6

[2.1] *Morrison, J.F.; Smith, P.H.:* The shunt-exited antenna. Proc. IRE, June 1937, pp. 673–696

[2.2] *Baudoux, P.*: Current Distribution and Radiation Properties of a Shunt-Excited Antenna. Proc. IRE, June 1940, pp. 271–275

[2.3] *J.B. Dow* - US 2,209,813 - 1936

[2.4] *Kraus, J.D.; Sturgeon, S.S.*: The T-Matched Antenna. QST Sep 1940, pp. 24–25

[2.5] *Washburne, H.H.:* The Gamma Match. QST, September 1949, pp. 20–21, 102

[2.5] *Healey, D.J.:* An Examination of the Gamma Match. QST, April 1969, pp. 11–15, 57

[2.6] *Tolles, H.F.:* How to design gamma-matching networks. Ham Radio, May 1973, pp. 46–55

[2.7] *Schreiber, N.:* Einfacher Serienkondensator für Gamma-Anpassung. cq-DL 7/80, S. 312–313

[2.8] *Nelson, R.A.:* Basic gamma matching. Ham Radio, January 1985, pp. 29–33

[2.10] *Lear, V.C.:* Gamma matching towers and masts at lower frequencies. Radio Communication, March 1986, pp. 176–178

[2.11] *Tolles, H.F.:* Design of omega-matching networks. Ham Radio, May 1978, pp. 54–59

[2.12] *Orr, W.I.*: Antennas – Design, construction, fact and even some fiction. CQ Jan 1980, pp. 57–58

[2.13] *Gooch, J.D.; Gardner, O.E.; Roberts, G.L.*: The Hairpin Match. QST April 1962, pp. 11–14, 146

[2.14] *Schwarzbeck, G.*: Streifzug durch den Antennenwald – Die Haarnadelanpassung (Beta-Match). cq-DL 12/80, S. 557–561

[3.1] *Smith, P.H.:* L-Type Impedance Transforming Circuits. Electronics, March 1942, pp. 48–52, 54, 125

[3.2] *Gordon, R.E.:* L Networks for Reactive Loads. QST, September 1966, pp. 30–32

[3.3] *Schwartz, E.*: Zur Theorie der Anpassung mit zwei Reaktanzen. AEÜ April 1969, S. 169–176

[3.4] *Franke, E.F.:* Appreciating the L Matching Network. Ham Radio, September 1980, pp. 26–30

[3.5] *Caron, W.N.*: Antenna Impedance Matching. ARRL, Newington CT, 1989

[4.1] *Kleine, K.-H.*: Das Pi-Filter als Abstimmkreis der Senderendstufe. cq-DL 2/84, S. 76–77; Nachtrag: cq-DL 5/84, S. 255

[4.2] *VE3ERP*: HAMCALC (Free-Software for US$ 5), George Murphy, 77 Mc Kenzie St.,Orillia, ON L3V 6A6, Canada.

[4.3] *Hoff, I.M.*: Transmitter matching networks. Ham Radio March 1978, pp. 42–46

[4.4] *Lickfeld, K.G.*: Problemlösungen beim Bau von Senderverstärker. CQ DL 4/94, 244-249; CQ DL 5/94, S. 326–331; Korrektur: CQ DL 11/94, S. 777

[4.5] *Shulman, J.M.*: T-network impedance matching to coaxial feedlines. Ham Radio Sept. 1978, pp. 22–27

[4.6] *Bruene. W.B.*: How to design RF-Coupling. Electronics May 1952, pp. 134–139

[4.7] *Simon, A.*: Über Koppelschaltungen bei Sendern. FTZ 1954, H. 5, S. 241–246

[4.8] *Fleischmann, U.*: Breitband-Transformation mit 3 Reaktanzen. Nachrichten Elektronik 11, 1978, S. 362–366

[5.1] *Györy, T.*: Die Anpassung erdsymmetrischer und erdunsymmetrischer Systeme mit Boucherot-Brückenschaltung. NTZ 1958, H. 5, S. 258–262

[6.1] *Murphy, G.*: The Quarter-Wave Transformer. CQ April 1999, pp. 30–32

[6.2] *Wheeler, H.A.*: Transmission Lines with Exponential Taper. Proc. IRE, January 1939, pp. 65–71

[6.3] *Zinke, O.*: Die Exponentialleitung als Transformator. Funk und Ton, Nr. 3/1947, S.. 119–129

[6.4] *Ruhrmann, A.*: Verbesserung der Transformationseigenschaften der Exponentialleitung durch Kompensationsschaltung. AEÜ 4 (1950), S. 23-31

[6.5] *Graziadei, H.:* Eine Lösung für einen praktisch frequenzunabhängigen Übergang zwischen einem HF-Kabel und einer erdsymmetrischen HF-Leitung. FTZ, Heft 7, 1953, S. 311-319; *H. Graziadei* – DE 845 967 - 1949

[6.6] *Marshall, J.G.:* Antenna Matching with Line Segments. QST, September 1948, pp. 18–21, 102

[6.7] *Luciani, V.J.:* What's A Stub? CQ, August 1979, pp. 36–40

[6.8] *Plant, A.B.:* The transmission line as an impedance transformer. Radio Communication, October 1986, pp. 702–704

[7.1] *Guanella, G.:* Neuartige Anpassungs-Systeme für Hochfrequenz. BBC-Mitt., 31 (1944), S. 327–329

[7.2] *Sevick, J.:* Simple Broadband Matching Networks. QST, January 1976, pp. 20–23

[7.3] *Ruthroff, C.L.*: Some Broad-Band Transformers. Proc. IRE, August 1959, pp. 1337–1342

[7.4] *Sevick, J.:* Broadband matching transformers can handle many kilowatts. Electronics, Nov. 25, 1976

[7.5] *Sevick, J.:* Transmission Line Transformers. ARRL, Newington, NH, 1990

[7.6] *Hille, K.:* Leitungen für Breitbandübertrager. cq-DL, 3/77, S. 99

[7.7] *Blechschmidt, A.:* Balun: Anpassungsglied von Langdrahtantenne auf Koaxialkabel. Kurier, 10/94, S. 10

[7.8] *Genaille, R..4.*: How to build a Multitap Unun. CQ, May 1992, pp. 28–32

[7.9] *Sevick, J.:* Dual-Ratio Ununs. CQ, March 1993, pp. 54, 56, 58, 60, 61

7 Symmetrier- und Sperrglieder

7.1 Einführung

Speist man eine symmetrische Antenne (Dipol) mit einem unsymmetrischen Kabel (Koaxialkabel), so wird – auch wenn der Eingangswiderstand der Antenne mit dem Wellenwiderstand des Kabels übereinstimmt – die Antenne durch das Kabel unsymmetrisch belastet. Als Folge davon treten Ausgleichsströme (s.g. Mantelwellen) auf, die zu einer Strahlung des Koaxialkabelmantels führen. Die Folge davon sind BCI und TVI.

Die unsymmetrische Erregung der Antenne bewirkt, daß die Richtcharakteristik der Antenne verformt wird, die Antenne „schielt".

Schon 1930 ist diese Tatsache bekannt geworden [1.1]. Die Auswirkungen der Leitungsunsymmetrie in der Praxis wurden bereits 1931 beschrieben [1.2].

Bild 7.1.1 zeigt die Strahlungsdiagramme eines Halbwellendipols, mit und ohne Symmetrierung (Sperrtopf). Das Bild stammt von einer Messung

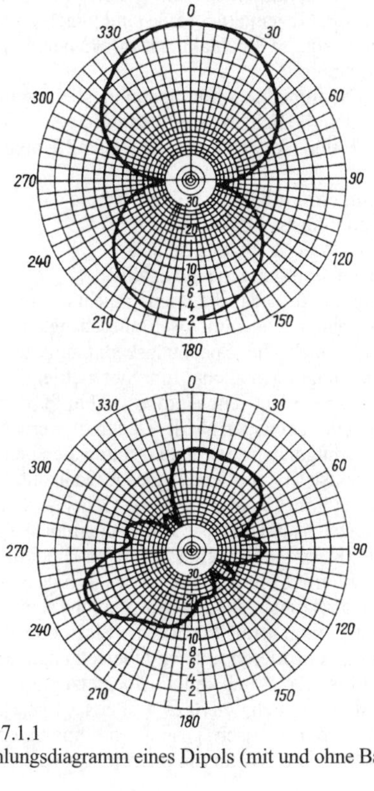

Bild 7.1.1
Strahlungsdiagramm eines Dipols (mit und ohne Balun)

Bild 7.1.2
Älteste Symmetrieranordnung
(Patent von *H.O. Roosenstein*)

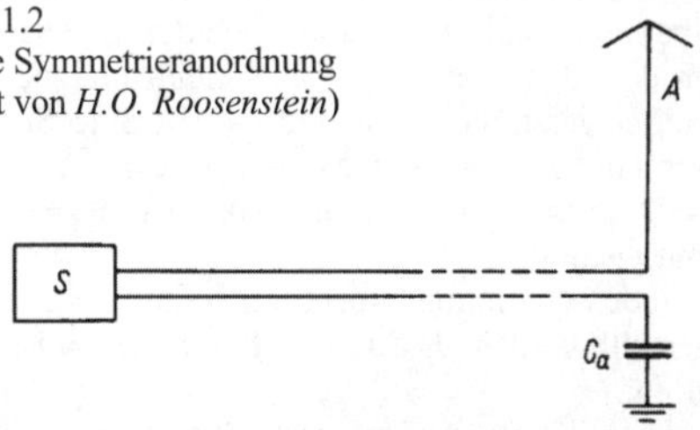

bei 1600 MHz im reflexionsfreien Antennenmeßraum der Universität von North Carolina aus dem Jahre 1980 [1.3].

Anordnungen, um eine symmetrische Last von einer unsymmetrischen Leitung zu speisen, oder auch umgekehrt, nennt man: „Umsymmetrierungsanordnungen", „Symmetrierungsschaltungen", „Symmetrieranordnungen", oder „Symmetrierübertrager".

Der wesentlich kürzere, aus dem amerikanischem Sprachbereich kommende Ausdruck „Balun", hat sich weltweit durchgesetzt.

Balun = **Bal**anced to **un**balanced

Diese Wortschöpfung soll von *A. Alford* stammen, einem bekannten amerikanischen Antennenentwickler, von dem u.a. auch die Alford-Loop stammt und ist erstmals 1947 in der Literatur erwähnt [1.4].

Die erste Zusammenfassung von Symmetrieranordnungen findet sich schon 1939 in [1.5]. Die erste Anordnung zur Messung der Mantelwellen findet sich auch schon 1939 in [1.6].

Die älteste bekanntgewordene Symmetrieranordnung [1.7] ist aus dem Jahre 1928 und stammt von *H.O. Roosenstein*, einem bekannten deutschen Antennenentwickler (Viertelwellentrafo, Exponentialleitung, Halbwellen-Umwegleitung, Ferritabsorber).

Bild 7.1.2 zeigt eine mit einer Doppelleitung gespeiste Monopolantenne. Eine Verbindung geht zur Antenne *A*, die andere über einen Kondensator C_a gegen Erde mit dem Wert der Antennenkapazität. Der Kondensator wurde dann solange verändert, bis die Gleichtaktwelle auf der Doppelleitung ein Minimum war.

7.2 Grundlagen

Zuerst einige Definitionen:

Symmetrie und Unsymmetrie sind bezogen auf Erde, also Erdsymmetrie und Erdunsymmetrie.

Symmetrischer Betrieb = Gegentaktbetrieb: Spannung und Strom sind in beiden Leitern gleich groß und gegenphasig. Die elektromagnetischen Felder heben sich in einiger Entfernung auf und die Strahlung ist vernachlässigbar. Das ist der übliche Betrieb auf HF-Leitungen.

Unsymmetrischer Betrieb = Gleichtaktbetrieb: Spannung und Strom sind in beiden Leitern gleich groß und gleichphasig. Die elektromagnetischen Felder verstärken sich und es tritt eine Strahlung auf. Gleichtaktwelle = Mantelwelle

Gesamtleistung = Gegentaktleistung + Gleichtaktleistung

Jede Schwingungsform auf Leitungen kann dargestellt werden als Summe dieser beiden Betriebsarten.

Beim Übergang von symmetrischen auf unsymmetrischen Leitungen tritt an der Übergangsstelle eine Stromverzweigung auf. Die Aufteilung der Ströme in Gleich- und Gegentaktströme hängt ab von der Leitungslänge und den unterschiedlichen Impedanzen, die für die Gleich- und Gegentaktwelle am Leitungsende vorhanden sind.

Die Strom- und Widerstandsverhältnisse sind daher nicht definiert!

Folgen:

- Die Welligkeit ändert sich mit der Leitungslänge
- Das Strahlungsdiagramm wird durch Mantelwellenstrahlung verformt
- BCI und/oder TVI kann auftreten durch Mantelwellenstrahlung

Bild 7.2.1 zeigt eine Stromaufteilung bei direktem Übergang zwischen Koaxialleitung und Zweidrahtleitung.

- Symmetrische Anordnungen: Dipol, Zweidrahtleitung
- Unsymmetrische Anordnung: Monopol, Koaxialkabel

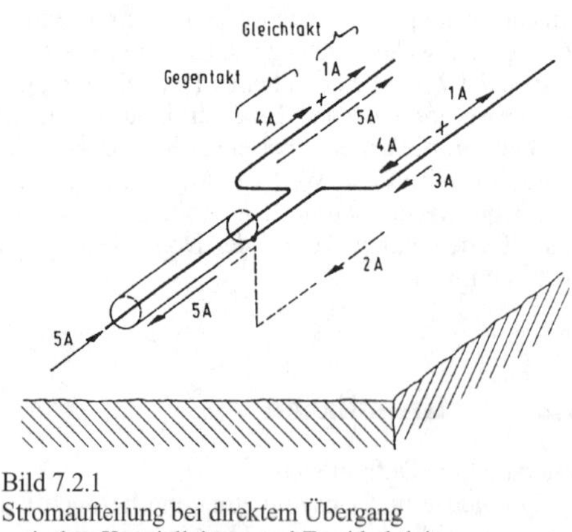

Bild 7.2.1
Stromaufteilung bei direktem Übergang zwischen Koaxialleitung und Zweidrahtleitung

Früher hat man einen Monopol mit einer Zweidrahtleitung gespeist. Heute speist man einen Dipol mit einem Koaxialkabel. In beiden Fällen ist eine Symmetrierung notwendig. Die Speisung mit Koaxialkabel bietet einige Vorteile: Das unsymmetrische Kabel (Koaxialkabel) ist strahlungsfrei, für hohe Frequenzen geeignet und unproblematisch in der Verlegung.

Die symmetrische Antenne (Dipol) hat eine definierte größere Impedanz und ein bekanntes Strahlungsdiagramm, beide weitgehend unabhängig von der Umgebung, außerdem besitzt die Antenne einen guten Wirkungsgrad. Für den Übergang von einem Koaxialkabel auf eine symmetrische Zweidrahtleitung benötigt man einen Balun, der auf der unsymmetrischen oder auf der symmetrischen Seite eingesetzt werden kann.

Im Lang-, Mittel- und Kurzwellenbereich, wo die Abmessungen noch klein sind gegen die Wellenlänge, kann man konzentrierte Schaltelemente (Spulen und Kondensatoren) oder Übertrager einsetzen. Im Kurz- und Ultrakurzwellenbereich verwendet man koaxiale oder symmetrische Leitungselemente. Im Mikrowellenbereich sind planare Mikrostrip- oder Stripline-Anordnungen üblich.

Symmetriebedingungen

Impedanzen gegen Erde sind gleich groß, Gegentakt-Spannungen sind gleich groß und gegenphasig, Gegentakt-Ströme sind gleich groß und gegenphasig, Gleichtakt-Strom (Mantelwellenstrom) ist Null.

Mit der Impedanz- und Spannungsbedingung ergeben sich die beiden Strombedingungen.

Die Baluns kann man einteilen in 2 Kategorien [2.1]:

- Symmetrierglieder.....voltage baluns (Spannungsbedingung ist erfüllt)
- Sperrglieder.....current baluns (Strombedingungen sind erfüllt)

Wenn die Impedanzbedingung nicht erfüllt ist, etwa bei einem unsymmetrisch aufgehängten Dipol, stimmen auch die Spannungsbedingung und die Strombedingungen nicht. Ein Symmetrierglied arbeitet dann nicht einwandfrei! Abhilfe dagegen bringt nur ein Sperrglied. Dadurch werden die Strombedingungen erzwungen. Durch die Sperre des Gleichtaktstroms am Koaxkabel-Außenmantel wird so ein „symmetrischer Betrieb = Gegentaktbetrieb“ erzwungen. Man kann also mit einer simplen Koaxialspule (Kabeldrossel) einen schrägen Dipol mantelwellenfrei mit Koaxialkabel speisen. Einige Symmetrierglieder können auch transformierend sein.

Ausführungen mit Ferritkern (Stab- oder Ringkern) transformieren je nach Übersetzungsverhältnis 1:1 bis 1:16. Auch andere Übersetzungsverhältnisse sind möglich, wie 6,25:1 oder 12:1 [2.2].

Bei unsymmetrisch gespeisten Dipolantennen, wie etwa bei der Windom-Antenne, verwendet man eine Serienschaltung von einem transformierenden Symmetrierglied (1:6) und einem Sperrglied (1:1).

Allgemein wird angenommen, daß Baluns nur mit ohmschen Abschlüssen gut arbeiten und mit komplexen Lasten ihre Wirksamkeit leidet.

Man kann die Baluns aber mit Erfolg auch bei Blindanteilen einsetzen!

In der Nähe der Nennimpedanz (50 Ω bei 1:1 oder 200 Ω bei 1:4) sind die Verluste am geringsten. Mit der Abweichung davon steigen die Verluste schnell an [2.3].

Es ist zweckmäßig, beim Einsatz von Baluns die Blindanteile (Reaktanzen) der Antenne vorher durch Abstimmung schon zu beseitigen. Große Spannungen bzw. große Ströme durch Blindanteile können Fehler hervorrufen (Spannungsüberschläge bei den Windungen bzw. Erhitzen der Windungen oder Sättigung und damit Erzeugung von Nichtlinearitäten bei Ferriten) bis hin zur Balunzerstörung. Die Zuordnung einzelner Baluns entweder zu den Symmetriergliedern oder zu den Sperrgliedern ist nicht ganz einfach. So sind z.B. einige Leitungsübertrager und einige Breitbandübertrager eigentlich Sperrglieder. Durch eine Zusatzleitung oder Zusatzwicklung (Kompensations- oder Ausgleichswicklung) entstehen daraus dann erst Symmetrierglieder. Umgekehrt wird eine Serienschaltung von einem Symmetrierglied und Sperrglied meist als Sperrglied eingesetzt (siehe oben). Es gibt sowohl bei den Symmetriergliedern, als auch bei den Sperrgliedern Dutzende schmalbandige oder breitbandige Ausführungen.

Übersichten über viele Typen von Baluns sind zu finden in [2.4] bis [2.8].

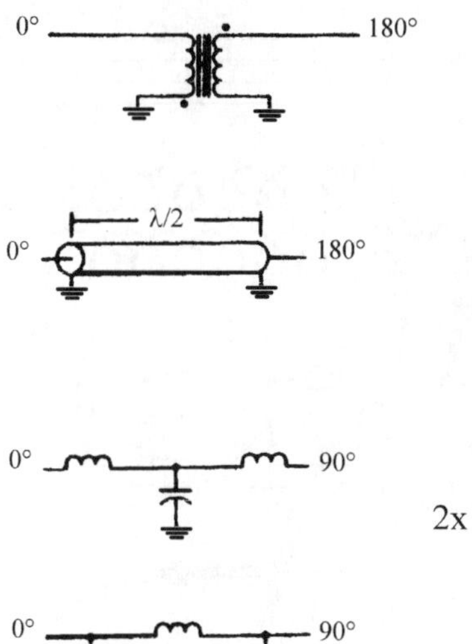

Bild 7.3.1
Methoden zur Erzeugung der notwendigen Phasenverschiebung von 180°

7.3 Symmetrierglieder

Prinzip:
Es ist eine Phasendrehung von 180° vorhanden, damit heben sich die Gleichtaktwellen auf und die Gegentaktwellen verstärken sich.
Realisierung:

1 x Übertrager	(0°/180°)
1 x Übertrager	(-90°/0°/+90°)
1 x Halbwellenleitung	(180°)
2 x Viertelwellenleitung	(2 x 90°)
2 x T-Glied oder Pi-Glied	(2 x 90°)
1 x Doppeltes T-Glied oder Pi-Glied	(180°)

Bild 7.3.1 zeigt Methoden zur Erzeugung der notwendigen Phasenverschiebung von 180°. Bei tieferen Frequenzen werden konzentrierte Schaltelemente verwendet (Übertrager, Spulen und Kondensatoren), bei höheren Frequenzen Leitungen (Zweidraht- und Koaxialleitungen). Bei noch höheren Frequenzen kommen Streifenleitungen und Mikrostreifenleitungen zum Einsatz.

Man unterscheidet zwischen abgestimmten und breitbandigen Symmetriergliedern, und zwischen nichttransformierenden und transformierenden Symmetriergliedern. Symmetrierung und Transformation werden oft gleichzeitig durchgeführt.

Symmetrierübertrager gibt es ohne Transformation (Widerstandsverhältnis 1:1) und mit Transformation (z.B. Widerstandsverhältnisse 1:4 bis 1:16).

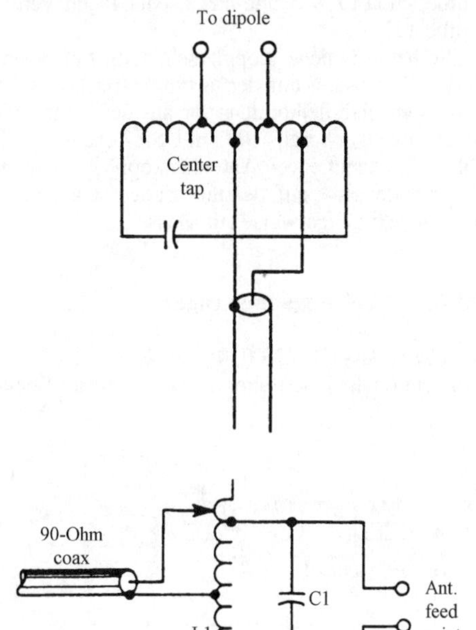

Bild 7.3.2
Resonanz-Balun
(LC-Anpaßglied als Symmetrierglied)

7.3.1 Übertrager

Übertrager dienen zur Transformation und Symmetrierung. Abgestimmte Übertrager, z.B.: Antennenkoppler und LC-Glieder, sind schmalbandig. Nichtabgestimmte Übertrager sind breitbandiger. Mit „Luftkopplung" haben sie etwa ein Frequenzverhältnis von 10:1. Mit „Magnetkopplung" kann ein Frequenzverhältnis bis 100:1 erreicht werden. Bei höheren Frequenzen verwendet man dann Leitungsübertrager, ohne Trennung von Primär- und Sekundärseite, mit einem Frequenzverhältnis bis 1000:1.

7.3.1.1 Resonanz-Balun

Ein abgestimmtes LC-Glied (LC-Anpaßglied) kann neben der Reaktanzkompensation und Impedanztransformation auch zur Symmetrierung verwendet werden. Dabei wird der Mantel des Koaxialkabels mit der genauen Mitte der Spule verbunden. **Bild 7.3.2** zeigt zwei Varianten davon.

7.3.1.2 Resonanz-Tuner

Ein Resonanz-Tuner (abstimmbarer Antennenkoppler) als Symmetrierübertrager, mit einem Serienkondensator auf der unsymmetrischen Seite, wurde schon 1928 in einem deutschen Patent veröffentlicht [3.1].

Die heute übliche Kopplerschaltung mit einem Serienkondensator auf der unsymmetrischen Seite und einem Parallelkondensator auf der symmetrischen Seite war bereits 1932 in USA bekannt [3.2]. **Bild 7.3.3** zeigt zwei Antennenkopplervarianten. Der Kondensator auf der unsymmetrischen Seite liegt zweckmäßigerweise auf Masse.

7.3.1.3 Leitungsübertrager

(*G. Guanella* – CH 233 050 – 1942)
Konventionelle Übertrager haben wegen der Wicklungskapazität, die mit der Spuleninduktivität Resonanz ergibt, eine niedrige obere Frequenzgrenze. Der Leitungsübertrager vermeidet diesen Nachteil, weil die zuvor schädliche Kapazität in der charakteristischen Impedanz (Wellenwiderstand) der Leitung einbezogen ist. Leitungsübertrager werden auch als „*Guanella*-Übertrager" bezeichnet.

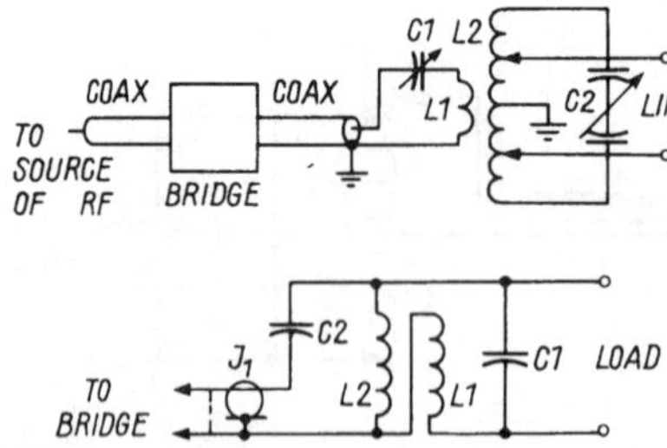

Bild 7.3.3
Resonanz-Tuner (Antennenkoppler als Symmetrierglied)

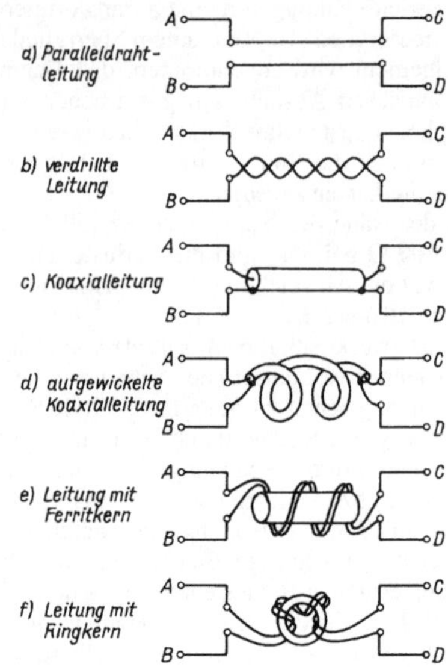

Bild 7.3.4
Ausführungsformen von Leitungsübertragern

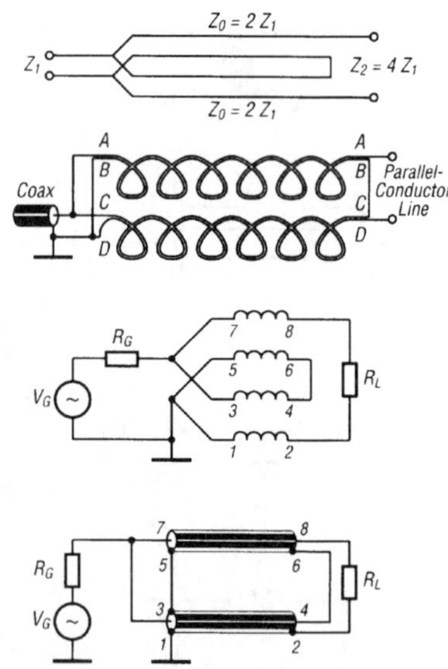

Bild 7.3.5
Widerstandstransformation 1 : 4
mit verschiedenen Leitungen

Bei den Leitungsübertragern gibt es keine galvanische Trennung zwischen Primär- und Sekundärseite, sondern die Entkopplung entsteht durch die entsprechende elektrische Länge [3.3]. Werden die Leitungen aufgewickelt, so vergrößert sich die Gesamtinduktivität, eine weitere Vergrößerung der Induktivität entsteht durch den Einsatz von Ferritkernen. In **Bild 7.3.4** sind verschiedene Ausführungsformen von Leitungsübertragern zu sehen.

Guanella zeigte in einem späteren Schweizer Patent [3.4] auch, daß durch passende Zusammenschaltung (seriell und parallel) von mehreren Leitungsübertragern verschiedene Widerstandstransformationen möglich sind. In **Bild 7.3.5** ist eine Widerstandstransformation 1:4 mit verschiedenen Leitungen zu sehen.

Ein Leitungsübertrager (1:1) mit zwei parallelgeschalteten aufgewickelten Zweidrahtleitungen wurde in den 60er-Jahren, bevor es die Ferritkern-Breitbandübertrager gab, bei der *W3DZZ*-Antenne viel verwendet.

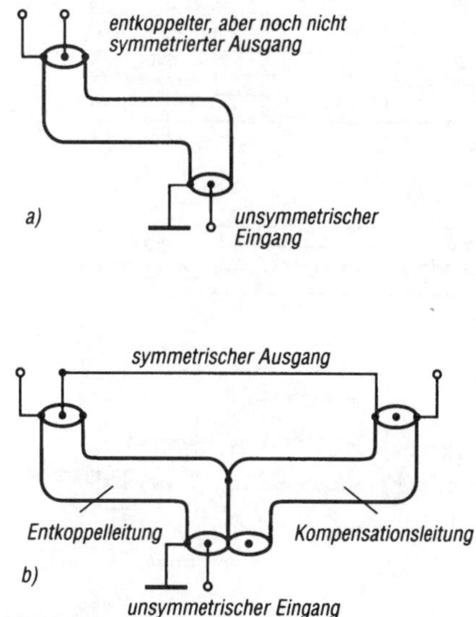

Bild 7.3.7
Entwicklung zum Symmetrierübertrager
a) - Leitungsübertrager allein nur entkoppelt
b) - durch Kompensationsleitung symmetrierend

7.3.1.4 Breitbandübertrager

Breitbandübertrager sind meist symmetrierende Leitungsübertrager auf Ferritkernen, entweder als Stabkernübertrager oder als Ringkernübertrager. Die untere Frequenzgrenze wird durch die Primärinduktivität bestimmt. Je größer die Kernpermeabilität ist, desto weniger Windungen werden für eine bestimmte untere Frequenz benötigt und desto größer ist die Bandbreite. Ferritkerne sind dafür sehr geeignet. Die Permeabilität von einigen Ferriten ist hoch bei tiefen Frequenzen und fällt zu höheren Frequenzen hin ab.

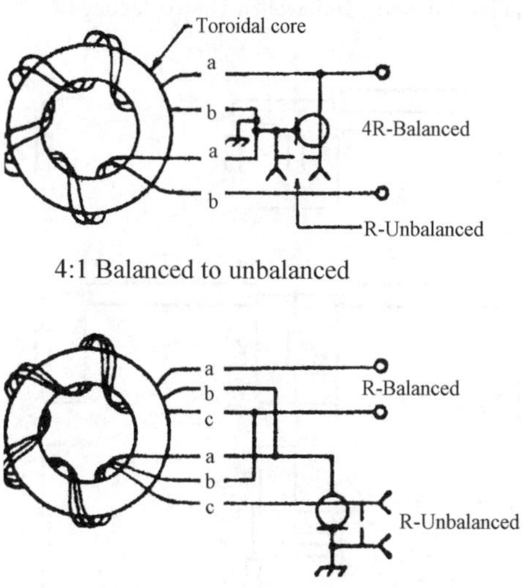

Bild 7.3.6
Breitband-Übertrager mit Ferritringkern

Wichtig ist eine feste Kopplung bei allen Frequenzen. Bifilarwicklungen oder verdrillte Drähte ergeben eine gute Kopplung. Eine der ersten Beschreibungen von Breitbandübertragern mit Ferritringkern erschien 1959 [3.5]. Die erste Veröffentlichung im Amateurbereich erst 1964 [3.6]. **Bild 7.3.6** zeigt die zwei Ausführungen daraus. Weitere Veröffentlichungen sind zu finden in [3.7] bis [3.12]

Bild 7.3.7 zeigt die Entwicklung zum Symmetrierübertrager. Der entkoppelnde Leitungsübertrager wird durch eine Kompensationsleitung zu einem Symmetrierübertrager. Durch eine zusätzliche Leitung oder Wicklung (Kompensations- oder Ausgleichswicklung) entsteht ein Symmetrierglied nach dem Prinzip der Symmetrierschleife (vgl. Abschnitt 7.3.3) (**Bild 7.3.8**).

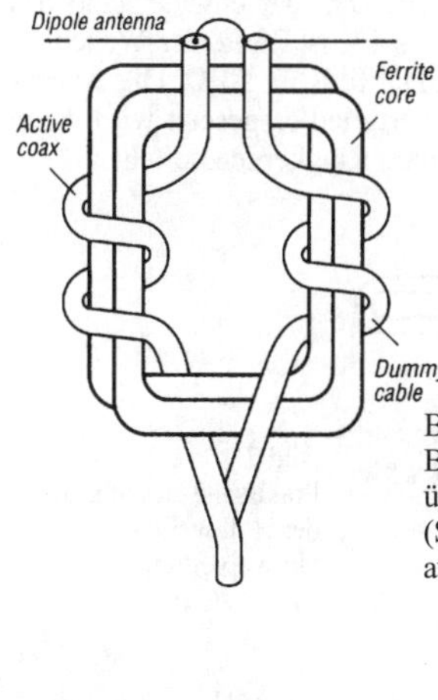

Bild 7.3.8
Breitband-Symmetrierübertrager 1:1
(Symmetrierschleife auf Ferritkern)

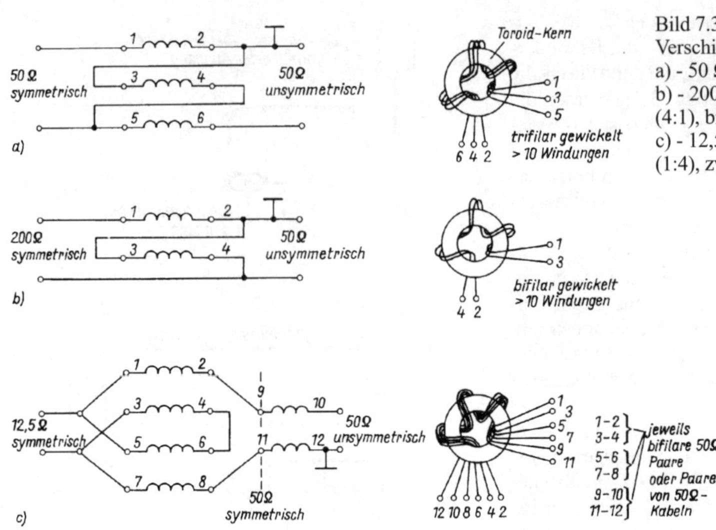

Bild 7.3.9
Verschiedene Ringkernübertrager
a) - 50 Ω (1:1), trifilar
b) - 200 Ω symm. auf 50 Ω unsymm. (4:1), bifilar
c) - 12,5 Ω symm. auf 50 Ω unsymm. (1:4), zweistufig

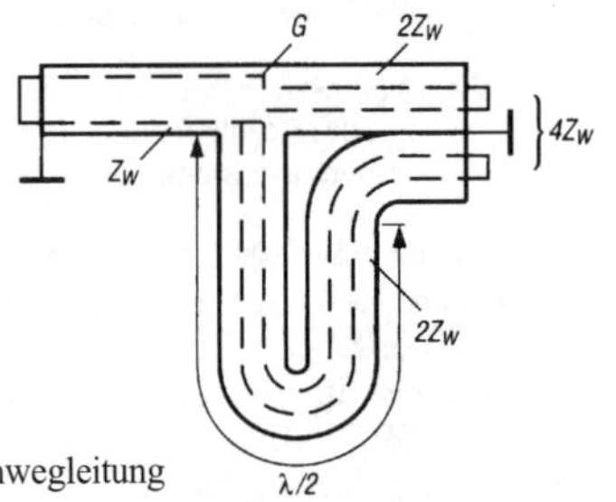

Bild 7.3.10
Prinzip der
Halbwellen-Umwegleitung

Bild 7.3.9 zeigt einige Ringkernübertrager. Der 1:1-Symmetrierübertrager in a) besteht aus drei gleichsinnigen Wicklungen (trifilar). Der 1:4 Symmetrierübertrager in b) besteht aus zwei gleichsinnigen Wicklungen (bifilar). Der Wellenwiderstand der Leitungsübertrager soll normal das geometrische Mittel aus den Endwiderständen sein, d.h. 100 Ω bei b).

Der 1:4-Symmetrierübertrager in c) ist eine zweistufige Ausführung. Die erste Stufe transformiert und die zweite Stufe sperrt. Der Wellenwiderstand des transformierenden Teils 1:4 ist 25 Ω, der Wellenwiderstand des sperrenden Teils ist 50 Ω. Die Anordnung, die auch als Sperrglied eingesetzt wird, kann auch aus zwei getrennten Ringkernen bestehen.

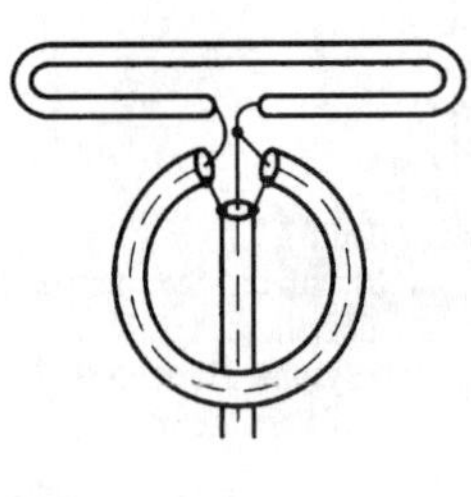

Bild 7.3.11
Praktische Ausführung
der Halbwellen-
Umwegleitung

7.3.2 Umwegleitungen

Umwegleitungen bestehen aus Leitungen mit der elektrischen Länge von $\lambda/2$. Dadurch ergibt sich eine Phasendrehung um 180°. Bei Anpassung auf der symmetrischen Seite ist auch die unsymmetrische Seite reflexionsfrei abgeschlossen.

7.3.2.1 Halbwellen-Umwegleitung

(*A. Gothe, H.O. Roosenstein, L. Walter* – DE 568 559 – 1931)

Ein Symmetrierglied, mit gleichzeitiger Transformation 1:4 ist die Halbwellen-Umwegleitung [3.13].

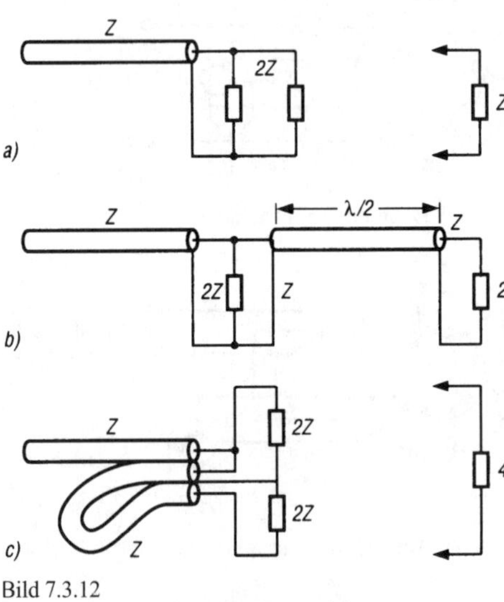

Bild 7.3.12
Entstehung der Halbwellen-Umwegleitung

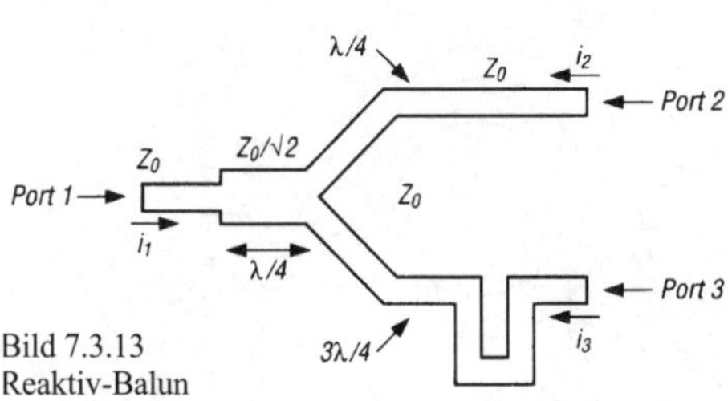

Bild 7.3.13
Reaktiv-Balun

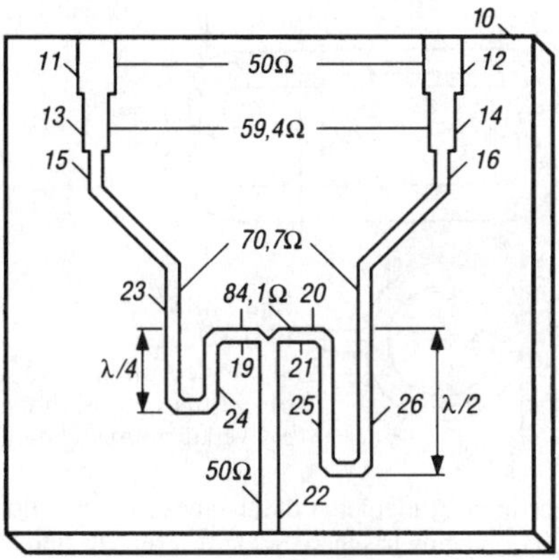

Bild 7.3.14
Reaktiv-Balun

Die Koaxialleitung mit dem Wellenwiderstand Z_W, gabelt sich am Punkt G in 2 Leitungen auf mit dem Wellenwiderstand 2 Z_W. Eine der beiden Leitungen ist um $\lambda/2$ länger, als die andere. Da die Halbwellenleitung abgestimmt ist hängt die Widerstandsumwandlung nicht vom Wellenwiderstand ab. Mit dem angegebenen Wert von 2 Z_W (als geometrischer Mittelwert von Z_W und 4 Z_W) ergibt sich die größte Bandbreite (**Bild 7.3.10**). **Bild 7.3.11** zeigt die praktische Ausführung einer Halbwellen-Umwegleitung und das **Bild 7.3.12** beschreibt die Entstehung der Halbwellen-Umwegleitung. Einen Widerstand Z kann man durch zwei parallele Widerstände mit je $2Z$ ersetzen a). Wenn man zwischen diese beiden Widerstände eine Halbwellenleitung einfügt, ändert sich die Phase um 180° b). Links und rechts von der Halbwellenleitung befinden sich jetzt die symmetrischen Anschlußpunkte. Man kann dann die Leitung zu einer Schleife biegen und die Masseverbindungen der Widerstände zusammenfassen. Den zwei seriellen Widerständen mit je $2Z$ entspricht ein Widerstand $4Z$ c). Um die geometrische Länge zu erhalten, muß man die elektrische Länge von $\lambda/2$ mit dem Verkürzungsfaktor V (bei Polyäthylen 0,66) multiplizieren.

7.3.2.2 Reaktiv-Balun

Dieses Symmetrierglied ist als gedruckte Schaltung ausgeführt und besteht aus einem Verteiler mit einer

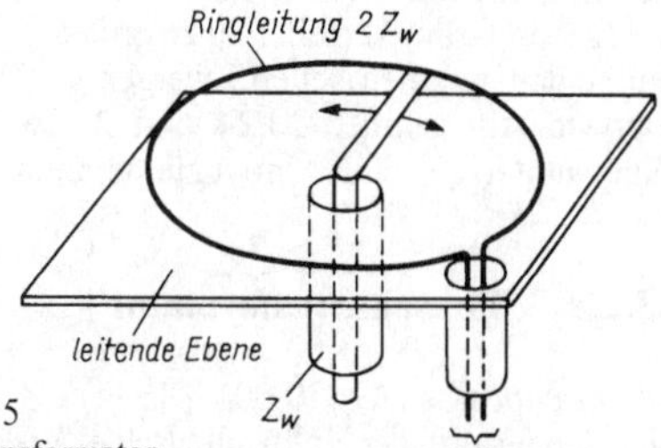

Bild 7.3.15
Phasentransformator

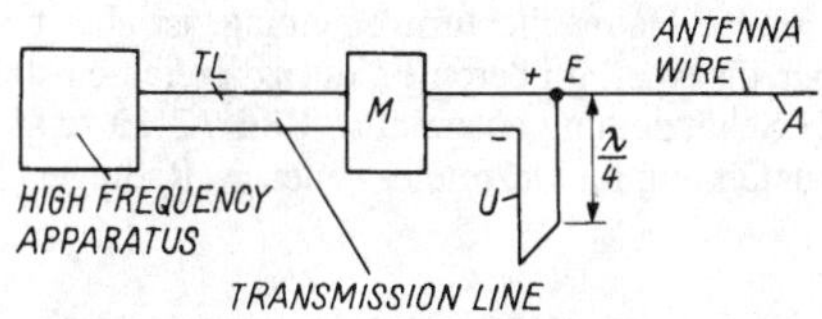

Bild 7.3.16
Carter-Umwegleitung

Eingangsleitung und zwei Ausgangsleitungen, alle mit gleichem Wellenwiderstand (Z_0 = 50 Ω). Eine Ausgangsleitung ist dabei um $\lambda/2$ länger als die andere. Die Anpassung der unsymmetrischen 50-Ω-Seite und der symmetrischen 50-Ω-Seiten sind unterschiedlich ausgeführt.

In **Bild 7.3.13** wird zur Anpassung auf der Seite eine Viertelwellen-Transformationsleitung mit dem Wellenwiderstand $Z_0/2$ = 35,35 Ω eingesetzt, um den Wellenwiderstand 50 Ω parallel 50 Ω = 25 Ω am Verteiler zu erhalten [3.14]. In den symmetrischen Zweigen sind $\lambda/4$- und $3\lambda/4$-Leitungen eingesetzt.

In **Bild 7.3.14** wird zur Anpassung der Wellenwiderstand der symmetrischen Leitungen 11 bis 19 und 12 bis 21 stufenweise (59,4 Ω; 70,7 Ω; 84,1 Ω)

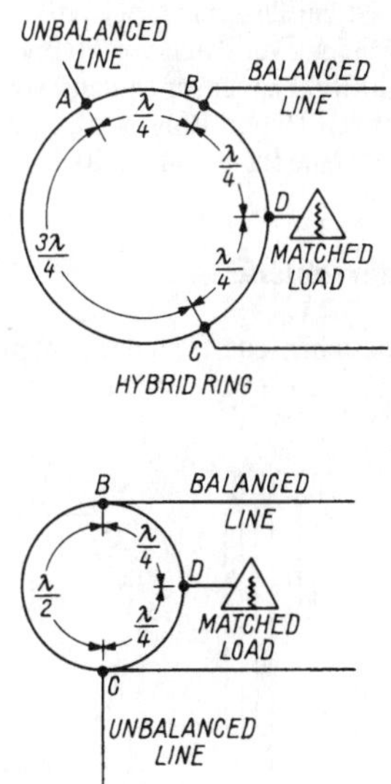

Bild 7.3.17
Hybrid-Ringe

geändert, um den Wellenwiderstand 100 Ω parallel 100 Ω = 50 Ω, am Verteiler 20 zu erhalten [3.15]. In den beiden symmetrischen Zweigen sind noch gekoppelte Allpassfilter 23/24 und 25/26, mit λ/2 Längenunterschied als Umwegleitung eingebaut.

7.3.2.3 Phasentransformator

(*W. Buschbeck* – DE 620 001 – 1934).
Eine Sonderform der Halbwellenschleife ist der Phasentransformator. Er funktioniert im Prinzip ähnlich wie eine Halbwellenumwegleitung, ist aber bequemer für einen größeren Frequenzbereich einstellbar als Schlitzleitung ausgeführt. **Bild 7.3.15** zeigt eine Ausführung für Dezimeterwellen (v. Radinger).

7.3.2.4 *Carter*-Umwegleitung

(*P.S. Carter* – US 2,115,764 – 1936)
Bild 7.3.16 zeigt die Anwendung. Aus einem Sender kommt eine Doppelleitung TL über eine Matchbox M. Bei Punkt E am oberen Teil der Doppelleitung wird der Antennendraht A angeschlossen. Der untere Teil der Doppelleitung durchläuft eine Schleife U von einer Halbwellenlänge und trifft dann mit 180° Phasenverschiebung bei E auf den oberen Teil der Doppelleitung. Dort sind dann beide Phasen gleich. Diese Symmetrierungsform wurde neuerdings als *G6CJ*-Balun wiederentdeckt [3.16].

7.3.2.5 Hybrid-Ringe

Ein Hybrid-Ring-Balun arbeitet prinzipiell wie eine Halbwellen-Umwegleitung. Zwischen den beiden symmetrischen Armen ist ein Phasenunterschied von 180° (λ/2). **Bild 7.3.17** zeigt zwei Arten von Hybrid-Ringen. Der eine Hybrid-Ring hat einen Umfang von 6λ/4 = 3λ/2. Beim anderen Hybrid-Ring beträgt der Umfang 2λ/2 = λ. Die nutzbare Bandbreite ist 10-15%.

7.3.3 Symmetrierschleifen

Symmetrierschleifen bestehen aus Leitungen, meistens Koaxialleitungen, von einer Viertelwellenlänge, deren Außenleiter durch eine λ/4-Nachbildung zu einer symmetrischen Schleife ergänzt sind. Die Symmetrierschleifen sind frequenzabhängig, also nur für Monobandantennen geeignet.

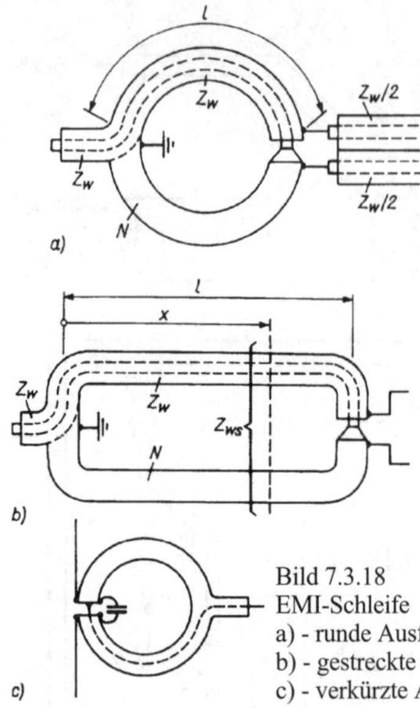

Bild 7.3.18
EMI-Schleife
a) - runde Ausführung
b) - gestreckte Ausführung
c) - verkürzte Ausführung

7.3.3.1 *EMI*-Schleife

(*W.S. Percival, E.L.C. White* – GB 438 506 – 1934)
Die Schleife ist nach der britischen Firma *EMI* (*Electric and Musical Industries Ltd.*) benannt. **Bild 7.3.18** zeigt eine runde, eine gestreckte und eine verkürzte Ausführung. Die verkürzte (runde) Form ist durch eine Kapazität abgestimmt. Von der symmetrischen Seite her fließt je ein Strom über den Außenleiter des Speisekabels und der Nachbildung N. Aus Symmetriegründen hat der gegenüber liegende Punkt Erdpotential, die beiden Ströme heben sich auf und der Außenleiter ist von da an nach links stromlos. **Bild 7.3.19** zeigt links das Prinzip, in der Mitte eine Ausführung mit einem Kabelstück (auf beiden Seiten kurzgeschlossen) und rechts eine mechanisch stabile Ausführung. Die Länge der Viertelwellenleitung ist dabei etwas kürzer als λ/4, der

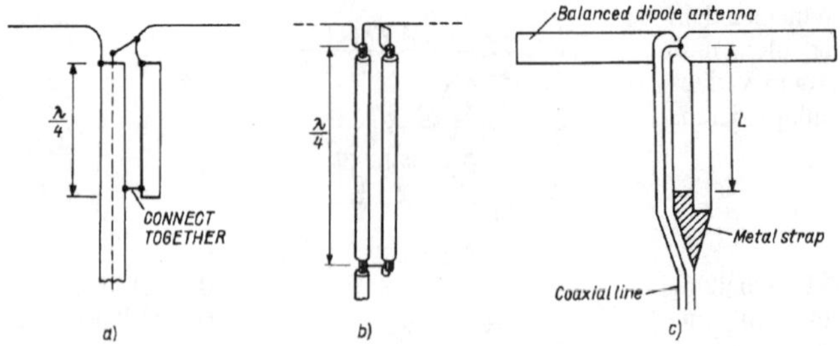

Bild 7.3.19
EMI-Schleife
a) - Prinzip
b) - Ausführung
mit einem auf beiden Seiten
kurzgeschlossenem Kabelstück
c) - mechanisch stabile Ausführung

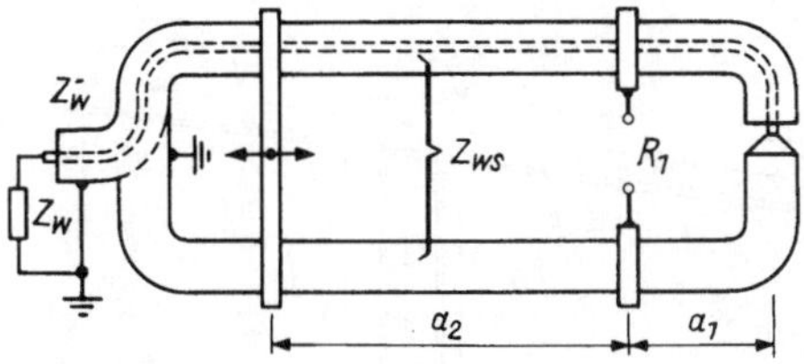

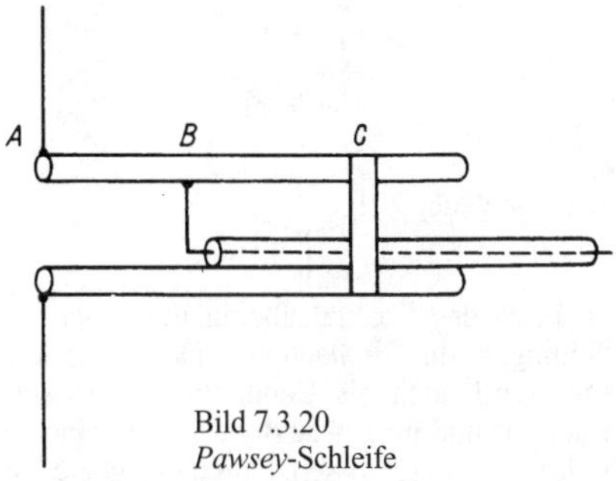

Bild 7.3.20
Pawsey-Schleife

Verkürzungsfaktor ist etwa $V = 0.95$. Die Symmetrierung ist ohne Transformation, also 1:1.

7.3.3.2 *Pawsey*-Schleife

(*E.C. Cork, J.L. Pawsey* – GB 462 911 – 1935)
Die Pawsey-Schleife ist eine Symmetrierschleife mit Transformation. Es ermöglicht die Symmetrierung von zu kurzen oder zu langen, also von reaktanzbehafteten, Antennen (**Bild 7.3.20**).

Die Abstimmung wird erreicht durch Verschieben des Kurzschlußschiebers C. Dadurch wird der Imaginärteil kompensiert. Die Anpassung wird erreicht durch Wahl des Anschlußpunktes B. Dadurch wird der Realteil der Antenne auf den Wellenwiderstand des Koaxialkabels transformiert.

7.3.3.3 Breitbandsymmetrierschleife

(*W. Buschbeck, H.J. v. Baeyer* – DE 724 131 – 1937) Diese Symmetrierschleife besteht aus zwei Koaxialkabelringen (aufgewickelte EMI- Schleife) und ist dadurch breitbandig [3.17]. **Bild 7.3.21** zeigt das Prinzip, **Bild 7.3.22** eine Ausführung und **Bild**

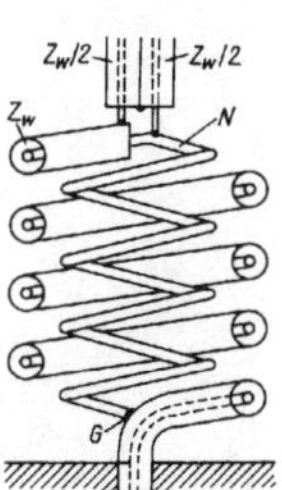

Bild 7.3.21
Breitbandsymmetrierschleife
(Prinzip)

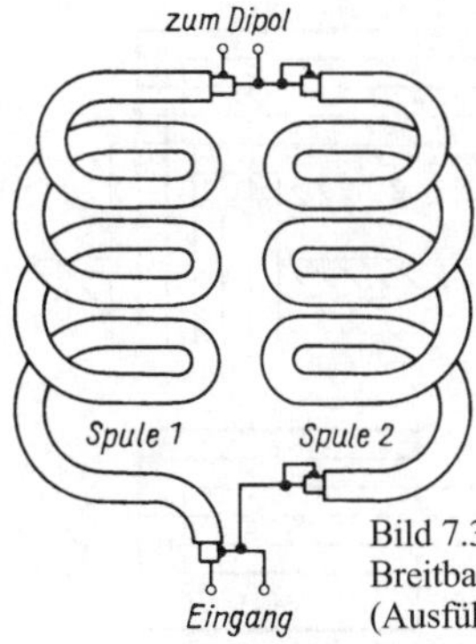

Bild 7.3.22
Breitbandsymmetrierschleife
(Ausführung)

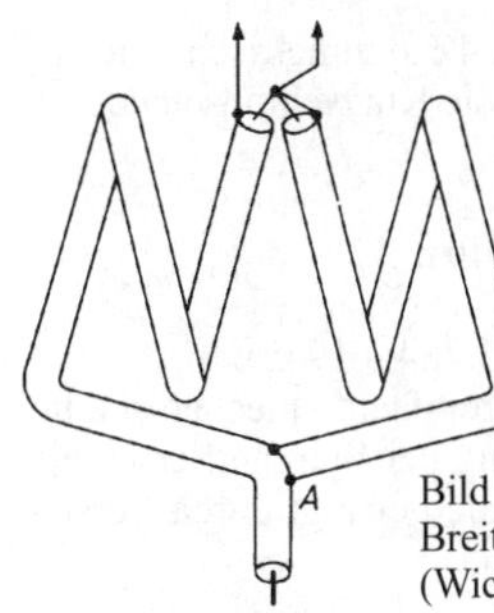

Bild 7.3.23
Breitbandsymmetrierschleife
(Wicklungsanordnung)

7.3.23 die Wicklungsanordnung. Dieser Balun wird in USA vielfach auch Koaxial-Balun oder „*Collins-Balun*" genannt, weil *W. Bruene* von der Fa. *Collins* für eine Kombination aus einer Breitbandsymmetrierschleife und einem *Guanella*-Übertrager in den USA ein Patent bekommen hat [3.18].

Dieser Koaxial-Balun wurde in den 60er-Jahren, bevor es die Ferritkern-Breitbandübertrager gab, bei der *W3DZZ*-Antenne viel verwendet.

7.3.3.4 Potentialtransformator

(*W. Buschbeck* – CH 228 100 – Dt. Priorität 1941) Der Potentialtransformator besteht aus der Kombination einer *EMI*-Schleife mit einem symmetrischen 1:4 Transformationsglied (**Bild 7.3.24**). Links ist die *EMI*-Schleife *S* und rechts ist ein symmetrisches 1:4 Transformationsglied *T* angeschlossen, das aus einer Koaxialleitung der doppelten Impedanz 2*Z* besteht.

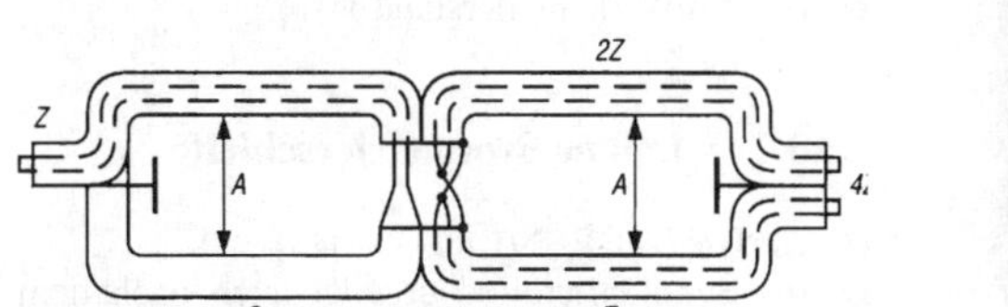

Bild 7.3.24
Potentialtransformator

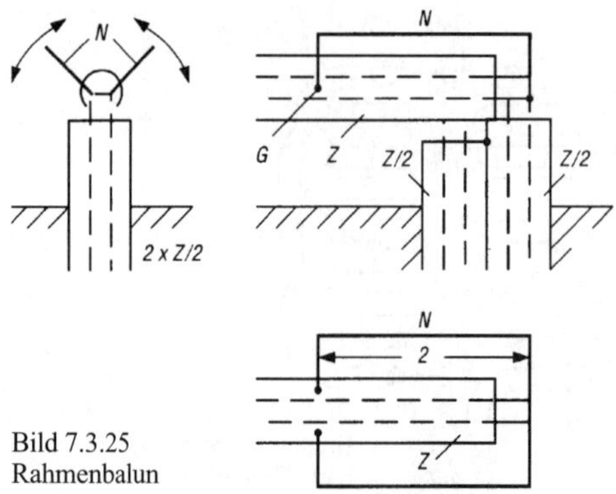

Bild 7.3.25
Rahmenbalun

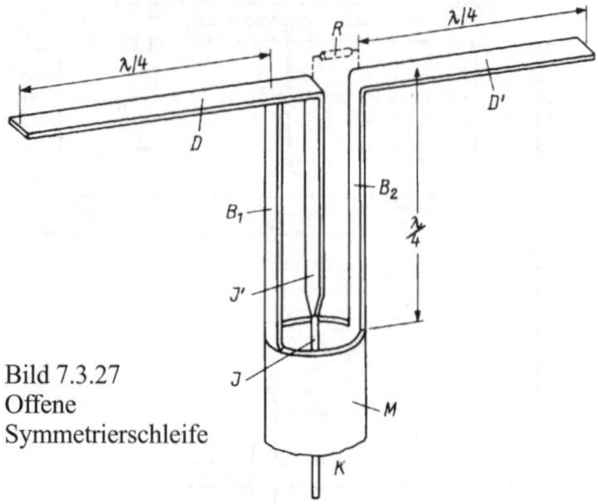

Bild 7.3.27
Offene
Symmetrierschleife

Der Ausgang ist dann 4*Z* symmetrisch. Die Abstimmung erfolgt durch die Kurzschlußschieber *A*.

7.3.3.5 Rahmen-Balun

(*W. Buschbeck* – DE 753.484 – 1942)
Dieser Balun ist eine vereinfachte mechanisch unsymmetrische Ausführung der Symmetrierschleife (**Bild 7.3.25**). Der Abgleich erfolgt durch Verstellen der Rahmenteile *N*.

7.3.3.6 Schlitz-Balun

Diese Ausführungsform geht auf ein anglo-amerikanisches Vorbild zurück. An die beiden Halbschalen ist die Dipolantenne angeschlossen, während der Innenleiter mit einer Halbschale verbunden ist (**Bild 7.3.26**), [3.19]. Durch passende Wahl des Wellenwiderstandes der geschlitzten Leitung z.B. durch ovale Deformation des geschlitzten Außenleiters lassen sich verschiedene Transformationen erzielen. Bei gleichem Wellenwiderstand ergibt sich eine Transformation von 1:4, bei halbem Wellenwiderstand 1:1.

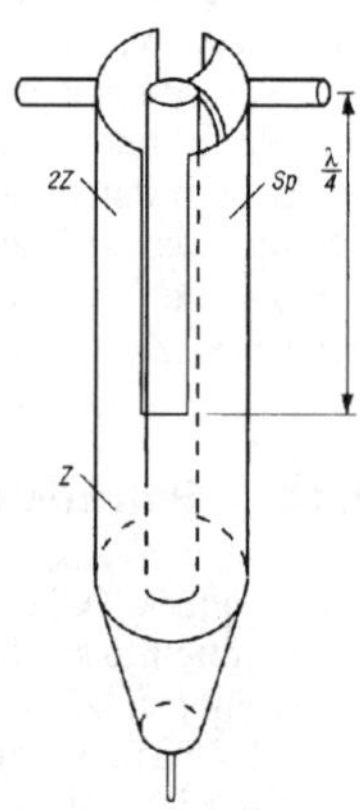

Bild 7.3.26
Schlitz-Balun

7.3.3.7 Offene Symmetrierschleife

(*E. Gerhard* – DE 891 863 – 1943)
Dieses Symmetrierglied arbeitet auch nach dem Prinzip der Symmetrierschleife und ist einfach herzustellen (**Bild 7.3.27**).

Vom Ende des Koaxialkabelmantel gehen zwei Bandleitungen zur Dipolantenne. Der koaxiale Innenleiter wird auch als Bandleitung dazwischen weitergeführt und im Abstand von λ/4 an einen der beiden Leiter angeschlossen. Durch geeignete Breite des bandförmigen Innenleiters kann die Transformation 1:1 für einen Dipol erreicht werden.

7.3.3.8 Halbschalen-Balun

Nach *O. Zinke* (1943), [3.20] und [3.21].
Bei diesem Symmetrierglied ist der Kabelmantel von einer zylindrischen Halbschale umgeben und mit dem Innenleiter verbunden. Am anderen Ende ist die Halbschale im Abstand von etwa λ/4 mit dem Kabelmantel kurzgeschlossen. Diese Anordnung wird zweckmäßig dann verwendet, wenn es darauf ankommt, einen kleinen Wellenwiderstand zwischen Kabelmantel und Halbschale z.B. zu Kompensationszwecken zu verwirklichen. **Bild 7.3.28** zeigt den Halbschalen-Balun.

7.3.3.9 *DJ9HO*-Balun

Eine sehr einfache und preiswerte Lösung für die Symmetrierung hat *K. Weiner DJ9HO* vorgeschlagen. Dabei wird ein isolierter Draht der Länge λ/4 an der Antennenseite an die Seele des Koaxialka-

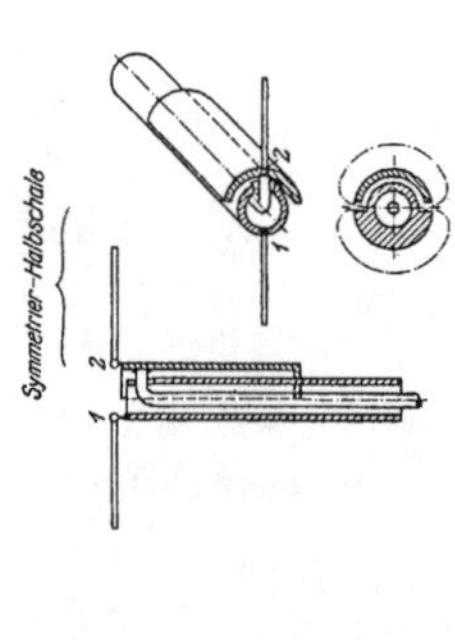

Bild 7.3.28
Halbschalen-Balun

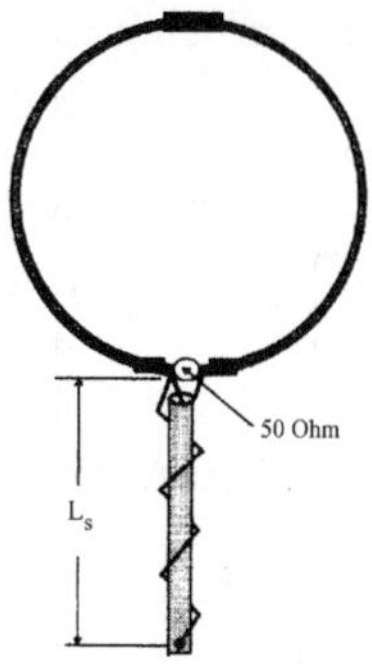

Bild 7.3.29
DJ9HO-Balun

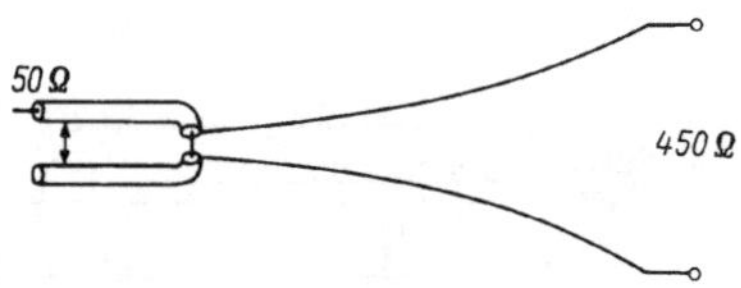

Bild 7.3.30
ST-Leitung

bels angeschlossen und mit einer Anzahl von Windungen um das Speisekabel in Richtung Sender gewickelt und dann im Abstand $L_S = \lambda/4 \cdot V$ mit der Kabelabschirmung verbunden. V ist dabei der Verkürzungsfaktor des Koaxialkabel-Außenleiters. **Bild 7.3.29** zeigt die Anordnung.

7.3.3.10 ST-Leitung

(*H. Graziadei* – DE 845 967 – 1949, *H. Graziadei* DE 856 645 – 1950)

Die ST-Leitung ist eine breitbandige **S**ymmetrier- und **T**ransformationsleitung, die symmetriert und gleichzeitig transformiert [3.22]. Der Übergang von einem Koaxialkabel zu einer erdsymmetrischen Doppelleitung ist praktisch frequenzunabhängig.

Die ST-Leitung besteht aus einer Symmetrierschleife und einer Exponentialleitung (**Bild 7.3.30**). Die Hauptanwendung war bei der Speisung von Rhombusantennen. Eine neuerliche Patentierung ist zu finden in [3.23].

7.3.4 Symmetrierbrücken

Auch Reaktanz-Netzwerke können als Balun wirken. Es können dabei drei, vier oder fünf Reaktanzen auftreten. Je nach Auflösung der Brückengleichungen ergeben sich verschiedene Ausführungsformen [3.24].

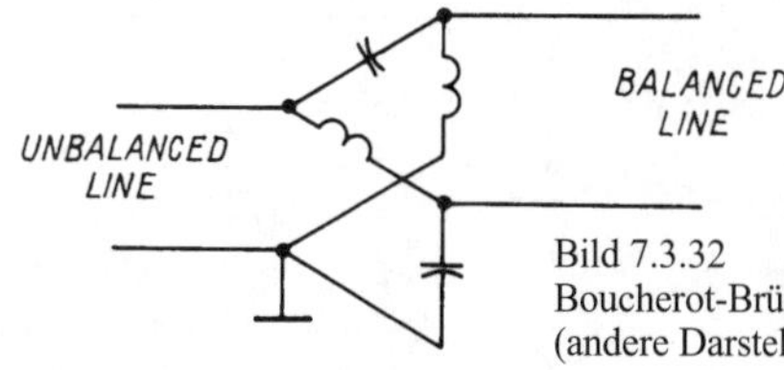

Bild 7.3.32
Boucherot-Brücke
(andere Darstellung)

Symmetrierbrücken werden in England auch als „Starr-Bridge“ bezeichnet [3.25]. Dabei gibt es Ausführungen mit vier oder fünf Reaktanzen. Die fünfte Reaktanz ist entweder als Serienkompensation bei der unsymmetrischen Seite, oder als Parallelkompensation bei der symmetrischen Seite eingesetzt.

7.3.4.1 *Boucherot*-Brücke

(*H. Hornung, R. Wundt* – DE 603 816 – 1932)
Eines der ältesten Symmetrierglieder ist mit vier konzentrierten (Blindwiderständen) aufgebaut. Diese Anordnung hat einen für unsere Zwecke unbeabsichtigten Nebeneffekt: bei konstanter Eingangsspannung fließt im Verbraucherwiderstand ein von dessen Größe unabhängiger Strom. Diesen Effekt nutzte man im vorigen Jahrhundert bei der Serienschaltung von Bogenlampen aus (Boucherot-Brükke). Diese Brücke hat die angenehme Eigenschaft, durch geeignete Wahl der Blindwiderstände jedes Transformationsverhältnis zu ergeben [3.26].

Bild 7.3.31 zeigt die Entwicklung zum Brücken- oder X-Glied. Ein Zweig ist um 90° voreilend, der andere um 90° nacheilend, zusammen 180°. Am unsymmetrischen Lastwiderstand liegen je eine Kapazität und eine Induktivität parallel. Bei der Resonanzfrequenz ist das ein hochohmiger Parallelschwingkreis. Von den 6 Blindwiderständen bleiben dann nur noch 4 übrig.

Für die Elementeberechnung siehe Abschnitt 6. **Bild 7.3.32** zeigt die Brücke in einer anderen Darstellungsform. Die *Boucherot*-Brücke heißt auch „*Chireix*-Netzwerk“. Die Symmetrierung funktioniert übrigens auch, wenn die Brücke drei Induktivitäten und eine Kapazität, oder drei Kapazitäten und eine Induktivität aufweist.

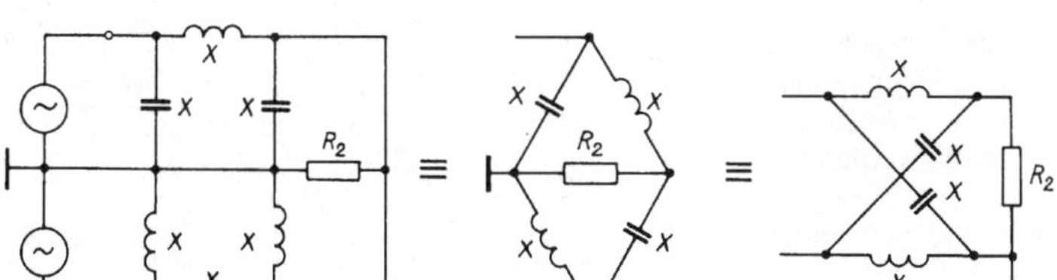

Bild 7.3.31
Boucherot-Brücke
(Entwicklung)

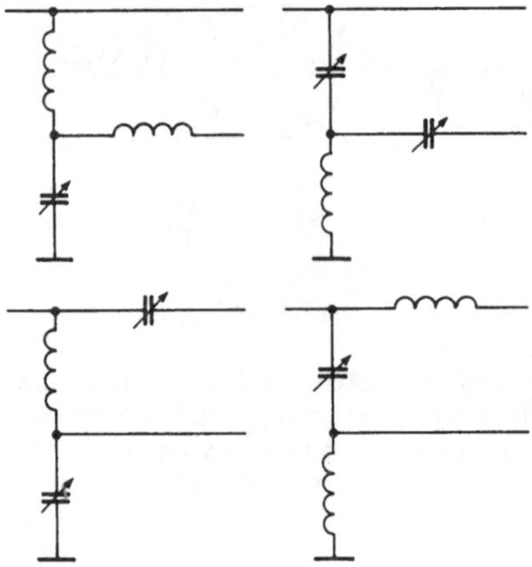

Bild 7.3.33
Alford-Netzwerk

7.3.4.2 *Alford*-Netzwerk

(*A. Alford* – US 2,165,086 – 1936)
Mit diesem Netzwerk wird eine Symmetrierung mit drei Reaktanzen durchgeführt [3.27] und [3.28]. Es gibt dabei vier Schaltungsmöglichkeiten **(Bild 7.3.33)**. Links oben gegen Masse ist der unsymmetrische Anschluß und rechts oben gegen rechts Mitte ist der symmetrische Anschluß.

7.3.5 Symmetriertöpfe

7.3.5.1 Halbwellen-Symmetriertopf

(*N.E. Lindenblad* – US 2,231,839 – 1939)
Zur Symmetrierung wird ein Viertelwellen-Sperrtopf (vgl. 7.4.1.2) symmetrisch zu einem Halbwellen-Symmetriertopf ergänzt (Bild 7.3.33). Der Balun wird auch „*Lindenblad*-Symmetriertopf“ oder „Doppelsperrtopf“ (engl.: double bazooka, oder auch collinear balun) genannt. **Bild 7.3.34** zeigt einen kapazitiv verkürzten Symmetriertopf als Topfkreis mit den Abmessungen $l < \lambda/4$.

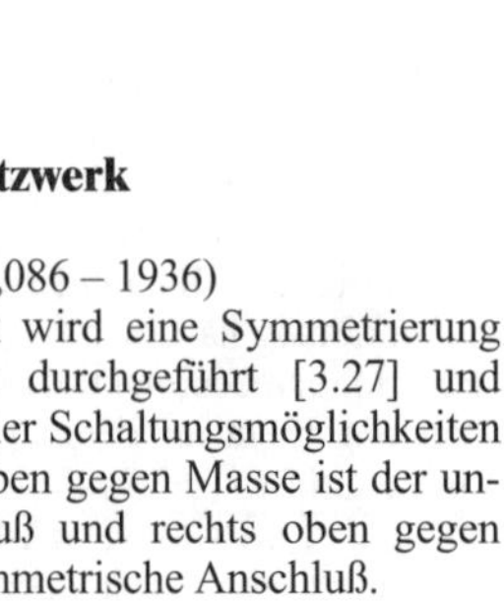

Bild 7.3.34
Halbwellen-Symmetriertopf

Bei Verstimmung aus der Resonanz werden beide Hälften gleich blindbelastet. Es entsteht zwar eine Fehlanpassung, aber die Symmetrie bleibt erhalten. Gleichtaktwellen kompensieren sich frequenzunabhängig.

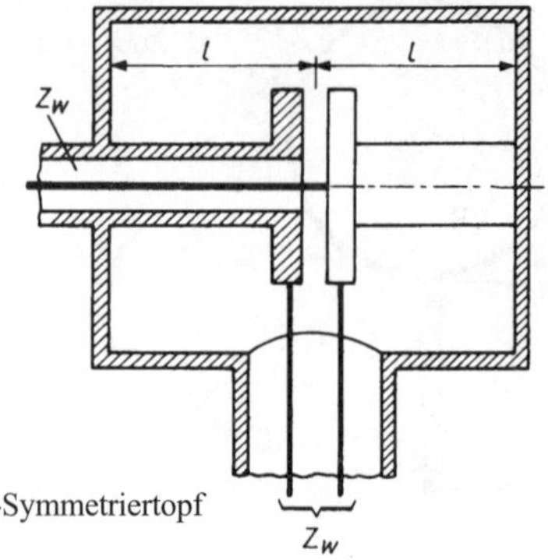

Bild 7.3.35
Halbwellen-Symmetriertopf (verkürzt)

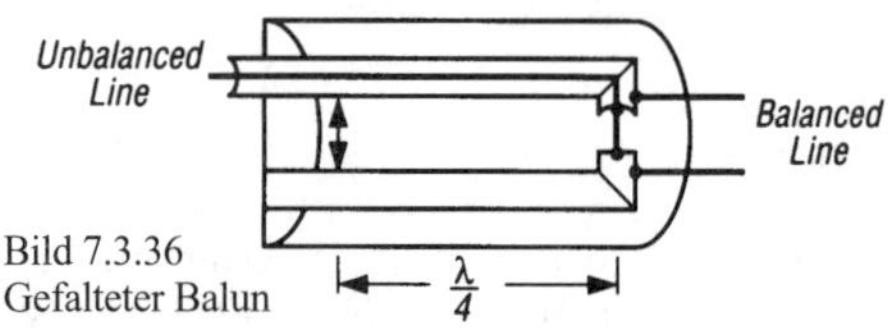

Bild 7.3.36
Gefalteter Balun

7.3.5.2 Gefalteter Balun

Die Kombination einer Symmetrierschleife mit einem Sperrtopf ergibt einen Gefalteten Balun **(Bild 7.3.35)**. Dieser Balun findet z.B. Anwendung in vierfacher Ausführung bei der Resonanten Quadrifilar Helix nach *C. C. Kilgus.*

7.3.5.3 Kompensierter Balun

Zur Kompensation der Blindanteile werden bei den Symmetriertöpfen offene und geschlossene Leitungsstücke verwendet.

Die Kompensation wurde von *J. Goldmann* 1940 in Deutschland [3.29] und 1941 in USA [3.30] zum Patent angemeldet. 1944 hat *N. Marchand* in der Zeitschrift *Electronics* dazu technische Erläuterungen veröffentlicht [3.31], aber ohne Nennung des Erfinders. Dieser Balun ist deshalb dann als „*Marchand*-Balun“ in die Literatur eingegangen.

Bild 7.3.37
Kompensierter Balun (Prinzip)

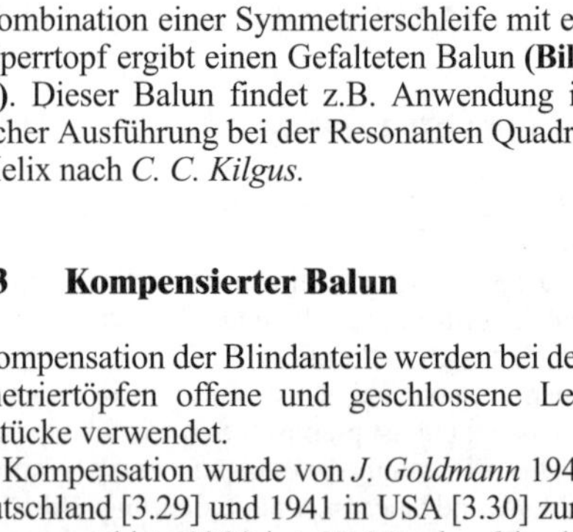

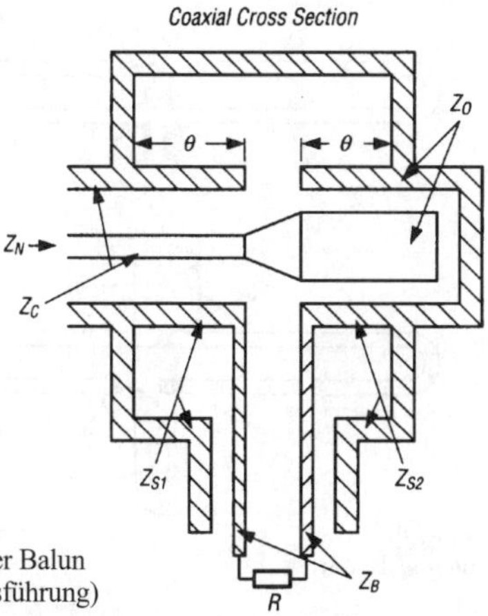

Bild 7.3.38
Kompensierter Balun
(koaxiale Ausführung)

Bild 7.3.36 zeigt das Prinzip dieses Baluns. Einen „Kompensierten Balun“ in koaxialer Ausführung zeigt Bild **7.3.37**, das zugehörige Ersatzschaltbild findet sich in Bild **7.3.38**.

Informationen über die Kompensation finden sich in [3.32] bis [3.36].

Der Kompensierte Balun findet zunehmend Anwendung als Planar Balun mit gekoppelten Leitungen im Mikrowellenbereich [3.37].

7.4 Sperrglieder

Prinzip: Durch Isolation des Koaxialkabel-Außenleiters wird die Mantelwelle gesperrt und damit eine Leitungsstrahlung verhindert. Die älteren Bezeichnungen „Gleichtaktsperre“ oder „Mantelwellensperre“ erklären zwar die Funktion gut, sind aber etwas lang und unpraktisch. Die dafür verwendete neuere Bezeichnung „Sperrglied“ ist kürzer und prägnanter. Die Sperrglieder kann man einteilen in:

Resonanzsperren
(Radials, Sperrtopf, abgestimmter Kreis)
Breitbandsperren
(Gleichtaktdrosseln, Kabeldrosseln) mit oder ohne Ferritkern
Absorber (Ferrit, Graphit)

Ferritkerne werden eingesetzt zur Absorption, zur Erhöhung der Induktivität und zur Unterdrükkung von Resonanzstellen.

7.4.1 Resonanzsperren

7.4.1.1 Radials

Der erste Hinweis auf $\lambda/4$-Drähte bei Speiseleitungen zur Unterdrückung der Mantelwellen findet sich schon 1929 in einem Patent von *Bruce* (Erfinder der Rhombusantenne) [4.1]. Als Gegengewicht und

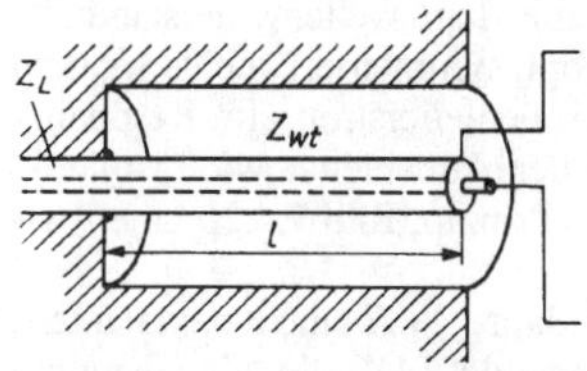

Bild 7.4.1
Viertelwellen-Sperrtopf
(Prinzip)

Mantelwellensperre bei einer Vertikalantenne wurde 1933 von *Ponte* (Erfinder der Groundplane-Antenne) eine horizontale Kreisscheibe mit einem Durchmesser von einer Halbwellenlänge oder eine Anzahl radial angeordneter horizontaler Drähte von jeweils einer Viertelwellenlänge in einem Patent angegeben [4.2]. Die Bezeichnung „radial“ entstand 1943, zuvor wurden diese Anordnungen als „guy wires“, „quarterwave rods“, „ground rods“ oder „counterpoise“ bezeichnet. Die Drähte müssen nicht unbedingt horizontal sein, sie können auch vertikal angebracht werden. In Großbritannien wurde 1937/38 eine Vertikalantenne mit gewendelten und mit Endkapazitäten abgestimmten Radials zum Patent angemeldet [4.3].

7.4.1.2 Viertelwellen-Sperrtopf

(*N.E. Lindenblad* – US 2,131,108 – 1936)
Der Viertelwellen-Sperrtopf oder „Lindenblad-(Sperr)topf“ (engl.: sleeve, bazooka) wurde schon 1936 von Lindenblad in Bild 12 im oben zitierten Patent über die Antennenanlage des Empire State Building veröffentlicht. Der Topf wirkt als kurzge-

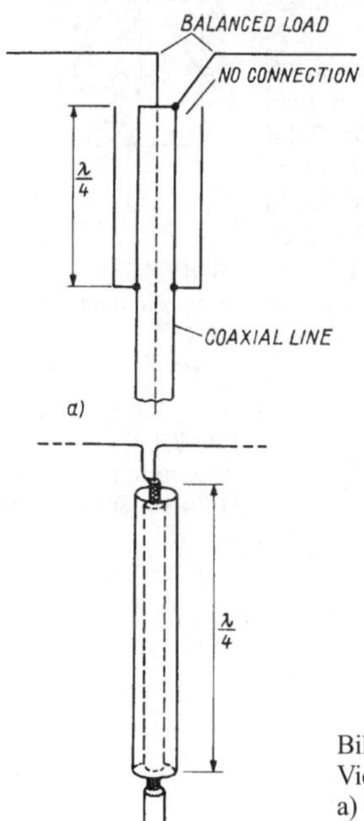

Bild 7.4.2
Viertelwellen-Sperrtopf
a) - Prinzip
b) - Ausführung

schlossene Leitung mit dem Wellenwiderstand Z_{wt} **(Bild 7.4.1)**. Der Topf symmetriert nicht, sondern beeinflußt nur den Außenleiterstrom. Im Resonanzfall ($l = \lambda/4$) wirkt der Außenleiter wie „isoliert". **Bild 7.4.2a** zeigt das Prinzip, **Bild 7.4.2b** eine Ausführung davon.

In USA wurde im Jahre 1937 eine Koaxialantenne zum Patent angemeldet [4.4], die als Gegengewicht und Mantelwellensperre einen nach unten offenen Viertelwellen-Sperrtopf in Form eines Rohres oder pyramidenförmigen Korbes.

7.4.1.3 Abgestimmter Kreis

(*F. Tischer* – DE 733 697 – 1939)
Während im zitierten Patent noch ein eigener Schwingkreis um das Koaxialkabel gelegt war, wird in späteren Ausführungen der Außenmantel des Kabels in den Schwingkreis miteinbezogen.

Bild 7.4.3 zeigt wie das L des Koaxkabels mit einem C einen abstimmbaren Parallelschwingkreis ergeben. Bei seiner Resonanzfrequenz hat der Kreis eine sehr hohe Impedanz und kann dadurch den Rest des Kabels „selektiv isolieren". Der Strom im Inneren des Koaxialkabels bleibt davon unbeeinflußt. In der neueren Zeit ist diese Balunform als „T^2LT" (Tuned Transmission Line Trap) für eine $\lambda/2$-Vertikalantenne in der Literatur wieder aufgetaucht [4.5] bis [4.7]. **Bild 7.4.4** zeigt die Anordnung eines Sperrkreises für 14 MHz. In (A) bildet ein Teil des Kabelschirms die notwendige Induktivität, in (B) ist ein Schwingkreis an das Koaxialkabel angekoppelt. Die Drahtschleife koppelt durch den äußeren Isolationmantel, dadurch wird eine Beschädigung des Kabels verhindert [4.8].

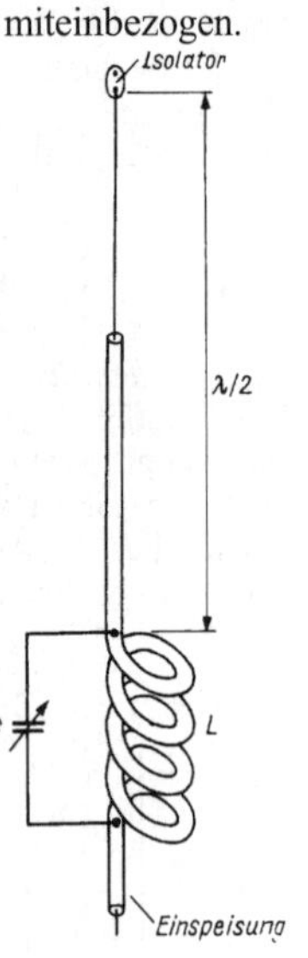

Bild 7.4.3
Abgestimmter Kreis (T^2LT)

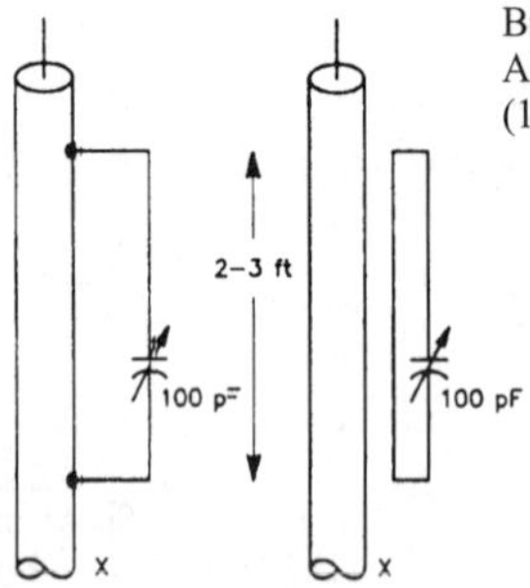

Bild 7.4.4
Abgestimmter Kreis
(14 MHz Sperrkreise)

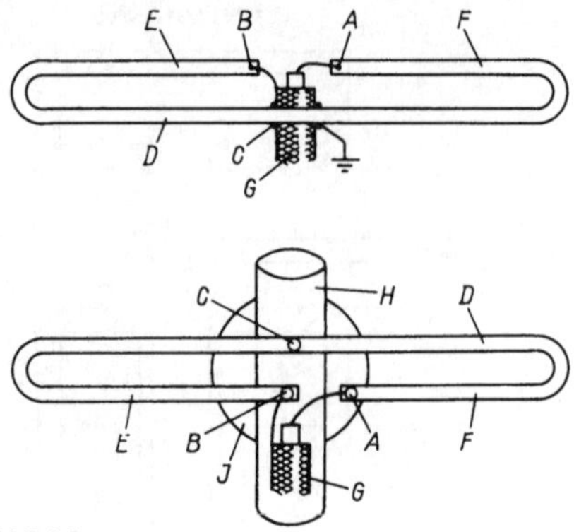

Bild 7.4.5
Integral-Balun

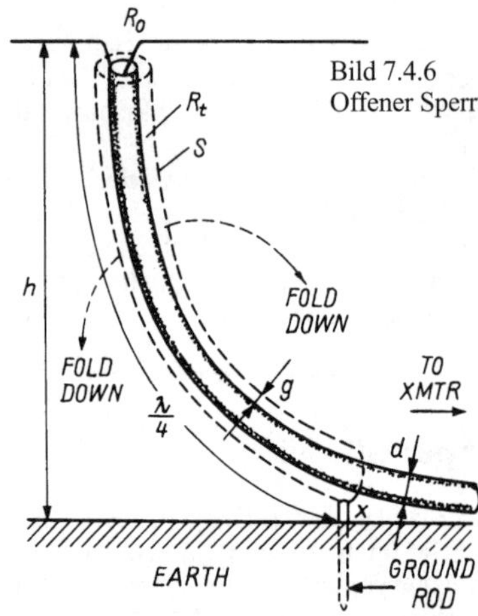

Bild 7.4.6
Offener Sperrtopf (HF)

7.4.1.4 Integral-Balun

(*M.T. O'Dwyer* – GB 1,322,300 – 1972)
Nachfolgend sind zwei einfache und interessante

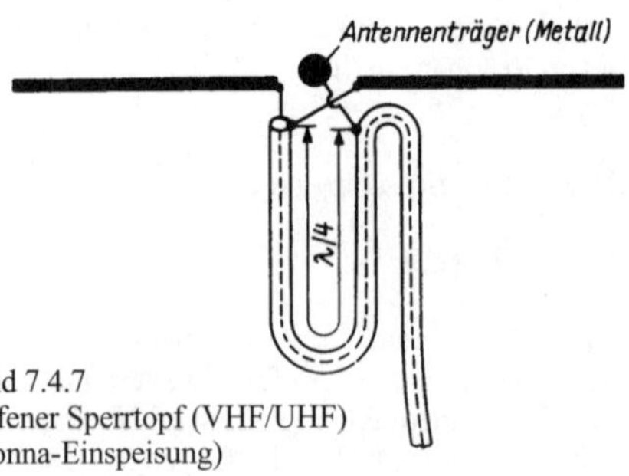

Bild 7.4.7
Offener Sperrtopf (VHF/UHF)
(Tonna-Einspeisung)

Bild 7.4.8
Gleichtaktdrossel

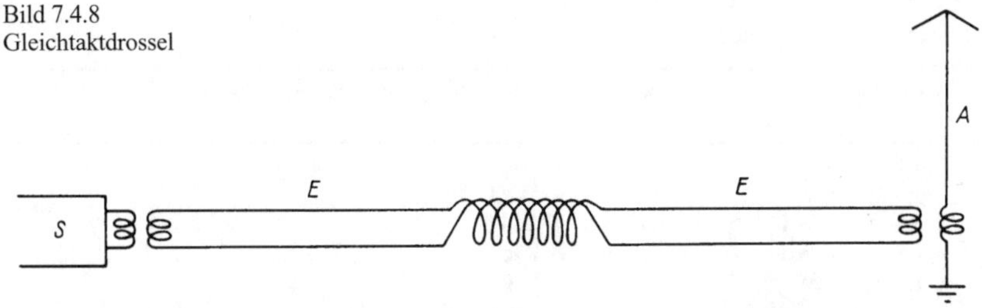

Sperrtopf-Varianten für die Speisung eines Faltdipols mit einem Koaxkabel dargestellt **(Bild 7.4.5)**. Diese Sperrtopfvariante wird im englischen Sprachraum als Integral-Balun bezeichnet.

7.4.1.5 Offener Sperrtopf

HF

Eine sehr einfache Antennenspeisung nach dem Sperrtopfprinzip für den HF-Bereich wurde von *R.B. Dome (W2WAM)* in [4.9a] beschrieben. **Bild 7.4.6** zeigt die Ausführung. Eine symmetrische Antenne wird mit Koaxialkabel gespeist. Nach einer Viertelwellenlänge wird der Kabelaußenleiter an Erde gelegt. Dadurch bildet sich ein Sperrtopf aus. Dabei ist der eine Teil des Sperrtopfes der Koaxialkabelaußenmantel und der andere Teil ist die Erde.

VHF/UHF

Eine sehr einfache Antennenspeisung nach dem Sperrtopfprinzip für den VHF/UHF-Bereich zeigt **Bild 7.4.7**. Diese Art der Speisung wird nach dem Hersteller auch als *Tonna*-Einspeisung bezeichnet. Der materielle Aufwand ist dabei äußerst gering. Das Koaxialkabel wird direkt an die Antenne (z.B. *Yagi*) angeschlossen und zu einer U-förmigen Schleife mit der Länge $\lambda/4$ gebogen. Am Ende dieser Strecke wird der Kabelaußenleiter freigelegt und elektrisch gut leitend mit dem Antennenträger (Boom) verbunden.

7.4.2 Breitbandsperren

7.4.2.1 Bifilare Spule

(*F. Gerth* – DE 592 184 – 1932)
Schon 1932 kam man auf die Idee durch eine Drossel („Gleichtaktdrossel") die Gleichtaktwellen zu unterdrücken.

Bild 7.4.8 zeigt die Anordnung aus dem deutschen Patent. Die Gleichtaktdrossel (engl.: air coil balun, bifilar coil balun) besteht aus zwei nebeneinander gleichsinnig gewickelten, fest gekoppelten, also (bifilaren) Spulen. Eine bifilare Spule verhält sich wie eine aufgewickelte Doppelleitung (vgl. 7.3.1.3). Der Balun kann auch durch eine aufgewickelte Bandleitung realisiert werden. Die gegenphasigen Ströme in den parallelen Leitern können ungehindert fließen, die gleichphasigen Ströme werden unterdrückt. Durch das Aufwickeln erhöht sich die Induktivität für die gleichphasigen Ströme. Es ergibt sich ein 1:1 Balun.

7.4.2.2 Kabeldrossel

Ein zu einem Ring gewickeltes Koaxialkabel „Koaxialspule" (engl.: Cable choke, choke balun, air core balun) wirkt auch als Breitbandsperre.

Bild 7.4.9 zeigt eine Kabeldrossel für den VHF-Bereich. Im Kurzwellenbereich ist der Durch-messer des Kabelringes größer. In **Tabelle 7.1**. finden sich die Längen- und Windungsangaben für den Einband- und Mehrbandbetrieb [4.10]. Durch Anbringen eines Zusatzdrahtes kann man die Symmetrie verbessern. **Bild 7.4.10** zeigt die Anordnung [4.11].

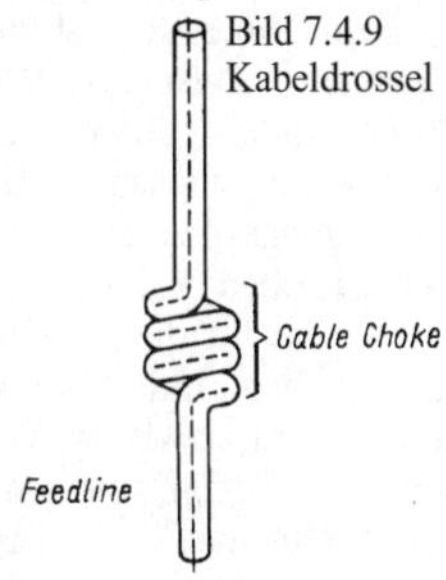

Bild 7.4.9
Kabeldrossel

Der zusätzliche Draht wirkt wie eine dritte Wicklung. Zwei Wicklungen werden vom Koaxialkabel gebildet. Die Ähnlichkeit mit einer Symmetrierschleife ist nicht zu übersehen (vgl. 7.3.3.1).

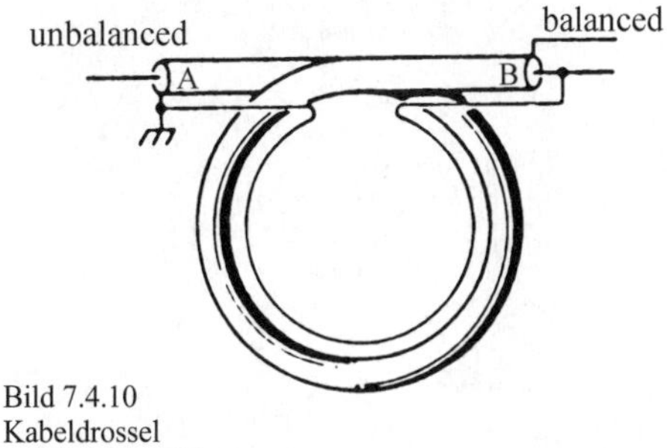

Bild 7.4.10
Kabeldrossel
mit Zusatzwicklung

Tabelle 7.1
Kabeldrosseldaten für Einband- und Mehrbandbetrieb

Frequenz MHz	RG-58		RG-213		RG-58, RG-213	
3,5	6,1 m	7 Wdg	6,7 m	8 Wdg		
7	4,6 m	6 Wdg	6,7 m	10 Wdg		
14	2,4 m	8 Wdg	3,7 m	10 Wdg		
21	1,8 m	8 Wdg	2,4 m	7 Wdg		
28	1,2 m	7 Wdg	1,8 m	7 Wdg		
3,5–30					3 m	7 Wdg
3,5–10					5,5 m	9–10 Wdg
14–30					2,4 m	6–7 Wdg

7.4.2.3 Ferritkerndrosseln

Durch Verwendung von Ferritmaterial als Spulenkern werden die Drosseln breitbandig. Das gilt für bifilare Spulen und für Kabeldrosseln.

Die in Bild **7.4.11** gezeigte Ausführungsform einer Breitbandkoaxialspule ist in USA patentiert [4.12]. Die Breitbandkoaxialspule ist $\lambda/4$ unter dem Einspeisepunkt angeordnet. Dadurch bildet der Aussenmantel des Koaxialkabels den unteren Teil der Vertikalantenne.

Sehr interessant ist auch die Mantelwellendrossel nach *J. Reisert W1JR* [4.13]. Dieser Balun, auch *W1JR*-Balun genannt, ist in **Bild 7.4.12** zu sehen. Die beiden Wicklungsabschnitte sind nur scheinbar entgegengesetzt gewickelt. In Wirklichkeit haben sie gleichen Wicklungssinn und vergrößern dadurch die für die Sperrung der Mantelwellen verantwortliche Induktivität. Der Vorteil dieser Wicklungsart ist, daß Eingang und Ausgang nicht nebeneinander liegen, sondern gegenüber. Das verringert die Streukapazität und erleichtert die Steckermontage. Auch hier kann durch eine Zusatzwicklung die Symmetrie verbessert werden [4.14].

Bei Speisung über eine Bifilare Spule, eine Kabeldrossel oder eine Ferritkerndrossel ist Vorsicht geboten bei geerdeten Dipolen (**Bild 7.4.13**). Da auch der Koaxialschirm geerdet ist wird dabei nur ein Spulenteil vom Strom durchflossen (**Bild 7.4.14**). Der unerwünschte Strom ist nur dann von Bedeutung, wenn die Spulenreaktanz des Baluns nicht mehr groß gegenüber dem Eingangswiderstand (50 Ohm) der Antenne ist. Dies kommt in der Praxis leider oft vor bei Selbstbau-Drosseln z. B. Kabeldrosseln oder Ferritkerndrosseln. Ein Balun mit drei Wicklungen löst aber dieses Problem. Es werden immer alle drei Wicklungen durchflossen, unabhängig davon, ob der Abschlußwiderstand geerdet ist oder nicht **(Bild 7.4.15)**. Ferritkerne erzeugen Oberwellen, dabei Ringkerne mehr als Stabkerne. An zwei kaskadierten Ringkern-Baluns wurden von *G3ORY* Messungen durchgeführt [4.15]. Jeder Balun bestand aus 2 Stück Ringkernen FX 1588 von *Mul-*

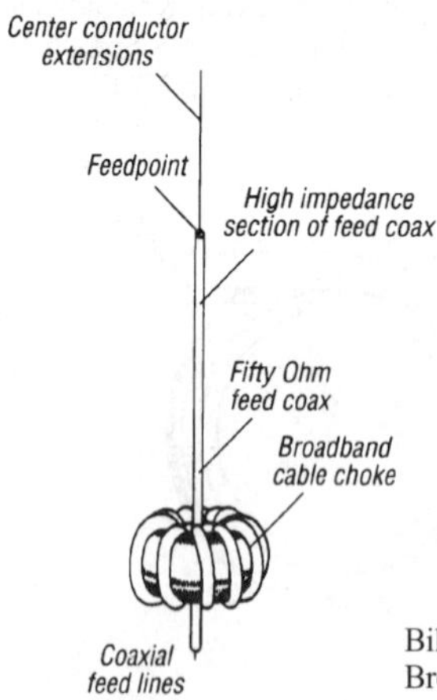

Bild 7.4.11
Breitbandkoaxialspule

Bild 7.4.12
W1JR-Balun

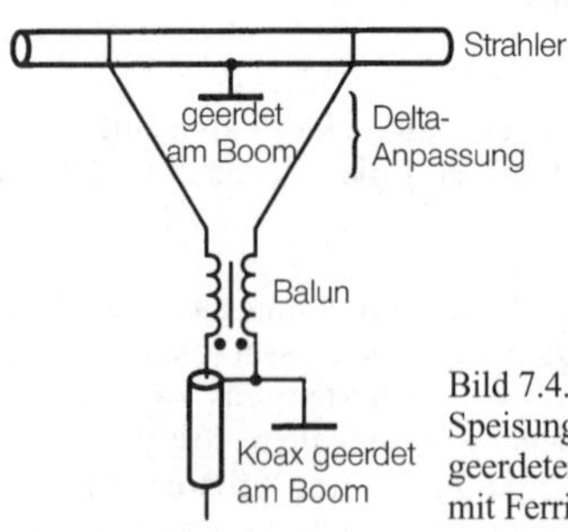

Bild 7.4.13
Speisung eines geerdeten Dipols mit Ferritkerndrossel

Bild 7.4.14
Ferritkerndrossel
bei geerdeter symmetrischer Last

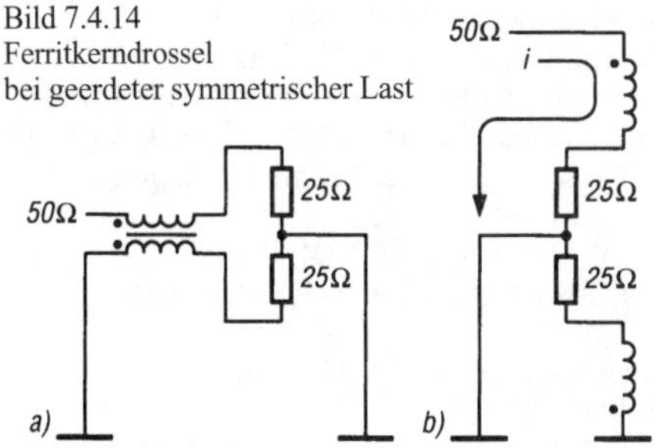

Bild 7.4.15
Ferritkerndrossel mit Zusatzwicklung
bei geerdeter symmetrischer Last

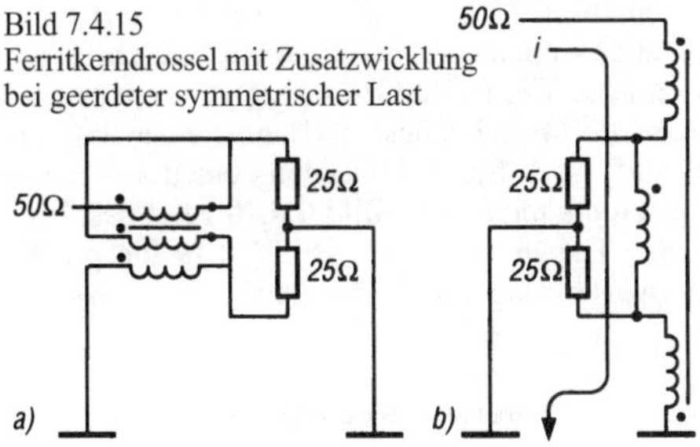

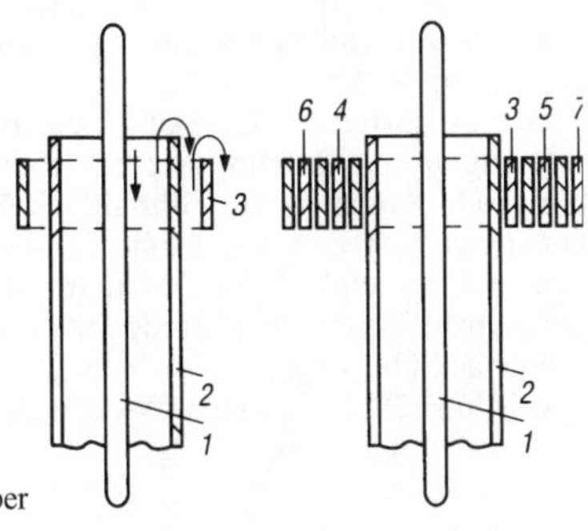

Bild 7.4.16
Ferritabsorber

lard UK, ähnlich den Kernen F-568-1 von *Indiana General* USA. Der Balun war mit Koaxialkabel RG 174 und Zusatzdraht bewikkelt. Die Meßfrequenz war 3,5 MHz. Der Intermodulationsabstand dritter Ordnung änderte sich von -34 dB bei 200 W PEP dramatisch auf -15 dB bei 400 W PEP! Da die Messung an zwei Baluns erfolgte, ergibt sich für einen Balun eine Verbesserung um 3 dB. Eine Messung bei 28 MHz brachte -25 dB mit und ohne Balun. Die Kerne waren bei der Frequenz nicht mehr wirksam.

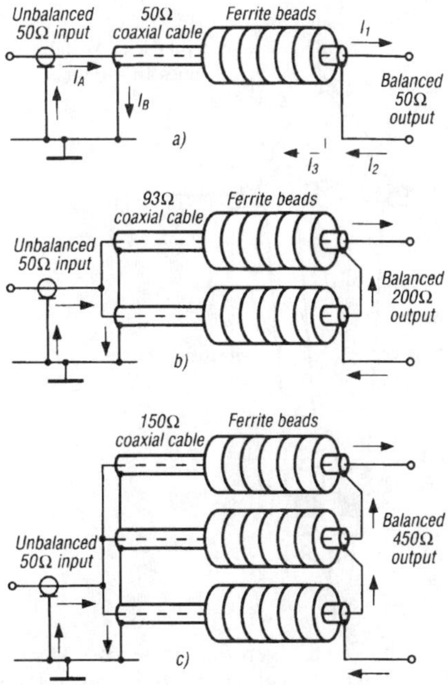

Bild 7.4.18
Transformationen mit *W2DU*-Baluns:
a) - 1 : 1 -Balun
b) - 1 : 4 -Balun
c) - 1 : 9 -Balun

7.4.3 Absorber

Weitere Sperrglieder sind die breitbandigen absorbierenden Mantelwellensperren, kurz Absorber genannt.

7.4.3.1 Ferritabsorber

(*H.O. Roosenstein* – DE 718 695 – 1938)
Das Prinzip eines breitbandigen Absorbers aus magnetischem Material wurde schon vor dem 2. Weltkrieg von *H.O. Roosenstein,* einem bekannten deutschen Antennenentwickler (vgl. 7.1) erfunden. Bild **7.4.16** zeigt die Anordnung. Das Dämpfungsmaterial 3 bzw. 3 bis 7 war damals Reineisen oder ein Gemisch von fein verteiltem Eisen und einem halbleitendem Material. Der Erfolg dieser Anordnung war nicht besonders groß. Erst mit der Verfügbarkeit von Ferriten wurde dieses Prinzip wieder aufgegriffen.

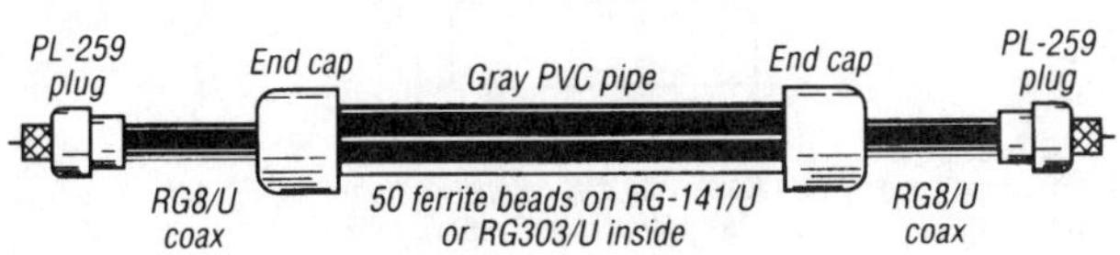

Bild 7.4.17
W2DU-Balun

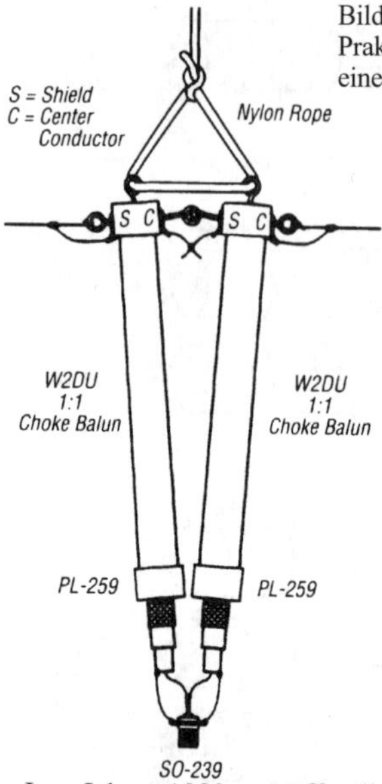

Bild 7.4.19
Praktische Ausführung eines 1 : 4-Baluns

Im Jahre 1983 veröffentlichte *W. Maxwell W2DU* seinen Artikel über einen neuen Balun (engl.: bead balun, ferrite bead choke balun) [4.16].

Der *W2DU*-Balun auch „Maxi-Balun" genannt, besteht aus 30 cm Koaxialkabel (RG-303, RG-141 ohne Außenisolation oder RG-400) mit 50 Ferritringen FB-73-2401 von Amidon. Bild **7.4.17** zeigt den *W2DU*-Balun.

Der Balun hat eine große Breitbandigkeit und ist für eine hohe Leistung geeignet. Letztere hängt nur vom Kabeltyp und der Welligkeit ab.

Das Ferritmaterial befindet sich außerhalb der Gegentaktströme, die im Inneren des Koaxialkabels fließen. Bei hoher Leistung ergeben sich somit keine Sättigungsprobleme. Bei einer Antennenmessung kommen dadurch auch keine zusätzlichen Blindanteile zum Meßergebnis dazu.

Durch die Verwendung von Ferrit erhöht sich die Impedanz des Koaxialaußenmantels. Dabei steigen der Real- und Imaginärteil. Die Ferrite wirken in zweifacher Weise: Absorption durch die magnetischen Verluste und Reflexion durch die vergrößerte Impedanz.

Bild 7. 4.20
Widerstandsabsorger

Die verwendeten Werkstoffe sind:
Metallpulver (C75) bis 250 kHz
Molybdän-Permalloy (C110, C130) bis 1 MHz
Mangan-Zink-Ferrite (K4000, K6000, K10000) von 10 kHz bis 30 Mhz, Nachteil: Sättigung schon bei kleiner Aussteuerung
Nickel-Zink-Ferrite (K2004, K2006, K2008) von 10 MHz bis 1 GHz, Vorteil: Höher aussteuerbar

Technische Details darüber sind zu finden in [4.17] bis [4.19].

Eine Bauanleitung aus dem Jahre 1999 für eine Mantelwellensperre dieser Art bis 150 MHz mit Ringkernen der Fa. *Siemens*, ist in [4.20] zu finden. Mit einem *W2DU*-Balun (1:1-Strombalun) kann man auch Impedanztransformationen durchführen. *J.J. Belrose VE2CV* hat 1991 gezeigt wie man nach „*Guanella*" mit 2 Stück 1:1-Baluns einen 1:4-Balun und mit 3 Stück 1:1-Baluns einen 1:9-Balun realisieren kann [4.21]. **Bild 7.4.18** zeigt das Prinzip der Transformationen, Bild **7.4.19** die praktische Ausführung eines 1:4-Baluns.

7.4.3.2 Widerstandsabsorber

Für höhere Frequenzen verwendet man als Absorbermaterial nicht mehr Ferrit, sondern Schaumstoffe, die mit Widerstandsmaterial überzogen sind [4.22].

Der Absorber besteht aus kleinen Schaumstoffkugeln mit Durchmesser zwischen 5 und 10 mm. Jede Kugel ist mit Graphitlack überzogen. Die Kugeln sind untereinander mit Kunststoffkleber isolierend verbunden und 1aus dünnen Schaumstoffscheiben, die jede mit einem Widerstandslack überzogen ist.

Bild 7.4.20 zeigt einen Widerstandsabsorber der eben beschriebenen Art.

7.4.3.3 Stahlwolleabsorber

Nach einem Vorschlag aus USA soll das Koaxialkabel mit feiner Stahlwolle umpresst werden [4.23], [4.24]. **Bild 7.4.21** zeigt das Prinzip eines Stahlwolleabsorbers. Messungen von *W. Maxwell* ergaben, daß die Längsimpedanz des Koaxialman-

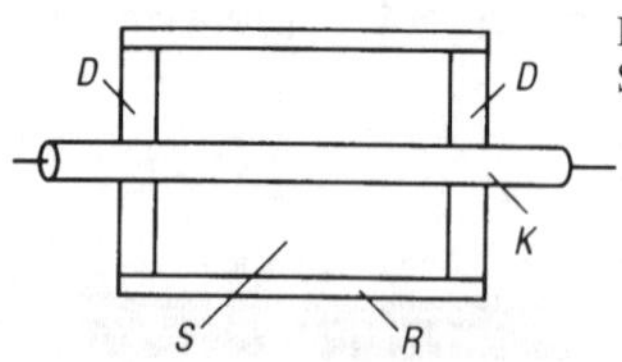

K = Koaxialkabel, R = Kunststoffrohr
D = Abschlußdeckel, S = Stahlwolle

Bild 7.4.21
Stahlwolleabsorber

tels umgeben mit Stahlwolle nur geringfügig höher ist als ohne [4.25]. Wenn man die Stahlwolle direkt auf den blanken Koaxialmantel gibt, wie im ARRL Handbook [4.26] vorgeschlagen, erhöht sich der Realteil etwas. Die für die Sperrwirkung als Balun benötigte hohe Außenimpedanz (Realteil und Imaginärteil) fehlt aber.

Zusammenfassung:

Der Stahlwolleabsorber ist ein Flop!

7.5 Sonderformen

7.5.1 Widerstands-Symmetrierung

Mit Widerstandsschaltungen kann man auch in einem sehr breiten Frequenzband eine Symmetrierung erreichen [5.1]. Allerdings ist die Dämpfung sehr groß, so daß dieses Verfahren nur bei Meßschaltungen eingesetzt wird, wo man genug Pegel zur Verfügung hat. Ein Anwendungsfall ist z.B. bei symmetrischen Antennennachbildungen. **Bild 7.5.1** zeigt einen 1:4-Balun [5.2]. Die entsprechenden Widerstandswerte sind

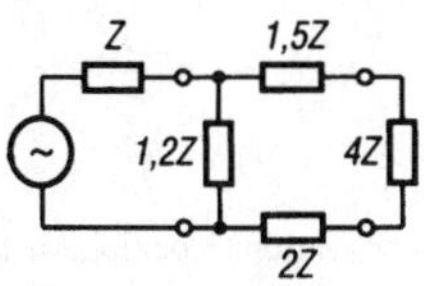

Bild 7.5.1
Balun 1 : 4 aus Widerständen

$R_P = 1{,}15 \cdot Z \approx 1{,}2 \cdot Z$
$R_{S1} = 1{,}46 \cdot Z \approx 1{,}5 \cdot Z$
$R_{S2} = 2 \cdot Z$

7.5.2 X/2-Schaltung

(*F. Gutzmann* – DE 902 397 – 1938)

Parallel zur symmetrischen Seite liegt eine Sternschaltung, die so bemessen ist, daß die zwei parallel liegenden Blindwiderstandswerte *X* gleich groß sind und der zur Erde gehende Blindwiderstandswert „-*X*/2" ist. Dieser Wert ist also der Phase nach entgegengesetzt und halb so groß **(Bild 7.5.2)**. Die Symmetrierwirkung ergibt sich wie folgt: Für die Gleichtaktwelle (Mantelwelle) sind die beiden Kapazitäten parallel und bilden mit dem *X*/2-Element einen abgestimmten Serienkreis, der die Gleichtaktwelle kurzschließt und die Symmetrie erzwingt. Die Funktion der Schaltung ist von der Energierichtung unabhängig und gilt für beliebige Widerstände.

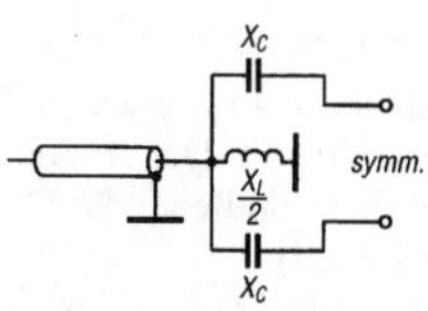

Bild 7.5.2
X/2-Schaltung

7.5.3 Feldraum-Symmetrierung

(*N.V.M.A.F.* – DE 618 514 – 1934)

Die Symmetrierung wird hier in einem Feldraum einer abgeschirmten Doppelleitung durchgeführt **(Bild 7.5.3)**. Der Koaxialinnenleiter im Feldraum hat dabei die gleiche Richtung, wie die elektrischen Feldlinien bei der Doppelleitung.

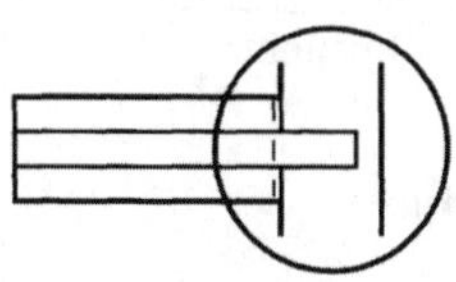
Bild 7.5.3
Feldraum-Symmetrierung

7.5.4 Resonator-Symmetrierung

(*K. Lämmchen* – DE 890 977 – 1944)

Die Symmetrierung erfolgt hier in einem Hohlraumresonator **(Bild 7.5.4)**. Im Resonator bildet sich eine stehende Welle aus. Dadurch sind die beiden Antennenerreger (Monopol für die unsymm. Seite und Dipol für die symm. Seite) miteinander verkoppelt.

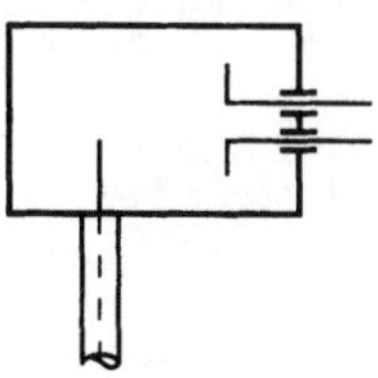
Bild 7.5.4
Resonator-Symmetrierung

7.5.5 Topfkreis-Symmetrierung

(*W. Puhlmann* – DE 735 428 – 1940)

Die Koaxialleitung wird am Ende kurzgeschlossen. Der Innenleiter wird im Abstand $\lambda/2$ vom Kabelende aufgetrennt und an eine symmetrische Speiseleitung angeschlossen. An dieser Stelle herrscht eine gegenphasige Stromverteilung **(Bild 7.5.5)**.

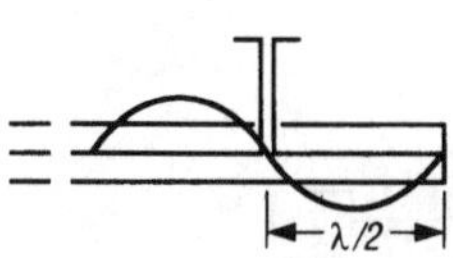

Bild 7.5.5
Topfkreis-Symmetrierung

7.5.6 Tapered Baluns

Beim Übergang von einer unsymmetrischen Koaxialleitung zu einer symmetrischen Leitung gibt es mehrere Möglichkeiten.

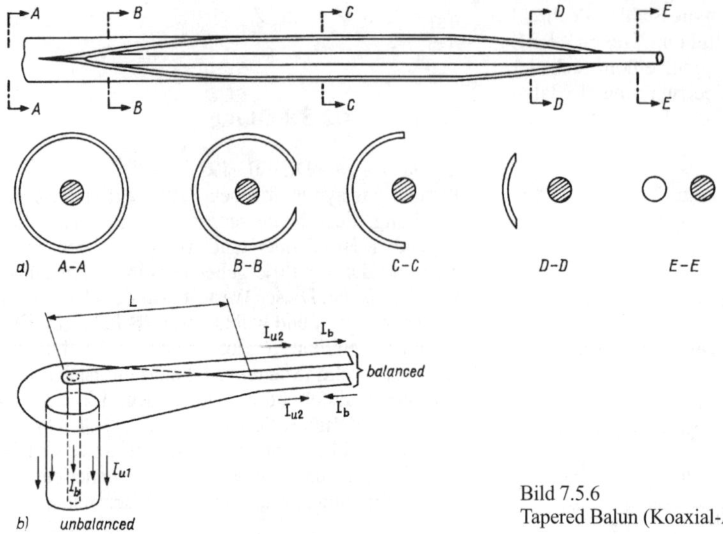

Bild 7.5.6
Tapered Balun (Koaxial-Ausführung)

Bild 7.5.6 zeigt zwei koaxiale Ausführungen [5.3] und [5.4]. **Bild 7.5.7** zeigt eine Microstrip-Ausführung [5.5].

Ein Hinweis auf eine geschlitzte koaxiale Leitung als Übergang zu einer Doppelleitung findet sich schon 1949 in einem deutschen Patent [5.6].

7.5.7 Koppler-Balun

Werden zwei Koppler mit je zwei Reaktanzen gleichen Betrags abgeschlossen (z.B. durch kurzgeschlossene und offene Leitungen gleicher Länge) so erhält man an den Ausgängen 1 und 2 eine frequenzunabhängige Phasendifferenz von 180° [5.7]. Diese Art wird auch als „strip-line balun" bezeichnet. **Bild 7.5.8** zeigt die Verwendung zweier 3-dB-Hybrids als Balun.

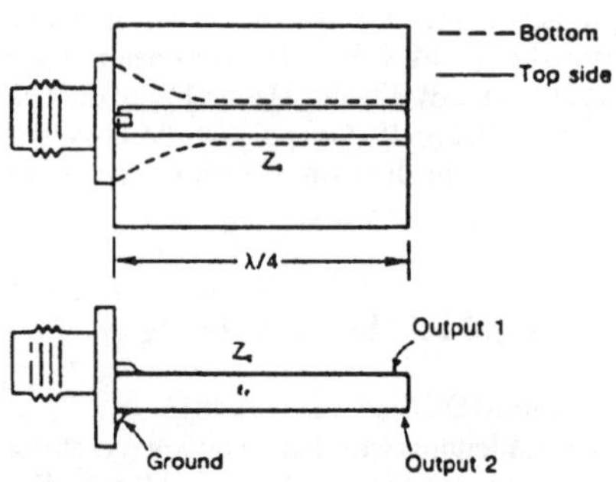

Bild 7.5.7
Tapered Balun (Mikrostrip-Ausführung)

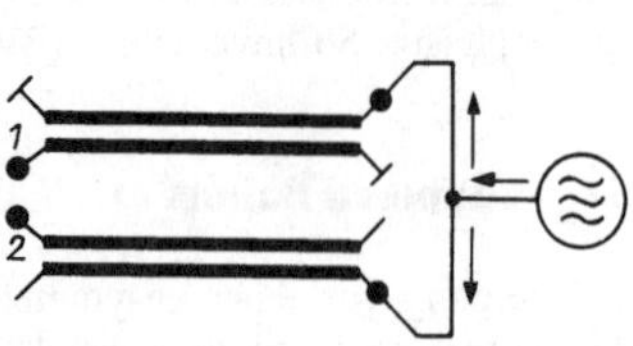

Bild 7.5.8
Koppler-Balun

7.5.8 Halbwellen-Sperre

(*H. Schuster* – DE 731 313 – 1939)
Der Innenleiter des Koaxialkabels wird etwas außerhalb der Dipolmitte angeschlossen. Der Außenleiter wird über eine abstimmbare Spule an die Dipolmitte angeschlossen **(Bild 7.5.9)**.

Die Spule wird so abgestimmt, daß die elektrische Länge gleich $\lambda/2$ ist. Dadurch erhält der Kabelmantel das Potential der Dipolmitte.

7.5.9 Faltdipol-Baluns

Zwei interessante Baluns mit asymmetrischen und halben Faltdipolen hat *I.S. Blonder* aus USA in zwei Patenten niedergelegt.

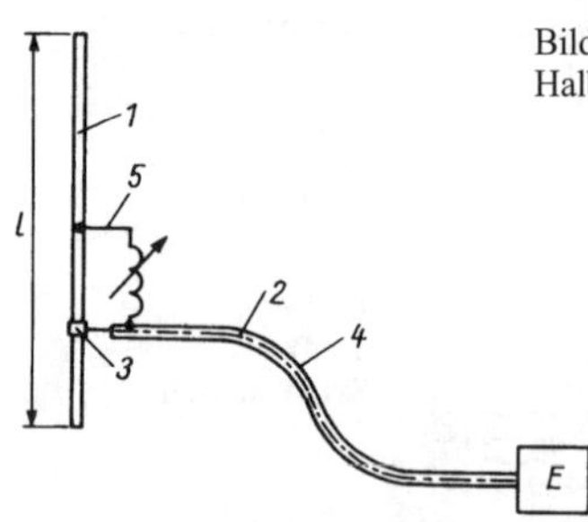

Bild 7.5.9
Halbwellensperre

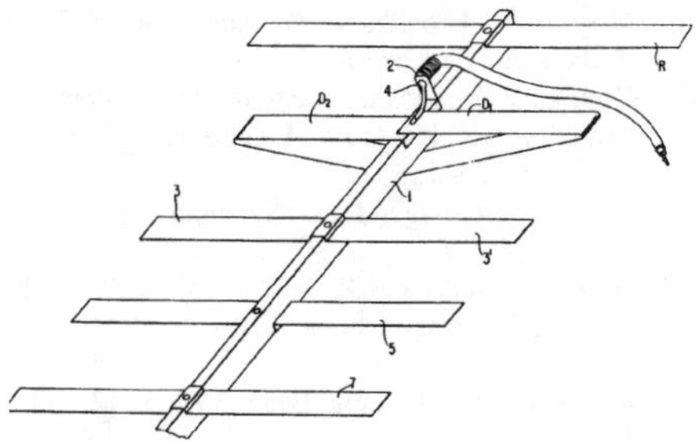

Bild 7.5.10
Faltdipol-Balun
(asymmetrisch erregter Faltdipol)

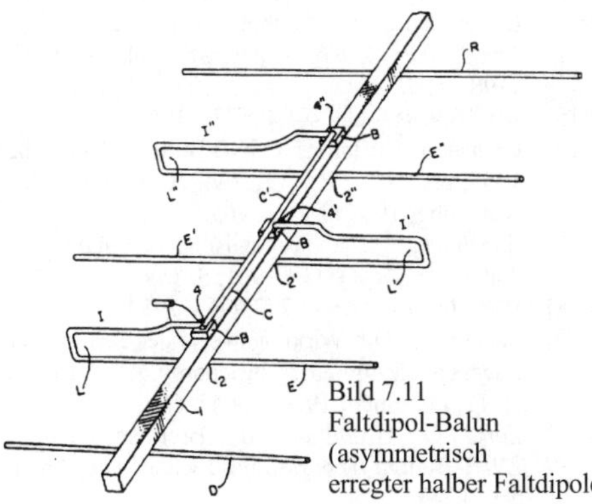

Bild 7.11
Faltdipol-Balun
(asymmetrisch
erregter halber Faltdipole)

Bild 7.5.10 zeigt den Vorschlag mit einem asymmetrisch gespeisten Faltdipol aus dem Jahr 1978 [5.8]. **Bild 7.5.11** zeigt den Balun aus dem Jahr 1982 mit einer Reihe von jeweils halben Faltdipolen als gespeiste Elemente [5.9]. Nähere technische Angaben fehlen in beiden Patenten.

7.5.10 Gamma-Anpassung

Bild 7.5.12 zeigt eine Gamma-Anpassung. Der Koaxialaußenmantel ist an die Dipolmitte angeschlossen. Die Symmetrie der Gamma-Anpassung läßt etwas zu wünschen übrig. Eine Verbesserung bringt die Doppel-Gamma-Speisung, wie sie von der Fa. *Ham-Pro* verwendet wird [5.10]. Das Koaxialkabel geht aus dem Boom in die Mitte des gespeisten Dipols, durch einen Gammaarm, wo der Schirm endet. Der Innenleiter wird weitergeführt und kapazitiv mit dem spiegelbildlich anderen Gammaarm verbunden.

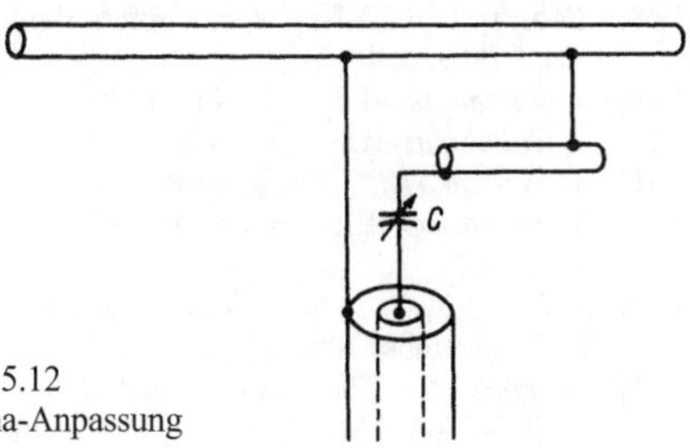

Bild 7.5.12
Gamma-Anpassung

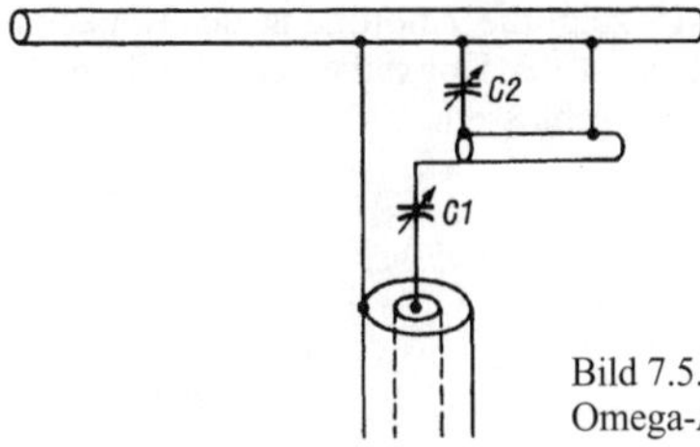

Bild 7.5.13
Omega-Anpassung

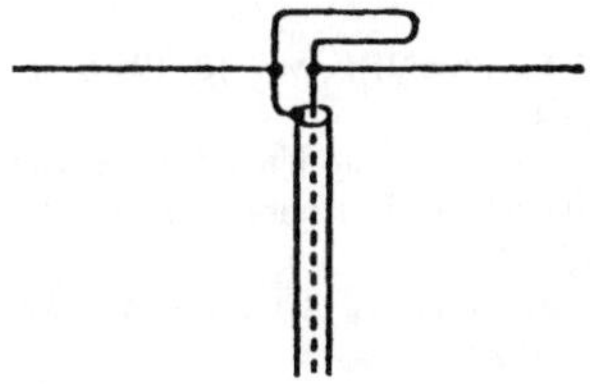

Bild 7.4.14
L-Anpassung

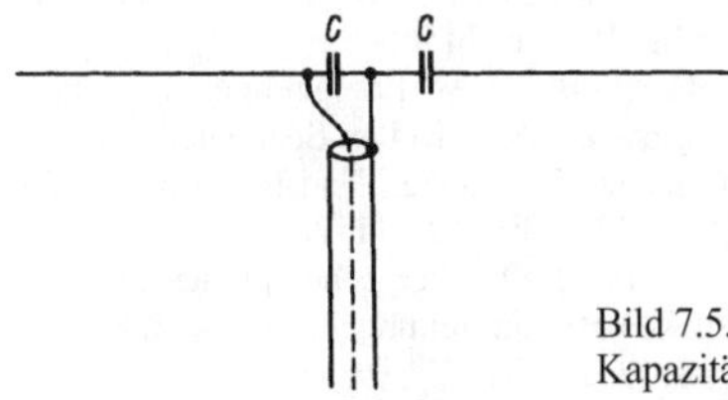

Bild 7.5.15
Kapazitäts-Balun

7.5.11 Omega-Anpassung

Bild 7.5.13 zeigt eine Omega-Anpassung. Diese Anordnung ist eine Erweiterung der Gamma-Anpassung. Der Koaxialaußenmantel ist dabei auch an die Dipolmitte angeschlossen.

7.5.12 L-Anpassung

Die L-Anpassung zur Transformation und Symmetrierung von Yagiantennen im VHF-Bereich wurde 1967 von *W4KAE* beschrieben [5.11]. Es handelt sich dabei um ein L-Glied, das als Haarnadelanpassung oder Beta-Match bezeichnet wird (vgl. Abschnitt 6.2.5 „Parallel-Anpassung“). Die Schleife wird zu der „heißen“ Dipolhälfte gebogen, die an den Innenleiter des Koaxialkabels angeschlossen ist. **Bild 7.5.14** zeigt die L-Anpassung.

7.5.13 Kapazitäts-Balun

(M.C. Hately – Brit. Pat. 2 107 128 – 1981)
Einer neuerer Balun ist der Kapazitäts-Balun von *GM3HAT* [5.12].

Bild 7.5.15 zeigt die Anordnung der Kapazitäten. Auch hier ist der Koaxialaußenmantel an die Dipolmitte angeschlossen.

Literatur zu Abschnitt 7

[1.1] *Southworth, G.C.:* Proc. IRE, Vol. 18, 1930, No. 9, pp. 1502–1536

[1.2] *Roosenstein, H.O.:* Über die Unsymmetrie von Hochfrequenzleitungen. Telefunken-Zeitung, Nr. 58, 1931, S. 45–50

[1.3] *Eggers, B.A.:* An Analysis of the Balun. QST, April 1980, pp. 19–21

[1.4] *Sinclair, Jordan, Vaughan*: Measurement of Aircraft-Antenna Pattern Using Models. Proc. IRE, December 1947, p. 1456

[1.5] *Buschbeck, W.:* Die Entwicklung des transozeanischen Kurzwellen-Sendedienstes in Deutschland. Telefunken-Hausmitteilungen Jg. 20, H. 80, März 1939, S. 11–28

[1.6] *Roosenstein, H.O.:* Fernsehempfangsantennen. Telefunken-Hausmitteilungen, Jg. 20, H. 81, Juli 1939, S. 13–21

[1.7] *H.O. Roosenstein* – DE 522 682 – 1928

[2.1] *Lewallen. R.W.*: Baluns: What They Do And How They Do It. ARRL Antenna Compendium, Vol. 1, 1985, pp. 157–164

[2.2] *Sevick, J.*: Building and Using Baluns and Ununs. CQ, Hicksville NY, 1995

[2.3] *Witt, F.*: Baluns in the Real (and Complex) World. ARRL Antenna Compendium, Vol. 5, 1996, pp. 171–181

[2.4] *Meinke, H.H.:* Symmetrierschaltungen bei hohen Frequenzen. FTZ, Jg. 1, H. 8, November 1948, S. 193–199

[2.5] *Ruhrmann, A.:* Symmetrierung und Transformation mit Koaxialleitungen. Telefunken-Zeitung, Jg. 24, H. 93, Dezember 1951, S. 237–250

[2.6] —: Symmetrierglieder. Telefunken Taschenbuch, Technischer Anhang. AEG-Telefunken, Ulm, 1970

[2.7] *Hu Shuhao:* The Balun Family. Microwave Journal, September 1987, pp. 227–229

[2.8] *Krischke, A.:* Baluns. Kurzwellen-Fachtagung, DARC Distrikt Bayern-Süd, München, 1989

[3.1] *O. Schmidt* – DE 503 349 – 1928

[3.2] *A.G. Jensen* – US 2,013,154 – 1932

[3.3] *Guanella, G.*: Neuartige Anpassungs-Systeme für Hochfrequenz. BBC-Mitt., 31 (1944), S. 327–329

[3.4] *G. Guanella* – CH 242 060 – 1944

[3.5] *Ruthroff, C.L.*: Some Broad-Band Transformers. Proc. IRE, V. 47, August 1964, pp. 1337–1342

[3.6] *Turrin, R.*: Broadband-Balun Transformers. QST 8/1964, pp. 33–35

[3.7] *Orr, W.I.:* Broadband antenna baluns. Ham Radio June 1968, pp. 6–12

[3.8] *Sevick, J.:* Broadband matching transformers can handle many kilowatts. Electronics, Nov. 25, 1976, pp. 123–128

[3.9] *Hille, K.:* Leitungen für Breitbandübertrager. cq-DL 3/77, S. 99

[3.10] *Hille, K.*: Baluns. cq-DL 4/77, S. 152; 6/77, S. 229

[3.11] *Hille, K.H.:* Baluns. Funk 1-2/84, S. 40; 3/84, S. 40

[3.12] *Red, E.T.:* 50 – Technik. Beam 3/86, S. 12; 4/86, S. 18

[3.13] *Nagle, J.J.:* The half wave balun, theory and application. Ham Radio, September 1980, pp. 32–35

[3.14] *Demarest, K.; Plumb, R.; Huang, Z.*: Modelling Baluns with the Method of Moments. IEEE Trans., AP-42, No, 8, August 1994, pp. 1195–1198

[3.15] *W.G. Sterns* – US 4,460,877 – 1982

[3.16] *Charman, F.*: Baluns. RSGB Bulletin, December 1955, pp. 270, 271, 277; Radio Communication, November 1984 (TT), p. 963

[3.17] *Auerbach, R.:* Coax-Speisung symmetrischer Antennen. DL-QTC 4/1961, S. 159

[3.18] *W.B. Bruene* – US 2,777,996 – 1954

[3.19] *Becker, R.:* Die Wirkungsweise des Schlitzübertragers als Symmetriereinrichtung. AEÜ, Bd. 20, H. 12, Dezember 1966, S. 647–656

[3.20] *Zinke, O.*: Grundlagen der Breitbandantennen. ZWB-Bericht Theorie und Technik von Antennen, 1943

[3.21] *Zinke, O.*: Grundlagen der Breitbandantennen für Meter- und Dezimeterwellen. Funk und Ton, Jg. 1950, Nr. 9, S. 437–450

[3.22] *Graziadei, H.:* Eine Lösung für einen praktisch frequenzunabhängigen Übergang zwischen einem HF-Kabel und einer erdsymmetrischen HF-Leitung. FTZ, Heft 7, 1953, S. 311–319

[3.23] *F. Raffen, J.M. Martin* – DE 3 445 017 – franz. Priorität 1983

[3.24] *Frankel, S.:* Reactance Networks for Coupling Between Unbalanced and Balanced Circuits. Proc. IRE, September 1941, pp. 486–493

[3.25] *Green, E.:* Quarter wave networks. The Marconi Review, Vol. XII, No. 4, October/December 1949, pp. 157–171

[3.26] *Györy, T.*: Die Anpassung erdsymmetrischer und erdunsymmetrischer Systeme mit Boucherot-Brückenschaltung. NTZ 1958, H. 5, S. 258–262

[3.27] *Isley. C.T.:* Coupling Unbalanced to Balanced Lines. QST, April 1950, pp. 20–21

[3.28] *Roberts, W.B.:* A Neglected Form of Balun. QST, April 1969, p. 48

[3.29] *J. Goldmann* – DE 907 544 – 1940

[3.30] *J. Goldmann* – US 2,327,418 – 1941

[3.31] *Marchand, N.:* Transmission-Line Conversion Transformers. Electronics, December 1944, pp. 142–145

[3.32] *Roberts, W.K.:* A New Wide-Band Balun. Proc. IRE, December 1957, pp. 1628–1631

[3.33] *Oltmann, G.*: The Compensated Balun. Trans. IEEE MTT-14, March 1966, pp. 112–119

[3.34] *Laughlin, G.J.:* A New Impedance-Matched Wide-Band Balun and Magic Tee. Trans. IEEE MTT-24, March 1976, pp. 135–141
[3.35] *G.J. Laughlin* – US 3,827,001 – 1973
[3.36] *Cloete, J.H.:* Exact Design of the Marchand Balun. Microwave Journal, May 1980, pp. 99, 102
[3.37] *Halford, B.R.*: A Designer's Guide To Planar Mixer Baluns. Microwaves, December 1979, pp. 52, 53, 56–57

[4.1] *E. Bruce* – US 1,905,792 – 1929
[4.2] *M. Ponte* – FR 764.473 – 1933
[4.3] *E.C. Cork, J.L. Pawsey* – GB 509,500 – 1937/38)
[4.4] *A.B. Bailey* - US 2,184,729 – 1937
[4.5] Stahler, A.F.: New Dipole Feeder. 73 Magazine, pp. 38
[4.6] *Hosang, H.:* Kleine leistungsfähige Lambda/2-Vertikalantenne für den 144 MHz-Bereich. CQ DL 9/85, S. 518
[4.7] *Klüss, A.:* T²LT - der abgestimmte Sperrkreis in der Speiseleitung. CQ DL 9/88, 553–554; Korrektur: CQ DL 2/89, S. 110
[4.8] *Moxon, L.A.:* HF Antennas for All Locations. (RSGB, Potters Bar, Herts UK, 1993), p. 55
[4.9] *Dome, R.B.*: Balanced dipole antenna fed by coaxial cable. QST, May 1979, pp. 43–44
[4.10] *ARRL*: The ARRL Antenna Handbook. ARRL, Newington CT, 1997, Chapter 26, p. 26–19
[4.11] *Orr, B.:* Ham Radio Techniques. Ham Radio, January 1989, p. 104
[4.12] *E.T. Harper* – US 3,576,578 – 1967
[4.13] *Reisert, J.:* Simple and efficient broadband balun. Ham Radio, September 1978, pp. 12–15
[4.14] *Nagle, J.J.:* High-performance broadband balun. Ham Radio, February 1980, pp. 28–34
[4.15] *Titterington, R.G.*: The ferrite-cored balun transformer. Radio Communication, March 1982, pp. 216–220
[4.16] *Maxwell, W.:* Some Aspects of the Balun Problem. QST, March 1983, pp. 38–40
[4.17] *Parker, C.U.:* How to Select Ferrites and How They Work. EMC Test & Design, January 1994, pp. 26–29
[4.18] *Woody, J.:* The Use of Ferrites as Suppressors of EMI: EMC Technology, January/February 1994, pp. 21–23
[4.19] *Michalowsky, L.; Dreyer, R.*: Kampfansage-Neuartige Magnetmaterialien zum Entstören. Elektronik Praxis, Nr. 19, 6. Oktober 1994, S. 82–85
[4.20] *Graf, U.*: Gleichtaktfilter im Eigenbau. FA 2/99, S. 218–219
[4.21] *Belrose, J.J.:* Transforming the Balun. QST, June 1991, pp. 30–33
[4.22] *Meinke, H.; Gössl, H.; Kraus, H.:* Symmetrische Breitbanddipole mit koaxiale Speisung. NTZ, 16 (1963), Heft 2, S. 65–69
[4.23] *Wilson,* C.: Build a Budget 1:1 Balun. QST, November 1992, p. 65
[4.24] *Schips, K.:* Die vergessenen Wellen: Mantelwellen. CQ DL 9/94, S. 641–643
[4.25] Steel-wool baluns? Hints & Kinks. QST, September 1993, pp. 77–78
[4.26] *ARRL*: The Radio Amateurs Handbook ARRL, Newington CT, 1993, Chapter 39, p. 39-7

[5.1] *Rotkiewicz, W.; Rotkiewicz, P.:* Technika odbioru radiowego. (Warszawa, 1962), ff. 62–63
[5.2] —: Symmetrierglieder. Telefunken Taschenbuch, Technischer Anhang. (AEG-Telefunken, Ulm, 1970), S. 13
[5.3] *Duncan, J.W ; Minerva, V.P.:* 100:1 Bandwidth Balun Tranformer. Proc IRE, February 1960, pp. 156–164
[5.4] *Gans, M.; Kajfez, D.; Rumsey, V.H.:* Frequency Independent Baluns. Proc IRE, June 1965, pp. 647–648
[5.5] *Climer, B.:* Analysis of suspended microstrip taper baluns. Proc IEE, Vol. 135, Pt. H, No. 2, April 1988, pp. 65–69
[5.6] *H. Graziadei* – Dt. Pat. 845 967 – 1949
[5.7] *Jones, E.M.; Shimizu, J.K.:* A Wide-Band Strip-Line Balun. Trans. IRE MTT, January 1959, pp. 128–134
[5.8] *I.S. Blonder* – US 4,218,686 – 1978
[5.9] *I.S. Blonder* – US 4,468,674 – 1982
[5.10] *P.K. Onnigian* – US 5,068,672 – 1989
[5.11] *Campell, R.*: The L-Match for 2-Meter Yagi Arrays. QST, July 1967, pp. 19, 150, 152
[5.12] *Hately, M.C.*: A no-compromise, multiband, low-VSWR dipole. Ham Radio, May 1987, pp. 69–78

8 Ankopplungen und Anpaßgeräte

8.1 Ankopplungen

8.1.1 Allgemeines

Die größtmögliche Leistungsübertragung vom Generator über die Speiseleitung zum Verbraucher erzielt man, wenn 2 Bedingungen erfüllt sind:

Der Verbraucher (Antenne) muß für den Generator (Sender) mit reellem Innenwiderstand auch einen reinen Wirkwiderstand ohne kapazitive oder induktive Blindanteile darstellen.

Zwischen Verbraucher und Generator muß eine Impedanzanpassung vorhanden sein.

Größtmögliche Leistung wird also nur dann übertragen, wenn der Widerstand des Generators R_i an den Widerstand des Verbrauchers R_a angepaßt ist. Die zur Energieübertragung benutzte Speiseleitung muß im einfachsten Fall ebenfalls der Anpassungsbedingung genügen. Ihr Wellenwiderstand Z muß gleich R_i und gleich R_a sein.

$$R_i = Z = R_a \qquad (8.1.1.)$$

Bild 8.1.1 zeigt diesen Fall der optimalen Anpassung.

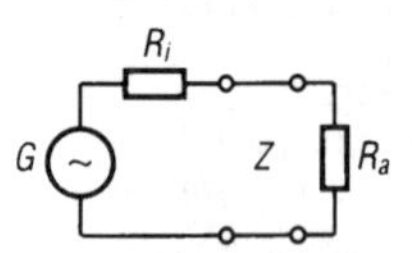

Bild 8.1.1
Optimale Anpassung

Wir haben uns hier auf den Spezialfall der „reellen Anpassung" beschränkt. Bei der „komplexen Anpassung" führt die Frage nach den Bedingungen für maximale Wirkleistungsabgabe auf die „konjugiert komplexen Größen". Zu einer komplexen Größe erhält man die konjugiert-komplexe Größe, indem man dem Imaginärteil das umgekehrte Vorzeichen gibt.

Die Impedanzanpassung muß bei vorhandener Speiseleitung am senderseitigen und am antennenseitigen Ende erfüllt sein. Die Impedanz des Senders ist bei Röhrensendern *hochohmig* und bei Transistorsendern *niederohmig*.

Die Impedanz einer *abgestimmten* Speiseleitung ist entweder hochohmig (Spannungskopplung) oder niederohmig (Stromkopplung).

Die Impedanz einer *unabgestimmten* Speiseleitung, also einer *angepaßten* Speiseleitung (ohne stehende Wellen) entspricht ihrem Wellenwiderstand und bewegt sich im Amateurbetrieb zwischen 50 und 600 Ω.

Es gilt nun einerseits den Eingangswiderstand der Antenne (Wirkwiderstand) impedanzrichtig an die Speiseleitung anzupassen (vgl. Abschnitt 6) und andererseits die Speiseleitung an den Innenwiderstand des Generators anzupassen (Abschnitt 8).

Hat man früher noch spannungsgekoppelte Antennen (z.B. Langdrahtantennen) mit einer hochohmigen Speisung direkt an den Sender angekoppelt, werden heute fast ausnahmslos stromgekoppelte Antennen (z.B. Dipole mit einer Symmetrierung) und koaxiale Speiseleitungen eingesetzt.

Anstelle von direkten Ankopplungen im Sender (kapazitive oder induktive Ankopplungen) verwendet man heute interne oder externe Filter (T- oder Pi-Filter).

8.1.2 Kapazitive und induktive Kopplung

Neben der galvanischen Kopplung, oder induktiv-galvanischen Kopplung, d.h. einer direkten Anzapfung an einer Induktivität des Senderschwingkreises sind die wichtigsten Auskoppelarten die kapazitive und die induktive Auskopplung.

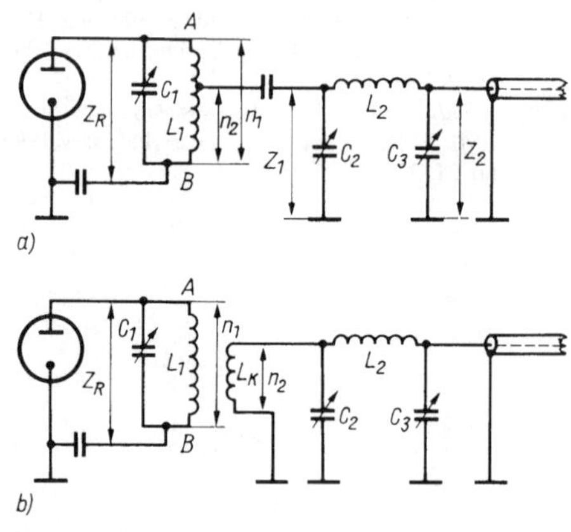

Bild 8.1.2
Ankopplung
a) - kapazitiv
b) - induktiv

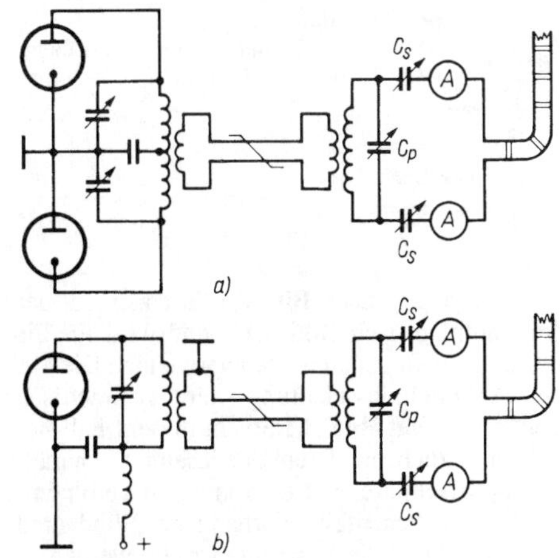

Bild 8.1.3
Link-Kopplung
a) - an eine Gegentaktendstufe
b) - an eine Eintaktendstufe

Kapazitive Kopplung

Sie erfolgt über eine Kapazität, entweder im induktiven Zweig oder aber im kapazitiven Zweig des Senderschwingkreises.

Induktive Kopplung

Diese Kopplungsart erfolgt über eine Induktivität, meistens mit einer Koppelspule (induktiv transformatorisch).

Bild 8.1.2 a zeigt die kapazitive und **Bild 8.1.2. b** die induktive Kopplung. Das Verhältnis der beiden Impedanzen bei der induktiven Kopplung ist

$$\frac{Z_R}{Z_1} = \left(\frac{n_1}{n_2}\right)^2 \qquad (8.1.2)$$

Eine besondere Form der induktiven Auskopplung ist die *„Link-Kopplung"*. Dabei wirkt eine *„Link-Leitung"* in Form einer verdrillten Zweidrahtleitung oder eines Koaxialkabels als angepaßtes Übertragungsglied. Die *„Link-Kopplung"* hat den Vorteil der galvanischen Trennung verkoppelter Kreise. **Bild 8.1.3 a** zeigt eine *Link-Kopplung* bei einer Gegentaktendstufe, **Bild 8.1.3 b** bei einer Eintaktendstufe.

8.1.3 Ankopplung angepaßter Speiseleitungen

Moderne Kurzwellenantennen für Einbandbetrieb werden fast immer, VHF-Antennen ausschließlich über angepaßte Speiseleitungen erregt. Sie bieten auch den sichersten Schutz vor Beeinträchtigungen des Rundfunk- und Fernsehempfanges. Beim Speisen von VHF-Antennen beschränkt man sich auf 2 Leitungstypen: Koaxialkabel mit Wellenwiderständen von 50 und 75 Ω und die UKW-Bandleitung mit Wellenwiderständen von 240 und 300 Ω.

Im Kurzwellenbereich hat neben dem Koaxialkabel noch die angepaßte, offene Zweidrahtleitung („Hühnerleiter") mit Wellenwiderständen von etwa 400 bis 600 Ω einige Bedeutung, weil sie die verlustärmste und zugleich billigste Speiseleitung ist.

Ankopplung von Koaxialkabeln

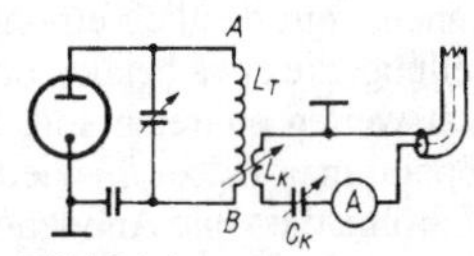

Bild 8.1.4
Universelle Ankopplung für ein Koaxialkabel

Eine universelle Art der Ankopplung eines Koaxialkabels an eine Röhren-Sendestufe zeigt **Bild 8.1.4.** Ankopplungsschwierigkeiten werden vermieden, wenn man eine veränderbare Kapazität C_K in Serie zu L_K schaltet und den Kreis L_K-C_K auf die Betriebsfrequenz abstimmt. Ein solcher Resonanzkreis bringt zusätzliche Selektivität und hilft damit, Störabstrahlungen zu unterdrücken. Angekoppelt wird immer am „kalten" Ende von L_T. Für eine möglichst geringe kapazitive Kopplung zwischen beiden Spulen sollte die geerdete Seite von L_K dem „heißen" Spulenende A von L_T am nächsten liegen. Für den Kopplungskreis sind Güten Q von 2...4 gebräuchlich. Je geringer Q ist, desto fester muß man L_K mit L_T koppeln. Bei $Q = 2$ kann meist schon optimal angekoppelt werden, und der Kreis ist noch so breitbandig, das man C_K über die Breite eines Amateurbandes nicht nachstimmen muß. Höhere Güten vereinfachen die Ankopplung dahingehend, daß man L_K/L_T loser koppeln kann, jedoch wird die Bandbreite des Kreises geringer, und C_K muß gegebenenfalls bei Frequenzwechsel innerhalb eines Amateurbandes korrigiert werden. Die für Resonanz notwendigen Werte für C_K und L_K enthält **Tabelle 8.1.**

Tabelle 8.1
Richtwerte für die Maximalkapazität und Induktivität von Ankopplungskreisen bei einer Güte von $Q = 2$

Amateurband in m	Maximalkapazität C_K in pF	Induktivität L_K in µH
160	890	8,6
80	450	4,3
40	230	2,2
30	160	1,6
20	115	1,1
17	90	0,9
15	80	0,7
12	65	0,6
10	60	0,5

50 Ω Wellenwiderstand des Speisekabels

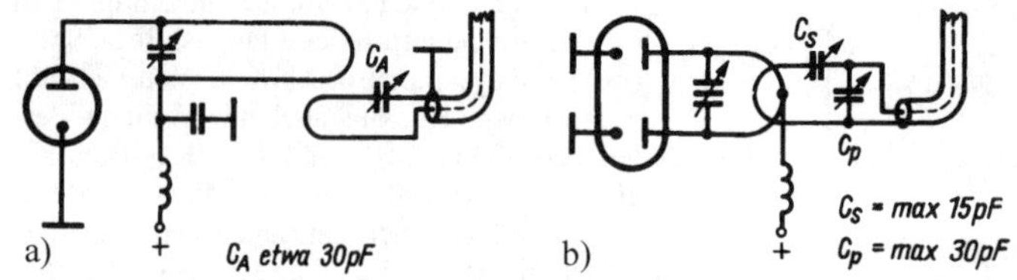

Bild 8.1.5
Ankopplung von Koaxialkabeln bei VHF-Endstufen

Beim Einstellen eines solchen Koppelkreises mit angeschlossener Speiseleitung wird zunächst zwischen L_K und L_T ziemlich lose gekoppelt, so daß sich beim Durchstimmen von C_K der Endstufenantennenstrom deutlich erhöht. In dieser Maximumstellung, die etwa bei den oben aufgeführten Kapazitätswerten eintreten soll, bleibt C_K stehen. Nun koppelt man L_K zu L_T wieder so fest, daß von der Endröhre die volle Anodeneingangsleistung aufgenommen wird, ohne dabei jedoch die vorher festgelegte Stellung von C_K zu verändern.

Die Kreisgüte Q verbessert man bekanntlich durch Vergrößern des L/C-Verhältnisses. Wenn erforderlich, muß deshalb C_K verkleinert und L_K vergrößert werden.

Elektrisch gesehen ist es gleichgültig, ob der Drehkondensator C_K zwischen Koppelspule L_K und Kabelinnenleiter liegt oder ob er am anderen Spulenende eingefügt wird. Letztere Möglichkeit wendet man an, wenn der Rotor von C_K auf Nullpotential liegen soll. Da nur geringe Spannungen auftreten, sind für C_K normale Empfängerdrehkondensatoren ausreichend, sofern 100 W Sendeleistungen nicht überschritten werden.

Bei vielen Sendern ist der Endstufenanodenkreis (Tankkreis) als π-Filter (*Collins*-Filter) ausgebildet. In solchen Fällen erübrigt sich ein besonderer Koppelkreis, und das Koaxialkabel kann direkt an den Senderausgang angeschlossen werden. Das *Collins*-Filter als Anpaßtransformator unterdrückt die Oberwellen gut (Tiefpaßfilter) und vermeidet störende Beeinflussungen von Rundfunk- und Fernsehen besser als die Ankopplung nach **Bild 8.1.4**.

Ankopplung von Koaxialkabeln an VHF-Endstufen

Mit einem angepaßten Koaxialkabel gespeiste VHF-Antennen werden teilweise etwas anders an die Senderendstufe angekoppelt. **Bild 8.1.5** bringt dafür zwei Beispiele.

Die Schaltung nach **Bild 8.1.5a** entspricht dem Stromlaufplan nach **Bild 8.1.4** und wird für Eintakt- und bei Gegentaktstufen verwendet. Die gleiche Ankopplungsschaltung für symmetrische Tankkreise zeigt **Bild 8.1.5b**. In diesem Fall liegt noch zusätzlich ein Drehkondensator C_P parallel zur Koppelschleife. Mit C_p können in Verbindung mit C_s gegebenenfalls vorhandene Blindanteile kompensiert und die Kopplung variiert werden.

Ankopplung von angepaßten symmetrischen Speiseleitungen

Für die Art der Ankopplung symmetrischer Speiseleitungen ist es gleichgültig, ob eine UKW-Bandleitung mit 240 bzw. 300 Ω Wellenwiderstand oder eine offene Zweidrahtleitung mit 400...600 Ω Wellenwiderstand verwendet wird.

Solche Leitungen könnten einfach induktiv an die Tankkreisspule angekoppelt werden. Da aber der Wellenwiderstand mit 240 bis 600 Ω schon recht groß ist, müßte die Kopplungsspule Werte annehmen, die annähernd der Hälfte der Kreisspulenwindungszahl entsprechen. Die zur Kopplungsspule induzierte Spannung weist verhältnismäßig geringe Werte auf, und es bereitet Schwierigkeiten, genügend Leistung auszukoppeln. Außerdem ist es aus Raumgründen oft nicht möglich, große Kopplungsspulen im Sendergehäuse unterzubringen.

Diese Nachteile können beseitigt werden, wenn die Speiseleitung mit einem abgestimmten Zwischenkreis abgeschlossen und dieser über eine *Link-Leitung* an den Tankkreis angekoppelt wird. Die Verbindungsleitung zwischen den beiden *Link*-Spulen darf beliebig lang sein und kann aus einer verdrillten Zweidrahtleitung oder noch besser aus einem Koaxialkabel bestehen. **Bild 8.1.6** zeigt eine Ankopplungsschaltung für angepaßte symmetrische Leitungen, bei der die *Link*-Spulen abgestimmt werden und die Verbindung der *Link*-Spulen aus Koaxialkabel besteht. Der senderseitige

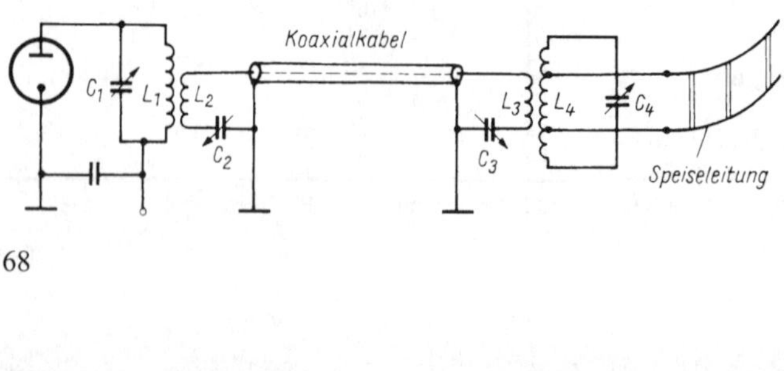

Bild 8.1.6
Ankopplung einer angepaßten symmetrischen Zweidrahtleitung

Koppelkreis L_2-C_2 hat dabei die gleichen Daten wie der nach **Bild 8.1.4** angegebene abgestimmte Koppelkreis.

Die Induktivität L_3 ergibt sich aus

$$\frac{L_3}{\mu H} = \frac{\frac{Z_K}{\Omega}}{\pi \cdot \frac{f}{MHz}} \qquad (8.1.3)$$

Z_K - Wellenwiderstand des L_2 und L_3 verbindenden Koaxialkabels.

Beispiel:

$f = 14$ MHz, $Z_K = 50\ \Omega$

$$\frac{L_3}{\mu H} = \frac{50}{\pi \cdot 14} = 1{,}14 \qquad L_3 \approx 1{,}1\ \mu H$$

Das entspricht auch dem Wert für L_K aus **Tabelle 8.1**.

C_3 muß man so wählen, daß sich mit L_3 Resonanz für die Betriebsfrequenz ergibt. Der Wert für C_3 entspricht wiederum dem Wert von C_K aus **Tabelle 8.1**.

Der Resonanzkreis L_4-C_4 hat etwa die gleichen Daten wie der Tankkreis L_1-C_1. Die Anschlüsse für die symmetrische Speiseleitung an L_4 richten sich nach dem Wellenwiderstand dieser Leitung und werden durch Versuch ermittelt. Am sichersten gelingt das mit einem Reflektometer, das in das verbindende Koaxialkabel eingeschleift wird. Durch Verändern der Abgriffe an L_4 und wechselseitiges Abstimmen mit C_4 und C_3 versucht man eine Welligkeit $s = 1$ zu erhalten. Mit C_2 wird dann auf optimale Belastung der Endstufe eingestellt.

Die nachfolgend beschriebenen Ankopplungsschaltungen für abgestimmte Speiseleitungen eignen sich auch für die Anpassung angepaßter symmetrischer Leitungen.

8.1.4 Ankopplung abgestimmter Speiseleitungen

Abgestimmte Speiseleitung

Die Impedanz einer abgestimmten Zweidrahtleitung wird an jedem Stromknoten und an jedem Spannungsknoten reell. Strom- und Spannungsknoten bilden sich abwechselnd im Abstand von elektrisch $\lambda/4$ auf einer Leitung aus. Man bezeichnet deshalb eine Leitung als *abgestimmt,* wenn ihre Länge elektrisch $\lambda/4$ oder ganzzahlige Vielfache von $\lambda/4$ beträgt ($2 \cdot \lambda/4$, $3 \cdot \lambda/4$ usw.).

Eine abgestimmte Speiseleitung der elektrischen Länge $\lambda/2$ oder eines ganzzahligen Vielfachen der halben Betriebswellenlänge ($2 \cdot \lambda/2$, $3 \cdot \lambda/2$ usw.) stellt an ihrem Ende das am Leitungsanfang vorhandene Strom-/Spannungs-Verhältnis wieder her **(Bild 8.1.7)**. Der Eingangsscheinwiderstand der Antenne wird deshalb im Verhältnis 1:1 zum Leitungsanfang übertragen. Daß die Spannung um 180° phasenverschoben ist, hat für diese Betrachtungen keine Bedeutung.

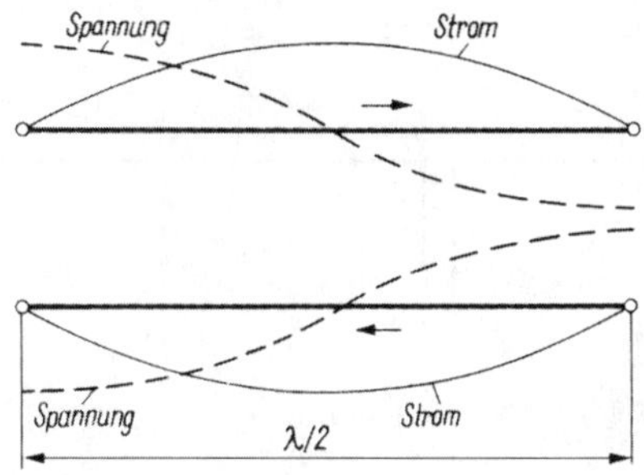

Bild 8.1.7
Strom- und Spannungsverteilung auf einer abgestimmten $\lambda/2$-Leitung

Das heißt, daß an der Antenne selbst keinerlei Maßnahmen zur Anpassung des Eingangswiderstandes erforderlich sind, denn er wird, unabhängig von seiner Größe, im Verhältnis 1:1 zum Leitungsanfang übertragen. Eine Viertelwellenleitung läßt sich ebenfalls als abgestimmte Leitung einsetzen.

Eine abgestimmte Speiseleitung der elektrischen Länge $\lambda/4$ oder eines ungeradzahligen Vielfachen von $\lambda/4$ der Betriebswellenlänge ($3/4\lambda$, $5/4\lambda$, $7/4\lambda$ usw.) hat an ihrem Ende die umgekehrte Strom-/Spannungs-Verteilung wie am Anfang **(Bild 8.1.8)**. Ein hochohmiger Widerstand am Leitungsanfang erscheint als niederohmig am Leitungsende und umgekehrt. Es findet eine Impedanztransformation (Viertelwellen-Transformator) statt.

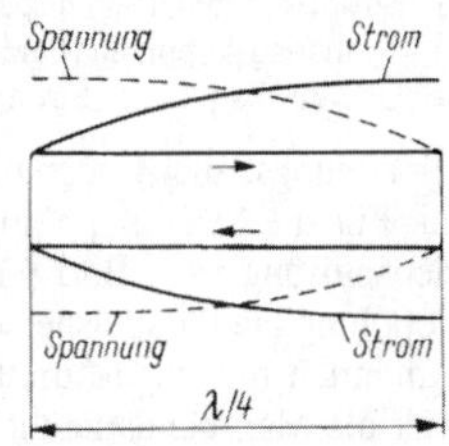

Bild 8.1.8
Strom- und Spannungsverteilung auf einer abgestimmten $\lambda/4$-Leitung

In **Bild 8.1.9** sind Antennen mit abgestimmter $\lambda/4$-Speiseleitung dargestellt. **Bild 8.1.9 a** zeigt einen Halbwellendipol, dessen niedriger Eingangswiderstand ZZ als hochohmiger Ausgangswiderstand Z'Z' am Leitungsende erscheint. In **Bild 8.1.9 b** wird der hochohmige Eingangswiderstand ZZ eines Ganz-wellendipols als Z'Z' am Leitungsende niederohmig, wie auch aus der Stromverteilung hervorgeht.

Ankopplung von abgestimmten symmetrischen Speiseleitungen

Für die Ankopplung einer abgestimmten Speiseleitung an die Senderendstufe muß zunächst festgestellt werden, ob das Ende der Leitung hochohmig

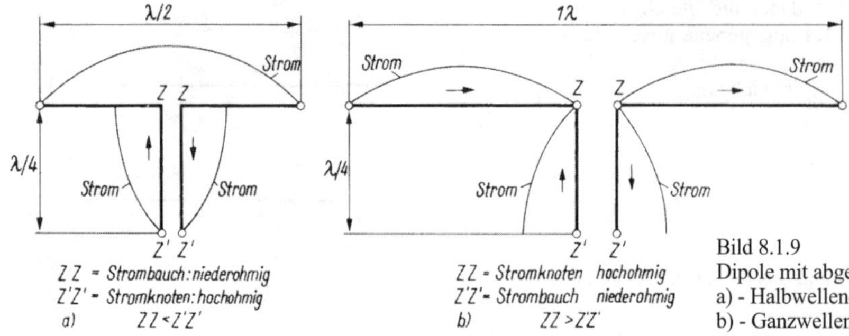

Bild 8.1.9
Dipole mit abgestimmter $\lambda/_4$-Leitung
a) - Halbwellendipol
b) - Ganzwellendipol

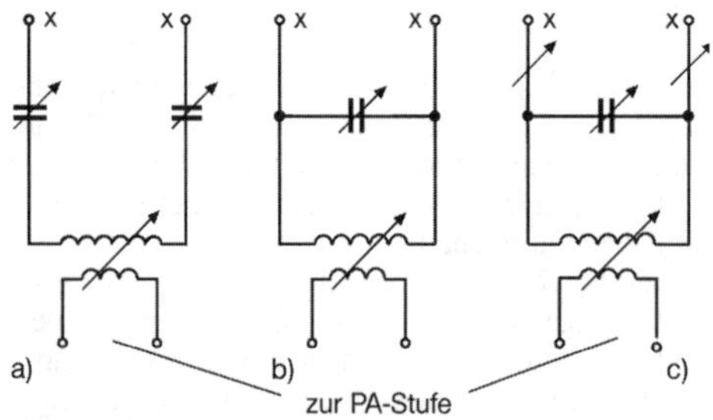

Bild 8.1.10
Ankopplungen für abgestimmte Zweidraht-Speiseleitungen
a) - Stromkopplung (Serienspeisung)
b) - Spannungskopplung (Parallelspeisung)
c) - Universalkopplung (Strom-/Spannungskopplung)

(Spannungsbauch) oder niederohmig (Strombauch) ist. Für die Stromkopplung verwendet man die Serienspeisung nach Bild **8.1.10a** und bei Spannungskopplung die Parallelspeisung nach **Bild 8.1.10b**. Da Antennen mit abgestimmter Speiseleitung fast immer als Mehrbandstrahler verwendet werden, ist es empfehlenswert, gleich das Universalabstimmgerät nach **Bild 8.1.10c** zu benutzen. Dieses läßt sowohl Spannungskopplung als auch Stromkopplung zu.

Diese Koppelsysteme gestatten es, den Gesamtkomplex Antenne – Speiseleitung zur Resonanz mit der Betriebsfrequenz nachzustimmen, was bei Mehrbandantennen immer erforderlich sein wird.

Eine abgestimmte Speiseleitung ist erdsymmetrisch, die Ankopplung an eine Gegentaktendstufe daher besonders einfach, weil auch diese ein erdsymmetrisches Gebilde darstellt. Diesen Fall zeigt **Bild 8.1.11a**.

Will man die symmetrische Speiseleitung an eine Eintaktendstufe ankoppeln, so kann der Tankkreis nach **Bild 8.1.11b** erdsymmetrisch ausgelegt werden, wenn das HF-Nullpotential zur Spulenmitte verlegt wird. An dieser Stelle führt man die Anodenspannung zu. Da dieser Punkt gegen Masse abgeblockt ist, beendet sich nunmehr dort das „kalte" Potential, und die beiden Spulenenden sind „heiß". Damit ist der Eintakttankkreis erdsymmetrisch geworden, wobei man allerdings beachten muß, daß der Rotor des Abstimmdrehkondensators nun ebenfalls RF-Potential hat. Es scheint deshalb günstiger, einen Zweifachdrehkondensator einzusetzen, dessen Rotoren gemeinsam geerdet werden können, während die Statoren mit je einem Spulenende verbunden sind.

Mit der Anordnung nach **Bild 8.1.11** wird zweckmäßig in folgender Reihenfolge abgestimmt:

Tankkreis der Endstufe ohne Antennenlast auf Resonanz abstimmen (gegebenenfalls die Anodenspannung herabsetzen). Diese Einstellung bleibt während des ganzen Abstimmvorganges bestehen.

Bei Spannungskopplung werden die beiden Kondensatoren C_s auf ihren Kapazitätshöchstwert gebracht und bleiben in dieser Stellung stehen. Mit C_p wird nun abgestimmt, bis die beiden Strommesser A einen Höchstwert anzeigen. Der Antennenstrom ist bei Spannungskopplung sehr gering, gegebenenfalls muß das Spannungsmaximum durch eine in die Nähe der Kondensatoren C_s gehaltene Glimmlampe nachgewiesen werden. Den Kopplungsgrad zwischen den Spulen und die Einstellung von C_p verändert man nur so lange, bis ein maximaler und in beiden Stromanzeigen gleicher Antennenstrom gemessen wird.

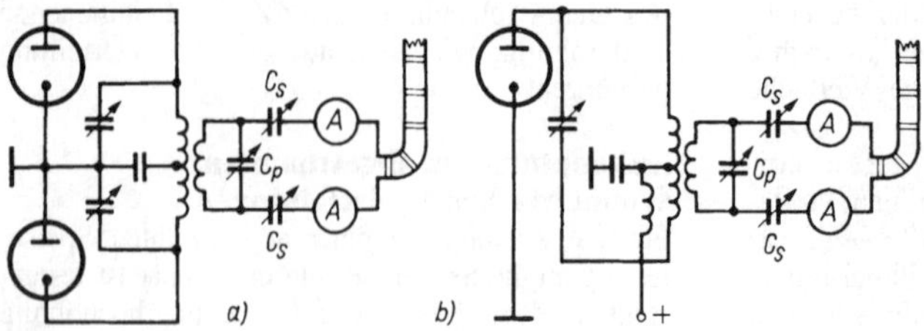

Bild 8.1.11
Ankopplung (Universalkopplung) einer abgestimmten symmetrischen Zweidrahtleitung
a) - an eine Gegentaktendstufe
b) - an eine Eintaktendstufe

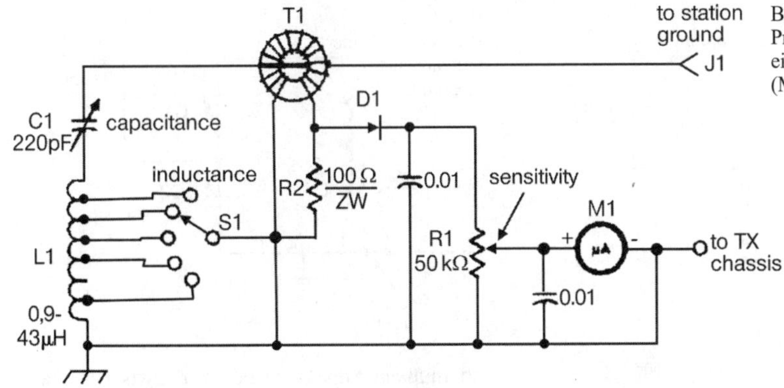

Bild 8.1.12
Prinzip-Schaltung eines Erdleitungs-Kopplers (MFJ-931)

Bei Stromkopplung bringt man den Kondensator C_p auf seinen Kleinstwert. Auf diesem Wert bleibt er stehen. Mit den Kondensatoren C_s sowie durch Verändern der Ankopplung wird nun ebenfalls auf maximalen und in beiden Zweigen gleichen Antennenstrom abgestimmt. (Auf die Meßinstrumente achten, denn bei Stromkopplung fließt ein sehr hoher Antennenstrom!)

Erst wenn tatsächlich das Optimum erreicht ist, kann man durch ein geringes und vorsichtiges „Nachziehen" der Tankkreisabstimmung versuchen, noch eine weitere Verbesserung zu erzielen.

Die induktive Kopplung zwischen Tankkreisspule und Ankopplungsspule soll veränderbar sein. Daraus ergeben sich oft Platzschwierigkeiten innerhalb der Senderendstufen. Es ist deshalb in vielen Fällen zweckmäßiger und auch elektrisch günstiger, den Antennenkoppler von der Endstufe räumlich zu trennen und die Verbindung über eine *Link*-Kopplung herzustellen, wie es in **Bild 8.1.3** zu sehen ist.

Eine *Link*-Leitung kann aus verdrillter, 2adriger Litze mit möglichst großem Leiterquerschnitt, einer UKW-Bandleitung oder am günstigsten aus einem Koaxialkabel bestehen. Sie darf beliebig lang sein und wird an beiden Enden mit einer Koppelspule abgeschlossen. Die erforderliche Windungszahl n_K der Link-Spulen ermittelt man durch Versuch, im allgemeinen genügen 3 Wdg. Für eine optimale Bemessung der Koppelspulen verwendet man folgende Formel:

$$n_K = n_T \cdot \sqrt{\frac{Z_L}{Z_T}} \qquad (8.1.4)$$

n_K - Windungszahl der Koppelspulen,
n_T - Windungszahl der Tankkreisspule,
Z_L - Wellenwiderstand der *Link*-Leitung,
Z_T - Impedanz des Anodenkreises.

Für verdrillte Litzenleitungen kann ein Wellenwiderstand um 80 Ω angesetzt werden. Mit den Link-Spulen läßt sich dann der Kopplungsgrad zwischen Tankkreis und Abstimmgerät bequem einstellen. Die Link-Leitung stellt eine angepaßte Leitung dar, da sie mit ihrem Wellenwiderstand an die Impedanz des Abstimmgerätes angepaßt ist. Deshalb darf sie beliebig lang sein und strahlt praktisch nicht. Diese Feststellung trifft besonders zu, wenn die *Link*-Leitung aus Koaxialkabel besteht.

Das Antennenabstimmgerät kann in der Nähe der Antenneneinführung oder außerhalb des Gebäudes an leicht zugänglicher Stelle aufgestellt werden und erhält dort auch die erforderlichen Blitzschutzeinrichtungen. Der Nachteil einer solchen Anordnung ist die Unbequemlichkeit, die das Nachstimmen des abgesetzten Abstimmgerätes bei Frequenzwechsel verursacht. Diesen Mangel beseitigen automatisch abstimmbare Antennenanpaßgeräte (z.B. Smart-Tuner).

8.1.5 Erdleitungs-Koppler

Der Erdleitungs-Koppler, auch als „Künstliche Erde" bezeichnet, ergänzt die Erdleitung oder ein Gegengewicht zu einem abstimmbaren Serienschwingkreis [1.1]–[1.3]. Während bei symmetrisch gespeisten Antennen (Dipole) die HF-Erde keine Rolle spielt ist dies bei endgespeisten Antennen (Langdraht-, Zeppantennen) oder bei end- oder asymmetrisch gespeisten Dipolen (FD4) von Bedeutung.

Wer in einer modernen Wohnung wohnt, wo die Heizungsrohre und Wasserleitungsrohre teilweise aus Kunststoff sind und der Weg zu einem Erdanschluß sehr weit ist, der hat ernsthafte Probleme seine Station HF-mäßig zu erden.

Mit dem Erdleitungs-Koppler kann man nun ein Stück Draht beliebiger Länge oder eine Verbindung zu einer entfernten Erde (Wasserleitung, Zentralheizung oder Hilfserder) auf Resonanz (Serienresonanz) abstimmen. Dazu wird die Masse des Erdleitungs-Kopplers mit der Masse des Transceivers bzw. mit der Masse von Matchbox oder Antennenanpaßgerät verbunden und der isolierten Anschluß wird mit der abzustimmenden (Erd)-Leitung verbunden. Ein beliebig langer isolierter Draht wird so zu einem elektrisch $\lambda/4$ langen Gegengewicht. Die

Bild 8.2.1
Parallelkreis-Tuner mit Spulenanzapfungen

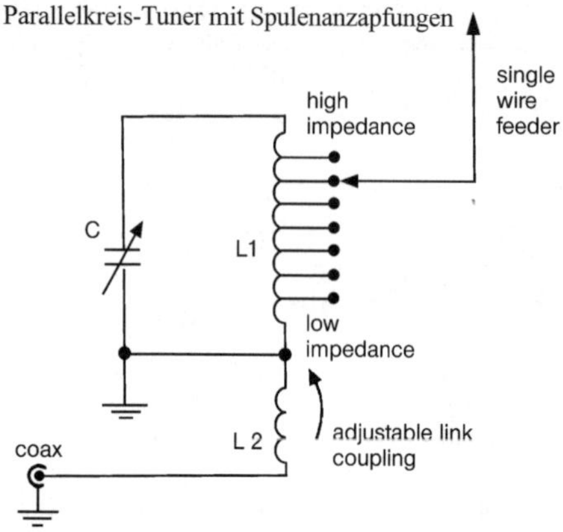

Bild 8.2.2
Parallelkreis-Tuner
mit kapazitiver
Kopplung

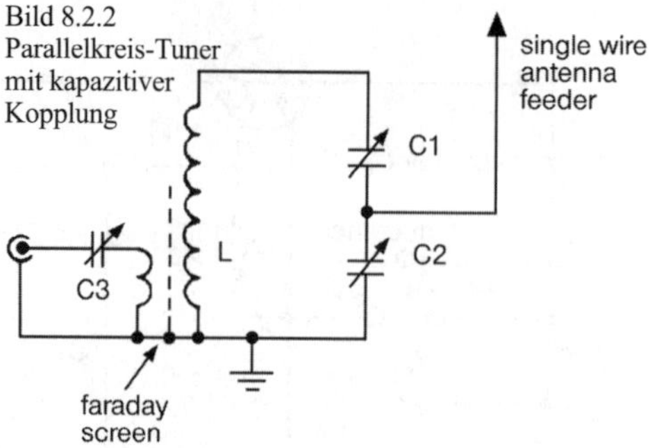

Zuleitungslänge zu einer eventuell vorhandenen, aber weit entfernten und dadurch HF-mäßig unwirksamen Erde wird damit kompensiert.

Das Abstimmgerät besteht aus einem Serienschwingkreis (1,8-30 MHz), je nach Modell kapazitiv oder induktiv abstimmbar.

Annecke 228: Drehko 8-330 pF/1,5 kV_{eff} und 11 stufige Schaltspule 0,1- 28 µH/15 A

MFJ-931: Drehko 25-225 pF, 12 stufige Schaltspule 0,9-43 µH

T-Kit 1251:1,8-30 MHz: 7 stufiger Schaltko 40-430 pF, 47 stuf. Variometer 1-20 µH

Über einen einfachen Ringkern-Stromwandler wird der HF-Strom ausgekoppelt und mit einem Mikroamperemeter angezeigt. **Bild 8.1.12** zeigt die Prinzip-Schaltung des Erdleitungs-Kopplers MFJ-931.

8.2 Anpaßgeräte

8.2.1 Allgemeines

Anpaßgeräte sind Geräte, die an Stellen mit zwei verschiedenen Impedanzen eingesetzt werden, um diese gegenseitig anzupassen.

Zwischen Antenne und HF-Leitung bezeichnet man das Gerät als Antennenanpaßgerät. Zwischen Sender bzw. Transceiver und HF-Leitung als Kabelanpaßgerät, „line flattener" oder Transmatch (Abkürzung für **trans**mitter line**match**er). Diese Bezeichnung geht zurück auf *Lew McCoy W1ICP*, einen bekannten Amateur aus USA, der 1961 ein Anpaßgerät veröffentlicht hat [2.1].

Die modernen Transceiver haben einen unsymmetrischen Ausgang für den Anschluß eines Koaxialkabels mit 50 Ω Wellenwiderstand. Die Anpassung vom Transceiver an das Antennenkabel ist wichtig, um bei modernen Transistorendstufen eine Leistungsverringerung bei Fehlanpassung zu vermeiden. Weicht die Anschlußimpedanz von 50 Ω ab, muß ein Anpassungsnetzwerk zwischen Transceiverausgang und Antennenkabel eingefügt werden. Eine Fehlanpassung zwischen der Antenne und dem Antennenkabel kann aber damit nicht korrigiert werden.

Kabelanpaßgeräte werden bis zu einer Welligkeit von etwa s = 5 eingesetzt. Ein gutes Kabelanpaßgerät muß demnach im Frequenzbereich 1,8–30 MHz reelle Widerstände von 10 bis 250 Ω und Blindwiderstände bis ± 120 Ω anpassen.

Im weiteren Sinn ist Transmatch die Bezeichnung für unsymmetrische Tuner mit einem LC-Netzwerk, also mit L-, T- oder Pi-Glied Aufbau. Andere Bezeichnungen für Anpaßgeräte sind Antennenkoppler, Antennentuner oder Matchbox.

8.2.2 Unsymmetrische Antennenkoppler

Es gibt bei den unsymmetrischen Antennenkopplern Parallelkreis-Tuner und Serienkreis-Tuner.

8.2.2.1 Parallelkreis-Tuner

Die Parallelkreis-Tunerschaltung hat einen Serienkondensator auf der unsymmetrischen Seite und einen Parallelkondensator auf der symmetrischen Seite. Mit dem Serienkondensator kann der Kopplungsgrad verändert werden. Der Kondensator auf der unsymmetrischen Seite und eine Seite des Sekundärkreises liegen zweckmäßigerweise auf Masse. **Bild 8.2.1** zeigt eine Schaltung mit variabler Link-Kopplung und Spulenanzapfung. Anstelle eines mehrpoligen Stufenschalters zur L-Variation kann man mit 2 variablen Kapazitäten die Anpassung und Abstimmung vornehmen (**Bild 8.2.2**).

Eine QRP-Ausführung mit einfacher Bandumschaltung für die höheren Bänder durch Parallelspulen zeigt **Bild 8.2.3** [2.2].

Der Parallelkreis-Tuner ist für spannungsgekoppelte unsymmetrische Antennen z.B. Drahtantennen mit 1/2, 1, 3/2, 2 λ und allen Vielfachen der Halbwellenlänge geeignet.

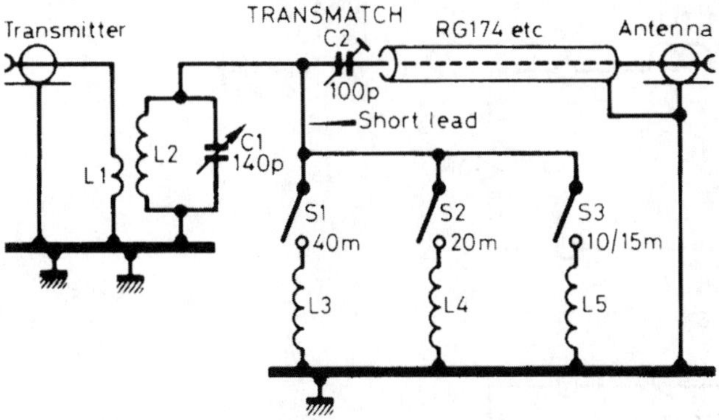

Bild 8.2.3
Parallelkreis-Tuner
mit Bandumschaltung

8.2.2.2 Serienkreis-Tuner

Diese etwas unbekanntere Serienkreisschaltung hat einen Koppelkondensator auf der unsymmetrischen Senderseite und einen Serienkreis auf der Antennenseite. Beide Serienkondensatoren liegen zweckmäßigerweise mit eine Seite auf Masse (**Bild 8.2.4**). Mit dem Koppelkondensator kann der Kopplungsgrad verändert werden. Bei Resonanz wirkt der Primärkreis als Saugkreis und die Kopplung ist am stärksten.

Man kann zusätzlich noch die Kopplung zwischen den Spulen durch Verschieben verändern. Die Antennenspule und damit auch die Antenne werden mit dem sekundären Drehkondensator auf Resonanz abgestimmt.

Als Entwickler der Schaltung gilt *Gerhard Voß DL6NU*, ex *DL7AT* [2.3].

Dieser Koppler ist für stromgekoppelte unsymmetrische Antennen z.B. Drahtantennen mit 1/4, 3/4, 5/4, 7/4 λ und allen ungeradzahligen Vielfachen der Viertelwellenlänge geeignet.

Für einen 80/40m-Koppler sind die Werte: Koppelspule 2,3 µH 7 Wdg; Antennenspule 10,6 µH 35 Wdg ∅ 30 mm; Koppelkondensator 1000 pF (2 x 500 pF parallel); Antennenkondensator 400 pF; Koppelkreis 2,4–7,7 MHz, Antennenkreis 3,3–16,5 MHz. Man bezeichnet diese Tuner auch als Resonanz-Tuner oder als Link-gekoppelte (induktiv gekoppelte) Tuner oder kurz Link-Koppler. Die Link-Kopplung hat den Vorteil, daß zwischen Transceiver und Antennensystem keine direkte Verbindung ist.

Ein Kombinationstuner nach *W9SCH*, der mit einem Doppel-Umschalter als Serien- oder Parallelkreis zu betreiben ist, wird in [2.4] beschrieben.

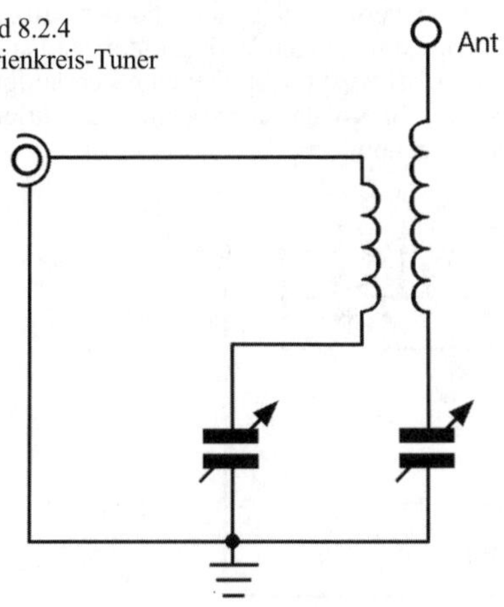

Bild 8.2.4
Serienkreis-Tuner

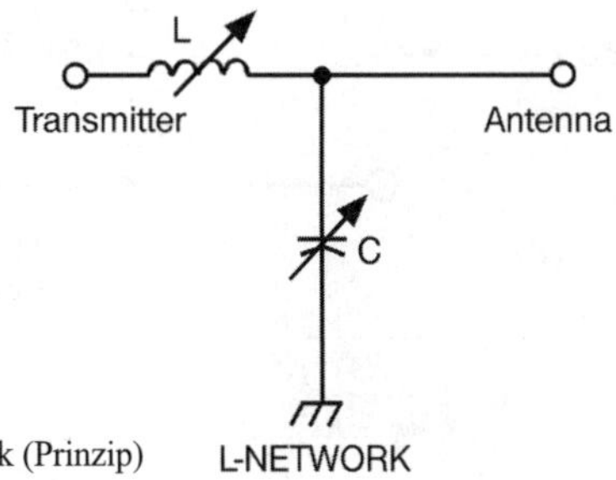

Bild 8.2.5
L-Netzwerk (Prinzip)

8.2.2.3 L-Tuner

Die einfachste Anpaßschaltung ist das L-Glied nach *C.S. Franklin* (vgl. Abschn. 6.3.1). Es transformiert mit geringster Blindleistung. Mit nur zwei variablen Blindelementen, einem im Längs- und einem im Querzweig, kann man jede Anpassung exakt auf s = 1 einstellen. **Bild 8.2.5** zeigt das Prinzip eines L-Tuners in Tiefpaßform.

Der hochohmigere Widerstand R_P liegt stets parallel zum Querglied und der niederohmige Widerstand R_S in Serie zum Längsglied. Bei vorgegebenen Widerstandswerten R_s und R_p kann man die Reaktanzwerte X_s und X_p errechnen.

$$X_S = R_S \cdot \sqrt{\frac{R_P - R_S}{R_S}} \qquad (8.2.1)$$

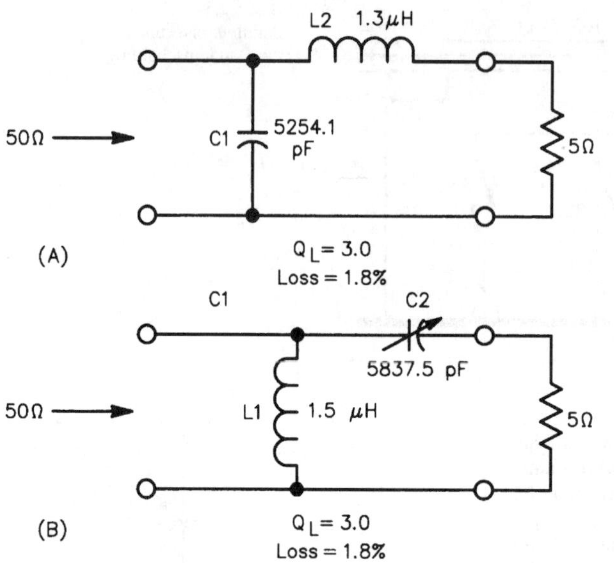

Bild 8.2.6
L-Glied (real)
a) - Tiefpaßglied
b) - Hochpaßglied

$$X_P = R_P \cdot \sqrt{\frac{R_S}{R_P - R_S}} \qquad (8.2.2)$$

Tiefpaßglied:

$$L_S = \frac{X_S}{\omega}\ ,\ C_P = \frac{1}{\omega \cdot X_P} \qquad (8.2.3)$$

Hochpaßglied:

$$L_P = \frac{X_P}{\omega},\ C_S = \frac{1}{\omega \cdot X_S} \qquad (8.2.4)$$

Die Komponenten sind dabei als ideal d.h. verlustlos angenommen.

Beispiel:
Bei 1,8 MHz sollen 5 Ω reell d.h. $R_A = (5 + j0)\ \Omega$ an 50 Ω angepaßt werden. Die Berechnung mit den Gleichungen (8.2.1 und 8.2.2) ergeben entweder ein Tiefpaßglied mit den Werten L_S = 1,33 μH und C_P = 5305 pF oder ein Hochpaßglied mit den Werten L_P = 1,47 μH und C_S = 5895 pF. Die Kapazitätswerte sind sehr groß und damit bei tiefen Frequenzen als Drehkondensatoren nicht mehr realisierbar.

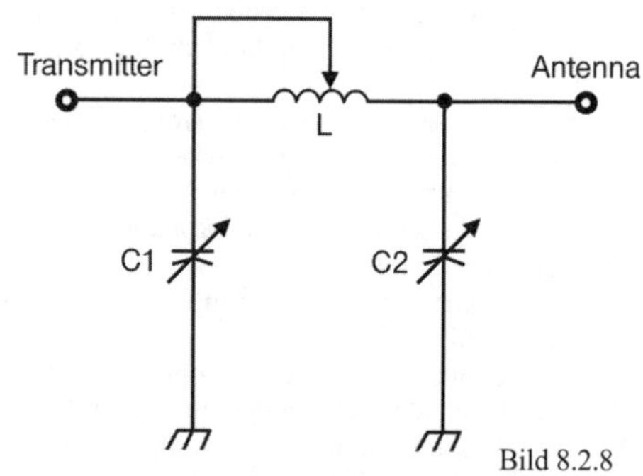

Bild 8.2.8
Pi-Netzwerk

Bei realen Komponenten wird die Spule mit einem seriellen Verlustwiderstand und der Kondensator mit einem parallelen Verlustwiderstand angenommen. Dabei wird für Spulen eine Leerlaufgüte Q = 200 und für Kondensatoren eine Leerlaufgüte Q = 1000 angenommen.

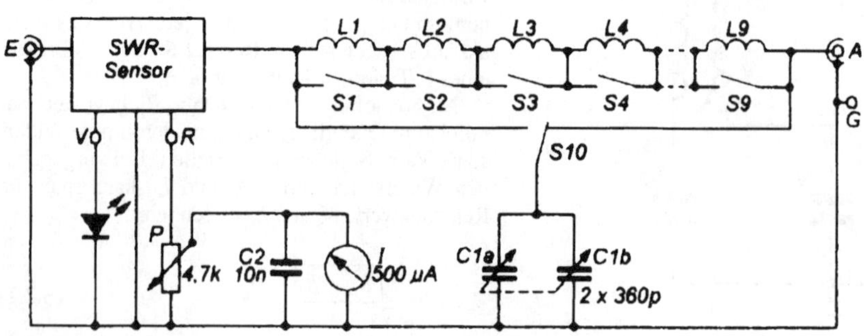

Bild 8.2.7
L-Tuner
(umschaltbar)

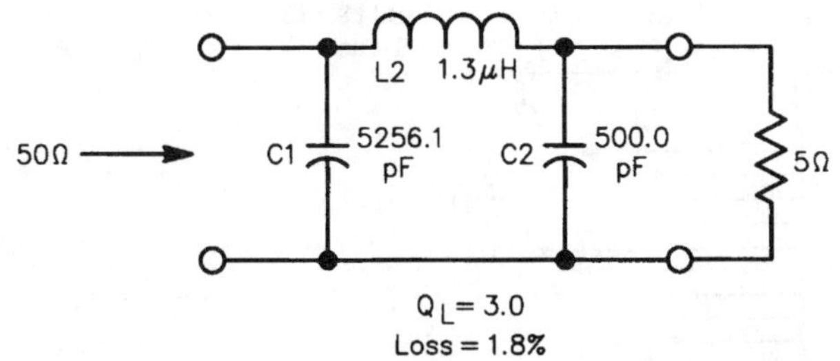

Bild 8.2.9
Pi-Filter (real)

Eine Berechnung für reale Komponenten mit dem ARRL Programm TLA [2.5] ergibt für das Tiefpaßglied die Werte L = 1,3 μH und C = 5254 pF oder für das Hochpaßglied die Werte L = 1,5 μH und C = 5837 pF (**Bild 8.2.6**). Bei beiden Schaltungen ist der Verlust 1,8 %. Dabei ist die Kreisgüte Q = 3.

Ein L-Tuner mit Feinabstimmung nach *G3OHK* ist zu finden in [2.6][2.7].

Ein umschaltbarer L-Tuner nach *K.C. Schips DL1DA,* für portablen Betrieb ist in **Bild 8.2.7** dargestellt [2.8].

8.2.2.4 Pi-Tuner

Variable Anpaßschaltungen baut man zweckmäßig so auf, daß man sowohl aufwärts wie abwärts transformieren kann. Das wird durch das Zusammenschalten zweier L-Glieder erreicht. **Bild 8.2.8** zeigt das Prinzip eines Pi-Tuners. Das Pi-Filter wird nach *A.A. Collins W0CXX* auch *Collins*-Filter genannt.

Es transformiert intern erst abwärts und dann je nach Einstellung mehr oder weniger aufwärts. Es hat drei variable Elemente und wirkt als Tiefpaß [2.9].

Eine Berechnung für reale Komponenten mit dem ARRL-Programm TLA [2.5] ergibt nun für das Pi-Filter die Werte C_1 = 5256 pF, L_2 = 1,3 μH und C_2 = 500 pF (**Bild 8.2.9**). Der Verlust ist auch nur 1,8 %. Auch hier ist ein Kapazitätswert bei 50 Ω schon sehr groß und als Drehkondensator nicht mehr realisierbar.

Eine Schaltung für ein QRP-Pi-Filter findet sich in [2.10]. Nach dem Prinzip des *Collins*-Filters (Pi-Filter) arbeitet die Matchbox MN-4 der Firma *Drake* (**Bild 8.2.10**). Eine sinnreiche Umschaltvorrichtung schaltet gleichzeitig die Spulenabgriffe von $L2$ und die Festkondensatoren $C6$ bis $C10$ entsprechend dem eingeschalteten Amateurband. Der Serienkondensator $C12$ kompensiert die am Speiseleitungsanfang vorhandenen Blindwiderstände. Ein Reflektometer ist bei diesem Gerät eingebaut.

8.2.2.5 T-Tuner

Der T-Tuner mit einem Hochpaßglied kam in den 60er Jahren in USA in Mode.

Bild 8.2.11 zeigt das Prinzip eines T-Tuners als Hochpaß (I) und als Tiefpaß (II).

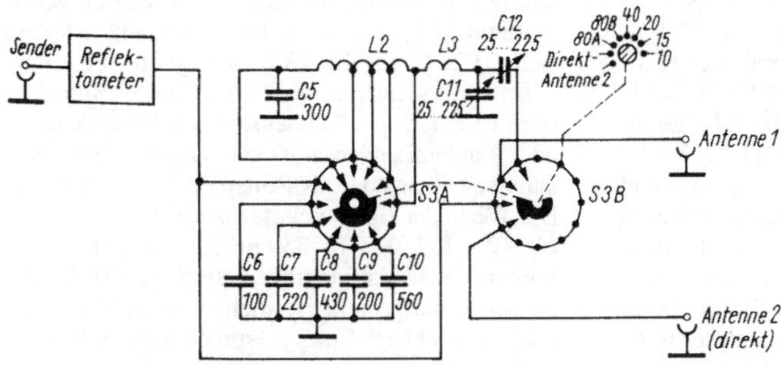

Bild 8.2.10
Collins-Filter
(MN-4 Fa. *Drake*)

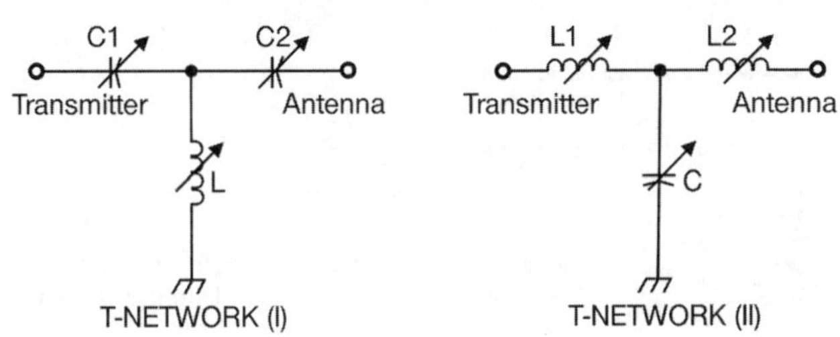

Bild 8.2.11
T-Netzwerk
(I) - Hochpaß
(II) - Tiefpaß

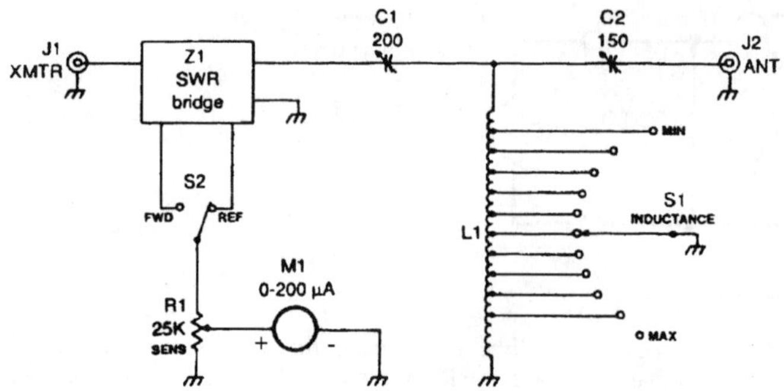

Bild 8.2.12
T-Tuner

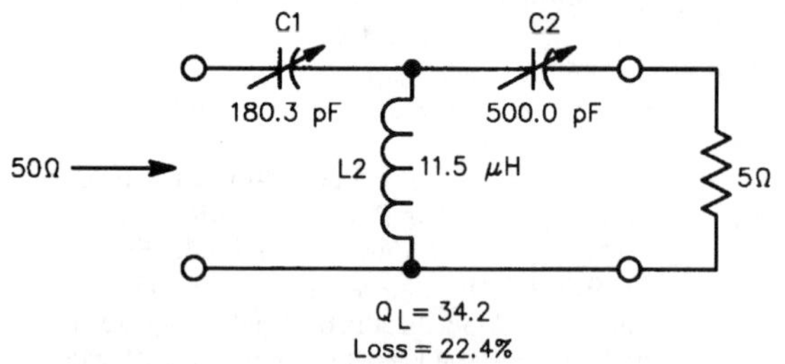

Bild 8.2.13
T-Filter (real)

Das T-Filter transformiert intern erst aufwärts und dann je nach Einstellung mehr oder weniger abwärts. Dabei können unerwartet hohe Spannungen auftreten. Es hat drei variable Elemente und wird meistens als Hochpaß (*C-L-C*) ausgeführt. Man bezeichnet diesen Tuner auch als *CLC-Tuner*.

Bild 8.2.12 zeigt eine Hochpaßausführung für unsymmetrische Antennen [2.11]. Dabei hat L_1 etwa 32 µH mit 11 Anzapfungen und R_1 ist ein lineares Potentiometer mit 25 kΩ. Eine Berechnung für reale Komponenten mit dem ARRL-Programm TLA [2.5] ergibt nun für das T-Filter als Hochpaßglied die Werte C_1 = 180 pF, L_2 = 11,5 µH und C_2 = 500 pF (**Bild 8.2.13**). Der Verlust ist zwar 22,4 %, dafür sind aber die Kapazitätswerte praktisch realisierbar. Eine Sonderform ist das Differential T-Match. Dabei können C_1 und C_2 auch als Differentialkondensator ausgebildet sein [2.12] [2.13].

Man kann die Schaltung aber auch als Tiefpaß (*L-C-L*) ausführen [2.14]. Man bezeichnet diesen Tuner auch als *LCL-Tuner*. Diese Ausführung ergibt eine bessere Dämpfung der Harmonischen: 25 dB für die 2. Harmonische, 35 dB für die 3. Harmonische und 45 dB für die 4. Harmonische [2.15]. Das T-Glied hat einen sehr weiten Anpaßbereich und wird bei nahezu allen „automatischen“ Antennentunern in den gängigen Transceivern, aber auch bei sehr vielen Antennenkopplern als Einzelgeräte verwendet. Etwa bei den Antennen-Tunern der Fa. *MFJ*.

8.2.2.6 Ultimate Transmatch

Diese Schaltung wird auch Universal Transmatch oder UT genannt. Die Schaltung und die Bezeichnung gehen auf *McCoy* zurück. Die Schaltung wurde 1961 unter dem Namen Transmatch veröffentlicht [2.1], die Bezeichnung stammt aus dem Jahre 1970 [2.16]. **Bild 8.2.14** zeigt die Schaltung.

Das auffallende Kennzeichen dieses Anpaßgerätes ist der Doppelkondensator (Splitkondensator oder Tandemkondensator) am Eingang. Die Spule kann schaltbar oder als Rollspule ausgeführt sein. Die Werte der Bauelemente sind z.B.:
$C_1 = 2 \times 200$ pF, $C_2 = 350$ pF, $L_1 = 28$ µH
Weitere Veröffentlichungen sind [2.17] [2.18]. Dieses Schaltprinzip ist auch noch im UHF-Bereich brauchbar. Eine entsprechende Schaltung findet sich in [2.19].

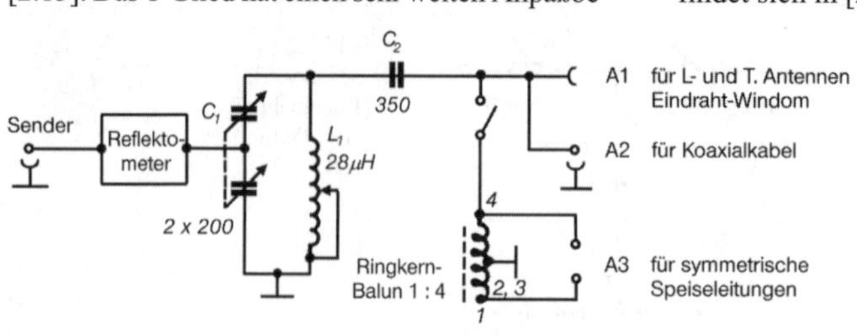

Bild 8.2.14
Ultimate Transmatch

8.2.2.7 SPC-Transmatch

SPC ist die Abkürzung für **Serie** **p**arallel **c**apacity. Das auffallende Kennzeichen dieses Anpaßgerätes ist der Doppelkondensator (Splitkondensator oder Tandemkondensator) am Ausgang.

Diese Schaltung wurde erstmals 1980 veröffentlicht von *DeMaw W1FB*, einem bekannten Amateur aus USA [2.20]. **Bild 8.2.15** zeigt die Schaltung. Die Serienschaltung des Ausgangskondensators ermöglicht eine Impedanzanpassung in einem extrem weiten Bereich. Es lassen sich dabei Impedanzen von einigen Ω bis mehrere 1000 Ω anpassen. Die Werte der Bauelemente sind z.B.: C1 = 200 pF, C2 = 2 x 200 pF, L1 = 28 µH.

Weitere Veröffentlichungen sind [2.21]–[2.23].

Bei modernen Transceivern, bei denen nicht mehr im C-Betrieb gearbeitet wird und in der Endstufe nicht mehr verdoppelt wird, ist das Problem der Oberwellenunterdrückung im Anpaßgerät nicht mehr so relevant.

Im Gegenteil: gegenüber den konventionellen Tiefpässen (z. B. Collinsfilter) bietet das SPC-Transmatch mit seiner Hochpass-Eigenschaft den Vorteil der Unterdrückung von tiefer gelegenen Frequenzen. Bei Abstimmung im 80m-Band sind die Mittelwellensender mindestens 30 dB gedämpft.

8.2.2.8 XMatch

(*P.D. Schrader* – US 4,763,087 – 1986)
Der Tuner XMatch, benannt nach dem Suffix von *P.D. Schrader N4XM*, ist ein unsymmetrischer Antennenkoppler ohne Balun für unsymmetrische Antennen [2.24]. Jeder Tuner ist handgefertigt und nur bei *N4XM* zu bekommen. Der Tuner ist eine Variation des T-Netzwerks und hat einen wuchtigen Zweifachdrehkondensator mit 24-291 pF pro Sektion, einen massiven Schalter und ein Variometer mit 28 µH auf einem Keramikkörper mit 32 Windungen. Der zweite Kondensator im T-Netzwerk hat 575 pf und besteht aus 5 x 100 pF und 75 pF mit jeweils 5 kV. In der XM1-Position ist der variable Kondensator am Eingang und die Fixkondensatoren am Ausgang. In XM2-Position sind die Fixkondensatoren am Eingang und der variable Kondensator am Ausgang. Bypass- und Erdungsmöglichkeiten sind auch vorgesehen.

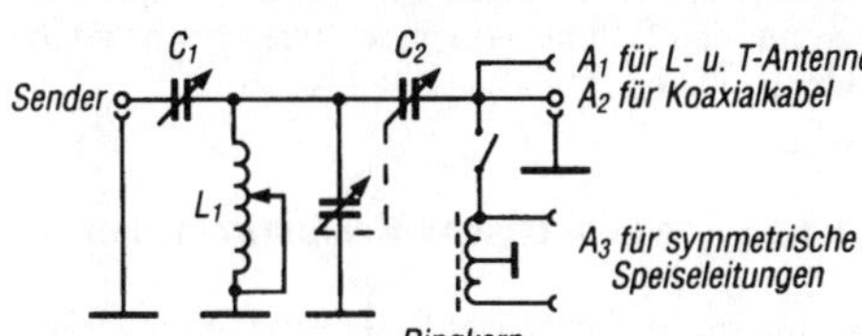

Bild 8.2.15
SPC-Transmatch

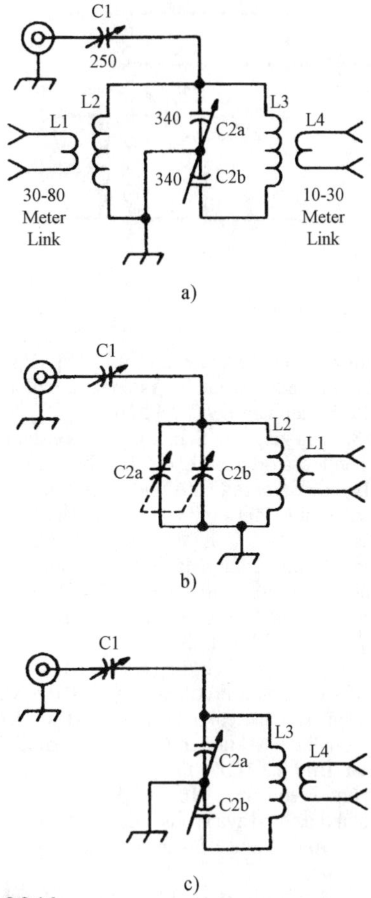

Bild 8.2.16
Z-Match
a) - Gesamt-Schaltung
b) - wirksame Schaltung für 3,5–10,5 MHz
c) - wirksame Schaltung für 10–30 MHz

Der Tuner wird als „low-band optimized" für „full legal power without arc-over" angepriesen innerhalb von SWR-Kreisen 5:1 von 1,8 bis 3,5 MHz, 7:1 von 3,5 bis 21,45 MHz und 4:1 von 21,45 bis 29,7 MHz.

Bei den Tests im ARRL-Lab funktionierte dieser Tuner noch, wenn andere bereits versagten. Der größte Leistungsverlust war 27 % mit einer Last von 3,125 Ω (SWR 16:1) bei 160 m. Im „high-power"-Test mit 1320 W an 12,5 Ω auf 160 m wurde die Spule warm. Mit 1500 W auf 20 m blieb die Spule den ganzen Test über kühl.

8.2.2.9 Z-Match

Die Originalschaltung geht auf *A. King W1CJL* zurück, der im Jahr 1948 einen Multiband-Tankkreis

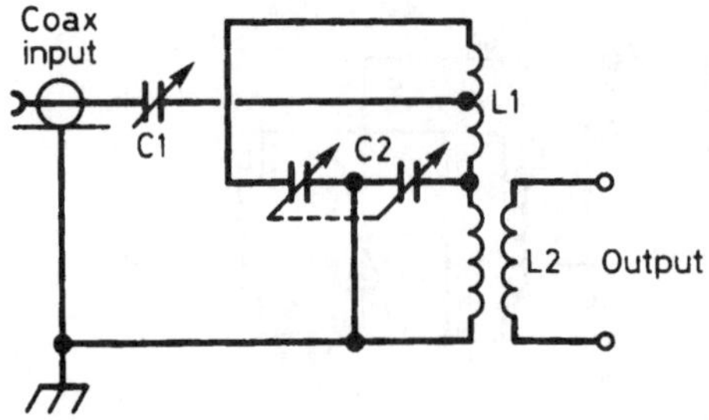

Bild 8.2.17
Z-Match mit einer Spule

ohne Umschaltung beschrieben hat [2.25]. Die Veröffentlichung als Z-Match Antennenkoppler erfolgte 1955 auch von *W1CJL* [2.26].

Bild 8.2.16a zeigt die Schaltung. Sie besteht aus 2 Drehkondensatoren *C*1 und *C*2, dabei ist *C*2 ein Doppelkondensator mit *C*2A und *C*2B, sowie aus 2 Spulen *L*2 und *L*3 mit je einer Linkauskopplung *L*1 und *L*4.

Durch C1 und C2 kann der Koppler reaktive und ohmsche Abschlüsse von 10 bis 2500 Ω verarbeiten. Der Multibandbetrieb ergibt sich aus der Anordnung von *C*2, *L*2 und *L*3.

Die Erklärung der Wirkungsweise ist wie folgt [2.27]: Für die tiefen Frequenzen (3,5–10,5 MHz) hat L3 eine kleine Reaktanz und wirkt als Kurzschluß, sodaß die Sektionen *C*2a + *C*2b parallel zu *L*2 liegen (**Bild 8.2.16b**).

Für hohe Frequenzen (10–30 MHz) hat *L*2 eine hohe Reaktanz und wirkt als Leerlauf, sodaß die Sektionen von *C*2a + *C*2b in Serie zu *L*3 liegen (**Bild 8.2.16c**).

Vom Z-Match gibt es viele Variationen, zwei davon sind [2.28] [2.29].

Eine wesentliche Verbesserung ist das Z-Match mit einer Spule („single-coil"), wie z.B. in [2.30] beschrieben. Die zugehörige Schaltung ist in **Bild 8.2.17** zu sehen. Die Basis dafür ist der Multibandkreis mit einer angezapften Spule von *R.W. Johnson W6MUR* aus dem Jahre 1954.

8.2.2.10 Freematch

Der Tuner „Freematch" (*FRI*-match), benannt nach dem Suffix von *Frits Geerligs PA0FRI*, ist eine Modifikation des Z-Match und hat sich bei der Anpassung von resonanten Antennen wie *G5RV*, FD4, Dipole usw. und einigen nichtresonanten Antennen bewährt [2.31]. Der Frequenzbereich geht von 3,5 bis 28 MHz. **Bild 8.2.18** zeigt die etwas eigenwillige Schaltung.

Mit einer zusätzlichen Koppelspule (3–6 Windungen bifilar gewickelt) am kalten Ende der Spule kann ein symmetrischer Ausgang von 75 bis 300 Ω erzielt werden.

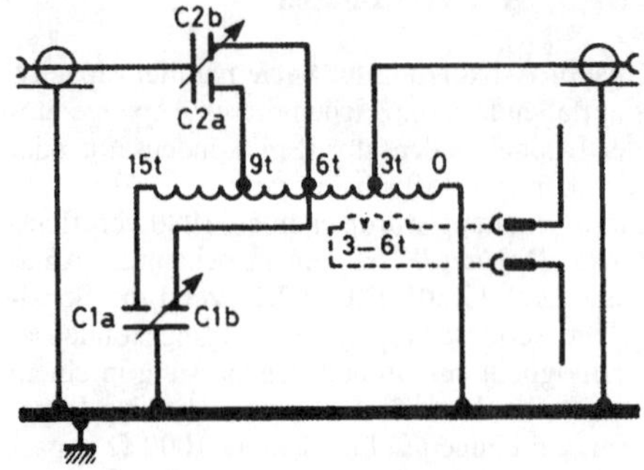

Bild 8.2.18
Freematch

Bauteile Information:
Spule: 15 Windungen aus Kupferlackdraht 2,5 mm ∅ mit einem Spulendurchmesser von 5 cm. Die Spulenanzapfungen bei 3, 6, 9 Windungen sind vom kalten Ende her gezählt. Für Leistungen kleiner als 200 W kann ein Ferritkern T200-2 mit 15 Windungen verwendet werden.
Kondensatoren: Die Kondensatoren C_1 und C_2 sind 500 pF Zweigang-Drehkos (10–490 pf per Sektion) für Leistungen bis 100 W.

8.2.3 Symmetrische Antennenkoppler

Beim Übergang von unsymmetrischen Leitungen (Koaxialkabel) auf symmetrische Leitungen (Paralleldrahtleitung) oder symmetrische Antennen gibt es 3 Möglichkeiten bzw. 2 rein symmetrische und 1 gemischte:

- Symmetrische Resonanz-Tuner: Antennenkoppler mit symmetrischem Aufbau bei gleichzeitiger Symmetrierung, Abstimmung und Anpassung.
- Symmetrische LC-Tuner. Ein Balun (1:4 als Symmetrierglied oder 1:1 als Sperrglied) gefolgt von einem symmetrischen LC-Netzwerk.
- Unsymmetrische LC-Tuner: Ein auf Masse liegender unsymmetrischer LC-Tuner gefolgt von einemBalun (1:4) als Symmetrierglied.
  Ein Balun (1:1) als Sperrglied gefolgt von einem hochliegenden („nicht auf Masse liegenden") unsymmetrischen LC-Tuner.

Die Typen 1 und 2 sind symmetrisch aufgebaute Antennentuner. Der Typ 3 ist unsymmetrisch aufgebaut. Die beiden Varianten wirken aber, zusammen mit den Baluns, von außen wie symmetrische Antennentuner.

8.2.3.1 Symmetrische Resonanz-Tuner

Symmetrische Resonanz-Tuner sind symmetrisch aufgebaute Antennenkoppler mit Anpassung und Abstimmung bei gleichzeitiger Symmetrierung.

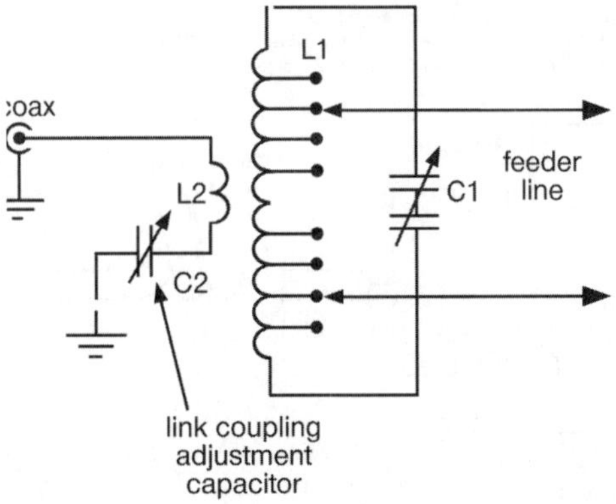

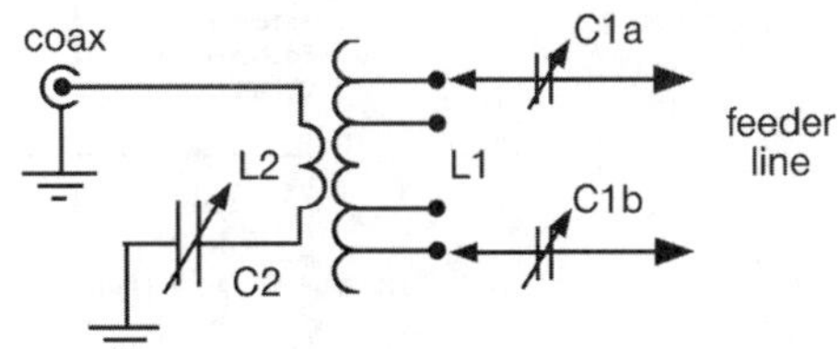

Bild 8.2.19
Symmetrische Resonanz-Tuner
links: Spannungskopplung
rechts: Stromkopplung

Es gibt bei den symmetrischen Resonanz-Tunern Parallelkreis-Tuner und Serienkreis-Tuner. Außerdem gibt es noch Kombinations-Tuner. Diese können entweder als Parallelkreis oder als Serienkreis geschaltet werden. Ein Antennenkoppler als symmetrischer Resonanz-Tuner, mit einem Serienkondensator auf der unsymmetrischen Seite, wurde schon 1928 in Deutschland veröffentlicht [2.32].

Die heute übliche Kopplerschaltung mit einem Serienkondensator auf der unsymmetrischen Seite und einem Parallelkondensator auf der symmetrischen Seite war bereits 1932 in USA bekannt [2.33]. Man bezeichnet diese Schaltungen auch als Link-gekoppelte (induktiv gekoppelte) Tuner oder kurz Link-Koppler. Da durch die Link-Kopplung zwischen Transceiver und Antennensystem keine direkte Verbindung ist, ergibt sich zusammen mit dem Bandpaß- oder Bandsperren-Verhalten der abgestimmten Schaltung eine bessere Isolation. Bei den Tunern kann der Sekundärkreis isoliert hochliegend (floating) oder in der Mitte auf Masse sein. Dazu hat entweder die Sekundärspule eine Mittelanzapfung, die auf Masse liegt, oder der Parallelkondensator ist ein Splitkondensator, dessen Mitte auf Masse liegt. **Bild 8.2.19** zeigt zwei symmetrischen Resonanztuner. Auf der linken Seite ist der Tuner für spannungsgekoppelte Speiseleitungen, rechts für stromgekoppelte Speiseleitungen. Der Wert für *C*1 ergibt sich aus der Resonanzbedingung mit *L*1 links bei offenem Parallelkreis und rechts bei kurzgeschlossenem Serienkreis. Die Werte für *L*2 und *C*2 ergeben sich aus der jeweiligen Frequenz und der Impedanz der Koaxialleitung nach Gl. (8.1.3.) bzw. für 50 Ω aus **Tabelle 8.1**. Diese Resonanz-Tuner können sogar bis 145 MHz eingesetzt werden. Die Kapazitätswerte dort sind dann *C*2 = 50 pF, *C*1 = 2 x 35 pF, *L*2 = 2 Windungen mit rd 12 mm ∅, *L*1 = 5 Windungen mit rd. 6 mm ∅. Kombinations-Tuner waren auch die Antennenkoppler der Fa. *Annecke*, die der bekannten *Johnson Viking* Matchbox nachempfunden sind. Eine neuere Schaltung für einen Eigenbau-Antennenkoppler von 80–10m mit einem einfachen Drehkondensator für kleine Leistungen als ein Beispiel für einen Kombinations-Tuner für portable Anwendungen findet sich in [2.34].

8.2.3.2 Symmetrische LC-Tuner

Symmetrische LC-Tuner bestehen aus einem Balun, 1:4 als Symmetrierglied oder 1:1 als Sperrglied, gefolgt von einem symmetrischen LC-Netzwerk.

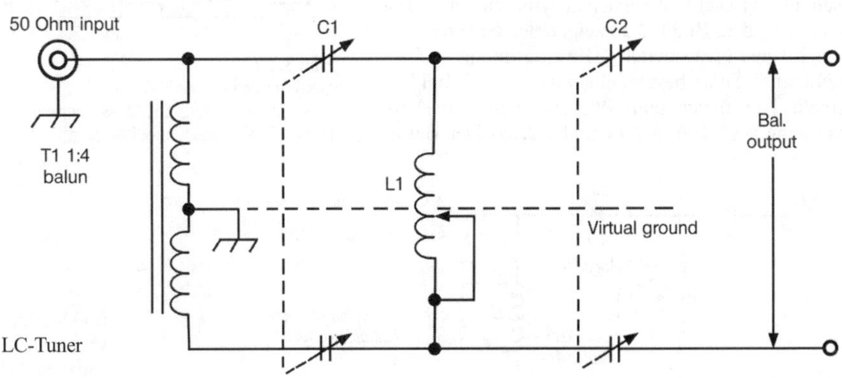

Bild 8.2.20
Symmetrischer LC-Tuner

Bild 8.2.21
Symmetrischer LC-Tuner

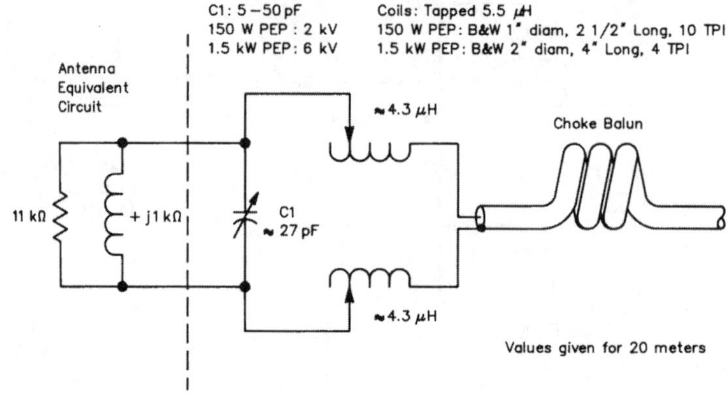

Ein Beispiel für die erste Variante zeigt **Bild 8.2.20** [2.35]. Nach einem Symmetrierglied 1:4 folgt ein symmetrisches T-Glied mit virtueller Masse (scheinbares Nullpotential). Der 1:4 Balun ist ein Ringkernübertrager nach *Ruthroff* (vgl. **Bild 7.3.9 b**). Ein Nachteil dieser Schaltung ist, daß die Doppelkondensatoren isoliert aufgebaut sein müssen.

Ein Beispiel für die zweite Variante zeigt **Bild 8.2.21**. Die Schaltung ist für eine symmetrische Vertikalantenne für 20 m [2.36]. Nach einer Kabeldrossel als Sperrglied (vgl. Abschn. 7.4.2.2) folgt ein symmetrisches L-Glied. Die Schaltung ist etwas ungewohnt angeordnet, rechts ist der Koaxialeingang mit 50 Ω und links die symmetrische Antenne.

8.2.3.3 Unsymmetrische LC-Tuner mit Symmetrierung

Bei unsymmetrischen LC-Tunern wird ein unsymmetrisches LC-Netzwerk (L-, Pi- oder T-Glied) mit einem Balun am Eingang oder am Ausgang kombiniert. **Bild 8.2.22** (**A**) und (**B**) zeigt die beiden Transmatch-Varianten. Variante (**A**): ist ein auf Masse liegender unsymmetrischer LC-Tuner gefolgt von einem Balun (1:4) als Symmetrierglied. Diese Variante mit dem Balun 1:4 am Ausgang (schaltbar) ist sehr oft bei den unsymmetrischen Tunern zu finden. **Bild 8.2.23** zeigt einen entsprechenden T-Tuner (Transmatch). Die Anordnung ist aber nicht auf T-Tuner beschränkt, sondern auch bei Ultimate Transmatch und SPC-Transmatch in Verwendung (vgl. **Bild 8.2.14** und **8.2.15**) Der Balun muß reichlich dimensioniert sein, also mit einem großen Ferritkern und spannungsfester Isolation, wegen der Strom- und Spannungsbelastung bei den transformierten Blindanteilen.

Variante (**B**) ist ein Balun (1:1) als Sperrglied gefolgt von einem „hochliegenden" („nicht auf Masse liegenden") unsymmetrischen LC-Tuner. Die Anordnung gleicht einer Symmetrierung des LC-Tuners.

Sie ist insofern bemerkenswert, da man bisher davon ausgegangen ist, daß zur Anpassung eines Dipols im Anpaßgerät eine symmetrische Transformationsschaltung notwendig ist. Bei Verwendung eines Baluns (1:1) als Sperrglied (current balun) kann die nachfolgende Transformationsschaltung aber unsymmetrisch sein [2.37].

Der unsymmetrische Aufbau des Transformationsnetzwerks ergibt eine Bauteilersparnis und durch die Ein-Mast-Montage wird eine unmittelbare Plazierung direkt an den Strahleranschlüssen

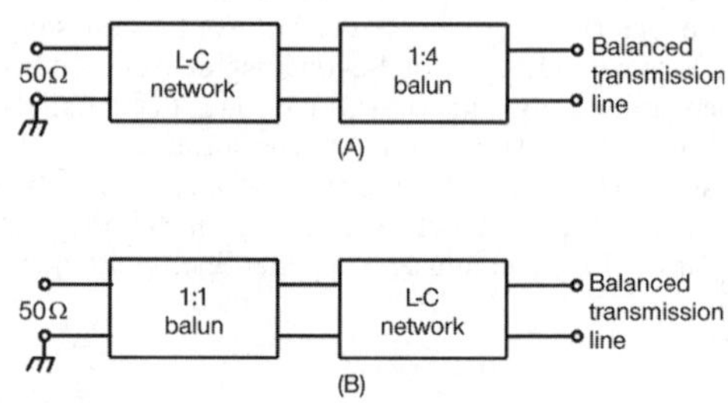

Bild 8.2.22
Unsymmetrische LC-Tuner
(A) - LC-Netzwerk auf Masse liegend
(B) - LC-Netzwerk „hochliegend"

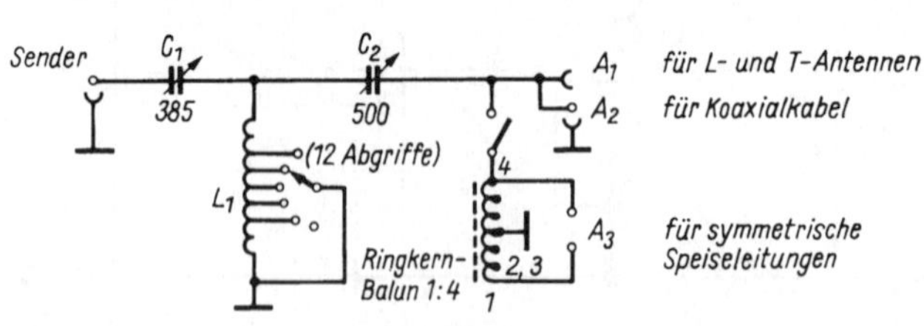

Bild 8.2.23
Unsymmetrischer LC-Tuner
nach (A), Schaltungsprinzip

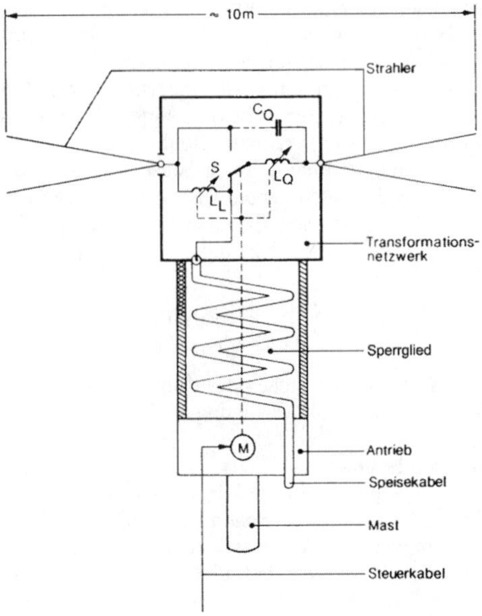

Bild 8.2.24
Unsymmetrischer LC-Tuner
nach (B), Prinzipaufbau

möglich. Die Koaxialspule als Breitbandsperre oder auch Mantelwellensperre überträgt die gegenphasigen Ströme im Koaxialkabel innen ungehindert und unterdrückt die gleichphasigen Ströme am Koaxialkabel außen.

Diese interessante Anordnung zur Speisung eines symmetrischen Dipols ist von *Rohde & Schwarz* patentiert [2.38] und wird bei einem fernabgestimmten HF-Dipol (HK 007) für 1 kW Sendeleistung und Frequenzen zwischen 2 und 30 MHz verwendet. **Bild 8.2.24** zeigt den Prinzipaufbau des Antennenkopfs mit dem Anpaßgerät.

Die Transformation der bis etwa 11 MHz kapazitiven Strahlerfußpunktimpedanz auf 50 Ω erfolgt mit Hilfe der variablen Längs- und Querinduktivitäten L_L und L_Q. Oberhalb 11 MHz wird der Transformationsweg durch Parallelschalten von C_Q und Umschalten von S geändert. Die Transformation erfolgt hier mit Hilfe der Parallelschaltung von C_Q und L_Q und der Längsinduktivität L_L.

Der Wirkungsgrad bei 2 MHz ist trotz der geringen Dipollänge von rd. 10 m bereits 13%. Bei 5 MHz beträgt der Wirkungsgrad 67% und erreicht bei 10 MHz etwa 90%. Das Anpaßgerät mit den Strahlern ist isoliert über dem Antrieb und der Mastbefestigung montiert. Zur Erhöhung der Bandbreite bestehen die beiden Dipolhälften aus jeweils 2 parallel geschalteten Strahlern. Die Ströme auf beiden Dipolhälften sind gleich groß! Es bildet sich rechts auf der „hochliegenden", nicht gespeisten Dipolhälfte die entsprechende Stromverteilung zur gespeisten Dipolhälfte links aus. Ein Vorschlag dieser Variante (B) für Amateurzwecke ist in [2.39] zu finden.

8.2.4 Automatik-Tuner

8.2.4.1 Allgemeines

Automatische Antennenkoppler sind in der letzten Zeit immer aktueller geworden. Diese Entwicklung begann praktisch seit der Öffnung der WARC-Bänder (30, 17 und 12 m). Einerseits konnte man sich nicht für jedes Band eine eigene Antenne kaufen und aufstellen, andererseits war es nicht möglich nach dem Sperrkreis-Prinzip für jedes Band einen Sperrkreis einzusetzen. Auch beim Mobilbetrieb möchte man gerne eine Antenne haben, die ohne Spulen- oder Stabwechsel auf mehreren Frequenzen betriebsbereit ist.

Die ersten Automatik-Tuner waren mit motorisch bewegten Variometer und Drehkondensatoren bestückt. Die Einstellzeiten waren bis 10 s und mehr. Moderne Automatik-Tuner arbeiten mit relaisgeschalteten Induktivitäten und Kapazitäten, die meist binär gestuft sind. Binär abgestuft bedeutet, daß sich alle aufeinander folgende Werte wie 2:1 verhalten. Im Gegensatz zu den Tunern mit motorisch betätigten Drehkondensatoren arbeiten diese schaltbaren Anpaßgeräte wesentlich schneller. Der Abstimmvorgang wird teilweise mit Rechnerunterstützung sekundenschnell durchgeführt. Unabhängig von den verwendeten Abstimmmitteln sind in fast allen Automatik-Tunern Speicher zur Ablage der für jedes Band gefundenen Einstellung vorhanden. Bei Bandwechsel kann daher ohne vorherige SWR-Messung die gespeicherte Einstellung aufgerufen werden und nur bei größeren SWR-Abweichungen wird eine Neueinstellung vorgenommen. Antennentuner in KW-Transceiver verwenden einige mit Relais geschaltete Kondensatoren und Induktivitäten für den Grobabgleich. Für den Feinabgleich werden dann Drehkondensatoren motorisch bewegt. Die Einstellzeiten liegen bei <3 s.

8.2.4.2 Prinzip

Mit einer Transformationsschaltung nach **Bild 8.2.25a** kann die Antennenfußpunktimpedanz $Z_A = R_A + j\,X_A$ auf den Kabelwellenwiderstand Z_L transformiert werden [2.40]. Dabei sind $j\,X_L$ und $j\,X_Q$ reine Blindwiderstände, die sowohl im induktiven als auch im kapazitiven Bereich variiert werden können. Der komplexe Leitwert $Y_E = G_E + j\,B_E$ am Eingang des Transformationsvierpols 1-1′ ergibt sich zu:

$$Y_E = \frac{1}{Z_A + jX_L} + \frac{1}{jX_Q} = G_E + jB_E$$

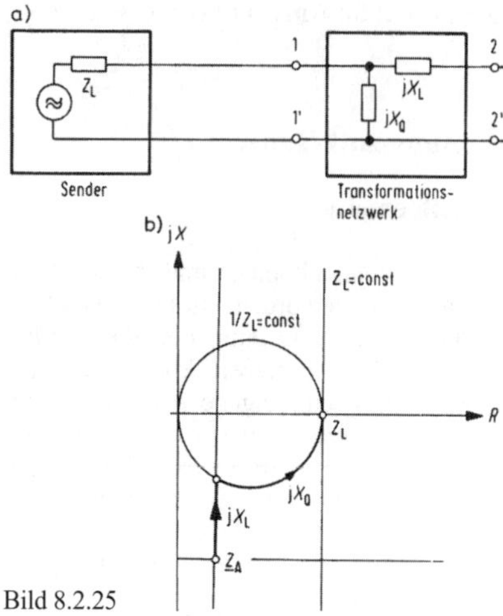

Bild 8.2.25
Anpassung der Antennenimpedanz Z_A an den Kabelwellenwiderstand Z_L
a) - Schaltungsaufbau
b) - Transformationsbeispiel

Die Anpaßbedingung lautet:

$$G_E = \frac{1}{Z_L} \quad , \quad jB_E = 0$$

Bild 8.2.25b zeigt ein Beispiel eines Transformationsverlaufs unter idealen Bedingungen, d.h. keine Verluste, keine Umgebungs- oder Wicklungskapazitäten, keine Zuleitungsinduktivitäten. Vom Punkt Z_A ausgehend wird die Abstimmung von Längs- und Querglied getrennt durchgeführt. Zuerst variiert man das Längsglied j X_L bei abgeschaltetem Querglied (j $X_Q = \infty$) bis der Kreis $1/Z_L$ = const. geschnitten wird. Anschließend wird das Querglied j X_L so verändert, daß j $B_E = 0$ wird. Damit ist dann $Y_E = 1/Z_L$ und der Punkt Z_L ist erreicht.

8.2.4.3 Meßglied

Mit Hilfe des Meßgliedes müssen aus den Strom- und Spannungsverhältnissen auf der Speiseleitung Aussagen über die Größe der Eingangsimpedanz Z_E bzw. des Eingangsleitwertes Y_E ermittelt werden. Die Vorgabe zur Wandlung der Meßgliedinformation lautet: innerhalb einer bestimmten Zeit muß der Betrag des Reflexionsfaktors kleiner als ein vorgegebener maximaler Betrag sein.

Das Meßglied hat je einen Sensor für G_E und j B_E. Diese Sensoren geben Aussagen über den Bereich der komplexen Zahlenebene, in denen der Eingangsleitwert Y_E liegt, d.h.

$$G_E \geq oder \leq \frac{1}{Z_L}, \quad jB_E \geq oder \leq 0$$

Als Meßgrößen stehen der Kabelsstrom und die Kabelspannung zur Verfügung.

Betrag-Sensor

Der $1/Z_L$-Sensor wird auch Betrag-Sensor genannt. Durch Vergleich von Spannungsdifferenzen kann erkannt werden, ob man sich außerhalb oder innerhalb des $1/Z_L$-Kreises befindet.

Eine zum Kabelstrom proportionale Spannung wird z.B. induktiv ausgekoppelt. Diese Spannung wird mit einem Anteil der Kabelspannung, die mit Hilfe eines einstellbaren Spannungsteilers gewonnen wird, subtrahiert. Die Absolutbeträge der beiden Spannungen wird durch Gleichrichtung gewonnen. Ein als Schwellwertschalter ausgebildeter Differenzverstärker (Spannungskomperator) führt den Vergleich der beiden Spannungen durch. Der Ausgangspegel „H" ergibt sich, wenn der Betrag der Spannungsdifferenz > Betrag der Kabelstrom-Spannung und „L", wenn Betrag der Spannungsdifferenz < Betrag der Kabelstrom-Spannung ist.

Spannung am Meßausgang:
H $\Rightarrow G_E < 1/Z_L$ und L $\Rightarrow G_E > 1/Z_L$. Bei Werten auf dem $1/Z_L$-Kreis wird die Ausgangsspannung zu Null.

Phasen-Sensor

Der φ-Sensor wird auch Phasen-Sensor genannt. Aus dem Vorzeichen der Phasenverschiebung kann man entweder die obere induktive oder die untere kapazitive Halbebene erkennen.

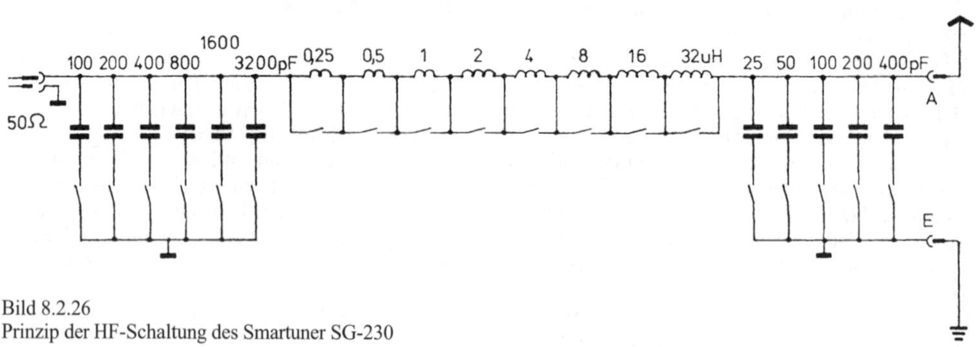

Bild 8.2.26
Prinzip der HF-Schaltung des Smartuner SG-230

Aus der Kabelspannung wird durch kapazitive Teilung eine Spannung eingestellt, zu der eine gegen den Kabelstrom um 90° phasenverschobene Spannung in beide Richtungen addiert wird. Die Summen- und Differenzspannung wird gleichgerichtet und in einem Spannungskomparator verglichen. Aus der Polarität der Differenzspannung kann das Vorzeichen der Phasenverschiebung abgeleitet werden.
Spannung am Meßausgang:
$-U \equiv H \Rightarrow$ kapazitiv $+U \equiv L \Rightarrow$ induktiv. Bei Werten auf der reellen Achse wird die Ausgangsspannung zu Null.

Schaltungen für Betrags- und Phasenmesser finden sich in [2.41] [2.42], ein allgemeiner Beitrag über einen KW-Automatik-Tuner in [2.43].

Bild 8.2.26 zeigt das Prinzip der HF-Schaltung des bekannten Smartuner SG-230 der Fa. *SGC* aus USA. Die Tranformationsschaltung ist ein Pi-Filter, das auch als auf- oder abwärts-transformierendes L-Glied geschaltet werden kann. Die Gesamtinduktivität ist 63,75 mH, die Gesamtkapazität auf der Kabelseite 6300 pF und auf der Antennenseite 775 pF [2.44]. Der Frequenzbereich ist 1,8 bis 30 MHz, die Maximalleistung 150 W (PEP). Ein Erfahrungsbericht darüber ist zu finden in [2.45].

Literatur zu Abschnitt 8

[1.1] *Hille, K.H.*: DX-Antenne einfacher Bauart mit künstlicher Erde, cq-DL 11/79, S. 493–495

[1.2] *DeMaw. D.*: MFJ-931 Artificial RF Ground. QST 4/1988, pp. 40–41

[1.3] -----: Abstimmbare HF-Erde. Funk 4/97, S. 38–39

[2.1] *McCoy, L.G.*: The 50-Ohmer Transmatch. QST Jul 1961, pp. 30–31, 136

[2.2] *DeMaw, D.*: A simple resonant ATU. QST, Sep 1988, pp. 26–28

[2.3] *Hille, K.H.:* Ein wirkungsvoller Antennenkoppler. Funk 11/98, S. 36–37

[2.4] *Sichla, F.*: Antennenanpassung mit Serien- oder Parallelkreis. CQ DL 9/98, S. 703

[2.5] *ARRL*: The ARRL Antenna Book – Software. ARRL, Newington CT, 1997

[2.6] *Hawker, P.*: L-Match ATU with fine adjustment (Technical Topics). Radcom May 1989, p. 36

[2.7] *Eisenwagner, R.*: Antennentuner (L-Glied) mit Feinabstimmung. QSP 10/89, S. 39

[2.8] *Schips, K.C.*: Kompaktes Antennenanpaßgerät. CQ DL 3/97, S. 206–207

[2.9] *Gruhle,* W.: Das Collins-Filter. Funk-Technik, 1952, H. 4, S. 104–105

[2.10] *Bilsing, A.*: Fishermans Pi-Filter. Funkamateur 7/99, S. 793

[2.11] *DeMaw, D.*: How to build a small ATU for campers. CQ Nov. 1992, pp. 32, 36, 38

[2.12] *Grierson, M.*: A differential T-match antenna tuner. Radio Communication Sep. 1990, pp. 48–49

[2.13] *Eisenwagner, R.*: Der Differential-T-Matcher. QSP 11/90, S. 12–13

[2.14] *Schultz, J.J.:* The Suitcase Antenna Tuner. CQ, August 1989, pp. 40, 42–43

[2.15] *Orr, W.:* More on ATU. CQ, August 1992, p. 104

[2.16] *Mc Coy, L.G.:* The Ultimate Transmatch. QST, July 1970, pp. 24–27, 58

[2.17] *Mc Coy, L.G.:* A Wide-Range Transmatch. QST, November 1961, pp. 51–54

[2.18] *Noel, E.B.*: A Convenient Antenna-Switching and Transmatch Unit. QST, Aug. 1972, pp. 32–34

[2.19] *Moretti, C.F.*: Transmatch for 432 Mhz – Why not! QST Sep. 1981, pp. 38–39

[2.20] *DeMaw, D.:* Ultimate Transmatch Improved (SPC). QST, July 1980, p. 39

[2.21] *Michaelis, M.:* Die Matchbox. Funk 4.90, S. 54–56; Funk 5.90; S. 65–66

[2.22] *Cebik, L.B.:* The SPC Transmatch. 73 Magazine, October 1990, pp. 22–25

[2.23] *Blechschmidt, A.:* Der SPC-Preselector. Kurier 11 /93, S. 8–11

[2.24] -----: N4XM XMATCH, QST March 1997, p. 77

[2.25] *King, A*: No Turrets – Just Tune. QST March 1948

[2.26] *King, A*: The Z-Match Antenna Coupler. QST May 1955, pp. 11–13

[2.27] *Lofgren, C.A.*: The Z-Match Coupler – Revisited and Revised. ARRL Antenna Compendium Vol. 3, 1992, pp. 191–195

[2.28] *Varney, L.*: An improved Z-Match ASTU, Radio Communication Oct 1985, pp. 770–771, 776

[2.29] *Busse, G.*: Erweiterte Z-Match. CQ DL 9/98, S. 699

[2.30] *Postle, O.*: The Single Coil 'Z' Match ASTU. Radio Communication May 1995, pp. 68–69

[2.31] *Hawker, P.*: Freematch line matching unit (Technical Topics). Radio Communication July 1989, p. 35

[2.32] *O. Schmidt* – DE 503 349 – 1928

[2.33] *A.G. Jensen* – US 2,013,154 – 1932

[2.34] *Georg, N.*: Antennenkoppler – selbstgebaut. QRP-Report 2.98, S. 19–20

[2.35] *Roehm, A.A.*: Some Additional Aspects of the Balun Problem. ARRL Antenna Compendium Vol. 2, 1989, p. 173

[2.36] *Suominen, E.*: The High Profile Beam – A High Performance Vertical Antenna with No Radials. ARRL Antenna Compendium Vol. 3, 1992, p. 45

[2.37] *Demmel, F.*: Anpassung und Symmetrierung elektrisch kurzer Dipole. Frequenz 34 (1980) 11, S. 311–315

[2.38] *A. Stark, F. Demmel* – DE 26 57 441 – 1976

[2.39] *Bethge, K.*: Symmetrische Matchbox. Funkamateur 6/97, S. 730

[2.40] *Demmel, F.*: Optimierung von automatischen Inpedanztransformationsprozessen, betrachtet am Beispiel der Antennenanpassung. NTZ 27 (1974) H. 1, S. 24–2

[2.41] *Rohde, U.L.*: Die Anpassung von kurzen Stabantennen für KW-Sender. Funkschau 1974, H. 7, S. 230

[2.42] *Pfadler, W.*: Abstimmautomatik für Magnetantennen. CQ DL 9/98, S. 707–708

[2.43] *Harms, H.*: Automatik-Antennenanpaßgerät für Kurzwelle. cq-DL 5/90, S. 278–283

[2.44] *Hille, K.H.*: Der Smartuner SG-230 im Test. Funk 6/98, S. 18 22

[2.45] *Steyer, M.*: Erfahrungsbericht Automatik-Tuner SG-230. Funk Telegramm 9/98, S. 10–12

9 Horizontale HF-Monobandantennen

Horizontale HF-Monobandantennen sind überwiegend resonante Antennen, meistens sind es Dipolantennen. Resonant bedeutet, daß die Länge in einem bestimmten Verhältnis zur Wellenlänge steht. Man kann die „Horizontalen HF-Monobandantennen" einteilen nach:

Speisungsart:
- mittengespeist: Speisung in der Mitte (Dipol)
- endgespeist: Speisung an einem Ende
- asymmetrisch gespeist: Speisung dazwischen

Resonanzart:
- Halbwellen-Antennen
- Mehrwellen-Antennen

Formgebung:
- Inverted-V-Dipole
- Winkeldipole
- Gefaltete Dipole
- Schrägdipole

Ausführung:
- Kurzdipole
- Sonderformen

9.1 Halbwellenantennen

Halbwellenantennen oder Dipolantennen haben einen großen Anwendungsbereich in der Antennentechnik. Als Einzelelement oder als Element für Flächenantennen mit großer Richtwirkung im Bereich der Kurzwellen bis zu den Dezimeterwellen, als Erreger für Spiegelantennen im Bereich der Dezimeter- und Zentimeterwellen.

Ein Spezialfall der Halbwellenantenne ist der Viertelwellenstrahler, bei dem der zweite horizontale Dipolast verkümmert ist. Dabei wird der Viertelwellenstrahler entweder gegen ein kleines abgestimmtes Gegengewicht erregt, oder gegen ein vertikales Gegengewicht z. B. Mast oder kleine abgestimmte vertikale Radials.

9.1.1 Halbwellendipol

Das einfachste und gleichzeitig am stärksten verbreitete Resonanzgebilde in der Antennentechnik ist der sogenannte *Halbwellendipol.* Er bildet das Grundelement vieler Antennenformen und wird auch als Bezugsantenne für die vergleichende Kennzeichnung des Antennengewinnes verwendet. Der erste Dipol der Welt wurde 1887 von *H. Hertz*

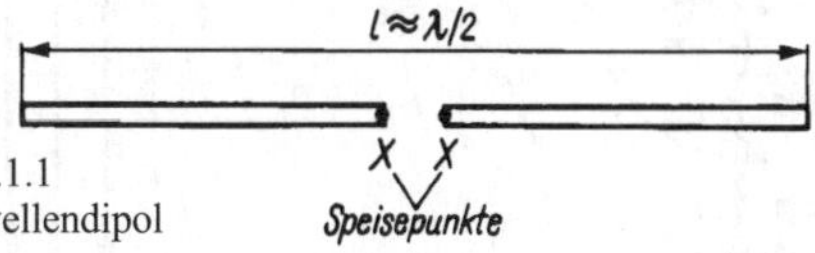

Bild 9.1.1
Halbwellendipol

in Karlsruhe verwendet. Die damalige Form, ein kurzer Dipol mit Kugeln am Dipolende, wird als „*Hertz*scher Dipol" bezeichnet.

Wie schon der Name sagt, hat der Halbwellendipol eine Längenausdehnung, die etwa der halben Wellenlänge ($\lambda/2$) der jeweils verwendeten Frequenz entspricht. In diesem Fall befindet sich der Dipol in Resonanz mit der Wellenlänge (**Bild 9.1.1**). Der Ausdruck Dipol bedeutet Zweipol und kennzeichnet, daß der Halbwellenstrahler in seiner geometrischen Mitte aufgetrennt ist. An den dort entstehenden „2 Polen", den Speisepunkten, kann man die Speiseleitung bzw. den Sender oder den Empfänger anschließen.

Strom- und Spannungsverteilung

Ein gestreckter elektrischer Leiter (z.B. ein Draht, Stab oder Rohr) weist eine bestimmte Induktivität und Kapazität auf, die gleichmäßig über die Leiterlänge verteilt sind. **Bild 9.1.2a** soll das verdeutlichen, indem in den Leiter gleichmäßig verteilte Induktivitäten $L_1...L_7$ mit den zugehörigen Kapazitäten sowie die über den Leiter verteilten Kapazitäten $C_1...C_4$ eingezeichnet sind. Es wird vorausgesetzt, daß in einem bestimmten Augenblick alle Kondensatoren eine bestimmte Ladung haben. Die Kondensatoren entladen sich nun über die Induktivitäten in ihrem Bereich. Dabei fließt jeweils ein Strom, und es entsteht ein entsprechendes magnetisches Feld. Der Ladungsausgleich von C_4 über L_4 verursacht einen Strom I_4, C_3 entlädt sich über L_3, L_4 und L_5 mit dem Strom I_3, C_2 gleicht seine Ladung über $L_2...L_6$ aus, dabei fließt der Strom I_2. Schließlich wird C_1 über $L_1...L_7$ mit I_1 entladen. Daraus folgt, daß in Strahlermitte der größte Strom fließt, die Summe von $I_1...I_4$. Zu den Strahlerenden hin wird der Strom immer geringer, an den Enden des Leiters ist kein Stromfluß mehr vorhanden. In **Bild 9.1.2b** sind zur besseren Verdeutlichung die Ströme $I_1...I_4$ noch einmal in anderer Form aufgetragen. Durch den Stromfluß bauen sich um die Induktivitäten magnetische Felder auf, die die Kapazitäten mit entgegengesetzter Polarität erneut aufladen. Das Vorzeichen der Spannung hat sich

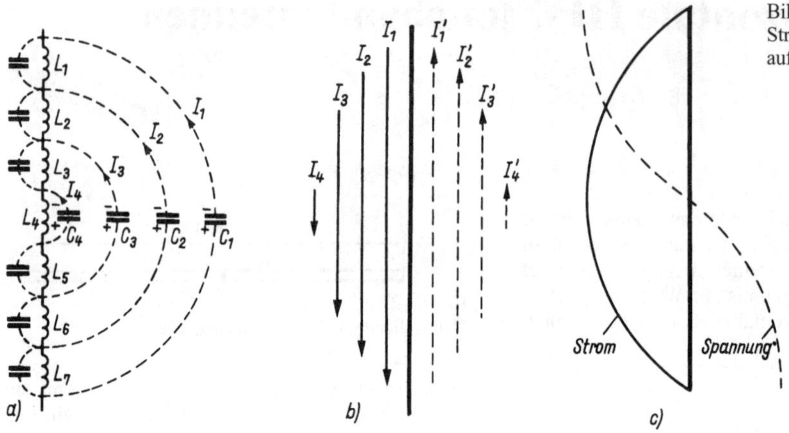

Bild 9.1.2
Stromverteilung
auf dem Halbwellendipol

geändert. Der Vorgang wiederholt sich nun wieder in umgekehrter Richtung, wie das in **Bild 9.1.2b** durch die Ströme I_1'... I_4' angedeutet wird. Aus dieser vereinfacht konstruierten Darstellung läßt sich die in **Bild 9.1.2c** wiedergegebene Strom- und Spannungsverteilung eines resonanten Halbwellenstrahlers ableiten.

Zwischen der Spannung und dem Strom besteht eine Phasenverschiebung von 90°, während der Phasenunterschied der Spannung an den Strahlerenden 180° beträgt.

Aus der Strom- und Spannungsverteilung auf einem Halbwellenstrahler kann man weiterhin entnehmen, daß in der Strahlermitte der Strom ein Maximum hat (Strombauch), während dort gleichzeitig der Nulldurchgang der Spannung liegt (Spannungsknoten). An den Strahlerenden findet man umgekehrte Verhältnisse vor: Spannungsmaximum fällt mit einem Stromknoten zusammen. Aus der Spannungsverteilung erklärt sich ferner, daß Halbwellenelemente häufig in ihrer geometrischen Mitte direkt und metallisch leitend mit dem geerdeten Antennenträger verbunden werden. Die Befestigung im Spannungsnull macht eine Isolation überflüssig. Halbwellenelemente lassen sich deshalb in ihrer geometrischen Mitte erden. Auch in der Strahlermitte wird jedoch die Spannung nicht völlig „Null". Ebenso verhält es sich mit dem Strom an den Strahlerenden, der als Folge des sogenannten *Endeffektes* dort ebenfalls nicht restlos verschwindet. Man spricht deshalb zutreffender von *Spannungsminimum* und *Stromminimum.*

Wie aus **Bild 9.1.2c** hervorgeht, hat der Strom in der Mitte des in seiner Eigenresonanz erregten Halbwellendipols stets den Maximalwert. Er nimmt in Richtung Dipolenden etwa sinusförmig ab und erreicht an den Enden den Wert Null. Dort tritt der Maximalwert der Spannung auf, die zur Dipolmitte hin annähernd sinusförmig abfällt. Sie ist in der Dipolmitte sehr klein und kann dort in erster Näherung zu Null angenommen werden.

Genauer betrachtet sind Spannungen und Ströme nicht rein sinusförmig auf einem Dipol verteilt und auch der Phasenunterschied zwischen Strom und Spannung ist nur näherungsweise 90°. In den meisten Fällen kann man aber diese Abweichungen vernachlässigen.

Beim abgestimmten Halbwellendipol sind Maximalspannung U_{max} und Maximalstrom I_{max} durch die Beziehung

$$U_{max} = Z_D \cdot I_{max} \qquad (9.1.1.)$$

miteinander verknüpft.

Z_D ist der *Wellenwiderstand* des Dipols in Ω. Er errechnet sich nach

$$Z_D/\Omega = 120 \cdot \ln 1{,}15 \cdot \frac{l}{d} \qquad (9.1.2a)$$

dabei sind *l* und *d* in gleichen Einheiten einzusetzen. oder mit der Dipolgesamtlänge 2 *l*

$$Z_D/\Omega = 120 \cdot \ln 0{,}575 \cdot \frac{2l}{d} \qquad (9.1.2b)$$

Obwohl Z_D längs der Antenne nicht konstant ist, sondern zu den Antennenenden hin erheblich zunimmt, führt die Verwendung des mittleren Wellenwiderstandes bei Antennen mit großem *l*/*d*-Verhältnis zu einer guten Übereinstimmung zwischen den Ergebnissen aus Berechnung und Messung.

Der Maximalstrom I_{max} ergibt sich aus

$$I_{max} = \sqrt{\frac{2P_{t0}}{(R_r + R_l)}} \qquad (9.1.3)$$

P_{t0} ist die Eingangsleistung in W, R_r stellt den Strahlungswiderstand dar und R_l ist der Verlustwiderstand, beide in Ω.

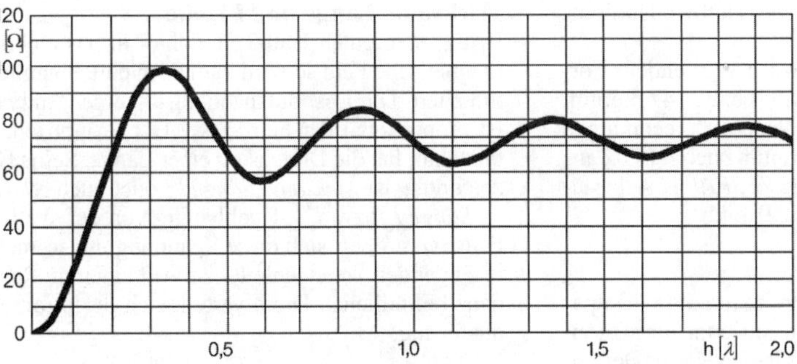

Bild 9.1.3
Strahlungwiderstand
eines Halbwellendipols
in Abhängigkeit
von der Höhe über der Erde

Antennenimpedanz und Strahlungswiderstand

Mit der Verteilung von Strom und Spannung auf einem Strahler erhält man gleichzeitig einen Überblick über die Widerstandverhältnisse. Vom Ohmschen Gesetz her ist bekannt, daß aus Spannung und Strom ein bestimmter Widerstand resultiert.

Es kann deshalb der Komplexe Widerstand (Impedanz) eines Strahlers für jeden Punkt auf dessen Länge durch das Verhältnis zwischen Spannung und Strom an diesem Punkt definiert werden. Dieser Widerstand ist im Resonanzfall reell, außerhalb der Resonanz ist er mit einem Blindanteil (induktiver oder kapazitiver Blindwiderstand) behaftet.

Nach **Bild 9.1.2c** kann folgende wichtige Feststellung getroffen werden: *Strahlerenden* - hohe Spannung bei geringem Strom, große Impedanz; *Strahlermitte* - geringe Spannung bei hohem Strom, kleine Impedanz.

Obwohl sich die Impedanz für jeden beliebigen Punkt auf der Oberfläche eines Strahlers feststellen läßt, bezeichnet man allgemein als die Impedanz einer Antenne als deren Speisepunktwiderstand (Fußpunktwiderstand), sie wird als Eingangsimpedanz bezeichnet. Diese liegt beim Halbwellendipol im Strombauch und ist deshalb niedrig (etwa 65 Ω).

Die Eingangsimpedanz eines idealen λ/2-Dipols (unendlich dünn, verlustlos, im freien Raum) ist

$$Z_E = R_E + j\,X_E = (73 + j\,42{,}5)\,\Omega \qquad (9.1.4)$$

Bei verlustfreien Antennen ist der Realteil R_E (Wirkwiderstand) der Eingangsimpedanz gleich dem Strahlungswiderstand R_S. Beim Halbwellendipol ist der Strahlungswiderstand also 73 Ω. Der Strahlungswiderstand eines Halbwellendipols hängt ab von seiner Höhe über idealer Erde. **Bild 9.1.3** aus [1.1] zeigt diese Abhängigkeit. Dabei pendelt der Wert um den Freiraumwert 73 Ω.

Für einen realen Halbwellendipol mit 2 mm Draht- ∅ (AWG #12) ist im freien Raum die Eingangsimpedanz $Z_E = (67{,}4 - j\,34{,}3)\,\Omega$.

Verkürzungsfaktor

Die Ausbreitungsgeschwindigkeit der elektromagnetischen Wellen auf einem Antennenleiter ist geringer als die im freien Raum. Sie wird bestimmt vom Schlankheitsgrad *l/d*, das ist das Verhältnis Antennenlänge *l* zu Antennendurchmesser *d*. Zu beachten ist, daß dieser Schlankheitsgrad auch in λ : *d* oder λ/2 : *d* angegeben wird. Neben dem Schlankheitsgrad beeinflußt auch der sogenannte *Endeffekt* die Resonanzlänge eines Antennenleiters. Er wirkt als Endkapazität und hängt von der Eingangskapazität, der Antennenhalterung und der Abspannung (Isolatorkapazität) ab.

Die elektrische Antennenlänge bezeichnet man auch als *Freiraumlänge* oder *theoretische Länge*, während für die mechanische Länge auch die Begriffe *Resonanzlänge* oder *physikalische Länge* gebräuchlich sind. Mitunter wird sie auch geometrische, aktuelle oder korrigierte Länge genannt. Der Unterschied zwischen beiden Längen ist die Verkürzung.

Der *Verkürzungsfaktor V* ist somit das Verhältnis der Resonanzlänge zur Freiraumlänge und hat immer einen Wert kleiner als 1.

Diese Gegebenheiten bewirken, daß man die für Resonanz erforderliche mechanische Länge gegenüber der elektrischen Länge verkürzen muß. Die Verkürzung wird um so größer, je kleiner der Schlankheitsgrad des Antennenleiters ist. Ein dikker Strahler muß demnach bei gleicher Resonanzfrequenz kürzer sein als ein schlanker Strahler.

Strahlerlänge

Die mechanische Strahlerlänge *l* in Meter eines Halbwellendipols im HF-Bereich bei der Resonanzfrequenz *f* im MHz ergibt sich aus der Beziehung:

$$l/\mathrm{m} = \frac{149{,}9 \cdot (0{,}97)}{f/\mathrm{MHz}} \qquad (9.1.4a)$$

Der Wert 149,9 kommt von der Lichtgeschwindigkeit im Vakuum $c \approx 2{,}998 \cdot 10^8$ m/s. Der Wert (0,97) ist der Verkürzungsfaktor für einen Drahtdurchmesser von rd. 2 mm, wie er für Drahtantennen im HF-Bereich üblich ist.

Bei multipliziertem Zähler ergibt sich dann

$$l/\mathrm{m} \approx \frac{145{,}4}{f/\mathrm{MHz}} \qquad (9.1.4b)$$

als Formel für die Länge eines Halbwellendipols für Drahtantennen im HF-Bereich.

Die seit Jahren üblicherweise verwendete Formel mit den Faktoren 150 (0,95) bzw. 142,5 ergibt eine zu große Verkürzung. Neuere Berechnungen mit einem Berechnungsprogramm nach NEC-2 aus der Programmsammlung von *VE3ERP* [2.4] bestätigen die Gleichungen (9.1.4a, 9.1.4.b).

Ersatzschaltbild

Ein gestreckter Leiter weist Induktivität und Kapazität auf, jedoch nicht in konzentrierter Form, sondern gleichmäßig über seine Länge verteilt. Der übliche Schwingkreis hat konzentrierte Schaltelemente, die Induktivität wird dabei durch eine Spule und die Kapazität durch einen Kondensator dargestellt.

Antennen können in der Nähe der ersten Resonanz durch einen Serienkreis dargestellt werden. Für Dipolantennen ist das die $\lambda/2$-Resonanz. Ist der Leiter in Resonanz mit der ihn erregenden Frequenz, so kann man ihn wie einen Schwingkreis betrachten. Das Ersatzschaltbild eines Halbwellendipols stellt einen Serienresonanzkreis aus *R*, *L* und *C* nach **Bild 9.1.4** dar. Der Widerstand wird durch den Strahlungswiderstand R_S und dem Verlustwiderstand R_V gebildet. Für Dipole ist $R_S \approx 60$ bis 70 Ω. Die Verluste können im allgemeinen gegen den Strahlungswiderstand vernachlässigt werden.

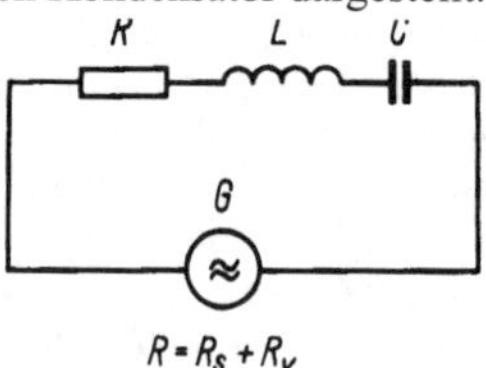

Bild 9.1.4
Ersatzschaltung
eines Halbwellendipols

Die Resonanzfrequenz eines Schwingkreises wird durch die Größe der Induktivität und der Kapazität nach der Beziehung bestimmt: $\omega L = 1/\omega C$

mit $\omega = 2\pi f \approx 6{,}28 f$ ..... Kreisfrequenz, ωL ..... induktiver Widerstand und $1/\omega C$ ..... kapazitiver Widerstand.

Bei Vernachlässigung der Kreisverluste hängt die Güte eines Schwingkreises hauptsächlich von dessen *L*/*C*-Verhältnis ab. Großes *L*/*C*-Verhältnis (große Induktivität bei kleiner Kapazität) ergibt einen schmalbandigen und damit resonanzscharfen Kreis, kleines *L*/*C*-Verhältnis (kleine Induktivität bei großer Kapazität) führt zu einem breitbandigen, weniger resonanzscharfen Kreis.

Wirksame Länge und Fläche

Bringt man einen Halbwellendipol in das elektromagnetische Feld so wird in diesem eine Spannung induziert. Die Leerlaufspannung U_0 einer Antenne ist proportional der Feldstärke. Der Proportionalitätsfaktor hat die Dimension einer Länge. Seine Bezeichnung ist *wirksame Länge* l_w oder auch *effektive Länge* l_e bzw. l_{eff}. Unabhängig von der Wellenlänge vergrößert sich diese Spannung um so mehr, je länger der Antennenleiter ist. Auf einem in Resonanz befindlichen Dipol verteilt sich der Strom sinusförmig.

Halbwellendipol

$$lw = \lambda / \pi = 0{,}32\ \lambda \qquad (9.1.5)$$

Die Richteigenschaften einer Antenne kann man auch durch den Begriff der *Wirkfläche* A_W kennzeichnen. Sie stellt eine senkrechte zur Ausbreitungsrichtung gedachte Fläche dar. Die fiktive Wirkfläche A_W ergibt sich aus der theoretischen Empfangsleistung, die eine Antenne bei Leistungsanpassung aus dem Strahlungsfeld aufnehmen kann.

Halbwellendipol

$$Aw = 0{,}13\ \lambda^2 \qquad (9.1.6)$$

Wie **Bild 9.1.5** zeigt, entspricht die *Wirkfläche* eines Halbwellendipols etwa einem Rechteck der Breite $\lambda/2$ und der Höhe $\lambda/4$ mit einer Fläche von $0{,}125\ \lambda^2$. Alternativ dazu wird als *Wirkfläche* auch eine Ellipse der Breite $\lambda/3$ und der Höhe $\lambda/4$ mit einer Fläche von $0{,}13\ \lambda^2$ angegeben. Mit steigender Frequenz sinkt die *Wirkfläche* und damit die abgegebene Empfangsleistung.

Richtfaktor und Gewinn

Wichtige Kenngrößen einer Antenne sind *Richtfaktor* und *Gewinn*.

Der *Richtfaktor D* (directivity), gibt die Leistungseigerungllen Richtungen abgestrahlten Leistung. Er drückt also die Bündelungseigenschaft der Antenne aus.

Der *Gewinn G* drückt, wie der *Richtfaktor*, die Bündelungseigenschaft der Antenne aus verbunden mit dem Antennenwirkungsgrad. Als Zahl oder

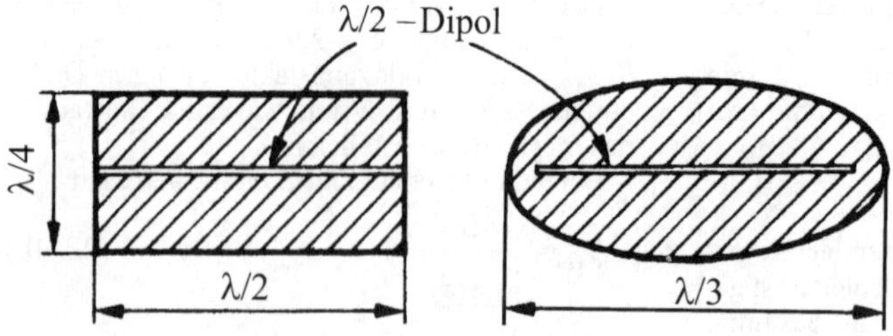

Bild 9.1.5
Wirkfläche
des Halbwellendipols

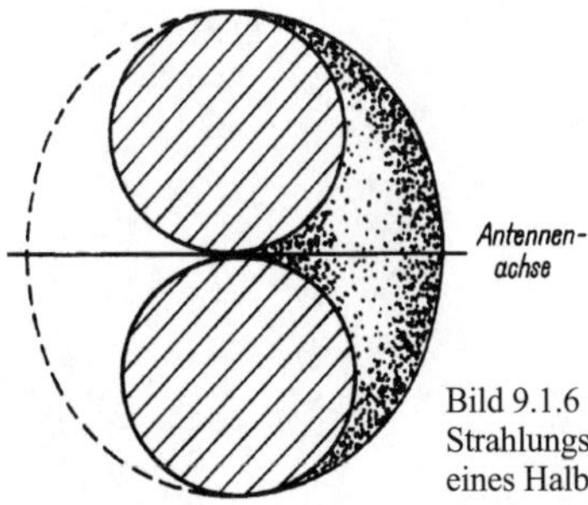

Bild 9.1.6
Strahlungscharakteristik eines Halbwellendipol

Größe wird er auch als *Gewinnfaktor* bezeichnet.

Der Zusammenhang zwischen Gewinn G und Richtfaktor D ist gegeben durch die Beziehung

$$G = \eta \cdot D \tag{9.1.7}$$

Der *Wirkungsgrad* η ist definiert als Verhältnis der zugeführten Leistung zur abgegebenen Leistung.

$$\eta = \frac{P_S}{P_E} \tag{9.1.8}$$

Der *Gewinn G* enthält die Antennenverluste. Daher ist G kleiner als D. Für verlustlose (ideale) Antennen mit $\eta = 1$ ist $G = D$. Der maximal mögliche *Gewinn* ist der *Richtfaktor*. Man kann auch sagen der *Richtfaktor D* ist der *Gewinn* einer verlustfreien Antenne bezogen auf den Kugelstrahler, der gleichmäßig in alle Richtungen strahlt.

Man kann den *Gewinn* auch als logarithmisches Leistungsverhältnis (Leistungsmaß oder Gewinnmaß) in Dezibel (dB) angegeben.

$$g\,/\,\mathrm{dB} = 10 \cdot \lg G \tag{9.1.9}$$

Für einen idealen (verlustlosen) Halbwellendipol im freien Raum ist der *Richtfaktor D* oder der *Gewinn G*:

$$G = 1{,}64 \text{ bzw. } g = 2{,}15 \text{ dB} \tag{9.1.10}$$

Für einen realen Halbwellendipol mit 2 mm Draht-∅ (AWG #12) wird dann der

Gewinn $G \approx 1{,}6$ bzw. $g = 2{,}02$ dB.

Dabei sind die Drahtverluste 0,07 dB und der Wirkungsgrad $\eta \approx 98\%$.

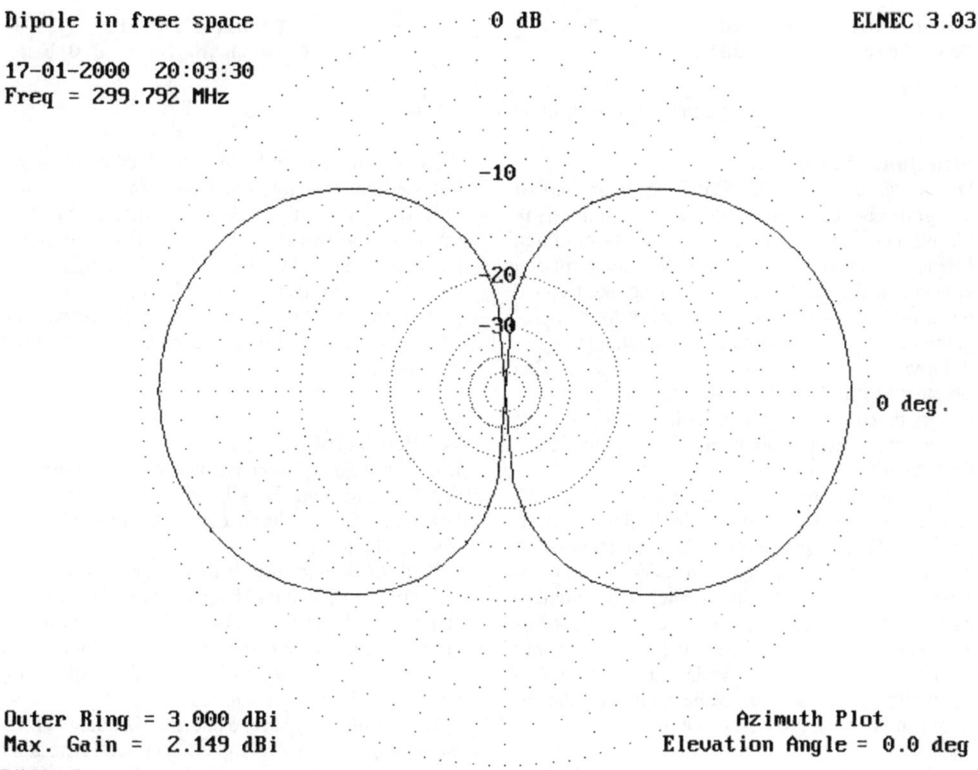

Bild 9.1.7
Horizontaldiagramm eines horizontalen Halbwellendipols im freien Raum

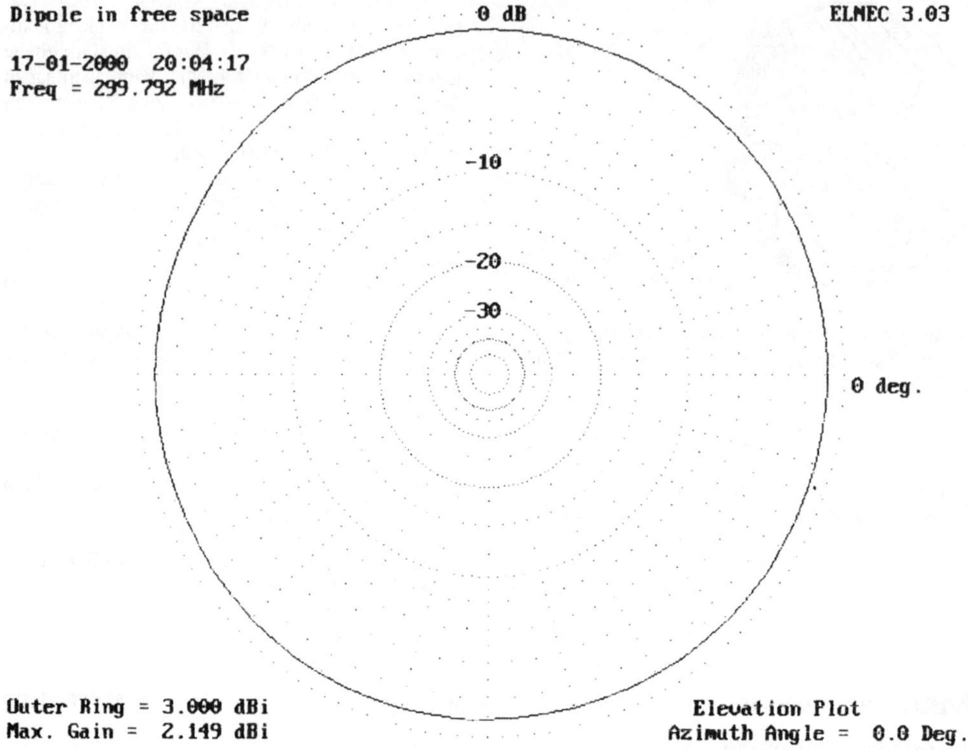

Bild 9.1.8
Vertikaldiagramm eines horizontalen Halbwellendipols im freien Raum

Strahlungsdiagramme

Das *Richtdiagramm* oder *Strahlungsdiagramm* ist die grafische Darstellung der Richtcharakteristik (Amplitude der Feldstärke) in einer bestimmten Ebene, z.B. in Abhängigkeit vom Winkel φ für den konstanten Winkel ϑ, oder in Abhängigkeit von ϑ bei konstantem φ. Der Winkel φ ist der Azimutwinkel in der horizontalen Ebene, der Winkel ϑ ist der Polarwinkel oder Zenitwinkel in der vertikalen Ebene. Die Richtcharakteristik oder Strahlungscharakteristik ist eine Ringfläche (**Bild 9.1.6**), von den Amerikanern auch Doughnut (eingebeulter Krapfen) genannt.

Das *Richtdiagramm* ist die zeichnerische Darstellung eines Schnittes durch die Richtcharakteristik. Die *Richtdiagramme* von Antennen werden in einem Polarkoordinatensystem oder in kartesischen Koordinaten (rechtwinkligen Koordinaten) dargestellt. Oft wird auch die Bezeichnung *E-Diagramm* und *H-Diagramm* gebraucht. Dabei bezieht man die *E-Ebene* auf den Verlauf der *elektrischen* Feldlinien in der ebenen Wellenfront und die *H-Ebene* auf deren *magnetische* Feldlinien.

Horizontaldiagramm

Das *Horizontaldiagramm* ist das Richtdiagramm in der Horizontalebene. Es gibt die Abhängigkeit der Feldstärke in der Horizontalebene an.

Bild 9.1.7 zeigt das Horizontaldiagramm (Azimut) eines horizontalen Halbwellendipols im freien Raum bzw. das E-Diagramm eines beliebig im freien Raum angeordneten Halbwellendipols. Das Diagramm ist eine Doppelacht. Die Maximalstrahlung ist senkrecht zum Dipol: In der Dipolachse ist die Strahlung Null.

Vertikaldiagramm

Das *Vertikaldiagramm* ist das Richtdiagramm in der Vertikalebene. Es gibt die Abhängigkeit der Feldstärke in der durch den Ursprung gehenden Vertikalebene an.

Bild 9.1.8 zeigt das Vertikaldiagramm (Elevation) eines horizontalen Halbwellendipols im freien Raum bzw. das H-Diagramm eines beliebig im freien Raum angeordneten horizontalen Halbwellendipols. Das Diagramm ist ein Kreis. Die Dipolachse ist im Mittelpunkt des Kreises.

Die Vertikaldiagramme eines horizontalen Halbwellendipols in Abhängigkeit von der Höhe über ideal leitender Erde von 1/8 bis 3/4 λ zeigt **Bild 9.1.9**, von 7/8 bis 2 λ zeigt es **Bild 9.1.10**.

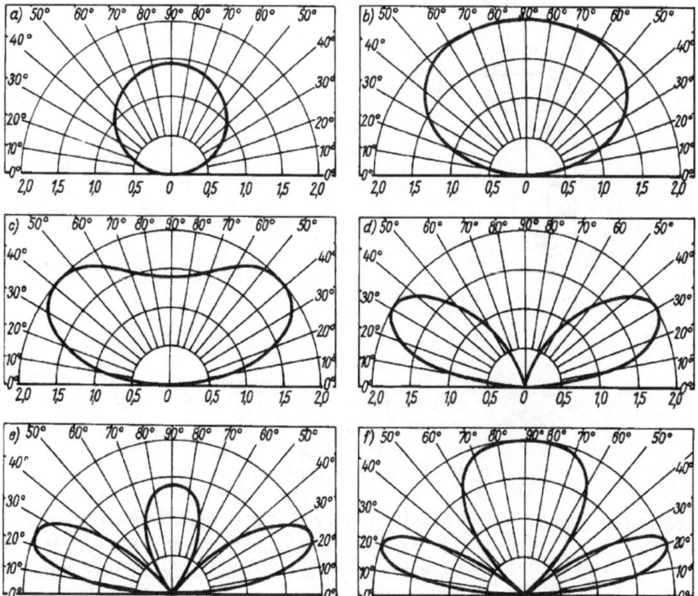

Bild 9.1.9
Vertikaldiagramme eines horizontalen Halbwellendipols in Abhängigkeit von der Höhe über ideal leitender Erde (I)
a) - 1/8 λ, b) - 1/4 λ, c) - 3/8 λ
d) - 1/2 λ, e) - 5/8 λ, f) - 3/4 λ

Halbwertsbreite

Die *Halbwertsbreite* oder der *Öffnungswinkel* ist der Winkel in einem Richtdiagramm, welches das Strahlungsmaximum enthält, zwischen den Richtungen, in denen die elektromagnetische Leistungsdichte, auf die Hälfte ihres Maximalwertes abgesunken ist. Der Abfall auf die halbe Leistung oder auf 0,707 (= 1/√2) der Feldstärke (Spannung) im Richtdiagramm entspricht dem Abfall um 3 dB. Deshalb wird die *Halbwertsbreite* auch *3-dB-Breite* genannt.

Die Halbwertbreite im Azimut für einen idealen Halbwellendipol ist $\Delta\varphi = 78°$. Für einen realen Halbwellendipol mit 2 mm Draht-∅ (AWG #12) ist die Halbwertsbreite $\Delta\varphi = 79°$.

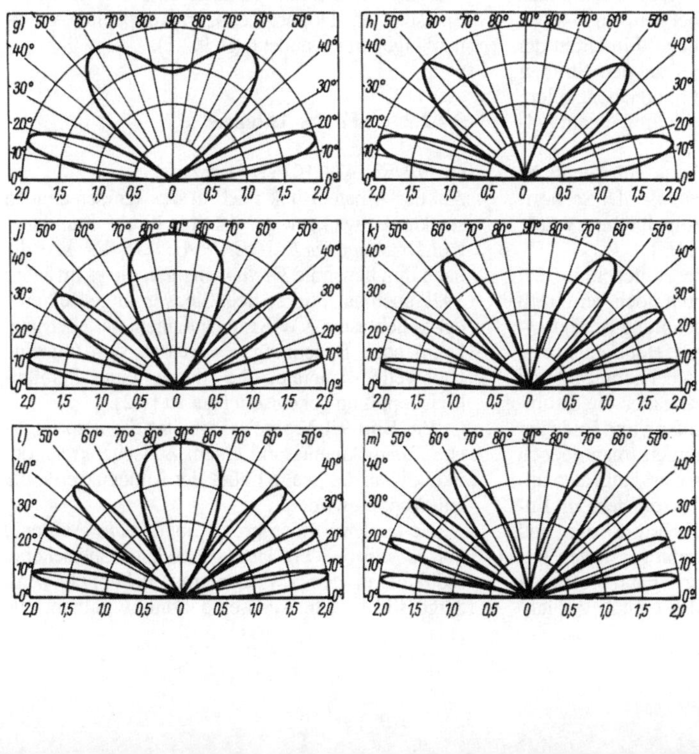

Bild 9.1.10
Vertikaldiagramme eines horizontalen Halbwellendipols in Abhängigkeit von der Höhe über ideal leitender Erde (II)
g) - 7/8 λ, h) - 1 λ, j) - 5/4 λ
k) - 3/2 λ, l) - 7/4 λ, m) - 2 λ

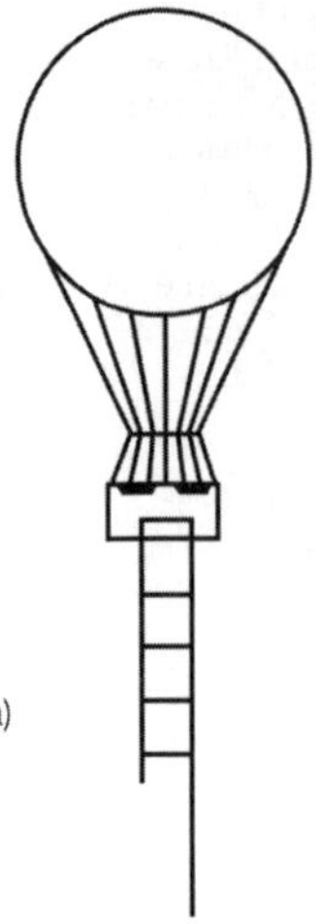

(a)

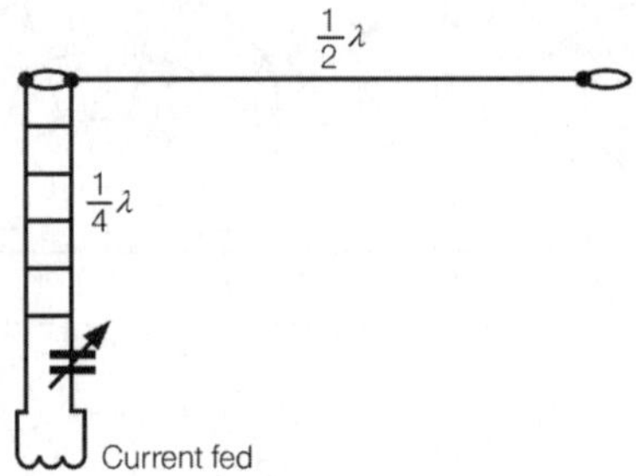

(b)

Bild 9.1.11
Zeppelin-Antenne
a) - Originalzeichnung (Patent)
b) - heutige Antennenform

9.1.2 Endgespeiste Halbwellenantennen

9.1.2.1 Zeppelin-Antenne

(*H. Beggerow* – DE 225204 –1909)
Die Antenne wurde bei Luftschiffen (Ballon, *Zeppelin*) eingesetzt und von Dr. *Hans Beggerow* 1909 zum Patent angemeldet. **Bild 9.1.11a** zeigt die Antenne als Vertikalstrahler aus dem Patent. Die λ/4-Anpaßleitung mit Stromspeisung war ein großer Fortschritt gegenüber der gefährliche Praxis einer Spannungsspeisung in unmittelbarer Nähe der mit brennbarem Gas gefüllten Ballonhülle. Die klassische Form der *Zeppelin-Antenne*, auch kurz *Zepp* oder *Zepp-Antenne* genannt, ist ein im Strombauch gespeister Ganzwellenstrahler, bei dem ein λ/4-Teil als Zweidrahtleitung ausgebildet ist. Ein Draht der Zweidrahtspeiseleitung ist dabei an den Strahler angeschlossen, der andere endet blind, aber isoliert. Dadurch ergibt sich ein λ/2-Strahler mit einem λ/4-Anpaßtransformator. [1.2]-[1.4].

Bild 9.1.11b zeigt die bis heute gebräuchliche horizontale Form der *Zepp-Antenne*. Diese horizontale Antenne mit vertikaler Anpaßleitung wurde 1925 von *Telefunken* patentiert [1.5].

Die *Zepp-Antenne* hatte ihre Blütezeit in den 30er Jahren, wird aber auch heute noch vereinzelt verwendet. Die Länge der Speiseleitung beträgt λ/4 oder ganzzahlige Vielfache davon. Bei Längen von 2 · λ/4, 4 · λ/4, 6 · λ/4 usw., also bei geradzahligen Vielfachen einer Viertelwellenlänge, ist die Strom- und Spannungsverteilung am Anfang und Ende der Speiseleitung gleich. Dimensioniert man jedoch die Speiseleitung 3 · λ/4, 5 · λ/4 usw. lang, also ungeradzahlige Vielfache von λ/4, so entsteht am Ende der Speiseleitung die umgekehrte Strom- und Spannungsverteilung wie am Anfang. An den Enden des Strahlers bildet sich ein Spannungsmaximum aus. Speist man ihn dort über eine 2 · λ/4 lange Leitung, so besteht an deren unterem Ende ebenfalls ein Spannungsmaximum, und man spricht von *Spannungskopplung*. Ist die Speiseleitung nur 1/4 λ, 3/4 λ, 5/4 λ usw. lang, dann kehren sich die Verhältnisse um; am Strahlerende bleibt immer ein Spannungsmaximum, während sich am Anfang der Speiseleitung ein Spannungsminimum (Strommaximum) ausbildet. Wird die Speiseleitung in einem Strommaximum an den Sender angekoppelt, so spricht man von einer *Stromkopplung*.

Viele Amateure wie *D. Charman G6CJ* (1955), *L. Moxon G6XN* (1982) und *W. Orr W6SAI* (1985) berichteten über Schwierigkeiten mit der Symmetrie auf der Anpaßleitung bei dieser Antenne.

Daher wird heute vielfach eine symmetrische Speisung als „Doppel-Zepp" (mit doppelter Antennenlänge) angewendet (vgl. 9.2.1).

9.1.2.2 *Fuchs*-Antenne

(*J. Fuchs* – AT 110357 – 1927)
Als der Amateurfunk noch in den Kinderschuhen steckte, entwickelte der österreichische Funkamateur Dr. *Josef Fuchs (OE1JF, UO1JF,* EAAA) die nach ihm benannte *Fuchs*-Antenne, die er im Jahre 1927 auch patentieren ließ. Sie war lange Zeit eine der beliebtesten KW-Sendeantennen, hat aber jetzt kaum noch Bedeutung. Es handelt sich um eine Halbwellen-Antenne, die durch eine Parallelkreiskopplung gekennzeichnet ist [1.2].

Wie **Bild 9.1.12a** zeigt, arbeitet die ursprüngliche *Fuchs*-Antenne mit einem Zwischenkreis, der induktiv an das „kalte Ende" der Anodenkreisspule angekoppelt wird.

Die moderne Ausführung einer *Fuchs*-Antenne, bei der ein beliebig langes koaxiales Speisekabel induktiv an den Zwischenkreis gekoppelt wird, zeigt **Bild 9.12.b**. Auch eine induktiv galvanische

Tabelle 9.1
Näherungswerte für die Daten von Zwischenkreisen

Band m	L µH	C_{max} pF	Wdg.	Ø mm	Höhe mm
80	18	150	19	50	60
40	10	100	17	50	50
30	6,5	75	14	50	50
20	4,3	50	12,5	40	40
17	3,1	50	10,5	40	40
15	2,6	50	9,8	40	40
12	2,1	50	8,8	40	40
10	1,5	50	7	30	30

Kopplung oder sogar kapazitive Einkopplung vom Koaxialkabel ist möglich. Die Resonanzfrequenz des Zwischenkreises L_1C entspricht der gewünschten Arbeitsfrequenz.

Für den Zwischenkreis ist ein großes L/C-Verhältnis erwünscht (hohe Güte!), seine Daten können aus **Tabelle 9.1** entnommen werden. In diesem Kreis treten auch bei kleinen Sendeleistungen große Ströme auf. Um die Verluste klein zu halten, soll die Spule aus möglichst dickem Draht gefertigt werden. Die Resonanzanzeige kann durch einen Strom- oder Spannungsindikator erfolgen.

Stromanzeige:
Mit einer entsprechend geshunteten kleinen Glühlampe im Parallelkreis, die bei Resonanz aufleuchtet.

Spannungsanzeige:
Mit einer Glimmlampe am Parallelkreis, die bei Resonanz aufleuchtet.

Die moderne *Fuchs*-Kreisausführung hat den Vorteil einer nichtstrahlenden angepaßten Speiseleitung, aber auch den Nachteil, daß der sich am Antennenende befindliche Zwischenkreis dem direkten Zugriff entzogen ist. Damit ist oft nur ein relativ kleiner Frequenzbereich nutzbar, ohne daß der Zwischenkreis nachgestimmt werden muß. Man beschränkt sich deshalb auf die Bänder mit kleinem Frequenzumfang (40, 30, 17 und 12 m).

Die praktische Ausführung einer solchen modernen *Fuchs*-Antenne wurde von *DF2BC* in [1.6] beschrieben. Er verwendete sie für das 40-m-Band mit einer Antennenlänge von 21 m nach **Bild 9.1.12b**. Gemäß **Tabelle 9.1** wurde die Induktivität der Zwischenkreisspule L_1 mit 10 µH gewählt.

Nach der Näherungsformel

$$\frac{C}{\text{pF}} = \frac{25330}{\frac{L}{\mu\text{H}} \cdot \left(\frac{f}{\text{MHz}}\right)^2} \qquad (9.1.11)$$

ergibt sich die Kreiskapazität C mit 50 pF. Die Spule L_1 wurde auf einen Ferrit-Ringkern von 50 mm Außendurchmesser aufgewickelt. Für eine Induktivität von 10 µH waren 24 Windungen erforderlich. Die Auskoppelspule L_2 erhielt 4 Windungen. Mit der auf Bandmitte 7,05 MHz abgestimmten Antenne war die Welligkeit an den Bandenden nicht größer als 1,1.

Weitere neue Veröffentlichungen über *Fuchs*-Antennen finden sich in [1.7] und [1.8].

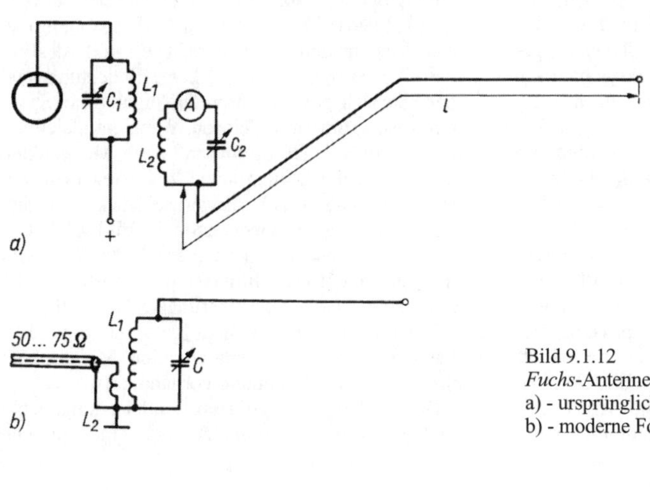

Bild 9.1.12
Fuchs-Antenne
a) - ursprüngliche Form
b) - moderne Form

9.1.3 Asymmetrisch gespeiste Halbwellenantenne

9.1.3.1 *Windom*-Antenne

In den Jahren 1923 bis 1925 wurden in den USA mehrere vertikale und horizontale eindrahtgespeiste Antennen in der Zeitschrift QST beschrieben.

In einem fremden 1926 in der QST veröffentlichte Antennenartikel war ein Beitrag von *Loren Windom W8GZ* (8GZ/8ZG), um bei einer eindrahtgespeisten Antenne den Einspeisepunkt zu finden. An der Ohio State University wählten *J. Byrne* (*8DKZ*) und *E.F. Brooke* (*8DEM*), die dort Elektrotechnik studierten und Freunde von *Windom* war, als Abschlußarbeit die „Eindraht-Speiseleitung". Die Leitung der Arbeit hatte damals Prof. *W.L. Everitt*. 1928 wurde die Arbeit angenommen. *Windom* studierte damals an der Universität Rechtswissenschaften. Obwohl er offiziell mit der Arbeit nichts zu tun hatte, kam er in der Mittagszeit oder nach den Vorlesungen oft vorbei und half bei den Versuchen mit.

Everitt, *Byrne* und *Brooke* fanden eine exakte Methode der Resonanzabstimmung und Speiseleitungsanpassung. Sie zeigte, daß die Methode von *Windom* falsch war.

Windom erkannte, daß die neue Methode besser war und drängte *Byrne* einen Artikel darüber für die QST zu schreiben. Dieser wollte aber nicht, beendete seine Studien und gab das Projekt weiter an *J. Ryder* (*W8DQZ*). So schrieb *Windom* diesen Artikel selbst und machte auf der ersten Seite auch deutlich, daß es die Leistung von *Byrne*, *Brooke* und *Ryder* unter der Leitung von Prof. *Everitt* war und daß der Schreiber nur als „Reporter" fungierte. Der Artikel von *Windom* in der QST Sept. 1929 [1.9] kam 1 Monat vor der Veröffentlichung des Artikels mit *Everitt* und *Byrne* als Autoren in Proc. IRE Oct. 1929 [1.10].

So brachte die Veröffentlichung eines Studenten, der bei den Versuchen nur mitgeholfen hatte, das größere Echo und führte dazu, daß diese Antenne im Ausland den Namen „*Windom*" erhielt.

Die *Windom*-Antenne, oder kurz „*Windom*" genannt, ist ein Halbwellenstrahler, der asymmetrisch (außerhalb der Mitte) mit einer beliebig langen, angepaßten Eindrahtleitung gespeist wird [1.11]–[1.12].

Die angepaßte Eindrahtspeiseleitung geht von der Tatsache aus, daß ein einzelner Draht über einer guten Erde einen Wellenwiderstand von etwa 500 Ω aufweist, wenn der Drahtdurchmesser 1,5 bis 2 mm beträgt. Findet man auf dem resonanten Antennenleiter einen Punkt, dessen Impedanz 500 Ω beträgt, so kann dort die Eindrahtspeiseleitung angeschlossen werden, und es herrscht Anpassung. Bei einer Halbwellendrahtantenne liegt dieser Punkt etwa 0,18 λ vom Strahlerende entfernt (**Bild 9.1.13**).

Voraussetzung für die einwandfreie Arbeitsweise einer *Windom* sind gute Erdverhältnisse, denn

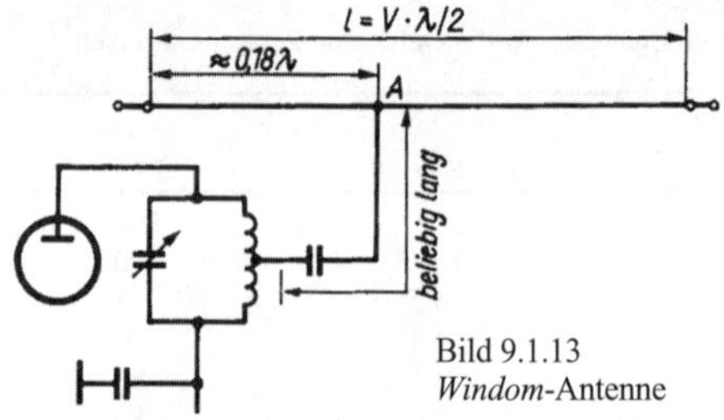

Bild 9.1.13
Windom-Antenne

die Erde bildet sozusagen den 2. Leiter der Speiseleitung. Außerdem soll die Eindrahtleitung über eine möglichst große Länge senkrecht zur Antennenleiterlängsachse verlaufen. Auch scharfe Knicke der Eindrahtleitung sollte man vermeiden.

Die Bemessungsformeln für Strahlerlänge l und Entfernung des Anschlußpunktes A vom Strahlerende lauten

$$\frac{l}{\text{m}} = \frac{143}{\frac{f}{\text{MHz}}} \qquad (9.1.12)$$

und

$$\frac{A}{\text{m}} = \frac{54}{\frac{f}{\text{MHz}}} \qquad (9.1.13)$$

Der richtige Anschlußpunkt A läßt sich am einfachsten feststellen, indem man die Eindrahtspeiseleitung um mindestens λ/4 länger als notwendig ausführt und das Verlängerungsstück so ausspannt, daß es leicht zugänglich ist. Der fließende HF-Strom (oder die vorhandene HF-Spannung) wird nun an verschiedenen Punkten des Verlängerungsstückes gemessen. Durch entsprechendes Verschieben des Anschlußpunktes auf dem Strahler muß erreicht werden, daß der HF-Strom (bzw. die HF-Spannung) an allen Meßpunkten gleich wird. Die Größe des gemessenen Stromes hat dabei keine Bedeutung, und man hüte sich, etwa auf Strommaximum (bzw. Spannungsmaximum) abzugleichen. Wenn ein gleichmäßiger, mittlerer HF-Strom an allen Meßpunkten fließt, weist die Leitung keine Welligkeit mehr auf und ist angepaßt. Das Verlängerungsstück wird dann nach dem Anpassen wieder entfernt (**Bild 9.1.14**).

Weniger umständlich ist diese Methode, wenn man mit einem HF-Millivoltmeter (Tastkopf) die Spannung auf der Verlängerungsleitung mißt, die Leitung braucht dann nicht aufgetrennt zu werden. Anpassung besteht, wenn an allen Meßpunkten gleich große HF-Spannung vorhanden ist.

Bei mittleren bis größeren Sendeleistungen genügt als Spannungsindikator auch eine einfache

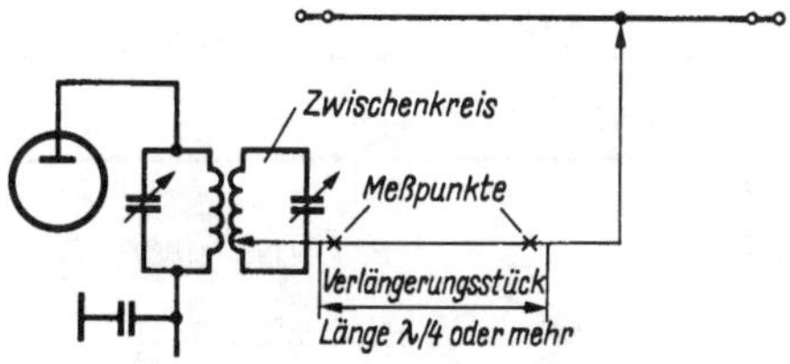

Bild 9.1.14
Windom-Antenne mit Zwischenkreis und Verlängerungsstück

Glimmlampe, die man an der Leitung entlangführt. Sie muß an allen Stellen der Leitung gleichmäßig hell aufleuchten. Schließt man die Eindrahtleitung direkt an eine Anzapfung des Senderanodenkreises kapazitiv an, so können alle vorhandenen Oberwellen ungehindert mit abgestrahlt werden. Man sollte deshalb immer einen Zwischenkreis nach **Bild 9.1.14** einfügen. Bewährte Kreisdaten für den Zwischenkreis sind in **Tabelle 9.1** aufgeführt.

Sowohl bei kapazitiver Kopplung mit dem Tankkreis (siehe **Bild 9.1.13**) als auch bei Verwendung eines Zwischenkreises muß der Anzapfpunkt an der Kreisspule so gewählt werden, daß die Speiseleitung mit ihrem Wellenwiderstand von etwa 500 Ω impedanzrichtig abgeschlossen wird. Man versucht deshalb zuerst, durch Verändern der Kreisanzapfung die Einstellung der geringsten Welligkeit zu finden. Die dann noch vorhandene Fehlanpassung beseitigt man durch Verschieben des Anschlußpunktes *A* auf dem Strahler.

Die bisher dargestellten Ankopplungsformen der Windom-Antenne sollte man nur dann anwenden, wenn der Sender in unmittelbarer Nähe der Antenneneinführung steht. Muß die Speiseleitung erst noch durch einen Raum geführt werden, so ist damit zu rechnen, daß Hochfrequenz abgestrahlt wird und deshalb Störungen des Rundfunk- und Fernsehempfanges auftreten können.

Durch die Annäherung an Wände usw. verändert sich der Wellenwiderstand der Eindrahtleitung, und es treten besonders innerhalb des Raumes kräftige Fehlanpassungen auf. Zur Energieübertragung innerhalb des Hauses soll deshalb immer eine Link-Leitung verwendet werden. Die Dimensionierung der Link-Leitung wurde in Abschnitt 8.1 ausführlich behandelt.

9.2 Mehrwellen-Antennen

9.2.1 Ganzwellendipol (λ-Dipol)

Einen Dipol mit der elektrischen Gesamtlänge λ, nennt man *Ganzwellendipol* (λ-Dipol) oder Doppel-Zepp-Antenne oder kurz „Doppel-Zepp“ (**Bild 9.2.1**). „Doppel-Zepp“ kennzeichnet die Art seiner Erregung über eine abgestimmte Zweidrahtleitung.

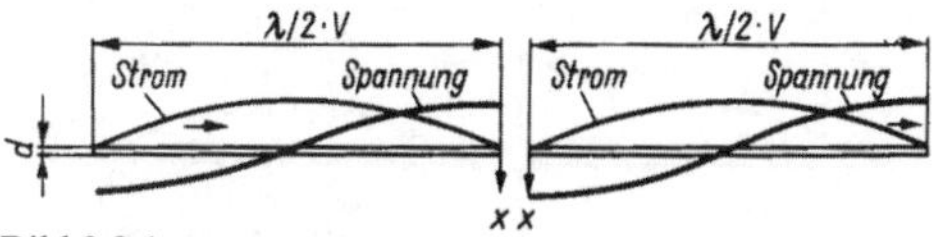

Bild 9.2.1
Ganzwellendipol (λ-Dipol)

Der Ganzwellendipol bildet das Grundelement für Breitbandantennen. Der Vorzug des Ganzwellendipols besteht darin, daß sein Eingangswiderstand eine Funktion seines Schlankheitsgrades ist und in weiten Grenzen geändert werden kann. Die erzielbare Bandbreite ist umso größer, je kleiner der Schlankheitsgrad und der damit gekoppelte Eingangswiderstand sind. Der Eingangswiderstand und die Bandbreite sind mehr als beim Halbwellendipol vom Verhältnis λ/d abhängig. Auch der Verkürzungsfaktor V des Ganzwellendipols unterscheidet sich von dem eines Halbwellendipols mit gleichem λ/d-Verhältnis; der Ganzwellendipol muß stärker verkürzt werden, um in Resonanz zu kommen. Dabei ist die Bandbreite stets größer als die eines $\lambda/2$-Dipols mit gleichem λ/d-Verhältnis. In konstruktiver Hinsicht bietet ein Ganzwellendipol den Vorteil, daß seine Strahlerhälften in ihren Mitten, also in den Spannungsnullpunkten, metallisch gehaltert werden können.

Beim Ganzwellendipol werden beide Halbwellenzweige zwangsläufig *gleichphasig* erregt. Daraus ergibt sich ein Strahlungsdiagramm in der E-Ebene nach **Bild 9.2.2**. Es ähnelt dem des Halbwellendipols, die beiden Strahlungskeulen sind aber etwas schmaler.

Die Antennenkenngrößen sind:
Gewinn (über Kugelstrahler)
$G = 2{,}41$, $g = 3{,}82$ dB
Gewinn über Halbwellendipol
$G_D = 1{,}47$, $g_D = 1{,}67$ dB $\approx 1{,}7$ dB
Strahlungswiderstand $R_S = 199\ \Omega$
Halbwertsbreite $\Delta\varphi = 47°$
(horizontaler Öffnungswinkel)
vertikaler Öffnungswinkel $\Delta\vartheta = 65°$

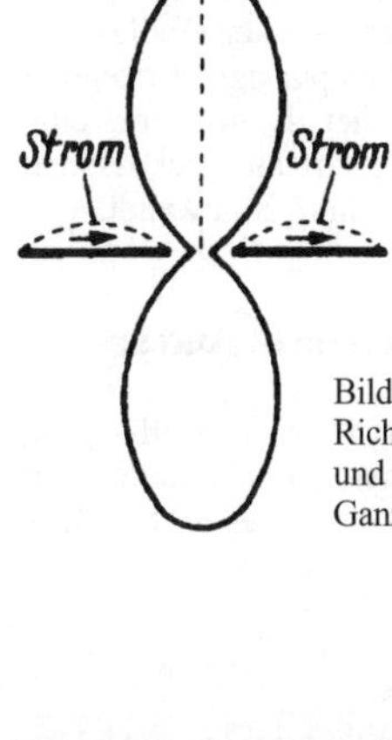

Bild 9.2.2
Richtdiagramm der E-Ebene und Stromverteilung bei einem Ganzwellendipol (λ-Dipol)

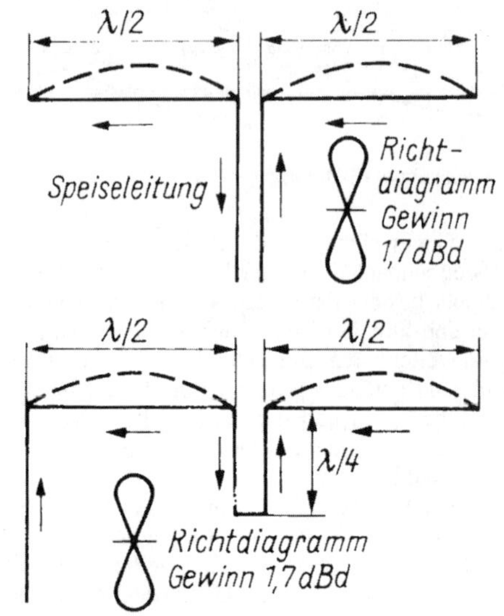

Bild 9.2.3
Ganzwellendipol (λ-Dipol)
links: mittengespeist
rechts: endgespeist

Da der Ganzwellendipol in einem Spannungsmaximum gespeist wird, spricht man von Spannungsspeisung. Der Ganzwellendipol wird normal in der Mitte gespeist, wie im **Bild 9.2.3** oben. Man kann die Antenne aber auch endgespeist betreiben, wie in **Bild 9.2.3** unten dargestellt. Dabei wird die 180° Phasendrehung durch eine kurzgeschlossene Viertelwellenleitung erreicht.

Bei beiden Speisungsarten sind die Strom- und Spannungsverteilung, sowie die Antennenkenngrößen gleich. Beide Halbwellenstücke werden gleichphasig im Spannungsbauch erregt. Die Impedanz im Speisepunkt des Ganzwellendipols ist verhältnismäßig hoch.

Einem Halbwellendipol werden die Eigenschaften eines Serienresonanzkreises zugeordnet, dagegen verhält sich der Ganzwellendipol bei Veränderung der Frequenz in Resonanznähe wie ein Parallelresonanzkreis.

Vergrößert man den Abstand der beiden Speisepunkte XX, so läßt sich der Gewinn erhöhen. In diesem Fall wird die gleichphasige Errregung schwieriger und umständlicher. Daher wird eine Gewinnsteigerung auf diese Art aus elektrischen und mechanischen Gründen kaum angewandt.

9.2.2 Ganzwellenantenne (λ-Antenne)

Eine Antenne mit der elektrischen Gesamtlänge λ, nennt man *Ganzwellenantenne* (λ-Antenne). Im Gegensatz zum Ganzwellendipol, der in der Mitte

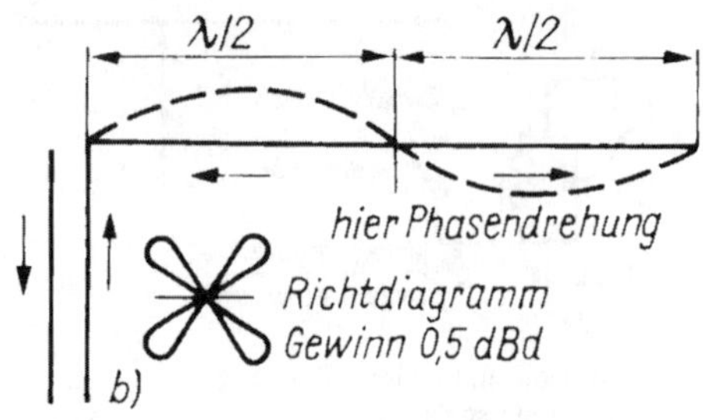

Bild 9.2.4
Ganzwellenantenne (λ-Antenne)

offen ist, ist diese Antenne durchgehend, also **nicht unterbrochen**.

Wird eine *Ganzwellenantenne* an einem Antennenende eingespeist, ähnlich wie eine Zeppelin-Antenne endgespeist, so ändert sich die Stromrichtung in der Mitte des Ganzwellenleiters und die beiden Halbwellenabschnitte werden *gegenphasig* erregt, wie in **Bild 9.2.4** dargestellt. Die Speiseleitung hat dabei Stehwellen und wird abgestimmt.

Die *Ganzwellenantenne* kann aber auch im Strombauch, λ/4 von einem Ende weg, eingespeist werden. Die Speiseleitung hat dabei Wanderwellen und ist angepaßt.

Die Speisung erfolgt mit einem 50-Ω–Koaxialkabel über einen Balun 1:2. Alternativ kann auch mit einem 75-Ω-Koaxialkabel angepaßt über einen Balun 1:1 eingespeist werden [2.1]. Die Eingangsimpedanz ist bei dieser Art von Stromspeisung rd. 90 Ω.

Das Richtdiagramm in der E-Ebene nach **Bild 9.2.5** wird in 4 Hauptstrahlrichtungen aufgeblättert, wobei die Maxima der Strahlungskeulen jeweils in Winkeln von 54° zur Strahlerlängsachse auftreten. Der Gewinn in den Maximas beträgt beim Ganzwellenstrahler nur etwa 0,5 dBd.

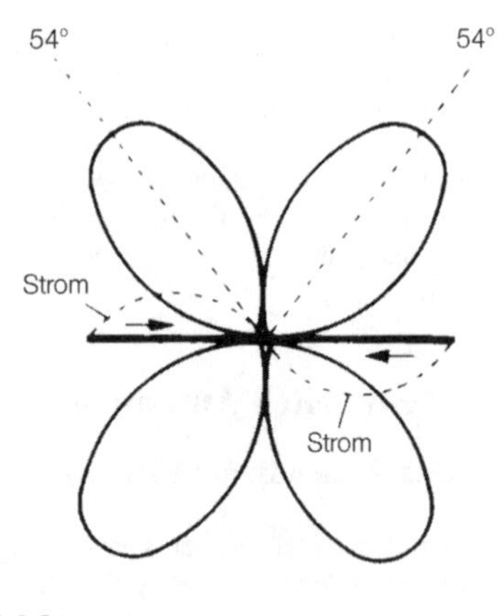

Bild 9.2.5
Ganzwellenantenne (λ-Antenne)
Richtdiagramm (E-Ebene)

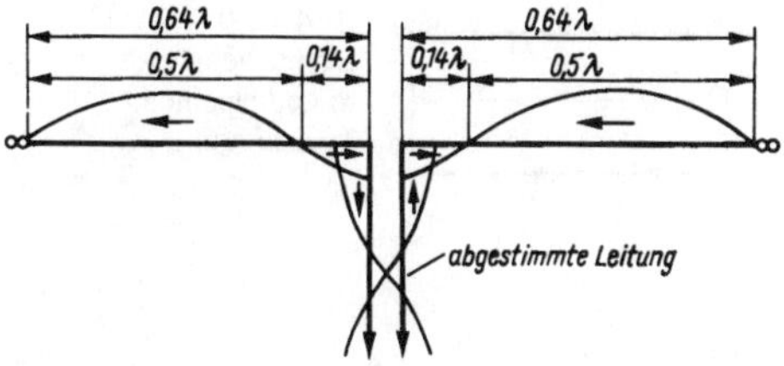

Bild 9.2.6
Verlängerter Doppel-Zepp idealisiertes E-Diagramm

9.2.3 Verlängerter Doppel-Zepp (1,28 λ-Dipol)

(*V.E.O.* – DE 562306 – SU Prior. 1931)
„Doppel-Zepp" kennzeichnet nur die Art seiner Erregung über eine abgestimmte Zweidrahtleitung, „verlängert" bedeutet länger als λ/2. Die englische Bezeichnung der Antenne ist Extended Double Zepp oder kurz EDZ.

Bereits 1931 wurde diese Antennenform als „Gerichtete horizontale Kurzwellenantenne" in der UdSSR und später auch in anderen Ländern patentiert. Abgestimmt auf die Belange der Funkamateure, beschrieb *H. Romander* diese Antenne 1938 ausführlicher [2.2].

Wie **Bild 9.2.6** zeigt, handelt es sich um einen Dipol, dessen Schenkellänge etwa je 0,64 λ beträgt. Man nennt diese Antenne auch einen 1,28 λ-Dipol oder 5λ/4-Dipol. In der elektrischen Wirkungsweise stellt die Antenne eine Dipollinie dar, also zwei kollineare 0,64 λ-Elemente in Phase (siehe Abschnitt 13.1). Aus dem idealisierten E-Diagramm **Bild 9.2.7** geht hervor, daß es zwei Hauptstrahlrichtungen gibt (bidirektionales Diagramm). Außerdem sind noch 4 symmetrisch angeordnete Nebenzipfel

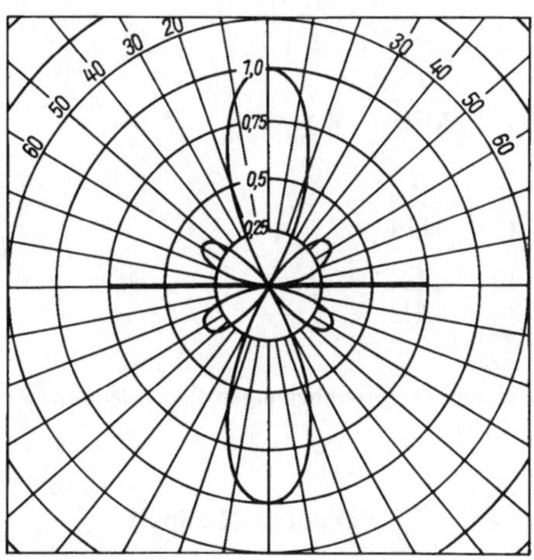

Bild 9.2.7
Verlängerter Doppel-Zepp
idealisiertes E-Diagramm

vorhanden. Der Gewinn über einen Halbwellendipol beträgt 3 dBd, während der um λ/4 kürzere Ganzwellendipol bei einer Halbwertsbreite von 47° nur 1,7 dBd aufweist. Wie aus der Stromverteilung in **Bild 9.2.6** hervorgeht, wird die Antenne über eine abgestimmte Speiseleitung erregt, welche die Resonanzbedingungen herstellt. Die Eingangsimpedanz (rechnerisch) ist $Z_E \approx (140 - j\ 550)\ \Omega$ [2.3].

Werden die Dipolarme länger als 0,64 λ, fällt der Gewinn steil ab, während bei einer Verkürzung die Gewinnsenkung nur allmählich eintritt. Es ist deshalb ratsam, die Schenkellängen mit 0,64 λ, bezogen auf die höchste Frequenz, die innerhalb des Amateurbandes verwendet werden soll, zu bemessen. Unter dieser Voraussetzung ist die Längenbemessung unkritisch, da die Resonanz in jedem Fall durch die abgestimmte Speiseleitung hergestellt werden kann.

Die Antennenkenngrößen sind:
Gewinn (über Kugelstrahler)
$G = 3{,}3$; $g = 5{,}18$ dB
Gewinn über Halbwellendipol
$G_D = 2{,}0$; $g_D = 3{,}03$ dB
Strahlungswiderstand $R_S = 98\ \Omega$
Halbwertsbreite $\Delta\varphi = 33°$
(horizontaler Öffnungswinkel)

Die Antenne kann aber auch über eine beliebig lange angepaßte symmetrische Speiseleitung erregt werden. Ein 1,5 λ langer Dipol ist resonant, sein Speisepunkt liegt in einem Strombauch, man kann deshalb mit einem reellen Eingangswiderstand von etwa 100 Ω rechnen. Wie **Bild 9.2.8b** zeigt, lassen sich diese Betriebsverhältnisse auch beim verlängerten Doppel-Zepp herstellen, indem man einen Doppelleitungsabschnitt einfügt, dessen Länge 0,11 λ beträgt. Damit sind die Dipolschenkel auf eine Resonanzlänge von je 0,75 λ gebracht, ohne daß sich an den Strahlungseigenschaften etwas verändert.

Nun kann der Strahler bei X-X über eine beliebig lange 100-Ω-Zweidrahtleitung erregt werden. Es ist auch möglich ein 75-Ω-Koaxialkabel zu verwenden mit einem Balun 1:1. Angepaßte Antennen sollten

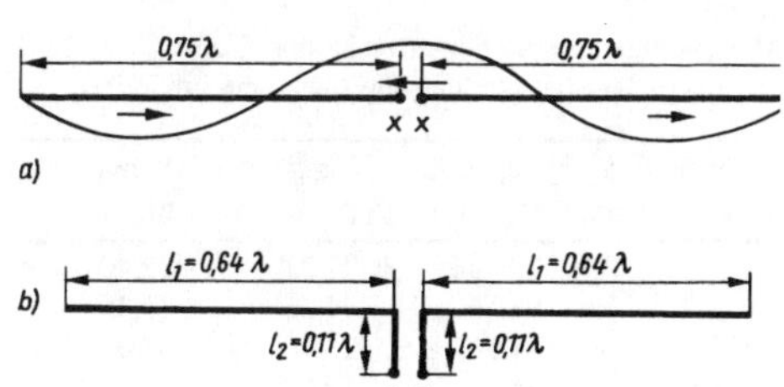

Bild 9.2.8
Entwicklung des verlängerten Doppel-Zepp
mit angepaßter Speiseleitung aus dem 1,5 λ-Dipol
a) - 1,5 λ-Dipol mit Stromverteilung
b) - verlängerter Doppel-Zepp für angepaßte Speiseleitung

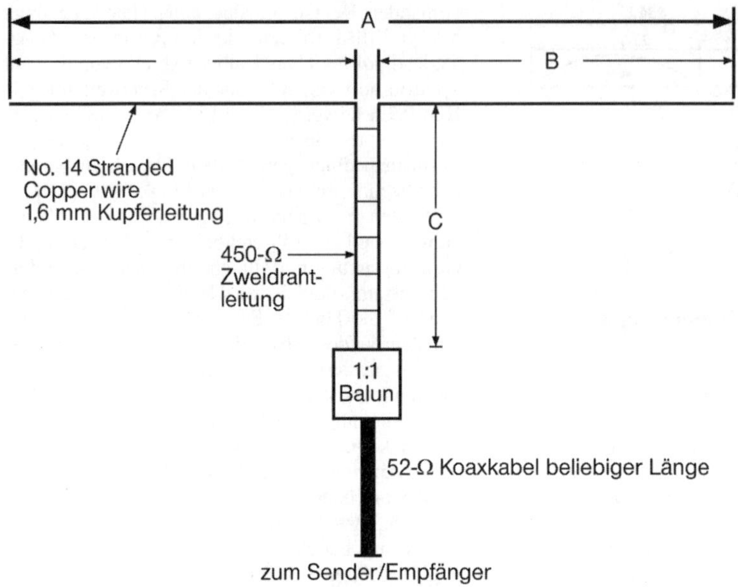

Bild 9.2.9
Doppelzepp
mit angepaßter
Speiseleitung

möglichst genau für die gewünschte Frequenz (Bandmitte) zugeschnitten sein, denn die Resonanzfrequenz kann man nur durch Verlängern oder Verkürzen des Abstimmstubs nachträglich verändern.

In **Tabelle 9.2** sind die Abmessungen für Strahler nach **Bild 9.2.9** für verschiedene Resonanzfrequenzen in den Kurzwellen-Amateurbändern aufgeführt. Die Berechnung erfolgte mit einem Programm [2.4] für einen Antennendraht mit ∅ 1,6 mm (#14 AWG) und für eine offene 450-Ω-Zweidrahtleitung (Hühnerleiter) mit gleichem Drahtdurchmesser und einem Verkürzungsfaktor V = 0,97 zur Transformation auf 50 Ω.

Mit einem Balun 1:1 kann man dann ein 50-Ω-Koaxialkabel zur Speisung verwenden. Man kann aber auch eine halboffene Bandleitung (windowline) mit einem Verkürzungsfaktor V = 0,95 verwenden, dann verringert sich die Länge der Anpaßleitung um 2% (vgl. Gl. 9.2.4).

Tabelle 9.2
Abmessungen des verlängerten Doppel-Zepp
für angepaßte Speiseleitung für alle Amateurbänder

Resonanzfr. f_R MHz	Länge A m	Länge B m	Länge C m
1,875	194,46	97,21	22,40
3,700	98,56	49,26	11,35
7,075	51,56	25,76	5,94
10,130	36,02	17,99	4,15
14,200	25,71	12,84	2,96
18,140	20,13	10,05	2,32
21,300	17,15	8,56	1,97
24,950	14,65	7,31	1,68
29,000	12,60	6,28	1,45

Die entsprechenden Formeln (gerundet) dafür sind [2.5]:

$$\frac{A}{\text{m}} = \frac{364{,}6}{\frac{f}{\text{MHz}}} \qquad (9.2.1)$$

$$\frac{B}{\text{m}} = \frac{182{,}3}{\frac{f}{\text{MHz}}} \qquad (9.2.2)$$

$$\frac{C}{\text{m}} = \frac{42}{\frac{f}{\text{MHz}}} \qquad (9.2.3)$$

$$\frac{C'}{\text{m}} = \frac{41{,}14}{\frac{f}{\text{MHz}}} \qquad (9.2.4)$$

Weitere Veröffentlichungen finden sich in [2.6] bis [2.8].

9.2.4 1,5 λ-Dipol (3λ/2-Dipol)

Ein Strahler von 1,5 $\lambda = 3\lambda/2$ mittengespeist ist ein 1,5 λ-Dipol oder 3λ/2-Dipol. **Bild 9.2.10** zeigt die Antenne mit der Stromverteilung.

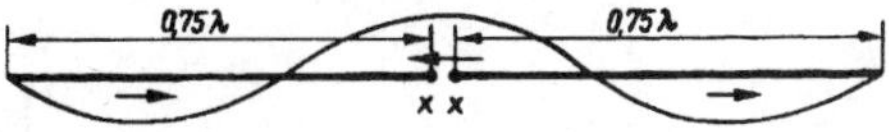

Bild 9.2.10
1,5 λ-Dipol

Das Richtdiagramm ist in 6 Keulen aufgefächert. Es gibt 4 Hauptkeulen unter etwa 45° und 2 etwas kleinere Nebenkeulen 90° zur Strahlerachse (**Bild 9.2.11**).

Der Öffnungswinkel der Hauptkeulen ist etwa 34°. Der Strahlungswiderstand ist rund 100 Ω. Der Gewinn liegt über 3 dB, der Gewinn über einen Halbwellendipol ist etwa 1 dBd.

Ein 1,5 λ langer Dipol ist resonant, sein Speisepunkt liegt in einem Strombauch. Man kann deshalb mit einem reellen Eingangswiderstand von etwa 100 Ω rechnen und den 1,5 λ-Dipol bei X-X über eine beliebig lange 100-Ω-Zweidrahtleitung speisen. Es ist auch ein 75-Ω-Koaxialkabel zu verwenden mit einem Balun 1:1. Eine weitere Möglichkeit ist die Verwendung von 50-Ω-Koaxialkabel mit einem Balun 1:2. Eine weitere Alternative ist die Verwendung einer Viertelwellenanpaß-leitung mit 75 Ω . Dadurch ist es auch möglich wieder ein 50-Ω-Koaxialkabel zu verwenden mit einem Balun 1:1. In allen Fällen ist die Welligkeit noch vertretbar gering.

9.2.5 1,5 λ-Antenne (3λ/2-Antenne)

Wird der Strahler von 1,5 λ = 3λ/2 Länge asymmetrisch, λ/4 vom Ende, gespeist, dann nennt man den Strahler eine 1,5 λ-Antenne [2.9]. **Bild 9.2.12** zeigt die Antenne asymmetrisch eingespeist im Strombauch, λ/4 von einem Ende entfernt, mit einem 50-Ω-Koaxialkabel angepaßt über einen Balun 1:2.

Die technischen Daten sind die gleichen wie beim 1,5 λ-Dipol. Das Richtdiagramm ist in 6 Keulen aufgefächert. Es gibt 4 Hauptkeulen unter etwa 44° und 2 etwas kleinere Nebenkeulen 90° zur Strahlerachse (**Bild 9.2.11**). Der Öffnungswinkel der Hauptkeulen ist etwa 34°. Der Strahlungswiderstand ist rund 100 Ω . Der Gewinn ist über 3 dB, der Gewinn über einen Halbwellendipol ist etwa, 1 dBd.

9.3 Inverted-V-Dipole

Dipole, die V-förmig abgewinkelt aufgehängt sind nennt man *Inverted-V-Dipole*. Inverted-V bedeutet umgekehrtes V. Übliche Winkel zwischen den beiden Dipolästen sind 120° und 90°.

Vorteile:
Man benötigt nur einen Aufhängepunkt und weniger Platz, als bei einem gerade aufgespannten Dipol. Es ergibt sich eine gemischte Horizontal-Vertikal-Abstrahlung. Je kleiner der Winkel ist, desto kleiner wird der Horizontalanteil und desto größer wird der Vertikalanteil. Durch die Abwinkelung wird die Nullstelle in Richtung der Antennenachse etwas aufgefüllt. Dadurch ist die Richtwirkung etwas weniger ausgeprägt.

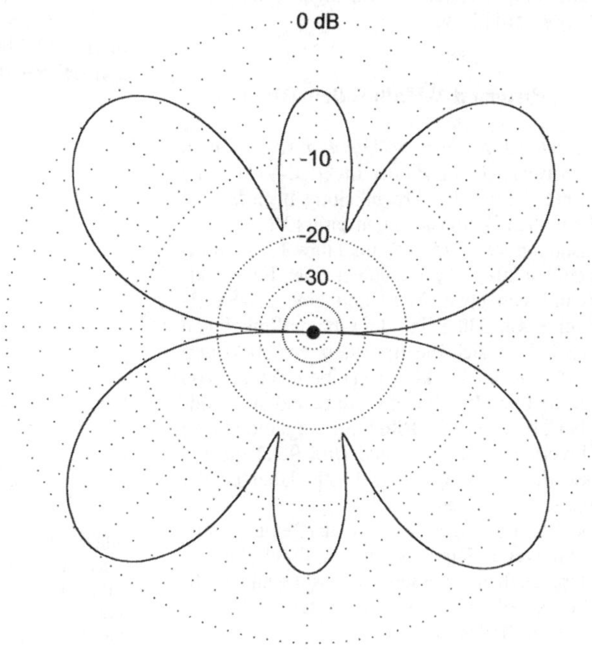

Bild 9.2.11
1,5 λ-Dipol
Richtdiagramm

Bild 9.2.12
1,5 λ-Antenne

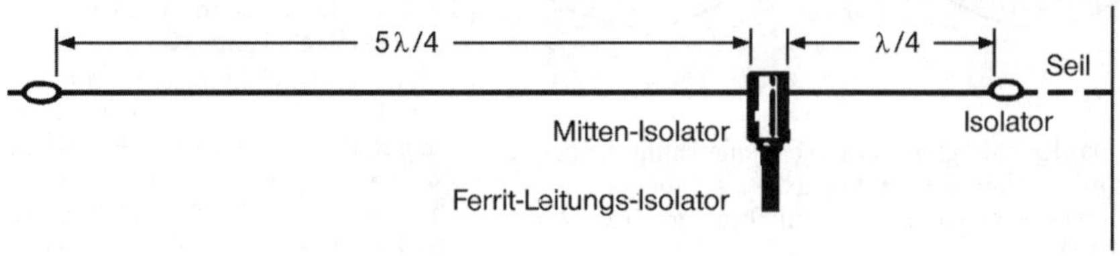

Bild 9.3.1
Skizze einer Inverted-V

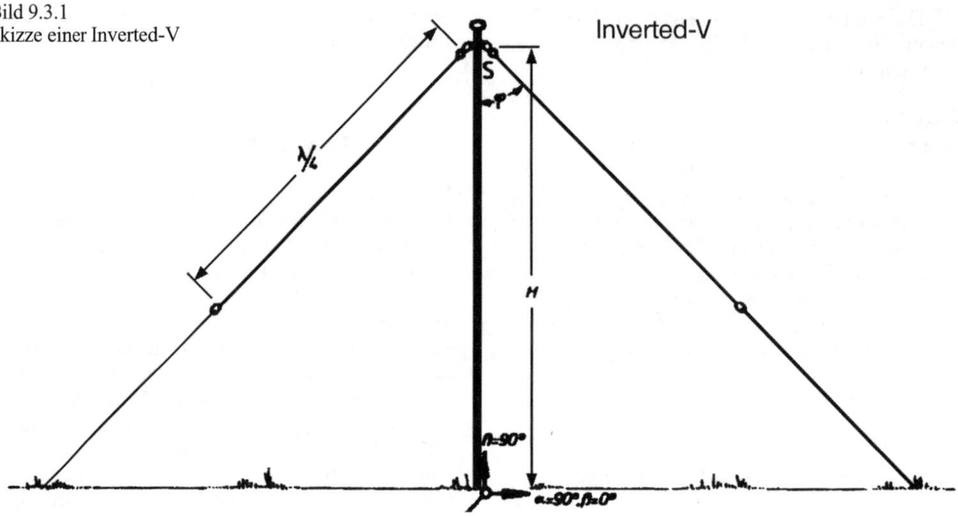

Nachteile:
Der Strahlungswiderstand verringert sich. Die Bandbreite wird kleiner.

9.3.1 Inverted-V-Halbwellen-Dipol

Der *Inverted-V-Halbwellen-Dipol* wird oft auch nur als *Inverted-V-Dipol* oder Inverted-V-Antenne bezeichnet. Durch die Abwinkelung beeinflussen sich die beiden Dipoläste gegenseitig [3.1].

Messungen von *JA5COY* im Jahre 1982 an einem geraden 80-m-Dipol ergaben einen Fußpunktwiderstand von etwa 70 Ω und eine 2:1-SWR-Bandbreite von 330 kHz. Bei einem Winkel von 120° veränderte sich die Impedanz auf 50 Ω und die Bandbreite auf 310 kHz. Bei einem Winkel von 90° war die Impedanz bei etwa 30 Ω und die Bandbreite bei 210 kHz [3.2]. **Bild 9.3.1** zeigt die Skizze einer Inverted-V aus [3.3] und **Bild 9.3.2** die Ergebnisse der Messungen aus [3.2], dabei ist die Bandbreite in % angegeben [3.4].

Neben dem geringeren Platzbedarf eines Inverted-V-Halbwellen-Dipols kann man durch die Abwinkelung auch eine bessere Anpassung an ein 50-Ω-Koaxialkabel erreichen. Eine weitere Veröffentlichung ist zu finden in [3.5].

9.4 Winkeldipole

(*P.S. Carter* – US 2,258,406 – 1938)
In vielen Fällen, wie beispielsweise im 80-m-Band und bei Rundspruchstationen, sind Antennen mit

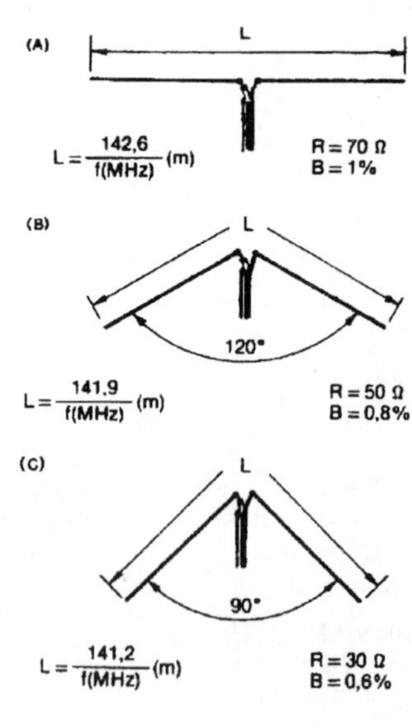

Bild 9.3.2
Inverted V-Dipol
Strahlungs-
widerstand
und Bandbreite

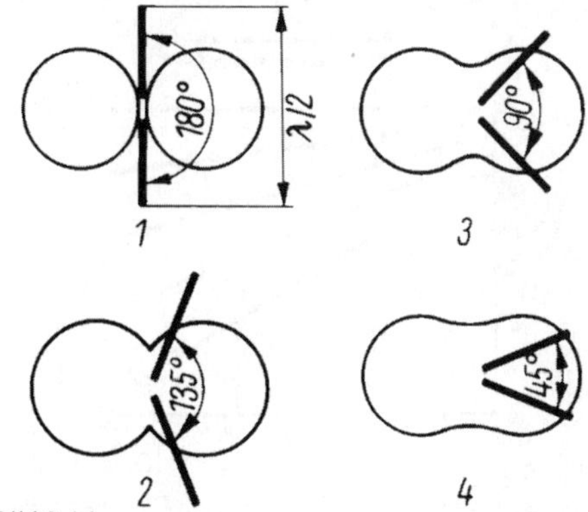

Bild 9.4.1
Halbwellen-Winkeldipol

horizontaler Rundcharakteristik sehr erwünscht. Vertikal aufgestellte Dipole haben in der Horizontalebene ein kreisförmiges Strahlungsdiagramm. Leider sind vertikale Halbwellendipole für die „langwelligen" Amateurbänder kaum zu verwirklichen. Eine Viertelwellen-Vertikalantenne über Erde, wie die Groundplane oder *Marconi*-Antenne, müßte bis zu 20 m hoch werden.

Weniger Aufwand erfordern horizontal ausgespannte Drahtantennen, denen man durch geeignete Formgebung annähernd eine Rundstrahlcharakteristik in der E-Ebene geben kann. Das Richtdiagramm horizontaler Dipole ändert sich, wenn sie waagrecht abgeknickt werden.

9.4.1 Halbwellen-Winkeldipole

Die im Doppelkreisdiagramm des gestreckten Halbwellendipols vorhandenen Strahlungsminima (**Bild 9.4.1** Nr.1) verschwinden beim Abwinkeln zugunsten einer mehr oder weniger ausgeprägten Rundstrahlung (**Bild 9.4.1** Nummer 2 bis 4).

Leider tritt bei keinem Knickwinkel dieser *Halbwellen-Winkeldipole* ein rein kreisförmiges Richtdiagramm auf. In der Praxis des Kurzwellenamateurbetriebes begnügt man sich jedoch meist damit, daß keine ausgesprochenen Minima mehr in der Strahlungscharakteristik vorhanden sind.

In der Praxis sollte man nicht wesentlich unter 90° Knickwinkel gehen. Durch die Abwinkelung beeinflussen sich die beiden Dipoläste gegenseitig. Die Folgen sind ein reduzierter Wirkungsgrad der Antenne mit geringerem Strahlungswiderstand und verringerter Bandbreite.

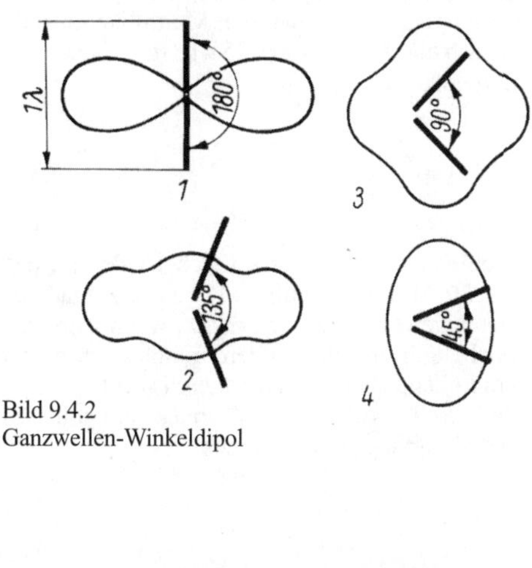

Bild 9.4.2
Ganzwellen-Winkeldipol

9.4.2 Ganzwellen-Winkeldipol

Ein *Ganzwellen-Winkeldipol* mit einem Knickwinkel von 90° ist eine einfache rundstrahlende Horizontalantenne (siehe **Bild 9.4.2** Nr. 3). Sie strahlt in der Horizontalebene annähernd kreisförmig. Der *Ganzwellen-Winkeldipol* hat bisher in Amateurkreisen kaum Beachtung gefunden, obwohl er durchaus „guter Abstammung" ist. Nach diesem Prinzip werden im UKW- und Fernsehbereich horizontal polarisierte rundstrahlende Sendeantennen verwendet. Die Namen dafür sind Winkeldipol (V-Antenne), Knickdipol (U-Antenne), Quadratdipol (Squalo). Sie werden bei den Rundstrahlantennen für VHF/UHF beschrieben (Abschnitt 23).

Bei einem Knickwinkel von 60° hat der *Ganzwellen-Winkeldipol* besonders günstige Rundstrahleigenschaften. Sein Horizontaldiagramm hat dann die Form eines verrundeten Sechsecks. In der Praxis sollte man nicht unter 60° Knickwinkel gehen (vgl. Abschn. 9.4.1).

9.5 Gefaltete Dipole

(----- – DE 599 864 – 1926, FR-Prior. 1925)
Eine gefaltete Dipolantenne ist erstmals in einem Patent der Fa. *Telefunken* zu finden. Diese Antenne war ein gefalteter Ganzwellendipol.

In der deutschen Patentschrift aus dem Jahre 1926 ist die französische Priorität aus dem Jahre 1925 vermerkt. Das Patent ist damals, aus welchen Gründen auch immer, zuerst in Frankreich angemeldet worden ist. Das französische Patent konnte nicht ermittelt werden.

Zur damaligen Zeit war es auf dem Kontinent, im Gegensatz zu Großbritannien und USA, auch nicht üblich den Namen des Erfinders im Patent anzugeben.

9.5.1 Faltdipol

(*P.S. Carter* – US 2,283,914 – 1937)
Aus der Parallelschaltung zweier Halbwellenstükke in geringem gegenseitigem Abstand *D* entsteht

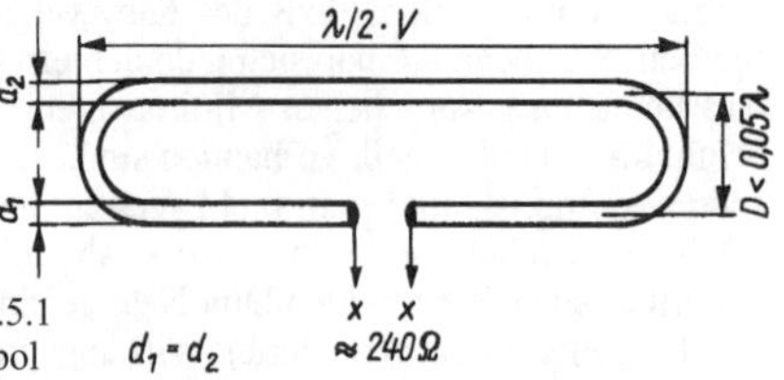

Bild 9.5.1
Faltdipol

der *Faltdipol* auch *Schleifendipol* genannt (**Bild 9.5.1**). Seine Richtcharakteristik entspricht im wesentlichen der des einfachen gestreckten Dipols. (siehe **Bild 9.1.7** und **Bild 9.1.8**). Er unterscheidet sich von diesem durch eine höhere Eingangsimpedanz, auch die relative Bandbreite ist etwas größer [5.1] - [5.3].

Die Strahlungsleistung eines gestreckten Dipols berechnet man nach:

$$P_S = R_S \cdot I^2 \tag{9.5.1}$$

Wird aus dem gestreckten Dipol durch Hinzufügen eines 2., parallelen Elements gleicher Stärke ein Faltdipol, so verteilt sich der Antennenstrom auf 2 Dipoläste. Bei gleicher Strahlungsleistung P_s ist demnach beim Faltdipol der Antennenstrom I am Speisepunkt nur noch halb so groß wie beim gestreckten Dipol.

$$P_S = R_S''\left(\frac{I}{2}\right)^2 \tag{9.5.2}$$

Zum Errechnen der Eingangsimpedanz R_S" eines Faltdipols werden deshalb die Gleichungen (9.5.1) und (9.5.2) gleichgesetzt.

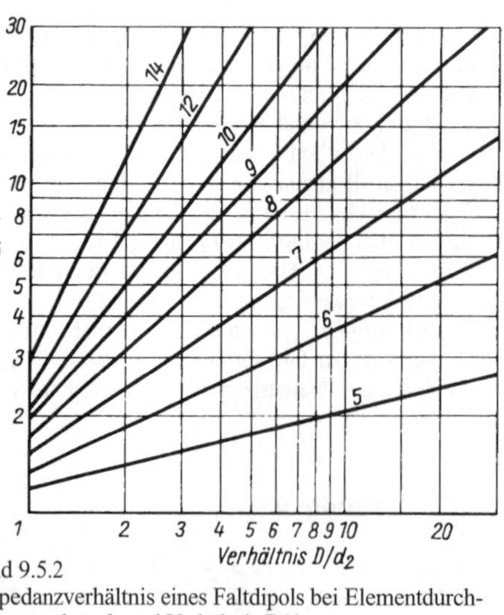

Bild 9.5.2
Impedanzverhältnis eines Faltdipols bei Elementdurchmessern $d_2 > d_1$ und Verhältnis D/d_2

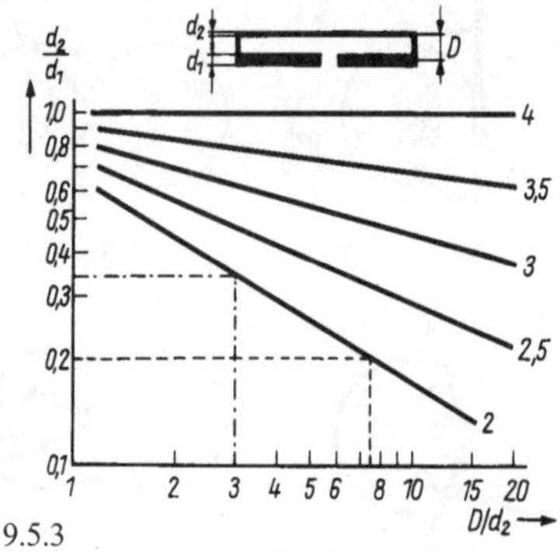

Bild 9.5.3
Impedanzverhältnis eines Faltdipols bei Elementdurchmessern $d_2 < d_1$ und Verhältnis D/d_2

$$P_S = R_S''\left(\frac{I}{2}\right)^2 = R_S \cdot I^2 \tag{9.5.3}$$

$$R_S'' = 4R_S \tag{9.5.4}$$

Der Eingangswiderstand eines Faltdipols ist damit vier mal so groß wie der eines normalen gestreckten Dipols. Dabei ist R_S wegen des benachbarten zweiten Leiters aber nicht 73 Ω, sondern etwa 65 Ω . Unabhängig vom Abstand D kann man deshalb beim Faltdipol mit einem Eingangswiderstand von < 260 Ω rechnen, sofern $d_1 = d_2$.

Eine gern verwendete Möglichkeit, den Eingangswiderstand eines Faltdipols zu verändern, besteht in der unterschiedlichen Wahl des Durchmessers der beiden Halbwellenstücke.

Wird der Durchmesser des nicht unterbrochenen Halbwellenstückes d_2 größer als der des Dipols d_1, so erhöht sich der Eingangswiderstand. Er wird größer als der des normalen Faltdipols (**Bild 9.5.2**).

Ist umgekehrt der Durchmesser d_1 des gespeisten Dipols größer als d_2, dann verkleinert sich der Eingangswiderstand. Er wird kleiner als der des normalen Faltdipols (**Bild 9.5.3**).

In beiden Fällen hängt der Multiplikationsfaktor k außerdem noch vom Abstand D ab.

Rechnerisch erhält man den Multiplikationsfaktor k nach einer von *Roberts* [5.4] angegebenen Beziehung, wonach

$$k = \left(1 + \frac{Z_1}{Z_2}\right)^2 \tag{9.5.5}$$

beträgt. Der Faktor k bezieht sich wieder auf den gestreckten Halbwellendipol. Für Z_1 setzt man den Wellenwiderstand, der sich ergibt, wenn man eine Doppelleitung mit den Leiterdurchmessern d_1 bei einem Leiterabstand D konstruieren würde.

Der Wellenwiderstand Z einer luftisolierten Zweidrahtleitung ergibt sich aus

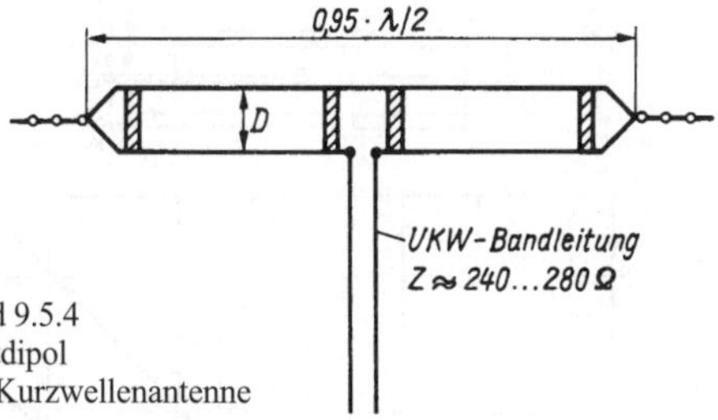

Bild 9.5.4
Faltdipol
als Kurzwellenantenne

$$\frac{Z}{\Omega} = 276 \cdot \lg \frac{2D}{d} \tag{9.5.6}$$

Sinngemäß ist für Z_2 der Wellenwiderstand aus d_2 und D festzustellen.

Als Zusammenfassung für die Bestimmung des Multiplikationsfaktors k ist auch die folgende Gleichung nach [5.5] gültig:

$$k = \left(\frac{\lg \frac{4D^2}{d_1 \cdot d_2}}{\lg \frac{2D}{d_2}} \right)^2 \tag{9.5.7}$$

Beispiele:
Gegeben ist: Durchmesserverhältnis $d_2/d_1 = 3$, Verhältnis $D/d_2 = 6$.

Daraus ergibt sich ein Impedanzverhältnis von 6, das ist der 6fache Wert eines normalen Halbwellendipols. $R_S'' = 6R_S$. $R_S'' = 360$ bis 420 Ω.

Gegeben ist der halbe Wert eines Halbwellendipols $R_S'' = R_S/2$. $R_S'' = 30$ bis 35 Ω.

Daraus ergibt sich das Verhältnis $D/d_2 = 7{,}5$ und $d_2/d_1 = 0{,}2$; oder $D/d_2 = 3$ und $d_2/d_1 = 0{,}34$.

Der *Faltdipol* kann nicht nur als UKW-Antenne, sondern auch als Kurzwellen-Antenne verwendet werden (**Bild 9.5.4**). Seine Bandbreite ist etwas größer als die des gestreckten Dipols. Man verwendet ihn vor allem deshalb, weil sein Eingangswiderstand von 240 Ω die direkte Speisung über eine handelsübliche UKW-Bandleitung erlaubt. In allen übrigen Eigenschaften entspricht der Faltdipol dem gestreckten Halbwellendipol. Sein Verkürzungsfaktor V beträgt 0,95.

Die Abstände D der beiden parallelen Strahlerdrähte sind nicht kritisch. Sie betragen etwa 300 mm für 1,8 MHz, 200 mm für 3,5 MHz, 150 mm für 7 MHz, 130 mm für 10 MHz, 100 mm für 14 MHz, 90 mm für 18 MHz, 80 mm für 21 MHz, 70 mm für 25 MHz, 50 mm für 28 MHz.

Der Faltdipol kann über Koaxialkabel gespeist werden, wenn man am Speisepunkt einen Balun 4:1 einsetzt. Ein Faltdipol für Kurzwellen läßt sich aber auch aus UKW-Bandleitung herstellen (**Bild 9.5.5a**).

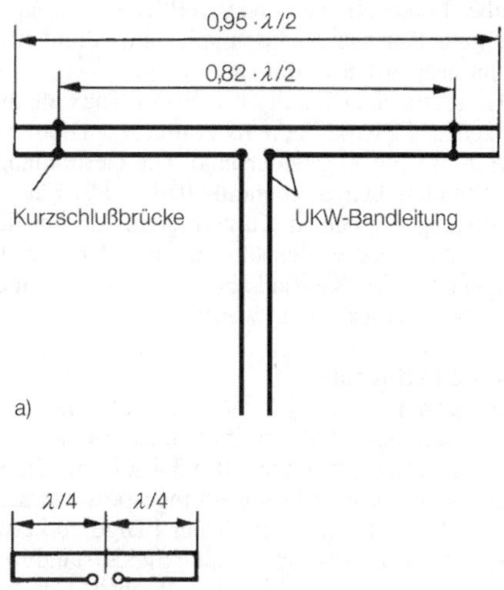

Bild 9.5.5
a) - Faltdipol aus Bandleitung mit integrierten Viertelwellenstücken
b) - Lage der Viertelwellenstücke

Dabei sind jedoch folgende Überlegungen notwendig: Zwischen den beiden parallelen Halbwellenstücken des Strahlers befindet sich das Isoliermaterial der Bandleitung. Betrachtet man den Faltdipol als die Parallelschaltung zweier Halbwellenstücke, so ist die Dielektrizitätskonstante des Isoliermaterials ohne besonderen Einfluß auf den Verkürzungsfaktor V. Er beträgt dem-nach 0,95. Gleichzeitig kann man den Faltdipol auch als Hintereinanderschaltung zweier kurzgeschlossener Viertelwellenleitungen darstellen (**Bild 9.5.5b**). Bei einer Doppelleitung wird die Dielektrizitätskonstante des dazwischenliegenden Mediums aber voll wirksam, und man müßte von einem Verkürzungsfaktor $V = 0{,}82$ ausgehen. Beträgt die Strahlerlänge $0{,}95 \cdot \lambda/2$, so ist wohl der Strahler resonant, aber die Viertelwellenstücke sind zu lang und verursachen eine zusätzliche induktive Blindkomponente. Wählt man als Verkürzungsfaktor $V = 0{,}82$ und verkürzt die Strahlerlänge entsprechend, dann ist die Antenne als Strahler nicht mehr in Resonanz, und der Antenneneingang ist mit einem Blindwiderstand behaftet.

Bild 9.5.5 zeigt, wie man diese Probleme auf einfachste Weise beherrschen kann: Die geometrische Strahlenlänge wird mit $0{,}95 \cdot \lambda/2$ bemessen, und bei einer Länge von $0{,}82 \cdot \lambda/2$ fügt man Kurzschlußbrücken ein.

Antennen aus Bandleitung sind infolge ihres geringen Gewichtes und ihrer Flexibilität besonders für transportable Stationen geeignet. Gewöhnlich lassen sich die als Isoliermaterial verwendeten Kunststoffe auch leicht und haltbar verschweißen (heißer Lötkolben usw.) oder verkleben. Die Speiseleitung läßt sich dadurch mit dem Strahlenteil leicht mechanisch verbinden.

Man kann einen Faltdipol auch aus Koaxialkabel herstellen. Er wirkt dann als gestreckter Dipol mit etwa 50 Ω Eingangswiderstand. Die Gesamtlänge des Strahlers beträgt ebenfalls 0,95 · λ/2. Für die Festlegung der beiden Kurzschlußpunkte bei den koaxialen Viertelwellenstücken muß der Verkürzungsfaktor des Koaxialkabels – im allgemeinen mit 0,66 – berücksichtigt werden.

Offene Faltdipole

Wenn man bei einem 1,5-λ-Dipol (3λ/2-Dipol) die Enden nach innen faltet ergibt sich ein offener Faltdipol mit einer Länge von etwa 3/4 λ [5.6]. Dieser Dipol ist resonant und kann stromgespeist werden.

Ein offener Faltdipol mit einer Länge von etwa λ/4 und reaktanzfreiem Fußpunktwiderstand von etwa 12,5 Ω wird bei [5.7] beschrieben. Der entsprechende Balun kann entsprechend **Bild 7.3.5** geschaltet sein, wobei Symmetrie und Unsymmetrie vertauscht werden. Die unsymmetrische Seite wird dabei massefrei symmetrisch und die symmetrische Seite einseitig auf Masse gelegt.

Die Bandbreite von so stark verkürzten Antennen ist viel geringer als bei den gestreckten Ausführungen.

9.5.2 Doppelfaltdipol

Eine Abart des Faltdipols ist der Doppelfaltdipol (**Bild 9.5.6**). Bei gleichen Leiterdurchmessern verteilt sich in diesem Falle der Antennenstrom auf 3 gleiche Halbwellenstücke; es fließt demnach in jedem Dipolzweig nur 1/3 des Gesamtstromes. Der Eingangswiderstand R_S''' des Doppelfaltdipols beträgt deshalb

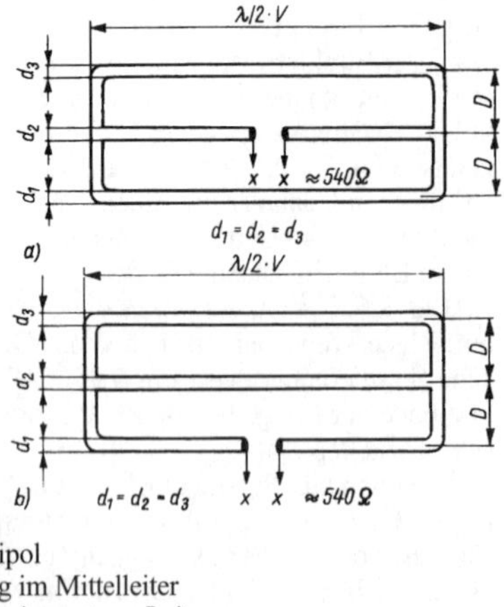

Bild 9.5.6
Doppelfaltdipol
a) - Speisung im Mittelleiter
b) - Speisung im unteren Leiter

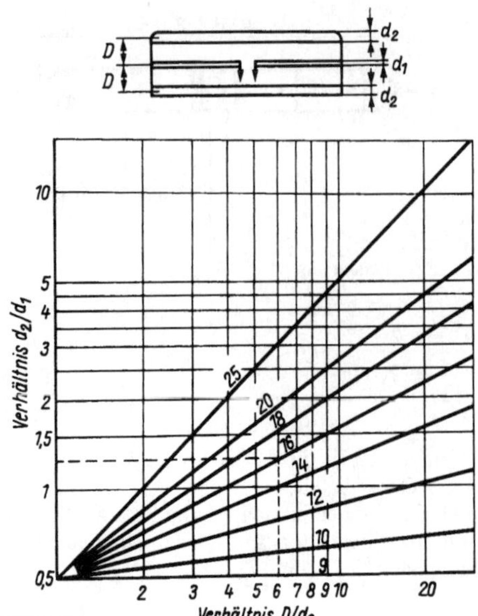

Bild 9.5.7
Impedanzverhältnis eines Doppelfaltdipols bei Elementdurchmessern $d_2 < d_1$ und Verhältnis D/d_2

$$Rs''' = \frac{Ps}{\left(\frac{I}{3}\right)^2} \qquad (9.5.8)$$

und hat den 9fachen Eingangswiderstand eines einfachen gestreckten Dipols (540 bis 630 Ω). Dabei ist jedoch folgende Einschränkung zu beachten: Der Faktor $k = 9$ gilt nur für $d_1 = d_2$, wenn die 3 Halbwellenstücke räumlich angeordnet sind, das heißt, wenn der Querschnitt ein gleichseitiges Dreieck ergibt. Bei ebener Anordnung, wie in **Bild 9.5.6** gezeichnet, ergibt sich der Vervielfachungsfaktor $k = 9$ nur, wenn $d_1 = 2d_2$ (unabhängig vom Abstand *D*). Dies kann auch aus **Bild 9.5.7** entnommen werden. Alle anderen Vervielfachungsfaktoren sind vom Abstand *D* abhängig.

Für die Funktion des Doppelfaltdipols hat es keine Bedeutung, ob man den Speisepunkt nach **Bild 9.5.6a** oder nach **Bild 9.5.6b** wählt. Aus mechanischen Gründen ist die Einspeisung im unteren Zweig oft vorteilhafter, weil man dann den Mittelleiter zur Befestigung auf dem Antennenträger nutzen kann.

Die Anzahl n der parallelen Halbwellenstücke läßt sich bis zur Reusenform vergrößern. Für den Eingangswiderstand gilt dabei die Regel: Haben alle Leiter gleichen Durchmesser und beträgt ihr gegenseitiger Abstand $D < 0{,}05\ \lambda$, dann ist der Multiplikationsfaktor *k* für den Eingangswiderstand - bezogen auf den des gestreckten Halbwellendipols - etwa gleich dem Quadrat der Leiteranzahl *n*:

$$k = n^2$$

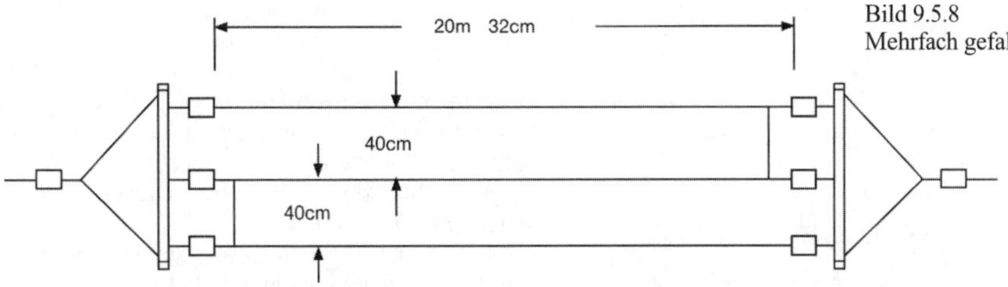

Bild 9.5.8
Mehrfach gefaltete Dipole

Auch beim Doppelfaltdipol wird eine Widerstandstransformation erzielt, wenn sich der Durchmesser d_1, des unterbrochenen Dipols von d_2 der beiden parallelen Halbwellenstücke unterscheidet. Die Zusammenhänge veranschaulichen die Kurven in **Bild 9.5.7**.

In Anlehnung an Gl. (9.5.5) und Gl. (9.5.7) ergeben sich in diesem Fall die rechnerischen Beziehungen aus

$$k = 1 + \left(\frac{2Z_1}{Z_2} \right)^2 \tag{9.5.9}$$

Als Zusammenfassung für die Bestimmung des Multiplikationsfaktors k ist auch die folgende Gleichung nach [5.5] gültig:

$$k = \left(\frac{\lg \frac{4D^3}{d_1^2 \cdot d_2}}{\lg \frac{D}{d_2}} \right)^2 \tag{9.5.10}$$

Bei allen Faltdipolen können die nicht unterbrochenen Halbwellenstücke in ihrer geometrischen Mitte geerdet bzw. direkt mit dem metallischen Antennenträger verbunden werden.

Beispiel:
Gegeben ist: Durchmesserverhältnis d_2/d_1 = 1,25, Verhältnis D/d_2 = 6.

Das ergibt ein Impedanzverhältnis von 16, das ist der 16fache Wert eines normalen Halbwellendipols. $R_S''' = 16R_s$. R_S''' = 960 bis 1120 Ω.

9.5.3 Mehrfach gefaltete Dipole

Mehrfach gefaltete Dipole sind raumsparende Antennen. Es gibt zwei Varianten der Faltung.

S- oder Z-förmig
Man teilt eine Dipolhälfte in drei Teile. Der mittlere Teil bleibt unverändert, der rechte Teil wird nach oben gefaltet und der linke Teil nach unten.

Praktisch bildet man eine Dipolhälfte so aus, daß sie aus drei parallel liegenden Drähten besteht, wobei jeweils zwei Drähte an den Enden miteinander verbunden sind. Die Einspeisung erfolgt an einem freien Drahtende. **Bild 9.5.8** zeigt so eine Dipolhälfte. Die eingetragenen Abmessungen sind für einen 160-m-Betrieb [5.8].

Ineinander
Man teilt eine Dipolhälfte z.B. wieder in drei Teile. Der mittlere Teil bleibt unverändert, der rechte Teil wird nach oben gefaltet und der linke Teil wird dann über den rechten Teil auch nach oben gefaltet.

Praktisch bildet man eine Dipolhälfte so aus, daß sie aus drei parallel liegenden Drähten besteht. An einem Ende sind die beiden äußeren Drähte miteinander verbunden und am anderen Ende ein äußerer mit dem inneren Draht. Die Einspeisung erfolgt an dem äußeren freien Drahtende.

9.6 Schrägantennen (Slopers)

Schon im Jahre 1940 hat *W. Jachnow* das Strahlungsfeld eines geneigten geraden Drahtes berechnet [6.1].

Der Name „sloper" tauchte 1975 erstmals in der Amateurliteratur auf, als *Bill Orr W6SAI* den Viertelwellen-Sloper von *W6MZ* als DX Antenne für 80 m beschrieben hat [6.2]. Der *Sloper* wirkt als Richtantenne, besonders wenn der Mast als Metallmast ausgebildet ist [6.3]. Zu kurze Sloper kann man, wie normale gestreckte Dipole, durch Induktivitäten verlängern. Der Antennenname wird übrigens „Sloper" gesprochen und nicht „Sluper".

Inverted-V-Sloper
Diese Antenne von *WA6WUI* wurde auch von *Bill Orr W6SAI* im Jahre 1975 beschrieben [6.2]. Der Inverted-V-Sloper ist ein Dipol, als Inverted-V montiert, mit beiden Dipolästen V-förmig geneigt nach einer Richtung mit einem Öffnungswinkel von etwa 60°. Die Vorzugsrichtung ist in Richtung der V-förmigen Dipoläste. Die *Inverted-V-Sloper* unterscheidet man zwei Typen von Sloper-Antennen:

Halbwellen-Sloper
Viertelwellen-Sloper

9.6.1 Halbwellen-Sloper (Voll-Sloper)

Der *Halbwellen-Sloper* ($\lambda/2$-Sloper) wird auch *Voll-Sloper* oder *„full sloper"* genannt.

Bild 9.6.1
Halbwellen-Sloper

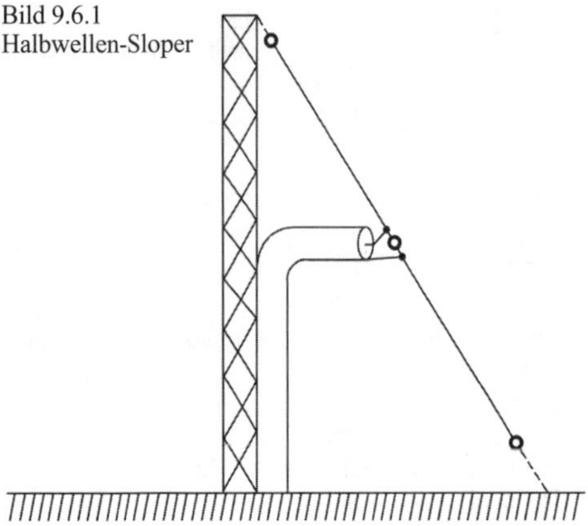

Er ist ein λ/2-Dipol, der von einem Mast schräg abgespannt und in der Mitte eingespeist ist. Der Neigungswinkel des Dipols ist etwa 45°. **Bild 9.6.1** zeigt einen Halbwellen-Sloper [6.4]. Trotz seiner großen Abmessungen hat der Voll-Sloper den Vorteil, verhältnismäßig einfach in der Mitte gespeist zu werden. Wegen der Unsymmetrie zu Erde und auch Mast, kann man auf einen Balun verzichten. Der erdseitige Dipolast wird an den Koaxialmantel, der obere Ast an die Koaxialseele gelegt. Die Abstimmung des ursprünglich zu langen Dipols erfolgt durch Kürzen in alt bewährter Schnippeltechnik. Man kann die Richtungen auch umschaltbar machen. Durch 4 Voll-Sloper, die um einen Mast angeordnet sind und durch Umschalten der Sloper als Strahler oder Reflektoren mit 3/8λ-Stichleitungen ergibt sich eine 4-Element-Richtantenne für z.B. 40 m [6.5].

9.6.2 Viertelwellen-Sloper (Halb-Sloper)

Der *Viertelwellen-Sloper* (λ/4-Sloper) wird auch *Halb-Sloper* oder „half-sloper" oder nur „sloper" genannt.

Bild 9.6.2
Viertelwellen-Sloper

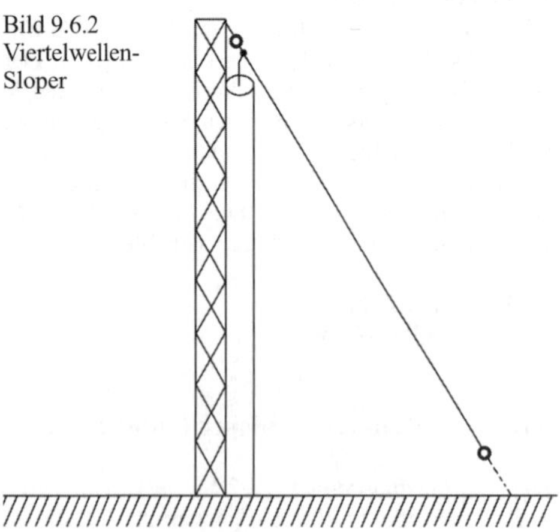

Er ist ein λ/4-Strahler, der von einem Mast schräg abgespannt und am oberen Ende eingespeist ist. Der Neigungswinkel ist etwa 45°. **Bild 9.6.2** zeigt einen Viertelwellen-Sloper [6.4]. Gegenüber dem Voll-Sloper kommt man mit der halben Masthöhe aus. Als Mast kommt nur ein Metallmast in Frage. Holzmasten sind nicht geeignet, außer sie haben einen Blitzableiter.

Die Einspeisung kann mit Koaxialkabel erfolgen. Die Verwendung einer Kabeldrossel (vgl. Abschnitt 7.4.2.2) ist empfehlenswert. Für 160 m werden 16 Windungen Koaxialkabel empfohlen [6.6].

Wegen der notwendigen „Erdung" ist ein Halb-Sloper im Aufbau und Abgleich anspruchsvoller als der Voll-Sloper. Gute Resultate ergeben Maste mit Beams. Entsprechende Informationen darüber finden sich in [6.7] bis [6.9]. Erfolgreich ist auch die Verwendung eines Gegengewichts hinter dem Mast [6.10].

Schlechte Erdverhältnisse ergeben kein brauchbares SWR. Ein Verkürzen oder Verlängern des Strahlers bringt keine Verbesserung.

Einige Faktoren für den Weg zum Erfolg [6.11]:

Die Masthöhe soll etwa λ/4 betragen. 12 m ist ein guter Wert. Der Abspannwinkel soll 45° betragen. Es ist vorteilhaft den Draht bis auf eine Höhe von etwa 1,5 m unter 45° zu spannen und die restliche Länge dann waagrecht über den Boden zu führen. Leitende Abspannseile haben einen großen Einfluß. Man sollte sie in „nichtresonante" Längen zerlegen, d.h. durch Isolatoren unterbrechen. Die Güte des Erdsystem ist entscheidend. Radials, vergraben oder am Boden liegend, sind wichtig.

Man kann die Richtungen auch hier wieder umschaltbar machen.

Drei 3 Viertelwellen-Sloper, die um einen Mast angeordnet sind finden sich in [6.3].

Viertelwellen-Sloper werden auch hergestellt von der Fa. *ALPHA DELTA* in USA.

9.7 Kurzdipole

Kurzdipole oder *Minidipole* sind Dipole, die kürzer sind als ihre Halbwellen-Resonanzlänge [7.1] bis [7.5]. Es gibt viele Gründe, weswegen Antennen unter ihre „normale" Länge verkürzt werden müssen: ein zu kleines Grundstück, ein unfreundlicher Nachbar, eine fehlende Antennengenehmigung des Vermieters, zu wenig Platz unter Dach oder ein Strahler für Portabel-Betrieb.

Die Antennenlänge kann fast auf die Hälfte verringert werden, ohne daß die Strahlungseigenschaften der verkürzten Antenne allzusehr verschlechtert werden. Ein unangenehmer Effekt dabei ist, daß die Antenne um so schmalbandiger wird, je stärker man die freie Drahtlänge verkürzt.

Die kurze Antenne ist nicht mehr resonant, sondern hat einen kapazitiven Anteil. Um den resonan-

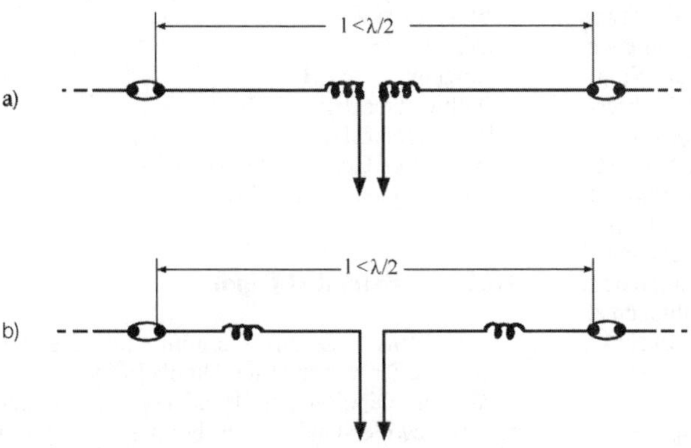

Bild 9.7.1
Kurzdipole
Verlängerung durch Induktivitäten

ten Zustand, also die reelle Antennenimpedanz wiederherzustellen, gibt es drei Methoden:

Verlängerung durch Induktivitäten
Verlängerung durch Endkapazitäten
Kombinierte Verlängerung

9.7.1 Verlängerung durch Induktivitäten

Der kapazitive Blindwiderstand (Reaktanz) wird durch einen induktiven Anteil mit gleichem Betrag, also einer Spule mit entsprechender Induktivität, am Einspeisepunkt kompensiert.

Jede durch den Einsatz von Verlängerungsspulen geometrisch verkürzte Antenne hat 3 variable Größen: die Strahlerlänge, die Lage der Verlängerungsspule und deren Induktivität.

Je näher eine Spule zum Strombauch der Antenne gerückt wird, desto größer ist ihre verkürzende Wirkung. Am Einspeisepunkt ist die Wirkung der Spule am größten, dort benötigt man die geringste Windungszahl. Dabei fließt der gesamte Antennenstrom durch die Spule und erleidet dort die größten Verluste. Rückt man die beiden Verlängerungsspulen aus der Strahlermitte nach außen, müssen die Induktivitäten vergrößert werden, um die gleiche Wirkung zu erreichen. Mit der größeren Induktivität vergrößert sich aber auch der Verlustwiderstand der Spule. Dabei ist aber der Antennenstrom geringer geworden und dadurch sinken wieder die Verluste.

Als optimale Lage sollte man mit den Spulen 2/3 aus der Mitte sein [7.6]. In diesem Artikel ist auch ein kleines BASIC-programm von *DL1VU* zur Berechnung der Verlängerungsspulen im Halbwellendipol.

Bild 9.7.1 zeigt zwei Kurzdipole mit Verlängerung durch Induktivitäten. Beim oberen Dipol sind die Verlängerungsspulen an der Einspeisestelle in der Mitte des Dipols.

Beim unteren Dipol sind die Verlängerungsspulen jeweils in der Mitte der beiden Dipoläste angeordnet.

Aus der Sicht des „Homebrewers" (Selbstbauers) ist es aber praktischer eine Spule mit wenigen Windungen eines dicken Drahtes anzufertigen, als mit vielen Windungen eines dünneren Drahtes herumzukämpfen. Eine Verkürzung um 50% ist realistisch und läßt durchaus brauchbare Ergebnisse zu [7.7].

9.7.2 Verlängerung durch Endkapazitäten

Einen aus elektrischer Sicht fast noch besserer Weg ist den verkürzten Dipol durch Endkapazitäten elektrisch zu verlängern. Ein Kondensator mit Luftdielektrikum ist fast verlustfrei. Dadurch bleibt der Strahlungswiderstand und der Wirkungsgrad einer kapazitiv belasteten Antenne weitgehend erhalten.

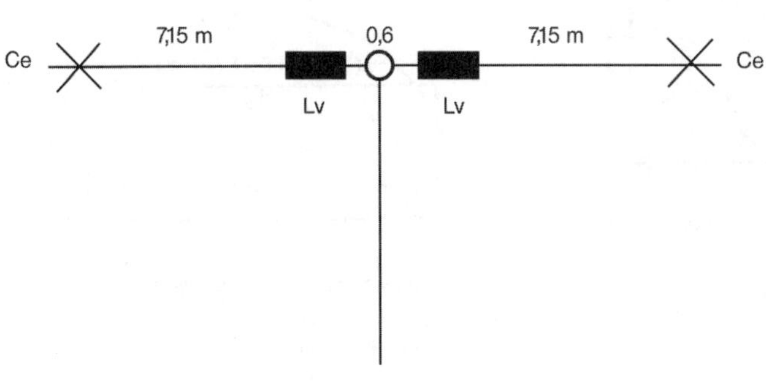

Bild 9.7.2
Kurzdipol
Kombinierte Verlängerung

Der elektrisch günstigen Lösung steht die etwas ungünstige mechanische Realisierung entgegen. Die Verlängerungskapazität ist am Ende des Strahlers am größten. Die Endkapazität kann durch kreisrunde Scheiben oder sternförmig angeordnete Drähte gebildet werden. Mechanische Scheiben scheiden aber wegen des Gewichtes und der Windlast aus. Sternförmige Endkapazitäten aus drei Speichen (Schweißdraht aus Messing) ergeben eine gute Endkapazität. Die Spitzen sollte man sichern durch z.B. Schlauchstücke oder durch Umbiegen zu einer Öse. Für einen 14 m langen Kurzdipol für 40 m, gibt *DF2BC* als Speichenlänge 1 m an [7.7].

9.7.3 Kombinierte Verlängerung

Dabei wird die Verlängerung durch Induktivitäten und durch Endkapazitäten kombiniert. *DF2BC* gibt einen derartig verlängerten Kurzdipol für das 80-m-Band an mit einer Gesamtlänge von nur rd. 15 m. Dabei sind die Verlängerungsspulen 30 cm vom Einspeisepunkt entfernt. Damit ist allerdings die Grenze der Verkürzung erreicht. Allzuviel darf man sich von einer derartig stark verkürzten Antenne nicht mehr erwarten. **Bild 9.7.2** zeigt diesen Kurzdipol [7.7].

Ebenfalls ein kombiniert verlängerter Kurzdipol für das 40-m-Band, mit einer Länge von nur 3,5 m, wird in [7.8] angegeben.

9.8 Dipol-Sonderformen

9.8.1 *Landstorfer*-Dipol

Mit Antennenoptimierung kann man aus linearen Antennen mehr herausholen. Die folgende Formoptimierung erhöht den Gewinn der Antenne. Diese Optimierung geht auf *Landstorfer* 1976 zurück [8.1], [8.2]. Daher wird diese Antenne nach dem Erfinder auch als *Landstorfer-Dipol* oder nach der Form als *Vogelschwingenantenne* bezeichnet [8.3].

Der 1,5 λ lange Dipol bringt einen Gewinn von 7,8 dBi (5,65 dBd)!

Die runde optimale Antennenform wurde von Chinesen 1984 durch eine Tribroken-line angenähert [8.4]. **Bild 9.8.1** zeigt die leichter zu fertigende chinesische Dipolform. Die technischen Daten sind:

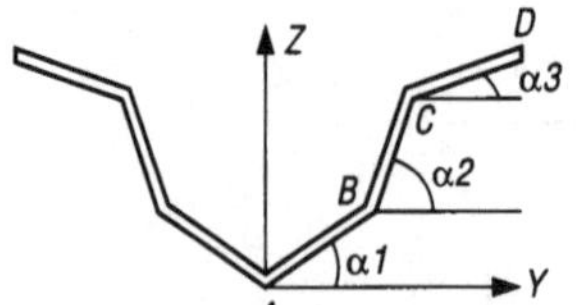

Bild 9.8.1
Landstorfer-Dipol (Tribroken-line)

$AB = 0{,}150\ \lambda$
$BC = 0{,}225\ \lambda$
$CD = 0{,}375\ \lambda$
Gewinn: ... 6,6 dBi
Halbwertsbr.(E): ... 37,5°
Halbwertsbr.(H): ... 110°
Input Impedanz: ... (118,64 + j 15,7) Ω
Dipolfrequenz: ... 203 MHz

9.8.2 Extended Dipol

Von *H. Bensch DL4KCJ* kommt die Idee eines kompensierten verlängerten Dipols [8.5].

Wird ein Dipol länger als λ/2 gemacht, so steigt der Speisewiderstand an, z.B. bei 0.6 bis 0.65 λ auf Werte von 200 bis 300 Ω mit induktiven Blindanteilen von ebenfalls ca. 200 bis 300 Ω.

Diese könnte man durch zwei entsprechende Kondensatoren am Speisepunkt kompensieren. Da jedoch auf 50-Ω-Kabel-Impedanz angepaßt werden soll, wird eine λ/2-Umwegleitung an den Dipol geschaltet, diese transformiert dann 4:1. Der Blindanteil kann jetzt durch einen gemeinsamen Kondensator kompensiert werden (**Bild 9.8.2**). Der Gewinn wird je nach Dimensionierung mit 0,5 bis 1 dBd angegeben.

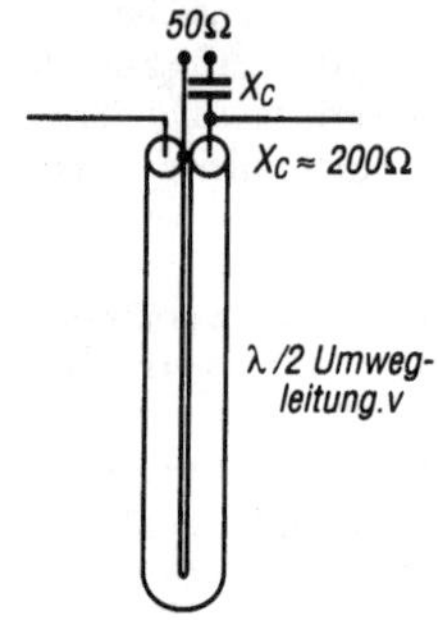

Bild 9.8.2
Extended Dipol

9.8.3 Extended Schleifendipol

Das gleiche Prinzip wird von *DL4KCJ* auch bei einem Schleifendipol mit 1,5 λ Umfang verwendet. Der Abstand der beiden Strahler wurde zur Gewinnsteigerung auf λ/8 vergrößert. Der Gewinn wird mit 4 dBd angegeben. Das sind rd. 3 dB mehr als für ein Quadelement mit 1 λ Umfang. **Bild 9.8.3** zeigt den Aufbau eines *Extended Schleifendipol* für das 70-cm-Amateurband.

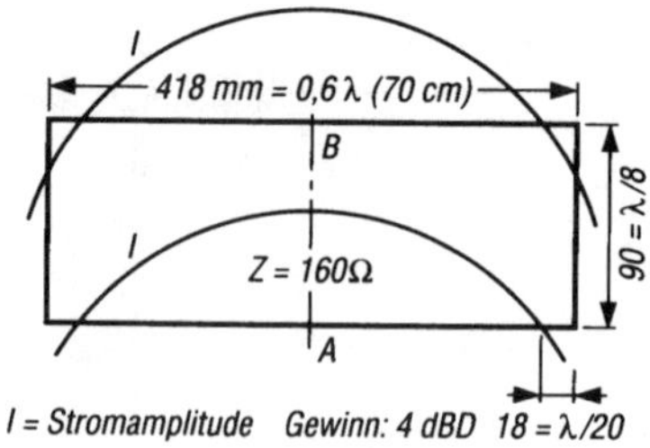

Bild 9.8.3
Extended Schleifendipol

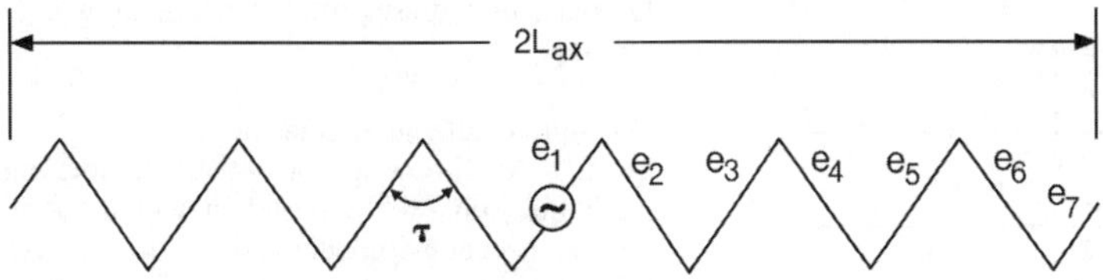

Bild 9.8.4
Zickzack-Dipol

Die Schleife hat einen Speisewiderstand von ca. 160 Ω. Zur Anpassung an 50 Ω wird ein Viertelwellentransformator mit 90 Ω Wellenwiderstand verwendet.

9.8.4 Zickzack-Dipol

Ein modifizierter Dipol mit zickzackförmig gefalteten Armen aus Japan wurde 1984 beschrieben [8.6]. **Bild 9.8.4** zeigt die Anordnung.

Eine Seite des Dipols mit der Gesamtdrahtlänge von $2L_w = 0{,}5\ \lambda$ ist in 7 Einzelabschnitte aufgeteilt. Dabei sind $e_1 = e_7 = 0{,}0208\ \lambda$ und $e_2 = e_3 = \ldots e_6 = 0{,}0416\ \lambda$.

Die Resonanz des *Zickzack-Dipols* tritt auf bei $2\ L_{ax} = 0{,}45\ \lambda$ und einem Winkel $\tau = 129°$ mit einem Resonanzwiderstand von $R_{res} = 65\ \Omega$.

Das Verkürzungsverhältnis *SR* (shorting ratio) ist definiert als

$$SR = \frac{\lambda/2 - 2L_{ax}}{\lambda/2} \qquad (9.8.1)$$

Das Verkürzungsverhältnis des *Zickzack-Dipols* ist 10%, während der gerade Dipol etwa 4% hat. Das Richtdiagramm ist ähnlich wie das des Halbwellendipols. Die Halbwertsbreite $\Delta\varphi = 80°$. Im Vergleich dazu 78° für den Halbwellendipol. Der Gewinn $g = 2{,}1\ dB_i$.

Durch Verkleinerung des Winkels τ kann der *Zickzack-Dipol* noch weiter verkürzt werden. Dabei verringert sich auch der Resonanzwiderstand R_{res}..

Es werden 2 Beispiele angegeben:

$2L_w = 0{,}58\ \lambda : 2L_{ax} = 0{,}38\ \lambda$, $\tau = 81°$, $SN = 24\%$, $R_{res} = 46\ \Omega$, $\Delta\varphi = 82°$, $g = 2\ dB_i$

$2L_w = 0{,}67\ \lambda : 2L_{ax} = 0{,}33\ \lambda$, $\tau = 59°$, $SN = 34\%$, $R_{res} = 37\ \Omega$, $\Delta\varphi = 84°$, $g = 1{,}9\ dB_i$

Andere Antennen mit zickzackförmigem Verlauf wie die Sägezahnantenne (*Mesny*-Antenne) aus den 30er Jahren sind Dipolkombinationen uzw. Querstrahler und nicht vergleichbar mit dem *Zickzack-Dipol.*

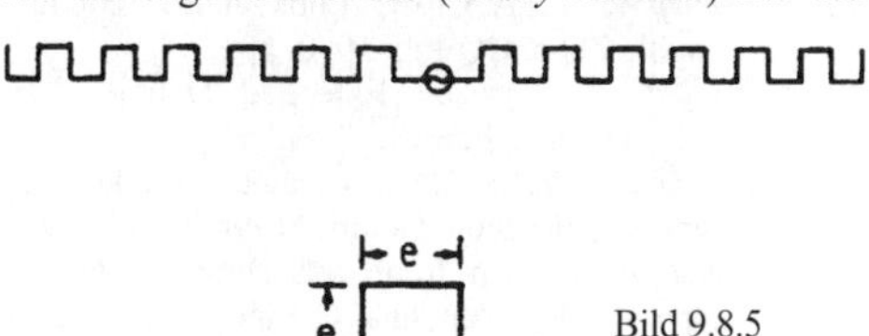

Bild 9.8.5
Mäander-Dipol

9.8.5 Mäander-Dipol

Ein modifizierter Dipol mit mäanderförmig gefalteten Armen aus Japan wurde 1984 beschrieben [8.6]. **Bild 9.8.5** zeigt die Anordnung.

Der Dipol mit einer Gesamtdrahtlänge von $2L_w = 0{,}7\ \lambda$ wird mit den Einzellängen $e = 0{,}0133\ \lambda$ mäanderförmig gefaltet. Die Resonanz dieses *Mäander-Dipols* tritt auf bei $2L_{ax} = 0{,}35\ \lambda$. der Resonanzwiderstand $R_{res} = 43\ \Omega$, das Verkürzungsverhältnis *SN* = 30%. Die Halbwertsbreite $\Delta\varphi = 84°$, der Gewinn $g = 1{,}95\ dB_i$. Das Richtdiagramm ist ähnlich dem Halbwellendipol.

Andere Antennen mit mäanderförmigem Verlauf wie die Mäander-Antennen von *Standard* und *Marconi* aus den 20er Jahren sind Dipolkombinationen uzw. Längsstrahler und nicht vergleichbar mit dem *Mäander-Dipol*.

9.9 Dipolabstimmung

Antennen haben zur Wellenlänge ein bestimmtes Verhältnis. Die kürzeste Antennenlänge eines Dipols im Freiraum ist die halbe Wellenlänge des Halbwellendipols.

Zur richtigen Dimensionierung einer Antenne ist die Resonanzlänge wichtig. Sie ist in der Praxis kleiner als eine halbe Wellenlänge im Freiraum.

Eine Vergrößerung des Antennendurchmessers verkürzt die Antennenlänge für Resonanz. Die Verkürzung ist umso größer, je kleiner der Schlankheitsgrad (s. d.) der Antenne ist, d.h. je dicker die Antenne ist.

Formel für Längenänderungen:

$$\Delta l\left(\frac{cm}{100\,\text{kHz}}\right) = 10 \cdot \frac{la - le}{fe - fa}\left(\frac{m}{\text{MHz}}\right) \qquad (9.9.1)$$

Mittlere Antennenlängenänderung Δl (in cm für 100 kHz Frequenzänderung) = 10 x Antennenlängendifferenz (in m) zwischen Bandanfang *la* und Bandende *le*, geteilt durch Frequenzdifferenz (in MHz) zwischen Bandende *fe* und Bandanfang *fa*.

Tabelle 9.3
Mittlere Antennenlängenänderung in cm für eine Frequenzänderung von 100 kHz

Band m	Frequenzbereich MHz	λ-Dipol cm	λ/2-Dipol cm
160	1,810–1,890	865	426
80	3,500–3,800	221	110
40	7,000–7,050	59	29
30	10,100–10,150	30	14
20	14,000–14,350	14,6	7,4
17	18,068–18,168	9,0	5,0
15	21,000–21,450	6,4	3,3
12	24,890–24,990	5,0	3,0
10	28,000–29,700	3,5	1,8

Tabelle 9.2 gibt die mittlere Antennenlängenänderung in cm für eine Frequenzänderung um 100 kHz [9.1][9.2].

Abstimmprozedur

In der Praxis wird man von den Antennenlängen im Anhang ausgehen. Dann sucht man die Antennenresonanz, die sich mit dieser Antennenlänge ergibt. Als Hilfsmittel für die Anzeige der Resonanzfrequenz verwendet man eine Antennenrauschbrücke oder zur Anzeige der minimalen Welligkeit ein Stehwellenanzeigegerät. Von der Anwendung eines Dipmeters wird hier abgeraten.

Ist die Resonanzfrequenz zu niedrig, so ist die Antenne zu lang. VSWR niedrig bei zu tiefen Frequenzen: Antenne zu lang.

Ist die Resonanzfrequenz zu hoch, so ist die Antenne zu kurz. VSWR niedrig bei zu hohen Frequenzen: Antenne zu kurz.

Danach nimmt man eine Antennenabstimmung auf die gewünschte Frequenz vor durch Verkürzen oder Verlängern der Antenne.

Aus Tabelle 9.3 sind dazu die mittleren Längenänderungen für je 100 kHz Frequenzänderung zu entnehmen.

Das Verkürzen der Antenne geschieht durch Leiterumbiegen oder Abzwicken.

Das Verlängern der Antenne geschieht durch Anklemmen von kurzen Drahtstücken oder durch Anstückeln mit Doppelklemmen, Quetschhülsen oder Kfz-Flachstecker. Dabei wird bei beiden Dipolästen die gleiche Längenänderung vorgenommen und danach der Wert der Welligkeit (VSWR) wieder überprüft.

Wenn trotz mehrfacher Abstimmversuche ein bestimmter VSWR-Wert nicht unterschritten werden kann, gibt es zwei Möglichkeiten:

- Beide Dipolhälften haben nicht gleiche elektrische Länge.
  Das tritt ein, wenn eine Dipolseite sich z.B. in der Nähe eines Objektes (Dach, Mast usw.) befindet. Diese Zusatzkapazität verlängert den Dipolast und dieser muß dann mehr gekürzt werden.
- Die Antenne hängt zu niedrig.
  Trotz Abstimmung (Längenveränderung) bleibt ein Anpaßfehler bestehen, weil der Realteil der Eingangsimpedanz zu niedrig ist. Abhilfe schafft hier etwa ein transformierender Balun oder ein zusätzliche Anpaßglied z.B. ein passendes L-Glied zur Transformation auf 50Ω des Koaxialkabels.

Literatur zu Abschnitt 9

[1.1] *Hille, K.H.*: Der Dipol in Theorie und Praxis. Theuberger Verlag, Berlin, 1995

[1.2] *Kollak, R.; Wehde, H.*: DASD Kurzwellen-Antennen. Weidmann, Berlin, 1938

[1.3] *Gibilisco, S.*: Zepp and Sons – an end-fed, 1/2 wave antenna. 73 Magazine, May 1982, pp. 96–98

[1.4] *Moxon, L.*: HF Antennas for All Locations (Zepp pp. 47–50). RSGB, Potters Bar, Herts 1993

[1.5] -----: DE 436462 – 1925

[1.6] *Klüß, A.*: Die optimierte Fuchsantenne. cq-DL 7/85, S. 377

[1.7] *Schad, J.*: Der „vergessene“ Fuchs-Kreis. CQ DL 6/95, S. 433

[1.8] *Zander, B.*: Die „Fuchsantenne“ – eine interessante Antenne für den Outdoor – und QRP-Aktivisten. QRP-Report 2.97, S. 24–25

[1.9] *Windom, L.G.*: Notes on Ethereal Adornments – Practical Design Data for the Single-Wire-Fed Hertz Antenna. QST, September 1929, pp. 19–22, 84

[1.10] *Everitt, W.L.; Byrne, J.F.*: Single-Wire Transmission Lines for Short-Wave Antennas. Proc. IRE, Oct. 1929, p. 1840

[1.11] *Blaeser, G.*: Die Windom-Antenne. DL-QTC 1/52, S. 9–12

[1.12] *Nagle, L.*: Windom antennas. Ham Radio, May 1978, pp. 10–19

[2.1] *Heys, J.D.*: Practical Wire Antennas. RSGB, Potters Bar, Herts UK, 1989

[2.2] *Romander, H.*: The Extended Double-Zepp Antenna. QST, June 1931, pp. 12–16, 76

[2.3] *Reh, J.J.*: An Extended Double Zepp Antenna for 12 Meters. QST, December 1987, pp. 25–27

[2.4] *VE3ERP*: HAMCALC (Free-Software for US$ 5), George Murphy, 77 Mc Kenzie St.,Orillia, ON L3V 6A6, Canada.

[2.5] *Murphy, G.*: A Closer Look at the Extended Double Zepp. CQ July 1998, pp. 28–29

[2.6] *Baird, B.*: Try an Extended Double Zepp Antenna. QST, February 1992, p. 75

[2.7] *Formato, R.A.*: The Extended Double Zepp Improved. Radcom October 1994, pp. 68–69

[2.8] *Severns, R.*: An Improved Double Extended Zepp. ARRL Antenna Compendium Vol. 4, 1995, pp. 78–80

[2.9] *Klüß, A.*: Kurzwellen-Drahtantennen für Funkamateure. VTH, Baden-Baden, 1995, S. 80–81

[3.1] *Lewin, L.*: Mutual Impedance of Wire Aerials. Wireless Engineer December 1951, pp. 352–355
[3.2] *Orr, W.*: (Ham Radio Techniques) Ham Radio December 1982, p. 58
[3.3] Nitschke, W.: Datensammlung für Kurzwellenantennen. Franzis, München, 1987, S. 17–23
[3.4] *Hart, T.*: The Under-rated Inverted V Antenna. Antennex August 1989, pp. 12–14

[5.1] *Kraus, J.D.*: Multi-wire dipole antennas. Electronics, vol. 13, January 1940, pp. 26–27
[5.2] *Guertler, R.*: Impedance Transformation in Folded Dipoles. Proc. IRE, vol. 38, September 1950, pp. 1042–1047, (Reprinted from Proc. IRE Australia, April 1949)
[5.3] *Guertler, R.J.F.*: The Folded Dipole – Working Theories. A.T.R., Vol. 9, No. 2, 1975, pp. 60–69
[5.4] *Roberts, W. van B.*: Input impedance of a folded dipole. RCA Rev., vol. 8, June 1947, pp. 289–300
[5.5] *Thomas, E.R.*: Transforming Impedance with Folded Dipoles. QST, October 1951, pp. 52–53
[5.6] *Wrigley, W.R.*: Folded and Loaded Antennas. QST, April 1953, pp. 21–27, 128
[5.7] *Logemann, J.*: Verkürzter Faltdipol für 80 m. CQ DL 7/98, S. 530–531
[5.8] *Herr, F.*: Eine raumsparende 160-m-Antenne. QRV 7/1980, S. 393

[6.1] *Jachnow, W.*: Zur Theorie der Langdrahtsendeantenne, 1. Die einfache Langdrahtantenne. Telefunken Mitt., 21. Jg., Nr. 83, Mai 1940, S. 55–64
[6.2] *Orr, W.I.*: Antennas. CQ, September 1975, pp. 41–42
[6.3] *Hopps, S.T.*: A 75-Meter DX Antenna. QST, March 1979, p. 44
[6.4] *Bellenhaus, G.; Hille, K.H.*: Der Sloper als Richtantenne. Funk 1/99, S. 38–41
[6.5] *Weigl, J.A.*: A shortend 40-Meter Four Element Sloping Dipole Array. Ham Radio, May 1988, pp. 74–78
[6.6] *Kirk, D.*: A Reduced-Size Half Sloper For 160 Meters. QST March 1998, pp. 54–56
[6.7] *Atchley*, D.: Putting the Quarter-Wave Sloper to Work on 160. QST, July 1979, pp. 19–21
[6.8] *Belrose, J.S.*: The Half Sloper – Successful Deployment is an Enigma. QST, May 1980, pp. 31–33
[6.9] *Belrose, J.S.*: More on the Half Sloper. QST, February 1991, pp. 39–40
[6.10] *Hille, K.H.*: Neues vom Viertelwellen-Sloper. cq-DL 4/93, S. 243–246
[6.11] *Schmidbauer, G.*: Gedanken über die „verflixte“ Viertel-Wellen-Sloper. Firmeninformation, Linz

[7.1] *Hall, J.*: Off-Center-Loaded Dipole Antenna. QST Sept. 1974, p. 28
[7.2] *Dome, R.B.*: Impedance of Short Horizontal Dipoles. QST, January 1976, pp. 32–33
[7.3] *Kleine, K.H.*: Der verkürzte Dipol. CQ-DL 6/77, S. 230–233
[7.4] *Janzen, G.*: Eigenschaften verkürzter Antennen. CQ-DL 9/85, S. 500–502
[7.5] *Janzen, G.*: Kurze Antennen. Entwurf und Berechnung von verkürzten Sende- und Empfangsantennen. Franckh'sche Verlagshandlung, Stuttgart, 1985
[7.6] *Kösling, A.; Hille, K.H.*: Ein drehbarer Kurzdipol für 14 MHz. Funk 10/98, S. 48–51
[7.7] *Klüß, A.*: Kurzwellen-Drahtantennen für Funkamateure. VTH, Baden-Baden, 1995, S. 46–51
[7.8] *Grötzinger, W.*: QRP-Dipol für das 40m-Band. FunkTelegramm 10/96

[8.1] *Landstorfer, F.*: Neue Wege zur Optimierung des Empfangs. Kleinheubacher Berichte 19 (1976), S. 95–105
[8.2] *Landstorfer, F.*: Zur optimalen Form von Linearantennen. Frequenz 30 (1976), S. 344–349
[8.3] *Pautsch, M.; Würtz, H.*: Vogelschwingenantenne. CQ-DL 4/82, S. 160–162
[8.4] *Du Jia-Cong; Zhang Zhong-Pei*: Tribroken-Line Dipole. Electronics Letters, 24th May 1984, Vol. 20, No. 11, pp. 468–469
[8.5] *Bensch, H.*: Kompensierter Extended Dipol. Funk 3/93, S. 50–60
[8.6] *Nakano, H.; Tagami, H.; Yoshizawa, A.; Yamauchi, J.*: Shortening Ratio of Modified Dipole Antennas. IEEE Trans. AP-32, April 1984, pp. 385–386

[9.1] *Burberg, D.*: Antennenabstimmung – Veränderung der Resonanzfrequenz durch Ändern der Antennenlänge. cq-DL 8/73, S. 467–468
[9.2] *Krischke, A.*: Antennenlängen. Beam 12/85, S. 20–22

10 Horizontale HF-Multibandantennen

10.1 L-Antennen

(*G. Marconi* – GB 14788 – 1905)
Die *L-Antenne* oder der „*endgespeiste Draht*“ kann als die primitivste Form einer Kurzwellenantenne bezeichnet werden. Ihr äußeres Bild unterscheidet sich nicht von dem der früher üblichen Mittelwellenrundfunkantennen (**Bild 10.1.1**).
Man unterscheidet:

- resonante L-Antennen
- nichtresonante L-Antennen

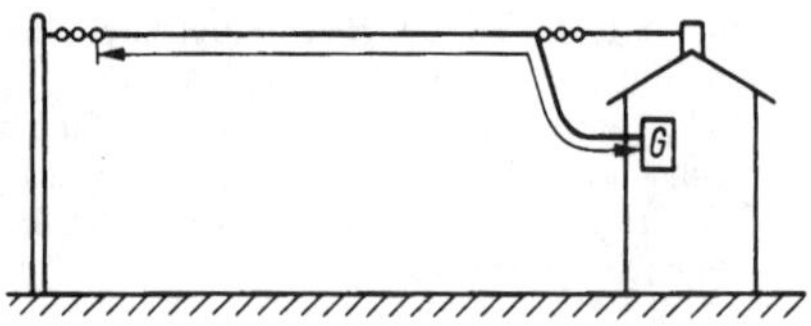

Bild 10.1.1
L-Antenne

10.1.1 Resonante L-Antennen

λ/4 oder ungerade Vielfache
Wenn die gesamte Drahtlänge *l*, bis zur Antennenbuchse des angeschlossenen Gerätes λ/4 oder ungerade Vielfache davon sind, dann ist am Antenneneingang ein niedriges Z. Die Aufwärtstransformation auf 50 Ω erfolgt durch ein L-Glied mit einem Längs-*L* bei der Antenne und einem Quer-*C* beim Koaxialkabel. Die Werte bei einer tiefsten Frequenz von 1,8 MHz und einer höchsten Frequenz von 29,7 MHz sind wie folgt:
$C1$ = 20 - 400 pF
$L1$ = 2 - 43 μH

λ/2 oder Vielfache
Wenn die gesamte Drahtlänge *l*, bis zur Antennenbuchse des angeschlossenen Gerätes *l*/2 oder Vielfache davon sind, dann ist am Antenneneingang ein hohes Z. Die Abwärtstransformation auf 50 W erfolgt durch ein L-Glied mit einem Quer-*C* bei der Antenne und einem Längs-*L* beim Koaxialkabel. Die Werte bei einer tiefsten Frequenz von 1,8 MHz und einer höchsten Frequenz von 29,7 MHz sind wie folgt:
$C1$ = 10 - 190 pF
$L1$ = 2 - 43 mH

Zur Steigerung des Wirkungsgrades kann die L-Antenne gefaltet werden [1.1]. Diese Faltung bewirkt eine Aufwärtstransformation des Fußpunktwiderstandes um den Faktor 4.

Eine Ausführung dieser Art, als „Twinlead-*Marconi*-Antenna“ bezeichnet, ist in [1.2] zu finden.

10.1.2 Nichtresonante L-Antennen

Die Überlegungen zur Resonanzlänge werden gegenstandslos, wenn ein beliebiger Draht (engl. random wire) über ein unsymmetrisches Anpaßgerät z.B. T-Filter oder Pi-Filter (*Collins*-Filter) angepaßt wird. **Bild 10.1.2** aus [1.3] zeigt einen endgespeisten Draht von beliebiger Länge mit einem Transmatch. Da sich beliebige Drahtlängen verwenden lassen, kann man den vorhandenen Verdrahtungsraum voll nutzen. Das heißt in der Praxis, der frei ausgespannte Draht wird auf größtmögliche Länge und Höhe aus-

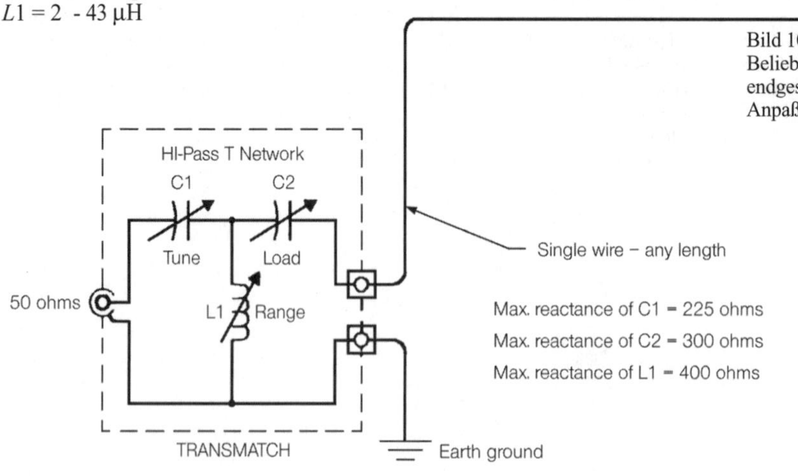

Bild 10.1.2
Beliebige Drahtantenne endgespeist mit einfachem Anpaßgerät

gelegt und dann mit dem Anpaßgerät für jedes beliebige Amateurband abgestimmt und angepaßt. So stellt sich diese Antenne als echte Allbandantenne dar, die auch die „neuen" Amateurbänder 30, 17, 12 m sowie 160 m einschließt. Geeignete Antennen-Anpaßgeräte sind in Abschnitt 8 beschrieben.

Die Werte für das Transmatch in **Bild 10.1.2** bei einer tiefsten Frequenz von 1,8 MHz und einer höchsten Frequenz von 29,7 MHz sind wie folgt:

$C1 = 20 - 400$ pF

$C2 = 15 - 300$ pF

$L1 = 2 - 36$ µH

Eine nichtresonante endgespeiste L-Antenne arbeitet immer.

Wie gut hängt davon ab, wie die vier Faktoren beachtet werden:

- außen ist besser als innen
- höher (in der Luft) ist besser als tiefer (in Bodennähe)
- länger ist besser als kürzer
- je besser die Erdverbindung, desto besser die Abstrahlung

Erdverbindung

Abhängig von der Antennenlänge und dem gewählten Amateurband können am antennenseitigen Ausgang des Antennenanpaßgerätes Strom- oder Spannungsmaxima sowie alle Zwischenwerte davon auftreten. Besonders wenn Stromspeisung überwiegt, tritt häufig „vagabundierendem Hochfrequenz" auf, die sich auf dem Sendergehäuse nachweisen läßt. Beim Betrieb auf den höherfrequenten Amateurbändern ist oft zu beobachten, daß eine Glimmlampe beim einpoligen Anlegen an das Sendergehäuse aufleuchtet oder daß beim Anfassen des Gehäuses mit den Fingerspitzen ein leichtes Prickeln oder Brennen bemerkt wird. Häufig entsteht schlechte Modulation, oder der Elbug (elektronische Morsetaste) „spielt verrückt". Dies sind Anzeichen für eine mangelhafte Hochfrequenzerdung des Senders. Der Schutzleiter des Netzkabels stellt keine gute Hochfrequenzerde dar, er verliert seine Wirkung mit steigender Frequenz. Auch die beliebte Wasserleitungserdung ist oft nicht ausreichend, insbesondere bei langer Zuleitung oder bei Installationen mit Kunststoffrohren. Brauchbar können Zentralheizungssysteme und sonstige ausgedehnte Metallkonstruktionen sein. Es gilt, alle erreichbaren Metallmassen als Hilfserden in das Erdungsnetz einzubeziehen.

DL2RM und *DL1VU* verwenden eine „künstliche Erde", deren Wirksamkeit an einer 52 m langen L-Antenne erfolgreich erprobt wurde [1.4]. Dabei wird von der Tatsache ausgegangen, daß alle stromgespeisten Antennen (z.B. Vertikalantennen) entweder eine sehr gute Hochfrequenzerde oder Gegengewichte niedriger Impedanz, die sogenannten Radials, benötigen. Bei der erwähnten 52 m langen L-Antenne hat man deshalb versuchsweise je Band ein Viertelwellenradial im Stationsraum verspannt und an den Erdbezugspunkt angeschlossen. Aus diesem Grund wurde das Sendergehäuse frei von „vagabundierender" Hochfrequenz, und der Antennenstrom stieg an. Natürlich konnte das keine Dauerlösung sein, und es galt, eine ebenso wirkungsvolle aber viel kleinere und abstimmbare „künstliche Erde" zu entwickeln (vgl. auch Abschnitt 8.1.5). Die Lösung bestand in einem Serienresonanzkreis nach **Bild 10.1.3**, der zwischen Sendergehäuse und einem etwa 2 m langen Radial eingeschaltet wurde. Die optimale Länge dieses Radials läßt sich experimentell ermitteln. Die 40-µH-Rollspule kann durch eine entsprechende Zylinderspule mit Abgriffen ersetzt werden. Für Leistungen bis etwa 100 W genügt ein stabiler 500-pF-Drehkondensator, wie man ihn aus dem Rundfunkempfänger kennt. An das Sendergehäuse werden neben der „künstlichen Erde" auch alle vorhandenen Hilfserden mit angeschlossen. Das etwa 2 m lange Gegengewicht sollte nach Möglichkeit im Freien angebracht werden; dessen Abstimmelemente kann man, sofern der Platz im vorhandenen Antennenanpaßgerät ausreicht, in dieses mit einbauen. Die Radials werden immer auf maximalen Antennenstrom abgestimmt. Die Abstimmung ist optimal, wenn die Hochfrequenzspannung auf dem Sendergehäuse ein Minimum bildet. Der anwachsende Antennenstrom zeigt die Verbesserung des Antennenwirkungsgrades an.

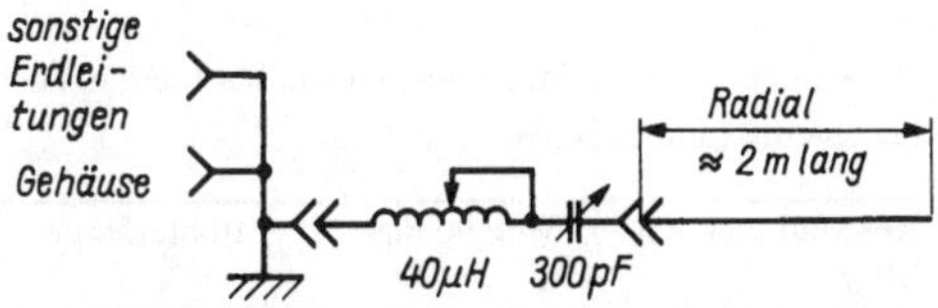

Bild 10.1.3
Abgestimmtes Gegengewicht als künstliche Erde

Störende Beeinflussungen von Rundfunk- und Fernsehgeräten (BCI und TVI) werden durch das abgestimmte Radial erheblich gemindert. Trotzdem bleibt diese Gefahr bestehen, denn die L-Antenne strahlt mit ihrer Gesamtlänge (sie hat keine Speiseleitung!), wodurch von Fall zu Fall durch deren Annäherung an elektrische Hausinstallationen und Fernsehantennen TVI und BCI entstehen können.

10.2 Symmetrisch gespeiste Multiband-Antennen

10.2.1 Resonante Multiband-Dipolantennen

Die Resonanzen eines Multiband-Dipols liegen nicht ganz harmonisch.

Tabelle 10.1
Resonanzfrequenzen, Wellenlängen und Strahlerlängen bei einem Multiband-Dipol 2 x 20 m

Resonanzfrequenz MHz	Wellenlänge λ	Strahlerlänge *m*
3,5	0,5	41,72
7,0	1,0	42,21
14,0	2,0	42,47
21,0	3,0	42,57
28,0	4,0	42,68

Ein für 80 m ausgelegter Halbwellendipol hat für die Amateurbänder etwa folgende Wellenlängen:

80 m:	0,5 λ
40 m:	1 λ
30 m:	1,5 λ
20 m:	2 λ
17 m:	2,5 λ
15 m:	3 λ
12 m:	3,5 λ
10 m:	4 λ

Tabelle 10.1 zeigt die Resonanzfrequenzen, die Wellenlängen und die zugehörigen Strahlerlängen für die klassischen Amateurbänder für einen Drahtdurchmesser von etwa 2 mm, der bei den Drahtantennen meistens verwendet wird.

Dabei erkennt man, daß ein für 3,5 MHz richtig bemessener Halbwellenstrahler beim Oberwellenbetrieb in den harmonisch gelegenen Amateurbändern höherer Frequenz in jedem Fall zu kurz wird. Ein Dipol mit einer Halbwellenresonanz bei 3,5 MHz hat seine Ganzwellenresonanz nicht bei genau 7 MHz, sondern darüber bei etwa 7,08 MHz. Der Grund sind die unterschiedlichen Verkürzungen. Die Verkürzungsfaktoren sind im obigen Fall bei der λ/2-Resonanz 0,974, bei der 3λ-Resonanz beispielsweise nur mehr 0,994. Die Strahlerresonanz liegt also beim Oberwellenbetrieb einer Antenne nicht genau harmonisch zur Grundwelle.

In der Praxis bietet eine Strahlerlänge *l* von 42,2 m, als Mittelwert, einen brauchbaren Kompromiß. Die Strahlerlänge ist dann für das 80 und 40 m etwas zu lang und für 20 bis 10 m etwas zu kurz.

Für den Mehrbandbetrieb ist immer ein Antennenkoppler (Antennenabstimmgerät) erforderlich. Die genaue Antennenlänge spielt daher in der Praxis keine Rolle, denn das wird mit dem Antennenkoppler leicht ausgeglichen.

Ein symmetrisch in seiner Mitte erregter Strahler hat eine symmetrische Richtcharakteristik. Die Horizontaldiagramme eines Multiband-Dipols mit etwa 2 x 20 m sind in **Bild 10.2.1** dargestellt [2.1].

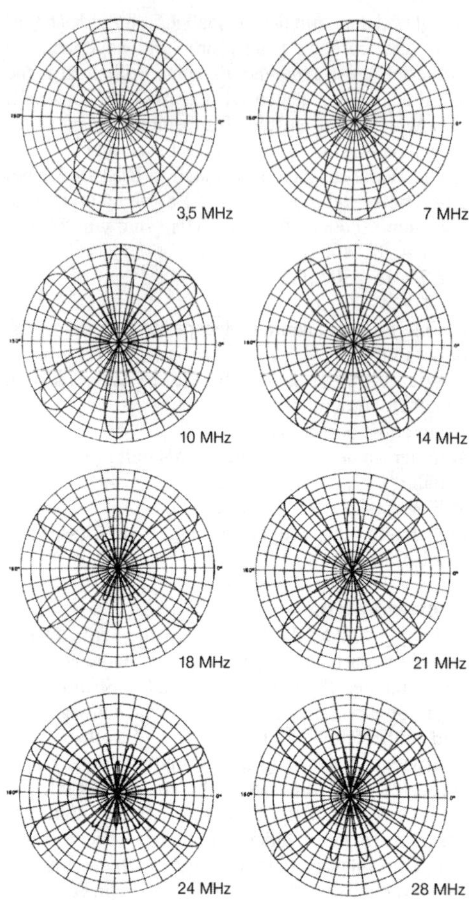

Bild 10.2.1
Horizontaldiagramm des Multiband-Dipols 2 x 20 m

10.2.1.1 Multiband-Dipol (Doppel-Zepp)

Ein symmetrischer mit Zweidrahtleitung (Hühnerleiter) gespeister Dipol ist eine ausgezeichnete Allbandantenne. Dieser zentralgespeiste Dipol wird auch als *Doppel-Zepp* bezeichnet (**Bild 10.2.2**). Manchmal nennt man eine symmetrisch gespeiste Antenne mit abgestimmter Speiseleitung auch *Doublet*, als älteren Ausdruck für Dipol. Im französischen Sprachraum ist die Bezeichnung *Lévy*-Dipol gebräuchlich [2.2][2.3].

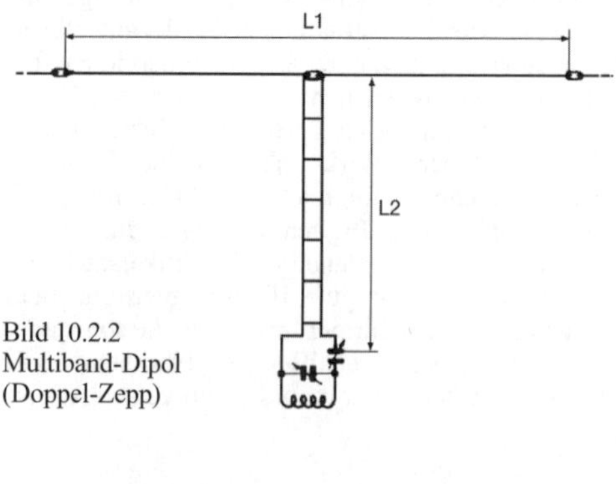

Bild 10.2.2
Multiband-Dipol
(Doppel-Zepp)

Tabelle 10.2
Erprobte Abmessungen und Ankopplungsart von Doppel-Zepp-Antennen für die klassischen Amateurbänder

Strahler L_1 in m	Speiseleitung L_2 in m	Amateur-band in m	Ankopplungsart
		80	Spannungskopplung
		40	Spannungskopplung
41,15	12,80	20	Spannungskopplung
		15	Spannungskopplung
		10	Spannungskopplung
		80	Spannungskopplung
		40	Spannungskopplung
41,15	23,60	20	Spannungskopplung
		15	Spannungskopplung
		10	Spannungskopplung
		40	Spannungskopplung
20,42	12,95	20	Spannungskopplung
		15	Spannungskopplung
		10	Spannungskopplung
		40	Stromkopplung
20,42	19,5	20	Spannungskopplung
		15	Stromkopplung
		10	Spannungskopplung

Der *Multiband-Dipol* wird mit einer abgestimmten Speiseleitung, meist als 600 Ω Hühnerleiter, betrieben.

Erprobte Abmessungen und die Art der Ankopplung sind in **Tabelle 10.2** zusammengefaßt. Andere Abmessungen für Multiband-Dipole (USA) sind [2.4]:

Antenne: 41,5 m bzw. 19,8 m;
600 Ω Speiseleitung: 20,7 m bzw. 20,4 m,
300 Ω Speiseleitung: 17,1 m bzw. 16,8 m

Bei Spannungskopplung ist der Serienkondensator auf Maximalwert (voll wirksam) eingestellt und die Abstimmung erfolgt mit dem Paralleldrehkondensator. Bei Stromkopplung ist der Parallelkondensator auf Minimalwert (wenig wirksam) eingestellt und die Abstimmung erfolgt mit dem Serienkondensator. Auch beim Doppel-Zepp können störende Gleichtaktwellen gegen Erde auftreten, wenn Speiseleitung und angeschlossene Strahlerhälfte ganzzahlige Vielfache einer Halbwelle ergeben. Deshalb sollte man auch in diesem Fall die Speiseleitung selbst nicht resonant auslegen. Bei den in **Tabelle 10.2** aufgeführten Dipolen sind die Abmessungen so bemessen, daß Gleichtaktwellen vermieden werden.

10.2.1.2 Multiband-Winkeldipole

Nicht immer kann man einen rd. 40 m langen Drahtdipol aufhängen. Vielleicht geht aber statt dessen ein Winkeldipol mit rd. 2 x 20 m mit einem Spreizwinkel von 90° und einer Hühnerleiter.

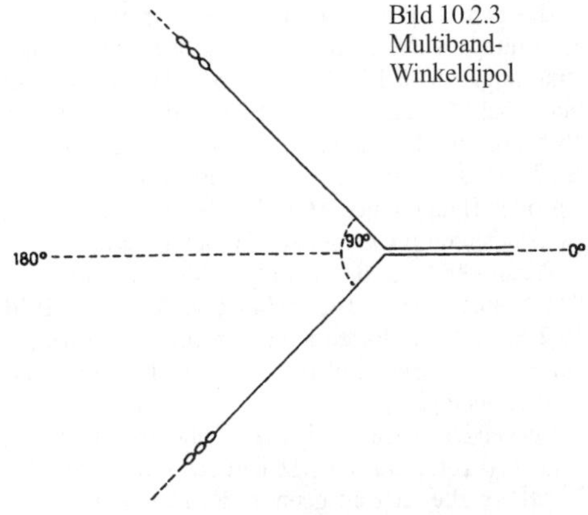

Bild 10.2.3
Multiband-Winkeldipol

Bild 10.2.3 zeigt den *Multiband-Winkeldipol*. **Bild 10.2.4** zeigt die Horizontaldiagramme eines *Multiband-Winkeldipols* mit rd. 2 x 20 m für die Amateurbereiche [2.5].

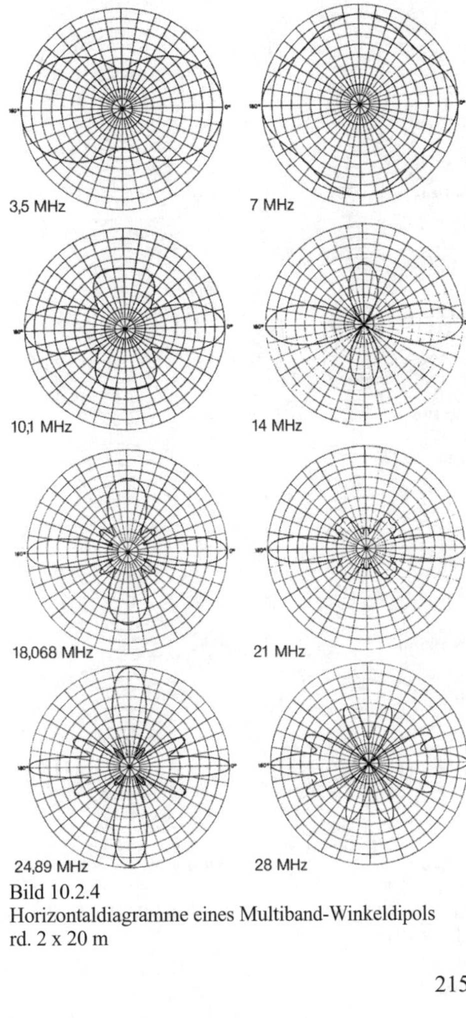

Bild 10.2.4
Horizontaldiagramme eines Multiband-Winkeldipols rd. 2 x 20 m

Bei den Diagrammen sieht man die Nullstellenauffüllung. Auf 3,5 und 7 MHz gibt es eine Rundstrahlung. Bei 10,1 MHz werden die Einzüge wieder tiefer, bei 14 MHz gibt es wieder Nullstellen. Bei rd. 18 MHz sind die Nullstellen wieder verschwunden, bei 21 MHz gibt es eine bidirektionale Strahlung mit 2 großen Hauptkeulen. Bei rd. 25 MHz und 28 MHz ist das Diagramm wieder sehr aufgefächert.

Wenn der Platz dafür nicht ausreicht kann man den Winkeldipol auf die Hälfte verkleinern. **Bild 10.2.5** zeigt die Horizontaldiagramme eines *Multiband-Winkeldipols* mit rd. 2 x 10 m für die Amateurbereiche [2.5].

Bei den Diagrammen sieht man eine Rundstrahlung von 7 MHz bis etwa 18 MHz, darüber von 21 MHz bis 28 MHz gibt es eine ausgeprägte Richtstrahlung.

Sollte auch dafür der Platz nicht ausreichen, so kann man Strahlerlängen auf 2 x 7 m oder sogar 2 x 5 m kürzen. Dank der Hühnerleiter ist so eine kleine Antenne auch auf allen Bändern zu verwenden. Der Wirkungsgrad ist natürlich geringer.

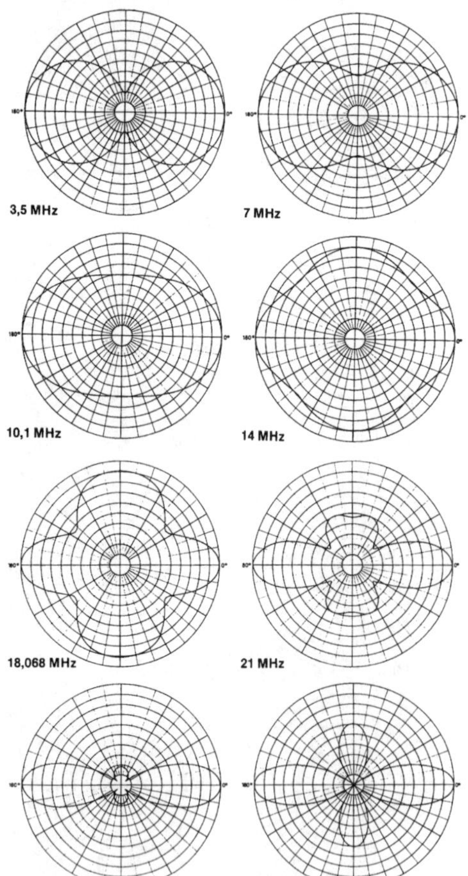

Bild 10.2.5
Horizontaldiagrammm eines Multiband-Winkeldipols rd. 2 x 10 m

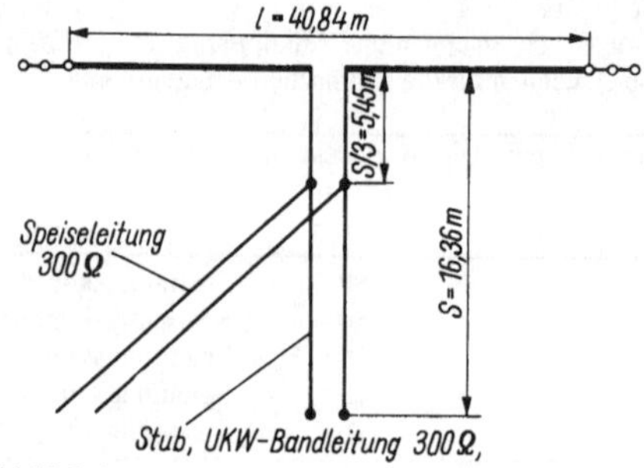

Bild 10.2.6
Angepaßter Vierbanddipol

10.2.1.3 Angepaßter Multiband-Dipol

Dieser *angepaßte Vierband-Dipol* wurde von *OH1NE* als *„1/3 Multiband Antenne“* in CQ 8/61 beschrieben.

Ein für die niedrigste Arbeitsfrequenz bemessener Halbwellendipol wird im zentralen Speisepunkt mit einer offenen Viertelwellenleitung versehen (**Bild 10.2.6**). Ist der Halbwellendipol im 80-m-Band resonant, dann besteht auch annähernd Oberwellenresonanz für 40, 20 und 10 m. Die offene Viertelwellenleitung wirkt als $\lambda/2$-Leitung für 40 m, als λ-Leitung für 20 m und als 2λ-Leitung im 10-m-Band. Auf dieser offenen Zweidrahtleitung läßt sich ein Punkt finden, der für alle angegebenen Amateurbänder eine Impedanz von etwa 300 Ω aufweist (siehe Abschnitt 6.6.3).

Dort kann man eine beliebig lange Speiseleitung von 300 Ω Wellenwiderstand anschließen und damit die Antenne auf allen Bändern annähernd impedanzrichtig speisen. Theorie und Praxis haben ergeben, daß dieser Anschlußpunkt sich bei einem Drittel der Stublänge vom Speisepunkt des Strahlers entfernt befindet, daher der Name. Dieser Speisepunkt ist auch für die Oberwellen etwa 1/3 vom jeweiligen Strommaximum entfernt.

Stub und Speiseleitung bestehen aus Bandleitung mit 300 Ω. Bei der Länge der Viertelwellenleitung ist der Verkürzungsfaktor der Bandleitung zu berücksichtigen. Bei handelsüblichen Bandleitungen mit 300 Ω Wellenwiderstand rechnet man mit $V = 0{,}8$ (Stublänge = $0{,}8 \cdot \lambda/4$). Die angegebenen Werte beziehen sich auf eine 300-Ω-Bandleitung.

Die 300-Ω-Speiseleitung kann durch ein Koaxialkabel ersetzt werden, wenn man an den Anzapfpunkten auf dem Stub einen Balun (Ringkern-Übertrager) mit einem Übersetzungsverhältnis von 6:1 nach Abschnitt 7.3.1 anschließt.

Mit den in **Bild 10.2.6** angegebenen Abmessungen beträgt die Welligkeit am Bandanfang des 80-m-Bandes $s = 1{,}8$ und steigt bis zum Bandende auf $s = 4$. Im 40-m-Band ist die Anpassung sehr gut mit $s < 1{,}5$. Auch im mittleren im 20-m-Band beträgt die Welligkeit weniger als 2. Überraschend ist, daß der

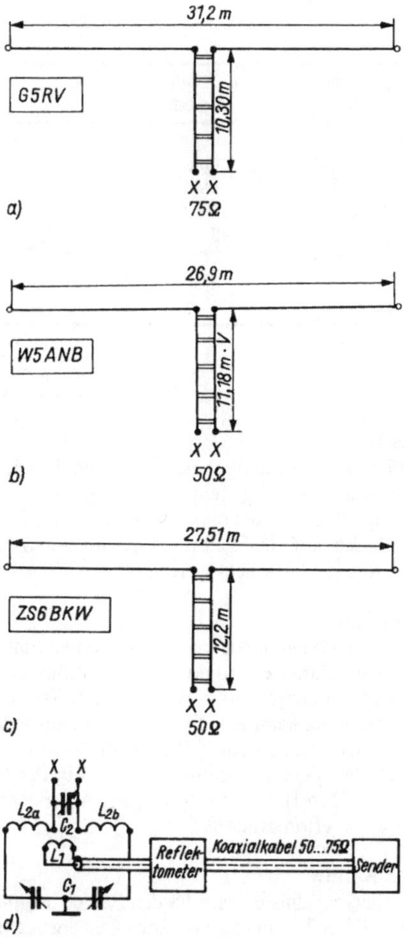

Bild 10.2.7
Multibandantennen nach dem *G5RV*-Prinzip:
a) - Ausführung nach *G5RV*
b) - Ausführung nach *W5ANB*
c) - Ausführung nach *ZS6BKW*
d) - Beispiel für ein Anpaßgerät

Strahler auch im 15-m-Band noch gut arbeitet, denn die Welligkeit wurde über den ganzen Bereich nicht schlechter als 2,5 gemessen. Im 10-m-Band befindet sich bei 29 500 kHz eine ausgesprochene Resonanzstelle mit einer Welligkeit von nur etwa 1,2. Sie steigt zum hochfrequenten Bandende bis $s = 2{,}5$ und am Bandanfang auf $s = 3$.

Allbandantennen mit angepaßter Speiseleitung sind immer Kompromißlösungen. Es scheint, daß diese Antenne einen besonders günstigen Kompromiß darstellt. Zu beachten ist allerdings, daß die Strahlungsdiagramme im 20-, 15- und 10-m-Band eine zunehmende Zahl von Einzügen aufweisen und die Hauptstrahlrichtungen sich ändern.

10.2.2 Nichtresonante Multiband-Dipole

Jede Antenne hat eine Eigenresonanz. Antennen, die keine Resonanzen auf den Arbeitsfrequenzen z.B. auf den Amateurfrequenzen, aufweisen bezeichnet man als nichtresonante Multibandstrahler [2.6]. Eine Antenne muß nicht in Resonanz sein, um gut abzustrahlen!

Als Beispiel wird hier nur die als DX-Antenne, da besonders flach strahlend, bekannte 5/8λ-Antenne erwähnt, die mit Erfolg im UKW-Bereich verwendet wird [2.7].

Nichtresonante Antennen haben auf den Arbeitsfrequenzen keinen reellen Fußpunktwiderstand, da sie nicht in Resonanz ist. Daher sind jeweils Abstimm- und Anpassungsmaßnahmen notwendig, um die Antenne an ein 50-Ω-Kabel anschließen zu können.

10.2.2.1 *G5RV*-Multibandantenne

Die wohl bekannteste nichtresonante Multibandantenne ist die *G5RV*-Antenne.

Diese bekannte Mehrbandantenne ist schon 1946 von *L. Varney G5RV* entwickelt, aber erst 1958 veröffentlicht worden [2.8]. Sie ist ein Abkömmling einer 31 m langen symmetrischen Antenne mit einer 25 m langen Anpaßleitung, die in USA von *A. Collins W9CXX* und *L.M. Croft* von der Fa. *Collins Radio Company* 1935 beschrieben worden ist. Die Antenne wurde auch als Kit verkauft, hat aber keine weite Verbreitung erfahren, weil sie zu teuer und zu kompliziert aufzubauen war.

Erst *G5RV* ermöglichte durch die Dimensionierung der Anpaßleitung mit λ/2 als 1:1 Transformator in Form einer Hühnerleiter die leichte Nachbaubarkeit und eine geringe Welligkeit auf der Speiseleitung [2.9]-[2.10] (**Bild 10.2.7**).

Für den Mehrbandbetrieb ist allerdings immer ein Antennenabstimmgerät erforderlich, das schrieb schon *G5RV* in seiner ersten Veröffentlichung.

Beim Betrachten der elektrischen Wirkungsweise geht man zunächst vom Betrieb im 20-m-Band aus.

20-m-Band:
Auf dem Horizontalteil mit 31,2 m Gesamtlänge stehen genau 3 Halbwellen (vgl. Abschnitt 9.2.4 3λ/2-Dipol), wobei sich in der geometrischen Mitte ein Strombauch befindet. Dort ist mit einem reellen Widerstand von 100 Ω zu rechnen (abhängig von der Aufbauhöhe). Bei mit Oberwellen erregten Strahlern kommt man auf eine Resonanzfrequenz von 14,2 MHz. Die angeschlossene Transformationsleitung befindet sich längenmäßig ebenfalls in Halbwellenresonanz für 14,2 MHz. Unter Berücksichtigung ihres Verkürzungsfaktors $V \approx 0{,}975$ (Paralleldrahtleitung

Tabelle 10.3
Bemessungsangaben zum Anpaßgerät nach Bild 10.2.7d

Amateurband in m	Spule L_1	Spule L_2	Spulendurchmesser in mm	Windungsabstand in mm
80	4–5 Wdg.	17 + 17Wdg.	65	ohne
40	3 Wdg.	9+9 Wdg.	65	ohne
30	3 Wdg.	7+7 Wdg	65	ohne
20	3 Wdg.	5+5 Wdg.	60	3
17	3 Wdg	5+5 Wdg	60	3
15				
12	1 Wdg.	4+4 Wdg.	45	6
10				

Drehkondensatoren: C_1 – 2 x 200 bis 250 pF (Sendertyp)
C_2 = 2 x 500 bis 550 pF, parallelgeschaltet (Empfängertyp)

als „Hühnerleiter“ nach Abschnitt 5.5) beträgt die mechanische Länge 10,3 m. Da eine Halbwellenleitung die Eingangsimpedanz im Verhältnis 1:1 zu ihrem Ausgang überträgt, kann man dort mit einem reellen Widerstand von 100Ω für 14,2 MHz rechnen.

Für ein bei X-X angeschlossenes 75-Ω-Kabel würde die Welligkeit nur s = 1,33 betragen. Das Umrechnen der Längen für andere Resonanzfrequenzen im 20-m-Band ist zulässig und ohne Schwierigkeiten möglich.

Die 3 Halbwellen auf dem Horizontalteil verursachen eine Aufzipfelung des horizontalen Richtdiagramms; es entstehen 4 Hauptkeulen und 2 Nebenkeulen (vgl **Bild 9.2.11).**

10-m-Band:
Im 10-m-Band hat der Horizontalteil eine Länge von etwas mehr als 6 · λ/2, der obere Anschlußpunkt der Transformationsleitung ist daher hochohmig. Mit dem Längenüberschuß des Horizontalteils kommt sie auf eine elektrische Länge von 5/4λ, also ungeradzahlig und in gleicher Weise transformierend. Der Eingang X-X ist somit sehr hochohmig, ein Antennenabstimmgerät ist erforderlich.

12-m-Band:
Günstig liegen die Anpassungsverhältnisse im 12-m-Band. Hier befinden sich 5 Halbwellen auf dem Horizontalteil; die Transformationsleitung ist im Strombauch angeschlossen, so daß bei X-X mit einem reellen Eingangswiderstand von 90 bis 100 Ω gerechnet werden kann.

15-m-Band:
Für den Betrieb im 15-m-Band beträgt die Länge des Horizontalteils annähernd 2,5λ. Entsprechend der Spannungsverteilung wird die Transformationsleitung im Bereich eines Strombauches angeschlossen; der Eingang X-X liegt im Stromknoten und ist daher hochohmig. Der Einsatz eines Antennenabstimmgerätes ist erforderlich.

17-m-Band:
Im 17-m-Band handelt es sich um einen 2λ-Dipol, der in seiner Mitte gleichphasig erregt wird. Der Eingang X-X ist hochohmig und muß durch ein Anpaßgerät auf den geforderten Eingangswiderstand von 75 Ω gebracht werden.

30-m-Band:
Beim 30-m-Band handelt es sich um einen mittengespeisten Ganzwellendipol, der im Stromknoten gleichphasig erregt wird. Die Länge der Transformationsleitung kann jedoch keine Resonanzbedingungen schaffen, so daß der Eingang X-X mit einem Blindwiderstand beaufschlagt ist. Für den Betrieb im 30-m-Band ist deshalb ein Antennenabstimmgerät erforderlich.

40-m-Band:
Ähnliche Verhältnisse liegen für den Betrieb im 40-m-Band vor. Der 31,2 m lange Horizontalteil ergänzt sich mit einem 4,87 m langen Stück der Paralleldrahtleitung zu einem Ganzwellendipol. Durch die verbleibende Restlänge der Paralleldrahtleitung wird der Eingang X-X mit einem kapazitiven Blindwiderstand beaufschlagt, so daß auch in diesem Betriebsfall mit einem Antennenabstimmgerät gearbeitet werden sollte.

80-m-Band:
Beim Betrieb im 80-m-Band entspricht die Antenne einem verkürzten Halbwellendipol, dessen zur Resonanz fehlende Länge von etwa 5,18 m durch ein entsprechendes Stück der Paralleldrahtleitung gebildet wird. Der verbleibende Leitungsrest verursacht im Eingang X-X einen induktiven Blindwiderstand. Somit ist auch für den 80-m-Betrieb ein Antennenabstimmgerät erforderlich.

Blindwiderstände am Antenneneingang kann man mit einem an die Punkte X-X angeschlossenen Anpaßgerät beseitigen. **Bild 10.2.7d** zeigt die Schaltung, dazugehörige Bemessungsangaben befinden sich in **Tabelle 10.3**. Mit dieser Anordnung kann man alle

Bänder an ein koaxiales Speisekabel anpassen. Die Abstimmprinzipien verlängerter bzw. verkürzter Halbwellendipole entsprechen etwa denen eines gespeisten Elements im *G4ZU* Dreibandbeam. Die Welligkeit läßt sich durch ein in die Speiseleitung eingeschleiftes Reflektometer kontrollieren.

Die Praxis hat gezeigt, daß ein Balun beim Übergang von der erdsymmetrischen Transformationsleitung zum erdunsymmetrischen Koaxialkabel zweckmäßig ist. Mantelwellen auf dem Außenleiter des Koaxialkabels können mit einer Koaxialkabeldrossel nach 7.4.2.2. verhindert werden.

Die Maße für die Anpaß-/Transformationsleitung sind:

400/600 Ω Hühnerleiter	10,3 m
450 Ω Bandleitung	9,3 m
300 Ω Bandleitung	8,9 m

In [2.11] untersucht *Varney* noch einmal die Brauchbarkeit der *G5RV*-Multibandantenne unter dem Gesichtspunkt der neuen „WARC-Bänder".

Es gibt Beschreibungen und Verbesserungen der *G5RV*-Antenne [2.12] [2.13].

Unzählige Variationen der *G5RV*-Antenne sind im Umlauf. Dabei sind die praktischen Ergebnisse nicht immer so wie in den Veröffentlichungen angegeben. Die beiden wichtigsten Variationen sind nachfolgend aufgeführt.

W5ANB-Antenne

Eine Variante der *G5RV*-Antenne wurde von *W5ANB* entwickelt [2.14]. Die Abmessungen zeigt **Bild 10.2.7b**. Sie kann als Dreibandantenne für 40, 17 und 10 m ohne Antennenanpaßgerät verwendet werden. Der Eingangswiderstand bei X-X beträgt 50 Ω Die Anpassung für 40 und 17 m ist über den Frequenzbereich dieser Bänder sehr gut ($s \leqslant 2$). Im 10-m-Band liegt das Welligkeitsminimum mit s = 1,1 bei 29,3 MHz mit einem nutzbaren Frequenzbereich ($s \leqslant 2$) von etwa 29,0 ... 21,6 MHz. Die Transformationsleitung ist 300 Ohm. Auf 20 m hat die Antenne interessanterweise ein hohes VSWR!

ZS6BKW-Antenne

Auf der Grundlage des *G5RV* Prinzips entwickelte *ZS6BKW*, eine Fünfbandantenne, [2.15]-[2.17]. Die Abmessungen zeigt **Bild 10.2.7c**. Die Antenne soll ohne Antennenanpaßgerät auskommen und am Eingang X-X einen reellen Widerstand von etwa 50Ω aufweisen. Die Antenne entstand mit Unterstützung durch ein Rechnerprogramm, verbunden mit entsprechenden Kontrollmessungen. In [2.16] findet sich die ausführliche Beschreibung mit VSWR-Diagrammen und Smith-Charts.

Bei der *ZS6BKW*-Antenne ist die günstigste Lösung für die Transformationsleitung eine selbstgefertigte Paralleldrahtleitung mit 400 Ω Wellenwiderstand. *ZS6BKW* gibt z.B. einen Drahtdurchmesser *d* von 1,63 mm und einen Abstand *D* von 23 mm an, wobei ein Verkürzungsfaktor *V* von etwa 0,9 gemessen wurde.

Der Horizontalteil der Antenne wurde in verschiedenen Höhen über dem Erdboden ausgespannt. Als sehr günstig bezüglich des Eingangswiderstandes erwies sich eine Aufbauhöhe von 13m, aber auch eine Höhe von nur 7 m ergab noch gute Werte. Die Antenne kann auch als geneigte V-Antenne an einem 12 m hohen Mittelmast aufgebaut werden. Dabei verringern sich die Resonanzfrequenzen wegen des Endeffektes.

Auch die *ZS6BKW* Antenne läßt sich mit 300-Ω-Bandkabel betreiben. Dann ändern sich die Abmessungen wie folgt:

Antenne ... 28,1 m
Anpaßl. ... 11,2 m

Ein Balun ist aus bereits erwähnten Gründen unbedingt erforderlich. Auftretende Mantelwellen auf dem Koaxialkabel können mit einer Koaxialkabeldrossel beseitigt werden. Für die Bänder 15 m und 30 m ist die Antenne nicht geeignet.

G5RV-Antennen werden z.B. von Firmen in England (*Bricomm*) und in USA (*Radio Works, MFJ, QuicKit*) hergestellt. Als Anpaßleitung wird stets ein 450-Ω-Bandkabel eingesetzt.

Dabei gibt es, je nach unterer Frequenz und Hersteller, unterschiedliche Antennenlängen:

Doppelte Länge	1,8 – 28 MHz		
Antenne...	62,5 m		
Anpaßl....	18,6 m		
Volle Länge	3,5–28 MHz		
Antenne...	31,3 m	31,1 m	31,1 m
Anpaßl....	9,3 m	9,9 m	10,4 m
Halbe Länge	7–28 MHz		
Antenne...	15,6 m	15,5 m	
Anpaßl....	4,6 m	5,2 m	
Viertel Länge	14–50 MHz		
Antenne...	7,8 m	8,1 m	
Anpaßl....	2,3 m	2,6 m	

10.2.2.2 Verlängerter Multiband-Doppelzepp

Ein verlängerter Doppelzepp kann auch als Multibandantenne verwendet werden.

Aus einer Monobandantenne (**Bild 9.2.9**) kann man durch Veränderung der Zweidrahtspeiseleitung „*C*" eine Multibandantenne machen [2.18] [2.19]. Zuerst ermittelt man die Resonanzfrequenz *Df* des verlängerten Doppelzepps als Monobandantenne nach der Gleichung

$$\frac{Df}{\text{MHz}} = \frac{71{,}3}{\frac{B}{\text{m}}} \qquad (10.2.1)$$

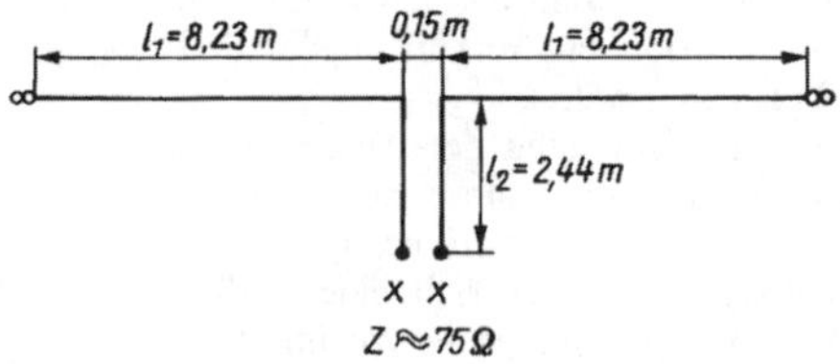

Bild 10.2.8
Verlängerter Doppelzepp für 7/21 MHz nach *G3TKN*

Für den verlängerten Doppelzepp als Multibandantenne wird jetzt eine tiefste Frequenz *Lf* festgelegt, kleiner als die ermittelte Frequenz *Df*. *Lf* < *Df*

Für diese untere Frequenz *Lf* wird dann eine neue Länge der Zweidrahtleitung *C* errechnet nach der Gleichung

$$\frac{C}{\mathrm{m}} = V \cdot \left(\frac{142}{Lf} - 2{,}1 \cdot \frac{B}{\mathrm{m}} \right) \qquad (10.2.2)$$

V ... Verkürzungsfaktor der Zweidrahtleitung

Die praktisch erprobte Ausführung eines verlängerten Doppel-Zepp für 21 MHz, der gleichzeitig als Halbwellendipol für 7 MHz verwendbar ist, wurde von *G3TKN* in [2.20] beschrieben. Die Abmessungen enthält **Bild 10.2.8**. Bei dieser Antenne beträgt die Schenkellänge l_1 für 21 MHz ganze 5/8 λ (0,625 λ), dementsprechend wird die Länge l_2 = 1/8 λ. Beim 7-MHz-Betrieb ist der strahlende Teil rund 0,4 λ lang, die zur Halbwellenresonanz fehlenden 0,1 λ werden von der Leitung l_2 eingebracht. Die Eigenschaften gegenüber einem Halbwellendipol voller Länge sind kaum schlechter. Gespeist wird über einen Balun 1:1 mit einem beliebig langen 75-Ω-Koaxialkabel.

10.2.2.3 λ/3-Dipol

Wenn die Strahlerlänge λ/3 bei der tiefsten Frequenz ist, dann ist ein Multibandbetrieb auf den dazu harmonischen Frequenzen möglich.

Bevor der λ/3-Dipol in USA bekannt geworden ist, sind aber in DL bereits einige Bauvorschläge von nichtresonanten Multiband-Dipolen mit unterschiedlichen λ/3-Strahlerlängen veröffentlicht worden.

54-m-Dipol
Im Jahre 1959 veröffentlichte *DJ2ZF* eine Allband-Dipolantenne mit einer Länge von 2 x 27 m [2.21]. Als Speiseleitung wurde ein 240-Ω-Flachbandkabel verwendet mit einem „aperiodischen HF-Übertrager". Das ist ein Sperrglied aus einer bifilaren Spule mit 12 bis 15 Windungen (nebeneinander) aufgewickelt. Die Anpassung erfolgte über ein unsymmetrisches Pi-Filter im Sender. Die Antenne ist etwa λ/3 für 160 m und ermöglicht daher auch einen Betrieb im 160-m-Band.

27-m-Dipol
Im Jahre 1960 veröffentlichte *DJ2ZF* eine Allband-Dipolantenne mit einer Länge von 2 x 13,5 m [2.22]. Als Speiseleitung mit beliebiger Länge wurde ein 300-Ω-Bandkabel verwendet. Die Antenne ist etwa λ/3 für 80 m.

DJ4EL ersetzte dann die bisherige Speiseleitung und das bifilare Sperrglied im Jahre 1971 durch einen Ringkernbalun 1:4 bis 1:5 im Speisepunkt [2.23]. Damit konnte jetzt der Dipol einfach mit Koaxialkabel gespeist werden.

λ/3-Dipol
Das eigentliche Prinzip des λ/3-Dipols (Strahler λ/3 und Speiseleitung λ/6) wurde von *W5ANB* im Jahre 1981 mathematisch dargelegt [2.14]. Der Name geht auf *W4ULD* zurück.

Der λ/3-Dipol wurde von *W4ULD* in zwei Versionen beschrieben. Mit einer zusätzlich schaltbaren λ/4-Leitung für 15 m in [2.24] und mit einem etwas aufwendigen Anpaßnetzwerk in [2.25].

Der λ/3-Dipol ist eine einfache und effektive Antenne von 80 bis 10 m (ausgenommen 30 und 15m). Ein Antennentuner ist bei manchen Bändern notwendig. Die Antenne ist für die tiefste Frequenz (3,5 MHz) λ/3 lang und wird in der Mitte über eine λ/6 Zweidrahtleitung gespeist. Die Antennenlänge ist 28 m und die Anpaßleitung ist 12,2 m.

Theoretisch sollte die Impedanz der Leitung 360 Ω sein. Dann ergibt sich eine niedrige Impedanz am Eingang der Zweidrahtleitung bei der Grundfrequenz und bei folgenden harmonischen Frequenzen: 2., 4., 5., 7., 8. und noch einige höhere. Bei der 3. und 6. Harmonischen ist zwar das Antennensystem in Resonanz, aber die Eingangsimpedanz zur Anpaßleitung ist hochohmig.

Man kann für 10,1 MHz und 21 MHz jeweils λ/4-Leitungsstücke dazuschalten oder ein passendes Netzwerk am Eingang einsetzen.

10.2.2.4 Weitere Multiband-Dipole

Es gibt noch weitere Bauanleitungen für nichtresonante Multiband-Dipole mit verschiedenen Antennenlängen.

33/25-m-Dipol
Einen etwas seltsamen Multiband-Dipol veröffentlichte *DJ4BQ* im Jahre 1971.

Es ist ein Allband-Doppeldipol bestehend aus zwei parallelgeschalteten Dipolen mit den Längen von 2 x 16,7 m und 2 x 12,35 m [2.26]. Für die Einspeisepunkte wird mit einer Impedanz von etwa 200 Ω gerechnet. Als Balun wird ein Leitungsübertrager (Guanella-Übertrager aus bifilaren Spulen) 1:4 mit einem Wellenwiderstand von etwa 100 Ω verwendet.

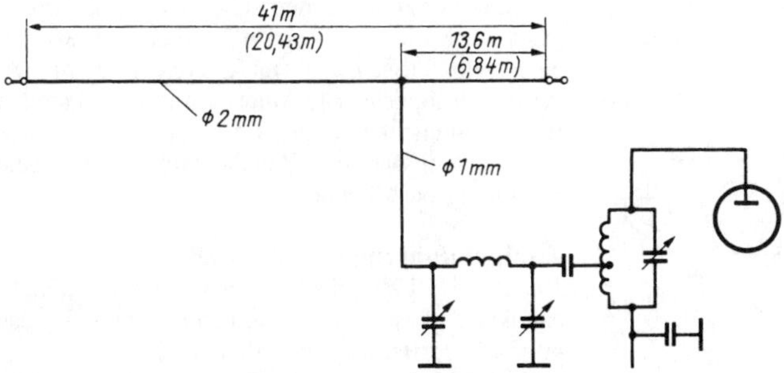

Bild 10.3.1
Eindrahtgespeiste Mehrband-Windom
VS1AA-Antenne

25-m-Dipol

Ein Dipol mit geringer Spannweite, der einen Allbandbetrieb ermöglicht, wurde von *VK5RG* entwickelt. Die Antennenlänge ist dabei 25 m, die Speiseleitung hat eine Länge von 12,5 m. Diese Antenne wirkt im 80-m-Band als verkürzter Dipol, für 40 m als verlängerter Dipol und stellt im 30-m-Band einen verkürzten Ganzwellendipol (Gewinn ≈ 1,8 dBd) dar. Mit einem Gewinn von ≈ 3 dBd arbeitet die Antenne im 20-m-Band als verlängerter Ganzwellendipol. Die Antenne soll auf den Bändern 17, 15, 12 und 10 m noch Gewinne bis zu 2 dBd aufweisen. Schließlich ist auch noch Betrieb im 160-m-Band möglich, wenn die Speiseleitung kurzgeschlossen wird. Die Antenne arbeitet dann als verkürzter Vertikalstrahler mit Dachkapazität gegen Erde.

10.3 Asymmetrisch gespeiste Multiband-Antennen

Asymmetrisch gespeiste Mehrband-Antennen gehen von einem Halbwellendipol für die tiefste Frequenz aus. Bei den klassischen Amateurbändern war dies das 80-m-Band. Für die oberen Bänder verhält sich die Antenne wie eine Langdrahtantenne.

Im englischen Sprachraum werden solche Antennen als OCF (off-center-fed) dipoles oder OCF antennas bezeichnet.

Antennen dieser Art sind wegen der Einstrahlung (BCI und TVI) problematisch.

10.3.1 Eindrahtgespeiste Multiband-Windom

10.3.1.1 *VS1AA*-Antenne

Durch *J. MacIntosh VS1AA* (später *GM3IAA*) wurde 1936 eine Mehrband-Win*dom* bekannt. Bei dieser ist die Drahtstärke der Energieleitung geringer als die des Strahlers. Bei einem Drahtdurchmesser des Strahlers von 2 mm wählt man die Speiseleitung mit 1 mm Durchmesser (Durchmesser-Verhältnis etwa 2:1).

Bild 10.3.1 zeigt eine solche Kompromiß-Win*dom* nach *VS1AA* mit den erforderlichen Angaben. Sie ist auf allen Amateurbändern brauchbar; man muß aber immer mit einer gewissen Fehlanpassung rechnen. Das am Anfang der Leitung vorhandene „einbeinige" *Collins*-Filter sorgt aber dafür, daß immer auf Resonanz abgestimmt werden kann. Damit ist die Eindrahtleitung weder optimal angepaßt noch abgestimmt. Das ist aber keinesfalls eine schlechte Lösung des Anpassungsproblems. Die ursprüngliche Länge von 41 m wurde später auf 42m geändert. Die Impedanz der Eindrahtspeiseleitung beträgt etwa 800 Ω.

Die Mehrband-*Windom* arbeitet im 80-m-Band als Halbwellenantenne mit senkrechter Hauptstrahlrichtung zur Strahlerlängsachse. Im 40-m-Band ist die Antenne eine Ganzwellenantenne, bei 20 m befinden sich 2 Wellenlängen und bei 10 m 4 Wellenlängen auf dem Strahler. Für 15-m-Betrieb ist die Antenne fehlangepaßt. Die dazugehörigen angenäherten Richtdiagramme sind in Abschnitt 11 bei Langdrahtantennen zu finden. Für eine Mehrband-*Windom* mit geringer Baulänge sind die Abmessungen als Klammerwerte in Bild 10.3.1 eingetragen.

Bei dieser Antenne soll die Länge der Speiseleitung 10 bis 15 m betragen. Sie wird über ein *Collins*-Filter angekoppelt. Allerdings arbeitet sie beim 80-m-Betrieb nicht als *Windom;* die Eindrahtspeiseleitung wirkt in diesem Fall selbst als Viertelwellenstrahler über Erde, dessen zu geringe Länge durch den als Dachkapazität wirkenden horizontalen Strahlerteil ausgeglichen wird. Das *Collins*-Filter stellt dann die Abstimmung bei der Betriebswellenlänge her. Im 40-m-Betrieb wird die Antenne eine Halbwellen-*Windom* mit dem bekannten Doppelkreisdiagramm, während bei 20, 15 und 10 m (1λ, $1{,}5\lambda$ und 2λ) wieder mit den entsprechenden horizontalen Richtdiagrammen nach Abschnitt 11 zu rechnen ist.

Zum 15-m-Betrieb der beschriebenen Mehrband-*Windom*-Antennen muß einschränkend darauf hingewiesen werden, daß für diesen Bereich am Einspeisepunkt eine Impedanz von mehreren tausend Ohm vorhanden ist. Daraus resultiert eine erhebliche Fehlanpassung. Die *Windom* mit Ein-

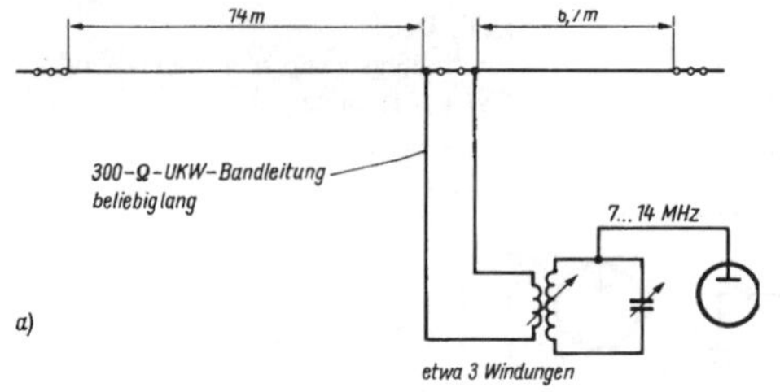

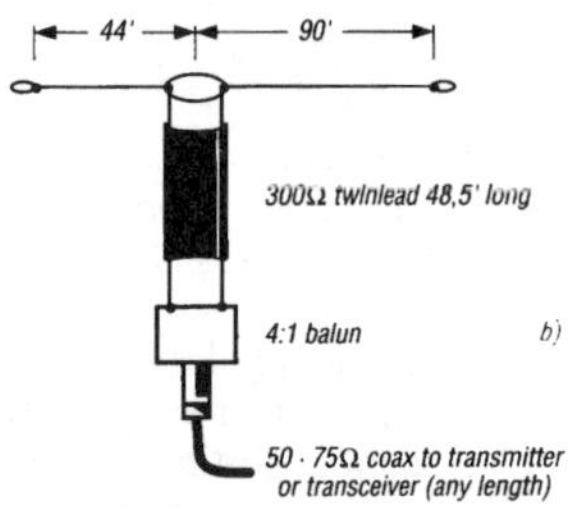

(A) Flattop and feeding arrangments

Typical VSWR vs. Frequency (mHz) for grove dipole.

Freq.	1,8	1,9	3,5	3,6	3,7	3,8	3,9	4,0	7,0	7,1	7,2	7,3
VSWR	2,5	2,5	1,3	1,4	1,3	1,3	1,4	1,3	1,5	1,2	1,1	1,1

Freq.	14,0	14,2	14,3	21,0	21,2	21,4	28,0	28,5	29,0	29,5
VSWR	2,7	2,4	2,0	3,5	1,8	1,2	3,0	1,8	2,5	1,9

(B) SWR Profile by band

Bild 10.3.2
Zweidrahtgespeiste Mehrband-Windom
a) - Zweibandantenne nach *DL1BU*
b) - Mehrbandantenne nach *WA4PGY*

drahtspeiseleitung wird heute nur noch gelegentlich (z.B. für Portable-Betrieb) eingesetzt. Weitaus günstiger ist die nachstehend beschriebene symmetrisch gespeiste Mehrband-Windom-Antenne.

Von *K. Schips DL1DA* ist eine mit Motor fernabstimmbare Windom-Antenne für alle Bänder von 80 m bis 10 m beschrieben worden [3.1].

10.3.2 Zweidrahtgespeiste Multiband-Windom

Die Eindrahtspeiseleitung hat einen Wellenwiderstand, der nicht konstant ist, sondern von der Höhe, von der Richtung und von der Antennenumgebung abhängt. Daher strahlt auch die Speiseleitung mehr oder weniger. Eine Mehrband-Windom-Antenne kann auch direkt mit einer 300-Ω-Bandleitung gespeist werden. Eine solche Bandleitung hat, im Gegensatz zur Eindrahtspeiseleitung, einen über ihre Gesamtlänge genau definierten Wellenwiderstand und ihre Eigenstrahlung ist deshalb relativ gering. Somit liegen bei bandleitungsgespeisten Mehrband-*Windom*-Antennen bezüglich BCI und TVI günstigere Verhältnisse vor, als bei Eindrahtspeisung.

Eine mit einer symmetrischen Zweidrahtleitung gespeiste Multiband-*Windom* ist aber nach wie vor eine asymmetrisch, also zur Antennenmitte hin unsymmetrisch, gespeiste Antenne mit der bekannten Einstrahlungsproblematik (vgl. Abschn. 6.3.3.1). Auch der Einsatz eines Baluns macht daraus keine symmetrische Antenne.

Zweibandantenne nach *DL1BU*

DL1BU hat 1950 die *Windom*antenne mit Flachbandkabelspeisung als Zweibandantenne für das 40-m-/20-m-Band veröffentlicht [3.2].

Bild 10.3.2a zeigt die Zweiband-*Windom* von *DL1BU*. Die Längen sind 20,7 m = 14 m + 6,7 m.

Die Antenne ist als Ganzwellenantenne für 20 m dimensioniert, für 40 m ist die Antenne wegen der Endeffekte etwas zu lang, was aber nicht stört, da die Anpassung dort ziemlich breit ist. Mit einem Antennentuner läßt sich die Antenne auch auf 10 m noch verwenden [3.3].

Eine Multiband-*Windom* mit dem Namen „300-Ω-Allbanddipol“ oder „*Twinleadwindom*“, gespeist über ein Bandkabel mit 300 Ω Wellenwiderstand, ist in den 50er Jahren von *W0WO* veröffentlicht worden. Die Abmessungen waren: Länge 41,7 m, Einspeisepunkt bei 13,7 m.

Leider ist die Literaturstelle nicht mehr auffindbar.

Mehrbandantenne nach *WA4PYQ*

Eine Mehrband-*Windom* von 160 m bis 10 m wurde 1984 von *WA4PYQ* vorgestellt und von *W8FX* in seiner Antennenrubrik im CQ beschrieben [3.4]-[3.6]. **Bild 10.3.2b** zeigt die Mehrband-*Windom* von *WA4PYQ*. Die Antenne hat eine Länge von 13,4 m + 27,4 m = 40,8 m und die 300 Ω Anpaßleitung ist 14,8 m lang und hat am unteren Ende einen Balun von 4:1 mit einem Anschluß für beliebige Koaxlängen.

10.3.3 Koaxialgespeiste Multiband-Windom

10.3.3.1 FD-Antennen

K. Fritzel DJ2XH entwickelte 1970 eine koaxialgespeiste Mehrband-Windom-Antenne und brachte sie 1971 als *FD* 4-Windom auf den Markt [3.7]. *FD* 4 bedeutet *Fritzel* Dipol für 4 Bänder.

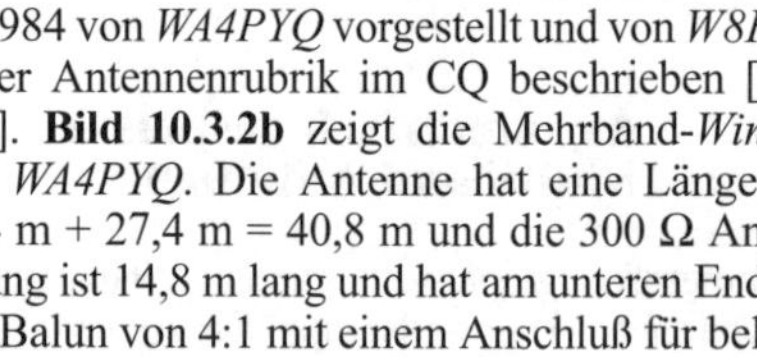

Bild 10.3.3
Koaxialgespeiste Mehrband-Windom (FD 4)

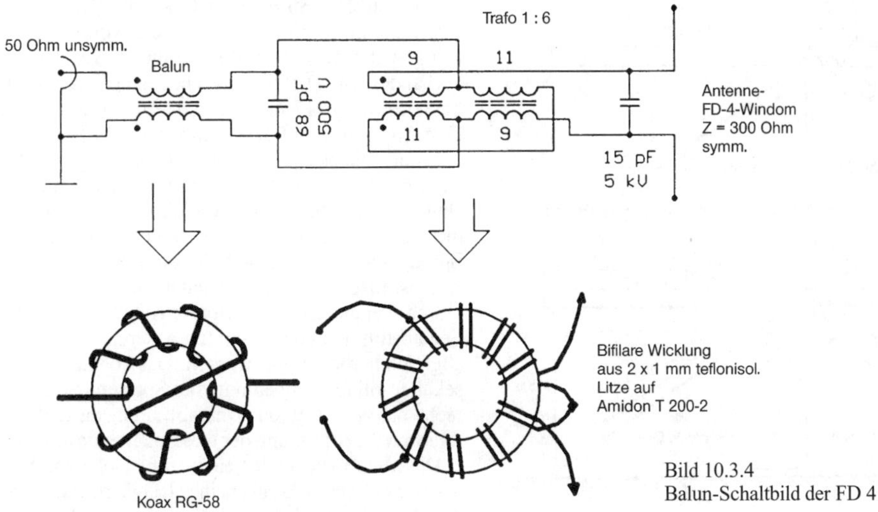

Bild 10.3.4
Balun-Schaltbild der FD 4

Die Antenne hat die Abmessungen 13,8 m + 27,7 m = 41,5 m. **Bild 10.3.3** zeigt den die *FD 4*-Antenne.

Die Speisung erfolgt koaxial über einen Ringkern-Balun 1:6, der symmetriert und transformiert. Der Übertrager wurde 1983 modifiziert (anderes Kernmaterial, größerer Kernquerschnitt und andere Wicklungstechnik) für größere HF-Leistung und bessere Mantelwellenfreiheit.

In **Bild 10.3.4** ist das elektrische Schaltbild des Baluns zu sehen [3.8]. Der Balun besteht (von links nach rechts) aus einem Sperrglied (Kabeldrossel nach *W1JR*) zur Zwangssymmetrierung gefolgt von einem Symmetrierglied (Ring-kerntrafo 1:6) zur Impedanztransformation. Die Schaltung zeigt die Windungszahlen, die Wicklungstechnik und das Kernmaterial. Die beiden Kondensatoren sind zur Kompensation der Streuinduktivität. Damit ist das SWR der Schaltung besser als 1,5 im Bereich von 3,5 bis 30 MHz.

Neuerdings überstreicht die *FD* 4 die Amateurbänder 80/40/20/17/12/10 m. Eine kleinere Ausführung, als *FD* 3 bezeichnet, mit den Abmessungen 6,6 m + 13,6 m = 20,2 m bedient die Bänder 40/20/10 m.

Trotz Koaxialspeisung und besserer Mantelwellenunterdrückung ist die Antenne problematisch. Sie wird nicht ganz zu Unrecht als „Bundesdeutsche Oberwellenschleuder" oder „TVI-Schleuder" bezeichnet. Bei der asymmetrisch eingespeisten Windomantenne sucht sich die Antenne als Ausgleich Parasitärstrahler ähnlich wie ein Gegengewicht, das dann auch strahlt. Übliche Parasitärstrahler sind das Stromnetz, Telefon- und Steuerleitungen.

Als Zusatzstrahler wirkt manchmal auch der Schirm des Koaxialkabels. Wenn dieses nicht senkrecht von der Windom-Antenne weggeht, koppelt die Antenne auf das Kabel und erzeugt Mantelwellen.

Eine gewisse Abhilfe dagegen schafft der zusätzliche Einsatz von Mantelwellensperren (Ferritabsorbern) in Form von Ferritkernen am Koaxialaußenmantel. Diese Sperren in der Mitte des Koaxialkabels verhindern die Ausbildung von Resonanzen und Sperren am unteren Ende des Koaxialkabels verhindern ein Abfließen der Mantelwellen auf das Transceivergehäuse.

So wird etwa bei der käufliche „Carolina *Windom*" der Fa. *Radio Works* aus USA unterhalb des Baluns nach 6,7 m Koaxialkabel ein „line isolator" (current balun) als Mantelwellensperre eingesetzt.

Von der Fa. empfohlene Längen zur Vermeidung von Mantelwellen beim Koaxialkabel zum Antennentuner sind: 51 m, 21 m oder 14 m.

Multiband-Windoms werden z.B. von Firmen in USA (*Radio Works, Garant*) und Italien (*Nova ECO*) hergestellt. Je nach unterer Frequenz und Fa. ergeben sich unterschiedliche Antennenlängen:

1,8 MHz:	81 m	78 m
3,5 MHz:	41 m	42 m
7,0 MHz:	20 m	21 m
10,1 MHz:	14 m	

Die koaxialgespeiste *Windom* läßt sich wie eine Dipolantenne auch als „Inverted Vee" aufhängen, also mit abgeknickten Beinen, was günstig ist, wenn die Spannweite nicht ausreicht.

Die *FD* 4 ist leicht, robust und witterungsunempfindlich und hat in DL und außerhalb eine sehr große Verbreitung gefunden.

10.3.3.2 Doppel-Windom

Zur Erweiterung der Vierband-*Windom* für den 15-m-Betrieb wurde von *DJ2KY* in [3.9] angeregt, der üblichen etwa 41,5 m langen Mehrbandausführung

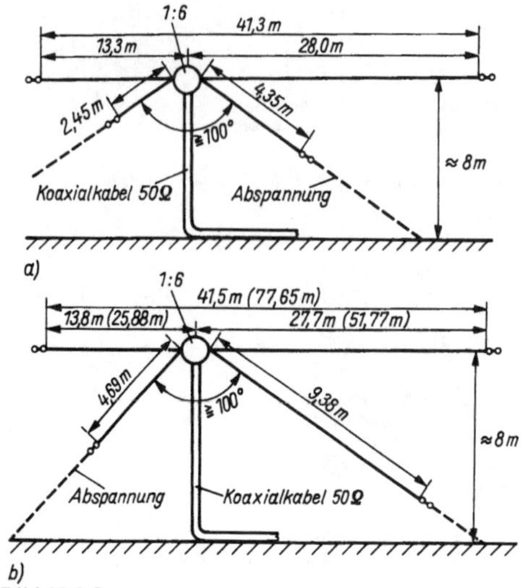

Bild 10.3.5
Doppel-Windom-Antennen
a) - Fünfbandausführung
b) - Acht-/Neunbandausführung
(Klammerwerte für 9-Band)

eine gesonderte Einband-*Windom* für 15 m parallel zu schalten. Es entstand somit die Doppel-*Windom* nach **Bild 10.3.5a**. Häufig wird die 15-m-Zusatz-*Windom* als stumpfwinklige V-Antenne aufgebaut, wobei die Leiterenden über Kunststoffschnüre zum Erdboden abgespannt sind. Dabei soll der Spreizwinkel zwischen beiden Schenkeln nicht kleiner als 100° sein.

Diese und die folgenden Ausführungen werden mit einem beliebig langen 50-Ω-Koaxialkabel über einen Ringkern-Balun 1:6 gespeist. Bei einem 75-Ohm-Koaxialkabel wählt man das Übersetzungsverhältnis 1: 4, da der Eingangswiderstand etwa 300 Ω beträgt. Entsprechend der Aufbauhöhe und den örtlichen Gegebenheiten können kleine Längenkorrekturen erforderlich sein. Mit den angegebenen Abmessungen hat sich diese Ausführung im 5-Band-Betrieb gut bewährt.

Mit der Freigabe weiterer Amateurfunk-Kurzwellenbänder lag es nahe, die Doppel-*Windom* auch für diese neuen Frequenzbereiche brauchbar zu machen.

DJ7SH und *DL1BBC* lösten diese Aufgabe mit gutem Erfolg [3.10].

Wie **Bild 10.3.5b** zeigt, ist die Zusatz-*Windom* für Resonanz im 30-m-Band bemessen, womit gleichzeitig auch Oberwellenresonanz für das 15-m-Band vorhanden ist. Die Messungen ergaben, daß auch beim Betrieb im 17-m-Band und im 12-m-Band eine gute Anpassung auftrat (Welligkeit $s < 1,5$).

Somit bietet diese Doppel-*Windom* gute Betriebsbedingungen für 8 Kurzwellen-Amateur-Bänder. Auch bei dieser Ausführungsform wurde die zusätzliche Windom in V-Form mit einem Spreizwinkel von etwa 100° aufgebaut und mit Kunststoffschnur zum Erdboden hin abgespannt. Durch Veränderung des Spreizwinkels kann eine Feinabstimmung der gesamten Antenne beim Endabgleich herbeigeführt werden. Das koaxiale Speisekabel soll man unbedingt vom Speisepunkt senkrecht bis zum Erdboden herabführen, da andernfalls eine Verstimmung der Gesamtantenne auftritt.

Die Musterantenne hat eine Aufbauhöhe von 8 m über Grund, sie wurde über einen Ringkern-Balun 1:6 über 50-Ω-Koaxialkabel gespeist. Die Welligkeitsdiagramme lassen erkennen, daß über den Frequenzbereich aller 8 Bänder die Welligkeit $s < 1,5$ beträgt.

Beim weiteren Ausbau der Doppel-*Windom* für alle 9 Amateurfunk-Kurzwellenbänder [3.11] wurde das 160-m-Amateurband zugefügt, indem man die Grundantenne auf 77,65 m zur Halbwellenresonanz verlängerte (Klammerwerte in Bild 10.3.5b). Die Zusatz-*Windom* bleibt unverändert, die Welligkeit ist für alle 9 Bänder < 1,5. Auch für diese Antenne betrug die Aufbauhöhe 8 m, der kürzere Schenkel der Grundantenne (25,88 m) wurde um etwa 90° abgewinkelt, so daß dieser Antennenteil einem liegenden L gleicht. Wo genügend Platz vorhanden ist, sollte man der gestreckten Form den Vorzug geben und auch eine größere Aufbauhöhe anstreben.

Eine Erweiterung der *FD 4* als Doppel-*Windom* für die WARC-Bänder ist von *DL8HBE* in [3.12] beschrieben worden. Die Längen für die WARC-Bänder sind 5,4 m + 11,2 m = 16,6 m.

Diese Doppel-*Windom*-Antennen bieten dem Funkamateur noch ein weites Experimentierfeld. Entsprechend den örtlichen Gegebenheiten dürften häufig Modifizierungen erforderlich werden. Über Gewinn und Richtcharakteristik für die einzelnen Bänder können keine allgemein gültigen Aussagen gemacht werden. Durch die gegenseitige Beeinflussung in Verbindung mit der Antennenumgebung, der Aufbauhöhe und den Erdverhältnissen treten unüberschaubare Einflußgrößen auf. Für die meisten fre-

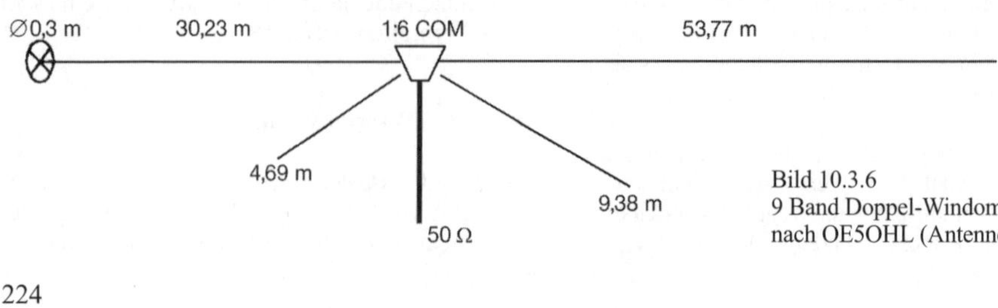

Bild 10.3.6
9 Band Doppel-Windom
nach OE5OHL (Antennenprinzip)

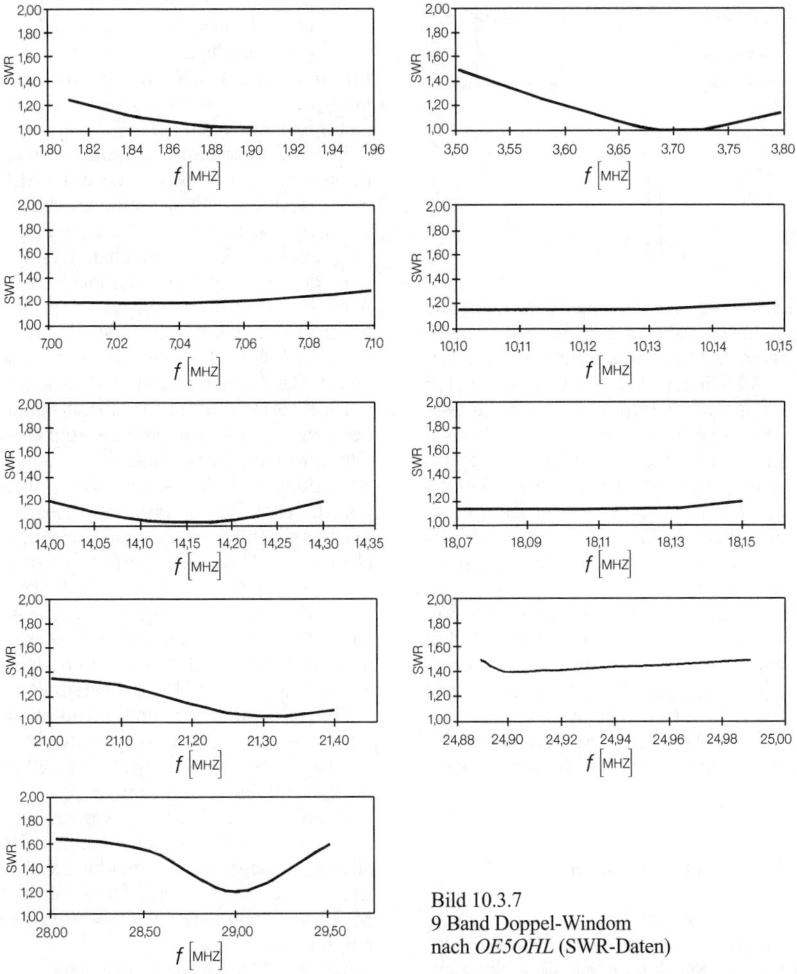

Bild 10.3.7
9 Band Doppel-Windom
nach *OE5OHL* (SWR-Daten)

quenzhöheren Bänder entspricht die Doppel-Windom einer Langdrahtantenne; für die Bemessungsfrequenzen (80 m bzw. 160 m und 30 m) ist sie einem Halbwellendipol gleichzusetzen. Die Möglichkeit, mit relativ geringem Aufwand einen echten Allbandbetrieb verwirklichen zu können, wird der beliebten Windom-Antenne weitere Verarbeitung sichern.

Erfahrungen mit der 9 Band Doppel-*Windom*-Antenne wurden von *OE5OHL* veröffentlicht [3.13]-[3.14]. Eine verbesserte Version der Antenne erschien von ihm 1997 in [3.15]. Darin wurde das SWR auf den niederen Bändern verbessert durch atypische Längenkorrekturen und mit einer zusätzlichen Endkapazität in Form eines Ringes mit 0,3 m Durchmesser auf der kürzeren Drahtseite. **Bild 10.3.6** zeigt den prinzipiellen Antennenaufbau. **Bild 10.3.7** die SWR-Daten.

Mit dieser Optimierung konnte die rücklaufende Leistung auf max. 4% reduziert werden. Ein Antennenanpaßgerät ist auf keinem Band mehr notwendig!

Wie *DF4UW* im praktischen Versuch ermittelte [3.16], hat eine Doppel-Windom-Antenne außer den erwünschten Resonanzen, die in die Amateurbänder fallen, auch noch eine Vielzahl von Nebenresonanzen. Daraus können sich ggf. durch ein umfangreiches Oberwellenspektrum im VHF-Bereich störende Beeinflussungen des Rundfunk- und Fernsehempfanges ergeben.

10.3.4 Windom-Varianten

10.3.4.1 Zweifach-Windom

Der Hauptnachteil der *Windom*antenne, die Strahlung der Eindrahtspeiseleitung wird durch eine symmetrische Anordnung zweier Speiseleitungen, die dann in eine Zweidrahtspeiseleitung übergehen, vermieden [3.17]. Dadurch ist die Zweifach-*Windom* tatsächlich in der Mitte symmetrisch gespeist.

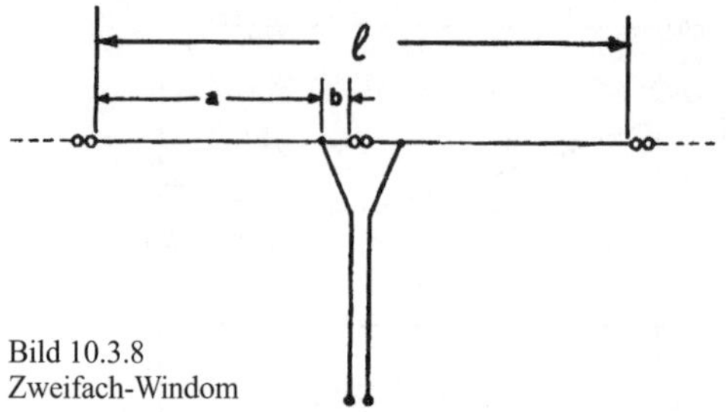

Bild 10.3.8
Zweifach-Windom

Bild 10.3.8 zeigt die Zweifach-*Windom*. Die Zeichnung ist nicht maßstabsgerecht. Eine von 80 bis 10 m geeignete Multibandantenne hat eine Gesamtlänge l = 40,8 m. Die Anzapfpunkte sind 6,8 m vom mittleren Isolator entfernt. In 13,6 m Abstand führen die Speisedrähte in Form einer Delta-Anpassung (vgl. Abschnitt 6.2.1) in die Zweidrahtleitung mit einem Wellenwiderstand $Z_0 \approx 450$ bis 600 Ω oder 300 Ω. Man kann statt der Zweidrahtleitung einen Ringkern-Balun (9:1 oder 6:1) verwenden und dann mit 50 Ω Koaxialkabel speisen.

Die Abmessungen sind:

3,5 bis 29,7 MHz: l = 40,8 m a = 13,6 m b = 6,8 m
7,0 bis 29,7 MHz: l = 20,4 m a = 6,8 m b = 3,4 m

Der Vorteil gegenüber einer Multiband-*Windom* ist die geringere Welligkeit und als symmetrische Antenne die geringere Einstreuung.

Antennen dieser Art werden im Pazifik bei Radio Vanuatu seit Jahren im KW-Rundfunkdienst eingesetzt.

10.3.4.2 Smithdom-Antennen

R.L. Smith W0LDF hat im Jahre 1995 verschiedene *Windom*-Varianten zum Patent angemeldet [3.18]. Die Bezeichnung *„Smithdom“* ist die Abkürzung für ***Smith*** Win***dom***.

Ab 1996 sind in der amerikanischen Zeitschrift QST Anzeigen über *Windom*-Modifikationen durch die Fa. *Smithdom Products* [3.19] zu finden. Bei der Firma kann man für $14 bis $19 die Schaltpläne und Beschreibungen für den Umbau von bestehenden *Windom*-Antennen erwerben. Auch ganze Kits sind gegen etwas mehr Geld dort erhältlich.

Es gibt verschiedene *Windom*-Variationen, die Informationen darüber, mit Ausnahme der HOLY GRAIL, sind aber etwas spärlich. Das Prinzip der *Smithdom*-Antennen ist:

Durch Einsatz eines „im Amateurbereich“ nichtresonanten Sperrkreises, etwa in der Mitte des kürzeren Strahlers, läßt sich eine zusätzliche tieferliegende Resonanz im Amateurbereich erzielen. Ein Parallelschwingkreis, mit einer Resonanzfrequenz unter der letzten Antennenresonanz (z.B. 3,5 MHz), wirkt bei einer noch tieferen Frequenz (z.B. 1,85 MHz) stark induktiv. Durch den Sperrkreis wird die Antenne elektrisch verlängert, so daß man auch im 160-m-Band eine Resonanzstelle bekommt.

Eine normale 80-m-Multiband-*Windom* mit einer Länge von 41,5 m wird also um etwas gekürzt. Damit wird die Gesamtlänge der Antenne ≈ 41,3 m, Aufteilung 27,3 m + 14 m. Auf der kürzeren Strahlerseite, etwa 7,5 m vom Einspeisepunkt entfernt, wird der nichtresonante Sperrkreis eingefügt. Die elektrischen Daten des Sperrkreises sind:

L = 51 µH, C = 94 pF, f = 2,31 MHz

Mit dem Sperrkreis ergibt sich eine Antennenresonanz im 160-m-Band. Der Sperrkreis ist ein Koaxialkabel-Trap nach *N3GO* und besteht aus einem Koaxialkabel RG-174/U auf einem PVC-Rohr.

Die Resonanz innerhalb des 160-m-Bandes kann durch die Resonanz des Sperrkreises verschoben werden. Diese Antenne geht von 160 m bis 10 m (ausgenommen 30 und 15 m).

Die *Smithdom*-Antennen werden über einen 6:1 oder 7,5:1 Ringkern-Balun mit einem 50-Ω-Koaxialkabel gespeist. Zur Vermeidung von Mantelwellen wird der Einsatz von 7 Stück Ferritkernen (FB-56-77 von Palomar) auf dem 50-Ω-Koaxialkabel empfohlen.

Weitere *Windom*-Variationen sind:

HOLY GRAIL Antenne

Diese Antenne ist eine modifizierte 80-m-*Windom*-Antenne und geht von 160 m bis 10 m (ausgenommen 30 m). Auf 30 m ist die Antenne zwar in Resonanz, aber hochohmig mit einem SWR von etwa 8:1.

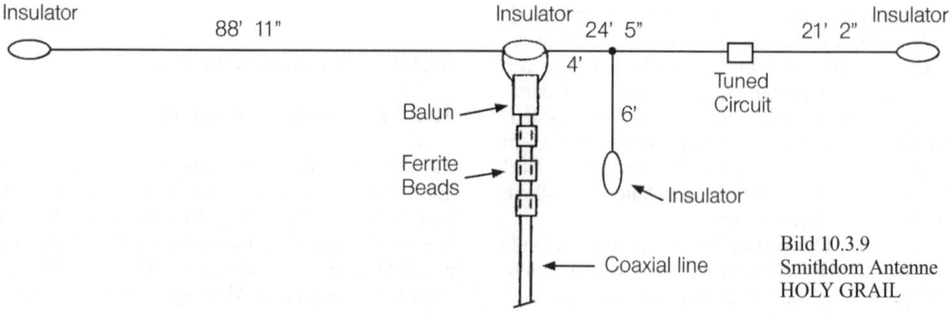

Bild 10.3.9
Smithdom Antenne
HOLY GRAIL

Bild 10.3.9 zeigt die Holy Grail Antenne. Dazu wird die Smithdom Antenne noch einmal um etwa 20 cm an der längeren Seite gekürzt. Die mechanischen Werte der Antenne (ohne Balun- und Sperrkreislängen) sind dann:

Gesamtlänge der Antenne = 41,1 m, Aufteilung 27,1 m + 14 m.

Der Sperrkreis ist auf der kürzeren Seite, 7,45 m von der Einspeisung entfernt. Der Sperrkreis besteht aus 21 Windungen von RG-174/U auf einem 5,1 cm dickem PVC-Rohr. Die Resonanzfrequenz des Sperrkreises ist 2,31 MHz, die Resonanz im 160-m-Band ergibt sich auf 1,835 MHz. Wenn man die Windungszahl auf 18,5 Windungen verringert, dann erhöht sich die Resonanzfrequenz des Sperrkreises auf 2,55 MHz. Mit einem Stück Koaxialkabel als Kapazität kann die Resonanzfrequenz dann durch "trimmen" entsprechend verringert werden. Damit kann die Resonanz innerhalb des 160-m-Bandes verschoben werden.

Für die 15-m-Resonanz wird ein 1,8 m langes Drahtstück etwa 1,2 m von der Einspeisung entfernt angeschlossen. Damit gelingt es das SWR auf 15 m auf 1,5:1 zu senken.

HOLY GRAIL (Lite) Antenne
Diese Antenne ist eine modifizierte 40-m-*Windom*-Antenne und geht von 80 m bis 10 m (ausgenommen 30 m). Die mechanischen Werte der Antenne (ohne Balun- und Sperrkreislängen) sind:

Gesamtlänge der Antenne = 20,4 m, vermutliche Aufteilung 13,6 m + 6,8 m.

Mit dem Sperrkreis ergibt sich eine Resonanz im 80-m-Band. Die Resonanz kann innerhalb des Bandes verschoben werden. Die Speisung erfolgt über einen 7,5:1 Balun.

***SMITHDOM* MINI-GRAIL Antenne**
Diese Antenne ist eine verkürzte Drahtantenne für alle HF-Bänder von 80 m bis 6 m. Auf 30 m ist das SWR mit etwa 3:1 angegeben. Die Gesamtlänge der Antenne, mit der Sperrkreislänge von 20 cm, ist 12,5 m.
Sie hat eine passive Abstimmeinheit aus 2 kaskadierten Sperrkreisen, mit denen man die Resonanzen auf 80-m und 40 m erzielt. Dabei ist die 80-m-Resonanz variabel, die 40-m-Resonanz ist ziemlich breit. Der Wirkungsgrad der Antenne auf 80 und 40m ist natürlich nicht so wie von vollen Dipolen.

***SMITHDOM* SHORT Antenne**
Diese Antenne ist eine modifizierte 20-m-Windom-Antenne und geht von 40 m bis 10 m (ausgenommen 30 m). Die mechanischen Werte der Antenne sind:

Gesamtlänge der Antenne = 10,7 m, vermutliche Aufteilung 7,1 m + 3,6 m.

Mit dem Sperrkreis ergibt sich eine breitbandige Resonanz im 40-m-Band. Die Speisung erfolgt über einen 7,5:1 Balun.

10.3.5 Stromsummenantenne

DL1VU hat auf Grund seiner Erfahrungen auf zahlreichen Südseeinseln eine Baukastenantenne, bestehend aus 8 Abschnitten zu je 21,4 m, zusammengestellt. Dabei hat sich als Standardreiseantenne ein asymmetrisch gespeister Dipol mit 21,4 m und 64,2 m (3 x 21,4 m) bewährt. Auf allen Amateur-Frequenzen gab es eine gegenphasige Stromverteilung, nur auf 3,5 MHz und 10,1 MHz war die Stromverteilung gleichphasig.

Jahrzentelang suchte man nach einem Anschlußpunkt oder einer Speisemethode bei der Mehrband-*Windom*-Antenne, die auf allen Bändern eine annähernd gleiche Impedanz ergeben soll. *DL1VU* hat einen anderen Weg eingeschlagen. Er suchte eine über 450 Ω Bandleitung stromgespeiste Allbandantenne [3.20].

Er geht dabei von einem Strahler mit etwa 42m Länge aus ($\lambda/2$ für 80 m) und ermittelt den Betrag der Stromstärken für alle Bänder. Dabei kommt er auf fast ein Dutzend Strommaxima entlang des Strahlers. Damit hat er mehrere Möglichkeiten einen stromgespeisten Feeder am Strahler anzubringen. Die Antenne kann auch ausgezeichnet an örtliche Gegebenheiten angepaßt werden.

In der weiteren Entwicklung [3.21] haben sich noch einige zusätzliche Kniffe ergeben: Die Antenne wird für die höchste Frequenz bemessen, für Telegrafie 28,0 MHz und für Telefonie 28,7 MHz. Der Endeffekt ist zu berücksichtigen. An beiden Enden ist der Strahler, entsprechend den Halbwellen, um bis zu 3% zu verkürzen. Damit erhält man für 28 MHz 8 Halbwellen und die Stromsummenantenne wird etwa 42,6 m lang. Für Telefonie ergibt sich eine Länge von etwa 41,6 m. Die genauen Längen sind dabei nicht so kritisch.

Bild 10.3.10 zeigt zwei mögliche Stromsummenantennen von 80 bis 10 m.

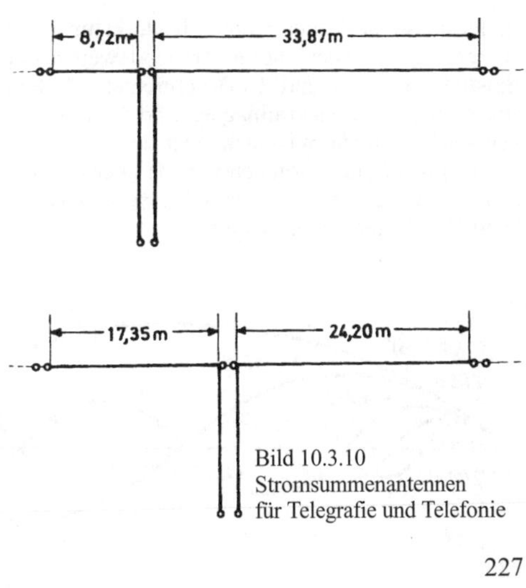

Bild 10.3.10
Stromsummenantennen
für Telegrafie und Telefonie

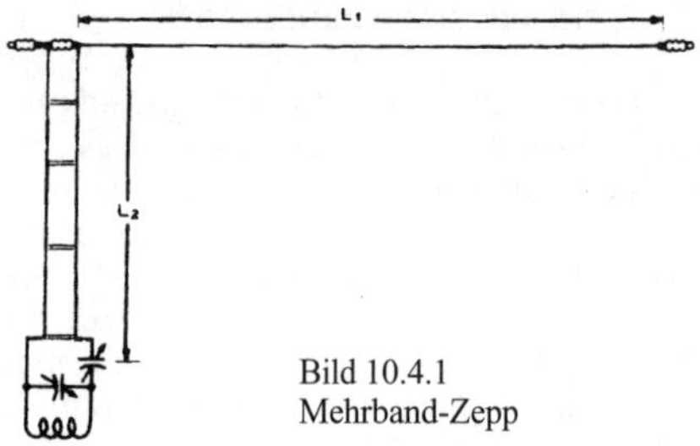

Bild 10.4.1
Mehrband-Zepp

Telegrafie: 42,59 m = 8,72 m + 33,87 m
Telefonie: 41,55 m = 17,35 m + 24,20 m

Eine Stromsummenantenne von 160 bis 10 m mit den Mittenfrequenzen (1,83; 3,65; 7,06; 14,2; 21,2; 28,6 MHz) aus dem Jahre 1999 [3.22] hat die Abmessungen: 162 m = 17,8 m + 144,2 m. Bester Anschlußpunkt ist bei 17,8 m (wahlweise von jedem Ende).

Eine neuere Stromsummenantenne von 80 bis 10m für Telegrafie mit etwas geänderten Abmessungen wird in [3.23] beschrieben.

Telegrafie: 42,3 m = 8,0 m + 34,3 m,

Weil am Speisepunkt Stromspeisung vorherrscht, sind die Impedanzen im allgemeinen niedrig. Handelsübliche Anpaßgeräte für symmetrische Antennen sind dafür bestens geeignet.

Man kann am Ende einer beliebigen 450-Ω-Bandleitung auch ein Sperrglied einsetzen mit Übergang auf 50-Ω-Koaxialkabel. So kann man zur Impedanztransformation nach „*Guanella*" mit 3 Stück *W2DU*-Balun (1:1-Strombalun) einen 1:9-Balun realisieren (vgl. **Bild 7.4.18c**).

10.4 Endgespeiste Multiband-Antennen

Endgespeiste Antennen werden heute kaum mehr eingesetzt. Antennen dieser Art sind wegen der Einstrahlung (BCI und TVI) gefürchtet. Modern ausgedrückt: die elektromagnetische Verträglichkeit solcher Antennen ist nicht gegeben.

Aus historischen Gründen werden aber die beiden wichtigsten Vertreter der endgespeisten Multiband-Dipolantennen behandelt.

Tabelle 10.4
Erprobte Abmessungen und Ankopplungsart bei den Zepp-Antennen für die klassischen Amateurbänder

Strahler L_1 in m	Speiseleitung L_2 in m	Amateurband in m	Ankopplungsart
		80	Stromkopplung
		40	Stromkopplung
41,15	13,75	20	Stromkopplung
		15	Stromkopplung
		10	Spannungskopplung
		40	Stromkopplung
20,42	13,75	20	Stromkopplung
		15	Stromkopplung
		10	Spannungskopplung

10.4.1 Mehrband-Zepp

Zepp-Antennen waren als Multibandantennen sehr verbreitet [4.1], heute werden sie aber kaum noch verwendet. Ein Mehrband-Zepp ist in **Bild 10.4.1** dargestellt. Zepp-Antennen für Mehrbandbetrieb haben Strahlerlängen von rd. 40 m oder rd. 20 m.

In **Tabelle 10.4** sind erprobte Abmessungen und die Ankopplungsart von zwei Zepp-Antennen für die klassischen Amateurbänder aufgelistet.

Bei Spannungskopplung ist der Serienkondensator auf Maximalwert (voll wirksam) eingestellt und die Abstimmung erfolgt mit dem Paralleldrehkondensator.

Bei Stromkopplung ist der Parallelkondensator auf Minimalwert (wenig wirksam) eingestellt und die Abstimmung erfolgt mit dem Serienkondensator.

10.4.2 *DL7AB*-Antenne

Nach einem Vorschlag von *DL7AB* läßt sich ein endgespeister Dipol leicht für alle Amateurbänder resonant auslegen [4.2]. Der *DL7AB*-Antenne liegt folgender Gedankengang zugrunde: Durch eine in den Strahler eingeschaltete Spule kann man diesen elektrisch verlängern. Die Verlängerungswirkung ist am größten, wenn sich die Spule in einem Strombauch befindet; sie nimmt ab, je mehr die Spule dem Stromknoten genähert wird. **Bild 10.4.2**

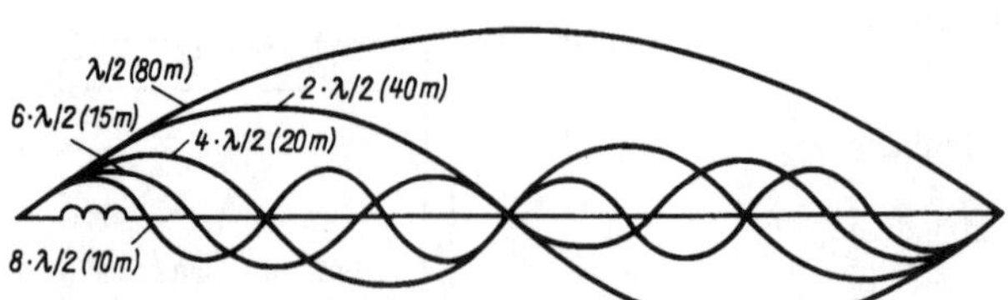

Bild 10.4.2
Stromverteilung auf einem 40 m langen Mehrbandstrahler

zeigt, wie sich die Strommaxima auf einem 40 m langen Strahler verteilen, der für 3,5 MHz eine Länge von fast $\lambda/2$ hat und den man als Mehrbandantenne verwendet.

Schaltet man etwa 2,5 m vom Strahlerende entfernt eine Verlängerungsspule in den Strahler ein, so liegt diese beim 10-m-Betrieb genau im ersten Strombauch; die Verlängerungswirkung ist demnach am stärksten. Bei 15-m-Betrieb befindet sich die Spule noch ein wenig neben dem Strommaximum, so daß der Einfluß der Spule etwas abgeschwächt wird. Mit größer werdender Wellenlänge nähert sich die Lage der Verlängerungsspule immer mehr dem Stromminimum; gleichzeitig verringert sich damit auch ihre Wirkung als elektrische Antennenverlängerung.

Wird für eine Mehrbandantenne nach *DL7AB* eine Strahlerlänge von 40 m zugrunde gelegt, so ist ihre Länge, bei einem Drahtdurchmesser von rd. 2 mm, als Halbwellenstrahler für das 80-m-Band um etwa 1,7 m zu kurz. Obwohl sich die Verlängerungsspule fast im Stromknoten befindet, reicht ihre Wirkung noch aus, den Strahler für 3,5 MHz in Resonanz zu bringen. Für 7 MHz ist der Strahler bereits 2,2 m zu kurz, doch die Verlängerungsspule liegt schon etwas näher beim Strombauch und gleicht die Verkürzung aus. Auf 14 MHz fehlen bereits 2,5 m, auf 21 MHz sind es 2,6 m und auf 28 MHz fehlen 2,7 m. Die Verlängerungsspule rückt jedoch mit steigender Frequenz immer näher zum Strombauch und bringt die Antenne jeweils in Resonanz. Durch die unterschiedliche Verlängerungswirkung der Spule wird erreicht, daß der Strahler für alle Amateurbänder die richtige elektrische Länge hat.

Exakte Angaben über Lage und Größe der Verlängerungsspule können nicht vermittelt werden, da jede Antenne durch Erdverhältnisse, Antennenhöhe, Strahlerumgebung und auch Speisungsart unterschiedlichen Einflüssen unterliegt. Gute Richtwerte findet man in **Bild 10.4.3**.

Eine praktische Ausführung der Verlängerungs- oder Korrekturspule findet sich in einem Artikel von *DF2BC* [4.3].

Der Vorzug der *DL7AB*-Methode besteht darin, daß beim Mehrbandbetrieb am Speisepunkt der Antenne keine Blindanteile vorhanden sind. Man könnte deshalb – trotz Mehrbandbetrieb –angepaßte Speiseleitungen verwenden. Da die *DL7AB*-Antenne aber immer in einem Spannungsbauch (hochohmig) gespeist wird, ist eine Zeppelinspeisung, also Speisung mit einer abgestimmten Speiseleitung wie bei einer Multiband-Zepp üblich.

Bild 10.4.3
DL7AB-Antenne

Als Amateurantenne konnte die *DL7AB*-Antenne keine besondere Bedeutung erlangen.

10.5 Mehrfachdipole

Halbwellendipole für den Betrieb auf mehreren Amateurbändern kann man am zentralen Speisepunkt zusammengefassen und gemeinsam erregen. Dabei können sie offen parallel oder gefaltet und ineinander verschachtelt angeordnet sein.

Die Idee dazu stammt aus USA, wo 1934 ein diesbezügliches Patent angemeldet worden ist. Die US-Patentnummer davon ist nicht bekannt, wohl aber das in England ein Jahr später 1935 angemeldete Patent [5.1].

10.5.1 Offene Mehrfachdipole

Bild 10.5.1 zeigt abgewinkelte und paralle Mehrfachdipole. Parallel angeordnete Mehrfachdipole für Amateure sind seit 1937 bekannt [5.2].

Eine Allbandantenne mit abgewinkelten Dipolen ähnlich **Bild 10.5.1a** wurde 1954 veröffentlicht [5.3].

Ein Multiband Dipol mit parallelen Strahlern ähnlich **Bild 10.5.1c** wurde 1956 veröffentlicht [5.4].

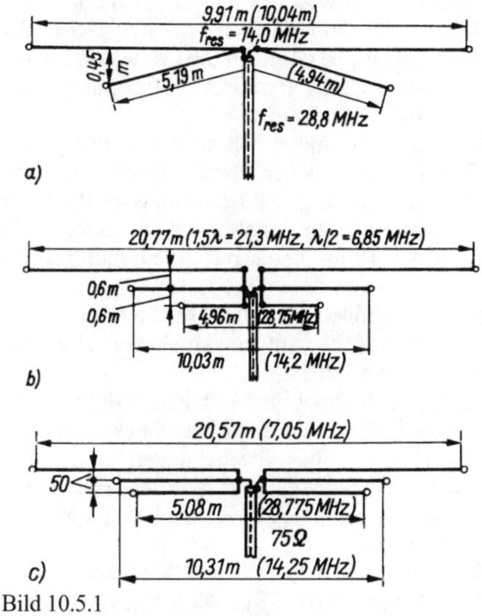

Bild 10.5.1
Parallel-Mehrfachdipole
a) - normal übliche Anordnung
b) - Vierbanddipol nach *G3ESP*
c) - Vierbanddipol nach *GI4JTF*

Käufliche Ausführungen nach diesem Prinzip der parallelen Dipole (hy-gain Multiband-Antenne) arbeiten mit einem speziell hergestellten Antennenleiter, bei dem der längste Dipol aus einer zugfesten verkupferten Stahllitze besteht. Er hat die Aufgabe, alle kürzeren Dipole zu tragen. Letztere sind etwa wie bei einer breiten Stegleitung längengestaffelt in ein gemeinsames Dielektrikum eingebettet [5.5].

Es leuchtet ein, daß bei einer derart engen Verkopplung der Dipole untereinander in Verbindung mit gemeinsamer Speisung die Halbwellenresonanz der Einzeldipole nicht mehr nach der allgemein gültigen Bemessungsformel berechnet werden kann. Dies wurde auch *von F8AJ* in einer grösseren Versuchsreihe festgestellt [5.6], wobei sich folgende Tendenz ergab:

Werden 2 unterschiedlich lange, einander angenäherte Dipole am Einspeisepunkt parallelgeschaltet, erfährt der kürzere Dipol eine deutliche elektrische Verkürzung (Resonanzfrequenz steigt), während der längere Dipol elektrisch verlängert wird (Resonanzfrequenz fällt).

Um die gegenseitige Beeinflussung etwas zu mindern, sind die Enden des 10-m-Dipols um 450 mm vom 20-m-Dipol nach Bild 10.5.1a weggespreizt, die Speisepunkte liegen jedoch unmittelbar zusammen.

Ein Zweifachdipol für 20 m (f_{res} = 14,0 MHz) und für 10 m (f_{res} = 28,8 MHz) wurde zunächst mit den üblichen Längen bemessen, deren Werte in Klammern gesetzt sind. Dabei ergab sich, daß der vorausberechnete 20-m-Dipol für die gewünschte Resonanz zu lang war, während sich der 10-m-Dipol als zu kurz erwies. Erst als der 10-m-Dipol von 4,94 m auf 5,19 m verlängert und gleichzeitig der 20-m-Dipol von 10,04 m auf 9,91 m verkürzt wurden, stellten sich die erwünschten Resonanzen innerhalb beider Bänder ein.

Für den vorliegenden Fall kann man feststellen: Auch bei einem solchen Zweifachdipol läßt sich die Resonanzlänge berechnen, es müssen dann nur die Längen des 20-m-Dipols mit dem Faktor 0,975 und die des 10-m-Dipols mit 1,051 multipliziert werden.

Sicher vergrößern sich die Probleme, wenn man Dipolkombinationen mit 3 und mehr Einzeldipolen in dieser Weise aufbaut.

Ein Dreifach-Dipol für 14 MHz, 21 MHz und 28 MHz von *DF2BC* zeigte ein ähnliches Verhalten, allerdings waren die Abweichungen umgekehrt. Der längste Dipol mußte stark verkürzt werden, die beiden kürzeren Dipole hingegen nur wenig verlängert werden [5.7].

Bei dem von *G3ESP* entwickelten Multibanddipol nach **Bild 10.5.1b** [5.8] scheint es keine Bemessungsprobleme zu geben. Hier befinden sich die angegebenen Dipollängen im Einklang mit den bekannten Bemessungsformeln. Bei diesem Aufbau werden die Dipole in einem doch großen gegenseitigen Abstand von 600 mm parallel geführt, und - was vielleicht auch entscheidend ist - diesen gegenseitigen Abstand haben auch die Speisepunkte. Das Speisekabel wird an den mittleren Dipol angeschlossen. Als Spreizer verwendet *G3ESP* imprägnierte Holzstreifen, die besser durch passende Kunststoffprofilstäbe (z.B. Gardinenlaufschienen) ersetzt werden können. Der mittlere Dipol besteht aus kunststoffummantelter Kupferlitze, um mögliche Kontakte mit den äußeren Strahlern zu vermeiden. Für die beiden äußeren Dipole wird 2-mm-Hartkupfer-Blankdraht verwendet.

Der längste Dipol mit 20,77 m Spannweite ist als $3\lambda/2$-Strahler für 21,3 MHz bemessen. Sein Eingangswiderstand ist deshalb etwas größer als der eines Halbwellendipols; die leichte Fehlanpassung fällt bei Speisung mit 75-Ω-Kabel kaum ins Gewicht. Für 7 MHz ist dieser Dipol etwas zu lang, die Resonanzfrequenz liegt unter 7 MHz. Wird auf gute Wirksamkeit im 40-m-Band besonderer Wert gelegt, verkürzt man den Dipol noch weiter. Der mittlere Dipol mit einer Länge von 10,03 m hat seine Resonanz bei 14,2 MHz. Der unterste Dipol mit 4,96 m hat seine Resonanzfrequenz bei 28,75 MHz. Ein Balun am Antennenspeisepunkt wurde von *G3ESP* nicht vorgesehen; wenn erforderlich, kann dort eine Koaxialkabeldrossel oder ein Ringkernbalun 1:1 eingefügt werden.

Der Multiband-Dipol wurde in einer Höhe von ungefähr 7 m montiert.

Eine Vierbandausführung mit 3 parallelen Dipolen und mit nur 50 mm gegenseitigem Abstand der einzelnen Dipole wurde von *GI4JTF* entwickelt [5.9].

Das Aufbauschema mit den Abmessungen und den Resonanzfrequenzen ist in **Bild 10.5.1c** dargestellt. Diese Antenne hatte eine Aufbauhöhe von etwa 10 m über Grund und arbeitet auch im 15-m-Band mit einer Welligkeit von 1,8 über den Frequenzbereich.

Die im Artikel angegebenen Bemessungsformeln für die einzelnen Dipole sind unterschiedlich. Die Rechenergebnisse stimmen mit den tatsächlich angegebenen Längen aber nicht ganz überein.

Bei kleineren Aufbauhöhen sinken die Resonanzfrequenzen entsprechen und die Dipole müssen entsprechend verkürzt werden.

Die Antenne wurde mit 75-Ω-Flachbandleitung gespeist. Erfahrungsgemäß kann ohne Nachteil auch 75-Ω-Koaxialkabel mit einem Ringkern-Balun 1:1 verwendet werden.

Ein Multiband-Dipol von *W4UW* aus dem Jahre 1992 [5.10] aus 4 parallelen Strahlern bemessen für das 40-m-Band und die WARC-Bänder zeigte folgende Erscheinung:

Der längste und oberste Strahler (7,15 MHz) und der kürzeste und unterste Strahler (24,94 MHz) mußten, gegenüber den berechneten Werten, am wenigsten verändert werden. Die beiden mittleren Strahler (10,125 MHz und 18,108 MHz) mußten,

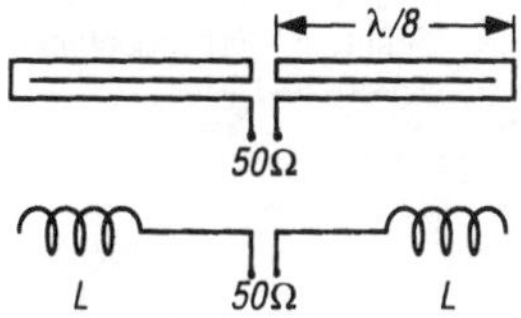

Bild 10.5.2
MOR-GAIN-Antenne
80-m-Prinzip

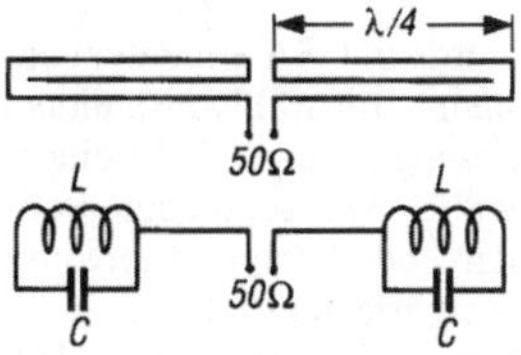

Bild 10.5.3
MOR-GAIN-Antenne
40-m-Prinzip

gegenüber den berechneten Werten, um fast 4% gekürzt werden.

Zusammenfassung: Die jeweils äußersten Strahler müssen fast nicht, die jeweils inneren Strahler müssen etwas mehr gekürzt werden. Die einzelnen Dipole eines Mehrfachdipols müssen nicht in einer senkrechten Ebene angeordnet sein. Man kann die einzelnen Dipole auch in verschiedene Richtungen hin spannen. Wenn man mehrere Dipole mit nicht zu weit auseinanderliegenden Resonanzfrequenzen aufbaut kann man einen gewissen Breitbandeffekt erzielen (Fächerdipol, auf engl. fan-dipole).

10.5.2 Gefaltete Mehrbanddipole

Gefaltete und ineinander verschachtelte Mehrbanddipole sind raumsparende Antennenanordnungen. Besonders bei tiefen Frequenzen (80-m-Band) werden normale Mehrbandantennen wegen der großen Länge zum Problem.

MOR-GAIN-Antenne

In USA wurde 1952 von einem gewissem *Morgan* eine neuartige Zweibandantenne mit geringem Platzbedarf zum Patent angemeldet [5.11]. Diese Antenne ist nur halb so groß wie konventionelle Halbwellendipole, hat keine Sperrkreise oder Spulen und wird später unter dem Namen „MOR-GAIN-Antenne" in Amateurkreisen verkauft.

In der italienischen Funkzeitschrift ist diese Antenne 1967 beschrieben [5.12]. Die Wirkungsweise ist in **Bild 10.5.2** und **Bild 10.5.3** zu sehen. Auf 80 m ist die Antenne ein induktiv verlängerter $\lambda/4$-Dipol. Die innere $\lambda/8$-Schleife wirkt als Induktivität (*L*) (**Bild 10.5.2**).

Auf 40 m ist die Antenne ein $\lambda/2$-Dipol. Die innere $\lambda/4$-Schleife wirkt als Parallelschwingkreis (*L*, *C*) (**Bild 10.5.3**).

Squashed Multibander

Die wohl kürzeste Multibandantenne wurde 1975 von *G3KSK* veröffentlicht [5.13]. Die Übersetzung davon ist von *DK6NJ* in der cq-DL 9/75 erschienen [5.14]. **Bild 10.5.4** zeigt die Antenne.

Die Länge ist 12,5 m, die Breite ist 50 cm. Vom Autor wird für 80 m, wegen der Fehlanpassung durch die Faltung und geringe Höhe über Grund, eine $\lambda/4$-Anpaßleitung (13,1 m Koaxialkabel) empfohlen.

Ein Mehrfachdipol dieser Art wurde 1994 von *DH4PAA* mit dem Namen „Minispace" veröffentlicht.

Verschachtelte Mehrband-Dipole

Eine verschachtelte Mehrband-Dipol-Antenne für die Bänder 80 m bis 15 m mit einer Länge von 15 m besteht aus 4 parallelen Drähten, die von zwei gefalteten Dipolen (2 x 20 m und 2 x 10 m) gebildet werden. Auf 80 m zeigte sie einen schlechten Wirkungsgrad, auf 40 und 15 m und sogar auf noch 10m arbeitete sie problemlos.

Eine andere verschachtelte Mehrband-Dipol-Antenne auch für die Bänder 80 m/40 m/15 m mit einer Länge von 29 m bestand aus 2 parallelen Drähten, die von zwei gefalteten Dipolen (2 x 20 m und 2 x 10 m) gebildet wurden.

DL6ZAC berichtete in [5.15] über die Erfahrungen damit, über eine induktive Verlängerung des 80-m-Dipols und eine Erweiterung mit einem zusätzlichen 20-m-Dipol. **Bild 10.5.5** zeigt diese 4-Band-Dipol-Antenne.

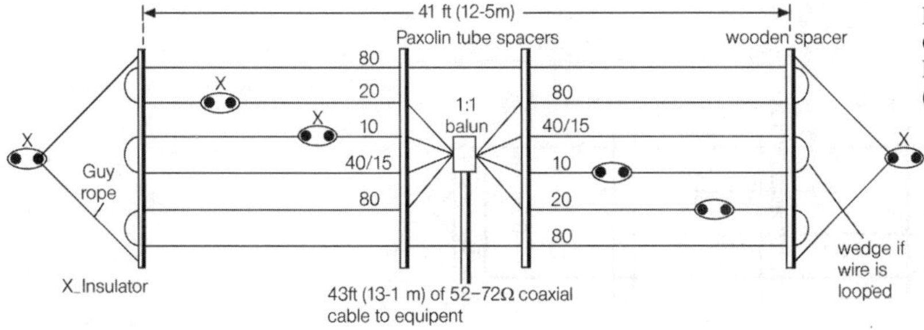

Bild 10.5.4
Gefaltete
Dreibandantenne
(80/40/20/15/10 m)

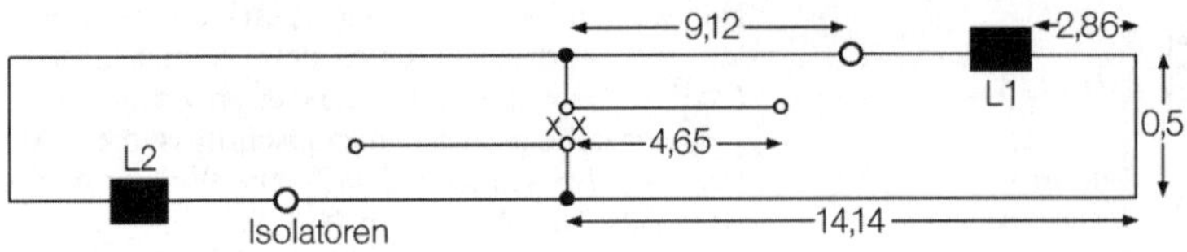

Bild 10.5.5
Gefaltete Vierbandantenne
(80-40-20-15-m)

Einen Dreibanddipol mit zurückgefalteten Enden hat *HB9KL* 1994 beschrieben [5.16]. Dabei hat er auch für die Dipolverlängerung, die durch die Faltung erfolgt, eine Formel angegeben.

$$L/\mathrm{m} = \frac{157{,}2}{f/\mathrm{MHz}} \qquad (10.5.1)$$

Die technischen Daten für den Dreibanddipol (80/40/15 m) sind:

Gesamtlänge:	31,1 m, Breite: 0,4 m
80 m-Drahtlänge:	42,48 m
40 m-Drahtlänge:	20,18 m
Bandbreite (SWR 2:1)	
80 m:	142 kHz
40 m:	255 kHz

Der Dipol ist in **Bild 10.5.6** zu sehen. Der 40-m-Dipol wird auch auf 15 m verwendet.

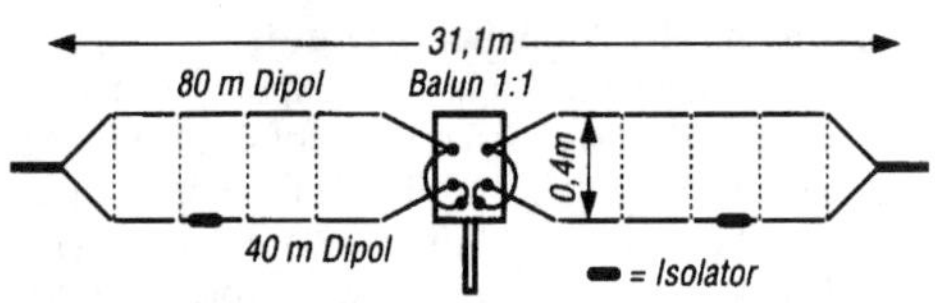

Bild 10.5.6 Dreiband-Dipol

Eine verschachtelte Mehrbandantenne für 80-40-20-15m (Dipol für den *OV C26*, Abmessungen nach *DF4MR* von 1988) ist in **Bild 10.5.7** wiedergegeben. Die Bänder 80-40-20 m haben eigene Dipole, der 40-m-Dipol wird auch auf 15 m verwendet. Die Gesamtlänge der Antenne ist 29,9 m. An einem anderen Standort mußte die Gesamtlänge auf 31,4 m geändert werden, der 40-m-Dipolast auf 10,2 m und der 20-m-Dipollast auf 5,45 m. Gegenüber der gestreckten Ausführung müssen die gefalteten Antennen für Resonanz verlängert werden. Durch die Faltung verringert sich der Strahlungswiderstand und es verringert sich auch die Bandbreite.

10.6 Sperrkreis-Dipole

Bereits im Jahre 1934 wurde in USA ein Patent angemeldet von einer Antenne mit wahlweise einem Serien- oder Parallelschwingkreis [6.1]. In einem Patent im Jahre 1937 wurde sogar schon eine Serienschaltung von Serien- oder Parallelschwingkreisen in der Antenne beschrieben [6.2].

Im Jahre 1938 wurde dann das Patent von *Morgan* angemeldet [6.3]. Darin findet sich neben der heute bekannte Form einer horizontalen Sperrkreisantenne mit drei Sperrkreisen für vier Frequenzen auch schon die Abbildung einer ebensolchen vertikalen Sperrkreisantenne.

Diese horizontale Sperrkreis-Antenne wurde später 1940 in der US-Zeitschrift Electronics beschrieben [6.4]. Dadurch ist diese Antennenform dann bekannt geworden und *Morgan* gilt seitdem als Erfinder der Sperrkreis-Antenne. Multiband-Sperrkreisdipole sind sehr beliebt und werden vielfach verwendet. Neben den bekannten Sperrkreis-Antennen wie z.B. W3DZZ gibt es noch weitere allgemeine und spezielle Sperrkreisdipole, sowie Stub-Dipole.

10.6.1 Sperrkreise

Sperrkreise sind Parallelschwingkreise, die eine Frequenz (Resonanzfrequenz) sperren. Als Trap (engl.: Trap = Falle) bezeichnet man einen Parallelresonanzkreis, der in den Antennenleiter eingefügt wird. Für seine Resonanzfrequenz bildet er einen Sperrkreis. Für Frequenzen, die unterhalb seiner Resonanzfrequenz liegen, wirkt der Sperrkreis wie eine Serieninduktivität, für höhere Frequenzen als Serienkapazität. Nicht die Einzelkomponenten sind dabei wirksam, sondern es wirkt der ganze Schwingkreis [6.5].

Bild 10.6.1 zeigt den Blindwiderstand (Reaktanz) X eines verlustlosen Parallelkreises für 7

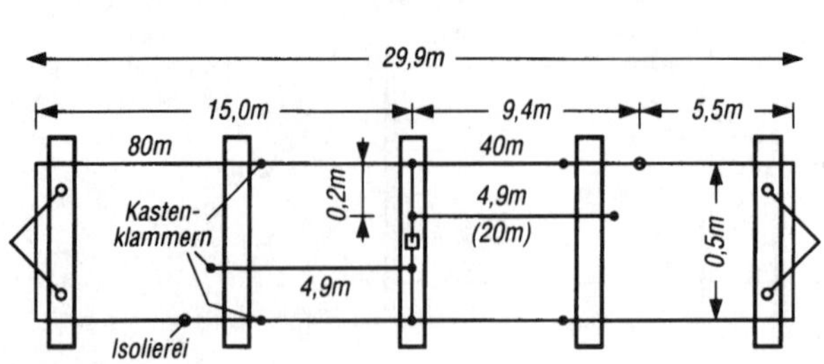

Bild 10.5.7
verschachtelte Mehrband-Antenne
für 80, 40, 20 und 15 m

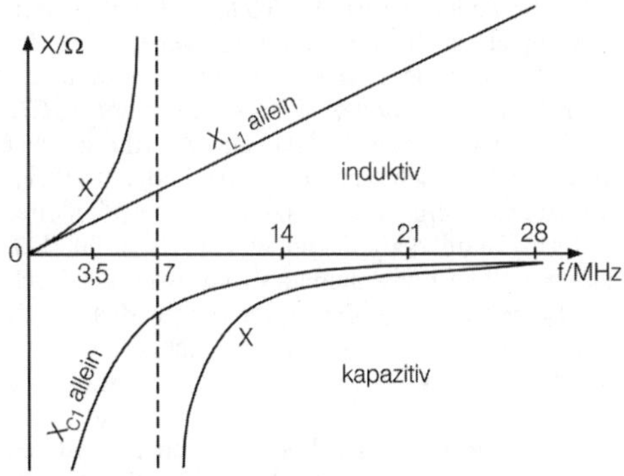

Bild 10.6.1
Blindwiderstand X eines verlustlosen Parallelkreises

MHz mit den Komponenten *L1* und *C1* zwischen Null und 28 MHz. Der Wert der Serieninduktivität *X* des Kreises ist bei 3,5 MHz größer als die Induktivität von *L1* allein. Ebenso ist bei z.B. 14 MHz der Wert der Serienkapazität von *X* größer als die Kapazität von *C1* allein. Exakterweise muß man beim Resonanzkreis auch den Verlustwiderstand des Kreises berücksichtigen. **Bild 10.6.2** zeigt den Wirkwiderstand (Resistanz) *R* und den Blindwiderstand *X* eines gedämpften Parallelkreises. Der Sprung von plus unendlich nach minus unendlich beim verlustlosen Kreis wird beim verlustbehafteten Kreis in einen absinkenden Kurventeil verwandelt. Dadurch hat der Blindwiderstand *X* einen positiven und einen negativen Maximalwert. Im Resonanzpunkt ist $X = 0$.

Lange Zeit wurden die Sperrkreise aus Einzelkomponenten, aufgebaut, also aus einer Spule mit der Induktivität *L* und aus einem Kondensator mit der Kapazität *C*.

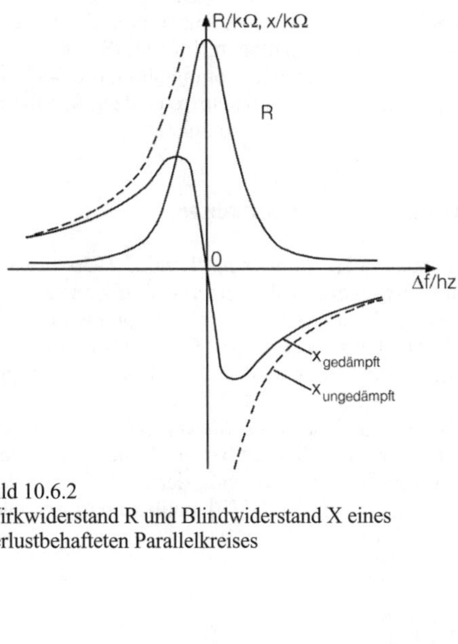

Bild 10.6.2
Wirkwiderstand R und Blindwiderstand X eines verlustbehafteten Parallelkreises

Hochwertige Spulen erhält man aus etwa 2 mm dickem lackierten Kupferdraht freitragend. An den Sperrkreisen treten hohe Spannungen auf. Deshalb müssen Kondensatoren möglichst hohe Prüfspannungen haben, 3 kV sind da kein Luxus, 5 kV ist noch zweckmäßiger.

Es wird von den Kreisen nicht nur eine hohe Kreisgüte, sondern auch eine gute Temperaturkonstanz gefordert. Man muß berücksichtigen, daß die Sperrkreise im Freien extremen Temperaturschwankungen ausgesetzt sind, die sich mehr oder weniger stark auf die Resonanzfrequenz auswirken. So kann es vorkommen, daß eine Sperrkreisantenne bei normaler Außentemperatur gut funktioniert, aber bei größeren Temperaturänderungen sich die Resonanzfrequenz stark ändert. Das kann ebenso bei Witterungswechsel passieren, z.B. bei Regen und Schnee. Eine Temperaturkompensation scheitert oft daran, daß man keine Kondensatoren mit entsprechenden Temperaturkoeffizienten, oder nicht in den passenden Werten und den notwendigen Spannungen bekommen kann.

Es gibt eine empfehlenswerte Möglichkeit, den Kondensator aus einem Stück Koaxialkabel selbst herzustellen. Bekanntlich haben diese Kabel einen ganz bestimmten Kapazitätswert je Meter Länge. Er beträgt bei 50-Ω-Kabeln mit Polyäthylen-Dielektrikum (Verkürzungsfaktor 0,66) ziemlich genau 100 pF/m, bei 60-Ω-Kabeln etwa 85 pF/m und bei 75-Ω-Kabeln 67 pF/m und ist den Herstellerlisten zu entnehmen. Man nimmt ein dem gewünschten Kapazitätswert entsprechendes Kabelstück und schaltet es mit einem Ende parallel zur Spule, das untere Kabelende bleibt offen (dort keine Verbindung des Innenleiters mit dem Außenleiter herstellen). Dieser Kabelkondensator kann frei herabhängen; am besten ist es aber, wenn man ihn an einen der beiden Antennenleiter parallellaufend anbindet. Träger des Kabelstücks ist immer der Antennendraht, an dessen Ende der Kabelaußenleiter angeschlossen wird.

Der Sperrkreis soll wettersicher in einem isolierenden Schutzgehäuse eingebaut sein. Teilweise eignen sich dazu die vielfach angebotenen Kunststoffbehälter oder leere Plastikflaschen aus der Haushaltchemie.

Seit 1981 gibt es Sperrkreise aus Koaxialkabel. Im Mai dieses Jahres beschreibt *W3JIP* in der Zeitschrift QST wie man hochwertige Sperrkreise aus Koaxialkabel herstellen kann [6.6]. In **Bild 10.6.3** wird das Prinzip erklärt. Zunächst ist in **Bild 10.6.3a** der vorher geschilderte Austausch der konzentrierten Kapazität durch ein offenes Stück Koaxialkabel dargestellt, wobei als Induktivität eine Drahtspule verwendet wird. Eine Drahtspule kann man auch durch ein entsprechend aufgewickeltes Koaxialkabel ersetzen, wobei der relativ großflächige Kabelaußenleiter eine hohe Spulengüte sichert. Der Kabelinnenleiter hat keinen Einfluß auf

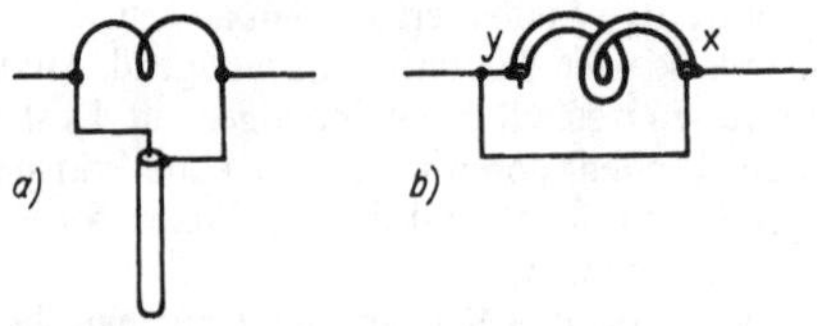

Bild 10.6.3
Entwicklung zum Koaxialkabel-Sperrkreis
a) - Koaxialkabel als Kapazität
b) - Koaxialkabel als Induktivität und Kapazität

Tabelle 10.5
Daten für Koaxialkabel-Traps
nach *W3JIP* gemäß Bild 10.6.3b

Resonanzband in m	Windungszahl	Spulenbreite in mm
40	12 3/4	75
30	9 3/4	60
20	6 3/4	45
17	5 3/4	35
15	5	35
12	4 1/2	30
10	3 3/4	30

die Induktivität, er kann aber bei entsprechendem Anschluß die Kreiskapazität bilden. Dieser Fall eines Parallelresonanzkreises ist in **Bild 10.6.3b** dargestellt; seine Vorzüge sind Temperaturkonstanz, große Durchschlagfestigkeit und hohe Kreisgüte.

Gemäß **Bild 10.6.3b** ist der Außenleiter des Kabels als Spulenleiter zwischen den Punkten x und y angeschlossen. Der linksseitige Innenleiter endet frei und wird wegen der Gefahr von Spannungsüberschlägen gut isoliert; den rechtsseitigen Innenleiteranschluß verbindet man mit dem Punkt y. *W3JIP* verwendete 50-Ω-Koaxialkabel vom Typ RG-58/U. Dieses Kabel kann auf ein Kunststoffrohr (z.B. Polyäthylen) mit 38 mm Durchmesser aufgewickelt werden. Eine Zugentlastung ist vorzusehen; nach dem Endabgleich sollte der Sperrkreis einen schützenden Überzug erhalten (z.B. Silikonkautschuk) **Tabelle 10.5**. erleichtert den Nachbau.

Bild 10.6.4
Koaxialkabel-Sperrkreis
nach N3GO

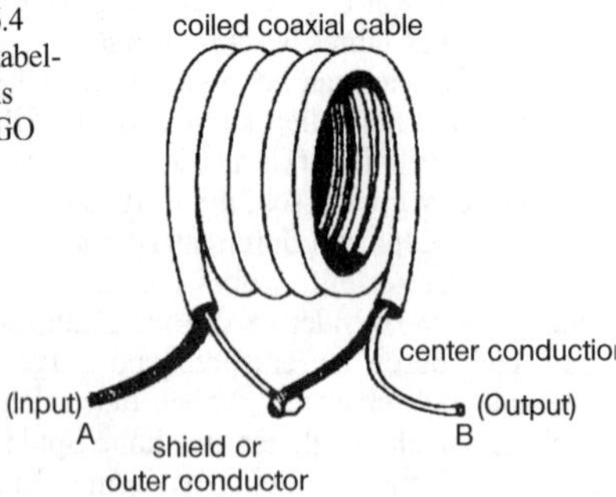

Der Spulenkörper hat dabei 38 mm Durchmesser. Den Feinabgleich kann man durch Verschieben der Windungen auf dem Wickelkörper durchführen.

Im Oktober desselben Jahres beschreibt *N3GO* eine Methode, nach der man die Sperrkreise aus Koaxialkabel noch einfacher herstellen kann [6.7]. **Bild.10.6.4** zeigt die Details. Der Außenleiter (Schirm) ist mit dem Innenleiter (Seele) verbunden, dadurch fließt der Antennenstrom zweimal durch den Sperrkreis. Wie der Autor durch Messungen und Vergleiche feststellen konnte hat diese Sperrkreisform eine größere Bandbreite bei geringeren Verlusten.

Die Bauform nach *N3GO* hat sich inzwischen weitgehend durchgesetzt. Ein Artikel für die Ermittlung des optimalen Durchmessers von Koaxialtraps ist in [6.8] zu finden. Ein Basic-Computerprogramm zur Berechnung wurde in [6.9] veröffentlicht.

Deutsche Veröffentlichungen über den Bau von koaxialen Sperrkreisen finden sich in [6.10] und [6.11]. In Deutschland fertigt *Kelemen DK9TK* Sperrkreis-Antennen mit koaxialen Sperrkreisen. Diese bestehen aus aufgerollten dünnen Koaxialkabeln aus Teflon (PTFE).

Die Vorteile der Teflon-Sperrkreise sind: säure- und alkalibeständig, nicht entflammbar, ozonbeständig, nimmt kein Wasser auf, temperaturbeständig, witterungsbeständig. Die Anschlüsse sind in einem kleinen Makrolongehäuse vergossen.

10.6.2 Besondere Sperrkreis-Dipole

Die Besonderheit dieser Dipole ist, daß sie mit nur **einem** Sperrkreis auf jeder Dipolseite den Betrieb auf mehreren (3 bis 5) Frequenzen ermöglichen.

Das wesentliche Merkmal ist die besondere Ausbildung dieses Sperrkreises, z.B. für 7 MHz bei den *W3DZZ*- und *HA5DM*-Antennen. Von den beliebig vielen LC-Kombinationen, für eine Resonanz auf 40 m, gibt es nur eine Kombination, die auch auf den harmonischen Amateurfrequenzen annähernd geeignete Resonanzen ermöglicht.

10.6.2.1 *W3DZZ*-Antenne

Nachdem *C.L. Buchanan W3DZZ* 1955 die von ihm entwickelte Allbandsperrkreisantenne mit nur je einem Sperrkreis in jeder Antennenhälfte in der US-Amateurfunkzeitschrift QST veröffentlicht hat wurde diese Antennenform auch von den Funkamateuren beachtet [6.12].

In England hat *R.G. Shears G8KW* nach dem Krieg einen Allband-Sperrkreisdipol nach dem gleichen Prinzip entwickelt, der ab 1956 von *KW Electronics Ltd.* als „*G8KW* multiband trap dipole“ verkauft worden ist.

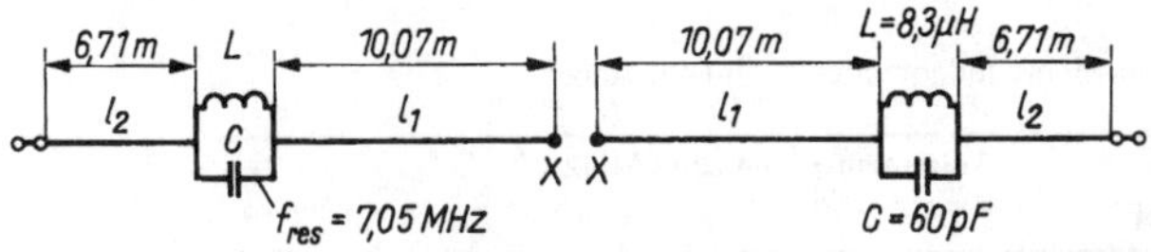

Bild 10.6.5
W3DZZ-Antenne

Die *W3DZZ*- bzw. *G8KW*-Antenne ist bis heute eine der beliebtesten Mehrbandantennen.

Bild 10.6.5 zeigt den Aufbau der Antenne. Die beiden in den Antennenleiter eingefügten Sperrkreise haben eine Resonanzfrequenz von 7,05 MHz. Die inneren Dipolabschnitte mit je 10,07 m Länge befinden sich in Halbwellenresonanz bei 7,05 MHz, denn die Sperrkreise mit der gleichen Resonanzfrequenz wirken wie Isolatoren, so daß die äußeren Dipolabschnitte ohne Einfluß bleiben. Wird der Dipol mit 3,5 MHz erregt, so ist die Sperrkreiswirkung aufgehoben, denn es besteht keine Resonanz. Der Trap wirkt nun induktiv wie eine Verlängerungsspule und verlängert die Außenabschnitte elektrisch so, daß der Strahler insgesamt für 3,5 MHz als Halbwellendipol resonant ist. Bei den hochfrequenten Amateurbändern betragen die Strahlerlängen etwa 1,5λ für 20 m, 2,5λ für 15 m und 3,5λ für 10 m. Die Traps verhalten sich oberhalb ihrer Resonanzfrequenz kapazitiv und wirken somit elektrisch verkürzend. Für 10 und 15 m werden die Strahler durch das C des Sperrkreises noch weiter verkürzt.

Bild 10.6.6 zeigt die Stromverteilung auf einer *W3DZZ*-Antenne. Mit zunehmender Popularität der *W3DZZ*-Allbandantenne fehlte es nicht an Versuchen, durch gezielte Veränderungen eine „ideale" Multiband-Trap-Antenne zu konstruieren. **Tabelle 10.6**. soll einen Überblick über unterschiedliche Bemessungsangaben vermitteln. Die Daten wurden der Amateurliteratur entnommen. Sie sagen nichts aus über die Meßbedingungen und Meßverfahren, man darf sie deshalb nicht überbewerten. Trotzdem lassen sich aus dieser Aufstellung einige hilfreiche Erkenntnisse über Trap-Allband-antennen gewinnen.

Aus der Tabelle geht klar hervor, daß alle Bauformen mit $l_1 < 10$ m (Nr. 4 bis 9) für den Einsatz in Ländern der Region 2 bestimmt sind, weil dort das 80-m-Band von 3,5 bis 4,0 MHz und das 40-m-Band von 7,0 bis 7,3 MHz zugelassen ist. Für Europa (Region 1) mit den in diesen Bändern eingeengten Bereichen sind die Bemessungen Nr. 1 bis 3 erheblich günstiger.

Alle Ausführungen zeigen für das 10-m-Band den „Schönheitsfehler", daß die Resonanz am hochfrequenten Bandende oder zumeist schon außerhalb der Bandgrenzen liegt. **Bild 10.6.6e** läßt den Grund erkennen: Die hier wirksamen Kapazitäten *C* der Schwingkreise befinden sich bei diesem Betriebsfall in einem Stromknoten; der ohne Trap bereits zu kurze Strahler wird dadurch zusätzlich

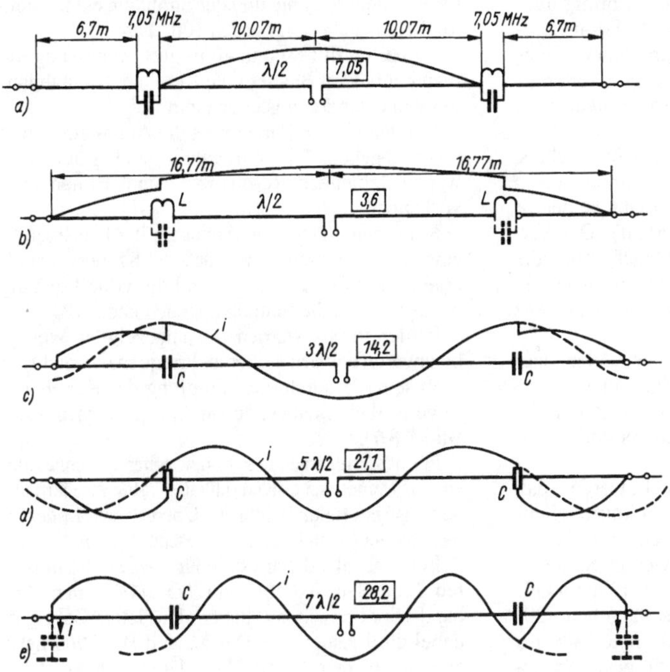

Bild 10.6.6
Stromverteilung
auf einer *W3DZZ*-Antenne
a) - 40 m (λ/2)
b) - 80 m (λ/2)
c) - 20 m (3λ/2)
d) - 15 m (5λ/2)
e) - 10 m (7λ/2)

Tabelle 10.6
Aufstellung von Bemessungsangaben für Trap-Mehrbandantennen nach Bild 10.6.5

Nr.	l_1	l_2	L	C	Antennenresonanzen / MHz				
	m	m	µH	pF	3,5	7	14	21	28
1	10,07	6,71	8,3	60	3,70	7,05	14,0	21,2	> 30,0
2	10,10	6,75	8,3	60	3,70	7,0	13,75	21,2	30,2
3	10,00	6,57	8,3	60	3,68	7,03	?	21,6	> 30,0
4	9,75	6,93	8,2	60	3,75	7,2	14,15	?	29,5
5	9,76	6,71	8,2	60	3,74	7,2	14,15	21,4	30,0
6	9,76	6,71	8,0	65	3,70	7,2	14,10	21,5	30,0
7	9,76	6,71	5,8	85	3,85	7,28	14,00	21,4	29,8
8	9,76	6,40	5,0	100	3,90	7,25	14,10	21,5	29,9
9	9,76	6,71	4,6	102	3,92	7,24	13,80	21,35	29,9

verkürzt, so daß für Resonanz in Bandmitte eine kapazitive Blindkomponente besteht (gestrichelt eingezeichnet). Eine entsprechende Verlängerung von l_2 könnte die Resonanz in Bandmitte rücken. Wie aus **Tabelle 10.6** hervorgeht, ist der Einfluß jedoch relativ gering, denn auch die zusätzliche Drahtlänge wird durch diese Maßnahme wieder verkürzt. Eine drastische Verlängerung würde jedoch gleichzeitig die 14-MHz-Resonanz außerhalb des Bandes in Richtung 13 MHz verschieben.

Die Verhältnisse im 15-m-Band sind relativ günstig. In Berichten wird manchmal von einer „breiten Resonanz" in diesem Band gesprochen (siehe **Bild 10.6.6d**). Aber auch hier liegen laut **Tabelle 10.6** die Resonanzen größtenteils oberhalb der Bandgrenze, so daß sich eine Verlängerung von l_2 günstig auswirken würde. Ein Vergrößern von C bei gleichzeitigem Vermindern von L bringt auch nicht die Lösung, denn dann würde die 80-m-Resonanz außerhalb der Region-1-Bandgrenze fallen (siehe **Tabelle 10.6** Nr. 7 bis 9), weil die Verlängerungswirkung der verkleinerten Spule nicht mehr ausreicht.

Beim 20-m-Band kommt man zu dem Ergebnis, daß die Antenne für 3λ/2-Resonanz um etwa 3 m zu lang ist. Das geht auch aus **Bild 10.6.6c** hervor (gestrichelt gezeichneter Stromverlauf). Die Verkürzungswirkung von C reicht nicht für alle Bemessungen aus, um die Strahlenresonanz in Bandmitte zu bringen, teilweise liegt die Resonanz außerhalb des Bandes (Nr. 2 und 9).

Die Praxis erweist, daß es trotz unterschiedlicher Bemessungsvariationen kaum gelingt, gleichzeitig alle 3 Strahlerresonanzen annähernd in Bandmitte zu bringen. Weitere Veröffentlichungen sind zu finden in [6.13] und [6.14].

Zusammenfassend kann festgestellt werden, daß es eine sehr große Anzahl von Variationsmöglichkeiten für Allband-Trap-Antennen gibt, die aber alle mit dem Mangel behaftet sein werden, daß entweder gute Resonanzbedingungen für 10 m und für 15 m bestehen, wobei die Antenne dann beim 20-m-Betrieb nicht mehr in Resonanz innerhalb des Bandes kommt, oder man bemißt für beste Anpassung im 20-m-Band und verzichtet auf Resonanz für 10 und 15 m.

Bei diesen Betrachtungen wurden so wichtige Faktoren wie die Aufbauhöhe des Strahlers über Grund, die Antennenumgebung und die Erdbodenleitfähigkeit nicht beachtet. Sie können alle Antenneneigenschaften drastisch verändern. Deshalb gilt für Allbandantennen die Forderung, daß ihre Mindestaufbauhöhe 10 m betragen soll, denn nur dann kann man näherungsweise damit rechnen, daß die Kenndaten eingehalten werden.

Wie aus der Stromverteilung in **Bild 10.6.6** hervorgeht, werden alle Bänder in einem Strombauch erregt, so daß man bei den Halbwellendipolen für 80 und 40 m, je nach Antennenhöhe, mit einer Eingangsimpedanz von annähernd 60 Ω rechnen kann. Für die hochfrequenten Amateurbänder besteht Oberwellenerregung, und der Strahlungswiderstand im Strombauch steigt gegen 100 Ω an.

So besteht für 80 und 40 m gute Anpassung, da man bei beiden Bändern die Resonanzen unabhängig von einander einstellen kann.

Bei den oberen Bändern ist die Anpassung nicht mehr gegeben. Die Wirkanteile sind größer und wegen fehlender Resonanzen sind Blindanteile vorhanden.

Man muß dann ein Anpaßgerät (Transmatch) einsetzen, das dafür sorgt, daß die Senderendstufe eine reine Wirklast „sieht" und die volle Leistung wenigstens an die Leitung abgeben kann.

In der Praxis werden die angezeigten Welligkeitswerte bei den höheren Frrequenzen nicht so groß sein, da durch die Dämpfung des Kabels geringere Welligkeitswerte angezeigt werden (vgl. **Bild 5.8.7**).

Für das Erregen einer symmetrischen Antenne über ein unsymmetrisches Koaxialkabel sollte zweckmäßigerweise ein Balun (Ringkern-Übertrager 1:1 oder eine koaxiale Mantelsperre) eingesetzt werden.

In Deutschland war es die Fa. *Fritzel*, die mit ihren Modellen *W3-500* und *W3-2000* einen Allband-Dipol angeboten haben. Die letzte Zahl gibt dabei die Leistung an. Das Modell *W3-2000* hatte zwar Resonanzen in der Nähe der oberen Amateur-

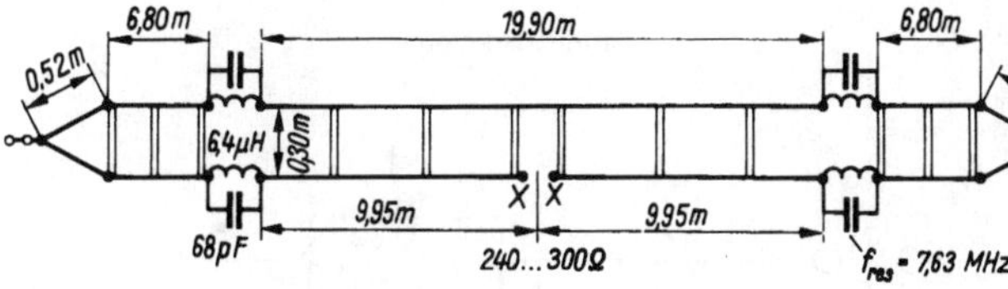

Bild 10.6.7
HA5DM-Antenne

bänder, war aber eigentlich nur eine Zweibandantenne für 3,5/7 MHz. Als solche wurde sie auch in der letzten Zeit deklariert. Sie wird weiterhin von der Fa. *HOFI*, die die Fertigung von *Fritzel* übernommen hat, angeboten.

10.6.2.2 *HA5DM*-Antenne

Die von *HA5DM* entwickelte Mehrband-Trap-Antenne ist nach dem *W3DZZ*-Prinzip konstruiert, es wurde aber ein Faltdipol als Antenne verwendet, wodurch 4 Traps erforderlich werden [6.15] [6.16]. **Bild 10.6.7** zeigt die Antenne.

Die Spannweite beträgt 34,5 m, die Leiterdrähte sind in einem gegenseitigen Abstand von 0,3 m parallelgeführt und werden mit 12 Stück Isolierstoffspreizern in ihrer Lage fixiert. Der Faltdipol kann auch aus Flachbandkabel aufgebaut werden. Abmessungen dafür sind aber nicht angegeben.

Die Sperrkreise werden auf 7,05 MHz abgeglichen, dabei wird von einer Induktivität von 7,4 µH und einer Kapazität von 68 pF ausgegangen, woraus sich rechnerisch eine Resonanzfrequenz von 7,1 MHz ergibt. Der Vorteil dieser Antenne ist, daß sie im Gegensatz zur *W3DZZ*-Antenne mit leichtem UKW-Bandkabel gespeist werden kann. Die *HA5DM*-Antenne hat die gleichen Strahlungseigenschaften wie die *W3DZZ*-Antenne. Mit den in **Bild 10.6.7** angegebenen Bemessungsdaten und beim Speisen über eine beliebig lange UKW-Bandleitung (Wellenwiderstand 240 bis 300 Ω) sollen für alle Kurzwellen-Amateurbänder gute Anpassungsverhältnisse bestehen. Es werden folgende Welligkeiten angegeben: 3,5 MHz, s = 1,2; 7 MHz, s = 1,3; 14 MHz, s = 1,5; 21 MHz, s =1,8; 28 MHz, s = 2,0. Über die Lage der Resonanzfrequenzen innerhalb der Amateurbänder sind keine Aussagen vorhanden. Mit einem Ringkern-Balun 1:4 oder 1:6 läßt sich diese Anordnung auch über Koaxialkabel speisen.

10.6.2.3 *K2GU*-Antenne

Die von *K2GU* konstruierte Vierbandantenne verzichtet auf das 80-m-Band und kommt so mit einer Gesamtlänge von knapp 17 m aus [6.17]. **Bild 10.6.8** zeigt die Antenne.

Die beiden dem Speisepunkt benachbarten Leiterstücke sind je 5,08 m lang und haben somit Halbwellenresonanz für 20 m. Die Sperrkreise befinden sich ebenfalls in Resonanz für 14,1 MHz, die durch eine Induktivität von 4,7 µH und eine Kapazität von 27 pF erreicht wird. Die Gesamtlänge der Antenne von knapp 17 m in Verbindung mit den Induktivitäten der beiden Sperrkreise bei 7 MHz ergibt Halbwellenresonanz im 40-m-Band. Im 15 und 10-m-Band wird durch die Gesamtlänge durch die Kapazitäten der beiden Sperrkreise bei 21 und 28 MHz verkürzt. Im 15-m-Band ist der Speisepunkt hochohmig, und man muß mit starker Fehlanpassung rechnen. Die Speiseleitung sollte dann als abgestimmte Leitung mit einer elektrischen Länge von λ/4 oder ungeradzahligen Vielfachen von λ/4 ausgeführt werden. Speisung und Aufbau entsprechen sonst der *W3DZZ*-Antenne; die dort gegebenen Hinweise sind sinngemäß auch für diese Bauform gültig.

10.6.2.4 *W8NX*-Antennen

Dreibanddipol

Die von *W8NX* 1992 veröffentlichte Dreibandantenne für 160/80/40 m deckt genau die Bänder ab, wo eine Sperrkreisantenne benötigt wird [6.18]. Die Antenne ist in **Bild 10.6.9** zu sehen.

Dabei arbeitet die Antenne, ähnlich wie die W*3DZZ*, auf 160 m als induktiv verlängerter und auf 80 m als normaler Halbwellendipol. Der Sperrkreis hat seine Resonanz auf 80 m. Auf 40 m wird die Antenne kapazitiv verkürzt und arbeitet die Antenne in der 3. Harmonischen. Deshalb wird dieser Dipol auch als „harmonischer Sperrkreisdipol" bezeichnet. Der Sperrkreisaufbau ist nach *N3GO*.

Mit einem Computerprogramm wird das entsprechende LC-Verhältnis des Sperrkreises optimiert und die Länge der beiden Antennenteile Z1 und Z3 ermittelt. Die in der Veröffentlichung angegebenen Werte (für Region 2) sind:

untere Frequenz (f_L):			1,825 MHz
mittlere Frequenz (f_M):			3,715 MHz
obere (harmon.) Frequenz (f_H):			7,2 MHz
C_T:	87 pF	Z1:	19 m
L_T:	18,8 µH	Z3	14,3 m

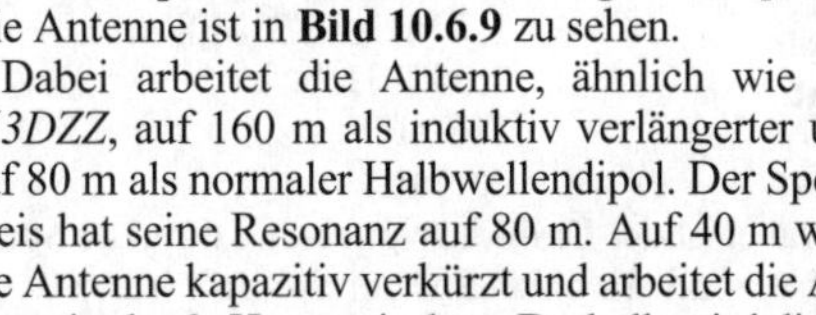

Bild 10.6.8
K2GU-Antenne

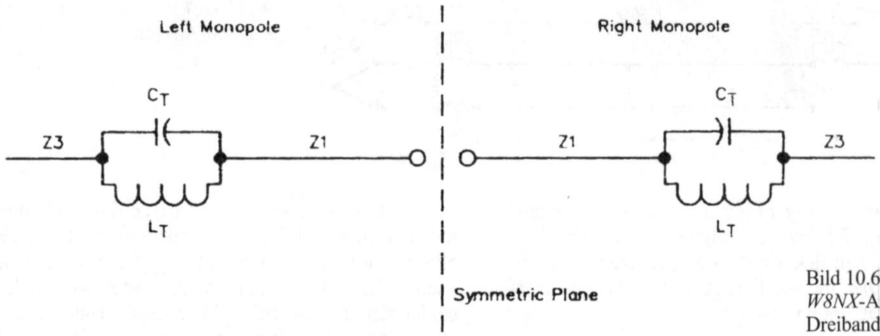

Bild 10.6.9
W8NX-Antenne
Dreiband-Dipol

Das Programm limitiert die Wahl der harmonischen Nummern auf ungerade Werte d.h. 3., 5., 7. usw., wegen der niedrigen Impedanz bei Stromspeisung.

Das Frequenzverhältnis zwischen mittlerer und unterer Frequenz wird begrenzt durch die Ungleichung

$1{,}4 < f_M/f_L < 7$

Als weitere Beispiele folgende Frequenzkombinationen: 1,85 MHz – 3,75 MHz – entweder 7,15 MHz (3 x), oder 10,1 MHz (3 x), oder 14,175 MHz (5 x), oder 18,1 MHz (7 x).

Die Berechnungen für einen *W8NX*-Dreibanddipol mit dem entsprechenden Programm aus der Programmsammlung von *VE3ERP* [2.19] für europäische Verhältnisse ergibt folgende Werte:

Gesamtlänge:	67,9 m	
f_L:	1,85 MHz	Z1:19,1 m
f_M:	3,7 MHz	Z3:14,8 m
f_H:	7,05 MHz	
C_T:	118 pF	
L_T:	15,7 µH	

Dabei ist der Drahtdurchmesser 2 mm, die Sperrkreise sind Koaxial-Sperrkreise mit rd. 10 cm Durchmesser und 2,5 cm Breite. Die Sperrkreisimpedanz errechnet sich zu 364 Ω.

Die Impedanzwerte bei Resonanz sind:

1,85 MHz:	(69,7 – j 0,3) Ω
3,7 MHz:	(98,8 + j 1,1) Ω
7,05 MHz:	(107,9 + j 0,2) Ω

Vierbanddipol

Diese Vierbandantenne für 80/40/20/(15)/10 ist eine Modifikation der *W3DZZ*-Antenne und wurde 1994 veröffentlicht [6.19]. Die Antenne ist in **Bild 10.6.10** zu sehen.

Dabei arbeitet die Antenne, ähnlich wie die *W3DZZ*, auf 80 m als induktiv verlängerter und auf 40 m als normaler Halbwellendipol. Der Sperrkreis hat seine Resonanz auf 40 m. Auf 20, 15 und 10 m wird die Antenne kapazitiv verkürzt. Die Resonanzfrequenz des Sperrkreises ist 7,150 MHz. Anders als beim Sperrkreis des Dreibanddipols ist dieser Sperrkreis als „low-impedance mode" verdrahtet.

Bild 10.6.11 zeigt die Konstruktion dieses Sperrkreises. Der Antennenstrom läuft hier, im Gegensatz zum *W3JIP*-Sperrkreis, durch das Koaxialkabel und, im Gegensatz zum *N3GO*-Sperrkreis, nur einmal durch den Sperrkreis. Die herabhängenden Stichleitungen (6 ft) ermöglichen mehr Flexibilität beim Abgleich der Resonanzfrequenzen. Die Antenne wird mit 75-Ω-Koaxialkabel über einen Balun 1:1 gespeist.

Die Umrechnungen von ft auf m:

32,2 ft = 9,81 m;	6 ft = 1,83 m;
4,9 ft = 1,49 m;	16,1 ft = 4,91 m;

Die gemessenen SWR-Kurven haben folgende Resonanzfrequenzen: 3,75 MHz – 7,1 MHz – 14,15 MHz – 28,5 MHz

Dabei sind die Welligkeitswerte wie folgt:

80 m:	rd 1:1
40 m:	1,5:1
20 m:	1,6:1
15 m:	rd. 3:1
10 m:	1,5:1

Auf 15 m ist der Realteil der Eingangsimpedanz etwa 220 Ω, höher als bei einem $3\lambda/2$-Dipol. Der Antennenwirkungsgrad (im Freiraum) wird mit über 96 % angegeben mit Ausnahme von 7 MHz, wo er rd. 71 % beträgt. Die Sperrkreisverluste betragen dort 1,5 dB.

10.6.3 Allgemeine Sperrkreis-Dipole

Eine Multiband-Sperrkreisantenne kann man durch Serienschaltung von Sperrkreisen aufbauen. Das Prinzip wurde schon von *Morgan* in [6.3] und [6.4]

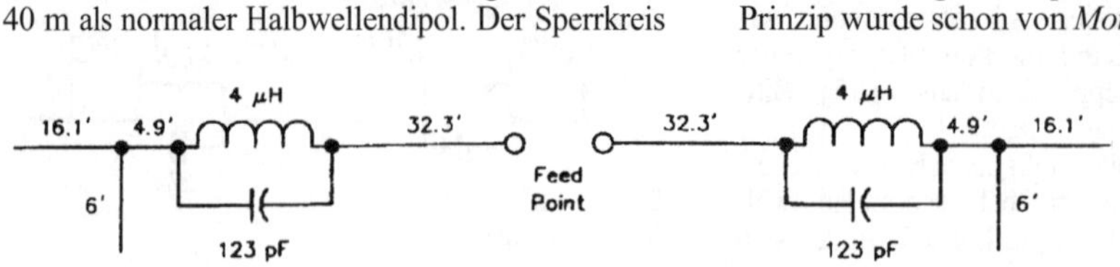

Bild 10.6.10
W8NX-Antenne
Vierband-Dipol

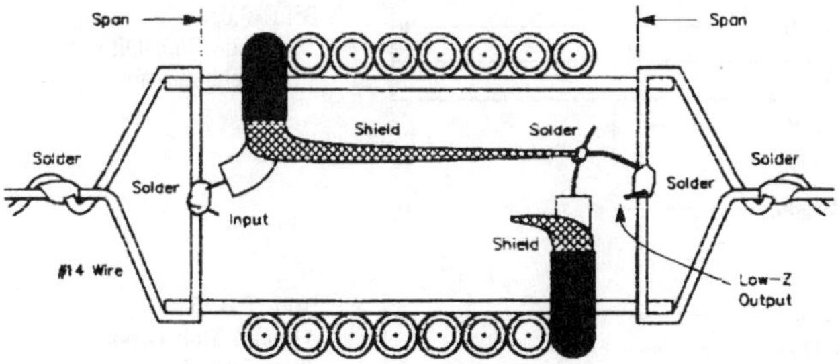

Bild 10.6.11
W8NX-Sperrkreis
(low-impedance)

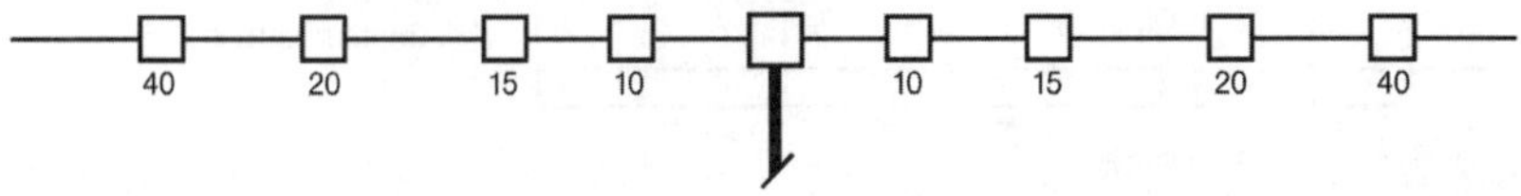

Bild 10.6.12
Fünfbandantenne

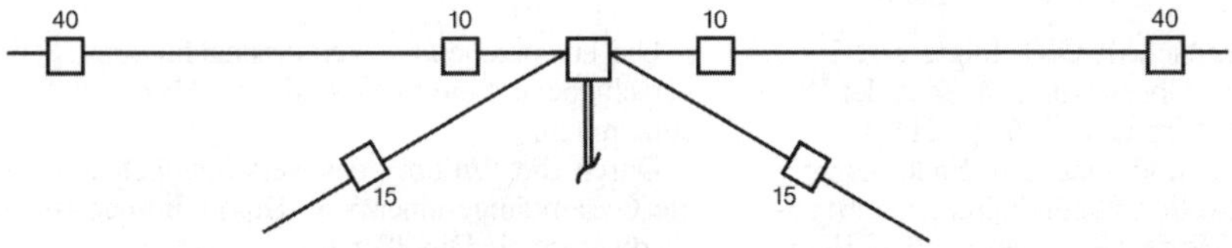

Bild 10.6.13
Fünfbandantenne
(optimiert)

dargelegt. Dabei werden für eine z.B. Fünfbandantenne vier Paar Sperrkreise benötigt. Das innere Paar ist dabei für die höchste Frequenz, das äußerste Paar für die vorletzte tiefe Frequenz.

Der Vorteil von getrennten Sperrkreisen ist die Möglichkeit auf jedem Band die Resonanz getrennt einzustellen. **Bild 10.6.12** zeigt eine Fünfbandantenne für die klassischen Amateurbänder 80/40/20/15/10 m. Die innersten Sperrkreise sind für 10 m, und die äußersten Sperrkreise für 40 m.

Der Nachteil der Serienschaltung ist die eingeschränkte Bandbreite durch die Verluste in den einzelnen Sperrkreisen. Günstiger sind zwei gemeinsam gespeiste Sperrkreisdipole. Dadurch braucht man für eine Fünfbandantenne nur drei Paar Sperrkreise. Man spart sich ein Paar, uzw. die 20-m-Sperrkreise.

Bild 10.6.13 zeigt so eine optimale Fünfbandantenne. Der obere längere Dipol ist für 80/40/10 m, der untere kürzere Dipol ist für 20/15 m.

Ein weiterer überraschender Vorteil bei dieser Anordnung ist, daß durch die Verkopplung zwischen dem 15-m-Dipol und dem 10-m-Dipol sich die Bandbreite auf 10 m um etwa 200 kHz vergrößert.

10.6.4 Stub-Dipole

(*W.J. Lattin* – US 2,535,298 – 1948)
Stub-Dipole werden auch *„lineare Trap-Antennen“* genannt. Das sind Multiband-Antennen mit Entkopplungs-Stubs (einseitig kurzgeschlossene λ/4-Leitung). *W.J. Lattin W4JRW* hat 1948 dafür ein Patent angemeldet. Die Veröffentlichung darüber in

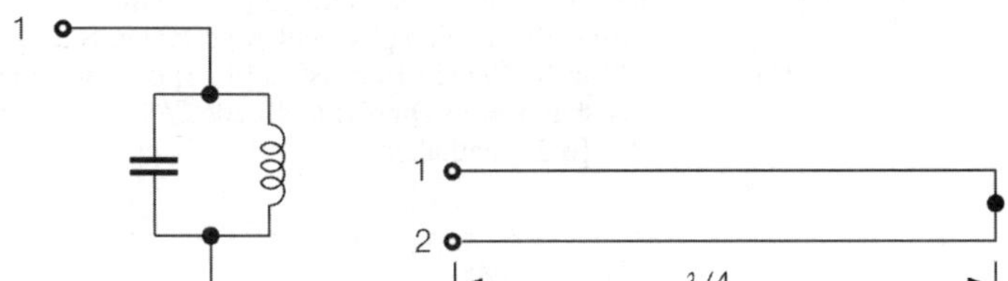

Bild 10.6.14
Parallelkreis und
Viertelwellenleitung

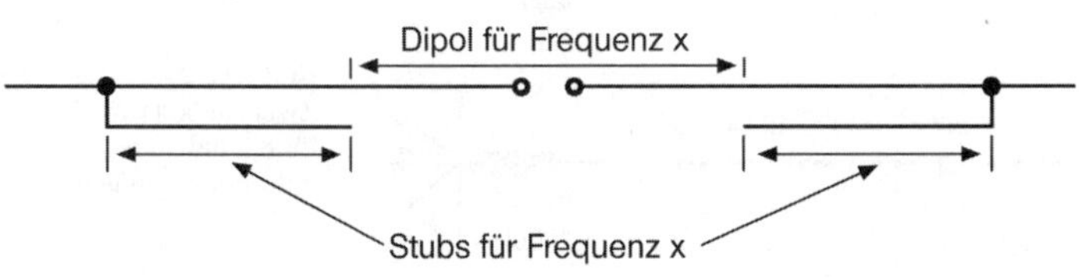

Bild 10.6.15
Zweibandantenne
mit Entkopplungs-Stubs

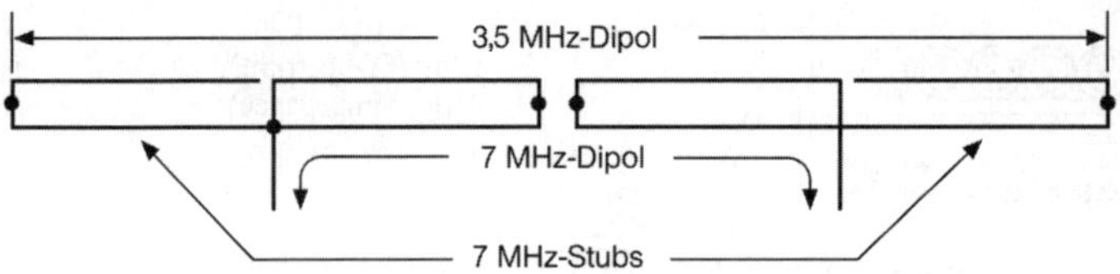

Bild 10.6.16
Zweiband-Stub-Dipol aus Flachbandkabel

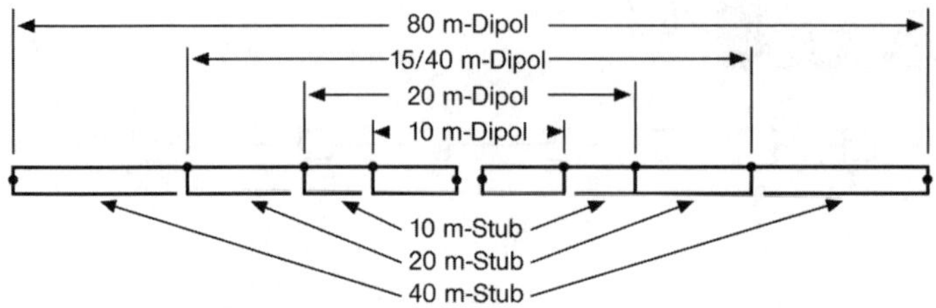

Bild 10.6.17
Allband-Stub-Dipol 80/40/20/(15)/10 m für die klassischen Amateurbänder

der Amateurfunkzeitschrift QST folgte erst 1960 [6.20]. Die deutsche Übersetzung davon in der DL-QTC brachte *DL9ST* im Jahre 1968 [6.21].

Ein Parallelkreis und eine am Ende kurzgeschlossene Viertelwellen-Parallelleitung (Stub) haben die gleichen elektrischen Eigenschaften. Beide haben im Resonanzfall einen hohen Widerstand zwischen den Punkten 1 und 2 (**Bild 10.6.14**).

Wenn eine Viertelwellen-Stichleitung in die Antenne eingefügt wird, also an einem Ende angeschlossen wird, wirkt sie für die Resonanzfrequenz als Sperre. Es gelten dafür die unter dem Abschnitt Sperrkreise 10.6.1 gegebenen Hinweise.

Am Ende eines Dipols wird ein für diese Frequenz passend bemessener Stub in die Antenne eingebracht. Der Stub sperrt für die Resonanzfrequenz die außenliegenden Antennenteile. Auf einer tieferen Frequenz kann man mit der Stubinduktivität und einer zusätzlichen Antennenverlängerung eine zweite Antennenresonanz erhalten. Eine auf diesem Prinzip beruhende Zweibandantenne zeigt **Bild 10.6.15**.

Die Stubs können aus Paralleldrahtleitung, Bandleitung oder Koaxialkabel angefertigt werden.

Die Länge der Stubs läßt sich rechnerisch ermitteln aus:

$$L/\text{m} = \frac{75 \cdot V}{f/\text{MHz}} \qquad (10.6.1)$$

Die entsprechenden Verkürzungsfaktoren V für verschiedene Leitungen sind aus Abschnitt 5 zu entnehmen.

Durch die Wirkung des Verkürzungsfaktors ist die Gesamtlänge einer Stub-Dipols immer kürzer als die normale Dipollänge.

Man kann die Antenne samt Stubs aus einem Flachbandkabel machen. **Bild 10.6.16** zeigt einen Zweiband-Stub-Dipol für 80/40 m, bei dem die zweite Resonanz unter 3,5 MHz liegt. Der innenliegende 7-MHz-Dipol wird erst verkürzt, bis die passende Resonanz auf 3,5 MHz eingestellt werden kann. Dann wird die fehlende Länge für die Resonanz auf 7 MHz durch die herabhängenden Drähte ergänzt.

Eine Allbandantenne für die klassischen Amateurbänder aus Flachbandkabel ergibt sich durch Aneinanderreihung von einzelnen Stubs an den für die höchste Frequenz (28 MHz) bemessenen 10-m-Dipol. Erst kommt der 10-m-Stub, dann folgt der 20-m-Stub und danach der 40-m-Stub. Der 40-m-Stub sperrt als $3/4\lambda$-Stub auf 15 m. Die Antenne arbeitet auf 15 m in der 3. Harmonischen mit einem höheren Eingangswiderstand und hat dadurch ein SWR von etwa 2. **Bild 10.6.17** zeigt diesen Allband-Stub-Dipol für 80/40/20/(15)/10 m.

Eine Bauanleitung für einen portablen Stub-Dipol für 40/20/(15)/10 m ist in [6.22] und für einen Sechsband-Stub-Dipol für 40/20/17/(15)/12/10 m ist in [6.23] enthalten.

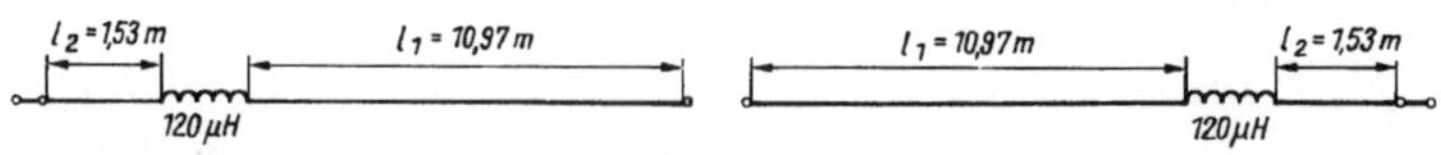

Bild 10.7.1
Zweibandkurzdipol für 80 und 40 m

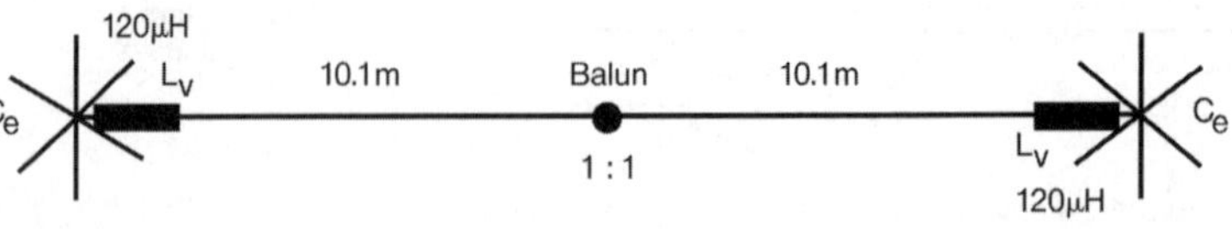

Bild 10.7.2
Zweibandkurzdipol für 80 und 40 m mit Endkapazitäten

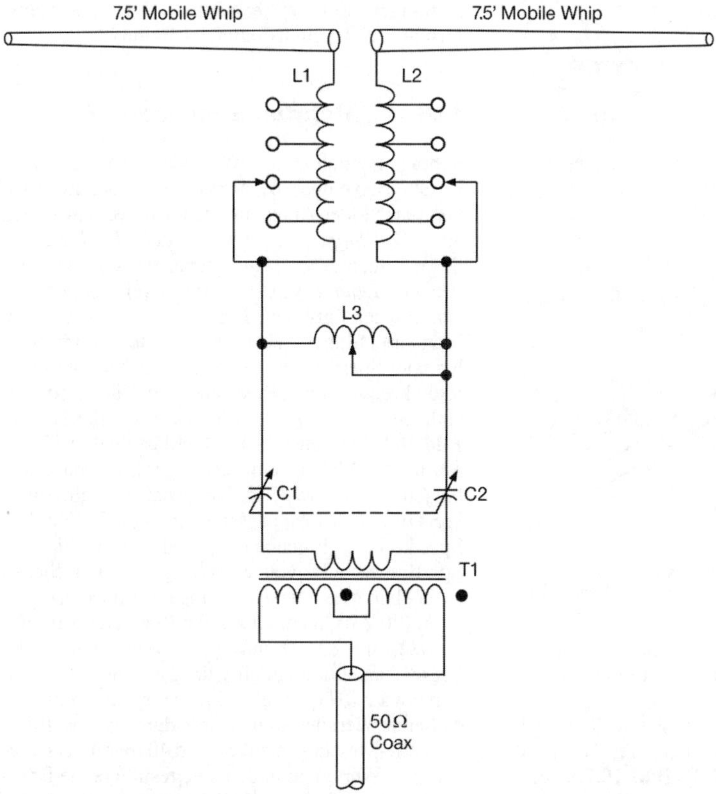

Bild 10.7.3
Miniatur-Mehrbanddipol

10.7 Mehrbandkurzdipole

Das Prinzip ist eines Zweibandkurzdipols nicht neu, sondern stammt schon aus dem Jahre 1924 und ist im Jahre 1961 von *W4JRW* in der QST veröffentlicht worden [7.1] und später 1988 auszugsweise von *G3VA* in Radio Communication [7.2].

Man kann einen Zweibandkurzdipol einfach realisieren. **Bild 10.7.1** zeigt den Aufbau.

Der Zweibandbetrieb wird erreicht durch zwei einfache Spulen, die etwa am Ende der Resonanzlänge für die höhere Frequenz angebracht sind. Dadurch tritt dann die Resonanz für die tiefere Frequenz schon nach einer kurzer Drahtverlängerung auf.

Der Zweibanddipol für 80/40 m hat eine Länge von etwa 26 m. Die Spulen haben eine Induktivität von rd. 120 mH. Die Spulen haben keine Resonanz im 40-m-Amateurband, die Eigenresonanz der Spulen liegt höher. Sie sind also keine „verkappten 40-m-Traps"! Die Bandbreite (SWR 2:1) im 80-m-Band be-trägt nur etwa 50 kHz, im 40 m-Band etwa 250 kHz. Der Dipol ist für Telegrafie dimensioniert. Soll die 80-m-Resonanz mehr zum hochfrequenten Bandende hin verschoben werden, so kann man die Längen l_2 etwas kürzen (z.B. auf je 1,25 m). Eine Veränderung der Länge l_1 verändert beide Resonanzfrequenzen.

Den Spulenwert von 120 μH erreicht man, wenn ein Kunststoffrohr von etwa 26 mm Durchmesser mit 200 Wdg. eines 1 mm dicken Kupferdrahtes eng bewickelt wird. Der Drahtdurchmesser soll mindestens 1 mm sein, sonst sind die Verluste zu hoch und die Spulen erwärmen sich. PVC-Rohr, 3/4 Zoll dick (Wasserleitungsrohr), ist als Wicklungsträger geeignet. Die Wicklung benötigt einen Oberflächenschutz durch einen guten Isolierlack, da bei hoher Leistung Koronagefahr besteht.

W4JRW führte auch aus, daß man keine exakte Formel gefunden hat um eine Beziehung zwischen den Drahtlängen, den Spulen und den beiden Resonanzfrequenzen herzustellen. Trotzdem ist die Antenne relativ einfach abzugleichen nach der Methode „cut and try", abschneiden und versuchen.

Das Prinzip kann erweitert werden: Mit zwei Satz Spulen ist eine Betrieb auf drei Frequenzen möglich, mit drei Satz Spulen auf vier Frequenzen und so weiter. Durch die Verwendung von mehreren Spulen lassen sich Mehrbandkurzdipole herstellen. Solche Mehrbandkurzdipole werden in USA von den Firmen *Alpha Delta* und *W9INN Antennas* erzeugt. Die Spulen werden bei *Alpha Delta* als „ISO-RES" und bei *W9INN Antennas* als „RESONACTOR" bezeichnet.

Man kann die Gesamtlänge noch verkleinern, wenn man zusätzlich zu den Spulen noch Endkapa-

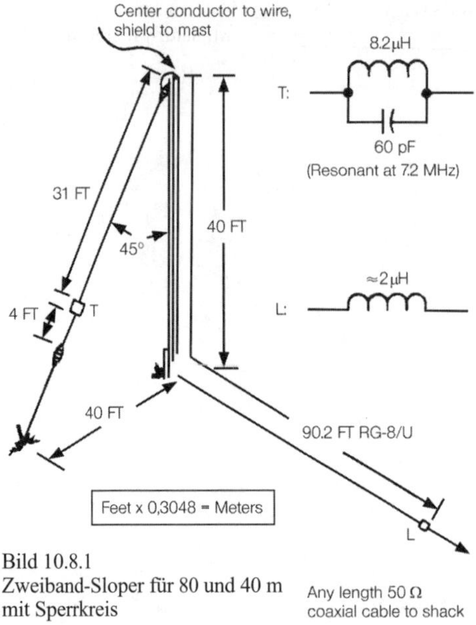

Bild 10.8.1
Zweiband-Sloper für 80 und 40 m mit Sperrkreis

zitäten einsetzt. Durch die Endkapazitäten erhöht sich die Bandbreite auf 80 m auf etwa den doppelten Wert.

Einen Zweiband-Kurzdipol für 80 und 40 m nach dieser Art mit einer Gesamtlänge von 21 m hat *DF2BC* 1991 beschrieben [7.3]. **Bild 10.7.2** zeigt diesen Zweiband-Kurzdipol mit Endkapazitäten. Die Spule mit 120 µH wird mit 140 Windungen auf 50 mm Durchmesser (PP-Abflußrohr) gewickelt. Die Endkapazitäten bestehen aus je drei 1 m lange 3 mm Messing-Schweißdrähten.

Einen Mehrbandkurzdipol für 40 bis 10 m hat *KE2QJ* 1992 beschrieben [7.4]. **Bild 10.7.3** zeigt diesen Miniatur-Mehrbanddipol. Die Länge ist 4,6m, die Antenne ist fernabstimmbar, wobei L_3 eine Rollspule mit 10 µH und C_1 und C_2 Drehkondensatoren 30 bis 290 pF mit Motoren gekoppelt sind. Die Drehkondensatoren haben 1,3 mm Plattenabstand. L_1 und L_2 haben 14,4 µH und Anzapfungen bei 12,4; 8,8; 4,9 und 1,7 µH. Der Transformator T_1 ist ein trifilarer 4:1 Balun.

10.8 Mehrband-Slopers

Schrägantennen (Slopers) werden auch für Mehrbandbetrieb eingesetzt. Man unterscheidet zwei Typen von Sloper-Antennen: den Halbwellen-Sloper, auch *Voll-Sloper* genannt und den Viertelwellen-Sloper, auch *Halb-Sloper* genannt. Als *Twin-Sloper* oder *Double Sloper* werden zwei separate Sloper mit gemeinsamen Einspeisepunkt bezeichnet. Man kann Slopers wie normale Antennen mit Spulen oder Sperrkreisen versehen, damit sie auf mehreren Frequenzen in Resonanz sind. Ein Zweiband-Halb-Sloper (80/40 m) mit einem Sperrkreis ist in **Bild 10.8.1** zu sehen [8.1]. Die Masthöhe ist 12,2 m (40 ft), der Mast ist ein vierteiliger Steckmast, wobei jeder Teil etwa 3,1 m Länge hat. T ist ein Sperrkreis mit einer Resonanzfrequenz von 7 MHz. Der Sperrkreis ist Eigenbau (8,2 µH; 60 pF), übliche Sperrkreise, z.B. von einer *W3DZZ*, sind ebenso brauchbar. Messungen der Eingangsimpedanz nach 25 m (90.2 ft), nämlich $\lambda/2$ für 80 m, ergaben (40 - j 80) Ω auf 7,2 MHz und (60 - j 40) Ω auf 3,6 MHz. Dieser kapazitive Anteil wurde mit einer Spule L von etwa 2 µH (genau 1,75 µH) weggestimmt. Der passende Wert der Spule wurde durch wechselseitige SWR-Messungen auf 80 und 40 m mit verschiedenen L-Werten gefunden. Die resultierende Breitbandigkeit auf 80 m, nämlich viermal mehr als auf 40 m, überraschte den Autor selbst. Versuche mit einem dreiteiligen Mast von 9,1 m (30 ft) brachten keinen merkbaren Unterschied. Nachdem der Mast ein Teil der Antenne ist, muß auf gute Erdung geachtet werden.

Für eine Zweibandversion 160/80 m ist eine Masthöhe von 15,2 m (50 ft) ausreichend. Für den Sperrkreis werden eine Spule mit 16,4 µH und ein Kondensator mit 120 pF vorgeschlagen.

Ein Zweiband-Sloper mit einer Spulenverlängerung ist von *DK6ED* beschrieben [8.2]. Bild **10.8.2** zeigt den Aufbau.

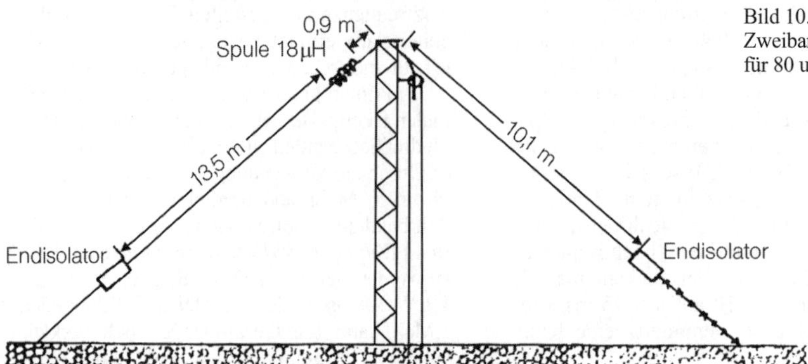

Bild 10.8.2
Zweiband-Sloper für 80 und 40 m mit Spule

Bild 10.8.3
Sloper als 3-Element-Richtantenne für 80 und 40 m

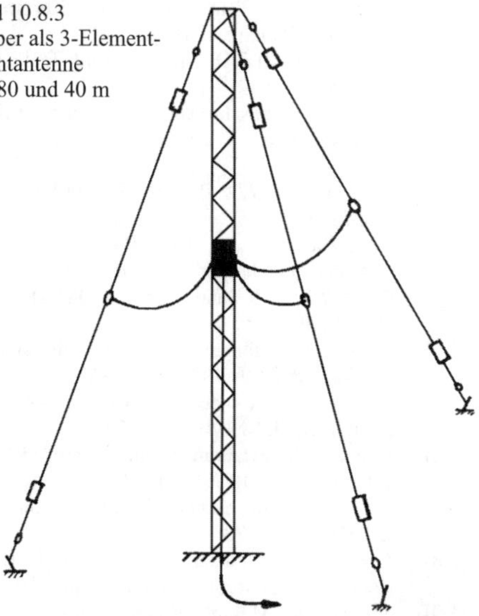

Die Masthöhe ist mit 10 m angegeben. Die Verlängerungsspule hat 18 µH. Die Richtwerte für die Spule sind: rd. 24 Windungen auf einem Durchmesser von etwa 60 mm bei einer Wickelbreite von 100 mm. Für 160 m hatte die Spule 95 Windungen 1,5 mm kunststoffisolierte Leitung auf einem Körper mit 40 mm Durchmesser. Die Länge des von der Spule abgehenden Drahtes beträgt 15,5 m.

Man kann die Richtungen auch umschaltbar machen. Mit 4 Voll-Slopern, um einen Mast angeordnet und durch Umschalten der Sloper als Strahler oder Reflektoren mit 3/8λ-Stichleitungen, ergibt sich eine Richtantenne. *OE5CWL* hat auf eine 4-Element Mehrbandrichtantenne mit schaltbarer Richtcharakteristik ein Patent [8.3].

Bild 10.8.3 zeigt eine Skizze aus dem Patent.

Die Erläuterungen dazu: (1)...Zweibanddipol, (2)...Sperrkreise, (3)...Verbindungsleitung, (4)...Richtungsumschalter, (5)...Leitung zum Sender/Empfänger.

In den 80er Jahren hat es sogar einen verkürzten drehbaren Zweiband-Sloper für 80 und 40 m gegeben von der Fa. *Vector* aus USA. Die Antenne hatte eine Gesamtlänge von rd. 8 m. Auf jeder Seite war eine Spule mit hoher Güte und eine Endkapazität und die Antenne war bis 300 W (CW u. PEP) belastbar. Man konnte auch den Winkel von 0° bis 60° verstellen für short skip und DX.

Der Hersteller der Antenne war übrigens *H. Johnson W6QKI*, der Gründer von *Swan Electronics* (1961) und *Atlas Radio* (1973).

Multiband-Slopers werden in USA hergestellt von den Firmen *ALPHA DELTA* und *W9INN Antennas*.

Literatur zu Abschnitt 10

[1.1] *Eisenwagner, R.*: Erhöhung des Wirkungsgrades bei L-Antennen. QSP 7/90, S. 16–18

[1.2] *Tamburro, G.:* Twinlead-Marconi-Antenna. QRV, 6/1979, S. 341

[1.3] *Murphy, G.*: The End-Fed Random-Wire-Antenna. CQ January 1999, pp. 42–43

[1.4] *Wolf, R.; Hille, K.H.*: Einfache DX-Antenne mit künstlicher Erde. CQ-DL, 11/79, 493–495

[2.1] *Hille, K.H.*: Der symmetrische Drahtdipol als Allbandantenne. (in Funk Antennen Report), VTH, Baden-Baden, 1993, S. 45–48

[2.2] *Villemagne, F.*: Les Antennes Lévy. Spirales Editions, 1996

[2.3] *Marcolin, H.E.*: Bemerkungen zum Multibanddipol mit Zweidrahtspeiseleitung. QRP-Report 3.98, S. 19–25

[2.4] *Orr, W.I.*: Radio Handbook, Editors and Engineers, New Augusta, IN, 1970

[2.5] *Hille, K.H.*: Der Winkeldipol. (in Funk Antennen Report), VTH, Baden-Baden, 1993, S. 49–52

[2.6] *Klüß, A.*: Kurzwellen-Drahtantennen für Funkamateure. VTH, Baden-Baden, 1995, S. 65

[2.7] *Kippels, W.*: Nichtresonante Multiband-Antennen. Beam 9/91, S. 16-18; Beam 10/91, S. 21–23

[2.8] *Varney, L.:* An Effective Multiband Aerial of Simple Construction. RSGB Bulletin, July 1958, pp. 19–20

[2.9] *Varney, L.:* The G5RV aerial – some notes on theory and operation, RSGB Bulletin, November 1966, pp. 705–707

[2.10] *Krischke, A.:* Theorie und Praxis der G5RV-Allbandantenne, QRV 2/1980, S. 65–69

[2.11] *Varney, L.:* G5RV Multiband Antenna ... Up-To-Date. Radio Communication, July 1984, pp. 572–575

[2.12] *Orr, B.:* The G5RV antenna Revisited – Again. CQ, November 1992, pp. 74, 76, 78, 80, 81

[2.13] *Belrose, J.S.; Bouliane,* P.: On Center-Fed Multiband Dipoles. Is the G5RV really an allband antenna? QST, March 1994, pp. 34–36

[2.14] *Nicholson, T.:* Compact multiband antenna without traps. QST, November 1981, pp. 26–27

[2.15] *Hawker, P.:* Potential of the G5RV antenna (in Technical Topics). Radio Communication, May 1982, pp. 412–413

[2.16] *Austin, B.:* Computer-aided design of a multiband dipole – based on the G5RV principle. Radio Communication, August 1985, pp. 614–617, 624

[2.17] *Schreder, A.*: Die ZS6BKW-Antenne. Funk Telegramm 9/96, S. 16–17

[2.18] *Murphy, G.*: A Closer Look at the Extended Double Zepp. CQ July 1998, pp. 28–29

[2.19] *VE3ERP*: HAMCALC (Free-Software for US$ 5), George Murphy, 77 Mc Kenzie St.Orillia, ON L3V 6A6, Canada.

[2.20] *Lear, V.C.*: A 7/21 MHz space-saver antenna. Radio Communication November 1979, pp. 1031–1032

[2.21] *Belter, M.*: Allband-Doublet-Antenne. DL-QTC 11/59, S. 515–516
[2.22] *Belter, M.*: Allband-Doublet-Antenne. DL-QTC 9/60, S. 422–423
[2.23] *Czernek, H.:* Verkürzter Multiband-Dipol mit Ringkernbalun. DL-QTC 12/71, 713
[2.24] *Griffith, A.S.*: The 1/3-Wavelength Multiband Dipole. QST September 1993, pp. 33–35
[2.25] *Griffith, A.*: An Improved 1/3 Wavelength Dipole. QST September 1998, pp. 41–45
[2.26] *Scheunemann, H.*: Ein Allband-Doppeldipol. DL-QTC 10/71, S. 594–599

[3.1] *Schips, K.*: Eine universelle Unterdachantenne. CQ-DL 10/92, S. 612
[3.2] *Schwarzbeck, G.*: Eine ideale Zweibandantenne. QRV 10/50, S. 364–366
[3.3] *Craigher, W.:* Eine Allbandantenne. CQ-OE 3/62, S. 7–8
[3.4] *Thurber, K.T.*: Antennas – This and That (The Windom Revised). CQ, January 1984, pp. 65–66
[3.5] *Thurber, K.T.*: Antennas – Modified Windom (in Reader Forum). CQ, March 1989, pp. 60–61
[3.6] *Thurber, K.T.*: Antennas – Modified Windom (in Reader Forum). CQ, October 1989, p. 77
[3.7] *Spillner, F.*: Die FD4-Windom-Antenne. QRV 0/71, S. 13–20
[3.8] Graf, U.: der Breitbandtransformator (Teil 2) Funk Telegramm 6/96, S. 14–
[3.9] *Spillner, F.*: Eine Windom-Antenne für 5 Bänder und allgemeine Betrachtungen. QRV 8/72, S. 425–430
[3.10] *Scholle, H.; Steins,* R.: Eine Doppel-Windom-Antenne für acht Bänder. CQ-DL 9/83, S. 427
[3.11] *Scholle, H.; Steins, R.:* Eine Doppel-Windom-Antenne für neun Bänder. CQ-DL 7/84, S. 332
[3.12] *Ermisch, P.*: Erweiterung der FD4 für die „WARC"-Bänder. CQ-DL 10/92, S. 612
[3.13] *Hammerschmid, O.*: Der Aufbau einer 9-Band Doppel-Windom-Antenne 1,8 .... 28 MHz. QSP 3/95, S.16–18
[3.14] *Hammerschmid, O.:* Die Betriebserfahrungen mit einer 9 Band Doppel-Windomantenne 1,8 – 28 MHz. QSP 11/95, S.18
[3.15] *Hammerschmid, O.*: Die verbesserte 9 Band Doppel-Windomantenne 1,8 ... 28 MHz. QSP 4/97, S. 11–12.
[3.16] *Günther, W.:* Eine echte Allbandantenne ohne Traps. CQ-DL 7/85, S. 378
[3.17] *Hille, K.H.; Krischke, A.*: Das Antennen-Lexikon. VTH, Baden-Baden, 1988
[3.18] *R.L. Smith* – US 5,579,017 – 1995
[3.19] *Smithdom Products LLC*, 255 N Old Manor, Wichita KS 67208, USA
[3.20] *Hille, K.H.*: Die Stromsummenantenne. CQ-DL 10/87, S. 621–624
[3.21] *Hille, K.H.*: Von der Windomantenne zur Stromsummenantenne. Funk 9/87, S. 12–14
[3.22] *Hille, K.H.:* Stromsummenantenne für 160 m (in Leserbriefe). Funk 6/99, S. 7
[3.23] *Hille, K.H.*: Windom- und Stromsummenantennen. (in Vorbereitung). Theuberger, Berlin

[4.1] *Kollak, R.; Wehde, H.*: DASD Kurzwellen-Antennen. Weidmann, Berlin, 1938
[4.2] *Bäz, B.*: Die DL7AB-Antenne. Funk-Technik 19/1949, S. 576
[4.3] *Klüß. A.:* Praktische Ausführung einer DL7AB-Korrekturspule. CQ-DL 6/88, S. 363

[5.1] *V.D. London, J.D. Reid* – GB 460,570 – U.S. Prior. 1934
[5.2] *Weyerhaeuser, F.*: Three-Band „Automatic" Antenna. QST June 1937, p. 54
[5.3] *Cope, R.L.*: „All-Band" Antenna. QST December 1954, p. 39
[5.4] *Berg, H.J.:* Multiband Operation with Paralleled Dipoles. QST July 1956, pp. 42–43
[5.5] *Koch, E.*: Eine neuartige Multiband-Antenne. Funk-Technik Nr 19/1961, S. 696
[5.6] *Claudet, A.:* Erfahrungen mit Mehrband-Dipolantennen. QRV 1/79, S. 31–32
[5.7] *Klüß, A.*: Dreifach-Dipol für 20 m/15 m/ 10 m. CQ-DL 2/84, S. 78
[5.8] *Farrar, W.:* Multiband dipole for the hf Bands. Radio Communication, June 1979, p. 527
[5.9] *Squance, E.:* Multiple hf parallel dipoles – some further thoughts. Radio Communication, March 1982, p. 225
[5.10] *Genaille, R.A.*: 40 Plus WARC – A Multi-Band Diopole Antenna. CQ October 1992, pp. 42, 44–46, 48, 50
[5.11] *D.O. Morgan* – US 3,229,298 – 1962
[5.12] *Nucciotti, G.*: Un'antenna per 40 e 80. Radio Revista 3/67, pag. 133
[5.13] *Philips, J.J.*: The squashed multibander. Radio Communication March 1975, pp. 198–199
[5.14] *Appel. H.*: Eine verkürzte Multiband-Antenne (Squashed multibander). CQ-DL 9/75, S. 535–538
[5.15] *Mahall, R.:* Erfahrungsbericht über eine Verschachtelte Mehrband-Dipol-Antenne für 80m, 40m, 20m, 15m und 10m nach „Rothammel". CQ-DL 9/1983, S. 426
[5.16] *Kägi, R.:* Doppeldipol für 80, 40 und 15 Meter mit verkürzter Spannlänge. QSP 94, S. 62-63

[6.1] *E.V. Amy, J.G. Aceves* – US 2,243,182 – 1934
[6.2] *E.V. Amy* et al – US 2,282,292 – 1937
[6.3] *H.K. Morgan* – US 2,229,856 – 1938
[6.4] *Morgan, H.K.:* Multifrequency Tuned Antenna System. Electronics vol. 13, August 1940, pp. 42–50
[6.5] Krischke, A.: Der verkürzte Dipol (Leserbrief). CQ-DL 9/77, S. 372
[6.6] *Johns, R.H.:* Coaxial Cable Antenna Traps, QST, May 1981, pp. 15–17
[6.7] *O'Neil, G.E.*: Trapping the mysteries of trapped antennas. Ham Radio October 1981, pp. 10–16
[6.8] *Sommer, R.C.:* Optimizing Coaxial-Cable Traps. QST, December 1984, pp. 37–42
[6.9] *East, L.*: Antenna Trap Design Using a Home Computer. ARRL Antenna Compendium Vol. 2, 1989, pp. 100–102
[6.10] *Schilling, H.*: Traps aus Koaxialkabel. CQ-DL 10/92, S. 611

[6.11] *Riedel, B.*: Aus Koaxialkabel hergestellte Sperrkreise für Mehrbandantennen. Funkamateur, FA 5/99, S 588–589

[6.12] *Buchanan, C.L.:* The Multimatch Antenna System. QST, March 1955, pp. 22–23, 130

[6.13] *McCoy, L.G.*: A Coax-Fed Trap-Dipole for 80 Through 10.Meters. QST November 1969, pp. 37–39

[6.14] *Kleine, K.H.*: der verkürzte Dipol – die W3DZZ-Antenne. CQ-DL 1/87, S. 22–244

[6.15] *Pótári, F.*: Új típusú ötsávos rödvidhullámú amatör antenna. (HA), Rádiótechnika 11/65, 414–415

[6.16] *Potari, F.*: Die HA 5 DM-Antenne. Funkamateur 7/1967, S. 339–341

[6.17] *Shafer, D.P.:* Four-Band Dipole with Traps. QST, October 1958, p. 38

[6.18] *Buxton, A.C.*: Trap Dipoles with Specified Harmonic Operation. ARRL Antenna Compendium Vol. 3, 1992, pp. 58–61

[6.19] *Buxton, A.C.*: Two New Multiband Trap Dipoles. QST August 1994, pp. 26–29

[6.20] *Lattin, W.J.*: Multiband Antennas Using Decoubling Stubs. QST December 1960, pp. 23–24

[6.21] *Quednau, B.*: Multiband-Antenne mit Entkopplungs-Stubs. DL-QTC 12/68, S. 716–719

[6.22] *Richmond, C.E.*: A Portable Dipole. CQ July 1969, p. 59

[6.23] *Brumbaugh, J.F.*: Six-Band Linear Trap Antenna. 73 Amateur Radio Today July 1992, pp. 14–15

[7.1] *Lattin, W.J.:* Multiband Antennas Using Loading Coils. QST, April 1961, pp. 43, 148

[7.2] *Hawker, P.*: Short Loaded Harmonic Dipoles (in Technical Topics), Radio Communication November 1988

[7.3] *Klüß, A.*: Zwei-Band-Kurzdipol 80/40 m mit Verlängerungsspulen und Endkapazitäten. CQ-DL 2/91, S. 89

[8.1] *Myers, G.E.*: A Two-Band Half-Sloper Antenna. QST June 1980, pp. 32–35

[8.2] *Kunze, C.*: Eine kurze Antenne für 40- und 80-m-DX. Beam 8/93, S. 20–21

[8.3] *J.A. Weigl* – AT 392 173 – 1988

11 Langdrahtantennen

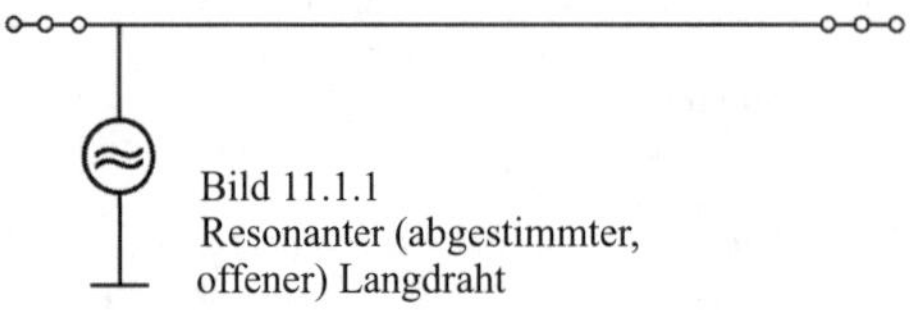

Bild 11.1.1
Resonanter (abgestimmter, offener) Langdraht

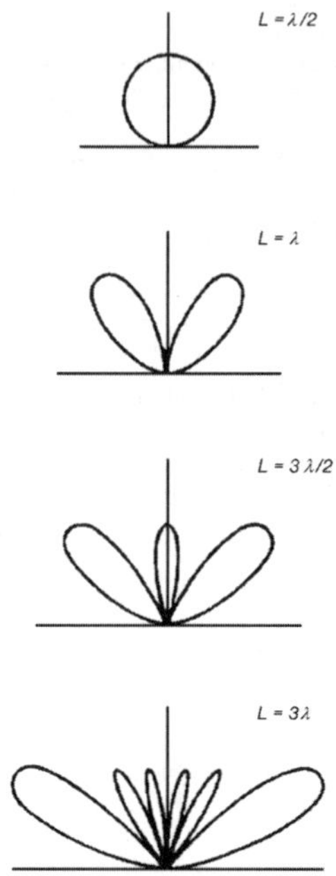

Bild 11.1.2
Strahlungsdiagramme einer Stehwellen-Langdrahtantenne

Die Definition einer Langdrahtantenne nach [0.1] ist: Eine Antenne, die aus einem oder mehreren Drähten besteht, deren Länge groß gegen die Wellenlänge ist.

Der Ausdruck *Langdraht* sagt aus, daß die Drahtlänge des Strahlers groß ist gegenüber der Betriebswellenlänge. Der Aufbau einer Langdrahtantenne ist einfach und billig. Sie erfordert lediglich viel Platz, denn je länger eine solche Antenne ist, desto größer werden Richtwirkung und Gewinn. Vor Einführung von Richtantennen in Form von Quer- oder Längstrahlern oder von Vorhang- und *Yagi*-Antennen waren die Langdrahtantennen die einzige Möglichkeit auf Kurzwelle Richtwirkung und Gewinn zu erreichen.

Die mechanische Drahtlänge l in Meter einer Langdrahtantenne bei einer Resonanzfrequenz ergibt sich aus der Beziehung:

$$\frac{l}{\text{m}} = \frac{299{,}8 \cdot (N - 0{,}015)}{f/\text{MHz}} \qquad (11.1)$$

N - Anzahl der Ganzwellen auf der Antenne, oder die Antennenlänge in λ.

Der Wert (N - 0,015) gibt die Verkürzung an, in Abhängigkeit der Antennen, d.h. bei einer Antennenlänge von λ ist $N = 1$ und damit $V = 0{,}985$ usw.

Die seit Jahren üblicherweise verwendete Formel mit den Faktoren 150 · (n - 0,05) bzw. 300 · (N-0,025) ergibt eine zu große Verkürzung. Berechnungen mit einem Berechnungsprogramm nach NEC-2 aus der Programmsammlung von *VE3ERP* [0.2] bestätigten die Gleichung (11.1) für einen Drahtdurchmesser von rd. 2 mm, wie er für Drahtantennen im HF-Bereich üblich ist.

Im Kurzwellenamateurverkehr wird zum Senden häufig eine *Langdrahtantenne* verwendet. Das bedeutet, die Antenne wird für die tiefste Frequenz bemessen und dann im Allbandbetrieb mit ihren harmonischen Resonanzen (Oberwellen) erregt.

Mit zunehmender Antennenlänge nähert sich die Hauptstrahlung mehr und mehr der Antennenlängsrichtung. Gleichlaufend damit findet eine immer stärkere Konzentration der Strahlung in den Hauptrichtungen statt, wobei sich mit steigender Antennenlänge auch die Anzahl der Nebenkeulen erhöht. Diese Aufzipfelung des Richtdiagramms stellt keinen ausgesprochenen Nachteil dar. In den Hauptstrahlrichtungen wird ein beachtlicher Gewinn erzielt, der mit wachsender Strahlerlänge ansteigt. Außerdem zeichnet sich die Langdrahtantenne durch die zur Überbrückung großer Entfernungen besonders erwünschte Flachstrahlung (kleiner Erhebungswinkel) aus.

Man unterscheidet, abgesehen von den Bauformen, zwei Gruppen von Langdrahtantennen:

- resonante Langdrahtantennen
- nicht resonante oder aperiodische Langdrahtantennen

11.1 Resonante Langdrahtantennen

Bei am Ende offenen Antennen bilden sich stehende Wellen aus. In der Praxis sind rein stehende Wellen nicht vorhanden, denn durch die Strahlungs-

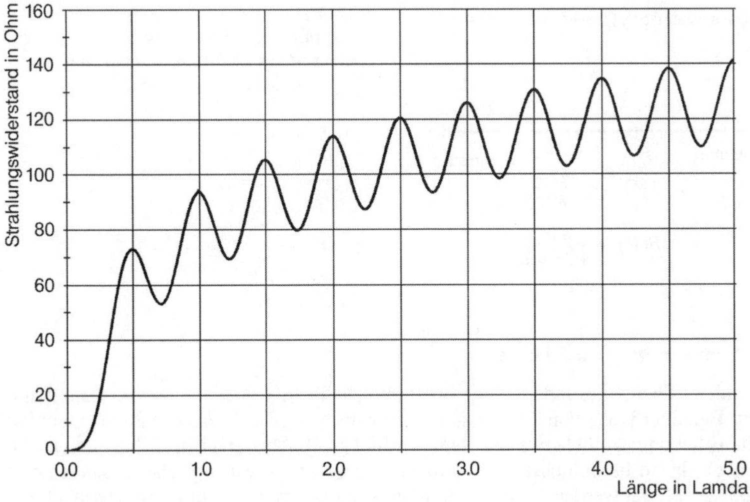

Bild 11.1.3
Strahlungswiderstand einer Stehwellen-Langdrahtantenne

dämpfung erhält man nämlich schon eine mehr oder weniger ausgeprägte fortschreitende Welle.

11.1.1 Langdrahtantenne

Die einfachste Form einer Langdrahtantenne ist ein gerader, mehrere Wellenlängen langer und am Ende offener Draht, der in einer Höhe von 0,5 bis 1 λ über dem Erdboden ausgespannt ist (**Bild 11.1.1**). Man bezeichnet die Langdrahtantenne auch als *Stehwellen-Langdraht*.

Über Langdrahtantennen gibt es nicht allzu viel Veröffentlichungen [1.1] – [1.3].

Da die Antenne am Ende offen ist bilden sich stehende Wellen aus und es entstehen symmetrische Strahlungsverteilungen. Eine offene Langdrahtantenne wirkt annähernd bidirektional (nach 2 Seiten). Mit der Vergrößerung der Strahlerlänge treten gleichzeitig Nebenkeulen der Strahlung auf. **Bild 11.1.2** zeigt das Strahlungsdiagramm im freien Raum. Die Antenne ist horizontal von links nach rechts, es ist nur die obere Hälfte gezeichnet, die andere Hälfte ist symmetrisch zur Drahtachse [1.1].

Der Strahlungswiderstand einer *Stehwellen-Langdrahtantenne* pendelt (oszilliert) im Halbwellen- und Viertelwellentakt. Dabei liegen die Maxima in der Nähe der Halb- und Ganzwellen-Vielfachen, die Minima dazwischen (**Bild 11.1.3**). In **Tabelle 11.1** sind die gerundeten Werte von Hauptstrahlwinkel, Strahlungswiderstand und Gewinn aufgelistet. Die genauen Rechenwerte sind in [1.2] zu finden. Die Werte von ungeraden Antennenlängen können als Zwischenwerte gemittelt werden z.B. Antennenlänge von 3,5 λ ergibt: 27°, 131 Ω und 3,7 dBd.

Stehwellen-Langdrahtantennen sind normalerweise endgespeist mit abgestimmter Speiseleitung (Zepp-Speisung), mit einem Fuchskreis, oder über ein Anpaßgerät (z.B. Pi-Filter).

Es ist aber auch möglich sie asymmetrisch in einem Strombauch zu speisen, im Abstand von einer Viertelwellenlänge von einem Ende (**Bild 11.1.4**).

Tabelle 11.1
Hauptstrahlwinkel, Strahlungswiderstand und Gewinn des Stehwellen-Langdrahtes

Länge in λ	Winkel zw. Draht u. Max.	Strahlungswid. in Ω	Gewinn in dBd
1,0	54°	93	0,5
2,0	36°	114	2,1
3,0	29°	126	3,2
4,0	25°	135	4,1
5,0	22°	142	4,9
6,0	20°	147	5,5
7,0	19°	152	6,0
8,0	18°	156	6,4
9,0	17°	159	6,8
10,0	16°	162	7,2

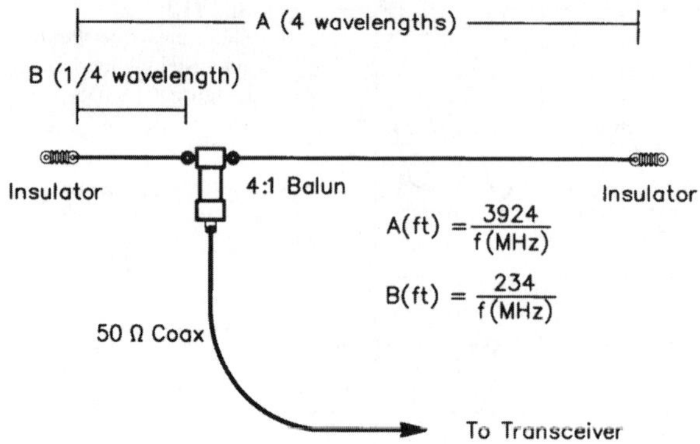

Bild 11.1.4
Asymmetrische Speisung
einer Stehwellen-Langdrahtantenne

Langdrahtantennen strahlen flach, besonders wenn die Bauhöhe groß ist. Bei einer Höhe von 2λ über Grund ist der vertikale Erhebungswinkel etwa 10°. Bei einem nur $0{,}5\lambda$ über Grund befindlichen Langdraht muß mit etwa 35° gerechnet werden.

Wenn man die Antenne – nach dem offenen Ende zu – abwärts neigt oder das Gelände nach der gleichen Richtung abfällt (**Bild 11.1.5**), können solche Strahler auf den kurzwelligen Amateurbändern oft verblüffend gute DX-Ergebnisse in der durch Pfeile angedeuteten Hauptrichtung bringen. Mit geringen Bauhöhen kann man durch Neigung des Strahlers - wie oben besprochen - den vertikalen Erhebungswinkel der Strahlung ablenken und damit bessere DX-Ergebnisse auf den kurzwelligen Amateurbändern erreichen.

11.1.2 V-Antenne

(*P.S. Carter* – US 1,974,387 – 1930)
Durch die V-förmige Anordnung zweier horizontaler Langdrahtantennen läßt sich die Richtwirkung und der Gewinn erhöhen. Es entsteht ein bidirektionaler (nach 2 Richtungen wirksamer) Richtstrahler.

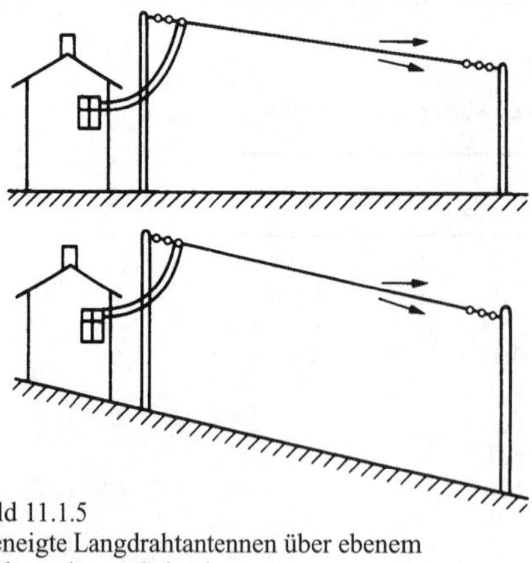

Bild 11.1.5
Geneigte Langdrahtantennen über ebenem und geneigtem Gelände

Die erste V-förmige Anordnung von Langdrahtantennen wurde von *Lindenblad* 1928 in einem Patent erwähnt [1.4]. Aber erst *Carter* hat dann in seinem o.g. Patent auch die technischen Angaben zum Strahlungsdiagramm und zum Spreizwinkel gemacht. So hat er für den Spreizwinkel die empirische Formel

$$\frac{\alpha}{2} = 50{,}9 \cdot \left(\frac{l}{\lambda}\right)^{-0{,}513}$$ gefunden.

Der Gewinn einer V-Antenne ist um 3 dB größer ist als der eines gleich langen Einzeldrahtes, vorausgesetzt, daß der Spreizwinkel α optimal gewählt wird **(Bild 11.1.6)**.

Mit wachsender Schenkellänge *l* steigt der Gewinn in der Hauptstrahlrichtung, und die Bündelung wird schärfer. Die Hauptstrahlung liegt in der Richtung der Winkelhalbierenden. Der optimale Spreizwinkel *α* ist von der Schenkellänge *l* abhängig, er wird mit steigender Schenkellänge kleiner **(Bild 11.1.7)**.

Durch den kleinen Erhebungswinkel der Strahlung ergibt die V-Antenne auf den hochfrequenten Amateurbändern einen besonders guten DX-Strahler.

Bild 11.1.6
V-Antenne

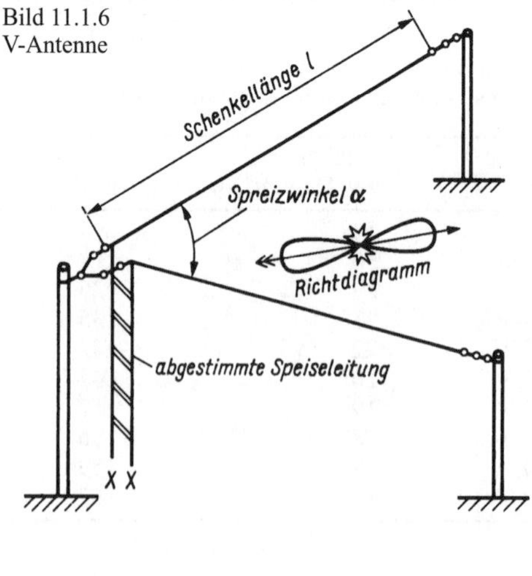

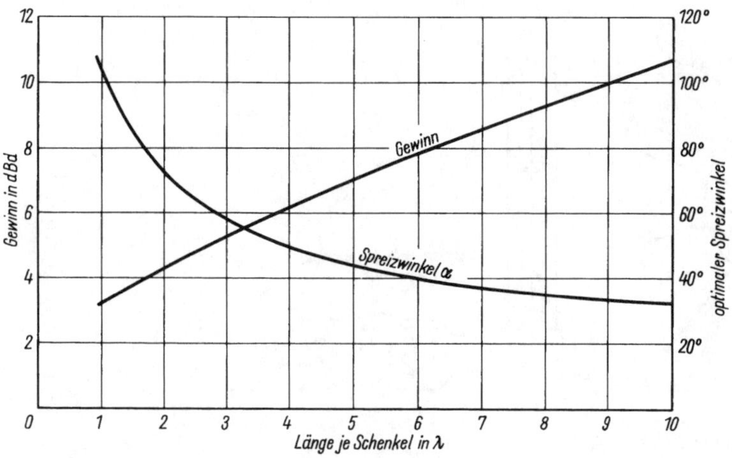

Bild 11.1.7
Gewinn und Spreizwinkel einer V-Antenne

Die V-Antenne wird in einem Spannungsbauch gespeist, sie hat daher eine hochohmige Eingangsimpedanz. Man benutzt meist eine abgestimmte Speiseleitung, damit ist auch Mehrbandbetrieb möglich. Beim Einbandbetrieb erweist es sich als vorteilhafter, eine unabgestimmte Speiseleitung über eine abgeschlossene Viertelwellenstichleitung an den Strahler anzupassen. Bei sehr großen Schenkellängen kommt der Eingangswiderstand in die Größenordnung von 600 Ω, und die V-Antenne kann dann mit einer angepaßten 600-Ω-Leitung direkt gespeist werden.

Die Schenkellänge ist bei einem V-Richtstrahler nicht sehr kritisch, sie läßt sich nach Gl. (11.1) errechnen. Deshalb arbeitet diese Antenne verhältnismäßig breitbandig. Dagegen ist besonders bei größeren Schenkellängen die richtige Einstellung des optimalen Spreizwinkels α sehr kritisch, denn er bewirkt, daß sich die Hauptkeulen im Richtdiagramm der beiden Antennenzweige phasengleich zusammensetzen.

Eine V-Antenne, deren Spreizwinkel $\alpha = 47°$ bei einer Schenkellänge von je 63,05 m beträgt, ist optimal für das 15-m-Amateurband bemessen (l = 4,5λ, Gewinn knapp 6,5 dBd). Gleichzeitig kann mit diesem Strahler noch ausgezeichnet auf 10 m (l = 6λ) mit etwa gleichem Gewinn und auf 20 m (l = 3λ) mit einem verminderten Gewinn von knapp 5 dBd gearbeitet werden. Für 20- und 10-m-Betrieb ist der Spreizwinkel nicht optimal, es wird deshalb nicht der auf die Schenkellänge bezogene Maximalgewinn erreicht. Beim Betrieb auf 40 und 80 m ergibt sich nur ein geringer Gewinn. Der größer werdende Erhebungswinkel der Hauptstrahlrichtung bedeutet bei diesen Frequenzen keinen Nachteil. Die angegebenen Gewinne sind theoretische Werte unter idealen Bedingungen, die in der Praxis meistens nicht erreicht werden.

Über V-Antennen gibt es einige Veröffentlichungen [1.5]–[1.9].

11.1.3 Gestockte V-Antenne

Der Gewinn einer V-Antenne kann durch vertikale Bündelung um etwa 3 dB gesteigert werden, ohne daß sich dabei der horizontale Öffnungswinkel verringert. Dazu stockt man 2 gleichartige V-Antennen vertikal übereinander. Der Stockungsabstand soll etwa $\lambda/2$ bis λ betragen, das Optimum liegt bei ≈ 0,7λ. Daraus geht hervor, daß die erforderliche Bauhöhe der Antenne sehr groß ist und deshalb im Kurzwellenbereich nur sehr selten verwirklicht werden kann.

Wird der Stockungsabstand mit $\lambda/2$ gewählt, vereinfacht sich die Speisung des Systems. Beide V-Strahler müssen gleichphasig erregt werden. Eine $\lambda/2$-Verbindungsleitung transformiert Widerstände im Verhältnis 1:1, sie dreht aber die Phase einer anliegenden Spannung um 180°. Damit beide Ebenen phasengleich gespeist werden, muß man die Drähte der Halbwellenverbindungsleitung kreuzen, wenn nur die untere V-Antenne gespeist wird.

Es wurden mitunter 2 horizontale V-Antennen nebeneinander angeordnet, so daß die Form eines W entsteht. Außerdem läßt sich hinter dem V-Strahler in $\lambda/4$ Entfernung ein zweites V als Reflektor anordnen. Die Strahlung wird dann unidirektional (nach einer Seite wirksam), wenn man beide Strahler mit einer gegenseitigen Phasenverschiebung von 90° speist.

11.1.4 V-Stern

Ist viel Platz vorhanden, kann eine sehr wirkungsvolle Kombination von V-Antennen aufgebaut werden, die nicht nur auf allen Amateurbändern brauchbar ist, sondern darüber hinaus für alle Richtungen hohen Gewinn bringt (**Bild 11.1.8**).

Von einem mindestens 10 m hohen Mittelmast aus verlaufen radial 5 Drähte von je 42,25 m Länge

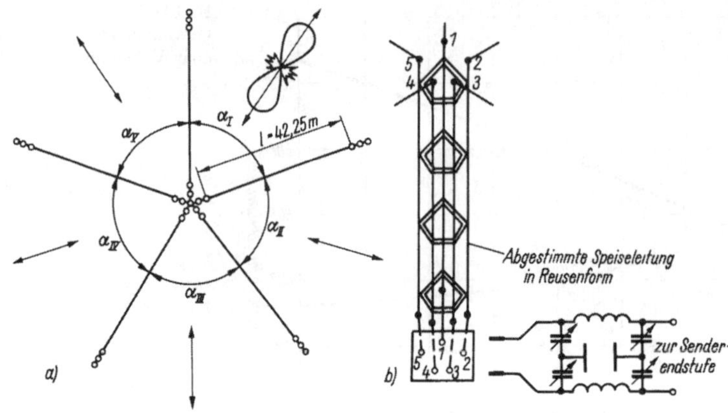

Bild 11.1.8
V-Stern

mit einem Spreizwinkel von je 72° zu 5 Außenmasten (**Bild 11.1.8a**). Die Außenmasten können niedriger sein als der Mittelmast, das ist sogar günstig, denn dadurch ergibt sich ein kleinerer Erhebungswinkel der Hauptstrahlrichtung.

Vom Mittelmast aus führt man die abgestimmten Speiseleitungen in Form einer Reuse zum Stationsraum. Diese Reuse besteht aus 5 Einzeldrähten, deren Abstand 10 bis 15 cm betragen kann (**Bild 11.1.8b**). Jeweils 2 einander benachbarte Drähte bilden eine abgestimmte Speiseleitung für den am oberen Ende angeschlossenen V-Strahler. Das einfache und sichere Umschalten auf die V-Systeme wird erreicht, indem man die 5 Speiseleitungsdrähte einzeln an die Buchsen einer 5poligen Buchsenleiste führt und mit 2 kurzen Steckerschnüren dann jeweils die gewünschte Verbindung zum Antennenabstimmgerät hergestellt.

Im vorliegenden Fall besteht der V-Stern aus 5 V-Strahlern. Es können deshalb 5 einzelne V-Antennen, die gleichmäßig über den Azimut verteilt sind, wahlweise angeschlossen werden. Da jeder V-Beam jedoch bidirektional ist, ergeben sich daraus bereits 10 Hauptstrahlrichtungen. Mit jeder einzelnen Hauptstrahlungskeule erfaßt man einen Azimutbereich von 36°; der vorliegende V-Stern bietet demnach eine in 10 Schritten über 360° schwenkbare Richtstrahlung. Da die Zusammenschaltung der einzelnen V-Schenkel frei wählbar ist, können sich besonders beim 40- und 80-m-Betrieb experimentell ermittelte Strahlerkombinationen ergeben, die entweder eine annähernde Rundstrahlung oder auch besondere Richtwirkungen verursachen.

Gegenüber einem handelsüblichen drehbaren Beam (Richtstrahler) hat der V-Stern den Vorteil, daß er auch für 40- und 80-m-Betrieb eine vollwertige Antenne darstellt.

Weitere Vorschläge für besonders leistungsfähige V-Sterne:

7 Drähte je 4λ Länge, Spreizwinkel 52°,
8 Drähte je 5λ Länge, Spreizwinkel 45°,
9 Drähte je 6λ Länge, Spreizwinkel 40°.

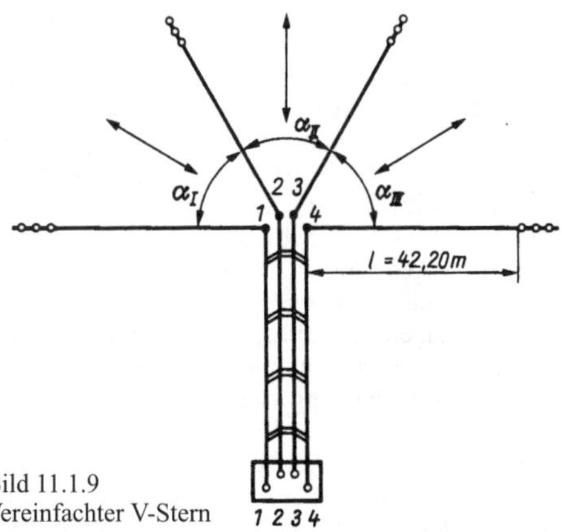

Bild 11.1.9
Vereinfachter V-Stern

Unter Verzicht auf die Erfassung sämtlicher Richtungen mit maximalem Gewinn können auch ein oder mehrere Drähte weggelassen werden.

Bild 11.1.9 zeigt eine Ausführung, bei der 4 Schenkel mit einer Länge von je 3λ für 15 m und einem Spreizwinkel von 60° verwendet werden. Es ist zweckmäßig, die Schenkellänge und den Spreizwinkel eines Mehrband-V-Sternes für das 15-m-Band zu bemessen. Da für den Mehrbandbetrieb in jedem Fall eine abgestimmte Speiseleitung verwendet werden muß, lassen sich Ungenauigkeiten in der Bemessung der Strahler- und Speiseleitungslängen immer durch den senderseitigen Antennenkoppler ausgleichen. Die Strahlerlängen sind nach der für die Bemessung von Langdrahtantennen angegebenen Gl. (11.1) zu berechnen. Einfacher ist es, die entsprechenden Werte aus dem Anhang zu entnehmen.

11.1.5 Stumpfwinklige V-Antenne

Eine Abart des V-Strahlers ist die stumpfwinklige V-Antenne, die man auch als *halbe Rhombusantenne* bezeichnet (**Bild 11.1.10**).

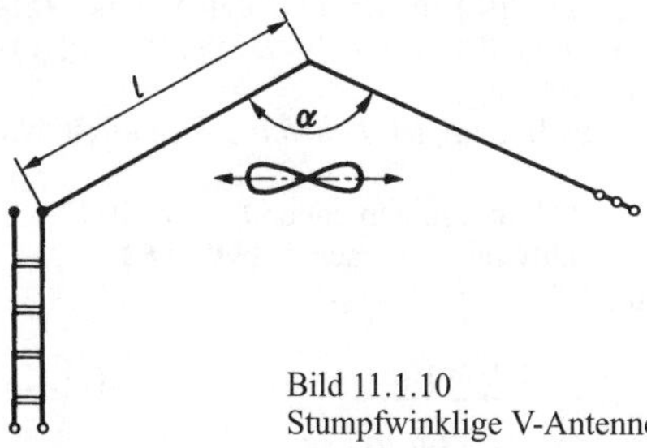

Bild 11.1.10
Stumpfwinklige V-Antenne

Sie wird nur in Sonderfällen verwendet, da sie fast die doppelte Längenausdehnung einer spitzwinkligen V-Antenne hat. Außerdem erzielt man mit einem vergleichbaren „Normal-V" (gleiche Schenkellänge) einen höheren Gewinn.

Das stumpfwinklige V wird über eine abgestimmte Speiseleitung wie eine Zeppelin-Antenne gespeist. Der optimale Winkel α beträgt für Schenkellängen l von:

2λ – 110° 7λ – 142°,
3λ – 122° 8λ – 144°,
4λ – 130° 9λ – 146°,
5λ – 137° 10λ – 147°.
6λ – 140°

Als Vertikalantenne für tiefe Frequenzen wurde die stumpfwinklige V-Antenne in den 30er Jahren verwendet. In einem Patent von *Bruce* wurde diese Antennenform als „inverted V" bezeichnet [1.10]

Eine größere Bedeutung hat die abgeschlossene Inverted-V-Antenne (vgl. Abschn. 11.2.5).

11.1.6 Offene Rhombusantenne

Aus der Verbindung zweier V-Strahler ist die Rhombusantenne entstanden, die leistungsfähigste der mit Amateurmitteln noch darstellbaren Drahtrichtantennen. Die erste rhombusförmige Anordnung von Langdrahtantennen wurde 1930 von *Carter* in seinem Patent über V-Antennen erwähnt [1.11].

Wenn man normal von einer Rhombusantenne spricht meint man meistens die abgeschlossene Rhombusantenne. Zur Unterscheidung daher der Zusatz „offene". Die offene oder resonante Rhombusantenne hat eine größere Bandbreite als eine V-Antenne gleicher Gesamtlänge.

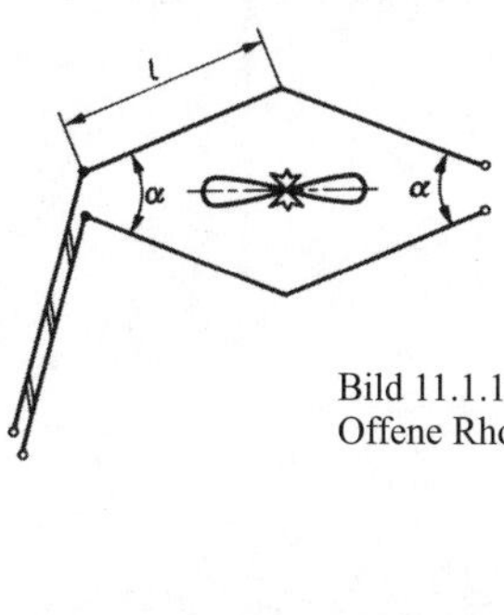

Bild 11.1.11
Offene Rhombusantenne

Tabelle 11.2
Optimaler Spreizwinkel und Gewinn von offenen verlustlosen Rhombusantennen in Abhängigkeit von der Schenkellänge l

Schenkellängel l in λ	Spreizwinkel α	Gewinn in dBd
1,0	105°	6,5
1,5	85°	7,0
2,0	73°	7,5
2,5	64°	8,0
3,0	58°	8,5
3,5	54°	9,0
4,0	50°	9,5
4,5	48°	10,0
5,0	45°	10,5

Bild 11.1.11 zeigt das Schema einer einfachen *offenen Rhombusantenne*. Sie endet an ihren Schenkelenden offen, im Gegensatz zum bekannteren abgeschlossenen Rhombus, der nachfolgend im Abschnitt 11.2.6 beschrieben wird.

Wie aus **Bild 11.1.11** hervorgeht, ist die offene Rhombusantenne annähernd bidirektional. Ihr Gewinn ist größer als der eines vergleichbaren verlustlosen V-Strahlers. Beispielsweise hat ein verlustloser Rhombus mit einer Schenkellänge von $l = 3\lambda$ einen Gewinn von 8,5 dBd (siehe **Tabelle 11.2**), während ein V-Strahler mit einem $l = 6\lambda$ nach **Bild 11.1.7** nur einen Gewinn von etwa 7,8 dBd erreicht. In beiden Fällen wird die gleiche Drahtlänge benötigt. Außerdem ist das Richtdiagramm des Rhombus weniger frequenzabhängig als das der V-Antenne.

Die Gewinnangaben in **Tabelle 11.2** beziehen sich auf einen Halbwellendipol als Bezugsantenne.

Die Tatsache, daß sich ein offener Rhombus bezüglich Schenkellänge und Spreizwinkel genauso verhält wie eine V-Antenne, gibt die Möglichkeit, einen vorhandenen und richtig bemessenen V-Strahler einfach durch entsprechendes Ansetzen eines zweiten gleichartigen V zu einem Rhombus zu erweitern. Ein auf diese Weise entstandener offener Rhombus ist dann ebenfalls optimal bemessen. Der Gewinn liegt mehr als 3 dB über dem Gewinn des V-Strahlers, und die Bandbreite ist angestiegen.

Über offene, resonante Rhombusantennen gibt es wenig Veröffentlichungen [1.12].

11.1.7 Echelon-Antenne

(*N.E. Lindenblad* – US 1,884,006 – 1928)
Eine erste Beschreibung dieser Antenne erfolgte 1931 in [1.5], dann im Januar 1938 für Amateure in der US Amateurzeitschrift Radio durch *W2DFN*. Weitere Veröffentlichungen darüber finden sich in [1.13]–[1.15].

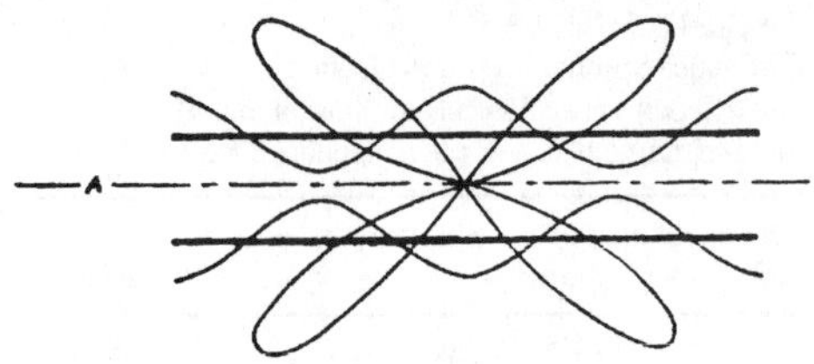

Bild 11.1.12
Strahlung eines Langdrahtpaares

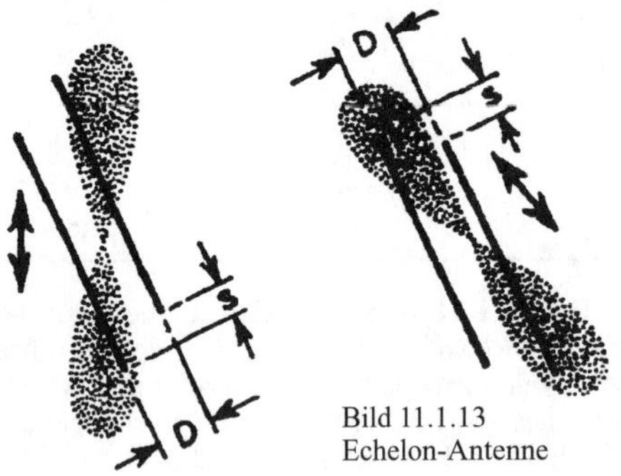

Bild 11.1.13
Echelon-Antenne

In der Literaturstelle von 1931 hat die *Echelon-Antenne* die Bezeichnung *Antenna Model B* für eine Anordnung in einer vertikalen Ebene mit vertikaler Polarisation und *Antenna Model C* für eine Anordnung in einer horizontalen Ebene mit horizontaler Polarisation.

Die Strahlung zweier Langdrahtantennen im Abstand von etwa $\lambda/2$ nebeneinander, die gegenphasig erregt sind, heben sich auf in der Richtung senkrecht zur Drahtebene. In der Drahtebene ist die Strahlung ein Maximum. Nach **Bild 11.1.12** gibt es vier Hauptkeulen uzw. zwei bidirektionale Hauptkeulen mit dem maximalen Wert in der Drahtebene.

Wenn jetzt ein Drahtende gegenüber dem anderen um einen bestimmten Betrag verschoben wird, dann wird eine bidirektionale Hauptkeule ausgelöscht. Es bleibt nur mehr eine bidirektionale Hauptkeule übrig uzw. die Hauptkeule, die in Richtung des weiter vorne liegenden Langdrahtes zeigt. **Bild 11.1.13** zeigt die beiden Möglichkeiten der Echelon-Antenne. **Bild 11.1.14** zeigt die drei Möglichkeiten der Speisung der Echelon-Antenne: (a) - Zepp-Speisung, (b) - 1/4 bis 3/4λ-Stichleitung, (c) - Original-Speisung

Die Berechnung der *Echelon Antenne* ist wie folgt:

Länge der Langdrahtantennen L nach Gl. 11.1
Hauptstrahlwinkel α nach **Tabelle 11.1**
Abstand D

$$D/\mathrm{m} = \frac{150 \cdot \sin\alpha}{f/\mathrm{MHz} \cdot \sin 2\alpha} \qquad (11.1.1)$$

Verschiebung S

$$S/\mathrm{m} = \frac{150 \cdot \cos\alpha}{f/\mathrm{MHz} \cdot \sin 2\alpha} \qquad (11.1.2)$$

Beispiel:
Die Antennenlänge soll 2 λ sein, die Frequenz f = 14,2 MHz.
L = 41, 83 m, α = 36°, D = 6,55 m, S = 8,99 m

11.1.8 *K4EF*-Antennen

Die hier angegebene Antennenanordnung ist eine von mehreren von *K4EF* entwickelten Antennenanordnungen [1.16] - [1.19]. Das ist eine äußerlich recht einfach wirkende, aber in ihrer Funktion sehr sinnreiche Sechsband-Langdrahtantenne.

Das in **Bild 11.1.15** dargestellte Schema zeigt 3 waagrecht aufgebaute Antennenleiter l_1, l_2 und l_3, die unterschiedliche Längen haben, wobei l_1 etwa rechtwinklig zu l_2 und l_3 angeordnet ist. Mit der angegebenen Bemessung besteht Resonanz in den Amateurbändern 30, 20, 17, 15, 12 und 10 m, wobei für alle Bänder am Antenneneingang XX eine Impedanz von etwa 200 Ω auftritt. Die Lage von XX außerhalb der Leitermitten läßt eine Verwandtschaft zum Windom-Prinzip vermuten.

Es handelt sich um die Kombination von 2 Systemen; das eine besteht aus $l_1 + l_2$ mit einer wirksamen Gesamtlänge von 73,5 m, das andere aus $l_1 + l_3$ mit 77,5 m Länge. **Tabelle 11.3** veranschaulicht

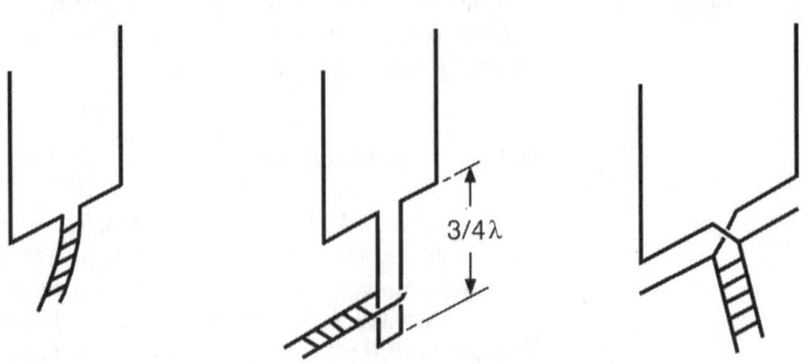

Bild 11.1.14
Speisemöglichkeiten
der Echelon-Antenne

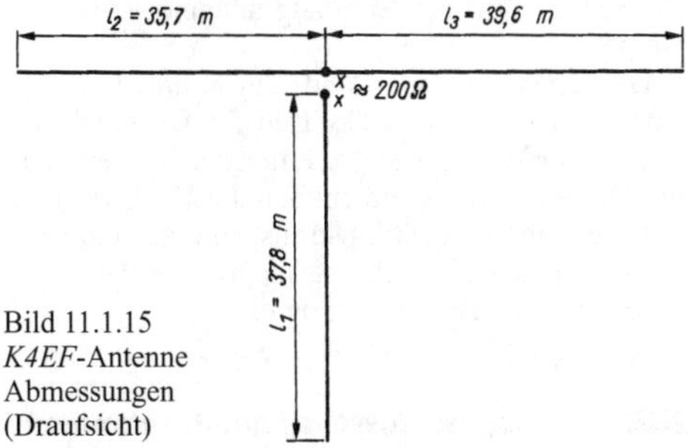

Bild 11.1.15
K4EF-Antenne
Abmessungen
(Draufsicht)

die Resonanzbeziehungen für die einzelnen Bänder und gibt den von *K4EF* ermittelten Frequenzbereich an, in dem die Welligkeit s nicht größer als 2 ist. Es zeigt sich, daß lediglich im 10-m-Band der Frequenzbereich nicht ganz ausreichend ist, so daß man bei Frequenzen < 28,5 MHz gegebenenfalls mit einem Anpaßgerät arbeiten muß.

Die unterschiedlichen Strahlungseigenschaften für die einzelnen Bänder lassen sich schwierig beurteilen, da auch die Abwinkelung der Leiterschenkel berücksichtigt werden muß. Sicher darf mit kleinen Erhebungswinkeln und damit guten DX-Eigenschaften gerechnet werden.

Die Leiterlängen sollte man exakt einhalten.

Weniger kritisch ist dagegen die Abwinkelung zwischen den 3 Leiterschenkeln; die Summe der Winkel kann je nach den örtlichen Gegebenheiten zwischen 180° (Normalfall) und 120° liegen. Vom Mittelmast ausgehend können die Leiterschenkel auch geneigt zu den Außenmasten geführt werden („inverted-V"-Form). Natürlich soll man auch diese Antenne möglichst hoch und frei von Hindernissen aufbauen; als Mindestforderung ist ein Mittelmast von 10 m Höhe anzusehen.

Der Eingangswiderstand von 200 Ω ermöglicht die symmetrie- und impedanzrichtige Anpassung eines beliebig langen 50-Ω-Koaxialkabels über einen Ringkern-Balun- 1:4. Für gewittergefährdete Gegenden empfiehlt *K4EF,* eine 200-Ω-Zweidrahtleitung am Mittelmast entlang bis in Erdbodennähe herabzuführen und dort erst den Ringkernübertrager anzufügen. Man kann dann bei Gewittergefahr das System über die leicht zugängliche 200-Ω-Leitung direkt erden.

11.2 Aperiodische Langdrahtantennen

Nichtresonante Antennen werden auch *aperiodische* oder *abgeschlossene Antennen*, englisch auch *traveling-wave antennas*, genannt [2.0].

Der Wert des Lastwiderstandes – er wird auch als *Schluckwiderstand* bezeichnet – ist gleich dem Wellenwiderstand der Antenne Z_A und muß für die Betriebsfrequenz reell sein.

Auf einer mit ihrem Wellenwiderstand abgeschlossenen Antenne bilden sich – im Gegensatz zu einer resonanten, nicht abgeschlossenen Antenne – keine stehenden Wellen aus. Die Energie, die am Antennenende ankommt, wird vom dort befindlichen Lastwiderstand aufgenommen und von ihm in Wärme umgesetzt.

Theoretisch kann man die abgeschlossene Antenne als eine angepaßte Übertragungsleitung betrachten, deren zweiten Leiter die Erde darstellt. Die Übertragungsleitung ist durch den Lastwiderstand R_L mit ihrem Wellenwiderstand Z_A abgeschlossen. Es bilden sich fortschreitende Wellen (Wanderwellen) aus, die dadurch gekennzeichnet sind, daß der Strom längs der Leitung vom Antenneneingang ausgehend gleichförmig sinkt.

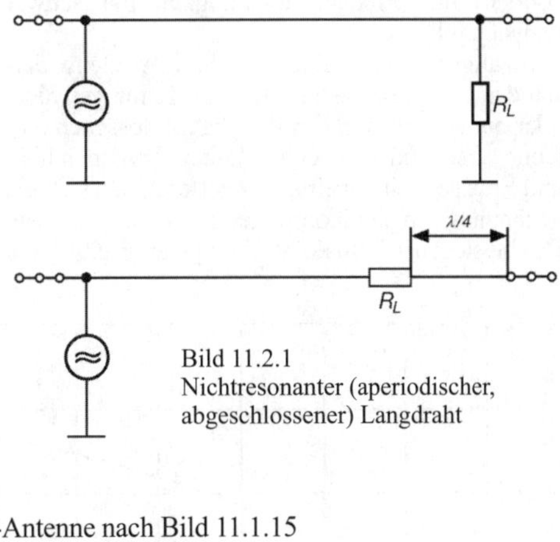

Bild 11.2.1
Nichtresonanter (aperiodischer, abgeschlossener) Langdraht

Tabelle 11.3
Resonanzbeziehungen und Frequenzbereiche der *K4EF*-Antenne nach Bild 11.1.15

System	Wirksame Länge in m	Amateurband in m	Anzahl der Halbwellen	Frequenzbereich für $s = 2$ in MHz
$l_1 + l_2$	73,5	30	5	9,95…10,26
$l_1 + l_2$	73,5	20	7	13,98…14,40
$l_1 + l_2$	73,5	17	9	18,00…18,54
$l_1 + l_3$	77,5	15	11	20,89…21,53
$l_1 + l_3$	77,5	12	13	24,71…25,46
$l_1 + l_3$	77,5	10	15	28,52…29,30

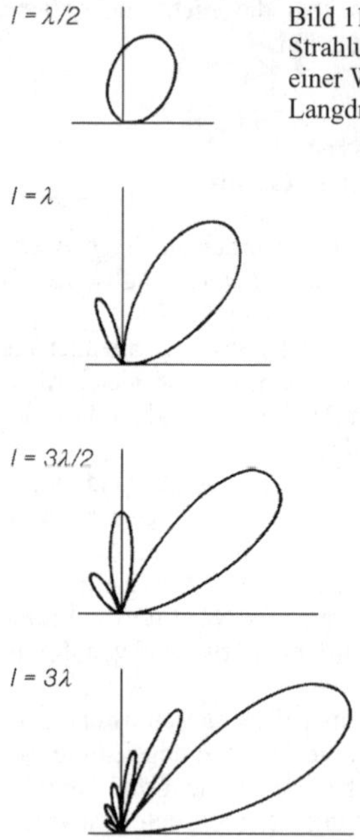

Bild 11.2.2
Strahlungsdiagramme einer Wanderwellen-Langdrahtantenne

Eine rein fortschreitende Welle ist aber im allgemeinen auch nicht vorhanden, weil sich der hierfür nötige korrekte Abschluß am Ende der Antenne unter Berücksichtigung von Umgebungseinflüssen (Boden) und Frequenzabhängigkeit nur schwer realisieren läßt.

Im allgemeinen strahlen mit ihrem Wellenwiderstand abgeschlossene Paralleldraht-Leitungen nicht oder nur sehr wenig. Bei der abgeschlossenen Antenne aber sind die beiden Leiter Antennendraht und Erde so weit voneinander entfernt, daß sich die gegenphasigen Feldkomponenten nicht aufheben. Das System ist deshalb strahlungsfähig und kann als Sende- und als Empfangsantenne verwendet werden.

Der Eingangswiderstand einer aperiodischen Antenne ist in weiten Grenzen frequenzunabhängig. Dieser Vorzug wiegt z.T. den Nachteil auf, daß im Abschlußwiderstand ein Teil der HF-Energie in Wärme umgesetzt wird. Die ausgeprägte Frequenzabhängigkeit der Strahlungsdiagramme bestimmt oft den nutzbaren Frequenzbereich.

11.2.1 Abgeschlossene Langdrahtantenne

Die andere Form einer Langdrahtantenne ist ein gerader, mehrere Wellenlängen langer und am Ende mit einem Widerstand abgeschlossener Draht, der in einer Höhe von 0,5 bis 1 λ über dem Erdboden ausgespannt ist. Diese Langdrahtantennen sind durch den Abschlußwiderstand nichtresonant.

Dabei kann der Widerstand ($R_L = Z_A$) gegen Erde oder in Serie mit einem Viertelwellenstück (künstliche Erde) angeordnet sein (**Bild 11.2.1**).

Der Widerstand gegen Erde findet sich erstmalig 1920 bei *Beverage* [2.1], der Widerstand mit λ/4-Leitung 1933 bei *Carter* [2.2]. Man bezeichnet diese Langdrahtantenne auch als *Wanderwellen-Langdraht*.

Da die Antenne am Ende abgeschlossen ist bilden sich Wanderwellen aus und es entstehen unsymmetrische Strahlungsverteilungen. Eine abgeschlossene Langdrahtantenne wirkt unidirektional (nach 1 Seite). Mit der Vergrößerung der Strahlerlänge treten gleichzeitig Nebenkeulen der Strahlung auf.

Fortschreitende Wellen haben eine unsymmetrische Strahlungscharakteristik. Die Strahlungsmaxima verschieben sich in Richtung zum offenen Drahtende, während die in Richtung zum Speisepunkt liegenden Strahlungskeulen gleichzeitig eine Verringerung erkennen lassen. Ein endgespeister Langdraht zeigt demnach mit zunehmender relati-

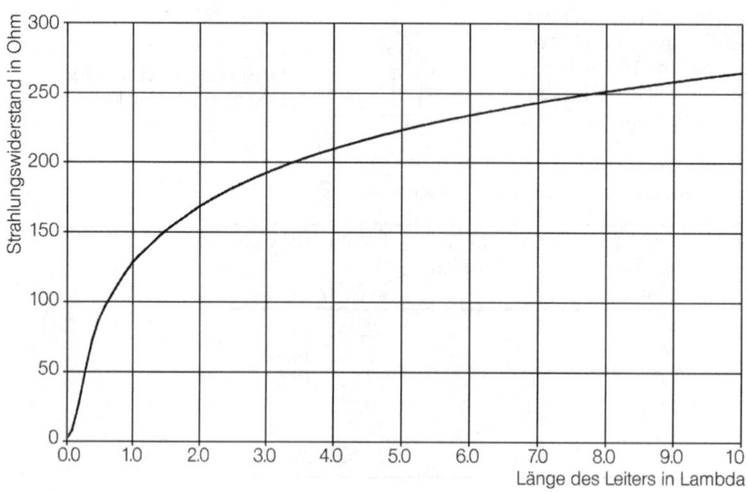

Bild 11.2.3
Strahlungswiderstand einer Wanderwellen-Langdrahtantenne

Tabelle 11.4
Hauptstrahlwinkel, Strahlungswiderstand und Gewinn des Wanderwellen-Langdrahtes

Länge in λ	Winkel zw. Draht u.Max.	Strahlungswid. in Ω	Gewinn in dBd
1,0	48°	127	3,4
2,0	35°	168	4,6
3,0	28°	192	6,7
4,0	25°	210	7,8
5,0	22°	223	8,6
6,0	20°	234	9,2
7,0	19°	243	9,7
8,0	17°	251	10,2
9,0	16°	258	10,6
10,0	16°	265	10,9

ver Länge immer mehr in Richtung des offenen Drahtendes maximale Abstrahlung.

Bild 11.2.2 zeigt das Strahlungsdiagramm im freien Raum. Die Antenne ist horizontal von links nach rechts, es ist nur die obere Hälfte gezeichnet, die andere Hälfte ist symmetrisch zur Drahtachse [1.1].

Der Strahlungswiderstand einer *Wanderwellen-Langdrahtantenne* wächst kontinuierlich mit der Antennenlänge (**Bild 11.2.3**).

In **Tabelle 11.4** sind die gerundeten Werte von Hauptstrahlwinkel, Strahlungswiderstand und Gewinn aufgelistet. Die genauen Rechenwerte sind in [1.2] zu finden. Die Werte von ungeraden Antennenlängen können als Zwischenwerte gemittelt werden z.B. Antennenlänge von 5,5 λ ergibt: 21°, 229 Ω und 8,9 dBd.

Wanderwellen-Langdrahtantennen sind immer endgespeist mit abgestimmter Speiseleitung (Zepp-Speisung), mit einem Fuchskreis, oder über ein Anpaßgerät (z.B. Pi-Filter).

Da man für die abgeschlossene Langdrahtantenne als zweiten Leiter die Erdoberfläche benutzt, soll eine gute Bodenleitfähigkeit vorhanden sein. Da das selten der Fall ist, kann man ein gleich langes Gegengewicht auf der Erdoberfläche verlegen und dieses als Ersatzerde benutzen.

Der Wellenwiderstand Z der Antenne liegt in Abhängigkeit vom Leiterdurchmesser d und der Aufbauhöhe h über Erde bei 300 bis 600 Ω und errechnet sich nach:

$$Z = \frac{276}{2} \lg \frac{2(2h+d)}{d} \approx 138 \lg \frac{4h}{d} \quad (11.2.1)$$

(für $h >> d$)

Diesen Wert muß auch der Lastwiderstand R_L haben. Er soll im Sendefall mit der Hälfte der verfügbaren HF-Leistung belastbar sein und darf keine Blindwiderstände aufweisen. Die geforderte Belastbarkeit des Widerstandes sinkt mit wachsender Drahtlänge. Bei einer Drahtlänge von 2λ sind bereits 25% der Sender-HF-Leistung ausreichend.

11.2.2 *Beverage*-Antenne

(*H.H. Beverage* – US 1,381,089 – 1920)
Sehr lange abgeschlossene Drahtantennen in relativ geringer Höhe über dem Erdboden bezeichnet man nach *H. Beverage W2BML* als *Beverage*-Antennen. Sie wurden früher auch in der kommerziellen Technik hauptsächlich im Bereich der längeren Kurzwellen für Empfangszwecke eingesetzt. Für Funkamateure sind sie als Empfangsantennen im 160-m-Band unübertroffen. Eine solche *Beverage*-Antenne ist wegen ihrer Breitbandigkeit gleichzeitig auch für 80 und 40 m hervorragend geeignet. [2.3], [2.4].

Die Drahtlänge soll mindestens 1λ betragen, bezogen auf die niedrigste Arbeitsfrequenz. Üblich sind Drahtlängen von mehreren Wellenlängen. Daraus geht schon hervor, daß diese Antenne nur an dünn besiedelten Stadträndern oder in ländlichen Gegenden errichtet werden kann. Eine leichte Bebauung durch Waldstreifen, Obstbäume, Hekken, einzelne Zweckgebäude usw. stört nicht. Die Bodenleitfähigkeit ist von untergeordneter Bedeutung, lediglich für den Abschlußwiderstand benötigt man eine gute Hochfrequenzerde. Auch an die Aufbauhöhe werden keine besonderen Forderungen gestellt, üblich sind 2 bis 3 m.

In ihrer einfachsten Form entspricht die *Beverage*-Antenne einer abgeschlossenen Langdrahtantenne. Eine etwas verfeinerte Ausführung nach [2.5] als Eindrahtausführung zeigt **Bild 11.2.4** Mit etwa 460m Länge (≈ $2{,}8\lambda$) und einer Aufbauhöhe von

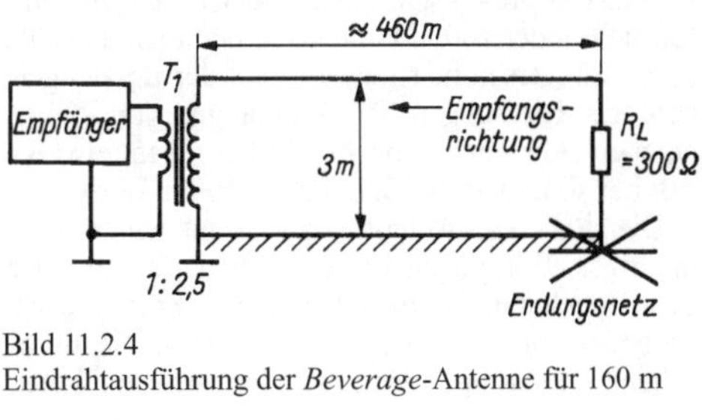

Bild 11.2.4
Eindrahtausführung der *Beverage*-Antenne für 160 m

3 m über Grund ist sie für den Empfang im 160-m-Band bestimmt. Die gute Hochfrequenzerde am Leitungsende soll durch möglichst viele flach in den Erdboden eingegrabene Radiale verwirklicht werden. T1 ist ein HF-Transformator mit dem Windungsverhältnis 1:2,5 (entspricht einer Impedanztransformation von etwa 1:6), der die Antenne an einen üblichen niederohmigen Empfängereingang anpaßt. Primär- und Sekundärwindungen sind gegensinnig auf einen Ferrit-Ringkern hoher Permeabilität gewickelt. Um Einstrahlungen nahegelegener Mittelwellen-Rundfunksender zu unterdrücken, soll die Primärwicklung am Empfängergehäuse geerdet werden und die Sekundärwicklung eine gesonderte Erde erhalten.

Belrose veröffentlichte in [2.6] folgende experimentell ermittelte Feststellungen, die an einer 100m langen *Beverage*-Antenne bei einer Arbeitsfrequenz von 2 MHz gewonnen wurden (gekürzt):

Die Wirksamkeit ist besser, wenn die Bodenleitfähigkeit unterhalb des Antennendrahtes schlecht ist. Bei einer Antennenhöhe von 1 m über Grund war der Gewinn über schlecht leitendem Boden um 5,7 dB größer als über guter Erdbodenleitfähigkeit. Bei höheren Frequenzen (z.B. 25 MHz) kehrt sich dieser Trend um.

Der Gewinn steigt mit der Antennenhöhe über Grund nur geringfügig an. Der Unterschied zwischen 1 und 3 m Aufbauhöhe betrug nur 1,3 dB; selbst wenn der Draht nur in 0,3 m Höhe gespannt war, wurde nur ein Gewinnabfall gegenüber 3 m Aufbauhöhe von 2 dB verzeichnet.

Der Gewinn steigt mit der Antennenlänge. Die 100 m lange Antenne war in 1 m Höhe über trockenem Erdboden gespannt. Die Verdoppelung der Länge auf 200 m brachte einen Gewinnanstieg von 3,5 dB, mit 400 m Antennenlänge stieg der Gewinn um 5 dB auf - 7 dBi.

Belrose stellte weiter fest, daß die 100 m lange *Beverage*-Antenne in 1 m Höhe über Grund aufgebaut bei 2 MHz eine horizontale Halbwertsbreite von 77° aufwies, die vertikale Halbwertsbreite betrug 60° bei einem Erhebungswinkel von etwa 42°. Dabei ist jedoch zu beachten, daß die Antennenlänge für diesen Fall nur 0,67λ betrug. Wichtig ist aber die Tendenz, daß die vertikale Halbwertsbreite kleiner ist als die horizontale.

Aus der Kenntnis der Richtdiagramme könnte man folgern, daß Beverage-Antennen einen großen Richtfaktor aufweisen. Aber leider ist ihr Gewinn für die Bänder 160, 80 und 40 m bei noch darstellbaren Längen immer geringer als der des Kugelstrahlers. Messungen bei Drahtlängen von 400 m ergaben „Gewinne" von -3 dBi bei 40 m, etwa -4 dBi bei 80 m und -6 dBi bei etwa 160 m [2.6]

Die *Beverage*-Antenne hat somit einen sehr niedrigen Wirkungsgrad. Gründe dafür sind der Lastwiderstand, die unvermeidlichen Erdverluste - besonders bei geringer Aufbauhöhe -, die ohmschen Leiterverluste des relativ langen und dünnen

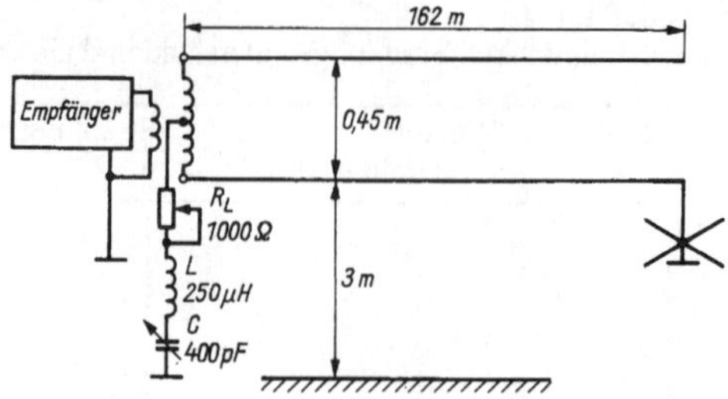

Bild 11.2.5
Zweidrahtausführung der *Beverage*-Antenne für 160 m

Antennendrahtes und die dielektrischen Verluste an den vielen erforderlichen Stützisolatoren. Für den Sendefall müßte man daher mit weit mehr als 50% Leistungsverlust rechnen. Wertet man aber die Strahlungseigenschaften für den Empfang aus, zeigt sich eine einseitig gerichtete, horizontal polarisierte, scharf gebündelte Richtcharakteristik mit flachem Erhebungswinkel. Das bedeutet, daß Wellen, die nicht aus der Hauptempfangsrichtung kommen, wirksam unterdrückt werden. Europa-QRM und örtlicher Störpegel fallen deshalb stark ab, und selbst atmosphärische Störungen werden richtungsselektiv verringert. Die unter kleinem Erhebungswinkel aus dem erfaßten Azimutbereich einfallenden DX-Signale erscheinen verstärkt, und insgesamt ergibt sich daraus ein großer Störabstand, auf den es beim Empfang ankommt. Man darf außerdem erwarten, daß die *Beverage*-Antenne bei großer Länge bestimmte Schwunderscheinungen mildert.

Eine Weiterentwicklung der *Beverage*-Antenne ist deren Zweidrahtausführung (**Bild 11.2.5**). Sie wurde von *W9UCW* in [2.7] beschrieben und ist mit einer Leiterlänge von 162 m für den Betrieb im 160-m-Amateurband bestimmt. Ihre Vorzüge bestehen in geringeren Erdverlusten, größerer Signalspannung und Verlegung des Lastwiderstandes R_L zur Empfängerseite, so daß dort über das leicht zugängliche RLC-Netzwerk optimale Betriebsbedingungen eingestellt werden können. Durch Variation von R_L und C lassen sich störende Sender und Rauschquellen ausblenden.

Wenngleich das Richtdiagramm in bestimmten Grenzen beeinflußt werden kann, bleiben die bisher beschriebenen *Beverage*-Formen unidirektionale Richtantennen, die nur über einen relativ schmalen azimutalen Sektor brauchbar sind. Durch entsprechende Maßnahmen kann man aber erreichen, daß durch Umschalten bzw. Umstecken das Horizontaldiagramm um 180° gedreht wird. **Bild 11.2.6** zeigt diese von *W9UCW* durchgeführte Veränderung der Zweidraht-*Beverage* von **Bild 11.2.5**.

Es werden folgende Spulendaten angegeben:

L_1, L_5 - 6 Windungen CuL 1,6 mm Durchmesser auf Wickelkörper 60 mm Durchmesser

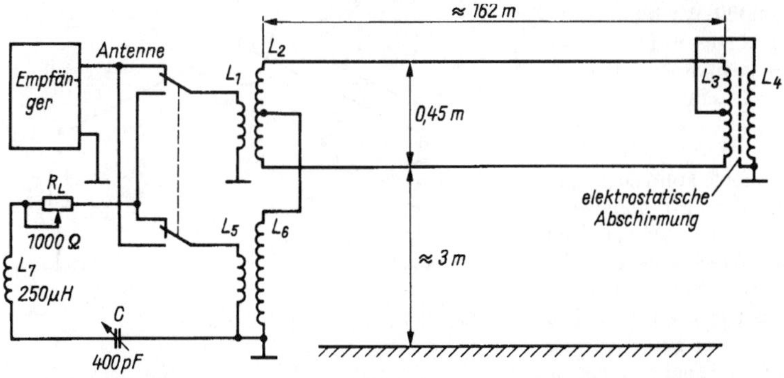

Bild 11.2.6
Zweidrahtausführung der *Beverage*-Antenne für 160 m (umschaltbar)

L_2 - 56 Windungen CuL 0,4 mm Durchmesser mit Mittenzapfung, auf Wickelkörper 80 mm Durchmesser (L_1 zentrisch innerhalb von L_2).

L_6 - 56 Windungen CuL 0,4 mm Durchmesser auf Wickelkörper 80 mm Durchmesser (L_6 zentrisch innerhalb von L_5).

L_3 - 60 Windungen CuL 0,4 mm Durchmesser mit Mittenanzapfung auf Wickelkörper 100 mm Durchmesser. Diese Wicklung wird von einer geerdeten Metallfolie umschlossen, welche mit einem etwa 20 mm breiten Schlitz versehen ist, der verhindert, daß eine Kurzschlußwindung (elektrostatischer Schirm) entsteht.

L_4 - 40 Windungen CuL 0,4 mm Durchmesser. Wird als Sekundärwicklung über L_3 auf die Metallfolie aufgewickelt. Auf Symmetrie ist zu achten.

L_7- 40 Windungen CuL 0,5 mm Durchmesser auf Wickelkörper mit 25 mm Durchmesser, Wicklungsbreite 25 mm, Induktivität 250 H.

Der Lastwiderstand R_L soll induktivitätsarm sein (kein Drahtpotentiometer).

Eine Eindraht-*Beverage* für das 40-m-Amateurband wird in [2.8] ausführlich beschrieben. Die *Beverage* ist eine hervorragende DX-Empfangsantenne, sie eignet sich aber als Sendeantenne weniger gut. Diese Aufgabe widerspricht nicht dem Reziprozitätstheorem, welches besagt, daß die charakteristischen Eigenschaften und Kenngrößen einer Antenne für den Empfangsfall und für den Sendefall sinngemäß die gleichen bleiben. Der Unterschied liegt hier auf der betriebstechnischen Seite. Wie allgemein bekannt ist, leiden die Amateurbänder 160, 80 und 40 m unter außerordentlichen Störungen unterschiedlichster Zusammensetzung. Dabei ist es verwunderlich, daß bei solchen Bedingungen überhaupt noch DX-Verbindungen möglich sind. Eine hohe Empfängerempfindlichkeit wird unter diesen Umständen sinnlos, sie kann das Übel nur verschlimmern. Man muß also den Störabstand zwischen DX-Signal und Störpegel bereits antennenseitig vergrößern. Wie kaum eine andere Antennenform weist die Beverage-Antenne diese Eigenschaft auf. Das Erfolgsrezept vieler DXer für 40, 80 und 160 m lautet deshalb: *Beverage*-Antenne für den Empfang und vertikaler Viertelwellenstrahler zum Senden.

Über *Beverage*-Antennen gibt es viele Veröffentlichungen, einige davon sind hier angegeben [2.9] bis [2.14].

11.2.3 Abgeschlossene V-Antenne

(*P.S. Carter* – US 2,099,296 – 1933)
Die normale V-Antenne kann in aperiodischer Form aufgebaut werden, sie erhält dann ebenfalls eine einseitige Richtwirkung bei vergrößertem Frequenzbereich. Im Amateursektor dürfte sich ihr Einsatz auf sehr seltene Ausnahmefälle beschränken, denn sie benötigt 3 Maste und 2 Abschlußwiderstände. Schwierigkeiten bereitet die Erdung der Schluckwiderstände, denn ihre Entfernung von der Erde entspricht im Normalfall der Masthöhe. Man kann sich dabei mit einer künstlichen Erde helfen. Diese wird nach **Bild 11.2.7** durch $\lambda/4$ lange Drähte gebildet, die man an die Abschlußwiderstände anschließt. Leider wird dadurch die Antenne wieder frequenzabhängiger, und es werden deshalb bei Mehrbandbetrieb für jedes Band gesonderte $\lambda/4$-Leitungen gebraucht.

Die angepaßte, symmetrische Speiseleitung der abgeschlossenen V-Antenne hat einen Wellenwi-

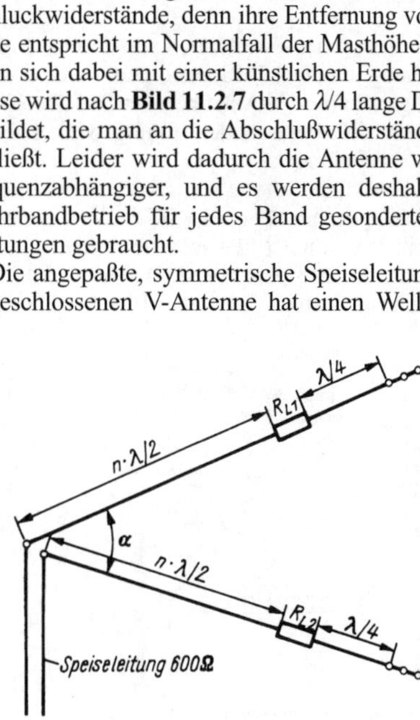

Bild 11.2.7
Abgeschlossene V-Antenne

derstand von etwa 450 bis 600 Ω. Auch diese Antenne kann über ein beliebig langes 50-Ω-Koaxialkabel erregt werden, wenn man am Speisepunkt einen Ringkern-Balun 9:1 bis 12:1 einsetzt.

Sloping-V

Eine bei Amateuren wenig bekannte Form der ab-geschlossenen V-Antenne ist die *Sloping-V-Antenne*.

Der Vorteil dieser Antenne ist, daß man nur einen Mast benötigt. Es ist günstig die Schenkel der V-Antenne so weit zum Erdboden zu neigen, daß sich die Schluckwiderstände direkt erden lassen. Die Enden der V-Antenne sind mit der Erde über die Widerstände verbunden. Die Größe der Schluckwiderstände beträgt je Schenkel etwa 600 Ω. Bei Sendebetrieb sollen diese Widerstände für 1/4 der Sendeleistung bei AM, bei SSB und CW vermutlich etwas weniger, dimensioniert werden.

Es besteht die Möglichkeit mit einem Zentralmast und einer Reihe von Sloping-V-Antennen umschaltbare Richtungen, wie beim V-Stern, zu erhalten.

Im kommerziellen Funkdienst wird diese Antenne oft eingesetzt, speziell bei Punkt-zu-Punkt Verbindungen. So ist diese Antennenform auch im CCIR Handbuch für HF-Richtantennen zu finden.

Leider benötigen V-Antennen sehr viel Platz. Wer darüber verfügt, sollte besser der Rhombusantenne den Vorzug geben.

11.2.4 Gestockter V-Beam

Der Gewinn einer V-Antenne kann durch vertikale Bündelung um etwa 3 dB gesteigert werden, wenn man 2 gleichartige V-Antennen vertikal übereinander stockt. Der horizontale Öffnungswinkel verändert sich dabei nicht.

Der Stockungsabstand soll etwa $\lambda/2$ bis λ betragen, das Optimum liegt bei $\approx 0{,}7\lambda$. Wird der Stockungsabstand mit $\lambda/2$ gewählt, vereinfacht sich die Speisung des Systems. Beide V-Strahler müssen gleichphasig erregt werden. Eine $\lambda/2$-Verbindungsleitung transformiert Widerstände im Verhältnis 1:1, sie dreht aber die Phase einer anliegenden Spannung um 180°. Damit beide Ebenen phasengleich gespeist werden, muß man entweder die Drähte der Verbindungsleitung kreuzen, wenn nur die untere V-Antenne gespeist wird, oder man speist in der Mitte der Verbindungsleitung ein.

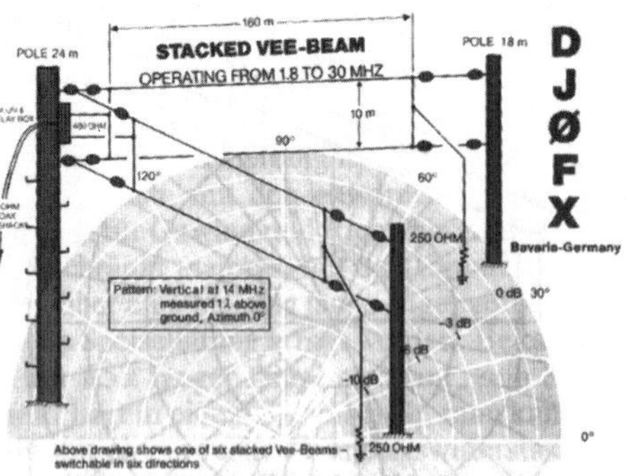

Bild 11.2.8
Gestockter V-Beam

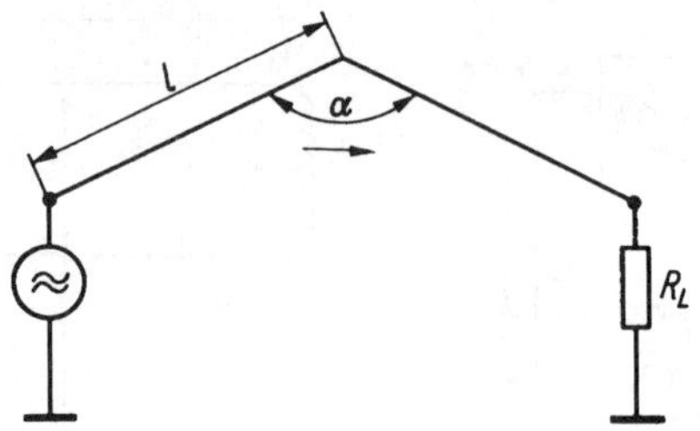

Bild 11.2.9
Abgeschlossene Inverted-V-Antenne

Die erforderliche Bauhöhe, sowie der Platzbedarf eines gestockten V-Beams ist sehr groß. Die Antenne ist deshalb im Kurzwellenbereich nur sehr selten zu verwirklichen.

Bild 11.2.8 zeigt einen gestockten V-Beam („2 über 2“) aus Bayern.

In Ainring bei Freilassing haben *DL9PT*, *DL4MCX*, *DJ5IW*, *DJ9HQ* und *DJ0FX* so einen V-Stern aus sechs schaltbaren V-Beams für den Bereich 1,8 bis 30 MHz aufgebaut [2.15].

Gegenüber den Maßen auf der QSL hat sich zwischenzeitlich einiges geändert:

Der Hauptmast hat jetzt 31 m, die anderen Maste je 20 m, der Stockungsabstand zwischen den beiden V-Antennen ist jetzt 12 m und die Schluckwiderstände haben jetzt 300 Ω.

11.2.5 Abgeschlossene Inverted-V-Antenne

(*E. Bruce* – US 1,899,410– 1929)

Abgeschlossene V-Antennen verwendet man hauptsächlich in der Form eines senkrecht aufgebauten, stumpfwinkligen V-Strahlers. Durch Einfügen des Abschlußwiderstandes R_L ergibt sich ein Schema nach **Bild 11.2.9**.

Der vertikale Aufbau hat den Vorzug, daß nur ein Mittelmast benötigt wird und daß der Abschlußwiderstand unmittelbar geerdet werden kann. In dieser Ausführung ist die Antenne gemischt polarisiert, und die Hauptstrahlung verläuft einseitig in Richtung zum mit R_L abgeschlossenen Antennenende. Ebenso wie bei der offenen Version hängt der optimale Spreizwinkel α von der Schenkellänge l ab, und es ergeben sich für die geschlossene Ausführung etwa die gleichen Werte. Der günstigste Abschlußwiderstand beträgt annähernd 600 Ω; er hat damit den gleichen Wert wie der Wellenwiderstand der Antenne. Da der Wellenwiderstand kaum von der Frequenz abhängt, ergibt sich auch eine Eingangsimpedanz von etwa 600 Ω, die über einen sehr großen Frequenzbereich reell ist.

Die *abgeschlossene Inverted-V-Antenne* wird auch „*Halbe Rhombusantenne*" genannt. Der Einsatzbereich dieser Antenne ist z.B. bei Scatter Messungen [2.16].

Die US Firma *B&W (Barker & Williamson)* hat in ihrem Programm eine *abgeschlossene Inverted-V-Antenne* (AC 1.8-30), die auch patentiert ist [2.17].

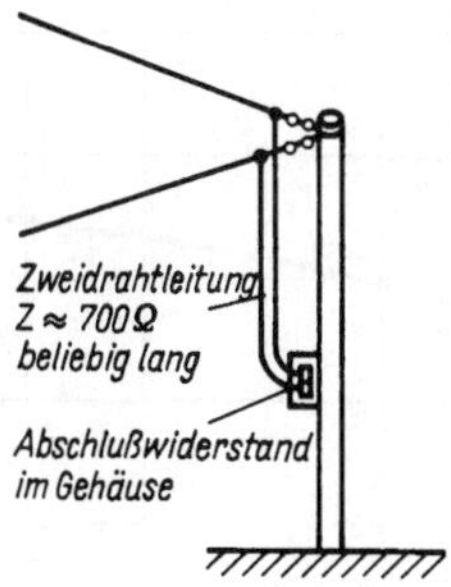

Bild 11.2.11
Abschlußwiderstand einer Rhombusantenne

11.2.6 Rhombusantenne

(*E. Bruce* – US 2,285,565 – 1931)
Wenn man von einer *Rhombusantenne* spricht, dann meint man immer die *abgeschlossene Rhombusantenne*, eine unidirektionale (einseitig strahlende) Richtantenne (**Bild 11.2.10**). Eine nicht abgeschlossene, bidirektionale, Rhombusantenne wird zur Unterscheidung als offene Rhombusantenne bezeichnet.

Das Patent von *Bruce* wurde 1931 angemeldet, aber erst 1942 patentiert. Ob der Grund ein Patentstreit war, ist nicht bekannt. Die *Rhombusantenne* wurde erstmalig 1931 von *Bruce* beschrieben [2.18]. Die wohl bekannteste Literaturstelle stammt von 1935 [2.19].

Bei der Rhombusantenne wird das offene Ende durch einen Schluckwiderstand *R* abgeschlossen Der Wert dieses Widerstandes liegt bei 700 bis 800 Ω. Er muß mindestens mit der Hälfte der vom Sender gelieferten HF-Strahlungsleistung belastbar sein.

Die abgeschlossene Rhombusantenne hat einen außerordentlich großen Frequenzbereich. Daraus folgt, daß die Bemessung der Strahlerlänge *l* unkritisch geworden ist; die „Zentimeterarbeit" bei der Errechnung der Strahlerdimensionen entfällt. Der nutzbare Frequenzbereich beträgt 1:2. Allerdings muß dabei gleichzeitig mit einer mehr oder weniger großen Verformung der Richtcharakteristik gerechnet werden, da der Spreizwinkel α nur für eine bestimmte Frequenz optimal ist. Damit tritt auch ein Frequenzgang des Gewinnes auf.

Der Gewinn steigt mit wachsender Schenkellänge *l*. Das horizontale und das vertikale Richtdiagramm werden hauptsächlich durch die Winkel α und β bestimmt. Die Bauhöhe über Grund soll mindestens der halben Betriebswellenlänge entsprechen.

Geringere Aufbauhöhen verursachen ein besonders auf den kurzwelligen Amateurbändern unerwünschtes Anheben des vertikalen Abstrahlwinkels. Wird die Schenkellänge *l* größer als etwa 6λ, so ist die Bündelung sehr scharf, und der optimale Spreizwinkel läßt sich schwierig einstellen.

Über Rhombusantennen gibt es viel Literatur, speziell in englischer Sprache, die wesentlichsten Stellen sind hier zitiert [2.20] bis [2.24]. Es gibt auch ein eigenes Buch über Rhombusantennen [2.25]. Deutsche Literatur ist zu finden bei [2.26] bis [2.29].

Speisung der Rhombusantenne

Da der Widerstand am Antenneneingang einer abgeschlossenen Rhombusantenne 700 bis 800 Ω beträgt, kann sie über eine beliebig lange Leitung gleichen Wellenwiderstandes gespeist werden. Eine übliche 600-Ω-Hühnerleiter zeigt noch keine merkliche Fehlanpassung und stellt die günstigste

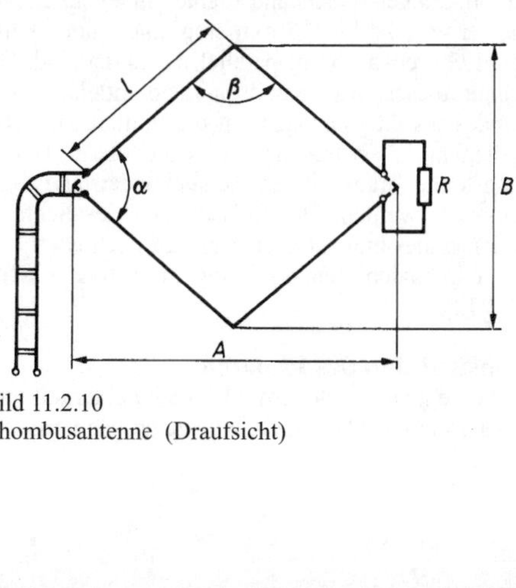

Bild 11.2.10
Rhombusantenne (Draufsicht)

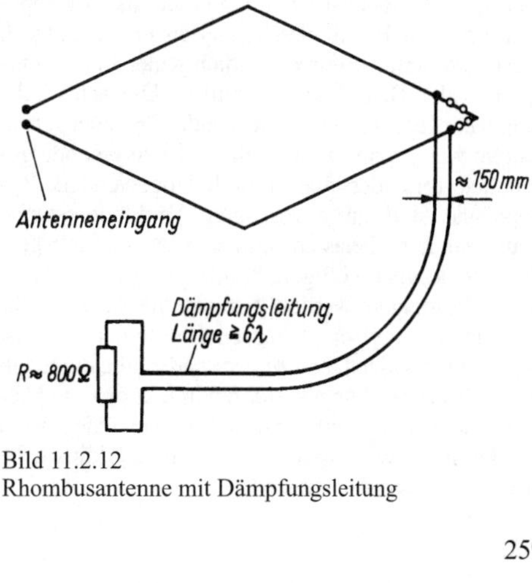

Bild 11.2.12
Rhombusantenne mit Dämpfungsleitung

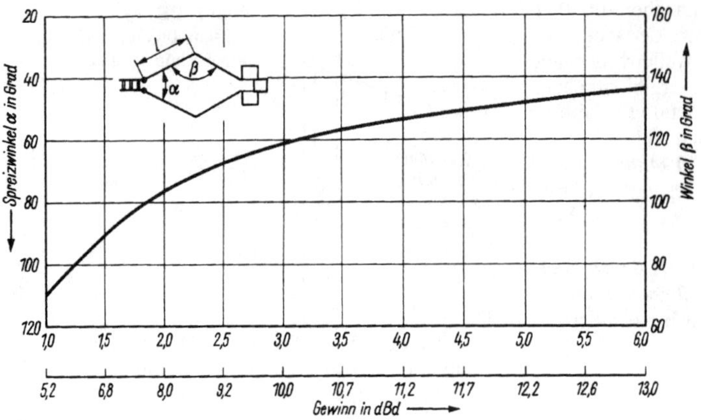

Bild 11.2.13
Optimaler Spreizwinkel *a* abhängig von der Seitenlänge *l*

Lösung - auch für den Mehrbandbetrieb - dar. Natürlich kann auch der abgeschlossene Rhombus über die bekannten und bereits besprochenen Anpassungsglieder an jede andere Leitung beliebigen Wellenwiderstandes angepaßt werden. Da solche Anpassungsglieder frequenzabhängig sind, geht jedoch der Vorteil des großen Frequenzbereiches zum Teil verloren, und es bleibt nur noch die Möglichkeit des Einbandbetriebes. Die angepaßte 600-Ω-Leitung sollte man auch einer abgestimmten Speiseleitung vorziehen, weil sie verlustärmer arbeitet und zum Ankoppeln an die Senderendstufe keinen besonderen Aufwand an Abstimmitteln erfordert. Das Abstrahlen von Oberwellen und sonstigen Störwellen unterdrückt man am besten, indem man die Speiseleitung passend an die Senderendstufe ankoppelt. Man kann die Rhombusantenne auch über ein beliebig langes Koaxialkabel erregen, wenn am Antenneneingang ein Ringkern-Balun-Übertrager 9:1 eingesetzt wird. Dabei entsteht eine Einengung des Frequenzbereiches, und die Anpassung an die Ausgangsimpedanz moderner Amateursender bereitet keine Schwierigkeiten.

Abschlußwiderstand

Der Schluckwiderstand *R* muß induktions- und kapazitätsarm sein. Bei kleinen Senderleistungen läßt sich diese Forderung durch Schichtwiderstände entsprechender Belastbarkeit erfüllen. Die schädliche Kapazität des Abschlußwiderstandes läßt sich gering halten, wenn man ihn in mehrere hintereinandergeschaltete Teilwiderstände aufteilt. Ungewendelte Widerstände sind zu bevorzugen. Drahtwiderstände kann man hoch belasten, sind aber wegen ihrer großen Induktivität völlig unbrauchbar. Bei größeren Senderleistungen werden Schichtwiderstände sehr umfangreich und damit teurer. Empfehlenswert ist es, Hochlastwiderstände zu verwenden, die durch ein spezielles Herstellungsverfahren induktions- und kapazitätsarm ausgeführt sind und die besonders auch als Belastungswiderstände in Absorbern („künstliche Antennen") vorgesehen sind.

Die Größe des Abschlußwiderstandes liegt bei 800 Ω. Man muß ihn in einem wasserdichten Gehäuse unterbringen und auf dem kürzesten Weg mit den Strahlerenden verbinden.

In jeder Langdrahtantenne werden bei Gewittern erhebliche Ströme induziert. Diese können beim Rhombus den Schluckwiderstand zerstören. Es ist deshalb vorteilhaft, wenn man den Abschlußwiderstand in leicht erreichbarer Höhe am Mast befestigt und ihn über eine beliebig lange Zweidrahtleitung von 700 bis 800 Ω Wellenwiderstand nach **Bild 11.2.11** mit den Strahlerenden verbindet.

Das Gehäuse mit dem Abschlußwiderstand kann auch ansteckbar ausgeführt und dann vor Gewittern einfach entfernt werden. Sofern man hochbelastbare Schluckwiderstände verwendet, braucht man mit ihrer Zerstörung bei Gewittern kaum zu rechnen. Im übrigen ist es Vorschrift, den ganzen Antennenkomplex vor Gewittern zu erden.

Hochbelastbare Abschlußwiderstände kann man einsparen, wenn besonders in der kommerziellen Technik mit sogenannten Schluckleitungen gearbeitet wird [2.30]. Das sind Dämpfungsleitungen, die als Zweidrahtleitung wie eine offene Speiseleitung ausgeführt sind, zum Unterschied von diesen aber aus Widerstandsdrähten bestehen. Es werden Chrom-Nickel-Widerstandsdrähte mit einem Durchmesser von 0,4 bis 0,5 mm empfohlen, die im Abstand von etwa 15 cm parallel zu führen sind. Die Länge dieser Widerstandsparalleldrahtleitung soll mindestens 6λ - bezogen auf die mittlere Betriebswellenlänge - betragen. Das Ende dieser Dämpfungsleitung muß mit dem Schluckwiderstand abgeschlossen werden. Die Belastbarkeit des Schluckwiderstandes braucht aber dann nur noch etwa 1/10 der maximalen Senderleistung zu betragen (**Bild 11.2.12**).

Konstruktion des Rhombus

Um eine nebenkeulenarme Richtcharakteristik und einen möglichst hohen Gewinn zu erzielen, müssen

Tabelle 11.5
Abmessungen für Amateurband-Rhombusantennen nach Bild 11.2.10

Seitenlänge l in λ	Seitenlänge l in m	opt. Spreizwinkel α in °	Winkel β in °	Gewinn in dBd	Längsausdehnung A in m	Breitenausdehnung B in m
160-m-Amateurband						
1,0	160	111	69	5,2	182	264
1,5	243	91	89	6,8	341	347
2,0	326	76	104	8,0	514	401
80-m-Amateurband						
1,0	82	111	69	5,2	92	134
1,5	123	91	89	6,8	173	176
2,0	165	76	104	8,0	260	204
40-m-Amateurband						
1,0	41,5	111	69	5,2	47	69
1,5	62,8	91	89	6,8	88	90
2,0	84,1	76	104	8,0	133	104
2,5	105	68	112	9,2	176	118
30-m-Amatemband						
1,0	29	111	69	5,2	33	48
1,5	44	91	89	6,8	62	63
2,0	59	76	104	8,0	93	72
20-m-Amateurband						
1,0	21	111	69	5,2	24	34
1,5	32	91	89	6,8	44	45
2,0	42	76	104	8,0	66	52
3,0	63	63	117	10,0	108	67
4,0	85	54	126	11,2	151	77
17-m-Amateurband						
1,0	16,5	111	69	5,2	18,5	27
1,5	24,5	91	89	6,8	34,5	35
2,0	33	76	104	8,0	52	40,5
3,0	50	63	117	10,0	84	52
4,0	66	54	126	11,2	118	60
15-m-Amateurband						
1,0	14	111	69	5,2	16	23
2,0	28	76	104	8,0	44	35
3,0	42	63	117	10,0	72	44
4,0	56	54	126	11,2	100	51
12-m-Amateurband						
1,0	12	111	69	5,2	13,5	20
2,0	24	76	104	8,0	38	30
3,0	36	63	117	10,0	62	38
4,0	48	54	126	11,2	86	44
10-m-Amateurband						
1,0	10,3	111	69	5,2	12	17
2,0	21	76	104	8,0	33	26
3,0	31,5	63	117	10,0	54	33
40	42	54	126	11,2	75	38

der Spreizwinkel α und die Seitenlängen l in einem bestimmten Verhältnis zueinander stehen. Diese Werte können aus **Bild 11.2.13** abgelesen werden.

In **Bild 11.2.13** ist der theoretische Maximalgewinn in dB unter der Seitenlänge l eingetragen, denn zwischen Gewinn in der Hauptstrahlrichtung und Seitenlänge l besteht Proportionalität, sofern der Spreizwinkel α optimal gewählt wurde. Bei diesen Angaben wird bereits der Strahlungsverlust, der im Abschlußwiderstand auftritt, mit 3 dB berücksichtigt.

Der vertikale Erhebungswinkel einer Rhombusantenne hängt von der Aufbauhöhe ab. Für eine möglichst Abstrahlung in den hochfrequenten Kurzwellenbändern soll man eine Bauhöhe von $\lambda/2$ nicht unterschreiten. Die Schenkel dürfen vertikal nicht geneigt werden, sondern sollen in gleicher Höhe parallel zur Erdoberfläche verlaufen.

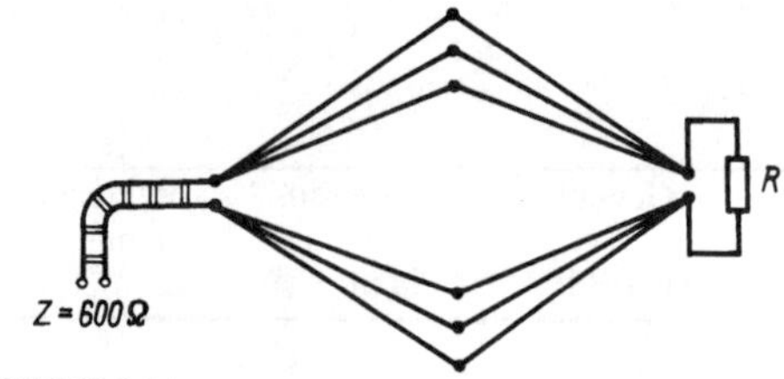

Bild 11.2.14
Breitbandrhombus

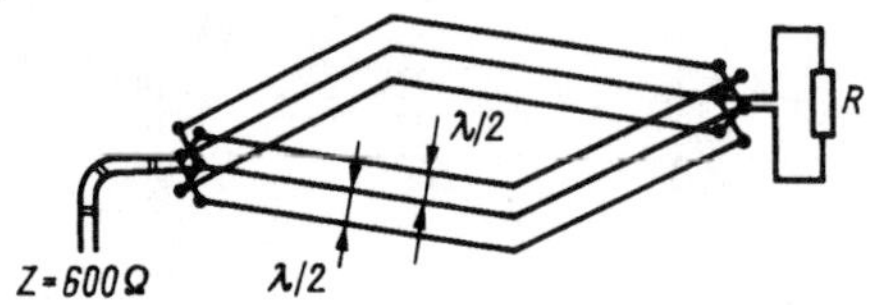

Bild 11.2.15
Gestockter Rhombus

Bei der Planung einer Rhombusantenne wird es immer gut sein, sich vorher eine Übersicht ihrer Ausdehnung in Länge und Breite zu verschaffen. **Tabelle 11.5** enthält alle Konstruktionsunterlagen zum Bau von Rhomben für die Amateurbänder 10 bis 160 m. Die angegebenen Seitenlängen wurden annähernd für Amateurbandmitte berechnet. Infolge des großen Frequenzbereiches von Rhombusantennen erübrigt sich ein zentimetergenauer Zuschnitt. Die Entfernungen *A* und *B*, die zur Bestimmung der Aufstellungspunkte für die Tragemaste wichtig sind, wurden aufgerundet. Es empfiehlt sich, die Maste noch etwas weiter auseinander aufzustellen, damit für einen Feinabgleich noch die Möglichkeit besteht, kleinere Korrekturen von α und β vorzunehmen. Das wird besonders bei großen Schenkellängen l erforderlich, weil dann die Bündelung extrem scharf ist.

Mehrbandbetrieb

Aus **Tabelle 11.5** ist weiterhin zu ersehen, daß der Mehrbandbetrieb mit einem Rhombus leicht durchgeführt werden kann. Eine Seitenlänge von beispielsweise 42 m hat 1λ beim 40-, 2λ beim 20-, 3λ beim 15- und 4λ beim 10-m-Betrieb. Den Spreizwinkel bemißt man optimal für 15 oder 20 m; er ist dann für 10 m etwas zu groß und für 40 m zu klein. Im Fall des 10-m-Betriebes (α zu groß) wird die Hauptkeule schmaler; es treten etwas stärkere Nebenkeulen und eine etwas höhere Rückwärtsstrahlung auf. Das beeinflußt den Gewinn in der Hauptstrahlrichtung jedoch nur wenig. Beim 40-m-Betrieb (α zu klein) wird das Richtdiagramm aufgeblättert, und es ergibt sich ebenfalls eine Strahlung nach rückwärts. Diese Antenne wäre dann für 40 m mit noch gutem Gewinn nach mehreren Richtungen brauchbar. Auch Seitenlängen von 21 m und 63 m ergeben ausgezeichnete Mehrbandrhomben.

11.2.7 Sonderformen der Rhombusantenne

Breitbandrhombus

Eine kommerzielle Form der Rhombusantenne, die sich durch noch größeren Frequenzbereich auszeichnet, ist der „dicke“ oder Breitbandrhombus (**Bild 11.2.14**). Durch die Parallelschaltung von 3 oder mehr Drähten wird der Frequenzbereich grösser. Der Eingangswiderstand sinkt auf etwa 600 Ω.

Gestockter Rhombus

Wenn mehrere gleichartige Rhomben vertikal übereinandergestockt werden, erreicht man eine weitere Gewinnsteigerung durch Bündelung in der H-Ebene (**Bild 11.2.15**). Der Aufbau solcher Rhomben ist allerdings auf die VHF- und UHF-Bereiche beschränkt. Mit Doppelrhomben werden Gewinne um 17 dBd erreicht.

Rhombus mit Rückführung

Wenn man die Energie statt in den Schluckwiderstand mit passender Amplituden- und Phaseneinstellung an den Antenneneingang zurückführt, erreicht man einen Energiegewinn [2.31].

Bild 11.2.16 zeigt die Anordnung.

Erläuterung:

1 und 2 ... Rhombus, 3 ... Verbindungsleitung, 4 ... Kopplungsanordnung, 5 ... Sender, 6 ... Energieleitung, 7 ... Phasenschieber, 8 ... Transformator, 9 ... Amplituden-/Phasenregler.

Bild 11.2.16
Rhombus mit Rückführung

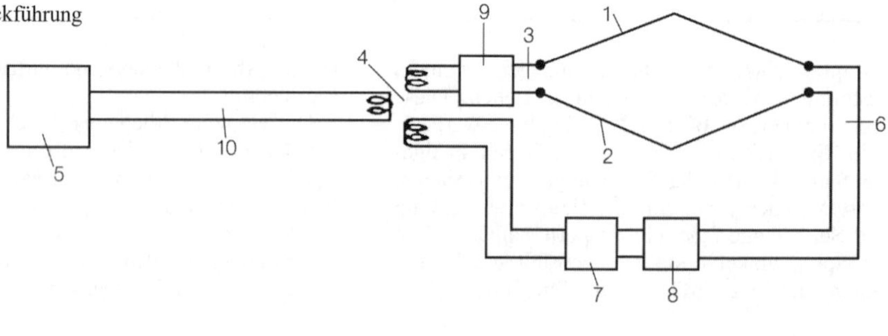

Literatur zu Abschnitt 11

[0.1] *NTG*: Antennengattungen und Antennenformen. NTG 1302, Entwurf 1961. NTZ, H. 2/ 1961, S. 92–96

[0.2] *VE3ERP*: HAMCALC (Free-Software for US$ 5), George Murphy, 77 Mc Kenzie St.,Orillia, ON L3V 6A6, Canada.

[1.1] *Jachnow, W.*: Zur Theorie der Langdrahtsendeantenne, insbesondere bei fortschreitenden Wellen. Telefunken Mitt., Nr. 83, Mai 1940, S. 55–71

[1.2] *Hille, K.H.*: Feldstärke und Gewinn von Drahtantennen. Funk 11/99, S. 46–49

[1.3] *Bürgers, N.*: Erfahrungen mit einer 240 Meter-Langdrahtantenne. QSP 12/99, S. 60–61

[1.4] *N.E. Lindenblad* – US 1,927,522 – 1928

[1.5] *Carter, P.S.; Hansell, C.W.; Lindenblad, N.E.*: Development of Directive Transmitting Antennas. Proc. IRE October 1931, pp. 1773–1842

[1.6] *Großkopf, J.*: Über den Scheinwiderstand gespreizter Doppelleitungen. TFT H. 1, 1939, S. 8–16

[1.7] *Missler, E.*: V-Antennen im Kurzwellenbereich. Techn. Mitt. RFZ, 15. Jg., H. 2/1971, S. 82–85

[1.8] *Jones, J.E.*: Analysis of the Symmetric Center-Fed V-Dipole Antenna. Trans. IEEE, AP-24, May 1976, pp. 316–322

[1.9] *Thiele, G.A.; Ekelman, E.P.*: Design Formulas for Vee Dipoles. Trans. IEEE, AP-28, July 1980, pp. 588–590

[1.10] *E. Bruce* – US 1,899,410 – 1929

[1.11] *P.S. Carter* – US 1,974,387 – 1930

[1.12] *Trost, A.*: Eine offene, resonante Rhombusantenne für die Kurzwellenbereiche von 160 m bis 10 m. CQ-VFDB 1/94, S. 16–17

[1.13] *Williams, H.P.*: Antenna Theory and Design, Pitman, London, 1966, pp. 436–437

[1.14] *Hansen, R.C.*: Formulation of Echelon Dipole Mutual Impedance for Computer. Trans. IEEE, AP-20, November 1972, pp. 780–781

[1.15] *Hawker, P.*: Amateur Radio Techniques. RSGB, London, 1980, p. 302

[1.16] *Brown, E.S.*: Antenna design using longwire principle. Ham Radio, May 1977, pp. 10–21

[1.17] —: K4EF „Allband“ antenna. Ham Radio, November 1984, pp. 76–77

[1.18] —: The K4EF antenna for 10-30 MHz. Ham Radio, January 1985, p. 77

[1.19] *Brown, E.S.*: K4EF Long Wire Antenna Designs. Ham Radio, September 1989, pp. 32–42

[2.0] *Altshuler, E.E.*: The Traveling Wave Linear Antenna. IRE Trans. AP-9, July 1961, pp. 324–329

[2.1] *H.H. Beverage* – US 2,381,089 – 1920

[2.2] *P.S. Carter* – US 2,099,296 – 1933

[2.3] *Beverage, H.H.*: A wave antenna for 200m reception. QST, November 1922, p. 7

[2.4] *Beverage, H.H.; Rice, C.W.; Kellogg, E.W.*: The wave antenna: a new type of highly directive antenna. Trans. AIEE, February 1923, pp. 215–266

[2.5] *Beverage, H.H.; DeMaw, D.*:The Classic Beverage-Antenna, Revisited. QST, January 1982, pp. 11–17

[2.6] *Belrose, J.S.; et al.*: Beverage Antennas for Amateur Communications. QST, January 1983, pp. 22–27; QST, September 1981, p. 51

[2.7] *Boothe, B.*: Weak-Signal Reception on 160 – some Antenna Notes. QST, June 1977, pp. 35–39

[2.8] *Brunemeier, B.H.*: Short Beverage for 40 meters. Ham Radio, July 1979, pp. 403

[2.9] *Belrose, J.S.*; et al : Beverage Antennas for Amateur Communications. QST January 1983, pp. 22–27

[2.10] *King, R.W.P.*: The Wave Antenna for Transmission and Reception. Trans. IEEE, AP-31, November 1983, pp. 956–965

[2.11] *Schultz, W.*: Die Beverage-Antenne zum Empfang der Mittel- und Langwelle. Herbst, Köln, 1985

[2.12] *Devoldere, J.*: Die Beverage-Antenne auf den unteren Bändern. CQ-DL 7/92, S. 411–417

[2.13] *Beezly, B.*: Ungrounded Beverage Antennas. ARRL Antenna Compendium Vol.4, 1995, pp. 151–154

[2.14] *Adam, T.*: Top-DX an der Grasnarbe – oder: Einfacher geht's nicht mehr! Funkamateur 6/96, S. 634–635

[2.15] *Klier, W.*: Die V-Antenne in Theorie und Praxis. Beam 3/83, S. 26–28

[2.16] *Ma, M.T.; Tveten*, L.H.: A Broadband Antenna Array for Sea Scatter Measurements. Trans. IEEE, AP-24, May 1976, pp. 340–346

[2.17] *E.R. Bush* – US 4,511,898 – 1983

[2.18] *Bruce, E.*: Developments in Short-Wave Directive Antennas. Proc. IRE, August 1931, pp. 1406–1433

[2.19] *Bruce, E.; Beck, A.C.; Lowry, L.R.*: Horizontal Rhombic Antennas. Proc. IRE, January 1935, pp. 24–46

[2.20] *Barker, R.H.*: Rhombic Aerial Design Chart. Wireless Engineer November 1948, pp. 361–369

[2.21] *Norman, F.J.; Ward, J.F.*: Rhombis Aerials. Electronic & Radio Engineer, November 1957, pp. 398–402

]2.22] *Laport, E.A.; Veldhuis, A.C.*: Improved Antennas of the Rhombic Class. RCA Review, March 1960, pp. 117–123

[2.23] *Elwell, H.G.*: Controlled Vertical Radiation Rhombics. Ham Radio, March 1985, pp. 100-117; April 1985, pp. 99–106

[2.24] *Morrow, R.B.*: The Rhombic. Antennex June 1989, pp. 19–21

[2.25] *Harper, A.E.*: Rhombis Antenna Design. Van Nostrand, New York, 1941

[2.26] *Hoffman, E.G.*: Der Einfluß der exponentiellen Stromverteilung auf die Strahlungseigenschaften der Rhombusantenne. Hf-Techn. & Elektroak., Juli 1943, S. 15–20

[2.27] Bohnenstengel, H.: Der Rhombus als Empfangsantenne. FTZ, H. 4, 1953, S. 172–178

[2.28] *Jacob, M.*: Die Entwicklung von rhombusförmigen Kurzwellenantennen zur breitbandigen Abstrahlung. Bull. schweiz. elektrotechn. Ver., Nr. 9, 1957, S. 422–428, 445

[2.29] *Miram, P.; Palm, E.*: Rhombusantennen mit optimalen Betriebseigenschaften. NTZ, H. 2, 1960, S. 82–91

[2.30] *W. Jachnow* – DE 710 453 – 1940

[2.31] *L. Walter, W. Moser* – DE 738 032 - 1937

12 Breitbandantennen

Die Definition einer Breitbandantenne nach [0.1] ist: Eine Antenne, deren Eingangswiderstand und Strahlungseigenschaften in einem vorgegebenen breiteren Frequenzband nur wenig von vorgeschriebenen Werten abweicht.

Breitbandantennen haben in einem gegebenen Frequenzbereich mit den Randfrequenzen f_1, f_2 und einer Mittelfrequenz $f_0 = \sqrt{f_1 \cdot f_2}$ einen nahezu konstanten Eingangswiderstand Z_A, der meist gleich dem Wellenwiderstand Z der Speiseleitung ist.

Als relative Bandbreite wird dabei

$$\frac{f_2 - f_1}{f_0}$$ bezeichnet.

Als Maß für die Abweichung des Eingangswiderstandes Z_A vom Wellenwiderstand Z wird die Welligkeit s angegeben. Die Größe der zugelassenen Welligkeit hängt vom Frequenzbereich und vom Verwendungzweck ab. Außer der Anpassung an den Wellenwiderstand muß auch das Strahlungsdiagramm im gleichen Frequenzbereich geeignet sein. Das Strahlungsdiagramm wird im folgenden aber nicht näher betrachtet. Der Eingangswiderstand einer Antenne kann keine beliebige Frequenzabhängigkeit haben, sondern folgt gewissen allgemeinen Gesetzen der passiven Zweipole [0.2].

Die Impedanz eines verlustlosen Zweipols wächst mit wachsender Frequenz. In der Widerstandsebene bewegt sich die Impedanz von unten nach oben und von links nach rechts. Die Eingangsimpedanz einer Antenne ergibt eine Impedanzkurve, die aus mehreren Schleifen besteht, die mit wachsender Frequenz im Gegenuhrzeigersinn durchlaufen werden.

Es gibt praktisch drei Methoden zur Erreichung von Breitbandigkeit:

Bedämpfung durch Widerstände,

Formgebung durch Änderung des Verhältnisses Länge/Durchmesser,

Beschaltung durch Kompensation mit Blindelementen.

In USA wurden nach dem Krieg Veröffentlichungen über Breitbandantennen (Konusantennen) bekannt [0.3]–[0.6]. In Deutschland hat es während des Krieges ebenfalls Untersuchungen in Richtung Breitbandantennen gegeben.

Namen aus dieser Zeit waren: *Zinke*, *Pungs* und *Lamberts, Kotowski* und *Schütlöffel*, *Buschbeck*, *Fränz*, *Pauls*, *Kaufmann*, und *Brückmann*, Die Ergebnisse sind damals durch Vorführungen und Vorträge einem Teil der Fachkollegen zugänglich gemacht worden [0.7]–[0.14]. Teilweise konnten, nachkriegsbedingt, erst in den 50er Jahren wieder Veröffentlichungen gemacht werden [0.15] – [0.17].

Ein umfassendes Buch über die Theorie und Anwendung von Breitbandantennen ist der *Dubost/ Zisler* [0.18].

12.1 Bedämpfte Antennen

Die klassische und einfachste Methode Antennen breitbandiger zu machen, ist der Einbau von Widerständen. Durch geeignete Bedämpfung der Antenne mit Widerständen allein oder mit durch Widerstände gedämpften Induktivitäten, oder Schwingkreise wird für Empfang oder für kleine Leistung eine Breitbandigkeit erreicht.

Die Bedämpfung wird möglichst so ausgeführt, daß der Wirkungsgrad nicht schlechter als 50% wird. Das Prinzip der Bedämpfung läßt sich gleich gut für horizontal wie vertikal polarisierte Antennen anwenden.

Vorteil:

Frequenzunabhängigkeit, d. h. geringe Welligkeit ist in einem größeren Bereich.

Ein weitere Vorteil ist bei gedämpften und dadurch kleineren Antennen die geringere gegenseitige Kopplung, d.h. es können mehr Antennen auf einer gegebenen Fläche untergebracht werden.

Nachteil:

Geringer Wirkungsgrad. Der Wirkungsgrad von bedämpften Antennen sinkt außerhalb der Resonanz sehr stark ab. Bei tiefen Frequenzen kommt auch noch das Absinken des Realteils des Strahlungswiderstandes dazu. Der Wirkungsgradverlust

$$\eta/\mathrm{dB} = -10 \cdot \lg \frac{\eta/\%}{100} \qquad (12.1.1)$$

Beispiel:

Bei einem Wirkungsgrad von 25% ist der Wirkungsgradverlust 6 dB. Von 100 W Senderausgangsleistung muß der Dämpfungswiderstand mit maximal 75 W belastbar sein.

12.1.1 Dummy Load Antenne

Diese Antenne wird auch *DLA* = ***Dummy Load Antenna*** oder auch *Dummy Dipole* genannt [1.1]–[1.2].

Das ist eine Antenne, die im einfachsten Fall aus einem Lastwiderstand (Dummyload) mit angeschlossenem Antennendraht besteht.

Die Anschlußbox (oder das Anpaßglied) besteht im einfachsten Fall aus einem Widerstand allein, meist aber aus einem Übertrager (Ringkern- oder Stabkern-Balun) mit seriellen oder parallelen Widerständen.

Je nach Ausführung sollen im Kurzwellenbereich (1,5–30 MHz) minimale Antennenlängen nicht unterschritten werden.

Als Monopolantenne (Whip, Wendel, Langdraht) soll die minimale Länge zwischen 5 bis 15 m sein. Der zweite Anschluß ist dabei geerdet.

Als Dipolantenne sollen die beiden Dipoläste eine minimale Länge zwischen 2 x 2,5 m bis 2 x 7,5 m haben.

Hierzu eine wahre Begebenheit: Ende des Jahres 1984 hat ein Bericht über den „Antenna Matcher" der Fa. *MAXCOM* einigen Wirbel hervorgerufen [1.6]. Die Firma propagierte diesen Antenna Matcher als „High Speed Automatic Antenna Matcher" mit den Zusätzen „No Moving Parts" und „Instant Switching", und bei den Spezifikationen war bei „Switching Rate" angegeben „in excess of 1200 c.p.s."

Der Antenna Matcher war mit Epoxyd vergossen und wurde daher zu Testzwecken durchleuchtet. Beim Öffnen eines anderen größeren Modells fand man ein „circuit board" mit verschiedenen Komponenten darauf, das lose, ohne Verbindung zum Antennen-Matcher, in der Vergußmasse war.

In späteren Anzeigen wurde dann die Zeile „Instant Switching" durch „Instant Matching" ersetzt. Der Aufdruck „High Speed Automatic Antenna Matcher" war aber weiterhin auf dem Produkt angebracht.

Bild 12.1.1 zeigt den Stromlauf der Mini-Matchbox von *DK4XU* für endgespeiste Strahler von der Vertikalantenne über Langdraht bis zur Wendelantenne [1.3]. Die Einspeisung erfolgt über 50-Ω-Koaxialkabel. Als HF-Übertrager wird ein 1:4-Unun (unsym./unsym.) mit Stabkern eingesetzt. Der Widerstand R_L = 200 Ω mit 20 W Belastbarkeit besteht aus 11 Kohleschichtwiderständen von je 2,2 kΩ / 2 W.

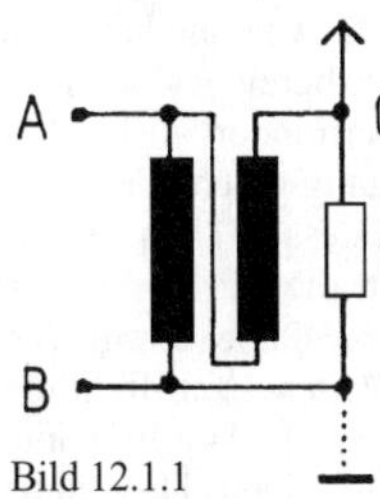

Bild 12.1.1
Mini-Matchbox
(*DK4XU*)

Die Bezeichnungen für die Anschlußbox sind: Antenna Matcher, Unimatch, Automatic Matching Unit, aperiodische Matchbox, Instant Tuner oder Antune.

Hersteller: *Amp Supply, Antiference, APL, Icom, J.L. Industries, Maxcom, Q-Tek, ZS Electroniques.* Die südafrikanische Fa. *ZS Electroniques Ltd* hat 2 engl. Patente [1.4] [1.5] auf eine HF-Breitbandantenne und eine HF-Matching Unit.

Die Welligkeit ist im gesamten Frequenzbereich meist s ≤ 2. Je nach Ausführung, Frequenz und Antennenlänge ist die maximale Einfügungsdämpfung 3 dB und der Wirkungsgrad dann 50 %.

Vorteil: ohne Abstimmung breitbandig mit guter Anpassung

Nachteil: geringer Wirkungsgrad bei tiefen Frequenzen

12.1.2 TFD- und T2FD-Antenne

Die Abkürzung TFD stammt aus dem Englischen (**T**erminated **F**olded **D**ipole) und bedeutet abgeschlossener Faltdipol.

„T2" steht für „TT" und damit bedeutet T2FD (**T**ilted **T**erminated **F**olded **D**ipole), auf deutsch „*geneigter abgeschlossener Faltdipol*". Teilweise spricht man auch von einer *W3HH*-Antenne, weil sie von *W3HH* propagiert wurde. [1.7]–[1.9].

Die in **Bild 12.1.2** dargestellte *T2FD-Antenne* hat eine Längenausdehnung von nur $\lambda/3$, bezogen auf die niedrigste Betriebsfrequenz. Da sie mit einem Neigungswinkel von etwa 30° aufgebaut wird, verringert sich der Platzbedarf noch etwas. Außerdem werden nur ein etwa 10 m langer Mast und ein kurzer Maststummel von etwa 1,9 m freier Länge für die Montage benötigt.

Bestechend ist die große Bandbreite des aperiodischen Strahlers mit einem Frequenzverhältnis von etwa 5:1. Bemißt man ihn z.B. für eine niedrigste Frequenz von 7 MHz, so beträgt die Spannweite 14,35 m, und man kann die Antenne für alle höherfrequenten Amateurbänder einsetzen. Es handelt sich dabei nicht um eine Harmonischenresonanz, sondern um die durch Bedämpfung erzielte Bandbreite. Das bedeutet, daß die T2FD für alle dazwischenliegenden Frequenzen ebenso brauchbar ist. Somit kann die T2FD den „Einstieg" zu den neu zugelassenen Amateurbändern ohne zusätzlichen Aufwand ermöglichen.

Mit dem vorgeschriebenen Neigungswinkel strahlt die Antenne nach vielen Richtungen. Das zerklüftete Strahlungsdiagramm zeigt keine Rund-

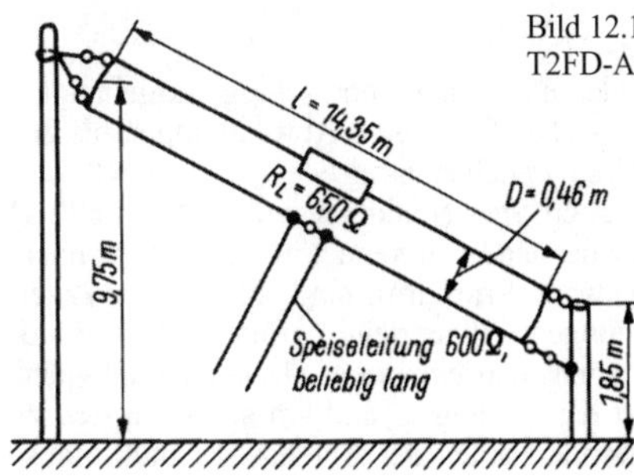

Bild 12.1.2
T2FD-Antenne

charakteristik, aber auch keine eindeutige Hauptstrahlrichtung. Es hat vielmehr einige breite Strahlungskeulen, viele Nebenzipfel, jedoch keine ausgeprägten Nullstellen. Die T2FD kann deshalb nach vielen Richtungen mit annähernd gleichem Ergebnis arbeiten. In gleicher Weise ist sie auch als Empfangsantenne geeignet.

Über den Gewinn einer T2FD wurden bisher keine konkreten Werte angegeben. Es ist bei dem zerklüfteten Strahlungsdiagramm auch kaum möglich, einen Gewinnvergleich mit dem Halbwellendipol anzustellen, da es bei der T2FD keine eindeutige Hauptstrahlrichtung gibt. In manchen Berichten wird die T2FD um 1 bis 2 S-Stufen besser als ein Halbwellendipol herausgestellt. Dies widerspricht der Theorie, könnte aber aus den Strahlungsdiagrammen als Zufallserscheinung erklärt werden. Der Vergleichsdipol hat eine annähernd reine Doppelkreischarakteristik, an deren Diagrammeinzügen die T2FD durchaus eine kräftige Strahlungskeule aufweisen kann. Im günstigsten Fall darf man vielleicht mit einem „Gewinn" von -3 dBd rechnen, abhängig von der Arbeitsfrequenz. Als normal sind -6 dBd bis -15 dBd anzusehen. Diese Feststellung sollte jedoch nicht davon abhalten, einmal eine T2FD zu erproben, denn der Gewinn ist nur **eine** von vielen Eigenschaften einer Antenne.

Die in **Bild 12.1.2** dargestellte T2FD-Antenne weist die von *W3HH* angegebenen Abmessungen auf. Sie ist für das 40-m-Band dimensioniert, sie kann von 7 bis 35 MHz (1:5) eingesetzt werden. Mit einem geringeren Wirkungsgrad arbeitet sie auch noch auf 80 m zufriedenstellend. Wenn volle Leistung für den 80-m-Betrieb gewünscht wird, können die in **Bild 12.1.2** angegebenen Längen und Abstände verdoppelt werden.

Grundsätzlich beträgt die Länge $l = \lambda/3$ bezogen auf die niedrigste Arbeitsfrequenz, d.h.

$$l/\mathrm{m} = \frac{100}{f/\mathrm{MHz}} \qquad (12.1.2)$$

Der Abstand D ist optimal $\lambda/100$ und wird errechnet

$$D/\mathrm{m} = \frac{3}{f/\mathrm{MHz}} \qquad (12.1.3)$$

Der Neigungswinkel der schräg aufgehängten Antenne soll 30° betragen; Abweichungen bis 20° bzw. 40° sind noch zulässig.

Es können Speiseleitungen mit 300 bis 600 Ω Wellenwiderstand verwendet werden. Besonders günstig, weil verlustarm, sind luftisolierte Zweidrahtleitungen (Hühnerleitern), auch UKW-Bandleitung kann man einsetzen. Der Abschlußwiderstand ist das wichtigste und am schwierigsten zu beschaffende Bauteil der Antenne. Er muß induktionsfrei und kapazitätsarm sein, d.h., daß er innerhalb des Arbeitsfrequenzbereiches der Antenne keine nennenswerte Blindanteile aufweisen darf. Drahtgewickelte Widerstände sind deshalb unbrauchbar. Im Sendefall muß der Widerstand mindestens 35% der von der Endstufe abgegebenen HF-Leistung in Wärme umsetzen können. Für einen 100-W-Sender käme deshalb ein Typ mit 35 W Belastbarkeit in Frage. Wird die Antenne nur für Empfangszwecke eingesetzt, entfällt selbstverständlich die Belastbarkeitsforderung, und es kann jeder beliebige Schichtwiderstand (möglichst ungewendelt) mit entsprechendem Widerstandwert eingesetzt werden.

Der Wert des Schluckwiderstandes ist gleich dem Wellenwiderstand der beliebig langen Speiseleitung. Eine 600-Ω-Leitung verlangt einen Abschlußwiderstand von ebenfalls 600 Ω. Praktische Versuche haben jedoch ergeben, daß es besonders günstig ist, wenn der Abschlußwiderstand etwas größer gewählt wird. [1.10], [1.11].

Wellenwiderstände < 300 Ω sind für die Speiseleitung nicht zu empfehlen, da dann der optimale Wert des Abschlußwiderstandes sehr kritisch wird.

Im Gegensatz zu diesen Angaben ermittelte *DK9FN* einen optimalen Abschlußwiderstand von 340 Ω, wenn die T2FD über einen Ringkern-Balun 6:1 mit einem 75-Ω-Koaxialkabel gespeist wird. Im praktischen Versuch war die T2FD, verglichen mit einem abgestimmten Dipol, jeweils um 1 bis 2 S-Stufen im Nachteil [1.12].

Die angepaßte Speiseleitung läßt sich über eine Koppelspule direkt an den Tankkreis der Senderendstufe ankoppeln. Bei einer 600-Ω-Speiseleitung werden 6 Wdg. für 40- und 80-m-Betrieb angegeben, für den 20-m-Betrieb genügen 3 Wdg. Eine T2FD-Antenne kann wegen ihres sehr großen Frequenzbereiches auch alle Ober- und Nebenwellen unvermindert abstrahlen. Wenn man am Antenneneingang einen Ringkern-Balun-Übertrager einsetzt und dessen Übersetzungsverhältnis mit 8:1 wählt, kann die T2FD-Antenne über ein beliebig langes Koaxialkabel erregt werden.

Weitere Veröffentlichungen zur T2FD sind in [1.13] – [1.14]. Eine interessante platzsparende Variante einer TFD unter Dach ist in [1.15] beschrieben.

VE2CV hat für eine 27,5 m lange TFD Antenne den theoretischen Freiraumgewinn ermittelt [1.16]. Von 30 bis 18 MHz rd. 0 dBi, bei 6 MHz rd. -2 dBi, bei 2 MHz -21 dBi. Die US Firma *B&W (Barker & Williamson)* hat in ihrem Programm gefaltete Breitbanddipole (AC 3.5-30) nach dem T2FD-Prinzip, die auch patentiert sind [1.17].

Die neueste Antenne nach dem TFD-Prinzip ist die D2T-Antenne, eine 2-Element-Breitbandantenne für den Frequenzbereich von 1,5 bis 200 MHz mit einer Elementlänge von nur 6 m und einer Boomlänge von nur 2 m.

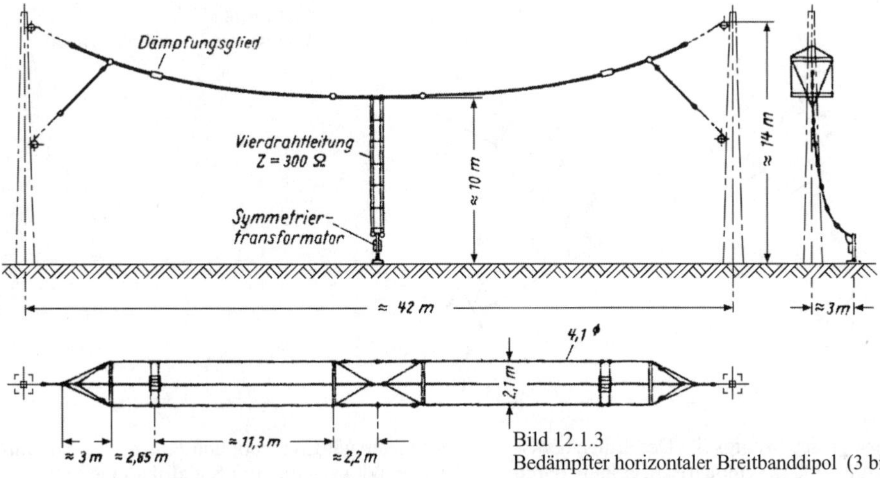

Bild 12.1.3
Bedämpfter horizontaler Breitbanddipol (3 bis 15 MHz)

12.1.3 Bedämpfte Horizontalantennen

Bedämpfter Breitbanddipol

Eine vielbenutzte Ausführung eines bedämpften horizontalen Breitbanddipols für den Frequenzbereich 3 bis 22 MHz der Fa. *Telefunken*, für den Einsatz bei ortsfesten KW-Sendeanlagen bis 500 km Reichweite wird in **Bild 12.1.3** dargestellt [1.18].

Die Antenne ist als dreidrähtige Flachreuse mit einer Länge von 42 m aufgebaut. In beiden Schenkeln des Dipols sind im Abstand von 13,5 m von der Speisestelle Dämpfungsglieder, eine Parallelschaltung eines Widerstandes und einer Spule, eingebaut. Mit der Aufhängehöhe kann das Strahlungsdiagramm ohne Rückwirkung auf den Eingangswiderstand geändert werden. Die Steilstrahlung ist dann am günstigsten, wenn der Dipol in einer Höhe von $\lambda/4$ aufgehängt ist. Die mittlere Antennenhöhe von 12 m gibt für den Frequenzbereich eine relative Höhe h/λ von 0,12 bis 0,5. Gespeist wird die Antenne über eine symmetrische Zweidrahtleitung ($Z \approx 300\ \Omega$) und einen Symmetriertransformator mit Koaxialkabel. Die Welligkeit der Antenne ist mit Symmetriertransformator in einem Frequenzbereich 1:8 bei $s \leq 2$. Der Wirkungsgrad soll steigend mit der Frequenz 50% bis 90% sein.

Australischer Dipol

Ein bedämpfter horizontaler Breitbanddipol für den Amateurbereich ist der *„Australische Dipol“*. Dieser interessante Wanderwellendipol wurde von *Guertler* und *Collyer* zur Australian IREE Convention Melbourne im August 1973 vorgestellt [1.19], [1.20]. Er ist nur 40,6 m lang, und innerhalb eines Frequenzbereiches von 3,5 bis 30 MHz bewegt sich die Welligkeit s zwischen 1,3 und 2,6. **Bild 12.1.4a** zeigt das Aufbauschema. in **Bild 12.1.4b** ist der Welligkeitsverlauf über dem Frequenzbereich dargestellt. Dieser Verlauf hat sich später als zu optimistisch herausgestellt, es gab SWR-Spitzen bis max. $s = 3,5$.

In den 4 Zweidrahtsektionen werden die waagrechten Drähte durch 8 jeweils 1,80 m lange Aluminiumrohre mit 25 mm Außendurchmesser auf den geforderten Abstand gebracht. Zwischen den äußeren und inneren Sektionen befinden sich die Lastwiderstände mit je 330 Ω, denen eine Induktivität von je 16 µH parallelgeschaltet ist. Die Werte der Lastwiderstände und die der Spulen sind nicht besonders kritisch. Die Induktivität beeinflußt geringfügig die Welligkeit am niederfrequenten Ende des Arbeitsbereiches, und ein Verkleinern der Widerstandswerte auf 150 Ω verursacht eine größe-

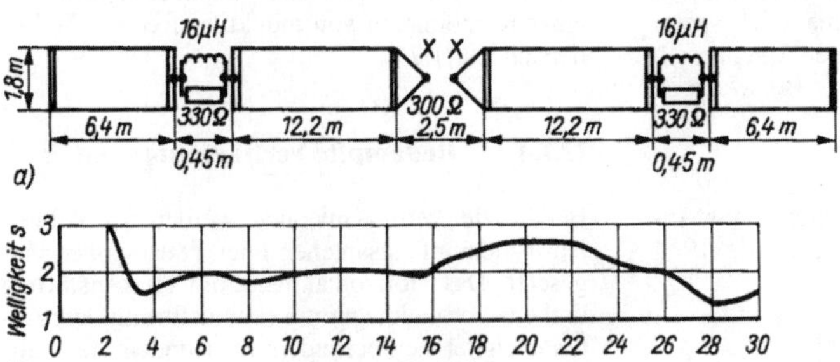

Bild 12.1.4
Australischer Dipol
(3,5 bis 30 MHz)
a) - Aufbauschema
b) - Welligkeitsverlauf

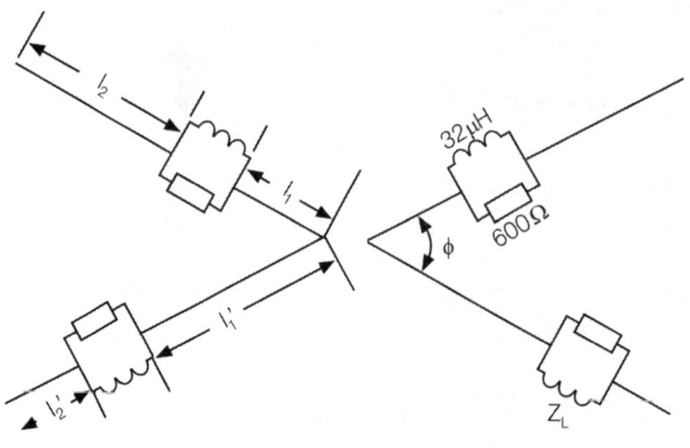

Bild 12.1.5
Verbesserter Australischer Dipol

re Schwankung der Welligkeit. Der Eingangswiderstand beträgt 300 Ω symmetrisch, er kann durch einen geeigneten Ringkern-Balun-Übertrager an ein beliebiges Koaxialkabel angepaßt werden.

Über die geforderte Belastbarkeit der induktivitätsarmen Widerstände werden keine Angaben gemacht; da sich aber die Dämpfung auf 2 Lastwiderstände verteilt und diese außerdem durch Spulen überbrückt werden, dürfte für 100 W Sendeleistung eine Belastbarkeit von 25 W ausreichend sein.

Erfahrungsberichte über die Wirksamkeit dieser Antenne sind nicht bekannt geworden.

Die Verwendung von Spreizen aus Aluminium in Verbindung mit Kupferdrähten ist problematisch (Elementbildung bei Feuchtigkeitszutritt). Es können die Spreizer auch aus mechanisch geeignetem Isoliermaterial bestehen (z.B. Bambusrohr); man muß dann nur für die metallische Verbindung an den Enden der Zweidrahtleitungen sorgen. In **Bild 12.1.4b** ist der Welligkeitsverlauf über dem Frequenzbereich dargestellt.

Der mit einem Computerprogramm später berechnete Welligkeitsverlauf der Antenne ergab SWR-Spitzen bis max. $s = 3{,}5$.

Der berechnete Wirkungsgrad der Antenne in %, definiert als Strahlungseffizienz (radiation efficiency), steigt von 40% bei 3 MHz auf etwa 60% bei 30 MHz. Dazwischen gibt es eine Spitze von über 80% bei etwa 21 MHz.

Der Australische Dipol wurde für kommerzielle Dienste von der australischen Firma *AEA*, später *RFS*, gefertigt. Eine Modifikation der Antenne mit drei Drähten von *Harris A22BX* aus Botswana ist 1983 beschrieben worden [1.21].

VK6-Breitbanddipol

Eine weitere bedämpfte Breitbandantenne aus Australien, der *„VK6-Breitbanddipol"*, wurde 1984 beschrieben [1.22].

Verbesserter Australischer Dipol

Mit einer Computersimulation haben *Austin* von der Universität Liverpool und *Fourie* von der Universität Witwatersrand in Südafrika eine Optimierung des *„Australischen Dipols"* vorgenommen und eine verbesserte Version entwickelt [1.23]. Gegenüber dem VK-Dipol, der einer beträchtlichen mechanischen Aufwand verursacht, ergibt sich hier eine sehr einfache Lösung. Diese Antenne besteht aus zwei einzelnen bedämpften Drahtdipolen und ist damit sogar geeignet für „Inverted-V-Konfiguration". **Bild 12.1.5** zeigt den verbesserten Australischen Dipol.

Drahtlängen: $l1 = 13{,}5$ m; $l1 + l2 = 23{,}1$ m;
$l1' = 17$ m; $l1' + l2' = 23.1$ m

Der Winkel Φ zwischen den Dipolen ist ziemlich unkritisch und kann zwischen 5° und 90° liegen. Bei einem Winkel von 5° ist die Eingangsimpedanz 500 Ω, bei 90° ist sie 400 Ω.

Die Bedämpfung *ZL* besteht aus einer Spule mit 32 µH und einem Widerstand mit 600 Ω.

Der berechnete Wirkungsgrad der Antenne in %, definiert als Strahlungseffizienz (radiation efficiency), steigt leicht pendelnd von 50% bei 3 MHz auf 80% bei 30 MHz und hat eine Spitze von etwa 80% bei rund 25 MHz. Der Wirkungsgrad ist, mit Ausnahme des Bereiches 17 bis 23 MHz, besser als beim Australischen Dipol. Die Welligkeit $s \leq 2{,}5$. Alle Berechnungen gelten für die Antenne im freien Raum.

Den Widerständen kann man im Dauerbetrieb wahrscheinlich 1/8 der Sendeleistung zumuten. Bei 100 W sind das 12,5 W, also leicht herstellbar aus einer Kombination von induktionsfreien 2-W-Widerständen [1.24].

12.1.4 Bedämpfte Vertikalantennen

Bedämpfte Vertikalantennen werden als Allwellen-Rundempfangsantenen oder Peilantennen eingesetzt. Das Horizontaldiagramm ist kreisförmig und das Vertikaldiagramm cosinusförmig. Die Antenne eignet sich besonders für Rundempfang aus größeren Entfernungen mit kleinen Einfallswin-

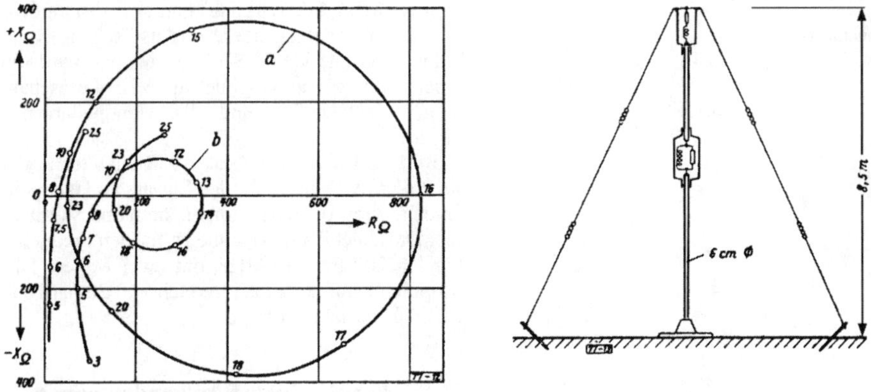

Bild 12.1.6
Bedämpfte Vertikalantenne
rechts: Antennenaufbau
links: Ortskurve des Eingangswiderstandes

Kurve a = nicht unterteilte Antenne
Kurve b = unterteilte bedämpfte Antenne
(Zahlen = Frequenzen in MHz)

keln und für den Empfang von Bodenwellen. Durch die Bedämpfung hat die Antenne einen annähernd konstanten Eingangswiderstand und keine Einbrüche im Vertikaldiagramm.

Bild 12.1.6 zeigt rechts den Antennenaufbau und links die Ortskurve des Eingangswiderstandes einer bedämpften Peilantenne der Fa. *Telefunken* [1.25]. Kurve a ist die nicht unterteilte Antenne, Kurve b die unterteilte bedämpfte Antenne, die Zahlen sind die Frequenzen in MHz.

Ähnlich aufgebaut ist eine bedämpfte vertikale Allwellen-Rundempfangsantenne der Fa. *Telefunken*, für ortsfesten Aufbau im Gelände und auf Dächern oder für beweglichen Einsatz. Die Antennenhöhe ist etwa 8,5 m und die Bedämpfung ist in einer Höhe von etwa 5,5 m angebracht.

Die Welligkeit dieser Antenne hat folgende Werte: s < 2 zwischen 6 MHz und 25 MHz, s < 3 über 25 MHz. Zwischen 1,6 und 6 MHz ist der Verlauf des Eingangswiderstandes ähnlich einer Serienschaltung aus einem ohmschen Widerstand von 25 Ω und einer Kapazität von 450 pF, im Mittel- und Langwellenbereich ist der Eingangswiderstand ähnlich dem Blindwiderstand einer Kapazität von 10 000 pF. Am Antenneneingang ist ein Transformator mit 2 koaxialen Ausgängen vorgesehen für die Bereiche 1,6 MHz bis 30 MHz und 10 kHz bis 1,8 MHz.

Als elektrisches Gegengewicht werden 16 oder 32 Erddrähte (Radials) aus verzinktem Stahlseil sternförmig ausgelegt. Am Boden können die Radials am Ende mit Erdspießen versehen werden oder im Erdboden eingegraben werden. Bei Ziegeldächern wird das Gegengewicht zweckmäßigerweise auf der Innenseite des Daches verlegt. Bei Betondächern wird das Gegengewicht auf der Außenseite des Daches verlegt. Bei Beton-Neubauten kann das Draht-Gegengewicht gleich in das Dach einbetoniert werden. Bei Blechdächern ist es erforderlich die Blechtafeln elektrisch gut leitend miteinander zu verbinden. Einfaches Falzen genügt nicht. Die Stoßstellen sind in Abständen von 1 bis 2 m durch übergelötete Blechstreifen miteinander zu verbinden.

Das Prinzip der bedämpften Vertikalantenne ist 1941 zum Patent angemeldet worden [1.26].

Eine Antenne, die aus mehreren Teilstücken aufgebaut ist, die mit passiven Zweipolen mit einander verbunden sind und deren wirksame Länge sich in Abhängigkeit von der Arbeitsfrequenz ändert, wurde an der TU München entwickelt [1.27] und 1963 patentiert [1.28].

12.1.5 Belastete kleine Schleifenantenne

(*H.H. Beverage* – US 2,247,743 – 1938)
Schleifenantennen, ringförmig oder rechteckförmig, die auf einer Seite gespeist und auf der anderen Seite wellenwiderstandsrichtig mit einem Widerstand abgeschlossen sind haben zwei Arten von einseitiger (unidirektionaler) Abstrahlung in Form einer Kardioide [1.29] [1.30]. Wenn die Schleifenlängen in der Größe einer Wellenlänge sind, dann ergibt sich eine Längsstrahlung in Richtung Widerstand (endfire). Wenn die Schleifenlängen aber klein gegen die Wellenlänge sind, dann ergibt sich eine Längsstrahlung in Richtung Speiseleitung (backfire). Diese Antennenform wurde von *Beverage* 1938 als Patent angemeldet.

Wird eine Ring- oder Schleifenantenne, deren Durchmesser < λ/4 ist, auf einer Seite gespeist und auf der anderen Seite wellenwiderstandsrichtig abgeschlossen, ergibt sich eine einseitige (unidirektionale) Abstrahlung in Richtung zur Speiseleitung hin. **Bild 12.1.7** zeigt eine *belastete kleine Schleifenantenne* mit dem Richtdiagramm.

Bild 12.1.7
Belastete Ringantenne

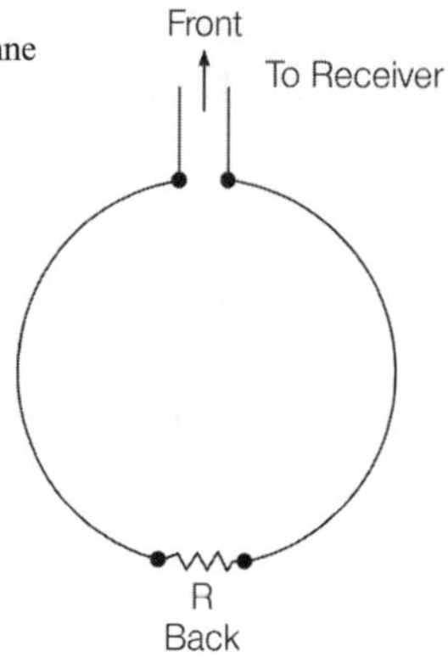

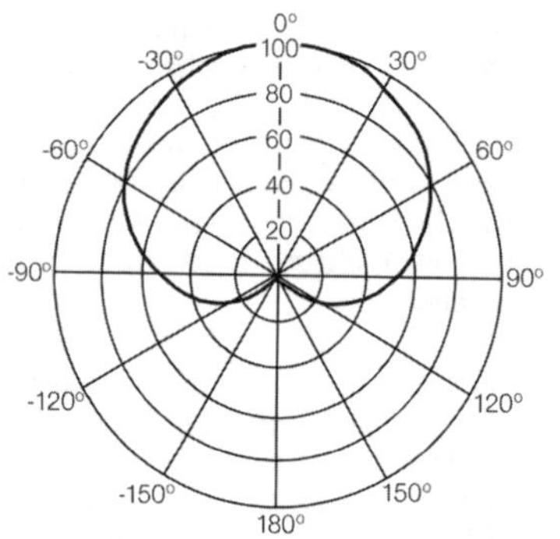

Belastete Ring- oder Schleifenantennen besitzen ein frequenzunabhängiges, kardioiden-förmiges Richtdiagramm in der E- und H-Ebene. Die typische Vor-/Rückdämpfung liegt bei 15 dB. Der Belastungswiderstand *R* ist zwischen 200 und 400 Ω. Die Wirkungsweise ähnelt einem Leitungsrichtkoppler. Durch den wellenwiderstandsrichtigen Abschluß auf beiden Seiten sind die von einem E- und H-Feld induzierten Spannungskomponenten betragsmäßig gleich, an der Speiseleitung in gleicher Richtung (Verstärkung) und am Abschlußwiderstand aber entgegengesetzt (Auslöschung).

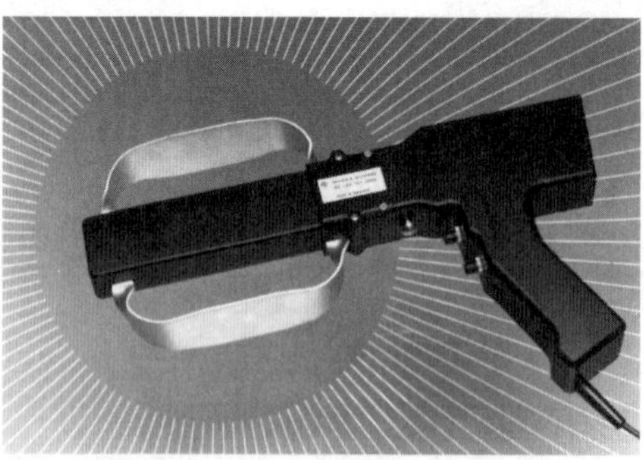

Bild 12.1.8
Aktive Richtantenne (200 bis 500 MHz)
als Handpeilantenne (Rohde & Schwarz)

Die belastete kleine Schleifenantenne wird mit einem Aktivteil angewendet als VHF-Fernsehantenne [1.31]–[1.34] und als Handpeilantenne [1.35].

Bild 12.1.8 zeigt eine aktive Richtantenne der Fa. *Rohde & Schwarz* für den Einsatz als Handpeilantenne zum Aufspüren von Sendern und Störquellen. Die abgebildete Antenne ist für den Frequenzbereich 200 bis 500 MHz, mit zwei weitere HF-Modulen kann der ganze Bereich von 20 bis 1000 MHz überstrichen werden.

12.2 Formbedingte Breitbandantennen

Der Eingangswiderstand einer Antenne ist im Resonanzfall ein reiner Wirkwiderstand. Bei Erregung der Antenne mit Frequenzen, die außerhalb der Resonanzfrequenz liegen, wird der Eingangswiderstand mit induktiven oder kapazitiven Blindkomponenten beaufschlagt.

Je schlanker eine Antenne ist, desto schneller wachsen die Blindanteile bei Verstimmung aus der Resonanzfrequenz, und desto geringer ist die Bandbreite. Deshalb verwendet man Antennen mit kleinem *l/d*-Verhältnis (sogenannte „dicke Antennen"), wenn eine große Bandbreite erzielt werden soll.

Das Verhältnis Antennenlänge zu Antennendikke wird als Schlankheitsgrad (*l/d* oder *2l/d*) bezeichnet. Wird der Schlankheitsgrad verringert, dann wird die Ortskurve des Eingangswiderstandes kleiner. In **Bild 12.2.1** ist die Ortskurve des Eingangswiderstandes von Antennen verschiedenen Schlankheitsgrades über Erde dargestellt [2.1]. Bei einer dünnen Antenne (A) ist die Ortskurve sehr weit geöffnet. Links sind die Stromresonanzen ($\lambda/4$ und $3\lambda/4$), rechts die Spannungsresonanz ($\lambda/2$).

Das Ersatzschaltbild für die Spannungsresonanz ist ein Sperrkreis mit dem Eingangswiderstand

$$R_F = \frac{Z_A^2}{R_S(\lambda/2)} \approx \frac{Z_A^2}{100\,\Omega} \qquad (12.2.1)$$

R_S ..... Strahlungswiderstand
R_S ($\lambda/2$) ... R_S einer $\lambda/2$-Vertikalantenne
Z_A ..... Wellenwiderstand

Der Kreis wird umso enger, je dicker die Antenne wird (B), also je kleiner der Schlankheitsgrad der Antenne ist. Die Strukturen können Zylinder, Kegel, Kelche, Rotationsellipsoide aus Vollmaterial oder einzelnen Stäben in Reusenform sein.

Bild 12.2.2 zeigt einen homogenen Übergang von der Koaxialleitung auf die Antenne, einen Kelchstrahler [2.1]. Der Wellenwiderstand der Konusleitung wird durch den Konuswinkel bestimmt. Die elektrischen Feldlinien sind Kreisbögen mit dem gemeinsamen Mittelpunkt in der Kegelspitze.

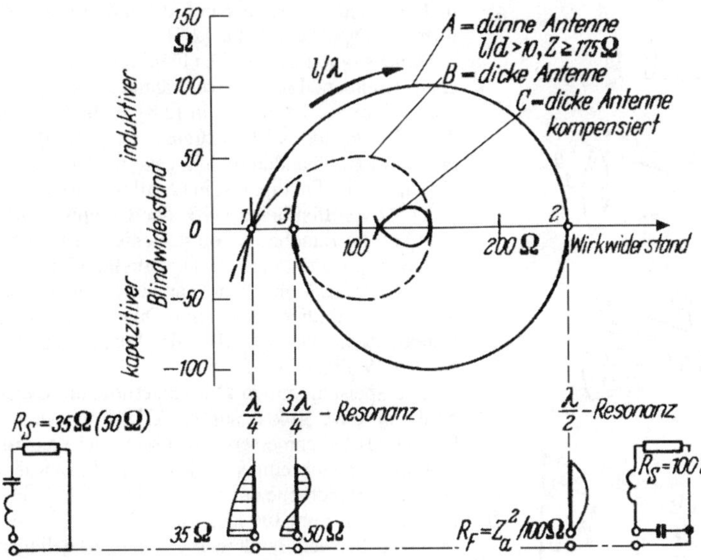

Bild 12.2.1
Ortskurve des Eingangswiderstandes von verschiedenen Vertikalantennen über Erde

Für 60 Ω Wellenwiderstand ist der halbe Konuswinkel rd. 40°, für 50 Ω ist er 47°.

Breitbandantennen decken einen Frequenzbereich von 3:1 ab. Mit weiterentwickelten Formen, bei denen insbesondere der Speisepunkt optimiert wurde, können Frequenzbereiche bis zu etwa 4:1 abgedeckt werden.

Literatur über Breitbandantennen: [2.2]–[2.4].

12.2.1 Breitbanddipol

Breitbanddipole stellt man als Halbwellendipole und als Ganzwellendipole her. Bezüglich der Bandbreite sind Ganzwellendipole günstiger, weil sie bei gleichem λ/d-Verhältnis eine wesentlich größere Bandbreite haben als ein Halbwellendipol.

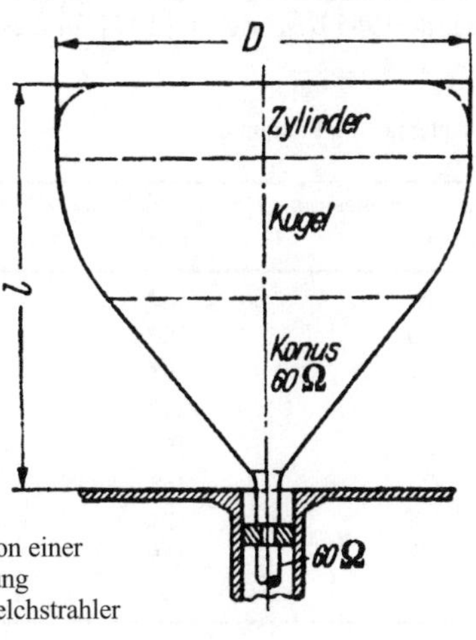

Bild 12.2.2
Übergang von einer Koaxialleitung auf einen Kelchstrahler

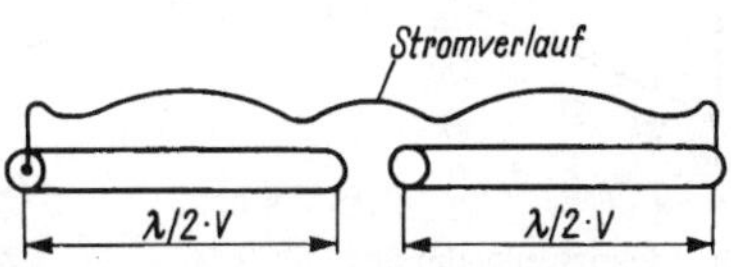

Bild 12.2.3
Stromverteilung beim dicken Ganzwellendipol

Beim dicken Dipol ist die Stromverteilung nicht mehr sinusförmig, sondern abgeflacht, etwa wie in **Bild 12.2.3** dargestellt. An den Enden ist der Strom wegen der zunehmenden Endkapazitäten größer. Der Strom im Speisepunkt nimmt deshalb beim dicken Ganzwellendipol einen höheren Wert an, woraus sich auch das Absinken des Eingangswiderstandes bei kleiner werdendem *l/d*-Verhältnis erklärt.

Besteht der Breitbanddipol aus dicken, zylindrischen Rohren oder Stäben, so weisen die Querschnittsflächen der Stäbe am Speisepunkt eine große Kapazität gegeneinander auf. Beim Anschluß der Speiseleitung tritt außerdem eine plötzliche starke Querschnittsänderung auf. Deshalb werden die dicken Elementstäbe gewöhnlich am Speisepunkt konisch verjüngt, wie **Bild 12.2.4a** zeigt; man erhält dadurch definierte Anschlußpunkte für die Speiseleitung und kann Eingangsimpedanz und Bandbreite durch die Gestaltung der Speisezone optimieren.

Häufig behält man die konische Struktur über die ganze Antennenlänge bei, und es entsteht daraus der *Doppelkegeldipol* (**Bild 12.2.4b**).

Kleinere Windlast und geringes Gewicht bietet ein reusenförmiger Aufbau mit möglichst vielen Einzelstäben nach **Bild 12.2.4c**. Schließlich kann man von der voluminösen Kegelform ganz abgehen und die Dipole nur flächig gestalten. Um defi-

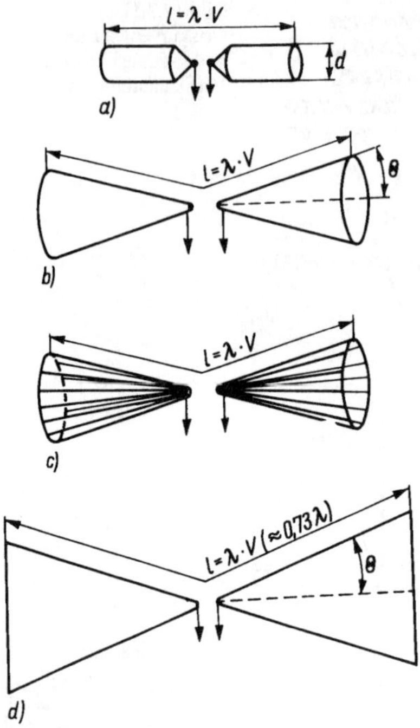

Bild 12.2.4
Breitband-Ganzwellendipole
a) - Zylinderstäbe konisch verjüngt
b) - Doppelkegel
c) - Doppelkegel (Reusenform)
d) - Flächendipol

nierte Anschlußpunkte für die Speiseleitung zu erhalten, stellt man Flächendipole oft in Dreieckform (siehe **Bild 12.2.4d**) her.

Bei den angeführten Breitbanddipolen beträgt die von den Abmessungen abhängige relative Bandbreite b etwa zwischen 0,5 und 0,8 f_0.

Ein Breitbanddipol aus Rohren für 350 bis 600 MHz mit Balun wird in [2.5] beschrieben, ein symmetrischer Breitbanddipol mit koaxialer Speisung und Widerstandsabsorber in [2.6] und ein reusenförmiger Dipol für 80 m in [2.7].

Dimensionierungsangaben für einfach aufzubauende Breitbanddipole (zweidrähtige Flachreuse) von 160 m bis 10 m sind in [2.8] zu finden. Ein 30-m-Breitbanddipol (Flachreuse) ist in [2.9] und ein 80-m-Breitbanddipol mit gekoppeltem Draht als Dipol oder Faltdipol ist in [2.10] beschrieben.

K1TD veröffentlichte 1983 eine Computer Studie über die Bandbreite von verschiedenen 80-m-Antennen im Freiraum [2.11]. **Tabelle 12.1** zeigt die Ergebnisse. Man erkennt daraus, daß ein Drahtdipol (Eindrahtdipol) mit 2 mm Durchmesser eine Bandbreite hat von 152 kHz, also knapp über 4%, für eine Welligkeit s = 2.

Eine Speisung mit 75-Ω-Kabel erhöht die Bandbreite um etwa 50 kHz auf 208 kHz. Eine Vergrößerung des Durchmessers (etwa sechsfach) auf rd. 13 mm bei gleichzeitiger Speisung mit 75-Ω-Kabel erhöht die Bandbreite um etwa 50 kHz auf 252 kHz, insgesamt also um 100 kHz mehr. Weitere Verbesserungen bei der Bandbreite des Dipols gelingen mit zusätzlicher Beschaltung (vgl. Abschnitt 12.3). Dabei erreicht man eine weitere Vergrößerung der Bandbreite durch einen Parallelkreis, allerdings mit Anpassungshöcker. Noch eine weitere Verbesserung gelingt mit einer zusätzlichen Serienschaltung.

12.2.2 Fächerdipol

Der *Fächerdipol* wird auf englisch „fan dipole" genannt. Die charakteristischen Eigenschaften eines „dicken" Dipols bleiben auch fächerartig erhalten.

Es gibt *Fächerdipole* im HF-, VHF- und UHF-Bereich. Im HF-Bereich sind die einzelnen Strahler im „Fächer" aus Draht, im VHF/UHF-Bereich bestehen sie aus Stäben.

HF

Eine Breitbandantenne als 2-teiliger *Fächerdipol* wurde 1955 beschrieben [2.12]. In diesem Beitrag

Tabelle 12.1
Computer-Studie über die Bandbereite von verschiedenen 80-m-Antennen im Freiraum

Antennen Typ	Zusatzinfo	Draht-∅ mm	Eingangsimp. Ω	Bandbreite kHz
Eindrahtdipol		2	50	152
Doppel-Bazooka		10	50	190
Eindrahtdipol		2	75	208
Eindrahtdipol		13	75	252
Faltdipol	300 Ω m. Kurzschl.		300	262
Doppel-Bazooka	75 Ω Zuleit.	13	75	268
Doppel-Bazooka	gekreuzte Zuleit.	13	75	324
Eindrahtdipol	L und C bei Zuleit.	13	75	375
Reusendipol		914	75	500

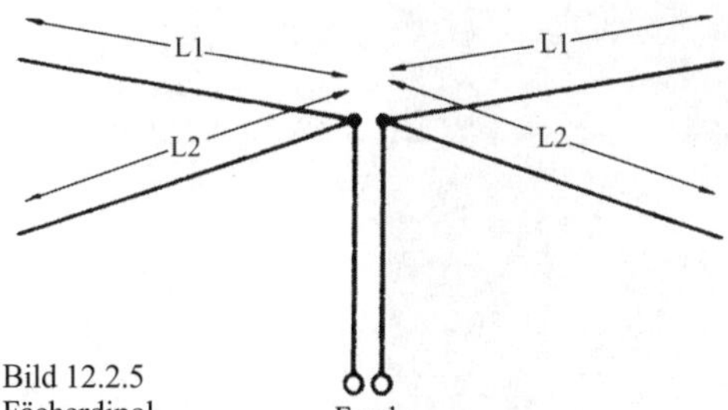

Bild 12.2.5
Fächerdipol

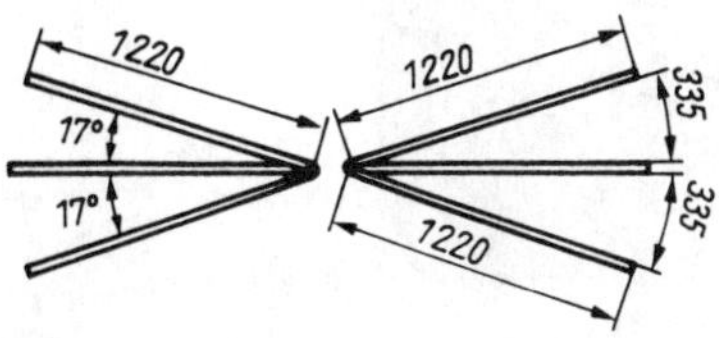

Bild 12.2.6
Fächerdipol (Ansicht von vorne)

werden auch Impedanzdaten für Fächerdipole im 80-m-, 40-m- und 20-m-Band angegeben.

Wenn man bei einem 2-teiligem *Fächerdipol* die Längen der beiden Drähte verschieden macht, kann man zwei Frequenzen bevorzugen z.B. CW-DX bei 3,51 MHz und SSB-DX bei 3,79 MHz. **Bild 12.2.5** zeigt einen Fächerdipol mit ungleichen Dipollängen. Interessant ist dabei die Dipolanordnung. Die gleichen Längen z.B. L1 – L1 liegen nicht gegenüber. Ein Patent dieser Art ist 1934 in USA angemeldet worden [2.13].

Eine weitere Anwendung mit ungleichen Dipollängen nach dem Fächer-Prinzip bei einer Half-Square-Antenne ist in [2.14] beschrieben.

VHF/UHF

Ein aus Einzelstäben aufgebauter Dipol ist in **Bild 12.2.6** dargestellt. Dabei können die „Fächer“ je 2 oder mehr Einzelstäbe enthalten. Solche Konstruktionen sind materialsparend, leicht und weisen eine geringere Windlast auf.

Mit den in **Bild 12.2.6** eingetragenen Abmessungen ist der *Fächerdipol* einem 70 mm dicken zylindrischen Dipol etwa äquivalent. Wird er im Fernsehbereich III verwendet, so hat er in jedem Fall eine größere elektrische Länge als 1λ. Von der bekannten *Doppelkreischarakteristik* eines Dipols kann dann keine Rede mehr sein, denn das Horizontaldiagramm spaltet sich je nach „Überlänge“ ähnlich wie bei einer Langdrahtantenne in mehrere Nebenkeulen auf. Die Strahlung tritt nicht mehr rechtwinklig zur Strahlerlängsachse auf, sondern wird in anderen Richtungen wirksam.

Eine einfache Möglichkeit, dem „überlangen“ *Fächerdipol* eine eindeutige und einseitige Hauptstrahlrichtung zu verleihen, ergibt sich, indem man ihn wie einen V-Dipol abwinkelt. Der optimale Öffnungswinkel α der V-Anordnung hängt von der auf die Wellenlänge λ bezogenen Schenkellänge ab.

Für den Fächerdipol nach **Bild 12.2.6** ist ein Öffnungswinkel α von 114° günstig, weil dann das eine einseitige Hauptkeule – etwa wie in **Bild 12.2.7** eingezeichnet – erhält. Dieser abgewinkelte Fächerdipol stellt eine brauchbare Empfangsantenne für alle Kanäle der VHF-Bänder I, II und III dar. Sie hat aber nur Behelfsantennencharakter, denn ihr Eingangswiderstand verändert sich je nach Frequenz zwischen 60 und 600 Ω und ist mit Blindanteilen behaftet. Mit den angegebenen Abmessungen ist der Eingangswiderstand für Kanal 8 und Kanal 9 annähernd reell und liegt zwischen 240 und 300 Ω.

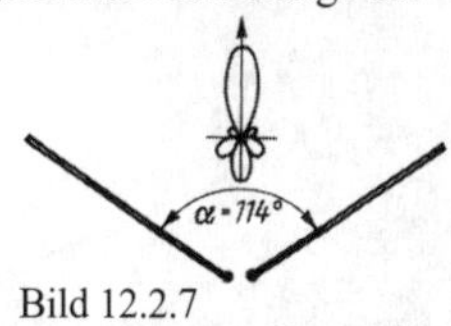

Bild 12.2.7
Abgewinkelter Fächerdipol
(Ansicht von oben)

12.2.3 Doppelkegel-Antenne

Die *Doppelkegel-Antenne* wird auch *Bikonische Antenne* oder *Bikonal-Antenne* genannt.

Besteht der Breitbanddipol aus dicken, zylindrischen Rohren oder Stäben, so weisen die Querschnittsflächen der Stäbe am Speisepunkt eine große Kapazität gegeneinander auf und eine plötzliche starke Querschnittsänderung tritt auf. Der Übergang ist nicht homogen. Deshalb werden die dicken Elementstäbe gewöhnlich am Speisepunkt konisch verjüngt, wie **Bild 12.2.4a** zeigt. Dadurch erhält man definierte Anschlußpunkte für die Speiseleitung und kann Eingangsimpedanz und Bandbreite durch den homogenen Übergang optimieren.

Häufig behält man die konische Struktur über die ganze Antennenlänge bei, und es entsteht daraus der *Doppelkegel-Dipol* (**Bild 12.2.4b**). Bei ihm wird der Eingangswiderstand aus der Größe des Kegelwinkels abgeleitet. Wegen der großen Bandbreite solcher Dipole ist die Bemessung des Verkürzungsfaktors V nicht besonders kritisch. Deshalb wird oft mit einem Mittelwert von $V = 0{,}73$ gerechnet. Ein grundlegender Aufsatz über bikonische Antennen ist in [2.15] zu finden.

Kleinere Windlast und geringes Gewicht bietet ein reusenförmiger Aufbau mit möglichst vielen Einzelstäben nach **Bild 12.2.4c**. Die Eigenschaften des *Doppelkegel-Dipols* bleiben auch bei diesem vereinfachten Aufbau erhalten.

Bikonische Dipolantennen aus Einzelstäben haben ein geringes Gewicht und einen großen Frequenzbereich. Sie werden bei Störstrahlungsmessungen in entsprechenden Räumen verwendet. **Bild 12.2.8** zeigt eine Bikonische Dipolantenne der Fa. *Rohde & Schwarz* für den Frequenzbereich 20 bis 300 MHz. Die Welligkeit ist typisch 2,5, die zulässige Eingangsleistung ist 20 W.

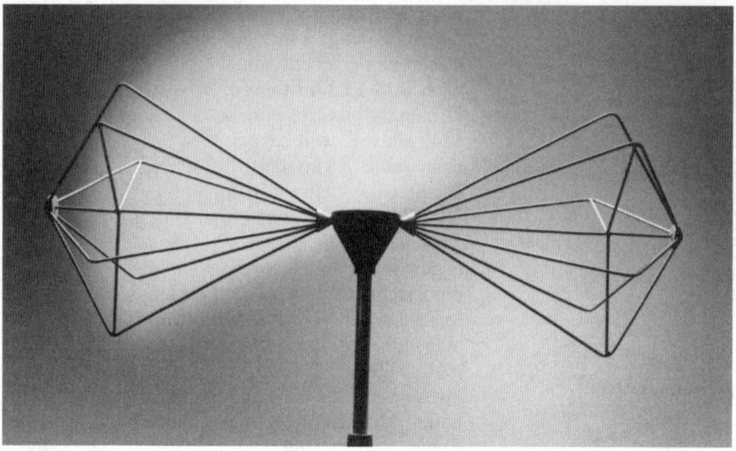

Bild 12.2.8
Bikonische Antenne
für 20 bis 300 MHz
(*Rohde & Schwarz*)

Die Abmessungen sind (LxBxH): 1380 mm x 530 mm x 720 mm und das Gewicht 3 kg.

12.2.4 Flächendipol

(*P.S. Carter* – US 2,175,253 – 1938)
Flächendipole können als Dreiecksdipole oder Rhombusdipole eine Länge von $\lambda/2$ oder λ haben. Beim Aufbau in Form von Dreiecksflügeln spart man Material und man erhält an den benachbarten Dreiecksspitzen einen definierten Antenneneingang. Die erhöhte kapazitive Randwirkung bedingt eine starke Verkürzung des Dipols. Durch den Spreizwinkel α werden Eingangswiderstand, Verkürzungsfaktor und Frequenzbereich des Dipols bestimmt. Sind die Flächen aus engmaschigem Drahtgeflecht oder aus gelochten Blechen gebildet, so werden Windlast und Gewicht gemindert, ohne daß sich die Antenneneigenschaften merkbar verschlechtern. Auch bei diesem Breitbanddipol rechnet man mit einem durchschnittlichen Verkürzungsfaktor V von 0,73.

Normaler Flächendipol
Der in **Bild 12.2.9** dargestellte Dipol könnte prägnanter als *Schmetterlingsdipol* (engl.: Butterfly = Schmetterling) bezeichnet werden, weil seine Form dem Flugbild eines Schmetterlings sehr nahekommt. Allerdings wird als Schmetterlingsantenne in der deutschsprachigen Fachliteratur die Batwing-Antenne (siehe **Bild 12.2.13**) bezeichnet.

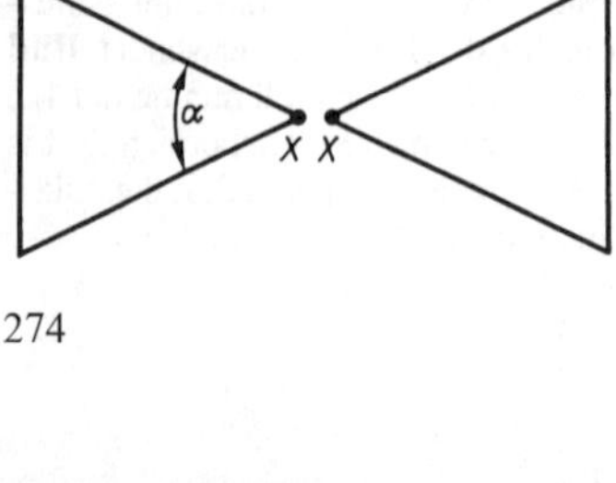

Bild 12.2.9
Flächendipol

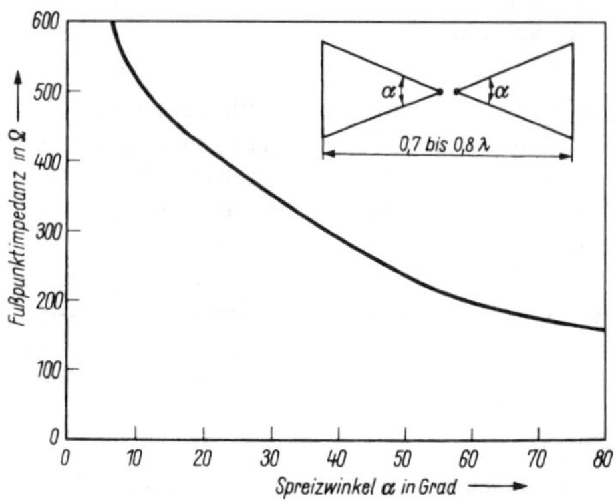

Bild 12.2.10
Eingangsimpedanz von Flächendipolen
in Abhängigkeit vom Spreizwinkel

Es handelt sich hier um einen Ganzwellendipol, dem durch flächige Verbreiterung der Elemente ein großer Frequenzbereich verliehen wird.

Aus mechanischen Gründen wird im VHF-Bereich der Spreizwinkel α häufig in der Größenordnung von 30° gewählt, dagegen nutzt man im UHF-Bereich gern die hinsichtlich des Frequenzbereiches günstigeren Öffnungswinkel α zwischen 60° und 80° aus. Wie aus **Bild 12.2.10** hervorgeht, kann bei einem Spreizwinkel α von 30° mit einer Eingangsimpedanz von annähernd 350 Ω gerechnet werden. Die Länge l soll für diesen Fall etwa 0,8λ betragen; es ergibt sich dabei ein relativer Frequenzbereich von b = 0,65 fm. Aus Gründen der Gewichtsverminderung und eines geringeren Windwiderstandes dürfen die Dreiecksflächen auch aus perforiertem Blech oder engmaschigem Drahtgeflecht hergestellt werden. Auch Gitterkonstruktionen aus Stabmaterial sind möglich.

Mit wachsendem Spreizwinkel α verändert sich die Eingangsimpedanz nur noch in kleinen Grenzen

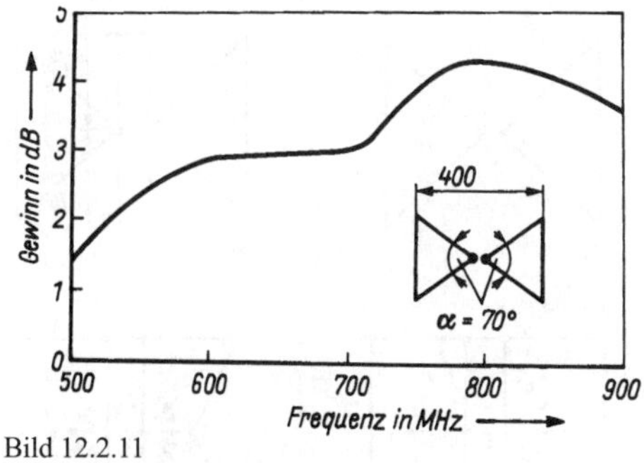

Bild 12.2.11
Gewinn eines Flächendipols
in Abhähgigkeit der Frequenz

und bleibt über einen relativ großen Frequenzbereich annähernd konstant. Optimal sind Spreizwinkel von 60° ... 80°, der Eingangswiderstand liegt dann zwischen 160 und 200 Ω, und der Verkürzungsfaktor beträgt rund 0,73. Die Blindkomponenten der Eingangsimpedanz und ihr Frequenzgang sind vernachlässigbar klein, und die Länge *l* ist wegen des Breitbandverhaltens nicht kritisch.

Bekanntlich hat ein „schlanker" Ganzwellendipol bereits einen Gewinn von 1,8 dB, bezogen auf einen abgestimmten Halbwellendipol. Der sehr breitbandige Ganzwellenflächendipol wird wegen seines günstigen Impedanzverhaltens auch mit sehr viel höheren Frequenzen betrieben. Für diese höheren Frequenzen ist natürlich auch die Dipollänge größer als elektrisch 1λ. Der Gewinn steigt deshalb nach höheren Frequenzen hin an und kann bis etwa 4 dBd betragen. Als Beispiel dafür sind in Bild **12.2.11** die Meßergebnisse für den Gewinn eines Flächendipols mit einem Spreizwinkel α von 70° (Länge 400 mm) innerhalb eines Frequenzintervalls von 500 bis 900 MHz aufgetragen. Daraus geht hervor, daß der Frequenzbereich eines 70°-Spreizdipols die Grenzen des Fernsehbereichs IV/ V weit übersteigt.

Da es im VHF- und besonders im UHF-Bereich mechanisch keine Schwierigkeiten bereitet, Flächendipole herzustellen, findet man sie als Bestandteil vieler Breitbandsysteme im Dezimeterwellenbereich.

Abgewinkelter Flächendipol

Die nachstehend beschriebene Breitbandantenne ist ein abgewinkelter Flächendipol. Sie eignet sich besonders zum Empfang des gesamten VHF-Spektrums mit gutem Gewinn. Sie ist eine echte Breitbandantenne; innerhalb eines Frequenzbereiches von etwa 50 MHz aufwärts bis ins Dezimeterwellengebiet treten keine Lücken auf. Es läßt sich ein mit der Frequenz kontinuierlich ansteigender Gewinn beobachten.

Bild 12.2.12 zeigt diese Flächenantennen mit allen erforderlichen Bemessungsangaben. Wie **Bild 12.2.12a** und **Bild 12.2.12b** erkennen läßt, handelt es sich um 2 gleichseitige Dreiecke mit einer Kantenlänge von je 2,45 m. Der Spreizwinkel dieses Flächendipols beträgt demnach 60°. Die Spitzen der Dreiecke nähern sich einander in den Punkten XX. Die beiden Dreiecksflächen sind in einem Winkel von ebenfalls 60° zueinander angeordnet. Hauptstrahlung (bzw. Hauptempfang) erfolgen in Richtung der Winkelhalbierenden.

Bei einer von *DL1FQ* erprobten Bauform bestanden die Dreiecksrahmen aus Eisenrohr und waren mit verzinktem Eisenmaschendraht (Maschenweite 20 mm) bespannt. **Bild 12.2.12c** zeigt, wie die mechanische Halterung dieses schon etwas umfangreichen Gebildes ausgeführt werden kann. Die diagonale Verspannung mit Kunststoffdrähten oder Glasgarn ist zweckmäßig.

Die in **Bild 12.2.12d** dargestellten Horizontaldiagramme mit Gewinnangaben wurden von *DL1FQ* durch Messungen ermittelt [2.16]. Bei einer Frequenz von 60 MHz ist beinahe Rundstrah-

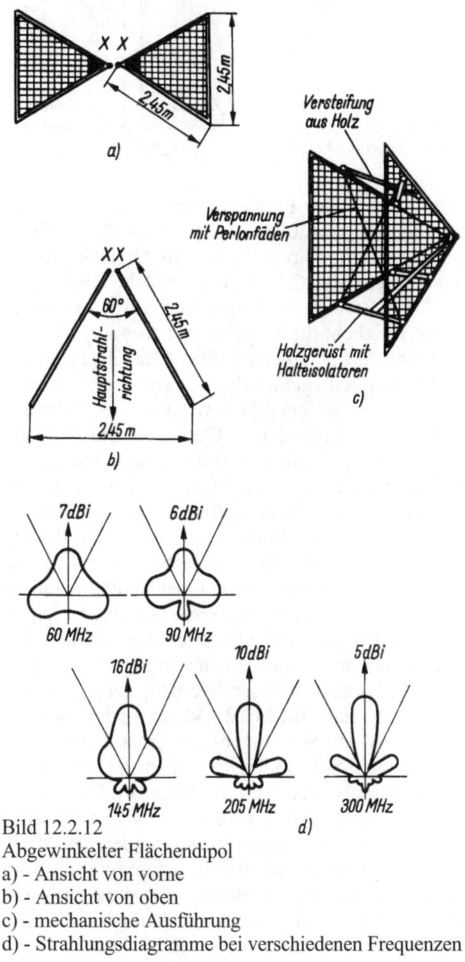

Bild 12.2.12
Abgewinkelter Flächendipol
a) - Ansicht von vorne
b) - Ansicht von oben
c) - mechanische Ausführung
d) - Strahlungsdiagramme bei verschiedenen Frequenzen

lung vorhanden, wobei die 3 Keulen den beachtlichen Gewinn von maximal 7 dBi zeigen. Im UKW-Rundfunkbereich (90 MHz) kann mit guter Empfangsleistung über mindestens 300° des Vollkreises gerechnet werden. Für den Betrieb im 2-m-Band (145 MHz) wird der unwahrscheinlich hohe Gewinn von 16 dBi angegeben; er nimmt im Bereich des Fernsehbandes III wieder übliche Werte an. Sicherlich müssen diese Gewinnangaben bei exakter Nachprüfung nach kleineren Werten hin korrigiert werden. Die Benutzer solcher Winkelflächendipole heben jedoch immer ihre ausgezeichneten Breitbandempfangseigenschaften hervor.

Eine von *DL6MH* erprobte Antenne dieser Art verwendet Dreiecke aus Leichtmetallrohr mit 3 m Seitenlänge. Von der gespeisten Spitze aus verlaufen fächerförmig 15 Aluminiumröhren von je 8 mm Durchmesser nach außen. Die Antenne eignet sich hervorragend zum Empfang des UKW-Rundfunkbandes und bringt auch im Fernsehband I gute Ergebnisse. Im 2-m-Band ist sie einer 12-Element-Gruppenantenne gleichwertig, versagte dagegen völlig bei der Verwendung im 70-cm-Amateurband. Selbstverständlich können die Abmessungen beliebig vergrößert oder verkleinert werden. Wird beispielsweise im UKW-Rundfunkband die annähernde Rundcharakteristik gewünscht, verkleinert man die Abmessungen auf 1,65 m Kantenlänge. Damit ist im 2-m-Band noch ein brauchbarer Gewinn zu erzielen, und im gesamten Fernsehband III kann mit guten Ergebnissen gerechnet werden.

Bei einem Flächendipol mit 60° Öffnungswinkel stehen die Seitenlängen der Dreiecksflächen und die größte Betriebswellenlänge etwa im Verhältnis 1:2, d.h., die Brauchbarkeit bei beispielsweise 3 m Seitenlänge beginnt bei einer Betriebswellenlänge von 6 m ≡ 50 MHz. Der Gewinn wächst mit steigender Frequenz so lange kontinuierlich, bis sich das Strahlungsdiagramm stark aufzuspalten beginnt.

Die Impedanz am Antenneneingang XX beträgt bei der unteren Grenzfrequenz etwa 300 Ω und steigt nach höheren Betriebsfrequenzen hin bis auf etwa 380 Ω. Zum Speisen der Antenne eignet sich deshalb eine handelsübliche 300-Ω-Leitung.

12.2.5 Batwing-Antenne

(*R.W. Masters* – US 2,480,153 bis 155 – 1945)
(engl.: Batwing = Fledermaus)
Als *Batwing-Antenne* bezeichnet man eine flächige Breitbandantenne, deren Schenkel etwa die Umrisse von Fledermausflügeln haben. Die Antenne wird in Deutschland auch als *Schmetterlingsantenne* bezeichnet.

Die Entstehungsphasen einer *Batwing-Antenne* sind in **Bild 12.2.13** dargestellt. Geht man von einem gestreckten Halbwellendipol aus und will diesem einen großen Frequenzbereich verleihen, muß man ihn in einen „dicken" Dipol verwandeln. Dazu bildet man die Dipolschenkel als Dreiecksflächen aus, wie es **Bild 12.2.13a** zeigt. Solche Dipole sind im UHF-Bereich als Breitbandstrahler zu finden. Es ist möglich, die Bandbreite dieses Dipols noch zu vergrößern, wenn nach **Bild 12.2.13b** zwei einander parallelliegende, kurzgeschlossene Viertelwellenleitungen eingefügt werden. Der folgende Schritt führt zu **Bild 12.2.13c**. In diesem Fall sind die Flächen aufgefüllt, und die beiden Viertelwellenleitungen bilden nun einen $\lambda/2$ langen Schlitz zwischen beiden Rechteckflächen. Erregt wird in der geometrischen Mitte des Schlitzes. Im Prinzip ist damit ein Schlitzstrahler entstanden der u.a. dadurch gekennzeichnet ist, daß der vertikale Schlitz Horizontalpolarisation aufweist. Die eingezeichneten Pfeile deuten die Stromrichtung auf den Dipolflächen an. Damit Stromverteilung und Frequenzverhalten verbessert werden, kerbt man die Dipolflügel nach **Bild 12.2.13d** ein, so daß die Umrisse etwa der Schwingenform einer Fledermaus entsprechen. Schließlich kann man noch die kompakten Dipolflügel durch Gitterkonstruktionen ersetzen, womit die *Batwing-Antenne* nach **Bild 12.2.13e** ihre endgültige Form gefunden hat.

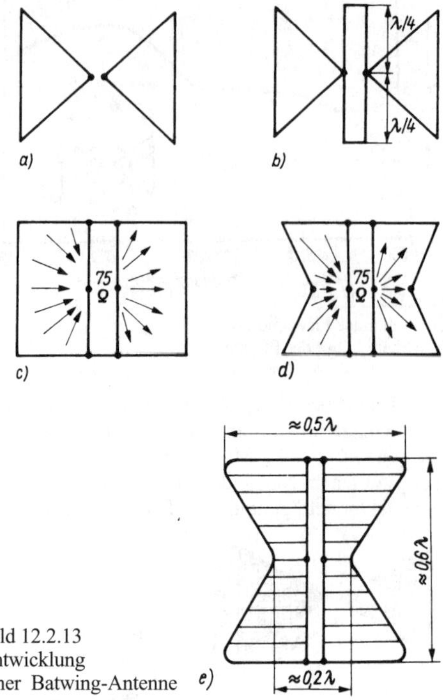

Bild 12.2.13
Entwicklung
einer Batwing-Antenne

Geht man davon aus, daß sie vom Strahlungsmechanismus her eine Schlitzantenne darstellt, kann ihre Wirkungsweise auch anschaulich über das *Babinet*sche Prinzip erklärt werden.

Die *Batwing-Antenne* ist sehr breitbandig. Ihre Eingangsimpedanz beträgt etwa 70 Ω und ist von der Schlitzbreite abhängig. Um eine annähernde Rundstrahlung in der Horizontalebene zu erhalten, werden wie bei einer Drehkreuzantenne 2 Batwings rechtwinklig zusammengesetzt und mit einer gegenseitigen Phasenverschiebung von 90° erregt. Für den kommerziellen Gebrauch sind mehrere solcher Ebenen vertikal übereinander gestockt. Eine derartige Antenne wird als *Superturnstile* bezeichnet. Sie ist als Sendeantenne im UKW-Rundfunkbereich und als Fernsehantenne verbreitet, für den Funkamateur hat sie jedoch wenig Bedeutung.

12.2.6 Herz-Antenne

(*G.E.A. Meier, R.J. Dvorak* – EP 0 124 559 – dt. Prior. 1982)

Die *Herz-Antenne* wurde von *DJ7FY* und *DK4AP* entwickelt und 1982 in Deutschland zum Patent angemeldet. Es handelt sich um eine Breitband-Richtantenne mit zwei flächigen Strahlerhälften (Antennenflügel), welche zusammen eine herzförmige Antenne bilden [2.17]–[2.19].

Die elektrischen Eigenschaften: Die gesamte Antennenstruktur ist für alle Frequenzen des Betriebsbereichs wirksam. Die Abmessungen der Antennenstruktur für die größte Betriebswellenlänge erreichen maximal etwa eine halbe Wellenlänge. Der Frequenzbereich der Antenne (Bandbreite) ist größer als 1:10. Die Eingangsimpedanz ist im gesamten Frequenzbereich konstant, das Stehwellenverhältnis besser als 1,5:1.

Durch Veränderung der mechanischen Abmessungen kann die Eingangsimpedanz für den gesamten Frequenzbereich geändert werden.

Die Antennenstruktur hat für den ganzen Frequenzbereich eine Richtwirkung, sowohl horizontal als auch vertikal.

Je nach Flügelgestaltung und Spaltgeometrie kann der Eingangswiderstand über den gesamten Frequenzbereich auf einen reellen Wert zwischen 100 und 300 Ω eingestellt werden. Zweckmäßig ist die 200-Ohm-Ausführung, eingespeist an der Spitze der Flügel mit einem 1:4 Balun (Guanella-Übertrager).

Die Hauptabstrahlung erfolgt in Richtung der Herzblattöffnung. Die Polarisation ist die Ebene der Herzstruktur. Der Gewinn nimmt mit steigender Frequenz zu und überschreitet bei etwa der dreifachen unteren Grenzfrequenz 6 dBi. Bei den Richtdiagrammen weisen die Horizontal-Diagramme eine größere Richtwirkung auf als die Vertikal-Diagramme. Die Zahl der Nebenkeulen nimmt mit steigender Frequenz zu, mit stark ausgeprägten Minima zwischen den Nebenkeulen. Das Vor/Rück-Verhältnis ist bei der unteren Grenzfrequenz etwa 4 dB und steigt bis zur dreifachen unteren Grenzfrequenz auf etwa 20 dB an.

Bild 12.2.14
Herz-Antenne

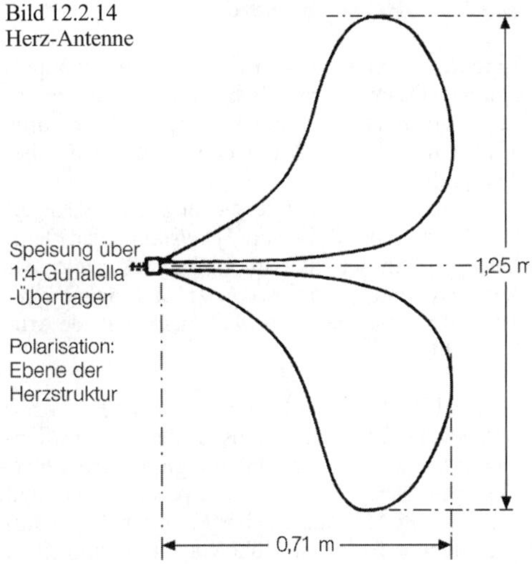

Durch Stockung mehrerer *Herzantennen* wird das etwas breite Vertikal-Diagramm eingeengt und der Gewinn steigt an.

Infolge der relativ großen Eigenkapazität ist die Empfindlichkeit der Antenne gegenüber Umgebungseinflüssen gering. Dadurch eignet sich diese Antenne gut für „Indoor-Betrieb".

Die technische Ausführung kann aus Blech, Maschendraht oder Alufolie (auf Kunststoffolie) sein.

Bild 12.2.14 zeigt die *Herz-Antenne*. Der Eingangswiderstand dieser Antenne ist 200 Ω. Mit den angegeben Abmessungen geht die Antenne von 130 MHz bis 1 GHz mit einer Welligkeit von max. 2:1.

Die Gewinne (einschließlich Übertrager) gemessen nach der Zweiantennenmethode waren [2.18]: 100 MHz ... - 2,5 dBd, 500 MHz ... + 5 dBd, 1GHz ... + 6,5 dBd

12.2.7 Breitbandmonopol

Breitbandrundstrahler als „dicke" Monopolantennen wurden schon sehr früh eingesetzt. So sind damals, auch unter dem Gesichtspunkt der Erhöhung des Strahlungswiderstandes und damit des Wirkungsgrades, die Vertikalantennen z.B. fächerförmig oder reusenförmig erweitert worden. Schon in der Vorkriegszeit wurden, hauptsächlich in USA, Mittelwellen-Sendemasten in der Mitte verstärkt ausgeführt als „Fischbauchantennen" [2.20].

Als Kurzwellensendeantennen sind Reusenantennen und Breitbandfächerdipole in Gebrauch gewesen, die heute teilweise durch logarithmisch-periodische Antennen und Vorhangantennen ersetzt worden sind. Über die Möglichkeiten optimale Breitband Rundstrahler zu entwickeln gibt einige Literatur [2.21]–[2.24].

12.2.8 Reusenantenne

Eine *Reusenantenne* ist eine bikonische Monopolantenne. Das wahrscheinlich älteste Patent über eine *Reusenantenne* stammt aus England und wurde 1925 eingereicht [2.26]. Weitere Patente darüber sind [2.27]–[2.29].

Die theoretischen Untersuchungen über Kegelstrahler wurden 1943 von *Schelkunoff* veröffentlicht [0.3]. In der Literatur finden sich, außer der Veröffentlichung von *Kotowski* und *Schüttlöffel* 1943 [0.8], erst wieder ab 1952 entsprechende Artikel [2.30]–[2.33].

Seit 1952 entwickelte und fertigte die Fa. *Rohde & Schwarz* Kurzwellen-Reusenantennen. Das Unternehmen konzipierte 1965 die größte *Breitband-Reusenantenne* für den Mittelwellenbereich und baute sie in Mainflingen bei Frankfurt/Main auf. Die Antenne hatte eine Höhe von 144 m und einen Reusenring von 60 m Durchmesser. Der Frequenzbereich geht von 530 kHz bis etwa 5 MHz, die maximal aufnehmbare Leistung ist 500 kW effektiv [2.34].

Beim kommerziellen Funk findet man die Reusenantennen häufiger, im Amateurfunk sind sie höchst selten.

In der US-Amateurliteratur erschien 1966 eine Beschreibung einer konischen Monopolantenne der Fa. *Granger* [2.35], in der deutschen Amateurliteratur erschien erst 1976 etwas über breitbandige Vertikalantennen [2.36].

Im Jahre 1986 kamen dann die Beiträge von *DF2BC* [2.37] und der Mess-Bericht von *DL1BU* über eine neue am Amateurmarkt neue Breitband-Reuse [2.38], im Jahre 1994 dann von *DK3AX* der Beitrag [2.39].

Die mechanische Höhe solcher Breitbandantennen beträgt etwa $\lambda/4$, bezogen auf die größte Betriebswellenlänge; sie arbeiten somit bei der unteren Grenzfrequenz *fu* als Viertelwellen-Vertikalantennen. Deshalb sind gute Erdverhältnisse notwendig. Solche Antennen werden über 50-Ω-Koaxialkabel direkt erregt; es besteht Anpassung mit $s < 2$ über einen Frequenzbereich bis mindestens 8 *fu*. In der Praxis nutzt man jedoch nur den Frequenzbereich bis etwa 4 *fu* wegen der bei höheren Frequenzen eintretenden Aufspaltung der Vertikaldiagramme, verbunden mit einer starken Steilstrahlung.

Bild 12.2.15
Breitband-Reusenantenne

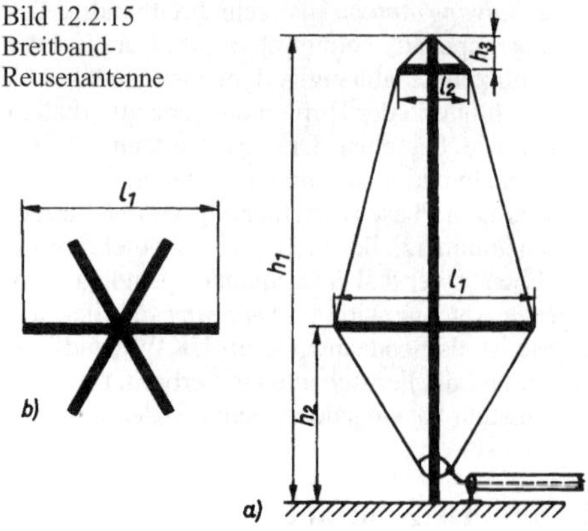

Tabelle 12.2
Die mechanischen Abmessungen einer Breitband-Reusenantenne nach Bild 12.2.15

Arbeits-Bereich in MHz	h_1 in m	l_1 in m	h_2 in m	h_3 in m	l_2 in m
3,5…15	13,1	5,4	5,15	0,65	1,8
7…28	7,0	2,9	2,75	0,3	1,0
14…56	3,65	1,5	1,45	0,2	0,5

Eine von *W5WEU* ausgeführte Konstruktion ist in **Bild 12.2.15** skizziert, die dazugehörigen mechanischen Abmessungen enthält **Tabelle 12.2**. Der Antennenträger ist ein geerdetes Metallrohr, dem in der Höhe *h*2 6 speichenartig angeordnete Metallspreizen angefügt sind (**Bild 12.2.15b**). Ein zweiter Satz kürzerer Speichen befindet sich im Abstand *h*3 unterhalb der Mastspitze. Die Spreizen verwendet man als Abstandhalter für die Reusendrähte. Es werden 6 Doppeldrähte benutzt, d.h. daß jede Leitung als Paralleldrahtleiter mit etwa 5 cm Leiterabstand ausgeführt wird. Alle Drähte haben galvanische Verbindung mit den Spreizarmen und der Mastspitze; lediglich am Antenneneingang werden sie an einem Ringleiter zusammengefaßt, der vom Tragemast isoliert ist. An den Ringleiter wird der Innenleiter des koaxialen Speisekabels angeschlossen, dessen Außenleiter am Mastfuß geerdet ist.

Kurzwellen-Reusenantennen werden für kommerzielle Dienste von den Firmen *Granger*, *TCI*, *Marconi*, *Racal* und *Rohde & Schwarz* hergestellt.

12.2.9 Diskon-Antenne

(*A.G. Kandoian* – US 2,368,663 – 1943)
Die *Diskon-Antenne* besteht aus einem Metallkegel (engl.: cone), der mit einer Dachscheibe (engl.: disk) versehen ist. In deutscher Übersetzung ist es eine *Scheibenkegelantenne*, die als obengespeiste Antenne mit scheibenförmiger Dachkapazität und konisch ausgebildetem Außenleiter definiert wird [2.40].

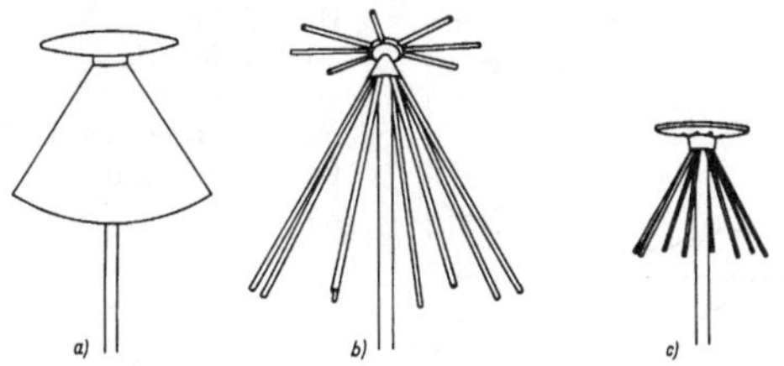

Bild 12.2.16
Diskon-Antennen
a) - Vollform
b) - Skelettform
c) - Mischform

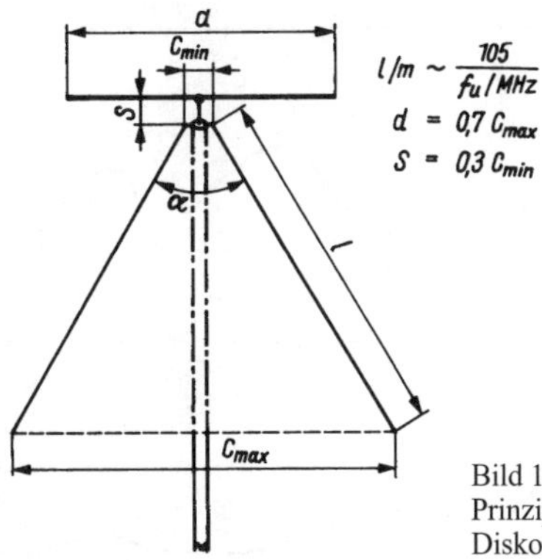

Bild 12.2.17
Prinzip einer
Diskon-Antenne

Bei der *Diskon-Antenne* handelt es sich um einen vertikal polarisierten Strahler mit horizontaler Rundcharakteristik, die weitgehend der eines vertikalen Halbwellendipols entspricht.

Der Hauptvorzug der Diskon-Antenne ist ihr großer Frequenzbereich, über den sie mit einem Koaxialkabel symmetrie- und impedanzrichtig gespeist werden kann. Sie ist mechanisch relativ unkompliziert aufzubauen und in ihren Bemessungsdaten weitgehend unkritisch. Deshalb wird diese Antenne seit langer Zeit im kommerziellen Funk vorwiegend im VHF- und UHF-Bereich häufig angewendet. Aber auch für den hochfrequenten Teil des Kurzwellenbereichs ist sie noch darstellbar und daher von Interesse für den Kurzwellenamateur. **Bild 12.2.16** zeigt die *Diskon-Antenne* in drei möglichen Ausführungsformen.

Die Antenne aus Vollmaterial, die Urform, wird heute nur mehr noch für UHF-Anwendungen verwendet (**Bild 12.2.16a**). Im VHF- und im Kurzwellenbereich ist die Skelettform vorherrschend, d.h. daß die Metallflächen durch ein Skelett aus einzelnen Metallstäben, -streifen, -rohren oder Drähten ersetzt werden (**Bild 12.2.16b**).

Dadurch erzielt man eine bedeutende Material- und Gewichteinsparung, verbunden mit einem erheblich geringeren Windwiderstand, ohne daß sich dabei die elektrischen Eigenschaften der Antenne merklich verschlechtern. Diese Skelettform ist auch unter der Bezeichnung *Umbrella* bekannt. Bei kommerziellen Ausführungen werden Scheibe und Kegel im Minimum aus je 6 Stäben aufgebaut; üblich sind je 8 Stäbe, und im Sonderfall findet man auch je 12 Stäbe. Ausführungen aus dünnen Drähten oder aus Maschendraht sind ebenfalls möglich.

Es existiert auch eine Mischform, bei der die Scheibe aus Metallblech und der Kegel aus Stäben hergestellt ist (**Bild 12.2.16c**).

Bild **12.2.17** zeigt die Prinzipskizze einer *Diskon-Antenne.* Das speisende Koaxialkabel verläuft innerhalb des Kegels bis zu dessen Spitze. Dort ist der Kabelaußenleiter mit dem Kegel metallisch verbunden, so daß man den Kegel als verlängerten Kabelaußenleiter betrachten kann. Der Kabelinnenleiter wird bis zum Mittelpunkt der kreisrunden Scheibe weitergeführt und dort mit dieser verlötet. Scheibe und Kegel sind voneinander isoliert.

Die *Diskon-Antenne* stellt einen Vertikaldipol dar, der durch die besondere Formgebung einen sehr großen Frequenzbereich überstreicht. Wie jeder Vertikaldipol hat auch die Diskon in der H-Ebene Rundstrahlcharakteristik (horizontaler Rundstrahler) und in der E-Ebene das bekannte Achterdiagramm eines Halbwellendipols, das sich allerdings abhängig von der gewählten Arbeitsfrequenz mehr oder weniger stark verformt. Oberhalb der unteren Grenzfrequenz *fu*, für die die Antenne bemessen wird, bleibt die Welligkeit *s* auf einem 50-Ω-Koaxialkabel über einen Frequenzbereich von mindestens 1:10 kleiner als 2. Das erklärt die Beliebtheit im kommerziellen Funk, wo häufiger Frequenzwechsel vorkommt oder große Frequenzbereiche erfaßt werden müssen.

Eingehende Untersuchungen zur Bemessung von *Diskon-Antennen* wurden in [2.41] veröffentlicht. Der wichtigste Kennwert ist die untere Grenzfrequenz *fu*. Man kann *fu* als die niedrigste Arbeitsfrequenz definieren, bei der die Welligkeit *s* auf dem 50-Ω-Koaxialkabel den Wert 3 erreicht. Unterhalb *fu* steigt die Welligkeit *s*ehr steil an, oberhalb *fu* sinkt sie allmählich auf Durchschnittswerte von $s < 1{,}5$. Die Diskon verhält sich elektrisch wie ein relativ steilflankiger Hochpaß, unter *fu* ist der Sperrbereich, über *fu* ist der Durchlassbereich.

Die Bemessungen für die niedrigste Arbeitsfrequenz *fu* ist von der Kegellänge *l*, dem Scheibendurchmesser *d* und dem Öffnungswinkel α abhängig. Experimentelle Untersuchungen haben ergeben, daß *d* unabhängig vom Öffnungswinkel *α* optimal mit 0,7 *C*max bemessen werden kann.

Die Länge *l* wird von *α* mitbestimmt. *Kandoian* gibt sie mit annähernd 0,25*λ*, bezogen auf die niedrigste Betriebsfrequenz *fu* an. *Nail* bestimmt *l* mit etwas größer als 0,25*λ*.

Klarheit über die Verhältnisse schaffen die von *Nail* experimentell gewonnenen Frequenz-/Anpassungs-Kurven, die in etwas modifizierter Form in **Bild 12.2.18** wiedergegeben werden. Auf der waa-

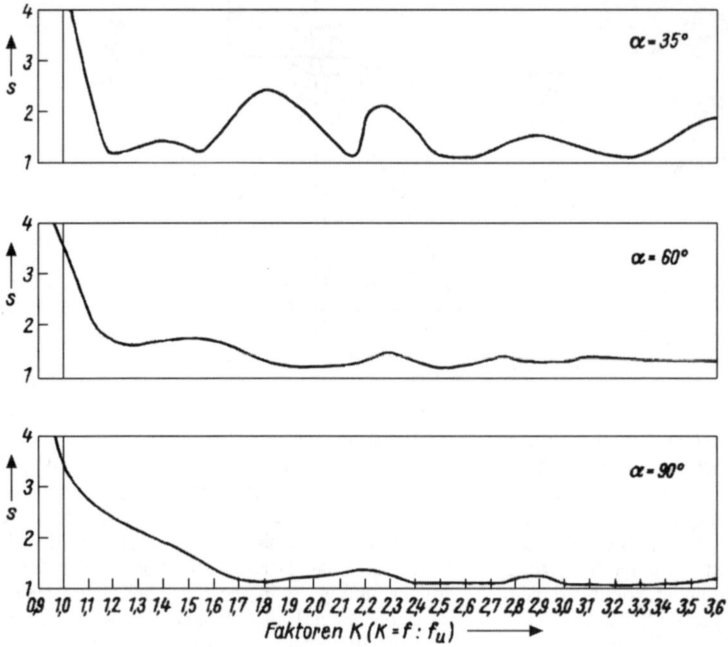

Bild 12.2.18
Welligkeitsverlauf von Diskon-Antennen mit unterschiedlichen Öffnungswinkeln *α*

gerechten Achse befinden sich die Faktoren *K*, wobei $l = 0{,}25\lambda$ als Bezugslänge dem Faktor $K = 1{,}0$ entspricht. Die zu den einzelnen Faktoren *K* gehörenden Längen *l* in λ erhält man durch Multiplizieren von *K* mit 0,25. In keinem Fall ist für *fu* eine brauchbare Welligkeit auf einem 50-Ω-Kabel zu erwarten, wenn *l* mit $0{,}25\lambda$ bemessen wird. Bei $\alpha = 90°$ beträgt die Welligkeit in diesem Fall annähernd 3,5; sie steigt mit kleiner werdendem Öffnungswinkel erheblich an.

Aus der Kurve ist abzulesen, daß bei allen aufgeführten Öffnungswinkeln <= 2 wird, wenn man *K* mit 1,4 wählt; das entspricht einer Länge *l* von $0{,}35\lambda$ ($0{,}25\lambda \cdot 1{,}4$), bezogen auf die größte Betriebswellenlänge. *K* stellt gleichzeitig den Vervielfachungsfaktor für *fu* dar, so daß das Frequenz-/Anpassungs-Verhalten deutlich wird. **Bild 12.2.18** läßt ferner erkennen, daß die Hochpaßcharakteristik nur bei relativ großen Öffnungswinkeln gut ausgeprägt ist. Bei $\alpha < 50°$ treten zunehmend Höcker in der Anpassungskurve auf, die für viele Anwendungen unerwünscht sind. Die Skelettform weist etwas andere Werte, aber die gleiche Tendenz des Anpassungs-/Frequenz-Ganges.

Allgemein wird ein Öffnungswinkel *α* von 60° bevorzugt. In diesem Fall hat der Kegelquerschnitt die Form eines gleichseitigen Dreiecks, und *C*max ist gleich *l*. Die Schwankungsbreite von *α* liegt bei industriell hergestellten Diskon-Antennen etwa zwischen 50° und 70°. *C*min begrenzt den Frequenzbereich nach höheren Frequenzen so, daß er um so größer wird, je kleiner *C*min gewählt werden kann. Zwischen *C*min und dem Abstand *S* besteht die Beziehung $S = 0{,}3\ C\text{min}$, sie ist abhängig vom Öffnungswinkel *α*.

Das Strahlungsdiagramm in der H-Ebene ist bei allen Arbeitsfrequenzen kreisrund und unabhängig vom Öffnungswinkel *α*. Nach Angaben beträgt die Abweichung von der Kreisform innerhalb des Arbeitsbereichs ± 0,5 dB. Das E-Diagramm entspricht bei *fu* weitgehend dem eines vertikalen Halbwellendipols, die Hauptstrahlung ist senkrecht zur Antennenachse. Ein geringer Einfluß des Öffnungswinkels *α* ist auch bei *fu* im E-Diagramm vorhanden. Mit wachsender Betriebsfrequenz verformt sich das ursprüngliche reine Achterdiagramm. Das zeigen die ermittelten Diagramme der E-Ebene bei Öffnungswinkel *α* von 35°, 60° und 90° (**Bild 12.2.18**). Bis zu Betriebsfrequenzen von etwa 1,5 *fu* liegt das Strahlungsmaximum bei allen Öffnungswinkeln noch weitgehend in der Horizontalen. Bei 2 *fu* sind die Diagramme bereits so verformt, daß in der Horizontalebene die Feldstärke um etwa 1,5 dB absinkt. Bei 3 *fu* beträgt der Verlust für die 60°-Diskon bereits etwa 2 dB, bezogen auf das Strahlungsmaximum eines resonanten vertikalen Halbwellendipols.

Dieser Verlust steigt auf ein Maximum von 3,3 dB bei 3,75 *fu* und fällt bei 4,85 *fu* wieder auf 2,5 dB ab. Die Strahlungscharakteristik bei höheren Frequenzen läßt erkennen, daß die höchste Arbeitsfrequenz f_0 weniger durch die Anpassung, sondern viel mehr durch die praktische Brauchbarkeit der E-Diagramme begrenzt ist. Daher geben industri-

Tabelle 12.2.3
Bemessungsdaten für Draht-Diskon-Antennen
mit $f_u \leq 28$ MHz (vor Ort)

f_u in MHz	α in °	C_{max} in m	d in m	S in m	Kegel höhe in m
14	60	5,5	3,66	0,25	4,77
18	60	4,28	2,85	0,20	3,71
21	60	3,66	2,44	0,16	3,17
25	60	3,10	2,06	0,14	2,68
28	60	2,90	1,83	0,12	2,51

elle Hersteller meist erheblich geringere Arbeitsbereiche an, als sie rein anpassungsmäßig gerechtfertigt wären.

Nun hat auch der Scheibendurchmesser *d* einen großen Einfluß auf das E-Diagramm bei Frequenzen > *fu*. Demnach soll eine große Scheibe die Strahlung oberhalb der Horizontalen vermindern, während eine zu kleine Scheibe die Breitbandcharakteristik stört und die Strahlung in Richtung Kegel neigt. Schon aus den E-Diagrammen läßt sich ablesen, daß bei der *Diskon-Antenne* ein Gewinn, bezogen auf einen Halbwellendipol, nicht auftreten wird. Deshalb geben auch die meisten seriösen Hersteller überhaupt keinen Gewinn an, andere weisen den Gewinn richtig mit 0 dB (bezogen auf einen Halbwellendipol) bzw. mit 2,15 dB (bezogen auf isotropen Strahler) aus.

Die relativ geringen Abmessungen einer *Diskon-Antenne* in Skelettausführung rechtfertigen ihren Einsatz für das 10-m-Band. Durch die geradezu ideal flache Abstrahlung (siehe E-Diagramm in **Bild 12.2.18**) ist sie ein ausgezeichneter DX-Rundstrahler. *Orr* beschreibt in [2.42] sogar *Diskon-Antennen*, deren untere Grenzfrequenzen im 15- oder im 20-m-Amateurband liegen. Zum Aufbau des Kegels wird eine Vielzahl von Metalldrähten mit etwa 2 mm Durchmesser empfohlen, die gleichzeitig als Abspannungen für den zentralen Tragemast genutzt werden und auf diese Weise seine Standsicherheit gewährleisten. Die Scheibe ist ein spinnwebartiges Gebilde aus Drähten, die von diagonalen Metallspeichen getragen werden. Über einen kleinen Spannturm wird der Durchgang der Scheibe verhindert. Die von *Orr* empfohlenen Bemessungsdaten sind in **Tabelle 12.3** aufgeführt. Weitere Literatur ist zu finden in [2.43]–[2.44].

Zum Speisen über Koaxialkabel sind weder Symmetrieeinrichtungen (wie beim Halbwellendipol) noch Anpassungsglieder (wie bei der Groundplane-Antenne) erforderlich. Als Breitbandantenne ist die Diskon unkritisch in ihren Abmessungen, ein Abgleich der fertiggestellten Antenne entfällt.

Man kann die *Diskon-Antenne* vom Doppelkegel-Ganzwellendipol ableiten. Eine Dipolhälfte ist bei der Diskon durch die Dachscheibe ersetzt, sie könnte deshalb auch mit der „umgedrehten Halbwellen-Groundplane" verglichen werden. Die Annahme, daß es sich um Halbwellenresonanz handelt, wird durch die Feststellung erhärtet, daß die Länge *l* mindestens $0{,}33\lambda$, – bezogen auf die größte Betriebswellenlänge – betragen sollte. Dies geht auch aus **Bild 12.2.18** hervor. Es muß noch der Verkürzungsfaktor *V* „dicker" Dipole mit etwa 0,7 berücksichtigt werden, woraus sich dann die elektrische Länge von $\lambda/2$ ergibt.

12.2.10 Scimitar-Antenne

(*E.M. Turner, W.P. Turner* – US 3.015,101 –1958) Ein Scimitar ist ein krummer Türkensäbel. Die *Scimitar-Antenne* heißt in deutsch auch „Sichelantenne". Sie hat eine gebogene Form und ist einseitig auf einer leitenden Ebene befestigt und auf der anderen Seite nahezu punktförmig gespeist (**Bild 12.2.19**) [2.45].

Die Antenne ist normalerweise eine dünne ebene Fläche mit hoher mechanischer Stabilität und geringem Luftwiderstand. Sie ist also sehr universell

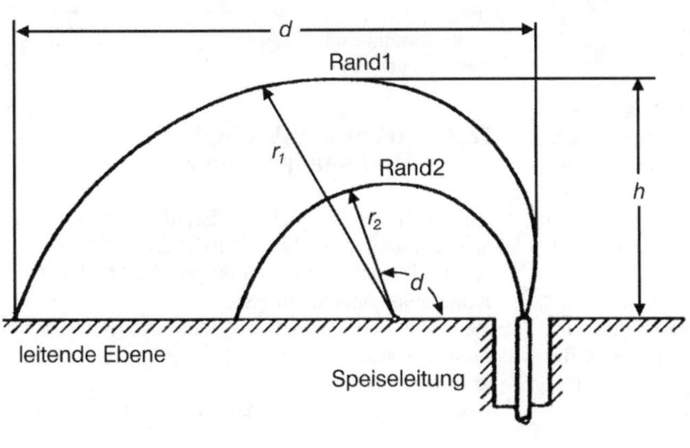

Bild 12.2.19
Scimitar-Antenne

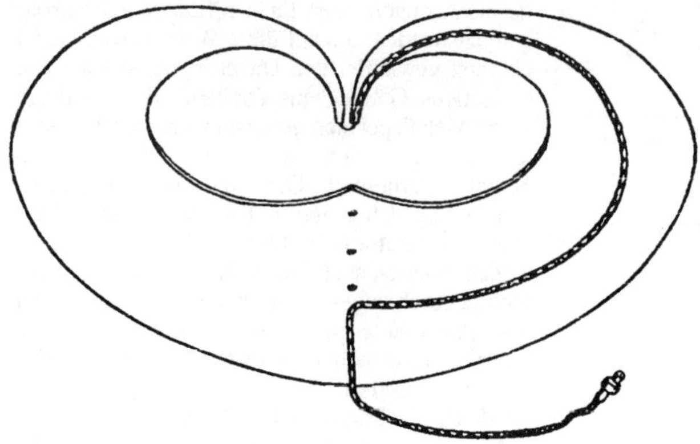

Bild 12.2.20
Valentins-Antenne

für Anwendungen in Flugzeugen oder Flugkörpern. Ihre günstigen Eigenschaften entwickelt sie für eine Breite $d > \lambda 0/2$. Daher ist sie auf relativ hohe Frequenzen beschränkt (100 MHz bis 10 GHz). Bei sehr hohen Frequenzen verwendet man statt koaxialer Speisung eine Speisung mit Hohlleiter.

Für Frequenzen unter 100 MHz wirkt die *Scimitar-Antenne* als Schleife mit einem frequenzproportionalen, induktiven Blindwiderstand und kleinem Strahlungswiderstand. In der Nähe von $d/\lambda_0 = 0{,}25$ durchläuft sie eine hochohmige Resonanz, ähnlich wie eine am Ende kurzgeschlossene Viertelwellenleitung. Oberhalb dieser Resonanz tritt eine gute Wellenablösung auf mit einer ausgeprägten Wirkkomponente der Eingangsimpedanz. Mit wachsender Frequenz nähert sich die Impedanz einem nahezu reellen Wert von etwa 150 Ω, den sie bei hohen Frequenzen nicht mehr verläßt.

Die Antenne zeigt also das typische Verhalten einer Breitbandantenne. Die Anpassung an die Speiseleitung erfolgt durch eine flache Konusspeisung.

Hinsichtlich des Strahlungdiagramms ist die *Scimitar-Antenne* stark frequenzabhängig und hat viele Maxima und Minima, jedoch wenig Nullstellen. Sie garantiert daher in einem großen Frequenzbereich einen gewissen sicheren Empfang. Mit wachsender Frequenz wächst die Aufzipfelung des Diagramms. Die Anzahl der Nullstellen ist klein. In [2.45] finden sich Strahlungsdiagramme mit den Komponenten E_Φ und E_Θ.

Die Antenne hat keine definierte Polarisation. Man bezeichnet die Strahlungsdiagramme diese Art auch halbkugelförmig mit variabler oder dualer Polarisation.

Die Antenne wird kommerziell hergestellt z.B. von der Fa. *AEL* für den Frequenzbereich 0,7 bis 18 GHz.

Valentins-Antenne

Die symmetrische Form der Scimitar-Antenne wird *Valentins-Antenne* genannt in englisch „Valentine antenna" [2.46]. **Bild 12.2.20** zeigt diese Antenne.

Technische Angaben darüber fehlen.

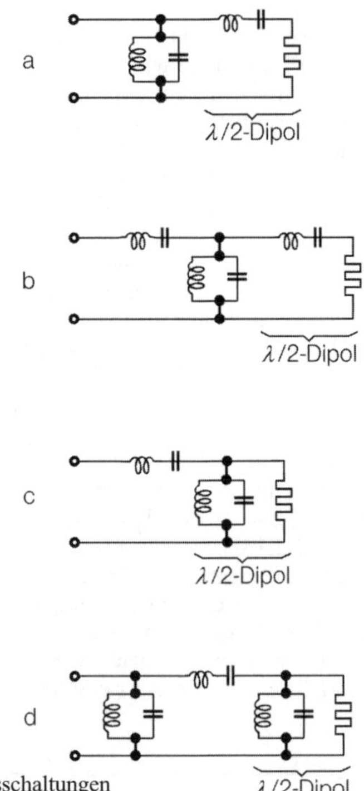

Bild 12.3.1
Kompensationsschaltungen
(einfach und doppelt)

12.3 Schaltungsbedingte Breitbandantennen

Eine weitere Möglichkeit Breitbandantennen zu erhalten ist durch Blindwiderstände (z.B. Schwingkreise, Transformationsleitungen) direkt oder durch Kompensationsschaltungen.

Bei Antennen unterscheidet man Strom- und Spannungsresonanz.

■ Stromresonanz

Antennen in Stromresonanz haben in der Umge-

Bild 12.3.2
Schaltelemente aus Leitungen
für Kompensationsschaltungen

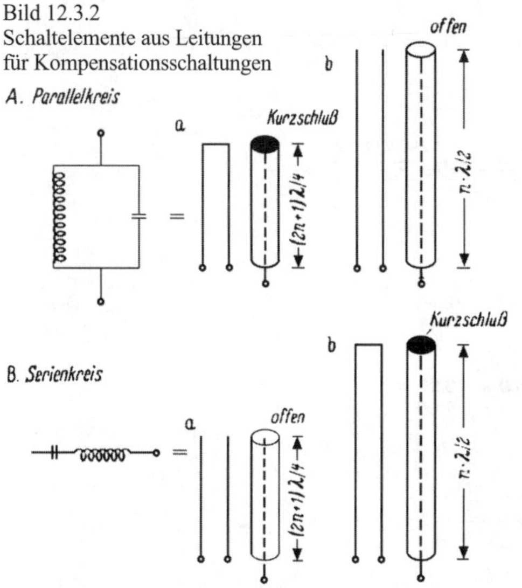

bung der Resonanzfrequenz angenähert einen Antennenwiderstand Z_A, der einem durch einen Wirkwiderstand R_A bedämpften Serienresonanzkreis entspricht.

$Z_A = R_A + j\,X_A \quad X_A = \omega L_A - 1/\,\omega C_A$

Antennen in Stromresonanz: λ/4-Strahler über Erde
symmetrischer λ/2-Dipol

■ Spannungsresonanz

Antennen in Spannungsresonanz haben in der Umgebung der Resonanzfrequenz angenähert einen Antennenwiderstand Z_A, der einem durch einen Wirkleitwert $G_A = 1/R_A$ bedämpften Parallelresonanzkreis entspricht.

$Y_A = G_A + j\,B_A \quad B_A = \omega C_A - 1/\,\omega L_A$

Antennen in Spannungsresonanz: λ/2-Strahler über Erde
symmetrischer λ-Dipol

■ Kompensation

Bei Breitbandantennen mit verschiedenen Konstruktionsprinzipien bleibt auf dem Kabel eine Restwelligkeit von s = 1,5 bis 2,5 je nach Frequenzbereich und Konstruktion bestehen. Bei Beschränkung auf einen kleineren Bereich ist es möglich durch Kompensation mit reinen Blindwiderständen diese Welligkeit auf s = 1,2 bis 1,5 herabzusetzen [3.1]–[3.4]. Der Frequenzumfang, der dabei überstrichen werden kann, entspricht der natürlichen Dämpfung der Antenne durch Strahlungswiderstand und Verlustwiderstand.

Bei der Kompensation unterscheidet man

■ einfache Kompensation
■ doppelte Kompensation

Eine Antenne in Stromresonanz (Serienkreis), ein λ/2-Dipol, wird durch einen Parallelkreis kompensiert = einfache Kompensation (**Bild 12.3.1a**), mit noch einem Serienkreis davor = doppelte Kompensation (**Bild 12.3.1b**).

Eine Antenne in Spannungsresonanz (Parallelkreis), ein λ-Dipol, wird durch einen Serienkreis kompensiert = einfache Kompensation (**Bild 12.3.1c**), mit noch einem Parallelkreis davor = doppelte Kompensation (**Bild 12.3.1d**). Die Schaltelemente für die Kompensationsschaltungen sind bei längeren Wellen Schwingkreise aus Induktivitäten und Kapazitäten, Bei kürzeren Wellenlängen sind es offene oder kurzgeschlossene Zweidrahtleitungen oder Koaxialleitungen mit den Längen (2n + 1)·λ/4 oder n·λ/2 (**Bild 12.3.2**).

12.3.1 Breitband-Dipol nach *DJ1ZN*

(*K. Najmann* – DE 42 38 585 – 1992)

Eine relativ neue Breitbandantenne wurde 1992 von *DJ1ZN* zum Patent angemeldet. Die Breitban-

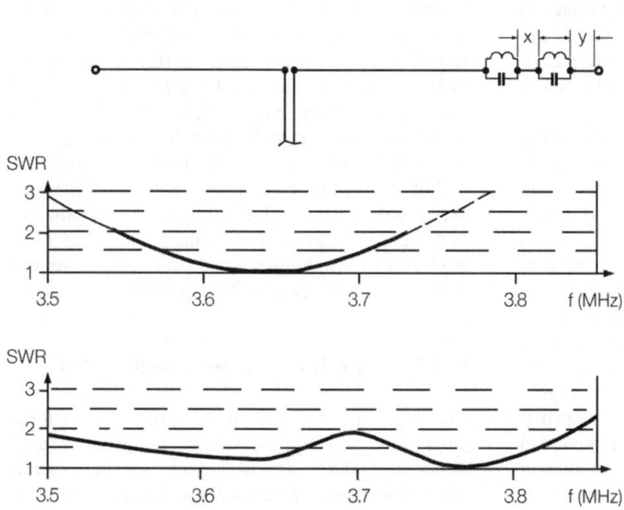

Bild 12.3.3
Breitband-Dipol nach *DJ1ZN*

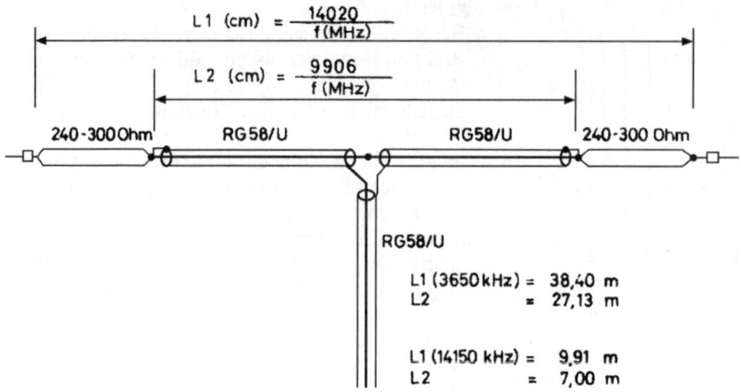

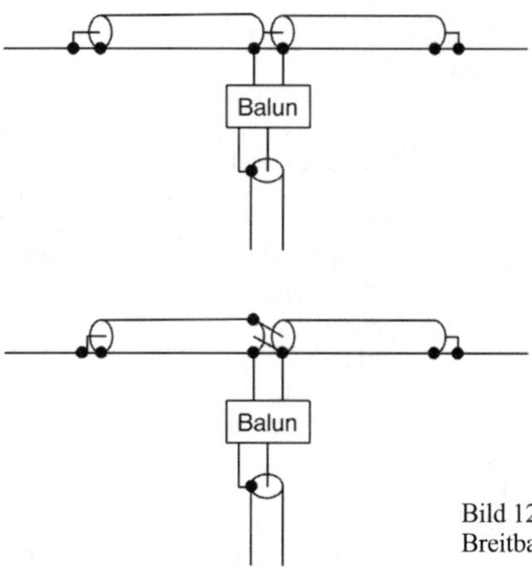

Bild 12.3.4
Breitband-Dipol nach *W8TV*

digkeit wird bei dieser Antenne durch zwei verschiedene im Band liegende Sperrkreise erreicht.

Bild 12.3.3 zeigt das Antennenprinzip (oben) und die Welligkeitsverläufe, für einen einfachen Dipol (Mitte) und für den breitbandigen Dipol (unten). Der Welligkeitsverlauf für den Breitband-Dipol hat eine Bandfiltercharakteristik mit einem Höcker in der Mitte.

An einem Ende einer Dipolhälfte ist ein erster Sperrkreis angeschlossen, an den sich ein kurzes Leitungsstück von der Länge *x* cm anschließt, gefolgt von einem weiteren Sperrkreis und einem weiteren Leitungsstück von der Länge *y* cm. In einem für das 80-m-Amateurband, d. h. für Frequenzen von 3,5 bis 3,8 MHz abgestimmten Dipol, beträgt die Länge *x* etwa 20 cm und die Länge *y* etwa 30 cm. Dabei ist der erste Sperrkreis auf eine höhere Frequenz, z. B. 3,7 MHz, abgestimmt, während der zweite Sperrkreis auf eine etwas niedrigere Frequenz abgestimmt ist die vorzugsweise zwischen 3,5 und 3,7 MHz liegt. Es ist dabei zu beachten, daß die genauen Werte aus den örtlichen Gegebenheiten ermittelt wurden. Bekanntlich sind Antennen in ihren Werten immer von Umgebungseinflüssen abhängig, insbesondere von umgebenden Gebäuden und vor allem von ihrer Höhe über Grund. Für den Einzelfall müssen die Werte durch Versuche ermittelt werden. Bei dem im Patent angeführten Ausführungsbeispiel wies der erste Sperrkreis eine Kapazität von 530 pF und eine Induktivität von 3,4 µH auf, (Resonanzfrequenz *fr* = 3,75 MHz). Der zweite Sperrkreis besaß eine Kapa-zität von 340 pF und eine Induktivität von 5,6 µH, (Resonanzfrequenz *fr* = 3,65 MHz) Die Induktivitäten der beiden Sperrkreise wurden durch Luftspulen mit 9 Windungen von 4 cm Durchmesser und einer Länge von 2 cm, bzw. von 14 Windungen von 4 cm Durchmesser und einer Länge von etwa 3 cm dargestellt.

12.3.2 Breitband-Dipole nach *W8TV*

Eine s.g. Breitbandantenne im Amateurbereich mit einer gewissen Kompensation ist der *Breitband-Dipol* nach *W8TV*. Besser bekannt ist die Antenne unter dem Namen ***Doppel-Bazooka-Antenne***, oder

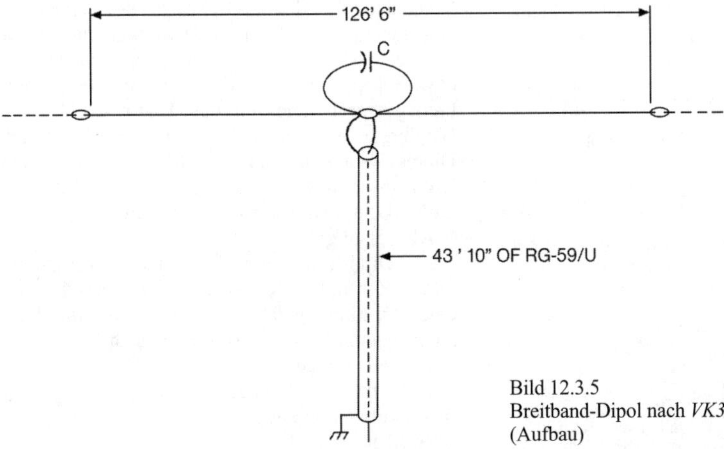

Bild 12.3.5
Breitband-Dipol nach *VK3MI*
(Aufbau)

kurz *Bazooka-Antenne*. (Bazooka ist die US-Bezeichnung für das Abschußrohr einer Panzerabwehrgranate).

Der Originalartikel erschien im Jahre 1968 in der QST [3.5]. Die deutsche Übersetzung davon, durch *DK1OP*, erschien 1972 im CQ-DL [3.6]. Die Antenne mit ihren Abmessungen wird in **Bild 12.3.4** (oben) gezeigt.

Die Antenne ist ein Halbwellendipol aus Koaxialkabel mit offenem Abschirmmantel im Speisepunkt. Die Speiseleitung wird an den Abschirmungen angeschlossen. Der Außenmantel des Koaxialkabels dient in Verbindung mit dem 300-Ω-Kabel am äußeren Ende als Strahler des Halbwellendipols. Der Innenleiter, der nicht strahlt, ist einen 1/4-Wellenlängen, kurzgeschlossener Stub, welcher einen sehr hohen Widerstand bei der Resonanzfrequenz am Speisepunkt darstellt. Bei Frequenzen außerhalb der Resonanz ändert sich der Widerstand in der Weise, daß ein Ausgleich des Antennen-Speisepunktwiderstandes gegeben ist. Dies vergrößert die Antennenbandbreite. Die von *W8TV* angegebene Bandbreite wurde aber nicht erreicht.

Von *Maxwell*, *W2DU*, wurde 1976 eine Berechnung veröffentlicht, nach der die im Originalartikel angegebene Bandbreite technisch gar nicht möglich sein kann [3.7].

Einfacher läßt sich die Antenne aufbauen, wenn man die beiden äußeren 300-Ω-Flachbandkabel-Teile durch Drähte ersetzt (**Bild 12.3.4** Mitte). Der kleine Rückgang der Bandbreite dadurch soll vernachlässigbar sein. Eine Speisung der Antenne mit 75-Ω-Koaxialkabel über einen Balun verbessert die Bandbreite.

Nach neueren Erkenntnissen ergibt sich damit eine Vergrößerung der Bandbreite gegenüber einem normalen Dipol um etwa 14%. Eine weitere Vergrößerung der Bandbreite kann man erreichen, wenn man die Drähte am Speisepunkt kreuzt (**Bild 12.3.4** unten). Dadurch ergibt sich eine Vergrößerung der Bandbreite gegenüber einem Dipol um etwa 55%.

Der Antennenwirkungsgrad sinkt, infolge der kleineren Güte, um etwa 10% ab. Die Welligkeitskurve ist dabei einfach ohne Höcker.

Von *Hall*, *K1TD*, wurde 1983 eine Computer Studie über die Bandbreite von verschiedenen 80-m-Antennen im Freiraum veröffentlicht, darunter auch von Doppel-Bazooka-Antennen in drei Variationen [2.11]. Dabei zeigte sich, daß gegenüber einem Dipol, mit einer 2:1-Bandbreite von 152 kHz, bei der Doppel-Bazooka-Antenne, die mit 50-Ω-Koaxialkabel gespeist wird, die Bandbreite nur 190 kHz war, die Vergrößerung der Bandbreite war also nur rd. 40 kHz. Bei Speisung

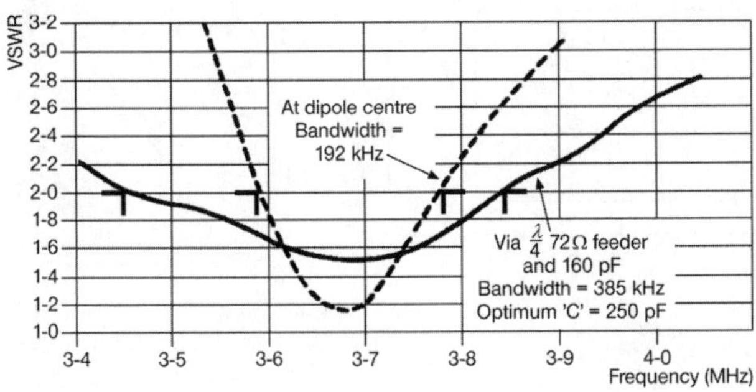

Bild 12.3.6
Breitband-Dipol nach *VK3MI*
(Welligkeitsverlauf)

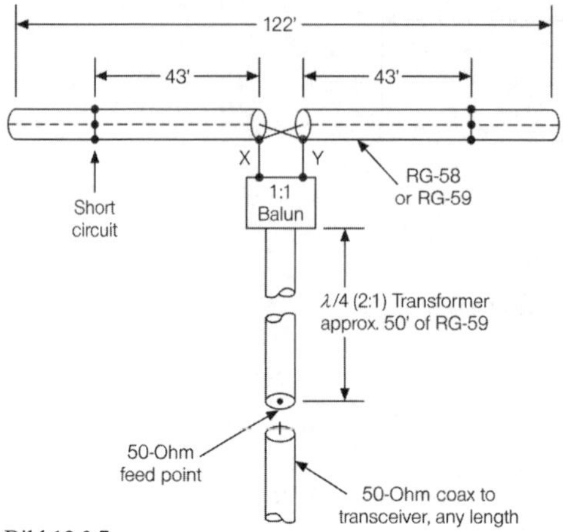

Bild 12.3.7
Breitband-Dipol nach *W2CQH*

mit einem 75-Ω-Koaxialkabel und mit einem etwas dickeren Strahler wurde die Bandbreite dann immerhin 268 kHz, wenn man noch zusätzlich die Drähte am Speisepunkt kreuzte, vergrößerte sich die Bandbreite schließlich auf maximal 324 kHz.

In **Tabelle 12.1** sind die Ergebnisse zu finden.

12.3.3 Breitband-Dipol nach *VK3MI*

Eine interessante Methode für einen Breitband-Dipol kommt aus Australien. Dort stellte *VK3MI* 1986 seine Idee für die Breitbandigkeit vor. Er verwendet eine Viertelwellenleitung als Transformator und eine Kompensationskapazität. Die Antenne wird absichtlich fehlangepaßt [3.8] bis [3.10].

Bild 12.3.5 zeigt einen 80-m-Breitband-Dipol mit dem UK/US-Abmessungen und **Bild 12.3.6** zeigt die Welligkeitsverläufe.

Ein niedrig hängender Dipol (10 m oder weniger) hat bei Resonanz im 80-m-Band etwa 55 Ω Eingangswiderstand. Mit einer λ/4-Leitung aus 72-Ω-Koaxialkabel (RG-59/U) wird der Antenneneingangswiderstand auf 94 Ω in Bandmitte transformiert. Mit einer Kompensationskapazität von etwa 300 pF bei 3,65 MHz ergibt sich eine Bandbreitenvergrößerung um den Faktor 2. Die 2:1-Bandbreite von etwa 192 kHz eines einfachen Dipols wird damit auf 385 kHz vergrößert. Der Kompensationskondensator kann auch durch ein kurzes Leitungsstück gebildet werden.

Abmessungen:

Ein Dipol mit 2 mm ∅ hat einen Verkürzungsfaktor $V = 0{,}974$. Koaxialkabel (Polyäthylen) hat einen Verkürzungsfaktor $V = 0{,}66$. Für eine Resonanzfrequenz von 3,7 MHz ergibt sich

freie Wellenlänge:
81,03 m (299,725 : 3,7)
freie Halbwellenlänge:
40,51 m (81,03 : 2)
freie Viertelwellenlänge:
20,26 m (81,03 : 4)
resonante Halbwellenlänge:
39,46 m (40,51 · 0,974)
Viertelwellen-Tranformationsleitung:
13,37 m (20,26 · 0,66)

12.3.4 Breitband-Dipol nach *W2CQH*

Der von *W2CQH* 1989 vorgestellte Breitband-Dipol [3.11] hat eine gewisse Ähnlichkeit mit dem Breitbanddipol nach *W8TV*. **Bild 12.3.7** zeigt die Antenne, **Bild 12.3.8** zeigt das äquivalente Schaltbild. Der ganze Dipol besteht aus Koaxialkabel RG-58 oder RG-59. Es gibt zwei kurzgeschlossene λ/4-Stichleitungen (Stubs), die parallel zum Speisepunkt liegen. Die Parallel-Stubs wirken als Reaktanzkompensation. Sie kompensieren die außerhalb der Resonanz auftretenden Blindanteile. Näheres dazu unter [3.7].

Bei der Resonanzfrequenz von 3,75 MHz hat die Antenne in 10 m Höhe eine Länge von 37,18 m und nach Angaben von *W2CQH* die Daten: L_A =

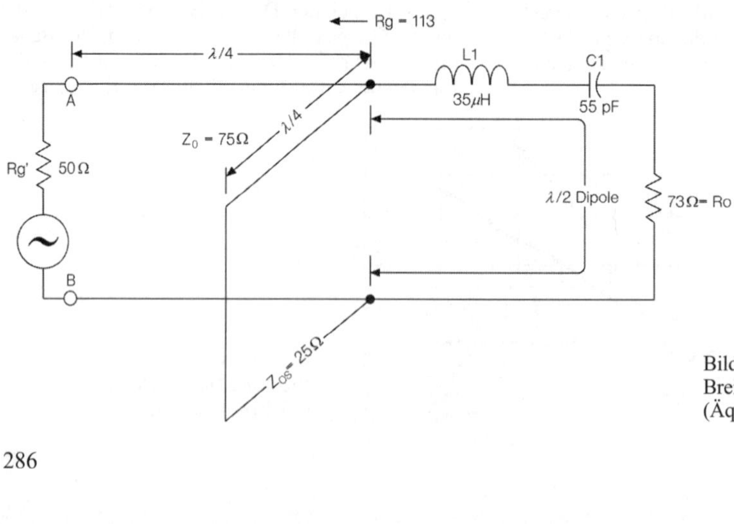

Bild 12.3.8
Breitband-Dipol nach *W2CQH*
(Äquivalente Schaltung)

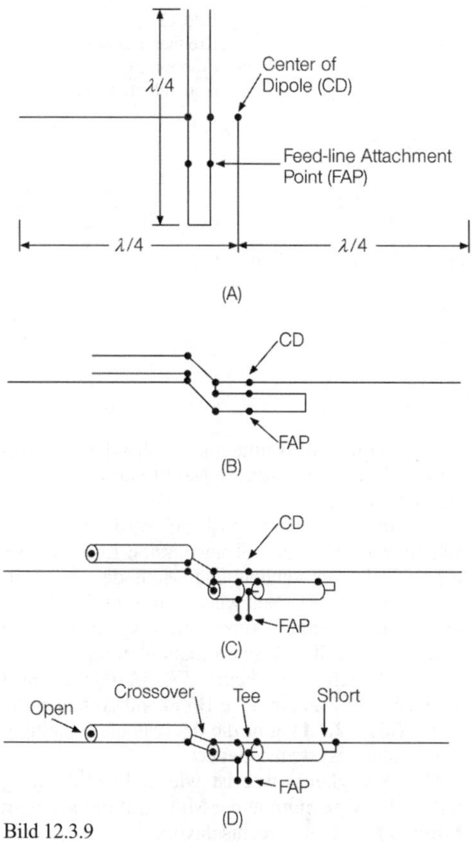

Bild 12.3.9
Breitband-Dipol nach *AI1H*
(Version 1)

35 µH, C_A = 55 pF, R_A = 73 Ω. Eine Nachrechnung der LC-Werte ergibt dafür aber eine Resonanzfrequenz von 3,63 MHz!

Die beiden Stichleitungen haben bei der Frequenz 3,75 MHz eine Länge von 13,11 m. Auf den Frequenzen 3,5 MHz und 4,0 MHz soll sich ein transformierter Widerstand von 190 Ω ergeben. Der mittlere Wert des Eingangswiderstandes zwischen Resonanzfrequenz und Bandend-Frequenzen ist dann 118 Ω (der geometrische Mittelwert $\sqrt{73 \cdot 190}$ = 118) Mit einer 75-Ω-Viertelwellen-Transformationsleitung wird die 50-Ω-Kabelimpedanz vom unteren Kabelende auf rd. 113 Ω am oberen Kabelende, also bei unteren Ende des Baluns, angehoben. Damit erhält man etwa 400 kHz bei einem Welligkeitsverlauf von s ≈ 2.

Günstig wäre es, wenn die Stubs einen noch kleineren Wellenwiderstand hätten. Dazu müßte man zwei Stubs parallel schalten, also vier Stubs. Die Antenne wird dann aber etwas unförmig.

Die Welligkeitskurve ist bandfilterartig mit einem Maximum in der Mitte und mit je einem Minimum links und rechts davon.

12.3.5 Breitband-Dipole nach *AI1H*

Im Jahr 1986 veröffentlichte *AI1H* neue Erkenntnisse bei der Suche nach einem 80-m-Breitbanddipol [3.12]. Einige Jahre später stellte er dann zwei Versionen von 80-m-Breitbanddipolen vor.

■ Version 1

Im Jahr 1989 erschien die Veröffentlichung über den Breitbanddipol mit der Koaxial-Resonator-Anpassung [3.13]. Mit diesem Resonator wird der Dipol kompensiert. Die Erklärung der Koaxial-Resonator-Anpassung mit entsprechenden Formeln erfolgte im selben Jahr [3.14].

Bild 12.3.9 zeigt die Entwicklung der Antenne.

(A): Die Antenne wird asymmetrisch, außerhalb der Mitte (CP) gespeist. Zur Transformation des Speisepunktes (FAP) wird eine λ/4-Transformationsleitung verwendet. Sie ist im Bild als Zweidrahtleitung eingezeichnet.

(B): Die Transformationsleitung wird parallel zur Antenne gelegt.

(C): Die Zweidrahtleitung wird jetzt durch Koaxialleitungsstücke ersetzt.

(D): Die Koaxialleitungsstücke werden jetzt mit der Antenne verbunden.

Die Koaxial-Resonator-Anpassung durch ein Viertelwellenstück eines Koaxialkabels ist eine Technik, die bei VHF und UHF zur verlustarmen

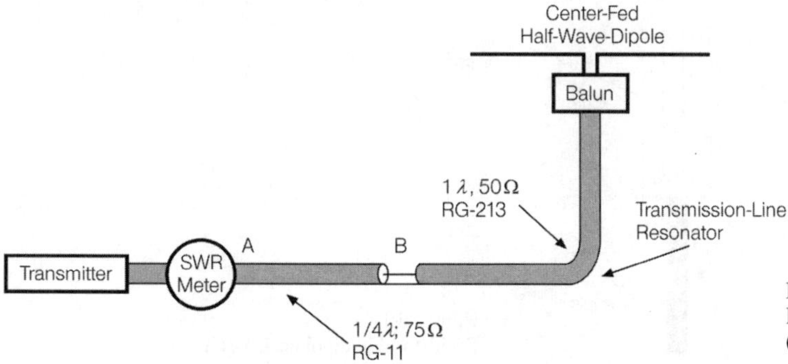

Bild 12.3.10
Breitband-Dipol nach *AI1H*
(Version 2)

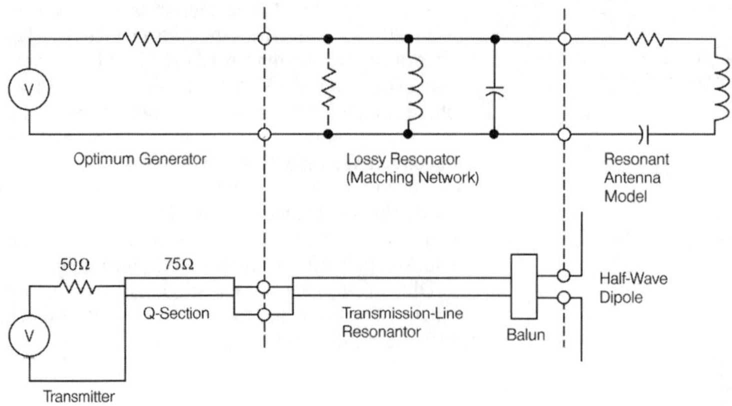

Bild 12.3.11
Breitband-Dipol nach *AI1H* (Version 2)
Äquivalente Schaltung

Transformation verwendet wird. Dabei ist eine Seite offen und die andere kurzgeschlossen.

Das Koaxialkabel wirkt als Parallelkreis zur Kompensation.

Antennenabmessungen für 3,7 MHz als Inverted-V:

Gesamtlänge der Antenne	.... 39,62 m
Kurzgeschlossener Stub rechts	.... 3,44 m
Koaxialstück links	.... 1,74 m
Offener Stub links	.... 8,02 m
Koaxialkabel	.... RG-213

■ Version 2

Im Jahr 1993 erschien die Veröffentlichung über den „Einfachen Breitbanddipol". Das Prinzip ermöglicht die Umrüstung eines vorhandenen 80-m-Dipols durch eine einfache Modifikation der Speiseleitung [3.15].

Für die Breitbandanpassung wird ein „Speiseleitungs-Resonator". (Transmission-Line Resonator = TLR) verwendet. Die Methoden zur Entwicklung solcher Netzwerke sind in [3.4] und [3.16] beschrieben. Außerdem folgt dann noch eine Viertelwellen-Transformationleitung (Q-Section), ähnlich wie beim *VK3MI*-Dipol. **Bild 12.3.10** zeigt das einfache Breitband-Antennensystem. **Bild 12.3.11** gibt die äquivalente Schaltung des Antennensystems wieder.

Die Welligkeitskurve ist wieder bandfilterartig mit einem Maximum in der Mitte und mit je einem Minimum links und rechts davon.

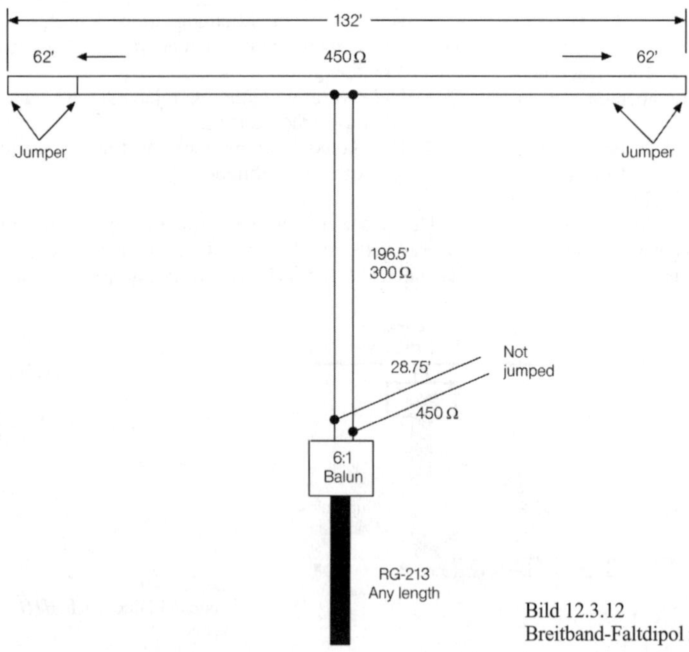

Bild 12.3.12
Breitband-Faltdipol nach *K4VX*

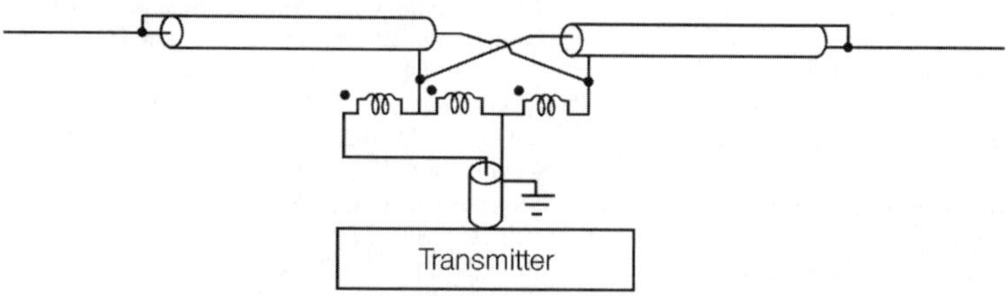

Bild 12.3.13
Snyder-Dipol

12.3.6 Breitband-Faltdipol nach *K4VX*

Lew Gordon, K4VX, veröffentlichte 1993 unter dem Titel „kletterloser" Breitbanddipol einen 80-m-Breitband-Faltdipol [3.17].

Die Idee war einen koaxialgespeisten Dipol zu entwickeln, der am Boden fertig zugeschnitten werden kann und der nicht mehr abgeglichen werden muß. Das Antennenmaterial ist „halb-offene" Bandleitung (Windowline) mit 450 Ω Wellenwiderstand, die Speiseleitung auch windowline mit 300 Ω. Der Verkürzungsfaktor für beide ist etwa 0,9 (90%).

Bild 12.3.12 zeigt einen 80-m-Breitband-Faltdipol mit dem UK/US-Abmessungen für 3,55 MHz.

Die Abmessungen sind:

Antennenlänge	.... 40,23 m
Kurzschluß am Ende	.... 18,90 m
Speiseleitung	.... 59,89 m
Stichleitung	.... 8,76 m

Bei anderen Frequenzen sind die Längen entsprechend zu ändern. Für 3,75 MHz wird eine Antennenlänge von 39 m empfohlen.

Der Balun hat das Impedanzverhältnis 6:1. Beim Selbstbau hat der Balun 7 bifilare Windungen mit 2 mm Kupferdraht auf 2 gestockten Ferritringkernen mit 5 cm Außendurchmesser und einer Permeabilität von 125. Die Anzapfung ist bei der 6. Windung.

Der Zweck der Stichleitung über dem Balun ist es, die Welligkeit bei 3,8 MHz zu erniedrigen, ohne dabei die Welligkeit bei 3,5 MHz zu erhöhen. Die Antenne hat bei 3,8 MHz eine induktive Reaktanz, da sie etwa 7% länger ist als eine halbe Wellenlänge. Die Speiseleitung ist bei 3,8 MHz etwa 0,8 λ lang. Am unteren Ende der Speiseleitung erscheint eine induktive Reaktanz. Diese wird durch die Kapazität der offenen Stichleitung kompensiert. Bei Speisung mit 75-Ω-Koaxialkabel kann man einen leichter erhältlichen 4:1 Balun verwenden.

Um das Verdrehen der Zweidrahtleitung im Wind zu vermeiden wurde die Zweidrahtleitung mit UV-festen Kabelbindern in Abständen von etwa 50 cm an einem isolierten Trageseil befestigt. Die Welligkeitskurve hat einen leichten Höcker in der Mitte.

12.3.7 *Snyder*-Dipol

(*R.D. Snyder* – US 4,479,130 – 1982)

Der *Snyder-Dipol* aus dem Jahre 1982 hat eine Ähnlichkeit mit dem Breitband-Dipol nach *W8TV* und *W2CQH.* Nach ersten Veröffentlichung in der Amateurliteratur [3.18] bis [3.20] erfolgten dann auch Veröffentlichungen in der Fachliteratur [3.21] und [3.22]. **Bild 12.3.13** zeigt die Antenne.

Der innere Teil der Antenne und die Anpaßleitungen bestehen aus Koaxialkabelstücken. Im Gegensatz zur Dipolantenne nach *W8TV* (Doppel-Bazooka) ist die Antenne nicht auf ein Welligkeitsminimum in Bandmitte optimiert. Stattdessen ist die Welligkeit in Bandmitte und an den Bandenden auf einen Wert von etwas unter 2 maximiert.

Die Eingangsimpedanz variiert zwischen etwa 50 Ω in Bandmitte bis zu etwa 200 Ω an den Bandenden. Die Impedanz dazwischen sind etwa 100 Ω ± j 40 Ω.

Eine Welligkeit von 2 oder besser erreicht man durch Speisung der Antenne mit einem 50-Ω-Koaxialkabel über einen 2:1 Balun. Die Stichleitungen (Stubs) bestehen aus 25-Ω-Koaxialkabel und sind an den äußeren Enden kurzgeschlossen. Für die Bandmitte sind diese Stubs genau $\lambda/4$ lang und daher ohne Wirkung auf die Antennenimpedanz.

Bei Frequenzen oberhalb der Resonanzfrequenz ist die Antennenimpedanz allein, ohne Stubs, induktiv mit einer Wirkkomponente größer 50 Ω. Die Stubs wirken bei diesen Frequenzen kapazitiv und kompensieren daher die induktive Reaktanz der Antenne. Bei Frequenzen unterhalb der Resonanzfrequenz ist die Antennenimpedanz allein, ohne Stubs, kapazitiv mit einer Wirkkomponente kleiner 50 Ω. Die Stubs wirken bei diesen Frequenzen induktiv und kompensieren daher die kapazitive Reaktanz der Antenne. Bei Frequenzen über oder unter der Bandmitte erhöhen die Stubs die Wirkkomponente auf etwa 200 Ω.

Die Welligkeitskurve ist wieder bandfilterartig mit einem Maximum in der Mitte und mit je einem Minimum links und rechts davon.

Literatur zu Abschnitt 12

[0.1] *NTG*: Antennengattungen und Antennenformen. NTG 1302, Entwurf 1961. NTZ, H. 2/ 1961, S. 92–96

[0.2] *Meinke, H.*: Breitbandantennen. NTF Nr. 12, 1958, S. 69–75

[0.3] *Schelkunoff, S.A.*: Electromagnetic Waves. Van Nostrand, New York, 1943

[0.4] *Dorne, A.*: Cone and cylinder antennas, Very high-frequency techniques, Vol. I, p. 93, McGraw-Hill, New York, 1947

[0.5] *Smith, P.D.P.*: The conical dipole of wide angle. Jour. Appl. Phys., January 1948, pp. 11–23

[0.6] *Brown, G.H.; Woodward, O.M.*: Experimentally Determinated Radiation Characteristics of Conical and Triangular Antennas. RCA Rev., 1952, pp. 425–452

[0.7] *Zinke, O.*: Grundlagen der Breitbandantennenanlagen. ZWB-Bericht, 1943

[0.8] *Pungs, L.; Lamberts, K.*: Experimentelle Untersuchungen über Flach- und Rohrdipole als Breitbandantennen. ZWB-Bericht, 1943

[0.9] *Kotowski, P.; Schüttlöffel, E.*: Verwendung von dicken Antennen, insbesondere Reusen im KW- und UKW-Gebiet. ZWB-Bericht, 1943

[0.10] *Buschbeck, W.*: Kompensation von Dipol-Antennen im Fußpunkt. ZWB-Bericht, 1943

[0.11] *Fränz, K.*: Anpassungsfragen, Meßtechnik und Aufbau einer Breitband-Dipol-Antenne. ZWB-Bericht, 1943

[0.12] *Pauls, W.*: Rotierender Breitbanddipol „Breitbein". ZWB-Bericht, 1943

[0.13] *Kaufmann, W.:* Aufbau einer Breitband-Großantenne. ZWB-Bericht, 1943

[0.14] *Brückmann, H.*: Über Breitband-Antennen bei langen Wellen. ZWB-Bericht, 1943

[0.15] *Zinke, O.*: Gespeiste Dipole als Längsstrahler für breiten Frequenzbereich. Funk und Ton 1948, Nr. 2, S.435

[0.16] *Zinke, O.*: Grundlagen der Breitbandantennen für Meter- und Dezimeterwellen. Funk und Ton, 1950, Nr. 9, S. 437–450

[0.17] *Wolter, K.*: Strahlungsdämpfung, Widerstände und Richtdiagramme von Überbreitbandantennen. Zeitschr. f. angewandte Physik, 1952, H. 2, S. 60–70

[0.18] *Dubost, G.; Zisler,S.*: Breitband-Antennen. Oldenbourg, München, 1977

[1.1] *Slavin, M.; Schetgen, B.*: Build a Dummy Dipole. (Technical Correspondence). QST, April 1985, pp. 51–52

[1.2] *McCoy, L.*: The „DLA" Dummy Load Antennas some Food for Thought. CQ, May1985, pp. 48–49

[1.3] *Kaiser, K.*: Die Mini-Matchbox. Beam 12/87, S. 37–38

[1.4] *A. J. Hodgkinson* – GB 2 063 568 – südafrikan. Prior. 1979

[1.5] *A. J. Hodgkinson* - GB 2 102 629 - südafrikan. Prior. 1981

[1.6] *Hall, J.*: Maxcom Antenna Matcher and Dipole Cable Kit. (Technical Correspondence). QST, November 1984, p. 53

[1.7] *Countryman, G.L.:* An Experimental All-Band Nondirectional Transmitting Antenna. QST, June 1949, pp. 54–55

[1.8] *Countryman, G.L.:* Performance of the Terminated Folded Dipole. Antenna Roundup, pp. 68–70, Cowan Publishing Corp., New York, 1963, (Nachdruck aus CQ, November 1951)

[1.9] *Countryman, G.L.:* More on the T2FD. Antenna Roundup, pp. 70–72, Cowan Publishing Corp., New York, 1963, (Nachdruck aus CQ, February 1953)

[1.10] *Sondhauß, C.:* Die T2FD-Antenne, Bericht einer amateurmäßigen Untersuchung, QRV 2/1976, S. 84-86

[1.11] *Liedtke, R.:* Die T2FD, eine Breitband-Antenne für alle Bänder, CQ DL10/81, S.484–485

[1.12] *Hari, S.*: T2FD, eine Breitband-Antenne. (Leserzuschrift),CQ DL 12/81, S. 619

[1.13] *Hille, K.H.:* Die Wahrheit über die TFD-Antenne. Beam 3/82, S. 26–29; Beam 4/82, S. 24–27

[1.14] *Riedel, B.*: T2FD – nur einKompromiß. CQDL 7/ 89, S. 428

[1.15] *Bürgers, N.*: Platzsparende Multiband-Antenne für 1,8 bis 10 (14) MHz. CQDL 5/91,S. 287

[1.16] *Belrose, J.S.:* Terminated Folded Dipole. QST, May 1994, pp. 88–89

[1.17] *E.R. Bush* – US 4,423,423 – 1981

[1.18] *Gnabs, K.*: Breitbandige Rundstrahlantennen für Kurz-wellen. Telefunken-Zeitung 1966, H. 2, S. 186–193

[1.19] *Guertler, R.J.F.; Collier, G.E.:* Improvements in travelling wave dipoles. Proc. IREE Convention, Melbourne, 1973, pp. 70–71

[1.20] *Hawker, P.:* Technical Topics: Broad band travelling wave dipole. Radio Communication, June 1974, p. 379

[1.21] *Orr, W.*: The modified Australian Dipole (Ham Radio Techniques). HamRadio, January 1983, pp. 67–69

[1.22] *Orr, W.*: A very wideband no-tune antenna (Ham Radio Techniques). Ham Radio, April 1984, pp. 76–77

[1.23] *Fourie, A.P.C.; Austin, B.A.:* Improved HF Broadband Wire Antenna. Electronics Letters, 12th March 1987, Vol. 23, No. 6, pp. 276–277

[1.24] *Eisenwagner, R.:* Breitbanddipol 3–30 MHz. QSP 12/87, S. 10–11

[1.25] *Trost, A.*: Neuentwicklung von Kurzwellen Adcock-Peilern. Telefunken-Zeitung, März 1952, H. 94, S. 16–27

[1.26] *A. Troost, A. Stöhr, W. Hasselbeck* – DE 861 878 – 1941

[1.27] *Baier, W.*: Spezielle passive Zweipole im Zuge einer Stabantenne zum Vergrößern der Bandbreite. Frequenz 1971, H. 4, S. 94–99

[1.28] *H. Meinke* – DE 1 277 388 – 1963

[1.29] *Matsuzuku, I.; Nagasawa, K.*: Unidirectional Pattern of Travelling-Wave Rectangular Antenna. IEEE Trans., AP-30, No. 4, July 1982, pp. 747–750

[1.30] *Hille, K.H.*: Die Schleife als Wanderwellenantenne. Funk 9/99, S. 38–41

[1.31] *J.J.Gibson; D.W. Peterson* – US 3,721,990 – 1971

[1.32] *Gibson, J.J.; Wilson, R.M.*: The Ministate – a Small Television Antenna. IEEE Trans., CE-22, No. 2, May 1976, pp.159–175
[1.33] *P.J. Smalser* – US 3,761,933 – 1972
[1.34] *Xin-De Ju,; De-Ming Fu; Nai-Hong Mao*: VHF TV Full Channel Loaded Circular Loop Antenna. IEEE Trans.,AP-32, No. 4, April 1984
[1.35] *Demmel, F.; Steghafner, H.*: Aktive Richtantenne HE 100 für Handpeilung. Neues von Rohde & Schwarz 110, Sommer 1985, S. 36

[2.1] *Zinke, O.; Brunswig, H.*: Lehrbuch der Hochfrequenztechnik. Springer, Berlin, 1965, S. 210
[2.2] *Zinke, O.*: Breitbandantennen für Rundstrahlung im Kurzwellen- und Meterwellen-Bereich. FTZ 1950, H. 10, S. 385–390
[2.3] *Lamberts, K.; Pungs, L.*: Experimentelle Untersuchungen an Meter- und Dezimeterwellen-Antennen für breite Frequenzbänder. FTZ 1950, H. 5, S. 165–173
[2.4] *Meinke, H.*: Ein neuer Weg zur Lösung des Problems der Breitbandantenne. NTZ 1957, H. 12, S. 594–601
[2.5] *Shnitkin, H.; Levy, S.*: Getting Maximum Bandwidth With Dipole Antennas. Electronics, August 31, 1962, pp. 40–42
[2.6] *Meinke, H.; Gößl, H.; Kraus, H.*: Symmetrische Breitbanddipole mit koaxialer Speisung. NTZ 1963, H. 2, S. 65–69
[2.7] *Harbach, A.B.*: Broad-Band 80-Meter Antenna. QST, December 1980, pp. 36–37
[2.8] *Wilson, R.C.*: Fat Dipoles. ARRL Antenna Compendium, Vol. 2, 1989, pp. 106–107
[2.9] *Hille, K.H.*: Neues vom Breitbanddipol. Funk 4/95, S. 80–83
[2.10] *Severns, R.*: A Wideband 80-Meter Dipole. QST, July 1995, pp. 27–29
[2.11] *Hall, J.*: The Search for a Simple Broadband 80-Meter Dipole. QST, April 1983, p. 25
[2.12] *Camillo, C.C.; Purington, R.M.*: A Broadband Antenna for 75 Meters. QST, June 1955, pp. 11–13
[2.13] *V.D. Landon* – GB 460,570 – US Priorität 1934
[2.14] *Severn, R.*: Broadbanding the Half-Square Antenna for 80-Meter DXing. ARRL Antenna Compendium, Vol. 5, 1996, pp. 43–44
[2.15] *Tai, C.T.*: On the theory of biconical antennas. J. Appl. Phys., Vol. 19, December 1948, pp. 1155–1160
[2.16] *Suhl, E.*: Messungen und Betriebserfahrungen mit dem Hornstrahler. DL-QTC 10/54, S. 443–445
[2.17] *Hille, K.H.*: Herz ist Trumpf. Funk 2/85, S. 40–42
[2.18] *Schwarzbeck, G.*: VHF-/UHF-Mehrband- und Breitbandantennen. CQDL 2/88, S. 80–88
[2.19] *Schulz, W.J.*: The Göttingen Heart Antenna. Ham Radio, May 1990, pp. 11–12, 14, 17
[2.20] *Brückmann, H.*: Antennen – ihre Theorie und Technik. Hirzel, Leipzig, 1939
[2.21] *Papas, C.H.; King, R.*: Input Impedance of Wide-Angle Conical Antennas Fed by a Coaxial Line. Proc. IRE, November 1949, pp. 1296–1271
[2.22] *Kümmich, R.*: Der Fußpunktwiderstand zylindrischer am Fußpunkt konisch zugespitzter Antennen. Frequenz 1958, H. 12, S. 369–379
[2.23] *Stöhr, W.; Zinke, O.*: Wege zum optimalen Breitband-Rundstrahler. Frequenz 1960, Nr.1, S. 26–35
[2.24] *Meinke, H.; Kraus, H.*: Verringerte Frequenzabhängigkeit des Strahlungsdiagramms von Breitband-Rundstrahlern. NTZ 1961, H. 5, S. 221–225
[2.25] *Kawami, H.; Sato, G.*: Broad-Band Characteristics of Rotationally symmetric Antennas and Thin Wire Constructs. IEEE Trans. AP-35, January 1987, pp. 26–32
[2.26] *J.W. Hyde* – GB 248,579 – 1925
[2.27] *A. Aubert* – US 2,267,889 – franz. Prior. 1938
[2.28] *D.H. Toller-Bond* – US 2,508,657 – engl. Prior. 1945
[2.29] *R.L. Bell, O.L McClelland* – US 3,229,297 – 1963
[2.30] Greif, R.: Sende-Antennen-Anlage für den Kurzwellenbereich. Rohde & Schwarz-Mitteilungen,1952, Nr. 1, S. 4-15
[2.31] *Graziadei, H.*: Eine vertikale Breitbandantenne von besonderer Formgebung für den Kurzwellen- und Ultrakurzwellenbereich. Felten-Guilleaume-Rundschau, Oktober 1952, H. 35, S. 91–104
[2.32] *Greif, R.*: Eine Breitband-Reusenantenne von 3 bis 30 MHz für mobile Dienste. Rohde & Schwarz-Mitteilungen, Oktober 1954, Nr. 5, S. 289–292
[2.33] *Dall'Armi, G.v.*: Leichte Vertikal-Reusenantenen für den Kurzwellenbereich. Siemens Zeitschrift, September 1966, S. 705–708
[2.34] *Scheuerecker, F.*: Größte Breitband-Reusenantenne für den Mittelwellenbereich. Neues von Rohde & Schwarz, Januar 1967, S. 27
[2.35] *Pappenfus, E.W.*: The Conical Monopole Antenna. QST November 1966, pp. 21–24
[2.36] *Wintzer, C.M.*: Versuche mit Vertikalantennen für die unteren Bänder für Bodenwellen- und DX-Verkehr. QRV 1/1976, S. 5–6
[2.37] *Klüß, A.*: Die Reusenantenne im Amateurfunk. CQDL 8/86, S.458–459, Leserbriefe: CQDL 10/86, S. 604
[2.38] *Schwarzbeck, G.*: Allband-Vertikalantenne 3,5 MHz bis 30 MHz mit reusenartigem Aufbau (DX-2000). CQDL 9/86, S.513–518
[2.39] *Schmidt, G.*: Die „etwas andere"Antenne.CQ DL 2/94, S. 104–105
[2.40] *Kandoian, A.G.*: Three New Antenna Types and Their Applications. Proc.IRE, February 1946, pp. 70W–75W
[2.41] *Nail, J.J.*: Designing Discone Antennas. Electronics, August 1953, pp. 167–169
[2.42] *Orr, W.*: The Radio Handbook. (The Low Frequency Discone, pp. 488-489), E. & E., New Augusta, IN, 1970
[2.43] *Belrose, J.S.*: The HF Discone Antenna. QST, July 1975, pp. 11–14, 56
[2.44] *White, T.E.*: A Discone Antenna for 10 and 6 Meters and Low-Band Public Service Monitoring. CQ June 1980, pp. 74–75
[2.45] *Meinke, H.*: Scimitar-Antenne. NTZ, Dezember 1967, S. 693–699
[2.46] *Turner, E.M.*: The Valentine Antenna. Aeronautical Electronics 1957 NationalConference Proceedings IRE, Dayton, Ohio, pp. 176–181

[3.1] *Zinke, O.*: Breitbandantennen und Resonanzkreise mit einfacher und doppelter Kompensation. FTZ 1950, H. 12, S. 454–458

[3.2] *Herz, R.*: Impedanzvierpole zur Kompensation des Frequenzganges der Eingangsimpedanz von Antennen. NTZ 1956, H. 3, S. 128–133

[3.3] *Janzen, G.*: Kompensations- und Anpassungsschaltungen. CQDL 9/82, S. 438–441

[3.4] *Witt, F.J.*: Optimum Lossy Broadband Matching Networks for Resonant Antennas. RF Design, April 1990, pp. 44–51

[3.5] *Whysall, C.C.*: The „Double-Bazooka" Antenna. QST, July 1968, pp. 38–39

[3.6] *Wickenhäuser, H.*: Die Doppel-Bazooka-Antenne. CQDL 8/72, S. 465–467

[3.7] *Maxwell, W.*: A revealing analysis of the coaxial dipol antenna. Ham Radio, August 1976, pp. 46–59

[3.8] *McLeod, W.*: Mis-matching for extended bandwidth. Amateur Radio (VK) April 1986, pp. 18–19

[3.9] *Hawker, P.*: Increasing antenna bandwidth (Technical Topics), Radio Communication, June 1986, p. 418

[3.10] *Orr, W.*: The „wideband dipole" - a different approach. (Ham Radio Techniques). Ham Radio, October 1987, pp. 81–82

[3.11] *Fisher, R.E.*: A Simple, Broadband 80-Meter Dipole Antenna. ARRL Antenna Compendium, Vol. 2, 1989, pp. 119–123

[3.12] *Witt, F.*: Broadband Dipoles – Some New Insights. QST, October 1986, pp. 27-37

[3.13] *Witt, F.*: The Coaxial Resonator Match and the Broadband Dipole, QST, April 1989, pp. 22–27

[3.14] *Witt, F.*: The Coaxial Resonator Match. ARRL Antenna Compendium, Vol. 2, 1989, pp. 110–118

[3.15] *Witt, F.*: A Simple Broadband Dipole for 80 Meters. QST, September 1993, pp. 27–30, 76

[3.16] *Witt, F.*: Broadband Matching with the Transmission Line Resonator. ARRL Antenna Compendium, Vol. 4, 1995, pp. 30–37

[3.17] *Gordon, L.*: A „climberless" Broadband 80-m-Dipole. NCJ, March/April 1993, pp. 13–14

[3.18] *MyCoy, L.*: The Snyder Antenna Corp. 80 Meter Broad-Band Dipole. (CQReviews). CQ, June 1982, pp. 48–49

[3.19] *Orr, W.*: The Snyder Broadband dipole. (Ham Radio Techniques), Ham Radio, August 1982, pp. 42–43

[3.20] *Conwell, W.*: Broadband Antennas Employing Coaxial Transmission Line Sections. QEX; April 1985, pp. 8–9

[3.21] *Snyder, R.D.:* The Snyder Antenna. RF Design, September/October 1884, pp. 49–51

[3.22] *Hansen, R.C.:* Evaluation of the Snyder Dipole. IEEE Trans. AP-35, February 1987, pp. 207–210

13 Querstrahler

Die Definition eines *Querstrahlers* nach [0.1] ist: Eine Richtantenne, bei der die Hauptstrahlrichtung senkrecht zur Hauptausdehnung der Antenne steht. ***Broadside Array*** ist die engl. Bezeichnung für *Querstrahler*. *Querstrahler* sind gleichphasig erregte Dipolkombinationen. Die Antenne strahlt zweiseitig (bidirektional) quer zur Antennenrichtung.

Das Grundelement der *Querstrahler* ist der Halbwellendipol. Durch entsprechende Kombinationen mehrerer gleichphasig gespeister Dipole kann man den Gewinn vergrößern.

Die Strahlungswiderstände von *Querstrahlern* sind schon in den 20er Jahren von *Bontsch-Bruewitsch* und von *Pistolkors* durch eine numerische Integration des *Poynting*schen Vektors berechnet worden [0.2] [0.3]. Damals wurden die Strahlungswiderstände als Durchschnitts-Strahlungswiderstände ermittelt (Durchschnitts-Strahlungswiderstand = Gesamtstrahlungswiderstand geteilt durch die Anzahl der Elemente).

Die Berechnungen 1948 durch *Papas* und *King* [0.4] ergaben eine ganz gute Übereinstimmung.

Die Strahlungsdiagramme wurden durch *Bechmann* sowie durch *Siegel* und *Labus* Ende der 20er und Anfang der 30er Jahre berechnet [0.5] [0.6].

Artikel über Querstrahler sind zu finden in [0.7] –[0.8]. Dabei ist zu beachten, daß in einigen Literaturstellen die Gewinne nicht von Halbwellendipolen, sondern von „kurzen“ Dipolen (*Hertz*schen Dipolen) berechnet worden sind.

13.1 Dipollinie (Kollineare Dipole)

Die Definition einer *Dipollinie* nach [0.1] ist: Eine lineare Gruppe von Dipolen, deren Achsen in einer geraden Linie liegen. Die alte Bezeichnung dafür war: Dipolreihe.

Werden mehrere Halbwellenstrahler linienförmig nebeneinander angeordnet und alle Elemente gleichphasig erregt, so ändert sich an der Hauptstrahlrichtung – bezogen auf den Halbwellendipol – nichts. Die Halbwertsbreite wird jedoch zugunsten einer verstärkten Abstrahlung in der Hauptrichtung geringer. Daraus resultiert ein Gewinn, bezogen auf den einzelnen Halbwellendipol.

Die Bezeichnung „kollinear“ tauchte erstmals 1943 als „colinear array“ auf [1.1]. **Bild 13.1.1** zeigt eine *Dipollinie* mit 4 kollinearen Dipolen, bei denen die bei gleichphasiger Erregung auftretende Stromverteilung eingezeichnet ist. Alle Ströme sind nach Phase, Richtung und Größe gleich. Mit einem kollinearen Strahlersystem (**Bild 13.1.1a**; kein Dipolabstand) lassen sich gegenüber einem Halbwellendipol etwa folgende Gewinne erzielen [1.2]:

2 Elemente	1,7 dBd,
3 Elemente	3,2 dBd,
4 Elemente	4,3 dBd,
5 Elemente	5,2 dBd,
6 Elemente	5,9 dBd,
7 Elemente	6,5 dBd,
8 Elemente	7,1 dBd.

Eine Gewinnsteigerung kann erreicht werden, wenn der Raum zwischen den einzelnen Halbwellenantennen auf $\lambda/2$ vergrößert wird (**Bild 13.1.1b**). Damit lassen sich gegenüber einem Halbwellendipol etwa folgende Gewinne erzielen [1.2]:

2 Elemente	3,3 dBd,
3 Elemente	5,2 dBd,
4 Elemente	6,2 dBd,
5 Elemente	7,5 dBd,
6 Elemente	8,3 dBd,
7 Elemente	9,0 dBd,
8 Elemente	9,6 dBd.

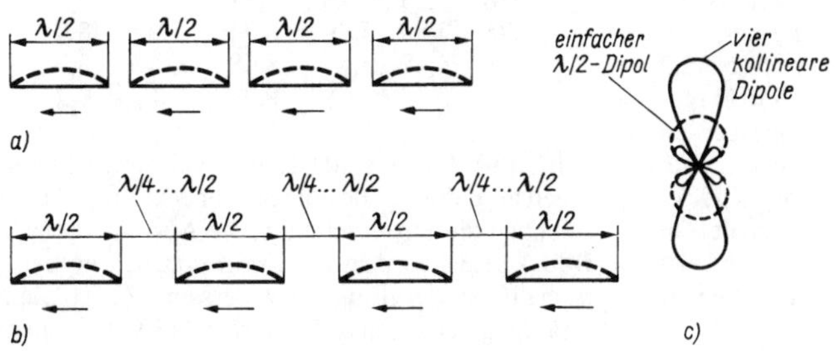

Bild 13.1.1
Dipollinie mit 4 Halbwellendipolen (gleichphasig erregt)
a) - Abstand Null
b) - Abstand $\lambda/4 \ldots \lambda/2$
c) - Strahlungsdiagramm…

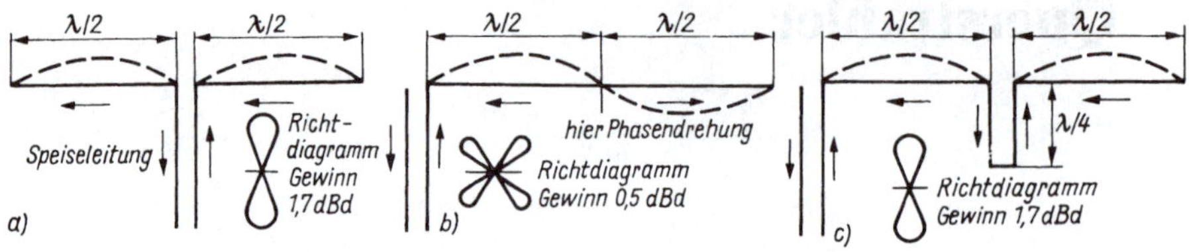

Bild 13.1.2
Gleich- und gegenphasige Erregung
a) - Ganzwellendipol (gleichphasig, mittengespeist)
b) - Ganzwellenantenne (gegenphasig, endgespeist)
c) - Zwei-Element Kollinearantenne (gleichphasig, endgespeist)

Eine Gewinnsteigerung kann auch erreicht werden, wenn bei Abstand Null die einzelnen Elemente auf 5/4λ vergrößert werden. Damit lassen sich gegenüber einem Halbwellendipol etwa folgende Gewinne erzielen [1.2]:

2 Elemente	5,1 dBd,
3 Elemente	6,5 dBd,
4 Elemente	7,6 dBd,
5 Elemente	8,5 dBd,
6 Elemente	9,2 dBd,
7 Elemente	9,9 dBd,
8 Elemente	10,4 dBd.

Den maximal möglichen Gewinn aus einem kollinearen Strahlersystem erhält man, wenn die Elemente 5/4λ lang sind und die Abstände 5/8λ sind. Damit lassen sich gegenüber einem Halbwellendipol etwa folgende Gewinne erzielen [1.2]:

2 Elemente	6,2 dBd,
3 Elemente	8,1 dBd,
4 Elemente	9,4 dBd,
5 Elemente	10,3 dBd,
6 Elemente	11,1 dBd,
7 Elemente	11,8 dBd,
8 Elemente	12,4 dBd.

Die einfachste Dipollinie stellt der zentralgespeiste Ganzwellendipol dar. Bei ihm werden 2 kollineare Halbwellenstücke gleichphasig erregt, wie aus der Stromverteilung in **Bild 13.1.2a** hervorgeht. Dabei tritt ein Gewinn von 1,7 dBd auf. Im Gegensatz dazu zeigt **Bild 13.1.2b** einen endgespeisten Ganzwellenstrahler (Zeppelin-Antenne), der durch die Art der Speisung gegenphasig erregt wird (siehe Stromverteilung). Bei ihm ist das E-Diagramm in 4 Hauptkeulen aufgeblättert, und der Gewinn beträgt bei gleicher Antennenlänge nur etwa 0,5 dBd (genau 0,44 dBd). Um einen solchen endgespeisten Ganzwellenstrahler gleichphasig zu erregen, muß man nach **Bild 13.1.2c** die beiden Halbwellenstücke voneinander trennen und bei der Trennstelle ein phasendrehendes Glied einfügen. Dieses Glied läßt sich durch eine kurzgeschlossene Viertelwellenleitung darstellen (Phasendrehung 180°).

Es können beliebig viele Halbwellenstücke aneinandergereiht werden. Sie sind gleichphasig erregt, wenn man jeweils die einzelnen Halbwellenstücke über phasendrehende Glieder miteinander verbindet. Der Strahlungswiderstand R_s in einem Strombauch der Dipollinie steigt beim Vergrößern der Dipolanzahl schneller an als bei einer linearen Antenne mit gegenphasig erregten Halbwellenstücken (Langdrahtantenne).

Für Dipollinien gelten als Näherungsformeln nach [1.3]-[1.5]: Gesamtstrahlungswiderstand

$$R_s \approx 73 + 120\,(m - 1) \tag{13.1.1}$$

(m .... Anzahl der Halbwellen)

Gewinnfaktor

$$G_D = m^2 \frac{73}{R_S} \tag{13.1.2}$$

Für große Werte von m wird

$$G_D \approx \frac{2}{3} \times m \tag{13.1.3}$$

$$\text{Gewinnmaß } g_D/\text{dB} = 10 \lg G_D \tag{13.1.4}$$

Beispiel:
Die genauen Werte für R_S errechnet nach [1.6] und G bzw. g errechnet aus den Gleichungen (13.1.2–13.1.4).

					(gerundet)	
m	***R*****S**	***G*****D**	***g*****D/dB**	***g*****/dBi**	***g*****D/dB**	***g*****/dBi**
2	199	1,47	1,67	3,82	1,7	3,8
3	317	2,08	3,18	5,33	3,2	5,3
4	438	2,67	4,27	6,42	4,3	6,4
5	558	3,28	5,16	7,31	5,2	7,3
6	678	3,89	5,89	8,04	5,9	8,0
7	798	4,49	6,53	8,68	6,5	8,7
8	918	5,10	7,08	9,23	7,1	9,2

In **Bild 13.1.3** sind als Beispiel einige Dipollinien aufgeführt. Die eingezeichneten Pfeile kennzeichnen die Stromrichtung. Die Ausführung nach **Bild 13.1.3a** wird in einem Strombauch gespeist, deshalb ist der Eingangswiderstand gleich dem Strahlungswiderstand. Er beträgt 313 Ω bei einem

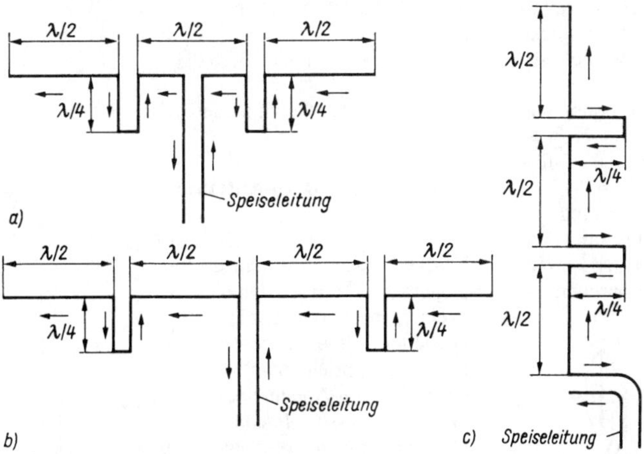

Bild 13.1.3
Kollinearantennen
a) - 3-Element-Antenne (horizontal, mittengespeist)
b) - 4-Element-Antenne (horizontal, mittengespeist)
c) - 3-Element-Antenne (vertikal, endgespeist)

Gewinn von 3,2 dBd. Die Antenne kann deshalb mit einer beliebig langen Speiseleitung von 300 Ω Wellenwiderstand direkt gespeist werden. Verwendet man Bandkabelstücke für die λ/4-Phasenleitung, so muß deren. Verkürzungsfaktor *V* je nach Flachbandkabelausführung *(V* ≈ 0,8 bis 0,9) berücksichtigt werden.

In **Bild 13.1.3b** wird in einem Spannungsbauch gespeist, dementsprechend ist der Antenneneingang hochohmig. Abhängig vom Schlankheitsgrad der Leiter kann in diesem Fall die Eingangsimpedanz zwischen etwa 1000 und 4000 Ω betragen; der Gewinn ergibt sich mit 4,3 dBd.

Kollineare Dipole können auch senkrecht stehend angeordnet werden, Polarisation und Bündelung sind dann vertikal, es ergibt sich eine Rundstrahlcharakteristik in der Horizontalebene (**Bild 13.1.3c**). Aus mechanischen Gründen wird am unteren Ende eingespeist, obwohl eine symmetrische Speisung im Zentrum des mittleren Halbwellenstückes elektrisch günstiger wäre.

Bei vertikal angeordneten kollinearen Dipolen spricht man von einem Gewinn über eine Groundplane mit den Bezeichnungen G_{GP} und g_{GP}.

Die in **Bild 13.1.3c** abgebildete Antenne hat einen Gewinn (über den Kugelstrahler) g = 8,3 dB_i oder einen Gewinn über eine Groundplane von g_{GP} = 3,2 dB (vgl. Erläuterung weiter unten)

Die Erzeugung der gleichphasigen Erregung wird meistens durch eine geschlossene Viertelwellenleitung erreicht. Diese verursacht die Phasendrehung von 180° und wirkt wie ein zwischen die Halbwellenstücke eingefügter Parallelresonanzkreis. Die geschlossene Viertelwellenleitung ist das gebräuchliche Mittel zur Herstellung einer gleichphasigen Erregung bei Dipollinien, weil man mit solchen Leitungskreisen bei geringem Aufwand hohe Kreisgüten erzielt. Die gleiche Wirkung hat

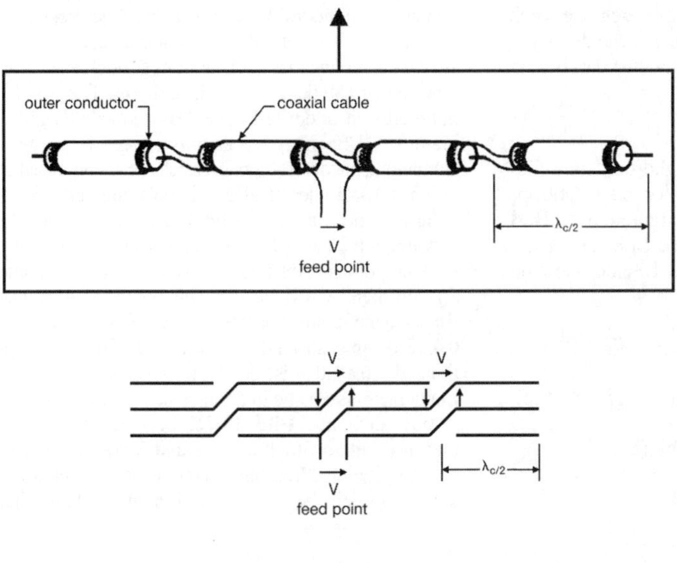

Bild 13.1.4
Horizontale *Kollinear-Antenne* in koaxialer Ausführung

eine an beiden Enden offene Halbwellenparalleldrahtleitung. Ebenso könnten die Leitungsstücke auch durch hochwertige Sperrkreise (Parallelresonanzkreise) ersetzt werden.

Eine andere Möglichkeit ist die Verwendung von Spulen, s.g. (Phasen)-Umkehrspulen [1.7]–[1.8] oder die Faltung von $\lambda/2$-Elementen, z.B. S-förmig, so daß diese nicht mehr strahlen [1.9].

Weitere Möglichkeiten sind die Anwendung von jeweils $\lambda/2$-Abschirmungen durch Abschirmrohre bzw. Doppeldrähte [1.10]–[1.12] oder der Einsatz von Induktivitäten oder Kapazitäten zusammen mit magnetischen Materialien [1.13].

Horizontale *Kollinear-Antennen* werden vorwiegend für den HF-Bereich verwendet, vertikale für den VHF/UHF-Bereich. Dabei werden die *Kollinear-Antennen* sehr oft in koaxialer Ausführung ausgeführt. **Bild 13.1.4** zeigt die Ausführung und das Ersatzbild einer horizontalen Antenne, **Bild 13.1.5** die einer vertikalen Antenne. Dabei ist die Einspeisung bei horizontalen Antennen in der Mitte, bei den vertikalen Antennen wird meistens von unten eingespeist. Die vertikale koaxiale Ausführung war bereits 1935 in Deutschland bekannt als *Pfister*-Antenne [1.14] und in England zum Patent angemeldet [1.15]. Sie wird auch als partiell abgeschirmte Oberwellenantenne bezeichnet. Oberwellenantenne deswegen, weil sich die abstrahlende Welle auf der Oberfläche der abgeschirmten Leitung befindet. Literatur darüber in [1.16]–[1.17].

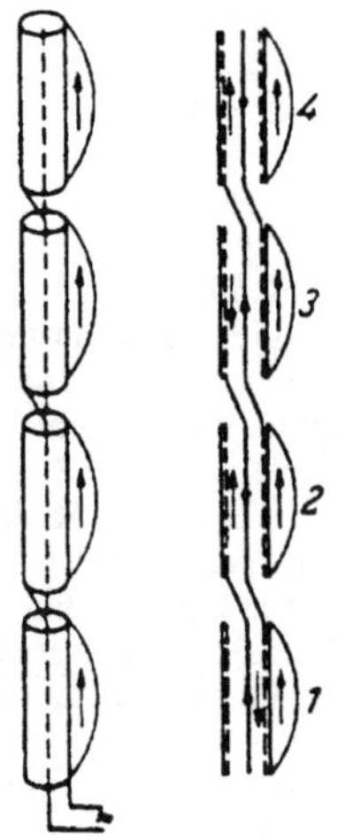

Bild 13.1.5
Vertikale *Kollinear-Antenne* in koaxialer Ausführung

Erläuterung:
Der Gewinn oder genauer ausgedrückt das Gewinnmaß (über den Kugelstrahler oder Isotropstrahler) der vertikalen Kollinearantenne in **Bild 13.1.3a** g = 5,33 dBi. Durch die Spiegelung am Erdboden erhöht sich bei **Bild 13.1.3c** der Gewinn um 3,01 dB auf 8,34 dBi.

Nach Gleichung (4.7.12) ist $g^K_{GP} = g^K_I + g^I_{GP}$

mit Gewinn(maß) der Kollinearantenne g^K_I = 8,34 dB

und Gewinn(maß) des Kugelstrahlers

über Groundplane g^I_{GP} = -5,16dB

aus **Tabelle 4.1** Nr. 1 wird

g^K_{GP} = (8,34-5,16) dB = 3,18 dB

Gerundet ist der Gewinn dann gGP = 3,2 dB.

13.1.1 *Franklin*-Antenne

(*C.S. Franklin* – GB 242,342 – 1924)
Werden zwei oder mehr gleichphasig erregte Dipole in einer, meistens vertikal polarisierten, Linie zusammengeschaltet, spricht man von einer *Franklin*-Antenne *oder Marconi-Franklin-Antenne*. Die kleinste *Franklin*-Antenne besteht aus 2 kollinearen Dipolen, also ein Zweielement-Kollinear-Dipol. Das phasendrehendes Glied (Phasendrehung 180°) läßt sich durch eine kurzgeschlossene Viertelwellenleitung oder durch andere Methoden erreichen. In **Bild 13.1.6** ist neben der gestreckten auch eine gefaltete Ausführung der Phasenleitung zu sehen [1.8].

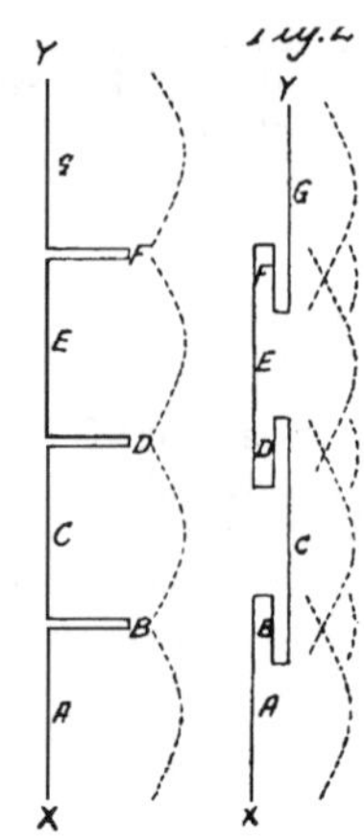

Bild 13.1.6
Franklin Antenne

13.2 Dipolzeile (Parallele Dipole)

Die Definition einer *Dipolzeile* nach [0.1] ist: Eine lineare Gruppe von parallelen Dipolen, deren Achsen senkrecht zur Linie gerichtet sind. Die alte Bezeichnung dafür war: Dipolspalte. **Bild 13.2.1** zeigt eine *Dipolzeile* mit 4 Halbwellendipolen, die gleichphasig erregt sind und die im Abstand von ≥ $\lambda/2$ gestockt sind. Der Anschaulichkeit halber spricht man auch von *gestockten Dipolen.* Das E-Diagramm gestockter $\lambda/2$-Dipole entspricht dem eines Einzeldipols. Die Anordnung bündelt in der H-Ebene. Das vertikale Richtdiagramm (H-Ebene) ist eingezeichnet. Der durch Bündelung in der H-Ebene erzielbare Gewinn hängt von der Anzahl der parallelen Dipole und deren Stockungsabstand *S* ab. Aus **Bild 13.2.2** ist der mögliche Gewinn von 2 gestockten, gleichphasig erregten Halbwellendipolen in Abhängigkeit vom Stockungsabstand *S* zu ersehen. Als Richtwert kann man annehmen, daß der Gewinn beim Verdoppeln der Elementzahl mit $0{,}4\lambda$ Stockungsabstand um etwa 3 dB steigt. Beim optimalen Abstand *S* ist der Gewinnanstieg höher. Die Elemente müssen alle in der gleichen Ebene liegen.

Wie auch aus **Bild 13.2.2** hervorgeht, erreicht man mit einem Stockungsabstand *S* von $0{,}5\lambda$ nicht den möglichen Maximalgewinn, er wird aber trotzdem allgemein bevorzugt, weil er in mechanischer

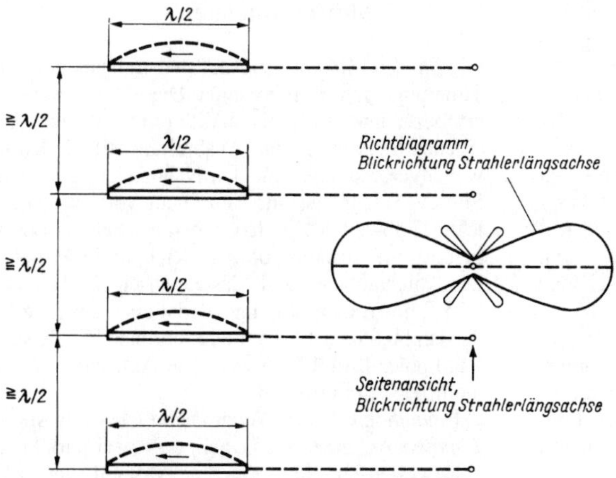

Bild 13.2.1
Dipolzeile mit 4 Halbwellendipolen (gleichphasig erregt)

und elektrischer Hinsicht bestimmte Vorteile bietet. Bei 2 gestockten Halbwellenelementen sind im H-Diagramm keine Nebenkeulen vorhanden, wenn der Abstand $S = \lambda/2$ beträgt, sie erscheinen aber beim Vergrößern von S, wenn der Abstand für den Gewinn optimal mit etwa $0{,}65\lambda$ bemessen wird. Die Gewinnsteigerung bedingt ein Verkleinern des Öffnungswinkels, wobei gleichzeitig einige kleine Nebenkeulen im Richtdiagramm vorhanden sind. Eine Dipolzeile läßt sich auf verschiedene Weise gleichphasig erregen. Die wohl bekannteste Methode ist die Speisung über abgestimmte Halbwellen-*Lecher*-Leitungen (entspricht einer Zweidrahtleitung). Eine offene $\lambda/2$-Zweidrahtleitung transformiert einen Widerstand im Verhältnis 1:1, sie dreht jedoch die Phase einer anliegenden HF-Spannung um 180°. Die geforderte gleichphasige Erregung wird erst erreicht, wenn man die Halbwellenverbindungsleitung überkreuzt und in einen Dipol einspeist. Diese Einspeisung ist mechanisch bequem, elektrisch jedoch nicht sehr günstig. Der erste Dipol, an den man die Speiseleitung anschließt, bekommt seine Energie sozusagen „aus erster Hand", während zu der folgenden oberen Etage ein längerer Weg zurückzulegen ist. Als Folge des Laufzeitunterschiedes tritt eine leicht phasenverschobene Strom- und Spannungsverteilung auf, die sich meist in einem unerwünschten Anheben des H-Diagramms äußert (größere Erhebungswinkel). Die Antenne „schielt" nach oben, und der Frequenzbereich wird eingeengt.

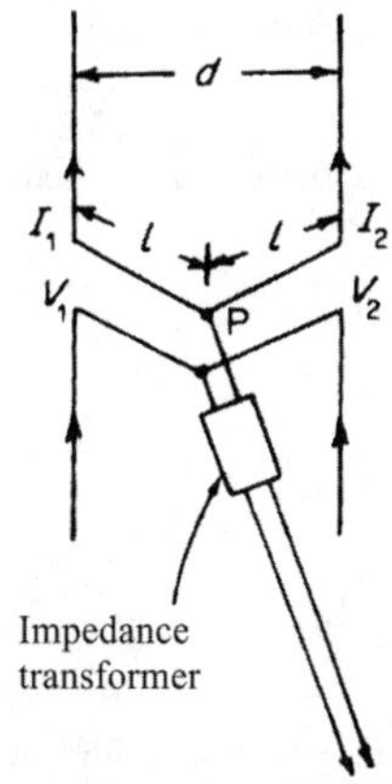

Bild 13.2.3
Erregung zweier paralleler Dipole (gleichphasig im Abstand *d*)

Eine *Dipolzeile* sollte deshalb zentral in der geometrischen Mitte der Höhenausdehnung gespeist werden (**Bild 13.2.3**).

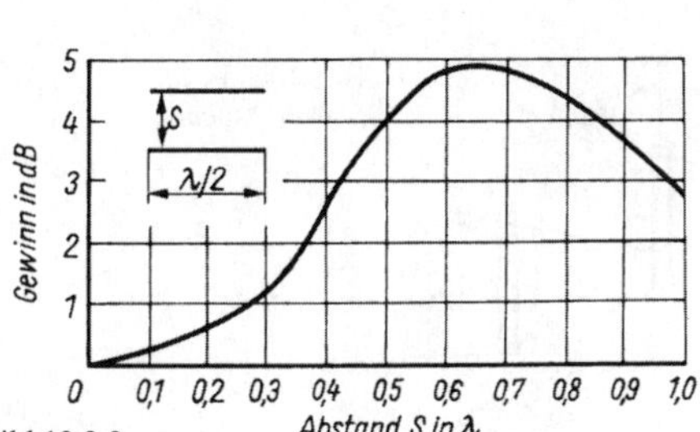

Bild 13.2.2
Gewinn einer Dipolzeile mit zwei Elementen (ARRL Antenna Book)

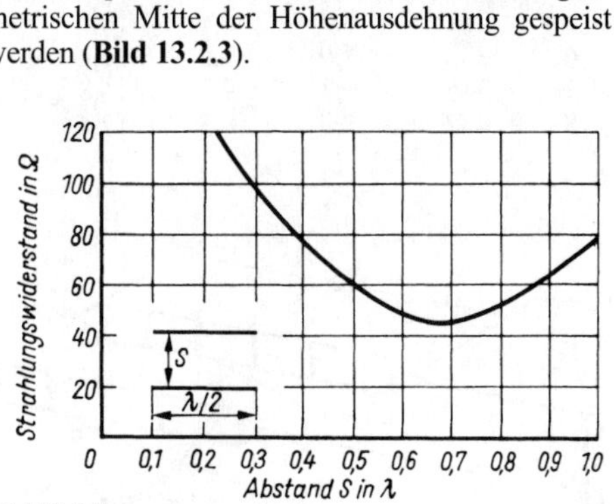

Bild 13.2.4
Strahlungswiderstand im Strombauch jedes Einzelelementes einer Dipolreihe mit zwei Elementen

Als Folge der parallelen Anordnung gleichphasig erregter Dipole verändert sich ihr Strahlungswiderstand in Abhängigkeit vom Stockungsabstand S. Wie man aus **Bild 13.2.4** ersehen kann, beträgt bei 2 parallelen Dipolen der Strahlungswiderstand jedes Einzeldipols 60 Ω, wenn der Abstand $S = 0{,}5\lambda$ ist; er fällt bei $S = 0{,}72\lambda$ auf etwa 45 Ω und steigt bei einem Abstand S von 1λ auf knapp 80 Ω.

Die genauen Werte für 2 parallele Dipole im Abstand von $\lambda/2$ im freien Raum berechnet nach [2.1]: Spannungsgewinn $G_f = 1{,}56$ und mit $g = 20 \cdot \lg G_f$ folgt

$g = 3{,}86$ dBd bzw. $g = 6{,}01$ dBi

$Z = (60 + j\,13{,}5)\ \Omega$

Für Kurzwellenantennen ist wegen der erforderlichen Aufbauhöhe die Dipolzeile auf 2 parallele Dipole begrenzt. Im VHF- oder UHF-Bereich dagegen lassen sich parallele Dipole in mehreren Ebenen stocken [2.2].

Für Dipolzeilen gelten als Näherungsformeln nach [1.3]–[1.5]: Gesamtstrahlungswiderstand

$$Rs \approx 73 + 52\,(n - 1) \tag{13.2.1}$$

(n .... Anzahl der Halbwellen)

Gewinnfaktor $$G_D = n^2 \frac{73}{R_s} \tag{13.2.2}$$

Für große Werte von n wird

$$G_D = \frac{4}{3} \cdot n \tag{13.2.3}$$

Gewinnmaß $$g_D/\text{dB} = 10 \lg G_D \tag{13.2.4}$$

Beispiel:
Die Näherungswerte für R_S und G bzw. g für die Dipolanzahl $n = 2$ bis 8 errechnet aus den Gleichungen (13.2.1–13.2.4).

n	R_S	G_D	g_D/dB	g/dBi
2	25	2,3	3,7	5,8
3	177	3,7	5,7	7,8
4	229	5,1	7,1	9,2
5	281	6,5	8,1	10,2
6	333	7,9	9,0	11,1
7	385	9,3	9,7	11,8
8	437	10,7	10,3	12,4

13.2.1 *Shirley*-Antenne

Die *Shirley-Antenne* ist eine Steilstrahlantenne mit Strahlung nach oben gerichtet. Diese Ausbreitungsart bezeichnet man als NVIS (Near Vertical Incidence Skywave), eine Ausbreitungsart für Kurzwellenverbindungen für den Nahbereich [2.3]. Die Shirley-Antenne ist eine Anordnung von zwei parallelen Halbwellen-Dipolen, meist als Faltdipol ausgeführt, im Abstand von $\lambda/2$ gleichphasig gespeist. Die Antenne benötigt 4 Maste, zwischen 0,125 und 0,25 λ hoch. Es gibt einige Variationen davon, z.B. Abstand 0,65 λ statt 0,5 λ oder normale Dipole statt Faltdipole. **Bild 13.2.5** zeigt die Antenne in einer modifizierten Form [2.4].

Eine andere NVIS-Antenne ähnlicher Art ist die *Jamaica*-Antenne. Sie besteht aus zwei parallelen Ganzwellen-Dipolen, die im Abstand von $\lambda/2$ gleichphasig gespeist werden. Der Gewinn ist dadurch etwas höher.

13.3 Kombinierte Querstrahler

Gleichphasig erregte Dipole waren als *Drahtrichtantennen* im Kurzwellenbereich sehr beliebt. Sie werden als Dipollinien, Dipolzeilen oder in Kombinationen von beiden verwendet. Bei einigen Formen läßt sich auch Mehrbandbetrieb ermöglichen, generell handelt es sich aber um Einbandantennen, und der Mehrbandbetrieb ist immer eine Kompromißlösung. Die Anwendung solcher Richtstrahler beschränkt sich wegen ihrer räumlichen Ausdehnung auf die hochfrequenten Kurzwellenbänder (DX-Bänder).

Es ist üblich, Kombinationen von Dipollinien und Dipolzeilen zu bauen, wobei man die Bündelung in der E-Ebene durch die vorhandenen Dipollinien und die Richtwirkung in der H-Ebene durch die Dipolreihen erreicht. Solche Anordnungen nennt man *Dipolgruppen*, *Dipolwände* oder auch *Gruppenantennen*. Da Dipollinien und Dipolzeilen bidirektionale Systeme sind, versieht man häufig jedes Halbwellenstück mit einem abgestimmten gespeisten oder parasitären Reflektor und erreicht damit eine einseitige Richtwirkung, wobei gleichzeitig der Gewinn der Gesamtanordnung um knapp 3 dB ansteigt.

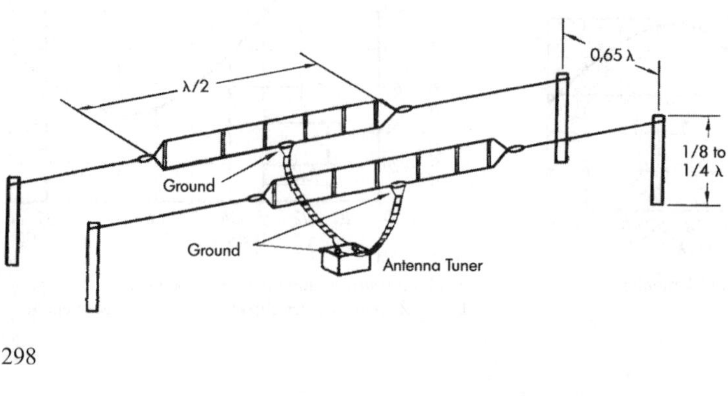

Bild 13.2.5
Shirley Antenne

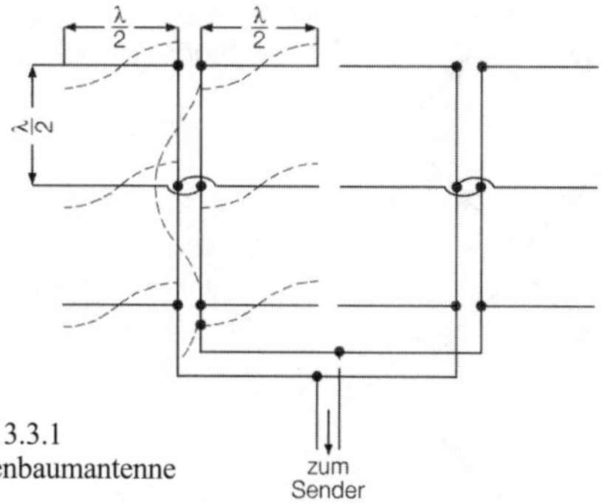

Bild 13.3.1
Tannenbaumantenne

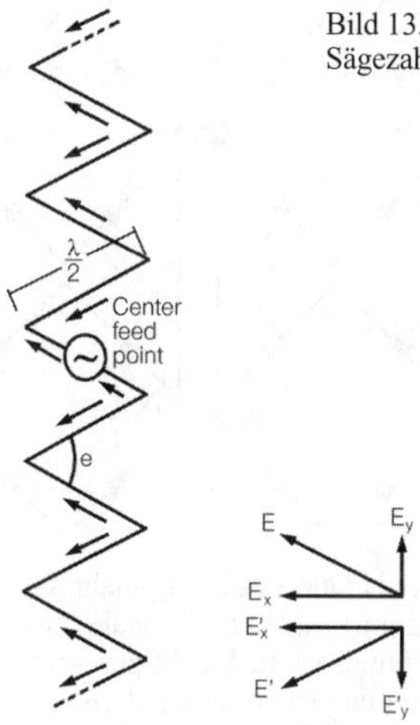

Bild 13.3.2
Sägezahnantenne

Umfangreiche Dipolkombinationen lassen sich aus mechanischen Gründen nur im VHF/UHF-Bereich ausführen, sie werden deshalb bei den VHF-Antennen genauer besprochen.

13.3.1 Tannenbaumantenne

Werden die Einzelelemente einer Dipolebene über Doppelleitungen gespeist, so entsteht die s.g. *Tannenbaumantenne*. Die bidirektionale (zweiseitige) Strahlung senkrecht zur Dipolebene wird durch Anbringung einer zweiten Dipolebene beseitigt. Der günstigste Abstand ist $\lambda/4$. Die Phasendifferenz zwischen den Strömen in beiden Antennenebenen muß $\pi/2$ betragen. Diese aus Dipolebenen aufgebaute Richtantenne wurde von *Telefunken* für den transozeanischen Verkehr benutzt. **Bild 13.3.1** zeigt eine schematische Darstellung der *Tannenbaumantenne* mit Spannungsverteilung. Es muß dabei die zweite Ebene nicht mitgespeist werden. Es genügt die zweite Dipolebene als Reflektorebene zu benutzen, deren Dipole im Strahlungsfeld der ersten Ebene bei einem Abstand von $\lambda/4$ automatisch mit der richtigen Phasendifferenz erregt werden.

13.3.2 Sägezahnantenne

(*R. Mesny* – DE 458 260 – franz. Priorität 1926)

Die *Sägezahnantenne* wird auch *Mesny*-Antenne oder auch Zickzackantenne genannt. Sie wurde von *Mesny* 1926 in Frankreich entwickelt [3.1]. Sie besteht aus einem in den Stromknoten abgewinkelten und in Oberwellen erregten Dipol. Bei einer vertikalen Sägezahnantenne heben sich die vertikalen Komponenten auf und die horizontalen Komponenten addieren sich (**Bild 13.3.2**).

Im Gegensatz zum Zickzack-Dipol (Abschnitt 9.8.4) wird die Antenne hier nach jeweils $\lambda/2$ abgewinkelt. Eine einfache Sägezahnantenne aus zwei Elementen wurde von *ZS6BT* als vertikaler Querstrahler in den 70er Jahren verwendet (**Bild 13.3.3**) [3.2].

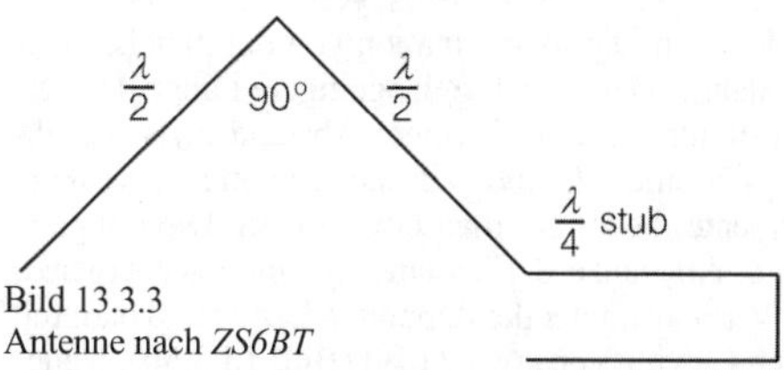

Bild 13.3.3
Antenne nach *ZS6BT*

13.3.3 *Chireix-Mesny*-Antenne

Eine paarweise Anordnung von Sägezahnantennen ergibt eine *Chireix-Mesny Antenne*. Sie ist benannt nach *M. Chireix* und *R. Mesny*, die im Jahre 1926 damit eine Kurzwellen-Richtantenne gebaut haben [3.3]. **Bild 13.3.4** zeigt eine Chireix-Mesny-Antenne, Das Strahlungsdiagramm ist vertikal polarisiert und ist bidirektional senkrecht zur Antennenebene.

Die Chireix-Mesny-Antenne mit zwei Quadraten wurde sogar während des zweiten Weltkrieges bei einem portable Richtfunkgerät mit der Bezeichnung SEG 2T (Sender-Empfänger-Gerät) bzw. DMG 2T (Dezimeter-Gerät) auf ungefähr 60 cm (500 MHz) eingesetzt.

13.3.4 *Bruce*-Antennen

(*E. Bruce* – US 1,813,143 – 1927)

Die *Bruce-Antenne* besteht aus horizontalen und vertikalen Viertelwellenstücken [1.3]. Sie sieht aus wie eine mäanderförmig gefaltete Antenne (**Bild 13.3.5**). Bei Einspeisung am Ende oder in einem vertikalen Strombauch, zweckmäßig symmetrisch in der Mitte der Antenne, werden die vertikalen Teile gleichphasig erregt. Die horizontalen Teile führen nur geringe gegenphasige Ströme (**Bild 13.3.5a**).

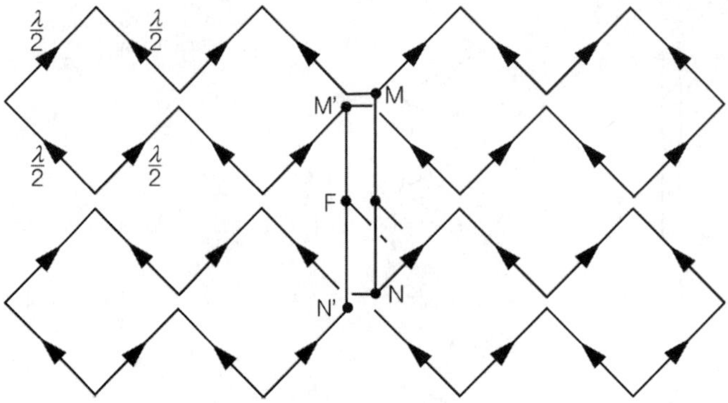

Bild 13.3.4
Chireix-Mesny-Antenne

Die Antenne wirkt als Querstrahler (gleichphasig erregte Dipolkombination). Die bidirektionale (zweiseitige) Strahlungsrichtung ist senkrecht zur Antennenebene und die Strahlung ist vertikal polarisiert.

Der Gewinn verändert sich proportional zur Antennenlänge, ist aber etwas geringer als bei einer Halbwellen-Dipolkombination von der gleichen Gesamtlänge. Der Grund ist die geingere Länge der Vertikalstrahler und der kleinere Abstand zwischen ihnen. Für eine 5-Element-Bruce-Antenne (5 vertikale Elemente) bekommt man etwa 3 dBd. Die doppelte Form, auf ganze 8 Elemente symmetrisch ergänzt, hat Vertikalstrahler der doppelten Länge und dadurch einen Gewinn von etwa 7 dBd (**Bild 13.3.5b**). Neuere Literatur über *Bruce-Antennen* [3.4].

13.3.5 *Sterba*-Antennen

(E.J. Sterba – US 1,885,151 – 1929)
Die *Sterba-Antenne* besteht aus einer Kombination von kollinearen und parallelen Halbwellenstrahlern mit Halbwellenabstand zwischen beiden [3.5], [3.6]. Sie sieht aus wie eine mehrfach gedrehte Schleife (**Bild 13.3.6**). Für die Einspeisung ergeben sich folgende Möglichkeiten:

In einem Strombauch eines Halbwellenstrahlers, in der Mitte der Antenne „mittengespeist" (**Bild 13.3.6a**). Zwischen zwei Halbwellenstrahlern über eine kurzgeschlossene Viertelwellen-Anpaßleitung (Stichleitung) „zentralgespeist" (**Bild 13.3.6b**)

Im Strombauch, am Ende eines Viertelwellenstrahlers, „endgespeist" (**Bild 13.3.8c**).

Die horizontalen Strahler führen gleichphasige Ströme, die vertikalen überkreuzten Elemente führen geringe gegenphasige Ströme. Die Antenne wirkt als Querstrahler (gleichphasige Dipolkombination). Die bidirektionale Strahlungsrichtung ist senkrecht zur Antennenebene mit horizontaler Polarisation.

Der Gewinn ergibt sich aus der Summe des Gewinns der kollinearen und der parallelen Elemente. Dabei werden zwei Viertelwellenelemente als ein Halbwellenelement gezählt.

Für eine 4-Element-*Sterba-Antenne* (4 horizontale Elemente) ergeben 2 kollineare Elemente 1,7

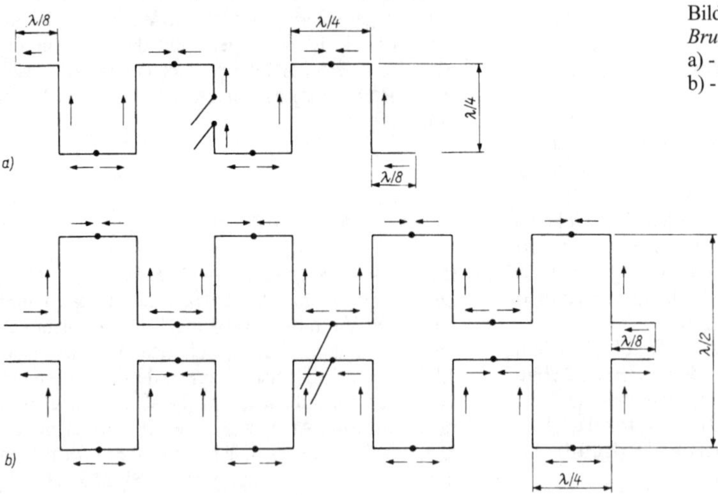

Bild 13.3.5
Bruce-Antennen
a) - einfache Form
b) - doppelte Form

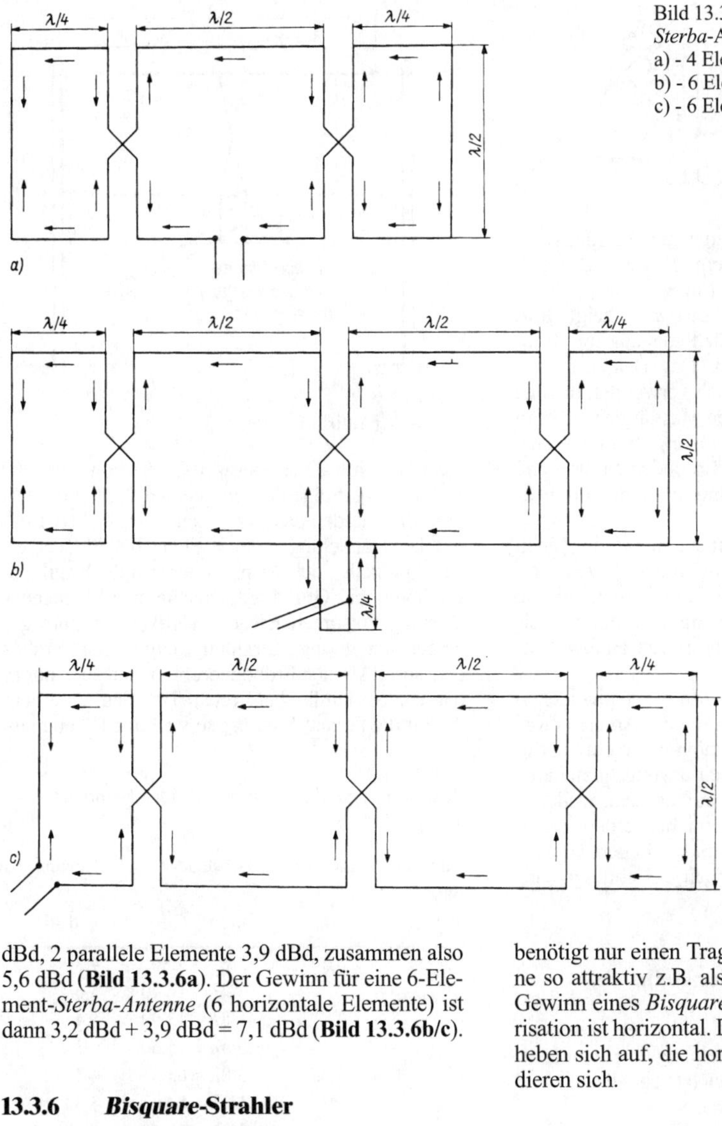

Bild 13.3.6
Sterba-Antenne
a) - 4 Elemente, mittengespeist
b) - 6 Elemente, zentralgespeist
c) - 6 Elemente, endgespeist

dBd, 2 parallele Elemente 3,9 dBd, zusammen also 5,6 dBd (**Bild 13.3.6a**). Der Gewinn für eine 6-Element-*Sterba-Antenne* (6 horizontale Elemente) ist dann 3,2 dBd + 3,9 dBd = 7,1 dBd (**Bild 13.3.6b/c**).

13.3.6 *Bisquare*-Strahler

Eine einfache, aber wenig bekannte bidirektionale Drahtrichtantenne ist das sogenannte *Bisquare*. In der deutschen Sprache könnte man die Antenne sinngemäß als zweiseitig wirksames Quadrat bezeichnen. **Bild 13.3.7** zeigt das elektrische Schema eines *Bisquare-Strahlers*. Die 4 Seiten des Quadrates l_1, l_2, l_3 und l_4 haben eine Länge von je $\lambda/2$. Die Phasenlage der Ströme ist durch Richtungspfeile gekennzeichnet. Daraus kann man erkennen, daß die rechtwinklige Knickung der Strahlerabschnitte eine gleichphasige Erregung der Halbwellenstücke l_1 bis l_4 bewirkt (alle Pfeilspitzen zeigen nach rechts). Dabei können l_1 und l_2 als untere, l_3 und l_4 als obere Ebene betrachtet werden. Die Antenne benötigt nur einen Tragmast, das macht die Antenne so attraktiv z.B. als „Field-Day-Antenne". Der Gewinn eines *Bisquare* ist knapp 4 dBd. Die Polarisation ist horizontal. Die vertikalen Komponenten heben sich auf, die horizontalen Komponenten addieren sich.

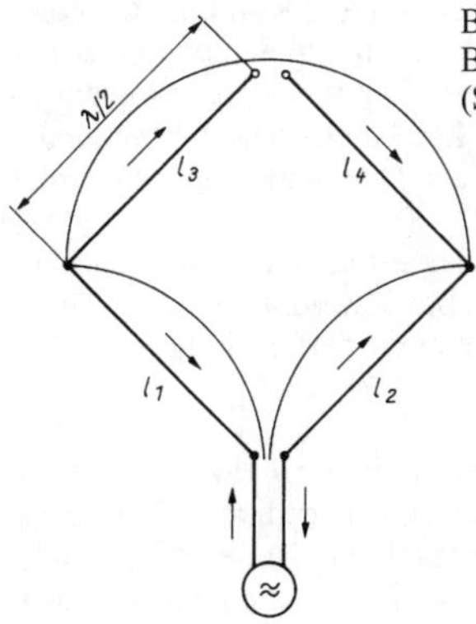

Bild 13.3.7
Bisquare-Strahler
(Stromverteilung)

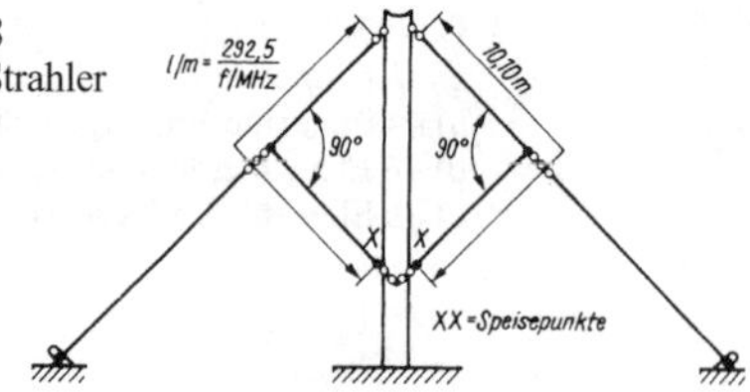

Bild 13.3.8
Bisquare-Strahler
(Aufbau)

Im elektrischen Aufbau und in der Wirkungsweise entspricht das *Bisquare* dem „Faulen Heinrich", der Gewinn ist aber etwas geringer.

Das Aufbauschema des *Bisquare* zeigt **Bild 13.3.8**. Die Abmessungen für Resonanz im 10-m-Band sind dort eingetragen. Das Bisquare wird hauptsächlich im 10-m-Betrieb verwendet, da man in diesem Fall mit einer freien Mastlänge von 10 m auskommt. Der Antenneneingang befindet sich dann noch mehr als $\lambda/4$ vom Erdboden entfernt und entspricht damit der Forderung: Abstand vom Erdboden $\geq \lambda/4$.

Der Widerstand am Antenneneingang liegt hoch (Spannungsbauch). Deshalb wird das *Bisquare* im allgemeinen über eine abgestimmte Speiseleitung erregt. Dann kann es gleichzeitig noch mit der halben Frequenz als vertikal polarisierter Halbwellenstrahler betrieben werden.

Der findige Funkamateur wird den vorhandenen *Bisquare*-Mast auch noch für andere Antennenformen nutzen. Es wäre z.B. möglich, rechtwinklig zum vorhandenen *Bisquare* ein zweites gleichartiges System am selben Mast aufzubauen, wodurch dann auch die Richtungen erreicht werden, die in den Nullstellen des ersten *Bisquare* liegen. Gleichzeitig ist dadurch der Mast nach 4 Richtungen abgespannt.

13.3.7 „Lazy-H" (Fauler Heinrich)

Die scherzhafte Bezeichnung „Fauler Heinrich" soll die äußere Erscheinungsform dieser Drahtrichtantenne kennzeichnen (liegendes H).

Sie wird in **Bild 13.3.9** dargestellt.

Es handelt sich dabei um die Kombination einer Dipollinie mit 2 kollinearen Dipolen und einer Dipolzeile aus 2 parallelen Dipolen, deren Stockungsabstand $\lambda/2$ beträgt. Die überkreuzte Verbindungsleitung bewirkt, daß alle Dipole gleichphasig erregt werden.

Gespeist wird im dargestellten Fall über eine beliebig lange angepaßte Zweidrahtleitung. Diese Speiseleitung paßt man an den hochohmigen Antennenspeisepunkt über eine geschlossene Viertelwellenleitung an.

Das Strahlungsdiagramm in der Horizontalebene entspricht dem eines Ganzwellendipols (2 kollineare Dipole). Die Hauptstrahlung ist deshalb bidirektional senkrecht zur Antennenebene (Querstrahler).

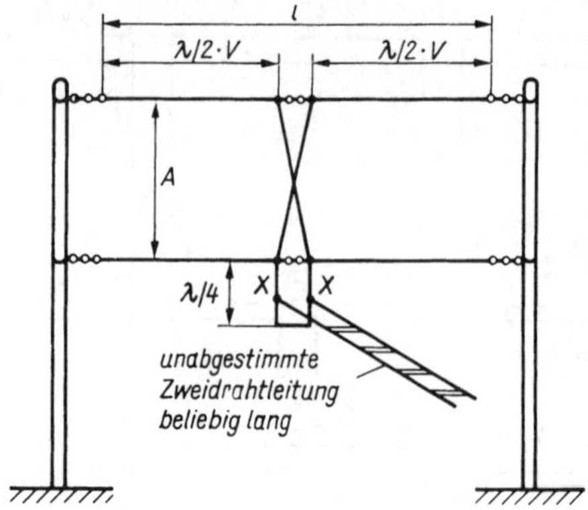

Bild 13.3.9
„Lazy-H" (Aufbau)

Man kann mit einer Halbwertsbreite von etwa 60° rechnen. Als Folge der senkrechten Staffelung (Dipolreihe) bündelt das System auch vertikal (H-Ebene). Die Bündelung in der H-Ebene bewirkt, daß eine Dipolzeile nicht ganz so empfindlich auf die Bauhöhe über Grund reagiert wie eine Einebenenantenne. Entsprechend dem Vertikaldiagramm gelangen nur geringe Strahlungsanteile zum Erdboden, somit können Erdbodenreflexionen auch nur in begrenztem Umfang auftreten. Trotzdem unterliegt der für die Fernausbreitung so wichtige Erhebungs-

Tabelle 13.1
Bemessungsunterlagen für den „Faulen Heinrich" nach Bild 13.3.9

Amateur-Band in m	Länge *l* in m	Abstand *A* in m	Gewinn in dBd
20	20,30	$3/8\lambda = 7{,}80$	4,3
		$1/2\lambda = 10{,}40$	5,6
		$5/8\lambda = 13{,}00$	6,4
		$3/4\lambda = 15{,}60$	6,3
17	15,85	$3/8\lambda = 6{,}25$	4,3
		$1/2\lambda = 8{,}30$	5,6
		$5/8\lambda = 10{,}40$	6,4
		$3/4\lambda = 12{,}45$	6,3
15	13,60	$3/8\lambda = 5{,}30$	4,3
		$1/2\lambda = 7{,}10$	5,6
		$5/8\lambda = 8{,}90$	6,4
		$3/4\lambda = 10{,}65$	6,3
12	11,55	$3/8\lambda = 4{,}50$	4,3
		$1/2\lambda = 6{,}00$	5,6
		$5/8\lambda = 7{,}50$	6,4
		$3/4\lambda = 9{,}00$	6,3
10	10,20	$3/8\lambda = 4{,}00$	4,3
		$1/2\lambda = 5{,}30$	5,6
		$5/8\lambda = 6{,}65$	6,4
		$3/4\lambda = 8{,}00$	6,3

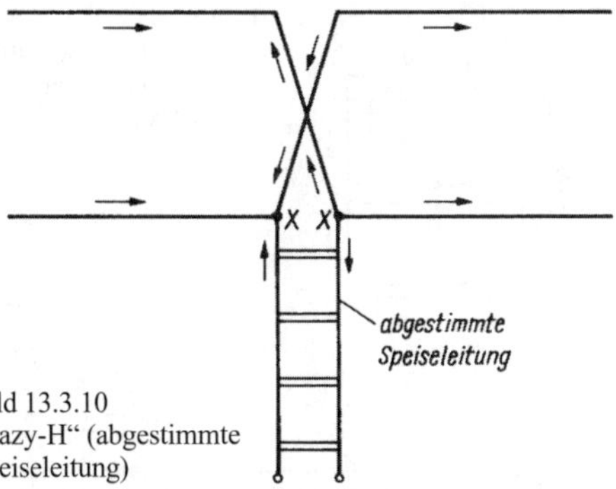

Bild 13.3.10
„Lazy-H“ (abgestimmte Speiseleitung)

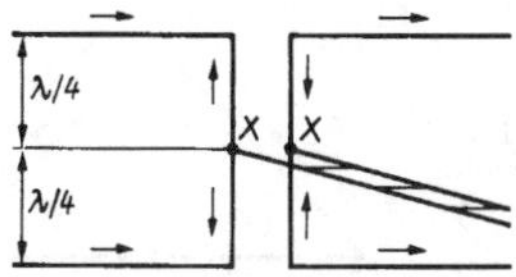

Bild 13.3.11
„Lazy-H“
(zentrale Speisung)

winkel der Aufbauhöhe über Grund, und wie für jede andere Antenne gilt auch in diesem Fall die Forderung, die Antenne in möglichst großer Höhe aufzubauen. Die besten Ergebnisse sind zu erwarten, wenn sich die untere Ebene $\lambda/2$ über dem Erdboden befindet. Aber auch bei geringeren Höhen ist noch mit guten Leistungen zu rechnen.

Der theoretische Gewinn des dargestellten Systems beträgt 5,6 dBd. Er verändert sich mit dem Stockungsabstand, wie aus **Tabelle 13.1** hervorgeht. Der praktische Gebrauchswert eines „Faulen Heinrich“ im Amateurverkehr übertrifft jedoch den von Einebenenantennen mit gleichem Gewinn erheblich. Das ist auf die Bündelung in der H-Ebene bei kleinem Erhebungswinkel zurückzuführen. Im praktischen Funkverkehr wird es außerdem als angenehm empfunden, daß die horizontale Halbwertsbreite von fast 60° immerhin 1/3 des Vollkreises bei hohem Gewinn zu überdecken gestattet (bidirektional).

Allgemein wird ein Ebenenabstand von $\lambda/2$ bevorzugt. Geringere Abstände ergeben einen kleineren, größere einen höheren Gewinn.

Ausnahme: Wie aus **Tabelle 13.1** ersichtlich ist, bringt ein Abstand von $5/8\lambda$ mehr Gewinn bei kleinerem Raumbedarf als ein Abstand von $3/4\lambda$. Dies hängt mit dem optimalen Stockungsabstand zusammen.

Für einen „Faulen Heinrich“ lassen sich verschiedene Speisungsmöglichkeiten anwenden. Das Speisen in die untere Ebene über eine abgestimmte Leitung nach **Bild 13.3.10** ist mechanisch in der Länge l ist der Abstand der Speisepunkte mit 100 mm enthalten und elektrisch am einfachsten zu beherrschen. Durch die eingezeichneten Stromrichtungspfeile kann man erkennen, daß dabei alle Dipole gleichphasig erregt werden. Der Nachteil besteht darin, daß sich – wie bereits erwähnt – durch den Laufzeitunterschied beide Dipolebenen nicht genau gleichphasig erregen lassen. Dadurch kann der Erhebungswinkel etwas größer werden, die Antenne „schielt nach oben“. Außerdem sind die Verluste einer abgestimmten Speiseleitung immer etwas größer als die einer angepaßten Leitung.

Die zentrale Speisung, bei der beide Ebenen symmetrisch erregt werden, zeigt **Bild 13.3.11**. Dabei fällt auch die mechanisch etwas schwierige Überkreuzung der Verbindungsleitung weg. Durch das Speisen in der Mitte der Halbwellenverbindungsleitung wird diese in 2 Viertelwellenstücke aufgeteilt, wobei jeder Strahlerebene eine $\lambda/2$-Leitung zuzuordnen ist. Somit kann man sich jede Strahlerebene als einen Ganzwellendipol mit Viertelwellentransformator vorstellen. Nimmt man den Eingangswiderstand des Ganzwellendipols mit großem Schlankheitsgrad Z_A bei etwa 4000 Ω an und bemißt die Viertelwellenleitung mit einem Wellenwiderstand Z von etwa 600 Ω, so läßt sich der Wert der zu den Speisepunkten XX transformierten Impedanz Z_E leicht nach Gl. (6.6.2) errechnen.

Werden die annähernd richtig angenommenen Werte in Gl. (6.6.2) eingesetzt, dann erhält man:

$$Z = \frac{(600\Omega)^2}{4000\Omega} = 90\Omega$$

Da beide Ebenen im Punkt XX parallelgeschaltet sind, liegen auch die Widerstände parallel, so daß der Wellenwiderstand der angepaßten Speiseleitung nicht 90 Ω, sondern nur 45 Ω werden muß. Eine Speisung über 50-Ω-Koaxialkabel wäre deshalb möglich.

Im allgemeinen bevorzugt man auch beim zentralen Speisen eine abgestimmte Speiseleitung, weil man mit ihr, als Kompromißlösung, auch Mehrbandbetrieb durchführen kann. Zu beachten ist noch, daß die Speiseleitung von den Punkten XX möglichst rechtwinklig über eine größere Strecke weggeführt werden soll.

Einen „Faulen Heinrich“ für den Mehrbandbetrieb auf 10/15/20 m hat die Abmessungen: l = 12 m; A = 7 m.

Er ist etwa für Resonanz im 15-m-Band bemessen und muß über eine abgestimmte Speiseleitung in Verbindung mit einem *Collins*-Filter oder einem anderen geeigneten Anpaßgerät betrieben werden. Abstimmung für 12 und 17 m ist ebenfalls möglich.

13.3.8 *DJ4VM*-Quad-Antenne

Die *DJ4VM-Quad-Antenne* wurde 1968 beschrieben [3.7]

Wie **Bild 13.3.12a** erkennen läßt, hat die Antenne wohl die Umrisse einer Quadrates Quad, ist aber

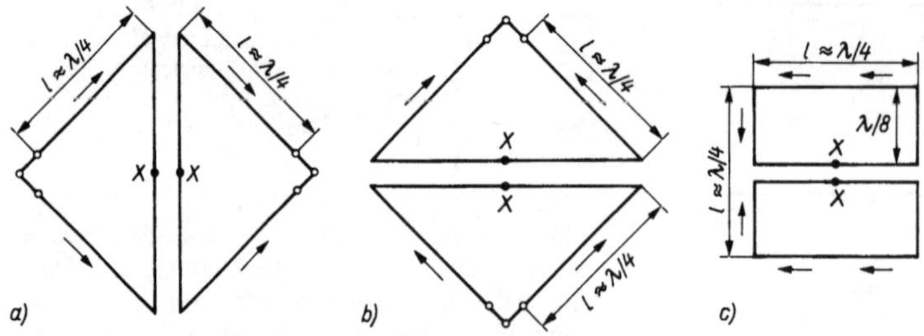

Bild 13.3.12
DJ4VM-Quad-Varianten
a) - horizontal polarisiert
b) - vertikal polarisiert
c) - horizontal polarisiert

kein Quad-Element, das es kein geschlossenes Ganzwellenviereck ist. Es ist vielmehr eine Variante des zentral gespeisten „Faulen Heinrich“, die klar wird, wenn man es mit **Bild 13.3.11** vergleicht. Bei der *DJ4VM-Quad* sind lediglich die Schenkel der unteren Ebene mit einem Winkel von 45° nach oben geführt und die der oberen Ebene in gleicher Weise nach unten. Der Vorteil eines solchen Aufbaus besteht vor allem darin, daß man mit nur einem Mast auskommt.

Alle zum „Faulen Heinrich“ gemachten Angaben sind sinngemäß auch für die *DJ4VM*-Quad gültig; die Längenangaben aus **Tabelle 13.1** können übernommen werden. Beim Gewinn sind jedoch etwa 1 dB Abstriche zu machen, da der wirksame Ebenenabstand bei der *DJ4VM*-Quad geringer ist.

Diese neuartige Bauform wurde im Hinblick auf Mehrbandbetrieb entwickelt, der beim Speisen über eine symmetrische Zweidrahtleitung zusammen mit einem Antennenanpaßgerät möglich ist. Die erprobten Seitenlängen *l* für den Dreibandbetrieb 10/15/20 m betragen 4 x 5,65 m, sie sind nicht kritisch, sollten aber nicht größer als 4 x 6,50m werden. Gleichermaßen kann diese Mehrbandausführung auch für 12 und 17 m abgestimmt werden. Einzelheiten über die Strahlungseigenschaften beim Mehrbandbetrieb sind in [3.8] enthalten.

Eine weitere Anwendungsform ist in **Bild 13.3.12b** dargestellt. Aus den eingezeichneten Stromrichtungspfeilen erkennt man, daß das Element einfach um 90° axial verdreht wurde, so daß Vertikalpolarisation entsteht.

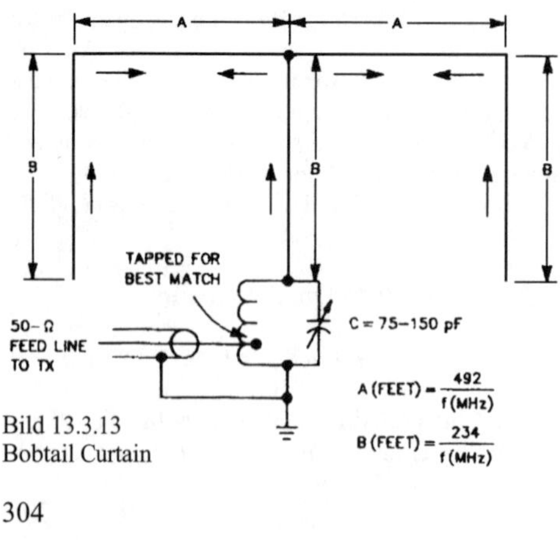

Bild 13.3.13
Bobtail Curtain

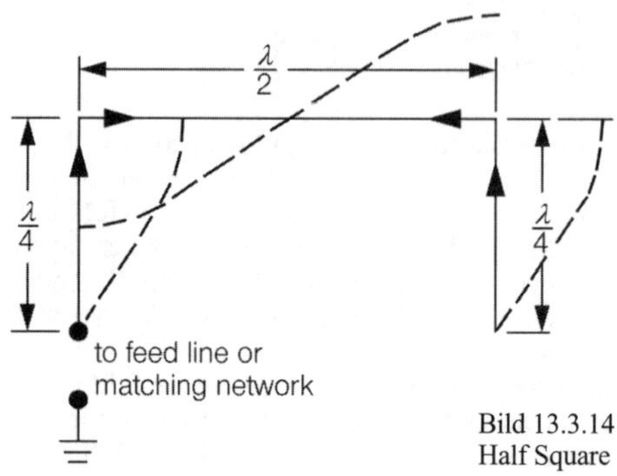

Bild 13.3.14
Half Square

Diese Rhombusformen lassen sich an einem nicht geerdeten Holzmast - etwa wie in **Bild 13.3.8** dargestellt - aufbauen. Dies kann Probleme mit dem Blitzschutz aufwerfen. Ferner besteht bei den zentral gespeisten Ausführungen die Forderung, daß die Speiseleitung von den Speisepunkten X-X ausgehend rechtwinklig abgeführt werden soll.

Die Zentralspeisung gewährleistet einen Mehrbandbetrieb, wobei die Ströme immer symmetrisch auf die Seiten verteilt sind. Für den Multibandbetrieb zwischen 10 und 40 m haben sich Seitenlängen *l* zwischen etwa 5,10 und 6,40 m bewährt. Diese Längen sind nicht kritisch, da sie für die einzelnen Bänder immer am Anpaßgerät abgestimmt werden. Dabei nimmt der Eingangswiderstand bei X-X die verschiedensten Werte an.

Eine weitere Bauform der *DJ4VM-Quad-Antenne* zeigt **Bild 13.3.12c**. Aus der eingezeichneten Stromverteilung läßt sich eindeutig Horizontalpolarisation erkennen. Vertikalpolarisation würde auftreten, wenn man die Rechtecke um 90° axial dreht.

Ein Dreiband-Drehrichtstrahler mit *DJ4VM*-Elementen wird später in Abschnitt 18.2.5.1.4 beschrieben.

13.3.9 Bobtail Curtain

Im Jahre 1948 erschien von *W6BCX* in der US-Zeitschrift CQ eine Antenne mit dem Namen *Bobtail Beam* [3.9]. Die Original *Bobtail* hatte das Aussehen einer heutigen Half-Square-Antenne. Die

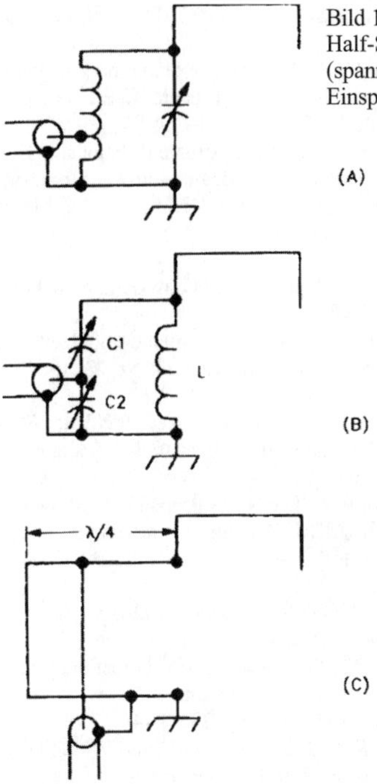

Bild 13.3.15
Half-Square
(spannungsgekoppelt
Einspeisung)

Antenne war 1λ lang und die beiden Enden wurden jeweils $\lambda/4$ zum Boden hin abgewinkelt. Es war ein vertikal polarisierter Querstrahler mit gleichphasigen $\lambda/4$-Elementen im Abstand von $\lambda/2$. Diese Antenne erregte nicht viel Interesse, sie sah zu einfach aus, nur ein Stück gebogener Draht. Erst als ein dritter Draht hinzugefügt und die Antenne um 50% auf 1,5λ verlängert wurde hatte die Antenne das heutige Aussehen (**Bild 13.3.13**).

Die Abmessungen sind:

$$l/m = \frac{149,9}{f/\text{MHz}} \qquad (13.3.1)$$

$$A/m = \frac{149,9}{f/\text{MHz}} \qquad (13.3.2)$$

Der Wert des Drehkondensators ist für den Betrieb auf 3,5 und 7 MHz angegeben. Die Antenne wurde jahrelang in Antennenbüchern erwähnt, aber erst der Artikel von *VE1TG* im Jahre 1969 weckte wieder die Aufmerksamkeit der Funkamateure [3.10]. Auch der zweiteilige Artikel von *W6BCX* dann im Jahre 1983 [3.11].

13.3.10 Half-Square

Im Jahre 1974 erschien von *K3BC* in der US-Zeitschrift QST eine Antenne mit dem Namen *Half-Square* [3.12]. Die Antenne ist die Hälfte einer Bobtail Curtain Antenne. Sie wird deshalb auch „*half bobtail*“ genannt [3.13]. **Bild 13.3.14** zeigt die Antenne. Die Einspeisung ist entweder spannungsgekoppelt an einem unteren Antennenende, oder stromgekoppelt in einer der beiden oberen Ecken. Es gibt mehrere Möglichkeiten die Antenne spannungsgekoppelt am unteren Antennenende einzuspeisen (**Bild 13.3.15**) [3.14]. Der Gewinn ist rd. 3,9 dBd, wie von *Kraus* [2.1] berechnet und nicht 3,8 dBi, wie in [3.14], mit Verweis auf das ARRL Antenna Book, angegeben.

13.3.11 Six-Shooter

Eine weitere Variante ist ein bidirektionalen Querstrahler, bei dem je 3 kollineare Dipole mit einer Dipolzeile kombiniert werden, so daß sich insgesamt 6 gespeiste Halbwellenelemente ergeben.

Die Vorliebe der Amateure für treffende Kurzbezeichnungen hat dieser Antenne den Namen *Six-Shooter* (Sechsschüssiger) gegeben. Es handelt sich praktisch um einen doppelten „Faulen Heinrich“. Bei gleicher vertikaler Halbwertsbreite (H-Ebene) werden die horizontalen Strahlungskeulen schmaler, der Gewinn steigt auf etwa 7 dBd. **Bild 13.3.16** zeigt diese Antenne. Die untere Dipolebene sollte mindestens $\lambda/2$ über der Erdoberfläche hängen. Die praktischen Abmessungen für den *Six-Shooter* errechnet man aus der Beziehung

$$l/m = \frac{149,9}{f/\text{MHz}} \qquad (13.3.3)$$

Der Eingangswiderstand der Antenne beträgt etwa 240 Ω, man kann die Antenne deshalb mit einer beliebig langen UKW-Bandleitung direkt speisen.

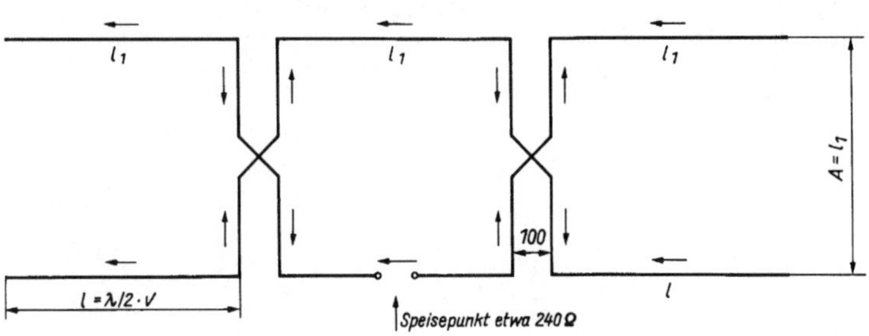

Bild 13.3.16
Six-Shooter

Literatur zu Abschnitt 13

[0.1] *NTG*: Antennengattungen und Antennenformen. NTG 1302, Entwurf 1961. NTZ, H. 2/1961, S. 92–96
[0.2] *Bontsch-Bruewitsch, M.A.*: Die Strahlung der komplizierten rechtwinkeligen Antennen mit gleichbeschaffenen Vibratoren. Ann. Physik. Bd. 81, 1926, S. 425–453
[0.3] *Pistolkors, A.A.*: The radiation resistance of beam antennas. Proc. IRE, March 1929, pp. 562–579
[0.4] *Papas, C.H.; King, R.*: The Radiation Resistance of End-Fire and Collinear Arrays. Proc. IRE, June 1948, pp. 736–741
[0.5] *Bechmann, R.*: Berechnung der Strahlungsdiagramme von Antennenkombinationen. Telefunkenzeitung, 1929, H. 53, S. 52
[0.6] *Siegel, E.; Labus, J.*: Feldverteilung und Energieemission von Richtantennen. Z. HF-Techn. Bd. 39, 1932, S. 86
[0.7] *Tai, C.T.*: The Nominal Directivity of Uniformly Spaced Arrays of Dipoles. Microwave Journal, September 1964, pp. 51–55
[0.8] *Bach, H.*: Directivity Diagrams for Uniform Linear Arrays. Microwave Journal, December 1972, pp. 41–44

[1.1] *King*: Coupled antennas and transmission lines. Proc. IRE, November 1943, p. 630
[1.2] *Belrose, J.S.*: Gain of Vertical Collinear Antennas. QST, October 1982, pp. 40–41
[1.3] *Kollak, R.; Wehde, H.*: DASD Kurzwellen-Antennen.Weidmann, Berlin, 1938
[1.4] *Bergmann, J.; Lassen, H.*: Ausstrahlung, Ausbreitung und Aufnahme elektromagnetischer Wellen. Springer, Berlin, 1940
[1.5] *Nowotny, W.*: Richtantennen Teil II. Radiotechnik 6/7 1947, S. 266–276
[1.6] *Zuhrt, H.*: Elektromagnetische Strahlungsfelder. Springer, Berlin, 1953
[1.7] *C.S. Franklin* – GB 285,106 – 1926
[1.8] *E. Green* – US 1,967,881 – engl. Prior. 1928
[1.9] *C.S. Franklin; E. Green* – US 1,957,949 – engl. Priorität. 1928
[1.10] *O. Böhm* – DE 485 508 – 1928
[1.11] *H.E. Hollmann* – DE 856 171 – 1937
[1.12] *Hollmann, H.E.*: Partielle abgeschirmte Oberwellenantennen. HF-Techn. u. Elektroakust. Bd. 51, 1938, S. 195–202
[1.13] *H.O. Roosenstein* – DE 600 011 – 1932
[1.14] *Hollmann, H.E.*: Physik und Technik der ultrakurzen Wellen. Berlin, 1936
[1.15] *A.D. Blumlein* – US 2,115,761 – engl. Priorität. 1935
[1.16] *Wheeler, H.A.*: A vertical antenna made of transposed sections of coaxial cable. IRE Conv. Rec. Vol. 4, Pt. 1, 1956, pp. 160–164
[1.17] *McDonald, N.A.*: Approximate Relationship Between Directivity and Beamwidth for Broadside Collinear Arrays. Trans. IEEE, AP-26, March 1978, pp. 340–341

[2.1] *Kraus, J.D.*: Antennas. McGraw-Hill, New York, 1988 (Chapt. 11-2)
[2.2] *Lickfeld, K.G.*: Eine 20-Elemente-Dipolzeile für das 70-cm-Band. Funk-Technik Nr. 23, 1964, S. 864–865
[2.3] Fiedler, D.M.; Farmer, E.J.: Near Incidence Skywave Communication. Worldradio, Sacramento CA, 1996
[2.4] *D'Avignon, J.*: The NVIS Propagation Mode and the Ham. ARRL Antenna Compendium Vol. 5, 1996, pp. 129–134

[3.1] *Chireix, M.*: Onde Electrique, 1928, p. 189
[3.2] CQ June 1977, p. 46
[3.3] *Chireix, M.*: French System of Directional Aerials for Transmission on Short Waves. Wireless Engineer, May 1929, pp. 235–244
[3.4] *Morris, R.N.*: A Practical 40 Meter DX Antenna. 73 Magazine, June 1971, pp. 60–62
[3.5] *Sterba, E.J.*: Theoretical and practical aspects of directional transmitting systems. Proc. IRE, July 1931, pp. 1184–1215
[3.6] *Cousins, G.*: A Sterba Curtain for the Low Bands. CQ, November 1962, pp. 47–48, 151
[3.7] *Boldt, W.*: Die DJ4VM-Quad. DL-QTC 9/68, S. 515–526
[3.8] *Gaysert, G.*: Quad-Antennen mit zentraler Elementspeisung. CQ-DL 5/81, S. 216–220
[3.9] *Smith, W.*: Bet My Money on a Bobtail Beam. CQ March 1948, pp. 21–23, 92
[3.10] *Cousins, G.*: A 40-meter bobtail curtain. Ham Radio, July 1969, pp. 58–60
[3,11] *Smith, W.*: The Bobtail curtain and inverted groundplane. Ham Radio, February 1983, pp. 82-86; March 1983, pp. 28–30
[3.12] *Vester, B.*: The Half Square Antenna. QST March 1974, pp. 11–14
[3.13] *Schiers, R. H.*: The half-square antenna. Ham Radio, December 1981, pp. 48–50
[3.14] *Severns, R.*: Using the Half-Square Antenna For Low-Band DXing. ARRL Antenna Compendium Vol. 5, 1996, pp. 35–42

14 Längsstrahler

Die Definition eines *Längsstrahlers* nach [0.1] ist: Eine Richtantenne, bei der die Hauptstrahlrichtung in der Richtung der Hauptausdehnung der Antenne liegt. Die englische Bezeichnung dafür lautet *Endfire Array*.

Längsstrahler sind gegenphasig erregte Dipolkombinationen. Die Antenne strahlt in Antennenrichtung entweder zweiseitig (bidirektional) oder einseitig (unidirektional).

Das Grundelement der Längsstrahler ist der Halbwellendipol. Manchmal wird auch der Ganzwellendipol verwendet. Durch entsprechende Kombinationen mehrerer gegenphasig gespeister Dipole kann man den Gewinn vergrößern. Gewinn und Richtwirkung der Längsstrahler werden vom gegenseitigen Abstand der parallelen Elemente und deren relativer Phasenlage bestimmt.

Die Strahlungswiderstände von Längsstrahlern sind schon in den 20er Jahren von *Bontsch-Bruewitsch* und von *Pistolkors* durch eine numerische Integration des *Poynting*schen Vektors berechnet worden [0.2] [0.3]. Die Berechnungen 1948 durch *Papas* und *King* [0.4] ergaben eine ganz gute Übereinstimmung.

Die Strahlungsdiagramme wurden durch *Bechmann*, sowie durch *Siegel* und *Labus* Ende der 20er und Anfang der 30er Jahre berechnet [0.5] [0.6].

Längsstrahler werden in vielfältigen Varianten konstruiert, die sich hauptsächlich durch die Art der Erregung der in ihnen enthaltenen Elemente unterscheiden.

Die bekannteste Form eines Längsstrahlers ist die *Yagi*-Antenne. Diese Antennenform wird getrennt im Abschnitt 18 behandelt.

14.1 Bidirektionale Längsstrahler

14.1.1 Zweielement Paralleldipol

Bild 14.1.1 zeigt den einfachsten Fall, einen *Zweielement Paralleldipol*. Die beiden Dipole *A* und *B* sind im Abstand von $\lambda/2$ parallel zueinander angeordnet und über eine Halbwellen-Zweidrahtleitung miteinander verbunden. Die eingezeichneten Stromrichtungspfeile lassen erkennen, daß Dipol *A* gegenüber Dipol *B* um 180° phasenverschoben erregt wird. Man kann sich die Wirkungsweise dieser Anordnung auch so vorstellen, daß Dipol *A* die Strahlung von Dipol *B* reflektiert und umgekehrt. In Abhängigkeit vom Abstand *S* und der Phasenlage addiert bzw. subtrahiert sich die Strahlung vektoriell. Daraus resultiert eine verstärkte bidirektionale Strahlung, die – wie eingezeichnet – längs der Antennenstruktur nach links und rechts gerichtet ist.

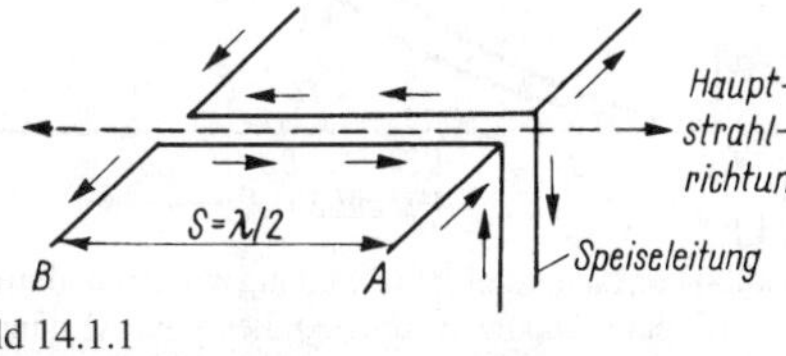

Bild 14.1.1
Bidirektionaler Längsstrahler
(Erregung und Stromverlauf)

Der Gewinn – bezogen auf einen einfachen Halbwellendipol –, der als Folge der gerichteten Strahlung auftritt, kann aus **Bild 14.1.2** ersehen werden. Dabei wird vorausgesetzt, daß die beiden Dipole um 180° phasenverschoben erregt sind. Der theoretische Maximalgewinn von 4,3 dB ergibt sich, wenn 2 Halbwellendipole einander im Abstand von $0{,}15\lambda$ parallell liegen. Werden im System Ganzwellendipole verwendet, so steigt der Maximalgewinn bei gleichem Abstand um 1,8 dB auf insgesamt 6,1 dB.

Bei der Betrachtung des Strahlungswiderstandes, (im Strombauch eines Dipols), fällt in **Bild 14.1.3** auf, daß beim gleichen System der Strahlungswiderstand mit 12 bzw. 20 Ω sehr niedrig ist, wenn maximaler Gewinn auftritt. Das bedeutet große Ströme auf dem Antennenleiter und damit erhöhte I^2R-Verluste. Deshalb läßt sich der theoretisch ermittelte Gewinn nicht erreichen; der praktisch er-

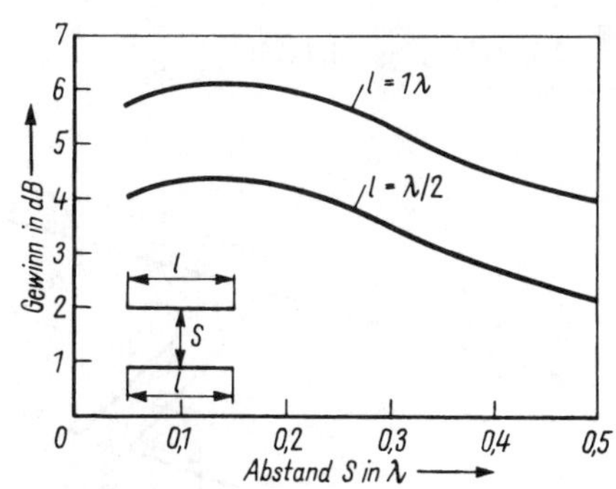

Bild 14.1.2
Bidirektionaler Längsstrahler
(Gewinn in Abhängigkeit vom Abstand)

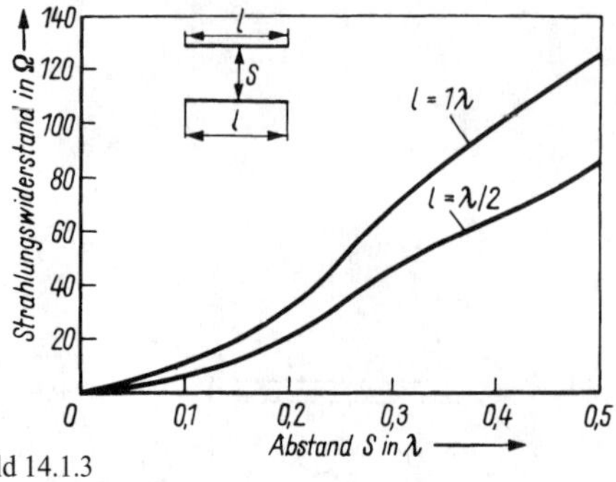

Bild 14.1.3
Bidirektionaler Längsstrahler (Strahlungswiderstand im Strombauch eines Dipols in Abhängigkeit vom Abstand)

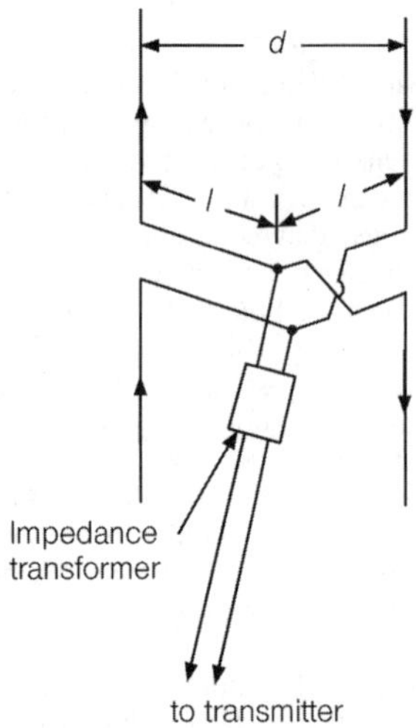

Bild 14.1.4
Bidirektionaler Längsstrahler (zweckmäßige Einspeisung)

mittelte Gewinn liegt meist um knapp 1 dB niedriger.

Die Werte für 2 parallele gegenphasige Halbwellendipole im Abstand von λ/2 im freien Raum berechnet nach [1.1]:

Spannungsgewinn $G_f = 1{,}3$ und mit $g = 20 \cdot \lg G_f$ folgt

$g = 2{,}3$ dBd bzw. $g = 4{,}4$ dBi

$Z = (86 + j\,72)\ \Omega$

Bei einem Abstand von λ/4 ergibt sich ein Gewinn von

$g = 3{,}6$ dBd bzw. $g = 5{,}7$ dBi

Der maximale Gewinn ergibt sich bei einem Abstand von etwa λ/8 mit

$g = 3{,}9$ dBd bzw. $g = 6{,}1$ dBi

Die wohl bekannteste Methode ist die Speisung über abgestimmte Halbwellen-*Lecher*-Leitungen (entspricht einer Zweidrahtleitung). Eine offene λ/2-Zweidrahtleitung transformiert einen Widerstand im Verhältnis 1:1, sie dreht auch die Phase einer anliegenden HF-Spannung um 180°. Diese Einspeisung ist mechanisch bequem, elektrisch jedoch nicht sehr günstig. Der erste Dipol, an den man die Speiseleitung anschließt, bekommt seine Energie sozusagen „aus erster Hand", während zu der folgenden oberen Etage ein längerer Weg zurückzulegen ist. Als Folge des Laufzeitunterschiedes tritt eine leicht phasenverschobene Strom- und Spannungsverteilung auf. Die Antenne „schielt" etwas. Die Antenne sollte deshalb zentral in der geometrischen Mitte gespeist werden (**Bild 14.1.4**).

14.1.2 *W8JK*-Antenne

Eine bekannte längsstrahlende Richtantenne ist der von *Kraus, W8JK,* entwickelte s.g. *W8JK-Beam* [1.2] [1.3]. Die Antenne wird auch „*Flat-Top Beam* genannt. **Bild 14.1.5** zeigt die Antenne. Die Hauptstrahlrichtungen dieses bidirektionalen Systems sind in der Antennenebene. Im Bild nach links oben und nach rechts unten.

Die *W8JK*-Antennen können in verschiedenen Größen und mit unterschiedlicher Speisung ausgeführt werden. Dabei beträgt der Abstand immer λ/8 bis λ/4 und die Phasenverschiebung 180°.

Die kleinstmögliche *W8JK*-Antenne enthält 2 parallele Halbwellendipole (**Bild 14.1.6a**), bei der nächstfolgenden Größe sind die Halbwellendipole durch Ganzwellendipole ersetzt (**Bild 14.1.6b**), man bezeichnet sie als *W8JK* mit 2 Sektionen. Ausführungen mit 3, 4 oder mehr Sektionen lassen sich auch aufbauen, werden aber nur sehr selten verwendet.

Aus **Tabelle 14.1**. kann man in Verbindung mit **Bild 14.1.6** alle praktischen Abmessungen für

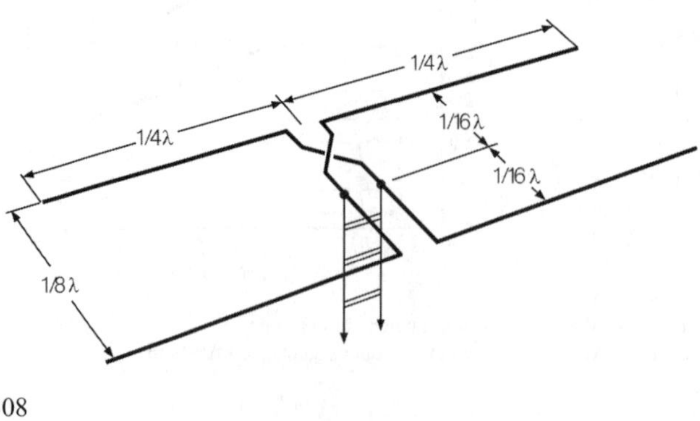

Bild 14.1.5
W8JK-Antenne

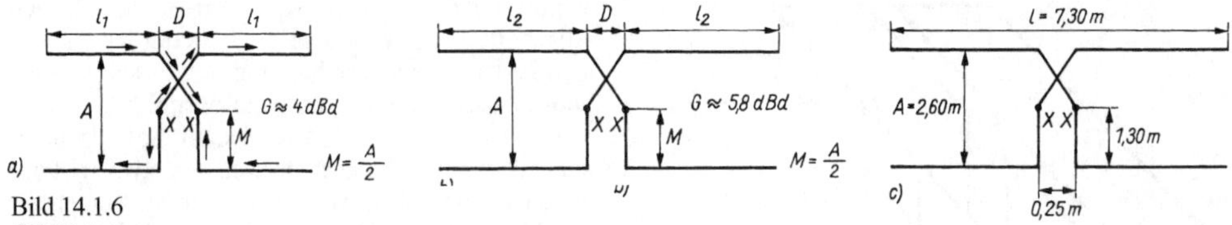

Bild 14.1.6
W8JK-Antennen
a) - 1 Sektion ≡ 2 Elemente
b) - 2 Sektionen ≡ 4 Elemente
c) - Abmessungen für Mehrbandbetrieb (vgl. **Tabelle 14.1**)

W8JK-Richtstrahler verschiedener Größen ersehen. Der errechnete Gewinn dieser Anordnung ist in **Bild 14.1.6** angegeben.

Eine *W8JK* mit einer Sektion (2 Elemente) mit einem Abstand $\lambda/8$ kann gleichzeitig für das harmonisch liegende frequenzhöhere Band als 2-Sektionen-Antenne mit einem Abstand *A* von $\lambda/4$ verwendet werden. Speist man über eine abgestimmte Speiseleitung, ist auch noch eine Erregung mit der 4. Harmonischen möglich. Allerdings sind dann die kollinearen Dipole in sich nicht mehr gleichphasig erregt, und das E-Diagramm bekommt deshalb die Form eines vierblätterigen Kleeblattes. Die zentralgespeisten *W8JK*-Antennen werden bei XX in einem Spannungsbauch erregt. Will man angepaßte Speiseleitungen verwenden, z.B. eine beliebig lange 600-Ω-Zweidrahtleitung, die besonders verlust-

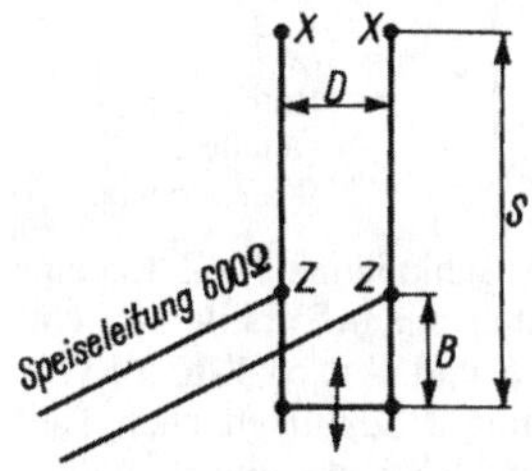

Bild 14.1.7
Stichleitung
für *W8JK*-Antenne

arm ist, so lassen sie sich am günstigsten über eine Stichleitung anpassen. Für $A = \lambda/8$ beträgt die Länge der Stichleitung $S \approx 3\,\lambda/16$, bei größeren Abständen *A* verringert sich *S* entsprechend. Die kurzgeschlossene Stichleitung nach **Bild 14.1.7** wird an den Antenneneingang XX angeschlossen. Richtwerte für die Abmessungen der Antennen und die

Tabelle 14.1.
Bemessungsunterlagen für *W8JK*-Antennen nach Bild 14.1.6 und 14.1.7

Amateurband	Abstand A		Längen		Stichleitung		
			l_1	l_2	*D*	*S*	*B*
in m	in λ	in m	in m	in m	in m	in m	in m
40	0,125	5,20	10,20	18,00	0,6	7,95	1,20
	0,150	6,35	10,20	18,00	0,6	7,95	1,20
30	0,125	3,70	7,10	12,55	0,4	5,60	0,85
	0,150	4,45	7,10	12,55	0,4	5,60	0,85
20	0,125	2,65	5,10	9,00	0,3	3,95	0,60
	0,150	3,20	5,10	9,00	0,3	3,65	0,56
	0,200	4,25	5,10	9,00	0,3	3,05	0,47
17	0,125	2,07	4,00	7,05	0,3	3,10	0,48
	0,150	2,48	4,00	7,05	0,3	2,85	0,44
	0,200	3,30	4,00	7,05	0,3	2,40	0,38
15	0,125	1,77	3,40	6,00	0,3	2,65	0,40
	0,150	2,12	3,40	6,00	0,3	2,45	0,38
	0,200	2,83	3,40	6,00	0,3	2,05	0,32
12	0,125	1,50	2,90	5,10	0,3	2,25	0,35
	0,150	1,80	2,90	5,10	0,3	2,10	0,32
	0,200	2,40	2,90	5,10	0,3	1,75	0,27
10	0,125	1,30	2,55	4,45	0,3	2,00	0,30
	0,150	1,60	2,55	4,45	0,3	1,80	0,28
	0,200	2,10	2,55	4,45	0,3	1,50	0,23

Die Angaben S und B für die Stichleitung (Bild 14.1.7) haben nur für Ausführungen nach Bild 14.1.6a Gültigkeit. Bei 2 Sektionen nach Bild 14.1.6b kann die Länge der Stichleitung S etwa der Länge von l_2 entsprechen.

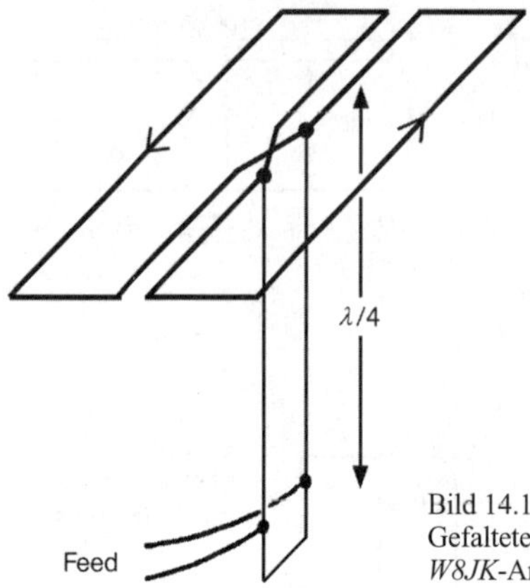

Bild 14.1.8
Gefaltete
W8JK-Antenne

ungefähre Lage der Anschlußpunkte ZZ für eine angepaßte 600-Ω-Leitung sind in **Tabelle 14.1** enthalten (Abmessungen *S* und *B* nach **Bild 14.1.7**). Bei der Ausführung mit 2 Sektionen nach **Bild 14.1.6b** kann die Länge der Stichleitung *S* etwa der Länge von l_2 entsprechen. Man erleichtert sich das Einstellen, wenn der Kurzschluß am Ende der Stichleitung in seiner Lage veränderbar ist. Es ist deshalb auch zweckmäßig, die Stichleitung etwas länger als in **Tabelle 14.1** angegeben zu bemessen.

Wird die Speisung über ein beliebig langes Koaxialkabel vorgezogen, dann muß man die Stichleitung so ausführen, daß sich bei ZZ eine Impedanz von 240 bis 300 Ω einstellt (Länge *B* verkleinern). Über eine Halbwellenumwegleitung nach Abschnitt 7.3.2 oder einem Ringkern-Balun 4:1 nach Abschnitt 7.3.1 kann dann ein beliebig langes Koaxialkabel impedanzrichtig angeschlossen werden. Dies ist dann aber eine Einbandlösung.

Wie *W8JK* in [1.4] feststellt, kann diese Richtantenne über einen Frequenzbereich von etwa 3:1 kontinuierlich betrieben werden. Die Bemessungen für den Multibandbetrieb sind nicht kritisch, da es sich um ein über die Speiseleitung abstimmbares System handelt. Für den Betrieb auf 20, 17, 15, 12 und 10 m empfiehlt *W8JK* gemäß **Bild 14.1.6c** eine Gesamtlänge *l* der beiden Elemente von 7,30 m und einen Abstand *A* von 2,60 m. Für den gleichen Frequenzbereich hatte *OD5CG* guten Erfolg mit *l* = 9,15 m und A = 2,45 m [1.5]. Vergrößert man *l* auf 12,20 m und *A* auf 3,35 m, kann auch noch das 30-m-Band einbezogen werden. Für den Multibandbetrieb ist immer ein Antennenanpaßgerät vorzusehen. Weitere Angaben zum Speisen sind in [1.6]–[1.7] enthalten.

Die Dipole einer einfachen *W8JK*-Antenne (eine Sektion) können auch als Faltdipole ausgeführt werden [1.8]. Dabei ist der Strahlungswiderstand höher, die Bandbreite etwas größer und auch der Wirkungsgrad steigt, bezogen auf eine einfache *W8JK* mit gestreckten Dipolen. Harmonischenresonanz ist bei Faltdipolen nicht vorhanden, deshalb lassen sich diese Antennen nur für das Band verwenden, für das sie bemessen sind.

Eine Möglichkeit der Speisung zeigt **Bild 14.1.8**. Dabei wird an der Antenne eine Viertelwellenstichleitung angeschlossen. An der Stichleitung kann am Anschlußpunkt mit einer beliebig langen 450-Ω-

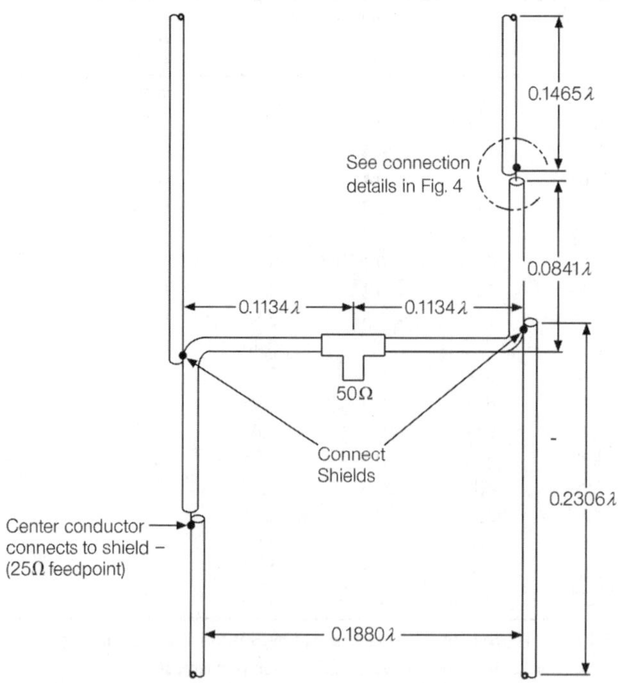

Bild 14.1.9
Koaxiale *W8JK*-Antenne

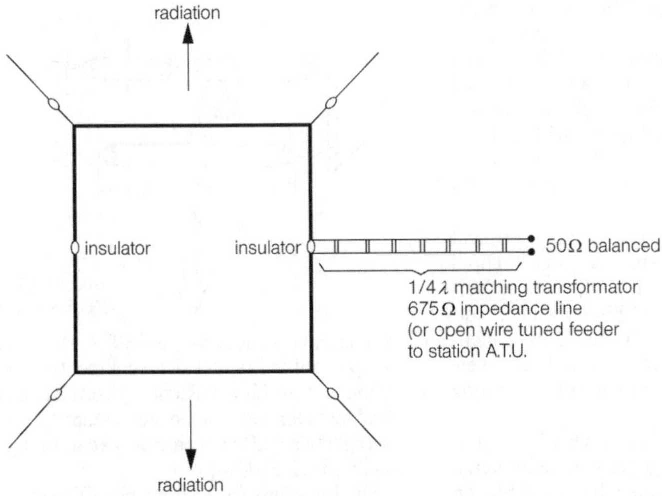

Bild 14.1.10
Lazy Quad
(Draufsicht)

Leitung gespeist werden. Über einen Ringkern-Balun 9:1 läßt sich auch ein beliebig langes Koaxialkabel anschließen.

Eine interessante Möglichkeit die *W8JK*-Antenne direkt mit 50-Ω-Kabel zu speisen wurde 1999 von *NP4B* beschrieben [1.9]. Die Idee dabei ist, die Speisepunkte aus der Mitte heraus etwas gegen das Ende zu verschieben. Dadurch erhöht sich der Eingangswiderstand. Bei einem Abstand von 0,1 λ ist der Eingangswiderstand bei Speisung in der Mitte nur 5 Ω. Nach Berechnung mit einem Antennenprogramm (EZNEC) ergibt sich bei einem Abstand von 0,188 λ ein Eingangswiderstand von rd. 18 Ω bei einem Gewinnrückgang von nur 0,2 dB von 6 dBi auf 5,8 dBi. Bei einer asymmetrischen Speisung wird daraus nun 25 Ω. **Bild 14.1.9** zeigt die neue Anordnung. Die Längen gelten für einen Aufbau aus Koaxialkabel RG-8/X mit einem Verkürzungsfaktor von 0,79. Die Abmessungen sind Freiraumwerte, die in der Praxis noch leicht justiert werden müssen. Wegen der Phasenlage liegen die Speisepunkte diagonal gegenüber. Die 25 Ω am Speisepunkt werden mit je einer λ/4-Transformationsleitung auf 100 Ω transformiert und in der Mitte mit einem T-Glied parallelgeschaltet auf 50 Ω.

14.1.3 „Lazy Quad" (Faule Quad)

Obwohl die *Lazy Quad* wie eine Quad aussieht, ist sie doch Längsstrahler. Sie ist horizontal angeordnet und nicht vertikal, wie eine Quad.

Der Umfang der Antenne ist eine Wellenlänge λ. Die Antenne besteht aus zwei Halbwellendipolen, die zweimal abgewinkelt sind und spannungsgespeist werden [1.10]. **Bild 14.1.10** zeigt die Draufsicht auf die Antenne. Die Eingangsimpedanz ist sehr hoch (etwa 9 000 Ω). Daher wird über eine Viertelwellen-Transformationsleitung von nominal 675 Ω eine Transformation auf 50 Ω vorgenommen. Über einen Balun kann dann die Einspeisung mit 50-Ω-Koaxialkabel vorgenommen werden.

14.1.4 Mäanderförmige Antenne (von *Bell*)

(*E. Bruce* – US 1,919,147 – 1927)
Die von *Bruce* erfundene *mäanderförmige Antenne* der Firma *Bell* ist ein in Oberwellen erregter Längsstrahler, der bidirektional abstrahlt.

Wenn die Mäanderseiten λ/2 lang sind, ergeben sich für aufeinanderfolgende vertikale Elemente Phasendifferenzen von 180°. Die Antenne strahlt also gleich stark nach beiden Seiten in der Antennenlängsebene. **Bild 14.1.11** zeigt die Antenne.

14.2 Unidirektionale Längsstrahler

Werden 2 parallele Dipole mit gleichen Strömen, jedoch phasenverschoben erregt, so wird deren Richtcharakteristik bei bestimmten Abständen und Phasenwinkeln undirektional und es entsteht ein

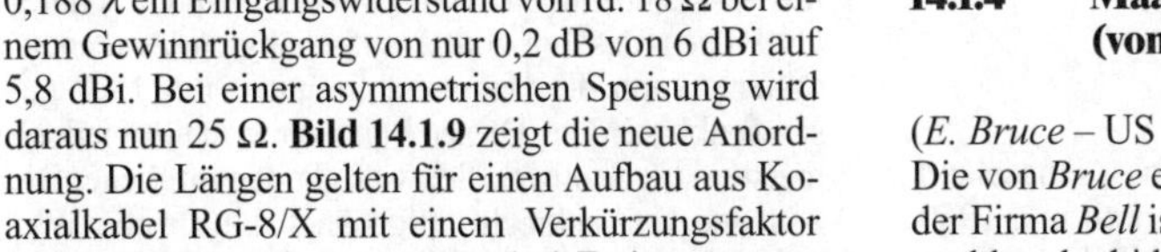

Bild 14.1.11
Mäanderförmige
Antenne

Längsstrahler mit einseitiger Richtcharakteristik. Das Richtdiagramm bekommt z.B. ungefähr die Form einer herzfömigen Kurve (Kardioide), wenn der Abstand der parallelen Dipole $\lambda/4$ beträgt und diese gleichzeitig mit 90° Phasenverschiebung erregt werden. Der gleiche Richteffekt tritt auch bei einem Abstand von $3\lambda/8$ und 45° Phasenverschiebung, sowie bei $\lambda/8$ Abstand und 135° Phasenwinkel auf [2.1].

Die gewünschte Phasenverschiebung erreicht man bei gespeisten Elementen, indem der 2. Dipol über eine Umwegleitung erregt wird, deren elektrische Länge dem geforderten Phasenwinkel entspricht (siehe **Bild 1.3.1**). Ist z.B. eine Leitung elektrisch $\lambda/4$ lang, so verursacht sie eine Phasenverschiebung von 90°. ($\lambda/4$ = 1/4 der vollen Periode von 360° = 90°).

Die Felder der beiden parallelen Dipole, die mit 90° Phasenunterschied erregt werden, summieren sich in bestimmten Richtungen, d.h. an den Stellen im Raum, an denen der Phasenunterschied der Felder 360° beträgt. (Gleichphasigkeit). Sie löschen sich dort aus, wo eine Phasenverschiebung von 180° vorhanden ist (Gegenphasigkeit).

Die Verteilung der Strahlungsmaxima, der Strahlungsauslöschung und der Zwischenwerte beider Extremfälle ergibt die Strahlungscharakteristik. Sie hat – wie erwähnt – bei $\lambda/4$ Abstand und 90° Phasenverschiebung die Form einer Kardioide nach **Bild 14.2.1**. Man erkennt daraus, daß die Halbwertsbreite in der Hauptstrahlrichtung groß und die Rückwärtsstrahlung extrem gering ist.

14.2.1 ZL-Spezial-Antenne

Dieses Antennensystem kommt aus Neuseeland und wurde 1949 von *ZL3MH* entwickelt und 1950 von *G2BCX* in England beschrieben (Bild 14.9).

Der als Reflektor benutzte Faltdipol *R* ist etwa 5% länger als der Strahler *S*. Der Abstand Strahler-Reflektor beträgt $\lambda/8$. Die gekreuzte $\lambda/8$-Verbindungsleitung führt zu einer Erregung des Reflektors mit einer Phasenverschiebung von 135°. Dabei bewirkt die Leitungslänge von elektrisch $\lambda/8$ den Phasenwinkel 45°; da die Leitung überkreuzt wird, beträgt der Phasensprung weitere 180°. Daraus resultiert eine Phasenverschiebung von 180° – 45° = 135°. Die Hauptstrahlung richtet sich senkrecht zur Strahlerebene und einseitig in Richtung vorn Reflektor zum Strahler. Der Gewinn in der Hauptstrahlrichtung beträgt etwa 4 dBd bei einer Rückdämpfung von etwa 20 dB [2.2]–[2.4].

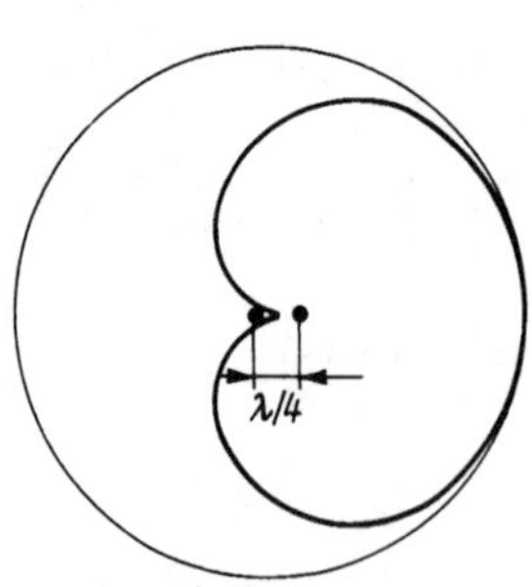

Bild 14.2.1
Kardioide (Herzkurve eines Längsstrahlers aus zwei parallelen Halbwellendipolen

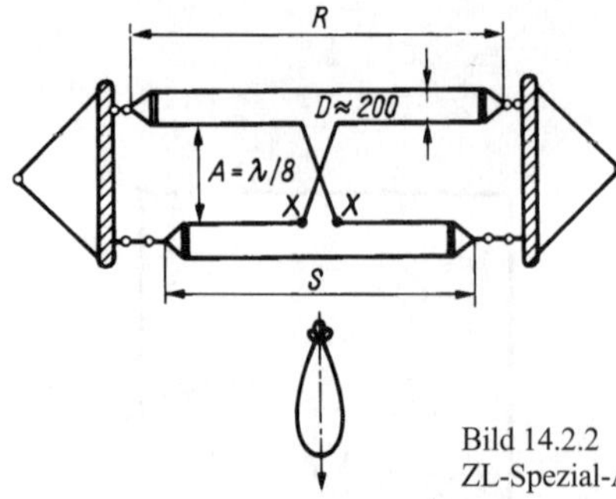

Bild 14.2.2
ZL-Spezial-Antenne

Die Impedanz am Speisepunkt *XX* liegt bei 90 Ω. Ein direktes Speisen mit 75-Ω-Koaxialkabel wäre bei noch tragbarer Welligkeit möglich, wobei eine Symmetrierung des Kabels zu empfehlen ist. Auch eine abgeschirmte 120-Ω-Leitung könnte bei geringer Welligkeit noch eingesetzt werden. Eine weitere Lösung besteht darin, daß am Antenneneingang ein Viertelwellentransformator aus 240-Ω-Bandleitung angeschaltet wird. Es ist dann eine Impedanz von reichlich 600 Ω vorhanden, und man kann deshalb mit einer beliebig langen 600-Ω-„Hühnerleiter" verlustarm speisen.

Aus Faltdipolen aufgebaute Antennen lassen sich nur im Einbandbetrieb verwenden. Durch axiales Umkippen des horizontal aufgehängten Antennensystems kann die Hauptstrahlrichtung um 180° geschwenkt werden. Dieser Maßnahme stehen jedoch meistens mechanische Schwierigkeiten im Wege. Die Antenne hat senkrecht aufgehängt die gleiche Wirkung. Durch entsprechendes Drehen in der Vertikalachse sind alle Richtungen erreichbar. Die beiden Faltdipole stellt man aus üblicher Antennenlitze her; der Abstand D kann für die 3 hochfrequenten Kurzwellenamateurbänder etwa 200 mm betragen. Die gesamte Antenne läßt sich auch aus handelsüblicher UKW-Flachbandleitung anfertigen. Bei Bandleitungs-Faltdipolen ist zu beachten, daß diese Leitungen axial nicht verdreht werden dürfen, weil dies die Faltdipolwirkung stören würde. Das traditionelle Trägermaterial für die Faltdipoldrähte bzw. für die Bandleitung sind Bambusrohre; als modernste Version bieten sich für diesen Zweck Glasfiberstäbe an. Auch PVC-Rohre, wie sie für Hausinstallationen verwendet werden, sind zur Aufnahme der Bandleitungs-Schleifendipole gut geeignet. Um Durchhang zu vermeiden, werden sie über einen Spannturm abgespannt.

Recht stabile Faltdipolausführungen bestehen aus Leichtmetallrohren.

In [2.3] wurden Untersuchungsergebnisse zur Optimierung von ZL-Spezial-Antennen veröffent-

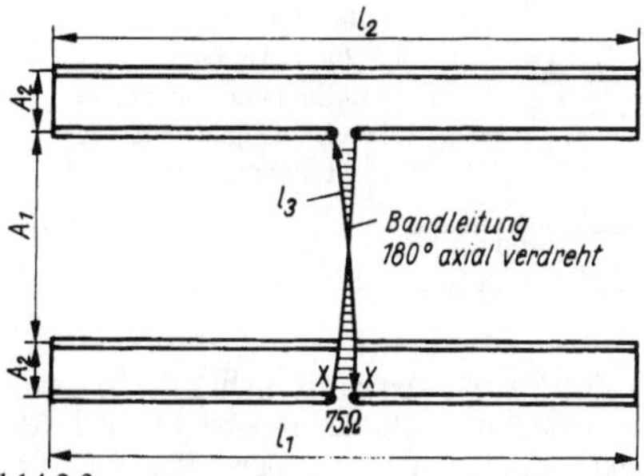

Bild 14.2.3
ZL-Spezial-Antenne (Alurohre)

licht. Dabei stellte sich heraus, daß maximaler Gewinn bei einem Faltdipolabstand von 0,123 λ auftritt. Die Länge der überkreuzten Verbindungsleitung soll elektrisch etwa 0,16 λ betragen, woraus sich ein Phasenwinkel von 58° ergibt. Somit beträgt die wirksame Phasenverschiebung 122° (180°–58°). In der Praxis haben sich Phasenverschiebungen zwischen 115° und 125° als günstig erwiesen.

Bild 14.2.3 zeigt eine aus Leichtmetallrohren aufgebaute Ausführung, deren Abmessungen aus **Tabelle 14.2** hervorgehen. Die für die überkreuzte Verbindungsleitung l_3 angegebene Länge gilt für UKW-Bandleitung mit einem Verkürzungsfaktor $V = 0{,}82$. Werden Bandleitungen mit davon abweichendem Verkürzungsfaktor eingesetzt, muß man deren mechanische Länge mit der unter l_3 angegebenen Bemessungsgleichung errechnen. Alle Daten für andere Resonanzfrequenzen können mit den beigegebenen Gleichungen bestimmt werden.

Erheblich leichter, jedoch von gleicher Leistungsfähigkeit, ist eine Ausführung, die ausschließlich aus UKW-Bandleitung besteht (**Bild 14.2.4**). Wie aus **Tabelle 14.3** hervorgeht, sind alle Abmessungen etwas größer als bei der Rohrausführung. Das ist primär auf die bei Bandkabel sehr enge Annäherung der Leiter innerhalb des Faltdipols zurückzuführen. Die Phasenleitung l_3 ist etwa 9% länger als der Elementabstand A, deshalb ist ein entsprechender Durchhang der Leitung vorhanden. Auch bei dieser Ausführung beziehen sich die für l_3 angegebenen Längen auf Bandleitung mit einem Verkürzungsfaktor V von 0,82.

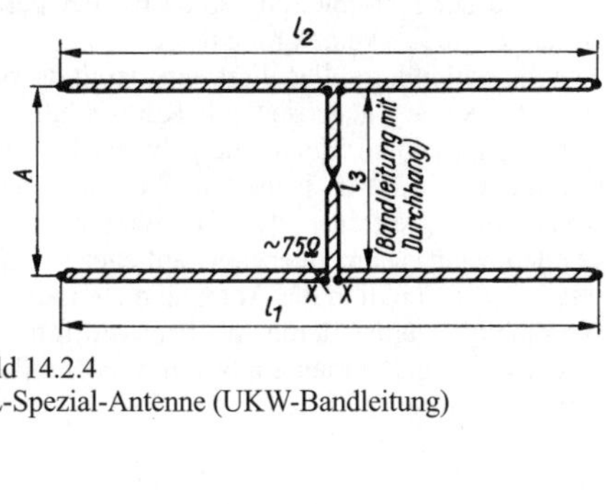

Bild 14.2.4
ZL-Spezial-Antenne (UKW-Bandleitung)

Tabelle 14.2
Bemessungsunterlagen für ZL-Spezial-Antennen mit Rohrelementen nach Bild 14.2.5

Resonanz-frequenz in MHz	Längen l_1 in m	l_2 in m	l_3 in m	Abstände A_1 in m	A_2 in m
7,05	19,00	19,29	5,60	4,40	0,43
10,12	13,24	13,44	3,90	3,06	0,30
14,10	9,50	9,65	2,80	2,20	0,20
18,10	7,40	7,52	2,18	1,70	0,17
21,15	6,34	6,43	1,87	1,47	0,14
24,93	5,38	5,46	1,58	1,24	0,12
28,50	4,70	4,77	1,39	1,09	0,10
Bemessungsgleichungen	$134/f$	$136/f$	$39{,}5/f$	$31/f$	$3/f$

Da der Eingangswiderstand XX für beide Ausführungen zwischen 70 Ω und etwa 90 Ω liegt (abhängig von Aufbauhöhe und Antennenumgebung), kann über ein 75-Ω-Koaxialkabel mit Balun gespeist werden.

Der Gewinn wird in [2.3] mit 6 bis 7 dBi angegeben, wobei die Rückdämpfung 15 bis 18 dB betragen soll. Eine Gewinnsteigerung ist durch zusätzliche parasitäre Elemente möglich, z.B., wenn man in $\lambda/8$ Abstand von l_2 ein gestrecktes Reflektorelement anbringt, das 6% länger ist als l_2, und in $\lambda/8$ Abstand vor l_1 ein gestrecktes Dipolelement anordnet, das 6% kürzer ist als l_1. Der Eingangswiderstand sinkt dabei auf etwa 40 Ω ab.

Die ZL-Spezial-Antenne hat den Vorzug eines relativ großen Frequenzbereiches. Da sie nur eine Einbandantenne ist, wird man sie vorzugsweise im 10- und 12-m-Band einsetzen, gegebenenfalls auch für das 15-m-Band. Für 20 m und mehr noch für 40 m

Tabelle 14.3
Bemessungsunterlagen für ZL-Spezial-Antennen aus Bandleitung nach Bild 14.2.4

Resonanz-frequenz in MHz	Längen l_1 in m	l_2 in m	Abstände l_3 in m	A_1 in m
7,05	19,33	20,57	5,67	5,25
10,12	13,47	14,33	3,95	3,66
14,10	9,67	10,28	2,84	2,62
18,10	7,53	8,00	2,21	2,04
21,15	6,45	6,86	1,90	1,75
24,93	5,47	5,82	1,60	1,48
28,50	4,78	5,10	1,40	1,30
Bemessungsgleichungen	$136{,}3/f$	$145/f$	$40/f$	$37/f$

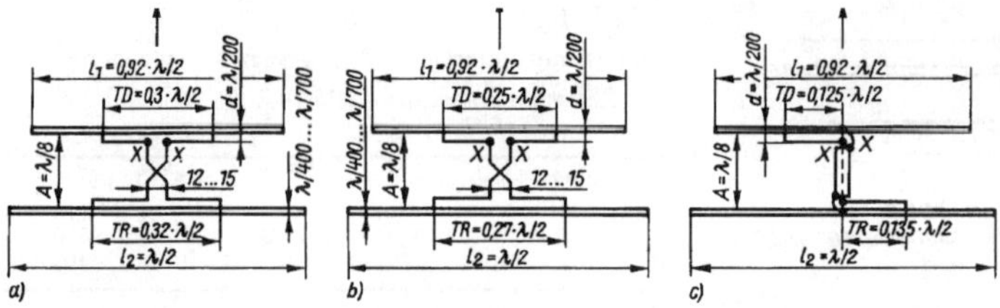

Bild 14.2.5
HB9CV-Antenne
a) - Eingangswiderstand = 300 Ω
b) - Eingangswiderstand = 150 Ω
c) - Eingangswiderstand = 75 Ω

werden die Abmessungen und der damit verbundene mechanische Aufwand so groß, daß man sie nur in Sonderfällen aufbauen kann.

14.2.2 *HB9CV*-Antenne

Dabei handelt sich um eine Entwicklung aus der Schweiz *von Baumgartner, HB9CV.* Die Antenne wurde 1954 in der Zeitschrift Old Man (HB) veröffentlicht [2.5].

Die *HB9CV-Antenne* stellt eine vollgespeiste Richtantenne mit 2 Elementen dar, die – verglichen mit dem ZL-Beam – einen geringeren Materialaufwand und weniger Platz beansprucht. Allerdings sollte diese Antenne in starrer Form aus Leichtmetallrohren aufgebaut werden Literatur über *HB9CV-Antennen* [2.6]–[2.11].

Das elektrische Schema des *HB9CV*-Richtstrahlers zeigt **Bild 14.2.5**. Es handelt sich um 2 ungleich lange Dipole, die im Abstand von λ/8 parallel zueinander angeordnet sind. Beide Dipole werden gespeist, sie sind außerdem durch Strahlung miteinander gekoppelt. Bei dem gewählten Abstand von λ/8 kommt die beste einseitige Richtwirkung zustande, wenn die Elemente so erregt werden, daß die Phasenverschiebung zwischen den Elementen 225° beträgt. Beim *HB9CV*-Beam stellt man durch Überkreuzen der Phasenleitung eine Phasenverschiebung von 180° her. Die Laufzeit vom Speisepunkt über die λ/8 lange Verbindungsleitung ergibt eine zusätzliche Phasenverschiebung von 45°, so daß die geforderte Phasendifferenz der Erregung erreicht wird.

Es besteht somit das gleiche Wirkungsprinzip wie bei der ZL-Spezial-Antenne. Gleichzeitig muß aber auch die Strahlungskopplung zwischen beiden Elementen den gleichen Phasenunterschied ergeben, da andernfalls die Strahlungskopplung der direkten Speisung entgegenwirkt. Das geschieht – wie auch bei *Yagi*-Antennen üblich –, indem man das vordere Element verkürzt (Direktorwirkung) und das hintere Element verlängert (Reflektorwirkung). Die Elementlängen sind außerdem so bemessen, daß sich die induktive Blindkomponente des Reflektors und die kapazitive des Direktors, einschließlich der durch die T- bzw. Gamma-Anpassungen eingebrachten Blindanteile, am Antenneneingang gerade kompensieren.

In der Praxis erweist es sich jedoch, daß eine kleine induktive Blindkomponente auch durch Längenveränderungen an den Elementen nicht wegzustimmen ist. Man beseitigt sie durch Serienkondensatoren C_S am Antenneneingang, deren kapazitiver Blindwiderstand X_C dem zu kompensierenden induktiven Blindwiderstand X_L entspricht (siehe **Bild 14.2.6**).

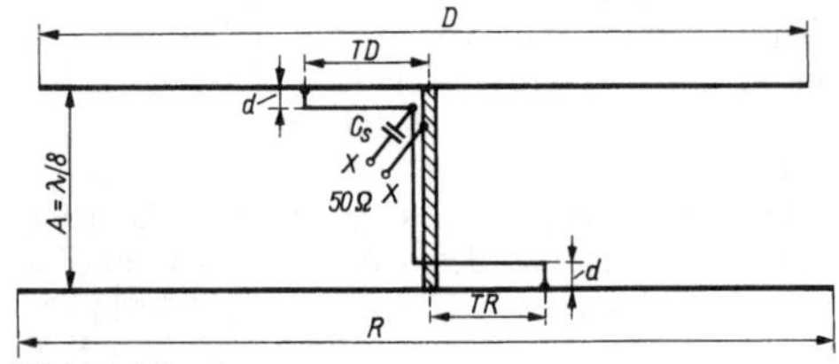

Bild 14.2.6
HB9CV-Antenne
(Bemessungsschema für **Tabelle 14.4**)

Beide Elemente werden durch T-Anpassungen (bzw. Gamma-Anpassungen) erregt, die über die Phasenleitung miteinander verbunden sind. Die T-Glieder greifen auf den Elementen eine der Speiseleitung entsprechende Impedanz ab. Somit befinden sich auf dem gesamten Speisesystem fortschreitende Wellen. Es wäre deshalb ein Luxus, wollte man die T-Glieder und die Phasenleitung aus kostspieligen Rohren herstellen. Einfache PVC-isolierte Leitungen, wie sie für elektrische Hausinstallationen verwendet werden, sind völlig ausreichend (Volldrähte mit PVC-Mantel, Leiterdurchmesser möglichst > 2 mm).

Für die Konstruktion der Phasenleitung stellt *HB9CV* folgende Bedingungen auf:

Damit die Phasenleitung nicht strahlt, soll der Leiterabstand zwischen 12 und 25 mm liegen. Er ist innerhalb dieser Grenzen unkritisch. Der Wellenwiderstand der Phasenleitung spielt bei der geringen Länge von λ/8 keine große Rolle.

Die Phasenleitung soll isoliert sein, damit die beiden Leiter keinen gegenseitigen Kurzschluß hervorrufen oder andere Metallteile galvanisch berühren können. Die PVC- isolierten Phasenleitungen werden vom Querträger etwas entfernt montiert, aber auch wenn sie am Querträger anliegen, wird in der Praxis die Funktion der Antenne nicht merkbar beeinträchtigt, zumal durch die Kunststoffumhüllung der Leitungen immer ein bestimmter Mindestabstand gewährleistet ist.

Tabelle 14.4
Bemessungsunterlagen für *HB9CV*-Antennen nach Bild 14.2.6

Resonanz-frequenz in MHz	Längen D in m	R in m	Abstand A in m	Strecken TD in m	TR in m	d in mm	C_S in pF
14,15	10,24	11,03	2,50	1,53	1,61	130	≈ 330
18,10	8,00	8,63	1,96	1,19	1,26	100	≈ 260
21,10	6,83	7,37	1,67	1,02	1,07	87	≈ 220
24,94	5,80	6,26	1,42	0,87	0,91	75	≈ 190
28,50	5,08	5,48	1,25	0,76	0,80	65	≈ 165
Bemessungsgleichungen							
	$145/f$	$156/f$	$35{,}5/f$	$21{,}6/f$	$22{,}7/f$		

Die elektrische Länge der Phasenleitung soll $\lambda/8$ betragen. Bekanntlich ist die Fortpflanzungsgeschwindigkeit der Wellen auf isolierten Leitern geringer als die Lichtgeschwindigkeit. Bei PVC-isolierten Leitern beträgt der Verkürzungsfaktor etwa 0,9. Für die elektrische Länge von $\lambda/8$ ist deshalb ihre mechanische Länge etwa 10% kürzer. Die Anordnung der T- oder Gamma-Glieder in der Ebene der Elemente bewirkt, daß auch der geometrische Abstand A der beiden Elemente mit $\lambda/8$ eingehalten wird. Praktische Versuche haben ergeben, daß Längenabweichungen der Phasenleitungen ohne merkliche Nachteile bis ± 10% betragen dürfen.

Bis zu Leistungen von 200 W kann der *HB9CV*-Beam über UKW-Bandleitungen mit 240 oder 300 Ω Wellenwiderstand gespeist werden, sofern ihre Länge nicht mehr als 12 m beträgt. Häufig wird das Speisen mit Koaxialkabel bevorzugt. In solchen Fällen verwendet man an Stelle der T-Glied-Anpassung die Gamma-Speisung nach **Bild 14.2.5c**. Alle in **Bild 14.2.5** genannten Werte sind auf die Wellenlänge bezogen; es können damit *HB9CV*-Antennen für beliebige Frequenzen ausgerechnet werden. Es handelt sich dabei um die von *HB 9 CV* erprobten Erfahrungswerte.

Soll eine *HB9CV* Antenne aus Drähten hergestellt werden, etwa in der Bauart einer *W8JK*-Antenne, so ist folgendes zu beachten:

Auf Grund des niedrigen Strahlungswiderstandes treten hohe Antennenströme auf, deshalb soll man möglichst dicke Drähte von guter Oberflächenleitfähigkeit wählen. Ebenfalls sind die Spannungen an den Dipolenden hoch und erfordern gute, genügend lange Isolatoren. Wenn die Elemente aus Draht bestehen, muß ihre Länge etwas größer sein als bei Rohrelementen. Es wird vorgeschlagen, als Reflektorlänge $1{,}02 \cdot \lambda/2$ und als Direktorlänge $0{,}94 \cdot \lambda/2$ zu wählen.

Eine zu hohe Welligkeit läßt sich durch kleine Längenveränderungen an den Elementen verringern. Dabei ist aber zu beachten, daß die Längendifferenz zwischen Reflektor und Direktor immer 8% betragen muß.

Von *DL1BU* wurde die *HB*9CV Antenne sehr gründlich untersucht und vermessen [2.8]. Mit einer Arbeitsfrequenz von 28,4 MHz war die Versuchsantenne nach **Bild 14.2.6** aufgebaut. Sie wurde über ein 50-Ω-Koaxialkabel erregt, wobei sich durch den Serienkondensator C_S der noch vorhandene induktive Blindwiderstand kompensieren läßt. In der Praxis sind die Elementrohre von 16 mm Durchmesser nach den Enden hin bis auf 10 mm Durchmesser teleskopartig verjüngt.

Sie wurden mit dem Antennenträger (Boom) metallisch leitend verbunden. Der lichte Abstand d bezieht sich nur auf die Gamma-Glieder, die $\lambda/8$-Verbindungsleitung läuft dicht am Boom entlang. Als Baumaterial für diese Leitungen wird Aluminium-Runddraht von 6 mm Durchmesser empfohlen. Verwendet man Kupferblankdraht, sollten die Drahtenden durchgehend verzinnt werden. Sie vertragen sich dann ausreichend gut mit dem Aluminium, wenn für gute Abdeckung mit einem elastischen Überzugsmaterial gesorgt wird. Setzt man PVC-isolierte Drähte ein, muß der $\lambda/8$-Abstand A um etwa 5% verkürzt werden.

Entsprechend den in [2.8] gegebenen Bemessungsgrundlagen von *DL1*BU werden in **Tabelle 14.4** die praktischen Abmessungen von *HB9CV*-Antennen für die hochfrequenten Kurzwellen-Amateurbänder aufgeführt.

Mit den in **Tabelle 14.4** angegebenen Werten in Verbindung mit einem höhen- und umgebungsabhängigen Feinabgleich, der sich vor allem auf kleine Längenveränderungen an den Elementen bezieht, gelten folgende Werte als gesichert:

Gewinn = 4,2 dBd ± 0,2 dB,
Halbwertsbreite in der E-Ebene = 68°,
Halbwertsbreite in der H-Ebene = 130°,
Rückdämpfung höhenabhängig = 20 dB,
Gewinnbandbreite für 1 dB Abfall > 4%,
Eingangswiderstand 50 Ω (höhen- und frequenzabhängig).

Hervorzuheben ist die gute Rückdämpfung, die durchaus mit der von größeren Richtantennen vergleichbar ist. Die Meßverfahren werden in [2.8]

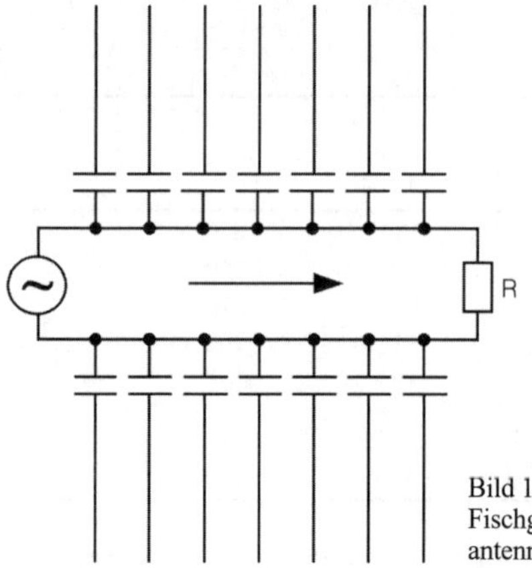

Bild 14.2. 7
Fischgräten-
antenne

ausführlich erläutert. *DK7ZB* hat 1997 beim Bau von *HB9CV*-Antennen festgestellt, daß bei den Abmessungen nach **Tabelle 14.4** die Resonanzfrequenzen für Strahler und Reflektor viel zu tief liegen [2.11]. Er schlägt eine Änderung der Bemessungsgleichungen für l_1 und l_2 folgend vor:

Direktor *D* l_1(m) = 139/f (MHz)
Reflektor *R* l_2(m) = 150/f (MHz)

14.2.3 Fischgrätenantenne

(*H.O. Peterson* – US 1,821,402 – 1927)
Die *Fischgrätenantenne* wurde 1931 beschrieben [2.12]. In dieser Veröffentlichung wurde diese Antenne als *Model A Antenna* beschrieben. Die Antenne ging erstmalig 1927 in Betrieb als Richtantenne zwischen USA und Deutschland auf 16,2 m Wellenlänge. Bis 1931 waren von diesem Antennentyp 38 Antennen in Betrieb in USA, Phillipinen, Hawai, China, Rußland und Norwegen.

Der Name Fischgrätenantenne war schon im o.g. Patent als „*fishbone*“ zu finden. Eine Verbesserung, in Bezug auf Breitbandigkeit, findet sich 1936 in einer Patentanmeldung [2.13].

Die Antenne wird durch Strahler gebildet, die lose an eine abgeschlossene Zweidrahtleitung angekoppelt sind. Die Impedanz ist 400 Ω. Die Antenne hat einen sehr guten Gewinn, ist breitbandig und hat eine flache Abstrahlung, wenn sie hoch genug montiert ist. Die Höhe ist meist 18 bis 36 m über Grund. Die Antennenbreite ist 18 bis 30 m. Die Antennenlänge 95 m.

Bild 14.2.7 zeigt eine *Fischgrätenantenne*.

Bemessungsangaben:

Strahlerlänge	0,225 λ
Abstand zwischen den Strahlern	0,125 λ
Widerstand	400 Ω

Es gibt auch eine englische Version der Antenne, die *HAD fishbone*. Die Antenne besteht aus 2 nebeneinanderliegenden Fischgrätenantennen. Die Impedanz jeder abgeschlossenen Zweidrahtleitung ist 600 Ω. Nach der Parallelschaltung kann mit 300 Ω gespeist werden. Die Antennenlänge ist jeweils 5 λ. Es kann natürlich auch eine einzelne Antenne verwendet werden, die dann mit 600 Ω gespeist wird.

Bemessungsangaben:

Strahlerlänge	0,45 λ
Abstand zwischen den Strahlern	0,25 λ
Widerstand	600 Ω

In den 60er Jahren ist die *Fischgrätenantenne* noch einmal bekannt geworden als VHF/UHF-Peilantenne. Die Fa. *WISI* hat für Funkmeßwagen der Deutschen Bundespost eine VHF-UHF-Drehanlage entwickelt, bei der im UHF-Bereich eine breitbandige *Fischgrätenantenne* FT 04 im Einsatz war. Der Frequenzbereich dieser Antenne war 350 bis 850 MHz, als Gewinn war 1,8 bis 5,8 dB(d) angegeben. Der Abschlußwiderstand war 240 Ω, die Antenne wurde über ein Symmetrierglied 1:4 mit 60-Ω-Koaxialkabel gespeist.

14.2.4 Mäanderförmige Antenne (von *Standard*)

(*E. Bruce* – GB 272,117 – 1927)
Die von *Bruce* erfundene *mäanderförmige Antenne* der Firma *Standard* ist ein in Oberwellen erregter Längsstrahler. Er arbeitet mit fortschreitenden Wellen und strahlt ohne Reflektorsystem einseitig (unidirektional) ab.

Die Breite der vertikalen Elemente ist $\lambda/4$ (0,25 λ), die Höhe $\lambda/2$ (0, 5 λ). Die Abstände zwischen

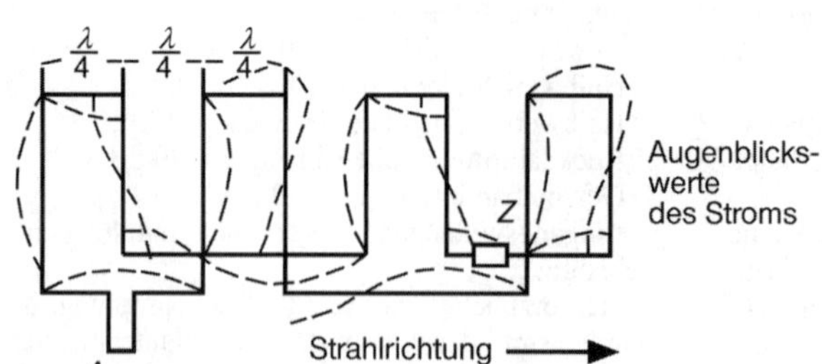

Bild 14.2.8
Mäanderförmige Antenne
(von *Standard*)

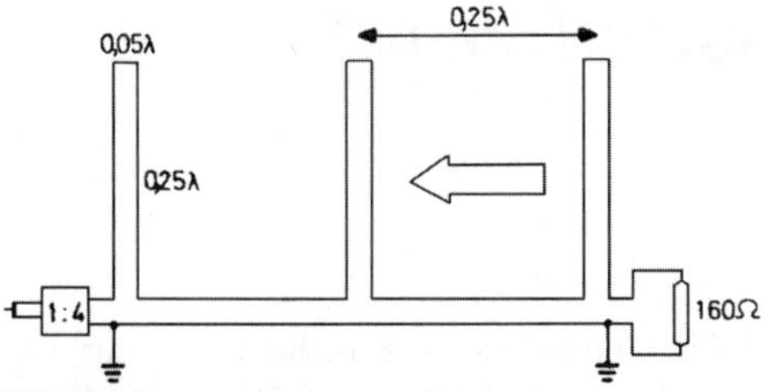

Bild 14.2.9
Mäanderförmige Antenne (von *Marconi*)

den vertikalen Elementen in einem Leitungszug betragen abwechselnd $\lambda/4$ und $3\lambda/4$, ferner ist die Rückleitung gegenüber der Hinleitung in Richtung der Antennenachse um $\lambda/2$ versetzt. Am Ende ist die Antenne mit ihrem Wellenwiderstand Z abgeschlossen, so daß sich fortschreitende Wellen auf ihr ausbilden können. Die in Richtung von A (Einspeisung) nach Z (Wellenwiderstand) aufeinanderfolgenden vertikalen Elemente schwingen mit einer gegenseitigen Phasennacheilung von 90°. Die Antenne strahlt daher einseitig in diese Richtung. **Bild 14.2.8** zeigt die Antenne.

14.2.5 Mäanderförmige Antenne (von *Marconi*)

(*C.S. Franklin* – US 2,053,658 – engl. Priorität 1932)
Die von *Franklin* erfundene *mäanderförmige Antenne* der Firma *Marconi* ist ein in Oberwellen erregter Längsstrahler. Er arbeitet mit fortschreitenden Wellen und strahlt ohne Reflektorsystem einseitig (unidirektional) ab.

Die Breite der vertikalen Elemente ist $\lambda/20$ (0,05 λ), die Höhe $\lambda/4$ (0,25 λ), die Abstände zwischen den vertikalen Elementen in einem Leitungszug betragen $\lambda/4$ (0,25 λ). Am Ende ist die Antenne mit ihrem Wellenwiderstand Z abgeschlossen, so daß sich fortschreitende Wellen auf ihr ausbilden können. Die in Richtung von Z (Wellenwiderstand) nach A (Einspeisung) aufeinanderfolgenden vertikalen Elemente schwingen mit einer gegenseitigen Phasennacheilung von 90°. Die Antenne strahlt daher einseitig in diese Richtung. **Bild 14.2.9** zeigt die Antenne.

Literatur zu Abschnitt 14

[0.1] *NTG*: Antennengattungen und Antennenformen. NTG 1302, Entwurf 1961. NTZ, H. 2,/ 1961, S. 92–96

[0.2] *Bontsch-Bruewitsch, M.A.*: Die Strahlung der komplizierten rechtwinkeligen Antennen mit gleichbeschaffenen Vibratoren. Ann. Physik., Bd. 81, 1926, S. 425–453

[0.3] *Pistolkors, A.A.*: The radiation resistance of beam antennas. Proc. IRE, March 1929, pp. 562–579

[0.4] *Papas, C.H.; King, R.*: The Radiation Resistance of End-Fire and Collinear Arrays. Proc. IRE, June 1948, pp. 736–741

[0.5] *Bechmann, R.*: Berechnung der Strahlungsdiagramme von Antennenkombinationen. Telefunkenzeitung, 1929, H. 53, S. 52

[0.6] *Siegel, E.; Labus,J.*: Feldverteilung und Energieemission von Richtantennen. Z. HF-Techn., Bd. 39, 1932, S. 86

[1.1] *Kraus, J.D.*: Antennas. McGraw-Hill, New York, 1988 (Chapt. 11-3)

[1.2] *Kraus, J.*: Directional Antennas with Closely – spaced Elements. QST, January 1938, pp. 21–23

[1.3] *Kraus, J.D.*: Antenna Arrays with closely Spaced Elements. Proc. IRE, February 1940, pp. 76–84

[1.4] *Kraus, J.*: The W8JK Antenna: Recap and Update. QST June 1982, pp. 11–14

[1.5] *Regier, F.*: A new look at the W8JK antenna. Ham Radio, July 1981, pp. 60–63

[1.6] *Marshall, R.C.*: An end-fed multiband 8JK. Ham Radio, May 1984, pp. 81–88

[1.7] *Schellenbach, R.R.*: The end-fed 8JK: a switchable vertical array. Ham Radio, May 1985, pp. 53–55

[1.8] *Doyle, W.*: A folded end-fire radiator. Ham Radio, October 1980, pp. 44–47

[1.9] *Zimmermann, R.K.*: A Simple 50-W Feed for W8JK Beams. QST June 1999, pp. 41–42, 47

[1.10] *Heys, J.D.*: Practical Wire Antennas. RSGB, Potters Bar, Herts (UK), 1989

[2.1] *Brown, G.H.*: Directional Antennas. Proc. IRE, January 1937, pp. 78–145

[2.2] *Schick, R.*: A Shortened ZL-Special Beam. CQ, July 1959. pp. 42–43

[2.3] *Jordan, G.B.*: Understanding the ZL Special antenna. Ham Radio, May 1976, pp. 38–40

[2.4] *Ward, A.C.*: 10-meter ZL Special antenna for indoor use. Ham Radio, May 1980, pp. 50–54

[2.5] *Baumgartner, R.*: der HB9CV-Beam. Old Man 12/1954, S. 402–424

[2.6] *Baumgartner, R.*: Die HB9CV-Richtstraëhlantenne. W. Körner-Verlag, Stuttgart, 1961

[2.7] *Baumgartner, R.*: Die HB9CV-Richtstrahlantenne. QRV 4/74, S. 189-197; QRV 5/74, S. 257–262; QRV 6/74, S. 310–324

[2.8] *Schwarzbeck, G.*: Streifzug durch den Antennenwald HB9CV. CQ-DL 1/83, S. 10-19

[2.9] *Fuchs/Collins*: HB9CV-Richtstrahlantenne. Frech-Verlag, Stuttgart, 1984

[2.10] *Goltz, I.*: HB9CV – Immer wieder. CQ DL, 11/91, S. 676

[2.11] *Steyer, M.*: HB9CV-Antennen für 2 m, 6 m und 10 m. Funk-Amateur 12/97, S. 1446

[2.12] *Carter, P.S.; Hansell, C.W.; Lindenblad, N.E.*: Development of Directive Transmitting Antennas. Proc. IRE, October 1931, pp. 1773–1842

[2.13] *M. Katzin* – US 2,192,532 – 1936

15 Große Schleifenantennen (Loops)

Im Gegensatz zu den Dipolantennen, die man als offene Antennen bezeichnet, sind die *großen Schleifenantennen* (*Loops*) geschlossene Antennen. Dabei ist die Länge, also der Umfang, der *großen Schleifenantennen*, in der Größe von Wellenlängen, praktisch von $1 \cdot \lambda$ aufwärts. Prinzipiell sind geschlossene Antennen magnetische Antennen. Für die Frequenz $f = 0$ ist auch die Impedanz Null. Für steigende Frequenz ist der Impedanzverlauf induktiv. Dieser Impedanzverlauf geht aber nur bis zur Halbwellenresonanz, also zu einem Umfang von $\lambda/2$, danach wird der Impedanzverlauf kapazitiv. Daher bezeichnet man nur kleine Schleifen (bis zu einer Länge von etwa $\lambda/4$) als magnetische Antennen.

Große Schleifenantennen sind zwar geschlossen, haben aber, im Gegensatz zu den kleinen Schleifenantennen, einen sinusförmigen Stromverlauf. Die geschlossene Bauform hat folgende Vorteile: Die elektrisch durchgehende galvanische Verbindung bewirkt eine geringere Empfindlichkeit gegenüber statischen Aufladungen, z.B. bei Gewitter. Geringere Umgebungsempfindlichkeit, d.h. vertikale Schleifen können näher an den Boden und horizontale Schleifen näher an Hindernissen montiert werden. Geringere Polarisationsempfindlichkeit, d.h. weniger Fadingeinbrüche. Durch die größere Oberfläche ergibt sich eine etwas größere Bandbreite. Die Schleifenform hat nur geringen Einfluß auf Gewinn, Strahlungswiderstand und Richtdiagramm.

Seit 100 Jahren werden Schleifenantennen untersucht, patentiert und beschrieben. Das erste Patent über eine geschlossene Antenne war 1898 das deutsche Patent von *Slaby* und *Arco* [0.1]. Das erste internationale Patent war 1899 das englische Patent von *Braun* [0.2]. Weitere bekannte Namen waren *Bashenoff*, *Mjasoedoff* und *Plebanski* [0.3]–[0.6]. Frühe Arbeiten über Schleifenantennen sind [0.7]–[0.11]. Weitere Veröffentlichungen sind [0.12]–[0.14].

15.1 Resonante Schleifen

15.1.1 Halbwellenschleife

Der Impedanzverlauf von Schleifenantennen ist für steigende Frequenz induktiv. Im Gegensatz dazu ist der Impedanzverlauf von Dipolantennen für steigende Frequenz kapazitiv.

Die erste Resonanz bei Schleifenantennen tritt bei der Antennenlänge $l = \lambda/2$ auf. Die Resonanz einer *Halbwellenschleife* ist hochohmig. Im Gegensatz dazu tritt die erste Resonanz bei Dipolantennen ebenfalls bei der Antennenlänge $l = \lambda/2$ auf, ist aber niederohmig.

Man kann sich eine *Halbwellenschleife* auch vorstellen als eine kurzgeschlossene Viertelwellenschleife. Unterhalb der Resonanzfrequenz wirkt sie induktiv, bei Resonanz als Parallelschwingkreis und über der Resonanzfrequenz wirkt sie kapazitiv.

Eine quadratische Halbwellenschleife hat eine Seitenlänge von $\lambda/8$; ($4 \times \lambda/8 = \lambda/2$). Die Einspeisung ist auf einer Seite bei *XY*. Die Stromverteilung ist ein Maximum gegenüber der Einspeisestelle. Es gibt keine Nullstelle, die ganze Schleife strahlt. Das Maximum der Strahlung zeigt in Richtung des maximalen Stroms, also nach rechts (**Bild 15.1.1**).

Der Gewinn ist etwas über 1 dB, das Vor-/Rückverhältnis ist etwa 5 dB. Im Gegensatz dazu hat ein Halbwellendipol eine Nullstelle in Richtung der Antennenachse.

15.1.2 Ganzwellenschleifen

Eine *Ganzwellenschleife* wurde erstmals 1902 in einem Patent erwähnt [1.0]. Die zweite Resonanz bei Schleifenantennen tritt bei der Antennenlänge $l = \lambda$ auf. Die Resonanz einer *Ganzwellenschleife* ist niederohmig. Im Gegensatz dazu tritt die zweite Resonanz bei Dipolantennen ebenfalls bei der Antennenlänge $l = \lambda$ auf, ist aber hochohmig.

Man kann sich eine *Ganzwellenschleife* auch vorstellen als eine kurzgeschlossene Halbwellenschleife. Unterhalb der Resonanzfrequenz wirkt sie kapazitiv, bei Resonanz als Serienschwingkreis und über der Resonanzfrequenz wirkt sie induktiv [1.1].

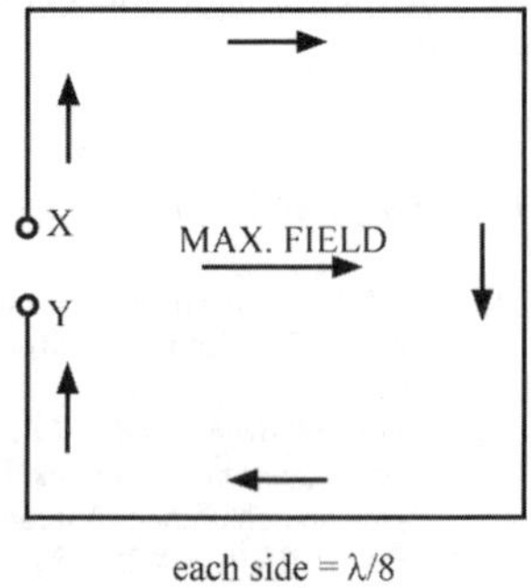

Bild 15.1.1
Halbwellenschleife

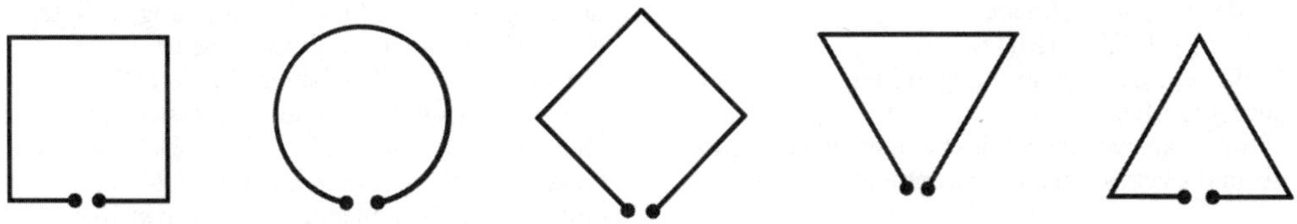

Bild 15.1.2
Schleifenelemente

Gebräuchliche geometrische Formen von *Ganzwellenschleifen* sind:

- Kreis-Element mit dem Radius $\lambda/2\pi$ als Ring-Loop oder Kreis
- Quadrat-Elemente mit der Seitenlänge $\lambda/4$ als Quad-Loop oder Quadrat oder auf der Spitze stehend
- als Diamond oder Rhombus
- Dreieck-Elemente mit der Seitenlänge $\lambda/3$ als Delta-Loop oder Triangel oder auf der Spitze stehend als Inverted Delta-Loop oder als Nabla-Loop
- Rechteck-Element mit dem Seitenverhältnis $V : H \approx 1 : 2{,}3$ als Oblong
- Polygon-Elemente mit unterschiedlicher Seitenzahl als Pentagon: Fünfeck als Hexagon: Sechseck als Oktagon: Achteck
- Ellipsen-Elemente mit unterschiedlichem Achsenverhältnis

Der Schleifenumfang beträgt bei allen Elementen eine Wellenlänge (1 Lambda). **Bild 15.1.2** zeigt die wichtigsten Schleifenelemente. Die Gewinne verhalten sich bei gleichem Umfang wie die Flächen. Bei gleichem Umfang verhalten sich die Flächen von Kreis, Quadrat und gleichseitigem Dreieck etwa wie 1 : 0,8 : 0,6. Die größte Fläche hat die Ring-Loop, dann folgen Quad-Loop und Delta-Loop.

Am stärksten verbreitet ist die *Quad-Schleife*, die man entweder in der Mitte einer Seite erregt oder in der Form eines Rhombus mit Einspeisung an einer Ecke. Beide Aufbauformen sind gleichwertig. Antennenwirkfläche $A_W = 0{,}164\ \lambda^2$.

Mit der *Delta-Schleife*, dargestellt durch ein gleichseitiges Dreieck mit $\lambda/3$ Seitenlänge, wurde eine Bauform gefunden, die in manchen Fällen konstruktive Vorteile bieten kann. Antennenwirkfläche $A_W = 0{,}152\ \lambda^2$.

Die *Ring-Schleife* konnte sich bei den Funkamateuren kaum durchsetzen, da ihre praktische Konstruktion – insbesondere im Kurzwellenbereich – sehr schwierig ist. Der Kreisring ist aber die wirkungsvollste Ganzwellenschleife. Antennenwirkfläche $A_W = 0{,}178\ \lambda^2$.

Mit Computer-Hilfe berechnete Gewinne von verschiedenen Ganzwellenschleifen wurden 1980 veröffentlicht [1.2]. Berechnete Gewinne und Strahlungswiderstände finden sich in [1.3] und [1.4]. **Tabelle 15.1** gibt die Werte für verschiedene Ganzwellen-Schleifenelemente an. Die Schleifenform hat nur einen geringen Einfluß auf Gewinn, Strahlungswiderstand und Richtdiagramm. So beträgt der maximale Unterschied zwischen Ring-, Quadrat- und Polygon-Elementen beim Gewinn 0,3 dB und beim Strahlungswiderstand ca. 15%. Zum Dreieck-Element ist der maximale Unterschied beim Gewinn etwa 0,6 dB. Dreieck-, Rechteck- und Elipsen-Elemente haben einen etwas geringeren Gewinn.

Erste theoretische Vergleiche zwischen Schleifen und Dipolen über Grund wurden 1976 in USA veröffentlicht [1.5]. Interessante praktische Vergleiche wurden 1979 von *DL3AO* gebracht [1.6]. So spielt es für die Abstrahlung auch keine wesentliche Rolle, ob der Schleifenumfang 0,9 λ, oder 1,1 λ beträgt.

Die übliche Formel für die Schleifenlänge ist

$$L/\mathrm{ft} = \frac{1005}{f/\mathrm{MHz}} \qquad (15.1.1)$$

oder anders geschrieben $L\,(\mathrm{ft}) = 1005 / f\,(\mathrm{MHz})$
mit L ... Schleifenumfang in Fuß und f ... Frequenz im MHz.

Umgerechnet auf das metrische Maßsystem lautet die Formel dann:

$$L/\mathrm{m} = \frac{306{,}3}{f/\mathrm{MHz}} \qquad (15.1.2)$$

Tabelle 15.1
Gewinne und Strahlungswiderstände von Ganzwellen-Schleifenelementen (unterschiedliche Lieraturstellen)

Element	g/dBi	g/dBi	R_S/Ω	g/dBi	R_S/Ω
Kreis	3,49	3,28	135	3,49	133
Quadrat	3,13	2,99	120	3,14	117
Rhombus	3,13	2,99	120	3,14	117
Dreieck		2,70	105	2,82	106
Rechteck		2,43	218		
Literatur	[1.3]	[1.4]	[1.4]	[1.5]	[1.5]

oder anders geschrieben

L (m) = 306,3 / f(MHz)

mit L ... Schleifenumfang in Meter und f ... Frequenz im MHz.

Eine Ganzwellenschleife hat jeweils zwei Maxima und zwei Minima bei Strom und Spannung.

15.2 Horizontale Schleifen

Horizontale Schleifen sind resonante Ganzwellenschleifen. Die Antennen werden als Allbandantennen verwendet. Der Schleifenumfang ist dann für die tiefste Frequenz (meistens das 80-m-Band) eine ganze Wellenlänge. Die Form ist meistens ein Quadrat oder ein Dreieck. Die *horizontale Schleife* wird in einer Höhe von mindestens 10 m montiert.

Elevation: Auf der Grundwelle (3,5 MHz) erfolgt die Abstrahlung steil nach oben, senkrecht zur Antennenfläche, mit Reflexion am Erdboden. *Horizontale Schleifen* werden daher auch als „Skywarmer" (Himmelswärmer) oder „Cloudburner" (Wolkenbrenner) bezeichnet.

Auf den Oberwellen (7 MHz und höher) wird die Abstrahlung immer flacher mit Einzügen in der Mitte. Auf der Grundwelle (3,5 MHz) ist das Horizontaldiagramm, unabhängig von der Schleifenform, fast rund. Auf den Oberwellen (7 MHz und höher) ergibt sich eine immer größer werdende Aufzipfelung.

Die Polarisation der *horizontalen Schleifen* ist horizontal.

Gewinn: (Antennenmodell-Berechnung nach *W4RNL* [2.0]). Der Gewinn im Azimut von horizontalen Ganzwellen-Schleifen ist bei der Grundwelle (z.B. 80 m) etwa 4,3 dBi und ist 13,7 dBi bei der achten Oberwelle (z.B. 28 MHz) bei Einspeisung in der Ecke und 12,2 dBi bei Einspeisung auf der Seite. Der Gewinn in der Elevation ist höhenabhängig bei der Grundwelle (z.B. 80 m) etwa 7,1 dBi bei einem Erhebungswinkel von 90° und ist 12,8 dBi bei einem Erhebungswinkel von 9° bei der achten Oberwelle (z.B. 28 MHz) bei Einspeisung auf der Seite.

Eingangsimpedanz: (Antennenmodell-Berechnung nach *W4RNL* [2.0]). Die Eingangsimpedanz ist bei der Grundwelle $Z = (120 - j\,100)\,\Omega$.

Der Wert ist unabhängig davon, ob die Einspeisung an einer Ecke oder an einer Seite vorgenommen wird. Bei 18 und 24 MHz ergeben sich positive Blindanteile. Bei der achten Oberwelle (z.B. 28 MHz) ist $Z = (260 - j\,220)\,\Omega$ bei Einspeisung in der Ecke und $Z = (280 - j\,250)\,\Omega$ bei Einspeisung auf der Seite.

Eine der ersten Veröffentlichungen über *horizontale Schleifenantennen* war 1973 von *W3FQJ* [2.1]. Darin wurde eine horizontale Quadantenne beschrieben mit einem Umfang von einer Wellenlänge. Es wurde auch eine Formel für die Schleifenlänge angegeben Nach heutigen Erkenntnissen ist die Länge etwas zu kurz. Die Speisung erfolgte mit Koaxialkabel in der Mitte einer Seite.

Es gab in den 70er Jahren drei Veröffentlichungen in deutscher Sprache. Die erste Veröffentlichung war 1977 von *DF3FU* [2.2]. Dabei wird eine Gesamtdrahtlänge von 82,8 m (CW 84 m) als Quadrat mit einer Seitenlänge von 20,7 m in 10 m Höhe über Grund parallel zur Erde aufgehängt. Die Einspeisung erfolgte in einer der Ecken mit 60- bis 75-Ω-Koaxialkabel.

Die zweite Veröffentlichung war 1978 von *DL1VU* [2.3]. Die dritte Veröffentlichung erschien 1978 von *DL2FA* [2.4].

Die Antennen waren hier liegende Quad- und liegende Delta-Loop-Antennen. *DL2FA* nannte die liegenden Antennen „Lazy" (Faul), in Analogie zur „Lazy-H-Antenne" (Fauler Heinrich = liegendes H) und bezeichnete sie als „Lazy-Quad" und „Lazy-Delta-Loop". Die Schleifenlänge war wieder für das längste Band (80-m-Band) eine volle Wellenlänge. Bei einer Delta-Loop also 28 m und bei einer Quad-Loop 21 m. Für das 160-m-Band wird die Antenne in der Hälfte des Umfanges aufgetrennt. Der Eingangswiderstand der Antenne wird mit ≈ 75 Ω angegeben. Nach jetzigen Erkenntnissen ist das etwas wenig.

Weitere Veröffentlichungen sind [2.5]–[2.7]. In [2.7] und [2.8] finden sich Computerdiagramme für Azimut und Elevation. Die Diagramme von *W1FB* in [2.8] stellten sich leider als falsch heraus, wie *NJ2L* in [2.9] berichtete. Die Diagramme waren durch einen Programmierungsfehler (falsche Symmetrieebene) um 45° verdreht!

N4PC verringerte den Schleifenumfang seiner horizontalen Schleife für 80 m von 1 λ auf 3/4 λ und speiste sie an zwei gegenüberliegenden Ecken mit 180° Phasenverschiebung [2.10]. Dadurch wurde die Schleife so modifiziert, daß sie schon bei 80 und 40 m flach strahlend ist und ausgezeichnete DX-Eigenschaften auf 20 bis 10 m aufweist.

Die Seitenlänge der quadratischen Schleife war 15,5 m. Die Phasenleitung zwischen den gegenüberliegenden Ecken bestand aus einer Zweidrahtleitung (450-Ω-Flachbandleitung). Die Phasenverschiebung wurde durch ein einmaliges Verdrehen eines Anschlusses an einer Ecke erreicht. Die Speisung erfolgt in der Mitte der Phasenleitung. In der Veröffentlichung sind auch die berechneten Diagramme für Azimut und Elevation angegeben.

80 m:
Im Azimut ist die Antenne bidirektional (eiförmiges Diagramm). In der Elevation gibt es zwei Keulen, je eine bei 40° Erhebungswinkel.

40 m:
Im Azimut ist die Antenne noch mehr bidirektional (fast achterförmig). In der Elevation sinkt der Erhebungswinkel auf 34°.

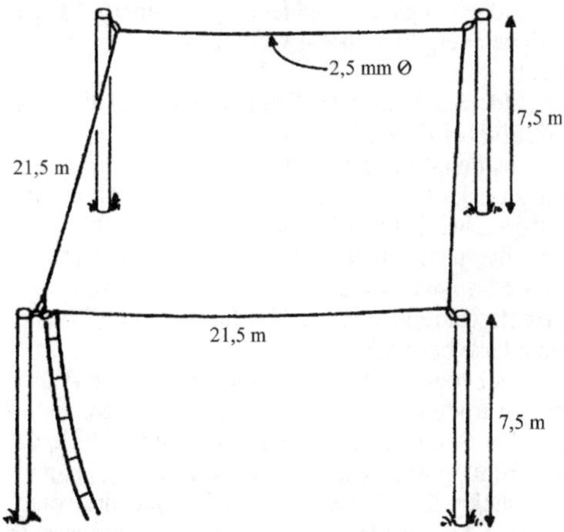

Bild 15.2.1
Horizontale Quad-Loop

30 m:
Im Azimut ist die Antenne fast rundstrahlend (ein abgerundetes Quadrat). In der Elevation sinkt der Winkel auf 30°.
20 m:
Im Azimut ist die Antenne fast rundstrahlend (ein abgerundetes Quadrat). In der Elevation gibt es vier Keulen, der Erhebungswinkel sinkt auf 23°.
17 m:
Im Azimut hat die Antenne vier ausgeprägte Keulen. In der Elevation gibt es vier Keulen, der Erhebungswinkel sinkt auf 15°.
15 m:
Im Azimut hat die Antenne vier ausgeprägte Keulen. In der Elevation gibt es vier Keulen, der Erhebungswinkel sinkt auf 13°.
12 m:
Im Azimut hat die Antenne acht Keulen, davon sind zwei stark ausgeprägt. In der Elevation gibt es sechs Keulen, davon sind vier stark ausgeprägt, der Erhebungswinkel sinkt auf 11°.
10 m:
Im Azimut hat die Antenne zwölf Keulen, davon sind vier stark ausgeprägt. In der Elevation gibt es acht Keulen, davon sind vier stark ausgeprägt, der Erhebungswinkel sinkt auf 9°.

Weitere Veröffentlichungen über horizontale Schleifen sind [2.11]–[2.13]. **Bild 15.2.1** zeigt eine quadratische Schleife von 86 m Umfang [2.12]. Strahlungsdiagramme sind dabei in [2.12] und [2.13] zu finden.

Speisung
Die horizontalen Schleifen können an einer beliebigen Stelle eingespeist werden. Aus mechanischen Gründen wählt man die Einspeisung entweder in einer Ecke oder in der Mitte einer Quadrat- oder Dreiecksseite.

Bei Einbandbetrieb kann die Anpassung über einen Viertelwellen-Transformator aus 75-Ω-Koaxialkabel vorgenommen werden. Dadurch erfolgt die Transformation von 120 Ω auf 50 Ω. Ein Balun 1:1 als Mantelwellensperre wird empfohlen.

Die komplexen Widerstände (Impedanzen) nach [2.0] für Mehrbandbetrieb sind leicht anzupassen. Die Wirkwiderstände (Resistanzen) liegen zwischen 95 Ω und 415 Ω. Die Blindwiderstände (Reaktanzen) liegen zwischen – 650 Ω und + 245 Ω. Für Mehrbandbetrieb empfiehlt es sich die horizontalen Schleifen mit einer Zweidrahtleitung (450 Ω) über einen Antennentuner zu speisen.

15.3 Vertikale Schleifen

Vertikale Schleifen sind auch resonante Ganzwellenschleifen. Bei *vertikalen Schleifen* wird durch die Art der Einspeisung die Polarisation der Antenne und damit auch der Abstrahlwinkel beeinflußt. Alle einfachen *vertikalen Ganzwellenschleifen* weisen annähernd gleiche Richtcharakteristik auf. Sie strahlen bidirektional aus ihrer Breitseite mit einer Halbwertsbreite in der E-Ebene von etwa 80° und leichter Bündelung in der H-Ebene. Bei horizontaler Polarisation der Schleife treten gleichzeitig noch kleine vertikal polarisierte Strahlungsteile auf, die sich quer zur Hauptstrahlungsrichtung ausbreiten. Sinngemäß ist bei vertikaler Polarisation der Schleife die zusätzliche Querstrahlung horizontal polarisiert. Die Antennen werden meistens als Monobandantennen verwendet.

Die Formen können sein: Quadrat, Rechteck, Dreieck, Kreis.

Die erste Veröffentlichung über eine *vertikale Schleifenantenne* war 1967 von *K8ANV* in einem US-Gebrauchsmuster über eine Delta-Loop [3.0]. Weitere Veröffentlichungen über *vertikale Schleifenantennen* waren 1971 von *G6LX* [3.1] und *W3FQJ* [3.2] und 1974 von *G3AQC* [3.3]. In [3.1] war für den Umfang von vertikalen Schleifenantennen eine Formel angegeben: L (ft) = 1006 / f(MHz), umgerechnet L (m) = 306,6 / f(MHz), dabei bedeutet L ... Schleifenumfang in Meter und f ... Frequenz im MHz.

Die Resonanzlänge von *vertikalen Ganzwellen-Schleifenantennen* kann generell nach folgender Bemessungsformel errechnet werden:

$$\text{Gesamtumfang} \quad U/\text{m} = \frac{305}{f/\text{MHz}} \qquad (15.3.0)$$

Veröffentlichungen in deutscher Sprache erschienen 1986 von *DJ4UF* [3.4] und 1990 von *DL6UQ* [3.5].

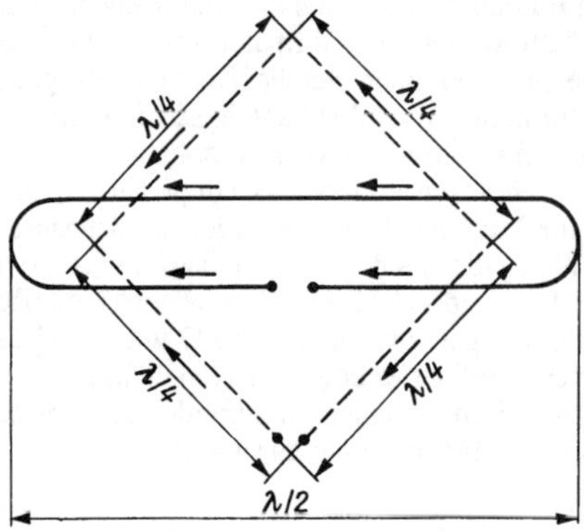

Bild 15.3.1
Entwicklung einer Quad-Loop aus einem Faltdipol

15.3.1 Quadrat-Schleife (Quad-Loop)

Die erste Veröffentlichung über eine „Quad" Antenne erschien 1948 in der US-Amateurzeitschrift QST [3.6]. Zur Theorie der *Quad-Loop* (Square-Loop) erschien der erste Beitrag 1956 [3.7].

Die *Quadrat-Schleife* kann man sich aus dem Faltdipol entstanden denken. Wird ein waagrechter Faltdipol senkrecht auseinandergezogen, so kann daraus ein auf der Spitze stehendes Quadrat mit einer Seitenlänge von je $\lambda/4$ gebildet werden (**Bild 15.3.1**).

Am Stromverlauf ändert sich bei einem solchen deformierten Faltdipol nichts gegenüber der Normalausführung. Allerdings sind die beiden Strommaxima dieser *quadratischen Ganzwellenschleife* nicht eng benachbart wie bei Faltdipol, sondern weit (etwa $0{,}35\lambda$) voneinander entfernt. Dadurch verändert sich die Richtcharakteristik gegenüber der eines Faltdipols, gleichzeitig sinkt der Eingangswiderstand auf etwa 120 Ω.

Man kann eine *Quadrat-Schleife* auch als zwei gleichphasig erregte und gestockte Halbwellendipole mit abgeknickten Enden betrachten. Es ist die einfachste Form einer Dipolzeile mit einem Stockungsabstand von $\lambda/4$ (vgl. **Bild 13.2.2**). Für eine einfache *Quadrat-Schleife* nach **Bild 15.3.1** (gestrichelt) ergibt sich ein Gewinn von nicht ganz 1 dBd.

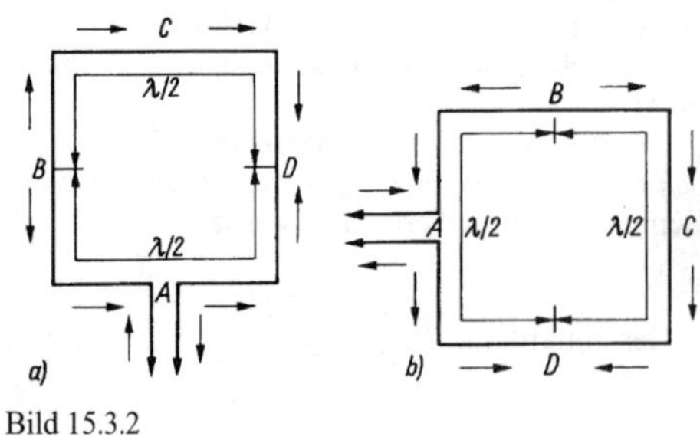

Bild 15.3.2
Quad-Loop
(Stromverlauf u. Polarisation)
a) - horizontale Polarisation
b) - vertikale Polarisation

Bild 15.3.2 zeigt den Stromverlauf und die Polarisation bei Quadrat-Schleifen.

Aus den eingezeichneten Stromrichtungspfeilen ist zu erkennen, daß die waagrechten Abschnitte entsprechend **Bild 15.3.2a** und die senkrechten Abschnitte nach **Bild 15.3.2b** gleichphasig erregt werden. Somit werden die Seiten *A* und *C* phasengleich erregt, während sich die Abschnitte *B* und *D* in Gegenphase befinden.

Das bedeutet, daß nach **Bild 15.3.2a** die Polarisation eindeutig horizontal ist, da die waagrecht liegenden Seiten gleichphasig erregt sind. Bei einer Anordnung nach **Bild 15.3.2b** wird dagegen an einer senkrechten Seite eingespeist, und die waagrechten Abschnitte befinden sich in Gegenphase. In diesem Fall ist die Polarisation eindeutig vertikal.

Man kann also bei einer *Quadrat-Schleife* die Polarisation durch entsprechende Wahl des Anteneinganges festlegen, wobei die Regel gilt:

- Einspeisen in eine waagrechte Seite
  = horizontale Polarisation,
- Einspeisen in eine senkrechte Seite
  = vertikale Polarisation.

Dem Antenneneingang der *Quadrat-Schleife* genau gegenüber befindet sich ein Spannungsminimum; dort kann die Schleife geerdet werden.

Der Umfang einer gespeisten *Quadrat-Schleife* beträgt für die Resonanz theoretisch 1λ. Während man bei üblichen Dipolen aus physikalischen Gründen immer mit einer mechanischen Verkürzung des Antennenleiters gegenüber der Wellenlänge rechnen muß, ist das bei *Quadrat-Schleifen* nicht der Fall. Verschiedene Untersuchungen haben übereinstimmend ergeben, daß für *Quadrat-Schleifen* der Verkürzungsfaktor > 1, also ein „Verlängerungsfaktor" ist. Das gilt für sämtliche Formen von Ganzwellenschleifen und alle Wellenbereiche. Der Verlängerungseffekt erklärt sich aus der Tatsache, daß es bei einer Ganzwellenschleife im Gegensatz zu einem gestreckten Dipol keine offenen Enden gibt und deshalb die kapazitive Randwirkung sehr gering ist. Weiterhin wird durch das Abwinkeln der Leiterdrähte ein Verlängerungseffekt hervorgerufen. Die Parallele dazu findet man beim Faltdipol, für dessen Resonanzbemessung die den Abstand der beiden parallelen Leiter bestimmenden Leitungsstücke nicht berücksichtigt werden. Bei Einbeziehung dieses Abstandes ist somit die gesamte Leiterlänge eines Faltdipols ebenfalls $\geq 1\lambda$.

Bei der *Quadrat-Schleifen* (*Quad-Loop*) rechnet man mit einem Gesamtumfang von etwa $1{,}02\ \lambda$. Frühere Angaben über Seitenlängen von *Quadrat-Schleifen* sind meist zu klein.

W6SAI und *W2LX* geben in neueren Veröffentlichungen über den Schleifenumfang in [3.8] umgerechnet die Formel: $L\,(\mathrm{m}) = 306\,/\,f(\mathrm{MHz})$ und in [3.9]

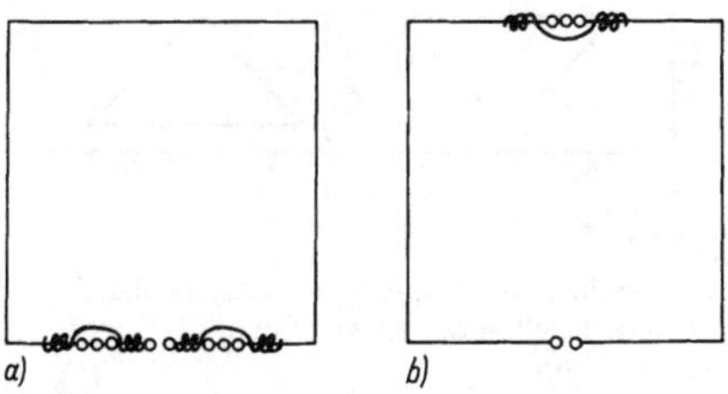

Bild 15.3.3
Drahtschleifen als Abstimmhilfe bei Quadrat-Schleifen

umgerechnet die Formel: L (m) = 303,3 / f(MHz)
K2OB gibt in [3.10] für Kupferdraht umgerechnet die Formel: L (m) = 303,7 / f (MHz) und für Aluminiumdraht und Teflon überzogene Drähte: L (m) = 300,7 / f(MHz).

Als allgemeine Bemessungsformel für den Schleifenumfang ergibt sich:

$$\text{Gesamtumfang } U/\text{m} = 304 / f(\text{MHz}) \quad (15.3.1)$$

Bei einer Draht-Quad gibt es eine einfache Möglichkeit, nachträglich die genaue Resonanz zu korrigieren (**Bild 15.3.3**). Dabei muß die gesamte Drahtlänge etwas kürzer als erforderlich bemessen sein. Beiderseits des Antenneneingangs wird je ein Isolator eingehängt, der mit einer Drahtschleife überbrückt ist. Durch Vergrößern oder Verkleinern der Drahtschleifen erhält man beim Feinabgleich die gewünschte exakte Resonanz. Mit gleichem Erfolg bei geringerem Aufwand kann man nach **Bild 15.3.3b** auch auf der dem Antenneneingang gegenüberliegenden Seite abstimmen. Es wird dann nur ein Isolator mit einer Drahtschleife benötigt.

Eine weitere Möglichkeit nachträglicher Resonanzveränderungen zu höheren Frequenzen hin besteht in der „Bypass-Methode". Dabei werden die Eckstücke je nach Bedarf durch Drähte überbrückt, woraus sich eine „Wegverkürzung" ergibt, die die Resonanzfrequenz erhöht.

Je näher eine Antenne dem Erdboden ist, desto mehr verschiebt sich ihre Resonanzfrequenz nach niedrigen Frequenzen hin. Der Eingangswiderstand einer Antenne wird in ähnlicher Weise von der Erdbodennähe beeinflußt. Wenngleich eine *Quadrat-Schleife* als gestocktes System nicht so empfindlich auf die Erdbodeneinflüsse reagiert wie eine Einebenenantenne, sollte man die Antenne doch möglichst hoch über dem Erdboden aufbauen.

15.3.2 Rechteck-Schleife (Oblong)

Experimentierfreudige Funkamateure ermittelten, bis zu welcher vertikalen Verkürzung eine *rechteckige Ganzwellenschleife* noch ihre guten Abstrahlungseigenschaften behält. Da die Schleife resonant bleiben sollte, mußte die vertikale Verkürzung durch eine horizontale Verlängerung ausgeglichen werden. So entstand eine *Rechteck-Schleife* nach **Bild 15.3.4**.

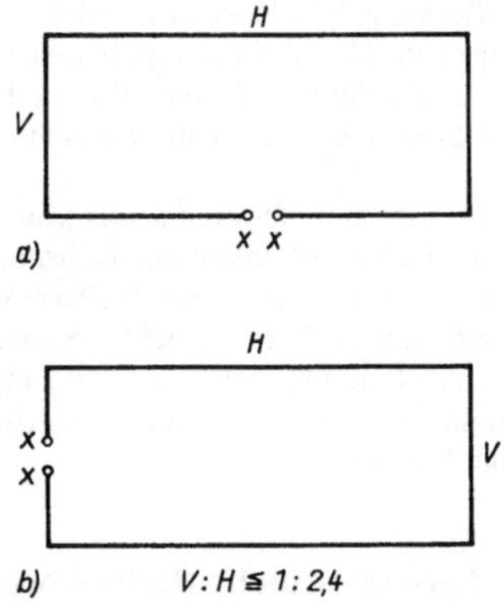

Bild 15.3.4
Rechteck-Schleife (Oblong)
a) - horizontal polarisiert
b) - vertikal polarisiert

In der Amateurliteratur wird es kurz als *Oblong* bezeichnet. *G6LX* baute und erprobte solche *Rechteck-Schleifen* für das 80-m-Band und kam zu den nachstehenden Ergebnissen [3.1].

Den örtlichen Verhältnissen entsprechend wurde das Verhältnis $V : H$ mit ≈ 1 : 2,3 gewählt. Dabei hatten die vertikalen Seiten V eine Länge von je 12,2 m, während die waagerechten Seiten H eine Länge von je 29,3 m betrugen. Das entspricht einem Gesamtumfang der Schleife von 83 m. Die untere Waagrechte befand sich nur etwa 3 m über dem Erdboden (≈ λ/27!). Die gemessene Resonanzfrequenz des Strahlers betrug dabei 3,67 MHz. Das bedeutet eine geringfügige mechanische Verlängerung gegenüber $1 \cdot \lambda$.

Für den Nachbau bei gleichem Seitenverhältnis und sehr geringer Höhe über dem Erdboden ergibt sich daraus als Bemessungsformel für den Schleifenumfang:

$$\text{Gesamtumfang } U/\text{m} = 304{,}6 / f(\text{MHz}) \quad (15.3.2)$$

Bei horizontaler Polarisation (**Bild 15.3.4a**) ergab sich eine Eingangsimpedanz von 115 Ω, wobei die Welligkeit s innerhalb ± 150 kHz von der Resonanzfrequenz nicht über 1,5 lag. Beim Umstellen der gleichen Antenne auf Vertikalpolarisation (**Bild 15.3.4b**) verkleinert sich die Eingangsimpedanz, so daß die Antenne über ein 70-Ω-Koaxialkabel gespeist werden kann. Außerdem vergrößert sich der Frequenzbereich merklich gegenüber Horizontalpolarisation.

G6LX erzielte hervorragende DX-Resultate mit diesem 80-m-Oblong, das wegen der einfacheren Speisungsmöglichkeit vorwiegend mit Vertikalpolarisation betrieben wurde. Im Funkverkehr über mittlere Entfernungen ist Horizontalpolarisation etwas günstiger, im DX-Verkehr ergaben sich keine Unterschiede. Zu ähnlich guten DX-Ergebnissen mit 80-m-Oblongs kamen skandinavische Funkamateure.

Das Seitenverhältnis des Rechtecks von 1 : 2,4 kann und soll nach Möglichkeit unterschritten werden. Überschreitet man es durch weitere Verkürzung der vertikalen Abschnitte, geht die erwünschte „flache" Abstrahlung verloren, der Eingangswiderstand steigt an, und das Rechteck wirkt wie ein normaler Faltdipol.

15.3.3 Dreieck-Schleife (Delta-Loop)

Im Jahre 1968 wurde von *W6DL* als Abwandlung der Quad-Loop erstmalig eine *dreieckförmige Ganzwellenschleife* vorgeschlagen und als *Triangular-Loop* bezeichnet [3.11]. Dabei handelt es sich um ein gleichseitiges Dreieck, dessen Seitenlängen mit je $\lambda/3$ bemessen sind.

Als Umfang gab *W6DL* folgende Formel an: L (in) = 11800 / f (MHz), umgerechnet entspricht dies L (m) = 299,7 / f (MHz). Die Eingangsimpedanz wurde mit 140 Ω symmetrisch angegeben. Als Speisekabel wurde ein 125-Ω-Twinkoaxialkabel vorgeschlagen.

Von *K8ANV* [3.12] und *W1ICP* [3.13] wurde 1969 die Resonanzlänge einer *Delta-Loop* angegeben mit: L (ft) = 1 005 / f (MHz), umgerechnet L (m) = 306,3 / f (MHz).

1976 wurde der Umfang von *WB6UFW* in [3.14] mit L (ft) = 1 000 / f(MHz), umgerechnet mit L (m) = 304,8 / f(MHz) angegeben.

Als allgemeine Bemessungsformel für den Schleifenumfang ergibt sich:

$$\text{Gesamtumfang } U / \text{m} = 306{,}3 / f(\text{MHz}) \quad (15.3.3)$$

Wie aus **Tabelle 15.1** hervorgeht, ist der errechnete Gewinn der *Ganzwellen-Delta-Schleife* etwas geringer als der einer Ganzwellen-Quad-Schleife.

Ihr Strahlungswiderstand R_S beträgt in Abhängigkeit von der Aufbauhöhe 90 bis 110 Ω. Verwendet man großflächige Leichtmetallrohre, dann sind die Hochfrequenzverluste durch den Skineffekt gegenüber dünnen Drahtelementen geringer, und es scheint, daß auch der Frequenzbereich des Delta-Loop größer ist als der eines Quad-Elementes.

Bei den *Dreieck-Schleifen* kann das Dreieck auf einer Seite stehen ... *Delta-Loop*, oder auf einer Spitze ... *Inverted Delta-Loop* oder *Nabla-Loop* (nach dem mathematischen Begriff). Oft werden auch beide nur als *Delta-Loop* bezeichnet.

Bild 15.3.5 zeigt die beiden Bauarten. Die Einspeisung ergibt eine vertikale Polarisation. Der Einspeisungspunkt entscheidet darüber, ob vorwiegend vertikal oder horizontal abgestrahlt wird. Im

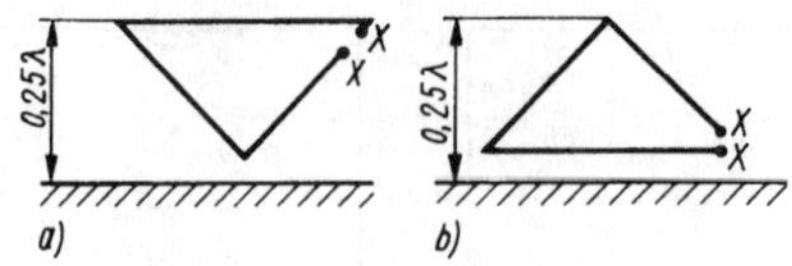

Bild 15.3.5
Dreieck-Schleifen (Delta-Loops) vertikal polarisiert
a) - Inverted Delta-Loop (Nabla-Loop)
b) - Delta-Loop

vorliegenden Fall (**Bild 15.3.5**) ist die Polarisation für beide Bauarten vertikal mit einem Erhebungswinkel des Maximums von rund 25°. Außerdem ist noch ein kleiner Anteil horizontal polarisierter Abstrahlung vorhanden, die steil nach oben gerichtet ist. In der Praxis wird die Bauform nach **Bild 15.3.5b** bevorzugt, weil sie nur einen zentralen Tragemast benötigt, dessen Höhe etwa $\lambda/4$ (bezogen auf die Betriebswellenlänge) beträgt.

Diese Speisung wird bei 80 und 40 m verwendet, die vertikal polarisierte Delta-Loop ist eine erfolgreiche DX-Antenne.

Bild 15.3.6 zeigt 3 praktisch erprobte Delta-Loop-Antennen mit Bemessungsangaben. **Bild 15.3.6a** ist eine Ausführung von *G3AQC* [3.3], die zu ihrem Aufbau 2 je etwa 16 m hohe Tragemaste benötigt. Sofern nicht vorhandene Stützpunkte

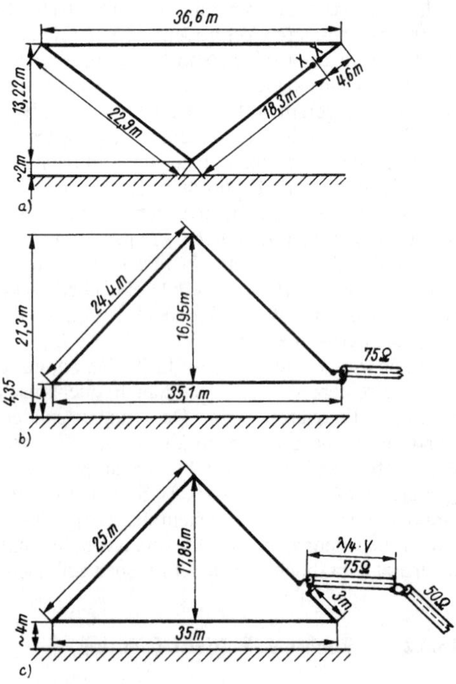

Bild 15.3.6
Delta-Loops für das 80-m-Band
a) - nach *G3AQC*
b) - nach *ZL1BN*
c) - nach *DL1BU*

(Bäume, Hausgiebel usw.) genutzt werden können, wird man die „Einmastbauformen" bevorzugen. Die Längenverteilung auf die Dreiecksseiten kann etwas variiert werden; es ist aber wichtig, daß der Gesamtumfang von 1λ erhalten bleibt. Der Eingangswiderstand *XX* beträgt etwa 90 Ω. Somit ist das Speisen über ein beliebig langes 75-Ω-Koaxialkabel bei tragbarer Welligkeit durchaus möglich.

Die Bauform **Bild 15.3.6b** wurde von *ZL1BN* ausgeführt und in [3.15] beschrieben. Sie unterscheidet sich nur geringfügig von der in **Bild 15.3.6c** dargestellten Antenne, deren Aufbau von *DL1BU* in [3.16] behandelt wurde. *DL1BU* empfiehlt den Einsatz eines koaxialen Viertelwellentransformators mit einem Wellenwiderstand von 75 Ω, der den Eingangswiderstand von etwa 110 Ω an ein 50-Ω-Koaxialkabel anpaßt (siehe Abschnitt 6.6.1). Wenn das 75-Ω-Kabel den üblichen Verkürzungsfaktor *V* von 0,66 hat, ist die mechanische Länge der Transformationsleitung 13,7 m. Man kann bei derartigen erdnahen Delta-Loops damit rechnen, daß deren Umfang ziemlich genau 1λ beträgt, daß heißt, daß weder der bei Ganzwellenschleifen übliche Verlängerungsfaktor noch ein Verkürzungsfaktor wirkt. Die Resonanzlage wird von der Höhe des waagrechten Abschnittes über der Erdoberfläche beeinflußt. Da man diese an der fertigen Antenne kaum verändern kann, bleibt noch die bequemere Möglichkeit, Resonanzverschiebungen durch eine Serienkapazität am Antenneneingang (zur Resonanzerhöhung) oder eine Verlängerungsspule herbeizuführen. Solche Kapazitäten und Induktivitäten stellt man zweckmäßig aus Kabelstücken her.

Der Frequenzbereich ist relativ groß; über eine Breite von etwa 160 kHz im 80-m-Band bleibt die Welligkeit ≤ 2. Läßt man eine maximale Welligkeit von $s = 3$ zu, reicht der Frequenzbereich von 3,5 bis 3,8 MHz (Resonanzfrequenz in Bandmitte). Wegen der besseren Strahlungseigenschaften sollte die Bauform von *DL1BU* (**Bild 15.3.6c**) bevorzugt werden.

Die Drähte müssen gut vom Tragemast isoliert werden, denn nahe dem Ort der Mastspitze und etwa in der Mitte des waagerechten Abschnittes befinden sich Spannungsmaxima. Gegenüber den meisten anderen vertikal polarisierten Antennen haben Delta-Loops als geschlossene Ganzwellensysteme den Vorzug, daß sie keine Radials benötigen und daß der Einfluß des Erdbodens auf Wirkungsgrad und Strahlungseigenschaften nur gering ist.

Mit nur etwa 10 m Masthöhe muß man bei einer Delta-Loop-Antenne für das 40-m-Band rechnen. Sie entsteht, indem alle für die 80-m-Ausführung angegebenen Abmessungen halbiert werden, wobei zu berücksichtigen ist, daß der Gesamtumfang 42,5 m betragen soll (entspricht 1λ für Bandmitte). Vertikal polarisierte Delta-Loop-Antennen bringen im Verkehr über mittlere Entfernungen nur dürftige Ergebnisse, sie sind aber hervorragend für den Weitverkehr geeignet.

Wenn das Dreieck auf einer Spitze steht kann man die Antenne auch an diesem Punkt speisen, dabei ergibt sich eine horizontale Polarisation. Diese Bauform wird bei der Delta-Loop-Beam angewendet. Eine solche Bauform bietet als selbsttragende Konstruktion gegenüber der Quad eine Materialeinsparung, sowie weitere mechanische Vorteile. Allerdings müssen die beiden Schenkel *A* und *B* aus starrem Material, z.B. kräftigem Leichtmetallrohr, hergestellt werden, während die waagrechte Seite *C* aus Draht bestehen kann. Die erforderlichen Rohre von je λ/3 Länge setzen der selbsttragenden Delta-Loop mechanische Grenzen, welche die Anwendung auf das 10-m- und 15-m-Band begrenzen dürften.

DJ5DW und *DF3LW* haben 1982 in [3.17] und 1987 in [3.18] Berechnungen veröffentlicht mit Strahlungsdiagrammen, Gewinne und Strahlungswiderstände für verschiedene Höhen über idealen Grund bei den drei Möglichkeiten eine normale *Delta-Loop* zu speisen.

Die Ausführungen **Bild 15.3.6a** und **b** sind horizontal polarisiert, während **Bild 15.3.6c** und **d** vertikal polarisiert sind. Die Formen **b** und **d** stellen aus Gründen einer vertikalen Verkleinerung keine gleichseitigen Dreiecke mehr dar. In diesem Fall muß beachtet werden, daß das Verhältnis *B* : *A* den Wert 1 : 1,3 nicht überschreiten soll.

Bild 15.3.7 zeigt die Vertikaldiagramme für vertikal verkleinerte *Delta-Loops* mit verschiedener Speisung in einer Ecke nach *G4EZG* [3.19]. Die Einspeisung bei (a) ergibt eine Steilstrahlung, die Einspeisung bei (b) eine Flachstrahlung. Damit ist es möglich mit einer nur maximal λ/4 hohen Antenne auch DX zu machen. Die Anpassung an 50 Ω erfolgt über einen 75-Ω-Viertelwellen-Transformator.

Ein fast ähnliches Strahlungsdiagramm wie (b), mit einem geringfügig kleinerem Erhebungswin-

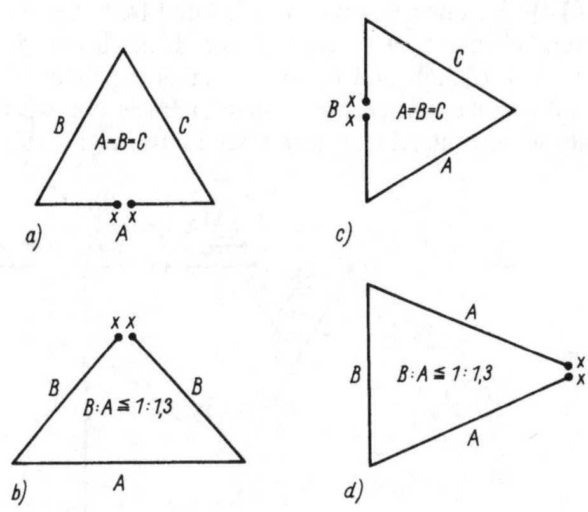

Bild 15.3.7
Delta-Loop
a) u. b) - horizontal polarisiert
c) u. d) - vertikal polarisiert

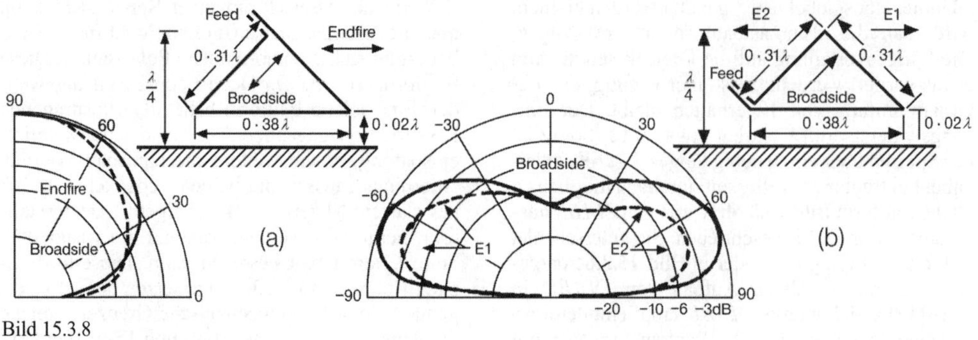

Bild 15.3.8
Vertikaldiagramme von Delta-Loops
(a) - Steilstrahlung
(b) - Flachstrahlung

kel, zeigt nach [3.3] eine gleichseitige *Inverted-Delta-Loop* (*Delta-Loop* mit der Spitze nach unten), eingespeist an einer der oberen Ecken. Der Strahlungswiderstand ist dabei rund 60 Ω. Eine Einspeisung erfolgt mit 50- oder 75-Ω-Koaxialkabel über einen Balun.

Wird eine gleichseitige *Inverted-Delta-Loop* an der unteren Spitze eingespeist, dann hat die Antenne eine horizontal polarisierte steile Keule für Europabetrieb und eine etwas kleinere vertikal polarisierte flache Keule für DX-Betrieb [3.3]. Der Strahlungswiderstand ist dabei rund 180 Ω.

TLDL-Antenne

Wie *W1DTV* in [3.20] ausführt, kann man die Strahlungseigenschaften weiter verbessern, wenn man die Delta-Loop als gleichseitiges Dreieck mit einer Seitenlänge von je 0,25λ darstellt. Der Gesamtumfang beträgt dann aber nur 0,75λ, und man muß die an der Ganzwellenresonanz fehlende Länge in der Form einer kapazitiven Last an die Antennenspitze anfügen. Von *W1DTV* wird diese Antenne als **TLDL** bezeichnet (engl.: **T**op **L**oaded **D**elta **L**oop). Verglichen mit einer rechtwinkligen Delta-Loop wie in **Bild 15.3.6b** und **c**, hat sie annähernd gleiche Aufbauhöhe bei erheblich kürzerer Basis. Sie wird als waagrechter Leiter mit einer Länge von ≥ λ/8 senkrecht zur Breitseite des Dreiecks ausgespannt (siehe **Bild 15.3.9b** und **c**). Eine leichte Neigung des Leiters ist zulässig. Nach *W1DTV* muß die λ/8 lange Dachkapazität je nach Neigung des Leiters und dem Abstand der Antenne vom Erdboden um bis zu etwa 30% verlängert werden, um Ganzwellenresonanz des Gesamtsystems zu erhalten. Bei Bedarf kann die Leiterlänge der Dachkapazität auch mechanisch verkürzt werden, wenn man eine Verlängerungsspule einfügt (**Bild 15.3.9c**). In der Praxis (80-m-Band) konnte die Länge des Leiters um die Hälfte vermindert werden, wenn man eine Verlängerungsspule mit 32 μH Induktivität einfügte. Sie vermindert allerdings den Frequenzbereich.

In **Bild 15.3.9a** ist die Stromrichtung durch Pfeile angedeutet, die Begrenzung der λ/8-Abschnitte ist mit Punkten gekennzeichnet. Der Antenneneingang *XX* liegt in Seitenmitte, dabei ergibt sich eindeutig Vertikalpolarisation. Nach *W1DTV* beträgt die Eingangsimpedanz 130 Ω. Über einen 75-Ω-Viertelwellentransformator - wie in **Bild 15.3.6c** - kann mit einem 50-Ω-Koaxialkabel gespeist werden; die Welligkeit beträgt dann 1,16. Bezogen auf eine rechtwinklige Delta-Loop wird für die *TLDL* in [3.20] ein Gewinn von 2,3 dB angegeben.

Im 80-m-Band darf man bei der *TLDL* mit einem Frequenzbereich von etwa 290 kHz rechnen, er

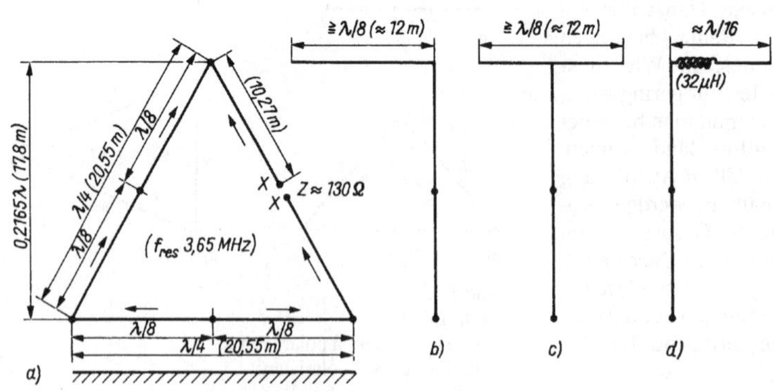

Bild 15.3.9
TLDL-Antenne
(Klammerwerte für 3,65 MHz)
a) - Vorderansicht
b) - Seitenansicht
mit einseitiger Dachkapazität
c) - Seitenansicht
mit zweiseitiger Dachkapazität
d) - Seitenansicht
mit Verlängerungsspule

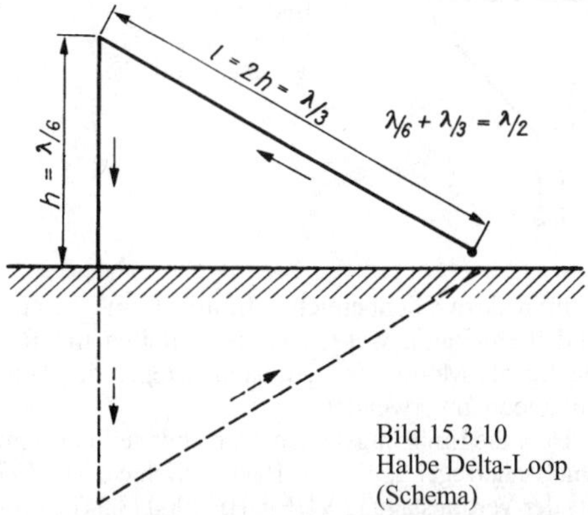

Bild 15.3.10
Halbe Delta-Loop
(Schema)

sinkt bei der Ausführung mit Verlängerungsspule auf 185 kHz ab. Als Frequenzbereich gilt hier der Bereich, in dem die Welligkeit nicht über 2 ansteigt. Alle Bemessungsangaben für eine Resonanzfrequenz von 3,65 MHz sind in **Bild 15.3.7a** als Klammerwerte aufgeführt. Eine Umrechnung für andere Mittenfrequenzen und Amateurbänder ist leicht möglich. Umfassendere Angaben und Maßwerte sind in [3.20] enthalten.

Halbe Delta-Loop

In **Bild 15.3.10** ist das Schema einer halbierten oder halben Delta-Loop-Antenne dargestellt, deren Länge $\lambda/2$ beträgt, aufgeteilt in einen vertikalen Abschnitt mit einer Höhe h von $\lambda/6$ und einen schräg nach unten verlaufenden Leiter mit einer Länge von $\lambda/3$. Wie gestrichelt angedeutet ist, ergänzt sich die Antenne spiegelbildlich im Erdboden zu einer Ganzwellen-Delta-Loop. Dies läßt die starke Abhängigkeit von den Erdverhältnissen erkennen. Es besteht überwiegend Vertikalpolarisation, die Hauptstrahlung erfolgt bidirektional aus der Breitseite. Der Gewinn wird mit maximal 5 dBi (bezogen auf isotropen Strahler) angegeben.

In [3.21], [3.22] wird diese Antenne ausführlich untersucht und beschrieben. Es ergab sich dabei, daß die aus λ errechneten Teillängen mit dem Faktor 1,15 multipliziert werden mußten, um Ganzwellenresonanz zu erhalten. Somit ist

$$h/_{\text{m}} = \lambda/6 \cdot 1{,}15 \text{ bzw.}$$

$$h/_{\text{m}} = \frac{57{,}5}{f/_{\text{MHz}}} \qquad (15.3.4)$$

und

$$l/_{\text{m}} = \lambda/3 \cdot 1{,}15 \text{ bzw.}$$

$$l/_{\text{m}} = \frac{115}{f/_{\text{MHz}}} \qquad (15.3.5)$$

Die Eingangsimpedanz hängt von der Güte des Erdnetzes ab, im praktischen Fall bei *W1FB* betrug sie etwa 90 Ω [3.23].

Eine für 80m bemessene Antenne kann z.B. mit Oberwellenresonanz auch im 40-, 20- und 15- und 10-m-Band verwendet werden. Im Oberwellenbetrieb ist die Antenne zu lang, da hier nicht mehr der Verlängerungsfaktor 1,15, sondern ein Verkürzungsfaktor von etwa 0,98 wirksam wird. Die Eingangsimpedanz steigt beim Oberwellenbetrieb an. Allgemein gültige Werte können nicht angegeben werden, denn die von Fall zu Fall unterschiedlichen Erdnetze und Erdverhältnisse stellten Teile der Antenne dar, die in ihrer Auswirkung kaum reproduzierbar sind.

Bild 15.3.11 zeigt die praktische Ausführung einer halben Delta-Loop-Antenne mit den Bemessungsangaben für die Bandmittenfrequenz 3,65 MHz. Die entsprechenden Abmessungen für den Grundwellenbetrieb auf 7,05 MHz sind in Klammern beigefügt. Mit dem *LC*-Glied können Koaxialkabel beliebigen Wellenwiderstandes angepaßt werden. Wie gezeichnet, sollte man das Kabel nach Möglichkeit eingraben; der Außenleiter wird zuerst am Anpaßgerät und ein zweites Mal am Mastfuß geerdet. Bei der Musterantenne befand sich am Mastfuß ein 1,8 m langer Rohrerder mit einem ein-

Bild 15.3.11
Halbe Delta-Loop
(Praktische Ausführung)

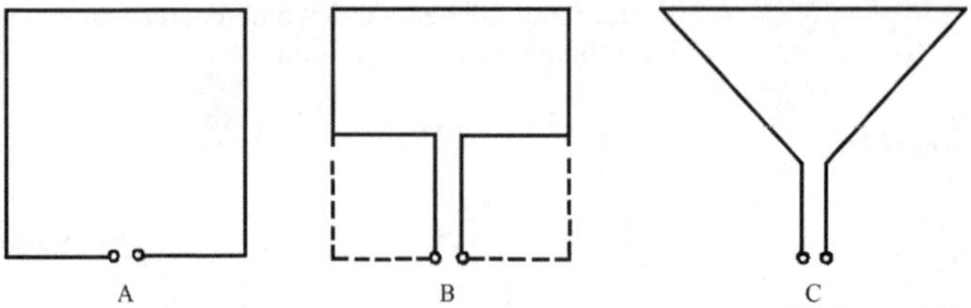

Bild 15.4.1
Verringerung
der Antennenfläche

gegrabenen Erdnetz von 16 Radials unterschiedlicher Längen. 4 weitere 1,20 m lange Erder befanden sich am Antenneneingang. Außerdem wurden dort noch mehrere resonante $\lambda/4$-Radials oberirdisch verlegt. Solche umfangreichen Maßnahmen sind nicht die Regel, sie weisen aber auf die Bedeutung eines guten Erdnetzes hin.

Beim Einsatz eines Metallgittermastes sollte man Stoßstellen mit schlechter Kontaktgabe durch Kupferbänder überbrücken oder besser einen Kupferleiter über die ganze Mastlänge parallelführen. Jeder andere Stützpunkt entsprechender Höhe ist verwendbar (z.B. Bäume), dabei soll auf gute Isolation des Leiters geachtet werden.

Für den Mehrbandbetrieb muß das Anpassungsnetzwerk umschaltbar sein. Eine fernbediente Variante wurde in [3.23] beschrieben.

Eine Dreiband Delta-Loop für 80/40/30 m mit Sperrkreisen ist in [3.24] zu finden.

15.3.4 Kreis-Schleife (Ring-Loop)

Eine der ersten Veröffentlichungen über große *Kreis-Schleifen* erfolgte 1944 [3.25]. Darin wurden *Kreis-Schleifen* mit einem Umfang von 1λ bis 3λ behandelt. Weitere Veröffentlichungen waren [3.26]–[3.28].

Die Ringversion ist von den Ganzwellenschleifen die wirksamste Form. Sie ist symmetrisch, hat die größte Antennenwirkfläche und den größten Gewinn. Die Kreis- oder Ring-Form ist ein Sonderfall der Elliptischen Formen. Man unterscheidet bei den Elliptischen Formen je nach Achsenverhältnis: Hochellipse, Kreis, Flachellipse.

Der Strahlungswiderstand R_S ist für kleine Schleifen eine stetige Kurve, für größere Schleifen pendelt er asymptotisch um einen Grenzwert [0.14] und [3.29].

Veröffentlichungen über Kreis- oder Ring-Formen in deutscher Sprache erschienen von *K. Weiner DJ9HO* [3.30]–[3.33]. Im Kurzwellenbereich ist die *Kreis-Schleife* etwas schwer zu realisieren. Im HF-Bereich werden verkürzte *Kreis-Schleifen* mit Verlängerungsspulen oder Drahtschleifen nach *DJ9HO* verwendet. Zur Verkürzung des Umfanges werden im Strombauch Spulen oder einfache bzw. doppelte Schleifen eingesetzt. Bei horizontaler Polarisation sind die Schleifen senkrecht angeordnet, bei vertikaler Polarisation waagrecht.

Im Mikrowellenbereich, z.B. im 23-cm-, 13-cm- und 9-cm-Band, werden Kreis-Schleifen mit Reflektor als Mono-oder Duoband-Erreger für Parabolantennen verwendet.

Über die Erhöhung der Übersprechdämpfung beim Duobanderreger 23/13-cm-Band berichtete *DJ9HO* bei der Vortragstagung VHF-UHF 2000 [3.34].

15.4 Verkürzte Schleifen

Verkürzte Schleifen werden besonders bei vertikalen Schleifenantennen auf Kurzwelle verwendet.

Die Gründe dafür sind:

– Platzbedarf

Auf tiefen Frequenzen kann man die vollen Schleifen nicht hoch genug anbringen.

– Mehrbandbetrieb

Bei Oberwellenbetrieb blättert sich sonst das Strahlungsdiagramm sehr schnell auf.

– Strahlungswiderstand

Durch die geringere Antennenfläche sinkt der Strahlungswiderstand, dadurch wird die Anpassung erleichtert.

Wird eine Quadrat-Schleife für die tiefste Frequenz; z.B. 3,5 MHz bemessen; dann ist sie auch für die Oberwellen in Resonanz. Allerdings sind die Impedanzen auf den einzelnen Bändern sehr unterschiedlich. Aus diesem Grund wird die Fläche verkleinert in dem ein Teil der Drahtlänge als Feederleitung ausgeführt wird [4.1] [4.2].

Bild 15.4.1 zeigt die Verringerung der Antennenfläche. Auf der Grundwelle hat die Antenne A hat eine Impedanz von etwa 120 Ω. Die Antennen B und C mit der halben Fläche haben etwa 50 bis 70 Ω.

Bei einer anderen Art der Verkürzung des Umfanges werden im Strombauch Spulen oder einfache bzw. doppelte Schleifen z. B. nach *DJ9HO* [4.3] eingesetzt.

15.4.1 HB9-Multiband-Delta-Loop

Von *HB9ADQ* wurde in [4.4] die Ausführung einer Delta-Schleife veröffentlicht, die sich für die Amateurbänder 28, 21, 14 und 7 MHz eignet. **Bild 15.4.2** enthält die Abmessungen und die Stromverteilung für die einzelnen Kurzwellenbänder.

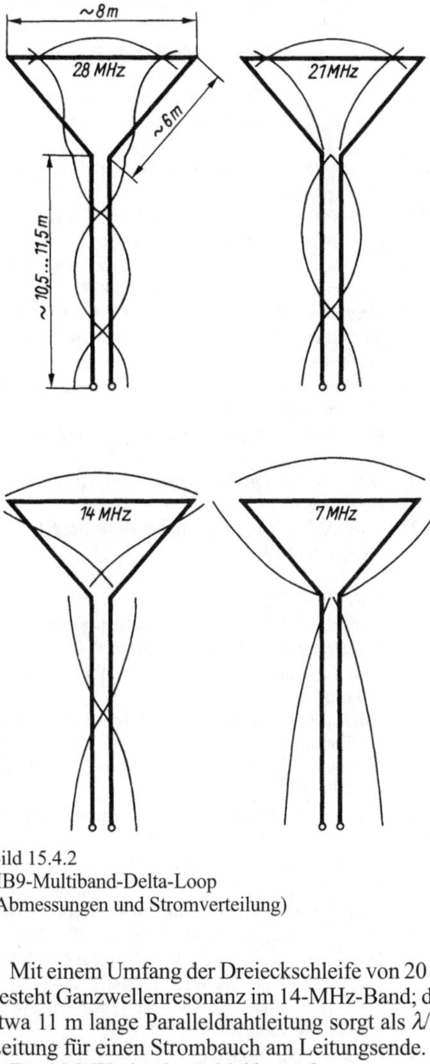

Bild 15.4.2
HB9-Multiband-Delta-Loop
(Abmessungen und Stromverteilung)

Mit einem Umfang der Dreieckschleife von 20 m besteht Ganzwellenresonanz im 14-MHz-Band; die etwa 11 m lange Paralleldrahtleitung sorgt als λ/2-Leitung für einen Strombauch am Leitungsende.

Für 28 MHz ist der Schleifenumfang etwas größer als 2λ, hinzu kommt die elektrische Länge der abgestimmten Leitung mit etwas mehr als 1λ, so daß sich eine Gesamtleitungslänge von 3,25λ ergibt und auch in diesem Fall am Leitungsende ein Strombauch erscheint.

Beim 21-MHz-Betrieb ist die Schleifenlänge etwa 1,5λ, an ihrem Ende bildet sich somit ein Stromknoten aus. Die abgestimmte Leitung mit rund 0,75λ Länge transformiert wie ein Viertelwellentransformator, und am Antenneneingang ist deshalb ein Strombauch vorhanden.

Der Betriebsfall 7 MHz stellt eine Kompromißlösung dar, weil hier der Schleifenumfang nur knapp λ/2 beträgt. Die Paralleldrahtleitung wirkt als λ/4-Impedanzwandler, an ihrem Ende befindet sich deshalb ebenfalls ein Strombauch.

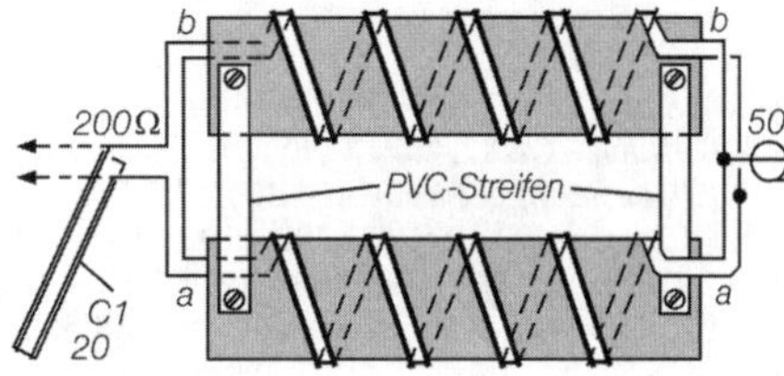

Bild 15.4.3
4:1 Balun (Aufbauskizze)

Durch die abgestimmte Paralleldrahtleitung mit etwa 600 Ω Wellenwiderstand (unkritisch!) wird somit gewährleistet, daß am Leitungsende für alle 4 Amateurbänder ein Strombauch vorhanden ist. Die Eingangsimpedanz beträgt dort für die 3 hochfrequenten Bänder zwischen 100 Ω und 180 Ω, während man bei 7 MHz mit etwa 60 Ω rechnen kann.

Zum Speisen des Systems über ein beliebig langes 50-Ω-Koaxialkabel wird von *HB9ADQ* eine aufgewickelte Balun-Leitung 4:1 verwendet. Deren praktische Ausführung zeigt **Bild 15.4.3**. Die Wicklungsträger bilden 2 PVC-Rohre von 60 mm Durchmesser und je 300 mm Länge. Sie werden mit je 7,5 m einer kunststoffummantelten Doppellitze (Stegleitung) von 2 x 0,75 mm^2 einlagig bewickelt, deren Leiterabstand 3,2 mm beträgt. Daraus resultiert ein Wellenwiderstand von etwa 100Ω. Da in der Versuchsanordnung von *HB9ADQ* eine induktive Blindkomponente vorhanden war, die sich hauptsächlich beim 28-MHz-Betrieb bemerkbar machte, wurde diese durch eine Kapazität von etwa 20 pF an Leitungsende kompensiert. Im praktischen Fall wird die Kapazität durch ein offenes Kabelstück dargestellt (siehe **Bild 15.4.3**). Nach *HB9ADQ* soll die Welligkeit s auf dem Koaxialkabel 2 nicht übersteigen; lediglich beim 7-MHz-Betrieb muß mit $s > 3$ gerechnet werden. Gleiche Ergebnisse dürfte der Einsatz eines Ringkern-Balun-Übertragers liefern.

Verwendet man 75-Ω-Koaxialkabel, kann auf eine Transformation ganz verzichtet werden, denn für 7 MHz besteht dann nahezu perfekte Anpassung, und für die anderen Bänder liegt die Welligkeit im ungünstigsten Fall bei etwa 2,4. Ein Balun 1:1 ist für diesen Betriebsfall vorzusehen. Eine Kabeldrossel kann ausreichend sein.

Die Bemessung der Dreiecksschleife ist nicht kritisch, man muß nur beachten, daß die gesamte Drahtlänge (Dreieckschleife und abgestimmte Leitung) zwischen 41 und 42,5 m liegt. Die Länge wird abhängig von Aufbauhöhe und Umgebungseinflüssen bemessen. Notwendige Resonanzkorrekturen werden am Ende der abgestimmten Paralleldrahtleitung durchgeführt. Diese könnte auch aus Bandleitung bestehen. Für diesen Fall muß bei der Längenbemessung der Verkürzungsfaktor berücksichtigt werden.

Literatur zu Abschnitt 15

[0.1] *A. Slaby; G. v. Arco* – DE 124 154 – 1898
[0.2] *F. Braun* – GB 12,420 – 1899
[0.3] *V.I. Bashenoff; J.Plebanski* – SU 353 – 1918
[0.4] *V.I. Bashenoff* – US 1,652,388 – 1923
[0.5] *J. Plebanski* – US 1,708, 400 – 1924
[0.6] *V.I. Bashenoff; N.A. Mjasoedoff* – SU 28 551 – 1928
[0.7] *Bashenoff, V.I.; Mjasoedoff, N.A.*: The Effective Height of Closed Aerials. Proc. IRE, June 1931, pp. 984–1018
[0.8] *Palmer, L.S.; Honeyball, L.L.K.*: The Action of Short-Wave Frame Aerials. Proc. IRE, August 1932, pp. 1345–1367
[0.9] *Palmer,L.S.; Taylor, D.*: Rectangular short-wave frame aerials for reception and transmission. Proc. IRE, January 1934, pp. 93–114
[0.10] *Bashenoff, V.I.; Mjasoedoff, N.A.*: Effective Resistance of Closed Antennas. Proc. IRE, May 1936, pp. 778–801
[0.11] *Williams, E.M.*: Radiating Characteristics of Short-Wave Loop Aerials. Proc. IRE, October 1940, pp. 480–484
[0.12] *King, R.*: Theory of the Square-Loop Antenna. IRE Trans., AP-4, July 1956, pp. 393–407
[0.13] *Kennedy, P.A.*: Loop Antenna Measurements. IRE Trans., AP-4, October 1956, pp. 610–618
[0.14] *Richtscheid, A.*: Calculation of the Radiation Resistance of Loop Antennas with Sinusoidal Current Distribution. IEEE Trans., AP-24, November 1976, pp. 889–891

[1.0] *A. Blondel* – GB 11,427 – 1903 (belgische Priorität 1902)
[1.1] *Hawker, P.*: Experiments with multiband loop aerials (Technical Topics). Radio Communication, June 1972, pp. 371–372
[1.2] *Rasvall, F.*: The gain of the quad. Radio Communication, August 1980, pp. 784, 789
[1.3] *Lawson, J.L.*: *Yagi* antenna design: quads and quagis. Ham Radio, September 1980, pp. 37–45; auch *Lawson, J.L.*: *Yagi* antenna design. ARRL, Newington CT, 1986
[1.4] *Dietrich, J.L.*: Loops and Dipoles: A Comparative Analysis. QST September 1985, pp. 24–26
[1.5] *Belcher, D.K.; Casper, P.W.*: Loops vs. Dipole - Analysis and Discussion. QST August 1976, pp.34–37
[1.6] *Schick, R.*: Loop-, Dipol- und Vertikalantennen - Vergleiche und Erfahrungen. CQ DL 3/79, S. 115–119

[2.0] *Cebik, L.B.*: Horizontally Oriented, Horizontally Polarized Large Wire Loop Antennas (HO-HO-HOHPLS). Atlanticon Symposium 1999. Updated 1-19-1999. http://www.cebik.com/atl1.html
[2.1] *Noll, E.*: The antenna lowdown. (Circuits and techniques). Ham Radio, May 1973
[2.2] *Simon, H.A.*: Allband-Amateurfunk-Antenne. CQ DL 9/77, S. 350–351
[2.3] *Hille, K.H.*: Rhombiquad – eine Allband-Amateurfunkantenne. CQ DL 1/78
[2.4] *Würtz, H.*: Allbandantennen von 160 m bis 70 cm. CQ DL 6/78, S. 260–261
[2.5] *Badger, G.M.W.*: Compact loop antenna for 80 and 40 meter DX. Ham Radio, October 1979, pp. 24–29
[2.6] *Fisher, D.*: The Loop Skywire. QST November 1985, pp. 20–22
[2.7] *Carr, P.D.*: The Full-wave 80 Meter Loop Antenna - Revisited. CQ August 1990, pp. 52–56
[2.8] *DeMaw, D.*: A Closer Look at Horizontal Loop Antennas. QST May 1990, pp. 28–29, 35
[2.9] *Healy, J.W.*: Correction: May 1990 QST Radiation Pattern (Technical Correspondence). QST September 1990, pp. 38–39
[2.10] *Carr, P.*: The N4PC Loop Antenna. CQ December 1990, pp. 11–15
[2.11] *Hille, K.H.*: Eine große waagrechte Loopantenne zum Empfang. Funk 1/98, S. 44–46
[2.12] *Hille, K.H.*: Große Schleifenantennen leisten Hervorragendes. Funk 2/98, S. 28–30
[2.13] *Hille, K.H.*: Die große Dreiecksloop bei HB9CZ. Funk 3/98, S. 48–50

[3.0] *H.R. Habig* US Design 213,375 – 1967
[3.1] *Glaisher, R.L.*: Odd-Shaped Antennas. The Short Wave Magazine, June 1971, pp. 228–231
[3.2] *Noll, E.*: Triangle Antennas. Ham Radio, August 1971, p.52
[3.3] *Mayhead, L.V.*: Loop aerials close to ground. Radio Communication, May 1974, pp.298–301
[3.4] *Moltrecht, E.K.W.*: Die Drahtschleife (Loop). CQ DL 5/86, S. 270–271
[3.5] *Heck, H.D.*: Die fast vergessene Quad-Loop. CQ DL 9/90, S. 561–562
[3.6] ---: The „Quad" Antenna (Technical Topics). QST November 1948, pp. 40–42
[3.7] *King, R.W.P.*: Theory of the Square-Loop-Antenna. IRE Trans., AP-4, July 1956, pp. 393–407
[3.8] *Orr, W.; Cowan, S.*: All about Cubical Quad Antennas. Radio Publications, Wilton, CT, 1985
[3.9] *Orr, W.; Cowan, S.*: Cubical Quad Antennas. RAC, Lakewood NJ, 1993
[3.10] *Koszeghy, J.*: High Performance Cubical Quad Antennas. Koszeghy, Lexington MD, 1996
[3.11] *Watson, N.B.*: Triangular Loop Antenna (Technical Correspondence). QST, April 1968, p. 54
[3.12] *Habig, H.R.*: The HRH Delta-Loop Beam. QST January 1969, pp. 26–29
[3.13] *McCoy, L.G.*: The Delta-Loop Beam on 15. QST January 1969, pp. 29–32
[3.14] *Self, B.*: The 40-Meter Triangle. QST May 1976, pp. 31–32
[3.15] *Kirkwood, B.*: Corner-fed loop antenna for lowfrequency dx. Ham Radio, April 1976, pp. 30–32
[3.16] *Schwarzbeck, G.*: Streifzug durch den Antennenwald DX-Antennen für 80m und 160m. CQ DL 4/79, S. 150–155
[3.17] *Nitschke, W.; Wanderer, R.*: Näherungsverfahren für Richtcharakteristik, Fußpunktwiderstand und Gewinn von Einelementantennen. CQ DL 12/82, S.580–581

[3.18] *Nitschke, W.*: Datensammlung für Kurzwellenantennen. Franzis, München, 1987

[3.19] *Hawker, P.*: DX Antennas for 3.5 MHz (Technical Topics). Radio Communication, November 1989, p. 39

[3.20] *Witt, F.L.:* Top-loaded delta loop antenna. Ham Radio, December 1978, pp. 57–61

[3.21] *Belrose, J.S.*: The Half Delta Loop. Ham Radio, May 1982, pp. 37–39

[3.22] *Belrose, J.S.*; *DeMaw, D.*: The Half Delta Loop: A Critical Analysis and Practical Deployment. QST September 1982, pp. 28–32

[3.23] *DeMaw, D.:* Antenna Matching, Remotely – Some Thougths –. QST July 1982, pp. 14–16

[3.24] *Crockett, D.J.*: A Triband 75/40/30-Meter Delta Loop. ARRL Antenna Compendium Vol. 5, 1996, pp. 116–117

[3.25] *Sherman, J.B.*: Circular Loop Antennas at Ultra-High Frequencies. Proc. IRE, September 1944, pp. 534–537

[3.26] *Lindsay, J.E.*: A Circular Loop with Nonuniform Current Distribution. IRE Trans. AP-8, July 1960, pp. 439–441

[3.27] *Lindsay, J.E.*: A Parasitic End-Fire Array of Circular Loop Elements. IRE Trans. AP-15, September 1967, pp. 697–698

[3.28] *Ito, S.; Inagaki, N.; Sekiguchi, T.*: An Investigation of the Array of Circular-Loop Antennas. Trans. IRE Trans., AP-19, July 1971, pp. 469–476

[3.29] *Mahony, J.D.*: Approximations to the Radiation Resistance and Directivity of Circular-Loop Antennas. (Schrank, H.: Antenna Designer's Notebook). IEEE AP Magazine No. 4, August 1994, pp. 52–55

[3.30] *Weiner, K.*: Eine einfache, leistungsstarke und transportable Antenne für das 10-m-Band. CQ DL 11/89, S. 689-691

[3.31] *Weiner, K.*: UHF-Unterlagen I–V, Weiner, Neustadt, 1980–1988

[3.32] *Weiner, K.*: UHF-Applikation I–V, Weiner, Neustadt, 1988–1998

[3.33] *Weiner, K.*: Die Cubical-Quad und ihre Sonderformen. DARC, Baunatal, 1999

[3.34] *Weiner, K.*: Erhöhung der Übersprechdämpfung am Duobandstrahler 23/13 cm. Tagungsheft VHF-UHF 2000, DARC Distrikt Bayern Süd, München, 11.–12. März 2000

[4.1] *Badger, G.M.W.*: Compact loop antenna for 80 and 40 meter DX. Ham Radio, October 1979, pp. 24–29

[4.2] *Moltrecht, E.K.W.*: Die Drahtschleife (Loop). CQ DL 5/86, S. 270–271

[4.3] *Weiner, K.*: Die Cubical-Quad und ihre Sonderformen. DARC, Baunatal, 1999

[4.4] *Richartz, W.:* HB 9-Multiband-Delta-Loop-Antenne. CQ DL 3/80, S. 129

16 Magnetische Antennen

Magnetische Antennen, kleine Schleifenantennen oder *magnetische Loops* genannt, sind geschlossene Antennen. Dabei ist der Umfang der *kleinen Schleifenantennen* klein gegenüber der Wellenlänge.

Kleine Schleifenantennen (bis zu einer Umfanglänge von etwa $\lambda/4$) bezeichnet man als *magnetische Antennen*. Für die Frequenz $f = 0$ ist auch die Impedanz Null. Für steigende Frequenz ist der Impedanzverlauf induktiv.

Magnetische Antennen sprechen stärker auf die magnetischen Komponenten des elektromagnetischen Feldes an. Die Stromverteilung ist bei elektrisch kleinen *magnetischen Antennen* konstant.

Magnetische Antennen wurden schon in der Anfangszeit der Funkempfangstechnik in der Form von Rahmenantennen verwendet. Sie waren als Peilantennen in der See- und Luftfahrt unentbehrlich. Das erste Patent über eine Rahmenantenne stammte von *Braun* aus dem Jahr 1899 [0.1]. Es gibt über Magnetische Antennen eine Menge Literatur. Eine der ersten Veröffentlichungen stammt aus dem Jahr 1919 [0.2]. Grundlegende Literatur über Magnetische Antennen findet sich in [0.3]–[0.10]. Bücher über Loops bzw. Rahmenantennen sind [0.11] und [0.12].

Auch die bekannten Ferritstabantennen zählen zu den magnetischen Antennen. Das sind Rahmenantennen mit einem Kern aus magnetischem Material. Eines der ersten Patente über eine Magnetkernantenne stammt aus 1903 [0.13]. Grundlegende Literatur über Ferritantennen ist zu finden in [0.14]–[0.17].

16.1 Wirkungsweise

Die optimale und am häufigsten verwendete Form einer magnetischen Antenne ist der Ring. Aus mechanischen Gründen bevorzugt man manchmal auch die Form eines Oktogon (Achteck) und seltener die eines Quadrates. Rahmenantennen mit mehreren Drahtwindungen eignen sich nur als Empfangsantennen. Der Umfang vom magnetischen Antennen ist oft $< \lambda/10$. Für den Funkamateur bieten diese raumsparenden Formen besonders für das 40-, 80- und 160-m-Amateurband eine günstige Alternative.

In [1.1] legt *DL1BU* die Entwicklung einer magnetischen Ringantenne sehr anschaulich dar. Zunächst wird ein Parallelschwingkreis nach **Bild 16.1.1a** betrachtet. Wird dieser Kreis mit seiner Resonanzfrequenz erregt, so pendelt die elektrische Energie zwischen dem Kondensator (elektrisches Feld) und der Spule (magnetisches Feld) hin und her. In diesem in sich geschlossenen System konzentrieren sich die beiden Feldarten und treten nicht nennenswert nach außen.

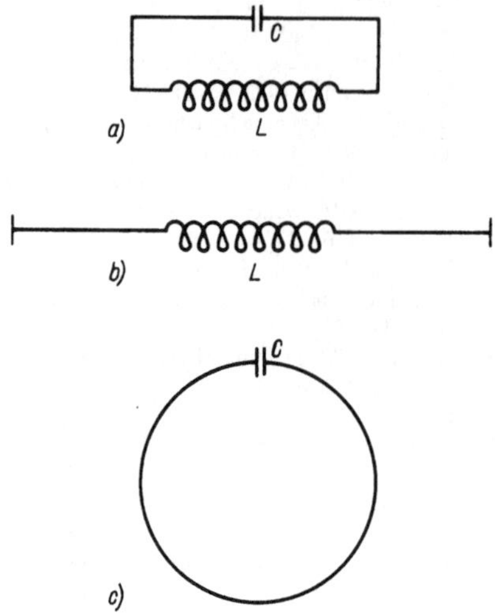

Bild 16.1.1
Entwicklung einer magnetischen Ringantenne
a) - geschlossener Schwingkreis ohne nennenswertes Nahfeld
b) - offener Schwingkreis mit vorwiegend elektrischem Nahfeld
c) - geschlossener Schwingkreis mit vorwiegend magnetischem Nahfeld

Beläßt man die Spulenwindungen in ihrer ursprünglichen Position und zieht die Kondensatorplatten wie in **Bild 16.1.1b** auseinander, wird das vorher geschlossene System geöffnet, und es bildet sich zwischen den Platten ein vorwiegend elektrisches Nahfeld aus. Da sich das elektrische Feld in den Außenraum ausbreitet, kann hier bereits von einer elektrischen Antenne gesprochen werden. Sie entspricht einem elektrischen Elementarstrahler oder *Hertz*schen Dipol (siehe Abschnitt 3.1.1 und **Tabelle 4.1**).

Beläßt man die Kodensatorplatten in ihrer ursprünglichen Position und zieht dafür die Spulenwindungen so auseinander, daß man den Spulendraht zu einem Ring formen kann, entsteht die magnetische Ringantenne nach **Bild 16.1.1c**. Hier bleibt das elektrische Feld um den Kondensator konzentriert, während ein magnetisches Feld in den Raum austritt. Man spricht hier von einer magnetischen Antenne. Sie entspricht einem magnetischen Elementarstrahler oder *Fitzgerald*schen Dipol (siehe Abschnitt 3.1.1 und **Tabelle 4.1**).

Bereits im Nahfeld dieser magnetischen Antenne bauen sich zusätzliche elektrische Felder auf, so daß schließlich in größerer Entfernung eine ebene Wellenfront entsteht, die sich von der einer elektrischen Antenne nicht unterscheidet.

Jeder Antenne muß man einen Strahlungswiderstand R_S zuordnen, der im Resonanzfall ein reiner Wirkwiderstand ist (siehe Abschnitt 4.2). Dabei gilt, daß sich der Strahlungswiderstand mit kürzer werdender Antennenlänge, bezogen auf die Wellenlängen λ, verkleinert. Da magnetische Antennen sehr kurz sind, ist ihr Strahlungswiderstand immer $< 1\Omega$; in den meisten Fällen liegt er im Milliohmbereich. Zum Errechnen des Strahlungswiderstandes R_S einer ringförmigen magnetischen Antenne mit dem Umfang U eignet sich die Näherungsgleichung

$$R_S/\Omega \approx 197 \cdot \left(\frac{U}{\lambda}\right)^4 \qquad (16.1.1)$$

für einen kreisförmigen Rahmen mit mehreren Windungen n gilt

$$R_S/\Omega \approx 197 \cdot n^2 \cdot \left(\frac{U}{\lambda}\right)^4 \qquad (16.1.2)$$

Der Strahlungswiderstand R_S ist für kleine Schleifen eine stetige Kurve, für größere Schleifen pendelt er asymptotisch um einen Grenzwert [1.2] und [1.3].

Aus Gl. (4.5.3) ist zu entnehmen, daß der Wirkungsgrad einer Antenne vom Verhältnis Verlustwiderstand R_V zur Summe aus Verlustwiderstand R_V und Strahlungswiderstand R_S abhängig ist. Man muß somit die Summe der Verlustwiderstände einer magnetischen Antenne extrem gering halten, um noch einen annehmbaren Wirkungsgrad zu erzielen. Für die Praxis bedeutet das, daß möglichst großflächige Leiter mit bester Oberflächenleitfähigkeit (Kupfer, Aluminium) verwendet werden müssen.

Für den Kondensator wird neben hoher Durchschlagsfestigkeit (großer Plattenabstand, Luftdielektrikum) eine hervorragende breitflächige Kontaktgabe mit dem Ringleiter gefordert. Klemm- oder Nietverbindungen erfüllen diese Forderung nicht! Setzt man den Strahlungswiderstand R_S einer Ringantenne mit $U = 0{,}1\lambda$ nach Gl. (16.1.1) mit 0,02 Ω an und die Summe der Verlustwiderstände R_V beträgt ebenfalls 0,02 Ω, kann man nach Gl. (4.5.3) mit einem Wirkungsgrad von 0,5 ≡ 50% rechnen. Steigt R_V durch verminderte Leitfähigkeit z.B. auf 0,1 Ω an, fällt der Wirkungsgrad bereits auf ≈ 17% ab.

Wie in Abschnitt 4.9 erklärt wird, ist die Größe der Spannung, die eine Antenne dem sie umgebenden elektromagnetischen Feld entnehmen kann, von ihrer wirksamen oder effektiven Länge l_w (bzw. wirksamen Höhe h_w) abhängig. Für die wirksame Länge l_w eines Einwindungsrahmens mit der Rahmenfläche A gilt:

$$l_w = \frac{2\pi A}{\lambda} = \frac{6{,}28A}{\lambda} \qquad (16.1.3)$$

Die Rahmenfläche A ist auch mit dem Strahlungswiderstand R_S verknüpft durch die Beziehung

$$R_S/\Omega \approx 31\,171 \cdot \left(\frac{A}{\lambda^2}\right)^2 \approx 197 \cdot \left(\frac{U}{\lambda}\right)^4 \qquad (16.1.4)$$

Daraus kann man in erster Näherung ableiten, daß die wirksame Länge l_w und der Strahlungswiderstand R_S um so größer werden, je größer die Rahmenfläche A ist. Vergleicht man die Rahmenformen Quadrat, Achteck und Kreis - alle mit gleichem Umfang U - so ergibt sich, daß sich die Rahmenfläche A wie 1 (Quadrat) : 1,2 (Achteck) : 1,29 (Kreis) verhalten. Da der Strahlungswiderstand R_S dem Quadrat der Fläche A proportional ist, erhält man – bezogen auf die Quadratform – für das Achteck einen um 44% größeren Strahlungswiderstand, und für den Kreis ist er um 66% höher. Dies spricht eindeutig für die Kreisform.

Die wirksame Länge einer magnetischen Ringantenne ist sehr gering; daraus folgt, daß auch die induzierte Spannung U_i sehr klein ist. Da die Ringantenne im Resonanzfall einen Kreis hoher Güte Q darstellt, ist die Resonanzspannung um den Faktor Q erhöht $U_{res} = U_i \cdot Q$. Die hohe Kreisgüte Q bewirkt die „Schmalbandigkeit" der Antenne, d.h., daß sie auch bei kleinen Frequenzveränderungen innerhalb des Amateurbandes nachgestimmt werden muß. Die geringe Bandbreite bringt aber auch Vorteile; durch die Magnetantenne wird die Vorselektion des Empfängers verbessert.

Die Ringantenne mit kleinem Umfang in Bodennähe hat im Vergleich zu einer kurzen Stabantenne gleicher Länge am Boden einen wesentlich kleineren Strahlungswiderstand. Daher muß zur Wirkungsgraderhöhung der Verlustwiderstand durch Vergrößerung des Leiterquerschnitts verringert werden. Beim Abstimmen ist der kleine Ring günstiger, da der Abstimmkondensator wesentlich verlustfreier ist, als die Abstimmspule beim kurzen Stab.

Außerdem bringt die kleine vertikale Ringantenne eine Steilstrahlung, die mit der kurzen Stabantenne nicht möglich ist.

Man kann davon ausgehen, daß das Einsatzgebiet der magnetischen Antennen vor allem im 80-m-Band und 40-m-Band liegt. Der Praktiker weiß, daß in diesen Bereichen der Gewinn der Antenne im Empfangsfall nur eine ganz untergeordnete Rolle spielt, denn um Übersteuerungen des Empfängereinganges zu vermeiden, muß die Hochfrequenzverstärkung fast immer weit zurückgenommen werden. Viel wichtiger ist die Selektivität, wobei die durch die hohe Betriebsgüte Q bewirkte „Schmalbandigkeit" der Antenne eine beträchtliche Vorselektion gewährleistet. Damit wird die Gefahr von Kreuzmodulation in der ersten Empfängerstufe vermindert. Für den Sendefall bedeutet die hohe Betriebsgüte, daß praktisch keine Oberwellen abgestrahlt werden. Diese großen Vorteile der hohen Betriebsgüte wiegen die Unbequemlichkeit der auch bei kleineren Frequenzänderungen notwendigen Resonanznachstimmung auf. Die Fernbetätigung des Drehkondensatorantriebes dürfte dem geübten Bastler keine Schwierigkeiten bereiten, da Kleinstmotore mit Untersetzungsgetriebe als Spielzeugmotore oder Grillmotore im Handel erhältlich sind. Die Ringantenne sollte drehbar ausgeführt sein, wobei eine Begrenzung des Drehwinkels auf 180° ausreichend ist. Die Drehbarkeit ermöglicht das Ausblenden von Störsignalen und verbessert allgemein den „Signal-zu-Störabstand".

Wie aus dem Vertikaldiagramm abgeleitet werden kann, strahlt die Antenne bei allen Erhebungswinkeln gleichmäßig ab. Nach [1.4] wird der Aufbauhöhe von Rahmenantennen wegen der stärkeren magnetischen Komponenten des Nahfeldes wenig Bedeutung zugeschrieben. Zu Abstrahlung und Empfang einer elektromagnetischen Welle werden jedoch immer magnetische **und** elektrische Feldstärke benötigt. Die notwendigen elektrischen Felder werden durch das verlustbehaftete Dielektrikum „Boden" bedämpft, und zwar um so stärker, je näher die Antenne dem Boden ist.

Da die magnetischen Antennen stärker auf die magnetischen Feldkomponenten ansprechen, nehmen sie die elektrischen Komponenten des örtlichen Störfeldes weniger auf. Im Nahfeld – also i.a. in einem Abstand unter $\lambda/6$ – einer Störquelle überwiegen meistens die elektrischen Feldkomponenten, deshalb empfängt eine Rahmenantenne oft weniger Störungen als ein gleichwertiger Dipol. Im Sendefall lassen sich durch den Einsatz einer magnetischen Antenne die Störungen des Fernsehempfanges im Nahbereich vermindern oder ganz verhindern, da abgestimmte Rahmen extrem schmalbandig sind.

Nach [1.4] dringt die magnetische Komponente des elektromagnetischen Feldes tiefer in die Räume eines Hauses ein, als das die elektrische Komponente vermag. Größere Metallgegenstände, metallische Leitungen und mit Baustahl armierte Wände verhindern teilweise das Eindringen der elektrischen Wellenkomponente ins Haus.

Deshalb sind die magnetischen Antennen für Empfang tiefer Frequenzen als Zimmer-, Balkon- oder Dachbodenantenne besser geeignet als die elektrischen Antennen.

Literatur zur Wirkungsweise von magnetischen Antennen mit Angabe von Formeln [1.1]–[1.13].

16.2 Praktischer Aufbau

Die wirksamste und gebräuchlichste Bauform einer magnetischen Antenne ist der kreisförmige Ring, da er gegenüber anderen geometrischen Formen die größte Fläche bedeckt. Ihm kommt das Achteck sehr nahe, beim Quadrat oder Rhombus muß man mit einem verminderten Wirkungsgrad rechnen. Die nachfolgenden Betrachtungen beziehen sich der Übersichtlichkeit halber auf die Ringform, sie gelten sinngemäß auch für die anderen Bauformen.

Im allgemeinen liegt der Abstimmdrehkondensator beim vertikal aufgestellten Ring oben. Der ihm gegenüberliegende Punkt kann geerdet werden (Blitzschutz). Bei manchen Ausführungen liegt C_A zur bequemeren Handabstimmung am Tiefpunkt des Ringes und wird dort meist mit dem Anpassungsnetzwerk in einem Gehäuse vereinigt [2.1] - [2.3]. **Bild 16.2.1** zeigt Prinzipschaltungen der kapazitiven Abstimmung und Auskopplung, bei denen die für Grobabstimmung vorhandenen zuschaltbaren Festkapazitäten nicht eingezeichnet wurden.

Da sich der Abstimmdrehkondensator C_A leicht fernbedienen läßt, verwendet man für den ortsfesten Betrieb der Ringantenne gerne Ausführungen mit obenliegendem Drehkondensator C_A. Mit geringem Aufwand kommt die galvanische Kopplung

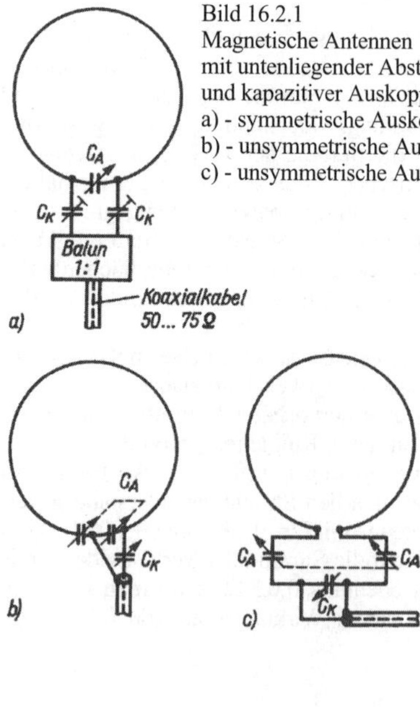

Bild 16.2.1
Magnetische Antennen
mit untenliegender Abstimmung
und kapazitiver Auskopplung
a) - symmetrische Auskopplung
b) - unsymmetrische Auskopplung
c) - unsymmetrische Auskopplung

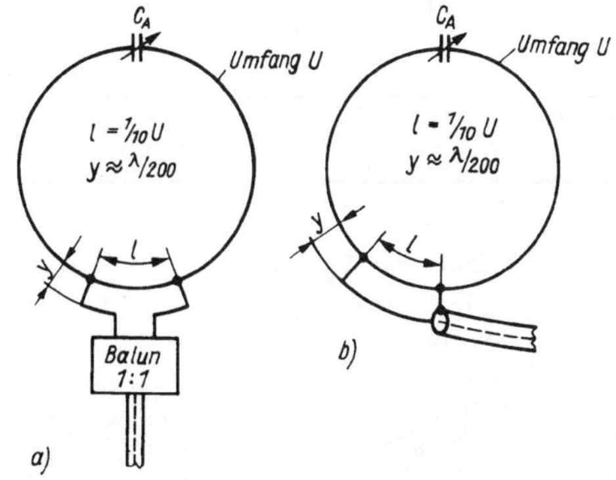

Bild 16.2.2
Magnetische Antennen mit obenliegender Abstimmung und galvanischer Auskopplung
a) - symmetrische Auskopplung
b) - unsymmetrische Auskopplung

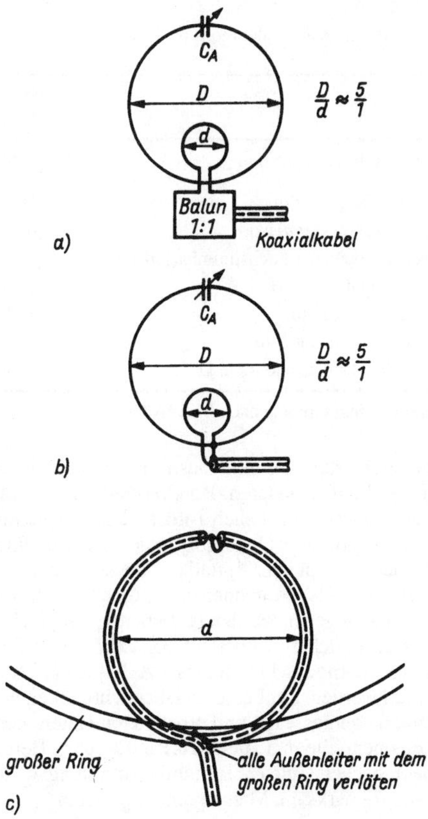

Bild 16.2.3
Magnetische Antennen mit induktiver Auskopplung
a) - symmetrische Auskopplung
b) - unsymmetrische Auskopplung
c) - unsymmetrische Auskopplung geschirmt (Detailzeichnung)

aus, die in **Bild 16.2.2a** als T-Glied-Anpassung mit nachfolgendem Balun dargestellt ist. Die unsymmetrische Ausführung mit Gamma-Anpassung zeigt **Bild 16.2.2b**. In beiden Fällen soll die Länge l etwa 1/10 des Ringumfanges U betragen, für den Abstand y ist $\approx \lambda/200$ geeignet.

Da das induktive Koppeln und Anpassen leicht zu beherrschen ist und auch wenig Aufwand erfordert, erfreut es sich großer Beliebtheit. Die gebräuchlichsten Ausführungsformen zeigt **Bild 16.2.3**. Innerhalb der großen Schleife wird eine kleine induktive Schleife angeordnet, wobei das Durchmesserverhältnis etwa 5:1 betragen sollte. Eine symmetrische Kopplung mit Ringkern-Balun 1:1 nach **Bild 16.2.3a** ermöglicht den Anschluß eines koaxialen 50-Ω-Kabels. Bei unsymmetrischer Kopplung nach **Bild 16.2.3b** kann das Koaxialkabel direkt angeschlossen werden. Die elektrisch günstigste Lösung der induktiven Kopplung zeigt **Bild 16.2.3c**. Es ist nur die Koppelwindung gezeichnet, sie besteht aus Koaxialkabel, bei dem in der Mitte des Umfanges der Außenleiter unterbrochen wird. An der rechten Hälfte der Schleife sind Innenleiter und Außenleiter wie gezeichnet mit dem Fußpunkt des großen Ringes zu verlöten. An diesem Punkt kann die Antenne geerdet werden. Zur Korrektur der Anpassung für geringstmögliche Welligkeit auf dem koaxialen Speisekabel verformt man die Kopplungswindung leicht. Allgemein gilt, daß der Durchmesser d der Koppelschleife um so kleiner werden darf, je höher die Betriebsgüte der Antenne ist.

In [2.1] wird eine Ausführung beschrieben, welche die Form eines regelmäßigen Achtecks hat. Hier handelt es sich um eine Entwicklung für militärische Zwecke, bei der die Zerlegbarkeit in kleine Einheiten für den Transport entscheidend war. Die als „Army-Loop" auch in Amateurkreisen bekanntgewordene Antenne wurde mit kleinen Abweichungen häufig nachgebaut [2.2], [2.3]. Sie ist über einen Frequenzbereich von 2,5 bis 5 MHz abstimmbar. Die Achteck-Seitenlängen betragen je 1,52 m, das ergibt einen Umfang U von 12,20 m. Für das 80-m-Band beträgt somit die relative Länge $l \approx 0{,}14\lambda$; die Fläche A kann man hier mit 10,46 m² errechnen (bei der Kreisform würde bei gleichem Umfang U die Fläche A = 11,76 m² betragen). Nach Gl. (16.1.4.) ist für die Army-Loop im 80-m-Band mit einem Strahlungswiderstand R_S von 0,063 Ω zu rechnen. Abgestimmt und angepaßt wird nach **Bild 16.2.1c**. Dabei werden in [2.3] Abstimmkapazitäten C_A mit je 650 pF und für C_K 500 pF angegeben.

Ein Achteckrahmen für 160 m und 80 m wird in [2.2] beschrieben. Er unterscheidet sich von der Army-Loop nur durch das verwendete Material. Das Achteck wird aus 8 Stücken von je = 1,5 m Länge Aluminium-Fallrohr mit den dazu passenden 135°-Bogenstücken zusammengesetzt. Der Rohrdurch-

Tabelle 16.1
Magnetische Kurzwellenloops nach *DL2FA*

	Amateurbänder in m		
	80,40	40,30,20	20,17,15,12,10
Ringdurchmesser D in m	3,34	1,67	0,84
Ringumfang U in m	10,50	5,25	2,63
Ringdurchmesser d in m	0,67	0,34	0,17
Frequenzbereich (durchstimmbar) in MHz	3,5 – 7,1	7,0 – 14,5	14,0 – 30
Induktivität L in H	10,9	4,6	2,0
Kapazität C_A in pF	160 – 46	112 – 26	65 – 14
Relativer Umfang U in λ	0,123 – 0,249	0,123 – 0,254	0,123 – 0,263
Strahlungswiderstand R_S in Ω	0,044 – 0,757	0,044 – 0,82	0,045 – 0,943

(Bemessungssymbole nach **Bild 16.2.1**)

messer betrug ≈ 50 mm. Das Problem sind hier die vielen kontaktsicheren Rohrverbindungen. Auch diese Antenne wird nach **Bild 16.2.1c** abgestimmt und angepaßt. Quadratförmige Einwindungsrahmen werden in [2.4] und [2.5] beschrieben.

Da für diese Antennen in [2.6] alle wichtigen Daten angegeben werden und überdies in [1.1] ein sehr gründlicher Testbericht von *DL1BU* vorliegt, sollen die Eigenschaften dieser Antennen näher erläutert werden. Zur besseren Übersichtlichkeit werden alle gemessenen und errechneten Daten dieser Antennenreihe in **Tabelle 16.1** aufgeführt. Bei der theoretischen Güte Q_S ist nur der Strahlungswiderstand R_S wirksam. Man errechnet Q_S nach

$$Q_S = X_L / R_S \tag{16.2.1}$$

wobei der Blindwiderstand $X_L = X_C = 2\pi \cdot f \cdot L$ beträgt. Die Betriebsgüte ist erheblich geringer, da hier die verschiedenen Verlustfaktoren berücksichtigt werden müssen.

Für die Induktivität L der Kreisschleife gilt

$$L/_{\text{nH}} = 2U \cdot \left(\ln\frac{U}{d} - 1{,}07 \right) \tag{16.2.2}$$

(Schleifenumfang U und Leiterdurchmesser d sind mit gleichen Einheiten z.B. in cm einzusetzen).

Für die Errechnung der Abstimmkapazität C_A wurde die bekannte Näherungsformel

$$C_A/_{\text{pF}} = \frac{25330}{\left(f/_{\text{MHz}} \right)^2 \cdot L/_{\text{mH}}} \tag{16.2.3}$$

verwendet.

Die von *DK5CZ* konstruierten magnetischen Ringantennen mit der Typenbezeichnung AMA (Abstimmbare Magnetische Antennen) lassen kaum noch Wünsche offen, sie sind drehbar, und die Resonanzabstimmung ist über eine Fernbedienung vom Stationsraum aus möglich. **Bild 16.2.4** zeigt diese Antenne vom Typ *AMA*-2. Sie ist auf einem Antennenrotor befestigt, im unteren Teil ist der kleine, aus Koaxialkabel bestehende Ring als induktive Auskopplung nach **Bild 16.2.3** sichtbar. In der Mitte des Oberteils befindet sich das Gehäuse, welches den Abstimmdrehkondensator und dessen Antriebsmotor aufnimmt. Der Ringleiter besteht bei allen Ausführungen aus Aluminiumrohr mit 33 mm Außendurchmesser.

Die Entwicklungsgrundlage für die AMA-Reihe bildete eine Veröffentlichung von *DL2FA* [2.7] mit

Bild 16.2.4
Abstimmbare Magnetische Antenne
AMA-2 (6,7 - 15 MHz, 250 W)(Foto *DK5CZ*)

Tabelle 16.2
Leistungsangaben und Frequenzbereiche aller AMA-Antennen

AMA	Belastbarkeit (ca. Watt)	Frequenzbereich durchstimmbar ! (MHz)	Amateurbänder (enthalten) (m)
1	250	3,4 – 8	80, 40
1 D	250	3,4 – 9	80, 40
1 DH	500	3,4 – 8,5	80, 40
1 DKW	1000	3,5 – 7,2	80, 40
2	250	6,7 – 15	40, 30, 20
2 D	250	6,9 – 16	40, 30, 20
2 DH	500	6,5 – 15	40, 30, 20
2 DKW	1000	6,9 – 14,5	40, 30, 20
3	250	13,8 – 30	20, 17, 15, 12, 10
3 D	250	13,5 – 30	20, 17, 15, 12, 10
3 DH	500	13,2 – 30	20, 17, 15, 12, 10
3 DKW	1000	14 – 29,7	20, 17, 15, 12, 10
4	150	1,75 – 7,1	160, 80, 40
5	150	3,5 – 13	80, 40, 30
6	150	6,7 – 25	40, 30, 20, 17, 15, 12
7	100	1,75 – 8	160, 80, 40
8	100	3,4 – 15	80, 40, 30, 20
9	100	9,8 – 29,7	30, 20, 17, 15, 12, 10
9 D	250	9,8 – 30	30, 20, 17, 15, 12, 10
10	100	6,9 – 22	40, 30, 20, 17, 15
10 D	250	7 – 22	40, 30, 20, 17, 15
11	100	1,8 – 11	160, 80, 40, 30
12	100	3,5 – 18,2	80, 40, 30, 20, 17
13	100	3, 5 – 21, 5	80, 40, 30, 20, 17, 15

Antennen ohne zusätzliche Angaben nach der Antennennummer haben Abstimmkondensatoren mit Schleifer. Antennen mit dem Zusatz „D“, „DH“ oder „DKW“ haben schleiferlose Abstimmkondensatoren. Die Zusatzangabe „H“ bedeutet Hochleistungsantenne. Die Hochleistungsantennen sind mit 500 Watt belastbar. Die Zusatzangabe „KW“ bedeutet, daß diese Antennen mit ca. 1000 Watt, also mit einer legalen Endstufe (750 W) betrieben werden können. Die angegebenen Frequenzbereiche sind garantiert. In der Praxis können diese etwas unter- bzw. überschritten werden. Die Leistungsangaben beziehen sich auf Antennen, die in Erdbodennähe oder „indoor“ betrieben werden.
Wenn die Antennen in größerer Höhe frei montiert betrieben werden, steigt durch die geringere Bedämpfung durch den Boden und anderer Umgebungseinflüsse wie Häuser und Bäume die Güte der Antennen, wodurch die Belastbarkeit etwas zurück geht.

der Beschreibung von magnetischen Kurzwellenloops verschiedener Frequenzbereiche. Für den Ringleiter wird dort Kupferrohr mit 20 mm Durchmesser vorgeschlagen. Die Daten dieser Antennen enthält **Tabelle 16.1** Weitere Daten können mit den angegebenen Gleichungen errechnet werden.

Daß die magnetische Ringantenne keinesfalls als Behelfsantenne betrachtet werden kann, geht aus dem ausführlichen Testbericht von *DL1BU* hervor, der in [1.1] veröffentlicht wurde. Untersucht wurden die von *DK5CZ* konstruierten Typen AMA-1 und AMA-2 (siehe **Tabelle 16.2**), die für den Amateurgebrauch bestimmt sind. Als Vergleichsantenne war eine 7 m lange 5-Band-Groundplane mit den zugehörigen Radials (Typ *Butternut HF 5)* vorhanden. Beide Antennen befanden sich in gleicher Höhe 10 m über Grund. Für Vergleichszwecke im 40-m-Band stand außerdem noch ein Halbwellendipol zur Verfügung, der in 27 m Höhe aufgebaut war. Die veröffentlichten Schreiberaufzeichnungen erstreckten sich jeweils über eine Zeitdauer von 30 Sekunden. Die aus dem Vergleichstest abgeleitete summarische Einschätzung von *DL1BU* lautet: „Eine magnetische Ringantenne entspricht in etwa der Leistungsfähigkeit einer guten GP-Antenne, die aber immerhin 7 m lang ist und eine Anzahl z.T. langer Radials erfordert. Die im Fall der AMA-2 nur 1,7 m Durchmesser aufweisende Ringantenne benötigt keine Radials.“

Nach den Feststellungen von *DL1BU* läßt sich für jede Frequenz innerhalb des vorgesehenen Bereiches eine Welligkeit s von 1,0 durch Ändern der kleinen Koppelschleife einstellen. Ohne diesen Feinabgleich ist in der Mehrzahl der Fälle eine Welligkeit s von 1,5 erreichbar. Diese leichte Fehlanpassung kann vernachlässigt werden, denn der Fehlanpassungsverlust beträgt weniger als 0,2 dB selbst bei $s = 2$ würde er nur etwa 0,5 dB betra-

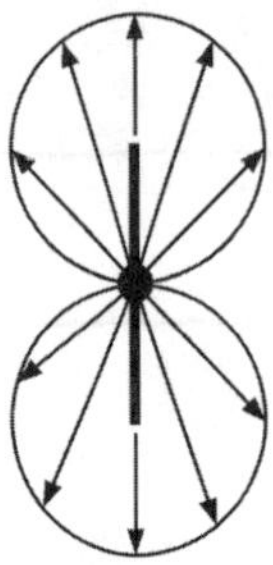

Bild 16.3.1
Horizontaldiagramm einer senkrecht montierten magnetischen Antenne (Draufsicht)

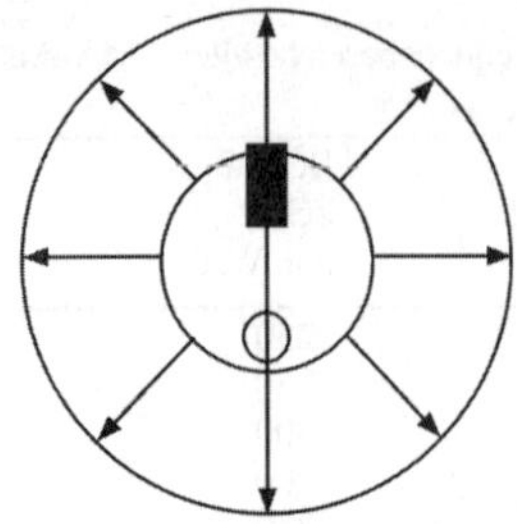

Bild 16.3.3
Horizontaldiagramm einer waagrecht montierten magnetischen Antenne (Draufsicht)

gen. Im übrigen kann die Fehlanpassung auch wie üblich durch ein Antennenanpaßgerät weggestimmt werden.

Für Liebhaber großer Ausgangsleistungen sei gesagt, daß die HF-Belastbarkeit von mit amateurmäßigen Mitteln hergestellten magnetischen Ringantennen auf etwa 1000 Watt begrenzt ist. Die Ursache dafür ist ausschließlich im verwendeten Abstimmdrehkondensator C_A zu suchen, der erheblichen HF-Spannungen und -Strömen ausgesetzt ist. Bei größeren Leistungen müßte man sehr voluminöse Spezialausführungen einsetzen.

Baubeschreibungen von magnetischen Antennen gibt es wie Sand am Meer.

Einige Veröffentlichungen, vorwiegend in deutscher Sprache, sind hier angeführt [2.8]–[2.17].

16.3 Strahlungseigenschaften

Senkrechte Aufstellung

Wird eine magnetische Antenne senkrecht zur Erdoberfläche aufgestellt entsteht Vertikalpolarisation. **Bild 16.3.1** zeigt das Horizontaldiagramm. Das Richtdiagramm ist bidirektional, maximaler Empfang tritt auf, wenn die Schmalseiten der Antenne in der Richtung zum Sender stehen. Es erscheint in der Draufsicht die Achter-Charakteristik, das bekannte Doppelkreisdiagramm mit 90° Halbwertsbreiten, das die Antennenschmalseiten wie eine Ringwulst umgibt.

Flach einfallende Störsignale lassen sich senkrecht zur Rahmenebene ausblenden.. Das Vertikaldiagramm zeigt Rundstrahlung in der Rahmenebene. Dadurch ist die magnetische Antenne bestens geeignet für Nah- und Fernverbindungen. **Bild 16.3.2** zeigt das Vertikaldiagramm.

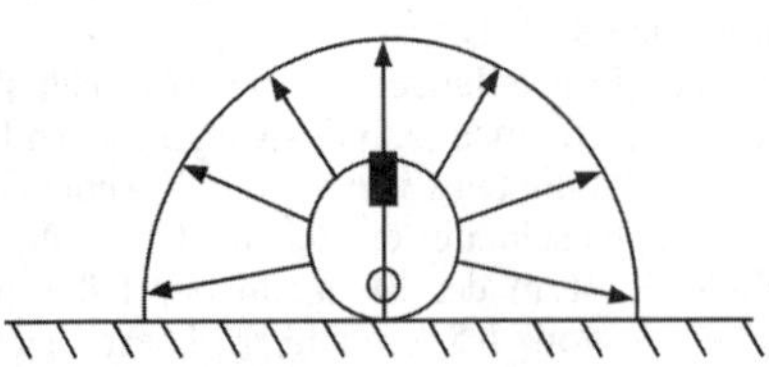

Bild 16.3.2
Vertikaldiagramm einer senkrecht montierten magnetischen Antenne (Seitenansicht)

In der Praxis verwendet man magnetische Rahmen- und Ringantennen fast ausschließlich senkrecht montiert, also mit Vertikalpolarisation.

Waagrechte Aufstellung

Wird eine magnetische Antenne parallel zur Erdoberfläche aufgestellt entsteht Horizontalpolarisation. Der Ring liegend und parallel zur Erdbodenoberfläche angeordnet wirkt als ein horizontal polarisierter Rundstrahler. **Bild 16.3.3** zeigt das Horizontaldiagramm.

Im freien Raum hat das Vertikaldiagramm die Form eines Doppelkreises; in Erdbodennähe ist abhängig vom Erdbodenabstand eine Keulenanhebung feststellbar. Nach *DK5CZ* [3.1] beträgt dieser Erhebungswinkel bei einem Abstand von 1λ über der idealen Erde etwa 14°.

Der Erhebungswinkel der Strahlungskeule ist von der Aufbauhöhe „h" über Grund abhängig. Senkrecht nach oben (und unten) hat die Antenne ihre Minima. Durch die stark verminderte Steilstrahlung ist die Antenne daher eine sehr gute rundstrahlende DX-Antenne. **Bild 16.3.4** zeigt das Vertikaldiagramm.

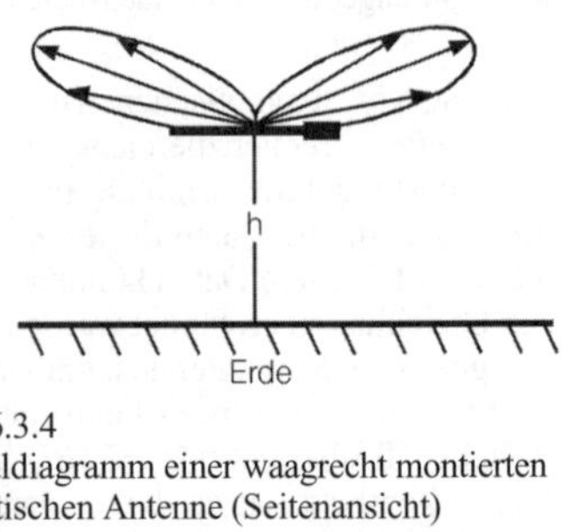

Bild 16.3.4
Vertikaldiagramm einer waagrecht montierten magnetischen Antenne (Seitenansicht)

Richtfaktor

Der Richtfaktor (theoretischer Gewinn bezogen auf den Isotropstrahler) einer kleinen verlustlosen Rahmenantenne ist frequenzunabhängig und beträgt 1,76 dBi. Er ist damit gleich groß wie der Richtfaktor eines kurzen verlustlosen Dipols. Beide Antennen sind also theoretisch nur um 0,39 dB „schlechter" als ein verlustloser Halbwellendipol mit 2,15 dBi.

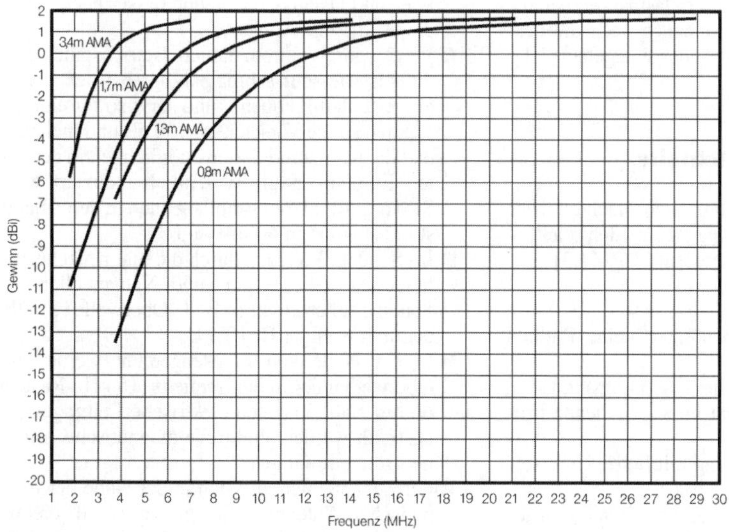

Bild 16.3.5
Freiraumgewinn
von Ringantennen
(AMA)

Gewinn

Der Gewinn einer kleinen verlustbehafteten Rahmenantenne dagegen ist frequenzabhängig. In der Formel für den Gewinn (Gl. 4.7.3) kommt neben dem Richtfaktor auch der Wirkungsgrad und damit das Verhältnis von Strahlungswiderstand zu Verlustwiderstand (Gl. 4.5.3) vor. Die Gewinne sind vom Durchmesser abhängig, der größere Durchmesser gibt den größeren Gewinn. Die Gewinne für die Ringantennen sinken mit fallender Frequenz, je nach Durchmesser, sehr schnell und nähern sich mit steigender Frequenz langsam dem Grenzwert von 1,76 dBi.

Bild 16.3.5 zeigt die berechneten Freiraumgewinne von AMA Ringantennen mit Durchmesser von 0,8 bis 3,4 m [3.1].

Aus der Gewinnkurve sieht man, daß es zwar möglich ist mit 0,8 m Durchmesser auf 3,5 MHz zu arbeiten, aber dabei der Gewinn um rund 15 dB geringer ist als beim 3,4 m Durchmesser.

Bild 16.3.6 zeigt die gemessenen Bandbreiten von AMA-Ringantennen mit Durchmesser von 0,8 bis 3,4 m [3.1].

Aus der Bandbreitenkurve sieht man, daß bei 0,8m Durchmesser die Bandbreite auf 3,5 MHz nur rd. 1/3 von der Bandbreite bei 3,4 m Durchmesser ist.

∅ = 3,4 m :AMA-1, AMA-4, AMA-7
∅ = 1,7 m :AMA-2, AMA-5, AMA-8, AMA-11
∅ = 1,3 m :AMA-10, AMA-12
∅ = 0,8 m :AMA-3, AMA-6, AMA-9, AMA-13

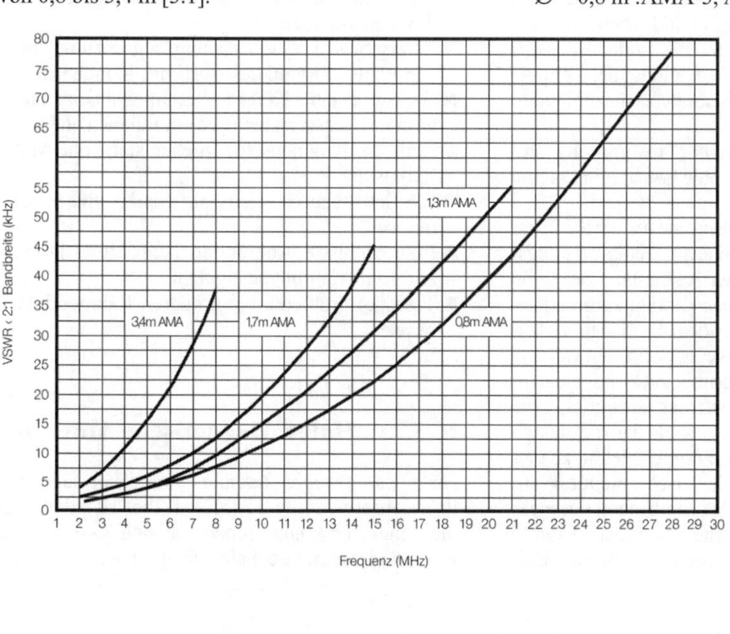

Bild 16.3.6
Bandbreiten
von Ringantennen
(AMA)

In **Tab. 16.2** sind neben der Belastbarkeit der abstimmbaren magnetischen Antennen auch die Frequenzbereiche und Amateurbänder angegeben [3.1].

16.4 Vorteile / Nachteile

Nachfolgend sind die Vorteile und Nachteile der magnetischen Antennen gegenüber den elektrischen Antennen zusammengestellt [4.1]–[4.3].

Vorteile

- Magnetische Systeme benötigen keine Radials und Abstimmspulen.
- Kleinste Bauform bei hohem Wirkungsgrad.
- Lückenlos durchstimmbar im angegebenen Frequenzbereich.
- Präzisions-Fernabstimmung mit hoher Untersetzung.
- Optimales Stehwellenverhältnis (VSWR) für jede Frequenz im Abstimmbereich.
- Diese Antennen benötigen kein Abstimmgerät (Match-Box).
- Für alle Transceiver geeignet.
- Kein Leistungsverlust bei Transistorendstufen durch optimale Anpassung.
- Diese Antenne ist sowohl für DX- als auch für den Deutschland- und Mitteleuropaverkehr über die Flach- bzw. Steilstrahlung geeignet.
- Obwohl sie wesentlich kleiner ist als der $\lambda/2$-Dipol, beträgt der theoretische Gewinnunterschied der idealen Antenne bei freier Aufstellung nur -0,4 dB. Werden in der Praxis die magnetische Antenne und der horizontale $\lambda/2$-Dipol erdnah betrieben, so bringt die magnetische Antenne wesentlich bessere Rapporte, daher ist sie ideal für Mobil-, Camping- und Fielddaybetrieb.
- Durch ihre Achtercharakteristik in der Horizontalebene bei senkrechter Aufstellung der Loop ist es möglich, störende Stationen auszublenden (Peilwirkung).
- Sie hat wegen ihrer Einknopfabstimmung und der großen Einwindungsspule hoher Güte, kleine Transformationsverluste.
- Bei erdnaher Aufstellung zeigt sie im Vergleich zur Aufstellung in größerer Höhe nur wenig Leistungseinbuße, da bei senkrechter Aufstellung der Loop die magnetischen Feldlinien parallel zum verlustbehafteten, elektrisch leitendem Erdboden verlaufen und durch diesen nur wenig beeinflußt werden.
- Die magnetische Feldkomponente des elektromagnetischen Strahlungsfeldes dringt in die Räume eines Hauses tiefer ein als das die elektrische Komponente vermag. Zuviel Metall, zu viele Leitungen und leicht elektrisch leitende Wände verhindern teilweise das Eindringen der elektrischen Wellenkomponente ins Haus, dadurch ist die magnetische Antenne als Zimmer-, Balkon- und Dachbodenantenne besser geeignet als die elektrische Antenne.
- Wegen ihrer extrem hohen Betriebsgüte ($Q \approx 400$) ist sie sehr schmalbandig (bei der jeweils eingestellten Frequenz) und sorgt so für eine zusätzliche hohe Vorselektion (30 dB und mehr), so daß die Kreuzmodulationsmöglichkeit in der ersten Empfängerstufe wesentlich reduziert wird. Sie sorgt für klaren Empfang auch in den Abendstunden auf dem 40-m-Band.
- Im Sendefall werden durch die magnetische Antenne zusätzlich Ober- und Nebenwellen des Senders unterdrückt (z.B. 1. Oberwelle -35 dB) dadurch weniger BCI/TVI.
- In der Nähe von Fernsehgeräten werden die Oberwellen der Zeilenfrequenz (15 kHz-Raster), die im Nahfeld durch elektrische Leitungen abgestrahlt werden, durch die magnetische Antenne kaum empfangen.
- Fernsehantennen, die sich in der Nähe der magnetischen Antenne befinden, werden als elektrische Antennen durch das Nahfeld der magnetischen Antenne im Sendefall kaum beeinflußt.
- Magnetische Antennen sind symmetrische Systeme. Sie benötigen kein elektrisches Gegengewicht und erzeugen somit auch keine unkontrollierten Konvektionsströmen, die für BCI und TVI sorgen.
- Eine magnetische Antenne kann direkt geerdet werden, wodurch ein optimaler Blitzschutz gegeben ist.
- Es erfolgt eine Abstrahlung über alle Erhebungswinkel.
- Störende Signale können durch Drehen abgeschwächt werden.

Nachteile

- Eine Fernbedienung zur Abstimmung ist unbedingt erforderlich.
- Es ergibt sich eine Leistungsbegrenzung durch den Plattenabstand des Abstimm-Kondensators.
- Gegenüber einer kleinen unauffälligen Drahtantenne oder Kurzstabantenne ist ein Rahmen auffällig.
- Beim Drehkondensator ergeben sich hohe Materialkosten
- Ein Selbstbau ist relativ aufwendig und problematisch.
- Eine drehbare Anordnung kann Befestigungs- und Bedienprobleme ergeben.
- Transportprobleme bei größeren Rahmendurchmesser.

16.5 Halbe Magnetische Antenne

Halbe magnetische Antennen sind schon länger in Patenten erwähnt [5.1] [5.2]. Dabei ist allerdings die Länge der magnetischen Antenne $\lambda/4$ oder $\lambda/2$. Eine abgestimmbare halbe magnetische Antenne

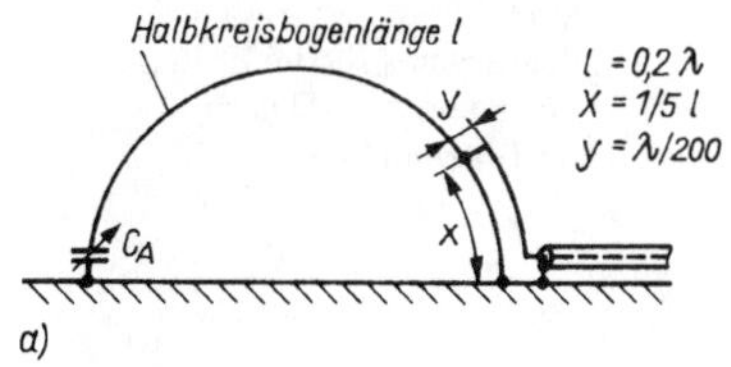

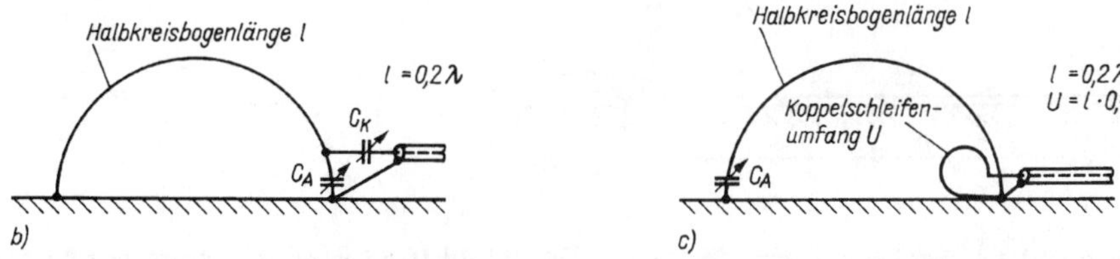

Bild 16.5.1
Aufbau und Ankooplungsarten der EMGL
a) - galvanische Kopplung
b) - kapazitive Kopplung
c) - induktive Kopplung

mit kleiner Länge bezeichnet als elektrisch-magnetische Groundplane-Loop, abgekürzt EMGL, wurde von *DL2FA* in [5.3] beschrieben.

Wie aus **Bild 16.5.1** ersichtlich ist, handelt es sich um die Hälfte einer magnetischen Ringantenne über gut leitender Erde. Sie ist direkt geerdet und spricht sowohl auf die elektrische als auch auf die magnetische Komponente des elektromagnetischen Feldes an. Die EMGL kann - wie auch die magnetische Ringantenne - mit galvanischer Ankopplung durch Gamma-Anpassung (**Bild 16.5.1a**) kapazitiver Kopplung (**Bild 16.5.1b**) und induktiver Kopplung (**Bild 16.5.1c**) betrieben werden. Die angegebene Halbkreisbogenlänge von 0,2λ bezieht sich auf die kleinste Wellenlänge, für welche die Antenne eingesetzt werden soll. Bei der EMGL ist ein Gegengewicht unerläßlich, das möglichst nicht eingegraben werden sollte. *DL2FA* empfiehlt, große Flächen aus verzinktem Maschendraht (Kükendraht) als Gegengewicht auszulegen. Günstig ist es, wenn man die Antenne über einem Flachdach aufbauen kann. Das direkte Erden gewährleistet einen guten Blitzschutz. Ebenso wie bei der magnetischen Ringantenne muß man auch bei der EMGL auf größtmögliche Verlustarmut des Leiters und des Abstimmdrehkondensators C_A mit großem Plattenabstand achten, zumal die Halbkreisschleife nur die Hälfte des Strahlungswiderstandes R_r einer Vollkreisloop aufweist.

DL2FA gibt in [5.3] die praktischen Abmessungen für verschiedene EMGL nach **Bild 16.5.2** an, die in **Tabelle 16.3** zusammen mit weiteren errechneten Daten aufgestellt sind. Der Antennenleiter besteht aus Kupferrohr von 10 mm Durchmesser, die Koppelwindung U wird aus Kupferdraht mit >= 2 mm Durchmesser hergestellt. Die Bodenleitung D ist mit dem Maschendraht-Gegengewicht fest verlötet, als Blitzerde ist ein Staberder vorgesehen.

Die angegebenen elektrischen Daten dieser Antennen setzen einen sehr verlustarmen Gesamtaufbau und ein ausreichend großes Gegengewicht voraus, wobei auch die einzelnen Maschendrahtbah-

Tabelle 16.3
Abmessungen und elektrische Daten der EMGL nach *DL2FA*

	Amateurbänder in m		
	80, 40	40, 30, 20	20, 17, 15, 12, 10
Halbkreisbogenlänge *l* in m	8,40	4,20	2,10
Bodenleitung *D* in m	5,35	2,67	1,34
Koppelschleifenumfang *U* in m	3,36	1,68	0,84
Frequenzbereich (durchstimmbar) in MHz	3,5 - 7,1	7,0 -14,5	14,0 - 30
Induktivität *L* in µH	6,22	2,8	1,27
Kapazität C_A in pF	322 - 80	184 - 43	102 - 22
Relative Bogenlänge *l* in λ	0,098 - 0,155	0,099 - 0,20	0,10.- 0,21
Strahlungswiderstand *R*s in Q	0,009 - 0,155	0,009 - 0,158	0,01 - 0,19
3-dB-Bandbreite β in kHz	5,7 bei 80 m	11,5 bei 40 m	24 bei 20 m
	67 bei 40 m	147 bei 20 m	323 bei 10 m
Gewinn, bezogen auf			
λ/4-Groundplane in dB	-1,91 bei 80 m	-1,52 bei 40 m	-1,22 bei 20 m
	-0,55 bei 40 m	-0,50 bei 20 m	-0,47 bei 10 m

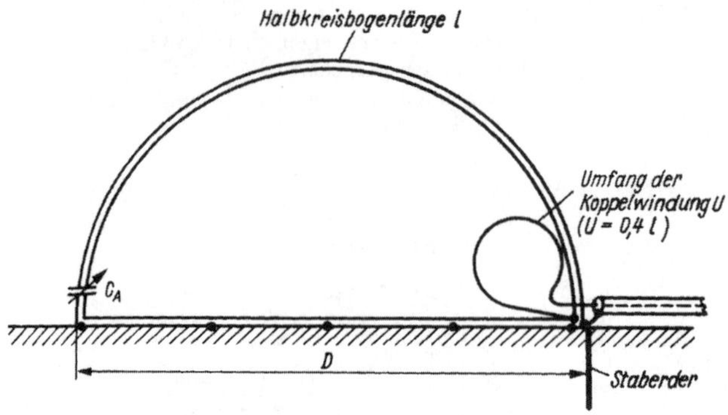

Bild 16.5.2
Aufbauschema für die EMGL (Abmessungen und Daten siehe **Tabelle 16.4**)

nen miteinander verlötet werden müssen. Das Gegengewicht sollte mindestens die doppelte Länge und die doppelte Breite des Halbrings haben, besser wesentlich mehr. Eine Fernabstimmung des Drehkondensators C_A ist auch bei diesen Ausführungen angebracht. Die optimale induktive Kopplung wird durch Verformung der Schleife *U* eingestellt, die Welligkeit *s* auf dem koaxialen Speisekabel liegt bei etwa 1,5.

Eine weitere Veröffentlichung findet sich in [5.4].

16.6 Magnetische Antennen für VHF

Die erste Bauanleitung einer magnetischen Antenne für VHF (2 m oder 70 cm) wurde 1983 von *DL2FA* veröffentlicht [6.1].

Die in **Bild 16.6.1** gezeigte Ringantenne für das 2-m- oder 70-cm-Band besteht aus einem Flachkupferblech mit 10 mm Breite und 2 mm Stärke. Je nach Band sind die Primär-und Sekundärwindungen U_1 und U_2 , sowie der Abstimmkondensator C_A unterschiedlich. Die technischen Daten der Ringantenne sind beim Bild angegeben.

Die in **Bild 16.6.2** gezeigte Ringantenne für das 6-m-Band nach *DK1MM* [6.2] hat einen Durchmesser von 470 mm. Für die Halterung wird ein Stück Hartholz oder Pertinax mit den Abmessungen 500 x 50 x 10 mm benötigt. Die Antenne besteht aus Weichkupfer 10 mm Ø, das im Baumarkt in Rollen zu haben ist. Nicht Hartkupferrohr in Stangen verwenden. Das Material ist amateurmäßig nicht zu biegen, dazu benötigt man eine Biegevorrichtung. Für den Abstimmkondensator eignet sich am besten ein Lufttrimmer mit 1,5-2 mm Abstand und einer Kapazität von 10 pF.

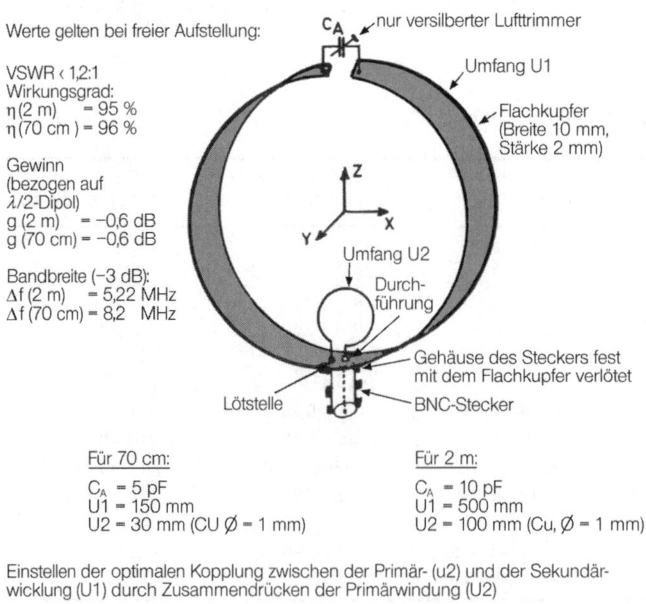

Bild 16.6.1
Magnetische Ringantenne für das 2-m- oder 70-cm-Band

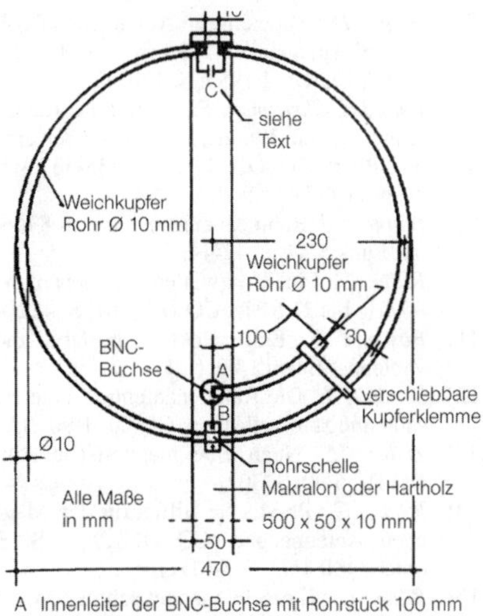

Bild 16.6.2
Magnetische Ringantenne für das 6-m-Band

Die Bandbreite (für SWR ≤ 2) ist nach Abgleich auf geringste Welligkeit rund 270 kHz. Die Erfolge waren ausgezeichnet. Vom Wohnzimmer aus wurden bei brauchbaren Bedingungen mit 11 W ERP auf Anhieb Stationen aus Südamerika und Südafrika erreicht. Eine weitere Magnetantenne für das 6-m-Band wurde von DJ3RW beschrieben [6.3].

Die in **Bild 16.6.3** dargestellte quadratische 2 m Magnetantenne nach *G0JXU* [6.4] hat nur 156 mm Seitenlänge. Sie war ursprünglich für Mobilbetrieb vorgesehen und ist mit einem Magnetfuß auf dem Fahrzeug befestigt worden. Die Antenne wird aus handelsüblichem Kupferrohr mit 22 mm Ø und den zugehörigen Fittings (Knie, Verbinder, T-Stück und Reduzierstück 22/15) hergestellt, dabei werden alle Teile verlötet.

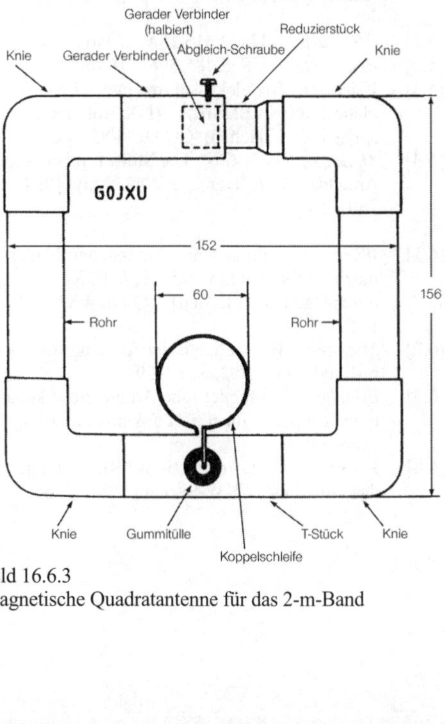

Bild 16.6.3
Magnetische Quadratantenne für das 2-m-Band

Der Feinabgleich erfolgt am kapazitiven Spalt durch eine Abgleichschraube.

Die Bandbreite (für SWR ≤ 1,5) nach Abstimmung auf geringste Welligkeit ist rund 200 kHz. Horizontal montiert ergibt sich ein Rundstrahldiagramm mit horizontaler Polarisation. Vertikal montiert ergibt sich ein bidirektionales Richtdiagramm – eine liegende 8 – bei vertikaler Polarisation. Durch Drehen der Antenne können störende Sender ausgeblendet werden.

Literatur zu Abschnitt 16

[0.1] *F. Braun* – GB 12,420 – 1899
[0.2] *Esau, A.*: Die Braunsche Rahmenantenne. Telefunken-Zeitung, Nr. 18, Oktober 1919, S. 51–59
[0.3] *Swinyard, W.O.*: Measurement of Loop-Antenna Receivers. Proc. IRE, July 1941, pp. 382–387
[0.4] *Foster, D.*: Loop Antennas with Uniform Current. Proc. IRE, October 1944, pp. 603–607
[0.5] *Libby, L.L.*: Special Aspects of Balanced Shielded Loops. Proc. IRE, September 1946, pp. 641–646
[0.6] *Fenwick, R.C.*: A New Class of Electically Small Antennas. IEEE Trans., AP-13, May 1965, pp. 379–383
[0.7] *Lin, J.L.; Chen, K.M.*: Resonances of Loops. IEEE Trans., AP-15, May 1967, pp.477–478
[0.8] *Hauswaldt, P.; Wolter, H.*: Der verlustarme kleine Rahmen als Normierungsantenne. Frequenz, H. 10, 1970, S. 294–302
[0.9] *Yokoshima, I.*: Absolute Measurements for Small Loop Antennas for RF Magnetic Field Standards. IEEE Trans., IM-23, September 1974, pp. 217–221
[0.10] *Choe, W.; Lee, J.K.*: Analysis of Higher Order Regular Polygonal Loop Antennas. IEEE Trans., AP-38, July 1990, pp. 1114–1117
[0.11] *Hart, T.*: Small High Efficiency Antennas-alias-The Loop. Antenna Products, Melbourne FL, 1985
[0.12] *Peters, B.*: Rahmenantennen – Artikel, Patente, Literatur. Herbst, Köln, 1992
[0.13] *R.A. Fessenden* – US 1,020,032 – 1903
[0.14] *Reichel, W.*: Entwicklung der Magnetkernantennen. Radio Mentor, H. 9, 1953, S. 446–449
[0.15] *Ziehm, G.*: Ferrit-Antennen für Goniometer-Peilanlagen. Telefunken-Zeitung, H. 110, Dezember 1955, S. 227–234
[0.16] *Stuart, I.D.*: Practical Considerations in the Design of Ferrite Cored Aerials for Broadcast Receivers. Proc. IREE Australia, December 1966, pp. 329–338

[0.17] *Bitterlich, W.*: Magnetische Dipolantennen für Feldstärkemessungen im LF- und im VLF-Bereich. Int. Elektron. Rundschau, H. 9, 1967, S. 225–228

[1.1] *Schwarzbeck, G.*: Rahmen- und Ringantennen - Magnetische Antennen, Beschreibung und Meßergebnisse, CQ DL 5/1984, S. 226–234

[1.2] *Richtscheid, A.*: Calculation of the Radiation Resistance of Loop Antennas with Sinusoidal Current Distribution. IEEE Trans., AP-24, November 1976, pp. 889–891

[1.3] *Mahony, J.D.*: Approximations to the Radiation Resistance and Directivity of Circular-Loop Antennas. (Schrank, H.: Antenna Designer's Notebook). IEEE AP Magazine No. 4, August 1994, pp. 52–55

[1.4] *Würtz, H.*: DX-Antennen mit spiegelnden Flächen, Magnetische Antennen. CQ DL 2/83, S. 64–67

[1.5] *Hart, T.*: Small High-Efficiency Loop Antennas. QST, June 1986, pp. 33–36

[1.6] *Henk, A.J.*: Loop Antennas – Facts, Not Fiction. Radio Communication, September 1991, pp. 51; ARRL Antenna Compendium Vol. 3, 1992, pp. 99–107

[1.7] *Belrose, J.S.*: An Update on Compact Transmitting Loops. QST, November 1993, pp. 37–40

[1.8] *Jirman, J.*: Aktive magnetische Empfangsantennen. CQ DL 5/95, S. 342–346

[1.9] *Schäfer, J.*: Kompakte magnetische Reiseloop. CQ DL 9/95, S. 662-666; CQ DL 10/95, S. 742–746; Reiseloop-Nachlese. CQ DL 11/95, S. 801; CQ DL 12/95, S. 880

[1.10] *Glesner, D.*: Erst simulieren - dann bauen. CQ-DL 1/97, S. 36-39; CQ DL 3/97, S. 208–210; Korrektur: Magnetantennenberechnung, CQ DL 2/97, S. 95

[1.11] Glesner, D.: Programm MGLP (für magnetische Ringantennen) in deutscher oder englischer Sprache. *DF5VX*, Bergstraße 33, 66740 Saarlouis.

[1.12] *Glesner D.*: Momentenmethode und Magnetantennen. Funk 2/2000, S. 50–51

[1.13] *Feißel, W.*: Das elektrische Feld einer kleinen Loop-Antenne. Funk 3/2000, S.42–43

[2.1] *Patterson, K.H.*: Down-to-earth Army antenna, Electronics, 40 (1967), August 21, pp. 111-114

[2.2] *Spelman, F.A.; Spillane, J.*: The Ferris Wheel Antenna for 160- and 80-Meters. 73 Magazine, February 1968,

[2.3] *McCoy, L.G.*: The Army Loop in Ham Communication. QST March 1968, pp. 17, 18, 150

[2.4] *Killeen, J.R.*: A Compact hf antenna for portable or base Operation. Radio Communication, September 1983, pp. 796–797

[2.5] *Pelz, D.; Christmann, R.; Sigrist, R.*: Rahmenantenne – keine Wunderantenne – aber ein Ding mit Pfiff!. CQ DL 9/1982, S. 435–437

[2.6] *Käferlein, C.*: Abstimmbare Magnetische Antennen (AMA). Firmenschrift, Käferlein, Darmstadt, 1997

[2.7] *Würtz, H.*: Magnetische Antennen (DX-Antennen mit spiegelnden Flächen). CQ DL 2/83, S. 64-67; CQ DL 4/1983, S. 170–171

[2.8] *Pelz, D.; Christman, R.; Sigrist, R.*: Rahmenantenne – keine Wunderantenne – aber ein Ding mit Pfiff! CQ DL 9/82, S. 435-437; (Leserbriefe) CQ DL 12/82, S. 625

[2.9] *Winnert, J.*:Rahmenantenne. Funk 4/84, S. 42–44; Funk 5/84, S. 42-44

[2.10] *Ritter, G.*: Eine Kurzwellen-Rahmenantenne für 7 MHz bis 21 MHz. CQ DL 7/87, S. 422–426

[2.11] *Bosse, C.B.*: Eine selektive, portable Induktivantenne. Beam 1/89, S. 11–12

[2.12] *Schäfer, J.*: Die Rahmenantenne - eine Behelfsantenne zum Selbstbau. CQ DL 1/90, S. 21–26

[2.13] *Zisler, H.*: Noch eine magnetische Antenne. CQ DL 5/90, S. 302

[2.14] *Wiche, G.*: Praktische Hilfen für den Magnetischen Antennenbau. CQ DL 2/92, S. 72–75 (auch QSP 1/92, S. 44–51)

[2.15] *Böhm, O.*: Einfache magnetische Loop für 160/80/40 m. Funk 5/94, S. 42–45

[2.16] *Klüß, A.*: Abgeschirmte Empfangsloop für 1,8 MHz. Funk 4/99, S. 40–42

[2.17] *Piehler, R.*: Magnet-Antennen – Überblick und Erfahrungen. Funkamateur 8/99, S. 932–935

[3.1] *Käferlein, C.*: Abstimmbare Magnetische Antennen (AMA). Firmenschrift, Käferlein, Darmstadt, 1997

[4.1] *Würtz, H.*: Magnetische Antennen (DX-Antennen mit spiegelnden Flächen). CQ-DL 2/83, S. 64–67

[4.2] *Käferlein, C.*: Abstimmbare Magnetische Antennen (AMA). Firmenschrift, Käferlein, Darmstadt, 1997

[4.3] Schäfer, J.: Die MicroVert eine L/C-Kurzantenne. Applikation 1999

[5.1] *P.S. Carter* – US 2,615,134 – 1946

[5.2] *P.S. Carter* – US 2,785,396 – 1946

[5.3] *Würtz, H.*: Die elektrisch-magnetische Groundplane-Loop (EMGL) (DX-Antennen mit spiegelnden Flächen). CQ DL 5/83, S. 224–225

[5.4] *Zhou, G.; Smith, G.S.*: The Multiturn Half-Loop Antenna. IEEE Trans., AP-42, May 1994, pp. 750–754

[6.1] *Würtz, H.*: Praktische Antennenaufbauten - magnetische Antenne für UKW (DX-Antennen mit spiegelnden Flächen). CQ DL 4/83, S. 170–171

[6.2] *Michaelis, M.*: Magnetische Antenne für das 6-m-Band. Funk 1/93, S. 77–79

[6.3] *Böttcher, K.*: Magnetische Antenne mit kapazitiver Kopplung für 6 m. Funkamateur 10/97, S. 1188–1189

[6.4] *Winsor, J.*: Eine magnetische Ringantenne für das 2-m-Band. UKW-Berichte 2/90, S. 66–70

17 Aktive Antennen

17.1 Einführung

Eine *aktive Antenne* ist eine Antenne, die einen aktiven Teil (Verstärker) als integralen Bestandteil (ein Ganzes bildend) enthält. Dabei ist der Verstärker nicht außerhalb z.B. am Fußpunkt der Antenne, sondern ist in der Antenne, unmittelbar am passiven Strahler, eingebaut.

Die Integration eines oder mehrerer verstärkender elektronischer Bauteile mit einer passiven Antenne führt zur „*aktiven Antenne*“. Diese Antenne hat gegenüber einer passiven Antenne wesentliche Vorteile. Die allgemeine Idee, elektronische Bauelemente in Antennen einzusetzen, ist aber nicht neu. Ende der 30er Jahre schon finden sich in der Patentliteratur Veröffentlichungen darüber aus Deutschland [1.1] und [1.2].

Die Anwendung von Halbleitern beschleunigte die Entwicklung. Die ersten verwendeten Halbleiter waren Dioden (z.B. Tunneldioden).

Zu jener Zeit waren Leute wie *Frost, Copeland, Turner* und *Wickersham* an der Entwicklung beteiligt [1.3] bis [1.8]. Die Namen für die ersten neuen Antennen waren damals „Parant“ (Parametric Amplifier Antenna), „Antennafier“ (Antenna Amplifier), „Antennamitter“ (Antenna Transmitter) und „Antennaverter“ (Antenna Converter).

Im Jahre 1964, mit der Verfügbarkeit von kleinen Transistoren, wurden in USA (Ohio State University) Versuchsantennen damit entwickelt. In der Folgezeit waren für diese Antennen die Bezeichnungen „integrierte“ oder „transistorierte“ Antennen gebräuchlich. Letztere Bezeichnung wird sogar gelegentlich noch jetzt verwendet. Der heute allgemein übliche Begriff „Aktive Antennen“ (oder kurz „Aktivantennen“) stammt von *H. Meinke* [1.9], 1966 Professor am Institut für Hochfrequenztechnik an der Technischen Universität München. An diesem Institut wurden in der Folgezeit auch die theoretischen Grundlagen dieser Antennen erforscht und anhand vieler Beispiele die Realisierbarkeit und die Vorzüge dieser Antennen bewiesen. In diesem Zusammenhang sind auch seine Assistenten *G. Flachenecker, F. Landstorfer* und *H. Lindenmeier zu* erwähnen.

17.2 Grundlagen

Außenrauschen

Die statistische Verteilung des Außenrauschens zeigt, daß mit abnehmender Frequenz das Außenrauschen zunimmt bis zu einem Maximum bei etwa 10 kHz (**Bild 17.2.1**). Empfänger für < 30 MHz weisen Rauschmaße von etwa 20 dB auf und sind mehr oder weniger „übersensibel“. Signale von großen Antennen übersteuern die Empfänger und erzeugen Intermodulationen.

Die Entwicklung von kurzen aktiven Antennen mit einem optimalen Rauschverhältnis kommt hier gelegen. Durch den Einsatz von aktiven Antennen in Empfangssystemen kann die Systemrauschzahl minimiert werden bzw. in optimaler Weise dem äußeren Rauschen angepaßt werden. Gegenüber konventionellen Antennen ergibt sich die Möglichkeit die untere Grenze des Dynamikbereichs des

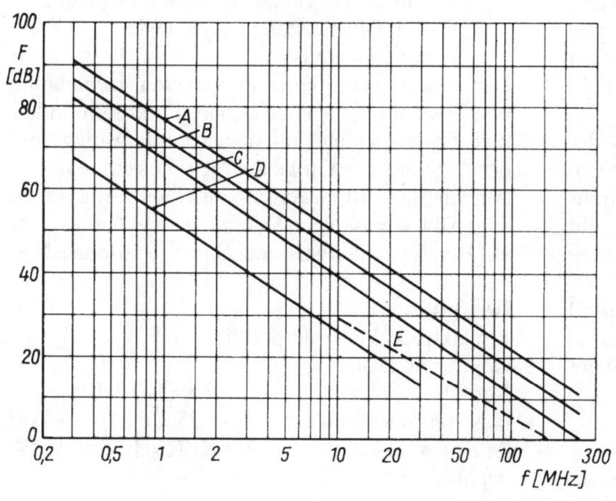

Bild 17.2.1
Außenrauschen in Abhängigkeit der Frequenz (CCIR-Rep. 285)

Empfangssystems in günstiger Weise festzulegen. Bei gegebener Bandbreite liefert ein Empfangsdipol einen Signalleistungspegel bei vorhandenem Signal und einen Rauschleistungspegel aus dem ständig vorhandenen Außenrauschen. Beide Pegel sind wesentlich größer als der Pegel des elektronischen Rauschen vom Empfänger samt Vor-/Trennverstärker.

Der für die Empfangsqualität maßgebende Signal-/Rauschabstand wird nur vom Signal und vom Außenrauschen bestimmt. Durch Verkürzung der Antenne verringern sich der Signal- und Rauschleistungspegel in gleicher Weise und der Signalabstand bleibt praktisch konstant, solange das Außenrauschen deutlich größer ist als das elektronische Rauschen (Innenrauschen der Empfangsanordnung).

Verkürzt man die Antenne noch weiter, dann wird das Außenrauschen kleiner als das Innenrauschen. Der Signal/-Rauschabstand ist jetzt auch verringert, er wird nun vom Signal und vom Innenrauschen bestimmt. Bei einer weiteren Antennenverkürzung verringert sich auch der Signal-/Rauschabstand [2.1].

$$F_S = F_A + (F_N - 1)/Gv + (F_E - 1)/(GvG_N) \quad (17.2.1)$$

F_S Systemrauschzahl
F_A Antennenrauschzahl
F_N Rauschzahl von Vor- oder Trennverstärker
F_E Rauschzahl des Empfängers
G_V elektronischer Gewinn der Antenne
G_N Gewinn der Vor- oder Trennverstärker

In der Formel sind F und G numerisch als Faktoren einzusetzen, nicht logarithmisch als dB-Werte. Die Rauschzahl ist einzusetzen als Rauschfaktor in F_A und nicht als Rauschmaß in dB. Ist die Antennenrauschzahl F_A gleich der äußeren Rauschzahl, dann verschlechtert sich der Signal/Rauschabstand um 3 dB.

Antennenabmessungen

Abgestimmte passive Antennen haben je nach Ausführung als Monopolantenne eine Höhe von einer Viertelwelle oder als Dipolantenne eine Länge von einer Halbwelle. Solche Antennen lassen sich bei tiefen Frequenzen für den Empfangsfall meist nicht in ausreichender Höhe errichten.

Verkürzt man einen elektrisch kurzen Dipol der Länge $\lambda/5$ oder einen elektrisch kurzen Monopol der Höhe $\lambda/10$, so sinkt der **Wirkanteil** (Strahlungswiderstand) der Antenne proportional mit dem Quadrat der Verkürzung, d.h. bei Verkürzung auf die Hälfte der Länge oder Höhe sinkt der Strahlungswiderstand auf ein Viertel. Der **Blindanteil** dagegen steigt annähernd linear mit der Verkürzung, d.h. je geringer die Länge desto größer ist der Blindwiderstand.

Beispiel:

Ein 10 m langer passiver Dipol hat bei 1,5 MHz einen Strahlungswiderstand $R_S \approx 0{,}5\ \Omega$ und einen Blindwiderstand X_A von einigen Kiloohm.

Die **Empfängereingangsspannung** wird bei Verkürzung immer geringer. Das hat zwei Ursachen:

- die Leerlaufspannung der Antenne $U = E \cdot h_{eff}$ oder $E \cdot l_w$ (h_{eff} *bei* Monopolantennen und l_w bei Dipolantennen) sinkt
- das Spannungsteilerverhältnis wird durch den steigenden Blindanteil ungünstiger.
  Eine Transformation hilft nur bedingt und ist außerdem frequenzabhängig.

Im Gegensatz zu einer passiven Antenne mit nachgeschaltetem Antennenverstärker existiert in einer aktiven Antenne keine Schnittstelle mit der Impedanz des Wellenwiderstands der Leitung. Eine aktive Antenne bietet neue Lösungsmöglichkeiten und vermeidet diese Nachteile durch Einsatz von integrierten Verstärkern.

Gewinn

Der Gewinn von aktiven Antennen ist das Produkt aus dem elektronischen Gewinn G_V und dem Richtfaktor D, der sich aus dem Strahlungsdiagramm ergibt.

$$G_A = G_V D \quad (17.2.2)$$

$$g_A = 10 \lg G_A = g_V + 10 \lg D \quad (17.2.3)$$

Für kurze Antennen ist $D = 1{,}5$ oder $10 \lg D = 1{,}8$ dB praktisch frequenzunabhängig.

Während bei verlustarmen passiven Antennen Gewinn und Richtfaktor kaum verschieden sind, entsteht bei aktiven Antennen der Gewinn durch Zusammenwirken von Richtwirkung und Verstärkung.

Elektronischer Gewinn

Der elektronische Gewinn einer aktiven Antenne ist definiert als

$$G_V = P_2/P_1 \quad (17.2.4)$$

P_2 Ausgangsleistung am Nennwiderstand
P_1 Empfangsleistung des passiven Antennenteils

Der elektronische Gewinn wird zur Berechnung von Systemrauschzahlen benötigt und steht in keinem Zusammenhang mit dem Strahlungsdiagramm der Antenne. Die Größe des Gewinns einer aktiven Antenne läßt im Gegensatz zu einer verlustfreien, angepaßten passiven Antenne keine Schlüsse zu auf Richtcharakteristik oder Signal/Rauschabstand.

Beispiel:

Ein aktiver Vertikaldipol für VHF hat folgende elektrische Daten

Rauschzahl (Antenne):	$F_A = 5\ kT_0$ (7 dB)
elektronischer Gewinn:	$G_V = 25{,}1$ d.h. g = 14 dB
Antennenfaktor:	$K = 0{,}71$ d.h. $k = -3$ dB
Richtfaktor:	$D = 3 \equiv (4{,}77$ dB)

Mit der Rauschzahl (Empfänger) : F_E =10 $kT_0 \equiv$ (10 dB) ergibt sich die Gesamtrauschzahl des Systems F_S = 5 $kT_0 \equiv$ (7,3 dB).

Antennenfaktor

Der Antennenfaktor definiert den Zusammenhang zwischen Feldstärke und Antennenausgangsspannung.

$K = E/U$ (17.2.5)

E elektrische Feldstärke (V/m)

U Ausgangsspannung am Nennwiderstand (V)

Der Antennenfaktor wird meist angegeben als 20 lg K in dB mit der Bezeichnung K-Faktor oder Wandlungsmaß. Der Verlauf ist frequenzabhängig.

Strahlungsdiagramme

Aufgrund der geringen Abmessungen haben aktive Antennen frequenzunabhängige Strahlungsdiagramme. Während z.B. eine 12 m Monopol-Antenne bei 25 MHz eine deutliche Elevationsanhebung zeigt, hat die aktive Stabantenne noch immer den Erhebungswinkel Null. Die Kenngrößen der aktiven Antennen findet man in [2.2] und [2.3].

Arbeitsweise

Aktive Antennen erhalten ihre hervorragenden Eigenschaften durch das abgestimmte Zusammenwirken zwischen dem passiven Antennenteil und den aktiven Bauelementen (**Bild 17.2.2**). Für die hochohmige Antennenimpedanz der extrem kurzen Antennen werden z.B. Sperrschicht-FETs (J-FETs) wie etwa *BF245* oder *BF256* mit hohem Eingangswiderstand und geringer Eingangskapazität verwendet.

Entsprechende Schaltungen enthalten [2.4] und [2.5].

Professionelle Aktivantennen haben folgende Arbeitsweise:

Eine mehrstufige (meist dreistufige) Antennenelektronik stellt einen rauscharmen hochlinearen Impedanzwandler dar. Aufgrund des hohen Eingangswiderstands der ersten Stufe wird die der Feldstärke proportionale Antennenleerlaufspannung des passiven Antennenteils nahezu frequenzunabhängig ausgekoppelt. Die weiteren Stufen sind als Gegentaktschaltung mit komplimentären Transistoren aufgebaut. Dieses Konzept gewährleistet ausgezeichnete Großsignaleigenschaften.

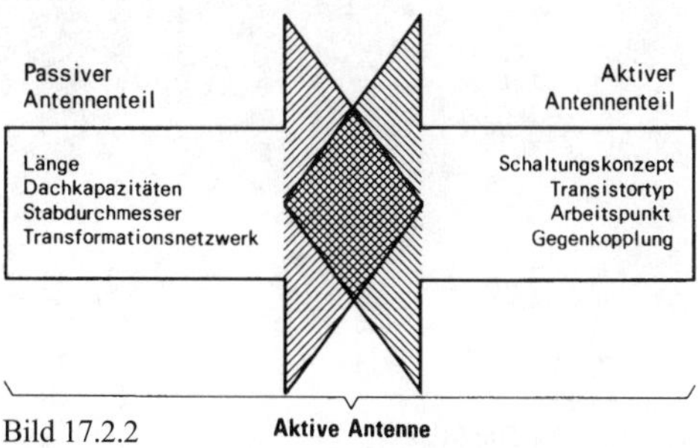

Bild 17.2.2
Zusammenwirken von passiver Antennenstruktur und aktiven Bauelementen (*Rohde & Schwarz*)

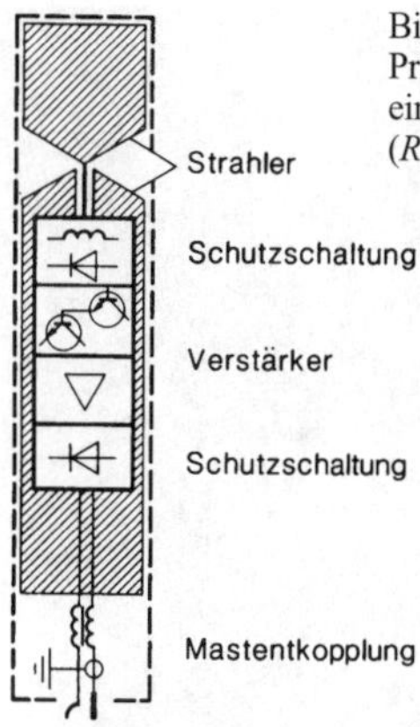

Bild 17.2.3
Prinzipaufbau eines aktiven Vertikaldipols (*Rohde & Schwarz*)

Im Übertragungsverhalten weisen die Antennen eine Hochpaßcharakteristik auf. Bei aktiven Antennen für Kurzwelle werden durch frequenzabhängige Gegenkopplungen Signale unter 1,5 MHz noch abgesenkt. Dadurch ist die Gefahr der Übersteuerung durch starke Signale aus dem Mittelwellenbereich reduziert. Am Verstärkereingang ist eine Schutzschaltung gegen Überspannungen aus atmosphärischen Entladungen. Am Verstärkerausgang ist meist auch eine Schutzschaltung gegen Überspannungen von der Kabelseite vorgesehen.

Damit die Antenne von der Montagefläche oder vom Mast unabhängig bleibt ist eine Mastentkopplung vorhanden.

Bild 17.2.3 zeigt den Prinzipaufbau eines aktiven Vertikaldipols.

Aktive Antennen sind wegen der Verstärkerbausteine nicht linear und reziprok, wie man es von passiven Antennen kennt.

Die elektrischen Eigenschaften und Kenngrößen von *Aktiven Antennen* sind in der ITG Empfehlung [2.6] zu finden.

17.3 Anwendungen

Aktive Antennen werden heute stationär und mobil eingesetzt. Der Frequenzbereich geht von 100 Hz bis 1000 MHz. Am verbreitetsten sind die Anwendungen als Empfangsantennen [3.1]–[3.4]. Die zugehörigen Bauformen sind Monopol, Faltmonopol, Dipol und Faltdipol.

Bekannt sind auch die aktiven Autoantennen für Rundfunkempfang (*Lindenmeier*). [3.5], [3.6]. Es gibt auch Anwendungen als aktive Peilantenne (*Lindenmeier*) und als aktive Richtantenne (*Flachenecker*). Interessant ist auch die Anwendung als

Bild 17.3.1
Aktives Antennensystem (1,5 bis 30 MHz) für vertikale und horizontale Polarisation (*Rohde & Schwarz*)

aktive Schleifenantenne bei der Münchner S-Bahn (*Landstorfer*).

Bild 17.3.1 zeigt die Anwendung als Empfangsantenne im HF-Bereich. Im Vordergrund sieht man eine Verstärkerplatine, im Hintergrund das Antennensystem für den Frequenzbereich 1,5 bis 30 MHz. Es ist ein 3fach-Antennensystem mit einer vertikalen Stabantenne und mit zwei, im rechten Winkel zueinander angeordneten, horizontalen Dipolantennen, die über einen 90°-Koppler zusammengeschaltet sind.

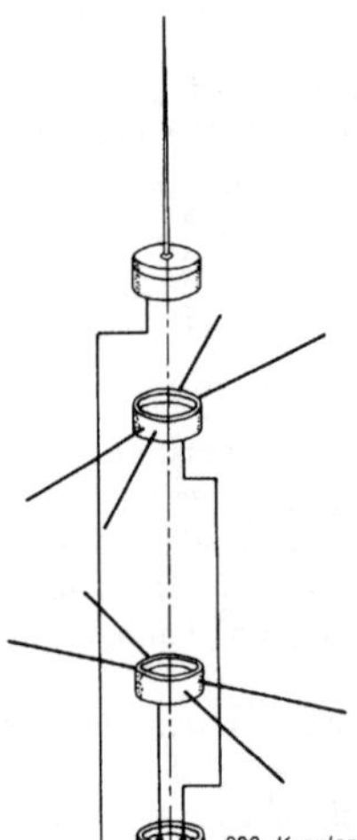

Bild 17.3.2
Mechanischer Aufbau des aktiven Antennensystems (*Rohde & Schwarz*)

Das mechanische Aufbauprinzip ist aus **Bild 17.3.2** ersichtlich. Dieses Antennensystem hat ein Rundempfangsdiagramm für vertikale und horizontale Polarisation. Ein Beispiel für ein aktives Antennensystem im VHF-Bereich 20 bis 200 MHz zeigt **Bild 17.3.3**. Es ist ebenfalls als 3fach-Antennensystem ausgeführt für Rundempfang von horizontal und vertikal polarisierten Signalen. Aktive Dipolantennen für den VHF- und UHF-Bereich zeigt **Bild 17.3.4**. Dabei ist die Antenne rechts für den Bereich 20 bis 500 MHz. Die Antenne links geht von 200 bis 1000 MHz. Von dieser UHF-Antenne lauten die technischen Daten: Gewinn 7 bis 11 dB, Rauschzahl 6 bis 8 dB, $IP_2 > 55$ dBm, $IP_3 > 30$ dBm.

Bild 17.3.3
Aktives Antennensystem (20 bis 200 MHz) für vertikale und horizontale Polarisation (*Rohde & Schwarz*)

Ein Beispiel für die Anwendung als mobile Peilantennen zeigt **Bild 17.3.5**. Die rechte Antenne arbeitet von 1 bis 30 MHz, die hintere Antenne von 20 bis 500 MHz und die vordere Antenne ist

Bild 17.3.4
Aktive Dipole
rechts: 20 bis 500 MHz
links: 200 bis 1000 MHz
(*Rohde & Schwarz*)

Bild 17.3.5
Aktive Peilantennen für Mobilbetrieb
vorne: 500 bis 1000 MHz
hinten: 20 bis 500 MHz
dazwischen: 1 bis 30 MHz (*Rohde & Schwarz*)

für von 500 bis 1000 MHz ausgelegt. Ein Beispiel für die Anwendung als Meßantenne für Feldstärkemessungen im Bereich 100 Hz bis 1000 MHz zeigt **Bild 17.3.6**. Die Stabantenne in der Mitte ist für 100 Hz bis 30 MHz, die Dipolantenne links geht von 30 bis 200 MHz und die Dipolantenne rechts ist für 200 bis 1000 MHz. Die Vorteile aktiver Antennen für Feldstärkemessungen sind zu finden in [3.7].

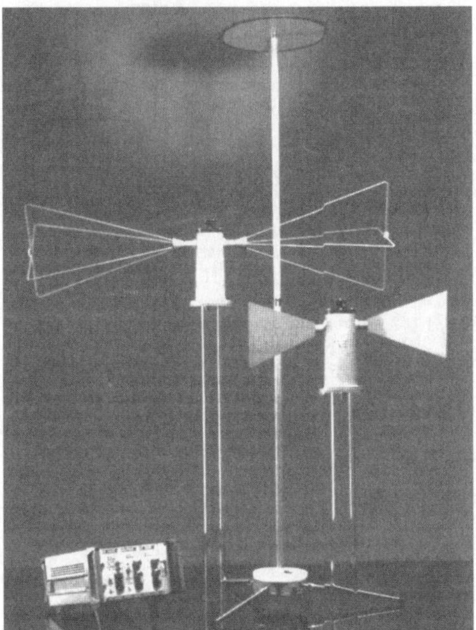

Bild 17.3.6
Aktive Feldstärke-Meßantennen
links: 30 bis 200 MHz
rechts: 200 bis 1000 MHz
dazwischen: 100 Hz bis 30 MHz (*Rohde & Schwarz*)

17.4 Bauanleitungen

Aktive Antennen als Antennen für moderne KW-Transceiver mit durchgehendem Empfangsbereich von 100 kHz bis 30 MHz und für Weltempfänger aller Art gewinnen zunehmend an Bedeutung.

Wenn auf geringes Rauschen und einfaches Schaltungskonzept Wert gelegt wird, dann bietet sich eine einstufige Schaltung mit einem VMOS *(VN88AF, VN0808M* oder *VN66AK)* an. Der im **Bild 17.4.1** gezeigte Antennenverstärker mit einem VMOS *VN88AF* bringt rund 6 dB Gewinn [4.1]. Mit P1 wird der Drainstrom auf etwa 100 mA eingestellt. Bei Fernspeisung über das Koaxialkabel muß *Lx* eingefügt werden.

Eine zweistufige Anordnung aus Sourcefolger und Emitterstufe mit starker Gegenkopplung ist in [4.2] beschrieben. Ein zugehöriger fernschaltbarer Hochpaß, um starke Ortssender im MW- und LW-Bereich auszublenden, ist in [4.3] beschrieben. Selektive aktive Empfangsantennen finden sich in [4.4] und eine mit einer Varaktordiode fernabgestimmte Aktivantenne in [4.5].

Die in **Bild 17.4.2** gezeigte zweistufige Schaltung mit einer einfachen Antennenelektronik ist in [4.6] beschrieben. Sie besteht aus einem Impedanzwandler mit einem Sperrschicht-FET und einem Gegentakt-Emitterfolger. Ein MOSFET in der 1. Stufe bringt dabei keine Vorteile, da MOSFETs im unteren Frequenzbereich mehr rauschen als Sperrschicht-FETs.

Schwache Aufladungen der Antenne werden über den 10-MΩ-Widerstand abgeleitet. Bei starken Aufladungen (Gewitter) zündet der Gasentladungsableiter. Der Arbeitspunkt des Sourcefolgers *BF247A* wird durch eine starke Gleichstromgegen-

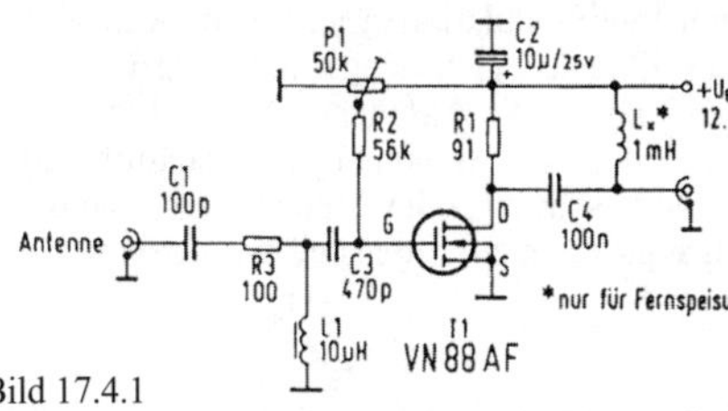

Bild 17.4.1
Aktivantennenverstärker von Lang- bis Kurzwelle

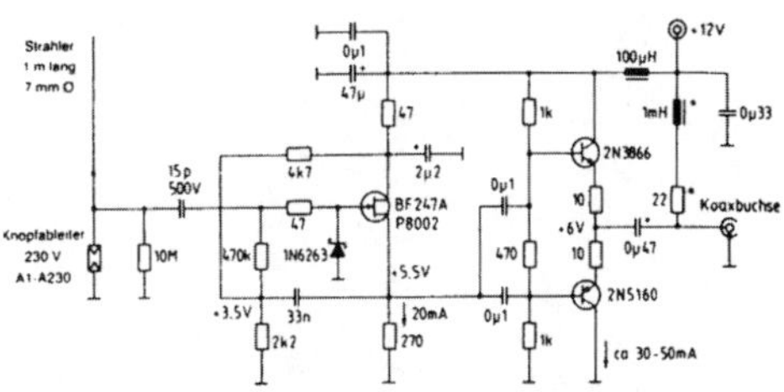

Bild 17.4.2
Aktivantenne von VLF bis VHF

• nur bei Fernspeisung über Koaxkabel erforderlich

kopplung auf rund 20 mA Drainstrom festgelegt. Die Schutzdiode am Gate verhindert bei negativen Überspannungen den Gate-Source-Durchbruch. Bei positiven Überspannungen wird die Date-Source-Strecke leitend und begrenzt die Spannung. Der Sourcefolger speist einen Gegentakt-Emitterfolger mit den Komplementär-Transistoren *2N3866* und *2N5160*. Der Ruhestrom liegt bei 30 bis 50 mA.

Bei Fernspeisung über das Koaxialkabel wird die Induktivität 1 mH benötigt. Auf eine kapazitätsarme Gateleitung des *BF247A* ist zu achten, da jede Kapazität eine Spannungsteilung bewirkt und damit eine Verringerung der Eingangsspannung. Als Wetterschutz wurde die Leiterplatine in ein Abwasserrohr aus Polypropylen (Nennweite 50 mm) gesteckt. Eine einfache aktive Ferritantenne für 80m ist in [4.7] beschrieben. Weitere Literatur in deutscher Sprache über aktive Antennen [4.8] bis [4.16].

17.5 Zusammenfassung

Die **Vorteile** der aktiven Antennen sind:
geringe Abmessungen
erweiterter Frequenzbereich
hohe Empfindlichkeit
große Linearität
große Dynamik
frequenzunabhängige Strahlungsdiagramme
geringe Verkopplungen (mit benachbarten Antennen und Umgebung)

Die **Nachteile** der aktiven Antennen sind:
an Orten mit sehr großer Störfeldstärke (in der Nähe von starken Sendern) können Übersteuerungen und Intermodulationen auftreten. Aktive Antennen sollten dort nicht eingesetzt werden!

(Man kann aktive Antennen überall dort einsetzen, wo passive Antennen mit nachfolgenden Breitbandverstärkern oder breitbandigen Empfängereingangsstufen zufriedenstellend arbeiten.

Literatur zu Abschnitt 17

[1.1] *H.E. Hollmann* – US 2,169,358 – deutsche Priorität 1936

[1.2] *E. Gerhard; W. Ilberg* – US 2,153,181 – deutsche Priorität 1937

[1.3] *Frost, A.D.*: Parametric Amplifier Antenne. Proc. IRE, June 1960, pp. 1163–1164

[1.4] *A.D. Frost*, – US 2,988,636 – 1960

[1.5] *Copeland, J.R.; Robertson, W.J.*: Design of Antennaverters and Antennafiers. Electronics, October 1961, pp. 68–71

[1.6] *J.R. Copeland et al* – US 3,296,536 – 1960

[1.7] *E.M. Turner* – US 3,246,245 – 1961

[1.8] *A.F. Wickersham et al* – US 3,098,973 – 1960

[1.9] *Meinke, H.*: Aktive Antennen. NTZ 9 (1966), H. 12, S. 697–705

[1.10] *Rohde, U.L.*: Active Antennas. CQ, December 1982, pp. 20–24

[2.1] *Stark, A.*: Dimensionierung elektrisch kurzer Empfangsantennen für Frequenzen unter 30 MHz. Neues von Rohde & Schwarz, Nr. 76, Januar 1977, S. 23

[2.2] *Demmel, F.*: Kenngrößen aktiver Empfangsantennen. Nachrichten Elektronik 34 (1980), H. 9, S. 326–328

[2.3] *Lindenmeier, H.*: Kenngrößen aktiver Breitbandantennen. NTZ 30 (1977), H. 2, S. 169–173

[2.4] *Red, E.T.*: Aktive Antennen. Beam 11/86, S. 35–37; Beam 12/86, S. 20-23; Beam 1/87, S. 28–29

[2.5] *Best, S.*: Aktive Antennen. RPB Taschenbuch Nr. 182, Franzis Verlag, München, 1987

[2.6] *ITG*: Begriffe aus dem Gebiet der Antennen. Elektrische Eigenschaften und Kenngrößen, Anhang: Aktive Antennen. ITG 2.1/02 Empfehlung 1993. NTZ, Bd. 46 (1993), H. 12, S. 961–962

[3.1] *Flachenecker, G.*: Eine blitzgeschützte transistorierte Empfangsantenne. NTZ 22 (1969), H. 10, S. 557–564

[3.2] *Lindenmeier, H.; Meinke, H.H.*: Aktive Fernsehantennen für den UHF-Empfang. Funkschau 1970, H. 16, S. 527

[3.3] *Lindenmeier, H.*: Aktive Empfangsantennen von 10 kHz bis 1 GHz. Funkschau 1974, H. 4, S. 111 und H. 5, S. 153

[3.4] *Stark, A.*: Test der aktiven Empfangsantenne HA 432/141/50 durch die Bundesanstalt für Flugsicherung. Neues von Rohde & Schwarz 59, Februar/März 1973, S. 14–19

[3.5] *Lindenmeier, H.; Meinke, H.H.*: Elektronische Autoantennen – heute. Funkschau 1976, H. 14, S. 68–70

[3.6] *Hopf, J.; Lindenmeier, H.; Reiter, L.*: Aktive Scheibenantennen für Rundfunkempfang im Auto. RTM, Jg. 31 (1987), H. 4, S. 161–167

[3.7] *Demmel, F.; Klein, A.*: Vorteile aktiver Antennen für Feldstärkemessungen. Nachrichtentech. Elektron., 43 (1993) 5, S. 236–240

[4.1] *Henrich, F.*: Aktivantenne verstärkt von Langwelle bis Kurzwelle. Funkschau 11/1988, S. 65–66

[4.2] *Becker, J.:* Vielseitige Aktivantenne. Elektor 6/91, S. 28–31

[4.3] *Becker, J.:* Fernschaltbarer Hochpass für Aktivantennen. Elektor 11/91, S. 64–68

[4.4] *Becker, J.:* Selektive aktive Empfangsantennen. CQ-DL 11/91, S. 668–673

[4.5] *Cornell, K.:* Remote Tuned Active Antenne. 73 Magazine, December 1993, p. 32

[4.6] *Jirmann, J.:* Aktive Antenne für den Frequenzbereich von 10 kHz bis 50 MHz. UKW-Berichte 1/92, S. 37–42

[4.7] *Gebauer, H.:* Aktive Ferritantenne für 80 m. CQ DL 11 /94, S. 794

[4.8] *Henrich, F.:* Aktive Kurzwellenantenne. Funkschau 19/1984, S. 85–86

[4.9] *Blechschmidt, A.:* Aktivantenne. Kurier 10/89, S. 8-12; 17/89, S. 8–9

[4.10] *Red, E.T.:* Aktive Antennen – Notlösungen oder Non plus Ultra? Beam 11/93, S. 26–28; Beam 12/93, S. 24–26

[4.11] *Rohner, C.:* Aktive Antennen, CQ DL 9/91, S. 553–554

[4.12] *Rohner, C.:* Aktive Antennen – Wirkungsweise und Einsatzmöglichkeiten. QSP 7/92, S. 8–13

[4.13] *Rohner, C.:* Aktive Empfangsantennen. (Funk Spezial 29, Antennen). VTH Verlag, Baden-Baden, 1994

[4.14] *Schmidt, G.; Festerling, M.:* Breitband-Aktivantenne für 10 kHz bis 1,8 GHz. Beam 12/92, S. 19–22; Beam 1/93, S. 18–20

[4.15] *Sichla, F.; Wetzel, R.*: UFO 2000 – Eine aktive Kombiantenne für BC-DXer und SWLs. Funk 8/97, S. 30–31

[4.16] *Sichla, F.; Wetzel, R.*: Trio-Trick – eine portable Aktivantenne. Funk 1/99, S. 34–25

18 Mehrelement-HF-Richtantennen (Beams)

Für den Funkverkehr über große Entfernungen auf Kurzwelle verwendet der Funkamateur gern drehbare *Richtantennen* s.g. *Beams*. Die Bezeichnung *Beam* geht auf *Marconi* zurück, der etwa um 1923 entdeckte, daß mit Kurzwellen-Richtantennen auf einer Wellenlänge von 92 m (3,25 MHz) mit 12 kW Sendeleistung bei Tag 2500 km und bei Nacht über 10 000 km überbrückt werden konnten [0.1] [0.2]. Das verwendete Antennensystem wurde damals *Marconi Beam System* genannt.

Zum Bau von *Richtantennen* braucht man im allgemeinen Leichtmetallrohre und entsprechenden Platz, auf dem Hausdach oder im Garten. Hinzu kommen ein stabiler Tragemast und eine zuverlässige Drehvorrichtung. Neben handwerklichen Fähigkeiten sind auch gute sicherheitstechnische Kenntnisse beim Aufbau erforderlich.

So kann bereits ein einfacher, drehbar ausgeführter Halbwellendipol als brauchbarer Richtstrahler angesehen werden. Auf Grund seiner bidirektionalen Horizontalcharakteristik genügt ein Drehwinkel von 180°, um alle Himmelsrichtungen mit maximaler Strahlungsleistung zu erreichen.

Wer auf allen DX-Bändern mit Richtantennen arbeiten will, müßte eigentlich für jedes Band einen gesonderten Beam haben. Die wenigsten Amateure können aber einen so großen Aufwand treiben. Es werden daher *Mehrelement-Richtantennen* mit einem einzigen Strahlersystem verwendet, das für mehrere Bänder in Resonanz ist. Solche Multibandstrahler mit geringem Platzbedarf sind oft die einzige Bauform, die für einen brauchbaren DX-Verkehr verwirklicht werden kann. Der erfahrene Funkpraktiker weiß darüber hinaus, daß es beim DX-Verkehr weniger auf den Gewinn ankommt, sondern viel mehr auf die gesamte Richtcharakteristik einer Antenne, wobei das Vertikaldiagramm die größte Rolle spielt.

Mehrelement-Richtantennen haben einen gespeisten Strahler und ein, zwei oder auch mehr ungespeiste Elemente, die nur durch die Strahlung mit dem gespeisten Element verkoppelt sind. Diese Zusatzelemente heißen *Parasitärelemente* oder auch *Sekundärstrahler*. Durch diese Zusatzelemente läßt sich ein Gewinn erzielen. Bei den Zusatzelementen unterscheidet man zwischen *Reflektor* und *Direktor(en)*.

Mehrelement-Richtantennen erreichen im allgemeinen nur für ein Amateurband knapp den Wirkungsgrad einer vergleichbaren Einbandantenne voller Länge, für die anderen Bänder liegt die Leistung mehr oder weniger weit darunter. Mehrbandantennen sind immer mehr oder weniger sinnvolle Kompromißlösungen. Ein Buch über Richtantennen allgemein ist [0.3].

18.1 *Yagi-Uda*-Antennen

(*H. Yagi* – JP 69 115 – 1925)

Die Definition einer *Yagi*-Antenne nach [1.0] ist: Längsstrahler mit strahlungsgekoppelten Dipolen, der außer aktivem Strahler und Reflektor noch einen oder mehrere Direktoren enthält.

Die Erfindung der Antenne mit mehreren parasitären Elementen wurde 1925 in Japan von *H. Yagi* zum Patent angemeldet. Die entsprechenden Patente in anderen Ländern waren: Deutschland: DE 475 293, Großbritannien: GB 263,753, USA: US 1,754,342.

Bücher über Yagi-Antennen sind [1.1] [1.2].

18.1.1 Geschichte der *Yagi-Uda*-Antenne

Die *Yagi-Uda*-Antenne wurde erstmalig 1926 von den Japanern *Hidetsugu Yagi* (1886–1976) und *Shintaro Uda* (1896–1976), zwei Professoren an der Universität Tohoku in Sendai, beschrieben [1.3] [1.4]. Diese Veröffentlichungen fanden aber außerhalb von Japan keinerlei Beachtung. Erst der Besuch von *H. Yagi* in den USA und sein Papier in englischer Sprache weckten die Aufmerksamkeit der westlichen Welt [1.5].

Die Experimente wurden zuerst mit einer Wellenlänge von 4,4 m (68 MHz) und 2,6 m (115 MHz) durchgeführt. Danach mit einer Wellenlänge von 40 cm. Damals galten Wellenlängen unter 10 m als „ultra short waves".

In der englischen Veröffentlichung von *Yagi* wurden die Versuche von Prof. *S. Uda* auf 4,4 m und dessen japanische Veröffentlichungen erwähnt. Außerdem wurde auch Prof. *K. Okabe* und seine Entwicklung eines Magnetrons zur Erzeugung der damals kürzesten Wellen (minimal 12 cm) zitiert [1.5] [1.7]. Die Antennenform wurde nach dem Autor der englischen Veröffentlichung seitdem als *Yagi*-Antenne bezeichnet. Weitere Veröffentlichungen über *Yagi* [1.8]–[1.12].

Die erste *Yagi*-Antenne in USA wurde im Sommer 1928 versuchsweise von der Firma *GE* in

Schenectady aufgebaut. In Japan selbst sind nur zwei Fälle bekannt, wo *Yagi*-Antennen vor dem 2. Weltkrieg in Betrieb waren. Es wurden ab 1933 Radioverbindungen zu zwei Inseln in 40 km bzw. 50 km Entfernung eingerichtet. Die Antennenform hatte in Japan wenig Bedeutung und geriet weitgehend in Vergessenheit.

Nicht so in Europa und in den USA, dort war die Antenne im praktischen Einsatz bei Radar und bei Blindlandung von Flugzeugen. Während des 2. Welt-krieges waren Radar-Antennen nach dem *Yagi*-Prinzip bei den Alliierten im Verwendung. Interessant dabei ist, daß für diese Antennen der Name „*Yagi* " bei den Alliierten, aber nicht bei den Japanern bekannt war. Das belegt eine Geschichte aus dem Jahre 1942, als nach dem Fall von Singapur ein englisches Radargerät (SLC = Search Light Control = elektron. Suchscheinwerfer) in die Hände der Japaner fiel. Um einen Scheinwerfer waren 5 Yagis montiert, eine davon war mit einem Sender verbunden, die anderen vier mit einem Empfänger. Im Handbuch dazu war die Bezeichnung *YAGI ARRAY* zu finden. Die Japaner konnten damit nichts anfangen und waren sehr erstaunt, als ihnen ein gefangener Soldat, der Radarbediener Corporal *Newmann*, erklärte, daß das Wort *Yagi* der Name einer Person war, nämlich des Erfinders der Antennen aus Japan.

Newmann mußte den Japanern die Wirkungsweise des Gerätes erläutern und Zeichnungen von den Umschaltmöglichkeiten der Antennen erstellen. Seine Ausführungen wurden ins Japanische übersetzt und mit den Zeichnungen entstand ein „geheimes" Dokument („*Newmann*'s Document") mit 57 Seiten, das nur einem kleinen Kreis von Eingeweihten bekannt war.

Diese Anektote wurde 1970 von *Uda*, dem Miterfinder der Antennen, in einer Festschrift erwähnt. Professor *G. Sato* von der Fakultät für Wissenschaft und Technik der Universität in Tokio versuchte dieses Dokument zu finden. Die Suche danach blieb aber lange Zeit ergebnislos. Keiner der befragten Personen, Ingenieure und Militärs von Armee, Marine und Verteidigungsministerium hatte jemals von dem Dokument gehört oder es gesehen. Erst nach fast 20 Jahren – 1989 – fand *Sato* einen Major *Shiomi*, einen technischen Spezialisten, der 1942 in Singapur dabei war und der sich noch an das *Newmann* Dokument erinnern konnte. *Shiomi* wollte aber über den Verbleib des Dokumentes keine Angaben machen. Erst nach längerer Befragung gab er dann zu, daß er ein Exemplar des Dokumentes besaß. Er wollte es aber auch 45 Jahre nach Kriegsende nicht aus der Hand geben. Nach stundenlanger Überredung konnte *Sato* endlich das Dokument ausborgen, um davon Kopien anzufertigen. Ein Jahr später hat *Shiomi* dann „*Newmann*'s Document" der Universität Tohoku in Sendai gestiftet [1.10].

Prof. *Yagi* hatte vor dem Krieg das Amateurfunk-Rufzeichen *J7AA* [1.11]. In Amateurkreisen waren Richtantennen mit Parasitärelementen zwar bekannt (z.B. im ARRL Radio Amateur's Handbook 1943). Der Name *Yagi* wurde aber in diesem Zusammenhang nicht genannt. Viele Jahre später nannte *Yagi* selbst diese Antennen, in Anerkennung der Verdienste seines Kollegen bei der Erfindung der Antennen, „*Yagi-Uda*"-Antennen.

Die *Yagi-Uda*-Antennen, hier im weiteren Verlauf kurz *Yagi*-Antennen genannt, sind erst nach dem Krieg als Antennen für den Fernsehempfang weltweit bekannt geworden.

18.1.2 Monoband-*Yagis*

Monoband-Yagis sind dankbare Objekte für den selbstbauenden Funkamateur. Ein Abgleich durch Elementlängenveränderung bleibt eine übersichtliche Angelegenheit.

18.1.2.1 Wirkungsweise der *Yagi*

Eine *Yagi-Uda*-Antenne, oder kurz eine *Yagi*-Antenne besteht aus einer Reihe linearer Elemente, die parallel zueinander längs einer Geraden angeordnet sind. Es wird nur ein Element der Antenne gespeist, der Erreger oder Strahler, alle anderen Elemente sind parasitär. Wenn die Parameter (Länge, Abstand und Durchmesser der Elemente) richtig gewählt sind, ergibt sich in Längsrichtung ein höherer Gewinn.

Längs einer *Yagi*-Struktur läuft die Welle mit verringerter Phasengeschwindigkeit. Am offenen Ende tritt die Welle dann in den Raum aus. Dabei verhält sich die Direktorkette wie ein künstliches Dielektrikum.

Das Vektordiagramm der Feldstärke in einem entfernten Punkt auf der Antennenachse setzt sich zusammen aus dem Strom im Strahler und aus den resultierenden Strömen in den Direktoren. Die Ströme und Phasenwinkel in einer parasitär erregten Antenne können dabei aber nicht frei gewählt werden. Der Phasenwinkel ist dabei die Verzögerung je Element. Beide ändern sich im gleichen Sinn mit der Elementlänge.

Der Halbwellendipol wird zum unidirektionalen 2-Element-Richtstrahler, wenn man parallel zu ihm, in etwa Viertelwellenabstand, einen strahlungsgekoppelten Reflektor anbringt. Dieser Reflektor ist einfach ein Stab oder Draht, etwa 5% länger als der Halbwellenstrahler und nicht mit dem Sender oder dem gespeisten Element verbunden.

Ein nicht gespeistes (parasitäres) Element wirkt durch induktive Phasenverschiebung als *Reflektor* (länger als das gespeiste Element) oder durch kapazitive Phasenverschiebung als *Direktor* (kürzer als das gespeiste Element).

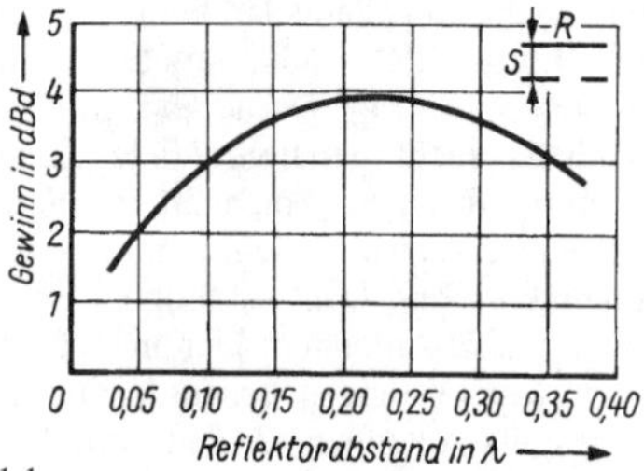

Bild 18.1.1
Praktisch erreichbarer Gewinn einer Anordnung aus Strahler und parasitärem Reflektor

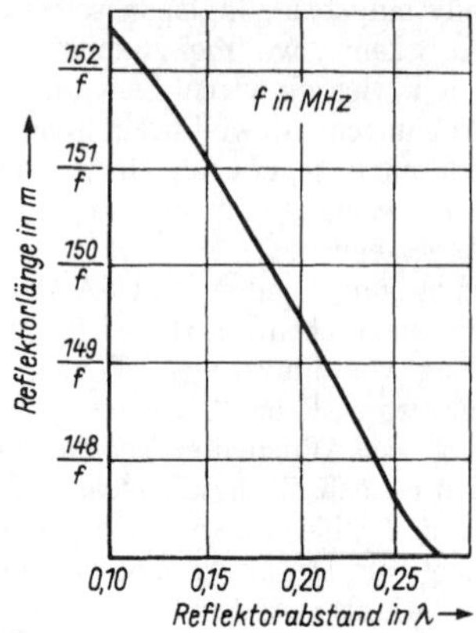

Bild 18.1.3
Reflektorlänge in Abhängigkeit vom Reflektorabstand

Man unterscheidet:
homogene *Yagis* (Anordnungen mit gleichen Abständen und Elementlängen)
inhomogene *Yagis* (Anordnungen mit ungleichen Abständen und Elementlängen)

Homogene *Yagis*

Der maximale Gewinn von homogenen *Yagis* steigt mit der Boomlänge und der Anzahl der Direktoren und hat als Funktion der Antennenlänge bei etwa 5 bis 6 λ seinen Grenzwert – ca. 14 dB – erreicht, darüber hinaus bringt eine Verlängerung nichts mehr [1.13]. Der Leistungsgewinn, der durch parasitäre Elemente in der Hauptstrahlrichtung zu erzielen ist, hängt vom Abstand des Sekundärelementes zum gespeisten Element ab.

Bild 18.1.1 läßt erkennen, wie sich der Reflektorabstand auf den praktisch erzielbaren Gewinn auswirkt. Demnach liegt bei einem Reflektorabstand *S* von etwa 0,23λ ein breites Gewinnmaximum vor, das unter den Bedingungen der Praxis etwa 4 dBd (bezogen auf einen Halbwellendipol) betragen kann. Für die Kombination gespeistes Element–Direktor ist nach **Bild 18.1.2** der erzielbare Gewinn etwas größer, er liegt bei einem Direktorabstand *S* von 0,11λ um 4,3 dBd.

Diese Gewinnangaben basieren auf Untersuchungen von *H. W. Ehrenspeck* und *H. Poehler* [1.13]. Andere Quellen [1.14] geben andere Gewinne an. Man sollte die Gewinnangaben für Kurzwellenantennen nicht überbewerten, denn es handelt sich entweder um aus Diagrammen rückgerechnete Werte, die meist auch noch durch Erdreflexionen verfälscht sind, oder um die Ergebnisse von Modellmessungen im UHF-Bereich unter nahezu idealen Bedingungen.

Kurzwellenantennen befinden sich aber immer in Erdnähe (bezogen auf die Wellenlänge) und sind dadurch Veränderungen ihrer Strahlungscharakteristik ausgesetzt, die von den Idealdiagrammen abweichen und somit auch den Gewinn beeinflussen. Hinzu kommen Erdverluste und ohmsche Verluste, die oft nicht berücksichtigt werden. Der im Kurzwellenbereich praktisch erzielbare Gewinn liegt deshalb immer unter dem theoretisch erreichbaren Maximalgewinn.

Im Kurzwellenbereich werden 2-Element-Richtstrahler häufig mit einem Direktor als Parasitärelement ausgeführt. Das tut man weniger wegen des geringfügig höheren Gewinns, verglichen mit einem System aus Strahler und Reflektor, denn dieser hat in der Praxis kaum Einfluß. Entscheidend für

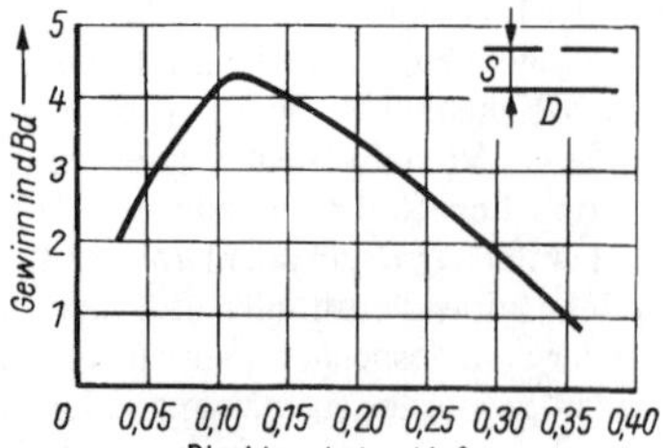

Bild 18.1.2
Praktisch erreichbarer Gewinn einer Anordnung aus Strahler und parasitärem Direktor

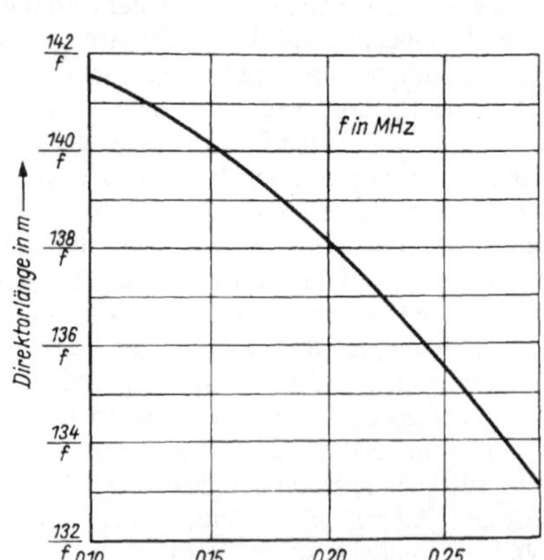

Bild 18.1.4
Direktorlänge in Abhängigkeit vom Direktorabstand

die Wahl der Kombination Strahler-Direktor ist die Tatsache, daß mit ihr schon bei einem Direktorabstand S von etwa $\lambda/10$ maximaler Gewinn erzielt wird, während ein Reflektor dazu fast $\lambda/4$ vom gespeisten Element entfernt sein müßte (vgl. **Bild 18.1.1** mit **Bild 18.1.2**). Außerdem ist ein Direktor um etwa 10% kürzer als ein Reflektor. Solche „Einsparungen" spielen im VHF-Bereich keine besondere Rolle, sind aber im Kurzwellenbereich schon von großer Bedeutung.

Die Länge des parasitären Elementes hängt von seinem Abstand zum gespeisten Element ab. Allgemein gilt, daß ein Reflektor um so länger sein muß, je weiter er vom Strahler entfernt ist. Dagegen wird ein Direktor um so kürzer, je größer der Abstand S ist. Richtwerte geben **Bild 18.1.3** und **Bild 18.1.4**. Es handelt sich um Näherungswerte für maximalen Gewinn. Andere Längenabmessungen ergeben sich, wenn z.B. das System besonders großen Frequenzbereich und verhältnismäßig hohen Strahlungswiderstand haben soll. Dazu wählt man längere Reflektoren bzw. kürzere Direktoren. Der Eingangswiderstand des gespeisten Elementes wird von den Faktoren Abstand und Länge der Elemente bestimmt. Allgemein gilt, daß der Strahlungswiderstand und damit auch der Eingangswiderstand um so stärker absinkt, je mehr sich das oder die parasitären Elemente dem gespeisten Element nähern. Richtwerte werden in **Bild 18.1.5** gegeben. Sie gelten annähernd, wenn die Elementlängen für maximalen Gewinn bemessen sind. Bei Elementabständen $S \leq 0{,}1\lambda$ sinkt der Eingangswiderstand auf Werte $< 15\ \Omega$ ab. Wegen der dabei auftretenden großen Ströme steigen die Leiterverluste deshalb sehr an, und der theoretisch mögliche Gewinn kann in der Praxis nicht annähernd erreicht

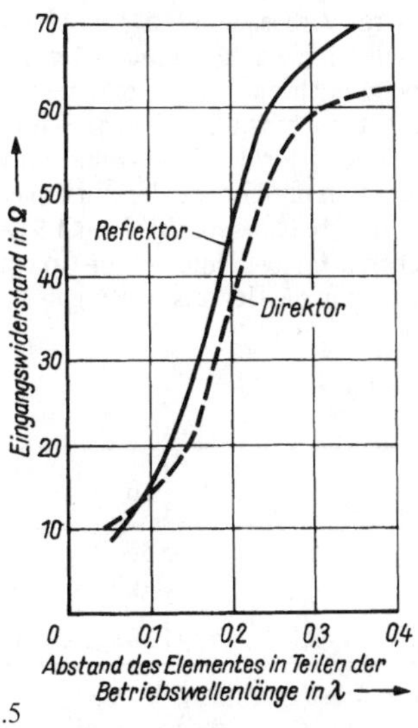

Bild 18.1.5
Eingangsimpedanz einer 2-Element-*Yagi*
in Abhängigkeit vom Abstand des parasitären Elementes

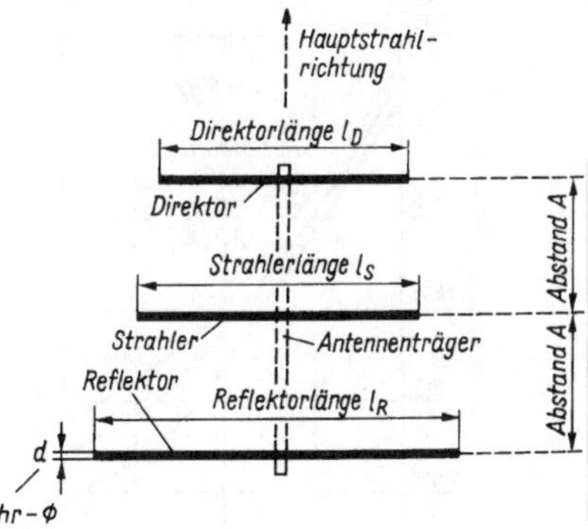

Bild 18.1.6
Gewinn einer 3-Element-*Yagi* mit einem Reflektorabstand von $0{,}2\lambda$ in Abhängigkeit vom Direktorabstand

werden. Gleichzeitig nimmt bei kleinen Elementabständen der Frequenzbereich stark ab, so daß die Resonanzbemessung des Systems kritisch wird. Verhältnismäßig große Elementabstände sind deshalb zu bevorzugen; sie ergeben nicht immer den Maximalgewinn, bewirken dafür aber einen relativ großen Strahlungswiderstand (geringere Verluste), größeren Frequenzbereich und damit eine weniger kritische Resonanzbemessung. Bandbreite und Strahlungswiderstand lassen sich außerdem durch die Elementlängen so beeinflussen, daß auch bei verhältnismäßig kleinen Elementabständen ausreichende Frequenzbereiche bei relativ großen Eingangswiderständen zu verwirklichen sind. Damit ergeben sich bereits bei einfachen *Yagi*-Systemen sehr viele Möglichkeiten der Bemessung, die jeweils für einen bestimmten Zweck optimal sein können.

Bei Kurzwellenrichtantennen werden im allgemeinen nicht mehr als 2 Parasitärelemente verwendet, sie bestehen in diesem Fall aus dem gespeisten Halbwellendipol, einem Reflektor und einem Direktor. Es ist die kleinste Bauform einer *Yagi*-Antenne; weil sie insgesamt 3 wirksame Elemente aufweist, nennt man sie deswegen 3-Element-*Yagi*. Ausnahmen findet man hauptsächlich im 10-m-Amateurband, wo mitunter auch *Yagi*-Antennen mit mehr als 3 Elementen eingesetzt werden.

Der praktisch erzielbare Gewinn einer 3-Element-*Yagi* kann bis etwa 7 dBd betragen. Bei den üblichen Amateurantennen im Kurzwellenbereich ist mit einem durchschnittlichen Gewinn zwischen 5,5 und 6,5 dBd zu rechnen. **Bild 18.1.6** zeigt ein Beispiel.

Inhomogene *Yagis*

Durch Abweichung von der homogenen Form werden Verbesserungen erreicht. Dabei werden Abstände und Elementlängen der Antenne variiert und zweckentsprechend eingestellt. Diese Maßnahmen bewirken eine Reduzierung der Nebenzipfel bei gleichzeitiger Verbreiterung der Hauptkeule. Maximaler Gewinn tritt ein bei einem Kompromiß zwi-

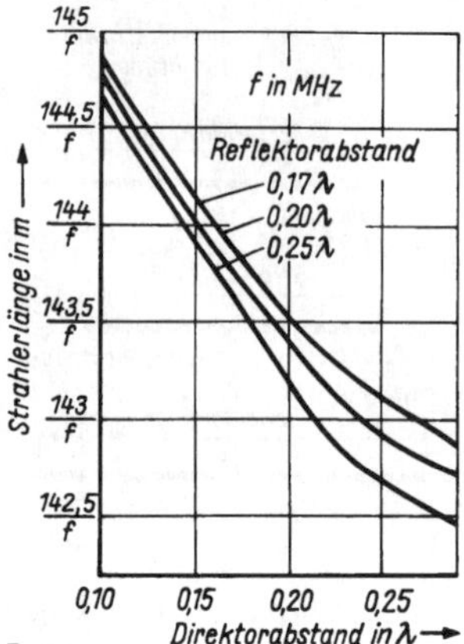

Bild 18.1.7
Länge des Strahlers einer 3-Element-*Yagi* in Abhängigkeit vom Abstand des Direktors und des Reflektors

Bild 18.1.8
2-Element-*Yagi*

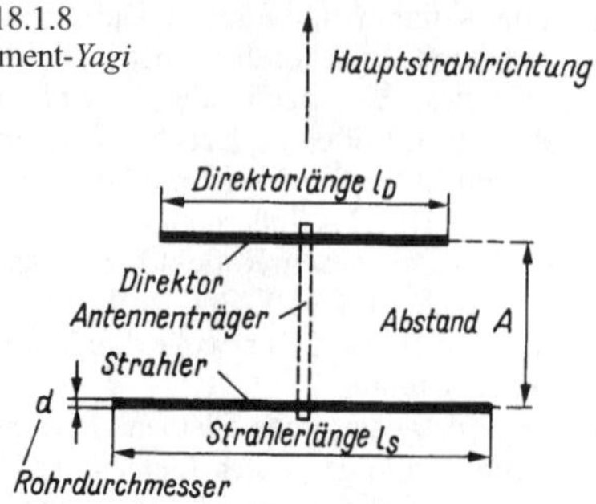

schen der Hauptkeulenbreite und der Nebenzipfelunterdrückung [1.15].

Es ist auch die erforderliche Resonanzlänge des gespeisten Elementes in Abhängigkeit vom Abstand der Sekundärelemente jeweils zu verändern. Die Länge des gespeisten Dipols wird um so kleiner, je mehr sich die Parasitärelemente ihm nähern. Das geht aus Bild **18.1.7** hervor. Auch in diesem Fall handelt es sich um Richtwerte bei der Bemessung für maximalen Gewinn. Dabei ist außerdem der Schlankheitsgrad des gespeisten Elementes zu berücksichtigen. Bis zu 4λ ist nach [1.15] kein Einfluß der Elementdicke auf den Gewinn feststellbar. Mit wachender Länge nimmt aber die Bandbreite ab und mit steigender Frequenz ist die Fertigungstoleranz eine Grenze [1.16]. Für eine nach [1.14] geforderte Präzision von 0,003λ bedeutet dies für 1296 MHz eine Fertigungstoleranz der Elemente von unter 1 mm !

18.1.2.2 Dimensionierung und Optimierung der *Yagi*

Zur Dimensionierung von *Yagis* gibt es entsprechende Literatur [1.17]–[1.22]. Neuerdings sind auch Computerprogramme erhältlich, die entsprechende optimierte Lösungen ermöglichen, z.B. von *K6STI* [1.23]–[1.25] oder von *W7EL* [1.26] [1.27], vgl. auch Abschnitt 40.

2-Element-*Yagi*-Antenne

Der horizontale 2-Element-Beam wird bis für das 30-m-Amateurband verwendet, denn ein 3-Element-Beam ist bei dieser Wellenlänge schon zu umfangreich. Eine solche Antenne kann auf zwei Arten konstruiert werden, entweder als Kombination von Strahler mit Reflektor oder in der Anordnung Strahler mit Direktor. Aus erwähnten Gründen wird die letztere bevorzugt. **Bild 18.1.8** zeigt das Aufbauschema einer 2-Element-*Yagi*. **Tabelle 18.1** enthält die Bemessungsangaben der computeroptimierten Antenne nach [1.22]. Der Boom ist ungefähr 0,15λ. Der Gewinn der aufgeführten 2-Element-*Yagi*-Antenne wird mit etwa 4,8 dBd, das Vor-/Rückverhältnis mit etwa 10 dB angegeben.

3-Element-*Yagi*-Antenne

Eine weitere Verbesserung der Strahlungseigenschaften wird erzielt, wenn man der 2-Element-Richtantenne noch ein Parasitärelement – diesmal einen Reflektor – hinzufügt. Solche 3-Element-*Yagi*-Antennen sind für das 20-m-Band infolge ihrer Größe bereits an der Grenze des mit amateurmäßigen Mitteln Erreichbaren. **Bild 18.1.9** zeigt das Aufbauschema für 3-Element-*Yagi*-Antennen. **Tabelle 18.2** enthält die Bemessungsangaben der com-

Tabelle 18.1
Bemessungsangaben für 2-Element-*Yagi*s (computeroptimiert) nach Bild 18.1.8

Amateurband in m f_{res} in MHz	30 10,12	20 14,15	17 18,10	15 21,20	12 24,94	10 28,50
Strahlerlänge l_S in m	14,43	10,32	8,07	6,89	5,85	5,12
Direktorlänge l_D in m	13,70	9,80	7,66	6,54	5,56	4,86
Abstand A in m	4,45	3,18	2,49	2,12	1,80	1,58

Verkürzungsfaktor $V = 0,95$
Rohrdurchmesser $d = 2,54$ cm (≡ 1")
Strahlungswiderstand $Rs \approx 28\ \Omega$

Strahlerlänge $l_S = 146/f$(MHz) $= 0,49\ \lambda$
Direktorlänge $l_D = 138,6/f$(MHz) $= 0,46\ \lambda$
Abstand $A = 45/f$(MHz) $= 0,15\ \lambda$

Bild 18.1.9
3-Element-*Yagi*

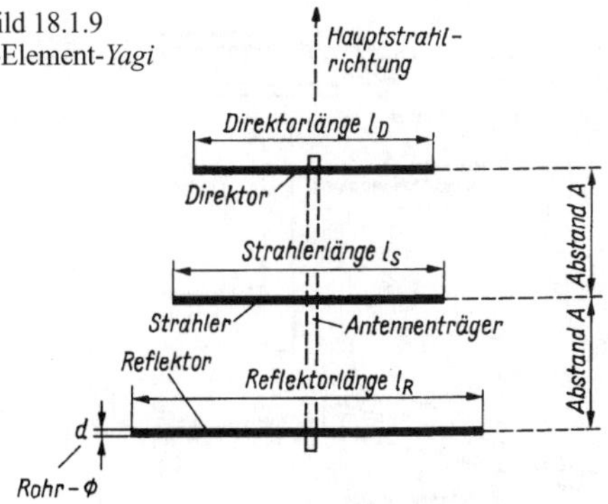

puteroptimierten Antenne nach [1.22]. Der Boom ist ungefähr 0,3 λ. Der Gewinn der aufgeführten 3-Element-*Yagi*-Antenne wird mit 7,4 dBd, das Vor-/Rückverhältnis mit über 20 dB angegeben. Der Gewinn wäre optimal 7,8 dBd bei einer Boomlänge von 0,45λ. Das Vor-/Rückverhältnis wäre optimal 33 dB bei einer Boomlänge von 0,275λ.

Generell sind die Punkte des maximalen Gewinns und des maximalen Vor-/Rückverhältnisses über der Bemessungsfrequenz. Für eine 3-Element-*Yagi* mit einer Boomlänge von 0,2 bis 0,3λ ergibt sich ein Vor-/Rückverhältnis von ca. 15 bis 20 dB. Bei kürzerem Boom ist das Verhältnis besser.

Die Eingangsimpedanz einer 3-Element-*Yagi* variiert (wie bei anderen Antennen) mit der Höhe über Grund. Für Höhen größer als 0,5λ hat der Beam einen Strahlungswiderstand von 16 bis 28 Ω für Boomlängen von 0,2 bis 0,5λ.

Die vorstehenden Angaben sind nur dann gültig, wenn sich die Antenne mindestens λ/2 über dem Erdboden befindet. In diesem Fall wird die Abweichung von der vorherberechneten Resonanzfrequenz nicht größer als 50 kHz sein. Ist die Antennenhöhe λ/2, so verschiebt sich die Resonanz infolge der größeren Erdkapazität in Bodennähe nach unten. Es kann dann beispielsweise eine für 21,2 MHz berechnete Antenne eine tatsächliche Resonanzfrequenz von 20,8 MHz haben. Geringe Bauhöhen bewirken eine Anhebung des vertikalen Strahlungsdiagramms und heben damit die guten DX-Eigenschaften der Richtantenne zum Teil wieder auf.

Hindernisse in Antennennähe rufen oft unvorhergesehene Reflexions- und Absorptionserscheinungen hervor. Besonders unangenehm wirken z.B. Netzfreileitungen, Fernsprechleitungen, Hochspannungsmaste, Dachrinnen, Blitzableiter usw. Meistens stören solche Objekte aber nur, wenn die Hauptstrahlrichtung der Antenne zum betreffenden Hindernis zeigt. Je nach Art und Entfernung des „Störenfrieds" muß dann mit einer mehr oder weniger großen Verschlechterung der Antenneneigenschaften in einem bestimmten Raumsektor gerechnet werden. Der Durchmesser der Elementrohre beeinflußt sowohl die Resonanzfrequenz als auch den Frequenzbereich der Antenne etwas. Dünnere Rohre erfordern eine geringe Verlängerung der Elemente, dabei wird auch die Bandbreite der Antenne etwas kleiner. Dickere Rohre müssen etwas verkürzt werden; der Frequenzbereich steigt etwas an. Diesen Umstand muß man jedoch nur dann berücksichtigen, wenn der Rohrdurchmesser um mehr als 50% vom vorgeschriebenen abweicht.

Die Optimierung der *Yagi*-Antennen erfolgt durch eine Parametervariation. Es kann eine Variation der Elementlängen sein in Form von linearer oder parabolischer Längenänderung. Man spricht dabei von „length taper", oder weil sich damit auch die Resonanzen der Elemente ändern von „frequency taper". Dann kann es auch eine Variation der Elementabstände sein. Hier ist es möglich die Abstände zwischen den Elementen linear oder pseudo-parabolisch zu verändern. Das Ziel der Veränderungen kann eine Optimierung des Vor-/Rückverhältnisses oder des Richtfaktors bzw. des Gewinnes sein.

Die Optimierung wird auch als Perturbation bezeichnet. Diese Technik ist eine mathematische Optimierungsmethode. Dabei werden z.B. die Elementströme der *Yagi*-Antenne durch einen dreiteiligen komplexen Ausdruck beschrieben, der danach in eine Matrixform übergeführt wird. Nach der Iteration erhält man dann durch die Parameteränderung (z.B. des Parameters „Abstand") den optimierten Wert, z.B. maximalen Gewinn.

Tabelle 18.2
Bemessungsangaben für 3-Element-*Yagi*s (computeroptimiert) nach Bild 18.1.9

Amateurband in m f_{res} in MHz	20 14,15	17 18,10	15 21,20	12 24,94	10 28,50
Strahlerlänge l_S in m	10,30	8,05	6,87	5,84	5,11
Direktorlänge l_D in m	9,94	7,77	6,64	5,64	4,94
Reflektorlänge l_R in m	10,60	8,29	7,08	6,01	5,26
Abstand A in m	3,05	2,39	2,04	1,73	1,52

Verkürzungsfaktor $V = 0{,}95$
Rohrdurchmesser $d = 2{,}54$ cm (≡ 1")
Strahlungswiderstand $R_s \approx 22\ \Omega$

Strahlerlänge $l_S = 145{,}7/f\,(\text{MHz}) = 0{,}49\ \lambda$
Direktorlänge $l_D = 140{,}7/f\,(\text{MHz}) = 0{,}47\ \lambda$
Reflektorlänge $l_R = 150/f\,(\text{MHz}) = 0{,}5\ \lambda$
Abstand $A = 43{,}2/f\,(\text{MHz}) = 0{,}14\ \lambda$

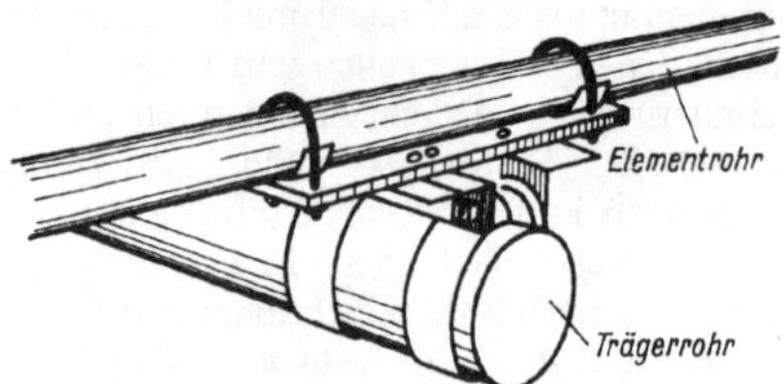

Bild 18.1.10
Elementbefestigung am Tragrohr (Boom)

Diese Methode wurde erstmalig 1960 von *Harrington* eingesetzt, um Nebenzipfel bei Antennen zu reduzieren [1.28]. *Harrington* ist übrigens der Autor des 1968 erschienenen Buches „Field Computation by Moment Methods". Diese Momenten-Methode ist die Grundlage für allgemeine Antennenanalyse und des Antennenprogramms NEC, sowie MININEC und aller darauf basierenden anderen neuen Antennenprogramme. Optimierte Monobandantennen bieten höchsten Gewinn, optimale Bandbreite und bestes Vor-/Rückverhältnis. Über Optimierungen gibt es einige Literatur [1.29]–[1.33].

18.1.2.3 Aufbau und Speisung der *Yagi*

Aufbau

Der Ganzmetallbauweise kommt die Tatsache entgegen, daß Halbwellenelemente in ihrer geometrischen Mitte – also im Spannungsminimum ohne Nachteil direkt mit einem metallischen Elementträger verbunden werden können. Ein solcher Richtstrahler benötigt keine Isolatoren, bietet den geringsten Windwiderstand, ist verhältnismäßig leicht und trotzdem sehr robust. Leider bereitet es oft Schwierigkeiten, ein allen Anforderungen genügendes Trägerrohr ausreichender Länge zu beschaffen. Geeignete Leichtmetallrohre finden z.B. im Bauwesen beim Gerüstbau Verwendung. Für die Leichtmetallgerüstrohre gibt es passende Armaturen wie T-Stücke, Winkelstücke usw. Die Elementrohre werden auf dem Trägerrohr *(Boom)* durch geeignete Schellen befestigt. Ein Durchbohren der Elemente ist aus Festigkeitsgründen zu vermeiden. **Bild 18.1.10** zeigt als Beispiel, wie man ein Elementrohr mit dem Trägerrohr stabil verbinden kann, ohne daß die Rohre durchbohrt werden.

Eine Antennenhalterung, wie sie industriell hergestellt wird, zeigt **Bild 18.1.11**. Es werden 2 Ausführungen geliefert, für Rohrdurchmesser bis 42 mm und bis 70 mm. Die Antennenhalter sind mit einem Oberflächenschutz versehen und eignen sich gut zum Befestigen nicht zu langer Elemente auf dem Antennenträger.

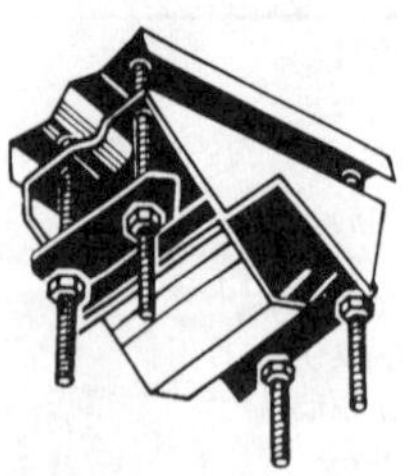

Bild 18.1.11
Antennenhalter

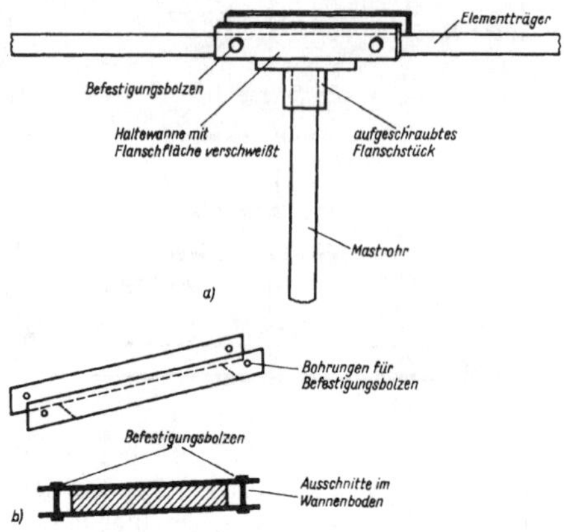

Bild 18.1.12
Verbindung des waagrechten Elementeträger
mit dem senkrechten Mastrohr
a) - Konstruktionsvorschlag
b) - Teilzeichnung der Haltewanne

Erfordert die Erhöhung der Stabilität Verspannungen, z.B. bei übermäßigem Durchhang der Elemente, kann zum Verspannen Kunststoffseil verwendet werden. Es ist reißfest, isoliert gut und verwittert nicht (vgl. Abschnitt 33.2).

Eine altbewährte und praktische Befestigung des ganzen Beams an einem Mastrohr zeigt **Bild 18.1.12**. Als Mastrohr eignen sich Stahlrohre entsprechenden Durchmessers. Manchmal sind auch dazu passende Flanschstücke erhältlich. Wie als Beispiel dargestellt, wird auf das Mastrohrende ein möglichst großflächiger Flansch geschraubt, der mit

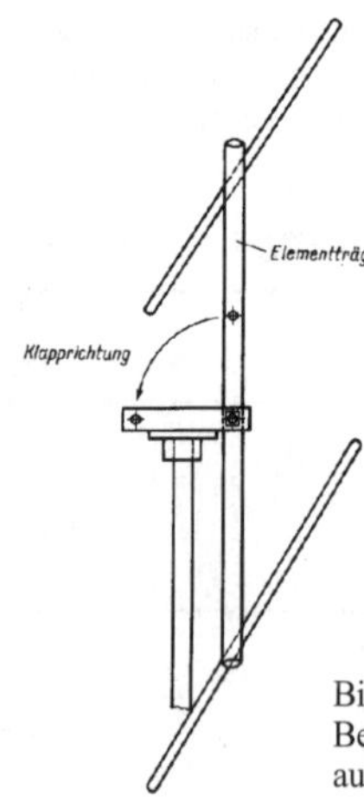

Bild 18.1.13
Befestigung des Richtstrahlers
auf dem Mastrohr

einer kräftigen Stahlblechwanne verschweißt ist. Diese Wanne bildet das Ruhelager für den waagrechten Elementträger, den man mit 2 kräftigen Bolzen in seiner endgültigen Lage fixiert. Die Schraubverbindung am Flansch muß gegen unbeabsichtigtes Lösen gesichert werden. Diese Ausführung hat den Vorteil, daß der fertig montierte Richtstrahler senkrecht am Mast hochgezogen werden kann, bis sich das im Schwerpunkt durchbohrte Trägerrohr in der Höhe der Bohrung des Wannenstückes befindet. Mit dem durchgesteckten Bolzen wird der Boom vorerst in der in **Bild 18.1.13** dargestellten Lage festgelegt.

Dann klappt man die Antenne in die waagrechte Lage um und sichert sie dort durch den 2. Bolzen. Neben der einfachen Montage hat eine solche Konstruktion den großen Vorzug, daß der ganze Richtstrahler durch Entfernen des einen oder des anderen Bolzens jederzeit in eine senkrechte Lage an den Mast herangeklappt werden kann. Dadurch lassen sich notwendige Arbeiten an der Antenne bequem durchführen.

Speisung

Die Richtantennen haben einen Strahlungswiderstand von 20 bis 30 Ω. Direktes Speisen der Strahler ist nicht möglich, weil verlustarme Speiseleitungen mit einem so niedrigen Wellenwiderstand technisch nicht machbar sind.

durchgehender Strahler

Eine sehr günstige Lösung ermöglicht eine **Gamma-Anpassung** oder deren verfeinerte Bauform, die **Omega-Anpassung**. Es ist die mechanisch und elektrisch günstigste Art, einen Beam mit durchgehendem Strahlerelement an ein beliebiges Koaxialkabel anzupassen. Die Einzelheiten über die Gamma-Anpassung kann man aus Abschnitt 6.2 in Verbindung mit **Bild 6.2.4** sowie **Tabelle 6.1** ersehen. Die Angaben in der Tabelle können dabei direkt verwendet werden, Die ebenso geeignete Omega-Anpassung, deren Anpassungsrohre nur die halbe Länge der Gamma-Anpassung aufweisen, wird auch in Abschnitt 6.2 beschrieben. Sie bietet außerdem noch den Vorteil einer bequemeren Abstimmöglichkeit.

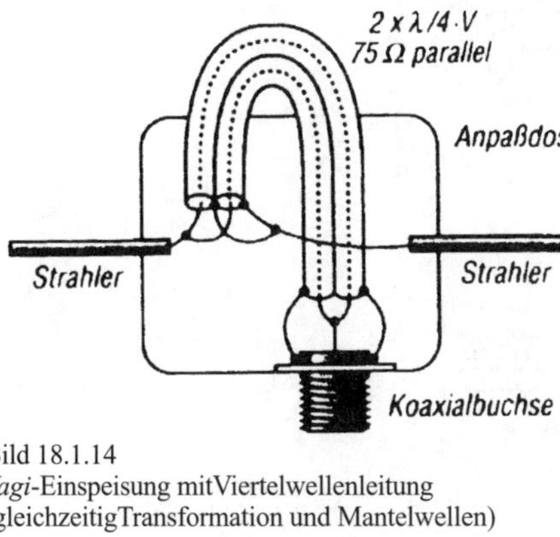

Bild 18.1.14
Yagi-Einspeisung mitViertelwellenleitung
(gleichzeitigTransformation und Mantelwellen)

unterbrochener Strahler

Eine günstige Lösung ist die **Beta-Anpassung** (Haarnadelanpassung ≡ Hairpin-Match) (vgl. Abschnitt 6.2). Die bevorzugte Anwendung erfolgt bei 3-Element-Beams. Eine andere Lösung ermöglicht die Speisung über eine passende **Viertelwellenleitung**, wie sie etwa von *DK7ZB* bei seinen 2-m-*Yagi*s verwendet wird [1.34]. Dabei werden nach **Bild 18.1.14** zwei Stück 75-Ω-Koaxialkabel parallel geschaltet. Diese Doppelleitung wirkt gleichzeitig als Viertelwellen-Transformator (vgl. Abschnitt 6.6.1) und als Mantelwellensperre nach dem Prinzip „offenener Sperrtopf" (nach Tonna) (vgl. Abschnitt 7.4.1.5).

Bei Richtantennen mit einem Faltdipol als Speiseelement wird auch diese Lösung angewendet, aber mit nur einem Stück 75-Ω-Koaxialkabel [1.35].

Eine **T-Anpassung** nach Abschnitt 6.4.2 mit einem Balun, entweder als Symmetrie- glied nach Abschnitt 7.3 oder als Sperrglied nach Abschnitt 7.4, wird seltener angewendet.

18.1.3 Multiband-*Yagis*

Durch den Einsatz von Resonanzkreisen gelangt man von Monoband-*Yag*is zu *Multiband-Yagis*.

Es gibt dabei folgende Resonanzkreise: Sperrkreis (Parallelresonanzkreis für eine Frequenz) und Multibandkreis (Kombinierter Parallelresonanzkreis für 2 oder 3 Frequenzen).

Diese Resonanzkreise verkürzen die Antennenabmessungen. Durch die Resonanzkreise und die verringerten Abmessungen ist der Wirkungsgrad der *Multiband-Yagis* etwas geringer als der Monoband-*Yagi*s. Multiband-Beams dieser Art erfordern teilweise einen recht hohen Aufwand an mechanischer und elektrischer Präzision. Dadurch scheiden sie für einen Selbstbau weitgehend aus.

18.1.3.1 Sperrkreis-*Yagis*

Im Jahre 1938 wurde von *Morgan* ein Patent über Sperrkreise in einer Antenne angemeldet [1.36]. Diese horizontale Sperrkreis-Antenne wurde später 1940 in der US-Zeitschrift Electronics beschrieben [1.37]. Dadurch ist diese Antennenform dann bekannt geworden und *Morgan* gilt seitdem als Erfinder der Sperrkreis-Antenne, obwohl schon in den Jahren 1934 und 1937 in USA Patente angemeldet worden sind mit Serien- oder Parallelschwingkreisen in den Antennen. Sperrkreis-*Yagi*s werden nach der englischen Bezeichnung manchmal auch in Deutsch als Trap-*Yagi*s bezeichnet.

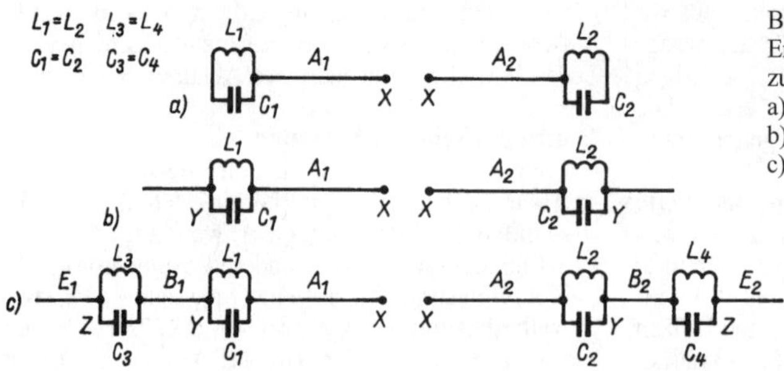

Bild 18.1.15
Entwicklung eines Halbwellendipols zum Dreibandelement
a) - 10-m-Dipol
b) - Erweiterung zum 15-m-Dipol
c) - Dreibandelement für 10, 15 und 20 m

18.1.3.1.1 *W3DZZ*-Beam

Eine sehr zweckmäßige und leistungsfähige Lösung für einen Dreiband-Beam wurde von *C.L. Buchanan W3DZZ* vorgeschlagen [1.38] [1.39].

Wirkungsweise

Der *W3DZZ*-Beam unterliegt den gleichen Gesetzmäßigkeiten wie der *W3DZZ*-Sperrkreisdipol (siehe Abschnitt 10.6.2.1). Die Wirkungsweise wird am Beispiel des gespeisten Elementes noch einmal behandelt (**Bild 18.1.15**).

Der 10-m-Dipol nach **Bild 18.1.15a** ist längenmäßig wie üblich für dieses Band bemessen. Die freien Enden sind mit je einem Parallelresonanzkreis L_1-C_2 und L_2-C_2 abgeschlossen. Bei genügend hoher Kreisgüte bilden die Sperrkreise für ihre Resonanzfrequenz einen sehr hohen Widerstand; sie wirken wie Isolatoren. Die Kreise sind auf die Arbeitsfrequenz im 10-m-Band abgestimmt, und die nach **Bild 18.1.15b** bei *YY* angeschlossenen Leiterstücke beeinflussen die Resonanz des 10-m-Dipols nicht mehr. Wird der Strahler bei *XX* dagegen mit einer Frequenz von beispielsweise 21 MHz erregt, so sind die beiden Sperrkreise für diese Frequenz außer Resonanz; sie haben demnach keine Sperrwirkung mehr. Die Kreise L_1-C_1 und L_2-C_2 wirken nun als Verlängerungsinduktivitäten für den 15-m-Dipol. Bei geeigneter Bemessung der Leiterstücke B_1 und B_2 ergeben diese zusammen mit A_1 und A_2 sowie den Induktivitäten der Schwingkreises L_1-C_1 und L_2-C_2 einen Halbwellenstrahler für 21 MHz, ohne daß sich an der Resonanzlage für 28 MHz etwas ändert. Da das Element jedoch auch für 14 MHz brauchbar sein soll, werden nach **Bild 18.1.15c** an die Enden der Leiterstücke B_1 und B_2 noch einmal 2

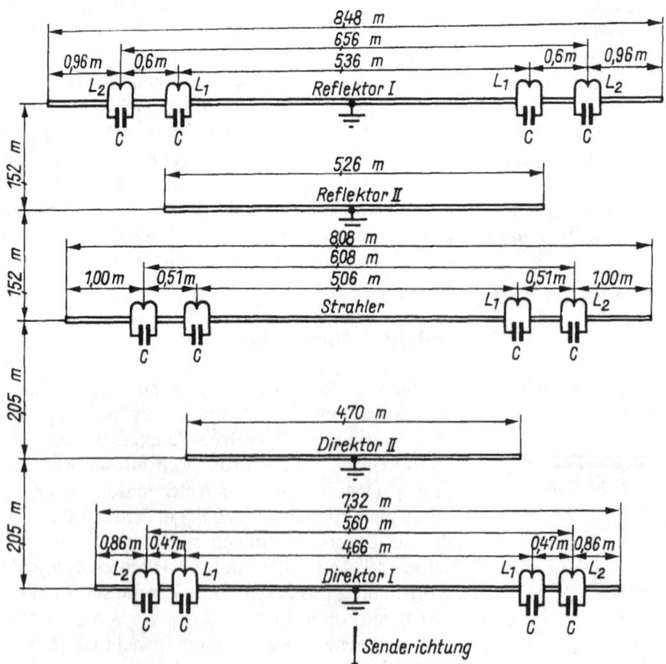

Bild 18.1.16
W3DZZ-Beam

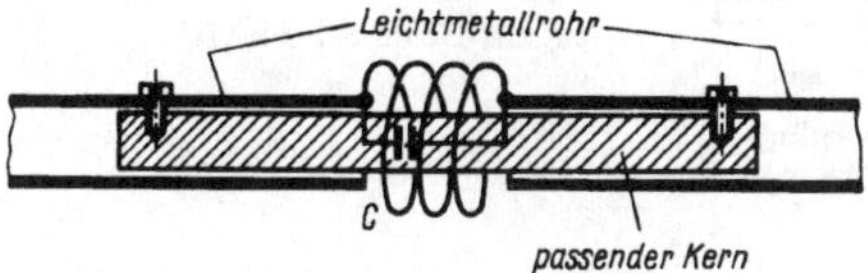

Bild 18.1.17
Vorschlag für die Ausführung der Sperrkreise

Sperrkreise L_3-C_3 sowie L_4-C_4 geschaltet und auf Sperrwirkung für 21 MHz abgestimmt.

Nach **Bild 18.1.15c** sind bei den Punkten *ZZ* noch 2 offene Leiterstücke E_1 und E_2 angefügt. Mit ihnen kann man die Halbwellenresonanz herstellen wenn das Element bei *XX* mit einer Frequenz von 14 MHz erregt wird. Weder die Kreise L_1-C_1 und L_2-C_2 noch L_3-C_3 und L_4-C_4 sind im 20-m-Band in Resonanz. Alle Kreise wirken demnach für 14 MHz als Verlängerungsspulen. Die Leiterstücke A_1, A_2, B_1, B_2 und E_1, E_2 ergeben zusammen mit den Induktivitäten der Schwingkreise L_1-C_1, L_2-C_2, L_3-C_3 und L_4-C_4 die Halbwellenresonanz im 20-m-Band. Die Anordnung nach **Bild 18.1.15c** ist deshalb für 3 Bänder gleichzeitig abgestimmt.

In gleicher Weise sind auch die parasitären Elemente ausgeführt, wobei lediglich die Resonanzen für den Reflektor entsprechend etwas niedriger und für den Direktor entsprechend etwas höher gelegt werden. Da diese Elemente parasitär erregt sind, entfällt auch ihre Auftrennung in der geometrischen Mitte. Die Sekundärelemente können durchgehend sein und in der Mitte geerdet, d.h. mit dem Trägerrohr verbunden werden.

Bild 18.1.16 zeigt das Schema des vollständigen *W3DZZ*-Dreiband-Beam. Es fällt auf, daß zwischen Strahler und Reflektor sowie zwischen Strahler und Direktor noch je ein kurzes Parasitärelement angebracht wurde. Dabei handelt es sich um einen Reflektor und einen Direktor für den 10-m-Betrieb. Da die Abstände Strahler-Reflektor und Strahler-Direktor in einem 3-Element-System bei Dreibandbetrieb für das 10-m-Band etwas zu groß werden, fügte man diese zusätzlichen Elemente ein. Dadurch arbeitet die Antenne bei 28 MHz mit insgesamt 5 Elementen, wobei allerdings der 2. Reflektor kaum etwas zum Gewinn beitragen dürfte. Es kann deshalb beim 10-m-Betrieb mit einem Gewinn von etwa 7 dBd gerechnet werden. Für 21 und 14 MHz sind 3 Elemente wirksam, wobei sich im 15-m-Band ein Gewinn von knapp 6 dBd und im 20-m-Band, weil etwas verkürzt, etwa 5 dBd erreichen lassen.

Praktische Ausführung

Für alle Spulen L_1 werden 5 Wdg. 4-mm-CuAg-Draht bei einem Innendurchmesser der Spule von 62 mm angegeben. Die Spule L_2 weist bei sonst gleichen Abmessungen 7 Wdg. auf. Alle Kondensatoren *C* haben eine Kapazität von 25 bis 29 pF.

Für die Sperrkreise L_1-C_1 beträgt die Abgleichfrequenz 28 MHz, während die Kreise L_2-C_2 auf 20,2 MHz abgestimmt werden. Dabei ist zu beachten, daß man zum Abgleich nur die Spulenlänge ändert, denn die Kreiskapazität von 25 bis 29 pF muß in jedem Fall erhalten bleiben. Als besonders günstig erwies es sich bei der Originalausführung des *W3DZZ*-Beam, daß die Kondensatoren durch die Elementrohre selbst dargestellt wurden. Diese Rohre lassen sich unter Zwischenlage eines Isolierstoffzylinders teleskopartig ineinanderschieben, wodurch sich eine Kapazität ergibt, deren Dielektrikum durch die Isolierstoffzwischenlage gebildet wird. Eine solche Konstruktion erfordert natürlich große mechanische Präzision und passende Rohre mit den entsprechenden Durchmessern und Wandstärken. Eine mechanisch einfachere Lösung besteht darin, die Rohre über einen passenden Dorn aus Isoliermaterial gemäß **Bild 18.1.17** miteinander zu verbinden. Als Isoliermaterial eignet sich dafür Hartgewebe; denn es

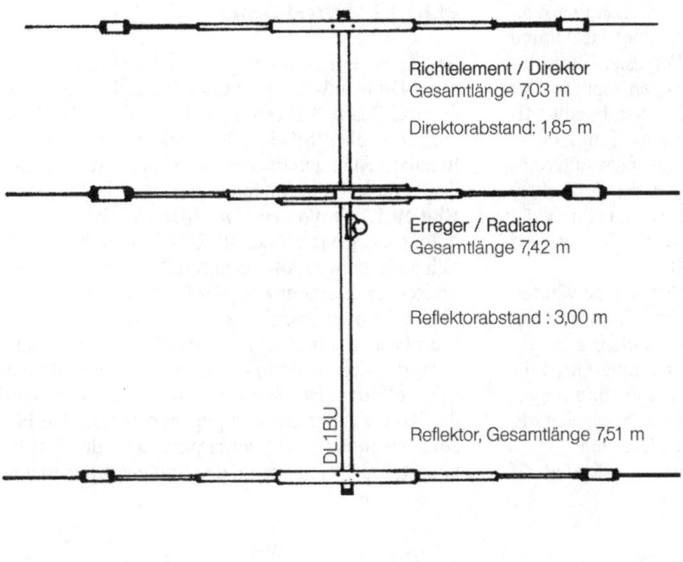

Bild 18.1.18
Fritzel-Beam FB 33

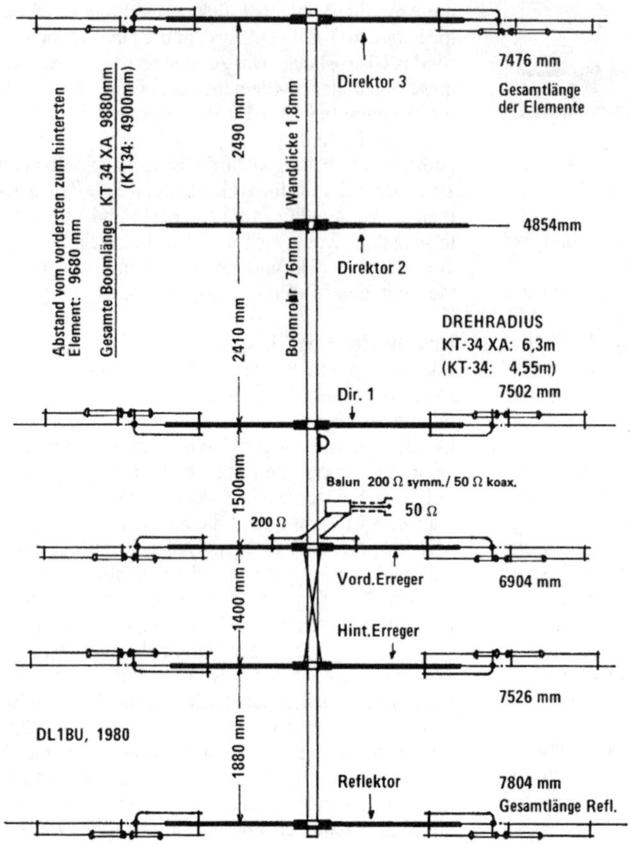

Bild 18.1.19
KLM-Beam KT-34 XA

ist sehr bruchsicher. Bei einigen Sorten ist aber die Verlustarmut nicht besonders groß, es besteht außerdem bei solchen Schichtpreßstoffen die Tendenz, Feuchtigkeit aufzunehmen. Ein zusätzlicher Oberflächenschutz ist deshalb erforderlich. Es gibt aber auch sehr verlustarme Kunststoffe, die eine genügende Elastizität und Bruchsicherheit aufweisen.

In mechanischer und in elektrischer Beziehung dürften sich glasfaserverstärkte *Polyester*-Rundstäbe (Kunststoffangelruten) am besten eignen. Der Kondensator *C* muß dabei durch einen hochwertigen Festkondensator mit geringem Temperaturgang gebildet werden, der witterungsgeschützt unterzubringen ist. Sein Kapazitätswert darf allerdings nur bei 15 bis 20 pF liegen, da durch die Annäherung der beiden Elementrohre bereits eine gewisse Anfangskapazität auftritt.

Das System läßt sich in der Art der bewährten Gamma-Anpassung speisen (siehe Abschnitt 6.2). In diesem Fall kann man über ein beliebig langes Koaxialkabel speisen. Wenn das Gamma-Glied für den 15-m-Betrieb auf optimale Anpassung eingestellt wird, bleibt die Welligkeit der Speiseleitung bei 10 und 20 m noch in tragbaren Grenzen.

Der Selbstbau dieser Richtantenne erfordert allerdings einen beachtlichen mechanischen Aufwand und einige Präzisionsteile. Dreiband-Beams dieser Art werden von den Firmen *Hy-Gain*, *Cushcraft* und *Telrex* hergestellt.

18.1.3.1.2 *Fritzel*-Beam

Seit 1969 fertigte *Kurt Fritzel DJ2XH* einen 3-Element-Dreiband-Beam mit der Bezeichnung FB 33 (***F****ritzel* **B**eam, **3**-Element, **3**-Band), der in Deutschland in großen Stückzahlen verkauft und eine Art Standard Richtantenne wurde. Man schätzt die Zahl der hergestellten Antennen auf rd. 15 000 Stück. **Bild 18.1.18** zeigt den *Fritzel*-Beam FB 33.

Im Gegensatz zu der *W3DZZ* und anderen ähnlich aufgebauten Antennen mit 2 getrennten Sperrkreisen je Elementseite wird bei dieser Antenne hier 1 Doppel-Sperrkreis eingesetzt. Jeder Sperrkreis besteht aus einer Induktivität und einer Kapazität, die sich beide in einem wetterfesten Mantelrohr befinden. Bei Sperrkreisen dieser Bauart wird der Kondensator aus den gegenüberliegenden Flächen des Innen- und Mantelrohres gebildet. Das Innenrohr trägt gleichzeitig den Spulenkörper, in dessen Rillen die Induktivität gewickelt ist. In einem Sperrkreisgehäuse sind zwei hintereinandergeschaltete Sperrkreise für 10 m und 15 m eingebaut. Zum Boom zeigt der Sperrkreis für 10 m, nach außen der Sperrkreis für 15 m.

Einen Doppelsperrkreis nach ähnlichem Prinzip verwendet auch die Firma *Mosley.* Im 20-m-Band ist die Elementlänge um 30% verkürzt, im 15-m-Band ist die Verkürzung 20%. Dadurch ergibt sich eine relativ kleine Richtantenne. Die Antenne wurde von *DL1BU* im Rahmen einer Reihe von Antennenmessungen untersucht und beschrieben [1.40]. Die elektrischen Eigenschaften sind sehr gut und der Unterschied dieser kleinen Dreibandantenne FB 33 zu einer Monobandantenne für das 20-m-Band ist rd. 3 dB.

Im Laufe der Jahre haben sich die technischen Angaben etwas geändert.

Abmessungen für Reflektor, Strahler und Direktor:

(1970)	7,45 – 6,99 – 6,69 m
(1980)	7,51 – 7,42 – 7,03 m
(1990)	7,75 – 7,40 – 7,06 m

Abstände zwischen Reflektor - Strahler und Strahler - Direktor:

(1970 + 1980)	3,0 – 1,85 m
(1990)	2,9 – 1,9 m

Gewinne: 20-m-Band, 15-m-Band, 10-m-Band:

(1970 + 1980)	7 – 8,5 – 8 dBd
(1990)	5,5 – 6 – 7 dBd

Die Elemente sind aus Aluminium, die Befestigungsteile und Schrauben aus rostfreiem Stahl. Die Ersatzteilversorgung ist auch nach dem Tode von *DJ2XH* durch die Firma *HOFI* gesichert.

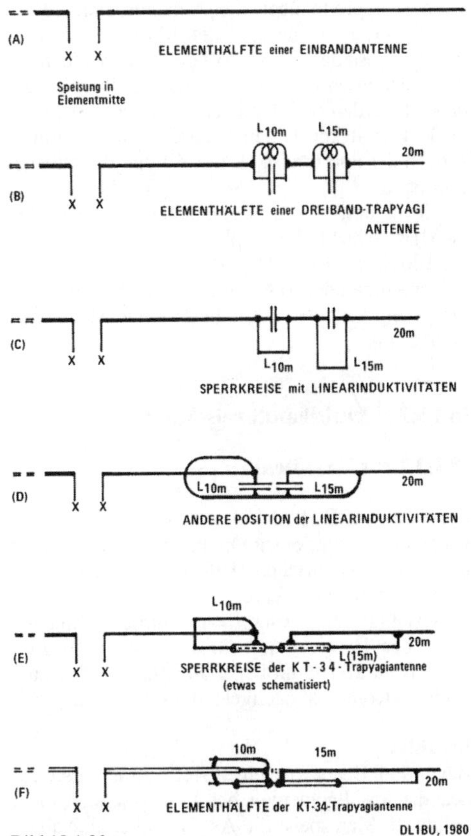

Bild 18.1.20
Entwicklung zu einer Elementhälfte der *KLM*-Beam KT-34

18.1.3.1.3 *KLM*-Beam

Die US-Firma *KLM*, die es leider auch nicht mehr gibt, hat vor etwa 20 Jahren einen bemerkenswerten KW-Dreiband-Beam mit 4-Elementen (KT-34) oder 6-Elementen (KT-34 XA) entwickelt. **Bild 18.1.19** zeigt den *KLM*-Beam KT-34 XA. Der untere Teil der Antenne, ohne die Direktoren 2 und 3, also nur 4 Elemente, entspricht der KT-34. Die Abmessungen sind im Bild erkennbar.

Bei dieser Richtantenne werden statt gewickelter Spulen „Linearinduktivitäten" und koaxiale Rohrkondensatoren mit Luftdielektrikum eingesetzt. Dadurch werden sehr hohe Gütewerte erreicht. In **Bild 18.1.20** wird die Entwicklung zu einer Elementhälfte der Antenne gezeigt.

In (a) ist die Hälfte eines Dipols als Einbandantenne zu erkennen. In (b) sieht man die übliche Anordnung der beiden Sperrkreise bei einer Dreiband-Sperrkreis-*Yagi*. Zum Boom hin mit dem 10-m-Sperrkreis und nach außen mit dem 15-m-Sperrkreis. In (c) werden jetzt die gewickelten Spulen durch Schleifen (Linarinduktivitäten) ersetzt. In (d) sind die Sperrkreise anders gezeichnet. Die innere Verbindung der beiden Kondensatoren ist nach unten gezogen, ein Teil der 15-m-Spule wird, im Gegensatz zur 10-m-Spule, durch den Strahler gebildet. In (e) werden die Sperrkreise etwas schematisch dargestellt, die Kapazitäten sind schon als Rohrkondensatoren gezeichnet. In (f) ist eine Elementhälfte der KT-34 zu sehen.

Die Antenne wurde von *DL1BU* im Rahmen einer Reihe von Antennenmessungen untersucht und beschrieben [1.41]. Als Gewinn wird bei der KT-34 für alle drei Bänder 7 dBd angegeben.

Das Boomrohr hat 2 mm Wandstärke und einen Durchmesser von 76 mm. Sämtliche Elemente sind in der Mitte isoliert gehaltert mittels großer, durch kräftige Edelstahl-Schraubgewindeklemmen gehaltener Isolierstücke. Die Elemente haben einen Anstellwinkel nach oben, der den Durchhang wieder ausgleicht. Es gibt zwei Erreger, die kreuzweise miteinander verbunden sind und über ein T-Glied mit einem Balun 1:4 betrieben werden. Der hintere Erreger wird in der Nähe des tieferen Bandendes abgestimmt und der vordere Erreger wird höher als der erste Direktor abgestimmt. Dadurch wird eine gute Anpassung erreicht und die Antenne hat die volle Bandbreite über die Amateurbänder. Bald nachdem die Antenne auf den Markt kam gab es Probleme mit dem Kunststoff der Isolierkappen der Rohrkondensatoren. Die Kappen mußten ausgetauscht werden und durch einen anderen Wert der Dielektrizitätskonstanten änderten sich die Abmessungen der Sperrkreise (L und C) und des äußeren Elementes.

Die Induktivität- und Kapazitätswerte sind bei 28 MHz etwa 1 µH + 32 pF und bei

21 MHz etwa 1,1 µH + 51 pF.

Der Aufbau der Antenne mit über 600 Einzelteilen ist sehr zeitaufwendig, die Antenne ist überdies nicht billig.

18.1.3.2 Multibandkreis-Yagis

18.1.3.2.1 *G4ZU*-Beam

(*G.A. Bird* – GB 790,576 – 1955)

G4ZU entwickelte einen Dreiband-Beam, der einen geringen mechanischen Aufwand erforderte, einfach abgeglichen werden konnte und auch leistungsfähig war. Dieser Beam wurde in England unter der Bezeichnung *Panda-Beam* produziert und erfreute sich großer Beliebtheit und wurde auch am Kontinent nachgebaut. [1.42]–[1.45].

Strahler

Bei diesem Beam wird eine Erregungsart angewendet, die im allgemeinen bei *Yagi*-Systemen nicht üblich ist: Man speist die Antenne über eine abgestimmte Leitung. Um die Wirkungsweise verstehen zu können, vergegenwärtige man sich vorerst die Stromverhältnisse auf einer 20 m langen Zweidraht-Lecher-Leitung (**Bild 18.1.21**). Wie aus den eingezeichneten Strömen ersichtlich, besteht für

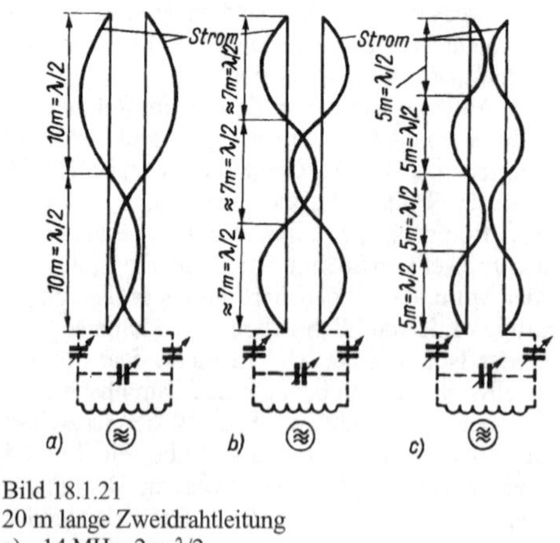

Bild 18.1.21
20 m lange Zweidrahtleitung
a) - 14 MHz: 2 x λ/2
b) - 21 MHz: 3 x λ/2
c) - 28 MHz: 4 x λ/2

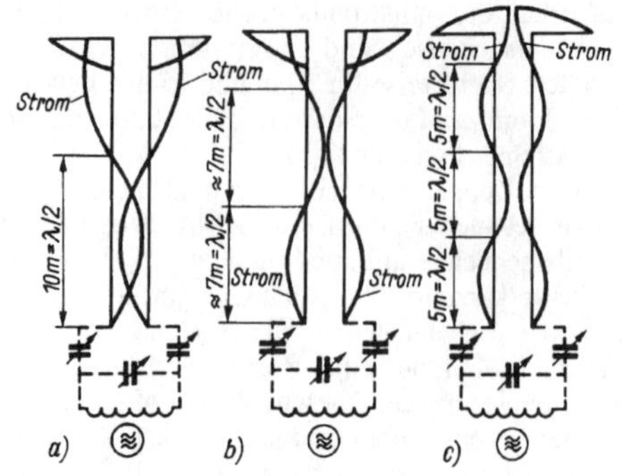

Bild 18.1.22
Verwandlung der 20-m-Leitung durch Auseinanderklappen der Enden über eine Länge von 3,5 m
a) - Erregung mit 14 MHz
b) - Erregung mit 21 MHz
c) - Erregung mit 28 MHz

diese Paralleldrahtleitung Resonanz bei 20 m mit 2 x λ/2, bei 15 m mit 3 x λ/2 und bei 10 m mit 4 x λ/2. Dabei werden kleine Maßungenauigkeiten für die verschiedenen Wellenlängen mit einem Abstimmgerät ausgeglichen.

Wird diese Leitung an ihrem oberen Ende rechtwinklig auseinandergeklappt, so ändert sich nichts an der Resonanzlage. Der abgewinkelte Abschnitt der Leitung strahlt jedoch nun die zugeführte Hochfrequenzenergie ab - er ist zum Strahler geworden (**Bild 18.1.22**). Die Darstellung der Ströme in **Bild 18.1.21** und **Bild 18.1.22** ist nicht ganz exakt, da durch das Abstimmgerät das ganze Gebilde jeweils genau auf Resonanz gebracht wird. Dadurch befindet sich am Eingang der Speiseleitung nicht immer genau ein Stromknoten. Wegen der besseren Übersichtlichkeit wurde dieser Umstand nicht berücksichtigt. Aus **Bild 18.1.22** kann man ersehen, daß sich in allen dargestellten Fällen Resonanz erzielen läßt, obgleich sich das abgewinkelte Strahlerstück allein nicht in Resonanz mit der Betriebsfrequenz befindet. Ein Teil des Strahlers steckt sozusagen in der Speiseleitung. Mit einem gewissen Verlust an Strahlungsleistung muß dabei gerechnet werden, besonders, wenn der abgewinkelte, strahlende Abschnitt viel kleiner als λ/2 ist.

In der Praxis bemißt man das gespeiste Element mit einer Länge von 2 x 3,65 bis 3,85 m und kommt damit der Halbwellenresonanz im 15-m-Band nahe. Für die Länge der abgestimmten Speiseleitung verbleiben dann noch knapp 16,5 m, wobei die exakte Resonanz jeweils durch das Antennenabstimmgerät am Eingang der Energieleitung hergestellt wird.

Die Speiseleitung, deren Wellenwiderstand zwischen 300 und 600 Ω liegen kann, sollte möglichst verlustarm sein. Deshalb ist eine luftisolierte Zweidrahtleitung („Hühnerleiter") zweckmäßig. Das Speisen über UKW-Bandleitung ist möglich,

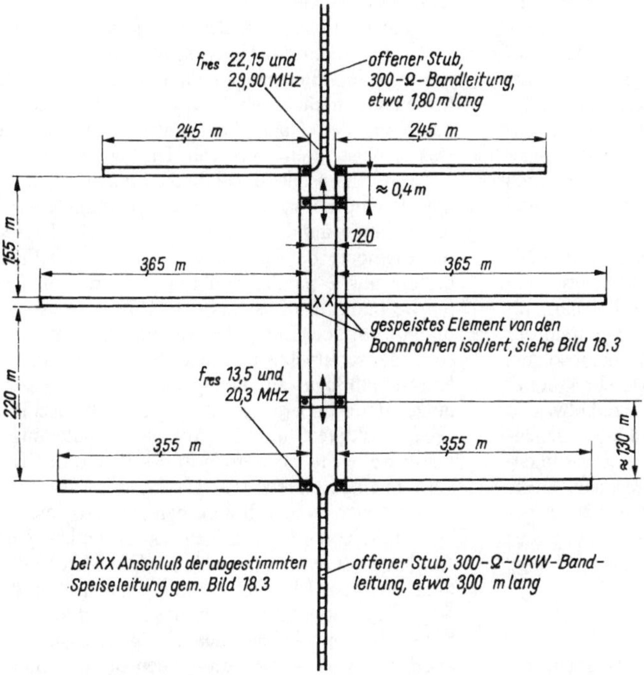

Bild 18.1.23
G4ZU-Beam

bringt jedoch erhöhte Verluste. In diesem Fall muß man auch den Verkürzungsfaktor berücksichtigen (etwa 0,80; Leitungslänge demnach etwa 13,50 m).

Der strahlende Abschnitt des *G4ZU*-Beams beträgt etwas mehr als eine halbe Wellenlänge für den 15-m-Betrieb, er hat im 10-m-Bereich die Länge eines verkürzten Ganzwellendipols und wirkt im 20-m-Band als verkürztes Halbwellenelement. Die Eingangsimpedanz ist daher für die verschiedenen Betriebsarten sehr unterschiedlich und mit Blindkomponenten behaftet. Deshalb muß eine abgestimmte Speiseleitung verwendet werden.

Parasitäre Elemente

Ein Direktor hat durch das Einfügen einer Verlängerungsspule in Verbindung mit einer offenen Viertelwellenleitung gleichzeitig für 21 und 28 MHz Direktorwirkung hat. Dieses Element ist mit einer Gesamtlänge von 4,90 m als Direktor für das 10-m-Band bemessen. Parallel zur Verlängerungsspule wird eine offene Zweidrahtleitung geschaltet, deren elektrische Länge Viertelwellenresonanz für 28 MHz ergibt. Eine offene Viertelwellenleitung wirkt wie ein Serienresonanzkreis. Für seine Resonanzfrequenz hat er einen sehr geringen Durchlaßwiderstand. Der Kurzschluß macht die Verlängerungsspule für die Frequenz 28 MHz unwirksam. Beim 15-m-Betrieb dagegen hat der offene Stub eine Länge $< \lambda/4$ und wirkt darum wie eine Kapazität, die man lediglich bei der Bemessung der Verlängerungsspule berücksichtigen muß.

Somit ermöglicht der offene Viertelwellenstub (als frequenzselektiver automatischer Umschalter) den Zweibandbetrieb des Direktors. Bei gleicher Wirkung kann die Induktivität der Verlängerungsspule auch durch eine geschlossene Zweidrahtleitung dargestellt werden, deren elektrische Länge $< \lambda/4$ ist.

Der Reflektor mit etwa 7,10 m Länge ist in Verbindung mit einem für etwa 20 MHz bemessenen Viertelwellenstub als Reflektor für das 15-m-Band wirksam. Die Verlängerungsspule stellt hier die Reflektorresonanz für !4 MHz her. In gleicher Weise wie beim Direktor ist somit bei 21 MHz die Verlängerungsspule durch den Viertelwellenstub elektrisch kurzgeschlossen. Beim Erregen mit 14 MHz wird die Verlängerungsspule bei einer kleinen kapazitiven Belastung durch den offenen Stub wirksam. Obwohl der Reflektor für das 10-m-Band zu lang ist, weist er auch in diesem Bereich noch eine gute Reflektorwirkung auf. Ein Reflektor muß nicht unbedingt abgestimmt sein, vorausgesetzt, daß er elektrisch länger als das gespeiste Element ist (Beispiel: Reflektorwände).

Beim Reflektorelement kann die Induktivität der Verlängerungsspule auch durch einen kurzgeschlossenen Stub ersetzt werden. Seine Länge beträgt etwa 1,30 m, sie wird durch den veränderbaren Kurzschlußschieber so eingestellt, daß die Resonanz bei 13,5 MHz liegt. Den offenen Viertelwellenstub bemißt man für eine Resonanzfrequenz von 20,3 MHz. Die Viertelwellenlänge davon beträgt etwa 3,70 m. Da für den offenen Stub eine 300-Ω-UKW-Bandleitung gewählt wurde, ist deren Verkürzungsfaktor mit 0,80 bis 0,82 einzusetzen, daraus ergibt sich die entsprechende geometrische Leitungslänge von etwa 3 m. Für den Viertelwellenstub können auch andere Leitungstypen verwendet werden, wobei man für die Längenbemessung jeweils den zugehörigen Verkürzungsfaktor berücksichtigen muß. Die Resonanz läßt sich mit einem geeichten Grid-Dip-Meter einfach und schnell ermitteln.

Ähnliche Verhältnisse ergeben sich für den Direktor. In diesem Fall wird mit dem nur etwa 0,4 langen geschlossenen Stub auf eine Resonanzfrequenz von 22,15 MHz abgeglichen, während der offene Stub bei 29,9 MHz Viertelwellenresonanz aufweisen soll. Da aber das gestreckte Direktorelement für Direktorwirkung im 10-m-Band etwas zu lang ist, muß der offene Viertelwellenstub gegenüber $\lambda/4$ verkürzt werden, um für die Zusammenschaltung insgesamt bei 29,9 MHz Resonanz zu erhalten. Es wurde eine Stublänge von 1,80 m gewählt, woraus sich unter Berücksichtigung des Verkürzungsfaktors (0,80) eine elektrische Länge von 2,25 m ergibt.

Gesamtschema des *G4ZU*-Beam

Bild 18.1.23 stellt den gesamten *G4ZU*-Beam dar. Bei dieser Ausführung werden durchgehende Trägerrohre in etwa 120 mm Abstand verwendet. Mit ihnen wurde gleichzeitig der geschlossene Stub für Reflektor und Direktor hergestellt. Das gespeiste Element ist von diesen Parallelrohrträgern isoliert. Dagegen sind Reflektor und Direktor, wie gezeichnet, metallisch leitend mit den Trägerrohren verbunden. Die offenen Bandleitungsstubs, die frei herabhängend gezeichnet wurden, lassen sich ohne Nachteil in ein offenes Rohrende einschieben. Sie sind dort witterungsgeschützt und nicht sichtbar. Man muß dann auch in diesem Zustand abgleichen. Für den Betrieb im 20-m-Band ist keine Direktorwirkung vorhanden, die Antenne wirkt als verkürzter 2-Element-Richtstrahler. Da der Reflektorabstand für diesen Betriebsfall nur etwa $\lambda/10$ beträgt, bereitet der Abgleich Schwierigkeiten; Frequenzbereich und Gewinn sind geringer als bei einem 2-Element-Beam voller Länge und größerem Reflektorabstand.

Für den 15-m-Betrieb ist der *G4ZU*-Beam mit 3 Elementen wirksam. Die Elementabstände sind normal bemessen, es kann deshalb mit einem Gewinn von etwa 6 dBd und allen übrigen charakteristischen Eigenschaften einer üblichen 3-Element-*Yagi*-Antenne gerechnet werden.

Die günstigsten Eigenschaften zeigt der *G4ZU*-Beam jedoch im 10-m-Band, weil er in diesem Bereich mit verlängerten Elementen arbeitet. Der Gewinn kann etwa 7 dBd betragen. Der Abgleich für den 10- und 15-m-Betrieb ist nicht so kritisch wie der für das 20-m-Band.

Aufbau und Abgleich

Aus mechanischen Gründen werden die Dipolhälften in ein stärkeres und in ein schwächeres Rohr aufgeteilt. Alle 3 Elemente sind in ihrer geometrischen Mitte unterbrochen; dabei wurden Reflektor und Direktor mit den Tragerohren metallisch verbunden. Das gespeiste Element ist vom Trageboom isoliert.

Als mechanische Stütze für die Elemente benutzt man je eine U-Profilschiene aus Leichtmetall von 0,7 m Länge, auf der über passende Standisolatoren die Elemente befestigt sind. Der Antennenträger besteht aus 2 parallelgeführten Duralrohren. Der Schwerpunkt des Systems liegt etwa 1,70 m vom direktorseitigen Ende des Booms entfernt, dort sollte der senkrechte Tragemast befestigt werden. 2 Kurzschlußbügel auf den parallelen Tragerohren nutzen deren äußere Abschnitte gleich als geschlossene induktive Stubs. Die offenen Bandleitungsviertelwellenstücke werden in das Innere der Tragerohre eingeschoben.

Das ganze System bringt man zum Abgleich in eine Höhe von etwa 2 m über den Erdboden. Zum Abgleich des Systems ist ein Grid-Dip-Meter unbedingt erforderlich. Der Griddipper wird an die durch die Boomrohre gebildeten geschlossenen Stubs angekoppelt. Nach dem Fertigstellen des Parallelrohrträgers werden die beiden offenen Bandleitungsstubs in die Boomrohre eingeschoben. An die herausragenden Bandleitungsenden wird das Grid-Dip-Meter angekoppelt und die Resonanzfrequenz der offenen Stubs festgestellt.

Am Strahlerelement werden keine Abgleicharbeiten vorgenommen, da dieses selbst nicht resonant ist, sondern erst durch die abgestimmte Speiseleitung zur Resonanz kommt. Die Speiseleitung wird durch eine „Hühnerleiter“ mit 450 Ω Wellenwiderstand und einer Länge von 11,60 bis 12 m dargestellt.

Abwandelter *G4ZU*-Beam

Der geschlossene Stub des *G4ZU*-Beam läßt sich beim Reflektor und beim Direktor bei gleicher elektrischer Wirksamkeit durch eine Spule ersetzen.

Dabei können die Parallelrohre eingespart und die Elemente durch ein isoliertes Träger getragen werden. Allerdings sind die Verluste einer Spule größer als die eines aus dicken Rohren gebildeten Stubs. Die mechanischen und elektrischen Unstabilitäten einer Spule unter dem stetigen Einfluß der Witterung ergeben weitere Unsicherheitsfaktoren, die eindeutig für den geschlossenen Stub sprechen. Trotzdem mag in manchen Fällen die Spulenausführung des *G4ZU*-Beam nach **Bild 18.1.24** vorgezogen werden.

Als Besonderheit bestehen in diesem Fall die beiden offenen Stubs aus Koaxialkabeln, die in die offenen Elementrohre eingeschoben werden können. Die Koaxialstubs sind aber kein typisches Merkmal dieser Ausführung, sie lassen sich bei je-

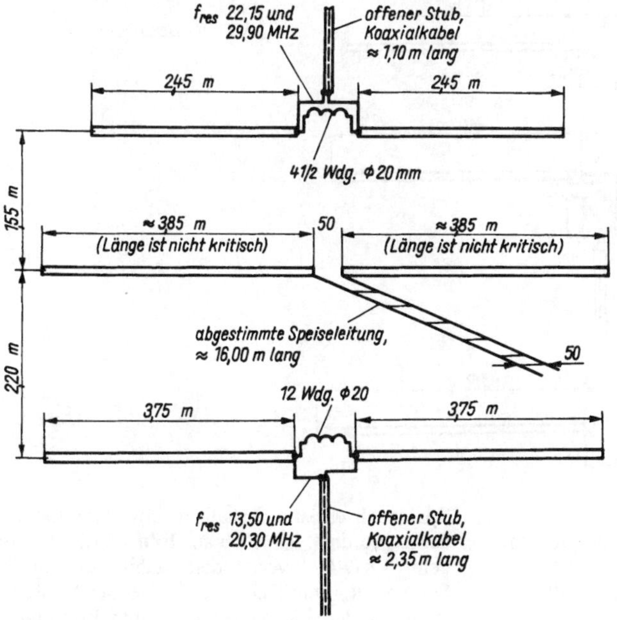

Bild 18.1.24
Abgewandelter *G4ZU*-Beam

dem *G4ZU*-Beam an der Stelle der sonst üblichen Bandleitungsstubs verwenden (Verkürzungsfaktor beachten!). Will man die Koaxialstubs nicht in die Elementrohre einschieben, sollten sie mit passenden Schellen auf dem isolierten Träger festgelegt werden. Glasfaserverstärkte Kunststoffe dürften das geeignetste Baumaterial darstellen.

18.1.3.2.2 *VK2AOU*-Beam

H. Rückert VK2AOU ex *DL1EZ* verwendet für seinen Dreibandbeam Multibandkreise in den Elementmitten [1.46].

Prinzip

Ein Dipol hat neben der Grundwelle auch noch Resonanzen bei der 3., 5. und noch höheren ungeradzahligen Oberwellen. Um drei Resonanzfrequenzen (f_1, f_2, f_3) beliebig abzustimmen benötigt man drei Resonanzkreise, wie in **Bild 18.1.25** dargestellt. **Bild 18.1.25a** zeigt eine Möglichkeit mit 1 Serienkreis und 2 Parallelkreisen. **Bild 18.1.25b** eine andere Möglichkeit mit 2 Serienkreisen und 1 Parallelkreis. Dabei wird in beiden Fällen der Serienkreis mit f_1 durch den Dipol gebildet.

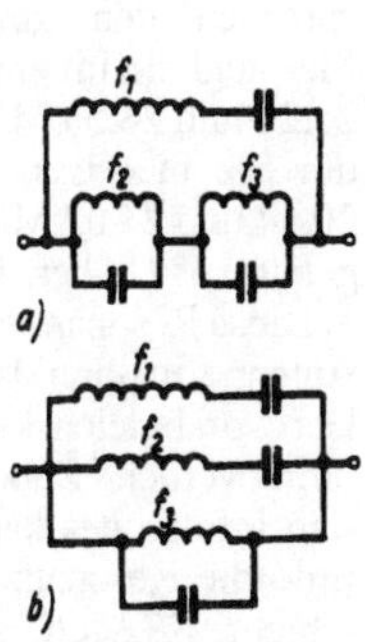

Bild 18.1.25
Dreibandkreise

VK2AOU verwendete für seinen Beam die Schaltung **nach Bild 18.1.25a** mit den zwei Parallelschwingkreisen. Die Anordnung der Mehrbandelemente mit dem Dipol ist in **Bild 18.1.26** zu sehen. Alle Kapazitäten lassen sich auch in diesem Fall durch offene Stubs entsprechender Länge herstellen. Auf Grund der besseren Abgleichmöglichkeit und des geringeren mechanischen Aufwandes werden jedoch von *VK2AOU* Drehkondensatoren und Spulen verwendet.

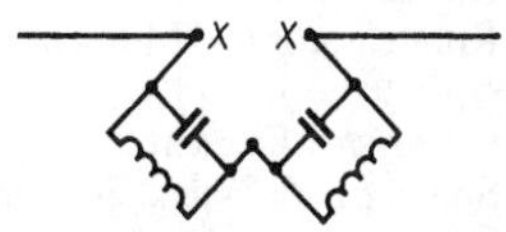

Bild 18.1.26
Dreibandelement

Eine vorherige Berechnung der *L*- und *C*-Werte ist kaum möglich, da sich jede Veränderung an einem Bauelement auf den gesamten Komplex auswirkt. Die richtigen Werte und Einstellungen werden am schnellsten experimentell ermittelt. Dazu muß man ein Dip-Meter verwenden.

VK2AOU hat einen Dreiband-Beam entwickelt, der auf allen 3 Bändern mit 3 Elementen wirksam ist. Man kann ihn wahlweise über beliebige angepaßte Leitungen speisen. Es sind 2 Speiseleitungen erforderlich. Die eine nutzt man bei 10-m-Betrieb, mit der anderen wird der Beam auf 15 und 20 m erregt. Das Aufbauschema des *VK2AOU-Beam* zeigt **Bild 18.1.27**.

Bemessung der Schaltelemente

Die in **Bild 18.1.27** aufgeführten Schaltelemente haben folgende Werte:

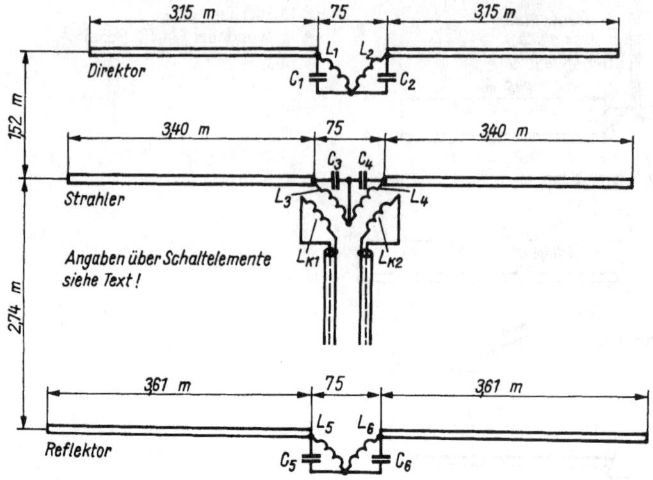

Bild 18.1.27
VK2AOU-Beam

Direktor
Spule L_1 -4 Wdg., 45 mm Spulenlänge, 40 mm Durchmesser
Spule L_2 -6 Wdg., 70 mm Spulenlänge, 40 mm Durchmesser
Kondensator C_1 -Mittelwert etwa 65 pF
Kondensator C_2 -Mittelwert etwa 100 pF

Gespeistes Element
Spule L_3 -5 Wdg., 50 mm Spulenlänge, 40 mm Durchmesser
Spule L_4 -7 Wdg., 45 mm Spulenlänge, 40 mm Durchmesser
Spule L_{K1} -2 Wdg., freitragend über L_3 (Ankopplungsspule für 10-m-Band bei Speisung mit beliebig langem 60-Ω-Koaxialkabel)
Spule L_{K2} -3 Wdg., freitragend über L_4 (Ankopplungsspule für 15 und 20 m bei Speisung mit beliebig langem 60-Ω-Koaxialkabel)
Kondensator C_3 -Mittelwert etwa 62 pF
Kondensator C_4 -Mittelwert etwa 85 pF

Reflektor
Spule L_5 -6 Wdg., 47 mm Spulenlänge, 40 mm Durchmesser
Spule L_6 -8 Wdg., 60 mm Spulenlänge, 40 mm Durchmesser
Kondensator C_5 -Mittelwert etwa 60 pF
Kondensator C_6 -Mittelwert etwa 70 pF
Die Zuleitungslänge zu allen Spulen beträgt je 50 mm, zu den Kondensatoren je 100 mm.

Die Abmessungen der Ankopplungsspulen L_{K1} und L_{K2} stellen Richtwerte dar, wenn zum Speisen Koaxialkabel mit einem Wellenwiderstand von 60 bis 75 Ω verwendet wird. Für Energieleitungen mit größerem Wellenwiderstand müssen auch die Windungszahlen von L_{K1} und L_{K2} entsprechend erhöht werden.

Die beiden Spulen jedes Elementes sollten sich gegenseitig möglichst wenig beeinflussen. Die Spulenachsen sind deshalb rechtwinklig zueinander angeordnet, wie auch aus **Bild 18.1.27** hervorgeht. *VK2AOU* verwendete stabile freitragende Spulen mit 4 mm Durchmesser. Bei der Musterantenne werden Elemente mit 21 mm Rohr-durchmesser (Duralrohr) verwendet. Praktisch sind alle Rohrdurchmesser und Rohrsorten brauchbar, die den mechanischen Anforderungen entsprechen.

Abgleich

Zuerst muß man die einzelnen Elemente mit dem Grid-Dip-Meter auf die vorher errechneten Resonanzfrequenzen abstimmen. Da sich der Grid-Dip-Oszillator sehr leicht an die Spulen ankoppeln läßt, werden die Resonanzfrequenzen ausgeprägt und eindeutig angezeigt. Zum groben Erstabgleich wird der Griddipper ziemlich fest mit den Spulen gekoppelt; beim nachfolgenden Feinabgleich hält man die Kopplung so lose, daß der Resonanzdip gerade noch gut zu erkennen ist.

Die 3 Resonanzen des gespeisten Elementes entsprechen den gewünschten Arbeitsfrequenzen. Man legt sie im allgemeinen in Bandmitte; 14,15, 21,20 und 28,50 MHz. Der Reflektor wird auf eine um 5% niedrigere Frequenz abgestimmt: 13,45, 20,14 und 27,07 MHz. Die Direktorfrequenzen liegen um 4% höher: 14,72, 22,05 und 29,65 MHz.

Diese Resonanzfrequenzen sind gültig, wenn die Antenne in ihrer Betriebshöhe abgeglichen wird. Der Vorabgleich kann in Erdbodennähe durchgeführt werden. Dabei ist jedoch zu beachten, daß sich infolge des kapazitiven Einflusses der nahen Erde die Resonanz nach niedrigeren Werten verschiebt. *VK2AOU* stellte fest, daß diese Verstimmung beim Vorabgleich in 2 m Höhe über gut leitendem Erdboden für die 14-MHz-Resonanz 350 kHz betrug. Man wird deshalb beim Vorabgleich in Bodennähe die Resonanzfrequenzen entsprechend tiefer legen und z.B. den Strahler auf 13,85, 20,90 und 28,20 MHz abstimmen. Bei den parasitären Elementen werden die Resonanzfrequenzen ebenfalls entsprechend vermindert. Man kann dann damit rechnen, daß die Frequenzen in der Betriebshöhe bereits annähernd richtig liegen.

Der Spulenabgleich ist nicht besonders kritisch; die großen Spulen L_2, L_4 und L_6 beeinflussen in erster Linie die 14-MHz-Resonanz. Die dazugehörigen Kondensatoren C_2, C_4 und C_6 sind hauptsächlich für die 21-MHz-Resonanz wirksam, obwohl bei ihrer Einstellung natürlich auch die 14-MHz-Abstimmung etwas „mitgezogen" wird. Mit den kleinen Spulen L_1, L_3 und L_5 werden die 21-MHz-Resonanzpunkte bevorzugt abgestimmt, dagegen wirken sich die Kondensatoren C_1, C_3 und C_5 besonders stark auf die Veränderung der 28-MHz-Resonanzen aus. Das Einstellen dieser Kondensatoren ist sehr kritisch; das gilt besonders für C_5 und C_6. Es erweist sich deshalb als zweckmäßig, alle Kondensatoren als Drehkondensatoren auszubilden. Zumindest sollten sehr gute Lufttrimmer verwendet werden.

Zum Schutz gegen Witterungseinflüsse ist es ratsam, die Abstimmkreise in Kunststoffgehäuse zu setzen.

Nachdem die Antenne mit dem Grid-Dip-Meter „kalt" auf die Resonanzfrequenzen abgestimmt wurde, gleicht man im Betriebszustand ab. Zu diesem Zweck wird der Dreiband-Beam über die vorgesehene Speiseleitung vom Sender erregt. Dann stimmt man mit einem möglichst weit entfernten Feldstärkeanzeigegerät auf größte Vorwärtsstrahlung bei bester Rückdämpfung ab.

Als erstes wird der Beam auf Höchstleistung im 14- und 21-MHz-Band abgeglichen. Die Kondensatoren sind jeweils nur sehr geringfügig zu verändern. Die Einstellungen müssen stetig wechselnd für 14 und für 21 MHz vorgenommen werden. Eine geänderte Abstimmung für 20 m bedingt gleichzeitig eine Mitnahme der 15-m-Resonanz und umgekehrt. Ist auf diesen beiden Bändern das Optimum erreicht, werden die Einstellungen markiert und nicht mehr verändert. Der Abgleich für 10 m beschränkt sich hauptsächlich auf eine leichte Korrektur der Kondensatoren C_1, C_3 und C_5. Diese Einstellung ist nicht kritisch, das Optimum liegt sehr breit.

Abgleichfehler können in erster Linie beim Abstimmen der parasitären Elemente auftreten. Wird z.B. der Reflektor „zu kurz" getrimmt, so kann der Reflektor zum Direktor werden und umgekehrt. Es kommt auch vor, daß nur ein Element fehlabgestimmt ist. Dann wird möglicherweise der Reflektor zum Direktor, oder der Direktor bekommt Reflektorwirkung. Dieser Umstand äußert sich durch eine stark verringerte Vorwärtsstrahlung. Um solche Fehler sofort richtig zu erkennen, empfiehlt *VK2AOU* zwei Feldstärkeanzeiger, den einen in der Richtung der Vorwärtsstrahlung, den anderen zur gleichzeitigen Kontrolle der Rückdämpfung. Nur ein systematisches Vorgehen beim Abgleich garantiert den vollen Erfolg. Der ganze Vorgang ähnelt dem Einstellen des Gleichlaufs beim Superhet.

Der *VK2AOU-Beam* hat beim 10- und 15-m-Betrieb etwa die gleichen Eigenschaften wie der *G4ZU*-Beam; er übertrifft diesen etwas im 20-m-Band, weil in diesem Fall 3 verkürzte Elemente mit allerdings sehr kleinen Elementabständen wirksam sind.

18.1.3.2.3 *DL1FK*-Beam

R. Auerbach DL1FK entwickelte einen Dreiband-Beam, der sich durch einen sehr leichten und mechanisch unkomplizierten Aufbau auszeichnet. In der Leistung ist er seinen gewichtigeren Brüdern mindestens ebenbürtig. Das Besondere an diesem 3-Element-Beam ist jedoch die neuartige Konstruktion der parasitären Elemente. Es handelt sich um eine neue, sehr sinnvolle Lösung des Mehrbandproblems [1.47] - [1.49].

Strahler

Beim Strahler handelt es sich um das gleiche strahlende Element wie beim *G4ZU*-Beam, es weist jedoch einige konstruktive Feinheiten auf, die der Leichtbauweise entgegenkommen. Das gespeiste Element hat eine Gesamtlänge von knapp 8 m und ist demnach für das 15-m-Band annähernd resonant (etwas zu lang). Die exakte Resonanz für alle 3 Bänder wird über eine abgestimmte Speiseleitung und ein Antennenabstimmgerät an deren Eingang hergestellt. Die verwendeten Alurohre verjüngen sich stufenweise nach außen.

Beide Strahlerhälften werden über Standisolatoren auf einer Haltetraverse befestigt, die nach *DL1FK* aus 2 parallellaufenden U-Profilschienen besteht. Der Trageboom wird aus 2 parallelen, je 4,20 m langen Alurohren gebildet. Auf diesem befestigt man die U-Schienen. Hängen die Strahlerhälften zu stark durch, dann kann leicht eine zusätzliche Abspannung über einen kleinen Spannturm angebracht werden. Grundsätzlich läßt sich auch jedes andere Dreiband-Strahlerelement (z.B. nach *VK2AOU* oder *W3DZZ*) verwenden.

Wichtig ist, daß das gespeiste Element für 20 m mindestens *elektrisch* $\lambda/2$ lang sein muß; es darf für 10 m elektrisch nicht länger als 1,2λ werden (2 · 0,6λ). Das gespeiste Element bildet für 10 m und für 15 m je 2 kollineare Halbwellenstücke (Dipollinie), die gleichphasig erregt werden. Dadurch wird für diese beiden Bänder durch den Strahler allein bereits ein Gewinn von 1,7 dB erreicht. Für 20 m ist der verkürzte Strahler etwas schlechter als ein Halbwellendipol voller Länge.

Das frequenzabhängige elektrische Verlängern des Strahlers wird durch die zwei Verlängerungsspulen in Verbindung mit als Endkapazität wirkenden Drahtschleifen am Strahlerende bewirkt.

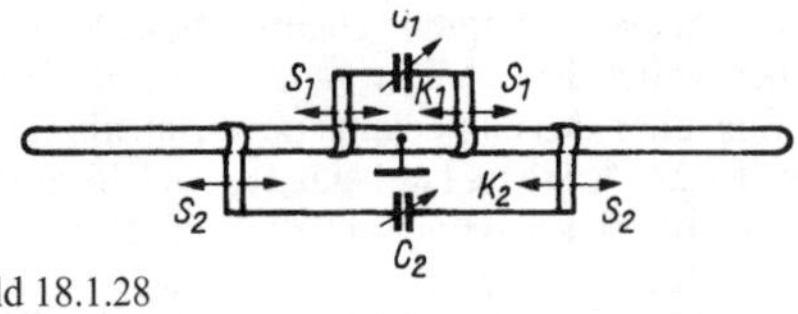

Bild 18.1.28
Schematische Darstellung eines Dreibandelementes nach *DL1FK*
S_1, S_2 - Rohrschellen, auf dem Element verschiebbar
C_1, C_2 - Drehkondensatoren mit 50 oder 100 pF Endkapazität

Speisung

Die abgestimmte Speiseleitung muß man so bemessen, daß sie für keines der benutzten Bänder in einem Strom- oder Spannungsmaximum endet. Andernfalls können sich - wie bereits beschrieben - Gleichtaktwellen auf der Speiseleitung ausbilden, und die Speiseleitung strahlt dann ebenso intensiv wie die Antenne selbst. Bei *DL1FK* wird diese Forderung durch eine 17,2 m lange Speiseleitung erfüllt. Auch Feederleitungen von etwa 12 und 23 m dürften geeignet sein. Die Speiseleitung wird an den Sender über einen der bekannten Antennenkoppler (siehe Abschnitt 8.2) angeschlossen.

Parasitäre Elemente

Während sich die bisherigen Angaben zum strahlenden Element und zu dessen Speisung in durchaus bekannten Gebieten bewegten, sind die nun zu besprechenden parasitären Elemente des *DL1FK-Beam* das grundsätzlich Neue dieser Antenne. Die Resonanz der parasitären Elemente wird für die verschiedenen gewünschten Frequenzen hergestellt, indem man mit Teilen des Elementes symmetrisch zur Mitte Resonanzkreise für die betreffenden Frequenzen bildet. Infolge ihrer Konstruktion haben diese eine hohe Güte, und die Teile der Elemente, die nicht innerhalb des Resonanzkreises liegen, schließen sich, konstruktiv bedingt, an die Stelle des Resonanzkreises an, die ihrem Impedanzwert entsprechen (**Bild 18.1.28**). Die Konstruktion enthält zusätzlich zum eigentlichen Element zwei lineare Abstimmungsglieder K_1 und K_2. Damit ist es grundsätzlich möglich, drei Frequenzen abzustimmen. Durch Verschieben der Abgriffe S_1 bzw. S_2 werden die L-Werte, durch Verändern der Drehkondensatoren die C-Werte variiert.

Wird das Element selbst in seiner Längenausdehnung für die mittlere benutzte Frequenz (z.B. 21 MHz) etwa richtig bemessen - zweckmäßig ein wenig länger als errechnet -, so erlaubt C_2 die elektrische Verkürzung. Mit C_2 und dem Teil zwischen den beiden Schellen S_2 läßt sich aber gleichzeitig die Resonanz für die gewünschte niedrigere Frequenz, also z.B. 14 MHz einstellen. Dabei wird das Element für 14 MHz selektiver, als es ein normal bemessenes 20-m-Element sein würde (verringerter Frequenzbereich). K_1 mit C_1 und S_1 bilden analog den Resonanzkreis für die gewünschte höhere Frequenz, in vorliegendem Fall 28 MHz. Der Kreis muß sehr sorgfältig abgestimmt werden, denn es besteht die Gefahr, daß man falsch abgleicht. Dann kann das Element für 28 MHz wie ein Ganzwellenstück wirken. Ein solches Ganzwellenstück ist aber wegen der Phasendrehung von 2 · 180° als parasitäres Element ungeeignet (beide Halbwellenstükke sind gegenphasig erregt).

Nach diesen theoretischen Erörterungen des Prinzips soll nun die Praxis der *DL1FK*-Elemente beschrieben werden.

Eine sehr leichte und praktische Konstruktion der Parasitärelemente ergibt sich, wenn man den langen, gestreckten Teil der Sekundärstrahlers so bemißt, daß seine Gesamtlänge annähernd für das 15-m-Band paßt. Damit die dünnen, sich nach den Enden hin verjüngenden Rohre nicht zu stark durchhängen, werden sie über einen etwa 200 mm hohen Spannturm abgespannt. Dazu benutzt man Antennenlitze, die vom den gestreckten Sekundärelementen (Reflektor und Direktor) durch je einen Porzellanring isoliert wird. Diese Abspannung wird gleichzeitig als Parasitärelement für 10 m verwendet.

Für die Kondensatoren C genügt bei mittleren Senderleistungen ein Plattenabstand von 0,5 bis 1 mm. Den Drehkondensator befestigt man zweckmäßig über eine isolierende Stütze an der Elementmitte. Der Drehkondensator ist vor Witterungsein-

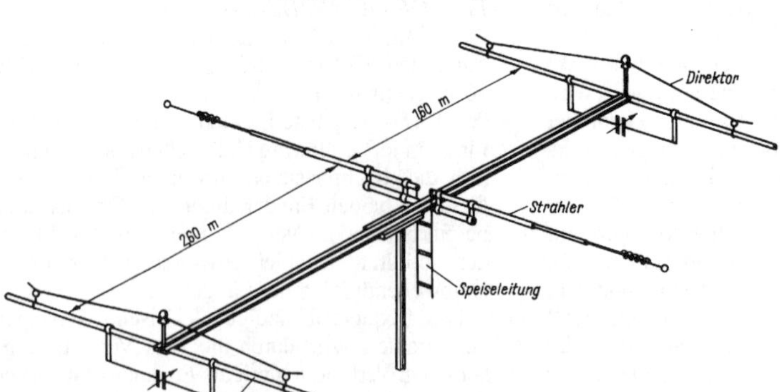

Bild 18.1.29
DL1FK-Beam

Tabelle 18.3
Resonanzfrequenzen des *DL1FK*-Beam
für die Abstimmung mit Dip-Meter

Betriebs-frequenz	Reflektor-abstimmung	Direktor-abstimmung
28,40 MHz	27,60 MHz	29,40 MHz
21,25 MHz	20,80 MHz	21,70 MHz
14,25 MHz	13,95 MHz	14,55 MHz

flüssen zu schützen. Zu diesem Zweck kann er in ein wasserdichtes Gehäuse gesetzt werden.

Einen Gesamteindruck des *DL1FK-Beam* vermittelt **Bild 18.1.29** in schematischer Darstellung. Der Tragemast ist im Schwerpunkt befestigt.

Auffällig sind die kurzen Drahtenden, die von den Abspannungen an den Porzellanringen überstehen. Mit diesen „Drahtschwänzchen" (je etwa 100 mm lang) wird das parasitäre Element für 10 m abgestimmt. Beim Abgleich wird jeweils so viel Draht von den „Schwänzchen" abgeschnitten, bis Resonanz als Reflektor bzw. Direktor im 10-m-Band hergestellt ist.

Abgleich

Zur optimalen Abstimmung dieser Antenne benötigt man ein Grid-Dip-Meter und ein einfaches Feldstärkeanzeigegerät. Die Antenne kann etwa 2 m über dem Erdboden montiert und abgeglichen werden. Zuerst wird provisorisch auf 20 m abgestimmt. Anschließend wickelt man die überstehenden Enden der 10-m-Abspanndrähte auf einen isolierten Schraubendreher auf (Handkapazität vermeiden), um die Abschneidepunkte festzustellen. Zum Ausgleich des Unterschiedes zwischen Bodennähe und späterem Standort werden je Seite wieder 30 mm zugegeben. Dann schneidet man die für 15 m etwas zu lang bemessenen Elemente stückweise an den Enden ab, bis man in die Nähe der gewünschten Resonanz kommt. Diese Länge paßt dann gerade für den Standort auf dem Mast. Möglichst nach der endgültigen Montage werden die Drehkondensatoren für 20 m nachgestimmt. Dazu muß man das Feldstärkeanzeigegerät genau beobachten, da die Abstimmung sehr scharf ist. Es empfiehlt sich, erst den Reflektor und dann den Direktor auf das Rückwärtsminimum abzustimmen, weil dieses schärfer und eindeutiger auftritt als das Vorwärtsmaximum.

Die einzustellenden Resonanzfrequenzen sind in **Tabelle 18.3** enthalten.

Beim Abstimmen auf 20 m ist zu beachten, daß sich der Widerstand am Eingang des Strahlers stark ändert und sehr gering wird, wenn der Direktor bei dem minimalen Abstand zum Strahler in Resonanz kommt. Wird eine offene Leitung benutzt, so muß man deshalb gleichzeitig am Senderausgang nachstimmen.

Das Prinzip der linearen Parallelkreise bzw. der Abstimmglieder des *DL1FK*-Elementes läßt sich auch auf viele andere Anwendungsgebiete ausdehnen.

18.1.3.2.4 *VK2AOU/DJ2UT*-Beam

Nach dem Vorbild von *VK2AOU* (Multibandkreise in der Mitte der Elemente) und von *HB9CV* (ungleichlange überkreuzt gespeiste Dipole) hat *W. Sommer DJ2UT* einen Dreibandbeam entwickelt [1.50].

Prinzip

Der Serienkreis ist wieder wie bei dem *VK2AOU*-Beam durch das Antennenelement gebildet, die beiden Parallelkreise werden aus Haarnadelbügeln und Koaxialkondensatoren gebildet. Auf 20 m wirken die Elemente in voller Länge, auf 15 und 10 m werden die Elemente mit den Parallelkreisen abgestimmt, so daß beide Elementhälften als kollineare Dipole arbeiten. Zur Verbreiterung der Resonanz wird auf 15 m noch ein Halbwellendipol in 0,4 m Abstand mitgespeist und auf 10 m noch ein parasitäres Direktorelement in 0,8 m Abstand hinzugefügt. Die Speiseleitung wird über eine Kabeldrossel als Mantelwellensperre, wie bei der *HB9CV* für die rich-

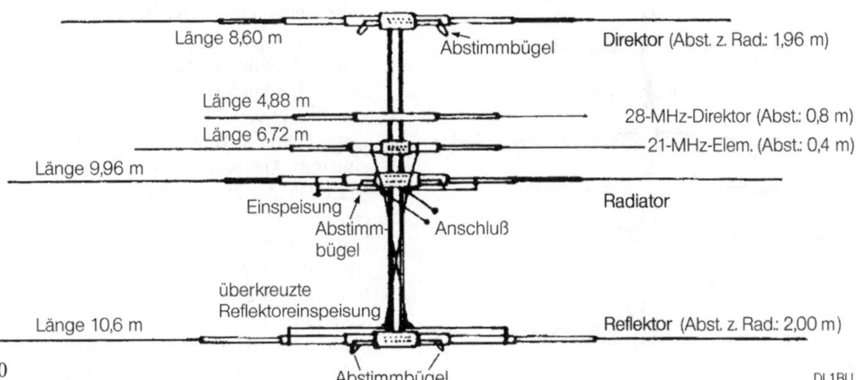

Bild 18.1.30
Prinzip des *VK2AOU/DJ2UT*-Beam

tige Phasenlage gekreuzt, zu je einem T-Match an den Strahler und an den Reflektor, geführt. In **Bild 18.1.30** ist der *VK2AOU/DJ2UT-Beam* dargestellt.

Die Antennenbezeichnung war erst HP-44, dann HP-44CR, danach PERIODIC 5.

Die Antenne wurde von *DL1BU* im Rahmen einer Reihe von Antennenmessungen untersucht und die Ergebnisse in der CQ-DL 9/78 veröffentlicht [1.51]. Die Antenne erreichte auf 20 m eine hervorragenden Wirksamkeit, die Gewinnwerte für 15 m waren geringer und auf 10 m sehr gering.

In Japan wurde eine ähnliche Antenne von der Firma *TET* als HB-35c vertrieben.

18.1.3.2.5 *DJ2UT*-Beam

(*W. Sommer* – EP 0 065 973 – deutsche Priorität 1981)

Die Weiterentwicklung des *VK2AOU/DJ2UT*-Beams führte zum *DJ2UT-Beam* [1.55]. Das Prinzip ist die enge Verkopplung von mehreren Strahlern auf einen Abstand von 0,01 bis 0,03λ. Ihre Länge bestimmt die Grundresonanzen. Mehrere weitere Elemente sind über eine gekreuzte Phasenleitung angeschlossen und werden aktiv gespeist. Die Phasenleitung soll dabei wahlweise als normale Zuleitung oder als Transformationsglied arbeiten und die notwendige Phasenverschiebung erzeugen. Die Symmetrierung wird mit einem kernlosen Teflon-Koaxialkabel-Balun nach dem Prinzip einer EMI-Breitbandschleife durchgeführt.

Bild 18.1.31 zeigt den größten *DJ2UT-Beam* XP 80 (Skizze). Der Boom ist 8 m, das längste Element ist 11,7 m, der Drehradius ist 7,2 m. Von den 11 Elementen sind jeweils 5 Elemente pro Band wirksam. Als Gewinn werden für diese Antenne 10 bis 11 dBd (10-m-Band) angegeben. Als Vor-/Rückverhältnis werden 15 bis 30 dB (20-m-Band) angegeben.

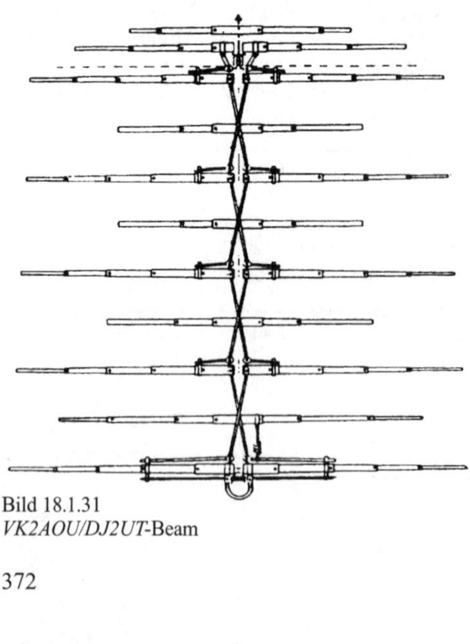

Bild 18.1.31
VK2AOU/DJ2UT-Beam

Die Antennentypbezeichnung war zunächst P später XP.

XP 40 2,4-m-Boom
3-Band-Beam (10-15-20 m)
XP 50 4,4-m-Boom
4-Band-Beam (10-12-15-20 m)
XP 70 6-m-Boom
4-Band-Beam (10-12-15-20 m)
XP 80 8-m-Boom
4-Band-Beam (10-12-15-20 m)

Für die größeren Beams gibt es Erweiterungen für 17, 30 und 40 m. Die Antennenelemente bestehen aus Al-Mg-Si-Rohren, die Isolatoren aus Polycarbonat und die Befestigungsteile (M6 und M8) aus V2A. Die Antennen werden in USA gefertigt mit der Bezeichnung „German craftsmanship".

18.1.3.3 Verschachtelte *Yagis*

Als verschachtelt können solche Elemente bezeichnet werden, die - für verschiedene Bandfrequenzen bemessen - auf einem gemeinsamen Antennenträger ineinander verschachtelt untergebracht sind. Dabei wählt man die Elementabstände so, daß der gegenseitige Einfluß auf die Strahlungseigenschaften der nicht zum gleichen Band gehörigen Elemente möglichst gering bleibt.

18.1.3.3.1 *KH6OR*-Zweiband-*Yagi*

Dieser von *KH6OR* entwickelte Zweiband-Beam ist die Kombination eines gespeisten „echten" Mehrbandelementes mit verschachtelten Parasitärelementen. **Bild 18.1.32a** zeigt das Schema dieser Antenne, aus der Teilzeichnung **Bild 18.1.32b** kann man Einzelheiten des gespeisten Elementes ersehen.

Das gespeiste Element hat 2 Sperrkreise nach Art der *W3DZZ*-Antenne, die auf eine Resonanzfrequenz von 20,5 MHz abgestimmt sind. Die Kondensatoren haben dabei eine Kapazität von je 25 pF; die beiden Spulen (2,4 µH) weisen je 6 Wdg. eines 3 bis 3,5 mm dicken Aluminiumdrahtes auf. Der Windungsdurchmesser beträgt 75 mm, die Wdg. sind auf eine Länge von 50 mm verteilt. Neu ist die Art, zwei verschieden lange Gamma-Anpassungen parallelzuschalten, um eine gute Anpassung an das koaxiale Speisekabel für beide Bänder zu erhalten. Die für die Gamma-Anpassungen angegebenen Maße sind Richtwerte, die beim Endabgleich so korrigiert werden müssen, daß auf dem Koaxialkabel die geringste Welligkeit auftritt. Mit den angegebenen Abmessungen des gespeisten Elementes betragen die beiden Resonanzfrequenzen der Antenne 14,3 und 21,3 MHz.

Die parasitären Elemente haben volle Länge und sind so auf dem Tragemast verschachtelt, daß eine

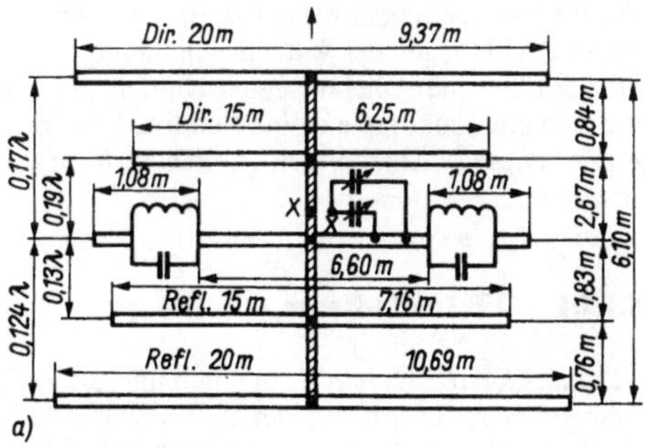

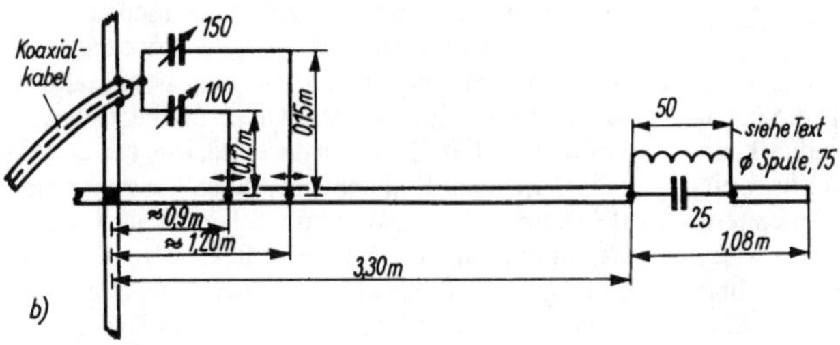

Bild 18.1.32
KH6OR-Zweibandbeam für 20 m und 15 m
a) - Gesamtschema
b) - Teilzeichnung

gegenseitige Beeinflussung weitgehend vermieden wird. Der Reflektorabstand beträgt für 20 m 0,12λ und für 15 m 0,13λ. Die Direktorabstände sind bei 20 m mit 0,17λ und für 15 m mit 0,19λ gewählt. Insgesamt ergibt sich daraus eine Boomlänge von 6,10 m. Selbstverständlich läßt sich das gespeiste Element durch jedes andere Mehrbandelement ersetzen; man sollte dabei aber beachten, daß stark verkürzte Strahlerelemente wenig Sinn haben. Wenn man schon Parasitärelemente voller Länge verwendet, dann sollten die guten Eigenschaften dieser Elemente nicht durch einen verkürzten Strahler mit verschlechtertem Abstrahlungswirkungsgrad herabgemindert werden. Einen vollwertigen Ersatz der gespeisten Zweibandelemente würde das gespeiste Dreibandelement des *DL1FK*-Beam darstellen. Außerdem besteht zusätzlich noch die Möglichkeit, auf dem Antennenträger parasitäre 10-m-Elemente unterzubringen, womit ein Dreihandbetrieb möglich ist.

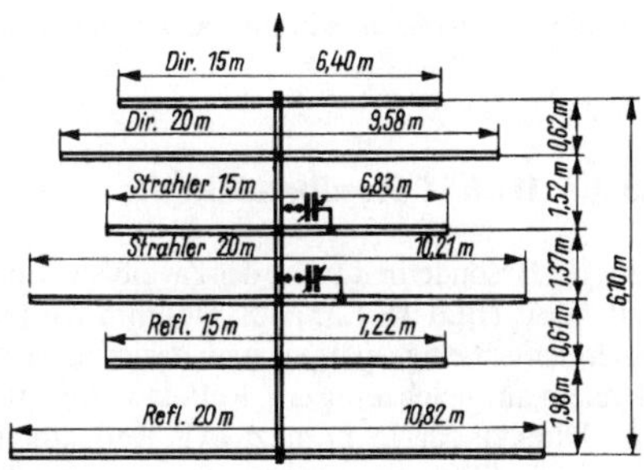

Bild 18.1.33
W8FYR-Zweibandbeam für 20 und 15 m

18.1.3.3.2 *W8FYR*-Zweiband-*Yagi*

Das in **Bild 18.1.33** dargestellte Schema einer Zweiband-*Yagi* für 15 und 20 m zeigt keine Besonderheiten; es handelt sich um 2 normal bemessene 3-Element-*Yagi*-Antennen, die getrennt über Gamma-Anpassungen gespeist werden und auf einem gemeinsamen Träger untergebracht sind.

Wer Komplikationen beim Bau eines Mehrbandrichtstrahlers aus dem Weg gehen möchte und außerdem über genügend Platz sowie das erforderliche Material verfügt, sollte eine Ausführung dieser Art wählen.

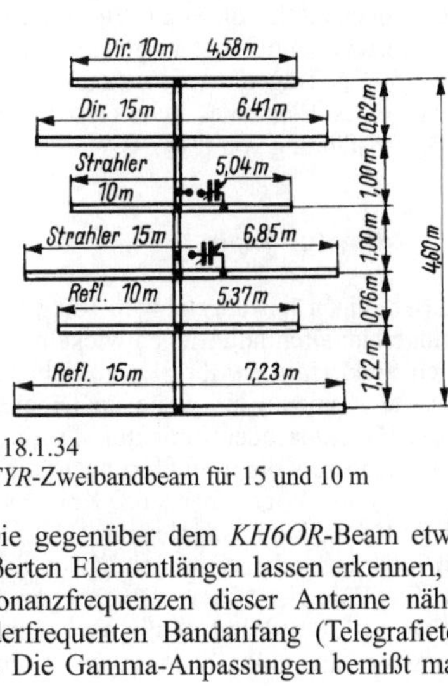

Bild 18.1.34
W8FYR-Zweibandbeam für 15 und 10 m

Die gegenüber dem *KH6OR*-Beam etwas vergrößerten Elementlängen lassen erkennen, daß die Resonanzfrequenzen dieser Antenne näher dem niederfrequenten Bandanfang (Telegrafieteil) liegen. Die Gamma-Anpassungen bemißt man nach

Bild 18.1.35
W4KFC-Zweibandbeam
für 15 und 10 m

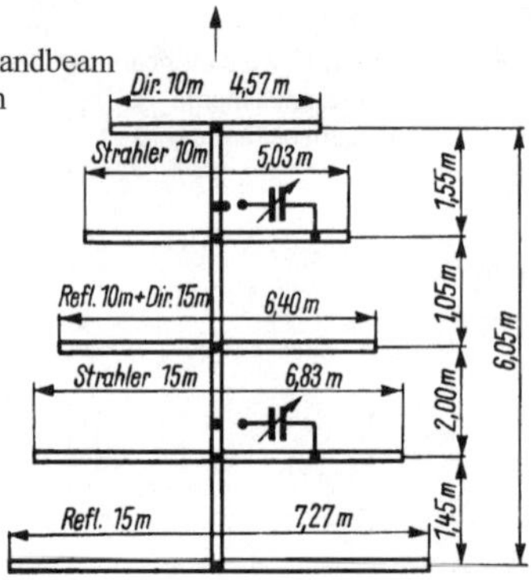

Abschnitt 6.2.3. Es sind zwei getrennte koaxiale Speisekabel erforderlich. Das 2. Speisekabel kann eingespart werden, wenn man den Strahler über ein Koaxialrelais umschaltet, das auf dem Antennenträger befestigt ist.

Eine verschachtelte Zweiband-*Yagi* für 15 und 10m, auch nach ähnlichem Prinzip, zeigt **Bild 18.1.34**. Sinngemäß sind für diese Antennen auch die für die 20/15-m-Ausführung gegebenen Daten gültig.

18.1.3.3.3 *W4KFC*-Zweiband-*Yagi*

Eine kleine Besonderheit weist der Zweiband-Beam nach *W4KFC* (**Bild 18.1.35**) auf. Bei ihm wird ein Parasitärelement eingespart, da man das mittlere Sekundärelement gleichzeitig als Reflektor für 10 m und als Direktor für 15 m nutzt. Als Reflektor für 10m ist dieses Element allerdings etwas zu lang. Die Doppelnutzung bedingt auch eine etwas andere Elementverteilung, so daß der Elementträger eine Länge von 6,05 m erhält. Da die kompakte Ausführung nach **Bild 18.1.34** bei mindestens gleicher Leistung mit nur 4,60 m Trägerlänge auskommt, ist die Einsparung eines Elementes kein entscheidender Vorzug der Ausführung von *W4KFC*.

18.1.4 Miniatur-*Yagis*

Der Wunsch, einen leistungsfähigen Richtstrahler mit verringertem Drehradius zu entwickeln, führte zu einigen Sonderformen. Ihre Kennzeichen sind abgewinkelte Elemente als gespeiste Dipole mit parasitärem Direktor oder Reflektor. Damit entstanden brauchbare Kompromißlösungen, die sich durch verringerten Windwiderstand, Kompaktheit und kleinen Drehradius auszeichnen.

Durch diese besondere Formgebung ist es also möglich die Größe der Beams zu verringern. Besonders für das 20-m-Band ist die Verkleinerung wichtig, da hier eine volle Beam wegen Platzmangel oft nicht verwendet werden kann. Das Abwinkeln oder Umbiegen der Antennenelemente verringert natürlich die Antenneneigenschaften. Es gibt eine Gewinnreduktion und eine Bandbreitenverringerung. Diese Nachteile werden aber in Kauf genommen.

18.1.4.1 *VK2ABQ*-Beam

F. Caton VK2ABQ/G3ONC hat einen interessanten Dreiband-Beam entwickelt, der 1974 veröffentlicht worden ist [1.56]. Dieser Beam wurde in Großbritannien vielfach von Amateuren nachgebaut.

Am anschaulichsten läßt sich die Wirkungsweise dieser Antenne erklären, wenn man vom Halbwellendipol mit einem parasitären Element ausgeht (**Bild 18.1.36a**). Dieses ist die einfachste unidirektionale 2-Element-Richtantenne, deren Gewinn rund 4 dBd beträgt. Wird das Parasitärelement als Reflektor abgestimmt und beträgt der Reflektorabstand 0,25λ, stellt sich dieser Gewinn bei einem Eingangswiderstand von etwa 50 bis 60 Ω ein. Um spätere Vergleichsmöglichkeiten zu schaffen, soll die Elementlänge mit 10 m (λ/2) und der Elementabstand mit 5 m (λ/4) angenommen werden, womit näherungsweise Resonanz im 20-m-Band besteht. Ein solcher Beam hat einen Drehradius von reichlich 7 m.

Allgemein können die äußeren Dipolenden abgeknickt werden, ohne daß sich die Strahlungseigenschaften des Systems grundlegend verändern. Das wurde in **Bild 18.1.36b** praktiziert; beide Ele-

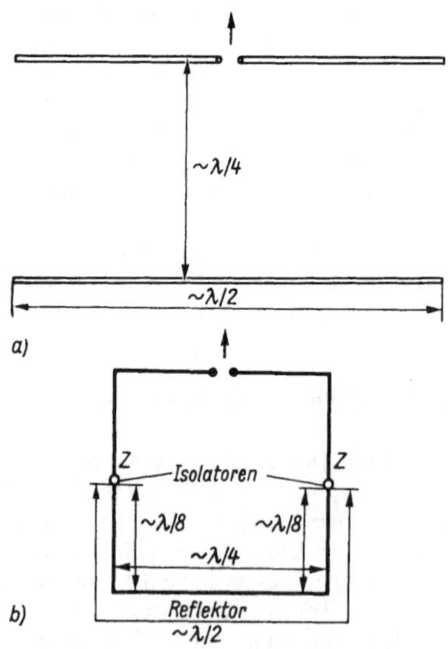

Bild 18.1.36
Entwicklung eines *VK2ABQ*-Elementes
a) - 2-Element Richtstrahler
b) - *VK2ABQ*-Element

mente sind λ/8 von ihren Enden entfernt rechtwinklig abgeknickt, so daß sich die Elementenden gegenüberstehen, aber voneinander isoliert sind. Der effektive Elementabstand ist dabei etwas geringer als λ/4 geworden. Es ist ein 2-Element-Richtstrahler entstanden, der gegenüber der „großen“ Ausführung nach **Bild 18.1.36a** einige mechanische Vorzüge aufweist: Der Drehradius ist auf die Hälfte gesunken, für den 20-m-Beam nach *VK2ABQ* beträgt nur noch etwa 3,60 m.

Natürlich muß mit einem Gewinnabfall gegenüber der normalen Ausführung nach **Bild 18.1.36a** gerechnet werden, und auch die Erklärung der physikalischen Wirkungsweise bedarf einer Ergänzung. Tatsächlich liegen die elektrischen Verhältnisse beim *VK2ABQ-Beam* etwas komplizierter, denn man kann das Reflektorelement nicht als rein parasitär betrachten. Durch die enge Verkopplung der Elementenden (Spannungsbauch), die nur durch Isolatoren voneinander getrennt sind, entsteht ein mit 90° Phasenunterschied spannungsgekoppelter Reflektor. Eigentlich müßte das Richtdiagramm die Form einer Kardioide aufweisen.

Bei der mechanischen Verwirklichung dieser Richtantenne wird als Antennenträger ein X-förmiges Gestell verwendet, dessen Speichen aus Rundholz, Bambus oder glasfaserverstärktem Polyesterharz bestehen. Die Elemente werden aus Drähten mit beliebigem Durchmesser gefertigt und auf den Tragespeichen abgestützt. Im Zentrum des Tragegestells befindet sich eine geeignete Platte aus Holz oder Hartgewebe, auf der die Speichen befestigt sind. Zusammenhängende Metallmassen innerhalb des Tragegerüstes sind zu vermeiden. Metallrohrstutzen, die möglicherweise zur Aufnahme der Speichen verwendet werden, sollen untereinander und mit dem Tragemast keine metallische Verbindung haben. Die Speichenenden sind mit einer umlaufenden kräftigen und dehnungsbeständigen Kunststoffschnur (z.B. Angelsehne) verspannt, so daß diese gleichzeitig die Führung für die Elementdrähte übernehmen kann. Diese Verfahrensweise ergibt eine gute Isolation, verbunden mit der einfachen Möglichkeit von Längenkorrekturen an den Elementen.

Der *VK2ABQ*-Beam hat das Aussehen und den Umfang eines „liegenden“ Quad-Elementes, unterscheidet sich aber grundlegend in der Wirkungsweise. Er ist ein unidirektionaler 2-Element-Richtstrahler, dessen Gewinn nach Angaben von *VK2ABQ* etwa 4 dBd beträgt.

Kritische Punkte beim *VK2ABQ-Beam* sind die Isolatoren *Z* an den Elementenden, wo diese sich in geringem Abstand gegenüberstehen. Dort befinden sich Spannungsmaxima in Verbindung mit einer kapazitiven Endbelastung. Es ist deshalb verständlich, daß die bekannten Bemessungsformeln für Halbwellendipole keine brauchbaren Ergebnisse bringen; sie reichen aber als Richtwerte, wenn man

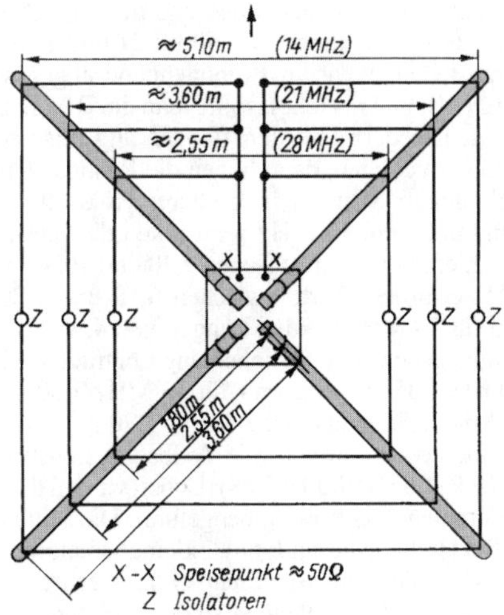

Bild 18.1.37
VK2ABQ-Beam

sich die Möglichkeit nachträglicher Längenkorrekturen sichert. Eisbehang und Rauhreif beeinträchtigen die Funktion.

Bild 18.1.37 zeigt den *VK2ABQ-Beam*, einen Dreiband-Beam für 14, 21 und 28 MHz. Interessant ist hier die Dreibandspeisung über ein einziges Koaxialkabel, welches ohne Symmetriewandlung an den Punkten *X-X* angeschlossen wird.

(Ein Balun sollte trotzdem nicht vergessen werden). Als Verbindungsleitung wählte *VK2ABQ* eine 72-Ω-Paralleldrahtleitung, aber auch eine 300-Ω-Flachbandleitung ist brauchbar. Die Verbindungsleitungen dürfen nicht in sich verdreht werden. Der Abgleich für den Dreibandbetrieb erfordert viel Geduld und besteht hauptsächlich darin, für die gespeisten Elemente die Halbwellenresonanz durch

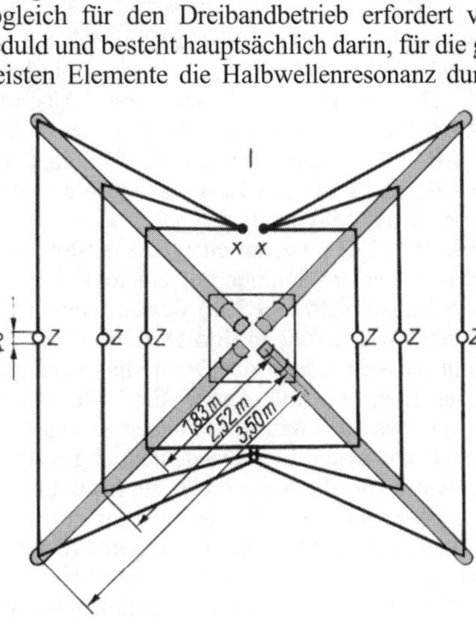

Bild 18.1.38
VK2ABQ-Beam (Variante nach *G3LZR*)

Verändern der Elementlänge und der Abgriffe auf der Zweidrahtleitung (dies gilt für 21 und 28 MHz) herzustellen. Wenn in Erdbodennähe abgeglichen wird (z.B. in 2 m Höhe), sollte man die Resonanzen auf den niederfrequenten Bandanfang oder etwas darunter verlegen; dann liegen die Resonanzen am endgültigen Standort in größerer Höhe etwa bei Bandmitte. Für 14 MHz schwanken die (gestreckten) Elementlängen zwischen 9,30 und 10,40 m, 21 MHz erfordert Werte zwischen 6,70 und 7,20 m, und für 28 MHz werden Längen von 4,95 bis 5,20 m angegeben. Die Speichenlänge beträgt - wie in Bild 18.1.37 eingetragen - für 14 MHz 3,60 m, für 21 MHz 2,55 m und bei 28 MHz 1,80 m.

Eine etwas abweichende Aufbauart konstruierte *G3LZR* [1.57] (**Bild 18.1.38**). Dabei wurden die Elementmitten direkt zusammengeführt. Die Mitten der Reflektorelemente sind durch kleine Isolatoren galvanisch voneinander getrennt. *G3LZR* schreibt vor, daß sich die Elementenden an den Isolatoren *Z* nur mit einem Abstand von höchstens 6 mm gegenüberstehen dürfen. Es werden nicht nur die Speichenlängen angegeben (eingezeichnet), sondern auch der Gesamtumfang der einzelnen Systeme. Er beträgt 21,03 m für 14 MHz, 14,17 m für 21 MHz und 10,62 m für 28 MHz. Diese Angaben sind geeignet, den Abgleich etwas zu erleichtern. Wenn es sich als notwendig erweist, können die Reflektorelemente in ihrer geometrischen Mitte aufgetrennt werden, und man fügt dort einen Abstimmstub ein. Zum Speisen kann an die Punkte *X-X* ein beliebig langes 75-Ω-Koaxialkabel angeschlossen werden. Die Verwendung eines Baluns sollte nicht vergessen werden.

18.1.4.2 X-Beam

Das Prinzip soll auf *G4ZU* zurückgehen, der eine Anzahl von X-Antennen in England gebaut haben soll. Das Konzept ist dann über Australien (*VK4RF*) und Neuseeland (*ZL2NH*) nach USA (*W6FWL*) gekommen. Dort hat *W9PNE* die 2-Element-Beam für 20 und 15 m nachgebaut und beschrieben in [1.58] und [1.59].

Wie **Bild 18.1.39** veranschaulicht, entsteht er aus einem 2-Element-Strahler mit einem Direktor in 0,1λ Abstand (**Bild 18.1.39a**), dessen Elemente abgewinkelt werden wie in **Bild 18.1.39b** dargestellt. Damit hat sich jedoch der Drehradius noch nicht verringert. Man bemißt deshalb die Leiterschenkel nur mit etwa 80% der erforderlichen Resonanzlänge und fügt an die Elementenenden abgewinkelte Drahtstücke an, die selbst nichts zur Strahlung beitragen, aber durch ihre Wirkung als kapazitive Endbelastung die Resonanz herstellen (**Bild 18.1.39c**).

Für den Betrieb im 20-m-Amateurband ist der X-Beam gut geeignet, weil sein Drehradius nur 4,20 m beträgt. Dieser ist bei einem 2-Element-Beam mit gestreckten Elementen um etwa 1 m größer.

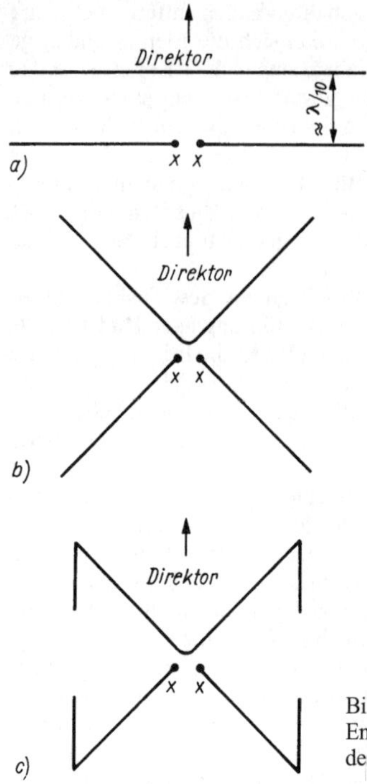

Bild 18.1.39
Entwicklung des X-Beams

Bild 18.1.40 zeigt als Beispiel den von *W9PNE* aufgebauten und erfolgreich beschriebenen 2-Element-X-Beam mit den Abmessungen für 20 m; die Klammerwerte haben für den 15-m-Betrieb Gültigkeit. Mit einer Aufbauhöhe von 11 m liegt die Resonanz für die 20-m-Ausführung bei 14,1 MHz. Abgeglichen wird durch symmetrisches Verlängern oder Verkürzen der angefügten Drahtschwänze. Da der Eingangswiderstand etwa 50 Ω beträgt, hat *W9PNE* direkt über 50-Ω-Koaxialkabel gespeist. (Zu empfehlen ist jedoch das Zuschalten eines Baluns 1:1). Es wurde ein relativ großer Frequenzbereich gemes-

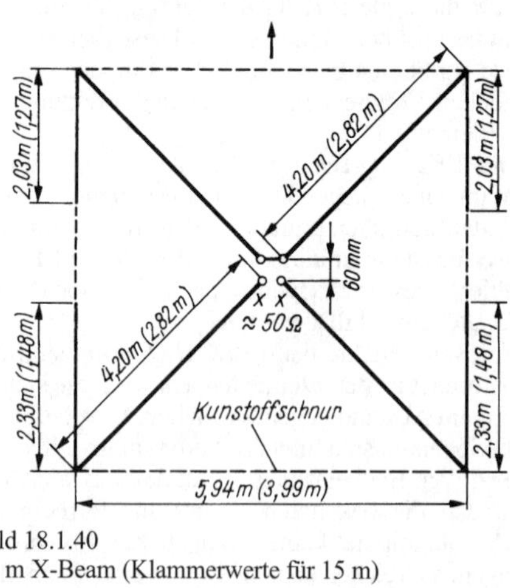

Bild 18.1.40
20 m X-Beam (Klammerwerte für 15 m)

sen, bei beiden Ausführungen war die Welligkeit $s <$ 1,5; im Telegrafieteil 1,2. Die angegebenen Schenkellängen sind nicht als starre Werte zu betrachten. Man kann sie je nach gewünschtem Drehradius und vorhandenem Rohrmaterial in gewissen Grenzen verlängern oder verkürzen, muß dann aber die Längen der Drahtschwänze entsprechend so verändern, daß sich wieder Resonanz einstellt. Wie in **Bild 18.1.40** gestrichelt eingezeichnet, ist das ganze System mit Kunststoffschnüren verspannt. Für die zentrale Halterung der 4 Leiterrohre gibt es verschiedene Möglichkeiten. Die beste Lösung dürfte eine kräftige quadratische Hartholz- oder Kunststoffplatte bieten, auf der die 4 Leiterschenkel diagonal mit je 2 Halbschellen festgeschraubt werden. Dabei empfiehlt es sich, die Rohre an den Klemmstellen mit einem wetterfesten Kunststoffband zu umwickeln.

Ein 3-Band *X-Beam* mit Sperrkreisen ist 1994 von *DJ1FO* im CQ-DL beschrieben worden [1.60].

18.1.4.3 *G3LDO*-Beam

P. Dodd G3LDO hat 1980 einen 2-Element-Beam mit verringertem Drehradius konstruiert [1.61] [1.62]. Er nennt ihn *G3LDO*-Doppel-D (**Bild 18.1.41**). Seine Verwandtschaft mit dem X-Beam ist unverkennbar. Allerdings verwendet *G3LDO* einen Reflektor als Parasitärelement, der in etwa 0,3λ Abstand angeordnet ist. Es sind keine teuren Leichtmetallrohre erforderlich, die ganze Antenne kann mit Drähten aufgebaut werden.

Wie **Bild 18.1.41b** zeigt, sind die Elementenden mit 45° so abgewinkelt, daß sie in der Richtung der diagonalen Tragespeichen liegen. Sie verlaufen aber nicht auf den Speichen, sondern über diesen in Richtung zum verlängerten Tragemast, der als Spannturm ausgebildet ist. Dort sind die Elementenden über Kunststoffschnüre (gestrichelt eingezeichnet) abgespannt. Diese Bauweise ergibt große Abstände zwischen den Elementenden in Verbindung mit hochwertiger Isolation; außerdem wird einem Durchhang der Speichen durch das Abspannen entgegengewirkt.

G3LDO macht präzise Bemessungsangaben, die einen einfachen Nachbau und Abgleich ermöglichen. Die abgewinkelten Elementenden bewirken ein elektrisches Verkürzen, so daß die Halbwellenresonanz des gespeisten Elementes erst bei einer geometrischen Länge von etwa 0,52λ eintritt. Daraus ergibt sich die Bemessungsformel für das gespeiste Element l_S

$$l_S/\text{m} = \frac{156{,}5}{f/\text{MHz}} \qquad (18.1.1)$$

In gleicher Weise ergibt sich die Formel für das Reflektorelement l_R

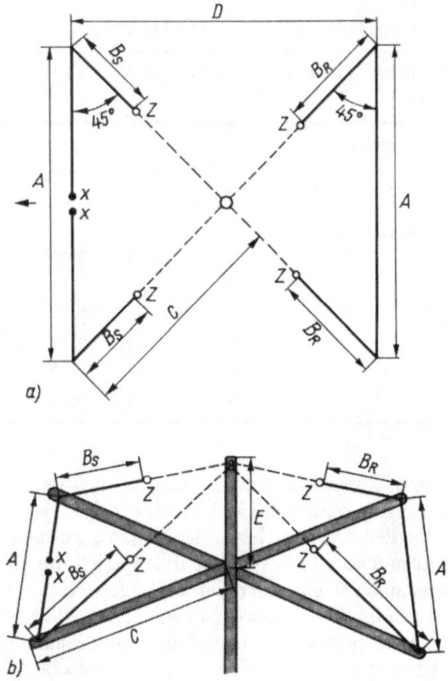

Bild 18.1.41
G3LDO-Beam
a) - Draufsicht
b) - Schrägansicht
Z ... Isolatoren
gestrichelt = Abspannung

$$l_R/\text{m} = \frac{169{,}4}{f/\text{MHz}} \qquad (18.1.2)$$

Die Formeln gelten für blanken Draht. Werden PVC-umhüllte Drähte verwendet, sind die Elemente etwas zu verkürzen (Verkürzung ist etwa 0,96). Daraus ergeben sich

$$l_S/\text{m} = \frac{150{,}5}{f/\text{MHz}} \qquad (18.1.3)$$

bzw.

$$l_R/\text{m} = \frac{162{,}9}{f/\text{MHz}} \qquad (18.1.4)$$

Tabelle 18.4 bezieht sich auf **Bild 18.1.41** und gilt für blanke Drähte.

Die Resonanzlängen l_S (Gespeistes Element) und l_R (Reflektor) ergeben sich aus der Addition $A + 2B_S$ bzw. $A + 2B_R$. Für beliebige andere Resonanzfre-

Tabelle 18.4
Bemessungsunterlagen für *G3LDO*-Beam

Resonanzfrequenz in MHz	14,20	21,25	28,50
Resonanzlänge in m			
l_S	11,02	7,36	5,49
l_R	11,93	7,98	5,95
Teillängen in m			
A	6,47	4,06	3,02
B_S	2,28	1,65	1,24
B_R	2,73	1,96	1,47
C	4,75	2,98	2,25
D	6,94	4,37	3,22
E	0,87	0,58	0,40

quenzen können die Elementlängen nach den Bemessungsgleichungen (18.1.1) bis (18.1.4) berechnet werden. Die Speichenarme wurden etwas länger als erforderlich bemessen. Beim Abgleich mit Dip-Meter sind bei den in der Tabelle vorgegebenen Frequenzen für die Reflektorresonanz 13,56, 20,25 und 27,2 MHz einzustellen. Der Eingangswiderstand bei *X-X* beträgt etwa 50 Ω, so daß der Direktanschluß eines Koaxialkabels möglich wäre. Günstiger ist es jedoch, über ein Gamma-Glied anzupassen.

Das stabile Tragegestell fordert dazu heraus, Mehrbandausführungen mit ineinandergeschachtelten Elementen zu bauen. Es bereitet auch keine Schwierigkeiten, weitere Elemente z.B. für die neuen Amateurbänder 12 und 17 m nachträglich einzusetzen. Der Mehraufwand an Material und an Gewicht ist dabei minimal. Gemeinsames Speisen aller Elemente über ein Koaxialkabel wird jedoch nicht empfohlen, da der Abgleich dann erhebliche Schwierigkeiten bereiten kann. Viel günstiger ist es, wenn jedes Band sein eigenes Koaxialkabel erhält, das über ein Gamma-Glied an das gespeiste Element angepaßt wird.

Der *G3LDO*-Beam zeichnet sich durch große Nachbausicherheit und unkomplizierten Abgleich aus. Auch als Mehrbandausführung bietet er keine mechanischen oder elektrischen Probleme. Wenn das Tragegerüst ausreichend mit geeigneten Kunststoffschnüren abgespannt wird, ist das System sturmsicher, dauerhaft und leicht. Somit ist diese Drahtrichtantenne auch für den Anfänger ein geeignetes Nachbauprojekt.

18.1.4.4 *Fritzel*-Miniaturbeam

Der *Miniaturbeam* von *Fritzel*, oft auch *Fritzel-Mini Beam* genannt, ist ein 2-Element-Dreibandbeam für 14 /21 /28 MHz. Auf jedem Band sind 2 Elemente mit Sperrkreisen aktiv, die Elemente sind fast in der Mitte umgebogen, ähnlich wie ein Faltdipol. Dadurch ergibt sich eine große Längenreduktion. Die Länge des Strahlers ist 4,20 m, die Länge des Reflektors 4,76 m. Der Elementabstand ist 2,35 m. Die Boomlänge ist 2,5 m, das entspricht 0,11λ auf 20 m, 0,17λ auf 15 m und 0,22λ auf 10 m. Der Drehradius ist nur 2,85 m. Als Gewinn werden 2 dBd auf 20 m, 2,5 dBd auf 15 m und 3,8 dBd auf 10 m angegeben.

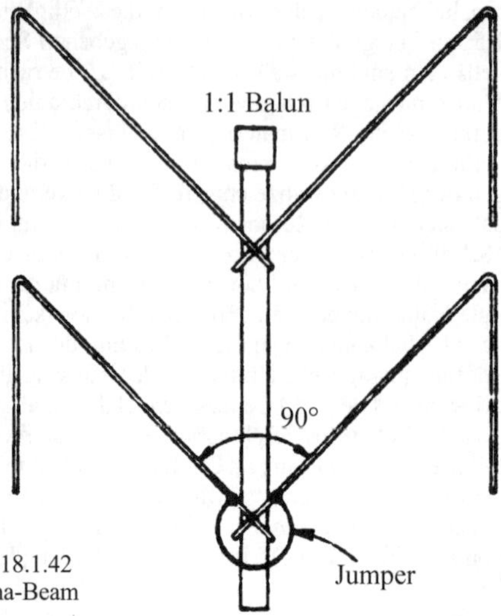

Bild 18.1.42
Sigma-Beam

18.1.4.5 Sigma-Beam

Von *JG1UNE* aus Japan kommt 1980 der *Sigma-Beam* [1.63].

Die Antennenform gleicht dem griechischen Buchstaben „Σ„ (Sigma), man kann die Antennenform aber auch mit einem Buchstaben „M“ vergleichen. **Bild 18.1.42** zeigt den *Sigma-Beam*.

Eine deutschsprachige Bauanleitung für das 10-m-Band wurde 1999 veröffentlicht [1.53]. Als Baumaterial wird als Träger ein Stahlpanzerrohr Pg 21 verwendet, zwei kleinere Rohre Pg 11 dienen als Querträger. Darin stecken Glasfiberstäbe. Die Antenne selbst besteht aus Kupferlitze. Die Abspannungen sind aus Perlonseil.

Als Bemessungsformel für die Schenkellänge gilt, ähnlich wie für V-förmige Dipole,

$$l/\text{m} = \frac{67{,}5}{f/\text{MHz}} \qquad (18.1.5)$$

18.1.4.6 Z-Beam

Von *9M2CP* aus Malaysia kommt der *Z-Beam* [1.65].

Die Antennenform gleicht dem Buchstaben „Z“, daher die Antennenbezeichnung. **Bild 18.1.43** zeigt den *Z-Beam*.

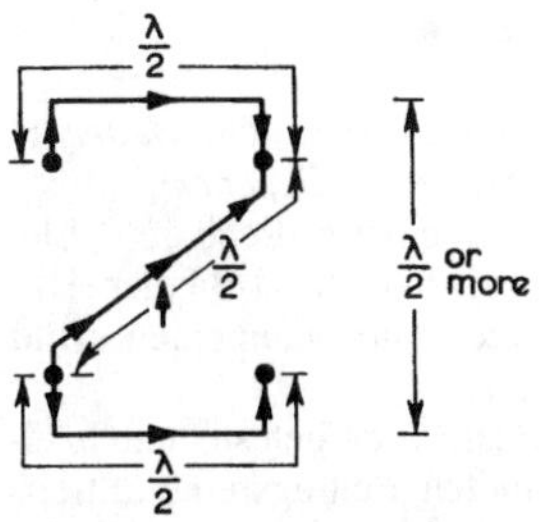

Bild 18.1.43
Z-Beam

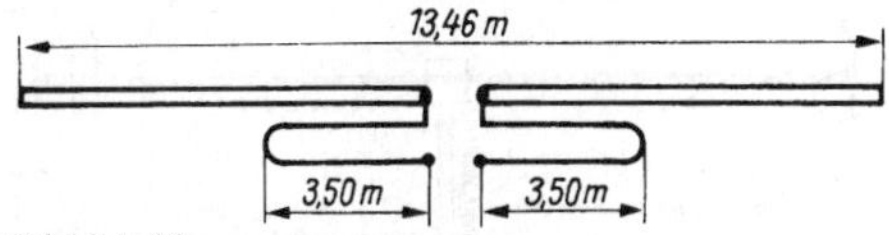

Bild 18.1.44
Längenverkürztes 40-m-Element mit Verlängerungsschleife

Die Entwicklung der Antenne beginnt mit zwei Halbwellendipole im Abstand von $\lambda/2$ die an den Enden zueinander abgewinkelt werden. Das rechte Ende des oberen Dipols wird schräg mit dem linken Ende des unteren Dipols mit einem Phasendipol verbunden. In der Mitte dieser schrägen Dipols wird die Antenne über eine Gammaanpassung eingespeist.

18.1.5 Minibeams

Eine interessante Variation der *Yagis* sind die *Minibeams*. Sie sind noch kleiner als die Miniatur-*Yagis*. Das sind meist 2- oder 3-Element Yagis, die kurze elektrisch verlängerte Elemente haben. Meistens kompensiert man die geometrische Antennenverkürzung durch Induktivitäten (Spulen oder Leitungsabschnitte), die an der Stelle eines *Strommaximums* oder in dessen Nähe eingesetzt werden.

Seltener verwendet man kapazitive Belastungen, die als Endkapazitäten in der Form von Blechscheiben oder anderen Strukturen großer Umgebungskapazität am Strahlerende im *Spannungsmaximum* angefügt werden.

Grundsätzlich lassen sich viele Antennen mechanisch stark verkürzen, wenn man gleichzeitig dafür sorgt, daß der durch die Verkürzung bedingte Verlust an Induktivität und Kapazität in anderer Weise so ersetzt wird, daß die ursprüngliche Antennenresonanz wieder eintritt.

Das Verkürzen der natürlichen Strahlerlänge verschlechtert immer die Antenneneigenschaften. Vor allem bewirkt eine Verkürzung der Antenne einen Gewinnabfall und ein Verringern des Frequenzbereiches bzw. der Bandbreite.

Die verringerte Strahlungsleistung bzw. verkleinerte Wirkfläche ist mit einem Absinken des Strahlungswiderstandes verbunden. Dadurch wird der Frequenzbereich eingeengt, und die Leiterverluste steigen an (große Ströme!). Bei Richtantennen mit parasitären Elementen ist der Strahlungswiderstand ohnehin meist klein, bei Verkürzung der Elemente kann er beispielsweise auf 5 Ω absinken.

Um diese zusätzlichen Leiterverluste so gering als möglich zu halten, müssen die Verlängerungsspulen von extrem hoher Güte sein. Wegen der im Strombauch fließenden, bei kleinem Strahlungswiderstand besonders hohen Ströme muß die Leiteroberfläche der Verlängerungsspulen möglichst groß und von sehr guter Leitfähigkeit sein (Skineffekt!).

Wenn ein guter Antennenwirkungsgrad eine untergeordnete Rolle spielt, aber Kleinheit der Richtantenne gefordert wird (z.B. bei Fuchsjagdantennen), können räumlich verkürzte Strahler Vorteile bringen.

Verlängerungsspulen im Strombauch können mit Vorteil durch lineare Verlängerungselemente ersetzt werden. Das gespeiste Element einer solchen Antenne ist in **Bild 18.1.44** dargestellt. Durch das Einfügen von haarnadelförmigen Verlängerungsschleifen – sie bestehen aus etwa 2 mm dikkem Kupferdraht – wird in diesem Fall erreicht, daß die Gesamtlänge eines Halbwellenelementes für das 40-m-Band statt etwa 20,50 m nur etwa 13,50 m beträgt. Das ist eine Verkürzung auf etwa 65% der Normallänge.

Die linearen Verlängerungsstücke verursachen vergleichsweise kleinere Verluste als die üblichen Verlängerungsspulen; auch das Absinken des Strahlungswiderstandes scheint geringer zu sein; denn es wird für einen auf diese Weise verkürzten 2-Element-Richtstrahler eine maximale Welligkeit $s < 2$ über die ganze Breite des 40-m-Bandes angegeben.

Strahlerverkürzende Endkapazitäten setzt man vorwiegend bei Vertikalstrahlern in Form einer Dachkapazität ein. An horizontalen Drehrichtstrahlern werden sie nur selten angebracht, weil sie die Strahlerenden beschweren und mechanisch zu stark belasten.

18.1.5.1 Minibeam

(*W. Monola* – US 3,089,140 – 1959)
Der klassische *Minibeam* kommt aus USA. Etwa um 1960 hat die Firma *Mini Products* den 2-Element *Minibeam* B-24 auf den Markt gebracht. Eine Kombination von Serienspulen und Endkapazitäten ermöglichte eine weitere Verkleinerung der Beam mit noch tragbaren Abstrichen.

DL1BU hat diesen Beam 1979 getestet und in einer Folge seiner bekannten Beitragsreihe „Streifzug durch den Antennenwald" beschrieben [1.66].

Der 2-Element *Minibeam* hat ein schwaches Vor-/Rückverhältnis. Durch Erweiterung mit einem als Kit erhältlichen Reflektor RK-3 zum 3-Element *Minibeam* RK-24 erhöht sich das Verhältnis um mehr als 10 dB und dadurch wurde der Minibeam

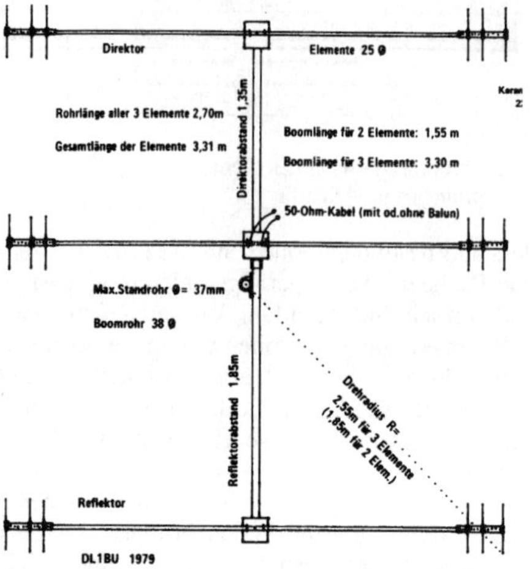

Bild 18.1.45
Minibeam

richtig attraktiv. **Bild 18.1.45** zeigt diesen Minibeam. Die Spulen sind aus 1-mm-Kupferlackdraht auf Keramikrohren gewickelt und besitzen dadurch eine hohe Güte. Für jedes Band ist eine eigene Spule mit zugehörigen Speichen als Kapazität vorhanden.

Die Bandbreite ist relativ gering. Entsprechend schnell ändern sich die Blindanteile. Der Drehradius der 3-Element Minibeam ist 2,55 m, die Boomlänge 3,30 m. Die etwas unhandlichen Igelköpfe des Minibeam führten auch zum Spitznamen „Stachelschwein". Etwa 1980 kam dann dieser *Minibeam* in England als *G4MH* Mini Beam, mit dem Zusatz: Designed & Manufactured in the UK, auf den Markt. Mitte der 90er Jahre hat dann die Firma *Altron* den Beam als „Spacesaver" AQ6-20 mit 2, 3 und 4 Elementen, mit dem Zusatz: British Designed and British Manufactured, angeboten.

18.1.5.2 Butterfly-Beam

Ebenfalls aus USA kommt 1985 die *Butterfly-Beam* der Fa. *Butternut* (jetzt Fa. *Bencher*).

Das ist eine stark verkleinerte drehbare 2-Element-Beam für 3 (HF-3B) bzw. für 4 Bänder (HF-4B) mit Abstimm- und Anpaßelementen. **Bild 18.1.46** zeigt die Antenne.

DL1BU hat diesen Beam 1986 getestet und in einer Folge seiner bekannten Beitragsreihe „Streifzug durch den Antennenwald" beschrieben [1.67].

Dieses Mehrbandabstimmprinzip bietet eine beachtliche Leistungsfähigkeit. Dem Problem der Schmalbandigkeit der verkürzten Antenne kommt man hier bei dieser Beam durch Verringerung der „Schlankheit" bei. Die Elemente werden dreieckförmig ausgebildet. Das gibt eine größere Bandbreite und noch eine zusätzliche Verkürzung.

Die beiden Elemente sind zunächst T-förmig aus Leichtmetallrohr aufgebaut. Von den Enden der T-Balkengehen verdrillte Kupferdrähte zum Fuß des jeweiligen T-Elements. Dadurch entstehen für den Strahler und den Reflektor jeweils zwei Dreiecke, die mit ihren Spitzen zueinander zeigen. Daraus resultiert auch der Name „Butterfly" (Schmetterlingsantenne).

Die Antenne besteht aus zwei völlig identischen Grundelementen für Strahler und reflektor. Erst die Abstimmelemente unterscheiden sich, und zwar in der Länge der Haarnadel-Induktivitäten und der Position dieser „Hairpins" sowie der Kondensatoren auf den Alurohren. Die Kapazität aller vier Kondensatoren ist gleich (70 pF). **Bild 18.1.47** zeigt etwas schematisiert das Strahlerelement (Erreger).

Die Eigenresonanz der Elemente liegt bei 25,5 MHz und ist für das 10-m-Band damit zu lang. Der linke Parallelkreis aus dem 70-pF-Kondensator und der kleinen ca. 0,6-µH-Spule hat eine Parallelresonanz zwischen dem 15- und 10-m-Band. Auf 28

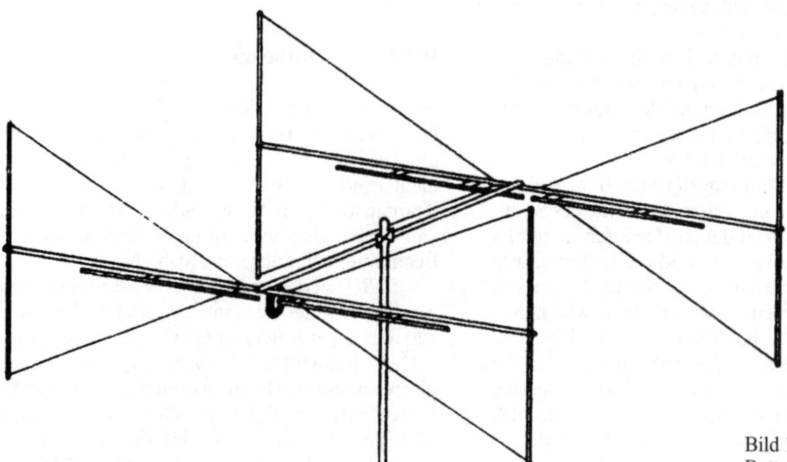

Bild 18.1.46
Butterfly-Beam

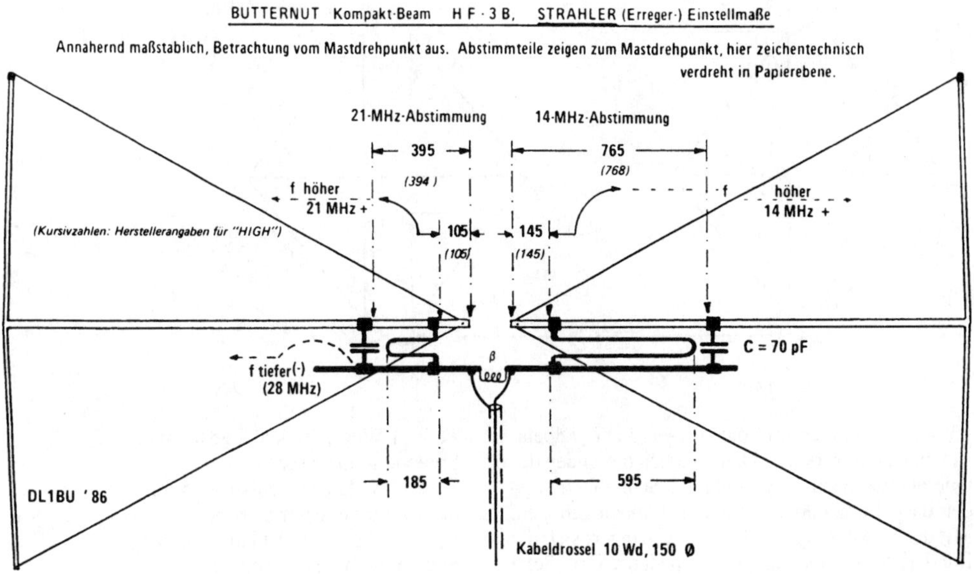

Bild 18.1.47
Butterfly-Beam (Strahler)

MHz wirkt der Parallelkreis kapazitiv und ergibt eine Resonanz im 10-m-Band. Auf 21 MHz wirkt der Parallelkreis induktiv und ergibt eine Resonanz im 15-m-Band. Der rechte Parallelkreis aus dem 70-pF-Kondensator und der großen ca. 1,3-µH-Spule hat eine Parallelresonanz zwischen dem 20- und 15-m-Band. Auf 21 MHz wirkt der Parallelkreis kapazitiv und ergibt eine Resonanz im 15-m-Band. Auf 14 MHz wirkt der Parallelkreis induktiv und ergibt eine Resonanz im 20-m-Band.

Am Einspeisepunkt ist zur besseren Anpassung noch eine Parallelspule angeschlossen, das ergibt eine Betaanpassung. Zur Mantelwellenunterdrückung ist eine Kabeldrossel als Sperrglied vorgesehen.

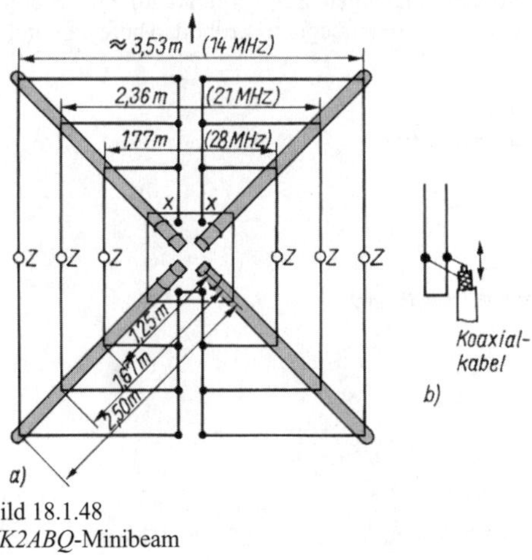

Bild 18.1.48
VK2ABQ-Minibeam

18.1.5.3 *VK2ABQ*-Minibeam

Die in **Bild 18.1.48a** dargestellte Miniaturausführung des Dreiband-Beam kommt mit einem Drehradius (Speichenlänge) von 2,50 m aus. Die zur Halbwellenresonanz fehlenden Drahtlängen befinden sich in den Paralleldrahtleitungen. Diese sollen mit einem Leiterabstand von nicht weniger als 50 mm hergestellt werden. Am Speisepunkt *X-X* kann ein 50-Ω-Koaxialkabel direkt angeschlossen werden, wobei sich eine noch tragbare Welligkeit ergibt. Eine günstigere Lösung für die Koaxialkabelspeisung ist in **Bild 18.1.48b** dargestellt; durch Verschieben der Anschlüsse ist hier eine bessere Anpassung an beliebige Wellenwiderstände des Koaxialkabels möglich. Die Speichenlänge beträgt 2,50 m bei 14 MHz, 1,67 m bei 21 MHz und 1,25 m bei 28 MHz. *VK2ABQ* gibt für diese Minibauform einen Gewinn von 3 dBd bei einer Rückdämpfung von 12 bis 15 dB an. Die Elemente für 21 und 28 MHz müssen durch entsprechendes Verschieben der Anschlußpunkte auf den Paralleldrähten abgeglichen werden.

18.1.5.4 *W1PLH*-Minibeam

W1PLH hat 1982 einen Minibeam vorgestellt, der wie eine Quad aussieht, in Wirklichkeit aber eine gefaltete und endbelastete *Yagi*antenne ist [1.68]. **Bild 18.1.49** zeigt die Antenne.

Die Entwicklung zum kompakten Dipolelement vollzieht sich wie folgt. Erst wird ein Halbwellen-

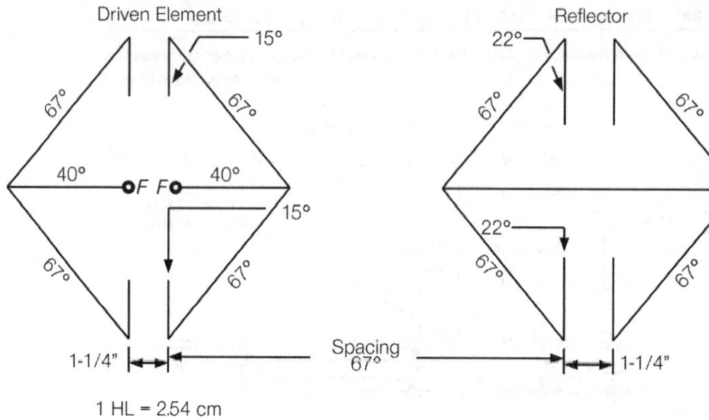

Bild 18.1.49
W1PLH-Minibeam

dipol an den Enden mit einem Querdraht endbelastet und damit verkürzt. Dann werden die Enden des Querdrahtes nach innen gefaltet. Schließlich werden diese Enden noch einmal nach innen gebogen. Mit der Verkürzung und Faltung verringert sich die Bandbreite und die Eingangsimpedanz. Eine Seite ist 1,60 m für eine Frequenz von 21,2 MHz, der Abstand zwischen Strahler und Reflektor ist auch so groß.. Die Eingangsimpedanz bei Resonanz ist etwa 15 Ω. Zur Anpassung wird über einen Balun 1:1 ein Viertelwellentransformator aus 2 x RG-58/U eingesetzt. Als Bandbreite für $s = 2$ wird 300 kHz und als Vor-/Rückverhältnis ca. 12 dB angegeben.

18.1.5.5 *VK2AOU*-Minibeam

Von *VK2AOU* wurde die Beschreibung eines verkürzten 3-Element-Beams für das 20-m-Band veröffentlicht, der für den Nachbau besonders geeignet ist, zumal sehr ausführliche Bemessungswerte angegeben werden (**Bild 18.1.50**).

L_D = 9 Wdg., Spulenlänge 65 mm,
Spulendurchmesser 60 mm
L_S = 11 Wdg., Spulenlänge 80 mm,
Spulendurchmesser 60 mm
L_R = 10 Wdg., Spulenlänge 75 mm,
Spulendurchmesser 60 mm
L_K = 3 Wdg., Spulenlänge 50 mm,
Spulendurchmesser 100 mm

Gegenüber einer normalen 3-Element-*Yagi* für das 20-m-Band wurde bei dieser Ausführung der Flächenbedarf auf annähernd die Hälfte gesenkt. Verglichen mit einem 2-Element-Beam üblicher Abmessungen, dürfte der *VK2AOU-Minibeam* etwa den gleichen Gewinn bei geringerem Frequenzbereich, jedoch größerer Rückdämpfung erreichen.

Die für die einzelnen Elemente genannten Resonanzfrequenzen werden mit dem Grid-Dip-Meter festgestellt und sind gültig, wenn sich der Richtstrahler in seiner Betriebshöhe befindet. Es ist natürlich sehr unbequem - wenn nicht sogar unmöglich -, die bereits auf hohem Mast montierte Antenne genau abzugleichen. *VK2AOU* hat deshalb den gesamten Abgleich vom Erdboden aus durchgeführt. Zu diesem Zweck wurde der gesamte Miniaturbeam mit seinem Schwerpunkt auf einer Stehleiter etwa 1,80 m über dem Erdboden befestigt und in

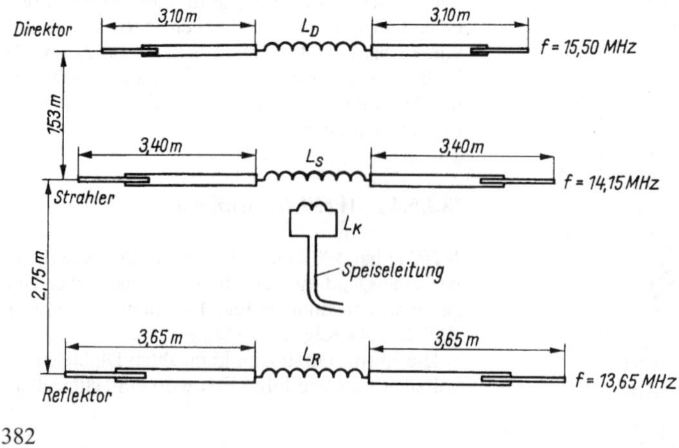

Bild 18.1.50
VK2AOU-Minibeam

dieser „Betriebshöhe" abgeglichen. Selbstverständlich muß bei einer solchen Methode der kapazitive Einfluß der nahen Erdoberfläche berücksichtigt werden. Bei gut leitendem Tonboden ergab sich eine Frequenzverschiebung von annähernd 300 kHz nach tieferen Frequenzen hin. Bei weniger gut leitenden Böden dürfte der Einfluß etwas geringer sein. Beim Nachbau dieses Richtstrahlers wird wohl immer die bequemere Möglichkeit des Abgleichens vom Erdboden aus bevorzugt werden. Die Elemente stimmt man mit dem Grid-Dip-Meter etwa auf folgende Resonanzfrequenzen ab:

Direktor	15,20 MHz,
Strahler	13,90 MHz,
Reflektor	13,40 MHz.

Es ist zu beachten, daß beim Abgleich eines Elementes jeweils die beiden anderen durch Überbrükken der Verlängerungsspulen verstimmt werden müssen, damit eine störende gegenseitige Beeinflussung vermieden wird.

Nach dieser Grobeinstellung folgt die eigentliche Feinabstimmung. Der Minibeam wird beim Abgleich vom Erdboden aus durch einen Sender mit der Strahler-Resonanzfrequenz erregt, demnach mit 13,90 MHz. Gleichzeitig bringt man einen einfachen Feldstärkeanzeiger in möglichst großer Entfernung vom Strahler in Antennenhöhe an. Durch geringfügiges Verändern der Elementlängen oder der Verlängerungsspulen von Reflektor und Direktor wird dann unter Beobachtung des Feldstärkeindikators auf beste Vorwärtsstrahlung und größte Rückdämpfung abgestimmt. Es sei noch erwähnt, daß die teleskopartig verschiebbare Ausführung der Elementenden nicht erforderlich ist, da sich durch entsprechendes Verändern der Verlängerungsspulen (Zusammendrücken oder Auseinanderziehen) der gleiche Abstimmeffekt erzielen läßt.

Die in **Bild 18.1.50** angegebenen Abmessungen sind praktisch erprobte Richtwerte. Die Rohrlängen können bei gleichzeitigem Verkleinern der Verlängerungsspulen vergrößert werden; dadurch steigt der Gewinn etwas an. Verkürzte Rohre bei vergrößerten Verlängerungsspulen verursachen einen Gewinnabfall und ein weiteres Verkleinern des Frequenzbereiches. Werden die einzelnen Rohrstücke kürzer als etwa 2,50 m, so fällt der erzielbare Gewinn sehr stark ab. Der Rohrdurchmesser kann 20 bis 40 mm betragen und wird ausschließlich von mechanischen Gesichtspunkten bestimmt. Die durch verschiedene Rohrdurchmesser auftretenden elektrischen Veränderungen sind sehr gering und werden beim Abgleich mit erfaßt.

Die Verlängerungsspulen müssen eine hohe Güte haben. Sie sind luftisoliert und werden aus Aluminiumdraht von mindestens 3 mm Durchmesser hergestellt. Versilberter Kupferdraht ist zwar elektrisch besser, doch sind die Verbindungsstellen zwischen einer Kupferdrahtspule und den Leichtmetallelementen für die Dauer kaum einwandfrei herzustellen. Bei Feuchtigkeitszutritt entsteht Korrosion durch Elementbildung; als Folge davon treten Kontaktschwierigkeiten auf. Die über der Verlängerungsspule des gespeisten Elementes befindliche Kopplungsspule L_k wird aus Kupferdraht hergestellt, da das angeschlossene Speisekabel ebenfalls Kupferleiter enthält.

Die *VK2AOU-Minibeam* speist man über eine induktive Ankopplung, die es bei entsprechend bemessener Kopplungsspule erlaubt, Speiseleitungen jeder Ausführung und jedes beliebigen Wellenwiderstandes anzupassen. Die Kopplungsspule mit dem angeschlossenen Speisekabel verursacht Rückwirkungen auf die Verlängerungsspule und verschiebt damit die Strahlerresonanz ein wenig. Ein geringfügiges Nachstimmen des gespeisten Elementes ist erforderlich. Die von *VK2AOU* ermittelten Werte für die Kopplungsspule L_k beziehen sich auf eine 70-Ω-Bandleitung oder ein 70-Ω-Koaxialkabel. Sie können unverändert auch für 60-Ω-Koaxialkabel zugrunde gelegt werden. Wird eine 240-Ω-Bandleitung benutzt, so muß man die Windungszahl vergrößern. Durch geringes Variieren der Kopplungsspulenabmessungen läßt sich eine Welligkeit s von besser als 1,3 erzielen. Die Blindkomponente, die durch die induktive Ankopplung eingebracht wird, kann durch einen eingefügten Drehkondensator in Serie mit der Ankoppelspule kompensiert werden. Die Welligkeit auf der Speiseleitung läßt sich damit noch etwas verringern.

Alle Elemente sind auf dem Tragegestell isoliert zu haltern. Passende Abstandsisolatoren, die mit entsprechenden Rohrschellen zur Befestigung der Elemente versehen werden, sind nur selten erhältlich. Eine gute Halterungsmöglichkeit bieten Abstandsböcke aus feuchtigkeitsunempfindlichen Kunststoffen *(Polyäthylen* usw.), die nach Art einer Lagerschale das Elementrohr aufnehmen. Die Bohrung der Lagerschale entspricht dem Rohrdurchmesser des zu haltenden Antennenrohres. Um die Elemente gut festklemmen zu können, werden sie an der Auflagefläche mit 2 oder mehr Lagen einer *Polyäthylen*-Folie oder ähnlichem Material umwickelt. Damit schafft man gleichzeitig einen ausgezeichneten zusätzlichen Isolator. Insgesamt sind für den 3-Element-Miniaturbeam 12 solcher Isolierböcke erforderlich.

18.1.5.6 Helix-Beam

Ein *Helix-Beam* ist ein Kurzbeam mit spiralförmigem Aufbau der Elemente.

Dabei ist der Draht in einer Wendel oder Spirale (helix) auf einem Fiberglasstab aufgewickelt. Der Wendelträger kann dabei eine Angelrute sein. Da ein Fiberglasstab sehr gute Isoliereigenschaften aufweist, werden die erforderlichen Drahtwendeln direkt aufgebracht.

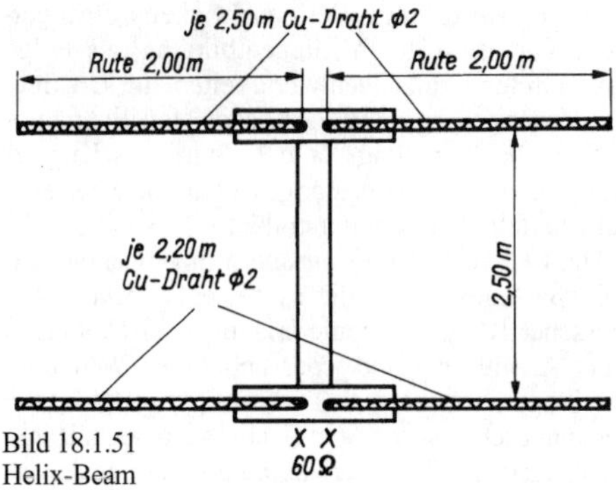

Bild 18.1.51
Helix-Beam

Für einen 2-Element-Beam für das 10-m-Band nach **Bild 18.1.51** verwendet man je Element 2 solcher Angelruten von je 2 m Länge. Um Resonanz bei etwa 29 MHz zu erreichen, wird jede Rute des gespeisten Elementes mit je 2,20 m eines 2 mm dicken Kupferdrahtes gleichmäßig bewickelt. Auf die beiden Schenkel des Reflektors werden je 2,50 m Draht in gleicher Weise aufgebracht. Diese beiden Drahtenden verbindet man in der geometrischen Mitte des Reflektorelementes miteinander.

Der Reflektorabstand muß 2,50 m aufweisen, dann beträgt am Antenneneingang *XX* die Impedanz etwa 60 Ω. Dort kann das System über ein 60-Ω-Koaxialkabel direkt gespeist werden. Der Abgleich wird - wie bereits beschrieben - mit Hilfe eines Grid-Dip-Meters durchgeführt. Soll die Frequenz niedriger werden, schiebt man die Wendel in der Nähe des Strombauches (Elementmitte) etwas zusammen (kleinerer Windungsabstand), im umgekehrten Fall zieht man dort die Windungen etwas auseinander. Die beste Reflektorwirkung wird am einfachsten bei strahlender Antenne eingestellt, indem man die Spulenwindungen am Strombauch so verschiebt, daß sich am Feldstärkeindikator die größte Vorwärtsverstärkung oder die beste Rückdämpfung feststellen läßt.

Da die Elemente etwa 4/5 der vollen Länge haben, kommen die Antenneneigenschaften denen eines 2-Element-Richtstrahlers voller Länge sehr nahe. Allerdings muß wegen des relativ dünnen Antennenleiters mit größeren Leiterverlusten und einem verringerten Frequenzbereich gerechnet werden.

Ähnliche Beams dieser Art werden u.a. in [1.60] und [1.70] beschrieben.

18.1.5.7 *W8YIN*-Minibeam

Bei diesem 2-Element-Beam für das 20-m-Band werden die Antennenelemente in Form von Wendeln aufgewickelt. Jedes Element hat deshalb nur noch eine Längsausdehnung von 2,55 m.

Bild 18.1.52 enthält die von *W8YIN* angegebenen Abmessungen, während **Bild 18.1.53** eine praktische Ausführung zeigt.

Die Wendeln werden über eine dünne Haltestange gewickelt und von dieser durch Stützen aus Isoliermaterial distanziert. Um die zusätzlichen Leiterverluste möglichst gering zu halten, sollte man für die Herstellung der Wendeln starke Drähte verwenden; aus Gründen der Gewichtsersparnis wird man Aluminium bevorzugen. Seine Leitfähigkeit ist nicht wesentlich schlechter als die von Kupfer. Es werden Drähte von mindestens 4 mm, besser 6 mm Durchmesser oder möglichst breite Leichtmetallbänder empfohlen. Der Elementabstand beträgt 0,1λ, d.h. etwa 2,05 m. Das Parasitärelement wirkt als Direktor; das muß

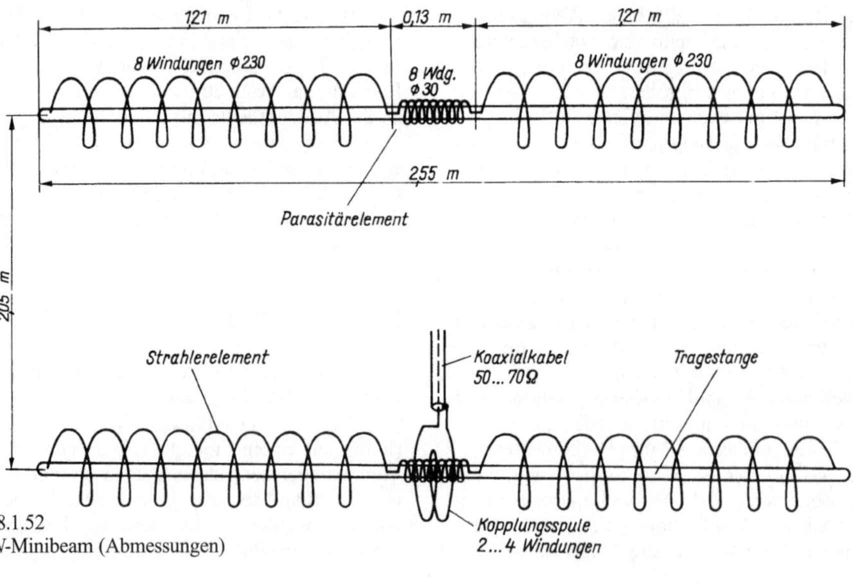

Bild 18.1.52
W8YIN-Minibeam (Abmessungen)

Bild 18.1.53
W8YIN-Minibeam (Ansicht)

man bei der Abstimmung des Systems berücksichtigen. Für Strahler und Parasitärelemente werden von *W8YIN* gleiche Abmessungen angegeben. Durch kleine Veränderungen der Spulen am Parasitärelement wird auf die erwünschte Direktorwirkung abgestimmt. Das koaxiale Speisekabel koppelt man induktiv durch eine entsprechende Spule an.

Zum Vorabgleich des Systems ist ein Grid-Dip-Meter unerläßlich. Wenn beispielsweise das gespeiste Element bei 14,10 MHz Resonanz zeigt, muß man den Direktor auf eine Resonanzfrequenz von etwa 14,50 MHz einstellen.

Bei solchen starken Verkürzungen der Elemente kann von einem Gewinn gegenüber einem Halbwellendipol voller Länge nicht mehr gesprochen werden. Es ist eine Notlösung, die aber im praktischen Funkbetrieb wegen ihrer guten Rückdämpfung einem einfachen Dipol überlegen ist.

Entsprechend den vorhandenen Möglichkeiten lassen sich die Wendeln mehr oder weniger weit auseinanderziehen, so daß sich eine größere Länge der Elementzweige ergibt. Dadurch werden die Antenneneigenschaften entsprechend verbessert.

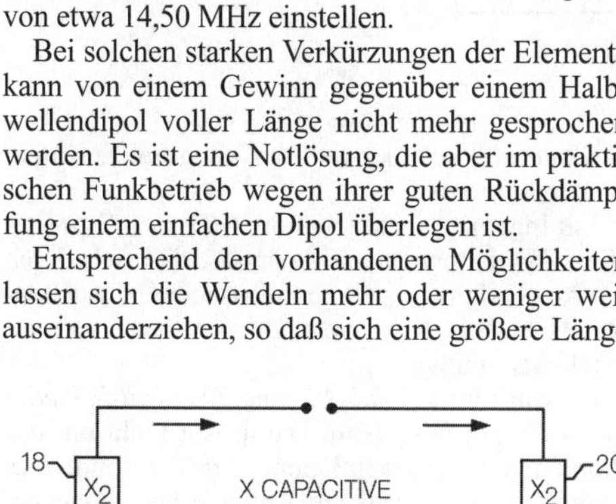

Bild 18.1.54
K6FZ-Minibeam (Prinzip)

18.1.5.8 *K6FZ*-Minibeam

(*R.L. Rod* – US 4,184,164 – 1977)
Der *K6FZ*-Minibeam schaut aus wie eine Miniquad ist aber ein zweifach abgewinkelter Dipol mit Phasengliedern. Die Antenne wird im Patent als „open square loop" bezeichnet. **Bild 18.1.54** zeigt das Prinzip.

Die Antenne ist quadratisch, der Umfang der Antenne ist $\lambda/2$ für 20 m, die Seitenlänge D ist $\lambda/8$ = 2,44 m (8 ft). Durch die Anordnung von je 2 kapazitiven Reaktanzen (Kondensatoren) in den Seiten, anstelle von nur einer induktiven Reaktanz (Spule), ergeben sich Phasenverschiebungen von 22,5° (induktiv) auf der Eingangsseite und 67,5° (kapazitiv) auf der gegenüberliegenden Seite. Dadurch wird das Vor-/Rückverhältnis erhöht. Nach *K6FZ* auf rund 15 dB. Der Gewinn wird mit 1 dBd angegeben. Die Kondensatoren für 14 MHz sollen 120 pF sein. Der Aufbau ist mit Fiberglas. Der Drehradius ist lediglich 1,8 m. Die 20-m-Antenne wiegt nur 4,55 kg (10 lbs).

Der *K6FZ-Minibeam*, eine Tri-Bander-Antenne, ist in den 80er Jahren von *Henry Radio* in Kalifornien vertrieben worden. Als Daten waren angegeben: V/R-Verhältnis 15 dB, Gewinn 1 dBd. Leistung 1 kW. Die Resonanzfrequenz auf 20 m konnte mit einem Knopf frei eingestellt werden, auf 15 m und 10 m konnte zwischen CW und Phone gewählt werden. Bestes VSWR auf 20 m war 1:1.

18.2 Cubical Quad

(*C.C. Moore* – US 2,537,191 – 1947)
Aus der *Quadrat-Schleife* entstand die *Cubical-Quad*. Die Antenne wird meist parasitär betrieben, also mit strahlungsgekoppelten Elementen. Die

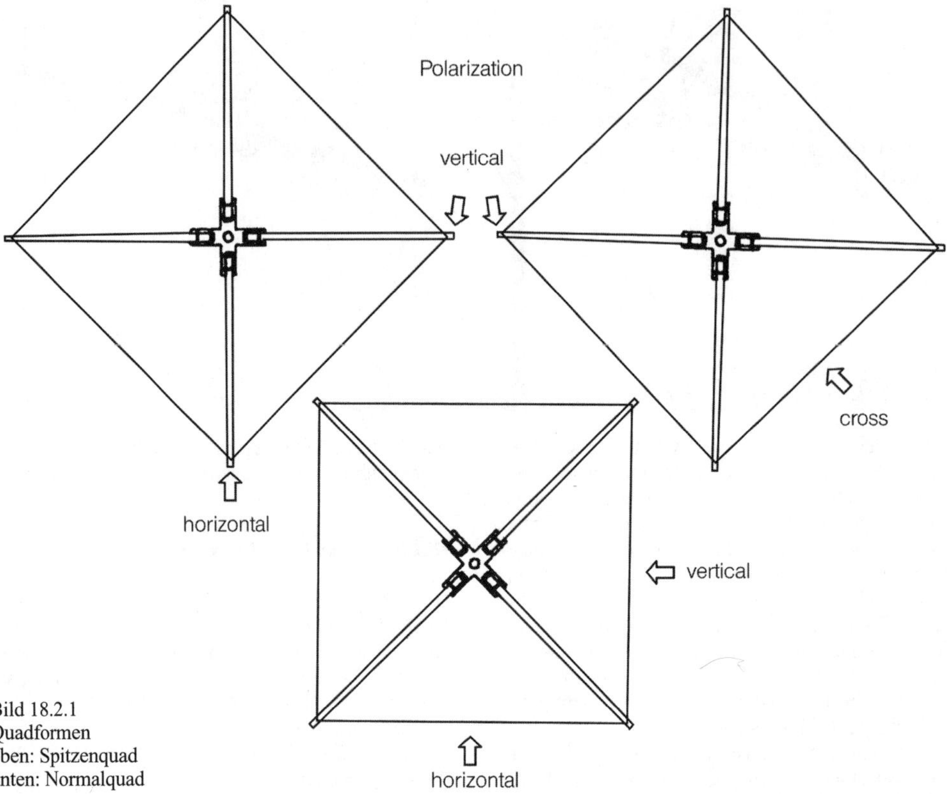

Bild 18.2.1
Quadformen
oben: Spitzenquad
unten: Normalquad

häufigste Anwendung sind 2-Element Anordnungen mit Strahler und Reflektor. Es gibt aber auch Varianten mit direkt gespeistem Reflektor (Swiss-Quad, German-Quad).

Weitere Patente über Quadantennen sind [2.1]–[2.3]. Bücher über Quad-Antennen sind [2.4]–[2.9].

18.2.1 Geschichte der Cubical-Quad

Im Jahre 1938 wurde bei Quito in Ecuador die Rundfunkstation *HCJB* neu aufgebaut. Als Antenne wurde zunächst mit gutem Erfolg ein 4-Element-Richtstrahler verwendet. Jedoch bereits nach einigen Tagen war diese Antenne unbrauchbar geworden. Am etwa 3000 m hohen Standort in den Anden war die Atmosphäre zeitweise so stark ionisiert, daß sich an den Elementenden starke Koronaentladungen ausbildeten, die schließlich eine Lichtbogenbildung verursachten. Dabei war die Hitzeentwicklung so groß, daß die dicken Aluminiumrohre an ihren Enden abschmolzen, wobei das flüssige Leichtmetall in großen Tropfen zur Erde fiel und die Antenne zerstört wurde. Zunächst behalf man sich mit Kupferhohlkugeln von etwa 15 cm Durchmesser, die an den Elementenden befestigt wurden. Sie bewirkten, daß Koronaentladungen nun viel seltener und nur noch bei feuchtem Wetter auftraten.

Ein Ingenieur dieser Station, *Clarence C. Moore (W9LZX),* kam zu der Erkenntnis, daß sich durch die Anwendung in sich geschlossener Ganzwellen-Drahtschleifen Koronaentladungen ganz vermeiden lassen müßten.

Es wurde eine *Quad-Antenne (Quadrat-Schleife)* mit Reflektor aufgebaut. Damit war nicht nur das Problem der Koronaentladungen gelöst, sondern es zeigte sich auch, daß die Antenne bei einfachem und raumsparendem Aufbau ausgezeichnete Strahlungseigenschaften hatte. Auf diese Weise entstand im Jahre 1942 in Quito die erste *Quad* [2.4].

Quad-Antennen wurden danach von einigen Rundfunksendern in Mittelamerika verwendet und sind zum Teil auch heute noch im Einsatz.

Moore baute für seine Amateurfunkstation, mit dem Rufzeichen *HC1JB*, auch eine *Quad* für das 20-m-Band. Dadurch fand diese Antennenform bei den Funkamateuren bald Beachtung.

Nach seiner Rückkehr in die USA meldete er 1947 die „*Quad*"-Antenne zum Patent an und erhielt 1951 das Patent dafür.

Im Gegensatz zur heute üblichen Antennenform, einer Schleife von 1λ Umfang mit 4 x λ/4 Seiten, war die patentierte Antenne eine Doppelschleife

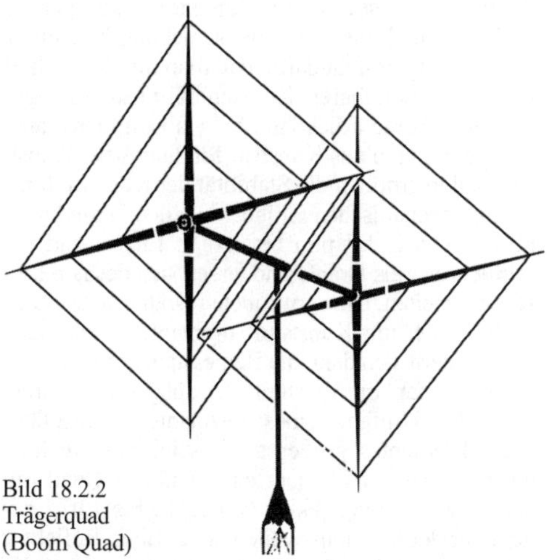

Bild 18.2.2
Trägerquad
(Boom Quad)

mit 2λ Umfang mit 8 x λ/4 Seiten mit gleicher Stromverteilung auf beiden Schleifen. Im Patent sind neben der Quadrat-Version noch eine Rechteck-Version, eine Kreis-Version, eine Rundstrahl-Version (mit gekreuzten Quad-Elementen) und eine Richtstrahl-Version (mit einem parasitären Reflektor) angegeben [2.10].

Mit dem Reflektor hatte die *Quad-Antenne* das Aussehen eines Würfels. Davon kam dann auch die Bezeichnung *Cubical Quad* (Würfelförmige Quad).

Heute ist die *Cubical Quad* als Richtantenne (Beam) zu einer der beliebtesten Bauformen der Kurzwellenamateure geworden, und nicht zu Unrecht bezeichnet man sie oft als die „Königin der DX-Antennen".

18.2.2 Bauformen der Cubical-Quad

Man kann die Cubical-Quad Antennen unterscheiden nach der Form und nach dem Aufbau.

Form:
- Normalquad (Box Quad)
- Spitzenquad (Diamond Quad)

Bild 18.2.1 zeigt die beiden Formen.

Normalquad (unten):
Wenn die Normalquad an der unteren Seite eingespeist wird erhält man Horizontalpolarisation. Bei Einspeisung an den Seiten ergibt sich Vertikalpolarisation. Der Stromverlauf in den Quadelementen ist in **Bild 15.3.2** zu sehen.

Spitzenquad (obere Reihe):
Wenn die Spitzenquad an der unteren Spitze eingespeist wird ergibt sich horizontale Polarisation. Wenn an den Spitzen links oder rechts eingespeist wird ergibt sich vertikale Polarisation. Bei Einspeisung auf einer Seite ergibt sich eine Kreuzpolarisation.

Aufbauformen
- Trägerquad (Boom Quad, Konzentrische Quad)
- Spinnenquad (Boomless Quad, Spider Quad)

Trägerquad
Bild 18.2.2 zeigt die Trägerquad

Die im Aufbau bevorzugte Variante ist die Trägerquad. Dabei sind auf einem Träger (Boom) in parallelen Ebenen die Quadelemente angebracht. Bei dieser Konstruktion sind dann die Mehrbandelemente konzentrisch in der Quadebene angeordnet. Die Quadstreben bestehen aus Glasfiberstäben oder Rohren, früher Bambus oder Holz, seltener aus Duralrohren. Die Halterung am Boom kann mit Kreuzschellen auf einer Mittelplatte oder mit eigens dafür entwickelten Kreuzstücken (X-Mounts) durchgeführt werden. Für die X-Mounts und die Masthalterung, d.h. die Verbindung von Boom mit dem Standrohr (Mastrohr), werden oft Alugußteile verwendet.

Einige frühe Bauanleitungen für Trägerquads waren [2.11] und [2.12]. Bekannte Trägerquads waren: Hy-Quad, Münchner Quad.

US Hersteller von Trägerquad-Antennen: *Avanti, Cubex, Gotham, Hy-Gain, Skylane.* Deutsche Hersteller: *Van der Ley* (Bausätze), *Titanex.*

Spinnenquad
Bild 18.2.3 zeigt die Spinnenquad.

Dabei hat die Quad keinen horizontalen Träger (Boom), sondern in der Mitte befindet sich eine s.g. Spinne, eine Metallkonstruktion, geschweißt oder

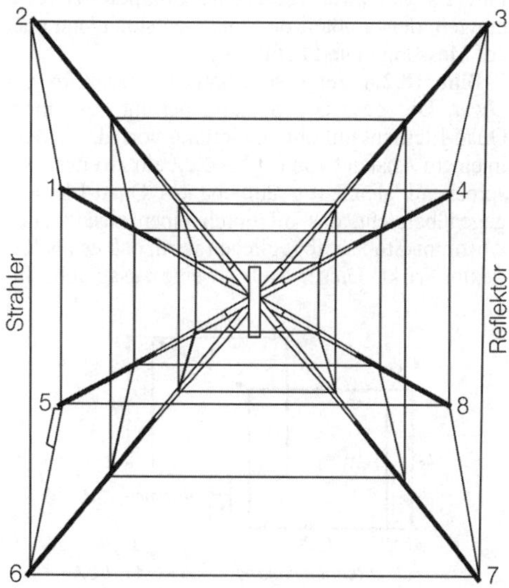

Bild 18.2.3
Spinnenquad (Spider Quad)

gegossen, die die 8 Stück Glasfiberstäbe oder Rohre aufnimmt. Der Vorteil der Spinnenquad ist die elektrisch optimale Anordnung (Abstand) der Quadelemente. Der Nachteil der Spinnenquad aber ist das größere Gewicht und die größere Windlast, so daß sie wesentlich anfälliger ist für Beschädigungen als die Trägerquad.

Einige frühe Bauanleitungen für Spinnenquads waren [2.13] und [2.14]. Bekannte Spinnenquads waren: Gem-Quad, Hurricane-Quad. Deutscher Hersteller von Spinnenquads: *Van der Ley* (Bausätze).

Die Antennenleiter kann man ohne Isolation an den Tragearmen (Streben) befestigen. Die Antennenleiter können aus Draht (Kupfer oder Alu) oder Litze (Kupferlitze) sein.

Generelle Veröffentlichungen über Quadantennen sind [2.15]–[2.16].

18.2.3 Dimensionierung der Cubical-Quad

Maßangaben über Strahler-, Direktor- und Reflektorlängen sind in den Veröffentlichungen sehr unterschiedlich. Das Material, die Abstände der Elemente, die Art der Einspeisung und die Anzahl der Bänder beeinflußt die Drahtlängen der Elemente. Man muß sagen, daß die Abmessungen von Mehrband-Quadantennen Richtwerte sind und daß mehr oder weniger große Abweichungen möglich sind.

Bei Antennen mit parasitär erregten Elementen fallen größter Gewinn und größte Rückwärtsdämpfung nicht zusammen. Während es bei *Yagi*-Antennen Computerprogramme zur Optimierung gibt, ist das bei Quadantennen noch nicht der Fall. Es gibt zwar vereinzelte Computer-Berechnungen, der Großteil der Angaben stützt sich aber auf Messungen und Erfahrungen.

Bild 18.2.4 zeigt schematisch eine *Cubical-Quad.* Die gespeiste Schleife besteht aus einem Quad-Element mit einem Umfang von rd. 1λ, dem in einem Abstand von 0,1 bis 0,2λ ein zweites, entsprechend gleichartig aufgebautes Quad-Element gegenübersteht, das oft durch einen zusätzlichen Abstimm-Stub so abgeglichen wird, daß es als Reflektor wirkt. Dieser Stub ist eine zusätzliche Induktivität und soll die für Reflektorwirkung erforderliche induktive Phasenverschiebung herstellen. Sein Vorzug besteht darin, daß man mit der in ihrer Länge veränderbaren Kurzschlußbrücke sehr genau auf größte Rückdämpfung abstimmen kann. Verspannungen aus Kunststoffdrähten bzw. Kunststoffseilen erhöhen die Stabilität der Konstruktion.

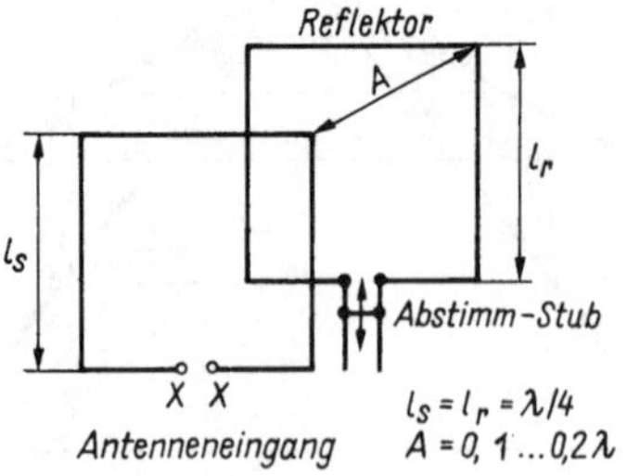

Bild 18.2.4
Cubical-Quad (schematisch)

Aus mechanischen Gründen werden Drahtdurchmesser von ≥ 1,5 mm bevorzugt. Litzen sind geschmeidiger als Drähte und lassen sich deshalb besser verarbeiten. Die verwendeten Drähte oder Litzen dürfen auch mit Kunststoff ummantelt sein. Nach [2.8] ändern sich dann die Bemessungsformeln.

Wie schon in Abschnitt 15 ausgeführt wurde, muß der Umfang eines resonanten Ganzellen-Quad-Elementes größer als λ sein. Man rechnet beim gespeisten Element einer Cubical Quad mit einem Verkürzungsfaktor von 1,010 bis 1,015 gegenüber der Resonanzwellenlänge. Beim Reflektor hat man einen Verkürzungsfaktor von 1,05 bis 1,07.

2-Element Quad

Berechnungsformeln und weitere Angaben nach [2.5].

Reflektorelement

Gesamtumfang $$U/\mathrm{m} = \frac{316{,}3}{f/\mathrm{MHz}} \qquad (18.2.1)$$

Seitenlänge $$l/\mathrm{m} \approx \frac{79{,}1}{f/\mathrm{MHz}} \qquad (18.2.2)$$

Gespeistes Element

Gesamtumfang $$U/\mathrm{m} = \frac{303{,}3}{f/\mathrm{MHz}} \qquad (18.2.3)$$

Seitenlänge $$l/\mathrm{m} \approx \frac{75{,}8}{f/\mathrm{MHz}} \qquad (18.2.4)$$

Abstand $$A/\mathrm{m} = \frac{44{,}4}{f/\mathrm{MHz}} \qquad (18.2.5)$$

Der maximale Gewinn (Freiraum) einer 2-Element Quad wird mit etwa 7,3 dBi (5,1 dBd) bei einem Elementabstand von 0,125λ (= λ/8) angegeben.

Der Strahlungswiderstand (Freiraum) einer 2-Element Quad variiert zwischen 60 und 110 Ω bei einer Variation des Elementabstandes für maximalen Gewinn von 0,1 bis 0,2λ. Real variiert die Eingangsimpedanz aber mit der Höhe über Grund etwa sinusförmig um den Freiraumwert.

Der Abstrahlwinkel ändert sich auch mit der Höhe über Grund. von rd. 40° bei $\lambda/4$ bis rd. 15° bei 7/8λ. Ab 5/8λ bilden sich in Vorwärtsrichtung Nebenkeulen aus.

Berechnungsformeln und weitere Angaben nach [2.8].

Kupferdraht:

Reflektorelement

Gesamtumfang $$U/\text{m} = \frac{309{,}7}{f/\text{MHz}} \qquad (18.2.6)$$

Gespeistes Element

Gesamtumfang $$U/\text{m} = \frac{303{,}7}{f/\text{MHz}} \qquad (18.2.7)$$

Alu- und Teflonüberzogene Drähte:

Reflektorelement

Gesamtumfang $$U/\text{m} = \frac{307{,}8}{f/\text{MHz}} \qquad (18.2.8)$$

Gespeistes Element

Gesamtumfang $$U/\text{m} = \frac{301{,}8}{f/\text{MHz}} \qquad (18.2.9)$$

Freiraumgewinn ohne Verluste:
2-El.-Quad 0,2λ Boom 6,0 dBd

Die Speisung erfolgt bei Monobandbetrieb entweder mit einem Koaxialkabel über eine Gamma-Anpassung (Gammamatch), oder über einen Viertelwellentransformator (75 Ω), oder über eine symmetrische Zweidrahtleitung. **Bild 18.2.5** zeigt die Speisung über eine Gamma-Anpassung.

In [2.17] wird eine Gamma-Anpassung für Quad-Elemente beschrieben, die den Kondensator *C* in sinnvoller Konstruktion durch ein Koaxialkabelstück ersetzt, welches gleichzeitig Anpassungsglied und Serienkondensator darstellt.

Bei Mehrbandbetrieb (3 Bänder) mit einem Koaxialkabel über eine dreifache Gamma-Anpassung (Tri-Gammamatch) oder über eine symmetrische Zweidrahtleitung.

3- bis n-Element-Quad

Berechnungsformeln nach [2.5].

Reflektorelement

Gesamtumfang $$U/\text{m} = \frac{313{,}9}{f/\text{MHz}} \qquad (18.2.10)$$

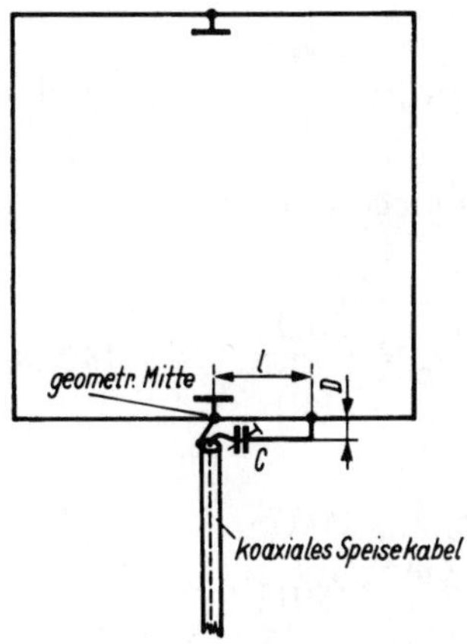

Bild 18.2.5
Gespeistes Quad-Element mit Gamma-Anpassung

Gespeistes Element

Gesamtumfang $$U/\text{m} = \frac{306{,}3}{f/\text{MHz}} \qquad (18.2.11)$$

Direktorelemente

Gesamtumfang $$U/\text{m} = \frac{297{,}2}{f/\text{MHz}} \qquad (18.2.12)$$

Berechnungsformeln nach [2.8].

Kupferdraht:

Reflektorelement

Gesamtumfang $$U/\text{m} = \frac{309{,}7}{f/\text{MHz}} \qquad (18.2.13)$$

Gespeistes Element

Gesamtumfang $$U/\text{m} = \frac{303{,}7}{f/\text{MHz}} \qquad (18.2.14)$$

Direktorelement 1

Gesamtumfang $$U/\text{m} = \frac{301{,}2}{f/\text{MHz}} \qquad (18.2.15)$$

Direktorelemente 2, 3

Gesamtumfang $$U/\text{m} = \frac{300{,}2}{f/\text{MHz}} \qquad (18.2.16)$$

Direktorelemente 4, 5

Gesamtumfang $$\frac{U}{m} = \frac{299{,}9}{f/\text{MHz}} \quad (18.2.17)$$

Alu- und Teflonüberzogene Drähte:

Reflektorelement

Gesamtumfang $$\frac{U}{m} = \frac{306{,}8}{f/\text{MHz}} \quad (18.2.18)$$

Gespeistes Element

Gesamtumfang $$\frac{U}{m} = \frac{300{,}7}{f/\text{MHz}} \quad (18.2.19)$$

Direktorelement 1

Gesamtumfang $$\frac{U}{m} = \frac{298{,}9}{f/\text{MHz}} \quad (18.2.20)$$

Direktorelemente 2, 3

Gesamtumfang $$\frac{U}{m} = \frac{298{,}3}{f/\text{MHz}} \quad (18.2.21)$$

Direktorelemente 4, 5

Gesamtumfang $$\frac{U}{m} = \frac{297{,}7}{f/\text{MHz}} \quad (18.2.22)$$

Freiraumgewinne ohne Verluste:

3-El.-Quad	0,42λ	Boom	8,2 dBd
4-El.-Quad	0,75λ	Boom	9,8 dBd
5-El.-Quad	1,125λ	Boom	10,8 dBd
6-El.-Quad	1,6λ	Boom	11,7 dBd
7-El.-Quad	2,0λ	Boom	12,0 dBd

Vergleich Quad-Yagi

Über den Unterschied zwischen Quad und *Yagi* gibt es einige Veröffentlichungen mit teilweise widersprüchlichen Aussagen darin [2.18]–[2.26].

Im Vergleich mit *Yagi*-Antennen sind folgende Fakten erwähnenswert:

Eine 2-Element Cubical-Quad hat einen etwa 1 dB höheren Gewinn und ein etwa 6 dB größeres Vor-/Rückverhältnis als eine 2-Element *Yagi* und einen etwa 1 dB niedrigeren Gewinn als eine 3-Element-*Yagi*, aber einen etwa 1 dB höheren Gewinn als eine 3-Element-Trap-*Yagi*.

Verglichen mit der 3-Element-*Yagi* ist der Frequenzbereich der Cubical-Quad etwas größer, gleichzeitig ist eine gute Rückdämpfung über einen breiteren Frequenzbereich vorhanden.

Für gleiche Boomlänge hat die Quad etwa 1 dB mehr Gewinn als die *Yagi*. Im Freiraum und bei großen Höhen sind die Erhebungswinkel von Quad und *Yagi* gleich.

Die Quad ist – als geschlossene Antenne – etwas ruhiger als die *Yagi* und die Quad ist etwas umgebungsunempfindlicher als die *Yagi*.

Quad-Abstimmung

Nach [2.8] wird folgende Abstimmprozedur empfohlen:

2-Element-Quads:

Reflektorabstimmung entweder auf bestes V/R-Verhältnis oder auf besten Gewinn. Beides kann man nicht gleichzeitig haben!

3- bis n-Element-Quads:

Reflektor- und Direktorabstimmung entweder auf bestes V/R-Verhältnis oder auf besten Gewinn. Beides kann man nicht gleichzeitig haben!

Wenn die letzten Direktoren zum Strahler (gespeistes Element) hin verschoben werden, erhöht sich das V/R-Verhältnis!

Wenn die äußersten Direktoren vom Strahler (gespeistes Element) weg verschoben werden erhöht sich der Gewinn!

18.2.4 Monoband-Cubical-Quads

18.2.4.1 Bird-Cage

Die *Bird-Cage* (*Vogelkäfig-Antenne*) wurde 1958 von *D. Bird G4ZU* entwickelt und im selben Jahr auch zum Patent angemeldet (Patentnr. leider nicht bekannt) [2.27].

Die *Bird-Cage* unterscheidet sich von der Cubical Quad dadurch, daß die Elemente um 90° abgewinkelt sind (**Bild 18.2.6**). Ein solches Quad-Element, das auf der Speiseseite und der ihr gegenüberliegenden Seite rechtwinklig abgeknickt ist zeigt **Bild 18.2.6a**. Bei solchen kurzen V-Elementen bleibt die Doppelkreischarakteristik eines gestreckten Dipols erhalten; es läßt sich auch ein leichter Gewinnanstieg aus Richtung Winkelöffnung feststellen. Auch in diesem Fall wird bei horizontaler Polarisation in der Mitte einer waagrechten Seite eingespeist, wobei es gleichgültig ist, ob die Speiseleitung an der unteren oder an der oberen Ebene angeschlossen wird.

Das in gleicher Weise abgewinkelte Reflektorelement ordnet man so an, daß sich die Winkelspitzen des Strahlers und die des Reflektors mit etwa 25 mm Abstand gegenüberstehen (**Bild 15.15b**).

Antennengewinn und Richtcharakteristik entsprechen bei diesem System fast denen der Cubical Quad. Von *G4ZU* wurden sogar 0,5 dB mehr Gewinn gegenüber einer Quad und eine etwas größere Rückdämpfung festgestellt. Der Eingangswiderstand beträgt etwa 60 Ω.

Es ist ein besonderer Vorzug der *Bird-Cage*, daß die ganze Antenne an einem Tragerohr befestigt

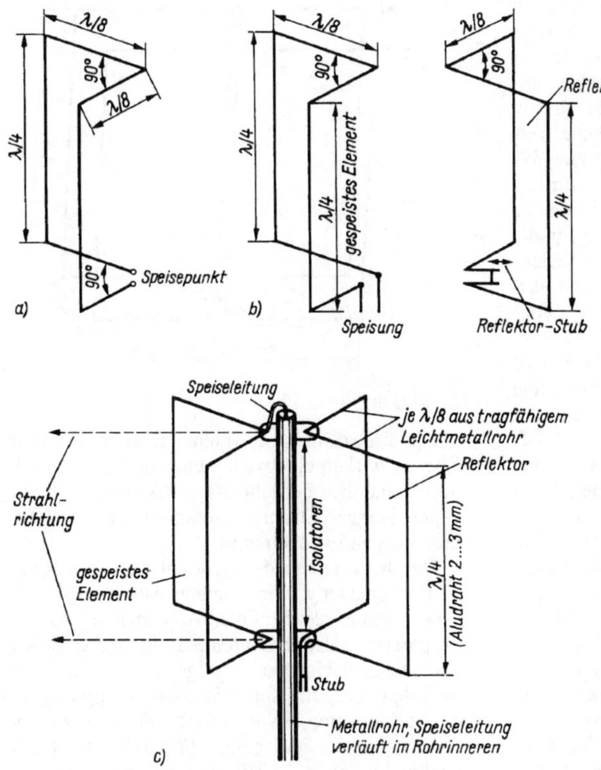

Bild 18.2.6
Bird-Cage
a) - abgewinkeltes Quad-Element
b) - Schema der Antenne
c) - Aufbauvorschlag

werden kann, wobei die waagrechten Elementanteile die Funktion der Tragearme mit übernehmen. Das ganze System ist sehr kompakt und hat nur geringen Windwiderstand. Eine *Bird-Cage* für 10 m hat nur 1,30 m Radius um den Mittelmast. Dieser Halbmesser steigt bei 15 m auf etwa 1,95 m und bei 20 m auf etwa 2,60 m an. Nur für die waagrechten $\lambda/8$-Stücke werden Leichtmetallrohre benötigt; die 4 senkrechten $\lambda/4$-Leitungen können aus Draht beliebigen Durchmessers bestehen. Es ist zweckmäßig, wenn die Elementenrohre und die $\lambda/4$-Drähte aus dem gleichen Metall hergestellt werden, da andernfalls an den Verbindungsteller elektrolytische Zersetzungsvorgänge (Kontaktkorrosion) auftreten können. **Bild 18.2.6c** zeigt einen Aufbauvorschlag für eine *Bird-Cage*. Das Strahlerelement wird in diesem Fall von oben gespeist, weil dann die Speiseleitung leicht im Rohrinnern des Tragemastes nach unten geführt werden kann.

Die Isolation der Winkelspitzen vom Tragemast braucht nicht sehr hochwertig zu sein, da sich dort ein Spannungsminimum befindet. Es genügen z.B. passende Holzformteile, die in Paraffin ausgekocht werden oder Kunststoffteile. Allerdings wirken beim gezeigten Aufbau starke mechanische Kräfte auf die Isolierstücke, und es dürfte erforderlich sein, diese Kräfte durch geeignete Verspannungen teilweise abzufangen. Zu diesem Zweck kann man den Trage-

Tabelle 18.5
Bemessungsunterlagen für die Bird-Cage-Antenne nach Bild 18.2.6

Amateurband in m f_{res} in MHz	20 14,10	17 18,10	15 21,10	12 24,94	10 28,5
Seitenlängen gespeistes Element in m	5,90	4,60	3,95	3,33	2,92
Reflektorelement in m	5,90	4,60	3,95	3,33	2,92
Gesamtumfang je Element in m	23,60	18,40	15,80	13,32	11,68
Länge des Reflektorstubs in m	1,50	1,30	1,00	0,85	0,70

mast entsprechend verlängern und sich dadurch einen Spannturm schaffen, von dem die oberen waagrechten Elementenarme abgespannt werden.

Die von *DK4NA* im praktischen Versuch ermittelten Resonanzlängen für eine Bird-Cage sind in **Tabelle 18.5** aufgeführt. Dabei ergibt sich eine Verlängerung der Elemente, die auch bei der nachfolgend beschriebenen Swiss-Quad-Antenne auftritt.

Im vorliegenden Fall ist die Reflektorlänge gleich der des gespeisten Elementes. Die für die Reflektorwirkung erforderliche elektrische Verlängerung des Parasitärelementes wird durch den Reflektor-Stub mit verstellbarem Kurzschlußbügel hergestellt.

Mit den Abmessungen aus **Tabelle 18.5** wird bei den angegebenen Resonanzfrequenzen eine Welligkeit *s* von nahe 1 erzielt. Am Anfang und am Ende des 20-m-Bandes steigt *s* nicht über 1,5. Innerhalb der Grenzen des 15-m-Bandes ist eine maximale Welligkeit von 1,3 zu erreichen (21,0 MHz). Dagegen wird im 10-m-Band nur der Bereich zwischen etwa 28,3 MHz (s = 1,7) und 29,0 MHz (s = 1,7) mit noch tragbarer Welligkeit erfaßt. Am Bandanfang und am Bandende steigt *s* bis auf Werte von 2,8 (28,0 MHz) bzw. 2,5 (29,7 MHz). Wenn Telegrafiebetrieb im 10-m-Band bevorzugt wird, sollte man deshalb die Seitenlängen der Elemente auf 2,96 m vergrößern. Die Resonanzfrequenz liegt dann bei 28,1 MHz.

Gespeist wird über ein beliebig langes Koaxialkabel, das Zwischenschalten eines Baluns erwies sich bei *DK4NA* als überflüssig.

Eine Dreiband-Ausführung der *Bird-Cage*-Antenne wird in Abschnitt 18.2.5 als *DK4NA*-Quad vorgestellt.

18.2.4.2 Swiss-Quad

(*R. Baumgartner* – CH 384 644 – 1960)

Eine Weiterentwicklung der Quad stellt die *Swiss-Quad-Antenne* dar. Ihr Konstrukteur ist *HB*9CV, daher auch der Name *Swiss-Quad (Schweizer Quad)* [2.28].

Wie aus **Bild 18.2.7** hervorgeht, besteht die *Swiss-Quad* aus 2 parallelen Quadraten mit $\lambda/4$ Seitenlängen, die in einem gegenseitigen Abstand von 0,075 bis 0,1λ angeordnet werden. Die Mittelpartien beider Horizontalteile sind um 45° einwärts gebogen, so daß die Mittelpunkte beider Horizontalteile jeder Ebene gemeinsam am Tragemast zusammentreffen.

Im Kreuzungspunkt der beiden Rohre fließt maximaler Strom, sie müssen deshalb gut leitend miteinander verbunden werden. Da ein Strombauch einem Spannungsknoten entspricht, kann man die Rohre in diesen Punkten des Spannungsminimums erden, d.h. mit dem Tragemast elektrisch leitend verbinden.

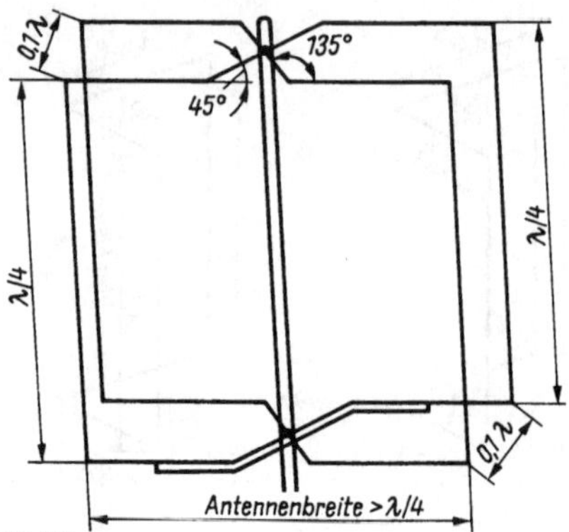

Bild 18.2.7
Swiss-Quad

Die kreuzförmigen Antennenabschnitte beider Ebenen wirken elektrisch wenig störend, denn die dort einander benachbarten Rohrstücke führen gegenphasige Ströme, wodurch die Strahlung praktisch aufgehoben wird.

Das hervorstehende Merkmal der *Swiss-Quad* ist ihre Speisung. Von wenigen Ausnahmen abgesehen, erregt man bei Quad-Antennen den Reflektor parasitär, also durch reine Strahlungskopplung. Die ausgezeichneten Erfolge mit einer kombinierten Erregung durch Strahlungskopplung und direkte Speisung des Reflektors, die man z.B. bei der ZL-Spezial und beim *HB9CV*-Beam erzielte (siehe Abschnitt 14.2.1. und Abschnitt 14.2.2.), können folgerichtig auch auf die Swiss-Quad übertragen werden. Die volle Speisung bewirkt, daß sich die Energie gleichmäßig auf alle 4 Elemente verteilt. Dadurch bleibt der Strahlungswiderstand in der Größenordnung von 30 bis 40 Ω.

Das System kann man wahlweise in der unteren oder in der oberen Ebene speisen. Soll das Speisekabel innerhalb des Mastrohres nach unten geführt werden, so speist man zweckmäßiger Weise in der oberen Ebene. Über eine doppelte T-Anpassung (**Bild 18.2.8a**) lassen sich symmetrische Speiseleitungen anpassen. Koaxialkabel schließt man an eine doppelte Gamma-Anpassung an (**Bild 18.2.8b**). Aus **Bild 18.2.8** wird außerdem ersichtlich, daß beide Elemente auf einfache Weise in Gegenphase direkt gespeist werden. Überraschend hat sich herausgestellt, daß man die für einseitige Richtwirkung notwendige, von 180° etwas abweichende Phasenlage zwischen den beiden Antennenquadraten bei der Speisung nicht berücksichtigen muß. Die richtige Phasenlage wird in der Antenne selbst erzwungen, wenn der Längenunterschied im Umfang beider Quadrate 5% beträgt. Das kleinere Quadrat wird dann zum Direktor, das größere zum Reflektor.

Bei 2 direkt gespeisten, elektrisch gleichwertigen Quadraten heben sich die induktive Blindkomponente des Reflektors und die kapazitive des Direk-

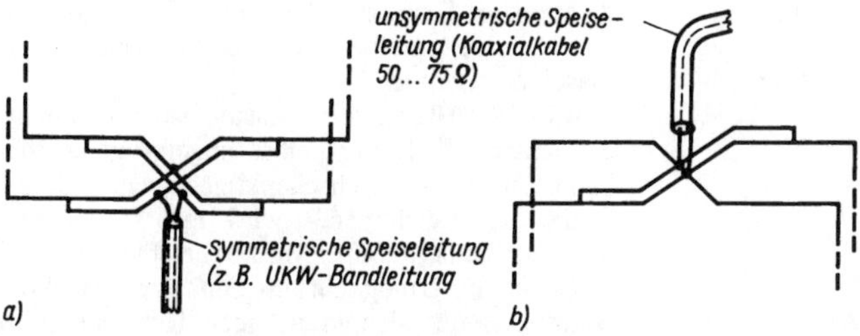

Bild 15.2.8
Speisung der Swiss-Quad
a) - doppelte T-Anpassung
b) - doppelte Gamma-Anpassung

tors (auf den Antenneneingang bezogen) auf. Diese Behauptung bestätigt die Tatsache, daß die Resonanzfrequenz des Systems, am Speisepunkt gemessen, in der Mitte zwischen den Eigenresonanzen der beiden Antennenquadrate liegt. Die Differenz in der Umfangslänge von 5% wurde durch zahlreiche Messungen ermittelt. Bei Differenzen unter 5% vergrößern sich die Nebenkeulen, während bei Differenzen über 5% die Hauptkeule breiter wird und der Gewinn abnimmt. Von wesentlicher Bedeutung ist ferner, daß sich das *Swiss-Quad* bei 5% Längendifferenz zwischen Direktor und Reflektor hinsichtlich Energieaufnahme und Ankopplung ungefähr so verhält wie ein einfacher Halbwellendipol. Das weist auf die offensichtliche Bedeutung des mathematisch kaum erfaßbaren Zusammenwirkens zwischen direkter Speisung, Strahlungskopplung und Kopplung mit dem Raum hin.

Die erprobten Bemessungsdaten für das *Swiss-Quad* betragen:

Umfang Direktor 1,092λ
Umfang Reflektor 1,148λ
Abstand Direktor - Reflektor 0,075 bis 0,1λ.

Für die praktische Ausführung verteilt man die Längenunterschiede zwischen Reflektor und Direktor nur auf die Horizontalteile, während die Vertikalteile in gleicher Länge zu fertigen sind. Die Abgreifpunkte für die Gamma- oder die T-Anpassung auf den horizontalen Antennenrohren müssen beim Abgleich ermittelt werden, da ihre richtige Lage von Umgebungseinflüssen, Antennenhöhe und Antennenkonstruktion bestimmt wird. **Tabelle 18.6** enthält die erprobten Abmessungen von *Swiss-Quad*-Antennen für die hochfrequenten Kurzwellenamateurbänder.

Mit Antennenhöhe wird in **Tabelle 18.6** die Länge der Vertikaldrähte bezeichnet. Die Antennenbreite ist die Länge der Horizontalteile von einem Ende zum anderen. Die Einknickung zum Fixpunkt am Mast wird dabei nicht berücksichtigt. Die notwendigen Rohrlängen lassen sich am einfachsten geometrisch finden, wenn man die Antenne, von oben gesehen, in verkleinertem Maßstab auf Millimeterpapier genau aufzeichnet.

Das von *HB9CV* ermittelte Strahlungsdiagramm einer *Swiss-Quad* ist in **Bild 18.2.9** wiedergegeben. Es zeigt eine horizontale Halbwertsbreite von 60°. Die ersten Minima liegen etwa 80° beiderseits der Hauptstrahlrichtung. Die Rückdämpfung beträgt – wie bei der Cubical Quad – im Mittel 13 dB. Der Gewinn kann wegen des gespeisten Reflektors etwas höher liegen als der einer Cubical Quad. Von *HB9CV* werden 6 dBd angegeben. Ebenso wie bei der Cubical Quad treten auch bei der *Swiss-Quad*

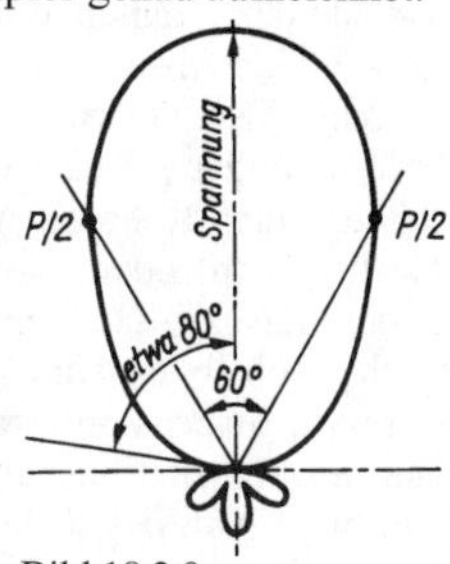

Bild 18.2.9
Strahlungsdiagramm
der Swiss-Quad

Tabelle 18.6
Bemessungsunterlagen für die Swiss-Quad-Antenne nach Bild 18.2.7

Amateurband in m f_{res} in MHz	20 14,10	17 18,10	15 21,10	12 24,94	10 28,5
Antennenhöhe in m	5,96	4,64	3,96	3,37	2,95
Antennenbreite Direktor in m	5,66	4,41	3,76	3,20	2,80
Antennenbreite Reflektor in m	6,25	4,78	4,16	3,53	3,09
Abstand Direktor/Reflektor in m	2,13	1,66	1,42	1,20	1,05

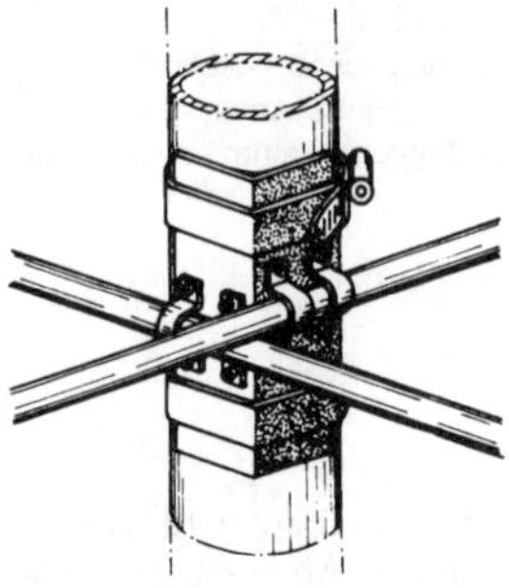

Bild 18.2.10
Einfache
Mastbefestigung

im Verkehr über sehr große Entfernungen ausbreitungsbedingte gute Ergebnisse auf, die mit der flachen Abstrahlung gestockter Systeme zu erklären sind. Sie sichert dem Quad-System eine geringfügige Überlegenheit im Weitverkehr gegenüber vergleichbaren Einebenenantennen.

Hinweise für den Nachbau einer Swiss-Quad-Antenne

Die vertikalen Abschnitte der Antenne bestehen aus dünnen Drähten oder Litzen. Zum Bau der horizontalen Abschnitte verwendet man Leichtmetallrohre aus Legierungen, die den mechanischen Anforderungen gewachsen sind. Falls erforderlich, müssen die Rohrenden mit Kunststoffdrähten (Hechtsehnen) oder besser mit kunststoffummanteltem Glasgarn über einen einfachen Spannturm mechanisch abgespannt werden. Das Leichtmetallrohr wird zunächst mit trockenem Sand gefüllt und dann an beiden Enden mit Korken verschlossen. Nun biegt man das Rohr um einen festen Gegenstand mit passender Rundung. Mittelharte und harte Leichtmetallrohre müssen jedoch an der Biegestelle vorher erwärmt werden und verlieren

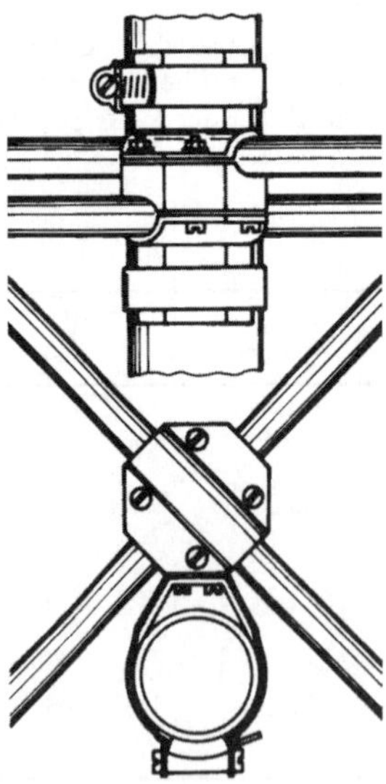

Bild 18.2.11
Verbesserte
Mastbefestigung

dadurch an Festigkeit. Deshalb sollte man diese Arbeit besser in einer Werkstatt von einer Biegemaschine erledigen lassen.

Bild 18.2.10 zeigt eine Mastbefestigung, die mit einfachem Werkzeug selbst angefertigt werden kann. Ein Stück gleichschenkliges, rechtwinkliges Profil aus Leichtmetall wird mit sogenannten Schlauchbändern am Mast verschiebbar aufgespannt. Es ermöglicht das genau rechtwinklige Befestigen der sich kreuzenden Horizontalrohre mit Hilfe von leicht herstellbaren Bügeln aus Aluminiumblech. Die Kreuzungsstelle beider Diagonalrohre ist die geometrische und elektrische Mitte der Antenne. Dort müssen die Rohre elektrisch miteinander und mit dem Mast verbunden sein. Bei dieser Bauart liegen die Befestigungsbügel etwas außerhalb des Kreuzungspunktes. Daher werden die Antennenrohre an diesen Stellen am besten mit einer dauerhaften Isolation versehen. Die HF-Spannungen sind dort sehr klein; es genügt also schon eine dünne Schicht.

Eine vorzügliche, für den Amateur aber nicht ganz einfach herzustellende Befestigung zeigt **Bild 18.2.11**. Dabei kann jegliche Isolation wegfallen, weil Kreuzungsstelle, elektrischer Nullpunkt und Mastbefestigung genau zusammenfallen.

Das Speisesystem geht aus **Bild 18.2.12** hervor. Für die Gamma- und T-Anpassung hat sich PVC-isolierter Draht gut bewährt. Der Drahtdurchmesser soll etwa dem der Speiseleitung entsprechen. Größere Drahtdicken oder gar Rohre sind unnötig. Der Abstand zwischen Speisedraht und Antennenelement ist nicht kritisch, Richtwert $\lambda/200$. Die Isolation wird nur an den Anschlußstellen entfernt.

Zum Abgleich der Swiss-Quad genügt ein geeichtes Dipmeter in Verbindung mit einem einfachen Welligkeitsanzeigegerät. Für die ersten Abstimmversuche stellt man die T-Glieder (bzw. die Gamma-Anpassung) auf einen Mittelwert zwischen 45° = Biegung und Rohrende. Am senderseitigen Ende der Speiseleitung wird dann über eine dort angebrachte Koppelspule mit dem Griddipper die Antennenresonanz gemessen. Sie unterscheidet sich von den möglichen Kabelresonanzen durch einen geringeren und breiteren Dip, da die Antenne durch ihren Strahlungswiderstand gedämpft ist. Würde direkt an den Elementen gemessen, so könnte man nur die Eigenresonanz der Quadrate feststellen, aber nicht die eindeutige Gesamtresonanz der Antenne. Abweichungen von der gewünschten Resonanz lassen sich

Bild 18.2.12
Mechanische Konstruktion
der Gamma-Anpassung

durch Verkürzen oder Verlängern der Vertikaldrähte korrigieren. Man fertigt deshalb die Vertikaldrähte etwas länger als erforderlich.

Zur richtigen Einstellung der T- bzw. Gamma-Abgriffe wird das Welligkeitsanzeigegerät in die Speiseleitung eingeschleift. Dann erregt man die Antenne mit dem Dipmeter in ihrer Resonanzfrequenz. Durch Verändern der Abgreifpunkte wird die niedrigste Welligkeit eingestellt. Im allgemeinen läßt sich eine Welligkeit von 1,2 erreichen. Da beim Verschieben der Anpassung auch die Resonanzfrequenz der Antenne etwas beeinflußt wird, sollten als Schlußkontrolle noch einmal Resonanzfrequenz und Welligkeit geprüft werden. Die Swiss-Quad-Antenne bietet, kurz zusammengefaßt, folgende Vorzüge:

mechanisch
- Ganzmetallkonstruktion, Gesamtsystem in sich geerdet,
- Wegfall aller Hilfsträger,
- mechanische Stabilität durch Befestigung beider Quadrate direkt am Vertikalmast,
- geringer Windwiderstand, erprobte Wetterfestigkeit gegenüber Sturm, Schnee und Eis;

elektrisch
- einfache, einwandfrei arbeitende Vollspeisung,
- geringe Stromwärmeverluste wegen gleichmäßiger Verteilung der Energie auf alle 4 Dipole und Verwendung von Rohren im Bereich hoher Ströme,
- Wegfall jeglicher Ableitungsverluste, weil alle spannungführenden Teile frei im Raum stehen,
- alle handelsüblichen Speisekabel können angepaßt werden.

18.2.4.3 German-Quad

H. Würtz, DL2FA hat schon 1981 vollgespeiste Quads beschrieben in seiner damaligen Artikelreihe über Antennen [2.29].

Zweielement-Quads mit parasitär erregtem Reflektor bringen bis 20 dB Rückdämpfung. Wird das Reflektorelement mitgespeist kann man Werte bis 30 dB erreichen. Nach den klassischen Diagrammen von *H.G. Brown* aus dem Jahr 1937 ergeben sich bei einem Abstand von $0{,}125\lambda$ (= $\lambda/8$) und einer Phasendifferenz von 135° oder bei einem Abstand von $0{,}25\lambda$ (= $\lambda/4$) und einer Phasendifferenz von 90° oder bei einem Abstand von $0{,}375\lambda$ (= $3\lambda/8$) und einer Phasendifferenz von 45° jeweils eine Kardioide und damit eine Richtwirkung nach vorne [2.30] (vgl. auch Abschnitt 14.2).

Der für die unidirektionale Richtwirkung erforderliche Phasenunterschied wird sowohl durch den räumlichen Abstand der beiden Elemente wie auch durch die Verbindungsleitung hergestellt.

Bei einem Abstand von $\lambda/4$ sind die Seitenabmessungen einer vollgespeisten Quad auch $\lambda/4$ für

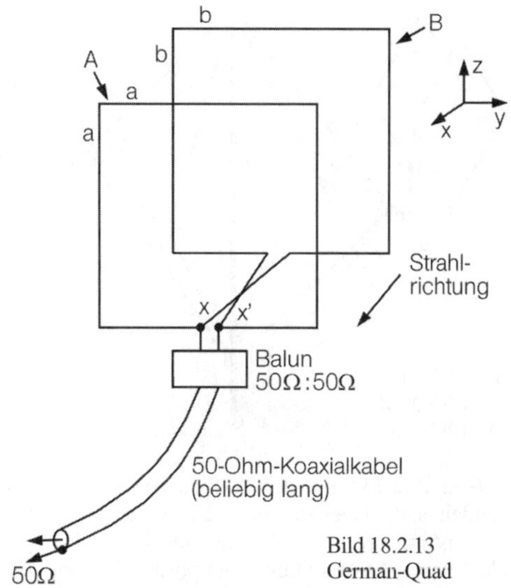

Bild 18.2.13
German-Quad

Strahler und Reflektor. Der Phasenunterschied zwischen Strahlerelement und Reflektorelement beträgt 90°.

Bei der *German-Quad* nimmt man einen Abstand von $\lambda/8$ und eine Phasenverschiebung von 135°. Dadurch wird der Elementeabstand der Antenne nur halb so groß. **Bild 18.2.13** zeigt die *German-Quad* [2.31].

Man macht, je nach Schlankheitsgrad, das erste Element *A* etwas kleiner als λ, also $1{,}03\lambda - 2{,}8\%$, das zweite Element *B* etwas größer als λ, also $1{,}03\lambda + 2{,}8\%$.

Von der Speisestelle *x-x'* führt zum hinteren Element gekreuzt eine $\lambda/8$-lange Phasenleitung. Der Wellenwiderstand muß nicht unbedingt 120 Ω sein wie der Strahlungswiderstand des Quadelementes, sollte aber unter 300 Ω liegen. Als Dielektrikum kommt nur Luft in Frage, damit der Verkürzungsfaktor *V* der Leitung bei 1 liegt. Die Phasenverschiebung zwischen *A* und *B* ist dann 135°. Die Phasenleitung hat 45°, die Kreuzung bringt 180°, gibt zusammen 180° – 45° = 135°.

Damit sich im Fernfeld die Feldanteile von der parasitären und der direkten Kopplung addieren muß die Strahlungskopplung zwischen beiden Elementen auch 135° Phasenverschiebung aufweisen. Dies geschieht durch die unterschiedlichen Abmessungen von *A* und *B* und die Freiraumlänge dazwischen.

18.2.4.4 *UA3IAR*-Quad

Eine weitere Quad-Variation ist die schaltbare Quad nach *L. Vsevolzhskii, UA3IAR* [2.32]. Der Originalartikel wurde in Radio (russ.) im Juni 1978 veröffentlicht.

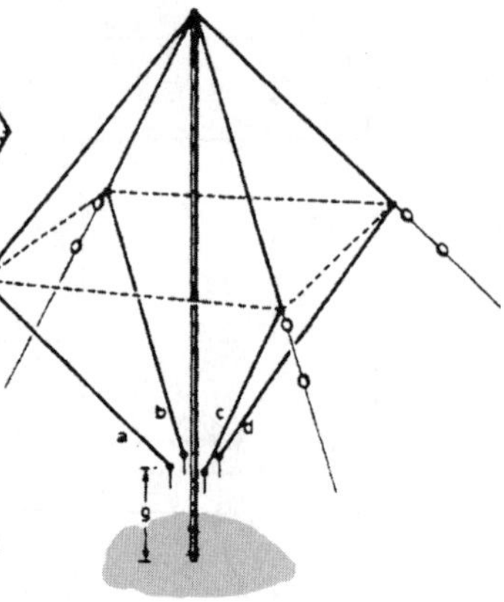

Bild 18.2.14
UA3IAR-Quad
(Aufbau)

Bild 18.2.14 zeigt den Aufbau der Antenne. Es handelt sich dabei um eine 2-Element Quad mit gespeistem Reflektor. Die Antenne ist mechanisch ideal um einen zentralen Mast positioniert und die Elemente werden durch Abspannungen in ihrer Lage gehalten. Die Elemente sind an der Spitze miteinander verbunden und durch dem Mast geerdet.

Durch den besonderen Aufbau lassen sich jeweils 2 Quadschleifen als Strahler und Reflektor zusammenschalten. Damit kann man 4 Richtungen schalten mit je 90° Öffnungswinkel. Das Schaltsystem beinhaltet 1 HF-Transformator, 2 Relais und 2 Umwegschleifen mit je 0,04λ.

Bild 18.2.15 gibt das Schaltsystem wieder. Normal ist eine nicht verkürzte (full-size) Quad für das 20-m-Band schwer zu errichten. Die Lösung von *UA3IAR* ist verblüffend einfach und vermeidet die sonst übliche Probleme beim Errichten einer Quad. Er hat einen Quad-Typ erfunden, der fest ist, keine Rahmen oder Trägerelemente usw. benötigt und der durch Umschaltung mit seiner Hauptkeule 4 Quadranten bestreicht. Das bedeutet, daß die Antenne 360° ohne einen Zeitverlust durch Drehung der Antenne abdecken kann.

Die beiden 0,04λ Teile ergeben eine 0,08λ Phasenleitung, um die entsprechende Schleife in ein Reflektorelement zu verwandeln. Der Transformator *T1* besteht aus 2 Ferrit-Ringkerne und wirkt als Balun. Der Wicklungssinn von *L2* und *L3* muß passend für die 180° Phasenverschiebung zwischen Strahler und Reflektor sein. Ohne Spannung ist die Quadantenne am Sektor 1.

Der Mast ist 9 m hoch und ist 1,5 m (g) über dem Dach. Jeder der 4 Drähte (a bis d) ist λ/2 und hat für das 20-m-Band eine Länge von 10,95 m. Der Verkürzungsfaktor ist 1,06 bzw. die Halbwellenlänge ist 0,53λ.

Über den Gewinn macht *UA3IAR* keine Angaben, nach *Moxon, G6XN* könnte er unter 4 dBd sein.

Eine weitere Literaturstelle über doppeltgespeiste Quad-Antennen ist [2.33].

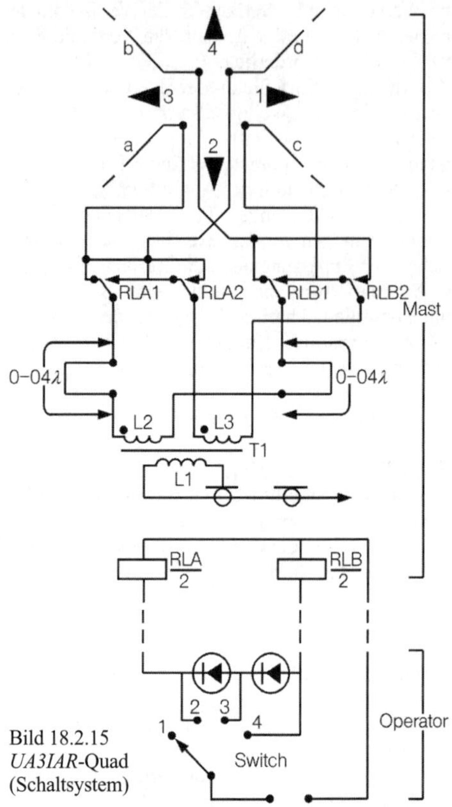

Bild 18.2.15
UA3IAR-Quad
(Schaltsystem)

18.2.5 Multiband-Cubical-Quads

Bei Mehrbandantennen (Cubical Quads, Delta-Loops) werden ein oder verschiedenen Antennensysteme über eine gemeinsame Speiseleitung erregt, in vielen Fällen hat aber jede Antenne ihre eigene Energieleitung. Die Lösung besteht hier aus der konstruktiven Zusammenfassung mehrerer Antennen für verschiedene Bänder an einer gemeinsamen Trageeinrichtung.

18.2.5.1 Dreiband-Quads (3-Elemente)

Sie kommen mit einfachen Drahtelementen aus, haben einen guten Wirkungsgrad auf allen Bändern und lassen sich im Abgleich leicht beherrschen. Der Trend im Selbstbau von Mehrelement Richtantennen weist deshalb immer mehr zu solchen Dreiband-Quad-Antennen.

18.2.5.1.1 *VK2AOU*-Quad

Von *VK2AOU* wurde eine vollwertige Dreiband-Cubical-Quad-Antenne entwickelt, erprobt und ge-

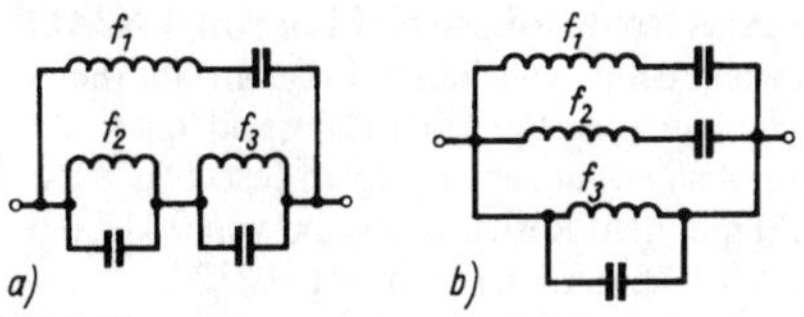

Bild 18.2.16
Prinzip der Dreiband-Resonanzkreise in 2 Varianten

nau beschrieben, die elektrisch und mechanisch kaum noch Wünsche offen läßt [2.34] [2.35]. Auch bei dieser Dreibandantenne geht *VK2AOU* vom Prinzip des Multibandkreises aus, das sich bei der bekannten *VK2AOU*-Dreiband-*Yagi* bereits bewährt hat (siehe Abschnitt 18.1.3.2.2). Dadurch gelingt es, mit nur einer gespeisten Schleife und einer Reflektorschleife Resonanz für alle drei Bänder (10, 15 und 20 m) zu erreichen. In **Bild 18.2.16** sind Dreibandschwingkreise in 2 Varianten schematisch dargestellt. Betrachtet man die einzelnen Resonanzkreise für sich, dann liegt keine der Einzelresonanzen auf je einer der gewünschten Arbeitsfrequenzen, jedoch ist das gesamte Netzwerk für alle 3 Betriebsfrequenzen resonant. Wird in der Schaltung nach **Bild 18.2.16a** der Serienresonanzkreis f_1 durch ein Antennenelement ersetzt, ändert sich die Charakteristik der abgestimmten Dreihandschaltung nicht. Ist dieses Element eine Quad-Schleife, so entsteht daraus das Schema nach **Bild 18.2.17a**, wobei das Quad-Element nun den Serienresonanzkreis f_1 mit verteiltem L und C darstellt. Aus Gründen der mechanischen und elektrischen Symmetrie ordnet man nach **Bild 18.2.17b** die Kreise f_2 und f_3 zu beiden Seiten des Antenneneingangs an. Das Schema nach **Bild 18.2.17c** mit paarweiser Anordnung der Kreise in beiden Ebenen wird angewendet, wenn die Gesamtlänge der Quad-Schleife das 1,5fache der kleinsten Betriebswellenlänge übersteigt.

Das elektrische Konzept der Dreiband-Quad

Die Antenne besteht aus 2 gleichen Drahtquadraten mit je 4,27 m Seitenlänge; ihr Aufbauschema ist in **Bild 18.2.18** dargestellt. Eine solche Ausführung hat nur die Hälfte des Windwiderstandes einer voll

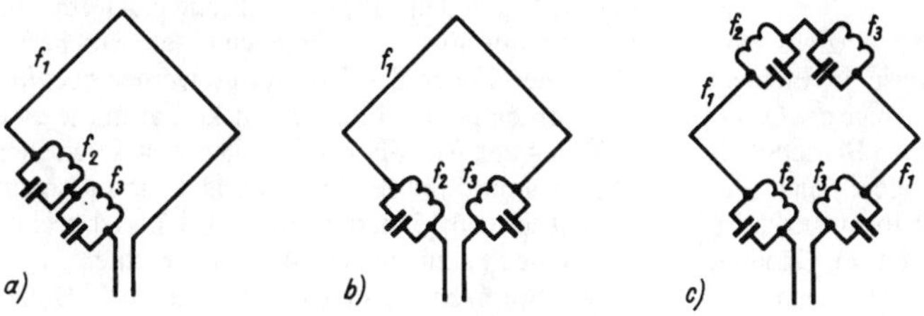

Bild 18.2.17
Dreiband-Quadelement nach *VK2AOU*
a) - Schema nach Bild 18.2.16a
b) - symmetrische Einfügung am Antenneneingang
c) - paarweise Anordnung

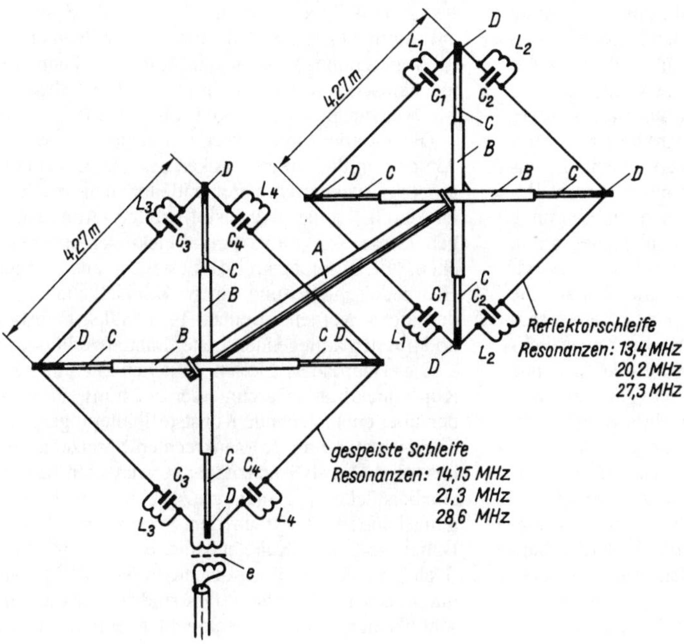

Bild 18.2.18
VK2AOU-Quad
(Aufbauschema)

dimensionierten Dreiband-Quad-Antenne mit ineinandergeschachtelten Elementen. Kleinere oder größere Elementseitenlängen können nach dem Mehrbandprinzip ebenfalls eingesetzt werden, dabei geht dann der Wirkungsgrad entsprechend zurück oder steigt an. Es hat sich erwiesen, daß eine Seitenlänge von 4,27 m bezüglich Leistung und Aufwand dem Optimum sehr nahe kommt.

Das gespeiste Einschleifen-Element ist für 3 Bandfrequenzen resonant, z.B. für 14,15; 21,3 und 28,6 MHz. Für das Reflektor-Element müssen dann die Resonanzfrequenzen entsprechend niedriger liegen, nämlich bei 13,43 und 27,30 MHz. Allgemcin gilt für solche Dreiband-Quad-Elemente:

- Die Betriebsfrequenzen können über einen Bereich von 1,6:1 bis 3:1 verteilt liegen.
- Es brauchen keine harmonischen Resonanzbeziehungen zwischen den gewählten Arbeitsfrequenzen zu bestehen.
- Die Antenne spricht auf Oberwellen ihrer Arbeitsfrequenzen nicht an (Ausnahme: wenn die Frequenz der Harmonischen praktisch gleich einer der Arbeitsfrequenzen ist).
- Die gesamte Elementlänge strahlt für alle Arbeitsfrequenzen.
- In Quad-Anwendungen genügt ein einziges Paar abgestimmter Parallelresonanzkreise je Element (**Bild 18.2.17b**), sofern die Gesamtlänge des Quad-Elementes das 1,5fache der kleinsten Betriebswellenlänge nicht übersteigt. Für längere Quad-Elemente sind 2 Paare abgestimmter Resonanzkreise je Element erforderlich (**Bild 18.2.17c**). Dadurch werden Abstimmschwierigkeiten auf dem frequenzhöchsten Band vermieden.

Da bei der dargestellten Ausführung die gesamte Elementlänge (17,08 m) 1,5 Wellenlängen für 10 m überschreitet, werden je Element 2 Paare abgestimmter Parallelresonanzkreise verwendet.

Die Kreiskapazitäten können aus Lufttrimmern oder aus keramischen Topftrimmern bestehen. Mindestens ebensogut eignen sich Kapazitäten, die aus offenen Koaxialkabelstücken gebildet werden. Bekanntlich hat jedes Koaxialkabel eine bestimmte Kapazität zwischen Innen- und Außenleiter, die in pF/m angegeben wird. Bei handelsüblichen 50-Ω-Kabeln mit *Polyäthylen*-Dielektrikum beträgt die Kapazität 100 pF/m. Die für die vorgegebene Kapazität erforderliche Länge des offenen Kabelstücks läßt sich somit leicht berechnen. Es können alle gängigen Koaxialkabeltypen beliebigen Wellenwiderstandes verwendet werden; wichtig ist lediglich, daß man die Kapazität je Meter Länge kennt.

Als Kreisinduktivitäten werden Haarnadelschleifen aus möglichst dicken Drähten (≥ 2 mm Durchmesser) mit einem Leiterabstand von etwa 60 mm (unkritisch) eingesetzt. Die gesamte Leiterdrahtlänge im gespeisten Element plus den Drahtlängen der vier Haarnadelschleifen entspricht annähernd der Wellenlänge der niedrigsten Betriebsfrequenz.

Der Konstruktionsvorschlag von *VK2AOU*

Der waagrechte Rohrträger *A* (Boom) für die beiden Quad-Elemente ist je 2,60 m lang und legt so den Reflektorabstand auf etwa 2,45 m fest. Das entspricht bei 20 m einem Reflektorabstand von 0,115λ, bei 15 m von 0,173λ und bei 10 m von 0,232λ.

Der Boom *A* ist ein stabiles Hartaluminiumrohr mit etwa 50 mm Durchmesser bei einer Wanddicke von mindestens 3 mm. Die kreuzförmigen Elementspreizen bestehen nicht, wie sonst üblich, aus Bambusrohr oder Glasfiberrohren, sondern sind ebenfalls aus Hartaluminiumrohr gefertigt. Die aus den Teilen *B*, *C* und *D* aufgebauten Spreizen werden kreuzförmig auf dem Boom befestigt. Die Teile *B* bestehen aus je 3,66 m langen 7/8-Zoll-Rohren (≈ 22,2 mm Durchmesser) mit 1/16-Zoll Wanddicke (≈ 1,6 mm) aus Hartaluminium. In ihre 4 offenen Enden sind teleskopartig 4 je 1,22 m lange 3/4-Zoll-Leichtmetallrohre (≡ 19 mm Durchmesser) etwa 200 mm tief eingeschoben und befestigt (Teil *C*). Die Isolatoren für die Elementdrähte bilden 250 mm lange PVC-Rohre (Teil *D*) mit 3/4-Zoll Durchmesser (≡ 19 mm). Damit sie an den Leichtmetallrohrenden *C* befestigt werden können, muß man sie erwärmen und so aufweiten, daß sie sich auf etwa 100 mm Länge straff über die Rohrenden *C* schieben lassen. Die freien Enden der PVC-Rohre werden ebenfalls im warmen Zustand flachgedrückt und mit je einer Bohrung zur Aufnahme des Leiterdrahtes versehen. Die gesamte Spreizerlänge von Isolator zu Isolator beträgt somit 6,15 m; daraus ergibt sich auch rechnerisch eine Seitenlänge von 4,30 m je Element.

Die Spreizen werden mit passenden U-Bolzen kreuzförmig im gegenseitigen Winkel von 90° befestigt. Um die rechtwinklige Stellung der Spreizen am Boom zu sichern, sollte man noch entsprechende Verstrebungen anbringen. Natürlich kann der mechanische Aufwand dem jeweils beschaffbaren Material entsprechend abgewandelt werden.

Die Parallelresonanzkreise sind unmittelbar an den oberen und unteren Ecken des Elementes eingesetzt. Dazu wird der Elementleiter an diesen Stellen durch je einen Kunststoffstreifen (Abmessungen 75 mm x 13 mm x 6 mm) elektrisch unterbrochen. Die Resonanzkreise - bestehend aus je einer Haarnadelschleife und einem Koaxialkabel-Kondensator - werden an einem Isolierstück befestigt und mit den anliegenden Leiterdrähten verbunden.

Die Haarnadelschleifen bestehen aus dickem Kupferlackdraht (Durchmesser ≥ 2 mm); sie werden über entsprechende Kunststoffhalterungen mechanisch stabil an den senkrechten Spreizerarmen befestigt. Die als Kapazitäten verwendeten Koaxialkabelstücke legt man mit geeigneten Befestigungsbändern direkt an den Spreizerarmen fest. Dabei soll der Kabelaußenleiter (Abschirmgeflecht) mit den Punkten der niedrigeren HF-Spannung verbunden werden. Das sind immer die Anschlußstellen, die den senkrechten Spreizerarmen

Tabelle 18.7
Bemessungsangaben für Parallelresonanzkreise
der *VK2AOU*-Dreiband-Quad

Drahtlänge der Schleifen in m	Ergibt etwa Schleifenlänge in m	Benötigte Kapazität in pF	Kabellänge bei 85 pF/m in m
$l_1 = 1{,}75$	0,84	$C_1 = 56$	0,66
$l_2 = 1{,}32$	0,62	$C_2 = 26$	0,31
$l_3 = 1{,}45$	0,66	$C_3 = 53$	0,63
$l_4 = 1{,}07$	0,50	$C_4 = 23$	0,27

Der Leiterabstand der Haarnadelschleifen ist 60 mm. Die Längen der Verbindungsdrähte sind in den Werten nicht enthalten.

am nächsten liegen. Um die Isolation zwischen Innen- und Außenleiter an den Kabelanden sicherzustellen, wird dort der Kabelaußenleiter auf etwa 20 mm Länge entfernt. Die Kabelenden werden nach dem Abgleich mit geeigneten Isolierklebern vor Feuchtigkeit geschützt. Die mechanischen Bemessungsangaben für die Parallelresonanzkreise enthält die **Tabelle 18.7.**

Zur Wahrung der Symmetrie wird am Speisepunkt eine Balunspule eingesetzt. Sie ermöglicht das symmetrische Erregen des Strahlers über ein beliebig langes Koaxialkabel mit 50 bis 75 Ω Wellenwiderstand. Die Balunspule ist auf einem Ferritstab von etwa 13 mm Durchmesser und 75 mm Länge aufgebracht. In bifilarer Wicklung erhält sie primär und sekundär je 9 Wdg. eines Kupferlackdrahtes von 1,6 mm Durchmesser. Es kann auch ein Ringkern-Balun 1:1 nach Abschnitt 7.4.2 verwendet werden. Der Transformator ist in einem Kunststoffgehäuse witterungsgeschützt untergebracht. Man versieht dieses Gehäuse mit einer Kabelbuchse für den Anschluß der Speiseleitung.

Die Abstimmung der Dreiband-Quad-Antenne

Werden die Elemente genau nach der Beschreibung aufgebaut, dann dürften nur noch geringe Feinabstimmungen erforderlich sein. Diese sollte man nach der von *VK2AOU* benutzten Methode durchführen.

Ein in allen Teilen fertiggestelltes Quad-Element wird horizontal zum Erdboden auf die oberste Sprosse einer etwa 1,5 m hohen hölzernen Stehleiter gelegt, so daß alle Abgleichelemente leicht zu erreichen sind. Vorher eicht man ein transistorisiertes Dip-Meter durch Vergleich mit dem Stationsempfänger und markiert auf der Dip-Meter-Skale die vorgesehenen Betriebsfrequenzen nach **Tabelle 18.8**. Da das waagrecht nur 1,5 m über dem Erdboden befindliche Element eine größere Kapazität gegen Erde hat als im endgültigen Betriebszustand (wenn es sich vertikal orientiert in viel größerer Höhe über Grund befindet), muß man zum Abgleich dieser größeren kapazitiven Belastung von den angegebenen Abgleichfrequenzen 3 bis 4% abziehen.

Mit dem Dip-Meter, das an die Rundungen der Haarnadelschleifen angekoppelt wird, stellt man zunächst die vorhandenen Resonanzfrequenzen fest. Es werden dabei jeweils 3 Resonanzclips gefunden: die Resonanz der Haarnadelschleife selbst, die nicht auf einer Betriebsfrequenz liegt, und 2 weitere Frequenzen, die mit Betriebsfrequenzen identisch oder ihnen angenähert sind (siehe **Tabelle 18.8**). Das mittlere Betriebsband wird an den kurzen und an den langen Haarnadelschleifen gefunden (21 MHz). Dagegen tritt das 28-MHz-Band nur an den kurzen Schleifen auf.

Zum Abgleich werden verändert:

- beim 14-MHz-Band – Drahtlänge der langen Haarnadelschleifen L_3 bzw. L_1 oder Leiterlänge der Quadschleife,
- beim 21-MHz-Band – Kondensator an der langen Haarnadelschleife oder Draht-länge der kleinen Haarnadelschleife L_4 bzw. L_2,
- beim 28-MHz-Band – Kondensator an der kleinen Haarnadelschleife.

Soll z.B. die Betriebsfrequenz bei 14,25 MHz liegen und die Resonanz wird bei 14,0 MHz gefunden, so muß entweder die Quad-Schleife verkürzt oder die Induktivität der langen Haarnadelschleifen verringert werden. Die Induktivität verringert man in kleinen Schritten, indem man über jeweils etwa 5 cm Länge die abgerundeten Enden der Schleife verdrillt, so daß die Paralleldrahtleitung mechanisch kürzer wird. Beim Abstimmen der Kapazitäten ist zu beachten, daß bei der 28-MHz-Resonanz ein Vermindern der Kapazität um 2 pF bereits eine Frequenzerhöhung von 500 kHz verursachen kann. Bei den frequenzniedrigeren Bändern ist der Einfluß der Kapazitätsänderung entsprechend geringer. Die Kapazität wird verkleinert, indem man den Außenleiter des Koaxialkabels am offenen Ende um jeweils etwa 1 cm zurückschiebt.

Tabelle 18.8
Resonanzfrequenzen an den Haarnadelschleifen
der *VK2AOU*-Dreiband-Quad

Element	Resonanzfrequenzen lange Schleifen		kurze Schleifen	
Strahler	L_3	14,15 MHz	L_4	21,3 MHz
		18,0 MHz		28,6 MHz
		21,3 MHz		31,0 MHz
Reflektor	L_1	13,43 MHz	L_2	20,2 MHz
		15,8 MHz		26,9 MHz
		20,2 MHz		27,3 MHz

Damit die Symmetrie gewahrt bleibt, sollen die Schwingkreispaare in der oberen Ecke mit denen in der unteren Ecke mechanisch und elektrisch identisch sein.

Mit dem Abgleich beginnt man bei 14 MHz, es folgen 21 MHz und zuletzt 28 MHz. Zum Abstimmen des gespeisten Elementes ist ein Reflektometer sehr nützlich. Die Resonanzen dieses Elementes liegen immer auf den Frequenzen, bei denen die Welligkeit am kleinsten ist.

Der Reflektor wird in gleicher Weise auf die in der **Tabelle 18.8** aufgeführten Resonanzfrequenzen abgeglichen. Es besteht auch die Möglichkeit, eine Direktorschleife als 3. Element anzubringen. In diesem Fall erhält man die Abgleichfrequenzen für den Direktor, indem man die für das gespeiste Element angegebenen Frequenzen um 5% erhöht.

Ein eventueller Feinabgleich auf größte Rückdämpfung oder maximale Vorwärtsstrahlung muß an der in der vorgesehenen Höhe betriebsfertig aufgebauten Antenne vorgenommen werden. Dabei überprüft man zunächst die Strahlerresonanzen, indem man in die Speiseleitung einen Welligkeitsanzeiger einschleift und die Antenne über den Betriebssender erregt. Durch Variieren der Sendefrequenzen stellt man die Frequenzen fest, bei denen die Welligkeit am geringsten ist. Diese Frequenzen entsprechen dann den Strahlerresonanzen, die - falls erforderlich etwas korrigiert werden müssen. Mit den festgestellten Resonanzfrequenzen wird anschließend die Antenne zum Feinabgleich erregt. Wie üblich, benutzt man dabei zur Abstrahlungskontrolle einen abgesetzten Feldstärkeanzeiger mit Testdipol. Der Feinabgleich an der Antenne beschränkt sich ausschließlich auf ein Nachstimmen am Reflektorelement. Eine Welligkeit *s* von 1,5 ist auf allen Betriebsfrequenzen zu erreichen: sie kann an den Bandenden bis auf 2 ansteigen.

18.2.5.1.2 *W4NNQ*-Quad

Die Konstruktion eines leichten und trotzdem verwindungsfreien Tragegerüstes bereitet beim Bau eines Quad die größten Schwierigkeiten. *W4NNQ* schlug ein speichenartiges Mittelstück vor, das sowohl in mechanischer als auch in elektrischer Beziehung als eine besonders günstige Lösung angesehen werden kann. Die Literaturstelle ist leider nicht mehr auffindbar.

Bild 18.2.19 zeigt die Dreiband-Quad-Antenne in schematischer Darstellung.

Quadantennen dieser Art werden als Spinnenquad bezeichnet. Im Zentrum der Konstruktion befindet sich ein Rohrstück, an dem speichenartig 8 Stutzen angeschweißt sind, die ihrerseits die Bambusstreben aufnehmen.

Die 8 Stutzen bestehen aus je 500 mm langen Winkeleisen 40 mm x 40 mm x 5 mm. Das Rohrstück hat eine Länge von 400 bis 600 mm, sein Innendurchmesser ist gleich dem Außendurchmesser des vorgesehenen Tragemastrohres. Allgemeingültige Hinweise, in welchen Winkeln die Speichen-

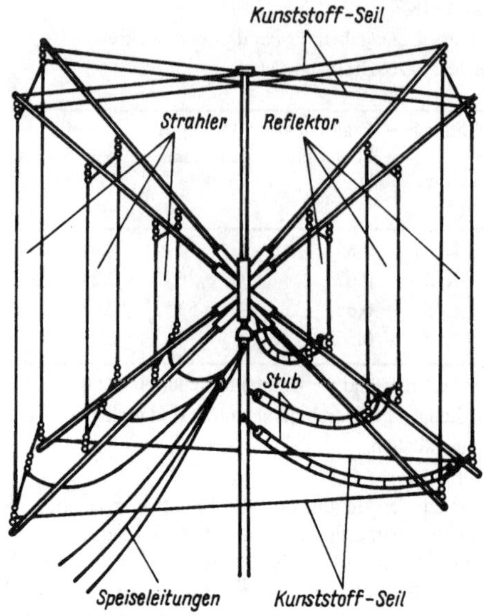

Bild 18.2.19
W4NNQ-Quad

stücke jeweils an das Mittelrohr anzuschweißen sind, lassen sich kaum geben, da der Anstellwinkel vom gewählten Reflektorabstand abhängt. Aus mechanischen Gründen werden die einzelnen Streben auch nicht in der gleichen horizontalen Ebene befestigt, sondern man wird einen gewissen Abstand zwischen den 4 oberen und den 4 unteren Streben einhalten müssen.

Die Konstruktion des Mittelstückes nach *W4NNQ* zeigt **Bild 18.2.20a**. Die Winkeleisen werden an einem Ende so bearbeitet, daß sie gut am Mittelrohr anliegen und sich mit diesem stabil verschweißen lassen. Der Anstellwinkel zum Mittelrohr beträgt in diesem Fall 55°. Die Strebenpaare sind derart um das Rohr herum verteilt, daß sich in der Draufsicht nach **Bild 18.2.20b** jeweils Winkel von 110 bzw. 70° ergeben. Das Herstellen des Mittelstückes erfordert mechanische Präzisionsarbeit.

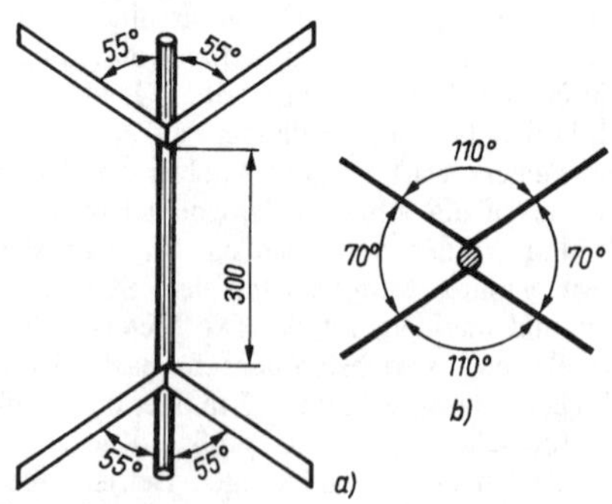

Bild 18.2.20
W4NNQ-Quad (Mittelstück)

Es ist der wichtigste und zugleich schwierigste Teil des Dreiband-Quad.

An jedem Winkeleisen wird ein mindestens 4 m langer Bambusstab befestigt, der im Mittel etwa 30 mm dick sein sollte. Es wird empfohlen, die Oberfläche der Bambusrohre mit grobem Schmirgelpapier aufzurauhen und anschließend mit Alkydharzlack zu streichen. Ohne diesen Schutzanstrich würden die Bambusrohre in kurzer Zeit verwittern. Ein Aufplatzen des Rohres verhindert man, indem in jede Kammer ein Luftloch von 3 mm Durchmesser gebohrt wird. Es erfüllt den gleichen Zweck, wenn man jede Kammer des Bambusrohres mit einigen Windungen eines weichen Kupferdrahtes straff umwickelt und die Drahtwindungen anschließend miteinander verlötet.

Die Bambusrohre befestigt man an den Winkeleisenstreben entweder durch je 2 kräftige Schlauchbänder oder mit Bindedraht. Im letzten Fall werden in die Dachkanten der Winkeleisen Kerben eingefeilt, um ein Abrutschen des Bindedrahtes zu verhindern. Gleichzeitig empfiehlt es sich, die Enden der Bambusrohre mit einer Kunststoffolie zu umwickeln, damit ein Einschneiden des Befestigungsdrahtes vermieden wird. Da Bambusrohr verhältnismäßig gut isoliert und die isolierende Strecke sehr lang ist, kann man die Antennendrähte ohne Bedenken direkt an den Stäben befestigen. Strahler und Reflektor für das 20-m-Band, die ja die äußeren Drähte bilden, werden einmal um jedes Bambusrohr herumgewickelt und dann noch mit Bindedraht festgelegt. Dadurch wird das gesamte Gebilde stabiler. Für die 15- und die 10-m-Elemente genügt ein einfaches Befestigen mit einem weichen Bindedraht. Es können auch leichte Isolatoren verwendet werden.

Die Elemente

Als Baumaterial eignen sich Kupferdrähte oder Litzen mit weitgehend beliebigem Querschnitt. Kupferbronzedraht von 1,5 bis 2 mm Durchmesser wird jedoch bevorzugt. Für den 20-m-Band-Strahler und -Reflektor benötigt man je etwa 25 m Draht. Die Mitte des Drahtstückes wird markiert, links und rechts davon werden je 2,60 m nach außen abgemessen. Die auf diese Weise erhaltene Spannweite von 5,20 m ergibt eine Seitenlänge, und zwar die obere waagerechte Seite. Der Draht wird nun an den entsprechenden Bambusrohrenden befestigt: Die beiden senkrechten Abschnitte mit ebenfalls. je 5,20 m freier Spannlänge schließen sich an, und zuletzt stellt man die untere waagrechte Seite mit dem Antenneneingang fertig. Dort ist der Draht in der geometrischen Mitte durch einen Isolator (Isolierei oder „*Calit*-Knochen") unterbrochen. Die überschüssigen Drahtenden hängen vorerst noch frei herab. Dann folgt in gleicher Weise die Montage der Drähte für das 15-m-Band und zuletzt für das 10-m-Band. Die freie Länge je Seite beträgt 3,50 m für das 15-m-Band und 2,55 m für das 10-m-Band. Natürlich ist die Lage dieser Drähte auf den Bambusstreben so zu wählen, daß die angegebenen Seitenlängen jeweils durch zwei Streben begrenzt werden. Man kann diese Punkte mathematisch berechnen (Winkelfunktionen), kommt aber auch durch Ausprobieren zum Ziel. Die Seitenlängen der Reflektoren sind denen der gespeisten Elemente gleich. Die Reflektorwirkung wird durch je 1 Stück Doppelleitung am Fußpunkt jedes Reflektors erzielt. Diese kurzgeschlossenen Stubs bewirken eine elektrische Verlängerung der Elemente und verschieben ihre Resonanzfrequenzen nach tieferen Werten hin. Die Länge der Reflektorstubs beträgt vorerst für den 20-m-Reflektor 2,00 m, für den 15-m-Reflektor 1,50 m, für den 10-m-Reflektor 1,00 m.

Tabelle 18.9
Widerstände am Eingang von Quad-Antennen in Abhängigkeit vom Reflektorabstand

Eingangswiderstand in Ω	Reflektorabstand in λ	Entsprechende Distanz für 20-m-Band in m	15-m-Band in m	10-m-Band in m
52	0,11	2,34	1,56	1,17
60	0,13	2,76	1,85	1,38
70	0,17	3,62	2,41	1,80
72	0,18	3,83	2,56	1,91
75	0,20	4,25	2,84	2,12

Die endgültige Länge der Stubs wird beim Abgleich gefunden. Die Reflektorabstände beeinflussen Eingangswiderstand und Gewinn des Systems. Es ist naheliegend und zweckmäßig, die Distanz Strahler-Reflektor so zu wählen, daß der Eingangswiderstand der Anordnung dem Wellenwiderstand der vorgesehenen Speiseleitung entspricht. **Tabelle 18.9** vermittelt annähernd die zu erwartenden Widerstände am Antenneneingang in Abhängigkeit vom Abstand Strahler-Reflektor und gibt gleichzeitig die entsprechenden mechanischen Abstände für die hochfrequenten Amateurbänder.

Natürlich muß man sich über die Größe des zu wählenden Reflektorabstandes bereits vor dem Anfertigen des Mittelstückes klar sein, da dieser den Anstellwinkel der Winkeleisenhalterstreben bestimmt. Wenn die Elemente montiert sind, wird das gesamte System in sich noch mit geeigneten Kunststoffdrähten verspannt, damit es die erforderliche Stabilität erhält. Das ideale Material für diesen Zweck ist ein Glasgarn mit geschmeidigem PVC-Mantel. Es garantiert große Reißfestigkeit, isoliert gut und - das ist besonders wichtig - dehnt sich kaum aus.

Die Speisung

Da sich der Eingangswiderstand des Systems in der Größenordnung von 70 Ω bewegt, bietet sich das direkte Speisen über ein beliebig langes Koaxialka-

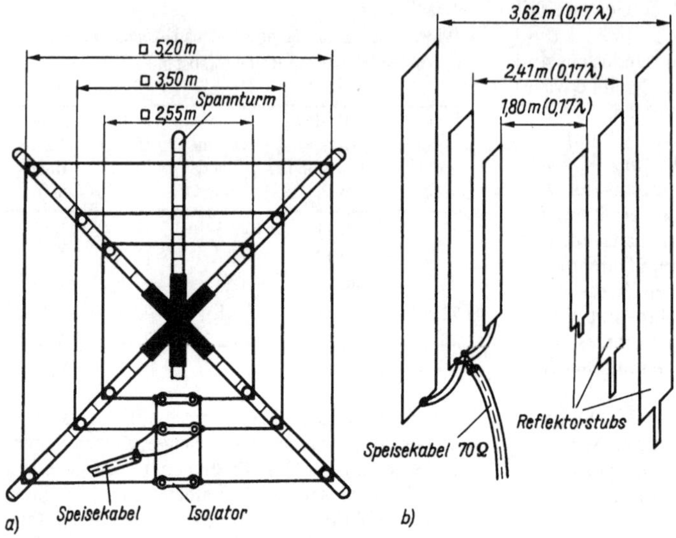

Bild 18.2.21
W4NNQ-Quad
(Anordnung
und Speisung)

bel an. Eine Mantelwellensperre durch eine Koaxialdrossel ist zweckmäßig.

Die herkömmliche Art, ein Dreiband-Quad zu speisen, besteht darin, daß man für jedes Band eine eigene Speiseleitung verwendet. Das schafft klare Verhältnisse. Es wird aber - besonders bei großen Leitungslängen - viel Koaxialkabel benötigt. Ist jedes einzelne System auf Anpassungsoptimum abgeglichen, können die gespeisten Elemente eines Dreiband-Quad an den Eingängen einander parallelgeschaltet und über ein einziges, gemeinsames Koaxialkabel gespeist werden (**Bild 18.2.21**). Dieses wird zweckmäßig vom Speisepunkt des 15-m-Strahlers weggeführt. Vom 20- und vom 10-m-Strahler verlaufen Verbindungsdoppelleitungen zum zentralen 15-m-Speisepunkt. Dabei werden jedoch die freien Strahlerlängen durch diese Verbindungsleitungen beaufschlagt, und die Resonanzfrequenzen der normal bemessenen Strahler liegen tiefer als vorausberechnet. Es ist deshalb erforderlich, die Strahlerlängen um die Länge der Verbindungsleitungen zu verkürzen. Diese Strahlerverkürzung läßt sich auch elektrisch durch Einschalten von Kondensatoren in den Leitungsweg herbeiführen. Beim Speisen der 3 Strahlerelemente über ein gemeinsames Koaxialkabel ist die Wirkung im 15-m-Band häufig eingeschränkt. In solchen Fällen wird das problemlose Einzelspeisen empfohlen.

Der Abgleich

Zuerst muß man die gespeisten Elemente auf ihre Resonanzlänge einstellen. Dazu wird die Speiseleitung an das jeweils abzugleichende Element angeschlossen, wobei in die Energieleitung ein Reflektometer eingeschleift ist. Durch den Betriebssender, einen Meßgenerator oder ein Dip-Meter erregt man nun den Strahler und variiert dabei die Betriebsfrequenz in weiten Grenzen. Dabei beobachtet man das Reflektometer. Die Frequenz, bei der die Welligkeit auf der Leitung den geringsten Wert hat, ist die Resonanzfrequenz des gespeisten Elementes. Sollte sie nicht an der gewünschten Stelle im Band liegen, muß die Elementlänge entsprechend verändert werden.

Nun folgt der Feinabgleich der Reflektoren auf größte Rückdämpfung. Man verwendet dazu ein einfaches Feldstärkeanzeigegerät (Hilfsantenne, Germaniumdiode und Anzeigeinstrument), das etwa 50 m entfernt und möglichst in gleicher Höhe wie der Beam aufzustellen ist. Das Dreiband-Quad wird nun so gedreht, daß das Reflektorquadrat seine Breitseite dem Feldstärkeanzeiger zuwendet. Bei strahlendem Sender werden die Kurzschlußschieber an den Reflektorstubs so eingestellt, daß der Feldstärkeanzeiger ein ausgeprägtes Minimum anzeigt. Dieses Einstellen ist kritisch, das Minimum erscheint sehr scharf ausgeprägt. Da durch den Reflektorabgleich die Strahlerresonanz etwas beeinflußt wird, empfiehlt sich eine anschließende Kontrolle mit dem Reflektometer.

18.2.5.1.3 *CQ-PA*-Quad

Von *PA0XE* wurde in der holländischen Amateurzeitschrift *CQ-PA* eine Dreiband-Quad beschrieben, dessen mechanischer Aufbau sehr einfach ist und wohl eine der zweckmäßigsten Lösungen für den Amateur darstellen dürfte. Weitere Vorzüge der *CQ-PA-Quad* bestehen darin, daß man keinerlei Stubs oder sonstige Abstimmhilfsmittel benötigt und daß für alle Bänder der optimale Reflektorabstand eingehalten wird. Beachtet man alle Abmes-

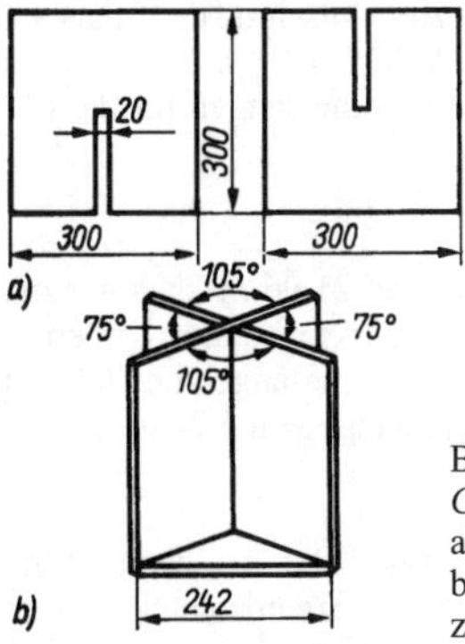

Bild 18.2.22
CQ-PA-Quad (Mittelstück)
a) - Einzelplatten
b) - Mittelstück zusammengefügt

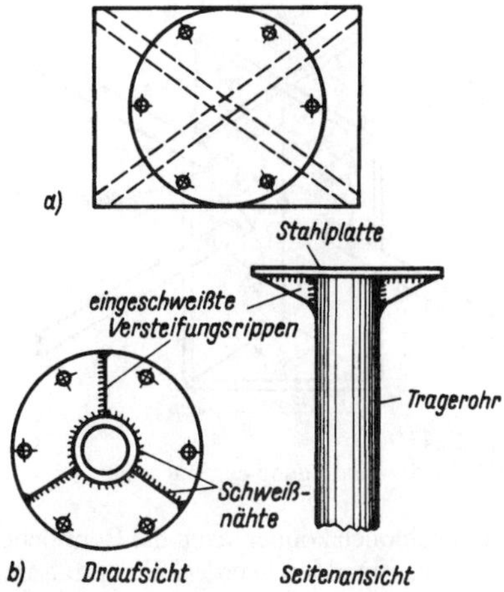

Bild 18.2.23
CQ-PA-Quad (Mastbefestigung am Kreuzstück)
a) - Grundplatte
b) - Metallflansch verschweißt

sungen genau, so kann auf einen Abgleich verzichtet werden. Die Literaturstelle ist leider nicht mehr auffindbar.

PA0XE verwendet als Kreuzstück keine geschweißte Eisenkonstruktion, sondern einen stabilen und zweckentsprechenden Aufbau aus 20 mm dicken Sperrholzplatten, der in **Bild 18.2.22** erläutert wird. Die Teilzeichnung (**Bild 18.2.22a**) zeigt zwei quadratischen Sperrholzplatten aus 20 mm dickem Material mit einer Seitenlänge von je 300 mm. Jede dieser Platten hat in der Mitte einer Seite einen 150 mm langen und 20 mm breiten Schlitz. Diese Schlitze müssen so ausgearbeitet werden, daß sich nach dem Zusammenstecken beider Platten gemäß **Bild 18.2.22b** die gegenüberliegenden Winkel mit 105° bzw. 75° ergeben (Schräge Schlitzflanken!). Aus dem gleichen Material wird noch eine rechteckige Grundplatte mit den Seitenlängen 242 mm x 184 mm zugeschnitten. Stimmen die Abmessungen dieser Grundplatte und wird das Plattenkreuz auf die Grundplatte aufgesetzt, so ergeben sich auch die geforderten Winkel von 105° und 75° (Winkelfunktion).

Dieses mechanische Hauptteil der Antenne wird gut verleimt und verschraubt. Die Schrauben in der Grundplatte sind zu versenken. Das Kreuzstück wird mehrmals mit Leinölfirnis oder einem guten Bootslack gestrichen. Noch stabiler und witterungsbeständiger sind entsprechend starke Schichtpreßstoffplatten mit Gewebeeinlage.

Im nächsten Arbeitsgang bereitet man das Befestigen des Tragemastes an der Grundplatte des Kreuzstückes vor: Eine 3 bis 5 mm dicke kreisförmige Stahlplatte von 180 mm Durchmesser legt man - wie in **Bild 18.2.23** gezeigt - auf die Unterseite der Grundplatte. Nun versieht man die Stahlplatte mit sechs gleichmäßig auf den Umfang verteilten Bohrungen von etwa 5 mm Durchmesser, dabei wird die Grundplatte gleichzeitig mit durchbohrt. Die Bohrlöcher sind so zu verteilen, daß beim späteren Zusammenschrauben die Schraubenköpfe auf der Grundplattenoberseite genügend Spielraum gegenüber dem Plattenkreuz haben. Die Stahlblechscheibe muß nicht unbedingt kreisförmig sein, sie kann auch die Abmessungen der Grundplatte aufweisen (242 mm x 184 mm).

Als Tragemast empfiehlt *PA0XE* 1,5-Zoll-Wasserleitungsrohr. Vorerst wird ein etwa 3 m langes Stück benötigt, das an einem Ende ein Außengewinde erhält. Dieses Gewinde ist nötig, um den Maststummel über eine Rohrmuffe verlängern zu können. Auf das andere Rohrende wird die vorbereitete Stahlblechplatte genau zentrisch stumpf aufgeschweißt. Der Maststummel muß senkrecht auf der Stahlplatte stehen. Es empfiehlt sich, noch drei Versteifungsrippen in der Form rechtwinkliger Blechdreiecke einzuschweißen, die den seitlichen Druck aufnehmen können. (**Bild 18.2.23b**).
Es sind acht Bambusstäbe von je 4,50 m Länge als Tragearme erforderlich. Um sie am Kreuzstück festklemmen zu können, werden insgesamt 16 U-förmige Bolzen benötigt, die jeder Schmied oder Mechaniker anfertigt. Die Abmessungen dieser Bolzen richten sich nach dem Durchmesser der Bambusarme. Die Bolzen, Muttern, Unterlegscheiben und alle sonstigen Metallteile sollten möglichst verzinkt oder kadmiert sein, zumindest aber mit einem guten Rostschutzlack gestrichen werden.

Bild 18.2.24 zeigt, wie man die Tragearme am Kreuzstück befestigt. Der Übersichtlichkeit halber wurden nur 4 Tragearme eingezeichnet; die restlichen 4 Bambusstäbe muß man ebenso im gegenüberliegenden Winkel von 105° montieren. Die Neigung der Tragearme gegenüber der Senkrechten soll genau 52,5° betragen. Dieser Winkel wird sehr einfach gefunden, indem man sich vom 105°-Winkel des Plattenkreuzes eine Papierschablone anfertigt und diese durch Zusammenfalten halbiert (105 : 2 = 52,5). Durch entsprechendes Anlegen

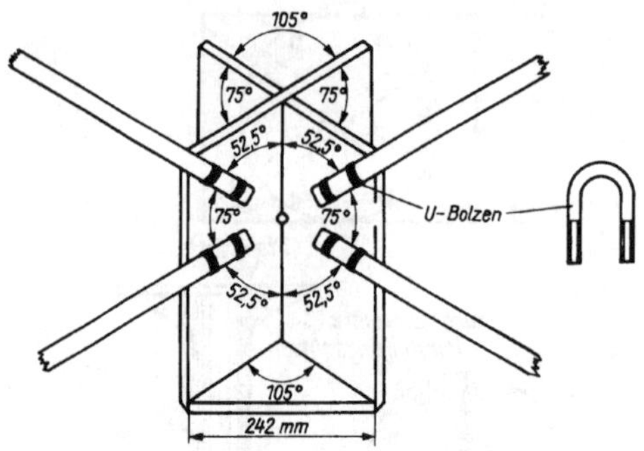

Bild 18.2.24
CQ-PA-Quad – Befestigung der Tragarme

dieser Schablonen können dann die Bohrlöcher für die U-Bolzen markiert werden. Es ist ratsam, die inneren U-Bolzen nicht zu nahe an die Kreuzungslinie der Platten zu setzen, damit noch genügend Spielraum für das Aufsetzen und Anziehen der Gegenmuttern verbleibt. Um einem Platzen der Bambusstäbe beim Festziehen der Muttern vorzubeugen, werden die dickeren Rohrenden, die man einklemmt, gut mit Isolierband oder einem anderen geeigneten Material umwickelt. Wie man Bambusrohre richtig behandelt, wurde bereits zu Beginn dieses Abschnittes beschrieben. Nun werden die Elemente vorbereitet und zurechtgelegt. Als Material eignen sich alle Kupferdrähte oder Litzen, die der mechanischen Beanspruchung gewachsen sind. Insgesamt braucht man etwa 100 m.

PA0XE verwendete eine kunststoffisolierte Litze, die sich besonders gut verarbeiten läßt, Strahler und Reflektoren sind in sich resonant, man benötigt deshalb keine Stubs oder sonstigen Abstimmhilfsmittel. Das bedingt jedoch, daß jedes Strahlerelement seine eigene Speiseleitung erhält; es werden demnach 3 Koaxialkabel zum Stationsraum geführt. Es sind alle Arten von Koaxialkabeln zwischen 50 und 75 Ω Wellenwiderstand brauchbar.

Die Reflektoren bestehen aus in sich geschlossenen Leitervierecken (**Bild 18.2.25b**); die Strahlervierecke sind in der geometrischen Mitte der unteren waagrechten Seite zum Anschluß der Speisekabel aufgetrennt (**Bild 18.2.25a**).

Es werden folgende Leitungslängen für die Elemente zugeschnitten:

20-m-Band
Strahlerelement-Leiterlänge 21,06 m, davon 2 mal 50 mm zum Befestigen am Trennisolator. Das ergibt dann eine ausgespannte Strahlerlänge von 20,96 m, entsprechend einer Seitenlänge von 5,24 m.

15-m-Band
Strahlerelement-Leiterlänge 14,34 m, davon 2 mal 50 mm zum Befestigen am Trennisolator. Das ergibt eine ausgespannte Strahlerlänge von 14,24 m, entsprechend einer Seitenlänge von 3,56 m.

Reflektorelement-Leiterlänge 15,13 m, davon 50 mm zum Verschrauben und Verlöten der Leitungsenden. Das ergibt eine ausgespannte Reflektorlänge von 15,08 m, entsprechend einer Seitenlänge von 3,77 m.

10-m-Band
Strahlerelement-Leiterlänge 10,66 m, davon 2 mal 50 mm zum Befestigen am Trennisolator. Das ergibt eine ausgespannte Strahlerlänge von 10,56 m, entsprechend einer Seitenlänge von 2,64 m.

Reflektorelement-Leiterlänge 11,25 m, davon 2 mal 50 mm zum Verschrauben und Verlöten der Leitungsenden. Das ergibt eine ausgespannte Reflektorlänge von 11,20 m, entsprechend einer Seitenlänge von 2,80 m.

Die zugeschnittenen Leitungsstücke werden nun der Länge nach waagrecht ausgespannt. Danach markiert man sie an den Stellen, wo später die Tragearme befestigt werden müssen, mit schnell trocknendem Lack. Oft genügt es auch, einen kräftigen Kunststoffaden an der gefundenen Stelle fest zu verknoten; seine reichlich bemessenen Enden kann man später zum Festbinden des Leiters an den Tragearmen nutzen. Die Anordnung der Elemente und ihre Seitenlängen sind in **Bild 18.2.25** wiedergegeben. Aus dieser Zeichnung kann die Lage der zu markierenden Eckpunkte entnommen werden.

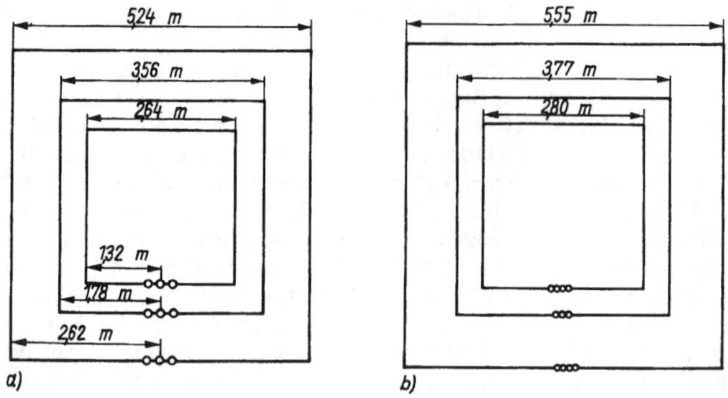

Bild 18.2.25
CQ-PA-Quad
(Quadelemente)
a) - gespeiste Elemente
b) - Reflektorelemente

Der Zusammenbau des gesamten Systems vollzieht sich zweckmäßig in folgender Reihenfolge:

a - Die 4 schräg nach oben zeigenden Tragearme an das Kreuzstück montieren.

b - Die oberen waagrechten Seiten der Strahler und Reflektoren einpassen und an den nach oben weisenden Tragearmen befestigen. Die Elemente hängen zwischen 2 Bambusschenkeln, die in einem Winkel von 75° zueinander stehen. Es empfiehlt sich außerdem, die jetzt noch leicht zugänglichen oberen Tragearme mit Kunststoffdrähten bzw. Glasgarn zu verspannen.

c - Grundplatte des Kreuzstückes mit dem etwa 3 m langen Maststummel verschrauben. Maststummel mit Kreuzstück zur weiteren Montage senkrecht auf-stellen. *PA0XE* empfiehlt als behelfsmäßigen Mastfuß eine größere Holzkiste, deren Deckel und Boden mit je einem dem Mastdurchmesser entsprechenden Loch versehen sind. In dieser Kiste kann die Antenne bis zum Abschluß der Montage frei stehen.

d - Die 4 schräg nach unten zeigenden Tragearme an das Kreuzstück anschrauben und die senkrecht verlaufenden Sektionen der Elemente an den unteren Tragearmen befestigen.

e - An den Reflektorelementen die Leitungsenden miteinander verlöten, so daß sie die untere waagrechte Seite bilden. Zwischen die Enden der Strahlerelemente wird je ein kleiner Isolator eingesetzt. Diese Isolatoren bilden auf der Mitte der unteren waagrechten Seiten die Speisepunkte.

f - Tragearme untereinander mit geeigneten Kunststoffdrähten verspannen. Das verleiht dem ganzen System die erforderliche Stabilität und eine saubere Kubusform. Die Koaxialkabel mit einem Wellenwiderstand von 50 bis 75 Ω werden an den Speisepunkten angeschlossen und durch Abfangen am Kreuzstück zugentlastet.

Damit ist die *CQ-PA*-Dreiband-Quad betriebsfertig, und dem Erbauer bleibt nur noch die sicher nicht leichte Aufgabe, das Gebilde auf das Hausdach oder auf einen Mast zu bringen.

18.2.5.1.4 *DJ4VM*-Quad

Das zentral gespeiste, von *DJ4VM* entwickelte Mehrband-Quad-Element wurde in Abschnitt 13.3.8 beschrieben. Es ist wegen der streng symmetrischen Erregung z.B. einem unten gespeisten Quad-Element beim Mehrbandbetrieb überlegen. Wie *DJ4VM* in [2.36] näher ausführt, ist die Phasenlage eines von unten (oder oben) gespeisten, für 20 m bemessenen Quad-Elementes noch exakt symmetrisch. Betreibt man dieses Element im 15-m-Band, stellt sich bereits eine erhebliche Asymmetrie ein, und beim 10-m-Betrieb tritt eine ausgesprochene Gegenphasigkeit auf, die das Strahlungsdiagramm verformt. Dies ist auf die unsymmetrische Erregung zurückzuführen, die erkennbar wird, wenn man sich das Quad-Element als die Stockung von 2 abgewinkelten Halbwellenelementen vorstellt, bei denen die untere Ebene zuerst erregt wird. Betreibt man ein solches Quad-Element außerhalb der Ganzwellenresonanz, müssen zwangsläufig Unsymmetrien in der Phasenlage entstehen, die nur durch zusätzliche Maßnahmen, wie Einfügen von Sperrkreisen, Entkopplungs-Stub, Umschaltrelais usw. zu beseitigen sind.

Beim *DJ4*VM-Element wird durch die zentrale Speisung immer eine symmetrische Stromverteilung und Phasenlage erzwungen. Ein solches, für z.B. 20 m bemessenes Element, entspricht mit seinen Strahlungseigenschaften etwa einem resonanten 20-m-Quad-Element, es wirkt im 15-m-Betrieb wie ein verlängertes Quad-Element (Extended Quad) und beim 10-m-Betrieb als Bisquare (siehe Abschnitt 13.3.6) mit entsprechendem Gewinn. Dabei sind am Element keinerlei mechanische oder elektrische Umschaltungen erforderlich.

Die Resonanz des Elementes wird, wie auch beim *G4ZU*-Dreibanddrehrichtstrahler in Abschnitt 18.1.3.2.1 beschrieben, über eine abgestimmte Speiseleitung mit nachfolgendem Abstimmgerät abgestimmt. Deshalb ist der Umfang des Rahmens nicht kritisch, man bemißt ihn etwa für Ganzwellenresonanz bei der niedrigsten gewünschten Betriebsfrequenz und kann dann nach *DJ4VM* mit der Abstimmeinheit eine Frequenzvariation von 1 : 2,4 erreichen.

Wenn man dem *DJ4VM*-Element nach **Bild 13.3.12a** in entsprechendem Abstand ein gleichartiges Reflektorelement parallel hinzufügt, erhält man einen 2-Element-Multiband-Richtstrahler (**Bild 18.2.26**). Ebenso wie das gespeiste Element muß auch der Reflektor auf beste Wirkung abge-

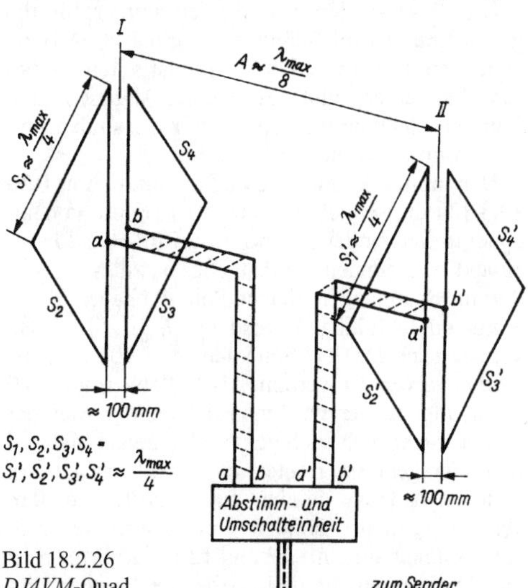

Bild 18.2.26
DJ4VM-Quad
(Aufbauschema)

stimmt werden. Bei einem strahlungsgekoppelten Reflektor im Multibandbetrieb tritt jedoch folgende Schwierigkeit auf:

Bemißt man den Reflektorabstand *A* für die niedrigste Frequenz mit z.B. 0,12λ bei 14 MHz, beträgt der relative Abstand beim 28-MHz-Betrieb 0,24λ, damit wird das Vor-Rück-Verhältnis schlechter und der Gewinn fällt etwas ab. *DJ4VM* fand die Optimallösung in der Mitspeisung des Reflektors.

Die Ausführung nach **Bild 18.2.26** hat Gültigkeit für die Quad mit parasitärem Reflektor und für die Ausführung mit gespeistem Reflektor; der Unterschied besteht nur in der Schaltung der Abstimm- und Umschalteinheit. Beide *DJ4VM*-Elemente haben gleiche Abmessungen, die offenen Speiseleitungen sind beliebig lang, sollen aber untereinander gleiche Längen aufweisen. Da sie als abgestimmte Leitungen wirken, ist ihr Wellenwiderstand nicht kritisch. Im allgemeinen verwendet man selbstgebaute „Hühnerleitern“ mit Wellenwiderständen zwischen 240 und 450 Ω. Nicht ganz so dauerhaft und verlustarm sind industriell gefertigte TV-Zweidrahtleitungen (Wellenwiderstand etwa 240 bis 300 Ω), die sich ebenfalls eignen.

Günstiger sind die neuen schwarzen Zweidrahtleitungen von Wireman.

Die Abstimmeinheit kann am Antennenmast in leicht zugänglicher Höhe angebracht werden. Von dort führt ein beliebig langes Koaxialkabel zum Stationsraum. In diesem Fall wird das Band mit Schaltrelais umgeschaltet, die sich in der Abstimmeinheit befinden. Man kann aber auch die Zweidrahtleitungen bis zum Stationsraum führen und dort die Abstimmeinheit installieren. Es ist dabei zu beachten, daß die Länge der abgestimmten Zweidrahtleitungen nicht einem Vielfachen von $\lambda/4$ der jeweils in Frage kommenden Wellenlänge entsprechen sollen.

Die *DJ4VM*-Elemente werden immer für die größte Betriebswellenlänge, i.a. für das 20-m-Band bemessen. Irgendwelche Abstimmarbeiten an diesen Elementen gibt es nicht, Abgleich und Bandumschaltung werden in ihrer Gesamtheit mit der Abstimmeinheit durchgeführt.

Dem aufmerksamen Leser fällt auf, daß in **Bild 13.3.12a** die seitlichen Elementabschnitte voneinander isoliert sind, während sie in **Bild 18.2.26** miteinander verbunden werden. Dies ist zulässig, weil dort die Spannungen gleiche Polarität haben.

Für eine Multiband-Quad mit f_{min} = 14 MHz können nach *DJ4VM* Seitenlängen *S* von 5,00 bis 6,40 m verwendet werden. Als Mittelwert gilt 5,40 m; im allgemeinen wird man sich bei der Wahl der Seitenlängen auch nach dem vorhandenen Material für die Tragekreuze richten. Es ist ein Vorzug dieser Antenne, daß man sie nicht nur für 20,15 und 10 m verwenden kann, sondern mit erweiterter Abstimmeinheit auch für 17 und 12 m. Im Prinzip ist die Abstimmung für jede beliebige Frequenz im Bereich zwischen 14 und etwa 33 MHz möglich. Bei entsprechendem Gewinnabfall kann diese Antenne auch noch im 30-m-Band als verkürzte Quad betrieben werden, wobei die Resonanz mit der Abstimmeinheit hergestellt wird.

Die Abstimmeinheit ist das Herz der Antennenanlage und erfordert einigen Aufwand in der Form von Spulen, Kondensatoren und Umschaltern. **Bild 18.2.27a** zeigt das Schaltschema für den Betriebsfall mit strahlungsgekoppeltem Reflektor. Für jedes gewünschte Band sind je 2 Parallelresonanzkreise mit geerdeter Spulenmitte vorhanden. Sie werden so bemessen, daß sich mit einem 50-pF-Drehkondensator Resonanz im gewünschten Amateurband herstellen läßt. Rechnerisch ergeben sich für die Induktivität der Kreisspulen bei einer mittleren Kapazität von 30 pF folgende Näherungswerte:

20-m-Band = 4,3 µH;
17-m-Band = 2,6 µH;
15-m-Band = 1,9 µH;
12-m-Band = 1,36 µH;
10-m-Band = 1,04 µH.

Als Richtwerte für die praktische Ausführung der Spulen gibt *DJ4VM* an:
20-m-Band = 10 Windungen,
Spulendurchmesser 40 mm;
15-m-Band = 8 Windungen,
Spulendurchmesser 35 mm;
10-m-Band = 8 Windungen,
Spulendurchmeser 30 mm.

Beide Spulen haben gleichen Wicklungssinn. Die Zweidrahtleitungen *a-b* bzw. *a'-b'* werden erdsymmetrisch an Spulenanzapfungen geführt, die ihrer Impedanz entsprechen. Eine weitere Anzapfung in der Nähe des Erdungspunktes ermöglicht das niederohmige, unsymmetrische Ankoppeln für ein beliebiges Koaxialkabel, wobei mit C_K (50 pF) minimale Welligkeit eingestellt werden kann.

Die Bandumschaltung wird durch entsprechende Kontakte innerhalb der Abstimmeinheit vorgenommen. Befindet sich diese innerhalb des Stationsraumes, können handbetätigte Umschalter verwendet werden; ist sie außerhalb untergebracht, wird man fernbetätigte Schaltrelais einsetzen. Das eingezeichnete Reflektometer kann nach dem Abgleich auf minimale Welligkeit wieder entfernt werden.

Zum Abgleich wird ein Dip-Meter benötigt. Zunächst stimmt man den Kreis L_1-C_1 ohne angeschlossene Zweidrahtleitungen mit C_1 auf die vorgesehene Resonanzfrequenz ab, dann wird L_1'-C_1' auf eine um etwa 5% tiefere Frequenz eingestellt. Der richtige Anschluß von *a-b* bzw. *a'-b'* ist dort vorhanden, wo die geringstmögliche Kreisverstimmung auftritt (Kontrolle mit Dip-Meter). Dann sucht man für die Ankopplung des Koaxialkabels den Punkt der geringsten Welligkeit und stimmt mit C_K auf deren Minimum nach. Die Ankopplung kann auch induktiv wie in **Bild 18.2.27c** ausgeführt werden. Zum Feinabgleich auf größtes Vor-Rück-Verhältnis benutzt man C_1'.

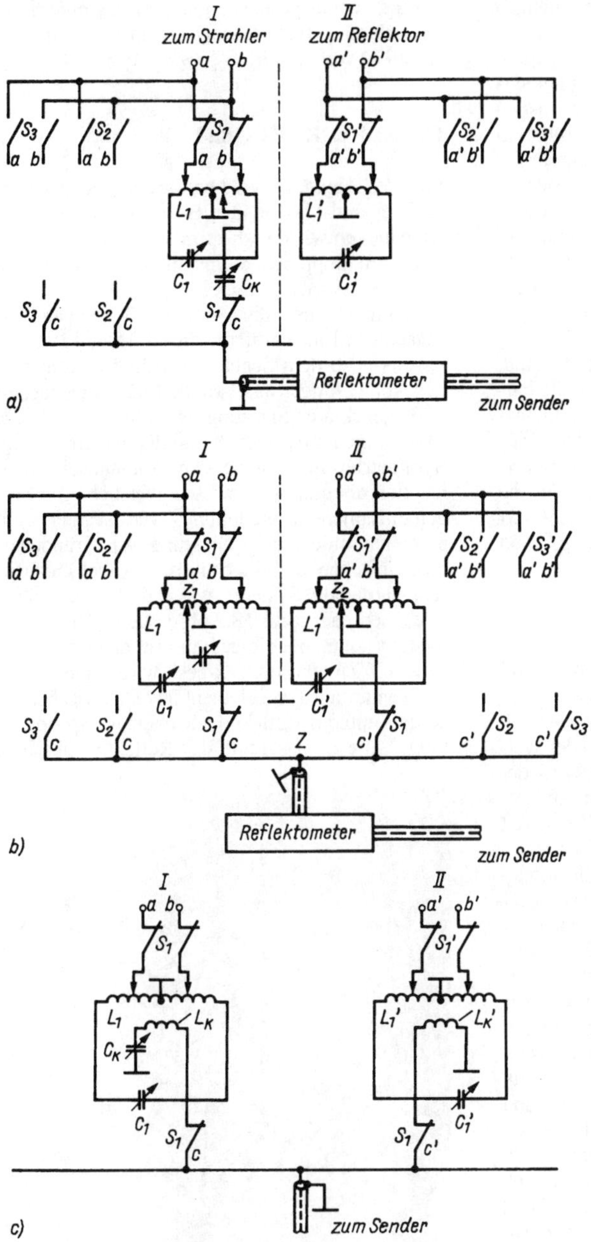

Bild 18.2.27
DJ4VM-Quad
(Abstimmeinheit)
a) - mit parasitärem Reflektor
b) - Vollspeisung
c) - Variante mit induktiver Auskopplung

Die Schaltung mit 2 gespeisten Elementen in **Bild 18.2.27b** erfordert einen nur geringfügig größeren Aufwand, bedarf aber zu ihrem Verständnis sorgfältiger Überlegungen. Man kann in diesem Fall die Elemente nicht mehr als „Strahler" und „Reflektor" bezeichnen, weil beide je nach Zusammenschaltung die Funktion eines Reflektors oder eines Direktors annehmen können. Die Elemente werden deshalb mit *I* und *II* gekennzeichnet. In [2.37] wird von *DK1UJ die* Wirkungsweise an einem Beispiel ausführlicher erklärt. Von Element *I* gehen die Leitungen *a-b* aus, Element *II* hat die Anschlüsse *a'-b'*. In der gezeichneten Schaltung wirkt Element *I* als Reflektor. Vertauscht man die Anschlüsse *a'-b'* (oder *a-b*), tritt eine Phasenverschiebung von 180° ein, und Element *II* wird zum Reflektor (die Hauptstrahlrichtung dreht sich um 180°). Deshalb ist die gleichsinnige Wicklung der Kreisspulen wichtig, und man muß darauf achten, daß die Zweidrahtleitungen nicht in sich verdreht werden.

Besondere Aufmerksamkeit verdient die gegenphasige Erregung der beiden Elemente über das Koaxialkabel, das mit seinem Innenleiter an den Punkt *Z* angeschlossen wird. Von dort aus führt ein Leiterzug über C_K (50 pF) zur Anzapfung an L_1, der andere zur Anzapfung von L_1'. Durch entsprechendes Einstellen von C_K wird die erforderliche Phasenverschiebung erreicht. Verzichtet man auf C_K, dann muß die Anzapfung von L_1 auf die Seite rechts vom Erdungspunkt verlegt werden (Gegenphasigkeit). Analog ist bei der induktiven Ankopplung nach **Bild 18.2.27c** zu verfahren.

Der Abgleich erfordert Systematik und Geduld. Wie bereits beschrieben, werden zunächst alle Parallelresonanzkreise für die gewünschte Resonanzfrequenz vorabgeglichen. Die Anzapfpunkte für *a-b* und *a'-b'* findet man dort, wo die Kreisverstimmung am geringsten ist (Anpassung). Für die Anschlußpositionen von Z_1 und Z_2 gibt *DJ4VM* folgende Richtwerte an, die auf den Erdungspunkt (Spulenmitte) bezogen sind:

20 m - 1,5 bis 3 Windungen;
15 m -1... 2 Windungen und
10 m - 0,5 ... 1,5 Windungen.

C_K wird etwa in Mittelstellung gebracht. C_1 und C_1' variiert man abwechselnd so, daß das Reflektometer die geringstmögliche Welligkeit anzeigt. Dann versucht man, mit C_K das Minimum der Welligkeit zu vertiefen. Gelingt dies nicht, wird der Vorgang mit verändertem C_K (ggf. auch Anzapfpunkte) bis zum Erfolg wiederholt. Eine Welligkeit $s < 1{,}5$ sollte erreicht werden.

Bestes Vor-Rück-Verhältnis wird am Reflektorelement durch Variieren von C_1 eingestellt. Das rückwärtige Minimum ist sehr scharf ausgeprägt; gegebenenfalls muß man mit C_K etwas nachstimmen. *DK1UJ* [2.37] erreichte bei exaktem Abgleich eine maximale Rückdämpfung bis > 50 dB. Sie ist innerhalb des Bandes fre-quenzabhängig und liegt normalerweise zwischen 20 und 40 dB. Der Frequenzbereich, in dem die Welligkeit nicht über $s = 2$ anstieg, betrug im 20-m-Band ≈ 250 kHz und im 10-m-Band ≈ 600 kHz. Diese Ergebnisse beziehen sich auf Seitenlängen *S* von 5,65 m bei einem Abstand *A* von 2,50 m. Die horizontale Halbwertsbreite liegt nach *DJ4VM* im 20-m-Band bei 50°, für 15 m bei 40° und im 10-m-Band bei 30°. Die etwas umfangreiche Abstimmeinheit (2 Spulen, 3 Drehkondensatoren und 6 Umschaltkontakte je Band) in Verbindung mit einer vielleicht etwas mühseligen Abstimmarbeit mag manchen Funkamateur von einem Nachbau dieser Antenne abschrecken. Berücksichtigt man aber die ausgezeichneten Leistungsdaten und die Universalität (5 DX-Bänder) der *DJ4VM-Multiband-Quad*, so erscheint dieser Aufwand gerechtfertigt.

Zwei neuere Literaturstellen über Quads nach *DJ4VM* sind [2.38] und [2.39].

Eine zentral gespeiste Quad mit symmetrischer Speiseleitung für 6 Bänder (10 m bis 30 m) wird seit 1999 von der Firma *Titanex* hergestellt.

18.2.5.1.5 *DK4NA*-Quad

Von *H. Schmidt, DK4NA* wurde eine nachbausichere Dreiband-Version der Bird-Cage (Vogelkäfig-Antenne) entwickelt, die sehr kompakt und mechanisch unkompliziert aufgebaut war. **Bild 18.2.28** zeigt die *DK4NA-Quad.*

Elektrisch hat die Antenne 3 ineinandergeschachtelte Einzelsysteme für 20, 15 und 10 m, die jeweils nach dem Schema in **Bild 18.2.6** und mit den Abmessungen aus **Tabelle 18.5** aufgebaut sind.

Wegen klarer Speisungsverhältnisse wird jedes System getrennt über Koaxialkabel erregt; eine Symmetriewandlung an den Antenneneingängen hat sich als unnötig erwiesen. Versuche mit einer gemeinsamen Kabelleitung verursachten eine erheblich schlechtere Anpassung. Aus Gründen der mechanischen Stabilität und um Kabel einzusparen, werden die Systeme, wie in den unteren Strahlerebenen nach **Bild 18.2.6b** gespeist. Die Reflektorstubs sollen bei dieser Bauform nicht frei herabhängen. Zu diesem Zweck wird eine Kunststoffschnur als Trageelement jeweils zwischen den beiden unteren Reflektorschenkeln verspannt. An ihrer Mitte ist das Ende des Reflektorstubs befe-

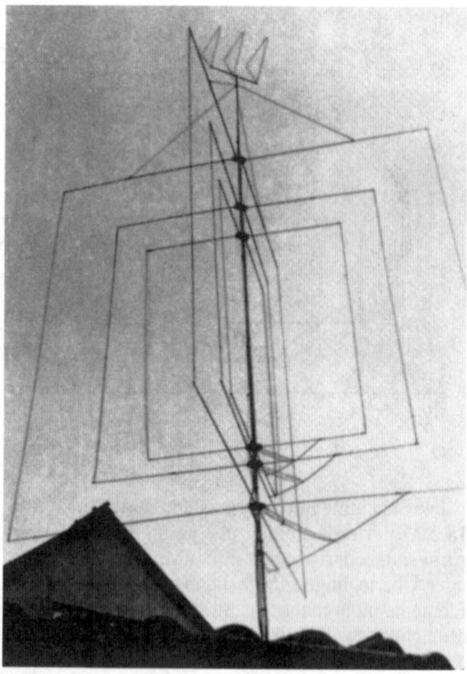

Bild 18.2.28
DK4NA-Quad

stigt, so daß dieses Abstimmglied auf der Winkelhalbierenden der Reflektorschenkel waagrecht zur Kunststoffschnur verläuft. Auf diese Weise ist die kapazitive Beeinflussung der Stubs durch den metallischen Tragemast sehr gering.

Der über die obere Antennenebene hinausragende Mast trägt zusätzlich noch eine 3-Element-Delta-Loop-Antenne für das 2-m-Band. Diesen verlängerten Mast nutzt man gleichzeitig als Spannturm für die mechanisch am stärksten belasteten waagrechten 20-m-Elemente, die durch die Abspannschnüre entlastet werden. Dadurch wird es möglich, die je 2,90 m langen 20-m-Schenkel aus Hartaluminiumrohren 18 mm x 1,5 mm zu fertigen (z.B. Rohr 18 x 1,5 AlCuMg F 40). Für die je 1,98 m langen 15-m-Schenkel genügt die gleiche Rohrqualität mit den Abmessungen 15 mm x 1,5 mm, die auch für die 10-m-Schenkel gewählt werden kann. Die Rohrdurchmesser wählt man nur nach mechanischen Gesichtspunkten aus, für die elektrische Funktion sind sie von untergeordneter Bedeutung. Das trifft auch für die senkrechten Drahtsektionen zu, die man aus Leichtmetalldrähten herstellt. Haltbarer und geschmeidiger sind Kupferlitzen, diese erfordern jedoch an den Verbindungsstellen mit den Leichtmetallrohren besondere Schutzmaßnahmen gegen elektrolytische Zersetzungsvorgänge.

Der Abgleich der Einzelsysteme beschränkt sich auf die optimale Abstimmung der Reflektorstubs. Die Kurzschlußbrücken werden dabei so eingestellt, daß ein in die Speiseleitung eingeschleiftes Reflektometer geringstmöglichen Rücklauf anzeigt. Beim Vergleich einer *Dreiband Bird-Cage* mit einer üblichen Dreiband-Cubical-Quad, erkennt man, daß mechanischer Aufwand und räumliche Ausdehnung der Bird-Cage erheblich geringer sind.

18.2.5.1.6 Low-Base-Quad

(*E. Bastian* – US 4,021,811 – Dt. Priorität 1974) *E. Bastian, DB3KG* hat 1974 eine servicefreundliche Quadantenne, als *Low-Base-Quad* bezeichnet, entwickelt [2.40], die dann in USA patentiert worden ist. Der Vorteil dieser Antenne gegenüber Boom- oder Spinnenquads ist die leichte Zugänglichkeit und Zerlegbarkeit. Der Befestigungspunkt für die Elementhalter ist als Haltekopf mit Stecklöchern in der Mitte der Basisebene der Antenne ausgebildet. Die gesamte Antenne ist oberhalb des Haltekopfes aufgebaut. **Bild 18.2.29** zeigt die Zwei-Element-Quadantenne für drei Frequenzbänder in der Perspektive. **Bild 18.2.30** zeigt die Draufsicht, **Bild 18.2.31** die Seitenansicht.

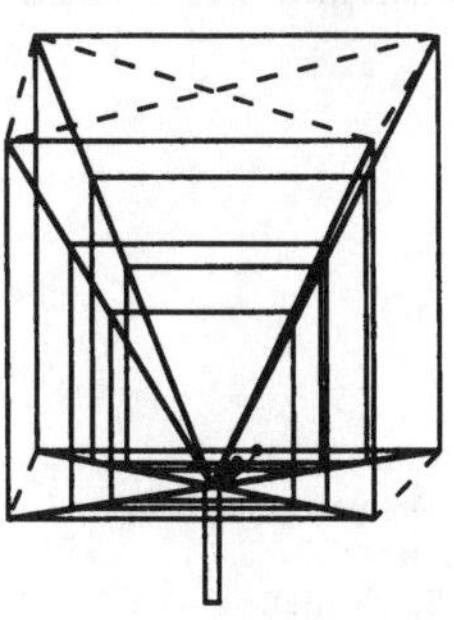

Bild 18.2.29
Low-Base-Quad

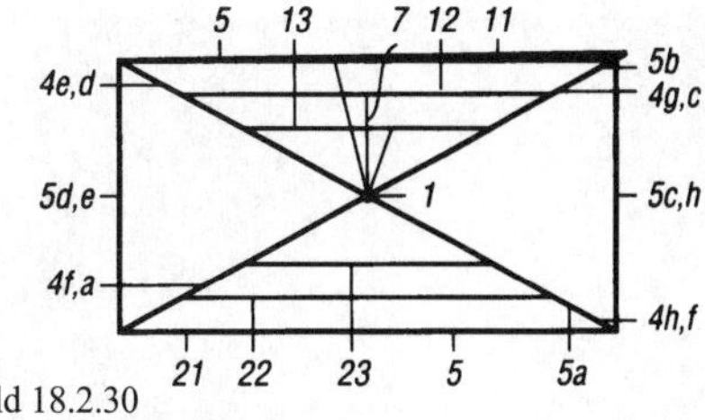

Bild 18.2.30
Low-Base-Quad (Draufsicht)

Legende:

1 ...	Haltekopf in der Basisebene
4 ...	Elementhalter (Glasfaserrohr)
4*a* – 4*d* ...	Spreizer horizontal in der Basisebene
4*e* – 4*h* ...	Spreizer schräg aufwärts
5 ...	Spannseile (isoliert)
5*a*, 5*b* ...	obere Diagonalschnüre
5*c*, 5*d* ...	obere Querschnüre
5*e*, 5*f* ...	untere Querschnüre
7 ...	Speisekabel
11, 12, 13 ...	Strahler
21, 22, 23 ...	Reflektoren

Die Antenne läßt sich schon in Erdbodennähe montieren und abgleichen. Die Einspeisung erfolgt im Bereich der Basisebene mit Gamma-Match. Am Antennenrohr montiert ist die untere Ebene leicht erreichbar. Die Antenne ist handlicher und sicherer aufzubauen.

Gegenüber Spinnenquads gibt es einen kleinen Nachteil: Die schräg nach oben gehenden Spreizer müssen um fast 2 m länger sein.

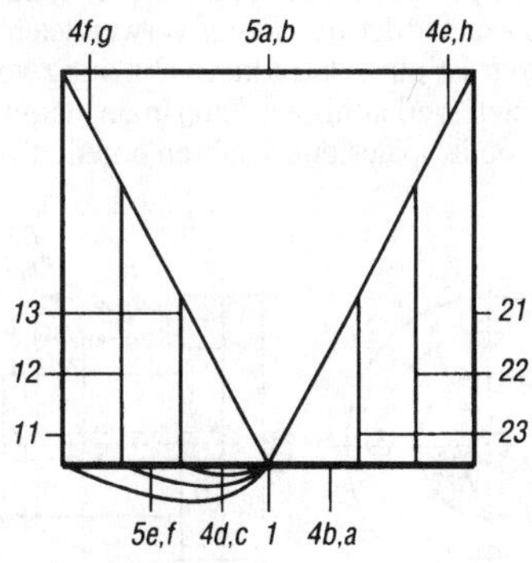

Bild 18.2.31
Low-Base-Quad (Seitenansicht)

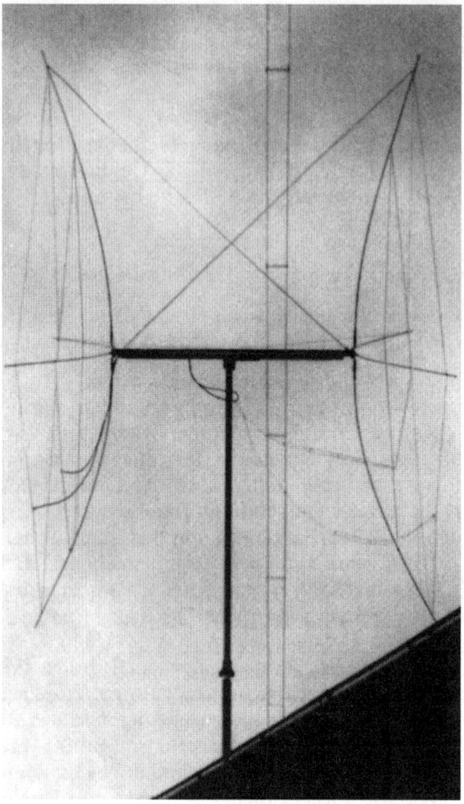

Bild 18.2.32
Verspannte Dreiband-Quad nach *DM2ARD*
(Foto *F. Traxler*)

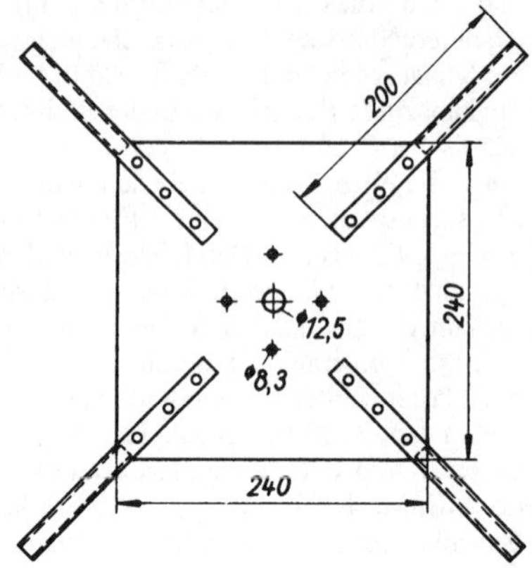

Bild 18.2.34
Verspannte Dreiband-Quad (Kreuzträgerplatte)

18.2.5.1.7 Verspannte Dreiband-Quad

Bei allen elektrischen Vorzügen der Cubical Quad ist die Standfestigkeit seiner Tragekonstruktion den Witterungsunbilden häufig nicht gewachsen, und es kommt ziemlich oft vor, daß eine „Spinnenquad" dem ersten größeren Sturm zum Opfer fällt. Auch die Lebensdauer der bevorzugt verwendeten Bambusspreizen ist nur relativ kurz, abhängig von den klimatischen Verhältnissen kann man damit rechnen, daß sie in spätestens 5 Jahren erneuert werden müssen. Ausgehend von diesen Tatsachen entwickelte *F. Traxler*, *DM2ARD*, ex *DL1RMD*, ex *DM2ARD*, ex *Y21RD* ein Tragesystem, dem man große Lebensdauer, kleines Gewicht, geringe Windlast und gute innere Stabilität bescheinigen kann.

Bild 18.2.32 läßt das Konstruktionsprinzip erkennen, nämlich die Abkehr von der allgemein bevorzugten Spinnenquad-Bauweise. An einem kurzen Boom sind die beiden gekrümmt verspannten kreuzförmigen Elementeträger befestigt. Die notwendige Elastizität für eine solche Verspannung ist nur mit Glasfiberpeitschen erreichbar, deren Durchmesser bei der Originalausführung 14 mm beträgt. Für Zweibandausführungen ist ein Durchmesser von 12 mm ausreichend.

Die Krümmung der Trageelemente hat folgende Vorteile:

- Es ergibt sich für jedes Band näherungsweise der richtige Abstand zwischen Strahler und Reflektor.
- Ähnlich wie ein Bogen die Sehne strafft, werden von den elastischen Glasfiber-peitschen die Antennenelemente (Sehnen) gespannt, und dem Trägerelement wird zusätzlich Stabilität verliehen.
- Auf Grund der verwendeten Glasfiberstäbe können die Antennenelemente ohne Isolatoren direkt durch Umwickeln befestigt werden. Da es dabei an den Drähten keine scharfen Knickstellen gibt, wird die Gefahr eines Drahtbruches vermindert.

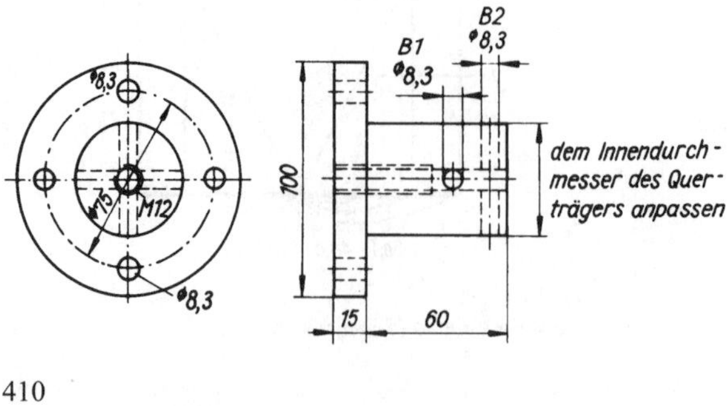

Bild 18.2.33
Verspannte Dreiband-Quad
(Maßskizze der
Leichtmetalldrehteile)

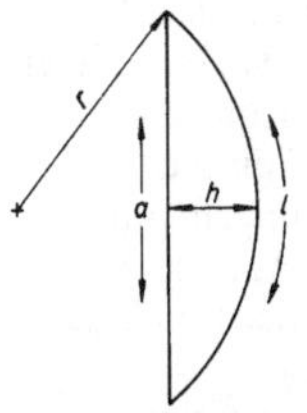

Bild 18.2.35
Verspannte Dreiband-Quad
Bemessungsskizze zur Berechnung der mechanischen Abmessungen
a - Sehne, *h* - Sehnenhöhe,
l - Länge des Kreisbogens,
r - Krümmungsradius

Tragevorrichtung

Der Tragemast ist aus 5 m 3-Zoll- und 6 m 2 1/2-Zoll-Stahlrohr zusammengesetzt. Wie **Bild 18.2.32** zeigt, ist am freien Ende des 2 1/2-Zoll-Rohres ein 600 mm langer U-Profil-Träger aufgesetzt, der den Querträger in sich aufnimmt. Aus Gründen der Gewichtsersparnis wird für den Boom ein 2-Zoll-Leichtmetallrohr empfohlen, das natürlich auch durch ein entsprechendes Stahlrohr ersetzt werden kann.

In das Querrohr wird beidseitig je ein Leichtmetalldrehteil nach **Bild 18.2.33** straff eingepaßt. Der Zapfendurchmesser dieser Flansche richtet sich nach dem Innendurchmes-ser des Querrohres. Wichtig sind die plangedrehten Auflageflächen, auf die die Kreuzhalteplatten (**Bild 18.2.34**) aufgeschraubt sind. Die Bohrungen B_1 und B_2 reichen durch den Querträger und den Zapfen des Flanschstückes hindurch (Bolzen M8). Sie sollten erst bei einem Probezusammenbau hergestellt werden, um zu sichern, daß die Antenne ein geometrisch exaktes Aussehen erhält.

Die in **Bild 18.2.34** dargestellten Kreuzhalteplatten bestehen aus 5 mm dickem Leichtmetallblech. Die Zentralbohrung und die 4 umliegenden Bohrungen korrespondieren mit den entsprechenden Bohrungen des Drehteils von **Bild 18.2.33**. Die 4 diagonal auf die Trägerplatte aufgeschraubten Hülsen werden aus Leichtmetall-Rundmaterial von 18 bis 24 mm Durchmesser angefertigt. Dabei soll die Bohrung für die Aufnahme der Glasfiber-Rundstäbe mindestens 100 mm tief sein. Der Bohrungsdurchmesser muß einen straffen Sitz der Stäbe gewährleisten. Die Hülsen werden gemäß **Bild 18.2.34** mit je drei M5-Schrauben auf der Grundplatte befestigt.

Berechnung der Abmessungen

Da die Elementlängen und deren Abstände vorgeschrieben sind, bedarf es einiger Berechnungen, die vor allem darüber Aufschluß geben sollen, wie Boomlänge und Krümmungsradius der Glasfiberpeitschen zu wählen sind, um optimale Verhältnisse zu erreichen. Ausgehend von der elektrischen Konzeption der Dreiband-Quad nach *W4NNQ* (siehe Abschnitt 18.2.5.1.2), sind die Elementabstände für 52 bis 75 Ω Eingangswiderstand aus **Tabelle 18.9** zu entnehmen. Entsprechend **Bild 18.2.35** gilt für die Berechnung der Bogenlänge *l* bei einer geforderten Sehnenlänge *a*

$$a_L = \frac{\lambda}{4} \times \sqrt{2} \quad ; \quad a^2 = \frac{\lambda^2}{8} \qquad (18.2.23)$$

$$l = \sqrt{a^2 + \frac{16}{3} \cdot h^2} \qquad (18.2.24)$$

Da *a* die Diagonale eines Quadelementes darstellt, erscheint der Faktor √2. Die Näherungsgleichung (18.2.24) ist hinreichend genau, bei h/a = 0,25 ist der Fehler für *l* nur 0,44%, und mit h/a = 0,5 steigt er auf < 3%.

Mit den nach **Tabelle 18.9** festgelegten Elementabständen ergeben sich für die „Kreisbögen" keine Kurven konstanter Krümmung. Als Kompromiß wurden deshalb mit den nachfolgenden Gleichungen die Abmessungen neu bestimmt:

Die Ergebnisse sind in **Tabelle 18.10** für Speisepunktwiderstände von 60 Ω und 75 Ω aufgeführt.

Hinweise für Aufbau und Wartung

Die Strahler- und Reflektorbaugruppen können einzeln auf der Erde fertig montiert werden. Wegen des geringen Gewichtes der Kreuze kann man die fertig-

Tabelle 18.10
Maße der verspannten Dreiband-Quad nach *DM2ARD*

Z in Ω	*f* in MHz	*λ/4* in m	*λ/4·√2* in m	*r* in m	*h* in m	*s* in m	δ_S in %	S_Q in m	*l* in m	*Δl* in m/%
75	14,1	5,24	7,39	7,75	0,95	3,90	- 8	2,00	7,73	0,34/4,5
75	21,15	3,56	5,03	7,75	0,42	2,84	0	2,00	5,14	0,11/2
75	28,2	2,64	3,73	7,75	0,23	2,46	+16	2,00	3,77	0,04/1
60	14,1	5,24	7,39	7,75	0,95	2,90	+ 5	1,00	7,73	0,34/4,5
60	21,15	3,56	5,03	7,75	0,42	1,84	- 0,5	1,00	5,14	0,11/2
60	28,2	2,64	3,73	7,75	0,23	1,46	+ 6	1,00	3,77	0,04/1

s - Abstand Dipol zu Reflektor (Elementabstand)
δ_S - relativer Fehler von s gegenüber den Werten von Tabelle 18.9
S_Q - für den Querträger verbleibende Länge ($s = 2h - S_a$)
Δl - absolute Längenabweichung von *l* gegenüber *λ/4*

gestellte Baugruppe über eine Leiter hochtragen und am Querträger befestigen. Beim Verspannen der Antennenelemente beginnt man mit der größten Drahtschleife. Die anschließend anzubringenden kürzeren Schleifen sind so auszurichten, daß alle Antennendrähte die gleiche Spannung aufweisen und parallel geführt werden. Ein An- oder Durchbohren der Glasfiberstäbe ist unbedingt zu vermeiden. Die Abmessungen für die Drahtschleifen und Reflektorstubs sind aus **Bild 18.2.21** zu entnehmen. Eine Parallelerregung über ein Speisekabel - wie dort dargestellt - wird bei der Dreibandausführung nicht empfohlen, weil hier erfahrungsgemäß Schwierigkeiten bei der Erregung im 15-m-Band auftreten. Das Speisen über 3 Koaxialkabel vermeidet solche Komplikationen; man sollte aber dann die Schleifenlängen etwas vergrößern, indem die in **Bild 18.2.25a** angegebenen Längen verwendet werden.

Bei einer Störung (z.B. Drahtbruch) wird jedes Kreuz durch Drehen um seinen Mittelpunkt in eine beliebige Lage gebracht, man braucht dazu nur die 4 M8-Bolzen zu entfernen und die zentrische M12-Schraube etwas zu lockern. Damit kann die Arbeitshöhe um mehr als 5 m reduziert werden. Weitere mechanische Einzelheiten, wie zusätzliche Verspannungen sowie Führung und Befestigung der Reflektorstubs, sind aus **Bild 18.2.32** zu entnehmen. Die für eine Dreiband-Quad-Antenne dieser Bauart errechnete Windlast beträgt frontal etwa 330 N, seitlich etwa 280 N (siehe Abschnitt 33).

18.2.5.2 Mehrband-Quads (*n* Elemente)

Soll der Gewinn einer Cubical-Quad-Antenne erhöht werden, kann man ihr parasitäre Direktoren in Quadform hinzufügen. Damit steigen der Aufwand und die mechanischen Forderungen erheblich an. Die bewährte Spinnenkonstuktion ist nicht mehr anwendbar, und die Quad-Kreuze müssen auf einem entsprechend langen, waagrechten Träger (Boom) aufgereiht und stabil gehaltert werden. Da die Boomlängen zwischen etwa 6 und 12 m liegen, müssen 3-Zoll-Stahlrohre als Träger verwendet werden, die man durch einen Spannturm abstützt. Das bedeutet bereits eine erhebliche Gewichtsbelastung und hohe Windlast, die einen sehr kräftigen Tragemast erfordert.

Aus Gewichts- und Haltbarkeitsgründen eignen sich als Tragearme für die Elementschleifen praktisch nur Glasfiber-Rundstäbe. Manchmal werden auch Stäbe empfohlen, wie man sie beim Stabhochsprung verwendet. Sie können jeder vorkommenden mechanischen Belastung standhalten, dürften aber in den meisten Fällen finanziell unerschwinglich sein. Ein weiteres Problem bilden die Haltearmaturen, welche die jeweils 4 Glasfiberstäbe unverrückbar auf dem Boom festhalten müssen. Sie sind großen Belastungen ausgesetzt und sollen daher möglichst stabil sein; andererseits darf ihr Gewicht nicht zu groß werden. Für die beiden äußeren Elementhaltekreuze könnte man Konstruktionen nach **Bild 18.2.33** bzw. **Bild 18.2.34** einsetzen. Allgemeingültige mechanische Lösungen gibt es kaum, denn der Bau einer solchen Antenne ist immer von der Beschaffbarkeit des meist nicht handelsüblichen Materials abhängig.

Ungeachtet der aufwendigen Konstruktion und der Kosten wurden solche „Mammutantennen" von Funkamateuren schon häufig gebaut und mit großem Erfolg betrieben. Das weitaus „billigste" an einer solchen Antennenanlage ist die Antenne selbst, das heißt der Antenndraht. Es war deshalb naheliegend, die kostspielige Tragekonstruktion so auszubilden, daß sie die Drähte für mehrere Bänder aufnehmen kann, wobei mit fast dem gleichem Aufwand eine Mehrbandantenne entsteht. Die Schwierigkeit bei diesem Vorhaben besteht darin, daß für alle 3 Bänder (20, 15 und 10 m) die geometrischen Elementabstände gleich sein müssen, weshalb die für die Wellenlänge λ bezogenen Elementabstände und damit die Eingangswiderstände für die einzelnen Bänder unterschiedlich werden. Wegen der beim konzentrischen Aufbau der Elemente größeren gegenseitigen Beeinflussung und der ungleichen Eingangswiderstände kann man die 3 Antenneneingänge nicht ohne weiteres parallelschalten. Es gibt bereits Lösungen, die mit Gamma-Gliedern, Kondensatoren und Transformationsleitungen arbeiten [2.41]; dabei sind aber 4 Kompensationskondensatoren der Witterung ausgesetzt, und es müssen zusätzliche Lötstellen an den Drähten ausgeführt werden, so daß es ratsamer erscheint, jedes System über ein eigenes Koaxialkabel zu erregen. Es hat sich auch herausgestellt, daß beim konzentrischen Aufbau einer Dreiband-Quad die Erregung im 15-m-Band oft Schwierigkeiten bereitet, die bei der Spinnenbauform nicht auftreten.

Die Frage, ob man die Elemente als Rhombusform oder als Quadrat montieren soll, ist leicht zu entscheiden, denn in der elektrischen Wirksamkeit sind beide Formen gleichwertig. Für die Rhombusform spricht, daß sie günstiger bezüglich Eisbehang ist, da Wasser von den schräggeführten Drähten schnell abläuft.

Quad-Antennen mit direkter Erregung über Koaxialkabel sollten auch eine Mantelwellensperre haben.

18.2.5.2.1 Dreiband-Quad (4 Elemente)

Alle Elementgruppen in **Bild 18.2.36** haben gleiche Abstände. Sie betragen für das 20-m-Band 0,143λ, für das 15-m-Band 0,213λ und für das 10-m-Band 0,28λ. Bedingt durch den für das 10-m-Band relativ großen Elementabstand kommt dessen Eingangswiderstand auf etwa 110 Ω, so daß für den

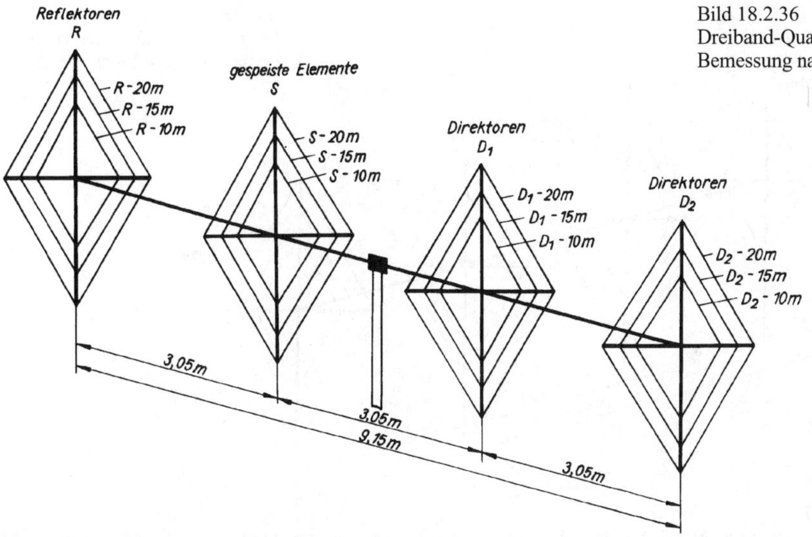

Bild 18.2.36
Dreiband-Quad (4 Elemente)
Bemessung nach Tabelle 18.11

Anschluß eines 50-Ω-Koaxialkabels ein Transformationsglied eingesetzt werden muß. Es besteht aus einem elektrisch $\lambda/4$ langen Stück 75-Ω-Koaxialkabel, das als Viertelwellentransformator arbeitet (siehe Abschnitt 6.6). Es liegt zwischen dem Antenneneingang und dem beliebig langen 50-Ω-Speisekabel. Obwohl für 20 und 15 m direktes Speisen mit 50-Ω-Kabel angegeben ist, darf man annehmen, daß zur Speisung der 15-m-Sektion ein 75-Ω-Koaxialkabel optimal wäre.

Die Antenne ist in [2.42] ohne Quellen- und Gewinnangaben beschrieben. Der Gewinn – für die einzelnen Bänder etwas unterschiedlich – dürfte näherungsweise 8 dBd betragen. Die Elementabmessungen sind in **Tabelle 18.11** aufgeführt.

18.2.5.2.2 Dreiband-Quad (3-5 Elemente)

Mit dem kürzesten Boom (7,93 m lang) kommt diese Antenne aus. Wie aus **Bild 18.2.37** (nicht ganz maßstabgerecht gezeichnet) hervorgeht, hat sie 3 Elemente bei 20 m (Elementabstand $0{,}17\lambda$), 4 Elemente für 15 m (Reflektorabstand $0{,}26\lambda$, Direktorabstände je $0{,}15\lambda$) und 5 Elemente beim 10-m-Betrieb, wobei der Reflektor und der 1. Direktor $0{,}17\lambda$ Abstand haben und die Abstände D_1-D_2 sowie D_2-D_3 je $0{,}2\lambda$ betragen. Somit wurden für alle 3 Bänder annähernd optimale Elementabstände realisiert, und es stellen sich auch weitgehend gleiche Eingangswiderstände ein. Es sind deshalb keine Transformationsglieder erforderlich, alle 3 Systeme können über 50-Ω-Koaxialkabel erregt werden.

Tabelle 18.11
Die Abmessungen der Dreiband-Quad (4 Elemente) nach Bild 18.2.36

	20-m-Band	15-m-Band	10-m-Band
Reflektorlänge *R*	21,98 m (22,07 m)*	14,83 m	10,88 m
Länge des gespeisten Elementes *S*	21,37 m (21,46 m)	14,43 m	10,58 m
Direktorlänge D_1	21,06 m	14,12 m	10,24 m
Direktorlänge D_2	21,06 m	14,12 m	10,24 m
Erregung	direkt über 50-Ω-Koaxialkabel	direkt über 50-Ω-Koaxialkabel	elektr. $\lambda/4$-75-Ω-Koaxialkabel, dann weiter mit 50 Ω

Boomlänge 9,15 m, größte Strebenlänge (Diagonale) 7,80 m

* Die Klammerwerte haben Gültigkeit, wenn für optimale Wirksamkeit im Telegrafieteil des 20-m-Bandes bemessen werden soll

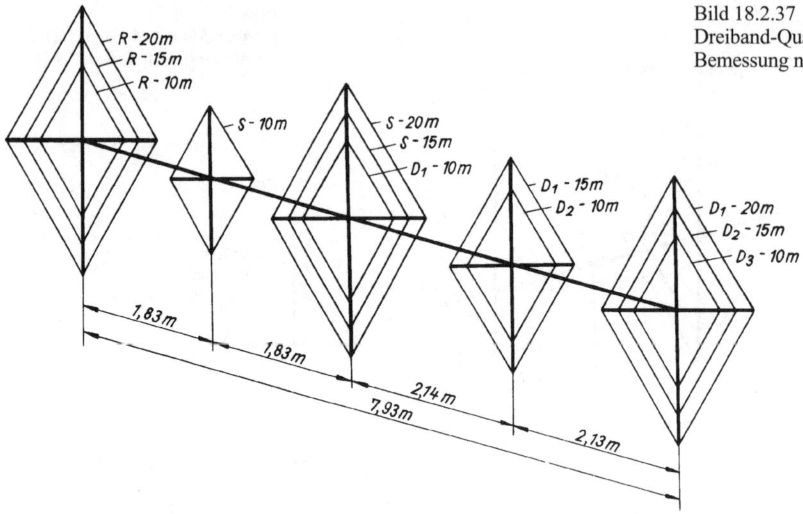

Bild 18.2.37
Dreiband-Quad (3-5 Elemente)
Bemessung nach Tabelle 18.12

Diese sehr kompakte und ansprechende Lösung wurde ebenfalls in [2.42] ohne Quellen- und Gewinnangaben beschrieben. Die einzelnen Elementabmessungen sind aus **Tabelle 18.12** zu entnehmen.

18.2.5.2.3 Fünfband-Quad (2 Elemente)

KC6T hat 1992 eine Fünfband-Zweielement-Quad für 20 bis 10 m mit kleinem Drehradius veröffentlicht [2.43].

Bild 18.2.38 zeigt die Reflektoren und die Strahler. Jede Ebene hat 5 konzentrische Drahtschleifen. Das Tragrohr (Boom) ist 2,44 m lang. Jeder Strahler ist über ein eigenes Gamma Match gespeist, das aus einem Draht mit zugehörigem Serienkondensator in einer Box mit Koaxialanschluß besteht. **Bild 18.2.39a** zeigt die Details der Gamma-Match-Anordnung und des Reflektorabstimm-Kondensators. Die Speiseleitung wird über einen ferngesteuerten HF-Schalter an den jeweiligen Strahler geschaltet. In **Bild 18.2.39b** sind die Lochabstände in den Spreizern zu sehen.

Interessant ist die Befestigung der Quadschleifen an den Spreizern. Nicht der Antennendraht wird durch die Löcher in den Spreizern geführt, sondern jeweils ein kurzes Stück (etwa 50-60 cm) Befestigungsdraht, das dann auf jeder Seite des Spreizers um den Antennendraht gewickelt wird. Dadurch soll ein Drahtbruch verhindert werden.

Die Antenne wurde in zwei Ausführungen gebaut. *KC6T* verwendete PVC Spreizer mit Alurohrverstärkung bei den Elementbefestigungen. *W6NBH* verwendete Glasfiberspreizer, die zwar leichter, aber etwas kürzer und teurer waren. Dadurch ist der 20 m Reflektor etwas verkürzt. Außerdem waren beim Gammamatch leichte Längenänderungen und damit auch unterschiedliche Kapazitätswerte. **Tabelle 18.13** zeigt die Elementlängen und Gamma Match Spezifikationen. **Tabelle 18.14**

Tabelle 18.12
Die Abmessungen der Dreiband-Quad (3–5 Elemente) nach Bild 18.2.37

	20-m-Band	15-m-Band	10-m-Band
Reflektorlänge *R*	21,15 m	14,80 m	11,04 m
Länge des gespeisten Elementes *S*	21,72 m	14,52 m	10,82 m
Direktorlänge D_1	21,18 m	14,15 m	10,54 m
Direktorlänge D_2		14,15 m	10,54 m
Direktorlänge D_3			10,54 m
Erregung	direkt über 50-Ω-Koaxialkabel	direkt über 50-Ω-Koaxialkabel	direkt über 50-Ω-Koaxialkabel
Resonanzfrequenz	14,1 MHz	21,1 MHz	28,3 MHz

Boomlänge 7,95 m, größte Strebenlänge (Diagonale) 7,85 m

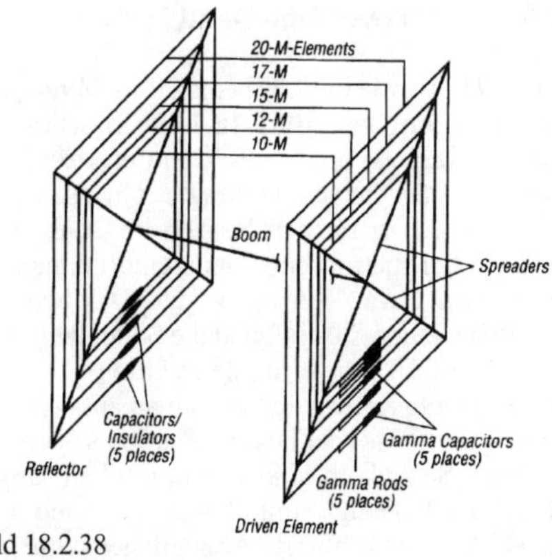

Bild 18.2.38
Fünfband-Quad (2 Elemente)
Bemessung nach Tabelle 18.13

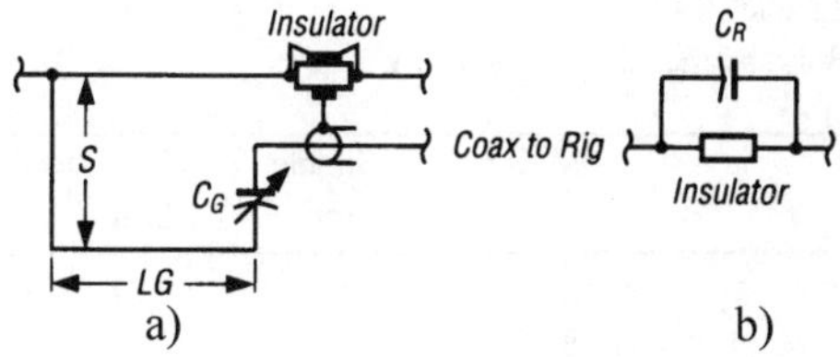

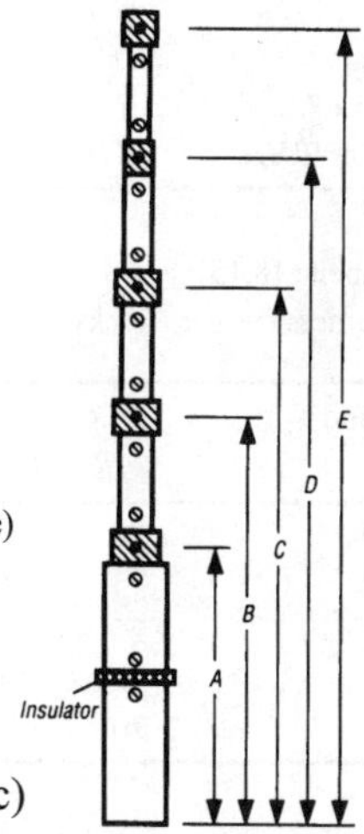

Bild 18.2.39
Fünfband-Quad (2 Elemente)
Elektr. und mechan. Details
a) - Gamma-Match-Anordnung
b) - Reflektor mit Abstimmkondensator
c) - Lochabstände in den Spreizern

zeigt die Bohrabstände in den Spreizern. Durch die leicht unterschiedliche Ausführung der beiden Quads ergaben sich auch beim Vor-/Rückverhältnis unterschiedliche Werte (**Tabelle 18.15**).

Nach dem Aufbau wird die Antenne mit dem Reflektorabstimmkondensator auf bestes Vor-/ Rückverhältnis abgestimmt, anschließend mit dem Gammamatch auf kleinste Welligkeit. Über den Gewinn der Antenne findet sich keine Angabe.

18.2.6 Mini-Quads

Auch Quad-Antennen lassen sich räumlich verkleinern. Damit wird der Drehradius vermindert, wenn man an die seitlichen Spannungsmaxima Drahtstücke anfügt, die an diesen Punkten als kapazitive Endbelastung wirken (**Bild 18.2.40**). Im Gegensatz zu Antennen mit gestreckten Elementen können bei den Quad-Formen solche kapazitive Endbelastungen konstruktiv sehr gut eingepaßt werden, so daß die zusätzliche Windlast und die statische Bela-

Tabelle 18.13
Elementlängen und Gamma Match Spezifikationen

KC6T

Band m	**Strahler** *L*/m	**Gamma** *L*/m	*S*/cm	**Match** C_G/pF	**Reflektor** *L*/m	C_R/pF
20	21,62	84	5	125	22,92	68
17	16,91	61	5	110	17,92	47
15	14,43	61	4	90	15,36	43
12	12,27	76	3	56	13,07	33
10	10,71	67	3	52	11,40	(Jumper)

W6NBH

Band m	**Strahler** *L*/m	**Gamma** *L*/m	*S*/cm	**Match** C_G/pF	**Reflektor** *L*/m	C_R/pF
20	21,62	79	5	117	22,62	120
17	16,91	53	5	114	17,92	56
15	14,43	66	4	69	15,36	58
12	12,27	38	3	76	13,07	54
10	10,71	46	3	41	11,40	(Jumper)

Tabelle 18.14
Bohrabstände in den Spreizern

	Maß	Strahler L/m	Reflektor L/m
	A	1,89	2,02
	B	2,17	2,31
	C	2,55	2,72
	D	2,99	3,17
KC6T:	*E*	3,82	4,05
W6NBH:	*E*	3,82	4,00

Tabelle 18.15
Gemessene Vor-/Rückverhältnisse

Band m	*KC6T* *V/R* (dB)	*W6NBH* *V/R* (dB)
20	25	16
17	15	10
15	25	> 20
12	20	> 20
10	20	> 20

stung nur sehr gering sind. Der Strahlungswiderstand verringert sich gegenüber dem einer Quad voller Länge nur geringfügig. Dementsprechend bleibt auch ein relativ großer Frequenzbereich erhalten.

Eine Möglichkeit ist die Abstimmung im Inneren der Quad. Die Gestaltung nach **Bild 18.2.40b** ist als C-T-Quad bekannt (C-T = Capacitor-Tuned). Sie ermöglicht eine bequeme Frequenzabstimmung, aber der Drehkondensator muß eine sehr große Spannungsfestigkeit aufweisen. Ein Beispiel davon ist die C-T Mini-Quad von *W7WKB* [2.44].

Eine andere Möglichkeit ist der Einsatz von Verlängerungsspulen. Verlustbehaftete Verlängerungsspulen im Strombauch, setzen allerdings den Antennenwirkungsgrad stark herab. Ein Beispiel davon ist die *JA1OYY*-Mini-Quad, eine 2-Element Miniaturquad für Monobandbetrieb [2.45].

Eine weitere Möglichkeit ist der Einsatz von Sperrkreisen. Ein Beispiel davon ist die 2-Element Dreiband-Quad von *9H1GL* mit etwa 3,6 m Seitenlänge [2.46].

18.2.6.1 *G3YDX*-Mini-Quad

Von *G3YDX* wurde in [2.47] eine 20-m-Mini-Quad in der Bauform von **Bild 18.2.40c** beschrieben. Diese Bauform ist mechanisch und elektrisch am günstigsten. Solcherart verkürzte Quadschleifen werden vor allem für den Betrieb im 20-m-Band gebaut, wobei man in der Praxis eine Längenverkürzung von etwa 40% bevorzugt. Das bedeutet z.B., daß bei einem 20-m-Quad die Seitenlänge von etwa 5,30 auf 3,18 m vermindert wird.

Das tragende Kreuzstück stellt man aus 4 je 2,25 m langen Bambus- oder besser Glasfiberstäben her. Auf deren Schenkeln sind die je 0,97 m langen Drahtstücke befestigt, mit denen man den Frequenzabgleich durchführt. Abgeglichen wird mit Hilfe eines Dip-Meters in der endgültigen Aufbauhöhe. Das Einzelelement speist man über einen Symmetriewandler 1:1 mit 75-Ω-Koaxialkabel.

Der Ausbau zu einem 2-Element-Mini-Quad ist ohne Schwierigkeiten möglich, indem man in 2,60 m Abstand (0,122λ) ein Reflektorelement anbringt. Es hat die gleichen Abmessungen wie das gespeiste Element; Reflektorwirkung erreicht man durch einen etwa 1,5 m langen Abstimm-Stub, der wie in **Bild 18.2.4** dem Reflektorelement angefügt wird.

Wie aus **Tabelle 18.9** zu entnehmen ist, hat eine 2-Element-Quad voller Länge bei einem Reflektorabstand von 0,12λ einen Eingangswiderstand von 55 Ω. Bei der Mini-Quad kann wegen der Elementverkürzung nur mit etwa 22 Ω Eingangswiderstand gerechnet werden. Um mit einem beliebigen Koaxialkabel speisen zu können, wird das gespeiste Element mit einer Gamma-Anpassung nach **Bild 18.2.5** versehen. Die Länge *l* kann dabei 0,90 m betragen; bei einem Drahtdurchmesser von 2 mm wählt man einen Abstand *D* von 40 mm, und *C* ist ein Drehkondensator mit 100 pF Endkapazität. Die Gamma-Anpassung erspart auch einen Symmetriewandler. Weitere Einzelheiten zur Gamma-Anpassung enthält Abschnitt 18.2.

Wegen der verminderten Elementabmessungen muß mit einem Gewinnabfall gegenüber dem einer Quad voller Länge gerechnet werden. Nach den Feststellungen von *G3YDX* beträgt die Minderung jedoch nur etwa 0,5 dB, so daß bei sorgfältigem Abgleich ein Gewinn von etwa 5 dBd erreichbar sein dürfte. Aus gleichem Grund ist auch der Frequenzbereich etwas eingeengt. Innerhalb einer Welligkeit $s \leq 2$ beträgt er etwa 200 kHz. Das Strah-

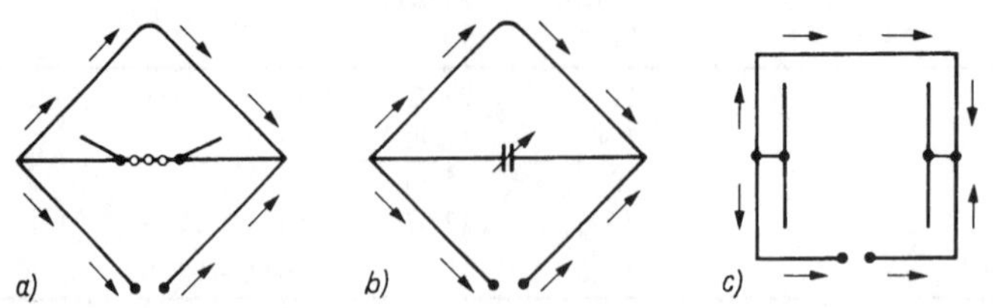

Bild 18.2.40
Bauformen
verkürzter Quad-Elemente

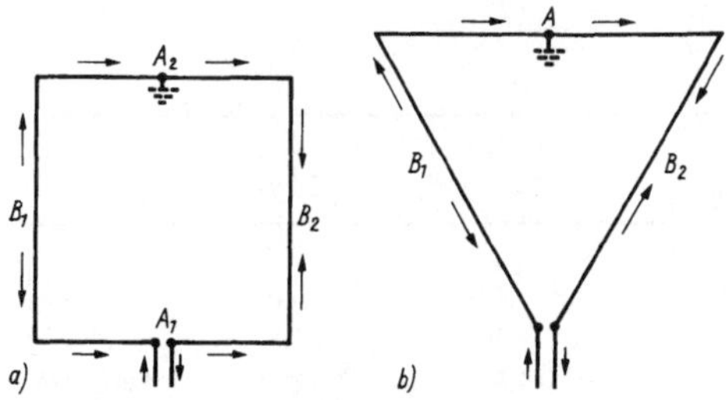

Bild 18.3.1
Stromverteilung auf Ganzwellenschleifen
a) - Quad-Element
b) - Delta-Element

lungsdiagramm entspricht weitgehend dem eines vergleichbaren 2-Element-Quad voller Länge.

18.3 Delta-Loop-Beam

Der Wunsch, die Cubical-Quad mechanisch noch weiter zu vereinfachen, führte zum Einsatz von Delta-Schleifen (siehe Abschnitt 15.3.3), die beschränkt auf das 10- und 15-m-Band - robuste und raumsparende Konstruktion ermöglichen. In den bisherigen Veröffentlichungen werden dieser neuen Bauform die gleichen guten Eigenschaften unterstellt, wie sie für eine Cubical-Quad typisch sind. [3.1] [3.2].

Delta-Schleife und Quad-Element unterscheiden sich nicht im Resonanzumfang, Im Strahlungswiderstand und im Gewinn gibt es eine kleine Differenz. Beim Strahlungswiderstand ist der Unterschied etwa –15 Ω, beim Gewinn etwa –0,13 dB.

Das hängt damit zusammen, daß bei gleichem Umfang ein Dreieck eine kleinere Fläche bedeckt als ein Quadrat. Solch kleine Gewinnunterschiede sind im allgemeinen bedeutungslos.

Bild 18.3.1a zeigt die bekannte Stromverteilung - gekennzeichnet durch Richtungspfeile - bei einem gespeisten, horizontal polarisierten Quad-Element. Man kann eindeutig erkennen, daß die beiden waagrechten Abschnitte A_1 und A_2 gleichphasig erregt werden. Da sich diese Abschnitte parallel zueinander in einem vertikalen Abstand von $\lambda/4$ befinden, bilden sie ein gestocktes System, dessen Strahlung in der H-Ebene gebündelt ist. Der Gewinn dieser Anordnung wird ausschließlich durch die - bezogen auf den Halbwellendipol - kleinere vertikale Halbwertsbreite verursacht. Die bedeutungsvollste Nebenerscheinung besteht aber darin, daß hierdurch auch nur ein entsprechend verringerter Strahlungsanteil „nach unten" zur Erdoberfläche gelangt.

Erdbodenreflexionen können in Antennennähe den vertikalen Erhebungswinkel vergrößern. Dieser für die Fernausbreitung sehr unerwünschten Erscheinung begegnet man durch möglichst große Aufbauhöhe über dem Erdboden und durch Bündeln der Strahlung in der Vertikalebene. Die Cubical-Quad hat als gestocktes System eine kleine vertikale Halbwertsbreite und damit einen kleinen Erhebungswinkel.

Unter diesen Gesichtspunkten betrachtet, hat das Delta-Element nach **Bild 18.3.1** nur einen waagrechten Abschnitt A, der allerdings gegenüber A_1 bzw. A_2 beim Quad-Element um etwa 25% länger ist. Die Abschnitte B_1 und B_2 sind bei beiden Strahlerformen gegenphasig erregt und tragen deshalb zur Ausstrahlung nur wenig bei; zumindest sind aus diesen Abschnitten nur kleine horizontal polarisierte Strahlungsanteile zu erwarten.

18.3.1 Monoband-Delta-Loop

(*H. R. Habig* – US Design 213 375 – 1967)
Noch vor *W6DL*, , hat *H.R. Habig, K8ANV* als erster mit Delta-Loops experimentiert und hat ein US Design-Patent auf einen 2-Element *Delta-Loop-Beam* angemeldet. Im Jahre 1969 sind 2 Beschreibungen von *Monoband-Delta-Loops* für 10 m und 15 m erschienen [3.3] [3.4].

Bild 18.3.2a zeigt das Aufbauschema für einen 3-Element-Delta-Loop. Wird eine 2-Element-Aus-

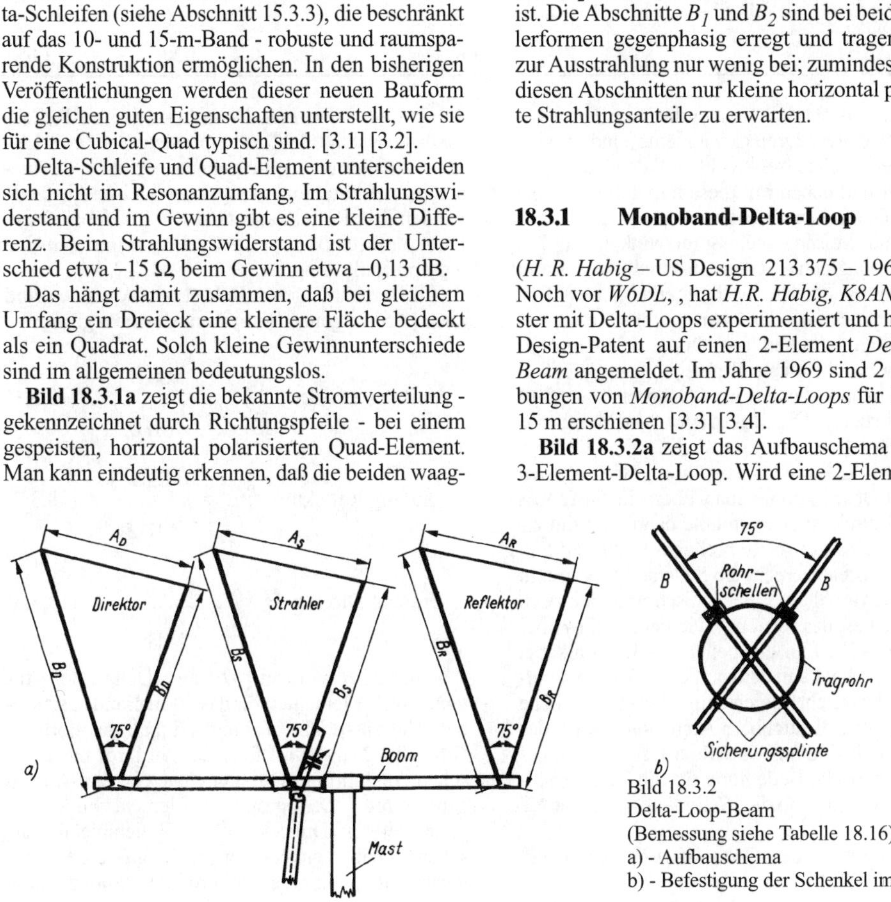

Bild 18.3.2
Delta-Loop-Beam
(Bemessung siehe Tabelle 18.16)
a) - Aufbauschema
b) - Befestigung der Schenkel im Rohr

Tabelle 18.16
Bemessungsunterlagen für Delta-Loop-Antennen nach Bild 18.3.2

Amateurband in m	20	17	15	12	10
f_{res} in MHz	14,10	18,10	21,20	24,94	28,50
Gespeistes Element					
Drahtlänge A_S in m	8,22	6,40	5,47	4,64	4,07
Schenkellänge B_S in m	6,75	5,26	4,49	3,82	3,34
Gesamtumfang in m	21,72	16,92	14,45	12,28	10,75
Reflektor					
Drahtlänge A_R in m	8,43	6,57	5,61	4,77	4,18
Schenkellänge B_R in m	6,92	5,39	4,60	3,91	3,42
Gesamtumfang in m	22,27	17,35	14,81	12,59	11,02
Direktor					
Drahtlänge A_D in m	7,96	6,21	5,31	4,51	3,94
Schenkellänge B_D in m	6,55	5,10	4,35	3,70	3,24
Gesamtumfang in m	21,06	16,41	14,01	11,91	10,42
Reflektorabstände					
0,19 λ	4,04	3,15	2,69	2,29	2,00
0,13 λ	2,77	2,15	1,84	1,56	1,37
Direktorabstand					
0,1 λ	2,13	1,66	1,42	1,20	1,05

führung gewünscht, läßt man einfach das Direktorelement weg. Die Dreieckselemente sind in sich geschlossen, stehen senkrecht auf dem kräftigen Rohrträger und haben mit diesem metallische Verbindung. Die Schenkel B bestehen aus Leichtmetallrohr und weisen einen Spreizwinkel von 75° auf. Das waagrechte Tragerohr muß sehr stabil sein, denn es unterliegt einer erheblichen Torsionsbeanspruchung. Die waagrecht orientierten Dreieckseiten bestehen aus Draht. Eine mechanisch sicher nicht ideale Befestigungsmöglichkeit der Leichtmetallschenkel im Tragerohr ist in **Bild 18.3.2b** skizziert. Der Rohrträger wird durch das doppelte Durchbohren geschwächt.

Sowohl die 2-Element-Ausführung wie auch den 3-Element-Beam könnte man über ein 50-Ω-Koaxialkabel direkt speisen, müßte dann aber mit einer Welligkeit s von $\geq 1{,}6$ rechnen. In diesem Fall ist am gespeisten Element ein Schenkel B_S getrennt und isoliert zu haltern. Mechanisch und elektrisch günstiger ist es, das System - wie dargestellt - über ein Gamma-Glied an ein beliebiges Koaxialkabel anzupassen. Man kann dann auf ein s von $\geq 1{,}2$ einstellen und erreicht gleichzeitig die erforderliche Symmetrierung. Brauchbare Abmessungen für das Gamma-Glied sind aus **Tabelle 6.1** zu ersehen. Es ist ohne praktische Bedeutung für die Leistungsbilanz einer Antenne, ob die Welligkeit s 1,6 oder 1,2 beträgt.

Die Bemessung des *Delta-Loop-Beams* erfolgt nach **Tabelle 18.16**

Für eine 2-Element-Delta-Loop ist ein Reflektorabstand von $0{,}19\lambda$ zu empfehlen. Bei der 3-Element-Ausführung sollte man aus Gründen der mechanischen Stabilität möglichst kleine Abstände wählen. Ein Reflektorabstand von $0{,}13\lambda$ bei einem Direktorabstand von $0{,}1\lambda$ bildet eine günstige Kompromißlösung.

Zur Berechnung von Delta-Loop-Antennen sind nach [3.5] folgende Bemessungsformeln gültig:

$$\text{Umfang Strahler} \quad U_S/\text{m} = \frac{306{,}3}{f/\text{MHz}} \qquad (18.3.1)$$

$$\text{Umfang Reflektor} \quad U_R/\text{m} = \frac{313{,}9}{f/\text{MHz}} \qquad (18.3.2)$$

$$\text{Umfang Direktor} \quad U_D/\text{m} = \frac{297{,}2}{f/\text{MHz}} \qquad (18.3.3)$$

Von *N2GW* wird in [3.6] eine Delta-Loop-Antenne mit 2 Elementen für das 20-m-Band beschrieben. Sie entspricht in ihrem Aufbau der Form in **Bild 18.3.2** und wird über eine in ihrer mechanischen Ausführung sehr sinnreiche Gamma-Anpassung erregt. Das gespeiste Element bildet ein gleichseitiges Dreieck, alle 4 Leichtmetallrohrschenkel haben gleiche Länge. Der größere Reflektorumfang bedingt einen größeren Spreizwinkel der Reflektorschenkel, so daß die für den waagrechten Abschnitt erforderliche größere Drahtlänge untergebracht werden kann. Ausführliche Hinweise zur mechanisch stabilen Befestigung der Rohrschenkel auf dem Boom und zur Gestaltung der Gamma-Anpassung sind im Artikel von *W6DL* über Triangular Loops [3.7] enthalten.

Die von *N2GW* veröffentlichten Meßergebnisse lassen einen erstaunlich großen Frequenzbereich erkennen. Bei einer Bemessungsfrequenz von 14,2 MHz liegt die Welligkeit s über die ganze Breite des Bandes konstant bei 1,1; bei einer Welligkeit von 1,5, beträgt der Frequenzbereich sogar 1 MHz (13,7 bis 14,7 MHz). Es wird der unwahrscheinlich hohe Gewinn von 8 dBd, verbunden mit einer Rückdämpfung > 20 dB angegeben. Die horizontale Halbwertsbreite soll 65° betragen.

Literatur zu Monoband Delta-Loops findet sich in [3.8] [3.9]. Zwei deutsche Veröffentlichungen sind [3.10] [3.11].

2-Element-Delta-Loop für 3,5 MHz (80-m-Monster)

DL6WD nennt diese von ihm entwickelte 80-m-Richtantenne „Das Monster" und beschreibt sie in [3.11]. Sie ist nicht nur ein Monster an räumlicher Ausdehnung, sondern sie setzt den in sie investierten Aufwand auch in eine hervorragende Weitverkehrsleistung um. Es ist eine DX-Antenne, die im Nahbereich bis etwa 3000 km Entfernung (Europaverkehr) nur sehr dürftige Ergebnisse liefern kann, da ihr Strahlungsdiagramm einen kleinen Erhebungswinkel aufweist. Für den Empfangsfall bedeutet dies, daß Störungen aus dem Nahbereich stark unterdrückt werden. Nur wenige Funkamateure werden Standortbedingungen vorfinden, die den Nachbau dieser Antenne ermöglichen. Aber für Interessenten an ähnlichen 80-m-Projekten vermittelt *DL6WD* eine Fülle von Erkenntnissen und Hinweisen, die Fehlschläge vermeiden helfen. *DL6WD* entschied sich für vertikal polarisierte Delta-Loop-Schleifen nach Bild **15.3.5a** (Inverted Delta-Loop). Die Gründe sind klar: Horizontal polarisierte Antennen mit brauchbarem Vertikaldiagramm würden für das 80-m-Band praktisch unerreichbare Aufbauhöhen erfordern, während vertikal polarisierte Antennen in Erdbodennähe aufgebaut werden und den erwünschten „flachen" Erhebungswinkel (≤ 30°) im Strahlungsdiagramm aufweisen (siehe auch [3.12]). Der große Nachteil der meisten vertikal polarisierten Antennen, die mit dem Erdboden als verlustbehaftetes Gegengewicht arbeiten und deshalb besonders für das 80-m-Band ein sehr ausgedehntes und dichtes Erdnetz erfordern, entfällt bei dieser Bauform weitgehend, weil sie ein in sich resonantes Ganzwellensystem darstellt und deshalb weniger anspruchsvoll in bezug auf die Erdverhältnisse ist.

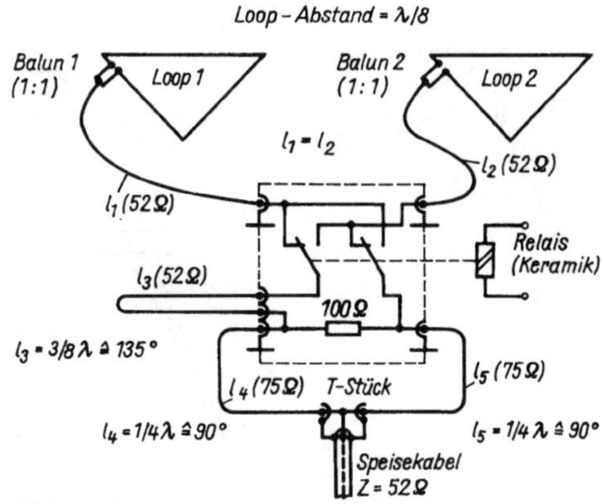

Bild 18.3.3
80-m-Monster
(Schema mit Richtungsumschalter und Leistungsteiler)

Für die 2-Element-Ausführung bestand die Forderung nach elektrischer Umschaltmöglichkeit der um 180° gegeneinander versetzten Hauptstrahlrichtungen. Wie *DL6WD* ausführt, hat die parasitäre Anregung des als Direktor/Reflektor arbeitenden Elementes durch Strahlungskopplung bei niederfrequenten Richtantennen fast immer enttäuschende Resultate gebracht.

Auch die Richtungsumschaltung wäre in diesem Fall problematisch. Es ist erheblich günstiger, wenn die beiden Elemente über Leitungen mit gleichen Strömen, jedoch phasenverschoben erregt werden, wie in Abschnitt 14.2. näher ausgeführt wird. Das Vertikaldiagramm erhält dann die Form einer Kardioide nach **Bild 14.2.1**.

Im **Bild 18.3.3** ist das Erregungsschema des Monsters dargestellt. Entsprechend den örtlichen Verhältnissen konnte ein Elementabstand von $\lambda/8$ verwirklicht werden. Dieser bedingt, wie in Abschnitt 14.2. erklärt wird, eine phasenverschobene Erregung der beiden Elemente von 135° ($\equiv 3\lambda/8$). Um die zugeführte Leistung auf beide Delta-Loop-Schleifen im Verhältnis 1:1 aufzuteilen, wurde ein Wilkinson-Leistungsteiler nach [3.13] eingefügt.

Wie **Bild 18.3.4** zeigt, sind die beiden Loops in einem gegenseitigen Abstand von $\lambda/8$ hintereinander angeordnet; sie haben gleiche Abmessungen und werden an den gleichen oberen Ecken gespeist. Als Symmetriewandler sind dort Ringkern-Balun-Übertrager mit dem Übersetzungsverhältnis 1:1 eingefügt (siehe Abschnitt 7.3). Für deren Anschluß ist ein wichtiger Hinweis von *DL6WD* zu beachten: Bei den üblichen Ringkern-Baluns ist eine Ausgangsklemme in Phase mit der koaxialen Eingangsbuchse, die andere hat 180° Phasendrehung zu ihr. Beide Baluns müssen daher in gleicher Anordnung der symmetrischen Ausgangsklemmen montiert werden, andernfalls sind die Ströme in den Loops gegenläufig. Dies hätte ein völliges Versagen der Antenne zur Folge.

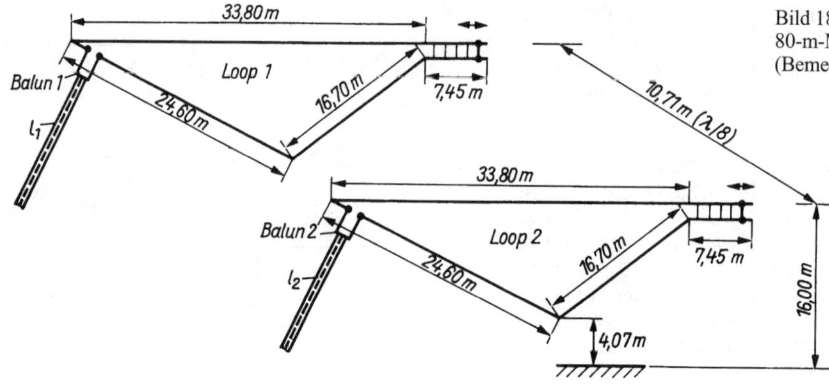

Bild 18.3.4
80-m-Monster
(Bemessungsschema)

Gemäß **Bild 18.3.3** ist die Länge der 52-Ω-Koaxialkabel beliebig, jedoch müssen l_1 und l_2 genau gleich groß sein. Beide Leitungen führen zum Wilkinson-Leistungsteiler, der mit der Umschalteinrichtung kombiniert ist. **Bild 18.3.5** zeigt die praktische Anordnung. Das in der Bildmitte sichtbare Keramik-Umschaltrelais übernimmt die Richtungsumschaltung, indem es die 135°-Umwegleitung l_3 wahlweise in die Leitung zu Loop 1 oder Loop 2 einschleift. Der 100-Ω-Absorberwiderstand des Leistungsteilers besteht bei *DL6WD* aus 2 Gruppen von je 30 parallelgeschalteten Metallschichtwiderständen (1,5 kΩ/4,5 W) in Reihe und ist auf Keramikstützen montiert. Mit der Belastbarkeit von 270 W ist dieser Absorberwiderstand stark überbemessen, da er nur die von der Antennen reflektierte Leistung in Wärme umzusetzen hat. Über dem Umschaltrelais befinden sich Relaisnetzteil und Steuerkabel.

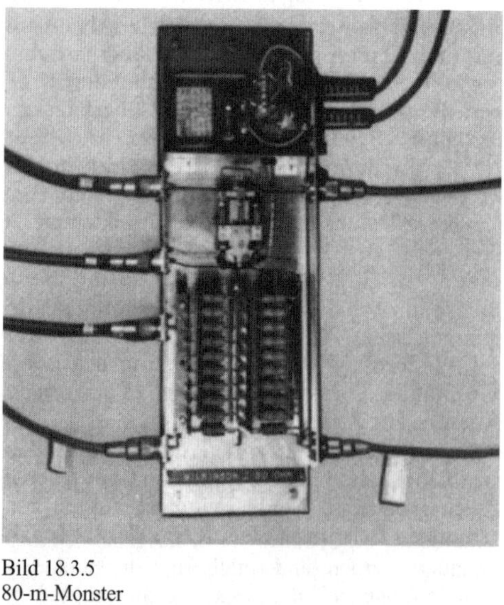

Bild 18.3.5
80-m-Monster
(Leistungsteiler mit Umschaltrelais und Relaisnetzteil)

Die Leitungen l_4 und l_5 sind Viertelwellentransformatoren mit 75 Ω Wellenwiderstand (siehe Abschnitt 6.6.1). Nach Gleichung (6.6.2) transformieren sie von 52 auf 108 Ω ($75^2/52$). Diese Widerstände liegen am T-Stück einander parallel, so daß sich dort ein Eingangswiderstand von 54 Ω ergibt. Damit besteht gute Anpassung für das beliebig lange 52-Ω-Speisekabel. Durch die üblichen Wellenwiderstandstoleranzen von ± 2 Ω wird das Ergebnis nur unwesentlich verändert. Um die Kabeltoleranzen auszuschalten, ermittelte *DL6WD* die exakten Größen für l_3, l_4 und l_5 über eine Frequenzmessung. Die mit dem Verkürzungsfaktor 0,66 vorausberechneten Leitungslängen plus 0,5 m Zuschlag wurden durch entsprechendes Kürzen für folgende Resonanzfrequenzen abgeglichen: $\lambda/4$-Leitungen l_4 und $l_5 \equiv 7{,}05$ MHz; 3/8-λ-Leitung $l_3 \equiv 4{,}70$ MHz.

Wie aus **Bild 18.3.4** hervorgeht, weichen die von *DL6*WD entsprechend den vorhandenen örtlichen Gegebenheiten gewählten Loop-Abmessungen deutlich von der Idealform gleichseitiger Dreiecke ab. Seitenunsymmetrien bis 1,3 sind jedoch zulässig, und nach den Erfahrungen von *DL6WD* funktioniert auch die abenteuerlichste Schleifenform, sofern Resonanzfrequenz und Anpassung stimmen.

Der Umfang der Loops beträgt je 0,88λ, durch die beiden 7,45 m langen Zweidrahtleitungen an den rechten oberen Ecken werden die zur Ganzwellenresonanz fehlenden 0,12λ eingebracht, wobei durch entsprechendes Verändern der Leitungslänge mit den Kurzschlußschiebern ein Feinabgleich der Resonanzfrequenz möglich ist. Die in ihrer Lage durch Gewichte und Halteschnüre fixierten unteren Dreieckspitzen befinden sich nur 4 m über dem Erdboden, die größte Höhe über Grund beträgt 16 m.

Nach *DL6WD* beträgt der Eingangswiderstand jedes Loop zwischen 54 und 56 Ω. Für eine Welligkeit $s = 2$ wurde ein Frequenzbereich von 190 kHz gemessen (Resonanzfrequenz 3,525 MHz). In [3.11] sind die Eigenschaften dieser Antenne wie folgt charakterisiert:

Die 2-Element-Delta hat eine ausgeprägte Kardioiden-Richtcharakteristik. Dadurch sind die Einschnürungen senkrecht zur Hauptstrahlrichtung geringer als bei der Einzelloop mit symmetrischer Achter-Charakteristik. Mit dem 2-Elementer sind QSOs „in Drahtrichtung“ möglich, es gibt fast keine toten Winkel.

Die invertierte Delta-Loop, sowohl ein- als auch zweielementig, ist ein sehr guter Flachstrahler mit überwiegend vertikaler Polarisation: DX-Verbindungen über große Entfernungen (*ZL*, *LU*, *KH6*, *ZS*) bereiten keine Probleme, im Nahbereich unter 3000 km wird man jedoch von jeder halbwegs funktionierenden Wäscheleine mit Steilstrahlung erbärmlich abgehängt.

Ihre hervorragendste Eigenschaft zeigt die 2-Elemente-Delta als Empfangsantenne: Flacher Erhebungswinkel, Gewinn, Unempfindlichkeit gegen Störspannungen und vor allem die Möglichkeit, mittels Kippschalter die halbe Welt „abzuschalten“, erleichtert den DX-Betrieb ungemein und ist oft wertvoller als der Antennengewinn.

Im Vergleich zur Einzelschleife kann der Gewinn der 2-Element-Delta mit knapp einer S-Stufe (3 bis 4 dB) geschätzt werden; kein schlechter Wert übrigens, wenn man nach *Orr* den Gewinn einer Loop mit 2,0 dBd zugrunde legt, kommen insgesamt 5 bis 6 dBd zusammen, und das ist bereits ein „hörbarer“ Unterschied.

Dem ist hinzuzufügen, daß ein Nachbau nur solchen Funkamateuren empfohlen werden kann, die über ausreichende Meßmittel und -erfahrungen verfügen.

Eine vollgespeiste Delta-Loop-Beam (Phased Delta Loop) ist in [3.14] beschrieben. Weitere Veröffentlichungen sind [3.15]–[3.17].

Delta-Loop-Beams werden in USA, Japan und Italien erzeugt.

Ähnlich wie früher die Cubical-Quad ist auch die Delta-Loop-Antenne bei den Funkamateuren im Gespräch. Wie ehemals und auch noch heute bei der Quad, gibt es über die Leistung der Delta-Loop unterschiedliche Meinungen. Messungen am verkleinerten Modell und Computeranalysen ermöglichen zutreffende Aussagen zu den Antennendaten. Die Verhältnisse am endgültigen Antennenstandort können aber nur sehr unvollkommen reproduziert werden.

Das Strahlungsdiagramm der Vertikalebene entscheidet über die Güte einer Kurzwellenantenne im Weitverkehr. Dieses Vertikaldiagramm entspricht nicht mehr der Idealform im freien Raum, sondern wird von der Antennenumgebung drastisch beeinflußt. Als Hauptfaktoren gelten dabei die Aufbauhöhe der Antenne, die frequenzabhängige Leitfähigkeit der Erdoberfläche und Hindernisse im Ausbreitungsweg.

Kein Standort gleicht dem anderen, deshalb sind allgemein gültige Werturteile über die DX-Tauglichkeit von Kurzwellenantennen nicht einfach.

18.3.2 Multiband-Delta-Loop

Auch für die Delta-Loop-Antenne gibt es Mehrbandausführungen. Die Veröffentlichungen halten sich allerdings in Grenzen.

Eine Dreiband-Ausführung mit den äußeren Abmessungen einer 15-m-Delta-Loop-Antenne entwickelte *WA0UDJ* [3.18]. Wie **Bild 18.3.6** zeigt, kann man bei einem für das 15-m-Band bemessenen Delta-Loop-Element durch den Einsatz von 2 Parallelresonanzkreisen L_1C_1 und L_2C_2 insgesamt *3* Strahlenresonanzen erzielen, so daß sich das Element für den Betrieb im 10-,15- und 20-m-Band einsetzen läßt. Für L_1C_1 wird eine Resonanzfrequenz von 28,80 MHz gefordert, während L_2C_2 auf 15,00 MHz abzugleichen ist. Bei dieser Resonanzmessung sind die Kreise noch nicht in die Antenne eingebaut. Die Kreisspulen werden mit möglichst dickem Draht auf einen Spulendurchmesser von 32 mm gewickelt. Dabei erhält L_1 4 Wdg. (entsprechend etwa 0,45 µH) und L_2 7 Wdg. (etwa 1,0 µH). Um auf die geforderten Resonanzfrequenzen zu kommen, muß die Kapazität C_1 bei 60 pF und C_2 bei 100 pF liegen.

Das Reflektorelement enthält die gleichen Parallelresonanzkreise, allerdings mit etwas niedriger liegenden Resonanzfrequenzen. Im Reflektor wird L_1C_1 auf 27,90 MHz und L_2C_2 auf 14,55 MHz eingestellt. Das bedingt eine kleine Vergrößerung der Spulen bei annähernd gleichen Kapazitäten. Der Reflektorabstand darf 2,50 bis 3 m betragen.

Besondere Beachtung verdient die dreifache Gamma-Anpassung. Wie aus **Bild 18.3.6b** ersicht-

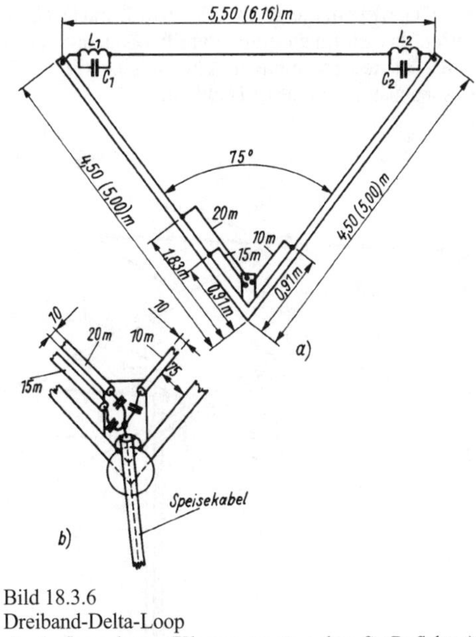

Bild 18.3.6
Dreiband-Delta-Loop
a) - Aufbauschema (Klammerwerte gelten für Reflektor)
b) - Detailzeichnung der Gamma-Anpassung

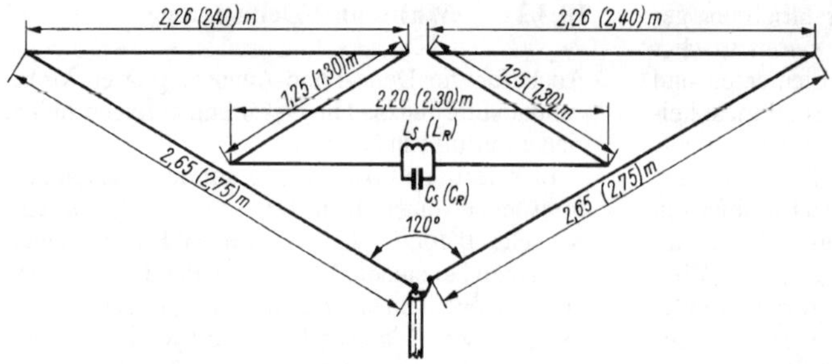

Bild 18.3.7
2-Band-Mini-Delta-Loop
(Gespeistes Element, Klammerwerte gelten für den Reflektor)

lich ist, wird ein gemeinsames Koaxialkabel als Speiseleitung verwendet, wobei die einzelnen Gamma-Anpassungen getrennt über Kondensatoren an den Kabelinnenleiter angeschlossen werden. Die optimalen Kapazitätswerte muß man jeweils empirisch nach geringster Welligkeit ermitteln.

Alle Kapazitäten - auch die der Resonanzkreise - können zweckmäßiger aus offenen Koaxialkabelstücken geeigneter Länge hergestellt werden. Diese Kabelenden kann man oft innerhalb der rohrförmigen Leichtmetallschenkel unterbringen. Dort sind sie unauffällig und witterungsgeschützt.

18.3.3 Mini-Delta-Loop

Bild 18.3.7 zeigt das Schema des gespeisten Delta-Loop-Elementes, dessen Erscheinungsform ein gefaltetes Dreieck ist. Auf möglichst kleinem Raum wird durch entsprechende Drahtführung eine Leiterlänge von insgesamt 14,55 m untergebracht und damit Ganzwellenresonanz im 15-m-Band erreicht. Durch das Einfügen eines Parallelresonanzkreises L_S-C_S in den Strombauch tritt gleichzeitig die 2. Resonanzstelle im 20-m-Band auf.

Der Parallelresonanzkreis L_S-C_S wird vor dem Einbau in den Antennenleiter auf eine Resonanzfrequenz von 15,00 MHz abgeglichen. Die Richtwerte betragen dabei für L_S = 1,82 μH und für C_S = 55 pF. Im eingebauten Zustand lassen sich dann am Schwingkreis 2 Resonanzen feststellen: 14,05 und 21,10 MHz.

In einem Abstand von 2,50 bis 3 m befindet sich das gleichartig aufgebaute Reflektorelement. Für seine Leiterabmessungen sind die Klammerwerte in **Bild 18.3.7** gültig. Die gesamte Leitungslänge beträgt beim Reflektorelement 15,20 m, der Parallelresonanzkreis L_R-C_R wird vor dem Einbau auf 14,30 MHz abgeglichen (L_R = 1,82 μH; C_R = 60 pF). Das zusammengebaute Reflektorelement muß bei 13,35 MHz und bei 20,20 MHz eindeutig ausgeprägte Resonanzstellen zeigen.

Ein Vorschlag für den Gesamtaufbau dieser Antenne ist in **Bild 18.3.8** skizziert. Natürlich können in diesem Fall – abhängig vom verwendeten Material – zusätzliche Verstrebungen und Verspannungen erforderlich werden. Elektrisch und mechanisch bieten sich dem experimentierfreudigen Funkamateur noch einige Verbesserungsmöglichkeiten.

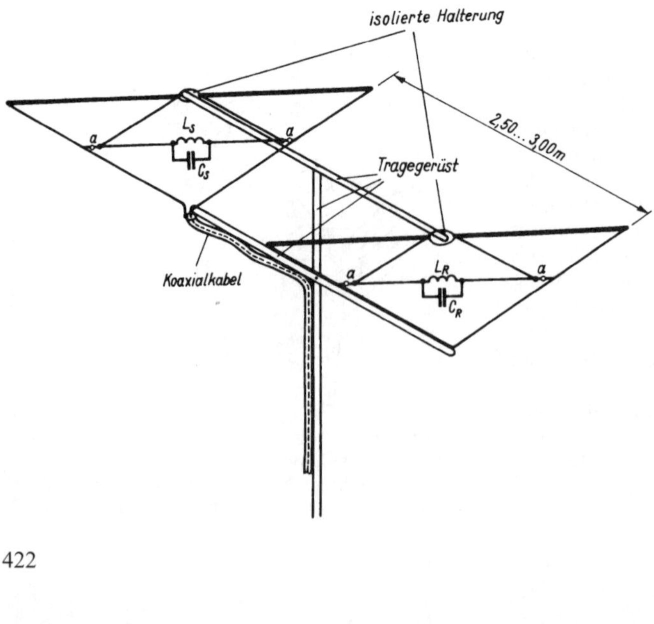

Bild 18.3.8
2-Band-Mini-Delta-Loop
(Gesamtaufbau)

Es gibt kaum Veröffentlichungen über verkürzte Delta-Loops. Die Beschreibung einer „Minimax-Beam“, also einer verkürzten 2-Element Delta-Loop-Beam von *DK5IQ* ist praktisch die einzige deutsche Veröffentlichung [3.19]. Die Delta-Loop wurde bei *DK5IQ* zwischen einer 70-cm-*Yagi* und einer 2-m-*Yagi* gebaut, somit konnte der Boom entfallen.

18.4 Ringbeam

Der *Ringbeam* unterscheidet sich von einer Cubical Quad hauptsächlich dadurch, daß an Stelle der viereckigen Antennenelemente solche in Form eines Ringes verwendet werden. Der *Ringbeam* verhält sich bezüglich seiner Abstrahlung nicht anders als die Cubical Quad.

Vorausgesetzt, daß man den Ringbeam als Ganzwellenschleife ausführt, ist er bei Speisung von unten oder oben wie das Cubical Quad überwiegend horizontal und bei seitlicher Einspeisung vertikal polarisiert. Auch bezüglich des Gewinns und des Aufwandes entspricht der Ringbeam etwa einem Cubical Quad gleicher Elementezahl. Da jedoch für den Ringbeam Rohr oder tragfähiges Vollmaterial verwendet werden muß, ist er kostspieliger als ein Quad und auch mechanisch etwas schwieriger aufzubauen. Das mag der Grund dafür sein, daß diese Bauform in Europa bisher noch keine größere Verbreitung finden konnte.

Mit dem Buch über Quadformen von *DJ9HO* [4.1] scheint sich dies aber etwas geändert zu haben.

18.4.1 2-Element-Ringbeam

In **Bild 18.4.1** bildet der Reflektor einen geschlossenen Ring und befindet sich in λ/4-Abstand vom gespeisten Element, das für den Anschluß der Speiseleitung aufgetrennt ist. Der Eingangswiderstand wird mit etwa 75 Ω angegeben. Der obere waagrechte Träger kann aus Metall bestehen; an ihm lassen sich die Elemente ohne isolierende Zwischenlagen befestigen. Als untere Tragestange wurde eine imprägnierte Hartholzplatte verwendet. Noch besser eignet sich Kunststoff-Rohr, das sehr leicht und relativ witterungsbeständig ist. Es kann mit einem Gewinn von etwa 5 dBd gerechnet werden. Die Resonanzabmessungen sind in **Bild 18.4.1** eingetragen.

Die Bemessungsformeln dafür sind:

Umfang U_S des gespeisten Elementes

$$U_S/\mathrm{m} = \frac{307}{f/\mathrm{MHz}} \qquad (18.4.1)$$

Umfang U_R des Reflektors

$$U_R/\mathrm{m} = \frac{329}{f/\mathrm{MHz}} \qquad (18.4.2)$$

Von *Haviland*, *W4MB* wurde der Gewinn von 2-Element Ringbeams berechnet [4.2]. Mit einem Reflektor zu 8,1 dB(i) und mit einem Direktor zu 7,3 dB(i). Dabei hatte der Strahler einen Umfang von 1.2λ, der Reflektor 1,1λ, der Direktor 0,95λ.

Die Abstände waren Strahler/Reflektor 0.15λ, Strahler/Direktor 0,1λ.

Die Darstellung einer vollgespeisten 2-Element-Ringloop durch *DL2FA* als „*German-Ring-Loop*“ erfolgte 1981 [4.3].

Bei der *German-Ring-Loop* nimmt man einen Abstand von λ/8 und eine Phasenverschiebung von 135°.

Bild 18.4.2 zeigt die Antenne .

Man macht, je nach Schlankheitsgrad, das erste Element *A* etwas kleiner als λ, also 1,03λ – 2,8%, das zweite Element *B* etwas größer als λ, also 1,03λ + 2,8%.

Von der Speisestelle *x-x'* führt zum hinteren Element gekreuzt eine λ/8-lange Phasenleitung. Der Wellenwiderstand ist nicht kritisch, sollte aber unter 300 Ω liegen. Als Dielektrikum kommt nur Luft

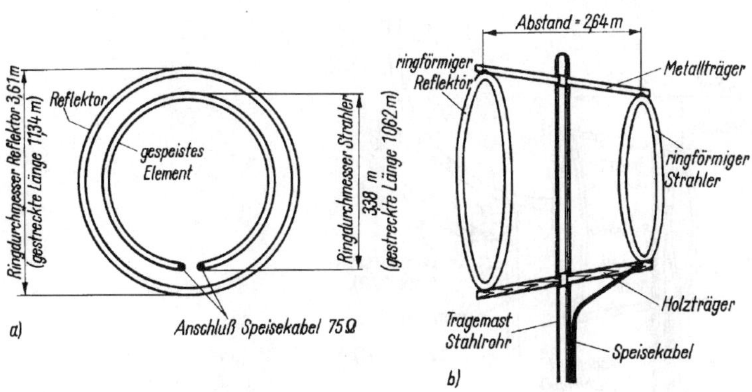

Bild 18.4.1
2-Element-Ringbeam

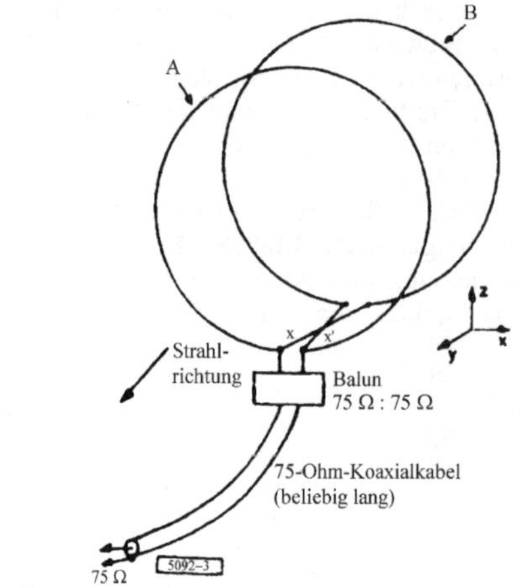

Bild 18.4.2
German-Ring-Loop

in Frage, damit der Verkürzungsfaktor V der Leitung bei 1 liegt. Die Phasenverschiebung zwischen A und B ist dann 135°. Die Phasenleitung hat 45°, die Kreuzung bringt 180°, gibt zusammen 180° – 45° = 135°.

Ein 2-Element-Ringbeam für 12 m ist in [4.4] beschrieben.

18.4.2 3-Element-Ringbeam

Ein 3-Element-Ringbeam ist für das 10-m-Band gerade noch darstellbar. Diese leistungsfähige Richtantenne zeigt **Bild 18.4.3**.

Eingezeichnet sind wieder die Abmessungen für das 10-m-Band. Da der Eingangswiderstand des Systems sehr niedrig liegt, wird die Speiseleitung über ein Omega-Match angepaßt (siehe Abschnitt 6.2.4). Nun läßt sich die Ganzmetallbauweise anwenden, d.h., der obere und der untere Elemententräger bestehen aus Metall. Die Elemente kann man oben und unten ohne isolierende Zwischenlagen auf dem Metallträger befestigen. Natürlich ist es möglich, eine Omega-Anpassung auch bei 2-Element-Ringbeam zu verwenden; damit läßt sich auch für diese Bauform die Ganzmetallbauweise durchführen.

Der Reflektorabstand beträgt bei der 3-Element-Ausführung etwa $0{,}21\lambda$, der Direktorabstand $0{,}14\lambda$.

Die 3-Element-Ringbeam kann man nach Gl. (18.4.1) und Gl. (18.4.2) auch für andere Frequenzen berechnen.

Die Bemessungsformel für den Direktorumfang U_D ergibt sich zu

Umfang U_D des Direktors

$$U_D/\mathrm{m} = \frac{289}{f/\mathrm{MHz}} \qquad (18.4.3)$$

Es handelt sich immer um die gestreckten Längen, die man zu einem geschlossenen Ring biegen muß. Alle Rohrstärken, die die mechanische Stabilität gewährleisten, sind für die Anfertigung der Elemente geeignet.

Es fällt auf, daß auch bei Ringbeam die gestreckte Länge des gespeisten Elementes für Resonanz größer als 1 ist. Dieser Umstand verdeutlicht die Verwandtschaft mit der Cubical Quad besonders.

Die Beschreibung eines 3-Element-Ringbeams für 15 und 20 m findet sich in [4.5].

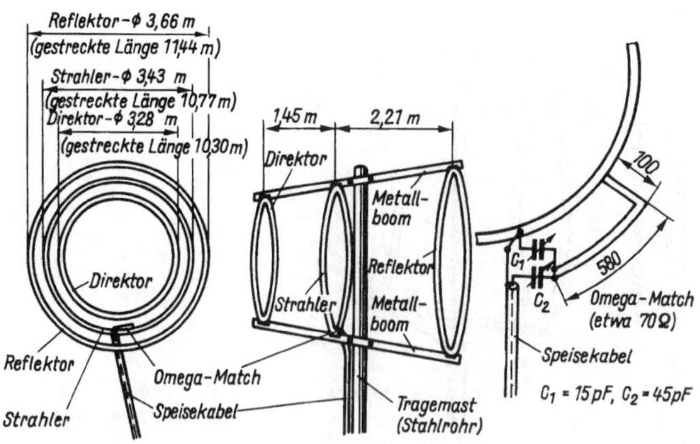

Bild 18.4.3
3-Element-Ringbeam

Literatur zu Abschnitt 18

[0.1] *Carassa, F.*: On the 80th Anniversary of the First Transatlantic Radio Signal. IEEE AP-Newsletter, December 1982, pp. 11–19

[0.2] *Harranth, W.*: Pionier der Funkgeschichte: Guglielmo Marconi. Funkamateur 4/95, S. 351–353

[0.3] *Orr, W.I.; Cowan, S.D.*: Beam Antenna Handbook. Radio Publications, Wilton, CT, 1993

[1.0] *NTG* : Antennengattungen und Antennenformen. NTG 1302, Entwurf 1961. NTZ, H. 2, 1961, S. 92–96

[1.1] *Uda, S.; Mushiake, Y.*: Yagi-Uda Antenna. Maruzen, Tokyo, 1954; Sasaki, Sendai, 1954

[1.2] *Lawson, J.L.*: Yagi Antenna Design. ARRL, Newington, CT, 1986

[1.3] *Yagi, H.; Uda, S.*: Projector of the sharpest beam of electric waves. Proc. Imperial Acad.of Japan, February 1926, pp. 49–52

[1.4] *Uda, S.*: Wireless Beam of Short Electric wa-ves. J. IEE of Japan, no. 452, March 1925, pp. 273–282; no. 472, November 1927, pp. 1209–1219

[1.5] *Yagi, H.:* Beam Transmission of Ultra Short Waves. Proc. IRE, June 1928, pp. 715–741

[1.6] *Thurber, K.T.*: Another Time, Another Place: A Look at the Co-Inventor of the Yagi-Uda Antenna. CQ January 1982, pp. 84–87

[1.7] *Yagi, H.:* Beam Transmission of Ultra Short Waves. Proc. IEEE, May 1984, pp. 635–645, (Reprinted from Proc. IRE, June 1928, pp. 715-741)

[1.8] *Lickfeld, K.G.*: Der Ursprung der Yagi-Antenne. CQ DL 2/85, S. 76

[1.9] *Sato, G.*: A Short Note on the 100th Anniversary of Professor Hedetsugu Yagi's Birth. IEEE AP Society Newsletter, October 1986, pp. 44–45

[1.10] *Sato, G.*: A Secret Story About the Yagi Antenna. IEEE AP Magazine, Vol. 33, No. 3, June 1991, pp. 7–18

[1.11] *Welsh, R.H.*: Yagi: The Man and His Antenna. QST October 1993, pp. 45–47

[1.12] *Pozar, D.M.*: Beam Transmission of Ultra Short Waves: An Introduction to the Classic Paper by H. Yagi. Proc. IEEE, November 1997, pp. 1857–1874

[1.13a] *Ehrenspeck H.W.; Poehler, H.:* Eine neue Methode zur Erzielung des größten Gewinns bei Yagi-Antennen. Nachrichtentechnische Fachberichte, Band 12, Funktechnik (1958), S. 47–54;

[1.13b] *Ehrenspeck H.W.; Poehler, H.:* A New Method for obtaining Maximum Gain from Yagi Antennas. IRE Trans. AP-7, October 1959, pp. 370–386

[1.14] *Viezbicke, P.:* Yagi Antenna Design, NBS Technical Note 688, National Bureau of Standards, Boulder, CO, 1976

[1.15] *Hoch, G.:* Wirkungsweise und optimale Dimensionierung von Yagi-Antennen. UKW-Berichte 1/1977, S. 27–36

[1.16] *Hoch, G.*: Mehr Gewinn mit Yagi-Antennen. UKW-Berichte 1/1978, S. 2–9

[1.17] *Reisert, J.H.:* How to design Yagi antennas. Ham Radio, August 1977, pp. 22–31

[1.18] *Lawson, J.L.:* Yagi antenna design: performance calculations. Ham Radio, January 1980, pp. 22–27

[1.19] *Lawson, J.L.:* Yagi antenna design: experiments confirm Computer analysis Ham Radio, February 1980, pp. 19–27

[1.20] *Lawson, J.L.:* Yagi antenna design: more data on the performance of multi-element simplistic beams. Ham Radio, June 1980, pp. 33–40

[1.21] *Lawson, J.L.*: Yagi Antenna Design. ARRL, Newington, CT, 1986

[1.22] *Orr, W.I.; Cowan, S.D.:* Beam Antenna Handbook. Radio Publications, Wilton, CT, 1993

[1.23] *Beezley*, B.: Yagi Analyzer (YA)

[1.24] *Beezley*, B.: NEC/Yagis (2.5)

[1.25] *Beezley*, B.: Antenna Optimizer (AO 6.5), Yagi Optimizer (YO 6.5)

[1.26] *Lewallen*, R.: ELNEC (3.0)

[1.27] *Lewallen*, R.: EZNEC (2.0)

[1.28] *Harrington, R.F.*: Sidelobe Reduction by Non-Uniform Element Spacing. IRE Trans. AP-9, March 1961, pp. 187–192

[1.29] *Cermignani, D.J.*: Application of Perturbation Techniques to Sidelobe Reduction of Tapered Amplitude Arrays and Surtace Structures. Convention-Report Wescon 63, August1963, San Francisco CA

[1.30] *Cheng, D.K.*: Optimization Techniques for Antenna Arrays. Proc. IEEE, December 1971, pp. 1664–1674

[1.31] *Cheng, D.K.; Chen, C.A.*: Optimum Element Spacings for Yagi-Uda Arrays. EEE Trans. AP-21, September 1973, pp. 615–623

[1.32] *Chen, C.A.; Cheng, D.K.:* Optimum Element Length for Yagi-Uda Arrays. IEEE Trans. AP-23, January 1975, pp. 8–15

[1.33] *Lawson, J.L.:* Yagi antenna design: optimizing performance. Ham Radio, July 1980, pp. 18–31

[1.34] *Steyer, M.*: Einfache Speisung von Monoband-Yagis. Funkamateur 4/95, S. 406–407

[1.35] *Steyer, M.*: Hochleistungsyagis für das 2-m-Band in 28-Ω-Technik. Funkamateur 1/97, S. 72–75

[1.36] *H.K. Morgan* – US 2,229,856 – 1938

[1.37] *Morgan, H.K.:* Multifrequency Tuned Antenna Sys-tem. Electronics Vol. 13, August 1940, pp. 42–50

[1.38] *Buchanan, C.L.:* The Multimatch Antenna System. QST, March 1955, pp. 22–23, 130

[1.39] *Lennartz, H.:* Multiband-Antennen. Funktechnik 7/1957, S. 207–209

[1.40] *Schwarzbeck, G.*: Streifzug durch den Antennenwald. CQ DL 8/78, S. 342–344; CQ DL 9/78, S. 390–396

[1.41] *Schwarzbeck, G.*: KW-Dreiband-Yagiantenne KLM KT-34 (Streifzug durch den Antennenwald). CQ DL 10/80, S. 454–462

[1.42] *Bird, G.A.:* Three Band Mini Beam. RSGB Bulletin, February 1956, pp. 355–58

[1.43] *Auerbach, R.:* Multiband-Richtstrahler. DL-QTC 12/56, S. 530–537

[1.44] *Lennartz, H.:* Multiband-Antennen. Funktechnik 7/1957, S. 207–209

[1.45] *Auerbach, R.:* Neues vom Dreiband-Beam. DL-QTC 3/58, S. 98–99
[1.46] *Rückert, H.F.:* Der Weg zum VK 2 AOU-Dreiband Beam. DL-QTC 3/58, S. 100–114
[1.47] *Auerbach, R.:* Der DL1FK Drei-Element-Dreiband-Beam. DL-QTC 7/60, S. 299–308
[1.48] *Auerbach,* R.: Noch einiges zum DL1FK-Dreiband-Beam. DL-QTC 9/60, S. 417–418
[1.49] *R. Auerbach* – Dt. Patentanmeld. 1 132 199 – 1958 (Patenterteilung versagt)
[1.50] *Auerbach,* R.: Amateurfunk-Antennen. Franzis, München, 1977
[1.51] *Schwarzbeck, G.*: Streifzug durch den Antennenwald. CQ DL 9/78, S. 390–396
[1.52] *Taddey, K.*: Rechtsstreit um Antennenartikel beendet. CQ DL 8/86, S. 477–478
[1.53] *Schwarzbeck, G.:* Dreiband-HB9CV-Antenne HB-35c von T.E.T. CQ DL 8/80, S. 354–359
[1.54] *Rückert, H.*: Wanderung durch den Mini-Antennenwald. CQ DL 12/80, S. 550–556; CQ-DL 5/81, S. 221–223
[1.55] *Auerbach, R.*: Neuartige 7-Band-Yagi-Richtstrahler. Beam 3/83, S. 23–25
[1.56] *Hawker, P.:* Amateur Radio Techniques. (The VK2ABQ Triband Beam, pp. 315–316), RSGB, London, 1980
[1.57] *Hawker, P.:* The VK2ABQ antenna again. (Technical Topics). Radio Communication, March 1980, pp. 260–261
[1.58] *Anderson, B.:* Horizontal X Beams for 15 and 20 Meters. QST, March 1983, pp. 33–35
[1.59] *Anderson, B.*: Designing X-Beams. ARRL Antenna Compendium Vol. 1, ARRL, Newington CT, 1985
[1.60] *Schotten, H.*: Ein neuartiger 3-Band-Eigenbau-Richtstrahler. CQ-DL 2/94, S. 106–108
[1.61] *Dodd, P.:* Wire beam antennas and the evolution of the G3LDO double-D. Radio Communication, June 1980, pp. 616–619
[1.62] *Dodd, P.:* Further Evaluation of the G3LDO Double-D Antenna. Radio Communication, April 1990, pp. 38–40
[1.63] *Kogure, A.:* Try a SIGMA Beam on your small Lot! (Hints and Kinks). QST March 1987, p. 45
[1.64] *Schmidt, P.*: Dipol mit Reflektor in raumsparender Ausführung. Funkamateur 10/99, S. 1147
[1.65] *Hawker, P.*: The 9M2CP Z-Beam. (Technical Topics).Radio Communication, August 1971, pp. 543–544
[1.66] *Schwarzbeck, G.*: Miniatur-Drehrichtantennen (Mini-Beams) (Streifzug durch den Antennenwald). CQ DL 9/79, S. 403–411
[1.67] *Schwarzbeck, G.*: 3-Band-Kompakt-Beam mit 2m Elementen (HF-3B) (Streifzug durch den Antennenwald). CQ DL 11/86, S. 645–653
[1.68] *Orr, B.*: The W1PLH mini-beam for 15. (Ham Ra-dio Techniques). Ham Radio, March 1982, pp. 26–27
[1.69] *Hazelden, W.:* A helical duobander. Radio Communication, August 1982, pp. 683
[1.70] *Myers, R.M.; Greene, C.:* A Bite Size Beam. QST, September 1973

[2.1] *J.S. McCaig* – GB 850,974 - 1957
[2.2] *E.G. Partridge* – CA 794,506 - 1967
[2.3] *L.J. Martino* – US 3,475,756 - 1967
[2.4] *Orr, W.I.*: All about Cubical Quad Antennas. Radio Publications,Wilton CT, 1970
[2.5] *Orr, W.; Cowan, S.*: Cubical Quad Antennas. RAC, Lakewood NJ, 1993
[2.6] *Haviland, B.***:** The Quad Antenna. CQ Communications, Hicksville, NY, 1993
[2.7] *McCarthy, G.*: More About Cubical Quads. Worldradio, Sacramento, CA, 1994
[2.8] *Koszeghy, J.*: High Performance Cubical Quad Antennas. Koszeghy, Lexington MD, 1996
[2.9] *Weiner, K.*: Die Cubical-Quad und ihre Sonderformen. DARC, Baunatal, 1999
[2.10] *Krischke, A.*: Re: Quad-Geburtsort (Leserbrief). CQ DL 12/97, S. 923
[2.11] *Overbeck, W.E.*: The 20-Minute Portable Quad. QST May 1967, pp. 16–18, 138
[2.12] *Rückert, H.*: Quad-Probleme und deren Lösung. CQ DL 1/77, S. 6–9
[2.13] *Schönherr, K.H.*: Die Multielement-Quad. DL-QTC 11/65, S. 642-648
[2.14] *Buczynski, A.*: Quad-Antenne für 10, 15 und 20 m. DL-QTC 11/65, S. 651-655
[2.15] *Thurber, K.T.*: A Primer: The Cubical Quad Antenna. Part I, CQ August 1981, pp. 20–25; Part II, December 1981, pp. 18-23; Part III, CQ April 1982, pp. 54–58
[2.16] *Thurber, K.T.*: The Quad Revisited. CQ December 1988, pp. 78–83
[2.17] *Schreiber, N.***:** Einfacher Serienkondensator für Gamma-Anpassung. CQ DL 7/80, S. 312–313
[2.18] *Fitz, R.E.*: Yagi VS. Quad. QST October 1966, pp. 20–21, 166
[2.19] *Lindsey, J.E.*: Quads and Yagis. QST May 1968, pp. 11–19, 150
[2.20] *Belcher, D.K.; Caspar, P.W.*: Loops vs Dipoles. QST April 1976, p. 34
[2.21] *Overbeck, W.*: Quads vs yagis revisited. Ham Radio, May 1979, pp. 12–21
[2.22] *Lawson, J.L.*: Quads and quagis (Yagi antenna design). Ham Radio, September 1980, pp. 37–45
[2.23] *Overbeck, W.*: A quad owner switches. Ham Radio, May 1982, pp. 12–16
[2.24] Schwarzbeck, G.: Yagi-, Quad- und LP-Richtantennen – Messungen von Gewinn und Richtdiagramm. CQ DL 4/86, S. 197–204
[2.25] *Donelly, D.*: Yagi vs Quad. Part 1, Ham Radio May 1988, pp. 68, 71–73; Part 2, Ham Radio, June 1988, pp. 78–79, 82–83
[2.26] *Luetzelschwab, C.*: Quad Versus Yagi at Low Heights. ARRL Antenna Compendium, Vol. 4, 1995, pp. 74–76
[2.27] *Bird, D.:* The G4ZU „Bird Cage“ Aerial. CQ April 1960, pp. 40–42, 117
[2.28] *Baumgartner, R.:* Die Swiss-Quad-Antenne. DL-QTC 10/63, S. 454–461
[2.29] *Würtz, H.*: Die vollgespeiste Quad (DX-Antennen mit spiegelnden Flächen). CQ DL 4/81, S. 162–163
[2.30] *Brown, G.H.*: Directional Antennas. Proc. IRE, January 1937, pp. 78–145

[2.31] *Würtz, H.*: German-Quad, German-Diamond-Quad, German-Ring-Loop. (DX-Antennen mit spiegelnden Flächen). CQ DL 12/81, S. 583
[2.32] *Hawker, P.*: The UA3IAR switch-rotatable quad. (Technical Topics). Radio Communication, October 1978, pp. 860–862
[2.33] *Martinez, R.*: The Evolution of the Four-Element Double-Driven Quad Antenna. CQ December 1983, pp. 30–36
[2.34] *Rückert, H.F.*: Dreiband-Eindraht-Cubical-Ouad-Element. DL-QTC 4/68, S. 201–209
[2.35] *Auerbach,.R:* Dreiband Cubical Quad nach VK2AOU. DL-QTC 4/70, S. 199–204
[2.36] *Boldt,* W.: Die DJ4VM-Multiband-Quad. DL-QTC 9/68, S. 515–526
[2.37] *Gaysert, G.:* Quad-Antennen mit zentraler Elementspeisung. CQ DL 5/81, S. 216-220; CQ DL 6/87, S. 364–368
[2.38] *Linnecke B.*: Eine Quad-Antenne für 10 bis 30 MHz. Funkamateur 10/93, S. 642–645
[2.39] *Steyer, M.*: Leistungsfähige Quadantenne nach DK7ZB. Funkamateur 1/95, S. 69–71
[2.40] *Weissleder, H.:* Servicefreundliche Quadantenne. Funkamateur 9/82, S. 454
[2.41] *Rückert, H.:* Quad-Probleme und deren Lösung. CQ DL 11/1977, S. 6–9
[2.42] *ARRL*: The ARRL Antenna Book (Chapt. 12). ARRL, Newington, CT, 1997
[2.43] *Stein, W.A.:* A Five-Band Two-Element Quad for 20 through 10 Meters. QST, April 1992, pp. 52–56
[2.44] *Sparks, R.*: Build this C-T Quad Beam for Reduced Size. QST April 1977, pp. 29–31
[2.45] *Fisk, J.*: Unusual cubical-quad antennas. Ham Radio, May 1970
[2.46] *Hawkes, J.M.*: A two-element quad 14, 21 and 28 MHz antenna for Restricted space. Radio Communication, April 1984, pp. 300–303
[2.47] *Stone, R.G.D.:* Practical design for a capacity hat loaded 14-MHz mini-quad. Radio Communication, October 1976, pp. 755–756

[3.1] *Watson, N.B.:* Triangular Loop Antenna. QST April 1968, p. 54
[3.2] *McCoy, L.G.:* The Delta-Loop Beam on 15. QST January 1969, pp. 29–32
[3.3] *Habig, H.R.:* The HRH Delta-Loop Beam. QST January 1969, pp. 26–29
[3.4] *McCoy, L.G.*: The Delta Loop Beam On 15. QST January 1969, pp. 29–32
[3.5] *Boettcher, W.:* Delta-Loop-Antenne für 15 m. DL-QTC 1/71, S. 24–25
[3.6] *Williman, G.:* 20 meter delta-loop array. Ham Radio, September 1978, pp. 16–20
[3.7] *Watson, N.B.:* Triangular Loop Antenna (Technical Correspondence). OST, April 1968, p. 54
[3.8] *Munemoto, S.*: Delta Loop – eine Antenne geht um die Welt. QRV 5/1979, S. 272–276
[3.9] *Glover, P.*: The Mono-Loop Delta Antenna. QST September 1979, pp. 33–36
[3.10] *Steppert, G.*: Zweielement-Delta-Loop mit einem Mast. CQ DL 8/80, S. 370
[3.11] *Fischer, R.*: Das Monster, eine 2-Element Delta-Loop. CQ DL 7/83, S. 331–335
[3.12] *Schwarzbeck, G.*: Bedeutung des vertikalen Abstrahlwinkels von KW-Antennen. CQ DL 3/85, S. 130–136
[3.13] *Wilkinson, E.J.*: An N-Way Hybrid Power Divider. IRE Trans. MTT-8, January 1960, pp. 116–118
[3.14] *Swynar, E.P.*: 40 Meters with a Phased Delta Loop. QST May 1984, pp. 20-21
[3.15] *Myers, B.*: Analyzing 80-meter delta loop arrays. Ham Radio, September 1986, pp. 10–12, 14–15, 17–18, 21–28
[3.16] Gray, J.: The ZED LOOP Spezial. 73 Amateur Radio, October 1990, pp. 41-42
[3.17] *Deprato, T.*: A Switchable Delta Loop Array For 40 Meters. CQ August 1990, pp. 34–35
[3.18] *Grossmann, R.:* Triband-Delta-Loop Beam. QST December 1969, pp. 52–53
[3.19] *Böttcher, W.*: 2-Element-Delta-Loop-Beam für 10/15-Meter. Beam 11/90, S. 20–24
[3.20] *Rohländer, W.:* Der Delta-Loop-Beam nach K8ANY. Funkamateur 10/1969, S. 500–502

[4.1] *Weiner, K.*: Die Cubical-Quad und ihre Sonderformen. DARC, Baunatal, 1999
[4.2] *Haviland, R.P.*: Circular-loop and octogonal arrays (The Quad antenna Part 3). Ham Radio, August 1988, pp. 34, 37, 39–40, 42, 45–47
[4.3] *Würtz, H.*: German-Quad, German-Diamond-Quad, German-Ring-Loop. (DX-Antennen mit spiegelnden Flächen). CQ DL 12/81, S. 583
[4.4] *Hawkins, H.G.*: 12-Meter Quad. ARRL Antenna Compendium Vol. 3, 1992, p. 114
[4.5] *Kennicott, J.W.*: Three-element quad for 15–20 meters which uses circular elements. Ham Radio, May 1980, pp. 12–13

19 Vertikale HF-Monobandantennen

Vertikale HF-Monobandantennen sind überwiegend resonante Antennen.
Resonant bedeutet, daß die Länge in einem bestimmten Verhältnis zur Wellenlänge steht.

Man kann die „*Vertikalen HF-Monobandantennen*" einteilen nach:
Resonanzart:
Viertelwellen-Antennen:
Monopolantenne, Groundplane
Halbwellen-Antennen:
vertikaler Halbwellendipol
Nichtresonante-Antennen:
$3\lambda/8$- und $5\lambda/8$-Antenne
Formgebung:
Groundplane
Koaxialantenne, J-Antenne
Vertikaler Winkeldipol
L- und T-Antennen
Speisungsart:
endgespeist: Speisung am unteren Ende
obengespeist: Speisung irgendwo in der Mitte

Grundsätzlich hat jede einfache vertikal polarisierte Antenne Rundstrahlcharakteristik in der Horizontalebene. Je nach Verwendungszweck kann die Rundstrahlung als vorteilhaft oder als nachteilig betrachtet werden. Zunächst ist festzustellen, daß beim Empfang mit einem vertikal polarisierten Rundstrahler die örtlichen und die atmosphärischen Störpegel höher sind als beim Empfang mit einer vergleichbaren horizontal polarisierten Antenne. Es ist auch klar, daß der Rundempfang einen sehr selektiven Empfänger mit großer Intermodulationsfestigkeit erfordert. Die horizontale Rundcharakteristik bietet aber die Gewähr, daß keine Richtung benachteiligt wird, wie dies bei horizontal polarisierten Antennen praktisch immer der Fall ist. Ein vertikal polarisierter Strahler ist bei richtiger Bemessung eine ausgezeichnete DX-Antenne für Senden und Empfang.

Der Platzbedarf eines senkrechten Antennenleiters ist sehr gering, die Mindestlänge bei $\lambda/4$-Eigenresonanz beträgt für das 20-m-Band rund 5 m, für das 10-m-Band etwa 2,50 m und dürfte zumindest für die hochfrequenten Kurzwellenbänder in allen Fällen realisierbar sein. Der Windwiderstand ist sehr gering, er wird minimal, wenn sich der Antennenleiter nach oben teleskopartig verjüngt. Vertikalstrahler sind sehr blitzgefährdet. Am wichtigsten für guten Wirkungsgrad und flache Abstrahlung sind eine erstklassige Hochfrequenzerde (nicht gleichzusetzen mit einer guten Blitzerde!). Grob verallgemeinernd kann man sagen, daß die Probleme horizontal polarisierter Strahler über der Erde liegen, das heißt, daß sie um so besser sind, je höher sie **über** der Erdoberfläche aufgebaut werden können. Das Kriterium vertikal polarisierter Strahler liegt hingegen **im** oder **auf dem** Erdboden, ihre Güte ist in erster Linie von der hochfrequenzmäßigen Erdbodenleitfähigkeit abhängig.

Bücher über vertikale Antennen sind [0.1]–[0.4]. Tips zu Vertikalantennen sind zu finden in [0.5]–[0.7].

19.1 Allgemeines

Vertikalantennen über Erde sind *unsymmetrische Antennen* – im Gegensatz zu horizontalen Antennen – sie sind also *erdunsymmetrisch*. Eine vertikale Antenne unmittelbar über dem Erdboden wird *Monopol* genannt. Der Ausdruck *Monopol* kennzeichnet, daß der Viertelwellenstrahler, im Gegensatz zum Dipol, nur einen Strahler oder „einen Pol" hat. Dafür, sowie für einen *gefalteten Monopol* , wird auch die Bezeichnung *Unipol* verwendet.

Die am stärksten verbreitete Vertikalantenne ist der sogenannte *Viertelwellenstrahler* oder *Viertelwellenmonopol*. Er bildet das Grundelement vieler vertikaler Antennenformen und wird auch als Bezugsantenne bei vertikalen Antennen verwendet. Im Prinzip handelt es sich dabei um die Hälfte eines Halbwellenstrahler, denn durch die Erde, die man als mehr oder weniger guten Leiter betrachtet, kann man sich den Viertelwellenstrahler spiegelbildlich in der Erde zum Halbwellendipol ergänzt denken. In seiner einfachsten Form ist ein solcher Viertelwellenstrahler über Erde als *Marconi*-Antenne bekannt. Wenn die Erde durch ein Gegengewicht (Radials) ersetzt wird spricht man von einer *Groundplane-Antenne* oder kurz *Groundplane*.

Praktisch werden Vertikalantennen bis zu einer Länge von $5\lambda/8 \approx 0{,}64\lambda$ verwendet.

Strom- und Spannungsverteilung

Bild 19.1.1 zeigt die *theoretische Strom- und Spannungsverteilung* von Monopolantennen für elektrische Längen (Höhen) von $0{,}1\lambda$ (36°), $0{,}25\lambda$ (90°), $0{,}5\lambda$ (180°), $0{,}53\lambda$ (190°) und $0{,}625\lambda$ (225°). *Ströme und Spannungen* sind rein sinusförmig ange-

Bild 19.1.1
Theoretische Strom- und Spannungsverteilung von Monopolantennen

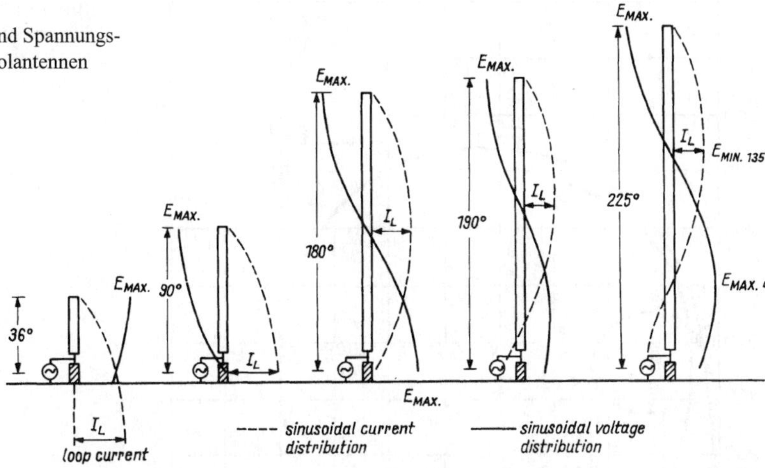

nommen und zwischen der *Spannung und dem Strom* besteht eine Phasenverschiebung von 90°.

Wie aus **Bild 19.1.1** hervorgeht, nimmt der *Strom* in Richtung Monopolende ab und erreicht am Ende theoretisch den Wert Null. Dort tritt der Maximalwert der *Spannung* auf. In der Praxis ist am Strahlerende aber wegen des Endeffektes der *Strom* nicht völlig „Null", sondern hat nur ein „Minimum".

Genauer betrachtet sind *Spannungen und Ströme* nicht rein sinusförmig auf einem Monopol verteilt und auch der Phasenunterschied zwischen *Strom und Spannung* ist nur näherungsweise 90°. In den meisten Fällen kann man aber diese Abweichungen vernachlässigen.

Beim abgestimmten Viertelwellenmonopol sind Maximalspannung U_{max} und Maximalstrom I_{max} verknüpft durch die Beziehung

$$U_{max} = Z \cdot I_{max} \qquad (19.1.1)$$

Ein gestreckter vertikaler Leiter (z.B. ein Draht, Stab oder Rohr) mit der Antennenlänge h weist eine bestimmte Induktivität und Kapazität auf, die gleichmäßig über die Leiterlänge verteilt sind. Daraus kann man nach der Theorie der Hochfrequenzleitungen einen *Wellenwiderstand Z* des Monopols in Ω berechnen.

Die entsprechende Formel für den *mittleren Wellenwiderstand* ist

$$Z/_{\Omega} = 60 \cdot \left(\ln \frac{2h}{d} - 0{,}55\right) \qquad (19.1.2a)$$

$$Z/_{\Omega} = 60 \times \ln \frac{2h}{d} - 33 \qquad (19.1.2b)$$

oder

$$Z/_{\Omega} = 60 \cdot \ln 1{,}15 \cdot \frac{h}{d} \qquad (19.1.2b)$$

h und *d* sind in gleichen Einheiten einzusetzen

Obwohl *Z* längs der Antenne nicht konstant ist, sondern zum Antennenende hin erheblich zunimmt, führt die Verwendung des *mittleren Wellenwiderstandes* bei Antennen mit großem *l/d*-Verhältnis zu einer guten Übereinstimmung zwischen den Ergebnissen aus Berechnung und Messung. **Bild 19.1.2** zeigt den mittleren Wellenwiderstand eines gegen Erde erregten Vertikalstrahlers in Abhängigkeit vom Schlankheitsgrad *S*.

Antennenimpedanz und Strahlungswiderstand

Mit der Verteilung von Strom und Spannung auf einem Strahler erhält man gleichzeitig einen Überblick über die Widerstandverhältnisse. Vom Ohmschen Gesetz her ist bekannt, daß aus Spannung und Strom ein bestimmter Widerstand resultiert. Es kann deshalb der komplexe Widerstand (Impedanz) eines Strahlers für jeden Punkt auf dessen Länge durch das Verhältnis zwischen Spannung

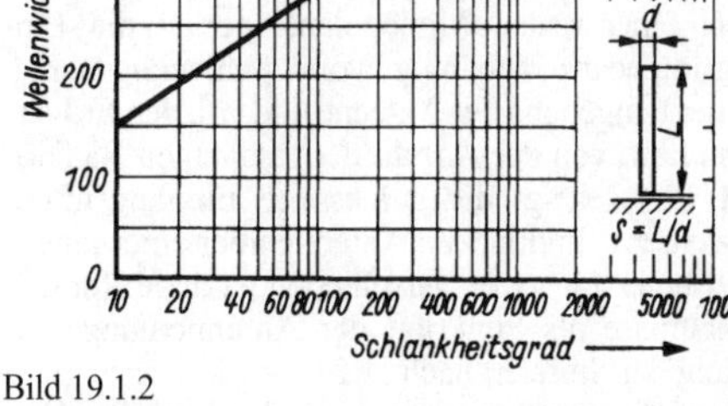

Bild 19.1.2
Mittlerer Wellenwiderstand eines gegen Erde erregten Vertikalstrahlers in Abhängigkeit vom Schlankheitsgrad *S*

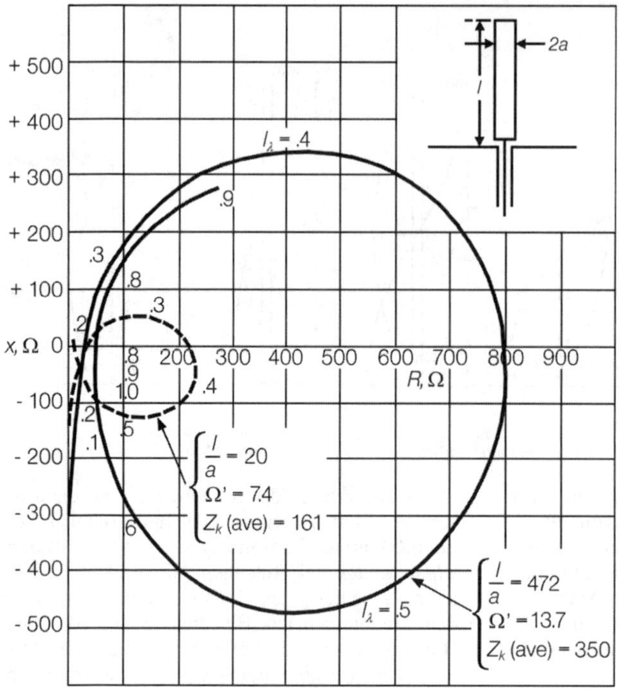

Bild 19.1.3
Eingangsimpedanz
einer zylindrischen Antenne

und Strom an diesem Punkt definiert werden. Dieser Widerstand ist im Resonanzfall reell, außerhalb der Resonanz ist er mit einem Blindanteil (induktiver oder kapazitiver Blindwiderstand) behaftet.

Am *Strahleranfang* herrscht geringe Spannung bei hohem Strom, kleine Impedanz. Am *Strahlerende* herrscht hohe Spannung bei geringem Strom, große Impedanz. Obwohl sich die Impedanz für jeden beliebigen Punkt auf der Oberfläche eines Strahlers feststellen läßt, bezeichnet man allgemein als die Impedanz einer Antenne deren Speisepunktwiderstand (Fußpunktwiderstand) und wird als Eingangsimpedanz bezeichnet.. Diese liegt beim Viertelwellenmonopol im Strombauch und ist deshalb niedrig (etwa 32 Ω). Die Eingangsimpedanz eines idealen $\lambda/4$-Monopols (unendlich dünn, verlustlos, über ideal leitender Erde) ist nach [1.1]

$$Z_E = R_E + j\,X_E = (36{,}5 + j\,21{,}25)\,\Omega \qquad (19.1.4)$$

Bei einer realen Monopolantenne ist die Eingangsimpedanz abhängig vom Schlankheitsgrad, von der Umgebung der Antenne und von den Erdverlusten bzw. von der Anzahl der resonanten Radials. **Bild 19.1.3** zeigt die gemessene Eingangsimpedanz einer zylindrischen Antenne über einer leitenden Ebene für zwei verschiedene Länge:Radius-Verhältnisse als Funktion der Antennenlänge l/λ entlang der Spiralen nach [1.2].

Der Schlankheitsgrad wird hier durch l/a, das Verhältnis von Länge zu Radius, ausgedrückt. Der dickere Strahler hat die kleinere Impedanzkurve (Spirale). Die Angabe l_λ bedeutet die Antennenlänge in $l : \lambda$. Die Angabe Ω' bedeutet den in den USA üblichen Länge-Dicke-Parameter $\Omega' = 2 \ln (2l/a)$. Die Angabe Z_k (ave) bedeutet den mittleren Wellenwiderstand. Die erste Resonanz (Viertelwellenresonanz) ist fast unabhängig vom Schlankheitsgrad und hat den Wert von etwa 33 Ω, die zweite Resonanz (Halbwellenresonanz) unterscheidet sich sowohl im Wert des Realteiles (800 Ω und 225 Ω), als auch in der Antennenlänge ($l = 0{,}45\lambda$ und $l = 0{,}375\lambda$).

Bei Anwesenheit von benachbarten Antennen tritt Strahlungskopplung auf und die Eingangsimpedanz der Antenne verändert sich.

Der Realteil R_E (Wirkwiderstand) der Eingangsimpedanz entspricht dem Strahlungswiderstand im Fußpunkt R_{SF}. Der Strahlungswiderstand R_S wird auf den Strombauch bezogen: $R_S = R_{S0}$.

Die Umrechnung zwischen R_{SF} und R_{S0} für Antennenlängen $h < 3/8\lambda$ ist nach [1.3]

$$R_{SF} = \frac{R_{S0}}{\sin^2\left(2\pi \frac{h}{\lambda}\right)} \qquad (19.1.5)$$

$2\pi h/\lambda$.... elektrische Antennenhöhe

Für Antennen mit $h < \lambda/4$, bei denen kein reeller Strombauch vorhanden ist, wird entweder vom Strahlungswiderstand R_{SF} oder vom Strahlungswiderstand R_{S0} im fiktiven Strombauch ausgegangen. Für Antennen mit $h > \lambda/4$ ist R_{S0} der Ausgangspunkt.

Der Strahlungswiderstand eines Vertikalstrahlers hängt ab von seiner Antennenlänge. Für Vertikalantennen bis zu einer Länge $h \leq \lambda/4$ gilt für den Strahlungswiderstand die

*Rüdenberg*sche Gleichung

$$R_S/\Omega = 1579 \cdot \left(\frac{h_W}{\lambda}\right)^2 \quad (19.1.6)$$

h_W .... wirksame Länge der Vertikalantenne

Bei $\lambda/4$ (mit $h_W = \lambda/2\pi$) ergibt die Formel den Wert 40,4 Ω, der exakte Wert aus der Antennentheorie nach [1.4] ist 36,5 Ω. Der Fehler ist also schon etwa +10%.

Eine bessere Näherung für den Strahlungswiderstand ist nach [1.5] die Formel

$$R_S/\Omega = 1579 \cdot \left(\frac{h_W}{\lambda}\right)^2 \left[1 - 1{,}32 \left(\frac{h}{\lambda}\right)^2\right] \quad (19.1.7)$$

Bild 19.1.4 zeigt nach [1.6] die Abhängigkeit des Strahlungswiderstandes von der Antennenlänge in λ.

Bei kurzen Vertikalantennen ist der Verlauf quadratisch, d.h. der Strahlungswiderstand entspricht dem Quadrat der Antennenlänge bzw. der wirksamen Länge.

Kurzer Monopol

$$R_S/\Omega = 40\pi^2 \left(\frac{h}{\lambda}\right)^2 = 395 \cdot \left(\frac{h}{\lambda}\right)^2 \quad (19.1.8)$$

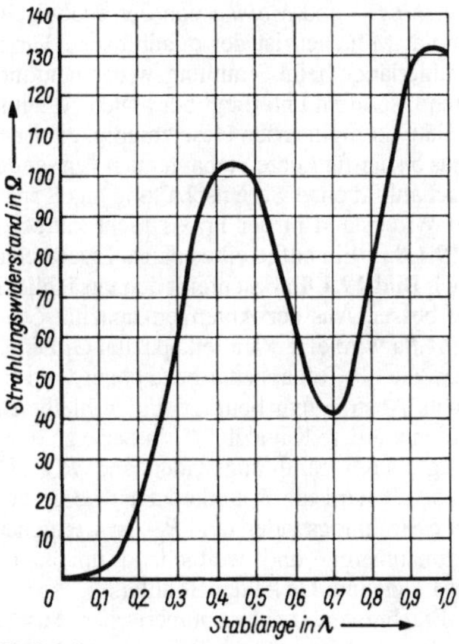

Bild 19.1.4
Strahlungswiderstand eines schlanken Vertikalstrahlers über idealer Erde in Abhängigkeit von der Antennenlänge in λ

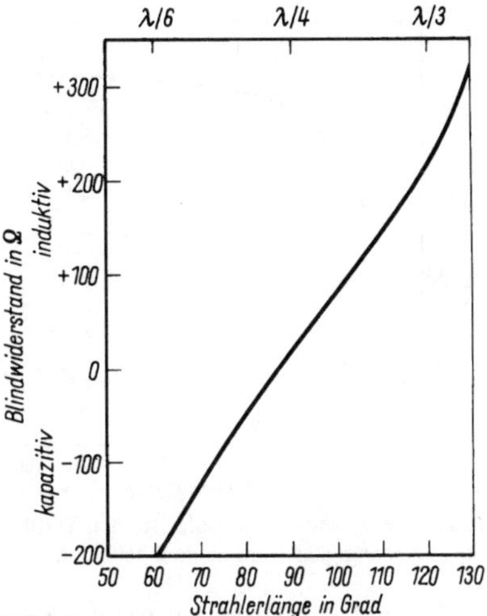

Bild 19.1.5
Verlauf des Blindwiderstandes von dünnen Vertikalantennen über idealer Erde in Abhängigkeit von der Antennenlänge (360° ≡ λ und 90° ≡ λ/4)

Die Formel ist brauchbar bis zu einer Antennenlänge $h < \lambda/10$.

Viertelwellenmonopol $R_S = 36{,}5\ \Omega$ (19.1.9)

Halbwellenmonopol $R_S = 99{,}5\ \Omega$ (19.1.10)

Ein kurzer Monopol mit einer Endkapazität am Strahlerende und mit konstanter Stromverteilung, wird als „*Abraham*scher Erreger" bezeichnet. Mit $h_w = h$ wird aus der Gl. 19.1.6 dann

$$R_S/\Omega = 1579 \cdot \left(\frac{h}{\lambda}\right)^2 \quad (19.1.11)$$

Der Imaginärteilteil X_E (Blindwiderstand) der Eingangsimpedanz ergibt sich nach der Formel

$$X_E = -\frac{Z_A}{\tan 2\pi \frac{h}{\lambda}} \quad (19.1.12)$$

Bild 19.1.5 zeigt den Verlauf des Blindwiderstandes von dünnen Vertikalantennen über idealer Erde in Abhängigkeit von der Antennenlänge (360° ≡ λ und 90° ≡ λ/4).

Die Resonanz (Reaktanz oder Blindwiderstand = 0) tritt auf bei einer Strahlerlänge von 90°.

Verkürzungsfaktor

Die Ausbreitungsgeschwindigkeit der elektromagnetischen Wellen auf einem Antennenleiter ist geringer als die im freien Raum. Sie wird bestimmt vom Schlankheitsgrad *S*, das ist das Verhältnis Antennenlänge *h* zu Antennendurchmesser *d*. Zu beachten ist, daß dieser Schlankheitsgrad manchmal auch in λ : *d* angegeben wird. Neben dem Schlank-

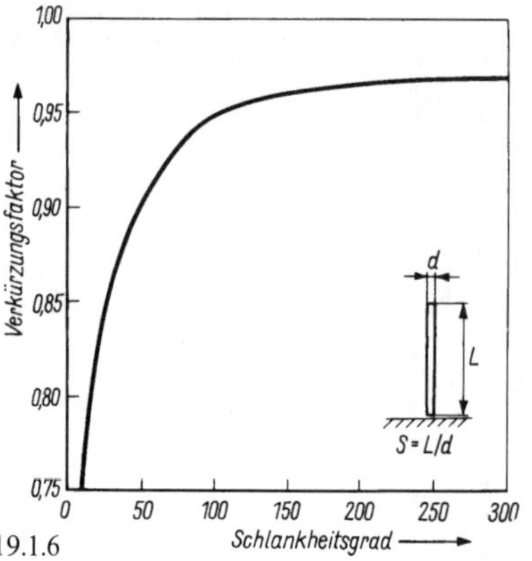

Bild 19.1.6
Verkürzungsfaktor eines gegen Erde erregten Vertikalstrahlers in Abhängigkeit vom Schlankheitsgrad

heitsgrad beeinflußt auch der sogenannte *Endeffekt* die Resonanzlänge eines Antennenleiters. Er wirkt als Endkapazität.

Die elektrische Antennenlänge bezeichnet man auch als *Freiraumlänge* oder als *theoretische Länge,* während für die mechanische Länge auch die Begriffe *Resonanzlänge* oder *physikalische Länge* gebräuchlich sind. Mitunter wird sie auch geometrische, aktuelle oder korrigierte Länge genannt. Der Unterschied zwischen beiden Längen ist die Verkürzung.

Der *Verkürzungsfaktor V* ist das Verhältnis der Resonanzlänge zur Freiraumlänge und hat immer einen Wert kleiner als 1.

Das bewirkt, daß man die für Resonanz erforderliche mechanische Länge gegenüber der elektrischen Länge verkürzen muß. Die Verkürzung wird um so größer, je kleiner der Schlankheitsgrad des Antennenleiters ist. Ein dicker Strahler muß demnach bei gleicher Resonanzfrequenz kürzer sein als ein schlanker Strahler.

Bild 19.1.6 zeigt den *Verkürzungsfaktor* eines Viertelwellenmonopols in Abhängigkeit vom Schlankheitsgrad.

Ersatzschaltbild

Ein gestreckter Leiter weist Induktivität und Kapazität auf, jedoch nicht in konzentrierter Form, sondern gleichmäßig über seine Länge verteilt. Der übliche Schwingkreis hat konzentrierte Schaltelemente, die Induktivität wird dabei durch eine Spule und die Kapazität durch einen Kondensator dargestellt.

Antennen können in der Nähe der ersten Resonanz durch einen Serienkreis dargestellt werden. Für *Monopolantennen* ist das die $\lambda/4$-Resonanz. Ist der Leiter in Resonanz mit der ihn erregenden Frequenz, so kann man ihn wie einen Schwingkreis betrachten. Das Ersatzschaltbild für die Impedanz einer vertikalen Viertelwellenantenne (eines *Viertelwellenmonopols*) besteht aus der Reihenschaltung des Strah-

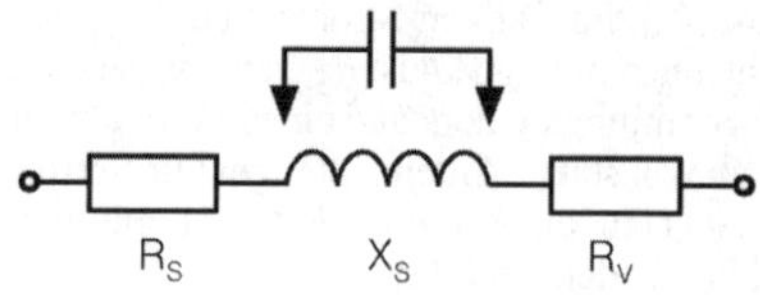

Bild 19.1.7
Ersatzschaltbild eines Viertelwellenstrahlers

lungswiderstandes R_s, eines Blindwiderstandes X_s (im Resonanzfall 0) und des Verlustwiderstandes R_V (**Bild 19.1.7**). Für *Monopole* ist $R_S \approx 30$ bis 35 Ω. Die Verluste können im allgemeinen gegen den Strahlungswiderstand vernachlässigt werden.

Unterhalb der Resonanzfrequenz ist ist die Reaktanz (Blindwiderstand) X_S kapazitiv, also ein Kondensator, oberhalb der Resonanzfrequenz induktiv, also eine Spule.

Die Resonanzfrequenz eines Schwingkreises wird durch die Größe der Induktivität und der Kapazität nach der Beziehung bestimmt: $\omega L = 1/\omega C$ mit $\omega = 2\pi f \approx 6{,}28f$ ..... Kreisfrequenz, ωL ..... induktiver Widerstand und $1/\omega C$ ..... kapazitiver Widerstand

Bei Vernachlässigung der Kreisverluste hängt die Güte eines Schwingkreises hauptsächlich von dessen *L*/*C*-Verhältnis ab. Großes *L*/*C*-Verhältnis (große Induktivität bei kleiner Kapazität) ergibt einen schmalbandigen und damit resonanzscharfen Kreis, kleines *L*/*C*-Verhältnis (kleine Induktivität bei großer Kapazität) führt zu einem breitbandigen, weniger resonanzscharfen Kreis.

Ersatzschaltbild eines kurzen Monopols

Nach neuen Erkenntnissen der Professoren. *Landstorfer* (*DJ6JR*) und *Meinke* von der Technischen Universität München ist der quadratische Verlauf der Strahlerlänge beim Strahlungswiderstand nicht zutreffend, sondern unterliegt bei realen Antennen einer relativ komplizierten Gesetzmäßigkeit. Ebenso ist das bisher für kurze Stabantennen verwendete Ersatzschaltbild einer Serienschaltung aus Kapazität und Widerstand in der Praxis nicht zutreffend (**Bild 19.1.8a**). Ein aufgeteiltes neues Ersatzschaltbild nach **Bild 19.1.8b** beschreibt den tatsächlichen Verlauf besser. Aus der Antennenkapazität *C* von **Bild 19.1.8a** wird eine Parallelkapazität C_1 herausgezogen, die als Totkapazität bezeichnet wird und zur nichts Abstrahlung beiträgt. Es verbleibt eine wesentlich kleinere Kapazität C_2 in Serie zu einem neuen, größeren Strahlungswiderstand R_{S0}. Die Kapazität C_2 wird als Raumkapazität bezeichnet. Der neue Strahlungswiderstand R_{S0} ist weitgehend frequnzunabhängig und weitgehend unabhängig von der Länge und Dicke des Strahlers.

Das Ergebnis zahlreicher numerischer Auswertungen an der Digitalrechenanlage im Rechenzentrum der Bayerischen Akademie der Wissenschaften ergab für den neuen Strahlungswiderstand den Wert

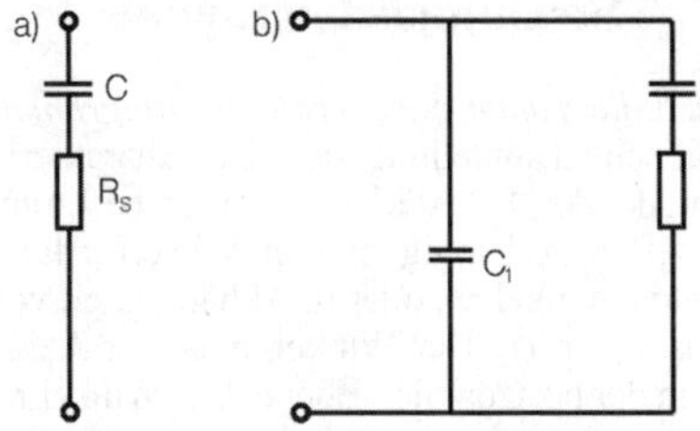

Bild 19.1.8
Ersatzschaltbilder für kurze Stabstrahler
a) - alte Schaltung
b) - neue Schaltung

$$R_{S0} = (30 \pm 3)\,\Omega \qquad (19.1.12)$$

als nahezu unabhängig von der Frequenz und von der Stablänge/dicke [1.7].

Diese Tatsache erklärt den extrem guten Wirkungsgrad von verhältnismäßig kurzen Stabantennen wie z.B. die Antenne „MicroVert“ von *DL7PE* (vgl. Abschnitt 22.7).

Wirksame Länge und Fläche

Bringt man einen Viertelwellenmonopol in das elektromagnetische Feld so wird in diesem eine Spannung induziert. Die Leerlaufspannung U_0 einer Antenne ist proportional der Feldstärke. Der Proportionalitätsfaktor hat die Dimension einer Länge. Seine Bezeichnung ist *wirksame Länge* l_w oder auch *effektive Länge* l_e bzw. l_{eff}. Bei Vertikalantennen wird sie manchmal auch als *wirksame* Höhe h_w oder *effektive Höhe* h_e bzw. h_{eff} bezeichnet.

Da Vertikalantennen nicht immer am Boden betrieben werden, z.B. Groundplane Antennen, kann die Bezeichnung „*Höhe*“ mißverständlich sein. Es ist daher zweckmäßig auch bei Vertikalantennen die Bezeichnung „*Länge*“, allerdings mit der Variablen „h_w“, zu verwenden.

Die wirksame Länge h_w ist nicht identisch mit der tatsächlichen (geometrischen) Antennenlänge h. Nur für gleichförmige Strombelegung, d.h. wenn der Strom ortsunabhängig ist (*Abraham*scher Erreger), stimmt h_w mit h überein. Anderenfalls ist die effektive Höhe infolge der ungleichmäßigen Stromverteilung kleiner.

Viertelwellenmonopol

$$h_w = \frac{\lambda}{2\pi} = 0{,}16 \cdot \lambda \qquad (19.1.13)$$

$$h_w = \frac{2}{\pi} \cdot h = 0{,}64 \cdot h \qquad (19.1.14)$$

Für $h = \lambda/2$ wird h_W unendlich, daher macht die Angabe von h_W für einen Halbwellenmonopol keinen Sinn.

Bei der sehr kurzen Monopolantenne ($h < \lambda/10$) ergibt sich eine lineare Stromverteilung (Dreiecksstromverteilung), die wirksame Höhe ist dann die Hälfte der tatsächlichen Höhe.

Kurze Monopolantenne

$$h_w = \frac{h}{2} \qquad (19.1.15)$$

Die Richteigenschaften einer Antenne kann man auch durch den Begriff der *Wirkfläche* A_W kennzeichnen. Sie stellt eine senkrechte zur Ausbreitungsrichtung gedachte Fläche dar. Die *Wirkfläche* ist eine fiktive Fläche. Obwohl die Antennenwirkfläche zur Ausbreitungsrichtung der einfallenden Ebene senkrecht angeordnet ist, ist sie nicht notwendigerweise mit der geometrischen Fläche identisch.

Viertelwellenmonopol

$$A_W = \frac{\lambda^2}{4\pi} \cdot 3{,}29 = 0{,}26\lambda^2 \qquad (19.1.16)$$

Die Wirkfläche eines Viertelwellenmonopols ist doppelt so groß wie die Wirkfläche eines Halbwellendipols. Analogie zum Richtfaktor: Der Gewinn über Kugelstrahler (Richtfaktor) eines $\lambda/4$-Monopols ist doppelt so groß als der Richtfaktor eines $\lambda/$ 2-Dipols.

Kurze Monopolantenne

$$A_W = \frac{\lambda^2}{4\pi} \cdot 3 = 0{,}24\lambda^2 \qquad (19.1.17)$$

Richtfaktor und Gewinn

Wichtige Kenngrößen einer Antenne sind *Richtfaktor* und *Gewinn*.

Der *Richtfaktor D* (directivity), gibt die Leistungseigerung an in Richtung ϑ und φ im Vergleich zu der mittleren nach allen Richtungen abgestrahlten Leistung. Er drückt also die Bündelungseigenschaft der Antenne aus.

Der *Gewinn G* drückt, wie der *Richtfaktor*, die Bündelungseigenschaft der Antenne aus verbunden mit dem Antennenwirkungsgrad. Als Zahl oder Größe wird er auch als *Gewinnfaktor* bezeichnet.

Der Zusammenhang zwischen Gewinn G und Richtfaktor D ist gegeben durch die Beziehung

$$G = \eta \cdot D \qquad (19.1.18)$$

Der *Wirkungsgrad* η ist definiert als Verhältnis der zugeführten Leistung zur abgegebenen Leistung.

$$\eta = \frac{P_S}{P_E} \qquad (19.1.19)$$

Der *Gewinn G* enthält die Antennenverluste. Daher ist *G* kleiner als *D*. Für verlustlose (ideale) Antennen mit $\eta = 1$ ist $G = D$. Der maximal mögliche *Gewinn* ist der *Richtfaktor.* Man kann auch sagen der *Richtfaktor D* ist der *Gewinn* einer verlustfreien Antenne bezogen auf den Kugelstrahler, der gleichmäßig in alle Richtungen strahlt.

Den *Gewinn* auch kann man auch als logarithmisches Leistungsverhältnis (Leistungsmaß oder Gewinnmaß) in Dezibel (dB) angeben.

$$g\,/\,\mathrm{dB} = 10 \cdot \lg G \qquad (19.1.20)$$

Für einen idealen (verlustlosen) Viertelwellenmonopol über idealer Erde ist der *Richtfaktor D* oder der *Gewinn G*:

$$G = 3{,}29 \text{ bzw. } g = 5{,}16 \text{ dB} \qquad (19.1.21)$$

Der Gewinn von fast 5,2 dBi entspricht einem Gewinn von etwa 3 dBd (dB über einem Halbwellendipol im freien Raum). Das heißt aber nicht, daß ein Viertelwellenmonopol besser strahlt als ein Halbwellendipol. Das bedeutet nur, daß ein Viertelwellenstrahler über idealer leitender Fläche 3 dB mehr Gewinn hat als ein Halbwellenstrahler im freien Raum. Beim Halbwellendipol über einer ideal leitenden Fläche ergibt sich hingegen durch die Reflexion eine Feldstärkeverdopplung, das entspricht einem Gewinn von fast 6 dB. Dadurch hat ein Halbwellendipol über einer leitenden Fläche 3 dB mehr Gewinn als ein Viertelwellenmonopol!

Für eine ideale (verlustlose) kurze Vertikalantenne über idealer Erde ist der *Richtfaktor D* oder der *Gewinn G*:

$$G = 3 \text{ bzw. } g = 4{,}77 \text{ dB} \qquad (19.1.22)$$

19.2 Strahlungsdiagramme

Das *Richtdiagramm* oder *Strahlungsdiagramm* ist die grafische Darstellung der Richtcharakteristik (Amplitude der Feldstärke) in einer bestimmten Ebene, z.B. in Abhängigkeit vom Winkel φ für den konstanten Winkel ϑ, oder in Abhängigkeit von ϑ bei konstantem φ. Der Winkel φ ist der Azimutwinkel in der horizontalen Ebene. Der Winkel ϑ ist der Polarwinkel oder Zenitwinkel in der vertikalen Ebene.

Die Richtcharakteristik oder Strahlungscharakteristik ist eine Ringfläche (**Bild 9.1.6**), von den Amerikanern auch Doughnut (eingebeulter Krapfen) genannt.

Das *Richtdiagramm* ist die zeichnerische Darstellung eines Schnittes durch die Richtcharakteristik. Die *Richtdiagramme* von Antennen werden in einem Polarkoordinatensystem oder in kartesischen Koordinaten (rechtwinkligen Koordinaten) dargestellt.

Oft wird auch die Bezeichnung *E-Diagramm* und *H-Diagramm* gebraucht. Dabei bezieht man die *E-Ebene* auf den Verlauf der *elektrischen* Feldlinien in der ebenen Wellenfront und die *H-Ebene* auf deren *magnetische* Feldlinien.

19.2.1 Horizontaldiagramm

Das *Horizontaldiagramm* ist das Richtdiagramm in der Horizontalebene. Es gibt die Abhängigkeit der Feldstärke in der Horizontalebene an. In der Horizontalebene besteht bei einfachen Vertikalstrahlern Rundstrahlung, die von den Erdverhältnissen beeinflußt wird; auch umliegende Hindernisse können das Horizontaldiagramm verformen.

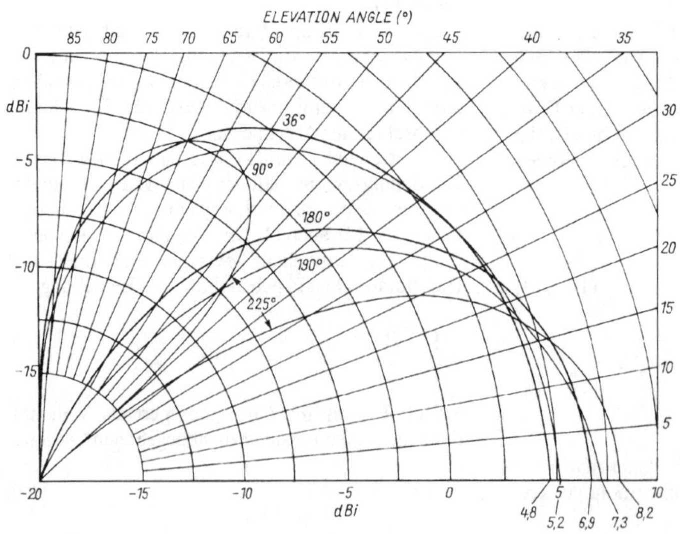

Bild 19.2.1
Theoretische Vertikaldiagramme für Monopolantennen nach Bild 19.1.1

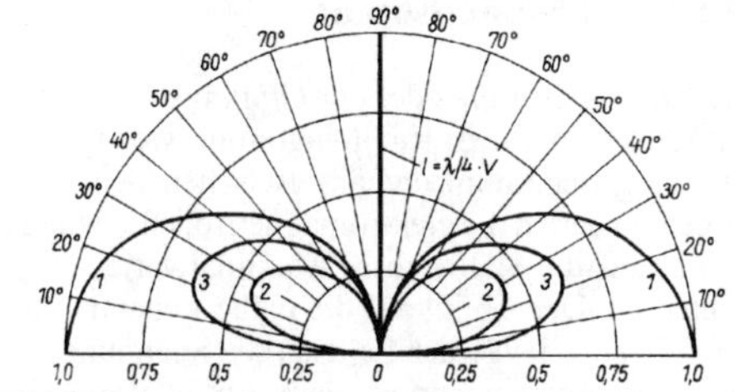

Bild 19.2.2
Vertikaldiagramme eines Viertelwellenmonopols in Abhängigkeit von der HF-Erdbodenleitfähigkeit

19.2.2 Vertikaldiagramm

Das *Vertikaldiagramm* ist das Richtdiagramm in der Vertikalebene (Richtdiagramm der E-Ebene). Es gibt die Abhängigkeit der Feldstärke in der durch den Ursprung gehenden Vertikalebene an.
Das Vertikaldiagramm senkrechter Strahler über Erde zeichnet sich durch kleine Erhebungswinkel aus, was für den DX-Verkehr sehr erwünscht ist. Allerdings wird dabei vorausgesetzt, daß man die Antenne unmittelbar über gut leitfähiger Erdoberfläche errichtet hat bzw. die Leitfähigkeit durch ein entsprechendes Erdnetz verbessert wurde (siehe Abschnitt 19.3). **Bild 19.2.1** zeigt das theoretische *Vertikaldiagramm* (Elevation) der Monopolantennen von **Bild 19.1.1** über ideal leitender Erde. Die Gewinne sind angegeben in dBi.

Bild 19.2.2 zeigt, wie sich eine unzureichende Erdbodenleitfähigkeit bei einem Viertelwellenmonopol sowohl auf den Antennenwirkungsgrad, als auch auf sein Vertikaldiagramm negativ auswirkt. Die Keule verringert sich und der Erhebungswinkel vergrößert sich. Die Kurve 1 ist eine Idealkurve, die in der Praxis nicht vorkommen kann, denn sie setzt die ideale HF-Leitfähigkeit der Erde voraus. Theoretisch beträgt hier der Erhebungswinkel 0°. Bei Kurve 2 befindet sich der Vertikalstrahler über schlecht leitendem Erdboden. Wegen der hohen Erdverluste liegt der Antennenwirkungsgrad deutlich unter 50% der Erhebungswinkel des Maximums ist auf etwa 30° angestiegen. Die Verhältnisse der Kurve 3 können bei guter Erdbodenleitfähig-

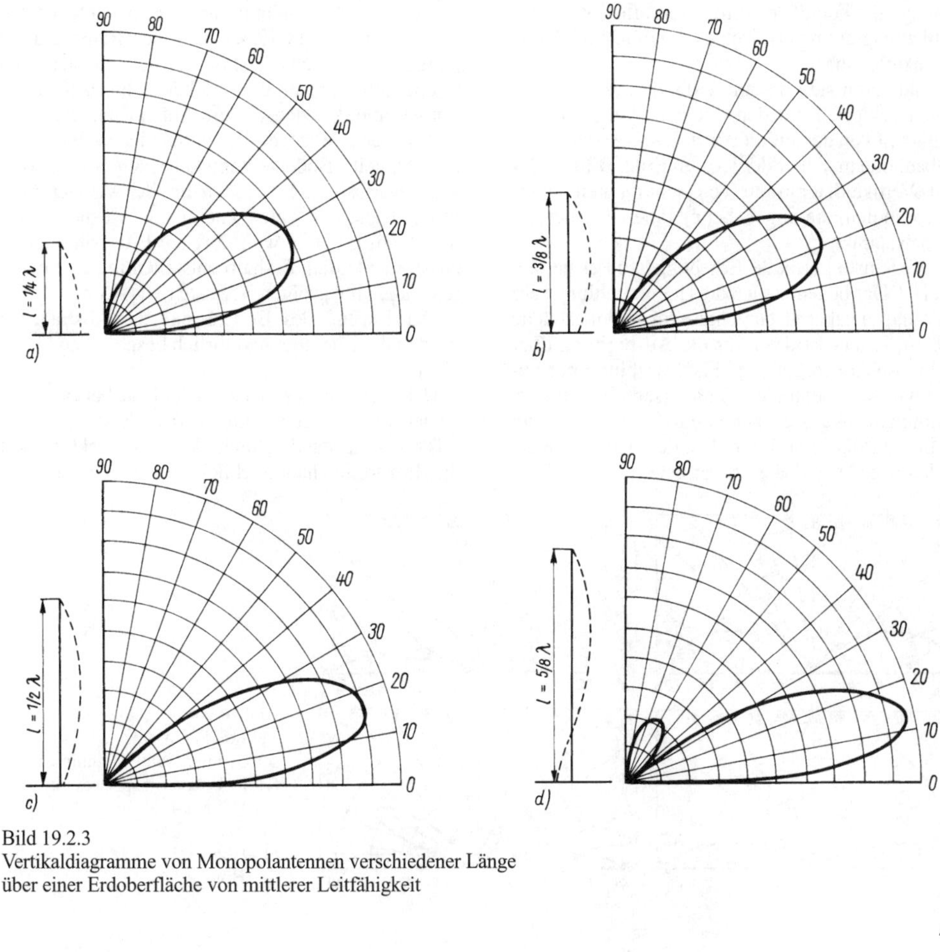

Bild 19.2.3
Vertikaldiagramme von Monopolantennen verschiedener Länge über einer Erdoberfläche von mittlerer Leitfähigkeit

keit erreicht werden, wobei der Wirkungsgrad annähernd 65% beträgt, verbunden mit einem Erhebungswinkel des Maximums von etwa 20 bis 25°. **Bild 19.2.3** zeigt als Beispiel die Vertikaldiagramme von Monopolantennen verschiedener Länge, die unmittelbar über einer Erde von mittlerer Leitfähigkeit errichtet sind. Beim $\lambda/4$-Strahler liegt der Erhebungswinkel des Maximums etwa 30° (**Bild 19.2.3a**). Der $3\lambda/8$-Strahler zeigt nach **Bild 19.2.3b** bereits einen Erhebungswinkel des Maximums von etwa 23°. Noch günstiger ist der $\lambda/2$-Strahler (**Bild 19.2.3c**), dessen Erhebungswinkel annähernd 17° erreicht. Die brauchbarsten Strahlungseigenschaften hat der beliebte $5\lambda/8$--Strahler mit einem Erhebungswinkel in diesem Fall von etwa 12° (**Bild 19.2.3d**). Die geometrische Strahlerlänge von $5\lambda/8$ kann als optimal für die DX-Ausbreitung bezeichnet werden. Bei einer Verlängerung über $5\lambda/8$ hinaus wird das Vertikaldiagramm für DX ungünstig, weil sich der Erhebungswinkel der Hauptkeule vergrößert und dann eine hier unerwünschte Steilstrahlung auftritt. Außerdem verringert sich die Hauptkeule und die Nebenkeule vergrößert sich.

Bei einer Vertikalantenne wird bei erhöhter Aufstellung als Folge der Erdbodenreflexionen das Vertikaldiagramm verformt, es treten je nach Höhe Nebenzipfel auf.

Es addieren sich die am Erdboden reflektierten Wellen vektoriell mit den direkten Wellen in Abhängigkeit von der auf die *Strahlermitte* bezogenen Aufbauhöhe in λ über der idealen Erde. **Bild 19.2.4** zeigt Vertikaldiagramme von senkrechten Halbwellendipolen, die angegebene Höhe ist dabei der Einspeisepunkt.

Der kleinste vertikale Erhebungswinkel beträgt dabei 0°. Das bedeutet, daß die Hauptstrahlung sehr flach und annähernd tangential zur Erdoberfläche verläuft. Leider ist diese für die Ausbreitung über die Ionosphäre so günstige Flachstrahlung nur bedingt wirksam, denn die Strahlungsanteile mit dem Erhebungswinkel < 5° gehen durch Absorption an der Erdoberfläche verloren. Die gestrichelten Kurven kennzeichnen diese Erdverluste.

19.2.3 Halbwertsbreite

Die *Halbwertsbreite* oder der *Öffnungswinkel* Δ ist der Winkel in einem Richtdiagramm, welches das Strahlungsmaximum enthält, zwischen den Richtungen, in denen die elektromagnetische Leistungsdichte, auf die Hälfte ihres Maximalwertes abgesunken ist. Der Abfall auf die halbe Leistung oder auf 0,707 (= $1/\sqrt{2}$) der Feldstärke (Spannung) im Richtdiagramm entspricht dem Abfall um 3 dB. Deshalb wird die *Halbwertsbreite* auch *3-dB-Breite* genannt.

Die *Halbwertsbreiten* von idealen Monopolantennen sind:

Kurzer Monopol ($h < \lambda/10$) $\Delta\,\vartheta = 45°$ (19.2.1)
Viertelwellenmonopol $\Delta\,\vartheta = 39°$ (19.2.2)
Halbwellenmonopol $\Delta\,\vartheta = 23{,}5°$ (19.2.3)

19.3 HF-Erde

19.3.1 Erdboden

Bei der HF-Abstrahlung einer Vertikalantenne bilden sich nach **Bild 19.3.1** im freien Raum um die Antenne Verschiebungsströme I_v aus, die sich nach ihrem Auftreffen auf die Erdoberfläche als Konvektionsströme I_k wieder zum Antenneneingang zurückfließen. Je nach der vorhandenen Bodenbeschaffenheit (Bodenleitfähigkeit) sind die Stromwärmeverluste in der Erde mehr oder weniger groß. In der Nähe des Antenneneingangs ist die Stromdichte am größten, weil dort die Erdströme radial zusammenlaufen; deshalb entstehen in diesem Bereich auch die größten Verluste [3.1]–[3.2].

Der Einfluß des Bodens auf die Abstrahlung wird in der Literatur ausführlich beschrieben [3.3]–[3.5].

Der Gleichstromwiderstand der Erde bei einer Antennenanlage ist unbedeutend. Wichtig ist ihr Wechselstromwiderstand. Durch den Skineffekt fließen die Erdströme hauptsächlich in den oberen Erd-

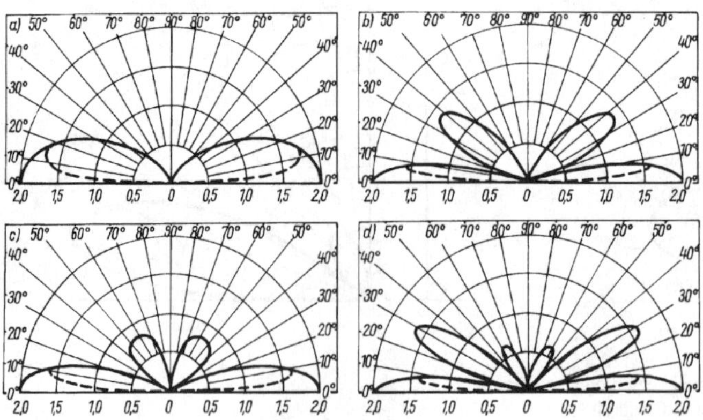

Bild 19.2.4
Vertikaldiagramme senkrechter Halbwellendipole (Höhe ist der Einspeisepunkt)
a) - Höhe $\lambda/4$
b) - Höhe $3\lambda/4$
c) - Höhe $\lambda/2$
d) - Höhe λ

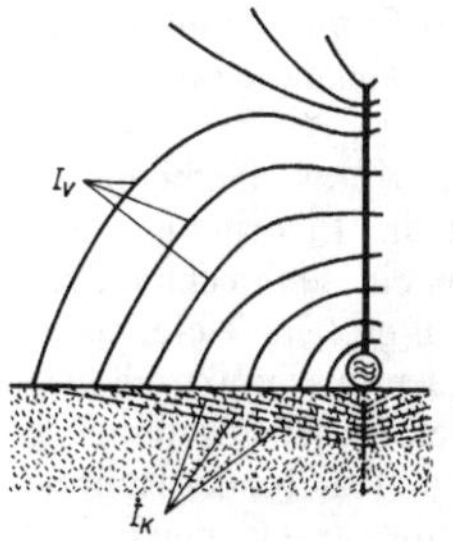

Bild 19.3.1
Stromverläufe
bei einer Vertikalantenne
I_V ... Verschiebungsströme
I_K ... Konvektionsströme

schichten. Sind diese Schichten elektrisch schlecht leitend, so entstehen in ihnen große Verluste.

Die Eindringtiefe δ der Bodenwelle bei verschiedenem Untergrund wird gezeigt in **Bild 19.3.2**, das aus der *CCIR* Recommendation 527 [3.6] stammt.

Für die *Bodenleitfähigkeit* sind die Werte der *Relativen Dielektrizitätskonstanten* (*Relative Permittivität*) ε_r und der *Leitfähigkeit* σ, angegeben in in S/m oder mS/m, maßgebend.

Die Eigenschaften für die Bodenwellenausbreitung werden durch die komplexe Dielektrizitätskonstante $\underline{\varepsilon}_r$ beschrieben.

$$\underline{\varepsilon}_r = \varepsilon_r - \mathrm{j}\, 60\, \sigma \cdot \lambda \qquad (19.3.1)$$

Das Produkt aus Leitfähigkeit σ in S/m und Wellenlänge λ in m ermöglicht ausbreitungsmäßig den Ausgleich von geringerer Leitfähigkeit durch die Wahl von tieferen Frequenzen (größerer Wellenlänge) [3.7].

Der Erdboden ist im allgemeinen nicht homogen (gleichmäßig zusammengesetzt), daher ändern sich die Dielektrizitätskonstante und die Leitfähigkeit in horizontaler und vertikaler Richtung. Die Werte sind auch jahreszeitlich nicht konstant. Die Werte für die Bodenleitfähigkeit aus verschiedenen Quellen (Terman, Vilbig, Zuhrt usw.) streuen sehr; beim σ sogar um Zehnerpotenzen. **Tabelle 19.1** zeigt Richtwerte für ε_r und σ, gemittelt aus mehreren Veröffentlichungen.

Tabelle 19.1
Richtwerte für Dielektrizitätskonstante und Leitfähigkeit verschiedener Bodenarten

Bodenart	Relative Dielektrizitätskonstante ε_r	Leitfähigkeit σ(mS/m)
Seewasser	80	5000
Süßwasser	80	5
Nasser Boden	30	10
Mittlerer Boden	15	10
Trockener Boden	10	5
Sand, Wüste, Gebirge	5	2
Städte (Industriegebiet)	3	1
Polareis	3	0,03

Die **Tabelle 19.2** zeigt die Werte von ε_r und σ für verschiedene Bodenqualitäten, wie sie bei den bekannten Antennenprogrammen (AO, ELNEC, EZNEC und NEC4WIN95) verwendet werden.

Die Messung der Bodenleitfähigkeit kann nach mehreren Methoden erfolgen:

Lecherleitungsmethode

Im Boden wird ein Paralleldrahtsystem eingegraben und die Leitfähigkeit aus der Dämpfung bestimmt. Das Verfahren ist umständlich, kostspielig und zeitraubend. Es ist seit 1919 bekannt [3.8].

Kondensatorfeldmessung

Die Bodenleitwerte σ und ε werden durch Messung des Wirk- und Blindwiderstandes von Bodenproben im Kondensatorfeld ermittelt. Die bodenphysikalische und mechanische Konsistenz der Proben bleibt in der Regel nicht erhalten. Das Verfahren ist seit 1933 bekannt [3.9].

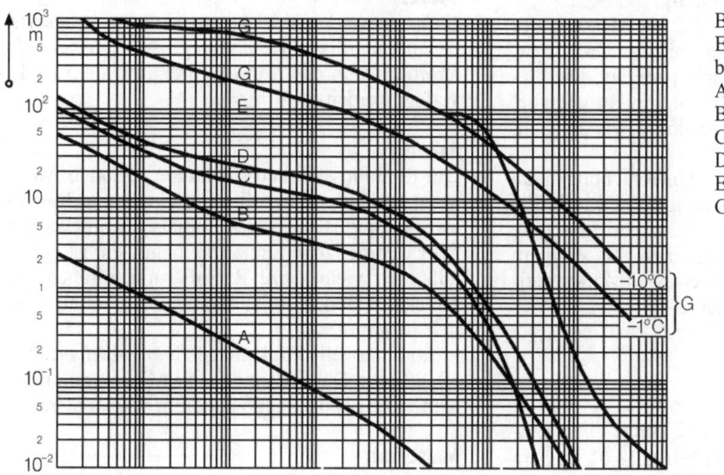

Bild 19.3.2
Eindringtiefe der Bodenwelle
bei verschiedenem Untergrund
A ... Meerwasser
B ... nasser Boden
C ... Süßwasser
D ... mitteltrockener Boden
E ... sehr trockener Boden
G ... Eis (Süßwasser)

Tabelle 19.2
Dielektrizitätskonstante und Leitfähigkeit für verschiedene Bodenqualitäten

Bodenqualität	Relative Dielektrizitäts-konstante ε_r	Leitfähigkeit σ (mS/m)
Ausgezeichnet	80	5000
Sehr gut	20	30
Durchschnittlich	13	5
Schlecht	13	2
Sehr schlecht	5	1
Extrem schlecht	3	1,(0,1)*

*Der Wert 0,1 wird beim Programm AO von *K6STI* verwendet.

Dämpfungsmethode
Durch Messung der Feldstärke in Abhängigkeit von der Senderentfernung werden Ausbreitungskurven gewonnen. Zum Vergleich werden Standard-Bodenwellen-feldstärkekurven benötigt, z.B. die *CCIR*-Kurven [3.10].

Dipolmeßverfahren
(Methode der Wellenfrontneigung, engl. Bezeichn.: wave-tild-method)

Nach der Theorie von *J. Zenneck* (1871-1959) ist für endlich leitenden Boden das elektrische Feld nicht mehr senkrecht zur Erdoberfläche, sondern in Richtung der Wellenausbreitung geneigt [3.11]. Durch Messung des Neigungswinkels mit einem drehbaren Dipol kann man die Leitfähigkeit bestimmen. Das Verfahren ist seit 1925 bekannt [3.12].

Die beiden letzten Verfahren (Dämpfungsmethode und Dipolmeßverfahren) werden am häufigsten angewendet [3.13]–[3.15]. Es gibt auch einen Weltatlas der Bodenleitfähigkeit [3.16].

Erdungs-Meßgeräte nach *VDE* zur Messung des spezifischen Erdwiderstandes mit der Drei- bzw. Vier-Sondenmethode sind nicht geeignet. Die Geräte arbeiten im NF-Bereich. Auch nicht geeignet ist die Messung mit Netzfrequenz, wie etwa in [3.18] empfohlen.

Die meisten theoretischen Untersuchungen an Vertikalstrahlern beziehen sich auf eine ideale Erde. Die gibt es in der Praxis aber nicht. Eine gute Hochfrequenzerde kann man aber mit einigem Aufwand erzielen. Dabei gibt es zwei Möglichkeiten: Erdnetz und Gegengewicht.

19.3.2 Erdnetz

(*R.A. Fessenden* – US 706,746 – 1902)
Erdnetz -Definition nach ITG 2.1/02 [3.0]: System von Leitern, die leitend mit der Erdoberfläche verbunden sind. (engl.: ground system)

Durch ein entsprechendes *Erdnetz* kann man die Stromverluste weitgehend unabhängig von der Bodenleitfähigkeit machen.

Nach **Bild 19.3.2** ist im Kurzwellenbereich je nach Bodenbeschaffenheit die Eindringtiefe zwischen 5 und 50 m. Damit ein senkrechter Erder wirkt, müßte er in eine noch größere Tiefe, als die Eindringtiefe gebracht werden, was praktisch nicht zu verwirklichen ist. Ein Tiefenerder, zusammengesetzt aus mehreren Teilen von Rund- oder Rohrmaterial, bringt somit bei Hochfrequenz keinen Erfolg.

Man verwendet daher einen Strahlenerder, der radial vom Antennenfußpunkt ausgeht und aus mehreren Erdleitern besteht. *Erdnetze* dieser Art werden in geringer Tiefe im Boden eingegraben oder für transportable Antennen auf dem Boden ausgelegt. Da das *Erdnetz* aus sternförmig vom Antennenfußpunkt radial nach außen führenden *Erdleitern* besteht spricht man daher auch von *Erdradials* (ground-radials, buried radials). Der Begriff „Radial“ ist sonst für isolierte Drähte beim Gegengewicht üblich.

Übrigens auch bei Horizontalantennen ist ein *Erdnetz* zweckmäßig. Das *Erdnetz* soll den Stromlinien in der Erde angepaßt sein. Das führt zu einer anderen Formgebung des *Erdnetzes*. Die *Erdleitungen* sind parallel zum Dipol orientiert, die Drahtlängen sollten $\lambda/2$ oder λ sein, mit Abstände von $\lambda/200$.

Literatur über *Erdnetze* [3.17]–[3.22].

Länge:
Die Länge der *Erddrähte* sollte **mindestens** so lang sein wie die Antennenhöhe, besser aber 1,5 x Antennenhöhe. Die Länge der *Erddrähte* soll zwischen $\lambda/4$ und $\lambda/2$ sein, besser aber zwischen $\lambda/2$ und λ. Die *Erddrähte* können an den äußeren Enden geerdet sein, oder miteinander netzförmig verbunden sein.

Tiefe:
Erdnetze werden in 25-30 cm Tiefe, im beackerten Gelände in 60 cm Tiefe verlegt. Auf felsigem Untergrund kann das *Erdnetz* direkt auf dem Boden verlegt werden.

Anzahl:
Um Rotationssymmetrie um eine vertikale Antenne zu gewährleisten, sollten mindestens 12 Radials, zweckmäßig 18, besser 24 Radials gewählt werden. Statt wenige lange Radials zu benutzen, ist es vorteilhafter, viele kurze Radials zu vergraben. Bei schlechter Bodenleitfähigkeit sind soviel als möglich zu vergraben.

Kommerzielle Funkanlagen haben *Erdnetze* von 30, 60 oder 120 *Erdleitern*. Für MW-Rundfunkantennen sind 120 eingegrabene *Erdradials* Standard.

Material:
Als Material wird Bronzelitze, verzinkte Stahllitze, verzinkter Eisendraht oder PVC-isolierte verzinkte

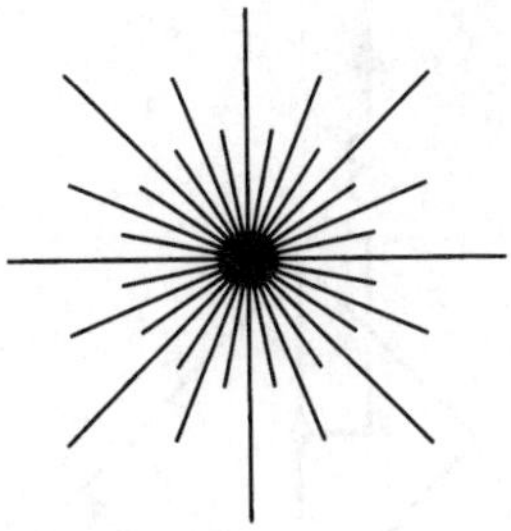

Bild 19.3.3
Erdnetz einer kurzen Vertikalantenne

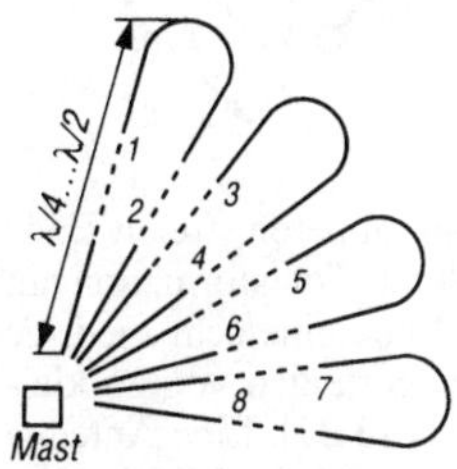

Bild 19.3.4
Geschlossene Erdleitungsschleifen

Stahllitze verwendet. Isolierte Erdleiter sind dabei günstiger. Bei isoliertem Leiter wird der hochfrequente Erdstrom rein kapazitiv übertragen, es entstehen nur dielektrische Verluste und keine ohmschen Verluste beim Übergang zur Erde. Drei bis fünf Millimeter Leiterdurchmesser ist für die *Erdnetze* gut geeignet.

Verbindungen:

Eisenverzinkte Verbindungen sollen nur mit Schrauben, Muttern und Beilagscheiben aus rostfreiem Stahl ausgeführt sein. Verbindungen aus Kupfer bedingen Schraubmittel aus Bronze oder Kuprodur. Gefährdet durch Korrosion sind die Austrittsstellen bis 10 cm unter der Erdoberfläche. Besondere Isolationsmaßnahmen (Bitumen) sind an diesen Stellen notwendig.

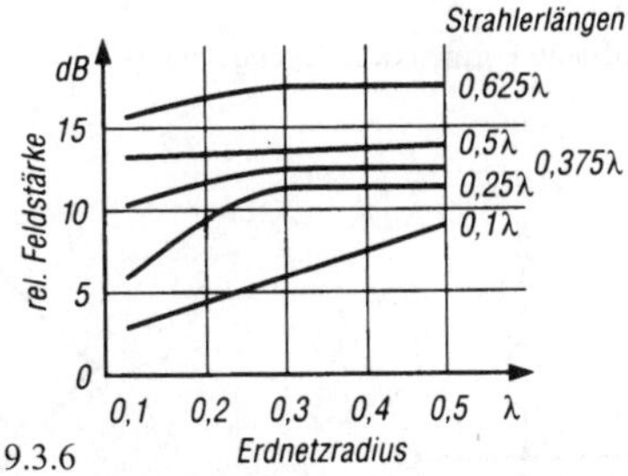

Bild 19.3.6
Relative Feldstärke für verschiedene Vertikalantennen in Abhängigkeit vom Erdnetzradius

Gebäude:

Bei Gebäuden muß das *Erdnetz* mit der zugehörigen Blitzschutzanlage (Ringerder, Tiefenerder) verbunden werden.

Bei mit Blech belegten Flachdächern sollen diese eine Mindestseitenlänge von 10 m haben und elektrisch gut leitend untereinander verbunden sein. Das Blechdach ist durch senkrecht an den Außenwänden des Gebäudes verlegte breitbandige Bandstahlverbindungen (2 x 50) mit dem Erdpotential zu verbinden.

Bei flachen Betondächern ohne Blechhaut soll ein 18-strahliges *Erdnetz* ausgelegt werden und mit den Metallteilen des Daches wie Stäben, Geländern und Regenrinnen verbunden werden.

Bild 19.3.3 zeigt das *Erdnetz* einer kurzen Vertikalantenne. In **Bild 19.3.4** sind geschlossene *Erdleitungsschleifen* aus Frankreich zu sehen. **Bild 19.3.5** zeigt das *Erdnetz* einer T-Antenne aus USA. In **Bild 19.3.6** sind die relativen Feldstärken von verschiedenen Vertikalstrahlern in Abhängigkeit vom *Erdnetzradius* zu sehen [3.22].

Folgerungen aus **Bild 19.3.6**: bei Strahlerlängen unter λ/4 ist mindestens eine *Erdleitungslänge* von

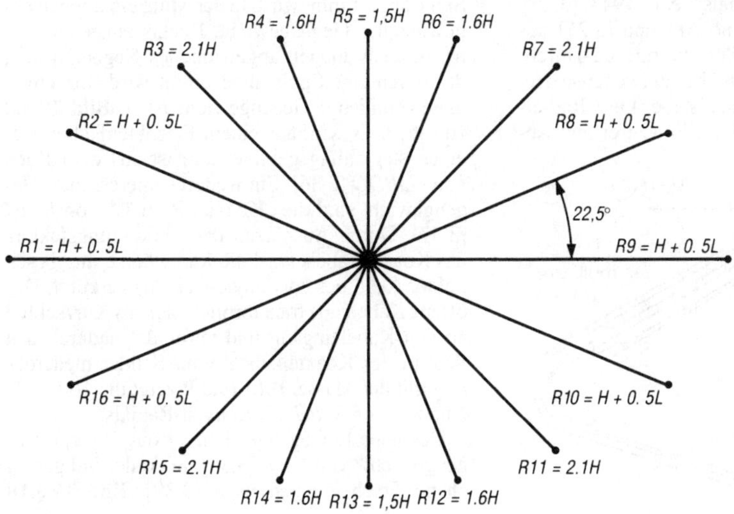

Bild 19.3.5
Erdnetz einer T-Antenne
R ... Erdleiter
H ... Antennenhöhe
L ... Antennenlänge

Bild 19.3.7
Verschiedene Formen des Gegengewichts

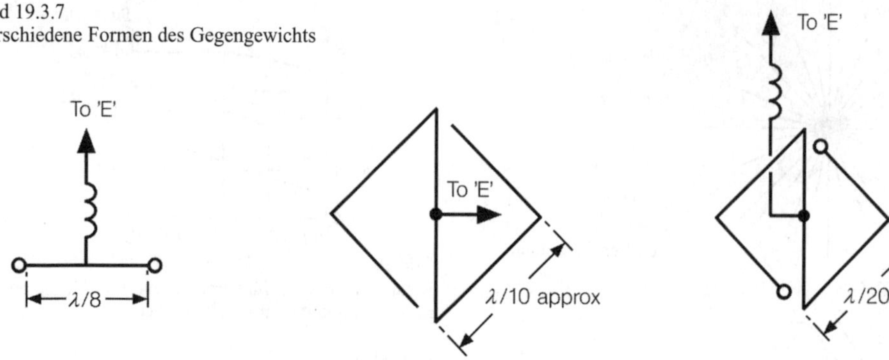

0,5 λ, bei Viertelwellen-, Dreiachtelwellen- und Fünfachtelwellenstrahler mindestens eine *Erdleitungslänge* von 0,3λ nötig. Bei Halbwellenstrahlern ist kein *Erdnetz* notwendig.

19.3.3 Gegengewicht

(*F. Braun* – DE 148 001 – 1901)
Gegengewicht -Definition nach ITG 2.1/02 [3.0]:
Von der Erde abgesetzte leitende Fläche oder System von Leitern, die am Strahlerfußpunkt gegenphasig zum Strahler erregt werden.
(engl.: counterpoise, elevated ground system)

Im Patent von Prof. *Braun* wurde das *Gegengewicht* als „Ansatz" in Gestalt von Drähten, Spulen oder Platten bezeichnet. Im Jahr 1907 findet sich die Bezeichnung „Fangdraht" [3.23] und 1907 erscheint erstmals die Bezeichnung „Gegengewicht" [3.24]. Die englische Bezeichnung dafür ist auch „ground plane" oder „(ground) radials". Die erste Bezeichnung wird schon in den zwanziger Jahren verwendet. Der Ausdruck „ground plane", noch getrennt geschrieben, findet sich erstmals 1935, die Bezeichnung „ground radials" erst 1943 [3.25]. Das Patent der Groundplane Antenne [3.26] aus dem Jahr 1933 zeigt eine Scheibe mit λ/2-Durchmesser als *Gegengewicht* und Mantelwellensperre.

Gegengewichte auch Radialstäbe, kurz Radials oder Radiale genannt, sind am Ende frei und isoliert. Dadurch haben sie am äußeren, freien Ende eine hohe Impedanz und durch Transformation am inneren, antennenseitigen Ende eine sehr niedrige Impedanz. Induktive Verlängerungen von zu kleinen Radials gibt es seit 1937 [3.27]. Eine Antenne mit einem isolierten *Gegengewicht* ist 1923 bei der ersten transatlantischen Funkverbindung von Amateuren bei der amerikanischen Station durch *J.L. Reinartz* verwendet worden [3.28]. Danach ist dieses System eine zeitlang sehr populär gewesen, dann aber bis in die 80er-Jahre wieder in Vergessenheit geraten. Literaturstellen über isolierte Radialsysteme sind [3.29] bis [3.34]. Das Gegengewicht ist nicht unbedingt horizontal oder schräg angeordnet, es kann auch vertikal sein. Ein Beispiel dafür ist die Koaxialantenne oder der koaxiale Dipol (vgl. Abschnitt 19.5).

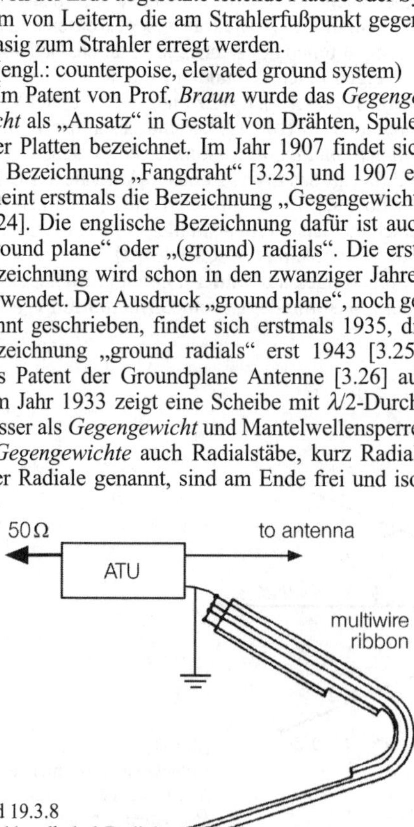

Bild 19.3.8
Flachbandkabel-Radials

Das Gegengewicht muß auch nicht gestreckt, sondern kann auch abgewinkelt sein.

L. Moxon, *G6XN* hat in seinem Buch einige Variationen des Gegengewichts veröffentlicht [3.35]. **Bild 19.3.7** zeigt daraus verschiedene Formen des Gegengewichts. Links ist ein bis auf die Länge von etwa λ/8 verkürztes Gegengewicht, das durch eine Spule abgestimmt wird. In der Mitte ein doppelt abgewinkeltes Gegengewicht. Rechts ein noch kleineres, auch doppelt abgewinkeltes Gegengewicht, das durch eine Spule abgestimmt wird. Ein etwas ungewöhnliches Gegengewicht ist in **Bild 19.3.8** zu sehen. Es wird aus einem Flachbandkabel oder einer Stegleitung gebildet und ist aus dem Buch von *G3BDQ* [3.36]. Ein weiteres interessantes Gegengewicht sind die „Koaxial-Radials" von *KN6J* [3.37]. Durch Ausnützen des Verkürzungsfaktors des Koaxialkabels wird die Radiallänge um diesen Faktor (0,66 bei Polyäthylenkabeln) verkürzt. Das offene Kabelende transformiert sich als Kurzschluß an den Kabeleingang und verbindet dadurch den Schirm des Koaxialkabels vom Sender niederohmig mit der Masse. **Bild 19.3.9** zeigt die 160-m-T-Antenne von *KN6J* mit Koaxial-Radials.

Das neueste Gegengewicht ist das „Fractal-Gegengewicht" von *N1IR* [3.38]. Fraktale sind gebrochene Erscheinungen nach [3.39]. **Bild 19.3.10**

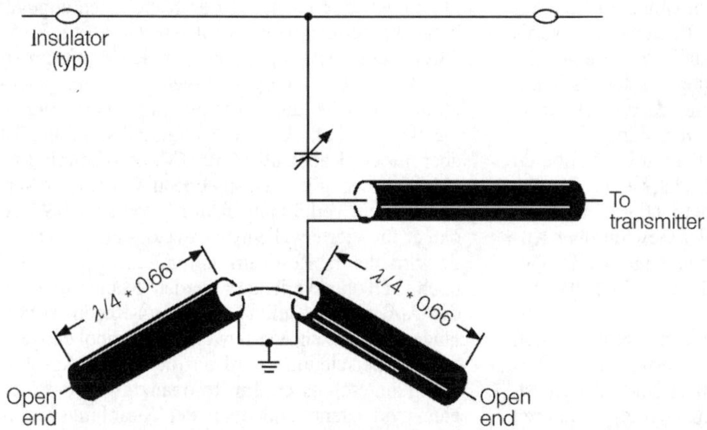

Bild 19.3.9
Koaxialkabel-Radials

zeigt dieses Gegengewicht als einen dreiteiligen Dendriten (verästelter Kristall) dritter Ordnung.

Länge:
Die Länge ist λ/4. Als Faustformel wird seit Jahren eine Länge von λ/4 + 5% angegeben. Manchmal findet man auch die Angaben λ/4, oder gleichlang wie der Strahler, also etwas kürzer als λ/4. Eine Anfrage von *KE6VZ* an *W6SAI*, ob die genaue Länge bekannt sei, beantwortete dieser mit der Feststellung, darüber besteht keine Einigung [3.40a]. *W6SAI* selbst verwendet seit langer Zeit eine Länge von λ/4 und meint, daß die genaue Länge (innerhalb von 5%) zumindestens im HF-Bereich unwichtig sei [3.40b]. Gegen eine Länge größer als λ/4 sprechen drei Argumente:
- Radials haben auch einen Verkürzungsfaktor.
- Radials haben eine größere Endkapazität, als der Strahler.
- Ein Gegengewicht aus mehreren Radials wirkt „dicker“ und hat daher eine größere Verkürzung.

Daraus folgt: Die Radials sollen etwas kürzer als λ/4 sein!

Anzahl:
Das Minimum ist ein Radial, die Vertikalantenne wirkt dann wie ein abgeknickter Dipol und dabei ergibt sich eine Richtwirkung in diese Richtung. Drei oder vier Radials sind üblich [3.41], aber mehr sind besser. Das praktische Limit im Amateurbereich liegt bei minimal 2 Radials und maximal 16 Radials pro Band [3.42].

Die Anzahl und die Neigung der Radials haben einen Einfluß auf den Fußpunktwiderstand [3.43].

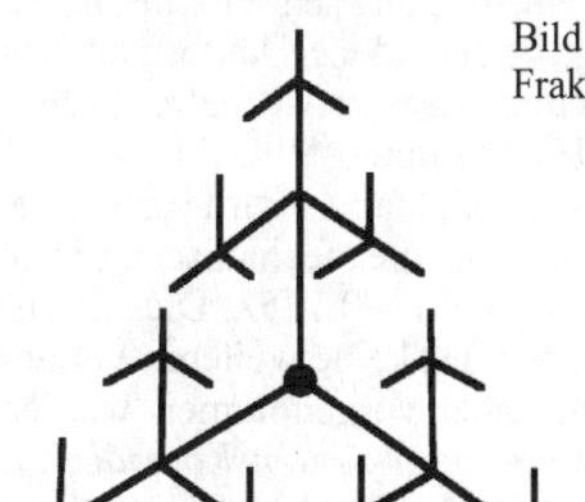
Bild 19.3.10
Fraktal-Gegengewicht

Gebäude:
Bei Giebeldächern mit Ziegeleindeckung können Gegengewichte auch unterhalb der Dachschalung angebracht werden.

19.4 Viertelwellenantennen

Ein *Viertelwellenmonopol* hat, wie schon der Name sagt, eine Längenausdehnung, die etwa einem Viertel der Wellenlänge (λ/4) der jeweils verwendeten Frequenz entspricht. Bei dieser Länge ist der Eingangswiderstand reell und damit ist die Antenne in Resonanz.

19.4.1 *Marconi*-Antenne

G. Marconi (1874-1937) fand bei seinen Experimenten heraus, daß eine geerdete λ/4-Vertikalantenne die größte Reichweite mit seinem Löschfunkensender ergab [4.1] [4.2].

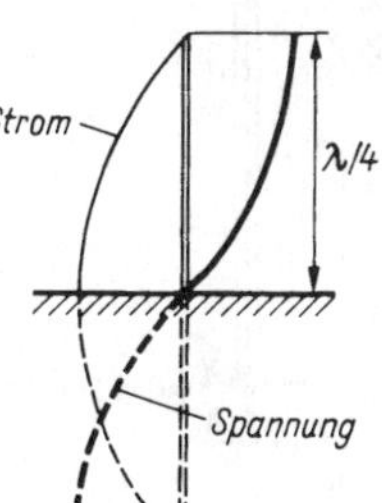

Bild 19.4.1
Marconi-Antenne
(Strom- und Spannungsverteilung)

Die *Marconi*-Antenne ergibt mit dem Spiegelbild der idealen Erde (totale Reflexion) einen vertikalen Halbwellendipol. Dabei entspricht die Strom- und Spannungsverteilung der des Halbwellendipols. **Bild 19.4.1** zeigt die *Marconi*-Antenne mit der Strom- und Spannungsverteilung.

Nachdem die Abstrahlung aber nur in den oberen Halbraum (Hemisphäre) stattfindet, ist der Gewinn doppelt so groß, wie bei einem Dipol im freien Raum. Der Richtfaktor oder der Gewinn über Kugelstrahler der idealen Marconiantenne ist der Gewinn des idealen Halbwellendipols + 3,01 dB, also 2,15 dB + 3,01 dB = 5,16 dB(i).

Die klassische *Marconi*-Antenne wird von den Funkamateuren nur noch selten verwendet, weil es aus naheliegenden Gründen meist vorteilhafter ist, den Vertikalstrahler möglichst hoch zu montieren und die natürliche Erde durch ein Gegengewicht am Antenneneingang zu ersetzen. Dieses Gegengewicht nennt man Radials, weil sie radial vom Fußpunkt ausgehen. Im Amateurjargon ist eine Vertikalantenne mit einer Reihe von abgestimmten Viertelwellenradials eine *Groundplane*-Antenne.

19.4.2 Koaxial-Monopol

Der *Koaxial-Monopol* ist eine Monopolantenne, die aus einem Koaxialkabel besteht mit einer integrierten kurzgeschlossenen Viertelwellenleitung. Durch diese Reaktanzkompensation ergibt sich eine breitbandige Antenne.

Die Antenne ist auch unter dem Namen ***Bazooka-Antenne*** bekannt. (Bazooka ist die US-Bezeichnung für das Abschußrohr einer Panzerabwehrgranate).

Beim *Koaxial-Monopol* oder der *Bazooka-Antenne* handelt sich um die Hälfte der Doppel-Bazooka (Breitband-Dipol nach *W8TV*) (vgl. Abschnitt 12.3.2).

Bild 19.4.2 zeigt den *Koaxial-Monopol*. Die Antenne besteht aus einem senkrecht aufgebauten Koaxialkabel mit beliebigem Wellenwiderstand. Der koaxiale Innenleiter ist am unteren Ende mit dem Erdnetz verbunden, am oberen Ende ist der Innenleiter mit dem Außenleiter kurzgeschlossen. Die Länge l des Koaxialkabels beträgt $\lambda/4 \cdot V_K$, wobei als Verkürzungsfaktor V_K der in den Kabellisten angegebene Wert einzusetzen ist (meistens 0,66 für Polyäthylendielektrikum). Es handelt sich somit um eine koaxiale, kurzgeschlossene Viertelwellenleitung, welche die Wirkung eines Parallelresonanzkreises hat. An der Freiraumabstrahlung ist aber nur der Kabelaußenleiter (Mantel) beteiligt.

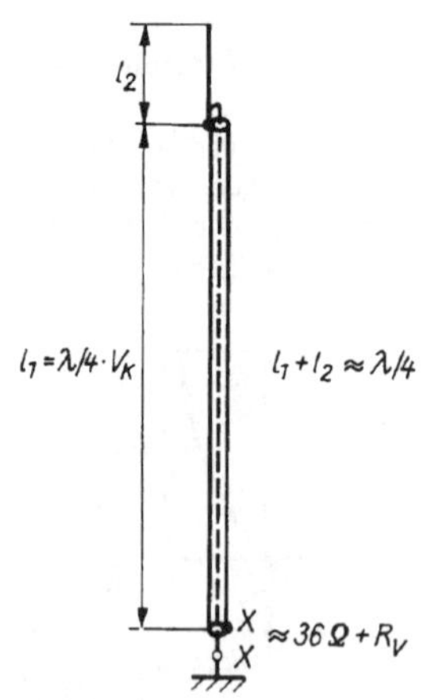

Bild 19.4.2
Koaxial-Monopol

Für diesen gilt – entsprechend seinem l/d-Verhältnis – ein Verkürzungsfaktor V von etwa 0,95, so daß er für Viertelwellenresonanz zu kurz ist. Damit der Strahler in Resonanz kommt muß das Kabel noch nach oben verlängert werden. Man muß daher den Außenleiter l_1 mit l_2 bis zur $\lambda/4$-Resonanz verlängern, so daß ein Viertelwellen-Monopol entsteht.

Die Speiseleitung wird an die untere Abschirmung angeschlossen. Im Resonanzfall ist der Eingangswiderstand und auch der Strahlungswiderstand etwa 36 Ω.

Koaxiale Antennen wurden von *DL2FA* in [4.3] näher beschrieben.

Beispiel:

Wenn ein Koaxialkabel mit $V_K = 0{,}66$ verwendet wird beträgt die mechanische Viertelwellenlänge dann $l_1 = 0{,}25\lambda \cdot 0{,}66 = 0{,}165\lambda$. Setzt man für den Außenleiter des Kabels, abhängig von seinem l/d-Verhältnis, einen mittleren Wert des Verkürzungsfaktors V von 0,95 ein, dann beträgt die Soll-Länge $l_1 + l_2 = 0{,}25\lambda \cdot 0{,}95 = 0{,}238\lambda$. Die Länge von l_2 ist somit $0{,}238\lambda - 0{,}165\lambda = 0{,}073\lambda$.

Bei Resonanz ist die integrierte Viertelwellenleitung wirkungslos, da ihr Eingangswiderstand sehr hoch ist (Parallelresonanzkreis!). Verstimmt man nun die Sendefrequenz nach höheren Frequenzen hin, wird der Abschnitt $l_1 + l_2$ zu lang, d.h. der Strahler bekommt einen induktiven Blindanteil. Gleichzeitig wird auch die kurzgeschlossene Viertelwellen-Koaxialleitung zu lang und diese wirkt kapazitiv mit dem Ergebnis, daß sich induktiver Blindanteil des Strahlerabschnitts und kapazitiver Blindanteil der Viertelwellenleitung kompensieren. Verringert man die Sendefrequenz, tritt der umgekehrte Fall ein: Der Strahlerabschnitt wird kapazitiv, die Viertelwellenleitung induktiv, was ebenfalls eine Kompensation der Blindanteile bewirkt. Die kompensierenden Eigenschaften der koaxialen Viertelwellenleitung bewirken die Breitbandigkeit der Antenne. Durch die Breitbandigkeit ist die Längenbemessung sehr unkritisch.

Bild 19.4.3 zeigt verschiedene Bauformen von Koax-Monopolantennen. Davon ist die einfachste Bauform in **Bild 19.4.3a** dargestellt. Als Verkürzungsfaktor V_K des Koaxialkabels wird 0,66 angenommen, daraus ergibt sich die mechanische Länge des Kabels mit $0{,}25\lambda \cdot 0{,}66 = 0{,}165\lambda$. Dies ist zugleich die Strahlerlänge. Da keine weiteren Verlängerungsmaßnahmen dabei vorgenommen werden handelt es sich um einen *verkürzten Koaxial-Monopol*. Aus **Bild 19.1.4** oder Gl. (19.1.8) kann man dafür einen Eingangswiderstandwiderstand R_E von

Bild 19.4.3
Koaxial-Monopol
(verschiedene Bauformen)
a) - verkürzter $\lambda/4$-Monopol
b) - normaler $\lambda/4$-Monopol
c) - stark verkürzter $\lambda/4$-Monopol

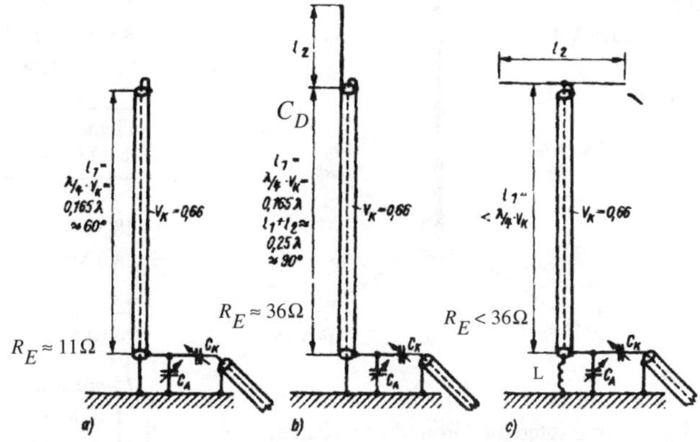

etwa 11 Ω ermitteln. Für einen guten Antennenwirkungsgrad müssen die Verlustwiderstände um so geringer sein, je kleiner der Strahlungswiderstand wird. Etwas günstigere Verhältnisse ermöglichen Koaxialkabel mit luftraumreichem Dielektrikum. Ihr V_K beträgt gewöhnlich 0,82. Dann ergibt sich die Kabellänge l_1 zu $0{,}25\lambda \cdot 0{,}82 = 0{,}205\lambda$ und aus **Bild 19.1.4** kann man einen Eingangswiderstand R_E von 20 Ω entnehmen. Den niedrigen Eingangswiderstand kann man problemlos mit einem Omega-Glied (C_A - C_K) an den Wellenwiderstand eines beliebigen Koaxialkabels anpassen.

Bild 19.4.3b entspricht im Prinzip **Bild 19.4.2**, es sind lediglich die zu erwartenden Antennendaten und die Omega-Anpassung eingetragen. **Bild 19.4.3c** zeigt eine stark verkürzte Monopolantenne mit Verlängerungsspule und Dachkapazität. Die Gesamtlänge der Antenne ist kürzer als bei **Bild 19.4.3a**. Die Spule *L* verlängert die kurzgeschlossene Viertelwellenleitung, die Dachkapazität C_D verlängert den Strahler und ermöglicht durch die nahezu konstante Stromverteilung einen verbesserten Wirkungsgrad. Dadurch ist der Eingangswiderstand dieser Antennenform nach Gl. (19.1.11) nur etwas kleiner als 36 Ω.

Koaxiale Antennen sind Breitbandantennen, die einen Mehrbandbetrieb ermöglichen. Beim Mehrbandbetrieb sind das von Band zu Band sich ändernde Vertikaldiagramm (siehe **Bild 19.2.3**) und der Gang des Strahlungswiderstandes (siehe **Bild 19.1.4**) zu berücksichtigen, wobei das Omega-Glied bei Bandwechsel nachzustimmen ist. Beim Einbandbetrieb ist dies nicht erforderlich.

Der große Frequenzbereich solcher Antennen bietet Möglichkeiten für eventuelle Abwandlungen, die den gegebenen örtlichen Verhältnissen entgegenkommen. Das Koaxialkabel ist nicht selbsttragend, und man muß sich nach den vorhandenen oder beschaffbaren Tragemöglichkeiten richten. Ideal sind Glasfiberrohre, deren Innenraum das Koaxialkabel aufnehmen kann, oder Glasfiberstäbe an denen man das Koaxialkabel mit UV-festen Kabelbindern befestigen kann. Manchmal kann sich auch die Möglichkeit ergeben, das Koaxialkabel zwischen zwei hochgelegenen Stützpunkten (z.B. Bäumen) aufzuhängen.

19.4.3 Groundplane-Antennen

(*M. Ponte* – FR 764.473 – 1933)

Die Erfindung der Groundplane-Antenne wurde 1933 in Frankreich von *M. Ponte* (*CSF*) zum Patent angemeldet. Die entsprechenden Patente in anderen Ländern waren:

Großbritannien: GB 414,296

USA: US 2,026,652

Das Patent wies bereits alle wesentlichen Einzelheiten dieser Antennenform auf, wie etwa den Viertelwellenstrahler, die Koaxialkabelspeisung und eine $\lambda/2$-Scheibe bzw. $\lambda/4$-Radials als Gegengewicht und Mantelwellensperre [4.4].

In Deutschland wurde 1936 von *W. Buschbeck* (*Telefunken*) eine Groundplane-Antenne mit einer Reaktanzkompensation am Fußpunkt zum Patent angemeldet [4.5].

In USA wurde 1937 von *A.B. Bailey* (*Bell*) eine Koaxialantenne zum Patent angemeldet, die einen Viertelwellenstrahler und als Gegengewicht einen nach unten offenen Viertelwellen-Sperrtopf in Form eines Rohres oder pyramidenförmigen Korbes verwendete [4.6].

In Großbritannien wurde im Jahre 1937/38 von *E.C Cork* und *J.L. Pawsey* (*EMI*) eine Groundplane-Antenne mit abgestimmten Radials in Form von induktiv belasteten oder mit Endkapazitäten abgestimmten Radials zum Patent angemeldet [4.7].

In Frankreich wurde im Jahre 1938 eine Groundplane-Antenne angemeldet, die als Gegengewicht einen radialen Strahlenkranz mit $\lambda/2$-Durchmesser und zur Mantelwellenunterdrückung mehrere, nach unten offene Viertelwellen-Sperrtöpfe im Abstand von je einer halben Wellenlänge angeordnet, benutzte [4.8].

Bild 19.4.4
Groundplane-Antenne

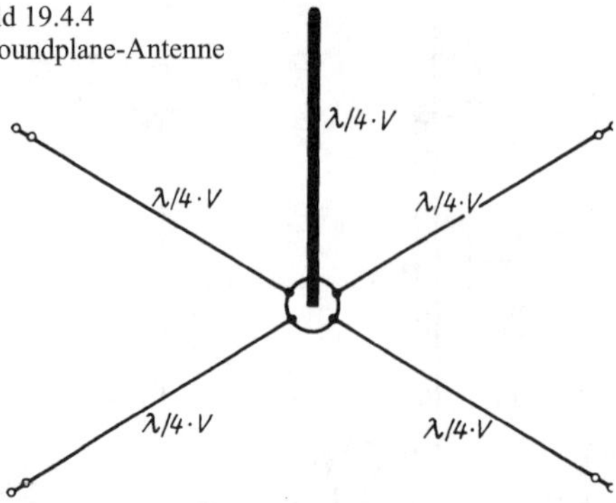

Erst 1939 folgten die Groundplane-Patentanmeldungen von *G.H. Brown* (*RCA*) in USA [4.9] [4.10]. Es war dann aber *Dr. Brown*, der große amerikanische Antennenspezialist, durch den letztendlich die *Groundplane* international bekannt wurde.

Wenn bei einem Viertelwellen-Monopol die natürliche Erde durch ein Gegengewicht mit einer Reihe von abgestimmten Viertelwellenradials am Antenneneingang ersetzt wird nennt man diese Antenne eine *Groundplane-Antenne* oder kurz *Groundplane*.

Bild 19.4.4 zeigt das Schema einer *Groundplane-Antenne*. Die Radials werden aus vier λ/4 langen Drähten gebildet, die man am Eingang des vertikalen Viertelwellenstrahlers horizontal verspannt. In der Nähe des Antenneneingangs sind die Radials miteinander verbunden, der Vertikalstrahler ist von den Radials isoliert. Da es sich um resonante Viertelwellenstücke mit einem Spannungsbauch am Leitungsende handelt, sollen sie isoliert aufgehängt werden. Die einfachste Groundplane hat 2 Radials, man sollte mindestens 4 Radials vorsehen;

Der Eingangswiderstand einer *Groundplane* liegt mit etwa 36 Ω sehr niedrig. Deshalb tritt bei direkter Speisung mit Koaxialkabel eine Fehlanpassung auf. Diese läßt sich vermeiden, wenn man die Radials nicht waagrecht, sondern schräg nach unten, in einem Winkel von etwa 135° zum Strahler, spannt. Dabei ergibt sich ein Eingangswiderstand von etwa 50 Ω. Diese Form der Einspeisung wurde erstmalig 1935 in der US-Zeitschrift Electronics veröffentlicht [4.11].

Weitere Veröffentlichungen über Groundplane-Antennen finden sich in [4.12]–[4.24].

19.4.3.1 Bemessung, Anpassung, Abgleich

Bemessung

Die mechanischen Strahler- und Radiallängen von einfachen Groundplane-Antennen sind aus **Tabelle 19.3** zu ersehen. Dabei ist der durch den Schlankheitsgrad bei verschiedenem Elementdurchmesser bedingte Verkürzungsfaktor berücksichtigt. Je nach Breite des Amateurbandes sind die Resonanzlängen für verschiedene Frequenzen gegeben, so daß zwischen der Bemessung für den Telegrafiebereich und der für annähernde Bandmitte gewählt werden kann. Umgebungseinflüsse können die Resonanzlänge beeinflussen!

Tabelle 19.3
Rechenwerte für die Länge von Viertelwellen-Groundplane-Antennen

Elementdurchmesser	2 mm	6 mm	10 mm	20 mm	40 mm
	Länge *l* in m				
10-m-Band					
28,3 MHz	2,59	2,58	2,58	2,57	2,55
28,8 MHz	2,54	2,53	2,53	2,52	2,50
12-m-Band					
24,94 MHz	2,94	2,93	2,93	2,92	2,89
15-m-Band					
21,10 MHz	3,47	3,46	3,45	3,45	3,44
21,30 MHz	3,43	3,43	3,42	3,42	3,41
17-m-Band					
18,10 MHz	4,05	4,04	4,03	4,02	4,01
20-m-Band					
14,05 MHz	5,22	5,21	5,20	5,19	2,17
14,15 MHz	5,18	5,17	5,16	5,15	5,13
30-m-Band					
10,12 MHz	7,25	7,24	7,22	7,20	7,18
40-m-Band					
7,05 MHz	10,41	10,40	10,39	10,36	10,36

Auch die Radials müssen die Resonanzbedingungen exakt erfüllen. Man muß ihnen in dieser Hinsicht die gleiche Aufmerksamkeit schenken wie dem Vertikalteil der Groundplane.

Die Angaben über die Länge der Radials sind immer mehr oder weniger theoretische Werte. Sie können sich in einigen Fällen mit den praktisch erforderlichen Baulängen decken, vielfach müssen sie aber korrigiert werden. Meistens erweisen sich die angegebenen Abmessungen als etwas zu lang. Die Radials befinden sich oft in Erdnähe oder in unmittelbarer Nachbarschaft geerdeter Gebäudeteile. Deshalb werden sie mehr oder weniger stark beeinflußt.

Anpassung

Die exakte Anpassung von Koaxialkabel an den Eingangswiderstand einer *Groundplane* ist über eine Viertelwellenanpaßleitung nach Abschnitt 6.6 möglich. Die Herstellung einer koaxialen Stichleitung ergibt jedoch mechanische Probleme. Wer sich die elektrisch einwandfreie und feuchtigkeits-

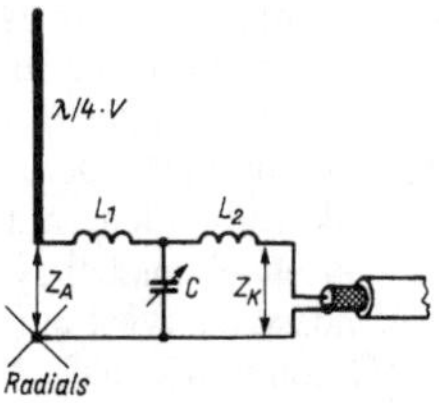

Bild 19.4.5
Anpassung
der Groundplane

sichere Anzapfung eines Koaxialkabels nicht zutraut, sollte mit konzentrierten Schaltelementen anpassen. Empfehlenswert ist eine Transformationsschaltung, die **Bild 19.4.5** zeigt. Es handelt sich um ein T-Glied, das bei gleichen elektrischen Eigenschaften als Ersatz für ein λ/4-Transformationsstück genutzt wird. Die Spulen L_1 und L_2 haben die gleiche Induktivität. Räumlich sind sie so anzuordnen, daß sie nicht aufeinander koppeln können. Es empfiehlt sich, die Spulen freitragend aus starkem Draht auszuführen, um durch Dehnen oder Zusammendrükken die Induktivität in bestimmten Grenzen variieren zu können. Als Kondensator C verwendet man zweckmäßig einen Drehkondensator mit Luftdielektrikum, damit die Anpassungsanordnung so verlustarm wie möglich gestaltet wird.

Die Berechnung ist einfach. Es besteht die Forderung, die Kabelimpedanz Z_K reflexionsfrei an den Antenneneingangswiderstand Z_A anzupassen. Die erforderliche Impedanz des Transformationsgliedes Z_T errechnet sich nach der Formel

$$Z_T = \sqrt{Z_K \cdot Z_A} \qquad (19.4.1)$$

$$Z_T = \omega L_1 = \omega L_2 \quad Z_T = \frac{1}{\omega C} \qquad (19.4.2)$$

$$\omega = 2\pi f \approx 6{,}28\, f \qquad (19.4.3)$$

Die Induktivität und Kapazität ergeben sich aus den induktiven und kapazitiven Blindwiderständen aus den bekannten Formeln

$$L = \frac{Z_T}{\omega} \qquad C = \frac{1}{\omega \cdot Z_T} \qquad (19.4.4)$$

Beispiel:

Der Eingangswiderstand der Antenne wird mit 36 Ω angenommen. Zum Speisen steht Koaxialkabel mit einem Wellenwiderstand von 50 Ω zur Verfügung.

$$Z_T = \sqrt{36\,\Omega \cdot 50\,\Omega} = 42{,}43\,\Omega$$

$$Z_T = \omega L_1 = \omega L_2$$

Für eine Betriebsfrequenz von 14,15 MHz ergibt sich

Bild 19.4.6
Transformationsglied in Feuchtraumdose

$$L_1 = L_2 = \frac{Z_T}{\omega} = \frac{42{,}43\,\Omega}{2\pi \cdot 14{,}15 \cdot 10^6\,\text{Hz}} = 0{,}477\,\mu\text{H}$$

Die Größe des Kondensators C errechnet sich zu

$$C = \frac{1}{\omega Z_T} = \frac{1}{2\pi \cdot 14{,}15 \cdot 10^6\,\text{Hz} \cdot 42{,}43\,\Omega} = 265\,\text{pF}$$

Gewählt wird ein Drehkondensator von 300 pF, um Faktoren ausgleichen zu können, die durch die Rechnung nicht zu erfassen sind. Spulen und Kondensator müssen in einem wetterfesten Gehäuse untergebracht werden. Bewährt hat sich dafür eine große rechteckige Feuchtraumdose (siehe **Bild 19.4.6**). Den genauen Abgleich ermöglicht am sichersten ein Reflektometer. Ist es nicht vorhanden, kann man auch mit einem abgesetzten Feldstärkeanzeigegerät auf maximale Abstrahlung abgleichen.

Zur Anpassung über frequenzabhängige Glieder muß erwähnt werden, daß diese den Frequenzbereich einer Antenne einengen. Man muß deshalb immer abwägen, ob eine etwas verringerte Bandbreite zugunsten exakter Anpassung gewählt wird, oder ob man lieber eine Welligkeit von knapp 2 bei direkter Ankopplung in Kauf nehmen will, um einen größeren Frequenzbereich zu erhalten. In der Amateurpraxis wird häufig das direkte Speisen der Groundplane über ein 50-Ω-Koaxialkabel gewählt. Es muß dann mit einer Welligkeit von etwa 1,5 gerechnet werden, die man als durchaus annehmbar bezeichnen kann.

Eine sehr einfache Methode der direkten Anpassung einer Groundplane besteht darin, die Speiseleitung aus 2 parallelgeschalteten 75-Ω-Koaxialkabel herzustellen. Der resultierende Wellenwiderstand dieser Parallelschaltung beträgt dann etwa 38 Ω, womit man dem Eingangswiderstand der Groundplane sehr nahekommt. Allerdings dürfte sich diese Art der direkten Speisung auf Fälle beschränken, in denen die Entfernung vom Antennenspeisepunkt bis zum Sender gering ist. Die beiden parallelen Koaxialkabel sind doch etwas unhandlich.

Um bei einem koaxialen Viertelwellentransformator mit handelsüblichen Kabelsorten auszukommen, muß das $\lambda/4$-Stück aus einem 50-Ω-Koaxialkabel und die Speiseleitung aus 75-Ω-Koaxialkabel bestehen (siehe Abschnitt 6.6). Es ergibt sich dabei Anpassung, wenn der Eingangswiderstand der Groundplane 33,3 Ω beträgt.

Abgleich

DL6DO stellte umfassende Angaben über die Methodik der nachträglichen Längenkorrektur einer Groundplane zur Verfügung. Man benötigt dazu ein Antennascope und ein Dip-Meter.

Sämtliche Radials vom zentralen Befestigungspunkt (Basis) trennen; 2 sich gegenüberliegende Viertelwellenradials durch Zwischenschalten des Antennascopes zu einem Halbwellendipol zusammenfassen. Da der Eingangswiderstand eines Halbwellendipols etwa 70 Ω beträgt, muß auch der Drehwiderstand des Antennascopes auf einen Wert von 70 Ω eingestellt werden. Speist man nun das Antennascope mit einem Dip-Meter, so wird man in den meisten Fällen feststellen, daß die Resonanzfrequenz mehr oder weniger weit außerhalb des vorgesehenen Frequenzbereiches liegt. Dann muß man die Länge der beiden untersuchten Radials entsprechend korrigieren. Danach werden die nächsten beiden Radials in gleicher Weise untersucht und korrigiert, ohne daß die vorher abgeglichenen Viertelwellenstücke an die Basis angeklemmt werden. Erst wenn alle vorhandenen Radialpaare in der beschriebenen Art abgeglichen worden sind, wird die Verbindung zum zentralen Punkt wiederhergestellt. Damit ist der Grobabgleich der Radials durchgeführt.

Zum nun folgenden Feinabgleich wird jeweils ein Radial von der Basis abgeklemmt und über das Antennascope wieder mit dieser verbunden. Die übrigen Radials bleiben dabei am zentralen Verbindungspunkt. Mit dem Griddipper stellt man erneut die Resonanzlänge fest und verlängert oder verkürzt das Viertelwellenstück, bis die Betriebsfrequenz erreicht ist. Ebenso verfährt man nacheinander mit den übrigen Radials, wobei man die bereits abgeglichenen Elemente immer wieder mit der Basis verbinden muß. Bei jeder Messung sind demnach alle Radials mit der Basis verbunden, mit Ausnahme des zu messenden Viertelwellenstückes. Das exakte Minimum am Antennascope wird nun nicht mehr bei der Stellung 70 Ω, sondern zwischen 30 und 60 Ω auftreten. Nach einwandfreiem Abgleich ist das gesamte System der Radials in Resonanz, und der vertikale Viertelwellenstrahler kann nun ebenfalls auf die Betriebswellenlänge abgestimmt werden. Auch in diesem Fall leistet die beschriebene Meßanordnung mit Antennascope und Dip-Meter gute Hilfe.

Der gesamte Abgleich erscheint etwas umständlich; dafür kann aber auch mit großer Sicherheit angenommen werden, daß eine in dieser Art abgestimmte Groundplane ihren Erbauer nicht enttäuschen wird.

Bild 19.4.7
Geerdete Groundplane
(Variante 1)

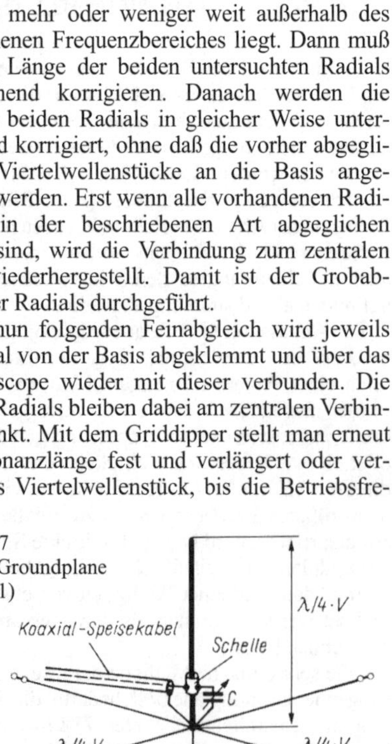

19.4.3.2 Geerdete Groundplane

Beim amateurmäßigen Antennenbau wird das vorschriftsmäßige Erden der Antenne und des Antennenträgers oft wenig beachtet. Eine Lösung dieses teilweise schwierigen Problems wurde von *DL7UX0* ex *Y21X0,* ex *DM2AXO* in technisch einwandfreier Form für die Groundplane vorgeschlagen.

Beim Viertelwellenstrahler befindet sich am Antenneneingang ein Spannungsminimum (siehe **Bild 19.4.1**). Deshalb kann man den Strahler dort direkt erden. Die Erdung im Spannungsknoten hat keinen Einfluß auf die Strahlungseigenschaften. Das beweisen die UKW- und Fernsehantennen in Ganzmetallausführung, die ebenfalls im Spannungsminimum mit dem geerdeten Antennenträger metallisch verbunden sind. Um eine am Antenneneingang geerdete Groundplane an ein koaxiales Speisekabel anpassen zu können, sucht man – analog zur Gamma-Anpassung – den Punkt auf dem Viertelwellenstrahler, dessen Impedanz dem Wellenwiderstand des Speisekabels entspricht.

Nach **Bild 19.4.7** wird der Innenleiter des Koaxialkabels über eine Schelle mit einem bestimmten Anschlußpunkt auf dem Vertikalteil verbunden (Variante 1). Den Kabelmantel erdet man am Antenneneingang. Da die Lage des Anschlußpunktes für den Kabelinnenleiter stark von den Einflüssen der Antennenumgebung abhängig ist, soll die Abgreifschelle deshalb in weiten Grenzen verschiebbar sein. Durch Versuch kann die Einstellung gefunden werden, bei der die Welligkeit der Speiseleitung am geringsten ist (Reflektometer). Mit Hilfe des Drehkondensators *C* wird dann fein abgeglichen. Vertikalstrahler, Radials und Koaxialkabel sind dauernd geerdet, die Antenne bietet deshalb ein Maximum an Blitzsicherheit, und die unange-

Bild 19.4.8
Geerdete Groundplane
(Variante 2)

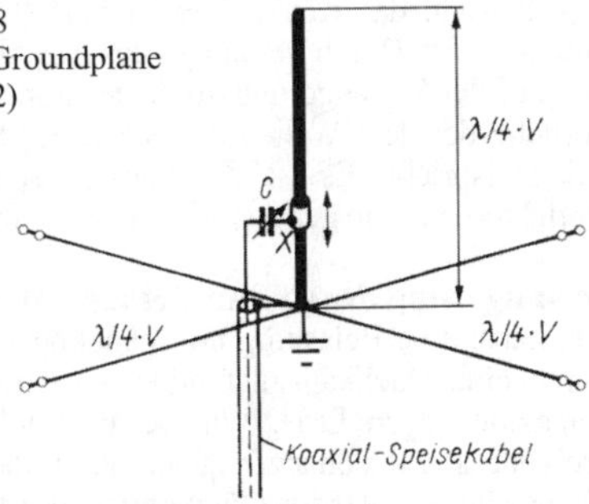

nehmen statischen Aufladungen der Antennenanlage entfallen.

Bild 19.4.8 zeigt eine andere Variante der geerdeten Groundplane**.** In diesem Fall liegt der Drehkondensator in Reihe mit dem Kabelinnenleiter (Variante 2). Mit ihm kann die durch die Gamma-Anpassung eingebrachte induktive Blindkomponente kapazitiv kompensiert werden. Rundfunkdrehkondensatoren mit 300 oder 500 pF Endkapazität sind für beide Anwendungsfälle geeignet. Der Drehkondensator wird in einem wetterdichten Gehäuse untergebracht, das an der Abgreifschelle befestigt ist.

19.4.3.3 Triple-Leg-Antenne

Bei der *Triple-Leg-Antenne* werden 3 Radials - um je 120° voneinander versetzt und mit einem Winkel von 45° nach unten geneigt - verwendet (**Bild 19.4.9**). Untersuchungen von *HB9OP* ergaben, daß sich mit der Groundplane bestimmte Richtwirkungen in der Horizontalebene erzielen lassen, wenn die Zahl der Radials bei einer Groundplane auf 3 vermindert wird [4.25]. Diese Antenne strahlt horizontal bevorzugt in die Richtungen der Winkelhalbierenden der Radials mit einem vertikalen Maximum bei 6 bis 7°.

Bild 19.4.9
Triple-Leg-Antenne

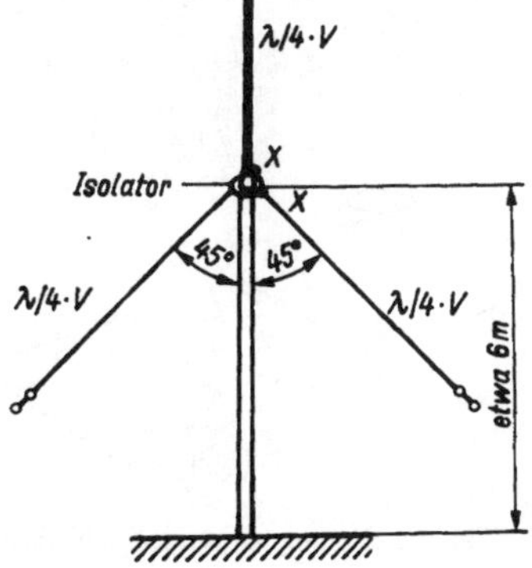

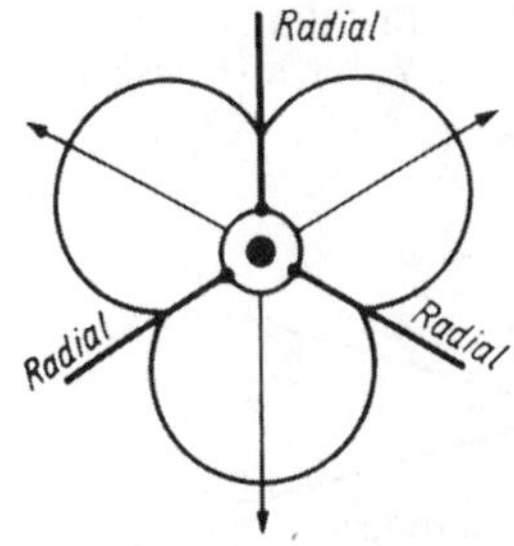

Bild 19.4.10
Horizontaldiagramm
der Triple-Leg-Antenne

Der Strahler hat ein annähernd kleeblattförmiges Horizontaldiagramm (**Bild 19.4.10**). Der sehr günstige Erhebungswinkel von 7° ist nur dann zu erreichen, wenn sich der Antenneneingang in optimaler Höhe über dem Erdboden befindet. Diese günstigste Aufbauhöhe wurde von *HB9OP* mit 6 m ermittelt, wobei die am Aufbauort vorhandenen Bodenverhältnisse eine Rolle spielen. Diese Höhenangabe sollte deshalb nur als Richtwert betrachtet werden.

Die Anzahl der Radials beeinflußt beim angegebenen Neigungswinkel von 45° den Eingangswiderstand des Strahlers. Dieser wurde bei der *Triple-Leg-Antenne* mit 50 bis 53 Ω gemessen; somit läßt sich dieser Strahler über handelsübliches Koaxialkabel direkt speisen. Bei der Anordnung von 4 gleichmäßig verteilten Radials würde der Eingangswiderstand auf etwa 44 Ω absinken.

Die *Triple-Leg-Antenne* ist vielfach nachgebaut worden und hat sich an verschiedenen Standorten gut bewährt.

19.4.3.4 Verkürzte Groundplane

Oft ist es nicht möglich, die volle Länge einer Groundplane aufzubauen. Das ist z.B. meist der Fall, wenn eine Groundplane für den 40-m- oder 80-m-Betrieb errichtet werden soll. Man ist dann gezwungen, den Vertikalstrahler mechanisch kürzer als $\lambda/4$ zu bemessen und elektrisch zu verlängern.

Es gibt zwei Möglichkeiten mechanisch verkürzte Strahler elektrisch zu verlängern.

Verlängerung durch Serieninduktivität

Eine mechanisch verkürzte Antenne befindet sich nicht mehr in Resonanz mit der Betriebsfrequenz, ihr Eingangswiderstand hat eine kapazitive Blindkomponente. Um die Blindanteile des Eingangswiderstandes zu beseitigen, muß der kapazitive Blindwiderstand durch eine Induktivität (induktiver Blindwiderstand) kompensiert werden. Dadurch ist die Resonanzbedingung erfüllt und der Eingangswiderstand wird reell, allerdings ist der Wert kleiner als bei Viertelwellenresonanz.

Den zuzuschaltenden induktiven Widerstand bildet im allgemeinen eine Spule, die man auch als Verlängerungsspule bezeichnet. Damit wird zum

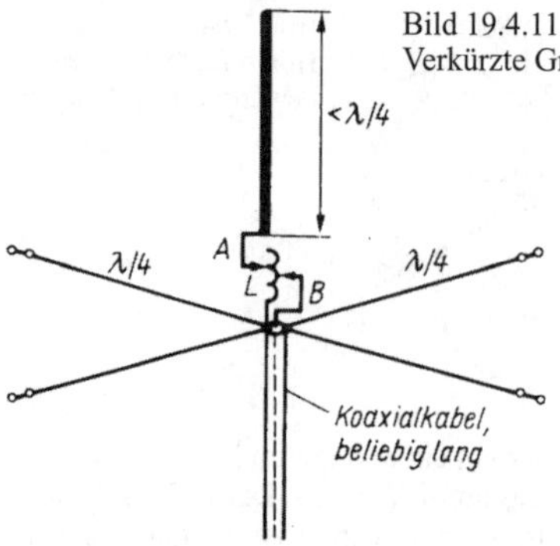

Bild 19.4.11
Verkürzte Groundplane

Ausdruck gebracht, daß die Spule als elektrische Verlängerung des Strahlers wirkt. Das Schema der verkürzten Groundplane mit Verlängerungsspule zeigt **Bild 19.4.11**. Eine Verlängerungsspule verschlechtert die Antenneneigenschaften; wäre das nicht der Fall, würde man nur noch extrem kleine Spulenantennen herstellen. Da die Spule selbst nicht oder nur geringfügig strahlt, aber andererseits den Einsatz für die fehlende Strahlerlänge darstellt, wird der Wirkungsgrad der Antenne entsprechend vermindert. Die durch die Leitungsverluste verursachten Spulenverluste kommen hinzu, und bei sehr stark verkürzten Antennen (z.B. Mobilantennen) sind deshalb Wirkungsgrade < 10% keine Seltenheit. Um die Verluste so gering wie möglich zu halten, soll die Verlängerungsspule von hoher Güte Q sein. Sie bildet dann ein frequenzabhängiges, sehr resonanzscharfes Glied, das den Frequenzbereich verringert. Verkürzte Antennen sind deshalb immer mehr oder weniger schmalbandige Kompromißlösungen mit vermindertem Wirkungsgrad. Gelingt es jedoch, die Erdverluste und die Spulenverluste extrem gering zu halten, so können auch stark *verkürzte Groundplane-Antennen* sehr gute DX-Ergebnisse liefern, die denen einer Groundplane voller Länge kaum nachstehen. Der Gewinnunterschied zwischen einer 0,25-λ-Groundplane und einer verkürzten 0,1-λ-Groundplane beträgt weniger als 0,25 dB. Leider sind die Erdverluste stark standortabhängig, und man muß zu ihrer Verminderung mit sehr umfangreichen Erdnetzen arbeiten.

Eine schwierige Aufgabe beim Bau einer verkürzten Groundplane stellt das Herstellen der hochwertigen Verlängerungsspule dar. Sind die mechanischen Schwierigkeiten des 2fachen Spulenabgriffs gelöst, so ist der weitere Abgleich relativ einfach. Durch ein an die Spule L gekoppeltes Dip-Meter wird die Resonanzfrequenz des Strahlers festgestellt, indem man den Abgriff A verändert und die Einstellung sucht, bei der die Resonanzfrequenz der gewünschten Betriebsfrequenz entspricht. Nun wird an den Abgriff B der Innenleiter des Speisekabels angeschlossen und das System vom Betriebssender erregt. Zur Anzeige der Welligkeit ist in das Koaxialkabel ein Reflektometer eingeschleift. Durch Verändern des Abgriffs B wird nun auf der Verlängerungsspule der Impedanzwert gesucht, der dem Wellenwiderstand des Speisekabels entspricht. Es ist der Punkt, bei dem das Reflektometer die geringste Welligkeit anzeigt.

Verlängerung durch Parallelkapazität

Die kapazitive Belastung im Spannungsmaximum durch eine Dachkapazität bildet eine zusätzliche Kapazität gegen Erde. Wie bei einem Schwingkreis, dessen Resonanzfrequenz durch das Hinzufügen einer Zusatzkapazität niedriger wird, verkleinert sich auch bei einer Antenne durch das Anfügen einer Endkapazität die Resonanzfrequenz. Das bedeutet, daß sich ein zu kurz bemessener Strahler durch eine Dachkapazität zur Resonanz bringen läßt. Man spricht dabei von einer kapazitiv belastete Groundplane.

Die Dachkapazität kann aus einzelnen Drähten oder aus flächigen Metallstrukturen bestehen. **Bild 19.4.12a** zeigt eine kleine Auswahl von Vertikalantennen mit Dachkapazität. Solange die Größe der Endkapazität in bestimmten Grenzen bleibt, kann eine kapazitiv belastete Antenne keineswegs als Kompromißlösung betrachtet werden. Solche Antennen haben durch die konstante Stromverteilung sogar einen größeren Strahlungswiderstand als unbelastete Vertikalantennen gleicher Länge und damit auch einen besseren Wirkungsgrad. Bei großen Dachkapazitäten wird allerdings unter Umständen die Richtcharakteristik der Antenne etwas verformt, und die mechanische Ausführung der Endkapazität ist meist mit Schwierigkeiten verbunden. Endbelastete Antennen werden vorwiegend als Vertikalantennen für den 40-m-, 80-m- und 160-m-Betrieb (sofern die statische Endbelastung nicht zu groß wird) ausgeführt. Eine kapazitive Endlast ist in der Praxis z.B. als kreisrunde Metallscheibe ausgeführt. Diese relativ schwere Fläche mit großem Windwiderstand kann man ohne Nachteil durch ei-

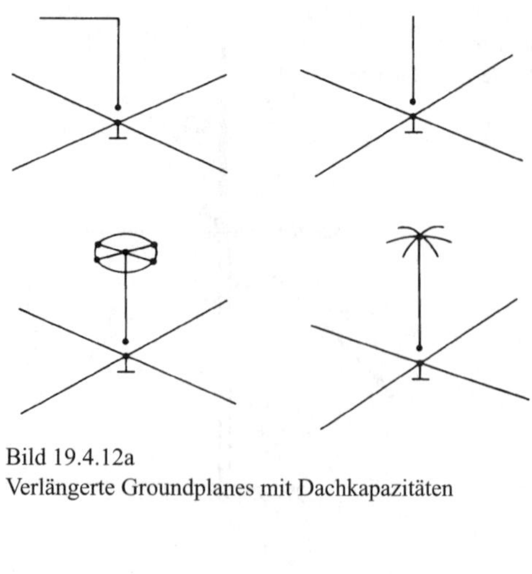

Bild 19.4.12a
Verlängerte Groundplanes mit Dachkapazitäten

ne speichenradähnliche Ausführung ersetzen. Es sollten 4 bis 8 Metallspeichen vorgesehen werden, die durch einen Metalldraht miteinander verbunden sind. Bei gleicher Wirkung erhält man auf diese Weise eine leichte und windschlüpfige Dachkapazität. Abhängig von Form und Ausdehnung repräsentieren sie eine bestimmte Kapazität.

Beispiel:
Es soll eine $\lambda/4$-Groundplane-Antenne für das 40-m-Band errichtet werden, deren Resonanzlänge von etwa 10 m jedoch nicht zu erreichen ist. Wollte man den $\lambda/4$-Strahler auf eine mechanische Länge von $\lambda/6$ verkürzen, würden bei elektrischer Verlängerung nach **Bild 19.4.11** der Strahlungswiderstand und der Wirkungsgrad abfallen. Einfacher und elektrisch günstiger ist es, wenn man die zur Viertelwellenresonanz fehlende Länge durch eine Dachkapazität ersetzt.

Die mechanische Länge der Antenne soll $\lambda/6$ betragen also $0{,}17\lambda$ und entspricht somit 60° ($1\lambda \equiv 360°$). Man errechnet l nach der Gleichung

$$l/\mathrm{m} = \frac{0{,}832 \cdot l/\mathrm{Grad}}{f/\mathrm{MHz}} \qquad (19.4.5)$$

und erhält

$$l = \frac{0{,}832 \cdot 60}{7{,}05\ \mathrm{MHz}} = 7{,}08\ \mathrm{m}$$

Nun muß aus Gl. (19.1.3) der Wellenwiderstand Z_A des Strahlers errechnet werden. Vorhanden ist ein Rohrmast mit einem Durchmesser d von 0,05 m. l/d beträgt in diesem Fall 7,08 m/0,05 m = 141,6. Eingesetzt in Gl. (19.1.3) ergibt sich der Wellenwiderstand $Z_A = 60\ \Omega \ln(1{,}15 \cdot 141{,}6) = 305{,}6\ \Omega$.

Aus **Bild 5.8.11** wird nun das Verhältnis X_C/Z_A abgelesen, das den zur Resonanz fehlenden 30° entspricht; es beträgt 1,7. Der kapazitive Widerstand X_C der erforderlichen kapazitiven Endbelastung ergibt sich aus der Multiplikation des Wellenwiderstandes Z_A (305,6 Ω) mit dem Faktor 1,7.

$X_C = 305{,}65\ \Omega \cdot 1{,}7 = 519\ \Omega$

Jetzt kann aus **Bild 6.3.5** abgelesen werden, welche Kapazität in pF dem kapazitiven Widerstand X_C für das 40-m-Band entspricht. Es ergibt sich eine Kapazität von rund 40 pF. Ein Scheibendurchmesser von 1,125 m entspricht der gewünschten Kapazität von 40 pF. Die Scheibe wird durch einen skelettartigen Aufbau mit 6 radialen Metallspeichen ersetzt.

Trotz verminderter mechanischer Länge sinkt bei einer solchen Ausführung der Strahlungswiderstand nicht sehr ab; der Eingangswiderstand ist reell und beträgt fast wie bei einer Viertelwellen-Groundplane voller Länge etwa 35 Ω zuzüglich der auftretenden Verlustwiderstände R_V.

Umfassendere Angaben und Meßergebnisse zu mechanisch verkürzten Strahlern mit Dachkapazität wurden u.a. von *Sevick* in [4.27] veröffentlicht. Dort sind auch mechanisch extrem stark verkürzte Vertikalantennen beschrieben, welche aus einem spulenartig gewendelten Leiter mit kapazitiver Endlast bestehen.

19.4.3.5 Verlängerte Groundplane

Wenn man den vertikalen Strahler einer Groundplane über $\lambda/4$ hinaus verlängert, so erhöht sich auch ihr Eingangswiderstand.

Durch entsprechendes Verlängern des Strahlers kann der Wert gefunden werden, bei dem man das verwendete koaxiale Speisekabel genau mit seinem Wellenwiderstand an den Eingangswiderstand des Strahlers angepaßt hat. Jetzt ist die Antenne aber nicht mehr in Resonanz mit der vorgegebenen Betriebsfrequenz; sie wurde zu lang und hat deshalb eine induktive Blindkomponente. Um diese am Antenneneingang zu kompensieren, fügt man dort einen kapazitiven Blindwiderstand in Form eines Kondensators ein, dessen kapazitiver Widerstand der induktiven Reaktanz des verlängerten Strahlers entspricht. Dadurch heben sich die Blindanteile gegenseitig auf, und der Eingangswiderstand wird reell.

Das Schema einer solchen mechanisch verlängerten und elektrisch verkürzten Groundplane zeigt **Bild 19.4.12b.** Um Korrekturmöglichkeiten zu haben, ist die in Serie mit dem Kabelinnenleiter geschaltete Kapazität C als Drehkondensator ausgebildet. Es genügen einfache Ausführungen, da nur sehr geringe Spannungen auftreten. Dagegen ist auf gute Kontaktgabe des Rotoranschlusses zu achten, denn es fließen hohe Ströme! Zweckmäßig wird der Drehkondensator in einem Kunststoffgehäuse untergebracht, das man wetterfest verklebt. Diese Abstimmbox schraubt man direkt am unteren Strahlerende fest, wobei der Befestigungsbolzen gleichzeitig als metallische Verbindung zwischen Strahlerende und Drehkondensator genutzt wird. Das Koaxialkabel wird in die Kunststoffdose eingeführt und sein Innenleiter dort mit dem freien Drehkondensatorende verlötet.

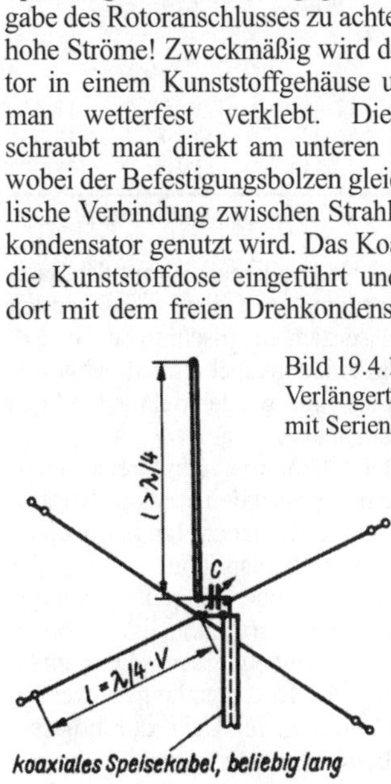

Bild 19.4.12b
Verlängerte Grundplane
mit Serienkapazität

Tabelle 19.4
Bemessungsunterlagen für verlängerte Groundplane-Antennen nach **Bild 19.4.12**

Element-durchmesser	2 mm	6 mm	10 mm Länge *l* in m	20 mm	40 mm	Radials	C_{max} in pF
10-m-Band (28,10 MHz)							
$Z = 50\ \Omega$	2,97	2,94	2,92	2,89	2,84	2,60	100
$Z = 60\ \Omega$	3,11	3,08	3,05	3,02	2,97	2,60	100
$Z = 75\ \Omega$	3,29	3,25	3,23	3,19	3,14	2,60	100
12-m-Band (24,94 MHz)							
$Z = 50\ \Omega$	3,35	3,31	3,29	3,26	3,20	2,94	110
$Z = 60\ \Omega$	3,50	3,47	3,44	3,40	3,35	2,94	110
$Z = 75\ \Omega$	3,71	3,66	3,64	3,59	3,54	2,94	110
15-m-Band (21,10 MHz)							
$Z = 50\ \Omega$	3,96	3,95	3,91	3,87	3,83	3,47	130
$Z = 60\ \Omega$	4,14	4,13	4,09	4,05	4,01	3,47	130
$Z = 75\ \Omega$	4,40	4,39	4,34	4,30	4,25	3,47	130
17-m-Band (18,10 MHz)							
$Z = 50\ \Omega$	4,62	4,60	4,56	4,51	4,46	4,04	140
$Z = 60\ \Omega$	4,82	4,81	4,77	4,72	4,67	4,04	140
$Z = 75\ \Omega$	5,13	5,12	5,06	5,01	4,95	4,04	140
20-m-Band (14,10 MHz)							
$Z = 50\ \Omega$	5,93	5,91	5,90	5,88	5,76	5,20	150
$Z = 60\ \Omega$	6,20	6,19	6,18	6,15	6,02	5,20	150
$Z = 75\ \Omega$	6,58	6,56	6,55	6,53	6,40	5,20	150
30-m-Band (10,12 MHz)							
$Z = 50\ \Omega$	8,26	8,23	8,22	8,19	8,03	7,25	200
$Z = 60\ \Omega$	8,64	8,62	8,61	8,57	8,39	7,25	200
$Z = 75\ \Omega$	9,17	9,14	9,12	9,10	8,92	7,25	200
40-m-Band (7,05 MHz)							
$Z = 50\ \Omega$	11,86	11,85	11,83	11,77	11,64	10,41	250
$Z = 60\ \Omega$	12,40	12,39	12,36	12,30	12,17	10,41	250
$Z = 75\ \Omega$	13,11	13,10	13,07	13,00	12,86	10,41	250

Z = Wellenwiderstand des koaxialen Speisekabels

Der Außenleiter des Koaxialkabels ist mit der Basis der Radials zu verbinden. Auf diese Weise erzielt man auch einen wasserdichten Abschluß des Speisekabels. Wenn so ein Koaxialkabel einmal «abgesoffenen» ist, läßt es sich nie wieder richtig trocknen und ist damit unbrauchbar.

Nach dem Abgleich kann man den Drehkondensator auch durch einen passenden Festkondensator ersetzen, dessen Wert genau der am Drehkondensator eingestellten Kapazität entspricht.

Die Radials werden – wie bei jeder „echten" Groundplane – waagrecht verspannt. Es ist üblich, dazu Drähte oder Litzen mit etwa 2 mm Durchmesser zu verwenden. Die Resonanzlängen werden normal bemessen und sind für Leiterdurchmesser von 2 mm aus **Tabelle 19.4** zu ersehen.

Die velängerte Groundplane läßt sich sehr leicht auf maximale Abstrahlung abstimmen. Es wird dabei lediglich mit dem Drehkondensator die geringste Welligkeit des Speisekabels eingestellt, wobei ein in die Speiseleitung eingeschleiftes Reflektometer als Anzeige arbeitet.

Beispiel:
Für das 20-m-Band soll eine verlängerte Groundplane errichtet und mit einem 75-Ω-Koaxialkabel gespeist werden. Nach **Tabelle 19.4** ergibt sich für einen Strahlerdurchmesser von 20 mm eine Strahlerlänge von 6,53 m.

F. Traxler, DM2ARD hat so eine *verlängerte Groundplane* gebaut und 1979 beschrieben [4.28]. **Bild 19.4.13** zeigt die Antenne vor dem Aufbau im

Bild 19.4.13
Verlängerte Groundplane – Aufbau des Antennenfusses
(Foto *F. Traxler, DM2ARD*)

Kochtopf. Damit das 6,5 m lange Alu-Rohr stabil und freistehend aufgebaut werden konnte, wurde der Strahler mit 4 Glasfiberstäben von 12 mm Durchmesser und einer Länge von je 4 m umgeben und mit passenden Abstandshalter mittels Zweikomponentenkleber verklebt. Als Fischbauchmast hatte die Groundplane eine ausgezeichnete Stabilität. **Bild 19.4.14** zeigt die Antenne fertig montiert auf einem Tragebock über einem Trafohäuschen.

In einem späteren Artikel unter dem Titel „Verbesserte Groundplane“ wurden zusätzlich Formeln für den Real- und Imaginärteil und ein BASIC-Programm (Listing) für die Berechnung der Widerstände angegeben [4.29]. Die Rechnung damit ergibt mit 6,5 m und 20 mm Durchmesser für 14,2 MHz eine elektrische Höhe H = 0,308 λ, einen Wirkwiderstand in Fußpunkt R_F = 73,4 Ω, einen Blindwiderstand im Fußpunkt X_F = 172 Ω und eine Serien-Kapazität von C = 65 pF.

Bild 19.4.14
Verlängerte Groundplane fertig montiert
(Foto *F. Traxler, DM2ARD*)

19.4.3.6 Mehrleiter-Groundplane

Eine Möglichkeit, den Eingangswiderstand und den Frequenzbereich einer Groundplane zu erhöhen, besteht darin, Mehrleitersysteme nach Art von Faltdipolen zu bauen. Im einfachsten Fall besteht eine *Mehrleiter-Groundplane* aus einem halben Faltdipol nach **Bild 19.4.15**. Eine *2-Leiter-Groundplane* (gefalteter Monopol) wird als als *„Folded Unipole“* bezeichnet. Diese Bezeichnung findet sich erstmals 1946 [4.30].

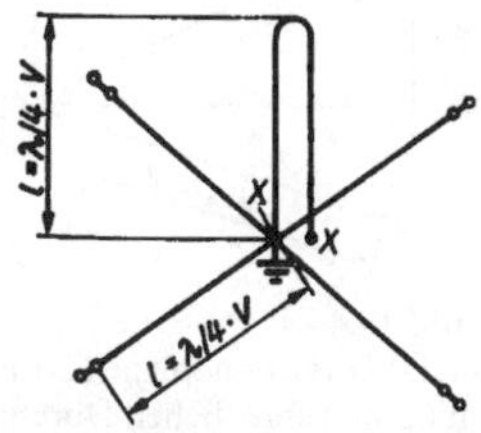

Bild 19.4.15
Gefaltete Groundplane
(2-Leiter-Groundplane)

Die Hälfte eines Halbwellen-Faltdipols wird gegen Erde erregt, wobei ein Strahlerteil geerdet ist . Das dem Eingang gegenüberliegende Schenkelende bildet den zentralen Verbindungspunkt für die Radials und darf an diesem Punkt auch geerdet werden. Ein Viertelwellenmonopol hat theoretisch einen Eingangswiderstand von 36,5 Ω, praktisch, abhängig vom Strahlerdurchmesser, etwa 30 Ω. Wenn der Viertelwellen-Monopol gefaltet und geerdet ausgeführt ist erhöht sich der Eingangswiderstand am Antenneneingang *XX* um den Faktor 4 auf 120 Ω. Dieser halbe Faltdipol verhält sich bezüglich der Widerstandstransformation nicht anders als ein üblicher Faltdipol mit einer Länge von $\lambda/2$ (siehe Abschnitt 9.5). Das bedeutet, daß der Eingangswiderstand einer *1-Leiter-Groundplane* von etwa 30 Ω im Verhältnis 1:4 bei der *2-Leiter-Groundplane* auf 120 Ω übersetzt wird. Der Eingangswiderstand wäre für das direkte Speisen über eine Zweidrahtleitung mit 120 Ω Wellenwiderstand anpassungsmäßig geeignet. Eine unsymmetrische Antenne soll aber nicht über ein symmetrisches Kabel gespeist werden!

Bei einer *3-Leiter-Groundplane* nach **Bild 19.4.16** kann bei *XX* mit einer Eingangsimpedanz von etwa 270 Ω gerechnet werden; denn sie entspricht einem Doppel-Faltdipol mit dem Transformationsverhältnis 1:9. Voraussetzung dafür ist, daß alle Schenkel gleiche Durchmesser aufweisen und gleiche Abstände vom Mit-

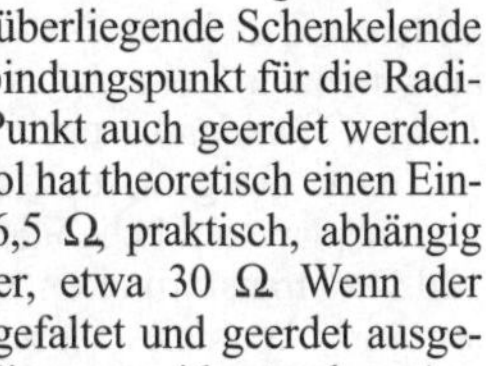

Bild 19.4.16
Gefaltete Groundplane
(3-Leiter-Groundplane)

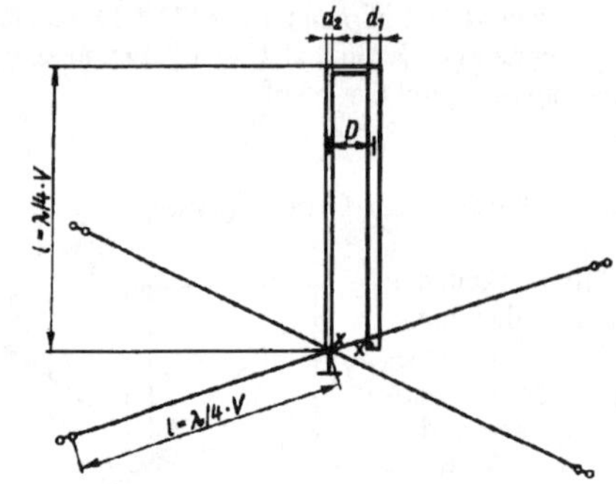

Bild 19.4.17
Gefaltete Groundplane (2-Leiter-Groundplane mit unterschiedlichen Durchmessern)

telleiter haben. Für die Funktion der Antenne hat es keine Bedeutung, welcher der 3 Leiter zum Speisen aufgetrennt wird.

Wenn die Durchmesser des gefalteten Strahlers nicht gleich, sondern unterschiedlich sind, kann man andere Faktoren realisieren. Normal ist der gespeiste Teil dicker als der geerdete Teil, der Faktor ist dann kleiner als 4. Dieser Fall tritt dann ein, wenn der Durchmesser d_2 des nicht unterbrochenen Leiterzweiges kleiner ist als der des zum Speisen aufgetrennten Leiters d_1. Das trifft auch bei der *2-Leiter-Groundplane* nach **Bild 19.4.17** zu. Sie ist gut dazu geeignet, den Eingangswiderstand der Groundplane auf beliebige Werte zwischen 60 und 120 Ω zu transformieren, so daß exakte Anpassung an ein koaxiales Speisekabel besteht. Das Übersetzungsverhältnis am Antenneneingang *XX* ist vom Durchmesserverhältnis d_2/d_1 und vom Abstand/Durchmesser-Verhältnis D/d_2 abhängig. Das Diagramm nach **Bild 19.4.18** ist gleichermaßen für Halbwellenfaltdipole und für die *2-Leiter-Groundplane* nach **Bild 19.4.17** gültig.

Ist der Durchmesser des geerdeten Teils größer als der Durchmesser des gespeisten Teils, dann ist der Faktor größer als 4.

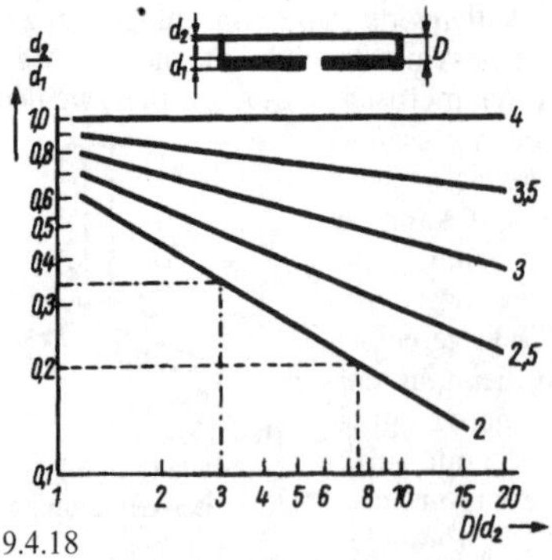

Bild 19.4.18
Impedanzverhältnis eines Faltdipols bei Elementdurchmessern $d_2 < d_1$ und Verhältnis D/d_2

Ein wichtiger Vorteil der *Mehrleiter-Groundplane* ist die Gleichstromverbindung nach Masse, d.h. die ganze Antenne ist auf Erdpotential. Dadurch ist die Antenne weitgehend blitzgeschützt und unempfindlich gegen statische Aufladungen bei Regen und Schnee.

19.5 Vertikale Halbwellenantennen

Als Vertikaldipole werden meistens *vertikale Halbwellenantennen* verwendet.

Diese *vertikalen Halbwellenantennen* zeichnen sich aus durch einen kleinen vertikalen Erhebungswinkel; dieser wird um so flacher, je höher die Antenne über dem Erdboden montiert werden kann (vgl. **Bild 19.2.4**). Daher errichtet man für den Betrieb auf den DX-Bändern *vertikale Halbwellenantennen* in einer größeren Höhe.

Bei *vertikalen Halbwellenantennen* wird man wegen der mechanischen Schwierigkeiten in den meisten Fällen auf selbsttragende Strahler verzichten; denn sie müssen immer auf einem sehr guten Isolator am Fußpunkt gelagert werden (Spannungsmaximum!). An die Erdungsverhältnisse stellt der vertikale Halbwellenstrahler keine großen Ansprüche, da er in sich resonant ist. Es genügt eine gute Blitzerde.

In der Horizontalebene besteht Rundcharakteristik. Ein knapp über dem Erdboden errichteter Halbwellendipol hat einen Strahlungswiderstand von 99,5 Ω und einen Gewinn von 6,83 dB(i) entsprechend 1,67 dB/GP (bezogen auf eine Groundplane oder einen Viertelwellen-Monopol).

Ein BASIC-Programm (Listing) zur Berechnung von Strahlungswiderstand, Feldstärke und Gewinn von symmetrischen Vertikaldipolen mit beliebiger Höhe über idealer Erde hat *DL1VU* 1993 veröffentlicht [5.1].

19.5.1 Vertikaler Halbwellendipol

Der vertikale Halbwellendipol hat zwei Vorteile:

- er liefert eine flache Abstrahlung
- er benötigt kein Erdnetz oder Gegengewicht
- Als Nachteil ist für Kurzwelle der konstruktive Aufwand zu nennen.

Bei solchen Konstruktionen müssen die Abspannungen alle seitlich wirkenden Kräfte aufnehmen. Ein geeigneter Holzmast als Antennenträger ist nicht nur viel billiger, sondern er bietet auch elektrische Vorteile. Bei dieser Holzbauweise kann der Antennenleiter notfalls auch aus einfachen Drähten bestehen. Der Holzmast ist besteigbar, er läßt sich bei Bedarf auch umlegen, sofern man ihn als Klappmast ausführt.

Den *vertikalen Halbwellendipol* stellt man allgemein aus Leichtmetallrohr her, wobei das Schema

Bild 19.5.1
Vertikaler Halbwellendipol

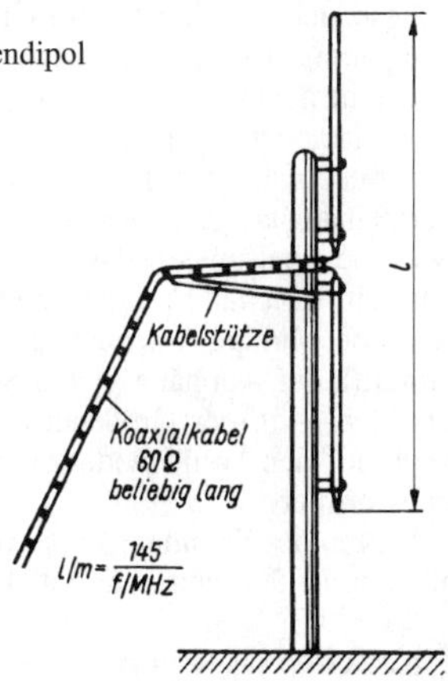

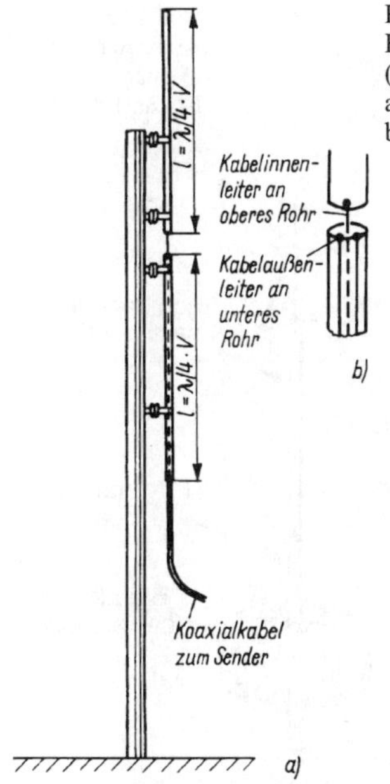

Bild 19.5.2
Koaxialantenne
(nach *Bailey*)
a) - Aufbauschema
b) - Teilzeichnung Speisepunkt

nach **Bild 19.5.1** gewählt werden kann. Ist ein genügend hoher Holzmast als Träger vorhanden, lassen sich auch Drähte beliebigen Durchmessers als nenleiter verwenden. Der Halbwellendipol hat, abhängig von der Höhe über Grund, einen Eingangswiderstand von etwa 50 bis 70 Ω. Man kann den Dipol mit einer 75-Ω-Zweidrahtleitung oder über einen Balun 1:1 mit einer 50-Ω-Koaxialleitung speisen. Das Speisekabel sollte man allerdings über eine möglichst große Strecke waagrecht vom Speisepunkt wegführen. Insbesondere beim Einsatz rohrförmiger Antennenleiter wird empfohlen, die untere Strahlerhälfte gegenüber der oberen etwas zu verkürzen, weil das untere Strahlerende wegen der Erdnähe eine größere Endkapazität hat. Eine wesentlich günstigere Lösung des *vertikalen Halbwellendipols* stellt die Koaxialantenne dar.

19.5.2 Koaxialantennen

Kennzeichnend für diese Art von Antennen ist die sehr zweckmäßige Art der Speisung durch ein Koaxialkabel von unten. Die obere Strahlerhälfte des vertikalen Halbwellendipols besteht aus der Verlängerung des Innenleiters. Bei vertikalen Antennen hat man das Problem den Strahler von der Speiseleitung und von der Tragkonstruktion zu entkoppeln. Sonst ergeben sich unerwünschte Rückwirkungen auf das Strahlungsdiagramm und die Eingangsimpedanz. Zur Entkopplung werden entweder ein Sperrtopf oder andere Sperrglieder verwendet.

Koaxialantenne nach *Bailey*

(*A.B. Bailey* – US 2,184,729 – 1937)
Das Sperrglied ist hier ein koaxialer Sperrtopf. **Bild 19.5.2** zeigt die Koaxialantenne nach *Bailey* (*Bell*). Die Antenne wird auch *Sperrtopfantenne* oder auch *Koaxialdipol* genannt. Das koaxiale Speisekabel wird in das untere Viertelwellenrohr eingeschoben und bis zum zentralen Speisepunkt geführt. Der PVC-Außenschutzmantel des Kabels verhindert, daß das Kabel innerhalb des Rohres metallischen Kontakt mit diesem bekommt. Erst am Speisepunkt wird der Kabelaußenleiter freigelegt und mit dem Antennenleiter kontaktsicher verbunden (siehe **Bild 19.5.2b**). Den Kabelinnenleiter schließt man am Speisepunkt des oberen Dipolrohres an. Die Antenne wird manchmal auch als Sperrtopfantenne bezeichnet. Die untere Strahlerhälfte hat bei dieser Antenne eine Doppelfunktion: Sie ist strahlende Dipolhälfte und bildet gleichzeitig zusammen mit dem sie durchlaufenden Abschnitt des Koaxialkabels einen Viertelwellensperrtopf. Der nach unten offene Sperrtopf wirkt als Mantelwellensperre und entkoppelt dadurch die Speiseleitung. Dadurch werden Mantelwellen auf dem Kabel unterbunden, und es ergibt sich für die meisten Anwendungsfälle eine verkürzte und vereinfachte Leitungsführung des Speisekabels. Man nennt diese Antenne auch Sleeve-Antenne (engl.: sleeve = Ärmel) [5.2]. Für kürzere Wellenlängen ist die Koaxialantenne selbsttragend aufgebaut (**Bild 19.5.3a**).

Koaxialantenne nach *Harper*

(*E.T. Harper* – US 3,576,578 – 1967)
Das Sperrglied ist hier eine Breitbanddrossel.

Bild 19.5.3b zeigt die *Koaxialantenne* nach *Harper* (*Sylvania*). Die obere Strahlerhälfte des vertikalen Halbwellendipols besteht aus der Verlängerung des Innenleiters, die untere Strahlerhälfte besteht aus dem Koaxialaußenleiter zwischen Einspeisepunkt und Breitband-Kabeldrossel. Die Kabeldrossel besteht aus einigen Windungen des Koaxialkabels auf einem Ferrit-Ringkern. Die Induktivität

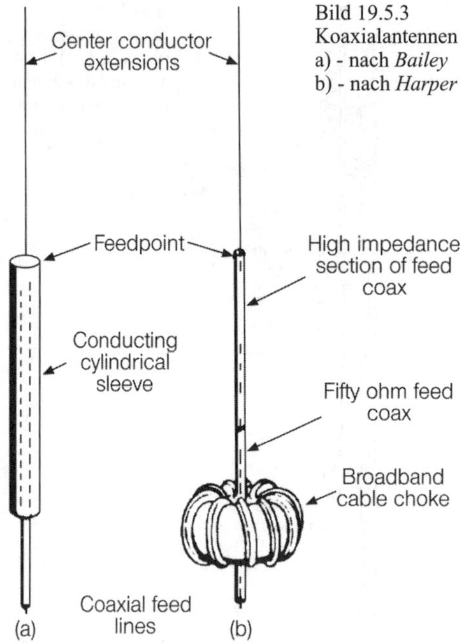

Bild 19.5.3
Koaxialantennen
a) - nach *Bailey*
b) - nach *Harper*

kann mit der Eigenkapazität der Windungen resonant auf der Dipolfrequenz sein oder breitbandig eine große Impedanz haben. Im Gegensatz zur Sperrkreis- oder Sleeve-Antenne (**Bild 19.5.3a**), die relativ schmalbandig ist, hat diese Anordnung eine größere Bandbreite auch durch die Verwendung eines hochohmigeren Koaxialkabels (90 bis 120 Ω) bei der unteren Strahlerhälfte.

Die Idee mit der Resonanzdrossel ist nicht neu. Schon 1944 gab es in USA eine diesbezügliche Patentanmeldung durch *Potter* (*Bell*) [5.3] und 1951 in Großbritannien durch *Coulson* (*EMI*) [5.4].

Eine Antenne mit einer Breitbanddrossel wurde 1965 in USA durch *Brückmann* (*US Army*) zum Patent angemeldet [5.5].

Koaxialantenne mit Sperrgliedentkopplung

Das Sperrglied ist hier ein abgestimmter Sperrkreis (***T^2LT = Tuned Transmission Line Trap***) auf der Speiseleitung.

Der zu einer Spule aufgewickelte Koaxialmantel bildet das *L* des Sperrkreises, der mit einem *C* auf Resonanz abgestimmt wird. Koaxialantennen mit Sperrgliedentkopplung werden genauer im Abschnitt 23.1.2.2 behandelt. Dort finden sich auch die entsprechenden Bilder und Literaturstellen.

19.5.3 Endgespeister vertikaler Halbwellendipol

In der Amateurtechnik speist man vertikale Halbwellenstrahler häufig an ihrem unteren Ende im Spannungsbauch. Da dort die Anschlußimpedanz immer hochohmig ist, muß entweder transformiert oder über eine abgestimmte Leitung gespeist werden.

Weil moderne Amateursender immer mit einem unsymmetrischen Antennenanschluß für Koaxialkabelspeisung ausgerüstet sind sucht man deshalb vorwiegend Speisungsmethoden, welche die Erregung über ein Koaxialkabel ermöglichen. Dazu wird der sehr hochohmige Antenneneingang (Spannungsmaximum), der – abhängig vom Schlankheitsgrad des Strahlers – in der Größenordnung von ≥ 1000 Ω liegt, auf den Wellenwiderstand des Koaxialkabels transformiert.

Wegen des Spannungsmaximums am Antenneneingang ist dort eine sehr gute Isolation nötig.

Parallelkreisspeisung

Der *vertikale Halbwellendipol* wird an einen Parallelresonanzkreis angeschaltet und die dem Wellenwiderstand des Koaxialkabels entsprechende Impedanz an der Spule abgegriffen (**Bild 19.5.4 a**). Bei dieser Methode ist der Strahler über die Schwingkreisspule galvanisch geerdet.

λ/4-Transformatorspeisung

Der *vertikale Halbwellendipol* wird an einen Viertelwellentransformator angeschlossen, dessen Wellenwiderstand zwischen etwa 300 und 500 Ω liegen kann (**Bild 19.5.4b**).

Nach Gl. (6.6.1) läßt sich errechnen, daß mit solchen Transformatoren Eingangswiderstände zwischen etwa 1000 und 5000 Ω auf Kabelimpedanzen von 50 bis 75 Ω herabtransformiert werden können. Leider ist der hochohmige Eingangswiderstand mit herkömmlichen Mitteln nicht meßbar, so daß man den anpassungsoptimalen Wellenwiderstand des λ/4-Transformators nur experimentell ermitteln kann. Im übrigen dürfte gute Anpassung in jedem Fall gegeben sein, wenn man den antennenseitigen Anfang der Viertelwellenleitung nicht erdet. Dann kann die Viertelwellenleitung als eine Verlängerung des λ/2-Strahlers auf 3λ/4 betrachtet werden, woraus sich ebenfalls - unabhängig vom Wellenwider-

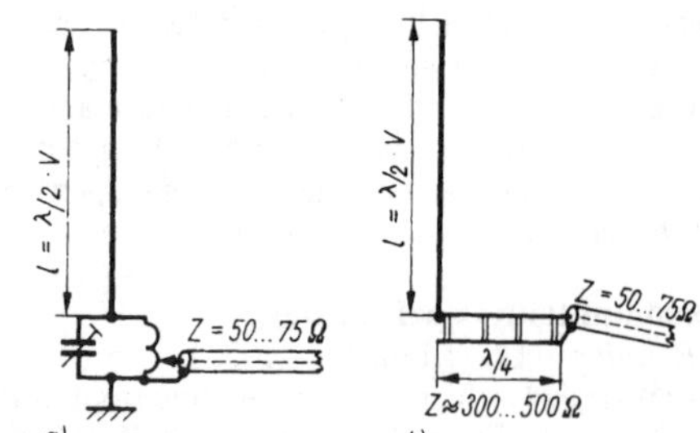

Bild 19.5.4
Halbwellenantennen endgespeist
a) - Parallelkreis
b) - Viertelwellenleitung

Bild 19.5.5
Halbwellenantenne
endgespeist
(Zeppelinspeisung)

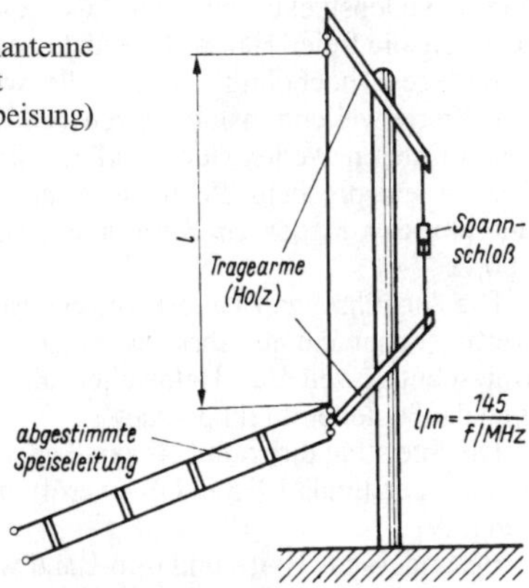

stand der Viertelwellenleitung - ein reeller Anschlußwiderstand von etwa 50 Ω ableiten läßt.

Zeppelinspeisung

Der in **Bild 19.5.5** dargestellte *vertikale Halbwellendipol* wird ähnlich einer Zeppelinantenne über eine abgestimmte Speiseleitung erregt. Daher wird die Antenne mit dieser Speisung manchmal auch als *Vertikal-Zepp* bezeichnet.

Die Zeppelinspeisung einer Antenne wird heute kaum noch verwendet.

19.5.4 J-Antenne

(--- – GB 237,584 – dt. Priorität 1924)

Das zitierte Patent ist im Jahre 1925 in Großbritannien von *Telefunken* angemeldet worden, wobei es eine deutsche Patentanmeldung 1924 in Deutschland gegeben hat. Die deutsche Patentnummer konnte leider nicht ermittelt werden. Dabei war die Viertelwellenleitung eine koaxiale Anordnung aus Drähten. Ein ähnliches Patent ist 1937 in USA angemeldet worden [5.6].

Besonders günstig läßt sich die vertikale Halbwellenantenne speisen, wenn eine geschlossene Viertelwellenanpaßleitung an den hochohmigen Antenneneingang angeschlossen und auf ihr die dem Wellenwiderstand des Speisekabels entsprechende Impedanz abgegriffen wird. Da auf dieser Viertelwellenleitung jede Impedanz zwischen mehreren tausend Ohm am Antenneneingang (Spannungsmaximum) und nahezu 0 Ω am Kurzschlußpunkt der Anpaßleitung auftritt, können sowohl beliebig lange Koaxialkabel als auch UKW-Bandleitungen und 600-Ω-"Hühnerleitern" optimal angepaßt werden. Derartig angepaßte Halbwellenstrahler bezeichnet man als *J-Antennen* (**Bild 19.5.6**).

Die *J-Antenne* als eigentlich eine vertikale Zeppelinantenne [5.7]. Dabei ist die abgestimmte Speiseleitung nicht abgewinkelt zum Strahler, wie in

Bild 19.5.6
J-Antenne

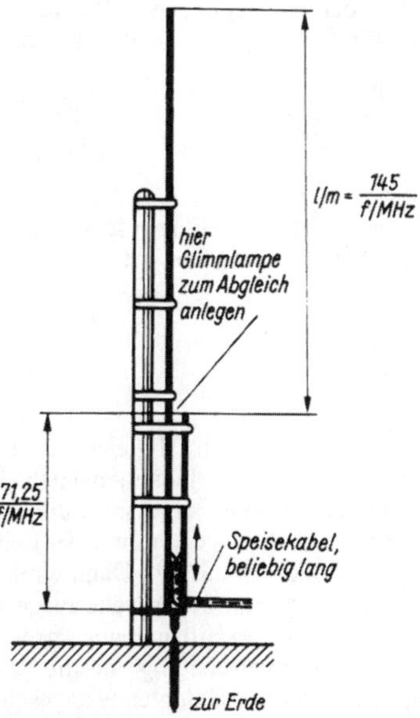

Abschnitt 19.5.3 beschrieben, sondern auch vertikal in der Strahlerverlängerung angeordnet.

In **Bild 19.5.7** ist die Einspeisung mit einem Koaxialkabel zu sehen [5.8]. Dabei stehen die Bezeichnungen *i* für den Strom und *e* für die Spannung. Der Halbwellenstrahler und ein Zweig der Anpaßleitung können mechanisch ein Ganzes bilden, d.h. es läßt sich ein durchgehendes Rohr von 3λ/4 Länge verwenden. Es ist ein besonderer Vorzug dieser Speisungsart, daß der Eingang der λ/4-Anpassung direkt und dauernd geerdet werden kann. Bei entsprechendem mechanischem Aufbau wirkt eine solche J-Antenne als Blitzableiter, ohne ihre Wirksamkeit als gute Sendeantenne einzubüßen.

Bild 19.5.7
J-Antenne
Speisung
mit Koaxialkabel

Die optimale Anpassung einer J-Antenne läßt sich leicht feststellen. Eine Glimmlampe wird an den Antenneneingang gehalten und auf der Viertelwellenanpaßleitung so lange verschoben, bis die Stelle gefunden ist, an der die Glimmlampe am hellsten leuchtet.

Für die Strahlerlänge gilt mit ausreichender Genauigkeit

$$l/\mathrm{m} = \frac{145}{f/\mathrm{MHz}} \qquad (19.5.1)$$

Bei der Herstellung aus Paralleldrähten ergibt sich für die Länge der λ/4-Anpaßleitung

$$l/\mathrm{m} = \frac{73}{f/\mathrm{MHz}} \tag{19.5.2}$$

Verwendet man Rohre mit verhältnismäßig großem Durchmesser, dann gilt

$$l/\mathrm{m} = \frac{71{,}25}{f/\mathrm{MHz}} \tag{19.5.3}$$

Um einen genauen Abgleich herstellen zu können, sollte die Viertelwellenanpaßleitung etwas länger als errechnet bemessen werden, wobei man die Kurzschlußbrücke am Ende der Leitung in ihrer Lage veränderlich auslegt. Dann wird die Antenne parasitär durch eine in der Nähe ausgespannte, vom Sender gespeiste Hilfsantenne erregt. Dabei ist noch keine Speiseleitung an die Viertelwellenanpassung der Vertikalantenne angeschlossen. Diese wird ausschließlich durch Strahlungskopplung von der Hilfsantenne erregt. Nun verschiebt man die Kurzschlußbrücke der Viertelwellenleitung so lange, bis eine an den Antenneneingang gehaltene Glimmlampe größte Helligkeit zeigt. Strahler und Viertelwellenanpassung sind damit in Resonanz mit der Sendefrequenz. Anschließend wird die Hilfsantenne entfernt und der Strahler normal über das vorgesehene Speisekabel gespeist. Der richtige Kabelanschlußpunkt auf der Viertelwellenleitung ist, wie bereits beschrieben, zu ermitteln. Ein auf diese Weise optimal abgestimmter Strahler bildet eine gute DX-Rundstrahlantenne, wenn sie in genügend großer Höhe aufgebaut werden kann.

Der Vollständigkeit halber werden in **Bild 19.5.8** zwei Schaltungsvarianten für die Erregung der J-Antenne gezeigt. Man bezeichnet sie auch als Flagpole-Typen (engl.: Flagpole ≡ Fahnenmast). Die

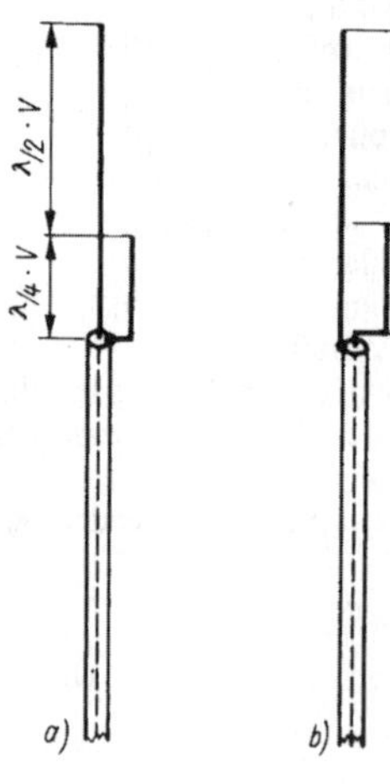

Bild 19.5.8
J-Antennen
a) - übliche Ausführung
b) - mit verbessertem Blitzschutz

Viertelwellenstücke arbeiten als λ/4-Transformatoren, die freien Halbwellenstücke werden spannungserregt (hochohmig). Den Wellenwiderstand Z der Viertelwellentransformatoren (Gl. 6.6.1) soll dem mittleren Wellenwiderstand des Strahlers (Gl. 19.1.3) entsprechen. Er liegt je nach Strahlerdurchmesser in der Größenordnung von 300 bis 600 Ω.

Die Ausführungen a und b sind elektrisch gleichwertig, Variante b gewährleistet einen verbesserten Blitzschutz, weil das Halbwellenstück über den Kabelaußenleiter direkt geerdet ist.

Die Speisung direkt mit Koaxialkabel nach Variante a ist erstmals 1935 in USA veröffentlicht worden [5.9].

Besonders im 10-m- und 6-m-Band werden gerne *J-Antennen* eingesetzt [5.10] - [5.11].

Der Strahlungswiderstand einer idealen *J-Antenne* ist 69 Ω, der Gewinn ist rd. 3,3 dB/GP (Gewinn über eine Groundplane oder einen Viertelwellenmonopol). Der Gewinn der *J-Antenne* (Halbwellendipol 0,25λ über der Erde) ist also um rd. 1,6 dB höher als der Gewinn einer Halbwellenantenne direkt über dem Erdboden.

19.5.5 Vertikaler Winkeldipol

Zum Nachteil der vertikalen Dipolantennen, nämlich der konstruktiven Ausführung, kommt auf tieferen Frequenzen noch den weiteren Nachteil der fehlenden Steilstrahlung. In vertikaler Richtung, also in Dipolrichtung, hat das Elevation-Diagramm eine Nullstelle.

Beide Nachteile werden durch einen *vertikalen Winkeldipol* vermieden [5.12]. Analog zur Bezeichnung „Lazy-H“ wird der *vertikale Winkeldipol* auch als „Lazy-V“ (Lazy-Vee) bezeichnet [5.13]. **Bild 19.5.9** zeigt den *vertikalen Winkeldipol* (Lazy-V). Der Einspeisepunkt des Dipols (Dipolmittelpunkt) ist etwas über λ/4 über Grund.

Der Dipol ist unter 45° am Mast befestigt und ist 90° abgewinkelt. Als Einspeisung wird ein Balun (1:1) empfohlen. Die Dipolenden sollen etwa 1 m vom Metallmast entfernt sein. Der Abstand hat einen Einfluß auf den Eingangswiderstand. Es ergibt sich eine Richtwirkung vom Mast weg. Durch die endliche Bodenleitfähigkeit hebt sich die Strahlungskeule vom Boden und der Haupterhebungswinkel für das Fernfeld liegt bei etwa 16 bis 17°.

Durch das Abwinkeln oder Abknicken der Antenne entsteht ein Steilstrahlungsanteil. Diese Nullstellenauffüllung, genau über der Antenne, wird z.B. bei der VHF-Flugfunkantenne „Knickebein“ von *R&S* ausgenützt.

Man kann den abgewinkelten vertikalen Dipol auch anders anordnen. *W. Nitschke, DJ5DW* hat einen Dipolast senkrecht und den anderen abgewinkelt [5.14].

Bild 19.5.9
Vertikaler Winkeldipol
(Lazy-V)

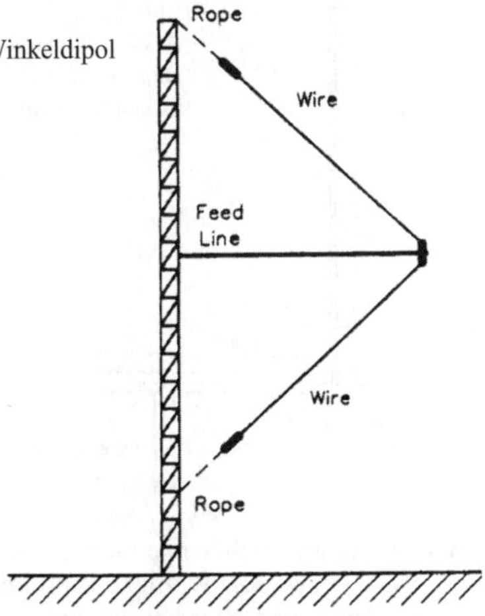

19.6.5 5λ/8-Vertikalantenne

Eine Vertikalantenne von 5λ/8 Länge hat hervorragende Strahlungseigenschaften für DX, gekennzeichnet durch einen kleinen Erhebungswinkel des Strahlungsmaximums, der von keiner anderen Vertikalantenne mit horizontaler Rundcharakteristik im Längenbereich zwischen λ/4 und λ erreicht wird. Der mit etwa 60° steilstrahlende Nebenzipfel im Vertikaldiagramm sorgt für eine noch befriedigende Leistung im Bereich mittlerer Entfernungen. Verglichen mit einer Viertelwellen-Groundplane-Antenne erreicht der 5λ/8-Strahler einen Gewinn von etwa 3 dB. Die mechanische Strahlerlänge liegt zwischen 0,625λ (Strahlungswiderstand $R_S \approx$ 54 Ω) und 0,64λ ($R_S \approx$ 49 Ω). 5λ/8 ist keine resonante Länge. Damit man nun einen reellen Eingangswiderstand erhält, muß man den Strahler elektrisch durch eine Induktivität verlängern. Damit gelangt man in der Nähe der 6λ/8- oder 3λ/4-Resonanz zu einem reellen Eingangswiderstand von etwa 60 Ω.

Die 5λ/8-Vertikalantenne ist erstmals 1924 in USA beschrieben worden [6.1]. Weitere Veröffentlichungen sind [6.2] - [6.8]. Trotz seiner hervorragenden Eigenschaften ist dieser Strahler im Kurzwellenbereich nicht sehr verbreitet, bedingt durch die relativ große Strahlerhöhe, die sich meistens nur für die hochfrequenten KW-Amateurbänder verwirklichen läßt. Um so größere Bedeutung hat der 5λ/8-Strahler im VHF- und UHF-Bereich.

Bild 19.6.1 zeigt einige Möglichkeiten, wie die Resonanzabstimmung bei gleichzeitiger Anpassung an ein Koaxialkabel hergestellt werden kann. In der elektrischen Wirkungsweise wird der mechanisch 5λ/8 lange Strahler von diesen unterschiedlichen Anpassungsarten nicht beeinflußt. In **Bild 19.6.1a** ist die vor allem im VHF-Bereich übliche Bauweise dargestellt, bei der sich die Verlängerungsspule im Leiterzug befindet. Elektrisch identisch, nur mechanisch abgewandelt ist die Ausführung nach **Bild 19.6.1b**, die im Kurzwellenbereich bevorzugt wird. Die Spule kann auch durch eine Haarnadelschleife ersetzt werden, die als Induktivität wirkt; diese Bauweise ist in **Bild 19.6.1c** skizziert. Praktischer, aber von gleicher Wirkung ist ein geschlossener Koaxialkabelstub, der nach **Bild 19.6.1d** die Aufgabe der Haarnadelschleife übernimmt. Mechanisch etwas schwieriger herzustellen ist die Resonanzanpassung über eine unsymmetrische Stichleitung nach **Bild 19.6.1e**, die man jedoch im Kurzwellenbereich häufiger findet. Die bekannte Gamma-Anpassung (siehe Abschnitt 6.2.3) ist für diese Anwendung in **Bild 19.6.1f** dargestellt, sie könnte auch zur einfacheren Resonanzabstimmung in eine Omega-Anpassung (siehe Abschnitt 6.2.4) umgewandelt werden. Bei Gamma- und Omega-Anpassung ist der Strahler direkt geerdet. Eine im HF-Bereich selten verwendete Ausführung zeigt **Bild 19.6.1g**; hier befindet sich am Antenneneingang ein Parallelresonanzkreis, der auf die Betriebsfrequenz abgestimmt ist. An der Kreisspule wird die dem Wellenwiderstand des Koaxialkabels entsprechende Impedanz abgegriffen. Über die Spule besteht hier ebenfalls eine galvanische Verbindung des Strahlers mit der Erde. Diese Anordnung wird im VHF-Bereich verwendet.

Alle im **Bild 19.6.1** aufgeführten Arten der Resonanzanpassung erfordern Korrekturen am fertigen Objekt, die darin bestehen, durch Verändern der Anpassungsglieder zu erreichen, daß die Welligkeit auf dem Speisekabel minimal wird. Es kann deshalb auf eine exakte Vorausberechnung verzichtet werden. Wenn man den kapazitiven Blindwiderstand durch eine Spule (induktiver Blindwiderstand) wie in **Bild 19.6.1a** und **b** kompensieren will, können die vom Schlankheitsgrad des Strahlers abhängigen Induktivitätsrichtwerte für die

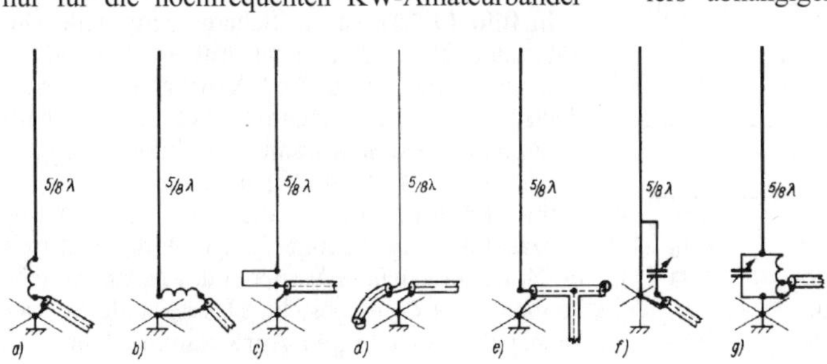

Bild 19.6.1
5λ/8-Vertikalantennen
(Methoden der Resonanzabstimmung und Anpassung)
a) - Verlängerungsspule vertikal
b) - Verlängerungsspule horizontal
c) - Haarnadelschleife
d) - Koaxialschleife
e) - koaxiale Stichleitung
f) - Gamma-Glied
g) - Parallelschwingkreis

Tabelle 19.5
Richtwerte für die Induktivität der Verlängerungsspule von 5λ/8-Strahlern in Abhängigkeit vom Schlankheitsgrad *l:d*

l:d	Induktivität in μH 10-m-Band	12-m-Band	15-m-Band	17-m-Band	20-m-Band
50	0,6	0,7	0,8	0,9	1,2
100	0,9	1,0	1,2	1,3	1,7
200	1,2	1,3	1,5	1,8	2,3
500	1,5	1,7	2,0	2,3	3,0
1000	1,7	1,9	2,3	2,6	3,4
2000	2,0	2,3	2,7	3,1	4,0
4000	2,3	2,6	3,0	3,5	4,5

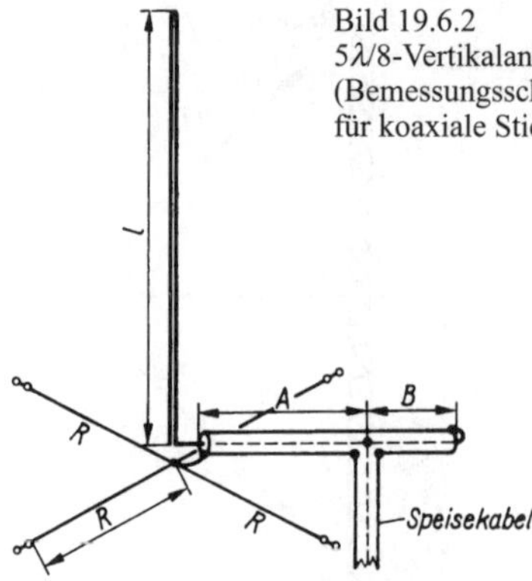

Bild 19.6.2
5λ/8-Vertikalantennen (Bemessungsschema für koaxiale Stichleitung)

hochfrequenten Kurzwellenamateurbänder aus **Tabelle 19.5** entnommen werden. Als Schlankheitsgrad *l:d* ist das Verhältnis mechanische Strahlerlänge *l* zum des Strahlerdurchmesser *d* zu verstehen, wobei gleiche Dimensionen zu verwenden sind (z.B. *l* in mm und *d* in mm).

Der geschlossene Stub in der Form einer Haarnadelschleife (**Bild 19.6.1c**) wird im Kurzwellenbereich kaum verwendet, weil der Koaxialkabelstub nach **Bild 19.6.1d** kürzer und flexibel ist. Seine elektrische Länge liegt bei etwa 0,2λ; da der Verkürzungsfaktor *V* des verwendeten Koaxialkabels berücksichtigt werden muß, kommt man mit mechanisch relativ kurzen Kabelschwänzen aus. Im praktischen Fall wird man mit einem etwas zu langen Kabelstück beginnen (z.B. elektrisch 0,23λ lang) und dieses nach und nach so lange kürzen, bis Welligkeitsminimum eintritt. Nach jedem Abschneiden müssen an der Schnittstelle Innen- und Außenleiter des Kabels wieder miteinander verbunden werden.

Die Bemessung der koaxialen Stichleitung in **Bild 19.6.1e** könnte nach Abschnitt 6.6.3 errechnet werden. Einfacher ist es, die erprobten Abmessungen für die 5 hochfrequenten Kurzwellenamateurbänder aus **Tabelle 19.6** zu entnehmen. Die Tabellenangaben beziehen sich auf die in **Bild 19.6.2** eingezeichneten Bemessungssymbole.

Die Antenne ist mit 2 bis 4 Viertelwellenradials versehen, die auch etwas nach unten geneigt angebracht werden dürfen. Da an der fertiggestellten Stichleitung mechanische Veränderungen zwecks Abgleich kaum noch vorgenommen werden können, muß man das Welligkeitsminimum durch leichtes Verlängern oder Verkürzen der Vertikalantenne herbeiführen. Die in **Tabelle 19.6** angegebenen mechanischen Längen für die Stichleitung beziehen sich auf ein 50-Ω-Koaxialkabel mit einem Verkürzungsfaktor $V = 0{,}66$. Stichleitung und beliebig lange Speiseleitung können aus dem gleichen Koaxialkabeltyp bestehen.

Tabelle 19.6
Die Abmessungen einer 5λ/8-Vertikalantenne mit koaxialer Stichleitung nach Bild 19.6.2

Band in m	Abmessungen in m *l*	*R*	*A*	*B*
10	6,48	2,52	1,32	0,32
12	7,17	2,84	1,51	0,36
15	8,46	3,35	1,78	0,43
17	9,85	3,93	2,06	0,50
20	12,65	5,05	2,64	0,64

19.7 Andere Vertikalantennen

19.7.1 Geerdete Vertikalantennen

Als sehr günstig erweist sich die Omega-Anpassung (siehe Abschnitt 6.2.4) insbesondere bei Vertikalantennen für das 80- und 40-m-Amateurband. Mit ihr gelingt es, weitgehend beliebig lange, geerdete Vertikalantennen in Resonanz zu bringen und gleichzeitig an ein koaxiales Speisekabel anzupassen. Zur praktischen Ausführung einer solchen Antenne wurden von *DL1BU* in [7.1] umfassende Angaben gemacht. Der Hauptvorzug einer solchen Antenne besteht darin, daß sich ein vorhandener metallischer Rohr- oder Gittermast als «selbstschwingende» Vertikalantenne verwenden läßt, wobei sich am Mast noch andere Antennen befinden können (z.B. Beams). Auch die vom Mast herabführenden Speiseleitungen und Steuerleitungen für Antennenrotoren stören die Funktion nicht!

In **Bild 19.7.1a** ist das Schema dargestellt. Die am Fußpunkt geerdete Metallstruktur kann von beliebiger Länge sein, für die DX-Arbeit sollte sie jedoch 0,63λ nicht überschreiten, da sich oberhalb 5λ/8 zunehmend Steilstrahlung ausbildet. Die Länge des dem Mast parallelen Gamma-Leiters ist nicht kritisch, denn die für die Resonanzabstimmung richtige Länge wird elektrisch durch entsprechendes Variieren des Abstimmdrehkondensators C_a eingestellt. Das koaxiale Speisekabel paßt man mit C_s an. Am Zusammenführungs-

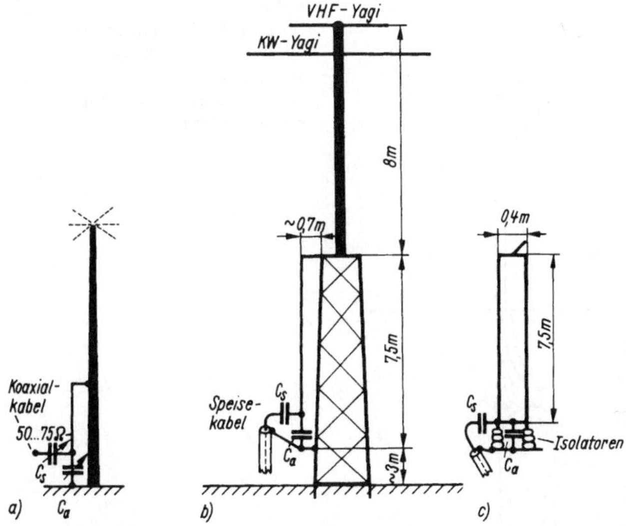

Bild 19.7.1
Geerdete Vertikalantennnen
(Erregung über Omega-Glied)
a) - schematische Darstellung
b) - Ausführung nach *DL1BU*
c) - Detail der Omega-Anpassung

punkt der beiden Kondensatoren bildet sich eine hohe HF-Spannung aus, deshalb sind dort gute Isolation, überschlagfeste Kondensatoren und Schutzmaßnahmen gegen Berührung notwendig.

Der einfachste Berührungsschutz besteht darin, daß man den Bereich großer Spannungen in eine Höhe von etwa 3 Meter verlegt, wie in **Bild 19.7.1b** dargestellt. Auch für die Hochspannungskondensatoren gibt es eine preiswerte Ausweichlösung. Nachdem die erforderlichen Kapazitätswerte bei verminderter Leistung mit einfachen Rundfunkdrehkondensatoren ausgemessen wurden, ersetzt man sie durch entsprechend längenbemessene offene Koaxialkabelstücke. Bekanntlich haben Koaxialkabel eine bestimmte Kapazität, die in den Datenblättern angegeben wird. Je nach Wellenwiderstand und Dielektrikum liegen diese Kapazitäten zwischen etwa 50 und 500 pF/m. Solche «Koaxialkabelkondensatoren» sind billiger und wetterfester als Senderdrehkondensatoren, und sie haben eine hohe Spannungsfestigkeit. Die erforderlichen Kapazitätswerte sind von Fall zu Fall verschieden. Als Anhaltspunkt für die Größenordnung sei erwähnt, daß im Beispiel von *DL1BU* (**Bild 19.7.1b**) für C_s = 86 pF erforderlich waren, C_a ergab sich mit etwa 150 pF. Die gleiche Anordnung konnte auch im 160-m-Band erregt werden mit C_s = 210 pF und C_a = 640 pF.

Die gesamte Mastlänge in **Bild 19.7.1b** beträgt 18,5 m. Auf dem Rohrmast befinden sich 2 *Yagis*, die eine nützliche kapazitive Endbelastung des Strahlers darstellen. Zusammen mit dieser Dachkapazität kommt man mit dieser Anordnung bereits in die Nähe der Viertelwellenresonanz für 3,5 MHz. Als Leiter der Omega-Anpassung verwendet *DL1BU* zwei einander parallelgeschaltete, je 7,5 m lange, dicke Aluminiumseile, die über 2 Metalltraversen dem Mast parallelgeführt werden. Die obere Traverse bildet die metallische Verbindung zwischen Mast und Omega-Leitung, die untere Traverse trägt Isolatoren, an denen die Leitungen isoliert befestigt sind (siehe Detailzeichnung **Bild 19.7.1c**). Weitere mechanische Einzelheiten sind in [7.1] enthalten. Die Ausführung als 2-drähtige Omega-Anpassung wurde hauptsächlich wegen der geringen Verluste gewählt; sie ist nicht bindend und kann durch ein Einleitersystem ersetzt werden. Ein ausreichend bemessenes Erdnetz ist auch bei solchen geerdeten Vertikalstrahlern Voraussetzung für guten Wirkungsgrad. Wegen fehlender Steilstrahlung sind die Ergebnisse im Bereich der Bodenwelle gut, über mittlere Entfernungen dürftig, jedoch ausgezeichnet für DX.

19.7.2 Gefaltete Vertikalantennen

Gefaltete Mehrdrahtantennen sind erstmals 1940 von *W8JK* beschrieben worden [7.2]. Nimmt man die Hälfte eines Faltdipols und betreibt ihn über einer Erde oder einem Gegengewicht so gelangt man zu einer *gefalteten Vertikalantenne*. Man bezeichnet eine *gefaltete Vertikalantenne* auch als *gefalteten Monopol*, oder (*gefalteten*) *Unipol*. In USA wird ein *gefalteter Monopol* als „*Folded Unipole*“ bezeichnet. Diese Bezeichnung findet sich erstmals 1946 [7.3]. In Europa wird ein *gefalteter Monopol* als „*Unipol*“, seltener als *Faltunipol* bezeichnet [7.4].

Patente von *gefalteten Vertikalantennen* sind [7.5]–[7.11].

Veröffentlichungen über *gefalteten Vertikalantennen* sind [7.12]–[7.16].

Gefaltete λ/8-Vertikalantenne

Wenn eine λ/4-Vertikalantenne gefaltet wird, entsteht eine *gefaltete offene λ/8-Vertikalantenne*. Dabei ist das Ende des gefalteten Strahlerteils nicht geerdet, sondern „offen“, also isoliert (**Bild 19.7.2**).

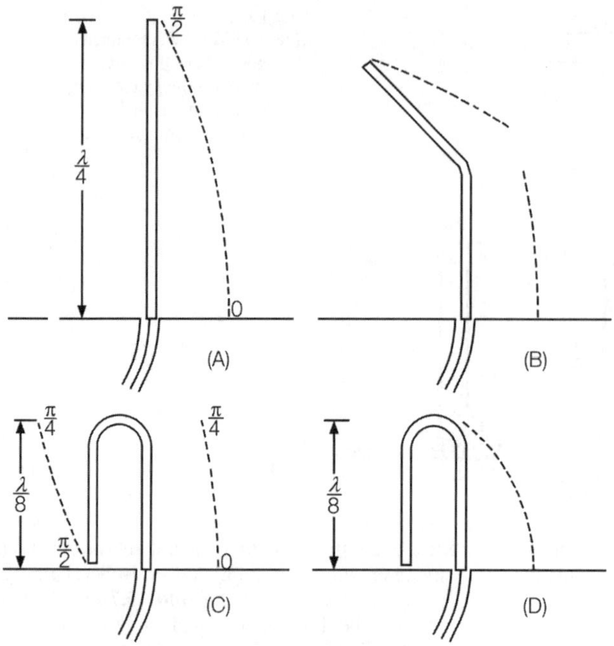

Bild 19.7.2
Gefaltete λ/8-Vertikalantenne
A) - λ/4-Vertikalantenne
B) - Faltung
C), D) - λ/8-Vertikalantenne (gefaltet, offen)

Diese Antenna wurde erstmals 1939 von *Lindenblad* beschrieben [7.17]. Der Eingangswiderstand dieser gefalteten λ/8-Vertikalantenne ist nach [7.18] theoretisch 6,2 Ω, praktisch etwa 5,2 Ω.

Gefaltete 3λ/8-Vertikalantenne

Diese Form einer gefalteten Vertikalantenne wurde erstmals 1940 von *W8JK* vorgeschlagen [7.2] und ist in **Bild 19.7.3a** skizziert. Ihre Entstehung wird vom weitgehend ungebräuchlichen 3λ/4-Faltdipol abgeleitet (**Bild 19.7.3b**). Bei ihm sind beide Leiterhälften in der geometrischen Mitte unterbrochen, und der Eingangswiderstand beträgt etwa 450 Ω. Läßt man eine Dipolhälfte weg und ersetzt diese durch die Erde oder besser durch ein Erdnetz, wird aus dem 3λ/4-Faltdipol ein gefalteter 3λ/8-Monopol. Dabei halbiert sich auch der Eingangswiderstand auf theoretisch 225 Ω. Da aber der Eingang auch noch mit den vorhandenen Verlustwiderständen beaufschlagt ist (vorwiegend Erdverluste), kann man in der Praxis mit 250 Ω rechnen. Bezogen auf eine λ/4-Groundplane beträgt der Gewinn etwa 0,6 dB.

Der Eingangswiderstand ist reell, denn es besteht 3λ/4-Resonanz, wobei man sich die «fehlende» 3λ/4-Länge als spiegelbildlich in der Erde befindlich vorstellen muß. Der relativ große Strahlungswiderstand R_S mit etwa 200 Ω läßt einen guten Antennenwirkungsgrad erwarten, da bei der vorliegenden Reihenschaltung von R_S mit den Verlustwiderständen R_V die Größe von R_S immer überwiegen wird. Anders ausgedrückt: Auch diese Antenne kommt keinesfalls ohne Gegengewicht aus, aber wenn der Erdübergangswiderstand relativ groß ist, fällt der Antennenwirkungsgrad bei weitem nicht so drastisch ab wie z.B. bei der Viertelwellen-Groundplane. Ein weiterer Vorzug des 3λ/8-Strahlers besteht in seinem relativ großen Frequenzbereich.

An ein beliebiges Koaxialkabel paßt man am besten über eine koaxiale Stichleitung nach Abschnitt 6.6.3 oder auch über Anpaßglieder (Abschnitt 6.3 oder 6.4) an.

19.7.3 Gewendelte Vertikalantennen

Bei Wendelantennen gibt es zwei Betriebsarten:
Normal Mode
Axial Mode

Bei „Normal Mode“ sind die Abmessungen klein gegen die Wellenlänge und die Abstrahlung

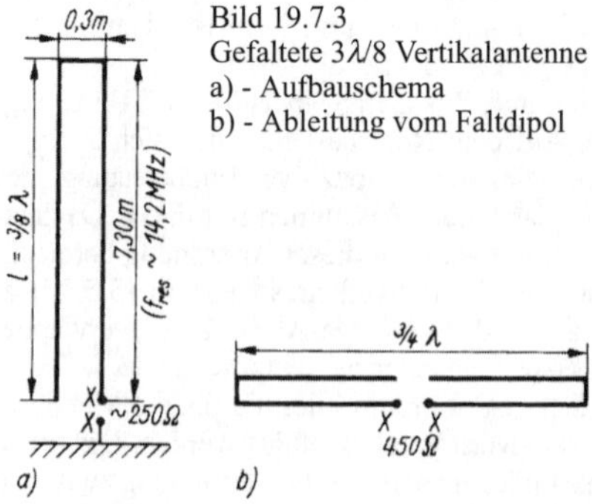

Bild 19.7.3
Gefaltete 3λ/8 Vertikalantenne
a) - Aufbauschema
b) - Ableitung vom Faltdipol

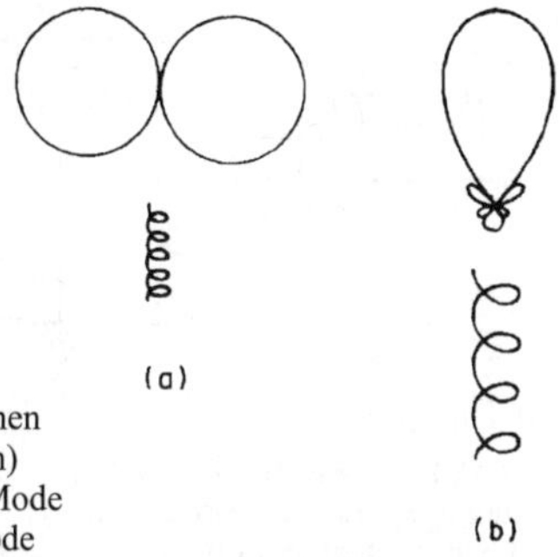

Bild 19.7.4
Wendelantennen
(Betriebsarten)
a) - Normal Mode
b) - Axial Mode

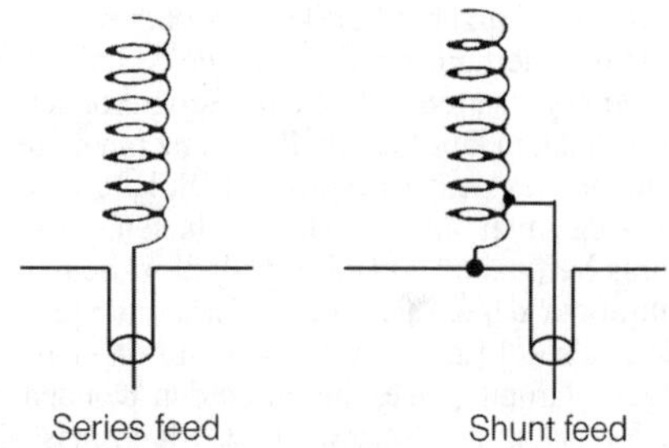

Bild 19.7.5
Gewendelte Vertikalantennen (Speisungsart)

erfolgt senkrecht zur Wendelachse (normal) (**Bild 19.7.4.a**). Das ist der Fall bei den *gewendelten Vertikalantennen*. Dabei wirkt die Wendel als induktiv belastete Antenne. Dieser Betrieb ist für den HF/VHF-Bereich.

Bei „Axial Mode" sind die Abmessungen in der Größenordnung der Wellenlänge und die Abstrahlung erfolgt in Richtung der Wendelachse (achsial) (**Bild 19.7.4b**). Dieser Betrieb ist für den UHF/SHF-Bereich bzw. für Mikrowellen (vgl. Abschnitt 36).

Normal Mode

Gewendelte Vertikalantennen gibt es schon lange. Das wohl erste Patent einer gewendelten Antenne wurde 1921 angemeldet [7.19]. Weitere Patente sind [7.20] - [7.26]. Darunter sind einige Patente für Whipantennen bei Mobilbetrieb.

Der Strom verteilt annähernd sinusförmig entlang der Wendelantenne. Die Eingangsimpedanz ist sehr frequenzabhängig, die Bandbreite ist sehr schmal. Nichtsdestoweniger ist eine *gewendelte Vertikalantenne* eine effektive Methode zur Reduzierung der Länge einer Drahtantenne besonders bei Mobilbetrieb in den HF- und VHF-Bändern. Der Strahlungswiderstand einer kurzen resonanten Wendelantenne über perfekter Erde ist nach [7.27] ungefähr $(25{,}3 \cdot h/\lambda)^2$, dabei ist h die Höhe der Wendelantenne über Grund.

Die Speisung der gewendelten Vertikalantenne (**Bild 19.7.5**) kann seriell oder parallel erfolgen. Bei der seriellen Speisung ist die Wendelantenne noch an ein Anpaßglied oder einen Impedanztransformator angeschlossen. Bei paralleler Speisung wirkt die Wendelantenne selbst durch die Anzapfung als Anpassungsnetzwerk.

Eine gewendelte Vertikalantenne über einem Erdnetz oder Gegengewicht hat eine vorwiegend vertikale Polarisation und hat, unabhängig von der Anzahl der Windungen, ein ähnliches Strahlungsdiagramm wie ein Monopol. Bei einer gewendelten Vertikalantenne ist das Strahlungsdiagramm rundstrahlend (omnidirektional).

Weitere Veröffentlichungen sind [7.28] [7.35].

19.8 Vertikal polarisierte L- und T-Antennen

Manche Vertikalantennen, die in *L* - oder *T -Form* aufgebaut sind, gehören zur Kategorie der kapazitiv belasteten Vertikalantennen (Abschnitt 19.4.3.4). Dabei wird der Vertikalstrahler verkürzt und das wegfallende Stück wird durch eine elektrische Verlängerung ersetzt, die keine Höhe benötigt. Es wird die übliche scheibenförmige Dachkapazität durch einen horizontalen Draht ersetzt, wie in **Bild 19.4.12a** oben. Unsymmetrische *L*- und *T-Formen* haben neben der überwiegenden Vertikalpolarisation noch einen mehr oder weniger großen Anteil horizontal polarisierter Strahlung.

L-Antennen

Die *L-Antenne* wählt man häufig als Drahtantenne bei vorübergehenden Einsätzen im 80-m-Band, wenn die Möglichkeit besteht, den Draht zwischen Bäumen auszuspannen. Eine Gesamtlänge von etwa 21 m genügt, wenn die *L-Antenne* als $\lambda/4$-Strahler betrieben wird. **Bild 19.8.1** zeigt ein Beispiel, in welchem der Vertikalteil 7,5 m hoch ist und der horizontale Abschnitt 13,5 m beträgt; beide Längen addiert ergeben $\lambda/4$-Resonanz im 80-m-Band. Wie jede Groundplane braucht auch diese Bauform einige Radials, die sich unterhalb des Horizontalteils konzentrieren sollten. Da die Hauptstrahlung immer aus dem Strombauch erfolgt, strahlt die Anten-

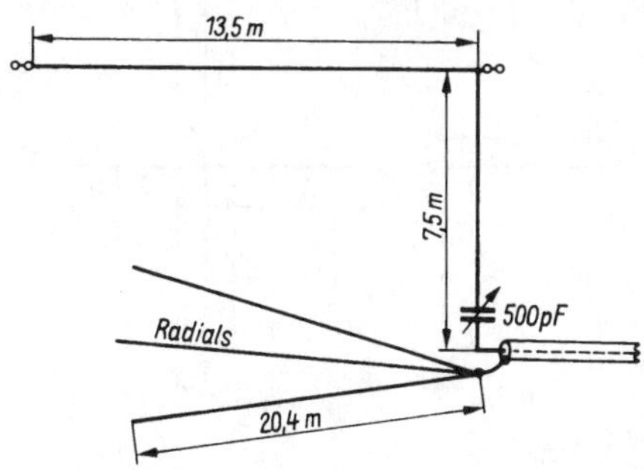

Bild 19.8.1
L-Antenne für 3,5 MHz

ne trotz des kürzeren Vertikalteils vorwiegend vertikal polarisiert mit einem kleineren Anteil von Horizontalpolarisation. Mit dem Serienkondensator im Vertikalteil läßt sich die Resonanz innerhalb des 80-m-Bandes genau bestimmen. Solche *L-Antennen* kann man für alle Bänder bauen. Das Verhältnis Vertikalteil zu Horizontalteil ist beliebig, es kommt nur darauf an, daß die Gesamtlänge etwas größer als λ/4 ist; die Antenne wirkt dann als verlängerte Groundplane, die durch den Kondensator auf Resonanz abgestimmt wird. Man speist über ein beliebig langes Koaxialkabel.

Ganz anders liegen die Verhältnisse bei den *L-Antennen*, wenn deren Vertikalteil und der Horizontalabschnitt je λ/4 betragen. **Bild 19.8.2a** zeigt, daß es sich hier um einen geknickten λ/2-Strahler handelt, der elektrisch dem vertikalen Halbwellenstrahler in **Bild 19.5.5** entspricht. Ein Koaxialkabel läßt sich an den hochohmigen Eingang, wie in **Bild 19.5.4** dargestellt, anpassen.

T-Antennen

Der nächste Schritt geht zur *T-Antenne*. Dabei wird das obere λ/4-Stück eines vertikalen Halbwellenstrahlers wie in **Bild 19.8.2b** beidseitig rechtwinklig abgeknickt. Es entsteht eine selbstresonante Antenne, die auch unter dem Namen *Inverted Groundplane* (umgedrehte Groundplane) bekannt ist. Bei ihr sind somit die Viertelwellenradials an die Strahlerspitze verlegt; das hat den Vorteil, daß der Antennenwirkungsgrad bei weitem nicht mehr so stark von der Erdbodenleitfähigkeit abhängt wie bei der «normalen» Groundplane und daß sich der Strombauch in relativ großer Höhe befindet. Für die Anpassung eines Koaxialkabels an den hochohmigen Antenneneingang gilt ebenfalls **Bild 19.5.4**. Es ist ein Nachteil der Inverted Groundplane, daß bei ihr neben der Vertikalpolarisation noch ein gewisser horizontal polarisierter Anteil als Steilstrahlung auftritt. Diese mag sich mitunter für den Funkverkehr über kurze und mittlere Entfernungen nützlich auswirken, sie schwächt aber gleichzeitig die

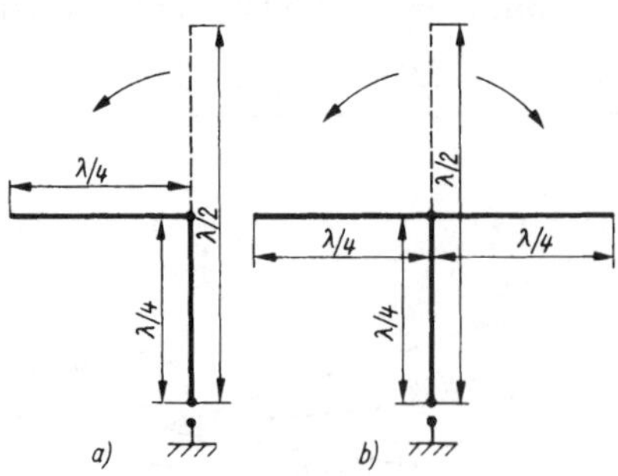

Bild 19.8.2
Ableitung von L- und T-Antennen
a) - L-Antenne
b) - T-Antenne

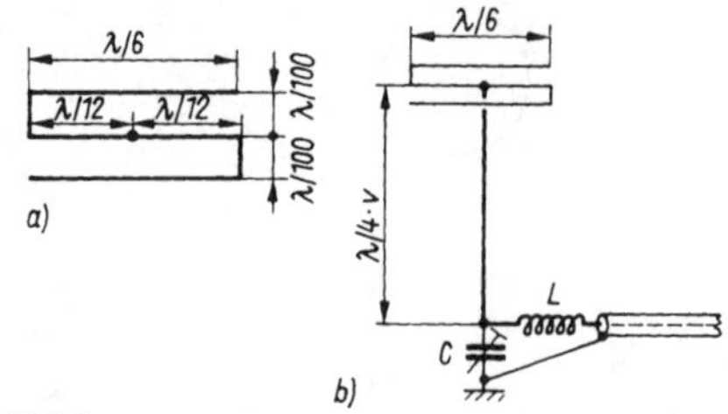

Bild 19.8.3
Optimierte T-Antenne (nach *DL1VU*)
a) - Detail des gefalteten Horizontalteils
b) - Antennenaufbau mit L-Glied-Anpassung

für den Weitverkehr wichtige flache, vertikal polarisierte Abstrahlung.

Damit der Horizontalteil kleiner ausfällt und damit auch weniger strahlt, wird er gefaltet. Eines der ersten Patente darüber wurde 1936 in Australien angemeldet [8.1], ein weiteres Patent in Großbritannien [8.2].

Optimierte T-Antenne

(*K.H. Hille* – GB 1,454,101 – 1973)

Bei der von *Hille*, *DL1VU* in [8.3] beschriebenen *optimierten T-Antenne* wird die horizontal polarisierte Steilstrahlung durch Faltung unterdrückt. Dabei wird der λ/2 lange Horizontalabschnitt in 3 gleichlange Einzelabschnitte zu je λ/6 aufgeteilt, die so zusammengeschaltet sind, daß sich die Ströme in den Leitungsstücken gegenseitig aufheben. Zum Verstehen dieses Vorgangs stellt man sich zunächst vor, daß eine resonante Paralleldrahtleitung nicht strahlt, weil die Stromverteilung auf den Leitern entgegengesetzt gerichtet ist (180° phasenverschoben). Im vorliegenden Fall wird der Horizontalleiter so gefaltet, daß sich seine λ/6-Stücke im Abstand von λ/100 parallel gegenüberstehen, wie **Bild 19.8.3a** zeigt. Es ist mathematisch beweisbar, daß sich bei dieser Anordnung die Ströme gegenseitig aufheben und deshalb nichts abgestrahlt wird. In [8.3] ist dazu ein sehr anschaulicher graphischer Nachweis geführt. Die *optimierte T-Antenne* baut man nach **Bild 19.8.3b** auf, ein praktisches Beispiel für das 40-m-Band ist in [8.3] angegeben. Hier wird der Horizontalteil in der Form einer Reuse mit dem Querschnitt eines gleichseitigen Dreiecks ausgeführt. Zur Anpassung des Eingangswiderstands von etwa 2800 Ω an ein 52-Ω-Koaxialkabel eignet sich ein L-Glied (unsymmetrisches Halbglied als Reaktanztransformator). Es wirkt elektrisch wie ein Viertelwellentransformator. Weitere Anpassungsmöglichkeiten zeigt **Bild 19.5.4**. Setzt man den von *DL1VU* ermittelten Eingangswiderstand R_A mit 2800 Ω als annähernden Durchschnittswert ein und rechnet mit einem durchaus realen Verlustwiderstand R_V des Erders von 28 Ω, kann man erkennen, daß die Erdverluste in diesem Fall nur wenig über 1% der zugeführten

HF-Leistung betragen. Ein solch hoher Antennenwirkungsgrad ist mit einer «normalen» $\lambda/4$-Groundplane auch bei ausgedehntestem Radialnetz nicht zu erreichen. Selbst wenn R_V extrem hoch sein würde, z.B. 500 Ω, wären die Erdverluste nur rund 18%. Man kann sich somit das aufwendige Erdradialnetz in jedem Fall ersparen und kommt mit einem einfachen Erdnetz aus.

Wirkungsvolle T-Antenne

(*K.H. Hille* – DE 38 40 105 – 1988)

Wenn man den Wirkungsgrad der Antenne weiter steigern will und mit noch kleinerer Antennenhöhe eine Abstrahlung bekommen möchte, wie bei einer $5\lambda/8$-Vertikalantenne, bedarf es einiger Anstrengungen. *DL1VU* hat die verschiedenen Verlängerungen bei Vertikalantennen, zusammen mit den zugehörigen Antennenhöhen, daraufhin untersucht [8.4]. Die Berechnungen war nicht umsonst und der Erfolg kann sich sehen lassen. Das Ergebnis wurde von *DL1VU* als Patent angemeldet. Mit einer Antennenhöhe von $0{,}45\lambda$ und einer nichtstrahlenden Verlängerung von $0{,}2\lambda$ konnte eine Feldstärke erzielt werden, die fast an die Feldstärke einer $5\lambda/8 = (0{,}64\lambda)$-Monopolantenne herankommt. Der Unterschied ist nur 2% weniger. Der Strahlungswiderstand R_S ist dabei rund 15,5 Ω. Bei einer Antennenhöhe von $0{,}39\lambda$ und einer Antennenverlängerung von $0{,}25\lambda$ ist der Strahlungswiderstand rund 8 Ω. Bei einer weiteren Verringerung des Vertikalstrahlers auf $0{,}34\lambda$ und bei einer Verlängerung von $0{,}3\lambda$ sinkt der Strahlungswiderstand auf rund 2,2 Ω ab [8.5].

Die *T-Antenne* eignet sich auch gut für erhöhten Aufbau, z.B. auf einem Hausdach, weil die bei allen Antennen geforderte Blitzschutzerdung in diesem Fall auch als HF-Erdung ausreicht [8.6].

Literatur zu Abschnitt 19

[0.1] *Lee, P.H.*: The Amateur Radio Vertical Antenna Handbook. CQ Publishing, Hicksville NY, 1984

[0.2] *Orr, W.I.; Cowan, S.D.*: All About Vertical Antennas. Radio Publications, Wilton CT, 1986

[0.3] *ARRL*: ARRL's Vertical Antenna Classics. ARRL, Newington CT, 1995

[0.4] *Janzen, G.*: Monopolantennen und Vertikalantennen. Janzen, Kempten, 1999

[0.5] *Moxon, L.*: HF Antennas for All Locations. RSGB, Potters Bar, Herts UK, 1995

[0.6a] *Eisenwagner, R.*: Tips zu Vertikalantennen. QSP 6/98, S. 58–60

[0.6b] *Eisenwagner, R.*: Tips zu Vertikalantennen. CQ DL 7/99, S. 568

[0.7] *Eisenwagner, R.*: Vertikalantennen – einmal etwas anders betrachtet. QSP 1/2000, S. 9–14

[1.1] *Balanis, C.A.*: Antenna Theory – Analysis and Design. Wiley, New York, 1982

[1.2] *Kraus, J.D.*: Antennas. McGraw-Hill, New York, 1988

[1.3] *Meinke, H.; Gundlach, F.W.*: Taschenbuch der Hochfrequenztechnik. Springer, Berlin, 1968

[1.4] *Van der Pol, B.*: Über die Wellenlängen und Strahlung von mit Kapazität und Selbstinduktion beschwerten Antennen. Jb. drahtl. Telegr. Bd. 13, 1919, S. 217

[1.5] *Brückmann, H.*: Antennen – ihre Theorie und Technik. Hirzel, Leipzig, 1939

[1.6] *Labus, L.*: Rechnerische Ermittlung der Impedanz von Antennen. HF-Technik und Elektroakustik, Bd. 41, Januar 1933, S. 17

[1.7] *Landstorfer, F.; Meinke, H.H.*: Ein neues Ersatzschaltbild für die Impedanz kurzer Strahler. NTZ, Heft 11, 1973, S. 490–495

[3.0] *ITG*: Begriffe aus dem Gebiet der Antennen. ITG 2.1/02 Empfehlung 1993. NTZ Bd. 46, H. 12/1993, S. 957–960;

[3.1] *Brown, G.H.; Lewis, R.F.; Epstein, J.:* Ground Systems as a Factor in Antenna Efficiency. Proc. IRE, June 1937, pp. 753–787

[3.2] *Brückmann, H.:* Über die Theorie der Erdverluste von Antennen. TFT 27 (1938), H. 2, S. 29–38

[3.3] *Anderson, W.H.:* Antenna Behavior Over Real Earth. QST, June 1965, pp. 61–64

[3.4] *Hills, R.C.:* The Ground Beneath Us. RSGB Bulletin, June 1966, pp. 375–385

[3.5] *Großkopf, J.:* Einfluß des Bodens auf die Bodenwellen-Ausbreitung, auf die Raumwellen-Abstrahlung und auf das Empfangsfeld. Rundfunktech. Mitt. (12) 1968, H. 1. S. 14–22

[3.6] *CCIR*: Electrical characteristics of the surface of the earth. Rec. 527. ITU, Geneva

[3.7] *Stark, A.:* Ausbreitung elektromagnetischer Wellen. Nachdruck aus Neues von Rohde & Schwarz, Nr. 112, 1985; Nr. 113/114/115, 1986, S. 1–16

[3.8] *Abraham; Pusch; Rausch*: Grundlagen für Leitfähigkeits- und Dielektrizitätskonstanten-Messungen in der Anwendung der Lecherleit-Methode. Phys. Zeitschr. 20 (1919), S. 144–147

[3.9] *Smith-Rose, L.*: Measurements of σ and ε. Proc. Roy. Soc. A 140 (1933), p. 359
[3.10] *CCIR*: Ground-wave propagation curves for frequencies between 10 kHz and 10 MHz. Rec. 368. ITU, Geneva
[3.11] *Zenneck, J.*: Über die Fortpflanzung ebener elektromagnetischer Wellen längs einer ebenen Leiterfläche und ihre Beziehung zur drahtlosen Telegraphie. Ann. Phys., 23 (1907), S. 846
[3.12] *Smith-Rose, L.; Barfield, R.H.*: On the determination of the direction of the forces in wireless waves at the earth surface. Proc. Roy. Soc. A 107 (1925), pp. 587–593
[3.13] *Großkopf, J.; Vogt, K.*: Über die Messung der Bodenleitfähigkeit. TFT 29 (1940), S. 164–172 und 31 (1942), S. 22–23
[3.14] *Hanle, E.*: Der komplexe Widerstand der Erdoberfläche bei Hochfrequenz und seine Messung. NTZ, H. 8, 1964, S. 393–400
[3.15a] *Stokke, K.N.*: Problems concerning the measurement of ground conductivity. EBU Review – Techn. Part, No. 169, June 1978, pp. 106–111 and
[3.15b] *Stokke, K.N.*: Ground conductivity measurements. Telecommunication Journal, Vol. 51, XI/ 1984, pp. 611–613
[3.16] *CCIR*: World Atlas of Ground Conductivities. Report 717. ITU, Geneva
[3.17] *Stanley J.P.*: Optimum Ground Systems for Vertical Antennas. QST, December 1976, pp. 13–15
[3.18] *Sevick, J.*: Short Ground-Radial Systems for Short Verticals. QST, April 1978, pp. 30–33
[3.19] *Tippe,* W.: Zur Dimensionierung von Erdnetzen für vertikale LW- bzw. MW-Monopolantennen. Rundfunktech. Mitt. 24 (1980), H. 4, S. 154–164
[3.20] *Rautio, J.C.*: The Effect of Real Ground on Antennas. QST, February, April, June, Aug., Nov. 1984
[3.21] *Edward, B.*: Radial Systems for Ground-Mounted Vertical Antennas. QST, June 1985, pp. 28–30
[3.22] *Potschkat, G.*: Modelltechnische Nachbildung realer Erdnetzsysteme für vertikalpolarisierte Sendeantennen. Rundfunktech. Mitt. 31 (1987), H. 3, S. 119–125
[3.23] *O. Scheller* – DE 208 375 – 1907
[3.24] *Th. Meyenburg* – DE 232 257 – 1909
[3.25] *Krischke, A.*: Die Geschichte der Groundplane. CQ-DL 11/87, S. 697–698
[3.26] *M. Ponte* – FR 764 473 – 1933
[3.27] *F.C. Cork, J.L. Pawsey* – GB 509,500 – 1937
[3.28] *Doty, A.C.; Frey, J.F.; Mills, H.J.*: Efficient Ground Systems for Vertical Antennas. QST, February 1983, pp. 20–25
[3.29] *Sherwood, J.R.*: Ground screen – an alternative to a buried radial system. Ham Radio, May 1977, pp. 22–24
[3.30] *Christman, A.; Radcliff, R. et al.*: AM Broadcast Antennas with Elevated Radial Ground Systems. IEEE Trans. BC-34, No. 1, March 1988, pp. 75–77
[3.31] *Christman, A.*: Elevated Vertical Antenna Systems. QST, August 1988, pp. 35-42
[3.32] *Christman, A.; Radcliff, R.*: Elevated Vertical Monopole Antennas: Effects of Changes in Radiator Height and Radial Length. IEEE Trans. BC-36, No. 4, December 1990, pp. 262–269
[3.33] *Hille, K.H.*: Radialsysteme unter Vertikalantennen. CQ-DL 3/92, S. 159–161
[3.34] *Christman, A.; Radcliff, R. et al.*: Using Elevated Radials in Conjunction with Deteriorated Buried-Radial Ground Systems. IEEE Trans. BC-39, No. 2, June 1993, pp. 249–254
[3.35] *Moxon, L.*: HF Antennas for All Locations. RSGB, Potters Bar Herts UK, 1995
[3.36] *Heys, J.D.*: Practical Wire Antennas. RSGB, Potters Bar Herts UK, 1998
[3.37] ---: The KN6J Radial System for 160 Meters. CQ, June 1992, p. 57
[3.38] *Cohen, C.*: FRACVERT: Small Fractal Footprint Vertical. 73 Amateur Radio, September 1996, pp. 34-35
[3.39] *Mandelbrot, B.B.*: The Fractal Geometry of Nature. Freeman, 1983
[3.40a] *Orr, B.*: And how about radial length? (Ham Radio Techniques). Ham Radio, March 1989, p. 20
[3.40b] *Orr, B.*: What is the correct radial length? (Ham Radio Techniques). Ham Radio, April 1989, p. 55
[3.41] *Orr, W.I.; Cowan, S.D.*: The Radio Amateur Antenna Handbook. Radio Publications, Wilton CT, 1978
[3.42] *Carr, J.J.*: Radials for your antenna. (Carr's Corner). 73 Amateur Radio, July 1996, pp. 60-61
[3.43] *Dohlus, H.*: Zum Fußpunktwiderstand von Stabantennen. UKW-Berichte 1/1966, S. 22-33; 2/ 1966, S. 98–107

[4.1] Orr, W.I.; Cowan, S.D.: All About Vertical Antennas. Radio Publications, Wilton CT, 1986
[4.2] *Heys, J.D.*: Practical Wire Antennas. RSGB, Potters Bar Herts UK, 1998
[4.3] *Würtz, H.*: DX-Antennen mit spiegelnden Flächen – Koaxiale Antennen. CQ-DL 7/1981, S. 330–332
[4.4] *Krischke, A.*: Die Geschichte der Groundplane. CQ-DL 11/87, S. 697–698
[4.5] *W. Buschbeck* – US 2,193,859 – deutsche Priorität 1936
[4.6] *A.B. Bailey* – US 2,184,729 – 1937
[4.7] *E.C. Cork, J.L. Pawsey* – GB 509,500 – 1937/38
[4.8] --- GB 536,823 – franz. Priorität 1938
[4.9] G.H. Brown, J. Epstein, R.F. Lewis – US 2,234,333 – 1939
[4.10] G.H. Brown – US 2,275,342 – 1939
[4.11] *Tinus, W.C.*: Ultra-high frequency Antenna Terminations - using concentric lines. Electronics, August 1935, pp. 239–241
[4.12] *Brown, G.H.; Epstein, J.*: An Ultra-High Frequency Antenna of Simple Design. Communications, July 1940, pp. 3–5
[4.13] *Hasenbeck, H.W.*: Design Data for Ground Plane Antennas. Electronics, August 1943, pp. 98–101
[4.14] *Brown, G.H.*: Ground Plane Antennas. (Back Talk). Electronics, December 1943, pp. 338–339, 344
[4.15] *Boss, B.*: The Gamma-Matched Ground Plane. QST, November 1960, pp. 15–17, 144
[4.16] *Stephens, R.E.*: Admittance Matching the Ground-Plane Antenna to Coaxial Transmission Line. (Technical Correspondence). QST, April 1973, p. 55

[4.17] *Vance, H.C.*: The Ground-Plane: its history and development. Ham Radio, January 1977, pp. 26–28

[4.18] *Hawker, P.*: The story of the ground-plane. (Technical Topics). Radio Communication, July 1981, pp. 626–628

[4.19] *Schwarzbeck, G.*: Groundplane- und Vertikalantennen. (Streifzug durch den Antennenwald). CQ-DL 9/1981, S. 420–428

[4.20] *Smith, W.*: The offset drooper – an improved ground plane. Ham Radio, February 1986, pp. 43–48

[4.21] *Krischke, A.*: Groundplane antenna. (Comments). Ham Radio, June 1987, p. 6

[4.22] *Fitzgerrell, R.G.*: Monopole Imperance and Gain Measurements on Finite Ground Planes. IEEE Trans. AP-36, March 1988, pp. 431–438

[4.23] *Orr, B.*: A look at the ground-plane antenna. (Ham Radio Techniques). Ham Radio, October 1988, pp. 38–40

[4.24] *Russel, T.*: Simple,Effective, Elevated Ground-Plane Antennas. QST, June 1994, pp. 45–46

[4.25] *Vogel, T.*: Die Triple-Leg-Antenne. DL-QTC 1/68, S. 7–9

[4.26] *Schult, W.*: Designing a Vertical Antenna. QST, September 1978, pp. 19–21

[4.27] *Sevick, J.*: The *W2FMI* Ground-Mounted Short Vertical. QST, March 1973, pp. 13–18, 41

[4.28] *Traxler, F.*: Gedanken zu einer Groundplane-Antenne. Funkamateur 4/1979, S. 194–195

[4.29] *Traxler, F.; Hille, K.H.*: Eine verbesserte Groundplane-Antenne für DX. Funk 2/93, S. 64–66

[4.30] *Brown, J.S.*: A Folded Unipole Antenna for Emergency Communications. Communications, November 1946, pp. 18–20

[5.1] *Hille, K.H.*: Der Vertikaldipol in Theorie und Praxis. CQ-DL 9/93, S. 618–620

[5.2] *Belrose, J.S.*: The half.wave vertical. Ham Radio, September 1981, pp. 36–39

[5.3] *R.T. Potter* – US 2,485,457 – 1944

[5.4] *R.B. Coulson* – GB 690,113 – 1951

[5.5] *H. Brueckmann* – US 3,315,264 – 1965

[5.6] *E.B. Moullin* – US 2,171,256 – brit. Prior. 1936

[5.7] *Krischke, A.*: J-Pole or Zepp? (Comments). Ham Radio, Niovember 1985, p. 8

[5.8] *Tinus, W.C.*: Ultra-high frequency Antenna Terminations – using concentric lines. Electronics, August 1935, pp. 239–241

[5.9] *Becker, S.; Leeds, L.M.*: A Modern Two-Way Radio System. Proc. IRE September 1936, p. 1202

[5.10] *Reed, J.C.*: Simple J-Type 10m Vertical. 73 Amateur Radio, September 1995, pp. 10, 12, 13

[5.11] *Snary, R.*: J-Antenna for the 50 MHz Band. D-I-Y Radio, July/August 1994

[5.12] *Christman, A.; Duffy, T.; Breakall, J.*: The 160-Meter Sloper System at K3LR. QST, August 1884, pp. 36–38

[5.13] *Eisenwagner, R.*: Vom Vertikaldipol zur „LAZY-VEE". QSP 11/95, S. 9–14

[5.14] *Nitschke, W.*: Datensammlung für Kurzwellenantennen. Franzis, München, 1987

[6.1] *Ballantine, S.*: On the radiation resistance of a simple vertical antenna over perfect ground. Proc. IRE, December 1924, pp. 823–832

[6.2] *Giehring, H.E.; Brown, G.H.*: General considerations of tower antennas for broadcast use. Proc. IRE, April 1935, p. 311

[6.3] *Harmon, R.N.*: Some comments on broadcast antennas. Proc. IRE, January1936, p. 36

[6.4] *Krischke, A.*: Eine 5/8-Wellenlängen-Vertikalantenne. OE3M, III, 1968, S. 73

[6.5] *Crawshaw, R.L.*: 5/8 Wavelength Verticals. 73 Magazine, May 1970

[6.6] *Earl, R.J.*: Inexpensive 5/8-Wave Vertical Antenna with Coaxial Transformer. (Technical Correspondence). QST, January 1971

[6.7] *Orr, B.*: The extended ground plane for HF operation. (am Radio techniques). Ham Radio, March 1984, p. 55

[6.8] *Reynolds, D.K.*: The 5/8-Wavelength Antenna Mystique. ARRL Antenna Compendium, Vol. 1, 1985, pp. 101–106

[7.1] *Schwarzbeck, G.*: DX-Antennen für 80m und 160m. (Streifzug durch den Antennenwald). CQ-DL 4/1979, S. 150–155

[7.2] *Kraus, J.D.*: Multi-Wire Dipole Antennas. Electronics, January 1940, pp. 26–27

[7.3] *Brown, J.S.*: A Folded Unipole Antenna for Emergency Communications. Communications, November 1946, pp. 18-20

[7.4] *Hawker, P.*: A 144 MHz Unipole Antenna. (Technical Topics). Radio Communication, January 1992

[7.5] *R.S. Wehner* – US 2,417,793 – 1944

[7.6] *J.P. Shanklin* – US 2,578,154 – 1949

[7.7] *L.C. Smeby* – US 2,647,211 – 1949

[7.8] *R.W. Bunce* - US 2,941,207 - 1955

[7.9] *V.F. Clifford et al* – US 2,971,192 – 1957

[7.10] *B.A.S. Josephson* – US 2,994,876 – schwed. Priorität 1957

[7.11] *L.M. Vallese* – US 3,484,787 – 1967

[7.12] *Leonhard, J.; Mattuck, R.D.*: Folded Unipole Antennas. Proc. IRE Trans. AP-3, July 1955, pp. 111–116

[7.13] *Josephson, B.*: The „Quarter-Wave-Dipole". IRE Wescon Conv. Rec. , 1957, pp. 77–89

[7.14] *Giddis, A.R.*: A Technique for Matching an Adjustable Folded Monopole over a 15:1 Frequency Band, Proc. IEEE, Trans. AP-12, May 1964, pp. 370–371

[7.15] *Vallese, L.M.*: A Broad-banded Folded Monopole Antenna. IEEE Trans. AP-20, January 1972, pp.92–94

[7.16] *Baldwin, R.*: A shack-earthed folded vertical aerial for 14 MHz. Radio Communication, May 1973, p. 315

[7.17] *Lindenblad, N.E.*: Television Transmitting Antenna for Empire State Building. RCA Review, Vol. 3, April 1939, p. 400

[7.18] *Wrigley, W.B.*: Folded and Loaded Antennas. QST, April 1953, pp. 21-27, 128

[7.19] *J.O. Mauborgne, G. Hill* – US 1,517,569 – 1921

[7.20] *M.H. Brown* – US 1,684,009 – 1926

[7.21] *M. Webster* – US 2,681,412 – 1951
[7.22] *E.F. Harris* – US 2,763,003 – 1953
[7.23] *E.F. Harris* – US 2,966,679 – 1957
[7.24] *J.H. Mullaney* – US 3,510,872 – 1966
[7.25] *J.W. Shirey* – US 3,541,554 – 1967
[7.26] *E.A. Albright* – US 4,161,737 – 1977
[7.27] *Kandoian, A.G.; Sichak, W.*: Wide Frequency Range Tuned Helical Antennas and Circuits. IRE Conv. Rec. Part 2, 1953, pp. 42–47
[7.28] *Hansen, L.H.*: A New Helical Ground Plane Antenna for 30 to 50 MHz. IRE Tans. VC-10, August 1961, pp. 36–39
[7.29] *Czerwinski, W.P.*: On Optimizing Efficiency and Bandwidth of Inductively Loaded Antennas. IEEE Trans. AP-13, September 1965, pp. 811–812
[7.30] *Tong, D.A.:* The Normal-Mode Helical Aerial. Radio Communication, July 1974, pp. 432–437
[7.31] *Feichtinger, H.*: Wellenfänger T. 3., ELO 1977, H. 9, S. 44–46
[7.32] *Hofbauer, W.*: Kleine und wirkungsvolle Antenne. CQ-DL 6/82, S. 268–271
[7.33] *Klüß, A.*: QRV auf 40 m mit nur 2,7 m langer Wendelantenne. CQ-DL 5/84, S. 220
[7.34] *Marris, R.Q.*: The TFH Antenna. Radio Communication, April 1991, pp. 46–47
[7.35] *Lachmann, W.*: Der Bau einer Helix-Rohrantenne (engl. helical antenna) – 1,8 ... 13 MHz. QSP 3/97, S. 7–12

[8.1] *W.R. Baird* – DE 878 976 – australische Priorität 1936
[8.2] N. Wells – US 2,156,661 – britische Priorität 1936
[8.3] *Hille, K.H.*: Optimierte T-Antenne. CQ-DL 6/78, S. 246–249
[8.4] *Hille, K.H.*: Fortschritte in der Entwicklung von Vertikalantennen. CQ-DL 10/89, S. 631–635
[8.5] *Hille, K.H.*: Wirkungsvolle Vertikalantennen. Funk 10/99, S. 44–46
[8.6] *Brandt, H.J.*: L- und T-Antennen für Kurzwelle. QRV 2/1975, S. 65–71

20 Vertikale HF-Multibandantennen

Für den Mehrbandbetrieb mit Vertikalantennen gibt es verschiedene Methoden. Es gibt Einelementantennen, Mehrelementantennen, Antennen mit Sperrkreisen, Antennen mit Multibandkreisen und Antennen mit Stichleitungen (Stubantennen). Die Antennen können ohne oder mit Umschalter sein; sie können automatisch mit Kreisen oder elektrisch mit Relais umschaltbar sein.

Sie können resonant sein ($\lambda/4$- und $\lambda/2$-Antennen), aber auch nicht resonant sein, in Verbindung mit Abstimmgliedern oder Anpaßgeräten, oder aber sie sind breitbandig.

Mit geringeren Bauhöhen kommt man aus, wenn der Strahler durch L/C-Glieder am Eingang entsprechend elektrisch verlängert wird. Bei dieser Methode ist allerdings immer mit mehr oder weniger großen Zusatzverlusten zu rechnen. Die verlustärmere Verlängerungsmethode durch Dachkapazität wird bei amateurmäßig hergestellten Vertikalantennen eigentlich weniger verwendet. Die Anwendung findet man bei den industriell hergestellten Vertikalantennen.

Automatisch mit Sperrkreisen umschaltbare Antennen sind bei Vertikalantennen hinsichtlich der mechanischen Verwirklichung etwas schwierig zu beherrschen, außerdem setzt die elektrisch und mechanisch einwandfreie Gestaltung der Sperrkreise Erfahrungen voraus. Die Herstellung solcher Bauformen ist deshalb überwiegend der Antennenindustrie vorbehalten.

Mit der Freigabe zusätzlicher Amateurbänder verdienen auch die Breitbandantennen besonderes Interesse.

Die Vielfalt der Bauformen von vertikal polarisierten Mehrbandantennen ist groß. Für die Viertelwellenantennen besteht die Forderung nach einem umfangreichen Gegengewicht (Radialnetz) bzw. einem guten Erdnetz. Für Halbwellenantennen, end- oder mittengespeist, besteht diese Forderung nicht.

20.1 Mehrband-$\lambda/4$-Antennen

20.1.1 Allband-Groundplane

Eine *Allband-Groundplane* ist eine Vertikalantenne, die nicht resonant ist. Antennen, die keine Resonanzen auf den Arbeitsfrequenzen z.B. auf den Amateurfrequenzen aufweisen, bezeichnet man als nichtresonante Mehrband- oder Multibandstrahler.

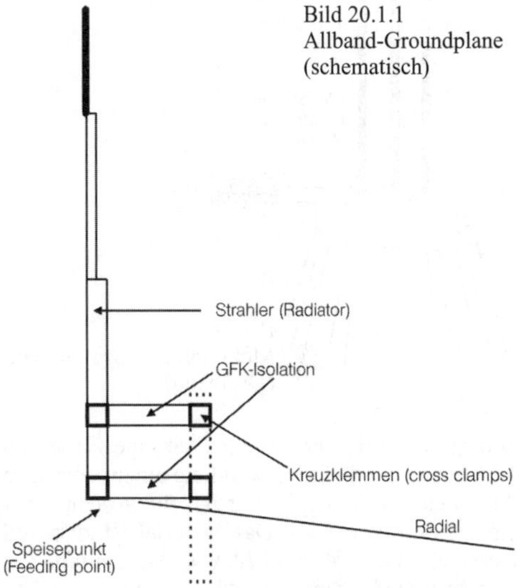

Bild 20.1.1
Allband-Groundplane
(schematisch)

Eine Antenne muß aber nicht in Resonanz sein, um gut abzustrahlen! (vgl. $5\lambda/8$-Strahler). Die *Allband-Groundplane* entspricht einer Hälfte eines nichtresonanten Multiband-Dipols (siehe Abschnitt 10.2.2).

Nichtresonante Antennen haben, da sie nicht in Resonanz sind, auf den Arbeitsfrequenzen keinen reellen Fußpunktwiderstand. Daher sind jeweils Abstimm- und Anpassungsmaßnahmen notwendig, um die Antenne an ein Speisekabel anschließen zu können.

Vertikalantennen sind unsymmetrische Antennen und müßten eigentlich mit einem unsymmetrischen Speisekabel gespeist werden. Nachdem die Eingangsimpedanzen ziemlich groß sein können und es kein unsymmetrisches Kabel mit einem grösseren Wellenwiderstand gibt, ist eine Speisung der *Allband-Groundplane* über eine symmetrische Zweidrahtleitung (Hühnerleiter) zulässig, wobei ein Leiter an Masse angeschlossen wird. Dadurch ist die Leitung auch nicht mehr symmetrisch, sie ist aber wesentlich verlustarmer als ein äquivalentes Koaxialkabel.

Es ist aber auch möglich, die *Allband-Groundplane* mit einem Antennentuner (Automatiktuner) am Fußpunkt zu betreiben.

Bild 20.1.1 zeigt schematisch eine industriell hergestellte *Allband-Groundplane* der Firma *TITANEX* [1.1]. Der Frequenzbereich geht von

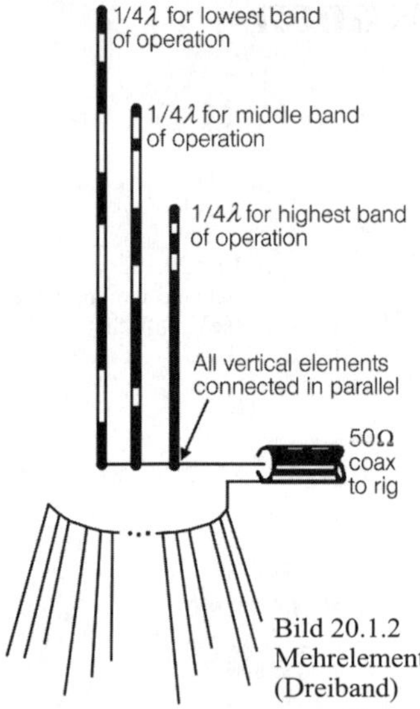

Bild 20.1.2
Mehrelement-Groundplane
(Dreiband)

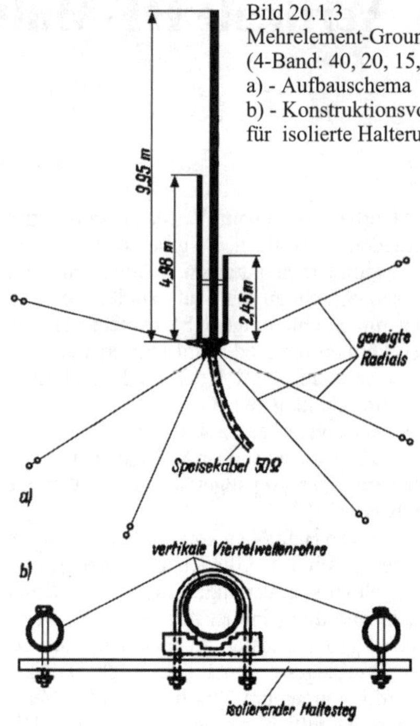

Bild 20.1.3
Mehrelement-Groundplane
(4-Band: 40, 20, 15, 10 m)
a) - Aufbauschema
b) - Konstruktionsvorschlag für isolierte Halterung

160 m bis 10 m. Die Antenne hat eine Höhe von 12,6 m und durch die Verwendung einer neuartigen Aluminium-Titan-Legierung hat die Antenne nur ein Gewicht von 8 kg. Das Material ist zum Teil härter als Stahl, aber leicht wie Aluminium. Ein 12,6-m-Radial ist im Lieferumfang enthalten. Zur Montage ist ein Standrohr erforderlich, ein Dreh-Kippgelenk ermöglicht eine einfache Dachmontage. Der Strahler wird mit Kreuzklemmen und GFK-Isolation am Standrohr befestigt. Für den Strahler ist keine Abspannung erforderlich.

Eine *Allband-Groundplane* der Firma *TITANEX* für den Frequenzbereich 80 m bis 10 m hat eine Höhe von 9,8 m und ein Gewicht von 7 kg.

WB6AAM hat 1987 einen 6,1 m langen Strahler für 80 m bis 10 m vorgeschlagen mit mindestens 4 Radials, auch 6,1 m lang und eine Speisung mit einer Zweidrahtleitung [1.2]. Mit dieser Länge ist der Strahler für das 10-m-Band fast 5λ/8. Dadurch ergibt sich auf 10 m eine flache DX-Abstrahlung mit fast 3 dB Gewinn über einen λ/4-Strahler und auf allen anderen Bändern auch flache Abstrahlung ohne eine Diagrammaufzipfelung, d.h. keine Steilstrahlung.

20.1.2 Mehrelement-Groundplane

Eine Mehrband-Groundplane, die ohne komplizierte Umschalteinrichtung auskommt und auf sonstige verlustbehaftete Schaltelemente verzichtet, zeigt **Bild 20.1.2**. Man kann diese Antenne von den in Abschnitt 10.5 beschriebenen Mehrfachdipolen ableiten. Dabei handelt es sich um eine Dreiband-Groundplane mit drei Elementen. Jedes Band hat seinen eigenen Strahler. Der längste Strahler ist λ/4 für die tiefste Frequenz, der mittlere Strahler ist λ/4 für die mittlere Frequenz und der kürzeste Strahler ist λ/4 für die höchste Frequenz. Am Fußpunkt sind alle Strahler verbunden.

Jeder λ/4-Strahler wirkt als Entkopplungsstub und entkoppelt die restlichen Strahler, d.h. diese sind dann nicht wirksam (siehe auch Abschnitt 20.4). Als Radials sind insgesamt 12 Stück vorgesehen, mindestens 4 Stück für jedes Band, besser noch sind insgesamt 24 Stück, also maximal 8 Stück pro Band. Alle Radials sind mit dem Schirm verbunden [1.3].

Bild 20.1.3 zeigt eine Vierband-Groundplane mit drei Elementen. Der stabile Viertelwellenstrahler für 40 m wird gleichzeitig als Tragmast für einen 20- und einen 10-m-Viertelwellenstrahler genutzt. Am Antenneneingang sind die 3 Einzelstrahler leitend miteinander verbunden, dort wird auch der Innenleiter des koaxialen 50-Ω-Speisekabels angeschlossen. Der Kabelaußenleiter liegt an der Basis der Radials, die mit einer Länge von je 10 m in möglichst großer Anzahl vorhanden sein sollen. Um annähernd Anpassung an das 50-Ω-Speisekabel zu erhalten, müssen die Radials mit einem Winkel von etwa 135° nach unten geneigt werden (siehe Abschnitt 19.4.3). Das bedingt, daß sich der Antenneneingang der Vertikalstäbe einige Meter über der Erdoberfläche befindet. Eine Aufteilung der Radials nach **Bild 20.1.4** ist zu empfehlen, wobei zusätzlich noch die Radials für den 40-m-Betrieb angebracht werden müssen.

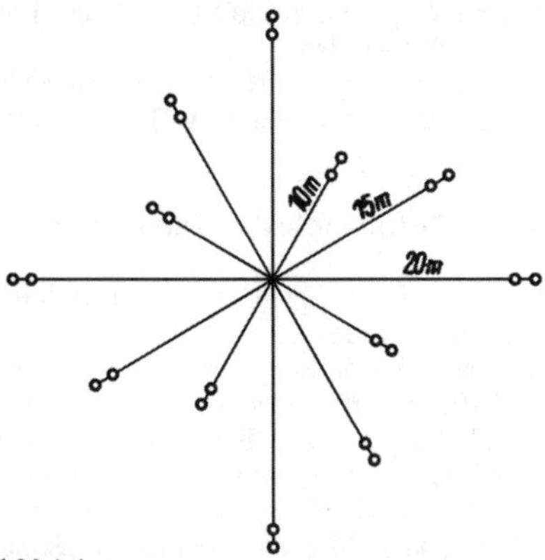

Bild 20.1.4
Radialanordnung bei einer 3-Band-Groundplane

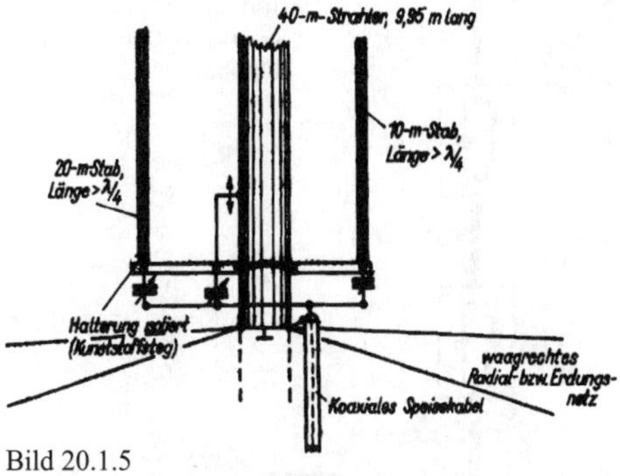

Bild 20.1.5
Mehrelement-Groundplane (Kabelanpassung)

Die Viertelwellenrohre lassen sich entsprechend **Bild 20.1.3b** am tragenden 40-m-Vertikalstrahler befestigen, wobei der Verbindungssteg aus einem verlustarmen Kunststoff besteht. Die gleiche Befestigungsart kann auch am Antenneneingang verwendet werden, dort besteht der Verbindungssteg aus Metall.

Die Wirkungsweise dieser Vierband-Groundplane läßt sich leicht erklären. Beim 40-m-Betrieb wirkt der 9,95 m lange Stab; er ist etwas kürzer als üblich, weil sein relativ großer Durchmesser in Verbindung mit den beiden parallelgeschalteten Elementen eine stärkere Verkürzung bedingt. Dieser Stab weist gleichzeitig für den 15-m-Betrieb als $3\lambda/4$ langer Strahler Resonanz auf, wobei allerdings in der Strahlungscharakteristik eine Aufspaltung des Vertikaldiagramms eintritt. Für 20 und 10 m sind normal bemessene Viertelwellenstäbe vorhanden.

Wie bereits ausgeführt, ist bei freier Antennenumgebung die Errichtung von Vertikalantennen unmittelbar über der Erdoberfläche am günstigsten. In solchen Fällen müßten aber die Radials waagrecht verspannt werden, und der Eingangswiderstand würde deshalb nur in der Größenordnung von 30 Ω liegen. In diesem Fall kann man sich mit dem in Abschnitt 19.4.3.5 behandelten Prinzip der verlängerten Groundplane helfen. Dazu werden die Stäbe für 10 m und für 20 m auf etwa $5\lambda/16$ verlängert und analog zu **Bild 19.4.12** durch einen Serienkondensator wieder auf eine elektrische Länge von $\lambda/4$ gebracht. Man rückt damit sozusagen den Antenneneingang in ein Gebiet größerer Impedanz, und es bereitet keinerlei Schwierigkeiten, an ein beliebiges Koaxialkabel anzupassen. Alle erforderlichen Angaben sind aus **Tabelle 19.4** zu ersehen.

Bild 20.1.5 zeigt einen Konstruktionsvorschlag für diese Bauart. Aus mechanischen Gründen ist für das 40-m-Element keine Verlängerung vorgesehen, es wird als geerdete Groundplane nach **Bild 19.4.8** gestaltet. Dabei ist das Strahlerende direkt geerdet, und das Anpassen wird über eine kompensierte Gamma-Anpassung sichergestellt. Die beiden anderen Viertelwellenstäbe sind entsprechend **Tabelle 19.4** verlängert und durch Drehkondensatoren elektrisch verkürzt. Diese Elemente trägt der geerdete Mittelstab. Die Elemente sind aber durch den Haltesteg vom Mittelstab isoliert. Nur die Rotoren der 3 Drehkondensatoren werden miteinander verbunden und bilden den Anschlußpunkt für den Innenleiter des koaxialen Speisekabels. Der Kabelaußenleiter ist an den Eingang des geerdeten 40-m-Strahlers angeschlossen, wo auch das Erdnetz bzw. die Radials zusammenlaufen. Bei einer solchen Konstruktion wird man für den tragenden 40-m-Strahler ein kräftiges Stahlrohr verwenden, dessen unteres Ende im Erdreich so verankert ist, daß die freie Länge über der Erdoberfläche 9,90 m beträgt. Das Rohrende sollte man in einen Betonklotz eingießen. Die beiden verlängerten Viertelwellenstükke werden dann mit ihren Fußpunkten nahe der Erdoberfläche isoliert am Tragerohr befestigt (siehe **Bild 20.1.5**). Eine solche Anlage ist gleichzeitig ein ausgezeichneter Blitzableiter.

20.1.3 Sperrkreis-Groundplane

Eine *Sperrkreis-Groundplane* ist eine Multiband-Groundplane, die Sperrkreise in der Antenne hat.

Für *n* Bänder sind es *n*-1 Sperrkreise, d.h. eine Zweiband-Sperrkreisantenne besitzt einen Sperrkreis. Eine Dreiband-Sperrkreis-Groundplane für die Bänder 20, 15 und 10 m zeigt das **Bild 20.1.6**. Der unterste Strahlerteil (Sektion A) ist $\lambda/4$ für das 10-m-Band. Der anschließende Sperrkreis (Trap 1) ist im 10-m-Band resonant. Die Teile Sektion A, Trap 1 und Sektion B ergeben einen $\lambda/4$-Strahler für das 15-m-Band. Der folgende Sperrkreis (Trap 2) ist im 15-m-Band resonant. Der gesamte Strahler mit Sektion A, Trap 1, Sektion B, Trap 2 und Sektion C ergibt einen $\lambda/4$-Strahler für das 20-m-Band. Als Gegengewicht sollen mindestens 8 Stück Radials mit einer Länge von je $\lambda/4$ für die tiefste Frequenz verwendet werden [1.3]. Alternativ kann

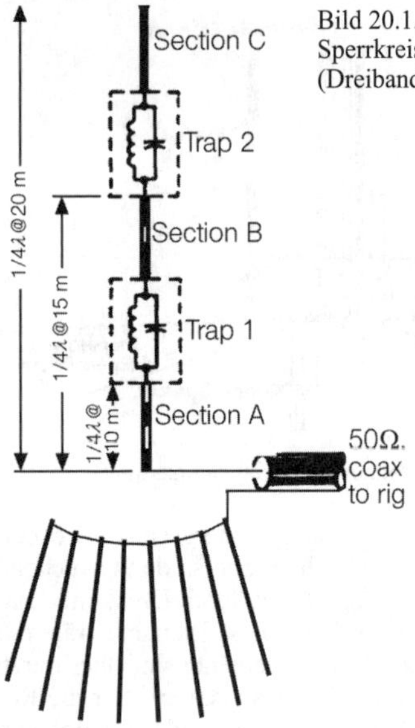

Bild 20.1.6
Sperrkreis-Groundplane
(Dreiband)

auch eine Anordnung von Radials nach **Bild 20.1.4** empfohlen werden. Um annähernd Anpassung an das 50-Ω-Speisekabel zu erhalten, sollen die Radials mit einem Winkel von etwa 135° nach unten geneigt werden (siehe Abschnitt 19.4.3). Das bedingt, daß sich der Speisepunkt der Antenne einige Meter über der Erdoberfläche befindet.

Bei **Bodenmontage** wird die Antenne auf ein in die Erde getriebenes Rohrstück montiert und befindet sich fast unmittelbar (30 cm) über dem Erdboden. Das Mindeste für die Erdung ist ein 1,5 bis 2 m langer Erdspieß bzw. drei unabgestimmte ausgelegte oder eingegrabene Radials. Der Strahlungswiderstand ist etwa 30 Ω. Die Summe der Verlustwiderstände beträgt etwa 15 Ω (10 Ω für die Erde und 5 Ω für die Sperrkreise). Da die Eingangsimpedanz gleich der Summe aus Strahlungswiderstand und Verlustwiderstand ist, besteht fast Anpassung an ein 50-Ω-Koaxialkabel. Eine leichte Fehlanpassung deutet somit auf ein relativ gutes Erdnetz hin.

Bei **Mastmontage** wird die Antenne auf einen Mast montiert und steht dadurch relativ „frei", d.h. umgebende Sträucher, Bäume oder Gebäude behindern die Abstrahlung nicht. Zur Maststabilisierung sind Abspannseile notwendig, die gleichzeitig als Radials verwendet werden können. Die Radials haben dabei eine Länge von $\lambda/4$. Die Radials sind „heiß", sie dürfen daher nur am Fußpunkt geerdet sein und müssen am Ende isoliert werden.

Die **Dachmontage** entspricht der Mastmontage. Das im Dachstuhl isolierte Standrohr soll mit der Erdleitung verbunden werden. Es wird ebenfalls ein abgestimmtes Radialsystem verwendet. Bei Montage über einem genügend großen flachen Blechdach wirkt dieses als „Erde" und Radials sind nicht mehr notwendig. Das Standrohr muß dann auf kurzem Weg auch gut leitend mit dem Blechdach verbunden werden.

Eine Bauanleitung von *HB9FAE* für eine Mehrband-Sperrkreis-Vertikal ist in [1.4] zu finden.

20.1.4 Multibandkreis-Groundplane

Eine *Multibandkreis-Groundplane* hat Multibandkreise in der Antenne.

Diese Multibandkreise, wie sie auch beim *VK2AOU*-Beam verwendet wurden, sind Serien- und Parallelkreise (vgl. **Bild 18.1.25**). Solche Multibandkreise wurden von *G.H. Brown* erstmals 1935 als Zweiband-Filter in einer Antennenzuleitung [1.5a] und 1936 auch bei einer Zweibandantenne im Strahler verwendet [1.5b].

Dreiband-Groundplane

(*A.M. Pichitino* – US 2,898,590 – 1953)
Eine *Mehrband-Groundplane* wurde 1953 von Pichitino als Patent beantragt und in der QST als Multiband Mobilantenne veröffentlicht [1.6]. Die Veröffentlichung dieses Abstimmprinzips im deutschen Sprachraum erfolgte durch *DJ1ZG* 1957 [1.7].

Im **Bild 20.1.7** ist eine *Dreiband-Groundplane* für drei Frequenzen f_1 (14 MHz), f_2 (21 MHz) und f_3 (28 MHz) zu sehen. Die drei Antennenstücke s1, s2 und s3 sind mit Multibandkreisen verbunden. Das Antennenprinzip arbeitet wie folgt:

28 MHz: Die Serienkreise *L2*, *C1* und *L4*, *C2* sind für die höchste Frequenz f_3 (28 MHz) in Resonanz und wirken als Kurzschluß für diese Frequenz. Die Antennenstücke *s1*, *s2* und *s3* sind bei der höchsten Frequenz f_3 (28 MHz) elektrisch durch die Serien-

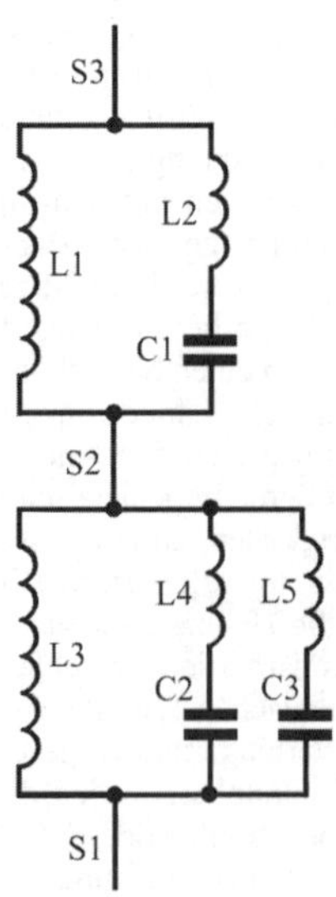

Bild 20.1.7
Multibandkreis-
Groundplane
(Dreiband)

kreise *L2* , *C1* und *L4* , *C2* unmittelbar miteinander verbunden und so bemessen, daß für f_3 die Antennenstücke $s1 + s2 + s3$ gleich λ/4 sind und damit die Antenne auf 28 MHz in Resonanz ist.

21 MHz: Beim oberen Multibandkreis wirkt der Serienkreis *L2*, *C1* unterhalb von 28 MHz kapazitiv und zusammen mit *L1* ergibt sich ein Parallelkreis, der allerdings auf der mittleren Frequenz f_2 (21 MHz) nicht resonant, sondern induktiv ist und den oberen Teil verlängert. Beim unteren Multibandkreis hat der Serienkreis *L5*, *C3* für die mittlere Frequenz f_2 (21 MHz) Serienresonanz und dadurch sind die Antennenstücke *s1* und *s2* bei f_2 miteinander verbunden. Dadurch wird die Antenne verlängert und ist auf 21 MHz in Resonanz (λ/4).

14 MHz: Beim oberen Multibandkreis wirkt der Serienkreis *L2*, *C1* unterhalb der Serienresonanzfrequenz von 28 MHz kapazitiv und zusammen mit *L1* ergibt sich ein Parallelkreis, der allerdings auf der tiefsten Frequenz f_1 (14 MHz) nicht resonant ist, sondern induktiv ist und den oberen Teil zwischen *s2* und *s3* verlängert. Beim unteren Multibandkreis wirken die beiden Serienkreise *L5*, *C3* und *L4*, *C2* unterhalb ihrer Resonanzfrequenzen kapazitiv, wobei sich die parallel geschalteten Kapazitäten addieren. Es ergibt sich zusammen mit *L3* ein nichtresonanter Parallelkreis, der induktiv ist und den unteren Teil zwischen *s1* und *s2* verlängert. Beide Multibandkreise wirken bei der niedrigsten Frequenz f_1 (14 MHz) also induktiv. Dadurch wird die Antenne verlängernd und ist auf 14 MHz in Resonanz (λ/4).

Im Gegensatz zur Sperrkreis-Groundplane ist bei der *Multibandkreis-Groundplane* für alle Frequenzen immer die gesamte Antennenlänge wirksam.

Zweiband-Groundplane nach *VK2AZN*

Bild 20.1.8 zeigt das Aufbauschema einer *Zweiband-Groundplane* [1.8] [1.9]. Diese wurde mit nur 2 Radials von je 13,40 m Länge ausgeführt, wobei die Gesamtlänge des Vertikalrohres etwa 9,15 m beträgt. Es ist nur ein Parallelresonanzkreis L_1-C_1 vorhanden. Die Verlängerungsspule L_2 hat die Aufgabe, den Vertikalteil induktiv auf eine elektrisch wirksame Länge von 13,40 m zu bringen. L_2 besteht aus 8 Wdg. eines 2 bis 3 mm dicken Kupferlackdrahtes, der Spulendurchmesser beträgt 60 mm und die Spulenlänge 35 mm. Das freie Strahlerstück *E-F* ist 8,23 m lang, falls erforderlich, kann es verkürzt werden: dann muß man L_2 vergrößern, und der Wirkungsgrad verschlechtert sich. Beim Verlängern von *E-F* verbessert sich der Wirkungsgrad, und L_2 muß kleiner werden.

Die Schwingkreisspule L_1 hat 18 Wdg. mit einem Drahtdurchmesser von 2,0 bis 2,5 mm. Der Spulendurchmesser beträgt 60 mm, die Spulenlänge 65

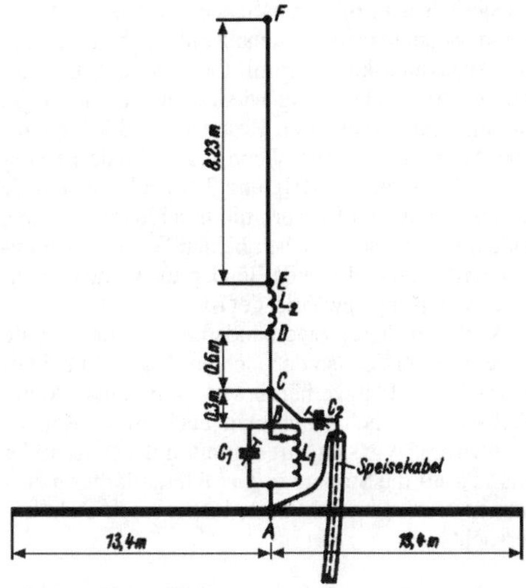

Bild 20.1.8
Zweiband-Groundplane nach *VK2AZN*

mm. Es ist zweckmäßig, diese Spule auf einen keramischen Rippenkörper aufzubringen. Um die Induktivität beim Abgleich verändern zu können, wurde L_1 mit 18 Wdg. etwas größer als erforderlich bemessen. Beim Aufbau von *VK2AZN* wurden für optimalen Abgleich die letzten 4 Wdg. nach Punkt *B* kurzgeschlossen, so daß nur noch etwa 14 Wdg. als Kreisinduktivität wirksam waren. Der Kondensator C_1 ist wieder ein Lufttrimmer mit etwa 100 pF Endkapazität, den man zunächst auf 45 pF einstellt.

Zum Abgleich wird ein Dip-Meter an L_1 angekoppelt und mit C_1 Resonanz im 7-MHz-Band eingestellt. Die 2. Resonanzstelle im 3,5-MHz-Band korrigiert man durch entsprechendes Kurzschließen von Windungen der Spule L_1. Liegen die Resonanzstellen annähernd richtig, wird das Speisesystem angeschlossen. Dabei ist der Außenleiter des Speisekabels an Punkt *A* geführt; unmittelbar am Kabelinnenleiter befindet sich ein Lufttrimmer C_2 mit etwa 150 pF Endkapazität, den man vorerst auf 85 pF einstellt. Von C_2 aus verläuft die Gamma-Leitung nach Punkt *C*, 300 mm oberhalb von Punkt *B*.

Zum Endabgleich von Resonanz und Anpassung wird ein Reflektometer in unmittelbarer Nähe des Antenneneingangs gesetzt. Der Betriebssender ist zunächst auf die gewünschte Frequenz im 80-m-Band abgestimmt und erregt das System. Zum Feststellen der Abgleichtendenz taucht man einen Ferritstab in die Spule L_1 ein. Wird dabei der Anteil reflektierter Wellen geringer, muß L_1 vergrößert werden, d.h., daß der Kurzschlußabgriff in Richtung *B* zu verstellen ist. Im umgekehrten Fall müssen mehr Windungen kurzgeschlossen werden. Hat man auf diese Weise ein Minimum an Welligkeit erreicht, läßt sich das Minimum durch entsprechendes Abstimmen von C_2 noch vertiefen. Den gleichen Abstimmvorgang wiederholt man mit einer Sendefrequenz im 40-m-Band, wobei man die Resonanz mit C_1 abstimmt und die Anpassungskorrektur mit C_2 vornimmt. Den gesamten Abgleichvorgang wiederholt man so lange, bis für beide Frequenzen Resonanz und bestmögliche Anpassung eintritt. Wenn die optimale Einstellung von C_2 für 3,5 MHz und 7 MHz Unterschiede aufweist, muß ein Kompromiß geschlossen werden, indem man C_2 so zwischen beiden Welligkeitsminima einstellt, daß für beide Bänder noch eine brauchbare Anpassung gewährleistet ist.

Auch mit dieser Zweibandantenne wurden gute Ergebnisse erzielt, so daß sich ein Nachbau bei beschränkten Platzverhältnissen durchaus lohnt. Selbstverständlich kann man auch mehr Radials verwenden. Wie sich eine Variation der Anzahl der Radials auf die Strahlungscharakteristik dieser Antennenform auswirkt, wurde bisher noch nicht untersucht.

Dreiband-Groundplane nach *VK2AZN*

Bild 20.1.9 zeigt das Schema einer *Dreiband-Groundplane* [1.8] [1.9]. Die Antenne kommt mit einer freien Länge des Vertikalstabes von 4,12 m und 4 ebenso langen Radials aus. Mit diesen Abmessungen liegt die Strahlenresonanz zwischen 20 und 15 m. Ein Verkürzen von Strahler und Radials bis auf minimal 3,35 m wäre möglich; in diesem Fall würde aber der Wirkungsgrad abfallen, und die

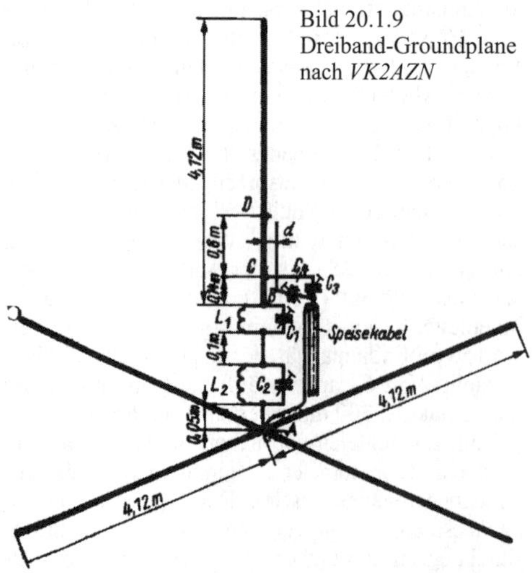

Bild 20.1.9
Dreiband-Groundplane
nach *VK2AZN*

beiden Mehrbandkreise müßten entsprechen verändert werden. Es empfiehlt sich daher, die von *VK2AZN* erprobten Abmessungen einzuhalten.

Alle Elemente bestehen aus Leichtmetallrohr mit 25 mm Durchmesser. Rohrdurchmesser und Profile sind nicht kritisch. Die am Eingang des Vertikalteils in Reihe geschalteten Parallelresonanzkreise $L_1 - C_1$ und $L_2 - C_2$ stellen die Mehrbandresonanz des Vertikalteils und der Radials her. L_1 besteht aus einem Drahtstück von 165 mm Länge (Drahtdurchmesser 2,0 bis 2,5 mm), das zu einem Halbkreis gebogen wird. L_2 hat 2 Wdg. gleichen Drahtes, wobei der Spulendurchmesser 38 mm und die Spulenlänge 13 mm betragen soll. Die Verbindungsleitung zwischen L_2 und dem zentralen Anschlußpunkt *A* ist 50 mm lang; die Leiterlänge zwischen L_2 und L_1 beträgt 100 mm. C_1 (160 pF) und C_2 (60 pF) sind Lufttrimmer bzw. Kombinationen von geeigneten Festkondensatoren und Lufttrimmern, die wie üblich in Kunststoffbüchsen witterungsgeschützt untergebracht werden sollen.

Ein koaxiales Speisekabel könnte man induktiv über L_1 und L_2 anpassen. *VK2AZN* hat jedoch eine mechanisch günstigere und auch elektrisch einwandfreie Methode gefunden, die im Prinzip eine Gamma-Anpassung darstellt (siehe Abschnitt 6.2.3) Der Außenleiter des Speisekabels wird mit dem zentralen Punkt *A* verbunden. Dicht am Kabelinnenleiter befinden sich die Lufttrimmer C_3 und C_4 (55 pF bzw. 52 pF). C_3 benutzt man zum Anpassen für 28 MHz und ist beim Einstellen etwas kritisch. Über C_4 wird das Koaxialkabel für 14 und 21 MHz angepaßt; diese Abstimmung liegt relativ breit. Die Leitung zwischen C_3 und dem Punkt *C* auf dem Vertikalstab besteht aus dickem Draht und wird auf kürzestem Weg zu *C* geführt. Dabei beträgt der Abstand *B-C* etwa 140 mm (nicht kritisch). Bei der Verbindung von C_4 zu Punkt *D* ist zu beachten, daß diese Leitung parallel zum Vertikalelement geführt werden muß. Im Interesse einer guten Anpassung für 14 MHz sollte der Abstand *d* möglichst klein sein. Ist *d* aber zu klein, wird die Welligkeit für 28 MHz zu groß. Eine günstige Kompromißlösung wurde mit einem Abstand *D* von 20 mm gefunden. Es ist erforderlich, die Gamma-Leitung zu Punkt *D* mechanisch so festzulegen, daß die Parallelität zum Vertikalrohr ständig gewahrt bleibt.

Als Basis für den mechanischen Aufbau wählte *VK2AZN* eine Hartholzkonstruktion nach **Bild**

Tabelle 20.1
Bemessungsangaben für Dreiband-Groundplane nach Bild 20.1.11

Amateur-bänder in m	Länge *l* in m	C_1 in pF	C_2 in pF	L_1 in µH	L_2 in µH	Res. 1 in MHz	Res. 2 in MHz
12,17, 30	4,00	168	64	1,17	0,74	11,4	23,2
10,15,20	3,40	88	56	0,95	0,66	17,4	26,2

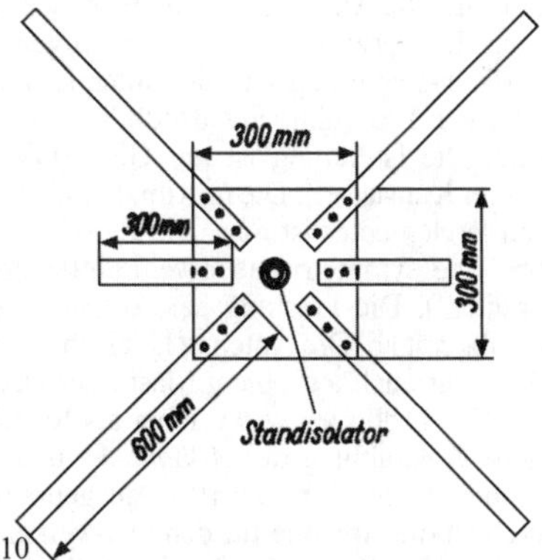

Bild 20.1.10
Dreiband-Groundplane nach *VK2AZN*
(Vorschlag eines Tragegestells)

20.1.10. Sie besteht aus einer 25 mm dicken, viereckigen Grundplatte aus Holz oder geeignetem Kunststoff mit 300 mm Seitenlänge. Wie in der Zeichnung dargestellt, sind auf dieser Platte 4 je 600 mm lange, 80 mm breite und 50 mm dicke Holzlatten aufgeschraubt, die man als Tragearme für die 4 rohrförmigen Radials nutzt, 2 weitere, etwa 300 mm lange Holz- und Kunststoffstreifen sind zur Halterung der Schwingkreiselemente bzw. des Speisesystems bestimmt. Im Zentrum der Grundplatte befindet sich ein Standisolator, der den Vertikalstab aufnimmt. An die elektrische Güte dieses Isolators werden keine hohen Anforderungen gestellt, da am Eingang der Vertikalantenne nur geringe Hochfrequenzspannungen auftreten. Um dem vertikalen Element genügende Standfestigkeit zu verleihen, spannt man es nach 4 Richtungen ab. Die 4 Abspannungen setzen etwa 1,20 m oberhalb des Fußpunktes an und verlaufen zu den 4 Radials, an denen man sie ebenfalls 1,20 m vom Zentrum entfernt befestigt. Fertigt man die Abspannungen aus Metalldrähten, dann müssen diese mindestens nach 0,6 m durch einen Eierisolator elektrisch unterbrochen werden.

Für den Vorabgleich der Anordnung benutzt man ein Dip-Meter, wobei das Speisesystem noch nicht angeschlossen ist. Es wird dabei vorausgesetzt, daß sich die Radials mindestens 0,3 m über Grund befinden. Das Dip-Meter koppelt man jeweils an L_1 bzw. L_2 an. Veränderungen an L_1 beeinflussen vor allem die 14-MHz-Resonanz. Mit L_2 und C_1 wird die Resonanz für 21 MHz hergestellt, und C_2 reagiert hauptsächlich für 28 MHz. Eine bestimmte Abhängigkeit der Einstellungen untereinander ist vorhanden.

Zunächst stellt man C_1 auf 160 pF und C_2 auf 60 pF ein. Im allgemeinen liegen dann die 3 vom Dip-Meter angezeigten Resonanzfrequenzen schon innerhalb oder in der Nähe der 3 Amateurbänden. Die gewünschten Bandfrequenzen werden durch abwechselndes Verändern der Abgleichelemente L_1-C_1-L_2-C_2 eingestellt. Anschließend wird das Speisesystem angeschlossen, wobei der Anschluß *C* 140 mm oberhalb von Punkt *B* liegt. Der Abstand *B-D* beträgt 740 mm. C_3 stellt man zunächst auf 55 pF und C_4 auf 52 pF. Als Anzeigegerät zum Einstellen der bestmöglichen Anpassung für alle 3 Bänder und gleichzeitig zur exakten Feinabstimmung de Strahlenresonanzen ist ein Reflektometer gut geeignet. Es wird am Antenneneingang oder in dessen unmittelbarer Nähe in das Speisekabel eingeschleift. Den Betriebssender stimmt man zunächst auf die gewünschte Resonanzfrequenz im 14-MHz-Band ab und erregt die Antenne bei entsprechend verminderter Senderleistung mit dieser Frequenz. Das auf Rücklaufanzeige geschaltete Reflektometer wird einen mehr oder weniger großen Anteil reflektierter Wellen anzeigen. Nun führt man einen Ferritstab in die Spule L_2 ein. Wird dadurch die angezeigte Welligkeit geringer, muß man L_1 vergrößern; im umgekehrten Fall wird L_1 verkleinert. Anschließend stellt man C_4 ebenfalls auf Welligkeitsminimum.

Nun wird die Antenne mit der gewünschten Resonanzfrequenz im 21-MHz-Band vom Sender erregt. C_1 verstellt man so, daß wieder Minimum der Welligkeitsanzeige auftritt, das bedeutet, daß die Resonanz für 21 MHz korrigiert wird. Schließlich erregt man das System mit 28 MHz und verstellt C_2 so, daß wieder Minimum der Welligkeitsanzeige auftritt. Mit C_3 wird dann dieses Minimum noch weiter vertieft. Da sich alle Einstellungen gegenseitig beeinflussen, muß man den gesamten Abstimmvorgang so lange wiederholen, bis für alle 3 Bänder ein Optimum des Abgleichs gefunden ist. Dabei beschränkt man sich auf das Nachstimmen der Kondensatoren, wobei immer zuerst mit C_1 bzw. C_2 die Resonanz nachgestimmt wird und man dann mit C_4 bzw. C_3 die Anpassung korrigiert. Veränderungen an L_2 bzw. an den Abgriffen *C* oder *D* sind nur ausnahmsweise erforderlich.

Dreiband-Groundplane nach *VK2AOU*

Die in Abschnitt 18 beschriebenen Mehrbandkreise nach *VK2AOU* können auch für Dreiband-Groundplane-Antennen eingesetzt werden. Die praktische Anwendung dieses Prinzips beschreibt *DK9FN* in [1.10]. Das Aufbauschema zeigt **Bild 20.1.11**, es bezieht sich auf die Ausführungsformen für das 10-, 15- und 20-m-Band. Mit anderer Bemessung ist es auch für die neu zugelassenen Bänder 12, 17 und 30 m geeignet. Die von *DK9FN* angegebenen Daten sind in **Tabelle 20.1** aufgeführt.

Die Spulen L_1 und L_2 müssen räumlich so angeordnet werden, daß sie nicht aufeinander koppeln können (z.B. Spulenachsen rechtwinklig zueinander mit möglichst großem Abstand). Ausführliche Angaben zur Herstellung der beiden Schwingkreise sind in [1.10] enthalten. Die beiden Anschluß-

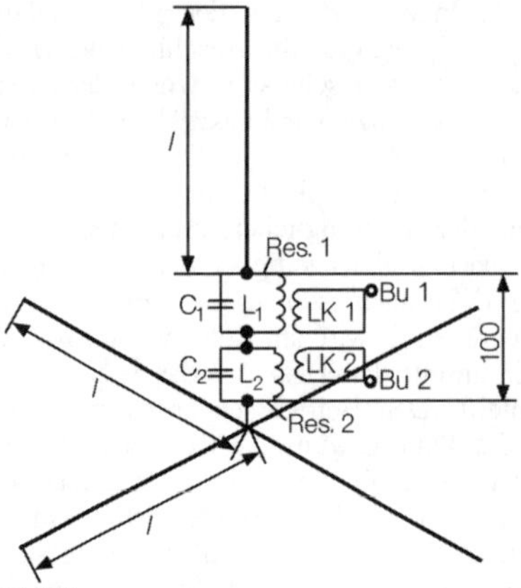

Bild 20.1.11
Dreiband-Groundplane nach *VK2AOU*

buchsen *Bu1* und *Bu2* können wahlweise verwendet werden. Es hat sich bei *DK9FN* herausgestellt, daß beim Anschluß an *Bu1* die Welligkeit im frequenzhöchsten Band relativ groß war, beim Anschluß an *Bu2* war das frequenztiefste Band von dieser Erscheinung betroffen.

Die 4 gleichlangen Radials waren bei *DK9FN* mit einem Winkel von 45° nach unten geneigt; Neigungswinkel zwischen 30° und 60° sind zulässig. Abgleichhinweise und Meßergebnisse werden in [1.10] gegeben.

20.2 Mehrband-λ/2-Antennen

20.2.1 Allband-Vertikaldipol

Ein *Allband-Vertikaldipol* ist eine Vertikalantenne, die nicht resonant ist. Nichtresonante Antennen haben, da sie nicht in Resonanz sind, auf den Arbeitsfrequenzen keinen reellen Fußpunktwiderstand. Daher sind jeweils Abstimm- und Anpassungsmaßnahmen notwendig, um die Antenne an ein Speisekabel anschließen zu können.

Bild 20.2.1 zeigt schematisch einen industriell hergestellten *Allband-Vertikaldipol* der Firma *TITANEX* [2.1]. Der Frequenzbereich geht von 80 m bis 10 m. Die Antenne hat eine Höhe von 12 m und durch die Verwendung einer neuartigen Aluminium-Titan-Legierung hat die Antenne nur ein Gewicht von 5 kg (ohne Standfuß). Radials sind nicht nötig. Die Isolierung ist mit GFK (Glasfaserverstärkter Kunststoff). Die maximale Rohrlänge eines Strahlerelementes ist 6 m. Die Einspeisung erfolgt über eine symmetrische Zweidrahtleitung („Hühnerleiter"). Die Leistung der Antenne hängt vom Anpaßgerät ab. Die Antenne läßt sich in Erdbodenhöhe oder auch auf einem Mast oder Dach betreiben. Der Erdboden wirkt dabei als Reflektor. Die flache Abstrahlung des *Allband-Vertikaldipols* ist besonders von 40 m bis 10 m ausgeprägt und dadurch ist die Antenne für den DX-Verkehr bestens geeignet. Für Portabel- oder Expeditionszwecke ist die Transportlänge des 12 m langen *Allband-Vertikaldipols* nur 2 m.

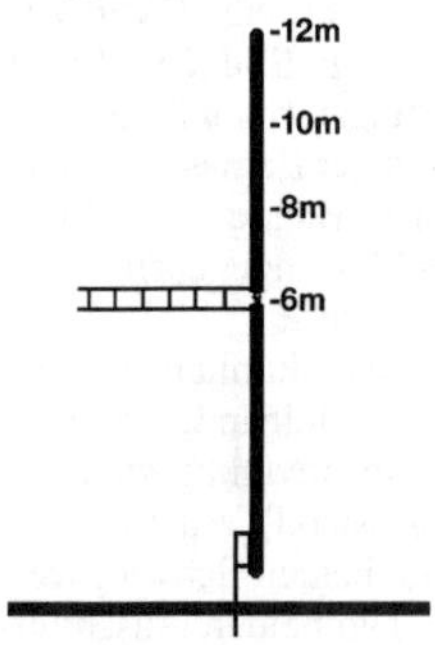

Bild 20.2.1
Allband-Vertikaldipol
(schematisch)

Der computerberechnete Gewinn des *Allband-Vertikaldipols* über eine Viertelwellenantenne (Groundplane) ist nach *DL1VU*: bei Montage direkt am Boden - 0,2 dB/GP für 80 m bis 4,9 dB/GP für 10 m und bei Einspeisung in 10 m Höhe 0,8 dB/GP für 80 m bis 5,5 dB/GP für 10 m. Die entsprechenden Strahlungwiderstände sind 1,7 bzw. 1,5 Ω für 80 m und 170 bzw. 147 Ω für 10 m.

Ein BASIC-Programm (Listing) zur Berechnung von Strahlungswiderstand, Feldstärke und Gewinn von symmetrischen Vertikaldipolen mit beliebiger Höhe über idealer Erde hat *DL1VU* 1993 veröffentlicht [2.2].

20.2.2 Sperrkreis-Vertikaldipol (endgespeist)

Ähnlich wie bei einer Groundplane kann man auch bei einem Vertikaldipol Sperrkreise einsetzen. **Bild 20.2.2** zeigt einen endgespeisten *Dreiband-Sperrkreis-Vertikaldipol*. Er entspricht der Basiskonfiguration der Antenne R3 der Fa. *Cushcraft*, einer endgespeisten Halbwellenantenne für das 10-, 15- und 20-m-Band [2.3]. Die Erregung erfolgt über einen Parallelkreis, der abstimmbar ist. Der untere Strahler für 10 m ist rd. 4 m lang mit einem 10-m-Sperrkreis am Ende. Daran schließt sich ein rd. 60 cm langes Strahlerstück an, gefolgt von einem 15-m-Sperrkreis und einem 1,4 m langen Antennenteil. Die Gesamthöhe der Antenne ist 6,7 m. Nachfolgende Antennen dieser Firma wie z.B. die Antenne R4 für das 10-, 12-, 15- und 20-m-Band hatten eine Breitbandabstimmung nach **Bild 20.2.3** [2.4]. An das 50-Ω-Koaxialkabel schließt sich als Mantelwellensperre eine koaxiale Kabeldrossel auf einem Ferrit-Ringkern mit 2 x 6 Windungen an. Das Sperrglied ist am Ausgang mit 50 pF kompensiert. Daran angeschlossen ist ein 1:4 Trafo auf Pulverkern, der mit 2 x 82 pF (= 41 pF) kompensiert ist.

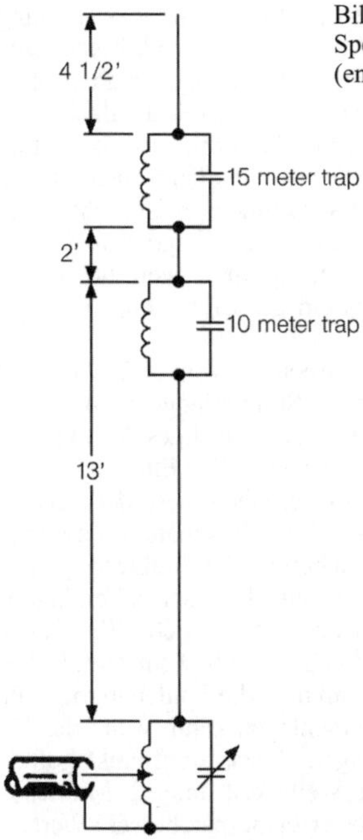

Bild 20.2.2
Sperrkreis-Vertikaldipol (endgespeist)

Die statische Ableitung erfolgt über die Drossel Dr.

Weitere Antennen waren die Antenne R5 für zusätzlich 18 MHz, die Antenne R7 für 10 bis 40 m [2.5]. Der Nachfolger der R7 ist die R7000, die mit einem Zusatz-Kit als R7000^{+}, eine 8-Band Antenne ist für 10 m bis 80 m. Andere industriell hergestellte *Mehrband-λ/2-Vertikalantennen* sind die Antenne AV-640 der Firma *hy-gain* und die Antennen MFJ-1796 und MFJ-1798 [2.6] der Firma *MFJ*. Eine Selbstbau-Antenne für 4-Bänder ist von *DL3HCV* 1994 beschrieben worden [2.7].

20.3 Mehrband-Vertikalantennen

Nachfolgend werden einige *Mehrband-Vertikalantennen* vorgestellt, die mit oder ohne Umschalter betrieben werden. Die Strahlerlänge ist konstant, die Umschaltung wird, so vorhanden, meist am Fußpunkt vorgenommen. Eine Ausnahme bildet die Anordnung nach *LA1EI*, dabei ist die Umschaltung in die Station verlegt.

20.3.1 Dreiband-Vertikalantenne

Eine Ausführungsform der umschaltbaren *Dreiband-Vertikalantenne* zeigt **Bild 20.3.1**. Die Bandumschalter befinden sich am Antenneneingang und sind deshalb leichter zugänglich. Der Vertikalstab selbst ist nicht resonant.

Durch die Abstimmelemente, die jeweils aus einer Spule und einem Drehkondensator bestehen, wird die Strahlerresonanz hergestellt. Die Abstimmung wird mit einem Dip-Meter kontrolliert, das man an die jeweilige Spule ankoppelt. Durch Schalter kann auf das 20-, 15- oder 10-m-Band wahlweise umgeschaltet werden. Für die Drehkondensatoren kommt man mit einer Endkapazität von je 100 pF aus; die Größe der Spulen ist durch Versuch zu ermitteln. Es wird empfohlen, für die erste

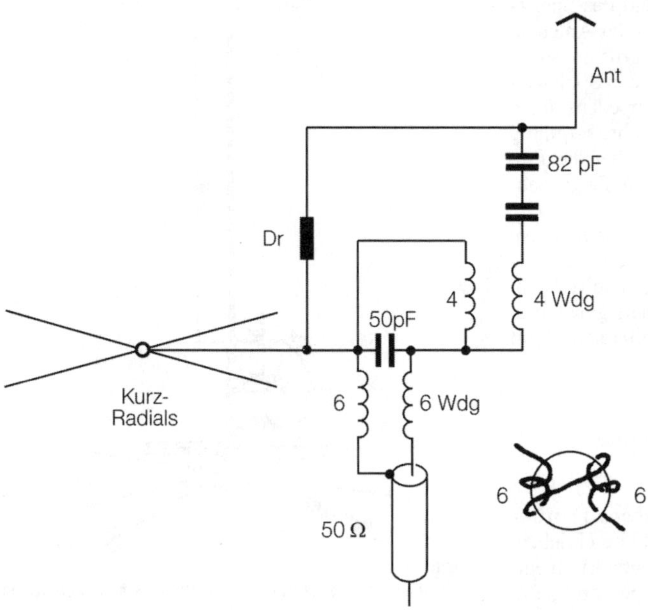

Bild 20.2.3
Breitbandabstimmung

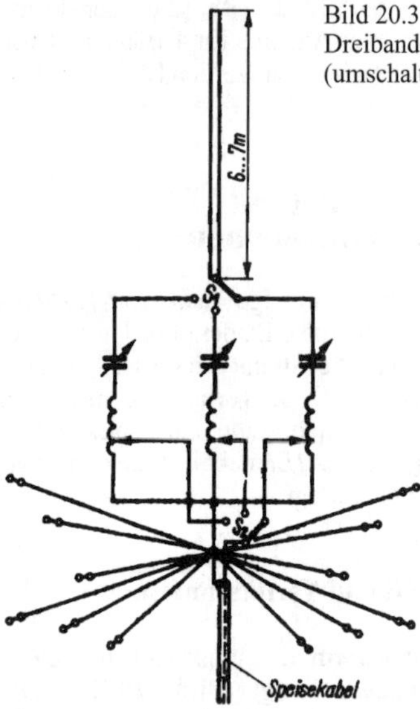

Bild 20.3.1
Dreiband-Vertikalantenne (umschaltbar)

Resonanzmessung eine freitragende Luftspule mit 15 Wdg. eines starken, versilberten Kupferdrahtes bei 40 mm Spulendurchmesser einzusetzen.

Bei dieser Antenne verwendet man für jedes Band eine Serie resonanter Radials, die nach Bild 20.1.4 vom zentralen Verbindungspunkt aus verteilt werden und dort miteinander verbunden sind. Man gleicht sie nach der bereits beschriebenen Art mit Antennascope und Dip-Meter genau für jedes Band ab.

Zum Anpassen des koaxialen Speisekabels wird auf der Spule durch Abgriff der Punkt gesucht, dessen Impedanz dem Wellenwiderstand des Speisekabels entspricht. Dazu schließt man das Antennascope zwischen Basis und Spulenabgriff an, speist es mit dem Dip-Meter und verändert den Spulenabgriff so lange, bis die gewünschte Impedanz angezeigt wird. Dieser Abgleich ist sehr sorgfältig durchzuführen; es empfiehlt sich, dabei die Frequenz des Dip-Meters mit einem Empfänger laufend zu überprüfen.

Das Kriterium dieser *Dreiband-Vertikalantenne* stellen die Bandumschalter dar. Große Bedeutung hat die Güte der Spulen. Sie liegen jeweils im Strombauch, deshalb ist eine besonders gute Oberflächenleitfähigkeit bei großem Leiterquerschnitt erforderlich.

20.3.2 Dreiband-Vertikalantenne nach *WB1FSB*

Die in **Bild 20.3.2** dargestellte *Dreiband-Vertikalantenne* wurde von *WB1FSB* in [3.1] beschrieben. Sie hat eine Stablänge von 7,6 m. Geometrisch entspricht das für 28,5 MHz einer Länge von 0,72λ; man kann annehmen, daß unter Berücksichtigung des Verkürzungsfaktors elektrisch 3λ/4-Resonanz besteht. Deshalb wird der Antenneneingang ohne Verlängerungsspule direkt an das Koaxialkabel geschaltet. Mit dem in die Zuleitung eingeschleiften Drehkondensator *C* (≈ 100 pF) kann man auf die geringste Welligkeit abstimmen; es ist nicht unbedingt erforderlich. Das Vertikaldiagramm für den 10-m-Betrieb ist nicht optimal, weil bei 0,72λ Strahlerlänge bereits ein größerer Steilstrahlungsanteil auftritt.

Für eine Resonanzfrequenz von 21,2 MHz beträgt die geometrische Strahlerlänge 0,54λ, man kann deshalb auf ein sehr günstiges Vertikaldiagramm schließen. Um einen reellen Eingangswiderstand von etwa 50 Ω zu erhalten, wird der Strahler mit einer Spule bis zur 3/4-λ-Resonanz verlängert.

Beim 40-m-Betrieb beträgt die Strahlerlänge nur etwa 0,18λ, das bedingt ein elektrisches Verlängern bis zur λ/4-Resonanz, wobei sich ein reeller Eingangswiderstand von etwa 40 Ω einstellt. Es hat sich herausgestellt, daß man die Spulenabgriffe für 15 und 40 m zusammenlegen kann; wenn der für beide Bänder günstigste Anzapfungspunkt gefunden wird, bleibt die Welligkeit unter 2. Mit separaten Spulenabgriffen erreicht man bessere Werte.

Den Status einer Behelfsantenne hat der Strahler für den 80-m-Betrieb, denn er ist mit einer mechanischen Länge von nur 0,09λ erheblich zu kurz. Mit der Spule wird er elektrisch zur Viertelwellenresonanz verlängert.

Die Verlängerungsspule soll von hoher Güte sein, um die Verluste gering zu halten. Man wickelt die Spule freitragend aus 2-mm-Cu-Draht mit einem Spulendurchmesser von 65 mm; es werden 30

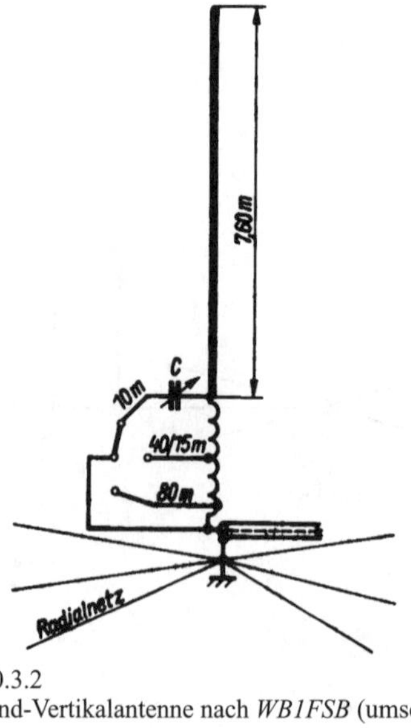

Bild 20.3.2
Dreiband-Vertikalantenne nach *WB1FSB* (umschaltbar)

Windungen auf eine Spulenlänge von 130 mm verteilt. Die Spulenabgriffe müssen experimentell ermittelt werden, indem man die Abgriffe sucht, bei denen die geringstmögliche Welligkeit auftritt. Zum Speisen der Antenne ist ein beliebig langes 50-Ω-Koaxialkabel am besten geeignet. Bei Kabeln mit 75 Ω Wellenwiderstand vergrößert sich das Stehwellenverhältnis. Die Antenne benötigt ein gutes Erdnetz, kann aber auch erhöht mit einer Serie von abgestimmten Radials aufgebaut werden.

Eine verbesserte Ausführung dieser Antenne, erweitert auf 5-Band-Betrieb, bei einer Stablänge von 6,34 m, wurde von *W1RN* in [3.2] beschrieben.

20.3.3 Dreiband-Vertikalantenne nach *LA1EI*

Im Allgemeinen muß man bei Mehrband-Vertikalantennen das Umschalten auf die einzelnen Amateurbänder in unmittelbarer Nähe des Antenneneingangs vornehmen, was zumindest etwas unbequem ist.

P. Braekken, *LA1EI,* fand eine Lösung, die es ermöglicht, diese Bandumschaltung in den Stationsraum zu verlegen. Diese Vereinfachung erfordert nur einen größeren Aufwand an Koaxialkabel. **Bild 20.3.3** zeigt die Schaltung einer solchen Anlage [3.3].

Die mechanische Strahlerlänge entspricht rund $0{,}62\lambda$ für 20 m, $0{,}31\lambda$ für 40 m und $0{,}16\lambda$ für 80 m. Somit handelt es sich um einen $5\lambda/8$-Strahler für 20 m, eine verlängerte Groundplane für 40 m und eine verkürzte $\lambda/4$-Groundplane für 80 m. Um einen reellen Eingangswiderstand zu erhalten, wird der Strahler zum 20-m-Betrieb auf $3\lambda/4$ elektrisch verlängert (Spule L mit etwa 2,8 µH) und für 40 m auf $\lambda/4$ mit $C \approx 90$ pF elektrisch verkürzt. Zum 80-m-Betrieb wird eine Gamma-Anpassung eingesetzt.

Man könnte nun an den strahlerseitigen Anschlüssen einen einfachen Umschalter wie in **Bild 20.3.2** vorsehen und hätte dann die übliche am Eingang umschaltbare Antenne. Für das Umschalten entfernt vom Strahler werden 3 gleichlange, parallelgeführte Koaxialkabel als Leitungsverlängerung zwischen Antenne und Schalter eingefügt. Ihre Länge beträgt je 14 m oder ganzzahlige Vielfache davon. Es handelt sich um abgestimmte Leitungen, bei denen ein Verkürzungsfaktor V des Koaxialkabels von 0,66 berücksichtigt ist. Daraus ergibt sich eine elektrisch wirksame Länge von je 21,21 m; dies bedeutet $\lambda/4$ für 80 m, $\lambda/2$ für 40 m und λ für 20 m. Ist der Stationsraum mehr als 14 m von der Antenne entfernt, müssen die Koaxialkabel auf 28 m bzw. 42 m verlängert werden. Bei dieser Lösung nutzt man die Übertragungseigenschaften abgestimmter Leitungen (siehe Abschnitt 8.1.4). In der Originalveröffentlichung (Norwegen: *Amator Radio,* 1970, Heft 9) werden umfassendere Angaben zum Wirkungsprinzip dieser Antenne gemacht.

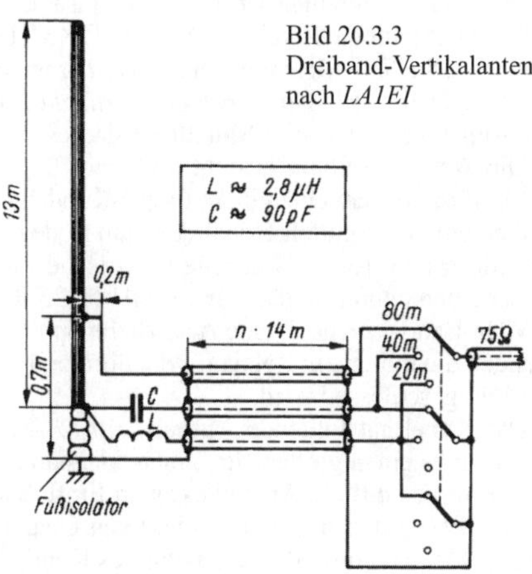

Bild 20.3.3
Dreiband-Vertikalantenne nach *LA1EI*

20.3.4 Dreiband-Vertikalantenne nach *OD5CG*

Von *F. Regier*, *OD5CG,* wurde eine Vertikalantenne für die Bänder 10, 15 und 20 m entwickelt, die ohne Umschalter oder Traps im Antennenleiter auskommt und trotz sehr geringen Aufwands hervorragende Strahlungseigenschaften für die DX-Arbeit aufweist. Der strahlende Vertikalabschnitt in **Bild 20.3.4** besteht aus einer 300-Ω-Bandleitung, die beidseitig kurzgeschlossen ist. Man kann sie auch durch ein gleichlanges Metallrohr oder einen anderen metallischen Leiter ersetzen.

Für das 10-m-Band ist die Antenne $0{,}63\lambda$ lang und entspricht damit dem für flache Abstrahlung optimalen $5\lambda/8$-Strahler. Bei 15 m liegt annähernd $\lambda/2$-Resonanz vor, und man kann auch für diesen Betriebsfall mit sehr guten Strahlungseigenschaften rechnen. Im 20-m-Band arbeitet die Antenne als verlängerte $\lambda/4$-Groundplane mit einer Länge von $0{,}32\lambda$.

Ein Netz aus 12 abgestimmten Radials wurde aus Gründen der Übersichtlichkeit nicht mitgezeichnet; es ist nach **Bild 20.1.4** auszuführen (je Band 4 Radi-

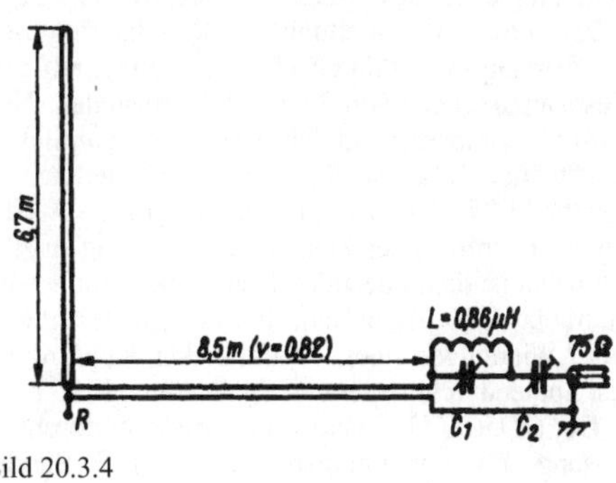

Bild 20.3.4
Dreiband-Vertikalantenne nach *OD5CG*

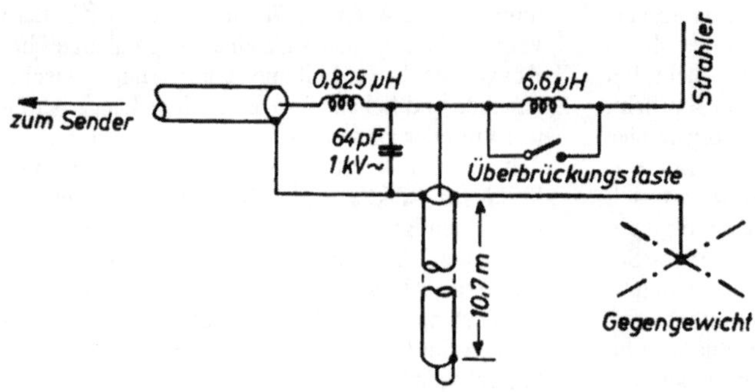

Bild 20.3.5
Vierband-Vertikalantenne
nach *SP3PK*

als) und wird an den Punkt *R* angeschlossen. Am Antenneneingang beginnt eine 8,5 m lange Zweidrahtleitung, die aus einem handelsüblichen symmetrischen 300-Ω-Bandkabel mit einem Verkürzungsfaktor *V* von 0,82 besteht (UKW-Bandleitung). Andere Verkürzungsfaktoren erfordern geänderte Leitungslängen (z.B. *V* = 0,08 = 8,3 m; *V* = 0,85 = 8,8 m). Für 15 m hat diese Leitung eine elektrische Länge von 3λ/4 und wirkt somit wie ein Viertelwellentransformator, der den hochohmigen Eingangswiderstand des λ/2-Strahlers auf einen reellen Wert von rund 65 Ω am Leitungsende herabsetzt. Da die Leitungslänge für 10 m elektrisch 1λ und für 20 m 0,5λ beträgt, werden die am Antenneneingang herrschenden Impedanzverhältnisse fast unverändert zum Leitungsende übertragen. Somit muß man dort für 20 m mit einem Wirkwiderstand von etwa 95 Ω rechnen, der mit einem induktiven Blindwiderstand X_L von etwa 180 Ω beaufschlagt ist; für 10 m ergibt sich eine reelle Komponente von 75 Ω, belastet mit einer kapazitiven Reaktanz X_C von 280 Ω. Diese Blindwiderstände werden im nachfolgenden Reaktanztransformator, bestehend aus *L*, C_1 und C_2, beseitigt, so daß an dessen Ausgang für alle 3 Bänder ein reeller Widerstand von durchschnittlich 75 Ω vorhanden ist.

Die berechneten Kapazitätswerte betragen 23 pF für C_1 und 41,7 pF für C_2. Es ist zweckmäßig, für C_1 einen Drehkondensator mit 30 pF Endkapazität und für C_2 einen solchen von 100 pF einzusetzen. Für den Abgleich des Reaktanztransformators gibt *OD5CG* folgende Anleitung: Parallelschaltung L-C_1 mit dem Dip-Meter durch Variieren von C_1 auf eine Resonanzfrequenz von 35,85 MHz einstellen. Nun wird C_2 vorübergehend dem Kreis L-C_1 parallelgeschaltet und mit C_2 so abgestimmt, daß die Kreisresonanz 21,37 MHz beträgt. Dann nimmt C_2 wieder seinen ursprünglichen Platz in der Schaltung ein, der Abgleich ist damit beendet. Die Spule *L* mit der Induktivität 0,86 µH bestand bei der Musterantenne aus 7 Windungen eines 1,3 mm dicken Kupferdrahtes; Spulendurchmesser und Spulenlänge je 25 mm.

Der *OD5CG*-Dreibandstrahler besticht durch die Lösung des Anpassungsproblems für 3 Bänder ohne Umschalter. In seinen Strahlungseigenschaften kann er mit der Dreiband-Vertikalantenne nach **Bild 20.3.1** verglichen werden.

20.3.5 Vierband-Vertikalantenne nach *SP3PK*

Eine interessante *Vierband-Vertikalantenne* wurde von *SP3PK* beschrieben [3.4].

Die Erstveröffentlichung erfolgte im Oktoberheft 1954 der Zeitschrift „Radioamator" (Polen). Die Antenne hat eine Länge von 5,3 m und ist für 28 MHz 0,5λ, für 21 MHz 0,375λ, für 14 MHz 0,25λ und für 7 MHz 0,125λ. Die Anpassung der Antenne an die Speiseleitung stellt eine etwas komplizierte Angelegenheit dar, weil die Eingangsimpedanz auf jedem Band sehr unterschiedlich ist. Zur Verringerung des Wellenwiderstandes wurde für den Strahler ein dünnwandiges Duraluminium-Rohr von 40 mm Durchmesser benutzt. Dadurch sind die Eingangsimpedanzänderungen nicht allzu groß. Die Zahlenwerte sind wie folgt:

7,025 MHz	(7 - j 260) Ω
14,050 MHz	(36 + j 50) Ω
21,075 MHz	(165 + j 100) Ω
28,100 MHz	(300 - j 100) Ω

Nach langwierigen Rechnungen hat sich herausgestellt, daß es möglich ist, eine gemeinsame Anpaßschaltung für die Bereiche 14, 21 und 28 MHz zu benutzen, die für 7 MHz mit einem zusätzlichen Element ergänzt wird. Die *Vierband-Vertikalantenne* mit Anpaßschaltung ist in **Bild 20.3.5** dargestellt.

Die Anpaßschaltung besteht aus einer 0,8 µH-Spule für alle Bereiche, einem 64 pF-Kondensator und einem ihm parallelgeschalteten, am Ende kurzgeschlossenen, Kabelstück. Die elektrische Länge dieser Stichleitung beträgt für 21 MHz 1,25 λ. Im 7-MHz-Band wird noch eine zusätzliche Spule verwendet, die mit einem Relais für die übrigen Bereiche kurzgeschlossen wird.

Das Kabel hat folgende Aufgabe: Im 21-MHz-Band hat es einen großen Eingangswiderstand und übt deswegen auf die Antenne keinen Einfluß aus. Im 28-MHz-Band besitzt es induktiven Charakter und verkleinert somit die Kapazität des Kondensa-

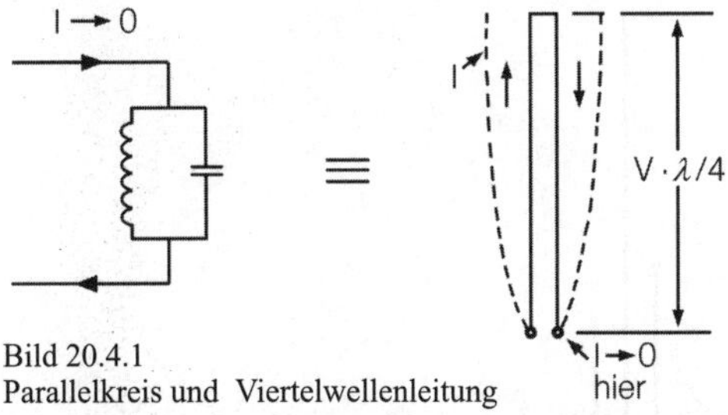

Bild 20.4.1
Parallelkreis und Viertelwellenleitung

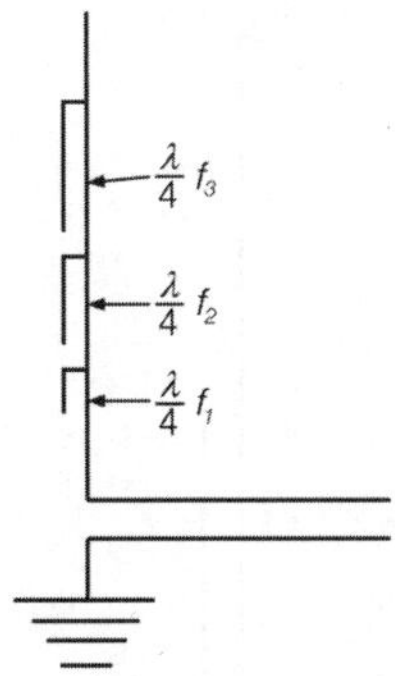

Bild 20.4.3
Vierband-Vertikalantenne mit Entkopplungs-Stubs

tors so, daß eine Anpassung an den hohen Eingangswiderstand erreicht wird. In den Bändern 7 und 14 MHz wirkt es kapazitiv und vergrößert die Kapazität des Kondensators und ermöglicht die Anpassung an den niedrigen Eingangswiderstand. Im 7-MHz-Band wird noch eine zusätzliche Spule eingeschaltet. Die tatsächliche Kabellänge ist 10,7 m, was der elektrischen Verkürzung eines Oppanolkabels mit 88 Ω entspricht.

Das Gegengewicht besteht aus 4 horizontalen Radials, deren Länge gleich der Strahlerlänge ist, d.h. 5,3 m beträgt.

Das Stehwellenverhältnis beträgt für:

7 MHz 3,6 : 1 21 MHz 1,0 : 1
14 MHz 2,2 : 1 28 MHz 1,1 : 1

20.4 Stub-Monopole

(*W.J. Lattin* – US 2,535,298 – 1948)
Stub-Monopole werden auch „*lineare Trap-Antennen*" genannt. Das sind Multiband-Antennen mit Entkopplungs-Stubs (einseitig kurzgeschlossene λ/4-Leitung).

W.J. Lattin, W4JRW, hat 1948 dafür ein Patent angemeldet. Die Veröffentlichung darüber in der Amateurfunkzeitschrift QST folgte erst 1960 [4.1]. Die deutsche Übersetzung davon in der DL-QTC brachte *DL9ST* im Jahre 1968 [4.2].

Ein Parallelkreis und eine am Ende kurzgeschlossene Viertelwellen-Parallelleitung (Stichleitung = Stub) haben die gleichen elektrischen Eigenschaften. Beide haben im Resonanzfall einen hohen Widerstand zwischen den Anschlußpunkten (**Bild 20.4.1**).

Wenn eine Viertelwellen-Stichleitung in die Antenne eingefügt wird, also an einem Ende angeschlossen wird, wirkt sie für die Resonanzfrequenz als Sperre. Es gelten dafür die unter dem Abschnitt Sperrkreise 10.6.1 gegebenen Hinweise. Das Prinzip einer Zweibandantenne für 80 und 40 m mit eingezeichneter Stromverteilung zeigt das **Bild 20.4.2** [4.3].

Am Ende eines Monopols wird ein für die höhere Frequenz (7 MHz) passend bemessener Stub in die Antenne eingebracht. Der Stub sperrt für die Resonanzfrequenz den oberen Antennenteil. Auf einer tieferen Frequenz (3,5 MHz), als die Resonanzfrequenz, wirkt der Stub als Induktivität. Mit der Stubinduktivität und einer zusätzlichen Antennenverlängerung kann man auf dieser Frequenz eine zweite Antennenresonanz erhalten.

Eine auf diesem Prinzip beruhende Vierband-Vertikalantenne ist in **Bild 20.4.3** dargestellt. Der unterste Stub ist für die höchste Frequenz f_1, der mittlere Stub für die tiefere Frequenz f_2 und der oberste Stub ist für die noch tiefere Frequenz f_3. Für die tiefste Frequenz f_4 wird die Antenne dann nach oben bis zur Viertelwellen-Resonanz verlängert.

Man kann die Entkopplungsstubs auch verkehrt einsetzen, mit der Öffnung nach oben. Auch in die-

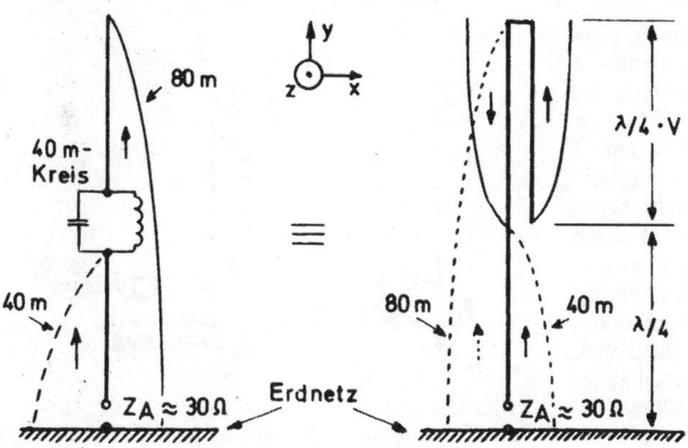

Bild 20.4.2
Zweiband-Vertikalantenne mit Entkopplungs-Stubs

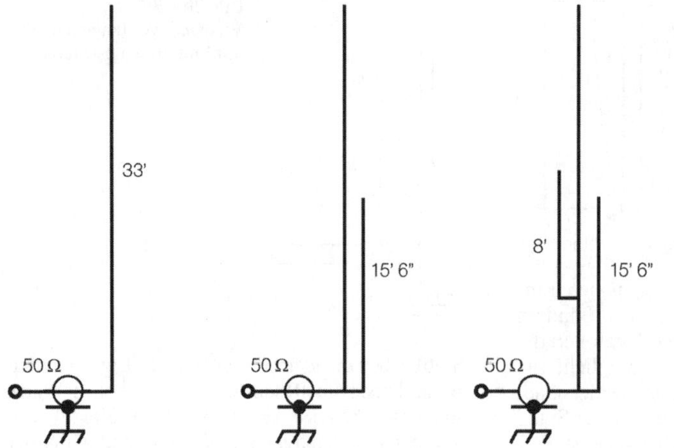

Bild 20.4.4
Vierband-Vertikalantenne mit Entkopplungs-Stubs

ser Lage entkoppeln sie die oberen Antennenteile. **Bild 20.4.4** zeigt die Entwicklung einer Vierband-Vertikalantenne [4.4]. Links ist ein $\lambda/4$-Strahler für das 40-m-Band zu sehen mit einer Länge von rund 10 m, der gleichzeitig auch für 15 m als $3\lambda/4$-Strahler wirkt. In der Mitte wird zusätzlich ein $\lambda/4$-Strahler für 20 m angebracht mit einer Länge von etwa 4,7 m. Durch diesen 20-m-Stub wird der obere Teil des 40-m-Strahlers entkoppelt. Den Stub für 10 m mit einer Länge von etwa 2,4 m kann man auf mehrfache Weise anbringen. Man kann ihn, wie den 20-m-Stub, am Fußpunkt anbringen, dann kommt man zu der Anordnung wie sie in **Bild 20.1.3** abgebildet ist. Besser ist die Anordnung den 10-m-Stub nach $\lambda/4$ am 40-m-Strahler zu montieren. Dabei wirkt der 10-m-Stub als 180°-Phasenumkehranordnung und koppelt den unteren $\lambda/4$-Teil an den oberen $\lambda/2$-Teil. Der 40-m-Strahler ist 1λ für 10 m und wirkt als kollineare Antenne mit gleichphasiger Stromverteilung. Dadurch ergibt sich auf 10 m ein leichten Gewinn von 1 bis 2 dB.

Nach diesem Prinzip funktioniert der „Hy-Tower" der Firma *hy-gain*.

JF-Zweiband-Vertikalantenne

Entkopplungstubs nach oben und nach unten werden von *W1JF* bei einer Zweiband-Vertikalantenne für 10 und 24 MHz verwendet [4.5]. *W1JF* bezeichnet die in **Bild 20.4.5** dargestellte Bauform einer neuen Antenne für zwei WARC-Bänder (30 und 12 m) als „J^2-Antenne". Im 10-MHz-Band beträgt die Länge $5\lambda/8$ mit einem Gewinn von etwa 3 dB, bezogen auf eine $\lambda/4$-Vertikalantenne. Für den Betrieb im 24-MHz-Band hat die Antenne 2 Halbwellenstücke, die durch das Phasendrehglied gleichphasig erregt werden. Es sind zwei miteinander verbundene J-Antennen, eine nach unten und eine nach oben offen. Es handelt sich somit um eine vertikal angeordnete Dipollinie mit 2 kollinearen Halbwellenstücken (siehe Abschnitt 13.1.)

Für einen guten Wirkungsgrad im 10-MHz-Band sollten einige Radials von je etwa 7,25 m Länge eingesetzt werden. Der Antenneneingang sollte sich unmittelbar über dem Erdboden befinden (maximal 0,6 m). Beim 24-MHz-Betrieb sind keine Radials erforderlich.

Die Eingangsimpedanz ist auf beiden Bändern hoch (> 1000 Ω). Die Speisung der Antenne erfolgt zweckmäßigerweise über eine offene Zweidrahtleitung mit einem Anpaßgerät in der Station, oder über ein umschaltbares L-Anpassungsnetzwerk am Fußpunkt der Antenne.

Im 40-m-Band ist Betrieb als verkürzte Halbwellenantenne möglich (Länge ≈ $0{,}4\lambda$), und im 80-m-Band kann der Strahler noch als verkürzte $\lambda/4$-Groundplane (Länge ≈ $0{,}2\lambda$) eingesetzt werden. Für diese Betriebsfälle ist ein erweitertes Radialnetz erforderlich.

Kombinationen aus Sperrkreis-Vertikalantennen mit Entkopplungsstubs werden bei einigen industriell hergestellten Antennen verwendet. Als Beispiel wird die Vertikalantenne HF-5V-III der Firma *Butternut* (jetzt *Bencher*) erwähnt, die von *DL1BU* 1981 beschrieben worden ist [4.6].

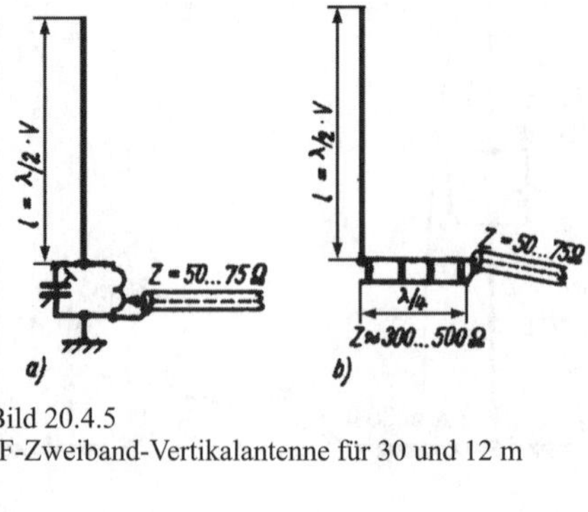

Bild 20.4.5
JF-Zweiband-Vertikalantenne für 30 und 12 m

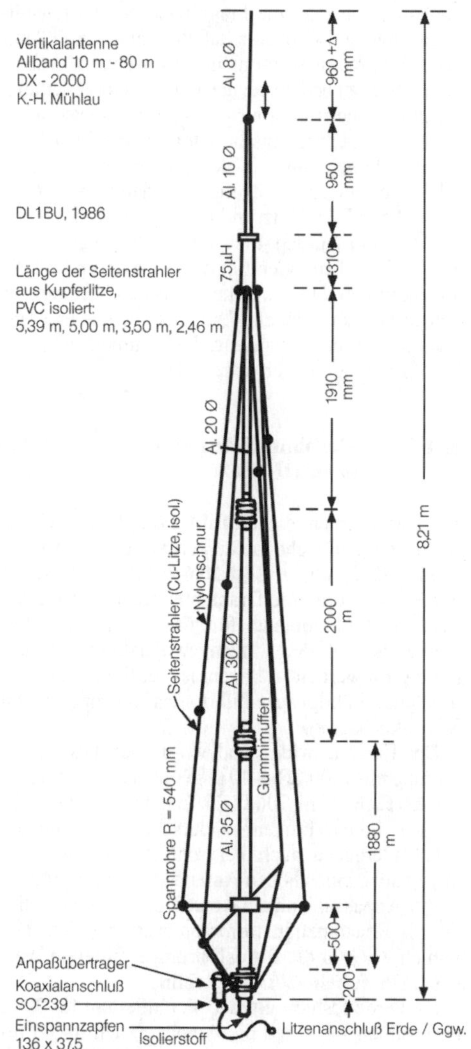

Bild 20.5.1
Allbandreuse DX-2000

20.5 Allbandreuse

Eine Reusenantenne ist eine bikonische Monopolantenne (Doppelkonus), also eine Breitband-Vertikalantenne. Siehe auch Breitbandantennen im Abschnitt 12.2.8.

Die mechanische Höhe solcher vertikaler Breitbandantennen beträgt etwa $\lambda/4$, bezogen auf die größte Betriebswellenlänge; sie arbeiten somit bei der unteren Grenzfrequenz als Viertelwellen-Vertikalantennen. Deshalb sind gute Erdverhältnisse notwendig.

K.H. Mühlau, DK2WM, hat, im Gegensatz zu den relativ dicken kommerziellen Reusenantennen, eine schlanke *Allbandreuse* entwickelt, die 1983 von ihm als Gebrauchsmuster (DBGM) angemeldet worden ist [5.1]. Die Bezeichnung der Antenne ist DX-2000. Ein Bericht darüber erschien 1985 in [5.2]. *DL1BU* hat 1986 diese *Allbandreuse* beschrieben und getestet [5.3]. **Bild 20.5.1** zeigt die Anordnung der Antenne (annähernd maßstabgerecht).

Die Antenne hat eine Länge von etwas über 8 m, und ein Gewicht von rd. 7 kg. Die Montage kann auf einem handelsüblichen 1¼-Zoll-Standrohr erfolgen. Das letzte Modell der *Allbandreuse* mit der Bezeichnung DX-2000/S hat eine Breite von nur 1,1 m. Ein Bericht über dieses Modell ist in [5.4] erschienen.

Die *Allbandreuse* überstreicht die Bänder 10 bis 80 m. Ein etwa 6 m langes dreiteiliges Alu-Rohr, durch Gummimuffen abgedichtet, hat eine Viertelwellenresonanz auf 7 MHz. Eine Resonanz für 3,5 MHz wird durch eine Spule mit 75 µH und einer Verlängerung von etwa 1,9 m erreicht. Vier Seitenstrahlern, mit Längen von 2,5 - 3,5 - 5,0 - 5,4 m, liegen an einem etwas höheren Impedanzpunkt des Anpassungsübertragers.

Die Antenne ist zur Ableitung von statischer Aufladung geerdet. Der Erdanschluß der *Allbandreuse* ist das untere Ende einer 10-µH-Ringkernwicklung. Der Masseanschluß des Koaxialkabels wird etwa an die Mitte der Spule des HF-Übertragers geführt.

Die Werte der Welligkeit schwanken zwischen 1,5 und 3. Der Welligkeitsverlauf hängt vom Erdnetz bzw. von den Radiallängen ab. Es besteht auch noch die Möglichkeit durch Trimmen der Seitenstrahler niedrige SWR-Werte bei einzelnen Bändern zu erhalten.

20.6 Mehrband-T-Antennen

20.6.1 Multee-Antenne

Die in **Bild 20.6.1** gezeigte T-Antenne für zwei Bänder hat die Bezeichnung *Multee-Antenne* und soll von *W6BCX* stammen. Eine Veröffentlichung mit Abmessungen wurde 1964 von *W6WAW* veröffentlicht [6.1]. Im Radio Handbook von *W6SAI* [6.2] und im *ARRL* Antenna Book [6.3] sind andere Längen angegeben. *G3VA* verwendet in seinen „Technical Topics“ auch die Werte von *W6WAW* [6.4] - [6.5]. In **Tabelle 20.2** sind beide Werte aufgelistet.

Beim Betrieb auf der tieferen Frequenz wirkt die Antenne als vertikal polarisierter $\lambda/4$-Faltdipol, dessen obere Hälfte vertikal zusammengedrückt ist. Dadurch entsteht eine T-Form. Der horizontale Teil ist $\lambda/8$, ebenso der vertikale Teil. Fast die gesamte HF-Leistung wird durch den vertikalen Teil der Antenne abgestrahlt, während der horizontale Teil die Funktion einer Dachkapazität übernimmt.

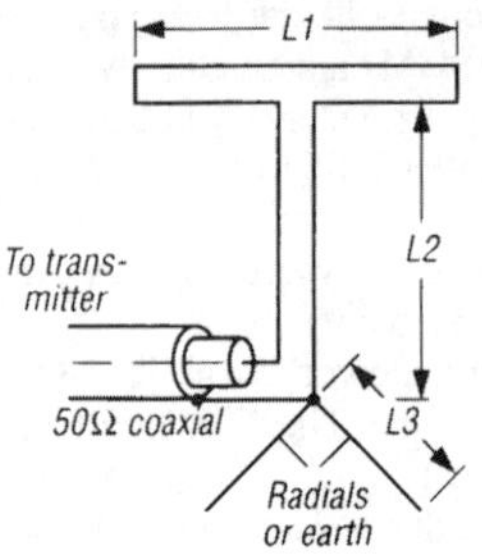

Bild 20.6.1
Multee-Antenne

Deshalb sind für diesen Betriebsfall günstige Erdverhältnisse von entscheidender Bedeutung für die gute Funktion der Antenne.

Beim Betrieb auf der höheren Frequenz wirkt die Antenne als horizontal polarisierter λ/4-Faltdipol. Der horizontale Teil ist λ/4, ebenso der vertikale Teil. Der vertikale Strahlerteil wirkt deshalb als Viertelwellentransformator (siehe Abschnitt 6.6), der das niederohmige Speisekabel (Koaxialkabel) an den hochohmigen Speisepunkt (ca. 6000 Ω) im Horizontalteil der Antenne anpaßt.

Der Aufbau des Strahlerteils L_1 entspricht einem Faltdipol. Der Leiterabstand ist nicht kritisch. Der senkrechte Strahlerteil L_2 besteht aus einer Flachbandleitung (Twinlead) von 300 bis 400 Ω. Hierbei muß man den Verkürzungsfaktor dieser Leitung berücksichtigen, der im allgemeinen zwischen 0,8 und 0,9 beträgt.

Die Anzahl der Radials L_3 wird mit 4 bis 6 Stück angegeben.

Im Jahre 1995 wurde von *G3VA* in den Technical Topics ein Kommentar von *Belrose*, *VE2CV* veröffentlicht, der kritisch zu der Antenne Stellung nimmt [6.6]. Er fragt sich, ob jemand die Antenne nachgebaut hätte. Seiner Meinung nach sei das keine resonante Antenne, sie habe allerdings interessante Strahlungsdiagramme. Als Zweck seines Briefes stellt er die angegeben Abmessungen in Frage. So führt er z.B. aus, daß der horizontale Faltdipol nicht aus 300 Ω Twinlead bestehen kann, weil wegen des Verkürzungsfaktors Kurzschlußbrücken eingesetzt werden müßten (vgl. Abschnitt 9.5 und **Bild 9.5.5**).

Tabelle 20.2
Längenangaben der Multee-Antenne nach Bild 20.6.1

W6WAW – G3VA:

	1,8/3,5 MHz	3,5/7 MHz	7/14 MHz
L1/m	19,81	10,06	5,18
L2/m	16,46	8,23	4,12
L3/m	15,24	7,62	3,66

Radio HB – Antenna Book:

	1,8/3,5 MHz	3,5/7 MHz
L1/m	21,34	10,06
L2/m	15,85	7,92

Außerdem stellt er die Frage nach den Originaldimensionen und stellt fest, daß die Länge von *L2* mit dem Verkürzungsfaktor nicht stimmen kann. Außerdem gibt er zu bedenken, daß eine Zweidrahtleitung, die unsymmetrisch (nur einseitig) gespeist wird, nicht als Impedanztransformator arbeiten kann.

Eine Berechnung mit dem Antennenprogramm NEC-2 ergibt eine Eingangsimpedanz von (16 - j 247) Ω für 3,75 MHz und (72 - j 1059) Ω für 1,9 MHz. Dabei wurden 4 Radials mit je 15,24 m und ein mittlerer Erdboden mit $\sigma = 3$ mS/m und $\varepsilon = 13$ angenommen. Die Antenne ist also auf keinem der beiden Bänder resonant. Die entsprechenden computerberechneten Strahlungsdiagramme sind in der Veröffentlichung auch abgebildet.

20.6.2 Vierband-T-Antenne nach *DL2EO*

Aus der T-Antenne nach **Bild 19.8.2b** entwickelte *DL2EO* einen sehr bemerkenswerten Vierbandstrahler [6.7], der in **Bild 20.6.2** dargestellt ist. Es handelt sich um eine Drahtantenne, die primär als Inverted Groundplane für das 40-m-Band bemessen ist. Um den Eingangswiderstand nicht unnötig groß werden zu lassen, ist der 9 m lange Vertikalteil 2drähtig ausgeführt; das vermindert den Schlankheitsgrad.

Der Eingangswiderstand wurde bei dieser Ausführung mit 1500 Ω bei 40 m gemessen, er betrug etwa 800 Ω für 20 m, 700 Ω für 15 m und 600 Ω für 10 m. Die hohen Eingangswiderstände (Spannungsbauch!) ergeben auch bei schlechten Erdverhältnissen noch einen hohen Antennenwirkungsgrad.

Zur Anpassung an ein Koaxialkabel sind L-Glieder als Reaktanztransformatoren erforderlich. Die von *DL2EO* für diese Ausführung ermittelten Werte sind in **Tabelle 20.3** aufgeführt.

Es wurde festgestellt, daß sich mit dem für 20 m bestimmten LC-Glied die Antenne auch im 80-m-Band erregen läßt. Da für das 80-m-Band der Eingangswiderstand jedoch recht niederohmig ist, wird empfohlen, einige Radials für 80 m auszulegen.

Damit wäre eine leistungsfähige Kurzwellen-Mehrbandantenne mit sehr geringem Materialaufwand verwirklicht. Unbequem ist nur das Umschalten oder Umstecken der *LC*-Glieder zum Bandwechsel am Antenneneingang. Aber dafür

Tabelle 20.3
Richtwerte für die Bemessung der Reaktanztransformatoren zur Vierband-T-Antenne nach Bild 20.6.2

	Amateurbänder in m			
	40	20	15	10
L in µH	6,0	2,3	1,4	1,0
C in pF	80	50	40	30

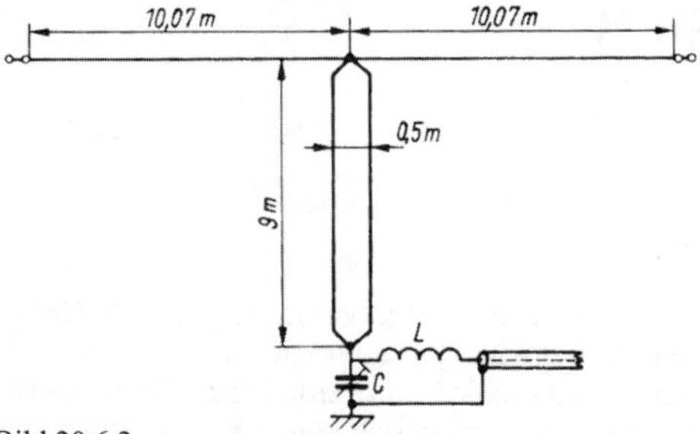

Bild 20.6.2
Vierband-T-Antenne nach *DL2EO*

kann eine Fernschaltung über Relais verwendet werden. Die dazugehörigen Bemessungsgleichungen und Berechnungsbeispiele befinden sich im Abschnitt 19.5.1.,

Literatur zu Abschnitt 20

[1.1] *TITANEX*: HF-Antennen. (Katalog 2000). TITANEX Antennentechnik, 94339 Leiblfing, Internet: http://www.titanex.de; E-Mail: titanex@ t-online.de

[1.2] *Coole, J.G.*: A Simple Multiband Vertical Antenna. (Hints and Kinks). QST March 1987, p. 46

[1.3] *Ingram, D.*: A Quick and Simple Study of Vertical Antennas. (How It Works). CQ March 2000, pp. 100-103

[1.4] *Knobel, G.*: Recycling-Vertikal für 10, 12, 15, 20, 30 und 40 m. Funkamateur 6/99 S. 671

[1.5a] *G. H. Brown* – US 2,082,096 – 1935

[1.5b] *G. H. Brown* – US 2,096,782 – 1936

[1.6] *Pichitino, A.M.*: Automatic Multiband Mobile Antennas and Mobile Antenna Characteristics, QST June 1953

[1.7] *Lennartz, H.*: Multiband-Antennen. Funk Technik 7/1957, S. 207

[1.8] *Pogson, L.*: Multi-Band Vertical Aerials. Electronics Australia, August 1972, pp. 40–43

[1.9] *Hawker, P.*: Amateur Radio Techniques. (Aerial Topics). RSGB, Letchworth UK, 1980, pp. 311–312

[1.10] *Hari, S.*: Multiband-Antenne für die neuen WARC-Bänder. CQ-DL 4/1982, S. 172–174

[2.1] *TITANEX*: HF-Antennen. (Katalog 2000). TITANEX Antennentechnik, 94339 Leiblfing, Internet: http://www.titanex.de; E-Mail: titanex@t-online.de

[2.2] *Hille, K.H.*: Der Vertikaldipol in Theorie und Praxis. CQ-DL 9/93, S. 618–620

[2.3] *Schultz, J. J.*: The Cushcraft R3 Vertical Multiband Antenna. CQ April 1983, pp. 40–43

[2.4] *Hille, K.H.*: Cushcraft-Vertikalantenne R 4. Funk 10/89, S. 32–35

[2.5] *Schmid, F.*: Die Multiband-Antenne R7 in der Praxis. CQ-DL 1/94, S. 14–16

[2.6] *Carr, P.*: The MFJ Model 1798 Vertical Antenna. CQ April 1998, pp. 30–31

[2.7] *Brüggemann, G.*: Mit nur 3 m Länge auf vier Bändern aktiv, CQDL 11/94, S.795–796

[3.1] *Anderson, H.*: Build This Novice Four-Band Vertical. QST, June 1978, pp. 16–18

[3.2] *Woodward, G.H.*: On „Build This Novice“ Four-Band Vertical, QST, October 1978, p. 35

[3.3] *Braekken, P.*: Three-band groundplane. Ham Radio, May 1972

[3.4] *Kachlicki, Z.*: Mehrband-Ground-Plane-Antenne. DL-QTC 1/57, S. 22–26

[4.1] *Lattin, W.J.*: Multiband Antennas Using Decoupling Stubs. QST December 1960, pp. 23–24

[4.2] *Quednau, B.*: Multiband-Antenne mit Entkopplungs-Stubs. DL-QTC 12/68, S. 716–719

[4.3] *Würtz, H.*: Zweiband-Groundplane-Antenne mit Entkopplungsstub. (DX-Antennen mit spiegelnden Flächen). CQ-DL 9/79, S. 400–401

[4.4] *Schultz, J.J.*: Stub bandswitched antennas. Ham Radio July 1969, pp. 50–53

[4.5] *Schellenbach, R.*: The J^2 Antenna for 10 and 24 MHz. (Hints and Kinks), QST March 1983, p. 41

[4.6] *Schwarzbeck, G.*: Groundplane- und Vertikalantennen. (Streifzug durch den Antennenwald). CQ-DL 9/81, S. 420–428

[5.1] *K.. H. Mühlau* – DE-G 83 27 882.6 – 1983

[5.2] ----: DX-2000 – eine Breitband-Vertikalantenne für Kurzwelle, Beam 1-2/1985, S. 25–26

[5.3] *Schwarzbeck, G.*: Allband-Vertikalantenne 3,5 MHz bis 30 MHz mit reusenartigem Aufbau (DX-2000). (Streifzug durch den Antennenwald), CQ-DL 9/86, S. 513-518

[5.4] -----: Die DX-2000S auf dem Balkon. Beam 1/89, S. 8-10

[6.1] *Young, J.*: Short Folded Dipoles. 73 Magazine, December 1964, pp. 34-35

[6.2] *Orr, W.I.*: Radio Handbook. Editors and Engineers, New Augusta IN, 1970, p. 488

[6.3] *ARRL*: The ARRL Antenna Book. ARRL, Newington CT, 1980, pp. 299-300

[6.4] *Hawker, P.*: W6BCX Multee (Aerial Topics). Amateur Radio Techniques. RSGB, London, 1980, pp. 267-268

[6.5] *Hawker, P.*: The Multee Quarter-Wave Folded Dipole. (Technical Topics). Radio Communication, November 1994, p. 62

[6.6] *Hawker, P.*: A New Look at the Multee Antenna. (Technical Topics). Radio Communication, February 1995

[6.7] *Brandt, H.-J.*: L- und T-Antennen für Kurzwelle. QRV, 2/1975, S. 65-71

21 Vertikale Richtantennen

Eine einseitig gerichtete Strahlung entsteht durch Staffelung von Strahlern in Längsrichtung. Das Element, das in Hauptstrahlrichtung vor dem Strahler liegt, heißt „Direktor“, das auf der Rückseite „Reflektor“. Beide können *gespeist* oder *strahlungserregt* arbeiten. Eine erste Veröffentlichung über Amplituden-, Abstands- und Phasenbedingungen bei Antennenkombinationen stammt 1934 von *Berndt* [0.1].

Weitere Veröffentlichungen über *vertikale Richtantennen* sind [0.2]–[0.6].

21.1 Phasengespeiste Vertikalantennen

21.1.1 Allgemeines

Werden 2 parallele Monopole mit gleichen Strömen, jedoch phasenverschoben erregt, so wird deren Richtcharakteristik bei bestimmten Abständen und Phasenwinkeln undirektional und es entsteht ein Längsstrahler mit einseitiger Richtcharakteristik. Die sich überlagernden Komponenten des elektrischen Feldes beider Antennen werden vektoriell addiert.

Das Richtdiagramm bekommt die Form einer herzfömigen Kurve (Kardioide), bei:
Abstand = $\lambda/4$, Phasenwinkel = 90° Gewinn = 3,1 dB
Abstand = $3\lambda/8$ Phasenwinkel = 45° Gewinn = 2,5 dB
Abstand = $\lambda/8$ Phasenwinkel = 135° Gewinn = 4,2 dB

Die entsprechenden horizontalen Strahlungsdiagramme von zwei gespeisten Vertikalantennen sind für Antennenabstände von $0{,}125\lambda$ bis $0{,}5\lambda$ und für Phasendifferenzen von 0° bis 180° in Bild 21.1.1 zu sehen [1.1]. Darin wird ein Teil der klassischen Diagramme von *G.H. Brown* [0.4] dargestellt. Die Abstände zwischen $0{,}5\lambda$ und $1{,}0\lambda$ werden kaum verwendet, weil die Diagramme dann sehr aufgefächert sind.

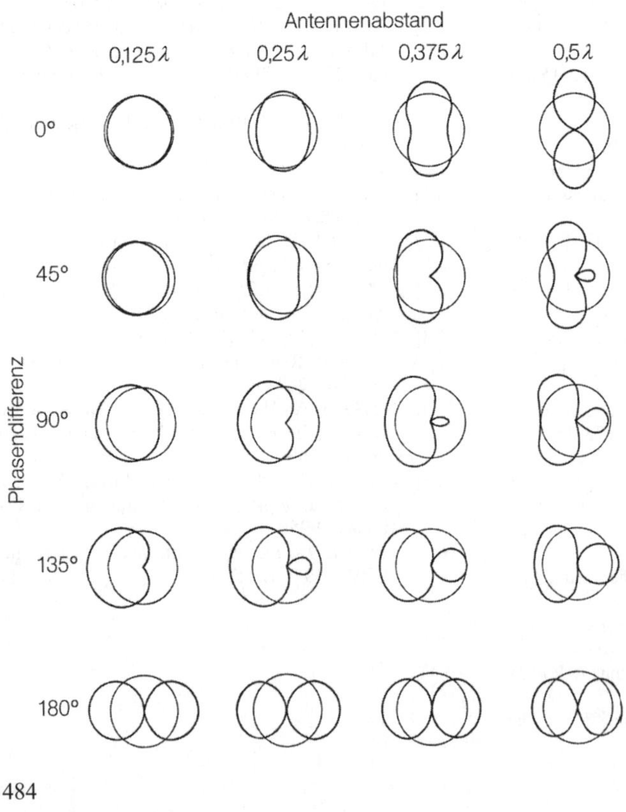

Bild 21.1.1
Horizontaldiagramme eines Strahlerpaares mit 2 gespeisten Vertikalantennen

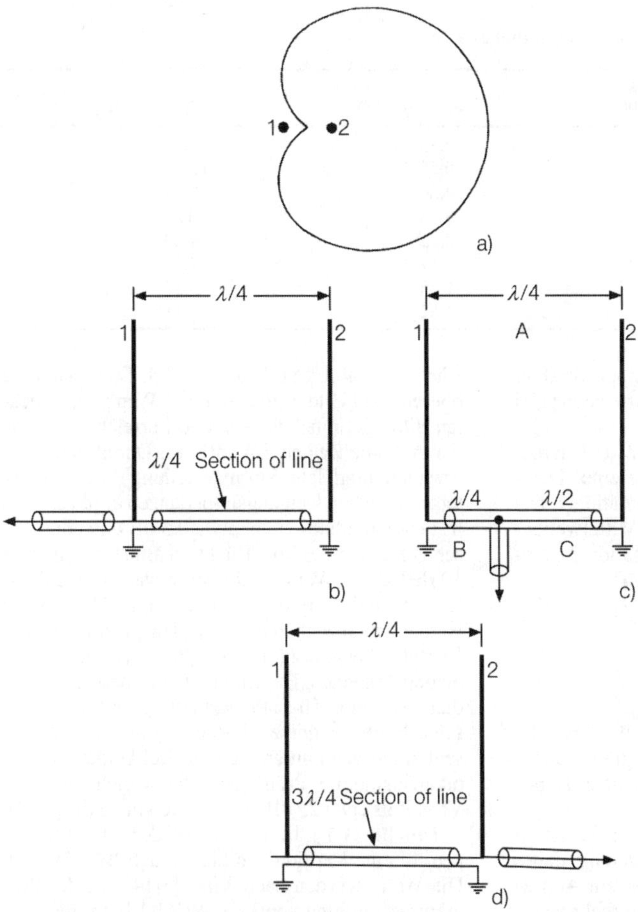

Bild 21.1.2
Kardioide
($\lambda/4$ Abstand und
90° Phasenwinkel)

Die Horizontaldiagramme oder Azimutdiagramme von Vertikalantennen sind H-Ebenen-Diagramme. Die Elemente werden als dünn, resonant und mit gleichen Strömen am Fußpunkt angenommen. Die Antennen sind über einer perfekt leitenden Ebene angeordnet, die ermittelten Gewinne sind computerberechnet.

21.1.2 LF- und MF-Bereich

Im Bereich der Mittel- und Langwellen ist die Reichweite der Rundfunksender weniger durch die Sendeleistung als vielmehr durch das Zusammenwirken von Bodendämpfung und ionosphärische Reflexion gegeben. Bei gegebener Wellenlänge und festliegender Bodenbeschaffenheit kann eine bestimmte Fläche am besten versorgt werden der Sender im Zentrum steht und wenn das horizontale Strahlungsdiagramm nahezu kreisrund ist.

Wenn aus bestimmten Gründen die Antenne nicht im Zentrum stehen kann, z.B. an Staatsgrenzen oder an der Küste oder wenn wegen Gleichkanalbetrieb auf andere Sender Rücksicht genommen werden muß dann werden einseitig wirkende Richtantennen verwendet [1.2].

So werden hauptsächlich dann Richtantennen verwendet, wenn man in Richtung des Kanalpartners ein Strahlungsminimum erreichen möchte.

Bei zwei gespeisten Viertelwellenstrahlern im Abstand von einer Viertelwellenlänge, die auf der Verbindungslinie Antenne–Zielgebiet aufgestellt sind, ergibt sich der optimale Phasenwinkel zu 93°. Das bedeutet entweder eine Phasenvoreilung des Strahlers 2 um 93° oder Phasennacheilung um - 267° [1.3]. Beide Strahler müssen mit dem gleichen Strom gespeist werden. Die Strahlungskopplung zwischen ihnen verändert aber ihre Eingangsimpedanzen sehr stark. Bei einem Abstand von $\lambda/4$ und einen Phasenunterschied von 90° erhöht sich die Eingangsimpedanz eines Strahlers und verringert sich die des anderen. Nach [1.4] verhalten sich die Eingangsimpedanzen wie 1:3. Dieser Unterschied bedeutet, daß ein Strahler mit der dreifachen Leistung des zweiten Strahlers gespeist werden muß. Dazu wird, über einen passenden Leistungs-

Tabelle 21.1
Phasenleitungslängen für eine Kardioidenbildung nach Bild 21.1.2c

Frequenz *f*/MHz	Längen *A*/m (A90°=λ/4)	*B*/m (*B*: 84°)	*C*/m (*C*: 161°)
3,600	20,83	12,83	24,59
7,050	10,64	6,55	12,56
10,125	7,41	4,56	8,74
14,200	5,28	3,25	6,23
18,100	4,14	2,55	4,89
21,250	3,53	2,17	4,17
24,940	3,01	1,85	3,55
28,500	2,63	1,62	3,11

teiler, 3/4 der Gesamtleistung dem einen Strahler und 1/4 dem anderen Strahler zugeführt. Nach [1.5] ist das Impedanzverhältnis 1:2.

Außer den drei zuvor aufgezählten und dargestellten Möglichkeiten zur Erzeugung einer Herzkurve ergeben sich noch viele Kombinationen aus Abstand und Phasenwinkel. Eine im Mittelwellenbereich auch oft verwendete Kombination ist Abstand 0,32λ und Phasenwinkel 72° [1.6].

Weitere Veröffentlichungen sind [1.7] – [1.10].

21.1.3 HF-Bereich

Im LF- und MF-Bereich für Rundfunkzwecke müssen die Fußpunktwiderstände sorgfältig angepaßt werden, um die Nullstelle einwandfrei zu positionieren.

Im *HF-Bereich* für Amateurfunkzwecke ist so eine Nullstellenausrichtung nicht notwendig, daher werden auch die komplexen Netzwerke zur Anpassung meist nicht benötigt. Hier ist man mehr an einer einfachen unidirektionalen oder bidirektionalen Richtwirkung interessiert.

Bild 21.1.2 zeigt die drei Möglichkeiten bei einem Abstand von λ/4 und einem Phasenwinkel von 90° eine nach rechts gerichtete Kardioide zu erzeugen [1.11] [1.12]. Die wirksamen Phasenleitungen sind zweimal λ/4 und einmal 3λ/4. Dabei sind die oberen zwei Bilder gleichwertig. Wenn beim rechten Bild das Signal die Antenne 1 erreicht ist es von der Antenne 2 noch λ/4 entfernt. Durch die schon erwähnte ungleiche Stromverteilung durch die unterschiedlichen Eingangsimpedanzen ergibt sich eine Gewinnreduktion um etwa 0,5 dB und eine Verschlechterung des Vor-/Rückverhältnisses auf unter 10 dB! Diese Werte sind noch etwas vom Erdsystem abhängig. Mit der Methode im rechten oberen Bild ergeben sich durch die Transformation der Viertelwellenleitung nahezu gleiche Ströme in den beiden Antennen. Bei einem guten Erdnetz (24 Radials) soll eine 50-Ω-Phasenleitung und bei einem schlechteren Erdnetz (4 Radials) eine 75-Ω-Phasenleitung genommen werden. Bei beiden Anordnungen sind die Ströme dann fast gleich, das V/R-Verhältnis etwa 23 dB und der Gewinn 3 dB [1.13].

Tabelle 21.1 gibt die Längen der Phasenleitungen für eine Kardioidenbildung nach **Bild 21.1.2c**. Die Werte wurden nach *KB8I* [1.14] aus der Programmsammlung von *VE3ERP* [1.15] ermittelt.

Bild 21.1.3 zeigt die beiden Möglichkeiten für eine birektionale Richtwirkung [1.16].

Links als Querstrahler: Abstand = λ/2 Phasenwinkel = 0°3,86 dB

Rechts als Längsstrahler: Abstand = λ/2 Phasenwinkel = 180°2,30 dB

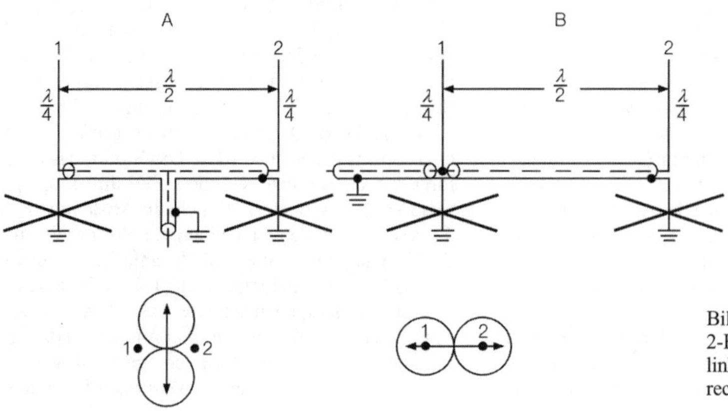

Bild 21.1.3
2-Element-Vertikalrichtantenne
links: Querstrahler
rechts:Längsstrahler

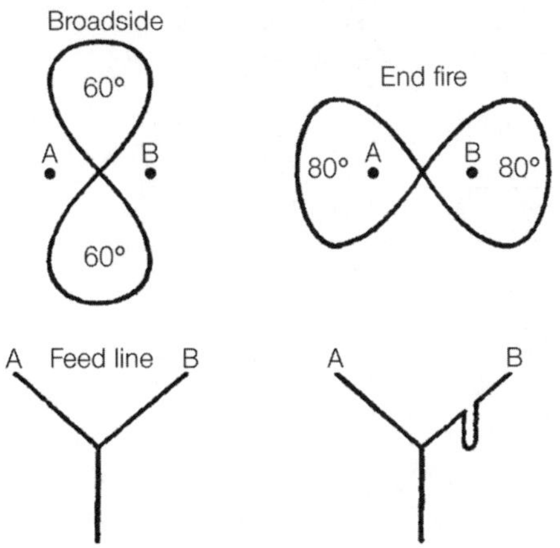

Bild 21.1.4
Umschaltung von Quer- auf Längsstrahler

Der Querstrahler hat 60° Halbwertsbreite, der Längsstrahler hat 80°.

Die maximal möglichen Gewinne mit 2 Antennen sind beim Querstrahler: 5,20 dB und beim Längsstrahler 4,74 dB [1.17]. Wenn man in eine der beiden Phasenleitungen noch eine $\lambda/2$-Leitung einfügt, kann man von vom Querstrahler auf einen Längsstrahler umschalten. **Bild 21.1.4** zeigt die Anordnung [1.18]. Es lassen sich drei und mehr Vertikalantennen zu Richtantennen zusammenschalten [1.19] [1.20]. Das Prinzip gilt auch für Mehrband-Antennen [1.21] [1.22] und für weite Richtungsbereiche [1.23] [1.24]. Eine wesentliche Veröffentlichung mit mehreren Teilen ist [1.25].

Als Phasenglieder allgemein werden meistens Koaxial-Leitungen, seltener Pi-Glieder verwendet. Verschiedene Phasenwinkel werden bei Koaxialleitungen durch die Umschaltung von einzelnen Koaxialstücke [1.26], bei Pi-Gliedern durch LC-Variation [1.27] eingestellt.

Weitere Veröffentlichungen über *phasengespeiste Vertikalantennen im HF-Bereich* sind [1.28]–[1.34].

21.1.4 VHF- und UHF-Bereich

Phasengespeiste Vertikalantennen werden auch im *VHF- und UHF-Bereich* angewendet. Im Gegensatz zum HF-Bereich werden hier im VHF- und UHF-Bereich, beim FM-Relais-und Digipeater-Betrieb, sehr wohl Ausblendungen durch Nullstellen im Strahlungsdiagramm verwendet. Das Prinzip der Speisung wurde schon im Abschnitt 21.1.3 beschrieben. Als Phasenleitungen sind Koaxialkabel oder Streifenleitungen in Verwendung.

Ein Beispiel für eine Anwendung im UHF-Bereich, nämlich ein UHF-Antennenkoppler für 433 MHz mit einer Nullstelle ist nachfolgend dargestellt. Dieser Koppler ist von *DK2RV* beim Digipeater München-Nord *DB0AAB* eingesetzt worden. Durch mechanische Toleranzen und elektrische Abweichung von der Bemessungsfrequenz ergibt sich ein Phasenfehler, der zu einer kleinen Aufspaltung der Nullstelle führt. Das Vor-/Rückverhältnis ist aber dennoch relativ groß, etwa 30 dB. **Bild 21.1.5** zeigt die elektrische Ausführung. Durch Verwendung einer luftisolierten 50-Ω-Streifenleitung ist die Länge der Phasenleitung mit dem Abstand der beiden Antennen identisch. Der resultierende Fußpunktwiderstand von 25 Ω wird mit einer Viertelwellenleitung von 35,4 Ω auf 50 Ω transformiert.

Bild 21.1.6 zeigt die mechanische Ausführung. Der Koppler besteht aus einem Alu-Vierkantprofil 35 x 3 mm. Der Profilkörper wird etwas länger ausgeführt und an einem Ende mit einer Schelle am Mastrohr befestigt. Durch die großen Bohrungen (∅ 15) kann mit dem Lötkolben die Streifenleitung angelötet werden. Die Streifenleitung besteht aus 20 mm breitem und 1 mm dickem Messingblech, das vor dem Einlöten entsprechend gebogen wird.

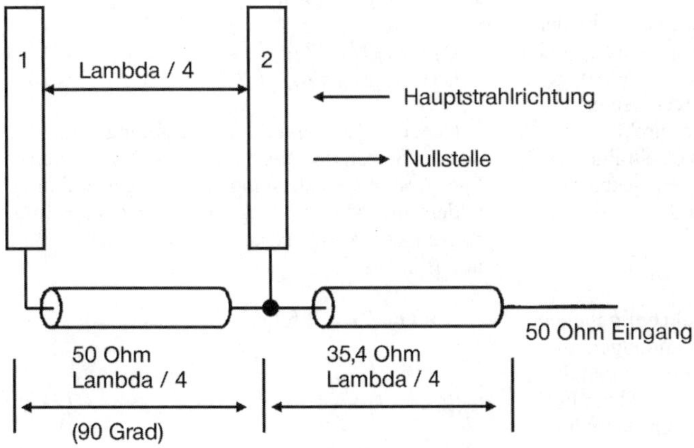

Bild 21.1.5
UHF-Antennenkoppler
(elektrische Ausführung)

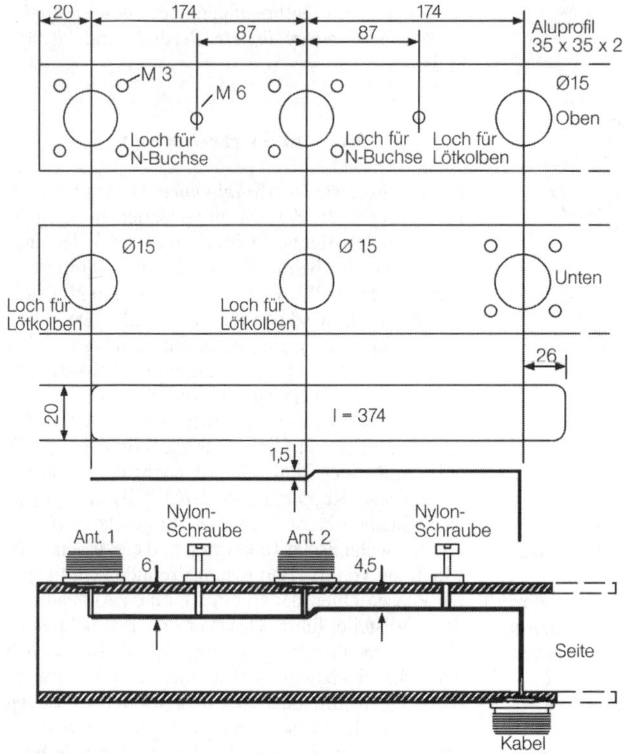

Bild 21.1.6
UHF-Antennenkoppler
(mechanische Ausführung)

Beide Phasenleitungen können mit Nylonschrauben etwas verbogen werden, so daß ein Feinabgleich möglich ist.

Für VHF/UHF-Anwendungen gibt es naheliegend wenig Literatur [1.35]–[1.38].

21.2 Strahlungsgekoppelte Vertikalantennen

21.2.1 Allgemeines

Einfacher in der Ausführung, dafür aber in der Strahlungscharakteristik nicht ganz so günstig, sind *strahlungsgekoppelte* Anordnungen mit einer gespeisten Antenne und einem passiven Antennenelement, entweder Reflektoren oder Direktor.

Dabei wird der Strom im passiven Strahler bestimmt durch den Abstand zwischen gespeistem Strahler und passivem Strahler und die Abstimmung des passiven Strahlers

Strahlungskopplung

In jedem im elektromagnetischen Feld befindlichen Leiter werden durch das Feld Spannungen und Ströme erregt, die ihrerseits wiederum ein von diesem Leiter ausgehendes „sekundäres" Feld zur Folge haben. Der Strom I_1 einer primären Antenne 1 induziert in einer sekundären Antenne 2 eine EMK oder Spannung $U_{12} = Z_{12} \cdot I_1$. (EMK = Elektromotorische Kraft = Potentialdifferenz = Spannung). Der Strom in 2 wirkt auf 1 zurück und erzeugt hier die Spannung $U_{21} = Z_{21} \cdot I_2$. Man bezeichnet Z_{12} als Koppelwiderstand. Im Ersatzschaltbild von zwei strahlungsgekoppelten Antennen ist aus Symmetriegründen $Z_{12} = Z_{21}$, Wenn Antenne 1 gespeist wird und Antenne 2 nicht gespeist wird, folgt daraus $U_2 = 0$.

Für das Ersatzschaltbild eines Strahlerpaares aus zwei Vertikalantennen, von denen eine Antenne gespeist ist, ergeben sich folgende Vierpolgleichungen:

$$U_1 = Z_{11} \cdot I_1 + Z_{12} \cdot I_2 \qquad (21.2.1)$$

$$U_2 = Z_{12} \cdot I_1 + Z_{22} \cdot I_2 = 0 \qquad (21.2.2)$$

Dabei sind Z_{11} und Z_{22} die Strahlungswiderstände oder Selbstimpedanzen und Z_{12} ist der gegenseitige Strahlungswiderstand oder Gegenstrahlungswiderstand oder die Gegenimpedanz. Alle Impedanzen sind komplex, d.h. sie haben einen Wirk- und Blindanteil.

Aus Gl. (21.2.2) folgt

$$I_2 = - I_1 \cdot \frac{Z_{12}}{Z_{22}} \qquad (21.2.3)$$

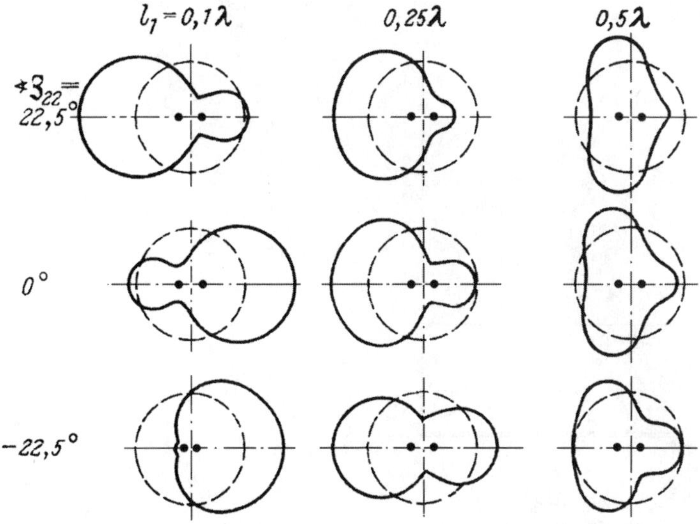

Bild 21.2.1
Horizontaldiagramme eines Strahlerpaares mit einer gespeisten Vertikalantenne

Weiterhin folgen dann Eingangswiderstand

$$Z_1 = \frac{U_1}{I_1} = Z_{11} - \frac{Z_{12}^2}{Z_{22}} \tag{21.2.4}$$

und Koppelwiderstand

$$Z_{12} = \sqrt{(Z_{11} - Z_1) \cdot Z_{22}} \tag{21.2.5}$$

Gleichung (21.2.5) ermöglicht die Messung von Z_{12}, indem man bei Unterbrechung der anderen Antenne Z_{11} bzw. Z_{22} und bei Vorhandensein beider Antennen Z_1 mißt.

Eine Berechnung des Koppelwiderstandes findet sich in [2.1].

Wird der Reflektor auf Resonanz abgestimmt, so fließt in ihm der Strom

$$I_2 = -I_1 \cdot \frac{Z_{12}}{R_{22}} \tag{21.2.6}$$

Bild 21.2.1 zeigt die Horizontaldiagramme eines Strahlerpaares, von denen ein Strahler gespeist ist, für verschiedene Abstände und Abstimmungen des passiven Strahlers [2.2].

21.2.2 HF-Bereich

160, 80 und 40 m

Anwendungen von parasitär erregten Vertikalstrahlern im HF-Bereich für die tiefen Frequenzen sind vorwiegend Antennenmaste mit Schrägdrähten (Sloping-wires oder Slant-wires) als Reflektoren (**Bild 21.2.2**).

Eine der ersten Veröffentlichungen dieser Art, stammt aus 1983 [2.3]. Darin wird eine Richtantenne für den MF/HF-Bereich mit einem schrägen Zweidraht-Reflektor (sloping-reflector) beschrieben. *KB8I* beschreibt 1995 eine „Slant-Wire Special", bei der durch einen oder mehr Schrägdrähte ein Gewinn von 5 dBi und ein Vor/Rückverhältnis von 19 dB erreichbar ist [2.4]. Der Antennenmast ist 39,6 m hoch, die Resonanzfrequenz ist 1,84 MHz. Ein ausgedehntes Radialsystem wirkt als Gegengewicht für diesen Monopol.

Die mit einem Antennenprogramm (ELNEC) berechneten Werte waren wie folgt: Der Antennenmast allein hatte eine Eingangsimpedanz von (35,98 + j 6,94) Ω und einen (Rundum) Gewinn von etwa 3 dBi. Schon mit einem schrägen Reflektor mit 40,7 m Länge, der am unteren Ende geerdet war, ergab sich ein maximaler Vorwärtsgewinn von

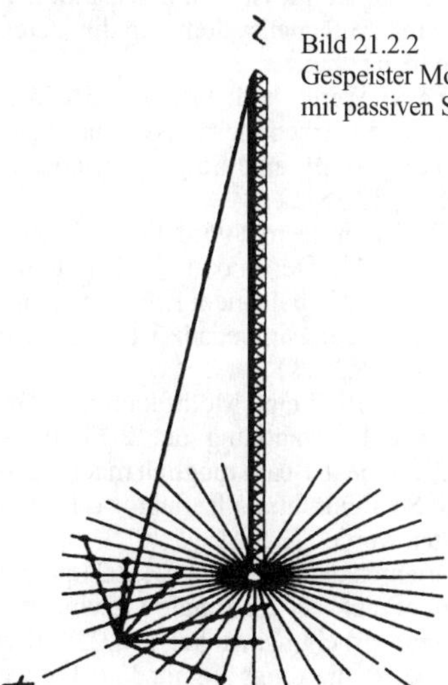

Bild 21.2.2
Gespeister Monopol mit passiven Schrägreflektor

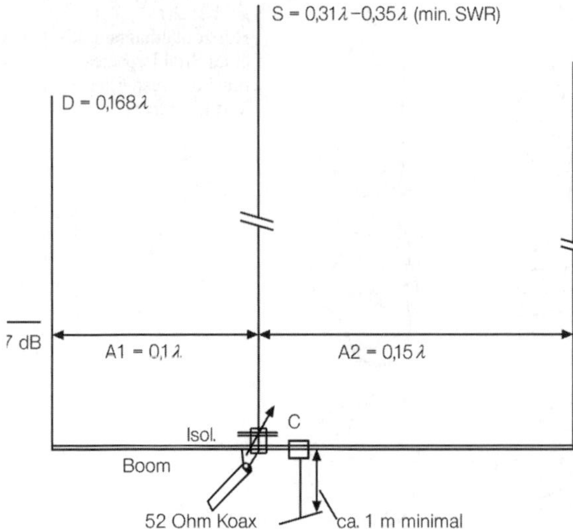

Bild 21.2.3
HB9RU-Beam
für den HF-Bereich

5,04 dBi bei 23° Erhebungswinkel und eine Halbwertsbreite von 146°. Die Eingangsimpedanz änderte sich zu (36,09 + j 55,35) Ω.

Als der Schrägdraht am unteren Ende mit einer kapazitiven Serienreaktanz von 40 Ω (2162 pF bei 1,84 MHz) versehen wurde, änderte sich der Reflektor zu einem Direktor. Der Gewinn war immerhin fast 4,7 dBi, aber das Vor/Rückverhältnis betrug nur 2,5 dB!

Mit zwei und drei Reflektordrähten, einer geerdet und zwei offen, änderten sich die Werte nur unwesentlich.

Die endgültige Ausführung waren 4 Reflektoren gleichmäßig in vier Himmelsrichtungen (N-S-O-W) oder (NO-SO-SW-NW) abgespannt, wobei immer nur ein Reflektor geerdet wird und die drei anderen offen bleiben. Damit ist es einfach möglich ein umschaltbares Antennensystem für die tiefen Frequenzen zu realisieren.

Die berechneten Werte sind: fast 5,1 dBi Vorwärtsgewinn bei 23° Erhebungswinkel, ein V/R-Verhältnis von fast 20 dB, eine Eingangsimpedanz von etwa (9,48 + j 32,35) Ω.

Wenn kein Reflektor geerdet wird hat der Monopol Rundcharakteristik. Der maximale (Rundum-) Gewinn ist dabei 1,7 dBi bei einem Erhebungswinkel von 22°, die Eingangsimpedanz ist in diesem Fall etwa (32,38 + j 8,39) Ω.

Von *KB8I* wurde 1997 eine Modifikation veröffentlicht, die eine Umwandlung der 2-Element-Beam in eine 3-Element-Beam möglich macht. Damit kann jeder Schrägdraht als Reflektor oder Direktor geschalten werden [2.5].

Mit einer Serienreaktanz X_C = 33 Ω (2621 pF bei 1,84 MHz) ergibt sich der maximale Gewinn mit 6,5 dBi bei einem Erhebungswinkel von 22°. Das V/R-Verhältnis sinkt allerdings auf nur 11 dB (etwa 2 S-Stufen).

Mit einer Serienreaktanz X_C = 70 Ω (1236 pF bei 1,84 MHz) ergibt sich ein maximales V/R-Verhältnis von 15 dB und ein Gewinn von 6,1 dBi bei einem Erhebungswinkel von 23°. Die Eingangsimpedanz ist dabei etwa (26,33 + j 29,20) Ω.

Von *K4ERO* wird eine praktische „Low-Band"-Vertikalantenne mit Gewinn und gutem Strahlungsdiagramm beschrieben [2.6].

Das Motto ist:
Durch einen abgestimmten Reflektor bei einem Antennenmast erhält man eine vertikale Richtantenne mit einem V/R-Verhältnis von etwa 20 dB und einen (Vorwärts-) Gewinn von mehr als 3 dB.

Man ersetzt eine der vorhandenen nichtresonanten Drahtabspannungen oder eine isolierte Abspannung durch einen abgestimmten Reflektor passender Länge aus **Tabelle 21.2**. Dazu wird der abgestimmte Reflektor isoliert zwischen Mastspitze und einem Erdanker angebracht. In den Boden werden 6 Radials in 6 verschiedene Richtungen gelegt und mit den vorhandenen Erdradials leitend verbunden. Zwischen dem unteren Ende des abgestimmten Reflek-

Tabelle 21.2
Dimensionierung der Reflektorlängen
und Spulen für Bild 21.2.2

Frequenz *f*/MHz	Reflektor *l*/m	Spule *L*/µH
1,8	38,73	8,8
1,9	36,67	
2,0	34,88	
3,6	19,35	4,4
3,8	18,34	
7,1	9,80	2,2
7,3	9,55	

Tabelle 21.3
Bemessungsangaben für *HB9RU*-Beam in Bild 21.2.3

Band/m	*f*/MHz	*D*/cm	*S*/cm	*R*/cm	*A1*/cm	*A2*/cm	*C*/pF
10	28,5	175	347	302	105	158	90
11	27,2	183	364	320	110	166	80
15	21,2	235	467	410	42	212	80
20	14,2	356	698	612	211	317	70

tors und den zusätzlichen neuen Radials wird eine passende Spule (induktive Serienreaktanz bis maximal + 100 Ω) angebracht. Die Feinabstimmung wird durch einen Spulenabgleich erreicht. Dazu wird der Mast mit kleiner Leistung erregt und die Feldstärke in Richtung des Reflektors überprüft. Die Spule wird dabei auf Signalminimum abgeglichen. Es ist eine Null zwischen 10 und 20 dB erreichbar, abhängig von der Wirksamkeit des Erdnetzes.

Der optimale Wert der Spule bezüglich Gewinn und V/R-Verhältnis ist eine Reaktanz von + 60 Ω. In Tabelle 21.2 sind die maximalen Spulenwerte für + 100 Ω angegeben.

HB9RU-Beam

Die wesentlichen Merkmale gegenüber einem normalen 3-Element-Beam sind die halben Abmessungen [2.7] – [2.9]. Das wird erreicht durch Verwendung von λ/4-Strahler, Reflektor und Direktor, ähnlich einer Groundplane. Der Gewinn ist 5–7 dB, das V/R-Verhältnis ist etwa 15 dB und die Antenne kann direkt mit Koaxialkabel gespeist werden. Der Strahler wird mit einem Kondensator (60 bis 100 pF) verkürzt. Wenn der zu lange Strahler stört, kann sich einen λ/4-Strahler mit 0,242λ bauen.

Die Polarisation ist vertikal. Die Antenne ist besonders geeignet für eine Flachdach- oder Bodenmontage. Das Gegengewicht wird durch den Boom dargestellt, es werden keine Radials benötigt. **Bild 21.2.3** zeigt den *HB9RU-Beam* mit den Abmessungen in λ. **Tabelle 21.3** gibt die Dimensionierungsangaben für die oberen KW-Bänder.

Eine der wenigen Veröffentlichungen von strahlungsgekoppelten vertikalen Mehrband-Richtantennen stammt aus 1985 [2.10].

21.2.3 VHF- und UHF-Bereich

Bild 21.2.4 zeigt den *HB9RU*-Beam für den VHF/UHF-Bereich. Dabei gelten die Werte in Klammern für den UHF-Bereich.

Die Vorteile des *HB9RU*-Beams:
Halbe Abmessungen gegenüber einem normalen 3-Element-Beam bei praktisch gleichen Leistungen (Gewinn 5–7 dB, V/R-Verhältnis mind. 15 dB.), direkte Speisung mit 50-Ω-Koaxialkabel ohne Balun, gute Abstrahlungseigenschaften bei geringer Höhe über Grund, einfache Konstruktion, große Nachbausicherheit und leichte Zerlegbarkeit für Portablebetrieb. *HB9MTN* hat den *HB9RU*-Beam, wie eine „halbe Kreuz-*Yagi*“, auch für zirkulare Polarisation aufgebaut. Zwei *HB9RU*-Beams mit etwas veränderten Abmessungen wurden V-förmig auf einen gemeinsamen Boom gesetzt und parallelgeschaltet. Zur Erzielung der zirkularen Polarisation wird eine λ/4-Umwegleitung eingesetzt. Durch die Parallelschaltung ergibt sich ein Eingangswiderstand von 26 Ω. Mit einer Viertelwellenleitung

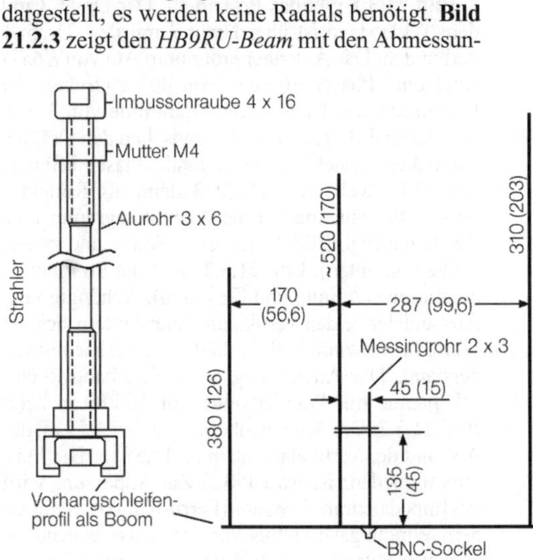

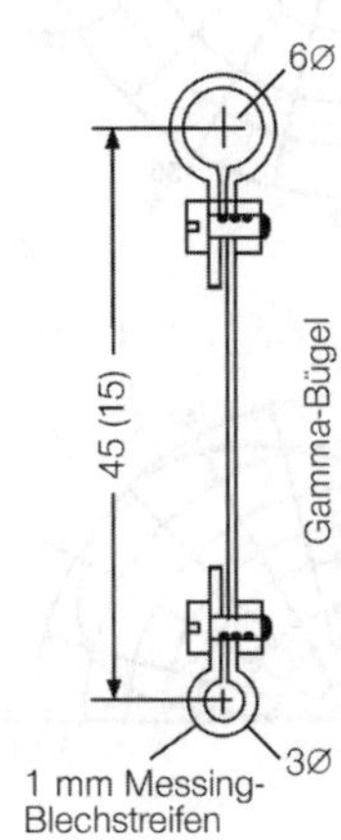

Bild 21.2.4
HB9RU-Beam für den VHF- und UHF-Bereich

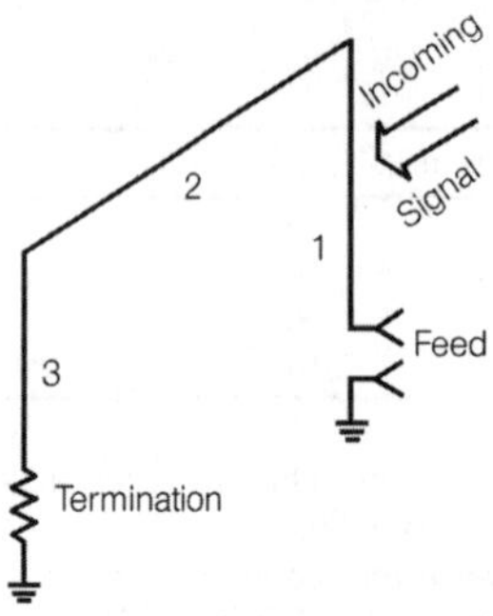

Bild 21.3.1
Rechteckantenne
mit Wanderwellen
(Prinzip)

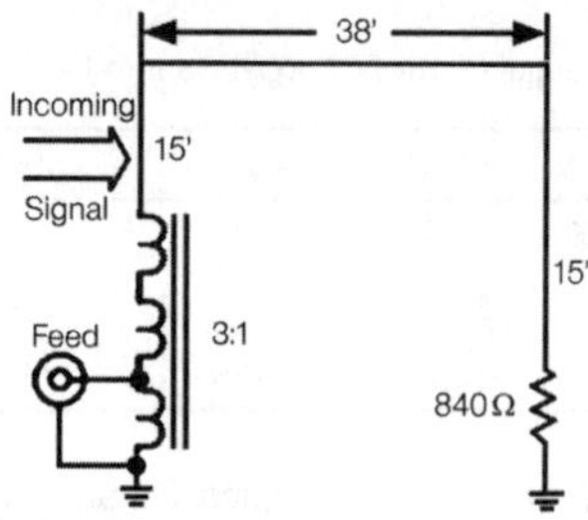

Bild 21.3.3
Zweiband-Rechteckantenne
für 160 und 80 m
(Ausführung)

aus 2 parallelgeschalteten 75-Ω-Koaxialkabeln, die dadurch einen Wellenwiderstand von 37 Ω hat, wird eine Transformation von 26 Ω auf 50 Ω durchgeführt. Der Gewinn ist zwar etwas geringer, die Polarisation ist aber eindeutig zirkular [2.11].

21.3 Rechteckantennen

Antennen, die mit Wanderwellen erregt werden, sind seit den Anfängen der Funktechnik bekannt. Die erste war 1920 die Wellenantenne von *H. H. Beverage*, *W2BML*. Das ist eine sehr lange Drahtantennen in relativ geringer Höhe über dem Erdboden, die am Ende abgeschlossen ist. Nach dem Erfinder bezeichnet man sie als *Beverage*-Antenne. Spätere Entwicklungen waren die abgeschlossenen V-Antennen und Rhombusantennen.

Richtwirkung haben auch rechteckförmige Antennen, die mit Wanderwellen erregt werden. Sie bestehen aus zwei, an den oberen Enden verbundenen, Vertikalantennen, von denen eine am Fußpunkt gespeist ist und die andere am Fußpunkt mit einem Widerstand abgeschlossen ist. Dabei ist die Form der Antennen wie ein umgedrehtes „U" (upside-down).

Diese Antennen haben zwei Arten von einseitiger (unidirektionaler) Abstrahlung. Dabei ergibt sich entweder eine Strahlung in Richtung Widerstand (endfire), oder eine Strahlung in Richtung Speiseleitung (backfire). Die Bedingungen, nach welcher Seite die Strahlung geht, sind in [3.1] und [3.2] zu finden.

Für Empfangsantennen wird dabei die „backfire" Anordnung verwendet. *WA2WVL* hat diese Antenne 1995 beschrieben und als EWE bezeichnet. Ein Nachdruck des Artikels ist in [3.3] zu finden.

Bild 21.3.1 gibt das Prinzip an. Der Draht 3 mit dem Widerstand ist über Draht 2 mit dem Draht 1 verbunden. Das Antennenprogramm AO von *K6STI* zeigt eine Phasendifferenz von 45° zwischen der Drahtmitte von 1 und in der Drahtmitte von 3. Mit der Phasendifferenz von 180° zwischen den Drähten 1 und 3 ergibt sich damit eine totale Phasendifferenz von 135°, wobei der Draht 3 dann als Reflektor wirkt. Die Antenne hat als Azimutdiagramm eine Kardioide (vgl. Bild 21.1.1, erste Spalte und zweite Reihe von unten). **Bild 21.3.2** zeigt die Strahlungsdiagramme (Azimut und Elevation). Abhängig vom Abstand der beiden Vertikalantennen ändern sich die Werte für Gewinn, V/R-Verhältnis und Abschlußwiderstand. Die Ausführung einer Zweiband-Rechteckantenne mit Wanderwellen für 160/80 m zeigt **Bild 21.3.3**. Die Antennenhöhe ist dabei 4,57 m, der Abstand der Vertikalantennen ist 11,58 m. Die Fußpunktimpedanz ist etwa 450 Ω. Zur Anpassung wird ein Impedanztransformator (Ferrit-Ringkern) mit einem Windungsverhältnis von 3:1, entsprechend einem Widerstandsverhältnis von 9:1, verwendet.

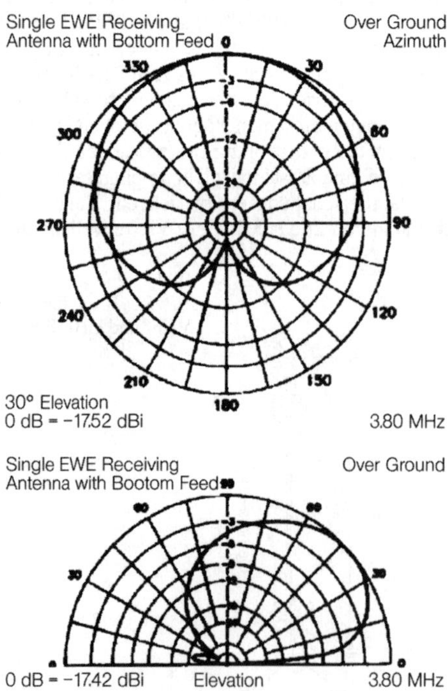

Bild 21.3.2
Azimut- und Elevationsdiagramme der Rechteckantenne

Literatur zu Abschnitt 21

[0.1] *Berndt, W.*: Amplituden-, Abstands- und Phasenbedingungen bei Antennenkombinationen. Hochfrequenzt. u. Elektroak., Bd. 44, Juli 1934, S. 23–28

[0.2] *Laport, E.A.*: Directional Antenna Design. Electronics, April 1936, pp. 22–25, 48

[0.3] *Ebel, A.J.*: Directional Radiation Pattern. Electronics, April 1936, pp. 30–31

[0.4] *Brown, G.H.*: Directional Antennas. Proc. IRE, January 1937, pp. 78–145

[0.5] *Schlayer, K.*: Über Richtstrahlung im Rundfunkwellenbereich. Telefunken Mitt., H. 83, Mai 1940, S. 35–48

[0.6] *Kühn, R.*: Die Berechnung der Doppelantenne. Nachrichtentechnik, Oktober 1955, S. 450–454

[1.1] *Hawker, P.*: Directional vertical arrays. (Technical Topics). Radio Communication, November 1975

[1.2] *Berndt, W.*: Richtantennen-Anlagen von Rundfunk-Sendern im Mittel- und Langwellen-Bereich. Telefunken-Zeitung, Juni 1956, H. 112, S. 75–86

[1.3] *Gaigal, G.; Jaworek, H.*: Richtantennenanlage im Mittelwellenbereich. Techn. Mitt. d. RFZ, H. 3/1975, S. 77–80

[1.4] *Zuhrt, H.*: Elektromagnetische Strahlungsfelder., Springer, Berlin, 1953, S. 302–305

[1.5] *Jasik, H. (Ed.)*: Antenna Engineering Handbook. McGraw-Hill, New York, 1961

[1.6] ----: Directional Antennas for MF Broadcasting. ABU Techn. Rev., No. 52, September 1977, pp. 15–21

[1.7] *El-Raheb, G.*: Directional Antennas for MF Broadcasting Part 1, ABU Techn. Rev., No. 55, March 1978, pp. 5–19; Part II, ABU Techn. Rev., No. 56; Part III, ABU Techn. Rev., No. 57, July 1978, pp. 12–19

[1.8] Idselis, M.; Reiche, J.: Diagrammsynthese von MW-Gruppenstrahlern. Rundfunktechn. Mitt., H. 4, 1978, S. 179–184

[1.9] *Wharton, W.*: LF & MF Directional Transmitting Antennas. Part 1-3, ABU Techn.Rev., 1979

[1.10] *Christman, A.*: A Voltage-Matching Method for Feeding Two-Tower Arrays. IEEE Trans BC-33, No. 2, June 1987, pp. 33–42

[1.11] *Noll, E.M.*: Vertical, Beam, and Triangle Antennas.Editors and Engineers, New Augusta, IN, 1970

[1.12] *Elliott, G.D.*: Phased verticals for 40. QST April 1972, pp. 18—20

[1.13] *Lewallen, R.W.*: Notes on Phased Verticals. (Technical Correspondence). QST August 1979, pp. 42–43

[1.14] *Christman, A.*: Feeding Phased Arrays: An Alternative Method. Ham Radio, May 1985, pp. 58-59, 61–64

[1.15] *VE3ERP*: HAMCALC (Free-Software for US$ 5), George Murphy, 77 Mc Kenzie St.,Orillia, ON L3V 6A6, Canada.

[1.16] *Orr, W.I.; Cowan, S.D.*: All About Vertical Antennas. Radio Publications, Wilton, CT, 1986

[1.17] *Lee, P.H.*: The Amateur Radio Vertical Antenna Handbook. CQ Publishing, Hicksville, NY, 1984

[1.18] *Smith, B.*: Phased ground planes. (Technical Correspondence). QST August 1966, p. 37

[1.19] *Lawson, J.L.*: Simple Arrays of Vertical Antenna Elements, QST May 1971, pp. 22–27

[1.20] *Sevick, J.*: The W2FMI 20-Meter Vertical Beam. QST June 1972, pp. 14–18

[1.21] *La Baume, L.*: A Multiband Phased Vertical Array, QST February 1976, pp. 28–30

[1.22] *Fenwick, R.C.; Schell, R.R.*: Broadband, Steerable Phased Array. QST April 1977, pp. 18-21

[1.23] *Atchley, D.W.; Stinehelfer, H.E.; White, J.F.*: 360°-Steerable Vertical Phased Arrays. QST April 1976, pp. 27–30[1.24]*Atchley, D.W.*: Updating Phased-Array Technology. QST August 1978, pp. 22–25

[1.25] *Gehrke, F.*: Vertical Phased Arrays. Ham Radio, Part 1, May 1983, pp. 18-21; Part 2, June 1983, pp. 24–29, 33–36; Part 3, July 1983, pp. 26–27, 29–34 incl. correction: October 1983, p. 70; Part 4, October 1983, pp. 34–36, 38–40, 42–45¸Part 5, December 1983, pp. 59–64, Part 6, May 1984, pp. 45–47, 49–50, 52, 55–57, 59

[1.26] *Tucker, W.*: Fine tuning the phased vertical array. Ham Radio, May 1977, pp. 46–50

[1.27] *Anderson, P.H.*: Phased verticals with Continous Phase Control. ARRL Antenna Compendium, Vol. 3, 1992, pp. 37–41

[1.28] *Melody, J.V.*: An HF Phased Array Using Twisted-Wire Hybrid Directional Couplers. ARRl Antenna Compendium, Vol. 1, 1985, pp. 67–71

[1.29] *Lewallen, R.*: The Simplest Phased Array Feed System ... That Works. ARRL Antenna Compendium, Vol. 2, 1989, pp. 25–35

[1.30] *Brewster, R.L.*: The Robert Tail - A DX Antenna. ARRL Antenna Compendium, Vol. 2, 1989, pp. 19–24

[1.31] *Linnecke, B.*: Ein 2-Element-Vertikalbeam für 40 m. Beam 9/90, S. 14–16

[1.32] *Lhristman, A.*: Phased Driven Arrays for the Low Bands. QST May 1992, pp. 49–52

[1.33] *Mullani, N.A.*: Top-Fed, Out-of-Phase, Phased verticals (TOP) Antenna. 73 Magazine, March 1997, pp. 44–47

[1.34] *Del Negro, P.*: A Half-Square Array for 40 Meters. QST January 1998, pp. 46–49

[1.35] *Sommers, J.R.*: Phase a Couple of Antennas for More VHF Gain. AntenneX, August 1989, pp.15–17

[1.36] *Burchard, D.*: Die V-Antenne auf dem Autodach zum mobilen Peilen. UKW-Berichte 3/90, S. 174–181

[1.37] *Sommers, J.R.*: Beam Your Mobile Signal With A Phased Pair. CQ August 1990, pp. 20–21

[1.38] Thomas, H.: A 2-Meter Phased-Array Antenna. QST January 1998, pp. 61–63

[2.1] *Zuhrt, H.*: Elektromagnetische Strahlungsfelder. Springer, Berlin, 1953, S.295–308

[2.2] *Zinke, O.; Brunswig, H.*: Lehrbuch der Hochfrequenztechnik. Springer, Berlin, 1965, S.219

[2.3] *Ford, T.*: A Directional MF Transmitting Antenna comprising a Single Guyed Mast and a Sloping-

Wire Parasitic Reflektor. ICAP 83, IEE Conference Publ., No.219, Part 1, 1983, pp.235-239

[2.4] *Christman, A.*: The Slant-Wire Special. ARRL Antenna Compendium, Vol. 4,1995, pp. 1-8

[2.5] *Christman, A.*: Modifying the „Slant-Wire“ Special. (Technical Correspondence), QST May 1997. p. 74-75

[2.6] *Stanley, J.*: The Tuned Guy Wire - Gain for (Almost) Free. ARRLAntenna Compendium,Vol. 4, 1995, pp. 27-29

[2.7] *Schlatter, E.*: Drei-Element-Vertikal-Beam. CQDL 10/75, S. 598-600

[2.8] -----: Der Zwei-Stimmgabel-Beam. Funkschau H. 17, 1975, S. 85

[2.9] *Schlatter, E.*: Der Drei-Element-Vertikal-Beam. Old Man 5/76, S. 22-24

[2.10] *Schulz, W.J.*: A Triband Parasitic Vertical Directional Array. ARRL Antenna Compendium, Vol. 1, 1985, pp. 94-100

[2.11] *Bosshard, E.*: Der HB9RU-Beam für VHF und UHF. Old Man 1/78, S. I-IV

[2.12] *Rohländer, W.*: Der HB9RU-Beam für 144 MHz und 432 MHz. Funkamateur 10/82, S. 509

[3.1] *Matsuzuku, I.; Nagasawa, K.*: Unidirectional Pattern of Travelling-Wave Rectangular Antenna. IEEE Trans., AP-30, No. 4, July 1982, pp. 747-750

[3.2] *Hille, K.H.*: Die Schleife als Wanderwellenantenne. Funk 9/99, S. 38-41

[3.3] *Koontz, F.*: Is this EWE for You?. ARRL's Wire Antenna Classics, ARRL, Newington, CT, 1999, pp. 9-9 to 9-11

22 Sonderformen bei HF

22.1 CCD-Antenne

(**CCD** = **c**ontrolled-**c**urrent-**d**istribution)
Die *CCD-Antenne* besteht aus einer Reihe von Drahtlängen, die untereinander verbunden sind mit einer Reihe von identischen Kondensatoren. Die Antennenresonanz wird erreicht durch geeignete Kombination der Kondensatorkapazitäten mit den Antennendrahtinduktivitäten. Es gibt praktisch eine beliebige Anzahl von Kondensatoren, die man in die Antenne einschalten kann.

Die CCD-Antenne wurde entwickelt von *H. Mills, W4FD,* und *G. Brizendine*, *W4ATE* [1.1].

Vor Erscheinen dieses Artikels hat es aber schon viele Patente und Veröffentlichungen gegeben. Wohl das älteste Patent einer Antenne mit Kondensatoren in regelmäßigen Abständen stammt aus dem Jahre 1913 von der Firma *Marconi* aus Großbritannien. Von diesem Patent ist nur die deutsche Patentnummer bekannt [1.2].

Weitere Patente stammten in USA von *General Electric* [1.3], von *RCA* [1.4]–[1.5] und von *TCI* [1.6], in Deutschland von *Telefunken* [1.7]– [1.8], in Großbritannien von *EMI* [1.9]–[1.11], in Schweden von *Ericsson* [1.12] und *Allgon* [1.13].

Die erste Veröffentlichung stammt aus 1961 von *H. Charman, G6CJ* [1.14]. Darin wird das Prinzip der durch Kapazitäten „gestreckten“ Antenne („stretched“ aerial) erklärt.

Das Prinzip der Antenne:
Die *CCD-Antenne* besteht aus einer Drahtlänge, die in kurze Stücke zerteilt ist und von Kondensatoren unterbrochen ist. Der Wert der Kondensatoren ist so gewählt, daß die Kapazität der Kondensatoren mit der Induktivität der Drahtstücke in Resonanz ist. Dadurch ergibt sich ein annähernd gleicher Strom über die Antenne, in jedem Teilstück ist der Strom annähernd phasengleich. Tatsächlich nimmt der Stromwert gegen das Antennenende hin ab. Es ergibt sich auch bei größeren Antennenlängen kein Stromknoten und keine Phasenumkehr des Stromes mit der Folge von Nebenkeulen. *Die CCD-Antenne* hat nur eine Hauptkeule.

Die Wirkung entspricht etwa einer kollinearen Antenne. Der Öffnungswinkel verringert sich und der Gewinn steigt. Die *CCD-Antenne* kann als Dipol, Monopol, Langdraht oder Schleife verwendet werden. Sogar bei LP-Antennen findet das Prinzip als „extended aperture“ Anwendung [1.6].

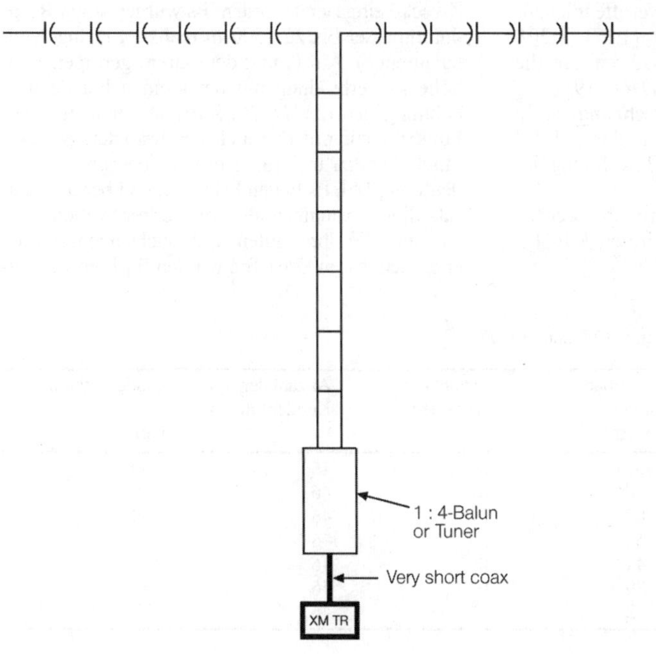

Bild 22.1.1
CCD-Antenne

Tabelle 22.1
Allgemeindaten von CCD-Antennen

Faktor n	Anzahl der Sektionen	Anzahl der Kondensatoren	Dipol-Länge	Eingangs-impedanz	Öffnungs-winkel	Gewinn in dBd
1	2 x 1	---	0,5λ	70 Ω	78°	0
2	2 x 6	2 x 5	1λ	200 Ω	56°	1
3	2 x 9	2 x 8	1,5λ	400 Ω	42°	2,1
4	2 x 12	2 x 11	2λ	550 Ω	32°	3,2

Die Anzahl der Teilstücke bzw. Kondensatoren ist beliebig. Man teilt jede Dipolhälfte in 2 bis 50 Teile (Sektionen) mit 2 x 1 bis 2 x 49 Kondensatoren. Je mehr Kondensatoren, desto gleichmäßiger wird der Teilstrom und desto besser wirkt die Antenne. Die Größe der Kondensatoren hängt auch vom Antennendurchmesser ab. Als Streckungsfaktor *n* bezeichnet man die Zahl, bei der die nächste Resonanz eintritt. Als Streckungsfaktoren sind Werte von 2 bis 4 üblich. Meistens wird die Antenne mit dem Faktor 2 „gestreckt". Das bedeutet, daß ein Halbwellendipol auf eine Wellenlänge gedehnt wird.

Eine durch Kapazitäten um den Faktor 3 gestreckte Antenne hat die dreifache Dipollänge, bis wieder Resonanz eintritt. Jede Dipolseite ($\lambda/4$ = 90°) hat z.B. 9 Sektionen, d.h. alle 10° befindet sich ein Kondensator. Der letzte Kondensator (außen) wird entweder als Endkapazität ausgebildet oder meistens weggelassen. Dadurch ergeben sich bei 9 Sektionen 9 – 1 = 8 Kapazitäten. Die Eingangsimpedanz steigt von 70 auf 400 Ω, der Öffnungswinkel sinkt von 78° auf 42°, der Gewinn steigt von 0 dB auf 2,1 dBd. **Bild 22.1.1** zeigt die Dipolform einer *CCD-Antenne*. Allgemeine Daten von *CCD*-Antennen nach [1.15]–[1.16] zeigt **Tabelle 22.1**. Weitere Veröffentlichungen über die *CCD-Antenne* sind [1.17]–[1.20]. **Tabelle 22.2** gibt die Bemessungsdaten für die *CCD-Antenne* nach *W4FD* und *W4ATE* [1.19].

Ein BASIC-Programm zur Berechnung ist in [1.18] zu finden. Die Programmsammlung [1.21] beinhaltet auch ein Programm zur Berechnung der *CCD-Antenne* nach [1.18].

Antennen nach dem CCD-Prinzip werden kommerziell hergestellt von den Firmen *RACAL*, *ALLGON*, *MARCONI* und *TCI*.

Die *CCD-Antenne* ist keine Wunderwaffe, aber eine interessante Antenne.

22.2 DDRR-Antennen

DDRR stand früher für **D**irectional **D**iscontinuity **R**ing **R**adiator. Inzwischen wurde der Name neu definiert: **DDRR** = **D**irectly **D**riven **R**esonant **R**adiator. Die neue Definition erklärt die Wirkungsweise der Antenne besser.

Die *DDRR-Antennen* zeichnen sich durch eine extrem geringe Bauhöhe aus. Es sind horizontale Ringantennen mit vertikaler Polarisation. Man kann entweder sagen, es strahlt der kurze vertikale Teil oder es strahlt der Schlitz zwischen dem Ring und dem Gegengewicht.

J. Boyer, W6UYH, entwickelte diese Antennenform mit unüblicher Strahlerausführung [2.1]–[2.3], die man wegen ihrer Form als „Hula-Hoop-Antenne" oder auch als „transmission line antenna" bezeichnet [2.4].

Die *DDRR-Antenne* ist auch für kommerzielle Zwecke eingesetzt worden. Es wurden sogar Ringdurchmesser bis zu 1500 m realisiert (Längstwellenantenne). Auf Grund der extrem geringen Bauhöhe in Verbindung mit der kleinen Flächenausdehnung ist die *DDRR-Antenne* auch für den Funkamateur mit räumlich beschränkten Aufbaumöglichkeiten und für den Mobilbetrieb von Bedeutung [2.5]. Es liegen Erfahrungen über den Einsatz dieser Antennen als Amateurkurzwellenstrahler vor, die ihre guten Gebrauchseigenschaften erkennen lassen [2.6]. Sie wurden für kommerziel-

Tabelle 22.2
Bemessungsdaten der CCD-Antenne nach *W4FD* und *W4ATE*

Band in m	Dipollänge in m	Sektionen-Länge in cm	Anzahl der Sektionen	Anzahl der Kondensatoren	Kondensatoren in pF
160	170,7	356	48	46	1560
80	85,4	178	48	46	780
40	42,7	89	48	46	390
30	29,6	62	48	46	270
20	21,3	44	48	46	195
15	14,2	29	48	46	130
10	10,7	22	48	46	97

le Anwendungen entwickelt, sind aber auch für den Funkamateur von Interesse.

Es gibt zwei Ausführungen der *DDRR-Antenne*

- Viertelwellen-Ringantenne
- Halbwellen-Ringantenne

Viertelwellen-Ringantenne

(*J.M. Boyer* – US 3,151,328 – 1962)
Die normale *DDRR-Antenne* (*λ/4-Ringantenne*) [2.7]–[2.8] besteht, wie im **Bild 22.2.1** dargestellt, aus einer 0,007λ langen Vertikalantenne, die mit einer Dachkapazität belastet ist. Der Ringdurchmesser d_1 beträgt 0,078λ; das entspricht einer Antennenlänge von etwa 0,25λ. Mit dem Drehkondensator C_1 wird die Antenne abgestimmt.

Für die gezeigte Speisung über Koaxialkabel benutzt man eine Gamma-Anpassung (siehe Abschnitt 6.2.3). Dabei ist der Kabelaußenleiter mit dem Gegengewicht verbunden. Für den Innenleiter sucht man auf dem Ring den Punkt, dessen Impedanz dem Wellenwiderstand des Kabels entspricht. Durch entsprechende Wahl dieses Anzapfungspunktes kann jedes Koaxialkabel an den Strahler angepaßt werden.

Die DDRR-Antenne strahlt trotz ihres im wesentlichen horizontalen Aufbaus eindeutig vertikal polarisiert. Sie ist ein Rundstrahler und entspricht somit hinsichtlich Polarisation und Strahlungscharakteristik einer kurzen resonanten Vertikalantenne. Der eigentliche Strahler ist der Vertikalteil des Ringes.

Leider weist der Strahlungswiderstand der *DDRR-Antenne* einen extrem kleinen Wert auf. Die Summe der Verlustwiderstände ist daher so gering zu halten, daß noch ein brauchbarer Wirkungsgrad erreicht wird. Der Ringleiter muß deshalb aus Kupfer oder Aluminium mit möglichst großer Oberfläche bestehen (Skineffekt!), und für die Halteisolatoren und den Drehkondensator sind nur Exemplare von bester, verlustarmer Qualität zu verwenden. Da sich der Abstimmkondensator im Spannungsmaximum befindet, wird außerdem hohe Durchschlagfestigkeit gefordert. Parallele, schwenkbare Endplatten mit völliger Luftisolation als Eigenkonstruktion für die Abstimmkapazität dürften deshalb die günstigste Lösung sein. Es ist nicht ratsam, große Abstimmkapazitäten bei verkleinertem Ringumfang zu verwenden, da der Wirkungsgrad des Strahlers mit wachsender kapazitiver Endbelastung stark abfällt.

Voraussetzung für einen guten Wirkungsgrad ist außerdem – wie bei der Groundplane – ein gutes Gegengewicht, das beim Prototyp der *DDRR-Antenne* durch eine ebene kreisförmige Metallscheibe guter Oberflächenleitfähigkeit gebildet wird. Ihr Durchmesser d_2 soll mindestens 25% größer als der des Ringleiters sein. Der Erhebungswinkel des Strahlungsmaximums wird um so kleiner, je größer das Gegengewicht im Verhältnis zum Ringdurchmesser ist. Einer Vergrößerung entspricht auch der Anschluß möglichst vieler 0,25λ langer Radials, die von der Peripherie der Blechscheibe ausgehen und strahlenförmig nach außen geführt werden. Man muß auf eine gut leitende Verbindung der Radials mit dem Gegengewicht achten.

Beim Bau einer *DDRR-Antenne* für die hochfrequenten Amateurbänder 10 und 15 m dürfte es kaum besondere Probleme der Materialbeschaffung geben. Allerdings kann auch bei sehr beschränkten Aufbaumöglichkeiten für diese Bereiche mit etwa gleichem Aufwand eine Groundplane aufgebaut werden, die bei voller λ/4-Höhe einen höheren Wirkungsgrad aufweist und – wie Messungen ergaben – um etwa 2,5 dB „besser“ ist als die *DDRR-Antenne*. Für den Mobileinsatz auf diesen Bändern dagegen sind die mechanischen Vorzüge der *DDRR-Antenne* unverkennbar.

Besondere Schwierigkeiten bereiten dem Kurzwellenamateur bekanntlich Auswahl und Aufbau von wirkungsvollen Antennen für die Bänder 160, 80 und 40 m. Nicht immer ist der Platz vorhanden, um einen horizontalen Dipol voller Länge spannen zu können. Und selbst wenn keine Raumnot besteht, finden sich nur selten ausreichend hohe Antennenstützpunkte. Relativ wenig Platz benötigt eine 80-m-Groundplane, die außerdem noch den Vorzug der Rundstrahlung hat. Aber wer ist schon in der Lage, einen knapp 20 m hohen Vertikalstrahler zu errichten? Die *DDRR-Antenne* für 80 m dagegen hat eine Aufbauhöhe *h* von nur 70 cm, sie benötigt allerdings eine Metallplatte mit etwa 7 m Durchmesser, die wohl nur in Sonderfällen, z.B. in Form eines flachen Blechdaches, vorhanden sein dürfte. Es hat sich jedoch herausgestellt, daß diese Metallplatte durch einen zweiten, gleich großen Metallring ersetzt werden kann (**Bild 22.2.2**), wenn ein Wirkungsgradrückgang in Kauf genommen werden kann. Durch diese Lösung dürfte die *DDRR-Antenne* auch für den 80-m-Amateur interessant sein.

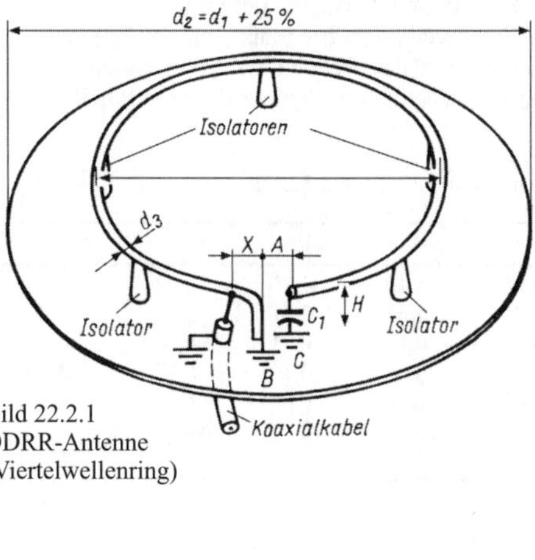

Bild 22.2.1
DDRR-Antenne
(Viertelwellenring)

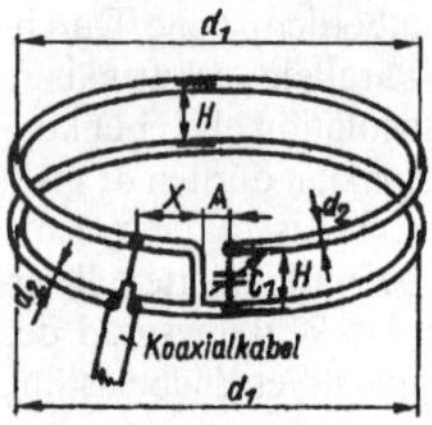

Bild 22.2.2
DDRR-Antenne
(modifizierter λ/4-Ring)

Die in der **Tabelle 22.3** aufgeführten Bemessungsunterlagen beziehen sich auf beide Ausführungen. Bei der vereinfachten Variante nach **Bild 22.2.2** hat der untere Ring die gleichen Abmessungen wie der obere. Der Abstand *H* ist ein Minimalwert; vergrößert man ihn, dann steigt der Wirkungsgrad rasch an. *X* ist nur ein Richtwert. Die optimale Lage des Anschlußpunktes für das Koaxialkabel wird beim Abgleich ermittelt. Die angegebenen Abmessungen für den Ringdurchmesser d_1 sind Mindestwerte; es wird daher empfohlen, sie etwas zu vergrößern, um mit möglichst kleinen Endkapazitäten auszukommen. Diese Maßnahme verbessert außerdem den Wirkungsgrad.

Für den Leiterdurchmesser d_2 gilt allgemein, daß man ihn so groß wie möglich wählen sollte, weil als Folge des extrem kleinen Strahlungswiderstandes die Leiterverluste den Wirkungsgrad stark herabsetzen können. Gleichzeitig wird durch dünne Leiter die an sich schon geringe Bandbreite der *DDRR-Antenne* vermindert. Die in der **Tabelle 22.3** aufgeführten Leiterdurchmesser d_2 beziehen sich auf Kupfer bzw. auf Reinaluminium, sie sollten als Mindestwerte betrachtet werden. Der durch den Skineffekt hervorgerufene frequenzabhängige Verlustwiderstand der verwendeten Leiter beträgt jeweils etwa 0,16 Ω. Das bedeutet, daß bei einem Strahlungswiderstand von 0,3 Ω mit einem Wirkungsgrad η von 0,6 gerechnet werden kann.

Bereitet das Biegen des Leitermaterials Schwierigkeiten, dann läßt sich der Ringleiter auch aus einzelnen geraden Leiterstücken zu einem Polygon (Vieleck) zusammensetzen.

Zum Abgleich der *DDRR-Antenne* wird vorerst die Speiseleitung entfernt. Mit einem Dip-Meter, das an die Biegung des geerdeten Leiterschenkels angekoppelt ist, mißt man zuerst die Resonanzfrequenz und korrigiert diese mit C_1, bis sich die gewünschte Frequenz innerhalb des Amateurbandes einstellt. Nun wird die Antenne über das Speisekabel mit der vorher festgestellten Resonanzfrequenz erregt. Durch Verändern des Anschlußpunktes für den Kabelinnenleiter (Strecke *X*) sucht man den Punkt auf dem Ringleiter, bei dem ein in die Speiseleitung eingeschleiftes Reflektometer die geringste Welligkeit anzeigt. Dort wird der Kabelinnenleiter stabil und gut leitend befestigt. Frequenzänderungen innerhalb des Amateurbandes erfolgen dann nur noch durch Betätigen von C_1. Das Reflektometer sollte als Betriebsmeßgerät ständig eingeschaltet bleiben, denn es arbeitet gleichzeitig als Kontrollinstrument für die Resonanzeinstellung von C_1. Resonanz besteht bei der geringsten angezeigten Welligkeit. Über praktische Erfahrungen mit einer *DDRR-Antenne* nach **Bild 22.2.2** berichtet *DJ2RE* [2.6]. Die Versuchsantenne war für das 10-m-Band bemessen; die beiden Ringleiter wurden aus Kupferrohr mit 7 mm Außendurchmesser gefertigt. Für den Feinabgleich der Antenne brachte man 2 gegeneinander schwenkbare Kupferplatten (60 mm x 60 mm) am heißen Ende des oberen und benachbart am unteren Ring an (C_1). Als Vergleichsantenne stand ein 12 m über Grund aufgebauter 3-Element-Beam zur Verfügung. Die *DDRR-Antenne* befand sich 9 m über Grund. Ihr unterer Ring war nur über den Kabelmantel geerdet. Bei Empfangsversuchen ließ sich die Rundcharakteristik der *DDRR-Antenne* sofort deutlich erkennen; die Empfangssignale lagen im Mittel um 2 S-Stufen niedriger als die des Beams, dessen Gewinn mit knapp 8 dB angegeben wird. Im Sendebetrieb wurden bei einer auf 150 W begrenzten Eingangsleistung 125 Verbindungen in Telegrafie und SSB abgewickelt und damit alle Kontinente sowie sämtliche W-Rufzeichengebiete erreicht.

In der Auswertung der Versuchsergebnisse kommt *DJ2RE zu* der Feststellung, daß die *DDRR-Antenne* in Anbetracht ihrer geringen Abmessungen äußerst brauchbar und zumindest im untersuchten Frequenzbereich keineswegs mehr als Behelfsantenne zu bezeichnen ist. Für den Nahverkehr eignet sie sich – ähnlich wie die Groundplane-Antenne – aufgrund ihres Vertikaldiagramms weniger.

Ein Zweibandbetrieb läßt sich ermöglichen, wobei jeweils das frequenztiefere Amateurband benutzt werden kann. Wenn z.B. eine DDRR-Anten-

Tabelle 22.3
Bemessungsunterlagen für DDRR-Antennen (λ/4-Ringantennen) nach Bild 22.2.1 und 22.2.2

Amateurbänder in m	10	12	15	17	20	30	40	80
Ringumfang in m	2,58	2,95	3,47	4,06	5,19	7,26	10,42	20,14
d_1 in m	0,82	0,94	1,11	1,29	1,65	2,31	3,32	6,41
H in m	0,08	0,09	0,10	0,12	0,15	0,21	0,30	0,65
A in m	0,05	0,05	0,05	0,06	0,08	0,10	0,15	0,30
X in m	0,15	0,20	0,30	0,40	0,50	0,80	1,00	2,00
d_2 in mm	7	8	8,5	9	10	12	14	20
C_1 in pF	25	30	35	40	50	60	75	100

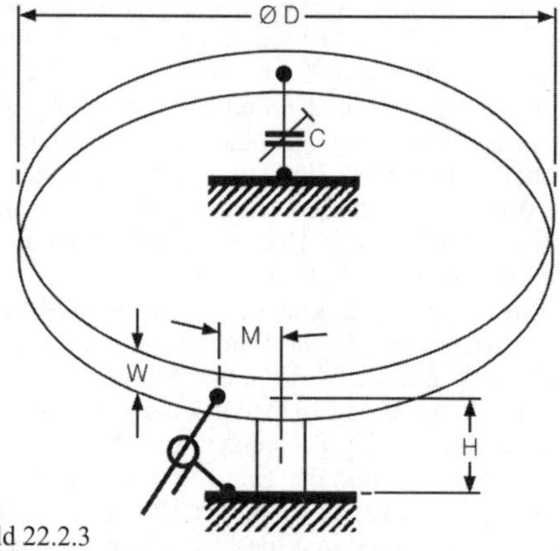

Bild 22.2.3
DDRR-Antenne (Halbwellenring)

ne für das 10-m-Band optimal bemessen ist, kann man diese Antenne auch noch im 15-m-Band betreiben. Allerdings muß dann bei 15-m-Betrieb mit einem Abfall des Wirkungsgrades gerechnet werden. Damit man auch im niederfrequenteren Band mit C_1 noch Resonanz einstellen kann, soll dieser Drehkondensator etwa die 5fache der in **Tabelle 22.3** angegebenen Endkapazität aufweisen. Selbstverständlich muß der Drehkondensator vor Witterungseinflüssen geschützt werden. Da auch beim Einbandbetrieb ein Nachstimmen von C_1 bei Frequenzwechsel innerhalb des Bandes ratsam ist, wird eine Fernbedienung von C_1 empfohlen. Es bieten sich einige Möglichkeiten an, z.B. einfache Schnurzüge mit Seilscheiben, elastische Wellen und Drehfeldsysteme.

Halbwellen-Ringantenne

(*J.M. Boyer* – US 3,247,515 – 1963)
Die entscheidenden Nachteile der Viertelwellen-Ringantenne ($\lambda/4$-Ringantenne) sind ihr außerordentlich kleiner Strahlungswiderstand, der einem brauchbaren Antennenwirkungsgrad entgegensteht, und der sehr geringe Frequenzbereich (< 2%).

Mit der *Halbwellen-Ringantenne* ($\lambda/2$-Ringantenne) gelang es, diese Nachteile weitgehend zu beseitigen. Die $\lambda/2$-Ringantenne unterscheidet sich von der $\lambda/4$-Ringantenne durch den größeren Ringumfang von $\lambda/2$. Sie wird als ein geschlossener Ring mit dem Durchmesser $\varnothing$ *D* ausgeführt. Auf einer Seite liegt die *Halbwellen-Ringantenne* über einen kurzen Vertikalteil auf Masse und wird auf der gegenüberliegenden Seite mit einer Kapazität abgestimmt [2.9]. Das **Bild 22.2.3** zeigt die *Halbwellen-Ringantenne*.

Der Innenleiter des zum Speisen verwendeten 50-Ω-Koaxialkabels wird etwa 0,01λ vom Anschlußpunkt des Ringleiters entfernt angeschlossen (Strecke *M*). Dieser Punkt ist nicht kritisch und bedarf keines besonderen Abgleichs. Es kann mit einem Frequenzbereich von etwa 3% gerechnet werden; er nimmt noch etwas zu, wenn man die Strecke *M* vergrößert (maximal bis etwa 0,02λ), ohne daß sich dabei der Eingangswiderstand merklich verändert. Die Aufbauhöhe *H* soll 0,01λ betragen. Höhenänderungen von *H* beeinflussen den Eingangswiderstand und die Resonanzfrequenz. Der Drehkondensator *C* ermöglicht eine Frequenzfeinabstimmung.

Was bei der $\lambda/4$-Ringantenne über das Gegengewicht gesagt wurde, gilt auch für die $\lambda/2$-Ringantenne; da man ihr aber einen größeren Strahlungswiderstand zuordnen kann, reagiert ihr Wirkungsgrad nicht so empfindlich auf vorhandene Erd- und Leiterverluste.

Die Aussagen zur $\lambda/2$-Ringantenne wurden an einem Modell für 400 MHz gewonnen, konkrete Angaben über Strahlungsdiagramme sowie Erfahrungsberichte zur Brauchbarkeit in den Kurzwellenbereichen liegen nicht vor. Um eine praktische Unterlage für Versuche auf Kurzwelle zu schaffen, wurde die **Tabelle 22.4** berechnet.

22.3 Drahtpyramide

In den Jahren des Sonnenfleckenminimums belebt sich das 80-m-Band, weil die Bereiche 10 bis 15 m dann nicht oder nur sehr selten brauchbar sind. Dem DX-Spezialisten bieten sich gerade zu Zeiten des Sonnenfleckenminimums auf 80 m manchmal gute Möglichkeiten. Diese kann er allerdings nur nutzen, wenn er eine geeignete Antenne besitzt.

Ein guter 80-m-Strahler benötigt leider viel Platz und hohe Aufhängepunkte. Die Mindestforderung wäre ein Halbwellenstrahler mit reichlich 40 m

Tabelle 22.4
Bemessungsunterlagen der DDRR-Antennen ($\lambda/2$-Ringantennen)

Amateurbänder in m	10	12	15	17	20	30	40	80
Ringumfang in m	5,26	6,00	7,08	8,29	10,60	14,80	21,30	41,10
D in m	1,68	1,92	2,25	2,64	3,38	4,72	6,78	13,00
H in m	0,53	0,60	0,70	0,83	1,06	1,48	2,13	4,11
X in m	1,47	1,68	1,98	2,32	2,97	4,15	5,95	11,51

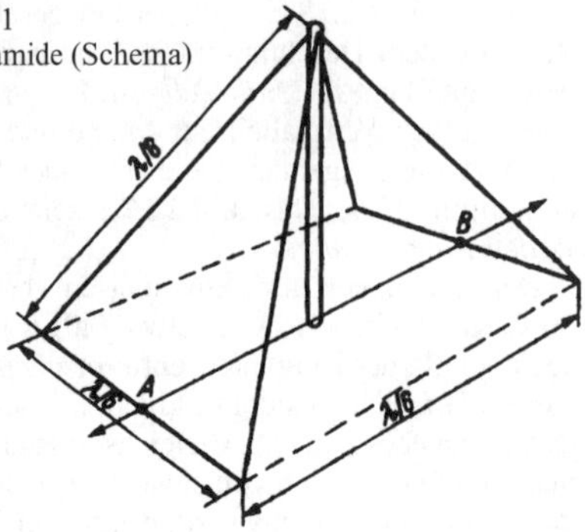

Bild 22.3.1
Drahtpyramide (Schema)

Spannlänge, der in der luftigen Höhe von mindestens 20 m über dem Erdboden schweben sollte. Selbst dann kann nicht in allen Fällen mit einer günstigen Abstrahlung gerechnet werden, weil umliegende Hindernisse (insbesondere waagrecht verlaufende Drahtleitungen, Dachrinnen, Metallkonstruktionen usw.) den Strahler stark beeinflussen können. Es entstehen dabei unkontrollierbare Absorptionen und Reflexionen; die wirksame Antennenlänge erscheint gegenüber der geometrischen Länge stark vermindert. Ein solcher Halbwellendipol weist dann keinesfalls mehr den theoretischen Eingangswiderstand von 60 bis 70 Ω auf, sondern einen wesentlich geringeren, 80-m-Strahler mit guten Strahlungseigenschaften sind daher bei Funkamateuren ziemlich selten zu finden.

Oft begnügt man sich bewußt mit verkürzten Behelfsausführungen und ist bemüht, die Verluste durch Leistungserhöhung auszugleichen.

Wenig bekannt ist bisher eine Antennenform, die man als Drahtpyramide bezeichnen kann (**Bild 22.3.1**). Bei ihr reicht eine Aufbaufläche von etwa 14 m x 14 m und ein etwa 13 m hoher Mast. Trotzdem handelt es sich um eine vollwertige Antenne mit guten Abstrahleigenschaften, die sich besonders für den 80-m-Betrieb eignet [3.1].

Die gesamte Drahtlänge der Pyramide beträgt 1λ. Die Antennendrähte wirken gleichzeitig als mechanische Abspannung für den Mittelmast. Der Verlauf des Antennenleiters und dessen Einspeisepunkte sind in **Bild 22.3.2** gesondert dargestellt. Man kann daraus erkennen, daß er 2 gleichseitige Dreiecke mit je $\lambda/6$ Seitenlänge bildet. Durch die Art der Speisung verlaufen die Ströme der dem Speisepunkt benachbarten 4 geneigten Drahtabschnitte gleichphasig (siehe Strompfeile). Die beiden waagrechten und erdbodennächsten $\lambda/6$-Abschnitte führen eine gegenphasige Stromverteilung, wobei in ihrer Mitte (Punkte *A* und *B*) Spannungsmaximum besteht. Daraus kann gefolgert werden, daß die horizontalen Drähte nur unbedeutend an der Strahlung beteiligt sind.

Das Strahlungsdiagramm zeigt eine Auffüllung in der Richtung *A-B*. Das Strahlungsminimum liegt rechtwinklig dazu. Maxima und Minima sind aber nicht sehr ausgeprägt, und man kann sagen, daß die Antenne nach allen Richtungen gut abstrahlt. Das Richtdiagramm und der Eingangswiderstand werden durch den Knickwinkel der Drähte, durch die Aufbauhöhe und durch die Erdverhältnisse beeinflußt. Der Eingangswiderstand liegt etwa zwischen 35 und 75 Ω . Eine direkte Speisung mit Koaxialkabel beliebiger Länge ist deshalb möglich. Die idealisierten Strahlungsdiagramme der Drahtpyramide wurden über ein Rechnerprogramm für unterschiedliche Aufbauhöhen ermittelt und in [3.2] veröffentlicht.

Der Antennenwirkungsgrad steigt mit der Aufbauhöhe. Eine Länge des Mittelmastes von 13 m und eine Höhe der waagrechten Drahtabschnitte von 3 m über dem Erdboden sind Mindestforderungen. Die Pyramide ist sehr resonanzscharf (schmalbandig). Da sie außerdem über eine angepaßte

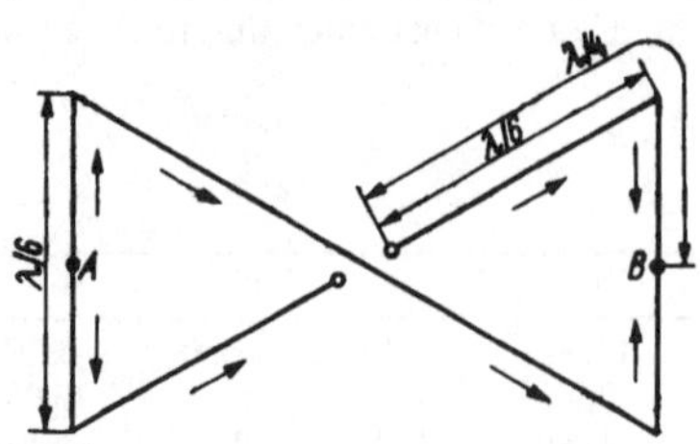

Bild 22.3.2
Drahtpyramide (Leiterschema und Stromrichtungspfeile)

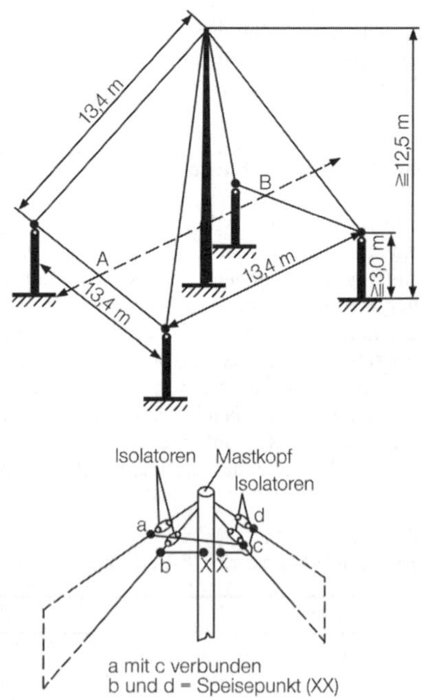

Bild 22.3.3
Drahtpyramide (Aufbau und Abmessungen)

Speiseleitung erregt wird, läßt sich die Antenne nicht mit den Abstimmitteln eines Antennenkopplers jeweils in Resonanz bringen. Sollte der Leistungsabfall an den Bandenden zu groß werden, so gibt es eine verhältnismäßig einfache Möglichkeit, die Resonanz den Bedürfnissen entsprechend zu verändern. Man legt dabei die Antennenresonanz in die Nähe des hochfrequenten Bandendes (z.B. 3,75 MHz) und setzt die Resonanzfrequenz bei Bedarf durch Anklemmen je eines Drahtstückes an die Punkte *A* und *B* (Mittelpunkte der horizontalen Abschnitte) herab. Als Faustregel gilt, daß eine Verlängerung von je 45 cm die Resonanzfrequenz um 50 kHz vermindert. Es ist im allgemeinen ausreichend, die Antenne für eine Resonanzfrequenz von 3,70 MHz zu bemessen. **Bild 22.3.3** zeigt den Aufbau und die Abmessungen dafür.

Man kann damit gut im Telefoniebereich von 3,60 bis 3,80 MHz arbeiten. Für Telegrafiebetrieb stimmt man die Antenne auf 3,55 MHz um. Dazu wird mit einer Krokodilklemme an den Punkten *A* und *B* je ein 1,35 cm langer Drahtschwanz angebracht. Wer auf gutes Aussehen und besonders stabile Verhältnisse Wert legt, kann zwischen dem Mittelmast und den Punkten *A* bzw. *B* feste Leitungen verlegen, die alle 450 mm oder 900 mm durch Isolatoren unterbrochen sind. Mit Überbrücken der Isolatoren läßt sich die Resonanz in Intervallen von 50 kHz bzw. 100 kHz verändern. Da die Punkte *A* und *B* im Spannungsmaximum liegen, müssen hochwertige Isolatoren zum Einsatz kommen. Für das Koaxialkabel empfiehlt sich eine Länge von $\lambda/2$. Bei Kabel mit einem Verkürzungsfaktor von 0,66 beträgt die geometrische Länge 26,75 m. Ein Symmetrieren ist nicht unbedingt erforderlich aber empfehlenswert. Der vorhandene Mittelmast läßt sich noch für weitere Antennensysteme nutzen. Hinsichtlich der guten Eigenschaften einer Drahtpyramide kann noch hervorgehoben werden, daß wegen der geneigten Strahlerdrähte die Kopplung mit benachbarten waagrechten Netz- und Fernmeldefreileitungen wesentlich geringer ist als bei einem horizontal aufgebauten Strahler. Dadurch wird die umgebungsbedingte Beeinflussung erheblich gemindert.

Weitere Veröffentlichungen zu der Antenne sind in [3.3] bis [3.5] zu finden.

22.4 GAP-Antenne

(G. Henf – US 5, 592, 183 – 1988)
(gap = Spalt)
Eine von *G. Henf, KK4CW,* entwickelte Mehrband-Vertikalantenne für Amateurfunk mit Mittelspeisung ohne Traps, Spulen und Fußpunktisolator. Die Antenne wird nicht im Fußpunkt gespeist, sondern wie eine schwundmindernde Antenne etwa in der Mitte der Antenne. Das Prinzip ist nicht neu, es wurde schon in den 50er Jahren beschrieben [4.1]. In den 60er Jahren wurde diese Speiseart von *Marconi* bei einem HF-Peiler angewendet. In den 70er Jahren von *Telefunken* bei Antennen für Mittelwellenrundfunk [4.2]–[4.4].

Veröffentlichungen in der Amateurfunkliteratur als allgemeine Beschreibungen von geerdeten vertikalen Monopolantennen mit erhöhter Einspeisung erfolgten erst später durch *VE2CV* [4.5]–[4.6].

Die US-Firma *GAP* aus Florida kam dann 1989 mit der ersten *GAP-Antenne* mit der Typenbezeichnung „*Challenger DX*“ als Fünfbandantenne für 80/40/20/15/10 m auf den Markt. Bald darauf folgten weitere Typen und die Anzahl der Bänder erhöhte sich.

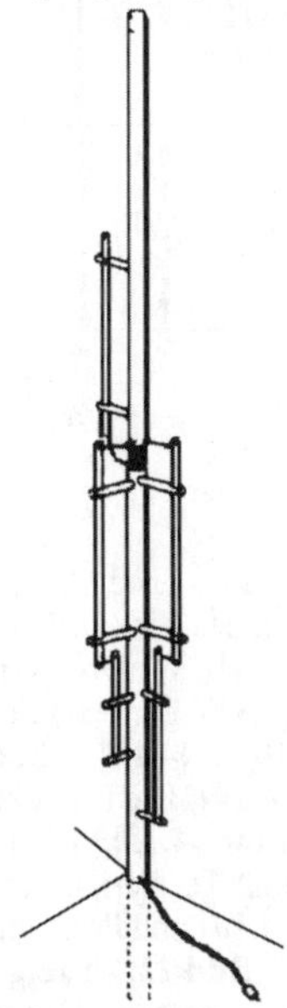

Bild 22.4.1
GAP-Antenne
Typ Challenger
(Schema)

Heute gibt es vier Typen von *GAP-Antennen*:
Typ
Amateurbänder Höhe
Gegengewicht Gewicht

Challenger
80-40-20-15-12-10-6-2-m
9,6 m 3 x 7,6 m 9,5 m

Eagle
40-20-17-15-12-10-m
6,6 m 2,03 m 8,6 kg
Titan
80-40-30-20-17-15-12-10-m
7,6 m 2,03 m 11,3 kg
Voyager
160-80-40-20-m
13,7 m 3 x 17,4 m 17,7 kg

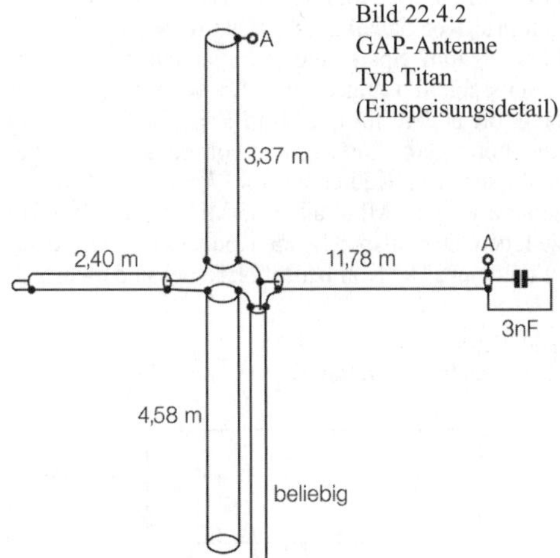

Bild 22.4.2
GAP-Antenne
Typ Titan
(Einspeisungsdetail)

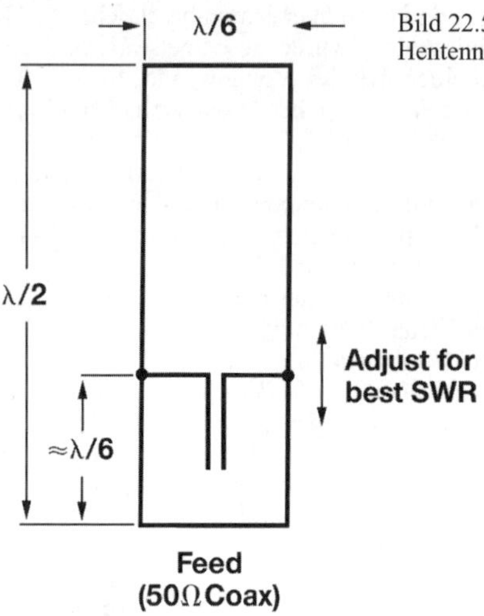

Bild 22.5.1
Hentenna

Die erste Produktbesprechung einer GAP-Antenne, der *Challenger*, erfolgte 1989 durch *W8FX* [4.7]. Weitere Veröffentlichungen sind [4.8] bis [4.11]. Die erste deutsche Veröffentlichung erfolgte 1992 [4.12], Erfahrungsberichte sind in [4.13] [4.14]. Die Produktbesprechung des Typs *Voyager*, ist in [4.15] [4.16]. Über den Typ *Titan* findet sich ein Testbericht in [4.17], eine Beschreibung in [4.18] und Praxistips in [4.19].

Bild 22.4.1 zeigt schematisch die *GAP-Challenger-Antenne*. Das von unten zugeführte Koaxialkabel wird durch die untere Strahlerhälfte bis zum Spalt geführt und ist mit dem oberen Strahler verbunden.

Bild 24.4.2 zeigt die Einspeisung der *GAP-Titan-Antenne* detailliert gezeichnet.

Senkrecht sind die beiden Antennenrohre angeordnet mit 4,58 m und 3,37 m. Das im unteren Rohr geführte Koaxialkabel ist rechts davon gezeichnet. Parallel zum Spalt sind zwei koaxiale Kompensationsschleifen angeordnet. Die kürzere ist 2,4 m lang, die andere für das 80-m-Band ist 11,8 m lang und mit einem Kondensator von etwa 3 nF abgeschlossen. Der Käufer hat die Wahl, die Mittenresonanz auf 3,55 MHz, auf 3,65 MHz oder 3,75 MHz zu legen. Der entsprechende Kondensator wird dann mitgeliefert. Die Kompensationskabel sind mehrfach gefaltet und füllen das obere Rohr aus. Die beiden Punkte A sind verbunden. Außen befinden sich noch verschiedene Stäbe, die vom oberen Strahler nach unten und vom unteren Strahler nach oben gehen. Zusammen mit der kurzen Kompensationsleitung wird die Anpassung bei den verschiedenen Bändern 7, 10, 14, 18, 21, 25 und 28 MHz ermöglicht. Die Antenne ist am unteren Ende direkt geerdet. An dieser Stelle sind als Gegengewicht mitgelieferte Radials angeschlossen. Das Gegengewicht soll nur auf 80 und 40 m wirken, für die oberen Bänder werden angeblich keine Radials benötigt. Zur Mantelwellenunterdrückung der asymmetrisch gespeisten Antenne werden Ferritringe empfohlen bzw. mitgeliefert. Eine Abspannung ist zweckmäßig. Die GAP-Antennen nutzen die Vorteile einer vertikalen Antenne ohne Traps und Spulen. Die Strahlungscharakteristik ist stets flach und DX-trächtig. Auf 40 und 80 m allerdings bringt die Flachstrahlung im Deutschland- und Europaverkehr nur leise Signale, hat aber ihre Stärken im DX-Verkehr. Gegenüber einer Trapantenne ist bei der GAP-Antenne auf allen Bändern immer die gesamte Antennenlänge wirksam.

In Deutschland wird die *GAP-Antenne* von der Firma *WiMo* (*DF2SS*) vertrieben.

22.5 Hentenna

Das Wort *Hentenna* ist japanisch und bedeutet „merkwürdige Antenne". Die *Hentenna* ist eine von *JE1DEU* etwa um 1972 vorgeschlagene und danach von *JH1FCZ* experimentell entwickelte Schleifenantenne, ähnlich einer Skelettschlitzantenne (skeleton slot antenna). Die Skelett-Schlitz-Antenne wurde erstmals 1953 in England von *B. Sykes, G2HCG,* im RSGB Bulletin, dem Vorgänger von Radio Communication, beschrieben [5.1].

Die erste Veröffentlichung der *Hentenna* erfolgte im Jahre 1982 in USA [5.2]. Weitere Publikationen darüber sind [5.3] bis [5.8].

Bild 22.5.1 zeigt die *Hentenna*. Die Antenne ist, entgegen dem ersten Eindruck, eine horizontal polarisierte Antenne. Die Höhe ist $\lambda/2$, die Breite ist $\lambda/6$. Der Speisepunkt ist bei etwa $\lambda/6$. Bei Speisung mit Koaxialkabel wird ein Balun 1:1 empfohlen [5.4]. Als Gewinn wurde mit dem Programm NEC-2 ein Wert von 5,1 dBi ermittelt [5.6]. Das Programm AO

Bild 22.5.2
Hentenna (runde Hutform)

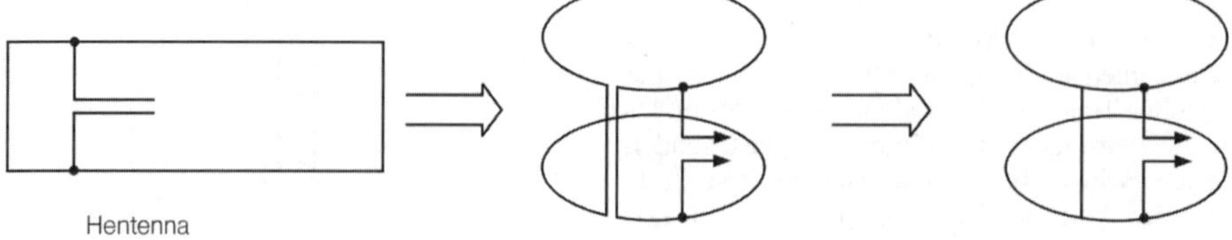

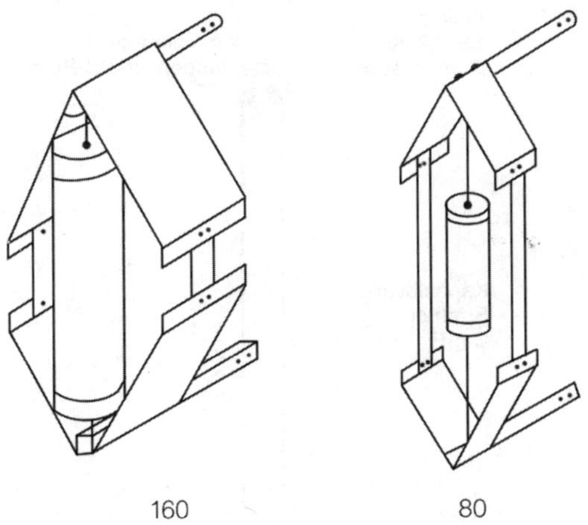

Bild 22.6.1
ISOTRON-Antennen
(160, 80 und 40 m)

(Antenna Optimizer von *B. Beezley, K6STI*) ergibt einen Freiraumwert von 5,12 dBi bzw. 3,14 dBd mit einem horizontalen Öffnungswinkel von 87° und einem vertikalen Öffnungswinkel von 72°.

Wenn man die *Hentenna* um 90° dreht und die $\lambda/2$-Seiten zu einem Kreis biegt und schließt, kommt man zu vertikal polarisierten Antenne ähnlich einer doppelten $\lambda/2$-Ringantenne [5.6]. **Bild 22.5.2** zeigt diese runde „Hutform" der *Hentenna*. Die Hentenna wird in Japan besonders im 6-m-Band verwendet. Abmessungen für alle Bänder von 160 bis 2 m sind in [5.7] angegeben.

Eine HF-Skelett-Schlitzantenne nach Art der *Hentenna* für Multibandbetrieb wurde 1999 von *P. Dodd, G3LDO* beschrieben [5.9]. Die Antenne besteht aus einer nichtresonanten Schleife mit einer Hühnerleiterspeisung nach einem Konstruktionsvorschlag von *G3JYP*. G3LDO verwendete für die vertikalen Elemente Drähte statt Rohre. Die Antenne hat eine Breite von 3 m und eine Höhe von 9,1 m. Das unterste Element ist 4,6 m über Grund. Die Antenne funktioniert von 40 m bis 10 m und arbeitet von 10 bis 28 MHz mit Flachstrahlung.

22.6 *ISOTRON*-Antenne

Die *ISOTRON-Antenne* ist eine von *R. Bilal, WD0EJA* etwa um 1975 entwickelte Kompaktantenne (Miniaturantenne), die seit 1980 auf dem Markt ist. Sie besteht aus einer Spule mit einer Dachkapazität. Mit der Antennenkapazität gegen Erde und Mast erfolgt die Grobabstimmung der Antenne. Mit einer variablen Zusatzkapazität oder einem variablen geerdeten Abstimmbügel wird die Antenne feinabgestimmt.

Die Antenne ist praktisch ein halboffener *LC*-Schwingkreis (Serienschaltung aus einer Spule und Kondensatorplatten) (vgl. **Bild 1.3.3**). Das Strahlungsdiagramm ist rundstrahlend. Die Polarisation ist nicht eindeutig und hängt von der Anordnung und der Höhe der Antenne über Grund ab. Es gibt Monobandausführungen für die Bänder 160 m bis 6 m und 11 m (CB), eine Duobandausführung für 80/40 m und eine Tribandausführung für 20/15/10 m. Die Ausführungen unterscheiden sich nicht nur in der Größe, sondern auch in der Konstruktion.

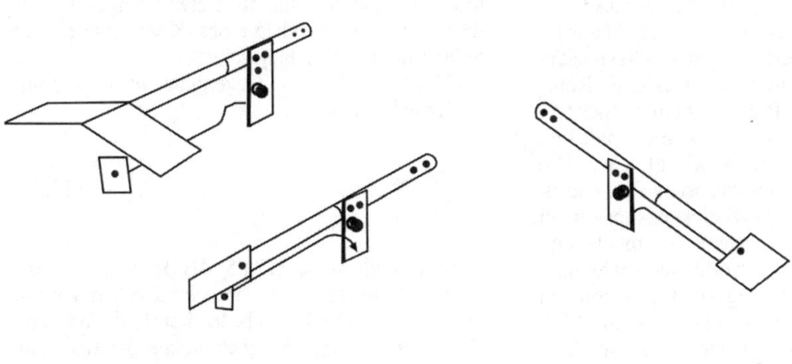

Bild 22.6.2
ISOTRON-Antennen
(20, 15, 11 und 10 m)

Bild 22.6.1 zeigt die *ISOTRON-Antennen* 160 bis 40. **Bild 22.6.2** zeigt die *ISOTRON-Antennen* 20 bis 10.

Die interessantesten Typen davon sind die *ISOTRON* 80, 40 und 20. Die wichtigsten Daten dieser drei Antennen:

Typ	80	40	20
Höhe/Länge (mm)	813	559	533
Breite (mm)	406	406	203
Tiefe (mm)	381	381	102
Bandbreite (kHz)	110	250	350
Gewicht/Masse (kg)	2,7	1,8	0,9

Als Leistung wird 1000 W (PEP) oder 300 W (AM, FM, RTTY) angegeben. Alle Antenne halten eine Windgeschwindigkeit von 136 km/h aus. Gegenüber verkürzten Sperrkreisantennen haben die Antennen bemerkenswerte Bandbreiten. Die zugehörigen Bandbreiten (s=2) sind: 100 kHz (160 m) bis 1 MHz (10 m). Die Speisung erfolgt über Koaxialkabel (50 bis 75 Ω). Die Verwendung einer Mantelwellensperre ist zweckmäßig. Als Materialien werden verwendet: Rostfrei Befestigungsteile, getempertes Alublech, mattes Acryglas, PVC, verzinkte U-Bügel, Kupferspule mit 1,6 mm Draht (#14). Die *ISOTRON-Antennen* haben keine Sperrkreise oder Radials und benötigen keine Erdverbindung. In der Praxis ist eine gute Erdung aber von Vorteil. Bei Indoorbetrieb reagiert die Antenne auf die Umgebung, so kann es Stellen geben, wo man mit der Welligkeit nicht unter ein $s < 2$ kommt.

Erfahrungsberichte darüber sind [6.1]–[6.3]. Bauanleitungen mit Maßzeichnungen für einen Nachbau sind in [6.4]–[6.5]. Weitere Veröffentlichungen sind [6.6]–[6.9].

In Deutschland werden die *ISOTRON-Antennen* von der Firma *S. Hari* (*DK9FN*) vertrieben.

22.7 *DL7PE*-MicroVert

Die *DL7PE-MicroVert* ist eine extrem kurze, aber effektive KW-Antenne, die kaum auffällt. Sie wurde von *J. Schäfer, DL7PE,* 1998 entwickelt. Die Bezeichnung *MicroVert* geht auf *W4DXV* zurück [7.1].

Die Antenne ist ein Monopol und besteht aus einer Spule mit einer rohrförmigen Dachkapazität. Man kann die Antenne auch als kapazitiven Rohrstrahler bezeichnen. Das Prinzip ist ein offener *LC*-Schwingkreis (Serienschaltung aus einer Spule und einem Kondensator). Siehe Abschnitt 1.3.1. Die obere Hälfte von **Bild 1.3.3** entspricht der Anordnung hier. Durch den relativ dicken kapazitiven Strahler ergibt sich eine konstante Strombelegung auf der Antenne und damit ein erhöhter Strahlungswiderstand. **Bild 22.7.1** zeigt den prinzipiellen Aufbau der *DL7PE-MicroVert.* Die Induktivität L ist eine Spule auf PVC-Rohr und die Kapazität C wird durch die Eigenkapazität eines in Serie ge-

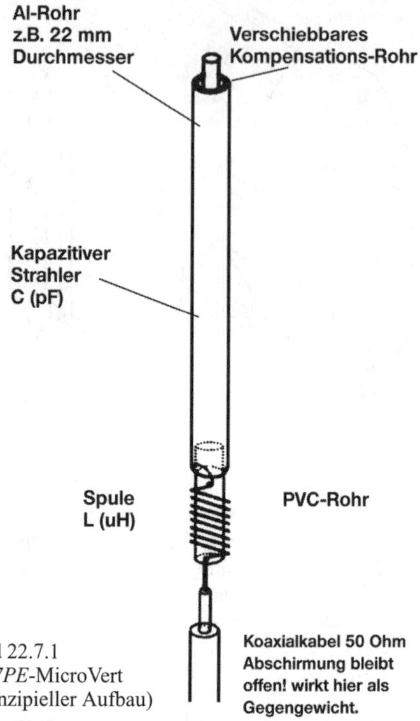

Bild 22.7.1
DL7PE-MicroVert
(Prinzipieller Aufbau)

schalteten Aluminiumrohres gebildet, das praktisch der Strahler ist. An der Spitze des Alu-Rohres mit der Länge l gibt es noch ein isoliert verschiebbares Alu-Rohr (Kompensationsrohr) zur Feinabstimmung. Als Wetterschutz kommt über den Strahler und die Spule ein PVC-Schutzrohr.

Die Werte für 40 m sind beispielsweise:

$L = 51$ µH (165 Wdg.), $C = 10$ pF, $l = 0{,}6$ m

Die *MicroVert* benötigt, wie jede unsymmetrische Stabantenne, ein Gegengewicht. Sie arbeitet daher gegen einen Koaxialkabelschirm, der am antennenseitigen Ende offen ist und nach einer Länge von deutlich weniger als λ/4 mit einer Mantelwellensperre (breitbandig oder selektiv) versehen ist. Dabei kann das Gegengewicht aus Platzgründen ohne Nachteil auch etwas eingerollt werden. Anschließend kann das Koaxialkabel zum Sender hin beliebig lang sein.

DL7PE fand für die Gegengewichtslänge empirisch die Formel

$$l/\text{m} = \frac{55}{f/\text{MHz}} \qquad (22.7.1)$$

Für das 40-m-Band (7,05 MHz) sind das 7,8 m !

Die MicroVert strahlt im Nahfeld ein vorwiegend elektrisches Feld ab. Im Fernfeld sind dann, wie auch bei einer Magnetantenne, wieder beide Felder (***E***- und ***H***-Feld) vorhanden.

Bild 22.7.2
DL7PE-MicroVert (Horizontale Anordnung am Balkon)

Die HF-Spannungsverteilung entlang des Strahlers ist annähernd gleichmäßig. Das bedeutet eine gleichmäßige Stromverteilung, und dadurch ergibt sich ein besserer Wirkungsgrad als bei einer linearen Stromverteilung. Über der Spule liegt keine hohe Spannung, ein Zeichen dafür, daß große Ströme fließen. Das Koax-Gegengewicht bleibt erwartungsgemäß auch spannungsfrei (kalt).

Als Gewinn werden –6dB bis –12dB angegeben, das sind 1 bis 2 S-Stufen weniger als bei einem Dipol in gleicher Höhe.

Die Antenne ist für Leistungen bis 500 W gebaut worden. An der Spule treten keine hohen Spannungen auf, aber große Ströme. Der Drahtdurchmesser muß daher passend gewählt werden.

120 W (SSB/CW) :	ca. 1,0 mm CuL
250 W (SSB/CW) :	ca. 1,5 mm CuL
500 W (SSB/CW) :	ca. 2,0 mm CuL

Man kann die stabförmige Monobandantenne auch schräg bzw. fast horizontal am Balkon montieren (**Bild 22.7.2**).

Vorteile der *DL7PE-MicroVert*:

- Niedriger Anschaffungspreis
- Geringes Gewicht
- Unauffällig
- Gute Transportfähigkeit
- Einfacher Selbstbau
- Große Bandbreite
- Hoher Wirkungsgrad
- Keine Radials erforderlich
- Betrieb in Bodennähe möglich

Es gibt keine Wunderantennen, aber die *DL7PE-MicroVert* ist, wie die Magnetantenne, eine Möglichkeit für den antennengeschädigten Funkamateur. Unauffällig, mit außergewöhnlichen Eigenschaften und mit einem hervorragenden Preis-/Leistungsverhältnis. Diese extrem kurze Antenne wird nicht als KW-Funkantenne erkannt. Wie heißt es doch so schön: Wenn eine Antenne nicht als Antenne erkennbar ist, ist sie kein Problem mehr!

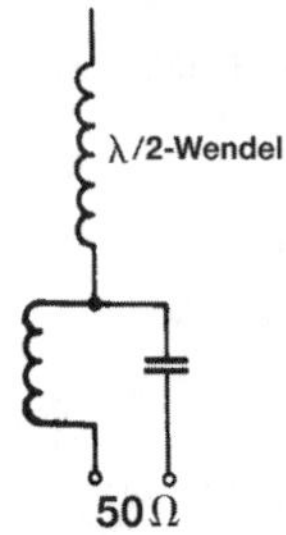

Bild 22.8.1
Ministrahler
(Prinzipschaltung mit *LC*-Anpassung)

Nähere Informationen sind zu bekommen unter [7.2].

22.8 Ministrahler

Es gibt in der Literatur Beschreibungen von stationären vertikalen Wendelantennen für Kurzwelle [8.1] und [8.2].

Eine interessante Antenne wurde von *H. Bensch, DL4KCJ ex DC8AZ* entwickelt. Es handelt sich um einen Miniatur-Halbwellen-Strahler für Kurzwelle in Form einer Wendelantenne ohne Radials [8.3] bis [8.5].

Ein gewendelter Viertelwellen-Strahler mit 4 Radials hat einen Strahlungswiderstand von etwa 10 Ω. Ein gewendelter Halbwellen-Strahler ohne Radials weist einen Strahlungswiderstand von etwa 350 Ω auf. Die Wendel sind dabei aus 2-mm-Kupferdraht, versilbert. Die Viertelwellen-Wendel mit 4 Radials hat einen Wirkungsgrad von etwa 30%, die Halbwellen-Wendel etwa 85%.

Mit dem Antennengewinn verhält es sich ähnlich. Die Viertelwellen-Wendel hat deutlich weniger als 0 dB (etwa -3 dB), die Halbwellen-Wendel hat etwa 1,4 dB. Zum Vergleich bringt die gestreckte Halbwellenantenne 1,7 dB. Alle Werte sind bezogen auf eine Viertelwellenantenne am Fußpunkt gespeist bei 0° Erhebungswinkel über gut leitender Grundfläche.

Die 350 Ω sind über ein *LC*-Glied mit variablen Elementen auf 50 Ω angepaßt (**Bild 22.8.1**). Dabei ist es egal, wie das Koaxialkabel angeschlossen wird. Die Anpassung funktioniert mit Serien-C und Parallel-L ebenso wie mit Serien-L und Parallel-C. Dabei ist einmal der Transformationsweg in der oberen (induktiven) Impedanzebene, das andere Mal in der unteren (kapazitiven) Impedanzebene.

Da der Fußpunktwiderstand vom Bodenabstand und Umgebungseinflüssen abhängt; ist es notwendig die Abstimmelemente veränderbar zu gestalten. Es werden aber nicht ein Variometer und ein Drehkondensator verwendet, sondern beim „*L*" wird die Variation durch einen Ferritstab und beim „*C*" durch einen Rohrschiebekondensator erreicht. Beide Elemente sind selbst gemacht. Zur Mantelwellenunterdrückung benutzt man eine haarnadelförmig gefalte-

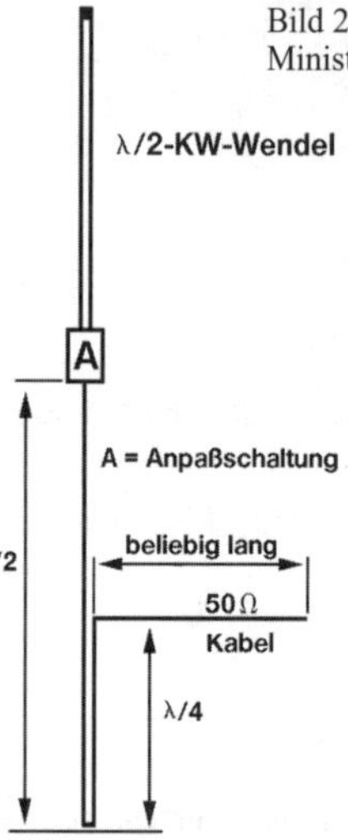

Bild 22.8.2
Ministrahler (Kabelführung)

te Koaxialleitung (**Bild 22.8.2**). Eine andere Möglichkeit ist der Einsatz einer Kabeldrossel aus etwa 3,6 m aufgerolltem Koaxialkabel im Verlauf des Speisekabels, eine halbe Wellenlänge entfernt vom Einspeisepunkt (Anpassung). Die Antenne wirkt in beiden Fällen dadurch wie ein mittengespeister Ganzwellendipol. In Erdnähe ist mit einer Gewinnerhöhung von etwa 2,5 dB zu rechnen.

Man kann eine Zweibandausführung realisieren z.B. 20/15 m. Die 20 m λ/2-Wendel wirkt auf 15 m als λ-5/8-Wendel und bringt einen Antennengewinn von etwa 2,5 dB. Die Wendel besteht aus 170 Windungen versilberten Kupferdraht mit 2 mm Ø auf einem 20 mm Dorn Windung an Windung gewickelt. Die Wendel wird untergebracht in einem 2 m langen Kunststoffrohr aus *PG 21*. Beim Einbau wird die Wendel auseinandergezogen und an beiden Rohrseiten in eine Kerbe eingehängt. Man kann die Antenne auch mit anderen Längen aufbauen: 20 m = 0,3λ und 15 m = 0,4λ. Dann sind die Gewinne etwa 0,4 und 1 dB.

Man kann auch eine 80/40 m Version aufbauen. Dabei sind dann die Wendel 0,3λ und 0,6λ lang mit etwa 0,4 dB und 2,9 dB.

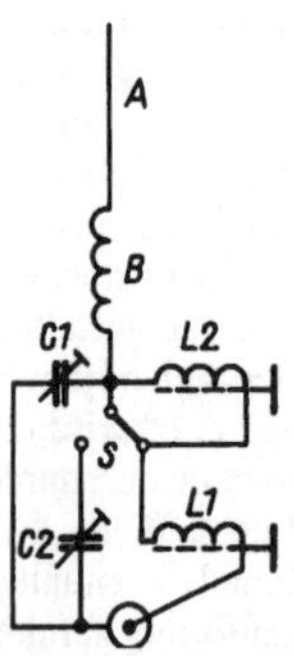

Bild 22.8.3
Ministrahler
(Umschaltbare LC-Anpassung)

Bei dem Frequenzverhältnis von 1:2 reicht die Variation der Abstimmelemente nicht mehr aus. Man macht dann die Anpasseinheit umschaltbar (**Bild 22.8.3**).

$C_1 + L_2$ = 40-m-Abstimmung

$C_2 + L_2$ = 80-m-Abstimmung

Bei der 80-m-Anpassung wirkt dabei die Parallelschaltung der Kapazitäten und die Serienschaltung der Induktivitäten. *S* kann dabei ein Schalter sein oder ein Relaiskontakt.

Zuerst wird das 40-m-Band abgestimmt, dann das 80-m-Band. Bei der 80/40-m-Version wird eine Antennenlitze verwendet, die man auf einen Fiberglasstab (Angelrute) wickelt. Die obersten zwei Teile der 8-m-Rute werden entfernt und statt dessen ein 1 m langer Alustab mit 4 bis 6 mm Ø aufgesetzt.

22.9 Wendeldipol

(*F. Kroll* – DE-G 87 14 349 – 1987)
Der *Wendeldipol* als Kurzwellen-Dipolantenne mit geringem Raumbedarf ist 1987 von *F. Kroll, DL8VO* als deutsches Gebrauchsmuster (DBGM) angemeldet worden.

Das Prinzip selbst ist nicht neu. In den 40er Jahren war diese Antennenform als „Schneebesen-Antenne“ bekannt.

DL8VO hat für die niedrigen KW-Bänder dieses raumsparende Antennensystem als Wendel-Dipol-Antenne oder *Wendeldipol* konzipiert [9.1]. Das Modell wurde aus Holz gefertigt und mit dünner Antennenlitze aus Kupferbronze bewickelt. Die Drahtlänge auf jeder Seite ist λ/4.

Bild 22.9.1 zeigt einen *Wendeldipol* mit Abmessungen für 7 MHz. Die Einspeisung erfolgt über Koaxialkabel. Eine Matchbox mit üblichem Pi-Filter-Schaltung war jedoch unerläßlich. Es wurde interessanterweise eine Richtwirkung in Richtung der Trichteröffnungen festgestellt und nicht senkrecht dazu, wie man vielleicht vermuten könnte.

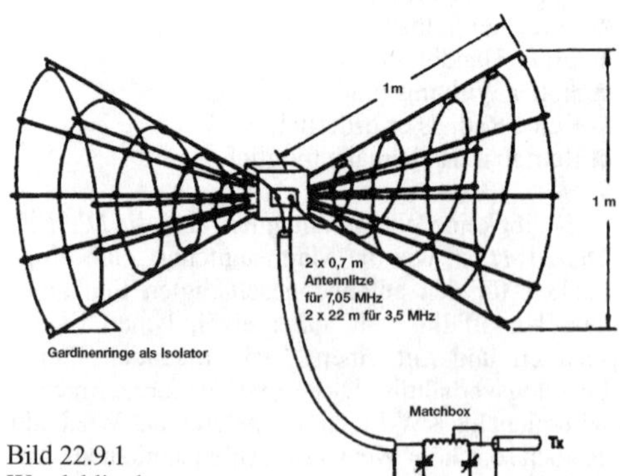

Bild 22.9.1
Wendeldipol

[1.1] *Mills, H.A.; Brizendine, G.*: Antenna Design: Something New! – controlled-current distribution. 73 Magazine, October 1978, pp. 282–289
[1.2] DE 334 655 – britische Priorität 1913
[1.3] *H.. Beverage* – US 1,381,089 – 1920
[1.4] *P.S. Carter* – US 2,166,750 – 1936
[1.5] *N.E. Lindenblad* – US 2,217,911 – 1938
[1.6] *R.L. Tanner* – US 3,765,022 – 1971
[1.7] *G. v. Arco; W. Schaffer* – US 1,839,426 – deutsche Priorität 1924
[1.8] *H. Roosenstein* – DE 866 680 – 1938
[1.9] *E.C. Cork, M. Bowman-Manifold, J.L. Pawsey* – GB 490,414 – 1937
[1.10] *E.C. Cork, M. Bowman-Manifold, J.L. Pawsey* – GB 493,758 – 1937
[1.11] *E.C. Cork* – GB 628,986 – 1946
[1.12] *E.G. Hallén* – SE 133 888 – 1950
[1.13] *K.E. Cassel* – DE 1 441 562 – schwedische Priorität 1963
[1.14] *Charman, F.J.H.*: Loaded Wire Aerials. RSGB Bulletin, July 1961, pp. 10–13
[1.15] *Hawker, P.*: Stretched vhf/hf antennas. (Technical Topics), Radio Communication, June 1981, pp. 530–531
[1.16] *Atkins, D.*: The high-performance, capacitively loaded dipole. Ham Radio, May1984, pp. 33–34, 36
[1.17] *Gray, J.*: The Little Known CCD. AntenneX, June 1989, pp. 11–15
[1.18] *Kaplan, S.; Bauer, E.J.*: The Controlled Current Distribution (CCD) Antenna. ARRL Antenna Compendium, Vol. 2, 1989, pp. 132–136
[1.19] *Mills, H.; Brizendine, G.*: The CCD Antenna – Improved, Ready-to-Use Construction Data. ARRL Antenna Compendium, Vol. 3, 1992, pp. 131–133
[1.20] *Shanney, B.*: Controlled-Current-Distribution Antenna Performance: By Analysis. ARRL Antenna Compendium, Vol. 3, 1992, pp. 134–136
[1.21] *VE3ERP*: HAMCALC (Free-Software for US$ 5), George Murphy, 77 Mc Kenzie St. Orillia, ON L3V 6A6, Canada.

[2.1] *Boyer, J.M.:* Hula-Hoop Antennas: A Coming Trend? Electronics, 36 (1963) January, pp. 44–46
[2.2] *Quednau, B.:* Die DDRR-Antenne. DL-QTC 4/68, S. 220
[2.3] *Dome, R.B.:* A Study of the DDRR-Antenna. QST, July 1972, pp. 27–31, 36
[2.4] *Belrose, J.S.:* Transmission-Line Low-Profile Antennas. QST, December 1975, pp. 19–25
[2.5] *Dodd, P.:* The Mobile Roof Rack Antenna. CQ, June 1980, pp. 74–75
[2.6] *Eichenauer, W.:* Erfahrungen mit der DDRR-Antenne, DL-QTC 7/68, S. 395–397
[2.7] *Fiebranz, A.:* Eine neuartige Ringantenne und ihre Anwendung, Funk-Technik, 10/1964, S. 357
[2.8] *English, W.E.:* A 40-Meter DDRR-Antenna. QST, December 1971, pp. 28–32
[2.9] *Horn, G.W.:* The Half Wavelength DDRR Antenna. CQ, September 1967

[3.1] *Pieterson, G.H.:* The Guywire Pyramid. (CQ Antenna Roundup). Cowan, Port Washington NY, 1965
[3.2] *Nitschke, W.*: Datensammlung für Kurzwellenantennen. Franzis, München, 1987
[3.3] *Mest, W.R.*: The 80 Meter Pyramid Antenna. CQ July 1980, pp. 94–95
[3.4] *Mülhardt, B.*: Mehrband-Drahtpyramide (Technikforum). CQ DL 5/97, S. 365
[3.5] *Klaschka, T.*: Nicht nur für Ägypter: Die Drahtpyramide. QRP-Report 2.99, S. 31
[4.1] *Graziadei, H.*: Fernmeldetechnische Zeitschrift 4 (1951), S. 159–167
[4.2] *Bruger, P.; Waniewski, B.*: Directional Dual-Frequency Anti-Fading Antenna. IBC International Broadcasting Convention 1978, (IEE Conf. Publ. 166), pp. 154–157
[4.3] *Bliek, J.J.*: Planning and System Design of a new High Power Medium-Wave Transmitting Station in the Netherlands. IBC International Broadcasting Convention 1978, (IEE Conf. Publ. 166), pp. 148–153
[4.4] *Bruger,P.; Waniewski, B.*: Schwundmindernde Zweifrequenz-Richtantenne. Techn. Mitt. AEG-Telefunken 69 (1979) 3, S. 91–94
[4.5] *Belrose, J.S.*: The grounded monopole. Ham Radio, May 1983, pp. 87–91
[4.6] *Belrose, J.S.*: A Vertical Monopole With Elevated Feed - A Full-Length Radiator. (Technical Correspondence). QST January 1995, pp. 78–79
[4.7] *Thurber, K.T.*: Challenger DX-V, (Antennas & Accessories). CQ December 1989, pp. 82–83
[4.8] *McCoy, L.*: The GAP Challenger DX-VI Vertical Antenna. CQ March 1990, pp. 32–33
[4.9] *Morrow, R.*: GAP DX-VI Multiband Vertical. 73 Amateur Radio, October 1990, pp. 36–37
[4.10] *Hart, P.*: Challenger DX-VI. Radio Communication, December 1991, pp. 51–53
[4.11] *Kennamer, B.*: Gap Challenger DX-VIII Vertical Antenna. QST January 1995, pp. 76–77
[4.12] *Krischke, A.*: Antennenneuheiten. CQDL 4/92, S. 208–209
[4.13] *Kaufmann, M.*: Erfahrungen mit der GAP-Challenger DX VIII-Antenne. CQDL 2/95, S. 112–114; (Leser schreiben), CQDL 3/95, S. 171
[4.14] *Kaufmann, M.*: GAP Challenger und SWR-Probleme. CQDL 2/96, S. 113
[4.15] *Margolis, D.R.*: The GAP Voyager DX-IV Vertikal. 73 Amateur Radio, February 1993, pp. 42–43
[4.16] *West, G.*: The GAP Voyager DX. 73 Amateur Radio, April 1995, pp. 32, 34–35
[4.17] *Kaufmann, M.*: Die GAP-Titan, eine eierlegende Wollmilchsau? Funk Telegramm 9/95, S. 12–15
[4.18] *Hille, K.H.*: Die GAP-Titan-Antenne. CQ DL 8/96, S. 622–625
[4.19] *Auerbach, R.*: Titan DX: Praxistips. CQ DL 2/98, S. 117

[5.1] *Sykes, B.*: Skeleton Slot Aerial System. RSGB Bulletin, January 1953
[5.2] *Sugihara, K.*: Let's Make the Hentenna. QST February 1982
[5.3] *Feise, T.D.*: Hentenna, or Skeleton Slot? (Technical Correspondence). QST November 1982, p. 51

[5.4] *Orr, B.*: The 10-meter „Hentenna“ loop. (Ham Radio Techniques). Ham Radio, May 1989, p.74
[5.5] *Hall, L.S.*: The Hentenna. 73 Amateur Radio, April 1996, pp. 14–15
[5.6] *Kinoshita, S.*: The Hentenna – The Japanese „Miracle“ Wire Antenna. ARRL Antenna Compendium, Vol. 5, 1996, pp. 66–68
[5.7] *Hart, T.M.*: Hentenna Footnotes. 73 Amateur Radio, February 1997, pp. 75–77
[5.8] *Makoto, M.*: Die Hentenne, eine Antenne aus Japan. QRP-Report 2.98, S. 27
[5.9] *Dodd, P.*: The HF Skeleton Slot Antenna. ARRL Antenna Compendium, Vol. 6, 1999, pp. 70–73

[6.1] *Hill, H.*: Hunting The Rare One. CQ December 1988, pp. 40–41
[6.2] *Hawkes, A.L.*: The ISOTRON 80. 73 Amateur Radio, March 1989, p. 20
[6.3] *Hagenbuchner, K.*: ISOTRON-Kompaktantennen: Erste Erfahrungswerte. QSP 10/89, S. 48–50
[6.4] *Raffetseder, K.*: ISOTRON-Antenne. QSP 2/90, S. 10–12
[6.5] *Raffetseder, K.*: Eine Zimmerantenne für das 40 Meterband. QSP 7/91, S. 14–19
[6.6] *Krischke, A.*: Antennenneuheiten. CQ DL 4/92, S. 208–209
[6.7] *Pelaez, D.*: The ISOTRON 40. 73 Amateur Radio, November 1994, pp. 40–41
[6.8] Bellini, J.: The ISOTRON 80. 73 Amateur Radio, April 1996, pp. 44–45
[6.9] Altmann, M.O.: Isotron-Antennen für 80, 40 und 20 m. Funkamateur 5/97, S. 526.

[7.1] *Person, D.E.*: Meet the Marvelous MicroVert. 73 Amateur Radio, June 1998, pp. 21-24, 48
[7.2] *DL7PE*-Homepage: www.t-online.de/home/dl7pe/afu.htm

[8.1] *Hofbauer, W.:* Kleine und wirkungsvolle Antenne. CQDL 6/82, S. 268–271
[8.2] *Klüss, A.:* QRV auf 40 m mit 2,7 m langer Wendelantenne. CQDL 5/84, S. 220

[8.3] *Hille, K.H.:* Miniatur-Halbwellenstrahler für CB und KW von Bensch. Funk 8/86, S. 7
[8.4] *Bensch, H.:* Mini-Strahler für KW. Funkschau 24/1986, S. 71–74
[8.5] *Bensch, H.:* Die Angelrute als Vertikal-Antennenträger. Beam 12/87, S. 35–36

[9.1] Kroll, F.: Wendeldipol nach DL8VO. CQDL 6/88, S. 359

23 Rundstrahlantennen für VHF und UHF

In vielen Fällen sind Rundstrahler erwünscht, das heißt Antennen, die in der Horizontalebene ein annähernd kreisförmiges Richtdiagramm aufweisen. Es ist nicht schwierig, einen VHF/UHF-Rundstrahler mit vertikaler Polarisation herzustellen, da jeder senkrecht aufgestellte Halbwellen-Dipol oder Viertelwellen-Monopol quer zu seiner Achse – also in der Horizontalebene – rund strahlt. Diese vertikal polarisierten Rundstrahler werden häufig im Verkehrsfunk und bei sonstigen ortsveränderlichen Funkstellen benutzt. Auch im Amateurfunk ist die Vertikalpolarisation üblich, alle FM-Relaisfunkstellen arbeiten mit vertikal polarisierten Antennen, meistens rundstrahlend.

Es ist dagegen sehr schwierig, eine horizontal polarisierte Antenne mit exakt kreisförmigem Horizontaldiagramm zu konstruieren. Die ideale Kreischarakteristik wird meistens auch nicht gefordert, und man bezeichnet im allgemeinen jede Antenne als Rundstrahler, die nach allen Richtungen der Horizontalebene mehr oder weniger gut abstrahlt, wobei das Horizontaldiagramm wohl Strahlungsmaxima oder Einzüge, aber keine Nullstelle enthalten darf.

23.1 Vertikal-polarisierte VHF/UHF-Antennen

Wenn auch senkrecht aufgestellte, gestreckte Halbwellendipole oder Faltdipole theoretisch ein gutes Kreisdiagramm in der Horizontalebene liefern, ist mit diesen Bauformen im VHF/UHF-Gebiet nicht in allen Fällen der gewünschte Wirkungsgrad zu erzielen. Das trifft besonders für zentralgespeiste Dipole zu, bei denen die Speiseleitung waagrecht vom Antenneneingang weggeführt werden soll. Dabei stört die Speiseleitung die Abstrahlungseigenschaften, und es wird mit steigender Frequenz immer schwieriger, das Speisekabel stoßstellenfrei an den Strahler anzupassen. Durch Unsymmetrie könnten sich außerdem Mantelwellen auf einem koaxialen Speisekabel ausbilden, die Strahlungsverluste verursachen und im allgemeinen den Erhebungswinkel des Maximums nach oben drücken. Erwünscht ist aber eine „flache" Abstrahlung, d.h., die Hauptstrahlung soll möglichst rechtwinklig von der Strahlerachse ausgehen. Das Kriterium vertikal polarisierter Strahler liegt somit in der Art der Speisung. Gespeist wird dabei grundsätzlich über Koaxialkabel.

Die einfachste Bauform eines vertikal polarisierten Rundstrahlers, die $\lambda/4$-Antenne oder Groundplane, ist im Kurzwellenbereich beliebt und verbreitet. Im VHF- und UHF-Bereich findet man sie bei stationären Anlagen nicht mehr häufig. Als Fahrzeugantenne wird der Viertelwellenstrahler noch oft verwendet, wobei die Metallteile des Fahrzeuges als Gegengewicht benutzt werden.

Weitere Bauformen sind $\lambda/2$-Strahler, $5\lambda/8$-Strahler und Kollineare Antennen. All diese Bauformen findet man in Abschnitt 19 ausführlicher besprochen. Die Ausführungen sind auch für VHF-/UHF-Antennen gültig; dazu muß man lediglich die Abmessungen unter Berücksichtigung des Schlankheitsgrades entsprechend dem Modellgesetz umrechnen. Mobilfunkantennen sind im Abschnitt 35, Mobilantennen für den Amateurfunkbereich sind im Abschnitt 28 zu finden.

Seltener werden Wendelantennen eingesetzt, meistens bei Handfunkgeräten.

23.1.1 $\lambda/4$-Antennen

Bei einer *$\lambda/4$-Antenne* über dem Erdboden ist der Eingangswiderstand reell und damit ist die Antenne in Resonanz (Viertelwellenresonanz oder Serienresonanz).

23.1.1.1 Groundplane

(*M. Ponte* – FR 764.473 – 1933)
Wenn bei einer *$\lambda/4$-Antenne* die natürliche Erde durch ein Gegengewicht mit einer Reihe von abgestimmten Viertelwellenradials am Antenneneingang ersetzt wird nennt man diese Antenne eine *Groundplane-Antenne* oder kurz *Groundplane*. Die Radials, meistens 3 oder 4 Stück, können dabei waagrecht oder geneigt sein.

Der Eingangswiderstand einer *Groundplane* mit Horizontal-Radials liegt bei etwas über 30 Ω. Deshalb tritt bei direkter Speisung mit Koaxialkabel eine Fehlanpassung auf. Diese läßt sich vermeiden, wenn man die Radials nicht waagrecht, sondern schräg nach unten, in einem Winkel von etwa 135° zum Strahler, spannt. Der Eingangswiderstand liegt bei Schräg-Radials etwa bei 50 Ω, abhängig von der Neigung der Radials. Diese Form der Einspeisung wurde erstmalig 1935 in der US-Zeitschrift Electronics veröffentlicht [1.1].

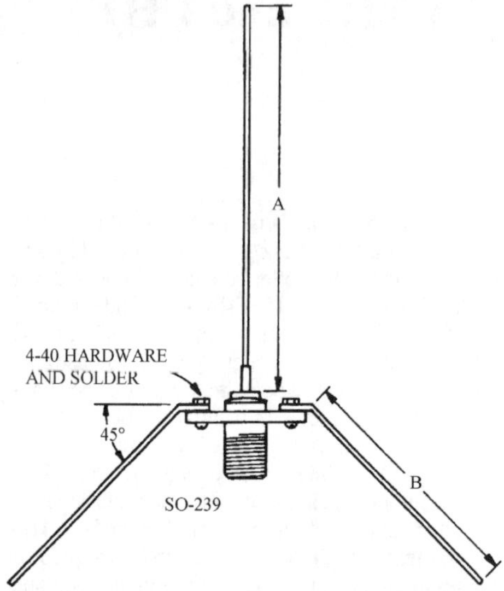

FREQUENCY (MHz)	A (INCHES)	B (INCHES)
146	19-5/16	18-11/16
255	12-5/8	12
445	6-3/8	5-3/4

Bild 23.1.1
Einfache Groundplane für die VHF/UHF-Bänder 144, 220 oder 440 MHz

Die Geschichte der *Groundplane* ist in [1.2] zu finden. Der Gewinn einer *Groundplane-Antenne* im freien Raum bezogen auf einen Halbwellendipol ist 1 ≡ 0 dB(d). Der Gewinn bezogen auf einen Isotropstrahler ist 1,64 ≡ 2,15 dB(i).

Groundplane-Antennen sind selektiv, d.h. sie müssen auf die jeweilige Frequenz abgestimmt sein. Normal werden Strahler und Radials auf gleiche Länge eingestellt oder zugeschnitten.

Die Antenne ist eine Rundstrahlantenne. Das Horizontaldiagramm ist kreisförmig mit einer Halbwertsbreite, oder einem Öffnungswinkel von 360°. Das Vertikaldiagramm ist achterförmig mit einer Halbwertsbreite, oder einem Öffnungswinkel von 86°.

Bild 23.1.1 zeigt eine einfache *Groundplane-Antenne* für VHF/UHF mit Zoll-Angaben für folgende Bänder 146, 225 und 445 MHz. Die entsprechenden metrischen Abmessungen sind:

146 MHz: A = 49,1 cm B = 42,4 cm
225 MHz: A = 32,1 cm B = 30,5 cm
445 MHz: A = 16,2 cm B = 14,6 cm

Veröffentlichungen über *Groundplane-Antennen* sind im Literaturverzeichnis von Abschnitt 19 zu finden unter [4.12]–[4.24].

Gefaltete Groundplane

Eine andere Form der Groundplane ist die *gefaltete Groundplane* mit Horizontal-Radials. Der Strahler

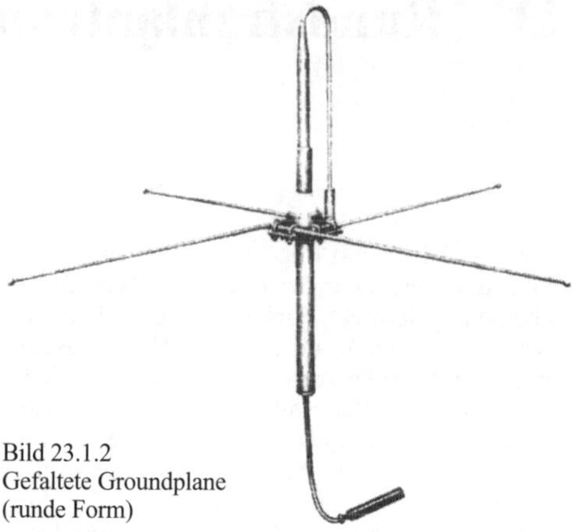

Bild 23.1.2
Gefaltete Groundplane
(runde Form)

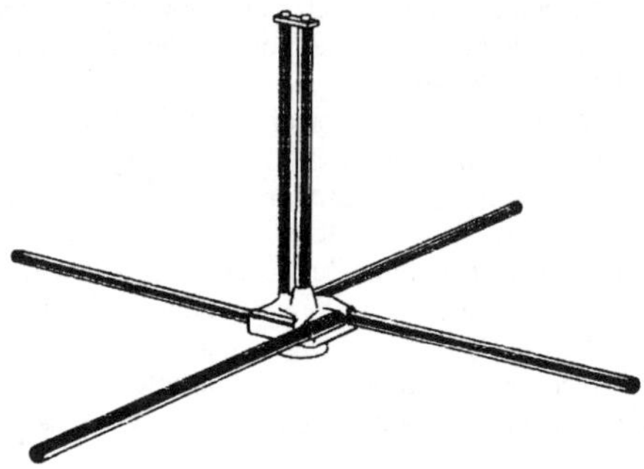

Bild 23.1.3
Gefaltete Groundplane (eckige Form)

ist ein gefalteter Unipol. Dabei liegt der Strahler gleichstrommäßig auf Erdpotential und schließt damit elektrostatische Aufladungen kurz. Durch Wahl der Durchmesser des gefalteten Unipols ändert sich das Impedanzverhältnis und läßt sich die Anpassung beeinflussen. Siehe dazu auch Abschnitt 9.5 und **Bild 9.5.2**. In **Bild 23.1.2** ist eine *gefaltete Groundplane* in runder Form dargestellt, in **Bild 23.1.3** eine eckige Form.

23.1.2 λ/2-Antennen

Vertikale *λ/2-Antennen* zeichnen sich aus durch einen kleinen vertikalen Erhebungswinkel; dieser wird um so flacher, je höher die Antenne über dem Erdboden montiert werden kann.

Der errechnete theoretische Maximalwert einer idealen λ/2-Antenne über leitender Ebene ist 3,26 dB/GP, wenn der Halbwellendipol in einer Höhe von λ/2 erregt wird [1.3]. Das entspricht einer am Boden montierten J-Antenne.

Wegen des Spannungsmaximums am Antenneneingang ist dort eine sehr gute Isolation erforderlich.

Vorteile von vertikalen $\lambda/2$-*Antennen*:

– sie liefern eine flache Abstrahlung
– sie benötigen kein Erdnetz oder Gegengewicht

Man kann bei $\lambda/2$-*Antennen* unterscheiden zwischen:

– mittengespeiste Antennen (Sperrtopfantennen)
– endgespeiste Antennen (J-Antenne, Antennen mit Anpaßgliedern)

23.1.2.1 Endgespeiste $\lambda/2$-Antennen

23.1.2.1.1 J-Antenne

(--- – GB 237,584 – dt. Priorität 1924)
Der Name der Antenne kommt daher, weil die Antenne wie ein Buchstabe „J“ aussieht. Diese Antennenform gehört zu den meistverwendeten Antennentypen bei VHF/UHF-Feststationen. Die Antenne besteht aus einem $\lambda/2$-Strahler, der über eine $\lambda/4$-Transformationsleitung erregt wird.

Eine in Bodennähe montierte ideale *J-Antenne* hat einen Strahlungswiderstand von 69 Ω und einen Gewinn von 3,26 dB/GP. Das ist etwas mehr als 3 dB über eine Groundplane oder Viertelwellenantenne über leitender Ebene.

Bild 23.1.4 zeigt die *J-Antenne* mit einer Zweidrahtleitung als Transformationsleitung und Einspeisung mit einer Zweidrahtleitung. Die Einspeisung mit Koaxialkabel erfolgt korrekt über einen Balun 1:4 in der Höhe, bei der ein 200 Ω Eingangswiderstand auf der Zweidrahtleitung zu finden ist.

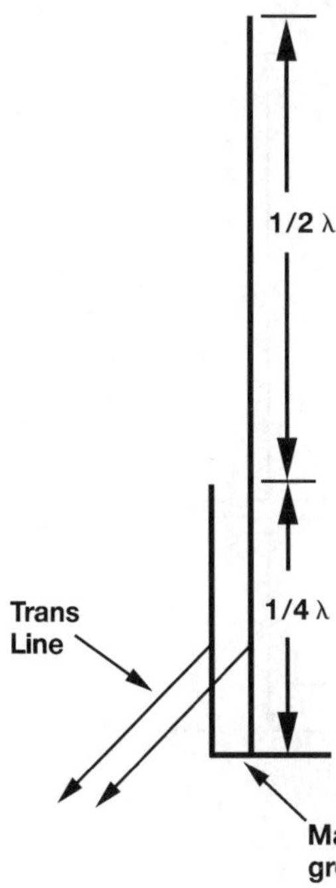

Bild 23.1.4
J-Antenne
mit Zweidrahtspeisung

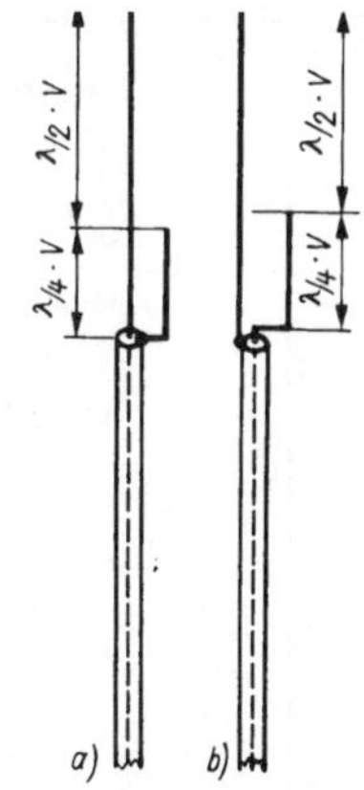

Bild 23.1.5
J-Antenne mit Koaxialspeisung
a) - übliche Ausführung
b) - Ausführung
mit verbessertem Blitzschutz

Eine kurzgeschlossene Viertelwellenleitung erlaubt die Widerstandsanpassung in einfachster Weise. Auf der Viertelwellen-Transformationsleitung treten alle Impedanzen von 0 (Kurzschluß) bis zu einigen tausend Ohm (offenes Ende) auf. Man kann deshalb durch entsprechendes Abgreifen jeden symmetrischen Impedanzwert anpassen. Statt einer Zweidrahtleitung kann man auch Topfkreise verwenden [1.4].

Eine direkte Einspeisung über Koaxialkabel ist in **Bild 23.1.5** abgebildet. Die Ausführungen a und b sind elektrisch gleichwertig, Variante b gewährleistet einen verbesserten Blitzschutz, weil das Halbwellenstück über den Kabelaußenleiter direkt geerdet ist. Die Speisung direkt mit Koaxialkabel nach Variante b ist erstmals 1935 in USA veröffentlicht worden [1.1]. Eine Schleifenkopplung für *J-Antennen* ist in [1.5] beschrieben. Eine interessante Ausführung einer *J-Antenne* für 70 cm von *DL9JU* (1984) zeigt **Bild 23.1.6**. Das Material ist 4 mm Alu-Rohr, die Halterung ist ein Übergang BNC-Bananenstecker.

Veröffentlichungen über *J-Antennen* für den VHF/UHF-Bereich sind [1.6]–[1.17].

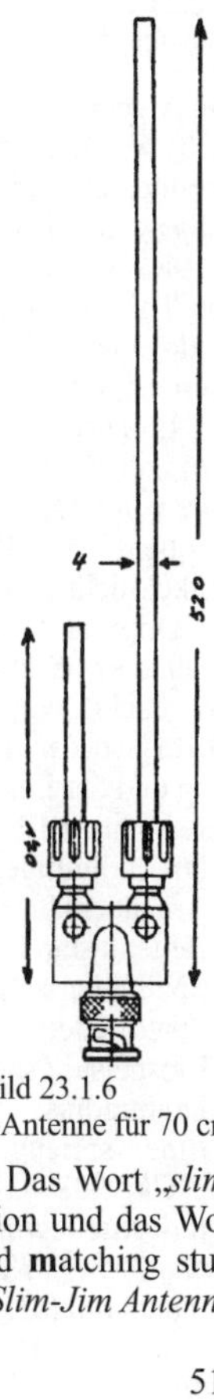

Bild 23.1.6
J-Antenne für 70 cm

Slim-Jim-Antenne

Von *G2BCX* wurde 1978 eine J-Antenne mit dem Namen „*Slim-Jim*“ veröffentlicht [1.18]. Das Wort „*slim*“ steht für die schlanke Konstruktion und das Wort „*Jim*“ steht für **J**-type **i**ntegrated **m**atching stub. **Bild 23.1.7** zeigt das Prinzip der *Slim-Jim Antenne*.

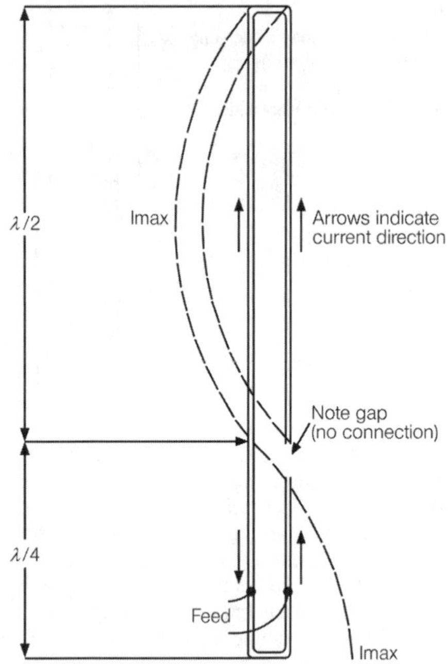

Bild 23.1.7
Slim-Jim-Antenne (Prinzip)

Die Antenne ist ein endgespeister offener Faltdipol. *G2BCX* fand, daß die *Slim-Jim*, gegenüber einer Groundplane mit 6 Radials, einen kleineren Erhebungswinkel hatte.

1986 wurde in Griechenland an der Universität von Thessaloniki unter Einsatz der Momentenmethode eine modifizierte *Slim-Jim-Antenne* mit dem Namen „MSJ" (**M**odifizierte **S**lim-**J**im) entwickelt [1.19]. Theoretische Untersuchungen haben ergeben, daß die Originalantenne für 2 m eine Impedanz von 50 Ω nicht im 2-m-Band, sondern auf der Frequenz 155 MHz hatte und daß der Erhebungswinkel nicht 0° war, sondern 22°. Es war der Plan die Original *Slim-Jim-Antenne* als Sendeantenne für eine FM Station auf 108 MHz zu modifizieren. Ausgehend vom Originalaufbau für 2 m (**Bild 23.1.8**) wurden die Spaltlänge, der Ort der Einspeisung und der Leiterabstand verändert und optimiert (Kreispunkte 1 bis 5).

Die endgültigen Werte für 108 MHz waren dann:

Antennenlänge:	2,31 m
Leiterabstand:	0,06 m
Spalthöhe :	1,10 m
Spaltbreite:	0,15 m
Einspeisungshöhe:	0,37 m
Drahtradius:	0,004 m

Eine seriengespeiste Slim-Jim-Antenne hat *G2BCX* 1988 veröffentlicht [1.20].

Industriell wurden *Slim-Jim-Antennen* von der Firma *Mirage/KLM* für die drei Frequenzen 146, 220 und 440 MHz hergestellt.

Bandleitungs-J-Antenne

Die vermutlich ersten Hinweise auf eine *J-Antenne* aus *300-Ω-Bandleitung* stammen aus dem Jahre 1981 [1.21] und [1.22]. Die bekannteste Veröffentlichung darüber kommt von *Belrose*, *VE2CV* [1.23]. Bei der *Bandleitungs-J-Antenne* gibt es drei mögliche Ausführungen:

Oben offene Bandleitungsantenne

Die bekannteste Ausführung ist die oben offene Form. Das obere Ende der Bandleitung ist dabei offen. Für diesen Fall hat *VE2CV* in [1.23] Bemessungsangaben veröffentlicht. Für den Strahler gibt er einen Verkürzungsfaktor $V = 0{,}965$ an. Damit ergibt sich eine Länge von $0{,}965 \cdot \lambda/2 = 0{,}483\ \lambda$. Hier wirkt sich der Verkürzungsfaktor V der Bandleitung nicht aus. Für die Viertelwellenleitung gibt er einen Verkürzungsfaktor $V = 0{,}83$ an. Damit ergibt sich für die Viertelwellenleitung eine ge von $0{,}83 \cdot \lambda/4 = 0{,}208\ \lambda$. Für die Anzapfung ergibt sich vom Kurzschluß ein Abstand von $0{,}014\ \lambda$. **Bild 23.1.9** zeigt die „oben offene" *Bandleitungs-J-Antenne*.

Die Abmessungen für VHF/UHF:
145 MHz: Strahlerlänge

über dem Spalt:	999 mm
Transformationsleitung:	430 mm

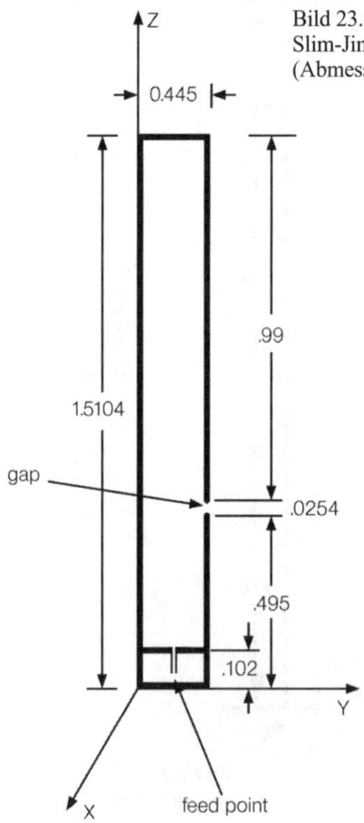

Bild 23.1.8
Slim-Jim-Antenne
(Abmessungen für 2 m)

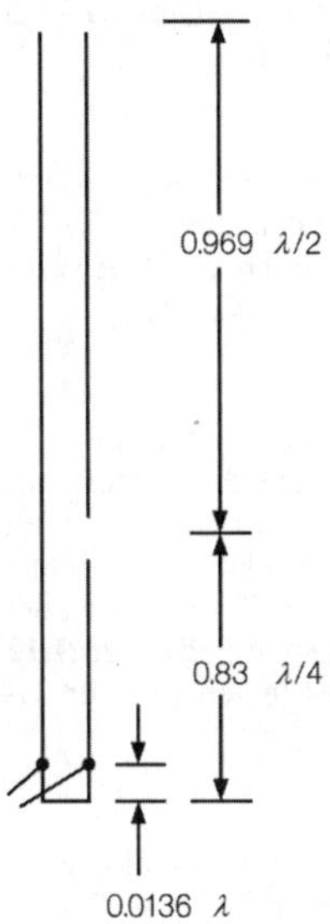

Bild 23.1.9
Bandleitungs-J-Antenne

Einspeisungshöhe:	28 mm
435 MHz:	
Strahlerlänge über dem Spalt:	333 mm
Transformationsleitung:	144 mm
Einspeisungshöhe:	9 mm

Oben geschlossene Bandleitungsantenne

Bei dieser Ausführung hat 1986 *DL2RSX* ex *Y23RD* Längenangaben veröffentlicht [1.24]. Die Veröffentlichung von *DL7VS* [1.25] weist dagegen falsche Längenangaben beim Halbwellenstrahler und bei der Viertelwellenleitung auf, wie *DG3PF* ganz richtig in [1.26] feststellte.

Oben offen (2. Leiter entfernt)

Dabei wird die zum Strahler parallele Leitung weggezwickt. Die Erstveröffentlichung darüber war in [1.22]. Diese Ausführung mit einer Stichleitung ist übrigens in Bayern bekannt als „Bandelwurm" vom *OV C 23.*

Der Unterschied zwischen „oben geschlossen" und „oben offen" zeigt sich am Netzwerkanalysator. Eine oben geschlossene Bandleitungs-J-Antenne aus 300 Ω-Bandleitungskabel hat auf 145 MHz die Eingangsimpedanz (62,9 + j 11,2) Ω bei einer Welligkeit von 1,3. Wenn man die obere Kurzschlußbrücke öffnet, verändert sich die Eingangsimpedanz zu (68,2 - j 23,1) Ω bei einer Welligkeit von 1,4. Es verändert sich dabei hauptsächlich die Reaktanz. Aus der zuerst induktiven Reaktanz 11,1 Ω ≡ 12,2 nH wird dann die kapazitive Reaktanz - 23,1 Ω ≡ 47,6 pF.

Die Antenne ist die ideale Portabel-Antenne, kann eingerollt werden und in die Hosentasche gesteckt werden. Obwohl bei vielen Veröffentlichungen eine Koaxialspeisung direkt an der Zweidrahtleitung gezeichnet ist sollte man trotzdem bei Koaxialspeisung einen Balun verwenden. Das Mantelwellenproblem ist nämlich nicht nur im HF-Bereich aktuell. Die Bauanleitungen sind fast alle für 300-Ω-Bandleitung. Mittlerweile gibt es diesen Typ schon lange nicht mehr, auch die Nachfolgeleitungen mit 240 Ω sind schon sehr selten zu bekommen. Bei einer 240-Ω-Bandleitung bleibt die Strahlerlänge praktisch gleich, die Anpaßleitung hingegen verändert sich um den geänderten Verkürzungsfaktor.

Die *Bandleitungs-J-Antenne* hat eine große Verbreitung erfahren. Außer den bereits zitierten Veröffentlichungen, gibt es noch folgende [1.27]–[1.29].

23.1.2.1.2 λ/2-Antennen mit Anpaßgliedern

Das sind endgespeiste λ/2-Antennen, die am Fußpunkt entsprechende Anpaßglieder haben.

Parallelkreis

Das Anpaßglied kann ein Parallelkreis sein mit einer Spulenanzapfung für das Koaxialkabel, ähnlich einer Fuchsantenne auf Kurzwelle. Nach diesem Prinzip arbeiten die Fensterklemmantennen der Firma *Hirschmann* (Moba 6KA für 2 m und Moba 86KA für 70 cm). Die 70-cm-Ausführung besteht dabei aus einer λ/2 + 5λ/8, verbunden durch eine Phasenspule. Die Abstimmung der Antennen erfolgt durch Trimmer im Anschlußgehäuse.

Das gleiche Prinzip, mit einer Spulenanzapfung wird bei den FM-Ringo-Antennen nach *W1BX* der Firma *Cushcraft* angewendet. **Bild 23.1.10** aus der Aufbauanleitung zeigt die Anschlußdetails. Der Ringleiter ist die Induktivität eines Parallelkreises für die jeweilige Betriebsfrequenz. Die Anzapfung kann dabei auf dem Ringleiter etwas verschoben werden. Die Antenne liegt gleichstrommäßig auf Erdpotential, dadurch werden statische Aufladungen abgeleitet. Ringo-Antennen werden gebaut für 50 MHz, 146 MHz und 440 MHz. Als max. Gewinn hat die Antenne 3,25 dB/GP. Der Hersteller gibt 3,75 dB/GP an.

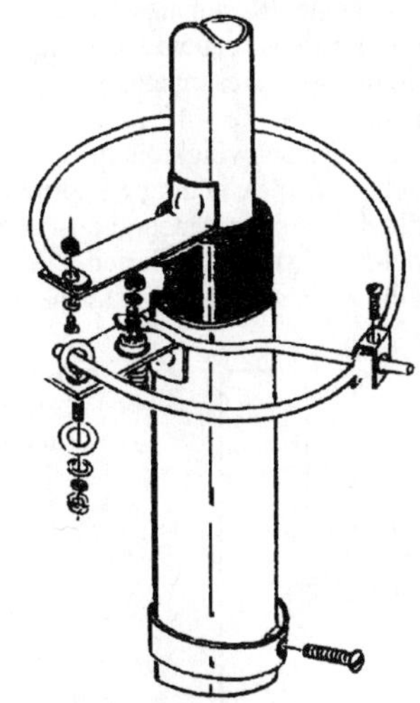

Bild 23.1.10
Anpaßschaltung
für Ringo-Antennen

Induktive Transformation

Eine weitere Anpassung für eine λ/2-Antenne hat *DG5CU* für ein Funkgerät in der Größe einer Zigarettenschachtel 1988 vorgestellt. Auf einen Doppellochkern aus Werkstoff U60 mit den Abmessungen 3,6 x 2,5 x 2,1 mm, der im Stecker integriert werden kann, sind 5 Windungen ca. 0,5 mm Kupferlackdraht aufgebracht. Die Anzapfung für das 50-Ω-Koaxialkabel erfolgt nach einer Windung vom kalten Ende.

Hochpaß

Eine Anpaßschaltung, wie sie von *DJ1ZB* 1985 für ein 2-m-Handfunksprechgerät beschrieben worden ist [1.30]. gibt **Bild 23.1.11** wieder. Die Lage der Bauelemente entspricht dabei der räumlichen Anordnung in einem Anpaßkästchen mit den Abmessungen 57 x 28 x 28 mm. Mit den drei Reaktanzen (2 Kondensatoren und 1 Spule) wird die Transformation der hochohmigen λ/2-Antenne auf 50 Ω durchgeführt. Dabei hat der Schwingkreis *L* und C_2 keine Resonanz auf der Betriebsfrequenz. Die Schwingkreisresonanz liegt höher, für 145 MHz wirkt der Schwingkreis induktiv. Die Schaltung entspricht einem Hochpaßglied. Vom der Antenne aus gesehen ist ein Parallel-L (LC_2) und ein Serien-C (C_1) wirksam, das ergibt eine Abwärtstransformation. Eine ähnliche Schaltung mit einem Hochpaßglied ist von *OE7HB* 1989 veröffentlicht worden [1.31].

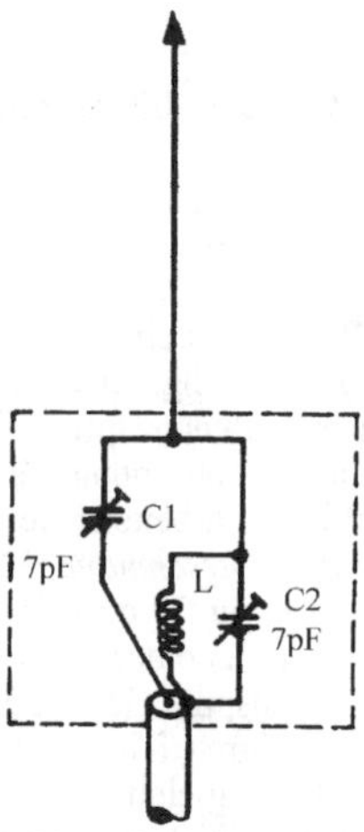

Bild 23.1.11
Anpaßschaltung
nach *DJ1ZB*

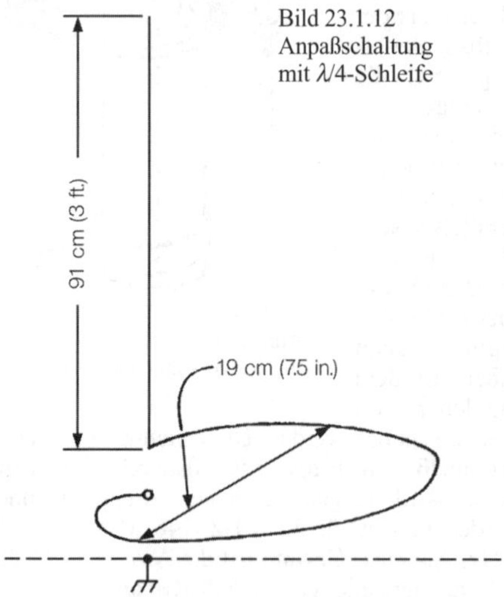

Bild 23.1.12
Anpaßschaltung
mit λ/4-Schleife

Tiefpaß

Eine Transformationsschaltung mit einem Tiefpassglied wird in den Halbwellenantennen Typ K 51 56 2 der Firma *Kathrein* verwendet. Dabei wird ein Serien-L und ein Parallel-C verwendet.

λ/4-Schleife

Eine andere Art der Anpassung ist über eine λ/4-Schleife nach [1.32]. Dabei besteht die Antenne aus einem 3λ/4-Strahler, von dem ein Drittel (λ/4) am unteren Ende als horizontale Schleife ausgebildet ist. Die Antenne ist also ein λ/2-Strahler, der über eine λ/4-Anpaßschleife erregt wird. **Bild 23.1.12** zeigt die Antenne. Die Abmessungen sind für das 2-m-Band ausgelegt

Stichleitung

Eine Anpassung mit einer kurzgeschlossenen Stichleitung nach **Bild 6.6.5** ist in [1.33] zu finden. Siehe auch Abschnitt 6.6.3.

23.1.2.2 Mittengespeiste λ/2-Antennen

Bei vertikalen Antennen hat man das Problem den Strahler von der Speiseleitung und von der Tragkonstruktion zu entkoppeln. Andernfalls werden diese Teile zur Strahlung angeregt und dadurch ergeben sich unerwünschte Rückwirkungen auf das Strahlungsdiagramm und die Eingangsimpedanz. Bei vertikalen Dipolen ist es daher sehr zweckmäßig, die Speisung mit einem Koaxialkabel von unten durch die untere Strahlerhälfte durchzuführen. Die obere Strahlerhälfte des vertikalen Halbwellendipols besteht aus der Verlängerung des Koaxial-Innenleiters. Zur Entkopplung wird entweder ein Sperrtopf oder andere Sperrglieder verwendet.

Mittengespeiste λ/2-Antennen sind weniger empfindlich auf Umgebungseinflüsse.

23.1.2.2.1 Sperrtopfantenne

(*A.B. Bailey* – US 2,184,729 – 1937)

Die *Sperrtopfantenne* oder auch *Koaxialdipol* genannt (**Bild 23.1.13**) eignet sich sehr gut als vertikal polarisierter Rundstrahler. Von einem Koaxialkabel mit möglichst dickem Innenleiter entfernt man auf eine Länge von elektrisch *λ/4* (etwa λ/4 · 0,96) Außenmantel, Außenleiter und Dielektrikum, so daß nur der blanke Innenleiter bleibt. Nun wird ein ebenfalls elektrisch λ/4 langes Kupfer- oder Messingrohr über das Koaxialkabel geschoben und, wie **Bild 23.1.13** zeigt, mit dem Außenleiter des Kabels verlötet. Man kann statt Rohr auch eine Metallfolie nehmen. Der Verkürzungsfaktor dieses Rohres kann mit 0,95 ge-

Bild 23.1.13
Sperrtopfantenne

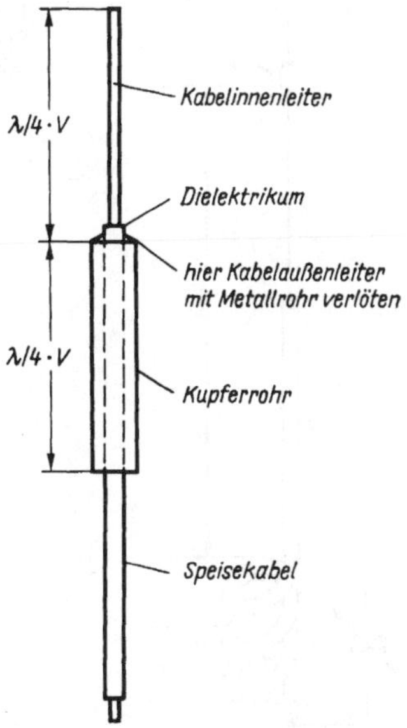

Bild 23.1.14
Sperrtopfantenne (geerdet)

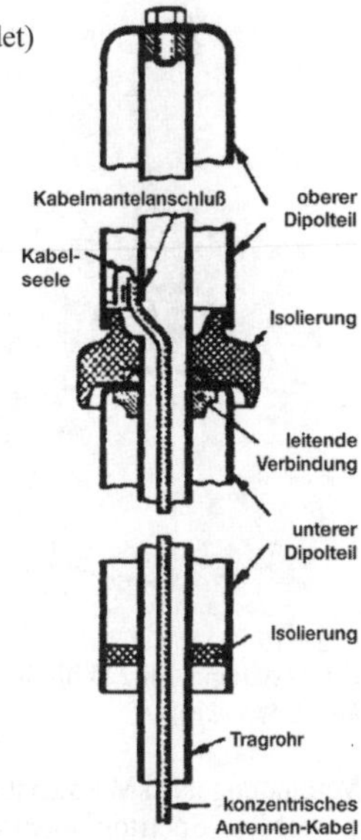

wählt werden, weil das Koaxialkabel eine größere kapazitive Endbelastung bewirkt. Der Durchmesser des Rohres ist beliebig, seine lichte Weite muß lediglich so groß sein, daß sich das Rohr über den Außenschutzmantel des Kabels schieben läßt.

Es handelt sich im Prinzip um einen senkrecht stehenden Halbwellendipol, dessen unterer $\lambda/4$-Abschnitt gleichzeitig als Gegengewicht ausgebildet ist. Der Viertelwellensperrtopf wirkt als Sperrglied und dient zur Verhinderung von Mantelwellen (siehe Abschnitt 7.4 Sperrglieder). Dadurch ist es möglich einen symmetrischen Strahler unsymmetrisch über ein Koaxialkabel zu speisen.

Der Sperrtopf umschließt den Tragmast und das Speisekabel und ist eine nach unten offene Viertelwellenleitung. Der Ausdruck „Topf", anstelle von Leitung, hängt mit dem ziemlich großen Außendurchmesser zusammen.

Der Blindwiderstand (Reaktanz) des Sperrtopfes ist

$$X = \mathrm{j}\, Z \tan 2\pi \cdot \frac{l}{\lambda} \tag{23.1.1}$$

Z ..... Wellenwiderstand (gegeben durch die Durchmesser von Innenleiter d und Außenleiter D)
l ...... elektr. Länge der Leitung
λ ..... Betriebswellenlänge

Je höher der Blindwiderstand X wird, desto besser ist die Entkopplung zwischen Strahler und Tragmast. Bei Resonanz, also $l/\lambda = 0{,}25$, geht X gegen ∞, man erhält optimale Entkopplung. Bei Abweichung von der Resonanzfrequenz hängt der Blindewiderstand X hauptsächlich von Wellenwiderstand Z ab. Das bedeutet, daß der Sperrtopf in einem um so größeren Frequenzbereich brauchbar ist, je größer Z gewählt ist. Da der Innenleiter des Sperrtopfes als Tragmast aus Festigkeitsgründen nicht beliebig dünn gemacht werden kann bleibt nur eine Erhöhung des Außenleiters. Das zieht aber eine höhere Windlast nach sich und damit wieder eine Vergrößerung des Innenleiters. Durch geeignete (z.B. kegelförmige) Ausbildung des Sperrtopfes und Frequenzkompensation kann man Frequenzbereiche bis 1:3 erfassen.

Bei kommerziellen Sperrtopfantennen ist sehr oft eine betriebsmäßige Erdung der Antenne gefordert. Die beiden Strahlerhälften müssen daher eine leiten-

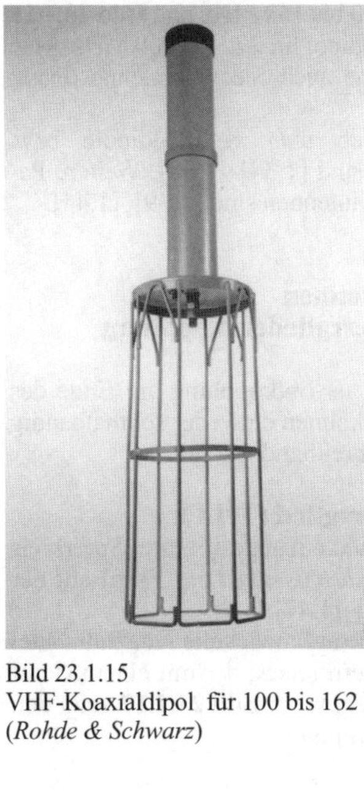

Bild 23.1.15
VHF-Koaxialdipol für 100 bis 162 MHz
(*Rohde & Schwarz*)

Bild 23.1.16
UHF-Koaxialdipol für 225 bis 400 MHz
(*Rohde & Schwarz*)

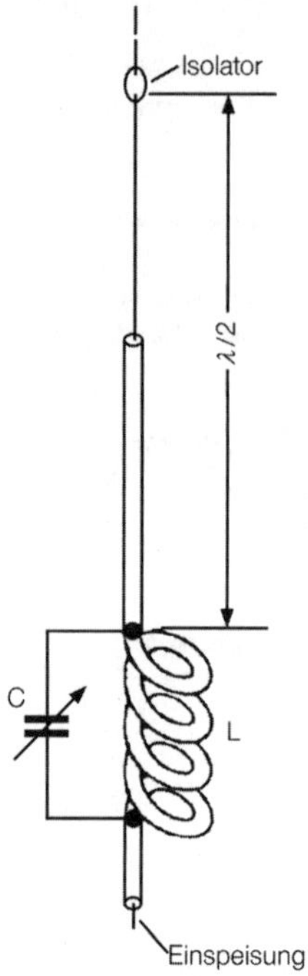

Bild 23.1.17
Sperrglied
mit T^2LT

de Verbindung nach Masse haben. **Bild 23.1.14** zeigt eine geerdete Sperrtopfantenne, im Schnitt dargestellt. Beide Strahlerteile sind mit dem Tragrohr verschraubt. In der Mitte der Antenne befindet sich ein Isolator. Dort wird das Speisekabel angeschlossen. Der Mantel liegt am Tragrohr, die Seele ist mit dem unteren Ende des oberen Dipolarmes verbunden. der untere Teil ist als Sperrtopf ausgebildet. Der obere Rohrkreis wird zur Kompensation der Blindkomponenten der Eingangsimpedanz ausgebildet. Durch diese Kompensation, die parallel zum Eingang liegt ergibt sich eine Verbesserung der Breitbandigkeit. **Bild 23.1.15** und **Bild 23.1.16** zeigen neue Breitband-Koaxialdipole. **Bild 23.1.15** zeigt einen VHF-Koaxialdipol für 100 bis 162 MHz und **Bild 23.1.16** einen UHF-Koaxialdipol für 225 bis 400 MHz. Man nennt diese Antenne auch Sleeve-Antenne (engl.: Sleeve = Ärmel).

Veröffentlichungen über Koaxialdipole bzw. Sperrtopfantennen sind [1.34]–[1.38]. Weitere Patente von Sperrtopfantennen sind [1.39]–[1.44].

23.1.2.2.2 λ/2-Antennen mit Sperrgliedentkopplung

Diese Sperrglieder als Entkopplung am Ende des unteren Dipolarms können entweder schmalbandig (abgestimmt) oder breitbandig sein.

Schmalband-Sperrglied (T^2LT)

Hier ist das Sperrglied ein abgestimmter Sperrkreis (***T^2LT = Tuned Transmission Line Trap***) auf der Speiseleitung [1.45]–[1.47].

Der zu einer Spule aufgewickelte Koaxialmantel bildet das *L* des Sperrkreises, der mit einem *C* auf Resonanz abgestimmt wird. **Bild 23.1.17** zeigt den abgestimmten Sperrkreis.

Die Antennenentkopplung durch einen abgestimmten Kreis auf der Speiseleitung wurde erstmals in USA in einer Patentanmeldung durch *Potter* (*Bell*) [1.48] erwähnt.

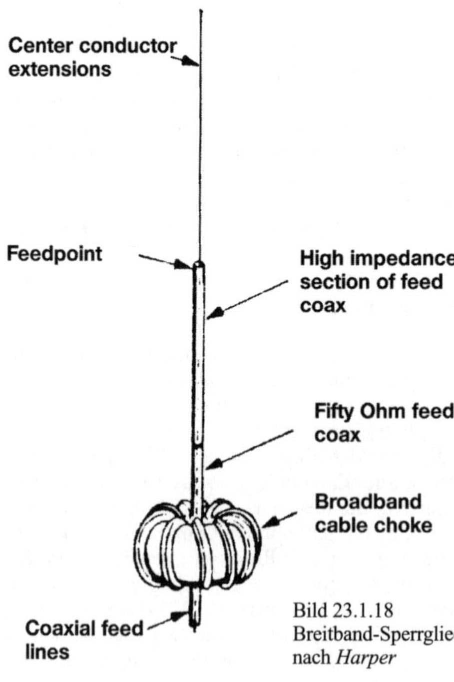

Bild 23.1.18
Breitband-Sperrglied
nach *Harper*

Breitband-Sperrglieder

Hier ist das *Sperrglied* eine *Breitband-Kabeldrossel.* Schon 1944 gab es in USA in der zuvor erwähnten Patentanmeldung von *Potter* (*Bell*) [1.48] auch eine breitbandige Antennenentkopplung mit einer Drossel und 1951 in Großbritannien durch *Coulson* (*EMI*) [1.49].

Eine *Breitbanddrossel* mit Ferritkern als Sperrglied bei einer vertikalen λ/2-Antenne wurde 1965 in USA durch *Brückmann* (*US Army*) zum Patent angemeldet [1.50]. **Bild 23.1.18** zeigt das *Breitband-Sperrglied* nach *Harper* (*Sylvania*) [1.51].

Die obere Strahlerhälfte besteht aus der Verlängerung des Innenleiters, die untere Strahlerhälfte besteht aus dem Koaxialaußenleiter zwischen Einspeisepunkt und *Breitbanddrossel*. Die *Kabeldrossel* besteht aus einigen Windungen des Koaxialkabels auf einem Ferrit-Ringkern. Die Induktivität kann mit der Eigenkapazität der Windungen resonant auf der Dipolfrequenz sein oder breitbandig eine große Impedanz haben. Diese Anordnung hat eine größere Bandbreite auch durch die Verwendung eines hochohmigeren Koaxialkabels (90 bis 120 Ω) bei der unteren Strahlerhälfte.

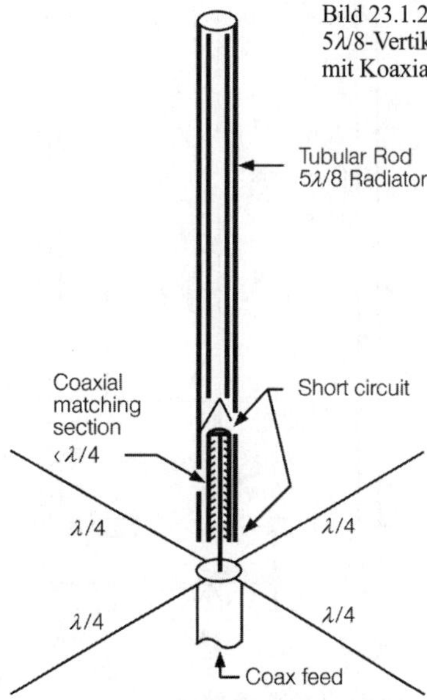

Bild 23.1.20
5λ/8-Vertikalantenne
mit Koaxialstub

23.1.3 5λ/8-Antenne

Verglichen mit einer Viertelwellen-Groundplane-Antenne erreicht die *5λ/8-Antenne* einen Gewinn von durchschnittlich 3 dB. Die mechanische Strahlerlänge liegt zwischen 0,625λ (Strahlungswiderstand $R_r \approx 54\ \Omega$) und 0,64λ ($R_r \approx 49\ \Omega$). 5λ/8 ist keine resonante Länge; um einen reellen Eingangswiderstand zu erhalten – was gleichbedeutend mit Resonanz ist –, muß man den Strahler z.B. mit einer Serienspule verlängert werden. Es stellt sich dann ein reeller Eingangswiderstand von rund 60 Ω ein.

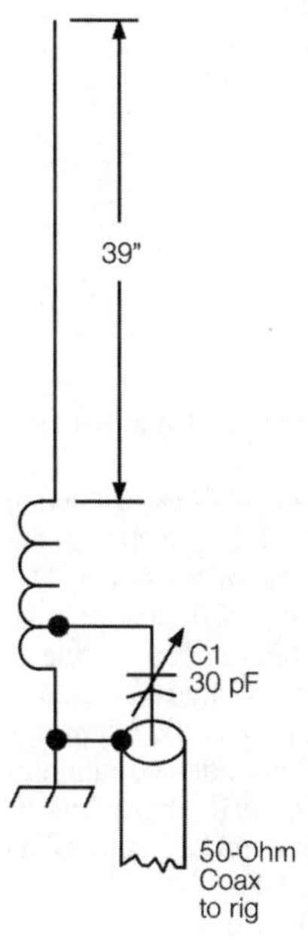

Bild 23.1.19
5λ/8-Vertikalantenne
mit angezapfter Spule

Die *5λ/8-Vertikalantenne* ist erstmals 1924 in USA beschrieben worden [1.52]. Weitere Veröffentlichungen sind [1.53]–[1.54]. Ein Patent für eine *5λ/8-Vertikalantenne* mit doppeltem Sperrtopf stammt 1938 von *Roosenstein* (*Telefunken*) [1.55].

Möglichkeiten, wie die Anpassung an ein Koaxialkabel hergestellt werden kann werden im Abschnitt 19.6 in **Bild 19.6.1** dargestellt. Im VHF/UHF-Bereich wird dabei besonders die Ankopplung über einen Parallelkreis nach **Bild 19.6.1g** verwendet.

Eine frühe Darstellung einer *5λ/8-Vertikalantenne* für das 2-m-Band stammt von *W1ICP.* Das Motto dabei war: Man nehme eine CB Whip, modifiziere etwas und schon erhält man eine -5λ/8-Vertikal für 2 m [1.56]. In **Bild 23.1.19** ist die Antenne mit der Ankopplung/Anpassung zu sehen.

Eine andere Lösung für die Anpassung mit Koaxialstub ist in [1.57] zu finden. Ein kurzgeschlossener Koaxialstub wird von unten in ein in 5λ/8 langes Rohr geschoben. Das untere Rohrende ist mit dem Mantel des Stub elektrisch verbunden (**Bild 23.1.20**).

Vorschläge für den Selbstbau von induktiven Verlängerungen bei *5λ/8-Vertikalantennen* finden sich in [1.58] bis [1.60].

Eine interessante Lösung für eine Serieninduktivität mit einem offenen Stub findet sich in [1.61]. In **Bild 23.1.21** sind die drei grundsätzlichen Methoden der Anpassung mit einer Serien-Induktivität zu sehen. Dabei ist (C) interessant, das offene Ende des Drahtes wirkt nach λ/4 als Kurzschluß.

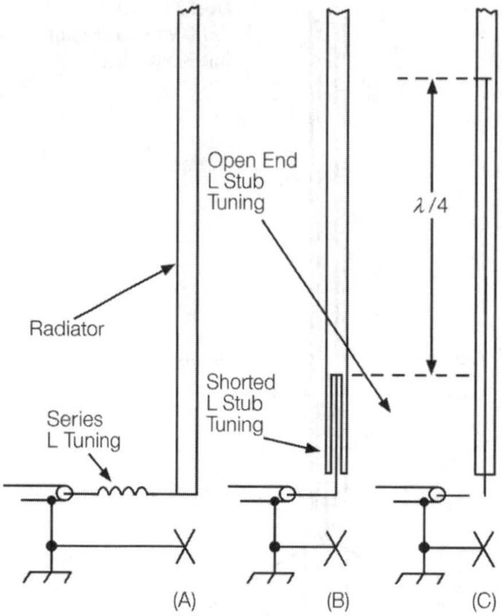

Bild 23.1.21
5λ/8-Vertikalantenne mit offenem Stub

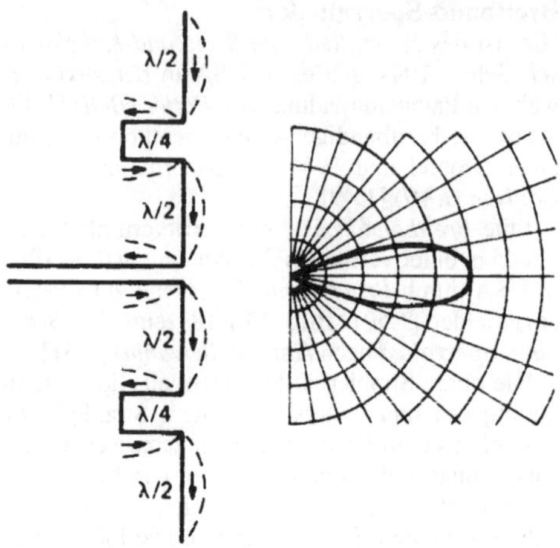

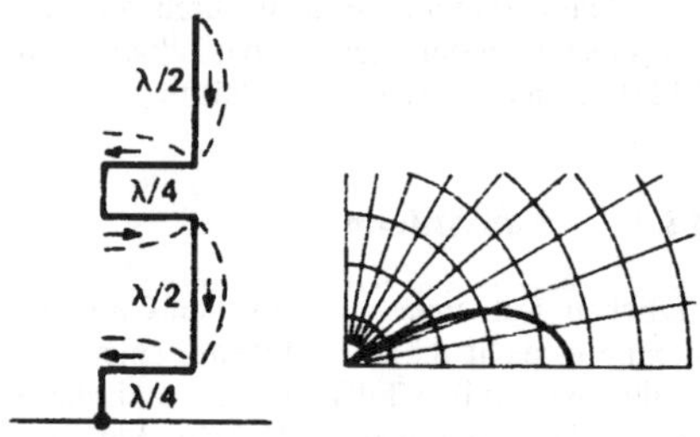

Bild 23.1.22
Kollinearantennen
oben: 4,3 dBd
unten: 4,3 dB/GP

In einer weiteren Veröffentlichung über *5λ/8-Vertikalantennen* von *DL4KCJ* [1.62] sind zwei Schaltungen zu finden. Ein Parallelkreis für 2 m mit den Werten 3 pF und 0,22 µH, sowie die Erregung der *5λ/8-Vertikalantenne* über einen schrägen λ/8-Strahler. Von der Antennenindustrie werden *5λ/8-Antennen* vor allem als Mobilantennen in unterschiedlichen Ausführungen hergestellt. Dabei ist die Verlängerungsspule als elastischer Federfuß ausgeführt oder sie ist als Koaxialstub im Fußpunktisolator untergebracht.

23.1.4 Kollineare Antennen

Kollineare Antennen sind gestockte, vertikal polarisierte Rundstrahler. Kollinear bedeutet: untereinander angeordnete Antennen, die gleichphasig erregt sind. Alle Ströme sind nach Phase, Richtung und Größe gleich.

Die erste *kollineare Antenne* war die *Franklin-* oder *Marconi-Franklin-Antenne* [1.63]. Dabei werden zwei oder mehr gleichphasig erregte Dipolantennen in einer Linie zusammengeschaltet. Das phasendrehendes Glied für eine notwendige Phasendrehung von 180° läßt sich durch eine kurzgeschlossene Viertelwellenleitung oder durch andere Methoden erreichen. Dabei erfolgt die Einspeisung der vertikalen *Kollinearantennen* meistens von unten („Serienspeisung"), seltener in der Mitte („Parallelspeisung").

Mit einem kollinearen Strahlersystem, ohne Dipolabstand, lassen sich gegenüber einem Halbwellendipol etwa folgende Gewinne erzielen [1.64]:

2 Elemente	1,7 dBd,
3 Elemente	3,2 dBd,
4 Elemente	4,3 dBd,
5 Elemente	5,2 dBd,
6 Elemente	5,9 dBd,
7 Elemente	6,5 dBd,
8 Elemente	7,1 dBd.

Die Gewinne mit anderen Dipolabständen sind im Abschnitt 13.1 zu finden.

In **Bild 23.1.22** sind vertikale *Kollinearantennen* zu sehen [1.65]. Im oberen Teil eine 4-Element *Kollinearantenne* im freien Raum zu sehen. Der Gewinn für 4 Elemente ist nach vorstehender Liste 4,3 dBd oder rd. 6,5 dBi. Im unteren Teil ist eine 2-Element *Kollinearantenne* über Grund abgebildet. Der Gewinn hier ist ebenfalls 4,3 dB, allerdings über eine Viertelwellen-Antenne oder Groundplane, also 4,3 dB/GP oder rd. 9,5 dBi. Diese Anordnung bringt 1,3 dB mehr Gewinn als eine 5λ/8-Vertikalantenne (vgl. **Tabelle 4.1**).

Frühe Patente waren [1.66]–[1.69].

Eine frühe Literaturstelle ist [1.70]. **Bild 23.1.23** zeigt den Antennenaufbau mit 3-Elementen und der Stromverteilung. Weitere Literaturstellen sind [1.71]–[1.82]. Zwei kollineare, phasengleich erregte, vertikal polarisierte 5λ/8-Strahler kann man auch als 5λ/4- oder 1,25-λ-Strahler ansprechen. Allgemein bekannt ist eine solche Antenne unter der Bezeichnung „verlängerter Doppel-Zepp" [1.83] [1.84].

Aus einer japanischen Quelle (*JA7RKB*) vom Jahre 1986 stammt die 3-Element *Kollinearantenne* für das 23-cm-Band (**Bild 23.1.24**). Die Stichleitung (stub) am BNC-Stecker ist λ/4 lang. Die vertikale koaxiale Ausführung (**Bild 23.1.25**) war bereits 1935 in Deutschland von *Pfister* (*Lorenz*) angegeben [1.85] und wurde in ähnlicher Ausführung 1935 in England von *Blumlein* (*EMI*) zum Patent angemeldet [1.86]. Ein weiteres Patent darüber ist [1.87].

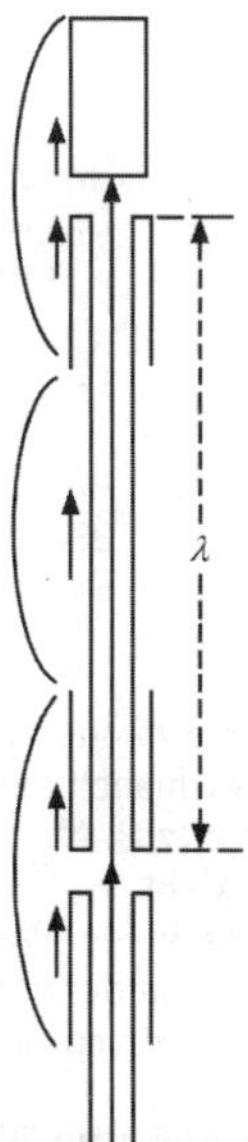

Bild 23.1.23
Schema einer 3-Element Kollinearantenne

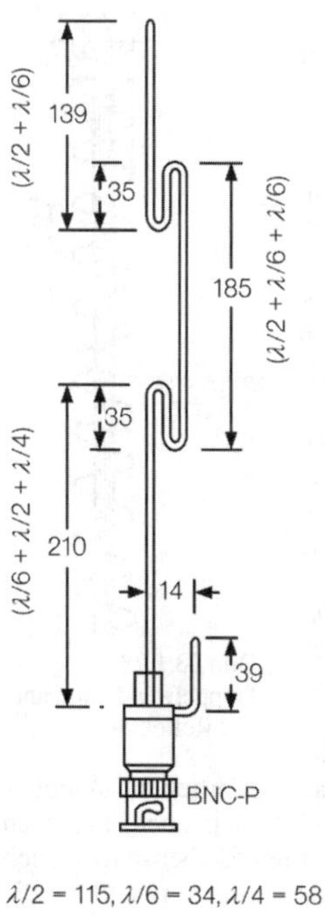

Bild 23.1.24
3-Element Kollinearantenne für 23 cm

Diese koaxialen Antennen werden auch als partiell abgeschirmte Oberwellenantennen bezeichnet. Oberwellenantennen deswegen, weil sich die abstrahlende Welle auf der Oberfläche der abgeschirmten Leitung befindet. Eine koaxiale Rohrleitung wird in gleichlange λ/2-Stücke elektrischer Länge zerteilt. Dabei wird der Innenleiter des einen Stückes mit dem Außenleiter des benachbarten Stückes verbunden. Dadurch entsteht durch die abwechselnde Vertauschung von Innen- und Außenleiter eine gleichphasige Erregung der Außenleiter. Weitere Literatur darüber in [1.88]–[1.95].

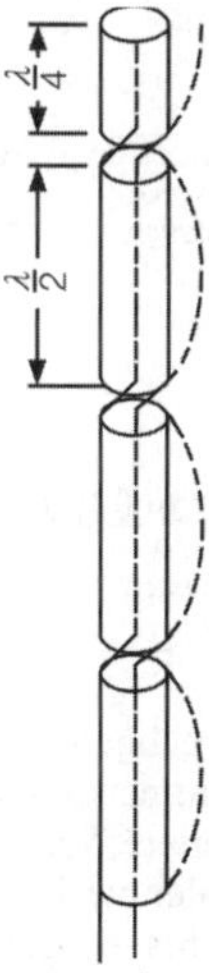

Bild 23.1.25
Koaxiale Kollinearantenne (nach *Pfister*)

23.1.5 Wendelantennen

Bei vertikalen Wendelantennen sind die Abmessungen klein gegen die Wellenlänge und die Abstrahlung erfolgt senkrecht (normal) zur Wendelachse (vgl. **Bild 19.7.4.a**). Dabei wirkt die Wendel als induktiv belastete Antenne.

Wendelantennen (auch Helix oder Spulenantennen genannt) für den VHF- und UHF-Bereich werden bei Handsprechfunk-Geräten („Handies" oder „Handys") als Aufsteckantennen verwendet [1.96] – [1.98]. Es handelt sich dabei um Wendelantennen mit sehr kleinem Wendeldurchmesser und engem Windungsabstand. Sie weisen eine radiale Strahlung, ähnlich einem vertikalen Dipol. Eine Bauform, die man bei Handfunksprechgeräten häufig findet, ist die s.g. „Gummiwurst", die im englischen Sprachgebrauch auch als „Rubber Duckie" bezeichnet wird. Solche Antennen werden von der Industrie in vielfältigen Ausführungen hergestellt; sie sind sehr kurz und flexibel. Üblich sind Längen von etwa 15 cm bis 20 cm für das 2-m-Band (145 MHz). Es gibt aber auch noch kleinere Mini-Modelle.

Der Strahler besteht aus einer elastischen Metallwendel in einem widerstandsfähigen Schutzmantel aus PVC, Spezialgummi oder strahlenvernetztem Kunststoff. Für die Betriebsfrequenz ist eine minimale Welligkeit *s* von etwa 1,2 erreichbar.

Der Strahler ist linear und parallel zur Wendelrichtung polarisiert und hat senkrecht dazu ein kreisförmiges Strahlungsdiagramm.

Der Gewinn der Antenne ist abhängig von der Verkürzung, von der Leitfähigkeit der Wendel (versilbert, verkupfert oder blank) und von der Qualität des Dielektrikums.

Bekanntlich benötigt jeder Viertelwellenstrahler ein Gegengewicht (Radials oder ein Erdnetz). Die „Gummiwurst" wird direkt auf das Handfunk-

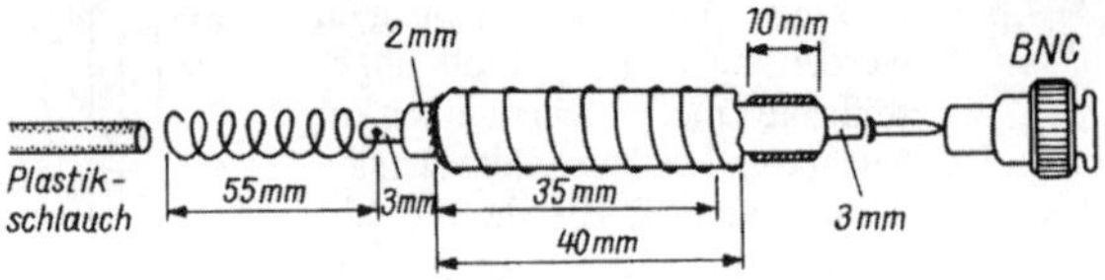

Bild 23.1.26
Doppelwendelantenne
(2-m-Band)

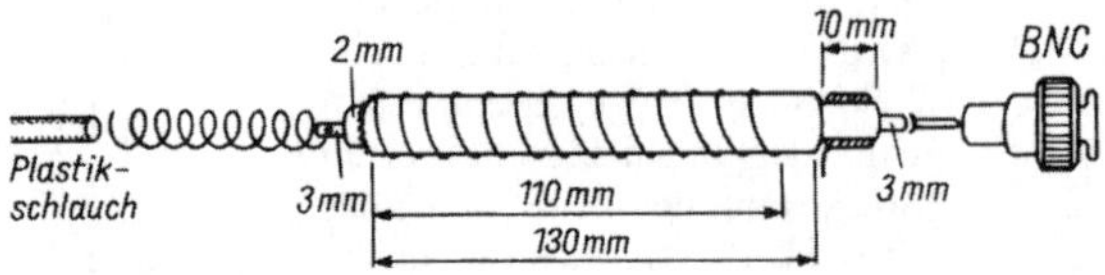

Bild 23.1.27
Doppelwendelantenne
(70-cm-Band)

sprechgerät aufgesteckt, das dann ein sehr unvollkommenes Gegengewicht darstellt. Dies bedingt weitere Verluste. Bezogen auf einen λ/4-Strahler voller mechanischer Länge ist der Gewinn etwa –3 db bis –12 dB.

Die Bezeichnungen für die Aufsteckantennen sind: Ducky, Gummiwendel, Gummiwurst, Helical, Helical coil, Helical spring, Miniflex, Mini-Stick, Rubber Duck, Rubber Ducky.

Man kann die Wendelantenne direkt am Ende speisen (Serienspeisung), oder über eine Anzapfung (Nebenschlußspeisung = shunt fed).

Als sehr handliche und robuste Portable-Antenne kann die „Gummiwurst" vorteilhaft für den Nahverkehr eingesetzt werden. Trotz der deutlichen Verluste haben sich die Wendelantennen bei Handfunkgeräten wegen ihrer praktischen Vorteile durchgesetzt.

Doppelwendelantenne

Eine *Doppelwendelantenne*, also eine mittengespeiste Wendelantenne, bringt deutliche Vorteile gegenüber einer „normalen einfachen" Wendelantenne und zeigt gegen einen Viertelwellen-Stab so gut wie keinen Unterschied [1.99].

Bei der *Doppelwendelantenne* wirkt die untere, dem Stecker zugewendete Wendel als Gegengewicht und vermindert dadurch den Umgebungseinfluß. Bei einem feststehenden Gerät sollen sich durch das abgestimmte Gegengewicht sogar eindeutige Vorteile gegen den Viertelwellen-Stab ergeben haben.

Bauanleitung 2-m-Band:

- Ein 15 cm langes Koaxkabelstück *RG-213* wird nach **Bild 23.1.26** abisoliert und mit einem BNC-Stecker versehen.
- 2 Wendeln von 1 mm Stahl mit 10 mm Durchmesser und 30 Windungen wird auf 11 cm ausgezogen.
- Eine Wendel wird über das Koaxkabelstück gezogen und beim Speisepunkt mit der Abschirmung (2 mm) verlötet.
- Die zweite Wendel wird an einem Ende zur Mitte gebogen und an die Kabelseele (3 mm) gelötet.
- In die zweite Wendel wird zur Stabilität ein Plastikschlauch mit etwa 9 mm Durchmesser eingeführt (z.B. NYM 3 x 1,5) und am Stoßpunkt gut verklebt.
- Über beide Wendeln und den Stecker kommt dann ein Schrumpfschlauch.
- Gummikappe auf das offene Ende stecken.

Bauanleitung 70-cm-Band:

- Ein 50 cm langes Koaxkabelstück *RG-213* wird nach **Bild 23.1.27** vorbereitet.
- Eine Wendel mit 8,5 Windungen wird auf 35 cm gedehnt und an den Außenleiter gelötet.
- Die andere Wendel mit 9,5 Windungen wird auf 55 cm gedehnt und an den Innenleiter gelötet.
- Plastikschlauch einfügen, dann verkleben und mit Schrumpfschlauch und Kappe versehen.

Doppelwendelantenne mit Reflektor

Die *Doppelwendelantenne* ist bei vertikal aufgestellter Achse ein sehr leistungsfähiger Rundstrahler mit horizontaler Polarisation und scharfer Bündelung in der Vertikalebene. Da auch der mechanische Aufbau dieser Antenne gegenüber anderen Rundstrahlformen erhebliche Vorzüge aufweist, findet man die *Doppelwendel* mit Reflektor gelegentlich als Strahler bei UKW- und Fernsehsendern. **Bild 23.1.28** zeigt die schematische Darstellung einer *Doppelwendelantenne* mit einem metallisch leitenden Zylinder als Reflektor. Der Antenneneingang liegt in der Mitte der Doppelwendel; von ihm aus verlaufen die Windungen gegensinnig zueinander nach oben und nach unten. Im allgemeinen werden 5, höchstens jedoch 10 Windungen je Strahlerhälfte verwendet. Die

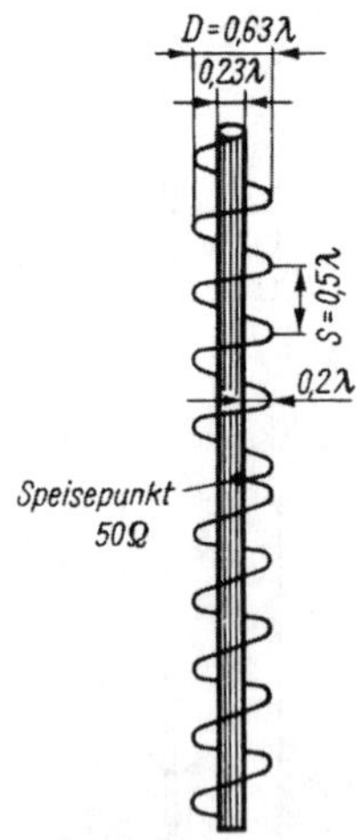

Bild 23.1.28
Doppelwendelantenne
mit Reflektor

Antenne wirkt als Doppelleitung, ein Leiter ist die Spirale, der andere Leiter ist die Oberfläche des metallischen Zylinders.

Der Durchmesser der Spirale wird so gewählt, daß die Ströme in den Leitern in Phase sind. Der Zylinderdurchmesser ist gegenüber dem Spiraldurchmesser so weit verkleinert, daß einerseits die Abstrahlung je Windung groß genug ist, um Reflexionen am leerlaufenden Spiralende zu vermeiden und andererseits klein genug, um die passende Stromverteilung für die Vertikalbündelung zu erreichen. Es ergibt sich eine praktisch nebenmaximafreie Vertikalcharakteristik. Da am Leitungsende praktisch keine Reflexion auftritt, ist die Doppelleitung praktisch aperiodisch und der Eingangswiderstand in weitem Frequenzbereich konstant.

23.2 Horizontal-polarisierte VHF/UHF-Antennen

Eine horizontal-polarisierte Rundstrahlantenne für den VHF/UHF-Bereich verlangt einen etwas größeren Aufwand. Eine Einzelantenne allein hat meist keine Rundstrahlcharakteristik. Erst durch besondere Formgebung der Einzelantenne, durch eine besondere Speisungsart, oder durch geeignete Anordnung von mehreren Einzelantennen erhält man eine angenäherte Rundstrahlung. Wenn man die zur Verfügung stehende Leistung nach allen Seiten in der Horizontalebene gleichmäßig verteilt, so ist klar, daß das zu Lasten der Hauptstrahlrichtungen geht, aus denen die Strahlungsminima aufgefüllt werden. Daher haben horizontale Rundstrahlantennen einen negativen Gewinn. Durch Stockung von mehreren Rundstrahlantennen in 0,5 bis 0,7 λ kann der Gewinn gesteigert werden. Bei Verdopplung der Antennenebenen erhöht sich der Gewinn theoretisch um 3 dB, praktisch um etwa 2,5 dB. Der dabei entstehende Verlust setzt sich zusammen aus den Leiterverlusten und den Verteilverlusten.
Man kann hier unterscheiden zwischen :

- Dipolanordnungen
- Schleifenanordnungen
- Schlitzanordnungen

Die jeweiligen Anordnungen bestehen aus den jeweiligen Antennenarten.

23.2.1 Dipolanordnungen

Der Halbwellendipol stellt eine Richtantenne dar, die bevorzugt senkrecht zu ihrer Längsachse strahlt (Doppelkreischarakteristik) und in ihrem E-Diagramm zwei ausgeprägte Nullstellen aufweist.

Es gibt mit horizontalen Dipolen grundsätzlich drei Möglichkeiten eine Rundstrahlung in der Horizontalebene zu erreichen:

- Verformung der Dipole (Winkel-, Knick- und Ringdipol)
- Konzentrische Anordnung mehrerer Dipole (Dipoldreieck, Dipolquadrat)
- Kreuzweise Anordnung mehrerer Dipole und Speisung mit Phasenverschiebung entsprechend der räumlichen Winkel zwischen den Dipolen (Kreuzdipol)

Konzentrische Anordnungen der Einzelstrahler können als Dreieck, Quadrat, Polygon oder Kreis ausgeführt sein. Man nennt solche Anordnungen auch „Rahmen", „Rahmenstrahler" oder „Kreisstrahler". Da die Einzelantennen auf einem Kreisdurchmesser von $\lambda/2$ liegen, erfolgt durch gegenphasige Erregung der Einzelantennen vertikal eine Auslöschung. Vertikal ergibt sich eine Nullstelle oder eine Minimum.

Rundstrahlantennen, als Kombination mehrerer konzentrisch angeordneter Einzelantennen, wurden schon 1929 zum Patent angemeldet. In Deutschland von *O. Böhm* (*Telefunken*) für allgemeine Antennen [2.0a] und in der UdSSR von *W.W. Tatarinow* (*Elektroswias*) für eine spezielle Antenne [2.0b].

23.2.1.1 Winkeldipol (V-Antenne)

(*P.S. Carter* – US 2,258,406 – 1938)
Der *V-Dipol*, *Winkeldipol*, oder *Biegedipol* hat heute noch eine Bedeutung als Quasi-Rundstrahler für horizontale Polarisation.

Da abgewinkelte Dipole immer noch eine mehr oder weniger ausgeprägte Hauptstrahlrichtung haben, spricht man auch von Rundstrahlern mit Vorzugsrichtung. Durch Verändern des Winkels zwischen den beiden Dipolhälften kann das E-Diagramm verformt werden.

V-Dipol
In der UKW-Anfangszeit waren als FM-Antennen die *Multi-V Antennen* der Firma *Andrew* weit verbreitet [2.1]. Zur Erhöhung der Antennenimpedanz wurde das Faltprinzip angewendet. Jedes Antennenelement hatte eine Serienkapazität zur Reaktanzkorrektur. Eine Antenneneinheit bestand aus 2 Ebenen mit einen Gewinn vor rd. 2 dB, bei 4 Ebenen waren es 5.7 dB Gewinn, 8 Ebenen brachten einen Gewinn von 8,6 dB. Patente von *V-Dipolen* sind [2.2] – [2.3].

Winkeldipol
Früher, bei der horizontalen Polarisation bei Mobilfunk, war als UKW-Mobilantenne der *Winkeldipol* UY 01 (früher HY 01) der Firma *Wisi* weit verbreitet [2.4]. Durch die abgewinkelten Strahlerhälften (45°) ergibt sich eine Rundstrahlung mit zwei Vorzugsrichtungen. Die Spannungseinzüge bei 90° und 270° betragen 6 dB.Der Verlust gegenüber einem Halbwellendipol ist –2 dB.

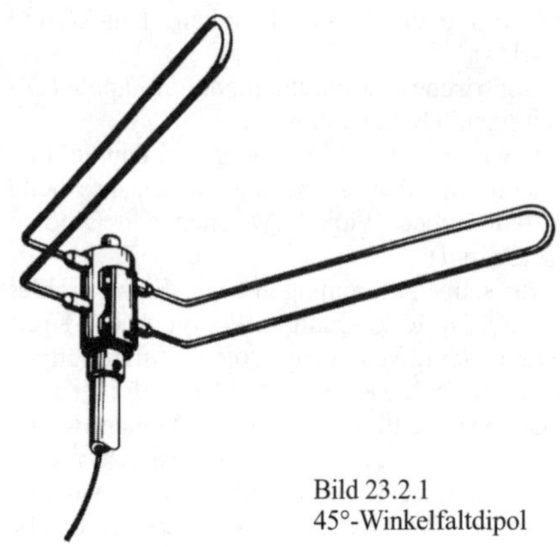

Bild 23.2.1
45°-Winkelfaltdipol

Winkelfaltdipol

Obwohl ein abgewinkelter Dipol die gleichen Strahlungseigenschaften wie ein abgewinkelter Faltdipol aufweist, wird der abgewinkelte Faltdipol meist wegen des höheren Eingangswiderstandes und der größeren Breitbandigkeit bevorzugt. *Winkelfaltdipole* für 2 m und 70 cm werden auch heute noch verwendet. Der *Winkelfaltdipol* entsteht aus einem gestreckten Faltdipol, dessen Hälften so weit abgewinkelt werden, daß sie die Schenkel eines Winkels von etwa 90° bilden. Dabei ändert sich der Eingangswiderstand nicht merklich, er bleibt bei etwa 200 Ω. Mit einem Balun 1:4 (Halbwellenumwegleitung) wird die Anpassung an ein 50-Ω-Koaxialkabel erreicht.

Das Strahlungsdiagramm der E-Ebene ist etwa ellipsenförmig, die Nullstellen sind etwas aufgefüllt. Der Verlust gegenüber einem Dipol ist nur etwa 1 dB. Der Gewinn ist also –1 dBd. Die Spannungseinzüge bei 90° und 270° werden mit etwa 9 dB angegeben. Beim UKW-Hörrundfunk werden auch heute noch mäßig abgewinkelte Faltdipole verwendet.

Die Auffüllung der Minima wird um so besser, je spitzer die Abwinkelung ist. **Bild 23.2.1** zeigt einen Winkelfaltdipol der Firma *Fuba* mit 45° Abwinkelung. Es wird dabei ein Gewinn von -2 dBd angegeben, wobei die Spannungseinzüge bei 90° und 270° dann nur etwa 6 dB betragen.

23.2.1.2 Knickdipol (U-Antenne)

Der *Knickdipol* oder die *U-Antenne* war eine Zeit lang eine beliebte UKW-FM-Sendeantenne.

Die erste Erwähnung dieser Antenne erfolgte 1940 in USA in einer Patentanmeldung durch *G.H. Brown* (*RCA*) [2.5].

In der Nachkriegszeit war diese Antennenform auch im Flugfunk zum Empfang des „Localizer" Signals auf 109 MHz in Verwendung [2.6]. Ein typisches Beispiel eines *U-Dipols* ist die VOR-Antenne 37J-3 der Firma *Collins*. Diese Antennenform wurde dann später von der Firma *Telefunken* als UKW-FM-Sendeantenne verwendet. **Bild 23.2.2** zeigt eine entsprechende *U-Antenne* mit 2 Ebenen.

23.2.1.3 Ringdipol (Halo-Antenne)

(*L.M. Leeds, M.W. Scheldorf* – US 2,324,462 – 1941)

Ein weiterer horizontaler Rundstrahler ist der *Ringdipol*. Er wird auch als *Halo-Antenne* (***Halo*** ≡ **Ha**lfwave **Lo**op) bezeichnet [2.7].

Die erste Erwähnung eines *Ringdipols* findet sich 1937 in einem Patent für eine Flugzeugantenne [2.8]. Während des Krieges wurde in Deutschland ein *Ringdipol* aus breiten Blech als Breitbandantenne für UKW zum Patent angemeldet [2.9].

Als der der Amateur-Mobilfunk noch horizontal polarisiert war, wurde der *Ringdipol* sehr oft bei Fahrzeugstationen eingesetzt [2.10]–[2.12].

Wie man aus **Bild 23.2.3** ersehen kann, handelt es sich bei der *Halo-Antenne* um einen Halbwellendipol, dessen beide Schenkel in der Hori-

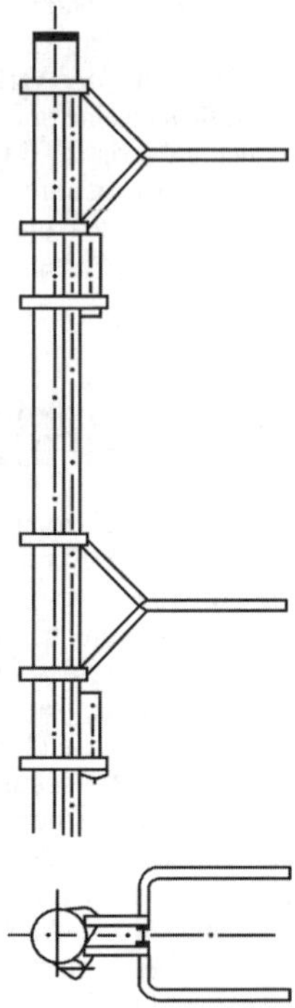

Bild 23.2.2
U-Antenne (*Telefunken*)

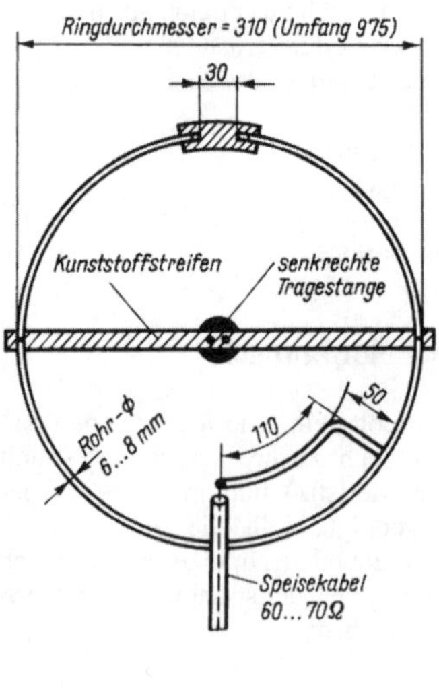

Bild 23.2.3
Ringdipol
(Halo-Antenne)

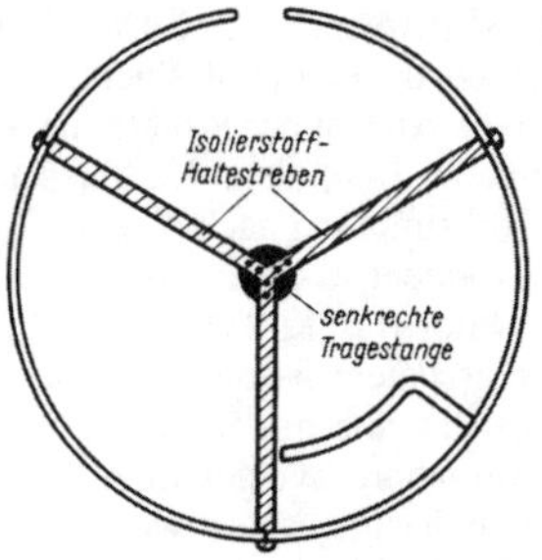

Bild 23.2.4
Ringdipol (mechanisch günstigere Halterung)

zontalebene so gebogen sind, daß die Form eines nicht geschlossenen Ringes entsteht. Das Horizontaldiagramm des horizontalen *Ringdipols* hat auch keine exakte Kreisform; es hat die Form einer Ellipse. Der „Gewinn" einer *Halo-Antenne* gegenüber einem gestreckten Dipol (in dessen Hauptstrahlrichtung) beträgt etwa –3 dB, die Spannungseinzüge senkrecht dazu etwa 6 dB. Daraus kann man ersehen, daß der *Ringdipol* eine relativ gute Rundcharakteristik aufweist.

Einen für das 2-m-Band bemessenen Ringdipol zeigt **Bild 23.2.3** mit allen erforderlichen Abmessungen. Die dargestellte Gamma-Anpassung gewährleistet den impedanzrichtigen Anschluß eines 50-Ω-Koaxialkabels. Sie erübrigt außerdem das Auftrennen des Dipols am Antenneneingang, was der mechanischen Stabilität sehr entgegenkommt. Der Außenleiter des Koaxialkabels wird mit der geometrischen Mitte des Dipols verbunden, der Kabelinnenleiter führt zum Gamma-Glied. [2.13].

Die Dipolenden dürfen sich nicht berühren. Sie sollen einen gegenseitigen Abstand von mindestens 30 mm haben, da bei größerer Annäherung eine starke kapazitive Beeinflussung auftritt, wodurch sich die Resonanzfrequenz verschiebt und gleichzeitig der Eingangswiderstand verändert wird. Manchmal schafft man absichtlich eine größere kapazitive Endbelastung, indem die Dipolenden nach Art eines Kondensators mit Metallplatten versehen werden. Das bewirkt eine Resonanzverschiebung zu niedrigeren Frequenzen, und man kommt damit zu kleineren Ringdurchmessern. Der Strahlungswiderstand einer *Halo* in der gezeigten Ausführung liegt bei 15 Ω, ist also niedriger als der des gestreckten Dipols. Da sich an den Dipolenden jeweils ein Spannungsmaximum befindet, sind auch bei Verwendung besonders hochwertigen Isoliermaterials Verluste nicht zu vermeiden. Diese können bei feuchter Witterung, Schnee oder Rauhreif erheblich ansteigen. Der Ringdipol nach **Bild 23.2.3** ist speziell für den Mobileinsatz gedacht. Aus Gründen der mechanischen Stabilität wird deshalb die Einbettung der Dipolenden in ein hochwertiges Isoliermaterial vorgesehen. Als Tragemast für den Mobileinsatz ist ein passendes PVC-Rohr gut geeignet. In seinem Innern kann das Koaxialkabel geschützt und unauffällig nach unten geführt werden.

Es lassen sich aber auch mechanisch oder elektrisch günstigere Lösungen für die Halterung des Ringdipols finden. So könnte man nach **Bild 23.2.4** die Isolierstoffhalterungen an den Dipolenden weglassen und dafür die Befestigung in der waagrechten Ebene nur durch mehrere speichenartig eingesetzte Kunststoffstäbe vornehmen.

Horizontale *Ringdipole* lassen sich auch in zwei oder mehreren Ebenen senkrecht übereinanderstocken. Dabei bleibt die Rundstrahlung in der Horizontalebene erhalten. Durch Verkleinern der vertikalen Halbwertsbreite wird ein Gewinn erzielt.

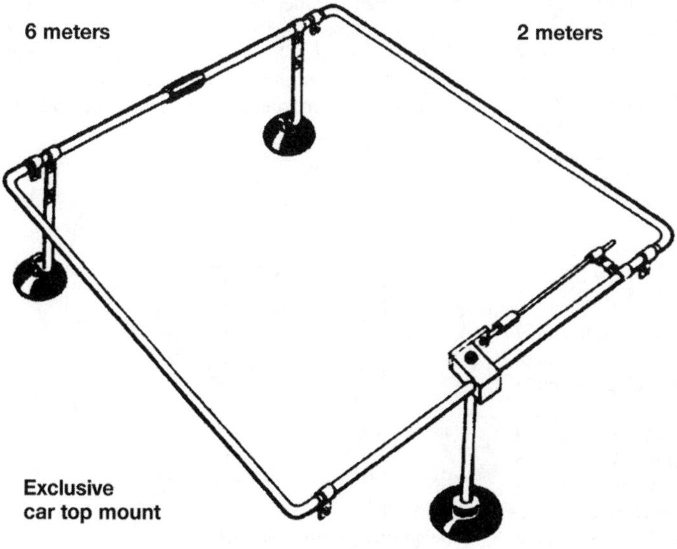

Bild 23.2.5
Squalo-Antenne
(2 m oder 6 m)

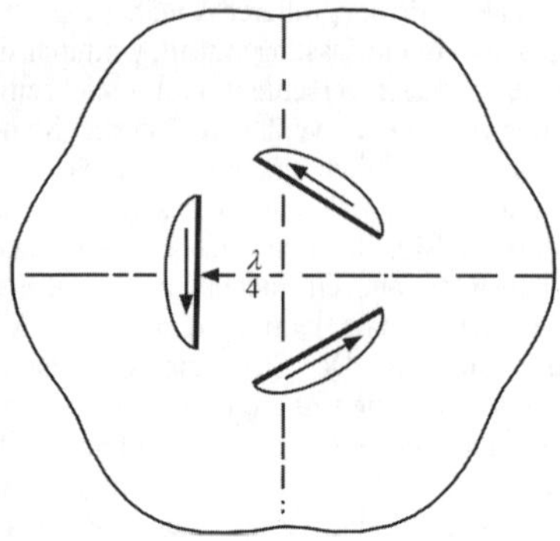

Bild 23.2.6
Dipoldreieck (Horizontaldiagramm)

Eine *Halo-Antenne* mit 1λ-Umfang als mobile OSCAR-Antenne ist in [2.14] beschrieben.

Ringdipole als UKW-FM-Sendeantennen wurden von der Firma *General-Electric* eingesetzt.

Weitere Patente von Ringdipolen finden sich in [2.15]–[2.19].

23.2.1.4 Quadratdipol (Squalo-Antenne)

Wenn der Dipol zu einem Quadrat gebogen wird, entsteht der *Quadratdipol*. Er wird auch als *Squalo-Antenne* (**Squalo ≡ Squa**re **Lo**op) bezeichnet.

Die Antenne wurde in der Mitte der 60er-Jahre von der Firma *Cushcraft* entwickelt [2.20]. Die Antennenmodelle waren zuerst nur von 6 bis 40 m im Programm, später kam auch das Modell für 2 m dazu. Diese 2-m- und 6-m-*Squalos* waren mit 3 Saugnäpfen bestückt, um die Antennen auf einem Wagendach zu montieren (**Bild 23.2.5**). Direkte Informationen darüber sind nicht bekannt. Auch über Gewinn oder Spannungseinzüge im Diagramm ist nichts bekannt.

In neuerer Zeit werden *Quadratdipole* mit der Bezeichnung *HO-Loops* **(HO ≡ H**orizontal **O**mni**)** von der Firma *M*^{2} hergestellt. Die Modelle sind für die Bänder 6 m, 2 m und 70 cm. Die 70-cm-Version hat z.B. die Abmessungen 11 x 11 cm.

23.2.1.5 Dipoldreieck

Ein *Dipoldreieck* ist eine Anordnung, die aus drei λ/2-Dipolen gebildet wird. Die Antenne wird manchmal auch als dreieckiger Rahmenstrahler bezeichnet. Durch Verwendung von drei symmetrisch gespeisten gestreckten Dipolen ergibt sich ein fast kreisförmiges Horizontaldiagramm. **Bild 23.2.6** zeigt das gerechnete Horizontaldiagramm (in relativen Feldstärkewerten) eines aus drei Halbwellendipolen gebildeten *Dipoldreiecks*. Der Abstand der Dipole vom Mittelpunkt ist λ/4. Das Horizontaldiagramm weist bei ungerader Strahlerzahl $2n$ Maxima auf, wenn n die Anzahl der Strahler ist. Das bedeutet 6 Maxima bei 3 Dipolen. Im Vertikaldiagramm ergibt sich Nullstrahlung nach oben und unten.

Ein frühes Patent in Form von drei kreisförmig gebogenen Dipolen ist [2.21].

Ein weiteres Patent ist eine breitbandige Rundstrahl-Fernsehantenne mit Strahlerebenen, die aus drei ebenen, glatten zweigeteilten Flächen bestehen, die gleichphasig gespeist werden [2.22].

Das *Dipoldreieck* kann auch mit drei Faltdipolen aufgebaut werden.

23.2.1.6 Dipolquadrat

Ein *Dipolquadrat* ist eine Anordnung, die aus vier λ/2-Dipolen gebildet wird. Die Antenne wird manchmal auch als viereckiger Rahmenstrahler bezeichnet. Durch Verwendung von vier symmetrisch gespeisten gestreckten Dipolen ergibt sich ein fast kreisförmiges Horizontaldiagramm. **Bild 23.2.7** zeigt das gerechnete Horizontaldiagramm (in relativen Feldstärkewerten) eines aus vier Halbwellendipolen gebildeten *Dipolquadrats*. Das Horizontaldiagramm weist bei gerader Strahlerzahl n Maxima auf, wenn n die Anzahl der Strahler ist. Das bedeutet 4 Maxima bei 4 Dipolen. Im Vertikaldiagramm ergibt sich Nullstrahlung nach oben und unten. Eines der ersten Patente eines *Dipolquadrats* ist [2.23]. Dabei werden die Enden von zwei gemeinsam gespeisten Ganzwellendipolen so zueinander gebogen, daß ein Quadrat entsteht. *Tatarinow* in der UdSSR soll in den 30er-Jahre schon eine Rundstrahlantenne mit zwei zueinander gebogenen Ganzwellendipolen eingesetzt haben [2.24]. Nähere Angaben darüber fehlen leider. Ein Patent mit vier Einzeldipolen ist [2.25]. Weitere Patente sind [2.26]–[2.28]. Man kann die einzelnen Dipole auch als Faltdipole ausführen. *Lindenblad* war 1938 der erste, der eine horizontal-polarisierte Rundstrahlan-

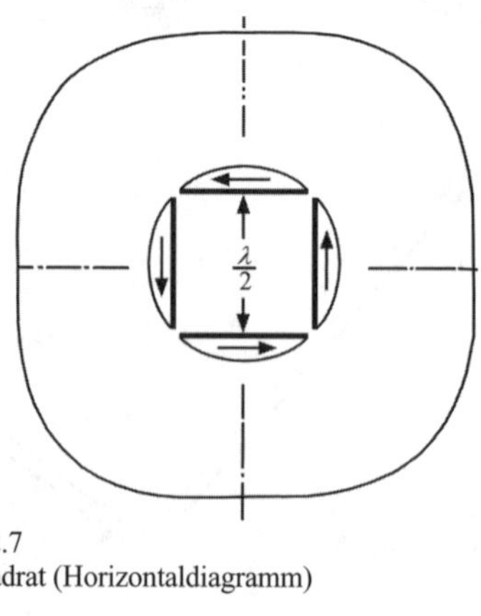

Bild 23.2.7
Dipolquadrat (Horizontaldiagramm)

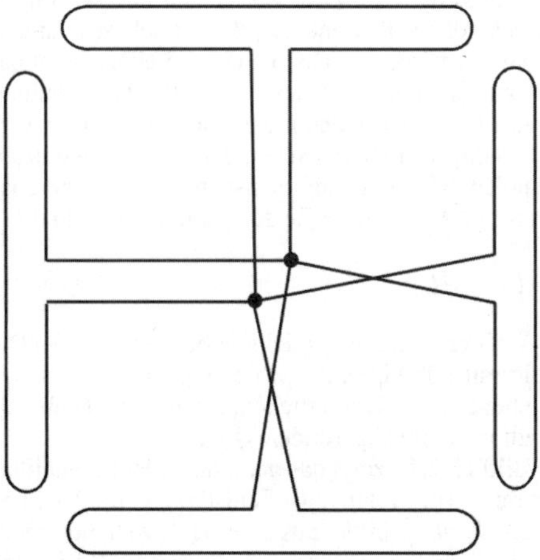

Bild 23.2.8
Zusammenschaltung von vier Faltdipolen

tenne in Form von vier kreisförmig gebogenen Faltdipolen für das Empire State Building aufbaute. Die Anordnung ist in „Fig. 20 und 22" der Patentschrift [2.29] abgebildet. Ein weiteres Patent mit Faltdipolen ist [2.30].

DL1HM hat 1967 den Aufbau eines Ringstrahlers aus vier Faltdipolen HY 02 (später UY 02) der Firma *Wisi* beschrieben [2.31]. Die Zusammenschaltung dabei war allerdings durch einen Zeichenfehler falsch. Die Schaltung wurde in [2.32] dann berichtigt. **Bild 23.2.8** zeigt die richtige Zusammenschaltung. Ziffer 1 sind die vier Faltdipole, die Ziffern 2 und 3 sind die Anschlüsse. An dieser Stelle ergibt sich die parallelgeschaltete Eingangsimpedanz von 240 Ω : 4 = 60 Ω symmetrisch. Der Anschluß an ein Koaxialkabel erfolgt über einen Balun 1:1.

Der Gewinn des *Dipolquadrats* in den vier Maximas ist 0 dBd. Bei den Einzügen ist der Gewinn –1 dBd. Ein gegenphasig (180°) gespeistes Dipolpaar entspricht einem Längsstrahler. Der Gewinn des Längsstrahlers in $\lambda/2$-Abstand ist nach **Bild 14.1.2** rd. 2 dBd. Jedes Dipolpaar bekommt die halbe Eingangsleistung = –3 dB. Daher folgt: 2 dBd –3 dBd = –1 dBd.

Dipolquadrate als UKW-FM-Sendeantennen wurden von der Firma *BBC* eingesetzt.

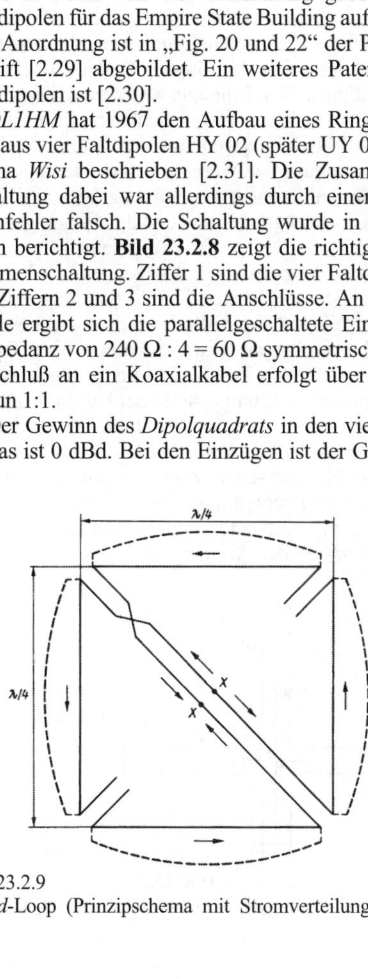

Bild 23.2.9
Alford-Loop (Prinzipschema mit Stromverteilung)

23.2.1.7 Alford-Loop

(*A. Alford* – US 2,283,897 – 1939)
(*A. Alford* – US 2,306,113 – 1939)
Der *Alford-Loop* ist eine besondere Form des Dipolquadrats. Er wurde für den Flugfunk entwickelt, als Strahler für VOR/ILS Localizer am Boden und als Empfangsantenne am Flugzeug.

Wie aus **Bild 23.2.9** zu erkennen ist, besteht der *Alford-Loop* im Prinzip aus 2 rechtwinklig abgeknickten Halbwellendipolen, die so angeordnet sind, daß sie ein Quadrat bilden und die Enden der beiden Dipole dann nochmals abgeknickt sind. Sie werden in den Punkten *X-X* zentral erregt, wobei eine der beiden Erregerleitungen gekreuzt (umgepolt) werden muß. Dabei entsteht die durch Richtungspfeile angedeutete Stromverteilung, wobei alle strahlenden Abschnitte phasengleich sind [2.33] [2.34].

Um ein möglichst rundes Horizontaldiagramm zu erzeugen, werden die strahlenden Abschnitte verkürzt, indem man die Dipolenden so abknickt, daß sie sich parallel gegenüberstehen. Es entstehen dabei nichtstrahlende Leitungsabschnitte, die als kapazitive Endbelastung wirken. Die der erforderlichen Kapazität entsprechende Leitungslänge wird jeweils so gewählt, daß die Maxima der sinusförmigen Stromverteilung in der Mitte der strahlenden Abschnitte liegen. Die optimale Länge einer Seite ist 0,2 λ. Der Strahlungswiderstand des *Alford-Loop* beträgt etwa 25 Ω. Die Impedanz am Antenneneingang *X-X* ist mit Blindanteilen beaufschlagt, zur Kompensation wird dort eine Viertelwellenanpaßleitung (Stichleitung) nach Abschnitt 6.6.3 angeschlossen. Die Symmetrierung erfolgt nach dem Prinzip der EMI-Schleife (siehe Abschnitt 7.3.3).

Ein weiteres Patent über *Alford-Loops* ist [2.35].

In früheren Jahren wurde dieser horizontale Rundstrahler häufig als Sendeantenne für FM-Rundfunk und Fernsehsender eingesetzt; man findet den *Alford-Loop* heute noch bei VOR Flugfunkfeuern (108 bis 118 MHz).

Für den Funkamateur mit beschränkten Meßmitteln ist der optimale Abgleich des Systems im allgemeinen etwas schwierig. Er kann den *Alford-Loop* durch Dipolquadrate bei geringerem mechanischem Aufwand, einfacherer Speisungsmöglichkeit und annähernd gleichwertigen Strahlungseigenschaften ersetzen.

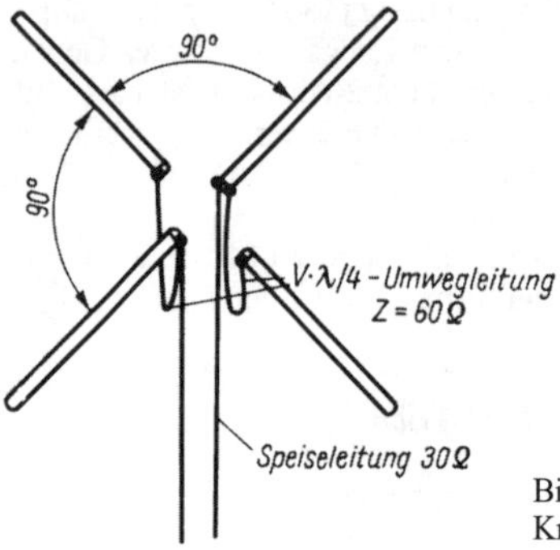

Bild 23.2.10
Kreuzdipol

23.2.1.8 Kreuzdipol (Turnstile)

(*G.H. Brown* – US 2,086,976 – 1935)
Bevor *G.H. Brown* 1936 seinen Artikel über die *Turnstile* veröffentlichte [2.36] hatten schon *F. Tank* 1934 in der Schweiz [2.37] und *H. Chireix* 1936 in Frankreich [2.38] Veröffentlichungen über *Drehfeldantennen* herausgebracht. *N.E. Lindenblad* baute 1938 eine horizontal-polarisierte Fernseh-Rundstrahlantenne für das Empire State Building auf, in Form einer Vierphasen-Drehfeldantenne mit vier kelchförmig ausgebildeten Einzelstrahlern. Die Anordnung ist in „Fig. 21 und 22" der Patentschrift [2.29] abgebildet. Einen Überblick über Drehfeldantennen gibt *H. Brückmann* [2.39]. Weitere Patente sind [2.40] – [2.41]. Der *Kreuzdipol*, auch *Drehkreuzantenne*, *Drehfeldantenne*, *Quirlantenne* oder *Turnstile* genannt, besteht aus zwei gestreckten Halbwellen- oder Faltdipolen, die rechtwinklig zueinander in Kreuzform angeordnet sind und mit einer Phasenverschiebung von 90° gespeist werden. **Bild 23.2.10** zeigt schematisch den *Kreuzdipol* mit der $\lambda/4$- (90°-) Phasenleitung. Für die gewünschte Rundstrahlcharakteristik in der Horizontalebene müssen beide Dipole mit einer gegenseitigen Phasenverschiebung von 90° gespeist werden.

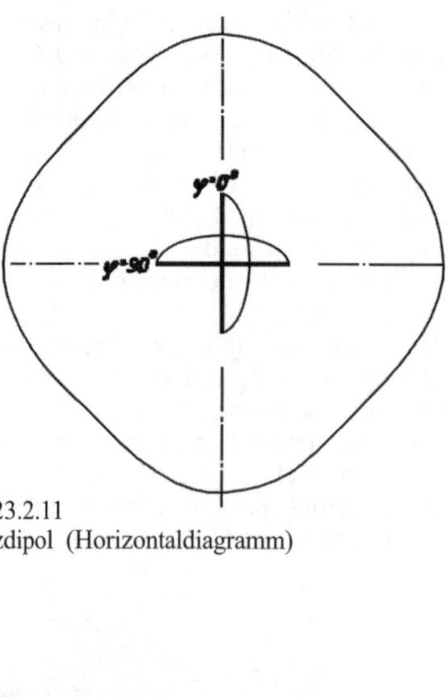

Bild 23.2.11
Kreuzdipol (Horizontaldiagramm)

Würde man die zwei gekreuzten Dipole einfach direkt (ohne Phasenleitung) parallel zusammenschalten, würde sich ein um 45° gedrehtes Dipoldiagramm ergeben. Erst durch die 90° Phasenleitung ergibt sich der Rundempfang. Bei einer Phasenverschiebung von 90° zwischen den beiden gekreuzten Dipolen erfolgt als Summenspannung U_S eine quadratische Addition der Einzelspannungen U_1 und U_2

$$U_S = \sqrt{U_1^2 + U_2^2} \qquad (23.2.1)$$

Während zwei kurze Dipole oder *Hertz*'sche Dipole mit 90° Phasenverschiebung in der Horizontalebene einen Kreis ergeben, entsteht bei Halbwellendipolen ein abgerundetes Quadrat.

Bild 23.2.11 zeigt das gerechnete Horizontaldiagramm (in relativen Feldstärkewerten) eines *Kreuzdipols* gebildet aus zwei Halbwellendipolen. In der Veröffentlichung von *Brown* [2.36] ist das Summendiagramm von Halbwellendipolen irrtümlich als Kreis angegeben.

Man erreicht den Phasenunterschied von 90° durch eine Umwegleitung zwischen beiden Dipolen. Sie hat eine elektrische Länge von $\lambda/4$ (Verkürzungsfaktor V beachten!) und einen Wellenwiderstand in der Größe des Eingangswiderstandes eines Einzeldipols. Der Eingangswiderstand eines Einzeldipols ist, abhängig vom Schlankheitsgrad, etwa 60 bis 70 Ω. Bei Verwendung von gekreuzten Faltdipolen beträgt der Wert dann das Vierfache. Bei Parallelschaltung von resonanten gekreuzten Dipolen mit einer Phasenleitung und den Eingangsimpedanzen $Z_1 = Z_2 = 70\ \Omega$ ist die gemeinsame Eingangsimpedanz des Kreuzdipols $Z = (Z_1 \cdot Z_2) : (Z_1 + Z_2) = 35\ \Omega$. Da beide Dipole parallelgeschaltet sind, vermindert sich auch der Eingangswiderstand am Antenneneingang auf den halben Wert. Damit ergeben sich etwa 30 bis 35 Ω bei gestreckten Dipolen und etwa 120 bis 140 Ω bei Faltdipolen.

Wegen dieser Speisungsprobleme verwendet der Funkamateur den *Kreuzdipol* als horizontalen Rundstrahler nur selten, zumal mit einfacheren abgewinkelten Dipolen ausreichende Ergebnisse bei geringerem Aufwand erzielt werden können. Außerdem ist der *Kreuzdipol*, bedingt durch die

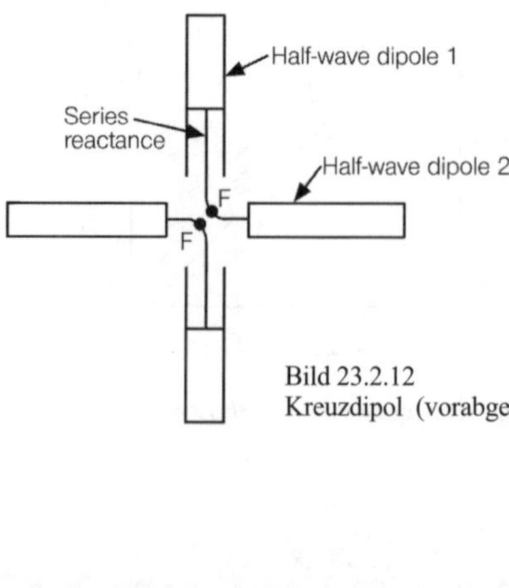

Bild 23.2.12
Kreuzdipol (vorabgeglichen)

Bild 23.2.13
Speisung eines Kreuzdipols
mit einem 3 dB/90°-Hybrid

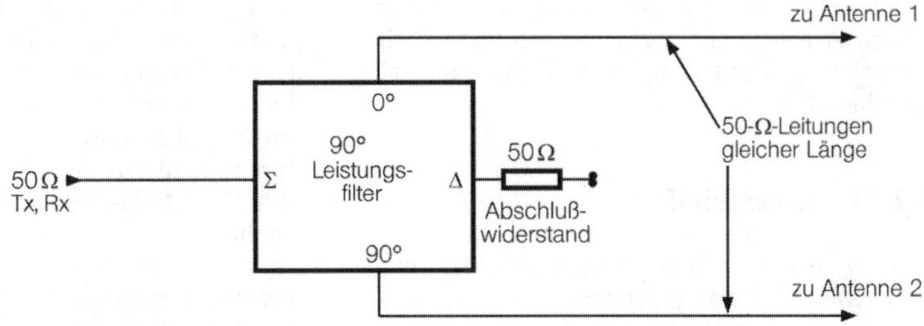

frequenzabhängige Verbindungsleitung, relativ schmalbandig.

Mehr Bedeutung hat der *Kreuzdipol* als gespeistes Element von zirkularpolarisierten Antennen (z.B. Kreuz-*Yagi),* da er senkrecht zur Antennenebene Zirkularpolarisation aufweist.

Eine andere Methode die Quadratur zu erreichen besteht im Einbringen von je einer Serienreaktanz in einen der Dipole [2.42] [2.43]. Durch passende Formgebung z.B. durch Verkürzung auf eine Länge von 0,22λ wird der Dipol 2 kapazitiv. Der Dipol 2 hat eine Eingangsimpedanz von $Z_2 = (50 - j\ 50)\ \Omega$. Der Tangens des Phasenwinkels ϕ_2 ist $\tan \phi_2 = X/R = -1$, der Phasenwinkel $\phi_2 = -45°$. Der andere Dipol 1 bekommt durch eine passende induktive Serienreaktanz die Eingangsimpedanz $Z_1 = (50 + j\ 50)\ \Omega$. Der Tangens dieses Phasenwinkels ϕ_1 ist $\tan \phi_1 = X/R = +1$, der Phasenwinkel $\phi_1 = +45°$. Zwischen beiden Dipolen ergibt sich dann eine Phasenverschiebung von 90° (**Bild 23.2.12**). Die gemeinsame Eingangsimpedanz Z bei Parallelschaltung beider Dipole an den Punkten *F-F* wird dann in diesem Fall zu $Z = (50 + j\ 0)\ \Omega$. Der Kreuzdipol ist somit für einen Drehfeldbetrieb „vorabgeglichen".

Man kann auch durch Vorschalten einer passenden Reaktanz vor beide Dipole die Quadratur erreichen. Eine Reaktanz von $-j\ 50\ \Omega$ entspricht z.B. bei 144 MHz einer Kapazität von 22 pF. Die Induktivität von $+j\ 50\ \Omega$ entspricht dann einer Induktivität von etwa 0,06 µH. Der genaue Wert kann leicht mit Hilfe eines Dipmeters ermittelt werden, da die Spule bei der Frequenz 144 MHz mit dem Kondensator Resonanz ergeben muß [2.44].

Eine weitere Methode ist die Verwendung eines 3-dB-Kopplers, 90°-Hybrids oder Quadraturkopplers. **Bild 23.2.13** zeigt diese Speisungsart [2.44]. Eine am Eingang (Summenanschluß Σ) angelegte Spannung teilt sich gleichmäßig mit frequenzunabhängiger 90°-Phasenverschiebung auf beide Zweige (Ausgang 0° und 90°) auf. Der vierte Anschluß (Differenzanschluß Δ) wird mit einem Widerstand abgeschlossen. Wenn die angelegte Spannung 1 V ist , dann erscheint an den Ausgängen $1/\sqrt{2}$ V mit den Phasenwinkeln 0° und 90°. Die Summenspannung ergibt nach Gl. (23.2.1) dann wieder 1 V.

Der Gewinn des *Kreuzdipols* beträgt –3 dBd. Die Gesamtleistung wird auf zwei Dipole verteilt, jeder Dipol bekommt somit die halbe Leistung (–3 dB). Jeweils in der Hauptstrahlrichtung liefert der andere Dipol keinen Beitrag. In den dazwischen liegenden Bereichen kommen von beiden Dipolen Anteile, die sich vektoriell addieren, den Maximalwert aber nicht erreichen. Die Polarisation des *Kreuzdipols* ist in der Horizontalebene linear, für Erhebungswinkel > 0° wird die Strahlung elliptisch und bei 90° (nach oben und unten) wird sie zirkular. *Kreuzdipole*, beispielsweise die *Quirlantennen* der Firma *Rohde & Schwarz*, wurden in früheren Jahren bei UKW-Rundfunksendern als rundstrahlende Sendeantennen verwendet in mehrfach gestocktem Aufbau. Heute verwendet man dafür Richtstrahlfelder (siehe Abschnitt 35.1.1). Stockt man mehrere *Kreuzdipole* senkrecht übereinander, so wird durch Bündelung in der Vertikalebene ein Gewinn erzielt, ohne daß sich dabei die Rundcharakteristik in der Horizontalebene verändert. Ein gleichphasig (0°) gespeistes Dipolpaar entspricht einem Querstrahler. Der optimale Gewinn eines Querstrahlers ist nach **Bild 13.2.2** bei 5λ/8- (= 0,64λ) Abstand rd. 4,8 dBd. Jeder *Kreuzdipol* bekommt die halbe Eingangsleistung = –3 dB. Daher folgt: 4,8 dBd –3 dBd = 1,8 dBd für zwei *Kreuzdipol*e übereinander. Der erreichbare Gewinn bei optimalem Stockungsabstand in Abhängigkeit von der Anzahl der Ebenen ist in **Tabelle 23.1** aufgeführt.

Literatur über *Kreuzdipole* ist [2.45]–[2.48].

23.2.2 Schleifenanordnungen

Konzentrische Anordnungen der Einzelstrahler können als Dreieck, Quadrat, Polygon oder Kreis ausgeführt sein. Man nennt solche Anordnungen auch „Rahmen", „Rahmenstrahler" oder „Kreisstrahler". Da die Einzelantennen auf einem Kreis-

Tabelle 23.1
Der Gewinn von gestockten Kreuzdipolen
in Abhängigkeit von der Anzahl der Ebenen

Anzahl der Ebenen	Gewinn in dBd (gerundet)
1	– 3,0
2	1,8
4	4,8
8	7,4

durchmesser von $\lambda/2$ liegen, erfolgt durch gegenphasige Erregung der Einzelantennen vertikal eine Auslöschung. Vertikal ergibt sich eine Nullstelle oder eine Minimum.

23.2.2.1 Ringschleife

Ringschleifen oder *Ringstrahler* sind kreisförmige geschlossene Schleifenantennen.

Eines der ersten Patente von *Ringstrahlern* war das Patent von *H. Riegger* (*Siemens & Halske*) [2.49]. Dabei wurde der horizontale *Ringstrahler* in sechs Ringsegmente unterteilt, die alle von der Mitte aus koaxial gespeist wurden. Das war der Urahn der „Big Wheel-Antenne".

Kleine horizontale Schleifenantennen, magnetische Antennen oder magnetische Dipole haben ein rundes Horizontaldiagramm mit leichten vertikalen Anteilen.

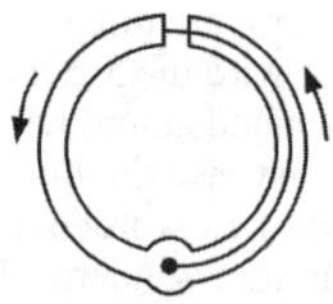

Bild 23.2.14
Ringstrahler
(1-Element Schleife)

Die Verwendung der Schleifenantennen über 100 MHz wird problematisch wegen des sehr geringen Strahlungswiderstandes. Im praktischen Betrieb wird dadurch die Speisung und die Anpassung schwierig. Das Problem der *Ringschleifen* ist die Stromverteilung. Wenn der Durchmesser klein ist gegen λ, dann ist die Stromverteilung konstant. Wenn der Umfang eine halbe Wellenlänge wird, dann ist der Durchmesser $\lambda/2\pi$ und der Strom hat in der Mitte ein Maximum und an den Enden jeweils ein Minimum. Mit größerem Durchmesser wird zwar der Strahlungswiderstand größer, aber durch den nicht mehr konstanten Strom wird das Strahlungsdiagramm beeinträchtigt. Das Strahlungsdiagramm ist nicht mehr rundstrahlend.

Als *Ringstrahler* wird daher eine neue Antennenform verwendet. Der Strahler hat einen Umfang von $\lambda/2$ oder weniger und kann koaxial gespeist werden. Eine Hälfte des *Ringstrahlers* wirkt gleichzeitig als Zuleitung und Strahler. Das Koaxialkabel wird durch den Mast geführt, der gleichzeitig der Träger des *Ringstrahlers* ist. Einen *Ringstrahler* als 1-Element-Schleife zeigt **Bild 23.2.14**. Man kann *Ringstrahler* aus mehreren Schleifenelementen aufbauen. **Bild 23.2.15** zeigt *Ringstrahler* aus 2-, 3- und 4-Element-Schleifen [2.50].

Im Amateurfunkbereich wurden quadratische *Ringschleifen* mit der Bezeichnung **SQLOOP** von der Firma M^2 hergestellt. Vom Prinzip her ist es eine verkürzte quadratische Schleife mit einer magnetisch geschirmten Koppelschleife. Dadurch wird die niedrige Eingangsimpedanz von etwa 2 Ω an ein 50-Ω-Koaxialkabel angepaßt. Die Antenne ist etwas schmalbandig. Vom Hersteller wird als Gewinn 4,8 dB angegeben, je nach Höhe über Grund und Leitfähigkeit des Bodens. Wenn man dabei die 6 dB Reflexionsgewinn durch den Boden abzieht, kommt man auf einen realistischen Freiraumgewinn von – 1,2 dBd.

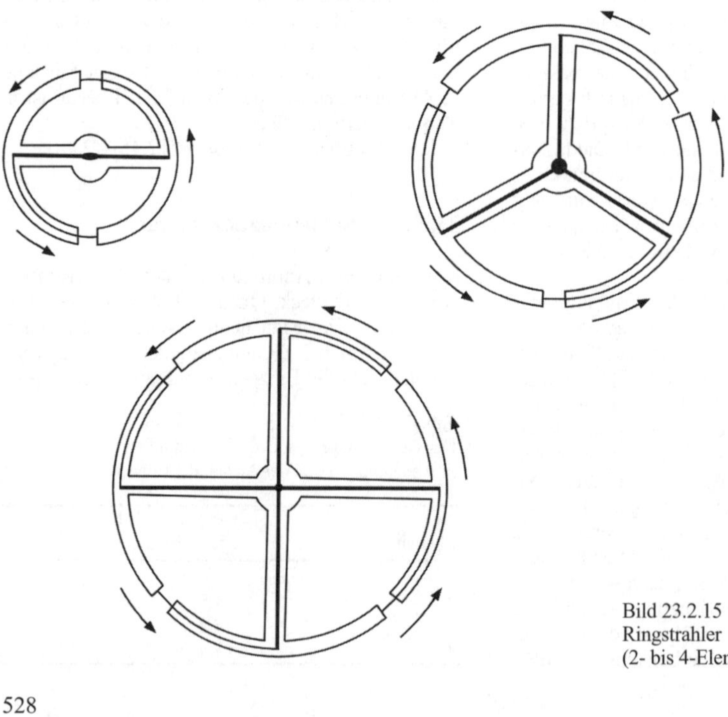

Bild 23.2.15
Ringstrahler
(2- bis 4-Element-Schleifen)

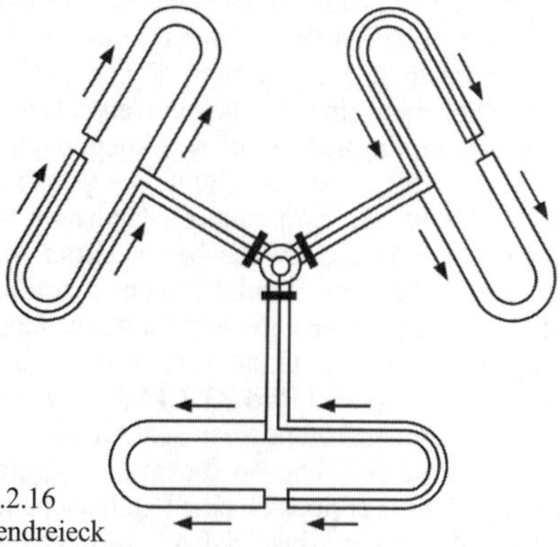

Bild 23.2.16
Schleifendreieck

23.2.2.2 Schleifendreieck

Schleifendreieck, auch *Dreieckschleife* genannt, ist eine Rundstrahlantenne, die aus drei Schleifen besteht. Der englische Ausdruck dafür ist Triangular Loop oder auch Triangle Loop. Die Antenne wurde in USA von *A.G. Kandoian* und *R.A. Felsenheld* bei der Firma *FTL* entwickelt [2.51] [2.52].

Die Einzelstrahler sind flache Ringschleifen mit einem Umfang von $\lambda/2$ oder weniger, die koaxial gespeist werden. **Bild 23.2.16** zeigt das *Schleifendreieck.* Die Zuleitung der Ringschleife besteht aus 150-Ω-Koaxialkabel (1 5/8′′-Kabel). Zur Gewinnsteigerung werden mehrere Ebenen auf einem dreiseitigen Gittermast montiert.

UKW-FM- oder UKW-TV-Sendeantennen dieser Art wurden von der Firma *FTL* eingesetzt.

23.2.2.3 Schleifenquadrat

Schleifenquadrat, auch *Quadratschleife* genannt, ist eine Rundstrahlantenne, die aus vier Schleifen besteht. Der englische Ausdruck dafür ist Square Loop.

Die Antenne ist der untere horizontal polarisierte Teil, der von *A.G. Kandoian* 1945 in USA bei der Firma *FTL* entwickelten und patentierten neuen Antennenform [2.53] – [2.55].

Tabelle 23.2
Gewinn von gestockten Schleifendreiecken in Abhängigkeit von der Anzahl der Ebenen

Anzahl der Ebenen	Gewinn in dBd (gerundet)
1	0,0
2	3,0
4	6,0
8	9,2
12	11,1
16	12,3

Das Schleifenquadrat ist ein quadratischer *Ringstrahler* mit vier Schleifen-Elementen aus Koaxialleitungen, ähnlich **Bild 23.2.15**, aber mit geraden Schleifen. **Es** wird mit Koaxialkabel gespeist. Zur Gewinnsteigerung werden mehrere Ebenen auf einem quadratischen Gittermast montiert.

UKW-FM-Sendeantennen dieser Art wurden von der Firma *FTL* eingesetzt.

23.2.2.4 Kleeblattantenne (Cloverleaf)

(*P.H. Smith* – US 2,521,550 – 1946)
Die *Kleblattantenne* wurde von *P.H. Smith* bei der Firma *Bell Telephone Labs*. entwickelt [2.56] [2.57].

Sie besteht aus vier kreisförmig gebogenen Halbwellenstrahlern, die symmetrisch um einen Speiseleiter angeordnet sind. Ein Ende der Kreisstrahler ist mit der gemeinsamen Speiseleitung verbunden, das andere Ende liegt am Mast, der als Rückleitung dient. **Bild 23.2.17** zeigt das Prinzip der *Kleeblattantenne*. Die Antenne zeichnet sich durch ein besonders einfaches Speisesystem aus. Die Antenne wird mit zwei bis acht Etagen (Ebenen) gebaut. **Tabelle 23.3** gibt den Gewinn in Abhängigkeit der Ebenen an [2.56]. Die bei *Dombrowski* [2.24] angegeben Gewinnwerte in dB sind falsch. Die Zahlenwerte dort sind der Leistungsgewinn. *Kleeblattantennen* als UKW-FM-Sendeantennen wurden von den Firmen *Western Electric* und *Siemens* eingesetzt.

23.2.2.5 Big-Wheel-Antenne

W1JD und *W1FVY* entwickelten 1961 eine Rundstrahlantenne für 2 m und nannten sie *„The Big Wheel“ („Das große Rad“)* [2.58].

Die Antenne wurde im selben Jahr von einem unbekannten OM (mit den Initialen ENT) als Fahr-

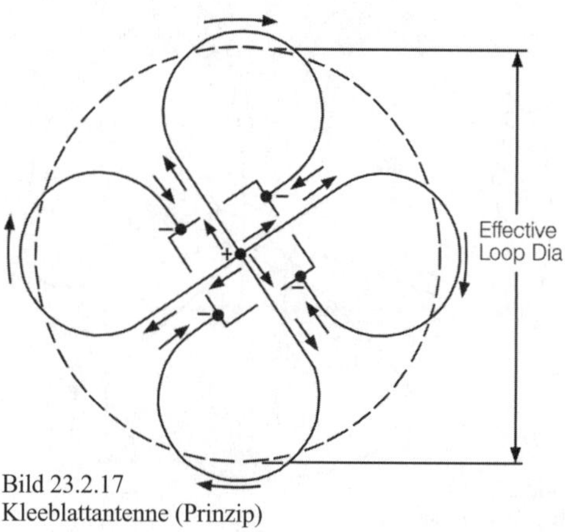

Bild 23.2.17
Kleeblattantenne (Prinzip)

Tabelle 23.3
Gewinn von gestockten Kleeblattantennen in Abhängigkeit von der Anzahl der Ebenen

Anzahl der Ebenen	Gewinn in dBd (gerundet)
1	– 0,6
2	1,2
3	2,8
4	3,9
5	4,8
6	5,5
7	6,1
8	6,7

zeugantenne erprobt und die Ergebnisse ebenfalls veröffentlicht [2.59]. So soll die Antenne einen Gewinn von 5,7 dB gegenüber einem einfachen Kreuzdipol (Drehkreuzantenne) gebracht haben, sowie eine erhebliche Verminderung der für den Mobilbetrieb charakteristischen Flattererscheinungen (Kurzschwund). Da der Kreuzdipol – bezogen auf einen Halbwellendipol – einen „Gewinn" von –3 dB hat, wäre die *Big-Wheel* um 2,7 dB besser als ein $\lambda/2$-Strahler. Von der Firma *Cush Craft* wird der Gewinn jedoch nur mit 1 dBd angegeben, was eher als realistisch anzusehen ist.

Bei der *Big-Wheel-Antenne* handelt es sich um drei Ganzwellenschleifen, die am Fußpunkt parallel geschaltet sind. Jeweils $\lambda/2$ lange Stücke liegen außen und bilden die „Lauffläche". Die zum Fußpunkt laufenden Stücke von je $\lambda/4$ strahlen nicht und bilden die „Speichen". Die Erregung der Schleifen ist im gleichen Drehsinn. **Bild 23.2.18** zeigt das Schema von der *Big-Wheel-Antenne*. Die Antenne ähnelt sehr der vorher besprochenen Kleeblattantenne, hat aber nur 3 Schleifen. Die Schleifenlänge ist zwar λ, wirksam für die Strahlung ist aber nur eine Länge von $\lambda/2$.

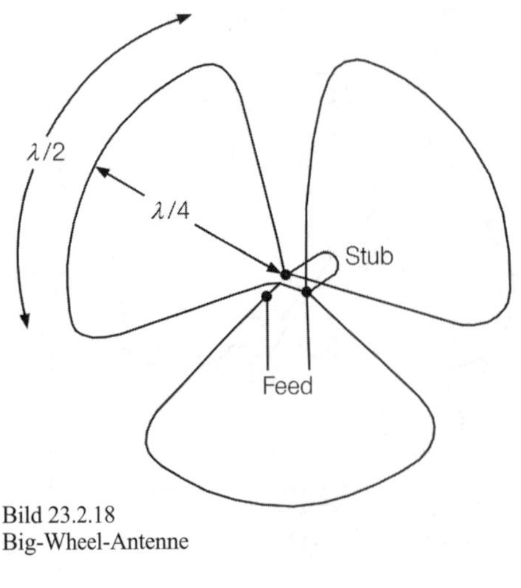

Bild 23.2.18
Big-Wheel-Antenne

Das Schema läßt erkennen, daß der Umfang jeder Schleife 1λ beträgt; die Länge für das 2-m-Band ist 2050 mm. Jede Schleife wird so gebogen, daß die freien Schenkel einen Winkel von etwa 100° bilden. Der Krümmungsradius an den Biegungen ist mit 152 mm für eine 2-m-Schleife gewählt. **Bild 23.2.19** zeigt die Erregung, die Speisung und den Stub. Die Schenkel zweier benachbarter Schleifen verlaufen über eine Strecke von annähernd $\lambda/4$ parallel. Da die Ströme in den Viertelwellenstücken entgegengesetzt gerichtet sind, strahlen diese Abschnitte nicht (siehe **Bild 23.2.19a**). Alle mit A gekennzeichneten Anfänge der Schleifen sind miteinander verbunden, ebenso die mit E bezeichneten Enden. Daraus ergibt sich eine Parallelschaltung der 3 Schleifen in der Weise, daß alle strahlenden Halbwellenabschnitte gleichphasig erregt werden (siehe Stromrichtungspfeile in **Bild 23.2.19a**). Um die gleiche Stromrichtung in den Schleifen zu erhalten müssen alle linken Enden zusammen verbunden werden und ebenso alle rechten Enden. Zur Anpassung der parallel geschalteten Schleifen an die 50-Ω-Impedanz wird über die Einspeisung ein s.g. „Stub" gelötet. Für 2 m besteht er aus einem U-förmig gebogenen Blechstreifen.

Durch die Parallelschaltung der Schleifen sinkt der Eingangswiderstand bis zur Größenordnung von 10 Ω. Damit man das System über ein handelsübliches Koaxialkabel speisen kann, werden die Ganzwellenschleifen etwas verkürzt; die dadurch entstehende kapazitive Blindkomponente läßt sich durch einen induktiven Stub am Antenneneingang kompensieren. Man kann dann die Antenne mit einem beliebig langen Koaxialkabel speisen. Die gestreckte Länge des Stubs beträgt 127 mm für Resonanz im 2-m-Band. Den Stub stellt man nach **Bild 23.2.19c** aus Aluminiumband (20 mm breit und etwa 1,5 mm Durchmesser) her.

Bei der Musterantenne wählte man 9,5 mm starkes Aluminiumrohr, in dessen offene Enden passende Holz- oder Aluminiumdübel mindestens 50 mm tief eingetrieben wurden. Aluminium-Rundmaterial mit 8 oder 10 mm Durchmesser, wie es beim Blitzableiterbau verwendet wird, dürfte sich ebensogut eignen. Außerdem läßt sich Vollmaterial besser biegen als Rohr. Der rohrförmige Leiter wird mit trockenem Sand gefüllt und dann durch Pfropfen fest verschlossen. Auf diese Weise vorbereitet, läßt er sich sauber und knickfrei biegen.

Die *Big-Wheel-Antenne* hat einen großen Frequenzbereich. Bei der 2-m-Ausführung bleibt die Welligkeit in einem Bereich von 142 ... 150 MHz unter 1,5. Daraus geht hervor, daß die Bemessung nicht sehr kritisch ist.

Das horizontale Strahlungsdiagramm wird als ein abgerundetes Dreieck angegeben, mit Einzügen auf den Seiten von 3 dB (**Bild 23.2.20**). Eigentlich müßte man, analog zum Dipoldreieck (**Bild 23.2.6**), ein abgerundetes Sechseck erwarten.

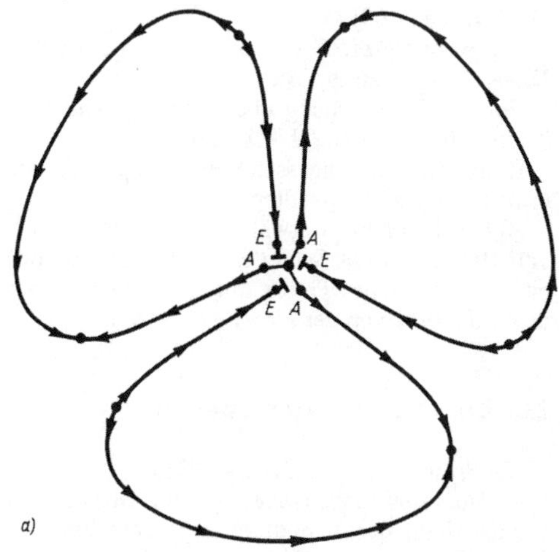

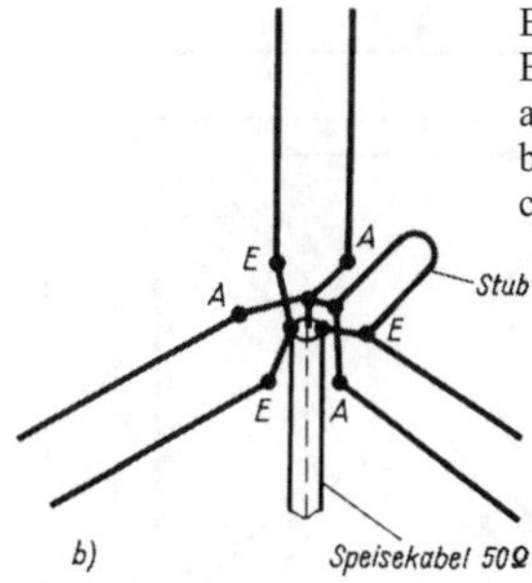

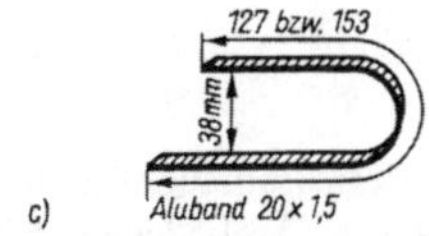

Bild 23.2.19
Big-Wheel-Antenne
a) - Stromverteilung
b) - Speisung
c) - Stub

Der Gewinn steigt, wenn 2 Ebenen vertikal übereinandergestockt werden. Wählt man den optimalen Etagenabstand von $5\lambda/8$, so erhöht sich der Gewinn, bezogen auf die Einebenenausführung, um 2,5 dB. Die horizontale Rundcharakteristik bleibt dabei erhalten, der Gewinn entsteht ausschließlich durch Verkleinern der vertikalen Halbwertsbreite.

Der Eingangswiderstand einer Ebene beträgt rd. 50 Ω. Durch die Zusammenschaltung beider Ebenen würde der Widerstand im gemeinsamen Antenneneingang auf 25 Ω sinken. Deshalb soll bereits die Verbindungsleitung so transformieren, daß der gemeinsame Eingang wieder eine Impedanz von 50 Ω aufweist. Es ist üblich, mit Viertelwellenleitungen zu transformieren. Jede Ebene muß deshalb einen Viertelwellentransformator erhalten, der den Eingangswiderstand von 50 auf 100 Ω heraufsetzt, wobei dann die Parallelschaltung dieser Impedanzen wieder 50 Ω ergibt. Der Wellenwiderstand Z der Viertelwellenleitung wird nach

$$Z = \sqrt{Z_E \cdot Z_A} = \sqrt{50\,\Omega \cdot 100\,\Omega} = 70\Omega$$

Ein 75-Ω-Kabel läßt sich als Transformationsleitung verwenden. In diesem Fall wird die Impedanz von 50 auf 120 Ω transformiert, woraus sich dann ein Eingangswiderstand von 60 Ω ergibt. In der Praxis benutzt man als Verbindungs- und Transformationsleitung ein Koaxialkabel von 75 Ω Wellenwiderstand, dessen elektrische Länge genau 1λ beträgt. Der Verkürzungsfaktor des Kabels ist im allgemeinen mit 0,66 zu berücksichtigen; es ergibt sich daher eine geometrische Länge von 2070 mm · 0,66 = 1365 mm. Da der optimale Stockungsabstand von $5\lambda/8$ im 2-m-Band etwa 1300 mm beträgt, stellt das eine günstige Lösung dar. Allerdings hat eine 1-λ-Leitung keine Transformationseigenschaften. Transformieren kann man nur mit 1/4-λ-Leitungen und ihren ungeradzahligen Vielfachen (3λ/4, 5λ/4, 7λ/4 usw.). In diesem Fall gibt es jedoch einen einfachen Kniff: Man teilt die Ganzwellenleitung in je einen Abschnitt von $\lambda/4$ und $3\lambda/4$. Eine Viertelwellenlänge von der unteren Ebene entfernt wird das gesamte System eingespeist. **Bild 23.2.21** zeigt die Verbindungskabel für eine gestockte Big-Wheel-Antenne.

Dabei muß man aber noch folgendes beachten: Die untere Ebene wird über einen $\lambda/4$-Transformator

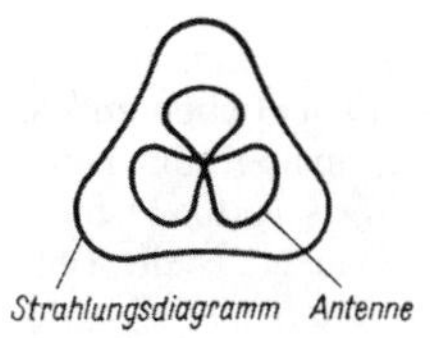

Bild 23.2.20
Big-Wheel-Antenne
mit Strahlungsdiagramm

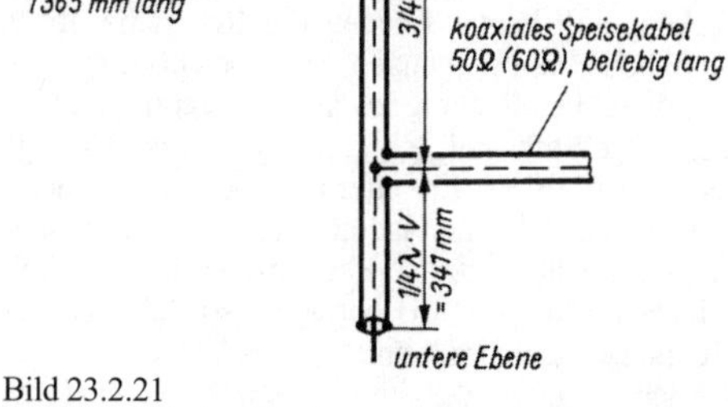

Bild 23.2.21
Verbindungskabel für eine gestockte Big-Wheel-Antenne

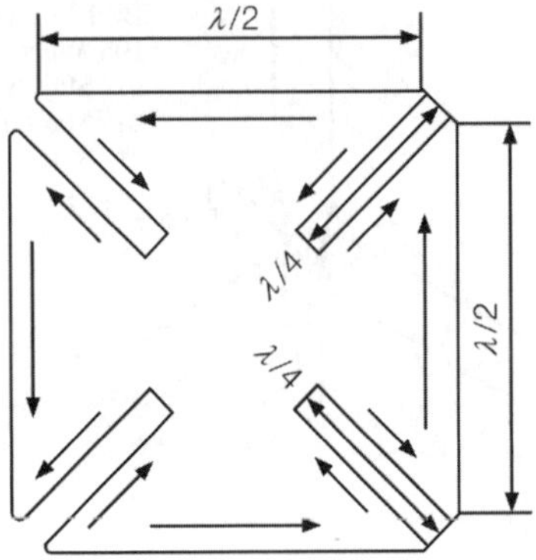

Bild 23.2.22
Malteserkreuzantenne

gespeist, während die Transformationsleitung für die obere Ebene 3λ/4 lang ist. Das bedeutet, daß beide Ebenen mit einer gegenseitigen Phasenverschiebung von 180° erregt werden. Damit die erforderliche Gleichphasigkeit wiederhergestellt wird, sind beide Ebenen um 180° gegeneinander zu verdrehen. Das geschieht sehr einfach, indem die in der unteren Ebene als Schleifenanfänge A bezeichneten Schenkelenden in der oberen Ebene als Schleifenenden E betrachtet und angeschlossen werden.

Eine völlig symmetrische Erregung beider Ebenen ergibt sich ohne technische Kunstgriffe, wenn die Verbindungsleitung mit einer elektrischen Länge von 1,5λ bemessen wird. Der gemeinsame Antenneneingang liegt dann in der geometrischen Mitte dieser Leitung. Somit ist jeder Ebene eine Kabellänge von elektrisch 3λ/4 zugeordnet, die wie eine Viertelwellenleitung transformiert. Beide Ebenen werden nun phasengleich und symmetrisch erregt. Bei einem Verkürzungsfaktor von 0,66 ergibt sich für die 1,5-λ-Leitung im 2-m-Bereich eine geometrische Länge von 3100 mm · 0,66 = 2046 mm. Da der Stockungsabstand nur etwa 1300 mm betragen soll, wird die Verbindungsleitung über einen Umweg geführt. Dieser Umweg ist meistens erwünscht; denn nun kann die Verbindungsleitung am Tragemast festgelegt und entlanggeführt werden; für den Antenneneingang ergibt sich dabei eine gute mechanische Abstützung am Tragemast.

Es hat sich gezeigt, daß durch die gegenseitige Verkopplung beider Ebenen die Resonanz etwas nach höheren Frequenzen hin verschoben wird. Um diese Erscheinung zu kompensieren, werden die beiden Stubs auf je 152 mm gestreckter Länge vergrößert. Eine Erweiterung der Big-Wheel-Antenne auf 4 Ebenen ist möglich. Der Gewinnanstieg gegenüber der 2-Ebenen-Ausführung soll jedoch nur knapp 2 dB betragen, so daß sich der Mehraufwand kaum lohnt.

Nach Angaben der Firma *Cush Craft* sind die Gewinne für 2 Ebenen 4 dBd und für 4 Ebenen 7 dBd.

Eine *Big-Wheel* für 23 cm hat *DD0QT* 1979 beschrieben [2.60].

Die Bake *DB0ABG* auf 23 cm ist mit einer *Big-Wheel-Antenne* ausgerüstet [2.61].

Eine Veröffentlichung über eine *Big-Wheel* für 70 cm erfolgte durch *DL8ZX* [2.62].

Er mußte zur Anpassung eine Kapazität von etwa 18 pF parallel schalten.

Außer dem bereits erwähnten deutschen Patent von 1923 mit sechs Schleifen [2.49], gibt es noch ein amerikanisches Patent mit drei Schleifen aus dem Jahr 1941 von der Firma *FTL* [2.63].

23.2.2.6 Malteserkreuzantenne

(*G.H. Brown* – US 2207781 – 1938)
Die *Malteserkreuzantenne* ist ein horizontaler Rundstrahler, der sich durch eine sehr einfache Speisung auszeichnet. Sie wurde als FM-Sendeantenne mit bis zu sechs Ebenen von der Firma *RCA* eingesetzt [2.64]. **Bild 23.2.22** zeigt das Prinzipschema der *Malteserkreuzantenne.*

Beim *Malteserkreuz* handelt es sich um 4 Halbwellenstrahler im Quadrat. Die Ähnlichkeit mit dem Dipolquadrat (Abschnitt 23.2.1.6) ist unverkennbar. Jeder Strahler schließt mit einer kurzgeschlossenen Viertelwellenleitung (phasing stub) – kurz Haarnadelschleife genannt – ab. Die Betrachtung der eingezeichneten Strompfeile zeigt, wie die Strahler erregt werden. Die Einspeisung erfolgt an einer Viertelwellenleitung, wobei man sich auf der Viertelwellenleitung die Punkte sucht, deren Impedanz dem Wellenwiderstand der verwendeten symmetrischen Speiseleitung entspricht. Die kommerziellen Antennen werden über Verteiler und Transformationsleitungen mit geschirmten Zweidrahtleitungen an zwei gegenüberliegenden Viertelwellenleitungen eingespeist [2.64]. Das soll auch eine bessere Stromverteilung ergeben.

Bild 23.2.23 gibt die Abmessungen für eine 70-cm-Ausführung und für eine 2-m-Ausführung wieder. Beim Abstimmen sollen alle 4 Kurzschlußschieber möglichst symmetrisch zueinander verstellt werden. Da die 4 Einzelelemente untereinander verbunden sind, wirkt sich die Veränderung auch nur eines Kurzschlußschiebers nicht nur auf das dazugehörige Halbwellenelement aus. Mit der Stellung der Kurzschlußschieber kann außerdem das Richtdiagramm in bestimmten Grenzen beeinflußt werden. Die Viertelwellenleitungen sind zur erforderlichen Phasendrehung von jeweils 180° notwendig.

Das horizontale Strahlungsdiagramm ist nicht ganz kreisförmig, sondern ein leicht abgerundetes Quadrat. Der Gewinn dürfte, analog zum Dipolquadrat, etwa –1 dBd sein. Das vertikale Strahlungsdiagramm hat jeweils eine Nullstelle senkrecht zur Antennenebene.

Für höheren Gewinn ist es empfehlenswert, das *Malteserkreuz* in 2 oder mehreren Ebenen zu stokken. Bei 2 Ebenen kann ein vertikaler Abstand von etwa 0,7λ gewählt werden. Über den Gewinn von gestockten *Malteserkreuzantennen* liegen keine Informationen vor.

23.2.2.7 Eggbeater-Antenne

Die *Eggbeater-Antenne* ist das magnetische Gegenstück zum Kreuzdipol und wurde von *WA2KZV* und *WA2PTS* in der QST beschrieben [2.65]. Der Name „*Eggbeater*" bedeutet „Eierschläger oder Schneebesen" und soll von *K4GGI* stammen.

Zwei Schleifen mit der Länge λ werden gekeuzt angeordnet und mit 90°-Phasenverschiebung gespeist (**Bild 23.2.23**). Die Schleifen dürfen oben an der Kreuzung wegen der unterschiedlichen Phasen nicht verbunden sein. Eine Schleife hat etwa 115 Ω Eingangsimpedanz. Die fertig aufgebaute Antenne zeigte bei den Autoren eine Welligkeit von 1,5 über das Band.

Das Horizontaldiagramm ist rundstrahlend linear horizontal polarisiert. Das Vertikaldiagramm hat keine Nullstelle und ist zirkular polarisiert.

WA8ZVT entwickelte eine quadratische Version der *Eggbeater-Antenne* als durchgehender gekreuzten λ-Rahmen [2.66]. Diese Schleifenversion soll horizontal und vertikal rundstrahlend sein mit Einzügen von 5 dB.

Die Eggbeater-Antenne wird für 2 m und für 70 cm in USA industriell hergestellt von der Firma M^2 [2.67] [2,68]. Der Gewinn wird für die 2-m-Ausführung mit 6 dB, bzw. für die 70-cm-Version mit 4 dB (ohne Bezug!) angegeben. Wird die Antenne etwa 1 m über einer metallischen Fläche montiert, soll sich der Gewinn (horizontal) um etwa 6 dB erhöhen. Mit einem Reflektorsatz aus 6 Radials im Abstand von λ/8 unterhalb des Fußpunktes soll sich der Gewinn (zirkular) um etwa 6 dB erhöhen. *Eggbeater-Antennen* für 2 m werden in USA noch hergestellt von der Firma *Val Comm*.

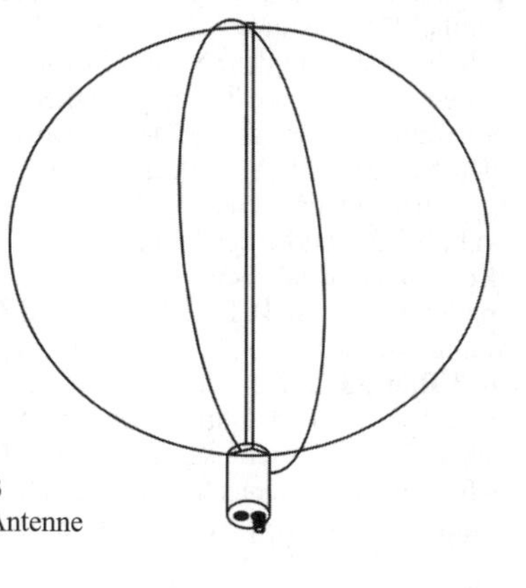

Bild 23.2.23
Eggbeater-Antenne

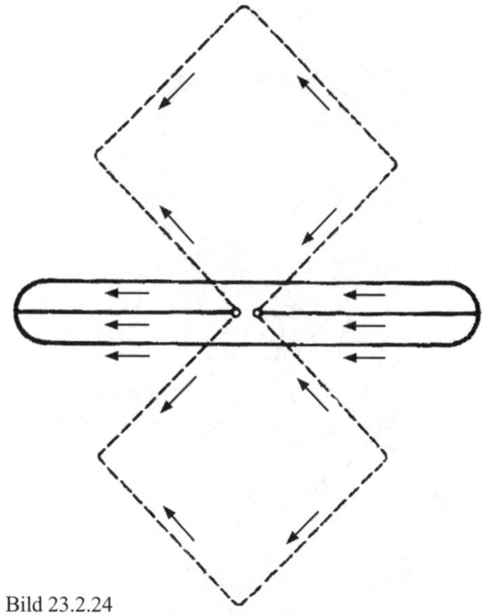

Bild 23.2.24
Entwicklung eines Doppelquadelements aus einem doppelt gefalteten Dipol

Eine Veröffentlichung über den Bau von Eggbeater-Antennen für 2 m, 70 cm und 23 cm erfolgte durch *DL8ZX* [2.69]. Die Impedanz einer einfachen λ-langen kreisförmigen Drahtschleife war für 70 cm: 108 Ω – j 55 Ω. Durch das Parallelschalten der zwei Schleifen über die 90°-Phasenleitung wird eine gute Anpassung erreicht. Die Phasenleitung soll die gleiche Impedanz aufweisen wie die Schleife. Im VHF-Bereich wurde eine Zwillingslitze mit 0,75 mm² und einer Länge von 43 cm eingesetzt. Die Leitung hatte eine Impedanz von 150 Ω und einen Verkürzungsdsfaktor von 0,86. Für den UHF-Bereich wird eine 120-Ω-Teflonleitung empfohlen, wie sie bei Breitband-Baluns mit Doppellochkern Verwendung findet.

23.2.2.8 Doppelquad-Rundstrahler

Diese Antenne wurde von *DL7QZ* entwickelt. Nähere Angaben zum Zeitpunkt der Entstehung oder Erstveröffentlichung fehlen leider.

Ein Quadelement kann man aus einem Faltdipol gewinnen, indem man diesen senkrecht auseinanderzieht (siehe **Bild 15.3.1**).Das Doppelquadelement wurde analog aus einem doppelt gefalteten Dipol (Dreileiterdipol) von *DL7KM* entwickelt (**Bild 23.2.24**).).

Elektrisch betrachtet besteht ein Doppelquadelement aus 4 übereinander schräg angeordneten, gleichphasig erregten Halbwellendipolen voller Länge, die zentral gespeist werden. Die elektrischen und mechanischen Vorzüge dieser Bauform

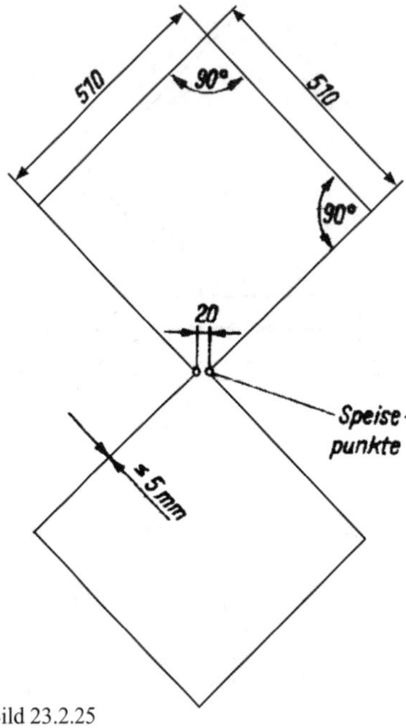

Bild 23.2.25
Doppelquadelement für 2 m

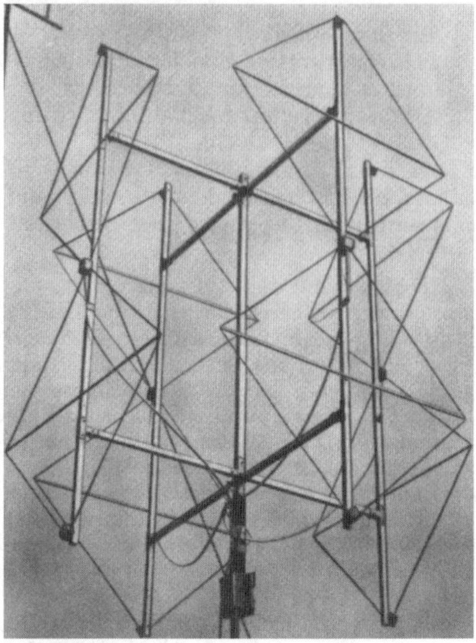

Bild 23.2.26
Doppelquad-Rundstrahler nach *DL7QZ*
(Foto: *O. Oberrender, DL2RSX*)

sind unverkennbar: Es gibt in diesem gestockten Antennensystem keine verlustbehafteten Verbindungsleitungen mit den unvermeidlichen korrosionsgefährdeten Lötstellen, sondern nur strahlende Leiterabschnitte mit einem einzigen Lötanschluß, dem Antenneneingang. **Bild 23.2.25** zeigt ein Doppelquadelement, Die eingezeichneten Abmessungen sind für das 2-m-Band.

Aus 4 solchen Doppelquad-Elementen konstruierte *DL7QZ* einen horizontal polarisierten Rundstrahler. **Bild 23.2.26** zeigt das Musterbeispiel einer *Doppelquad-Rundstrahlantenne*. Die Systeme sind, von oben gesehen, in der Form eines Quadrates angeordnet, wobei sich jeweils zwei Doppelquad-Elemente in einem Abstand von 850 mm (entsprechend etwa 0,41λ) parallel gegenüberstehen. Somit befindet sich in jeder der 4 Himmelsrichtungen ein Doppelquad. Der Gewinn einer solchen Doppelquad entsteht ausschließlich durch Bündelung in der Vertikalebene (H-Ebene); die horizontale Halbwertsbreite entspricht der eines Halbwellendipols, sie beträgt etwa 80°. Man kann deshalb mit annähernder Rundstrahlung in der E-Ebene bei einer vertikalen Halbwertsbreite von ≤ 60° rechnen.

Um die Arbeitsweise dieses Rundstrahlers überschauen zu können, muß man sich mit seiner Erregung befassen. In **Bild 23.2.27** sind die 4 Doppelquad-Elemente *A*, *B*, *C* und *D* mit ihren Erregerleitungen in der Draufsicht dargestellt. Ausgehend vom zentralen Antenneneingang X_a-X_b wird jede der 4 Doppelquads über Doppelleitungen gleicher Länge erregt. Das heißt, daß die Eingangswiderstände von *A*, *B*, *C* und *D* mit je etwa 300 Ω im Antenneneingang X_a-X_b einander parallel geschaltet sind, woraus dort eine Eingangsimpedanz von 75 Ω symmetrisch resultiert.

Blickt man vom Antenneneingang X_a-X_b zu den einzelnen Doppelquads, sind jeweils die linken Anschlüsse mit *a*, die rechten mit *b* bezeichnet. Verfolgt man die Erregerleitungen, so müssen alle *a*-Anschlüsse mit X_a und alle *b*-Anschlüsse mit X_b verbunden sein. Dabei ist zu beachten, daß die Leitungen von *A* zu X_a-X_b und von *B* zu X_a-X_b umgepolt, d.h. axial um 180° verdreht werden müssen. Bei diesen Voraussetzungen ergibt sich die eingezeichnete Stromverteilung auf den Erregerleitungen und den Doppelquad-Elementen. Jeweils zwei parallele Doppelquads (*A*-*C* bzw. *B*-*D*) werden gegenphasig erregt (siehe Strompfeile).

Leider wurden die ursprünglichen Gewinnerwartungen für den Doppelquad-Rundstrahler nicht bestätigt. *DL2RSX* untersuchte diese Antenne auf einem kommerziellen Meßplatz. Abweichend von *DL7QZ* wurde der Meßaufbau mit Abständen der Doppelquadelemente von $\lambda/2$ = 1 m gestaltet (optimaler Abstand). Die gleichlangen Zuleitungen waren symmetrische 300-Ω-Bandleitungen, die gemäß **Bild 23.2.27** an den zentralen Antenneneingang X_a-X_b führen. Dort wurde ein 75-Ω-Koaxialkabel direkt angeschlossen. Es hat sich erwiesen, daß bei Quadelementen keine Symmetriewandlung erforderlich ist. Die Anpassung an 75 Ω war gut

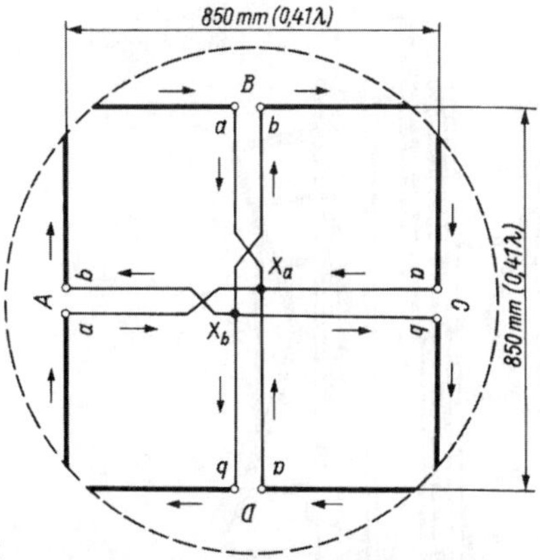

Bil(
Erregung des Doppelquad-Rundstrahlers (Draufsicht)

und breitbandig. Über die Breite des 2-m-Bandes stieg die Welligkeit *s* nicht über 1,1.

Das Horizontaldiagramm (E-Ebene) sieht im Bereich zwischen 142,5 und 146,5 MHz wie ein verrundetes Viereck aus, mit Einzügen bis maximal 3 dB. Die vertikale Halbwertsbreite ist von der Frequenz und auch noch etwas von der jeweiligen Lage der Antenne im Raum abhängig. Er wurde zwischen 50° und 65° gemessen. Aus diesen Diagrammen erhält man entsprechend der Kraus-Formel (siehe Gl. 4.7.4) einen Gewinn von knapp 1 dBd.

Als Tragemast kann man ein geeignetes Stahlrohr verwenden, sein Einfluß auf die Strahlungseigenschaften der horizontal polarisierten Antenne ist unerheblich.

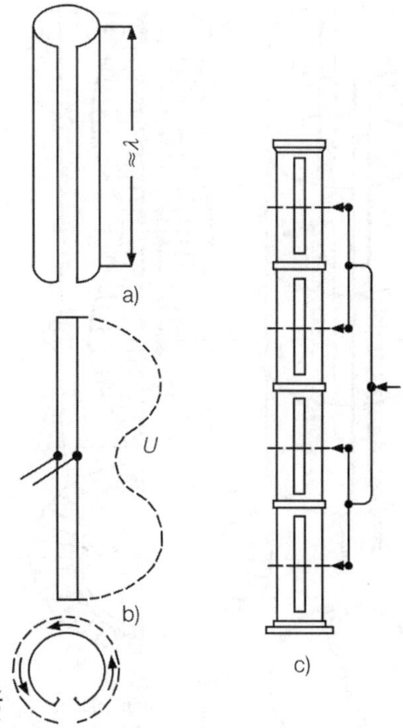

Bild 23.2.28
Rohrschlitzantenne
a) - Aufbau
b) -Spannungsverteilung
c) - Speisung einer Antenne mit 4 Ebenen

23.2.3 Schlitzanordnungen

Eine *Schlitzantenne* wurde 1938 von *Blumlein* in Großbritannien patentiert [2.70]

Ein *Schlitz* zeigt die gleichen Strahlungseigenschaften wie ein Halbwellendipol, jedoch mit umgekehrter Verteilung der magnetischen und elektrischen Feldkomponenten (vgl. *Babinet*sches Prinzip Abschnitt 1.1.9). Infolgedessen wird auch die Polarisationsebene der Strahlung vertauscht. Ein senkrechter Schlitz strahlt wie ein rechter Dipol, und ein horizontaler Schlitz hat vertikale Polarisation. Eine *Schlitzantenne* wird normal in der Schlitzmitte gespeist. Als horizontale Rundstrahlantenne werden Rohrschlitz-Antennen und Superturnstile-Antenne verwendet.

23.2.3.1 Rohrschlitzantenne

(*W. Darling* – US 2,513,007 – 1945)
Eine *Rohrschlitzantenne*, *Schlitzrohrantenne* oder *Pylonantenne* (nach dem griech. Wort Pylon = Tor, Stütze, Pfeiler) (**Bild 23.2.28**) besteht aus einem senkrechten Metallrohr, das einen nicht ganz durchgehenden Längsschlitz aufweist [2.71]–[2.72] Der Schlitz wird in der Mitte über eine Koaxialleitung gespeist. Die Polarisation ist horizontal. Dieser senkrechte Rohrschlitz strahlt horizontal rund und bündelt vertikal. Die Resonanzlänge ist etwas geringer als λ. Da nach den Schlitzenden hin der Widerstand abfällt, kann der Schlitz selbst zur Impedanztransformation herangezogen werden.

Durch Verlagerung der Speisepunkte aus der Schlitzmitte in Richtung zu einem Schlitzende hin erhält man einen niedrigeren Eingangswiderstand. Infolge dieser Maßnahme wird die Strahlungscharakteristik nur unwesentlich verändert. Analog zum Dipol kann bei einem Schlitzstrahler der Frequenzbereich durch Verbreitern des Schlitzes und insbesondere der Schlitzenden vergrößert werden. Für einen Rohrdurchmesser $< \lambda/8$ ist das Horizontaldiagramm nahezu kreisförmig. Für einen Rohrumfang von $\lambda/2$ ist das Horizontaldiagramm ellipsenförmig. Durch Verwendung von zwei übereinandergesetzten Elementen, die um 90° gegeneinander verdreht sind ergibt sich ein angenähert kreisförmiges Diagramm.

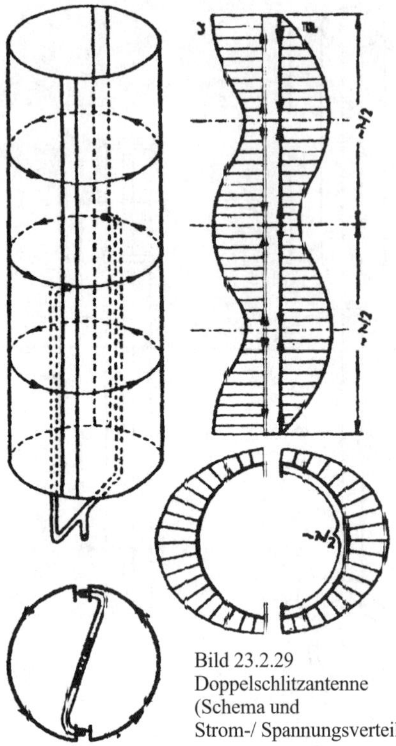

Bild 23.2.29
Doppelschlitzantenne
(Schema und
Strom-/ Spannungsverteilung)

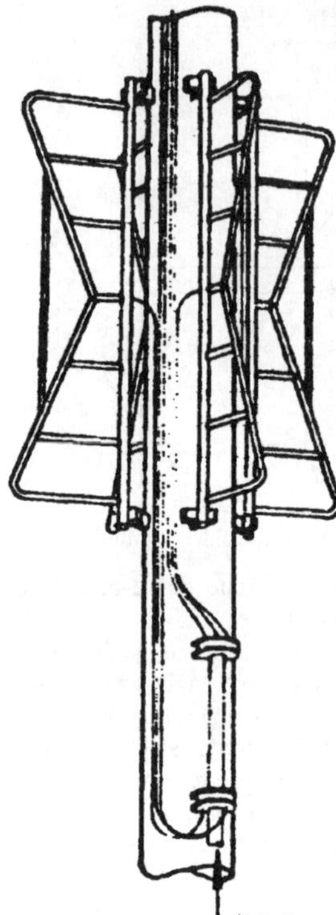

Bild 23.2.30
Superturnstile-Antenne

Der Eingangswiderstand steigt bei der Rohrausführung auf 600 bis 1000 Ω. Stockt man mehrere *Rohrschlitzantennen* senkrecht übereinander, so bleibt die horizontale Rundstrahlung erhalten, und die vertikale Halbwertsbreite wird kleiner. Die Speiseleitungen werden im Rohrinneren zu den Anschlußpunkten der Schlitze geführt. Es ergibt sich beim Rohrschlitz ein sehr stabiler Aufbau in meist selbsttragender Ausführung. Der Windwiderstand ist sehr klein, er kann durch Verkleiden der offenen Schlitze mit Kunststoffabdeckungen noch verringert werden. Auch die Strahlungseigenschaften kommen den Wünschen vieler Funkdienste entgegen, so daß die *Rohrschlitzantennen* in Varianten im VHF- und UHF-Bereich sehr verbreitet sind. In der kommerziellen Antennentechnik (UKW-FM und UKW-TV) ist die *Rohrschlitzantenne* in gestockter Ausführung von großer praktischer Bedeutung. Es gibt dabei :

Einschlitz-Zylinder-Antennen
Dabei ist der Rohrdurchmesser etwa $\lambda/2$ mit einer kapazitiven Belastung beim Schlitz, so daß die Stromverteilung annähernd gleichförmig um den Umfang ist. Das Horizontaldiagramm ist ellipsenförmig. Bei Stockung wird die zweite Rohrschlitzantenne um 90° gedreht. Das gemeinsame Horizontaldiagramm ist dann fast kreisförmig.

Antennen dieser Form wurden von den Firmen *RCA* und *Rohde & Schwarz* verwendet.

Doppelschlitz-Zylinder-Antennen
Diese Antenne ist eine Weiterentwicklung der Pylon-Antenne von *RCA*. Der Rohrumfang ist etwa λ. Durch den doppelt so großen Rohrdurchmesser ist die Antenne von innen besteigbar. Die Antenne hat eine kapazitive Belastung bei beiden Schlitzen. Das Schema und die Strom-/Spannungsverteilung davon zeigt **Bild 23.2.29**. Auch hier wird bei Stockung die zweite Rohrschlitzantenne um 90° gedreht, damit das gemeinsame Horizontaldiagramm dann fast kreisförmig ist.

Antennen dieser Form wurden von der Firma *Telefunken* verwendet.

Vierschlitz-Zylinder-Antenne
Diese Antenne hat vier Schlitze, jeweils um 90° auf dem Umfang verteilt. Hinter jedem Schlitz befindet sich im Abstand von $0{,}1\lambda$ eine Trennwand, die dieselbe Funktion ausübt, wie bei der Einschlitz-Zylinderantenne die Innenwand des Zylinders. dadurch kann der verbleibende Innenraum des Rohres für andere Zwecke genutzt werden. Mit koaxialen Transformatoren wird die Speisung von gestockten Zylindern durchgeführt [2.73].

Antennen dieser Form wurden von der Firma *Standard Lorenz* verwendet.

Ein weiteres Patent für eine *Rohrschlitzantenne* stammt von *Alford* [2.74].

23.2.3.2 Superturnstile-Antenne

Die *Superturnstile-Antenne* besteht aus zwei gekreuzt angeordneten Batwing-Antennen, die mit 90° Phasenverschiebung gespeist sind (**Bild 23.2.30**) [2.75].

Als Batwing-Antenne bezeichnet man eine flächige Breitbandantenne, deren Schenkel etwa die Umrisse von Fledermausflügeln haben, daher der Name „Batwing" (siehe **Bild 12.2.13**).

Die Batwing-Antenne ist sehr breitbandig. Ihre Eingangsimpedanz beträgt etwa 70 Ω und ist von der Schlitzbreite abhängig. Um eine annähernde Rundstrahlung in der Horizontalebene zu erhalten, werden wie bei einem Kreuzdipol oder Drehkreuzantenne 2 Batwing-Antennen rechtwinklig zusammengesetzt und mit einer gegenseitigen Phasenverschiebung von 90° erregt.

Für den kommerziellen Gebrauch sind mehrere solcher Ebenen vertikal übereinander gestockt. So hat z.B. eine *Superturnstile-Antenne* mit 6 Ebenen etwa 8 dB Gewinn. Sie ist als Sendeantenne im UKW-Rundfunkbereich und als Fernsehantenne verbreitet, für den Funkamateur hat sie jedoch wenig Bedeutung.

Superturnstile-Antennen wurden von den Firmen *RCA und Cetec* verwendet.

23.3 Zirkular-polarisierte VHF/UHF-Antennen

Die Zirkularpolarisation bietet Vorteile, wenn es darum geht, sowohl vertikal als auch horizontal oder schräg polarisierte Wellen gleich gut aufzunehmen. Natürlich ist eine zirkular polarisierte Empfangsantenne am besten dazu geeignet, zirkular polarisierte Wellen zu empfangen. Man kann deshalb sagen, daß die Zirkularpolarisation universell anwendbar ist, weil sie auch jede lineare Polarisation aufnimmt.

Die Gegenüberstellung in **Tabelle 23.4** soll die Verhältnisse bei VHF-/UHF-Funklinien mit gleicher und mit unterschiedlicher Polarisationen verdeutlichen. Die auftretende Dämpfung von 3 dB zwischen Zirkularpolarisation und Linearpolarisation ist anschaulich zu erklären, wenn man sich vereinfacht vorstellt, daß sich bei Zirkularpolarisation die vom Sender gelieferte Leistung je zur Hälfte in die vertikale und in die horizontale Ebene aufteilt. Bei einer linear polarisierten Empfangsantenne wird deshalb je nach ihrer Polarisationslage nur die „vertikale Hälfte" oder die „horizontale Hälfte" wirksam. Halbe Leistung entspricht einer Dämpfung von 3 dB. Deshalb kann die linear polarisierte Empfangsantenne etwa 7/10 der im zirkular polarisierten Feld vorhandenen Empfangsspannung aufnehmen. Dagegen beträgt die Dämpfung zwischen linearer Horizontalpolarisation und linearer Vertikalpolarisation etwa 20 dB, d.h., daß nur 1/10 der vorhandenen Empfangsspannung wirksam wird.

Weitere Vorzüge wurden auf Grund von praktischen Versuchen im 2-m-Amateurband durch *Bittan* ermittelt [3.1]: Mit zirkularer Polarisation wurden ferne Täler und anderweitig abgeschirmte Gebiete erreicht, mit denen bei linearer Polarisation keine Funkverbindung möglich war. Offenbar ist die Zirkularpolarisation bei den hier auftretenden Mehrfachreflexionen günstiger als Linearpolarisation. Eine weitere, sehr beachtliche Verbesserung ergibt sich bei Funkverbindungen mit Fahrzeugstationen (Mobilstationen). Durch die sich laufend verändernden Umgebungsverhältnisse während der Fahrt sind immer wechselnde Reflexionen vorhanden. Dauernde Änderungen von Amplitude, Phase und Polarisationsrichtung haben Schwunderscheinungen zur Folge. Sie sind bei vertikalen Mobilantennen besonders stark ausgeprägt, da die meisten Hindernisse vertikale Kanten aufweisen. Der größere Teil des durch Änderungen der Polarisationsrichtung verursachten Flatterfadings verschwindet beim Einsatz einer zirkular polarisierten Antenne. Bei einer Messung durch einen dichten Mischwald von etwa 4 km Länge wurde vertikale Polarisation um beinahe 40 dB, horizontale um 12 dB und zirkulare um nur etwa 3 dB gedämpft. Das entspricht der Erfahrung, daß die Vorteile durch Zirkularpolarisation um so größer sind, je schlechter die Ausbreitungssituation ist.

Das Prinzip der Erzeugung einer zirkular-polarisierten Welle ist die Kombination einer horizontalen Schleife mit einem vertikalen Dipol.

Polarisation der Empfangsantenne	Polarisation der Sendeantenne	Dämpfung dB
Linear horizontal	Linear horinzontal	0
Linear horizontal	Linear vertikal	≈ 20
Zirkular	Zirkular	0
Zirkular	Linear horizontal	3
Zirkular	Linear vertikal	3

Tabelle 23.4
Polarisationsdämpfung zwischen Empfangs- und Sendeantenne

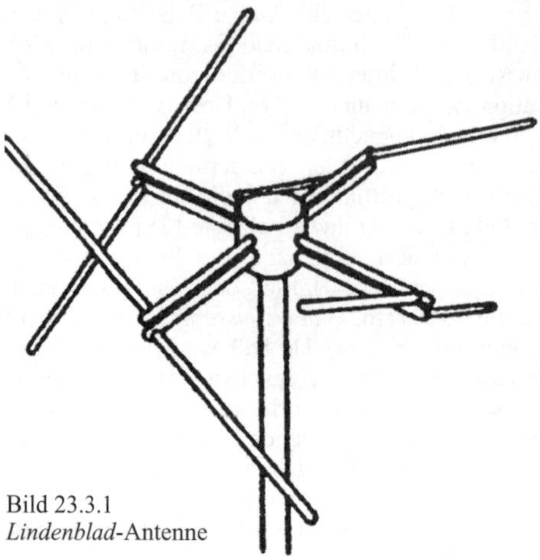

Bild 23.3.1
Lindenblad-Antenne

23.3.1 *Lindenblad*-Antenne

(*N.E. Lindenblad* - US 2,217,911 - 1938)

Eine der bekanntesten zirkular-polarisierten Antennen ist die s.g. *Lindenblad*-Antenne von *Lindenblad* (RCA) aus dem Jahre 1938 [3.2] [3.3].

Die Lindenblad-Antenne besteht aus vier schrägen Dipolen, die symmetrisch um einen imaginären horizontalen Kreis von etwa 0,3 λ angeordnet sind. Jeder Dipol ist in Phase erregt und ist um 30° in der selben Richtung gegenüber der Horizontalebene geneigt (**Bild 23.3.1**).

Die schrägen Dipole haben jeweils eine horizontale Komponente und eine vertikale Komponente. Für das Prinzip der Erzeugung einer zirkular-polarisierten Welle entsprechen der horizontalen Schleife die Horizontalkomponenten der kreisförmig angeordneten vier Dipole und dem vertikalen Dipol entsprechen die Vertikalkomponenten

Die Neigung der Dipole (von außen gesehen) gibt die Polarisationsrichtung an.

Uhrzeiger-Sinn: linkszirkular, LHCP = Left-Hand Circularly Polarized

Gegenuhrzeiger-Sinn: rechtszirkular, RHCP = Right-Hand Circularly Polarized

Die Polarisation läßt sich nicht durch Modifikation des Speisesystems umschalten. Dazu muß man die Dipolneigung ändern.

Die Anpassung der Dipole geschieht durch je eine Parallelinduktivität (Shunt-Reaktanz) der etwas verkürzten und dadurch kapazitiven Dipole. Die Speisung jedes Dipols erfolgt mit Koaxialkabel über eine Viertelwellenleitung als Viertelwellen-Sperrtopf (vgl. Abschnitt 7.4.1.2). Nach der Zusammenschaltung der vier Dipole erfolgt eine Transformation durch eine weitere Viertelwellenleitung [3.2].

Ein Aufbau mit Faltdipolen anstelle von Dipolen erlaubt eine einfachere Impedanzanpassung. Durch entsprechende Dimensionierung von Dipollänge, Schleifenabstand und Elementdurchmesser kann man Impedanzen zwischen 200 und 300 Ω einstellen. Wird die Impedanz mit 200 Ω gewählt, dann wird bei der Parallelschaltung eine symmetrische Eingangsimpedanz von 50 Ω erreicht. Die Phasenleitungen sind $\lambda/2$ lang. Der entsprechende Verkürzungsfaktor ist zu beachten. Bei Übergang auf Koaxialkabel ist ein Balun 1:1 zu verwenden [3.3].

Die *Lindenblad*-Antenne wurde ursprünglich für den Flugfunk entwickelt. Heute wird sie als Empfangsantenne für Satelliten auf niedrigen kreisförmigen Umlaufbahnen (LEO = Low Earth Orbit) eingesetzt.

Lindenblad-Antennen werden kommerziell von der Firma *GTE Sylvania* hergestellt. Der Frequenzbereich geht von 0,5 bis 12 GHz. Als Gewinn wird von der Firma nominal 1,25 dBi über einen isotropen zirkularpolarisierten Strahler angegeben.

Literatur zu Abschnitt 23

[1.1] *Tinus, W.C.*: Ultra-high frequency Antenna Terminations – using concentric lines. Electronics, August 1935, pp. 239–241

[1.2] *Krischke, A.*: Die Geschichte der Groundplane. CQ-DL 11/87, S. 697–698

[1.3] *Hille, K.H.*: Der Vertikaldipol in Theorie und Praxis. CQ-DL 9/93, S. 618–620

[1.4] *Bensch, H.*: J-und Sperrtopf-Antennen: Altes Prinzip, aber neue Ideen. Funkschau 13/1984, S. 39–40

[1.5] *Davis, H.*: Loop Coupling for J Antennas. (Hints and Kinks). QST March 1990

[1.6] *Freely, W.B.*: A Two-Meter J Antenna. QST April 1977, pp. 35–36

[1.7] *Kretzman, B.*: The „J" Antenna Revisited. CQ July 1981, p. 56

[1.8] *Aurick, L.*: Build the Timeless J Antenna. QST November 1982, pp. 40–41

[1.9] *Bauers, C.N.*: A simple 144 MHz portable antenna based on the „J Stick". Radio Communication, March 1983, p. 229

[1.10] *Hood, M.*: All-metal 2-meter J-pole antenna. Ham Radio, July 1984, pp. 42–44, 46

[1.11] *Rapsch, G.*: Eine einfache J-Antenne für 144 MHz. CQ DL 8/86, S. 460

[1.12] *Plesich, J.M.*: How to build a simple „J" Antenna for 2 meters. CQ February 1987, pp. 50–51

[1.13] *Belrose, J.S.*: Designing a Vertical J Antenna. (Technical Correspondence). QST April 1995, pp. 74–75

[1.14] *Bensch, H.* Die J-Antenne für das 2-m-Band. Funk 11/1995

[1.15] *Gammel, M.*: 440 Super J-Pole Antenna. 73 Amateur Radio, April 1996, pp. 10, 12

[1.16] *Hille, K.H.*: Neue Sperrtopf-Antenne für VHF/UHF bei Helmut Bensch. Funk 6/97, S. 58–59

[1.17] *Richardson, D.*: The J-Pole Revisited. CQ March 1998, pp. 34-36, 38–41

[1.18] *Judd, F.C.*: „Slim Jim" 2-Metre Aerial. Practical Wireless, April 1978,pp.899–901

[1.19] *Demacopoulos, E.; Zimourtopoulos, P; Sahalos, J.N.*: On the Design of a „MSJ" Antenna. IEEE Trans., BC-32, March 1986, pp. 11–14

[1.20] *Judd, F.C.*: Low-cost Indoor Antenna for 144 MHz. Practical Wireless, August 1988, pp. 44–46

[1.21] QST March 1981, p. 42

[1.22] CQ November 1981, p. 72

[1.23] *Belrose, J.S.*: The 300-Ohm Ribbon J antenna for 2 Meters: A Critical Analysis. QST April 1982, pp. 43–45

[1.24] *Oberrender, O.*: Einfache Empfangsantennen für das VHF-Amateurfunkband. Elektron. Jahrbuch, Militärverl. d. DDR, Berlin, 1986, S. 155

[1.25] *Fliegner, D.P.*: Halbwellen-Vertikalantenne für 2 m. CQ-DL 5/86, S. 278

[1.26] *Stier, W.*: Halbwellen-Vertikalantenne für 2 m. (Leser schreiben). CQ DL 7/87, S. 442

[1.27] -----: Eine J-Antenne für 70 cm. Beam 6/93, S. 29–30

[1.28] *Hawker, P.*: More on the 144MHz Ribbon J-Pole Antenna. (Technical Topics).Radio Communication, May 1995, p. 61; auch CQ DL 7/95, S. 509

[1.29] *Bensch, H.*: J-Antenne. (Leser schreiben). CQ DL 8/95, S. 581

[1.30] *Brandt, H.J.*: Gute Anpassung spart Leistung. Funk 2/1985, S. 48–49

[1.31] *Berger, H.*: Lambda/2-Antenne für tragbare 2-Metergeräte. QSP 12/89, S. 17

[1.32] *Bresnick, H.*: The verti-loop a folded whip antenna for vhf mobile operation. (the weekender). Ham Radio, April 1979, pp. 50–52

[1.33] *Somers, J.R.*: Build A Desktop Gain Antenna for Two Meters. AntenneX, November 1989, pp. 13–15

[1.34] *Bergtold, F.*: Zwei ungewöhnliche Antennen. Funkschau, H. 10, 1954, S. 193–194

[1.35] *Stark, A.*: UHF-Koaxialdipol HK 001 für 225 bis 400 MHz. Neues von Rohde & Schwarz, April 1976, S. 34–35

[1.36] *Oberrender, O.*: Einfache Empfangsantennen für das VHF-Amateurband. Elektron. Jahrb., Militärverl. d. DDR, Berlin, 1986, S. 156

[1.37] *Hawker, P.*: Analysing Ground-Plane and Sleeve Antennas. (Technical Topics). Radio Communication, April 1991, p. 29

[1.38] *Hawker, P.*: More on Sperrtopf Coaxial Sleeves. (Technical Topics). Radio Communication, July 1991

[1.39] *H. Jasik* – US 2,700,112 – 1949

[1.40] *K. Danowitz* – DE 872 230 – 1951

[1.41] *H. Körner, R. Rosemann* – DE 931 605 – 1953

[1.42] *K. Röhrich* – DE 1 013 728 – 1954

[1.43] *F.R. Huber* – DE 1 002 819 – 1955

[1.44] *R. Greif, F.R. Huber* – DE 1 029 054 – 1955

[1.45] *Stahler, A.F.*: New Dipole Feeder. 73 Magazine, June 1978, pp. 38v39

[1.46] *Hosang, H.*: Kleine, leistungsfähige λ/2-Vertikalantenne für den 144-MHz-Bereich. CQ-DL 9/85, S.518-519

[1.47] *Klüss, A.*: T²LT - der abgestimmte Sperrkreis in der Speiseleitung. CQ-DL 9/88, S. 553–554; Korrektur: CQ-DL 2/89, S. 110; Erwiderung: CQ-DL 5/89, S. 316

[1.48] *R.T. Potter* – US 2,485,457 – 1944

[1.49] *RB. Coulson* – GB 690,113 – 1951

[1.50] *H. Brueckmann* – US 3,315,264 – 1965

[1.51] *E.T. Harper* – US 3,576,578 – 1967

[1.52] *Ballantine, S.*: On the radiation resistance of a simple vertical antenna over perfect ground. Proc. IRE, December 1924, pp. 823–832

[1.53] *Giehring, H.E.; Brown, G.H.*: General considerations of tower antennas for broadcast use. Proc. IRE, April 1935, p. 311

[1.54] *Harmon, R.N.*: Some comments on broadcast antennas. Proc. IRE, January 1936, p. 36

[1.55] *H. Roosenstein* - DE 866 680 - 1938, auch US 2,267,951

[1.56] *McCoy, L.*: CB Whip + Mod. = 2-meter 5/8λ Vertical. QST, June 1972

[1.57] *Pentecost, J.*: 5/8-wavelength vertical antenna for mobile work. Ham Radio, May 1976, pp. 42–44

[1.58] *Kretzman, B.H.*: Another 5/8-wave antenna for 2-meters. CQ August 1976, pp.56–57, 94

[1.59] *DeMaw, D.*: Build your own 5/8-wave antenna for 146 MHz. QST June 1979, pp. 15–16

[1.60] *Hegewald, W.*: Einfach aufzubauende 5/8-λ-Groundplaneantenne für 144 MHz. Funkamateur 6/84, S. 294–295

[1.61] *Bauer, E.J.*: Constructing a simple 5/8-wavelength vertical antenna for 2 meters. QST September 1980, pp. 22–23

[1.62] *Bensch. H.*: Neue Antennenkonstruktionen. QSP 11/1987, S. 28–29

[1.63] *C.S. Franklin* – GB 242,342 – 1924

[1.64] *Belrose, J.S.*: Gain of Vertical Collinear Antennas. QST, October 1982, pp. 40–41

[1.65] *Lee, P.H.*: The Amateur Radio Vertical Antenna Handbook. CQ Publishing, Hicksville NY, 1984

[1.66] *C.W. Hansell, N.E. Lindenblad* – US 2,113,136 – 1936

[1.67] *N.E. Lindenblad* – US 2,199,375 – 1938

[1.68] *R.B. Dome* – US 2,201,857 – 1938

[1.69] *A.B. Bailey* – US 2,323,641 – 1940

[1.70] *Rowland, H.J.*: Antennas for Citizens Radio. Electronics, May 1948, pp. 96–99

[1.71] *Harris, E.F.*: UHF Mobile Antenna. Electronics, May 1953, pp. 181–183

[1.72] *Tilston, W.V.; Secord, A.H.*: A 3 kW High Gain Colinear Antenna for VHF Multicoupling. IEEE Int. Conv. Rec., P. 8, 1963, pp.15–30

[1.73] *Norman, D.*: Low-cost two-meter colinear uses PVC pipe mast. (The Ham Notebook). Ham Radio, May 1976, p. 66

[1.74] *Rollason, J.A.*: A colinear antenna for repeater. Radio Communication, October 1978, pp. 854–855

[1.75] *Hawker, P.*: 144 MHz colinear vertical array. (Technical Topics). Radio Communication, December 1979

[1.76] *Schmidt, O.*: Gewinnsteigerung eines λ/2-Strahlers für 2 m. CQ-DL 11/80, S. 503

[1.77] *Solbach, K.*: Microstrip-Franklin Antenna. IEEE Trans., AP-30, July 1982, pp. 773–775

[1.78] *Volta, P.*: Design and development of an omnidirectional antenna with a collinear array of slots.

Microwave Journal, December 1982, pp. 111, 114–115
[1.79] *Riml, P.*: Gedruckte Antennen für 1,3 und 2,3 GHz. QSP 5/86, S. 24–29
[1.80] *Shick, L.E.*: Long 2-meter collinears – a simple way to achieve gain. (The Ham Notebook). Ham Radio, May 1986, pp. 95–96
[1.81] *Lee, F.W.*: Collinear for two-meters. 73 Amateur Radio, April 1991, p. 24
[1.82] *Nakano, H; Chiba, N.; Yamauchi,J.*: Numerical analysis of collinear monopole antennas with coils. Electronics Letters, 6th June 1991, Vol. 27, No. 12, pp. 1103–1104
[1.83] *McDonald, J.:* An End-Fed Extended Double Zepp for 2 Meters. QST,June 1982, pp. 34–35
[1.84] *Conklin, J.*: Collinear 5/8-wave omni antenna for 2 meters. 73 Amateur Radio, June 1995, pp. 18–19
[1.85] *Hollmann, H.E.*: Physik und Technik der ultrakurzen Wellen, Bd. 2, S. 74. Springer, Berlin, 1936
[1.86] *A.D. Blumlein* – US 2,115,761 – engl. Priorität. 1935
[1.87] *W. Moser, H.E. Paul* – DE 884 662 – 1936; auch US 2,158,376
[1.88] *Wundt, R.M.*: Neue UKW-Richtantenne mit rein vertikaler Polarisation. (Ausschuß für Funkortung: Ausgewählte Fragen über Theorie und Technik von Antennen). ZWB T. 1, 1943, S. 92–96
[1.89] *Wheeler, H.A.*: A vertical antenna made of transposed sections of coaxial cable. IRE Conv. Rec., Vol. 4, Pt. 1, 1956, pp. 160–164
[1.90] *Balsley, B.B.; Ecklund, W.L.*: A Portable Coaxial Collinear Antenna. IEEE Trans., AP-20, July 1972, pp. 513–516
[1.91] *Collis, M.*: Omni-Gain: A Collinear for 70 and 23 Cm. 73 Magazine, May 1982, pp. 64–65
[1.92] *Boothe, B.*: Hairpin Match for the Collinear-Coaxial Array. (Hints and Kinks). QST October 1984, p. 39
[1.93] *Haßenpflug, F.; Pelicano, M.*: Vertikale Dipollinie für 23 cm. CQ DL 7/88, S. 422–423
[1.94] *Judasz, T.J.; Balsley, B.B.*: Improved Theoretical and experimental Models for the coaxial Colinear Antenna. IEEE Trans., AP-37, March 1989, pp. 289–296
[1.95] *Sakitani, A.; Egashira, S.*: Analysis of coaxial Collinear Antenna: --- . IEEE Trans., AP-39, January 1991, pp. 15–20
[1.96] *Tong, D.A.:* The „normal-mode" helical aerial. Radio Communication, July 1974, pp. 432-437
[1.97] *Grass, A.:* Mini-Stick-2-m-Antenne. CQ-DL 5/86, S. 278
[1.98] *Kay-Hards, G.*: Junk-Box Rubber Duckie. Radio ZS 10/88, p. 29
[1.99] *Korte, H.:* Baubeschreibung einer Wendelantenne. CQ-DL 3/81, S. 125

[2.0a] *O. Böhm* – DE 519 257 – 1929
[2.0b] *W.W. Tatarinow* – DE 519 903 – sowjet. Priorität 1929
[2.1] *Scheldorf, M.W.*: Multi-V Antenna for F-M Broadcasting. Electronics, March 1949, pp. 94–96
[2.2] *A. Alford* – US 2,370,628 – 1942
[2.3] *L. Himmel, M. Fuchs* – US 2,419,552 – 1943
[2.4] *Koch, E.*: Eine neue Rundstrahlantenne für das 2-m-Band für stationären und mobilen Einsatz. Funk-Technik, Nr. 11, 1966, S. 422
[2.5] *G.H. Brown* – US 2,290,800 – 1940
[2.6] *Montgomery, B.E.*: A Very-High-Frequency Aircraft Antenna for the Reception of 109 Megacycle Localizer Signals. Proc. IRE, November 1945, pp. 767–772
[2.7] *Scheldorf, M.W.*: FM Circular Antenna. General Electric Review, March 1943, pp. 163–170
[2.8] *R.P. Bennett* – US 2,221,939 – 1937
[2.9] *H. Rindfleisch, A. Pracher* v DE 947 383 – 1943
[2.10] *Stites, F.H.*: A „Halo" for Six Metrs. QST October 1947, pp. 24–27
[2.11] *Bishop, N.*: 2 Meter Halo. CQ April 1957, p. 19
[2.12] *Sommerville, R.M.*: More Watts From Your Halo. CQ July 1960, pp. 42–43, 119
[2.13] *Lickfeld, K.G.*: Ein „Halo" für das 2-m-Band. DL-QTC 2/64, S. 82–83
[2.14] *Clingerman, D.A.*: Mobile Oscar antenna. Ham Radio, May 1976, p. 67
[2.15] *M.W. Scheldorf* – US 2,447,879 – 1945
[2.16] *J.B. Caraway, H. Kees* – US 2,467,961 – 1946
[2.17] *J.B. Caraway, R.M. Silliman* – US 2,467,962 – 1947
[2.18] *M.W. Scheldorf* – US 2,469,209 – 1946
[2.19] *J.B. Caraway* – US 3.176,299 – 1962
[2.20] *Shapiro, J.*: The Cushcraft Squalo. 73 Magazine, July 1965, p. 20
[2.21] *J.C. Green* – GB 657,757 – amerikan. Priorität 1945
[2.22] *A.G. Kandoian* – US 2,771,606 – 1953
[2.23] *M. Gouriaud* – US 2,017,121 – franz. Priorität 1932
[2.24] *Dombrowski, I.A.*: Antennen. Porta, München, 1957, S. 178–180
[2.25] *R.A. Hampshire* – US 2,293,136 – 1941
[2.26] *H. Körner* – DE 890 819 – 1950
[2.27] *H. Körner, W. Stöhr* – DE 890 820 – 1951
[2.28] *M. Baesecke* – DE 937 229 – 1949
[2.29] *N.E. Lindenblad* – US 2,239,724 – 1938
[2.30] *H. Bosse* – DE 929 905 – 1952
[2.31] *Koch, E.*: Rundstrahlantenne für das 2-m-Amateurband. Funk-Technik Nr. 22, 1967, S. 859
[2.32] *Koch, E.*: Rundstrahlantenne für das 2-m-Band. DL-QTC 12/69, S. 716–718
[2.33] *Alford, A.; Kandoian, A.G.:* Ultrahigh-Frequency Loop Antennas. Trans. AIEE, Vol. 59, 1940, pp. 843–848
[2.34] *Krank, W.:* Untersuchung einer Rundstrahlantenne mit horizontaler Polarisationsrichtung. Rundfunktechnische Mitteilungen, Jg. 1, 1957, S. 196–204
[2.35] *A. Alford* – US 2,372,651 – 1943
[2.36] *Brown, G.H.:* The "Turnstile" Antenna. Electronics, April 1936, pp. 14–17, 48
[2.37] *Tank, F.*: Die Drehfeldantenne. Helv. Phys. Acta, Bd. 7, 1934, S. 652
[2.38] *Chireix, H.*: Antennes à rayonnement zenithal réduit. Onde électr. 15, 440 (1936)
[2.39] *Brückmann, H.*: Antennen mit Drehfeld-Phaseneinstellung. ENT, Oktober 1943, S. 227–232
[2.40] *G.H. Brown* – US 2,267,550 – 1940
[2.41] *J. Epstein* – US 2,275,030 – 1940

[2.42] *Brown, G.H.; Epstein, J.*: A Pretuned Turnstile Antenna. Electronics, June 1945, pp. 102–107

[2.43] *Rowland, H.J.*: The Series Reactance in Coaxial Lines. Proc. IRE, January 1948, pp. 65–69

[2.44] *Vidmar, M.*: Genaue Zirkular-Polarisation - und wie man sie erzielen kann. UKW-Berichte 3/85, S. 179–183

[2.45] *Campell, E.L.*: Turnstile for Two. QST April 1959, pp. 29–31

[2.46] *Bolster, M.F.*: A New Type of CircularPolarizer Using Crossed Dipoles. IRE Trans., MTT, September 1961, pp. 385–388

[2.47] *Hodgson, J.B.*: A turnstile omnidirectional aerial for vhf. Radio Communication, July 1972, pp. 432–433

[2.48] *Cawkwell, T.*: The Halton Omni. Radio Communication, March 1984, pp.216–217

[2.49] *H. Riegger* – DE 388 072 – 1923

[2.50] *Marchand, N.*: Loop Antennas For F-M Broadcasting. Communications, April 1947, pp. 34–35, 62–63

[2.51] *Kandoian, A.G.; Felsenheld, R.A.*: Triangular High-Band TV Loop Antenna System. Communications, August 1949, pp. 16–18

[2.52] *Kandoian, A.G.; Felsenheld, R.A.; Sichak, W.*: High-Gain Loop Antenna for Television Broadcasting. Electrical Communication, December 1952, pp. 268–276

[2.53] *A.G. Kandoian* – US 2,465,379 – 1945

[2.54] *Kandoian, A.G.*: Three New Antenna Types and Their Applications. Proc. IRE, February 1946, pp. 70W–75W

[2.55] *Kandoian, A.G.*: F-M Broadcast Loops. Communications, April 1946, pp. 38–39

[2.56] *Smith, P.H.*: The Clover-Leaf F-M Antenna. Communications, April 1946, pp. 58, 60

[2.57] *Smith, P.H.*: „Cloverleaf" Antenna for FM Broadcasting. Proc. IRE, December 1947, pp. 1556–1563

[2.58] *Mellen, R.H.; Milner, C.T.*: The Big Wheel on Two. QST September 1961, pp. 42–45

[2.59] *E.P.T.*: Performance Tests on the Big Wheel 2-Meter Array. QST October 1961, pp. 60–61

[2.60] *Morzinck, T.*: „Big Wheel" Rundstrahlantenne für das 23-cm-Band. UKW-Berichte 2/79, S. 84–87

[2.61] *Wessely, W.*: Bake DB0ABG auf 23 cm. Funkamateur 6/94, S. 542

[2.62] *Berberich, E.*: Big Wheel Antenne für das 70-cm-Band. UKW-Berichte 2/94; S. 90–93

[2.63] *M.A. Rothe* – US 2,311,872 – 1941

[2.64] *Taylor, J.P.*: A Square-Loop F-M Antenna. Electronics, March 1945, pp. 96–100

[2.65] *Thornburg, D.; Kramer, L.*: The Two-Meter Eggbeater. QST

[2.66] *Masek, J.*: A Full-Wave 2-Meter Antenna. (Hints and Kinks). QST August 1987, pp. 36–37

[2.67] *Ford, S.*: M^2 Enterprises EB-144 Eggbeater Antenna. QST September 1993, pp. 75–76

[2.68] *Ford, S.*: M^2 Enterprises EB-432 Eggbeater Antenna. QST January 1996, p. 74

[2.69] *Berberich, E.*: Die „Eggbeater"- Antenne. UKW-Berichte 4/97, S. 195–199

[2.70] *A.D. Blumlein* – GB 515,684 – 1938

[2.71] *Jordan, E.C.; Miller, W.E.*: Slotted-CylinderAntenna. Electronics, February 1947, pp. 90–93

[2.72] *Sinclair, G.*: The Pattern of Slotted-Cylinder Antennas. Proc. IRE, December 1948, pp. 1487–1492

[2.73] *Bosse, H.; Crone, W.*: Rohrschlitzantenne für das Fernsehband 174 ... 216 MHz. FTZ, H. 9, 1953, S. 452–454

[2.74] *A. Alford* – US 2,600,179 – 1946

[2.75] *Wolf, L.J.*: Triplex Antenna for Television and F-M. Electronics, July 1947, pp. 88–91

[3.1] *Bittan, T.*: Zirkular-Polarisation im 2-m-Band. UKW-Berichte 3/1973, S. 148–153

[3.2] *Brown, G.H.; Woodward, O.M.*: Circularly-Polarized Omnidirectional Antenna. RCA Review, June 1947, pp. 259–269

[3.3] *Bilsing, A.*: Lindy – die Lindenblad-Antenne. Funkamateur 5/97, S. 570–571

24 Richtantennen für VHF und UHF

Richtantennen für VHF und UHF sind meist *Yagi*-Antennen – entweder in Kurz- oder Lang-Ausführung. Daneben gibt es noch LP-Antennen, *HB9CV*-Antennen, Quad-Antennen, Delta-Loops und Ring-Beams. Sehr verbreitet ist im VHF/UHF-Bereich die Helikal-Beam und kaum verwendet werden Rhombusantennen.

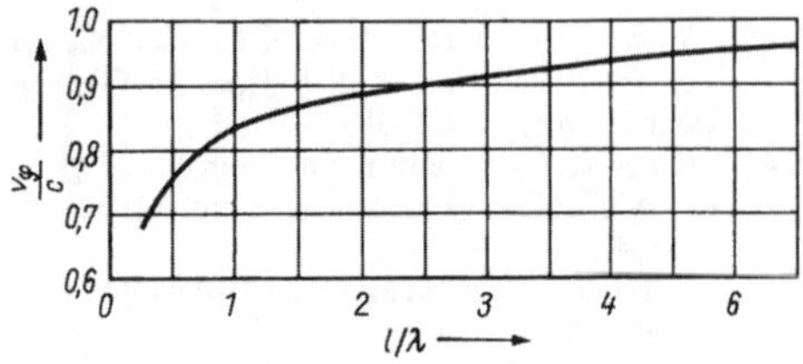

Bild 24.1.1
Optimale Phasengeschwindigkeit in Abhängigkeit von der Antennenlänge

24.1 *Yagi-Uda*-Antennen für VHF / UHF

Yagi-Uda-Antennen werden nachfolgend kurz als *Yagi*-Antennen bezeichnet.

Die *Yagi*-Bauform hat sich im VHF- und UHF-Bereich als die wirtschaftlichste und am einfachsten herstellbare erwiesen. Der Materialeinsatz ist gering, die Windlast minimal und die Massenverteilung günstig (wichtig bei drehbarer Anordnung!). Je nach Ausführung können mit Einebenen-*Yagis* Gewinne zwischen 5 und 16 dBd erzielt werden; höhere Gewinne erreicht man durch Gruppenbildung.

Diese guten Eigenschaften, verbunden mit Vielseitigkeit, haben dazu geführt, daß die *Yagi*-Antenne mit Abstand die am stärksten verbreitete VHF/UHF-Richtantennenbauform bei den Funkamateuren ist.

Einige grundsätzliche Ausführungen über *Yagi*-Antennen (HF-Beams) finden sich bereits in Abschnitt 18.

24.1.1 Wirkungsweise und Gewinn von *Yagi*-Antennen

Viele Jahre lang konnte man keine gesicherten Angaben zur Wirkungsweise der *Yagi*-Antenne machen. Die grundlegenden experimentellen Arbeiten wurden in USA 1959 bei einer Meßfrequenz von rd. 9000 MHz mit *homogenen Yagi*-Strukturen (die Direktoren haben alle gleiche Längen, gleiche Durchmesser und gleiche Abstände) durchgeführt [1.1]. Man gelangte dabei zu folgenden Erkenntnissen: Betrachtet man die auf einer *Yagi* (speziell Lang-*Yagi*) laufende Welle als Oberflächenwelle, die durch die Antennenstruktur verzögert, also mit einer Phasengeschwindigkeit v kleiner als Lichtgeschwindigkeit c läuft, so läßt sich diese Phasengeschwindigkeit als das Kriterium für optimalen Gewinn ansehen. Eine *Yagi*-Antenne (und jeder andere Längsstrahlertyp) zeigt immer dann den höchstmöglichen Gewinn, wenn die für die vorliegende Länge (Längsausdehnung = Boomlänge, bezogen auf die Betriebswellenlänge λ) günstige Phasengeschwindigkeit eingestellt wird, unabhängig davon, mit wieviel Direktorelementen, mit welchen Direktorlängen, -durchmessern oder -abständen die optimale Phasengeschwindigkeit erzielt wird. *Ehrenspeck* hat die optimale Phasengeschwindigkeit v_φ/c in Abhängigkeit von der Antennenlänge l/λ durch Sondenmessungen am Modell ermittelt, das Ergebnis zeigt **Bild 24.1.1**.

Die Phasengeschwindigkeit v längs der Direktorenreihe ist von Länge, Schlankheitsgrad und gegenseitigem Abstand dieser Elemente abhängig, wobei es unendlich viele Kombinationen gibt, mit denen die optimale Phasengeschwindigkeit erreicht werden kann [1.2]. Ist v_{opt} eingestellt, hängt der Maximalgewinn - unabhängig von der Anzahl der Direktoren – ausschließlich von der Länge der Struktur (bezogen auf λ) ab mit der Einschränkung,

Bild 24.1.2
Gewinn von *Yagi*-Antennen in Abhängigkeit von der Antennenlänge bezogen auf l/λ
A) - Homogene *Yagis* (Länge ab Speiselement)
B) - Inhomogene *Yagis*, theoret. max. Gewinn (nach *DL6WU*)

daß die Direktorenabstände 0,4λ nicht überschreiten dürfen. **Bild 24.1.2** belegt in Kurve *A* die erläuterten Zusammenhänge. Dabei ist zu beachten, daß bei dieser Kurve als Antennenlänge nur die Strecke vom gespeisten Element bis zum letzten Direktor gerechnet wird.

Homogene *Yagi*-Antennen werden von Funkamateuren kaum noch verwendet, nachdem sich klar herausgestellt hat, daß mit inhomogenen Strukturen höhere Maximalgewinne zu erreichen sind. Außerdem treten in deren Strahlungsdiagramm Nebenkeulen und gleichzeitig weniger breite Hauptkeulen auf. Inhomogene *Yagis* erkennt man äußerlich an unterschiedlichen Direktorlängen und Direktorabständen, wobei im allgemeinen die Länge des dem gespeisten Elements benachbarten Direktors am größten ist und zum Ende der Direktorenreihe hin allmählich abnimmt. Auch für inhomogene *Yagis* gilt die Regel, daß die Direktorenabstände 0,4λ nicht überschreiten dürfen, der 1. Direktor befindet sich gewöhnlich in 0,1 bis 0,12λ Abstand vom gespeisten Element. Wegen der vielen variablen Parameter erfordert das Entwickeln und Optimieren längerer *Yagi*-Antennen einen erheblichen experimentellen Aufwand. Über den theoretischen Maximalgewinn. von inhomogenen *Yagis* – bezogen auf ihre relative Länge – gibt Kurve *B* in **Bild 24.1.2** Auskunft.

Man erkennt, daß der Gewinn nicht linear mit der Antennenlänge ansteigt: Er erhöht sich jeweils bei Längenverdopplung nur um etwa 2,2 dB. Dabei darf nicht übersehen werden, daß die Frequenzbandbreite mit wachsender Länge abnimmt und bei 10λ Antennenlänge in der Größenordnung von 1% (für homogene *Yagis)* bis maximal 3% (für inhomogene *Yagis*) liegt [1.3], wobei gleichzeitig die erforderliche Präzision der Abmessungen zunimmt. Die aus **Bild 24.1.2** zu entnehmenden Maximalgewinne können in der Praxis bis auf wenige Zehntel Dezibel erreicht, aber nicht überschritten werden. Alles, was darüber hinaus gemessen oder versprochen wird, ist unreal [1.4].

Aufbauend auf die Erkenntnisse aus [1.4], wurden in der Folgezeit ausführlichere Arbeiten zum Optimieren von *Yagi*-Antennen veröffentlicht z.B. [1.3], [1.5] bis [1.7]. Dieser Bericht [1.6] wurde bereits in den 60er Jahren erarbeitet, aber erst 1976 veröffentlicht. In verkürzter Form, aber mit praktischen Berechnungsbeispielen angereichert, findet sich das Wesentliche aus diesem NBS-Bericht auch in [1.7]. Wer sich ernsthaft mit langen *Yagi*-Antennen beschäftigen möchte, sollte die angegebenen Arbeiten lesen.

Kriterien für den Gewinn

In [1.4] werden einige Erkenntnisse der Antennentechnik zusammengefaßt, die Schlüsse auf den möglichen oder zu erwartenden Gewinn zulassen und die Einflußgrößen erkennbar machen.

Den Gewinn jeder Antenne kann man aus ihrer Richtcharakteristik (Horizontal- und Vertikal-Strahlungsdiagramm) ableiten. Die Gewinneinschätzung nach Halbwertsbreiten (aus den Öffnungswinkeln bei 0,707 U_{max}) ergibt gute Anhaltspunkte (siehe Abschnitt 4.7). Die sogenannte modifizierte *Kraus*-Formel (Gl. 4.7.7) bezieht sich auf idealisierte Diagramme (keine Nebenzipfel, keine Rückwärtsstrahlung, langgestreckte birnenförmige Richtdiagramme ohne Wurzelverbreiterung). Der damit errechnete Gewinn ist ein Höchstwert, der in der Praxis nicht erreicht wird, dem man aber bei Halbwertsbreiten zwischen etwa 20 und 40° nahekommt. Nebenzipfel üben im Vertikaldiagramm einen größeren Einfluß auf den Gewinn aus, als bei gleicher Größe im Horizontaldiagramm. Auch die Lage der Zipfel im Diagramm spielt eine Rolle. Je näher sie zur Hauptstrahlrichtung liegen, um so größer ist der Einfluß auf den Gewinn.

Fazit:
Man kann die Qualitäten einer Antenne an ihrem Strahlungsdiagramm erkennen; leider liegen diese meistens nur unvollständig (ohne H-Diagramm) und oft in „frisierter“ Form vor.

Der Gewinn einer *Yagi*-Antenne von gegebener Länge ist allein durch eine optimierte Grundstruktur gegeben. Für jede relative Antennenlänge gibt es eine optimale Phasengeschwindigkeit (siehe **Bild 24.1.1**). Man kann eine solche optimierte Struktur nicht ohne Kompromisse auch für andere Längen übernehmen oder diese einfach verlängern oder verkürzen. Der Gewinn einer optimierten *Yagi*-Antenne ist nur abhängig von ihrer relativen Länge; es gilt **Bild 24.1.2**.

Bei einer *Yagi*-Antenne mit Längen um und über 1λ hat die Form des gespeisten Elements keinen Einfluß mehr auf den Gewinn, wohl aber auf den Frequenzbereich der Antenne und deren Anpassung. In eine gegebene optimierte Struktur kann ein Erregersystem auch nachträglich hineinkonstruiert werden. Bei kurzen *Yagis* entsteht ein Mehrgewinn, wenn das gespeiste Element bereits einen Gewinn aufweist (z.B. Quadelement ≡ Quagi). Dieser Mehrgewinn schwindet mit wachsender Antennenlänge.

Mit dem Reflektor wird die Rückwärtsstrahlung unterdrückt. Die Wirkung des Reflektors verändert auch die Richtcharakteristik und damit den Gewinn. Wird die Rückdämpfung > 15 dB, ergeben sich nur noch unerhebliche Gewinnverbesserungen, so daß sich ein höherer Aufwand (z.B. Mehrfachreflektoren oder Reflektorwände) zu diesem Zweck nicht lohnt. Es gibt aber Gründe, die das rechtfertigen. Zum Beispiel bei EME-Antennen (für Erde-Mond-Erde-Verbindungen, siehe Abschnitt 2.10.6.), die gegen den Horizont aufgestellt sind, stört das von hinten aufgenommene Rauschen dann eben doch.

Ehrenspeck hat bei seinen Experimenten einen Reflektorabstand von 0,25λ als vorteilhaft befun-

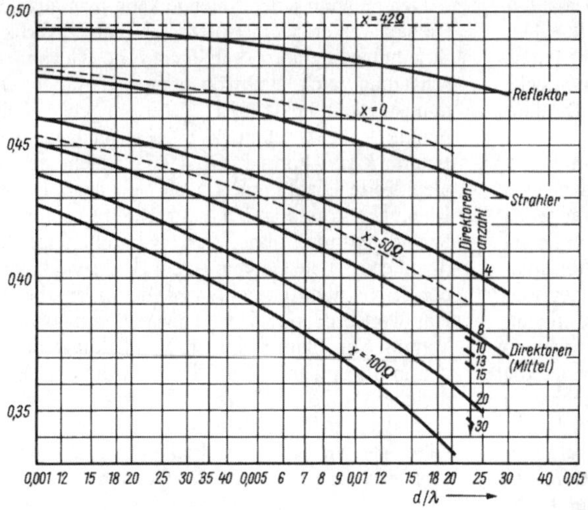

Bild 24.1.3
Optimale Länge *l* von *Yagi*-Elementen in Abhängigkeit von ihrem Durchmesser *d*, bezogen auf λ.
Gestrichelt: Kurven konstanter Reaktanz (nach *DL6WU*)

den. Sehr enge Elementabstände sollte man vermeiden, weil dann die Blindströme so groß werden können, daß die Verluste den theoretisch sicher möglichen Gewinn auffressen.

Für Direktoren gilt dann besonders: „Nur die Reaktanz des Elements bestimmt seine Funktion.“. Man darf deshalb Direktoren nicht einfach wie Dipole umrechnen, sondern muß auf gleiche Reaktanz transformieren (wobei die Güte eingeht). Maßgebende Größen sind dabei die Elementlänge *l* und der Elementdurchmesser *d* bezogen auf λ. Die Zusammenhänge zeigt **Bild 24.1.3** (nach *DL6WU)*. Als Parameter erscheint hier nur die Anzahl der Elemente, nicht aber die relative Antennenlänge und der Elementabstand. Da zwischen Phasenverzögerung und Elementabstand ein reziproker Zusammenhang besteht und bei Lang-*Yagis* die optimale Phasengeschwindigkeit praktisch konstant bleibt, fallen die Kurven für gleiche Elementzahlen zusammen. Für kurze *Yagi*-Antennen kann man diese Feststellung nur bedingt anwenden. Aus **Bild 24.1.3** ist zu ersehen, daß die Durchmesserabhängigkeit

Tabelle 24.1
Elementabstände in Lang-Yagi-Strukturen (nach DL6WU)

Element-position	Abstand in λ	Antennen-länge in λ	Abstand in mm 432 MHz	Abstand in mm 145 MHz
Reflektor	0,240		160	497
Dipol	-		-	-
1. Direktor	0,075		55	155
2. Direktor	0,180		125	372
3. Direktor	0,215		150	445
4. Direktor	0,250		175	517
5. Direktor	0,280		195	579
6. Direktor	0,300		210	621
7. Direktor	0,315		220	652
8. Direktor	0,330	2,19	230	683
9. Direktor	0,345	2,53	240	714
10. Direktor	0,360	2,89	250	745
11. Direktor	0,375	3,27	260	776
12. Direktor	0,385	3,65	265	797
13. Direktor	0,390	4,05	270	807
14. Direktor	0,395	4,44	275	817
15. Direktor	0,400	4,84	280	828
16. Direktor	0,400	5,24	280	828
17. Direktor	0,400	5,64	280	828
18. Direktor	0,400	6,04	280	828
19. Direktor	0,400	6,44	280	828
20. Direktor	0,400	6,84	280	828

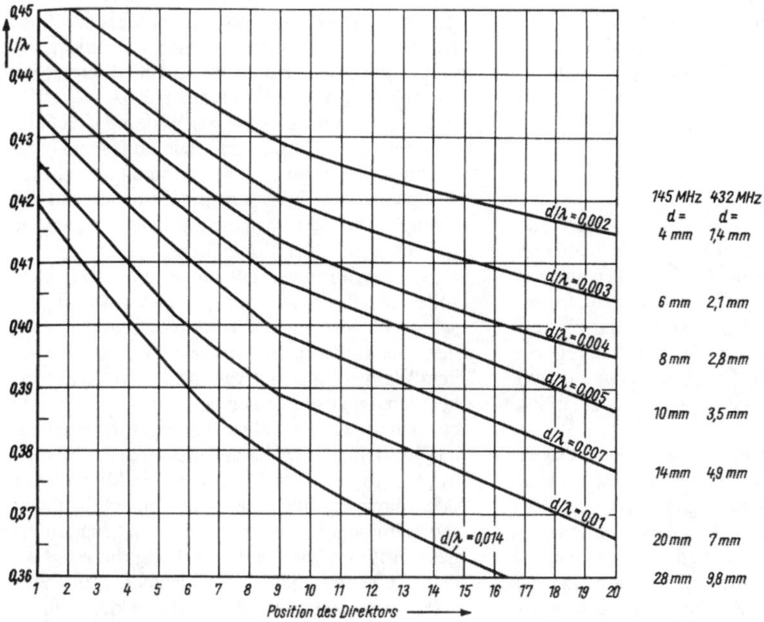

Bild 24.1.4
Direktorlänge *l*/λ
in Abhängigkeit
von der Position
des Direktors
in Lang-*Yagis*;
Parameter:
Elementdurchmesser *d*/λ

d/λ der Direktoren größer ist als die des gespeisten Elements und des Reflektors. Sie nimmt mit wachsender Anzahl der Direktoren zu. Eine Vereinfachung des Elementdurchmessers bedingt z.B. bei gespeistem Element und Reflektor eine Verkürzung des Elements um etwa 7%, während bei der gleichen Voraussetzung die Direktoren um rund 14% verkürzt werden müssen (grobe Näherungswerte für mittlere Schlankheitsgrade). Sehr ähnlich sind die Verläufe der gestrichelt eingezeichneten Ortskurven konstanter Reaktanz für ein einzelnes Dipolelement. In der Nähe von λ/2 hängt der Realteil der Impedanz nur wenig vom Verhältnis *d*/λ ab.

Auf der Suche nach einem allgemein gültigen Verfahren sammelte *DL6WU* Daten von doppelt optimierten Lang-*Yagis* aus verschiedensten Quellen einschließlich eigener Versuche [1.8]. Mit Hilfe des Reaktanz-Diagramms **Bild 24.1.3** wurden die Daten nach Frequenzen und Elementdicke normiert. Dabei ergab sich, daß die normierten Längenwerte aller Antennen einander so ähnlich waren, daß eine Mittelwertkurve weniger als 0,01λ von irgendeinem Einzelwert abwich. Als Ergebnis entstanden die Kurvenscharen in **Bild 24.1.4**. Auch aus den Elementabständen innerhalb der Direktorreihe ist eine Ähnlichkeit der gefundenen Optimalwerte festzustellen: Von einem Anfangswert streben die Abstände asymptotisch gegen etwa 0,4λ. Dabei ist ein kleiner Abstand des 1. Direktors vom gespeisten Element erforderlich (Größenordnung um 0,1λ), sofern dieses ein unverstimmtes Dipolelement ist. Als Ergebnis seiner Messungen an Lang-*Yagi*-Entwürfen erarbeitete *DL6WU* eine Aufstellung der Elementabstände innerhalb einer Lang-*Yagi*-Antenne (**Tabelle 24.1**).

Diese Tabelle in Verbindung mit den Diagrammen in **Bild 24.1.3** bzw. **Bild 24.1.4** ermöglicht es erstmalig, schnell und einfach eine Lang-*Yagi* mit fast optimalem Gewinn zu entwerfen. Man kann diese Struktur ab etwa 2λ Länge an beliebiger Stelle abschneiden, ohne daß die Welligkeit merkbar ansteigt. Wenn die gegebenen Abmessungen exakt eingehalten werden, übertreffen die nach diesem „Universalrezept" aufgebauten Antennen optimale homogene *Yagis* deutlich im Gewinn (siehe **Bild 24.1.2**, Kurve *B*), die Strahlungsdiagramme sind erheblich sauberer (zusätzlicher Gewinn aus unterdrücktem Nebenzipfel).

Man spricht von optimierten Lang-*Yagis*, wenn die Elementlängen für maximalen Gewinn bemessen wurden; als doppelt optimiert bezeichnet man *Yagis,* bei denen die Elementlängen *und* Elementabstände optimiert sind.

Für kurze *Yagi*-Antennen haben die vorangegangenen Ausführungen nur bedingt Gültigkeit. Zu ihrem Entwurf sind die Anweisungen aus [1.6] bzw. [1.7] besser geeignet.

Neuerdings gibt es Antennenprogramme, die *Yagi*-Antennen berechnen bzw. optimieren.

24.1.2 Hinweise zum Selbstbau

Es ist üblich, *Yagi*-Antennen ganz aus Metall aufzubauen. Das bedeutet, daß sämtliche Antennenelemente in ihrer geometrischen Mitte (Spannungsminimum) ohne Isolation direkt und leitend auf dem metallischen Antennenträger (Boom) befestigt werden. Diese Bauart bringt elektrisch keine Nachteile, hat aber mechanisch und hinsichtlich des Blitzschutzes einige Vorzüge. Auf andere Befestigungsmöglichkeiten der Elemente wird noch eingegangen.

Die Elemente

Die Elemente stellt man aus Metallrohren oder Vollmaterial her. Das übliche kreisrunde Profil muß man nicht unbedingt benutzen. Ebenso geeignet ist quadratisches oder rechteckiges Material. Besonders stabil bei geringem Gewicht sind das U-Profil und das Halbrundschalenprofil. Unabhängig von der Art des Profils gilt als Durchmesser d (z.B. zum Feststellen des Verhältnisses d/λ) immer die größte Querschnittsausdehnung.

Da sich die Hochfrequenz nur auf der Leiteroberfläche fortpflanzen kann (Skineffekt), ist es, elektrisch betrachtet, völlig gleichgültig, ob man Rohr oder Vollmaterial einsetzt. Das beste Material ist Reinaluminium, denn es ist leicht und hat eine sehr gute Leitfähigkeit. Außerdem überzieht es sich bei Witterungseinfluß mit einer dünnen, hochisolierenden Oxidschicht, die das Element vor weiterer Korrosion zuverlässig schützt und die Oberflächenleitfähigkeit nicht beeinträchtigt. Dieser „Oxidpanzer“ wird von der Industrie oft künstlich durch Eloxieren oder durch andere Verfahren hergestellt.

Legierungen aus Leichtmetall neigen teilweise zu Ausblühungen, sie sollten deshalb einen Oberflächenschutz erhalten. Kupferrohre müssen durch einen Lacküberzug oder durch Versilbern unbedingt vorm Verwittern geschützt werden, da sich andernfalls eine Oxidschicht mit Halbleitereigenschaften bildet, die die Oberflächenleitfähigkeit für Hochfrequenz herabsetzt. Bedingt geeignet sind Messing und Stahl, wenn man sie durch einen dauerhaften Lacküberzug schützt. Messing wird bei Frosteinwirkung sehr spröde, die Elemente brechen dann leicht ab, und Rohre reißen oft in Längsrichtung auf.

Die Verschlechterung der Antenneneigenschaften als Folge der geringeren Leitfähigkeit dieser und anderer Metalle ist wohl meßtechnisch nachweisbar, wirkt sich aber kaum aus, sofern die Elemente nicht zu dünn werden.

Als gespeistes Element wird meistens der Faltdipol verwendet; er gilt auch als „Normaldipol“ für VHF und UHF. Ein gestrecktes Element müßte entweder in der geometrischen Mitte aufgetrennt werden und bereitet dann mechanische Schwierigkeiten bei der Halterung, oder es wird in nicht unterbrochenem Zustand über ein T-Glied oder ein Gamma-Glied angepaßt (siehe Abschnitt 6.). Diese Glieder sind ohne entsprechende Meßmittel schwierig einstellbar und engen den Frequenzbereich ein.

Das Biegen eines Schleifendipols gelingt bei handelsüblichen Leichtmetallrohren auch ohne spezielle Biegevorrichtung, wenn man die Rundungen mit dem Daumen um ein zylindrisches Formteil von 40 oder 50 mm Durchmesser drückt. Eine vorherige Probebiegung mit einem Rohrrest wird empfohlen. Im Aussehen nicht ganz so gefällig, aber von gleicher elektrischer Wirkung sind Faltdipole mit rechteckiger Form. Die im Handel erhältlichen Antennenanschlußdosen sind gut brauchbar. Zur erhöhten Sicherheit gegen Korrosion und Wassereinbrüche kann man sie mit einem Isoliermaterial ausgießen (z.B. Epoxidharz).

Bei rohrförmigen Direktoren und Reflektoren sollen die Rohrenden mit passenden Stopfen verschlossen oder einfach zusammengequetscht werden. Dadurch werden Heulerscheinungen bei starkem Wind vermieden (Äolsharfe!). Treten trotzdem bei langen Rohrelementen akustische Brummerscheinungen als Folge von Eigenschwingungen auf, kann man diese durch Ausstopfen der Elemente mit einem weichen Material (z.B. Mineralwolle) oder durch Einfüllen von etwas feinem Sand wirksam dämpfen. Die Elemente müssen genau in ihrer geometrischen Mitte auf dem Träger befestigt werden! Außerdem müssen die Elemente exakt zueinander parallel stehen, d.h. rechtwinklig zum Antennenträger. Bei Ganzmetallausführung ist ein guter und dauerhaft leitender Kontakt zwischen den Elementen und dem Boom erforderlich. Werden die Elemente fest mit dem Antennenträger verbunden (Kleben, Schweißen, Löten), sollte man sie erst nachträglich auf die geforderte Länge kürzen.

Der Antennenträger (Boom)

Der Antennenträger soll biege- und verwindungssteif sowie möglichst leicht und korrosionsfest sein. Diese Forderung erfüllt Leichtmetallmaterial mit quadratischem Querschnitt, wie es die Antennenindustrie häufig verwendet, gut. Man kann dieses Material ohne Bohrlehre bohren, und die relativ breite und glatte Auflagefläche erleichtert eine stabile Befestigung der Elemente. Vierkantmaterial mit einer Kantenlänge von 22 mm ist für 2-m-*Yagis* geeignet, lange Strukturen müssen durch Unterzüge abgestützt werden. Für 70-cm-*Yagis* sind Träger mit 16 oder 18 mm Kantenlänge ausreichend, da UHF-Antennen aus elektrischen Gründen fast immer einen Unterzug haben. Aber auch hier ist 22-mm-Vierkantmaterial kein Luxus.

Elektrisch gesehen besteht zwischen einem kreisrunden Antennenträger und einem solchen mit Vierkantprofil kein Unterschied; lediglich die Elemente sind auf dem Rundrohr etwas schwieriger zu befestigen. Es ist auch jedes andere Profil denkbar (z.B. U-Profil oder Doppel-T-Profil), wenn es den mechanischen Forderungen entspricht. Besonders bei Stahlträgern (z.B. dünnwandiges Stahlpanzerrohr) ist ein allseitiger Anstrich unerläßlich (Rostschutzfarbe). Es wird empfohlen, alle metallischen Trägerrohre auch von innen zu lackieren; man kann

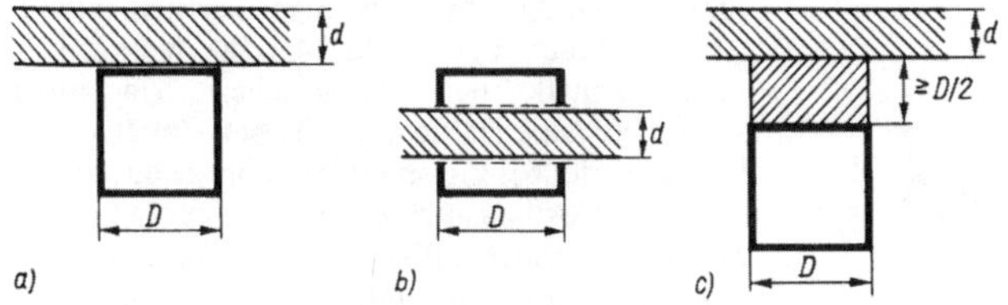

Bild 24.1.5
Befestigungsarten der Parasitärelemente am Metallboom;
a) - Element auf der Boomoberfläche
b) - Element durchdringt den Boom
c) - Elementmontage mit Zwischenlagen

hier wie bei der Hohlraumversiegelung von Kraftfahrzeugen verfahren.

Holzträger (z.B. Dachlatten) sind keinesfalls ungeeignet; sie werden gehobelt und gut imprägniert. Im salzreichen Meeresklima sollen Holzträger haltbarer sein als ungeschützte Leichtmetallrohre. Ebenso geeignet sind Hartgewebestreifen oder Kunststoffrohre. Mechanisch und elektrisch nahezu ideal (aber teuer) sind Rohre oder Vollmaterial aus glasfaserverstärktem Polyesterharz. Bei nichtmetallischen Trägern entfällt der schwer definierbare Einfluß des Durchmessers eines metallischen Elementeträgers auf die wirksame Länge von Parasitärelementen.

Einflußgrößen des Antennenträgers und des Tragemastes

Wie erwähnt, üben nichtmetallische Antennenträger und Tragemaste keinen verstimmenden Einfluß auf die Antennenstruktur aus. Bei Metallträgern können Mißerfolge auftreten, wenn man die hierbei entstehenden Einflußgrößen nicht beachtet. Dazu zählen die Art der Elementbefestigung, der Durchmesser des Antennenträgers und die Befestigung des Antennenträgers am metallischen Tragemast.

Zunächst muß man entscheiden, ob die Parasitärelemente elektrisch leitend an ihrem Träger befestigt werden sollen oder von diesem zu isolieren sind. Wird die leitende Verbindung gewählt, muß darauf geachtet werden, daß die Elemente nicht nur mechanisch stabil befestigt sind, sondern auch auf Dauer einen guten elektrischen Kontakt mit dem Antennenträger haben. Befestigungsarmaturen der Antennenindustrie sind vorteilhaft, man sollte aber kontrollieren, ob sie den Forderungen auch über längere Zeiträume entsprechen können. Ein Eigenbau geeigneter Befestigungsschellen ist leicht möglich, besonders wenn man einen Antennenträger mit quadratischem Querschnitt verwendet.

Für die Art der Halterung gibt es beim Selbstbau 2 Möglichkeiten: Entweder werden die Elemente *auf* dem Antennenträger befestigt (gegebenenfalls auch über isolierende Zwischenlagen), wie in **Bild 24.1.5a** skizziert ist, oder die Elemente durchdringen den Träger nach **Bild 24.1.5b**, wobei die Elemente leitend mit dem metallischen Antennenträger verbunden sind oder auch isoliert eingesetzt werden können (Umwickeln mit Band und Festlegen durch Kreuzwickel). In allen Fällen übt der metallische Antennenträger eine mehr oder weniger große Verstimmung auf die Elemente aus. Diese Verstimmung ist vernachlässigbar gering, wenn sich die Elemente mindestens um den Radius *r* des Antennenträgers *D* von diesem entfernt befinden (**Bild 24.1.5c**). Sie wächst beim Annähern an den Metallträger und wird am größten beim Durchdringen des Boom (**Bild 24.1.5b**). Dieser bewirkt eine elektrische Verkürzung der wirksamen Elementlänge und erfordert

Tabelle 24.2
Die Längskorrektur für Parasitärelemente, die einen metallischen Antennenträger durchdringen (nach DL6WU)

D/λ	Korrektur Δl in λ	Entspricht *D* in mm für 432 MHz	Korrektur *l* in mm 432 MHz	Entspricht *D* in mm für 145 MHz	Korrektur *l* in mm 145 MHz
0,010	+0,003	7	+ 2	20	+ 6
0,015	+0,005	10	+ 3,5	30	+ 10
0,020	+0,008	14	+ 6	40	+ 16
0,025	+0,010	17	+ 7	50	+ 20
0,030	+0,016	21	+ 11	60	+ 32
0,040	+0,026	28	+ 18	80	+ 52
0,050	+0,035	25	+ 25	100	+ 70

D - Boomdurchmesser
D/λ - Boomdurchmesser, bezogen auf Betriebswellenlänge λ
Δl - erforderliche Elementverlängerung, ausgedrückt in λ

Beispiel: Die Lage *l* eines Direktors wurde nach Bild 24.1.3 oder Bild 24.1.4 mit 0,42λ ermittelt.
Durchdringt der Direktor einen metallischen Träger mit D/λ = 0,02, so müssen zur Elementlänge 0,008λ addiert werden, somit beträgt die erforderliche Gesamtlänge 0,428λ.

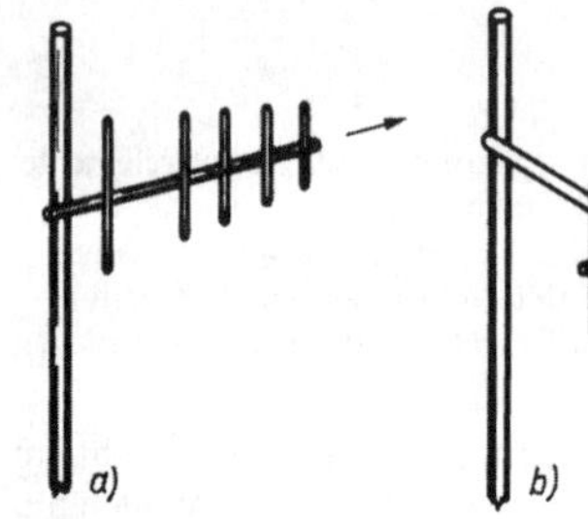

Bild 24.1.6
Montagemöglichkeiten vertikal polarisierter *Yagi*-Antennen am Metallmast;
a) - Vormastmontage
b) - Montage auf Ausleger

deshalb – abhängig vom Verhältnis D/λ – ein Verlängern der Elemente, damit sich deren vorgegebene Reaktanz wieder einstellt. Bei *isolierter* Durchdringung ist die Verkürzungswirkung erheblich geringer.

Nach einer Faustregel sind bei Elementen, die den metallischen Boom durchdringen, 2/3 des Trägerdurchmessers D zur Elementlänge l zu addieren. Diese Regel ist sehr ungenau und offenbar nur für relativ dicke Antennenträger einigermaßen zutreffend; sie mag bei kurzen *Yagis* noch brauchbar sein, versagt aber bei optimierten langen *Yagis*, bei denen es auf millimetergenaue Längenbemessung ankommt. Als ein Ergebnis eigener Messungen wurden von *DL6WU* in [1.2] und [1.3] genauere Angaben veröffentlicht; sie sind in **Tabelle 24.2** enthalten.

Die Tabelle ist für alle Querschnittprofile des Metallboom anwendbar, sofern diese völlig durchdrungen werden. Montiert man die Elemente *auf* dem Antennenträger (**Bild 24.1.5a**), betragen die Korrekturmaße bei quadratischem Trägerquerschnitt etwa die Hälfte der in **Tabelle 24.2** angegebenen Werte, bei kreisrundem Rohr noch weniger.

Viele Selbstbauanleitungen beziehen sich bei ihren Abmessungen auf eine Grundstruktur, die vom Antennenträger unbeeinflußt ist, d.h. auf einen nichtmetallischen Träger. Andere geben einen bestimmten Metallrohrdurchmesser an, für den die Messung zutrifft. Durch sinnvolles Anwenden der **Tabelle 24.2** ist es möglich, entsprechend umzurechnen.

Der Einfluß eines in die Antennenstruktur hineinragenden metallischen Tragemastes wirkt sich negativ auf die Antenneneigenschaften aus. Abhängig von der Befestigungsweise des Antennenträgers am Tragemast, der Antennenpolarisation und der Frequenz sind die Einflußgrößen unterschiedlich. Da der Antennenmast senkrecht zur Erdoberfläche steht, ist sein negativer Einfluß auf die Strahlungseigenschaften einer vertikal polarisierten *Yagi*-Antenne erheblich. Für den Funkamateur gibt es in der Praxis nur 2 einfachere Möglichkeiten der Antennenmontage, mit denen Feldverzerrungen vermieden werden. **Bild 24.1.6a** zeigt die Vormastmontage und **Bild 24.1.6b** die Montage der Antenne über einen horizontalen Ausleger. Dabei muß der Ausleger einen Mindestabstand von $\lambda/4$ zwischen Antenne und Tragemast gewährleisten. Beide Arten sind statisch ungünstig, ergeben eine Kopflastigkeit des Standrohres und behindern die Drehbarkeit der Antenne. Eine normale Montage im Antennenschwerpunkt an einem

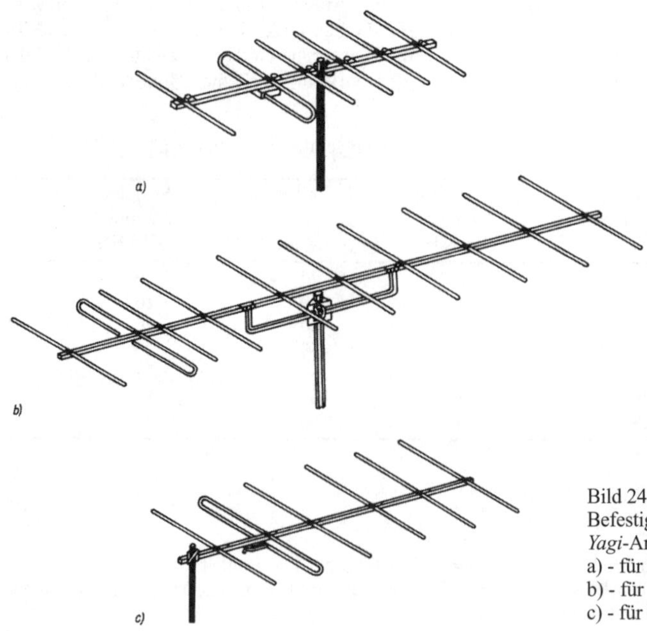

Bild 24.1.7
Befestigung horizontal polarisierter *Yagi*-Antennen am Standrohr;
a) - für 2 m zulässig, für 70 cm unbrauchbar
b) - für VHF und UHF günstige Lösung
c) - für VHF und UHF elektrisch beste Lösung

nichtmetallischen Tragemaststück (Länge $\lambda/2$) beseitigt diese Probleme; es ist dann aber erforderlich, die Speiseleitung *hinter* dem Reflektor nach unten zu führen. Bei dieser Variante gibt es jedoch Schwierigkeiten mit dem Blitzschutz. Für die Auslegermontage (**Bild 24.1.6b**) wird gefordert, daß man die Speiseleitung horizontal von der Antenne wegführt (festlegen auf dem Ausleger) und dann entlang dem Tragemast nach unten bringt.

Der Einfluß des metallischen Tragemastes auf horizontal polarisierte *Yagi*-Antennen für das 2 m-Band ist sehr gering, da die Ausdehnung der VHF-Antennen bezogen auf die üblichen Mastdurchmesser relativ groß wird und die horizontal polarisierte Antenne gegenüber dem vertikalen Metallmast ausreichend entkoppelt ist. Man kann deshalb ohne erkennbare Nachteile eine *Yagi*-Antenne für 2 m nach Bild **24.1.7a** am Standrohr befestigen, sofern dieses nicht übermäßig dick ist. Für lange *Yagis* empfiehlt sich – nicht nur aus Stabilitätsgründen – die Befestigung über einen sogenannten Unterzug (**Bild 24.1.7b**), dessen mechanische Form und Ausführung hier nur als ein Beispiel nach industriellem Vorbild gilt. Ebenso brauchbar sind Verstrebungen in Dreieckform. Die Vormastmontage einer horizontal polarisierten *Yagi*-Antenne zeigt **Bild 24.1.7c**. Es ist die elektrisch günstigste Montageart, jedoch mechanisch mit vielen Nachteilen behaftet, so daß sie von Funkamateuren, die eine drehbare Antenne benötigen, kaum angewendet wird.

Für horizontal polarisierte 70-cm-*Yagis* ist die Montageart nach **Bild 24.1.7a** unbrauchbar, weil im UHF-Bereich der in die Antennenstruktur hineinragende Metallmast in Verbindung mit dem seitlichen Versatz vom Antennenträger die Abstrahlung verschlechtert. Dieser seitliche Versatz ist immer vorhanden, wenn handelsübliche Befestigungsschellen verwendet werden. Bei sehr leichten und kurzen 70-cm-Antennen kann man den Antennenträger direkt auf der Mastspitze befestigen, wenn Antennenträger und Standrohr etwa gleichen Durchmesser haben und sichergestellt wird, daß Antennenträger und Standrohr vertikal fluchten.

Alle korrosionsgefährdeten Antennenteile sollten einen Schutzanstrich erhalten (Rostschutzfarbe, Alkydharzfarbe, Chlorkautschuklack usw.). Auch das Rohrinnere ist nach Möglichkeit mit einem Schutzlack zu versehen; man kann es auch mit einem Konservierungsmittel aussprühen. Schraubverbindungen werden mit einem wetterbeständigen Fett möglichst dick eingestrichen, damit sie lösbar bleiben. Viele Probleme der Befestigungs- und Korrosionsschutztechnik sind mit den Mitteln der modernen Chemie lösbar; hier sei vor allem an den Einsatz von Gießharzen, Zweikomponentenklebern, Silikonkautschuk und an die Vielzahl von Kunststoffen unterschiedlichster mechanischer Eigenschaften gedacht, die sich beim Antennenbau gut bewährt haben.

24.1.3 2-Element-Antenne

Die einfachste Form einer parasitären Antenne ist eine 2-Element-Antenne. Eine aus Halbwellendipolen aufgebaute 2-Element-Antenne ist die Basis für die Erweiterung zu *Yagi*-Antennen.

2-Element-Antennen bestehen im allgemeinen aus einem gespeisten Halbwellendipol mit einem parasitären (nicht gespeisten) Reflektor. Der mit einer solchen Anordnung erreichbare Gewinn liegt in der Größenordnung von 3,5 dBd (siehe **Bild 18.1.1**). Der optimale Abstand für maximalen Gewinn liegt bei $0{,}23\lambda$.

Das Schema einer 2-Element-Antenne für 2 m in Ganzmetallbauweise zeigt **Bild 24.1.8**. Das gespeiste Element stellt einen Faltdipol dar, der Reflektorabstand ist mit etwa $0{,}3\lambda$ so gewählt, daß der Eingangswiderstand annähernd 240 Ω beträgt. Die Antenne kann deshalb mit einer handelsüblichen 240-Ω-Bandleitung direkt gespeist werden. Alle Antennen mit einem Nennwiderstand von 240 Ω lassen sich über ein Koaxialkabel speisen, wenn eine Halbwellenumwegleitung (Balun) an den Antenneneingang angeschlossen wird (siehe Abschnitt 7.3.2.1). Obwohl es sich bei der Umwegleitung um ein frequenzabhängiges Glied handelt, braucht man für den Frequenzumfang des 2-m-Bandes keine Einengung zu befürchten.

Der Elementeträger besteht aus Metall, auf ihm können die beiden Elemente in ihrer geometrischen Mitte direkt befestigt werden (Ganzmetallbauweise).

Mechanische und elektrische Angaben
Elementdurchmesser 5 bis 10 mm
Antennenträger Metall,
10 bis 20 mm Durchmesser
Eingangswiderstand 240 Ω symmetrisch
Antennenlänge 641 mm ($\approx 0{,}3\lambda$)
Gewinn etwa 3,5 dBd
Rückdämpfung etwa 7 dB
Horizontale Halbwertsbreite $\alpha_E \approx 75°$
Vertikale Halbwertsbreite $\alpha_H \approx 140°$

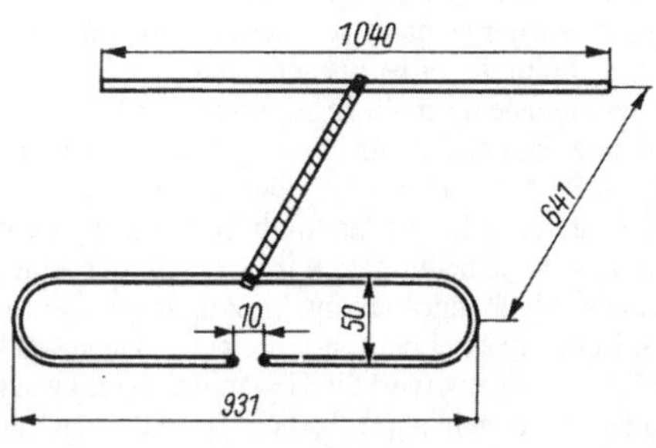

Bild 24.1.8
Schema einer 2-Element-Antenne für 2 m

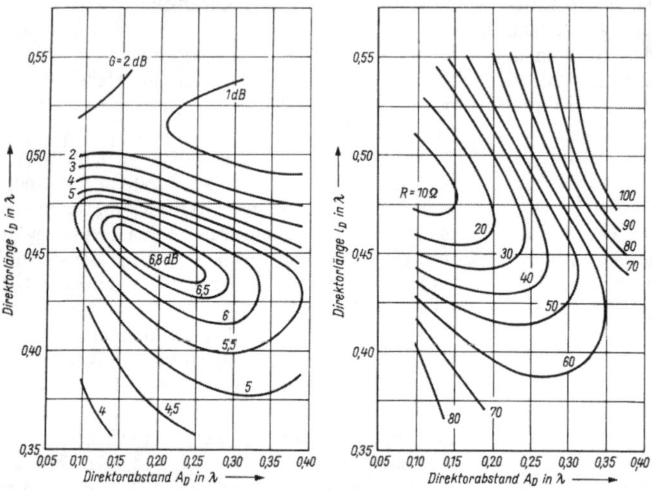

Bild 24.2.1
Abhängigkeit des Gewinns und des Eingangswiderstandes vom Abstand A_D und Länge l_D des Direktors. Reflektorabstand konstant 0,25λ, Schlankheitsgrad der Elemente $d/\lambda = 0{,}005$ (nach [2.1]);
a) - Gewinn in Abhängigkeit von Direktorlänge l_D und Direktorabstand A_D, bezogen auf l
b) - Eingangswiderstand in Abhängigkeit von Direktorlänge l_D und Direktorabstand A_D, bezogen auf l

24.2 Kurz-/Lang-*Yagi*-Antennen

Als die Funkamateure mit dem 2-m-Band und später mit dem 70-cm-Band Neuland betraten, waren sie darauf angewiesen, die dazugehörigen Antennen selbst zu entwickeln. „Universalrezepte" gab es noch nicht, und brauchbare Meßeinrichtungen standen nur in den seltensten Fällen zur Verfügung. Der Glaube an „Wunderantennen" war deshalb stark verbreitet. Aber schon damals erkannte man die *Yagi*-Antenne als den wirtschaftlichsten Typ, dessen Bemessungsprobleme man durch sehr zeitraubendes Experimentieren zu lösen versuchte. Heute verfügt der Funkamateur über Bemessungsunterlagen, welche ohne großen Arbeitsaufwand die gezielte Eigenentwicklung umfangreicher optimaler *Yagi*-Strukturen ermöglichen (siehe Abschnitt 24.1). Mit etwas Denkarbeit und einem Taschenrechner kommt man schnell zum Ziel.

Die meisten Funkamateure bevorzugen fertige Bauanleitungen, die bei exaktem Nachbau die angegebenen Antennendaten gewährleisten. Aber auch sie sollen sich mit den physikalischen Gesetzmäßigkeiten der *Yagis* befassen; sie werden spätestens dann dazu gezwungen, wenn die geforderten Rohrdimensionen nicht vorhanden sind und auf andere Rohrdurchmesser umgerechnet werden muß.

Der kleinste normale *Yagi*-Typ ist die 3-Element-Antenne, bestehend aus dem gespeisten Element und 2 Parasitärelementen. Durch Vermehren der Parasitärelemente und dadurch bedingtem Verlängern des Antennenträgers wird der von der Antennenlänge abhängige Gewinn bis zur Grenze der mechanischen Darstellbarkeit gesteigert. Wie aus **Bild 24.1.2** hervorgeht, wird die Gewinnkurve mit wachsender Antennenlänge flacher, so daß man aus Gründen der Wirtschaftlichkeit und der mechanischen Komplikationen eine Boomlänge von 5 m (≈ 2,5λ) nur selten überschreitet. *Yagis* mit Antennenlängen < 1λ werden auch als Normal-*Yagi* oder Kurz-*Yagi* bezeichnet. Sie unterliegen etwas anderen Bemessungsgrundsätzen als die Lang-*Yagis* (Antennenlänge > 1λ). Der längenabhängige Unterschied zwischen Kurz-*Yagi* und Lang-*Yagi* ist willkürlich gewählt, eine starre Grenze gibt es nicht. Die kennzeichnenden Merkmale einer Lang-*Yagi* sind der relativ große Abstand der Elemente innerhalb der Direktorenreihe (bis 0,4λ) und der zur engeren Kopplung in unmittelbarer Nähe des gespeisten Elementes angeordnete 1. Direktor (0,1 bis 0,15λ).

24.2.1 Kurz-*Yagi*-Antennen für 2 m

Bereits bei einer 3-Element-*Yagi*-Antenne kann der Maximalgewinn mit einer unübersehbaren Fülle von Bemessungskombinationen erreicht werden. Diese Vielfalt wird eingegrenzt, wenn ein bestimmter Eingangswiderstand gefordert ist. Aufschlußreiche Untersuchungen zu solchen Variationsmöglichkeiten beim Bemessen wurden von *OK1VR* durchgeführt und in [2.1] beschrieben. Die von ihm erarbeiteten Diagramme in **Bild 24.2.1** lassen die Zusammenhänge sehr anschaulich erkennen. Untersuchungsobjekt war eine 3-Element-*Yagi* mit konstantem Reflektorabstand von 0,25λ bei wechselnden Direktorlängen und -abständen (Elementdurchmesser $d/\lambda = 0{,}005$, entspricht $d = 10$ mm für 145 MHz). Der theoretische Maximalgewinn von 6,8 dBd ist in der Darstellung nach **Bild 24.2.1a** kein Punkt, sondern er erfaßt den Bereich eines möglichen Direktorabstandes zwischen 0,15 und 0,25λ unter der Voraussetzung, daß die Direktorlänge jeweils wieder optimal eingestellt wird. Das Gewinnmaximum ist somit nicht scharf ausgeprägt und kann durch eine ganze Reihe von Konstruktionen erzielt werden. Den Verlauf des Eingangswi-

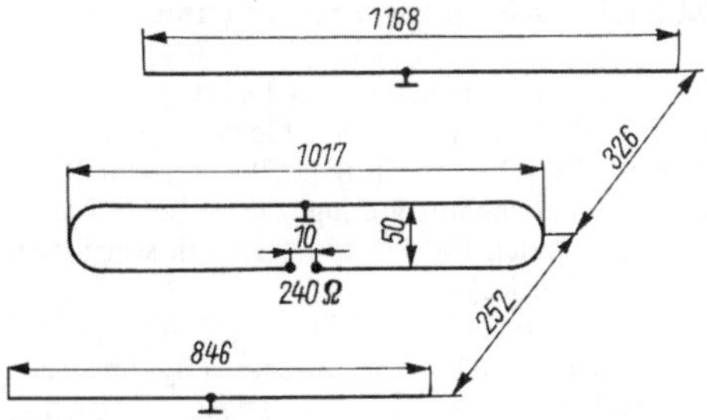

Bild 24.2.2
3-Element-*Yagi*-Antenne für 2 m mit großer Bandbreite

derstandes der gleichen Anordnung zeigt **Bild 24.2.1b** (gespeistes Element ist ein gestreckter Dipol).

Daraus wird klar, daß mit dieser Grundkonzeption beim Einstellen für Maximalgewinn der Speisepunktwiderstand relativ niedrige Werte annimmt. Auch bei kurzen *Yagis* muß man also den Faltdipol als gespeistes Element einsetzen, weil dann günstigere Anpassungsverhältnisse erreicht werden.

Nachfolgend werden Bemessungsangaben und die ungefähren Kenndaten für eine Reihe von praktisch erprobten *Yagi*-Antennen aufgeführt. Sie sind sämtlich für eine Resonanzfrequenz von 145 MHz (Mitte des 2-m-Amateurbandes) bemessen. Die Punkte des Spannungsminimums, an denen man die Elemente erden darf, sind in den Aufbauschemen gekennzeichnet. Wenn nicht anders vorgeschrieben, werden die Elemente ohne isolierende Zwischenlage direkt auf dem metallischen Antennenträger befestigt, dessen Durchmesser zwischen 15 und 30 mm betragen darf.

24.2.1.1 3-Element-*Yagi*-Antennen

Die in **Bild 24.2.2** schematisch dargestellte 3-Element-*Yagi*-Antenne zeichnet sich durch einen großen Frequenzbereich aus.

Sie hat einen Eingangswiderstand von annähernd 240 Ω und kann deshalb über eine handelsübliche UKW-Bandleitung direkt gespeist werden. Koaxialkabel läßt sich über eine Halbwellenumwegleitung oder einen industriell hergestellten Symmetrierübertrager anschließen.

Mechanische und elektrische Angaben
Elementdurchmesser 5 bis 10 mm
Eingangswiderstand 240 Ω
Antennenlänge 580 mm ≡ $\lambda/4$
Gewinn etwa 5 dBd
Rückdämpfung etwa 14 dB
Horizontale Halbwertsbreite $\alpha_E \approx 70°$
Vertikale Halbwertsbreite $\alpha_H \approx 110°$
(bezogen auf horizontale Polarisation)

Eine 3-Element-*Yagi*-Antenne in Schmalbandausführung, die für optimalen Gewinn bemessen ist, zeigt **Bild 24.2.3**. Der Eingangswiderstand beträgt bei Verwendung eines einfachen Faltdipols etwa 70 Ω symmetrisch. Ein Koaxialkabel kann über ein Symmetrierglied angeschlossen werden (siehe Abschnitt 7). Der Eingangswiderstand des Systems läßt sich auf 240 Ω symmetrisch erhöhen, wenn der Faltdipol nach **Bild 24.2.3b** mit verschiedenen Elementdurchmessern ausgeführt wird.

Mechanische und elektrische Angaben
Elementdurchmesser 5 bis 8 mm
Eingangswiderstand 70 Ω bzw. 240 Ω
Antennenlänge 830 mm ≡ $0{,}4\lambda$
Gewinn etwa 6 dBd
Rückdämpfung etwa 15 dB
Horizontale Halbwertsbreite $\alpha_E \approx 65°$
Vertikale Halbwertsbreite $\alpha_H \approx 95°$
(bezogen auf horizontale Polarisation)

24.2.1.2 6-Element-*Yagi*-Antenne

Die 6-Element-*Yagi* nach **Bild 24.2.4** stellt eine Schmalbandausführung mit hohem Antennengewinn dar. Schmalbandausführung bedeutet in diesem Fall, daß der Frequenzbereich der Antenne das gesamte 2-m-Band erfaßt, aber nicht wesentlich darüber hinausgeht, wie das z.B. bei der 3-Element-Antenne nach **Bild 24.2.2** der Fall ist. Der Eingangswiderstand der 6-Element-*Yagi* beträgt

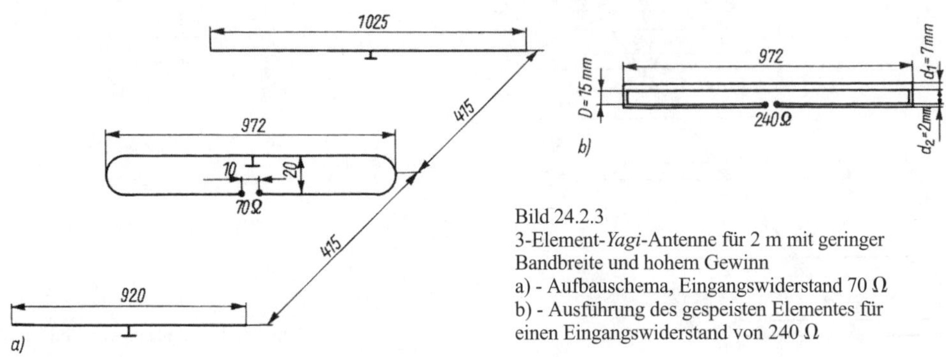

Bild 24.2.3
3-Element-*Yagi*-Antenne für 2 m mit geringer Bandbreite und hohem Gewinn
a) - Aufbauschema, Eingangswiderstand 70 Ω
b) - Ausführung des gespeisten Elementes für einen Eingangswiderstand von 240 Ω

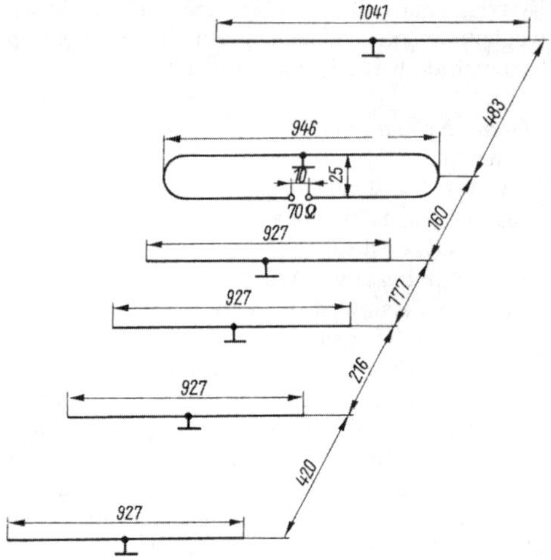

Bild 24.2.4
6-Element-*Yagi*-Antenne für 2 m

70 Ω. Er kann auf 240 Ω erhöht werden, wenn der gespeiste Faltdipol nach **Bild 24.2.3b** ausgeführt wird, wobei zu berücksichtigen ist, daß die Elementlänge nur 946 mm beträgt.

Mechanische und elektrische Angaben
Elementdurchmesser 6 bis 8 mm
Eingangswiderstand 70 Ω bzw. 240 Ω
Antennenlänge etwa 1500 mm ≡ 0,73λ
Gewinn etwa 8,5 dBd
Rückdämpfung etwa 17 dB
Horizontale Halbwertsbreite $\alpha_E \approx 55°$
Vertikale Halbwertsbreite $\alpha_H \approx 70°$
(bezogen auf horizontale Polarisation)

24.2.1.3 9-Element-*Yagi*-Antenne

Mit einer Antennenlänge von 1λ bringt die 9-Element-*Yagi*-Antenne einen Gewinn von etwa 10 dBd (**Bild 24.2.5**). Es handelt sich ebenfalls um eine Schmalbandausführung, die so bemessen ist, daß der Bereich 144 bis 146 MHz mit konstantem Gewinn überdeckt wird.

Der Eingangswiderstand beträgt 240 Ω. Ein Koaxialkabel schließt man zweckmäßig über eine Halbwellen-Umwegleitung (siehe Abschnitt 7.3.2.1) an. Wird der gespeiste Faltdipol durch einen gleich langen gestreckten Dipol ersetzt, beträgt der Eingangswiderstand 60 Ω symmetrisch.

Mechanische und elektrische Angaben
Elementdurchmesser 8 bis 18 mm
Eingangswiderstand 240 Ω bzw. 60 Ω
Antennenlänge 2012 mm ≡ 1λ
Gewinn etwa 10 dBd
Rückdämpfung etwa 15 dB
Horizontale Halbwertsbreite $\alpha_E \approx 48°$
Vertikale Halbwertsbreite $\alpha_H \approx 58°$
(bezogen auf horizontale Polarisation)

24.2.2 Kurz-*Yagi*-Antennen für 70 cm

Im UHF-Bereich steigen die frequenzabhängigen Verluste stark an. Der Einsatz von Isolatoren – auch hochwertigen – sollte nach Möglichkeit umgangen werden; Luft ist immer noch der verlustärmste Isolator für diese Zwecke. Die Speiseleitung bemesse man so kurz wie möglich! UKW-Bandleitung kann bestenfalls beim vorübergehenden Portable-Betrieb als kurze „Schönwetterleitung" befürwortet

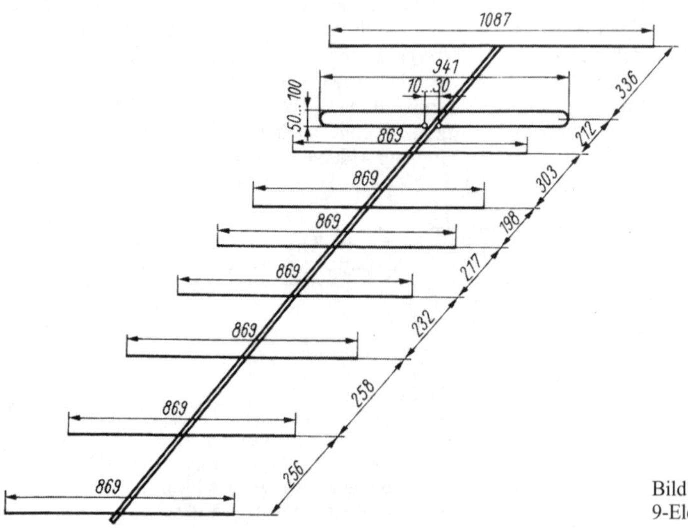

Bild 24.2.5
9-Element-*Yagi*-Antenne für 2 m

werden. Für stationäre Anlagen kommt nur bestes Koaxialkabel in Frage (möglichst mit luftraumreichem Dielektrikum).

Beim mechanischen Aufbau von UHF-Antennen ist besonders darauf zu achten, daß keine Feldverzerrungen auftreten. Sie können durch unzweckmäßig montierte Metallteile entstehen. Insbesondere trifft das für den Antennenmast zu. Er darf nicht zwischen Elementen hindurchragen und auch nicht seitlich versetzt zum Elementeträger stehen. Die zu beachtenden Besonderheiten sind in Abschnitt 24.2.2 ausführlicher beschrieben. 70-cm-*Yagis* werden meistens in Ganzmetallbauweise hergestellt. Das ist bei den nachstehend angeführten Bemessungsangaben berücksichtigt. Wenn nicht anders angegeben, kann der Durchmesser des Antennenträgers zwischen 15 und 25 mm betragen.

24.2.2.1 4-Element-*Yagi*-Antenne

Innerhalb eines Frequenzbereiches von etwa 400 bis 470 MHz ist die 4-Element-*Yagi* nach **Bild 24.2.6** brauchbar. Sie sollte über eine Halbwellenumwegleitung (siehe Abschnitt 7.3.2.1) mit Koaxialkabel gespeist werden. Verwendet man zum Herstellen dieser Umwegleitung das übliche Koaxialkabel mit dem Verkürzungsfaktor 0,66, dann beträgt die geometrische Länge der Leitung 228 mm. Benutzt man dagegen besonders verlustarmes Koaxialkabel mit luftraumreichem geschäumtem Dielektrikum (jedoch feuchtigkeitsempfindlich), liegt der Verkürzungsfaktor bei etwa 0,77, und die geometrische Länge der Umwegleitung muß mit 266 mm bemessen werden. Eine Einengung der Frequenzbandbreite durch die Umwegleitung ist in diesem Frequenzbereich nicht zu befürchten.

Mechanische und elektrische Angaben

Elementdurchmesser 4 bis 8 mm
Antennenträger: Metall,
15 bis 25 mm Durchmesser
Antennenlänge 355 mm $\equiv 0{,}48\lambda$
Eingangswiderstand etwa 240 Ω symmetrisch
Gewinn etwa 6,5 dBd
Rückdämpfung etwa 14 dB
Horizontale Halbwertsbreite $\alpha_E \approx 60°$
Vertikale Halbwertsbreite $\alpha_H \approx 100°$

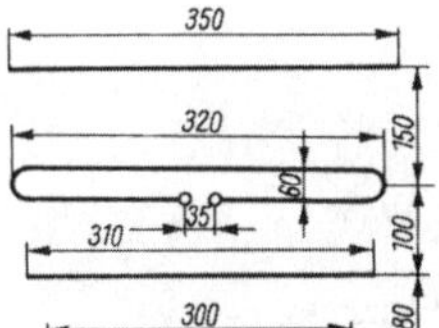

Bild 24.2.6
4-Element-*Yagi* für 70 cm mit großer Bandbreite

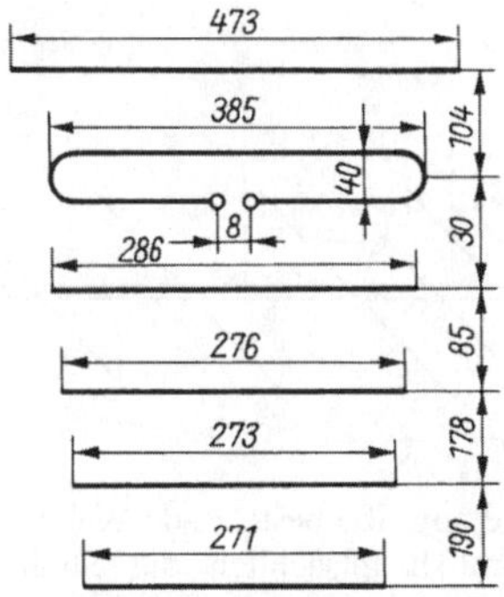

Bild 24.2.7
6-Element-*Yagi* für 70 cm

24.2.2.2 6-Element-*Yagi*-Antenne

Diese 6-Element-Antenne kann als der Übergang zur Lang-*Yagi*-Bauweise betrachtet werden. Aufwand und Leistung stehen in einem sehr günstigen Verhältnis. Für stationären Betrieb sollte sie über Koaxialkabel gespeist werden. Zu diesem Zweck muß eine Halbwellenumwegleitung an den Eingang angeschlossen. Das Bemessungsschema zeigt Bild **24.2.7.**

Mechanische und elektrische Angaben

Elementdurchmesser 6 bis 10 mm
Antennenträger: Metall,
15 bis 25 mm Durchmesser
Antennenlänge 590 mm $\equiv 0{,}85\lambda$
Eingangswiderstand etwa 240 Ω symmetrisch
Gewinn etwa 9 dBd
Rückdämpfung etwa 15 dB
Horizontale Halbwertsbreite $\alpha_E \approx 50°$
Vertikale Halbwertsbreite $\alpha_H \approx 63°$

24.2.3 Lang-*Yagi*-Antennen für 2 m

Lange *Yagi*-Antennen teilt man ihrer Struktur nach zweckmäßig in 3 Wirkungszonen (**Bild 24.2.8**) auf und unterscheidet zwischen dem *Erregerzentrum,* der *Übergangszone* und dem *Wellenleitersystem.*

Im Erreger- oder Strahlungszentrum befindet sich immer der gespeiste Dipol; ihm werden außerdem noch vorhandene Reflektoren zugeordnet und gegebenenfalls Elemente, die die Bandbreite des Strahlungszentrums vergrößern sollen (sogenannte Kompensationselemente). Von der Ausbildung des Erregerzentrums werden Frequenzbereich und Eingangswiderstand einer *Lang-Yagi* im wesentlichen bestimmt. Die an das Strahlungszentrum anschließende Übergangszone besteht aus einem oder mehreren Direktoren. Sie haben die Aufgabe, die Strahlung des Erregerzentrums optimal an das folgende Wellenleitersystem anzukoppeln. Die Abstands- und Längeneinstellung des 1. Direktors in der Übergangszone ist kritisch.

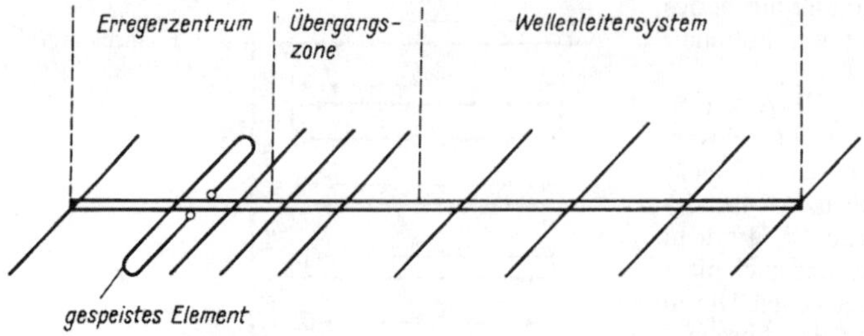

Bild 24.2.8
Wirkungszonen
in einem
Lang-*Yagi*-System

Das aus einer Direktorreihe bestehende Wellenleitersystem bestimmt hauptsächlich die Strahlungseigenschaften von langen *Yagi*-Antennen. Durch das Hinzufügen auch von umfangreichen Wellenleitersystemen werden der Eingangswiderstand und der Frequenzbereich des Erregerzentrums nur wenig verändert. Die Belegung der festgelegten Antennenlängsstruktur mit relativ wenigen Direktoren im Wellenleitersystem ermöglicht leichte und materialsparende Konstruktion; trotzdem kann man mindestens den gleichen Gewinn erzielen wie bei normaler Belegungsdichte mit Elementen. Die Direktorabstände im Wellenleitersystem können bis etwa 0,4λ betragen. Vergrößert man die Abstände weiter, tritt ein rapider Gewinnabfall ein. Besonders kritisch ist das Einstellen der optimalen Kopplung in der Übergangszone. Beim Nachbau müssen deshalb alle angegebenen Abmessungen und Abstände genau eingehalten werden.

24.2.3.1 6-Element-Lang-*Yagi*-Antenne (*DL2RSX*)

Diese Konstruktion ist eine Weiterentwicklung der von O. Oberrender *DL2RSX* in [2.2] beschriebenen 5-Element-Lang-*Yagi* mit optimalem Gewinn. Durch Hinzufügen eines Reflektors konnte der Gewinn um mehr als 1 dB gesteigert und die Rückdämpfung verbessert werden. Ferner wurden das gespeiste Element und die Anpassung verändert. In **Bild 24.2.9** sind die von *Y23RD*, ex *DM2BUO*, ex *DM2CRD*, ermittelten Abmessungen angegeben. Diese verbesserte Antenne wurde im Rahmen einer Artikelserie in [2.3] sehr ausführlich beschrieben.

Beim Bemessen und Konstruieren wurde auf eine für diese Antennenlänge gewinnoptimierte Konfiguration Wert gelegt. Dies ist hervorragend gelungen, denn mit einem Gewinn > 11 dBd bei einer Antennenlänge von 1,28λ erreicht diese Antenne fast den theoretisch möglichen Maximalgewinn [2.4].

Mechanische und elektrische Angaben
Elementdurchmesser 8 mm
(6, 10 oder 12 mm möglich)
Trägerrohr Leichtmetall,
quadratisches Profil 22 mm x 22 mm x 1,2 mm
Antennenlänge 2625 mm ≡ 1,28λ
Eingangswiderstand 75 Ω
Gewinn 11 dBd
Rückdämpfung 15 dB
Horizontale Halbwertsbreite $\alpha_E \approx 39°$
Vertikale Halbwertsbreite $\alpha_H \approx 45°$

Den Musteraufbau dieser Antenne zeigt **Bild 24.2.10** Das wesentliche Merkmal ist die leichte, unkomplizierte Nachbaumöglichkeit mit standardisierten und handelsüblichen Halbzeugen. Die mehrfach kontrollierten Strahlungsdiagramme (E- und H-Ebene) liegen vor, ein Gruppenaufbau zum Erhöhen des Gewinns kann leicht erreicht werden. Der Eingangswiderstand von 75 Ω erlaubt eine beliebige Zusammenschaltung mit handelsüblichen Mitteln und den Möglichkeiten des Amateurs.

Die Klammerwerte in **Bild 24.2.9a** beziehen sich auf den gewünschten Arbeitsbereich der Antenne, in dem das Gewinnoptimum auftreten soll. Die Grundstruktur ist so bemessen, daß größter Gewinn und zwangsläufig beste Anpassung bei 144,5 MHz auftreten (CW- und SSB-Teil). Bei dieser Dimensionierung blättert am hochfrequenten Bandende bereits das H-Diagramm auf, und die Welligkeit steigt an. Man kann nun die Antennenresonanz um etwa

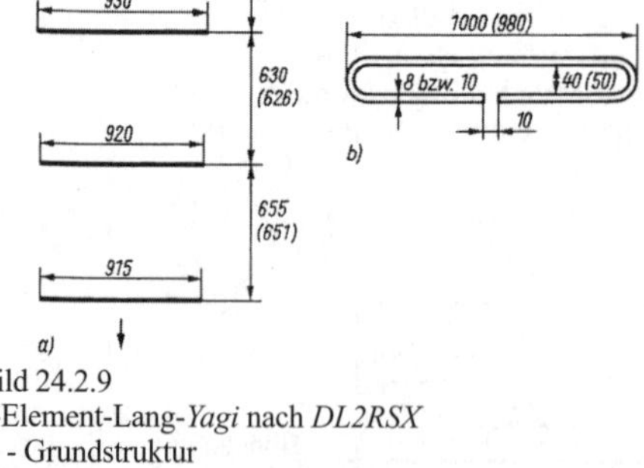

Bild 24.2.9
6-Element-Lang-*Yagi* nach *DL2RSX*
a) - Grundstruktur
b) - Teilzeichnung gespeistes Element
(Klammerwerte siehe Text)

Bild 24.2.10
6-Element-Lang-*Yagi* nach *DL2RSX* (Musteraufbau)

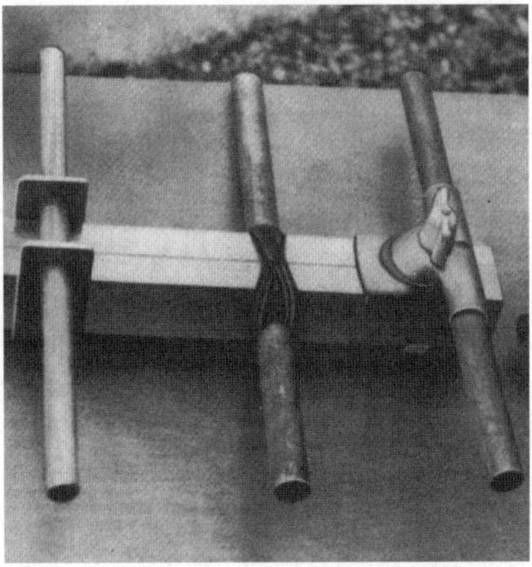

Bild 24.2.11
Befestigungsmöglichkeiten für Parasitärelemente
links: Klemmbügel nach *DL7UDP*
Mitte: isolierte Durchdringung und Festlegung mit Kreuzwickel
rechts: Krallenbefestigung

500 kHz erhöhen, wenn alle Parasitärelemente um 3 mm gekürzt werden, wobei dann für die Elementabstände die Klammerwerte anzuwenden sind.

Die Klammerwerte des Faltdipols in **Bild 24.2.9b** haben nichts mit der Resonanz zu tun, sie beziehen sich auf die Schleifenlänge in Abhängigkeit vom Schleifenleiterabstand (lichtes Innenmaß): Für 40 mm Abstand beträgt die Schleifenlänge 1000 mm, sie vermindert sich bei 50 mm Abstand auf 980 mm.

Die Elementlängen der Grundstruktur sind für einen Arbeitsbereich von 143,5 bis 145,5 MHz bemessen. Dabei wird vorausgesetzt, daß der Elementdurchmesser d = 8 mm beträgt, wobei der Antennenträger mit quadratischem Querschnitt von 22 mm x 22 mm von den Elementen durchdrungen wird (siehe **Bild 24.2.8b**). Werden die Elemente gemäß **Bild 24.2.8a** auf dem Träger befestigt, müssen sie um 3 mm verkürzt werden. Weitere Längenkorrekturen sind notwendig, wenn man andere Elementdurchmesser verwenden will. In **Tabelle 24.3** werden die auf die Grundstruktur in **Bild 24.2.9a** bezogenen Korrekturen aufgeführt. Der Faltdipol (**Bild 24.2.9a**) wird isoliert oder leitend auf das Trägerrohr aufgesetzt. Er ist wegen seiner Breitbandigkeit für alle konstruktiven Varianten ohne Längenveränderung verwendbar. Lediglich sein Leiterabstand (Innenmaß) hat Einfluß auf die Länge.

Von *DL2RSX* wurden verschiedene Möglichkeiten der Befestigung der Parasitärelemente auf dem Antennenträger erprobt. Als sehr brauchbar und leicht herstellbar hat sich die Klemmbügelbefestigung nach *DL7UDP*, ex *Y26RO*, erwiesen, die in **Bild 24.2.11** links dargestellt wird. Nicht zu erkennen ist ein Gewindeloch im Unterteil des Klemmbügels, welches eine Schraube aufnimmt. Beim Eindrehen dieser Schraube wird der Klemmbügel nach unten gezogen, wobei sich das Element unverrückbar fest an den Antennenträger anpreßt. In **Bild 24.2.11** rechts ist eine industriell hergestellte Krallenbefestigung zu sehen, wie sie bei Fernsehantennen verwendet wird. Sie ist für Amateurzwecke weniger zu empfehlen, weil sich die Elemente im Lauf der Zeit schief stellen können, außerdem muß man dann mit einer schlechten Kontaktgabe rechnen. Etwas mühevoll herzustellen, aber dafür elektrisch und mechanisch einwandfrei ist die in **Bild 24.2.11** (Mitte) dargestellte Durchdringung des Trägers, die von *DL2RSX* praktiziert wird. Die Aufnahmelöcher sind 1 mm größer als der Elementdurchmesser zu bohren. In der Mitte der Ele-

Tabelle 24.3
Längenkorrekturen der Elemente, bezogen auf die Grundstruktur nach Bild 24.2.9a, abhängig von Arbeitsbereich, Elementdurchmesser und Befestigungsart

Befestigungsart:	Element durchdringt den Träger (Bild 24.1.5b)				Element auf dem Träger (Bild 24.1.5a)			
Elementdurchmesser *d* in mm	6	8	10	12	6	8	10	12
Arbeitsbereiche								
143,5 ... 145,5 MHz	+ 5	0	- 7	- 14	+ 2	- 3	- 10	- 17
144,0 ... 146,0 MHz	+ 2	-3	- 10	- 17	-1	- 6	- 13	- 20

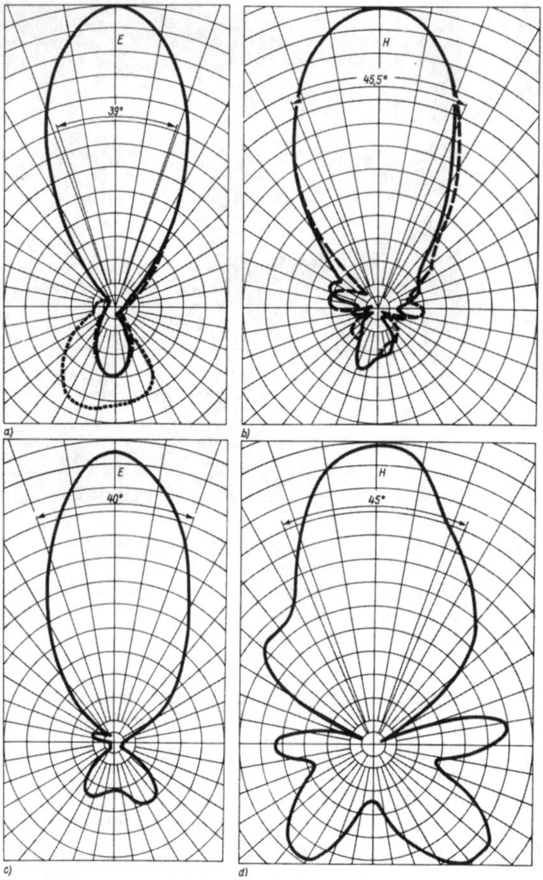

Bild 24.2.12
Strahlungsdiagramme der
6-Element-Lang-*Yagi* (143,5 bis 145,5 MHz)
a) - E-Diagramm Kurve ausgezogen ≙ 144,5 MHz
Kurve gestrichelt ≙ 143,5 MHz
Kurve punktiert ≙ 145,5 MHz ohne Reflektor
b) - H-Diagramm, Kurve ausgezogen ≙ 144,5 MHz
Kurve gestrichelt ≙ 143,5 MHz
c) - H-Diagramm 145,5 MHz

mente werden dünne Stoffbandagen angebracht (z.B. Lenkerband) und die Elemente mit sanftem Druck durch die Löcher gedreht. Eine stramme Schnürbandage (Kreuzwinkel) und anschließendes Verkleben der gesamten Verbindungsstelle mit Epoxidharz oder anderen Kunststoffklebern sorgen für gute Festigkeit. Damit das Stoffband nicht verrottet, sollte das Trägerrohr auch von innen imprägniert werden. Bei allen Befestigungsarten ist darauf zu achten, daß Elementmitte und Trägermitte gleich sind.

Im einfachsten Fall wird beim Installieren einer Einzelantenne das 75-Ω-Kabel mit dem Innen- und Außenleiter direkt an den Faltdipol angeschlossen. Nach 0,5 m kann man es mit einem Metallband oder Klebeband am Antennenträger befestigen, damit es sich im Wind nicht bewegt und lockert oder abbricht. Die Ableitung kann beliebig lang sein. Den Außenleiter verbindet man erst am Stationsempfänger mit dem gemeinsamen Massepunkt bzw. der Erde. Das gilt auch dann, wenn der Faltdipol mit dem Antennenträger leitend verbunden wird. Das nur bei Funkamateuren praktizierte Verfahren, eine symmetrische Antenne ohne Symmetriewandler direkt an ein unsymmetrisches Koaxialkabel anzuschließen, erregt immer wieder das Kopfschütteln der Fachleute. Im vorliegenden Fall wurde durch Messungen nachgewiesen, daß die Antenne wohl etwas unsymmetrisch reagierte und Mantelwellen nur im Abstand bis etwa $\lambda/2$ erkennbar auftraten. Auch im Strahlungsdiagramm war keine augenfällige Unsymmetrie zu bemerken. Die Anpassung kann für Amateurverhältnisse als genügend bezeichnet werden. Bei Gruppenaufbauten sollte man jedoch auf einen Symmetriewandler (Baluns) nicht verzichten. Innerhalb des Arbeitsbereiches ist die Welligkeit $s \leq 1{,}25$.

Bild 24.2.12 zeigt die Horizontal- und Vertikaldiagramme der Antenne im Arbeitsbereich 143,5 bis 145,5 MHz. Die nahezu idealen E-Diagramme sind im Bereich 143,5 bis 144,5 MHz fast deckungsgleich. Wird der Reflektor entfernt, erkennt man, daß durch die Wellenleiterstruktur bereits eine gute Verbündelung erzeugt wird (punktierte Kurve in **Bild 24.2.12a**). Auch bei der oberen Eckfrequenz 145,5 MHz ist am Horizontaldiagramm kaum etwas auszusetzen (**Bild 24.2.12c**). Im Vertikaldiagramm Bild 24.2.12b werden trotz der

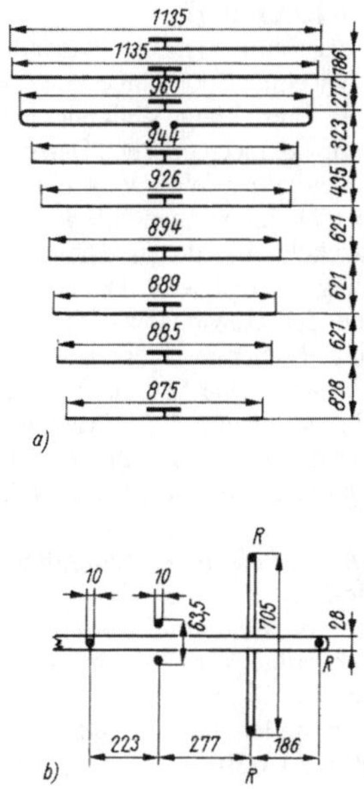

Bild 24.2.13
10-Element-Lang-*Yagi* nach *OK1DE*
a) - Aufbauschema
b) - Erregerzentrum mit Dreifachreflektor (Schnittansicht)

geringfügigen Frequenzänderung bereits kleine Unterschiede erkennbar. Das Vertikaldiagramm bei 145,5 MHz (**Bild 24.2.12d**) zeigt deutlich, daß die obere Frequenzgrenze erreicht ist. Die Hauptstrahlungskeule wird an der Wurzel breiter, und das Rückwärtsdiagramm erfährt eine Schwalbenschwanzentwicklung. Wenn die Antenne für einen Arbeitsbereich von 144 bis 145 MHz bemessen wird, bleiben die Diagramme die gleichen, die obere Grenzfrequenz ist nur um 500 kHz nach höheren Frequenzen hin verschoben, das heißt, daß z.B. die Diagramme für die Meßfrequenz 145 MHz nun für 146 MHz gültig sind.

Sollte sich beim „Einmessen" der Antenne ergeben, daß die Welligkeit über 1,3 ansteigt, das Rückwärtsdiagramm keine Keule ist, sondern sich verbreitert oder als „Schwalbenschwanz" aufspaltet (siehe **Bild 24.2.12d**) oder seitlich neben der Hauptkeule Nebenzipfel entstehen, die den Wert 0,1 übersteigen (20 dB, etwa 3 S-Stufen), dann ist die Antenne für den gewählten Frequenzbereich elektrisch zu lang. Dies kann, bedingt durch geringfügige mechanische Einflüsse beim Aufbau, durchaus vorkommen. Vorausgesetzt, alle anderen Abmessungen sind in Ordnung, kürzt man in solchen Fällen alle Elemente symmetrisch um insgesamt 3 bis 6 mm und kontrolliert noch einmal. Die Länge des Faltdipols wird nicht verändert!

Da diese Antenne hervorragende Eigenschaften hat, auf maximal möglichen Gewinn optimiert ist und sich auf Grund präziser Angaben auch durch große Nachbausicherheit auszeichnet, wird auf die Beschreibung weiterer Lang-Yagis dieser Längenklasse verzichtet. Die Antenne nach *DL2RSX* ist auch vorzüglich zur Gruppenbildung geeignet. Die gesicherten Daten ermöglichen die problemlose Zusammenstellung auch größerer Antennengruppen mit optimalen Stockungsabständen.

24.2.3.2 10-Element-Lang-*Yagi*-Antenne (*OK1DE*)

In einigen Ländern ist die *OK1DE*-Lang-Yagi-Antenne verbreitet, und ihr Ruf als ausgezeichneter 2-m-Strahler wird von den Benutzern immer wieder bestätigt. Äußerlich kann man diese Antenne an ihrem Dreifachreflektor erkennen. **Bild 24.2.13a** zeigt das Aufbauschema; eine Schnittzeichnung des Erregerzentrums, aus dem vor allem die Konstruktion des Dreifachreflektors ersichtlich werden soll, ist in **Bild 24.2.13b** dargestellt. Die 3 Reflektoren haben eine einheitliche Länge von 1135 mm. Es wird ein kräftiger metallischer Antennenträger mit 28 mm Durchmesser verwendet, er bekommt

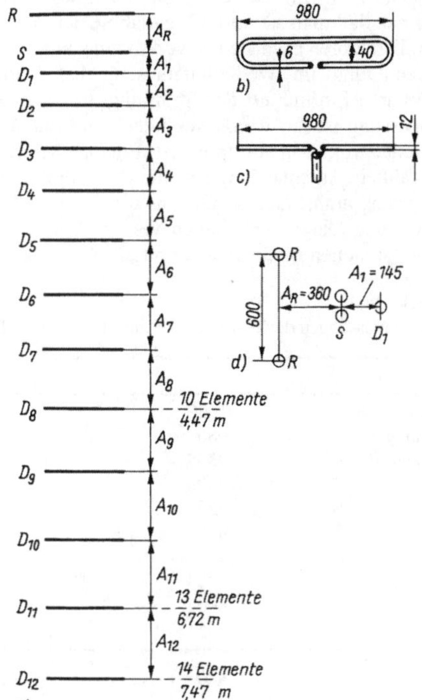

Bild 24.2.14
Lang-*Yagi*-Serie nach *DL6WU*
a) - Aufbauschema
b) - Faltdipol (Detailzeichnung)
c) - gestreckter Dipol (Detailzeichnung)
d) - Doppelreflektor (Anordnung und Bemessung)

an den entsprechenden Stellen Bohrungen zur Aufnahme der Elemente, welche aus 10-mm-Leichtmetallrohr bestehen. Sie sollen sich straff in den Bohrungen befinden, so daß ein guter elektrischer Kontakt mit dem Boom besteht, und es ist ratsam, die Elemente dort zusätzlich zu fixieren. Das gespeiste Element ist ein 960 mm langer Faltdipol, der Außenabstand der Leiter beträgt 63,5 mm.

Mechanische und elektrische Angaben
Elementdurchmesser 10 mm
Durchmesser Trägerrohr 28 mm
Antennenlänge 3812 mm ≡ 1,84λ
Eingangswiderstand 300 Ω
Gewinn etwa 12 dBd
Rückdämpfung etwa 14 dB
Horizontale Halbwertsbreite $\alpha_E \approx 38°$
Vertikale Halbwertsbreite $\alpha_H \approx 46°$

24.2.3.3 Lang-*Yagi*-Serie von *DL6WU*

Als ein Ergebnis der von ihm durchgeführten und in [2.4], [2.5] und [2.6] veröffentlichten Untersuchungen entwickelte *DL6WU* eine optimierte inhomogene Lang-*Yagi*-Struktur, die den großen Vorzug hat, daß man sie durch Wegnahme der vordersten Direktoren nach Bedarf verkürzen kann. Diese Veränderung im Wellenleitersystem hat keinen spürbaren Einfluß auf das Strahlungszentrum, die Anpassung ist nur wenig verändert, und die Wellenleiterstruktur bleibt optimiert. Entsprechend der gewählten Antennenlänge stellen sich die Strahlungsdiagramme und der Gewinn ein. Exakte Meßwerte und Diagramme liegen vor, sie wurden an professionellen Meßplätzen ermittelt.

14-Element-Lang-Yagi
Die längste Ausführung ist eine „Super-*Yagi*" mit 14 Elementen bei einer Boomlänge von 7,47 m (entspricht 3,63λ). Diese Länge stellt nur eine annähernde Begrenzung der mechanischen Darstellbarkeit für eine 2-m-Antenne dar. Wie *DL6WU* in [2.7] nachweist, kann man inhomogene *Yagis* von extremer Länge entwickeln, bei denen ein kontinuierlicher Gewinnanstieg erreicht wird. Die oft zitierte Feststellung, daß der Gewinnanstieg mit wachsender Antennenlänge immer geringer wird und schließlich bei etwa 6λ Länge eine Sättigungsgrenze erreicht, trifft nur für homogene *Yagi*-Strukturen zu. **Bild 24.2.14** zeigt das Aufbauschema, die entsprechenden Abmessungen sind in **Tabelle 24.4** aufgeführt.

Mechanische und elektrische Angaben
(s.a. **Tabelle 24.5**)
Elementdurchmesser 6 mm
Durchmesser Trägerrohr 25 mm, kreisrund oder quadratförmig
Elementhalterung leitende Durchdringung des Trägers (z.B. **Bild 24.1.5b**)
Eingangswiderstand ≈ 200 Ω symmetrisch
Rückdämpfung ≤ 22 dB

Ist das gespeiste Element ein Faltdipol nach **Bild 24.2.14b**, beträgt der Eingangswiderstand bei allen Ausführungen 200 Ω, so daß man über eine Halbwellen-Umwegleitung 4:1 nach Abschnitt 7.3.2.1 ein koaxiales Speisekabel symmetrie- und impedanzrichtig anschließen kann. Verwendet man als Strahler einen gestreckten Dipol nach **Bild 24.2.14c** (gleiche Länge, jedoch 12 mm Elementdurchmesser), beträgt der Eingangswiderstand 50 Ω symmetrisch. In diesem Fall wird ein Symmetriewandler 1:1 erforderlich. Bewährt hat sich

Tabelle 24.4
Die Abmessungen der 14-Element-Lang-Yagi nach Bild 24.2.14

Längen in mm			Abstände in mm	
Reflektor *R*		1032	A_R	390
Strahler *S*		980	-	
Direktoren	D_1	935	A_1	165
	D_2	930	A_2	375
	D_3	925	A_3	450
	D_4	920	A_4	525
	D_5	910	A_5	585
	D_6	900	A_6	630
	D_7	890	A_7	660
	D_8	885 (880)	A_8	690 (10 Elemente)
	D_9	880	A_9	720
	D_{10}	875	A_{10}	750
	D_{11}	870 (855)	A_{11}	780 (13 Elemente)
	D_{12}	855	A_{12}	750 (14 Elemente)

Anmerkung: Die Längen der Parasitärelemente sind um 5 mm zu kürzen, wenn sie isoliert mit 4 mm Abstand auf dem Trägerrohr befestigt werden.

Tabelle 24.5
Meßwerte an der Lang-*Yagi*-Serie von *DL6WU*

Ausführung	10 Elemente	13 Elemente	14 Elemente
Antennen-länge in mm	4470	6720	7470
entspricht	2,17 λ	3,26 λ	3,63 λ
Gewinn in dBd	11,5	13,1	13,5 bis 14
Halbwerts-breite in °			
horizontal (α_E)	36	30,5	29,5
vertikal (α_H)	39	33	31

für diesen Zweck die sehr einfache *Tonna*-Speisung. Sie ist in Abschnitt 7.4.1.5, genauer beschrieben. Bei ihr wird das Koaxialkabel direkt an den gestreckten Dipol angeschlossen und gleich zu einer U-förmigen Schleife mit der geometrischen Länge von λ/4 (517 mm) gebogen. Am Ende der λ/4-Strecke wird der Kabelaußenleiter freigelegt und elektrisch gut leitend mit dem Boom verbunden. Die Viertelwellenschleife arbeitet ähnlich wie ein Sperrtopf. Dieser einfache Balun hat sich gut bewährt. Nachteil: Kabelaußenleiter wird freigelegt und muß deshalb vor Feuchtigkeitseinwirkung gut geschützt werden. Eine günstige Variante der Tonna-Speisung mit 2 parallelen Koaxialkabeln und einer Koaxialbuchse hat *DK7ZB* beschrieben [2.8] [2.9]. Damit wird eine Viertelwellen-Transformation und eine Mantelsperre realisiert, ohne daß man den Koaxialkabelaußenmantel freilegen muß.

Zu beachten ist bei der 10-Element-Ausführung, daß der Direktor D_8 nur 880 mm lang wird; bei 13 Elementen muß D_{11} mit 855 mm Länge zugeschnitten werden (Klammerwerte **Tabelle 24.4**). Man kann auch alle Ausführungen mit einem Doppelreflektor bestücken, dabei erhöhen sich die Rückdämpfung und der Gewinn geringfügig. Für diesen Fall verringern sich die Abstände A_R auf 360 mm und A_1 auf 145 mm. Die Doppelreflektoren werden nach **Bild 24.2.14d** angeordnet.

Sollte eine unzulässig große Welligkeit auf dem Speisekabel auftreten, obwohl alle Abmessungen korrekt eingehalten wurden, liegt der Fehler mit Sicherheit am gespeisten Element (manchmal auch an einem fehlbemessenen Balun-Glied, das man dann in Position und Länge korrigieren muß). An Lage und Länge der anderen Elemente soll in diesem Fall grundsätzlich nichts verändert werden. Die Gewinnangaben wurden exakt ermittelt, es handelt sich um Mindestwerte, die mit Sicherheit erreicht werden.

Variante mit 7 Elementen

Diese 7-Element-Variante wurde aus der *DL6WU*-Serie abgeleitet. Sie ist sehr leicht und für den Por-

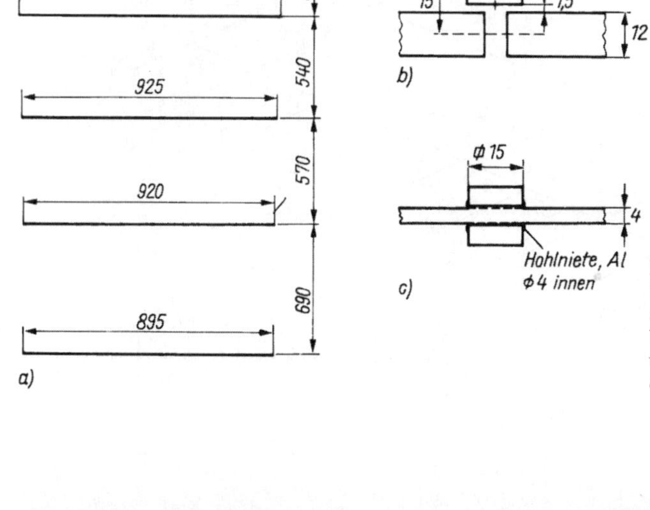

Bild 24.2.15
7-Element-Lang-*Yagi*
a) - Bemessungsschema
b) - Montage des gespeisten Elementes unter dem Boom
c) - Elementbefestigung mit Hohlnieten

table-Betrieb besonders geeignet. Mit Ausnahme des gespeisten Dipols bestehen alle Elemente aus Aluminiumschweißdraht mit 4 mm Durchmesser. **Bild 24.2.15** zeigt das Aufbauschema. Das gespeiste Element ist ein gestreckter Dipol, der nach Teilzeichnung **24.2.15b** potentialfrei unter dem Antennenträger montiert und über geteilte Kunststoff-Formstücke befestigt ist. Als Antennenträger wird ein quadratisches Leichtmetallprofilrohr mit den Kantenabmessungen 15 mm x 15 mm verwendet. Es kann auch das häufiger erhältliche Profil 16 mm x 16 mm eingesetzt werden; in diesem Fall müssen alle Direktoren und der Reflektor um 2 mm verlängert werden, und der Mittenabstand gespeistes Element Antennenträger beträgt dann 16 mm. Das Koaxialkabel wird direkt an den aufgetrennten Dipol angeschlossen. Man benutzt wieder die *Tonna*-Einspeisung nach Abschnitt 7.4.1.5.

Der Reflektor und die Direktoren durchdringen den Antennenträger. Eine mechanisch und elektrisch sehr günstige Befestigungsmethode verwendete *DL4AKK*, ex *Y23KK*. Wie **Bild 24.2.15c** andeutet, werden dabei die Elemente in Aluminiumhohlnieten (einseitig mit Bund) von 4 mm Innendurchmesser geführt. Nach dem Bördeln der Nieten haben die Elemente einen festen, elektrisch gut leitenden Halt im Antennenträger. Um die Nieten zu stauchen, braucht man allerdings ein entsprechendes Preßwerkzeug.

Mechanische und elektrische Angaben
Elementdurchmesser 4 mm
(gespeistes Element 12 mm)
Elementhalterung als leitende
Durchdringung des Trägers
Trägerrohr Leichtmetall, quadratisches Profil 15 mm x 15 mm oder 16 mm x 16 mm (s. Text)
Antennenlänge 2750 mm ≡ 1,32λ
Eingangswiderstand 50 bis 75 Ω
Gewinn 10,2 dBd
Rückdämpfung 16 dB
Nebenzipfeldämpfung 22 dB
Horizontale Halbwertsbreite $\alpha_E \approx 44°$
Vertikale Halbwertsbreite $\alpha_H \approx 51°$

Die Anpassung wird durch Verschieben des gespeisten Elementes optimiert.

Die Antenne eignet sich auch gut zur Gruppenbildung. Um die horizontale Halbwertsbreite nicht einzuengen, bevorzugt man im allgemeinen die vertikale Stockung. Für diesen Betriebsfall ermittelte *DL4AKK* den Stockungsabstand D_{opt}, mit 2,3 m, ein Wert, der sich auch rechnerisch nach Gl. (25.2.1) nachweisen läßt. Der Stockungsabstand *D* darf 1,9 m nicht unterschreiten und sollte nicht größer als 2,4 m sein.

24.2.3.4 Lang-*Yagi*-Serie von *DK7ZB*

Die Analyse von *Yagis* mit Computern mit NEC-II bot die Möglichkeit die Eigenschaften von Antennen und Veränderungen an ihnen rechnerisch zu erfassen. Auf diese Weise wurden die *DL6WU*-Yagis von *DJ9BV* 1990 weiterentwickelt [2.10]. Heute ist es auf einem schnellen PC möglich mit Programmen Yagis zu untersuchen, zu konstruieren bzw. zu optimieren. Die PC-Optimierung zeigt, daß man bei sehr langen Yagis mit deutlich weniger Elementen auskommt als bisher angenommen. Die gewohnte 50-Ω-Technik führt dazu, daß der Reflektor relativ weit vom Strahler entfernt werden muß; nicht optimal bezüglich der Rückwärtsdämpfung. Mit 28 Ω am Speisepunkt ist eine unkomplizierte Speisung möglich, bei der sich ein gutes Vor/Rück-Verhältnis bei geringer Ausbildung von Nebenkeulen erreichen läßt.

DK7ZB entwickelte damit Hochleistungs-Yagis [2.11] und belegte damit im Konstruktions-

Bild 24.2.16
12-Element-Lang-*Yagi* nach *DK7ZB*
oben: Abmessungen mit Zoneneinteilung
rechts unten: Stromverteilung

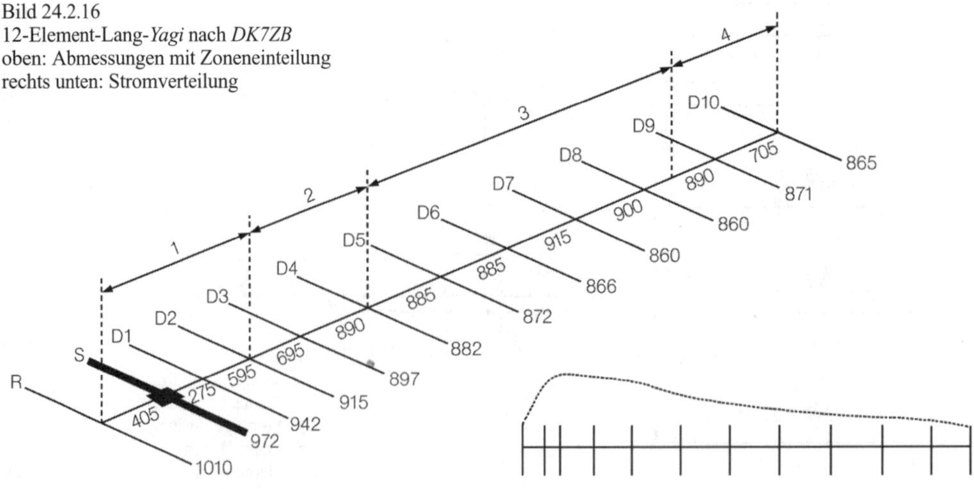

wettbewerb einer Amateurfunkzeitschrift 1996 den 1. Platz [2.12].

Bild 24.2.16 zeigt oben die Abmessungen und Zoneneinteilung einer optimierten 12-Element-Lang-*Yagi* nach *DK7ZB*. Die Elementlängen gelten für 10-mm-Aluminiumrohre (Strahler 12 mm) bei isolierter Elementbefestigung oberhalb des Booms. Rechts unten ist die Stromverteilung der 12-Element-*Yagi* zu sehen. Die Erregerzone (1) umfaßt den Strahler, den Reflektor und die ersten beiden Direktoren. Sie beeinflußt die Impedanz des Strahlers oder „Erregers". Die Übergangszone (2) koppelt das Wellenleitersystem an die Erregerzone. Die Direktoren werden dabei zunehmend kürzer. Die Wellenleiterzone (3) entscheidet über den Gewinn. Der Gewinn steigt proportional zur Länge. Voraussetzung dafür ist eine optimale Staffelung der Elemente. Die Endzone (4) bestehend aus dem vorletzten und letzten Direktor ist dafür verantwortlich, daß die Welle möglichst ohne Reflexion in den Freiraum austritt. Dabei kann der letzte Direktor im Abstand wieder etwas näher gesetzt und etwas stärker verkürzt werden. Der Feinabgleich auf minimales Stehwellenverhältnis wird am Antennenende vorgenommen.

Hohen Gewinn bei geringen Nebenzipfeln und guter Rückdämpfung erhält man, wenn die Ströme vom Erregerzentrum kontinuierlich zum Antennenende hin abnehmen.

Den höchsten Gewinn erreicht eine richtig dimensionierte Yagi immer am oberen Ende des nutzbaren Frequenzbereiches, wo die Direktoren relativ zur Arbeitsfrequenz am längsten sind. Der Strahlungswiderstand fällt dann rapide ab und das VSWR wird schnell schlechter.

Möglicher Gewinn

Eine Formel nach *WA2PHW* für den möglichen Gewinn für Lang-*Yagis* ab etwa 1,5λ ([2.12]) :

$$G = 10 \cdot \lg(5{,}4075 \cdot B + 4{,}25) \qquad (24.2.1)$$

G ..... Gewinn in dBd

B ..... Boomlänge in λ

Einfluß von Elementdurchmesser und -material

- Als Elementmaterial kommt nur Aluminium in Frage. Kupfer und Silber wären zwar besser aber sind schwer zu realisieren. Ungeeignet hingegen ist Edelstahl.
- Kleinster Elementdurchmesser sollte bei Lang-*Yagis* 4 mm sein; handelsübliche Aluminium-Schweißstäbe sind dafür geeignet.

Elementbefestigung

Wenn ein Element leitend am Boom befestigt ist, verringert sich die Induktivität. Auf 2 m spielt dies noch keine Rolle, auf 70 cm und erst recht noch höher ist dies entscheidend. Eine isolierte Befestigung ist daher vorzuziehen, denn die läßt eindeutige Bedingungen zu.

Computer-Optimierung

Grundlage dafür ist der NEC-Standard (NEC = Numerical Electromagnetics Code). Ältere auf „MININEC" basierende Programme sind oft relativ ungenau. Vor dem unkritischen Einsatz von selbstoptimierenden Programmen sei gewarnt. Optimiert werden kann auf einzelne Parameter oder auf einen Kompromiß. Ein bekanntes Optimierungsprogramm ist YO (*Yagi*-Optimizer) von *B. Beezley, K6STI.*

24.2.4 Lang-*Yagi*-Antennen für 70 cm

Unbestreitbar ist das 70-cm-Band die Domäne der Lang-*Yagi*-Antennen, und nicht ohne Grund werden auch im frequenzbenachbarten UHF-Fernsehbereich fast ausschließlich Lang-*Yagi*-Empfangsantennen verwendet. Heute kann man die meisten ihrer Bemessungsprobleme als gelöst betrachten, nachdem umfangreiche Untersuchungsarbeiten durchgeführt wurden und sich manche frühere Anschauung als ein Irrweg erwiesen hatte.

Aus den klassischen Messungen konnte man ableiten, daß der Gewinn langer *Yagis* mit zunehmender Antennenlänge eine Sättigungstendenz erfährt, die es als höchst unwirtschaftlich erscheinen läßt, größere Antennenlängen als etwa 4λ zu verwenden. Dies trifft jedoch nur für homogene *Yagi*-Strukturen zu (gleichbleibende Direktorlängen und -abstände).

Wenn man für die Direktorreihe ein linear gestuftes Längenprofil anwendet, indem vom 1. Direktor beginnend jede folgende Direktorlänge um einen konstanten Betrag gekürzt wird, verbessert sich die Gewinnkurve, und die Bandbreite bleibt auch bei erheblichen Antennenlängen groß. Eine weitere Verbesserung ermöglicht der Übergang von der linear gestuften Direktorreihe zu einem logarithmischen Profil. Ausgehend von der Übergangszone (siehe **Bild 24.2.8**), werden die Direktorlängen jeweils in gleichen Schritten entsprechend der gewählten Anfangssteigerung gekürzt. Dabei muß zwischen den Direktoren immer das gleiche Längenverhältnis bestehen. Es handelt sich hier um das gleiche Prinzip wie bei der Festlegung der gestuften Dipollängen einer logarithmisch periodischen Dipolantenne (siehe Abschnitt 24.4). Mit dem logarithmischen Profil des Wellenleitersystems und optimierten Elementabständen kann man extrem lange *Yagis* konstruieren, die bis zu den größten Antennenlängen einen Gewinnanstieg von 2,35 dB/Oktave gewährleisten. Eine Verdoppelung der Antennenlänge bewirkt jeweils einen Gewinnzuwachs von 2,35 dB. Dies geht auch aus **Bild 24.2.17** hervor. Das Diagramm wurde von *DL6WU* auf der Grundlage eigener Untersuchungen aufgestellt. Beim Vergleich mit **Bild 24.1.2** (Kurve B) kann man feststellen, daß die praktisch erreichten Gewinne bis zu Antennenlängen von 7λ nur wenig

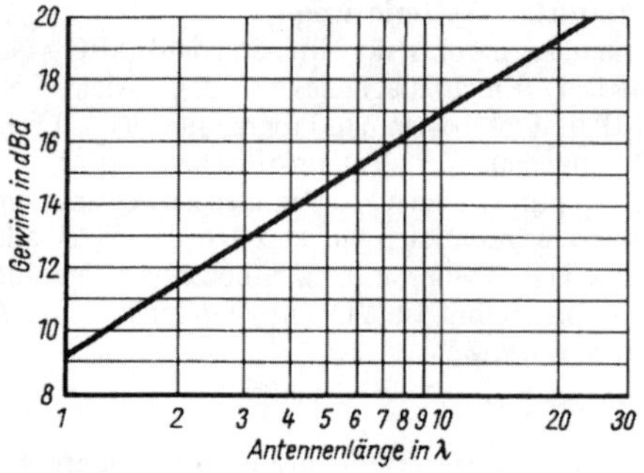

Bild 24.2.17
Gemessener Gewinn optimierter *Yagi*- Antennen mit logarithmischem Profil des Wellenleitersystems in Abhängigkeit von der Antennenlänge in *l* (nach *DL6WU*)

unter dem theoretischen Maximalgewinn liegen, wobei die Differenz mit wachsender Antennenlänge immer geringer wird.

Theorie und Praxis dieser extrem langen *Yagis* wurden in [2.7] ausführlich erläutert. Dabei stellte *DL6WU* fest, daß der Frequenzbereich auch bei sehr langen *Yagis* nicht auf unbrauchbare Werte absinkt. Eine untersuchte Antenne mit 18λ Länge hatte ein -1-dB-Bandbreite von über 4% (rund 17 MHz im 70-cm-Bereich).

Ist besonders hohe Rückdämpfung erforderlich (z.B. für EME), kann man die Reflektoranordnung verbessern, ohne daß sich an der Anpassung viel ändert. Im allgemeinen setzt man Vielfachreflektoren ein, in denen mehrere Reflektorelemente in einer Ebene senkrecht zum Antennenträger angeordnet werden. Die Länge der Mehrfachreflektoren soll etwas größer als die eines Einfachreflektors sein. Beim Zweifachreflektor beträgt der gegenseitige vertikale Abstand 0,3λ, der Abstand der Reflektorebene zum gespeisten Element kann zwischen 0,15 und 0,20λ schwanken. Beim Vierfachreflektor wird der gegenseitige Abstand auf 0,2λ vermindert, die Länge der Reflektoren beträgt etwa 0,6λ. Die gleiche Wirkung hat ein Flächenreflektor oder Metallgitter mit 0,6λ Seitenlänge. Wenig bekannt ist ein von *K2RIW* vorgeschlagener Tandemreflektor. Hier wird ein zweiter, etwas verlängerter Reflektor in 0,5 bis 0,6λ Abstand hinter dem ersten angebracht. Bei allen genannten verbesserten Reflektoranordnungen wird neben der größeren Rückdämpfung ein Zusatzgewinn von maximal 0,2 dB erzielt.

24.2.4.1 Lang-*Yagi*-Serie von *DL6WU*

Mit der von *DL6WU* entwickelten Lang-*Yagi*-Serie erhält der Funkamateur exakte Unterlagen zum Bau von 70-cm-Lang-*Yagis* beliebiger Länge. Diese Serie ist nach modernsten Gesichtspunkten konstruiert. Ausgehend von einer Grundstruktur mit 7,2λ Länge und 23 Elementen, kann diese Antenne lediglich durch Wegnahme der vordersten Direktoren bis zu etwa 2λ Länge beliebig verkürzt werden. Das Aufbau- und Bemessungsschema zeigt **Bild 24.2.18**.

Die Abmessungen des Faltdipols sind unkritisch. Die Antenne läßt sich über eine Halbwellenumwegleitung mit Koaxialkabel speisen. Im Bedarfsfall kann der Faltdipol durch einen gestreckten Dipol gleicher Länge ersetzt werden, der Eingangswiderstand beträgt dann 50 Ω symmetrisch.

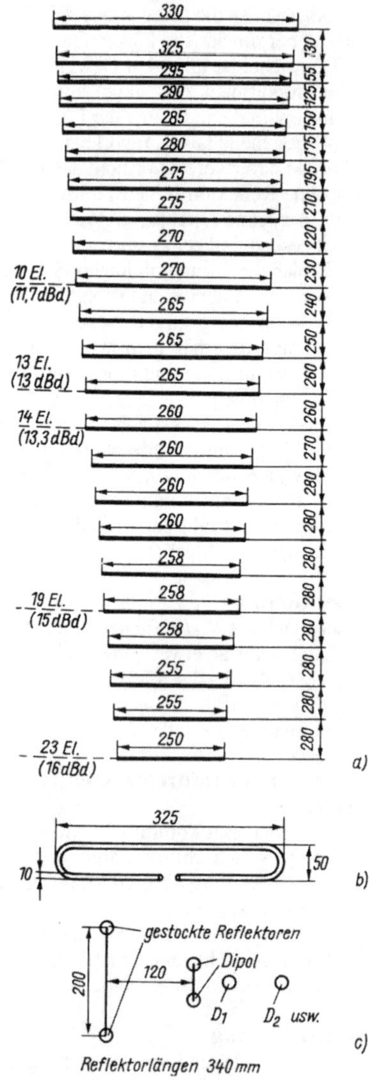

Bild 24.2.18
Lang-*Yagi*-Serie von *DL6WU*
a) - Bemessungsschema für 70 cm
b) - Gespeistes Element (Detail)
c) - Änderung für Doppelreflektor (Schnitt)

Ausführung:	10 Elemente	13 Elemente	14 Elemente	19 Elemente	23 Elemente
Länge in mm	1490	2240	2500	3890	5010
Länge in λ	2,15	3,22	3,6	5,6	7,2
Gewinn in dBd	11,7	13,0	13,3	15,0	16,0
Horizontale Halbwertsbreite α_E	37°	30,5°	30°	26,5°	24°
Vertikale Halbwertsbereite α_H	41°	33°	32°	28°	24,5°

Soll ein Doppelreflektor eingesetzt werden, muß man die Reflektorabstände nach **Bild 24.2.18c** verändern. Die Reflektorlängen sind in diesem Fall auf 340 mm zu vergrößern. Der damit erreichbare Gewinnzuwachs kann maximal 0,2 dB betragen. Ein erkennbarer Einfluß von Reflektoren auf das Wellenleitersystem besteht nicht; dieses ist optimiert und darf keinesfalls verändert werden. Die Anpassung kann nur durch leichtes Variieren von Längen und Abständen im Bereich des Erregerzentrums (Dipol - Reflektor) verbessert werden.

Die in einer reflexionsfreien Trichterkammer gemessenen Richtdiagramme der 23-Element-Ausführung zeigt **Bild 24.2.19**. Sie lassen erkennen, daß es an dieser Antenne kaum noch etwas zu verbessern gibt.

Mechanische und elektrische Angaben
Elementdurchmesser 10 mm
Antennenträger: Leichtmetallrohr,
quadratischer Querschnitt 20 mm x 20 mm
Elementhalterung: isoliert mit 4 mm Zwischenlage auf dem Boom
Eingangswiderstand etwa 200 Ω symmetrisch

24.2.4.2 18-Element-Breitband-Lang-*Yagi*

Diese nach modernen Prinzipien konstruierte Lang-*Yagi* beweist, daß auch bei großer Bandbreite ein optimaler Gewinn und trotz vieler Elemente Eingangswiderstände von nahezu 240 Ω möglich sind. Mit diesen neuzeitlichen Strahlern wird der Funkamateur zum Nutznießer richtungweisender Entwicklungsarbeiten der Antennenindustrie, die solche Konstruktionen zum Herstellen von Fernsehantennen anwendet. Obwohl für den Amateurbedarf große Bandbreiten nicht gefordert werden, bedeuten sie auch keinen Nachteil, wenn man, wie im vorliegenden Fall, optimalen Gewinn erzielt.

Die Belegungsdichte mit Elementen ist hier größer als bei der *DL6WU*-Serie; das bedeutet einen etwas größeren Materialaufwand je dB Antennengewinn. **Bild 24.2.20** enthält alle erforderlichen Abmessungen für diese empfehlenswerte Antenne. Verkürzen der Antennenlänge bzw. Vermindern der Elementeanzahl innerhalb des Wellenleitersystems ist ohne weiteres möglich, der Eingangswiderstand verändert sich dabei nicht. Erregerzentrum und Übergangszone (siehe **Bild 24.2.8**) reichen bis zu Direktor 3. Man kann also - vom äußersten Direktor ausgehend - beliebig viele Direktoren des Wellenleitersystems weglassen. Dabei fällt lediglich der Gewinn des Systems entsprechend ab, und die Halbwertsbreiten werden damit zwangsläufig größer.

Mechanische und elektrische Angaben
Elementdurchmesser 6 bis 10 mm
Antennenträger: 20 ... 25 mm Durchmesser,
Profil beliebig
Elementhalterung: leitend auf dem Antennenträger
Eingangswiderstand etwa 240 Ω symmetrisch

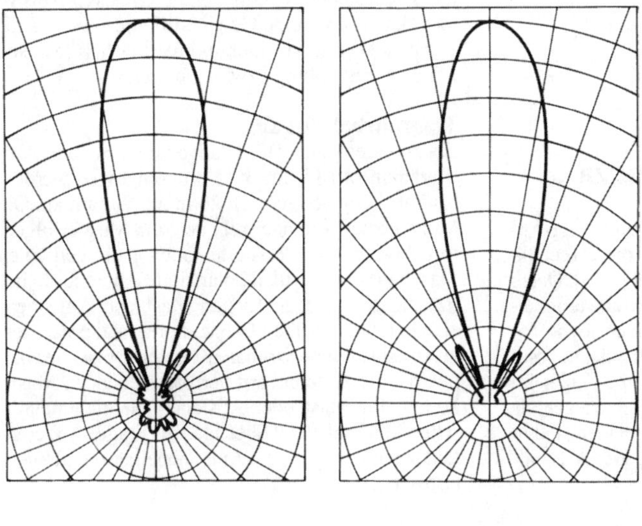

Bild 24.2.19
Strahlungsdiagramme der
23-Element-Lang-*Yagi* von *DL6WU*
a) - Horizontaldiagramm (E-Ebene)
b) - Vertikaldiagramm (H-Ebene)

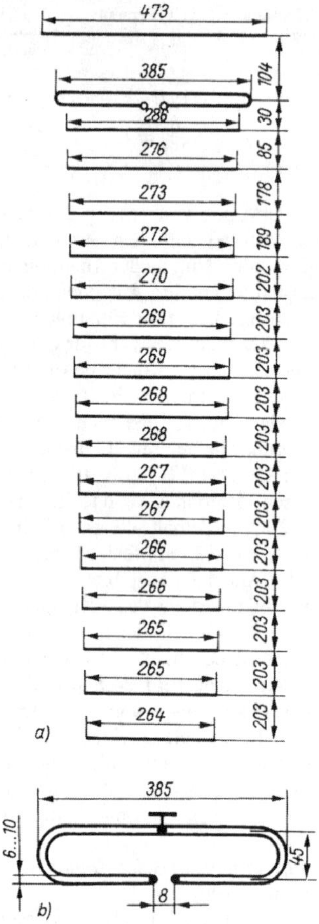

Bild 24.2.20
18-Element-Breitband-Lang-*Yagi* für 70 cm
a) - Aufbauschema
b) - Gespeistes Element (Detail)

Gewinn 14,5 dBd
Rückdämpfung etwa 24 dB
Horizontale Halbwertsbreite $\alpha_E \approx 26°$
Vertikale Halbwertsbreite $\alpha_H \approx 29°$

24.2.4.3 Lang-*Yagi*-Serie von DK7ZB

Nach den guten Erfahrungen mit den Lang-*Yagi*-Antennen auf 2 m in 28-Ω-Technik wird diese Technik auch bei 70-cm-Antennen angewendet [2.13]. Dabei ergeben sich aber einige mechanische Schwierigkeiten. Konstruktiv bedingte Abweichungen sowie Toleranzen müssen in Relation zur Wellenlänge gesehen werden. Das bedeutet, daß derartige Fehler im 70-cm-Band um den Faktor 3 schwerer wiegen als im 2-m-Band. Die theoretischen Grundlagen sind in [2.12] behandelt. Hohe Gewinne mit großer Bandbreite lassen sich damit erzielen.

Es stellte sich heraus, daß gestreckte Dipole mit 12 mm Rohrdurchmesser in 28-Ω-Technik die besten Ergebnisse lieferten. Der Gewinn hängt nur von der Tragrohrlänge ab. Breitbandelemente bringen keinen zusätzlichen Gewinn und sind im Amateurbereich auch nicht notwendig. Der Gewinn ist allerdings, wie auch schon im 2-m-Band, am Bandanfang niedriger als am Bandende. Das hängt mit der Elementlänge bzw. dem Strom auf den Elementen zusammen. Mit zunehmender Frequenz nähern sich die Direktoren in ihrer Resonanz immer mehr der Betriebsfrequenz. Nach einem Anstieg des Strahlungswiderstandes erfolgt dann ein rasches Absinken mit hohem SWR. Nach unten in der Frequenz ist ein breiter Anpassungsverlauf mit niedrigerem Gewinn.

Einfluß des ersten Direktors

Beim Nachbau kann man unvermeidliche Toleranzen mit dem ersten Direktor ausgleichen. Ebenfalls möglich ist ein Abgleich durch Lageveränderung des Strahlers zwischen Reflektor und erstem Direktor. Eine Variation von *D1* um ± 10 mm ergibt eine Gewinnänderung von nur 0,03 dB, die Rückdämpfung ändert sich um ± 2 dB. Ein Annähern von *D1* führt beim Strahler zu einem kapazitivem Blindanteil (virtuelle verkürzung). Ein Entfernen führt zu einem induktiven Blindanteil (virtuelle Verlängerung).

Einfluß des Elementdurchmessers

Die Umrechnung von einem gegebenen Elementdurchmesser auf einen anderen ist nicht ohne Gewinneinbuße möglich. Mit abnehmenden Elementdurchmesser geht der kapazitive Blindanteil stärker ein. Die längeren Direktoren beim Strahler müssen weniger stark verlängert werden als die weiter entfernten. Bei Strahler und Reflektor sind die Korrekturfaktoren wesentlich geringer als bei den Direktoren. Die Bemerkung „Elementdurchmesser 6 bis 10 mm“ kann somit eine Gewinndifferenz von 2 dB ergeben. Das ist bei einer optimierten *Yagi* fast eine Längenverdopplung bzw. -halbierung.

Tragrohrbefestigung

Bis zu einer freien Boomlänge von 3 m kann Alu-Vierkantprofil 15 mm x 15 mm eingesetzt werden, bis 4 m Länge bietet sich 20 mm x 20 mm an. Die Montage der Antenne soll quer zum Mast erfolgen. Eine horizontal polarisierte Antenne am vertikalen Mast bzw. eine vertikal polarisierte Antenne am horizontalen Ausleger. Liegen Mast und Antennenelemente in derselben Ebene (horizontal polarisierte Antenne am horizontalen Ausleger bzw. vertikal polarisierte Antenne am vertikal stehenden Mast), kommt für Mast oder Ausleger nur nichtmetallisches Material (Glasfiber u.ä.) in Frage. Anderenfalls verändern sich die Antenneneigenschaften katastrophal.

Bild 24.2.21
14-Element-Lang-*Yagi* für 70 cm
(nach *DK7ZB*)

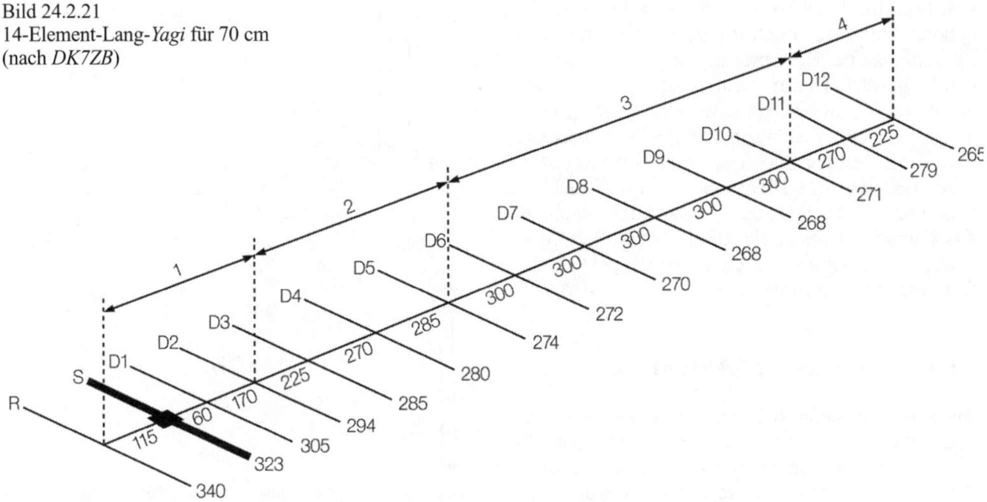

Strahler

Der Strahler wird durch einen einfachen gestreckten Dipol mit 12 mm Rohrdurchmesser gebildet. Die Einspeisung erfolgt über eine *DK7ZB*-Speisung nach **Bild 7.4.7b** (vgl. Abschnitt 7.4.1.5). Das ist im Prinzip ein offener Sperrtopf. Damit wird eine Viertelwellen-Transformation und eine Mantelwellensperre realisiert. Die beiden parallel geschalteten 75-Ω-Koaxialkabel mit einer Viertelwellenlänge transformieren den Fußpunktwiderstand des Strahlers von 28 Ω auf 50 Ω. Der einseitig offene Viertelwellensperrtopf wirkt als Mantelwellensperre und ermöglicht den Anschluß eines unsymmetrischen Koaxialkabels an den symmetrischen Dipolstrahler.

Parasitärelemente

Es werden ausschließlich 10 x 1 mm Alurohre eingesetzt. Das Material ist leicht erhältlich und bietet beste elektrische Eigenschaften. Die Befestigung am Tragrohr erfolgt isoliert mit UV-festen Polyamid-Halteklammern (Unterteile). Isoliert bedeutet, das Element liegt nicht mechanisch auf dem Tragrohr auf. Das Element wird in der Mitte mit einer 3-mm-V2A-Schraube mit Mutter in einem Halteloch im Boom befestigt. Die Schraube stellt den elektrischen Kontakt zum Boom dar, erfolgt aber im elektrischen Nullpunkt und beeinflußt dadurch nicht die Länge.

Praktische Ausführung

Alle Antennen (12 bis 21 Elemente) wurden mit dem Optimierungsprogramm „YO" [2.14] berechnet und anschließend durch weitere Schritte per Hand den geforderten Parametern angenähert. Im Gegensatz zum bekannten *DL6WU*-Design ist es nicht möglich ohne weitere Änderungen Elemente hinzuzufügen oder wegzulassen.

Bild 24.2.21 zeigt das Konzept einer 14-Element-Ausführung mit den Elementabständen und -längen sowie den Zoneneinteilungen.

1 .... Erregerzone,
2 .... Übergangszone,
3 .... Wellenleiterzone,
4 .... Endzone.

Am Ende der Wellenleiterzone werden die Direktoren wieder länger für optimalen Stromverlauf. Am Antennenende wurde zum besseren Übergang der Wellenfront in den Freiraum wieder eine Verkürzung bei den Abständen, sowie bei der Länge des letzten Direktors vorgenommen.

Die nutzbare Bandbreite ist von 430 bis 436 MHz bei $s < 1{,}3$.

Feinabgleich

Der Feinabgleich bezieht sich ausschließlich auf eine Längenveränderung des Strahlers und ein eventuelles verschieben des Montagepunktes beim er-

Ausführung:	12 Elemente	14 Elemente	17 Elemente	19 Elemente	21 Elemente
Länge / mm	2500	3150	4050	4650	5250
Gewinn / dBd (430 MHz)	13,7	14,6	15,5	16,0	16,4
Gewinn / dBd (433 MHz)	13,9	14,7	15,6	16,2	16,6
Gewinn / dBd (436 MHz)	13,9	14,8	15,7	16,2	16,6
V/R / dB (433 MHz)	33	33	31	30	35

sten Direktor. Dazu wird vorerst kein Loch für *D1* gebohrt. Der erste Direktor wird zunächst mit Klebestreifen an der Klammer fixiert und auf das Tragerohr gesetzt. Durch geringfügiges Verschieben der Position muß ein deutliches Rücklaufminimum erreichbar sein. Erst wenn die Position feststeht, wird das Befestigungsloch gebohrt. Normal ist zwischen 432 und 433 MHz kein Rücklauf meßbar. Mißt man im Resonanzpunkt nicht auf Anhieb ein SWR unter 1,4 (ohne Feinabgleich), so liegt eindeutig ein Fehler vor, der die nochmalige Überprüfung aller Maße erfordert.

24.3 Kreuz-*Yagi*-Antennen

Zirkularpolarisation bei *Yagi*-Systemen wird erreicht, indem man 2 elektrisch und mechanisch völlig gleiche *Yagi*-Antennen räumlich so anordnet, daß der Polarisationsunterschied 90° beträgt (z.B. das eine System mit Horizontalpolarisation und das andere vertikal polarisiert) und beide Systeme mit einer gegenseitigen Phasenverschiebung von 90° erregt. Unter diesen Bedingungen entsteht ein Drehfeld, das je nach Erregung rechtsdrehend (im Uhrzeigersinn) oder linksdrehend (entgegen dem Uhrzeigersinn) sein kann. Beim Empfang linear polarisierter Wellen ist der Drehsinn der Zirkularpolarisation ohne Bedeutung.

Gewöhnlich baut man beide *Yagi*-Systeme auf einem gemeinsamen Längsträger auf und ordnet die Elemente kreuzförmig an (**Bild 24.3.1**). Da die gespeisten Elemente einander parallelliegen, fällt der resultierende Eingangswiderstand auf den halben Wert eines Einzelsystems. Gleichzeitig verteilt sich die vom Sender gelieferte Hochfrequenzleistung zu gleichen Teilen auf die beiden Systeme. Das bedeutet, daß die zirkular polarisierte Ausstrahlung von einer beliebig linear polarisierten Empfangsantenne mit einem Verlust von 3 dB empfangen wird. Die für Zirkularpolarisation erforderliche Phasenverschiebung von 90° zwischen den beiden *Yagi*-Systemen erreicht man einfach, in-

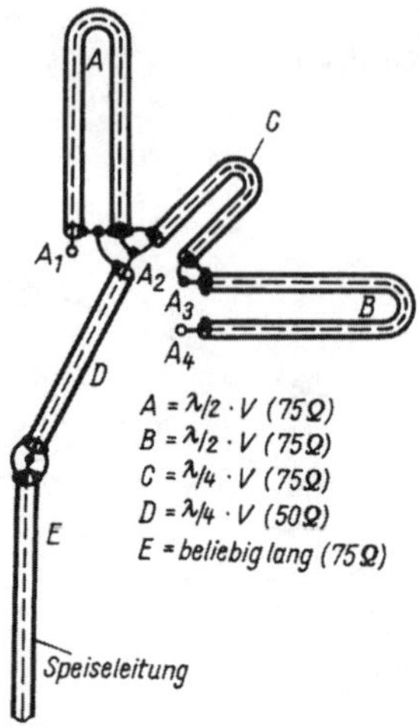

Bild 24.3.2
Speisesystem
für Kreuz-*Yagis*
nach Bild 24.3.1

dem eines der beiden Systeme über einen „Umweg" von $\lambda/4$ erregt wird. Dabei soll die Strahlungskopplung zwischen den beiden *Yagi*-Systemen minimal sein, damit praktisch nur die Kopplung über den Viertelwellen-Umweg wirksam ist. Diese geringst-mögliche gegenseitige Beeinflussung der beiden *Yagis* durch Strahlungskopplung ist dadurch gegeben, daß das eine System vertikal und das andere horizontal polarisiert wird (**Bild 24.3.1**). Oft ist es günstig, die kreuzförmig angeordneten Elemente um 45° axial zu verdrehen, so daß in der Draufsicht ein „liegendes Kreuz" gebildet wird, wobei die Elemente schräg polarisiert sind (**Bild 24.3.1b**). Bei gleicher elektrischer Wirksamkeit werden damit die Elemente besser gegenüber dem senkrechten Antennenmast entkoppelt.

Werden *Yagi*-Systeme verwendet, die als gespeistes Element einen Faltdipol haben und deshalb, wie üblich, einen Eingangswiderstand von 240 Ω symmetrisch aufweisen, ist es zweckmäßig, ihre Eingänge für eine Impedanz von 60 Ω unsymmetrisch auszulegen. Das ist am verlustärmsten mit je einer Halbwellen-Umwegleitung *A* und *B* (**Bild 24.3.2**) nach Abschnitt 7.5. möglich. Nun

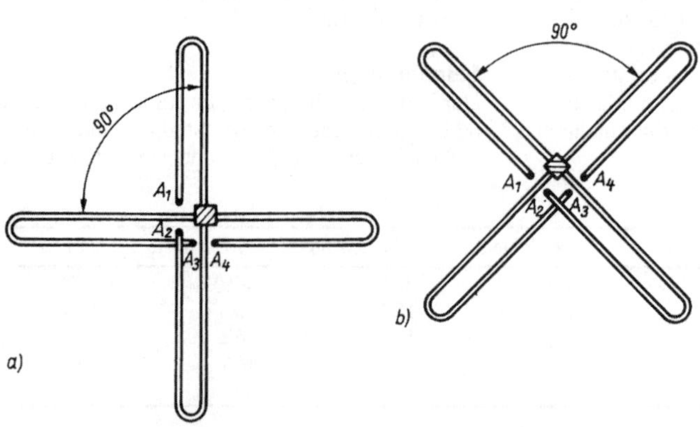

Bild 24.3.1
Kreuz-*Yagi*-Antennen
a) - normale Kreuzform
(horizontal und vertikal
polarisierte *Yagis*)
b) - liegende Kreuzform
(beide *Yagis* sind unter 45°
angeordnet)

Bild 24.3.3
G3JVQ-Twister

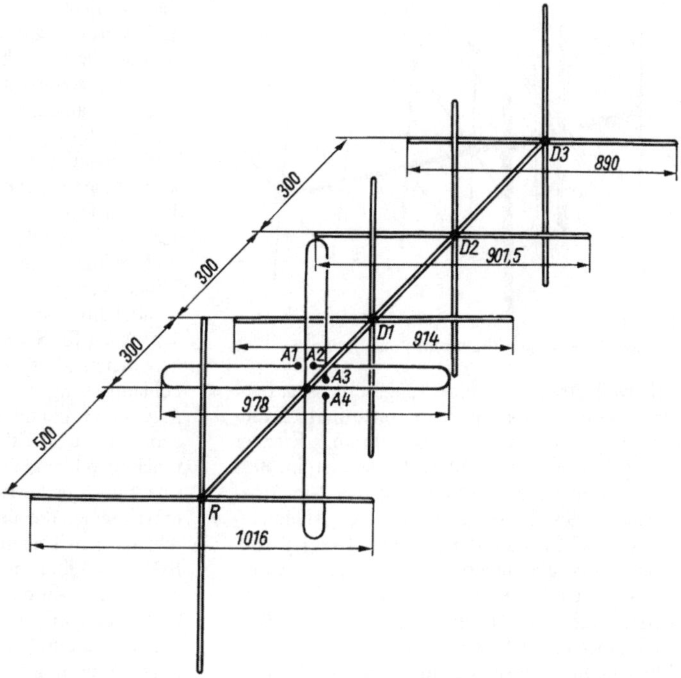

muß man noch die Punkte A_1 und A_2 mit einer Viertelwellenleitung *C* aus Koaxialkabel verbinden. Damit ist die erforderliche 90°-Phasenverschiebung erreicht. Jetzt könnte man bereits das beliebig lange koaxiale Speisekabel *E* direkt an Punkt A_2 oder A_3 anschließen, müßte dabei aber mit einer Welligkeit von mindestens 2 rechnen; denn durch die Parallelschaltung beider *Yagis* erscheint deren Eingangswiderstand nur mit dem halben Wert, also mit 30 Ω. Es gilt deshalb, von 30 Ω auf den Anschlußwert des Speisekabels, z.B. 75 Ω, zu transformieren. Nach Gl. (6.6.1) müßte der Wellenwiderstand eines solchen Viertelwellentransformators *D* etwa 48 Ω betragen (siehe Abschnitt 6.6). Da 48-Ω-Kabel nicht handelsüblich sind, verwendet man ein 50-Ω-Kabel, wobei die Fehlanpassung vernachlässigbar gering ist. Nun wird das beliebig lange 75-Ω-Kabel *E* impedanzrichtig an das Ende des

Bild 24.3.4
7-Element-Kreuz-*Yagi*
mit Doppelfaltdipolen
a) - Bemessungsskizze
b) - Detailzeichnung
gekreuzter Doppelfaltdipol

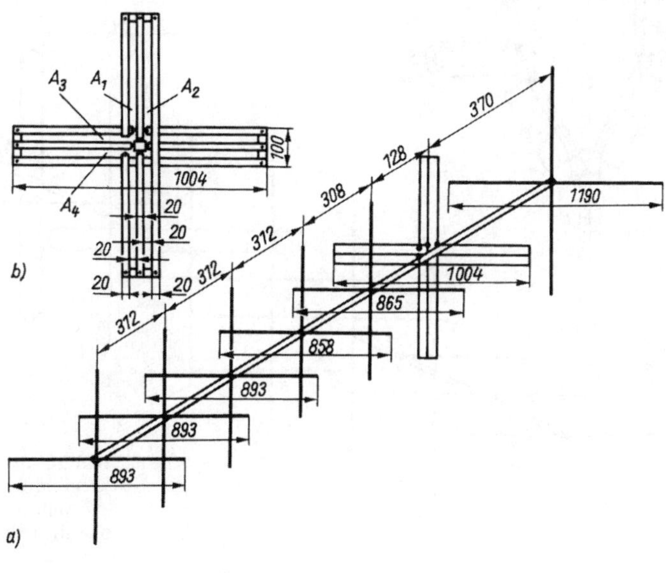

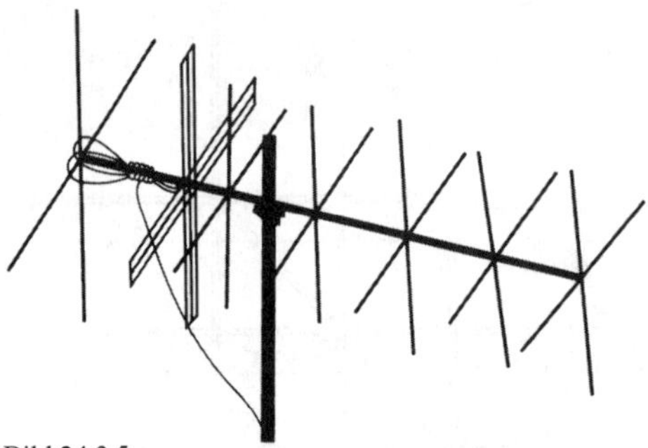

Bild 24.3.5
7-Element-Kreuz-*Yagi* (Praktische Ausführung)

Viertelwellentransformators *D* angeschlossen. Eine nach diesem Erregungsprinzip konstruierte 5-Element-*Kreuz-Yagi* wird von ihrem Erbauer „*G3JVQ*-Twister" genannt [3.1], sie ist in **Bild 24.3.3** mit allen Abmessungen für das 2-m-Amateurband dargestellt. Bei einer relativen Antennenlänge von 0,7λ beträgt der Gewinn etwa 7,5 dBd. Es lassen sich alle anderen *Yagis* mit 240 Ω Eingangswiderstand als zirkular polarisierte *Kreuz-Yagi*-Kombinationen mit der Anordnung nach **Bild 24.3.2** impedanzrichtig erregen, z.B. die 3-, 6- und 9-Element-*Yagis* entsprechend Abschnitt 24.2.1.

Transformationsglieder innerhalb der Speiseleitung möchte man möglichst vermeiden, denn die Verbindungsstellen zwischen Kabeln unterschiedlichen Wellenwiderstandes erfordern einen zusätzlichen Aufwand und einwandfreie Abdichtung gegen Feuchtigkeit. Außerdem sind Kabelstücke des für den Viertelwellentransformator *D* erforderlichen Wellenwiderstandes oft nicht zu beschaffen. In diesem Fall gibt es eine einfache Lösung, durch die das Viertelwellenstück *D* entfällt, indem man die gespeisten Faltdipole als Doppelfaltdipole nach **Bild 9.5.6** ausführt.

Dadurch steigt der Eingangswiderstand jedes der beiden Systeme von 240 auf etwa 540 Ω . Die Umwegleitungen *A* und *B* (**Bild 24.3.2**) transformieren dann auf je 135 Ω unsymmetrisch. Da beide *Yagis* über das Viertelwellenstück **C** parallelgeschaltet sind, reduziert sich die Eingangsimpedanz auf den halben Wert, etwa 68 Ω . Somit kann ein 70-Ω-Speisekabel direkt an A_2 oder an A_3 angeschlossen werden. Auch für Speisekabel mit 60 oder 75 Ω Wellenwiderstand ergeben sich dabei nur sehr geringe Fehlanpassungen. **Bild 24.3.4** zeigt eine 7-Element-*Kreuz-Yagi*, die mit solchen Doppelfaltdipolen aufgebaut ist, wobei für alle Elemente 20 mm breites Leichtmetallband verwendet wurde. Durch den Einsatz eines quadratischen Tragerohrs (22 mm x 22 mm) konnten die abgewinkelten Elementhälften direkt auf dem Tragerohr festgeschraubt werden. Aus **Bild 24.3.5** sind entsprechende weitere Einzelheiten zu ersehen. Mit einer relativen Antennenlänge von 0,85λ beträgt der Gewinn etwa 8,5 dBd.

Diese vereinfachte Speisemethode kann bei allen *Kreuz-Yagis* angewendet werden, sofern die eingesetzten *Yagi*-Systeme mit einfachen Faltdipolen einen Eingangswiderstand von 240 Ω haben. Man braucht dann nur die einfachen Faltdipole durch Doppelfaltdipole zu ersetzen, wodurch die Eingangsimpedanz auf 540 Ω erhöht wird, ohne daß sich die sonstigen elektrischen Eigenschaften des *Yagi*-Systems verändern.

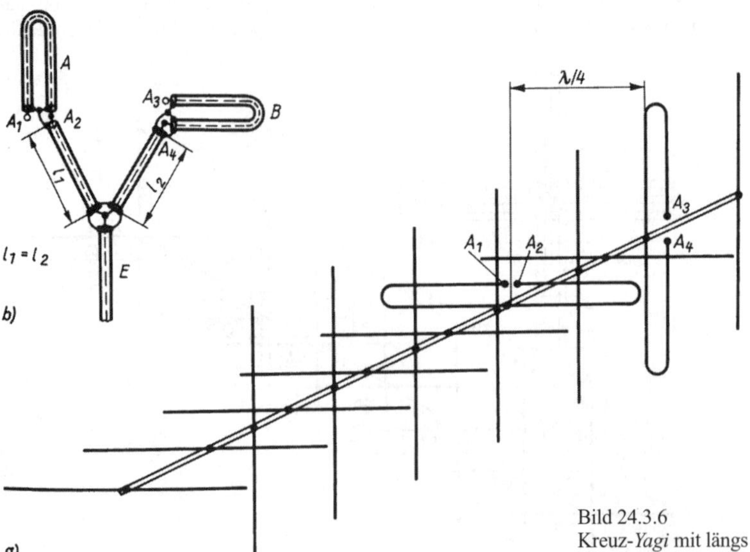

Bild 24.3.6
Kreuz-*Yagi* mit längs versetzten *Yagi*-Systemen
a) - Aufbauschema
b) - Erregersystem für Zirkularpolarisation

Bild 24.3.7
Kreuz-*Yagi* mit seitlich versetzten *Yagi*-Systemen (Erregung nach Bild 24.3.8)

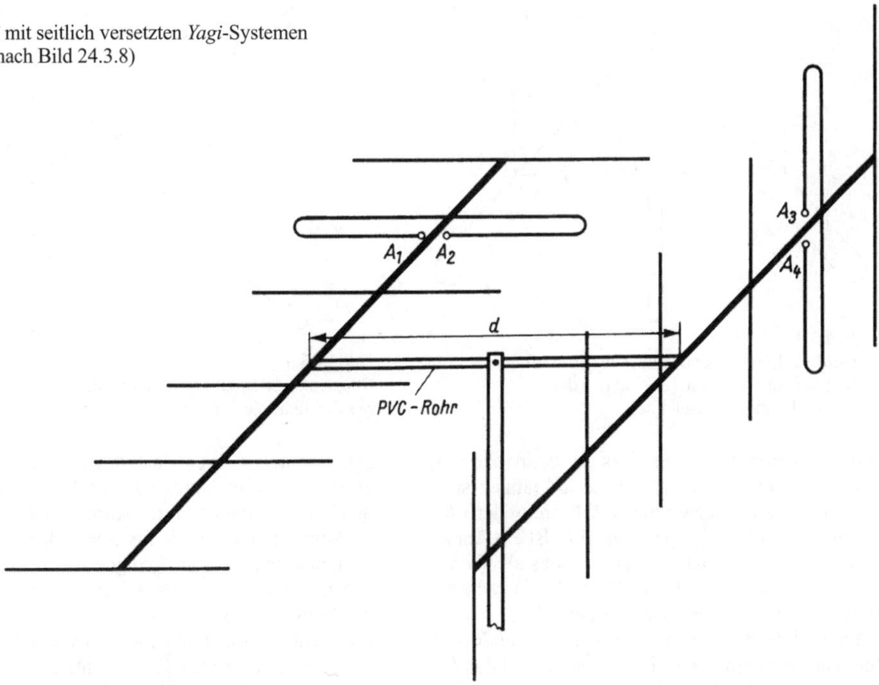

Mitunter baut man auch *Kreuz-Yagi,* deren gespeiste Elemente aus gestreckten Dipolen bestehen, die über Gamma-Anpassungen erregt werden [3.2]. Dieser Einsparung der beiden Halbwellen-Umwegleitungen steht ein relativ großer und mechanisch schwieriger Aufwand für den Bau der einstellbaren Gamma-Glieder gegenüber. Ihr optimaler Abgleich ist zumindest zeitraubend, und häufig führen die Elementhälften – bedingt durch die unsymmetrische Gamma-Erregung – ungleiche Ströme.

Es gibt noch weitere Möglichkeiten, die Zirkularpolarisation von *Yagis* herbeizuführen. Eine einfache Kompromißlösung besteht darin, daß man die beiden gleichen *Yagi*-Systeme kreuzförmig auf einem gemeinsamen Träger anordnet, wobei aber die horizontalen Elemente gegenüber den vertikalen Elementen um $\lambda/4$ in Längsrichtung des Elementeträgers versetzt sind (**Bild 24.3.6**). Da der räumliche Abstand von $\lambda/4$ zwischen den waagrechten und den senkrechten Elementen einer laufzeitbedingten Phasenverschiebung von 90° entspricht, wird Zirkularpolarisation erreicht, ohne daß man ein gesondertes Viertelwellenumwegglied zwischen den Antenneneingängen einfügen muß. Demnach sind beide gespeisten Faltdipole über gleich lange Kabelstücke parallelgeschaltet, so daß sie gleichphasig gespeist werden; die Phasenverschiebung entsteht ausschließlich durch den räumlichen Versatz der Strahlungsfelder.

Bei einer weiteren Bauform zirkular polarisierter *Yagi*-Antennen werden die beiden Systeme seitlich voneinander versetzt [3.3]. Für eine solche Anordnung benötigt man 2 Elementeträger und ein waagrechtes Abstandsrohr, das möglichst aus Kunststoff (z.B. PVC) bestehen sollte (**Bild 24.3.7**). Da die Elemente in der gleichen Abstrahlungsebene liegen, wird durch diese räumliche Anordnung keine Phasenverschiebung verursacht. Somit muß bei dieser Bauform die Zirkularpolarisation über eine Viertelwellen-Umwegleitung zwischen den beiden Systemen herbeigeführt werden. Diese Forderung erfüllt das Erregersystem nach **Bild 24.3.8**. Es handelt sich im Prinzip um die gleiche Anordnung wie in **Bild 24.3.2**. Da aber die Speisepunkte $A_1 - A_2$ und $A_3 - A_4$ nicht unmittelbar benachbart sind, sondern um den Abstand *d* voneinander versetzt liegen, muß die Verbindungsleitung eine Länge von $\leq d = l_1 + l_2$ aufweisen. Ferner muß das eine *Yagi*-System gegenüber dem anderen über einen Umweg von $\lambda/4$- entsprechend einer Phasenverschiebung

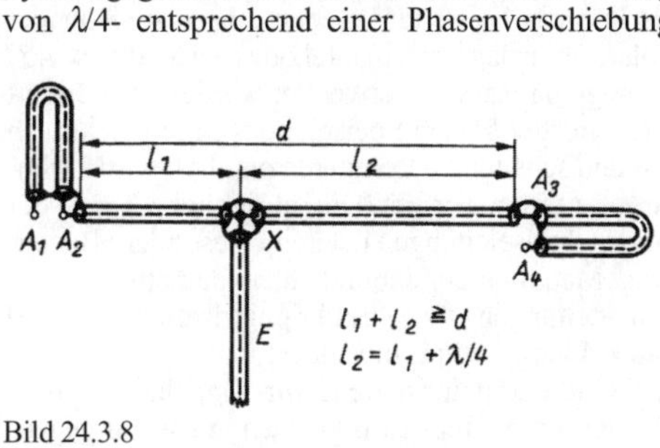

Bild 24.3.8
Erregersystem für Kreuz-*Yagi* nach Bild 24.3.7

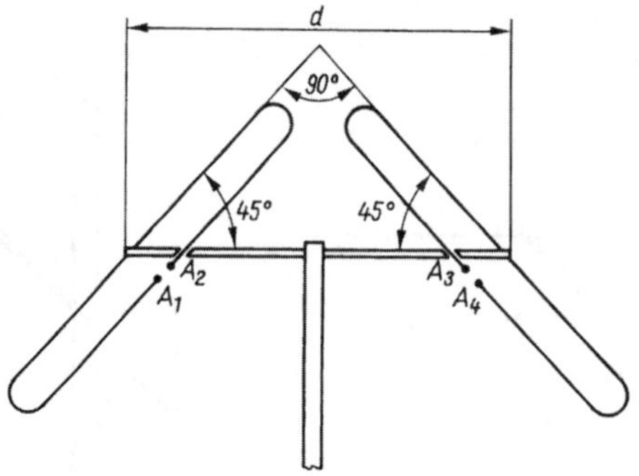

Bild 24.3.9
Variante der Elementeanordnung für zirkular polarisierte *Yagi*-Systeme (es sind nur die gespeisten Elemente gezeichnet)

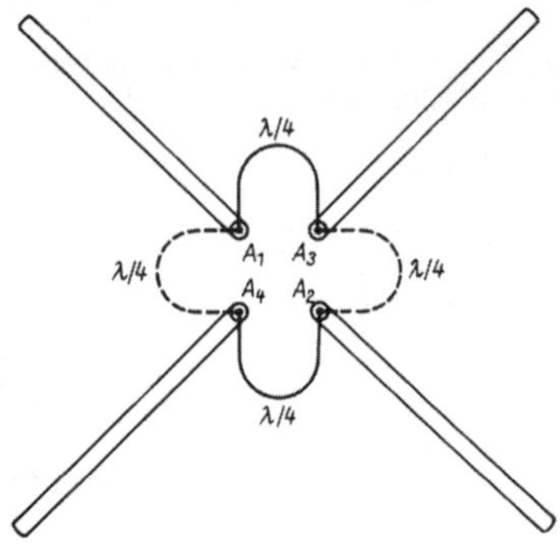

Bild 24.3.10
Skizze zur Erläuterung des Drehsinnes bei Zirkularpolarisation

von 90° - erregt werden. Das ist dann der Fall, wenn die Leitung l_2 um elektrisch $\lambda/4$ länger ist als l_1. Nach dieser Beziehung wählt man den Anschlußpunkt *X* für das Speisekabel *E*. Ist ein Anpassungsglied erforderlich, schleift man es als Viertelwellentransformator *D* (siehe **Bild 24.3.2**) zwischen Punkt *X* und dem Speisekabel *E* ein.

Eine solche Anordnung eignet sich besonders für den Satellitenempfang (z.B. *OSCAR),* weil das Antennensystem durch axiales Drehen des Abstandsrohres leicht in eine vertikale Position geschwenkt werden kann. Der seitliche Abstand *d* sollte möglichst klein sein. Um die Antenne ohne Kollisionsgefahr mit dem Antennenmast in die Vertikale schwenken zu können, muß *d* etwas größer als $\lambda/2$ gewählt werden. Mehr Freiheit vom senkrechten Antennenmast gewinnt man, wenn die *Yagi*-Systeme mit 45° schräg polarisiert sind. Die Elemente nehmen dann eine Lage nach **Bild 24.3.9** ein. Als Erregersystem benutzt man ebenfalls die Anordnung nach **Bild 24.3.8**

Alle zirkular polarisierten *Yagi*-Kombinationen lassen sich so ausführen, daß man sie vom Stationsraum aus für Zirkular- oder Linearpolarisation umschalten kann. Dazu muß man von jedem Teilsystem eine eigene Speiseleitung bis zu einem Umschalter führen. Beide Ableitungen sollen dabei gleiche Länge haben. Nun kann jedes System allein als linear polarisierte Antenne mit entsprechender Polarisationslage (horizontal oder vertikal bzw. 45° Schrägpolarisation) verwendet werden. Verlängert man eine der beiden Speiseleitungen um elektrisch $\lambda/4$ und schaltet die Leitungen parallel, wird Zirkularpolarisation erreicht. Die tatsächliche Länge der beiden Speiseleitungen hat keine besondere Bedeutung. Man muß nur darauf achten, daß eine der beiden Leitungen für Zirkularpolarisation um genau $\lambda/4$ länger ist als die andere.

Da zirkular polarisierte *Kreuz-Yagis* bei gleichem Gewinn immerhin den doppelten Aufwand gegenüber einfachen, linear polarisierten *Yagis* erfordern, sollte man sich ihren Einsatz vorher gut überlegen. Dreh- und schwenkbare *Kreuz-Yagis* sind gut für den Satellitenempfang, für Aurora- und Meteorscatter-Verbindungen sowie für den Verkehr mit Mobilstationen im 2-m-Band geeignet, auch wenn die Gegenstellen mit Linearpolarisation arbeiten. Sollen die Funkverbindungen aber z.B. vorwiegend über FM-Relaisstationen abgewickelt werden, lohnt sich der Einsatz von Kreuz-*Yagis* nicht, da man in diesem Fall mit einer einfachen, vertikal polarisierten *Yagi*-Antenne bei halbem Aufwand ein um 3 dB besseres Ergebnis erhält. Wer sich eine universell verwendbare Antenne wünscht und einen erhöhten Materialaufwand nicht scheut, sollte die beiden Systeme einer *Kreuz-Yagi* mit getrennten Speiseleitungen versehen, um die Möglichkeiten zu haben, wahlweise mit horizontaler und vertikaler Linearpolarisation oder mit Zirkularpolarisation arbeiten zu können.

Zur Feststellung der Drehrichtung gilt die Regel, daß man die Antenne immer von der Reflektorseite her in Abstrahlrichtung betrachtet. Liegt der Dipol, welcher über die $\lambda/4$-Umwegleitung gespeist wird, rechts vom direkt erregten Dipol, so kommt es zu rechtsdrehender Zirkularpolarisation; dagegen entsteht linksdrehende Zirkularpolarisation, wenn die Umwegleitung links vom direkt gespeisten Element liegt. **Bild 24.3.10** soll dies verdeutlichen: Der Dipol mit den Anschlüssen A_1-A_2 sei direkt über das beliebig lange Speisekabel mit dem Sender verbunden. Werden die $\lambda/4$-Umwegleitungen nun zwischen A_1 und A_3 bzw. A_2 und A_4 angeordnet, entsteht rechtsdrehende Polarisation. Legt man die $\lambda/4$-Leitungen zwischen A_1 und A_4 bzw. A_2 und A_3 - wie gestrichelt eingezeichnet -, liegt linksdrehende Zirkularpolarisation vor. So kann man z.B. feststellen, daß das Erregersystem aus **Bild 24.3.8** in Verbindung mit **Bild 24.3.7** rechtsdrehende Zirkularpolarisation ergibt, wobei es etwas Denkarbeit erfordert, um zu diesem Ergebnis zu gelangen.

Die *Kreuz-Yagi* kann für die Polarisationsarten horizontal, vertikal, zirkular rechtsdrehend und zirkular linksdrehend umgeschaltet werden. Will man direkt an der Antenne umschalten, können dazu geeignete Relais benutzt werden. Zur Umschaltung im Stationsraum müssen 2 genau gleichlange Speiseleitungen zu diesem geführt werden. Solche Umschalteinrichtungen und -verfahren werden von *Bittan* in [3.4] beschrieben.

Weitere Informationen über *Kreuz-Yagis* findet man in [3.5] und [3.6].

24.4 Logarithmisch-periodische Antennen für VHF/UHF

Die heute gebräuchlichste Form der breitbandigen Antenne ist die logarithmisch-periodische Dipolantenne (*LPDA = **L**ogarithmisch-**P**eriodische **D**ipol-**A**ntenne*).

Das Wirkungsprinzip der *logarithmisch-periodischen Antennen* wird in Abschnitt 27 eingehend beschrieben. Die dort gegebenen Erklärungen, Berechnungsgleichungen, Diagramme und Tabellen sind sinngemäß auch für VHF- und UHF-Ausführungen gültig. Im VHF-Bereich ist es jedoch möglich, optimale Bemessungsparameter anzuwenden, die im Kurzwellenbereich wegen ihrer großen räumlichen Ausdehnung kaum verwirklicht werden können. Als Bemessungsgrundlage für *LPDAs* benutzt man **Bild 27.4.1**.

LPDAs für den VHF-/UHF-Bereich werden fast immer mit rohrförmigen Elementen tragend aufgebaut, wobei sich die aus parallel geführten Rohren bestehende Erregerleitung gleichzeitig als Antennenträger eignet. **Bild 24.4.1** zeigt ein Konstruktionsbeispiel.

Die Antenne wird dabei in zwei gleiche Teile getrennt, wobei jede Hälfte einen eigenen Elementeträger hat, der jeweils nur jene Elementstücke aufnimmt, die miteinander direkt verbunden werden dürfen. Der Elementeträger der zweiten, gleichartigen Hälfte wird dann - isoliert vom anderen Elementeträger - so angeordnet, daß sich die Dipolhälften in der Draufsicht jeweils zu einem Dipol mit gleichlangen Schenkeln ergänzen. Auf diese Weise vermeidet man bei gleicher elektrischer Wirksamkeit die überkreuzte Erregerleitung und erhält gleichzeitig einen mechanisch vereinfachten, stabilen Aufbau. Die Erregerleitung wird dabei von den beiden Elementeträgern dargestellt mit dem erforderlicher Wellenwiderstand Z_o aus Gl. (27.4.15)

Die Dipolhälften werden an den Trägerrohren metallisch gut leitend befestigt. Dazu kann man Rohrschellen nach **Bild 24.4.2b** verwenden oder Z_0 allem bei starkwandigen Trägerrohren – die Elemente direkt einschrauben und mit einer Kontermutter sichern (**Bild 24.4.2c**). In **Bild 24.4.1** haben die Trägerrohre quadratische Querschnitte. Dieses ist beson-

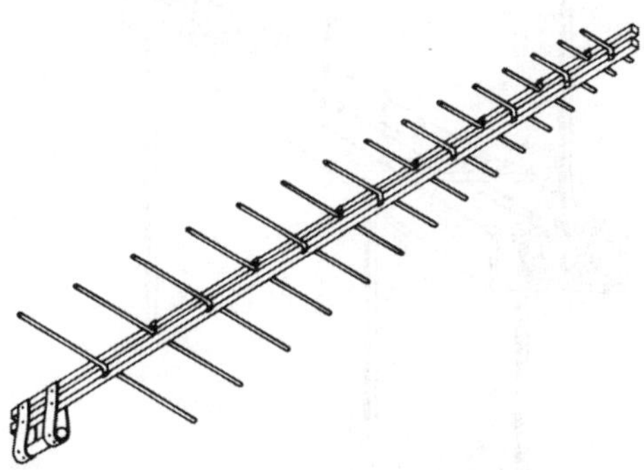

Bild 24.4.1
Beispiel für die mechanische Ausführung
von LPDA im VHF/UHF-Bereich

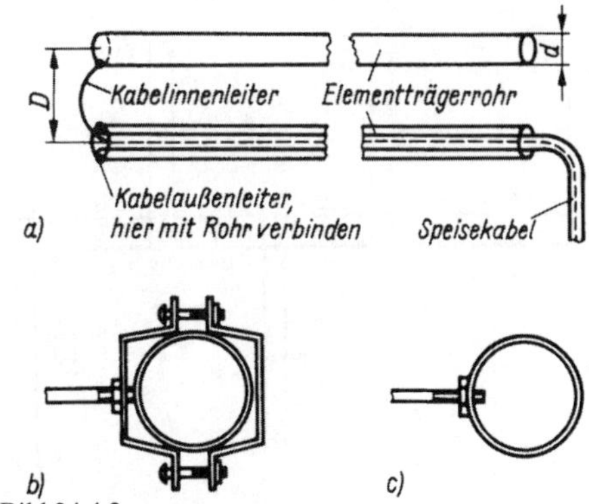

Bild 24.4.2
Mechanische Einzelheiten zur LPDA nach Bild 24.4.1
a) - Anschluß des Speisekabels
b) - Elementbefestigung über Rohrschelle
c) - Elementbefestigung durch Schraube

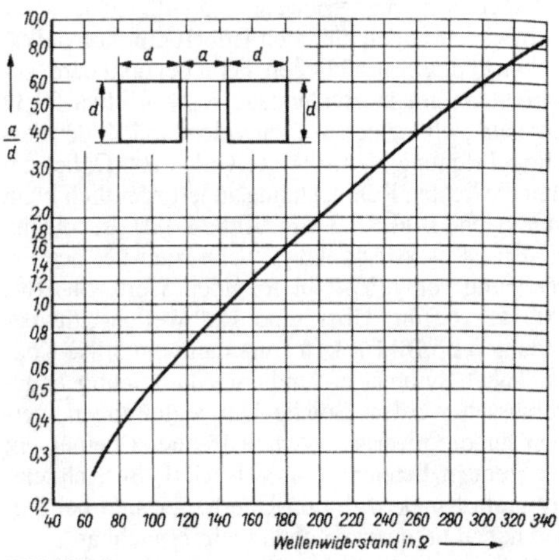

Bild 24.4.3
Wellenwiderstand *Z* einer Parallelrohrleitung
mit quadratförmigen leiterprofilen und Luftisolation
in Abhängigkeit von Abstand *a* und Seitenlänge *d* (*a/d*)

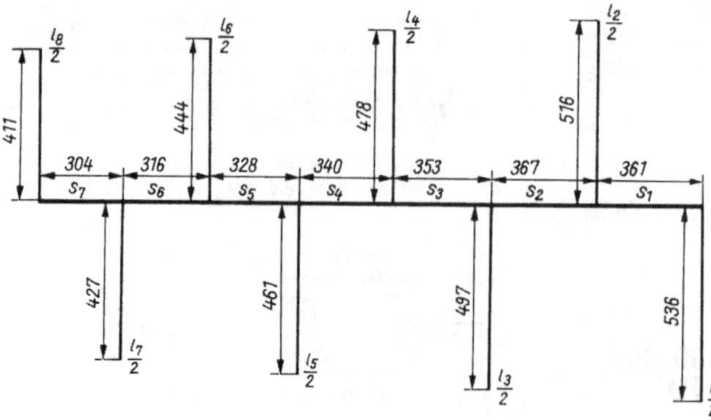

Bild 24.4.4a
Bemessungsschema einer LPDA für den Frequenzbereich 140 bis 148 MHz, bestehend aus 2 gleichen Teilen (die Zeichnung enthält nur eine Antennenhälfte)

ders günstig für die Befestigung der Elementhälften und die mechanische Halterung der Antenne. Aus **Bild 24.4.3** kann der Wellenwiderstand solcher Leitungen ermittelt werden [4.1]. Dabei wird ersichtlich, daß mit solchen Leitungen auch noch Wellenwiderstände mit $Z < 150\ \Omega$ mechanisch hergestellt werden können, was bei Parallelrohren mit kreisförmigem Querschnitt kaum möglich ist (vergleiche **Bild 5.5.3**). Der Abstand der Parallelrohre wird durch passende Kunststoffklötze fixiert. Nur die dem längsten Dipol nächstliegenden Rohrenden werden durch die Mastschelle metallisch leitend miteinander verbunden, wodurch der Stub Z_t (siehe **Bild 27.4.1**) entsteht.

Sofern der Eingangswiderstand $R_e < 100\ \Omega$ ist, kann die Antenne über ein Koaxialkabel beliebiger Länge direkt gespeist werden. Wie **Bild 24.4.2a** zeigt, führt man es innerhalb eines Trägerrohres bis zum offenen Ende, das dem kürzesten Dipol benachbart ist. Dort verbindet man den Kabelaußenleiter leitend mit dem Ende des Führungsrohres und den Kabelinnenleiter mit dem Ende des gegenüberliegenden Trägerrohres. Auf diese Weise wird gleichzeitig die erforderliche Symmetriewandlung vollzogen.

In vielen Fällen läßt sich jedoch ein Koaxialkabel nicht direkt anschließen, denn bei dem dann geforderten Eingangswiderstand R_e von etwa 50 Ω ergeben sich für den Wellenwiderstand Z_0 der Parallelrohrleitung häufig Werte von < 100 Ω, bei denen die lichten Rohrabstände außerordentlich klein sind (siehe **Bild 5.5.3** und **Bild 24.4.3**). In solchen Fällen ist es zweckmäßig, wenn man bei der Errechnung von *LPDA* für R_e einen Wert von etwa 200 Ω vorgibt. Über eine Halbwellen-Umwegleitung nach **Bild 7.3.10** kann dann ein 50-Ω-Koaxialkabel Symmetrie- und impedanzrichtig angeschlossen werden. Solche Umwegleitungen werden für die niedrigste Arbeitsfrequenz bemessen; ihr Frequenzbereich ist im VHF/UHF-Bereich relativ groß. Ringkern-Balun-Übertrager sind bei diesen hohen Frequenzen nicht mehr brauchbar.

Daß eine optimal bemessene *LPDA* mit *Yagi*-Antennen gleicher Länge durchaus konkurrieren kann, mag nachstehendes Beispiel demonstrieren (Bemessungsgrundlagen nach **Bild 27.4.1**):

Beispiel

Es werden die Daten einer *LPDA* für den Frequenzbereich von 140 bis 148 MHz berechnet. Vorgegeben sind $\tau = 0{,}963$; $\sigma = 0{,}178$ und $R_e = 200\ \Omega$. Der zu erwartende Gewinn beträgt nach **Bild 27.4.2** 10,25 dBi ≡ 8,1 dBd.

Mit den vorgegebenen Daten können zunächst die Dipollängen l nach Gl. (27.4.1), sowie die Elementabstände S mit Gl. (27.4.5) errechnet werden.

Es ergeben sich:

l_1 =1072 mm,	S_1 = 381 mm,
l_2 =1032 mm,	S_2 = 367 mm,
l_3 =994 mm,	S_3 = 353 mm,
l_4 =956 mm,	S_4 = 340 mm,
l_5 =922 mm,	S_5 = 328 mm,
l_6 =888 mm,	S_6 = 316 mm,
l_7 =854 mm,	S_7 = 304 mm,
l_8 =822 mm.	

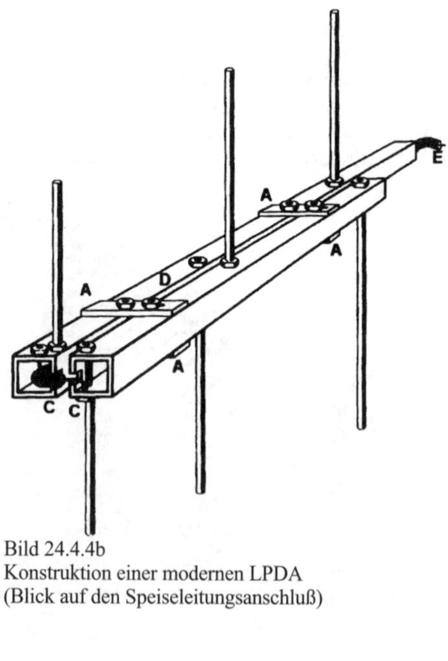

Bild 24.4.4b
Konstruktion einer modernen LPDA
(Blick auf den Speiseleitungsanschluß)

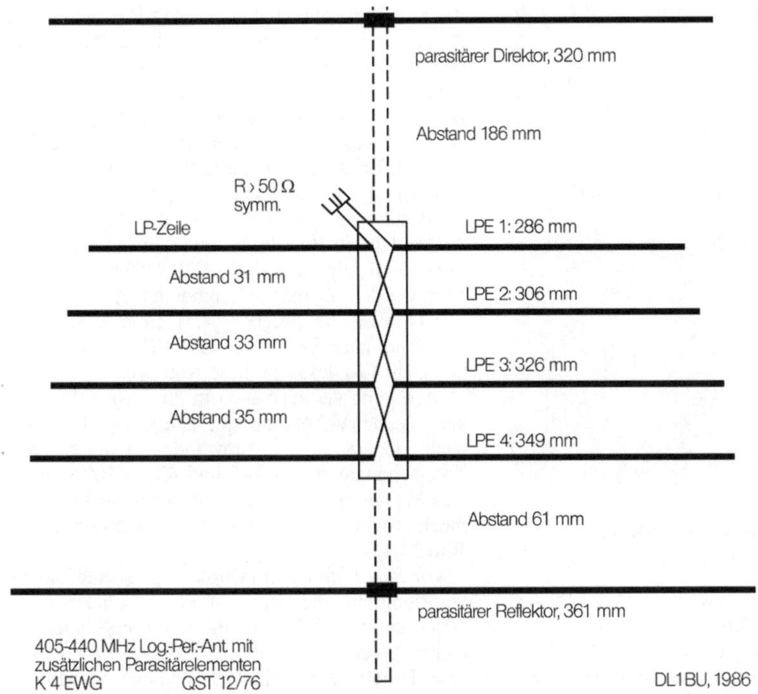

Bild 24.4.5
Log-*Yag*-Antenne für 70 cm (nach *K4EWG*)

Die Antennenlänge *A* ergibt sich durch Addition der Abstände *S* mit 2,39 m ($\equiv 1{,}12\lambda_{max}$). In **Bild 24.4.4a** ist eine der beiden Antennenhälften skizziert und mit den errechneten Abmessungen versehen.

Eine moderne *LPDA*-Variante für VHF/UHF benutzt zwei voneinander isolierte quadratische Booms, auf denen die (Halb-) Elemente abwechselnd entgegengesetzt angeordnet sind. Zwei gleiche „Antennenblätter" werden auf diese Art bestückt und so zusammengesetzt, daß sie sich zu einer Antenne ergänzen. So eine Antenne läßt sich leichter montieren. Die beiden Booms bilden eine Lecherleitung und wirken außerdem als Transformations-, Anpaß- und Symmetrierleitung. **Bild 24.4.4b** zeigt eine moderne *LPDA* mit Blick auf den Speiseleitungsanschluß [4.14]. Das Koaxialkabel (*E*) wird durch den „kalten" Boom (*D*) links geführt. Bei *C-C* erfolgt der Anschluß, dabei ist der Außenleiter am linken Boom und der Innenleiter am rechten „heißen" Boom angeschlossen. Die Elemente sind jeweils nahe der Mitte montiert. Dazu bekommt der Boom Gewindelöcher und die Elemente werden in den Boom geschraubt und mit Kontermuttern fixiert. *A* sind die beiden isolierten Abstandshalter.

Aus dem Längenverhältnis $l_1{:}l_8$ erhält man die Strukturbreite B_s =1,303. Um den Wellenwiderstand Z_0 der Parallelrohrleitung für R_e = 200 Ω bestimmen zu können, wird zunächst der mittlere Wellenwiderstand Z_a der Dipole nach der entsprechenden Gleichung

$$Z_A = 120 \cdot \left[\left(\ln\frac{l}{d}\right) - 2{,}25\right] \qquad (24.4.1)$$

festgestellt. Vorgesehen ist ein Elementdurchmesser von 10 mm; daraus ergibt sich der mittlere Wellenwiderstand Z_a zu etwa 288 Ω. Das Verhältnis $Z_a : R_e$ beträgt somit 288 Ω : 200 Ω = 1,44.

Der mittlere Abstandsfaktor σ' wird nach

$$\sigma' = \frac{\sigma}{\sqrt{\tau}} \qquad (24.4.2)$$

mit 0,1814 festgestellt.
Abgeleitet aus

$$Z_0 = \frac{R_e^{\,2}}{8\sigma' \cdot Z_a} + \left[R_e \sqrt{\left(\frac{R_e}{8\sigma' \cdot Z_a}\right)^2 + 1}\right]$$

kann nun das Verhältnis
*Zo : R*e errechnet werden zu *Zo : R*e = 1,587 Da *R*e = 200 Ω, wird *Zo* = 200 Ω · 1,587 = 317 Ω.

Eine Parallelrohrleitung dieses Wellenwiderstandes kann mechanisch leicht hergestellt werden (siehe **Bild 5.5.3** und **Bild 24.4.3**). Für Parallelrohre mit kreisförmigem Querschnitt würde das Verhältnis *D/d = 7,5* betragen (**Bild 5.5.3**), bei Vierkantrohren ist nach **Bild 24.4.3** mit einem Verhältnis des Abstandes *a* zur Kantenlänge *d* von 7 zu rechnen. Die Antenne kann mit einem 50-Ω-Koaxialka-

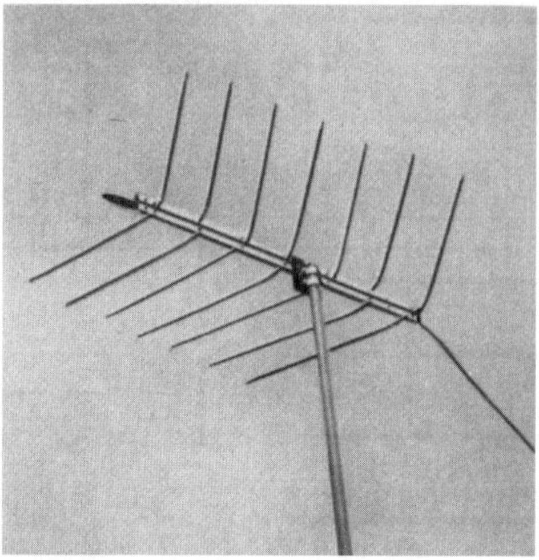

Bild 24.4.6
Musteraufbau einer logarithmisch-periodischen V-Antenne (Foto: *R. Staritz, DL3CS*)

bel über eine Halbwellen-Umwegleitung 4:1 (siehe **Bild 7.3.10**) gespeist werden.

Gibt man bei sonst gleichen Daten den Eingangswiderstand R_e mit 75 Ω vor, ergibt sich Z_a zu 90 Ω. Dieser Wellenwiderstand kann mit Vierkantrohr mechanisch noch verwirklicht werden, wenn das Verhältnis a/d = 0,45 beträgt (z.B. Kantenlänge d =16 mm und Abstand a = 7 mm oder Kantenlänge d = 22 mm und Abstand a = 10 mm).

Die vorstehend beschriebene *LPDA* kann auch zu einer *logarithmisch-periodischen Yagi*-Antenne erweitert werden, wobei der Gewinn entsprechend ansteigt. Darunter versteht man eine Kreuzung aus *LPDA* und *Yagi* (abgekürzt: *Log-Yag* oder *LPYA*). Sie besteht aus einer *LPDA*, der in entsprechenden Abständen ein Reflektor, sowie ein oder mehrere Direktoren angefügt sind [4.2]. Diese Antennenform wurde im Amateurfunkbereich erstmals 1969 von *O. Swan* beschrieben [4.3]. Eine Ausführung für 70 cm nach *K4EWG* hat *DL1BU* veröffentlicht [4.4]. **Bild 24.4.5** zeigt diese Antenne.

Man kann sie aber auch in eine logarithmisch-periodische V-Antenne mit schrägen Elementen nach Abschnitt 27 umwandeln, wobei eine Zweibandantenne für 145 und 435 MHz entsteht. Das Muster einer solchen V-Antenne, aus dem die mechanischen Einzelheiten zu erkennen sind, zeigt **Bild 24.4.6**.

Von *Scholz* und *Smith* wurde in [4.5] eine Tabelle veröffentlicht, die einen guten Überblick zu den Daten unterschiedlicher *LPDAs* mit optimaler Bemessung verschafft. Diese Daten sind auszugsweise in **Tabelle 24.6** enthalten. Die angegebenen Gewinne wurden korrigiert (siehe Erläuterung am Ende von Abschnitt 27.4).

Tabelle 24.6
Datenaufstellung für LPDAs mit Optimalwerten

	E_n	A	τ	σ	B_S	g / dBi	g/dBd
$B \approx$ 1,05 (Einbandbetrieb)							
	4	0,34	0,790	0,142	2,02	6,6	4,4
	5	0,52	0,880	0,155	1,67	7,7	5,5
	6	0,73	0,920	0,170	1,52	8,7	6,5
	8	1,12	0,963	0,178	1,30	10,5	8,3
	10	1,48	0,978	0,181	1,22	> 10,5	> 8,3
$B \approx$ 1,5							
	6	0,49	0,810	0,142	2,90	6,8	4,6
	8	0,77	0,875	0,158	2,56	7,7	5,5
	12	1,35	0,930	0,172	2,21	9,0	6,8
	15	1,79	0,950	0,175	2,05	9,8	7,6
$B \approx$ 2							
	7	0,52	0,795	0,142	4,00	6,8	4,6
	10	0,87	0,875	0,155	3,39	7,6	5,4
	14	1,37	0,917	0,170	3,07	8,7	6,5
	19	1,97	0,943	0,175	2,80	9,5	7,3
$B \approx$ 3							
	9	0,59	0,800	0,142	5,93	6,7	4,5
	15	1,18	0,895	0,155	4,80	8,0	5,8
	22	1,90	0,932	0,170	4,38	9,0	6,8

In der Tabelle bedeuten:
B = Frequenzverhältnis des Arbeitsbereiches ($f_o : f_u$)
E_n = Anzahl der Dipole
A = Antennenlänge bezogen auf λ_{max}
τ = Stufungsfaktor
σ = Abstandsfaktor bezogen auf λ_{max}
B_S = Strukturbreite als Längenverhältnis des längsten zum kürzesten Dipol
g = Gewinn in dBi und dBd (dBd = dBi – 2,2 dB)

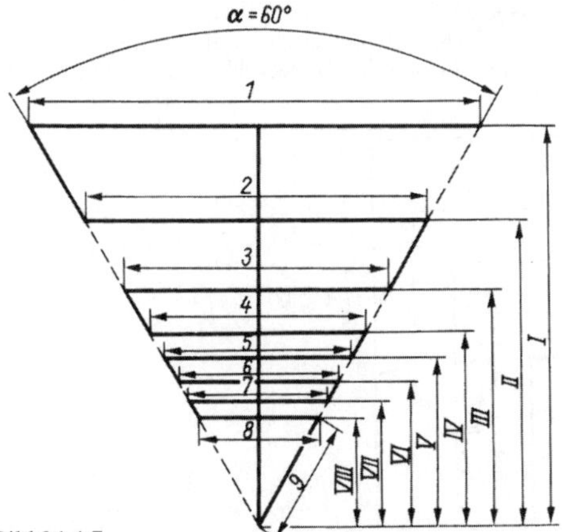

Bild 24.4.7
Logarithmisch periodische Strahlerhälfte in Mäanderform; $\tau = 0{,}707$; $\sigma = 0{,}1216$; $\alpha = 60°$

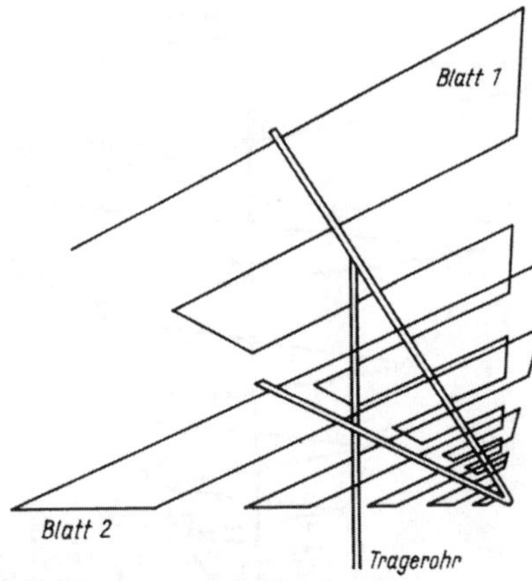

Bild 24.4.8
V-förmige Anordnung zweier logarithmisch periodischer Strahlerhälften nach Bild 24.4.6; Winkel zwischen beiden Strahlerebenen ist 45°

Ist das gespeiste Element einer Lang-*Yagi*-Antenne eine logarithmisch periodische Faltdipolreihe, erhält man bei entsprechender Bemessung der Direktoren Superbreitbandantennen für die Fernsehbereiche mit großem Gewinn, die von *Spindler* in [4.6] beschrieben werden.

Eine *logarithmisch-periodische Antenne* kann in vielfältigen Formen ausgeführt den. Die sogenannten Zähne einer solchen Antenne nach **Bild 24.4.7** bestehen teilweise aus kompakten Blechstrukturen; im VHF- und UHF-Bereich sind sie häufig als Drahtskelett mit dreieckigen oder mäanderförmigen Zähnen ausgeführt (siehe auch **Bild 27.3.3**). Es handelt sich bei diesen Formen um Längsstrahler, deren Polarisation ihrer Lage entspricht. Das bedeutet, daß z.B. eine waagrecht liegende Antennenebene horizontal polarisiert strahlt.

Höhere Gewinne bei größeren Eingangswiderständen sind zu erreichen, wenn 2 gleichartige logarithmisch-periodische Antennenebenen von **Bild 24.4.7** unter einem bestimmten Winkel in V-Form angeordnet werden, wie es in **Bild 24.4.8** schematisch dargestellt ist. Diese Antennenform wird im englischen Sprachraum als „Pyramidal-LP“ bezeichnet. Aus der Zeichnung geht hervor, daß die Ebenen gegenseitig um 180° axial verdreht sind. Die beiden Ebenen werden zueinander oft in einem Winkel von 45° angeordnet. Kleinere Winkel ergeben zwar einen kompakteren Aufbau, jedoch geringeren Gewinn. Vergrößert man den Winkel, so steigt der Gewinn, aber das System wird dann sperrig.

Bild 24.4.7 zeigt eine Antennenebene mit mäanderförmigen Zähnen, die mit den in **Tabelle 24.7** angegebenen Abmessungen einen Frequenzbereich von 48 bis 230 MHz aufweist. Zwei solche Ebenen sind für den V-förmigen Aufbau nach **Bild 24.4.8** erforderlich. Bei der Mäanderform wird durch die Verbindungsleitungen an den Schenkelenden erreicht, daß Phase und Amplitude des Antennenstroms eine zur Spitze des Systems gerichtete Strahlungskeule erzeugen. Auch diese Breitband-*LP-Antenne* in V-Form strahlt linear polarisiert ab. Sie ist horizontal polarisiert, wenn die Schenkel der Mäanderstrukturen waagrecht verlaufen. Der Eingangswiderstand wird mit 120…130 Ω symmetrisch angegeben. Zur direkten Speisung an der Spitze der Antenne eignet sich deshalb eine symmetrische Leitung mit 120-Ω-Wellenwiderstand.

Die Elemente werden aus Leichtmetall von 8 bis 10 mm Durchmesser hergestellt (Rohr oder Voll-

Tabelle 24.7
Abmessungen für eine logarithmisch periodische Antenne nach Bild 24.4.7

Element 1 –	3000 mm	Strecke I –	2600 mm
Element 2 –	2120 mm	Strecke II –	1840 mm
Element 3 –	1500 mm	Strecke III –	1300 mm
Element 4 –	1060 mm	Strecke IV –	920 mm
Element 5 –	750 mm	Strecke V –	650 mm
Element 6 –	530 mm	Strecke VI –	460 mm
Element 7 –	375 mm	Strecke VII –	325 mm
Element 8 –	265 mm	Strecke VIII –	230 mm
Element 9 –	265 mm		

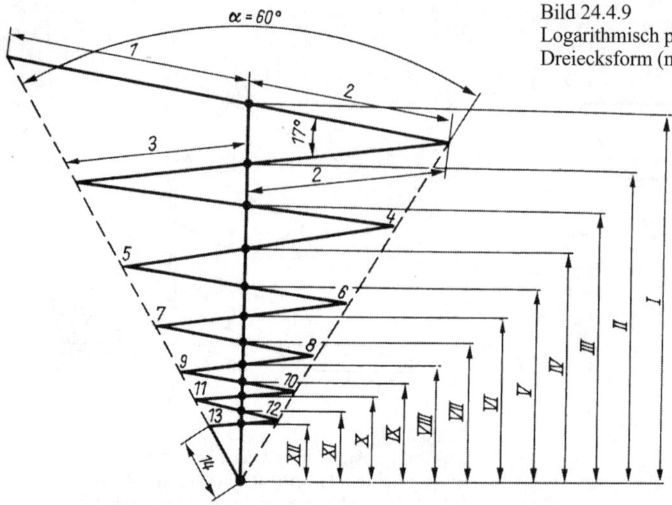

Bild 24.4.9
Logarithmisch periodische Strahlerhälfte in Dreiecksform (mit Dreieckzähnen); $\alpha = 60°$; $\tau = 0{,}84$

material). Für die Verbindungsleitungen an den Elementenden sind Leichtmetalldrähte von 1,5 bis 3 mm Durchmesser ausreichend. Als Elementeträger können sowohl geeignete Leichtmetallrohre als auch Holzleisten mit etwa 30 x 30 mm Querschnitt verwendet werden. Die Mäanderschenkel sind jeweils in ihrer geometrischen Mitte mit dem Elementeträger leitend verbunden. Bei Holzträgern ist zusätzlich ein Metallband vorzusehen, dass die galvanische Verbindung der Schenkelmitten herstellt. Die beiden Antennenebenen sind von einander lediglich durch Holzspreizen isoliert.

Aus der Antenne gemäß **Bild 24.4.7** entstanden durch konstruktive Vereinfachung bei annähernd gleicher Wirksamkeit die *logarithmisch-periodischen Antennen* mit dreieckförmigen Zähnen nach **Bild 24.4.9** und **Bild 24.4.10**. Diese Bauformen dürften für orientierende Versuche mit logarithmisch-periodischen V-Antennen besonders geeignet sein, weil man sie aus Kupferdrähten, die von einem entsprechenden Holzgestell getragen werden, herstellen kann. Auch in diesem Fall sind die Dreieckdrähte an den Kreuzungspunkten mit dem Längsträger leitend verbunden. Wie bei der Ausführung mit mäanderförmigen Elementen muß man auch bei dieser Bauform 2 Ebenen V-förmig mit einem Winkel von 45° anordnen.

Die Antenne gemäß **Bild 24.4.9** gewährleistet einen größeren Gewinn als die nach **Bild 24.4.10**, weil sie einen kleineren Öffnungswinkel α und eine dichtere Belegung mit Elementen aufweist (Faktor $\tau = 0{,}84$). Die Struktur kann - entsprechend dem ge-

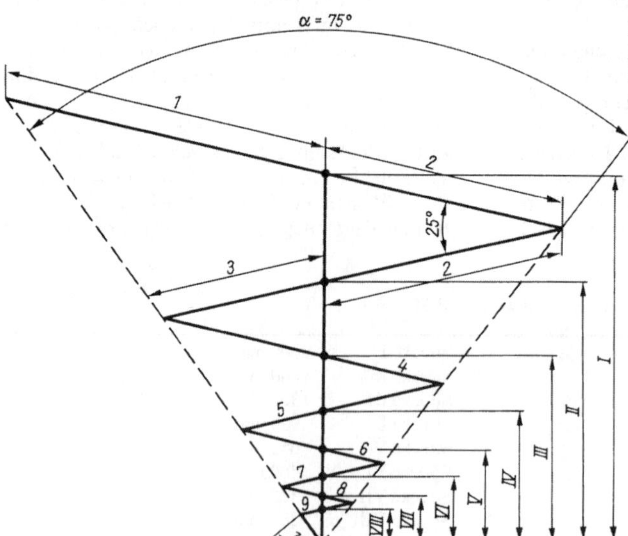

Bild 24.4.10
Logarithmisch periodische Strahlerhälfte in Dreiecksform (mit Dreieckzähnen); $\alpha = 75°$; $\tau = 0{,}71$

Tabelle 24.8: Maße einer logarithmisch periodischen Antenne nach Bild 24.4.9 (48 bis 230 MHz)

Element 1 -	1560 mm	Strecke I -	2370 mm
Element 2 -	1280 mm	Strecke II -	2000 mm
Element 3 -	1080 mm	Strecke II -	1680 mm
Element 4 -	900 mm	Strecke IV -	1400 mm
Element 5 -	760 mm	Strecke V -	1185 mm
Element 6 -	640 mm	Strecke VI -	1000 mm
Element 7 -	540 mm	Strecke VII -	840 mm
Element 8 -	450 mm	Strecke VIII -	707 mm
Element 9 -	380 mm	Strecke IX -	600 mm
Element 10 -	320 mm	Strecke X -	560 mm
Element 11 -	270 mm	Strecke XI -	420 mm
Element 12 -	225 mm	Strecke XII -	353 mm
Element 13 -	190 mm		
Element 14 -	375 mm		

wünschten Frequenzbereich - verkürzt werden. Es ist dabei lediglich zu beachten, daß der längste Schenkel $\leq \lambda_{max}/2$ sein muß. Läßt man z.B. bei **Bild 24.4.9** die Schenkel *1-2* und *2-3* weg, so wäre der Schenkel *3-4* mit zusammen 1980 mm das längste Element. Bezogen auf $\lambda/2$, ergibt das die niedrigste Frequenz von etwa 76 MHz. Der Frequenzbereich würde somit von 76 bis 230 MHz reichen. Bei der Antenne nach **Bild 24.4.10** ergäbe die gleiche Maßnahme einen Frequenzbereich von 100 bis 230 MHz, da der Schenkel *3-4* nur 1500 mm lang ist. Die Längen und Abstände für eine Antennenebene nach **Bild 24.4.9** sind in **Tabelle 24.8** aufgeführt, während die Abmessungen für eine Ebene entsprechend **Bild 24.4.10** aus **Tabelle 24.9** ersehen werden können.

Logarithmisch-periodische Antennen lassen sich immer dann mit gutem Erfolg einsetzen, wenn sehr große lückenlose Frequenzbänder bei gleichbleibenden Antenneneigenschaften über den gesamten Arbeitsbereich gefordert werden. Das ist häufig bei kommerziellen und militärischen Antennenanlagen der Fall. Auch für den Funkamateur können sich Anwendungsfälle ergeben, bei denen eine logarithmisch-periodische Antenne die Optimallösung ist.

Literaturstellen über *Logarithmisch-periodische Antennen* für VHF/UHF sind [4.7] – [4.12]. Neuere Literaturstellen darüber sind [4.13] – [4.15].

Tabelle 24.9
Abmessungen für eine logarithmisch periodische Antenne nach Bild 24.4.10 (Frequenzbereich 48 bis 230 MHz)

Element 1 -	1750 mm	Strecke I -	1850 mm
Element 2 -	1240 mm	Strecke II -	1310 mm
Element 3 -	880 mm	Strecke III -	925 mm
Element 4 -	620 mm	Strecke IV -	655 mm
Element 5 -	440 mm	Strecke V -	462 mm
Element 6 -	310 mm	Strecke VI -	327 mm
Element 7 -	220 mm	Strecke VII -	231 mm
Element 8 -	155 mm	Strecke VIII -	163 mm
Element 9 -	110 mm		
Element 10 -	176 mm		

24.5 *HB9CV*-Antennen für VHF/UHF

Die *HB9CV*-Antenne hat nur 2 Elemente, einen gespeisten Direktor und einen Reflektor im Abstand von $\lambda/8$ [5.1]. Wegen der geringen Längsausdehnung eignet sich diese Antenne besonders für die Fuchsjagd sowie für den Portabelbetrieb. Die Antennentheorie wird in Abschnitt 14.2.2. ausführlich erläutert.

Man kann eine *HB9CV* gewinnoptimiert abgleichen, dann erreicht sie 5 dBd, aber das V/R-Verhältnis sinkt gewaltig ab. Bei einem Gewinn von 4,5 dBd ist das V/R-Verhältnis 18 dB. Man gleicht *HB9CV*-Antennen auf mindestens 20 dB V/R-Verhältnis ab, dann ergibt sich ein Gewinn von etwa 4,2 dBd. Nach Untersuchungen von *DL1BU* (siehe Abschnitt 14.2.2) wird der angegebene Gewinn von 4,2 dBd mit großer Sicherheit (± 0,2 dB) erreicht, auch die für solch kleine Antennen überraschend große Rückdämpfung konnte meßtechnisch nachgewiesen werden. Die *HB9CV*-Antenne wird als ein guter leistungsfähiger, aber in der Anpassung etwas kritischer Typ eingeschätzt.

Nützliche Tips um die *HB9CV* finden sich in [5.2] und [5.3]. *DK7ZB* hat 1997 Abmessungen für die *HB9CV*-Antenne veröffentlicht [5.4]:

$$\text{Strahler:} \quad l/\text{m} = \frac{139}{f/\text{MHz}} \qquad (24.5.1)$$

$$\text{Reflektor:} \quad l/\text{m} = \frac{150}{f/\text{MHz}} \qquad (24.5.2)$$

24.5.1 *HB9CV*-Antenne für 2 m

Bild 24.5.1 zeigt das Antennenschema für den 2-m-Betrieb. Mit den angegebenen Abmessungen kann man sie direkt über ein Koaxialkabel speisen, dessen Innenleiter an X_1 angeschlossen wird, während der Kabelaußenleiter an Punkt X_2 mit dem metallischen Antennenträger verbunden ist (**Bild 24.5.1b**). Der mit dem Kabelinnenleiter in Reihe liegende Trimmer erlaubt es, die durch die Gamma-Glieder eingebrachten induktiven Blindanteile zu kompensieren. Der Trimmer wird einmalig für geringste Kabelwelligkeit (Reflektometer) eingestellt. Er läßt sich durch einen Festkondensator des gleichen Kapazitätswertes ersetzen (Richtwerte um 12 pF).

Weitere Ausführungen zu der in **Bild 24.5.1** dargestellten Antenne findet man in [5.5]. bis [5.8]. Bei gleichen Elementlängen und gleichem Elementabstand wurden lediglich die Gamma-Abgriffe auf den Elementen so verändert, daß sich die Abstände am Reflektorelement von 197 auf 130 mm und am Direktorelement von 197 auf 120 mm verringerten. Der Trimmer zum Anpassen an das Koaxialkabel

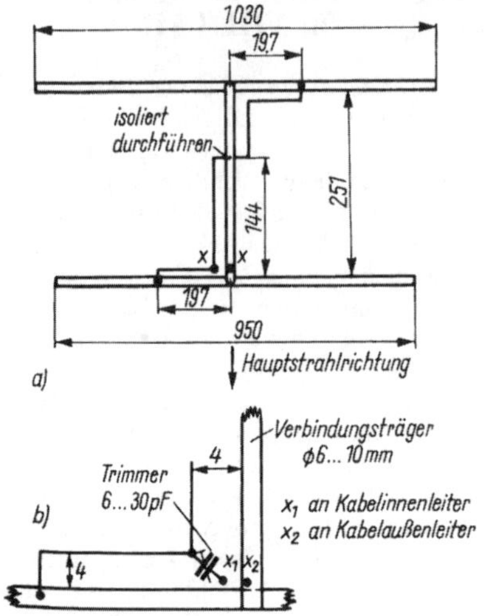

Bild 24.5.1
HB9CV-Antenne für 2 m
a) - Aufbauschema
b) - Teilzeichnung Speisepunkt

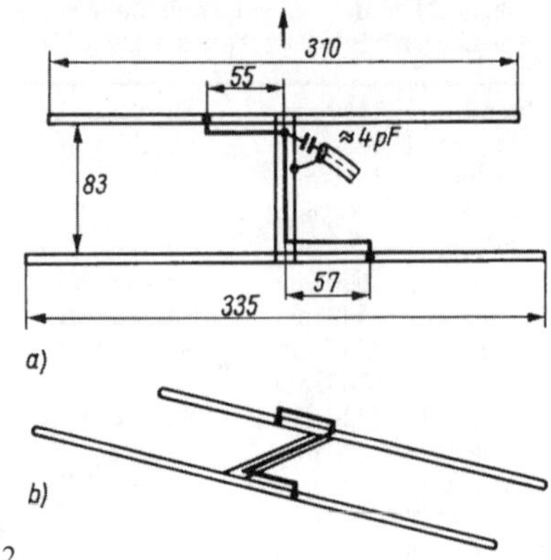

Bild 24.5.2
HB9CV-Antenne für 70 cm
a) - Bemessungsschema
b) - Skizze zum Verlauf der Phasenleitung

muß bei dieser Bemessung parallel zum Speisepunkt gelegt werden. Außerdem müssen in **24.5.1b** die Anschlüsse so miteinander verbunden werden, daß der Kabelinnenleiter dann am Eckpunkt der Anpassungsleitung X_1 liegt, und der Kabelaußenleiter am Punkt X_2. Damit hat man die übliche Ausführung einer Gamma-Anpassung nach Abschnitt 6.2.3 aufgegeben und eine unvollständige Omega-Anpassung (siehe Abschnitt 6.2.4) geschaffen. Da der Serientrimmer fehlt, wird die von den Gamma-Gliedern eingebrachte induktive Blindkomponente nicht kompensiert. Es empfiehlt sich deshalb, bei dieser geänderten Bemessung noch zusätzlich eine Serienkapazität vorzusehen.

Die beiden Gamma-Glieder und ihre Verbindungsleitungen bestehen aus einem durchgehenden 2-mm-Draht, der auch isoliert sein kann. Man muß auf einen gleichmäßigen lichten Abstand von 4 bis 5 mm zwischen der Phasenleitung und den Elementen achten.

Mechanische und elektrische Angaben

Elementdurchmesser 6 mm ± 20
Antennenträger Metall, 10 bis 16 mm Durchmesser
Eingangswiderstand
50 bis 75 Ω unsymmetrisch
Antennenlänge 251 mm ($\lambda/8$)
Gewinn 4,2 dBd
Rückdämpfung bis 20 dB
Horizontale Halbwertsbreite $\alpha_E \approx 68°$
Vertikale Halbwertsbreite $\alpha_H \approx 130°$

3-Element-*HB9CV*-Antenne für 2 m

Es liegt nahe, einer *HB9CV*-Antenne ein weiteres gespeistes Element zu verpassen, in der Annahme, die Vorteile der doppeltgespeisten 2-Element-Antenne würde sich auch bei 3 gespeisten Elementen erhalten lassen. Ein niederländischer SWL (NL-5005) veröffentlichte 1976 eine Antenne dieser Art mit 2 gespeisten Direktoren in der Zeitschrift *Electron* (NL) 1/79. Die Antenne wurde später von *PA3EPS* (Firma *EPS Antennas*, NL-7572BN Oldenzaal) als *3-Element HB9CV* angeboten. Beim „Antennen Test Tag" in Meppel 1994 wurde ein Gewinn von 6,2 dBd und ein V/R-Verhältnis von 12 dB gemessen [5.9].

24.5.2 *HB9CV*-Antenne für 70 cm

HB9CV-Antennen für das 70-cm-Band werden in [5.1], [5.10] und [5.11] beschrieben. Diese handliche Miniaturantenne ist rund 350 mm breit und knapp 100 mm lang, hat gute Richtwirkung und relativ hohen Gewinn. Sie ist leicht zerlegbar und für den Portablebetrieb (z.B. Fuchsjagd) besonders geeignet. Die exakte Anpassung an das koaxiale Speisekabel ist allerdings etwas kritisch und wird bei ungünstigen Witterungseinflüssen labil.

Bild 24.5.3a zeigt das Aufbauschema mit allen erforderlichen Angaben. Für den 70-cm-Betrieb soll die Phasenleitung zwischen den beiden Elementen nicht wie gezeichnet angeordnet werden, sondern über den Elementen, wie in **Bild 23.5.3b** skizziert. Sie verläuft in 3 mm Abstand über den Elementen und über dem Antennenträger. Der Abstand kann durch aufgeklebte Kunststoffklötzchen fixiert werden. Die Kompensationskapazität für die induktiven Blindanteile beträgt etwa 4 pF, sie kann zum bequemeren Einstellen durch einen Trimmer mit 6 bis 8 pF Endkapazität realisiert werden.

Mechanische und elektrische Angaben

Elementdurchmesser 4 bis 5 mm
Antennenträger: Metall, 7 bis 8 mm Durchmesser

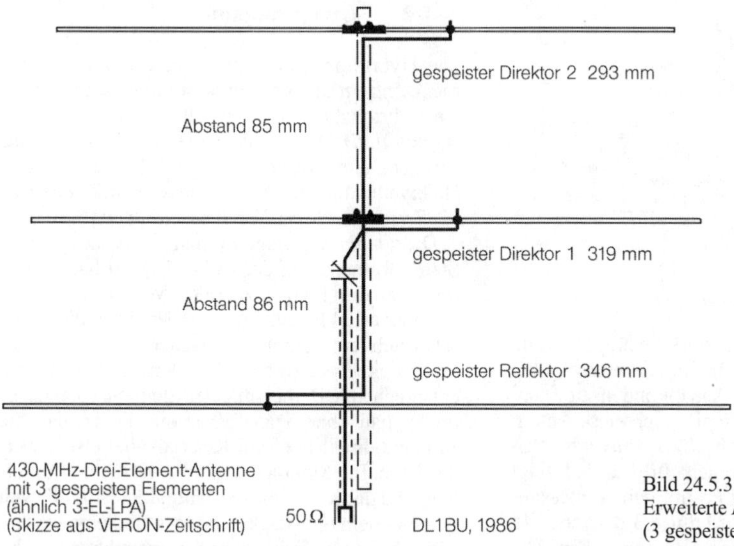

Bild 24.5.3
Erweiterte *HB9CV*-Antenne“ für 70 cm
(3 gespeiste Elemente)

Phasenleitung: Draht 1,5 mm Durchmesser,
in 3 mm lichtem Abstand parallel über
den Elementen und den Antennenträger geführt
Eingangswiderstand
50 bis 75 Ω unsymmetrisch
Antennenlänge 83 mm ($\lambda/8$)
Gewinn 4,2 dBd
Rückdämpfung bis 20 dB
Horizontale Halbwertsbreite $\alpha_E \approx 68°$
Vertikale Halbwertsbreite $\alpha_H \approx 130°$

3-Element-*HB9CV*-Antenne für 70 cm
Ähnlich wie auf 2 m, wurde auch auf 70 cm ein weiterer gespeister Direktor angebracht. *DL1BU* hat 1985 so eine 3-Element-*HB9CV*-Antenne aufgebaut und vermessen. Der Gewinn ergab sich zu 4,7 dBd und das E-Diagramm hatte einen Linksdrall und schielte [5.12]. **Bild 24.5.3** zeigt die *3-Element-HB9CV-Antenne*. Die 3-Element-Antenne für 70-cm wurde auch von *PA3EPS* (Firma *EPS Antennas*, NL-7572BN Oldenzaal) als *3-Element HB9CV* angeboten. Beim „Antennen Test Tag“ in Meppel 1994 wurde ein Gewinn von 6,2 dBd und ein V/R-Verhältnis von 12 dB gemessen [5.9].

24.5.3 *HB9CV*-Antenne für 2 m und 70 cm

DL3AC veröffentlichte 1993 eine Duoband-Version der *HB9CV* [5.13]. Dazu fügte er in einer 2-Element-Antenne ein drittes Element als UHF-Reflektor hinzu. Der Abstand vom vorderen Element, das

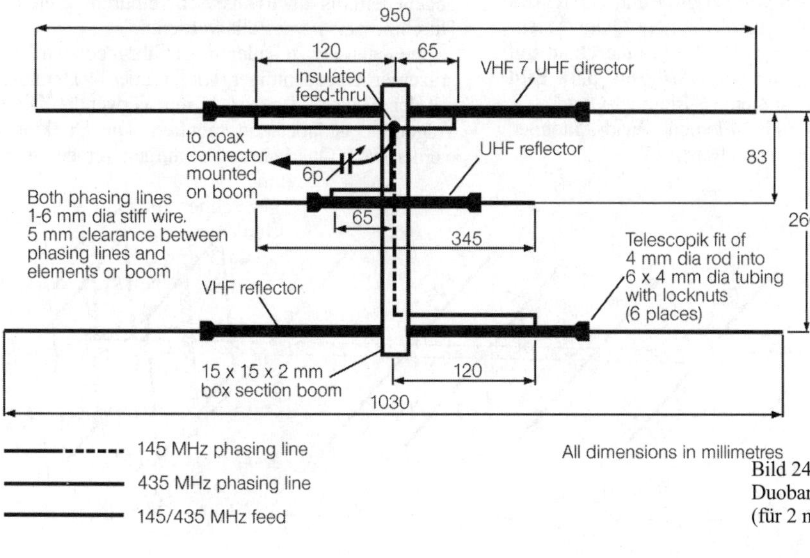

Bild 24.5.4
Duoband-*HB9CV*-Antenne
(für 2 m und 70 cm)

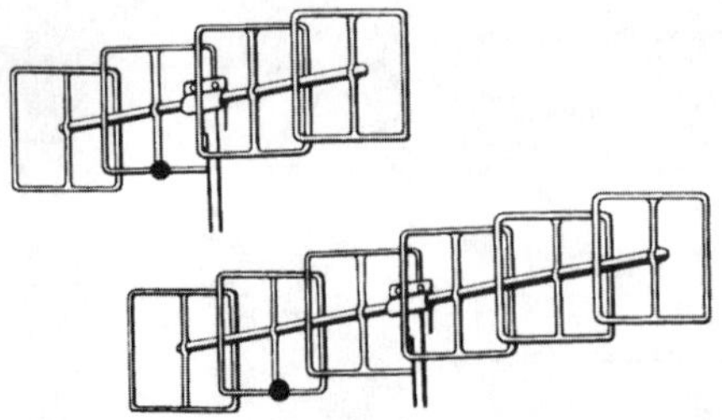

Bild 24.6.1
4- und 6-Element-Quad-Antennen

als VHF- und UHF-Direktor wirkt, beträgt 83 mm. Die Ankopplung an den UHF-Reflektor erfolgt bei 65 mm von der Mitte. Der Anpaßkondensator zum Koaxialkabel hat den Wert 6 pF. Auch diese Antenne wird von *PA3EPS* (Firma *EPS Antennas*, NL-7572BN Oldenzaal) angeboten. **Bild 24.5.4** zeigt die Duobandantenne von *EPS* mit den Abmessungen [5.14]. Der Gewinn wird mit > 3 dBd auf 145 MHz und > 4 dBd auf 435 MHz angegeben. Die Welligkeit mit 1,3 auf VHF und 1 auf UHF. Die zwei Phasenleitungen sind bei UHF, wie bei *DL3AC*, bei VHF aber nach der anderen Seite Z-förmig angeordnet.

24.6 Quad-Antennen für VHF/UHF

24.6.1 Mehrelement-Quad-Antennen

Während im HF-Bereich 2-Element-Quad-Antennen üblich sind, werden im VHF und UHF-Bereich *Mehrelement-Quadantennen* eingesetzt.

Eine *Mehrelement-Quad* für VHF wurde 1959 in England beschrieben von *G3HRH* und *G3GOZ* in [6.1], Angaben für 2- bis 4-Element Quad-Antennen finden sich in [6.2] [6.3] und eine Quad mit schaltbarer Polarisation von *G8IBQ* in [6.4]. **Bild 24.6.1** zeigt eine 4- und eine 6-Element-Quad.

Angaben zu 5- und 7-Element-Quad-Antennen sind zu finden in [6.5] und [6.6].

24.6.2 Quagi-Antenne

Die Hybridform, aus einer Cubical-Quad im Erregerzentrum und der Direktorenreihe einer Lang-*Yagi,* bezeichnet man abgekürzt als *Quagi* = (**Qua**d-*Yagi*). Das ist eine *Yagi*antenne mit Quad als Erreger und Reflektor, die Direktoren sind Halbwellendipole. Die Antenne wurde erstmals 1977 von *Overbeck, N6NB* beschrieben [6.7].

Die *Quagi* vereinigt in sich die Vorzüge ihrer Stammformen; von der Cubical Quad hat sie den relativ großen Frequenzbereich, verbunden mit unkomplizierter Erregung, von der *Yagi* die Wirtschaftlichkeit durch einfachen Aufbau des Wellenleitersystems bei optimalem Gewinn. Durch entsprechende Bemessung der Elementabstände erreicht man ohne Transformationsglieder, daß die Antenne direkt über ein Koaxialkabel erregt werden kann. Ein Symmetriewandler ist nicht erforderlich, und die Korrosionsbeständigkeit ist groß, weil es außer dem Speiseleitungsanschluß keine weitere Löt-, Schraub- oder Klemmverbindungen gibt. Verglichen mit einer konventionellen Lang-*Yagi*-Antenne gleicher Länge soll die *Quagi* einen Mehrgewinn von ≈ 1 dB bringen.

In [6.7] wird eine *Quagi-Antenne* mit 8 Elementen beschrieben, deren Aufbauschema in **Bild 24.6.2** dargestellt ist. Für 2 m und 70 cm werden die Quadelemente mit Spreizern aus Plexiglas gehalten. Alle zum Nachbau erforderlichen Abmessungen für 2 m und 70 cm werden in **Tabelle 24.10** aufgeführt.

Der Eingangswiderstand *X-X* beträgt 60 Ω, so daß die Antenne sowohl mit 50-Ω- wie auch mit 75-Ω-Koaxialkabel ohne Nachteil direkt gespeist werden kann. Die Quad-Elemente werden aus einem Kupfer- oder Aluminiumdraht von 2 bis 3 mm Durchmesser gebogen; die Direktoren können aus Leichtmetalldraht von 3 bis 3,5 mm Durchmesser, gegebenenfalls auch aus Schweißdraht gleichen Durchmessers hergestellt werden.

Im Gegensatz zu anderen Ausführungen wird ein hölzerner Antennenträger (Kiefer- oder Fichtenholz) mit den Maßen 25 mm x 76 mm verwendet. Diese Trägerlatte ist hochkant montiert. Die Direktoren werden von Querbohrungen aufgenommen, wäh-

Bild 24.6.2
8-Element-Quagi-Antenne

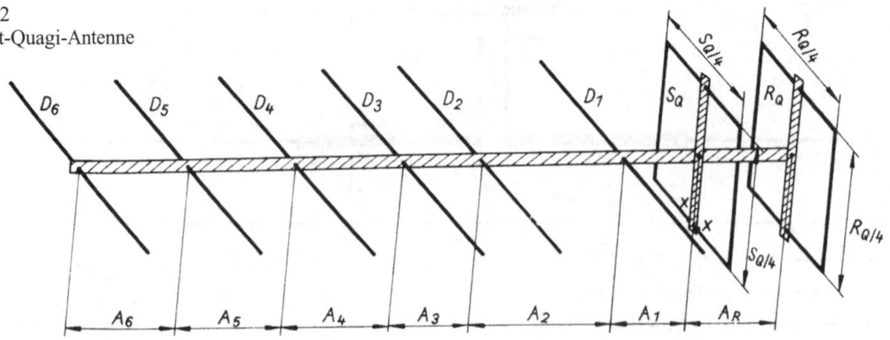

Tabelle 24.10
Die Abmessungen der 8-Element-Quagi-Antenne nach Bild 24.6.2

	Resonanzfrequenz in MHz 144,5	432
Umfang Reflektor R_Q in mm	2200	711
Umfang gespeistes Element S_Q in mm	2083	676
Direktorlänge D_1 in mm	913	299
Direktorlänge D_2 in mm	908	297
Direktorlänge D_3 in mm	903	295
Direktorlänge D_4 in mm	899	293
Direktorlänge D_5 in mm	894	292
Direktorlänge D_6 in mm	889	291
Abstand A_R in mm	533	178
Abstand A_1 in mm	400	133
Abstand A_2 in mm	838	279
Abstand A_3 in mm	445	149
Abstand A_4 bis A_6 in mm	663	222
Antennenlänge in mm	4205	1405

rend die Quad-Elemente über einen Kunststoffstreifen auf dem Boom befestigt sind, wie in **Bild 24.6.2** angedeutet ist. Es wurde die Erfahrung gemacht, daß Holzträger besonders in salzreicher Umgebung dauerhafter sind als Leichtmetallträger und außerdem weniger kosten. Für die 70-cm-Ausführung genügt eine einfache Gartenzaunlatte von 1,45 m Länge als Träger. Die Holzteile sollten imprägniert werden. Als Antennenmast kann man, wie üblich, ein Metallrohr verwenden, an welchem der Boom mit einer normalen Mastschelle seitlich befestigt ist. Der Einsatz eines metallischen Antennenträgers ist mit den vorgegebenen Abmessungen nicht zulässig.

Exakte Meßdaten liegen von dieser Antenne nicht vor. Der Gewinn wird mit ≥ 11,5 dBd angegeben. Die Antennenlänge beträgt 2λ; für gestockte Ausführungen wird ein optimaler Ebenenabstand von 1,6λ empfohlen.

Eine 15-Element-*Quagi* mit langem Boom ist in [6.8] beschrieben.

Eine neuere Bauanleitung nach *DG2NDW* für eine 8-Element-*Quagi* für 70 cm ist in [6.9] zu finden. Der Strahler wird in der Mitte der unteren waagrechten Quadseite mit 50 Ω Koaxialkabel direkt eingespeist. Eine bessere Lösung ist ein 1:1 Balun.

Der Reflektor erhält in der Mitte der unteren waagrechten Quadseite einen „Verlängerungsstub"

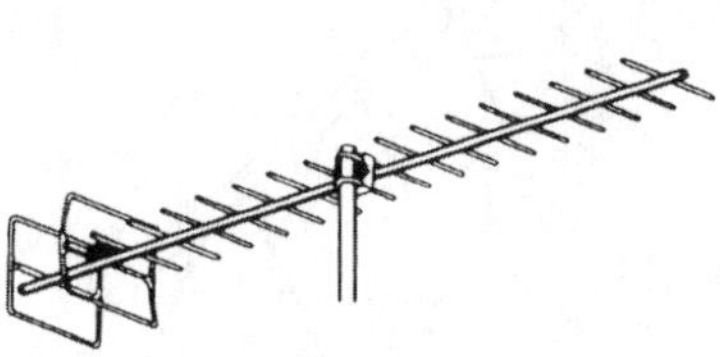

Bild 24.6.3
18-Element-Quagi-Antenne (Parabeam der Fa. *J-Beam*)

Bild 24.6.4
X-Quad für 70 cm
(Firma *WiMo*)

mit verschiebbarer Kurzschlußbrücke zum Abgleich auf maximale Rückwärtsdämpfung.

Die *Quagi-Antenne* ist eine preiswerte, einfach herzustellende, nachbausichere und ohne besonderen Abgleich funktionierende Hochleistungsantenne mit relativ großem Frequenzbereich, welche die Beachtung der Funkamateure verdient.

In **Bild 24.6.3** ist eine *Quagi* mit 18 Elementen skizziert. Diese Antenne wird von der englischen Firma *J-Beam* hergestellt und als „Parabeam" bezeichnet.

24.6.3 X-Quad

Im deutschen Sprachraum sind die Uniquad bzw. die *X-Quad* von *Bothfeld DJ4SD* bekannt [6.10]. Die *X-Quad* stellt die Weiterentwicklung der Uniquad dar. Sie ist als Gebrauchsmuster geschützt [6.11] und wird von der *Fa. WiMo* hergestellt.
Die besonderen Eigenschaften sind:

- Umschaltmöglichkeit der Polarisationsebene
- hoher Gewinn durch Stockungseffekt
- kurze Boomlänge,
- Vormastmontage

Der Strahler ist ein gestocktes (doppeltes) Quadelement mit je einer Einspeisung für horizontale und vertikale Polarisation.

Die Umschaltung erfolgt mit Koaxialrelais an der Antenne, wobei nur ein Koaxialkabel benötigt wird oder von der Station, unter Verwendung zweier Koaxialkabel. Mit einer Phasenleitung kann die Antenne fest auf zirkularen Betrieb eingestellt werden.

Die Sekundärelemente sind diagonal ausgeführt als leitend mit dem Boom verbundene X-artig angeordnete Elemente.

Technische Daten:	2 m	70 cm
Elemente je Polarisationsebene	12	18
Gewinn in dBd	10,5	12,8
Öffnungswinkel (E)	47°	36°
(H)	47°	36°
V/R-Verhältnis in dB	19	21
Länge in mm	1460	1270
Höhe in mm	730	220
Gewicht in kg	2,3	1,6

Bild 24.6.4 zeigt eine *X-Quad* für 70 cm der Fa. *WiMo*.

Tabelle 24.11
Technische Daten von VHF/UHF-Loop-Antennen

Elementezahl	3	6	6	15
Frequenz in MHz	144	144	432	432
Boomlänge in mm	1050	2900	1000	2100
Gewinn in dBd	9,5	13	13	17
Gewicht in kg	1,15	2,9	1,0	2,1

24.7 Delta-Loop-Antennen für VHF/UHF

Im VHF- und UHF-Bereich werden manchmal auch *Delta-Loop-Antennen* verwendet. Gegenüber Quad-Antennen ist der Gewinn geringfügig kleiner. Das hängt damit zusammen, daß bei gleichem Umfang ein Dreieck eine kleinere Fläche bedeckt als ein Quadrat. Solch kleine Gewinnunterschiede sind im allgemeinen bedeutungslos.

Delta-Loop-Antennen werden vorwiegend als Monobandantennen eingesetzt. Im Gegensatz zum HF-Bereich gibt es im VHF/UHF-Bereich kaum Baubeschreibungen.

Die Ausführung ist ähnlich wie bei HF, die Dreiecke sitzen auf einem Trägerrohr und werden über ein Gamma-Match gespeist.

Tabelle 24.11 gibt die technischen Daten von VHF/UHF-*Delta-Loop-Antennen* der Fa. *Nova Eco Antenne* aus Italien an.

Bild 24.7.1 zeigt die Skizze einer Duoband-*Delta-Loop-Antenne* dieser Firma. Die technischen Daten davon sind wie folgt angegeben:

3-Elemente auf 144 MHz
und 5 Elemente auf 430 MHz.
Gewinne: 9,5 dB auf 144 MHz
und 12 dB auf 430 MHz.
Boomlänge: 1050 mm
Gewicht: 1,3 kg.

24.8 Loop-Yagi-Antennen für VHF/UHF

Für *Loop-Yagi-Antennen* ist auch die Bezeichnung *Ringbeam* gebräuchlich. Der *Ringbeam*, wurde bereits in Abschnitt 18.4 als Richtantenne für den Kurzwellenbereich besprochen. Er unterscheidet sich von einer Mehrelement-Quad-Antenne hauptsächlich dadurch, daß an Stelle der viereckigen Antennenelemente solche in Form eines Ringes verwendet werden. Der *Ringbeam* verhält sich bezüglich seiner Abstrahlung nicht anders als die Mehrelement-Quad. Auch bezüglich der Strahlungscharakteristik, des Gewinnes und der Eingangsimpedanz entspricht der Ringbeam weitgehend einer vergleichbaren, auf der Spitze stehenden Mehrelement-Quad-Antenne.

Vorausgesetzt, daß man den *Ringbeam* mit Ganzwellenschleifen ausführt, ist er bei Speisung von unten oder oben wie eine Cubical Quad überwiegend horizontal und bei seitlicher Einspeisung vertikal polarisiert. Auch bezüglich des Gewinns und des Aufwandes entspricht der *Ringbeam* etwa einer Cubical Quad gleicher Elementezahl. Die Angaben in Abschnitt 18.4 sind damit auch für den Ringbeam im VHF/UHF-Bereich sinngemäß gültig.

Man kann ihn im VHF-Bereich mit gutem Erfolg einsetzen, zumal sich die mechanischen Schwierigkeiten beim Aufbau ringförmiger Elemente mit kleiner werdendem Durchmesser verringern. Für den Bau einer VHF-Ringantenne wird nach Möglichkeit Leichtmetalldraht von 8 bis 12 mm Durchmesser verwendet, weil dieses Material so stabil ist, daß Sturm und Rauhreifbehang es nicht deformieren. Besonders günstig erscheint die Lösung, einen Kupferdraht in ein entsprechend langes Rohr aus thermoplastischem Kunststoff einzuziehen und dieses Rohr dann im erwärmten Zustand zur gewünschten Ringform zu biegen. Die Rohrenden verschweißt oder verklebt man miteinander, nachdem vorher die beiden Drahtenden durch entsprechende kurze Schlitze oder Bohrungen im Kunststoffrohr herausgeführt wurden. Das ergibt sehr leichte, stabile und witterungsbeständige Ringelemente. Schon mit einem einfachen Ring wird ein Gewinn von reichlich 1 dB - bezogen auf einen Halbwellendipol - erzielt. Der Eingangswiderstand liegt bei 110 Ω. Die Länge des gespeisten Elementes beträgt 1,03 Ω.

Bringt man im Abstand von $0{,}2\lambda$ einen Reflektor an, so steigt der Gewinn auf 5 dB, und der Ein-

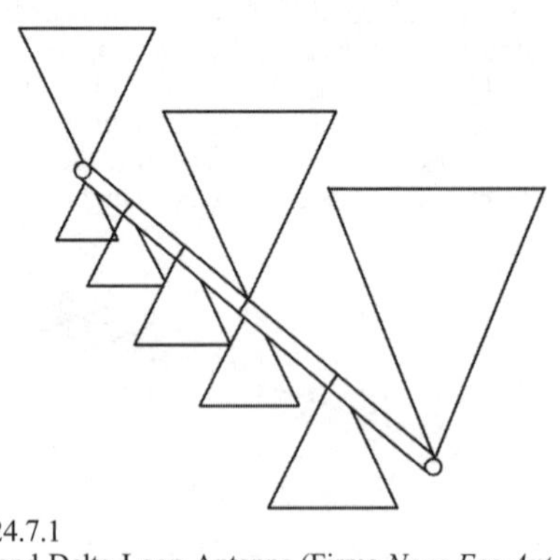

Bild 24.7.1
Duoband-Delta-Loop-Antenne (Firma *Nova Eco Antenne*)

gangswiderstand kommt in die Größenordnung von 60 Ω. Teilweise wird das gespeiste Element auch als Doppelwindung ausgeführt. In diesem Fall benötigt man eine Leitungslänge von 2,02λ, aus der eine durchgehende Spule von 2 Wdg. geformt wird. Bei einem Reflektorabstand von 0,18λ ist dann eine gute Anpassung für Speiseleitungen mit einem Wellenwiderstand von 240 bis 300 Ω zu erzielen.

Der Reflektorring, der in jedem Fall nur aus einer Windung besteht, hat gestreckt eine Länge von 1,08λ. Seine Abstimmung ist kritisch und für die Leistung der Antenne entscheidend. Bei einem 3-Element-*Ringbeam* für VHF wird ein Reflektorabstand von 0,17 bis 0,22λ und ein Direktorabstand zwischen 0,12 und 0,15λ empfohlen. Der Eingangswiderstand eines solchen Systems mit einfachem Strahlerring liegt in der Größenordnung um 30 Ω. In diesem Fall ist es zweckmäßig, das koaxiale Speisekabel über ein Omega-Glied nach Abschnitt 6.2.4 anzupassen. Der Umfang des Direktorringes beträgt 0,95λ (Skizzen und Aufbauvorschläge für Ringstrahler siehe **Bild 18.4.1** und **Bild 18.4.3**). Die nachstehenden Berechnungsformeln beziehen sich auf die Frequenz und sind für Ringelelemente im VHF-Bereich gültig.

Gestreckte Leiterlänge *S* des gespeisten Elementes

$$S/\text{mm} = \frac{310000}{f/\text{MHz}} \qquad (24.8.1)$$

gestreckte Leiterlänge *R* des Reflektors

$$R/\text{mm} = \frac{328000}{f/\text{MHz}} \qquad (24.8.2)$$

gestreckte Leiterlänge *D* des Direktors

$$D/\text{mm} = \frac{284000}{f/\text{MHz}} \qquad (24.8.3)$$

Daraus ergeben sich für einen *Ringbeam* im 2-m-Band (Resonanzfrequenz 145 MHz) etwa folgende Längen: $S = 2140$ mm; $R = 2260$ mm; $D = 1960$ mm.

Für orientierende Versuche mit dem VHF-*Ringbeam* wird die Anwendung von passend zugeschnittenen Spielzeugholzreifen als Leiterträger empfohlen. Auch in den früher sehr beliebten Hulahoop-Reifen aus Kunststoff findet der Amateur ein brauchbares thermoplastisches Rohrmaterial für Aufnahme und Halterung eines ringförmigen Drahtleiters.

Literaturstellen über *Loop-Yagi-Antennen bzw. Ringbeams* sind [8.1]–[8.5].

24.9 Wendelantennen für VHF/UHF

Dieser interessante Richtstrahler ist auch unter den Namen *Helix-Beam*, Helical-Beam, *Helixantenne oder Spulenantenne* bekannt [9.1], [9.2], [9.3]. Der Name *Helix* stammt von *H. Chireix* (1930).

Eine kreisförmig umlaufende Polarisation entsteht, wenn ein Leiter zu einer Wendel aufgewickelt wird. Dabei muß die Länge je Windung 1λ betragen. Das entspricht unter Berücksichtigung des Verkürzungsfaktors einem Windungsdurchmesser *D* von etwa 0,31λ. Voraussetzung ist weiterhin, daß mindestens 3 Wdg. vorhanden sind; die Reinheit der Zirkularpolarisation steigt mit der Windungsanzahl. Eine einfache Drahtwendel mit den obengenannten Abmessungen strahlt bidirektional aus der Längsachse der Wendel (axial mode). Die Strahlung wird durch eine Reflektorscheibe einseitig gerichtet, wobei eine verstärkte einseitig axiale Abstrahlung eintritt.

Das Schema einer *Wendelantenne* mit den dazugehörigen Berechnungsangaben zeigt **Bild 24.9.1**. Die Spulenwindungen sind in dieser Zeichnung vereinfacht dargestellt. Der Spulendurchmesser $D = 0{,}31\lambda$ kann - bezogen auf die Frequenz nach

$$D/\text{mm} = \frac{93000}{f/\text{MHz}} \qquad (24.9.1)$$

errechnet werden.

Aus dem Wendeldurchmesser *D* ergibt sich der Wendelumfang *U* mit

$$U = \pi \cdot D \qquad (24.9.2)$$

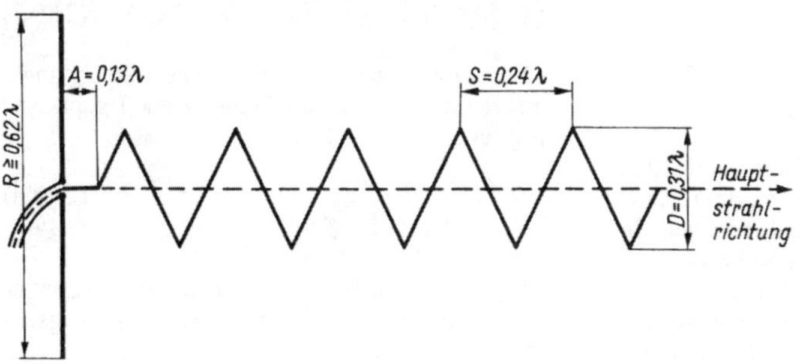

Bild 24.9.1
Schema einer Helixantenne

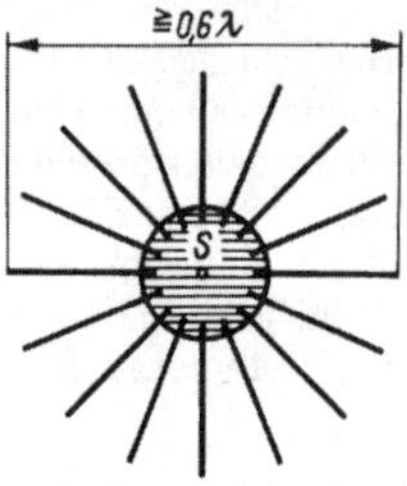

S = Blechscheibe, Durchmesser beliebig, mit Mittelloch zum Durchführen des Speisekabels

Bild 24.9.2
Vereinfachter Reflektor für die Helixantenne

Eine weitere wichtige Kenngröße der *Wendelantenne* ist der Steigungswinkel, aus dem sich der Windungsabstand *S* errechnen läßt. Steigungswinkel zwischen 6° und 24° sind zulässig, 14° jedoch üblich, weil damit die günstigsten Antenneneigenschaften erzielt werden. Aus dem Steigungswinkel von 14° ergibt sich ein Windungsabstand *S* von 0,24λ. Die Berechnungsformel lautet

$$S/\text{mm} = \frac{72000}{f/\text{MHz}} \qquad (24.9.3)$$

Der Reflektordurchmesser kann klein sein, sollte jedoch immer größer als 0,5λ gewählt werden, weil dann der Eingangswiderstand des Systems kaum noch beeinflußt wird. Große Reflektorflächen ergeben eine besonders starke Rückdämpfung. Ein brauchbarer Mittelwert ist gewährleistet, wenn man den Durchmesser des Reflektors gleich dem doppelten Durchmesser der Wendel wählt (2*D* = 0,62λ). Die Reflektorscheibe hat die Form einer Kreisscheibe, es sind jedoch auch quadratische Metallflächen zulässig. Während man im UHF-Bereich fast immer kompakte Blechscheiben verwendet, können besonders im VHF-Bereich aus Gründen der Materialeinsparung und Gewichtsverringerung auch Reflektoren nach **Bild 24.9.2** oder **Bild 23.9.5** eingesetzt werden. Der Abstand *A* des Reflektors vom Windungsanfang wird zweckmäßig mit 0,13λ gewählt (etwa *S*/2).

Die dazugehörige Berechnungsformel lautet

$$A/\text{mm} = \frac{39000}{f/\text{MHz}} \qquad (24.9.4)$$

Der Durchmesser *d* des Wendelleiters soll 0,02λ sein. Wenn der Wendelumfang *U* = 1λ beträgt, kann mit einer Eingangsimpedanz *Z* von 136 Ω gerechnet werden. Ist *U* < 1λ, wird *Z* < 136 Ω, wobei *Z* sehr von der Frequenz abhängt. Dagegen bleibt *Z* über einen großen Frequenzbereich weitgehend konstant, wenn *U* ≥ 1λ. Für einen Wendelumfang *U*

Tabelle 24.12
Gewinn und Halbwertsbreite einer Helixantenne nach Bild 24.9.1 in Abhängigkeit von der Windungsanzahl *n*

Windungsanzahl in n	Gewinn in dBd	Halbwertsbreite in °
3	7,9	61
4	9,1	53
5	10,2	47
6	11,0	43
7	11,7	40
8	12,3	37
9	12,8	35
10	13,2	33
11	13,6	31,5
12	14,0	30

zwischen 0,75 und 1,35λ gilt zur Berechnung des Eingangswiderstandes *Z* die Näherungsgleichung

$$Z/\Omega = 136 \cdot U/\lambda \qquad (24.9.5)$$

Der Antenneneingang ist unsymmetrisch, gespeist wird deshalb über Koaxialkabel.

Aus dem geringen Frequenzgang des Eingangswiderstandes geht hervor, daß die Helix gute Breitbandeigenschaften hat. Bei einem Windungsabstand *S* = 0,24λ - entsprechend einem Steigungswinkel von 14° - wird innerhalb eines nutzbaren Frequenzbereiches von 1:1,6 die Welligkeit nicht größer als 1,35.

Gewinn und Bündelungseigenschaften einer *Wendelantenne* sind von der Windungsanzahl *n*, dem Wendelumfang *U* und dem Windungsabstand *S* abhängig. Der Gewinn nimmt annähernd proportional mit der Windungsanzahl *n* zu. Von *Kraus* wurden Näherungsformeln für die Berechnung des Gewinns *G* angegeben, die bei Steigungswinkeln zwischen 12° und 15° sowie ab mindestens 3 Windungen Gültigkeit haben. Der Gewinn wird dabei auf einen zirkular polarisierten Isotropstrahler bezogen:

$$G = 15 \cdot (U/\lambda)^2 \cdot n \cdot S/\lambda \qquad (24.9.6)$$

G - numerisches Verhältnis.

Der Gewinn als logarithmisches Verhältnis in dBi ergibt sich aus

$$G/\text{dB} = 10 \lg [15 \cdot (U/\lambda)^2 \cdot n \cdot S/\lambda] \qquad (24.9.7)$$

Ebenfalls von *Kraus* wurde eine Berechnungsformel für die Halbwertsbreite α der Hauptkeule ermittelt:

$$\alpha/° = \frac{52}{U/\lambda \cdot \sqrt{n \cdot S/\lambda}} \qquad (24.9.8)$$

Auch diese Beziehung ist nur für Steigungswinkel zwischen 12 und 15° und für eine Windungsanzahl *n* ≥ 3 gültig.

Bild 24.9.3
Konzentrischer Viertelwellen-Anpassungstransformator für die Helixantenne
a) - Längsschnitt
b) - Querschnitt

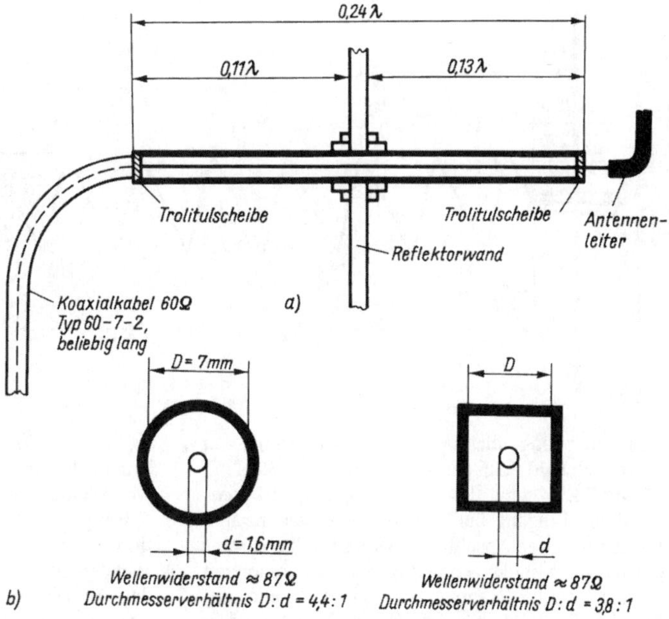

Im allgemeinen bezeichnet man die *Wendelantenne* als zirkular polarisiert, obwohl elliptische Polarisation vorliegt. Bei dieser Ellipse ist das Verhältnis der großen zur kleinen Achse jedoch sehr gering und wird mit steigender Windungszahl immer kleiner. Das Achsenverhältnis r_A ergibt sich aus der Beziehung

$$r_A = \frac{2n+1}{2n} \qquad (24.9.9)$$

Das bedeutet, daß sich z.B. das Verhältnis der großen zur kleinen Ellipsenachse bei der Mindestwindungszahl $n = 3$ wie 7:6 verhält, während es bei $n = 7$ nur noch 15:14 beträgt.

In **Tabelle 24.12** sind die in Abhängigkeit von der Windungsanzahl n zu erwartenden Gewinne in dB mit den dazugehörigen Halbwertsbreiten aufgeführt. Dabei wird die übliche Bemessung von S mit $0{,}24\lambda$ (14° Steigungswinkel) und D mit $0{,}31\lambda$ (Wendelumfang 1λ) vorausgesetzt. Das Ergebnis aus Gl. (24.9.7) bezieht den Gewinn auf einen Isotropstrahler (Kugelstrahler); um schnellere Vergleichsmöglichkeiten zu schaffen, sind die Gewinnangaben der **Tabelle 24.12** wie üblich auf einen abgestimmten $\lambda/2$-Dipol bezogen.

Bei nicht allzu langen Speiseleitungen kann der Strahler über ein 75-Ω-Koaxialkabel direkt erregt werden (**Bild 24.9.1**). Die Welligkeit wird dann kleiner als 2. Besser ist es jedoch, genaue Anpassung durch einen koaxialen Viertelwellentransformator herzustellen.

Ein Q-Match kann ebensogut durch ein koaxiales Leitersystem gebildet werden. Es ist dazu nur erforderlich, den gesuchten Wellenwiderstand Z dieser konzentrischen Leitung nach Gl. (5.5.1) zu errechnen. Wird der Eingangswiderstand Z_A der Wendelantenne mit 125 Ω angenommen und soll an ein 60-Ω-Koaxialkabel angepaßt werden (Z_E), so errechnet sich der Wellenwiderstand Z des konzentrischen Viertelwellentransformators aus

$$Z = \sqrt{Z_A \cdot Z_E} = \sqrt{125\,\Omega \cdot 60\,\Omega} = 86{,}6\,\Omega$$

Nach **Bild 5.3.4** ergibt sich bei einer luftisolierten, konzentrischen Leitung der gewünschte Wellenwiderstand von etwa 87 Ω, wenn das Verhältnis Außendurchmesser des Innenleiters zu Innendurchmesser des Außenleiters 1:4,4 beträgt. Der Einfachheit halber wird der Innenleiter des Koaxialkabels mit einem Durchmesser von 1,6 mm auch als Innenleiter für den Viertelwellentransformator verwendet. Für das Außenrohr des Q-Match ergibt sich dann ein Innendurchmesser von 1,6 mm $\cdot$ 4,4 ≈ 7 mm.

Bild 24.9.3 zeigt einen Ausführungsvorschlag für den konzentrischen Anpassungstransformator. Die Gesamtlänge dieser Leitung beträgt unter Berücksichtigung des Verkürzungsfaktors $0{,}24\lambda$. Sollten auf Grund des geringen Innendurchmessers von 7 mm für das Außenrohr mechanische Schwierigkeiten auftreten, so können beliebig größere Rohrweiten benutzt werden. Für den Wellenwiderstand von 87 Ω ist lediglich entscheidend, daß jeweils das Durchmesserverhältnis mit 4,4:1 gewahrt bleibt. Bei der Selbstherstellung einer solchen konzentrischen Leitung ist es oft einfacher, dem Außenleiter einen quadratischen Querschnitt zu geben. In die-

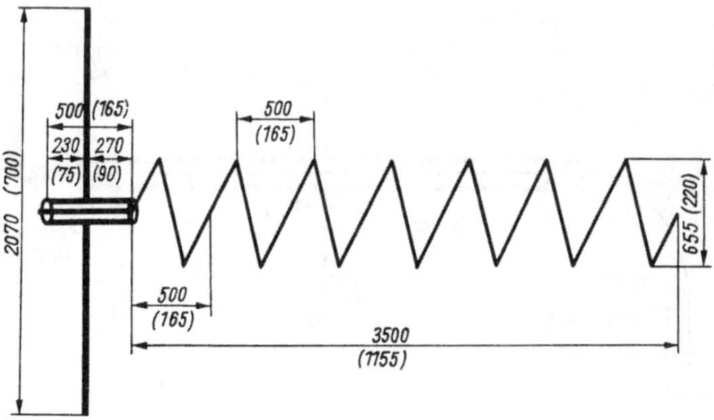

Bild 24.9.4
Helixantenne für das 2-m-Band (Reflektor siehe Bild 24.9.2; Anpassungstransformator siehe Bild 24.9.3)

sem Fall beträgt für einen Wellenwiderstand von 87 Ω nach **Bild 5.3.5** das Verhältnis $D{:}d$ = 3,8:1.

Bild 24.9.4 zeigt das Schema einer *Helixantenne*, deren Eingang über einen Viertelwellentransformator für den Anschluß eines Koaxialkabels angepaßt ist. Mit den eingetragenen Abmessungen hat der Strahler Resonanz im 2-m-Band, die entsprechenden Werte für den 70-cm-Betrieb sind in Klammern beigefügt. Bei dieser Ausführung wurde ein Reflektordurchmesser von 1λ gewählt. Selbstverständlich kann die Reflektorscheibe ohne Änderung der sonstigen Werte bis auf 0,63λ Durchmesser verkleinert werden. Nach **Tabelle 24.12** ist mit dieser Antenne ein Gewinn von 11,7 dBd bei einer Halbwertsbreite von 40° zu erreichen.

Zur Spulenherstellung eignet sich 10-mm-Aluminiumrundmaterial, wie es beim Blitzableiterbau verwendet wird, besonders gut. Es ist in den erforderlichen Längen erhältlich und läßt sich sehr gut biegen. Die Spulenwindungen können auf einem passenden Holzgerüst festgelegt werden. Einen metallischen Tragemast darf man nur an der Rückseite der Reflektorwand befestigen. In diesem Fall wird jedoch das gesamte System zu stark kopflastig. Es ist deshalb oft günstiger, wenn ein hölzerner Mast die Antenne in ihrem Schwerpunkt trägt.

Eine von *DL6MH* gebaute und erprobte *Helical* zeigt **Bild 24.9.5**. Bei dieser Antenne wird ein spinnennetzartiger Reflektor aus Drähten verwendet. Der Erbauer hebt besonders die außerordentliche Richtwirkung hervor. Eine andere Ausführung für das 70-cm-Amateurband, mit achteckigem, gelochtem Reflektorblech, zeigt **Bild 24.9.6**.

Empfängt man eine zirkular polarisierte Strahlung mit einer linearpolarisierten Antenne und umgekehrt, so wird dem Feld nur die Hälfte jener Energie entzogen, die bei gleicher Polarisation übertragen werden könnte. Das bedeutet einen Verlust von 3 dB. Es gibt jedoch auch Möglichkeiten, mit *Helixantennen* linear polarisierte Wellen abzustrahlen und zu empfangen. Dazu werden 2 gleichartige Wendelantennen nach **Bild 24.9.7** zu einer Gruppe zusammengeschaltet, wobei die Bedingung besteht, daß der Windungssinn der beiden Wendeln gegenläufig ist (eine Linkswendel und eine Rechtswendel).

Bei gleichem Windungssinn bleibt die Polarisation elliptisch. Werden die beiden gegensinnigen Wendel in der waagrechten Ebene nach **Bild 24.9.7a** nebeneinander angeordnet, so ist die Polarisation horizontal. Vertikale Polarisation entsteht, wenn man beide Wendeln übereinander stockt. Ebenfalls lineare Polarisation kann herbeigeführt werden, wenn man nach **Bild 24.9.7b** zwei gleichartige gegenläufige Wendeln in Achsrichtung hintereinanderschaltet. Auf Grund der dabei auftretenden mechanischen und elektrischen Schwierigkeiten hat diese Anordnung jedoch kaum einen praktischen Wert.

Die Ausführung nach **Bild 24.9.6** dürfte besonders für den Betrieb im 70-cm-Band von Interesse

Bild 24.9.5
Helixantenne von *DL6MH*

Bild 24.9.6
Helixantenne für 70 cm (Foto: *R. Staritz, DL3CS*)

sein. Mit der Parallelschaltung zweier Wendelantennen ergibt sich der günstige Eingangswiderstand von etwa 65 bis 70 Ω. Man ist deshalb in der Lage, ein solches System ohne Zwischenschaltung von Transformationsgliedern direkt mit einem handelsüblichen Koaxialkabel zu speisen. Bei Verwendung von je 6 Wdg. mit einem Steigungswinkel von 14° wird der Abstand der Wendelachsen mit 1,5λ empfohlen. Es kann dann mit einem Gewinn von 14 dB, bezogen auf einen Halbwellendipol, gerechnet werden. Bei der *Helixantenne* ist es einfach, die Drehrichtung der Zirkularpolarisation festzustellen. Blickt man von der Reflektorseite her auf die Spule, muß sich deren Wicklungssinn bei rechtsdrehender Zirkularpolarisation im Uhrzeigersinn bewegen. Dreht er sich entgegen dem Uhrzeigersinn, liegt linksdrehende Zirkularpolarisation vor. Im kommerziellen Funk arbeitet man fast ausschließlich mit rechtsdrehender Zirkularpolarisation; aus Gründen der Einheitlichkeit sollte man diese auch im Amateurfunk anwenden.

Literaturstellen über Wendelantennen für VHF/UHF sind [9.4]–[9.6].

24.10 Rhombusantennen für VHF/UHF

Für Empfangszwecke im VHF/UHF-Bereich bieten fest installierte abgeschlossene *Rhombusantennen* eine sehr kostengünstige Lösung, denn sie werden aus einfachem Kupferdraht hergestellt. Der erforderliche Abschlußwiderstand, der für Sendezwecke kostspielig und schwer zu beschaffen ist, besteht im Empfangsfall aus einem einfachen, ungewendelten Kohleschichtwiderstand. Bezüglich Breitbandigkeit gibt es keine Kompromisse, denn der Frequenzbereich eines abgeschlossenen Rhombus ist sehr groß.

24.10.1 Rhombusantenne für VHF

Die abgeschlossene *Rhombusantenne* weist im VHF-Bereich einen Frequenzverlauf auf, der sich von der Bemessungsfrequenz bis etwa 40% nach höheren Frequenzen und 30% nach niedrigeren Frequenzen hin erstreckt.

Bild 24.10.1 zeigt das Schema einer *VHF-Rhombusantenne*, die für eine Bemessungsfrequenz von 185 MHz optimal ausgelegt ist. Sie umfaßt einen Frequenzbereich von etwa 130 bis 260 MHz; man kann sie deshalb für den Empfang des 2-m-Amateurbandes und des gesamten Fernsehbereiches III einsetzen. Für die Seitenlänge *l* von 6λ ist der Spreizwinkel *a* mit 44° optimal. Die Abhängigkeit

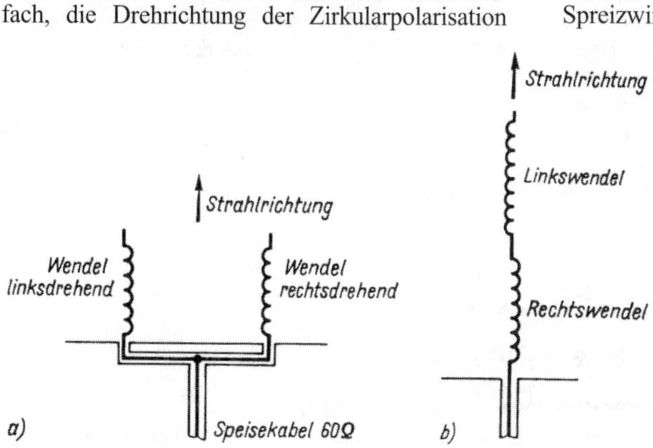

Bild 24.9.7
Lineare Polarisation durch 2 Helixantennen mit gegenläufig gewichelten Wendeln
a) - Parallelschaltung der Wendeln
b) - Serienschaltung der Wendeln

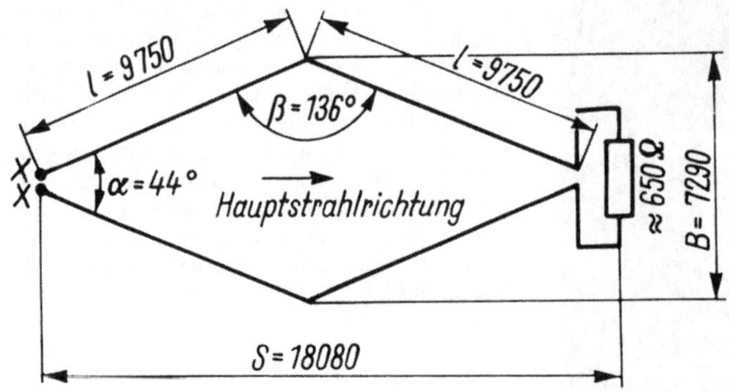

Bild 24.10.1
Rhombusantenne
für den VHF-Bereich
130 bis 260 MHz

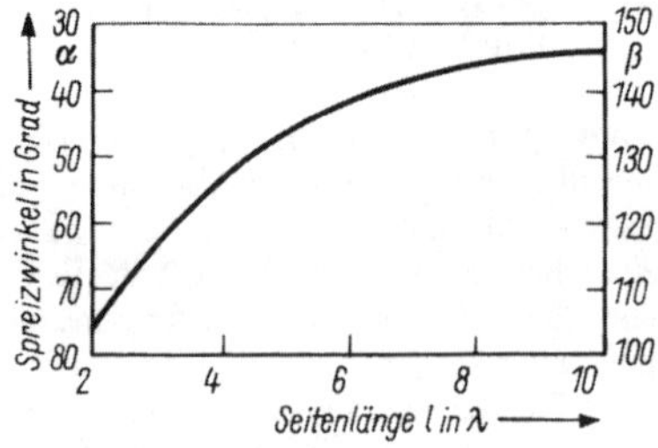

Bild 24.10.2
Optimaler Spreizwinkel *a* (bzw. *b*) einer Rhombusantenne in Abhängigkeit von der Seitenlänge

des für die Strahlungseigenschaften günstigsten Spreizwinkels *a* bzw. *ß* von der Seitenlänge *l* in λ kann aus **Bild 24.10.2** ersehen werden.

Mit den in **Bild 24.10.1** angegebenen Abmessungen beträgt der Gewinn bei der Bemessungsfrequenz etwa 12 dBd. Da die *Rhombusantenne* mit einem Abschlußwiderstand versehen ist, strahlt sie nach einer Richtung ab (siehe Abschnitt 11.2). Als Abschlußwiderstand wird ein handelsüblicher, möglichst ungewendelter Kohleschichtwiderstand verwendet. Der Widerstandswert ist etwa 650 W (nicht kritisch), die Belastbarkeit ist im Empfangsfall beliebig.

Leider liegt die Eingangsimpedanz *XX* solcher *Rhombusantennen* je nach Frequenz und Abschlußwiderstand zwischen 450 und 600 Ω. Man muß sie deshalb mit einer selbstgebauten Zweidrahtspeiseleitung entsprechenden Wellenwiderstandes betreiben. Beim direkten Anschluß einer handelsüblichen Bandleitung (240 bis 300 Ω) besteht Fehlanpassung. Die günstigste Lösung für die Anpassung einer symmetrischen 240-Ω-Leitung ergibt sich durch Zwischenschaltung eines breitbandigen Anpassungstransformators. Es handelt sich dabei um eine abgestufte Transformation mit mehreren Viertelwellentransformatoren, die den Vorzug großer Breitbandigkeit hat. Nimmt man die Eingangsimpedanz der *Rhombusantenne* mit 600 Ω an und möchte diese auf 240 Ω transformieren, so kann eine Anordnung nach **Bild 24.10.3** verwendet werden. Es wird dabei in 4 Stufen transformiert, und zwar in der Stufenfolge 600 bis 480 Ω, 480 bis 380 Ω, 380 bis 302 Ω und 302 bis 240 Ω. Durch diese Maßnahme erhält der Transformator eine Bandbreite von etwa 4:1. Die einzelnen Sektionen Z_1, Z_2 und Z_3 mit verschiedenen Wellenwiderständen sind jeweils *l*/4 lang, bezogen auf die mittlere Betriebsfrequenz (Bemessungsfrequenz) der Antenne. Im vorliegenden Fall beträgt sie 185 MHz ≡ 1,62 m, somit haben die Viertelwellensektionen eine mechanische Länge von je 400 mm. Die für die verschiedenen Wellenwiderstände erforderlichen Abstand/Durchmesser-Verhältnisse *D*/*d* sind in Bild 24.10.3 eingetragen. Am Ende Z_S dieses Leitungstransformators kann eine 240-Ω-Leitung impedanzrichtig angeschlossen werden.

Solche Breitbandtransformatoren lassen sich für jedes gewünschte Impedanzverhältnis und für beliebige Frequenzen bauen, sofern die erforderlichen Wellenwiderstände mechanisch noch darstellbar sind. Je mehr Einzelsektionen man verwendet, desto bessere Bandbreiteeigenschaften hat der Transformator. Das von der Anzahl n der Stufen abhängige Transformationsverhältnis *r* wird nach der Gleichung

$$r = \sqrt[4]{\frac{Z_A}{Z_S}} \qquad (24.10.1)$$

errechnet.

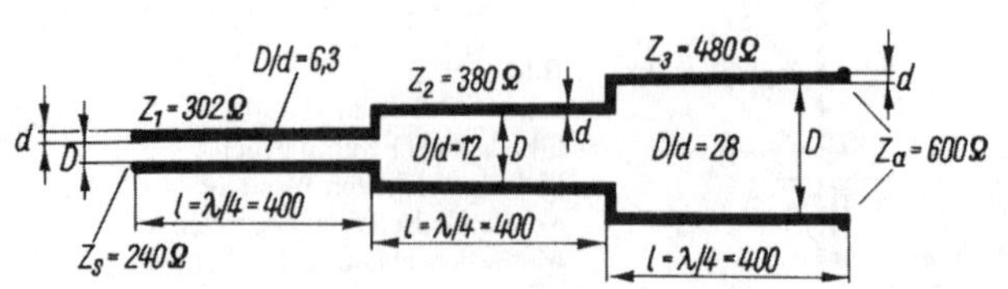

Bild 24.10.3
Breitband-Anpassungstransformator

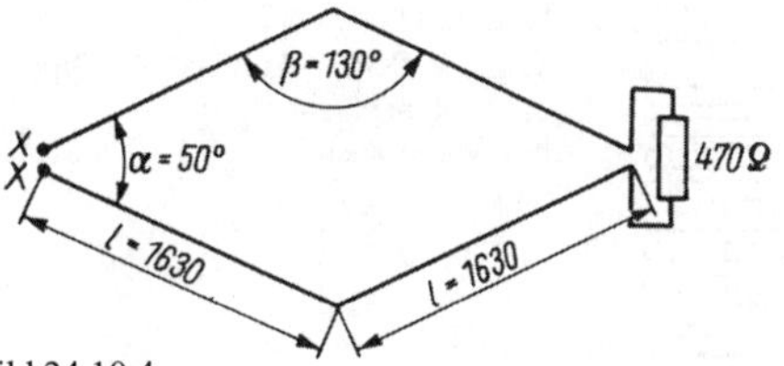

Bild 24.10.4
Rhombusantenne für den UHF-Bereich 400 bis 800 MHz

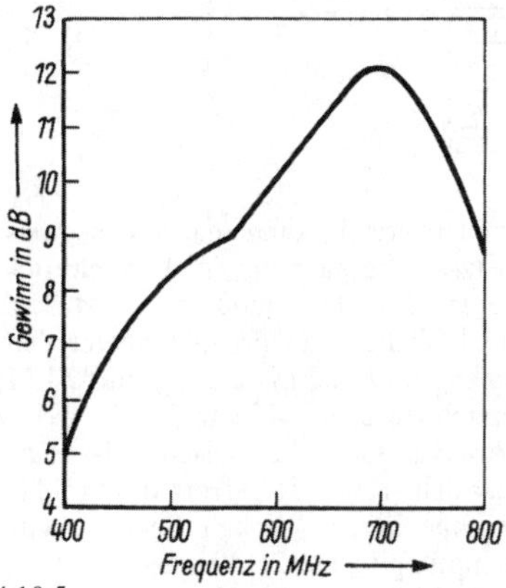

Bild 24.10.5
Gewinn der UHF-Rhombusantenne nach Bild 24.10.4 in Abhängigkeit von der Frequenz

Dabei ist n - Anzahl der Transformationsstufen
Z_A - Impedanz am Antenneneingang
Zs - gewünschte Anschlußimpedanz am Ende der Transformationsleitung

Für das in **Bild 24.10.3** aufgeführte Beispiel ergibt sich

$$r = \sqrt[4]{\frac{600\,\Omega}{240\,\Omega}}$$

Die für die einzelnen Viertelwellenabschnitte erforderlichen Wellenwiderstände errechnen sich dann wie folgt:

$Z_1 = Z_s \cdot r = 240\,\Omega \cdot 1{,}26 = 302\,\Omega$;
$Z_2 = Z_1 \cdot r = 302\,\Omega \cdot 1{,}26 = 380\,\Omega$;
$Z_3 = Z_2 \cdot r = 380\,\Omega \cdot 1{,}26 = 480\,\Omega$.

Mit $Z_3 \cdot r = 480\,\Omega \cdot 1{,}26 = 604\,\Omega$ wird am Ende dieser Leitung die Antennenimpedanz von etwa 600 Ω erreicht.

24.10.2 Rhombusantenne für UHF

Eine einfache Rhombusantenne für den UHF-Bereich zeigt **Bild 24.10.4**. Sie hat einen Spreizwinkel a von 50° und ist mit einem 470-Ω-Widerstand abgeschlossen. Dieser für eine Rhombusantenne verhältnismäßig kleine Abschlußwiderstand wurde gewählt, um eine möglichst niedrige Eingangsimpedanz zu erhalten (etwa 400 Ω). Somit kann die Antenne über eine symmetrische 300-Ω-Leitung gespeist werden, wobei die Welligkeit über den gesamten Bereich < 2 ist. Der Gewinnverlauf in Abhängigkeit von der Empfangsfrequenz ist in **Bild 24.10.5** dargestellt.

Diese Rhombusantenne kann auch vertikal gestockt werden. Dabei würde der Stockungsabstand 350 mm betragen. Die vertikale Verbindung hat einen Mittenabstand von 50 mm. In der Mitte der 350 mm langen senkrechten Doppelleitung befindet sich dann der Antenneneingang. Hier wird die symmetrische Speiseleitung angeschlossen. Die Abschlußwiderstände sind auf etwa 600 Ω zu vergrößern, am Antenneneingang ist dann eine Impedanz von 240 bis 300 Ω symmetrisch vorhanden.

Alle abgeschlossenen *Rhombusantennen* können als Sendeantenne eingesetzt werden, wenn sich der Abschlußwiderstand mit mindestens einem Viertel der HF-Senderleistung belasten läßt.

24.11 Winkelreflektor-Antennen für VHF/UHF

(*J.D. Kraus* – US 2,270,314 – 1940)

Die *Winkelreflektor-Antenne* wird auch *Cornerreflektor-Antenne* genannt [11.1].

Hohe Antennengewinne werden bereits mit einfachen Dipolen erzielt, wenn man sie auf der Winkelhalbierenden einer winkelförmigen Reflektorwand anbringt. Da bei der Reflexion der Ausfallwinkel der Wellen gleich ihrem Einfallwinkel ist, läßt sich nachweisen, daß ein Großteil der die Reflektorwand treffenden Strahlung zum Dipol reflektiert wird. Der Winkelreflektor hat mit seinen ebenen Flächen keinen definierten Brennpunkt, dazu müßte eine parabolisch gekrümmte Fläche vorhanden sein. Jedoch lassen sich auch mit dieser unvollkommenen Art der Strahlungskonzentration erhebliche Gewinne erzielen.

Eine *Winkelreflektor-Antenne* zeigt **Bild 24.11.1**. Wie aus der Seitenansicht zu ersehen ist, befindet sich der Dipol in einem bestimmten Abstand D auf der Winkelhalbierenden zwischen zwei Reflektorflächen mit dem Öffnungswinkel a. Der Öffnungswinkel a beträgt allgemein 90°, seltener 60° und in Ausnahmefällen 45°. Der optimale Dipolabstand d_{opt} ist vom Öffnungswinkel a abhängig.

Die Schenkellänge S sollte mindestens dem doppelten Dipolabstand ($2D$) entsprechen, größere Schenkellängen erhöhen den Gewinn. Die Breite L des Winkelreflektors soll mindestens $0{,}6\lambda$ betragen. Längere Dipole erfordern entsprechend breitere Winkelreflektoren.

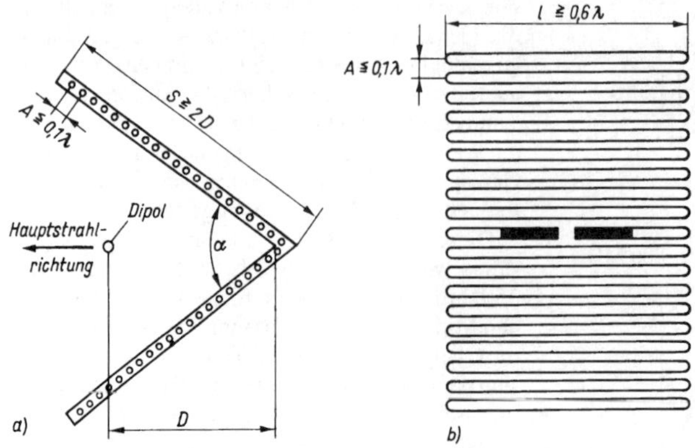

Bild 24.11.1
Winkelreflektor-Antenne mit Dipol
a) - Seitenansicht
b) - Vorderansicht

Werden keine besonderen Ansprüche an den Frequenzbereich gestellt, so besteht das gespeiste Element entweder aus einem gestreckten Halbwellendipol, oder es wird als Faltdipol ausgebildet.

Werden die Reflexionsflächen aus einzelnen Stäben oder Drähten hergestellt, so ist ein Abstand von 0,1λ zu wählen. In der Praxis findet man aber auch erheblich größere Abstände. Steht kein Stabmaterial zur Verfügung, dann läßt sich auch Cu-Draht von 1 bis 2 mm verwenden. Die Seitenlatten des Winkelgestelles werden durchbohrt; nun fädelt man den Draht in Form eines langgezogenen Mäandermusters als fortlaufenden Leiter ein. Mit noch besserem Erfolg, besonders im Dezimeterwellenbereich, kann man ein engmaschiges Drahtnetz zur Bespannung der Winkelreflektorfläche verwenden. Das industrielle Muster einer Breitband-Winkelreflektor-Antenne für den Fernsehempfang im Band IV/V stellt **Bild 24.11.2** dar. Im Bereich zwischen 470 und 790 MHz erzielt diese Antenne Gewinne zwischen 14 (Kanal 21) und 12,4 dBi (Kanal 55). Trotz des verhältnismäßig weitmaschigen Winkelreflektors wird eine Rückdämpfung von ≥ 25 dB erreicht.

Bild 24.11.3 zeigt den Gewinn von *Winkelreflektor-Antennen* für die Öffnungswinkel 90° und 60° in Abhängigkeit vom Dipolabstand *D*. Zu Vergleichszwecken ist auch die Kurve für eine ebene Reflektorwand (Öffnungswinkel 180°) aufgeführt. Wie ersichtlich, tritt in diesem Fall der theoretische Maximalgewinn von fast 7 dBd bei einem Dipolabstand von 0,05λ auf. Durch den niedrigen Strahlungswiderstand von 5 Ω und die große Annäherung an die Reflektorwand entstehen jedoch so hohe ohmsche Verluste, daß dieser Gewinn in der Praxis nicht erreicht werden kann.

Bild 24.11.2
Winkelreflektor-Antenne für Band IV/V
(VEB Antennenwerke Bad Blankenburg)

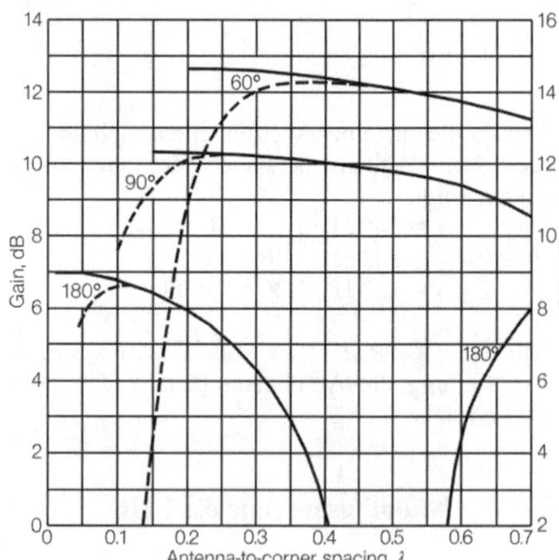

Bild 24.11.3
Gewinn von Winkelreflektor-Antennen
für verschiedene Öffnungswinkel α

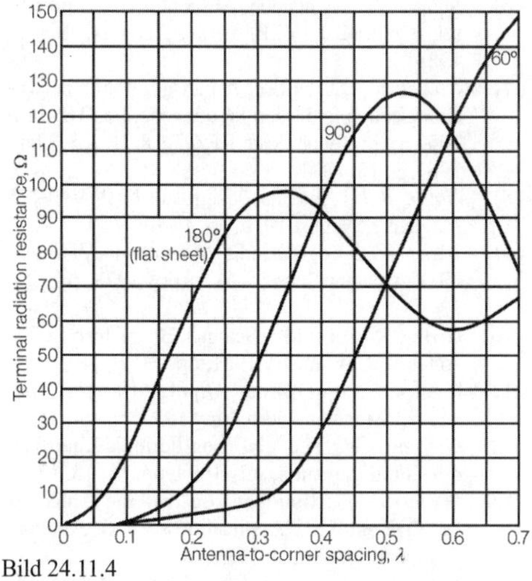

Bild 24.11.4
Strahlungswiderstand von Winkelreflektor-Antennen für verschiedene Öffnungswinkel α

Ein Abstand von 0,2λ erweist sich als die günstigere Lösung mit einem Gewinn = 6 dBd.

Bild 24.11.4 zeigt den Strahlungswiderstand von Winkelreflektor-Antennen. Die Kurve des Strahlungswiderstandes zeigt, daß der Eingangswiderstand eines Dipols vor einer ebenen Reflektorwand nicht verändert wird, wenn der Dipolabstand 0,2λ beträgt.

Beide Bilder sind aus dem Standardwerk über Antennen von *Kraus, W8JK* [11.2].

Beim Aufbau ist es sehr vorteilhaft, wenn man Eingangswiderstände erhält, die im Bereich der Wellenwiderstände von handelsüblicher Koaxialkabel liegen. Zur Speisung ist ein Balun notwendig. Über einen Viertelwellensperrtopf oder einen Symmetriewandler kann man die *Winkelreflektor-Antenne* mit Koaxialkabel speisen. Soll eine 240-Ω-Leitung verwendet werden, ersetzt man den gestreckten Halbwellendipol durch einen Faltdipol.

In **Tabelle 24.13** werden technischen Daten von *Winkelreflektor-Antennen* für das 2-m- und 70-cm-Amateurband aufgeführt. Die einzelnen Positionen beziehen sich auf Bild 24.11.1. Die Antennen haben einen Verkürzungsfaktor V = 0,9 und einen Stababstand A < 0,05λ.

Die praktische Brauchbarkeit von *Winkelreflektor-Antennen* für den Amateurfunk ist etwas umstritten, da die früher angegebenen Gewinne nicht erreicht werden konnten. Realistischere Werte sind später von *DL3WR* veröffentlicht worden [11.3]. Meßtechnisch fundierte Gewinnangaben in Verbindung mit guten Hinweisen für den praktischen Aufbau machte *DC9NL* in [11.4].

Literatur zu Abschnitt 24

[1.1] *Ehrenspeck, H.W.; Poehler, H.:* Eine neue Methode zur Erzielung des größten Gewinns bei *Yagi*-Antennen. Nachrichtentechnische Fachberichte (NTF), Band 12, 1958, S. 47–54; auch IRE Trans., AP-7, October 1959, pp. 379–386

[1.2] *Hoch, G.:* Wirkungsweise und optimale Dimensionierung von *Yagi*-Antennen. UKW-Berichte 1/1977, S. 27–36

[1.3] *Hoch, G.:* Mehr Gewinn mit *Yagi*-Antennen. UKW-Berichte 1/1978, S. 2–9

[1.4] *Oberrender, O.:* Die Langyagiantenne als optimale Lösung des Antennenproblems beim UKW-Amateur. Funkamateur 1967, Hefte 7 bis 12

[1.5] *Chen, C.A.; Cheng, D.K.:* Optimum Element lenghts for *Yagi-Uda* Arrays. IEEE Trans., AP-23, January 1975, pp. 8–14

[1.6] *Viezbicke, P.:* Yagi Antenna Design, NBS Technical Note 688, National Bureau of Standards, Boulder, CO, 1976

[1.7] *Reisert, J.H.:* How to design Yagi antennas. Ham Radio, August 1977, pp. 22–31

[1.8] *Hoch, G.:* Mehr Gewinn mit *Yagi*-Antennen. UKW-Berichte 1/1978, S. 2–9

[2.1] *Macoun, J.:* Yagiho smerové antény, Amatérské Radio, Praha, (1962), Heft 2, Seite 48–51

[2.2] *Oberrender, O.:* Die Langyagiantenne als optimale Lösung des Antennenproblems beim UKW-Amateur. Funkamateur 1967, Hefte 7 bis 12

Tabelle 24. 13
Technische Daten von Winkelreflektor-Antennen für 145 und 435 MHz

Frequenzband in MHz	145	145	435	435
Öffnungswinkel in Grad	90	60	90	60
Schenkellänge S in mm	≥ 1240	≥ 2070	≥ 415	≥ 690
Reflektorwandbreite L in mm	≥ 1240	≥ 1240	≥ 415	≥ 415
Dipolabstand D in mm	620	1035	207	345
Dipollänge in mm	≈ 930	≈ 930	≈ 310	≈ 310
Stababstand A in mm	≤ 100	≤ 100	≤ 30	≤ 30
Gewinn in dBd	10	12	10	12
Eingangswiderstand in Ω	50	75	50	75

Verkürzungsfaktor des Dipols … V = 0,9; Stababstand … $A \leq 0{,}05\lambda$

[2.3] *Oberrender, O.: Yagi*-Antennen für den Funkamateur. Artikelfolge, Funkamateur 1982, Hefte 1 bis 6

[2.4] *Hoch, G.*: Gewinnmessungen an UKW-*Yagi*-Antennen, CQ-DL 5/1980, S. 219–221

[2.5] *Hoch, G.*: Wirkungsweise und optimale Dimensionierung von *Yagi*-Antennen. UKW-Berichte 1 / 1977, S. 27–36

[2.6] *Hoch, G.*: Mehr Gewinn mit *Yagi*-Antennen. UKW-Berichte 1/1978, S. 2–9

[2.7] *Hoch, G.*: Extrem lange *Yagi*-Antennen. UKW-Berichte 1/1982, S. 3–11

[2.8] *Steyer, M.*: Einfache Speisung von Monoband-Yagis. Funkamateur 4/95, S. 406

[2.9] *Steyer, M.*: Hochleistungsyagis für das 2-m-Band in 28-W-Ausführung. Funkamateur 1/97, S. 72–75

[2.10] *Bertelsmeier, R.*: Yagi-Antennas for 144 MHz. Dubus (1990), H. 1, S. 19

[2.11] *Steyer, M.*: Computeroptimierte Yagi-Antennen für das 2-m-Band. Funkamateur 2/96, S. 185

[2.12] *Steyer, M.*: Konstruktionsprinzipien für UKW-Hochgewinn-Yagiantennen. Teil 1: Funkamateur 2/99, S. 212-215; Teil 2: Funkamateur 3/99, S. 311–313

[2.13] *Steyer, M.*: 70-cm-Hochgewinn-Yagis. Funkamateur 9/99, S. 1023–1027

[2.14] *PC-Programm*: Yagi Optimizer (YO) von B. Beezley, K6STI, Linda Vista Drive, San Marcos, CA 92069, USA

[3.1] *Bittan, T.*: Zirkular-Polarisation im 2-m-Band. UKW-Berichte 3/1973, S. 148–153

[3.2] *Nose, K.*: Crossed Yagi Antennas for Circular Polarisation. QST January 1973, pp. 21–24

[3.3] *Nose, K.*: A simple Az-El Antenna System for OSCAR. QST June 1973, pp. 11–12

[3.4] *Bittan, T.*: Bemerkungen zur Zirkular-Polarisation. UKW-Technik Sonderheft Antennen-Masten-Zubehör. S. 44–48, Verlag UKW-Berichte, Baiersdorf

[3.5] *Schwarzbeck, G.*: Zirkular-Polarisation, Kreuz-Yagiantennen, Helixantennen (VHF, UHF). (Streifzug durch den Antennenwald). CQ-DL 10/84, S. 478–484

[3.6] *Drahanowsky, W.*: Circularpolarisation und Kreuzyagi. QSP 5/88, S. 19–22

[4.1] *Schweitzer, H.*: Dezimeterwellen-Praxis (Teil III, Leitungstechnik, S. 46). Verlag für Radio-Foto-Kinotechnik GmbH, Berlin-Borsigwalde, 1956

[4.2] *Rhodes, P.D.*; Painter, J.R.: The Log-Yag Array. QST December 1976, pp. 18–21; auch in *Anderson, M.S. (Ed.)*: Antenna Anthology. pp. 49–52, ARRL, Newington, CT, 1978

[4.3] *Swan, O.*: The Swan Multidrive 2-Meter Antenna. QST October 1969

[4.4] *Schwarzbeck, G.*: Kombination logarithmisch-periodischer Zellen mit Parasitärelementen. (Yagi-, Quad- und LP-Richtantennen – Messungen von Gewinn und Richtdiagramm). CQ-DL 4/86, S. 202

[4.5] *Scholz, P.A.; Smith, G.E.*: Log-periodic antenna design. Ham Radio, December 1979, pp. 34–39

[4.6] *Spindler, E.*: Antennen, Abschn. 4.1.15. und Abschn. 4.2.1.2.2. VEB Verlag Technik, Berlin, 1986

[4.7] *Nowatzky, D.*: Eine neuartige Funküberwachungsantenne für den Frequenzbereich 165 ÞÞÞ 1000 MHz. Techn. Mitt. RFZ, Jg. 8, H. 1, 8. März 1964, S. 15–18

[4.8] *Nagle, W L.*: Antenna Designs for UHF/VHF. 73 Magazine, August 1970, pp. 45–47

[4.9] *White, T.E.*: Log-Periodic Antennas in VHF and UHF Amateur Service. CQ April 1978, pp. 18–22

[4.10] *Grove, R.B.*: Build a Scanner Beam from a TV Antenna. CQ January 1981, pp. 18–20

[4.11] *Koslow, D.*: Log Periodic Dipole Array for 2 meters. 73 Amateur Radio, May 1992, pp. 14, 16

[4.12] *Gibbings, M.*: The VHF Log Periodic Yagi. Radio Communication, July 1994, pp. 13–15, 17

[4.13] *Watterson, K.*: Building Log-Periodic Antennas for VHF and UHF Applications. ARRL Antenna Compendium, Vol. 6, 1999

[4.14] *Lindemann, G.*: Logarithmisch-periodische Dipolantennen. AATIS, Praxisheft 8, Februar 1999, S. 70–73

[4.15] *Lindemann, G.*: Die Wunderantenne – Gibt es sie endlich? Funk 3/2000, S. 58–61

[5.1] *Franke, H.-J.*: Die *HB9CV* Antenne für VHF und UHF. UKW-Berichte 3/1969, S. 142–147

[5.2] *Goltz, L.*: *HB 9 CV* – immer wieder interessant. ? (Tips & Tricks). CQ-DL 11/91, S. 676

[5.3] *Keller, K.-P.*: *HB 9 CV* befestigen – aber wie? (Tips & Tricks). CQ-DL 11/91, S. 675

[5.4] *Steyer, M.*: HB9CV-Antennen für 2 m, 6 m und 10 m. Funkamateur 12/97, S 1446

[5.5] *Luz, H.*: Eine zerlegbare *HB9CV* Richtantenne zum *DL6SW* Funksprechgerät. UKW-Berichte 3/1963, S. 150–154

[5.6] *Appelt, W.*: Eine stabile *HB9*CV Antenne für Fahrzeuge. UKW-Berichte 1/1967, S. 14–17

[5.7] *Dierking, H.-J.*: Der *HB 9 CV*-Beam für 2 m. DL-QTC 8/68, S. 480

[5.8] *John, J.*: 2-El.-Antenne (HB9CV) für das 2-m-Band aus Teleskopteilen aufgebaut. QRV 6/74, S. 338

[5.9] *David, E.*: 3-Element HB9CV. (Eurothek). Radio Communication, July 1995

[5.10] *Reithofer, J.*: UHF-Amateurfunk-Antennen. Franzis-Verlag, München, 1977

[5.11] *Weiner, K. (Hrsg.)*: UHF-Unterlage I/II, E.4.1, Die „*HB9CV*“-Antenne für das 70 cm-Band, S. 339. Weiher, Hof, 1980/89

[5.12] *Schwarzbeck, G.*: HB9CV und „erweiterte“ HB9CV-Antennen. (Yagi-, Quad- und LP-Richtantennen – Messungen von Gewinn und Richtdiagramm). CQ-DL 4/86, S. 200–202

[5.13] *Gloger, W.*: HB9CV-Antenne als Duobander. CQ-DL 11/95, S. 822

[5.14] *David, E.*: A 145/435 MHz HB9CV. (Eurothek). Radio Communication, September 1996

[6.1] *Hills, R.C.; Elton, P.M.*: A Cubical Quad Array for the 144 Mc/s Band. RSGB-Bulletin, April 1959

[6.2] *Unwin, D.:* Quad aerials at vhf. Radio Communication, June 1973, p. 396

[6.3] *Hey, J.R.*: A collapsible vhf cubical quad. Radio Communication, March 1974, pp. 152–153

[6.4] *McCloud, C.J.:* Switched polarization cubical quad. Radio Communication, July 1975, p. 533

[6.5] *Schubert, R.*: Die 7-Element-Cubical-Quad für 144 MHz nach GW4CQT. Funkamateur 9/82, S. 452

[6.6] *Reynante, J.*: A Five-Element Quad Antenna for 2 Meters. QST January 1995, pp. 67–69

[6.7] *Overbeck, W.:* The VHF Quagi. QST, April 1977, pp. 11–14

[6.8] *Overbeck, W.:* The Long-Boom Quagi. QST, February 1978, pp. 20–21

[6.9] *Hagenbuchner, K.:* Quagi – Für 70 cm als Wochenendprodukt. QSP 12/91, S. 11–12

[6.10] *Bothfeld, H.:* Die Uniquad für 2 m. CQ-DL 7/80, S. 323

[6.11] *H. Bothfeld* – DBGM G 87 15 797.7 – 1987

[8.1] *Harrison, R.*: Loop-Yagi Antennas. Ham Radio, May 1976, pp. 30–32

[8.2] *Lentz, R.*: Loop-Yagi-Antennen. UKW-Berichte 2/1977, S. 82–88

[8.3] *Brown, F.:* A Two-Element 144-MHZ Antenna. (Hints and Kinks). QST October 1979, p. 51

[8.4] *Weiner, K.*: Eine Loop-Yagi-Konstruktion für das 70-cm-Band. UHF-Unterlage IV, E.4.7.2, S. 731–733, 1984

[8.5] *Markle, C.*: How to build a 2 meter/70 cm circular quad. CQ July 1999, pp. 36, 40–43

[9.1] *Kraus, J.D.:* Helical Beam Antenna. Electronics, April 1947, pp. 109–111

[9.2] *Kraus, J.D.:* Helical Beam Antennas for Wideband Applications. Proc. IRE, October 1948, pp. 1236–1242

[9.3] *Kraus, J.D.:* Helical Antennas. Proc. IRE, March 1949, pp. 263–272

[9.4] *Stich, W.*: Wendelantenne für das 70-cm-Band. UKW-Berichte 1/1974, S. 18–24

[9.5] *White, T.E.*: A Multi-Band, Multi-Purpose Helix Antenna. CQ November 1980, pp. 52–53

[9.6] *Isely G.R.; Smith, W.G.*: A Helical Antenna for Space-Shuttle Communication. QST December 1984, pp. 14–18

[11.1] *Kraus, J.D.:* The Corner-Reflektor Antenna. Proc. IRE, November 1940), pp. 513–519

[11.2] *Kraus, J.D.*: Antennas. (Chapter 12-3, p. 549), McGraw-Hill, New York, 1988

[11.3] *Lentz, R.:* Winkelreflektor-Antennen. UKW-Berichte, 3/1976, S. 164–165

[11.4] *Weiner, K. (Hrsg):* Die Cornerantenne (DC9NL), UHF-Unterlage I/II, E. 4.4. S. 340–341, Weiner, Hof, 1980/1994

25 Gruppenantennen und gestockte Antennen für VHF und UHF

Während allgemein jede Zusammenschaltung gleichartiger Einzelantennen als Antennengruppe bezeichnet werden kann, unterscheiden die Funkamateure genauer. In ihrer Terminologie besteht eine Gruppenantenne aus der Kombination von kollinearen Dipolen (Dipollinien) mit vertikal gestockten Dipolen (Dipolzeilen), wobei horizontale Polarisation vorausgesetzt wird (siehe Abschnitte 13.1 und 13.2). Die einfachste Gruppenantenne nach dieser Definition würde demnach aus 2 gestockten Ganzwellendipolen bestehen (siehe **Bild 25.0.1**), wobei der Ganzwellendipol die einfachste Dipollinie darstellt (2 kollineare Halbwellendipole). Die Ganzwellendipole werden gleichphasig erregt. Die Dipolzeile wird aus der Parallelschaltung weiterer Ganzwellendipole gebildet, die alle gleichphasig erregt sind. Solche Antennengruppen nennt man auch Phasenantennen. Ihre Kennzeichen sind die gespeisten Ganzwellendipole mit ihrer auffälligen Verdrahtung zwischen den Elementen („Phasenleitungen"). Reflektoren sind fast immer vorhanden, Direktoren nur in Ausnahmefällen.

Bei den gestockten *Yagi*-Antennen gibt es keine kollinearen Dipole, sondern gespeiste Halbwellendipole oder schleifenförmige Elemente und immer mehr oder weniger viele Direktoren. Die *Yagi*-Systeme sind räumlich relativ weit voneinander versetzt, ihre Verbindungsleitungen bestehen fast immer aus Koaxialkabel, das wenig auffällig längs den Trageelementen verläuft.

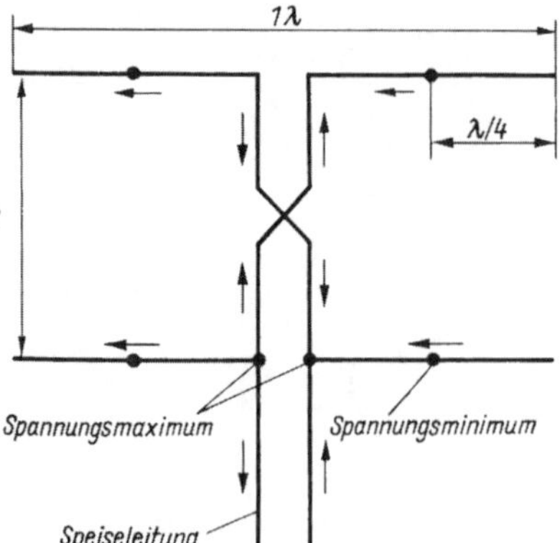

Bild 25.0.1
4-Element-Gruppenantenne

25.1 Gruppenantennen

Auch bei größeren Antennengruppen beschränkt man sich in der Amateurpraxis vorwiegend auf den Einsatz einfachster Dipollinien, das bedeutet, daß man fast immer einen horizontalen Ganzwellendipol in mehreren vertikalen Ebenen stockt. Unabhängig von der Anzahl der Ebenen wird dabei der horizontale Öffnungswinkel dieser Gruppenantenne ausschließlich von dem der verwendeten Dipollinie bestimmt. Da sie im Normalfall aus einem Ganzwellendipol besteht, (vgl. Abschnitt 9.2.1), beträgt die horizontale Halbwertsbreite solcher horizontal polarisierten Antennengruppen etwa 65° (horizontaler Öffnungswinkel eines Ganzwellendipols). Um einseitige Richtwirkung bei gleichzeitiger Gewinnerhöhung zu erzielen, versieht man Gruppenantennen im VHF- und UHF-Bereich fast immer mit abgestimmten parasitären Halbwellenreflektoren, oder etwas seltener mit einer unabgestimmten Reflektorwand. Dadurch wird die horizontale Halbwertsbreite der Ganzwellendipole und

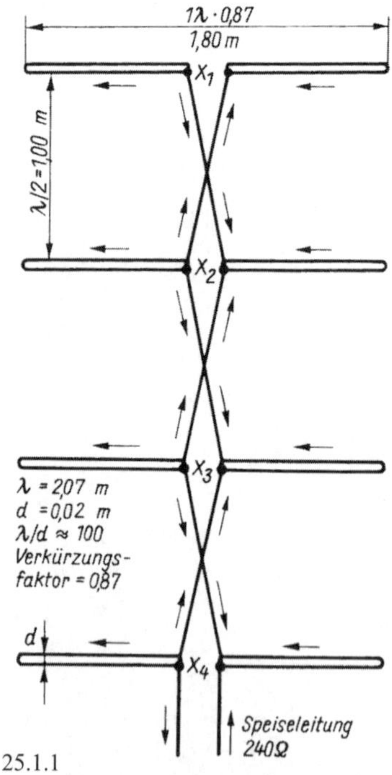

Bild 25.1.1
8-Element-Gruppenantenne (endgespeist)

somit der ganzen Antennengruppe auf etwa 60° verringert.

Wie aus **Bild 25.0.1** hervorgeht, werden die Ganzwellendipole im Spannungsmaximum gespeist. Ihre Eingangswiderstände liegen deshalb sehr hoch und sind stark vom Schlankheitsgrad abhängig.

Weiterhin wird der Eingangswiderstand von Ganzwellendipolen auch noch etwas von der Breite der Trennstellen des Speisepunktes und innerhalb von Gruppenantennen vom gegenseitigen Abstand der parallelen Dipole beeinflußt. Der Verkürzungsfaktor eines Ganzwellendipols unterliegt ebenfalls dem Wellenlängen/Durchmesser-Verhältnis.

Der hohe Eingangswiderstand des Ganzwellendipols wirkt sich in einer Gruppenantenne günstig auf die Anpassungsmöglichkeiten aus, da durch die Parallelschaltung mehrerer Ganzwellendipole der Eingangswiderstand oft Werte annehmen kann, die den direkten Anschluß einer Speiseleitung gestatten. Nachteilig ist, daß der Ganzwellendipol im Speisepunkt sehr gut isoliert sein muß (Spannungsmaximum). Von der teilweise vorgeschlagenen mechanischen Befestigung in der Nähe des Speisepunktes sei deshalb abgeraten, da selbst gute Isolatoren bei nassem Wetter erhebliche Verluste verursachen können. Das Spannungsminimum eines Ganzwellendipols liegt etwa $\lambda/4$ von seinen Enden entfernt; er wird deshalb zuweilen an diesen Punkten in Ganzmetallbauweise befestigt. Da aber die Spannungsverteilung beim Ganzwellendipol nicht so gleichmäßig verläuft wie beim Halbwellendipol, befindet sich auch im theoretischen Spannungsknoten noch eine bestimmte Spannung. Eine metallische Halterung ist deshalb nicht ratsam, jedoch genügt es, wenn die Befestigung im Spannungsminimum z.B. auf imprägniertem Holz vorgenommen wird.

Frühe Antennenpatente über Gruppenantennen sind [1.1] und [1.2].

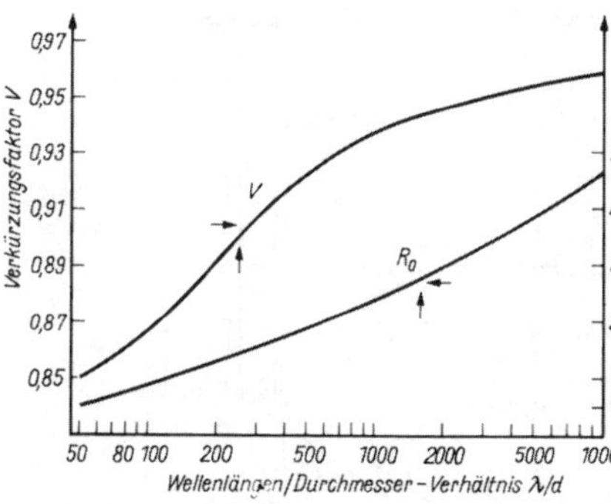

Bild 25.1.2
Eingangswiderstand und Verkürzungsfaktor von Ganzwellendipolen abhängig vom Wellenlängen/Durchmesserverhältnis (Näherungswert)

25.1.1 Speisung von Gruppenantennen

An einigen Beispielen soll die Erregung und Anpassung von Gruppenstrahlern erläutert werden.

Bild 25.1.1 zeigt eine 8-Element-Gruppenantenne, die aus 4 Etagen (4 parallelen Dipolen) mit je 2 kollinearen, gleichphasig erregten Halbwellenstücken (Ganzwellendipolen) besteht. Der Elementdurchmesser *d* beträgt 20 mm, die Betriebswellenlänge 2,07 m. Daraus ergibt sich ein Wellenlängen/Durchmesser-Verhältnis von 2070 mm : 20 mm ≈ 100. Nach **Bild 25.1.2** beträgt dabei der Eingangswiderstand für jeden Ganzwellendipol etwa 1100 Ω, der Verkürzungsfaktor ist gleich 0,87. Damit ergibt sich die geometrische Länge der Ganzwellendipole aus 2,07 m · 0,87 ≈ 1,8 m.

Jeder Ganzwellendipol hat bei dem gegebenen Wellenlängen/Durchmesser-Verhältnis einen Eingangswiderstand von etwa 1100 Ω. 4 Dipole sind parallelgeschaltet, so daß sich ein Widerstand im Speisepunkt X_4 von etwa 1100 Ω : 4 ≈ 275 Ω ergibt. Es könnte also an den Punkt X_4 (bzw. X_3, X_2 oder X_1) eine beliebig lange symmetrische Zweidrahtleitung von 240 bis 300 Ω Wellenwiderstand bei geringer Welligkeit angeschlossen werden. Will man diese Gruppenantenne über ein Koaxialkabel speisen, wird wie üblich eine Halbwellenumwegleitung verwendet. Diese nimmt die erforderliche Widerstandstransformation im Verhältnis 4:1 und auch die Symmetriewandlung vor. Ergeben sich für den Widerstand im Speisepunkt Werte, die keinen direkten

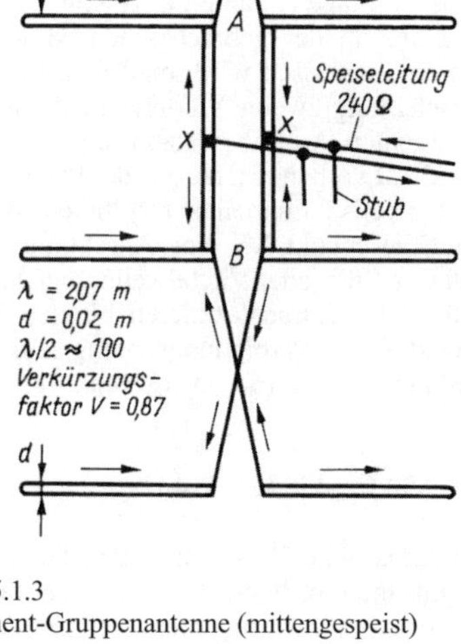

Bild 25.1.3
8-Element-Gruppenantenne (mittengespeist)

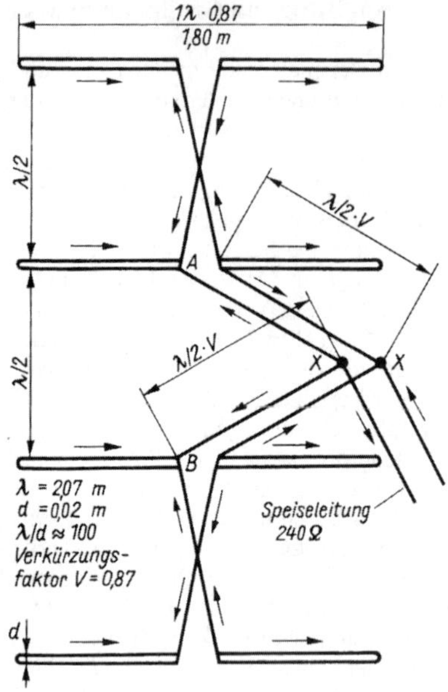

Bild 25.1.4
8-Element-Gruppenantenne (Breitbandspeisung)

Anschluß der Speiseleitung ermöglichen, so muß man ein geeignetes Anpassungsglied einschalten.

Nachteilig bei dieser Art der Zusammenschaltung ist, daß die einzelnen Dipolebenen nicht genau gleichzeitig erregt werden. Die am weitesten vom Speisepunkt entfernte Dipolebene erhält laufzeitbedingt ihre Energie etwas später als die nächstliegende; dadurch verändert sich der Erhebungswinkel der Hauptkeule: Die Antenne „schielt". Außerdem wird die Frequenzbandbreite geringer.

Die elektrisch günstigere zentrale Speisung der gleichen Gruppenantenne zeigt **Bild 25.1.3**. Die nicht überkreuzte Verbindungsleitung zwischen der 2. und der 3. Etage hat eine Länge von $\lambda/2$; da die Speiseleitung in der geometrischen Mitte dieser Leitung angeschlossen wird, muß man sie als die Parallelschaltung zweier Viertelwellentransformatoren betrachten. An *A* und *B* sind Impedanzen von je etwa 550 Ω vorhanden, die aus der Parallelschaltung von jeweils 2 Elementen resultieren. Wünscht man im Speisepunkt XX eine Anschlußimpedanz von 240 Ω, müßte jeder Viertelwellentransformator von 550 auf 480 Ω transformieren. Für den Wellenwiderstand *Z* der Verbindungsleitung *A-B* würde sich deshalb nach Gl. (6.6.1) ergeben:

$$Z = \sqrt{550\,\Omega \cdot 480\,\Omega} = 514\,\Omega$$

Die mechanische Darstellung einer Parallelrohrleitung mit einem Wellenwiderstand von etwa 510 Ω bereitet jedoch Schwierigkeiten, weil der Abstand der Parallelrohre groß sein würde. Aus diesem Grund müßten die Trennstellen der angeschlossenen Dipole bei *A* und *B* unzulässig breit gehalten werden. Man könnte in diesem Fall den Wellenwiderstand der Leitung *A-B* nach rein mechanischen Gesichtspunkten bemessen und - wie in **Bild 25.1.3** angedeutet - den Eingangswiderstand von *XX* durch einen „matching stub" dem Wellenwiderstand der Speiseleitung anpassen. In der Praxis kommt man meist zu günstigeren Anpassungsbedingungen, weil man fast immer abgestimmte Reflektoren vorsieht, mit denen – je nach Reflektorabstand – der Eingangswiderstand der Einzelebenen auf einen passenden Wert gebracht werden kann.

Eine besonders günstige Lösung der Erregung zeigt **Bild 25.1.4** Auf die Viertelwellentransformatoren wird in diesem Fall ganz verzichtet; an ihre Stelle treten zwischen *XX-A* und *XX-B* Halbwellenleitungen, die bekanntlich Widerstände im Verhältnis 1:1 übertragen. Die Eingangsimpedanzen bei *A* und *B* betragen im vorliegenden Fall je 550 Ω. Sie sind auch bei *XX* vorhanden, liegen dort jedoch einander parallel, so daß der resultierende Widerstand im Speisepunkt *XX* nunmehr 275 Ω beträgt. Bei vernachlässigbar geringer Fehlanpassung kann man deshalb mit einer 240-Ω-Leitung speisen. Aus den Stromrichtungspfeilen läßt sich erkennen, daß die Leitungen *XX-A* und *XX-B* nicht überkreuzt werden dürfen. Der Wellenwiderstand dieser Leitungen ist in weiten Grenzen unkritisch, da es sich um abgestimmte Leitungen der elektrischen Länge $\lambda/2$ handelt. Es können luftisolierte Paralleldrahtleitungen oder UKW-Bandleitungen verwendet

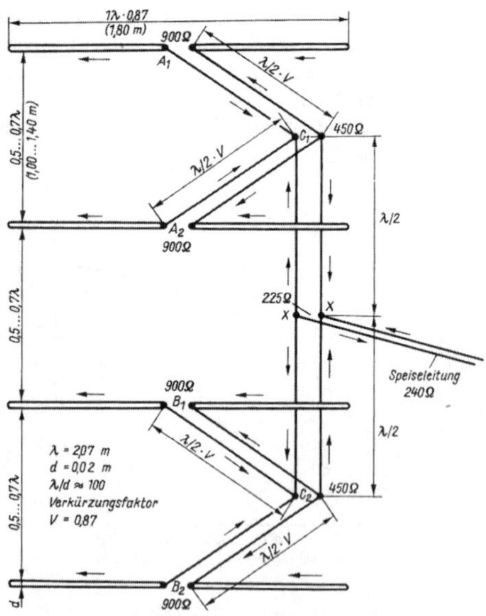

Bild 25.1.5
8-Element-Gruppenantenne (symm. Breitbandspeisung)

Bild 25.1.6
Gruppenantenne mit ungerader Anzahl von Ganzwellen-Elementen
a) - 3-Ebenen (Widerstand bei *XX* = 1/3 der Einzelwiderstände)
b) - 5-Ebenen (Widerstand bei *XX* = 1/5 der Einzelwiderstände)

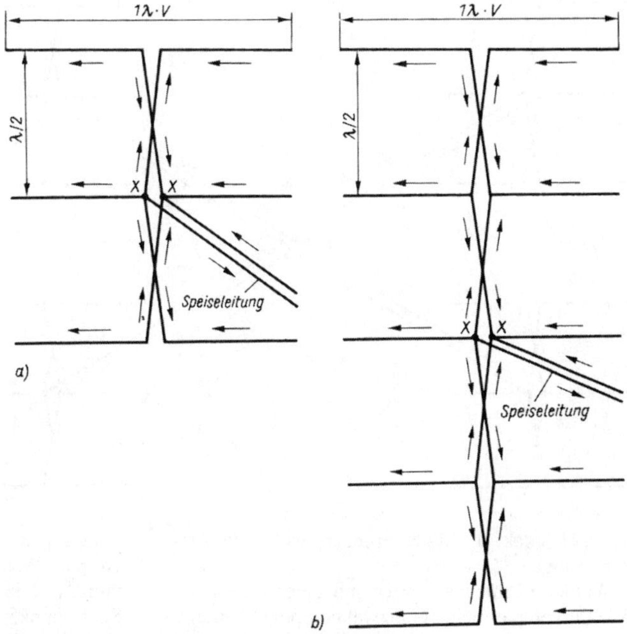

werden, wobei man den dazugehörigen Verkürzungsfaktor bei der Längenbemessung beachten muß. Bei gleichem Wellenwiderstand wird die größte Breitbandigkeit erreicht. Im Amateurfunkbereich mit den relativ schmalen Frequenzbändern spielt die Bandbreite keine wesentliche Rolle.

Das Beispiel einer vollkommen symmetrischen Breitbandspeisung für Gruppenantennen gibt **Bild 25.1.5** wieder. In diesem Fall wird angenommen, daß sich hinter jedem gespeisten Halbwellenstück in $\lambda/4$-Abstand ein abgestimmter, parasitärer Halbwellenreflektor befindet. Dadurch fällt die Eingangsimpedanz jeder Ebene auf etwa 900 Ω ab. Es werden ausschließlich Halbwellenleitungen verwendet, die nicht transformieren, so daß sich am Speisepunkt als Parallelschaltung der 4 Einzelwiderstände eine Anschlußimpedanz *XX* von etwa 225 Ω ergibt. Der Wellenwiderstand von abgestimmten Halbwellenleitungen ist, wie erwähnt, unkritisch. Der Verkürzungsfaktor *V* muß aber beachtet werden (luftisolierte Paralleldrahtleitungen *V* = 0,975; UKW-Bandleitung *V* = 0,80 bzw. 0,84). Diese Art der Speisung erlaubt es außerdem, den Stockungsabstand auf den optimalen Wert von et-

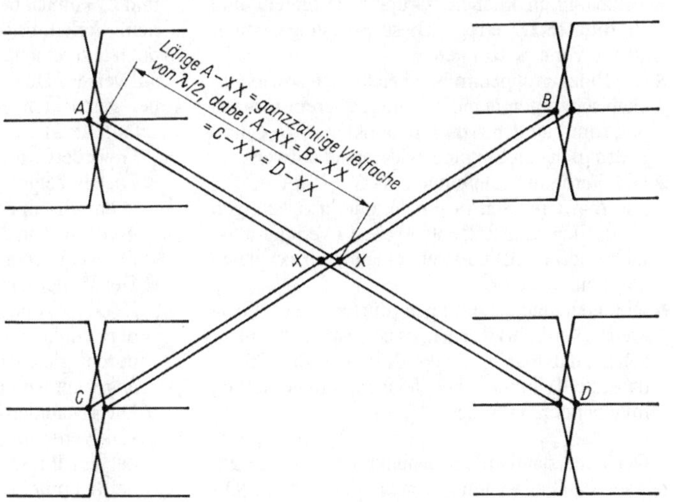

Bild 25.1.7
Gruppenantenne mit abgestimmten Verbindungsleitungen, symm. erregt (Widerstand bei *XX* = 1/4 der Einzelwiderstände)

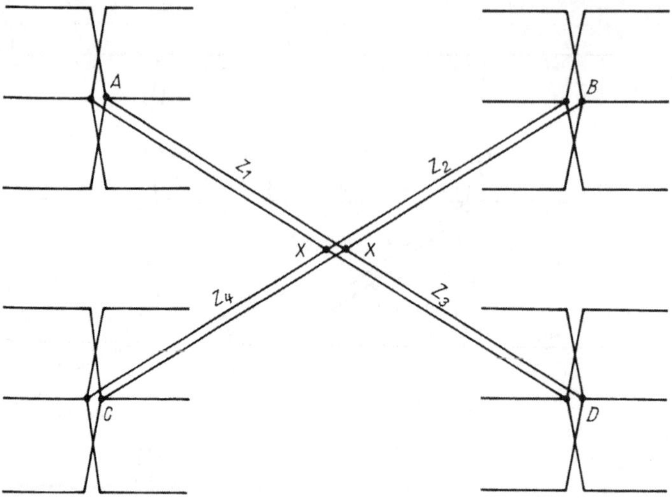

Bild 25.1.8
Gruppenantenne
mit angepaßten
Verbindungsleitungen,
symm. erregt
(Widerstand bei
XX = 1/4 der
Einzelwiderstände)

wa 0,7λ (exakt 0,64λ) zu erhöhen, wobei der Gewinn steigt.

Werden Gruppenantennen mit einer ungeraden Anzahl von parallelen Ganzwellendipolen benutzt, z.B. 3 oder 5 Etagen, so lassen sich die vorstehend beschriebenen Speisungsmethoden aus mechanischen Gründen nicht anwenden. Wie aus **Bild 25.1.6** hervorgeht, ist dann die Speiseleitung direkt beim mittleren Dipol anzubringen. Nimmt der Widerstand im Speisepunkt „unpassende" Werte an, so wird an den Wellenwiderstand der Speiseleitung über einen Viertelwellentransformator bei *XX* angepaßt. Die einzelnen Ganzwellendipole werden dabei nicht gleichzeitig erregt. Besonders bei der Ausführung mit 5 parallelen Dipolen muß deshalb mit einer leichten Verfälschung der Richtcharakteristik in der H-Ebene gerechnet werden.

Größere Systeme von Gruppenstrahlern werden zweckmäßig in kleinere Gruppen aufgeteilt und nach **Bild 25.1.7** erregt. Diese Speisung bedingt folgende Voraussetzungen:

- Die Einzelgruppen müssen elektrisch sowie mechanisch untereinander völlig übereinstimmen und somit an den Anschlußpunkten *A, B, C* und *D* den gleichen Eingangswiderstand aufweisen.
- Die Verbindungsleitungen *A-XX, B-XX, C-XX* und *D-XX* müssen in ihrer Länge ganzzahligen Vielfachen von λ/2 entsprechen (Verkürzungsfaktor beachten!) und untereinander exakt gleich lang sein.
- Die genannten Leitungen dürfen nicht überkreuzt (verdreht) werden; es ist deshalb darauf zu achten, daß man im Punkt *XX* (wie in **Bild 25.1.7** dargestellt) immer die gleichen Strahlerhälften miteinander verbindet.

Der Widerstand im Speisepunkt *XX* ist bei der gezeigten Parallelschaltung von 4 gleichartigen Dipolgruppen 1/4 des Eingangswiderstandes einer Gruppe. Wenn der Eingangswiderstand bei *A, B, C* und *D* z.B. je 240 Ω beträgt, wird der Widerstand im Speisepunkt *XX* 60 Ω. Die 4 Verbindungsleitungen sind abgestimmte Leitungen, ihr Wellenwiderstand ist praktisch ohne Bedeutung. Da die einzelnen Dipolgruppen einen größeren gegenseitigen Abstand als bei der gedrungenen Bauweise haben können, steigt auch der erzielbare Gewinn an. Beachtet man die gegebenen Regeln, dann lassen sich auf diese Art auch sehr umfangreiche Dipolflächen speisen.

Es gibt jedoch noch eine andere Erregungsmethode, die nicht mit abgestimmten, sondern mit angepaßten Verbindungsleitungen arbeitet und somit mechanische sowie elektrische Vorteile bietet. Gemäß **Bild 25.1.8** wird in diesem Fall die gleiche Anordnung der Einzelgruppen wie in **Bild 25.1.7** angewendet. Die angepaßten Leitungen Z_1, Z_2, Z_3 und Z_4 können beliebig lang sein und stehen in keinem Verhältnis zur Wellenlänge. Sie müssen jedoch untereinander die gleiche geometrische Länge aufweisen. Diese Erregungsmethode ist vor allem bei gestockten *Yagi*-Systemen üblich (siehe Abschnitt 25.2)

Gefordert wird:

- Die Einzelgruppen müssen elektrisch sowie mechanisch untereinander völlig übereinstimmen und somit an den Anschlußpunkten *A, B, C* und *D* den gleichen Eingangswiderstand haben.
- Der Wellenwiderstand der Verbindungsleitungen Z_1, Z_2, Z_3 und Z_4 muß genau dem Widerstand in den Punkten *A, B, C* und *D* entsprechen oder durch gleichartige Anpassungsglieder diesem angepaßt werden.
- Die genannten Leitungen sind nicht zu überkreuzen (verdrehen). Es ist deshalb darauf zu achten, daß im Punkt *XX* immer die gleichen Strahlerhälften miteinander verbunden werden.

Da man im vorliegenden Fall 4 symmetrische Leitungen gleichen Wellenwiderstandes im Punkt *XX* parallelschaltet, beträgt dort die Anschlußimpedanz nur 1/4 des Wellenwiderstandes der verwendeten Verbindungsleitungen.

Weisen die einzelnen Gruppen bei *A, B, C* und *D* z.B. einen Eingangswiderstand von je 240 Ω auf, so sind für die Leitungen Z_1, Z_2, Z_3 und Z_4 240-Ω-Leitungsstücke gleicher Länge zu verwenden. Im Punkt *XX* erscheinen dann 60 Ω Speiseimpedanz. Dieser Wert ist für den Anschluß über ein Symmetrierglied geeignet. Es kann auch über ein Q-Match auf jeden anderen gewünschten Wert der Speiseleitung transformiert werden.

Durch die wohlüberlegte Kombination von abgestimmten und angepaßten Verbindungsleitungen sowie Viertelwellentransformatoren ist es möglich, auch ausgedehnte Dipolflächen phasenrichtig zu erregen und impedanzrichtig zu speisen: Es muß noch darauf hingewiesen werden, daß man frequenzabhängige Glieder zugunsten angepaßter Leitungen nach Möglichkeit vermeiden sollte, weil sie den Frequenzbereich einengen können. Allerdings stehen bei den relativ frequenzschmalen Amateurbändern die Bandbreitefragen nicht so im Vordergrund, wie das z.B. bei Fernsehantennen der Fall ist.

25.1.2 Gruppenantennen mit Reflektoren

Das zweiseitige Abstrahlen senkrecht zur Fläche einer Gruppenantenne kann mit Hilfe von Reflektoren in eine einseitige – unidirektionale Hauptstrahlung verwandelt werden. Der Gewinn steigt dabei theoretisch um 3 dB. Gleichzeitig wird durch die Reflektoren der Eingangswiderstand des Systems verändert.

Reflektorabstände von 0,1 bis etwa 0,3λ sind gebräuchlich. Beträgt dieser Abstand 0,25λ, so sinkt der Eingangswiderstand der Anordnung nur geringfügig (um etwa 20%), während ein Reflektorabstand von 0,1λ bereits einen Rückgang des Eingangswiderstandes um annähernd 75% verursacht. Das Maximum des Gewinnes liegt bei einem Reflektorabstand von 0,15λ; innerhalb des Bereiches von 0,1 bis 0,3 schwankt der Gewinn um höchstens 0,8 dB.

Durch Verändern der Reflektorabstände kann die Anschlußimpedanz von Gruppenantennen nachträglich noch etwas korrigiert werden. In den folgenden Beispielen wurde jedoch konstruktiv auf diese Möglichkeit verzichtet. Für jeden Halbwellenabschnitt innerhalb jeder Dipolzeile muß man einen abgestimmten Halbwellenreflektor vorsehen. Nicht unterbrochene Ganzwellenstücke sind ungeeignet, da sie nicht gleichphasig erregt werden. Die geometrische Länge eines stabförmigen Halbwellenreflektors l_R im VHF-/UHF-Bereich ergibt sich mit ausreichender Genauigkeit aus der Beziehung

$$l_R/\text{mm} = \frac{152000}{f/\text{MHz}} \qquad (25.1.1)$$

Im allgemeinen werden der Reflektor und das gespeiste Element aus gleichem Material mit gleichem Durchmesser gefertigt.

25.1.3 Gruppenantennen mit Reflektorwänden

Flächenreflektoren sind für Meterwellen noch etwas unhandlich; ihr Hauptanwendungsbereich liegt deshalb im Gebiet der Dezimeterwellen. Eine hinter der Dipolfläche angebrachte reflektierende Metallwand sollte nach jeder Richtung um mindestens λ/2 größer sein als die Strahlerfläche. Im Gegensatz zu einem stabförmigen Reflektor steht eine Reflektorwand nicht im Zusammenhang mit der Betriebswellenlänge. Deshalb können von der gleichen

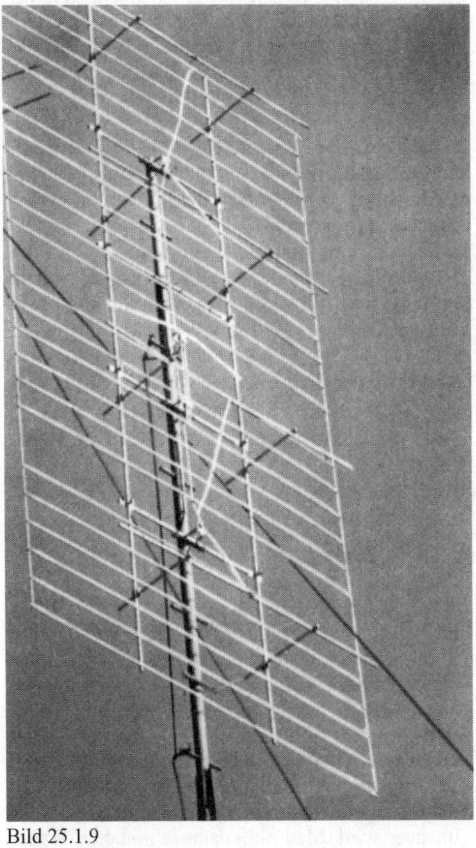

Bild 25.1.9
8-Element-Gruppenstrahler bei *DL6MH*

Reflektorfläche mehrere Strahler verschiedener Betriebsfrequenzen angeordnet werden. Aus Blechen gefertigte Reflektorwände ergeben eine besonders gute Rückdämpfung. Da sie aber bei großer Masse einen sehr großen Windwiderstand aufweisen, werden sie häufig durch ein Drahtgeflecht oder durch eine Fläche waagrechter Stäbe ersetzt. Der Stababstand bzw. die Maschenweite soll dabei nicht größer als $\lambda/20$ sein. Um Kontaktunsicherheiten zu vermeiden, werden die Maschen des verwendeten Drahtgeflechtes miteinander verlötet; bei dem bekannten verzinkten „Kükendraht" ist das bereits der Fall.

Das Geflecht wird möglichst so ausgespannt, daß dessen verdrillte Ecken parallel zur Strahlerlängsausdehnung verlaufen (bei horizontaler Polarisation demnach waagrecht). Aus parallelen Rohren bestehende Reflektorflächen, wie in **Bild 25.1.9** dargestellt, verwendet der Amateur selten. Sie sind teuer und bieten gegenüber den weitaus billigeren Maschendrahtwänden elektrisch kaum Vorteile.

Ein Abstand der Reflektorwand von etwa $0{,}65\lambda$ ergibt den größtmöglichen Gewinn, jedoch nicht die beste Rückdämpfung, da durch den verhältnismäßig großen Strahlerabstand noch ein Teil der Energie um die Reflektorfläche „herumgreifen" kann. Zugunsten eines einfachen mechanischen Aufbaus und einer guten Rückdämpfung werden meist Abstände zwischen 0,1 und $0{,}3\lambda$ gewählt. Bemerkenswert ist, daß bei einer Distanz Strahler-Reflektorwand von etwa $0{,}2\lambda$ der Eingangswiderstand des Strahlersystems kaum beeinflußt wird. Bei Annäherung an den Strahler fällt der Eingangswiderstand ab.

Während bei einem abgestimmten, stabförmigen Reflektor mit einer durchschnittlichen Gewinnzunahme von 3 dB gerechnet werden kann, erreicht eine ausreichend groß dimensionierte Reflektorwand bis zu 7 dB. Noch höhere Gewinne lassen sich mit Winkelreflektorwänden, Parabol-Reflektoren und ähnlichen Sonderformen erzielen.

Bild 25.1.9 zeigt als Beispiel einen 8-Element-Gruppenstrahler vor einer Reflektorwand, die aus stabförmigen Elementen aufgebaut ist.

25.1.4 Praxis der Gruppenantennen

Im Lauf der Jahre hat sich bei den 2-m-Amateuren eine Standardform herausgebildet: die 16-Element-Gruppenantenne. Von allen möglichen Konstruktionen der Gruppenstrahler wird sie am häufigsten nachgebaut. Viel seltener findet man die 12-Element-Gruppe. 24, 32 oder 48 Elemente werden hin und wieder verwendet; sie bleiben Einzelfälle, weil mit wachsender Elementezahl das Verhältnis des materiellen Aufwandes zur Leistung immer ungünstiger wird. Man muß dann sehr stabile Tragegerüste bauen, der Windwiderstand ist groß, und die Herstellung der Drehbarkeit solch umfangreicher Gebilde bereitet mechanische Schwierigkeiten. Elektrisch betrachtet, bietet die Konstruktion dieser „Mammutgruppen" keine Besonderheiten; denn es handelt sich dabei im allgemeinen immer um die sinnvolle Zusammenstellung von „12er-Gruppen" oder der bewährten „16er-Gruppen".

25.1.4.1 12-Element-Gruppenantenne

Wie **Bild 25.1.10** zeigt, besteht die „12er-Gruppe" aus 3 Ganzwellendipolen mit abgestimmten Halbwellenreflektoren, die in 3 Etagen mit $\lambda/2$-Abstand übereinander angeordnet sind. Der Reflektorabstand liegt bei $0{,}15\lambda$, und der Gewinn beträgt etwa 9,5 dBd. Am Speisepunkt *XX* hat der Anschlußwiderstand etwa 240 Ω. Diese zentral gespeiste Gruppe weist in der Bemessung für 145 MHz eine Bandbreite von > 15 MHz auf; übersteigt also die Amateurbandbreite von 2 MHz um ein mehrfaches. Die Verbindungsleitungen zwischen den Ebenen sind überkreuzt, sie sollen an den Kreuzungsstellen gut voneinander isoliert sein. Da es sich um abgestimmte Leitungen mit einer elektrischen Länge von $\lambda/2$ handelt, haben Drahtdurchmesser und Drahtabstände keine besondere Bedeutung. Andererseits sollten die Drahtdurchmesser nicht zu klein sein, weil die Leitungen stehende Wellen führen.

Mechanische und elektrische Angaben
Elementdurchmesser d = 6 ... 10 mm
Durchmesser der Verbindungsleitungen
etwa 3 mm (unkritisch)
Antennenhöhe etwa 2000 mm = 1λ

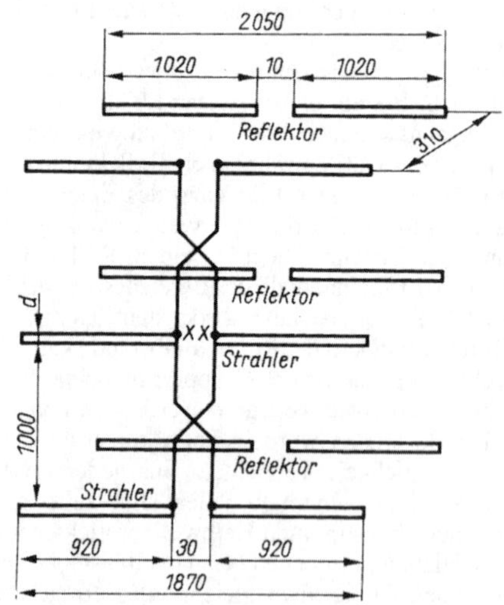

Bild 25.1.10
12-Element-Gruppenantenne für das 2-m-Band

Eingangswiderstand $XX = 240\ \Omega$ symmetrisch
Gewinn etwa 9,5 dBd
Rückdämpfung etwa 14 dB
Horizontale Halbwertsbreite $\alpha_E \approx 60°$
Vertikale Halbwertsbreite $\alpha_H \approx 50°$

Die angegebenen Elementdurchmesser sind nach Möglichkeit einzuhalten; denn Eingangswiderstand und Strahlerlänge von Ganzwellendipolen hängen sehr vom Schlankheitsgrad ab. Die Elemente werden im allgemeinen aus Aluminiumrundstäben oder Leichtmetallrohr hergestellt. Elektrisch ergeben sich keine Unterschiede. Die Verbindungsleitungen müssen dann ebenfalls aus Leichtmetalldrähten von 3 bis 6 mm Durchmesser bestehen, da z.B. bei Aluminium-Kupfer-Verbindungen elektrolytische Zersetzungsvorgänge auftreten können. Auf kontaktsichere Verbindungen muß man besonders achten und sie gegen Feuchtigkeit sichern (Verlacken, Umwickeln mit Kunststoffolie usw.). Verwendet man Kupferrohr für die gespeisten Elemente, müssen die Verbindungsleitungen ebenfalls aus Kupfer sein. Die Verbindungsleitungen werden mit den Elementen verlötet. Die Reflektoren stellt man immer aus Leichtmetall her.

Im allgemeinen wird eine Welligkeit der Speiseleitung von etwa 1,5 erreicht; durch entsprechendes nachträgliches Verändern der Reflektorabstände könnte man diesen Wert noch verbessern.

Da die Elemente im Spannungsminimum isoliert befestigt werden sollen, sind hölzerne Tragegestelle elektrisch und auch mechanisch günstig. Zum Bau verwendet man trockene, astfreie und gehobelte Dachlatten aus Fichtenholz. Sie müssen mit Holzschutzmitteln gut imprägniert sein.

2 Ausführungsbeispiele zeigt **Bild 25.1.11**.

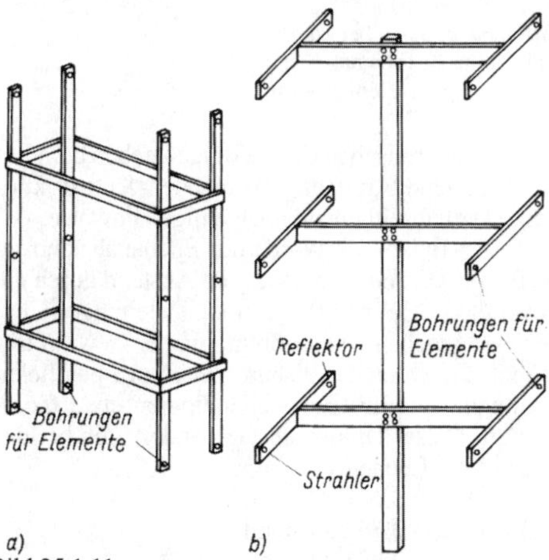

Bild 25.1.11
Tragegestelle für 12-Element-Gruppenantennen
a) - stabiles Gerüst
b) - leichtes Gerüst

Bei Beachtung der im Abschnitt 25.1.1 gegebenen Hinweise über aufgeteilte Gruppenantennen können mehrere solcher „12er-Gruppen" zu größeren Gebilden kombiniert und über angepaßte Leitungen gespeist werden.

25.1.4.2 16-Element-Gruppenantenne

Fügt man den 3 Etagen der „12er-Gruppe" eine weitere Etage hinzu, so entsteht die 16-Element-Gruppenantenne (**Bild 25.1.12**). Bei unveränderter horizontaler Halbwertsbreite wird die vertikale Halbwertsbreite noch geringer. Der Gewinn steigt dabei um rund 1 dB auf etwa 10,5 dB.

Die Verbindungsleitung *A-B* zwischen der 2. und der 3. Etage wird nicht überkreuzt und bildet die bereits bekannte Parallelschaltung zweier Viertelwellentransformatoren. Ihre Bemessung ist kritisch, da sie bei *XX* die Anpassung zwischen Strahlersystem und Speiseleitung herstellen soll. Wird der Widerstand im Speisepunkt *XX* wie üblich mit $240\ \Omega$ bemessen, so besteht die Verbindungsleitung *A-B* aus Drähten oder Rohren, deren Durchmesser sich zum gegenseitigen Abstand – von Drahtmitte zu Drahtmitte gemessen – wie 1:18 verhält. Bei einem Drahtdurchmesser von 3 mm würde demnach dieser Abstand 54 mm betragen.

Soll mit einem $60\text{-}\Omega$-Koaxialkabel gespeist werden, gibt es 2 Möglichkeiten: Die Speisepunktimpedanz von $240\ \Omega$ wird beibehalten, das Koaxialkabel ist in diesem Fall über eine Halbwellenumwegleitung anzuschließen (siehe Abschnitt 7.3.2). Bei der 2. Möglichkeit transformiert bereits die Verbindungsleitung *A-B* auf eine Speisepunktimpedanz *XX* von $60\ \Omega$. Dabei muß für die Verbindungsleitung ein Verhältnis von Abstand :

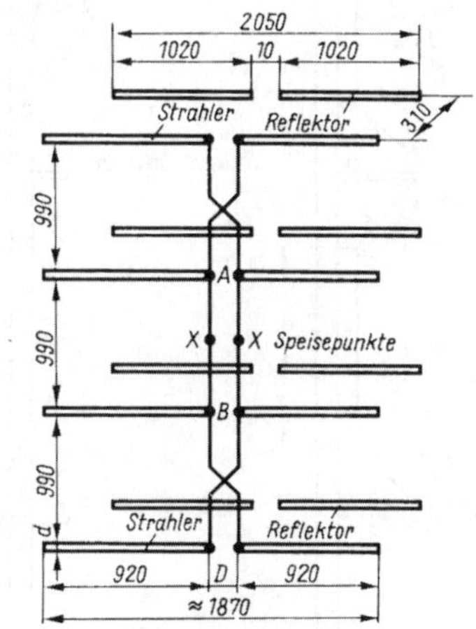

Bild 25.1.12
16-Element-Gruppenantenne (Durchmesser d = 10 mm, Breite D ergibt sich aus der Bemessung der Leitung *A-B*)

Durchmesser- von 3:1 eingehalten werden. Obwohl die Kabelimpedanz nunmehr bei *XX* vorhanden ist, muß man noch eine Symmetriewandlung mit einem Viertelwellensperrtopf o. ä. vornehmen. Der Aufwand ist in beiden Fällen fast der gleiche.

Kabel und Symmetrieglied sollen rechtwinklig zur Verbindungsleitung weggeführt werden, damit keine Beeinflussung des Wellenwiderstandes der Transformationsleitung *A-B* auftritt. Die bei der 12-Element-Gruppenantenne angeführten mechanischen Daten sind sinngemäß auch für die „16er-Gruppe" gültig.

Mechanische und elektrische Angaben
Elementdurchmesser 10 mm
(bis 12 mm möglich)
Durchmesser der überkreuzten
Verbindungsleitungen 3 mm (unkritisch)
Leitung *A-B*: Verhältnis
Durchmesser/Abstand 1 : 18,
z.B. 3 mm : 54 mm (kritisch)
Antennenhöhe etwa 3000 mm = 1,5λ
Eingangswiderstand 240 Ω symmetrisch
Gewinn etwa 10,5 dBd.
Rückdämpfung etwa 14 dB
Horizontale Halbwertsbreite $\alpha_E \approx 60°$
Vertikale Halbwertsbreite $\alpha_H \approx 42°$

Gruppenantennen lassen sich in den vielfältigsten Abwandlungen herstellen und speisen. Die beiden Beispiele in Verbindung mit den vorhergehenden theoretischen Erläuterungen geben dem Leser genügend Anregung zu eigenen Konstruktionen. Dazu abschließend noch einige Hinweise.

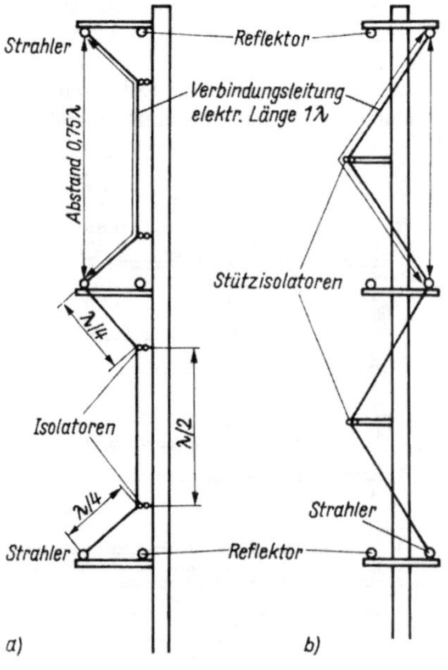

Bild 25.1.13
Ganzwellenleitung zur Herstellung optimaler Etagenabstände; a) und b) sind Konstruktionsbeispiele

Bild 25.1.14
Gruppenantennen bei *DL6MH*
links: eine 12 Element-Gruppe
rechts: eine 48-Element-Gruppe

In den Beispielen wurde der Ebenenabstand jeweils mit λ/2 bemessen, weil der Abstand durch die gewählten Halbwellenverbindungsleitungen bereits vorgegeben war. Größtmöglicher Gewinn tritt jedoch auf, wenn die Distanz zwischen 2 parallelen Halbwellen- oder Ganzwellendipolen etwa 0,65λ beträgt. Dieser Optimalabstand ändert sich bei der Anzahl der Ebenen wie folgt:

2 Ebenen - 0,65λ Abstand
3 Ebenen - 0,75λ Abstand
4 Ebenen - 0,80λ Abstand
5 Ebenen - 0,83λ Abstand
6 Ebenen - 0,86λ Abstand
8 Ebenen - 0,90λ Abstand

Es handelt sich dabei um Näherungswerte. Diese günstigsten Etagenabstände werden mit Ganzwellenverbindungsleitungen erreicht. Da der Abstand der Ebenen jedoch immer kleiner als 1λ ist, wird die Ganzwellenleitung über einen Umweg geführt, der den Längenüberschuß ausgleicht. **Bild 25.1.13** zeigt 2 Ausführungsbeispiele. Die Methode nach **Bild 25.1.13a** hat kleine Vorteile gegenüber der Variante in Bild **25.1.13b**, da die Zweidrahtleitung jeweils bei $\lambda/4$ – also im Spannungsminimum – befestigt ist. Es werden daher nur kurze Stützisolatoren verwendet, an deren Güte keine besonderen Anforderungen zu stellen sind. In der Ausführung nach Bild 25.1.13 wird die Leitung bei $\lambda/2$ – also im Spannungsmaximum – gestützt. Es sind deshalb hochwertige Stützisolatoren erforderlich. Bei der Ganzwellenleitung ist der Verkürzungsfaktor zu berücksichtigen. Er beträgt bei luftisolierten Paralleldrahtleitungen 0,975, bei dickeren Parallelrohrleitungen mit Luftdielektrikum 0,95. Es können auch UKW-Bandleitungen, symmetrische Schlauchleitungen und abgeschirmte symmetrische Zweidrahtleitungen verwendet werden. Ihre Verkürzungsfaktoren ermöglichen es, die um den Verkürzungsfaktor verkleinerte Ganzwellenleitung ohne Umwege zu verlegen (V zwischen 0,65 und 0,85, je nach Kabelart). Im Gegensatz zur Halbwellenverbindungsleitung darf die Ganzwellenleitung bei phasengleicher Erregung der Ebenen nicht überkreuzt werden.

Stockt man Halbwellendipole übereinander, so verringert sich ihr Eingangswiderstand und erreicht einen Minimalwert bei optimalem Etagenabstand. Ganzwellendipole, aus denen Gruppenantennen im allgemeinen bestehen, verhalten sich umgekehrt; bei ihnen fällt der günstigste Stockungsgrad mit einer Erhöhung des Eingangswiderstandes zusammen. **Bild 25.1.14** und **Bild 25.1.15** zeigen 2 mustergültig aufgebaute Gruppenantennen von Amateuren.

Bild 25.1.15
48-Element-Gruppenantenne von *DL6MH*

25.1.4.3 12-Element-Gruppenantenne für 70 cm

Auch Gruppenantennen können im 70-cm-Band mit Erfolg verwendet werden. In diesem Frequenzbereich beträgt die Bandbreite eines Gruppenstrahlers etwa 50 MHz. Allerdings findet man diese Antennenform im UHF-Bereich auf Grund des relativ großen mechanischen Aufwandes selten.

Grundsätzlich muß man beachten, daß am Speisepunkt bzw. an den Anschlußpunkten der Verbindungsleitungen keinerlei Isoliermaterialien verwendet werden sollen (Spannungsmaximum!). Es ist unbedingt reine Luftisolation vorzusehen. Außerdem muß die Gruppe *vor* den beiden Vertikalträgern angeordnet. **Bild 25.1.16** gibt die mechanischen Abmessungen eines 12-Element-Gruppenstrahlers wieder. Die Ausführungen in Abschnitt 25.1.1 sind sinngemäß auch für UHF-Gruppen gültig.

Mechanische und elektrische Angaben
Elementdurchmesser 3 ... 5 mm
Durchmesser der Verbindungsleitungen 1... 3 mm (nicht kritisch)
Antennenhöhe 680 mm

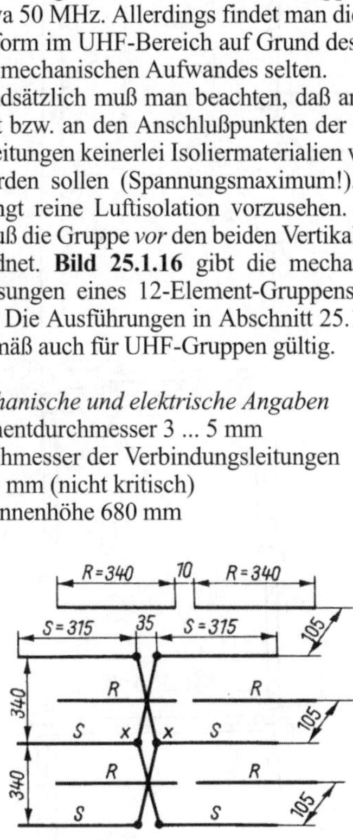

Bild 25.1.16
12-Element-Gruppenantenne für das 70-cm-Band

Eingangswiderstand *XX*
ca. 240 Ω sym.
Gewinn etwa 9,5 dBd
Rückdämpfung etwa 14 dB
Horizontale Halbwertsbreite $\alpha_E \approx 60°$
Vertikale Halbwertsbreite $\alpha_H \approx 50°$

Weitere 70-cm-Antennen sind in [1.3] beschrieben. Dort findet man auch nachbausichere Angaben über praktisch erprobte Antennen für die Amateurfunkbänder 23 bis 13 cm.

25.1.4.4 *HB9CV*-Gruppenantenne

Geringer Aufwand bei hohem Gewinn in Verbindung mit kleiner Windlast zeichnen die *HB9CV*-Antenne aus. Es liegt deshalb nahe, den *HB9CV*-Strahler innerhalb einer Gruppenantenne einzusetzen. *DL1RWD* konstruierte eine *HB9CV-Vierergruppe*, die bei erheblich kleinerem Materialeinsatz einer *9 über 9-Yagi*-Vergleichsantenne gleichwertig war.

Die verwendeten *HB9CV*-Systeme sind mit 60 Ω Speisepunktwiderstand ausgeführt. Bei dem Gruppenaufbau nach **Bild 25.1.17a** betragen die vertikalen Abstände zwischen den Elementen *A* und *B* sowie *C* und *D* 1250 mm; diese Abstände entsprechen 0,6λ und sind damit annähernd optimal (Mindestabstand 0,5λ). Der seitliche Abstand von *A* zu *C* bzw. *B* zu *D*, gemessen von Elementmitte zu Elementmitte, wurde mit 2060 mm (≡ 1λ) gewählt.

Diese Vierergruppe in Ganzmetallausführung läßt sich sehr einfach symmetrie- und impedanzrichtig ausschließlich über 60-Ω-Koaxialkabel

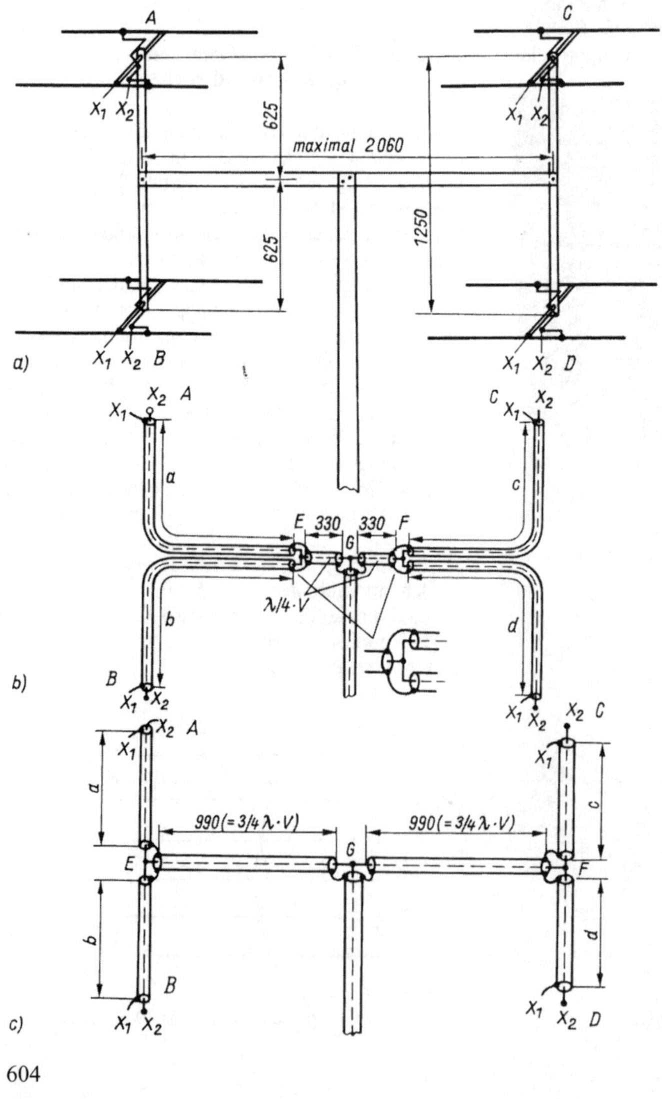

Bild 25.1.17
Horizontal polarisierte *HB9CV*-Gruppe
a) - mechanischer Aufbau
b) und
c) - Speisesysteme

speisen. Bild 25.1.17b und Bild 25.1.17c zeigen die Erregung des Systems, wobei der Übersichtlichkeit halber nur die Leitungen gezeichnet wurden, bei deren Enden X_1 und X_2 jeweils die *HB9CV*-Einheiten angeschlossen werden. Alle Leitungsabschnitte bestehen aus dem gleichen 60-Ω-Kabel, ebenso wie das Speisekabel, das an den zentralen Punkt *G* angeschlossen wird.

Vorausgesetzt wird, daß die Eingangswiderstände der 4 Einzelsysteme *A, B, C* und *D* mit je 60 Ω anliegen. Die Kabelstücke *a, b, c* und *d* können somit an die zugehörigen Speisepunkte X_1 und X_2 angeschaltet werden, es besteht Widerstandanpassung, und die Eingangsimpedanzen sind unabhängig von den Leitungslängen such an den Leitungsenden bei *E* bzw. *F* unverändert vorhanden. Die Länge der Leitungsabschnitte *a, b, c* und *d* ist somit beliebig und richtet sich nach den mechanischen Erfordernissen. Wichtig ist jedoch, daß die 4 Leitungsstücke genau gleiche Länge haben, da sich andernfalls Laufzeitunterschiede und damit Phasenverschiebungen ergeben würden. In der Praxis können die Leitungslängen z.B. für *a, b, c* und *d* nach **Bild 25.1.17b** je 1285 mm und in der Ausführung nach **Bild 25.1.17c** je 625 mm betragen. An Punkt *E* bzw. *F* liegen die Leitungen *a* und *b* bzw. *c* und *d* einander parallel. Diese Parallelschaltung zweier Impedanzen mit jeweils 60 Ω ergibt bei *E* und *F* jeweils resultierende Widerstände von je 30 Ω. Zwischen *E* und *G* sowie *F* und *G* sind nun Viertelwellentransformatoren eingesetzt (siehe Abschnitt 6.6.1). Sie bestehen ebenfalls aus 60-Ω-Koaxialkabel und haben eine elektrische Länge von $\lambda/4$ (**Bild 25.1.17b**). Gleiche Transformationseigenschaften weisen auch Leitungen auf, deren elektrische Länge ungeradzahlige Vielfache von $\lambda/4$ beträgt. Deshalb wurde in der Variante nach Bild 25.1.17c eine elektrisch $3\lambda/4$ lange Transformationsleitung eingesetzt. Unter Berücksichtigung des Verkürzungsfaktors *V*, der bei 60-Ω-Kabeln mit Polyäthylen-Dielektrikum ohne Lufträume allgemein 0,66 beträgt, ergeben sich für die beiden Viertelwellentransformatoren nach **Bild 25.1.17b** mechanische Leitungslängen von je 330 mm ($\lambda/4 \cdot 0{,}66$). Bei der elektrisch gleichwertigen Ausführung nach **Bild 25.1.17c** betragen die Längen je 990 mm ($3\lambda/4 \cdot 0{,}66$). Aus der für Viertelwellentransformatoren gültigen Beziehung geht hervor, daß jeder Transformator eine Impedanz Z_A von 120 Ω zum Punkt *G* transformiert [$Z_A = (60\ \Omega)^2/30\ \Omega = 120\ \Omega$]. Da aber im zentralen Speisepunkt *G* wieder eine Parallelschaltung beider Impedanzen vorliegt, resultiert daraus ein zentraler Anschlußwiderstand von 60 Ω. Somit kann das 60-Ω-Speisekabel impedanzrichtig an den Punkt *G* angeschlossen werden, wobei Anpassung und gleichphasige Erregung für die 4 Einzelsysteme gewährleistet ist. Zur gleichphasigen Erregung muß noch beachtet werden, daß bei den einzelnen *HB9CV*-Einheiten alle den

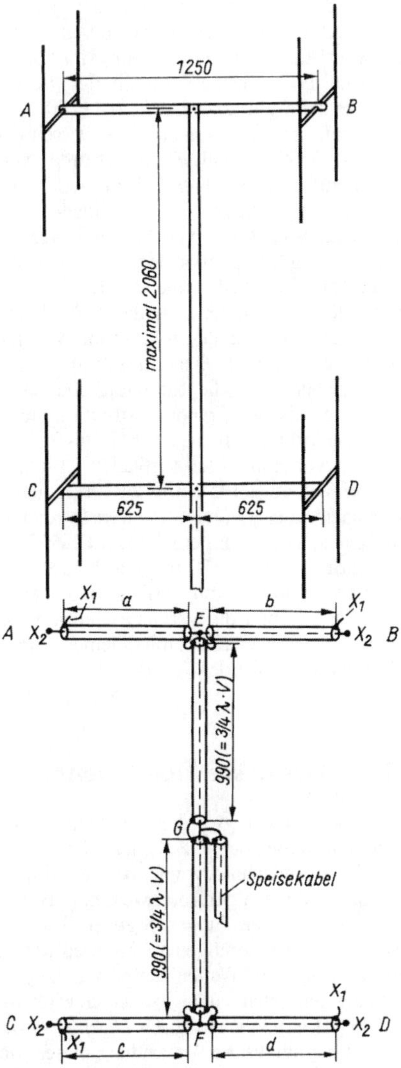

Bild 25.1.18
Vertikal polarisierte *HB9CV*-Gruppe
(Aufbau und Speisesystem)

Kabelanschlüssen nächstliegenden Gamma-Glieder nach der gleichen Seite zeigen.

An den Verbindungsstellen *E, F* und *G* sind alle ankommenden Außenleiter sowie alle Innenleiter miteinander zu verbinden, wobei für eine korrosionsfeste Abdichtung dieser Stellen zu sorgen ist (Kunststoffkleber, Gießharze). Die elektrisch gleichwertige Ausführung des Erregungssystems nach **Bild 25.1.17c** ist etwas vorteilhafter, weil dazu weniger Kabel benötigt wird.

Mit den horizontalen Abständen *A-C* bzw. *B-C* von 1λ erreicht man eine kleine horizontale Halbwertsbreite der Gruppe von etwa 30°; gleichzeitig treten – bedingt durch den relativ großen Abstand – auch 2 kräftige Nebenkeulen im Horizontaldiagramm auf. Es ist deshalb vorteilhafter, wenn man diese Abstände auf 0,6 ... 0,7λ (= 1250 ... 1450 mm) verringert. Die Nebenkeulen verschwinden dann, und die horizontale Halbwertsbreite vergrößert sich auf etwa 40°. Durch diese Verkleinerung des Systems wird auch der Windwiderstand noch weiter herabgesetzt. Die vertikale Halbwertsbreite der Anordnung beträgt etwa 55°, es kann mit einem Gewinn von 11 dBd gerechnet werden.

Besonders gut eignet sich die *HB9CV*-Vierergruppe auch mit vertikaler Polarisation, wie in **Bild 25.1.18** dargestellt ist. Der gezeigte mechanische Aufbau sichert, daß die Strahlungscharakteristik von der metallischen Trägerkonstruktion nicht ungünstig beeinflußt wird. Auch bei dieser Ausführung ist es vorteilhaft, den vertikalen Abstand von 2060 mm auf etwa 1450 mm zu verkleinern und aus mechanischen Gründen die transformierenden Leitungsabschnitte sinngemäß nach **Bild 25.1.17b** mit elektrisch $\lambda/4$ (je 330 mm) zu bemessen. Bei Vertikalpolarisation betragen die horizontale Halbwertsbreite 55° und die vertikale Halbwertsbreite etwa 40°. Es kann ebenfalls mit einem Gewinn von 11 dBd gerechnet werden.

25.2 Gestockte *Yagi*-Antennen

Yagi-Uda-Antennen werden einfachheitshalber kurz als *Yagi*-Antennen bezeichnet.

Sehr hohe Antennengewinne, wie sie für manche Sonderanwendungen gefordert werden (z.B. EME), kann man mit extrem langen *Yagis* erreichen. Voraussetzung sind inhomogene Strukturen mit logarithmisch gestuftem Wellenleiterprofil, die je Verdoppelung der Antennenlänge einen Gewinnanstieg von 2,35 dB ermöglichen (nach *DL6WU* in [2.1]). Leider ist die praktische Anwendung dieser wichtigen Erkenntnisse durch die mechanische Darstellbarkeit begrenzt. Um z.B. einen Gewinn von 16 dBd im 2-m-Band zu erreichen, müßte man einen Elementeträger (Boom) von etwa 14 m Länge einsetzen ($\approx 7{,}5\lambda$), für den 70-cm-Bereich wären noch rund 5 m Antennenlänge erforderlich, und erst bei noch höheren Frequenzen kommt man zu „vernünftigen“ Boomlängen. Mit wachsender Antennenlänge steigen die Anforderungen an die Präzision der Bemessung, die horizontale Halbwertsbreite wird sehr klein und verlangt deshalb eine hohe Einstellgenauigkeit auf die Gegenstation. Im allgemeinen verringert sich mit wachsender Antennenlänge die Frequenzbandbreite, und Witterungseinflüsse (z.B. Vereisung) verursachen merkbare Verstimmungen. Die sehr langen Antennenträger benötigen aufwendige Stützkonstruktionen und behindern die Drehbarkeit.

Theoretisch könnte man Antennensysteme mit sehr hohem Gewinn auch durch umfangreiche Gruppenanordnungen auf der Grundlage kollinearer Dipole – wie in Abschnitt 25.1 beschrieben – verwirklichen. Da aber die Einzelelemente (Ganzwellendipol mit Reflektoren) nur einen kleinen Gewinnbeitrag liefern, müßte man eine sehr große Anzahl solcher Einzelelemente stocken. Dafür gibt es kommerzielle Beispiele (Dipolwände). Diese Vielzahl gespeister Dipole erfordert einen enormen Verdrahtungsaufwand mit vielen korrosionsgefährdeten Verbindungsstellen und umfangreiche Tragekonstruktionen. Im Amateurbereich haben sich Bau und Anwendung solcher „Mammutgruppen“ bisher auf wenige Sonderfälle beschränkt. Um den Gewinn von 16 dBd mit einer solchen Anordnung erreichen zu können, müßte man schätzungsweise 100 Elemente einsetzen.

Der wirtschaftlichste Weg, hohe Gewinne zu erzielen, liegt für den Funkamateur in der Mitte zwischen den beiden Extremen: Die Gruppenbildung aus leistungsfähigen *Yagi*-Antennen mittlerer Länge. Verwendet man z.B. die 6-Element-Lang-*Yagi*-Antenne von *DL2RSX* als Grundtyp (Gewinn 11 dBd) und schaltet 4 solcher Systeme mit optimalen Abständen zu einer *Yagi*-Gruppe zusammen, ist mit einem Gewinn von 16 dBd zu rechnen. Mechanisch und elektrisch ist eine solche Anordnung noch gut zu beherrschen, der Materialaufwand ist mit insgesamt 24 Elementen relativ gering, und man kann durch die Art der Gruppenbildung die Strahlungsdiagramme des Gesamtsystems beeinflussen.

25.2.1 Prinzip der Superposition

Die Gruppenzusammenschaltung von Einzelantennen oder Antennensystemen beruht auf der Grundlage der Superposition (Überlagerung). Diese ist immer die eigentliche physikalische Ursache dafür, wenn Richtdiagramme entstehen, das heißt, wenn die Strahlungscharakteristik von der nach allen Richtungen gleichmäßig (kugelförmig) verlaufenden Ausbreitung abweicht.

„Die Gesamtcharakteristik eines Systems ist gleich der Charakteristik des Einzelstrahlers (der Einzelantenne), multipliziert mit der Charakteristik einer Gruppe von Kugelstrahlern, die an der gleichen Stelle angeordnet sind wie die Einzelstrahler der Gruppe und die mit der gleichen Amplitude und Phasen gespeist werden.“

Mit den Gesetzen der Superposition läßt es sich erklären, daß z.B. ein Halbwellendipol in der E-Ebene eine „Achtercharakteristik“ hat, daß ein Reflektor die Rückwärtsstrahlung unterdrückt und daß eine *Yagi*-Antenne eine stark gerichtete birnenförmige Vorwärtsstrahlung aufweist. Immer handelt es sich dabei um die Überlagerung von Wellenfronten an einem fernen Ziel, wobei je nach deren

Phasenlage eine Addition (Gleichphasigkeit) bis zu gegenseitiger Auslöschung (180° phasenverschoben) auftritt.

Grundvoraussetzung für das Zusammenschalten mehrerer gleichartiger Strahlungsquellen zu Gruppenanordnungen ist, daß man die Strahlungsdiagramme des Einzelsystems kennt. Nach den Regeln der Superposition kann dann das Gesamtdiagramm vorausberechnet werden. Dabei ist es möglich, der Gruppenanordnung bestimmte unterschiedliche Eigenschaften zu verleihen. Dazu zählt das Erzielen des optimalen Gewinns (für den Funkamateur im allgemeinen von größter Bedeutung), das Entwickeln bestimmter Ausleuchtungsdiagramme (z.B. für Landfunkstellen und UKW-Radar), das Erzeugen nebenzipfelfreier Richtdiagramme (binominale Speisung) und die bewußte Bildung von Nullstellen im Richtdiagramm, um z.B. Störungen beim UKW- und Fernsehempfang wirksam auszublenden.

Die Grundlagen und theoretischen Zusammenhänge der Superposition werden in [2.2] und [2.3] erläutert, umfangreichere mathematische Erklärungen sind in [2.4] enthalten. Im allgemeinen beschränkt sich der Funkamateur auf die Zusammenschaltung von 2 (seltener 4) gleichartigen *Yagi*-Systemen mit gewinnoptimierten Abständen. Für solche Anwendungsfälle ist es nicht erforderlich, tiefer in die etwas komplizierte Materie einzudringen, man kommt mit einfachen Betrachtungen zum Ziel. Der Gewinn kann zwangsläufig nur erhöht werden, wenn man die Halbwertsbreiten verkleinert. Dabei entspricht die Halbierung eines Winkels der Verdoppelung des Leistungsgewinns (3 dB). Stockt man 2 gleichartige Antennensysteme (z.B. *Yagi*-Antennen) und erregt diese mit gleicher Phase und gleicher Amplitude, so wird sich bei einem bestimmten Stockungsabstand – man kann ihn als gewinnoptimalen Abstand bezeichnen – in der Hauptstrahlrichtung die Leistung verdoppeln. Der Gewinnanstieg beträgt – bezogen auf das Einzelsystem – 3 dB. In der Praxis erreicht man diesen Stockungsgewinn nicht, er liegt durchschnittlich bei 2,5 dB, kann aber in Sonderfällen bis auf etwa 2,9 dB ansteigen. Der Stockungsgewinn wird um so größer, je mehr sich die Strahlungscharakteristik des Einzelsystems dem Ideal nähert (keine Nebenzipfel, keine Rückwärtsstrahlung). Die im praktischen Fall immer vorhandenen Nebenzipfel holen sich – bildlich gesprochen – ihre Energie aus der Hauptstrahlungskeule und schwächen diese entsprechend (Verkleinern der Halbwertsbreite). Um einen möglichst hohen Stockungsgewinn zu erzielen, muß bereits bei der Planung einer gestockten *Yagi*-Anordnung darauf geachtet werden, daß die einzusetzenden Einzelsysteme eine möglichst große Nebenzipfeldämpfung aufweisen. Sie sollte nach *DL6WU* [2.3] mindestens 15 dB betragen, ein Wert, der von vielen Lang-*Yagi*-Typen nicht erreicht wird.

25.2.2 Gruppenbildung mit optimalen Abständen

Bild 25.2.1 bis **Bild 25.2.3** zeigen, wie einfache *Yagi*-Gruppenanordnungen gebildet werden können. Der Übersichtlichkeit halber wurde von jedem *Yagi*-Einzelsystem nur der gespeiste Faltdipol gezeichnet. Am weitaus häufigsten ist die „Zweiergruppe" nach **Bild 25.2.1a**. Sie besteht aus 2 horizontal polarisierten *Yagi*-Systemen, die im Abstand D_H als Zeile vertikal übereinander gestockt sind. Sie bündelt in der H-Ebene durch Verkleinern der vertikalen Halbwertsbreite, an der horizontalen Halbwertsbreite (E-Ebene) ändert sich nichts gegenüber dem eines Einzelsystems. Bei der selten verwendeten Vertikalpolarisation (**Bild 25.2.1b**) bestehen sinngemäß die gleichen Verhältnisse, die Gruppenanordnung ist lediglich gegenüber Bild **25.2.1a** um 90° axial verdreht, und die Strahlungscharakteristik folgt dieser Drehung.

Eine Gruppenanordnung nach **Bild 22.2.2a** bündelt in der E-Ebene (Verkleinerung der horizontalen Halbwertsbreite), die vertikale Halbwertsbreite (H-Ebene) verändert sich nicht. Die Linienbildung mit vertikal polarisierten *Yagi*-Antennen **nach Bild 25.2.2b** wird in der Praxis fast nur in Verbindung mit vertikal polarisierten Gruppen höherer Ordnung verwendet.

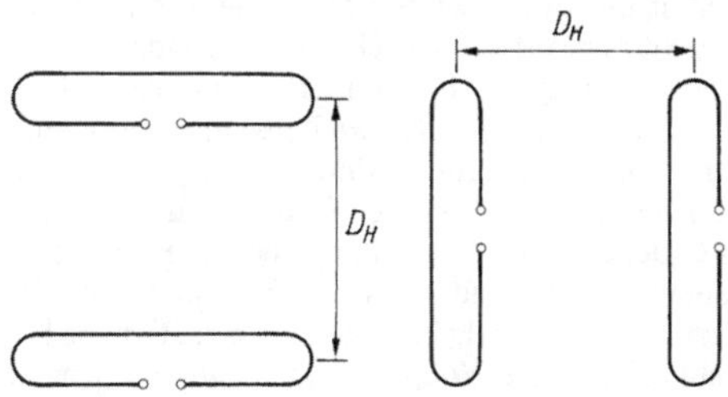

Bild 25.2.1
Zeilenbildung in der H-Ebene
a) - horizontal polarisiert
b) - vertikal polarisiert

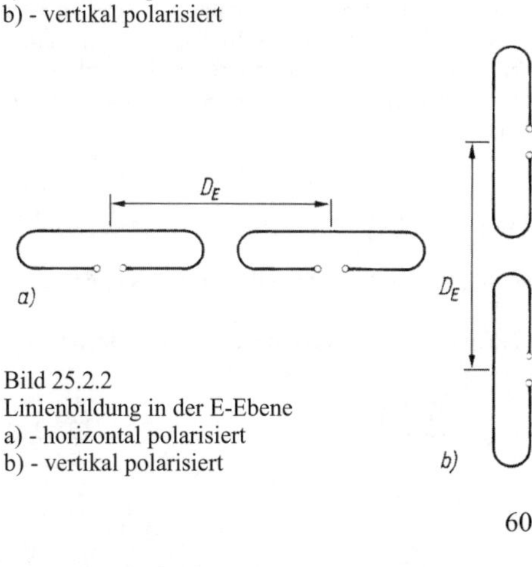

Bild 25.2.2
Linienbildung in der E-Ebene
a) - horizontal polarisiert
b) - vertikal polarisiert

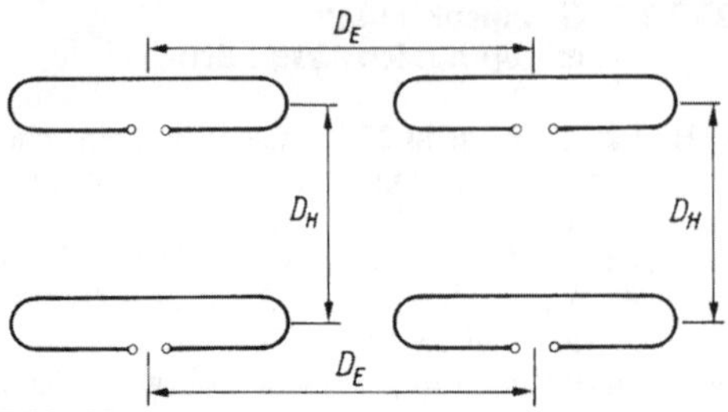

Bild 25.2.3
Vierergruppe, bestehend aus 2 Linien und 2 Zeilen, horizontal polarisiert

Wie leicht einzusehen ist, bündelt die in **Bild 25.2.3** dargestellte horizontal polarisierte Vierergruppe in der E-Ebene durch Linienbildung (3 dB), so daß ein Gewinnzuwachs von 6 dB – bezogen auf eine einzelne *Yagi*-Antenne – entstehen kann. In der Praxis darf man bei gewinnoptimalen Abständen etwa mit 5 dB rechnen. Vertikalpolarisation mit gleichen Strahlungseigenschaften entsteht, wenn die ganze Gruppe um 90° axial gedreht wird, so daß alle Elemente senkrecht stehen.

Eine einheitliche aussagekräftige Terminologie zum Kennzeichnen von *Yagi*-Gruppenantennen hat sich noch nicht durchsetzen können. Bei der einfachsten und häufigsten Form, der Zweiergruppe, die aus 2 vertikal gestockten, horizontal polarisierten *Yagi*-Antennen besteht (siehe **Bild 25.2.1a**), bezieht man oft die Anzahl der vorhandenen Elemente ein und spricht dann z.B. von einer „9 über 9". Würden diese 9-*Element-Yagis* linienförmig nebeneinander angeordnet (**Bild 25.2.2a**), müßte man sie sinngemäß als „9 neben 9" bezeichnen. Bei *Yagi*-Gruppen höherer Ordnung fehlt meistens eine nähere Kennzeichnung, es wird nur die Anzahl der *Yagi*-Systeme angegeben, aus denen die Gruppe besteht (z.B. „Vierergruppe", „Sechsergruppe" usw.).

Um den optimalen Abstand D_{opt} innerhalb von *Yagi*-Gruppen vorausberechnen zu können, müssen mindestens die Halbwertsbreiten der verwendeten gleichartigen Grundantennen bekannt sein. Daumenregeln, die von der Elementanzahl oder von der Antennenlänge ausgehen, sind höchst ungenau und führen nicht zum Gewinnoptimum. Die gebräuchlichste Formel, die sich aus der Superposition ableitet, lautet:

$$D_{\text{opt}} = \frac{\lambda}{2\sin\alpha/2} \qquad (25.2.1)$$

($\alpha/2$ = halbe Halbwertsbreite, Ergebnis in Meter)

Noch einfacher zu handhaben ist die Beziehung:

$$D_{\text{opt}} = \frac{57{,}3\lambda}{\alpha} \qquad (25.2.2)$$

Beide Formeln ergeben etwas unterschiedliche, jedoch für die Praxis völlig ausreichende Werte für D_{opt}. Bei der Gruppenschaltung nach **Bild 25.2.1** muß die Halbwertsbreite (H-Ebene) in die Formeln eingesetzt werden, sinngemäß gilt für die Linienanordnung nach **Bild 25.2.2** die horizontale Halbwertsbreite (E-Ebene). Die Abstände D_E und D_H in der Vierergruppe (**Bild 25.2.3**) sind einzeln entsprechend den unterschiedlichen Halbwertsbreiten zu berechnen.

Der Optimalabstand D_{opt} ist nicht der Abstand des Maximalgewinns, sondern ein Kompromiß zwischen Nebenzipfelunterdrückung und Einschnürung der Hauptkeule; er ist somit der geringstmögliche Abstand, bei dem noch annähernd Gewinnverdoppelung auftritt. Wie sich ein Abweichen von D_{opt} auf den möglichen Gewinn auswirkt, wurde von *DL6WU* an zahlreichen Meßwerten untersucht [2.3], das dazugehörige Diagramm zeigt **Bild 25.2.4**.

Wird D_{opt} über den berechneten Wert hinaus vergrößert, wachsen die Nebenzipfel an, die Hauptkeule wird schmaler, der Gewinn kann zunächst noch um Bruchteile eines dB ansteigen, und bei sehr großen Abständen tritt sogar eine Gewinnminderung auf [2.2]. Beim Unterschreiten von D_{opt} nimmt der Gewinn schnell ab, gleichzeitig schrumpfen aber auch die Nebenzipfel. Im Interesse eines „sauberen" Strahlungsdiagramms wird deshalb oft empfohlen, D_{opt} bei längeren *Yagi*-Systemen auf bis zu etwa 70% des errechneten Wertes zu vermindern. Werden relativ kurze Antennen gestockt (z.B. 3-Element-*Yagis*), erreichen die Rechenwerte für D_{opt} nicht den Optimalgewinn, man sollte deshalb den errechneten Stockungsabstand um bis zu 30% vergrößern. Bei Gruppen höherer Ordnung (Vierergruppen, Sechsergruppen usw.)

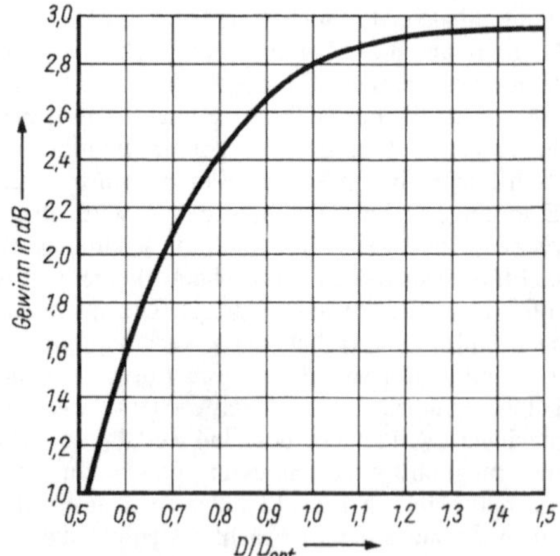

Bild 25.2.4
Gewinn durch Stockung von 2 Antennen beim Abweichen vom Optimalabstand D_{opt} (nach *DL6WU*)

wird empfohlen, etwas größere Abstände zu wählen, als sie für Zweiergruppen erforderlich sind.

Bei der Linienbildung (kollineare Anordnung) in der E-Ebene (**Bild 25.2.2**) ist der erreichbare Gewinn um etwa 0,5 dB geringer als bei der Stockung in der H-Ebene (**Bild 25.2.1**). Somit ist eine Vierergruppe, die aus 4 vertikal gestockten Einzelsystemen besteht, etwas gewinngünstiger als eine solche nach **Bild 25.2.3**.

Bei einer Gruppenanordnung, deren gleichartige Einzelsysteme mit gleicher Phase und gleicher Amplitude erregt werden, bleiben die Summendiagramme innerhalb der Einzeldiagramme, aus denen sie sich zusammensetzen.

25.2.3 Erregung von *Yagi*-Gruppen

Beim Zusammenschalten von mehreren *Yagi*-Antennen zu einer *Yagi*-Gruppe sollen **alle** Einzelantennen mit gleicher Phasenlage und gleicher Amplitude gespeist werden. Das bedeutet, daß alle Verbindungsleitungen, die vom gemeinsamen Speisekabel zu den einzelnen *Yagi*-Antennen führen, von genau gleicher Länge sind (gleiche Laufzeit) und daß diese Verbindungsleitungen mit gleicher Polarität an die Einzelsysteme angeschlossen werden. Dabei gilt bezüglich der Anschlüsse an die einzelnen Antenneneingänge die einfache Regel „links zu links“ und „rechts zu rechts“ bzw. bei Vertikalpolarisation „oben zu oben“ und „unten zu unten“. Diese Betrachtungsweise gilt auch für Faltdipole unabhängig von der Position ihrer Öffnung, wie in **Bild 25.2.5** skizziert ist. Auch wenn an den Eingängen der Einzelantennen eine Symmetriewandlung erfolgt (z.B. Halbwellenumwegleitung oder EMI-Schleife), muß die richtige Polarität nach obiger Regel gewahrt bleiben.

In der Praxis werden folgende Erregungsarten angewendet:

- Erregen über abgestimmte Verbindungsleitungen, wobei diese teilweise als Transformationsglieder ausgeführt sind und die am zentralen Antenneneingang gewünschte Impedanz herstellen.

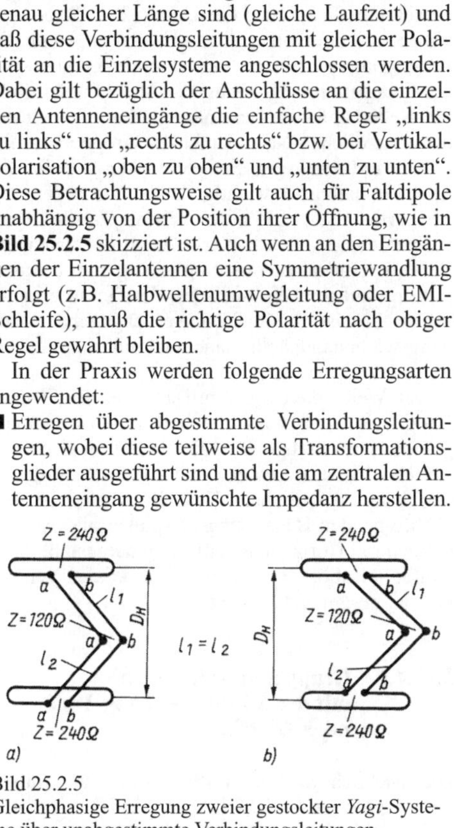

Bild 25.2.5
Gleichphasige Erregung zweier gestockter *Yagi*-Systeme über unabgestimmte Verbindungsleitungen. Identische Schaltung bei unterschiedlicher Position des unteren Faltdipols

- Erregen über nicht abgestimmte (angepaßte) Verbindungsleitungen mit entsprechendem Wellenwiderstand ohne transformierende Eigenschaften.
- Erregen über nicht abgestimmte, angepaßte Leitungen in Verbindung mit Transformationsgliedern (meist Viertelwellentransformatoren). Diese Erregungsart ist am häufigsten. Die Erregung über abgestimmte Verbindungsleitungen wurde bereits im Abschnitt 25.1.1 ausführlich beschrieben, weil sie bei den Gruppenstrahlern vorwiegend angewendet wird.

Zum Erregen gestockter *Yagi*-Antennen sind unabgestimmte angepaßte Verbindungsleitungen am zweckmäßigsten, denn bei dieser Methode können die Stockungsabstände ohne mechanische Schwierigkeiten beliebig gewählt werden. Da angepaßte Verbindungsleitungen außerdem von der Frequenz unabhängig sind, wird der Frequenzbereich der Anlage nicht eingeengt. **Bild 25.2.5** zeigt ein einfaches Anwendungsbeispiel für diese Erregungsart.

Es bestehen folgende allgemeingültige Forderungen:

- Der Eingangswiderstand der Einzelantennen muß gleich sein (im vorliegenden Fall beträgt er je 240 Ω).
- Der Wellenwiderstand *Z* der Verbindungsleitungen muß gleich dem Eingangswiderstand der Einzelantennen sein (für das Beispiel in **Bild 25.2.5**, $Z = 240\ \Omega$).
- Die Länge der Verbindungsleitungen ist beliebig und kann jedem gewünschten Stockungsabstand entsprechen. Es muß aber gewährleistet werden, daß alle zum zentralen Antenneneingang führenden Verbindungsleitungen untereinander die gleiche geometrische und elektrische Länge haben (im Beispiel $l_1 = l_2$).
- Die geforderte gleichphasige Erregung ist nur dann gewährleistet, wenn die Dipolanschlußpunkte gleichsinnig miteinander verbunden werden (im Beispiel *a* mit *a* und *b* mit *b*).

Am zentralen Antenneneingang sind die Eingangsimpedanzen der beiden Einzelantennen einander parallelgeschaltet, die Eingangsimpedanz erscheint dort deshalb nur mit dem halben Wert (Parallelschaltung von Widerständen), im vorliegenden Beispiel mit 120 Ω. Bei mehrfacher Stockung verringert sich die Impedanz im zentralen Antenneneingang entsprechend der Anzahl parallelgeschalteter gleicher Eingangswiderstände. Stockt man z.B. 4 *Yagi*-Ebenen übereinander (oder auch in einer Gruppenanordnung nach **Bild 25.2.3**), deren Eingangswiderstand je 240 Ω beträgt, so kann am zentralen Antenneneingang mit einer Impedanz von 60 Ω gerechnet werden (240:4). Damit wäre direktes Speisen mit Koaxialkabel über einen Symmetriewandler (siehe Abschnitt 7) möglich. Diese Ausführungen sind auch für die kollineare Gruppenbildung (z.B. nach **Bild 25.2.2**) gültig.

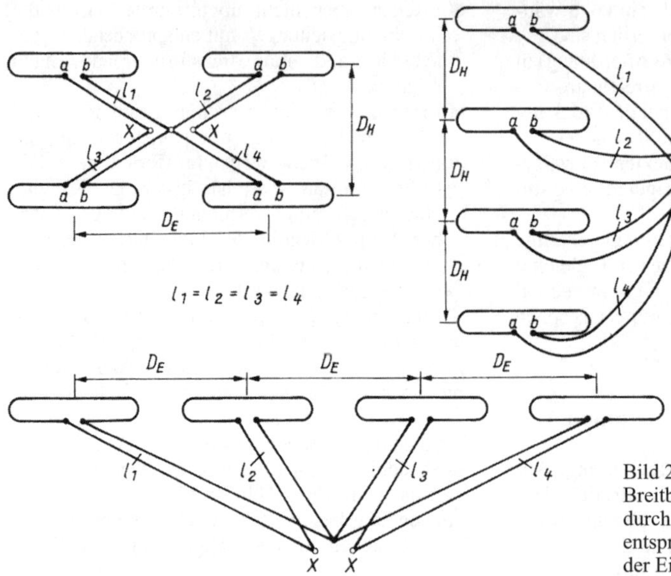

Bild 25.2.6
Breitbanderregung von Vierergruppen durch Serien-Parallel-Schaltung. *X-X* entspricht dem Eingangswiderstand der Einzelebene

Sehr häufig entspricht die am zentralen Antenneneingang vorhandene Eingangsimpedanz nicht dem Wellenwiderstand des vorgesehenen Speisekabels. Dann kann mit einem der bekannten Transformationsglieder – vorzugsweise einem Viertelwellentransformator – der gewünschte Eingangswiderstand hergestellt werden (siehe Abschnitt 6.6).

Yagi-Gruppen höherer Ordnung, vorzugsweise Vierergruppen, können auch über eine Breitbandspeisung erregt werden, bei welcher der Eingangswiderstand der Einzelantenne als zentraler Eingangswiderstand *X-X* für die ganze Gruppenanordnung mit dem gleichen Wert erscheint (**Bild 25.2.6**). Dabei sind jeweils 2 Ebenen parallelgeschaltet (*Z/2*) und 2 Ebenen liegen in Serie (*2Z*). Diese Zusammenschaltungen sind bei Fernsehempfangsantennen üblich. Funkamateure bevorzugen die reine Parallelschaltung der Ebenen und verwenden im Bedarfsfall Viertelwellentransformatoren, wobei die Verbindungsleitungen und die Transformationsglieder fast immer aus Koaxialkabel bestehen.

25.2.4 Praxis der *Yagi*-Gruppenantennen

Die wirtschaftliche Zusammenschaltung von *Yagi*-Gruppen bedarf einiger vorausplanender Überlegungen. Zunächst muß man sich darüber klar werden, welcher *Yagi*-Typ als Grundantenne einzusetzen ist. Für sehr kurze *Yagis* lohnt sich der Aufwand einer Stockung kaum; günstigere Lösungen bieten optimierte *Lang-Yagis* mit Antennenlängen, die sich mechanisch noch gut beherrschen lassen.

Gleichung (25.2.1) und Gleichung (25.2.2) für D_{opt} können nur sinnvoll angewendet werden, wenn die Diagramme der Einzelantennen optimiert sind. Bei der Gruppenbildung wächst die Anzahl und Größe der Nebenzipfel im Gesamtdiagramm, da sich die unvermeidlichen Nebenzipfel der Gruppencharakteristik mit denen der Einzelcharakteristik überlagern. Deshalb ist es wichtig, daß bereits in der Einzelcharakteristik eine hohe Nebenzipfeldämpfung vorhanden ist. Natürlich soll der Eingangswiderstand der Einzelantenne möglichst genau bekannt sein, da auf ihm die Speisung der Gesamtgruppe abgestimmt ist. Der als Nennwert angegebene Eingangswiderstand stellt manchmal nur einen Näherungswert dar.

Der Weitverkehr im 2-m-Band und im 70-cm-Band wird fast ausschließlich mit Horizontalpolarisation durchgeführt; für den vertikal polarisierten FM-Relaisverkehr sind Gruppenanordnungen kaum erforderlich. Deshalb werden in den nachfolgenden Bemessungsbeispielen alle Anordnungen mit Horizontalpolarisation dargestellt. Vertikalpolarisation erhält man durch axiales Verdrehen der gesamten Gruppe um 90°.

25.2.4.1 Gruppenanordnungen mit der 6-Element-Lang-*Yagi* nach *DL2RSX*

Die nachstehenden Gruppenanordnungen wurden von *O. Oberrender DL2RSX*, ex *Y23RD*, aufgebaut und erprobt; die angegebenen elektrischen Daten sind praktisch ermittelte Meßwerte. Obwohl alle Verbindungsleitungen als Koaxialkabel ausgeführt sind, wird auf eine Symmetriewandlung an den Speisepunkten der Einzelsysteme verzichtet. Die dadurch entstehenden Unsymmetrien in der Strahlungscharakteristik sind gering und lassen sich vernachlässigen.

Gruppenschaltungen 2 x 6-Element-Lang-*Yagi* für 2 m

Die 6-Element-Grundantenne ist im Abschnitt 24.2.3 mit allen Bemessungsangaben zu finden. Bei ihrer Gruppenanordnung werden der Übersichtlichkeit halber nur die gespeisten Faltdipole gezeichnet. Für die Stockung in der H-Ebene ergibt sich nach Gl. (25.2.2) ein Abstand D_{opt} von 2,62 m ($\approx 1{,}27\lambda$). Bei der Diagrammaufnahme [2.2] zeigte sich jedoch, daß bei diesem Abstand zuviel Leistung in den gebildeten Nebenkeulen verloren ging. Der beste Kompromiß zwischen kleiner Halbwertsbreite und großer Nebenzipfeldämpfung wurde bei einem vertikalen Abstand D_H von 2 m ($\approx 1\lambda$) gefunden.

Die Zusammenschaltung der Gruppe zeigt **Bild 25.2.7** l_1 und l_2 sind angepaßte Leitungen (Z = 75 Ω), ihre Gesamtlänge l_1 und l_2 ist beliebig, es muß jedoch immer $l_1 = l_2$ sein. Am zentralen Zusammenschaltungspunkt beträgt die Impedanz 37,5 Ω (Parallelschaltung von Widerständen). Dort schließt sich ein Viertelwellentransformator an, der die Aufgabe hat, die Eingangsimpedanz von 37,5 Ω auf einen für handelsübliche Koaxialkabel geeigneten Wert zu transformieren. Für eine beliebig lange 75-Ω-Ableitung wird der Wellenwiderstand Z = 50 Ω

(genauer: $Z = \sqrt{37{,}5\Omega \cdot 75\Omega} \approx 53\Omega$).

Es sei in diesem Zusammenhang darauf hingewiesen, daß die für die Konsumelektronik bestimmten Koaxialkabel eine Toleranz des Wellenwiderstandes von etwa ±5% aufweisen, nur die kostspieligen Spezialkabel sind enger toleriert.

Es wurden folgende Daten ermittelt:
Abstand $D_H = D_{opt}$ = 2,0 m (= 1λ)
Horizontale Halbwertsbreite $\alpha_E \approx 39°$
Vertikale Halbwertsbreite $\alpha_H \approx 22°$

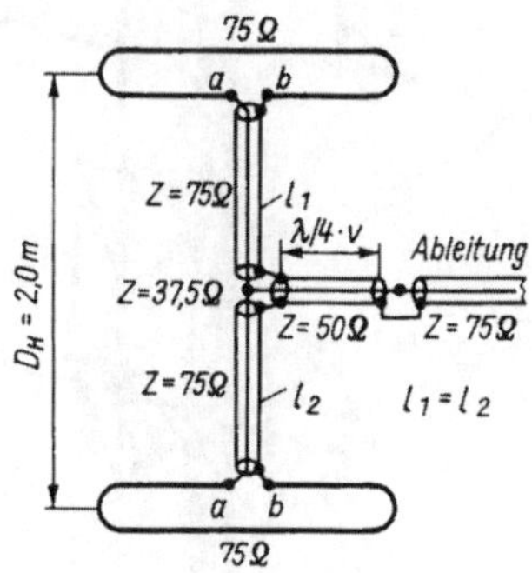

Bild 25.2.7
Erregung von 2 in der H-Ebene gestockten 6-Element-Lang-*Yagis*

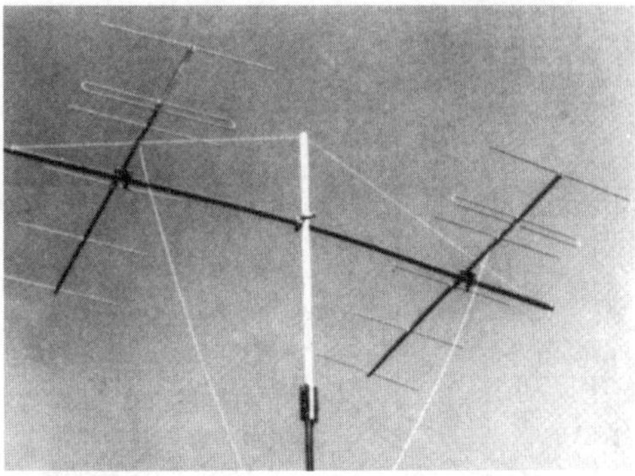

Bild 25.2.8
2 kollinear angeordnete 6-Element-Antennen nach *DL2RSX*. Der abgespannte Querträger besteht aus Kunststoffrohr (Foto: *O. Oberrender*)

Gewinn ≥ 13,5 dBd
Die Strahlungsdiagramme sind in [2.2] enthalten.

Für die selten verwendete Gruppenanordnung der 6-Element-Lang-*Yagi* zeigt **Bild 25.2.8** den praktischen Aufbau. Aus bereits behandelten Gründen muß bei einer solchen Anordnung ein nichtmetallischer Querträger verwendet werden (Kunststoff oder Holz). Das Schema der Zusammenschaltung zeigt **Bild 25.2.9**. Es handelt sich um das gleiche Prinzip der Anpassung und Transformation wie in **Bild 25.2.7**.

Es wurden folgende Daten ermittelt:
Abstand $D_E = D_{opt}$ = 2,5 m (= $1{,}25\lambda$)
Horizontale Halbwertsbreite $\alpha_E \approx 20°$
Vertikale Halbwertsbreite $\alpha_H \approx 45°$
Gewinn ≥ 13 dBd
Die Strahlungsdiagramme sind in [2.2] enthalten.

Gruppenschaltungen 4 x 6-Element-Lang-*Yagi*

Vierergruppen mit 4 in der E-Ebene kollinear angeordneten *Yagis* sind im Amateurbereich nicht üb-

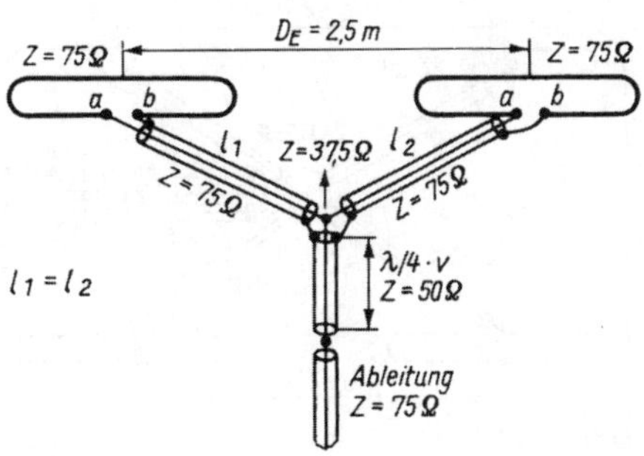

Bild 25.2.9
Erregung von 2 kollinear in der E-Ebene angeordneten 6-Element-Lang-*Yagis* nach *DL2RSX*

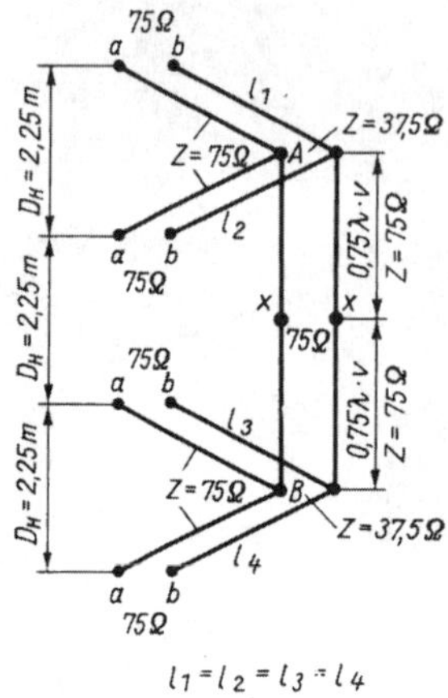

Bild 25.2.10
Erregungsschema einer Vierergruppe mit 4 in der H-Ebene gestockten 6-Element-Lang-*Yagi*s

lich, da sie lange nichtmetallische Querträger erfordern, die mechanisch schwer zu beherrschen sind. Außerdem wird die horizontale Halbwertsbreite sehr schmal, was für die meisten Betriebsfälle unerwünscht ist.

Für die 4fach gestockte *Yagi*-Gruppe, die aus 4 Systemen der 6-Element-Lang-*Yagi* nach *DL2RSX* besteht, werden Abstände D_H von 2,25 m als optimal empfohlen. Das vereinfachte Erregungsschema zeigt **Bild 25.2.10**. Alle Verbindungsleitungen, die aus Koaxialkabel bestehen, wurden als symmetrische Zweidrahtleitungen gezeichnet. l_1 und l_2 sowie l_3 und l_4 sind jeweils parallelgeschaltet (vergleiche **Bild 25.2.7**), so daß die Impedanz an den Verbindungspunkten *A* und *B* je 37,5 Ω beträgt. Von *A* zu *X-X* und von *B* zu *X-X* liegt je ein „verlängerter" Viertelwellentransformator mit 75 Ω Wellenwiderstand. Tatsächlich ist die Länge der Transformatoren aus mechanischen Gründen elektrisch 3λ/4; dabei geht man von der Tatsache aus, daß Leitungen, deren elektrische Länge **ungeradzahlige** Vielfache von λ/4 betragen, die gleichen Transformationseigenschaften wie λ/4-Transformatoren aufweisen. Von *A* und von *B* werden je 150 Ω zu *X-X*

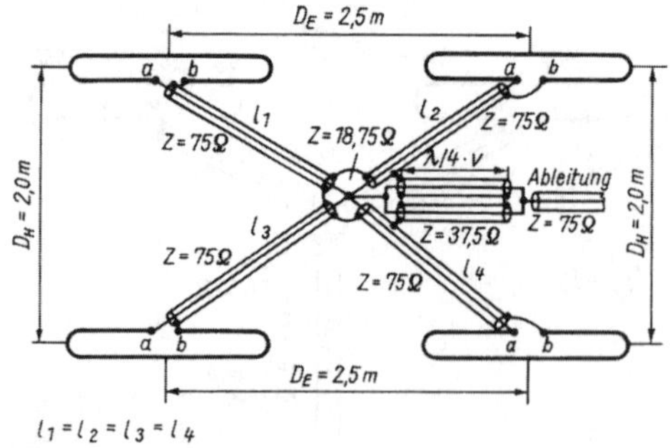

Bild 25.2.11
Erregung einer Vierergruppe mit je 2 kollinear in der E-Ebene angeordneten und 2 in der H-Ebene gestockten 6-Element-Lang-*Yagi*-Systemen

transformiert. Da diese Widerstände an *X-X* einander parallel liegen, ergibt sich dort der geforderte Eingangswiderstand von 75 Ω.

Es wurden folgende Daten ermittelt:
Abstände $D_H = D_{opt} = 2{,}25$ m (= 1,09λ)
Horizontale Halbwertsbreite $\alpha_E \approx 39°$
Vertikale Halbwertsbreite $\alpha_H \approx 12°$
Gewinn ≥ 16 dBd

Die Vierergruppe nach **Bild 25.2.11** bündelt in der H-Ebene und in der E-Ebene. Alle 4 Systeme liegen einander am zentralen Verbindungspunkt parallel, woraus sich dort eine Impedanz von 75 Ω/4 = 18,75 Ω ergibt. Der angeschlossene λ/4-Transformator muß daher von 18,75 Ω auf 75 Ω transformieren.

Sein Wellenwiderstand ist

$$Z = \sqrt{18{,}75\Omega \cdot 75\Omega} = 37{,}5\Omega$$

Dieser Wert ist nicht handelsüblich, er läßt sich aber leicht herstellen, indem man 2 elektrisch λ/4 lange 75-Ω-Koaxialkabel einander parallelschaltet (Innenleiter an Innenleiter und Außenleiter an Aus-

Bild 25.2.12
6 x 6-Element-Lang-*Yagi*-Gruppe von *DL2RSX* (*Foto: O. Oberrender*)

senleiter, wie gezeichnet). Soll die gleiche Anordnung über ein 50-Ω-Koaxialkabel erregt werden, wird Z = 30,6 Ω. Dieser Wellenwiderstand kann durch 2 parallelgeschaltete 60-Ω-Kabel verwirklicht werden.

Es wurden folgende Daten ermittelt:
Abstände $D_E = D_{opt}$ = 2,5 m (= 1,25λ)
Abstände $D_H = D_{opt}$ = 2,0 m (= 1λ)
Horizontale Halbwertsbreite $\alpha_E \approx 20°$
Vertikale Halbwertsbreite $\alpha_H \approx 22°$
Gewinn ≥ 16 dBd

Gruppenschaltung 6 x 6 Element-Lang-*Yagi*

Diese Hochleistungs-Sechsergruppe von *DL2RSX* besteht aus jeweils 3 Antennen übereinander und 2 nebeneinander. Grundtyp ist wieder die 6-Element-Lang-*Yagi* aus Abschnitt 24.2.3. Die beeindruckende Erscheinungsform mit der konstruktiven Lösung der Trageeinrichtung zeigt **Bild 25.2.12**; in **Bild 25.2.13** sind die Strahlungsdiagramme dargestellt.

Das Grundschema für die Erregung mit einem 75-Ω-Kabel (**Bild 25.2.14a**) läßt die Impedanzverhältnisse erkennen: Je 3 Ebenen von 75-Ω-Eingangswiderstand sind parallelgeschaltet, woraus an den Punkten A eine Impedanz von 75 Ω/3 = 25 Ω erscheint. Die sich anschließenden Viertelwellentransformatoren müssen von 25 nach 150 Ω transformieren, somit beträgt ihr Wellenwiderstand praktisch 60 Ω (genauer:

$$Z = \sqrt{25\,\Omega \cdot 150\,\Omega} = 61{,}24\,\Omega).$$

Die Transformatorausgänge mit 150 Ω sind im zentralen Antenneneingang parallelgeschaltet, so daß sich der gewünschte Eingangswiderstand von 75 Ω ergibt. Will man mit 50-Ω-Koaxialkabel ableiten, dann müßten die λ/4-Transformatoren einen Wellenwiderstand von 50 Ω aufweisen:

$$Z = \sqrt{25\,\Omega \cdot 100\,\Omega} = 50\,\Omega)$$

DL2RSX hat bei der praktischen Ausführung eine etwas abgewandelte Form der Erregung ge-

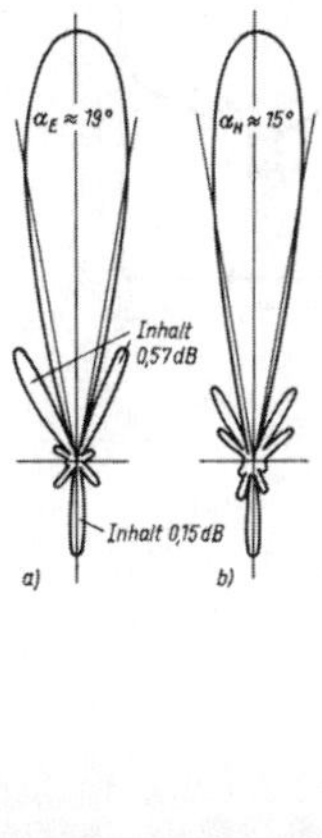

Bild 25.2.13
Gemessene Diagramme der 6 x 6-Element-Lang-*Yagi*-Gruppe;
a) - Horizontaldiagramm (E-Ebene)
b) - Vertikaldiagramm (H-Ebene)

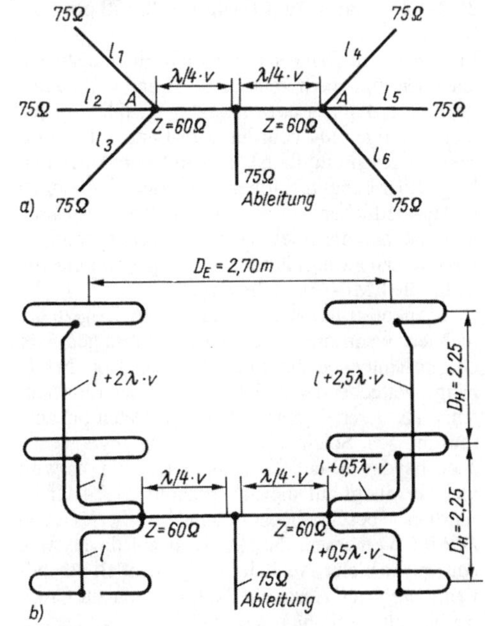

Bild 25.2.14
Erregung der 6 x 6-Element-Lang-*Yagi*-Gruppe;
a) - Grundschema mit Widerständen
b) - Ausführungsschema (siehe Text)

wählt, die im Kabelplan **Bild 25.2.14b** verdeutlicht werden soll. Mit Ausnahme der beiden λ/4-Transformatoren bestehen alle anderen Leitungen aus 75-Ω-Koaxialkabel. Bei Berücksichtigung des Verkürzungsfaktors V ergeben sich eine günstige Leitungsführung und eine zusätzliche Eigensymmetrierung der Gruppe. Dabei ist l die kürzeste Länge der Verbindungsleitungen. Gezeichnet sind nur die Anschlüsse der Kabelinnenleiter. Alle Außenleiter (Geflecht) sind mit der jeweils anderen Strahlerseite verbunden. Wegen der elektrischen Symmetrie sind alle Kabelinnenleiter **außen** angeschlossen. Um trotzdem eine phasengleiche Erregung der linken und der rechten Antennenhälfte zu erhalten, müssen die Verbindungsleitungen der rechten Antennenhälfte um elektrisch λ/2 gegenüber denen der linken Hälfte verlängert werden. Die von den höchsten Ebenen kommenden Verbindungsleitungen sind aus mechanischen Gründen um elektrisch 2λ länger, die Impedanz- und Phasenverhältnisse werden davon nicht beeinflußt.

Es wurden folgende Daten ermittelt:
Abstände $D_E = D_{opt}$ = 2,70 m (= 1,3λ)
Abstände $D_H = D_{opt}$ = 2,25 m (= 1,1λ)
Horizontale Halbwertsbreite $\alpha_E \approx 19°$
Vertikale Halbwertsbreite $\alpha_H \approx 15°$
Gewinn ≥ 17,5 dBd

25.2.4.2 Lang-*Yagi*-Gruppen für 70 cm

Erst im 70-cm-Band ist es möglich, Hochleistungsantennen mit vertretbarem Aufwand zu bauen, denn ihre Abmessungen sind gegenüber denen gleichwertiger *Yagis* für das 2-m-Band auf 1/3 zusammengeschrumpft. Ist man mit der Antennenlänge einer Lang-*Yagi*-Ebene bei einer – individuell unterschiedlichen – „Vernunftgrenze" angelangt und möchte den Gewinn noch weiter erhöhen, kommt man zwangsläufig zur Gruppenbildung. Sie ist für die EME-Arbeit die Regel!

Eigenkonstruktionen sind nicht schwierig zu berechnen, wenn die bisherigen Ausführungen über Gruppenantennen beachtet werden. Der Erfolg hängt weitgehend von der Auswahl der Einzelantenne ab, deren Eigenschaften und Daten bekannt sein müssen. Solche optimalen Lang-*Yagis* stehen auch für das 70-cm-Band zur Verfügung; es wird hier vor allem auf die in Abschnitt 24.2.4.1 ausführlich beschriebene Lang-*Yagi*-Serie von *DL6WU* verwiesen, die eine Auswahl für fast alle Ansprüche bietet. Auch die 18-Element-Breitband-Lang-*Yagi* nach Abschnitt 24.2.4.3 kann zur Gruppenbildung empfohlen werden.

Wenn man bei Eigenkonstruktionen D_{opt} nach Gl. (25.2.1) oder Gl. (25.2.2) errechnet und nicht die Möglichkeit hat, die Strahlungsdiagramme der Lang-*Yagi*-Gruppe im fertigen Zustand zu messen, sollten die Abstände sicherheitshalber um etwa 10% gegenüber dem Rechenwert verringert werden (siehe Bild 25.2.14). Man unterdrückt damit die Ausbildung übergroßer Nebenkeulen, ohne daß der Gewinn durch Stockung merkbar abnimmt.

Die empfohlenen Einzelantennen haben Eingangswiderstände von 200 bzw. 240 Ω. Das ermöglicht es, jede Einzelantenne mit einer Halbwellenumwegleitung als Symmetrie- und Impedanzwandler zu versehen (siehe Abschnitt 7.3.2.1.) und die ganze Gruppe – wie allgemein gefordert – über Koaxialkabel zu erregen.

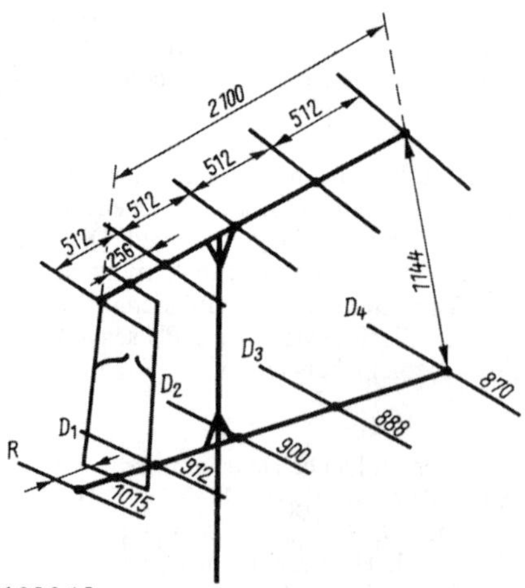

Bild 25.2.15
Gestockte *Yagi* 6 über 6 nach *OH2EW*

25.2.5 Sonderformen gestockter *Yagi*-Antennen

Es wurden einige Sonderformen gestockter *Yagi*-Antennen entwickelt, die sich in ihrem Erregersystem von den bisher beschriebenen Normalausführungen unterscheiden. Merkmal ist das für beide *Yagi*-Ebenen gemeinsame Erregerelement. Es besteht im allgemeinen aus gestockten Ganzwellenschleifen und erfüllt die Forderung nach zentraler gleichphasiger Erregung beider Ebenen ohne Verbindungsleitungen.

25.2.5.1 Gestockte *Yagi*-Antenne 6 über 6 nach *OH2EW*

Die in **Bild 25.2.15** dargestellte Zweiebenen-*Yagi* fällt durch die ungewöhnliche Art der Erregung auf. Sie wird als Skelettschlitzerregung bezeichnet und ist besonders bei den britischen Funkamateuren beliebt geworden.

Bild 25.2.16a zeigt das gespeiste Element gesondert dargestellt. Addiert man die angegebenen Längen, so ergibt sich der Gesamtumfang des Rechtecks mit 3048 mm. Da die Antenne für das 2-m-

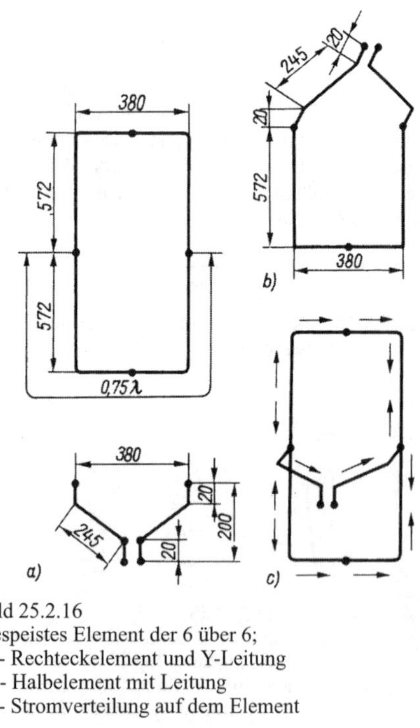

Bild 25.2.16
Gespeistes Element der 6 über 6;
a) - Rechteckelement und Y-Leitung
b) - Halbelement mit Leitung
c) - Stromverteilung auf dem Element

Band bestimmt ist, entspricht diese Länge etwa 1,5λ bzw. je Hälfte 0,75λ. Unter diesen Umständen läßt sich eine gleichphasige Erregung beider Ebenen nicht ermöglichen. Klarheit erhält man erst, wenn obere und untere Rechteckhälfte gesondert betrachtet werden, wobei die Y-Leitung längenmäßig mit einbezogen wird (**Bild 25.2.16b**). Man kann feststellen, daß die Y-Leitung mit einer Länge von 570 mm (2 Schenkel, je 285 mm lang) das an 1λ fehlende Viertelwellenstück darstellt. Da diese Y-Leitung sowohl für den unteren als auch für den oberen Abschnitt wirksam ist, besteht das gespeiste Element praktisch aus 2 Quads von je 1λ Umfang. **Bild 25.2.16c** zeigt noch einmal das gesamte gespeiste Element mit eingezeichneten Stromrichtungspfeilen. Daraus geht hervor, daß in allen waagrechten Abschnitten gleichphasige Erregung auftritt.

Der Stockungsabstand ist durch das erregende Element mit etwa 0,6λ (1144 mm) festgelegt, das bedeutet, der durch Stockung erzielte Gewinn beträgt schätzungsweise 2,3 dB. Die Boomlänge von 1λ in Verbindung mit den verhältnismäßig großen Direktorabständen läßt das Lang-*Yagi*-Prinzip erkennen.

Die Längen der Elemente und ihre Abstände gehen aus **Bild 25.2.15** hervor, während die Abmessungen der gespeisten Elemente mit dem Y-Glied aus **Bild 25.2.16** ersichtlich sind. Die parasitären Elemente bestehen aus 5-mm-Alu-Rundmaterial, während der gespeiste Abschnitt einschließlich Y-Leitung aus 8 mm dickem Rundmaterial hergestellt wird. Die beiden Elementeträger wurden bei der Originalantenne aus Aluwinkelmaterial mit U-Profil 20 mm x 2 mm gefertigt. Alle angegebenen Materialstärken sind nicht besonders kritisch. Abweichungen bis ±20% dürften zulässig sein.

Mechanische und elektrische Angaben
Elementdurchmesser siehe Text
Trägerrohre Metall,
20 ... 30 mm Durchmesser
Antennenlänge 2100 mm
Stockungsabstand 1144 mm
Eingangswiderstand 70 Ω symmetrisch
Gewinn etwa 12 dBd
Rückdämpfung etwa 20 dB
Horizontale Halbwertsbreite $\alpha_E \approx 50°$
Vertikale Halbwertsbreite $\alpha_H \approx 35°$

Die Antenne kann nach Zwischenschalten eines Symmetriewandlers (Baluns) direkt über ein handelsübliches Koaxialkabel gespeist werden.

25.2.5.2 Gestockte *Kurz-Yagi* 4 über 4

Eine gestockte *Kurz-Yagi*, die ebenfalls mit „Skelettschlitzerregung" arbeitet, zeigt **Bild 25.2.17.** Das gespeiste Element hat die gleichen Abmessungen wie das der 6 über 6, die parasitären Elemente unterscheiden sich allerdings hinsichtlich ihrer Längen und Abstände. Alle Einzelheiten des Aufbaus sind aus **Bild 25.2.17** zu ersehen. Da der Eingangswiderstand etwa 75 Ω beträgt, kann auch dieses Antennensystem bei Zwischenschaltung eines Symmetriewandlers direkt über ein Koaxialkabel gespeist werden.

Mechanische und elektrische Angaben
Elementdurchmesser 6 ... 8 mm
Trägerrohre Metall, 15 ... 30 mm
Durchmesser Antennenlänge 1230 mm
Stockungsabstand 1144 mm
Eingangswiderstand etwa 75 Ω symmetrisch
Rückdämpfung etwa 16 dB
Gewinn etwa 9 dB
Horizontale Halbwertsbreite $\alpha_E \approx 60°$
Vertikale Halbwertsbreite $\alpha_H \approx 55°$

25.2.5.3 *DL7KM*-Beam für 2 m

Gestockte Quad-Elemente als Erregersystem in Verbindung mit stabförmigen parasitären Reflektoren wurden von *DL7KM* entwickelt und mit gutem Erfolg im 2-m- und 70-cm-Band eingesetzt. Da diese Doppelquadelemente elektrisch und mechanisch sehr günstige Lösungen bei der Verwirklichung gestockter Erregersysteme ermöglichen, wurden sie auch bei Strahlergruppen verwendet. Das in **Bild 24.37b** dargestellte Doppelquadelement ist ein vertikal gestocktes, zentral gespeistes Dipolsystem, das durch Bündelung in der H-Ebene einen Gewinn von etwa 3 dB – bezogen auf einen resonanten Halbwellendipol – aufweist. Die Eingangsimpedanz beträgt annähernd 270 Ω, sofern keine parasitären Elemente vorhanden sind.

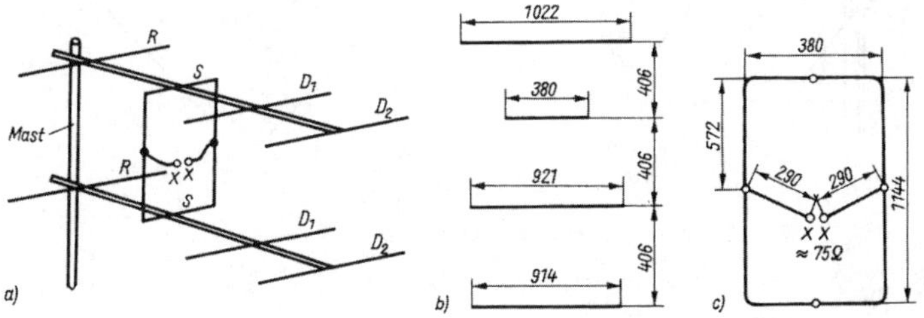

Bild 25.2.17
Gestockte *Yagi* 4 über 4;
a) - Gesamtansicht
b) - Abmessungen
c) - Detail: gespeistes Element

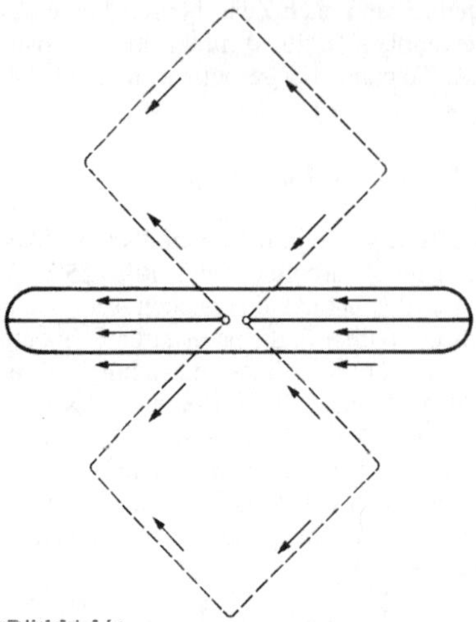

Bild 25.2.18
Entwicklung des Doppelquadelements aus einem doppel gefalteten Dipol

Bekanntlich hat ein einfaches Quadelement einen Eingangswiderstand von 120 Ω. Der Eingangswiderstand des Doppelquad ist gegenüber dem einer einfachen Quadschleife mehr als doppelt so groß. Die theoretische Erklärung dafür ist einleuchtend, wenn man die Quadelemente als Sonderfälle von Schleifenantennen betrachtet. In beiden Fällen handelt es sich um Ganzwellenschleifen. Das Quadelement kann man aus dem Faltdipol entwickeln, indem man diesen nach **Bild 15.3.1** senkrecht auseinanderzieht. An der Stromverteilung ändert sich dabei nichts, aber die beiden Strommaxima, die sich beim Faltdipol eng benachbart parallel gegenüberstehen, sind beim Quadelement auf einen gegenseitigen Abstand von rund $0{,}35\lambda$ auseinandergerückt. Dieser größere Abstand der Strommaxima bewirkt, daß das Quadelement als gestocktes Dipolsystem strahlt, wobei durch vertikale Bündelung ein Gewinn von 1 dB gegenüber dem Faltdipol auftritt und der Eingangswiderstand von 240 auf 120 Ω absinkt. Das Doppelquadelement wird sinngemäß nach **Bild 25.2.18** aus dem doppelt gefalteten Dipol (Dreileiterdipol) entwickelt. Während beim einfachen Faltdipol wegen der Stromverteilung auf 2 Dipolabschnitte der Eingangswiderstand gegenüber dem eines gestreckten Dipols den 4-fachen Wert annimmt (4 x 60 Ω = 240 Ω), verteilt sich der Strom des doppelt gefalteten Dipols auf 2 parallele Dipole, und der Eingangswiderstand steigt auf den 9-fachen Wert (9 x 60 Ω = 540 Ω).

Auf das Doppelquad übertragen, darf man annehmen, daß sich dessen Eingangswiderstand gegenüber dem einer einfachen Quadschleife mehr als verdoppelt. Diese Annahme hat sich auch in der Praxis bestätigt.

Nachdem sich das Doppelquadelement in den verschiedensten Antennenformen ausgezeichnet bewährt hatte, entwickelte *DL7KM* eine gestockte Lang-*Yagi*-Antenne für das 2-m-Band, die in ihrer Gesamtheit durch eine zentralgespeiste Doppelquad

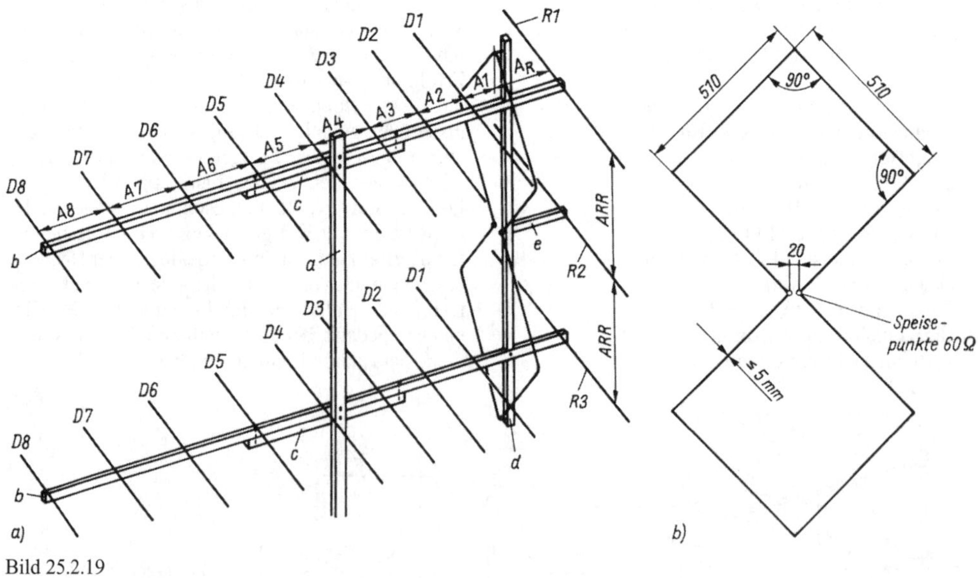

Bild 25.2.19
DL7KM-Beam für 2 m;
a) - Aufbauschema
b) - Detail: gespeistes Doppelquadelement

erregt wird (**Bild 25.2.19**). Beim Vergleich mit einer konventionell erregten gestockten Lang-*Yagi*-Antenne stellt man fest, daß der *DL*7KM-Beam keinerlei verlustbehaftete Verbindungs-, Anpassungs- und Transformationsglieder aufweist und auch keine witterungsgefährdeten Löt- oder Klemmstellen vorhanden sind. Der Raum zwischen den beiden *Yagi*-Ebenen ist durch das Doppelquadelement mit gleichphasig erregten, strahlenden Dipolen ausgefüllt.

Wie aus **Bild 25.2.19** hervorgeht, hat der *DL7KM-Beam 23* an der Strahlung beteiligte Halbwellenelemente, davon sind 4 im gespeisten Doppelquad enthalten. Mit den je 4,10 m langen Elementeträgern ist die relative Antennenlänge auf 2λ festgelegt. Der verhältnismäßig kleine Stockungsabstand von $0{,}6\lambda$ ($\equiv$ 1,20 m) gewährleistet gute Nebenzipfelfreiheit der Strahlungscharakteristik [2.5].

Elektrische Daten:
Eingangswiderstand 60 Ω symmetrisch
Gewinn $\geq$ 13 dBd
Rückdämpfung $\approx$ 25 dB
Horizontale Halbwertsbreite $\alpha_E \approx 35°$
Vertikale Halbwertsbreite $\alpha_H \approx 32°$

Die gute Bündelung in der H-Ebene ist besonders in dichtbesiedelten Gebieten von Vorteil, da durch sie die Aufnahme von Störstrahlungen aus dem unterhalb der Antenne liegenden Störnebel stark unterdrückt wird. Die Rückdämpfung ist mit 25 dB beachtlich hoch. **Bild 25.2.20** vermittelt einen optischen Eindruck dieser Antenne.

Für den mechanischen Aufbau gibt *DL7KM* nachstehende Empfehlungen:

Alle Direktoren und Reflektoren werden aus Aluminiumrohr mit 6 bis 8 mm Durchmesser angefertigt.

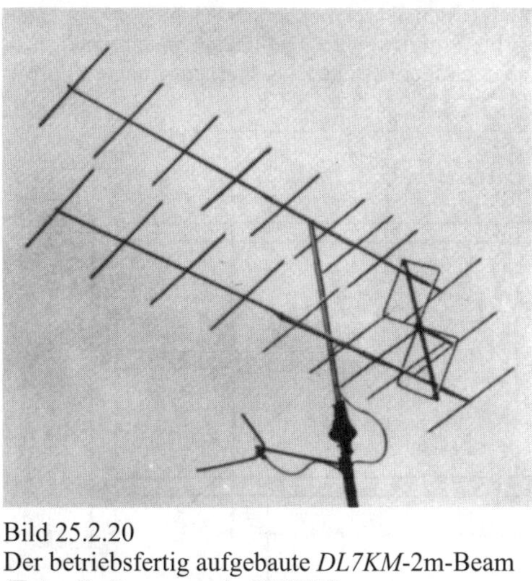

Bild 25.2.20
Der betriebsfertig aufgebaute *DL7KM*-2m-Beam (Foto: *D. Roggensack, DL7KM*)

Es werden benötigt:
3 x 1050 mm lang (R_1, R_2, R_3),
2 x 935 mm lang (D_1),
2 x 930 mm lang (D_2),
2 x 925 mm lang (D_3),
2 x 920 mm lang (D_4),
2 x 915 mm lang (D_5),
2 x 910 mm lang (D_6),
2 x 905 mm lang (D_7),
2 x 890 mm lang (D_8).

Die Abstände betragen: A_{RR} = 600 mm; A_R = 460 mm; A_1 = 300 mm, A_2 = 300 mm, A_3 = 330 mm; A_4 = 500 mm; A_5 bis A_8 = 520 mm. Beide Direktorebenen sind identisch.

Die Direktoren und Reflektoren werden auf den Elementträgern befestigt, wie das auch bei kommerziell hergestellten Antennen üblich ist. Passende Klemmschellen stellt die Antennenindustrie her, man kann sie aber auch selbst anfertigen. Ein Durchbohren der Elementeträger und Durchstecken der Elemente wird nicht empfohlen, da hierbei durch unsichere Kontaktgabe Verluste entstehen. In diesem Fall müßten die Elemente kontaktsicher mit dem Elementeträger verlötet oder verschweißt werden.

Das in **Bild 25.2.19b** gesondert dargestellte gespeiste Doppelquadelement wird aus einem 4120 mm langen Kupferblankdraht von ≤ 5 mm Durchmesser bzw. ≤ 16 mm^2 Querschnitt so gebogen, daß sich eine Quad-Seitenlänge von je 510 mm ergibt (8 x 510 mm = 4080 mm). Den Rest von 40 mm nutzt man als Überlagerung beim Löten. Der Kupferblankdraht sollte durch einen Isolierlacküberzug vor Korrosion geschützt werden. Selbstverständlich kann das Doppelquadelement auch aus einem geeigneten Aluminiumdraht angefertigt werden. Für diesen Fall erübrigt sich die Schutzlackierung. Der Drahtdurchmesser ist nicht kritisch.

Für die Tragekonstruktion wurde Leichtmetallrohr mit quadratischem Querschnitt verwendet. Der kräftige Tragemast *a* hat die Profildimensionen 35 mm Kantenlänge bei 3 mm Wandstärke (35 mm x 3 mm). Mit ihm sind die beiden Elementeträger *b* von je 4160 mm Länge Vierkantmaterial 15 mm x 2 mm verschraubt. 2 Verstärkungen *c* aus dem gleichen Material unterstützen die Elementeträger im Schwerpunkt. Das senkrechte Tragerohr *d* für das Doppelquadelement ist 1600 mm lang und hat einen quadratischen Querschnitt mit 10 mm Kantenlänge und 2 mm Wandstärke. Die Elementeträger *b* erhalten passende Durchbrüche; durch sie wird das Tragerohr *d* hindurchgeschoben und stabil verschraubt. Der Rohrstummel *e* ist 450 mm lang und wird lediglich zum Befestigen des Reflektors R_2 genutzt.

Zu beachten ist, daß das Doppelquadelement an seinen Befestigungspunkten isoliert gehalten werden soll. Durch kleine Ungenauigkeiten im Aufbau und vor allem durch Umgebungseinflüsse können Asymmetrien entstehen, die eine leichte Verschiebung der Spannungsnullpunkte bewirken. Das ist z.B. auch der Fall, wenn die symmetrische Antenne über ein unsymmetrisches Koaxialkabel direkt gespeist wird. Die Ganzmetallbauweise mit Zwangserdung an den Quadspitzen würde deshalb Verluste hervorrufen. Eine besonders hochwertige Isolation wird nicht gefordert, da an den Befestigungspunkten nur sehr kleine Spannungen vorhanden sind. Es eignen sich alle feuchtigkeitsunempfindlichen Isolierstoffe, besonders praktisch sind Gießharzblöcke. Je nach Dicke des Isolators steht das gespeiste Element etwa 10 bis 30 mm vor seinem Tragerohr *d*. Das ist beim Befestigen dieses Trägers zu berücksichtigen, damit der Reflektorabstand A_R mit 460 mm und der Direktorabstand D_1 mit 300 mm gewahrt bleiben.

Die Eingangsimpedanz am zentralen Antenneneingang beträgt etwa 60 Ω symmetrisch, somit können Kabel mit Wellenwiderständen zwischen 50 und 75 Ω direkt angeschlossen werden. Der isolierte Aufbau der Doppelquadschleife ermöglicht den Verzicht auf Symmetriewandlung am Antenneneingang. Die direkte Erregung über unsymmetrisches Koaxialkabel bewirkt lediglich im E-Diagramm eine leichte Ausbauchung der Strahlungskeule einer Seite, während die andere Seite entsprechend verflacht ist. Alle übrigen Parameter wie Gewinn, Hauptstrahlrichtung, H-Diagramme und Rückdämpfung bleiben dabei unverändert erhalten.

Erforderliche Korrekturen des Eingangswiderstandes werden nicht, wie sonst üblich, durch Verändern der Reflektorabstände, sondern durch leichtes horizontales Verschieben der Einheit Doppelquadelement plus Reflektoren gegenüber dem 1. Direktor vorgenommen. Die Antenne soll sich dabei in ihrer endgültigen Aufbauhöhe oder mindestens 2,5λ über Grund befinden.

Von *DB8NP* wird in [2.6] der Einsatz einer Reflektorwand mit 7 Reflektorstäben von je 1050 mm Länge vorgeschlagen, die einen gegenseitigen Abstand A_{RR} von je 300 mm haben. In diesem Fall soll der Abstand A_1 des 1. Direktors vom gespeisten Doppelquadelement nur etwa 190 mm betragen. Um minimale Welligkeit einstellen zu können, sollte dieser Abstand in kleinen Grenzen durch Verschieben der Einheit Doppelquadelement-Reflektorwand veränderbar sein. Ausführlichere Angaben über die zweckmäßige mechanische Gestaltung befinden sich in [2.6].

Die in der Erstveröffentlichung angegebene Quadseitenlänge von 520 mm hat sich als zu groß erwiesen; die Resonanz lag damit bei 143 MHz. Bei Verminderung auf 510 mm liegt das Gewinnmaximum ungefähr bei Bandanfang. Die Parasitärelemente bleiben unverändert. Bezogen auf den erreichbaren Gewinn ist der Aufwand für diese Antenne relativ groß.

25.2.5.4 *DL7KM*-Beam für 70 cm

Einen *DL7KM*-Beam für 70 cm erhält man, wenn alle Abmessungen der 2-m-Ausführung auf 1/3 ihres Wertes vermindert werden. Das von *DB8NP* in [2.7] beschriebene Beispiel verwendet eine Reflektorwand, bestehend aus 7 je 350 mm langen Reflektorstäben, die in gegenseitigen Abständen A_{RR} von 100 mm angeordnet sind. Die Seitenlängen des Doppelquadelementes werden mit 175 mm angegeben. Ansonsten gilt die Prinzipschaltung **Bild 25.2.19a** mit ihren Bezeichnungen. Der mechanische Aufbau mit den Elementabständen ist in **Bild 25.2.21** skizziert.

Die Elementlängen betragen:
R_1 ... R_7 je 100 mm; D_1 = 312 mm;
D_2 = 310 mm; D_3 = 308 mm; D_4 = 307 mm;
D_5 = 305 mm; D_6 = 303 mm; D_7 = 302 mm;
D_8 = 297 mm.

Für den Durchmesser der Elemente kann man 6 bis 8 mm wählen. Die beiden waagrechten Elementeträger bestehen aus Vierkant-Leitmetallprofil

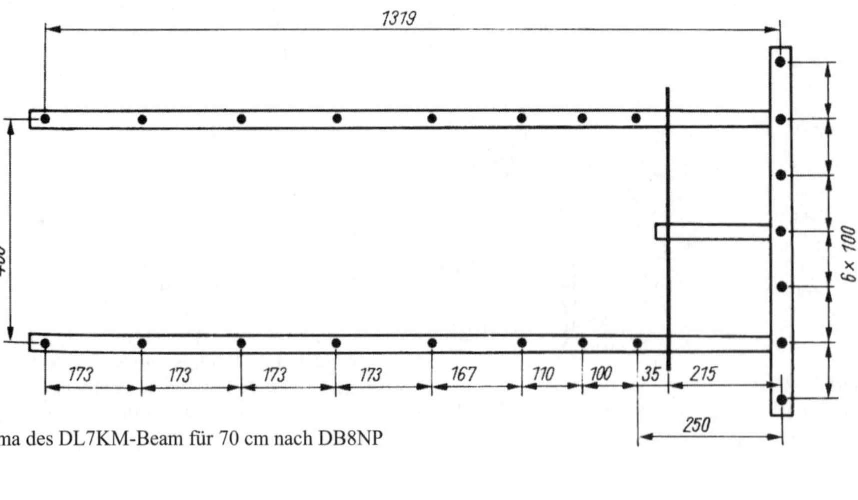

Bild 25.2.21
Aufbauschema des DL7KM-Beam für 70 cm nach DB8NP

mit 15 mm x 15 mm Kantenlänge, der senkrechte Reflektorenträger hat die Abmessungen 20 mm x 20 mm. Alle Elemente mit 6 bis 8 mm Durchmesser werden metallisch leitend durch die Träger geführt (siehe **Bild 24.1.5**).

Um die kleinstmögliche Welligkeit ($s \approx 1{,}2$) einstellen zu können, ist es erforderlich, den Abstand der Einheit Doppelquadelement-Reflektorwand gegenüber D_1 veränderbar zu machen. Praktische Vorschläge dazu werden in [2.5] gegeben. Über die Auswirkung des Vielfachreflektors auf den Gewinn und die Strahlungsdiagramme liegen keine meßtechnisch ermittelten Ergebnisse vor.

25.3 Gestockte Quadantenne

25.3.1 Cubical Quad für VHF

Die Hauptvorzüge der *Cubical Quad* sind ihr raumsparender, kompakter Aufbau, die Möglichkeit, einfache Drähte an Stelle von kostspieligen Rohren verwenden zu können, und nicht zuletzt die Tatsache, daß eine einfache *Cubical Quad* bereits ein gestocktes Antennensystem mit entsprechend guten Bündelungseigenschaften in der H-Ebene darstellt. Dadurch ist sie im Empfangsfall gegenüber Zündfunkenstörungen etwas unempfindlicher als eine vergleichbare Einebenen-*Yagi*.

Für den Portable- und Mobilbetrieb eignet sich gut eine einfache *Cubical Quad* nach **Bild 25.3.1**. Untersuchungen haben ergeben, daß Resonanz auftritt, wenn der Gesamtumfang des gespeisten Quad-Elementes etwa 1,5% größer als 1λ ist. Die Kenntnis dieser Tatsache ermöglicht es, Quads zu konstruieren, die ohne zusätzliche Abstimmstubs in sich resonant sind.

Das gespeiste Element der in Bild 25.3.1 dargestellten 2-m-*Cubical-Quad* hat einen Gesamtumfang von 2108 mm, entsprechend einer Seitenlänge von je 527 mm. Mit diesen Abmessungen liegt die

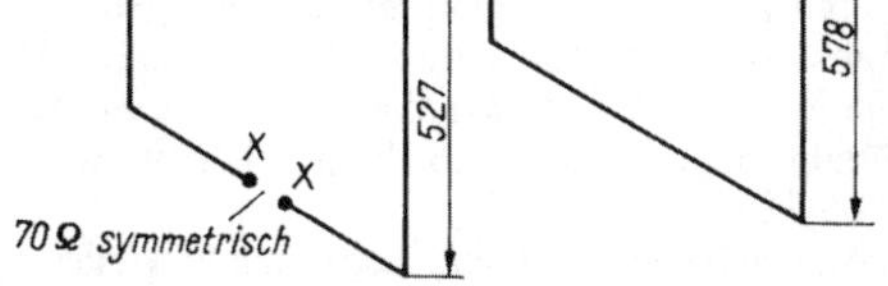

Bild 25.3.1
Cubical Quad für 2 m

Resonanz bei 144,5 MHz. Das Reflektorelement weist einen Umfang von 2312 mm auf, was einer Seitenlänge von je 578 mm entspricht. Strahler- und Reflektorelement sind im Abstand von 178 mm, analog etwa $0{,}08\lambda$, angeordnet. Daraus ergibt sich eine Eingangsimpedanz von annähernd 70 Ω.

Der Gewinn dieser Antenne beträgt etwa 5 dBd bei einem Vor-/Rück-Verhältnis von etwa 13 dB. Die kleinste Welligkeit wurde bei der Resonanzfrequenz 144,5 MHz mit $s = 1{,}04$ gemessen. Es erreicht am hochfrequenten Bandende bei 146 MHz ein Maximum von $s = 1{,}23$. Die Speisung kann über ein beliebig langes 75-Ω-Koaxialkabel erfolgen, sofern man dieses am Antenneneingang symmetriert. Für diesen Zweck eignet sich gut ein Pawsey-Symmetrierglied nach Abschnitt 7.3.3. Die Speisung über ein 60-Ω-Koaxialkabel ist ebenfalls möglich, bei geringfügigem Anstieg der Welligkeit.

Eine Umrechnung der Antenne für beliebige andere Resonanzfrequenzen im VHF-Bereich ist durch nachstehende Formeln möglich:

Gespeistes Element

$$\text{Gesamtumfang}/\text{mm} = \frac{304600}{f/\text{MHz}} \tag{25.3.1}$$

$$\text{Seitenlänge}/\text{mm} = \frac{76150}{f/\text{MHz}} \tag{25.3.2}$$

Reflektorelement

$$\text{Gesamtumfang}/\text{mm} = \frac{334000}{f/\text{MHz}} \tag{25.3.3}$$

$$\text{Seitenlänge}/\text{mm} = \frac{83500}{f/\text{MHz}} \tag{25.3.4}$$

Abstand *D* Strahler-Reflektor für einen Eingangswiderstand von 75 Ω.

25.3.2 Gestockte Cubical Quad

Die vorher beschriebene einfache Quad-Antenne eignet sich als Grundelement für beliebige gestockte und gruppenförmige Quad-Kombinationen. Bei vertikal gestockten Ausführungen sollte der Abstand von Ebene zu Ebene nicht kleiner als $\lambda/2$ sein. Noch günstiger ist ein Stockungsabstand von $5\lambda/8$. Das phasenrichtige Speisen gestockter und gruppenförmiger Antennensysteme wurde bereits erläu-

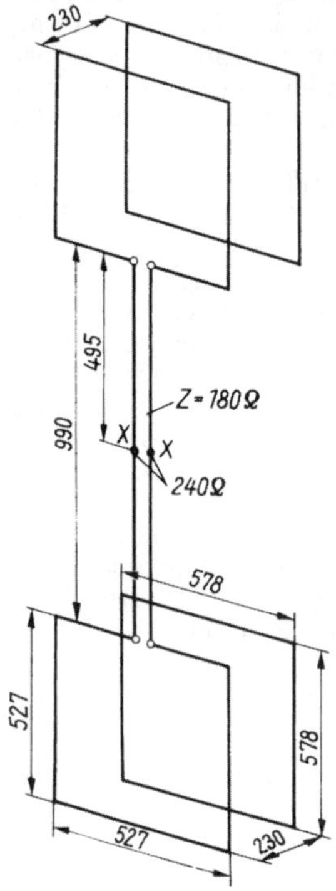

Bild 25.3.2
Gestockte Cubical Quad für 2 m

tert. In **Bild 25.3.2** wird deshalb nur eine von mehreren Möglichkeiten zum Speisen angegeben. Im vorliegenden Fall ist beabsichtigt, das System am Eingang *XX* über eine beliebig lange UKW-Bandleitung von 240 Ω zu erregen. Wenn erforderlich, läßt sich bei *XX* auch eine Halbwellen-Umwegleitung nach Abschnitt 7.3.2 einschleifen. Das System kann dann ein beliebig langes 75-Ω-Koaxialkabel als Speiseleitung erhalten. Abweichend zu **Bild 25.3.1** beträgt der Abstand Strahler-Reflektor in beiden Quad-Systemen 230 mm; das entspricht 0,11λ. Für diesen Abstand gilt:

$$\text{Abstand}/\text{mm} = \frac{33000}{f/\text{MHz}} \qquad (25.3.5)$$

Beide Systeme sind durch eine 990 mm lange Zweidrahtleitung von 180 Ω Wellenwiderstand verbunden. Dieser kann hergestellt werden, wenn sich der Leiterabstand *D* zum Leiterdurchmesser *d* wie 2,5:1 verhält (siehe **Bild 5.5.3**). In der geometrischen Mitte dieser Zweidrahtleitung befindet sich der Antenneneingang *XX* mit einer Impedanz von 240 Ω symmetrisch.

Der Gewinn der Anordnung beträgt etwa 7,5 dB, bezogen auf einen Halbwellendipol. Der Zusatzgewinn von etwa 2,5 dB entsteht ausschließlich durch Bündelung in der Vertikalebene, während die horizontale Halbwertsbreite eines einfachen Quad erhalten bleibt.

Die Antenne ist für eine Resonanzfrequenz von 144,5 MHz bemessen; die Welligkeit *s* ist über die gesamte Breite des 2-m-Bandes ≤ 1,2.

25.3.3 Quad-Gruppe für 2-m

Die Quad-Gruppe nach **Bild 25.3.3** ist eine Hochleistungsantenne mit einem Gewinn von etwa 11 dBd. In diesem Fall werden vier übliche Cubical Quads zu einer Gruppenantenne zusammengesetzt. Der Übersichtlichkeit halber wurden in **Bild 25.3.3** die Reflektorquadrate nicht mit eingezeichnet; Abstände und Abmessungen der Reflektoren entsprechen denen aus **Bild 25.3.2**.

Technisch interessant ist, daß ausschließlich über Koaxialkabel erregt wird. Da wechselweise Kabelstücke mit 75 bzw. 50 Ω Wellenwiderstand zusammengesetzt werden müssen, sollte man passende Koaxschraubverbindungen oder T-Stücke verwenden. Solche Koaxarmaturen sind aber etwas kostspielig. Mit etwas Geschicklichkeit dürfte es geübten Bastlern jedoch gelingen, Koaxialkabelstücke unterschiedlicher Wellenwiderstände ohne Armaturen sauber und kontaktsicher miteinander zu verlöten. Besonders wichtig ist dabei die witterungsbeständige Abdichtung der Verbindungsstellen.

Die einzelnen Quad-Systeme sind dem in **Bild 25.3.1** dargestellten identisch. Lediglich der Abstand Strahler-Reflektor wird - wie nach **Bild 25.3.2** - mit 230 mm bemessen. Der Eingangswiderstand jedes Systems beträgt 75 Ω symmetrisch. Um ein unsymmetrisches 75-Ω-Koaxialkabel anschließen zu können, erhält jeder Eingang einen Pawsey-Symmetriewandler (siehe Abschnitt 7.3.3.).

Die Eingänge *1* und *2* sowie *3* und *4* sind über ein je 1300 mm langes 75-Ω-Koaxialkabel verbunden. Dieses Kabel, dessen Länge den Stockungsabstand bestimmt, kann man beliebig lang wählen, jedoch nicht kürzer als $\lambda/2$, da es keine abgestimmte Leitung ist.

Die senkrechten Verbindungsleitungen werden in ihrer geometrischen Mitte angezapft. Da hier die Eingangsimpedanzen der beiden verbundenen Systeme einander parallelliegen, tritt nur die halbe Impedanz (37,5 Ω) auf. In die Abzweigleitung ist deshalb ein koaxialer Viertelwellentransformator eingeschleift, der an seinem Ausgang wieder auf 75 Ω herauftransformiert. Der Wellenwiderstand des Viertelwellenstückes muß 50 Ω betragen. Der Transformator besteht aus dem 345 mm langen Abschnitt eines 50-Ω-Koaxialkabels, wobei ein Verkürzungsfaktor von 0,66 berücksichtigt wurde (0,66 · $\lambda/4$).

An den beiden Punkten *Y* herrscht nun wieder eine Impedanz von 75 Ω, deshalb kann man sie über ein beliebig langes 75-Ω-Koaxialkabel miteinander

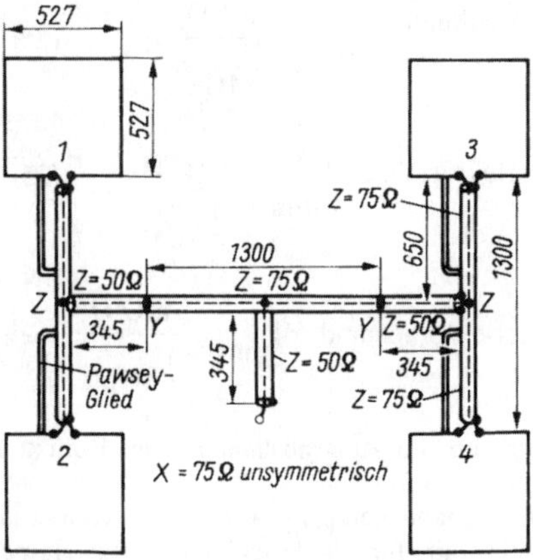

Bild 25.3.3
Quad-Gruppe für 2 m (Reflektoren sind nicht eingezeichnet, siehe Bild 25.3.2)

verbinden. Dadurch läßt sich auch der horizontale Abstand der beiden gestockten Abschnitte frei wählen. Im vorliegenden Fall wurde ein 1300 mm langes Kabel benutzt, so daß der seitliche Abstand 1λ beträgt. Die geometrische Mitte dieser Verbindungsleitung bildet den zentralen Eingang für die gesamte *Quad-Gruppe*. Hier liegen wiederum die Impedanzen des rechten und des linken Abschnittes von je 75 Ω einander parallel. Daraus resultiert ein Widerstand von 37,5 Ω an der Anschlußstelle. Da das System über ein beliebig langes 75-Ω-Koaxialkabel gespeist werden soll, muß man einen weiteren Viertelwellentransformator anfügen. Es handelt sich dabei um den gleichen Transformator mit 50 Ω Wellenwiderstand, wie er bei den Punkten *Y-Z* vorhanden ist. Bei *X* befindet sich dann der Anschlußpunkt für das 75-Ω-Speisekabel.

Als Leitermaterial benötigt man für das Verteilersystem 3 Längen Koaxialkabel, je 1300 mm lang mit 75 Ω Wellenwiderstand, und 3 Kabelstücke, je 345 mm lang mit 50 Ω Wellenwiderstand.

Die richtige Funktion der Antenne verlangt ein phasengleiches Speisen der Einzelabschnitte. Das bedeutet, daß an den Eingängen *1, 2, 3* und *4* die Kabelseele immer an die gleiche Seite gelegt wird, z.B. alle Kabelinnenleiter an den linken Anschluß (wie auch in **Bild 25.3.3** gezeigt). Die Verbindungsstellen der einzelnen Kabelstücke müssen mechanisch und elektrisch einwandfrei sein. Es ist darauf zu achten, daß die Außenleiter der Koaxialkabel an den Verbindungsstellen und Abzweigungen elektrisch nicht unterbrochen werden. Man vergießt die Auftrennstellen nach den Lötarbeiten am besten mit einem dickflüssigen Kunststoffkleber und schützt dann die Verbindungsstellen durch dichtes Bewickeln sowie Verlacken vor eindringender Feuchtigkeit. Die Koaxialkabel sind gegen äußere Einflüsse völlig unempfindlich. Sie können mit Schellen am Tragegerüst festgelegt werden.

Der Frequenzbereich dieser für 144,5 MHz bemessenen Antenne beträgt annähernd 3 MHz; die Welligkeit *s* über die ganze Breite des 2-m-Bandes ist immer ≤ 1,5. Die Rückdämpfung wird mit etwa 18 dB angegeben.

25.3.4.1 Hybrid-Doppelquad für 2 m

Wie aus **Bild 25.3.4b** hervorgeht, handelt es sich beim gespeisten Element um eine Doppelquad-Schleife, bei der 2 auf ihrer Spitze stehende Draht-

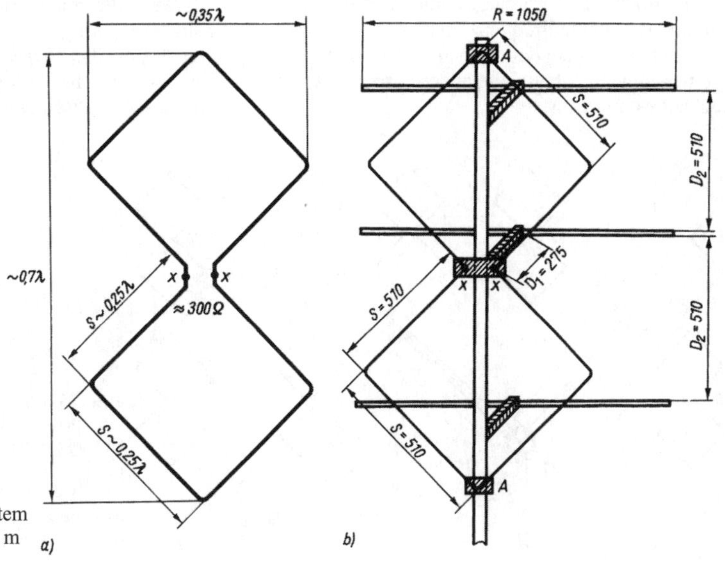

Bild 25.3.4
Doppelquadstrahler
a) - einfaches Doppelquadsystem
b) - Hybrid-Doppelquad für 2 m

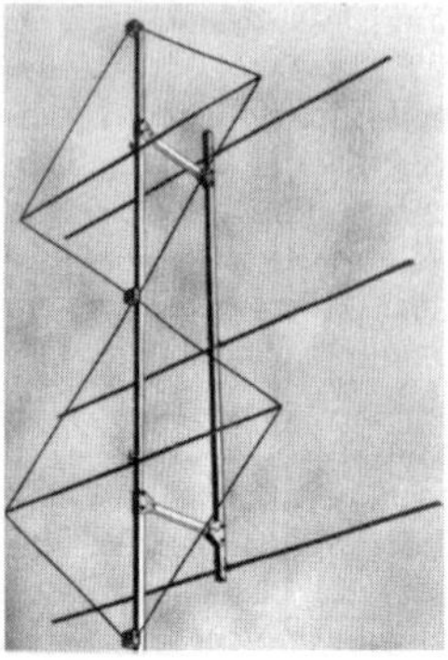

Bild 25.3.5
Hybrid-Doppelquad
von *DL7KM*
(Photo: *O. Oberrender*)

quadrate mit 510 mm Seitenlänge übereinandergestockt sind. Der Antenneneingang liegt dabei in der Mitte des Systems an der Verbindungsstelle beider Schleifen und hat bei diesem Aufbau eine Impedanz von etwa 50 Ω symmetrisch. Auffällig ist bei dieser Quad-Variante der Verzicht auf die sonst üblichen Reflektorschleifen. Diese werden durch 3 abgestimmte, je 1050 mm lange Reflektorstäbe ersetzt. Das vereinfacht den Aufbau und verbessert entsprechend den Erfahrungen von *DL7KM* die Antenneneigenschaften. Der Abstand der Reflektoren voneinander sowie deren Lage und Distanz zum gespeisten Element sind kritisch. Der mittlere Reflektor befindet sich genau in Höhe des Antenneneinganges *X-X*, die beiden anderen Reflektoren sind in einem lichten Abstand von je 510 mm nach oben und nach unten angeordnet. Auf Stützen hinter dem Quadelement montiert, beträgt ihr lichter Abstand von diesem je 275 mm (0,13λ). Die Reflektoren bestehen aus 10 mm dickem Rund- oder Rohrmaterial.

Die in **Bild 25.3.4b** dargestellte Ausführung ist für eine Bandmittenfrequenz von 145 MHz bemessen. Mit nachstehenden Gleichungen können die Abmessungen für beliebige andere Frequenzen errechnet werden:

$$\text{Seitenlänge } S/\text{mm} = \frac{75400}{f/\text{MHz}} \tag{25.3.6}$$

$$\text{Reflektorlänge } R/\text{mm} = \frac{152250}{f/\text{MHz}} \tag{25.3.7}$$

$$\text{Reflektorabstand } D_1/\text{mm} = \frac{40000}{f/\text{MHz}} \tag{25.3.8}$$

Für den Stockungsabstand D_2 der Reflektoren gilt Gl. (25.3.6)

Der Antenneneingang *X-X* ist erdsymmetrisch, deshalb sollte für den Anschluß eines unsymmetrischen 50-Ω-Koaxialkabels ein Symmetriewandler eingesetzt werden. Gut eignet sich dafür die EMI-Schleife nach Abschnitt 7.3.3. Wie praktische Untersuchungen gezeigt haben, kann man jedoch auf eine Symmetriewandlung verzichten. Bei direkter, unsymmetrischer Speisung ist die Verformung des Strahlungsdiagramms gering, und Hochfrequenz auf dem Kabelmantel ließ sich nicht feststellen.

Exakte Messungen des Gewinns ergaben 8 dBd, die Rückdämpfung wurde mit > 20 dB festgestellt. Die horizontale Halbwertsbreite beträgt 67°, für die vertikale Halbwertsbreite wurden 54° ermittelt. Diese Werte stellten sich bei direkter Erregung über ein 50-Ω-Koaxialkabel ein, wobei die Welligkeit *s* ≤ 1,18 betrug. **Bild 25.3.5** vermittelt einen optischen Eindruck von dem Hybrid-Doppelquad. Vertikalpolarisation ist möglich, wenn man die Antenne axial so dreht, daß die Reflektorstäbe senkrecht stehen.

Wegen des relativ kleinen Aufwands in Verbindung mit geringer Windlast und hohem Gewinn eignet sich die *Hybrid-Doppelquad* auch gut als Einzelsystem für Gruppenantennen. Die in **Bild 25.3.6** schematisch dargestellten Antennengruppen

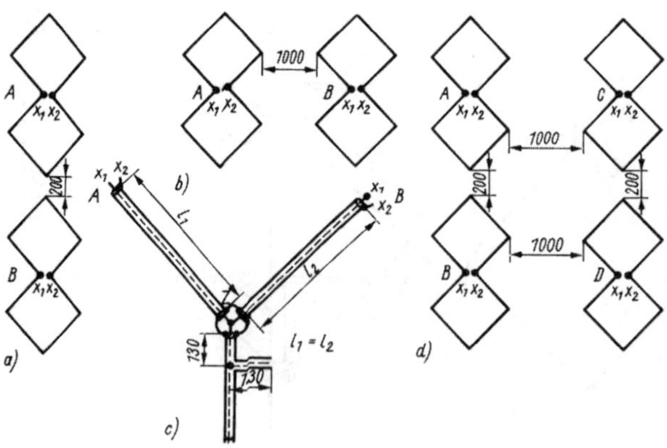

Bild 25.3.6
Gruppen mit Hybrid-Doppelquad-Systemen (Reflektoren sind nicht eingezeichnet);
a) - Zweiergruppe vertikal gestockt
b) - Zweiergruppe als horizontale Linie
c) - Speisesystem für Zweiergruppe
d) - Vierergruppen

wurden im 2-m-Band und im 70-cm-Band erfolgreich eingesetzt. Weitere Gruppen werden in [3.3] genannt.

Bild 25.3.6a zeigt eine vertikal gestockte Zweiergruppe, deren Gewinn durch Stockung - bezogen auf ein Einzelsystem - theoretisch 3 dB beträgt. Dabei bleibt die horizontale Halbwertsbreite mit 67° erhalten, die vertikale Halbwertsbreite wird auf etwa 30° eingeengt. Gleichen zusätzlichen Gewinn hat die Zweiergruppe als horizontale Linie entsprechend **Bild 25.3.6b**. Bei ihr verringert sich die horizontale Halbwertsbreite auf 40°, während die vertikale Halbwertsbreite mit 54° erhalten bleibt. Die günstigste Speisungsmöglichkeit für solche Zweiergruppen ist in **Bild 25.3.6c** dargestellt. Dabei führen von den Systemen *A* und *B* beliebig lange 60-Ω-Koaxialkabelleitungen l_1 und l_2 zum zentralen Verbindungspunkt *Z*. Es ist zu beachten, daß l_1 und l_2 genau gleiche Länge haben, die Kabelinnenleiter sind mit X_1 zu verbinden, die Kabelaußenleiter mit X_2. Am Punkt *Z* liegt auch das eigentliche 60-Ω-Speisekabel, dort werden die 3 Innenleiter und die 3 Außenleiter der Kabel miteinander verbunden. Da die Systeme *A* und *B* im Punkt *Z* einander parallelgeschaltet sind, ergibt sich dort eine Impedanz von 30 Ω. Diese wird durch eine Stichleitung auf den Wellenwiderstand des 60-Ω-Speisekabels transformiert, wie in **Bild 25.3.6c** veranschaulicht. In Auswertung von **Bild 6.6.5** muß für diesen Anwendungsfall 0,095λ vom Punkt *Z* entfernt eine ebenfalls 0,095λ lange offene Stichleitung angesetzt werden. Bei dieser koaxialen Ausführung ist der Verkürzungsfaktor *V* des Kabels mit 0,66 zu berücksichtigen, sofern das Kabel Vollraumisolation hat. Die Länge, sowie der Abstand der offenen Stichleitung errechnen sich somit aus $0{,}095\lambda \cdot 0{,}66 \equiv 130$ mm. Abweichend von diesen Daten erreichte *DL7KM* gute Anpassungswerte, wenn eine 133 mm lange offene Stichleitung 108 mm vom Punkt *Z* entfernt angeschaltet wurde. Am Anzapfungspunkt für die Stichleitung sind Innenleiter mit Innenleiter und Außenleiter mit Außenleiter verbunden. Alle Verbindungspunkte und das offene Ende der Stichleitung sollte man wetterfest in Gießharz einbetten.

Selbstverständlich können an Stelle des nicht mehr normgerechten 60-Ω-Kabels auch Koaxialkabel mit Wellenwiderständen von 50 oder 75 Ω eingesetzt werden. Dabei tritt eine vernachlässigbar kleine Fehlanpassung an den beiden Erregerleitungen auf, während man das eigentliche Speisekabel durch entsprechendes Bemessen der Stichleitung genau anpassen kann.

Eine Vierergruppe, die sich aus 2 Zweiergruppen zusammensetzt (**Bild 25.3.6d**) hat ebenfalls sehr einfache Erregungsmöglichkeiten. Auch hier wird ausschließlich 60-Ω-Koaxialkabel verwendet, das man nach **Bild 25.3.9b** oder **Bild 25.3.9c** zusammenschaltet. Es wird das gleiche Speisesystem eingesetzt, wie es für die *HB9CV*-Gruppe ausführlich beschrieben ist. Es kann mit einem Gewinn von 14 dBd gerechnet werden, dabei beträgt die horizontale Halbwertsbreite etwa 40° und die vertikale Halbwertsbreite 30°.

25.3.4.2 Hybrid-Doppelquad für 70 cm

Die *Hybrid-Doppelquad* wurde ursprünglich von *DL7KM* für das 2-m-Band konzipiert und konnte sich auf Grund seiner sehr guten Eigenschaften schnell einführen.

Wenn alle angegebenen Abmessungen der 2-m-*Hybrid-Doppelquad*-Antenne auf 1/3 reduziert werden, besteht Resonanz im 70-cm-Amateurband. Auch im UHF-Bereich wurden mit dieser Antenne gute Ergebnisse erzielt. **Bild 25.3.7** zeigt die *Hybrid-Doppelquad* für 70 cm.

Mechanische und elektrische Angaben
Elementdurchmesser Reflektoren
4...8 mm (unkritisch)
Gespeistes Doppelquad: Draht
(Cu oder Al) 4 mm Durchmesser
Eingangswiderstand ≈ 60 Ω symmetrisch
Gewinn >= 8 dB
Rückdämpfung - 20 dBd
Horizontale Halbwertsbreite $\alpha_E \approx 67°$
Vertikale Halbwertsbreite $\alpha_H \approx 54°$

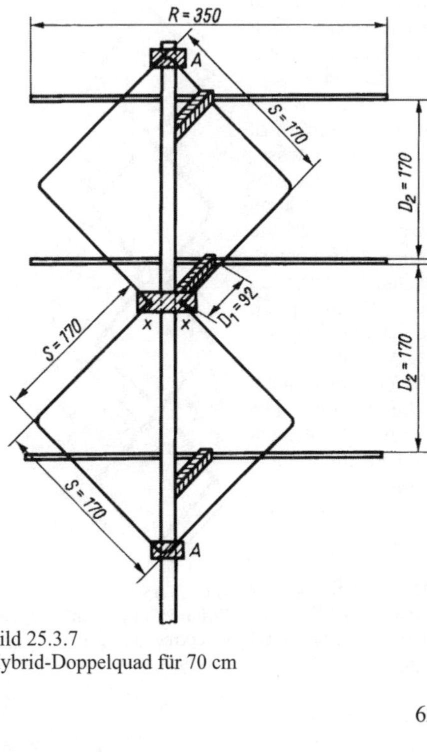

Bild 25.3.7
Hybrid-Doppelquad für 70 cm

Die *Tonna*-Einspeisung dürfte aber auch in diesem Fall von Vorteil sein.

Der Gewinn läßt sich erhöhen, wenn man den Dreifachreflektor durch eine ebene Reflektorwand ersetzt [3.4]. *DJ9HO* verwendete eine Platte aus kupferkaschiertem Basismaterial mit den Abmessungen 550 mm x 550 mm. Ebenso eignen sich eine Leichtmetallplatte, eine mit Aluminium-Haushaltfolie beklebte Hartfaserplatte oder engmaschiges Drahtgeflecht. Der Gewinnzuwachs wird für die Reflektorwandausführung mit 2 bis 3 dB angegeben. Durch geringfügiges Verändern des Reflektorabstands kann optimal angepaßt werden.

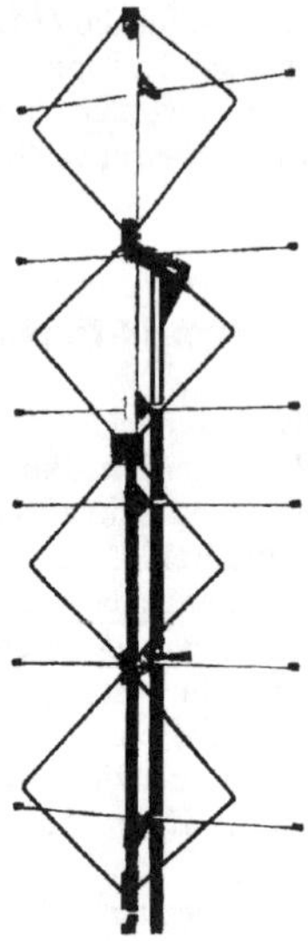

Bild 25.3.8
Vierfach-Quad (Doppel-Quad nach *DJ9HO*

25.3.5 Vierfach-Quad nach *DJ9HO*

Wenn man eine Doppelquad noch einmal vertikal stockt, erhält man eine *Vierfach-Quad*, oder eine *Doppelacht*, wie sie von *DJ9HO* genannt wird. Dieses Antennensystem hat nur eine Einspeisung, dadurch werden die Verluste beim Zusammenschalten vermieden (**Bild 25.3.8**) [3.5]. Die ersten *Doppelacht*-Antennen von *DJ9HO* hatten noch 6 Reflektoren. Die neueren Antennen kommen mit 5 Reflektoren aus.

Die Stromverteilung und die Details der Überkreuzung sind aus **Bild 25.3.9** zu erkennen. Die Antenne ist horizontal polarisiert.

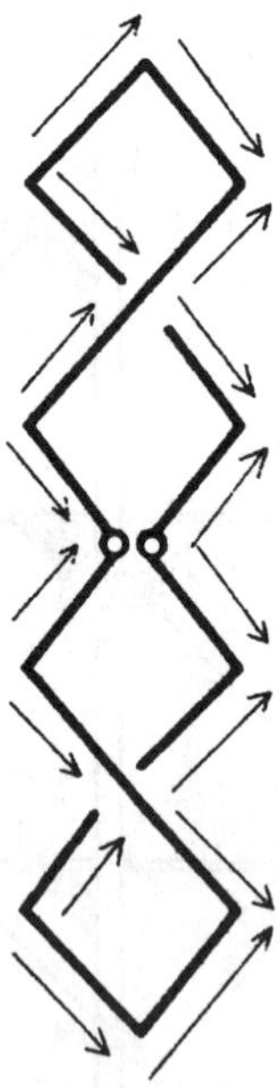

Bild 25.3.9
Stromverteilung und Überkreuzung der Vierfach-Quad nach *DJ9HO*

25.3.5.1 *DJ9HO*-Doppelacht für 2 m

Die Antenne stellt praktisch vier auf der Spitze stehende Quads (mit jeweils 1 λ Umfang) dar, die aber nur an einer Stelle gespeist sind und an den Kreuzungspunkten isoliert voneinander befestigt werden. Die Einspeisung der *Doppelacht* erfolgt in der Mitte. Die Antenne hat einen Gewinn von 12 dBd, was für diese Abmessungen hervorragend ist. Der Öffnungswinkel wurde mit 55° horizontal und 33° vertikal ermittelt. Die Antenne ist, wie auch schon die Doppelquad-Antennen, an einem vertikalen Boomrohr (Alu-Vierkantrohr, 20 x 20 mm) befestigt.

Abmessungen:
- Reflektoren: Alu-Rohre ∅ 10 mm, 1010 mm lang
- Abstand zwischen den Reflektoren: 766,6 mm (Mitte–Mitte)
- Abstand Reflektor–Strahler: 230 mm (Mitte–Mitte)
- Strahler: 16 x λ/4-Stücke 53,5 cm, Alu-Rohr ∅ 5 mm
- Gesamthöhe: 3,03 m

Einspeisung:
In der Mitte (3030 mm : 2 = 1515 mm von oben oder unten). 50-Ω-Koaxialkabel (mit einfacher Symmetrierung: λ/4-Drahtstück nach *DJ9HO*). Das Koaxialkabel wird „massefrei" an den Strahler angelötet.

Welligkeit:
143 MHz: 1,5; 144,3 MHz: 1,1; 146 MHz: 1,5

Vor-/Rückverhältnis:
Kann mit etwa 20 dB angenommen werden.

25.3.5.2 *DJ9HO*-Doppelacht für 70 cm

Ähnlicher Aufbau wie bei der 2-m-Antenne. Je höher die Frequenz, desto genauer müssen die vorgegebenen Maße eingehalten werden.

Abmessungen:
- Reflektoren: Alu-Rohre ∅ 6 mm, 350 mm lang
- Abstand zwischen den Reflektoren: 180 mm (Mitte–Mitte)
- Abstand Reflektor–Strahler: 75 mm (Mitte–Mitte)
- Strahler: 16 x λ/4-Stücke 17 cm, Cu-Draht ∅ 1,5 mm
- Gesamthöhe 980 mm
- Vertikalträger: 1,2 x 1,2 x 100 cm Alu-Vierkant-Rohr; 1,5 mm Wandstärke

Einspeisung:
In der Mitte (980 mm : 2 = 490 mm von oben oder unten). 50-Ω-Koaxialkabel (mit einfacher Symmetrierung: l/4-Drahtstück nach DJ9HO). Das Koaxialkabel wird „massefrei" an den Strahler angelötet.

Welligkeit:
430 MHz: 1,3 ; 435 MHz: 1,1; 440 MHz: 1,3

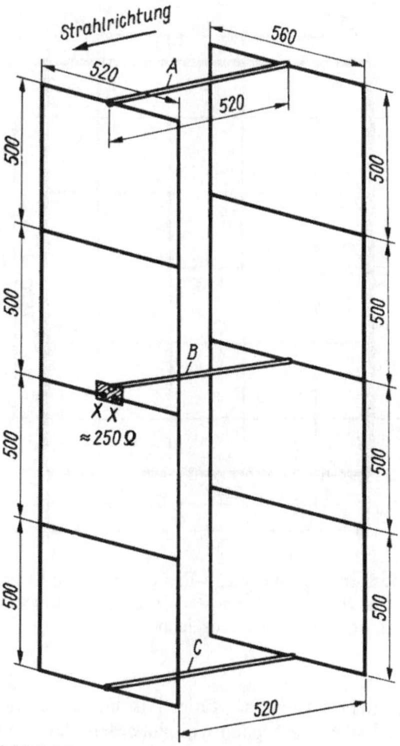

Bild 25.3.10
4-Quad-Serie nach *DL6DW*

Vor-/Rückverhältnis:
Kann mit etwa 20 dB angenommen werden

Für vertikale Polarisation muß die Antenne um 90° gedreht werden (Reflektorstäbe vertikal).

Details zur Konstruktion der beiden *Doppelacht*-Antennen sind in [3.5] zu finden.

25.3.6 4-Quad-Serie

Eine weitere Quad-Variante wurde von *DL6DW* entwickelt und in [3.6] beschrieben. Wie **Bild 25.3.10** zeigt, handelt es sich um eine neue Art der direkten Zusammenschaltung von 4 vertikal gestockten, horizontal polarisierten Cubical-Quad-Systemen mit der Bezeichnung *4-Quad-Serie*. Unter Verzicht auf optimale Stockungsabstände wurde diese Quadgruppe als besonders leichte und gut zerlegbare Hochleistungsantenne speziell für den Portable-Einsatz konzipiert.

Bei der Originalausführung von *DL6DW* bestehen alle senkrechten Abschnitte aus Kupferlitze, die waagerechten Elemente sind aus dünnem Messing- oder Kupferrohr gefertigt (z.B. 3,5 mm Durchmesser mit 0,5 mm Wanddicke). Entfernt man die drei je 520 mm langen Abstandsstützen *A*, *B* und *C*, können die gespeisten Sektionen und die Reflektoren zu kleinen, leicht transportablen Bündeln zusammengerollt werden.

Es hat sich erwiesen, daß man bei dieser Variante nicht mit der üblichen Quad-Bemessung auskommt, sondern die Umfänge der gespeisten Ganzwellenelemente und der Reflektor-Vierecke etwas verkleinern muß. Resonanz ist gegeben, wenn die gespeisten Quad-Elemente einen Umfang von je 0,99 (?) haben und die in $\lambda/4$-Abstand befindlichen Reflektor-Vierecke mit $1{,}025\lambda$ bemessen werden. Mit den in **Bild 25.310** angegebenen Abmessungen ergibt sich Resonanz für eine Bandmittenfrequenz von 145 MHz.

Der Eingangswiderstand *X-X* der *4-Quad-Serie* wird mit 200 bis 250 Ω angegeben. Somit kann die Antenne am zentralen Eingang direkt über eine beliebig lange 240-Ω-Bandleitung Symmetrie- und impedanzrichtig erregt werden. Auch der Anschluß eines Koaxialkabels ist problemlos, wenn man eine Halbwellen-Umwegleitung nach Abschnitt 7.3.2. einsetzt. In [3.7] werden Meßergebnisse veröffentlicht, die an der 4-Quad-Serie nach **Bild 25.3.10** ermittelt wurden. Der Gewinn beträgt 8 dBd, die Rückdämpfung ist mit 24 dB beachtlich groß, und die beiden seitlichen Minima im Strahlungsdia-

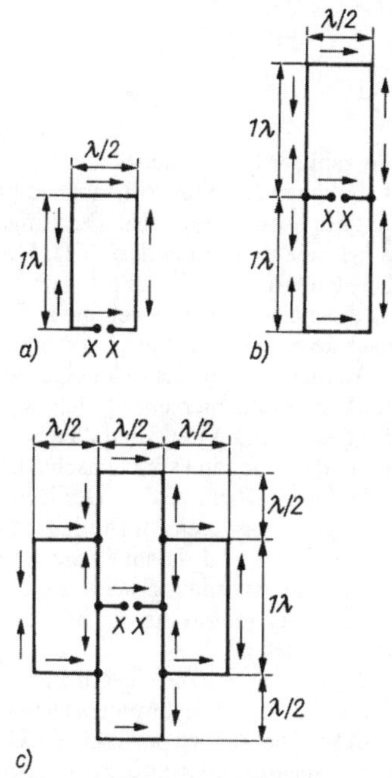

Bild 25.3.11
Entwicklung einer Vorhang-Quad-Antenne
a - Grundelement mit 3λ Umfang (2 Elemente)
b - 2 Grundelemente, vertikal gestockt (3 Elemente)
c - 4 Grundelemente als Gruppe (7 Elemente)

gramm zeigen eine Dämpfung von fast 30 dB. Die horizontale Halbwertsbreite entspricht mit etwa 75° dem eines einzelnen Quad-Systems. Die vertikale Halbwertsbreite dürfte etwa 30° betragen.

25.3.7 Vorhang-Quad-Antenne

Eine Antenne, die sich gut zum Experimentieren im UHF-Bereich und besonders für das 435-MHz-Amateurband eignet, ist die von *W1HBQ* in [3.8] beschriebene *Vorhang-Quad-Antenne* (engl.: Curtain-Quad). Sie verwendet als Grundelement eine „Quad" mit 3λ Umfang, bildet jedoch kein Quadrat, sondern ein Rechteck. Es ist in **Bild 25.3.11a** dargestellt. Wie die eingezeichneten Stromrichtungspfeile erkennen lassen, werden nur die beiden $\lambda/2$ langen waagrechten Leiterabschnitte gleichphasig erregt. Auf den je 1λ langen senkrechten Abschnitten besteht Gegenphasigkeit, sie dienen deshalb nur dem Energietransport. Es handelt sich somit um 2 parallele Halbwellenelemente in 1λ Abstand, wie in Abschnitt 13.2. beschrieben. Der Stockungsabstand ist nicht optimal (zu groß), aus **Bild 13.2.2** kann man näherungsweise einen Gewinn von knapp 3 dBd entnehmen.

Die in [3.8] angegebene Gewinnformel für die Vorhang-Quad-Antenne

$$G/\text{dBd} = 10 \cdot \lg n \qquad (25.3.9)$$

(n = Anzahl der Halbwellenelemente)
ergibt ähnliche Werte; im vorliegenden Fall für n = 2 beträgt der Gewinn 3,01 dBd. Der Eingangswiderstand ist relativ hochohmig; *W1HBQ* erklärt diesen Umstand mit der Verwandtschaft zum Faltdipol, der die gleiche Stromverteilung aufweist.

Der nächste Schritt führt zu einer dreifach gestockten Ausführung mit zentraler Speisung nach **Bild 25.3.11b**. Auch hier ergibt sich wieder die gleichphasige Erregung der 3 parallelen Halbwellenstücke, und der Gewinn könnte nach Gl. (25.3.9) mit 4,77 dBd angegeben werden. Der Eingangswiderstand steigt analog zu einem Dreileiter-Faltdipol weiter an. In [3.8] wird darauf hingewiesen, daß man eine solche Anordnung auch als gespeistes Element in einer *Yagi*-Gruppe mit 3 Ebenen verwenden könnte.

Den weiteren Ausbau zur eigentlichen Vorhang-Antenne mit 7 gespeisten Halbwellenelementen zeigt **Bild 25.3.11c**. Die seitlich angesetzten Grundelemente vervollständigen das System zu einer gleichphasig erregten Dipolkombination (siehe Abschnitt 13.), bestehend aus Dipollinien und Dipolzeilen. Auf der Grundlage dieses Schemas könnten theoretisch beliebig viele Grundelemente aneinandergereiht werden, wobei der Eingangswiderstand bei *X-X* immer mehr ansteigen würde. Als Folge der unterschiedlichen Laufzeiten wird außerdem die Energieverteilung auf die einzelnen waagrechten Halbwellenstücke immer ungleichmäßiger; dies bringt auch eine Einengung des Frequenzbereiches.

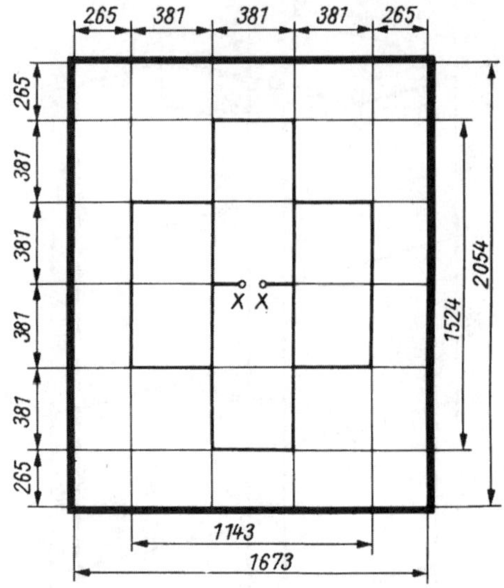

Bild 25.3.12
Bemessungsschema einer 7-Element-Vorhang-Quad-Antenne für 435 MHz nach *W1HBQ*. Die dazugehörige Reflektorwand ist nicht gezeichnet

Von *W1HBQ* wurde eine 7-Element-Ausführung nach **Bild 25.3.11c** aufgebaut und in [3.8] näher beschrieben. Es ergab sich dabei, daß der für Quad-Elemente allgemein angegebene Verlängerungsfaktor bei 3-λ-Quads nicht ausreichend ist. Dessen Elemente müssen – bezogen auf die Freiraumwellenlänge – um den Faktor 1,105 verlängert werden. Dieser Umstand wurde bei den Bemessungsangaben **in Bild 25.3.12** berücksichtigt. Die Antenne besteht aus Kupferdrähten mit 1,6 mm Durchmesser. Gehalten wurde die Musterantenne innerhalb eines rechteckigen Rahmens aus PVC-Rohr (Abmessungen 1673 x 2054 mm). Wie aus **Bild 25.3.12** hervorgeht, ist dieser Rahmen mit einem Gitternetz aus Kunststoffdrähten bespannt (dünn gezeichnete Linien). An den Kreuzungspunkten werden diese Drähte mit einem geeigneten Kunststoffkleber festgelegt. Innerhalb dieses Rahmens wird die Antenne mit Klebebändern befestigt. Nicht besonders gezeichnet ist eine Reflektorwand, welche die gleichen Abmessungen wie der Kunststoffrahmen hat. Sie kann aus einem engmaschigen Drahtgeflecht bestehen, dessen Maschenweite $0{,}06\lambda$ (≡ etwa 4 mm) nicht übersteigen sollte. Der Abstand der Reflektorwand beträgt 178 mm (≡ etwa $\lambda/4$). In der gezeichneten Darstellung ist die Antenne horizontal polarisiert; axiales Verdrehen um 90° ergibt Vertikalpolarisation.

Der Eingangswiderstand *X-X* wird mit etwa 1200 Ω angegeben. Impedanzrichtiges Speisen mit einem 240-Ω-Bandkabel ermöglicht ein Viertelwellentransformator (siehe Abschnitt 6.5.) mit etwa 540 Ω Wellenwiderstand (Abstand-/Durchmesser-Verhältnis etwa 45 nach **Bild 5.5.3**). Mit Koaxialkabel kann man dann über eine Umwegleitung 4:1 nach Abschnitt 7.3.2. speisen.

Die Messungen von *W1HBQ* ergaben über einen Frequenzbereich von 430 bis 440 MHz eine Welligkeit $s = 1{,}3$. Die Halbwertsbreiten wurden für die E-Ebene mit etwa 40° und für die H-Ebene mit 30° festgestellt. Daraus ergibt sich nach Gl. (4.7.7) ein Höchstwert des Gewinnes von 13,2 dBd.

Weitere Quadformen sind in [3.9]–[3.10].

Literatur zu Abschnitt 25

[1.1] *N. Koomans* – GB 408,473 – niederländ. Priorität 1932

[1.2] *R. v. Radinger* – US 2,163,770 – deutsche Priorität 1935

[1.3] *Oberrender, 0.*: Die Zusammenschaltung von *Yagi*-Antennen zu Gruppen. (Yagi-Antennen für den Funkamateur 5). Funkamateur 5/1982, S. 240–244

Zinke, O.: Gespeiste Dipolgruppen als Längsstrahler für breiten Frequenzbereich. Funk und Ton, 9/1948, S. 435–442

Morizet, J.P.: Portable 30-Element 2m Antenna. Radio Communication, March 1994, pp. 13–15

[2.1] *Hoch,* G.: Extrem lange *Yagi*-Antennen. UKW-Berichte 1/1982, S. 3–11

[2.2] *Oberrender,* 0.: Die Zusammenschaltung von *Yagi*-Antennen zu Gruppen. (Yagi-Antennen für den Funkamateur 5). Funkamateur 5/1982, S. 240–244

[2.3] *Hoch,* G.: Optimale Stockung von Richtantennen. UKW-Berichte 4/1978, S. 235–241

[2.4] *Rothe, G.; Spindler,* E.: Antennenpraxis. VEB Verlag Technik, Berlin, 1966

[2.5] *Weiner, K.* (Hrsg.): UHF-Unterlage I/II, E.4.5.2. Der Doppelquad-Beam mit G = 15 dB, S. 83–90. Weiner, Hof, 1980/89

[2.6] *Weiner, K.* (Hrsg.): UHF-Unterlage I/II, E.4.5.1. Eine erweiterte Doppelquad, S. 81–82. Weiner, Hof, 1980/89

[2.7] *Weiner, K.* (Hrsg.): UHF-Unterlage I/II, E.4.6.1. Der Doppelquad-Beam für 70 cm, S. 98–99. Weiner, Hof, 1980/89

Kasper, H.W.: Optimum Stacking Spacings in Antenna Arrays. QST, April 1958, pp. 40–43

Kasper, H.W.: Array Design with Optimum Antenna Spacing. QST, November 1960, pp. 23–26

Reisert, J.: Stacking antennas. (VHF/UHF World). Part 1, Ham Radio, April 1985, pp. 129–135; Part 2, May 1985, pp. 95–98, 101, 103

Powlishen, S.: Stacking Yagis is a science. Ham Radio, May 1985, pp. 18–22, 24–28, 31–33

Weiner, K. (Hrsg.): UHF-Unterlage V, E.3.4. Optimale Antennenstockung in Theorie und Praxis. S. 980–993, Weiner, Hof, 1987

Oberrender, O.: Eine Antennengruppe mit Polarisationsumschaltung. CQ-DL 1/91, S.16-20

Müller, J.: Gruppenschaltung von 2 x 10-Element-Yagis für 2 m. CQ-DL 6/92, S. 358–359

Pruett, D.: Stacked Yagi Arrays: Fact and Fiction. (Contest Aerials). NCJ Jul/Aug1991, pp. 18–20

Pruett, D.: Switching Stacked Antennas. NCJ Jan/Feb 1992, pp. 26–29

Pruett, D.: Stacking Dissimilar Yagis. (Contest Aerials). NCJ Sep/Oct 1992, pp. 16–18

Steyer, M.: Stocken von UKW-Yagi-Antennen. Funkamateur 5/97, S. 602–605

[3.1] *Roggensack, D.*: Hybrid-Doppelquad-Antenne für VHF/UHF. Funk-Technik, 9/1974, S. 326–328

[3.2] *Weiner, K.(Hrsg.):* Eine Doppelquad für den 2-m-Bereich. UHF-Unterlage I/II, E.4.5., S. 342–345. Weiner, Hof, 1980/89

[3.3] *Weiner, K (Hrsg.)*: 70 cm-Doppelquad-Gruppen. UHF-Unterlage III, E.4.7.1, S. 575–577. Weiner, Hof, 1982/89

[3.4] *Weiner, K (Hrsg.):* Die Doppelquad für 70 cm bzw. 23 cm. UHF-Unterlage I/II, E.4.6, S. 91-97. Weiner, Hof, 1980/89

[3.5] Weiner, K.: Die Cubical-Quad und ihre Sonderformen. DARC Verlag 1999

[3.6] *Ragaller, M.*: Die 4-Quad-Serie, eine leistungsfähige tragbare Antenne für das 2-m-Band. UKW-Berichte 4/1970, S. 200–202

[3.7] *Schwarzbeck, G.*: Messungen an einer 4-Quad-Serie für das 2-m-Band. UKW-Berichte 4/1974, S. 203–208

[3.8] *Anderson, J.R.*: Meet the Curtain-Quad-Antenna. QST, November 1984, pp. 48-49

[3.9] *Hey, J.R.*: The 5-Square. Radio Communication, February 1974, pp. 84–85

[3.10] *Gerlach, E.:* Multiquadstrahler vor Reflektorwand. Funkamateur 8/83, S. 380–381

26 Sonderformen bei VHF- und UHF-Antennen

26.1 DDRR-Antenne

DDRR stand früher für **D**irectional **D**iscontinuity **R**ing **R**adiator. Inzwischen wurde der Name neu definiert: **DDRR** = **D**irectly **D**riven **R**esonant **R**adiator. Die neue Definition erklärt die Wirkungsweise der Antenne besser.

Die *DDRR-Antennen* zeichnen sich durch eine extrem geringe Bauhöhe aus. Es sind horizontale Ringantennen mit vertikaler Polarisation. Es gibt zwei Ausführungen der *DDRR-Antenne*

Viertelwellen-Ringantenne

Halbwellen-Ringantenne

Die in Abschnitt 22.2 für den Gebrauch im HF-Bereich beschriebene DDRR-Antenne kann als vertikal polarisierter Rundstrahler auch für den Betrieb im VHF/UHF-Bereich gebaut werden.

Viertelwellen-Ringantenne

(*J.M. Boyer* – US 3,151,328 – 1962)

Die *Viertelwellen-Ringantenne* (*λ/4-Ringantenne*) besteht, wie im **Bild 22.2.1** dargestellt, aus einer 0,007λ langen Vertikalantenne, die mit einer Dachkapazität belastet ist. Der Ringdurchmesser d_1 beträgt 0,078λ; das entspricht einer Antennenlänge von etwa 0,25λ. Mit dem Drehkondensator C_1 wird die Antenne abgestimmt. Für die Speisung mit Koaxialkabel wird eine Gamma-Anpassung benutzt

Für eine 2-m-Ausführung der *Viertelwellen-Ringantenne (λ/4-Ringantenne)* gemäß **Bild 22.2.1** und in Ergänzung von **Tabelle 22.3** ergeben sich folgende Abmessungen:

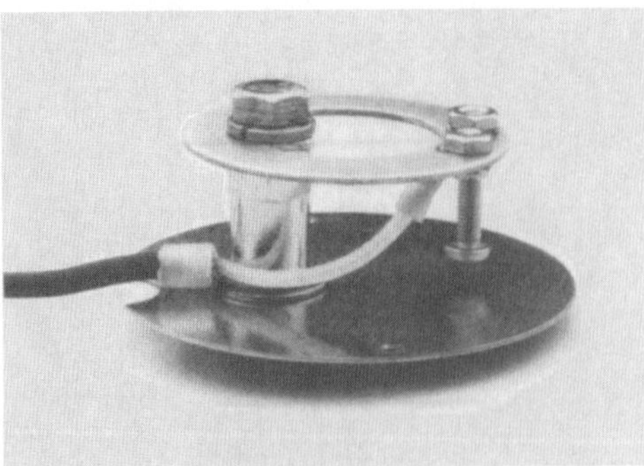

Bild 26.1.1
Halbwellen-Ringantenne
für das D-Netz *(ComRad)*

$D = 160$ mm, $H \geq 15$ mm, $A = 10$ mm, $d = 5$ bis 10 mm und $C_1 = 5$ pF.

Es handelt sich dabei um Näherungswerte, die in ihrer Gesamtheit wegen des großen Frequenzbereichs des Strahlers nicht kritisch sind. Den günstigsten Anschluß für den Innenleiter des Speisekabels muß man durch Versuch ermitteln. Bei der Bemessung der Grundplatte sollte für die 2-m-Ausführung nicht gespart werden; denn je größer der Durchmesser des Gegengewichtes, desto kleiner der Erhebungswinkel der Hauptstrahlung. Es ist deshalb kein Luxus, wenn man den Scheibendurchmesser mit ≥ 500 mm wählt. Die in Abschnitt 22.2 angegebenen Daten sind sinngemäß auch für die 2-m-Ausführung gültig.

Halbwellen-Ringantenne

(*J.M. Boyer* – US 3,247,515 – 1963)

Mit der *Halbwellen-Ringantenne (λ/2-Ringantenne)* gelang es, die Nachteile der Viertelwellen-Ringantenne, nämlich den kleinen Strahlungswiderstand und der geringe Frequenzbereich, weitgehend zu beseitigen. Die λ/2-Ringantenne unterscheidet sich von der λ/4-Ringantenne durch den größeren Ringumfang von λ/2. Sie wird als ein geschlossener Ring ausgeführt. **Bild 26.1.1** zeigt eine moderne Ausführung der *Halbwellen-Ringantenne* für das D-Netz (890 bis 960 MHz).

26.2 Doppeltgefalteter Monopol

(*E.E. Altshuler* – US 5,289,198 – 1992)

Ein *doppeltgefalteter Monopol* wird verwendet, um bei einer Antenne eine Wanderwellenverteilung des Stromes zu erreichen [2.1] [2.2]. Dabei wird der doppeltgefaltete Teil eine Viertelwellenlänge vom Ende der Antenne und eine Viertelwelle über Grund angebracht. Die Gesamtantenne hat dann drei orthogonal zu einander angeordnete Strahler, zwei gefaltete Dipole und einen Monopol. Die Ströme sind in der Größe und Phase passend, um nahezu einen Halbkugelstrahler oder Hemisphärenstrahler zu erhalten, (vgl. Abschnitt 3.1.1 und **Tabelle 4.1**). **Bild 26.2.1** zeigt den *doppeltgefalteten Monopol*.

Der doppeltgefaltete Monopol erzeugt zirkulare Polarisation über den größten Teil der Hemisphäre. Dazu ist es notwendig die gefalteten Dipole um etwa 40° geneigt anzuordnen.

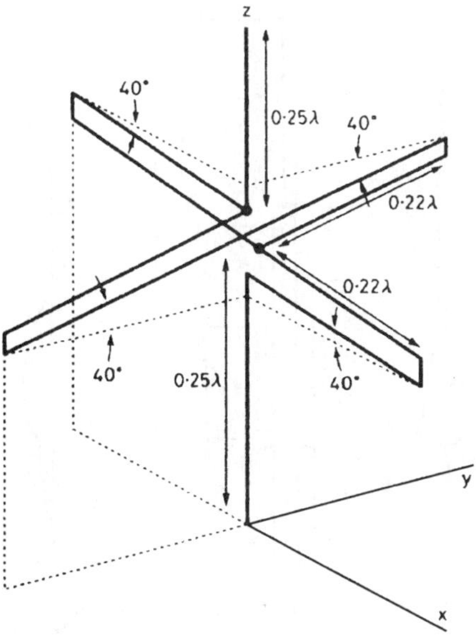

Bild 26.2.1
Doppeltgefalteter Monopol

Die Berechnungen und Messungen wurden nahe 1,6 GHz durchgeführt, in der Nähe der Frequenz, die für die LEO (low-earth-orbiting)-Satelliten des IRIDIUM-Systems, sowie in der Nähe des L1-Bandes von GPS (global position system).

Für beide Systeme wurde diese Antenne als Low-Cost-Variante der Erdantenne vorgeschlagen. Andere Antennensysteme für Zirkularpolarisation mit Halbkugelcharakteristik benötigen komplexe Phasennetzwerke. Der *doppeltgefaltete Monopol* kann direkt über Koaxialkabel gespeist werden.

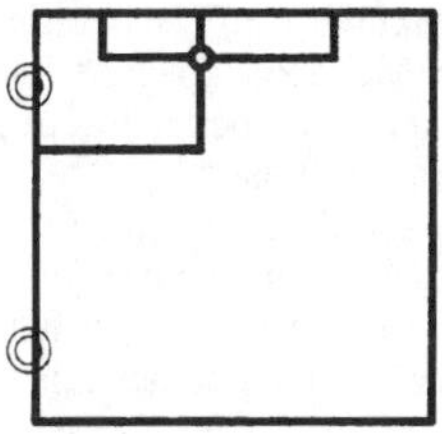

Bild 26.3.1
Duo-Band-Fensterquad

26.3 Duo-Band-Fensterquad

Die Vorteile einer Fensterquad für 2 m wurden von *DF4ZS* in [3.1] beschrieben. Nachdem immer mehr Dual-Band-Handfunkgeräte im Einsatz sind, ist eine komfortable preisgünstige Lösung eine *Duo-Band-Fensterquad* für 70 cm und 2 m, wie sie von *DC4FS* in [3.2] beschrieben ist.

Jedes Band hat eine eigene Quadantenne, deswegen wurde von *DC4FS* die Antenne auch als „Duo-Band-Monoquad" bezeichnet. In der großen 2-m-Quad ist noch eine kleine 70-cm-Quad eingebaut. Beide Bänder werden parallel eingespeist. Für das jeweilige Band ist der entsprechende Rahmen in Resonanz. Jeder Rahmen hat seine eigene Gamma-Anpassung. Dadurch wird eine teure Antennenweiche vermieden.

Der Abgleich erfolgt über Schrauben, dadurch wird in den Gamma Anpassungen die Kapazität verändert. Ein Stehwellenverhältnis von 1,5 ist auf beiden Bändern leicht zu erreichen. Es gibt zwei Ausführungen dieser Antenne. Bei einem Modell ist der 70 cm Rahmen an einer Seite innen und die Gamma-Anpassungen sind außerhalb des 2 m Rahmens [3.2].

Bei einem anderen Modell ist der kleine 70 cm Rahmen in einer Ecke und die Gamma Anpassungen sind innerhalb des 2 m Rahmens. Das ist die Ausführung, die von der Firma *UKW-Berichte* als „Duoquad 2m/70cm" angeboten wird.

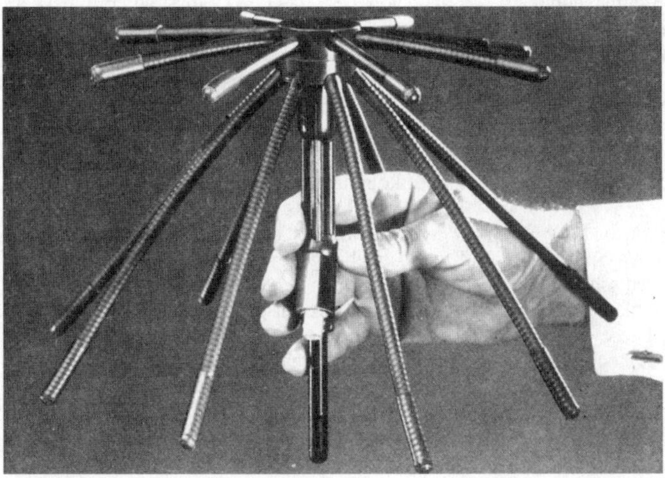

Bild 26.4.1
Helikon-Antenne
225 bis 475 MHz,
vertikal polarisiert
(Racal)

Die *Duo-Band-Fensterquad* wird am Fenster mit 2 Saugnäpfen montiert. Je nachdem, ob die Einspeisung unten oder seitlich erfolgt arbeitet die Antenne horizontal oder vertikal polarisiert.

Bild 26.3.1 zeigt die *Duo-Band-Fensterquad* mit vertikaler Polarisation. Beide Antennenmodelle lassen sich klein zusammen legen. Die Antenne hat die Abmessungen 54 x 54 cm x 5 cm und hat einen BNC-Anschluß.

26.4 Helikon-Antenne

Die *Helikon-Antenne* ist eine Diskon-Antenne (siehe Abschnitt 12.2.9), deren Elemente gewendelt sind. Die Elemente bestehen aus verkupferten Stahlfedern, die manchmal zur besseren Stabilität mit einem Glasfiberkern versehen sind. Als äußerer Schutz sind die Elemente mit Nylon, Spezialgummi oder strahlungsvernetzten Kunststoff (besonders widerstandsfähig) überzogen. Dadurch ist die Antenne leichter, kleiner und nahezu unzerbrechlich. Die Polarisation ist vertikal. Diese Antenne wird nur im VHF- und UHF-Bereich eingesetzt. Der Gewinn ist etwa -3 dB, bezogen auf einen Viertelwellen-Strahler.

Bild 26.4.1 zeigt eine *Helikon-Antenne* für den Frequenzbereich 225 bis 475 MHz.

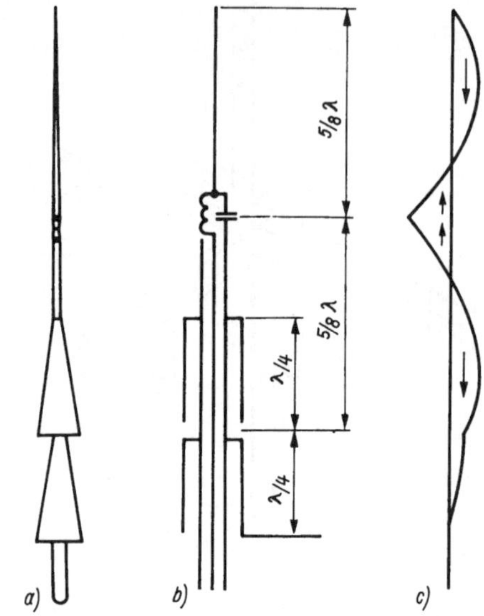

Bild 26.5.1
ISOPOLE-Antenne
a) - Ansicht
b) - Prinzip
c) - Stromverteilung

26.5 ISOPOLE-Antenne

Die *ISOPOLE* ist eine für den Verwendungszweck als Vertikalstrahler elektrisch verbesserte Ausführung des verlängerten Doppel-Zepp. Sie wurde von *K7DBA*, einem Professor für Electr. Eng. entwickelt und von der Firma *AEA* (= Advanced Electronic Applications) etwa 1980 auf den Markt gebracht.

Die *ISOPOLE* ist eine Feststationsantenne in der Form einer mittengespeisten koaxialen Vertikalantenne mit doppelter Sperrtopfentkopplung mit zwei λ/4 langen Konussen.

Das Prinzip der Antenne ist aber keineswegs neu. Die beiden markantesten Punkte sind der „Verlängerte Doppelzepp" (ist schon seit 1931 bekannt [5.1]) und die „mehrfache Sperrtopfentkopplung" seit 1932 [5.2].

Eine fast gleiche Vertikalantenne wie die *ISOPOLE* mit 2 x 5λ/8 und mit doppelter λ/4-Sperrtopf-Entkopplung wurde schon 1938 in Deutschland patentiert [5.3]. Das entsprechende amerikanische Patent wurde 1940 angemeldet [5.4]. Diese doppelte Entkopplung soll in USA durch *AEA* noch einmal patentiert worden sein. Diese Patentnummer konnte leider nicht ermittelt werden. Eine erste Produktveröffentlichung über die *ISOPOLE* war in [5.5]. Die erste deutsche Veröffentlichung war [5.6].

Eine 2 x 5λ/8- VHF-Vertikalantenne mit doppelter Entkopplung durch horizontale Radials am Mast wurde in [5.7] beschrieben.

Ein ähnliches Konkurrenzprodukt mit schräg nach unten laufenden Radials in doppelter Ausführung als Entkopplung wurde von der Firma *Hy-Gain* 1981 als V-Serie auf den Markt gebracht.

In **Bild 26.5.1** ist das Schema dieser technisch interessanten Antenne dargestellt.

Der strahlende Abschnitt der *ISOPOLE* hat eine Länge von 2 x 5λ/8 (1,28λ). In Strahlermitte ist ein *LC*-Netzwerk angeordnet, mit dem die Antenne an das koaxiale Speisekabel angepaßt wird. Die untere Strahlerhälfte mit dem ersten Konus wirkt als koaxiales Gegengewicht mit 5λ/8 Länge. Daraus ergibt sich eine gleichphasige Stromverteilung nach **Bild 26.5.1c**. Beide Konusse mit je λ/4 Länge bewirken die Entkopplung der Speiseleitung und des Mastes. Bei Vergleichsmessungen an nichtentkoppelten 2 x 5/8-λ-Antennen hat sich herausgestellt, daß es dort Keulenanhebungen im Vertikaldiagramm gibt. Durch die doppelte Entkopplung der *ISOPOLE* wird dieser Effekt ausgeschaltet.

Als Gewinn werden 3 dBd (Gewinn gegenüber einem Dipol im freien Raum) angegeben.

Für eine *ISOPOLE* für das 2-m-Band (146 MHz) wird, für eine Welligkeit von $s = 2$, eine Bandbreite von 12 MHz angegeben. Für eine ISOPOLE für das 70-cm-Band (435 MHz) eine Bandbreite von 22 MHz.

25.6 Quagi

Quagi ist die Abkürzung für **Qua**d-*Yagi*. Das ist eine Yagiantenne mit Quad als Erreger und Reflektor. Die Direktoren sind Halbwellendipole. Die Antenne kombiniert den Gewinn einer *Yagi* mit der Breitbandigkeit einer Quad. Verglichen mit einer gleichlangen *Yagi* ist der Gewinn rund 1 dB größer. Die Antenne wurde erstmals 1977 von *W. Overbeck, N6NB* beschrieben [6.1].

Für 2 m und 70 cm werden die Quadelemente mit Spreizern aus Plexiglas gehalten. Eine 15-Element-*Quagi* mit langem Boom ist in [6.2] beschrieben.

Bild 26.6.1 zeigt eine *Quagi* mit 18 Elementen. Diese Antenne wird von der englischen Firma *J-Beam* hergestellt und als „Parabeam" bezeichnet.

Die Abmessungen nach *DG2NDW*, veröffentlicht in [6.3], für eine 8-Element-*Quagi* für 70 cm sind:

Umfang/Länge	**Abstand**
R	710 mm
R-S	137 mm
S	676 mm
S-D1	140 mm
D1	299 mm
D1-D2	280 mm
D2	297 mm
D2-D3	152 mm
D3	295 mm
D3-D4	225 mm
D4	293 mm
D4-D5	225 mm
D5	292 mm
D5-D6	225 mm
D6	291 mm

Der Strahler wird in der Mitte der unteren waagrechten Quadseite mit 50-Ω-Koaxialkabel direkt eingespeist. Eine bessere Lösung ist ein 1:1 Balun. Der Reflektor erhält in der Mitte der unteren waagrechten Quadseite einen „Verlängerungsstub" mit verschiebbarer Kurzschlußbrücke zum Abgleich auf maximale Rückwärtsdämpfung.

26.7 Ringo Ranger Antenne

Die Antenne ist eine Sonderform der *W1BX* FM Ringo-Rundstrahlantennen der US-Firma *Cushcraft* und ist unter der Bezeichnung *Ringo Ranger* als VHF/UHF-Basisstationsantenne bekannt geworden.

Die *Ringo Ranger* ist im Prinzip ein endgespeister, verlängerter Doppel-Zepp. **Bild 26.7.1** zeigt das Aufbauschema. Die Anpassung bei dieser Antenne erfolgt über einen ringförmigen Leiter. Dieser Ringleiter hat einen Ringdurchmesser von 127 mm und ist ein Parallelresonanzkreis für 145 MHz. Eine Ähnlichkeit mit der Erregung einer Fuchsantenne (siehe Abschnitt 9.1.2.2) ist unverkennbar. Die dem Speisekabel entsprechende Impedanz wird am Ringleiter abgegriffen.

Der Gesamtstrahler ist rd. 2,8 m und teleskopartig aufgebaut. Der Rohrdurchmesser von 12 mm im unteren Teil verjüngt sich im Mittelabschnitt auf 10 mm und beträgt im oberen Teil 7 mm. Es besteht die Möglichkeit, die Längen der einzelnen Abschnitte durch mehr oder weniger tiefes Einschieben zu verändern.

Die elektrische Länge der Paralleldrahtleitung (Phasenleitung) beträgt 0,12λ (rund λ/8), sie ist ebenfalls mechanisch veränderbar. Dadurch wird die gleichphasige Stromverteilung auf beiden Strahlerteilen erzeugt.

Als Bandbreite (für $s = 2$) werden 6 MHz angegeben. Als Gewinn kann man der Antenne 3 dBd oder 5,2 dBi zuordnen. Der Hersteller gibt 5,5 dB(i) an.

Eine Weiterentwicklung der *Ringo Ranger* ist die *Ringo Ranger* II. Diese Antenne hat 3 x 5λ/8-Strahler und auch eine abstimmbare λ/8-Phasenstichleitung (stub). Die Gesamtstrahlerlänge für das 2-m-Band ist 4,3 m. Als Bandbreite (für $s = 2$) werden 3 MHz angegeben. Als Gewinn 7 dB(i).

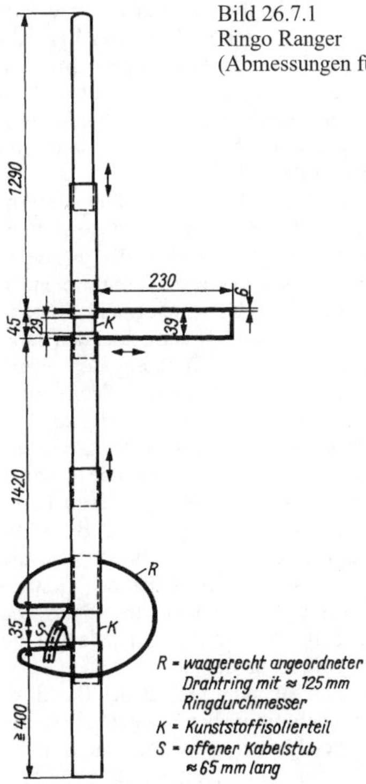

Bild 26.7.1
Ringo Ranger
(Abmessungen für 145 MHz)

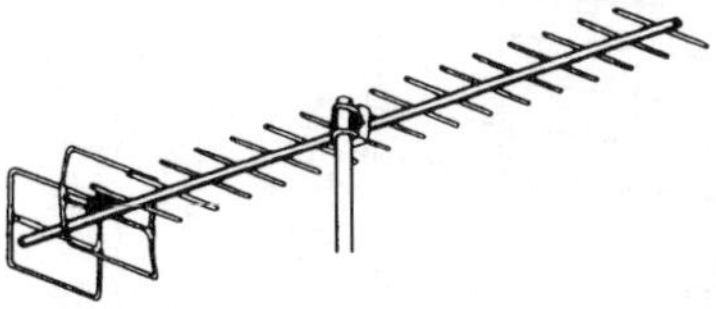

Bild 26.6.1
Quagi

26.8 *Yagi*-Sonderformen

26.8.1 Backfire-Antenne

(*H.W. Ehrenspeck* – US 3,122,745 – 1959)
(*H.W. Ehrenspeck* – US 3,218,646 – 1964)
Die *Backfire-Antenne* ist 1960 von Ehrenspeck beschrieben worden [8.1]. Damit ist ein neues Antennenprinzip der Öffentlichkeit vorgestellt worden. Es gibt davon zwei Ausführungen. Die Antenne „Long Backfire" ist mehrere Wellenlängen lang. Der Gewinn ist eine Funktion der großen Reflektorfläche und der Länge [8.2]. Mit der Antenne kann man bis zu 25 dBi Gewinn erzielen bei 30 dB Vor-/Rück-Verhältnis.

Literaturangaben beinhalten meist beide Antennentypen („Long" und „short").

Wie aus **Bild 26.8.1** ersichtlich ist, kann die Backfire-Antenne als Kombination der Lang-*Yagi*-Antenne mit einer Reflektorwand betrachtet werden. Ihre Wirkungsweise läßt sich für den Sendefall leicht erklären: Die vom gespeisten Element *S* ausgehende Strahlung wird mit Unterstützung des Dreifachreflektors (*R*) über das Wellenleitersystem der Direktoren zur großflächigen Backfire-Wand geführt. Nach der Reflexion durchläuft die Strahlung deshalb die *Yagi*-Struktur ein 2. Mal in umgekehrter Richtung und pflanzt sich als gebündelte Strahlung im freien Raum fort. Da die *Yagi*-Struktur von der Welle 2mal durchlaufen wird, hat eine Backfire etwa die gleichen Kenndaten wie eine *Lang-Yagi*-Antenne doppelter Länge. Der *Yagi*-Abschnitt der in **Bild 26.8.1** dargestellten Backfire hat z.B. eine Länge von 1,5λ, sie entspricht deshalb hinsichtlich ihrer charakteristischen Strahlungseigenschaften einer Lang-*Yagi* von 3λ Länge und doppelter Elementeanzahl.

Die Theorie besagt, daß bei Verdopplung der Antennenlänge und der Elementezahl der Gewinn einer *Yagi*-Antenne um maximal 3 dB ansteigen kann; in der Praxis werden wegen der auftretenden Verluste nur etwa 2,5 dB Gewinnzuwachs erreicht. Scheinbar ist aber bei dieser Theorie über den möglichen Gewinnzuwachs die Wirkung der relativ großen Backfire-Wand als Reflexionsfläche nicht ausreichend berücksichtigt, denn die im Literaturverzeichnis aufgeführten Veröffentlichungen geben übereinstimmend meßtechnisch ermittelte Gewinnerhöhungen zwischen etwa 4 dB und 6 dB an, bezogen auf eine gleich lange *Yagi* ohne Backfire-Wand. Es wird außerdem hervorgehoben, daß die Größe der Reflexionsfläche erheblich den Gewinn beeinflußt. Dabei gilt allgemein die Regel: Die Backfire-Wand soll um so größer sein, je länger die verwendete *Yagi*-Struktur ist.

Neuere Arbeiten auf dem Gebiet der Backfire-Antenne zeigen, daß die bisher benutzte Backfire-Theorie den erreichbaren Gewinnzuwachs nicht ausreichend erklären kann. Dies wurde besonders bei der Entwicklung der Short-Backfire (siehe Abschnitt 26.8.2) deutlich, als sich mit kurzen Antennenlängen große Maximalgewinne erreicht werden konnten.

Zur Bestimmung der optimalen Kantenlänge *l* einer Backfire-Wand in Abhängigkeit von der Antennenlänge *D* kann folgende Näherungsgleichung angewendet werden:

$$l = \sqrt{1{,}5 \cdot D} \qquad (26.8.1)$$

l - Seitenlänge der quadratischen Backfire-Wand in λ

D - Länge der *Yagi*-Struktur in λ

Für die in **Bild 26.8.1** skizzierte Backfire-Antenne wird ein Gewinn von 14,5 dB bei einer horizontalen Halbwertsbreite von 28° angegeben (vertikale Halbwertsbreite etwa 35°). Dabei muß allerdings vorausgesetzt werden, daß die Backfire-Wand eine Seitenlänge von je 2λ hat und die 1,5λ lange *Yagi*-Struktur für maximalen Gewinn bemessen ist. Eine ohne Reflektorwand optimal bemessene *Yagi*-Antenne verändert ihre Resonanzeigenschaften stark, wenn sie mit der Backfire-Reflexionsfläche verbunden wird. Um wieder maximalen Gewinn zu erhalten, können die Elementabstände beibehalten werden, jedoch muß man alle Elementlängen verändern. Als Näherungsregel gilt dabei, daß gespeistes Element und Reflektoren zu verlängern sind, während die Direktoren verkürzt werden müssen.

Für Amateure dürfte der Optimalabgleich einer Backfire kaum durchzuführen sein. Schon aus mechanischen Gründen wäre die Verwendung einer Backfire für Amateurzwecke nur im 70-cm-Band sinnvoll. Bei geringerem Aufwand ist die Backfire durch gleichwertige und weniger sperrige Lang-*Yagis* zu ersetzen. Besteht die Möglichkeit, große Reflektorwände zu errichten, wie man sie für eine

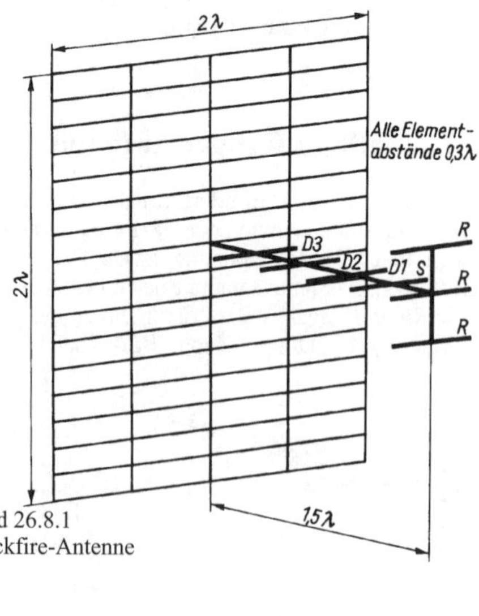

Bild 26.8.1
Backfire-Antenne

Backfire benötigt, so sind gestockte Reflektorwandantennen für den Selbstbau erfolgversprechend. Sie weisen bei annähernd gleichem Gewinn Breitbandeigenschaften auf; sie sind deshalb in der Bemessung unkritisch.

Backfire-Antennen für den Empfang der Fernsehbänder IV/V wurden von der Industrie entwickelt. Als Beispiel ist in **Bild 26.8.2** eine von der Firma *Kathrein* hergestellte Backfire wiedergegeben.

26.8.2 Short-Backfire-Antenne

(*H.W. Ehrenspeck* – US 3,438,043 – 1968)
(*H.W. Ehrenspeck* – US 3,508,278 – 1968)
Die „*Short-Backfire*“-*Antenne* (SBFA) ist der kürzest mögliche Backfiretyp, etwa 0,5λ lang. Die Antenne besteht aus zwei ebenen kreisförmigen Reflektoren von 2λ, bzw. 0,5λ Durchmesser [8.3] - [8.5]. Mit der Antenne sind Gewinne bis 15 dBi erreichbar bei 30 dB Vor-/Rück-Verhältnis.

Neuere Arbeiten auf dem Gebiet der Backfire-Antenne zeigen, daß die bisher benutzte Backfire-Theorie den erreichbaren Gewinnzuwachs nicht ausreichend erklären kann. *Ehrenspeck* kam deshalb zu der Erkenntnis, daß die Wirkungsweise auf dem Entstehen von Hohlraumschwingungen beruht, die sich zwischen den beiden Reflektoren der Backfire ähnlich wie im Schwingungsraum eines Lasers ausbilden.

Bild 26.8.3 zeigt eine Aufbau- und Bemessungsskizze. Wie ersichtlich, besteht die Antenne nur aus 3 Bauteilen, dem Hauptreflektor R_1, dem gespeisten

Bild 26.8.2
Backfire-Antenne für den Fernsehempfang (*Kathrein*)

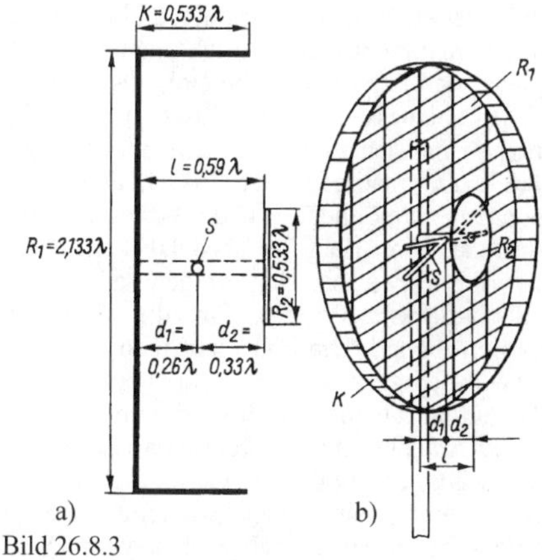

Bild 26.8.3
Short-Backfire-Antenne
a) - Schnittzeichnung / Bemessung
b) - Aufbauschema

Element *S* und dem Hilfsreflektor R_2. Die beiden Reflektoren sind kreisrund, sie können auch in der Form eines Polygons ausgeführt werden (Sechseck, Achteck usw.). Auffällig ist der verhältnismäßig breite Kragen *K* des Hauptreflektors, der vor allem die Rückdämpfung erhöhen soll. Die beiden Reflektoren können als engmaschiges Gitternetz (Maschenweite < 0,1λ) oder auch aus parallelen Stäben ausgeführt werden. Für den Hilfsreflektor R_2 ist eine kreisförmige Blechscheibe empfeh-lenswert, die mit kleinen Ausstanzungen versehen werden kann. Zur Ausführung des gespeisten Elements *S* gibt es keine bindenden Vorschriften; man kann horizontal oder auch vertikal polarisierte Erreger einsetzen. Das gespeiste Element darf auch eine zirkular polarisierte Drehkreuzantenne sein. Die Addition der Abstände $d_1 + d_2$ ergibt die Antennenlänge, die im vorliegenden Fall nur 0,59λ beträgt. In der Veröffentlichung von *Ehrenspeck* werden etwas kleinere Abmessungen angegeben:
$R_1 = 2{,}0\lambda$; $R_2 = 0{,}5\lambda$; $K = 0{,}2\lambda$; $d_1 = d_2 = 0{,}25\lambda$.
Die Short-Backfire erreicht einen Gewinn von 13 dBd. Sie zeichnet sich durch eine Rückdämpfung von ≥ 30 dB aus; auch die Nebenkeulendämpfung ist > 20 dB. *Ehrenspeck* betont, daß bei Horizontalpolarisation des Erregers der hohe Gewinn vor allem durch Bündelung in der Vertikalebene entsteht. Die Strahlungseigenschaften ähneln somit denen einer Gruppenantenne, die aus 2 gestockten *Yagis* besteht. Der Short-Backfire können Breitbandeigenschaften verliehen werden, wenn man sie mit einem entsprechend breitbandigen Erreger versieht. Dabei ist das System für die höchste vorkommende Arbeitsfrequenz zu bemessen. Dort ist dann Maximalgewinn vorhanden, der mit fallender Frequenz langsam abnimmt (annähernd proportional zur Frequenz). Bei niedrigen Frequenzen, wenn der Hilfsreflektor R_2 klein gegenüber $\lambda/2$ geworden ist,

verschwindet die Backfire-Wirkung, und die Short-Backfire wird zur einfachen Reflektorantenne, vorausgesetzt, daß der Frequenzbereich des Erregers ausreichend bemessen ist. Das Zusammenschalten zu Gruppen, die sich auch vor einem gemeinsamen Hauptreflektor entsprechender Ausdehnung befinden können, ist möglich. Auf die besonders gute Eignung der Short-Backfire als UHF-Fernsehantenne wird hingewiesen. Hervorragend dürfte sich das Short-Backfire-Prinzip für die Zirkularpolarisation eignen. Diese erreicht man sehr einfach, indem lediglich der gespeiste Dipol *S* durch eine Drehkreuzantenne ersetzt wird. Um z.B. eine Lang-*Yagi*-Antenne mit Zirkularpolarisation betreiben zu können, müßte der Gesamtaufwand an Elementen verdoppelt werden, während bei einer Short-Backfire-Antenne – abgesehen vom Drehkreuzerreger – kein Mehraufwand erforderlich ist.

Literatur über beide Antennentypen sind [8.6], [8.7] und [8.8]. In [8.8] ist eine umfangreiche Sammlung von über 80 Literaturstellen aufgelistet. Backfire Feed Anwendungen gibt es mit verschiedenen Variationen von Dipol bis Microstrip. Die Antennen werden in USA hergestellt.

In der Amateurfunkliteratur ist über Backfire Antennen kaum etwas zu finden. Eine SBFA für das 23-cm-Band von *DC0MT* [8.9] und eine SBFA für das 23-cm-Band von *DL8ZX* [8.10].

Letztere wird scherzhaft „Cake-fire-Antenne" genannt, da der Hauptreflektor eine Springkuchenform mit genau den erforderlichen 2λ Durchmesser und $\lambda/2$ Kragenhöhe ist. Der Strahler ist eine Doppelquad nach *DL7KM*. Der Gewinn wurde mit 11,8 dB gemessen.

Literatur zu Abschnitt 26

[1]

[2.1] *Altshuler, E.E.*: Hemispherical coverage using double-folded monopole. IEEE Trans., AP-, August 1996, pp. 1112– 1119

[2.2] Hawker, P.: Double-Folded Monopole (Technical Topics). Radio Communication, December 1996, p. 63

[3.1] *Münch, J.:* Fensterquad für antennengeschädigte OMs. CQ-DL 5/86, S. 279

[3.2] *Stenzel, R.:* Duo-Band-Monoquad-Fensterantenne für 70 cm und 2 m. Beam 3/89, S. 25– 27

[4]

[5.1] *V.E.O.* – DE 562 306 – russische Priorität 1931

[5.2] *H. Roosenstein* – DE 600 011 – 1932

[5.3] *H. Roosenstein* – DE 866 680 – 1938

[5.4] *H.O. Roosenstein* – US 2,267,951 – 1940

[5.5] *Aurick, L.*: The AEA ISOPOLE 2-Meter Antenna. (Technical Correspondence). QST April 1980, pp. 50– 51

[5.6] *Krischke, A.:* ISOPOLE – Eine neue VHF-Antenne. Beam, 5/1982, S. 24–25

[5.7] *O'Dell, P.*: Decouple VHF Verticals. (Technical Correspondence). QST April 1982

[6.1] *Overbeck, W.:* The VHF Quagi. QST, April 1977, pp. 11-14

[6.2] *Overbeck, W.:* The Long-Boom Quagi. QST, February 1978, pp. 20–21

[6.3] *Hagenbuchner, K.:* Quagi – Für 70 cm als Wochenendprojekt. QSP 12/91, S. 11–12

[7]

[8.1] *Ehrenspeck, H.W.:* The Backfire-Antenna, a New Type of Directional Line Source. Proc. IRE, January 1960, pp. 109–110

[8.2] *Zucker, F.J.:* The Backfire Antenna: A qualitative approach to its design. Proc. IRE, July 1965, pp. 746–747

[8.3] *Ehrenspeck, H.W.:* The Short-Backfire-Antenna. Proc. IEEE, August 1965, pp. 1138–1140

[8.4] *Ehrenspeck, H.W.:* Die „Short-Backfire" – Eine neuartige Empfangsantenne für das gesamte UHF-Fernsehband. Funk-Technik, Nr. 1, 1966, S. 21–23

[8.5] *Ehrenspeck, H.W.:* Short-Backfire-Antenne als UHF-Fernsehantenne. Funk-Technik, Nr. 16, 1966, S. 598–602

[8.6] *Ehrenspeck, H.W.:* Backfire-Antennen. NTZ, H. 5, 1969, S. 286–292

[8.7] *Nielsen, E.D.; Pontoppidan, K.:* Backfire Antennas with Dipole Elements. IEEE Trans.; AP-18, May 1970, pp. 367–374

[8.8] *Kumar, A.:* Backfire Antennas Aim At Direct Broad cast TV. Microwaves, April 1978, pp. 106-108, 110–112

[8.9] *Hock, A.:* Die Short-Backfire-Antenne. CQ-DL 11/83, S. 540 bis 542

[8.10] *Berberich, E.*: Einfach aufzubauende UHF-SHF-Antennen für den Funkamateur. Tagungsheft S. 85-89, 10. VHF-UHF Fachtagung, DARC Distrikt Bayern Süd, München, 1994; UKW-Berichte 4/94, S. 210–217

27 Logarithmisch periodische Antennen

(*R.H. DuHamel* – US 2,985,879 – 1958)
(*D.E. Isbell* – US 3,011,168 – 1958)

27.1 Einführung

Breitbandige Antennen waren im HF-Bereich Rhombusantennen und im VHF/UHF-Bereich Diskonantennen. Die meisten Breitbandantennen können Frequenzbereiche im Verhältnis $f_{max} : f_{min}$ bis etwa 4 : 1 überstreichen, wobei lediglich der Eingangswiderstand innerhalb des Arbeitsbereiches nahezu konstant bleibt, während sich die Strahlungsdiagramme frequenzabhängig verändern. Im allgemeinen wird dabei mit steigender Frequenz die Hauptkeule schmaler, und die Anzahl der Nebenkeulen steigt an. Mit zunehmender Senderdichte und abnehmenden Antennenstandorten bzw. Platz für neue Antennen wurde die Forderung nach Antennen für noch größere Bandbreiten immer lauter. Besonders die Flugzeuge waren mit Antennen übersät und es war ein ernstes Problem noch einen Platz für eine neue Antenne zu finden [1.1]. Eine einzige Antenne soll für zahlreiche Frequenzen die gleiche Abstrahlcharakteristik, den gleichen Gewinn und die gleiche Eingangsimpedanz haben, also mit einem Koaxialkabel gespeist werden.

Auf Veranlassung der US-Airforce, bei der *E.M. Turner* 1955 schon die Spiral-Schlitzantenne entwickelt hatte [1.2], wurde an der Universität von Illinois ein Forschungsprogramm für Breitbandantennen gestartet. Aus dieser Forschungstätigkeit entstanden eine Menge neuartiger und ungewöhnlicher Strukturen. Die interessanteste Gruppe davon sind die *logarithmisch-periodischen Antennen* kurz *LP-Antennen* oder *LPAs* genannt. Die Schreibweise von „logarithmisch und periodisch" war zu Beginn in USA und Europa „ohne Bindestrich", inzwischen werden die Antennen „mit Bindestrich" geschrieben.

Der Direktor des Antennenlabors der Universität von Illinois war damals Prof. *V.H. Rumsey*. *J.D. Dyson*, im Antennenlabor der Universität, entwickelte schon 1955 für die Airforce die ebene Spiralantenne [1.3], die aber erst 1959 veröffentlicht werden durfte und später dann die konische Spiralantenne [1.4]. *R.H. DuHamel* und *D.E. Isbell*, die ebenfalls im Antennenteam waren, entwickelten die Kreisringantenne und dann die eigentlichen logarithmisch-periodischen Antennen in Trapez- oder Zahnprofil bzw. in Sägezahn- oder Zickzack-Profil.

Die neuen frequenzunabhängigen Antennenformen wurden bei der IRE Convention 1957 von *V.H. Rumsey* [1.5], sowie von *R.H. DuHamel* und *D.E. Isbell* [1.6] vorgestellt.

Anschließend wurde in den führenden Antennenfirmen (*Collins*, *Marconi* und *Rohde & Schwarz*) an diesen Antennen gearbeitet. Im Laufe der Zeit beschäftigten sich weltweit an die 50 Antennenfirmen mit der Produktion von *LPA*s.

Verbunden mit der Entwicklung von *logarithmisch-periodischen Antennen* sind, außer den Namen *V.H. Rumsey*, *J.D. Dyson*, *R.H. DuHamel* und *D.E. Isbell* in USA noch die Namen *F.R. Ore* [1.7], *D.G. Berry* [1.8], *P.E. Mayes* und *R.L. Carell* [1.9] bekannt. In England waren es *M.F. Radford* [1.10] und *E.W. Woluszczuk* [1.11] und in Deutschland *R. Greif* und *F. Scheuerecker* [1.12].

LPAs können fast für beliebig große Frequenzbereiche konstruiert werden und weisen innerhalb ihres Arbeitsbereiches, unabhängig von der Arbeitsfrequenz, nahezu gleiche elektrische Eigenschaften auf. Die untere Betriebsfrequenz f_u wird allein durch die Antennengröße bestimmt, während die höchste Arbeitsfrequenz f_0 von der Art und Größe der Speisesysteme und der erreichbaren Herstellungsgenauigkeit abhängig ist [1.13]. Die Strahlungsdiagramme bleiben über den ganzen Arbeitsbereich konstant. Arbeitsbereiche mit einem Frequenzverhältnis bis zu etwa 20:1 können erreicht werden.

LPAs sind vielseitig verwendbar und deshalb im kommerziellen Funk weit verbreitet. Sie werden erfolgreich im Kurzwellenbereich eingesetzt, wo wegen der rasch wechselnden Übertragungsbedingungen oft ein schneller Frequenzwechsel erforderlich wird. Man wendet sie zur Funküberwachung, in der Radioastronomie, in der Militärtechnik, beim Verfolgen von Satelliten und Raketen und auf anderen Spezialgebieten an [1.14].

Da den Funkamateuren nun zusätzliche Kurzwellenbänder zur Verfügung stehen, wächst auch das Interesse an Antennen, die für mehrere Amateurbänder mit gleichen elektrischen Eigenschaften eingesetzt werden können.

Eine Zusammenstellung der wesentlichsten Typen von *logarithmisch-periodischen Antennen* mit einem Verzeichnis von 209 Literaturstellen findet sich in [1.15].

Bücher und Monografien über *logarithmisch-periodische Antennen* sind [1.16]–[1.19].

27.2 Theoretische Grundlagen der log.-per. Antennen

Winkelprinzip

Die Frage: „Wodurch ist eine Antenne frequenzselektiv?" führte zu der Antwort: „Durch die charakteristische Länge der Antenne, also durch das Verhältnis Länge : Wellenlänge". Daraus schloß *Rumsey*, daß eine frequenzunabhängige Antenne keine charakteristische Länge haben dürfe, sich aber in irgendeinem Maße an die Frequenz anlehnen müsse. Er schlug vor, die Breitbandantenne nur durch Winkel und nicht durch Längen zu beschreiben (s.g. *Winkelprinzip*).

Nach dem Modellgesetz (Abschnitt 31.2.6) ist eine Antenne beliebig breitbandig, deren Abmessungen bei einer Frequenzänderung $K \cdot f_0$ mit dem Faktor 1: K geändert werden. Das Strahlungsdiagramm und der Eingangswiderstand einer Antenne bleiben konstant, wenn die normierten, auf λ bezogenen Abmessungen sich nicht ändern. Man muß also die linearen Abmessungen der Antenne proportional zur Wellenlänge verkleinern (Ähnlichkeitssatz). Eine einfache breitbandige Antenne ist z.B. eine Doppelkegel- oder Doppelkonus-Antenne (Bikonal-Antenne), die unendlich ausgedehnt und nur durch den *Öffnungswinkel* allein definiert ist. Ein praktisches Beispiel davon als Kegelantenne ist die Kurzwellenreuse. **Bild 27.2.1** zeigt das Strahlungsdiagramm einer Doppelkegelantenne für verschiedene Verhältnisse zwischen Kegelhöhe und Wellenlänge. Für Längen $h/\lambda > 4$ bleiben die Antenneneigenschaften weitgehend gleich. Ähnliches gilt auch für den zweidimensionalen Fall einer einfachen breitbandigen Antenne, nämlich den konischen Flächendipol. Wenn der Flächendipol statt der einfachen geraden Begrenzungslinie eine spiralenförmige Begrenzung bekommt wird die Antenne extrem breitbandig.

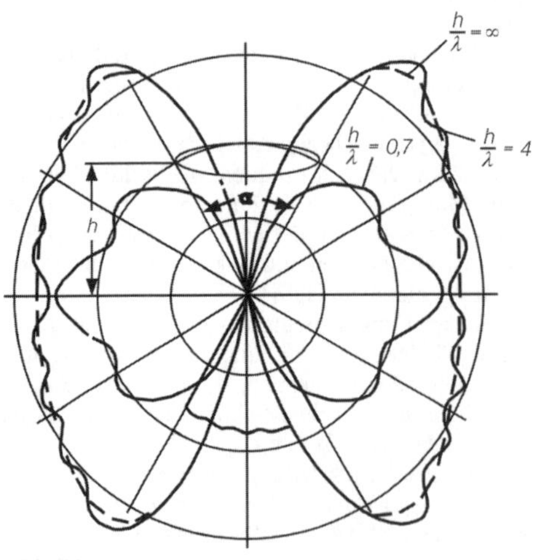

Bild 27.2.1
Doppelkegelantenne
Strahlungsdiagramm für verschiedene Verhältnisse zwischen Kegelhöhe und Wellenlänge

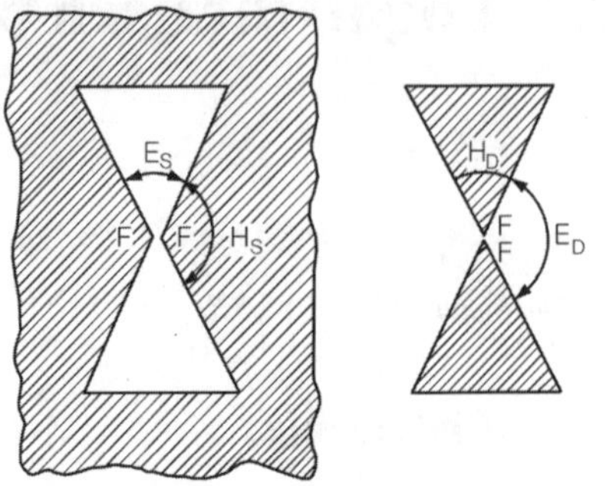

Bild 27.2.2
Elektromagnetisches Feld des Schlitzes und seines Komplementär-Dipols

Selbstkomplementäre Flächen

Nach dem *Babinet*schen Prinzip (Abschnitt 1.1.9) ergänzt das durch einen Schirm ausgeblendete Feld einer elektromagnetischen Welle das durch einen komplementären Schirm ausgeblendete Feld wieder zu dem ursprünglichen Feld. Wegen der vektoriellen Natur des linear polarisierten elektromagnetischen Feldes ist eine Drehung des Schirmes gegenüber dem komplementären Schirm erforderlich. Dies entspricht der Erweiterung des *Babinet*schen Prinzips.

Es folgte durch *Rumsey* die Entdeckung der selbstkomplimentären Antennen. Eine Schlitzantenne und der dazu passende komplementäre Dipol haben die gleiche Impedanz, die unabhängig von der Frequenz ist. Ist die Fläche in Form und Größe gleich ihrer komplementären Fläche, dann nennt man sie **selbstkomplementär**. Dann ist

$$Z_S = Z_D = Z_0/2 = 60 \cdot \pi\ \Omega = 188{,}5\ \Omega \qquad (27.2.1)$$

unabhängig von der Form der Fläche.

Bild 27.2.2 zeigt das elektromagnetische Feld des Schlitzes und seines Komplementär-Dipols.

Begrenzung der Antennenstruktur

Theoretisch müßte sich die Antennenstruktur einer frequenzunabhängigen Antenne vom Ursprungspunkt aus bis ins Unendliche erstrecken, wobei Speisepunkt und Ursprung zusammenfallen. Eine praktisch ausgeführte Antenne kann aber zwangsläufig nur aus einem Teil der unendlichen Struktur bestehen, der durch zwei Kugeln mit den Radien r_1 und r_2 ($r_1 < r_2$) mit dem Speisepunkt als Mittelpunkt begrenzt wird. **Bild 27.2.3** stellt die Verhältnisse am Beispiel einer Doppelkonusantenne dar. Der Radius r_2, der durch die Abmessungen gegeben ist, bestimmt die untere Grenzfrequenz, wäh-

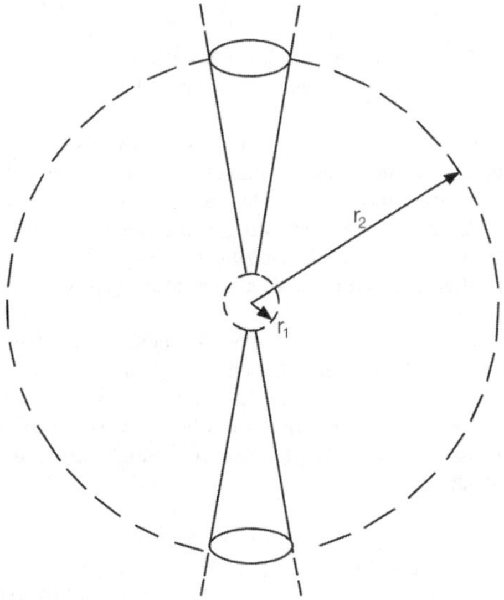

Bild 27.2.3
Begrenzung der Antennenstruktur durch Kugeln mit den Radien r_1 und r_2

rend r_1 für die obere Grenzfrequenz verantwortlich ist. Je kleiner die Abmessungen des Speisepunktes und der Speiseleitung sind umso höher wird die Grenzfrequenz.

Die Überlegungen gelten nur, wenn der Einfluß der Enden der Antenne auf ihre elektrischen Eigenschaften klein ist. Die Strahlungsdämpfung muß daher genügend groß sein, um diesen s.g. „Endeffekt" möglichst klein zu halten. Doppelkonusantennen und die zweidimensionale Form davon, der konische Flächendipol, haben nur eine relativ geringe Strahlungsdämpfung und sind daher nicht extrem breitbandig. Im Gegensatz dazu hat eine spiralenförmige Antenne durch die Kopplung zwischen den einzelnen Windungen eine große Strahlungsdämpfung und damit eine große Frequenzunabhängigkeit.

Logarithmisches Prinzip

Ebene Gebilde werden in der w-Ebene durch die Polar-Koordinaten r und φ beschrieben mit der Gleichung

$$w = u + \mathrm{j}\,v = r \cdot e^{j\varphi} \tag{27.2.2}$$

Die einfachste Fläche, für die der Ähnlichkeitssatz gilt, nämlich der Dreieckflächen-Dipol wird begrenzt durch die Schenkel eines Winkels

$$\alpha = \varphi_2 - \varphi_1 \tag{27.2.3}$$

α .... Öffnungswinkel

φ_2 , φ_1 .... Begrenzungswinkel

Das ist dargestellt in **Bild 27.2.4a,** obere Zeichnung.

Wenn man diese Antennenstruktur in die z-Ebene transformiert (Konforme Abbildung) wird daraus

$$z = \ln w = \ln r + \mathrm{j}\,\varphi = x + \mathrm{j}\,y \tag{27.2.4}$$

Bild 27.2.4
Darstellung winkel- und radiusabhängiger Flächenstrahler

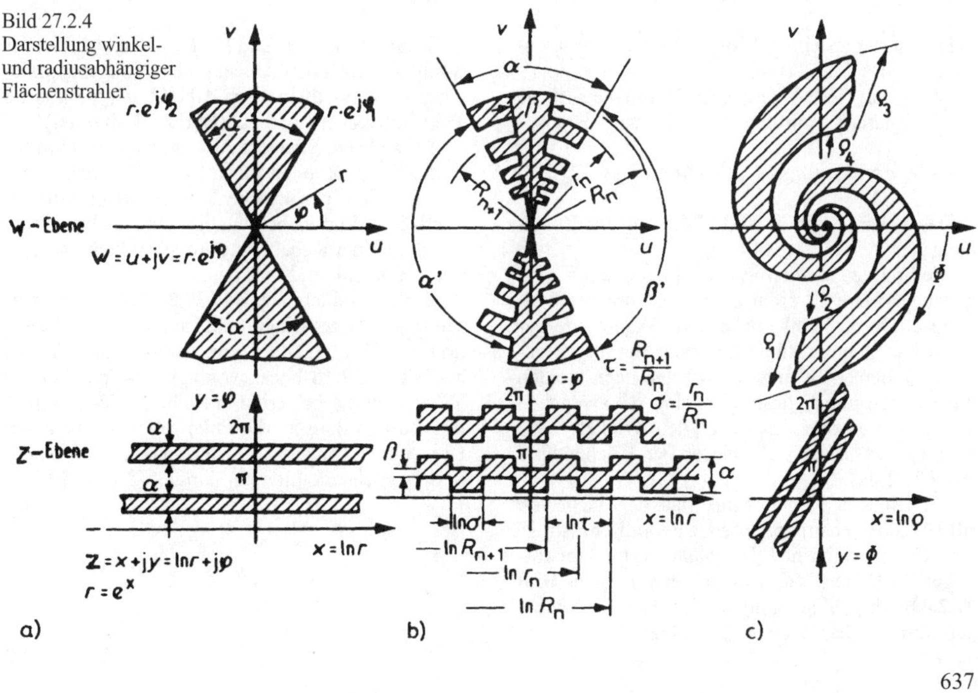

Dabei werden Kreise in der w-Ebene als vertikale Gerade in der z-Ebene und radiale Linien in der w-Ebene als horizontale Gerade abgebildet. Das ist dargestellt in **Bild 27.2.4a,** untere Zeichnung.

Es ergeben sich zwei zur x-Achse parallele Streifen, wobei der parallele Abstand dem Winkel α entspricht.

Statt φ_1 und φ_2 konstant zu halten, kann man mit einer Änderung von r auch eine Winkeldrehung verbinden. Legt man diese so fest, daß sie dem Logarithmus von r proportional ist, dann entsteht eine spiralförmige Kurve der Form

$$r = \rho\, e^{a(\Phi + \delta)} \quad (27.2.5)$$

a ... Dehnung der Spirale = konst.
Φ ... Winkel
δ ... Orientierung = konst.

Diese Kurve ist eine winkelgleiche oder logarithmische Spirale. Die logarithmische Spirale wird auch Gleichwinkelspirale genannt, weil für jeden Punkt der Spirale der Winkel zwischen Tangente und Leitstrahl konstant bleibt.

Zwei solcher Spiralen, diametral gegenüber liegend, begrenzen einen Spiralarm, dessen Breite ist gegeben beim Winkel Φ durch das Verhältnis der zugehörigen Radien

$$r^2 : r^1 = e^{a\Phi} \quad (27.2.6)$$

Der breitbandige Flächendipol mit logarithmisch spiraligen Konturen in der w-Ebene
hat die Gleichung

$$w = u + \mathrm{j}\, v = r \cdot e^{\mathrm{j}\Phi} = \rho \cdot e^{a(\Phi + \delta)} \cdot e^{\mathrm{j}\Phi} \quad (27.2.7)$$

Das ist dargestellt in **Bild 27.2.4c,** obere Zeichnung.

Wenn man diese Antennenstruktur in die z-Ebene transformiert (Konforme Abbildung) wird daraus

$$z = \ln w = \ln \rho + a(\Phi + \delta) + \mathrm{j}\, \Phi = x + \mathrm{j}\, y \quad (27.2.8)$$

Das ist dargestellt in **Bild 27.2.4c**, untere Zeichnung.

Die Spiralen werden in der z-Ebene durch zwei geneigte gerade Streifen dargestellt, mit der Steigung a. Durch Wahl von a und δ kann jede gewünschte Steigung und Breite der Spirale dargestellt werden. Läßt man a wachsen, dann werden die Spiralen immer gestreckter. Für $a \to \infty$ gehen die Spiralen in zwei Gerade mit dem Winkels $\alpha = \delta$ über und es ergibt sich wieder der Flächendipol (**Bild 27.2.4a**).

Handelt es sich um eine innerhalb der Fläche von **Bild 27.2.4a** (oben) verlaufende periodische Struktur, z.B. eine konische Flächenantenne mit kreisförmiger Fiederung (Kreisringantenne) nach **Bild 27.2.4.b**, obere Zeichnung, bei der sich die Radien periodisch ändern nach der Beziehung

$$R_{n+1} : R_n = f_n : f_{n+1} = \tau \quad (27.2.9)$$

R_{n+1}.... großer Radius bei höherer Frequenz
R_n.... großer Radius bei tiefster Frequenz
τ.... Stufungsfaktor (Tau) < 1

dann entsteht im logarithmischen Maßstab, d.h. in der z-Ebene eine periodische Kurve mit der konstanten Periode ln τ. Das ist dargestellt in **Bild 27.2.4b**, untere Zeichnung. Eine solche Struktur nennt man *logarithmisch-periodisch*. Die Periodizität ist durch die Größe τ, den Stufungsfaktor, definiert.

Je kleiner τ ist, desto weniger dicht ist die Struktur mit Elementen (Zähnen) belegt, desto geringer ist die Zahl der Zähne. In der Praxis liegt τ zwischen 0,6 und 0,95. In der w-Ebene ist α der größte Winkel und β der kleinste Öffnungswinkel der Struktur.

Das Verhältnis

$$r_n : R_n = \sigma \quad (27.2.10)$$

r_n.... kleiner Radius bei tiefster Frequenz
R_n.... großer Radius bei tiefster Frequenz
σ.... Abstandsfaktor (Sigma) < 1

Der Wert kann beliebig gewählt werden.
Zweckmäßig wählt man

$$\sigma = \sqrt{\tau}$$

und damit

$$\ln \sigma = \frac{1}{2} \cdot \ln \tau$$

Wenn man $\alpha = \alpha'$ und $\beta = \beta'$ macht, dann ist der Strahler selbstkomplementär. Die Eingangsimpedanz ist dann theoretisch 188 Ω, der praktische Wert liegt bei etwa 150 Ω (**Bild 27.2.4b oben**).

An Stelle der Rechteckkurve können beliebig periodische Funktionen treten, wie z.B. Dreieck, Sinus. Eine log.-periodische Antenne, deren Struktur durch Sinuskurven begrenzt ist kann als Projektion einer auf einer Kegelfläche aufgebrachten log. Spiralantenne aufgefaßt werden.

Flächenstrahler nach **Bild 27.2.4** haben ein zweiseitig gerichtetes Diagramm. Dabei ist die Polarisation bei **Bild 27.2.4a** linear, parallel zur v-Achse, bei **Bild 25.2.4b** linear, vorzugsweise parallel zur u-Achse und sehr gering in Richtung der v-Achse. Bei **Bild 27.2.4c** ist die Polarisation zirkular, der Drehsinn ist abhängig von der Spirale.

Entsprechende Literatur darüber [2.1]–[2.6].

27.3 Logarithmisch-periodische Strukturen

Die Antenne besteht aus einer sich näherungsweise wiederholenden Form, wobei die Abmessungen vom Speisepunkt aus gesehen in einer geometrischen Reihe größer werden. Die Energie wird entlang der Antennenkonstruktion soweit übertragen, bis sie einen Punkt findet, wo die Abmessungen in Wellenlängen ausgedrückt zu Resonanzen führen. Die Abstrahlung erfolgt von den in Resonanz schwingenden Teilen. Außerhalb der Resonanzpunkte verbleibt nur ein verschwindend kleiner Leistungsanteil auf der Antennenkonstruktion. Daher ist es unwichtig, wie weit die Antennenkonstruktion fortgeführt wird. Die Endeffekte fallen nicht ins Gewicht.

Bild 27.3.1
Spiralstrukturen

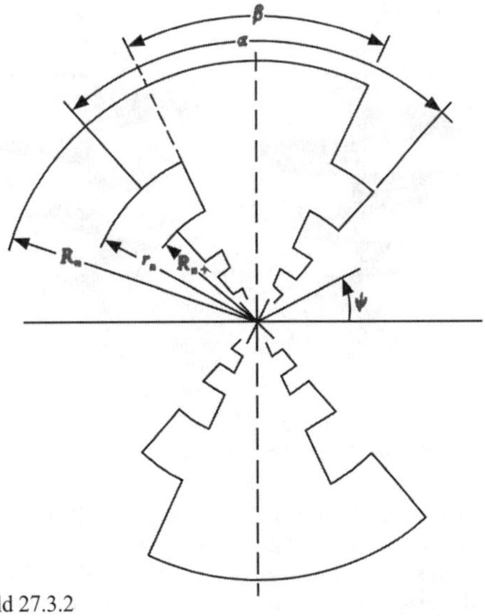

Bild 27.3.2
Log.-per. Zahnstruktur

Bei Frequenzänderung wandert der Resonanzpunkt, wobei das geometrische Verhältnis dafür sorgt, daß die charakteristischen Werte annähernd gleich bleiben. Die Bandbreite ist nur durch die Abmessungen der Konstruktion am großen und am kleinen Ende begrenzt [3.1].

Spiralantennen

Eine Klasse von logarithmisch-periodischen Antennen sind die kontinuierlichen Spiralstrukturen, nämlich die *ebene* und die *konische Spirale*. **Bild 27.3.1** zeigt eine Skizze der beiden Antennen.

Diese beiden Antennenformen waren historisch gesehen die ersten logarithmisch-periodischen Antennen. Sie werden auch heute noch als VHF/UHF-Antennen mit geringem Gewinn verwendet. Darauf wird hier aber nicht näher eingegangen.

Flächenantennen

Ursprünglich wurde die logarithmisch-periodische Antenne aus dem *Flächendipol* entwickelt. Der Winkel α beschreibt die größte Querausdehnung des Elements in Abhängigkeit vom Radius der sich periodisch wiederholenden Struktur.

Der *konische Flächendipol* wurde dann durch eine Querstruktur in α-Richtung abgewandelt. *DuHammel* und *Isbell* haben die Sektorfläche gewissermaßen in individuelle flächenhafte Einzelstrahler zerlegt in einen *gefiederten Flächendipol* [3.2] (**Bild 27.3.2**). Damit wurde auch die Polarisation um 90° in Richtung der Einzelstrahler gedreht. Die Zweiseitigkeit des Richtdiagramms blieb dabei aber erhalten, die Abstrahlung erfolgt senkrecht zur Dipolfläche. Die Speisung der Antenne erfolgt im Zentrum.

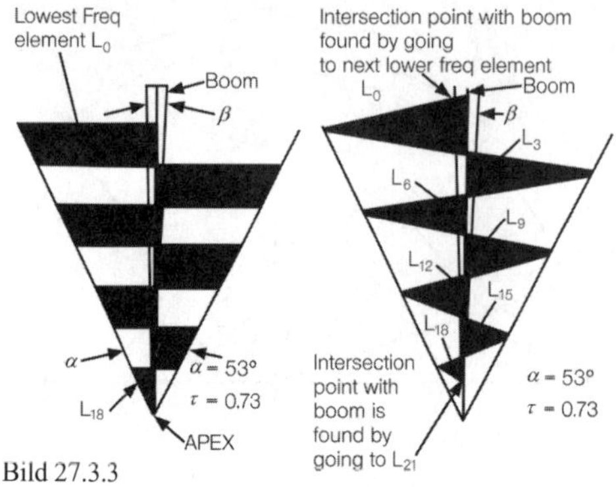

Bild 27.3.3
Zahn- oder Trapezprofil und
Sägezahn- oder Zickzackprofil

Bei trapezförmiger Ausbildung der Zähne statt der kreisförmigen Zahnstruktur ist kaum eine Änderung der elektrischen Werte festzustellen (*Zahn-* oder *Trapez*profil). Statt dem Zahnprofil kann man auch ein *Sägezahn-* oder *Zickzack*profil verwenden. **Bild 27.3.3** zeigt beide Antennenformen.

Faltet man die beiden Hälften so ergibt sich eine Richtantenne mit Abstrahlung in Richtung der Antennenspitze (**Bild 27.3.4**). Für genügend kleine Winkel ($\psi \approx 45°$) erzielt man ein einseitiges Stahlungsdiagramm in Richtung y-Achse. Die Antenne wirkt als Längsstrahler mit einer der Richtung des Speisestroms entgegengesetzten Strahlungsrichtung (Rückwärtsstrahler). Diese Form wird im anglikanischen Sprachraum als *Pyramidal Log-Periodic* bezeichnet.

Drahtantennen

Der Winkel β kann gegen Null gehen und es bleibt nur mehr der Winkel α übrig. Es ist auch nicht erforderlich die Strahlerelemente einer logarithmisch-periodische Antenne als Flächenstrahler auszubilden. Man kann die Flächen auch durch ihre Begrenzungskurven ersetzen und erhält dadurch ei-

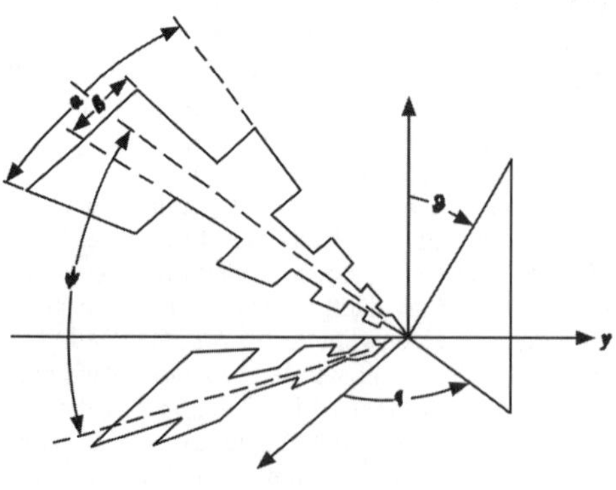

Bild 27.3.4
Abgewinkelte log.-per. Flächenantenne

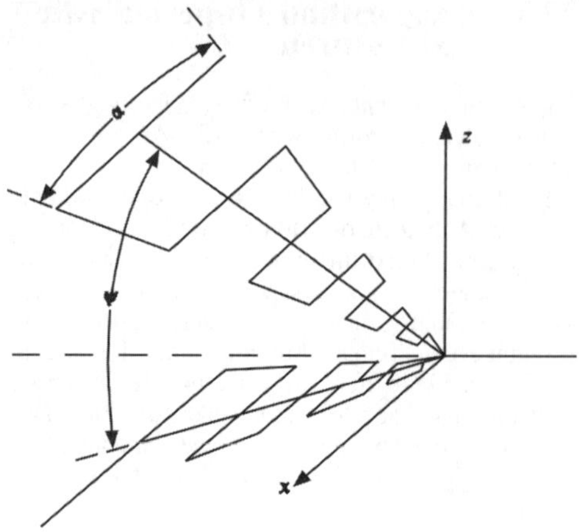

Bild 27.3.5
Abgewinkelte log.-per. Drahtantenne

ne vereinfachte Struktur mit vergleichbaren elektrischen Werten. Diese Antennenform wird auch *Drahtantenne* genannt (**Bild 27.3.5**). Es ergibt sich eine rotationssymmetrische Keule mit einer geringfügigen vertikalen Polarisation. Das Speisekabel wird in der Mitte eines Schenkels geführt, wobei ein Leiter mit dem einen Schenkel und der andere Leiter mit dem zweiten Schenkel verbunden wird. Somit sind die Ströme auf beiden Schenkeln gegenphasig. Damit sich die beiden Strahlungsdiagramme der einzelnen Antennen zum Gesamtstrahlungsdiagramm addieren müssen sie gleichphasig sein. Dies wird erreicht, indem man einen Schenkel um 180° dreht, die gegenüberliegenden Hälften müssen seitenvertauscht sein. Bei $\psi = 0°$ fallen die Zähne der einen Hälfte in die Lücken der anderen. Wenn beide Hälften gleichsinnig ausgeführt sind spaltet sich das Diagramm der H-Ebene auf. Das ist auch der Fall, wenn eine Hälfte über einer leitenden Ebene betrieben wird.

Als günstig hat sich eine Ausführungsform mit $\alpha = 60°$, $\tau = 0{,}6$ und $\psi = 45°$ ergeben. Sie liefert eine Halbwertsbreite $\Delta\varphi = 67°$ in der E-Ebene und $\Delta\vartheta = 85°$ in der H-Ebene. Die Rückwertsdämpfung ist etwa 15 dB. Die Diagramme entsprechen einer 3-Element-*Yagi*-Antenne, sind aber in einem Frequenzbereich von 10:1 frequenzunabhängig [3.3].

Entsprechende Literaturstellen über Flächen- und Drahtantennen sind [3.4]–[3.6].

27.4 Logarithmisch-periodische Dipolantenne (LPDA)

Von allen möglichen Bauformen sind die *logarithmisch-periodischen Dipolantennen* (abgekürzt: *LPDAs*) am stärksten verbreitet. Sie haben einen übersichtlichen Aufbau, und ihre Konstruktionsda-

Bild 27.4.1
Skizze für die
Bemessung
von LPDAs

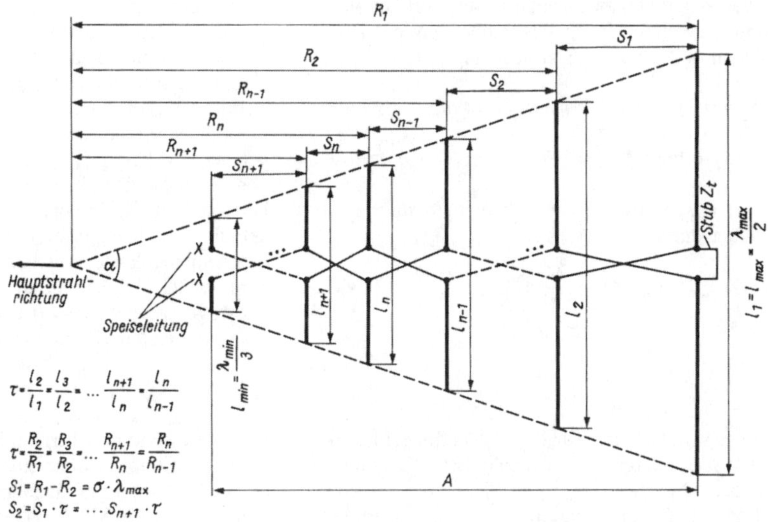

ten lassen sich leicht errechnen. Für den Funkamateur ist es die geeignetste Bauform. Bezogen auf den materiellen Aufwand ist allerdings der Gewinn von *LPDA*s relativ gering, er beträgt je nach Dimensionierung nur etwa 6 bis 8 dBi (rd. 4 bis 6 dBd), bei einer Rückdämpfung von 15 bis 25 dB.

Die *logarithmisch-periodischen Dipolantennen* hat *D.E. Isbell* entwickelt und die Veröffentlichung darüber erfolgte 1960 [4.1]. Die theoretischen Grundlagen dazu lieferte *R. Carrel* 1961 [4.2]–[4.4]. Technische Erläuterungen zu den *LPA*s sind zu finden bei [4.5]–[4.7].

Die *LPDA* besteht aus mehreren Dipolen mit unterschiedlichen Längen und Abständen, die über eine Zweidrahtleitung gespeist wird. Dabei werden die Anschlüsse von Dipol zu Dipol gekreuzt. In einem bestimmten Abstand vom letzten Dipolelement ist die Speiseleitung kurz geschlossen. **Bild 27.4.1** vermittelt die Struktur einer *LPDA* mit den eingezeichneten Parametern, die man als Berechnungsgrundlage für die Konstruktion nutzen kann. Die symmetrische Speiseleitung wird bei der *LPDA* immer an den Punkten *X-X* des kürzesten Dipols angeschlossen. Da die Phasen der Ströme in der Richtung auf den Speisepunkt zu nacheilen, ist die Strahlung zum Speisepunkt hin gerichtet, läuft also der Leitungswelle auf der Speiseleitung entgegen. Diese Phasennacheilung wird durch die auf der Speiseleitung von Element zu Element vorgenommene Phasenumkehr erzwungen. Die Phasengeschwindigkeit in der strahlenden Zone beträgt etwa 0,36 c (c = Lichtgeschwindigkeit) [4.7]. Im Sendefall breitet sich die Welle zunächst strahlungsfrei auf der Zweidrahtleitung aus. Die angeschlossenen, bezogen auf die Betriebswellenlänge viel zu kurzen Dipole wirken lediglich als kapazitive Blindbelastung. Erst wenn die Dipole in die Größenordnung von $\lambda/3$ der Betriebswellenlänge kommen, beginnt die Abstrahlung, an der dann mehrere einander folgende Dipole beteiligt sind. Die aktive Region B_{ar} reicht vom Dipol, der maximalen Strom führt, dessen Länge etwa $\lambda/2$ der Betriebswellenlänge entspricht, bis zu den beiden Dipolen rechts und links davon, bei denen der Strom um 10 dB gegenüber dem Maximum abgefallen ist. Alle folgenden längeren Dipole tragen fast nichts mehr zur Abstrahlung bei. [4.5]. Bei üblicher Bemessung befinden sich in der aktiven Region 3 bis 5 Dipole. Der Arbeitsbereich ist durch die Längen l_{max} des längsten Dipols und l_{min} des kürzesten Dipols eingegrenzt. Dabei gelten für übliche Bemessung

$$l_{max} = \frac{\lambda_{max}}{2} \quad \text{und} \quad l_{min} = \frac{\lambda_{min}}{3} \qquad (27.4.1)$$

Bezogen auf die Frequenz entspricht λ_{max} der unteren Grenzfrequenz f_u und λ_{min} der oberen Grenzfrequenz f_o. Daraus folgt das Frequenzverhältnis des Arbeitsbereiches B mit

$$B = \frac{f_o}{f_u} \equiv \frac{\lambda_{max}}{\lambda_{min}} \qquad (27.4.2)$$

Die Belegungsdichte mit Dipolen zwischen l_{max} und l_{min} wird durch den dimensionslosen Faktor τ und den Öffnungswinkel α festgelegt.

$$\tau = \frac{l_{n+1}}{l_n} = \frac{R_{n+1}}{R_n} = \frac{S_{n+1}}{S_n} < 1 \qquad (27.4.3)$$

τ.... Stufungsfaktor

$$\sigma = \frac{S_n}{\lambda_n} = \frac{S_n}{2 \cdot l_n} \qquad (27.4.4)$$

σ.... Abstandsfaktor

Der Abstandfaktor σ, auch als relativer Dipolabstand bezeichnet, ist in bestimmten Grenzen frei wählbar und legt den „Startabstand" S_1 fest.

$$S_1 = \sigma \cdot \lambda_{max} = 0{,}5 \cdot (l_1 - l_2) \cdot \cot \alpha/2. \qquad (27.4.5)$$

Ist S_1 festgestellt, wird $S_2 = S_1 \cdot \tau$; $S_3 = S_1 \cdot \tau^2$ usw.

Der Zusammenhang zwischen σ, τ und α ist gegeben durch

$$\sigma = 0{,}25 \cdot (1-\tau)\cot\frac{\alpha}{2} \qquad (27.4.6)$$

$$\cot\frac{\alpha}{2} = \frac{4\sigma}{1-\tau} \qquad (27.4.7)$$

In den Gl. (27.4.5) bis Gl. (27.4.7) findet man oft α statt $\alpha/2$, dann ist der Winkel in **Bild 27.4.1** auch 2α statt α!

Für jeden Stufungsfaktor τ gibt es einen bestimmten Abstandfaktor σ_{opt}, mit dem maximaler Gewinn erreicht wird:

$$\sigma_{opt} = 0{,}258\,\tau - 0{,}066 \qquad (27.4.8)$$

Wählt man $\sigma < \sigma_{opt}$, verringert sich der Gewinn, wird $\sigma > \sigma_{opt}$, verschlechtert sich das Strahlungsdiagramm (Auftreten von Nebenkeulen). Optimale σ-Werte liegen etwa zwischen 0,12 und 0,19, abhängig von τ.

Das Diagramm zur Gewinnermittlung (Kurven gleichen Gewinnes in dBi) in Abhängigkeit von σ und τ sind in **Bild 27.4.2** dargestellt [4.8]. Nach oben sind diese Gewinnkurven durch σ_{opt} begrenzt. Das Original-Diagramm ist in den Arbeiten von *Carrel* [4.2] bis [4.4] zu finden, ist aber falsch (siehe Erläuterung am Ende dieses Abschnittes).

Allgemein gilt, daß der Gewinn um so größer wird, je kleiner der Öffnungswinkel α ist und je mehr sich der Stufungsfaktor τ dem Wert 0,98 nähert. Ein Anstieg von τ bedeutet mehr Elemente, ein Verkleinern von τ eine größere Antennenlänge A.

Sind der Arbeitsbereich mit λ_{max} und λ_{min} vorgegeben [bzw. B nach Gl. (27.4.2.)] und die Faktoren τ und σ ausgewählt, kann man sich einen schnellen Überblick zur Größe der Antenne verschaffen, indem die Anzahl der erforderlichen Elemente E_n und die Antennenlänge errechnet werden. Dazu muß man zunächst die Strukturbreite B_s ermitteln, die mit dem Arbeitsbereich B und der aktiven Region B_{ar} in folgendem Zusammenhang steht:

$$B_s = B \cdot B_{ar} \qquad (27.4.9)$$

B_s ist das Längenverhältnis vom längsten zum kürzesten Element. Zum Errechnen von B_{ar} wird in [4.11] die Näherungsgleichung angegeben:

$$B_{ar} = 1{,}1 + [30{,}8 \cdot (1 - \tau) \cdot \sigma] \qquad (27.4.10)$$

Wenn B_s ermittelt ist, kann die Anzahl der erforderlichen Elemente E_n ausgerechnet werden:

$$E_n = 1 + \frac{\lg B_n}{\lg(1/\tau)} \qquad (27.4.11)$$

Das Ergebnis wird immer zu einer ganzen Zahl aufgerundet. Für die Antennenlänge A ergibt sich:

$$A = \left(1 - \frac{1}{B_n}\right)\cdot\left(\frac{4}{1-\tau}\right)\cdot\frac{\lambda_{max}}{4} \qquad (27.4.12)$$

Der längste Dipol hat nach Gl. (27.4.1) die Länge $l_1 = \lambda_{max}/2$ (siehe **Bild 27.4.1**). Ein Verkür-

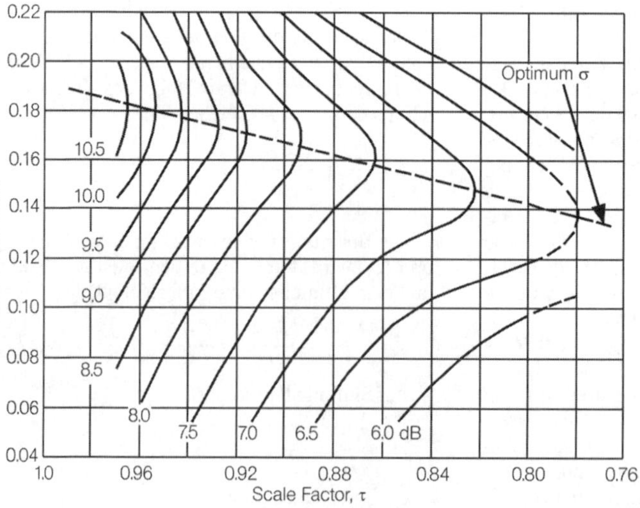

Bild 27.4.2
Diagramm zur Gewinnermittlung von LPDAs

zungsfaktor V wird meistens nicht berücksichtigt. Soll er zum Ansatz kommen, kann man für Drahtantennen im Kurzwellenbereich die Näherungsgleichung Gl. (9.1.4b) verwenden. Für Dipole, die aus Rohren hergestellt sind (z.B. im VHF- und UHF-Bereich), kann der Verkürzungsfaktor aus **Bild 4.10.2** entnommen werden.

Ist die Länge von l_1 ermittelt, kann man alle folgenden Dipollängen durch Multiplikation mit dem Stufungsfaktor τ errechnen:

$$l_1 = l_1 \cdot \tau;\ l_3 = l_2 \cdot \tau;\ l_4 = l_3 \cdot \tau \quad \text{usw.}$$

Für den Stub Z_t wird angegeben:

$$Z_t \leq \frac{\lambda_{max}}{8} \qquad (27.4.13)$$

Man verwendet den Stub Z_t konsequent im VHF- und UHF-Bereich. Über den gesamten Arbeitsbereich B sind die Strahlungsdiagramme von *LPDAs* für jede beliebige Frequenz nahezu identisch; sie unterliegen nur ganz geringfügigen periodischen Veränderungen. Bei den normalerweise vorkommenden Werten von α und τ beträgt die Halbwertsbreite in der E-Ebene α_E etwa 60°. Nur die Halbwertsbreite in der H-Ebene α_H ist abhängig von α und τ. Sie wird um so kleiner, je größer τ und je kleiner α ist. Erst wenn die H-Ebenen-Halbwertsbreite in die Nähe der E-Ebenen-Halbwertsbreite kommt, hängt auch letztere von α und τ ab [4.5].

Das Berechnen der Konstruktionsdaten von LPDAs

Die Eigenentwicklung von *LPDAs* „nach Maß“ ist nicht schwierig, wenn man die erforderlichen Rechenoperationen mit einem elektronischen Taschenrechner vornimmt. Im übrigen ist es bei der Verwirklichung der errechneten Werte durchaus nicht erforderlich, diese mit höchstmöglicher Präzision einzuhalten, d.h., daß man die „krummen“ Werte auf- oder abrunden kann. Breitbandantennen sind tolerant und verlangen zumindest im Kurzwellenbereich keine „Millimeterarbeit“.

Man wird zunächst den gewünschten Arbeitsbereich, z.B. 14 bis 30 MHz festlegen. Nach Gl. (27.4.2) ist B in diesem Fall 30 MHz : 14 MHz = 2,14. Um im praktischen Fall bei der unteren Grenzfrequenz f_u =14 MHz noch gute Rückdämpfung zu erhalten, sollte man f_u um etwa 5% niedriger wählen, z.B. 14 MHz · 0,95 = 13,3 MHz. Dann wird B = 30 MHz : 13,3 MHz = 2,25.

Beim Ermitteln der Daten wird folgende Reihenfolge empfohlen:

1. Auswahl des gewünschten Arbeitsbereiches und Feststellen des Frequenzbereiches B nach Gl. (27.4.2)
2. Auswahl von τ und σ aus **Bild 27.4.2**, wobei gleichzeitig der zu erwartende Gewinn in dBi (dBd = dBi - 2,15 dB) abgelesen werden kann.
3. Errechnen von B_{ar} nach Gl. (27.4.10).
4. Errechnen von B_s nach Gl. (27.4.9).
5. Errechnen des halben Öffnungswinkels $\alpha/2$ nach Gl. (27.4.7). Den zum cot $\alpha/2$ gehörigen Winkel $\alpha/2$ kann man entsprechenden n entnehmen. Mit dem Taschenrechner verfährt man wie folgt: Eingabe cot $\alpha/2$, umwandeln in tan $\alpha/2$ [=1/(cot $\alpha/2$)], mit arc tan erscheint dann der gesuchte Winkel $\alpha/2$:
6. Als Vorausinformation kann nun schon die zu erwartende Antennenlänge A nach Gl. (27.4.12) errechnet werden. Sollte sich A für die örtlichen Verhältnisse als zu lang erweisen, vergrößert man $\alpha/2$ und wiederholt den Rechengang.
7. Errechnen der Anzahl der Dipole E_n nach Gl. (27.4.11) und Aufrunden zur nächsthöheren ganzen Zahl.
8. Errechnen der Dipollänge l_1 nach Gl. (27.4.1) und der folgenden Dipollängen l_2 bis l_n.
9. Errechnen des Abstandes S_1 nach Gl. (27.4.5) und der Folgeabstände S_2 bis S_n.

Berechnungsbeispiel:

Es soll eine *LPDA* nach **Bild 27.4.1** berechnet werden, die eine möglichst geringe Antennenlänge A aufweist und deren Arbeitsbereich von 14 bis 30 MHz reicht. Innerhalb dieses Frequenzumfanges liegen 5 Amateurbänder (10, 12, 15, 17 und 20 m).

zu 1.: Zunächst wird f_u = 14 MHz korrigiert (- 5%) auf 13,3 MHz.
Es ergibt sich
B = 30 MHz : 13,3 MHz = $\underline{\underline{2{,}25}}$

zu 2.: Aus **Bild 27.4.2** wird τ = 0,9 und σ = 0,05 ausgewählt, daraus ergibt sich der zu erwartende Gewinn mit $\underline{\underline{6{,}75\ \text{dBi}}} = \underline{\underline{4{,}6\ \text{dBd}}}$

zu 3.: $B_{ar} = 1{,}1 + [30{,}8 \cdot (1 - \tau) \cdot \sigma] = 1{,}1 + (30{,}8 \cdot 0{,}1 \cdot 0{,}05) = 1{,}1 + 0{,}154 = \underline{\underline{1{,}254}}$

zu 4.: $B_s = B \cdot B_{ar} = 2{,}25 \cdot 1{,}254 = \underline{\underline{2{,}82}}$

zu 5.: $\cot\frac{\alpha}{2} = \frac{4\sigma}{1-\tau} = \frac{0{,}2}{0{,}1} = 2$; $\alpha:2 \approx 26{,}5°$, $\alpha = 53°$

zu 6.: $$A = \left(1 - \frac{1}{B_n}\right) \cdot \left(\frac{4}{1-\tau}\right) \cdot \frac{\lambda_{max}}{4} =$$

$$\left(1 - \frac{1}{2{,}82}\right) \cdot 2 \cdot \frac{22{,}5}{4} = 0{,}645 \cdot 2 \cdot 5{,}625 = \underline{\underline{7{,}26\ \text{m}}}$$

zu 7.: $$E_n = 1 + \frac{\lg B_n}{\lg(1/\tau)} =$$

$$1+\frac{\lg 2,82}{\lg 1,11}=1+\frac{0,45}{0,0458}=\underline{\underline{10,83}}\ \mathrm{m}$$

Es werden 11 Elemente gewählt.

zu 8.: $l_{max}=\frac{\lambda_{max}}{2}$;

$$\lambda_{max}=\frac{300}{13,3\ \mathrm{MHz}}=22,5\ \mathrm{m} \qquad ; l_1=\underline{\underline{11,25}}\ \mathrm{m}$$

$l_2 = 10,13$ m; $l_3 = 9,11$ m; $l_4 = 8,20$ m;
$l_5 = 7,38$ m; $l_6 = 6,64$ m; $l_7 = 5,98$ m;
$l_8 = 5,38$ m; $l_9 = 4,84$ m; $l_{10} = 4,36$ m;
$l_{11} = 3,92$ m.

zu 9.: $S_1 = \lambda_{max} \cdot \sigma = 22,5\ \mathrm{m} \cdot 0,05 = \underline{\underline{1,125\ \mathrm{m}}}$.

$S_2 = 1,012$ m; $S_3 = 0,911$ m;
$S_4 = 0,820$ m; $S_5 = 0,738$ m;
$S_6 = 0,664$ m; $S_7 = 0,598$ m;
$S_8 = 0,538$ m; $S_9 = 0,484$ m;
$S_{10} = 0,436$ m.

Die Addition der Abstände *S* ergibt eine Antennenlänge *A* von 7,33 m. Unter Punkt 6. wurde *A* mit 7,26 m errechnet. Die geringfügige Abweichung der Werte kann toleriert werden.

Das Speisen von LPDAs

Um den an den Punkten *X-X* einer *LPDA* auftretenden reellen Eingangswiderstand R_e näherungsweise feststellen zu können, benötigt man neben den vorgegebenen Faktoren τ und σ noch die Werte des mittleren Wellenwiderstandes Z_a der angeschlossenen Dipole sowie den Wellenwiderstand Z_o der unbelasteten Zweidraht-Verbindungsleitung.

Für Z_a gilt:

$$Z_a=\left[\left(\ln\frac{l}{d}\right)-2,25\right] \qquad (27.4.14)$$

l .... Doppellänge des Leiters
d .... Durchmesser des Leiters

Bei aus Draht hergestellten Dipolen für den Kurzwellenbereich liegt *l/d* bei Werten zwischen etwa 2000 und 6000, woraus sich Wellenwiderstände Z_a zwischen etwa 600 und 800 Ω errechnen lassen. Rohrförmige dicke Leiter haben einen entsprechend niedrigen Z_a. Gleichen Wellenwiderstand Z_a für alle im System vorhandenen Dipole erhält man nur, wenn jeder Dipol das gleiche Verhältnis *l/d* aufweist, d.h., daß man unterschiedliche Elementdurchmesser verwenden müßte. Da dies in der Amateurpraxis kaum möglich ist, rechnet man bei gleichen Elementdurchmessern mit einem Mittelwert.

Man kann annehmen, daß die Zweidraht-Verbindungsleitung auf Grund kurzer Dipole kapazitiv belastet wird und am Ende durch die aktive Region reflexionsfrei abgeschlossen ist. Der Eingangswiderstand Z_o der Zweidrahtleitung ist dann gleich dem Eingangswiderstand R_e [4.5]. Für Z_o besteht der Zusammenhang:

$$Z_0=\frac{R_e^2}{8\sigma'\cdot Z_a}+\left[R_e\sqrt{\left(\frac{R_e}{8\sigma'\cdot Z_a}\right)^2+1}\right] \qquad (27.4.15)$$

σ' ist der mittlere Abstandsfaktor:

$$\sigma'=\frac{\sigma}{\sqrt{\tau}} \qquad (27.4.16)$$

Mit Z_o werden die Abmessungen der Zweidraht-Verbindungsleitung festgelegt [siehe Gleichung (5.5.1) und **Bild 5.5.3**]. Sie haben praktisch keinen Einfluß auf die Strahlungseigenschaften der Antenne. Der Abstand in Dipolmitte zwischen den Anschlüssen der Zweidrahtleitung ist nicht kritisch. Er kann im Kurzwellenbereich etwa 50 bis 150 mm betragen. Im VHF- und UHF-Bereich ist er geringer und sollte etwa $\lambda_{min}/8$ nicht überschreiten.

Der gewünschte Eingangswiderstand R_e kann näherungsweise vorgegeben werden. Bei Drahtdipolen mit ihrem relativ großen Z_a wird in der Praxis R_e in der Größenordnung von etwa 200 Ω angesetzt. Man kommt dann für Z_o zu Werten, die als Zweidrahtleitung noch gut darstellbar sind. Da zum Speisen mit Koaxialkabel ein Symmetriewandler (Balun) erforderlich ist, kann man diesen gleich als Ringkern-Balun-Übertrager nach Abschnitt 7.3.1.4 ausführen und dessen Übersetzungsverhältnis so bemessen, daß die Kabelimpedanz an Z_o angepaßt ist. Auf diese Weise wird die Welligkeit *s* über den ganzen Arbeitsbereich i.a. gering. Der Einsatz eines einfachen Anpaßgerätes (siehe Abschnitt 8.) am senderseitigen Ende des Koaxialkabels wird empfohlen, es gleicht nicht nur die vorhandenen Fehlanpassungen aus, sondern verhindert auch eine Oberwellenabstrahlung über die Antenne, welche bei Breitbandantennen oft gegeben ist.

Als Beispiel soll für die vorher berechnete *LPDA* der Eingangswiderstand R_e bzw. Z_a und dessen Anpassung an ein Koaxialkabel bestimmt werden.

Gegeben:

$\tau = 0,9$; $\sigma = 0,05$; Längen l_1 bis l_{11}, gefertigt aus Kupferdraht mit 2 mm Ø; R_e mit 220 Ω.

Für jedes Amateurband, das im Arbeitsbereich liegt, wird der mittlere Wellenwiderstand Z_a des zugehörigen Dipols ausgerechnet.

Es gilt Gl. (27.4.14).

Ergebnisse:

Frequenz in MHz	14	21	24	28
Wellenwiderstand	760 Ω	705 Ω	685 Ω	676 Ω

Vereinfacht wird mit einem durchschnittlichen Wellenwiderstand $Z_a = 705$ Ω weitergerechnet.

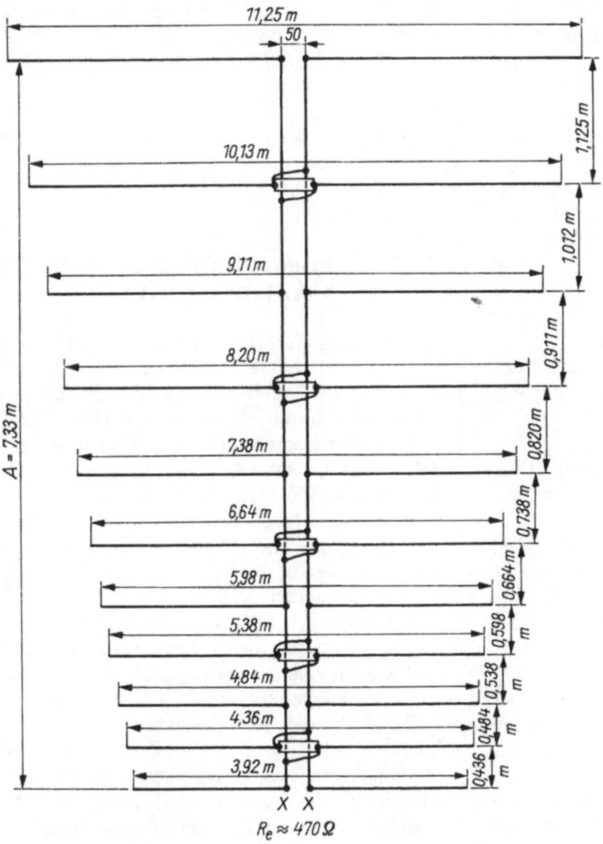

Bild 27.4.3
Konstruktionsschema für eine LPDA für 14 bis 30 MHz
($\tau = 0{,}9$, $\sigma = 0{,}05$, $\alpha = 53°$)

Zunächst stellt man den mittleren Abstandsfaktor σ' nach Gl. (27.4.16) fest:

$$\sigma' = \frac{\sigma}{\sqrt{\tau}} = \frac{0{,}05}{0{,}9487} = \underline{\underline{0{,}0527}}$$

Nun wird Z_0 nach Gl. (27.4.15) errechnet:

$$Z_0 = \frac{(220\,\Omega)^2}{8\sigma' \cdot 705\,\Omega} + \left[220\,\Omega \cdot \sqrt{\left(\frac{220\,\Omega}{8\sigma' \cdot 705\,\Omega}\right)^2 + 1}\right]$$

$$= \frac{(220\,\Omega)^2}{297{,}228\,\Omega} + \left[220\,\Omega \cdot \sqrt{\left(\frac{220\,\Omega}{297{,}228\,\Omega}\right)^2 + 1}\right]$$

$$= 162{,}8\,\Omega + 220\,\Omega \cdot 1{,}244 = \underline{\underline{436\,\Omega}}$$

Für $R_e = 220\,\Omega$ muß $Z_0 \approx 436\,\Omega$ betragen.

Zum Anpassen an ein beliebiges Koaxialkabel schaltet man bei *X-X* einen Ringkern-Balun nach Abschnitt 7.3.1.4 an, der gleichzeitig die erforderliche Symmetriewandlung übernimmt. Bei einem Übersetzungsverhältnis von 6:1 wird ein 75-Ω-Koaxialkabel nahezu ideal angepaßt, und für ein 50-Ω-Koaxialkabel bestehen mit einem Übersetzungsverhältnis von 9:1 die gleichen günstigen Bedingungen. Solche Übertrager werden teilweise industriell gefertigt

Errechnet man zusätzlich Z_0 für die Bereichsenden 14 und 28 MHz mit den jeweils zugehörigen $Z_a = 760\,\Omega$ bzw. $Z_a = 676\,\Omega$, erhält man $Z_0 = 418\,\Omega$ bzw. $Z_0 = 448\,\Omega$. Daraus kann abgeleitet werden, daß die Welligkeit *s* auf dem Koaxialkabel über den ganzen Arbeitsbereich $\leq 1{,}1$ wird.

In **Bild 27.4.3** ist diese errechnete *LPDA* mit allen erforderlichen Abmessungen skizziert. Mechanisch abweichend von **Bild 27.4.1** wird dort die Zweidraht-Verbindungsleitung ausgeführt. Es werden Abstandsstreifen aus Isoliermaterial verwendet, über die umgepolt wird. Im Prinzip handelt es sich um die gleiche Schaltung wie in **Bild 27.4.1**, diese Zweidrahtleitung ist jedoch mechanisch einfacher herzustellen, und man kann ihren Wellenwiderstand besser definieren. Im vorliegenden Fall beträgt der Abstand D = 40 mm und der Drahtdurchmesser d = 2 mm. Somit ergibt sich der Wellenwiderstand nach Gl. (5.5.1) oder **Bild 5.5.3**, zu 443 Ω. Bei einem Drahtdurchmesser von z.B. 1,6 mm wählt man den Abstand D mit nur 32 mm (D/d = 20). Es gibt unzählbare Möglichkeiten, *LPDAs* mit den verschiedensten Eigenschaften zu konstruieren, und auch mechanisch sind viele Varianten denkbar. Auf diese ist im Abschnitt 24.4 bei der Beschreibung von VHF- und UHF-Ausführungen näher eingegangen. Drehbare Ausführungen von Kurzwellen-*LPDA*s sind bei kommerziellen Funkdiensten üblich, der Funkamateur kann sie nur in seltenen Ausnahmefällen verwirklichen. Feststehende Drahtausführungen sind häufig möglich, wenn genügend Aufbauplatz und 4 erhöhte Stützpunkte zum Aufhängen vorhanden sind. Der materielle Aufwand ist dann sehr gering.

Entsprechende Literaturstellen über *LPDA*s sind [4.9] - [4.21].

Log.-per. Dipolantennen für Kurzwelle werden in *DL* von der Firma *Titanex* hergestellt [4.22].

Erläuterung:
Der von *Isbell* in seiner Veröffentlichung [4.1] (Fig. 14, p. 265) angegebene Gewinn ist „zu optimistisch", oder anders ausgedrückt „falsch".

Die Gewinndiagramme von *Carrel* in [4.2], [4.3] und [4.4], auf die sich dann alle nachfolgenden Autoren beziehen, sind auch fehlerhaft. Bei der Diagrammberechnung wurde ein „$\sin\theta$" im Zähler statt im Nenner verwendet, so daß sich ein „$\sin^2\theta$" ergab. Die Folge war ein schmäleres *E*-Diagramm mit einem um etwa 1,5 dB größeren Gewinn. Der Fehler blieb fast 10 Jahre unbemerkt. 1970 machte *Boswell* von der Firma *Marconi* auf diesen Fehler aufmerksam [4.23] und beschrieb den Fehler noch einmal 1973 [4.24]. Aber erst 1976 fand eine Veröffentlichung von berechneten Gewinnwerten nach verschiedenen Methoden mit dem Fehlerhinweis durch *Butson* und *Thompson* [4.25] größere Aufmerksamkeit. Die falschen Diagramme finden sich bei den oft zitierten Autoren *Rhodes* [4.10], sowie *Scholz* und *Smith* [4.11] und sogar bis in die Gegenwart, etwa 1997 bei *DL1VU* [4.17] (S. 48, Bild 3) und 2000 bei *DL9HCG* [4.21a] [S. 72] und [4.21b] (S. 59, Bild 1).

Der bislang letzte Hinweis auf diesen Fehler erfolgte 1999 in der Amateurfunkliteratur durch *K9LA* [4.26].

27.5 Logarithmisch-periodische V-Antenne (LPVA)

Äußerlich unterscheidet sich die *logarithmisch-periodische V-Antenne* oder *LPVA* von einer LPDA dadurch, daß ihre Dipole zur fiktiven Antennenspitze hin V-förmig abgeknickt sind (**Bild 27.5.1**).

Die experimentellen Untersuchungen an der *LPVA* wurden im Antennenlabor der Universität von Illinois von *P.E: Mayes* und *R.L. Carrel* durchgeführt und die Ergebnisse 1960 und 1961 veröffentlicht [5.1] [5.2]. Theoretische Erkenntnisse über die *LPVA* wurden an der Universität von Montreal in Kanada gewonnen [5.3].

Elektrisch werden die V-Dipole so bemessen, daß sie in verschiedenen Schwingungsmoden erregt werden können. Bei f_{min} strahlen jene V-Dipole, deren Länge etwa $\lambda/2$ beträgt. Mit steigender Frequenz bewegt sich die aktive Region zu den kürzeren V-Dipolen hin, bis schließlich die längsten Dipole mit ihrer $3\lambda/2$-Resonanz erregt werden. Erhöht sich die Frequenz noch weiter, wird ab einem bestimmten Wert in der $5\lambda/2$-Resonanz (usw. bei allen ungeradzahligen Vielfachen von $\lambda/2$) erregt. Die Schwingungsmoden wechseln nicht kontinuierlich, sondern es entstehen zwischen den verschiedenen Schwingungsmoden Übergangsgebie-

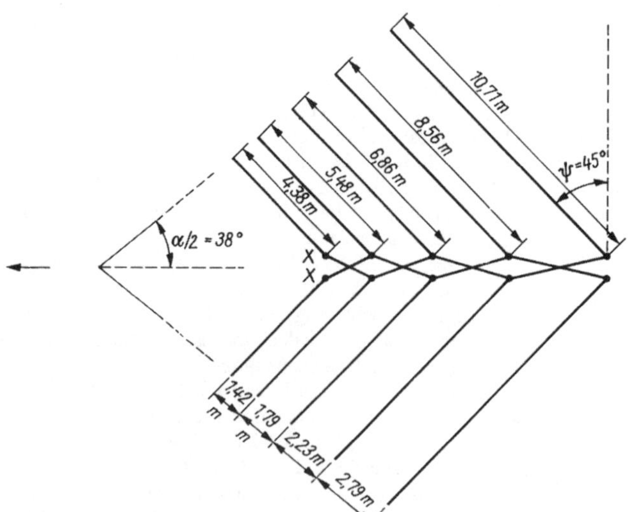

Bild 27.5.1
Bemessungsschema einer LPVA für 7 bis 30 MHz;
$\tau = 0{,}8$; $\sigma = 0{,}05$; gleiche Abmessungen für beide Schenkeln

te, in denen die Antenne nicht verwendbar ist [4.5]. Die Antenne ist also nicht frequenzunabhängig, obwohl sie nach dem logarithmisch-periodischen Prinzip aufgebaut wurde. Bis auf die Übergangsgebiete können theoretisch beliebig große Frequenzbandbreiten erreicht werden. Das Abknicken der Dipole bewirkt bei den höheren Schwingungsmoden einen zusätzlichen Gewinn, der vom Spreizwinkel und von der Schenkellänge abhängt (siehe Abschnitt 11.1.2).

Wird eine logarithmisch periodische V-Antenne mit Halbwellen V-Elementen für den Frequenzbereich von 7 bis 14 MHz bemessen, so kann sie gleichzeitig mit der $3\lambda/2$-Resonanz im Bereich von 21 bis 42 MHz arbeiten. Eine solche praktisch erprobte Antenne wurde von *Rhodes* in [5.4] beschrieben. Ihr Bemessungsschema ist in **Bild 27.5.1** dargestellt. Die Richtantenne besteht aus Leichtmetallrohren und ist drehbar ausgeführt. Im praktischen Fall wurde das längste V-Element (Gesamtlänge 21,42 m) auf 17,12 m verkürzt und an seinen Enden mit Ringen aus Leichtmetalldraht kapazitiv belastet.

Für 7 und 14 MHz wird ein Gewinn von etwa 7 dBd. angegeben (horizontale Halbwertsbreite 70° bzw. 68°); für den Betrieb im Bereich von 21 bis 42 MHz erhöht sich der Gewinn auf 10 dBd (horizontale Halbwertsbreite für 21 MHz = 59°, für 28 MHz = 58°). Mit ähnlichen Werten darf auch für die Bänder 10,1; 18 und 25 MHz gerechnet werden. Die Antenne wird bei *X-X* mit einer 300-Ω-Zweidrahtleitung direkt gespeist. Nach Zwischenschalten eines Baluns (Übertragers 4:1) kann man über ein Koaxialkabel speisen. Weitere mechanische und elektrische Angaben sind in [5.4] enthalten.

Eine ähnliche Richtantenne mit V-förmigen logarithmisch-periodischen Elementen wurde von *YV5DLT*, ex *W5DLT* entwickelt [5.5]. Wegen ihres Aussehens erhielt sie den treffenden Namen *Telerana,* womit man in der spanischen Sprache ein Spinnengewebe bezeichnet (engl. = spiderweb). Das Bemessungsschema zeigt **Bild 27.5.2**. Es handelt sich um eine drehbare Leichtbau-Drahtantenne für den Frequenzbereich von 13 bis 30 MHz. Sie wird von kreuzförmig angeordneten verspannten Glasfiberstäben getragen. Für die Musterantenne wird ein Gesamtgewicht von 18 kg angegeben. Die etwas umfangreichen mechanischen Einzelheiten sind in [5.5] enthalten.

Die überkreuzte Erregerleitung wurde nur zur besseren Übersicht eingezeichnet, tatsächlich wird sie nach **Bild 27.4.3** ausgeführt, wobei ihr Wellenwiderstand 400 Ω betragen soll. Bei *X-X* wird ein Balun (Übertrager 4:1) angeschlossen; man kann dann die Antenne über ein 50-Ω-Koaxialkabel speisen.

Die $3\lambda/2$-Resonanz dieser Antenne liegt im VHF-Bereich zwischen 39 und 90 MHz, sie wird im vorliegenden Fall nicht genutzt. Man darf annehmen, daß die Elemente vor allem aus mechanischen Gründen abgewinkelt wurden, um eine möglichst kompakte Ausführung zu erhalten.

27.6 Logarithmisch-periodische *Yagi*-Antenne (LPYA)

Als eine Kreuzung von LPDA und *Yagi* erweist sich die *logarithmisch-periodische Yagi-Antenne* oder *LPYA* oder auch *Log-Yag*. Sie besteht aus einer

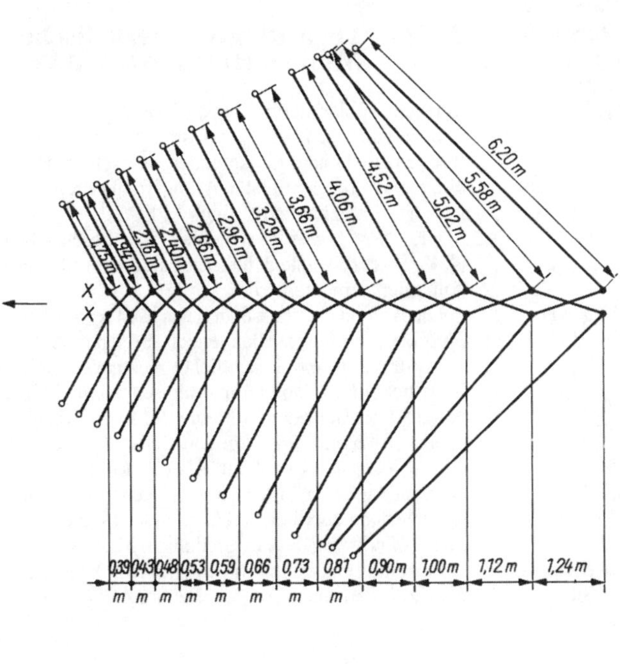

Bild 27.5.2
Bemessungsschema der *Telerana* nach *YV5DLT* für 13 bis 30 MHz; $\tau = 0{,}9$; $\sigma = 0{,}05$; gleiche Abmessungen für beide Schenkeln

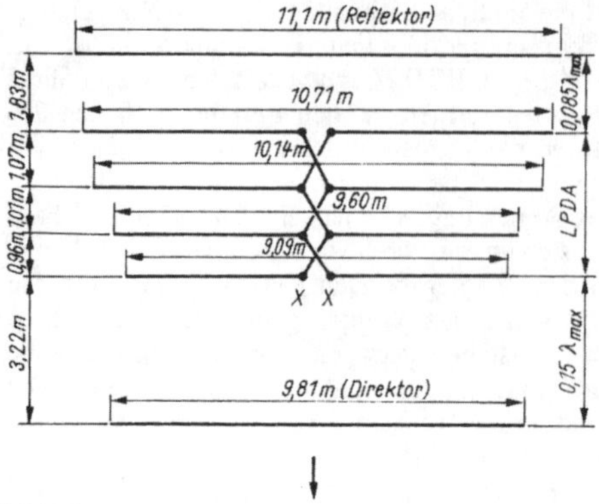

Bild 27.6.1
Bemessungsschema einer LPYA
für 14 bis 14,35 MHz

LPDA, der in entsprechenden Abständen ein Reflektor, sowie ein oder mehrere Direktoren angefügt sind.

Die *LPYA* wurde 1965 und 1966 beschrieben [6.1] und [6.2], in der Amateurfunk-Literatur erst 1976 durch *K4EWG* und *W4BBP* [6.3]. **Bild 27.6.1** zeigt das Bemessungsschema einer *LPYA*, die in [6.3] ausführlich beschrieben wurde.

Der logarithmisch periodische Erreger besitzt 4 Elemente und ist für den Bereich 14,00 bis 14,35 MHz bemessen (B = 1,025). Der parasitäre Reflektor in 0,85λ Abstand erhöht die Rückdämpfung, und der Direktor in 0,15λ Abstand bewirkt ein Verkleinern der Halbwertsbreite. Für die ganze Antenne wird ein rechnerisch ermittelter Gewinn von theoretisch 11,5 dBd angegeben. Die horizontale Halbwertsbreite wird mit 42°, und das Vor/Rück-Verhältnis mit 32 dB angegeben. Als Eingangsimpedanz ($R_e = Z_0$) werden 37 Ω angegeben, so daß die Antenne über einen Symmetriewandler (Balun) 1:1 mit einem beliebig langen 50-Ω-Koaxialkabel gespeist werden kann. In diesem Fall beträgt die Welligkeit s = 1,35.

Den logarithmisch periodischen Erreger berechnet man nach Abschnitt 27.4 auf der Grundlage von **Bild 27.4.1**.

Dabei ergeben sich folgende Werte:

Frequenzbereich:	14,00 bis 14,35 MHz
Arbeitsbereich:	B = 1,025
Strukturbandbreite:	$B_s \approx 1{,}179$
Aktive Region:	$B_{ar} = 1{,}15$
Stufungsfaktor:	$\tau \approx 0{,}95$
Abstandsfaktor:	$\sigma = 0{,}05$
Halber Spitzenwinkel:	$\alpha/2 = 14{,}92°$
	($\cot \alpha/2 = 3{,}753$)
Gewinn (nach **Bild 27.4.2**):	7,75 dBi ≡ 5,6 dBd

Zum Gewinn des logarithmisch periodischen Erregers addiert sich noch der von den Parasitärelementen durch Verbessern der Rückdämpfung und Verringern der Halbwertsbreite eingebrachte Gewinn. Zum Gewinn der Log-Zelle müßte dann ein möglicher Zusatzgewinn von 2 x 2,5 dB kommen, damit man auf den angegebenen Gesamtgewinn von ≈ 11,5 dBd kommt.

Allerdings wird durch das Hinzufügen von parasitären Elementen der Frequenzbereich einer solchen Antenne eingeschränkt, denn mit steigender Frequenz verliert der Reflektor seine Wirkung und der Direktor übernimmt dessen Funktion. Deshalb setzt man die *LPYA* im Kurzwellenbereich nur als Einbandantenne ein. Für das Bemessen der Parasitärelemente gilt, wenn man die Frequenz im MHz und Längen und Abstände in m bemißt:

Die drehbare Musterantenne wurde aus Leichtmetallrohren hergestellt. Ausführliche mechanische Hinweise zur Konstruktion werden in [6.3] gegeben.

$$\text{Reflektorlänge} = \frac{155{,}3}{f_{\min}} \qquad (27.6.1)$$

$$\text{Reflektorabstand} = \frac{25{,}6}{f_{\min}} \qquad (27.6.2)$$

$$\text{Direktorlänge} = \frac{137{,}4}{f_{\min}} \qquad (27.6.3)$$

$$\text{Direktorabstand} = \frac{45{,}1}{f_{\min}} \qquad (27.6.4)$$

Eine weitere Literaturstelle ist [6.4].

27.7 Logarithmisch-periodische Monopolantenne (LPMA)

Vertikal polarisierte *logarithmisch-periodische Monopolantennen (LPMA*s) sind unidirektionale frequenzunabhängige Antennen mit einer Höhe von nur $\lambda/4$ bei der tiefsten Arbeitsfrequenz, anstelle von $\lambda/2$ wie bei den übrigen LPDAs.

Die *LPMA* wurde erstmals 1961 beschrieben [7.1], in der Amateurfunk-Literatur kommt diese Antennenform kaum vor.

Die Antennenabmessungen wachsen reziprok zur Frequenz. Im Kurzwellenbereich erreichen Antennensysteme schon beachtliche Ausmaße. Bei 1 MHz hat ein $\lambda/2$-Dipol immerhin schon eine Länge von 150 m. Bei tieferen Frequenzen wird vorwiegend vertikale Polarisation verwendet. Wollte man hierfür eine senkrecht aufgebaute LPD-Antenne verwenden, so erfordert dies entweder hohe und teure Masten oder bei Verkürzung der Elemente eine Verminderung des Abstrahlungswirkungsgrades.

Für eine senkrecht aufgehängte LPDA bei einer relativ hohen unteren Grenzfrequenz von 5 MHz

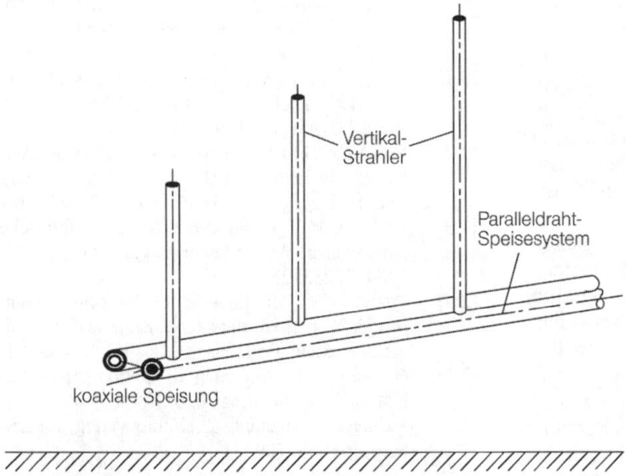

Bild 27.7.1
LPMA über Erdboden

wird bereits ein Mast von 42 m Höhe benötigt. Eine weitere Erniedrigung der unteren Frequenzgrenze würde die erforderliche Masthöhe rasch ansteigen lassen [7.2].

Günstigere Verhältnisse ergeben sich, wenn anstelle der senkrechten Dipolanordnung eine Monopolausführung tritt. Das Antennensystem besteht dann aus einer nach einer geometrischen Reihe gestaffelten, senkrechten $\lambda/4$-Strahler.

In [7.2] wird der Aufbau einer *logarithmisch-periodischen Monopolantenne (LPMA)* geschildert. Senkrechte $\lambda/4$-Antennen über Erde (unsymmetrische Antennen) müssen unsymmetrisch gespeist werden. Die Speisung eines nach dem LPD-Prinzip arbeitenden Antennensystem erfordert eine sehr langsame Speisewelle. Der Phasenunterschied am Fußpunkt zweier aufeinanderfolgenden Strahler muß etwas größer als 180° sein. Die Verzögerung reicht bei den geringen Strahlerabständen nicht aus, um angenähert eine Phasenumkehr zu erzielen. Bei symmetrischer Speiseleitung erzeugt man „künstlich" eine zusätzliche Phasendrehung um 180°, indem man abwechselnd die einzelnen Halbdipole an den einen und den anderen Pol der Leitung anschließt. Bei einer unsymmetrischen Leitung ist dies nicht möglich.

Analog zu einer LPD-Antenne wurde eine symmetrische Speiseleitung verwendet. Der Wellenwiderstand erhielt einen Wert, der eine Anpassung an 50 Ω ergab. Ebenfalls analog zur LPD-Antenne wurden die einzelnen senkrechten $\lambda/4$-Strahler abwechselnd auf dem einen und dem anderen Pol der Leitung befestigt. Die zweite untere Hälfte wurde durch den Erdboden ersetzt (**Bild 27.7.1**).

Die Messungen der Eingangsimpedanz ergaben starke Fehlanpassungen. Die Schwankungen um den Mittelwert waren recht groß. Es ergab sich eine maximale Welligkeit von $s = 5$. Obwohl die Leitfähigkeit des Erdbodens sehr gesteigert wurde ergab sich keine Änderung. der Einfluß des Erdbodens auf die Anpassung war sehr gering. Bei einem einzelnen $\lambda/4$-Strahler dient der leitende Erdboden als Gegengewicht und mit dem Spiegelbild ergibt sich ein symmetrischer vertikaler $\lambda/2$-Strahler. Bei einer *LPMA* ist die offensichtlich nicht der Fall. Auch bei leitendem Untergrund hat das erwartete Spiegelbild

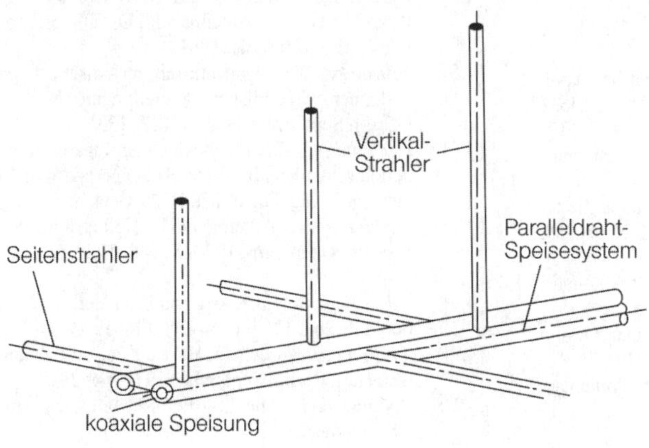

Bild 27.7.2
LPMA mit Seitenstrahler

die Unsymmetrie nicht beseitigen können. Um diese Unsymmetrie in der Belastung der Speiseleitung auszugleichen wurde bei jedem senkrechten Strahler ein gleichlanger horizontaler Strahler am gegenüberliegenden Pol der Speiseleitung angebracht (**Bild 27.7.2**). Die Seitenstrahler befinden sich in geringer Höhe parallel zum Erdboden. Da die beiden Strahler senkrecht aufeinander stehen, findet keine Strahlungskopplung statt.

Die Messungen der Eingangsimpedanz ergaben jetzt einen Mittelwert von 50 Ω mit sehr kleinen Schwankungen innerhalb des Arbeitsbereiches. Ein Einfluß des Abstandes zum Erdboden konnte nicht festgestellt werden. Bei einer *LPMA* für den Bereich 1 bis 30 MHz blieb die Wellligkeit unter $s = 2$. Die Paralleldrahtleitung befand sich 30 cm über dem Erdboden. Das horizontale Richtdiagramm war fast unabhängig von der Frequenz. Durch die Seitenstrahler tritt eine Horizontalkomponente auf, die aber viel geringer ist als die vertikale. Der Unterschied beträgt im gesamten Bereich mindestens 20 dB.

Literatur zu Abschnitt 27

[1.1] *Hille, K.H.*: Die Erfindung und Entwicklung der logarithmisch-periodischen Antennen. Funk 4/97, S. 30–33

[1.2] *E.M. Turner* – US 2,863,1465 – 1955

[1.3] *Dyson, J.D.*: The Equiangular Spiral Antenna. IRE Trans. AP, April 1959, pp. 181–187

[1.4] *J.D. Dyson* – US 2,958,081 – 1959

[1.5] *Rumsey, V.H.*: Frequency Independent Antennas. IRE Nat. Conv. Rec., 1957, pp. 114–118

[1.6] *DuHamel, R.H.; Isbell, D.E.*: Broadband Logarithmically Periodic Antenna Structures. IRE Nat. Conv. Rec., 1957, pp. 119–128

[1.7] *R.H. DuHamel; F.R. Ore* – US 3,079,602 – 1958

[1.8] *R.H. DuHamel; D.G. Berry* – US 2,984,835 –1959

[1.9] *P.E. Mayes; R.L. Carrel* – US 3,108,280 – 1960

[1.10] *M.F. Radford* – GB 867,339 – 1958

[1.11] *E.W. Woluszczuk* – US 3,165,748 – Brit. Priorität 1961

[1.12] *R. Greif; F. Scheuerecker; J. Gropp – DE* 1 286 590 – 1969

[1.13] *Nowatzky, D.*: Logarithmisch periodische Dipolantennen. Technische Mitteilungen RFZ, 7 (1963), Juni, H. 2, S. 77–80; September, H. 3, S. 127–133

[1.14] *Dyson, J.D.*: Frequency-Independent Antennas. Electronics, April 20, 1962, pp. 39–44

[1.15] *Wohlleben, R.*: Die Typen linear-polarisierter logarithmisch-periodischer nen. NTZ, H. 9/1969, S. 531–542

[1.16] *Rumsey, V.H.*: Frequency Independent Antennas. Academic, London, 1966

[1.17] *Smith, C.E.*: Log Periodic Antenna Design Handbook. Smith, Cleveland, OH, 1979

[1.18] *CCIR*: Handbook on HF-Directional Antennae. ITU, Geneva, 1966

[1.19] *DVL*: Breitbandantennen. (DVL-Bericht Nr. 256). DVL, Porz-Wahn, 1963, S. 31–57

[2.1] *Greif, R.*: Logarithmisch periodische Antennen. Nachrichtentechnische Fachberichte (NTF), Band 23/1961, S. 81–93

[2.2] *Nowatzky, D.*: Logarithmisch periodische Dipolantennen. Technische Mitteilungen RFZ, 7 (1963), Juni, H. 2, S. 77–80; September, H. 3, S. 127–133

[2.3] *Radford, M.F.*; *Wolusczuk, E.W.*: Logarithmische Antennen in Weitverkehrsanlagen. NTZ, H. 18/1964, S. 283–287

[2.4] *Pfletscher, O.*: Die Entwicklung der logarithmisch-periodischen Breitband-Dipolantenne und ihre Dimensionierung. Funkschau H. 18/1964, S. 491–492

[2.5] *Heilmann, A.*: Antennen III, Bibliographisches Institut, Mannheim, 1970, S. 149–172

[2.6] *Stirner, E.*: Antennen 2, Hüthig Verlag, Heidelberg, 1980, S. 129–137

[3.1] *Radford, M.F.*; *Wolusczuk, E.W.*: Logarithmische Antennen in Weitverkehrsanlagen. NTZ, H. 18/1964, S. 283–287

[3.2] *DuHamel, R.H.; Isbell, D.E.*: Broadband Logarithmically Periodic Antenna Structures. IRE Nat. Conv. Rec., 1957, pp. 119–128

[3.3] *Heilmann, A.*: Antennen III, Bibliographisches Institut, Mannheim, 1970, S. 149–172

[3.4] *DuHammel, R.H.*; *Ore, F.R.*: Logarithmically Periodic Antenna Designs. IRE Nat. Conv. Rec., 1958, pp. 139–151

[3.5] *DuHammel, R.H.*; *Berry, D.G.*: A New Concept in High Frequency Antenna Design. IRE Nat. Conv. Rec., 1959, pp. 42–50

[3.6] *DuHammel, R.H.*; *Ore, F.R.*: Log Periodic Feeds for Lens and Reflectors. IRE Nat. Conv. Rec., 1959, pp. 128–137

[4.1] *Isbell, D.E.*: Log Periodic Dipole Arrays. IRE Trans. AP-8, May 1960, pp. 260–267

[4.2] *Carrel, R.*: The Design of Log-Periodic Dipole Antennas. IRE Int. Conv. Rec., 1961, pp. 61–75

[4.3] *Carrel, R.L.*: Analysis and Design of the Log-Periodic Dipole Antenna. Antenna Lab. Rep. 52, University of Illinois, 1961

[4.4] *Carrel, R.L.*: Analysis and Design of the Log-Periodic Dipole Antenna. Ph.D. Dissertation, University of Illinois, 1961

[4.5] *Nowatzky, D.*: Logarithmisch periodische Dipolantennen. Technische Mitteilungen RFZ, 7 (1963), September, H. 3, S. 127–133

[4.6] *Pfletscher, O.*: Die Entwicklung der logarithmisch-periodischen Breitband-Dipolantenne und ihre Dimensionierung. Funkschau H. 20/1964, S. 543–546

[4.7] *Heilmann, A.*: Antennen III, Bibliographisches Institut, Mannheim, 1970, S. 149–172

[4.8] *Johnson, R.C.* (Ed.): Antenna Engineering Handbook, 3rd ed. 1993, p. 14–38, Fig. 14–34

[4.9] *Smith, G.E.*: Threeband HF Log-Periodic Antennas. Ham Radio, September 1972, pp. 28–35

[4.10] *Rhodes, P.D.*: The Log-Periodic Dipole Array. QST November 1973, pp. 16–22

[4.11] *Scholz, P.A.; Smith, G.E.:* Log-Periodic Antenna Design. Ham Radio, December 1979, pp. 34–39

[4.12] *Smith, G.E.; Scholz, P.A.:* Log-Periodic Antennas for the HF Amateur Bands. Ham Radio, January 1980, pp. 66–68

[4.13] *Bloom, J.*: Input Impedance of LPD-Antennas. QST October 1986, p. 51

[4.14] *Sturm, A.*: Eine logarithmisch-periodische Antenne für 14 bis 30 MHz. CQ-DL 7/92, S. 419–423

[4.15] *Carr, P.*: The Cushcraft ASL 2010 Log-Periodic Antenna. CQ August 1995, pp. 26, 28–30

[4.16] *Lass, M.*: Logarithmisch-periodische Antenne. CQ-DL 2/96, S. 120–124

[4.17] *Hille, K.H.*: Die Logarithmisch-periodische Dipolantenne DLP-13 der Firma Titanex. Funk 5/97,

[4.18] *Steyer, M.*: Test Titanex-Antenne DLP-15: Sieben Bänder und mehr. Funkamateur 9/98, S. 1043–1045

[4.19] *Schiffhauer, N.*: Titanex DLPII-Logper für 40 m, 30 m und 14MHz – 30 MHz. Funk 9/98, S. 56–60

[4.20] *Hetzer, J.*; *Rauhut, M.*: Logarithmisch-periodische Antenne LP5 von Titanex in der Praxis. QRP-Report 1.99, S. 4–6

[4.21a] *Lindemann, G.*: Logarithmisch-periodische Dipolantennen. AATIS, Praxisheft 8, Februar 1999, S. 70–73

[4.21b] *Lindemann, G.*: Die Wunderantenne – Gibt es sie endlich? Funk 3/2000, S. 58–61

[4.22] *TITANEX*: HF-Antennen. (Katalog 2000). TITANEX Antennentechnik, 94339 Leiblfing,. Internet: http://www.titanex.de; E-Mail: titanex@t-online.de

[4.23] *Boswell, A.G.P.*:Log-Periodic Dipole Arrays. Marconi Review, 178/1970, pp. 225–231

[4.24] *Boswell, A.G.P.*: Log-Periodic Dipole Arrays. Point-to-Point Communication, May 1973, pp. 64–70

[4.25] *Butson, P.C.*; *Thompson, G.T.*: A Note on the Calculation of the Gain of Log-Periodic Dipole Antennas. IEEE Trans. AP-24, January 1976, pp. 105–106

[4.26] *Luetzelschwab, C.*: Log-Periodic Dipole Array Improvements. (ARRL Antenna Compendium Vol. 6, pp. 74–76). ARRL, Newington, CT, 1999

[5.1] *Mayes, P.E.*; *Carrel, R.E.:* Logarithmically Periodic Resonant V-Arrays. Antenna Lab. Rep. 47, University of Illinois, 1960

[5.2] *Mayes, P.E.*; *Carrel, R.E.:* Log Periodic Resonant V-Arrays. IRE Wescon Conv. Rec. Part 1, 1961

[5.3] *Chan, K.K.*; *Silvester, P.*: Analysis of Log-Periodic V-Dipole Antenna. IEEE Trans. AP-23, May 1975, pp. 397–401

[5.4] *Rhodes, P.D.:* The Log-Periodic V Array. QST, October 1979, pp. 40–43

[5.5] *Eckols, A.:* The TELERANA – A Broadband 13 to 30 MHz Directional Antenna. QST July 1981, pp. 24–27

[6.1] *Barbano, N.*: Periodic dipole array with parasitic elements. Microwave Journal, October 1965, pp. 41–44, 67–69

[6.2] *Barbano, N.*: Log-Periodic Yagi Uda Array. IEEE Trans. AP-14, March 1966, pp. 235–238

[6.3] *Rhodes, P.D.*; *Painter, J.R.*: The Log-Yag Array. QST December 1976, pp. 18–21; auch in *Anderson, M.S.* (*Ed.*): Antenna Anthology. pp. 49-52, ARRL, Newington, CT, 1978

[6.4] *Johnson, L.D.*: Log-Yagis simplified. Ham Radio, May 1983, pp. 78–82

[7.1] *Berry, D.G.; Ore, F.R.:* Log Periodic Monopole Array. IRE Nat. Conv. Rec. Part 1, 1961, pp. 76–85

[7.2] *Schildheuer, F.; Russegger, M.*: Vertikal polarisierte logarithmisch-periodische Antenne mit λ/4-Strahlern. NTZ Mai 1969, S. 253–256

28 Amateurfunk-Antennen für den beweglichen Einsatz

Zuweilen wird eine Amateurfunkanlage vorübergehend von beliebig wechselnden Standorten aus betrieben. Beim beweglichen Einsatz unterscheidet man zwischen:

Mobil-Betrieb
Portabel-Betrieb

Mit dem heutigen Grad der Motorisierung vergrößert sich auch die Zahl jener Funkamateure, die den Betrieb im fahrenden Kraftfahrzeug ausüben; man spricht dann vom *Mobilbetrieb*. Durch das Fortschreiten der Halbleitertechnik hat dieser einen besonderen Auftrieb erhalten. Es stellt auch einen besonderen Reiz dar, jederzeit Sprechfunkverkehr vom Fahrzeug aus auf Kurzwelle oder UKW durchführen zu können.

Auch die Zahl der Funkamateure, die den Betrieb im „Freien" ausüben, wächst inzwischen. Der Portabel-Betrieb hat auch einen größeren Aufschwung genommen. Die Gründe dafür können sein: Schwierigkeiten zu Hause (Familie oder Vermieter), TVI & BCI, Wunsch nach geselligem Beisammensein z.B. bei „Field-Days", oder aber Wettbewerbe z.B. BBT-Tag.

Aus Gründen der Ausbreitung und wegen unterschiedlicher Antennenformen unterscheidet man beim beweglichen Betrieb auch zwischen:

HF-Bereich
VHF/UHF-Bereich

Nicht zuletzt muß in diesem Zusammenhang noch die **Fuchsjagd** erwähnt werden, die sich aus einer anfänglichen Spielerei zu einer sehr beliebten Sportart entwickelt hat, die gleichermaßen den technischen und den körperlichen Einsatz fordert.

Für diese Sonderrichtungen des Amateurfunks benötigt man Antennen, die in ihren technischen und mechanischen Daten den jeweiligen speziellen Forderungen möglichst gut entsprechen.

28.1 Mobilantennen

28.1.1 HF-Mobilantennen

Sehr begrenzt ist die Antennenauswahl beim Betrieb auf Kurzwelle. In erster Linie kommt eine elektrisch verkürzte Vertikalstabantenne in Frage. Lediglich für den Betrieb im 10 m-Band kann eine solche Vertikalantenne für volle mechanische Viertelwellenlänge bemessen werden (etwa 2,50 m). Für größere Wellenlängen verbieten Straßenverkehrsordnung und Vernunft die natürliche Resonanzlänge. In diesem Fall kann man nur noch mit eingefügten Verlängerungsspulen arbeiten, wobei die bekannten Nachteile, wie schlechter Wirkungsgrad, geringer Frequenzbereich und schwierige Speisung, auftreten.

Eine der ersten Veröffentlichungen über HF-Mobilantennen ist 1940 in USA in der Zeitschrift *Electronics* erschienen [1.1]. Darin war auch das Bild eines Rancher-Patrolfahrzeuges im Yellowstone Nationalpark mit einer Mobilantenne für 2,5 bis 3,4 MHz zu sehen.

Allgemeine Beiträge über kurze Antennen sind [1.2]–[1.7]. Frühe Artikel über HF-Mobilantennen im Amateurfunk-Bereich sind [1.8]–[1.11]. Neuere Literatur über HF-Mobilantennen sind [1.12]–[1.31].

Es gibt vier Möglichkeiten eine verkürzte Vertikalantenne (Mobilantenne) aufzubauen:

1. Kapazität an der Spitze (Top-Loading)
2. Spule in der Mitte (Center-Loading)
3. Spule am Fußpunkt (Base-Loading)
4. Verteilte Induktivität (Continously-Loading)

Beim Mobilbetrieb wird verwendet:
Nr. 1 wird fast nie
Nr. 2 und 3 meistens
Nr. 4 selten.

HF-Mobilantennen werden auch von einigen Firmen hergestellt. Eine Auswahl von Produkt-Beschreibungen ist [1.32]–[1.39].

Bei kommerziellen Mobilantennen wird oft aus optischen oder fahrtechnischen Gründen eine kleine Mittelspule oder eine kleine Fußpunktspule verwendet. Hier müssen dann die technischen Argumente den kaufmännischen weichen.

28.1.1.1 Mechanische Ausführung verkürzter Vertikalantennen

Ein mechanisches Problem ist die Standsicherheit des Antennenstrahlers. Er soll elastisch sein, darf aber während der Fahrt nicht in Schwingbewegungen geraten. Da der Antennenstab im allgemeinen nur an seinem Fußpunkt befestigt werden kann, wirkt sich sein Luftwiderstand dort als eine Hebelkraft aus, die mit wachsender Geschwindigkeit zunimmt. Daraus ergibt sich die Forderung nach einem dünnen Antennenrohr mit geringem Luftwiderstand, das sich möglichst nach der Spitze hin konisch verjüngt, weil sich am langen Hebelarm der Luftwiderstand am stärksten auswirkt.

Einerseits sollte aus Gründen der Festigkeit die Stabantenne aus einem Stück bestehen, andererseits ist aber Zerlegbarkeit erwünscht, um sie gegebenenfalls auch im Fahrzeuginneren transportieren zu können. Schließlich soll auch die Befestigung am Antennenfuß leicht lösbar sein; denn bei Einfahrt in die Garage muß sich die Antenne abnehmen lassen.

Für Wellenlängen > 10 m braucht man immer eine Verlängerungsspule. Aus technischen Gründen ist ihr günstigster Platz am Fußpunkt des Stabes. Dort – im Strommaximum – sind aber die Spulenverluste am größten. Der Strahlungswiderstand und damit auch der Wirkungsgrad erhöhen sich, wenn man die Verlängerungsspule mehr zu Antennenspitze hin anordnet. Als günstige Kompromißlösung wird vorgeschlagen, die Verlängerungsspule 1/4 bis 1/2 der Stablänge vom Fußpunkt entfernt einzufügen.

Als günstigster Befestigungspunkt für eine Kurzwellenmobilantenne dürften sich fast immer die Stoßstangen am Fahrzeugheck bzw. ihre Befestigungsbügel eignen. Dort besteht ausreichende Stabilität, und man kann auch eine gute metallische Verbindung mit den übrigen Fahrzeugmetallteilen erwarten. Von ausschlaggebender Bedeutung ist aber in den meisten Fällen, daß bei dieser Befestigungsart die Karosserie nicht beschädigt wird.

Es ist zu empfehlen, zwischen Antennenstab und Befestigungspunkt einen federnden Antennenfuß einzufügen. Die elastische Federverbindung bewirkt, daß sich Fahrbahnunebenheiten viel weniger zur Antenne fortpflanzen können, als das bei einer starren Verbindung der Fall sein dürfte. Durch die federnde Lagerung gibt der Stab bei der Berührung mit Hindernissen nach und schert deshalb nicht so leicht ab. Optimale Verhältnisse für den Fahrbetrieb sind gegeben, wenn die auf dem Federfuß montierte komplette Antenne eine mechanische Schwingfrequenz von etwa 1 Hz aufweist. Die überwiegend kurzen und schnell aufeinanderfolgenden Fahrbahnstöße können dann die Antenne nicht zu mechanischen Schwingungen anregen, und das Ergebnis ist ein auch bei schlechten Straßenverhältnissen ruhig stehender Antennenstab.

Im allgemeinen beträgt die mechanische Länge vertikaler Kurzwellen-Mobilantennen zwischen 2,40 und 3 m. Der traditionelle Werkstoff für die Antennenrute ist Metallrohr, wobei sich die für industrielle Autoantennen verwendeten Qualitäten besonders gut eignen.

Hervorragend geeignet sind Angelruten aus glasverstärktem Polyester-Harz (Fiberglas). Bei ihnen wird der Antennenleiter unauffällig im Rohrinnern verlegt. Da das Trägermaterial gleichzeitig ein verlustarmer Isolator ist, läßt sich die erforderliche Verlängerungsinduktivität mit ihrem Spulenträger direkt auf die Antennenrute aufschieben.

Natürlich gibt es für die mechanische Lösung des Antennenproblems eine Anzahl mehr oder weniger brauchbarer Möglichkeiten, die in diesem Rahmen nur zum Teil angedeutet werden konnten. Eine gutaussehende und mechanisch einwandfrei aufgebaute Mobilantenne verfehlt aber ihren Zweck, wenn ihr ohnehin schon geringer Wirkungsgrad durch fehlerhafte elektrische Ausführung noch weiter herabgesetzt wird.

28.1.1.2 Elektrische Eigenschaften verkürzter Vertikalantennen

Den günstigsten Wirkungsgrad erzielt man, wenn der Viertelwellenmobilstrahler im 10-m-Amateurband arbeitet; denn er kann mit einer mechanischen Länge von etwa 2,40 m als *Marconi*-Antenne ohne Verlängerungsspule betrieben werden. Das erforderliche Gegengewicht wird dabei von den Metallteilen des Fahrzeugs und deren Kapazität zur natürlichen Erde gebildet.

Die elektrischen Kenngrößen eines solchen Viertelwellenstrahlers sind ausführlich in Abschnitt 19.1 erklärt. Es ergibt sich ein Strahlungswiderstand R_S von etwa 35 Ω. Der Eingangswiderstand R_E ist gleich der Summe aus Strahlungswiderstand R_S und den gesamten Verlustwiderständen R_V.

$$R_E = R_S + R_V \qquad (28.1.1)$$

Da die Verlustwiderstände nicht zur Strahlung beitragen, sondern den auf sie entfallenden Leistungsanteil in Verlustwärme umsetzen, wird der Wirkungsgrad um so geringer, je größer die Verlustwiderstände R_V im Vergleich zum Strahlungswiderstand R_S sind;

$$\eta = \frac{R_S}{R_S + R_V} \qquad (28.1.2)$$

Nimmt man an, der Strahlungswiderstand R_S beträgt 35 Ω, und die Summe der Verlustwiderstände R_V liegt bei 12 Ω, so wäre nach Gl. (28.1.1) mit einem Eingangswiderstand R_E von 47 Ω zu rechnen. Der Wirkungsgrad wäre nach Gl. (28.1.2)

$$\eta = \frac{35\Omega}{(35+12)\Omega} \approx 0{,}75$$

entsprechend 75%.

Insbesondere bei Mobilantennen wird der größte Anteil des Verlustwiderstandes von den Erdverlusten R_G eingebracht. Bei verkürzten Vertikalstrahlern können außerdem die Verluste R_L der Verlängerungsspule noch maßgeblich am Gesamtverlustwiderstand beteiligt sein. Weitere Bestandteile von R_V sind die Isolationsverluste, die als dielektrische Verluste R_D vor allem im Eingangsisolator auftreten, und die Leiterverluste, die sich nach Gl. (5.2.10) aus dem ohmschen Widerstand des Antennenleiters unter Berücksichtigung des frequenzabhängigen Skin-Effektes als R_A ergeben. R_A und R_D können im allgemeinen gegenüber R_G und R_L klein gehalten werden und bleiben deshalb oft unberücksichtigt.

Die Ersatzschaltung einer verkürzten Vertikalantenne zeigt **Bild 28.1.1**. Die Verkürzung des Strahlers gegenüber der Viertelwellenresonanz bewirkt einen kapazitiven Blindwiderstand X_C. Dieser wird mit einem äquivalenten induktiven Blindwiderstand X_L, dargestellt durch die Verlängerungsspule, kompensiert $(X_L = X_C)$. Es ist deshalb trotz Strahlerverkürzung Resonanz vorhanden. In Reihe mit X_C und X_L liegen der Strahlungswiderstand R_S und der Verlustwiderstand R_V, der sich aus den Widerständen Spulenverlust R_L, Leiterverlust R_A, dielektrischer Verlust R_D und Erdverlust R_G zusammensetzt.

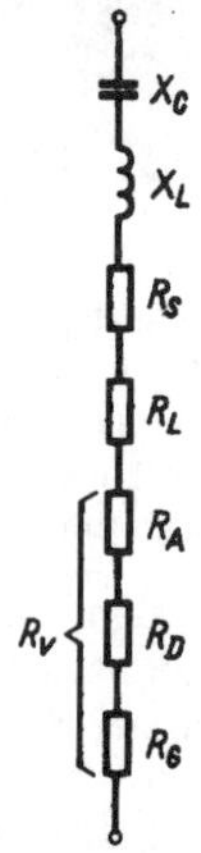

Bild 28.1.1
Ersatzschaltung einer verkürzten Vertikalantenne

Zunächst interessiert die Größe des Strahlungswiderstandes in Abhängigkeit von der Strahlerverkürzung. Allgemein gilt, daß R_S um so kleiner wird, je stärker man den Strahler verkürzt. Dieser Zusammenhang ist auch aus der *Rüdenberg*schen Gleichung Gl. (19.1.6) zu erkennen; denn ein mechanisches Verkürzen der Antenne bedeutet gleichzeitig ein Verkleinern der wirksamen Antennenlänge h_W. Eine brauchbare Formel zum Errechnen des Strahlungswiderstandes lautet:

$$R/\Omega = \frac{H^2}{328} \qquad (28.1.3)$$

H ..... Antennenlänge als Winkel

Beispiel 1:
Eine 3 m lange Mobilantenne soll im 80-m-Band betrieben werden. Wie groß ist der Strahlungswiderstand?

Die mittlere Wellenlänge des 80-m-Bandes beträgt etwa 82 m ≡ 360°. Daraus ergibt sich für die mechanische Antennenlänge von 3 m eine als Winkel ausgedrückte Antennenlänge von:

$$\frac{3m \cdot 360°}{82m} = 13{,}17°$$

$H = 13{,}17°, H^2 = 173{,}5;$

$$R_S/\Omega = \frac{173{,}5}{328} \approx 0{,}53$$

$R_S = 0{,}53\ \Omega$

Würde man die gleiche Antenne im 40-m-Band betreiben ($\lambda = 42{,}5$ m), hätte die Antenne eine elektrische Länge von etwa 25°, entsprechend einem Strahlungswiderstand von 2 Ω. Für den 20-m-Betrieb würde R_S etwa 8 Ω betragen.

Diese besonders beim 80-m-Betrieb extrem kleinen Strahlungswiderstände haben einen äußerst schlechten Wirkungsgrad zur Folge. Nimmt man an, daß die Summe der Verlustwiderstände 12 Ω beträgt (ein durchaus realer Wert!), so kommt man nach Gl. (28.1.2) im obigen Beispiel beim 80-m-Betrieb auf einen Wirkungsgrad η von 0,042 = 4,2%. Das bedeutet, daß mehr als 95 der vom Sender gelieferten HF-Energie in nutzlose Verlustwärme umgesetzt werden. Unter gleichen Bedingungen läßt sich für den 40-m-Betrieb ein Wirkungsgrad von 14% und für das 20 m-Band ein solcher von 40% errechnen. Daraus kann man erkennen, wie wichtig es ist, die Verlustwiderstände so gering wie möglich zu halten, und daß selbst geringfügig erscheinende Fehler (z.B. mangelhafte Kontaktgabe) katastrophale Folgen für den Wirkungsgrad haben können.

Leider gibt es keine praktischen Möglichkeiten, die durch R_G bedingten Erdverluste wirksam herabzusetzen. Wie im **Bild 28.1.2** schematisch dargestellt wird, verlaufen die Verschiebungsströme I_V des Außenraumes als Konvektionsströme I_K in der Erde weiter und bewegen sich zum Antenneneingang. Beim Mobilbetrieb werden die Ströme teilweise durch den metallischen Fahrzeugkörper zusammengefaßt. Da die Fahrzeugfläche – zumindest für die niederfrequenten Amateurbänder – immer viel kleiner als $\lambda/4$ ist, kann sie nicht als ausrei-

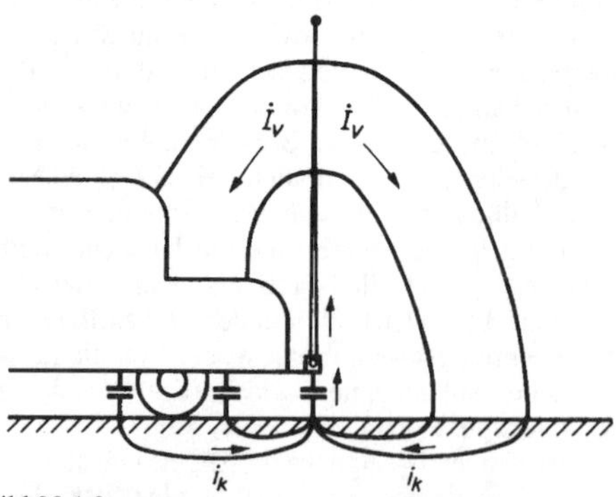

Bild 28.1.2
Stromverteilung um eine HF-Mobilantenne (Ersatzvorstellung)

chendes Gegengewicht dienen, sie wirkt nur als Kapazität gegen die Erde. Messungen an einer 3 m langen Mobilantenne im 80-m-Betrieb haben Durchschnittswerte für R_G von etwa 10 Ω ergeben.

28.1.1.3 Verlängerungsspule für verkürzte Vertikalantennen

Eine gegenüber der Viertelwellenresonanz mechanisch verkürzte Antenne hat eine kapazitive Blindkomponente X_C. Ihr Widerstandswert ergibt sich aus der Beziehung

$$X_C = \frac{Z_A}{\tan H} \qquad (28.1.4)$$

Z_A ..... Wellenwiderstand der Antenne, der sich aus Gl. (19.1.3) errechnet

H ..... als Winkel ausgedrückte Antennenlänge.

Beispiel 2:
Es wird wieder eine 3 m lange Mobilantenne für den 80-m-Betrieb angenommen, deren Länge H bereits mit 13° festgestellt wurde. Der Tangens 13° ist 0,23087. Der Antennenstab soll einen Durchmesser d von 10 mm haben, dann ergibt sich bei einer Antennenlänge l von 3 m = 3000 mm ein Länge-Durchmesser-Verhältnis l/d = 300. Damit wird nach Gl. (19.1.3) der Wellenwiderstand Z_A mit 351Ω errechnet. Nun ergibt sich nach Gl. (28.1.4) der kapazitive Blindwiderstand X_C zu

$$X_C = \frac{351\,\Omega}{0{,}23087} = 1520\,\Omega$$

Um den kapazitiven Widerstand X_C von 1520 Ω zu kompensieren, muß der induktive Blindwiderstand X_L der Verlängerungsspule ebenfalls 1520 Ω betragen. Dabei befindet sich die Verlängerungsspule im Strombauch, also am Antenneneingang. Aus X_L ergibt sich die frequenzbezogene Induktivität L für die Verlängerungsspule nach der Gleichung

$$\frac{L}{\mu H} = \frac{X_L}{2\pi \cdot f/\mathrm{MHz}} \qquad (28.1.5)$$

Ohne Rechenarbeit kann L in Abhängigkeit von X_L bei gegebener Frequenz f aus **Bild 6.3.4** für X_L < 1000 Ohm abgelesen werden.

Der für das Beispiel 2 errechnete induktive Blindwiderstand X_L von 1520 Ω entspricht bei f = 3,7 MHz einer Induktivität L von etwa 65 µH. Die Güte Q der Spule soll so hoch wie möglich sein, damit ihr Verlustwiderstand R_L klein bleibt. Gute, verlustarme Selbstbauspulen erreichen Q = 400. Hohe Güte Q bedingt u.a. möglichst dicke Spulendrähte mit hohem Oberflächenleitwert und einen günstigen Formfaktor. Für diesen gilt als Faustregel, daß sich Spulenlänge zu Spulendurchmesser etwa wie 2:1 verhalten soll. Der Spulenverlustwiderstand R_L ergibt sich aus der Gleichung

$$R_L = \frac{X_L}{Q} \qquad (28.1.6)$$

Wird eine Güte Q = 400 vorausgesetzt, beträgt R_L einer Verlängerungsspule mit L = 65 µH (X_L =152 Ω) bereits 4 Ω und verringert somit den Wirkungsgrad erheblich. Nach *G4DUA* ergibt eine Vergrößerung der Antennenlänge von 1,5 m auf 3 m einen Gewinn von 8 dB und eine Erhöhung der Spulengüte von Q = 200 auf Q = 600 einen Gewinn von 4 dB [1.22]. Beides zusammen gibt 2 S-Stufen.

Der Wirkungsgrad eines mechanisch verkürzten Viertelwellenstrahlers verbessert sich, wenn man die erforderliche Verlängerungsspule nicht am Antenneneingang anordnet, sondern etwa in Strahlermitte einfügt. Eine Zentralspule ist deshalb vorteilhaft, weil sich bei einer solchen Anordnung der Strahlungswiderstand R_S fast verdoppelt, was einer Verbesserung des Wirkungsgrades gleichkommt. Eine erhöht angebrachte Spule unterliegt nicht so stark den dämpfenden Umgebungseinflüssen, die bei der Fußpunktspule durch die Annäherung der Karosserieteile meist unvermeidlich sind. Damit die Spulengüte nicht verringert wird, soll der Abstand von allen Metallteilen mindestens gleich dem doppelten Spulendurchmesser sein.

Gegen die Zentralspule sprechen vor allem statische und mechanische Gründe. Hochwertige Spulen, die relativ große Ströme führen, können nicht in Miniaturausführung hergestellt werden. Die verhältnismäßig großen und schweren Spulen in der Mitte des Hebelarmes bilden eine beachtliche mechanische Belastung. Da die Spule nichts zur Abstrahlung beiträgt, erscheint das Anordnen am Eingang günstiger; denn dadurch wird der strahlende Teil der Antenne entsprechend der Spulenlänge etwas aus dem Bereich der dämpfenden Karosserieteile herausgehoben. Da wegen der sehr niedrigen Eingangswiderstände verkürzter Vertikalantennen stets ein Anpassungsnetzwerk für die Speisung vorzusehen ist, kann man dieses zusammen mit der Verlängerungsspule zu einer Einheit kombinieren. Für die Entscheidung, ob man eine Zentralspule oder eine Fußpunktspule benutzt, muß man deshalb die zu erwartenden Vor- und Nachteile von Fall zu Fall abwägen.

Wird eine Zentralspule gewählt, ist zu berücksichtigen, daß sich diese nicht mehr im Strommaximum befindet. Die für eine Fußpunktspule berechnete Induktivität reicht deshalb zur Kompensation des kapazitiven Blindwiderstandes X_C nicht mehr aus. Allgemein wird in der Literatur angegeben, daß eine

Verlängerungsspule in der geometrischen Mitte des verkürzten Antennenleiters annähernd die doppelte Induktivität einer für den gleichen Leiter berechneten Fußpunktspule haben soll. Genauere Werte erhält man für eine Zentralspule, wenn die für eine Fußpunktspule errechnete Induktivität L mit dem Faktor 1,43 multipliziert wird. Für eine Verlängerungsspule, die 1/3 der Antennenlänge vom Eingang entfernt ist, beträgt dieser Multiplikationsfaktor etwa 1,16. Exakte und ausführliche Berechnungsunterlagen werden in [1.5] und [1.6] gegeben.

Stark verkürzte Vertikalantennen weisen einen sehr geringen Frequenzbereich auf. Als Richtwert für einen 3-m-Stab mit Fußpunktspule im 80-m-Betrieb können etwa 35 kHz angenommen werden; sie sinken bei Verwendung einer Zentralspule auf etwa 25 kHz. Um die Antennenresonanz jeweils nachstimmen zu können, sind Rollspulen im Gebrauch, seltener Spulenvariometer.

Die Bandbreite der Antenne ist gegeben durch die Formel

$$B = fres/Q_B \qquad (28.1.7)$$

Q_B ..... Betriebsgüte (Strahlergüte)

Der Wert von Q_B liegt zwischen 50 und vielleicht 150. Die Betriebsgüte Q_B errechnet sich aus

$$Q_B = Z_A/R_E \qquad (28.1.8)$$

Z_A ..... Wellenwiderstand der Antenne

Der Wellenwiderstand der Antenne Z_A ergibt sich aus Gl. (19.1.3).

R_E ist der Eingangswiderstand der Antenne, der aus der Summe des Strahlungswiderstandes R_S und des Verlustwiderstandes R_V gebildet wird ($R_E = R_S + R_V$). Daraus folgt durch Umstellen

$$B = f_{res} \cdot \frac{R_E}{Z_A} \qquad (28.1.9)$$

Um die Spulenposition hat sich im Lauf der Jahre fast ein „Glaubenskrieg“ entwickelt.

Der Wirkungsgrad ist entsprechend der Fläche der Stromverteilung auf der Antenne, ähnlich der Definition der „wirksamen Antennenlänge“ (vgl. Abschnitt 4.9). Bei einer kurzen unbelasteten Vertikalantenne z.B. ist die Stromverteilung linear (dreiecksförmig). Aus der Theorie ergibt sich ein besserer Wirkungsgrad, wenn man die Spulen auf etwa 2/3 der Höhe der Vertikalantenne bringt. Einen noch besseren Wirkungsgrad erhält man, wenn man zusätzlich zur Zentralspule noch eine Dachkapazität verwendet. [1.40]–[1.44].

Andererseits gibt es die „Gelsenkirchener Mobilantenne“, eine Mobilantennenbauform, die über mehr als 25 Jahre hinweg ihre Brauchbarkeit unter Beweis gestellt hat [1.45] – [1.46]. Dabei wird die Verlängerungsspule, eine große Luftspule mit großem Windungsabstand und kleiner Wickelkapazität, nur etwa 10 bis 15 cm über der Karosserie angebracht, der Strahler ist 2,5 m lang und etwa 12 mm im Durchmesser. Die Abstimmung erfolgt mit einem „L-Glied“ aus einer Rollspule (≈ 5 µH) und einem Kondensator (≈ 1440 pF) gegen Masse unter dem Karosserieblech. Versuche von *DL9AH* haben ergeben, daß diese Spulenanordnung gegenüber einer hochliegenden Spule im Mobilbetrieb von Vorteil ist. Es wurde dabei auch eine verringerte Abhängigkeit von der Leitfähigkeit des Erdbodens festgestellt. Daraus muß man schließen, daß mit dieser Anordnung (geringerer Strom auf der Antenne) die Verschiebungsströme über die Karosserie in den Erdboden (und damit auch die Verluste) geringer sind und sich somit der Wirkungsgrad der Mobilantenne insgesamt erhöht.

28.1.1.4 Anpassung verkürzter Vertikalantennen

Der Eingangswiderstand R_E stark verkürzter Mobilantennen liegt in der Regel zwischen 10 und 20 Ω, wobei die in den Eingangswiderstand mit eingehenden Verlustwiderstände oft den überwiegenden Anteil darstellen. Selbst bei Viertelwellenstrahlern voller mechanischer Länge, wie sie sich im 10-m-Mobilbetrieb ermöglichen lassen, darf man höchstens mit einer Eingangsimpedanz von etwa 40 Ω rechnen, zumal keine Radials vorhanden sind. Sollte man an einem solchen Strahler einen größeren Eingangswiderstand messen, so zeigt dieses Ergebnis nur an, daß überdurchschnittlich große Verlustwiderstände auftreten.

Mobilantennen werden immer über ein kurzes Stück Koaxialkabel gespeist, das in jedem Fall an die Eingangsimpedanz der Vertikalantenne angepaßt werden muß. Dafür eignen sich zunächst die in Abschnitt 19.4.1 beschriebenen Anpassungsschaltungen, die allgemein für Vertikalantennen anzuwenden sind. Befindet sich jedoch die Verlängerungsspule des verkürzten Stabes an seinem Eingang, kann diese gleichzeitig als Koppelinduktivität verwendet werden. **Bild 28.1.3** zeigt diese Anwendungsfälle, beide Schaltungen sind in ihrer Wirkungsweise identisch. **Bild 28.1.3a** stellt einen HF-Transformator dar, dessen Sekundärwicklung L_2 mit der Windungsanzahl n_2 festgelegt ist, da es sich um die Verlängerungsspule der Antenne handelt. Die Windungsanzahl n_1 der Auskoppelspule L_1 erhält man aus der Beziehung

$$n_1 = n_2 \cdot \sqrt{\frac{Z_S}{\omega L_2}} \qquad (28.1.10)$$

Z_S ..... Wellenwiderstand des Koaxialkabels
ωL_2 .... induktiver Widerstand der Spule L_2

Bild 28.1.3
Einfache Übertragerschaltung
zum Anpassen
einer Stabantenne
mit Fußpunktspule

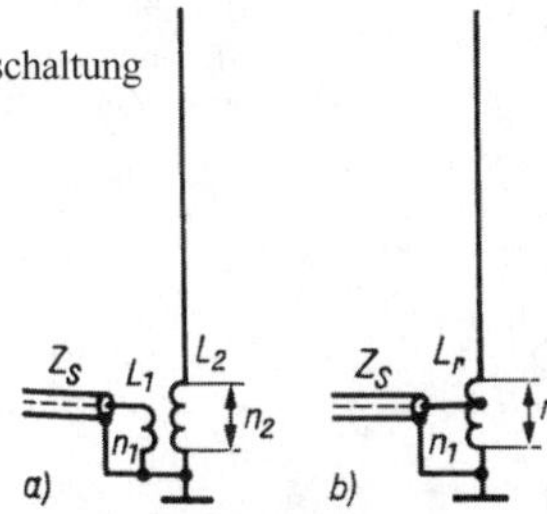

Eine Abwärtstransformation vom Koaxialkabel zur Antenne mit einem Transformator 4:1 ergibt für 80 m eine gute Anpassung. Bei **Bild 28.1.3b** handelt es sich um die gleiche Schaltung, es ist lediglich der HF-Transformator als sogenannter Autotransformator ausgeführt.

Von den vier Möglichkeiten mit zwei Blindwiderständen den kleineren Antenneneingangswiderstand R_E an den größeren Wellenwiderstand des Koaxialkabels Z_S anzupassen werden im Mobilbetrieb die beiden Schaltungen mit der Spule gegen Masse (**Bild 28.1.3**) bzw. mit dem Kondensator gegen Masse (**Bild 28.1.4**) erwendet. Wegen der Oberwellenunterdrückung wählt man meist die Schaltung mit dem Kondensator gegen Masse. Bei dem Anpaßglied handelt es sich um ein L-Glied nach Abschnitt 6.3.1 bestehend aus einem Parallelkondensator C_S und einer Serieninduktivität L_S (**Bild 28.1.4a**). Die Anpaßspule L_S wird entweder getrennt am Antenneneingang angeordnet oder aber ohne Nachteile an die Verlängerungsspule L_V angehängt, so daß man nur eine gemeinsame Spule $L_S + L_V$ benötigt. Diese Spule kann in Strahlermitte (**Bild 28.1.4b**), oder am Fußpunkt (**Bild 28.1.4c**) angeordnet sein.

Die Formeln sind Gl. (6.3.3) und (6.3.4) mit $R_S \equiv R_E$, $R_P \equiv Z_S$, $X_S \equiv X_L$ und $X_P \equiv X_C$.

X_L ..... induktiver Blindwiderstand (Reaktanz) von $L_S + L_V$,

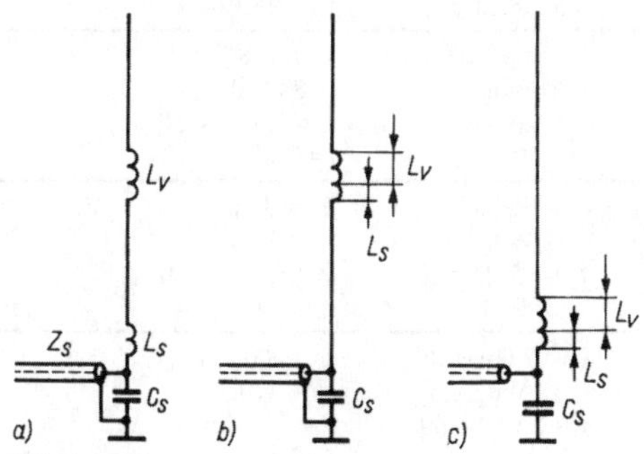

Bild 28.1.4
Anpassung der verkürzten Vertikal-antenne an das Koaxialkabel
a) - Spule L_S am Fußpunkt
b) - Spule $L_S + L_V$ als Einkeit in der Mitte
c) - Spule $L_S + L_V$ als Einkeit am Fußpunkt

X_C ..... kapazitiver Blindwiderstand (Reaktanz) von C_S

Die entsprechenden Formeln für die Bauelemente sind:

$$X_L = R_E \cdot \sqrt{\frac{Z_S - R_E}{R_E}} \qquad (28.1.11)$$

$$X_C = Z_S \cdot \sqrt{\frac{R_E}{Z_S - R_E}} \qquad (28.1.12)$$

$$\text{aus} \quad X_L = \omega L \quad \text{folgt} \quad L = \frac{X_L}{\omega} \qquad (28.1.13)$$

$$\text{aus} \quad X_C = \frac{1}{\omega C} \quad \text{folgt} \quad C = \frac{1}{\omega X_C} \qquad (28.1.14)$$

Beispiel:
Eine Mobilantenne mit der Resonanzfrequenz 3,7 MHz und 16 Ω Eingangswiderstand soll mit der Schaltung nach **Bild 28.1.4** an ein 50 Ω Koaxialkabel angepaßt werden.
$f = 3{,}7$ MHz, $R_E = 16\ \Omega$, $Z_S = 50\ \Omega$

$\omega = 2\pi f = 23{,}25 \cdot 10^6$ Hz

$$X_L = 16 \cdot \sqrt{\frac{50-16}{16}}\ \Omega = 23{,}32\ \Omega$$

$$L = \frac{23{,}32}{23{,}25 \cdot 10^6} \cdot \frac{\Omega}{\text{Hz}} = 1{,}003 \cdot 10^{-6} \cdot \frac{\text{Vs}}{\text{A}}$$

$L \approx 1\ \mu$H

$$X_C = 50 \cdot \sqrt{\frac{16}{50-16}}\ \Omega = 34{,}30\ \Omega$$

$$C = \frac{1}{23{,}25 \cdot 10^6 \cdot 34{,}30} \cdot \frac{1}{\text{Hz}\Omega} = 1254 \cdot 10^{-12} \cdot \frac{\text{As}}{\text{V}}$$

$C = 1254$ pF

Die Kapazität C_S wird aus einem Festkondensator und einem Trimmer C_T gebildet wie in **Bild 28.1.5** zu sehen.

Abgleichvorschrift
Zunächst entfernt man die Speiseleitung und trennt die Verbindungsleitung zwischen C_S und dem Massepotential auf. An Stelle dieser Verbindungsleitung wird eine kleine Spule mit 1 Wdg. eingesetzt, die man als Ankoppelspule für ein Grid-Dip-Meter benutzt. Nun kontrolliert man die Antennenresonanz am Dip-Meter; Abweichungen von der

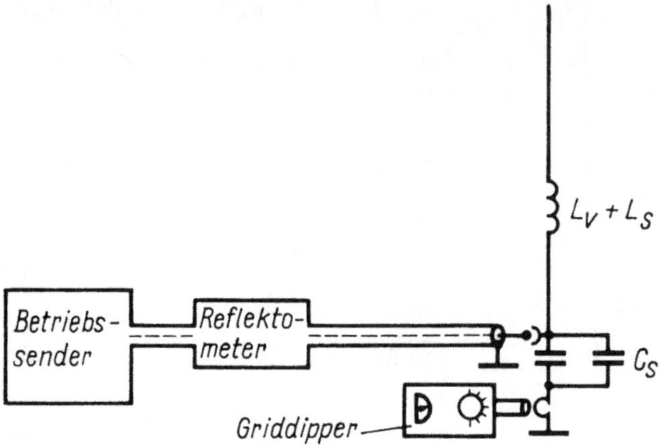

Bild 28.1.5
Meßanordnung für den Abgleich einer Mobilantenne nach Bild 28.1.4

gewünschten Resonanzfrequenz sind an der Verlängerungsspule L_V zu korrigieren. Jetzt schließt man das Koaxialkabel an, in das das Reflektometer eingeschleift ist. Die Antenne wird vom Sender mit ihrer Resonanzfrequenz erregt, die vom Reflektometer angezeigte Welligkeit wird notiert. Nun entfernt man das Speisekabel wieder und verstimmt den Lufttrimmer C_T etwas in Richtung größerer Kapazitätswerte. Die dadurch herabgesetzte Antennenresonanzfrequenz wird – kontrolliert vom Dip-Meter – durch Korrektur an L_V auf den ursprünglichen Wert gebracht. Danach schließt man das Speisekabel wieder an und stellt die neue Welligkeit fest. Ist sie gegenüber der Ersteinstellung geringer geworden, wurde C_T in der „richtigen" Richtung verstimmt, im umgekehrten Fall muß man C_T auf kleinere Kapazitätswerte einstellen. Dieser Abgleich wird in der gleichen Reihenfolge so lange wiederholt, bis die kleinstmögliche Welligkeit erreicht ist. Dann entfernt man die Ankopplungsschleife für den Griddipper und stellt die direkte Verbindung von C_T zum Nullpotential wieder her. Die dadurch hervorgerufene leichte Verstimmung der Antennenresonanz wird abschließend durch kleine Korrekturen an L_V beseitigt. Das ist dann der Fall, wenn das Reflektometer wieder minimale Welligkeit anzeigt.

28.1.1.5 Bemessungsangaben für verkürzte Vertikalantennen

Für bestimmte Bedingungen ist es möglich, Bemessungsdaten für die Verlängerungsspule *LV* in Abhängigkeit von der Strahlerlänge anzugeben. Diese errechneten Daten können nur Näherungs-

Tabelle 28.1
Bemessungsangaben für verkürzte Vertikalantennen nach Bild 28.1.6

Resonanzfrequenz	Strahlerausführung nach Bild 28.1.6a	Bild 28.1.6b	Bild 28.1.6c	Bild 28.1.6d
3,70 MHz	$L_V = 65$ µH ≈ 66 Wdg. $d = 1{,}5$; $D = 50$ $l = 200$	$L_V = 83$ µH ≈ 81 Wdg. $d = 1{,}5$; $D = 50$ $l = 200$	$L_V = 100$ µH ≈ 70 Wdg. $d = 1{,}0$; $D = 60$ $l = 150$	$L_V = 118$ µH ≈ 88 Wdg. $d = 1{,}0$; $D = 50$ $l = 200$
7,05 MHz	$L_V = 17$ µH ≈ 20 Wdg. $d = 2{,}0$; $D = 70$ $l = 80$	$L_V = 22$ µH ≈ 25 Wdg. $d = 2{,}0$; $D = 65$ $l = 100$	$L_V = 32$ µH ≈ 32 Wdg. $d = 1{,}5$; $D = 60$ $l = 100$	$L_V = 35$ µH ≈ 35 Wdg. $d = 1{,}5$; $D = 60$ $l = 110$
14,15 MHz	$L_V = 3{,}3$ µH ≈ 10 Wdg. $d = 2{,}0$; $D = 60$ $l = 75$	$L_V = 4{,}7$ µH ≈ 11 Wdg. $d = 2{,}0$; $D = 70$ $l = 70$	$L_V = 7{,}0$ µH ≈ 13 Wdg. $d = 1{,}5$; $D = 60$ $l = 60$	$L_V = 8{,}0$ µH ≈ 16 Wdg. $d = 1{,}5$; $D = 50$ $l = 50$
21,15 MHz	$L_V = 0{,}7$ µH ≈ 5 Wdg. $d = 2{,}0$; $D = 40$ $l = 50$	$L_V = 1{,}5$ µH ≈ 7 Wdg. $d = 2{,}0$; $D = 50$ $l = 60$	$L_V = 1{,}85$ µH ≈ 8 Wdg. $d = 2{,}0$; $D = 40$ $l = 40$	$L_V = 2{,}1$ µH ≈ 8 Wdg. $d = 2{,}0$; $D = 50$ $l = 50$

werte sein, weil man die von Fall zu Fall wechselnden Umgebungseinflüsse nicht berücksichtigen kann. Die in **Tabelle 28.1** aufgeführten Induktivitäten beziehen sich auf einen Wellenwiderstand des Antennenstabes Z_A von 360 Ω, entsprechend einem Leiterdurchmesser von etwa 8 mm. Dünnere Antennenstäbe erfordern eine etwas größere Induktivität, für dickere Leiter wird sie geringfügig verkleinert. Bei den angegebenen Spulendaten bedeuten *d* - Drahtdurchmesser in mm, *D* - Spulendurchmesser in mm und *l* - Spulenlänge in mm. Die Spulen werden so gewickelt, daß die angegebene Spulenlänge knapp ausgenutzt wird; dieser Fall ergibt sich annähernd dann, wenn der Windungsabstand gleich dem Drahtdurchmesser *d* ist. Hohe Güte erreicht man mit versilbertem Cu-Draht auf keramischen Sternspulenkörpern. Auch Polystyrol-Körper sind gut geeignet. Wenn kein versilberter Kupferdraht greifbar ist, nimmt man möglichst dicken Kupferlackdraht. Für andere Spulendurchmesser können die erforderlichen Spulendaten bei gegebener Induktivität aus den in der Amateurliteratur häufig vorhandenen Nomogrammen ersehen werden. In **Bild 28.1.6a** bis **d** sind Strahlerlänge und Lage der Verlängerungsspule L_V aufgezeichnet, für die die in **Tabelle 28.1** angegebenen Induktivitäten L_V gültig sind.

Für den Betrieb in 10-m-Band sind keine Verlängerungsspulen erforderlich; denn mit einer Strahlerlänge von etwa 2,50 m besteht annähernd Viertelwellenresonanz. Bei der 3-m-Rute ist bereits eine induktive Blindkomponente vorhanden, die durch eine Serienkapazität kompensiert werden muß. Die größten Schwierigkeiten beim Bau von mechanisch stark verkürzten Mobilvertikalantennen bereitet die mechanische und elektrische Ausführung der Verlängerungsspule, besonders beim 80-m-Betrieb. Beschränkt man sich dabei nicht ausschließlich auf die Benutzung der empfohlenen „Mobilfrequenz“ von 3,69 MHz, muß die Induktivität von L_V in bestimmten Grenzen veränderbar sein; denn bei den beschriebenen 80-m-Ausführungen beträgt der Frequenzbereich nur etwa 30 kHz.

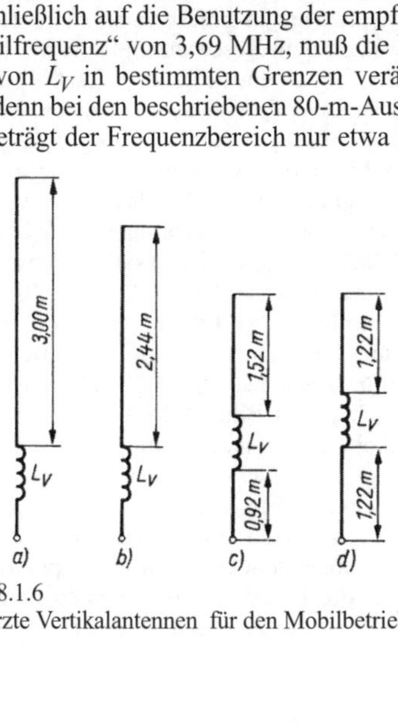

Bild 28.1.6
Verkürzte Vertikalantennen für den Mobilbetrieb

Sollen Induktivitätsänderungen an L_V vermieden werden, kann man das Oberteil des Strahlers als Teleskop ausführen. Man hat dann die Möglichkeit, Veränderungen der Antennenresonanz in bestimmten Grenzen durch mechanische Längenänderung der Antennenrute herbeizuführen. Für die höherfrequenten Amateurbereiche ist der Frequenzbereich dieser Stabantennen über das Amateurband im allgemeinen ausreichend, so daß auf eine Nachstimmung bei Frequenzwechsel meist verzichtet werden kann.

Besondere Schwierigkeiten ergeben sich, wenn Mehrbandbetrieb gefordert wird.

Der mechanisch einfachste und elektrisch günstigste Lösungsweg besteht darin, daß man die Verlängerungsspule bzw. Spule und Rutenoberteil auswechselbar herstellt. Eine andere Möglichkeit ist die Anwendung von „manuellen Umschaltungen“. Dazu werden auf der Verlängerungsspule verschiedene Spulenanzapfungen angebracht. Eine weitere Möglichkeit ist ein Kurzschlußschieber mit Markierungen zum Bandeinstellen. Eine andere Möglichkeit ist die Fernabstimmung über den ganzen Bereich 3,5 bis 30 MHz in 30 Sekunden, wie etwa bei der HS-1000 High Sierra von *Cobler*, *WQ6B*.

Die eleganteste Methode ist die automatische Umschaltung. Dazu werden am oberen Ende eines Antennenstabes verschieden lange entkoppelte Antennenspulen horizontal oder schräg angebracht, die mit dem Antennenstab auf je einem Amateurband resonant sind. Solche Antennen werden kommerziell hergestellt z.B. Multiband-Spider von *Shmitka*, *K6AQI*, die sogar patentiert ist [1.47], CHA45 von *Comet*, AB5 von *Pro-Am*, M34 von *Swan*, *W9OKM*-Antenne von *VanValzah*, CQ 05 von *MCM Electronics*.

28.1.1.6 Verkürzte Vertikalantennen mit verteilter Induktivität

(*E.F. Harris* – US 2,966,679 – 1957)
Verteilt man die Windungen einer Verlängerungsspule so über die Länge eines Strahlers, daß die gesamte Antenne nur noch aus einer langen Spule besteht, tritt bereits bei geringen mechanischen Spulenlängen Resonanz auf. Die verkürzte Vertikalantenne mit verteilter Induktivität wird auch Spulenantenne oder „Heliwhip“ genannt.

Eine eng bewickelte und damit extrem kurze Spulenantenne hat jedoch sehr schlechte Strahlungseigenschaften. Wird die Spule aber so weit auseinandergezogen, daß ihre mechanische Länge in die Größenordnung einer verkürzten Vertikalantenne kommt, sind ihre Strahlungseigenschaften denen einer gleichlangen Vertikalantenne mit Verlängerungsspule mindestens ebenbürtig. Da heute sehr brauchbare Kunststoffspulenträger zur Verfügung stehen (Fiberglasangelruten, Polystyrol- und

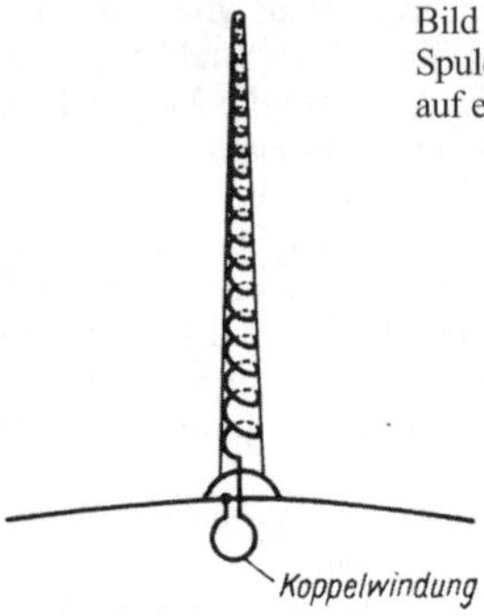

Bild 28.1.7
Spulenantenne
auf einem Fahrzeugdach

PVC-Rohre), können solche Spulenantennen oftmals die brauchbarste Lösung für einen Fahrzeugstrahler darstellen.

Bewickelt man den Spulenträger so, daß sich im Bereich großer Ströme wenige Spulenwindungen mit großem gegenseitigem Abstand befinden (großer Steigungswinkel) und wird der Steigungswinkel kontinuierlich bis zum Stromknoten verkleinert, dann erhält man eine günstige Stromverteilung auf der Antenne. Daraus ergeben sich einige Vorzüge gegenüber einem gleichlangen Vertikalstab mit Zentralspule. Der Strahlungswiderstand R_S der Spulenantenne ist etwa um den Faktor 1,6 größer, daraus entsteht auch eine etwas höhere Eingangsimpedanz und ein etwas vergrößerter Frequenzbereich. Andererseits bedingt der relativ keine Leiterdurchmesser in Verbindung mit großer Leiterlänge bei einer Spulenantenne erhöhte Leiterverluste.

Der günstigste Aufbauplatz für eine Spulenantenne ist das Fahrzeugdach, da hier die Umgebungseinflüsse am geringsten sind und der Strahler über einer größeren Metallfläche steht. Eine auf diese Weise montierte Spulenantenne, die sehr leicht und kurz ausgeführt werden kann, ist einer Heckantenne mit Zentralspule bei gleicher mechanischer Länge hinsichtlich der Strahlungseigenschaften überlegen.

In **Bild 28.1.7** wird eine Spulenantenne über einer Metallfläche (Fahrzeugdach) schematisch dargestellt. Zur Resonanzkontrolle ist der Antenneneingang mit einer Koppelspule für das Dip-Meter abgeschlossen. Die für Resonanz erforderliche Windungszahl hängt von der Spulenlänge, dem Windungsabstand und dem Durchmesser ab. Da konisch geformte Spulenträger aus statischen Gründen bevorzugt werden sollen und nicht mit gleichbleibendem Steigungswinkel bewickelt sind, ist ein rechnerisches Vorausbestimmen der mechanischen Spulendaten kaum möglich.

Wie bereits erwähnt wurde, erhält man die günstigsten Strahlungseigenschaften, wenn der Spulenkörper in einem sich kontinuierlich verringernden Steigungswinkel bewickelt wird, so daß die Spulenwindungen am Antenneneingang weit auseinandergezogen sind, während sie an der Antennenspitze dicht aneinanderliegen.

Eine solche Bewicklungsweise ist mechanisch nicht einfach, deshalb bringt man die Drahtwindungen besser stufenförmig auf, wie es **Bild 28.1.8** an einer Spulenantenne für das 15-m-Amateurband zeigt. In diesem Fall wurde als Wickelkörper eine 1,35 m lange Glasfiberrute eingesetzt, deren Außendurchmesser sich von 10 auf 4 mm verjüngt. Die untersten 10 mm bleiben unbewickelt, da sie für das Befestigen der Rute benötigt werden. Die Spule beginnt mit einem 130 mm langen Abschnitt, in dem die Drahtwindungen mit einem gegenseitigen Abstand von 25 mm aufgebracht werden. Die Steigung der Windungen ändert sich in den folgenden Sektionen stufenweise auf 12, 6 und 3 mm, bis schließlich im letzten, 380 mm langen Abschnitt ohne Abstand Windung an Windung bewickelt wird. Es sollen etwa 12,45 m Kupferlackdraht von 0,8 mm Durchmesser auf die Rute aufgebracht werden. Diese Drahtlänge ist etwas größer als erforderlich; es besteht dann die Möglichkeit, beim Abstimmen die überschüssige Drahtlänge nach Bedarf von der Antennenspitze her zu entfernen, bis sich Resonanz einstellt. Nach dem Resonanzabgleich werden die Windungen mit einem geeigneten Lack oder Kleber festgelegt. Der Frequenzbereich dieser Antenne beträgt etwa 500 kHz; sie ist damit größer, als für das 21-MHz-Band erforderlich.

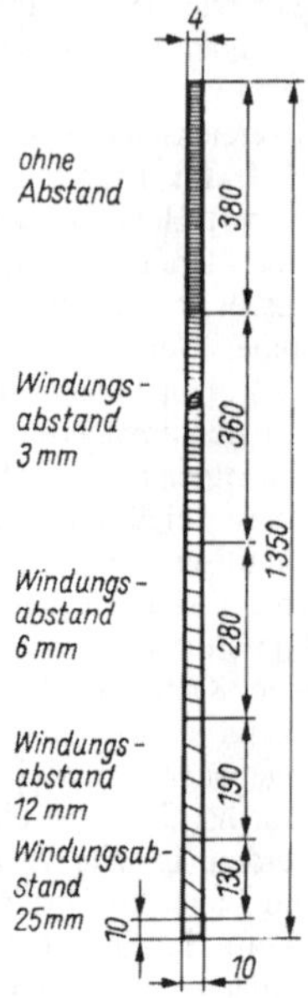

Bild 28.1.8
Stufenförmige
Spulenantenne
für den Mobilbetrieb
im 15-m-Band

Bei der Spulenantenne für das 80-m-Band hat sich eine etwas andere Bewicklungsart gut bewährt. Wie **Bild 28.1.9** zeigt, wechseln sich eng bewickelte Zonen mit weit bewickelten ab. Auf ein 1,85 m langes Kunststoffrohr von 30 mm Außendurchmesser werden über eine Länge von 1,60 m verteilt etwa 37 m Kupferlackdraht von 0,6 bis 0,8 mm Durchmesser nach der in **Bild 28.1.9b** gezeigten Weise aufgewickelt. Als Wicklungsträger ist ein PVC-Rohr, wie es im Wasserleitungsbau verwendet wird, geeignet sein. Die Resonanz wird auch in diesem Fall durch Abwickeln von Windungen am Antennenoberteil abgeglichen. Durch einen praktischen Kniff kann die Resonanz einer Spulenantenne in einfacher Weise etwas verändert werden. Wird eine höhere Frequenz gewünscht, umwickelt man einen schmalen Sektor dichtliegender Spulenwindungen mit einem Streifen Aluminiumfolie. Soll die Frequenz niedriger werden, ersetzt man die Leichtmetallmanschette durch ferromagnetisches Material, z.B. durch Umwickeln mit einem Stück Magnetband. Auch für Spulenantennen gilt, daß ihre Strahlungseigenschaften um so besser werden, je größer ihre Längenausdehnung ist.

Besondere Schwierigkeiten ergeben sich, wenn Mehrbandbetrieb gefordert wird. Der mechanisch einfachste und elektrisch günstigste Lösungsweg besteht darin, daß man die ganze Spulenantenne auswechselbar herstellt. Eine andere Möglichkeit ist die Anwendung von „manuellen Umschaltungen". Dazu werden auf der Spulenantenne verschiedene beschriftete Spulenanzapfungen mit schrägen 4-mm-Buchsen angebracht. Die Abstimmung der Antenne erfolgt dabei durch ein einfaches Umstecken einer „Abstimmleitung". Das ist das Prinzip der bekannte „Outbacker-Antenne" von *Terlin* aus Australien. Ein Feinabgleich an der Antennenspitze ist nur im 10-m- und 80-m-Band notwendig. Eine ähnliche Antenne ist die AN-7 aus Südafrika, die neuerdings in USA von *Palomar* hergestellt wird.

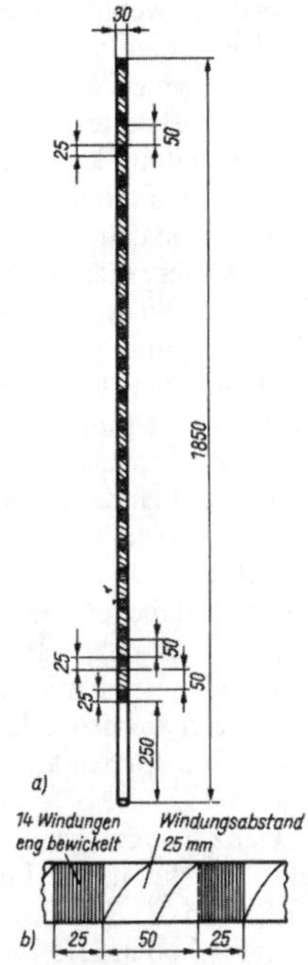

Bild 28.1.9
Spulenantenne
für das 80-m-Band
a) - Gesamtansicht
b) - Wickelabschnitt (Detail)

28.1.2 VHF/UHF-Mobilantennen

Vorwiegend aus Gründen der Ausbreitung und wegen der Möglichkeit, wirkungsvolle Mobilantennen herstellen zu können, wird in Europa für den beweglichen Einsatz das 2-m-Band bevorzugt. Von entscheidender Bedeutung für die außerordentliche Ausweitung des 2-m-Mobilfunks sind die zahlreichen FM-Relaisfunkstellen (Frequenzumsetzer), die in weiten Teilen Mitteleuropas installiert sind.

Wie bekannt ist, arbeitet man beim Mobilbetrieb im VHF/UHF-Bereich ausschließlich mit Vertikalpolarisation, während in früheren Jahren noch Horizontalpolarisation die Regel war. Diese Umstellung ist vor allem auf das Vorhandensein einer Vielzahl von 2-m-Relaisfunkstellen zurückzuführen, die sämtlich vertikal polarisiert sind. Es gibt auch ein sehr dichtes Netz von 70-cm-Relaisfunkstellen, aber der Betrieb auf dem 70-cm-Band ist deutlich geringer als auf dem 2-m-Band.

λ/4-Antenne

Der im Kurzwellenbereich beliebte Viertelwellenstab hat als Mobilantenne im 2-m-Band nur geringe Bedeutung. Der Eingangswiderstand dieser *Marconi*-Antenne liegt bei etwa 30 Ω und wird von Form, Ausdehnung und Art der Fahrzeugkarosserie stark beeinflußt. Die effektive Höhe ist gering, die Anpassung an ein koaxiales Speisekabel bereitet oft Schwierigkeiten. Die Beschreibung einer Zweiband-Mobilantenne für 146/432 MHz ist zu finden in [1.48].

λ/2-Antenne

Ein senkrechter Halbwellenstab ist hinsichtlich seiner Empfangs- und Abstrahleigenschaften erheblich günstiger, er muß aber beim Mobilbetrieb aus mechanischen Gründen endgespeist werden. Der Eingangswiderstand ist hoch (> 500 Ω), und der Fußisolator muß von ausgezeichneter Qualität sein (Spannungsmaximum!). Eine solche Antenne wird in Abschnitt 23.1.2 beschrieben. Eine in der Praxis sehr positive Eigenschaft einer vertikalen λ/2-Mobilantenne ist die geringe Feldstärkeänderung während der Fahrt. Die doppelt so große Wirkfläche gegenüber der λ/4-Mobilantenne macht sich auch sendemäßig bemerkbar. Da der Eingangswiderstand der Halbwellenantenne je nach Strahlerquerschnitt etwa 1 Ω ist, muß eine Transformation vorgenommen werden. Im einfachsten Fall erfolgt das durch zwei Blindwiderstände. *DL4KCJ* hatte die gute Idee die Anpaßbox mit dem L/C-Glied nach einem Kabelstück von 1,37 m, entsprechend λ mal Verkürzungsfaktor (λ · 0,66), anzubringen [1.49]. Die Werte für 145 MHz entsprechend **Bild 6.3.1a** sind:

$L \approx 0{,}24\ \mu H$, $C \approx 4{,}8\ pF$
($X_L = 218\ \Omega$, $X_C = 229\ \Omega$, $\omega = 911 \cdot 106$ Hz).

5λ/8-Antenne

Die 5λ/8-Stabantenne wird für den Mobilbetrieb im 2-m-Band häufig als die wirkungsvollste Bauform einer vertikal polarisierten Antenne bezeichnet. Die guten Ergebnisse mit dieser Antenne sind vor allem auf ihre relativ große effektive Höhe zurückzuführen. Des weiteren ist für diese Ergebnisse von Bedeutung, daß ihr H-Diagramm einen besonders kleinen Erhebungswinkel des Maximums aufweist. Durch geringes Verändern der Stablänge läßt sich außerdem der Realteil des Eingangswiderstandes auf annähernd 60 Ω bringen. Bei Verwendung eines Teleskopstabes wird somit die Antennenabstimmung besonders einfach. Allerdings muß die bei einer mechanischen Länge von 5λ/8 vorhandene kapazitive Blindkomponente durch einen induktiven Blindwiderstand (Verlängerungsspule) kompensiert werden. Je nach Verkürzungsfaktor beträgt die freie Stablänge eines 5λ/8-Strahlers für das 2-m-Band zwischen 1000 und 1200 mm und wird somit von jeder handelsüblichen Autoteleskopantenne erreicht. Die Fußpunktspule hat eine Induktivität von näherungsweise 0,35 μH. Weitere Angaben zu dieser empfehlenswerten Mobilantenne sind in Abschnitt 23.1.3 enthalten. In [1.50] wird eine Teleskopantenne beschrieben, die wahlweise als λ/4-Strahler oder als 5λ/8-Strahler im 2-m-Band betrieben werden kann.

Kollinearantennen

Für das 70-cm-Band werden Kollinearantennen verwendet. Das sind vertikal gestockte Antennen mit zwischenliegenden Phasenspulen. Solche Antennen werden in Abschnitt 23.1.4 beschrieben.

Antennenbefestigung

Die Wahl der günstigsten Einbaustelle am Fahrzeug mag etwas schwierig erscheinen; denn im allgemeinen gilt die Regel, daß eine senkrechte Stabantenne möglichst freistehend über einer größeren Metallfläche errichtet werden soll. Demnach wäre die Mitte des Wagendaches der nach elektrischen Gesichtspunkten bestmögliche Aufbauplatz. Aus verständlichen Gründen möchte man ein Durchbohren des Fahrzeugdaches oder andere unschöne Befestigungsmethoden auf dem Fahrzeugdach vermeiden. Alternativ wird am Fahrzeugdach eine Magnetantenne verwendet (Magnetfuß mit einer Koaxialbuchse für die Antenne). Magnetantennen bzw. Magnetfüße gibt es fertig zu kaufen.

Eine andere Möglichkeit ist die Verwendung einer Fensterklemmantenne z.B. Moba 6K für 145 MHz und Moba 86K für 435 MHz von der Firma *Hirschmann* an einer Seitenscheibe. Eine Baubeschreibung für eine Fensterklemmeinrichtung findet sich in [1.51].

Eine weitere Möglichkeit ist die Verwendung von Klebeantennen an der Front- oder Heckscheibe. Klebeantennen für VHF oder UHF gibt es auch zu kaufen.

28.2 Portabelantennen

Beim „normalen" Portablebetrieb sucht man sich einen Standort, der möglichst günstige Ausbreitungsbedingungen erwarten läßt. Der Standort muß für den HF-Betrieb nach anderen Gesichtspunkten ausgewählt werden, als für den VHF/UHF-Betrieb.

28.2.1 HF-Portabelantennen

Standort

Günstige Kurzwellenstandorte sind insbesondere solche mit guten Erdverhältnissen und freier Nahumgebung. Standorte auf Bergen begünstigen im KW-Bereich die ionosphärische Ausbreitung nicht.

Entscheidend für die Brauchbarkeit eines Standortes sind in erster Linie die Erdverhältnisse, besonders dann, wenn Vertikalstrahler verwendet werden. So kann man z.B. in unmittelbarer Nähe von Gewässern gute Abstrahlungsbedingungen erwarten. Einzelne Bäume oder Wälder stören die Kurzwellenausbreitung kaum, dagegen soll man die Annäherung an Freileitungen oder größere metallische Gebilde meiden.

In Meterwellenbereich, in dem praktisch keine Reflexion an der Ionosphäre mehr stattfindet, bietet der höchstmögliche Aufbauplatz die günstigsten Bedingungen. In diesem Fall ist die Standortauswahl von erstrangiger Bedeutung und gleichzeitig am einfachsten; denn man braucht die Erdverhältnisse nicht zu berücksichtigen.

Masten

Beim Portabel-Betrieb verwendet man oft vorhandener Stützpunkte (Bäume usw.). Wo solche nicht vorhanden sind müssen portable Antennenmaste eingesetzt werden. Als Masten werden verwendet: Angelrute, Steckmast, Schiebemast oder Teleskopmast.

Ganz hervorragend geeignet ist dabei der Fiberglas-Teleskopmast (Fiberglas-Teleskop Tower = FTT) von *W. Spieth, DK9SQ* [2.1]. Er ist zusammengeschoben 1,15 m lang und etwa 1 kg schwer und paßt dadurch in jeden Kofferraum. In 10 Sekunden ist der Mast auf seine volle Länge von ca. 10 m ausgezogen. Er besteht aus 10 Einzelteilen, die an der Unterseite angeschliffen sind. Diese Friktionszonen erzeugen soviel Reibung, daß 20 bis 40 kg vertikale Lasten gut aufgenommen werden. Lösen lassen sich die Verbindungen ganz einfach durch Verdrehung und leichten Druck. Der Mast ist durchgehend 3-fach gewickelt und dadurch viel steifer als Angelruten. Die UV-Festigkeit wird durch intensive schwarze Durchfärbung erreicht. Der Preis ist etwa DM 150,-- inkl. einem schwarzen Transportsack.

Da der Teleskopmast eine konische Form aufweist sind Abspannungen und Antennenbefestigungen etwas problematisxch. Die Auflagefläche sollte möglichst groß sein, um den Mast nicht zu beschädigen.

Eine verblüffend einfache Lösung für die Antennenbefestigung auf dem FiberglasTeleskopmast hat *DL6ZAT* 1988 beschrieben [2.2]. Die Befestigung ist auch im Buch von *DF2BC* abgebildet [2.3].

Eine interessante Abspannung von Fiberglas-Teleskopmasten durch eine PG-Kabelverschraubung hat *DL3NCS* vorgeschlagen [2.4]. Eine Kabelverschraubung aus Kunststoff (PG 13,5 bis 48) wird in eine quadratische Platte aus Kunststoff oder Aluminium eingesetzt. An den Ecken der Platte werden 4 Löcher für die Abspannseile gebohrt.

Mastfüße

Für einen Mastfuß für Portabel-Betrieb oder „Stand-Mobil-Betrieb" mit einem Auto gibt es einige Möglichkeiten.

Der einfachste Mastfuß ist ein ebenes Holzbrett oder ein dem Raddurchmesser entsprechend abgerundeter Holzkeil mit angeschraubtem Winkeleisen, auf dem eine Masthalterung in Form eines Rohrstutzens (kurzes Standrohr) montiert ist. Bei Bedarf fährt man mit einem Rad auf das Brett und steckt den Mast in die Masthalterung. Das Holzbrett kann man leicht überrollen, der Vorteil des Holzkeils mit der Abrundung ist, daß man zum Einweisen keinen Kopiloten braucht. Der vom Gewicht des Autos gehaltene Mastfuß erlaubt den Aufbau von respektablen Antennen. Masten von 8 bis 9 m Höhe können ohne Abspannung aufgebaut werden. Die Beschreibung von so einem Mastfuß durch *DL1YQ* war vor vielen Jahren im DL-QTC. Einen Mastfuß für die Fiberglas-Teleskopantenne durch hat *DL6ZAT* 1988 beschrieben [2.2]. Der Mastfuß ist auch im Buch von *DF2BC* abgebildet [2.3].

Eine Mobilhalterung aus Metall mit einem Gewicht von ca. 7 kg war bei der Firma *Kusch* 1995 zu erhalten (**Bild 28.2.1**).

Eine andere Möglichkeit ist als Mastfuß einen Ersatzreifen mit Felge zu verwenden. Auf die Felge wird in der Mitte eine Masthalterung montiert [2.5]. Das Gewicht von Reifen und Felge genügt für einfache Masten.

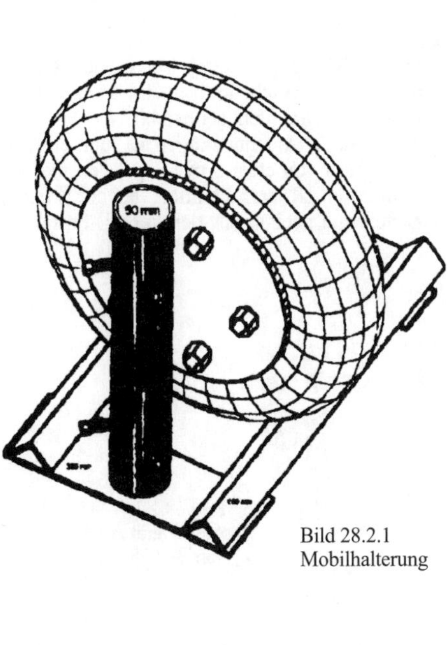

Bild 28.2.1
Mobilhalterung

Antennen

Für den Portabeleinsatz eignen sich alle üblichen KW- Antennenformen, sofern entsprechende Stützpunkte vorhanden oder zu schaffen sind und der Transport der Antennenbestandteile keine unüberwindlichen Schwierigkeiten bereitet. Allgemeine Gesichtspunkte zu Urlaubsantennen (Camping und Hotel) werden in [2.6] erörtert.

Eine Portabel- oder Urlaubsantenne soll folgende Punkte erfüllen:

Klein, leicht, unauffällig
Einfacher Mehrbandbetrieb
Schneller Aufbau
Einfacher Transport
Guter Wirkungsgrad
Nicht zu teuer

Drahtantennen

Da sich für den meist kurzzeitigen Portabeleinsatz der Aufbau komplizierter Antennensysteme im allgemeinen nicht lohnt, bevorzugt man im Kurzwellenbereich einfache Drahtantennen, deren geometrische Längen durch den Abstand vorhandener Stützpunkte (Bäume usw.) vorgegeben sind. Bei solchen L- oder T-Formen läßt sich die Resonanz durch ein unsymmetrisches *Collins*-Filter erzwingen. Eine besondere Speiseleitung erübrigt sich dabei, weil der Sender wohl immer unmittelbar am Antenneneingang aufgestellt werden kann und man im freien Gelände auch kaum mit BCI oder TVI rechnen muß. Auf einem Campingplatz oder in einem Hotel schaut die Sache wieder etwas anders aus, da sollte man symmetrische Antennen bevorzugen. Wo man gute Erdverhältnisse vorfindet (z.B. an einem Seeufer oder im sumpfigen Gelände, sind Vertikalantennen am wirkungsvollsten. Wenn die Erdverhältnisse nicht gut sind, muß man sich mit einem Gegengewicht (Radial) behelfen. Oft bietet ein Baum den geeigneten Stützpunkt für einen vertikalen oder geneigten Viertelwellendraht, dessen erdseitiges Ende ebenfalls über ein *Collins*-Filter direkt an den Sender angeschlossen wird. Da beim Portabelbetrieb in erster Linie die Standortauswahl über den Erfolg entscheidet, genügt es im allgemeinen, eine ausreichende Menge Antennendraht und ein geeignetes Collins-Filter mitzuführen. Die Antenne wird dann entsprechend den örtlichen Gegebenheiten aufgebaut. Literatur dazu [2.7] [2.8].

Eine günstigere Drahtantenne als ein Viertelwellendraht ist ein Halbwellendraht. *OE6FJ* hat vor Jahren nach Anregung von *OE6PY* eine brauchbare Lösung beim Portabel- bzw. „Stand-Mobil-Betrieb" entwickelt. Mit einem Miniaturmast (Epoxy-Angelrute) von nur 3,5 m Höhe wird ohne Verwendung von Gegengewichten (Radials) mit einem Halbwellendraht eine brauchbare Abstrahlung auf 10, 15, 17 und 20 m erreicht. **Bild 28.2.2** zeigt den Aufbau. Die Halbwellenantenne ist als „inverted V" mit Jumper für die einzelnen Bänder aufgebaut

Bild 28.2.2
Aufbau einer Halbwellenantenne nach *OE6FJ*

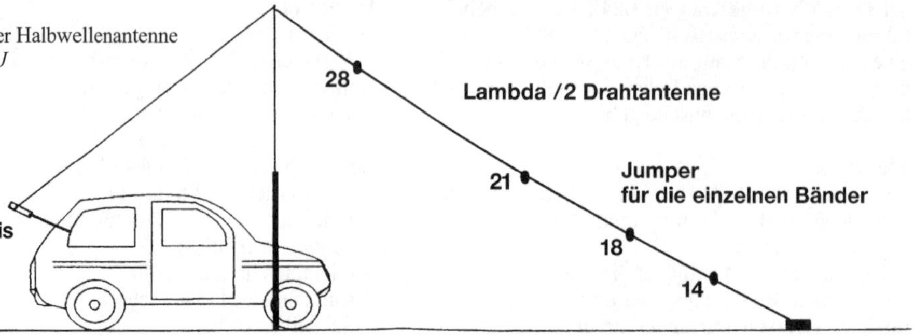

und wird an einem Ende gespeist über ein kleines Anpaßgerät (**Bild 28.2.3**). Dabei handelt es sich um einen einfachen LC-Kreis in Form eines L-Gliedes (vgl. Abschnitt 6.3.1) mit einer Spule von 4 µH für 14 MHz mit Anzapfungen für 17, 21 und 28 MHz. Das zweite Ende des Antennendrahtes wurde nur einfach ca. „30 cm!" über Grund abgespannt.

Dipolantennen

Symmetrische Antennen - Dipole - haben Vorteile, besonders im bebauten Gebiet. Ein guter Tip ist die *G5RV*-Antenne (Abschnitt 10.2.2.1) oder der 27-m-Dipol (2 x 13,5-m) (Abschnitt 10.2.2.3). Beide Antennen sind zwar nichtresonant, dafür aber mit einem Anpaßgerät auf allen Frequenzen gut zu betreiben. Das Anpaßgerät muß dabei nicht symmetrisch sein (vgl. Abschnitt 8.2.3.3).

Leichte Mehrbanddipole aus einer Mehrfachleitung sind zweckmäßig [2.9]. Ebenfalls brauchbar sind Sperrkreisantennen (z.B. *W3DZZ* vgl. Abschnitt 10.6.2.1). Für Portabelbetrieb ist es wichtig, daß die Sperrkreise nicht zu groß und schwer sind. Für QRP gibt es Bauvorschläge für Sperrkreise in Filmdosen [2.10] oder in PVC-Rohr [2.11]. Interessant ist auch eine V-förmige Dipolantenne am Balkon, mit Spulen samt Anzapfungen [2.12] [2.13].

Vertikalantennen

Die einfachste Vertikalantenne mit guten DX-Eigenschaften ist die s.g. „Up and Outer" die von *W9SCH* einer Antenne aus den 30er Jahren nachempfunden ist. Das ist eine Vertikalantenne mit einem einzigen waagrechten Radial [2.14], [2.15]. Etwas komfortabler ist die Allband-Groundplane 6,7 m lang mit 3 Radials mit der gleichen Länge, die mit Antennentuner über eine 300 Ω Zweidrahtleitung gespeist wird [2.16]. Vertikale Wendelantennen in Viertelwellen- oder Halbwellenresonanz [2.17]–[2.19] und sogar symmetrische verkürzte und mit Spulen verlängerte Vertikaldipole sind als Reiseantennen beschrieben [2.20].

28.2.2 VHF/UHF-Portabelantennen

Standort

Erhöhte Standorte, etwa auf Bergen, begünstigen im VHF/UHF-Bereich die Ausbreitung. Einschränkend ist zu bemerken, daß der höchstmögliche Berg nicht immer den günstigsten Standort für Weitverbindungen darstellt, denn es kommt oft vor, daß eine solche Höhenlage oberhalb bestehender Inversionsschichten liegt. Dann können troposphärisch bedingte Überreichweiten nicht mehr genutzt werden (siehe Abschnitte 2.9 und 2.10).

Masten

Einfachere Masten, wie Angelruten oder Bambusstäbe sind zwar leicht und gut zu transportieren, aber unabgespannt nicht sehr stabil.

Ein besserer Antennenträger ist ein einfacher Steckrohrmast von etwa 3 m Länge, den man sich aus einzelnen Rohrabschnitten leicht herstellen kann. Sehr gut geeignet ist der, bei HF-Portabelan-

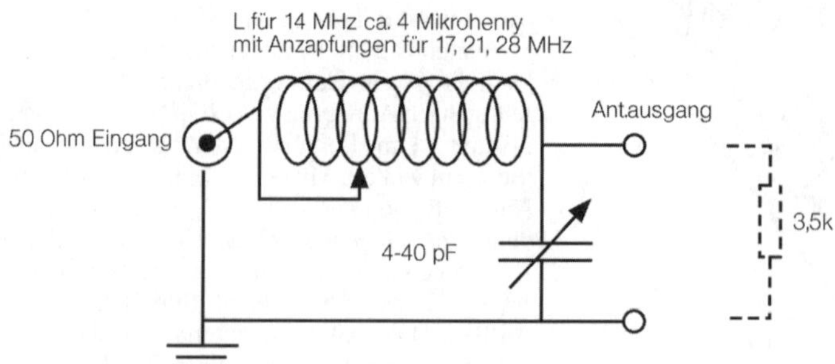

Bild 28.2.3
Anpaßgerät zur Antenne von Bild 28.2.2

tennen beschriebene, Fiberglas-Teleskopmast von *W. Spieth, DK9SQ* [2.1]. VHF/UHF-Antennen kann man damit auf eine Höhe von etwa 9 m bringen. Der zugehörige Mastfuß ist auch bei 28.2.1 beschrieben.

Auch gut geeignet sind zweckentfremdete Gartengeräte, etwa ein Teleskopstiel, an dessen Spitze man z.B. einen Obstpflücker oder eine Astsäge anbringen kann [2.21]

Antennen

Beim Portabelbetrieb im 2-m-Band und 70-cm-Band gibt es überhaupt keine Antennenprobleme. Es können zerlegbare *Yagis* aller Größen in Leichtbauweise mit bestem Erfolg verwendet werden.

Für den Bau von Portabel-Antennen im VHF/UHF-Bereich gibt es einige Bauanleitungen [2.22] – [2.25].

Bei Handfunksprechgeräten kleiner Leistung wird für den Nahverkehr im allgemeinen eine kurze Gummiwendel oder ein Viertelwellenstab direkt auf das Gerät aufgesteckt. Bauanleitungen für Halbwellenaufsteckantennen sind [2.26]–[2.32].

Größere Reichweiten werden mit Leichtbau-*Yagis* (siehe Abschnitt 24.2) oder mit der *HB9CV*-Antenne (siehe Abschnitt 24.6) erzielt.

28.3 Fuchsjagdantennen

Für Fuchsjagden benötigt man Peilantennen, die eindeutige Richtungsbestimmungen ermöglichen. Fuchsjagden und Fuchsjagdmeisterschaften werden im 80-m-Amateurband und im 2-m-Amateurband veranstaltet. Während man bei der 2-m-Fuchsjagd mit herkömmlichen *Yagi*-Antennen oder *HB9CV*-Antennen arbeiten kann, sind für das 80-m-Band spezielle Peilantennen notwendig.

Fuchsjagd wird auch Amateurfunkpeilen genannt, oder engl. abgekürzt ARDF = **A**mateur **R**adio **D**irection **F**inding. Allgemeine Informationen darüber, finden sich in [3.1]–[3.3]. Ausführliche Informationen sind über das ARDF-Referat im *DARC* zu erhalten [3.4].

28.3.1 Peilantennen für 80 m

Für die 80-m-Fuchsjagd werden ausschließlich Rahmenantennen oder Ferritantennen eingesetzt. Beide sprechen stärker auf die magnetische Komponente des elektromagnetischen Feldes an; man nennt sie auch magnetische Antennen (siehe auch Abschnitt 16).

Eine für Peilzwecke geeignete Rahmenantenne besteht in ihrer einfachsten Form aus einem drehbaren Rahmen, der auf seinem Umfang eine bestimmte Anzahl von Drahtwindungen trägt. Die Drehachse ist senkrecht orientiert. Der Rahmen hat im allgemeinen die Form eines Ringes, eines Qua-

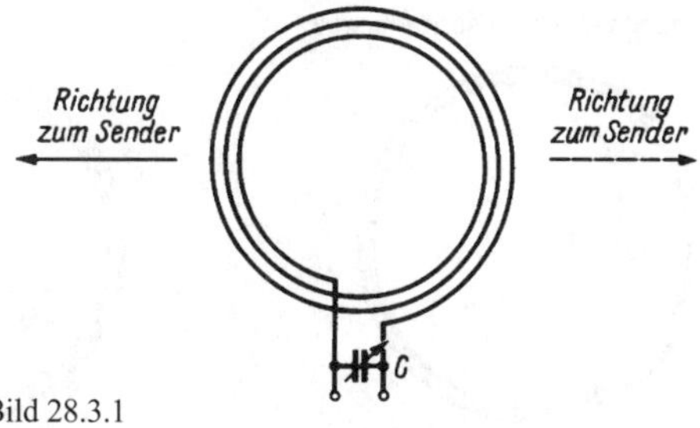

Bild 28.3.1
Rahmenantenne (Kreisförmiger Peilrahmen)

drates oder eines Polygons. Die Antenne wird durch eine große Spule dargestellt, deren Abmessungen, bezogen auf die zu empfangende Wellenlänge, sehr klein sind. In ihr induziert die magnetische Komponente des elektromagnetischen Feldes eine Spannung, die maximal ist, wenn sich die Rahmenebene in der Fortpflanzungsrichtung der elektromagnetischen Wellen befindet. Zeigt die „Breitseite" des Rahmens in die Senderrichtung, ist die Empfangsspannung minimal. **Bild 28.3.1** zeigt eine ringförmige Rahmenantenne, die sich für einen in Pfeilrichtung befindlichen Sender in der Stellung maximaler Empfangsspannung befindet. Empfang ergibt sich jedoch auch, wenn der Sender in der um 180° versetzten Gegenrichtung steht (gestrichelt).

Das Richtdiagramm dieser Rahmenantenne zeigt **Bild 28.3.2**, wobei die Stellung des Rahmens in der Draufsicht eingezeichnet ist. Es hat die vom Halbwellendipol her bekannte Doppelkreischarakteristik mit dem grundlegenden Unterschied, daß sich die beiden Nullstellen der Rahmenantenne nicht in Achsrichtung, wie beim Halbwellendipol, befinden, sondern um 90° quer zur Achsrichtung versetzt sind.

Bild 28.3.2
Richtdiagramm einer Rahmenantenne

Die effektive Höhe *he* einer Rahmenpeilantenne wird von der Rahmenfläche *A*, sowie der Anzahl *n* der Rahmenwindungen bestimmt. So beträgt z.B. die effektive Höhe einer ringförmigen Rahmenantenne mit 0,26 m Durchmesser und 5 Rahmenwindungen (Rahmenantenne des Fuchsjagdempfängers *Gera I*) im 80-m-Band nur etwa 0,021 m = 21 mm. Die vom Rahmen gelieferte Spannung *Ur* ist deshalb sehr gering. Durch Resonanzabstimmung der Antenne mit dem Drehkondensator *C* (**Bild 28.3.1**) kann an diesem eine Resonanzspannung *Ures* abgenommen werden, die um die Güte *Q* des Kreises größer als die Rahmenspannung *Ur* ist:

$$Ures = Ur \cdot Q \qquad (28.3.1)$$

Auch der Strahlungswiderstand R_S der üblichen Fuchsjagdpeilantennen ist extrem niedrig; er be-

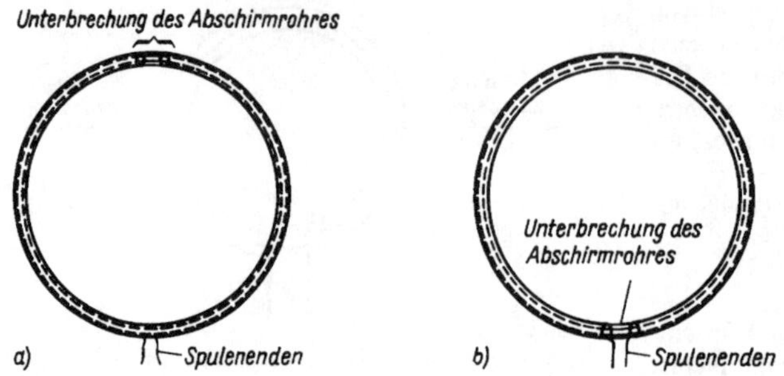

Bild 28.3.3
Ringförmige Peilantennen
mit elektrostatischer Schirmung
a) - Unterbrechung des Abschirmrohres gegenüber dem Antenneneingang
b) - Unterbrechung des Abschirmrohres am Antenneneingang

trägt mit mehreren Windungen n und mit der Rahmenfläche A

$$R_S/_\Omega = 31171 \cdot \left(\frac{nA}{\lambda^2}\right)^2 \quad (28.3.2)$$

Für einen kreisförmigen Rahmen vom Umfang U mit mehreren Windungen n geht
Gl. (28.3.2) über in

$$R_S/_\Omega \approx 197 \cdot n^2 \cdot \left(\frac{U}{\lambda}\right)^4 \quad (28.3.3)$$

Erhöhen von U/λ ist demnach erheblich wirksamer als Vergrößern der Windungsanzahl n.

Zum Verbessern der Richtwirkung umgibt man magnetische Antennen mit einem elektrostatischen Metallschirm. Bei ringförmigen Peilantennen werden deshalb die Rahmenwindungen in ein Kupfer- oder Leichtmetallrohr eingezogen. Dabei ist zu beachten, daß dieses Abschirmrohr keinen metallisch geschlossenen Kurzschlußring bilden darf. Nach **Bild 28.3.3** muß man die Abschirmung entweder genau gegenüberliegend (**28.3.3a**), oder direkt am Antenneneingang (**28.3.3b**) unterbrechen. Die im Innern des Abschirmrohres verlaufenden Rahmenwindungen darf man jedoch an den Trennstellen der Abschirmung nicht unterbrechen; sie bilden eine fortlaufende kreisförmige Spule, von der nur die Enden herausgeführt werden. An die Spulenenden wird der Abstimmdrehkondensator angeschlossen.

In modernen Fuchsjagdempfängern verwendet man nur noch Transistoren, deren Eingangswiderstand bekanntlich relativ niedrig ist. Deshalb muß der hochohmige Rahmenkreis an den niedrigohmigen Transistoreingang angepaßt werden. Dazu bedient man sich entweder einer gesonderten Koppelwindung, oder man zapft etwa 1 Windung vom „kalten" Ende der Rahmenspule entfernt den Rahmenkreis an und schließt dort die Transistoreingangsstufe an.

Derartige Rahmenantennen liefern gute Peilergebnisse, die aber immer zweideutig sind. Aus dem Richtdiagramm **Bild 28.3.2** ist zu ersehen, daß 2 Minima und 2 Maxima auftreten, die keine richtige Seitenbestimmung gestatten. Eindeutige Peilungen sind nur möglich, wenn das bidirektionale Horizontaldiagramm des Peilrahmens in ein unidirektionales, z.B. in das einer Kardioide, verwandelt wird. Zur Seitenbestimmung benötigt man eine zusätzliche Hilfsantenne, die dem elektrischen Feld eine Spannung entnimmt, die nach Größe und Phase gleich der vom Peilrahmen aus dem magnetischen Feld induzierten Spannung ist. Werden beide Spannungen einander überlagert, so verwandelt sich die Doppelkreischarakteristik des Rahmens in eine herzförmige Richtcharakteristik (Kardioide) mit nur einer Nullstelle. Somit wird eine eindeutige Richtungsbestimmung möglich. Die Hilfsantenne ist ein Vertikalstab. Um mit einem kurzen Stab von etwa 1 m Länge Resonanz zu erhalten, wird dieser mit einer entsprechenden Verlängerungsspule L_V versehen. Die Größe der Hilfsantennenspannung stellt man mit einem Kohleschichtdrehwiderstand ein, der in die Zuführung eingefügt ist. **Bild 28.3.4**

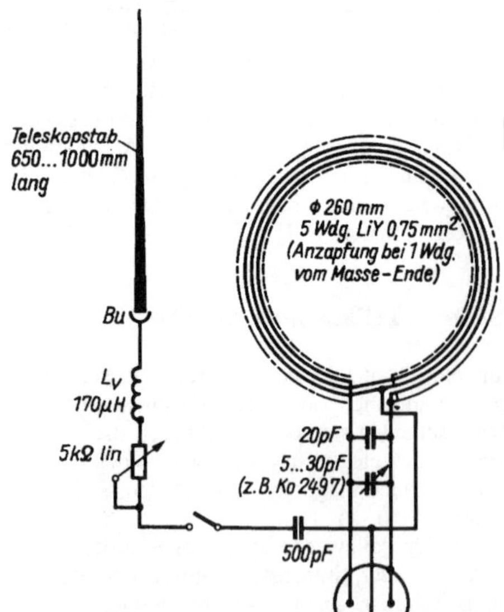

Bild 28.3.4
Prinzipschaltung einer Rahmenpeilantenne (Peilrahmen mit Hilfsantenne) für das 80-m-Band

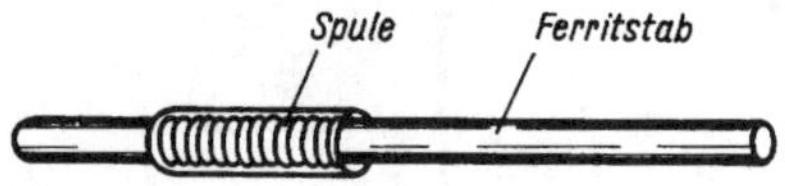

Bild 28.3.5
Ferritstabantenne

zeigt das Prinzipschaltbild eines Peilrahmens mit Hilfsantenne, dessen Herstellung und Anwendung in [3.5] ausführlich beschrieben wird.

Weitere Litertur ist [3.6], [3.7].

Heute verwendet man bei der 80-m-Fuchsjagd nur noch Ferritantennen. In ihren Abmessungen sind sie erheblich kleiner als die Rahmenpeiler. Wie **Bild 28.3.5** zeigt, besteht die Ferritstabantenne aus einem Ferritstab, auf den eine Spulenwicklung aufgebracht ist. Handelsübliche Ferritstäbe haben meist einen Durchmesser von 8 oder 10 mm, ihre Länge beträgt 65 bis 200 mm. Das optimale Längen/Durchmesser-Verhältnis wird mit 16 bis 20 angegeben. Für Fuchsjagdpeilantennen war der Sinterwerkstoff *Manifer 240* besonders geeignet, weil er seine günstigsten Eigenschaften im Frequenzbereich zwischen 2 und 6 MHz hat. Bei einem Stabdurchmesser von 10 mm wird er in Längen von 160 und 200 mm geliefert. *Manifer 240* weist eine Anfangspermeabilität μ_a von 120 ± 20% auf.

Die Lage der Spule auf dem Ferritstab ist hinsichtlich Kreisgüte und wirksamer Permeabilität von Bedeutung. Man bringt sie deshalb im allgemeinen nicht in Stabmitte auf, sondern etwas nach außen versetzt (**Bild 28.3.5**) und mit einer isolierenden Zwischenlage etwa 1 mm vom Stab getrennt. Durch späteres Verschieben aus dieser Lage sind bestimmte Abgleichmöglichkeiten gegeben. Die Berechnung der für eine vorgegebene Induktivität L erforderlichen Windungszahl n kann mit guter Näherung nach der Formel

$$n = k \cdot \sqrt{L/_{\mu H}} \qquad (28.3.4)$$

durchgeführt werden.

k ..... Kernfaktor des Werkstoffes (wird jeweils vom Hersteller angegeben)

L ..... Induktivität.

Als Spulen verwendet man einlagige Zylinderspulen aus Hochfrequenzlitze.

Die effektive Höhe h_e einer Ferritantenne beträgt

$$h_e = \frac{2\pi\, n\, q}{\lambda} \cdot \mu_{eff} \qquad (28.3.5)$$

n ..... Anzahl der Windungen

q ..... Querschnitt des Ferritstabes

μeff ..... effektive Permeabilität des Ferritwerkstoffes

λ ..... Wellenlänge

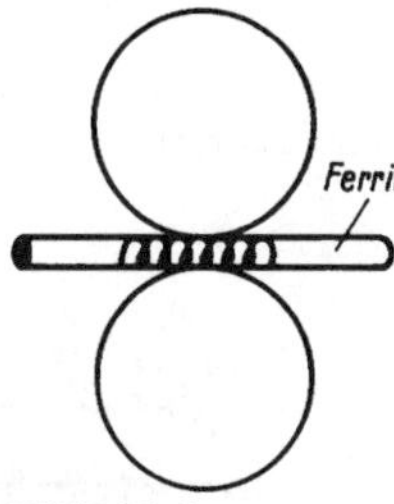

Bild 28.3.6
Richtdiagramm einer Ferritstabantenne

Das Richtdiagramm einer Ferritantenne zeigt ebenfalls die bekannte Doppelkreischarakteristik, wobei die beiden Empfangsminima in Achsrichtung des Stabes auftreten (**Bild 28.3.6**). Obwohl man beim Vergleich mit dem Richtdiagramm eines Rahmenpeilers (**Bild 28.3.2**) annehmen könnte, daß sich die Richtung der Minima in beiden Fällen um 90° unterscheidet, ist das nicht der Fall; denn es darf dabei nicht die Lage des Rahmens bzw. die des Ferritstabes, sondern ausschließlich die Lage der Spulenwindungen betrachtet werden. Es läßt sich dann erkennen, daß in beiden Fällen die Minima in Achsrichtung der Spule liegen.

Auch bei der Ferritantenne wird die Richtwirkung durch eine elektrische Abschirmung verbessert. Sie besteht aus einem dünnwandigen Metallzylinder, der mit einem Längsschlitz versehen sein muß, damit er keine Kurzschlußwindung bildet. Die Anordnung der Abschirmung geht aus **Bild 28.3.7** hervor.

Hinsichtlich Empfindlichkeit und Richtwirkung entspricht die Ferritantenne etwa einer ringförmigen Rahmenantenne, deren Ringdurchmesser gleich der Länge des Ferritstabes ist. Da handelsübliche Ferritstäbe maximal 200 mm lang sind, ist die Empfindlichkeit im Gegensatz zum Rahmenpeiler begrenzt. Dem Nachteil der etwas geringeren Empfindlichkeit einer Ferritantenne stehen die großen Vorzüge des kompakten Aufbaues und der einfachen, kostensparenden Herstellung gegenüber.

Bild 28.3.8 zeigt eine Ferritpeilantenne mit Hilfsantenne zur Seitenbestimmung. Die auf den Fer-

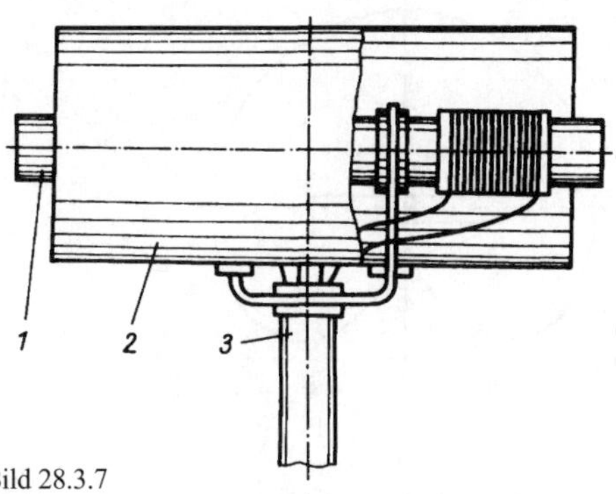

Bild 28.3.7
Drehbare Ferritantenne mit elektrostatischem Schirm
1 - Ferritstab
2 - Abschirmzylinder, längsgeschlitzt
3 - Drehachse

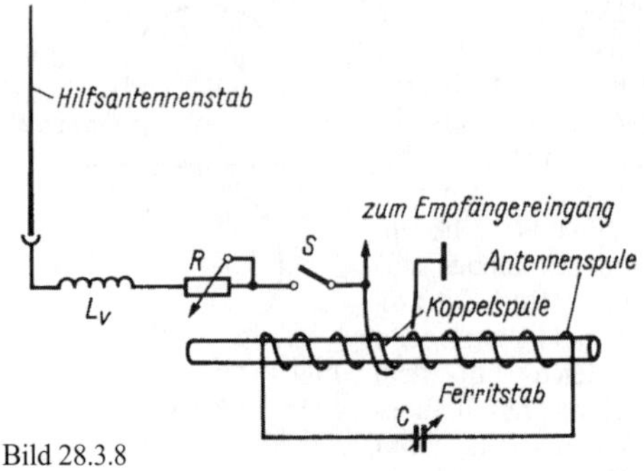

Bild 28.3.8
Zusammenschaltung einer Ferritantenne mit einer Hilfsantenne zu einer 80-m-Peilantenne

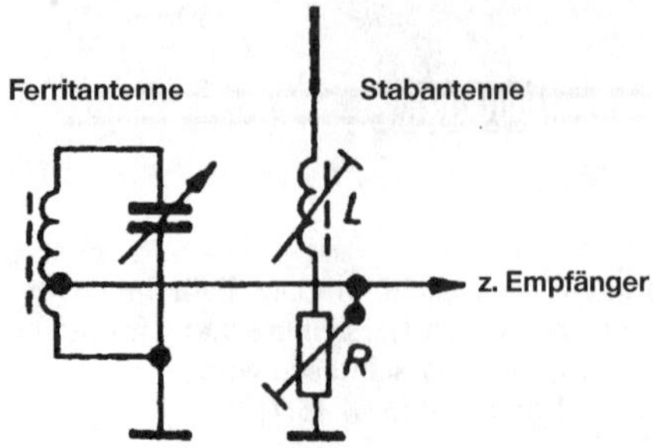

Bild 28.3.10
Zusammenschaltung einer Ferritantenne mit einer Hilfsantenne zu einer 80-m-Peilantenne

ritstab aufgebrachte Antennenspule bildet zusammen mit dem Drehkondensator *C* einen Resonanzkreis, der sich auf die „Fuchsfrequenz" im 80-m-Band abstimmen läßt. Bei einem Ferritstabdurchmesser von 10 mm betragen die Richtwerte für diese Spule etwa 25 bis 30 Wdg. HF-Litze, dabei wird ein Drehkondensator bzw. Trimmer mit einer Kapazitätsvariation von 6 bis 30 pF vorausgesetzt. Die Koppelspule bemißt man mit 2 Wdg., sie liegt mit einem Ende am Nullpotential des Empfängers bzw. am nicht eingezeichneten Abschirmzylinder. Der 2. Anschluß der Koppelspule führt im allgemeinen über einen Trennkondensator zur Basis des Eingangstransistors. An dieses Ende der Koppelspule ist außerdem über den Kohleschichtdrehwiderstand *R* und die Verlängerungsspule L_V der Hilfsantennenstab angeschlossen. L_V wird häufig weggelassen, für *R* sind Widerstandswerte von 10 kΩ lin. üblich (nicht kritisch!). Der Schalter *S* entfällt, wenn man den Hilfsantennenstab steckbar ausführt. Als Hilfsantenne haben sich entsprechend bearbeitete Fahrradspeichen gut bewährt.

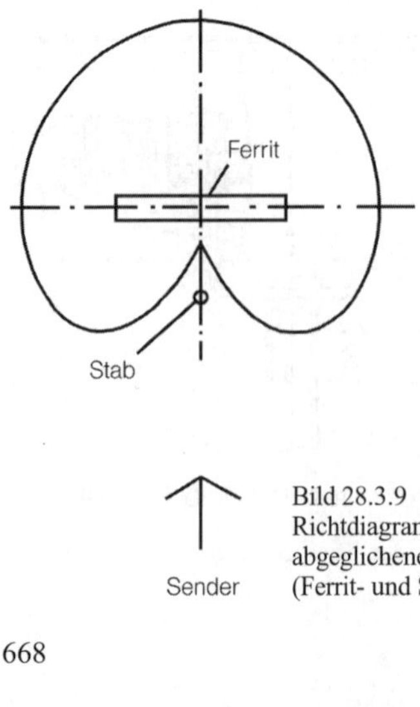

Bild 28.3.9
Richtdiagramm einer optimal abgeglichenen Peilantenne (Ferrit- und Stabantenne)

Eine ähnliche Schaltung zur Erzeugung einer Herzkurve = Kardioide (**Bild 23.3.9**) mit Ferrit- und Stabantenne zeigt **Bild 28.3.10** aus einem neuerer Beitrag von *DL7VFS* über das Peilen [3.8].

Ausführliche Bauanleitungen für Fuchsjagdempfänger mit Rahmen- und Ferritpeilantennen sind in den Literaturhinweisen zu finden [3.9–[3.13]. Es gibt auch Peilempfänger zu kaufen. Ein Beispiel ist der von *DF7XU* entwickelte 80-m-Peilempfänger PRX80, der von *DL3BBX* vertrieben wird [3.14].

28.3.2 Peilantennen für 2 m

Horizontal polarisierte *Yagi*-Antennen mit 3 Elementen herrschen vor, mehr Elemente verwendet man selten. Solche kurzen *Yagi*-Formen sind in Abschnitt 24.2. beschrieben. Mitunter begnügt man sich auch mit einfachen 2-Element-Ausführungen einschließlich der *HB9CV*-Antenne (siehe Abschnitt 24.5). Diese Antenne erfreut sich steigender Beliebtheit. Zusätze für die Seitenbestimmung werden nicht gebraucht; denn die genannten Systeme sind unidirektional.

Spezialpeilantennen für die Fuchsjagd im 2-m-Amateurband sind selten, da eine genügend große Auswahl herkömmlicher 2-m-Richtantennen vorhanden ist, die eigentlich alle Wünsche bezüglich Richtwirkung und Empfindlichkeit erfüllen kann.

Die leider etwas sperrigen *Yagi*-Antennen können den Fuchsjäger im Gelände (z.B. im Unterholz) sehr behindern. Man wünscht sich deshalb kompakte Bauformen, bei denen zumindest die mechanische Breite der Peilantenne vermindert werden kann.

Eine interessante 2-m-Peilantenne haben 1975 *OE2JG* und *OE2HDL* veröffentlicht [3.15]. Es handelt sich dabei um eine zerlegbare *HB9CV*-Antenne, bei der die Antennenelemente aus Stahlmaßband bestehen und sich nach einem Hindernis selbsttätig wieder aufrichten. In hindernisreichem Gelände ist es von Vorteil wenn die Elemente biegsam sind. Im offenen Gelände allerdings und beim Lauf sind steife Elemente günstiger.

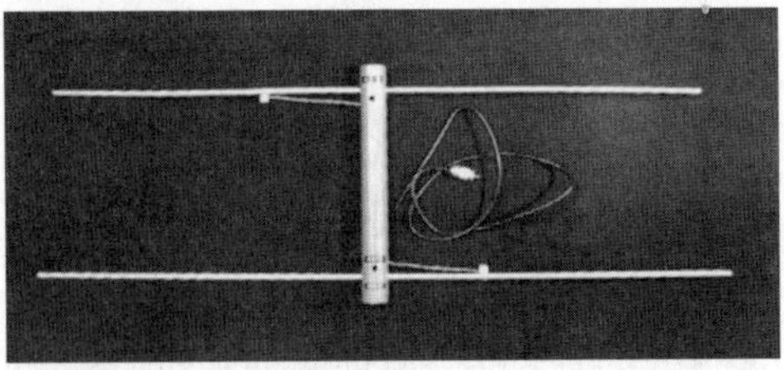

Bild 28.3.11
2-m-Peilantenne nach *DJ0TR / OE8AK*
(Foto: *A. Krischke*)

HB9CV-Spezial

Eine Spezialausführung der *HB9CV*-Antenne für Fuchsjagd, die Anfang der 60er Jahre von *OE8AK* und *OE3UK* gebaut wurde (**Bild 28.3.11**) sorgte für Aufsehen bei den Fuchsjagden. Die Antenne, mit der man beim Lauf peilen konnte und nicht im Unterholz stecken blieb, wurde in den 70er-Jahren von *DJ0SY / OE3UK* und *DJ0TR / OE8AK* mit großem Erfolg bei vielen 2-m-Fuchsjagden in *DL* und *OE* verwendet.

Aufbau:

Das Tragrohr für die Antenne besteht aus einem 330 mm langem Installationsrohr aus grauem Kunststoff mit rund 36 mm Durchmesser. Die Antennenelemente sind 8 mm starkes Alurohr blank (nicht eloxiert), Strahler = 960 mm, Reflektor = 1000 mm. Die Anzapfungen sind bei rund 150 mm von der Antennenmitte. Das Koaxialkabel ist insgesamt 1500 mm lang. Das Kabel läuft 200 mm im Tragrohr, kommt beim Reflektor hinten aus dem Tragrohr heraus und geht mit der restlichen Länge von 1300 mm zum Peilempfänger.

Handhabung:

Die linke Hand umfaßt das Tragrohr mit der Antenne. Die Antenne wird bei der 2-m-Fuchsjagd horizontal eingesetzt. Zum *Peilen im Stand* wird die Antenne steil nach oben gehalten. Die Antennenrichtung entspricht der Tragrohrrichtung und ergibt sich so aus der Handkantenrichtung.

Normal im *Lauf ohne Peilung* kann die Antenne schräg nach unten gehalten werden. Im Unterholz wird die Antenne ganz nach unten seitlich am Körper parallel zum Fuß gehalten und stört dadurch nicht. Im *Lauf mit Peilung* wird die Antenne schräg nach oben gehalten. Dazu muß man nicht nach oben sehen und vermeidet dadurch die Stolpergefahr. Die Richtung wird aus der Handhaltung erkannt.

Aus England kommt eine andere Fuchsjagdantenne. Eine von *G4NNA* in [3.16] beschriebene 2-m-Fuchsjagdpeilantenne besticht durch ihre geringen Abmessungen. Wie **Bild 28.3.12a** erkennen läßt, ist sie aus einer *HB9CV*-Antenne entstanden, deren Elemente verkürzt und abgewinkelt wurden, so daß sie oben offene Quadrate bilden. Mit den Seitenlängen der Quadrate von nur 172 bzw. 183 mm sind die Elemente zu kurz; sie müssen deshalb durch Endkapazitäten bis zur erforderlichen Resonanzfrequenz elektrisch verlängert werden. Diese Endkapazitäten werden durch offene Zweidrahtleitungen (Stubs) gebildet; im einfachsten Fall bestehen sie aus Bandleitungsstücken entsprechender Länge.

Der für *HB9CV*-Antennen angegebene Elementabstand von 0,125λ wird bei dieser Bauform nicht eingehalten, er beträgt 370 mm $\equiv$ 0,179λ. Dementsprechend unterschiedlich bemessen ist auch die überkreuzte Verbindungsleitung, für die ein Wellenwiderstand von 150 Ω vorgeschrieben wird. Die Musterantenne wurde insgesamt aus Kupferdraht mit 1,6 mm Durchmesser gefertigt. Da die Leiterabstände mit 3 mm angegeben sind, kann man daraus nach Gl. (5.5.1) den geforderten Wellenwiderstand von $\approx$ 150 Ω errechnen. Dieser Drahtdurchmesser ist jedoch nicht bindend, sofern der angegebene Wellenwiderstand eingehalten wird.

Der Antenneneingang *X1-X2* wird über ein Netzwerk nach **Bild 28.3.12b** an ein 50-Ω-Koaxialkabel angepaßt. Die bifilar gewickelten Spulen haben je 3 Windungen aus Kupferlackdraht mit 0,9 mm Durchmesser bei einem Spulendurchmesser von 10 mm und einer Spulenlänge von 14 mm. Eine Leiterplattenzeichnung für dieses Anpassungsnetzwerk ist in [3.16] enthalten. Diese Schaltung muß allseitig abgeschirmt werden.

Zuerst sind die beiden Antennen-Quadrate, von denen alle Anschlüsse entfernt werden, einzeln auf die Sollfrequenzen abzugleichen. Unter Kontrolle mit einem möglichst lose angekoppelten Dip-Meter werden die Abstimmstubs so verlängert bzw. verkürzt, daß sich die Resonanzfrequenz 145 MHz für das vordere Element und 135 MHz für den Reflektor einstellt. Dann werden die Gamma-Glieder und

Bild 28.3.12
2-m-Miniaturpeilantenne nach *G4NNA*
a) Bemessungsschema
b) Anpassungsnetzwerk

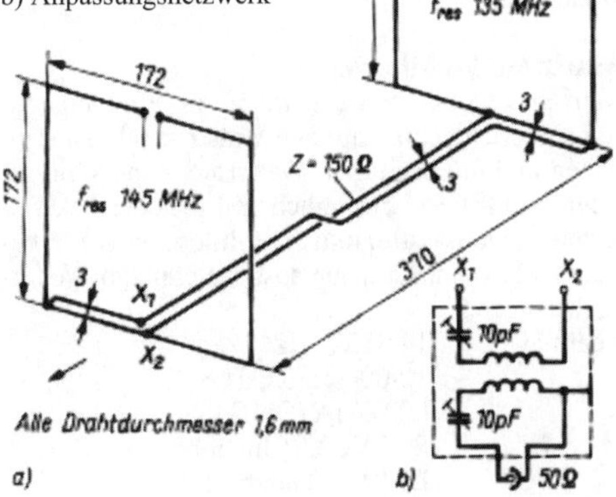

die überkreuzte Verbindungsleitung, sowie das Anpassungsnetzwerk angeschlossen. Durch wechselseitiges Verändern von *C1* und *C2* wird bei einer Resonanzfrequenz von 145 MHz die Einstellung der geringstmöglichen Welligkeit gesucht.

Natürlich erreicht diese Miniaturausführung einer Peilantenne nicht den Gewinn einer *HB9CV* voller Länge; man darf jedoch damit rechnen, daß die für eine einwandfreie Peilung erforderliche große Rückdämpfung vorhanden ist.

Da mit modernen Transistoren sehr empfindliche 2-m-Fuchsjagdempfänger hergestellt werden können, ist der Gewinn der Peilantenne von zweitrangiger Bedeutung; im Vordergrund steht immer die Richtwirkung. Von dieser Erkenntnis ausgehend, dürfte es möglich sein, stark verkürzte, spulenförmige Antennenelemente zu verwenden. Dabei vermindert sich bekanntlich der Antennengewinn entsprechend, die Richtwirkung bleibt aber weitgehend erhalten.

Konstruktionen ähnlich **Bild 18.1.51** wären für solche verkürzten 2-m-Peilantennen denkbar, wobei als Spulenträger kurze Kunststoffrohre verwendet werden könnten, auf die sich die Spulen direkt aufbringen lassen. Es liegen darüber aber keine Erfahrungen vor.

Ein Peilzusatz für FM-Handfunkgeräte mit zwei aktiven Miniantennen ist von *DK3SS* 1999 beschrieben worden [3.17].

28.4 Marineantennen

28.4.1 Einführung

Amateurfunk auf Kurzwellen von Segel- oder Motorbooten wird immer beliebter [4.1]–[4.5].

Betriebsart
Die bevorzugte Betriebsart ist Sprechfunk, also SSB, CW wird seltener verwendet. Von den modernen Betriebsarten ist Pactor sehr verbreitet. Zusammen mit einem Laptop und entsprechender Software läßt sich damit ein interessanter Funkverkehr abwickeln.

Maritime Mobile Netze
Maritime Mobile Netze wurden von Funkamateuren eingerichtet, um tägliche Wetterberichte auszugeben und um nach dem Wetterdienst persönliche Funkgespräche zu ermöglichen. Eines der bekanntesten Netze ist **Intermar.** Der Intermar-Wetterbericht ist bekannt für seine ausgezeichneten Wettervorhersagen.

Intermar	14,313 MHz 10:00-11:30 UTC DL0IMA (Rolf) DL9YCX (Christoph) DL0NL (Günther)
	14,307 MHz 16:30-17:30UTC DL0IMA (Rolf) DL0NL (Günther) DL9YCX (Christoph)

Erdung
Die HF-Erdung auf einem Boot kann Probleme bereiten, obwohl man eigentlich „in einer idealen Erde schwimmt“. Bei Metallrümpfen gibt es kein Problem. Mit einer möglichst kurzen Leitung geht man an die nächstgelegene Stelle des Rumpfes, wo man einen metallischen Kontakt herstellen kann.

Bei Holz- oder Kunststoffbooten ist das schon schwieriger. Eine Erdung über die Motor- und Wellenanlage, oder über Borddurchlässe ist aus Korrosionsgründen oder wegen zu geringer Oberfläche nicht zu verwenden.

Eine Möglichkeit ist die Erdung über einen Kielbolzen bei einem Segelboot mit Festkiel. Diese Erdung funktioniert auch bei einem „eingegossenen“ Kiel, wenn der Kiel keinen direkten Kontakt zum Wasser hat (kapazitive HF-Kopplung).

Eine weitere Methode ist die Erdung über eine spezielle Erdelektrode s.g. „Erd- , Masse- oder Kupferschwamm“. Diese Erdungsplatten sind poröse Metallplatten aus gesinterter Kupferbronze mit einer sehr großen Oberfläche. Sie sind entweder kreisförmig mit einem Durchmesser von etwa 130 mm und einer Befestigungsschraube, oder rechteckförmig mit den Abmessungen 205 x 65 x 15 mm (entsprechend 1,8 m^2 Fläche) oder 300 x 80 x 15 mm (entsprechend 3 m^2 Fläche) und mit 2 Befestigungsschrauben. Die Befestigungsschrauben sind konisch mit der Erdplatte verbunden, um so optimalen Kontakt sicherzustellen. Sie werden über Löcher unter Wasser angeschlossen und funktionieren recht gut. Zweckmäßig sollte man 2 Stück verwenden, ein Stück auf jeder Seite des Rumpfes. Von Marineausrüstern wird bei Empfangs- oder Navigationsanlagen eine runde oder eine kleine rechteckförmige Erdplatte und bei Sendeanlagen bis 240 W PEP werden zwei und bis zu 500 W PEP vier große rechteckförmige Erdplatten empfohlen. Diese Methode ist bei einem „Charterboot“ natürlich nicht anwendbar.

Eine andere Methode ist, ein größeres Stück Alufolie (mindestens 1 m^2) im Unterwasserschiff innen am Rumpf anzubringen. Auch hier werden zwei Folien empfohlen. Die Kunststoffhaut wirkt als Dielektrikum eines Kondensators, der aus der Alufolie und dem Wasser gebildet wird. Der Anschluß an die Folie soll großflächig erfolgen, etwa zwischen zwei Aluschienen.

Masseverbindungen
Für Masseverbindungen wird ein spezielles Kupfer-Masseband in fester Form empfohlen. Flexible Kupfergewebebänder haben sich für diesen Zweck nicht gut bewährt, da das Kupfergewebe zu stark

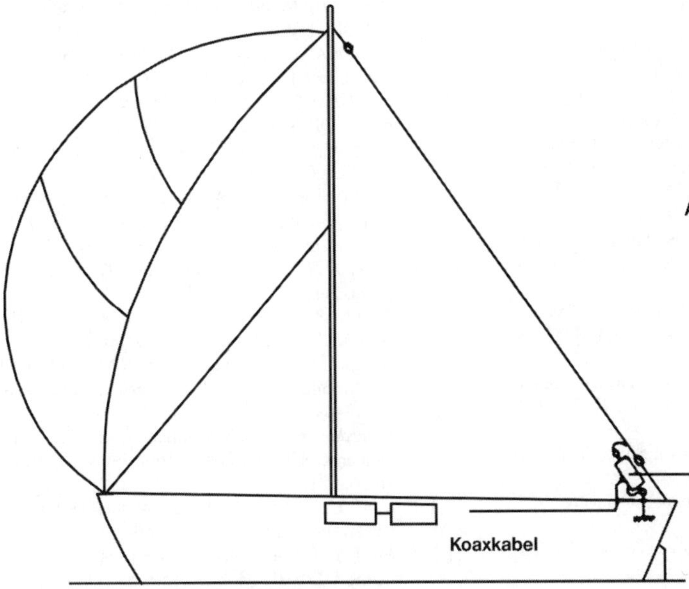

Bild 28.4.1
Achterstagantenne

korrodierte, sodaß die Leitfähigkeit bereits nach kurzer Zeit sehr vermindert war. Die Kupfer-Massebänder gibt es in den Abmessungen 50 mm breit x 0,5 mm stark oder 100 mm breit x 0,5 mm stark.

28.4.2 Boots-Antennen

Symmetrische Antennen, also Dipolantennen sind auf Booten ziemlich selten zu finden, der notwendige Platz dafür ist auf kleinen Booten nicht vorhanden. Vertikal- bzw. Schrägantennen sind die Regel.

Vertikalantenne

Eine etwa 5 m lange Peitschenantenne am Heck, etwas schräg nach hinten montiert, ist eine oft gesehene Antenne. Für 14 MHz (20-m-Band) ist die Antenne etwa $\lambda/4$ lang und benötigt keine Anpassung. Für die unteren Bänder 7 MHz (40-m-Band) und 3,5 MHz (80-m-Band) ist die Antenne dann zu kurz und benötigt zum Betrieb ein Anpaßgerät bzw. Matchbox. Vertikale Mobilantennen und Sperrkreis-Vertikalantennen werden kaum verwendet. Die mechanischen Belastungen und die agressive Seeluft machen den Antennen sehr zu schaffen.

T-Antenne

Eine Antenne, die sich auf den unterschiedlichsten Booten für Kurzwelle bewährt hat ist die s.g. *T-Antenne*. An den Befestigungspunkten isoliert wird ein Antennendraht vom Bug über den Flaggenmast oder Geräteträger zum Heck gespannt. Etwa in der Mitte des Drahtes (nicht kritisch) ist eine strahlende Ableitung zum Anpaßgerät bzw. Maxbox. Die Antenne ist ein Vertikalstrahler mit Dachkapazität, der überwiegend vertikal polarisiert ist, aber bei einem langen Horizontalteil auch einen horizontal polarisierten Anteil aufweist. Dieser bringt eine Steilstrahlung und ermöglicht dadurch bei tiefen Frequenzen Verbindungen über mittlere Distanzen (200 bis 600 km).

Achterstagantenne

Die *Achterstagantenne* ist die wohl bekannteste Antenne auf vielen Booten. Der englische Ausdruck dafür ist „backstay vertical". Die schräge Abspannung nach hinten („achtern"), das „Achterstag" mit einer Länge von etwa 8 bis 10 m wird als Antenne verwendet. Dazu werden oben und unten Isolatoren eingesetzt und am unteren Ende die Verbindungsleitung zu einem Anpaßgerät bzw. zum Sender angeklemmt (**Bild 28.4.1**). Achterstag-Klemmen bestehen aus rostfreiem Material (Nirosta) mit den Abmessungen 20 x 20 x 10 mm und sind bis 10 mm Achterstag geeignet. Mit zwei Schrauben wird das Achterstag an eine Konterplatte gepreßt. Es gibt Ausführungen für Litzenanschluß und Koaxialkabelanschluß.
Die Antenne hat im 40-m-Band ihre $\lambda/4$-Resonanz mit einer leichten Richtwirkung nach hinten (computerberechnet 2,5 bis 3,5 dBi).

Wenn man z.B. das Achterstag nicht öffnen will, kann parallel dazu, im Abstand von ca. 40 cm, eine Antenne gespannt werden. Damit hatten *DK8MY* und *DL9MBJ* gute Erfolge auf allen Bändern.

Literatur zu Abschnitt 28

[1.1] *Morgan, M.G.*: Increasing Radiator at Low frequencies. Electronics, July 1940, pp. 33–34, 67

[1.2] Smith, C.E.; Johnson, E.M.: Performance of Short Antennas. Proc. IRE, October 1947

[1.3] *Monser, G.J.*: Design Charts for Low-Frequency Antennas. Electronics, March 1960, pp. 86–87

[1.4] *Lewis, R.F.*: Mobile Whip Antenna, IEEE Int. Conv. Rec. Part 8, 1963, pp. 4–14

[1.5] *Rohrbacher H.-A.*: Die Vertikalantenne, Theorie und Praxis. DL-QTC 4/64, S. 194 ff.; 5/64, S. 272 ff.; 6/64, S. 341 ff.

[1.6] *Rohrbacher H.-A.*: Basic-Programm zur Berechnung von Vertikal-Antennen. CQ-DL 6/83, S. 275–277

[1.7] *Rohde, U.L.*: Die Anpassung von kurzen Stabantennen für KW-Sender. Funkschau, H. 7, 1974, S. 227–230

[1.8] *Belrose, J.S.*: Short Antennas for Mobile Operation, QST September 1953

[1.9] *Robberson, E.*: Mobile Antennas. CQ May 1955, 107–109

[1.10] *Bassett, R.*: Mobile Antenna Perfection. CQ September 1955, pp. 110–115

[1.11] *Judd, A.E.*: Mobile Whips Are Directional. CQ September 1956, pp. 115–117

[1.12] *Kozakoff, D.J.*: Designing Small Vertical Antennas. QST August 1976, pp. 24–25

[1.13] *Lohmann, K.*: Die optimierte KW-Mobilantenne für den Eigenbau. CQ-DL 6/84, S. 268 bis 271

[1.14] *Brown, B.F.*: Optimum Design of Short Coil-Loaded High-Frequency Mobile Antennas. ARRL Antenna Compendium Vol. 1, 1985, pp. 108–115

[1.15] *Schultz, J.J.*: The Ten-Tec Series of Ultimate HF Mobile Antennas. CQ August 1987, pp. 48–50

[1.16] *Sherwood, R.*: HF Mobile Antennas. Ham Radio, September 1989, pp. 9–14

[1.17] *Auerbach, R.*: Die VK2BMI-Mobilantenne. CQ-DL 5/90, S. 301

[1.18] *Hieber, R.*: DX-Mobil mit geringstem Aufwand. CQ-DL 10/92, S. 603–606

[1.19] *Pietsch, H.-J.*: Kapazitiv belastete Mobilantennen. CQ-DL 10/92, S. 607–610

[1.20] *Glowacki, S.A.*: An All-Band HF-Mobile Antenna. 73 Magazine, November 1992, pp. 18, 21–22, 24

[1.21] *Burch, R.*: You Can Operate HF Mobile! QST February 1993, pp. 29–30

[1.22] *Bearne, R.*: LF Mobile Antenna Design. Radio Communication, February 1995, pp. 43–45

[1.23] *Belrose, J.S.*: Short Coil-Loaded HF Mobile Antennas: An Update and Calculated Radiation Patterns. ARRL Antenna Compendium Vol. 4, 1995, pp. 83–91

[1.24] *Zwingl, M.*: KW-Mobilantenne im Selbstbau - für weniger als ÖS 500,--. QSP 7/95, S. 46–48

[1.25] *Grünbeck, G.*: Eigenkonstruktionen von KW-Mobilantennen. Funkamateur 11/96, S. 1258–1261

[1.26] *Jirmann, J.*: Rechnersimulation einer 80-m-Mobilantenne mit Anpaßnetzwerk. Funkamateur 11/96, S. 1261

[1.27] *Ihnken, H.*: Mobilfunktechnik richtig installieren. CQ-DL 1/97, S. 23–25

[1.28] *Kandora, G.*: KW-Mobilantennenhalterung einmal anders. CQ-DL 9/97, S. 718

[1.29] *Nikolaus, G.*: Antenne selbst gebaut – QRP mobil! QRP-Report 1.98, S. 39

[1.30] *King, F.W.*: A $20 HF Mobile Antenna. QST April 2000, pp. 33–35

[1.31] *Wirnsberger, H.*: KW-Mobilbetrieb: Antennenmontage einmal anders. Funkamateur 7/00, S. 783

[1.32] *Hille, K.H.*: Die C-Whip Jumbo KW-Mobilantenne. Funk 2/95, S. 70–71

[1.33] *Kennedy, B.*: The Comet HA4S a mobile HF antenna. 73 Magazine, May 1995, p. 38

[1.34] *Gold, J.*: The Carolina Bug Katcher Multiband HF Mobile Antenna. 73 Magazine, June 1996, pp. 48–49

[1.35] *Schreder, A.*: KW-Mobilantennen für den kleinen Geldbeutel 20m – 10m. Funktelegramm 10/96, S. 18

[1.36] *Kuhl, H.*: C-Whip Mobiles Antennensystem für Kurzwelle. Funk 12/97, S. 28–29

[1.37] *Ford, S.*: Palomar Model AN-7 (Antronic Multiwhip) HF/VHF Mobile Antenna. QST March 1998, pp. 78–79

[1.38] *Folprecht, M.*; Petermann, B.: Erfahrungen mit der Yaesu-Mobilantenne ATAS-100. Funkamateur 8/99, S. 868–869

[1.39] *Arndt, R.*: QRV mit Yaesu FT-100 und ATAS-100. CQ-DL 12/99, S. 990

[1.40] *Smith, C.E.*; *Johnson, E.M.*: Performance of Short Antennas. Proc. IRE, October 1947, pp. 1026–1038

[1.41] *Fröhling, H.E.*: Bandbreite und Wirkungsgrad kurzer Antennensysteme. Frequenz, September 1958, S. 273-284; Oktober 1958, S. 324–330

[1.42] *Harrison, C.W.*: Monopole with Inductive Loading. Proc. IEEE, July 1963, pp. 349–400

[1.43] *Gibilisco, S.*: Efficiency of short antennas. Ham radio, September 18982, pp. 18–21

[1.44] *Byron, W.J.*: Short vertical antennas for the low bands. Part 1. Ham Radio, May 1983, pp. 36–40; Part 2, June 1983, pp. 17–20

[1.45] *Weidemann, A.*: Gelsenkirchener Mobilantennenauskopplung. DL-QTC 9/73, S. 515 ff.

[1.46] *Weidemann, A.*: Die Gelsenkirchener Mobilantenne. Funkamateur 12/99, S. 1390–1392

[1.47] *C.F. Shmitka* – US 4,349,825 – 1980

[1.48] *Bartholomew, W.*: Dual-Band Mobile Whip for 146/432 MHz. ARRL Antenna Compendium Vol. 5. 1996, p. 54

[1.49] *Bensch, H.*: Halbwellenstrahler auf Mobilfuß. Beam 1/91, S. 19–20

[1.50] *Heinrich, K.*: Umschaltbare Antenne für Funksprechgeräte und Peilempfänger im 2-m-Band. UKW-Berichte 1/1967, S. 48–52

[1.51] *Keyser, I.*: Window Clamp Antenna Mount. Radio Communication, February 1995, p. 37

[2.1] Technische Informationen Funktechnik, W. Spieth, Tiergartenweg 26, D-73061 Ebersbach, Tel & Fax +49 (0)7163 5969

[2.2] *Hellgardt, F.*: Verbesserungen für den Aufbau und Betrieb von Portabel-Antennen. CQ-DL 6/88, S. 364 ff.

[2.3] Klüß, A.: Kurzwellen-Drahtantennen. VTH, Baden-Baden, 1995

[2.4] *Ebert, T.*: Abspannung von Teleskop-Portabelmasten. QRP-Report 1.2000, S. 24

[2.5] *Görrisch, D.*: Improvisierter Antennenfuß. (Tips & Tricks). Funk 8/99, S. 25

[2.6] *Moltrecht, E.K.W.*: Welche Antenne für den Urlaub? Funk 4/87, S. 38–39

[2.7] *Ernst, H.*: Langdraht-Portabelantenne. CQ-DL 2/94, S. 109

[2.8] *Lachmann, W.*: 500 DX QRP QSO auf den Philipinen. QSP 12/95, S. 9–12

[2.9] *Brumbaugh, J.F.*: Pocket-Portable Seven-Band Antenna. 73 Magazine, April 1991, pp. 46–47

[2.10] *Murphy, G.*: QRP Antenna Cheapware. CQ March 1998, pp. 30, 32, 33

[2.11] *Rachow, P.*: Eine Multibandantenne mit Sperrkreisen für das 10-, 15-, und 20-m-Band in Leichtbauweise. Funk 6/98, pp. 60–62

[2.12] *Johns, R.H.*: Build a Portable Antenna. QST August 1998, pp. 44–46

[2.13] *Johns, R.H.*: A Briefcase-Portable HF/VHF Antenna. QST February 1999, pp. 41–43

[2.14] *Rocky, C.F.*: A four-band „up and outer" antenna. SPRAT No.: 69, p. 14

[2.15] *Rauhut, M.*: Up and Outer – Antenne neuentdeckt. QRP-Report 1.98, S. 40–41

[2.16] *Aurich, A.*: Allband-Vertikalantenne für unterwegs. Funkamateur 5/99, S. 562–563

[2.17] *Wolf, W.*: Portabel-Antennen mit 10-m-Fiberglas-Teleskopmast. QRP-Report 2.98, S. 23–25

[2.18] *Jarkovsky, J.*: Leichte Reiseantenne für 7 ... 28 MHz. CQ-DL 8/99, S. 663

[2.19] *Schäfer, J.*: KW-Miniantenne zum Mitnehmen. CQ-DL 7/96, S. 525–527

[2.20] *Stich, A.*: Verkürzter Vertikaldipol. CQ-DL 5/97, S. 366

[2.21] *Böttcher, K.*: Gartengerät als Portabel-Antennenmast. Funk 5/2000, S. 22; auch Leserbrief in Funk 8/2000, S. 6

[2.22] *Fong, E.*; *Hendler, P.*: Build A High-Gain Portable Antenna for VHF/UHF Operation. CQ October 1987, pp. 64, 67–68

[2.23] *Bensch, H.*: Eine einfache, portable Doppelbandantenne für 2m/70 cm. Beam 6/90, S. 18–20

[2.24] *Bürgers, N.*: Materialsparende Duoband-GP für portabel- und „Indoor"-Betrieb. QSP 2/96, S. 14–15

[2.25] *Bürgers, N.*: „Einbeinige" GP-Antenne für 2m-Portabelbetrieb. QSP 8/98, S. 61–62; auch CQ-DL 1/99, S. 39

[2.26] *Brandt, H.J.*: Gute Anpassung spart Leistung. Funk 2/1985, S. 48–49

[2.27] *Stuart, K.L.*: The Half-Wave Handie Antenna. ARRL Antenna Compendium Vol. 2, 1989, p. 130

[2.29] *Berger, H.*: Lambda/2-Antenne für tragbare 2-Metergeräte. QSP 12/89, S. 17

[2.30] *Martin, E.*: Lambda-halbe Aufsteckantenne. (Tips & Tricks). CQ-DL 2/92, S. 84

[2.31] *Stump, P.*: Make Your Own „Rubber Duckies". QST March 1998, pp. 37–38

[2.32] *Naumann, H.L.*: Sleeve-Antenne für 70 cm. CQ-DL 1/99, S. 30

[3.1] *Taddey, K.*: 60 Jahre Amateurfunk in Deutschland - fortschreitende Entwicklung auch im Funkpeilsport. CQ-DL 5/87, S. 285–287

[3.2] *Kraft, S.*: Amateurfunkpeilen – Faszination zwischen Sport und Technik. Funk 7/88, S. 44–46

[3.3] *DARC*: 8th ARDF World Championship Sankt Englmar – Germany. CQ-DL Extra, September 1997

[3.4] *DARC*: Das ist Amateurfunkpeilen. Referat für ARDF-Funksport im *DARC*. Referent: Rainer Flößer, *DL5NBZ*, Flensburger Str. 6, 90427 Nürnberg

[3.5] *Lesche, J.*: Transistor-Fuchsjagdempfänger der Entwicklungsreihe „Gera". Funkamateur, 12/1964, S. 402-403; 1/1965, S. 19–20; 2/1965, S. 58-59, 3/1965, S. 92-94; 4/1965, S. 127–129

[3.6] *Franz, W.*: Richtantennen für Fuchsjagden. CQ-DL 1/72, S. 26–27

[3.7] *Schade, K.-H.*: Antennensysteme, Empfindlichkeit und Peilgenauigkeit von 3,5-MHz-Funkpeilempfängern. Funkamateur 3/83, S. 138–141

[3.8] *Sichla, F.*: Das Peilen – superleicht. Funk 7/2000, S. 64-66

[3.9] *Westermann, G.*: Das „Göttinger Baby". DL-QTC 9/71, S. 514–518

[3.10] *Kropp, H.*: Erfahrungen mit einem selbstgebauten 80m-Peiler. QRV 6/73, S. 307–312

[3.11] *Hoffschildt, G.*: Peilempfänger „Münchner Kindl". CQ-DL 3/75, S. 153–161

[3.12] *Brenndörfer, K.*: Peilempfänger für das 80-m-Band. Funkschau, H. 13, 1983, S. 85–88

[3.13] *Hoffschildt, G.*: 80m-Miniaturpeiler. CQ-DL 9/79, S. 390–391

[3.14] *Technische Information*: 80-m-ARDF-Peilempfänger „PRX80PRO". Pomplun, S., Langemeerstr. 5, 48356 Nordwalde

[3.15] *Göschelberger, P.; Herr, G.*: Salzburg 1 – ein Peilempfänger für das 2-m-Band. UKW-Berichte 3/1975, S. 130–140

[3.16] *Seymour, C.J.*: VHF Direction Finding with a Miniaturized Beam Antenna. Radio Communication, October 1983, pp. 886–888

[3.17] Taruttis, A.H.: Peilzusatz für FM-Handfunkgeräte. CQ-DL 12/99, S. 982–984

[4.1] *INTERMAR*: Jahresbericht 1992. Intermar, Amateur-Seefunk e.V., Neissestr. 10, 48145 Münster

[4.2] *Hoffmann, R.*: Boots-Mobilfunk-Erfahrungen auf KW. CQ-DL 3/95, S. 184 ff.

[4.3] *Bauer, R.*: Antennen auf Segeljachten. R. Bauer, Rösratherstr. 76, 53797 Lohmar-Honrath, 1996

[4.4] *Barker, P.L.*: At Sea About Marine Mobile Operation? 73 Magazine, August 1997, pp. 34–37

[4.5] *Ellgering, H.*: Kurzwellen-Amateurfunk auf Sportbooten. CQ-DL 4/98, S. 310–31

29 Antennen für den Hörfunk- und Fernsehempfang

Die Sendungen des Hörfunks kann man einteilen in amplitudenmodulierte (AM) und frequenzmodulierte (FM) Ausstrahlungen. Für den Hörfunk in den Bereichen der Langwellen, Mittelwellen und Kurzwellen wird ausschließlich Amplitudenmodulation eingesetzt. Dem qualitativ hochwertigen FM-Rundfunk sind Frequenzbänder im VHF-Bereich zugeteilt. Die Frequenzzuweisung für die Funkdienste werden international auf den *weltweiten Funkverwaltungskonferenzen* beschlossen, die in Abständen durchgeführt werden.

Nach der *Vollzugsordnung für den Funkdienst* (*VO Funk*) oder englisch *Radio Regulations* [1.1] haben sich gemäß den Beschlüssen der *weltweiten Funkverwaltungskonferenz* (*WARC*) in *Genf* auch für den Hörrundfunk einige Veränderungen ergeben gegenüber den alten Festlegungen.

Für den AM-Rundfunk in der Region I (Europa, asiatische UdSSR und Afrika) gilt folgende Frequenzaufteilung:

Langwelle
148,5 ... 283,5 kHz
Mittelwelle
526,5 ... 1606,5 kHz
Kurzwelle

2,30 ... 2,495 MHz	(120-m-Band)
3,20 ... 3,40 MHz	(90-m-Band)
3,90 ... 4,00 MHz	(75-m-Band)
4,75 ... 5,06 MHz	(60-m-Band)
5,95 ... 6,20 MHz	(49-m-Band)
7,10 ... 7,30 MHz	(41-m-Band)
9,40 ... 9,90 MHz	(31-m-Band)
11,60 ... 12,10 MHz	(25-m-Band)
13,57 ... 13,87 MHz	(22-m-Band)
15,10 ... 15,80 MHz	(19-m-Band)
17,48 ... 17,90 MHz	(16-m-Band)
18,90 ... 19,02 MHz	(16-m-Band)
21,45 ... 21,85 MHz	(13-m-Band)
25,60 ... 26,10 MHz	(11-m-Band)

Die KW-Bänder 120-m, 90-m, 60-m sind Tropenbänder für Rundfunkbetrieb nur in tropischen Zonen südlich des 30. Breitengrades. In der Tabelle sind bereits die Erweiterungen bis 2007 berücksichtigt.

Für den FM-Rundfunk steht in der Region I folgender Frequenzbereich zur Verfügung:

Ultrakurzwelle
87,5 ... 108MHz (Band II nach CCIR)

(CCIR = Internationaler beratender Ausschuß für Funkwesen)

Beim Fernseh-Rundfunk ist die Frequenzaufteilung wie folgt:

VHF-Bereich
47 ... 68 MHz (Band II)
174 ... 230 MHz (Band III)
UHF-Bereich
470 ... 606 MHz (Band IV)
606 ... 862 (960) MHz (Band V)
Bereich 862 bis 960 MHz nur in Afrika.

Für Hörfunk und Fernsehen im Satelliten-Rundfunkbereich gilt folgende Aufteilung:

2525 ... 2655 MHz	(S-Band)
10,95 ... 11,7 GHz	(Ku1-Band; FSS)
11,7 ... 12,5 GHz	(Ku2-Band; DBS)
12,5 ... 12,75 GHz	(Ku3-Band; FSS)

(FSS = Fixed Satellite Service)
(DBS = Direct Broadcasting Satellite)

29.1 Wellenausbreitung in den Bereichen des AM-Hörfunks

Für die Beurteilung der Empfangsmöglichkeiten in den Hörfunkbereichen müssen die Ausführungen über Wellenausbreitung in Abschnitt 2 noch etwas ergänzt werden. Das gilt insbesondere für die Kurzwellen, deren Rundfunkbänder durch sehr unterschiedliche Ausbreitungseigenschaften charakterisiert sind. [1.2].

29.1.1 Ausbreitungseigenschaften der Langwellen

Die Ausbreitungsbedingungen für Langwellen sind fast unabhängig von Sonnenaktivität und Jahreszeit. Es besteht lediglich ein schwacher Einfluß der Tageszeit, indem nachts die Signale etwas stärker sind als am Tage.

Bodenwelle und Raumwelle wirken ganztägig. Steil in die Ionosphäre eindringende Langwellen werden dort reflektiert, dabei aber auch gleichzeitig stark gedämpft. Für Mehrfachreflexionen sind daher starke Sender erforderlich. Große Senderleistungen gewährleisten vom Zustand der Ionosphäre weitgehend unabhängige stabile Reichweiten. Langwellen können auch unter der Wasseroberfläche noch empfangen werden (z.B. von getauchten U-Booten). Ihre Eindringtiefe in das Wasser beträgt etwa 10 m. Der Langwellenempfang wird hauptsächlich in den Sommermonaten von atmosphärischen Störungen stark beeinträchtigt. Deshalb können in tropischen Gegenden die Langwellen nicht für Rundfunkzwecke eingesetzt werden.

29.1.2 Ausbreitungseigenschaften der Mittelwellen

Die Wellen des Mittelwellenbereiches werden während der Tagesstunden in der D-Region so stark gedämpft, daß eine Reflexion an den höheren Schichten der Ionosphäre nicht mehr stattfinden kann. Die sichere Tagesreichweite der Mittelwellensender entspricht daher der Bodenwellenreichweite. Die Bodenwelle der Mittelwellen folgt der Erdkrümmung; ihre Reichweite wird um so größer, je besser die Bodenleitfähigkeit ist. Die geringste Dämpfung erleidet die Bodenwelle bei der Ausbreitung über Wasserflächen. Ferner wird die Dämpfung der Bodenwelle um so größer, je kleiner die benutzte Wellenlänge ist. Mit dem Sonnenuntergang baut sich die dämpfende D-Region schnell ab, und die Mittelwellen können sich dann auch über die Raumwelle ausbreiten. Daraus erklärt sich das enorm große Senderangebot in den Abend- und Nachtstunden. Leistungsstarke Mittelwellensender können dann über Entfernungen von 4000 bis 5000 km gehört werden. In den ersten Morgenstunden, wenn die europäischen Großsender Sendepause haben, ist manchmal auch der Empfang überseeischer Mittelwellensender möglich. Generell sind die Fernempfangsmöglichkeiten der Mittelwellen im Winter besser als im Sommer, weil sich im Winter die Ionisation der dämpfenden D-Region vermindert und außerdem der atmosphärische Störpegel geringer ist. In einer bestimmten Zone, beginnend bei etwa 60 km Entfernung vom Sender, treffen Bodenwelle und Raumwelle mit gegenseitig unterschiedlicher und ständig wechselnder Phasenlage zusammen. Je nach den Phasenbeziehungen zwischen Boden- und Raumwelle am Empfangsort kommt es dabei zu meist periodisch verlaufenden Verstärkungen und Abschwächungen des empfangenen Signals, dem bekannten *Nahschwund (Fading)*. Häufig ist dieser Schwund auch noch mit starken Empfangsverzerrungen verbunden, die von der automatischen Schwundregelung des Empfangsgerätes nicht beseitigt werden. Bei weit entfernten Sendern treten diese Schwunderscheinungen nicht mehr auf, da dann deren Bodenwelle ausgelöscht oder mindestens so geschwächt ist, daß wirksame Interferenzen mit der Raumwelle nicht mehr stattfinden können.

29.1.3 Ausbreitungseigenschaften der Kurzwellen

Wie bereits in Abschnitt 2.8 ausgeführt, hat für die Ausbreitung der Kurzwellen die Raumwelle die größte Bedeutung. Ausschlaggebend für die Reichweite der Kurzwellensendungen ist der Zustand der Ionosphäre, an deren F_2-Region hauptsächlich die Reflexionen erfolgen. Dabei werden die Wellen im Bereich 10 bis 25 m (≡ 30 bis 12 MHz) in den Tagesstunden benutzt, wo die Ionisation als Folge der Sonneneinstrahlung ein Maximum aufweist. Man hat deshalb während des Tages die günstigsten Weitempfangsmöglichkeiten in den Kurzwellenbändern 11, 13, 16, 19 und 22 m.

Für den Empfang in den Dämmerungsstunden sind besonders die Bänder 25 und 31 m geeignet. Die Bänder 41 und 49 m, teilweise auch 75 m, bieten während der Nachtstunden den besten Fernempfang, weil sich zu dieser Zeit die dämpfende D-Region der Ionosphäre bereits abgebaut hat und die Ionisation der höher liegenden Schichten für die Reflexion dieser Wellenlängen noch ausreicht. Die Rundfunkbänder 41 und 49 m eignen sich im allgemeinen auch tagsüber für den Europaempfang gut; deshalb sind praktisch alle Rundfunkempfänger in ihrem Kurzwellenteil mindestens für den Empfang des 49-m-Bandes eingerichtet. Die Ausbreitung im 75-m-Rundfunkband entspricht der des 80-m-Amateurbandes (siehe Abschnitt 2.8). Natürlich bilden diese Anhaltspunkte keine starre Regel, denn die Ionosphäre unterliegt dauernden Zustandsänderungen, die vom Zyklus der Sonnentätigkeit sowie von der Jahres- und Tageszeit abhängig sind (siehe Abschnitt 2.3). Dabei spielt auch die geographische Länge und Breite des Empfangsortes eine Rolle.

Die Polarisation der Kurzwellen ändert sich beim Durchgang durch die Ionosphäre. Eine linear polarisierte Welle verläßt die Ionosphäre elliptisch oder zirkular polarisiert (siehe Abschnitt 1.3.4). Es ist daher für Fernempfang ohne besondere Bedeutung, ob die Kurzwellen-Empfangsantenne horizontal oder vertikal polarisiert wird. Gewöhnlich bevorzugt man die Horizontalpolarisation, weil sie dem Erdbodeneinfluß nicht so stark unterliegt wie eine Vertikalantenne. Außerdem sind örtliche industrielle und auch atmosphärische Störungen überwiegend vertikal polarisiert, so daß der von einer horizontal polarisierten Antenne aufgenommene Störpegel im allgemeinen geringer ist.

29.2 Empfangsantennen für Lang-, Mittel- und Kurzwelle

29.2.1 AM-LMK-Antenne

Bild 29.2.1 zeigt die Skizze einer Antennenanlage, die auf einem Antennenstandrohr montiert ist. Der

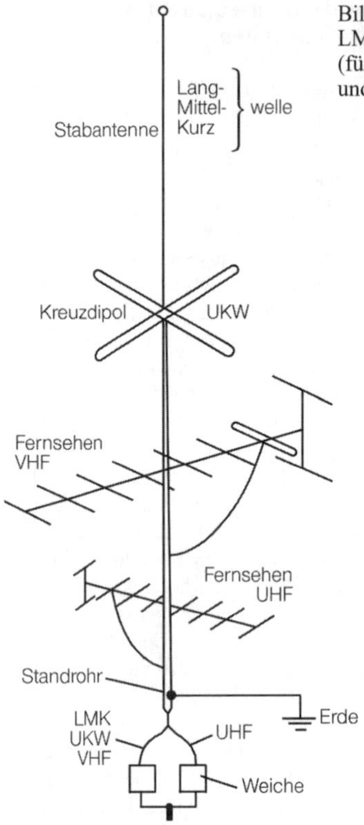

Bild 29.2.1
LMK-Antenne
(für Lang-, Mittel- und Kurzwelle)

oberste Teil, ein Stab, ist die *LMK-Antenne* (**L**ang-, **M**ittel- und **K**urzwellen-Antenne) für amplitudenmodulierte (AM) Sendungen. Darunter befinden sich eine FM-Rundempfangsantenne, eine VHF-Fernseh-*Yagi*-Antenne und eine UHF-Fernseh-*Yagi*-Antenne.

Der Frequenzbereich der *LMK-Antenne* ist 0,15 bis 26,1 MHz, die Antennenlänge ist etwa 2,7 bis 3 m. Für Lang-, Mittel- und Kurzwellen sind die Empfangsantennen Rundantennen, d.h. sie empfangen ohne Richtwirkung. Bei Lang- und Mittelwellen arbeitet man mit vertikal polarisierten Wellen. Bei Kurzwellen arbeitet man im unteren Bereich vertikal, sonst horizontal polarisiert. Wegen der vertikalen Polarisation und wegen der Rundempfangscharakteristik wird als Empfangsantenne auch eine Vertikalantenne verwendet. Horizontale Polarisation auf Kurzwellen kann infolge Polarisationsdrehung in der Ionosphäre auch vertikal empfangen werden.

Die Antennenlänge ist auf allen drei Bändern viel zu kurz und bedeutet somit einen hohen kapazitiven Widerstand, der mit einem Anpassungstransformator an das Koaxialkabel angepaßt werden muß. Das erfordert antennenseitig viele Windungen und kabelseitig wenige Windungen. Wichtig ist eine gute Kopplung zwischen beiden Windungen. Dies erreicht man mit einem Ferritkern.

29.2.2 Mittel- und Langwellen-Empfangsantennen

Die Ausstrahlung von Rundfunksendern im Mittel- und Langwellenbereich ist immer vertikal polarisiert. Sie wird stets mit unsymmetrischen Antennen empfangen, deren Gegengewicht die Erde bildet. Da der Wellenbereich von 200 bis 2000 m reicht, gibt es kaum die Möglichkeit, die für Resonanz erforderliche Antennenlänge unterzubringen. Mittel- und Langwellenantennen sind deshalb immer viel zu kurz. Bei sehr kleinem Strahlungswiderstand ist der Eingangswiderstand etwa gleich dem kapazitiven Widerstand, der sich aus Antennenkapazität (Antennenleiter gegen Erde) und Empfangsfrequenz ergibt. Ausreichende Empfangsspannungen bedingen einen möglichst hochohmigen Empfängereingang. Als Richtwert für den Empfängereingangswiderstand werden beim Mittel- und Langwellenbereich etwa 2500 Ω angegeben. Anpassung kann nicht erzielt werden, denn es gelingt nicht, den frequenzabhängigen kapazitiven Widerstand der Antenne über den ganzen Frequenzbereich an einen ohmschen Widerstand anzupassen.

Man unterscheidet bei Empfangsantennen:
Außenantennen oder Hochantennen
Innenantennen oder Behelfsantennen

Außenantennen befinden sich vorwiegend im ungestörten Senderfeld und zumeist auch außerhalb des Störfeldes elektrischer Installationen.

Von Innenantennen kann man nur einen Bruchteil der am Ort möglichen Empfangsspannung erwarten. Hinzu kommt, daß sich Innenantennen fast immer in unmittelbarer Nähe elektrischer Hausinstallationen befinden und von diesen Störspannungen aufnehmen.

Die große Empfindlichkeit moderner Rundfunkempfänger in Verbindung mit leistungsstarken Rundfunksendern ermöglicht selbst mit Behelfsantennen einen brauchbaren Empfang. Steigende Ansprüche an die Programmauswahl und an die Störfreiheit der Rundfunksendungen verlangen auch heute noch den Einsatz einer Außenantenne.

29.2.2.1 L- und T-Antennen

L-Antenne

Die *L-Antenne* ist aus konstruktiven Gründen die häufigste Bauform einer Einleiter-Drahtantenne für

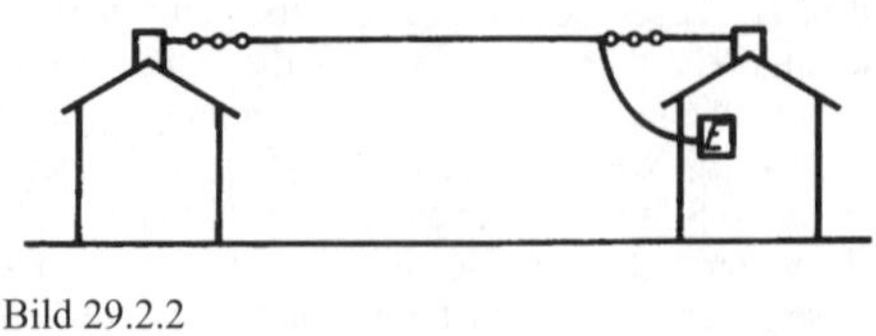

Bild 29.2.2
L-Antenne

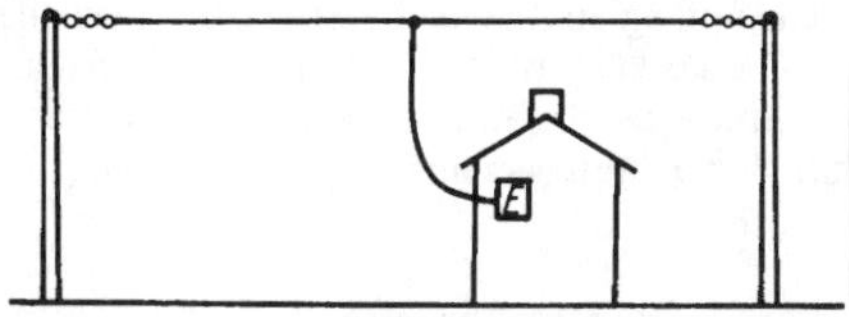

Bild 29.2.3 T-Antenne

den Empfang von Mittel- und Langwellen. Sie besteht aus einem waagrecht oder schräg zwischen zwei möglichst hohen Stützpunkten isoliert ausgespannten Drahtleiter mit einem am Leiterende angeschlossenen, möglichst senkrecht herabgeführten Vertikalteil (**Bild 29.2.2**). Eigentlich ist die Antennen eine Inverted-L-Antenne (ein umgedrehtes L). Für Länge und Aufbauhöhe einer solchen Antenne gibt es keine Festlegungen, es gilt lediglich die Regel „möglichst hoch, möglichst frei und nicht zu kurz“. Die Nähe von Freileitungen und größeren Metallmassen muß gemieden werden; wo das nicht möglich ist, sollte man den Antennenleiter möglichst senkrecht (rechtwinklig) zu anderen Drahtleitungen anordnen. Unter Berücksichtigung der örtlichen Gegebenheiten kann die gesamte Leiterlänge 15 bis 30 m betragen. Als Leitermaterial sind handelsübliche Antennenlitzen aus Kupferbronze mit 1,5 bis 3 mm Durchmesser am besten geeignet. Elektrisch gleichwertig, jedoch mechanisch nicht so flexibel sind Runddrähte aus Kupfer bzw. Kupferlegierungen.

Besonders hohe Zugfestigkeit haben Stahldrähte, die mit Kupfer ummantelt sind, s.g. „Staku-Drähte“. Isolierte Drähte und Litzen können verwendet werden; die Isolation hat keinen merkbar nachteiligen Einfluß. Man kann alle Leiter benutzen, die hohe Bruchfestigkeit und Korrosionsbeständigkeit aufweisen. Leiterdurchmesser ≤ 1 mm sind nicht zulässig, da sie eine Gefahr für die Vögel bilden.

Der horizontale Teil der Antenne wird von den Befestigungspunkten meist durch Ei-Isolatoren isoliert. Diese sind so zu montieren, daß sie nicht auf Zug, sondern auf Druck beansprucht werden.

T-Antenne

Eine weitere bekannte Bauform ist die *T-Antenne* (**Bild 29.2.3**). Sie unterscheidet sich äußerlich von der *L-Antenne* nur dadurch, daß der Vertikalteil nicht vom Ende, sondern von der Mitte des horizontalen Antennenteiles abgeführt wird. Grundlegende Unterschiede zwischen beiden Bauformen bestehen weder in der Wirksamkeit noch in der Wirkungsweise. Es ist auch nicht erforderlich, daß die senkrechte Ableitung einer T-Antenne genau an die geometrische Mitte des Horizontalteiles angeschlossen wird.

L- und T-Antennen für Mittel- und Langwellen können selbstverständlich mit gutem Erfolg als Kurzwellen-Empfangsantennen mitgenutzt werden. Alle Außenantennen müssen mit einer den Vorschriften entsprechenden wirksamen Blitzschutzanlage versehen sein.

29.2.2.2 Langdrahtantenne

Eine Langdrahtantenne eignet sich gut als Allround-Antenne für alle Wellenbereiche von Langwelle bis zur Kurzwelle. Man spannt dazu je nach Platzverhältnissen etwa 10 bis 30 m Draht möglichst frei und hoch zwischen zwei sich anbietenden Befestigungspunkten (Hausgiebel, Baum, Mast u. ä.) [2.1].

Als Material verwendet man isolierten Kupfer- oder Bronzedraht von etwa 1,5 bis 2,5 mm Durchmesser. Die isolierten Enden sollten mit nicht-leitendem Material, z.B. mit einem Nylonseil, abgespannt werden.

Bild 29.2.4
Aufbau einer Langdrahtantenne
mit Breitbandübertrager und Koaxialableitung

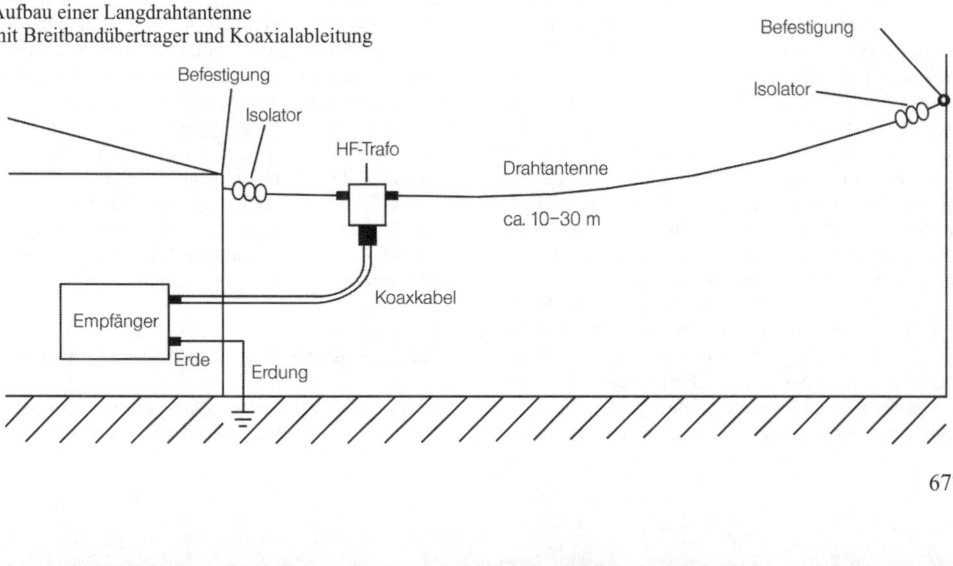

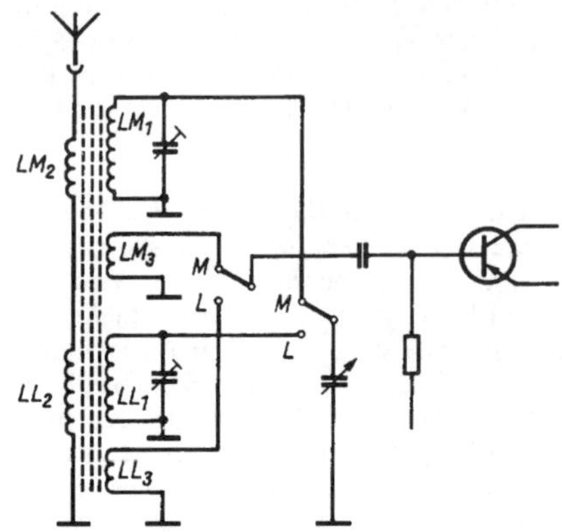

Bild 29.2.5
Ferritstabantenne mit Empfängereingang

Im einfachsten Fall kann man den Draht direkt von draußen nach drinnen zur Antennenbuchse des Empfängers führen. Empfänger haben dazu meist eine „hochohmige" Antennenbuchse. Um die aufgefangene Sendeenergie voll nutzen zu können, empfiehlt es sich aber, ein Antennenanpaßgerät (Pi-Filter, Collins-Filter) zu benutzen oder noch besser einen Preselektor (Eingangsfilter mit abstimmbaren Kreisen). Da viele der preiswerteren Weltempfänger zu Übersteuerungen neigen, wenn an den Antenneneingang zu hohe Signalspannungen gelangen (die eine Langdrahtantenne erzeugt), sorgt ein schaltbares Dämpfungsglied für klaren, übersteuerungsfreien Empfang.

Die einfache Langdraht-Methode hat aber einen sehr großen Nachteil. Die nicht abgeschirmte Zuleitung führt durch den häuslichen Störnebel. Alle möglichen Elektrogeräte wie Fernseher, Computer, Uhren, Dimmer, Schalter, Motore usw. strahlen in zunehmendem Maß unkontrollierte Hochfrequenz aus, die dann von unserer Antenne aufgenommen wird. Um diese Störeinstrahlung zu vermindern oder zu vermeiden sollte man für die Ableitung der Antenne ein abgeschirmtes Koaxialkabel verwenden, dessen Mantel geerdet wird. Diese Koaxialkabel sind aber niederohmig (50 bis 75 Ω), während die Langdrahtantenne hochohmig ist. Daher ist es nicht zweckmäßig, die Drahtantenne direkt mit der Koaxialleitung zu verbinden. Aufgrund der Fehlanpassung bricht sonst die Antennenspannung (Signalspannung) zusammen. Zur Anpassung benutzt man einen breitbandigen Übertrager [2.2]. Details des Breitbandübertragers sind im Abschnitt 6.7 beschrieben und auch in **Bild 6.7.1** und **Bild 6.7.2** zu sehen.

Den Aufbau einer Langdrahtantenne mit Breitbandübertrager und Koaxialableitung zeigt **Bild 29.2.4**. Die Empfangsergebnisse sind ausgezeichnet. Der Übertrager arbeitet sehr gut im Mittelwellen- und Kurzwellenbereich. Der Empfang wird deutlich „ruhiger", weil viele Störungen wegfallen. Beim Langwellenempfang sollte nur die Seele der Koaxialleitung angesteckt werden, dann wirkt das Koaxkabel noch zusätzlich als Antenne. Allerdings geht dabei natürlich die Störungsminderung verloren.

29.2.2.3 Ferritstabantenne

Die Ferritstabantenne ist ein direkter Abkömmling der Rahmenantenne. Letztere spielte in den Anfangsjahren des Rundfunks eine Rolle und gehörte zur Ausstattung damaliger Kofferempfänger und einiger Heimrundfunkgeräte. Mit der Entwicklung verlustarmen und für Hochfrequenz geeigneten ferromagnetischen Materials wurde die Rahmenantenne von der Ferritstabantenne verdrängt. Bei annähernd gleicher Empfindlichkeit und Richtwirkung hat die Ferritantenne nur etwa 1/20 des Raumbedarfs einer Rahmenantenne. Sie ist deshalb heute zum integrierten Bestandteil fast aller Heimrundfunk, Reise- und Taschenempfänger geworden. Wie **Bild 29.2.5** zeigt, unterscheidet sich der Empfängereingang mit Ferritantenne nur dadurch von einer konventionellen Eingangskreisschaltung, daß die Kreisinduktivitäten LM_1 und LL_1, die Ankopplungsspulen für eine Außenantenne LM_2 und LL_2 sowie die Auskoppelspulen zur Transistorbasis LM_3 und LL_3 nicht auf einen üblichen Spulenträger, sondern auf einen Ferritantennenstab aufgewickelt sind. Die Ferritantennenspulen werden meistens als einlagige Zylinderspulen ausgeführt. In Rundfunkempfängern verwendet man Ferritstäbe für Mittel- und Langwellen. Für den Kurzwellenempfang wird im allgemeinen auf den Gebrauch einer Behelfsantenne verwiesen, obwohl es auch Ferritstäbe gibt, die sich speziell für Kurzwellen eignen. Die auf den eingebauten Ferritstab zum Abgleich verschiebbar aufgebrachten Spulen bilden gleichzeitig die Induktivität des Empfängereingangskreises. Deshalb läßt sich die Ferritantenne meist auch nicht abschalten. In einigen Empfängern ist die Ferritstabantenne innerhalb des Gehäuses drehbar angeordnet, so daß man durch geschickte Handhabung die gute Richtwirkung zum bequemen Ausblenden von Störern nutzen kann. Eine zusätzliche Antennenbuchse ermöglicht das Anschalten von Hoch- oder Behelfsantennen. Wirkungsweise und Eigenschaften von Rahmen- und Ferritantennen werden in Abschnitt 28.3.1. ausführlicher beschrieben. Obwohl sich die Angaben vornehmlich auf Peilantennen für das 80-m-Band beziehen, gibt es in der Theorie – den Anwendungsfall Rundfunkempfänger betreffend – keine Unterschiede.

29.2.3 Kurzwellen-Empfangsantennen

Kurzwellen-Empfangsantennen nennt man auch *SWL-Antennen* (SWL = **S**hort **W**ave **L**istner).

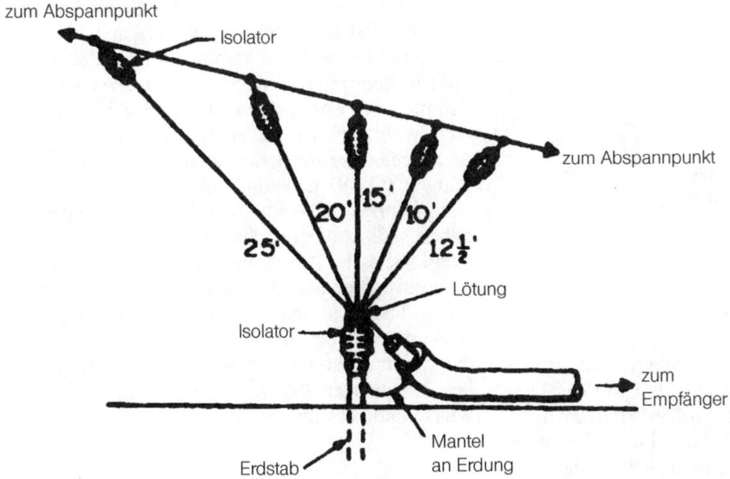

Bild 29.2.6
Vertikale Fächerantenne

Für den Kurzwellenempfang sind alle im Mittel- und Langwellenbereich üblichen L- und T-Antennen und Langdrahtantennen gut brauchbar. Es ist dabei jedoch zu beachten, daß längere Drahtantennen, die im Mittelwellenbereich noch nahezu Rundcharakteristik aufweisen, beim Kurzwellenempfang bereits eine deutliche Richtwirkung haben.

Will man z.B. eine Langdrahtantenne nach **Bild 29.2.4** nur für Kurzwelle benutzen, dann macht man die Antenne nur 10 bis 20 m lang.

29.2.3.1 SWL-Fächerantennen

Diese Antennen sind effektiver als eine L- oder T-Antenne und gehen von 3 bis 30 MHz.

Vertikale Fächerantenne

Bild 29.2.6 zeigt eine vertikale Fächerantenne mit 5 verschieden langen Antennendrähten. Die angegebenen Längen sind: 7,6 m; 6,1 m; 4,6 m; 3,1 m und 3,8 m [2.3]. Die Vertikalantenne empfängt aus allen Richtungen gleich gut und ist direkt an ein Koaxialkabel angeschlossen. Der Koaxialkabelmantel ist direkt geerdet.

Horizontale Fächerantenne

Man kann auch eine horizontale Fächerantenne aufbauen. **Bild 29.2.7** zeigt eine horizontale Fächerantenne drei Halbwellen-Dipole für drei Frequenzen. Die Länge der einzelnen Dipole kann für einen Antennendraht-Durchmesser von rd. 2 mm nach der Gleichung (9.1.4.b) errechnet werden:

$$l/\mathrm{m} \approx \frac{145{,}4}{f/\mathrm{MHz}} \qquad (29.2.1)$$

l .... Gesamtlänge des Dipols in Meter
f .... Frequenz des Rundfunkbandes in MHz

Zur Unterdrückung der Mantelwellen, die bei Dipolen mit Koaxialspeisung ohne Symmetrierung auftreten, wird empfohlen als „Kabeldrossel“ etwa 3 m vom Koaxialkabel mit 7 Windungen zu einem Ring aufzuwickeln (vgl. Abschnitt 7.4.2.2).

29.2.3.2 Breitband-Empfangsantennen

Symmetrische Breitband-Empfangsantenne (T2FD-Antenne)

Die Abkürzung *T2FD* stammt aus dem Englischen, „T2“ steht für „TT“ und damit bedeutet *T2FD* (**T**ilted **T**erminated **F**olded **D**ipole), auf deutsch „*geneigter abgeschlossener Faltdipol*“. Die guten Empfangseigenschaften von *T2FD*-Antennen wer-

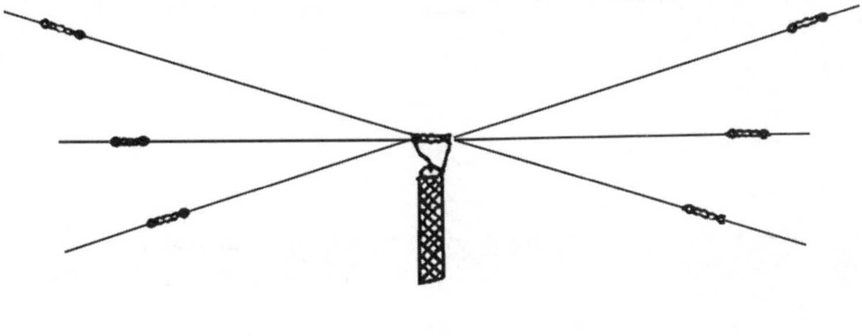

Bild 29.2.7
Horizontale Fächerantenne

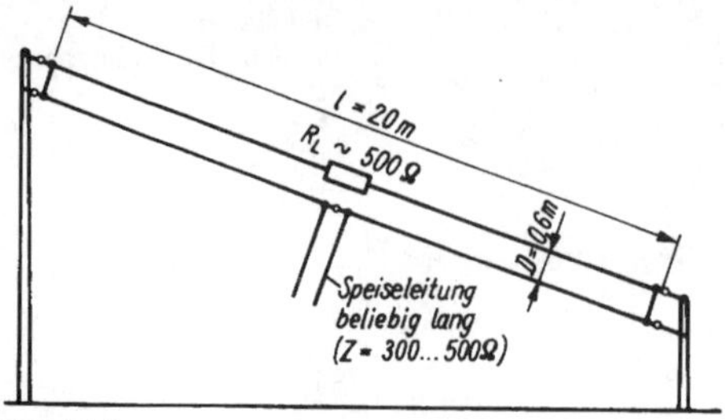

Bild 29.2.8
T2FD-Breitbandantenne
(Frequenzbereich 5 bis 25 MHz)

den von ihren Benutzern immer wieder hervorgehoben (siehe Abschnitt 12.1.2). Als aperiodische Antenne hat sie einen sehr großen Frequenzbereich, der alle Kurzwellen-Rundfunkbereiche einschließt. Zudem weist sie keine ausgesprochenen Vorzugsrichtungen oder Nullstellen im Strahlungsdiagramm auf und eignet sich auch gut für den Mittel- und Langwellenempfang. Da der Eingangswiderstand im Kurzwellenbereich von Rundfunkempfängern in der Größenordnung von 600 Ω liegt, ist sogar Anpassung gegeben, denn der Eingangswiderstand einer *T2FD*-Antenne beträgt – abhängig vom Abschlußwiderstand R_L – 300 bis 600 Ω. An die Belastbarkeit des Abschlußwiderstandes R_L werden keine Forderungen gestellt, man verwendet einen handelsüblichen UKW-Schichtwiderstand.

Bild 29.2.8 zeigt die günstigsten Abmessungen für den Kurzwellen-Rundfunkempfang. Weitere elektrische und mechanische Angaben sind aus Abschnitt 12.1.2 zu ersehen.

Koaxiale Breitband-Empfangsantenne

Bei der Ham Radio 1989 hat *DJ9TK* von der Firma *K-Elektronik* (*G. Kelemen*) die Breitband-Empfangsantennen *BE-1-10* mit 10 m Länge und *BE-1-20* mit 20 m Länge vorgestellt. Das ist eine neuartige Empfangsantenne nach dem Wanderwellen- oder *Beverage*-Prinzip (vgl. Abschnitt 11.2.2). Durch den Abschlußwiderstand ist die Antenne aperiodisch (breitbandig). [2.4]–[2.6]. **Bild 29.2.9** zeigt die koaxiale Breitband-Empfangsantenne in Form einer L-Antenne. Die Antenne ist waagrecht verspannt, das Koaxialkabel führt senkrecht nach unten zum Empfänger *E*. Der Abschlußwiderstand von 50 Ω ist für Empfangszwecke ein 1 bis 2 W Schichtwiderstand und verbraucht die halbe Empfangsleistung, so daß die Signale um etwa 3 dB gedämpft sind, was auf den Rundfunk-KW-Bändern recht wohltuend ist. Außerdem werden auch scharfe Spannungsspitzen bei atmosphärischen Entladungen (QRN) gedämpft und durch den Widerstand können sich keine statischen Aufladungen ergeben. Als Antenne wirkt der Mantel des Koaxialkabels, der Abschlußwiderstand verschwindet im Endisolator und die Rückführung des Stromes erfolgt über den Innenleiter des Koaxialkabels. Die Antenne hat bei tiefen Frequenzen ein Richtdiagramm senkrecht zur Antenne, das sich bei hohen Frequenzen bis 45° in Richtung Abschlußwiderstand verschiebt.

29.2.3.3 SWL-Sperrkreisantennen

Man kann auch Sperrkreise einsetzen, die in oder in der Nähe der Rundfunkbänder Resonanz haben. Beispiele davon sind die nachfolgend aufgeführten SWL-Sperrkreisantennen der Firma *Mosley*.

Vertikale SWL-Sperrkreisantenne

Die Vertikalantenne *SWV-7* der Firma *Mosley* überstreicht mit 6 Sperrkreisen 7 Rundfunkbänder (11, 13, 16, 19, 25, 31 und 49 m). Die Antenne mit einer Länge von rd. 4 m kann als Dachantenne auf einem rd. 1 m langen Mast oder direkt am Erdboden montiert werden. Ein anderes Beispiel ist die Vertikalantenne *DX-88* der Firma *Telex-Hy-Gain*. Die Antenne mit 7,5 m Länge kann die Rundfunkbänder 11, 13, 16, 19 und 31 m und je nach Abstimmung der oberen zwei Elemente für die unteren Frequenzen entweder 41 und 75 m oder 49 und 90 m überstreichen.

Horizontale SWL-Sperrkreisantenne

Die Horizontalantenne *SWL-7* überstreicht mit 8 (2 x 4) Sperrkreisen auch die 7 Rundfunkbänder (11, 13, 16, 19, 25, 31 und 49 m). Die Antenne hat eine Länge von 12,1 m und soll mindestens in einer Höhe von 7,6 m aufgehängt werden. Andere Beispiele von horizontalen Sperrkreisantennen für

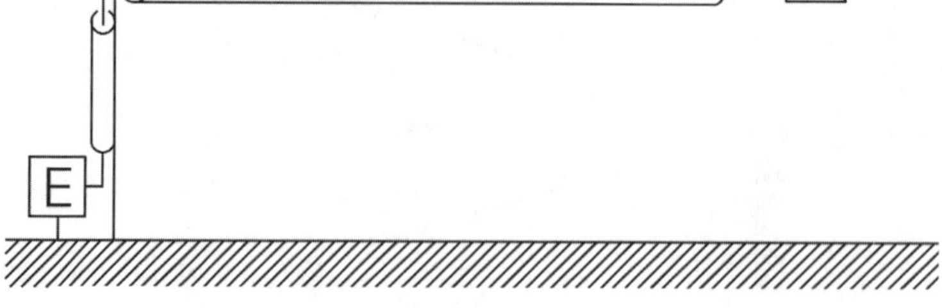

Bild 29.2.9
Koaxiale Breitband-
Empfangsantenne

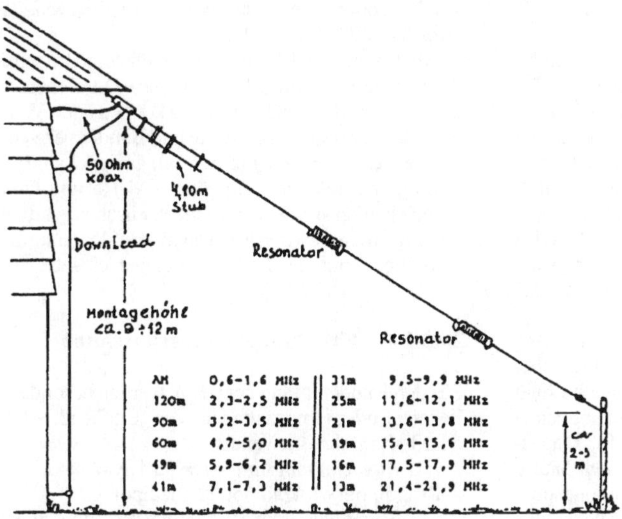

Bild 29.2.10
SWL-Sloperantenne

Rundfunkbänder waren die Antennen *HDP-7800* der Firma *Heathkit* und die „*Eavesdropper*" der Firma *Antenna Supermarket*.

29.2.3.4 SWL- Sloperantennen

Eine andere Empfangsantenne ist ein „*Sloper*" (*Schrägantenne*) oder „*Half-Sloper*". Multiband Sloperantennen werden z.B. von der Firma *Alpha Delta* hergestellt. Die *DX-SWL* mit einer Länge von 18,3 m hat einen Empfangsbereich von 0,6 bis 30 MHz (**Bild 29.2.10**). Eine andere Variante die *DX-SWL-S* hat eine Länge von 12,5 m und geht von 2,5 bis 30 MHz [2.7]. Die Antennen arbeiten als 1/4- bzw. 3/4-Wellenlängen-Sloper und verwenden zur Bandtrennung Low-Q-Resonatoren und eine Stichleitung (Stub). Die Resonatoren (ISO-RES) sind Spulen. Die Antennen werden mit 50-Ω-Koaxialkabel gespeist, wobei der Innenleiter an den Antennendraht und der Außenleiter an den Mast oder an einen sonstigen geerdeten Befestigungspunkt der Antenne angeschlossen wird. Die günstigste Montagehöhe ist 8 bis 12 m. Die Antennen haben eine Richtwirkung in Richtung des gespannten Drahtes.

29.2.3.5 SWL-*Windom*-Antenne

Eine Mehrbandantenne nach dem *Windom*-Prinzip (siehe Abschnitt 10.3) war die Antenne *FD3BC* der Firma *Fritzel*. Die Antenne erfordert 25 m Spannweite und überstreicht die Rundfunkbänder (49, 25 und 12 m). Für die Ableitung wird ein Koaxialkabel RG-58/U empfohlen. Für den Anschluß an den Anpassungs- und Symmetrietransformator in der Antenne ist ein Stecker PL 259 erforderlich.

29.2.3.6 SWL-Spezialdipol

Eine interessante Antenne für den Kurzwellenempfang ist ein Doppeldipol nach *DL2ANM*, ex *DM2ANM*, der einen Frequenzbereich von 2 bis 26 MHz aufweist. Diese Antenne vermittelt annähernd Rundempfang und kann über eine beliebig lange 240-Ω-Bandleitung an den Empfänger angeschlossen werden (**Bild 29.2.11**). Die Längen der Dipoläste sind so ausgewählt, daß sich die Resonanzen der Einzeldipole überlappen. Die Bandleitung ist am Antenneneingang auseinandergetrennt, damit hier Anpassung hergestellt wird (siehe Abschnitt 6.2). Die Spreizwinkel der einzelnen Dipoläste sind nicht kritisch und nach den örtlichen Gegebenheiten zu wählen.

Nachzutragen ist noch, daß auch *aktive Stabantennen* als Empfangsantennen für Lang-, Mittel- und Kurzwelle verwendet werden (vgl. Abschnitt 17).

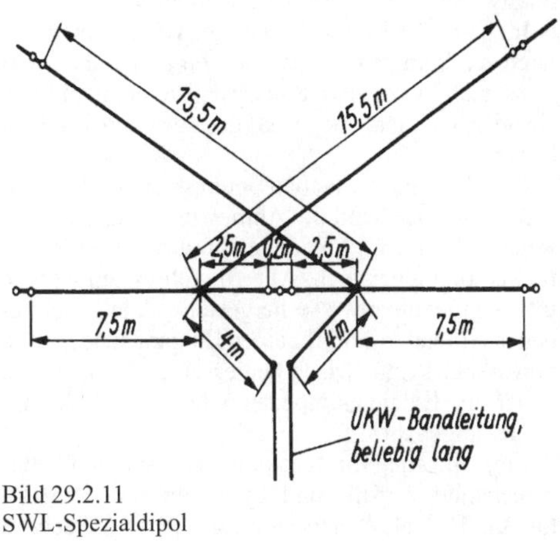

Bild 29.2.11
SWL-Spezialdipol

29.3 UKW-Empfangsantennen

UKW-Empfangsantennen werden nach der Modulationsart FM auch *FM-Antennen* genannt.

Die besonders naturgetreue Übertragung von frequenzmodulierten Hörrundfunksendungen bedingt eine große Bandbreite des hochfrequenten Trägerkanals. Deshalb ist die Ausstrahlung des FM-Rundfunks an den VHF-Bereich gebunden. International ist für die Region 1 der Bereich 87,5 bis 108 MHz (≡ 3,43 bis 2,78 m) vorgeschrieben, das entspricht Band II nach CCIR. Die Polarisation im UKW-Bereich ist horizontal.

UKW-Ausbreitung ist etwa optische Sichtweite. Daneben breiten sich diese Meterwellen auch über die Troposphäre aus. Die sichere Reichweite liegt daher etwa 15% oberhalb der theoretisch möglichen optischen Sichtweite (siehe Abschnitt 2.9). Troposphärisch bedingte Überreichweiten treten häufig auf, dagegen sind Überreichweiten durch ionosphärische Reflexionen selten. Um einen möglichst großen Versorgungsbereich von UKW-Rundfunksendern zu erhalten, baut man diese an hochgelegenen Standorten auf und errichtet hohe Antennenträger.

Die UKW-Leistungsfähigkeit moderner Rundfunkempfänger ist so groß, daß unter günstigen Empfangsbedingungen bereits mit Gehäusedipolen oder Behelfsantennen starke UKW-Rundfunksender in brauchbarer Qualität empfangen werden können. Höhere Ansprüche kann eine auf Resonanz abgestimmte UKW-Außenantenne befriedigen. Für den einwandfreien Empfang stereofoner Sendungen ist eine solche oft unerläßlich, weil der Stereoempfang eine höhere Antennenspannung als Monoempfang erfordert. Für monofonen FM-Empfang rechnet man mit einem Mindestpegel von 40 dBμ*V* (= 100 μV), während für die einwandfreie Aufnahme stereofoner FM-Sendungen die Antenne mindestens 50 dBμV Nutzspannung (= 163 μV) liefern soll. Das bedeutet, daß der Nutzspannungspegel des FM-Senders bereits an einem einfachen Dipol einen relativ großen Mindestwert haben muß.

In den FM-Rundfunkbereichen kann man bei noch vertretbarem Aufwand *Yagi*-Antennen mit Gewinnen bis zu etwa 8 dBd realisieren, damit läßt sich der Spannungspegel auf das etwa 2,5-fache anheben.

Für den am Selbstbau interessierten Amateur werden nachstehend die Abmessungen und technischen Daten von Antennen für den UKW-Rundfunkempfang gegeben. Alle Ausführungen werden in Ganzmetallbauweise hergestellt. Alle beschriebenen Antennen sind für einen Eingangswiderstand von 240 Ω symmetrisch bemessen und sind an die genormte Eingangsimpedanz der Rundfunkempfänger angepaßt.

Eine Speisung mit Koaxialkabel kann durch entsprechende Anpaß- und Symmetrierglieder (Baluns), z.B. Halbwellen-Umwegschleife (Abschnitt 7.3.2.1) oder Leitungsübertrager nach *Guanella* (Abschnitt 7.3.1.3) erfolgen.

Als Baumaterial für die Antennenelemente wird Aluminiumrohr mit 10 bis 30 mm Durchmesser empfohlen. Mit gleichem Erfolg können auch Vollmaterial oder beliebige Profile und Bänder verwendet werden, sofern sie mechanisch geeignet sind.

Empfangsantennen für den FM-Hörrundfunk unterscheiden sich weder im mechanischen Aufbau noch in ihren elektrischen Daten von den Bauformen, die man in den Fernsehbereichen einsetzt.

29.3.1 FM-Rundempfangsantennen

Für den Rundempfang bei UKW werden besondere Formen oder Anordnungen von Einfachdipolen oder Faltdipolen verwendet.

FM-Rundempfangsantennen für UKW sind:
Ringdipol, Winkeldipol, Kreuzdipol.

Das Runddiagramm (Quasirundstrahlung) wird dabei entweder durch eine Verformung der Dipole (Ringdipol, Winkeldipol), oder durch kreuzweise Anordnung der Dipole und Speisung mit Phasenverschiebung erreicht. Näheres dazu ist zu finden im Abschnitt 23.2.

Ringdipole und *Winkeldipole* sind früher oft als Einzelantennen am Haus, z.B. an einem Träger am Fensterrahmen, befestigt worden. *Kreuzdipole* werden normal zusammen mit der LMK-Antenne als LMKU-Antenne am oberen Ende eines Antennenstandrohres befestigt (vgl. **Bild 29.2.1**).

29.3.2 FM-Richtempfangs-Antennen

Dem Wunsch vieler experimentierfreudiger Amateure entsprechend, enthält dieser Abschnitt Bemessungsunterlagen für verschiedene einfache Typen von UKW-Antennen mit 1 bis 3 Elementen. Da die Technik der UKW-Antennen mit der der VHF-Antennen für den Amateurfunk weitgehend identisch ist, kann auf eine besondere Beschreibung der Wirkungsweise verzichtet werden.

29.3.2.1 1-Element-Antenne

Der resonante Halbwellendipol in gestreckter und in gefalteter Ausführung ist bei guten Empfangsverhältnissen oft schon ausreichend. Man ordnet ihm im allgemeinen den Gewinn 0 dB zu und verwendet ihn dann als Bezugsstrahler für Antennenvergleiche.

Kenndaten (Näherungswerte): Gewinn 0 dBd, Rückdämpfung 0 dB, Eingangsimpedanz 60 Ω (gestreckter Dipol) bzw. 240 Ω (Faltdipol), horizontale Halbwertsbreite etwa 80°, vertikale Halbwertsbreite 360°. Länge *l* in mm 1470

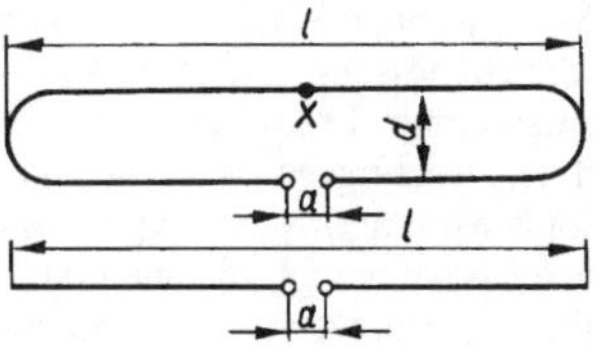

Bild 29.3.1
Bemessungsschema für 1-Element-Antennen

Bild 29.3.1 zeigt das Bemessungsschema von *1-Element-Antennen*.

Ganzmetallbauweise, Erdungs- und Befestigungspunkte sind mit *X* gekennzeichnet. Der Abstand der Speisepunkte *a* ist nicht kritisch. Er kann zwischen 10 und 30 mm betragen. Die Distanz *d* bei Schleifendipolen wird mit 100 mm bis 150 mm bemessen. An dem mit *X* bezeichneten Punkt darf der Schleifendipol geerdet werden.

29.3.2.2 2-Element-Antenne

Kenndaten (Näherungswerte)

Gewinn 3,5 dBd. Rückdämpfung 8 dB, Eingangsimpedanz 240 Ω symmetrisch, relative Antennenlänge 0,27λ, horizontale Halbwertsbreite 75°, vertikale Halbwertsbreite 140°.

Länge l in mm	1420
Länge l_R in mm	1650
Abstand A in mm	975

Bild 29.3.2 zeigt das Bemessungsschema von *2-Element-Antennen*. Ganzmetallbauweise, Erdungs- und Befestigungspunkte sind mit *X* gekennzeichnet. Durchmesser des metallischen Elementeträgers 25 mm ± 30%. Abstände *a* und *d* wie in Abschnitt 29.3.2.1 angegeben.

29.3.2.3 3-Element-*Yagi*-Antenne

Kenndaten (Näherungswerte)

Gewinn 5 dBd, Rückdämpfung 12 dB, Eingangsimpedanz 240 Ω symmetrisch, relative Antennenlänge etwa 0,24λ, horizontale Halbwertsbreite 70°, vertikale Halbwertsbreite 120°.

Länge l in mm	1440
Länge l_R in mm	1740
Länge l_D in mm	1270

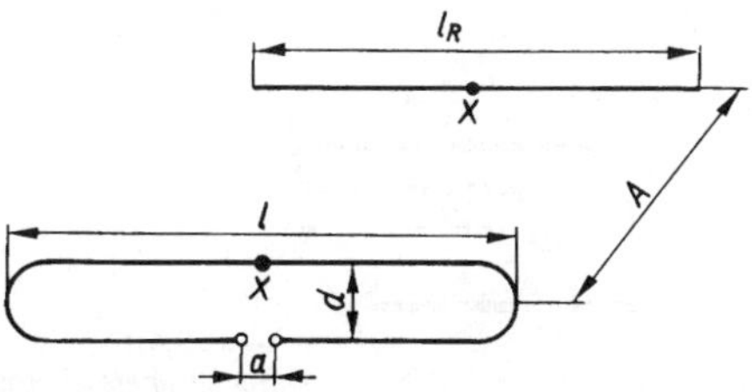

Bild 29.3.2
Bemessungsschema für 2-Element-Antennen

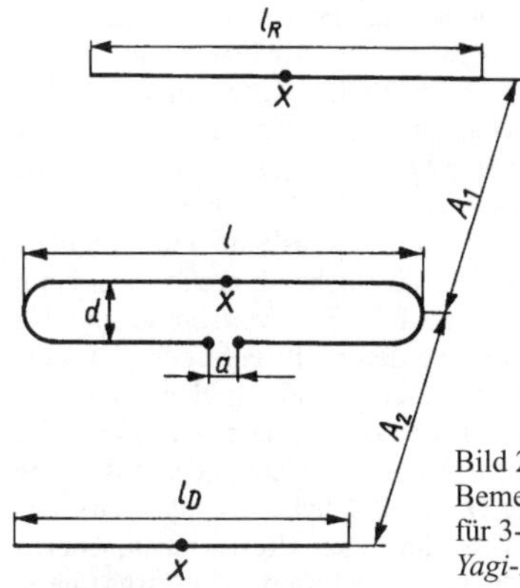

Bild 29.3.3
Bemessungsschema für 3-Element-*Yagi*-Antennen

Abstand A_1 in mm	480
Abstand A_2 in mm	280

Bild 29.3.3 zeigt das Bemessungsschema von *3-Element-Antennen*.

Ganzmetallbauweise, Erdungs- und Befestigungspunkte sind mit *X* gekennzeichnet. Durchmesser des metallischen Elementeträgers 20 mm ± 20%. Abstände *a* und *d* wie in Abschnitt 29.3.2.1 angegeben.

29.4 VHF-Fernseh-Empfangsantennen

Dem Wunsch vieler experimentierfreudiger Amateure entsprechend, enthält dieser Abschnitt Bemessungsunterlagen für verschiedene einfache Typen von Fernsehantennen mit 4 bis 9 Elementen. Da die Technik der Fernsehantennen mit der der HF-Antennen für den Amateurfunk weitgehend identisch ist, kann auf eine besondere Beschreibung der Wirkungsweise verzichtet werden.

Die Kenndaten wie Gewinn, Richtcharakteristik, Eingangswiderstand usw., bleiben nach dem Reziprozitätsgesetz bei jeder Antenne für den Sendefall und für den Empfangsfall die gleichen.

Nach dem Modellgesetz kann man eine Antenne, deren Eigenschaften und Abmessungen für eine bestimmte Arbeitsfrequenz bekannt sind, auch für beliebige andere Frequenzen bemessen, ohne daß sich dabei ihre charakteristischen Eigenschaften verändern. In der Praxis errechnet man sich deshalb für alle Größen frequenzbezogene Umrechnungsfaktoren und wendet diese dann beim Bemessen für andere Arbeitsfrequenzen an. So ist es z.B. ohne weiteres möglich, eine bewährte Fernsehempfangsantenne für den Einsatz im 2-m-Amateurband umzurechnen und diese dann mit gleichen Eigenschaften auch als Sendeantenne zu betreiben.

Man darf jedoch nicht übersehen, daß man an eine gute Fernsehempfangsantenne andere Forderungen hinsichtlich ihrer Strahlungseigenschaften stellt als an eine Antenne für die Amateurbereiche. Bei den Amateurantennen steht der Gewinn im Vordergrund, der aus betrieblichen Gründen nach Möglichkeit vorwiegend durch eine kleine vertikale Halbwertsbreite erzielt werden soll. Für eine Amateurantenne ist im 2-m-Band ein Frequenzbereich von 2 MHz und im 70-cm-Band ein Frequenzbereich von 4 MHz ausreichend; große Rückdämpfung, kleine horizontale Halbwertsbreite und Nebenzipfelfreiheit werden nicht gefordert. Dagegen verlangt man von einer guten Fernsehantenne - insbesondere für das Farbfernsehen - größere Frequenzbereiche und bessere Richteigenschaften, besonders in der Horizontalebene, weil das wirksame Ausblenden von Störungen (Reflexionen, Gleichkanalstörungen usw.) gefordert wird. Aus diesen Gründen muß eine Antennenform, die sich im Amateurfunk besonders gut bewährt hat, nicht immer auch eine brauchbare Fernsehantenne darstellen.

Es wird ferner festgestellt, daß es keine Wunderantennen gibt, d.h. keine Antennen, die bei geringstem Aufwand die Empfangsleistungen von Vielelement-Industrieantennen in den Schatten stellen. Der Gewinn einer Antenne steht immer in Verbindung mit der räumlichen Ausdehnung ihrer Struktur.

Insbesondere die modernen Industrie-*Yagis* haben gegenwärtig einen Standard, der von amateurmäßigen Eigenentwicklungen keinesfalls erreicht oder gar übertroffen werden kann. Es ist sinnlos, bei diesen Antennen die Empfangseigenschaften durch mechanische Veränderungen verbessern zu wollen. Erfolgversprechend sind nur solche Maßnahmen wie Auswechseln der verrotteten Bandleitung und Beseitigung sonstiger Korrosionserscheinungen, Einstellen der günstigsten Empfangsrichtung und gegebenenfalls Wechsel des Antennenstandortes an eine empfangsgünstigere Stelle. Es gibt allerdings inzwischen Optimierungsprogramme für *Yagi*-Antennen, mit denen man noch gewisse Verbesserungen erreichen kann. Für die beim Fernsehempfang bevorzugten *Yagi*-Antennen gilt als Faustregel, daß der Spannungszuwachs etwa der Wurzel aus der Anzahl Elemente entspricht. Demnach würde z.B. eine 9-Element-*Yagi* einen Spannungszuwachs von $\sqrt{9} = 3$ haben. 3fache Spannungsüberhöhung entspricht einem Gewinn von 9,5 dB, also einem Wert, der mit der Praxis gut übereinstimmt. Eine weitere Faustregel besagt, daß jede Verdoppelung der Elementezahl einen Gewinnzuwachs von 3 dB ergibt. Annähernd genau kann bei längeren *Yagi*-Antennen der Gewinn in Abhängigkeit von der relativen Antennenlänge eingegeben werden. Der Begriff relative Antennenlänge kennzeichnet dabei die Längenausdehnung der Antenne (Boomlänge), bezogen auf die Betriebswellenlänge. Aus **Bild 24.1.2** läßt sich der zu erwartende Gewinn von beliebigen *Yagi*-Antennen in Abhängigkeit von ihrer relativen Länge ersehen.

Es ist wenig sinnvoll, für den Selbstbau einer Fernsehantenne einen besonders hochgezüchteten, schmalbandigen Typ zu wählen. Solche Bauformen sind kritisch in ihrer Bemessung, die Rohrdurchmesser und der Elementeträger beeinflussen die Resonanzlängen merklich. Richtig ist es, wenn man zum Selbstbau möglichst unkritische Typen mit großem Frequenzbereich bevorzugt, die auch dann noch gute Leistungen ergeben, wenn sie durch Umgebungseinflüsse verstimmt werden. Die nachfolgend beschriebenen Fernseh-Selbstbauantennen wurden nach diesem Gesichtspunkt ausgewählt. Alle aufgeführten *Yagi*-Antennen werden in Ganzmetallbauweise hergestellt, d.h., für die Halterung der Elemente wird ein Metallträger verwendet, auf dem die Elemente in ihrer geometrischen Mitte direkt befestigt sind. Der Durchmesser der Elemente kann, wenn nicht anders angegeben, 8 bis 12 mm betragen. Es ist dabei gleichgültig, ob man Rohre oder Vollmaterial verwendet. Auch Leichtmetallprofile oder -bänder sind brauchbar. Alle Antennen werden mit Horizontalpolarisation dargestellt.

Literatur über UKW-Empfangsantennen und VHF/UHF-Fernseh-Empfangsantennen [4.1] - [4.4].

29.4.1 VHF-Fernseh-*Yagi*-Antennen

29.4.1.1 4-Element-*Yagi*-Antenne

Kenndaten (Näherungswerte)
Gewinn 6 dBd, Rückdämpfung 14 dB, Eingangsimpedanz 240 Ω symmetrisch, relative Antennenlänge 0,6λ, horizontale Halbwertsbreite 65°, vertikale Halbwertsbreite 95°.

Bild 29.4.1 zeigt das Bemessungsschema von *4-Element-Antennen.*

Ganzmetallbauweise, Erdungs- und Befestigungspunkte sind in Bild **29.4.1** mit *X* gekennzeichnet. Der Durchmesser aller Elemente beträgt für die Kanäle E-5 bis E-4 15 mm ± 30%. Bei der Bemessung für die Kanäle E-5 bis E-12 wählt man Elementdurchmesser von 11 mm ± 30%.

Abstände der Speisepunkte *a* ist nicht kritisch. Er kann zwischen 10 und 30 mm betragen. Die Distanz *d* bei Schleifendipolen wird in den Bereichen

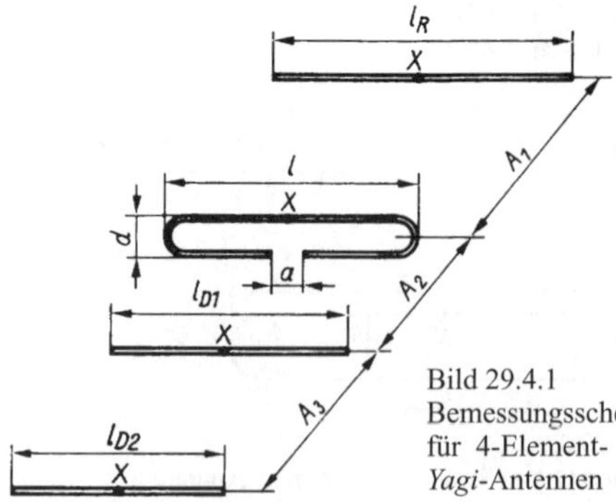

Bild 29.4.1
Bemessungsschema für 4-Element-*Yagi*-Antennen

Tabelle 29.1
Abmessungen für 4-Element-*Yagi*-Antennen nach Bild 29.4.1

Kanäle CCIR	Längen in mm l	l_R	l_{D1}	l_{D2}	Abstände in mm A_1	A_2	A_3
E-2	3100	3600	2500	2450	1630	430	1320
E-3	2740	3200	2220	2180	1440	380	1180
E-4	2450	2870	1970	1940	1300	360	1040
E-5	925	1080	745	735	490	130	400
E-6	890	1040	720	705	470	125	385
E-7	860	1000	690	680	455	120	370
E-8	830	965	670	660	440	115	355
E-9	800	935	645	635	425	112	345
E-10	775	905	625	615	410	110	335
E-11	750	875	605	595	595	105	325
E-12	725	850	590	580	385	100	315

E-2 bis E-4 mit 100 mm ± 20% bemessen. In den höherfrequenten Bereichen E-5 bis E-12 wählt man d mit 50 mm ± 10%. An dem mit *X* bezeichneten Punkt darf der Schleifendipol geerdet werden.

Es handelt sich um eine Antenne mit guten Breitbandeigenschaften. Im niederfrequenten VHF-Bereich (Kanäle E-2 bis E-4) können 2 einander benachbarte Kanäle empfangen werden, wenn man die Antenne für den frequenzhöheren Kanal bemißt. So läßt sich z.B. mit einer Antenne für Kanal E-4 auch der Kanal E-3 mit gleichen technischen Daten aufnehmen. Im hochfrequenten VHF-Bereich (Kanäle E-5 bis E-12) reicht der Frequenzbereich sogar über mindestens 3 benachbarte Kanäle, wobei ebenfalls die Bemessung für den frequenzhöchsten Kanal gewählt werden muß. So kann z.B. eine Kanal-E-8-Antenne auch die Kanäle E-7 und E-6 empfangen. Man nennt solche Antennen allgemein *Kanalgruppenantennen* (siehe **Tabelle 29.1**).

29.4.1.2 6-Element-*Yagi*-Antenne

Kenndaten (Näherungswerte)
Gewinn 8 dBd, Rückdämpfung 15 dB, Eingangsimpedanz 240 Ω symmetrisch, relative Antennenlänge 0,9λ, horizontale Halbwertsbreite 55°, vertikale Halbwertsbreite 73°.

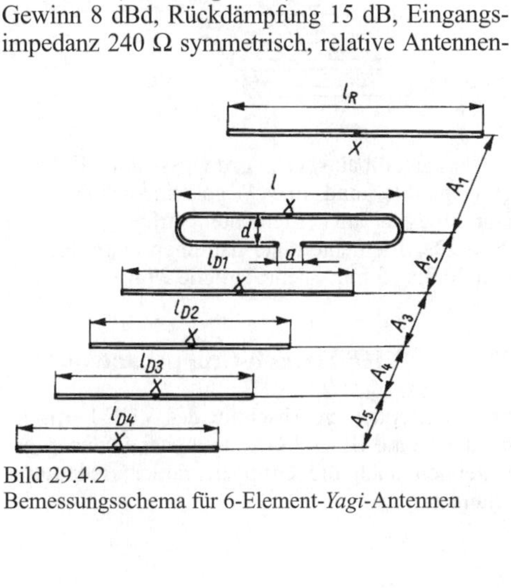

Bild 29.4.2
Bemessungsschema für 6-Element-*Yagi*-Antennen

Bild 29.4.2 zeigt das Bemessungsschema von *6-Element-Antennen.*

Ganzmetallbauweise, Erdungs- und Befestigungspunkte sind in **Bild 29.4.2** mit *X* gekennzeichnet. Der Durchmesser aller Elemente beträgt 11 mm ± 30%. Für den Durchmesser des Elementeträger gibt es keine starren Festlegungen, man wählt ihn nach den mechanischen Erfordernissen. Der Frequenzbereich dieser Kanalgruppenantenne überdeckt im niederfrequenten Teil des VHF-Bereiches mindestens 2 einander benachbarte Fernsehkanäle, wobei immer die Resonanz für den frequenzhöheren Kanal bemessen wird. Allerdings dürfte diese *6-Element-Antenne* aus mechanischen Gründen etwa das Maximum an Aufwand für eine Band-I-Antenne darstellen, den man im Selbstbau noch bewältigen kann. Im höherfrequenten VHF-Bereich beträgt der Frequenzbereich mindestens 5 einander benachbarte Kanäle. Es genügen somit für diesen Bereich 4 verschiedene Bemessungen, deren Frequenzen sich breit überlappen (siehe **Tabelle 29.2**).

29.4.1.3 8-Element-*Yagi*-Antenne

Kenndaten (Näherungswerte)
Gewinn 9,5 dBd, Rückdämpfung 15 dB, Eingangsimpedanz 240 Ω symmetrisch, relative Antennenlänge 0,87λ, horizontale Halbwertsbreite 48°, vertikale Halbwertsbreite 57°.

Bild 29.4.3 zeigt das Bemessungsschema von *8-Element-Antennen.*

Typische Einkanalantenne mit relativ großem Gewinn. Alle Direktoren haben gleiche Längen. Ganzmetallbauweise, Erdungs- und Befestigungspunkte sind mit *X* gekennzeichnet. Der Durchmesser aller Elemente beträgt 10 mm ± 20%. Für den Elementeträger aus Metall wird ein Durchmesser von 20 mm ± 20 empfohlen (siehe **Tabelle 29.3**).

Tabelle 29.2
Abmessungen für 6-Element-*Yagi*-Antennen nach Bild 29.4.2

	Kanalgruppen (E- ≡ CCIR) E-2 E-3	 E-3 E-4	 E-4	 FM-CCIR
Länge l in mm	2597	2330	2200	1523
Länge l_R in mm	3119	2800	2642	1829
Länge l_{D1} in mm	2218	1989	1879	1301
Länge l_{D2} in mm	2241	2010	1899	1314
Länge l_{D3} in mm	2205	1978	1868	1293
Länge l_{D4} in mm	2168	1945	1837	1272
Abstand A_1 in mm		1426	1279	1208836
Abstand A_2 in mm		347	312	294204
Abstand A_3 in mm		1151	1032	975675
Abstand A_4 in mm		1005	902	852590
Abstand A_5 in mm		1097	984	929643

	Kanalgruppen E-5 ... E-9	 E-6 ... E-10	 E-7 ... E-11	 E-8 ... E-12
Länge l in mm	762	733	710	689
Länge l_R in mm	915	881	853	827
Länge l_{D1} in mm	650	626	607	588
Länge l_{D2} in mm	657	633	613	594
Länge l_{D3} in mm	647	623	603	585
Länge l_{D4} in mm	636	612	593	575
Abstand A_1 in mm	418	403	390	378
Abstand A_2 in mm	102	98	95	92
Abstand A_3 in mm	338	325	315	305
Abstand A_4 in mm	295	284	279	267
Abstand A_5 in mm	322	310	300	291

29.4.1.4 9-Element-*Yagi*-Antenne

Kenndaten (Näherungswerte)
Gewinn 11 dBd, Rückdämpfung 18 dB, Eingangsimpedanz 240 Ω symmetrisch, relative Antennenlänge 1,6λ, (Lang-*Yagi*-Typ), horizontale Halbwertsbreite 40°, vertikale Halbwertsbreite 50°. **Bild 29.4.4** zeigt das Bemessungsschema von *9-Element-Antennen.*

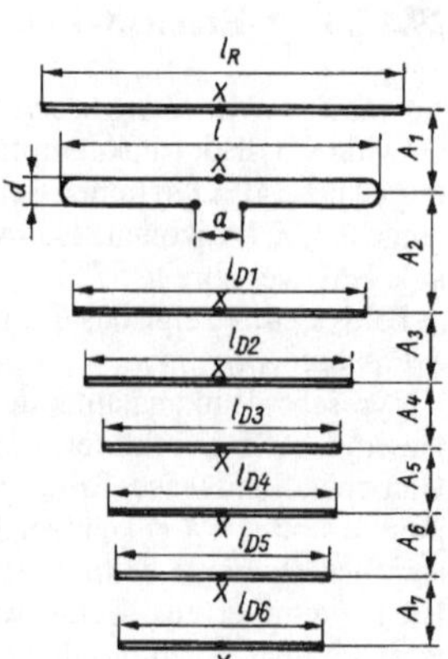

Bild 29.4.3
Bemessungsschema
für 8-Element-
Yagi-Antennen

Bild 29.4.4
Bemessungsschema für
9-Element-*Yagi*-Antennen

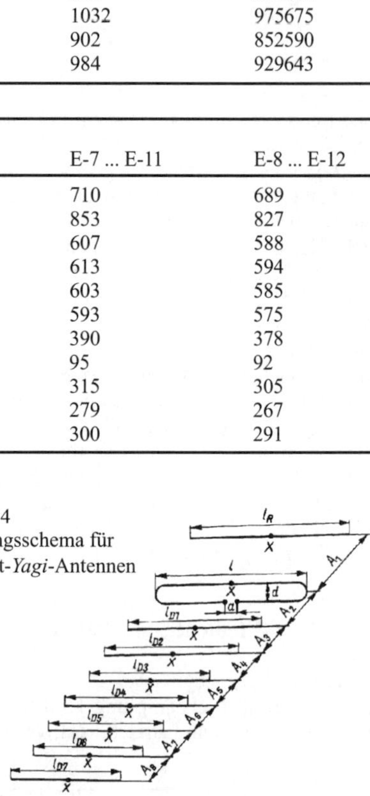

Ganzmetallbauweise, Erdungs- und Befestigungspunkte sind mit *X* gekennzeichnet. Der Durchmesser aller Elemente beträgt 10 mm ± 20%. Der Elementeträger hat einen Durchmesser von 20 bis 25 mm (siehe **Tabelle 29.4**).

29.4.2 VHF-Fernseh-Gruppenantennen

Im hochfrequenten Abschnitt des VHF-Fernsehbandes (Band III CCIR) konnten neben den *Yagi*-Antennen auch die Gruppenstrahler Bedeutung erlangen.

Tabelle 29.3
Abmessungen für 8-Element-*Yagi*-Antennen nach Bild 29.4.3

Kanäle CCIR	E-5	E-6	E-7	E-8	E-9	E-10	E-11	E-12
Länge l in mm	772	742	715	690	665	644	622	602
Länge l_R in mm	882	854	824	796	768	750	722	695
Längen l_{D1} ... l_{D6} in mm	712	684	660	635	612	596	578	556
Abstand A_1 in mm	274	264	255	246	237	230	223	216
Abstand A_2 in mm	174	168	162	156	150	145	141	137
Abstand A_3 in mm	246	237	228	221	212	205	198	193
Abstand A_4 in mm	163	156	150	145	140	136	132	128
Abstand A_5 in mm	178	171	165	159	154	148	143	139
Abstand A_6 in mm	191	183	175	168	164	158	153	149
Abstand A_7 in mm	211	203	195	188	182	177	171	165

Tabelle 29.4
Abmessungen für 9-Element-*Yagi*-Antennen nach Bild 29.4.4

Kanäle CCIR	E-5	E-6	E-7	E-8	E-9	E-10	E-11	E-12
Länge l in mm	762	734	707	682	661	637	613	597
Länge l_R in mm	943	908	875	843	815	788	763	735
Länge l_{D1} in mm	689	663	639	616	595	575	557	539
Länge l_{D2} in mm	678	652	628	606	585	566	548	531
Länge l_{D3} in mm	672	647	623	601	580	561	542	526
Länge l_{D4} in mm	661	636	612	591	571	552	534	518
Länge l_{D5} in mm	650	625	602	581	561	542	525	509
Länge l_{D6} in mm	638	614	590	571	551	533	516	500
Länge l_{D7} in mm	627	603	581	561	542	523	507	491
Abstand A_1 in mm	345	332	319	308	298	288	279	270
Abstand A_2 in mm	291	280	270	260	251	243	235	228
Abstand A_3 in mm	427	410	395	381	368	356	345	334
Abstände A_4 ... A_8 in mm	331	318	307	296	286	276	268	260

Gruppenantennen sind Kombinationen von Ganzwellendipolen, die vor Reflektoren - seltener auch vor Reflektorwänden - angeordnet werden (siehe Abschnitt 25). Es sind Querstrahler, man bezeichnet sie manchmal auch als *Phasenantennen.* Sie werden vorwiegend dann angewendet, wenn keine Reflexionen des zu empfangenden Signals auftreten können und keine scharfe Bündelung in der Horizontalebene erforderlich ist.

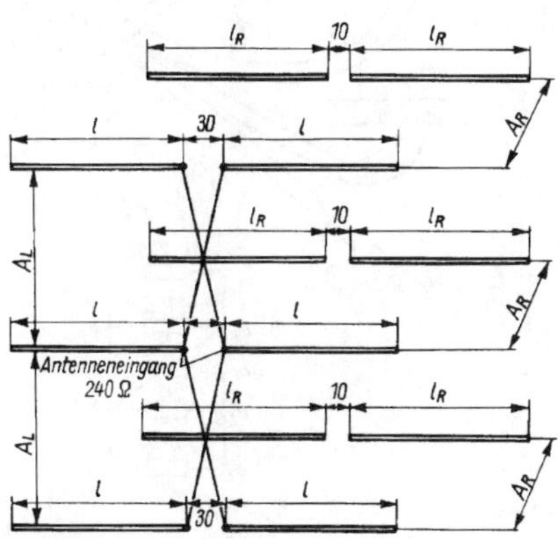

Bild 29.4.5
Bemessungsschema
für eine 12-Element-Gruppenantenne

Gruppenantennen nach **Bild 29.4.5** sind breitbandig und eignen sich deshalb für den Empfang mehrerer Fernsehkanäle. Aus einer Vielzahl der Möglichkeiten, Gruppenantennen aufzubauen, wurde in **Tabelle 29.5** eine 12-Element-Gruppe ausgewählt, die für die Kanalgruppen E-5 bis E-8 und E-9 bis E-12 bemessen ist. Alle erforderlichen technischen Einzelheiten sind aus Abschnitt 25 sinngemäß zu ersehen.

Tabelle 29.5
Abmessungen für eine 12-Element-Gruppenantenne nach Bild 29.4.5

	Kanalgruppen	
	E-5 ... E-8	*E-9 ... E-12*
Längen l in mm	708	620
Längen l_R in mm	800	700
Etagenabstand A_L in mm	790	685
Reflektorabstand A_R in mm	242	210

Neben den unbestreitbar großen Vorzügen, die Gruppenantennen in elektrischer Hinsicht bieten, muß man jedoch auch einige beachtenswerte mechanische Schwierigkeiten erwähnen.

Eine Ganzmetallausführung wie bei der *Yagi*-Antenne ist nicht durchführbar. Die Elementehälften müssen in ihren Spannungsminima $\lambda/4$ von den Enden entfernt gehalten werden, aber selbst dort sollen die Elemente von ihren Trägern isoliert sein. Zudem bieten Gruppenantennen dem Wind immer eine große Angriffsfläche und verlangen deshalb eine besonders stabile Konstruktion. Sie werden deshalb heute immer häufiger durch gestockte *Yagis* und *Yagi*-Gruppen ersetzt.

29.4.3 Gestockte VHF-Fernseh-*Yagi*-Antennen

Die Vorzüge der flachen Abstrahlung (kleine vertikale Halbwertsbreite) einer Gruppenantenne kann man auch jeder *Yagi*-Antenne verleihen, indem man 2 oder mehrere *Yagi*-Ebenen vertikal übereinanderstockt. Der einfache mechanische Aufbau einer *Yagi* in Ganzmetallbauweise wird dabei mit der Flachstrahlung einer Gruppenantenne zu einer leistungsfähigen und wirtschaftlichen Kombination vereinigt. Die gestockte *Yagi* benötigt im Gegensatz zur Gruppenantenne nur einen einzigen senkrechten Tragemast, an dem die einzelnen *Yagi*-Ebenen befestigt werden. Es sind außerdem keinerlei Isolatoren erforderlich.

Ordnet man 2 oder mehr gleichartige Einebenenantennen übereinander an, so tritt bei horizontal polarisierten Antennen eine Bündelung in der Vertikalebene ein. Die horizontale Halbwertsbreite wird durch die Stockung nicht beeinflußt. Besonders zu empfehlen sind gestockte Antennen an Empfangsorten mit hohem lokalem Störpegel. Durch die kleine vertikale Halbwertsbreite werden alle von unten einfallenden Störstrahlungen, wie Zündfunkenstörungen und Störungen durch sonstige elektrische Geräte, von der Antenne nicht oder zumindest stark geschwächt aufgenommen. Der durch die vertikale Bündelung erzielte Gewinn hängt von der Anzahl der gestockten Ebenen ab und wird auch noch vom Abstand zwischen den Antennenebenen beeinflußt. Obwohl der für den Gewinn optimale Abstand bei 2 Ebenen mit kurzen *Yagi*-Antennen etwa $0{,}65\lambda$ beträgt (Gewinnzuwachs etwa 2,7 dB), bevorzugt man häufig einen Ebenenabstand von $0{,}5\lambda$ (Gewinnzuwachs etwa 2 dB), weil dieser eine nebenzipfelarme Strahlungscharakteristik ergibt und mitunter für das Speisen vorteilhaft ist. Für die Stockung größerer Antennen vom Lang-*Yagi*-Typ gilt die Näherungsregel

vertikaler Ebenenabstand
= Antennenlänge x 0,75.

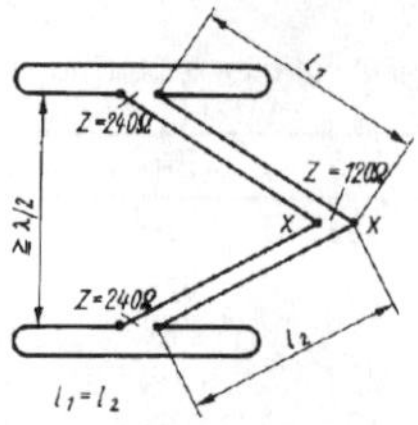

Bild 29.4.6
Vertikale Stockung von 2 horizontalen Antennenebenen im Abstand $\geq \lambda/2$ (es sind nur die gespeisten Faltdipole gezeichnet)

Unter Antennenlänge soll die größte Längenausdehnung verstanden werden, also die Länge des Trägerrohres, auf dem die Elemente befestigt sind.

Wenn die horizontale Halbwertsbreite α_E bekannt ist, erhält man den optimalen Stockungsabstand D_{opt} nach der Beziehung

$$D_{opt} = \frac{\lambda}{2\sin\frac{\alpha_E}{2}} \qquad (29.4.1)$$

Da alle in den Tabellen aufgeführten Selbsbau-*Yagis* einen Eingangswiderstand von 240 Ω haben, können diese über eine beliebig lange, vom gewählten Stockungsabstand abhängige sym-metrische 240-Ω-Leitung miteinander verbunden werden. In der geometrischen Mitte dieser Verbindungsleitung wird die 240-Ω-Speiseleitung angeschlossen (**Bild 29.4.6**). Weil dort die Eingangswiderstände der beiden Antennen von je 240 Ω einander parallelliegen, ergibt sich am Antenneneingang eine Impedanz von 120 Ω. Das bedeutet, daß

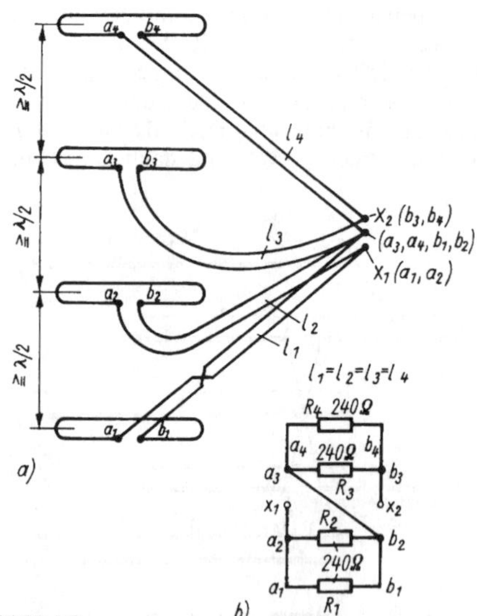

Bild 29.4.7
Impedanz- und phasenrichtige Zusammenschaltung von 4 vertikal gestockten Antennenebenen
a) - Schaltung
b) - Ersatzschaltung

beim Weiterführen der Ableitung mit 240 Ω eine Fehlanpassung auftritt. Der dadurch bedingte Spannungsverlust bewirkt aber für Fernseh-Empfangsantennen mit relativ kurzen Ableitungen keine merkbare Empfangsverschlechterung Die beide Ebenen verbindende Bandleitung darf man nicht verdrehen, d.h., daß die linken Anschlüsse der oberen und der unteren Ebenen miteinander verbunden sein müssen, weil sich andernfalls wegen Gegenphasigkeit der Erregung ein völlig „krummes" Strahlungsdiagramm ergeben würde.

Sollen 4 gleichartige *Yagi*-Antennen in beliebigem Stockungsabstand zusammengeschaltet werden, so ergibt sich nach **Bild 29.4.7** eine sehr einfache Möglichkeit der Breitbanderregung, bei der keine Fehlanpassung auftritt. Wie aus der Ersatzschaltung **Bild 29.4.7b** hervorgeht, sind jeweils die beiden oberen und die beiden unteren Ebenen einander parallelgeschaltet. Die beiden auf diese Weise gebildeten Gruppen liegen in einer Reihenschaltung, so daß nach dem *Kirchhoffschen* Gesetz am Antenneneingang X_1-X_2 wieder der Widerstand einer Einzelebene (240 Ω) auftritt. Dann kann eine 240-Ω-Ableitung ohne Fehlanpassung

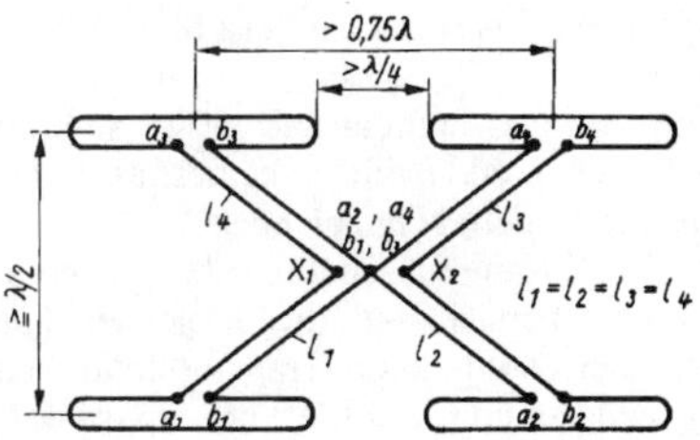

Bild 29.4.8
Impedanz- und phasenrichtige Zusammenschaltung einer Antennengruppe, bestehend aus 4 gleichrichtigen Antennenebenen

angeschlossen werden. Die Variante einer Vierergruppe zeigt **Bild 29.4.8**. Damit alle Ebenen gleichphasig erregt werden, sind folgende Regeln genau zu beachten:

- Die Leitungen l_1 bis l_4 können beliebig lang sein, müssen aber alle genau die gleiche Länge haben.
- Der Wellenwiderstand der Leitungen muß dem Eingangswiderstand der Einzelebene entsprechen. Weil die beschriebenen Antennen einen Eingangswiderstand von 240 Ω aufweisen, fer-

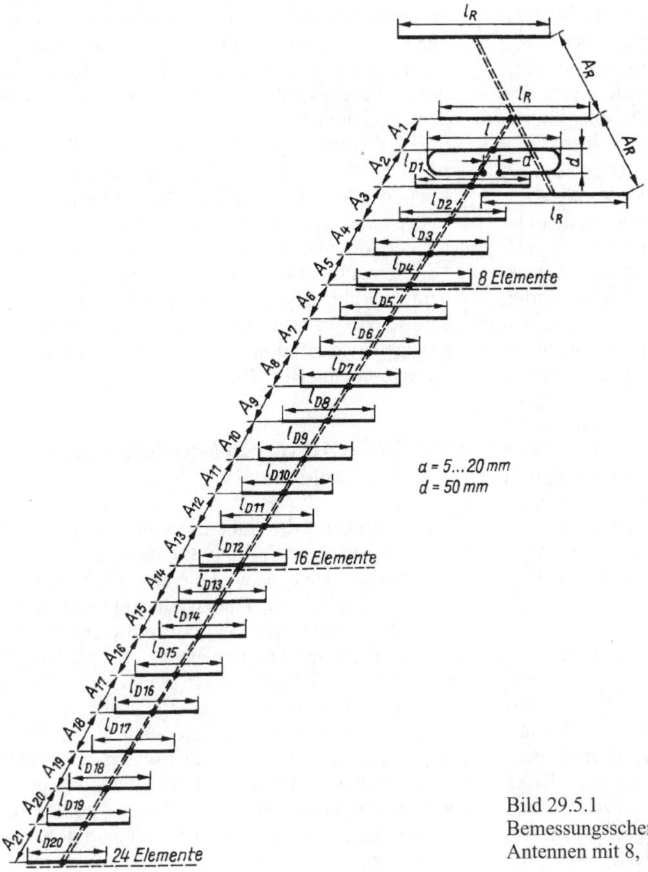

Bild 29.5.1
Bemessungsschema für UHF-Fernseh-*Yagi*-Antennen mit 8, 16 oder 24 Elementen

tigt man l_1 bis l_4 aus handelsüblicher 240-Ω-Leitung.

- Die richtigen Leitungsanschlüsse sind genau zu beachten, *a* und *b* dürfen keinesfalls verwechselt werden (Adern kennzeichnen!).

In den Zusammenschaltungsbeispielen sind zur besseren Übersicht nur die gespeisten Faltdipole gezeichnet. Sollte eine Transformation des Eingangswiderstandes erforderlich sein, so verwendet man am besten den Viertelwellentransformator nach Abschnitt 6.6.1 oder die Viertelwellenanpaßleitung nach Abschnitt 6.6.3.

29.5 UHF-Fernseh-Empfangsantennen

Das UHF-Fernsehband IV/V erstreckt sich über einen Wellenlängenbereich von 63 cm abwärts bis 38 cm. Daraus geht hervor, daß die Antennenelemente in Band IV/V nur etwa 1/3 der Länge von Band-III-Elementen (CCIR) haben. Deshalb beträgt auch die Spannungsaufnahme nur etwa den 3. Teil. Das bedeutet, daß eine Band-IV-Antenne einer gleichartigen Band-III-Antenne um etwa 9 dB im Nachteil ist. Dieser Umstand in Verbindung mit der Tatsache, daß im UHF-Bereich bereits kleine Hindernisse starke Reflexionen hervorrufen, erfordert fast immer scharfbündelnde Hochleistungsantennen. Lange *Yagis* können im allgemeinen diese Forderungen erfüllen, ihnen gehört aus technischen und aus wirtschaftlichen Gründen der Vorzug.

Mitunter kommt es aber vor, daß der in den Datenblättern genannte meßtechnisch ermittelte Gewinn von langen *Yagis* nicht erreicht wird. Das ist auf Feldverzerrungen an manchen Empfangsorten zurückzuführen. Dabei können die einzelnen Spannungen, die von den Direktoren der langen *Yagi*-Antennen aufgenommen werden, gegeneinander in der Phase verschoben sein. Die Summenspannung bleibt dann immer unter dem möglichen Höchstwert des gleichmäßigen Feldes. In solchen Fällen empfiehlt es sich, entweder kürzere *Yagis* in gestockter Form zu verwenden oder auf breitbandige Sonderformen geringer Längenausdehnung (Querstrahler) überzugehen. Letztere sind auch gut als Zimmer- oder Dachbodenantennen geeignet.

29.5.1 UHF-Fernseh-*Yagi*-Antennen

In ihrem Aufbau unterscheiden sich VHF-*Yagi*-Antennen nicht von den *Yagis* der VHF-Fernsehbereiche. Ihr Frequenzbereich reicht immer über mehrere benachbarte Kanäle, und man ist heute in der Lage, UHF-*Yagis* zu konstruieren, die den ganzen Bereich IV/V überdecken. Dabei fällt der Gewinn vom frequenzhöchsten Kanal bis zum niedrigsten etwas ab.

Bei der Montage von UHF-*Yagis* ist besonders zu beachten, daß der senkrechte Antennentragemast nicht, wie bei VHF-*Yagis* üblich, einfach im Antennenschwerpunkt seitlich am Elementeträger befestigt werden darf. Dadurch würden sich die Antenneneigenschaften erheblich verschlechtern. Man halte sich deshalb an das Beispiel der Montage von Industrieantennen für die UHF-Bereiche. Bei ihnen werden kürzere *Yagis* gewöhnlich hinter dem Reflektor *vor* dem Mast befestigt, während man lange *Yagis* im allgemeinen über einen Unterzug mit dem Tragemast verbindet (siehe **Bild 24.1.7**).

Die nachstehend beschriebenen *UHF-Yagi-Antennen* mit 8, 16 und 24 Elementen dürften allen Anforderungen des Selbstbauinteressenten genügen. Es sind farbtüchtige Bereichsantennen, die bei Bedarf auch in gestockter Ausführung aufgebaut werden können. Die für Maximalgewinn optimalen Stockungsabstände sind für jede Baustufe angegeben.

Die 8-Element-Antenne arbeitet bei dieser Reihe als Grundbaustein. Sie wird unverändert für die 16- und 24-Element-Ausführung übernommen, wobei man lediglich die entsprechende Anzahl von Direktoren hinzufügt. Der größte angegebene Gewinn tritt jeweils im frequenzhöchsten Kanal auf (Kanal 39 bzw. Kanal 59). Der Gewinnabfall ist stetig bis zum frequenzniedrigsten Kanal (Kanal 21 bzw. Kanal 40) und erreicht dann den genannten Kleinstwert.

Die Erweiterung des 8-Element-Grundbausteins ist nicht auf 16 oder 24 Elemente beschränkt. Es können alle dazwischenliegenden Elementarzahlen gewählt werden, ohne daß sich die Eigenschaften der Antenne verschlechtern (z.B. 13 Elemente, 18 Elemente usw.). Die Antennendaten nehmen dann die entsprechenden Zwischenwerte ein und sind leicht abzuschätzen. Die in der **Tabelle 29.6** angegebenen Abmessungen beziehen sich auf das Aufbauschema **Bild 29.5.1**.

29.5.2 UHF-Fernseh-Reflektorwand-Antenne

Für die Belange des Funkamateurs mit Fernsehinteressen eignen sich die breitbandigen Reflektorwand-Antennen gut, weil sie sehr flach und mechanisch robust sind. Ganzwellenantennen vor einem Reflektor lassen sich bei mittlerem Gewinn und sehr großem Frequenzbereich als Suchantenne für die Auswahl des günstigsten Antennenstandortes verwenden. Bei ausreichenden Empfangsfeldstärken sind sie auch als raumsparende Betriebsantennen einzusetzen, besonders dann, wenn mehrere weit auseinanderliegende Kanäle empfangen werden sollen. Da solche Antennen eine geringe Längenausdehnung haben, eignen sie sich ganz besonders gut als Unterdach-

Tabelle 29.6
8-, 16- und 24-Element-UHF-*Yagi*-Antennen nach Bild 29.5.1

Kenndaten	8 Elemente	16 Elemente	24 Elemente
Gewinn in dBd	8,0 ... 9,5	12 ... 13,5	15 ... 17
Rückdämpfung in dB	20	23	28
Halbwertsbreite horizontal in Grad	46	33	22
Halbwertsbreite vertikal in Grad	63	36	23
Relative Antennenlänge in λ	0,9	3,4	5,8
Optimaler Stockungsabstand in mm	700 (1,44λ)	970 (2,0λ)	1400 (2,88λ)

Gemeinsame Angaben
Ganzmetallbauweise, Dreifachreflektor, Eingangswiderstand 240 Ω symmetrisch. Der Durchmesser aller Elemente beträgt 9 mm ± 20%. Der metallische Elementeträger hat einen Durchmesser von 20 mm ± 20%.

Mechanische Angaben					
	Band IV (Kanal 21 ...37)	Band V (Kanal 38 ...59)	Band IV (Kanal 21 ...37)	Band V (Kanal 38 ...59)	
Länge l_R Faltdipol in mm	284	226	Elementabstände in mm		
Länge l_R	349	278	A_1	77	61
Reflektoren in mm	A_2	22	17		
Direktorlängen in mm	A_3	63	51		
l_{D1}	212	168	A_4	132	105
l_{D2}	204	162	A_5	139	112
l_{D3}, l_{D4},	202	160	$A_6 ... A_{21}$	149	119
l_{D5}, l_{D6}, l_{D7}, l_{D8},	199	159			
l_{D9}, l_{D10}, l_{D11}, l_{D12},	197	157			
l_{D13}, l_{D14}, l_{D15}, l_{D16},	195	155			
l_{D17}, l_{D18}, l_{D19}, l_{D20},	195	155			
Reflektorabstände A_R in mm	117	94			

antennen und als Zimmerantennen, wofür *Yagi*-Bauformen im allgemeinen zu sperrig sind.

Die einfachste Ausführung eines Ganzwellendipols vor einem Reflektor mit einem Frequenzbereich von 450 bis 900 MHz wird in Abschnitt 36.6 ausführlich beschrieben. Wegen des großen Spreizwinkels α von 70° zeichnet sich diese unkomplizierte Antenne durch großen Frequenzbereich und durch einen konstanten Eingangswiderstand über den gesamten Bereich IV/V aus. **Bild 29.5.2** zeigt eine gestockte Ausführung, die den gesamten UHF-Fernsehbereich überdeckt. In diesem Fall befinden sich zwei Ganzwellenantennen mit 50°-Spreizwinkel als Dipolzeile in einem Abstand von 140 mm vor einer Reflektorwand. Letztere wurde der Übersichtlichkeit halber nur in ihren äußeren Umrissen gezeichnet. Über die verschiedenen Ausführungsmöglichkeiten und Eigenschaften von Reflektorwänden kann man in Abschnitt 36.6 nachlesen. Die einfachste und billigste Reflektorwand besteht aus einer entsprechend großen Hartfaserplatte, die man mit Aluminium-Haushaltfolie beklebt. Natürlich ist eine solche Reflektorwand nur für Innenräume geeignet. Die Dipole werden über 140 mm lange Abstandshalter aus Isoliermaterial auf der Reflektorwand befestigt. Hochwertige Isolierstützen sind nicht erforderlich; wenn man die Lage der in **Bild 29.5.2** angegebenen Befestigungsschrauben einhält, können sogar ohne merkbare Verluste Metallstützen verwendet werden. In diesem Fall sind alle Antennenteile über die Reflektorwand geerdet.

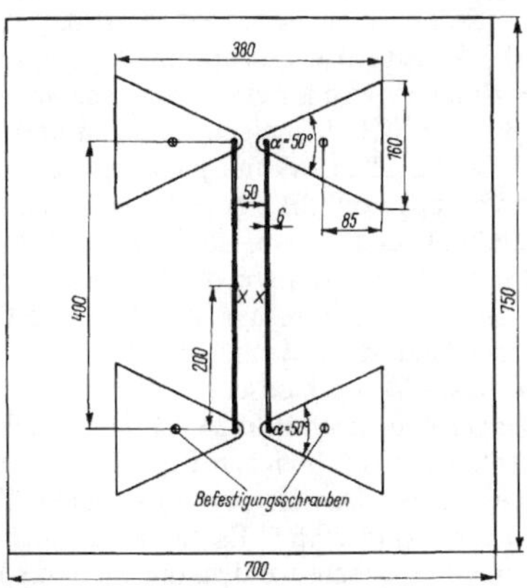

Bild 29.5.2
UHF-Fernseh-Reflektorwand-Antenne für Band IV/V

Kenndaten (Näherungswerte)
Gewinn über den Bereich 470 bis 790 MHz zwischen 9 (470 MHz) und 12 dBd (790 MHz); Rückdämpfung > 20 dB, Eingangswiderstand 240 Ω symmetrisch, Welligkeit $s \leq 2$, horizontale Halbwertsbreite 50°, vertikale Halbwertsbreite je nach Frequenz zwischen 40° und 70°.

Der Abstand der Dipole von der Reflektorwand beträgt 140 mm. Weitere Angaben siehe Abschnitt 36.6. **Bild 29.5.3** zeigt als Beispiel eine gleichartig aufgebaute Industrieantenne *(Kathrein)*.

29.5.3 UHF-Fernseh-Winkelreflektorantenne

Beliebt und leistungsfähig ist die *Winkelreflektorantenne* oder *Corner*-Reflektor-Antenne, die auch von der Antennenindustrie hergestellt wird. Dieser Antennentyp wird in Abschnitt 36.6 ausführlich beschrieben. Eine Breitbandausführung für den Bereich 470 bis 790 MHz ist in **Bild 29.5.4** wiedergegeben. Sie entspricht in ihrer mechanischen Ausführung der in Abschnitt 36.6 dargestellten Antenne mit axial abgewinkeltem Flächendipol. Die Breite des Winkelreflektors ist aus **Bild 29.5.4** nicht ersichtlich; sie soll ≥ 450 mm betragen, größere Breite verbessert die Rückdämpfung.
Kenndaten (Näherungswerte)
Gewinn zwischen 7,5 und 12 dBd (frequenzabhängig), Rückflussdämpfung > 24 dB, Eingangswiderstand 240 W symmetrisch, Welligkeit ≦ 3. Der Winkelreflektor kann auch mit einem Öffnungswinkel von 60° ausgeführt werden. In diesem Fall muß der Dipolabstand D = 248 mm betragen, und man kommt mit einer Schenkellänge S = 500 mm aus.

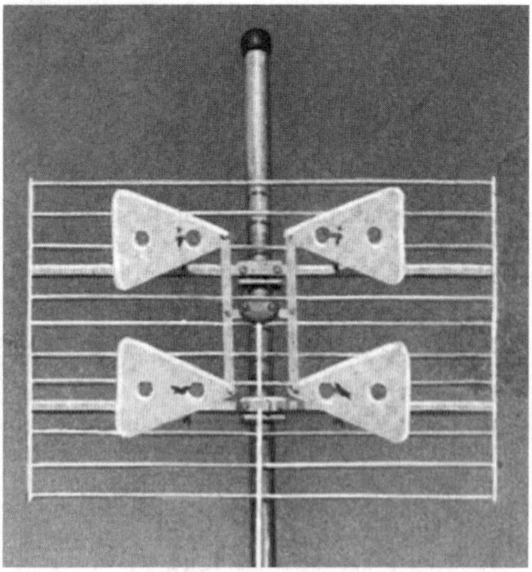

Bild 29.5.3
UHF-Fernseh-Reflektorwand-Antenne (*Kathrein*)

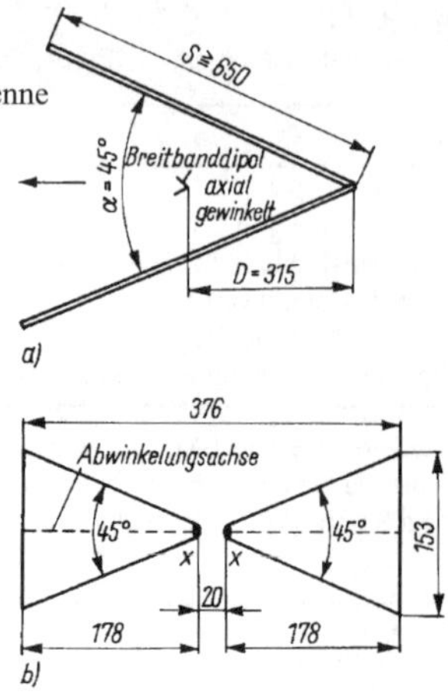

Bild 29.5.4
UHF-Fernseh-Winkelreflektorantenne
a) - Seitenansicht
b) - Teilzeichnung Breitbanddipol

Bei dieser 60°-Ausführung wird aber gleichzeitig der mögliche Maximalgewinn auf 10 dBd begrenzt.

29.5.4 Logarithmisch-periodische UHF-Fernsehantenne

Obwohl logarithmisch-periodische Antennen verglichen mit einer *Yagi*-Antenne gleichen Gewinnes einen größeren mechanischen Aufwand erfordern (siehe Abschnitt 27.4 und Abschnitt 24.4), bieten sie einige Vorzüge, die ihren Einsatz als Fernsehantennen in manchen Fällen rechtfertigen. Vor allem dort, wo Gleichkanalstörungen oder starke Reflexionen auftreten, kann eine logarithmisch periodische Antenne Abhilfe bringen, denn sie empfängt nur aus ihrer Vorzugsrichtung, während Signale aus allen anderen Richtungen um 25 bis 35 dB gedämpft werden. Diese nahezu ideale Richtcharakteristik besteht über die ganze Breite des bemessenen Frequenzbereiches, wobei sich der Gewinn abhängig von der Frequenz auch nur um etwa ± 0,4 dB verändert. Eine nach dem Schema von Bild 27.4.1 konstruierte logarithmisch periodische UHF-Antenne wird für einen Frequenzbereich von 450 bis 850 MHz bemessen, sie kann deshalb die UHF-Kanäle 21 bis 69 mit gleichbleibendem Gewinn von etwa 6,8 dB - bezogen auf einen Halbwellendipol - empfangen. Der Stufungsfaktor τ beträgt 0,93, Abstandsfaktor σ = 0,174. Bei direkter Speisung mit einem Koaxialkabel von 75 Ω Wellenwiderstand ist die Welligkeit $s \leq 1{,}3$.

Es wurde der mechanische Aufbau mit 2 parallelen Tragerohren nach **Bild 24.4.1** gewählt, bei dem die Antenne aus 2 gleichen Einzelebenen zusammengesetzt ist. Das Bemessungsschema für eine Ebene zeigt **Bild 29.5.5**. Es müssen 2 solcher Antennenhälften gebaut werden, die dann mit 10 mm Trägerabstand so zusammengesetzt sind, daß sich die Elementhälften gleicher Länge entsprechend

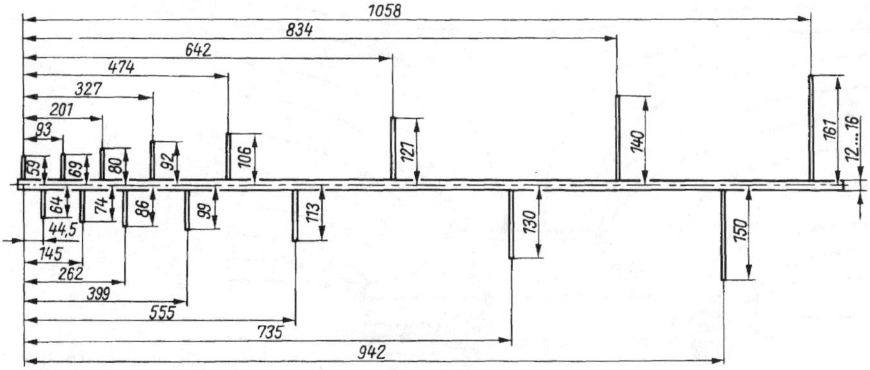

Bild 29.5.5
Logarithmisch-periodische UHF-Fernsehantenne (Antennenhälfte - nicht maßstabsgetreu)

Bild 24.4.1 ergänzen. Die in **Bild 29.5.5** eingetragenen Elementlängen werden von der Elementeträgermitte aus gemessen.

Die beiden Trageelemente weisen in der Originalausführung quadratisches Profil von 12,7 mm x 12,7 mm auf; es kann auch handelsübliches Aluminium-Vierkantmaterial 16 mm x 16 mm verwendet werden. Die Elemente sind je 1250 mm lang und verlaufen parallel mit einem gegenseitigen lichten Abstand von 10 mm, der durch passende Isolierstoffklötze fixiert wird. Nur die dem längsten Element nächstliegenden Rohrenden sind durch die Mastschelle metallisch miteinander verbunden. Somit bilden die beiden Elementeträger eine einseitig kurzgeschlossene Parallelrohrleitung. Vierkantmaterial wurde gewählt, weil es gute Befestigungsmöglichkeiten für die Elemente bietet. Mit gleichem Erfolg könnte man auch übliche Aluminiumrohre einsetzen.

Die Elemente bestehen aus Leichtmetallrohr mit 6 bis 8 mm Durchmesser. Es wird jeweils ein Ende flachgedrückt, abgewinkelt und dann – wie aus Bild 24.4.1 ersichtlich - auf der Fläche des Vierkantmaterials festgeschraubt. Elektrisch gleichwertig, aber billiger und auch einfacher zu befestigen sind passende Abfallstreifen aus Aluminium mit etwa 10 mm Breite. Auf elektrisch gut leitende Verbindung der Elementehälften mit den Elementeträgern ist zu achten.

Das Koaxialkabel wird wie in Abschnitt 24.4 bei Bild 24.4.2a beschrieben angeschlossen. Im übrigen ist die logarithmisch periodische Dipolantenne aus Bild 24.4.4a nach dem gleichen Prinzip, jedoch für einen anderen Frequenzbereich aufgebaut, so daß diese Angaben sinngemäß übernommen werden können.

Wird eine logarithmisch-periodische Dipolantenne durch eine Direktorreihe nach dem *Yagi*-Prinzip erweitert, erhält man eine Breitbandantenne mit großem Gewinn. Solche Superbreitband-Fernsehantennen mit logarithmisch-periodischem Faltdipolerregersystem werden in [4.1]. beschrieben.

29.6 Sonstige Bauformen von Empfangsantennen

29.6.1 Autoradio-Antennen

Bei *Autoradio-Antennen* unterscheidet man:

Dachantennen
Anbauantennen
Teleskopantennen (versenkbar)
Automatik-Antennen (versenkbar)
Aktivantennen
Integrierte Antennen

Autoradio-Antennen werden für LMK- und UKW-Empfang eingesetzt. Trotz verschiedener Antennenmodelle ist die klassische Stabantenne nach wie vor die beste Lösung.

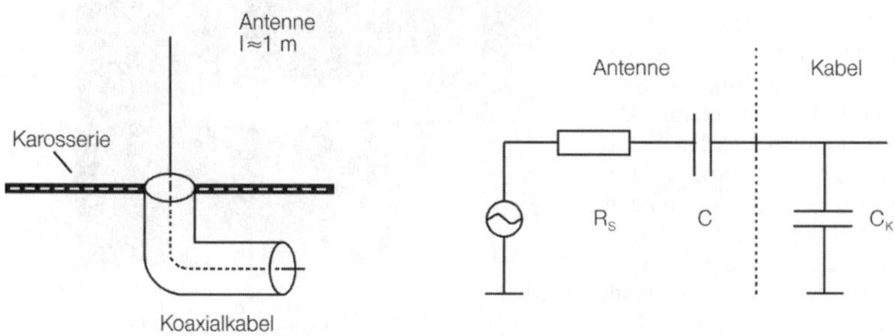

Bild 29.6.1
Autoradio-Antenne mit Kabel
links: Aufbau
rechts: Ersatzschaltbild

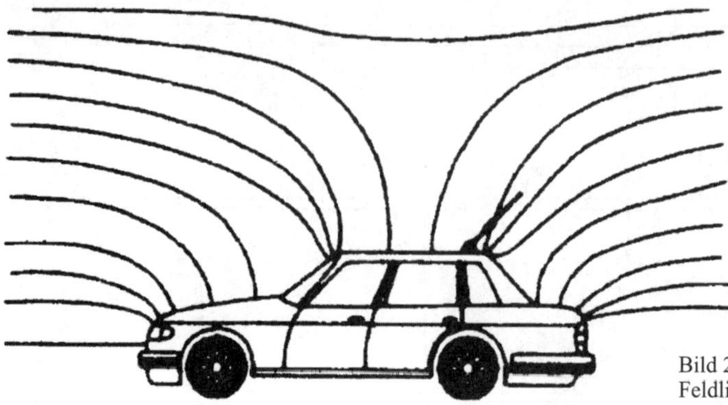

Bild 29.6.2
Feldlinienbeugung an der Autokarosserie

LMK-Empfang
LMK-Signale von 150 kHz bis 6,2 MHz werden vertikal polarisiert abgestrahlt. Die Antenne muß daher vertikal orientiert sein. Bei LMK-Empfang sind Stabantennen mit einer Länge von etwa 1 m **elektrisch sehr kurze Antennen**. Die Signalspannung ist proportional zur Antennenlänge. Die Karosserie wirkt als Gegenpol (Gegengewicht). **Bild 29.6.1** zeigt eine *Autoradio-Antenne* mit Zuleitung. Links ist der räumliche Aufbau, rechts ist das Ersatzschaltbild. Der Strahlungswiderstand R_S liegt in Serie mit der Antennenkapazität C. Es wirkt hauptsächlich die Kapazität. Der Strahlungswiderstand und damit auch der Wirkungsgrad sind verschwindend gering. Die Kabelkapazität C_K der Antennenzuleitung wirkt gegen Masse. Mit der Antenne zusammen wirkt die Kabelkapazität als Spannungteiler. Um das Signal nicht durch eine zu große Kapazität zu belasten, werden üblicherweise kapazitätsarme Kabel mit einem Wellenwiderstand von $Z_0 = 150\ \Omega$ verwendet. Der Kapazitätsbelag beträgt dann etwa 25 pF/m. Da die KFZ-Elektronik ein Störspektrum produziert, muß die Antenne innerhalb der Karosserie geschirmt sein. Zwischen Antenne und Motorraum muß auch eine gute räumliche Entkopplung vorhanden sein. Wahlweise können Front- oder Heckantennen eingesetzt werden. Das dadurch bessere Signal-/Rauschverhältnis überwiegt gegenüber einer Signaldämpfung durch eine längere Zuleitung.

UKW-Empfang
UKW-Signale werden mit horizontaler Polarisation abgestrahlt. Die Feldbeeinflussung durch die Karosserie ermöglicht den UKW-Empfang mit einer üblicherweise vertikal montierten Stabantenne. Die waagrecht einfallenden Feldlinien werden derart „gebeugt", daß sich vertikale Komponenten ausbilden. Tangentiale Komponenten werden quasi kurzgeschlossen und es existieren nur senkrecht stehende Komponenten. **Bild 29.6.2** zeigt die Feldlinienbeugung an der Autokarosserie. Während beim Funkbetrieb nach der Devise: Je höher, desto besser", der günstigste Einbauort für eine Funkantenne die Dachmitte ist, mit einer nahezu kreisförmiger Richtcharakteristik, gilt dies nicht beim Autoradio-Betrieb. Die Dachmitte ist hier der denkbar schlechteste Einbauort für eine *Autoradio-Antenne.*

Zur Erhöhung der Empfindlichkeit werden Montageorte ausgewählt, an denen hohe Feldstärken auftreten. Diese entstehen an Kanten und Spalten. Ebene Flächen sind zu vermeiden. Durch die fahrzeugspezifische Oberflächenstruktur und in Abhängigkeit vom Montageort bildet sich ein richtungsabhängiges Strahlungsdiagramm mit starken Einbrüchen aus. Durch Reflexionen und Beugung an Hindernissen kommt es zu Interferenzen. Auf kurzen Wegstrecken kann es zu Feldstärkesprüngen von über 30 dB kommen. Literatur [6.1].

29.6.2 Mobilantennen

Mobilantennen sind Fernseh-Empfangsantennen mit Topmastbefestigung auf einem Einbaumast oder Gelenksmast für den Einsatz im Wohnmobil (Caravan). Man unterscheidet bei den *Mobilantennen* zwischen:

Terrestrischen Antennen
Satelliten-Antennen

Bild 29.6.3
Mobilantenne für Rundempfang (*Kathrein*)

Terrestrische Antennen
Hier unterscheidet man zwischen:
Rundempfangsantenne
Richtempfangsantenne

Rundempfangsantenne
Sie besteht aus zwei gekreuzten Faltdipolen. Im Band III (nach CCIR) auf den Kanälen 5 bis 12 (162 bis 230 MHz) ist der Gewinn –3 dB. Im UHF-Bereich auf den Kanälen 21 bis 62 (470 bis 854 MHz) ist der Gewinn 0 dB. **Bild 29.6.3** zeigt eine *Rundempfangsantenne* der Firma *Kathrein*. Diese Antenne wird aber nicht mehr hergestellt.

Mit einem Mobil-Antennenverstärker (VHF/ UHF-Mehrbereichsverstärker) kann das Signal um 20 dB verstärkt werden. Im VHF-Bereich ist die Verstärkung dann 17 dB, im UHF-Bereich 20 dB.

Richtempfangsantenne
Sie besteht aus einem Faltdipol für Band III und einer Richtantenne für den UHF-Bereich. Im Band III (nach CCIR) auf den Kanälen 5 bis 12 ist der Gewinn 0 dB. Im UHF-Bereich auf den Kanälen 21 bis 62 ist der Gewinn 7 dB. **Bild 29.6.4** zeigt eine *Richtempfangsantenne* der Firma *Kathrein*.

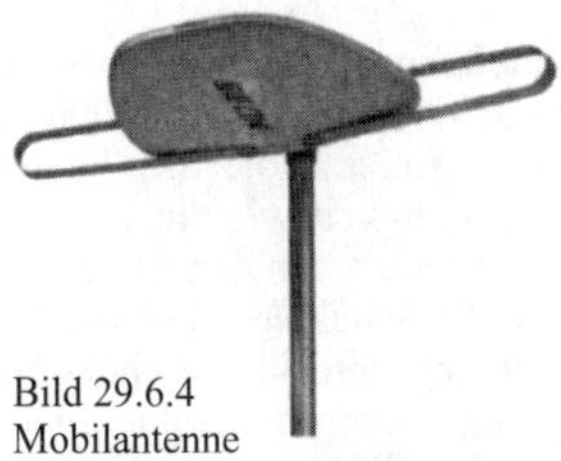

Bild 29.6.4
Mobilantenne
für Richtempfang (*Kathrein*)

Mit einem Mobil-Antennenverstärker (VHF/ UHF-Mehrbereichsverstärker) kann das Signal um 20 dB verstärkt werden. Im VHF-Bereich ist die Verstärkung dann 18 dB, im UHF-Bereich 25 dB. Der FM-Bereich kann an einem getrennten Ausgang mit 13 dB Verstärkung empfangen werden.

Mit Zusatzstrahler kann man die *Richtempfangsantenne* für den Bereich I mit einem Gewinn von 0 dB erweitern. Mit einer AM/FM-Mobilantenne, aufsteckbar auf die Mastbefestigung der *Richtempfangsantenne*, ist die Anlage auch für der LMKU-Bereich mit einer getrennter Zuleitung erweiterbar.

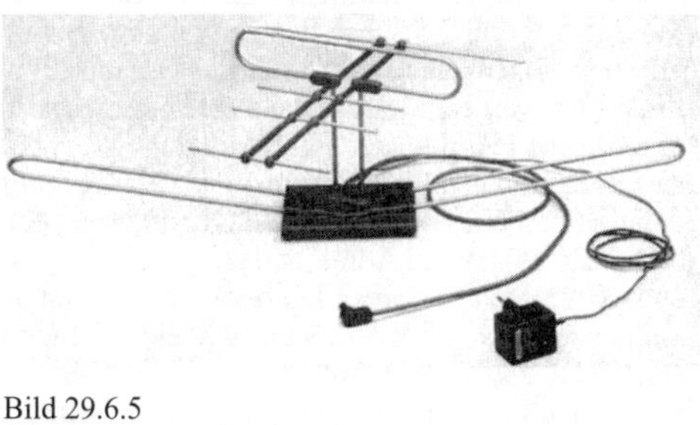

Bild 29.6.5
Zimmerantenne (*Kathrein*)

Satelliten-Antennen
Zum Empfang von Fernsehprogrammen, die von Satelliten ausgestrahlt werden, eignet sich besonders eine Flachantenne (vgl. Abschnitt 29.7.3 und **Bild 29.7.7**).

Literatur [6.2].

29.6.3 Zimmerantennen

Zimmerantennen sind Fernseh-Empfangsantennen mit oder ohne Verstärker für den Einsatz in Wohnungen.

Im VHF-Bereich B III mit den Kanälen 5 bis 12 (174 bis 230 MHz) wird meistens ein Faltdipol verwendet mit einem Gewinn von 0 dB.

Im UHF-Bereich B IV/V auf den Kanälen 21 bis 65 (470 bis 862 MHz) verwendet man eine Richtantenne mit 4 bis 8 dB Gewinn. Der Verstärker verbessert und stabilisiert schwächer ankommende Sender. Er ist mit einem Steckernetzteil (220V~/50-60 Hz) und einem kurzen Netzkabel versehen. der Vorteil davon ist, daß im Kabel zwischen Antenne und Steckdose nur Schwachstrom geführt wird. Es gibt auch Ausführungen mit einem 12V=-Anschluß.

Der Gewinn inkl. Verstärkung ist z.B. 13 bis 16 dB im VHF-Bereich und 14 bis 17 dB im UHF-Bereich. **Bild 29.6.5** zeigt eine Zimmerantenne der Firma *Kathrein* mit Steckernetzteil und Koaxialkabel mit Antennenanschluß. Es gibt auch Ausführungen von Zimmerantennen, bei denen man bei feststehender UHF-Antenne die VHF-Antenne (Faltdipol) verdrehen kann, oder zusätzlich noch die UHF-Antenne neigen kann. Damit ist es möglich die Zimmerantenne in zwei verschiedene Richtungen optimal einzustellen. Literatur [6.2].

29.7 Satelliten-Empfangsantennen

29.7.1 Einführung

Der Satellitenempfang unterscheidet sich in mehreren Punkten vom Empfang üblicher terrestrischer Fernsehsignale:
die hohe Frequenz (12 GHz) und die doch schwache Feldstärke erfordern andere Antennenprinzipien
das 12-GHz-Signal muß in der Antenne verstärkt und auf eine tiefere Frequenz umgesetzt werden

Die Komponenten einer Satelliten-Empfangsanlage sind:
Spiegel-Antenne mit Steuerung - Speisesystem (Feed) mit Polarizer oder Polarrotor und Konverter

Bild 29.7.1
Eine Auswahl von Europas Satelliten (nach *Quelle*)

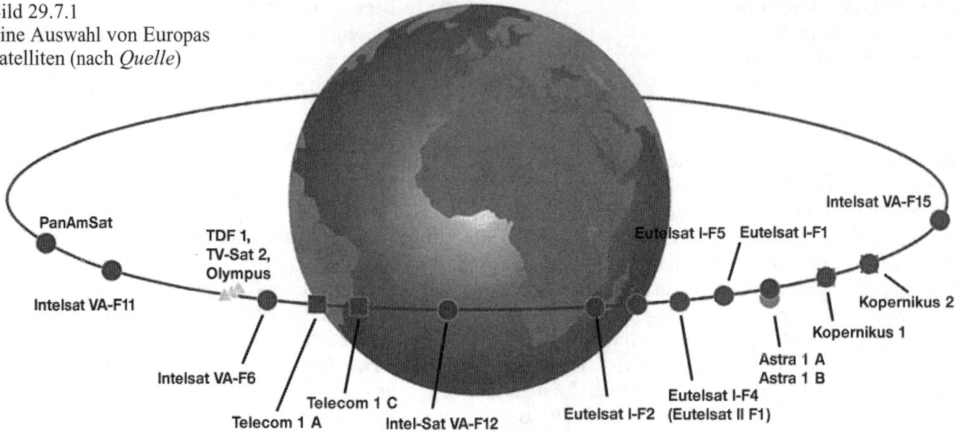

Sat-TV-Empfänger (Tuner) mit Positionierer und Fernseher (TV-Gerät)

Der Satellitenempfang ermöglicht die Versorgung großer Gebiete. Jeder Satellit hat mehrere Programme.

Empfangsprinzip:
Die von der Hochgewinnantenne empfangenen schwachen zirkular oder linear polarisierten Signale werden nach der Polarisationsauswahl oder -wandlung in einem SHF-Umsetzer verstärkt und dann durch Mischung auf den Bereich der 1. ZF (950-2050 MHz) umgesetzt und erneut verstärkt. Die Konverter haben die Bezeichnungen LNB = low noise block converter, LNC = low noise converter.

Über ein Koaxialkabel gelangt das Signal in einen Satellitenempfänger (Sat-TV-Tuner), der die Signale so umsetzt, daß sie für handelsübliche Fernseher (TV-Empfänger) verwertbar sind. Mit einer Antenne kann jeweils nur ein Satellit empfangen werden. Ein Polarizer (mechan. oder magnet. Ausführung) ermöglicht die Polarisationsauswahl. Mit einem Erweiterungs-Set ist es möglich 2 Satelliten aus einer Antennenrichtung zu empfangen. Mit einer Steuerungsanlage kann man unterschiedliche Antennenrichtungen einstellen. Der Frequenzbereich für Satellitenprogramme ist begrenzt von 10,95 bis 12,75 GHz. Frequenzmäßig nebeneinander liegende Kanäle werden so angeordnet, daß sie etwas überlappen. Damit sie sich nicht gegenseitig stören werden sie unterschiedlich polarisiert. Die Polarisation ist linear horizontal oder vertikal. Im Bereich von 11,7-12,5 GHz zirkular rechts- oder linksdrehend.

Neuigkeiten, Änderungen und Ergänzungen zu den TV-Satellitenprojekten sind laufend zu registrieren.

Satellitenempfangs-Literatur [7.1] bis [7.8].

29.7.2 Satelliten

Satelliten sind in einer geostationären Umlaufbahn im Abstand von etwa 36.000 km von der Erde. Dadurch rotieren die Satelliten mit der selben Geschwindigkeit wie die Erde, wobei die Erdanziehung gleich der Zentrifugalkraft ist. Dadurch stehen die Satelliten scheinbar still und man kann die Antennen auf sie ausrichten. **Bild 29.7.1** zeigt einige von Europas Satelliten. Die Satelliten sind wie auf einer Perlenkette aufgereiht.

1957 wurde der erste Satellit „Sputnik" (UdSSR) gestartet.

1962 wurden erstmals über den Versuchs-Ballonsatellit "Echo 1" (USA) Bilder aus Amerika nach Europa übertragen.

Ebenfalls 1962 erfolgte über „Telstar 1" die erste Transatlantik TV-Life-Übertragung.

1965 startete der erste Intelsat-Satellit „Early Bird (Intelsat 1)". *Intelsat* ist eine internationale Organisation von etwa 120 Mitgliedsländern mit Sitz in Washington, USA. Inzwischen ist die Organisation privatisiert, hat aber teilweise noch einen internationalen Status.

Seit 1978 gibt es Satellitenfunk in Europa mit Eutelsat-Satelliten. 1983 startete der erste Eutelsat-Satellit „Eutelsat I-F 1" mit einer Ariane 1-Rakete von Kourou aus. *Eutelsat* ist eine europäische Organisation von etwa 20 Mitgliedsländern der *CEPT* (Vereinigung europäischer Postverwaltungen) mit Sitz in Paris. Im Jahre 2002 soll die Organisation privatisiert werden. Sie wird dann eine Gesellschaft französischen Rechts, ein Teil behält den Status einer internationalen Organisation. Von der *ITU* (Internationale Fernmelde Union) in Genf wurden bei der WARC 92 (World Administrative Radio Conference 1992) den einzelnen Ländern entsprechende Frequenzen und Bahnpositionen zugeteilt. Man unterscheidet zwischen Fernmeldesatelliten (FSS = Fixed Satellite Service) und Rundfunksatelliten (DBS = Direct Broadcasting Satellite). Erstere sind

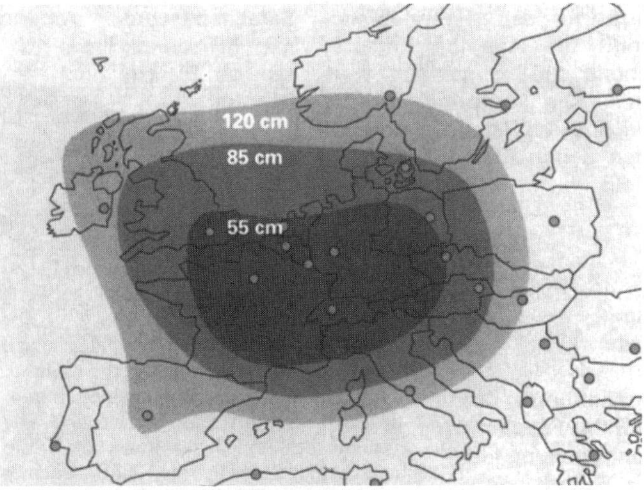

Bild 29.7.2
Typische Ausleuchtzone von Astra 1A (nach *Quelle*)

low-power Satelliten mit etwa 20 W Leistung, letztere sind high-power Satelliten mit etwa 200 W Leistung. Mittlerweile gibt es dazwischen medium-power Satelliten mit etwa 100 W Leistung.

Die abgestrahlte Leistung eines Satelliten wird angegeben in EIRP (equivalent isotropic radiated power).

EIRP = Ausgangsleistung + Antennengewinn – Kabeldämpfung

Die Leistungsdichte am Empfangsort wird angegeben in dBW/m^2, die Strahlungsleistung in dBW. Umrechnungen von Leistungsdichten und Strahlungsleistungen findet man im Anhang.

Bild 29.7.2 zeigt die Ausleuchtung von Mitteleuropa durch den Satelliten Astra 1A.

Dabei sind hier anstelle der Leistungsdichten gleich die notwendigen Spiegeldurchmesser angegeben. Die 85 cm Spiegellinie entspricht etwa einer Leistungsdichte von -112 dBW/m^2. Mit neuen rauschärmeren Konvertern werden auch die notwendigen Spiegeldurchmesser kleiner.

Nachfolgend eine Auswahl von Satelliten:

Astra 1A-1G Position: 19,2° Ost
Frequenz: 11 GHz
Polarisation: horizontal und vertikal

Eutelsat II F-1 Position: 13° Ost
Frequenz: 11 GHz
Polarisation: horizontal und vertikal

Eutelsat II F-2 Position: 10° Ost
Frequenz: 11 GHz
Polarisation: horizontal und vertikal

Eutelsat II F-3 Position: 16° Ost
Frequenz: 11 GHz
Polarisation: horizontal und vertikal

Eutelsat II F-4 Position: 7° Ost
Frequenz: 11 GHz
Polarisation: horizontal und vertikal

Eutelsat II F-6 / Hotbird Position: 13° Ost
Frequenz: 11 GHz
Polarisation: horizontal und vertikal
Intelsat 602 Position: 63° Ost
Frequenz: 11 GHz
Polarisation: horizontal

Türksat 1C Position: 42° Ost
Frequenz: 11 GHz
Polarisation: vertikal

Telecom 2A Position: 8° West
Frequenz: 12 GHz
Polarisation: horizontal und vertikal

Telecom 2B Position: 5° West
Frequenz: 12 GHz
Polarisation: horizontal und vertikal

Einige Kurzdaten [7.7]:

Hotbird 2-5	Astra 1F-1H	
Transponder	20-22	22-30
Abstrahlleistung	120-130 W	80-100 W
EIRP (Kernzone)	Superbeam:	
53 dBW	51 dBW	
Widebeam:	50 dBW	
Lebensdauer:	ca. 15 Jahre	ca. 15 Jahre

Europa ist von *Eutelsat* und *SES* versorgt. Die wichtigsten Satelliten von *Eutelsat* sind Eutelsat II-F1 und Hotbird 1-4. Darüber werden Programme in 15 verschiedenen Sprachen gesendet. Die Satelliten von *SES*, einer privaten Gesellschaft aus Luxemburg, sind Astra 1A-1G. In Europa empfangen mehr als 25 Millionen die TV-Programme von Astra.

Das beliebteste Satelliten-System in Deutschland ist ASTRA. 90% aller Einzelempfangsanlagen sind auf die Satelliten Astra gerichtet. Zum Empfang ist in Deutschland eine 55/60-cm-Schüssel ausreichend. Von den größten Satellitenbetreiber ist *Intelsat* auf Nr. 1, *SES* (Astra) auf Nr. 3 und *Eutelsat* auf Nr. 5.

29.7.3 Antennen

Der Spruch „Eine gute Antenne ist der beste Verstärker" gilt besonders bei den Satelliten-Empfangsantennen.

Was die Antenne nicht empfängt, kann dahinter nicht verstärkt, umgesetzt und sichtbar gemacht werden. Auch nicht mit noch so großem Aufwand.

Die Antenne soll das schwache Signal von etwa -110 dBW/m^2 durch ihren Gewinn verstärken und gleichzeitig durch ihre Richtwirkung von den Störungen isolieren. Fehlender Antennengewinn kann dabei durch hohe Empfindlichkeit des Verstärkers nicht ersetzt werden.

Wichtige Antenneneigenschaften für Satellitenempfang sind:

- hoher Gewinn
- niedrige Nebenkeulen
- geringes Eigenrauschen
- geringe Kreuzpolarisation

Gewinn

Es sind hier Gewinne von > 35 dB notwendig. Das entspricht etwa dem Gewinn einer Gruppe von 200 *Yagis* oder 4000 Dipolen.

Solche Gewinne können nur durch Reflektorantennen mit einer homogen belegten Fläche (Apertur) realisiert werden.

Der Gewinn ist direkt von der Fläche und umgekehrt vom Quadrat der Wellenlänge abhängig. Satelliten-Empfangsantennen unter 4 m Durchmesser werden als rotationssymmetrische zentralgespeiste Parabolantennen ausgeführt.

Nebenkeulen:

Unter 1 m Spiegeldurchmesser ist die Abschattung durch den Primärstrahler mit Halterung nicht mehr vernachlässigbar. Dadurch werden die Nebenkeulen angehoben. Abhilfe schafft die Verwendung von unsymmetrisch offset-gespeisten Parabolantennen. Durch die fehlende Abschattung ist auch der Flächenwirkungsgrad etwas besser. Formtoleranzen des Reflektors bewirken eine beträchtliche Erhöhung der Nebenkeulen.

Von 50 bis 120 cm Durchmesser wird diese Bauform trotz mancher mechanischer und fertigungstechnischer Nachteile in zunehmendem Maße gewählt.

Rauschen:

Verlustarme Reflektorantennen empfangen hauptsächlich Rauschen vom Himmel und geringe Anteile vom Erdbodenrauschen. Bei 12 GHz beträgt die Himmelstemperatur etwa 20 K (Kelvin), horizontal empfängt die Antenne etwa 100 K, Nebenkeulen „sehen" eine Umgebungstemperatur von etwa 290 K. Eine Integration aller Temperatur- (= Rausch-) Anteile, die über Haupt- und Nebenkeulen empfangen werden, ergibt eine *elevationsabhängige* Rauschtemperatur der Antenne. Bei den interessierenden Elevationswinkeln von ≈ 30° ergeben sich übliche Werte von 30 bis 80 K, je nach Antennengröße.

Die Rauscheigenschaften der Empfangsanlage werden wesentlich vom Vorverstärker bestimmt. Als aktive Elemente werden heute Feldeffekttransistoren aus Gallium-Arsenid verwendet. Die Speisesysteme bestimmen das Rauschmaß. Ein Rauschmaß bei 25°C von 1,1 bis 1,3 dB, bei einer Verstärkung von etwa 50 dB sind üblich.

Kreuzpolarisation:

Für die Trennung der Polarisation sind die Kreuzpolarisation der Antenne, die Isolation des Polarisators und die Isolation der eventuell eingesetzten Polarisationsweiche in erster Linie verantwortlich. Die Kreuzpolarisationsdämpfung der Offset-Spiegel beträgt > 27 dB, die Polarisationsentkopplung der Speisesysteme ist etwa > 45 dB.

Schüsselgrößen:

Die Ausleuchtzonen verlangen bestimmte Spiegel- oder Schüsselgrößen entsprechend den Angaben der in den jeweiligen Zonen gegebenen EIRP-Werten. Für den Einsatz von LNB's mit einem Rauschmaß von typ. 1,1 dB und max. 1,3 dB sind nachfolgende Schüsselgrößen erforderlich.

EIRP	Antennendurchmesser
40 dBW	1,5 m
45 dBW	1,0 m
50 dBW	0,65 m
55 dBW	0,50 m
60 dBW	0,35 m

29.7.3.1 Antennentypen

Bei den Antennen unterscheidet man:

- Reflektorantennen
- Flachantennen

Reflektorantennen

Bei den *Reflektorantennen* ist die wirksame Antennenfläche meist ein Abschnitt eines Paraboloids. Die Orientierung der Schnittfläche bestimmt den Antennentyp [7.9].

Zentralerregte Antennen

Sie entstehen durch einen Schnitt senkrecht zur

Bild 29.7.3
Parabolantenne (*OrbiSat*)

Rotationsachse und sind deshalb rotationssymmetrisch.

Primärfokus-Typ
Die Antenne wird auch als Parabolantenne bezeichnet. Die Speisung erfolgt im Primärbrennpunkt (Primärfokus). **Bild 29.7.3** zeigt eine Parabolantenne mit 1,8 m Durchmesser, etwa 45 dB Gewinn, 1° Öffnungswinkel, > 30 dB Nebenzipfeldämpfung, 70% Wirkungsgrad.

***Cassegrain*-Typ**
Diese Antennenform ist benannt nach dem französichen Physiker *N. Cassegrain* aus dem 17. Jahrhundert. Die Speisung erfolgt im Brennpunkt eines Sekundärspiegels (hyperbolischer Reflektor) vor dem Primärfokus. **Bild 29.7.4** zeigt diesen Antennentyp.

***Gregory*-Typ**
Diese Antennenform ist benannt nach dem schottischen Mathematiker und Astronom *J. Gregory* (1638-1675). Die Speisung erfolgt im Brennpunkt eines Sekundärspiegels (elliptischer Reflektor) hinter dem Primärfokus. **Bild 29.7.5** zeigt diesen Antennentyp.

Offset-Antennen
Sie entstehen bei einem Schnitt schräg zur Rotationsachse. Die Antenne ist nicht rotationssymmetrisch, die Breite ist kleiner als die Höhe.

Offset-Primärfokus-Typ
Die Speisung erfolgt im Primärbrennpunkt (Primärfokus). **Bild 29.7.6** zeigt eine Offset-Parabolantenne mit 60 cm Durchmesser, ≈ 36 dB Gewinn, ≈ 2,8° Öffnungswinkel, > 27 dB Kreuzpolarisationsentkopplung.

Offset-*Cassegrain*-Typ
Die Speisung erfolgt im Brennpunkt eines konvexen Sekundärspiegels vor dem Primärfokus.

Offset-*Gregory*-Typ
Die Speisung erfolgt im Brennpunkt eines konkaven Sekundärspiegels hinter dem Primärfokus.

Flachantennen
Ein interessanter Antennentyp ist die Planarantenne oder Flachantenne. Sie besteht aus einer Vielzahl von kleinen Einzelantennen, die über ein Netzwerk von Combinern phasengenau zusammengeschaltet und mit einem rauscharmen Konverter kombiniert sind. Beim Empfang von DBS-Satelliten mit mittlerer Leistung genügen kleine Antennen. Die Antennen haben lineare Polarisation (horizontal oder vertikal) und sind geeignet für die Satelliten Astra 1A-1D. Die Polarisationsumschaltung erfolgt über die LNB-Versorgungsspannung.

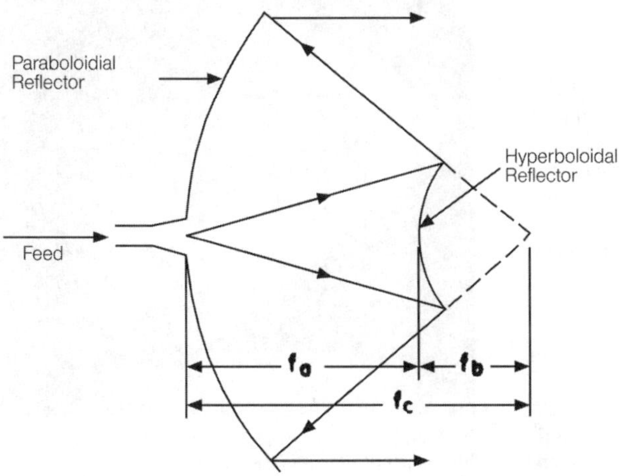

Bild 29.7.4
Cassegrain-Parabolantenne
(Prinzip)

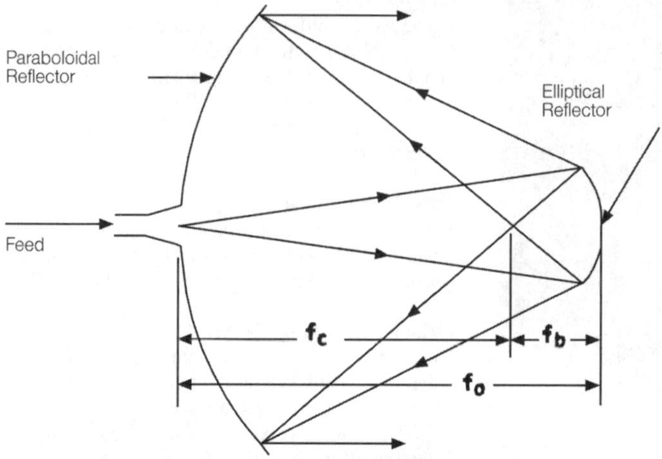

Bild 29.7.5
Gregory-Parabolantenne (Prinzip)

Bild 29.7.6
Offset-Parabolantenne (*Kathrein*)

Das Rauschmaß des Konverters ist typ. 1,1 dB, die Verstärkung etwa 50 dB, die Halbwertsbreite bei Bandmitte ist etwa 2,8°. Durch die Abmessungen von etwa 50 x 50 cm ist diese Flachantenne auch für den Einsatz im Caravan-Bereich sehr gut geeignet. **Bild 29.7.7** zeigt eine Flachantenne.

Literatur über Satelliten-Empfangsantennen [7.10]–[7.11].

29.7.4 Ausrichtung der Satellitenantenne

Die für den Sat-TV- und Sat-Hörfunkempfang wichtigen Satelliten sind auf der geostationären Umlaufbahn, dem sogenannten "*Clarke* Belt" positioniert, der sich in 35.803 km Höhe direkt über dem Äquator befindet. Die dort positionierten Raumkörper bewegen sich analog mit der Erddrehung und scheinen immer über dem gleichen Punkt auf der Erde zu "stehen". Dies ist die Grundlage dafür, daß es möglich ist, mit einer festeingestellten Bodenantenne die Abstrahlung des Satelliten zu empfangen.

Je nach Standort des Satelliten auf dieser Umlaufbahn, also zum Beispiel ASTRA auf 19,2° Ost, und dem Standort der Satellitenantenne in Bezug auf westliche/östliche und auf nördliche/südliche Richtung ergeben sich zwei Werte, die für die Ausrichtung der Satellitenantenne auf den gewünschten Satelliten wichtig sind, der "Azimut-Wert" (Az) und der "Elevationswinkel" (El).

Azimut ist der Winkel für die horizontale Ausrichtung des Spiegels. Der Winkel wird in Grad angegeben.

Bild 29.7.7
Flachantenne (*TechniSat*)

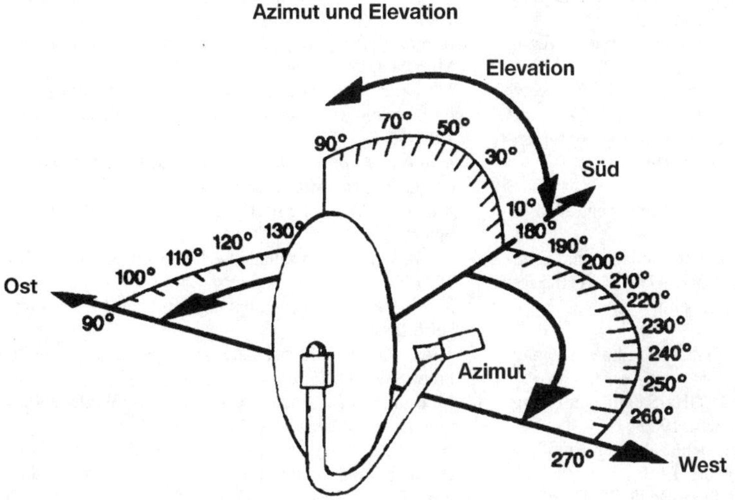

Bild 29.7.8
Drehrichtungen
für Satellitenantennen

Norden = 0°, Osten = 90°, Süden = 180°, Westen = 270°.

Es ist aber üblich den Drehwinkel bei Blick nach Süden anzugeben. Positive Werte bedeuten eine Drehung nach Westen, negative Werte eine Drehung nach Osten (-10° ≡ 170°).

Elevation ist der Erhebungswinkel oder Höhenwinkel und wird ebenfalls in Grad angegeben. Es handelt sich um den Winkel, um den die Antenne in Bezug auf den theoretischen Horizont „gekippt" werden muß, um sie genau auf den gewünschten Satelliten auszurichten.

Waagrecht = 0°, senkrecht (nach oben) = 90°.

Bild 29.7.8 zeigt die beiden Drehrichtungen für die Satellitenantenne [7.7].

Beispiele:

	Astra (19,2° Ost)		Eutelsat (13° Ost)	
	Az/°	El/°	Az/°	El/°
Berlin	-7,3	30	+0,3	30
Dresden	-7,6	31	+0,5	32
Frankfurt/M	-13,7	32	-6,0	33
Hamburg	-11,7	29	-4,2	29
Köln	-15,9	31	-8,3	32
München	-10,2	34	-2,2	35
Saarbrücken	-16,2	32	-8,4	33
Stuttgart	-13,1	34	-5,2	34

29.7.5 Zusatz

Satelliten-Empfangseinrichtungen sind seit 1.2.1991 anmelde- und gebührenfrei! Vergleiche dazu auch Kapitel 33.8.1. Genehmigungen.

Besonderheiten für Satelliten-Empfangseinrichtungen:

Nach DIN V VDE 0855 T.12 werden zwei Kategorien unterschieden.

a) Einrichtungen der Kategorie A müssen die technischen Spezifikationen einhalten.

b) Einrichtungen der Kategorie B müssen die technischen Spezifikationen mit Ausnahmen (Antennenrichtdiagramm, Kreuzpolarisationsentkopplung, Fremdsignal-Eingangsstörfestigkeit, Spiegelselektion, Oszillatorstörstrahlung) einhalten.

Literatur zu Abschnitt 29

[1.1] *ITU:* Radio Regulations 1 & 2. ITU General Secretariat, Geneva, 1990

[1.2] *Klawitter, G.:* Ionosphäre und Wellenausbreitung. Siebel Verlag, Meckenheim, 1990

[2.1] *Klawitter, G. (Hrsg. ADDX):* Technik, Tips & Tricks rund um den Empfänger (Langdrahtantenne - optimal angeschlossen...). Siebel Verlag, Meckenheim, 1994

[2.2] *Blechschmidt, A.:* Balun: Anpassungsglied von Langdrahtantenne auf Koaxialkabel. Kurier, 10/94, S. 10

[2.3] *CQ:* Antenna Roundup Vol. 2. p. 156, Cowan, Port Washington, NY, 1966

[2.4] *Bauer, W.*: Ein Koaxialkabel als Antenne: Be-2 von Kelemen. Funk 7/89, S. 28-29

[2.5] *Hille, K.H.*: Die koaxiale Empfangsantenne von Kelemen, ein Alleskönner. Funk 9/89, S. 60-63

[2.6] *Schips, K.*: Versuche mit einer Dualmode-Antenne. CQ-DL 3/96, S. 206

[2.7] *Ratzer, C.*: Die Sloper Drahtantenne zum Kurzwellenempfang. Weltweit hören, 6/93, S. 9

[4.1] *Spindler, E.:* Antennen (Abschnitt 4.1. und 4.2.). VEB Verlag Technik, Berlin, 1986

[4.2] *Rothe, G.; Spindler,* E.: Antennenpraxis. Verlag Technik. Berlin. 1968

[4.3] *Sjobbema, D.J.W.:* Aerials - TV and FM Receiving Aerials. N.V. Philips, Eindhoven, 1964

[4.4] *Taeger,* W.: UKW- und Fernseh-Empfangsantennen. Verlag Technik, Berlin, 1961

[6.1] *Funkschau*: Arbeitsblätter, Antennen, Teil 8, Funkschau 25/97

[6.2] *Kathrein*: Satelliten-Empfangsanlagen und Empfangsantennen (Katalog '97). KATHREIN-Werke-KG, 83004 Rosenheim

[7.1] *Pauli, P. (Hrsg.):* TV-SAT. -Expert Verlag, Ehningen, 1987

[7.2] *Liesenkötter, B.:* 12 GHz-Satellitenempfang. Hüthig Verlag, Heidelberg, 1989

[7.3] *Kriebel, H.:* Taschenbuch Satelliten-Empfang. Kriebel Verlag, Schondorf, 1991

[7.4] *Kriebel, H.:* Satelliten-Radio/TV-Empfang. Franzis-Verlag, München, 1992

[7.5] *Funk*: Satellit. Funk Spezial 12. Verlag für Technik & Handwerk, Baden-Baden, 1990/91

[7.6] *Funk*: Satellit. Funk Spezial 35. Verlag für Technik & Handwerk, Baden-Baden, 1995/96

[7.7] *Funk*: Satellit. Funk Spezial 44. Verlag für Technik & Handwerk, Baden-Baden, 1998

[7.8] *Naumann, H.D.*: Eutelsat im Aufwind. Funkamateur 9/99, S. 986-987

[7.9] *Jungk, K.:* Satellitenantennen. (Arbeitsblätter Antennen-Typen). Funkschau 5/95, S. 79-80

[7.10] *Thurl, W.; Ilsanker, A.:* Antennen für den Satellitenempfang. Franzis, München, 1993

[7.11] *Röpke-Doerr, P.; Hilgefort, U.:* Satelliten Antennen. Falken, Niedernhausen, 1993

Bergtold, F.: Antennen-Handbuch. Schneider, Berlin, 1965

Bergtold, F.; Graff, E.: Antennen-Handbuch. Pflaum, München, 1977

Fiebranz, A.: Antennenanlagen für Rundfunk- und Fernsehempfang. Radio- Foto- Kinotechnik, Berlin, 1961/1963

Ilsanker, A.; Mann, B.: Alles über Sat-Receiver und Headends. Franzis, München, 1996

Karamanolis, S.: Fernsehsatelliten. Elektra-Verlag, Neubiberg, 1986

Kriebel, H.: Sat-Installations-Handbuch. Kriebel/Infosat, 1997

Kriebel, H.: Satelliten-Empfang. Jahrbuch 1997/98. Kriebel/Infosat, 1997

Mass, C.: Satellitensignale anzapfen und auswerten. Franzis, Poing, 1998

Nicholson, J.D.: Short Wave Antennas. World Publication, Hellerup, Denmark, 1971

Noll, E.M.: Easy-up Antennas for Radio Listeners and Hams. Editors & Engineers, New Augusta, IN, 1988

Noll, E.M.: 25 Simple Indoor and Window Aerials. (BP 136). Babani Ltd., London, 1992

Noll, E.M.: 25 Simple Shortwave Broadcast Band Aerials. (BP 132). Babani Ltd., London, 1989

Noll, E.M.: 25 Simple Tropical and MW Band Aerials. (BP 145). Babani Ltd., London, 1984

Noll, E.M.; Mandl, M.: TV & FM Antenna Guide. Macmillan, New York, 1951

Saupe, S.: Sat-Anlagen. Franzis, München, 1996

Siebel, W.; Klawitter, G.: Antennen-Ratgeber - Empfangsantennen für alle Wellenbereiche. Siebel, Meckenheim, 1998

Zwaraber, H.; Starke, L.: Praktischer Aufbau und Prüfung von Antennenanlagen. Hüthig, Heidelberg, 1994

30 Antenneninformationen

30.1 HF-Antennen

30.1.1 Übersicht über HF-Antennen

Der Neuling steht zunächst einer Vielzahl von Antennenformen mit mehr oder weniger geheimnisvollen Namen gegenüber. Wer soll ihm bei der Auswahl der für seine Verhältnisse zweckmäßigsten Antenne die richtigen Ratschläge geben? Meist führt sein Weg zum nächsten Kurzwellenamateur, der bereits Erfolge erzielt hat. Nicht immer wird er dort gut beraten, denn oft bezeichnet dieser den Draht, den er gerade als Sendeantenne verwendet, als die mit Abstand beste Antenne.

Auch „alte Hasen" glauben teilweise noch an Wunderantennen und investieren Geld und Arbeit in die erfolglose Suche. Hier hat die Physik Grenzen gesetzt, die sich nicht überschreiten lassen.

Eine sehr günstige topografische Lage kann in Verbindung mit guten ionosphärischen Ausbreitungsbedingungen eine „Wunderantenne" vortäuschen, aber unter diesen Voraussetzungen wird sich jede vergleichbare andere Kurzwellenantenne als gleichwertig erweisen. Als topografische Lage bezeichnet man die Geländeform und die Bebauung im Umkreis von etwa 1 km, aber auch die HF-Leitfähigkeit des Erdbodens in diesem Bereich wird dazu gezählt. Nach *DL1BU* [1.1] lautet die Reihenfolge der Güte eines Antennenstandortes: Wasserfläche – Wiesenboden – Sandboden – Buschgelände – bebautes Gelände – Wald. Durch Bebauung und Wald entsteht eine diffuse Erdreflexion, deren Strahlungsanteile sich nicht zum Direktstrahl in flachem Erhebungswinkel addieren. Tallagen sind meistens ungünstig, durch größere Geländeerhebungen im Nahbereich des Antennenstandortes werden die Erdreflexionen in unbrauchbare Richtungen abgelenkt. Eine Kurzwellenantenne muß man deshalb immer in Verbindung mit den Gegebenheiten ihres Standortes betrachten, und dem Ringen um die „Gewinn dB" kommt längst nicht die Bedeutung zu, die man ihm oft beimißt.

Eine gute drehbare Richtantenne erleichtert die DX-Arbeit; es ist aber unwahr, wenn behauptet wird, man könne in der heutigen Zeit nur noch mit einer gewinnbringenden Richtantenne gute DX-Ergebnisse erzielen. Nach einer Faustregel ist eine 3-Element-*Yagi*-Antenne (Antennengewinn 6 dBd) einem einfachen Dipol in der Hauptstrahlrichtung nur um 1 S-Stufe überlegen. Dieses „Plus" der Richtantenne wird bei mittleren bis starken Signalen nicht unbedingt gebraucht, bei schwachen Zeichen ist es aber sehr hilfreich, zumal die Richtantenne auch einen geringeren Störpegel aufweisen kann, indem sie Störer aus nicht interessierenden Richtungen ausblendet. Meistens sind Richtantennen höher montiert als Drahtantennen.

Der „kleine Mann" mit dürftiger Antenne profitiert indirekt von jenen Funkamateuren, die sich kostspielige Richtantennen aufbauen können, denn diese erzeugen ein starkes Signal, das auch von einfachen Antennen aufgenommen werden kann; gleichzeitig wird durch die Richtantenne das schwache Signal des Partners verstärkt empfangen.

Antenne und Standort sind allein noch nicht entscheidend für den Erfolg. Mindestens ebenso wichtig ist eine ausgezeichnete Betriebstechnik, die der Funkamateur nur in der Praxis erwerben und verbessern kann.

Ausnahmefall: Funkamateure, die ein sehr seltenes Land oder Rufzeichen vertreten, haben immer Erfolg, auch wenn die vorgenannten Bedingungen nicht zutreffen!

Die folgenden Ausführungen sollen die vielfältigen Antennenarten für den Anfänger ordnen und in eine übersichtlichere Form bringen.

Halbwellenstrahler

Horizontale Halbwellenstrahler strahlen bevorzugt senkrecht zu ihrer Längsachse. In Achsenrichtung ist eine Nullstelle. Die in **Bild 9.1.6** dargestellte räumliche Strahlungsverteilung ist idealisiert. In Abhängigkeit von der Aufbauhöhe kann man etwa mit den in **Bild 9.1.9** dargestellten Diagrammen rechnen. Zu den einfachen Halbwellenantennen gehören:

- der Faltdipol,
- alle Breitbandhalbwellendipole.

Mehrbandausführungen wie *W3DZZ*-Antenne, Zeppelin-Antenne, *Windom*-Antenne, *G5RV*-Antenne und alle sonstigen Mehrbanddipole kommen noch bedingt hinzu. Besonders beliebt sind die Allbandantennen. Diese Formen sind bezüglich ihrer Leistungsfähigkeit fast gleichwertig; sie unterscheiden sich nur durch die gewählte Speisung. Das Richtdiagramm wird durch die Art der Energieeinspeisung etwas beeinflußt.

Knicken horizontaler Halbwellendrähte in der Horizontalebene, kann das horizontale Richtdiagramm (E-Ebene) verändern; durch Neigen in der Vertikalebene verschiebt sich der vertikale Erhebungswinkel.

Ungewollte Veränderungen des Richtdiagramms entstehen durch Parasitärstrahler im Nahbereich (Freileitungen, Dachrinnen usw.), sowie bei niedrig aufgehängten Antennen durch die Erdverhältnisse. Die letztgenannten Faktoren führen zur unterschiedlichen Beurteilung an sich gleichartiger Antennen. Bezüglich BCI und TVI bestehen jedoch bei den angeführten Halbwellenstrahlern Unterschiede.

Grundsätzlich verursachen niederohmig gespeiste und gut angepaßte Antennen die geringsten Störungen des Rundfunk- und Fernsehempfanges. Störende Ober- und Nebenwellen entstehen nicht in der Antenne, sondern werden vom Sender erzeugt und müssen dort unterdrückt werden. Störende Beeinflussungen entstehen meist in Geräten der Konsumelektronik, die unzureichend „einströmungsfest“ oder „einstrahlungsfest“ aufgebaut sind. Nähere Informationen dazu finden sich im Abschnitt 38 EMV (Elektromagnetische Verträglichkeit).

Angepaßte Antennen verursachen weniger Probleme als abgestimmte Antennen, horizontale symmetrische Antennen auch weniger als vertikale unsymmetrische. Deshalb sollten in dichtbesiedelten Wohngebieten Antennenformen mit Kabelspeisung und Symmetrier- und Sperrglieder (Baluns) bevorzugt verwendet werden.

Langdrahtantennen
sind Strahler, die länger als eine halbe Wellenlänge sind und die entweder unsymmetrisch am Ende spannungsgekoppelt gespeist werden, oder symmetrisch über Zweidrahtleitungen.

Zu den Langdrahtantennen gehören L-Antenne, *Fuchs*-Antenne, V-Antenne und Rhombusantenne.

Diese Langdrahtformen zeigen bereits gut ausgeprägte Richtwirkung und können deshalb in ihren Hauptstrahlrichtungen ausgezeichnete Ergebnisse aufweisen. Zu beachten ist allerdings, daß sich z.T. die Lage der Hauptstrahlrichtungen mit der Frequenz ändert. Innerhalb eines Amateurbandes kann man dies i.a. vernachlässigen, bei Übergang auf ein anderes Band liegt jedoch möglicherweise eine Nullstelle genau dort, wo im vorher benutzten Band das Strahlungsmaximum war. Abgesehen von diesem Problem sind sie in ihrer Bemessung nicht besonders kritisch.

Langdrahtantennen verursachen geringe Baukosten, ihr Aufbau erfordert aber viel Platz, und gewöhnlich kann nur der auf dem Lande wohnende Funkamateur die Vorteile dieser Antennen ausnutzen.

Querstrahler
sind Antennengruppen, die gebündelt senkrecht zu ihrer Hauptausdehnung strahlen. Es handelt sich dabei um Kombinationen von gleichphasig erregten Halbwellendipolen, die teilweise auch senkrecht übereinander gestaffelt werden. Der einfachste Querstrahler ist ein gleichphasig gespeister Ganzwellendipol. Seine größeren Ausführungen sind: *W8JK*-Antenne, Fauler Heinrich, Bisquare, ZL-Beam und *HB9CV*-Antenne. Alle zeichnen sich bei geeignetem Bodenabstand durch relativ flache Abstrahlung aus (niedriger Erhebungswinkel in der H-Ebene), bringen guten Antennengewinn und lassen sich ohne große Kosten herstellen. Zum Teil sind sie nur in einer Hauptstrahlrichtung wirksam.

Drehrichtstrahler (Beam)
haben den unschätzbaren Vorzug, alle Himmelsrichtungen selektiv mit gutem Antennengewinn bestreichen zu können. International am stärksten verbreitet ist die 3-Element-*Yagi*-Antenne, gefolgt von der 2-Element-Cubical-Quad. Ungeachtet der immer wieder aufkommenden Diskussion, welche dieser beiden Antennenformen besser sei, sollte sie der Funkamateur als in der Praxis gleichwertig betrachten. Der Unterschied liegt zwischen 0,5 bis 1 dB.

Wer einen teuren Antennenmast aufstellt und mit einem nicht gerade billigen Rotor versieht, möchte, daß der Drehrichtstrahler möglichst für die 3 oder 5 hochfrequenten Amateurbänder verwendbar ist. Solche Mehrbandstrahler gibt es in den verschiedensten Ausführungen. Ein Selbstbau oder Nachbau ist fast nicht möglich. Neben den elektrischen Eigenschaften müssen auch mechanische Stabilität und die Korrosionsfestigkeit erreicht werden. Wer möchte schon einen kostspieligen Richtstrahler, der nicht optimal funktioniert und nach kurzer Zeit nur noch Schrott darstellt!

Die verschiedensten Varianten von *Yagi* und Quad unterscheiden sich im mechanischen Aufbau teilweise erheblich. In der physikalischen Wirkungsweise und in der Leistungsfähigkeit sind die Unterschiede jedoch meistens gering.

Gegenüber besonders hohen Gewinnangaben, die gerade bei Richtstrahlern häufig sind, sollte sich der Funkamateur kritisch verhalten. In diesem Zusammenhang sei darauf hingewiesen, daß heute der Kugelstrahler als Vergleichsantenne international üblich ist, was um 2,15 dB höhere Gewinnwerte zur Folge hat, als der Bezug auf den Halbwellendipol.

Vertikalantennen
benötigen als einfache Stabantennen den geringsten Platz und sind Rundstrahler. Die am stärksten verbreitete Bauform ist die Groundplane, die trotz Rundstrahlung bei richtigem Aufbau als Folge ihrer flachen Abstrahlung doch einen Antennengewinn liefert. Die Halbwellen-Vertikalantennen benötigen gegenüber $\lambda/4$-Strahlern die doppelte Bauhöhe, ohne jedoch die Leistung einer Groundplane wesentlich zu überbieten. Eine besonders günstige Abstrahlung hat der $5\lambda/8$-Strahler, der wegen seiner Länge gewöhnlich nur für die hochfrequenten Amateurbänder realisiert werden kann.

Bei Funkamateuren erfreuen sich die Vertikalstrahler mit ihren vielfältigen Bauformen doch gleichbleibender Beliebtheit. Es fehlt oft der Platz, oder ein Drehrichtstrahler kann aus den unterschiedlichsten Gründen nicht aufgebaut werden.

Leider brauchen Vertikalantennen eine ausgezeichnete HF-Erde, die entweder mit einer Vielzahl knapp unter der Erdoberfläche eingegrabener Radials, oder durch über der Erde montierte isolierte Gegengewichte erreicht werden kann. Mißerfolge mit Vertikalstrahlern im Weitverkehr sind teils auf zu hohe Erdverluste, teils auf ungünstiges Umfeld zurückzuführen.

Damit sind die wichtigsten Antennenbauformen hinsichtlich ihrer Eigenschaften und der Verwendungsmöglichkeiten erläutert.

Leider lassen sich die Antennenwünsche oft nicht mit den gegebenen Realitäten vereinbaren. Dazu gehören:
– die örtlichen Gegebenheiten wie Bebauung, Lage und Richtung von Freileitungen und öffentlichen Verkehrsflächen; mögliche Antennenstützpunkte, deren Eignung und Besitzverhältnisse; vorhandene Blitzschutzeinrichtungen und Erdungsmöglichkeiten; städtebauliche und gestalterische Gesichtspunkte;
– die entstehenden Kosten, bei denen gegebenenfalls auch Aufwendungen für die Inanspruchnahme von Fachleuten (z.B. Dachdeckern) und Sicherheitseinrichtungen (Gerüste, Sicherheitsleinen usw.) zu berücksichtigen sind;
– Möglichkeit der Materialbeschaffung;
– die persönlichen handwerklichen und mechanischen Fähigkeiten.

Eine sorgfältige Vorausplanung ist also wichtig und notwendig.

Bei der Beurteilung von Kurzwellenantennen muß stets davon ausgegangen werden, daß sich diese weder „im freien Raum“ noch über „idealer Erde“ befinden. Bezogen auf die Betriebswellenlänge λ, sind sie immer in einer relativ geringen Höhe über einer unvollkommen leitenden Erdoberfläche aufgebaut. Dadurch erreicht ein Teil der von der Antenne ausgehenden Strahlung den Erdboden und wird von diesem wieder mehr oder weniger gut reflektiert. Es entstehen dabei Interferenzen, die im vertikalen Strahlungsdiagramm eine libellenflügelartige Auffiederung verursachen. Diese Feststellung gilt für horizontal polarisierte Antennen ebenso wie für vertikal polarisierte Strahler.

Das Vertikaldiagramm, das am Einsatzort entsteht, sagt praktisch alles über die Brauchbarkeit einer Kurzwellenantenne für einen bestimmten Zweck aus. Mit der Kenntnis des tatsächlichen Vertikaldiagramms kann man das „Geheimnis“ einer besonders gut – aber auch besonders schlecht – arbeitenden Antenne ergründen [1.2]. Leider lassen sich die Vertikaldiagramme ungleich schwieriger messen als die Horizontaldiagramme. *DL1BU* hat sich dieser in jeder Hinsicht aufwendigen Aufgabe unterzogen und deren Ergebnisse, untermauert von Meßdaten, in [1.1], [1.3], [1.4], [1.5] und [1.6] sehr anschaulich erklärt. Die Schlußfolgerungen von *DL1BU* machen sehr deutlich, worauf es bei einer guten Antenne ankommt und wo die materiellen Grenzen für einen wirtschaftlich vertretbaren Einsatz liegen.

Unter diesen Gesichtspunkten sind auch die üblichen Angaben des Gewinnes, bezogen auf einen Vergleichsstrahler „im freien Raum“ oder „über idealer Erde“ nur als das zu sehen, was sie wirklich sind, nämlich Vergleichsdaten. Die Aussagekraft von Gewinnangaben als Propagandadaten wird in Abschnitt 30.1.3 näher untersucht.

Die beschriebene Vielzahl von im Amateurfunk bewährten Antennensystemen soll dem Funkamateur Anregungen geben und ihm helfen, die für seine Verhältnisse günstigste Antennenform zu finden.

Für die vielen „antennengeschädigten“ Kurzwellenliebhaber, die sich mit Innen-, Dachboden- oder Balkonantennen begnügen müssen, bieten die magnetischen Ringantennen eine günstige Alternative. Es sind abstimmbare Bereichsantennen, die mit 3 Ringen unterschiedlichen Durchmessers den Frequenzbereich von 1,8 bis 30 MHz erfassen. Je nach Frequenz haben sie einen mehr oder weniger guten Wirkungsgrad.

Praktikern kann zum Bau von HF- Antennen geraten werden. Es gibt erprobte Bauformen, bei denen Aufwand und Leistungsfähigkeit in einem günstigen Verhältnis stehen. Anderen bleibt meist nur die Möglichkeit, sich eine HF-Antenne zu kaufen. Das Angebot darüber ist sehr vielfältig, mit auch oft beachtlichen Preisen.

30.1.2 Die beste Antenne für DX

Eine Umfrage bei den „DX-Königen“ der Welt über die nach ihrer Meinung wirkungsvollsten Antennensysteme ergab mit bemerkenswerter Übereinstimmung folgende Ergebnisse (nach QST, Januar 1964):

Der beste DX-Strahler ist die Cubical-Quad-Antenne.

Die drehbare Einband-*Yagi*-Antenne mit 3 Elementen ist bei den DX-Experten am stärksten verbreitet.

Maximale DX-Ergebnisse erzielt man nur mit drehbaren Antennen.

Starre Antennenanordnungen, einschließlich der Vertikalantennen, werden als relativ dürftig beurteilt.

Die Aufbauhöhe ist wichtiger als der Antennentyp.

Eine günstige Lage (z.B. sehr gute Erdbodenleitfähigkeit, günstige topographische Verhältnisse) kann die Nachteile unzureichender Antennen zum Teil ausgleichen.

Aus heutiger Sicht muß die Auffassung, daß die Cubical-Quad-Antenne schlechthin den besten

DX-Strahler darstellt, etwas korrigiert werden. Die Praxis hat inzwischen erwiesen, daß in der DX-Brauchbarkeit zwischen Quad und *Yagi* kein bemerkenswerter Unterschied besteht; man erhält mit einer Einband-3-Element-*Yagi* etwa die gleichen Ergebnisse. Auftretende Unterschiede sind fast immer ausbreitungsbedingt. *DL1BU* kommt zu folgender Feststellung: „Die Quad wird seit langem als Geheimtip für DX gehandelt ... Weder die Messungen im schwundfreien Fernfeld noch die ganz ausgedehnten DX-Vergleiche unter Idealbedingungen ließen für irgendeine der geprüften Antennen Anhaltspunkte für besondere DX-Eignung über die einer 2- bis 3-Element-*Yagi* hinaus erkennen."

Für Funkamateure, deren Antennen im Eigenbau entstehen, gelten aber noch zusätzliche Kriterien wie materieller Aufwand, Beschaffbarkeit des Baumaterials, Anpassung an das Speisekabel ohne umständliche Anpassungsglieder usw. Bezieht man diese Gesichtspunkte in die Brauchbarkeitsuntersuchungen ein, so wird sich in den meisten Fällen herausstellen, daß die Cubical-Quad für den Selbstbau die „beste" DX-Antenne darstellt.

Wenn in der Umfrage Höhe und Standort der Antenne als in erster Linie entscheidend für die gute Wirksamkeit im DX-Verkehr herausgestellt wurden, so ist das mit der Forderung nach einem möglichst kleinen Erhebungswinkel in der Vertikalebene zu erklären. Sehr ausführliche und meßtechnisch untermauerte Ausführungen über die Bedeutung des vertikalen Abstrahlwinkels von Kurzwellenantennen wurden von *DL1BU* in [1.7] veröffentlicht. Wie aus **Bild 9.1.9** hervorgeht, ergeben Höhen von $\lambda/4$ und deren ungeradzahlige Vielfache ($3\lambda/4$, $5\lambda/4$ usw.) bei horizontal polarisierten Systemen einen großen Anteil steil nach oben gerichteter Strahlung, während Höhen von $\lambda/2$ und deren Vielfache ($1{,}5\lambda$ usw.) die erwünschte Flachstrahlung gewährleisten. Diese Angaben beziehen sich jedoch auf ideale Erdverhältnisse, die der Amateur kaum vorfinden wird. Je nach Erdbodenleitfähigkeit liegt die imaginäre Erde höher oder tiefer unter der Erdoberfläche. Die in bezug auf die Wellenlänge λ wirksame Höhe der Antenne ist in Abhängigkeit von der Bodenleitfähigkeit größer als die geometrische Höhe über der Erdoberfläche. Bei schlechten Erdverhältnissen kann sich die imaginäre Erde bis zu mehreren Metern unter der Erdoberfläche befinden. Die dazwischenliegenden Bodenschichten geringer Leitfähigkeit wirken dann wie ein verlustbehaftetes Dielektrikum, das einen mehr oder weniger großen Strahlungsanteil in Verlustwärme umsetzt.

Solche ungünstigen Standorte können nur durch ein möglichst weiträumiges Erdnetz auf oder etwas unter der Erdoberfläche verbessert werden, wie es z.B. auch bei Rundfunksendern die Regel ist. Das weitläufige Erdnetz unmittelbar unter der Antenne kann – zumindest bei horizontal polarisierten Strahlern – die Abstrahleigenschaften auch nicht grundlegend verbessern oder die fehlende Antennenhöhe ersetzen. Von mindestens ebenso bedeutsamem Einfluß sind die Bodenverhältnisse im Vorfeld der Antenne bis zu Entfernungen von einigen Kilometern, die man leider nicht verändern kann. Deshalb sind Aufbauhöhe und Antennenumgebung viel wichtiger für eine erfolgreiche DX-Arbeit als Antennentyp und Antennengewinn.

30.1.3 Aussagekraft von Gewinnangaben bei HF-Antennen

Der Antennengewinn stellt einen Wert dar, der sich auf einen Vergleichsstrahler bezieht und darüber Auskunft gibt, in welchem Verhältnis die Strahlungsintensität der gekennzeichneten Antenne in ihrer Hauptstrahlrichtung – bezogen auf die des Vergleichsstrahlers – wächst. Die Gewinnangabe ist oft unvollständig, denn es wird in vielen Fällen nicht die Bezugsantenne gekennzeichnet. Als Bezugsstrahler wird im allgemeinen der Kugelstrahler (Gewinnangabe in dBi) benutzt, der aber praktisch nicht darstellbar ist. Deshalb vergleicht man sehr häufig mit dem Halbwellendipol; der Gewinn sollte dann in dBd angegeben werden. Je nach Bezugsantenne können deshalb bereits die Gewinnangaben bis zu 2,15 dB differieren. Wenn beispielsweise namhafte ausländische Antennenhersteller den Gewinn ihrer 3-Element-*Yagi*-Antennen mit 9 dB angeben, darf man damit rechnen, daß dieser Gewinn auf den eines Kugelstrahlers bezogen ist. Wird er auf einen Halbwellendipol bezogen, ergibt sich für die gleiche Antenne ein Gewinn von 6,85 dB. Das ist ein Wert, der dem mit einer 3-Element-*Yagi*-Antenne erzielbaren Gewinnmaximum sehr nahe kommt.

Fehlerbehaftet sind oft auch die Meßverfahren, mit denen der Gewinn der Musterantenne ermittelt wird. Diese Feststellung gilt insbesondere für amateurmäßige Messungen im Kurzwellenbereich; denn der für eine einwandfreie Gewinnermittlung erforderliche Aufwand übersteigt die Möglichkeiten eines Funkamateurs erheblich. Da sich exakte Methoden nicht anwenden lassen, stützen sich die Gewinnaussagen von Amateuren vorwiegend auf Vergleichsergebnisse, die im praktischen Betrieb erzielt wurden. Die dabei auftretenden Fehlermöglichkeiten sind sehr groß.

Aus der Sicht des Amateurpraktikers betrachtet, haben weder die „exakten" Gewinnangaben der Industrie, noch die mehr oder weniger „gefühlsgeeichten" Gewinnergebnisse der Amateure eine besondere Aussagekraft, wenn es sich um die Beurteilung von Kurzwellenantennen handelt. Industriemessungen entstehen unter bestimmten, dem Ideal nahekommenden Umgebungsverhältnissen, wie sie der Amateur niemals vorfindet; Amateurmessungen sind nur für bestimmte, nicht reproduzierbare Aufbauverhältnisse und den zum Zeitpunkt der Messung bestehenden Zustand der Ionosphäre gültig. Man sollte deshalb die praktische Brauchbarkeit einer Kurzwellenantenne nicht nur nach dem angegebenen Antennengewinn beurteilen. Ähnlich verhält es sich mit der oft als Wertmesser zitierten Welligkeit. In den meisten praktischen Fällen kann man sie vernachlässigen, zumindest dann, wenn relativ kurze, hochwertige Speiseleitungen verwendet werden und die Welligkeit $s \leq 2$ beträgt. Bei bestimmten Voraussetzungen verursachen auch Welligkeiten von $s \leq 4$ noch keine merkbaren Verluste.

Richtlinien zur Gewinneinschätzung

Der Gewinn einer Richtantenne steht in einem untrennbaren Zusammenhang mit ihrer Strahlungscharakteristik. Sofern die Strahlungsdiagramme für die E- und H-Ebene einer Antenne vorhanden sind, bzw. deren Öffnungswinkel, läßt sich der mögliche Gewinn bei guter Näherung mit der modifizierten Kraus-Formel (Gl. 4.7.7) errechnen. Zumindest kann man so überprüfen, ob die zu dieser Antenne gemachten Gewinnaussagen real sind. „Echte" Diagramme von Kurzwellenantennen sind selten, da sie einen großen Meßaufwand erfordern. Sie sind überdies nur für die Bedingungen des Meßstandortes gültig (Umgebung, Aufbauhöhe, Erdbodenleitfähigkeit usw.). Oft baut man ein stark verkleinertes Antennenmodell (siehe Abschnitt 31.2.6) und mißt dieses in einem reflexionsfreien Raum bei nahezu idealen Umgebungsbedingungen, die der Anwender in der Praxis kaum vorfindet.

Im allgemeinen hat der Funkamateur keine Möglichkeit, den von den Herstellern angepriesenen Gewinn einer Kurzwellenantenne meßtechnisch zu überprüfen. Aber er kann sich beim Beurteilen von Gewinnangaben an allgemeingültige physikalisch begründete Richtlinien halten. Der theoretisch mögliche Maximalgewinn wird oft angegeben, aber – zumindest bei Kurzwellenantennen – im praktischen Fall nicht erreicht.

Mit einer 2-Element-Antenne kann man – unabhängig von ihrer Konfiguration – in der Praxis einen Gewinn von etwa 4 dBd erreichen.

Bei der Cubical Quad erhöht sich dieser Gewinn um etwa 1 dB.

Für eine 3-Element-*Yagi*-Antenne beträgt in der Praxis der Gewinn etwa 5,5 dBd. Bei Mehrbandausführungen mit Traps und solchen mit mechanisch verkürzten Elementen sind entsprechende Abstriche zu machen.

Bei anderen Richtantennen (Langdrähte, *W8JK*, Rhombus usw.), die nicht im Konkurrenzbereich einer Antennenindustrie stehen, sind die Gewinnangaben meistens als real einzuschätzen. Es darf dabei aber nicht übersehen werden, daß auch diese größtenteils das Produkt mathematischer Überlegungen bzw. Berechnungen sind. Deshalb ist der praktisch erreichbare Gewinn meistens etwas geringer.

Bei kommerziellen HF-Antennen z.B. Logarithmisch-Periodischen Antennen, die in Erdbodennähe (0,1 bis 2 Wellenlängen) aufgebaut sind, werden oft Gewinne von 12 dBd oder 14 dBi angegeben. Dabei treten Erdbodenreflexionen auf, wodurch sich die Feldstärke (bei Phasengleichheit) verdoppelt. Daraus ergibt sich ein Gewinnzuwachs von 6 dB (bei idealem Erdboden). Der Trick dabei ist: Man errechnet oder mißt den Gewinn am Modell im UKW-Bereich und addiert dann 5 bis 6 dB und spricht von einem Gewinn gegenüber Halbwellendipol im „freien Raum". Im Gegensatz zu VHF/UHF ist bei HF für manche Hersteller der „freie Raum" schon bei einigen Wellenlängen gegeben. Wenn man dann bei einer Messung die HF-Antenne durch einen Halbwellendipol ersetzt, der bei diesen Höhen auch schon 6 dB Gewinn hat, kommt man letztlich auf 12 dB – 6 dB = 6 dB. Im Datenblatt macht sich aber eine Angabe von 12 dB Gewinn besser.

Seit 1978 werden in der US-Amateurfunk-Zeitschrift QST Werbeanzeigen mit Angaben von Gewinn oder Vor-/Rückverhältnisse nicht mehr abgedruckt. Seither steht anstelle einer Zahl entweder nichts, ein Strich oder nur noch schlicht „excellent".

Der Antennengewinn ist ein „Lieblingsspielzeug" vieler Funkamateure; er hat den Wunderglauben gefördert und zu Streitigkeiten geführt. Ein gesundes Mißtrauen bei seiner Beurteilung ist am Platze, und es gilt immer noch die Grundregel: Wunderantennen gibt es nicht, auch wenn sich die „Erfinder" sehr darum bemühen.

30.1.4 Betrachtungen zu HF- Drehrichtstrahlern

Kostenüberlegungen

Ein Richtantennensystem auf einem möglichst hohen Antennenmast bleibt ein meist unerfüllbarer Traum fast aller Kurzwellenfreunde. Ist aber ein geeigneter Aufbaustandort vorhanden und die entsprechenden Genehmigungen sind gesichert, kann die Planung beginnen. Dabei spielt der zu treibende finanzielle Aufwand eine gewichtige Rolle. Es gilt, mit den geringstmöglichen Kosten den höchstmöglichen Gewinn zu erzielen.

Sehr umfassende und praxisnahe Kostenuntersuchungen dazu wurden von *DL1VU* in [1.8] veröffentlicht. Dabei erstrecken sich die Überlegungen auf drehbare Dipole und *Yagi*-Antennen für alle Kurzwellen-Amateurbänder.

Die Kosten sind aufgegliedert in

Mast mit Fundament und Abspannungen,
Antenne mit Antennenträger (Boom),
Antennenrotor und dessen Steuerung.

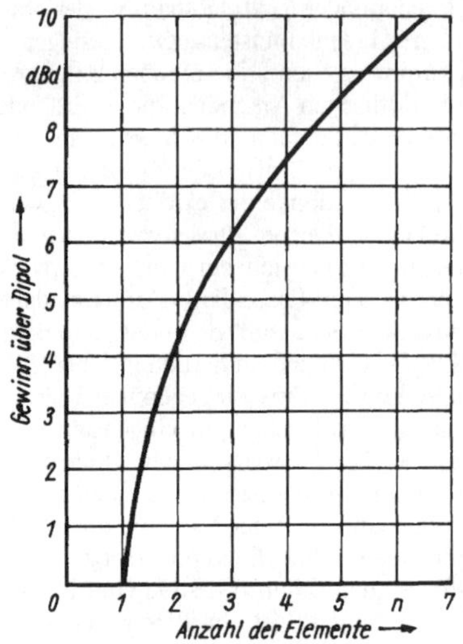

Bild 30.1.1
Maximalgewinn verlustfreier *Yagi*-Antennen abhängig von der Zahl *n* der Elemente

Als Bezugsnormal wird ein drehbarer Halbwellendipol für 14 MHz in 10 m Aufbauhöhe (≈ λ/2) eingesetzt.

Setzt man optimale Elementabstände voraus, steigt der Gewinn einer *Yagi*-Anordnung mit zunehmender Anzahl der Elemente. Wie aus **Bild 30.1.1** hervorgeht, wird der Gewinnanstieg je Element mit wachsender Anzahl immer geringer, d.h., daß die Kosten je dB Gewinn zunehmen. Um empfangsmäßig 1 S-Stufe zu gewinnen, muß der Antennengewinn um 6 dB erhöht werden. Dies gelingt, wenn man den Dipol zu einer 3-Element-*Yagi*-Antenne erweitert. Für 2 S-Stufen benötigt man bereits eine 9-Element-Antenne (12 dB)!

Bei Kurzwellenantennen, die – bezogen auf ihre Wellenlänge – immer in Erdnähe aufgebaut werden, kann man auch noch mit einem „Höhengewinn" rechnen. Bei einer Antennenhöhe von λ/4 bis λ tritt bei einer Verdopplung der Antennenhöhe im Durchschnitt ein Gewinn von 6 dB (1 S-Stufe) auf [1.9].

Bei noch größeren Höhen (jeweils in Stufen von λ/2) steigt dieser Gewinn nur noch wenig an, weil dann die Einflüsse des Erdbodens immer geringer werden. Bauhöhen, die ungeradzahlige Vielfache von λ/4 betragen (3λ/4, 5λ/4 usw.), soll man vermeiden, da dann verstärkte Steilstrahlung bei 90° und damit eine Gewinnminderung der Vorzugsrichtung auftritt (siehe **Bild 9.1.9**). Dies gilt für den Dipol und in abgeschwächter Form auch für Mehrelementantennen. Die Aufbauhöhe von λ/2 sollte nicht unterschritten werden; bei einer Höhe von nur λ/4 beträgt der Verlust bereits 6 dB.

Die umfangreichen Kostenberechnungen von *DL1VU* [1.8] besagen, daß sich das Leistungs/Kosten-Optimum mit einer 4-Element-*Yagi*-Antenne bei der Aufbauhöhe von 1λ einstellt. Ein Verkürzen der *Yagi-A*ntenne auf 3-Elemente mindert somit den Gewinn um nur 1,37 dB (siehe **Bild 30.1.1**). Wenn die Kosten für einen 1λ hohen Mast zu groß sind, sollte man dessen Höhe auf λ/2 vermindern. *DL1VU* stellt fest, daß alle Kurzwellen-Antennenaufbauten, die über 4 Elemente in 1λ Höhe hinausgehen, reine Prestige-Objekte darstellen, die in der ernsthaften DX-Arbeit nicht allzuviel bringen.

Wirtschaftlichkeit

Die oft aufgestellte Behauptung, daß die drehbare horizontale *Yagi* eine der wirtschaftlichsten Antennenformen für den Amateurfunkverkehr über große Entfernungen sei, mag zunächst paradox erscheinen, da diese immerhin einen beträchtlichen Aufwand an Trage- und Drehkonstruktion erfordert. Auch ist Leichtmetallrohr, aus dem die Elemente hergestellt werden sollten, nicht gerade billig.

Eine 3-Element-*Yagi*-Antenne liefert in ihren Hauptstrahlrichtungen einen Gewinn von durchschnittlich 6 dBd, das entspricht einem etwa 4fachen Leistungszuwachs. Für die Praxis bedeutet das, daß z.B. ein 100-W-Sender mit einer 3-Element-*Yagi* an einem Empfangsort in der Hauptstrahlrichtung die gleiche Signalstärke wie ein 400-W-Sender mit einem Halbwellendipol erzeugt. Bei bestimmten Bedingungen – auf die noch eingegangen wird – ist dieser Unterschied noch viel größer. Jeder Amateur weiß, daß eine Leistungserhöhung kostspielig sein kann. Außerdem verursacht ein Erhöhen der Senderleistung fast immer ein Anwachsen der BCI- und TVI-Schwierigkeiten, besonders dann, wenn die große Energie durch eine einfache Antenne praktisch nach allen Richtungen abgestrahlt wird. Gewicht und Volumen, Stromverbrauch und Kühlung sind weitere nachteilige Faktoren bei Amateursendern großer Ausgangsleistung. Selbst mit 400 W wird ein Halbwellendipol nicht die gleichen guten DX-Ergebnisse bringen wie ein 100-W-Sender mit einer 3-Element-*Yagi*. Werden die vertikalen Strahlungsdiagramme beider Strahlerarten bei gleicher Aufbauhöhe über der idealen Erde miteinander verglichen, so stellt man fest, daß der Halbwellendipol einen großen Teil der Energie in steilem Winkel nach oben abstrahlt, während die 3-Element-*Yagi* die für den DX-Verkehr so wichtige Flachstrahlung bevorzugt. Die **Bilder 30.1.2a und 30.1.2b** zeigen Beispiele. Beide Strahler haben eine Bauhöhe von 1,25λ. Winkel und Anzahl der vertikalen Strahlungskeulen sind in beiden Fällen gleich; bei der 3-Element-*Yagi* wird jedoch der Hauptanteil der Strahlung in einem kleinen Erhebungswinkelbereich zusammengedrängt. Dieses verstärkte Zusammendrängen der Hauptstrahlung bei flachen Erhebungswinkeln kann im praktischen Weitverkehr außerordentlich große Unterschiede in der Signalstärke zugunsten der 3-Element-Antenne bewirken.

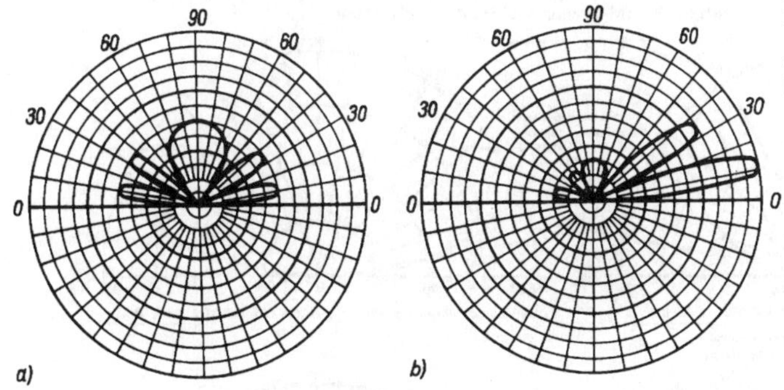

Bild 30.1.2
Vertikaldiagramm
a) - Halbwellendipol in 1,25 λ Höhe
b) - 3-Element-*Yagi* in 1,25 λ Höhe

Verwendet man den Richtstrahler (Beam) gleichzeitig als Empfangantenne – was wohl immer der Fall sein wird –, so treten dessen Vorzüge noch stärker in Erscheinung. Neben großen Signalstärken der aus der Hauptstrahlrichtung einfallenden, weit entfernten Stationen werden die näher liegenden Europastationen merklich geschwächt empfangen. Diese Erscheinung erklärt sich ebenfalls aus dem vertikalen Strahlungsdiagramm. Der Erhebungswinkel der Welle einer verhältnismäßig nahe liegenden Station ist groß, während DX-Stationen die Empfangsantenne unter flachen Erhebungswinkeln erreichen. **Bild 30.1.2b** läßt erkennen, daß die 3-Element-*Yagi* im Gegensatz zum Halbwellendipol (**Bild 30.1.2a**) kleine Erhebungswinkel stark bevorzugt empfängt und den Empfang von Signalen aus großen Einfallswinkeln unterdrückt. Die gute Bündelung in der Horizontalebene bewirkt, daß praktisch nur Signale aus der Hauptstrahlrichtung lautstark empfangen werden. Dieser Umstand ist bei den heute überfüllten Amateurbändern besonders bedeutungsvoll, denn man hat mit dem Drehrichtstrahler die Möglichkeit, auch schwache Signale aus dem „globalen QRM" herauszupeilen.

Die alte Amateurweisheit: „Man kann nur so weit senden, wie man auch empfangen kann" ist nach wie vor gültig. Was nützt es, wenn bei der Gegenstelle ein starkes Signal erzeugt wird, aber infolge „Europa-QRM" sich die Antwort des weit entfernten Partners nicht aufnehmen läßt? In solchen Fällen versagen oftmals selbst die trennscharfen Empfänger, während ein guter Richtstrahler in Verbindung mit einem mittleren Empfänger diese Schwierigkeiten häufig noch meistert. Der „Beam" führt dem Empfängereingang praktisch nur einen Bruchteil des am Empfangsort vorhandenen Signalgemisches zu, dieses jedoch verstärkt und aus einem bestimmten Raumsektor kommend. Zudem wird – wie schon erwähnt – die unter steilen Erhebungswinkeln eintreffende Strahlung störender Europastationen von einem Richtstrahler auf Grund seiner Strahlungscharakteristik bereits wirksam unterdrückt.

Die Rückdämpfung erreicht bei einem 3-Element-Richtstrahler im Sende- und im Empfangsbetrieb 15 bis 20 dB und ist sehr vom Erhebungswinkel abhängig. Die Dämpfung der beiden Minima kann bis etwa 30 dB betragen.

Die hervorstechendsten Vorzüge von Drehrichtstrahlern mit parasitären Elementen bestehen in mechanischer Hinsicht hauptsächlich darin, daß nur ein gespeistes Element vorhanden ist und deshalb jegliche „Verdrahtung" entfällt. Wer die Fragwürdigkeit von Lötverbindungen kennt, die zu allen Jahreszeiten der Witterung ausgesetzt sind, wird diesen Umstand zu schätzen wissen. Ein weiterer großer Vorzug ist die Ganzmetallbauweise. Dabei werden alle Elemente und Metallträger direkt geerdet. Es gibt dann keine statischen Aufladungen, und man ist der Sorge um den Blitzschutz weitgehend enthoben.

30.1.5 Kurzwellen-Ausbreitung

Nachfolgend wird der Einfluß von Höhe und Polarisation der HF-Antennen auf die Kurzwellen-Ausbreitung beschrieben, wie er treffend von *DL1BU* in einem Artikel dargelegt worden ist [1.10].

Horizontal polarisierte Antennen strahlen im UHF-/SHF-Bereich in Achsrichtung (Boomrichtung bei Yagis), ähnlich wie im Freiraum. Das ist im Kurzwellenbereich nicht so; hier ist die Aufbauhöhe der Antenne über Grund meist zwischen 0,1 λ und 2 λ. Wie sich bei der später folgenden Betrachtung herausstellen wird, ist die daraus resultierende Strahlrichtung geradezu ideal für den Funkbetrieb über die Ionosphäre.

Für den Betrieb über die Bodenwelle ist die durch die Erdnähe der KW-Antenne mit horizontaler Polarisation schräg nach oben gehende Strahlung sehr wenig geeignet. Tatsächlich erzeugt eine horizontal polarisierte Antenne direkt über perfekt leitendem Boden keine Feldstärke. Dies ist durch den Phasensprung um 180° in der Reflexionszone bedingt. Der direkte Strahl und der am Boden reflektierte löschen sich bei 0° Erhebungswinkel aus. Erst wenn die direkte Strahlung und die Bodenreflexion sich phasengleich addieren und somit der 180°-Phasensprung verstärkend wirksam wird, er-

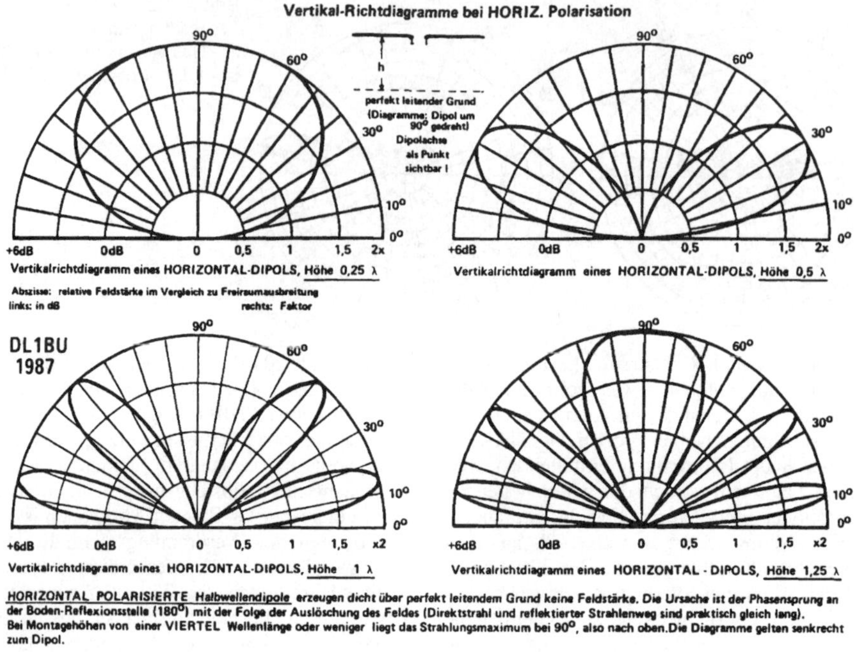

Bild 30.1.3
Vertikaldiagramme bei Horizontalpolarisation für verschiedene Höhen über idealem Grund

halten wir eine Verdopplung der Feldstärke in der nunmehr nach oben bzw. in einer flachen Anhebung konzentrierten Strahlung.

Wenn diese Verdopplung der Feldstärke (+6 dB) in einer für die Kurzwellenausbreitung günstigen Elevation erfolgt, ist am Empfangsort eine maximale Signalspannung zu erwarten – zumindest ist im Reflexionsbereich der Ionosphäre die Felddichte viermal so hoch wie bei direkter Anstrahlung dieser Zone unter Freiraumbedingungen (also ohne die Erdreflexion).

Bild 30.1.3 zeigt die Vertikaldiagramme horizontal polarisierter Dipole in einer Aufbauhöhe von 0,25 λ, 0,5 λ, 1 λ und 1,25 λ.

Wie leicht zu erkennen ist, ergibt sich in keinem Fall Strahlung unter 0°. Bei Vielfachen von 0,25 λ (k ungerade) ist eine senkrecht nach oben gerichtete Strahlungskeule vorhanden. Im Bild rechts oben ist das Strahlungsmaximum unter 30° erkennbar.

Bei mäßigen elektrischen Daten des reflektierenden Erdbodens werden die Keulen kleiner, aber auch die Minima werden aufgefüllt.

Im Fall von Richtantennen überlagert sich das Vertikaldiagramm der Antenne im Freiraum mit den hier gezeigten Dipoldiagrammen. Dabei entstehen je nach Richtfaktor (ähnl. Gewinn) der betrachteten Antenne geringfügig oder deutlich niedrigere Abstrahlkeulen. Nur die flachen erhalten die Verstärkung durch den Antennengewinn, die steileren Keulen im Fall höherer Montage werden durch das H-Diagramm der Richtantenne geschwächt, ebenso die Rückwärtsstrahlung durch das im Freiraum ermittelte Vor-Rück-Verhältnis.

Da die Kurzwellenausbreitung über die F-Schicht in den höheren Bändern, insbesondere 28 MHz (oder zur Zeit des Sonnenfleckenminimums 21 MHz bzw. 14 MHz), nur bei sehr flachen Elevationswinkeln funktioniert, erklärt diese besondere Verstärkung der untersten Keule die große Überlegenheit langer Richtantennen mit kleinem Freiraum-Vertikalöffnungswinkel in Aufbauhöhen von ein bis zwei Wellenlängen über flachem oder abfallendem Gelände über niedrig hängende Dipole.

Wird nun eine solche Antenne auf einer geneigten Fläche aufgebaut, können auch noch flachere Abstrahlwinkel erzeugt werden. Diese sind natürlich nur sinnvoll, wenn die nächsten 5 oder 10 km auch für die Abstrahlung frei sind. Ist dies der Fall, ist eine Richtantenne in einer Wellenlänge Aufbauhöhe, die in der Ebene einen Elevationswinkel von 15° bietet, bei um 10° abfallendem Gelände mit 5° resultierendem Abstrahlwinkel besser als eine 3 Wellenlängen hohe Antenne. Ist das Gefälle 30°, wird eine in 0,5 λ Höhe über Grund aufgebaute Richtantenne eine einzige Keule hoher (vertikaler) Mächtigkeit mit einem Maximum bei 0° abstrahlen. Ist auch das weiter entfernte Gelände bzw. der Horizont unter 0°, wird sich das volle Maximum an Flachstrahlung ausbilden. Eine solche Lage ergibt für sehr große Reichweiten – allerdings nur in diese

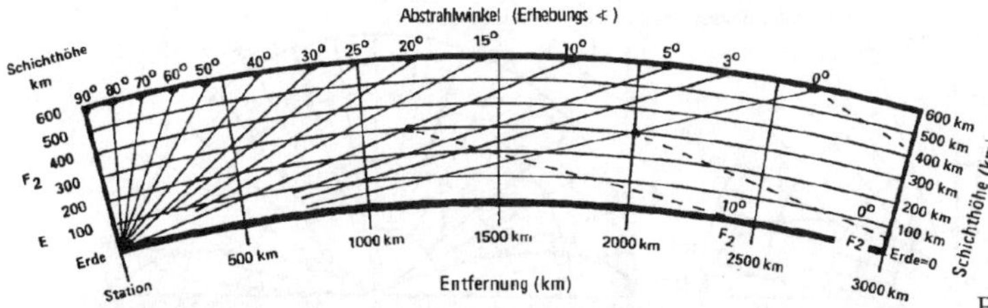

KURZWELLENAUSBREITUNG über Raumwelle: unterste Schale = Erdoberfläche, links Sendeantenne. darüberliegende Schalen: je 100 km (bis 600 km) als Höhe der reflektierenden Schicht. Die Tag und Nacht vorhandene F_2-Schicht ist 250 km bis 500 km hoch, gelegentlich auch höher. Die Höhe der E-Schicht liegt bei 100 km. Dargestellt ist der Auftreffpunkt auf die reflektierende Schicht (vereinfachte Darstellung) in Abhängigkeit vom vertikalen Abstrahlwinkel (Erhebungswinkel). Die Entfernung für einen Sprung ist der doppelte Wert, z.B. bei Schichthöhe 300 km und 10° Abstrahlwinkel etwa 1100 km x 2 = 2200 km

Bild 30.1.4
Kurzwellenausbreitung über Raumwelle: unterste Schale = Erdoberfläche links Sendeantenne

Richtung – außergewöhnlich günstige Verhältnisse. Bei Bedingungen mit mäßig hoher MUF (maximal verwendbarer Frequenz), die in der Nähe der Betriebsfrequenz liegt, sind solche Kurzwellenstationen oft um 10 dB oder 20 dB stärker in sehr großer Entfernung als steilstrahlende Anlagen mit „verbautem“ Vorfeld.

In **Bild 30.1.4** ist ein Teil eines Schnittes durch die Erdoberfläche und gedachter „Schalen“ im Abstand von je 100 km gezeigt. Links unten soll sich die sendende Station befinden. Ferner sind Strahlen von 0°, 3°, 5°, 10° usw. bis 90° eingezeichnet. Nimmt man vereinfachend ausschließlich geradlinige Ausbreitung und einfache Reflexion an ionisierten Schichten an, ergeben sich mit den Abstrahlwinkeln und der Höhe der reflektierenden Schichten unterschiedliche „Sprungweiten“. Dargestellt ist der Auftreffpunkt auf die reflektierende Schicht in Abhängigkeit vom vertikalen Abstrahlwinkel (Erhebungswinkel). Die Entfernung für einen Sprung ist der doppelte Wert, z.B. bei einer Schichthöhe von 300 km und 10° Abstrahlwinkel etwa 1100 km x 2 = 2200 km.

Bei Tag und für tiefere Frequenzen ist es vorwiegend die etwa 100 km hohe E-Schicht, die für die Raumwellenausbreitung verantwortlich ist. Hier würde sich mit Flachstrahlung eine beträchtliche Reichweite erzielen lassen. Leider verhindert dies die „D-Region“, die absorbierend wirkt und die reflektierende E-Schicht abschirmt. Je flacher die Abstrahlung, desto länger wird der Weg durch die D-Region mit der Folge stärkerer Dämpfung der Signale. Bei Nacht verschwinden D-Region und E-Schicht, die Ausbreitung geht nunmehr für alle KW-Frequenzen über die höhere F-Schicht.

Bei sehr kleinen Entfernungen dominiert die Bodenwelle, die bei Vertikalantennen stark ausgeprägt ist. Bei horizontal polarisierten Antennen kann man kaum von Bodenwelle sprechen, hier werden kleinere Entfernungen eher durch „Direktstrahlung“ nach Art der UKW-Ausbreitung und Vorwärts-Streustrahlung ohne Hilfe der Ionosphäre überbrückt. Von hohen Standorten sind so leicht 100 km und mehr mit guten Signalen zu versorgen. Kommt noch ein zweiter, ortsveränderlicher Ausbreitungsweg dazu, entstehen flatternde Signale. Die nächtliche Ausbreitung über die hohe F-Schicht ist aber dominierend, schon für kleinere Entfernungen. Dabei wird der steile Anteil der Abstrahlung genutzt, der bei selbst sehr niedrig aufgehängten Dipolen beachtlich hoch ist, bei vertikalen Antennen jedoch verschwindend gering. So wird in 30 km Entfernung auf dem 80-m-Band ein Dipol durchaus stärker über die z. B. 300 km hohe F-Schicht, also über etwa 600 km „Umweg“, übertragen, während die Vertikalantenne diese kleine Entfernung per Bodenwelle, also ohne Ionosphäre, überbrückt.

Für die weiteren Betrachtungen benötigen wir Erkenntnisse über die Vertikal-Richtdiagramme von Vertikalantennen. Sie haben einen völlig anderen Charakter als die Vertikaldiagramme (also die Fragen der Erhebungswinkel) von Horizontalantennen, die in **Bild 30.1.3** gezeigt wurden. Dort war die Felddichte bei ganz niedrigen Erhebungswinkeln praktisch Null. Ganz anders bei Vertikalantennen: Dort ist – zumindest bei perfekter Bodenleitfähigkeit – die Felddichte bei 0° Abstrahlwinkel am größten. Senkrecht nach oben haben alle Vertikaldipole oder Monopole eine Nullstelle (sofern die Antenne symmetrisch aufgebaut ist). Dies ist aus **Bild 30.1.5** zu ersehen. Dort sind vertikal polarisierte Halbwellendipole in unterschiedlichen Höhen über Grund gezeigt. Links oben ist die niedrigste mögliche Höhe dargestellt, bei der der untere Dipolstab fast die Erde berührt (Mittelpunkthöhe $\lambda/4$). Ähnlich würde sich auch das vertikale Richtdiagramm einer „*Marconi*antenne“ oder eines Viertelwellen-Monopols darstellen. Unsere „Groundplane-Antennen“ werden oft höher montiert mit einem oder mehreren Radialen, die oft schräg nach unten gespannt sind. Sie stellen abgestimmte Gegengewichte zum Strahlerteil dar und ähneln etwas schief gezogenen vertikalen Halbwellendipolen.

Werden solche Antennen direkt über Erde aufgebaut (dann vorzugsweise in flachem, unbebautem Gelände), wird das Radialnetz meist eingegraben und ist dann nicht resonant. In diesem Fall sollten die Radiale auch wesentlich länger als 0,25 λ sein, um die Verluste zu verringern und beim Feldaufbau die Flachstrahlung zu begünstigen.

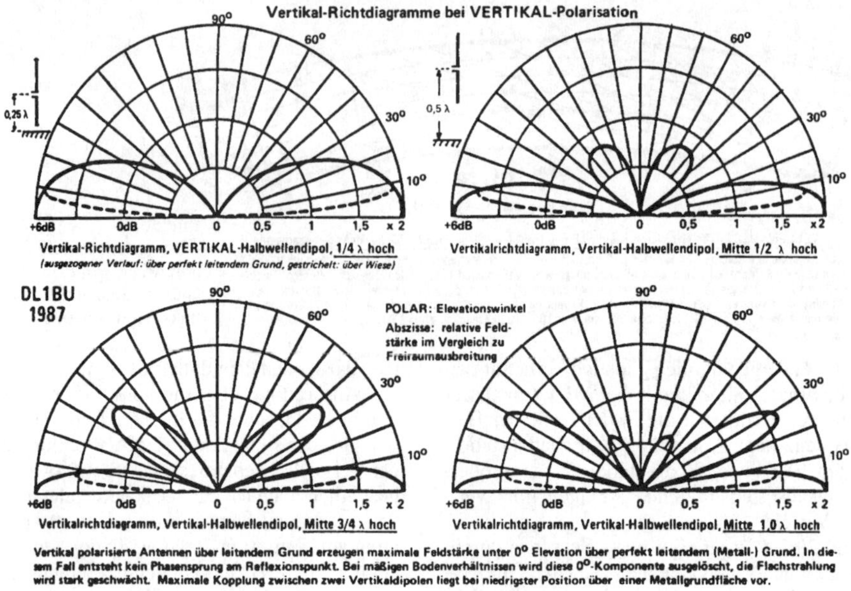

Bild 30.1.5
Vertikaldiagramme bei Vertikalpolarisation für verschiedene Höhen über idealem Grund

In **Bild 30.1.5** gelten die durchgezogenen Linien für den Fall perfekten (metallischen) Untergrundes. Nur dann tritt bei der Erdreflexion keine Phasendrehung ein, und die Felddichte ist längs des Bodens am größten. So will man es für Lang- und Mittelwellensender haben, die per Bodenwelle zum Empfänger gelangen sollen.

Bei mäßiger Bodenqualität tritt, ähnlich wie bei horizontaler Polarisation, eine Phasendrehung im Reflexionsgebiet auf dem Boden ein mit der Folge einer Schwächung der ganz flachen Strahlung. Hierbei kann sogar eine fast völlige Auslöschung der Bodenreflexion unter einem bestimmten Winkel, dem „Brewsterwinkel", eintreten, und das bei einer für die hochfrequenten KW-Bänder gerade wichtigen Elevation von etwa 15°. Daher ist die Bodenabhängigkeit von Vertikalantennen sehr groß. Die Ergebnisse im DX-Verkehr auf den Bändern 10 m, 15 m und 20 m reichen von gut bis völlig indiskutabel; es können Minderleistungen gegen horizontal polarisierte *Yagi*-Antennen von 15 dB oder 20 dB auftreten. Andererseits sind auf den Bändern 40 m, 80 m und 160 m mit Vertikalantennen und insbesondere phasengesteuerten Systemen an der Seeküste oder auch feuchten Wiesen überdurchschnittlich gute DX-Resultate zu erzielen.

Für den Bereich im Umkreis bis 500 km sind im 80- und 160-m-Band wiederum horizontale Dipole oder Inverted-Vee-Antennen oder liegende Schleifen vorzuziehen.

Aus **Bild 30.1.4** war zu entnehmen, daß nachts eine Einsprung-Ausbreitung über eine z. B. 300 km hohe F-Schicht einen Abstrahlwinkel von ca. 50° für einen 500 km entfernt liegenden Zielort erfordert. Bei Tagesausbreitung über eine 100 km hohe E-Schicht in einem Sprung wäre Flachstrahlung von 20° bis 25° günstig – ein Fall für Vertikalantennen. Ist aber die Tagesdämpfung der zu durch-stoßenden D-Region bei diesem flachen Durchtritt zu hoch, kann auch eine 2- oder 3-Sprung-Ausbreitung mit steilerer Abstrahlung günstiger sein. So kommt es oft bei Antennenvergleichen einmal zu einem Vorteil für die Vertikalantenne, ein andermal für den horizontalen Dipol. Die gleiche Erfahrung machen 160-m-DXer, auch hier „geht" einmal die Vertikalantenne besser, ein andermal die horizontal polarisierte.

Es könnte die Frage nach dem Zusammenpassen der Polarisation von Kurzwellenantennen aufgeworfen werden. Die Ionosphäre „verwirbelt" die Polarisation der ankommenden Welle, so daß wenig Nachteile für die Verwendung unterschiedlicher Antennen entsteht. Im Bereich der Bodenwelle und der Direktstrahlung ist dies natürlich nicht so; in diesen Fällen tritt eine bestimmte Polarisationsentkopplung ein. Nach einer weiten Strecke von „Vorwärts-Streustrahlung" wird diese Entkopplung wieder teilweise aufgehoben.

Wichtig scheint noch folgende Feststellung: Bei horizontal polarisierten Dipolen gilt die Achterfigur als Richtdiagramm in der Ebene nur für Flachstrahlung und Direktstrahlung (ähnlich Bodenwelle). Je steiler die wirksamen Elevationswinkel sind, desto mehr nähert sich das horizontale Richtdiagramm einem leicht eingeschnürten Kreis. Ein 80-m-Dipol hat also nachts im Bereich innerhalb

Bild 30.1.6
Wirkung von geneigtem Gelände auf die Kurzwellen-Ausbreitung

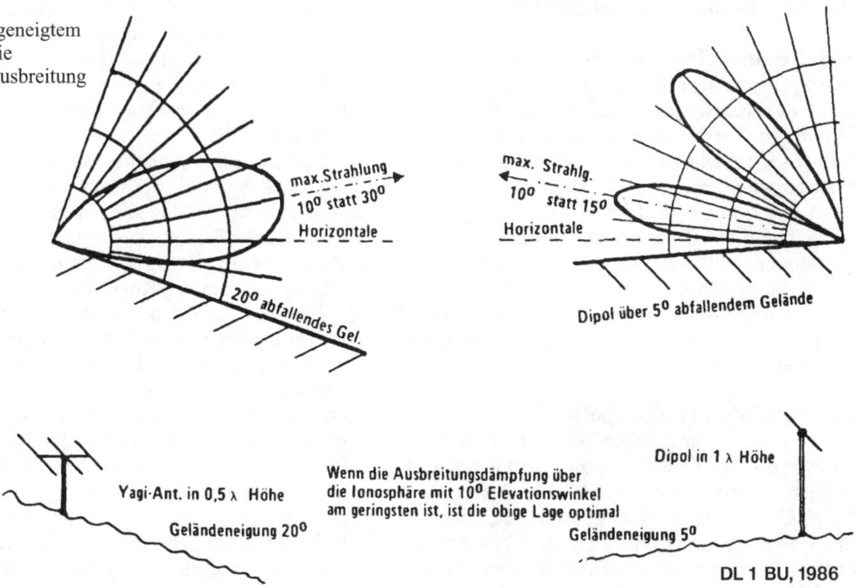

unserer Grenzen fast keine Richtwirkung, es sei denn durch Geländeeigenschaften bedingt.

30.1.6 HF-Antennen und ihre Umgebung

Die Funktion unserer Antennen wird in hohem Maß von der Umgebung geprägt. Die Betrachtungen gelten daher dem Umfeld und dem Ausbreitungsweg zusammen mit den eigentlichen Strahlern. *DL1BU* hat den Zusammenhang zwischen Antennen und ihrer Umgebung treffend beschrieben [1.10].

Im Kurzwellenbereich treffen sich die Strahlungseigenschaften von Antennen in relativ geringen Aufbauhöhen mit der daraus resultierenden Abstrahlung schräg nach oben für die DX-Bänder und senkrecht nach oben (bei Horizontalantennen) für die Nahbereichsbänder in idealer Weise:

Die größte Intensität der Strahlung geht in Richtung desjenigen Bereichs der Ionosphäre, der auch die optimale Übertragung sichert. Wird ein Dipol oder eine Inverted-Vee-Antenne an einem Hang aufgebaut, entsteht eine Richtwirkung in die abfallende Geländerichtung, da die sonst senkrecht nach oben orientierte Keule (bei $h \leq 0{,}3\lambda$) nun eine Schrägstellung einnimmt.

Der Bewohner einer KW-Anlage im Tal wird im Nahbereich bis 500 km mit horizontal polarisierten Dipolen oder liegenden Schleifen auf den Bändern 80 m und 160 m kaum Nachteile gegenüber dem Kollegen in der Ebene oder auf einem Hügel haben. Auch DX ist möglich, dann allerdings vorzugsweise in denjenigen Nächten, in denen die Steilstrahlung über zahlreiche Sprünge wirksam wird.

Für die höheren Bänder sieht es unabwendbar schlecht für den Talbewohner aus. Hat das Tal eine flache Öffnung, besteht in diese Richtung noch Hoffnung. Sonst ist auf 20 m nur Südeuropa zu haben oder auch ganz Europa über die sporadische E-Schicht, vorzugsweise im Juni und Juli. Überdurchschnittlich gute Verhältnisse bieten Hänge mit leicht abfallendem Gelände zumindest in diese Richtung.

Bild 30.1.6 zeigt oben schematisiert und unten skizzenhaft eine solche Idealsituation. Bei einer Geländeneigung von 20° (links) wird bei einer *Yagi*-Antenne in 0,5 λ Höhe aus einem Erhebungswinkel von 30° ein Winkel von 10°. Bei einer Geländeneigung von 5° (rechts) wird bei einem Dipol in 1 λ Höhe aus einem Erhebungswinkrel von 15° eine Winkel von 10°. Beide Abstrahlkeulen zeigen auf die möglicherweise günstigste Zone der Ionosphäre (10° Elevation günstig für 21 und 28 MHz im Sonnenfleckenmaximum, im Minimum – wenn die MUF unter 15 MHz ist – günstig für 14-MHz-DX). Unter solchen Verhältnissen kann es an günstigen Tagen dazu kommen, daß man (bei CW-BK) seine eigenen Erdumlauf-Signale nach 1/7 Sekunde Verzögerung hören kann.

Von *DL1BU* [1.11] stammen folgende Sätze:
Wunder entstehen noch nicht einmal durch hohen Aufwand, noch viel weniger durch markige Werbesprüche.

Aber die um 2 dB bessere Antenne, mit 2 dB mehr Sendeleistung gespeist über ein Kabel mit 2 dB weniger Verlusten macht dann letztlich doch eine S-Stufe aus; und eine S-Stufe „haben" und eine S-Stufe „nicht haben" sind dann schon 2 S-Stufen.

30.1.7 Bezugsantennen für HF

Kugelstrahler (Isotroper Strahler):
Ein verlustloser punktförmiger Strahler mit kugelförmiger Strahlungscharakteristik gleichmäßig in alle Richtungen. Die Polarisation kann theoretisch beliebig sein (linear, elliptisch, zirkular), meist wird lineare Polarisation angenommen. Der Kugelstrahler ist hypothetisch (nicht realisierbar); der dazugehörige Gewinn wird mit *G* bezeichnet. Üblich ist eine Gewinnangabe in dBi. Näheres dazu in Abschnitt 4.7.

Der *Kugelstrahler* kann zwar nicht als Vergleichsantenne bei Antennenmessungen verwendet werden, aber er eignet sich sehr gut zur Gewinnumrechnung.

Halbwellendipol (λ/2-Dipol)
Ein verlustloser, angepaßter Strahler in Halbwellenresonanz. Der Gewinn, bezogen auf den Kugelstrahler, ist 1,64, entsprechend 2,15 dB. Der zugehörige Gewinn wird mit G_D bezeichnet, üblich ist eine Gewinnangabe in dBd. Diese Bezugsantenne wird bei Horizontal- und Vertikalantennen verwendet. Näheres dazu in Abschnitt 4.7.

Der *Halbwellendipol* wird als Vergleichsantenne bei Messungen verwendet.

Viertelwellenmonopol (λ/4-Monopol)
Ein verlustloser, angepaßter Vertikalstrahler in Viertelwellenresonanz (Groundplane). Der Gewinn, bezogen auf den Kugelstrahler, ist 3,29, entsprechend 5,16 dB. Der zugehörige Gewinn wird mit G_{GP} bezeichnet. Üblich ist eine Gewinnangabe in db über Groundplane. Diese Bezugsantenne wird nur bei Vertikalstrahlern unmittelbar über Erde verwendet. Näheres dazu in Abschnitt 4.7.

Der *Viertelwellenmonopol* kann als Vergleichsantenne mit Erdnetz oder horizontalem Gegengewicht unmittelbar über Erde verwendet werden.

Die Bezugsantennen werden als linear polarisiert angenommen. Ist die zu untersuchende Antenne zirkular polarisiert, so nimmt ein linear polarisierter Strahler nur die halbe Leistung aus dem Feld auf (- 3 dB). Den Gewinn einer zirkular polarisierten Antenne bezieht man zweckmäßig auf einen zirkular polarisierten Bezugsstrahler mit gleichem Drehsinn.

Die Bezugsantennen werden üblicherweise als Freiraumstrahler betrachtet, das heißt, man bezieht den Gewinn auf einen Bezugsstrahler im freien Raum. Tatsächlich ergibt sich aber durch den Erdboden nur eine Abstrahlung in den oberen Halbraum. Der Erdboden wirkt dabei als Reflektor. Bei ideal leitendem und reflektierendem Erdboden verdoppelt sich bei Phasengleichheit die Empfangsfeldstärke, der zusätzliche Gewinn ist $G = 4$, entsprechend 6 dB.

Bei direkt gegen Erde erregten Vertikalantennen entsteht mit dem gleichphasigen Spiegelbild ein Freiraumstrahler mit gleichen Verhältnissen. Da durch den Erdboden jedoch in die untere Halbebene nichts abgestrahlt werden kann, ergibt sich für die obere Halbebene eine Leistungsverdopplung entsprechend einer Gewinnerhöhung um den Faktor 2 oder 3 dB.

Für vertikale Antennen müssen die Reflexionseigenschaften des Erdbodens besonders berücksichtigt werden. Man setzt meistens unendlich gut leitenden Erdboden voraus und bezieht den Gewinn auf einen Bezugsstrahler im freien Raum, im allgemeinen auf den Kugelstrahler.

Eine elektrisch kurze Vertikalantenne wird z.B. als Bezugsantenne bei Industriestörungen verwendet (*CCIR* Rep. 258-4) oder als Meßantenne bei Feldstärke- oder Störstrahlungsmessungen. Die von der *CCIR* im Dokument RR1-20 vorgeschlagene Gewinn bezogen auf eine kurze Vertikalantenne über idealem Grund mit der Bezeichnung G_V konnte sich aber nicht durchsetzen.

In der Praxis sind vertikale Bezugsantennen nicht besonders geeignet; einerseits wegen der notwendigen ausgedehnten Erdnetze oder Gegengewichte, andererseits wegen der Umgebungseinflüsse. So mißt man z.B. im VLF/HF-Bereich vorteilhafter mit Rahmenantennen als mit Stabantennen.

Eine Viertelwellen-Groundplane-Antenne in Erdnähe wird häufig einer Viertelwellen-Monopol-Antenne über idealem Erdboden mit dem absoluten Gewinn von 3,29, entsprechend 5,16 dBi, gleichgesetzt. Das ist jedoch unzutreffend. Die Groundplane-Antenne in Erdnähe entspricht elektrisch einem gegen Erde erregten Vertikaldipol. Dessen Gewinn ist 4,82 entsprechend 6,83 dBi.

30.2 VHF/UHF-Antennen

Eine VHF-Antenne ist für den Funkamateur im engeren Sinne ein Strahler für das 2-m-Amateurband (144 bis 146 MHz). Im Dezimeterwellenbereich (UHF) liegt das 70-cm-Amateurband (430 bis 440 MHz), das mit anderen Funkdiensten geteilt wird, aber primär dem Amateurfunk zugeordnet ist. In den beiden anderen UHF-Bändern 1240 bis 1300 MHz (23-cm-Band) und 2320 bis 2450 MHz (13-cm-Band) hat der Amateurfunk sekundären Status. Das beliebte 2-m-Band liegt frequenzmäßig zwischen dem Bereich des FM-Rundfunks (Band II) und dem des Fernsehbandes III, während das 70-cm-Band dem UHF-Fernsehband IV benachbart ist. Man findet in den genannten Bereichen vorwiegend die gleichen Antennenformen, die sich lediglich durch ihre Abmessungen voneinander unterscheiden. Weitaus vorherrschend sind hier die *Yagi*-Uda-Antennen als wirtschaftlichste Bauform in diesen Bereichen.

Nach dem Modellgesetz (siehe Abschnitt 31.2.6) ist es zulässig, beispielsweise eine Fernsehantenne für den Einsatz im 2-m-Band frequenzbezogen umzurechnen, wobei sich lediglich deren Resonanzfrequenz ändert, alle anderen elektrischen Eigenschaften aber erhalten bleiben. Somit wird der Funkamateur zum unmittelbaren Nutznießer der vielfältigen industriellen Entwicklungen auf dem Sektor der Fernsehantennen. Darüber hinaus lassen sich auch die meisten Montageteile, wie Kabelanschlußdosen, Elementhalter, Rohrschellen usw., die die Industrie in robuster und witterungsbeständiger Ausführung herstellt, beim Bau von Amateurantennen nutzbringend einsetzen.

Allerdings unterscheiden sich die elektrischen Eigenschaften, die man von einer Fernsehantenne verlangt, in einigen Punkten von den Forderungen, die an eine Amateurantenne gestellt werden. Fernsehantennen konstruiert man so, daß sie einen möglichst großen Frequenzbereich und einen Eingangswiderstand von 240 Ω haben. Bei scharfer Bündelung in der E-Ebene soll die Strahlungscharakteristik frei von Nebenzipfeln und das Vor-Rück-Verhältnis möglichst groß sein. In den relativ schmalen VHF-/UHF-Amateurbändern sind i.a. keine Breitbandantennen erforderlich, und der Funkamateur ist bezüglich des Eingangswiderstandes nicht an den genormten Nennwert von 240 Ω gebunden. Nebenzipfel im Strahlungsdiagramm und geringes Vor-Rück-Verhältnis sind aus betriebstechnischen Gründen nicht störend, sofern sie nicht Größen erreichen, die eine merkbare Gewinnminderung verursachen. Für die praktischen Belange des Amateurfunkverkehrs ist es am günstigsten, wenn der Gewinn einer horizontalen VHF-/UHF-Antenne vorwiegend durch Bündelung in der Vertikalebene erzielt wird.

30.2.1 Polarisation der VHF/UHF-Antennen

Im Kurzwellenbereich ist die Polarisation der Amateurantenne von untergeordneter Bedeutung, da als Folge der Übertragung über die Ionosphäre die ursprüngliche Polarisation nur selten erhalten bleibt. Anders liegen die Verhältnisse bei den Meter- und Dezimeterwellen. Diese werden im Normalfall von der Ionosphäre nicht reflektiert und breiten sich etwa geradlinig aus.

Polarisationsdrehungen im unbehinderten Ausbreitungsweg innerhalb der theoretisch möglichen optischen Sichtweite sind selten. Bei der Ausbreitung in dicht bebautem oder bergigem Gelände treten jedoch mehr oder weniger starke Veränderungen der ursprünglichen Polarisationslage auf. Gewöhnlich ist dann – bezogen auf Linearpolarisation – keine rein vertikale oder rein horizontale Polarisation am Empfangsort vorhanden, sondern eine Schräglage der Linearpolarisation, die jeden Winkel zwischen Horizontal und Vertikal aufnehmen kann. Unter diesem Gesichtspunkt wäre es z.B. vorteilhaft, an für die Ausbreitung ungünstigen Standorten mit einer „Schrägpolarisation" von 45° zu arbeiten, indem man die Antennenelemente nicht senkrecht oder waagrecht, sondern „schräg" mit einem Winkel von etwa 45° anordnet.

Bei einer Funklinie im VHF/UHF-Bereich sollen Sendeantenne und Empfangsantenne gleiche Polarisation haben. Rein theoretisch betrachtet, könnte z.B. eine vertikal polarisiert ausgestrahlte Sendung von einer horizontal polarisierten Empfangsantenne nicht aufgenommen werden. Da aber die Strahlungscharakteristik praktisch aufgebauter Antennen niemals dem theoretischen Idealbild entspricht, muß man bei um 90° unterschiedlicher Linearpolarisation mit Dämpfungswerten von „nur" etwa 20 dB rechnen [2.1]. Das bedeutet, daß in diesem Fall die Empfangsantenne nur ein Zehntel der am Empfangsort vorhandenen Feldstärke aufnehmen kann (siehe auch **Tabelle 1.3**).

Stark verbreitet ist die lineare Horizontalpolarisation. Viele VHF/UHF-Amateurfunkstationen, der UKW-Rundfunk (Band II) und der größte Teil der Fernsehsender im Band III und Band IV/V strahlen horizontal polarisiert. Die meisten Fernsehsender im Band I, fast alle fahrbaren VHF/UHF-Funkstationen (Verkehrsfunk, Autotelefon, Polizeifunk usw.) und Amateurfunkstationen im Ortsverkehr, in Fahrzeugen sowie beim Betrieb über FM-Relaisfunkstellen verwenden aber vertikal polarisierte Antennen.

Die elliptische bzw. zirkulare Polarisation wird vor allem für den Funkverkehr mit Erdsatelliten und in der Radioastronomie eingesetzt. Eine zirkular polarisierte Empfangsantenne hat den Vorzug, daß sie auch linear polarisierte Wellen beliebiger Lage gleich gut aufnimmt. Das ist z.B. beim Empfang der Sendungen von Erdsatelliten wichtig, deren Polarisation sich auf Grund der Eigenrotation des Satelliten laufend verändert. Beim Empfang mit linearer Polarisation ergeben sich dadurch starke Schwunderscheinungen, während man mit Zirkularpolarisation ein schwundfreies Signal erhält. Da im VHF-Amateurband für den FM-Relaisfunkverkehr Vertikalpolarisation die Regel ist, beim 2-m-Weitverkehr aber die Horizontalpolarisation verwendet wird, kann die Zirkularpolarisation aus obengenannten Gründen bei den VHF/UHF-Amateuren zunehmende Bedeutung erlangen. Leider ist die Zirkularpolarisation mit einem gegenüber Linearpolarisation erheblich größeren Antennenaufwand verbunden [2.2].

Die nachfolgend beschriebenen VHF/UHF-Antennen werden vorwiegend horizontal polarisiert dargestellt, die Elemente sind demnach waagrecht angeordnet. Diese Antennen lassen sich auch vertikal polarisieren, indem man sie so dreht, daß die Elemente eine senkrechte Lage einnehmen. In diesem Fall bleibt allerdings das Strahlungsdiagramm gewöhnlich nicht mehr voll erhalten, denn die ebenfalls senkrecht stehenden metallischen Trägermaste wirken sich störend aus. Vertikal polarisierte VHF/UHF-Antennen werden deshalb meist an waagrechten Mastauslegern befestigt.

Die unterschiedliche Entfernung der beiden Dipolhälften vom Erdboden beeinflußt außerdem bei geringen Aufbauhöhen das H-Diagramm der Richtcharakteristik in unerwünschter Weise.

30.2.2 Hinweise für den Aufbau und Einsatz von VHF/UHF-Antennen

Bezüglich der Aufbauhöhe gilt auch für VHF/UHF-Antennen die Forderung „möglichst hoch". Da sich die Höhe einer Antenne immer auf die Betriebswellenlänge bezieht, ist diese Empfehlung leicht zu verwirklichen. Eine 2-m-Antenne, deren Abstand vom Erdboden z.B. 10 m beträgt, hat bereits eine Aufbauhöhe von 5λ. Sollte eine Kurzwellenantenne für das 20-m-Band gleich hoch aufgebaut werden, so müßte der Strahler 100 m über dem Erdboden montiert werden!

Eine gute Antenne soll die nächstliegenden Hindernisse (Gebäude, Freileitungen usw.) um etwa 2 bis 3λ überragen. Aus wirtschaftlichen Gründen ist es aber wenig sinnvoll, übermäßig hohe Antennenmaste zu errichten. Durch diese Maßnahme würde sich hauptsächlich die Reichweite für die übliche quasioptische Ausbreitung vergrößern, der Einfluß auf die Ausbreitung über Inversionsschichten wäre kaum festzustellen. Schon bei einer Aufbauhöhe von etwa 2λ über dem Erdboden bzw. dem Hausdach kann damit gerechnet werden, daß die Strahlungscharakteristik einer Horizontalantenne den Idealdiagrammen weitestgehend entspricht. Bei einer VHF/UHF-Antenne sind unter diesen Voraussetzungen die propagierten Kenndaten auch für den praktischen Betrieb durchaus zutreffend.

Ebenso wie in den Fernsehbereichen dominieren auch in den VHF/UHF-Amateurbändern längsstrahlende Antennenstrukturen in der Form von Einebenen-*Yagi*-Antennen. Ihre Vorzüge liegen vor allem in der mechanisch einfachen Herstellung und dem geringen Materialaufwand, sie erfordern jedoch auch Präzisionsarbeit bei der Einhaltung der vorgegebenen Abmessungen. Daneben behaupten sich auch noch die Gruppenantennen. Sie sind in der mechanischen Herstellung etwas schwieriger, und auch der Materialaufwand ist etwas größer. Dafür ist ihre Bemessung nicht sehr kritisch, sie haben großen Frequenzbereich und kommen mit ihrer Strahlungscharakteristik den Belangen des praktischen Amateurfunkbetriebes besonders entgegen. Ebenso beliebt sind vertikal gestockte, horizontal polarisierte *Yagi*-Antennen. Bei mechanisch vereinfachtem Aufbau wird ein zusätzlicher Gewinn durch Bündelung in der H-Ebene erreicht. Gestockte *Yagis* haben deshalb ähnliche Strahlungseigenschaften wie ebene Gruppenantennen. Eine ganze Reihe von Sonderformen der VHF-UHF-Antennen bieten dem experimentierfreudigen Funkamateur ein reiches Betätigungsfeld.

30.2.3 Zweckmäßige Auswahl einer VHF/UHF-Antenne

„Vom Einfachen zum Komplizierten" sollte bei der Antennenauswahl Leitsatz für den Neuling sein. Die Möglichkeit, mit verhältnismäßig einfachen Mitteln sehr leistungsfähige Antennen mit vielen Elementen aufbauen zu können, verleitet häufig dazu, scharf bündelnde Strahlersysteme mit großem Gewinn herzustellen, die sich dann im Funkbetrieb als unpraktisch und unwirtschaftlich erweisen.

Die Betriebsverhältnisse im VHF/UHF-Amateurbereich unterscheiden sich sehr wesentlich von denen der Kurzwellenbänder. Während auf Kurzwellen fast immer ein Überangebot an Stationen vorhanden ist, findet man in den VHF/UHF-Amateurbändern nur zu bestimmten Tageszeiten einen oder mehrere Partner, wobei die Reichweiten bei günstiger topographischer Lage auf 100 bis 200 km begrenzt sind. Nur zu Zeiten troposphärisch bedingter Überreichweiten und bei Funkwettbewerben vergrößert sich das Stationsangebot. Die nächstliegenden Funkpartner lassen sich im allgemeinen bereits mit sehr einfachen Antennen erreichen. Horizontal stark bündelnde Antennen sind in diesem Fall unbequem, weil beim Verkehr in den beliebten „Runden" die Antenne jeweils in die Richtung des sendenden Partners gedreht werden muß, was bei Strahlern mit großer horizontaler Halbwertsbreite meist nicht erforderlich ist.

Freudige Überraschungen sind für den Funkamateur Verbindungen mit Stationen, die bisher noch nicht „gearbeitet" wurden. Verwendet er zur Stationsjagd eine Hochleistungsantenne mit sehr kleiner horizontaler Halbwertsbreite, ist die Wahrscheinlichkeit, eine neue Station zu erreichen, gering, denn die Himmelsrichtung ihres Standortes dürfte vorher meist nicht bekannt sein. Wollte man systematisch vorgehen, müßte entsprechend der horizontalen Halbwertsbreite mit vielleicht 10 verschiedenen Antennenstellungen ein „allgemeiner Anruf" durchgeführt werden, wobei nach jedem Anruf der Bandabschnitt nach Antwortrufen abzuhören ist. Ein solches Vorgehen kostet Zeit, Mühe und Geduld. Verwendet der mögliche Partner ebenfalls eine Antenne mit kleiner horizontaler Halbwertsbreite, wird die Wahrscheinlichkeit des „Zusammentreffens" noch geringer. Schneller und sicherer lassen sich solche Neuverbindungen bei der Verwendung von Strahlern mit großer horizontaler Halbwertsbreite herstellen, denn mit ihnen wird ein großer Azimutbereich bestrichen. Einen erwünschten Gewinnzuwachs erreicht man zweckmäßig durch vertikale Stockung einfacher Systeme, wobei die vertikale Halbwertsbreite kleiner wird, die horizontale Halbwertsbreite eines Einzelsystems aber voll erhalten bleibt.

Diese Feststellungen haben auch für die beliebten Contests um so mehr Gültigkeit, als das häufige Antennendrehen einen beachtlichen Zeitverlust darstellt und die Wahrscheinlichkeit, rufende Stationen zu „überdrehen", ansteigt. Die Erfolgsaussichten von Stationen mit horizontal scharf bündelnden Antennen sind gering, sofern diese nicht einen besonders exponierten Standort oder ein seltenes Rufzeichen haben. Eine kleine horizontale Halbwertsbreite bringt somit im üblichen Amateurfunkbetrieb mehr Nachteile als Vorteile, sie tritt aber zwangsläufig auf, wenn mit Einebenen-*Yagi*-Systemen (vorzugsweise Lang-*Yagi*-Antennen) große Gewinne erzielt werden sollen. Aus dieser Feststellung resultiert auch die Tatsache, daß die Gruppenantenne einer *Yagi*-Antenne gleichen Gewinnes in der Betriebspraxis überlegen ist, denn der Gewinn einer Gruppenantenne entsteht vorwiegend durch Verkleinern der vertikalen Halbwertsbreite, während der Gewinn von *Yagi*-Antennen als Folge einer kleinen horizontalen Halbwertsbreite auftritt.

In Auswertung vorstehender Darlegungen können für den praktischen Einsatz von VHF-/UHF-Amateurantennen folgende Empfehlungen gegeben werden:

Für mittlere Ansprüche sind übliche *Yagi*-Antennen mit 3 bis maximal 6 Elementen am wirtschaftlichsten. Größere *Yagi*-Systeme bringen höhere Gewinne, sie erschweren aber die Betriebsdurchführung.
Höhere Ansprüche bezüglich des Gewinns erfüllen vertikal mehrfach gestockte, einfache *Yagi*-Systeme, deren relativ große horizontale Halbwertsbreite noch eine flüssige Betriebsabwicklung zuläßt.
Für die Stationsjagd, den Contestbetrieb und für Überreichweitenverbindungen sind Gruppenantennen besonders zu empfehlen.
Hochleistungs-*Yagi*-Antennen *(Lang-Yagi)* werden für bestimmte Sonderanwendungen am wirtschaftlichsten eingesetzt, z.B. für Meteorscatterversuche, gezielte Weitverbindungen und besonders für die EME-Technik (siehe Abschnitt 2.10.6).

Es muß in diesem Zusammenhang daran erinnert werden, daß zu einem leistungsstarken Sender auch ein empfindlicher, rauscharmer Empfänger gehört und umgekehrt. Besteht dieses „Leistungsgleichgewicht" so müssen Stationen, die man hört, auch sendemäßig zu erreichen sein. Ist das nicht der Fall, sollte man den Wirkungsgrad der Sender-Endstufe und insbesondere die Energieauskopplung zur Speiseleitung überprüfen, denn hier sind erfahrungsgemäß die häufigsten Fehlerquellen zu suchen.

30.2.4 Die Wahrheit über VHF/UHF-Antennen

Jahrzehntelange Antennenerfahrung [2.3] wurde von *O. Oberrender*, *DL2RSX*, *ex Y23RD,* ex *DM2CRD,* zu 15 gewichtigen Punkten zusammengefaßt. Sie enthalten die nüchternen, fundierten Erkenntnisse, deren Beachtung bei Planung, Bau und Betrieb von Amateurantennen Zeit, Geld und Enttäuschungen ersparen helfen.

1. Es gelten immer noch die physikalischen Gesetze! Wunderantennen sind bis heute nicht erfunden worden, aber gute wurden schon gebaut. Antennen sind zwar immer noch die besten HF-Verstärker, aber sie allein machen nicht den Wert einer Amateurfunkstation aus. (Die Bake *DM2AKD* bei Berlin mit 10 mW an einem einfachen Dipol wurde z.B. schon in Schottland gehört).
2. Amateurantennen-Konstrukteure geben sich viel Mühe und opfern ihre Freizeit, aber sie vergewaltigen gelegentlich die Physik und leben von der Hoffnung, daß es noch Wunder gibt.
3. Wind, Korrosion, Aberglaube und utopisches Wunschdenken sind unerbittliche Feinde aller Amateurantennen.
4. Jede Antenne hat einen geringeren Gewinn, als man glaubt. Beim exakten Messen und Auswerten der Diagramme und nach Abzug der Meßungenauigkeiten kommt immer weniger heraus, als man es sich gewünscht hat. Auch bei der Nachprüfung der Eigenschaften anderer Antennen ist die Leistung häufig geringer, als angegeben wird – auch ohne den 2-dB-Trick mit dem Isotropstrahler.
5. Nur Diagramme lügen nicht! Man soll jedoch einem Horizontaldiagramm allein kein Vertrauen schenken. Die eigentlichen „Wahrsager" einer Antenne oder einer Gruppe sind immer die Vertikaldiagramme. Unter Umständen muß man eine Antenne „schichten", d.h. Diagramme unter bestimmten Neigungswinkeln messen. Es gibt Antennen, die völlig unmotiviert eine Keule mit erheblichem Leistungsinhalt in einer Richtung abfeuern, die man sonst nicht erfaßt. Diagrammverformungen und Unsymmetrien sind ein Grund, mißtrauisch zu sein.
6. Vergleichsmessungen mit Normaldipolen sind unter Amateurbedingungen unzuverlässig und ergeben Differenzen bis zu 3 dB. Auch ganze S-Stufen sind keine Seltenheit, wenn sich verschiedene Effekte überlagern und ein euphorisches „Hinmessen" auf einen erträumten Gewinn zusammentreffen. So entstehen dann

sensationelle Erfindungen, z.B. *Spannband-Yagis,* Skelettschlitze, Fahrradspeichen-Lang-*Yagis* und vergoldete Strahler. Man kann hervorragenden Unsinn zusammenmessen!

7. Zwischen den Öffnungswinkeln und dem Gewinn besteht ein physikalischer Zusammenhang nur dann, wenn es sich um angenäherte Idealdiagramme handelt, d.h., wenn sie nach vorne birnenförmig ausgebildet sind, eine gute Rückdämpfung haben und geringe Nebenzipfel. Wenn *Yagis* an der oberen Frequenzgrenze aufzipfeln, dann werden sie zuerst an der Wurzel breit, später entwickeln sich daraus Nebenkeulen. Trotz Gewinnabnahme kann die Halbwertsbreite dabei sogar kleiner werden. Das sind alles Kleinigkeiten, die bei der Diagrammauswertung mit erkannt werden.
8. Häufig wird übersehen, daß in der Praxis einfachere Antennen bessere Leistungen bieten als überdimensionale Riesengebilde. Man muß immer die Bedingungen des Umfeldes betrachten. Die Kommerziellen benötigen Monate, um Antennen zu planen und an ihrem Standort einzumessen. Sogar bei Mittelwellen gibt es Feldstärkeanomalien von 10 dB und mehr und das in einem Umkreis von einigen Metern!
9. Genauso wichtig, wie leistungsfähige Antennen zu entwickeln, ist es, daß die Eigenschaften über einen größeren Zeitraum erhalten bleiben. Hier wird mehr gesündigt, als man glaubt. Es werden falsche Werkstoffe eingesetzt oder miteinander kombiniert; Messingrohr versprödet und reißt längs auf; Elemente fangen an zu wackeln und brechen ab, oder es stellt sich beim Tragerohr der „Schlappohreffekt“ ein, Wasser läuft in die Symmetrierglieder oder in die Kabel und vieles mehr. Welche Traurigkeit stellt sich nach jedem Herbststurm ein, und wie viele dBs gehen dabei verloren, wenn alle zusammengezählt werden.
10. Es gibt Antennenformen, die einige hervorragende Eigenschaften haben. Sie gehen aber wieder verloren, wenn man versucht, an irgendeiner Stelle herumzubasteln. Ein gutes Beispiel dafür ist das *Backfire*-Prinzip. Bis auf die *Short-Backfire* hat sich dieser Antennentyp nicht durchgesetzt; sicher auch wegen der unhandlichen Reflektorwand, aber auch andere Antennen aus der einschlägigen Literatur zeigen solche Eigenschaften.
11. Viele der VHF-/UHF-Antennen können tatsächlich auch unsymmetrisch gespeist werden, was sogar Fachleute verwundert! Es gibt knallharte Vergewaltigungen, und es geht; aber Vorsicht beim Zusammenschalten zu Gruppen!
12. Hat man keine ZG-Diagraphen (z.B. Typ ZDU der Fa. *Rohde & Schwarz),* muß man bei Anpassungsmessungen immer mit einem $\lambda/4$-Kabelstück die Speiseleitung verlängern und noch einmal messen, um Transformationseffekte auszuschalten. Beim praktischen Betrieb kann man durch „Beschneiden“ der Leitung damit aber auch die Anpassung verbessern. Im übrigen soll man bei der Welligkeit nicht so pingelig sein.
13. Der Amateur sollte nie ein Antennenbuch oder ernstzunehmende Fachartikel nur flüchtig durchblättern, sondern gewissenhaft alles lesen und sich eigene Gedanken machen. Höchstleistungen sind nicht nur eine Frage des Aufwandes, sondern auch des Begreifens und der Anwendung fundamentaler Naturgesetze sowie der sachlichen Einschätzung der praktischen Verhältnisse. Im Bergwerk ist eine *Lang-Yagi* ein toter Rohrhaufen!
14. Dem ernsthaften Amateur ist es durchaus möglich, mit einem Mindestaufwand an Meßmitteln, aber mit gutem Antennenverstand eigene Formen zu entwickeln oder nachgebaute Antennen einzumessen. Er sollte sich jedoch seiner Grenzen bewußt sein und nie die Kritik an der eigenen Arbeit vernachlässigen. Die Kontrolle auf einer Meßstrecke ist bei Eigenentwicklungen unerläßlich – wie schon gesagt, es geht um die Vertikaldiagramme! Diagramme von Rundstrahlern lassen sich wegen der Vielfachreflexionen am schlechtesten messen. Als Mindestaufwand benötigt man: Meßsender, Empfänger, Eichleitung, Welligkeitsmeßgerät und einen Garten. Meßstrecken von 20 bis 30 m reichen für einfache Untersuchungen aus.
15. Nicht entmutigen lassen! Schließlich soll der Amateurfunk auch noch Spaß machen!

30.2.5 VHF/UHF-Antennen und ihre Umgebung

DL1BU hat den Zusammenhang zwischen Antennen und ihrer Umgebung treffend beschrieben [2.4]. Seine Ausführungen für den UKW-Bereich sind hier fast wörtlich übernommen.

Die Verhältnisse im UKW-Bereich sind einfacher als im KW-Bereich: Das „Freiraumdiagramm“ bleibt bei großen Montagehöhen weitgehend erhalten.

Zunächst gelten natürlich die gleichen Betrachtungen, die für horizontal polarisierte Antenne in **Bild 30.1.2** vorgestellt wurden.

Durch die viel stärkere Bündelung (höherer Gewinn) von UKW-Antennen sind die nach oben abgestrahlten Keulen bzw. „Nebenzipfel“ schon stark reduziert. **Bild 30.1.3** galt ja für Dipole; für Richtantennen muß das „Freiraumvertikaldiagramm“ diesen Kurven von **Bild 30.1.3** überlagert werden. Schon bei wenigen Wellenlängen Montagehöhe wird die Auffiederung immer feingliedriger und geht bei großen Höhen in ein gezahntes Freiraumdiagramm über.

Die Strahlung geht also in Boomrichtung und nicht wie bei KW-Antennen schräg nach oben. Im Gegensatz zu KW-Antennen läßt sich bei stark bündelnden UKW-Antennen durch Anheben oder Neigen des Booms auch die Abstrahlrichtung in der Vertikalen ändern.

Im Bereich der „quasioptischen" Reichweite ergibt eine Verdoppelung der Montagehöhe 3 dB bis 6 dB stärkere Signale. Dies gilt bedingt auch für die Streuausbreitung über Hügel oder Hindernisse hinweg. Natürlich ist die Reichweite von der Spitze eines Berges größer als aus der Ebene heraus.

Für das „richtige" DX über mehrere hundert Kilometer muß dies nicht mehr gelten. Hier wird meist von der „Tropo-Ausbreitung" Gebrauch gemacht. Dabei sorgen Temperaturinversionen für eine Ablenkung der sonst geradlinigen Strahlung nach unten. Hier gibt es natürlich unterschiedliche Höhen dieser Inversionen, so daß es vorkommt, daß eine UKW-Station auf einem 1000 m hohen Berg nicht die große Reichweite in ein bestimmtes begünstigtes Gebiet erreicht, die eine andere Station an der Küste mit 14 m Antennenhöhe über Meeresniveau erzielt. Für diese Ausbreitungsart genügt eine Antennenhöhe, die freie 0°-Abstrahlung auf einige Kilometer ermöglicht. Hier bringt eine Änderung der Antennenhöhe nur geringe Variation der Empfangsspannung nach oben oder auch unten. Im UHF-/SHF-Bereich kann der Kabelverlust einer sehr hoch montierten Antennenanlage mehr schaden, als die größere Höhe an Nutzen bringt. Im Kontest erreichen die Stationen auf Bergen eine große Zahl von Verbindungen im 200-km-Umkreis und einige DX-Verbindungen. Die Anlagen in Küstennähe haben weit weniger Vorfeld mit vielen kleinen Stationen, wohl aber einige „Ducts" in DX-Gebiete hinein. Sie erreichen die gute Punktzahl mehr über die Entfernungen.

Bei einer 5-Element-Quadantenne etwa entstehen „Nebenzipfel" und eine unerwünschte Strahlung nach hinten. Wird eine UKW-Antennenanlage für Satellitenfunk oder gar für EME aufgebaut, können diese Nebenzipfel erheblich stören, da sie bei angehobener Antenne zur Erde zeigen und dort thermisches Rauschen aufnehmen. Die Qualifikation einer größeren Gruppe aus *Yagi*-Antennen kann erheblich leiden, es ist nicht mehr der reine Gewinn dieser Anlage, vielmehr zählt auch die „Rauschtemperatur", die u. a. durch zu starke Nebenzipfel in Richtung Erde, aber auch durch Verluste in der Antenne unnötig angehoben wird.

Bei der Zusammenstellung einer Hochleistungsantenne aus mehreren Einzel-*Yagis* wird in der Regel nicht der maximal mögliche Gewinn angestrebt, sondern eine Mindestabsenkung der unvermeidlichen Nebenzipfel, die bei solchen Gruppen stärker sind als bei den Einzelantennen.

Bis zu einem bestimmten Gewinn (20 dBd im 23-cm-Band) kann daher eine einzelne überschaubare Super-Langyagi günstiger sein. Eine Antenne von *DL7YC* in vorbildliche Ausführung mit 65 Elementen wurde bei *DL1BU* vermessen und ergab Nebenzipfelabsenkungen um 17 dB und ein Vor-Rückverhältnis um 25 dB. Der echt gemessene Gewinn lag knapp unter 20 dBd. Die 3-dB-Öffnungswinkel in der E- und H-Ebene betrugen 13,4° und 13,8°, der Richtfaktor in dB bezogen auf den Isotropstrahler, berechnet aus den Öffnungswinkeln, betrug 23,3 dBi. Die Nebenzipfelabsenkung ist überdurchschnittlich gut. Die große Anzahl der Nebenzipfel entspricht einer superlangen Hochleistungs-*Yagi*-Antennen. Sie würden natürlich auch bei gut dimensionierten Wendelantennen in dieser Form auftreten.

Interessant ist das Verhalten zirkular polarisierter UKW-Antennen in geringer Montagehöhe. Wenn noch ein fühlbarer Anteil Erdreflexion vorhanden ist, wird das Abstrahlverhalten für die Komponente der vertikalen Polarisation anders ausfallen als für die horizontale Komponente. Auch ist hier die Einwirkung eines Metall-Standrohrs zu erwähnen und die eines in der Erregernähe weggeführten Kabels. Bei Zirkularpolarisation ist die Herausführung des Koaxialkabels längs des Booms bis hinter den Reflektor zu empfehlen. Andererseits ist pedantische Betrachtung der Feldverzerrungen nicht sinnvoll, da auf dem Ausbreitungsweg viel stärkere Eingriffe auftreten. Eine umschaltbare Kreuz-*Yagi*-Antennen, die vertikal, horizontal und in zwei Drehrichtungen zirkular polarisiert ferngeschaltet werden kann, ermöglicht interessante Beobachtungen – bis hin zu unterschiedlicher Klangfärbung empfangener Signale.

30.2.6 Bezugsantennen für VHF/UHF

Zum Feststellen des Gewinns benötigt man eine Bezugsantenne als Vergleichsnormal.

Als Bezugsantennen für Antennenvergleichsmessungen sind gebräuchlich:

VHF/UHF: Halbwellen-Faltdipol
Ausziehbarer Standarddipol
mit koaxialem Symmetrierglied
Dipolgruppe mit Reflektor
(*NBS*-Standardantenne)
UHF: Standard-Hornantennen

Halbwellen-Faltdipol

Der Halbwellen-Faltdipol ist für die Meßfrequenz abgestimmt, so daß er einen reinen Wirkwiderstand aufweist.

Solche „Normaldipole" sind in den Diagrammen **Bild 30.2.1** bis **Bild 30.2.5** mit allen erforderlichen Bemessungsangaben dargestellt.

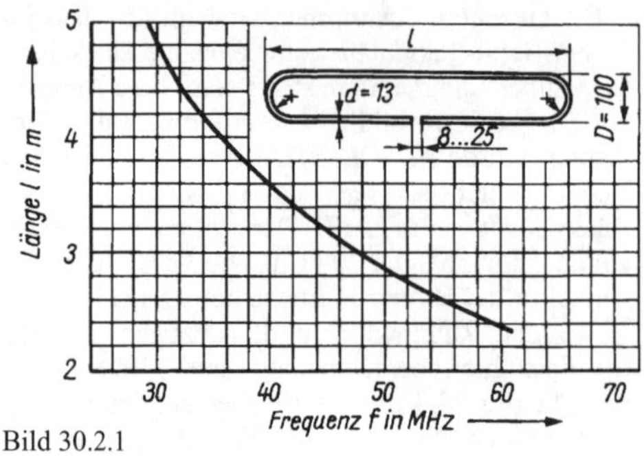

Bild 30.2.1
Faltdipole (30 bis 60 MHz)

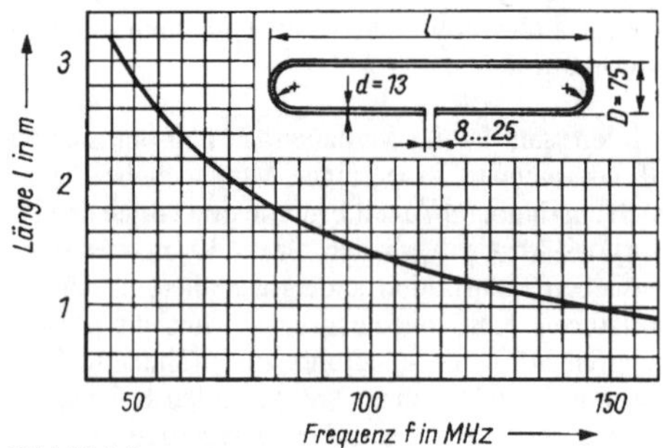

Bild 30.2.2
Faltdipole (50 bis 150 MHz)

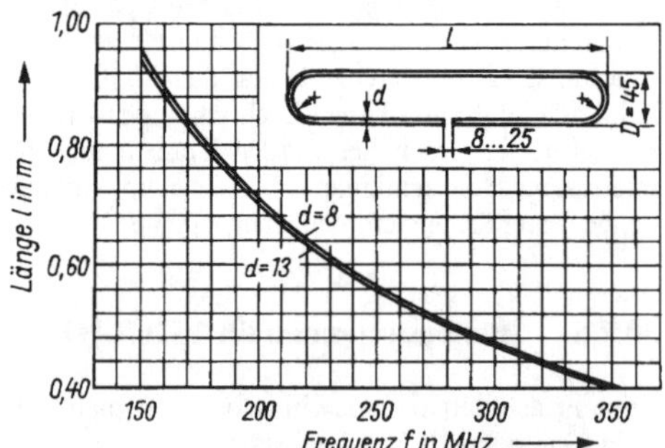

Bild 30.2.3
Faltdipole (150 bis 350 MHz)

Der Nennwiderstand dieser Faltdipole beträgt bei der Resonanzfrequenz 300 Ω (genauer: 290 λ). Die Welligkeit *s* auf der Zuleitung zur Meßapparatur darf bei der Resonanzfrequenz den Wert von 1,22 nicht überschreiten. Der Abstand zwischen den Dipolklemmen kann sich zwischen 0,5% und 1,5% der Wellenlänge ändern, ohne daß die anderen Abmessungen beeinflußt werden; vorgegeben sind einheitliche Abstände zwischen 8 und 25 mm. Die Halterung befindet sich wie üblich in der Dipolmitte, wobei möglichst wenig Isoliermaterial verwendet werden sollte.

Meßverfahren und Meßmittel für Antennenanlagen wurden von der *IEC* (International Electrotech-

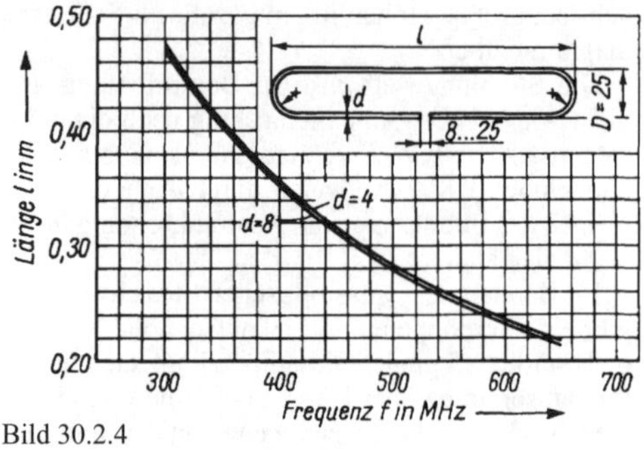

Bild 30.2.4
Faltdipole (300 bis 650 MHz)

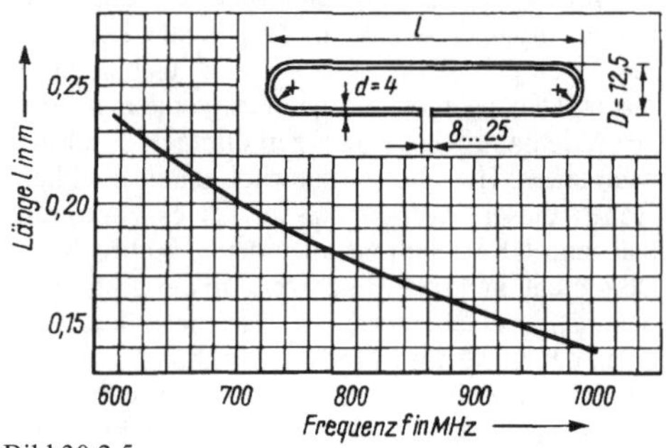

Bild 30.2.5
Faltdipole (600 bis 1000 MHz)

nical Commission) schon in der alten Empfehlung 138 (von 1962) vereinheitlicht.

Standard-Gewinn-Antenne

Für Messungen im VHF/UHF-Bereich ist es oft günstiger, wenn man standardisierte Richtantennen mit definiertem Gewinn einsetzt [2.5]. Eine solche Standard-Gewinn-Antenne wurde vom *National Bureau of Standards* (NBS) empfohlen und u.a. im *EIA* Standard RS-329-A beschrieben *(EIA – Electronic Industries Association,* Washington) [2.6] [2.7].

In **Bild 30.2.6** ist diese Standard-Antenne skizziert. Es handelt sich um 2 parallele Halbwellendipole im λ/4-Abstand zu einer Reflektorwand mit 1λ Kantenlänge. Der gegenseitige Dipolabstand beträgt λ/2; die Dipole werden durch eine Parallelrohrleitung von 178 Ω Wellenwiderstand miteinander verbunden (Verhältnis Abstand/Durchmesser etwa 2,2). Parallelrohrleitung und Elemente bestehen aus gleichem Material, das λ/d-Verhältnis der Elemente liegt je nach Frequenzbereich zwischen 107 (160 MHz) und 72 (882 MHz). In der geometrischen Mitte der Verbindungsleitung befindet sich der zentrale Speisepunkt. Dessen λ/4 lange Stütze ist als Schlitzbalun ausgebildet, der die Symmetrie wandelt und gleichzeitig die Impedanz im Verhältnis 4:1 transformiert, so daß an die Kabelbuchse auf der Rückseite der Reflektorwand ein 50-Ω-Koaxialkabel angeschlossen werden kann.

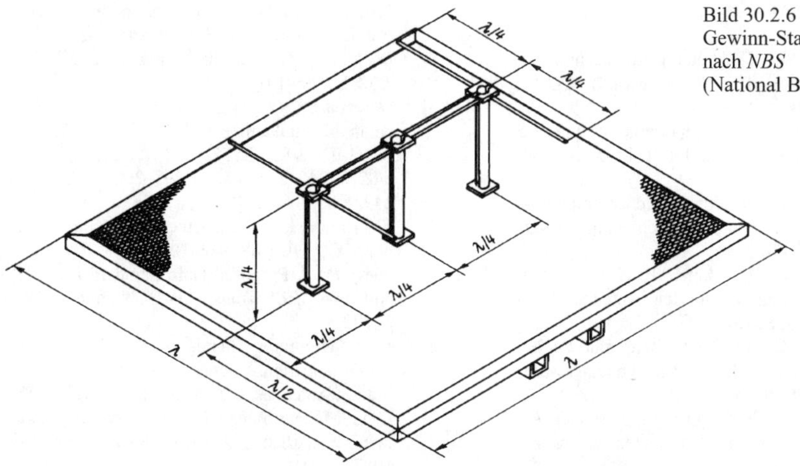

Bild 30.2.6
Gewinn-Standard-Antenne nach *NBS*
(National Bureau of Standards)

Die Reflektorwand besteht aus einem mit Aluminium-Maschendraht bespannten Rahmen (Maschenweite < λ/10), der auf seiner Rückseite Versteifungs- und Befestigungselemente hat.

Die Frequenzbereiche 148 bis 174 MHz, 406 bis 450 MHz, 450 bis 512 MHz und 800 bis 960 MHz werden mit gleichartigen Standard-Antennen unterschiedlicher Abmessungen überdeckt. Dabei beträgt der Gewinn für die Bemessungsfrequenzen (160, 428, 481 und 882 MHz) jeweils genau 7,7 dBd. An den niederfrequenten Bereichsenden fällt der Gewinn auf 7,5 dBd, er steigt am hochfrequenten Bandende auf 8,0 dBd an. Alle Maß- und Gewinnangaben sind im Standard in Tabellenform aufgeführt.

Der Selbstbau einer 432-MHz-Version des 7,7-dBd-Gewinn-Normals wird von *DL1BU* in [2.8] ausführlich beschrieben.

Als Vergleichsantennen für VHF/UHF-Groundplaneantennen im Bereich 30 bis 1000 MHz hat die *IEC* eine Reihe von Standard-Monopolantennen beschrieben [2.9].

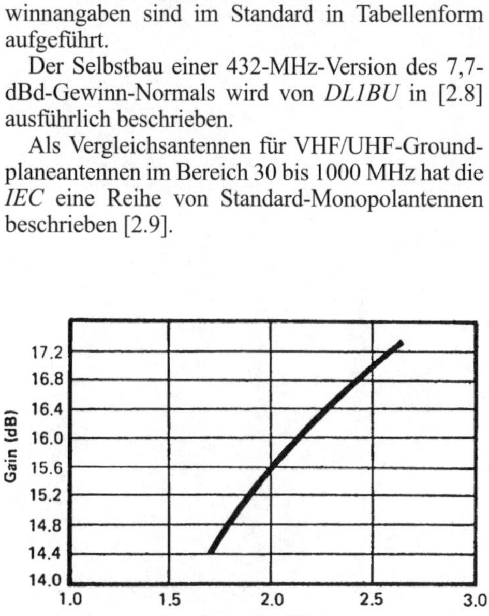

Bild 30.2.7
Normalgewinn-Hornantenne
(*Scientific Atlanta* Typ 12-1.70)

Hornantennen

Im UHF-Bereich werden als Vergleichsnormale auch Normalgewinn-Hornantennen (Standard Gain Horns) verwendet. Das sind Pyramiden-Hornstrahler, deren Gewinn sich rechnerisch über die Feldverteilung in ihrer Apertur ermitteln läßt. Die Theorie dazu findet sich in [2.10] und [2.11].

Bild 30.2.7 zeigt den Gewinnverlauf eines Normalgewinn-Horns Typ 12-1.70 der US-Firma *Scientific-Atlanta* im Frequenzbereich 1,7–2,6 GHz. Der Gewinn wird entweder in Bandmitte oder für eine einzelne Frequenz im Band angegeben.

Vom Hersteller ist der Nominal-Gewinn mit 15,5 dB und die Nominal-Halbwertsbreite mit 30° (E-Ebene) und 27° (H-Ebene) angegeben.

Hornantennen von anderen Firmen haben ähnliche Werte. Je nach Hornabmessungen sind im UHF-Bereich Gewinne von 11 bis 17 üblich.

Bild 30.2.8 zeigt die Hornabmessungen.

Die Herstellung der Normalgewinn-Hornantennen muß sehr sorgfältig erfolgen, damit eine Genauigkeit der Gewinnangabe von ± 0,3 dB erreicht wird.

Die Abmessungen des Normalgewinn-Horns von **Bild 30.2.7** sind:

A = 36,86 cm (14,51 in)
B = 27,31 cm (10,75 in)
L = 36,65 cm (14,43 in)

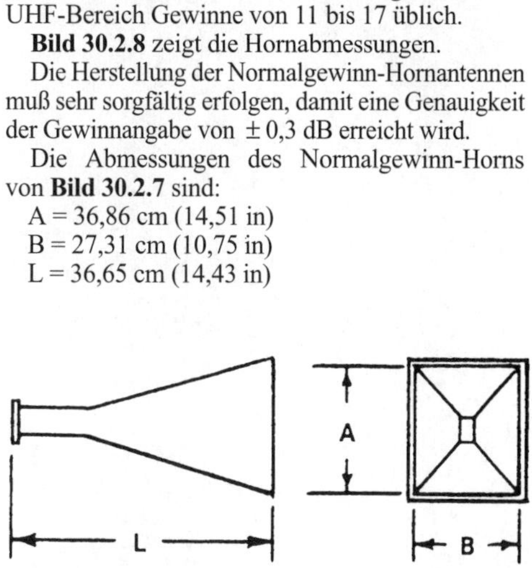

Bild 30.2.8
Abmessungen der Hornantenne

Literatur zu Abschnitt 30

[1.1] *Schwarzbeck, G.*: KW-Antennenmeßtechnik, ---. (Streifzug durch den Antennenwald). CQ-DL 11/1978, S. 504

[1.2] *Vogelsang, E.*: Vertikaldiagramme typischer Kurzwellenantennen. CQ-DL 6/1985, S. 300–303

[1.3] *Schwarzbeck, G.*: Einführung, Meßergebnisse ---. (Streifzug durch den Antennenwald). CQ-DL 8/1978, S. 342–344

[1.4] *Schwarzbeck, G.*: DX-Antennen für 80 m und 160 m. (Streifzug durch den Antennenwald). CQ-DL 4/1979, S. 150–155

[1.5] *Schwarzbeck, G.*: Vergleich Quad- mit Yagiantennen. (Streifzug durch den Antennenwald). CQ-DL 6/1979, S. 246–255

[1.6] *Schwarzbeck, G.*: Bedeutung des vertikalen Abstrahlwinkels von KW-Antennen. (Streifzug durch den Antennenwald). CQ-DL 5/1985, S. 184–189

[1.7] *Schwarzbeck, G.*: KW-Antennenmeßtechnik, ---. (Streifzug durch den Antennenwald). CQ-DL 11/1978, S. 502–508

[1.8] *Hille, K.H.:* Kostenüberlegungen zu Antennensystemen. Beam 6/1984, S. 27–30

[1.9] *Schick, R.:* Loop-, Dipol- und Vertikalantennen, Vergleiche und Erfahrungen. CQ-DL 3/1979, S. 115–119

[1.10] *Schwarzbeck, G.*: Die Antenne und ihre Umgebung. CQ-DL 1/88, S. 5–10

[1.11] *Schwarzbeck, G.*: Antennenvergleich mit DX-Signalen. (Streifzug durch den Antennenwald). CQ-DL 4/83, S.175
ITG: Begriffe aus dem Gebiet der Antennen. ITG 2.1/02 Empfehlung 1993. NTZ, Bd. 46, H. 12/1993, S. 957–960;

[2.1] *Bittan, T.*: Zirkular-Polarisation im 2-Meter-Band. UKW-Berichte 3/73, S. 148–153

[2.2] *Bock, A.*: Zirkularpolarisation. UKW-Berichte 3/72, S. 186–191

[2.3] *Oberrender, O.*: Yagi-Antennen für den Funkamateur. Funkamateur 1/81, S. 38–39; 2/82, S. 92-93; 3/82, S. 142–143; 4/82, S. 192–196; 5/82, S. 240–244; 6/82, S. 293–294; 7/82, S. 348–349; 8/82, S. 402–406

[2.4] *Schwarzbeck, G.*: Die Antenne und ihre Umgebung. CQ-DL 1/88, S. 5–10

[2.5] *Yang, R.*: A Proposed Gain Standard For VHF-Antennas. IEEE Trans., AP-14, November 1966, p. 792

[2.6] *EIA*: Minimum Standards for Land-Mobile Communication Antennas. Part 1: Base or Fixed Station Antennas. EIA, Washington, DC, 1975

[2.7] *DIN*: Meßverfahren für Antennen im beweglichen Funkdienst. DIN IEC 489 T. 8, Dezember 1987

[2.8] *Schwarzbeck, G.*: Messung des Antennengewinns. (Streifzug durch den Antennenwald). CQ-DL 7/82, S. 332–335

[2.9] *IEC*: Methods of measurement of antennas in the mobile service. IEC 489 Part 2, IEC, Geneva

[2.10] *Braun, E.H.:* Gain of Electromagnetic Horns. Proc. IRE, January 1953, pp. 109–115

[2.11] *Braun, E.H.:* Some Data for the Design of Electromagnetic Horns. IRE Trans., AP-4, January 1956, pp. 29–31

31 Antennenmeßgeräte, Messungen, Meßzubehör

Die Antennenmeßtechnik befaßt sich mit der Messung der elektrischen Eigenschaften der Antennen. Neben der Messung von Strom, Spannung, Leistung und Resonanz versteht man darunter vornehmlich die Messung von Anpassung, Impedanz, Gewinn, Wirkungsgrad und Richtdiagramm.

Literatur über Hochfrequenzmeßtechnik allgemein [0.1]–[0.3], über Antennenmeßtechnik speziell [0.4]–[0.9].

31.1 Antennenmeßgeräte

Die günstigsten Betriebsbedingungen einer Antennenanlage lassen sich nur herstellen, wenn man über eine bestimmte Mindestausstattung an Meßgeräten verfügt. Leider sind industriell gefertigte Meßeinrichtungen außerordentlich kostspielig und deshalb für den Funkamateur fast unerreichbar. Man ist somit auf den Selbstbau angewiesen und muß dabei auf die in der Praxis meist gar nicht erforderliche bestmögliche Meßgenauigkeit verzichten.

Eigenbau-Meßeinrichtungen, speziell für die Antennenanpassung, sind keineswegs kompliziert, sie erfordern auch keine teuren Spezialteile. Diese Aussage trifft insbesondere für solche Antennenanlagen zu, die über Koaxialkabel gespeist werden. Das ist heute überwiegend der Fall.

Die Mindestausstattung besteht dabei aus einem Dip-Meter, das wohl immer vorhanden sein dürfte, und aus einem Reflektometer, das mit sehr geringem Aufwand herzustellen ist. Es gibt noch eine Reihe anderer Antennenmeßgeräte, die die Anpassungsarbeit vereinfachen oder mit deren Hilfe bestimmte Antennendaten (z.B. die Antennenimpedanz) ermittelt werden können. Für den normalen Betriebsabgleich einer Antenne auf bestmögliche Anpassung sind sie jedoch nicht unbedingt erforderlich.

Die Eigenbaugeräte sind vorwiegend „Indikatoren", also keine Meßgeräte im eigentlichen Sinn, sondern Anzeigegeräte, etwa für Maximalwerte z.B.: Strom, Spannung, Leistung, Feldstärke, oder für Minimalwerte z.B.: Welligkeit, Rücklauf.

Absolute Messungen sind selten notwendig. Meist genügen relative Messungen. Zum Beispiel genügt die Anzeige von maximalen Strom-/Spannungswerten, die Anzeige von minimaler Welligkeit, oder der Nachweis einer maximalen oder minimalen Feldstärke. Nachstehend werden die wichtigsten Antennenmeßgeräte und die dazugehörige Messungen beschrieben. Bei den Antennenmeßgeräten wird dabei auch auf Selbstbaugeräte eingegangen.

Auch das notwendige Meßzubehör für die Messungen wird in diesem Abschnitt behandelt.

31.1.1 Strommesser

Strommessungen werden in der HF-Technik relativ selten durchgeführt. Der Grund ist einerseits der Mangel an geeigneten Strommeßgeräten und andererseits die Tatsache, daß es beim Auftrennen des Hf-Stromkreises zur Einschaltung eines Strommessers sehr oft zu einer Veränderung des Meßobjektes kommt. Meist sind daran die verteilten Kapazitäten schuld, besonders die unvermeidliche Erdkapazität des Meßinstrumentes. Das tritt ein, wenn der Strommesser Spannung gegen Erde führt. Günstiger ist es, wenn der Strommesser einseitig auf Erdpotential liegt [1.1]. Für den Strommesser muß die Impedanz zwischen beiden Anschlußklemmen klein sein gegenüber dem Widerstand des Meßkreises.

In vielen Fällen wird die direkte Strommessung durch eine Spannungsmessung an einem bekannten Widerstand ersetzt.

Es gibt folgende Arten der HF-Strommesser:
Thermoumformer
Stromwandler
Gleichrichter-Strommesser

Thermoumformer
Thermische Strommeßverfahren haben den Vorteil der Frequenzunabhängigkeit und Kurvenformunabhängigkeit, aber den Nachteil der längeren Einstellzeit und der geringen Überlastbarkeit. Auf Grund des Skineffektes ist der *Thermoumformer* etwas frequenzabhängig.

Der *Thermoumformer* besteht aus einem Heizdraht, der vom Strom durchflossen wird. Die erzeugte Temperaturerhöhung bewirkt in einem Thermoelement eine proportionale Spannung (einige Millivolt), die in einem Gleichstrommeßgerät angezeigt wird. Man unterscheidet direkt und indirekt geheizte *Thermoumformer*. Es wird der Effektivwert des Stromes gemessen.

Ein anderer thermischer Strommesser ist das **Hitzdrahtinstrument**. Dabei dehnt sich ein von HF durchflossener Draht durch Erwärmung aus. Die Drahtverlängerung wird unmittelbar oder mittelbar auf einen Zeiger übertragen.

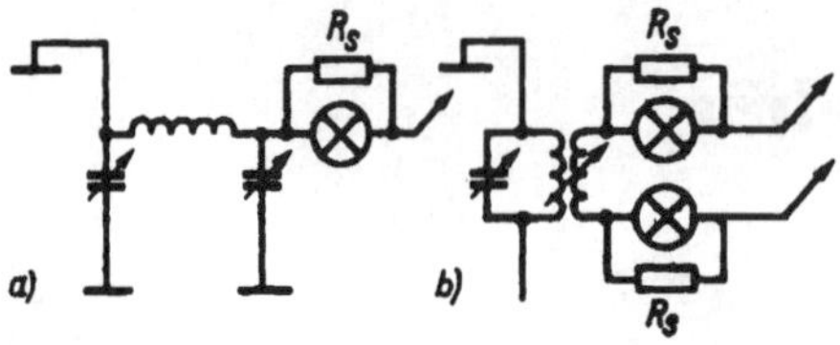

Bild 31.1.1
Glühlampenindikator
a) - für Eindrahtspeisung
b) - für Zweidrahtspeisung

Ein weiterer thermischer Strommesser kann durch ein **Bolometer** realisiert werden. Dabei verändert ein Heißleiter (Thermistor) bei Stromdurchgang seinen Widerstand. Die Widerstandsänderung wird in einer Meßbrücke gemessen. Dies ist das empfindlichste Verfahren.

Der Amateur kann bei seinen Messungen meist auf die Kenntnis des absoluten Antennenstroms verzichten. Ihm genügen Anordnungen, die beim Abstimmen das Maximum des Antennenstroms erkennen lassen (**Glühlampenindikator**). Im einfachsten Fall werden zwischen Senderausgang und Speiseleitung Glühlampen eingeschaltet (z.B. Skalenlampen), die den maximalen Antennenstrom durch helles Aufleuchten anzeigen (**Bild 31.1.1**). Die Parallelwiderstände R_S „shunten" die Glühlampen, sie verhindern in bestimmten Grenzen ihr Durchbrennen und setzen gleichzeitig die schädliche Induktivität des Glühfadens etwas herab. Man kann im **Bild 31.1.1** R_S und die Glühlampe auch vertauschen. R_S wird durch ein Stück der Speiseleitung ersetzt und mit der Glühlampe überbrückt. Mit der Lampenanordnung **Bild 31.1.1b** wird außerdem noch angezeigt, ob beide Speiseleitungszweige annähernd symmetrisch erregt sind (gleichmäßig helles Aufleuchten beider Lampen).

Stromwandler

Ein *Stromwandler* ist ein Teiler für niederohmige Lasten. Das Teilungsverhältnis entspricht dem Windungsverhältnis. Ein 10:1-Teiler oder 1:10-Teiler hat dabei ein Windungszahlenverhältnis von 1:10. Das entspricht einer Leistungsdämpfung um den Faktor 100 oder 20 dB [1.2].

HF-Stromwandler werden überwiegend als **Durchführungswandler** ausgeführt. Sie bestehen aus einem Ringkern, der die Sekundärwicklung trägt, durch den die Primärleitung durchgeführt ist [1.3]. Eine statische Abschirmung gegen elektrische Felder, wie bei kommerziellen *Stromwandlern* üblich, muß einen Schlitz aufweisen. Durch die Abschirmung wird eine kapazitive Übertragung von Störströmen auf die Sekundärwicklung verhindert. Beim unteren Frequenzbereich muß der induktive Blindwiderstand der Sekundärwicklung mindestens fünfmal so groß sein wie der parallelliegende ohmsche Widerstand (10 bis 50 Ω). Diese Minimalinduktivität muß bei einem 20-dB-Teiler mit 10 Windungen erreicht werden. Dazu ist es notwendig, einen Ferritkern mit geeignetem Frequenzverhalten und passendem A_L-Wert zu finden.

Wird der Kern teilbar ausgeführt, so läßt sich der Strom durch Überschieben des Wandlers in jeder beliebigen Leitung messen (**Zangenstromwandler**) [1.4]. Die Beschränkung auf eine Primärwindung bringt naturgemäß gewisse Einschränkungen für Frequenz- und Meßbereich mit sich.

Bild 31.1.2a zeigt eine induktive Auskopplung (Stromwandler ohne Ringkern) für Antennenstromanzeige. **Bild 31.1.2c** einen Stromwandler mit Ringkern und eigener Primärwicklung (1 Wdg.). **Bild 31.1.3** zeigt eine weitere induktive Auskopplung zur Messung des relativen Antennenstroms [1.5]. Durch die besondere Form der Schleife entsteht bei einem gleichförmigen HF-Feld keine Anzeige. Wenn der Kreuzungspunkt der Koppelschleife an eine stromführende Leitung gehalten wird werden Spannungen in den Schleifen induziert, die sich insgesamt addieren. Von diesem Strommesser wird daher nur der Strom angezeigt, nicht aber die Feldstärke.

Gleichrichter-Strommesser

Drehspulinstrumente lassen sich in Verbindung mit Gleichrichtern auch bei Hochfrequenz zur Strommessung verwenden. Dabei wird eine Halbwelle gleichgerichtet. Es werden dabei meist Spitzendioden wegen der kleinen Eigenkapazität eingesetzt. Der Strommeßbereich ist durch den maximal zulässigen Strom (etwa 30 mA) über die Diode begrenzt. Es

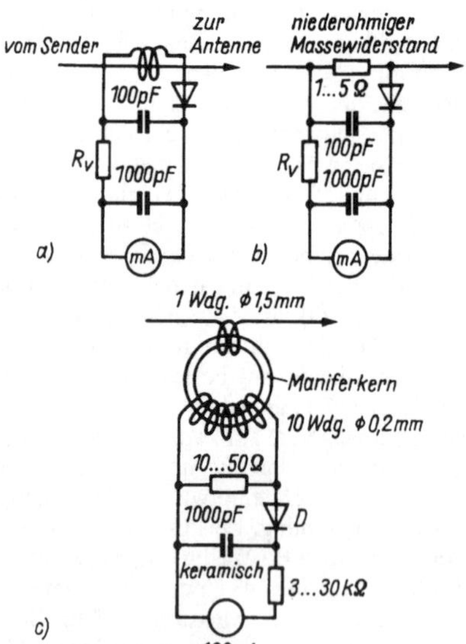

Bild 31.1.2
Antennenstrommessung
a) - induktive Auskopplung
b) - Messung des Spannungsabfalles
c) - Stromwandler

wird Einweg-, Zweiweg- und Brückengleichrichtung verwendet und es muß dabei ein Durchlaßweg gegeben sein, sonst kann im Meßkreis kein Strom fließen. Die Anwendung von *Gleichrichter-Strommessern* ist auf nicht allzu hohe Frequenzen beschränkt.

Bild 31.1.2b zeigt die Messung des Spannungsabfalls an einem niederohmigen Meßwiderstand. Die Strommessung ist hier auf eine Spannungsmessung zurückgeführt. Die Größe des Vorwiderstandes R_V ist vom Innenwiderstand des Meßwerkes und von der gewünschten Empfindlichkeit abhängig. Die Hableiterdioden haben einen kleinen Durchlaßwiderstand, einen hohen Sperrwiderstand, einen relativ großen Strom in Durchlaßrichtung, eine hohe Sperrspannung, eine kleine Kapazität und kleine Abmessungen. Als Gleichrichterelemente sind alle üblichen HF-Halbleiterdioden brauchbar. Da die Gleichrichterkennlinie der Halbleiterdiode nicht linear ist, sollte das Anzeigeinstrument zusammen mit der Diode neu geeicht werden.

Alle in diesen Meßanordnungen verwendeten Kondensatoren sind keramische Typen.

31.1.2 Spannungsmesser

Die Messung von Wechselspannungen zählt zu den häufigsten Aufgaben der HF-Meßtechnik.

Früher wurden Röhrendioden zur Gleichrichtung verwendet, später wurden dann Germanium-Spitzendioden eingesetzt. Heute werden Schottky-Dioden auf Silizium-Basis oder GaAS-Dioden dafür verwendet. Die Diodenkennlinie wurde Ende der 30er-Jahre von *Schottky* angegeben und ist heute noch gültig [1.6].

Bei Meßgleichrichtern wird unterschieden in
Effektivwertgleichrichter,
Mittelwertgleichrichter,
Spitzenwertgleichrichter.

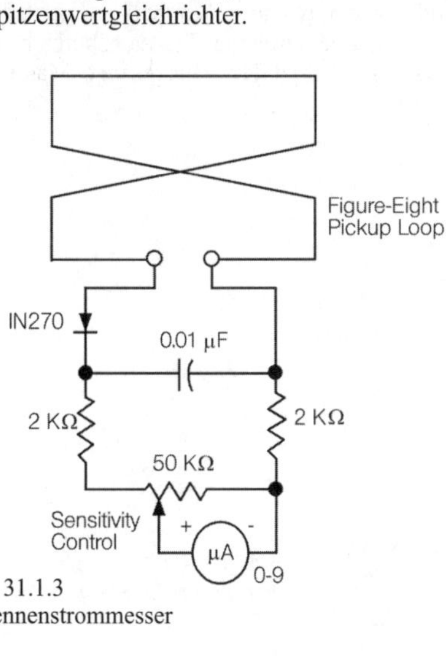

Bild 31.1.3
Antennenstrommesser

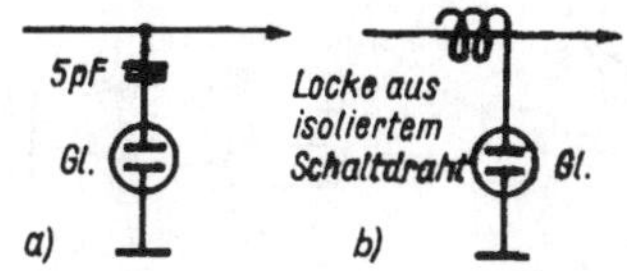

Bild 31.1.4
Glimmlampenindikator

Bei kleiner Aussteuerung, also in der Nähe des Nullpunktes, ist die Diodenkennlinie quadratisch. Im quadratischen Bereich (etwa 30 mV) erfolgt eine quadratische Gleichrichtung und es wird der Effektivwert der Spannung gemessen. Bei Geräten mit Effektivwertgleichrichtung entspricht die Ausgangs-Gleichspannung dem Quadrat der Eingangsspannung oder – was gleichbedeutend ist – der Eingangsleistung.

Bei Mittelwertgleichrichtern wird Einweg-, Zweiweg- oder Brückengleichrichtung angewendet. Durch einen hohen Vorwiderstand ergibt sich eine nahezu lineare Gleichrichterkennlinie und ein fast linearer Skalenverlauf. Der Arbeitspunkt liegt dabei im Nullpunkt der Gleichrichterkennlinie. Mittelwertgleichrichter werden bis zu Frequenzen von einigen MHz verwendet. Der Spitzengleichrichter ist der bei HF am häufigsten verwendete Gleichrichter. Es wird vorwiegend Einweg-Spitzengleichrichtung angewendet in Serien- oder Parallelschaltung. Bei dieser Gleichrichtung wird ein Ladekondensator auf den Scheitelwert der HF-Spannung aufgeladen. Um ein Absinken der Spannung am Kondensator zwischen zwei Halbwellen zu verhindern muß die Entladezeitkonstante des RC-Gliedes möglichst groß sein gegenüber der Periodendauer der Meßspannung. Man unterscheidet auch zwischen positiver, negativer und Spitze-zu-Spitze-Gleichrichtung. Es gibt auch Zweiweg-Spitzengleichrichter.

Bei Spannungsmeßköpfen unterscheidet man zwischen:
Tast-Meßkopf
Durchgangs-Meßkopf

Der Amateur kann bei seinen Messungen meist auf die Kenntnis der absoluten Antennenspannung verzichten. Ihm genügen Anordnungen, die beim Abstimmen das Maximum der Antennenspannung erkennen lassen (**Glimmlampenindikator**). Die Glimmlampe ist ein brauchbarer Spannungsindikator. Im einfachsten Fall werden zwischen Senderausgang oder Speiseleitung und Masse kapazitiv Glimmlampen angeschlossen, die die maximale Antennenspannung durch helles Aufleuchten anzeigen (**Bild 31.1.4**). Bei mittleren Sendeleistungen genügt meist schon die kapazitive Annäherung an die Speiseleitung, um die Glimmlampe zum Aufleuchten zu bringen.

Einen leicht aufzubauenden HF-Indikator hat *DK8GZ* beschrieben [1.7]. Die Schaltung besteht

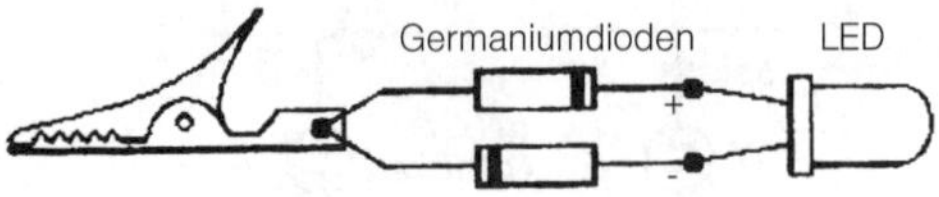

Bild 31.1.5
HF-Indikator

aus zwei antiparallel geschalteten Germaniumdioden und einer LED (**Bild 31.1.5**).

31.1.3 Leistungsmesser

Leistung wird definiert als Energiefluß pro Zeiteinheit. Die Momentanleistung ist das Produkt der Momentanwerte von Strom und Spannung. Bei sinusförmigen Signalen der HF- und Mikrowellentechnik schwankt die „Momentanleistung" um einen Mittelwert, der meßtechnisch erfaßbar ist. Die Leistung wird als „Wirkleistung" bezeichnet und kann aus den Effektivwerten von Spannung und Strom, sowie der Phasenverschiebung berechnet werden. Bei modulierten Sinussignalen wird als „mittlere Leistung" der Durchschnitt der Leistung über eine Modulationsperiode bezeichnet. Die über eine Periode des Trägersignals gemittelte Leistung heißt „Hüllkurvenleistung". Der Größtwert davon, die „maximale Hüllkurvenleistung" wird als „PEP" (Peak Envelope Power) bezeichnet. Bei gepulsten Signalen kann die „Spitzenleistung" bei bekanntem Tastverhältnis aus der mittleren Leistung berechnet werden [1.8].

Es gibt folgende Arten von Leistungsmessern:
Abschluß- und Endleistungsmesser
Durchgangsleistungsmesser

31.1.3.1 Abschlußleistungsmesser

Diese Leistungsmesser werden auch *Absorptions-Leistungsmesser* oder *thermische Leistungsmesser* genannt und bestehen aus einem Abschlußwiderstand, in dem die ganze Leistung in Wärme umgesetzt und über einen Thermo-Sensor oder einen thermoelektrischen Sensor ausgewertet wird.

Thermo-Sensor

Thermische Leistungsmesser, welche die Änderung der elektrischen Leitfähigkeit unter Einfluß der Erwärmung des Abschlußwiderstandes ausnutzen, werden auch **Bolometer** genannt. Dabei wird die Änderung entweder eines Halbleiterwiderstandes (**Thermistor**) mit negativem Temperaturkoeffizienten (NTC-Widerstand) oder die Widerstandsänderung eines Metalldrahtes (**Baretter**) mit positivem Temperaturkoeffizienten (PTC-Widerstand) ausgewertet. Die im Meßkopf umgesetzte Wärme verstimmt eine empfindliche Brücke. Die Leistung eines Vergleichswiderstandes hebt die Verstimmung wieder auf und ist ein Maß für die angebotene HF-Leistung. **Bild 31.1.6** zeigt das Prinzip eines thermischen Leistungsmessers mit *Thermo-Sensor.*

Damit können nur kleinere Leistungen gemessen werden. Größere Leistungen werden durch entsprechende Leistungsteiler (Belastungswiderstände mit Meßausgang) herabgesetzt. Dabei wird der Hauptteil der Leistung im Belastungswiderstand aufgenommen und nur ein entsprechend kleiner Teil erscheint am Abschlußwiderstand.

Thermoelektrischer Sensor

Dabei erzeugt die Erwärmung des Abschlußwiderstandes eine Thermospannung in einem Thermoelement. Für den Mikrowellenbereich werden heute durch die Kombination von Halbleiter- und Dünnfilmtechnologie schnelle, empfindliche und auch robuste Sensoren hergestellt. Abschlußwiderstand und Thermoelement sind meist galvanisch verbunden. Wenn die beiden Teile getrennt sind kann der sonst notwendige Koppelkondensator entfallen. Der überstrichene Frequenzbereich geht dann von 0 bis 26 GHz. Die geringe Masse des

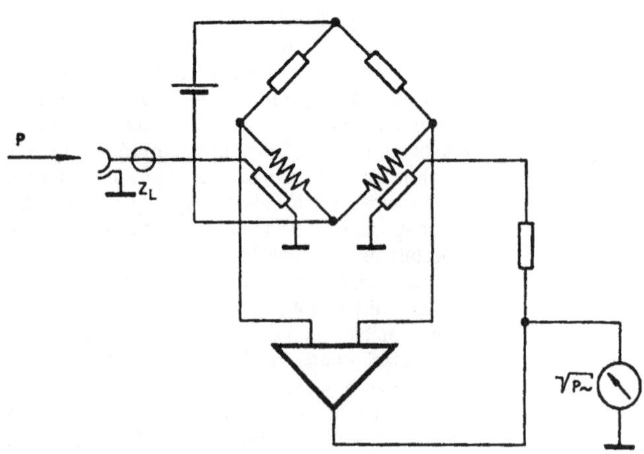

Bild 31.1.6
Thermischer Leistungsmesser (Prinzip)

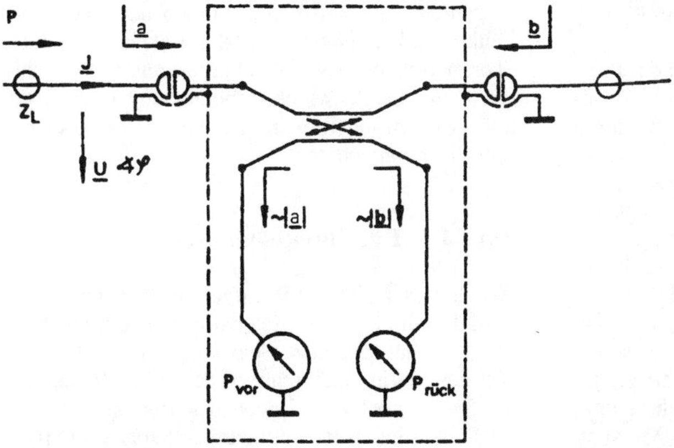

Bild 31.1.7
Durchgangsleistungsmesser (Prinzip)

Sensors führt zu einer kleinen Wärmekapazität und damit zu schnellem Ansprechen (ms-Bereich).

Kalorimetrischer Sensor
Dabei nimmt ein mit einem (im allgemeinen flüssigen) Kühlmittel gekühlter Widerstand die HF-Leistung auf. Aus der Temperaturzunahme des Kühlmittels wird dann auf die Leistung geschlossen. Das Verfahren hat bei Amateuren keine Bedeutung.

Fotometrischer Sensor
Dabei wird die Helligkeit zweier Glühlampen verglichen. Zwei Glühlampen werden hinter einer matten Glasscheibe oder einem Pergamentpapier angebracht. Die beiden Lampen sind nebeneinander, getrennt durch eine Zwischenwand, angeordnet. Eine Lampe wird mit HF erregt, die andere Lampe wird über ein variables Netzgerät mit Strom- und Spannungsanzeige gespeist. Wenn beide Lampen gleich hell leuchten nehmen sie die gleiche Leistung auf. Aus der Strom- und Spannungsanzeige der Vergleichslampe kann dann die der Hochfrequenz entsprechende Leistung ermittelt werden. Das ist eine ältere, preiswerte und bei Amateuren früher oft angewendete Form der Abschlußleistungsmessung.

31.1.3.2 Endleistungsmesser

Diese Leistungsmesser werden auch *Diodenleistungsmesser* genannt und sind mit einem Dioden-Sensor ausgerüstet. Die Leistungsanzeige erhält man aus der Messung der am Abschlußwiderstand liegenden HF-Spannung.

Die Wirkleistung ist proportional dem Quadrat der Spannung nach der Formel

$$P = \frac{|U|^2}{Z} \qquad (31.1.1)$$

Dioden-Sensor
Diodenleistungsmesser werden heute mit Schottky-Dioden oder GaAs-Dioden bestückt. *Dioden-Sensoren* werden auch für schnelle Messungen von Spitzen- und Hüllkurvenleistungen von etwa 100 pW bis 100 mW eingesetzt. Die erreichbaren Frequenzen sind 110 GHz. Der Sensor enthält neben dem Abschlußwiderstand einen Gleichrichter in Einweg- oder Zweiwegschaltung und ein Anpaßnetzwerk zur Kompensation von Sperrschichtkapazität und Anschlußinduktivität.

31.1.3.3 Durchgangsleistungsmesser

Diese Leistungsmesser werden in eine Energieleitung eingeschaltet und messen die vom Verbraucher aufgenommene Wirkleistung. Der eigene Leistungsverbrauch ist dabei unbedeutend. Die Leistungsanzeige erhält man nicht direkt aus Strom- und Spannungsmessung, sondern auf dem Umweg über die s.g. Wellengrößen $\underline{a}$ und $\underline{b}$, die der „Vorlaufleistung" und „Rücklaufleistung" proportional sind. Ein Durchgangsmeßkopf erfaßt den Leistungsfluß in beiden Richtungen. Zur Trennung von vor- und rücklaufender Welle enthält er einen Doppel-Richtkoppler (Reflektometer). Die ausgekoppelten Signale werden mit je einem Dioden-Sensor für Vor- und Rücklauf gemessen. Diese Spannungen ergeben nach Quadrierung die Leistungsanzeigen für Vor- und Rücklaufleistung. **Bild 31.1.7** zeigt das Prinzip eines *Durchgangsleistungsmessers.*

Die Wirkleistung ist die Differenz beider Leistungen nach der Formel

$$P = P\text{vor} - P\text{rück} \qquad (13.1.2)$$

Durchgangsleistungmesser haben eine quadratische Anzeige. Die Verwendung dieser Leistungsmesser beschränkt sich nicht nur auf reine Leistungsmessung, sondern man kann sie als Abstimmhilfe und zur Funktionskontrolle bei Antennen einsetzen.

Literatur über *Leistungsmesser* [1.9]–[1.17].

31.1.4 Resonanzprüfer (Dip-Meter)

Als Dip-Meter bezeichnet man allgemein ein Prüfgerät, das die Resonanz eines externen LC-Kreises mit der am Prüfgerät eingestellten Frequenz durch eine Änderung des Ausschlages am Anzeigeinstrument („Dip") erkennen läßt. Der Funkamateur kann das Dip-Meter sehr vielseitig verwenden, es gehört deshalb zur Grundausrüstung einer Amateurstation. Sein Hauptanwendungsbereich erstreckt sich auf das Feststellen sowie das annähernde Messen der Resonanzfrequenz von Schwingkreisen; es kann auch bedingt für den Abgleich von Antennen sowie zum Ausmessen von Speiseleitungen eingesetzt werden. Die Verwendung als Absorptionsfrequenzmesser, als Quarzoszillator und für die Messung von Induktivitäten und Kapazitäten unterstreichen seine Universalität [1.18] - [1.20].

Die Urform ist das röhrenbestückte Grid-Dip-Meter nach **Bild 31.1.8**. Es wird oft als veraltet angesehen, und man gibt heute den halbleiterbestückten Dip-Metern den Vorzug. Sie sind netzunabhängig und haben einen sehr geringen Stromverbrauch; dementsprechend ist jedoch auch die Oszillatorleistung sehr klein, so daß Transistor-Dip-Meter z.B. nicht als Hochfrequenzgenerator für die Speisung von Impedanzmeßbrücken eingesetzt werden können.

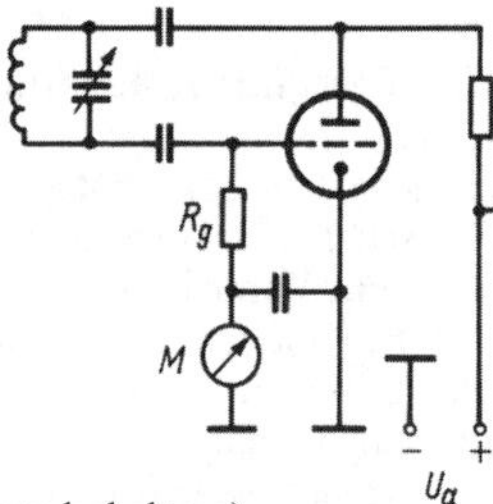

Bild 31.1.8
Grid-Dip-Meter (Grundschaltung)

Wie **Bild 31.1.8** zeigt, besteht die einfachste Form eines Grid-Dip-Meters aus einer Oszillatorschaltung mit veränderbarer Schwingfrequenz. In der Zuleitung zum Steuergitter der Oszillatorröhre liegt ein Meßwerk, das den im schwingenden Zustand immer vorhandenen Gitterstrom anzeigt. Wird die Kreisspule des Grid-Dip-Meters einem anderen Resonanzgebilde genähert und befinden sich beide in Resonanz, so entzieht der nichtschwingende, zu untersuchende Resonanzkreis dem schwingenden Kreis Energie. Dieser Energieentzug ist am Gitterstrommeßwerk als mehr oder weniger starker Abfall des Gitterstromes (als sogenannter Resonanzdip) zu erkennen.

Der mechanische Aufbau einfacher Grid-Dip-Meter weist keine Besonderheiten auf. Einzelheiten darüber sind in den meisten Bastelbüchern und vorzugsweise in der Amateurliteratur zu finden. Bei den nachstehend aufgeführten Schaltungsbeispielen bewährter Grid-Dip-Meter wurden der Übersichtlichkeit halber Netzteile und Zusatzeinrichtungen (Tonmodulator usw.) nicht eingezeichnet. Richtwerte für die Schwingkreisbemessung werden für alle Ausführungsformen gemeinsam in tabellarischer Form gegeben.

31.1.4.1 Einröhrenschaltungen

Bei den in **Bild 31.1.9** aufgeführten Schaltungen wird der für Grid-Dip-Meter allgemein übliche *Colpitts*-Oszillator benutzt. Sein Vorzug besteht hauptsächlich darin, daß man weder eine Rückkopplungsspule noch eine Spulenanzapfung benötigt, da die Schwingungserzeugung durch kapazitive Spannungsteilung erfolgt. Die Spulen L sind gleichspannungsfrei, sie haben auch keine galvanische Verbindung mit dem Nullpotential der Schaltung. In **Bild 31.1.9a** wird die Anzeigeempfindlichkeit durch einen Drehwiderstand (etwa 10 kΩ) eingestellt, der

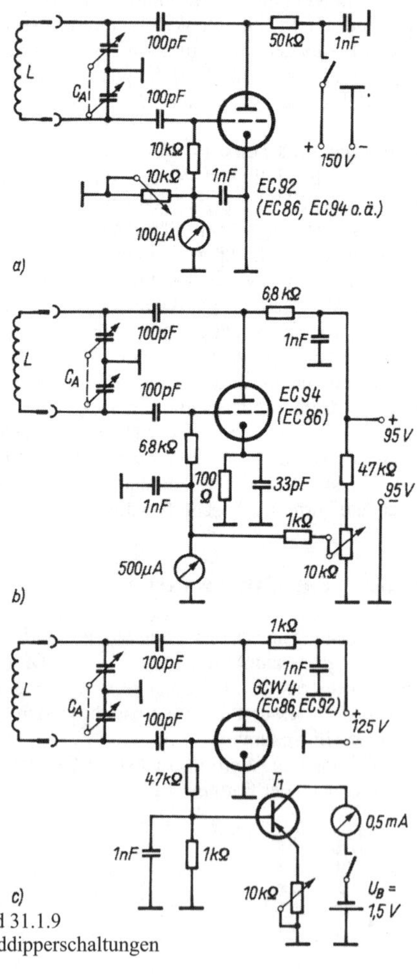

Bild 31.1.9
Griddipperschaltungen

gleichzeitig als zusätzlicher Gitterableitwiderstand und als Shunt für das Anzeigeinstrument genutzt wird. Eine ähnliche Schaltung mit verbesserter Einstellschaltung zeigt **Bild 31.1.9b**. In diesem Fall wird durch einen Kathodenwiderstand das Kathodenpotential gegenüber dem Steuergitter positiv angehoben, gleichzeitig führt man dem Gitter über den veränderbaren Spannungsteiler (10 kΩ) eine ebenfalls positive Vorspannung zu. Diese Kombination ermöglicht eine günstige Arbeitspunkteinstellung, sie bewirkt einen großen Einstellumfang und eine Vertiefung des Anzeigedips.

In der Schaltung nach **Bild 31.1.9c** wird der Nuvistor *6 C W4* verwendet. Für die Wahl dieser Subminiaturspezialröhre mit hervorragenden elektrischen Eigenschaften waren vor allem der geringe Platzbedarf und der niedrige Heizstromverbrauch entscheidend. Bei entsprechender Bemessung des Anodenwiderstandes und gegebenenfalls des Gitterableitwiderstandes sind auch andere Trioden brauchbar; denn es handelt sich um die herkömmliche Schwingschaltung. Das Neue an dieser Anordnung ist der nachgeschaltete Transistorgleichstromverstärker, der die Anzeigeempfindlichkeit erhöht. Das Originalgerät enthält den Transistor *2 N 1264,* er dürfte sich durch fast jeden anderen NF-Transistor ersetzen lassen.

Alle *Colpitts*-Schaltungen dieser Art schwingen bei günstigem Aufbau (kurze Leitungsführung) mit den angegebenen Röhrentypen auch noch im gesamten VHF-Bereich. Da sich die Röhrenkapazitäten nur geringfügig voneinander unterscheiden, haben für derartige Schaltungen die Schwingkreisdaten etwa gleiche Werte. Sie werden deshalb in **Tabelle 31.1** für eine Abstimmkapazität C_A von 2 x 140 pF als Richtwerte für die Spulenabmessungen *L* gegeben, wobei sich die einzelnen Abstimmbereiche jeweils frequenzmäßig überlappen. Die **Tabelle 31.2** bezieht sich auf eine Abstimmkapazität C_A von 2 x 50 pF. Dabei braucht man eine größere Anzahl von Steckspulen, um den gesamten Frequenzbereich erfassen zu können; gleichzeitig wird die Ablesegenauigkeit verbessert. Wenn nicht anders angegeben, werden die Spulen als einlagige Zylinderspulen auf einen Kunststoffwickelkörper von 19 mm Durchmesser aufgebracht.

Tabelle 31.1
Die Bemessung der Steckspulen *L* für Grid-Dip-Meter in Colpitts-Schaltung, Abstimmkapazität 2 x 140 pF

Frequenzbereich in MHz	Windungsanzahl	Drahtsorte	Wickelkörper
2 ... 5	102	0,16-mm-CuL	19 mm Durchmesser
5 ... 14	0,3-mm-CuL		19 mm Durchmesser
14 ... 37	8	0,5-mm-CuL	19 mm Durchmesser
37 ... 100	2	2,0-mm-CuL	19 mm Durchmesser
100 ... 250	Haarnadelschleife, 38 mm lang, 6 mm Abstand	Drahtsorte 2,0- bis 2,5-mm-CuAg	

Tabelle 31.2
Die Bemessung der Steckspulen *L* für Grid-Dip-Meter in Colpitts-Schaltung, Abstimmkapazität 2 x 50 pF

Frequenzbereich in MHz	Windungsanzahl	Drahtsorte	Wickelkörper
1,7 ... 3,2	195	0,16-mm-CuL	19 mm Durchmesser
2,7 ... 5,0	110	0,25-mm-CuL	19 mm Durchmesser
4,4 ...7,8	51	0,25-mm-CuL	19 mm Durchmesser
7,5 ... 13,5	24	0,25-mm-CuL	19 mm Durchmesser
12 ... 22	21	0,50-mm-CuL	19 mm Durchmesser (Spulenlänge 20 mm)
20 ... 36	14	0,50-mm-CuL	19 mm Durchmesser (Spulenlänge 12 mm)
33 ... 60	8 ½	0,80-mm-CuL	19 mm Durchmesser (Spulenlänge 13 mm)
54 ...99	3 ¾	0,80-mm-CuL	19 mm Durchmesser (Spulenlänge 8 mm)
90 ...165	Haarnadelschleife, 85 mm lang, 12 mm Abstand	Drahtsorte 2,0-mm-CuAg	
150 ...275	Haarnadelschleife, 32 mm lang, 6 mm Abstand	Drahtsorte 2,0-mm-CuAg	

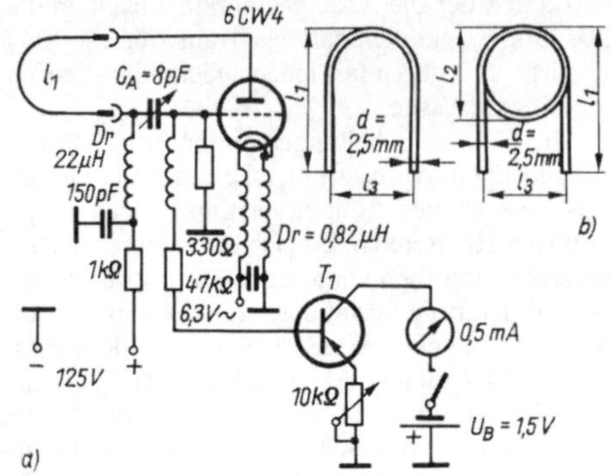

Bild 31.1.10
Grid-Dip-Meter für VHF/UHF

31.1.4.2 Grid-Dip-Meter für VHF/UHF

Bild 31.1.10 zeigt die Schaltung eines Grid-Dip-Meters, das mit Nuvistorbestückung (*6 CW 4*) bis etwa 700 MHz brauchbar ist. Mit einer UHF-Triode *EC 86* dürften ähnliche Ergebnisse zu erzielen sein. Die Abstimmkapazität C_A (8 pF) liegt in Reihe mit der Röhrenkapazität; man erhält deshalb auch für die UHF-Schwingkreise noch ein angemessenes L/C-Verhältnis. Ein ungewöhnlich kleiner Gitterableitwiderstand von 330 Ω verhindert das Überschwingen des Oszillators; er bewirkt aber, daß der bei Energieentzug auftretende Resonanzdip sehr klein wird. Deshalb ist bei dieser Schaltung der gleiche Transistorgleichstromverstärker angeordnet wie in **Bild 31.1.9c**. In die Anoden- und Gitterzuführung wurden Hochfrequenzdrosseln von etwa 22 µH gelegt. Auch die Heizleitungen werden – wie im UHF-Bereich üblich – unmittelbar an der Röhrenfassung mit kleinen Induktivitäten (0,8 µH) verdrosselt. Die Steckspulen, die im wesentlichen aus Haarnadelschleifen verschiedener Länge bestehen, führen Gleichspannung. Ein ausreichender Berührungsschutz ist gegeben, wenn man die Spulendrähte mit einem hochwertigen Isolierschlauch überzieht. Richtwerte für die Abmessungen der in **Bild 31.1.10b** skizzierten Steckspulen werden in **Tabelle 31.3** angegeben.

Tabelle 31.3
Spulenabmessungen für UHF-Griddipper nach Bild 31.1.10

Frequenzbereich in MHz	Abmessungen in mm l_1	l_2	l_3	d
270 ... 325	70	17,5	13	2,5
315 ... 375	80	-	13	2,5
370 ... 460	50	-	13	2,5
415 ... 515	42	-	13	2,5
445 ... 565	32	-	13	2,5
545 ... 730	13	-	13	2,5

31.1.4.3 Kombinierte Grid-Dip-Meter

Um einen ausgeprägten Resonanzdip zu erhalten, müssen einfache Grid-Dip-Meter sehr fest mit dem zu untersuchenden Kreis gekoppelt werden. Die enge Ankopplung bewirkt eine verhältnismäßig große Kreisverstimmung und damit eine Erhöhung der Meßunsicherheit. Deshalb bevorzugt man Anordnungen, die ohne großen Mehraufwand die Anzeigeempfindlichkeit vergrößern. Dabei wird das Grid-Dip-Meter mit einem Röhrenvoltmetrer oder einem Gleichstromverstärker kombiniert.

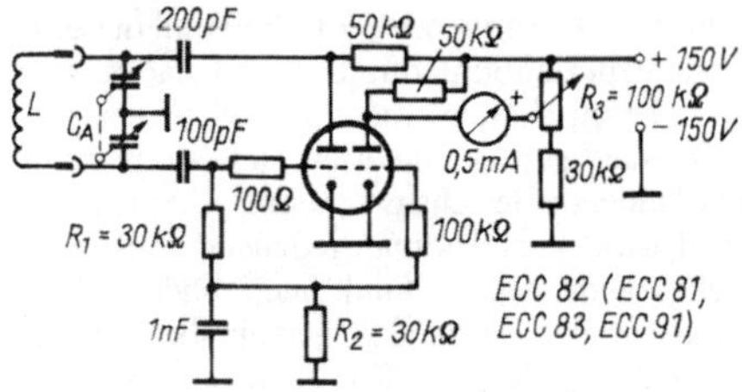

Bild 31.1.11
Grid-Dip-Meter mit Röhrenvoltmeter

Eine Version zeigt **Bild 31.1.11**. Das ist eine erprobte Schaltung mit der Doppeltriode *ECC 82* (*DARC*-Standardschaltung 1). Das linke Triodensystem schwingt als normaler *Colpitts*-Oszillator und unterscheidet sich in keiner Weise von den bisher angegebenen Anordnungen. Die 2. Triode arbeitet als Röhrenvoltmeter in einer Brückenschaltung, wobei ihr Innenwiderstand einen Brückenzweig darstellt. Das Brückengleichgewicht wird bei schwingendem Oszillator mit R_3 eingestellt. Bei der Resonanzmessung verändert sich der Schwingzustand der Oszillatorröhre durch Energieentzug, was den Gitterstrom und damit die am Spannungsteiler R_1-R_2 auftretende Gittervorspannung verringert. Da diese im Resonanzfall verminderte Vorspannung auch am Steuergitter des 2. Röhrensystems wirksam wird, verändert sich sein Innenwiderstand, die Brücke kommt aus dem Gleichgewicht. Es erfolgt deshalb auch bei sehr loser Kopplung mit dem Meßobjekt im Resonanzfall

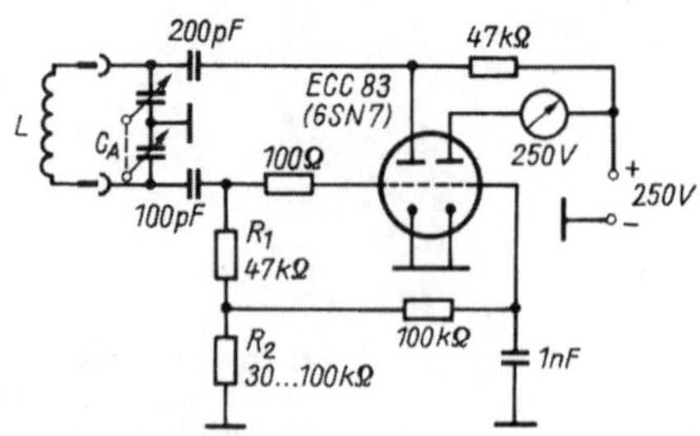

Bild 31.1.12
Grid-Dip-Meter mit Gleichstromverstärker

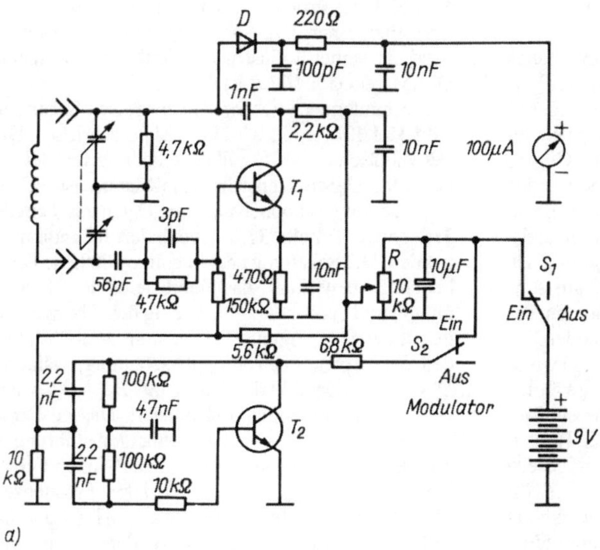

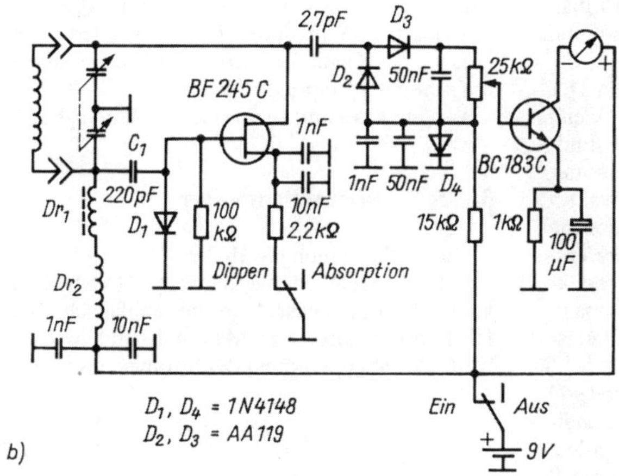

Bild 31.1.13
Halbleiter-Dip-Meter
a) - Transistor-Dip-Meter
b) - FET-Dip-Meter

ein empfindlicher positiver Ausschlag des Anzeigeinstrumentes.

Eine weitere Version mit noch etwas geringerem Aufwand zeigt **Bild 31.1.12**. In diesem Fall ist das linke Triodensystem einer *ECC 83* wieder als *Colpitts*-Oszillator geschaltet. Das 2. Röhrensystem bildet einen Gleichstromverstärker, wobei ein Gleichspannungsvoltmeter als Anzeigeinstrument und als Arbeitswiderstand eingesetzt wurde. Der Meßbereich des Spannungsmessers soll etwa der Größe der verwendeten Anodenspannung entsprechen (z.B. 250 V). Da die Spannung weder unter 0 V absinken noch über die maximale Betriebsspannung ansteigen kann, ist das Meßinstrument vor jeglicher Überlastung geschützt.

Auch bei dieser Schaltung zeigt sich der Resonanzdip durch einen positiven Ausschlag des Voltmeters. Die Anzeigeempfindlichkeit ist gut, sie kann noch erhöht werden. wenn man das Anzeigeinstrument auf einen kleineren Spannungsmeßbereich umschaltet. Für die erstmalige Einstellung wird der Spannungsteiler R_1-R_2 durch ein Potentiometer (200 kΩ) ersetzt. Dieses stellt man bei schwingendem *Colpitts*-Oszillator so ein, daß das Anzeigevoltmeter etwa 1/4 der maximal vorhandenen Anodengleichspannung anzeigt. Die eingestellten Spannungsteilerwiderstandswerte mißt man mit einem Ohmmeter und ersetzt dann das Potentiometer durch passende Festwiderstände. Damit ist das Gerät betriebsfertig. Selbstverständlich genügt es, wenn man ein ansteckbares Anzeigevoltmeter benutzt; es kann dann jeder beliebige Vielfachspannungsmesser im entsprechenden Meßbereich verwendet werden.

31.1.4.4 Transistor-/FET-Dip-Meter

Mit Halbleitern bestückte Resonanzmesser haben neben kleinen Abmessungen den besonderen Vorzug der Netzunabhängigkeit und eines sehr geringen Batteriestromverbrauches. Deshalb sind sie für Antennenmessungen besonders geeignet. Gegenüber einem röhrenbestückten Dip-Meter werden die Einsatzmöglichkeiten allerdings etwas eingeschränkt, weil die Energieabgabe bei den handelsüblichen Transistortypen für HF sehr gering ist. Aus diesem Grund kann man z.B. einen Transistoroszillator nicht als Hochfrequenzgenerator für das Speisen von Impedanzmeßbrücken verwenden.

Bild 31.1.13a zeigt die Schaltung eines *Transistor-Dip-Meters*, dessen Oszillator in der bewährten Colpitts-Schaltung schwingt. Für T_1 sollte ein Silizium-NPN-Transistor mit möglichst hoher Transitfrequenz und großer Stromverstärkung eingesetzt werden. Im Mustergerät wird der Typ *2 SC 288 A* verwendet. Der Oszillator läßt sich wahlweise mit einer Tonfrequenz von etwa 2000 Hz amplitudenmodulieren. Diese Tonfrequenz wird in einer Doppel-T-Schaltung mit T_2 erzeugt. Häufig wird man auf die Modulationsmöglichkeit verzichten und den Tonfrequenzteil weglassen.

Auch für diese Schaltung enthalten **Tabelle 31.1** oder **Tabelle 31.2** die Schwingkreisdaten. Wenn ein Doppeldrehkondensator mit 2 x 130 pF Endkapazität zur Verfügung steht, wird mit nur 6 Steckspulen der Frequenzbereich von etwa 1,5 bis 230 MHz erfaßt, wobei sich die Einzelbereiche überlappen. In **Tabelle 31.4** sind die für die entsprechenden Bereiche erforderlichen Spuleninduktivitäten aufgeführt. Vorausgesetzt werden kapazitätsarmer Aufbau und möglichst geringe Anfangskapazitäten der Drehkondensatoren.

Die Schwingspannung wird von der Diode *D* gleichgerichtet, der Strom kann am Drehspulindikator (100 µA Vollausschlag) abgelesen werden. Den Pegel des Oszillatorausgangs stellt man mit *R* auf etwa 80% des Vollausschlages ein. Die Resonanz mit der externen Schaltung macht sich durch einen Zeigerabfall bemerkbar (Gleichstromdip). Bei 9 V Betriebsspannung beträgt der Stromverbrauch etwa 2 mA. Im stromlosen Betrieb (Schalter *S*1 geöffnet) arbeitet das Gerät als Absorptionsfrequenzmesser. Die Schaltung entspricht weitgehend der eines industriell gefertigten Transistor-Dip-Meters (*LEADER* LDM 815).

Tabelle 31.4
Induktivität der Steckspulen für Transistor-Dip-Meter nach Bild 31.1.13a, Abstimmkapazität 2 x 130 pF

Frequenzbereich in MHz	Induktivität in µH
1,55 ... 3,5	165
3,12 ... 7,9	40
7,05 ... 18	7,8
17 ... 42,5	1,4
39,5 ... 100	0,25
93 ... 235	0,045

Ein modernes *FET-Dip-Meter*, dessen Schaltung **Bild 31.1.13b**. zeigt, wird in [1.21] beschrieben, Die Verwandtschaft der Oszillatorschaltung mit der eines röhrenbestückten Grid-Dip-Meters ist offensichtlich, und es können auch die Daten aus **Tabelle 31.1** sowie **Tabelle 31.2** unverändert übernommen werden. Die Schaltung enthält einige nützliche Feinheiten. So bewirkt D_1 das Stabilisieren der RF-Amplitude und vermindert gleichzeitig den Oberwellengehalt der Schwingung. Die Dioden D_2 und D_3 bilden eine Spannungsverdopplerschaltung, während D_4 den Arbeitspunkt des Transistors *BC 183* bei sinkender Batteriespannung stabilisiert. Die RF-Drossel Dr_1 ist eine der üblichen Miniaturausführungen mit nur wenigen Drahtwindungen auf einem Ferritkörper. Dr_2 dagegen sperrt die tiefen Frequenzen und hat eine Induktivität von etwa 1 mH. C_1 und C_2 sollten keramische Scheibenkondensatoren mit schwach negativem TK sein (etwa N 75). Als Anzeigeinstrument läßt sich ein Meßwerk mit 0,1 bis 0,5 mA einsetzen. Wird die Sourceleitung unterbrochen, arbeitet das Gerät als Absorptionsfrequenzmesser mit sehr guter Empfindlichkeit.

Weitere Literaturstellen sind [1.22] und [1.23].

31.1.5 Stehwellenmesser

Das Übertragungsverhalten von Leitungen hängt vom Stehwellenverhältnis „*s*" (VSWR oder kurz SWR) ab. Dieses wird bei Fehlabschluß der HF-Leitung durch die Maximal- und Minimalwerte der Spannung und des Stromes bestimmt.

$$s = \frac{U_{max}}{U_{min}} = \frac{I_{max}}{I_{min}} \qquad (31.1.3)$$

Eine stehende Welle kommt dadurch zustande, daß zwei Wellen gegeneinander laufen, die hinlaufende Welle (Index „h") und die rücklaufende Welle (Index „r").

Dabei gilt:

$$U_{max} = \underline{U}_h + \underline{U}_r \text{ und } U_{min} = \underline{U}_h - \underline{U}_r \qquad (31.1.4)$$

Die hinlaufende und die rücklaufende Welle sind über den komplexen Reflexionsfaktor „$\underline{r}$" verbunden.

$$\underline{r} = \frac{\underline{U}_r}{\underline{U}_h} \qquad (31.1.5)$$

Das Stehwellenverhältnis kann durch den Betrag des Reflexionsfaktors $|\underline{r}| = r$ ausgedrückt werden.

$$s = \frac{1+r}{1-r} \qquad (31.1.6)$$

Das Stehwellenverhältnis kann auch durch die Beträge der hin- und rücklaufenden Spannungen ausgedrückt werden

$$s = \frac{|\underline{U}_h| + |\underline{U}_r|}{|\underline{U}_h| - |\underline{U}_r|} \qquad (31.1.7)$$

Die *Stehwellenmesser* arbeiten nach unterschiedlichen Funktionsprinzipien.

Man kann zur Bestimmung von U_{max} und U_{min} eine Meßleitung benutzen. Zur Bestimmung von $\underline{U}_h$ und $\underline{U}_r$ wird ein Reflektometer (Doppel-Richtkoppler) oder eine VSWR-Meßbrücke verwendet. Dabei kann aus der Messung der Rückflußdämpfung a_r der Reflexionsfaktors r bestimmt werden.

$$a_r = 20 \cdot \lg\frac{1}{r} \qquad (31.1.8)$$

$$r = 10^{-\frac{a_r}{20}} \qquad (31.1.9)$$

Aus den Meßergebnissen kann dann das Stehwellenverhältnis ermittelt werden.

Beispiel:
Für eine Rückflußdämpfung $a_r = 26$ dB ergibt sich nach Gl. (31.1.9) der Reflexionsfaktor $r = 0{,}05$ oder 5% und nach Gl. (31.1.6) das Stehwellenverhältnis $s = 1{,}1$. Im Anhang (Abschnitt 42) gibt es dafür auch eine entsprechende Tabelle. Zur Messung des Stehwellenverhältnisses verwendet man:

Reflektometer
VSWR-Brücke
Meßleitung

31.1.5.1 Reflektometer

(*A.A. Pistolkors* – SU 53838 – 1937)
(*W. Buschbeck* – DE 737 877 – 1939)

Ein Vorläufer des Reflektometers mit dem Namen „powerfactor meter" stammt aus dem Jahre 1932 [1.24].

Ein *Reflektometer* besteht aus zwei Richtkopplern, die hintereinander geschaltet sind. Damit werden die Spannungen der hinlaufenden und rücklaufenden Welle ausgekoppelt. Der eine Richtkoppler mißt die *hinlaufende* Welle, der andere die *rücklaufende* Welle. Daraus kann der Reflexionsfaktor bzw. die Welligkeit ermittelt werden.

Der Ausdruck „*Reflektometer*" stammt von *Neumann* aus Rußland [1.25].

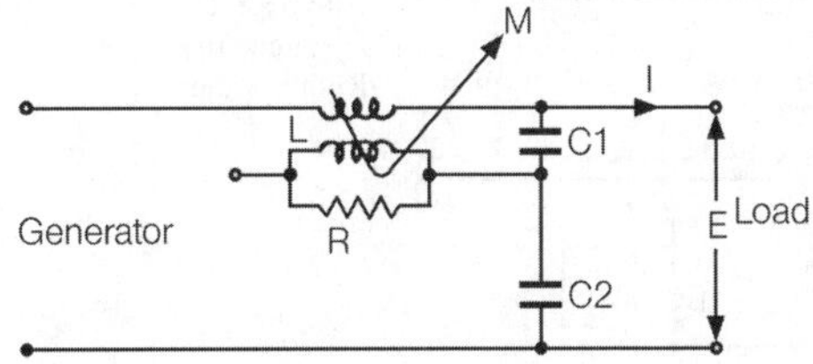

Bild 31.1.14
Frequenzunabhängiger Richtkoppler

Richtkoppler
Ein Richtkoppler ermöglicht die Messung einer richtungsabhängigen Welle.

Durch eine *induktive* und eine *kapazitive Kopplung* werden hochfrequente Teilspannungen ausgekoppelt, die dann addiert oder subtrahiert werden. Damit erhält man Spannungen, die der Spannung der vorlaufenden und der rücklaufenden Welle entsprechen. Die durch induktive Kopplung gewonnene Spannung ist von der Richtung des Kabelstroms abhängig. Die durch die kapazitive Kopplung gewonnene Spannung ist unabhängig von der Richtung des Kabelstroms. Der Ausdruck „Richtkoppler" (directional coupler) findet sich erst 1945 in Veröffentlichungen aus USA.

Man unterscheidet:
Frequenzunabhängige Richtkoppler
Frequenzabhängige Richtkoppler

Frequenzunabhängiger Richtkoppler
Dabei sind die ausgekoppelten HF-Spannungen frequenzunabhängig, damit auch die gewonnene Ausgangsspannung. Die Koppelelemente bestehen aus zwei konzentrierten Blindwiderständen (Stromwandler und Spannungsteiler). **Bild 31.1.14** zeigt einen frequenzunabhängigen Koppler. Der Koppler besteht aus einem belasteten Stromwandler L (induktive Kopplung mit dem Koppelfaktor M) mit $\omega L > R$ und einem Spannungsteiler C_1 und C_2 (kapazitive Kopplung bzw. Spannungsteilung). Die induzierte Spannung ist mit dem Kabelstrom, die kapazitiv geteilte Spannung mit der Kabelspannung phasengleich. Für $f < 30$ MHz soll die Spule einen Ferritkern haben.

Richtkoppler dieser Art werden im Lang-, Mittel- und Kurzwellenbereich verwendet [1.26] [1.27]. Ein breitbandiger HF-Richtkoppler dieser Art mit einem Strom- und Spannungswandler für 0,5 bis 150 MHz wurde von *DL7AV* beschrieben [1.28].

Frequenzabhängiger Richtkoppler
Dabei sind die ausgekoppelten HF-Spannungen frequenzabhängig, damit auch die gewonnene Ausgangsspannung. Mit steigender Frequenz steigt die Ausgangsspannung. **Bild 31.1.15** zeigt einen frequenzabhängigen Koppler. Der Koppler besteht

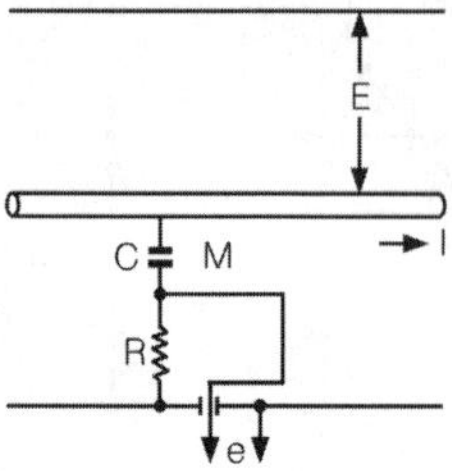

Bild 31.1.15
Frequenzabhängiger Richtkoppler

aus einem leerlaufenden Stromwandler in Schleifenform (induktive Kopplung M) und einem Phasenschieber bestehend aus der Kapazität *C* und dem Widerstand *R*. Die induzierte und die geteilte Spannung haben eine Phasenverschiebung in der gleichen Richtung.

Frequenzabhängige Richtkoppler bestehen meist aus aus zwei gekoppelten Leitungen. Man spricht von einem *Hauptarm* und einem *Nebenarm*. In einer *Koppelzone* findet eine *induktive* und eine *kapazitive Kopplung* statt. Auf der einen Seite des Nebenarms ist der *gekoppelte Ausgang,* auf der anderen Seite der *entkoppelte Ausgang*. Dabei ist *L* und *C* über die ganze Schleife verteilt, die beiden Leitungen sind elektrisch und magnetisch verkoppelt. **Bild 31.1.16** zeigt das Prinzip eines Leitungs- oder Schleifenkopplers [1.29]. Lange Meßleitungen ($l \geq \lambda/8$) müssen am Ausgang mit ihrem Wellenwiderstand abgeschlossen sein.

Leitungs- oder Schleifenkoppler werden im Kurzwellen-, Dezimeter- und Zentimeterbereich verwendet [1.30–[1.34]. Ein Selbstbau-Richtkoppler nach dem "Wireline"-system wird von *DL1GBH* beschrieben [1.35].

Richtkoppler sind meist als 3-Tor (Eingang *A*, Ausgang *B*, gekoppelter Ausgang *C*) ausgeführt, wobei der entkoppelte Ausgang intern mit seinem Wellenwiderstand abgeschlossen ist **(Bild 31.1.17)**.

Außer den bereits behandelten Kopplern mit konzentrierten Blindelementen und Leiterschleifen gibt es noch weitere Koppler, die sich durch die Art der Kopplung unterscheiden (Lochkoppler, Schlitzkoppler, Hybrid-Koppler, Ringkoppler).

Kennwerte des Richtkopplers

Die Kennwerte haben folgende Bedeutung:

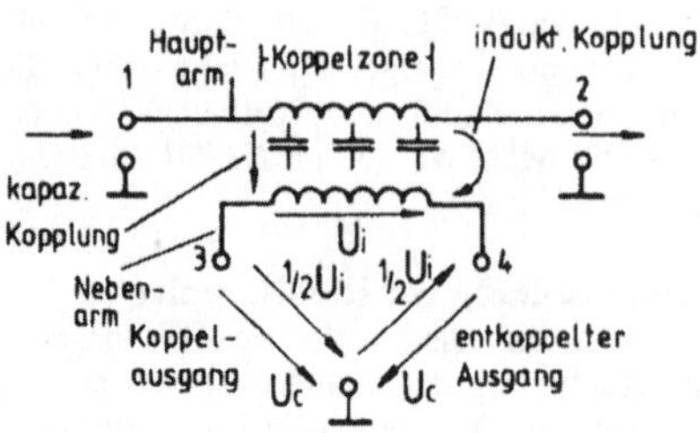

Bild 31.1.16
Prinzip eines Leitungs- oder Schleifenkopplers

Koppelfaktor bzw. Koppeldämpfung

Der Koppelfaktor ist von der Bauweise abhängig. Er bestimmt wieviel Spannung für die Messung zur Verfügung steht. Von der Spannung $\underline{U}_0$ wird die Teilspannung $\underline{U}_1$ ausgekoppelt.

Koppelfaktor: $k = \underline{U}_1/\underline{U}_0$,
Koppeldämpfung: $a_k = -20 \lg k$

Die genaue Kenntnis ist für die Messung nicht erforderlich. Übliche Werte der Koppeldämpfung sind 3 dB, 10 dB, 20 dB, 30 dB. Die Koppeldämpfung, oder der Reziprokwert davon, werden oft auch als **Kopplung** (coupling) bezeichnet.

Richtfaktor bzw. Richtdämpfung

Der Richtfaktor bestimmt die Meßgenauigkeit. Je besser der Richtkoppler zwischen hinlaufender und rücklaufender Welle trennen kann, desto kleiner sind die Meßfehler. Wenn der Richtkoppler in Gegenrichtung betrieben wird erscheint bei abgeschlossener Leitung eine Fehlerspannung $\underline{U}_2$. Je kleiner diese ist, desto genauer ist der Richtkoppler.

Richtfaktor: $d = \underline{U}_2/\underline{U}_1$,
Richtdämpfung: $a_d = -20 \lg d$

Übliche Werte der Richtdämpfung sind 20 bis 40 dB. Die Richtdämpfung, oder der Reziprokwert davon, werden oft auch als **Richtungswert** oder **Richtverhältnis** (directivity) bezeichnet.

Kopplung und Richtverhältnis werden teilweise als positive oder negative "dB-Werte" angegeben. Auf Richtkopplern sind etwa die gekoppelten Ausgänge mit negativen Vorzeichen beschriftet, z.B. –20 dB.

Meßrichtkoppler haben eine Richtdämpfung von > 40 dB. Gebastelte Richtkoppler haben oft eine Richtdämpfung von etwa 10 dB. Mit solchen s.g. „Schätzeisen“ "mißt" man eine Welligkeit $s = 1{,}0$, obwohl sie in Wirklichkeit über 1,8 beträgt [1.36].

Frequenzunabhängiges Reflektometer

Ein *Reflektometer* dieser Art wurde von *Buschbeck* 1939 zum Patent angemeldet.

Die Beschreibung davon mit der Bezeichnung „Fehlanpassungsmesser“ erfolgte 1943 [1.26].

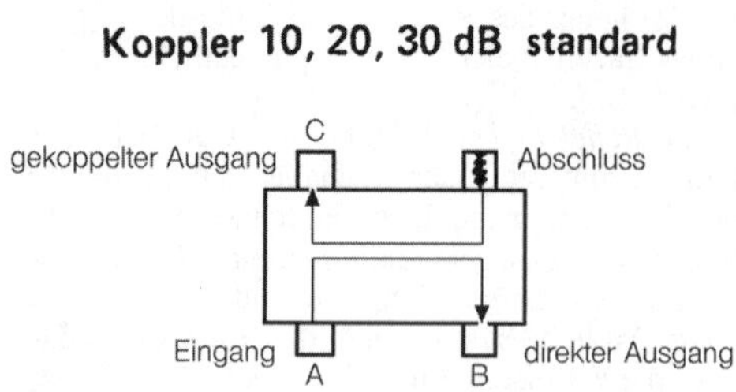

Bild 31.1.17
Richtkoppler als 3-Tor (A, B und C)

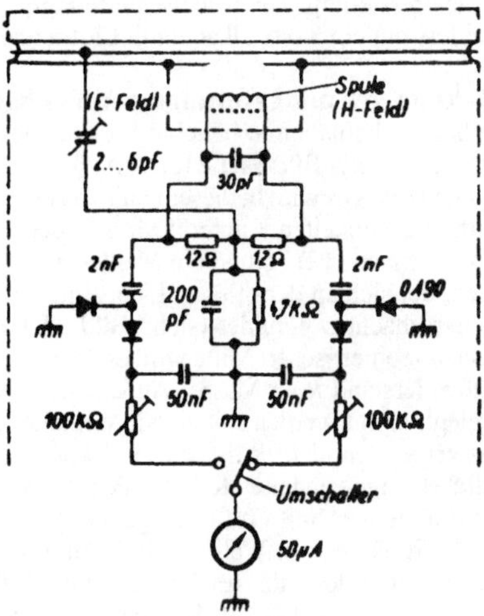

Bild 31.1.18
Frequenzunabhängiges Reflektometer

Reflektometer im Kurzwellenbereich werden auch heute noch nach diesem Prinzip gebaut [1.37] - [1.42]. **Bild 31.1.18** zeigt ein frequenzunabhängiges Reflektometer.

Frequenzabhängiges Reflektometer

Ein *Reflektometer* dieser Art wurde von *Pistolkors* 1937 zum Patent angemeldet.

Die Beschreibung davon mit der Bezeichnung "feeder reflectometer" erfolgte 1941 [1.25].

Reflektometer im VHF/UHF-Bereich werden auch heute noch nach diesem Prinzip gebaut [1.43] - [1.48]. **Bild 31.1.19** zeigt ein frequenzabhängiges Reflektometer.

31.1.5.2 Reflektometer-Ausführungen

Monimatch

Ein etwas primitiv anmutendes, jedoch sehr brauchbares Anzeigegerät für koaxiale Kabel ist

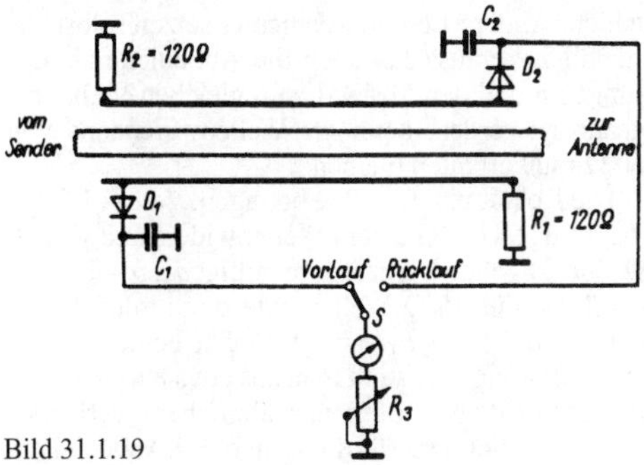

Bild 31.1.19
Frequenzabhängiges Reflektometer

das *Monimatch* von *McCoy* [1.49]. Der Name weist auf die vorwiegende Verwendung des Reflektometers im Monitorbetrieb hin, d.h., daß es als Betriebsmeßgerät dauernd in die Speiseleitung eingeschaltet bleibt. Es wird teilweise auch als *Mickeymatch* bezeichnet. Es ist billig, läßt sich schnell und einfach aufbauen und bringt auf allen Kurzwellenbändern für die Praxis ausreichende Meßergebnisse. Im Prinzip handelt es sich bei diesem in **Bild 31.1.20** dargestellten Gerät um ein mechanisch stark vereinfachtes Reflektometer, bei dem sogar die im allgemeinen erforderliche 2. Meßdiode eingespart wurde. Zum Bau benötigt man ein 160 mm langes Stück Koaxialkabel des gleichen Wellenwiderstandes, wie er für die Speiseleitung vorgesehen ist (gleicher Kabeltyp nicht erforderlich). Günstig wäre ein möglichst dickes Kabel, da es sich leichter bearbeiten läßt. Zuerst wird der äußerste Isolierstoffmantel (PVC-Mantel) auf einer Länge von 140 mm entfernt. Dabei ist zu beachten, daß an den Kabelenden noch je 10 mm des Isolierstoffmantels stehenbleiben (siehe **Bild 31.20a**). Der nun folgende Kniff verlangt etwas Geduld und Fingerspitzengefühl: Ein dünner, isolierter Draht muß zwischen metallischen Außenleiter und Dielektrikum geschoben werden, sozusagen als 2. Innenleiter. Im allgemeinen läßt sich der Außenleiter aus Kupferdrahtgeflecht etwas zusammenschieben. Dann ist es verhältnismäßig leicht, mit Hilfe eines geeigneten Instrumentes (z.B. Häkelnadel) den Draht hindurchzuführen. Ein auf diese Weise hergerichtetes Kabel zeigt **Bild 31.1.20a**.

Bei Koaxialkabel mit speckartigem Volldielektrikum (Polyisobutylen) gibt es eine sehr einfache Möglichkeit für die Festlegung des Meßleiters. Man entfernt den Außenschutzmantel (PVC) und schiebt dann den Außenleiter unter leichtem Zusammendrücken vorsichtig vom Dielektrikum herunter. In die nunmehr freiliegende Isoliermasse schneidet man eine Längskerbe, in die sich der Meßleiter gerade noch straff einlegen läßt. Für kurze Leitungsführung wird das Kabelstück zu einer Schleife gebogen, so daß sich die beiden Enden gegenüberstehen. Nach **Bild 31.1.20b**, das die Gesamtschaltung des Gerätes zeigt, versieht man den „echten" Innenleiter des Kabels an seinen beiden Enden bei B_1 und B_2 mit passenden Armaturen (Koaxialbuchsen bzw. Koaxialstecker), die ein einfaches Einschleifen des Kabelstückes in den Weg der Energieleitung gestatten, ohne daß dabei Stoßstellen auftreten. Die nachträglich eingeführte Meßschleife verbindet man gemäß der Schaltung auf kürzestem Weg mit den entsprechenden Anschlüssen eines verlustarmen Umschalters. R_1 ist ein ungewendelter Kohleschichtwiderstand von 30 bis 150 Ω und geringer Belastbarkeit. Zweckmäßig bildet man R als Parallelschaltung mehrerer Einzelwiderstände aus, weil durch diese Maßnahme die Gesamtinduktivität dieses Abschlußwiderstandes

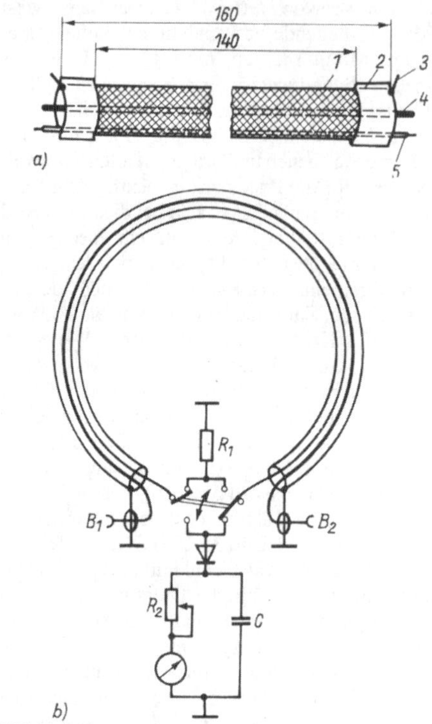

Bild 31.1.20
Monimatch
a) - Kabelstück:
1 - Außenleiter (Cu-Geflecht), 2 - Rest des PVC-Mantels, 3 - Anschluß Außenleiter, 4 - Innenleiter, 5 - isolierter Koppeldraht
b) - Gesamtschaltung

vermindert wird. Die Diode ist eine handelsübliche RF-Germaniumdiode, die den ausgekoppelten RF-Anteil gleichrichtet. Das Sieben übernimmt der Scheibenkondensator *C* mit 2 bis 10 nF (Keramik). R_2 ist ein veränderbarer Vorwiderstand für das Anzeigeinstrument. Da die Belastung sehr gering ist, genügt eine Kleinstausführung mit linearer Regelkennlinie. Der Widerstandswert hängt von der Größe der ausgekoppelten Spannung und von der Empfindlichkeit des verwendeten Meßinstrumentes ab. Brauchbare Mittelwerte sind 50 oder 100 kΩ. Als Anzeigeinstrument kann jedes Drehspulenmeßwerk verwendet werden, dessen Endausschlag zwischen 0,1 und 1 mA liegt.

Bei dieser Schaltung nach **Bild 31.1.20** verwendet man einen Umschalter im Hochfrequenzteil des Meßzweiges und spart damit eine Germaniumdiode ein. Die Zuleitungen zum Umschalter und der Umschalter selbst rufen schädliche Zusatzinduktivitäten hervor, die bei Verwendung des Gerätes in den Kurzwellenbändern gerade noch tragbar sind.

Der Typ *AA 119* ist gut geeignet, es lassen sich aber auch fast alle anderen RF-Typen einsetzen. Für die Herstellung der Kabelschleife eignet sich besonders gut ein Koaxialkabel mit Lufträumen.

Reflektometer mit U-förmigem Außenleiter

Eine bei Funkamateuren beliebte Variante des Reflektometers zeigt **Bild 31.1.21**. Der Außenleiter *AL* des Hauptzweiges wird in diesem Fall von einem U-förmig abgewinkelten Kupferblech gebildet. Es ist innen ein Innenleiter *IL* und ein Meßleiter *ML* vorhanden, der sich an der offenen Längsseite des Außenleiterschachtes befindet (siehe **Bild 31.1.21b**). In seiner geometrischen Mitte wird er über den Abschlußwiderstand *R* an Masse (Außenleiterpotential) gelegt; somit werden mit einem Meßleiter zwei Meßzweige gebildet. *R* ist ein induktionsarmer, möglichst ungewendelter Kohleschichtwiderstand; er wird allgemein mit 60 Ω angegeben. Sein optimaler Wert hängt vom Wellenwiderstand des Meßleiters *ML* und deshalb vorwiegend vom Abstand/Durchmesser-Verhältnis *IL*/*ML* bzw. D_1/D_2 ab. Man kann somit einem derartigen Reflektometer durch geringfügige Veränderungen des Widerstandswertes von *R* oftmals „den letzten Schliff" geben. Die Induktivitätsarmut von *R* stellt das Kriterium für die Brauchbarkeit bei hohen Frequenzen dar. Da sich die Gesamtinduktivität bei der Parallelschaltung mehrerer Einzelinduktivitäten verringert (*Kirchhoff*sches Gesetz), ist es günstig, wenn R_1 aus mehreren Einzelwiderständen gebildet wird. Es kann z.B. ein induktionsarmer Widerstand von 60 Ω hergestellt werden, wenn man vier Einzelwiderstände zu je 240 Ω/0,1 W parallelschaltet. Dabei wird nur mit den Widerständen verschaltet, ihre Drahtenden sind extrem kurz! Es ist zu empfehlen, die erdseitigen Drahtenden der Widerstände, strahlenförmig um 90° versetzt, auf die Innenseite des Außenleiters zu verteilen und diese dort anzulöten. Die mechanische Ausführung zeigt **Bild 31.1.21b...d**. Mit den angegebenen Dimensionen beträgt der Wellenwiderstand des Reflektometers 60 Ω. Dabei ist ein Innenleiterdurchmesser *d1* von 6 mm als Minimum zu betrachten; wählt man ihn dünner, so wird die genaue Einhaltung der Abstandsverhältnisse und der Parallelität mit *AL* und *ML* nicht mehr garantiert. Dickere Innenleiter sind deshalb zu empfehlen. Andere Leiterdurchmesser setzen selbstverständlich voraus, daß auch die Außenleiterabmessungen *a* und der Abstand *c* im gleichen Verhältnis geändert werden; denn der Wellenwiderstand von 60 Ω muß erhalten bleiben.

Die Relationen für 60 Ω betragen: $d_1 : a = 1:2{,}66$; $d_1 : c = 1:1{,}41$. Bei einem Wellenwiderstand von 50 Ω sind folgende Verhältnisse gültig: $d_1 : a = 1:2$; $d_1 : c = 1{,}33$. Für 75 Ω Wellenwiderstand gilt schließlich: $d_1 : a = 1:2{,}9$; $d_1 : c = 1:1{,}45$. Die beiden Kunststoffhalterungen *K* stellt man aus etwa 8 mm dicken Polystyrol-Platten oder aus ähnlichem verlustarmem Material her. Für die Länge des Außenleiters *AL* - und somit auch des Innenleiters *IL* und des

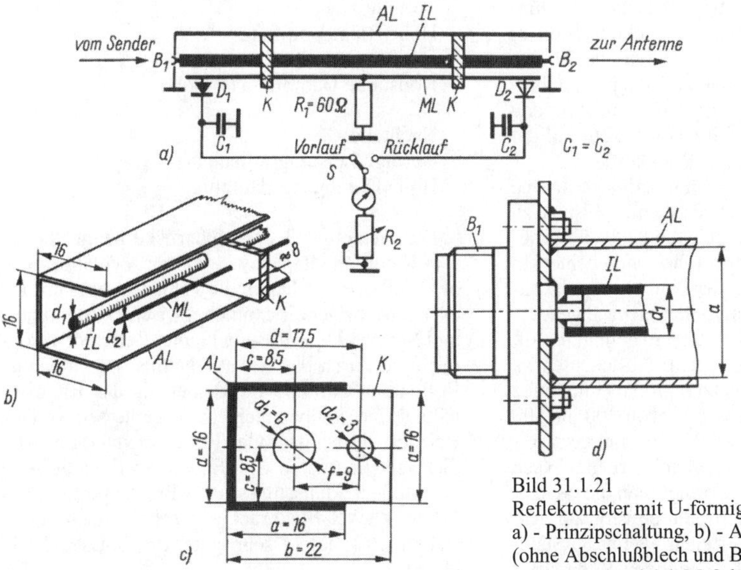

Bild 31.1.21
Reflektometer mit U-förmigem Außenleiter
a) - Prinzipschaltung, b) - Anschauungsskizze (ohne Abschlußblech und Buchse), c) - Schnittzeichnung (zugleich Maßskizze für Kunststoffhaltestege *K*), d) - Teilzeichnung Abschlußblech mit Koaxialbuchse

Meßleiters *ML* - werden keine Maße angegeben, da diese in weiten Grenzen beliebig sein dürfen. Im allgemeinen beträgt die Länge 150 bis 300 mm. Sie richtet sich - wie schon erwähnt - nach der bevorzugten Betriebswellenlänge sowie nach der Empfindlichkeit des Anzeigeinstrumentes und hat innerhalb der angegebenen Grenzen keinen Einfluß auf die prinzipielle Funktion des Gerätes.

Sicherlich gibt es für die mechanische Ausführung von Richtkopplern und Reflektometern eine Reihe von konstruktiven Lösungen, mit denen eine besonders hohe Meßgenauigkeit erreicht werden kann, die aber ihrerseits auch einen entsprechend großen Aufwand an mechanischer Präzisionsarbeit erfordern.

31.1.5.3 Twin-Lamp-Indikator

Der *Twin-Lamp-Indikator* ist ein *2-Lampen-Indikator* für Bandleitungen [1.50], [1.51].

Das Gerät ist ein einfaches Reflektometer, bei dem zwei kleine Glühlampen die Welligkeitsanzeige übernehmen. **Bild 31.1.22** zeigt die elektrische Schaltung und die mechanische Ausführung.

Die Koppelschleife wird aus einem Stück Bandleitung angefertigt, wie es auch für die Speiseleitung verwendet worden ist. Die Länge der Koppelschleife darf nicht einer Viertelwellenlänge entsprechen. In der Regel wird sie mit etwa $\lambda/10$ oder kürzer bemessen. Die beiden Leitungsenden sind kurzgeschlossen, in der Mitte trennt man die Leitung einpolig auf. Die Schleife bekommt dadurch das Aussehen eines kleinen Faltdipols. Von der Trennstelle aus führt man die beiden Leitungsadern auf kürzestem Weg zu je einem Anschlußpunkt am Gewinde der beiden Glühlampen. Ihre Mittelkontakte werden miteinander verlötet und über ein kurzes Leitungsstück mit dem nächstliegenden Leiter der Speiseleitung metallisch verbunden. Gegebenenfalls kann man eine Stecknadel einstechen und den Einstich später mit dem Lötkolben vorsichtig verschmelzen. Als Glühlampen sind etwa 60-mA-Lämpchen (z.B. Typ 3,8 V/ 0,07 A) wegen der geringen Wärmeträgheit seines Glühfadens gut geeignet. Die Koppelschleife wird an einer beliebigen Stelle möglichst eng mit der Energieleitung gekoppelt und in dieser Lage durch ein selbstklebendes Kunststoffband fixiert.

Vor dem Messen ist die Ausgangsleistung des Senders möglichst herabzusetzen und dann langsam so weit zu erhöhen, bis die Glühlampen mittelhell leuchten. War bereits annähernd Anpassung

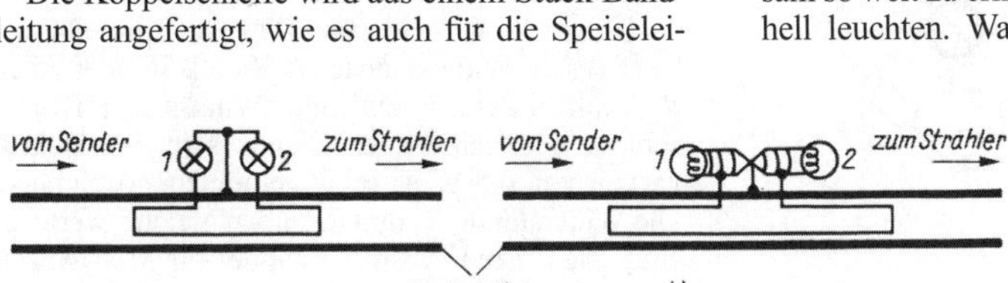

Bild 31.1.22
Twin-Lamp-Indikator
a) - elektrische Schaltung
b) - mechanische Ausführung

vorhanden, wird die zum Sender zeigende Glühlampe 1 immer weitaus heller aufleuchten als die in Richtung Antenne orientierte Glühlampe 2. Das Reflektometerprinzip ist klar zu erkennen: Glühlampe 1 entnimmt ihre Energie der hinlaufenden Welle (Vorlauf), während Glühlampe 2 nur auf die rücklaufende Welle anspricht (Rücklauf).

Ziel der nun folgenden Abstimmarbeiten an den Anpassungsmitteln der Antenne ist, einen Zustand zu erreichen, bei dem Glühlampe 2 dunkel bleibt, während gleichzeitig Glühlampe 1 hell aufleuchtet. In diesem Fall sind die stehenden Wellen verschwunden, und die Anpassung stimmt hinreichend genau.

Bei kleinen Ausgangsleistungen gelingt es oft nicht mehr, die Glühlampen zum Aufleuchten zu bringen. In diesem Fall ersetzt man die Glühlampe durch Schichtwiderstände von je etwa 300 bis 500 Ω; die an diesen abfallenden RF-Spannungen werden durch Germaniumdioden gleichgerichtet. Nach entsprechender RF-Siebung bringt man die Gleichspannungen an einem Drehspulmeßwerk zur Anzeige. Die Anpassung ist erreicht, wenn die Spannung an dem zum Strahler zeigenden Widerstand annähernd Null wird.

Durch Einsatz von Dioden und Gleichstromverstärker kann man die Empfindlichkeit soweit steigern, daß 10 mW auf dem 2-m-Band vollen Ausschlag geben [1.52].

31.1.5.4 VSWR-Brücken

Eine *VSWR-Brücke*, *Reflexionsfaktor-Meßbrücke*, *Anpassungs-Meßbrücke*, oder *Antennen-Meßbrücke*, besteht aus einer Brückenschaltung von vier Widerständen, von denen drei reine Wirkwiderstände sind und der vierte das Meßobjekt darstellt.

Ein frühes Patent einer *Antennenmeßbrücke* stammt aus dem Jahre 1940 [1.53].

Das Prinzip der Meßbrücke ist ein *resistiver Koppler* ähnlich der bekannten *Wheatstone*schen Brückenschaltung (**Bild 31.1.23**).

Man kann daher eine *VSWR-Brücke* auch als einen *Widerstands-Richtkoppler* bezeichnen. Theoretische Grundlagen für 3- und 4-Tor-Meßbrücken sind zu finden bei [1.54].

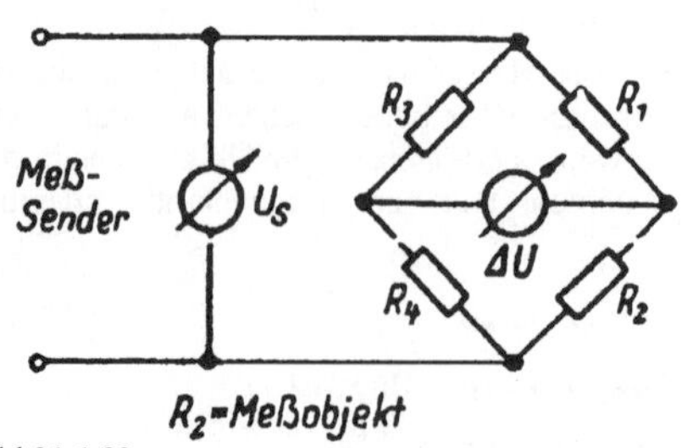

Bild 31.1.23
Grundschaltung einer RF-Meßbrücke

Vorteile:
Hohe Richtdämpfung
Breitbandigkeit
Konstante Dämpfung (≈ 6 dB)

Nachteile:
Geringe Leistungsaufnahme
Hohe Durchgangsdämpfung

Die Genauigkeit der Meßbrücke hängt von ihrem Richtverhältnis sowie von der Fehlanpassung des Meßtores ab. Durch die Fehlanpassung kommt es zu Mehrfachreflexionen zwischen Meßobjekt und Meßtor. Die Messung kleiner Reflexionsfaktoren wird durch das Richtverhältnis beeinträchtigt. Reflexionsfaktoren, die kleiner als das Richtverhältnis sind, können nicht direkt gemessen werden. Bei der Messung großer Reflexionsfaktoren wird die Meßgenauigkeit vom Eingangsreflexionsfaktor des Meßobjektanschlusses der Brücke bestimmt.

Die VSWR-Meßbrücke ist sehr einfach herzustellen und liefert sehr gute Ergebnisse [1.55], [1.56].

Die grundsätzliche Schaltung ist in **Bild 31.1.23** dargestellt. Die Brücke wird mit Hochfrequenz gespeist. Die in ihr verwendeten Widerstände müssen für die Betriebsfrequenz reine Wirkwiderstände darstellen. R_3 und R_4 sind untereinander völlig gleich (Genauigkeit 1% oder besser), der Widerstandswert selbst ist von untergeordneter Bedeutung. Unter dieser Voraussetzung ergeben sich bei Brückengleichgewicht (Nullanzeige am Meßinstrument) folgende Beziehungen:

$$R_1 = R_2 \Rightarrow R_1 : R_2 = 1 \qquad (31.1.10)$$

$$R_3 = R_4 \Rightarrow R_3 : R_4 = 1 \qquad (31.1.11)$$

Setzt man an Stelle von R_2 das Meßobjekt, dessen Anpassung festgestellt werden soll, so entspricht bei konstanter Eingangsspannung $\underline{U}_S$ die Brückenspannung (Diagonalspannung) $\Delta\underline{U}$ dem Reflexionsfaktor r nach der Beziehung

$$\Delta\underline{U} = \frac{\underline{U_S}}{2} \cdot r \qquad (31.1.12)$$

Bild 31.1.24 zeigt 2 Schaltbeispiele für VSWR-Brücken. Gegenüber **Bild 31.1.23** sind dabei die Bezeichnungen der Widerstände vertauscht. Je nach dem Wellenwiderstand Z_S der Speiseleitung beträgt sein Widerstandswert 50, 60, 70 oder 75 Ω. R_Z muß außerdem ein induktivitätsarmer Kohleschichtwiderstand enger Toleranz sein, eine Belastbarkeit von 0,5 W ist im allgemeinen ausreichend. Die Widerstände R_3 und R_4 haben gleiche Werte, es sind die festen Vorwiderstände für das Anzeigeinstrument. Sie können um so größer sein, je

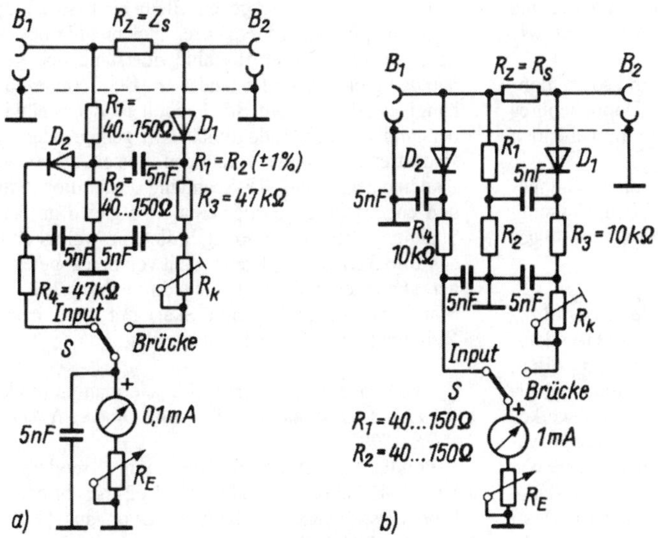

Bild 31.1.24
Brückenschaltungen
mit festem Meßwiderstand

empfindlicher das Meßwerk ist. Durch große Vorwiderstände wird die Spannungsanzeige weitgehend linear, und eine besondere Eichung des Meßwerkes in Verbindung mit der Diode erübrigt sich dann. Alle verwendeten Kondensatoren sind Keramikscheiben von je 5000 pF (Wert nicht kritisch zwischen 1000 und 10 000 pF). Der Stellwiderstand R_k wird nur beim erstmaligen Abgleich benötigt. Seine Größe beträgt etwa 1 kΩ. R_E ist der Empfindlichkeitsregler, dessen Widerstandswert vom Innenwiderstand des Meßinstrumentes abhängt. Die gestrichelt eingezeichnete Abschirmung soll andeuten, daß R_Z in eine eigene Abschirmkammer kommt, wobei dieser Meßwiderstand mit möglichst kurzen Anschlußdrähten zwischen B_1 und B_2 eingelötet werden muß.

Bei offener Buchse B_2 wird zunächst die Brücke über B_1 mit Hochfrequenz gespeist. In Schalterstellung *Input* regelt man nun mit R_E die Empfindlichkeit so ein, daß das Anzeigemeßwerk gerade Vollausschlag anzeigt. Beim Umschalten auf *Brücke* muß sich ebenfalls Vollausschlag einstellen. Da das oft nicht der Fall ist, betätigt man den Korrekturtrimmwiderstand R_k. Mit ihm stellt man auf Gleichheit des Vollausschlages bei offener Buchse B_2. Jetzt wird wieder auf *Input* umgeschaltet und die Buchse B_2 kurzgeschlossen; wenn erforderlich, stellt man mit R_E wieder auf Vollausschlag. Beim Umschalten auf *Brücke* muß der gleiche Zeigerausschlag vorhanden sein; ist das nicht der Fall, sind R_1 und R_2 nicht genau gleich, oder es bestehen Streukopplungen zwischen den Brückenzweigen. Dieser Abgleich sollte bei mehreren Frequenzen durchgeführt werden, zumindest bei der höchsten und bei der niedrigsten Betriebsfrequenz des vorgesehenen Anwendungsbereiches (z.B. im 80- und 10-m-Band). Aus den Ergebnissen kann man bestehende Fehler analysieren. Wenn z.B. R_1 und R_2 in ihrem Wert nicht genau gleich sind, während die Brücke konstruktiv in Ordnung ist, wird die Fehleranzeige bei allen Frequenzen genau gleich sein. Stellt man dagegen bei verschiedenen Frequenzen unterschiedliche Fehlerwerte fest, so kann angenommen werden, daß die Bauelemente der Brücke ungünstig angeordnet sind, so daß Streuinduktivitäten oder Streukapazitäten auftreten.

Bei der Konstruktion von RF-Meßbrücken sollten die folgenden allgemeingültigen Regeln beachtet werden:

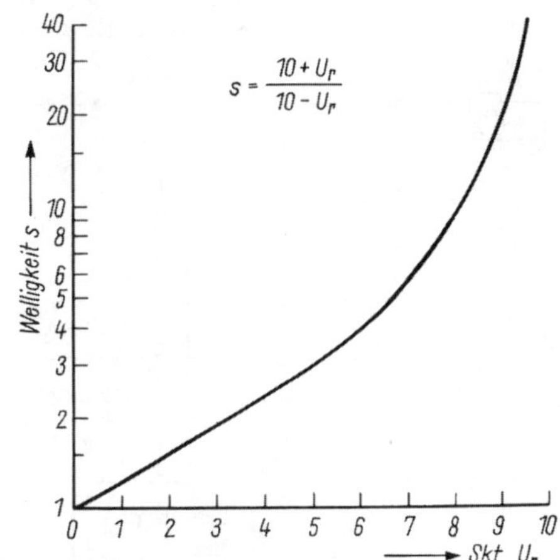

Bild 31.1.25
Welligkeit s in Abhängigkeit
vom Spannungsverhältnis $U_h : U_r$
(U_h immer gleich 10 Skalenteile)

a) Im Hochfrequenzzweig der Brücke müssen die Anschlußdrähte der Bauelemente so kurz wie möglich sein.
b) Die Widerstände R_Z, R_1 und R_2 sind so zu montieren, daß sie mindestens um das Doppelte ihres Eigendurchmessers von den sie umgebenden Metallteilen entfernt sind.
c) Die Bauelemente im RF-Zweig sollen so angeordnet sein, daß die gegenseitige Beeinflussung durch induktive oder kapazitive Kopplung so gering wie möglich ist.

Um das Brückengleichgewicht zu testen, wird zuerst - wie bei jeder Brückenmessung - die Grundeinstellung vorgenommen; Prüflingsbuchse B_2 offen, mit R_E so einregeln, daß in beiden Umschalterstellungen jeweils genau Vollausschlag des Meßwerkes vorhanden ist. Nun schließt man an B_2 einen Abschlußwiderstand an, dessen Wert genau dem von R_Z entspricht. In Stellung *Input* muß nun Vollausschlag eintreten (eventuell R_E nachstellen). Beim Umschalten auf *Brücke* muß der Zeiger des Meßwerkes auf Null zurückgehen. Bleibt ein bestimmter Ausschlag bei allen Frequenzen gleichmäßig bestehen, haben R_Z und der Abschlußwiderstand nicht genau den gleichen Widerstandswert. Bei frequenzabhängiger Ablage vom Brückennull ist der Meßwiderstand R_Z nicht induktivitätsarm genug, oder es sind Streukopplungen vorhanden. Besteht zwischen Skalenanzeige und RF-Spannung Proportionalität und entspricht die Skalenteilung 10 gleich großen Spannungsintervallen, so ergibt sich die Welligkeit s aus **Bild 31.1.25** in Abhängigkeit von den abgelesenen Skalenteilen der Nullablage in Stellung *Brücke.* Man erhält so die bekannte Skala mit $s = 1$ beim Nullpunkt und $s = \infty$ bei Vollauschlag.

Als Diode nimmt man eine Germaniumdiode *AA 119*, *AA 144* oder eine Schottky-Diode *1 N 5711 = HP-2800.*

Praktische Ausführungen von modernen VSWR-Brücken sind in [1.57]–[1.62] beschrieben. Eine entsprechende Schaltung davon aus [1.59] zeigt **Bild 31.1.26**.

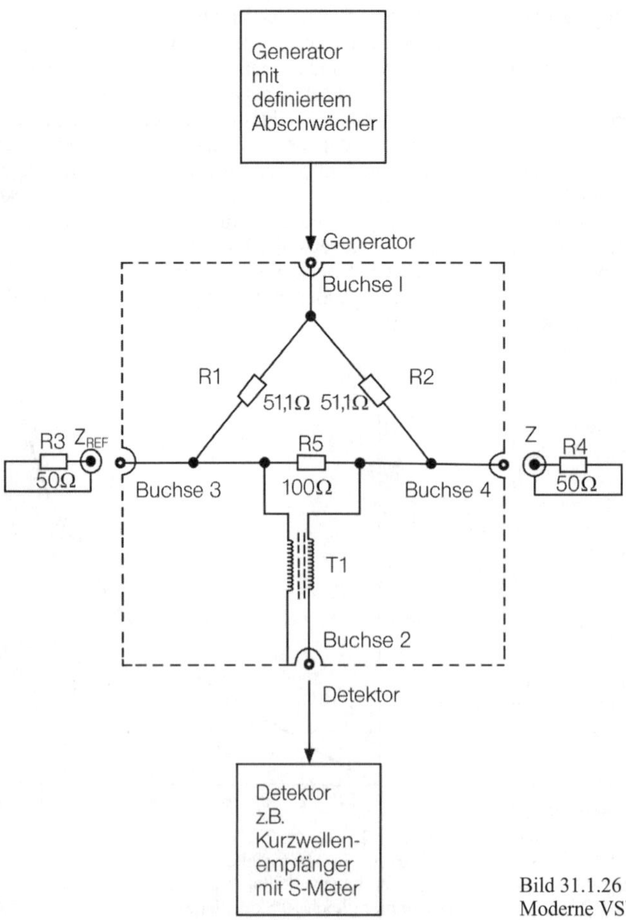

Bild 31.1.26
Moderne VSWR-Brücke

31.1.6 Impedanzmesser

Die Impedanzmessung hat in der Hochfrequenzmeßtechnik eine große Bedeutung. Sie dient zur Bestimmung eines komplexen Widerstandes nach Betrag und Phasenwinkel oder nach Wirk- und Blindanteil. Es gibt dabei eine Vielzahl von Verfahren mit unterschiedlichen Meßprinzipien.

Entsprechende Meßgeräte dafür sind:
Brücken
Meßleitung
Reflektometer

Im einfachsten Fall mißt man nur den Realteil der Impedanz.

Die Brückenschaltung ist nach Art einer *Wheatstone*-Brücke (**Bild 31.1.23**).

Setzt man an Stelle von R_2 den Prüfling, dessen Wirkwiderstand festgestellt werden soll, und verwendet man für R_1 einen geeichten Drehwiderstand (induktionsfrei), so entspricht der an R_1 bei Brückennull angezeigte Widerstandswert dem Wirkwiderstand des Prüflings. Es läßt sich also direkt der Eingangswiderstand einer Antenne messen. Dabei muß man beachten, daß nur im Resonanzfall der Eingangswiderstand einer Antenne reell ist; die Meßfrequenz hat deshalb der Strahlerresonanz zu entsprechen. Darüber hinaus kann durch eine Brückenmessung auch der Wellenwiderstand von Speiseleitungen aller Art und auch deren Verkürzungsfaktor festgestellt werden.

Bei den wichtigsten Brücken für Amateurgebrauch sind:
Antennenmeßbrücken
Rauschbrücken

31.1.6.1 Antennenmeßbrücken

Antennascope

Eine für Antennenmessungen gut geeignete Brückenschaltung, die unter dem Namen *Antennascope* von *W2AEF* beschrieben worden ist zeigt **Bild 31.1.27** [1.63], [1.64]. Die angegebenen Absolutwerte für R_1 und R_2 sowie C_1 und C_2 müssen nicht eingehalten werden. Wichtig ist lediglich, daß R_1 und R_2 sowie C_1 und C_2 untereinander völlig gleich sind. Unbeschadet können also R_1 und R_2 mit 150, 250 Ω oder ähnlichen Werten dimensioniert werden, sofern zwei gleiche Widerstände zur Verfügung stehen. Das gilt sinngemäß auch für C_1 und C_2.

Es ist nicht notwendig, teure Meßwiderstände enger Toleranz zu beschaffen. Billiger wird es, wenn man aus einer größeren Menge gleicher Widerstände mit Hilfe einer Meßbrücke oder eines Ohmmeters zwei gleiche Widerstände aussortiert. Als Drehwiderstand R_3 ist nur ein induktionsarmer

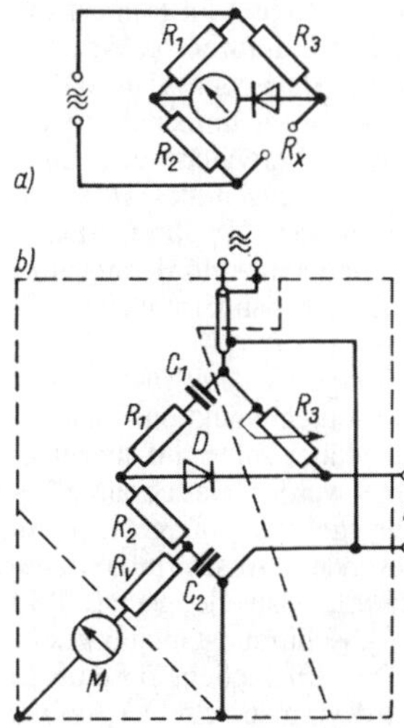

Bild 31.1.27
Antennascope
a) - Prinzipschaltung
b) - Detailschaltung

Schichtwiderstand brauchbar; Drahtpotentiometer sind völlig ungeeignet. Ein möglichst kleines Massepotentiometer, von dem gegebenenfalls die Abschirmkappe entfernt wird, liefert oft auch im VHF-Bereich bis 150 MHz noch ein befriedigendes Meßergebnis. Vor allem muß bei der Montage darauf geachtet werden, daß die schädlichen Kapazitäten zwischen R_3 und den ihn umgebenden Bauteilen sowie Abschirmungen möglichst gering sind. Deshalb soll man das Potentiometer von der Frontplatte abgesetzt auf einer Hartpapierplatte befestigen und die Potentiometerachse isoliert durch die Metallfrontplatte führen. Ein Widerstandswert von 500 Ω wurde gewählt, um möglichst alle vorkommenden Wellenwiderstände von Speiseleitungen messen zu können. Da ein Widerstand mit dem Wert 500 Ω im Handel teilweise nicht vorrätig ist, kann man auch das „gängigere" Schichtpotentiometer 1 kΩ linear verwenden. Ihm wird ein Schichtwiderstand von 1 kΩ parallelgeschaltet; mit dieser Anordnung läßt sich eine gute Verteilung der Eichpunkte über den Drehwinkel erzielen. Da immer mehr Antennenanlagen mit Koaxialkabel gespeist werden, kann man häufig den Meßbereich des Antennascope auf 100 Ω einschränken. In diesem Fall sollte man für R_3 einen 100-Ω-Schichtdrehwiderstand einsetzen und erhält somit eine bessere Ablesegenauigkeit innerhalb dieses Bereiches.

Der Drehwiderstand wird gleichstrommäßig mit einem genau anzeigenden Ohmmeter geeicht, den Drehkopf versieht man mit einer Skala, von der sich die eingestellten Widerstandswerte direkt ablesen lassen. Bei Brückennull ist der Widerstand des Prüflings gleich dem an der Skale des Drehwiderstandes angezeigten Wert. R_V bildet den Vorwiderstand für das Meßinstrument. Seine Größe hängt vom Innenwiderstand des Meßwerkes und von der gewünschten Anzeigeempfindlichkeit ab.

W2AEF verwendet ein Drehspulinstrument mit 0,2 mA Vollausschlag. Der Einsatz besonders empfindlicher Meßwerke (z.B. 0,05 oder 0,1 mA Vollausschlag) ist ratsam. Sie müssen immer über einen möglichst hochohmigen Vorwiderstand angeschlossen werden, um Störungen des Brückengleichgewichtes zu vermeiden. An die Germaniumdiode sind keine besonderen Anforderungen zu stellen; es eignen sich fast alle handelsüblichen RF-Gleichrichtertypen.

Möglichst kurze Leitungen in den Brückenzweigen ergeben den gewünschten induktions- und kapazitätsarmen Aufbau; dabei sollte auf mechanische Symmetrie geachtet werden. Das gesamte Gerät ist in einem Abschirmgehäuse untergebracht. In diesem werden drei gesonderte Abschirmboxen gebildet, in denen man die Bauteile gemäß **Bild 31.1.27b** unterbringt (Abschirmungen sind gestrichen eingezeichnet). Die Brücke liegt einseitig an Masse, ist also nicht erdsymmetrisch. Der Aufbau wird dadurch vereinfacht und weniger kritisch. Das Gerät ist demnach besonders gut für den Anschluß erdunsymmetrischer Prüflinge geeignet (z.B. Koaxialkabel). Es können jedoch auch symmetrische Leitungen und Antennen noch mit einiger Genauigkeit gemessen werden. Die Abschirmung wird nicht geerdet. Es ist deshalb zweckmäßig, das Gerät auf isolierende Füße zu setzen und die Gehäuseoberfläche mit einem isolierenden Schutzlack zu überziehen. Ebensogut eignet sich dafür ein Kästchen aus kupferkaschiertem Plattenmaterial. Wie schon erwähnt, ist der Drehwiderstand innerhalb seiner Abschirmbox auf einem Isolierstoffplättchen so zu montieren, daß sein Abstand zu allen ihn umgebenden Metallflächen möglichst groß wird. Seine Metallteile dürfen nicht mit der Abschirmung verbunden werden.

Das *Antennascope* läßt sich sowohl im Kurzwellenbereich als auch für Ultrakurzwellen ohne Änderung verwenden. Die Grenze der VHF-Brauchbarkeit ist vom mechanischen Aufbau und von den Einzelteilen abhängig. Als RF-Generator zur Speisung der Brücke eignet sich ein Dip-Meter ebenso wie jeder andere RF-Erzeuger mit veränderbarer Frequenz und ausreichender Ausgangsleistung (z.B. Leistungsmeßsender). Die zugeführte Hochfrequenzleistung sollte 1 W nicht übersteigen, um Diode und Meßinstrument nicht zu gefährden; etwa 0,2 W sind zum Speisen der Brücke bereits ausreichend. Die RF wird sehr einfach durch eine Schleife von 1 bis 3 Wdg. eingekoppelt, die mit der Kreisspule des Dip-Meters so fest verbunden wird, daß sich bei offenen RX-Buchsen (Anschluß für Prüfling) Vollausschlag am Anzeigeinstrument einstellt. Bei fester Ankopplung eines Dip-Meters verschiebt sich seine Frequenzeichung. Um Fehlmessungen zu vermeiden, sollte die tatsächlich erzeugte Frequenz mit einem frequenzgeeichten Empfänger laufend abgehört werden.

Die Funktion des Gerätes läßt sich überprüfen, indem an die *RX*-Buchsen ein induktionsfreier Widerstand bekannten Ohmwertes angeschlossen wird. Dabei muß der vom Drehwiderstand bei Brückennull angezeigte Wert jeweils gleich dem Widerstand des Prüflings sein. Dieser Vorgang wird bei verschiedenen Speisefrequenzen mit einer Reihe von Festwiderständen wiederholt. Dabei bekommt man auch einen Überblick über die Brauchbarkeitsgrenzen des Gerätes, die an der unscharfen Anzeige des Brückengleichgewichtes zu erkennen sind. Im Kurzwellenbereich dürften immer einwandfreie Meßergebnisse erreicht werden, dagegen nehmen die Bauteile für Frequenzen der Meterwellen einen mehr oder weniger komplexen Charakter an, wodurch sich das Brückengleichgewicht nicht mehr einstellen läßt. Durch sorgfältiges Verändern der Leitungsführung der Leitungslängen und der Bauelemente ist es oft möglich, daß das *Antennascope* auch im 2-m-Band noch brauchbare Ergebnisse liefert. Im 70-cm-Band allerdings versagen einfache Brückenschaltungen.

Industriell hergestellte Anpassungsmeßbrücken erreichen durch besonders günstigen Aufbau und durch Kompensation der Blindwiderstände obere Grenzfrequenzen von etwa 250 MHz.

Matchmaker

Eine als *Matchmaker* bekannte Brückenschaltung zeigt **Bild 31.1.28**. Außerdem enthält dieses Gerät noch einen 2. Gleichrichter, der die Messung der Hochfrequenzspeisespannung erlaubt. Das Gehäuse teilt man zweckmäßig wieder in 3 Abschirmboxen auf, wobei in der mittleren Kammer die zur Messung der Eingangsspannung erforderliche Germaniumdiode mit ihren Siebmitteln gesondert von den Brückenelementen abgeschirmt wird. Der Drehwiderstand 100 Ω ist eine induktionsfreie Masseausführung. Für seine Montage gelten die beim Drehwiderstand des Antennascopes gegebenen Hinweise. Die Festwiderstände R_1 und R_2 müssen untereinander völlig gleich sein. Dabei kann der Widerstandswert zwischen 40 und 80 Ω beliebig gewählt werden. Es sind induktivitätsarme

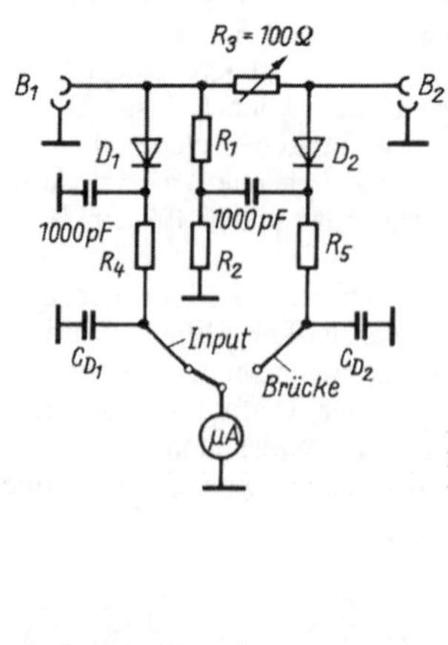

Bild 31.1.28
Matchmaker

Ausführungen mit 1 W Belastbarkeit zu fordern. Die Meßwerkvorwiderstände R_4 und R_5 stellen Normalausführungen dar, deren Widerstandswerte durch das Anzeigeinstrument bestimmt werden. Bei einem Drehspulinstrument mit 0,1 mA Vollausschlag sind für R_4 15 kΩ und für R_5 7,5 kΩ brauchbare Werte. Zu beachten ist, daß sich das Widerstandsverhältnis von R_4 zu R_5 wie 2:1 verhalten soll. C_{D1} und C_{D2} sind Durchführungskondensatoren mit etwa 1000 pF (Kapazitätswert nicht kritisch). Der Drehwiderstand wird mit einem genau anzeigenden Widerstandsmeßgerät geeicht (dabei Germaniumdioden abklemmen!). Die gemessenen Werte werden auf einer übersichtlichen Skala von 10 zu 10 Ω vermerkt.

Zum Abgleich und zur Funktionsprüfung schließt man zuerst den Ausgang B_2 (Prüfling) mit einem bekannten induktionsfreien Widerstand (z.B. 50 Ω) ab. Der Instrumentenschalter wird in Stellung *Input* gelegt. Dem Eingang des Gerätes führt man gerade so viel RF zu, daß das Meßinstrument halben Skalenausschlag anzeigt. Dazu ist etwa 0,2 W RF-Leistung erforderlich, die ein Griddipper liefern kann. Nun schaltet man das Anzeigegerät auf Stellung *Brücke* und justiert den Drehwiderstand so, daß Brückengleichgewicht (Spannungsnull) eintritt. Der an der Stelle des Drehwiderstandes abgelesene Wert muß genau dem Widerstandswert des Prüflings entsprechen. Diese Überprüfung der Brücke kann mit verschiedenen Speisefrequenzen und Abschlußwiderständen wiederholt werden. Danach entfernt man den Abschlußwiderstand, so daß der Ausgang Prüfling offenbleibt. Das Gerät wird mit RF gespeist, bis das Meßinstrument bei Stellung *Input* wieder halben Skalenausschlag anzeigt. Beim Umschalten auf *Brücke* muß sich nun voller Skalenausschlag einstellen (Verhältnis der Vorwiderstände wie 2:1). Ergibt sich kein Vollausschlag, so ist R_5 bis zum vollen Skalenausschlag zu verändern. Der gleiche Vorgang wird mit kurzgeschlossenem Ausgang B_2 wiederholt. Bei gleicher Eingangsspannung müssen wiederum in Stellung *Brücke* Vollausschlag und in Stellung *Input* halber Skalenausschlag angezeigt werden. Ist das nicht der Fall, so sind die Widerstände R_1 und R_2 untereinander nicht genau gleich. Jetzt kann die Anzeige des Meßwerkes direkt zum Ablesen der Welligkeit *s* wie folgt geeicht werden:

Drehwiderstand auf markierte Stellung 50 Ω bringen und den Ausgang B_2 mit einem induktionsfreien 50-Ω-Widerstand abschließen. RF-Speisespannung so einstellen, daß sich bei Input halber Ausschlag des Meßwerkzeigers ergibt. Bei Umschaltung auf *Brücke* muß die Anzeige auf 0 zurückgehen, entsprechend einer Welligkeit $s = 1$. Nun schließt man verschiedene Widerstände mit bekannten Ohmwerten nacheinander als Abschlußwiderstände an und notiert jeweils den sich einstellenden Instrumentenausschlag in Stellung *Brücke.* Die Eingangsspannung muß dabei konstant bleiben, ebenso darf die Einstellung des Drehwiderstandes nicht verändert werden. Beträgt der Abschlußwiderstand z.B. 100 Ω, so entspricht der vom Meßinstrument angezeigte Skalenwert einer Welligkeit von $s = 2$ (100 Ω : 50 Ω); bei einem Abschlußwiderstand von 200 Ω würde sich eine Welligkeit von $s = 4$ ergeben usw. Bei entsprechend vielen Abschlußwiderständen kann aus den Meßwerten eine genaue Eichkurve konstruiert werden. Gegebenenfalls zeichnet man die Werte für die Welligkeit *s* auf der Skale des Instrumentes direkt ein. Bei der praktischen Messung sind folgende Hinweise zu beachten:

a) Der Drehwiderstand muß immer auf den Ohmwert eingestellt werden, der gleich dem Wellenwiderstand des verwendeten Koaxialkabels ist.
b) Die Eingangsspannung (Stellung Input) muß man vor jeder Messung für genau halben Skalenausschlag des Meßinstrumentes dosieren.
c) Bei Antennenmessungen muß die Speisefrequenz der Antennenresonanzfrequenz entsprechen.

Eine weitere Antennenmeßbrücke ist das „Micro-Match“ [1.65].

Eine Weiterentwicklung des Antennascopes wurde von *DL3ND* beschrieben [1.66].

Das Merkmal dieser Antennenmeßbrücke ist eine symmetrische Einspeisung über einen Ferritringkern mit 2 x 9 Windungen. Damit sind erdsymmetrische Messungen möglich. Die Sekundärseite des Übertragers liegt direkt an den Brückenpunkten der Meßbrücke. Dadurch entfallen gegenüber dem Antennascope alle Abschirmmaßnahmen.

31.1.6.2 Rauschbrücken

(*R.T. Hart* – US 3,531,717 – 1968)

Eine weitere vielseitige und einfach aufzubauende Brückenschaltung, mit der man Anpassungen und Impedanzen feststellen kann, ist die Rauschbrücke. Sie besteht aus einer Rauschquelle sehr großer Bandbreite als Generator und einer Brückenschaltung. Als Indikator für das "Brückennull" wird ein beliebiger Empfänger - im allgemeinen der Stationsempfänger - verwendet.

Bei den VSWR-Brücken verwendet man einen selektiven Generator (Stationssender oder Grid-Dip-Meter), der die Brücke jeweils mit einer bestimmten Frequenz erregt: der Nullindikator - im allgemeinen ein Meßinstrument - ist dagegen nicht frequenzselektiv. Bei der *Antennenrauschbrücke* hingegen sind die Verhältnisse umgekehrt: Der Generator ist eine Rauschquelle, die ein „weißes Rauschen“ erzeugt, welches außerordentlich breitbandig ist und als aperiodisch bezeichnet werden kann.

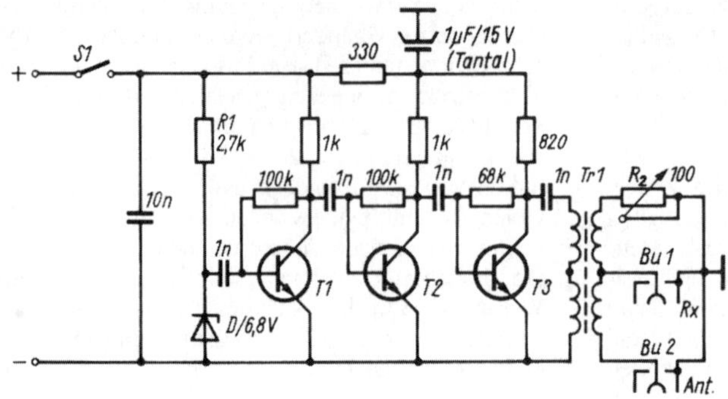

Bild 31.1.29
Antennenrauschbrücke
mit 3.stufigem Rauschverstärker

Diesem nichtselektiven Generator steht ein selektiver Nullindikator in der Form eines Empfängers gegenüber. Der als Nullindikator verwendete Empfänger ist sowieso bei jedem Funkamateur vorhanden. Er ist viel empfindlicher als z.B. ein Drehspulinstrument, so daß nur eine sehr geringe Leistung des Generators erforderlich ist. Die Rauschbrücke ist auch geradezu ideal für den Kurzwellenhörer, der weder Sender noch Dip-Meter besitzt. Für eine industriell gefertigte Antennenrauschbrücke der Firma *Omega-T*, die für den Amateurgebrauch bestimmt ist, wird z.B. eine obere Grenzfrequenz von 300 MHz angegeben [1.67]. Eine Reihe von Selbstbaubeschreibungen stützt sich auf die „*OmegaT*-Konzeption", z.B. [1.68].

Eine *Antennenrauschbrücke* mit 3-stufigem Rauschverstärker zeigt **Bild 31.1.29**. Als Rauschquelle benutzt man die Silizium-Z-Diode mit einer Zenerspannung von 6,8 V (z.B. Typ ZF 6,8 oder SZX 20/6,8). Die Z-Diode hat nicht die Aufgabe der Spannungsstabilisierung, daher wird die genaue Einhaltung der angegebenen Spannung nicht gefordert. Der 3-stufige Rauschverstärker hat keine Besonderheiten, es ist nur zu beachten, daß die verwendeten Silizium-NPN-Transistoren eine hohe Grenzfrequenz und eine ausreichende Verstärkung aufweisen. Im Mustergerät wurde der Typ *BC 109* C bzw. *2 N 3563* verwendet (gleicher Typ für T_1, T_2 und T_3). Die Verstärkung soll so groß sein, daß der an die Brücke angeschlossene Empfänger *RX* im 10 m-Band noch einen Rauschpegel von mindestens S9 + 10 dB anzeigt. In bestimmten Grenzen kann der Rauschpegel auch eingestellt werden, wenn man den Festwiderstand R_1 (2,7 kΩ) verändert bzw. durch einen Widerstandstrimmer ersetzt. Den Übergang zur Brückenschaltung bildet der Breitbandübertrager *Tr* 1. Seine Aufgabe ist, die erdunsymmetrische Rauschspannung zu Symmetrieren, so daß auf der Sekundärseite die Brücke symmetrisch erregt wird. Von der Güte dieses Übertragers wird die Brauchbarkeit der Rauschbrücke maßgeblich beeinflußt. Er ist auf einen Ferrit-Ringkern geeigneten Kernmaterials aufgewickelt (z.B. *Siferrit 80 K 1, Ferroxcube 4C4 oder 4C6, Manifer Mf 343)*. Man wickelt 4drähtig mit 0,3-mm-CuL-Draht. Es sind je 4 Drahtwindungen auf den Ringkern aufzubringen.

R_2 ist ein Kohleschichtdrehwiderstand mit linearem Widerstandsverlauf in möglichst kapazitätsarmer Ausführung; gegebenenfalls ist die Metallabdeckkappe zu entfernen. Da die Linearität häufig nicht einwandfrei ist, soll die Potentiometerskala mit einem guten Ohmmeter in Widerstandswerten kalibriert werden. Wenn der Potentiometer-Brückenzweig zu viel Streukapazität einbringt, kann man diese durch einen gleich großen Kondensator parallel zu *Bu* 2 kompensieren.

Der Widerstandsendwert von R_2 wird nach dem gewünschten Meßbereich ausgewählt. Üblich sind Werte zwischen 100 und 250 Ω.

Für den Gebrauch der *Rauschbrücke* gilt folgende Kurzanweisung:

a) an der Skala von R_2 den zu erwartenden Impedanzwert einstellen (z.B. 50 oder 75 Ω); Empfänger an *Bu* 1 und zu untersuchende Antenne an *Bu* 2 anschließen.
b) Empfänger über den Frequenzbereich durchstimmen, in welchem Antennenresonanz erwartet wird; Frequenz feststellen, bei der Brückennull eintritt (geringstes Rauschen bzw. kleinster S-Meter-Ausschlag);
c) R_2 nachstellen auf Rauschminimum;
d) Schritt b und c wechselseitig wiederholen, bis ein eindeutiges, nicht mehr verbesserungsfähiges Rauschminimum erreicht ist.

Die am Empfänger eingestellte Frequenz entspricht nun der Antennenresonanz, und der am Potentiometer R_2 abgelesene Widerstandswert ist gleich dem Wirkanteil der Antennenimpedanz. Um auch vorhandene Blindanteile der Impedanz messen zu können, ist eine Erweiterung der Brückenschaltung nach **Bild 31.1.30** möglich. Baubeschreibungen dazu sind in [1.69] und [1.70]. Bei **Bild 31.1.30a** wird dem Potentiometer R_2 ein Drehkondensator mit etwa 200 pF Endkapazität pa-

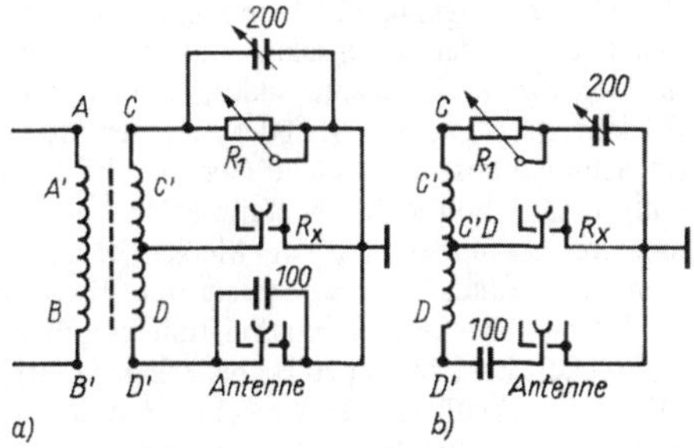

Bild 31.1.30
Erweiterung der Rauschbrücke zum Messen von Reaktanzen
a) - nach [1.68]
b) - nach [1.69] und [1.71]

rallelgeschaltet, und im anderen Brückenzweig, parallel zur Antennenanschlußbuchse *Bu* 2, liegt ein 100-pF-Kondensator. Zu Beginn einer Messung muß die am Drehkondensator eingestellte Kapazität genau 100 pF betragen. In diesem Fall besteht Brückengleichgewicht, da sich im anderen Brückenzweig ebenfalls 100 pF befinden (Festkondensator). Muß bei Reaktanzmessungen die Drehkondensatorkapazität vergrößert werden, um ein eindeutiges Rauschminimum zu erhalten, so liegt ein kapazitiver Blindwiderstand vor; wird eine kleinere Kapazität erforderlich, ist der Blindwiderstand induktiv. Wenn die Skala des Drehkondensators in pF kalibriert ist, kann man aus der abgelesenen Differenzkapazität zu 100 pF die Werte der Blindanteile ausrechnen.

Die Schaltungsvariante in **Bild 31.1.30b** ist in Funktion und Bedienung identisch.

Exakte Meßergebnisse erhält man nur, wenn direkt am Antenneneingang gemessen wird oder wenn die Speiseleitung elektrisch genau λ/2 oder ganzzahlige Vielfache von λ/2 lang ist. Die Resonanzlänge für die Speiseleitung kann mit der Rauschbrücke exakt ausgemessen werden.

Weitere Literatur zum Thema Rauschbrücken: [1.71]–[1.73].

31.1.7 Meßleitung

Die Messung der Welligkeit auf einer RF-Leitung und die Messung des Abstandes des Spannungsminimums vom Meßobjekt gestattet die Bestimmung der Impedanz. Die Auswertung macht man zweckmäßigerweise grafisch in einem Leitungsdiagramm.

Die Meßleitung war früher ein Standardmeßgerät, speziell bei höheren Frequenzen. Die Vorzüge der Meßleitung sollten eigentlich nicht in Vergessenheit geraten.

Eine Meßleitung ist die mechanisch-starre Nachbildung eines Koaxialkabels mit genau definiertem Wellenwiderstand. Auf dem mit einem Längsschlitz versehenen Außenleiter der Meßleitung gleitet ein Meßkopf und entnimmt dem Innenleiter durch eine Testsonde kapazitiv die Meßspannung (**Bild 31.1.31**). Industriell hergestellte Meßleitungen sind feinmechanische Präzisionsgeräte mit hoher Meß-Genauigkeit.

Dementsprechend ist auch der Preis einer solchen Einrichtung sehr hoch, so daß sie für den einzelnen Amateur nicht in Frage kommt. Auch der Selbstbau dürfte im allgemeinen nicht möglich sein. Darüber hinaus sind die praktischen Einsatzmöglichkeiten einer Meßleitung auf den UHF-Bereich und auf Teile des VHF-Bereiches begrenzt. Eine Ausnahme ist die Verwendung einer einseitig geschirmten Streifenleitung als Meßleitung, wie von *DG7GK* vorgeschlagen [1.74], [1.75].

Eine mechanische Vereinfachung der Präzisionsmeßleitung besteht darin, daß man auf einen gleitenden Meßkopf verzichtet und dafür einige feste Meßpunkte vorsieht, die über die Leitung verteilt sind (**Bild 31.1.32**). Diese 3-Dioden-Meßleitung wird für eine vorgegebene Frequenz im VHF- oder UHF-Bereich konstruiert (Länge der Leitung und Lage der Meßpunkte im Abstand von λ/8). Die Meßmethode mit drei Meßpunkten ist bekannt als „Drei-Voltmeter-Methode“ [1.76], [1.77] und [1.78]. Die Induktivitäten *L* bilden jeweils zusammen mit der Diodenkapazität einen Resonanzkreis, der auf die Meßfrequenz abgestimmt ist.

Die primitive Nachbildung einer Meßleitung mit mehreren Meßpunkten erhält man aus einem Stück Koaxialkabel, dessen Innenleiter man an mehreren Punkten freilegt, damit dort die Testspitze eines RF-Testkopfes eingeführt werden kann. Dazu entfernt man den Außenschutzmantel des Kabels an verschiedenen Stellen und verschiebt oder durchbricht dort den aus Kupferdrahtgeflecht oder Bandgeflecht bestehenden Außenleiter so weit, bis ein kleiner, kreisförmiger Ausschnitt des Dielektrikums sichtbar wird. Auch dieses öffnet man und gelangt zum Kabelinnenleiter. Nun wird eine durchbohrte Keramikperle oder ein feines Kunststoffröhrchen so in die entstandene Öffnung eingeklebt, daß der Kabelinnenleiter von außen her mit einer feinen Testspitze abgetastet werden kann. Alle vorgesehenen

Bild 31.1.31
Koaxiale Meßleitung

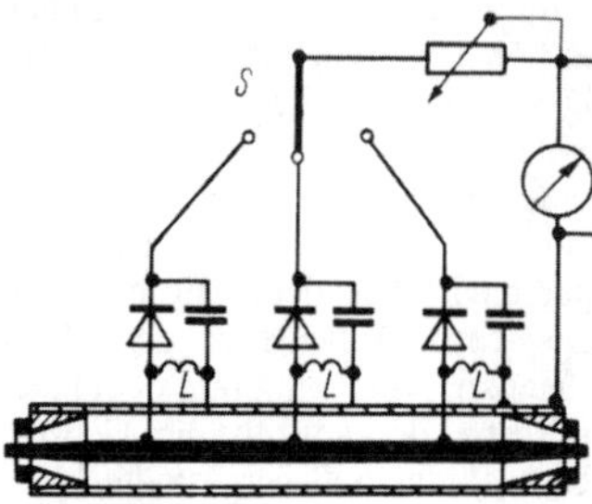

Bild 31.1.32
3-Dioden-Messung

Meßpunkte sind nach der beschriebenen Art herzustellen (**Bild 31.1.33**). Dabei sollte die Länge der Meßleitung mindestens 0,75λ betragen. Auf ihr werden die vorgesehenen Meßpunkte gleichmäßig verteilt. Der Wellenwiderstand der Meßleitung muß dem Wellenwiderstand des zu untersuchenden Speisekabels entsprechen. Das Meßkabel wird als Teil der Energieleitung zwischen Senderausgang und Speiseleitung eingeschleift.

Mit der Tastspitze eines RF-Röhrenvoltmeters oder eines anderen RF-Spannungsanzeigers stellt man nun an den einzelnen Meßpunkten die RF-Spannung fest. Werden unterschiedliche Spannungen gemessen, so liegt Fehlanpassung vor. Gleiche Spannung an allen Meßpunkten deutet darauf hin, daß das Speisekabel richtig an den Strahler angepaßt ist. Da die Spannung nicht kontinuierlich abgetastet wird, kann man mit dieser Anordnung Maxima und Minima nicht eindeutig ermitteln und erhält somit auch keine quantitativen Aussagen über die Welligkeit. Da eine solche provisorische Meßleitung jedoch im UHF-Bereich im allgemeinen besser arbeitet als ein Selbstbau-Reflektometer, ist sie für den VHF-/UHF-Amateur (70-cm- und 2-m-Band) von besonderem Interesse.

Wenn nun in einer koaxialen Meßleitung statt der drei Löcher alle 5 cm ein Loch ist, kann man die genaue Lage der Strom- bzw. Spannungsminima bestimmen. Eine Baubeschreibung einer Koax-Meßleitung von 1-m-Länge mit 19 Löchern hat *DJ8TL* veröffentlicht [1.79].

31.1.8 Analysatoren

Kommerzielle *Netzwerk-* oder *Vektor-Analyzer* ermöglichen die direkte Anzeige von:

Spannung, Phase, Impedanz, Admittanz, s-Parameter, Reflexionsfaktor, VSWR, Rückflußdämpfung, Übertragungsfaktor, Übertragungsmaß, Gruppenlaufzeit in jeder gewünschten Darstellung: linear oder logarithmisch, absolut oder normiert, polar oder kartesisch mit digitaler oder analoger Anzeige und Schreiberausgang. Solche Geräte, z.B. Vektor Analyzer *ZPV* von *Rohde & Schwarz*, bestehen aus einem Vektorvoltmeter mit zwei Meßkanälen, haben einen eingebauten Mikroprozessor mit IEC-Bus-Anschluß und bestreichen mit drei Tunereinschüben den Frequenzbereich von 10 Hz bis 2 GHz [1.80].

Käufliche Analyzer für Amateure sind dagegen vergleichsweise bescheiden ausgestattet. Ein einfaches Gerät mit dem Namen *Analyzer*, z.B. der HF SWR Analyzer 207 von *MFJ*, ermöglicht mit einer Meßbrücke nur eine SWR-Anzeige [1.81]. Dagegen haben Geräte der mittleren Preisklasse, wie z.B. der Antenna Analyzer 247 von *MFJ* schon einen Frequenzzähler [1.82]. Ein Gerät der oberen Preisklasse, wie etwa der HF/VHF/UHF SWR Analyzer 269 von *MFJ* besteht aus einem abstimmbaren HF-Generator (1,8 bis 470 MHz) mit Frequenzzähler (5 Hz bis 180 MHz), einem Sensor, einem 12-Bit-A/D-Wandler, einer CPU und einer zweizeiligen LCD-Anzeige [1.83]. Für die Ausblendung von starken Rundfunksendern gibt es ein optionales, zwischen 1,8 und 30 MHz durchstimmbares Filter 731 von *MFJ*.

Außer den bereits erwähnten Analyzern der Firma *MFJ* gibt es noch andere Analyzer, wie etwa den RF-Analyst RF-1 der Firma *Autek Research* [1.84], den VHF-Analyst RF-5 der Firma *Autek* Research [1.85], den HF-Analyst SWR-121 der Firma *AEA* [1.86], den VHF/UHV Analyst SWR-121 V/U der Firma *AEA* [1.87], oder den Impedanz Analyzer CIA-HF der Firma *AEA* [1.88].

31.1.9 Feldstärkemesser

Die Messung bzw. Anzeige der Feldstärke ist gelegentlich bei Amateuren von Interesse. *Feldstärkemesser* bzw. *Feldstärkeindikatoren* sind Geräte, die entweder die magnetische oder die elektrische Feldstärke anzeigen.

Die einfachsten Indikatoren sind die s.g. "Sonden", die breitbandig oder aperiodisch die Hochfrequenz anzeigen. Diese Sonden werden auch als RF-Sniffer = RF-Schnüffler bezeichnet. **Bild 31.1.34** zeigt zwei Sonden [1.89]: Version 1 ist eine magnetische Sonde, Version 2 eine elektrische Sonde. Weitere einfache Indikatoren sind zu finden in [1.90] und [1.91].

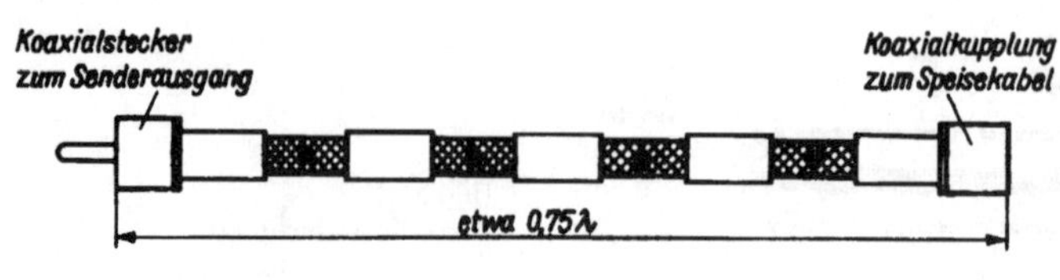

Bild 31.1.33
Provisorische Meßleitung
mit mehreren Meßpunkten

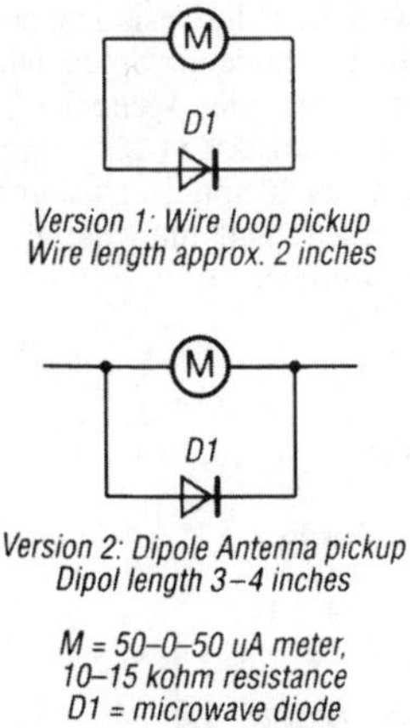

Bild 31.1.34
RF-Schnüffler
(magnetische
und elektrische Sonden)

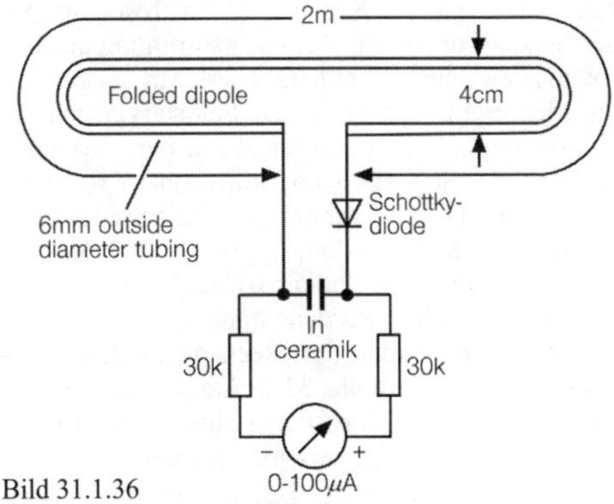

Bild 31.1.36
Abgestimmter Feldstärkeanzeiger
für das 2-m-Band (5 V/m Endausschlag)

Mit etwas größeren oder längeren Antennen sind einfache *Feldstärkeindikatoren* zur Unterstützung beim Antennenabgleich und zur Kontrolle der Strah-lungscharakteristik von Richtantennen brauchbar. Mit ihrer Hilfe kann mancher Beam den „letzten Schliff" bekommen. In **Bild 31.1.35** ist ein Indikator für Kurzwelle zu sehen, wie er von *DL7PE* zum Abgleich seiner „*MicroVert*" (vgl. Abschnitt 22.7) verwendet wird [1.92] und in **Bild 31.1.36** ist ein Indikator für UKW zu sehen, wie er von *PA0ZR* für 5V/m Endausschlag bei 145 MHz veröffentlicht worden ist [1.93].

In einigen Fällen sind selektive *Feldstärkeanzeiger* erwünscht, also Geräte, die erst dann die Feldstärke anzeigen, wenn sie auf die betreffende Frequenz abgestimmt werden. Sie vereinigen in sich die Funktion eines *Feldstärkeanzeigers* mit der eines Wellenmessers. Diese Forderung erfüllen z.B. auch die bekannten Antennentestgeräte. Selbst ein ganz einfacher Absorptionskreis-Wellenmesser mit *Feldstärkeanzeiger* nach **Bild 31.1.37** ist in der Hand des Amateurs trotz verhältnismäßig geringer Empfindlichkeit ein vollwertiges Meßmittel. L_1 bildet zusammen mit C_1 einen veränderbaren Parallelresonanzkreis. Da dieser möglichst selektiv sein soll, darf er weder durch die Hilfsantenne noch

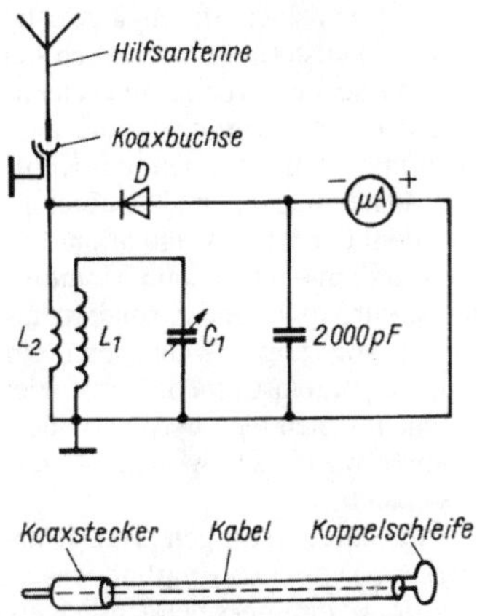

Bild 31.1.37
Selektives Feldstärkeanzeigegerät

durch die Halbleiterdiode stark gedämpft werden. Deshalb verwendet man eine kleine Koppelspule L_2, die lose an den Kreis L_1-C_1 angekoppelt ist. Von der Hilfsantenne wird die Hochfrequenz aufgenommen und – wenn es sich um große Feldstärken handelt – bereits vom Meßinstrument ange-

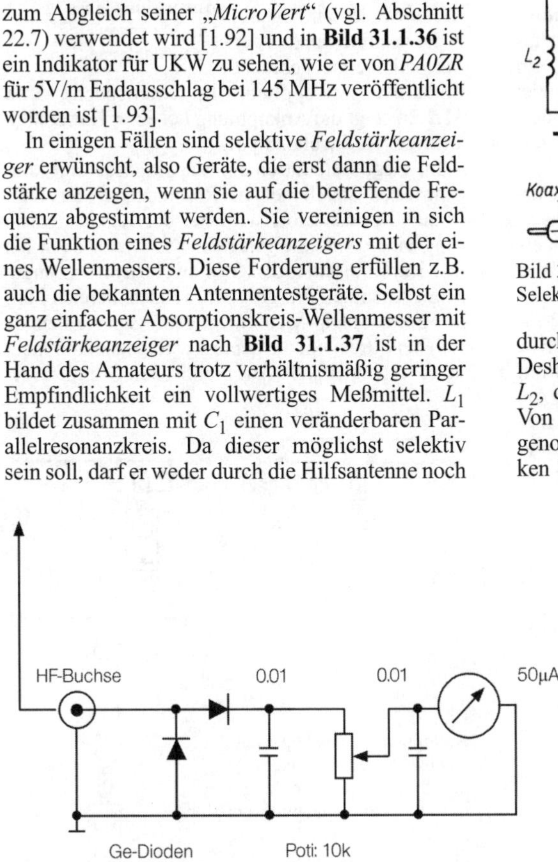

Bild 31.1.35
Breitbandiger Feldstärkeanzeiger
für Kurzwelle

zeigt, ohne daß der Kreis L_1-C_1 in Resonanz mit der Sendefrequenz ist. Bei Nachstimmung auf Resonanz zeigt das Anzeigemeßwerk ein ausgeprägtes Maximum. Bei kleineren Feldstärken spricht das Instrument erst dann an, wenn der Abstimmkreis mit der Sendefrequenz in Resonanz ist. Ähnlich wie beim Dip-Meter kann man die Spulen auch als Steckspulen ausbilden. C_1 ist ein Drehkondensator mit etwa 50 pF Endkapazität, dessen Skala in Frequenzen geeicht werden kann.

Für die Bemessung der Steckspulen geben **Tabelle 31.1** und **Tabelle 31.2** Anhaltspunkte. Als Anzeigeinstrument sind Drehspulmeßwerke mit einem Endausschlag bis zu 1 mA geeignet.

Das Gerät ist sehr vielseitig verwendbar. Versieht man es z.B. an Stelle der Hilfsantenne mit einem Stück Koaxialkabel, das an seinem Ende eine Koppelspule trägt, so können innerhalb des Senders mit der Koppelschleife die einzelnen Stufen abgetastet und Störstrahlungen lokalisiert werden. Auch bei der Neutralisation von Senderöhren leisten selektive *Feldstärkeanzeiger* gute Dienste. Wird zwischen Nullpotential und Meßinstrument ein Kopfhörer eingeschleift, so hat man einen Detektorempfänger, der es ermöglicht, die Modulation des eigenen Senders abzuhören (sogenannter Monitor).

Die RF-Spannung wird nicht linear, sondern annähernd quadratisch angezeigt. Wenn man ein hochempfindliches Anzeigeinstrument verwendet und somit einen entsprechend großen Vorwiderstand einsetzen kann (etwa 10 kΩ), wird die Anzeige weitgehend linearisiert.

Durch den Zusatz eines 1stufigen Transistorgleichstromverstärkers kann die Empfindlichkeit des selektiven *Feldstärkeanzeigers* beträchtlich erhöht werden. Eine solche Schaltung zeigt **Bild 31.1.38**. Für die Schaltung ist ein Transistor höherer Grenzfrequenz erforderlich. Um auch im 2-m-Band messen zu können, sollte man einen RF-Transistor mit möglichst geringem Kollektorstrom einsetzen. Der Kreis *LC* ist für die vorgesehene Arbeitsfrequenz zu bemessen. Damit der Resonanzkreis vom niedrigen Transistoreingangswiderstand nicht zu sehr bedämpft wird, liegt die Basis an einer Anzapfung nahe dem „kalten" Ende der Spule. Die Länge der Hilfsantenne ist von der Wellenlänge und der herrschenden Feldstärke abhängig. Selbstverständlich können auch npn-Transistoren verwendet werden, in diesem Fall muß die Betriebsspannung umgepolt werden.

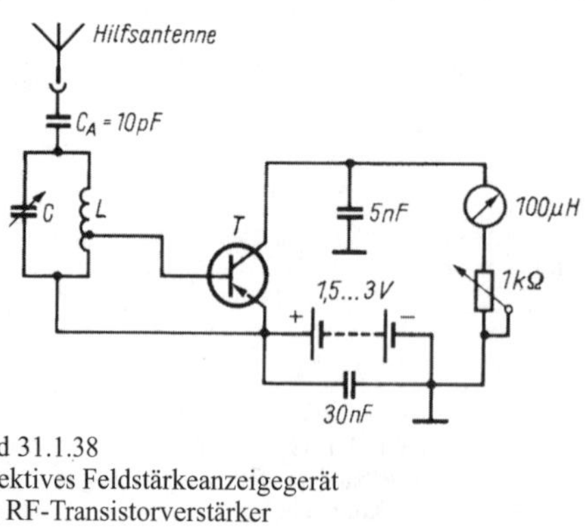

Bild 31.1.38
Selektives Feldstärkeanzeigegerät mit RF-Transistorverstärker

31.2 Messungen

31.2.1 Resonanzmessung

Antennen sind Resonanzkreise und können daher wie LC-Kreise behandelt werden. Zu einer schnellen, aber weniger exakten Resonanzmessung benötigt man nur ein Dip-Meter. Wie man damit an eine Vertikalantenne ankoppelt, zeigt **Bild 31.2.1**. Die Dip-Meter-Spule wird in die Nähe des Fußpunktes der Vertikalantenne gebracht (induktive Ankopplung im Strombauch). **Bild 31.2.2a** zeigt die Ankopplung bei einer Horizontalantenne (Halbwellendipol).

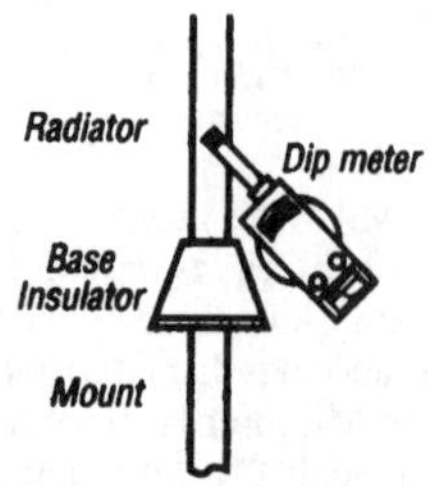

Bild 31.2.1
Ankopplung eines Dip-Meters an eine Vertikalantenne

Im Gegensatz zu einem Schwingkreis mit konzentrierten Bauelementen (Resonanzkreis aus Spule und Kondensator) wird bei der Resonanzmessung einer Antenne mit dem Dip-Meter auch bei den Harmonischen der Grundwelle ein Dip angezeigt. Antennen mit großem Frequenzbereich können mit dem Dip-Meter nicht gemessen werden, da sich bei diesen ein ausgeprägter Resonanzdip nicht mehr feststellen läßt. Aus praktischen Gründen ver-

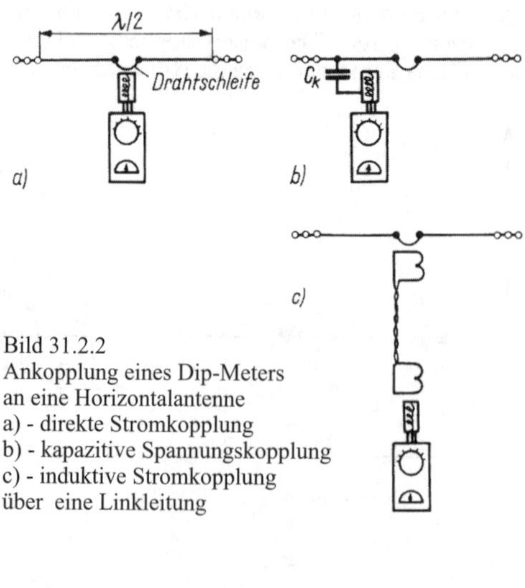

Bild 31.2.2
Ankopplung eines Dip-Meters an eine Horizontalantenne
a) - direkte Stromkopplung
b) - kapazitive Spannungskopplung
c) - induktive Stromkopplung über eine Linkleitung

zichtet man jedoch im allgemeinen auf die Resonanzmessungen von Breitbandantennen. Falls sie dennoch erforderlich werden, kann man auf die Methode mit dem Antennascope zurückgreifen, die sich auch bei Breitbandformen anwenden läßt.

Zur Resonanzmessung ist die Speiseleitung vom Antennenleiter zu entfernen. Die Anschlußstellen am Antenneneingang werden nach **Bild 31.2.2** durch eine kurze Drahtschleife überbrückt. Die Spule des Dip-Meters koppelt man mit dieser Drahtschleife im Strombauch des Antennenleiters. Das Strommaximum befindet sich immer eine 1/4 Wellenlänge vom Ende einer abgestimmten Antenne entfernt, bei einem Halbwellendipol demnach in der Strahlermitte. Muß ausnahmsweise die Resonanz in der Nähe eines Spannungsmaximums gemessen werden, so verbindet man das Dip-Meter nach **Bild 31.2.2b** über eine kleine Koppelkapazität C_K direkt mit dem Antennenleiter. Dabei muß man den verstimmenden Einfluß der Koppelkapazität berücksichtigen; er ist um so geringer, je kleiner C_K gewählt wird.

Will man den durch den Körper des Messenden verursachten verstimmenden Einfluß mindern, so kann das Dip-Meter nach **Bild 31.2.2c** über eine Link-Leitung an den Antennenleiter gekoppelt werden. Die Link-Leitung besteht aus einem Stück UKW-Bandleitung oder aus einer verdrillten Doppelleitung, die an beiden Enden mit einer kleinen Koppelwicklung (etwa 3 Windungen) versehen ist. Man koppelt vorerst sehr fest und ermittelt die ungefähre Frequenz. Danach wird so lose angekoppelt, daß gerade noch ein ganz schwacher Resonanzdip entsteht. Die nunmehr festgestellte Frequenz kann im Rahmen der Ablesegenauigkeit als annähernd richtig angesehen werden.

Exaktere Meßergebnisse erhält man durch gleichzeitiges Abhören der Dip-Meter-Schwingung mit einem gut geeichten Empfänger, an dem im Augenblick des Resonanzdips die Frequenz abgelesen wird. Schon bei einem einfachen Halbwellendipol sollte man seine Resonanzfrequenz und die Anpassung vor der endgültigen Inbetriebnahme kontrollieren, um so mehr trifft das für Richtantennen zu. Das Dip-Meter ist unentbehrlich, wenn man z.B. bei einer Kurzwellen-*Yagi*-Antenne die Eigenresonanzen des Reflektors und des Direktors feststellen will. Wie man einen solchen Betriebsabgleich am zweckmäßigsten durchführen kann, wird nachstehend am Beispiel einer Kurzwellen-*Yagi*-Antenne erläutert. Für andere Antennenarten gelten diese Ausführungen sinngemäß. Zunächst entfernt man die Speiseleitung vom Strahler, schließt den Antenneneingang mit einer kleinen Koppelschleife kurz (siehe **Bild 31.2.2a**) und mißt mit dem Dip-Meter die Resonanzfrequenzen. Am Eingang einer 3-Element-*Yagi* treten 3 Resonanzdips auf: ein ausgeprägt tiefer und relativ scharf begrenster Dip, der die Resonanzfrequenz des gespeisten Elementes anzeigt, ein schwacher Dip – niedriger in der Frequenz – als Eigenresonanz des Reflektors und ein ebenfalls kleiner Dip bei höheren Frequenzen für die Direktoreigenresonanz. Dabei soll die Strahlerresonanz annähernd in der Amateurbandmitte liegen, die Reflektorresonanz muß sich außerhalb der niederfrequenten Bandgrenze und die Direktorresonanz oberhalb des hochfrequenten Bandendes befinden. Ist das nicht der Fall, wird der Reflektor verlängert bzw. der Direktor verkürzt. Bei Richtantennen, die sich in geringer Höhe über dem Erdboden befinden, liegt die gemessene Resonanzfrequenz im allgemeinen niedriger als vorausberechnet. In solchen Fällen muß man – sofern die Aufbauhöhe nicht vergrößert werden kann alle Elemente beidseitig etwas verkürzen, bis die erwünschte Resonanzfrequenz erreicht ist.

31.2.2 Anpassungsmessung

Messungen der Anpassung oder der Welligkeit werden durchgeführt mit: Reflektometer
VSWR-Brücke

Auch Antennenmeßbrücken und Rauschbrücken können dazu verwendet werden.

Reflektometer
Die beschriebenen Reflektometerschaltungen haben den Vorzug, daß sie auch bei hohen Frequenzen (z.B. im 2-m-Band) noch eine brauchbare Welligkeitsanzeige ermöglichen und daß man sie als Betriebsmeßgeräte dauernd in der Speiseleitung belassen kann. Mit dem Reflektometer ist der Erstabgleich einer Antenne etwas umständlicher als z.B. mit einem Impedanzmesser (z.B. Antennascope), denn das Reflektometer zeigt nur den Grad der Fehlanpassung an. Es gibt aber zunächst keine Auskunft darüber, ob die Stehwellen durch schlechte Widerstandsanpassung des Antenneneinganges an den Wellenwiderstand des Speisekabels hervorgerufen werden oder ob sie die Folge einer nichtresonanten Antenne sind (induktiver oder kapazitiver Blindwiderstand am Antenneneingang). Man wird nun die Betriebsfrequenz versuchsweise nach höheren und nach niedrigeren Frequenzen verändern und dabei die Reflektometeranzeige beobachten. Ist die Welligkeit in einer der beiden Abstimmrichtungen geringer geworden, kann man damit rechnen, daß eine Verstimmung der Antennenresonanz vorliegt und deshalb Blindkomponenten am Antenneneingang vorhanden sind. Bei zu kurzem Antennenleiter stellt sich eine Verbesserung der Welligkeit ein, wenn man die Sendefrequenz zu höheren Frequenzen verändert und umgekehrt. Läßt sich dagegen in keiner der beiden Frequenzabstimmrichtungen eine Verringerung der Welligkeit feststellen, so darf man annehmen, daß der Antenneneingang reell ist, aber in seinem Widerstandswert nicht dem

Wellenwiderstand des Speisekabels entspricht. Aus der Welligkeitsanzeige läßt sich durchaus die Größe der Widerstandsablage erkennen, aber nicht ihre Richtung. Ist z.B. auf einer 50-Ω-Speiseleitung eine Welligkeit $s = 2$ vorhanden, kann der Speisepunktwiderstand der Antenne sowohl 25 Ω (Widerstandsverhältnis 1:2) als auch 100 Ω (Widerstandsverhältnis 2:1) betragen.

Beim Antennenabgleich mit dem Reflektometer muß beachtet werden, daß zuerst vorhandene Blindanteile des Antenneneinganges zu beseitigen sind, dann erst kann man die genaue Widerstandsanpassung vornehmen. Teilweise ist es erforderlich, den gesamten Abgleich noch einmal zu wiederholen, weil Veränderungen an den Anpaßmitteln wieder eine Verstimmung der Antennenresonanz verursachen können.

VSWR-Brücken

Brückenschaltungen sind in ihren Anwendungsmöglichkeiten vielseitiger als das Reflektometer. Allerdings werden im VHF-Bereich Aufbau und Eichung problematisch.

Die meisten RF-Meßbrücken sind in Verbindung mit einem frequenzvariablen Speisegenerator zu verwenden; die RF-Leistung sollte etwa 0,5 W betragen. Den Betriebssender kann man als Brückengenerator nutzen, sofern es möglich ist, seine Ausgangsleistung auf etwa 2 W zu begrenzen. Gegebenenfalls muß die überschüssige Leistung durch entsprechende Dämpfungsglieder vernichtet werden. (siehe Abschnitt 31.3.1). Im allgemeinen verwendet der Funkamateur das fast immer vorhandene Dip-Meter als Speisegenerator (siehe Abschnitt 31.1.4). Transistordipper sind auf Grund zu geringer Leistungsabgabe nicht brauchbar. Die häufig bemängelte Frequenzinkonstanz eines Griddippers in Verbindung mit der meist ungenügenden Ablesegenauigkeit fällt bei Grobmessungen nicht ins Gewicht. Mit etwas Geduld können auch Feinmessungen durchgeführt werden, wenn man die Griddipperfrequenz gleichzeitig im geeichten Amateurempfänger verfolgt und abliest. Bei der Antennenrauschbrücke wird der selektive RF-Generator durch einen breitbandigen Rauschgenerator ersetzt.

31.2.3 Eingangswiderstandsmessung

Messungen zur Feststellung des Eingangswiderstandes einer Antenne (Realteil der Antennenimpedanz) werden durchgeführt mit:

- Antennenmeßbrücken
- Rauschbrücken

Nach **Bild 31.2.3a** werden die Prüflingsanschlüsse R_X des Antennascopes (bzw. Matchmakers) direkt mit dem Antenneneingang Z_A verbunden. Ist die Resonanzfrequenz der Antenne gleich der Brückenspeisefrequenz (Griddipperfrequenz), wird sich ein eindeutiges Brückennull finden lassen. Der am Drehwiderstand des Antennascopes bei Brückengleichgewicht abgelesene Widerstandswert entspricht dann dem Eingangswiderstand der Antenne.

Läßt sich kein ausgeprägtes Brückennull einstellen, so ist das meist ein Zeichen für Blindkomponenten am Antenneneingang; die Antenne befindet sich nicht in Resonanz mit der Speisefrequenz. Man variiert nun die Brückenfrequenz so lange, bis sich eine ausgeprägte Nullanzeige finden läßt. Die am Brückengenerator eingestellte Frequenz entspricht dann der tatsächlichen Resonanzfrequenz der Antenne. Liegt diese außerhalb des gewünschten Amateurbandes, so muß man durch entsprechendes Ändern der Strahlerlänge die Resonanz bis zum Sollwert korrigieren, wobei die mit der Sollfrequenz gespeiste Meßbrücke als Indikator arbeitet.

Oft ist es unmöglich oder zumindest unbequem, die Messung direkt an der Antenne vorzunehmen. In solchen Fällen wird die Erkenntnis ausgenutzt, daß eine Leitung, deren elektrische Länge genau $\lambda/2$ oder ganzzahlige Vielfache davon beträgt, jeden Widerstand an ihren Eingangsklemmen im Verhältnis 1:1 auf die Ausgangsklemmen transformiert. Der Wellenwiderstand der Leitung hat dabei nur geringfügige Bedeutung (abgestimmte Leitungen). Es kann also zwischen Strahler und Meßgerät eine $\lambda/2$-Leitung ($2\lambda/2$, $3\lambda/2$, $4\lambda/2$ usw.) beliebigen Wellenwiderstands geschaltet werden, wie in **Bild 31.2.3b** dargestellt ist. Am anderen Ende dieser Leitung erhält man das gleiche Meßergebnis wie

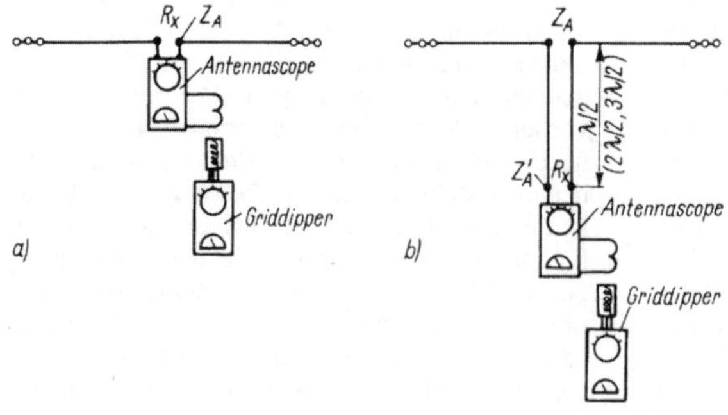

Bild 31.2.3
Meßanordnung zum Bestimmen des Eingangswiderstandes Z_A von Antennen
a) - direkte Messung
b) - Messung über Halbwellenleitung

am Antenneneingang. Die exakte mechanische Länge der Halbwellenverlängerungsleitung für die Sollfrequenz mißt man vorher mit dem Dip-Meter oder mit einer Antennenmeßbrücke aus.

Die Messung über eine Verlängerungsleitung ist auch bei gut zugänglichem Antenneneingang und besonders bei hohen Frequenzen zu empfehlen. Arbeitet man direkt am Antenneneingang, kann die Resonanzfrequenz der Antenne durch die starke Annäherung der Meßgeräte und des Messenden verändert werden.

Den Brückengenerator muß man induktiv mit dem Antennascope koppeln. Stellt man fest, daß sich die Impedanzanzeige mit dem Kopplungsgrad verändert, so liegt eine übermäßige kapazitive Mitkopplung vor. In diesem Fall kann losere Ankopplung helfen, wobei man die Lage der Griddipperspule zur Koppelspule etwas variiert. Eventuell muß ein Zwischentransformator mit einer elektrostatischer Abschirmung zwischen den Koppelwindungen eingefügt werden. Die Kopplung zwischen Brückengenerator und Brücke soll nur so eng sein, daß sich bei offenen R_X-Klemmen des Antennascopes gerade Vollausschlag am Brückenanzeigeinstrument ergibt. Das besagt gleichzeitig, daß man um so loser koppeln kann, je empfindlicher das Anzeigemeßwerk ist. Lose Kopplung ergibt außerdem die geringste Frequenzverwerfung des Grid-Dip-Oszillators.

Da Antennascope und Matchmaker ihrem Aufbau nach unsymmetrische Gebilde darstellen, erhält man die besten Meßergebnisse. wenn auch die zu messenden Widerstände erdunsymmetrisch sind. Symmetrische Antenneneingänge höherer Impedanz kann man deshalb über eine zwischengeschaltete Halbwellenumwegleitung messen. Da dieser Symmetriewandler gleichzeitig im Verhältnis 4:1 transformiert, muß man den am Antennascope abgelesenen Impedanzwert mit dem Faktor 4 multiplizieren, um den tatsächlichen Eingangswiderstand der Antenne (ohne Umwegleitung) zu erhalten. Soll keine Symmetrieumwandlung vorgenommen werden, mißt man nach **Bild 31.2.4** über

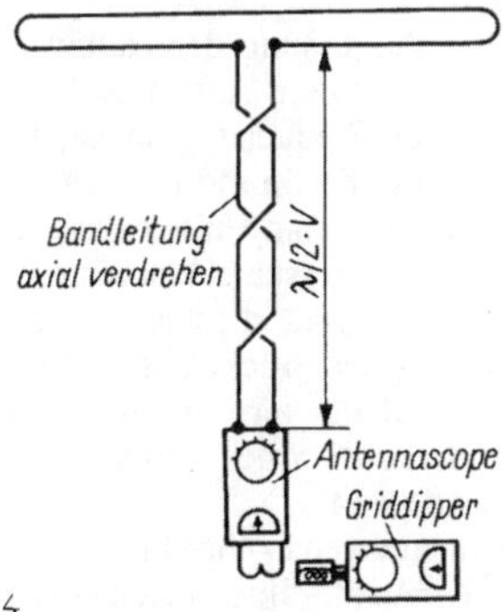

Bild 31.2.4
Verbesserte Meßanordnung über axial verdrehte Halbwellenleitung

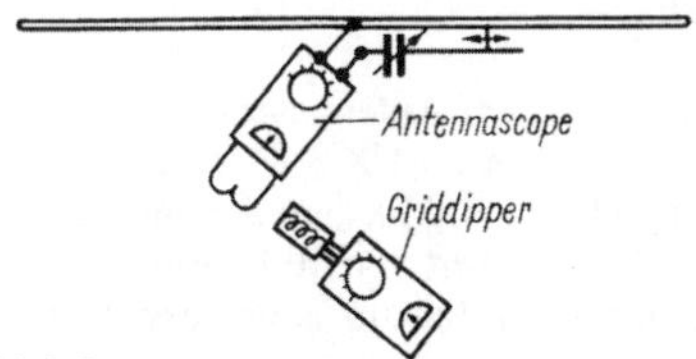

Bild 31.2.5
Meßanordnung für eine Antenne mit Gamma-Anpassung

eine Halbwellenverlängerungsbandleitung und verdreht diese mehrmals axial, wie in der Zeichnung angedeutet. Dieses axiale Verdrehen mildert den Symmetrieunterschied etwas.

Sind am Antenneneingang Anpassungs- und Transformationsglieder angeordnet (z.B. T-Match, Gamma- oder Omega-Anpassung), so mißt das Antennascope den durch diese Glieder hervorgerufenen transformierten Eingangswiderstand. Die Meßanordnung für ein gespeistes Element mit Gamma-Anpassung zeigt **Bild 31.2.5**. Man kann damit auf sehr einfache Weise die richtige Einstellung des Gamma-Gliedes auf den Sollwert der Impedanz durch laufende Kontrolle mit dem Antennascope vornehmen. Sinngemäß gilt das auch für alle anderen Anpassungsglieder.

Sind große Eingangswiderstände zu messen z.B. die Impedanz eines Ganzwellendipols –, so reicht der Meßbereich des Antennascopes im allgemeinen nicht aus. Die Messung ist trotzdem über einen Umweg möglich:

Man versieht nach **Bild 31.2.6** den Antenneneingang mit einer Viertelwellenleitung mit bekanntem Wellenwiderstand und schließt an das freie Leitungsende das Antennascope an. Die Messung ergibt den Eingangswiderstand Z_E der Viertelwellenleitung. Da der Wellenwiderstand Z dieser Leitung ebenfalls bekannt ist, kann die Eingangsimpedanz Z_A der Antenne aus Gl. (6.6.1) errechnet werden. Die Umstellung dieser Gleichung lautet

$$Z_A = \frac{Z^2}{Z_E} \qquad (31.2.1)$$

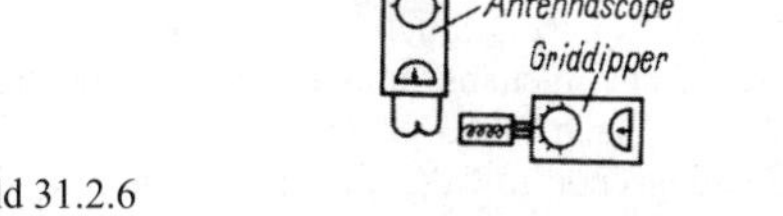

Bild 31.2.6
Meßanordnung für hochohmige Eingangswiderstände über Viertelwellenleitung

Beispiel:

Die vorher mit dem Antennascope ausgemessene $\lambda/4$-Leitung besteht aus UKW-Bandleitung mit 240 Ω Wellenwiderstand. Mit dem Antennascope mißt man für Z_E einen Wert von 30 Ω. Eingesetzt in Gl. (31.2.1) ergibt sich für die Eingangsimpedanz des Strahlers

$$Z_A = \frac{(240\,\Omega)^2}{30\,\Omega} = 1920\,\Omega$$

Auch extrem niedrige Eingangswiderstände (< 10 Ω), wie sie z.B. bei Mobilantennen üblich sind, können mit dem Antennascope gemessen werden. Es wäre für diesen Fall ebenfalls möglich, mit einer zwischengeschalteten Viertelwellentransformationsleitung wie in Bild 31.2.6 zu arbeiten, wobei man ein 50 Ω Koaxialkabel als Viertelwellenstück einsetzen müßte, um den Meßbereich des Antennascopes nicht nach oben zu überschreiten. Viel einfacher ist es, wie in **Bild 31.2.7** am Beispiel einer Mobilantenne gezeigt wird, zwischen Antenneneingang und Antennascope einen induktionsfreien, genau bekannten Widerstandswert R_V einzufügen.

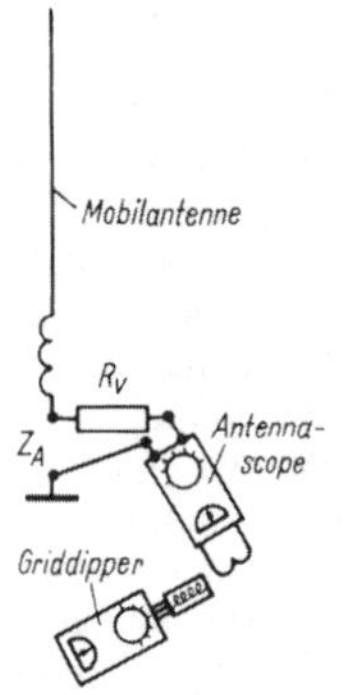

Bild 31.2.7
Meßanordnung für niederohmige Eingangswiderstände mit Zusatzwiderstand R_V

Der sich aus dieser Reihenschaltung von R_V und Z_A ergebende Gesamtwiderstand $R_V + Z_A$ wird vom Antennascope gemessen. Vom Ergebnis subtrahiert man den bekannten Widerstandswert von R_V und erhält den Eingangswiderstand Z_A der Antenne.

31.2.4 Leitungsmessung

Mit einer Leitungsmessung kann die Resonanzlänge und der Verkürzungsfaktor beliebiger RF-Leitungen bestimmt werden.

Die exakte geometrische Länge einer $\lambda/2$-Leitung in Abhängigkeit von ihrem Verkürzungsfaktor läßt sich mit dem Antennascope bzw. dem Matchmaker nach folgender Methode bestimmen:

Ein nicht zu kurzes Stück der zu messenden Leitung wird frei aufgehängt und an einem Ende kurzgeschlossen. Nach **Bild 31.2.8** verbindet man das offene Leitungsende mit der Prüfungsbuchse B_2 des Antennascopes. Die Eingangsbuchse B_1 des Antennascopes wird mit einer Spule abgeschlossen (Richtwert etwa 3 Wdg.), an die man die Griddipperspule ankoppelt. Der Drehwiderstand des Antennascopes steht auf 0 (Kurzschluß). Durch einen entsprechenden Ankopplungsgrad des Griddippers bringt man das Brückeninstrument etwa auf Vollausschlag und verändert dann die Griddipperfrequenz vorsichtig von niedrigen zu hohen Frequenzen, bis sich das erste Brückennull ergibt. Für diese Meßfrequenz ist nun die Leitung elektrisch genau $\lambda/2$ lang:

Durch eine einfache Umrechnung erhält man den Verkürzungsfaktor der Leitung, mit dem die mechanische Leitungslänge für jede andere Frequenz bestimmt werden kann.

Beispiel:

Ein 3,30 m langes Stück Koaxialkabel zeigt bei einer Meßfrequenz von 30 MHz das erste Brückennull. 30 MHz entsprechen einer Wellenlänge von 10 m; davon $\lambda/2$ = 5,00 m. Daraus ergibt sich der Verkürzungsfaktor V nach Abschnitt 4.10 mit

$$V = \frac{\textit{mechanische Länge}}{\textit{elektrische Länge}} = \frac{3{,}3\,\text{m}}{5{,}0\,\text{m}} = 0{,}66$$

Da Brückengleichgewicht nicht nur bei $\lambda/2$, sondern auch bei allen Vielfachen von $\lambda/2$ auftritt, kann zur Kontrolle noch das 2. Brückennull aufgesucht werden. Dieses müßte sich bei 60 MHz einstellen, und die Leitung hätte für diese Frequenz eine elektrische Länge von genau 1λ.

Damit auch tatsächlich die frequenzmäßig am niedrigsten liegende Nullstelle gemessen wird, kann vorher der Frequenzbereich, bei dem Halbwellenresonanz auftreten muß, annähernd errechnet werden. Für diese überschlägige Längenbestimmung genügt es zu wissen, daß Koaxialkabel im allgemeinen einen Verkürzungsfaktor V von 0,66, Bandleitungen um 0,82 und offene Zweidrahtleitungen (Luftdielektrikum) von annähernd 0,95 haben.

Die richtige Bemessung der Halbwellenleitung kontrolliert man mit dem Antennascope. Die Brücke wird mit der Frequenz gespeist, für die die Halbwellenleitung bestimmt ist. Das freie Leitungsende schließt man mit einem beliebigen induktionsfreien Widerstand bekannten Ohmwertes ab. Dieser Widerstand muß jedoch innerhalb des Meßbereiches der Brücke liegen. Bei Brückengleichgewicht soll der am Drehwiderstand angezeigte Wert gleich dem des Abschlußwiderstands am Leitungsende sein.

Häufig wird eine genau abgestimmte Viertelwellenleitung gebraucht. Ihre mechanische Länge kann ebenfalls mit dem Antennascope bzw. dem Matchmaker bestimmt werden. Die Meßanordnung

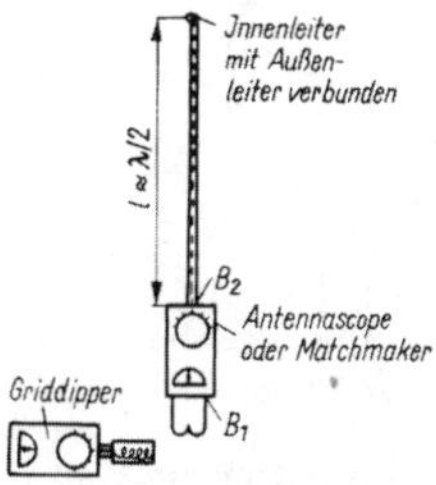

Bild 31.2.8
Meßanordnung
zur Bestimmung
des Verkürzungsfaktors
von RF-Leitungen

nach **Bild 31.2.8** bleibt die gleiche, das freie Ende der zu messenden Leitung wird in diesem Fall jedoch nicht kurzgeschlossen, sondern es bleibt offen. Mit dem Drehwiderstand in Nullstellung sucht man nun wieder – bei der niedrigsten Frequenz beginnend – das erste Brückennull. Für diese Frequenz beträgt die Länge der Leitung genau $\lambda/4$. Bei offener Prüfleitung stellt sich Brückennull jeweils in Abständen von ungeradzahligen Vielfachen der Viertelwellenlänge wieder ein (3/4, 5/4, 7/4 usw.).

Auf dem Umweg über eine Viertelwellenleitung kann mit dem Antennascope auch der Wellenwiderstand dieser Leitung ermittelt werden. Zu diesem Zweck schließt man das offene Ende der $\lambda/4$-Leitung mit einem induktionsfreien Widerstand bekannter Größe (z.B. 100 Ω) ab und sucht mit dem Drehwiderstand Brückennull. Der abgelesene Widerstandswert entspricht dem Eingangswiderstand Z_E der Viertelwellenleitung, ihr Ausgangswiderstand Z_A wird durch den Abschlußwiderstand dargestellt. Nach Gl. (6.6.1) ergibt sich der Wellenwiderstand der Viertelwellenleitung zu

$$Z = \sqrt{Z_E \cdot Z_A}$$

Beispiel:
Eine Viertelwellenleitung wird mit einem Widerstand Z_A von 100 Ω abgeschlossen. Am Drehwiderstand der Meßbrücke *A* kann bei Brückengleichgewicht ein nach Z_E transformierter Widerstand von 36 Ω abgelesen werden.

Setzt man diese Werte in Gl. (6.6.1) ein, ergibt sich

$$Z = \sqrt{36\Omega \cdot 100\Omega} = 60\Omega$$

Der Wellenwiderstand *Z* der Viertelwellenleitung beträgt demnach 60 Ω. Da der Wellenwiderstand von RF-Leitungen frequenzunabhängig ist, gilt er allgemein für den verwendeten Leitungstyp.

Auf diese Weise könnte man z.B. Halbwellenumwegleitungen und sonstige Transformationsglieder überprüfen.

31.2.5 Gewinnmessung

Einer der wichtigsten Parameter einer Antenne ist der Gewinn. Es gibt zwei grundsätzliche Methoden den Gewinn einer Antenne zu messen [34]. Die beiden Meßmethoden sind:

Vergleichsgewinn-Messung
Absolutgewinn-Messung

Meßstrecke

Gewinnmessungen werden auf reflexionsfreien Meßstrecken durchgeführt [2.2], [2.3]. Entweder in Absorber-Räumen oder auf besonderen Meßstrecken, die durch Maßnahmen keine Bodenreflexionen aufweisen. Beispielsweise auf einem schrägen Hang, über ein Tal, auf einer vertikalen Meßstrecke (**Bild 31.2.9**) oder auf einer horizontalen Meßstrecke mit Streuzäunen oder Absorbern.

Die Gewinnmessungen werden normal im Fernfeld durchgeführt. Dazu sind bestimmte Mindestentfernungen einzuhalten.

Bei Antennen mit einer Längsabmessung *l* (z.B. *Yagis*) soll man einen Meßabstand von $\geq 4 \cdot l^2/\lambda$ haben. Bei Antennen mit einer Querabmessung *d* (z.B. Spiegel) soll der Meßabstand $\geq 10 \cdot d^2/\lambda$ sein.

Wenn Bodenreflexionen nicht vermeidbar sind muß die Reflexion berücksichtigt werden, sonst verfälschen Fehler das Meßergebnis. **Bild 31.2.10** zeigt eine Bodenreflexionsmeßstrecke. Dabei ist r_1 der direkte Weg und r_2 der Weg der am Boden reflektierten Welle.

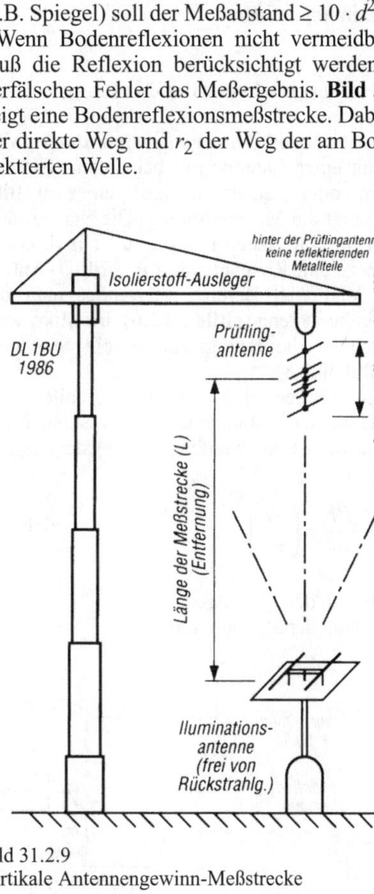

Bild 31.2.9
Vertikale Antennengewinn-Meßstrecke

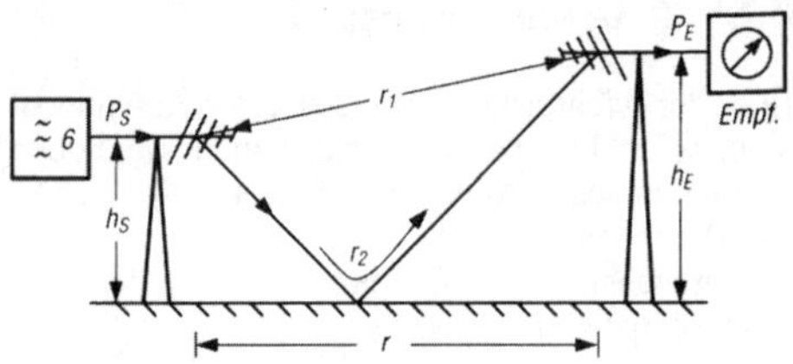

Bild 31.2.10
Bodenreflexions-Meßstrecke

Die Höhe h_S der Sendeantenne sollte $\geq 0{,}6\lambda$ sein. Der Empfangspegel schwankt ab einer gewissen Höhe periodisch in Abhängigkeit von der Höhe zwischen einem Maximalwert und einem Minimalwert (**Bild 31.2.11**). Die Höhe h_E der Empfangsantenne wird so gewählt, daß sich die Antenne in einem Maximum befindet.

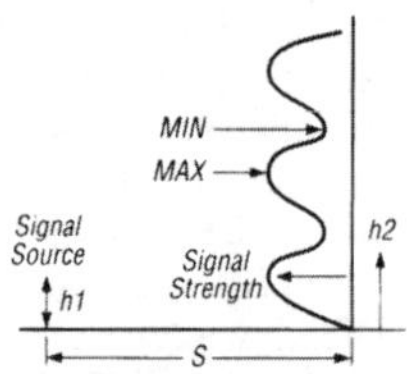

Bild 31.2.11
Höhenabhängigkeit des Empfangspegels

31.2.5.1 Vergleichsgewinn-Messung

Dabei wird der Antennengewinn durch Vergleich mit einer Antenne mit bekanntem Gewinn (Referenz- oder Standardantenne) gemessen. **Bild 31.2.12** zeigt die Meßanordnung. Die Standardantenne ist im einfachsten Fall ein $\lambda/2$-Dipol, etwas günstiger ist eine Richtantenne z.B. *HB9CV*-Antenne. Im VHF/UHF-Bereich verwendet man die *NBS*-Standardantenne (**Bild 30.2.6**). Im Mikrowellenbereich ist die Bezugsantenne ein Standard-Horn (**Bild 30.2.8**).

Bei unverändertem Meßaufbau verhalten sich die Gewinne der Testantenne und der Standardantenne wie die entsprechenden Empfangsleistungen.

$$\frac{G_T}{G_S} = \frac{P_T}{P_S} = \left(\frac{V_T}{V_S}\right)^2 \qquad (31.2.2)$$

G_T = Gewinn der Testantenne
G_S = Gewinn der Standardantenne

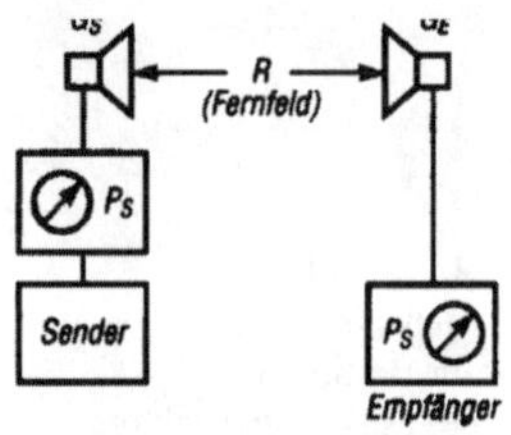

Bild 31.2.13
Absolutgewinn-Messung

P_T = Empfangsleistung der Testantenne in Watt
P_S = Empfangsleistung der Standardantenne in Watt
V_T = Empfangsspannung der Testantenne in Volt
V_S = Empfangsspannung der Standardantenne in Volt

$$G_T = G_S \cdot P_T/P_S \qquad (31.2.3)$$

$$G_T = G_S \cdot (V_T/V_S)^2 \qquad (31.2.4)$$

In dB ausgedrückt lauten die Formel dann

$$g_T = g_S + 10 \cdot \lg(P_T/P_S) \qquad (31.2.5)$$

$$g_T = g_S + 20 \cdot \lg(V_T/V_S) \qquad (31.2.6)$$

$$g_S = g_S + p_T - p_S \qquad (31.2.7)$$

g_T= Gewinn der Testantenne in dB
g_S = Gewinn der Standardantenne in dB
p_T = Empfangsleistung der Testantenne in dBm
p_S = Empfangsleistung der Standardantenne in dBm

Eine Tabelle zur Umrechnung von Leistungsverhältnissen in dB und eine Tabelle zur Umrechnung von Watt in dBm finden sich im Anhang (Abschnitt 42).

31.2.5.2 Absolutgewinn-Messung

Während bei einer Vergleichsmessung immer eine Vergleichsantenne und eine relative Pegelbestimmung erforderlich sind, kann es sein, daß keine Referenzantenne zur Verfügung steht. Dann muß eine Absolutbestimmung des Antennengewinns vorgenommen werden.

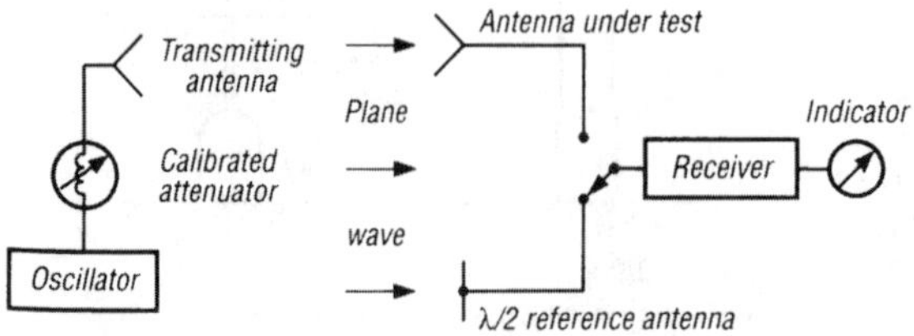

Bild 31.2.12
Vergleichsgewinn-Messung

Es gibt dabei folgende Meßmethoden.
Zwei-Antennen-Methode
Drei-Antennen-Methode
Ein-Antennen-Methode
Die Messung des Absolutgewinns wird zur Kalibrierung von Antennen verwendet, die als Standardantennen für Gewinnmessungen eingesetzt werden.

Friis'sche Ausbreitungsformel

Ausgehend von der allgemeinen Ausbreitungsformel nach *H.T. Friis* [2.4]

$$P_R = P_T \cdot \frac{A_T \cdot A_R}{R^2 \cdot \lambda^2} \qquad (31.2.8)$$

P_R = Empfangsleistung in Watt
P_T = Sendeleistung in Watt
A_T = Wirkfläche der Sendeantenne in m2
A_R = Wirkfläche der Empfangsantenne in m2
R = Abstand zwischen den Antennen in m
λ = Wellenlänge in m

Mit der Formel für die „Effektive Wirkfläche" nach Gl. (4.8.3)

$$A_W = \frac{\lambda^2}{4\pi} \cdot G$$

mit G als Gewinn der Antenne über den Isotropstrahler und Umbenennung der Leistungs- und Gewinnindices $R \rightarrow E$, $T \rightarrow S$ und nach Umformung der Gleichung ergibt sich daraus

$$\frac{P_E}{P_S} = \left(\frac{\lambda}{4\pi \cdot R}\right)^2 \cdot G_S \cdot G_E \qquad (31.2.9)$$

G_E = Gewinn der Empfangsantenne (bezogen auf Isotropstrahler)
G_S = Gewinn der Sendeantenne (bezogen auf Isotropstrahler)
P_E = Empfangsleistung in Watt
P_S = Sendeleistung in Watt
R = Abstand zwischen den Antennen in m
λ = Wellenlänge in m

Die Gl. (31.2.9) ist der Kehrwert des Übertragungsverlustes (s.g. „Freiraumdämpfung" oder „Strekckendämpfung") zwischen zwei Antennen vgl. Gl. (2.1).

Aufgelöst nach dem Gewinn erhält man

$$G_S \cdot G_E = \left(\frac{4\pi R}{\lambda}\right)^2 \cdot \frac{P_E}{P_S} \qquad (31.2.10)$$

Gl. (31.2.10), mit Gewinnmaß und Leistung gemischt ausgedrückt ergibt

$$g_S + g_E = 20\,\lg\left(\frac{4\pi R}{\lambda}\right) - 10\,\lg\left(\frac{P_S}{P_E}\right) \qquad (31.2.11)$$

oder in dB

$$g_S + g_E = 20\,\lg\left(\frac{4\pi R}{\lambda}\right) - (p_S - p_E) \qquad (31.2.12)$$

g_S = Gewinn der Sendeantenne in dBi (Gewinnmaß)
g_E = Gewinn der Empfangsantenne in dBi (Gewinnmaß)
p_S = Leistungspegel der Sendeantenne in dBm
p_E = Leistungspegel der Empfangsantenne in dBm

Zwei-Antennen-Methode (nach *Fränz*)

Für diese Meßmethode werden zwei identische Antennen mit gleichem Gewinn benötigt (Bild 31.2.13).

Wenn $G_S = G_E = G$ ergibt sich der Gewinn aus Gl. (31.2.10) zu

$$G = \frac{4\pi R}{\lambda} \cdot \sqrt{\frac{P_E}{P_S}} \qquad (31.2.13)$$

Aus Gl. (31.2.10) erhält man mit g / dB = 10·lg G für den Gewinn in dBi

$$g = \frac{1}{2} \cdot \left[20\,\lg\left(\frac{4\pi R}{\lambda}\right) + 10\,\lg\left(\frac{P_E}{P_S}\right)\right] \qquad 31.2.14)$$

bzw.

$$g = 10\,\lg\left(\frac{4\pi R}{\lambda}\right) - \frac{1}{2}(p_S - p_E) \qquad (31.2.15)$$

Drei-Antennen-Methode (nach *Friis*)

Sind die zwei Antennen A und B nicht identisch und ist ihr Gewinn nicht bekannt, muß man mit einer dritten Antenne, einer s.g. Hilfsantenne C – deren Gewinn aber auch nicht bekannt sein muß –, drei Kombinationsmessungen durchführen. Es werden folgende drei Messungen durchgeführt:

1. – Antenne A als Sendeantenne, Antenne B als Empfangsantenne:

$$g_A + g_B = 20\,\lg\left(\frac{4\pi R}{\lambda}\right) - 10\,\lg\left(\frac{P_A}{P_B}\right) = g_{AB} \qquad (31.2.16)$$

2. – Antenne A als Sendeantenne, Antenne C als Empfangsantenne:

$$g_A + g_C = 20\ \lg\left(\frac{4\pi R}{\lambda}\right) - 10\ \lg\left(\frac{P_A}{P_C}\right) = g_{AC}$$

(31.2.17)

3. – Antenne B als Sendeantenne, Antenne C als Empfangsantenne:

$$g_B + g_C = 20\ \lg\left(\frac{4\pi R}{\lambda}\right) - 10\ \lg\left(\frac{P_B}{P_C}\right) = g_{BC}$$

(31.2.17)

Nach der Messung kann man Gl. (31.2.17) nach $g_C = g_{BC} - g_B$ auflösen und in Gl. (31.2.17) einsetzen: Man erhält so

$$g_A + (g_{BC} - g_B) = g_{AC} \qquad (31.2.18)$$

Die Gleichung nach gA aufgelöst und in Gl. (31.2.16) eingesetzt ergibt:

$$g_B = \frac{1}{2}\left(g_{AB} + g_{BC} - g_{AC}\right) \qquad (31.2.19)$$

Für g_A erhält man

$$g_A = \frac{1}{2}\left(g_{AB} + g_{AC} - g_{BC}\right) \qquad (31.2.20)$$

Ein-Antennen-Methode

Diese Methode, auch Reflexionsmethode, oder Spiegelungsmethode genannt, wird angewendet, wenn nur eine Antenne vorhanden ist. Diese Methode ist ein Sonderfall der Zwei-Antennen-Methode. Man kann sich die zweite Antenne durch Spiegelung (Reflexion) ersetzt denken [2.5].

Folgende Reflektoren (mit dem Abstand r zum Reflektor) werden dabei verwendet:

Ebener Reflektor: $G = \frac{8\pi r}{\lambda} \cdot \sqrt{\frac{P_E}{P_S}}$ (31.2.21)

Kugelreflektor: $G = \frac{8\pi r^2}{\lambda d} \cdot \sqrt{\frac{P_E}{P_S}}$ (31.2.22)

(d = Kugel-∅)

Parabolreflektor: $G = 4\pi r \cdot \sqrt{\frac{P_E}{P_S}}$ (31.2.23)

Der Wurzelausdruck mit $P_E \approx P_r$ und $P_S \approx P_h$ entspricht dem Reflexionsfaktor nach Gl. (5.8.8). Man kann mit Gl. (5.8.18) daher auch schreiben

$$\sqrt{\frac{P_E}{P_S}} = \frac{s-1}{s+1} \qquad (31.2.24)$$

Nachdem jeder reflektierende Gegenstand in unmittelbarer Nähe der Antenne die Anpassung und damit das VSWR (Welligkeit) verändert ist es bei dieser Methode notwendig den Reflexionsfaktor r zu bestimmen. Dazu wird zwischen Sender und Antenne ein Richtkoppler eingesetzt. Man führt eine Meßreihe durch (Reflexionsfaktor in Abhängigkeit vom Reflektorabstand). Das Ergebnis ist eine sinusförmig pendelnde Kurve, die Integration davon ergibt einen gleichförmigen Kurvenverlauf.

Der Gewinn entspricht der Steigung der Tangente im Nullpunkt.

Wegen vielfältiger Probleme (Spiegelfläche ist nicht verlustlos, ist nicht unendlich ausgedehnt, ist oft nicht ganz eben) wird diese Methode nur selten verwendet. Beide Methoden der *Absolutgewinn-Messung* (Zwei-Antennen-Methode und Drei-Antennen-Methode) sind fehleranfällig. Korrekturen dazu finden sich in [2.6].

Weitere Literatur über Antennenmessung [2.7], [2.8].

31.2.6 Modellmessung

Die Schwierigkeiten, die bei Messungen an großen Antennen auftreten, vermeidet man bei Messungen an maßstabsgetreu verkleinerten Antennenmodellen. Das eröffnet die Möglichkeit, die meßtechnischen Untersuchungen gegebenenfalls in reflektionsarmen Innenräumen vornehmen zu können [2.9], [2.10].

Damit das Modell die gleichen elektromagnetischen Eigenschaften aufweist wie das Original, müssen bestimmte Bedingungen (Modellgesetz) erfüllt sein. Etwas vereinfacht ausgedrückt: Bei einem n-fach verkleinerten Modell wird die Messung bei der n-fachen Frequenz durchgeführt. Dabei ist n der Verkleinerungsfaktor.

Man errechnet den Verkleinerungsfaktor n nach der Formel

$$n = \frac{f_{Modell}}{f_{Original}} \qquad (31.2.25)$$

Tabelle 31.5
Modellmessungs-Parameter

Größe	Original	Modell
Länge	l	l / n
Wellenlänge	λ	λ / n
Induktivität	L	L / n
Kapazität	C	C / n
Antennenfläche	A	A / n^2
Frequenz	f	$f \cdot n$
Leitfähigkeit	σ	$\sigma \cdot n$
Permittivität	ε	ε
Permeabilität	μ	μ
Impedanz	Z	Z
Widerstand	R	R
Gewinn	G	G

Es können sich dabei, je nach Frequenzverhältnis, auch krumme Verkleinerungswerte *n* ergeben. Normal sind Werte zwischen 10 und 50 üblich.

Die wichtigsten Parameter sind in **Tabelle 31.5** aufgeführt.

Probleme bei Messungen mit Modell-Antennen

Geometrische Verkleinerung

In der Praxis wird der Verkleinerungsfaktor meist dadurch begrenzt, daß es mechanisch nicht mehr möglich ist, die Bauelemente so zu verkleinern, wie es erforderlich wäre. Schwierigkeiten ergeben sich oft auch bei den Koaxialkabeln als Zu- oder Ableiter.

Nachbildung der Umgebung

Komplizierte Umgebungen können oft nicht genügend genau im Modell nachgebildet werden. Glatte Strukturen wie bei Flugzeugen sind im Modell relativ leicht herzustellen. Kompliziert ist es etwa bei Schiffsmodellen die Masten mit der Takelage und die Deckaufbauten hinreichend genau zu modellieren.

Erhöhung der Leitfähigkeit

Die Leitfähigkeit müßte beim Modell entsprechend vergrößert werden. Das macht fast immer Schwierigkeiten, da meist schon die Originalantenne aus gut leitfähigem Material hergestellt ist. Hier hilft oft eine Oberflächenversilberung oder das Polieren der Modellantennenoberfläche. Ansonsten führt dieses Problem zu einer nicht mehr zuverlässigen Aussage über Wirkungsgrad, Güte und Bandbreite aus der Modellantennenmessung. Gleichzeitig kommt noch eine Verschlechterung der effektiven Leitfähigkeit durch den verstärkten Skin-Effekt hinzu. Die Verluste durch mangelnde Leitfähigkeit sind in den meisten Fällen aber von untergeordneter Bedeutung.

Mit guter Übereinstimmung kann man die Eingangsimpedanz, die Polarisation und die relativen Antennendiagramme (Öffnungswinkel, Nebenzipfel und Vor-/Rückverhältnis) messen. Den Gewinn mißt man zweckmäßig im Vergleich mit dem Modell einer Antenne mit bekanntem Gewinn, z.B. Standardantenne. Als wesentlicher Vorteil der Modellmessung ist neben der Verkleinerung des Meßobjektes auch eine enorme Verkleinerung der Meßstrecke möglich.

31.3 Meßzubehör

31.3.1 Dämpfungsglieder (Eichleitungen)

Der Funkamateur benötigt *Dämpfungsglieder* bei der Aufnahme der Antennencharakteristik, bei der Ermittlung des Antennengewinns und bei der Durchführung von Feldstärkevergleichen. *Dämpfungsglieder* werden als passive Vierpole zwischen Meßobjekt (z.B. Antenne) und Indikator (z.B. Empfänger) eingeschleift. Ihre Dämpfungswerte sind in dB festgelegt, die Dämpfung ist häufig umschaltbar oder kontinuierlich regelbar. Man spricht dann auch von einer Eichleitung.

Die Dämpfungsvierpole sind hinsichtlich der Ein- und Ausgänge symmetrisch und daher richtungsunabhängig. Bezüglich Erde oder Masse können sie symmetrisch oder unsymmetrisch aufgebaut sein. Sie dürfen den Wellenwiderstand der Leitung und somit die Anpassung nicht stören. Einfache *Dämpfungsglieder* sind nur für Abschwächungen bis höchstens 20 dB (10:1) brauchbar, da die Übersprechdämpfung um so geringer wird, je größer die eingestellte Dämpfung ist. Werden größere Dämpfungswerte gewünscht, muß man mehrere entsprechende Abschwächer hintereinanderschalten. Die Dämpfungswerte der Einzelglieder in dB addieren sich dann.

In Abhängigkeit von der Art der Zusammenschaltung unterscheidet man die T-Schaltung (**Bild 31.3.1a** und **Bild 31.3.1b**) und die Pi-Schaltung (**Bild 31.3.1c** und **Bild 31.3.1d**). Die Berechnung der Einzelwiderstände ist aus dem *Kirchhoff*schen Gesetz abgeleitet.

Für eine erdsymmetrische T-Schaltung nach **Bild 31.3.1a** und eine erdunsymmetrische T-Schaltung nach **Bild 31.3.1b** erhält man

$$R_1 = Z \cdot \frac{a-1}{a+1} \qquad (31.3.1)$$

$$R_2 = Z \cdot \frac{2a}{a^2-1} \qquad (31.3.2)$$

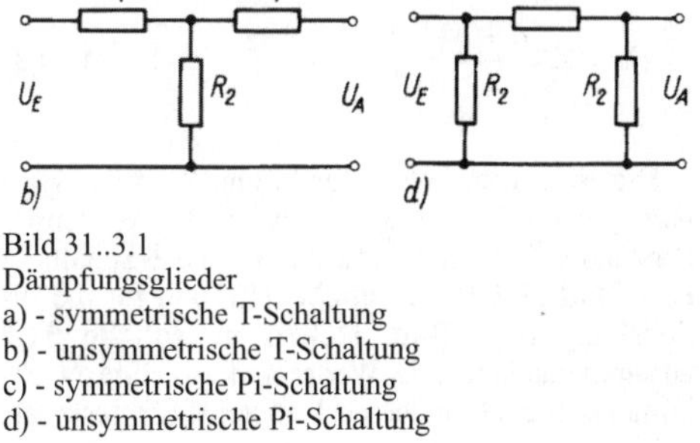

Bild 31..3.1
Dämpfungsglieder
a) - symmetrische T-Schaltung
b) - unsymmetrische T-Schaltung
c) - symmetrische Pi-Schaltung
d) - unsymmetrische Pi-Schaltung

Tabelle 31.6
Werte für R_1 und R_2 von erdunsymmetrischen Dämpfungsgliedern in T-Schaltung nach Bild 31.3.1b bei 50 Ω und 75 Ω Wellenwiderstand

Verhältnis in dB	a	$Z = 50\ \Omega$ R_1 in Ω	R_2 in Ω	$Z = 75\ \Omega$ R_1 in Ω	R_2 in Ω
1	1,12	2,9	433,3	4,3	650,0
2	1,26	5,7	215,2	8,6	322,9
3	1,41	8,6	141,9	12,8	212,9
4	1,58	11,3	104,8	17,0	157,2
5	1,78	14,0	82,2	21,0	123,4
6	1,99	16,6	66,9	24,9	100,4
7	2,24	19,1	55,8	28,7	83,7
8	2,51	21,5	47,3	32,3	71,0
9	2,82	23,8	40,6	35,7	60,9
10	3,16	26,0	35,1	39,0	52,7
11	3,55	28,0	30,6	42,0	45,9
12	3,98	29,9	26,8	44,9	40,2
13	4,47	31,7	23,6	47,6	35,4
14	5,01	33,4	20,8	50,1	31,2
15	5,62	34,9	18,4	52,4	27,6
16	6,31	36,3	16,3	54,5	24,4
17	7,08	37,6	14,4	56,4	21,6
18	7,95	38,8	12,8	58,2	19,2
19	8,91	39,9	11,4	59,9	17,0
20	10,00	40,9	10,1	61,4	15,2
21	11,22	41,8	9,0	62,7	13,5
22	12,59	42,6	8,0	64,0	12,0
23	14,13	43,4	7,1	65,1	10,7
24	15,85	44,1	6,3	66,1	9,5
25	17,78	44,7	5,6	67,0	8,5
30	31,62	47,0	3,2	70,4	4,8
35	56,23	48,2	1,8	72,4	2,7
40	100,00	49,0	1,0	73,5	1,5

$a = U_E : U_A$

Z = Eingangs- und Ausgangswiderstand in Ω
$a = U_E/U_A$ .... Abschwächungsverhältnis

Für eine erdsymmetrische Pi-Schaltung nach **Bild 31.3.1c** und eine erdunsymmetrische Pi-Schaltung nach **Bild 31.3.1d** ergeben sich

$$R_1 = Z \cdot \frac{a^2 - 1}{2a} \qquad (31.3.3)$$

$$R_2 = Z \cdot \frac{a + 1}{a - 1} \qquad (31.3.4)$$

Die errechneten Werte für R_1 und R_2 von *unsymmetrischen Dämpfungsgliedern* bei den Wellenwiderständen 50 Ω und 75 Ω sind für die T-Schaltung nach **Bild 31.3.1b** in **Tabelle 31.6** und für die Pi-Schaltung nach **Bild 31.3.1d** in **Tabelle 31.7** zusammengefaßt. Die Werte sind auf eine Nachkommastelle gerundet und sowohl für feste als auch für umschaltbare *Dämpfungsglieder* gültig. Für unterschiedliche Wellenwiderstände und Dämpfungsverhältnisse können die Widerstandswerte mit der Software von *VE3ERP* [3.1] berechnet werden.

Beim Aufbau von *Dämpfungsgliedern* sollten folgende praktische Regeln beachtet werden:

Man verwende Widerstände mit 1/4, 1/8 oder 1/10 W Belastbarkeit. Drahtwiderstände sind unbrauchbar, gut eignen sich Schichtwiderstände. Eine besonders geringe Eigenkapazität haben kappenlose Schichtwiderstände.

Induktivitätsarm aufbauen, d.h. keinen Schaltdraht verwenden, möglichst nur mit den Widerständen selbst verdrahten. Jeder Zentimeter Draht bringt schädliche Induktivitäten in die Schaltung. Deshalb sollen auch die Zuleitungen zu Schaltern möglichst kurz gehalten werden.

Kapazitätsarm aufbauen, d.h., die Widerstände dürfen sich gegenseitig nicht oder nur sehr gering beeinflussen. Deshalb die Widerstände möglichst rechtwinklig zueinander anordnen.

Tabelle 31.7
Werte für R_1 und R_2 von erdunsymmetrischen Dämpfungsgliedern in Pi-Schaltung nach Bild 31.3.1d bei 50 Ω und 75 Ω Wellenwiderstand

Verhältnis in dB	a	Z = 50 Ω R_1 in Ω	R_2 in Ω	Z = 75 Ω R_1 in Ω	R_2 in Ω
1	1,12	5,8	869,6	8,7	1304,3
2	1,26	11,6	436,2	17,4	654,3
3	1,41	17,6	292,4	26,4	438,6
4	1,58	23,9	221,0	35,8	331,5
5	1,78	30,4	178,5	45,6	267,7
6	1,99	37,4	150,5	56,0	225,7
7	2,24	44,8	130,7	67,2	196,1
8	2,51	52,8	116,1	79,3	174,2
9	2,82	61,6	105,0	92,4	157,5
10	3,16	71,2	96,3	106,7	144,4
11	3,55	81,7	89,2	122,5	133,9
12	3,98	93,3	83,5	139,9	125,3
13	4,47	106,2	74,9	159,1	118,3
14	5,01	120,3	77,0	180,5	112,4
15	5,62	136,1	71,6	204,2	107,4
16	6,31	153,8	68,8	230,7	103,3
17	7,08	173,5	66,5	260,2	99,7
18	7,95	195,5	64,4	293,2	96,6
19	8,91	220,0	62,6	330,0	94,0
20	10,00	247,5	61,1	371,3	91,7
21	11,22	278,3	59,8	417,4	89,7
22	12,59	312,8	58,6	469,1	87,9
23	14,13	351,4	57,6	527,1	86,4
24	15,85	394,7	56,7	592,0	85,1
25	17,78	443,2	56,0	664,8	83,9
30	31,62	789,8	53,3	1184,7	79,9
35	56,23	51,8	1405,4	2108,1	77,7
40	100,00	51,0	2499,8	3749,6	76,5

$a = U_E : U_A$

Für Eich- und Vergleichszwecke in der Antennentechnik sind nur koaxiale erdunsymmetrische *Dämpfungsglieder* sinnvoll, da durch die aufbaubedingte Abschirmung des Innenleiters eine relativ große Übersprechdämpfung erreicht wird. Das *Dämpfungsglied* selbst muß ebenfalls abgeschirmt sein.

Allgemein wird die Pi-Schaltung bei geringen Dämpfungen und niederen Frequenzen bevorzugt. Das Aufbaubeispiel eines abgeschirmten, erdunsymmetrischen *Dämpfungsgliedes* in Pi-Schaltung zeigt **Bild 31.3.2**. In der Wirkung und im Aufwand sind T- und Pi-Schaltung identisch. Die Herstellung mehrerer *Dämpfungsglieder* verschiedener Dämpfung empfiehlt sich. Durch entsprechendes Hintereinanderschalten kann man dann beliebig große Dämpfungen herstellen und erhält dabei eine sehr große Übersprechdämpfung. **Bild 31.3.3** zeigt zwei Beispiele, unter 500 MHz wird Variante (a) empfohlen, über 500 MHz die Variante (b).

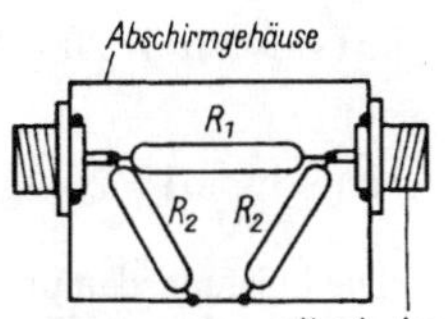

Bild 31.3.2
Anordnung eines unsymmetrischen Dämpfungsgliedes in Pi-Schaltung

Zweckmäßig sind schaltbare *Dämpfungsglieder*. Der Frequenzbereich für einfache selbstgebaute schaltbare *Dämpfungsglieder* geht bis etwa 30 MHz, mit speziellen Schaltern bis 100 MHz. **Bild 31.3.4** zeigt eine Schaltung für den Dämpfungsbereich von 0 bis 14 dB in 2-dB-Schritten. Eine feinere Stufung ergibt sich mit 0, 1, 2, 3, 5, und 10 dB. Damit kann man den Dämpfungsbereich von 0 bis 21 dB in 1-dB-Schritten überstreichen. Mit zusätzlichen 20 und 30 dB läßt sich der ganze Bereich von 0 bis 71 dB in 1-dB-Schritten lückenlos abdecken. Mit einer Stufung 0, 1, 2, 3, 4, 5, 10, 15, 20, 25 dB überstreicht man den Dämpfungsbereich von 0 bis 60 dB in 1-dB-Schritten.

Es gibt koaxiale und Stripline-*Abschwächer*. Koaxiale *Festwertabschwächer* zeichnen sich durch hohe Genauigkeit der Dämpfung und sehr gutes VSWR aus. Der Frequenzbereich geht von DC bis etwa 1000 MHz. Sehr handlich sind auch regelbare *Dämpfungsglieder*, die ein kontinuierliches Einstellen der Dämpfung erlauben. Von verschiedenen

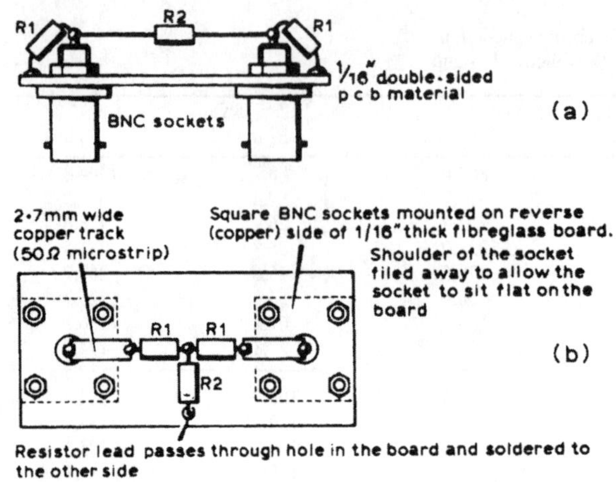

Bild 31.3.3
Beispiele für Dämpfungsglieder
a) - unter 500 MHz
b) - über 500 MHz

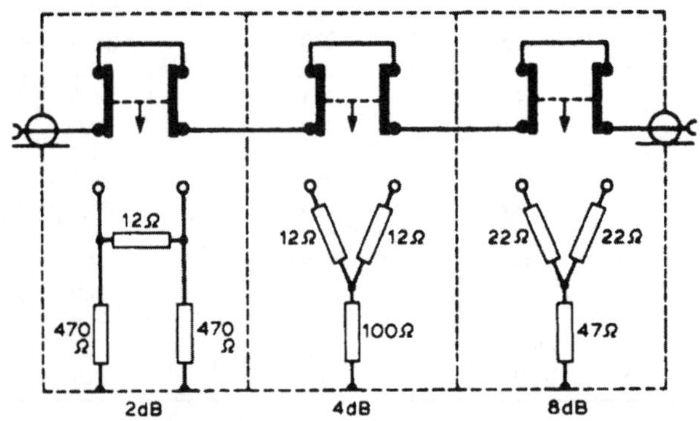

Bild 31.3.4
Schaltbares Dämpfungsglied

Herstellerfirmen werden konstante, schaltbare oder regelbare *Dämpfungsglieder* mit verschiedenen HF-Anschlüssen am Ein- und Ausgang angeboten.

Literatur über *Dämpfungsglieder* oder *Eichleitungen* sind [3.2] - [3.6].

31.3.2 Anpaßglieder

Anpaßglieder, *Anpassungsglieder* oder Übergänge enthalten ein ohmsches Netzwerk in Form eines L-Gliedes mit minimalen Verlusten (minimaler Durchgangsdämpfung) und kleinem Reflexionsfaktor. Diese *Anpaßglieder* ermöglichen eine angepaßte Verbindung zwischen verschiedenen Wellenwiderständen z.B. 50 Ω und 75 Ω. Die Anpassung ist in beiden Richtungen gegeben.

Während Dämpfungsglieder durch den symmetrischen Aufbau nicht richtungsabhängig sind, haben die *Anpaßglieder* unterschiedlichen Ein- und Ausgangswiderstand und dadurch unterschiedliche Durchgangsdämpfung.

Bild 31.3.5 zeigt ein *Anpaßglied* zur Anpassung zwischen 75 Ω und 50 Ω Wellenwiderständen. Man kann das L-Glied als ein unvollständiges Dämpfungsglied ansehen, bei dem entweder als T-Glied der zweite Widerstand $R1$ fehlt ($R1 = 0$), oder als Pi-Glied der zweite Widerstand $R2$ fehlt ($R2 = \infty$).

Die Durchgangsdämpfung (bei Z-Abschluß) ist richtungsabhängig. Die Spannungsteilung ist definiert als Verhältnis der Spannungen an den Anschlüssen, ausgedrückt in db:

$$a\,(50\Omega \rightarrow 75\Omega) = 20 \cdot \lg \frac{U_{50\Omega}}{U_{75\Omega}} = 4\ \text{dB} \qquad (31.3.5)$$

$$a\,(75\Omega \rightarrow 50\Omega) = 20 \cdot \lg \frac{U_{75\Omega}}{U_{50\Omega}} = 7{,}5\ \text{dB} \qquad (31.3.6)$$

Die Leistungsdämpfung ist in beiden Richtungen gleich. Unter Berücksichtigung der Ein- und Ausgangsimpedanzen beträgt sie in dB:

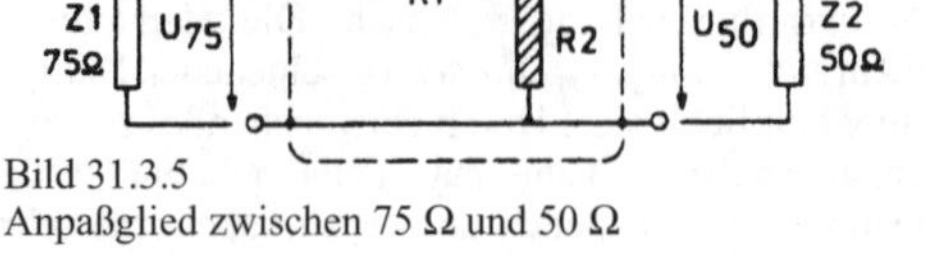

Bild 31.3.5
Anpaßglied zwischen 75 Ω und 50 Ω

$$a_P = 10 \cdot \lg \frac{U_{75\Omega} \cdot 50\,\Omega}{U_{50\Omega} \cdot 75\,\Omega} = 5{,}72\ \text{dB} \qquad (31.3.7)$$

Eine besondere Form des Anpaßgliedes ergibt sich, wenn z.B. ein Generator mit einem Innenwiderstand von 50 Ω an ein 75-Ω-System angeschaltet wird. In diesem Fall besteht das Anpaßglied nur aus einem Längswiderstand von 25 Ω. Dadurch entsteht ein Generator mit 75 Ω Innenwiderstand. Die Ausgangsspannungsanzeige am Generator kann ohne Korrektur auch im 75-Ω-System verwendet werden. Der Längswiderstand ist dabei für mindestens 2 W (maximal 7 W) Eingangsleistung ausgelegt. Eine Anpassung ist aber nur auf der 75-Ω-Seite gegeben.

31.3.3 Signalverteiler / Signalsummierer

Damit werden Signale aufgeteilt oder kombiniert. Zur Verteilung oder Summierung von Meß- oder Antennensignalen werden *Signalverteiler / Signalsummierer* verwendet, die auch bezeichnet werden als Verzweiger, Divider, Splitter oder Combiner. Bei einem Verteiler / Summierer müssen alle Anschlüsse abgeschlossen sein. Wichtig ist auch die Entkopplung der Ein- und Ausgänge.

Man unterscheidet:
Resistive Verteiler
Reaktive Verteiler

31.3.3.1 Resistive Verteiler

Die impedanzrichtige Verteilung oder Summierung von Signalen kann mit ohmschen Meßmitteln durchgeführt werden.

Der Vorteil ist die Breitbandigkeit von 0 Hz bis zu sehr hohen Frequenzen (> 1000 MHz).

Der Nachteil ist, daß durch die Entkopplungswiderstände der Verlust relativ hoch, die Entkopplung selbst aber relativ gering ist. Die Durchgangsdämpfung entspricht der Entkopplungsdämpfung.

Zweifachverteiler

Der einfachste entkoppelte *Zweifach-* oder *Zweiwegverteiler* ist eine Verzweigung mit je einem Widerstand. **Bild 31.3.6** zeigt die Schaltung mit zwei Widerständen von je 50 Ω. Am Ausgang erscheint die Hälfte der Spannung oder ein Viertel der Leistung des Einganges. Man spricht von einer Durchgangsdämpfung von 6 dB bei wellenwiderstandsrichtigem Abschluß. Der *Zweifachverteiler* ist nicht symmetrisch, Ein- und Ausgang können nicht vertauscht werden.

Bild 31.3.6
Zweiwegverteiler

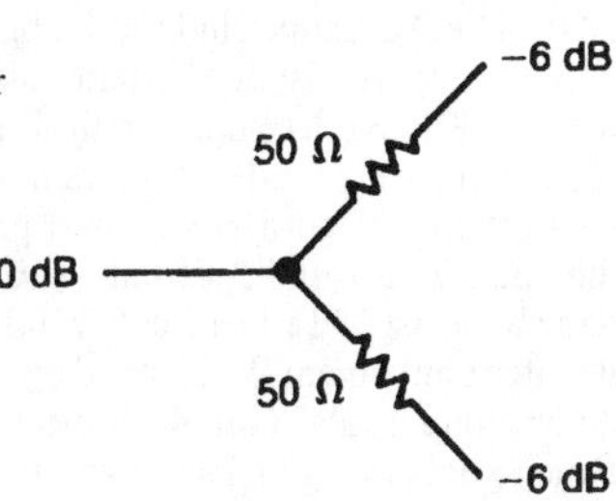

Dreifachverzweigung

Wenn die Anpassung für alle drei Tore sternförmig angeordnet ist erhält man eine *Dreifachverzweigung* oder einen Dreifachverteiler **(Bild 31.3.7)**. Die Schaltung ist symmetrisch, die Tore sind alle gleich. Ein Tor ist der Eingang und die beiden anderen Tore sind die Ausgänge.

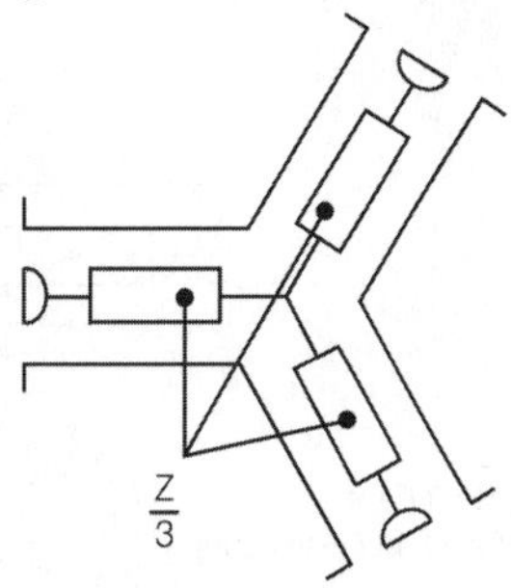

Bild 31.3.7
Dreifachverzweigung
(Sternschaltung)

Der Entkopplungswiderstand ist $Z/3$, mit Z als Wellenwiderstand Die Durchgangsdämpfung ist ebenfalls 6 dB. Man kann die Widerstände auch in Dreieckschaltung ausführen (Sternschaltung ←→ Dreieckschaltung) (**Bild 31.3.8**). Der Entkopplungswiderstand ist dann Z bzw. R. Die Durchgangsdämpfung ist hier ebenfalls 6 dB.

Vierfachverzweigung

Wenn die Anpassung für alle vier Tore sternförmig angeordnet ist erhält man eine *Vierfachverzweigung* oder einen Vierfachverteiler (**Bild 31.3.9**). Die Schaltung ist symmetrisch, die Tore sind alle gleich. Der Entkopplungswiderstand ist $Z/2$. Die Durchgangsdämpfung ist 9,5 dB.

Zur Berechnung der Widerstandswerte bei n Ausgängen dient die Formel

$$R = Z \cdot \frac{n-1}{n+1} \qquad (31.3.8)$$

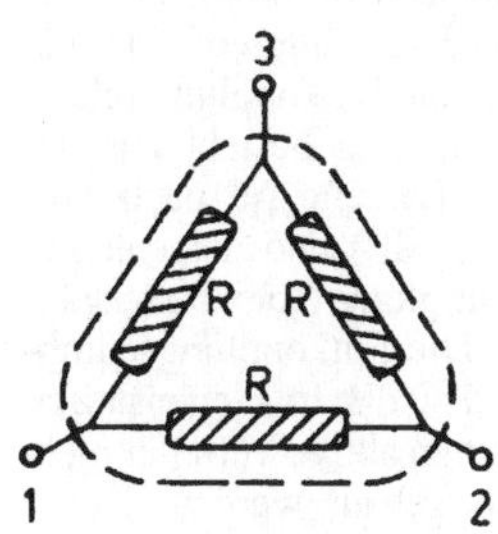

Bild 31.3.8
Dreifachverzweigung
(Dreieckschaltung)

Tabelle 31.8
Resistive Verteiler / Summierer (50 Ω)

n Zahl der Ausgänge	Widerstände in Ω	Dämpfung in dB
2	16,7	6,0
3	25,0	9,5
4	30,0	12,0
5	33,3	14,0

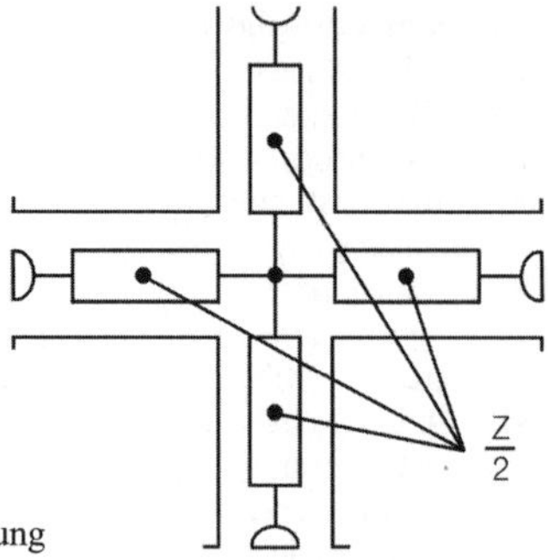

Bild 31.3.9
Vierfachverzweigung

Die Ausgangsspannung U_A ist um die Anzahl der Ausgänge kleiner als die Eingangsspannung U_E.

$$U_A = \frac{U_E}{n} \qquad (31.3.9)$$

Die Dämpfung a errechnet sich nach der Formel

$$a = 20 \cdot \lg n \qquad (31.3.10)$$

Tabelle 31.8 zeigt die relevanten Daten (gerundet).

Resistive Verteiler / Summierer sind koaxial (erdunsymmetrisch) und mit Ausnahme des Zweifachverteilers bezüglich der Ein- / Ausgänge (Tore) symmetrisch aufgebaut, d.h. Ein- und Ausgänge kann man vertauschen.

Literatur über resistive Verteiler: [3.7]–[3.8].

31.3.3.2 Reaktive Verteiler

Die impedanzrichtige Verteilung oder Summierung von Signalen kann auch ohne Widerstände fast verlustfrei durchgeführt werden. Dadurch sind die Verluste relativ gering und die Entkopplung relativ hoch. Die Durchgangsdämpfung besteht aus der Einfügungsdämpfung der Bauteile (je nach Frequenz zwischen 0,3 bis 1,5 dB) und der entsprechenden Verzweigungsdämpfung (bei 2 Ausgängen sind das z.B. 3 dB). Die Entkopplungsdämpfung liegt zwischen 20 und 40 dB. Im Gegensatz zu resistiven Verteilern können reaktive Verteiler nicht komplett symmetrisch aufgebaut werden. Daher

Tabelle 31.9
Reaktive Verteiler / Summierer

Anzahl der Ausgänge	Verzweigungsdämpfung in dB
2	3,0
3	4,8
4	6,0
5	7,0
6	7,8
7	8,5
8	9,0
9	9,5
12	10,8
16	12,0
24	13,8

müssen Ein- und Ausgänge besonders gekennzeichnet werden. Die Bauteile sind meistens Hybrids (Differentialbrücken) mit Ferritkern-Transformatoren, oder Koppler mit Streifenleitungen. Der Frequenzbereich geht von 10 kHz bis 18 GHz.

Die Anzahl der Ausgänge bei den Verteilern bestimmt die Verzweigungsdämpfung (engl.: "coupling" mit "– dB-Angabe"). Die Verteiler-Stufung geht binär von 2:1, 4:1, 8:1 bis 64:1 oder nicht binär als 3:1, 5:1, 7:1 usw. Die Verteiler werden dann entsprechend kaskadiert. **Tabelle 31.9** zeigt die relevanten Daten (gerundet).

Als Parameter sind definiert:

Isolation, Einfügungsdämpfung, Amplituden Balance, Phasen Balance und VSWR.

Man unterscheidet: 0°-Verteiler, 90°-Verteiler, 180°-Verteiler.

0°-Hybrid

In **Bild 31.3.10** wird das Schema eines **Zweifach-0°-Verteiler** oder **Zweiweg-0°-Verteilers** (in Phase) dargestellt. Die Dämpfung (Verteilung) ist 3 dB, der Phasenunterschied zwischen Ein- und Ausgang ist 0°. Die Ausgänge sind mit *Z* abgeschlossen. Für tiefe Frequenzen ist der Verteiler als Hybrid-T-Verteiler in **Bild 31.3.11** dargestellt. Ein am gemeinsamen Eingang *H* oder Summen (*Σ*) Tor eingespeistes Signal wird pegel- und phasengleich auf die Ausgänge *1* und *2* verteilt. Die Eingangsimpedanz bei *H* ist 25 Ω. Der Punkt *E* oder Delta (*Δ*) Tor ist intern mit einem Widerstand abgeschlossen. Die Anordnung ist als „**Gabelschaltung**", Differential-Brücke oder Ausgleichsbrücke in der Telefontech-

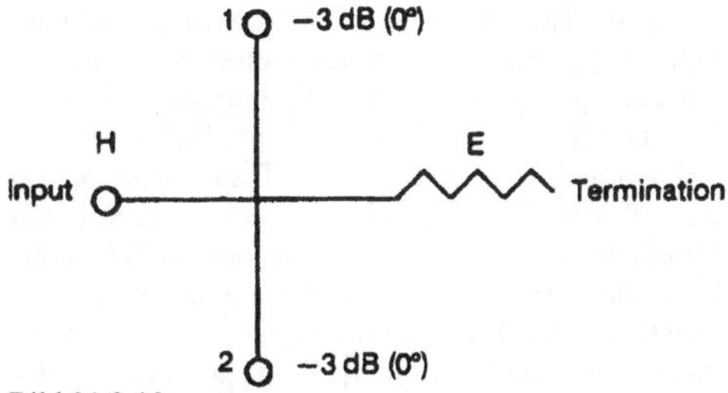

Bild 31.3.10
Zweifach-0°-Verteiler (Schema)

nik bekannt. Die Ausgänge *1* und *2* sind gegeneinander isoliert. Wird z.B. am Ausgang *1* ein Signal eingespeist, so fließt ein Strom über den Übertrager nach *2* mit 180° Phasendrehung und ein zweiter Strom über den 100-Ω-Widerstand ohne Phasendrehung. Beide Ströme heben sich so auf.

Für höhere Frequenzen wird als Verteiler ein ***Wilkinson*-Verteiler** verwendet [3.9].

Hybrid-Schaltungen für den Bereich MF bis HF sind in [3.10] und [3.11] beschrieben.

Der Verteiler kann auch als **„Split T Hybrid"** aufgebaut werden (**Bild 31.3.12**) [3.12]. Das ist eine Weiterentwicklung bzw. ein Sonderfall des N-fachen Hybrid-Verteilers nach *Wilkinson*. Der Belastungswiderstand $R_0 = 2 \cdot Z$ und der Wellenwiderstand der Viertelwellenleitung $Z_T = \sqrt{2} \cdot Z$. Für 50 Ω Wellenwiderstand ist $R_0 = 100$ Ω und $Z_T = 70{,}7$ Ω.

Statt der Viertelwellenleitungen können auch 90°-Phasenglieder (T- und Pi-Glieder) als Hochpaß oder Tiefpaß verwendet werden [3.13]. Für extrem breitbandige Zweifach-Verteiler (0.5 bis 26,5 GHz) wird eine neue Klasse von Mikrowellen-Verteiler in Streifenleiterform angewendet [3.14], [3.15].

Für sehr hohe Frequenzen im Mikrowellenbereich ist das Hybrid-T als "**Magic T**" bekannt. Diese Hohlleiter-Verzweigung wurde in den späten 30er Jahren von *W.L. Barrow* erfunden.

In **Bild 31.3.13** wird das Schema von einem **Dreifach-0°-Verteiler oder Dreiweg-0°-Verteiler** (in Phase) dargestellt. Die am Input eingespeisten Signale werden pegel- und phasengleich auf die Ausgänge *1*, *2* und *3* verteilt. Die Dämpfung (Verteilung) ist rd. 4,8 dB, der Phasenunterschied 0°.

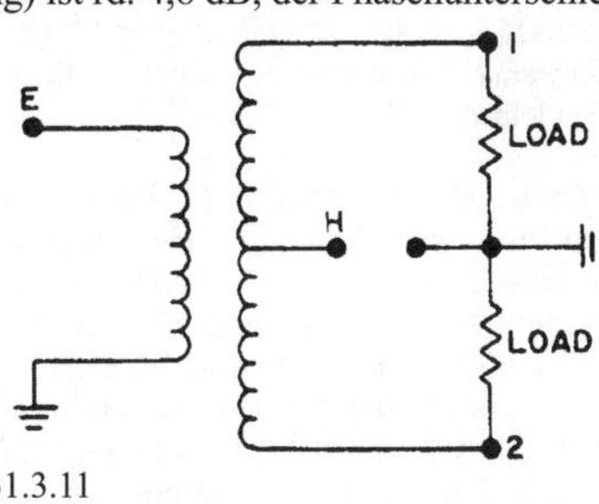

Bild 31.3.11
Zweifach-0°-Verteiler (Gabelschaltung)

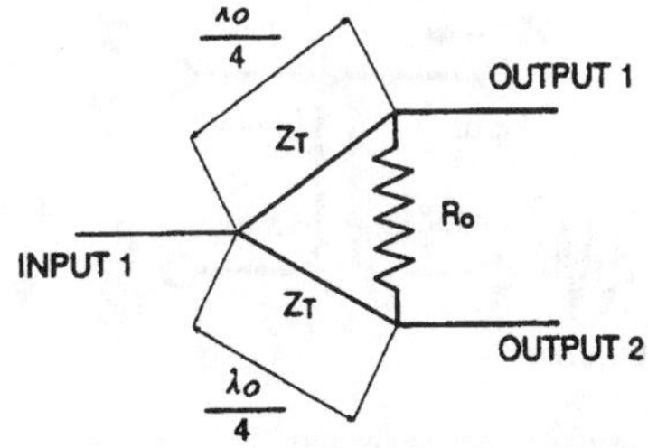

Bild 31.3.12
Wilkinson-Verteiler (Split T Hybrid)

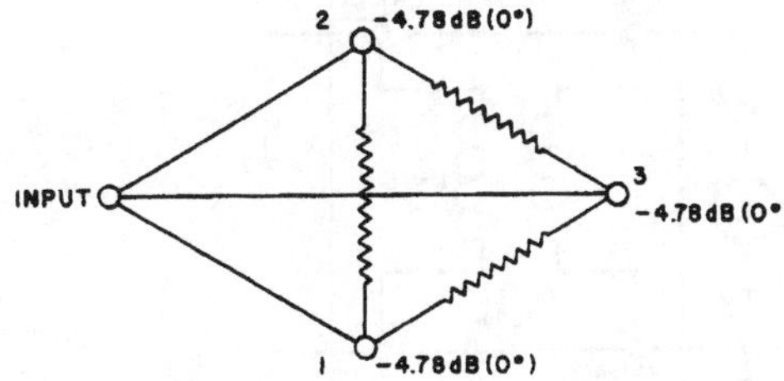

Bild 31.3.13
Dreifach-0°-Verteiler

90°-Hybrid

Diese Verteiler werden auch 90°-Verteiler, Quadratur Hybrids, 90°-Hybridkoppler, Viertelwellenkoppler oder 3 dB-Koppler genannt. **Bild 31.3.14** zeigt das allgemeine Schema eines *90°-Hybrids*. Ein Eingangssignal bei Tor 1 mit der Amplitude U wird in zwei pegelgleiche Signale verteilt. Bei Tor 2 ist die Phasenverschiebung 0° und die Amplitude $U/\sqrt{2}$, bei Tor 3 ist sie −90° und die Amplitude daher $jU/\sqrt{2}$. Das Tor 4 ist gegenüber dem Tor 1 isoliert.

Der Verteiler kann als Brücke mit Ferritkern-Transformatoren oder als Koppler mit Streifenleitungen aufgebaut sein.

Das Schema eines 90°-Hybridkopplers mit angedeuteter Leitungsführung, Pegel und Phasen zeigt **Bild 31.3.15**.

Ein Quadratur Hybrid ("Twisted-Wire") für 7 MHz ist in [3.16] beschrieben. Die Schaltung ist in **Bild 31.3.16** wiedergegeben. Dabei hat Ausgangsspannung V_2 gegenüber der Eingangsspannung V_1 eine Phasenverschiebung von +45° und die Ausgangsspannung V_4 eine von −45°. Die Ausgangs-

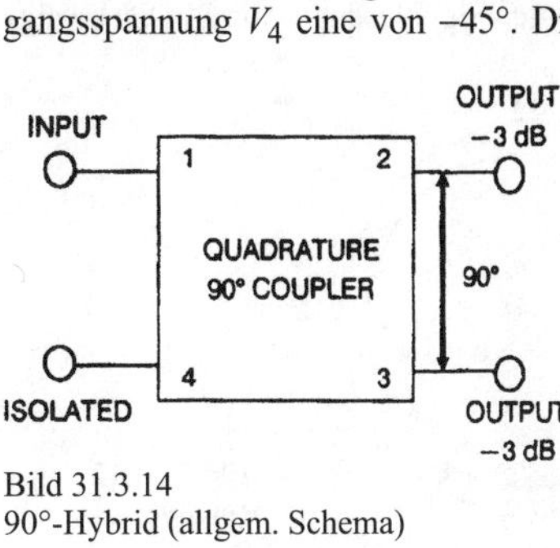

Bild 31.3.14
90°-Hybrid (allgem. Schema)

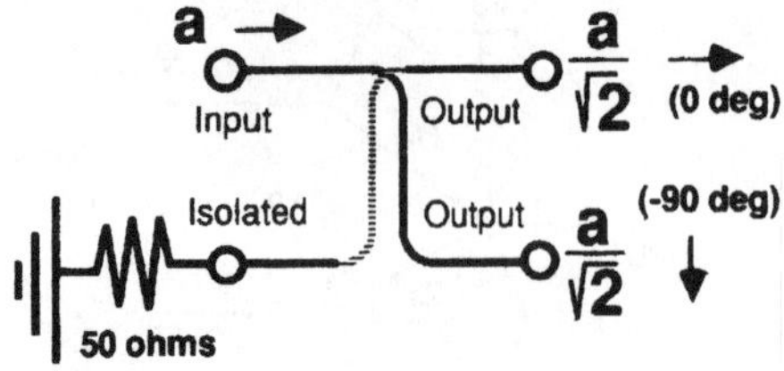

Bild 31.3.15
90°-Hybridkopplers (Schema)

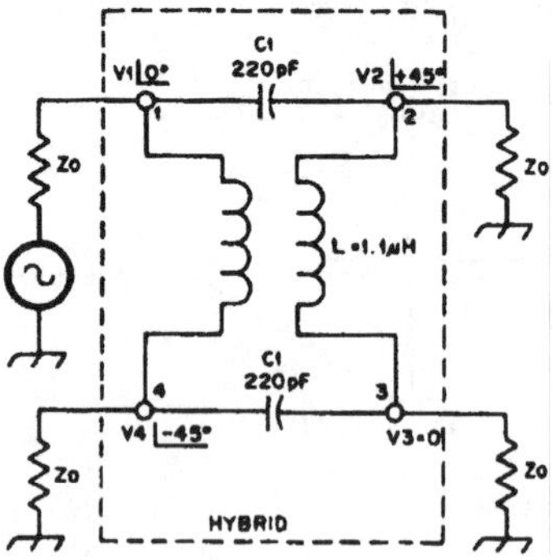

Bild 31.3.16
Quadratur Hybrid (Twisted-Wire)

spannungen V_2 und V_4 haben gegeneinander wieder eine Phasenverschiebung von 90°.

180°-Hybrid

Diese Verteiler werden Hybrid-T-Verteiler, Ringhybrid ("rat race") oder Ringgabel genannt. Für tiefe Frequenzen ist der Verteiler als Differentialbrücke in **Bild 31.3.11** dargestellt. Ein am Punkt E, Delta (Δ) Tor oder Differenztor eingespeistes Signal wird pegelgleich und mit je 90° Phasenverschiebung auf die Ausgänge *1* und *2* verteilt. Zwischen den Ausgängen *1* und *2* ergibt sich somit eine Phasenverschiebung von 180°. Für Mikrowellen ist der Hybrid-T-Verteiler wieder ein "Magic T".

In **Bild 31.3.17** ist ein Ringhybrid dargestellt. Der Ring hat einen Umfang von $3\lambda/2$.

Ein beim Eingang A eingespeistes Signal wird gleichmäßig aufgeteilt zwischen den Ausgängen B und D. Die beiden Signale sind symmetrisch bezüglich Erde oder Masse und sind dabei in Gegenphase (180°). An diesen Stellen kann eine symmetrische Last angeschlossen werden, die Impedanz ist dabei $2 \cdot Z$. Der Ringhybrid kann daher als Balun verwendet werden mit einer Impedanz-Transformation mit dem Faktor 2. Impedanzanpassung innerhalb des Ringhybrids wird erreicht bei einem Wellenwiderstand des Ringes von $Z \cdot \sqrt{2}$, wenn Z der Wellenwiderstand aller Tor-Zuleitungen ist. Mit $Z = 50\ \Omega$, sollte der Ring 71 Ω haben, eine Standard-75-Ω-Leitung ergibt keinen allzu großen Fehler.

Im VHF- und UHF-Bereich wird der Ring aus Koaxialkabeln geformt, bei Mikrowellen aus Hohlleiter oder Streifenleitungen.

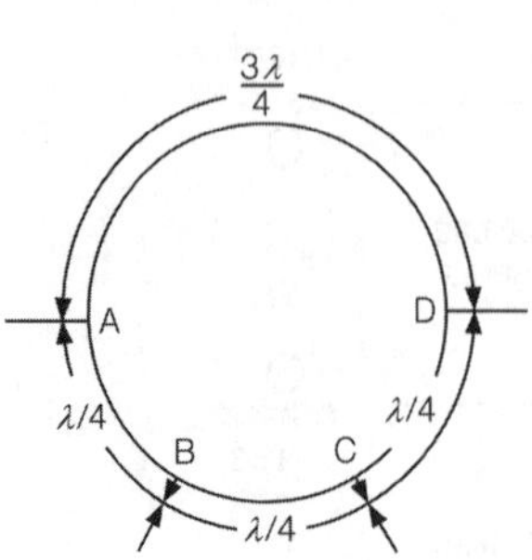

Bild 31.3.17
Ringhybrid

Literatur zu Abschnitt 31

[0.1] *Zinke, O.; Brunswig, H.*: Hochfrequenz-Meßtechnik. Hirzel, Stuttgart, 1959

[0.2] *Mäusl, R.*: Hochfrequenzmeßtechnik – Meßverfahren und Meßgeräte. Hüthig, Heidelberg, 1974

[0.3] *Thumm, M.; Wiesbeck, W.; Kern, S.*: Hochfrequenzmeßtechnik – Verfahren und Meßsysteme. Teubner, Stuttgart, 1998

[0.4] *Dodd, P.*: The Antenna Experimenter's Guide. RSGB, Potters Bar, Herts, UK, 1995

[0.5] *Evans, G.E.*: Antenna Measurement Techniques. Artech House, Norwood, MA, 1990

[0.6] *Hollis, J.S.; Lyon, T.J.; Clayton, L. (Eds.)*: Microwave Antenna Measurements. Scientific-Atlanta, Atlanta, GA, 1970

[0.7] *Hooton, H.D.*: Amateurs Antenna Tests and Measurements. H.W. Sams & Co, Indianapolis, IN, 1977

[0.8] *IEEE*: IEEE Standard Test Procedures for Antennas (Std. 149-1979). IEEE, New York, 1979

[0.9] *Stirner, E.*: Antennen 3 – Meßtechnik. Hüthig, Heidelberg, 1985

[1.1] *Meinke, H.; Gundlach, F.W.*: Taschenbuch der Hochfrequenztechnik (Y. Hochfrequenzmeßtechnik, S. 1539). Springer Verlag, Berlin, 1968

[1.2] *Brandt, H.-J.*: HF-Stromwandler: Leistungsteiler für Meßzwecke. Funkamateur 5/97, S. 567–568

[1.3] *Innes, J.S.*: Simplified antenna current monitoring. (Hint & Kinks), QST June 1999, p. 75

[1.4] *Sparks, S.L.*: An RF current probe for amateur use. QST February 1999, p. 34

[1.5] *Brown, F.*: Rf current probe. (Ham Notebook). Ham Radio, October 1968. p. 76

[1.6] *Burchard, D.*: Grundlagen der Gleichrichtung kleiner Wechselspannungen mit Halbleiterdioden. UKW-Berichte 1/91, S. 43–49

[1.7] *Stölzer, H.D.*: HF-Indikator. CQ-DL 3/2000, S. 180

[1.8] -----: Spannung- und Leistungsmeßtechnik. Rohde & Schwarz, München, 7.99

[1.9] *Döll, K.*: PEP-Wattmeter für SSB-Sender. CQ-DL 4/76, S. 122–123

[1.10] *Kennedy, J.F.*: A simple, accurate RF wattmeter. QST November 1979, pp. 40–41

[1.11] *Hepburn, H.L.*: Measurement of PEP output power. Ham Radio June 1983, pp. 10–16

[1.12] *Brenndörfer, K.*: 5/50-W-Leistungsmesser mit Abschlußwiderstand bis 1,3 GHz. UKW-Berichte 4/83, S. 212–217

[1.13] *Kassenbrock, W.*: Meßtechnik für Funkamateure, Teil 3: HF-Leistungsmessungen. Beam 1/84, S. 30–33

[1.14] *Zwickel, W.*: Bauanleitung für ein HF-Milliwattmeter. QSP 10/89, S. 44–46

[1.15] *Schneider, W.*: VHF-, UHF-, SHF-Meßtechnik mit PC, Teil 2: mW-Meter von Kurzwelle bis SHF. UKW-Berichte 2/95, S. 87–95

[1.16] *Schneider, W.*: Preiswertes Milliwattmeter mit Diodendetektor. Funkamateur, 4/99, S. 462–464

[1.17] *Bissinger, N.*: Leistungsmesser für Kurz- und Langwelle. CQ-DL 10/2000, S. 725–727

[1.18] *Heine, A.*: Der "Grid-Dipper". DL-QTC 6/ 1952, S. 242–247

[1.19] *Schultz, W.*: Das Dipmeter – eine wichtige Reparaturhilfe. Radioschau, H. 9, 1963, S. 384–386

[1.20] *Olson, H.*: A new look at dip meters. Ham Radio, August 1981, pp. 25–28

[1.21] *Waxweiler, R.*: Ein Dip- und Absorptionsfrequenzmeter. CQ-DL 8/1975, S. 466–467

[1.22] *Kunze, C.*: Low-Cost-Grid-Dipper. CQ-DL 6/ 91, S. 341

[1.23] *Michaelis, M.*: Der Dipmeter und seine Anwendung. Funk 6/93, S. 72–78

[1.24] *A. Mollath, H.O. Roosenstein* – US 1,999,250 – dt. Priorität 1932

[1.25] *Pistolkors, A.A.; Neumann, M.S.*: Ein Gerät zur direkten Messung des Wanderwellenkoeffizienten auf Leitungen (russ.). Elektrosvyaz, Jg. 9, Nr. 4, April 1941, S. 9–15

[1.26] *Buschbeck, W.*: Hochfrequenz Wattmeter und Fehlanpassungsmesser mit direkter Anzeige. HF-Techn. und Elektroakust., Bd. 61, H. 4, April 1943, S. 93-100

[1.27] *Borchert, M.*: Richtkoppler und Meßbrücke zur Bestimmung von hin- und rücklaufender Welle auf HF-Leitungen. Telefunken-Zeitung, Jg. 28, H. 110, Dezember 1955, S. 246–252

[1.28] *Moliere, T.*: Ein breitbandiger HF-Richtkoppler. Beam 6/84, S. 39–42

[1.29] *Stadler, E.*: Der Richtkoppler Funktion und Anwendung. UKW-Berichte 1/85, S. 50–54

[1.30] *Wolf, H.*: Gekoppelte Hochfrequenzleitungen als Richtkoppler. Forschungsberichte des Wirtschafts- und Verkehrsministeriums Nordrhein-Westfahlen, Nr. 440 (1958), S. 1–107

[1.31] *Rohrbacher, H.A.*: Der Richtkoppler. DL-QTC 12/59, S. 570–573

[1.32] *Kraus, A.*: Der technische Richtkoppler aus gekoppelten Leitungen. Rohde & Schwarz Mitteilungen, Ausg. 21, Jg. 16, November 1967, S. 297–306

[1.33] *Fisher, R.E.; Turrin, R.H.*: UHF Directional Couplers. QST September 1970, pp. 26–31

[1.34] *Nußbaum, H.*: Bau eines einfachen Richtkopplers von 1,6 bis 50 MHz. Funk 8/99, S. 26–28

[1.35] *Braubach, H.*: Richtkoppler – maßgeschneidert. UKW-Berichte 3/84, S. 140–145

[1.36] *Laufs, G.*: Über Fehlerquellen bei Richtkoppler- und Reflektometermessungen. UKW-Berichte 1/1964, S. 47–56

[1.37] *Bruene, W.B.*: An inside picture of Directional Wattmeters. QST April 1959, pp. 24–28

[1.38] *Moog, P.*: Billiges Wattmeter. DL-QTC 2/65, S. 79–82

[1.39] *Müller-Schlösser, H.*: Stehwellen-Meßbrücke für den Funkamateur. Funkschau, 1968, H. 11, S. 350

[1.40] *Harrison, R.; Wait, P.*: Broadband reflectometer and power meter. Ham Radio, May 1979, pp. 28–32

[1.41] *Ashcroft, H.Du.V.*: Critical study of the SWR meter. Radio Communication, March 1985, pp. 186–187, 194

[1.42] *Blommaart, S.*: Twinline-Richtkoppler für 1,5...55 MHz. CQ-DL 10/97, S. 798–799

[1.43] *Hills, R.C.*: A Reflectometer for 145 Mc/s. RSGB Bulletin, September 1961, pp. 108–113

[1.44] *Hupfer, K.*: Empfindliches Reflektometer. DL-QTC 7/68, S. 414–416

[1.45] *Koch, E.*: Reflektometer mit Leistungsmesser für UKW- und UHF-Sender. Funk-Technik 1970, Nr. 13, S. 493–494

[1.46] *Bauer, D.*: SWR-Meßkopf bis 30 MHz. Funkamateur 6/97, S. 696–697

[1.47] *Nußbaum, H.*: Einstellen von Einseitenband-Sewndern Teil 2: Bau von zwei Stehwellenmeßgeräten. Funk 12/99, S. 28–30

[1.48] *Borschel, W.*: Einfacher VHF-/UHF-Prüfkoppler. Funkamateur 10/00, S. 1118

[1.49] *McCoy, L.*: The Monimatch. QST October 1956, p. 38

[1.50] *Wright*: The Twin-Lamp. QST October 1947, p. 22

[1.51] *Hiller, E.*: Antennen 2 – Sendeantennen, S. 92. Philler, Minden, 1962

[1.52] *Brown, F.*: A Reflectometer for Twin-Lead. QST, October 1980, pp. 15–17

[1.53] *E. Paul* – DE 734 916 – 1940

[1.54] *Kraus, A.*: Richtkoppler aus ohmschen Widerständen. NTZ Archiv (1979), H. 11, S. 245–253

[1.55] *Pattison, H.O.; Morris, R.M.; Smith, J.W.*: A Standing-Wave Meter for Coaxial Lines. QST, July 1947, pp. 41–43

[1.56] *Koch, E.*: Einfaches 60-Ohm-Anpassungsgerät für 3,5 bis 150 MHz. DL-QTC 7/60, S. 320–321

[1.57] *Wolske, G.*: Eine Stehwellenmeßbrücke für beliebige Frequenzen bis 500 MHz. CQ-DL 10/74, S. 606–608

[1.58] *Priedigkeit, J.*: A Reflection-Coefficient Bridge – Impedance-Matching Measurements the Easy Way. QST, October 1981, pp. 18–20
[1.59] *Waxweiler, R.*: Impedanz-Meßbrücke. CQ-DL 7/82, S. 328–331
[1.60] *Nagy, G.*: Antennenmeßbrücke selbstgebaut. CQ-DL 6/96, S. 449–451
[1.61] *Ford, J.*: Build a Return Loss Bridge. QST September 1997, pp. 34–36
[1.62] *Nußbaum, H.*: Reflexionsfaktormeßbrücke mit SMD-Widerständen bis 1 GHz. Funk 9/99, S. 30–33
[1.63] *Scherer, W.M.*: Building and Using the Antennascope. CQ September 1950
[1.64] *Scherer, W.M.*: Antennascope-54. CQ June, July 1954
[1.65] *Jones, M.C.; Sontheimer, C.G.*: The Micro-Match. QST April 1947, pp. 15–18
[1.66] *Ollenik, W.*: Antennenmeßbrücke für die Messung des Fußpunktwiderstandes. Funk 12/99, S. 32–33
[1.67] *Hart, R.T.*: The Antenna Noise Bridge. QST December 1967, pp. 39–41
[1.68] *Koch, O.*: Eine Antennenrauschbrücke. CQ-DL 4/1976, S. 118v120
[1.69] *Schifferdecker, H.*: Messung und Abstimmung von Kurzwellenantennen mittels der Rauschbrücke. CQ-DL 9/1979, S. 396–399
[1.70] *Krischke, A.*: Rauschbrücke (Berichtigung zu [1.69]). CQ-DL 1/1980, S. 46
[1.71] *Fischer, K.H.*: Antennenbau und Optimierung mit Hilfe der Antennenrauschbrücke. CQ-DL 10/1981, S. 477–479
[1.72] *Schwarz, H.*: Die Rauschbrücke, CQ-DL 5/1985, S. 236–242
[1.73] *Popodi, A.*: Präzisionsrauschbrücke für den Kurzwellenbereich. CQ-DL 6/87, S. 360–363
[1.74] *Stadler, E.*: L-und C-Messung mittels Meßleitung. UKW-Berichte 3/84, S. 171–176
[1.75] *Stadler, E.*: Impedanzmessung mit Meßleitung. UKW-Berichte 4/84, S. 225–230
[1.76] *Kibler, P.J.*: A Note on Impedance Measurements at High Frequencies with Special Reference to Impedance matching. Proc. IRE, June 1944, pp. 354–355
[1.77] *Duffin, W.J.*: Three-Probe Method of Impedance Measurement. Wireless Engineer, December 1952, pp. 317–320
[1.78] *Wallenfels, K.H.*: Drei-Punkte-Kreisrechner. Elektron. Rundsch., Nr. 9/1962, S. 403–405
[1.79] *Metzger, H.*: Baubeschreibung und Anwendung einer Koax-Meßleitung. Amateur Funk (Funk Spezial 34), 1995, S, 53
[1.80] R & S Datenblatt 292 401: Vektor Analyzer ZPV. Rohde & Schwarz, München, 1987
[1.81] *Schiffhauer, N.*: HF SWR Analyzer MFJ-207. Funk 6/93, S. 56–57
[1.82] *Clarke, B.*: The MFJ-247 Antenna Analyzer. 73 Amateur Radio Today, May 1992, p. 25
[1.83] *Hegewald, W.*: Frisch ausgepackt: HF/VHF/UHF SWR Analyzer MFJ-269. Funkamateur 7/00, S. 806–807
[1.84] *Perner, M.*: Das universelle Meßgerät RF-1 in der Praxis. Funkamateur 10/95, S. 1090–1091
[1.85] *Palme, G.*: VHF Antennen-Analysator RF-5. Funk 3/98, S. 24–26
[1.86] *Schiffhauer, N.*: HF Analyst SWR-121 von AEA. Funk 4/99, S. 56–58
[1.87] *Palme G.*: AEA SWR-121 V/U - Graphical VHF/UHF Antenna Analyst. Funk 6/97, S. 26–28
[1.88] *Carr, P.*: The AEA CIA-HF Complex Impedance Analyzer. CQ May 1999, pp. 21–20

[1.89] *Ayer, J.*: A Simple EMF/RFI Detector. RF-Design, March 1992
[1.90] *Hoyt, E.*: An RF Sniffer Meter. QST, April 1994, p. 82
[1.91] *Michaelis, M.*: Einfaches Feldstärke-Meßgerät. Funk 1/95, S. 79
[1.92] *DL7PE*-Homepage: www.t-online.de/home/dl7pe/afu.htm
[1.93] *Sichla, F.*: 145-MHz-Feldstärkemesser. CQ-DL 1/98, S. 27

[2.1] *Stirner, E.*: Antennen Bd. 3: Meßtechnik. Hüthig Verlag, Heidelberg, 1985
[2.2] *Schwarzbeck, G.*: VHF-UHF-Antennenmeßtechnik (Streifzug durch den Antennenwald). CQ-DL 1/1981, S. 9–20
[2.3] *Schwarzbeck, G.*: Messung des Antennengewinns (Streifzug durch den Antennenwald). CQ-DL 7/1982, S. 332–335
[2.4] *Friis, H.T.*: A Note on a SimpleTransmission Formula. Proc. IRE, 1946, pp. 254–256
[2.5] *Kraus, J.D.*: Antennas. (pp. 828–829). McGraw-Hill, New York, 1988
[2.6] *IEEE:* IEEE Standard Test Procedures for Antennas (Std. 149-1979). IEEE, New York, 1979
[2.7] *NBS:* Methods for accurate measurement of antenna gain (Cottony, H.V.). Report 5539. NBS, Boulder, CO, 1957
[2.8] *DIN*: Ton- und Fernseh-Rundfunkempfangsantennen für den Frequenzbereich von 30 MHz bis 1 GHz – Teil 2: Meßverfahren für die elektrischen Eigenschaften. DIN IEC 597 Teil 2, Oktober 1980
[2.9] *Krischke, A.*: Antennenmodellmessungen. Beam 3/1983, S. 22
[2.10] *Sinclair, G.*: Theory of Models of Electromagnetic Systems. Proc. IRE, November 1948, pp. 1364–1370

[3.1] *VE3ERP*: HAMCALC (Free-Software for US$ 5), George Murphy, 77 Mc Kenzie St.,Orillia, ON L3V 6A6, Canada.
[3.2] *Wasmus, J.; Laufs, G.*: Die Eichleitung. UKW-Berichte 1/1967, S. 23–27
[3.3] *Wiedemann, E.*: Dämpfungsglieder zur Leistungsanpassung. UKW-berichte 4/1978, S. 243–250
[3.4] *Vieland, C.*: Kompakte Dämpfungsglieder in BNC. UKW-Berichte 4/84, S. 207–212
[3.5] *Prange, H.W.*: Meßtechnik (7) – Dämpfungsglieder, Aufbau und Anwendung. Funkamateur 6/95, S. 627–630

[3.6] *Nussbaum, H.*: Stufenabschwächer und Dämpfungsglied bis 100 MHz. Funk 8/2000, S. 32–34
[3.7] *Eitzenberger, P.*: Passive Signalverteiler- und addierer. CQ-DL 10/97, S. 794
[3.8] *Nussbaum, H.*: Meßzubehör mit SMD-Bauteilen (Teil 5) – Verzweiger (Power Divider, Splitter, Combiner). Funk 5/2000, S. 34–37
[3.9] *Wilkinson, E.J.*: An N-way Hybrid Power Divider. IRE Trans. MTT-8, January 1960, pp. 116–118
[3.10] *Hennigan, W.R*: Broadband Hybrid Splitters and Summers. QST October 1979, pp. 44–46
[3.11] *Red, E.T.:* Breitband-0°-Hybridkoppler. Beam 9/86, S. 26-27
[3.12] *Parad, Moynihan*: Split-Tee Power Divider. IRE Trans. MTT-13, January 1965, pp. 91–96
[3.13] *Head, M.J.*: Synthesize Lumped Element In-Phase Power Divider. Microwave Journal, May 1980, pp. 111-112
[3.14] *T.J. Russel* – US 5,206,611 – 1993
[3.15] *Russel, T.J.*: A Matched-Line Directional Divider Two-Way Power Divider. Microwave Journal, November 1994, pp. 92, 95, 96, 99
[3.16] *Fisher, R.*: Twisted-Wire Quadrature Hybrid Directional Coupler. QST January 1978, pp. 21–23

32 Symbolische Methode und Kreisdiagramme

Zur Berechnung von Impedanzen, Welligkeiten, Spannungen und Strömen, die bei RF-Leitungen auftreten, gibt es Methoden, deren Anwendung ein spezielles Wissen erfordert. Deshalb versuchen viele Funkamateure, ihre Anpassungsprobleme durch Abschneiden und Probieren (engl.: „cut and try") empirisch zu lösen, oder sie verlassen sich auf kochbuchartige „Man nehme"-Beschreibungen. Der erste Weg kann sehr zeitraubend sein und ist gewöhnlich nur bei einfacheren Anpassungsproblemen gangbar; beim anderen Weg gibt es oft Schwierigkeiten, die durch Umgebungseinflüsse hervorgerufen werden, deren Beseitigung die Kenntnis der Zusammenhänge voraussetzt. Den für den Funkamateur optimalen Lösungsweg bieten zweifellos die grafischen Methoden, die nur einfache mathematische Kenntnisse erfordern und außerdem die Zusammenhänge gut durchschaubar machen. In der Antennentechnik werden zur Problemlösung die „Kreisdiagramme" verwendet. Kreisdiagramme gibt es seit den 30-er Jahren, sie werden in Abschnitt 32.3 näher erläutert. Obwohl inzwischen leistungsfähige Computerprogramme für Schaltungsberechnungen zur Verfügung stehen, haben graphische Methoden zur Analyse von Wechselstromschaltungen, sowie zur Lösung von Anpassungsproblemen nach wie vor ihre Bedeutung. Die Anschaulichkeit der zeichnerischen Verfahren ist aber nur dann gewährleistet, wenn man die Grundlagen versteht, die zu diesen Kreisdiagrammen führen. Zur Anwendung der Kreisdiagramme ist es daher erforderlich, sich mit den Grundlagen der komplexen Darstellung von Wechselgrößen vertraut zu machen.

32.1 Komplexe Darstellung von Wechselgrößen

32.1.1 Zeitlicher Verlauf einer harmonischen Wechselgröße

Als Wechselgröße wird eine veränderliche elektrische oder magnetische Größe bezeichnet, die mit der Zeit nicht nur ihren Betrag, sondern auch ihr Vorzeichen ändert. Die Frequenz f der Wechselgröße, die die Anzahl der Perioden in der Zeit angibt, errechnet sich zu

$$f = \frac{1}{T} \qquad (32.1.1)$$

wobei T die Periodendauer in Sekunden ist.

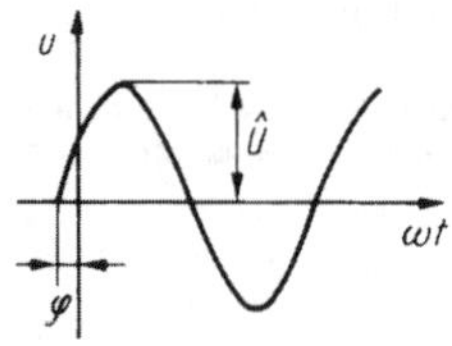

Bild 32.1.1
Grafische Darstellung einer sinusförmigen Wechselgröße

Bei sinusförmigem Zeitverlauf liegt eine *harmonische* Wechselgröße vor (**Bild 32.1.1**). Mathematisch läßt sie sich durch folgenden Ausdruck beschreiben

$$u(t) = \hat{U} \sin (\omega t + \varphi) \qquad (32.1.2)$$

Es bedeuten:
$u(t)$ ..... Augenblickswert
$\hat{U}$ ..... Amplitude (Scheitelwert)
ω ..... Kreisfrequenz
φ ..... Anfangsphase

Für die Kreisfrequenz gilt

$$\omega = 2\pi f = 2\pi / T \qquad (32.1.3)$$

Verlaufen Ströme und Spannungen in einer Wechselstromschaltung streng sinusförmig, ermöglicht die komplexe Wechselstromrechnung (auch als symbolische Methode bezeichnet) eine verhältnismäßig einfache Berechnung. Die symbolische Methode stellt Spannungen, Ströme usw. mathematisch durch komplexe Zahlen dar.

32.1.2 Komplexe Zahlen

Die große Bedeutung der *komplexen Zahlen* für die Nachrichtentechnik liegt darin, daß sich einerseits Sinusfunktionen in einfacher Weise durch ebene Vektoren darstellen lassen und daß man andererseits durch die komplexe Rechnung diese geometrische Vektorbeziehung algebraisch behandeln kann.

Komplexe Zahlen sind beispielsweise bei der Lösung algebraischer Gleichungen erforderlich. So ist z.B. die Gleichung $x^2 + 1 = 0$ im Bereich der reellen Zahlen nicht lösbar, wohl aber im Bereich der komplexen Zahlen. Die *komplexe Zahl* ist die allgemeinste Zahl überhaupt und besteht aus der Summe oder Differenz einer reellen Zahl a und einer imaginären Zahl jb. Man kann mit *komplexen Zahlen* wie mit gewöhnlichen Zahlen rechnen, wenn man die Beziehung

$$j = \sqrt{1} \text{ oder } \qquad j^2 = -1 \qquad (32.1.4)$$

beachtet.

Komplexe Größen haben in der Wechselstromtechnik im allgemeinen nicht besonders gekennzeichnete Formelzeichen. So werden üblicherweise bei Berechnungen normale Buchstaben verwendet. Soll aber hervorgehoben werden, daß es sich hierbei, im Gegensatz zu anderen Größen, um eine komplexe Größe handelt, dann kann das Formelzeichen entsprechend DIN 5483 unterstrichen werden z.B.: $\underline{Z}$ statt Z. Davon wird in diesem Abschnitt Gebrauch gemacht.

Andere, nicht mehr normgerechte Bezeichnungsweisen für komplexe Zahlen, anstelle der Unterstreichung, sind (alt)deutsche Buchstaben.

32.1.2.1 Gaußsche Zahlenebene

Während man die reellen Zahlen auf einer Geraden darstellen kann, benötigt man zur bildhaften Darstellung der komplexen Zahlen eine Ebene, die sogenannte *Gauß*sche Zahlenebene oder komplexe Ebene. Auf der Abszisse (Horizontalkoordinate) werden die reellen Zahlen aufgetragen mit der Einheit 1; auf der Ordinate (Vertikalkoordinate) werden die imaginären Zahlen aufgetragen mit der Einheit j.

Komplexe Zahlen mit positivem Realteil liegen rechts der Imaginärachse, die mit negativem Realteil befinden sich links von ihr. Positiver Imaginärteil bedeutet, daß die komplexe Zahl oberhalb der reellen Achse liegt. Bei negativem Imaginärteil liegt sie unterhalb von ihr.

Bild 32.1.2 zeigt die Darstellung einer komplexen Zahl $\underline{Z} = a + jb$ in der *Gauß*schen Zahlenebene. Man kann die komplexe Zahl als Punkt mit den Koordinaten a und b darstellen, oder als Vektor vom Nullpunkt zu diesem Punkt.

Für den Betrag $|\underline{Z}|$ der komplexen Zahl gilt nach dem Lehrsatz des *Pythagoras*

$$|\underline{Z}| = \sqrt{a^2 + b^2} \qquad (32.1.5)$$

für den Winkel α (Phase) findet man

$$\tan \alpha = b : a \qquad \text{bzw. } \alpha = \arc\tan \frac{b}{a} \qquad (32.1.6)$$

32.1.2.2 Darstellung komplexer Zahlen

Als Beispiel zeigt **Bild 32.1.3** die Darstellung nachstehender komplexer Zahlen:

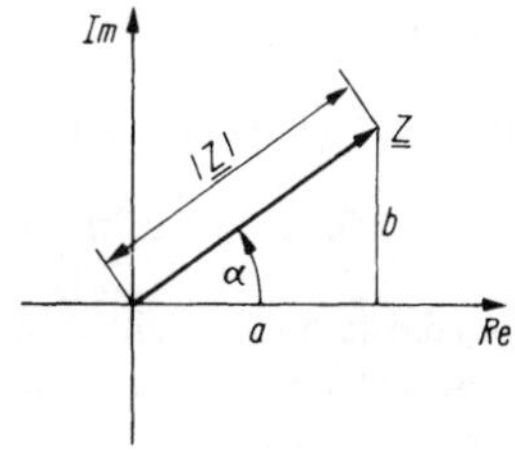

Bild 32.1.2
Komplexe Zahl $\underline{Z}$ in der *Gauß*schen Zahlenebene

$$|\underline{Z_1}| = 1 + j3 \qquad |\underline{Z_1}| = \sqrt{1^2 + 3^2} \approx 3{,}16$$

$$\alpha_1 \approx 71{,}6°$$

$$|\underline{Z_2}| = -2 + j2 \qquad |\underline{Z_2}| = \sqrt{2^2 + 2^2} \approx 2{,}83$$

$$\alpha_2 \approx 135°$$

$$|\underline{Z_3}| = -3 - j4 \qquad |\underline{Z_3}| = \sqrt{3^2 + 4^2} \approx 5$$

$$\alpha_3 \approx 233{,}1°$$

$$|\underline{Z_4}| = 5 - j2 \qquad |\underline{Z_4}| = \sqrt{5^2 + 2^2} \approx 5{,}39$$

$$\alpha_4 \approx 338{,}2°$$

Es gibt drei Darstellungsformen der komplexen Zahl:

algebraische Form

$\underline{Z} = a + jb$ (32.1.7a)

Darstellung in kartesischen Koordinaten a und b.

trigonometrische Form

$\underline{Z} = |\underline{Z}| \cdot (\cos\alpha + j\sin\alpha)$ (32.1.7b)

Darstellung in Polarkoordinaten $|\underline{Z}|$ und α.

Dabei sind der Betrag $|\underline{Z}|$ und der Winkel $0° \leq \alpha \leq 360°$ immer positiv.

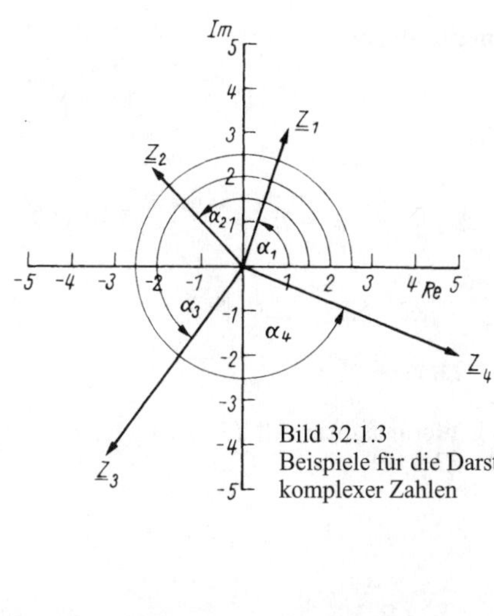

Bild 32.1.3
Beispiele für die Darstellung komplexer Zahlen

Exponentialform

$\underline{Z} = |\underline{Z}| \cdot e^{j\alpha} = |\underline{Z}| \angle\alpha$ (32.1.7c)

$\angle\alpha$, gelesen « Versor α », ist eine bequemere Schreibweise für $e^{j\alpha}$.

z.B. ist $\angle\pi/2 = j$, $\angle\pi = -1$, $\angle 3\pi/2 = -j$, $\angle 2\pi = 1$ (32.1.8)

Diese Darstellung liefert die komplexe Zahl nach Betrag und Phase. Die Umrechnung ermöglicht die *Euler*sche Formel

$$e^{j\alpha} = \cos\alpha + j\sin\alpha; \quad (32.1.9)$$

für Real- und Imaginärteil erhält man

$a = |\underline{Z}| \cdot \cos\alpha$, $b = |\underline{Z}| \cdot \sin\alpha$. (32.1.10)

Rechenregeln für komplexe Zahlen

a) Gleichheit: 2 komplexe Zahlen sind gleich, wenn sie in Real- und Imaginärteil bzw. Betrag und Phase übereinstimmen.

b) Addition (Subtraktion): Komplexe Zahlen werden addiert (subtrahiert), indem man deren Real- und Imaginärteil für sich addiert (subtrahiert).

Beispiel:

$\underline{Z}_1 = 3 + j5$, $\underline{Z}_2 = 2 - j3$,

$\underline{Z}_3 = \underline{Z}_1 + \underline{Z}_2 = 5 + j2$.

c) Multiplikation (Division): Komplexe Zahlen werden multipliziert (dividiert), indem man ihre Beträge multipliziert (dividiert) und die Phasen addiert (subtrahiert). Multiplikation und Division sind in Komponentenform oder in Exponentialform möglich.

Beispiel:

$\underline{Z}_1 = 3 + j5$, $\underline{Z}_2 = 2 - j7$.

Komponentenform:

$\underline{Z}3 = \underline{Z}1 \cdot \underline{Z}2 = (3 + j5) \cdot (2 - j7) =$

$= (6 - j21 + j10 + 35)$

$\underline{Z}3 = -29 + j31$

Exponentialform:

$$\underline{Z_1} = 3 + j5 = \sqrt{3^2 + 5^2} \cdot e^{j\arctan\frac{5}{3}} = 5{,}83 \cdot e^{j59°}$$

$$\underline{Z_2} = 2 + j7 = \sqrt{2^2 + 7^2} \cdot e^{j\arctan\frac{7}{2}} = 7{,}28 \cdot e^{j74°}$$

$$\underline{Z}3 = \underline{Z}1 \cdot \underline{Z}2 = 5{,}83 \cdot 7{,}28 \cdot e^{j(59° + 74°)}$$

$$= 42{,}44 \cdot e^{j(133°)}$$

Die Umformung nach Gl. (32.1.10) ergibt dann auch $\underline{Z}3 = -29 + j31$

d) Potenzieren (Radizieren): Eine komplexe Zahl wird mit n potenziert (radiziert), indem man den Betrag potenziert (radiziert) und den Winkel mit n multipliziert (durch n dividiert)

Beispiel:

$\underline{Z}^n = |\underline{Z}|^n \cdot e^{jn\alpha}$ (32.1.11)

32.1.3 Komplexe Darstellung sinusförmiger Wechselgrößen

Der in Gleichung (32.1.2) dargestellten reellen Zeitfunktion wird mit Hilfe der komplexen Zahlen folgende komplexe Zeitfunktion zugeordnet

$$\underline{u} = \hat{U}\, e^{j(\varphi t + \varphi)}. \quad (32.1.12)$$

Durch Umformung erhält man

$$\underline{u} = \hat{U}\, e^{j\varphi} \cdot e^{j\omega t}.$$

Der erste Faktor ($\hat{U}\, e^{j\varphi}$) wird als komplexe Amplitude bezeichnet; er stellt einen Zeiger der Länge $\hat{U}$ dar, der mit der reellen Achse den Winkel φ einschließt. Der zweite Faktor ($e^{j\omega t}$) hat die Länge 1 und bewirkt eine Drehung des ersten Zeigers im mathematisch positiven Sinn, also entgegengesetzt dem Uhrzeigersinn, mit der Winkelgeschwindigkeit ω.

Die durch Gleichung (32.1.12) beschriebene komplexe Zeitfunktion stellt also einen Zeiger der Länge $\hat{U}$ dar, der mit der Winkelgeschwindigkeit ω um den Koordinatenursprung rotiert und zum Zeitpunkt $t = 0$ den Anfangsphasenwinkel φ hat (**Bild 32.1.4**).

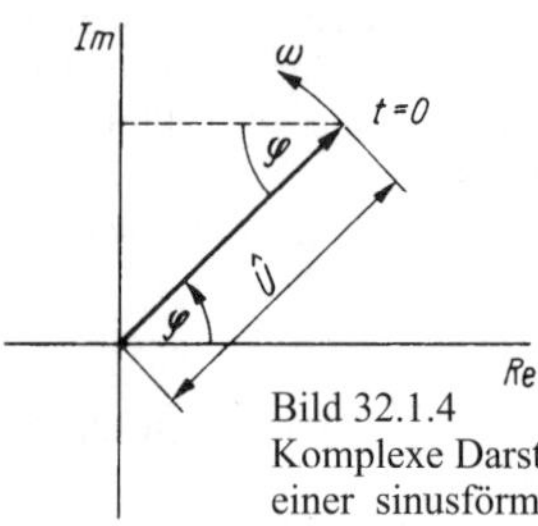

Bild 32.1.4
Komplexe Darstellung einer sinusförmigen Wechselgröße

Zur Ausgangsgleichung (32.1.1) gelangt man wieder durch Projektion des rotierenden Zeigers auf die imaginäre Achse, wie sich leicht durch Anwenden der *Euler*schen Gleichung auf Gl. (32.1.12) zeigen läßt. Der Faktor $e^{j\omega t}$ hebt sich in der komplexen Rechnung bei linearen Gleichungen heraus; deshalb wird er meist weggelassen und anstelle umlaufender Zeiger mit ruhenden Zeigern gerechnet, womit eine weitere Vereinfachung erreicht ist.

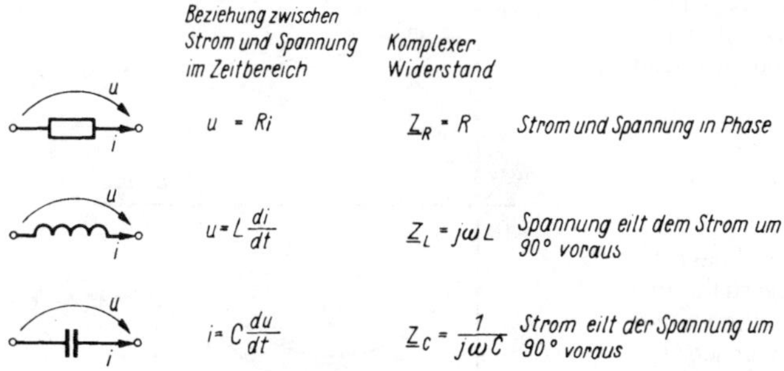

Bild 32.1.5
Komplexe Widerstände
konzentrierter Schaltelemente

32.1.4 Komplexer Widerstand

Der komplexe Widerstand (auch Impedanz genannt) ist wie folgt definiert

$$\underline{Z} = \frac{\underline{u}}{\underline{i}} = \frac{\hat{U} \cdot \mathrm{e}^{\,\mathrm{j}\varphi} \cdot u \cdot \mathrm{e}^{\,\mathrm{j}\omega t}}{\hat{I} \cdot \mathrm{e}^{\,\mathrm{j}\varphi} \cdot i \cdot \mathrm{e}^{\,\mathrm{j}\omega t}} \qquad (32.1.13)$$

Da sich der Faktor $e^{j\omega t}$ herauskürzt, ist der komplexe Widerstand stets ein ruhender Zeiger:

$$\underline{Z} = \frac{\hat{\underline{U}}}{\hat{\underline{I}}} \cdot \mathrm{e}^{\,\mathrm{j}(\varphi u - \varphi i)} = |\underline{Z}| \cdot \mathrm{e}^{\,\mathrm{j}\varphi} = R + \mathrm{j}X$$

Es gilt:

$$|\underline{Z}| = \sqrt{R^2 + X^2} \qquad \varphi = \arctan\frac{X}{R}$$

Die reelle Komponente R des komplexen Widerstands wird als Wirkwiderstand oder Resistanz, die imaginäre Komponente X als Blindwiderstand oder Reaktanz, der Betrag des komplexen Widerstands als Scheinwiderstand oder Impedanz bezeichnet.

Für den komplexen Widerstand der Schaltelemente ohmscher Widerstand, Spule und Kondensator ergeben sich die in **Bild 32.1.5** aufgeführten Formeln. Für Wechselstromkreise können nunmehr alle Grundgleichungen der Gleichstromtechnik in komplexer Schreibweise übernommen werden, wobei an die Stelle des Widerstandes der komplexe Widerstand tritt. Für den komplexen Widerstand $\underline{Z}$ des Reihenschwingkreises nach **Bild 32.1.6** gilt beispielsweise

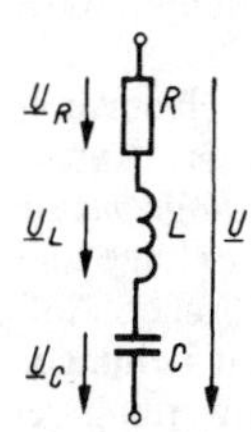

Bild 32.1.6
Ersatzschaltung
des Reihenschwingkreises

$$\underline{Z} = R + \mathrm{j}\omega L + \frac{1}{\mathrm{j}\omega C} = R + \mathrm{j}\left(\omega L - \frac{1}{\omega C}\right)$$

$$\underline{Z} = \sqrt{R^2 + \left(\omega L - \frac{1}{\omega C}\right)^2} \cdot \mathrm{e}^{\,\mathrm{j}\arctan\left(\frac{\omega L - \frac{1}{\omega C}}{R}\right)}$$

Der Betrag des komplexen Widerstandes ist

$$|\underline{Z}| = \sqrt{R^2 + \left(\omega L - \frac{1}{\omega C}\right)^2}$$

er wird bei der Resonanzfrequenz

$$\omega_{res} = \frac{1}{\sqrt{LC}}$$

minimal (und zwar gleich dem ohmschen Widerstand). Der Phasenwinkel φ ist unterhalb der Reso-

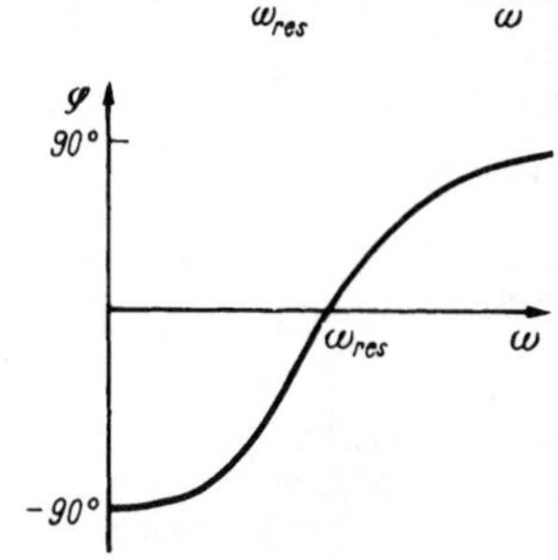

Bild 32.1.7
Betrag und
Phase des
Reihen-
schwingkreises

nanzfrequenz negativ (kapazitives Verhalten), oberhalb positiv (induktives Verhalten). Betrag und Phase des Reihenschwingkreises sind aus **Bild 32.1.7** zu entnehmen.

32.2 Ortskurven

Im letzten Beispiel wurden Betrag und Phase des komplexen Widerstandes getrennt dargestellt. Eine Darstellung, die beide Größen gleichzeitig vermittelt, ist die Ortskurve. Sie ist der geometrische Ort der Spitzen des Zeigers bei Änderung eines Parameters (hier z.B. der Frequenz) in der komplexen Ebene. Die Ortskurve der Impedanz des Reihenschwingkreises in Abhängigkeit von der Frequenz ist in **Bild 32.2.1** dargestellt.

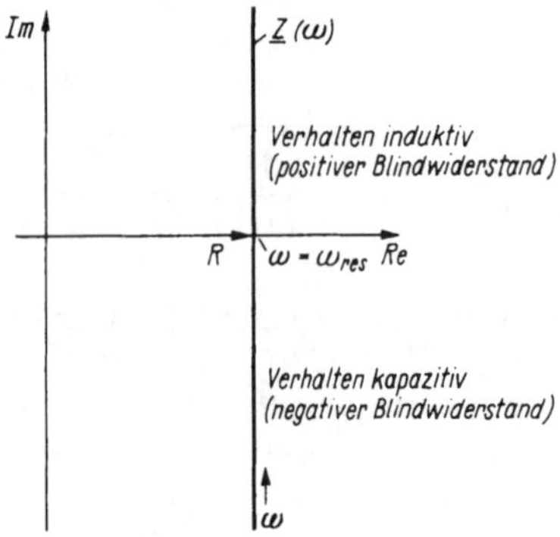

Bild 32.2.1
Ortskurve der Impedanz des Reihenschwingkreises in Abhängigkeit von der Frequenz

Ein weiteres Beispiel ist der Parallelschwingkreis (**Bild 32.2.2**). Da es sich um eine Parallelschaltung handelt, wird zunächst der komplexe Leitwert (auch Admittanz genannt) ermittelt:

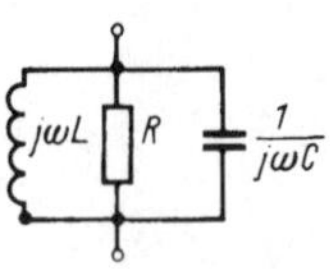

Bild 32.2.2
Ersatzschaltung des Parallelschwingkreises

Bild 32.2.3
Admittanzortskurve des Parallelschwingkreises

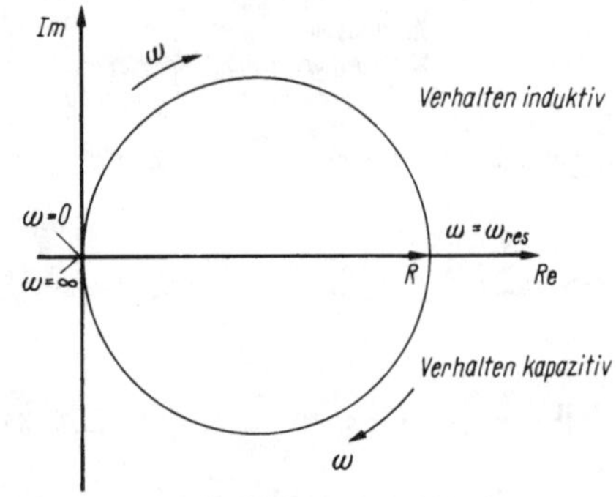

Bild 32.2.4
Impedanzortskurve des Parallelschwingkreises

$$\underline{Y} = \frac{1}{R} + \mathrm{j}\omega C + \frac{1}{\omega L} \tag{32.2.1}$$

Bild 32.2.3 zeigt die Admittanz- oder Leitwertsortskurve $\underline{Y}(\omega)$.

Zur Ortskurve des komplexen Widerstandes $\underline{Z}(\omega)$ gelangt man über eine Inversion, da bekanntlich $\underline{Z} = 1/\underline{Y}$ gilt. Die Inversionssätze lauten:

1. Eine Gerade durch den Nullpunkt ergibt invertiert wieder eine Gerade durch den Nullpunkt.
2. Eine Gerade, die nicht durch den Nullpunkt geht, ergibt invertiert einen Kreis durch den Nullpunkt.

Im vorliegenden Fall ist offensichtlich der 2. Inversionssatz zutreffend, und zwar geht die Gerade von $\omega = 0$ bis $\omega = \omega_{res}$ über in den oberen Halbkreis, während die Gerade von $\omega = \omega_{res}$ bis $\omega = \infty$ in den unteren Halbkreis übergeht .

Bild 32.2.4 zeigt die Impedanzortskurve $\underline{Z}(\omega)$ des Parallelschwingkreises von **Bild 32.2.2**.

32.3 Kreisdiagramme

Das *Kreisdiagramm* ist eigentlich ein Leitungsdiagramm. Der Name „*Kreisdiagramme*“ kommt daher, weil einerseits die Diagramme durch Kreise bzw. Gerade (Kreis mit Radius ∞) dargestellt werden können. Andererseits bewegt sich der Endpunkt des Widerstandsvektors in der Widerstandsebene beim Fortschreiten längs der Leitung jeweils auf einem Kreis.

Die *Kreisdiagramme* gehören zum „Handwerkzeug“ der Elektronik, besonders wenn Anpassungsfragen zu lösen sind. Mit *Kreisdiagrammen* oder Leitungsdiagrammen ist man in der Lage sehr schnell und ohne größeren mathematischen Aufwand Widerstandstransformationen auf Leitungen zu ermitteln. Eine mathematische Auswertung der

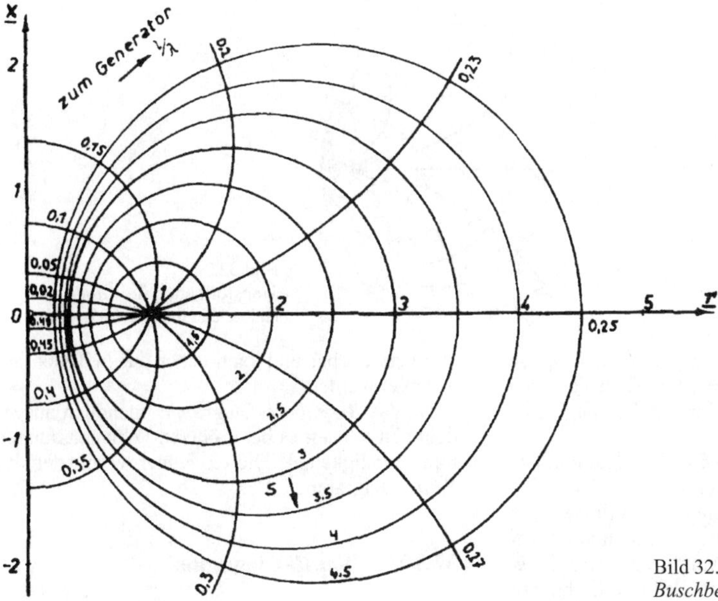

Bild 32.3.1
Buschbeck-Diagramm

Leitungsgleichungen erfordert außerordentlich viel Zeit und einen großen Rechenaufwand, da die Formeln sehr umfangreich sind.

Es gibt zwar inzwischen dafür geeignete Computerprogramme, aber mit den *Kreisdiagrammen* kann man auch ohne Computer mit einiger Übung sehr schnell Lösungen und Trends finden.

Die *Kreisdiagramme* sind Abbildungsverfahren der Widerstands- oder Leitwertsveränderung längs Leitungen. Man benutzt dazu die Transformationseigenschaften der *Lecher*leitung. Unter Leitungen werden hier verlustlose und gleichförmige (homogene) symmetrische und koaxiale Leitungen verstanden.

Die Strom- und Spannungsverhältnisse auf Leitungen werden durch die Leitungsgleichungen beschrieben, auf die hier aber nicht näher eingegangen werden soll. Man kann den Strom- und Spannungsverlauf einer mit einer beliebigen Impedanz abschlossenen Leitung auch als Überlagerung (Superposition) von zwei entgegengesetzt laufenden Wellen darstellen. Eine vorlaufende und die rücklaufende oder reflektierte Welle ergeben zusammen eine Stehwelle.

Die Beträge der vor- und rücklaufenden Strom- und Spannungs-Komponenten bleiben längs der Leitung gleich. Die Maximalwerte erscheinen an Punkten, wo beide Wanderwellen einen Phasenunterschied von 0° haben. Die Minimalwerte sind bei einem Phasenunterschied von 180°. Die Punkte mit den Maximal- und Minimalwerten sind reell. Das Amplitudenverhältnis der Extremwerte gibt ein Maß für die Anpassung und wird als Welligkeit (Stehwellenverhältnis) bezeichnet. Das Verhältnis der komplexen Spannungen wird als Reflexionsfaktor bezeichnet. Der Betrag des Reflexionsfaktors bleibt längs der Leitung gleich (vgl. Abschnitt 32.4.5).

Jede Impedanz (komplexer Widerstand) kann durch die Summe aus einem ohmschen Widerstand und einer Reaktanz (Blindwiderstand) ersetzt werden. Diese Reaktanz ist im vorliegenden Fall ein Leitungsstück.

Der Eingangswiderstand (Eingangsimpedanz) einer mit einer beliebigen Impedanz (komplexen Widerstand) abschlossenen (verlustlosen) Leitung ist als Transformation des Abschlusses längs der Leitung demnach von zwei Veränderlichen abhängig:

von der Welligkeit „*s*“ und von der Leitungslänge „l/**λ**“.

Allgemeine Literatur [3.1]–[3.4].

32.3.1 *Buschbeck*-Diagramm

Das *Buschbeck-Diagramm* nach *W. Buschbeck*, stammt von *O. Schmidt* aus dem Jahre 1933 [3.5] und wird daher auch *Schmidt/Buschbeck-Diagramm* genannt.

Dieses Diagramm, auch Kreisdiagramm erster Art genannt, ist die Abbildung der innerhalb des Einheitskreises liegenden Reflexionsfaktorebene auf die Widerstandsebene in der unendlich großen rechten Hälfte der komplexen Zahlenebene oder *Gauß*schen Ebene. Die mathematische Methode heißt konforme Abbildung.

Für die Darstellung in der komplexen Ebene ist es notwendig Gleichungen zu erhalten, in denen jeweils nur eine der beiden Variablen (s und l/λ) auftritt. Für die Veränderliche s ergeben sich dabei

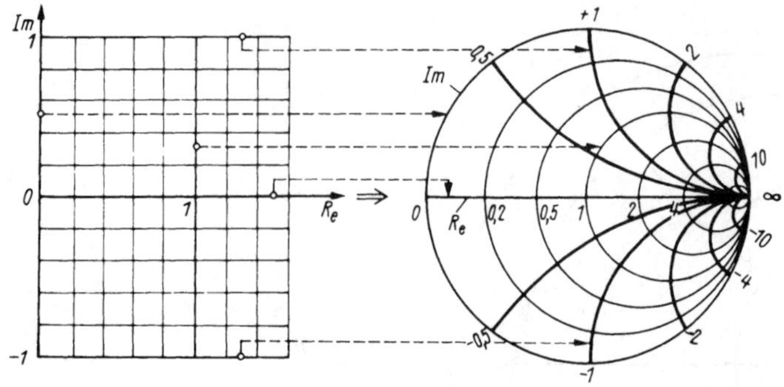

Bild 32.3.2
Transformation der *Gaußschen* Halbebene ins *Smith*-Diagramm

Kreise, deren Mittelpunkte auf der reellen Achse liegen. Für die Veränderliche l/λ ergeben sich auch Kreise, deren Mittelpunkte aber auf der imaginären Achse liegen.

Bild 32.3.1 zeigt das *Buschbeck*-Diagramm. Die grafische Darstellung der normierten Widerstandsebene erfolgt in rechtwinkeligen Koordinaten $\underline{r} = \underline{R}/Z_0$ und $\underline{x} = \underline{X}/Z_0$, als Parameter sind s und l/λ eingetragen. Der wesentliche Vorteil des *Buschbeck-Diagramms* ist darin zu sehen, daß sich in ihm außer dem Real- und Imaginärteil einer dargestellten Größe auch deren Betrag und Phase unmittelbar ablesen lassen: Der Betrag erscheint als Entfernung vom Nullpunkt, die Phase als Winkel gegenüber der reellen Achse.

Für das *Buschbeck-Diagramm* wird ein unendlich ausgedehntes rechtwinkliges Koordinatensystem benutzt. Auf Grund der linearen Teilung ist das Diagramm deshalb nur für begrenzte Zahlenbereiche verwendbar und kann daher nur in Teilen gezeichnet werden.

Da das *Buschbeck-Diagramm* unendlich ausgedehnt ist versagt es bei größeren Fehlanpassungen bzw. Welligkeiten. Diesen Fehler vermeidet das *Smith*-Diagramm.

32.3.2 *Smith*-Diagramm

Das *Smith-Diagramm* stammt von *P.H. Smith* aus dem Jahre 1939 [3.6] und 1944 [3.7].

Dieses Diagramm, auch Kreisdiagramm zweiter Art genannt, ist die Abbildung der unendlichen rechten Hälfte der Widerstandsebene in den Einheitskreis der Reflexionsfaktorebene. Die mathematische Methode heißt konforme Abbildung.

Um den Zahlenbereich auf ∞ auszudehnen, wird mit Hilfe der sogenannten konformen Abbildung

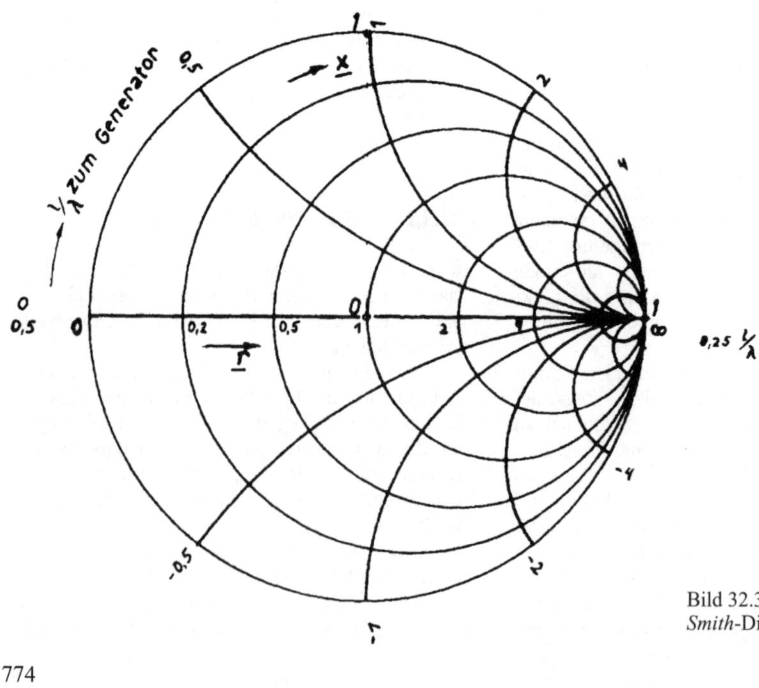

Bild 32.3.3
Smith-Diagramm

die rechte (positive) *Gauß*sche Halbebene in eine Kreisfläche transformiert. Die imaginäre Achse *Im* wird zu einem Kreis, während die reelle Achse *Re* lediglich einen geänderten, nichtlinearen Maßstab erhält. Die Koordinatennetze von *Gauß*scher Ebene und *Smith-Diagramm* sind winkeltreu, d.h., der Schnittwinkel zwischen reellen und imaginären Achsen ist in beiden Diagrammen 90°. Der Maßstab im *Smith-Diagramm* ist jedoch nicht mehr linear, sondern geht von 0 bis ∞. **Bild 32.3.2** zeigt die Transformation.

Für die senkrechten Geraden ($\underline{r}$ = konstant) ergeben sich Kreise, deren Mittelpunkte auf der horizontalen Achse liegen. Die Gerade $\underline{r}$ = 0 (imaginäre Achse = *Im*) ergibt den Randkreis mit dem Radius 1. Für die waagrechten Geraden ($\underline{x}$ = konstant) ergeben sich ebenfalls Kreise, deren Mittelpunkte aber auf der vertikalen Achse liegen. Die Gerade $\underline{x}$ = 0 (reelle Achse = *Re*) ergibt einen Kreis mit dem Radius ∞ also wieder eine horizontale Gerade. Die *s*-Kreise, nicht eingezeichnet, ergeben wieder konzentrische Kreise, die *l/λ*-Kreise, nicht eingezteichnet, ergeben ein Büschel von Geraden durch den Nullpunkt.

Bild 32.3.3 zeigt das *Smith*-Diagramm. Die grafische Darstellung der Reflexionsfaktorebene erfolgt in Polarkoordinaten mit dem Betrag *s* und dem Winkel *l/λ* . Die Teilung für *l/λ* ist am Rand angebracht, als Parameter sind $\underline{r}$ und $\underline{x}$ eingetragen.

Wegen der besseren Übersicht wurden die *s*- bzw. *m*-Kreise, die konzentrisch um den Mittelpunkt angeordnet sind, nicht eingezeichnet. Ausgenommen der Randkreis mit dem Wert *s* = ∞ bzw. *m* = 0, der gleichzeitig der imaginären Achse entspricht. Ebenfalls nicht eingezeichnet sind die *l/λ*-Geraden, die durch den Mittelpunkt gehen. Ausgenommen die horizontalen Geraden, nach rechts mit dem Wert *l/λ* = 0,25 und nach links mit dem Wert *l/λ* = 0 oder *l/λ* = 0,5; das entspricht der reellen Achse.

Mit Ausnahme negativer Wirkwiderstände und negativer Wirkleitwerte sind deshalb im *Smith-Diagramm* alle Impedanzen und Admittanzen von den kleinsten bis zu den höchsten Werten darstellbar. Für eine genauere Darstellung im Anpassungsbereich geht man auf gedehnte Diagramme über (vgl. Abschnitt 32.4.1).

32.3.3 *Carter*-Diagramm

Das *Carter-Diagramm* stammt von *P.S. Carter* aus dem Jahre 1939 [3.8] und ist eine Erweiterung des *Smith*-Diagramms.

Will man im *Smith*-Diagramm den Phasenwinkel einer Impedanz, also den Winkel zwischen Real- und Imaginärteil ablesen, so ist dies nicht ohne weiteres möglich. Man müßte Real- und Imaginärteil getrennt ermitteln und daraus den Phasenwinkel bestimmen. Zur Vereinfachung wurde das *Carter-Diagramm* entwickelt.

Dieses Diagramm ist die Abbildung der unendlichen rechten Hälfte der Widerstandsebene in den Einheitskreis der Reflexionsfaktorebene. Die mathematische Methode heißt wieder konforme Abbildung.

Der Unterschied zum Smith-Diagramm besteht darin, daß hier die Widerstandsebene nach Betrag $|\underline{z}| = |\underline{Z}/Z_0|$ und Phasenwinkel ζ (Zeta) gegeben ist.

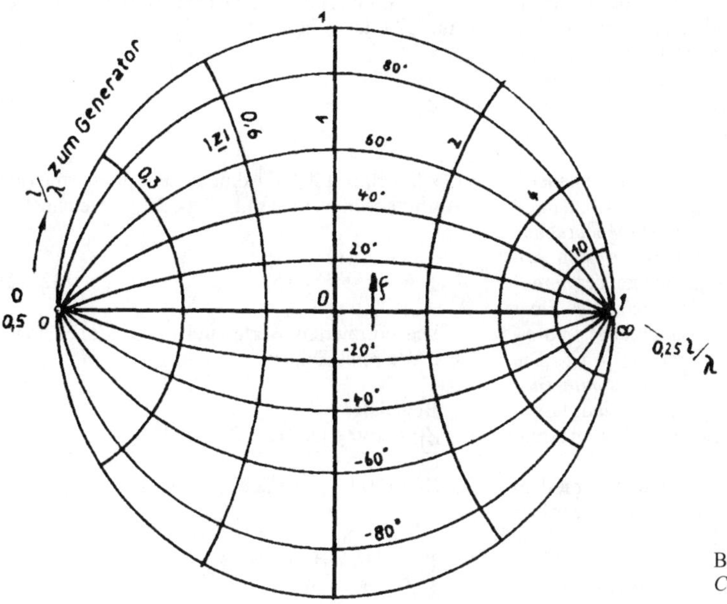

Bild 32.3.4
Carter-Diagramm

Dafür werden auch die Bezeichnungen Z und θ verwendet und daher das Diagramm auch als « Z-θ chart » bezeichnet [3.9].

Die Mittelpunkte der Kreise $|\underline{z}|$ = konstant liegen auf der horizontalen Achse. Die Mittelpunkte der Kreise ζ = konstant liegen auf der vertikalen Achse.

Bild 32.3.4 zeigt das *Carter*-Diagramm. Die grafische Darstellung der Reflexionsfaktorebene erfolgt in Polarkoordinaten mit dem Betrag s und dem Winkel l/λ. Die Teilung für l/λ ist am Rand angebracht, als Parameter sind $|\underline{z}|$ und ζ eingetragen.

Wegen der besseren Übersicht wurden die s- bzw. m-Kreise, die konzentrisch um den Mittelpunkt angeordnet sind, nicht eingezeichnet. Ausgenommen der Randkreis mit dem Wert $s = \infty$ bzw. $m = 0$. Ebenfalls nicht eingezeichnet sind die l/λ-Geraden, die durch den Mittelpunkt gehen. Ausgenommen die horizontalen Geraden, nach rechts mit dem Wert $l/\lambda = 0{,}25$ und nach links mit dem Wert $l/\lambda = 0$ oder $l/\lambda = 0{,}5$.

Daneben gibt es noch weitere Diagramme z.B. das *Clement*-Diagramm [3.10], bei dem die Reflexionsfaktorebene in kartesischen Koordinaten nach Betrag und Phase gegeben ist.

Außerdem gibt auch Diagramme für negative Realteile in *Smith*- und *Carter*-Diagrammen, sowie logarithmische Teilung für positive und negative Realteile in *Smith*- und *Carter*-Diagrammen [3.11] - [3.13].

32.4 Arbeiten mit dem *Smith*-Diagramm

Die in Forschung und Entwicklung eingesetzten „Netzwerkanalysatoren“ arbeiten auf der Grundlage des *Smith-Diagramms* und können ein komplettes Impedanz- oder Admittanzdiagramm über einen großen Frequenzbereich auf einen runden Bildschirm aufzeichnen [4.1]. Für den Funkamateur genügen Vorlageblätter zum *Smith-Diagramm*, sowie Lineal und Zirkel.

Die zu verarbeitenden Werte des Antenneneingangswiderstandes nach Wirk- und Blindanteil können bereits relativ einfache RF-Meßbrücken liefern, z.B. die Antennenrauschbrücke nach Abschnitt 31. Wenn man die Möglichkeiten des *Smith-Diagramms* ausschöpfen möchte, bedarf es einer guten Kenntnis der „Gebrauchsanleitung“ und einer gewissen Einarbeitung. Zitat aus [4.1]: „Die Erkenntnisse, die mit Hilfe dieses *Smith-Diagramms* in Anpaßfragen zu gewinnen sind, lassen sich auch durch Hunderte von Seiten Text in Amateurzeitschriften nicht ersetzen.“

Es gibt viel Literatur über das Arbeiten mit dem *Smith*-Diagramm. Das Standardwerk darüber stammt von *Smith* selbst [4.2].

Eine Literaturauswahl ist [4.3]–[4.14].

32.4.1 Normierung und Dehnung

Normierung

Wie im *Buschbeck*-Diagramm (*Gauß*sche Ebene) kennzeichnet auch im *Smith*-Diagramm jeder Punkt der Ebene einen komplexen Widerstand nach Real- und Imaginärteil. Reelle Widerstände werden durch Punkte auf dem waagerechten Kreisdurchmesser, imaginäre Widerstände durch Punkte auf dem Kreisumfang dargestellt. Komplexe Widerstände sind durch die Schnittpunkte der Kurven für Real- und Imaginärteil gekennzeichnet. Die obere Hälfte des Diagramms benutzt man dabei zur Darstellung von Impedanzen oder Admittanzen mit *positivem* Imaginärteil, die untere Hälfte für solche mit *negativem* Imaginärteil.

In das *Smith*-Diagramm kann man zwar komplexe Widerstände eintragen, deren Real- und Imaginärteil Werte zwischen Null und ∞ annehmen; für größere Werte wird die Ablesbarkeit jedoch schlechter. Dem Mittelpunkt des *Smith*-Diagramms wird der Wert 1 zugeordnet. Will man eine Impedanz eintragen, die stark vom Wert 1 abweicht, so ist die Ungenauigkeit sehr groß. Es ist daher zweckmäßig auf einen Bezugsfaktor oder Normierungsfaktor, zu normieren. Dieser Normierungsfaktor wird so gewählt, daß sich der normierte Widerstand möglichst in der Mitte des Diagramms befindet (beste Ablesegenauigkeit). Dieser Normierungsfaktor ist die charakteristische Leitungsimpedanz Z_L oder Z_0 bzw. vereinfacht nur Z, meist 50 Ω. Werden in einer Rechnung mehrere Widerstände betrachtet, sind alle auf denselben Bezugswiderstand zu normieren.

In das *Smith*-Diagramm werden nur die normierten Werte (reine Zahlen) eingetragen!

Die normierten Impedanzen werden entweder mit $\underline{Z}'$ oder $\underline{z}$ bezeichnet.

$$\underline{Z}' = \underline{z} = \frac{\underline{Z}}{Z_0} \qquad (32.4.1)$$

Ähnliches gilt für Admittanzen, die normierten Admittanzen werden mit $\underline{Y}'$ oder $\underline{y}$ bezeichnet.

$$\underline{Y}' = \underline{y} = \frac{\underline{Y}}{Y_0} = \mathrm{Y} \cdot \qquad (32.4.2)$$

Die normierten Werte sind immer dimensionslos, also reine Zahlen.

Beispiele:

$\underline{Z}_1 = (150 + j260)\ \Omega$, $Z_0 = 200\ \Omega$,
$\underline{Z}'_1 = 0{,}75 + j1{,}3$;
$\underline{Z}_2 = (200 - j800)\ \Omega$, $Z_0 = 500\ \Omega$,
$\underline{Z}'_2 = 0{,}4 - j1{,}6$;

$\underline{Y}_1 = (110 + j150)$ mS, $Y_0 = 200$ mS,
$\underline{Y}'_1 = 0{,}55 + j0{,}75$;

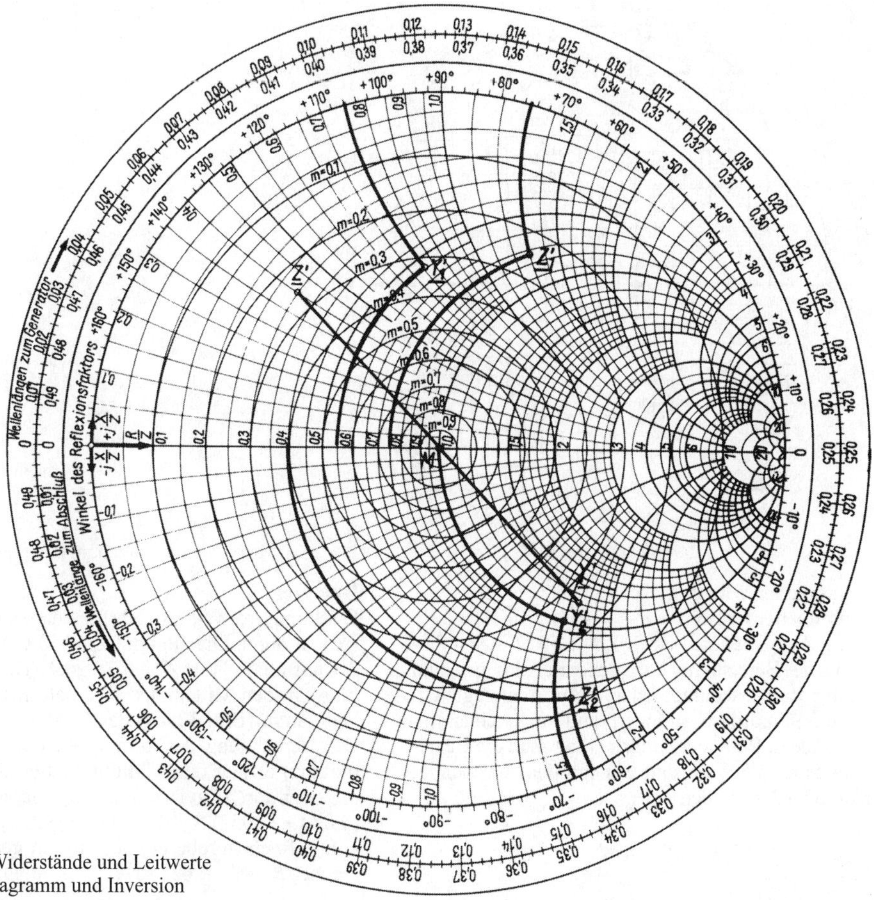

Bild 32.4.1
Komplexe Widerstände und Leitwerte im *Smith*-Diagramm und Inversion

$\underline{Y}_2 = (2 - j3)\ \mu S, Y_0 = 2\ \ \ S,$
$\underline{Y}'_2 = 1{,}0 - j1{,}5.$

Die Einheit des Leitwerts ist S ..... Siemens = 1/ Ω, oder anglikanisch „mho", verkehrt geschrieben (Kehrwert) für „ohm".

In **Bild 32.4.1** sind diese Impedanzen (komplexe Widerstände) und Admittanzen (komplexe Leitwerte) im *Smith*-Diagramm eingetragen.

Dehnung

Bei der grafischen Auswertung des Smith-Diagramms ist die Umgebung des Punktes 1, also bei der Anpassung, besonders wichtig. Man dehnt deshalb die Umgebung um den Punkt 1, um genauer arbeiten zu können. Solche Diagramme nennt man „gedehnte *Smith*-Diagramme" (Mega-Charts). Der Dehnungsfaktor wird in dB angegeben. Üblich sind Dehnungsfaktoren von 10, 20, 30 und 40 dB. Ein gedehntes *Smith*-Diagramm 20 dB bedeutet eine Dehnung um den Faktor 10 (Spannungsverhältnis). Oft wird auch ein „gedehntes *Smith*-Diagramm 20 dB" als „*Smith*-Diagramm komplex –20 dB" angegeben [4.7]. **Bild 32.4.2** zeigt ein „*Smith*-Diagramm komplex –30 dB".

32.4.2 Umwandlung von Widerständen in Leitwerte

Ähnlich wie für Widerstände gibt es auch ein Smith-Diagramm für Leitwerte. dabei können die Widerstände im Smith-Diagramm grafisch sehr einfach in ihren Leitwert umgewandelt werden. Durch die Punkte $\underline{Z}$ und den Punkt 1 (Mittelpunkt) wird eine Gerade gezogen und über den Punkt 1 (Mittelpunkt) hinaus verlängert. Dann trägt man den Abstand von $\underline{Z}$ bis 1 auf der Geraden von 1 aus auf. Dieser nun gefundene Punkt ist direkt im Smith-Diagramm abzulesen, muß aber, bevor er weiter verwendet wird, mit einem anderen Normierungsfaktor verarbeitet werden, der gleich dem Reziprokwert desjenigen für Widerstände ist; z.B.:

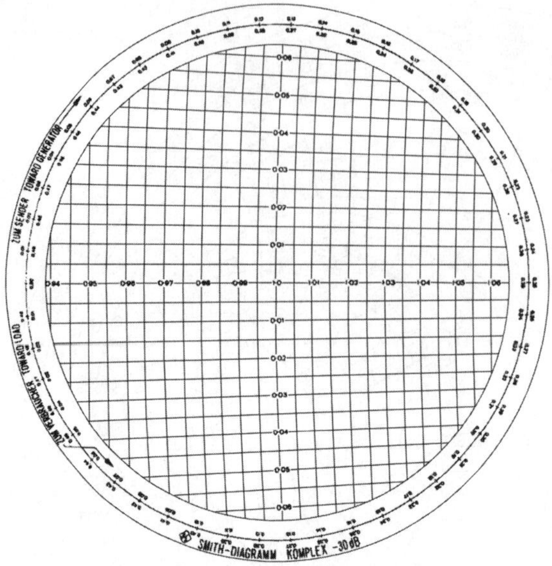

Bild 32.4.2
Smith-Diagramm komplex –30 dB

normierter Widerstand $\underline{Z}' = \underline{z} = \underline{Z}/Z_0$
normierter Leitwert $\underline{Y}' = \underline{y} = \underline{Y}/Y_0 = \underline{Y} \cdot Z_0$
mit $Z_0 = 50\ \Omega$ ergibt sich $Y_0 = 1/50\ \Omega = 20$ mS

Bei der Berechnung komplexer Schaltungen sind häufig Reihenschaltungen in äquivalente (gleichwertige) Parallelschaltungen (und umgekehrt) umzuwandeln. Rein rechnerisch erhält man die Beziehungen für die Wirk- und Blindgrößen, die auch im **Bild 32.4.3** zu finden sind.

$\underline{Z} = R + \mathrm{j}X \quad \underline{Y} = G + \mathrm{j}B$

$$R = \frac{G}{G^2 + B^2} \qquad G = \frac{R}{R^2 + X^2} \qquad (32.4.3)$$

$$X = \frac{-B}{G^2 + B^2} \qquad B = \frac{-X}{R^2 + X^2} \qquad (32.4.4)$$

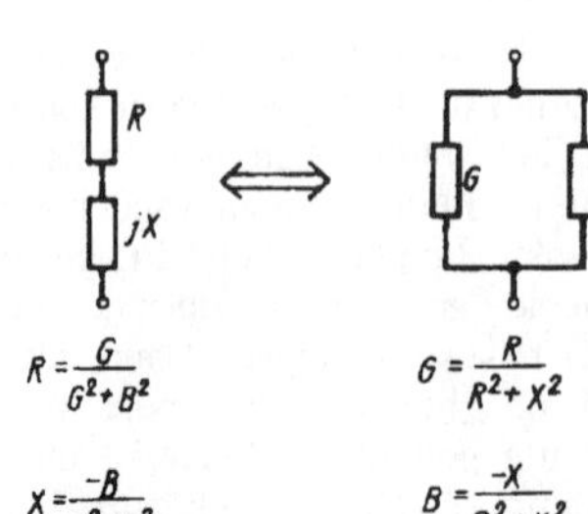

Bild 32.4.3
Äquivalente Schaltungen
(Reihenschaltung/Parallelschaltung)

Beispiel:

Der komplexe Widerstand (Impedanz) ist $\underline{Z} = (15 + \mathrm{j}20)\ \Omega$, durch Division mit $Z_0 = 50\ \Omega$ folgt daraus der normierte Wert $\underline{Z}' = 0{,}3 + \mathrm{j}0{,}4$. Durch Spiegelung um den Mittelpunkt *M* erhält man im *Smith*-Diagramm (**Bild 32.4.1**) den Wert $\underline{Y}' = 1{,}2 - \mathrm{j}1{,}6$. Die Berechnung des komplexen Leitwertes (Admittanz) erfolgt durch Multiplikation mit $Y_0 = 20$ mS oder durch Division durch Z_0. Daraus folgt $\underline{Y} = (0{,}024 - \mathrm{j}0{,}032)$ S = (24 – j32) mS

Die Rechenprobe ergibt mit dem gemeinsamen Nenner $R^2 + X^2 = 625\ \Omega^2$

$$G = \frac{15\Omega}{625\Omega^2} = 0{,}024\,\mathrm{S}$$

$$B = -\frac{20\Omega}{625\Omega^2} = -0{,}032\,\mathrm{S}$$

$G = 24$ mS $B = -32$ mS und damit $\underline{Y} = G + \mathrm{j}B$ = (24 – j32) mS

Ist das Leitwertdiagramm transparent, so kann man es auf das Widerstandsdiagramm auflegen und die dort eingetragenen Punkte direkt übertragen. Alle Skalen bleiben gleich, lediglich sind die Leitwerte abzulesen und die wirklichen Werte wie vorher über die entsprechenden Normierungsfaktoren auszurechnen.

Diese Umwandlung von Widerständen in Leitwerte wird *Inversion* genannt und kann auch einfach durchgeführt werden, indem man das Smith-Diagramm um 180° dreht, so daß der Punkt ∞ auf der linken Seite liegt. Induktive Admittanzen sind dann unten abzulesen.

Bild 32.4.4
Reihenschaltung von komplexen
Widerständen im *Smith*-Diagramm

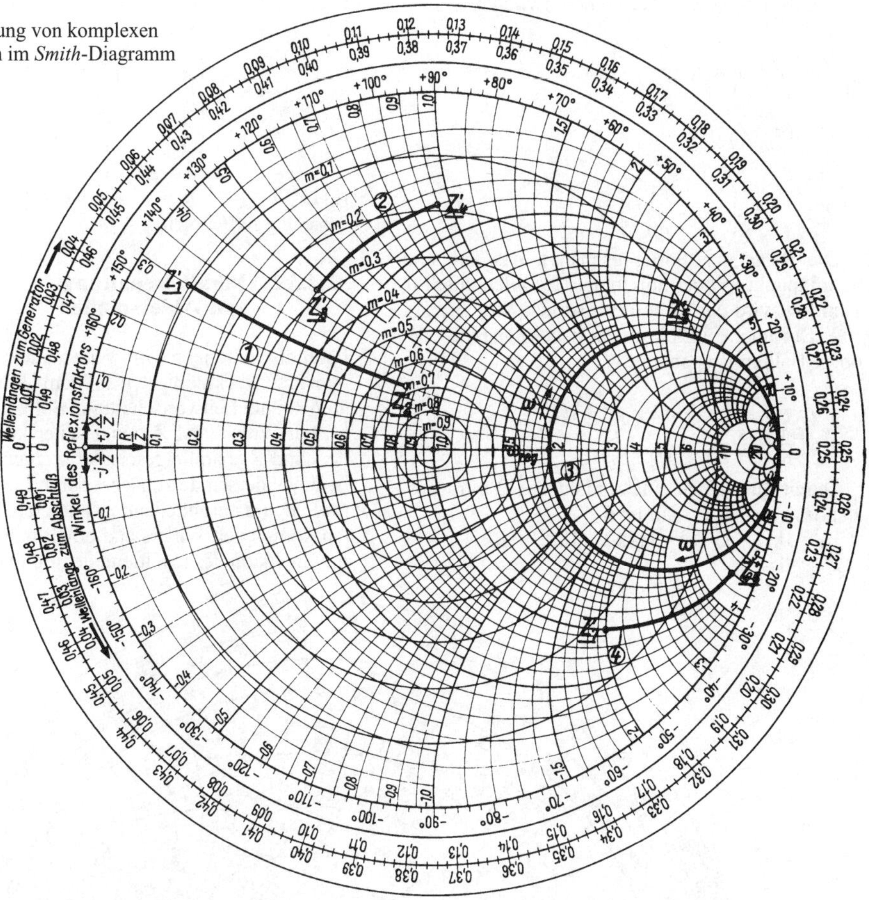

32.4.3 Widerstandstransformationen

Unter einer Widerstandstransformation versteht man die Änderung eines komplexen Widerstandes durch Zuschalten eines oder mehrerer anderer Widerstände. Derartige Transformationen können mit dem Smith-Diagramm durchgeführt werden.

32.4.3.1 Reihenschaltung von Widerständen

Schaltet man zu einem komplexen Widerstand einen Wirkwiderstand in Reihe, so verschiebt sich der Punkt $\underline{Z}'$ im *Smith*-Diagramm auf einer Linie konstanten Blindwiderstandes nach größeren Wirkwiderständen; entsprechend verursacht das Zuschalten eines Blindwiderstandes eine Verschiebung auf einem Kreis konstanten Wirkwiderstandes, und zwar im Uhrzeigersinn, wenn es sich um eine Induktivität (positiver Blindwiderstand) handelt und entgegen dem Uhrzeigersinn, wenn er eine Kapazität (negativer Blindwiderstand) ist. Auf ähnliche Weise läßt sich der Einfluß der Frequenz auf die Lage des Punktes $\underline{Z}'$ erklären.

Beispiele: **(Bild 32.4.4)**

1. $\underline{Z}_1$ (10 + j30) Ω, Z_0 = 100 Ω,
$\underline{Z}'_1$ = 0,1 + j0,3.

Durch Zuschalten eines Wirkwiderstandes von 70 Ω verschiebt sich $\underline{Z}'_1$ nach $\underline{Z}'_2$:
$\underline{Z}_2$ = (10 + 70) Ω + j30 Ω,
$\underline{Z}'_2$ = 0,8 + j0,3.

2. $\underline{Z}_3$ = (35 + j45) Ω, Z_0 = 100 Ω,
$\underline{Z}'_3$ = 0,35 + j0,45.

Durch Zuschalten eines induktiven Blindwiderstandes von 50 Ω ergibt sich $\underline{Z}'_4$:
$\underline{Z}_4$ = (35 + j45 + j50) Ω = (35 + j95) Ω,
$\underline{Z}'_4$ = 0,35 + j0,95.

3. Ortskurve $\underline{Z}(\omega)$ des Reihenschwingkreises

$$\underline{Z}_5 = R + \mathrm{j}\left(\omega L - \frac{1}{\omega C}\right)$$

$0 \leq \omega < \infty Z_0 = R/2$

$$\underline{Z}'_5 = 2 + \mathrm{j}\left(\omega \mathrm{L} - \frac{1}{\omega \mathrm{C}}\right)$$

Die Resonanz (Serienresonanz), das ist beim Schnittpunkt mit der horizontale Geraden durch 0, 1 und ∞, wird der Klammerausdruck Null und $\underline{Z}'_5 = 2$. Der untere Halbkreis ist dabei kapazitiv, der obere Halbkreis ist induktiv.

4. $\underline{Z}_6 = 1\ \mathrm{k\Omega} - \mathrm{j}5\ \mathrm{k\Omega}$, $Z_0 = 1\ \mathrm{k\Omega}$,
$\underline{Z}'_6 = 1 - \mathrm{j}5$.

Durch Zuschalten eines induktiven Blindwiderstandes von 3 kΩ erhält man $\underline{Z}'_7$:
$\underline{Z}_7 = 1\mathrm{k\Omega} - \mathrm{j}5\ \mathrm{k\Omega} + \mathrm{j}3\ \mathrm{k\Omega} = 1\mathrm{k\Omega} - \mathrm{j}2\ \mathrm{k\Omega}$
$\underline{Z}'_7 = 1 - \mathrm{j}2$

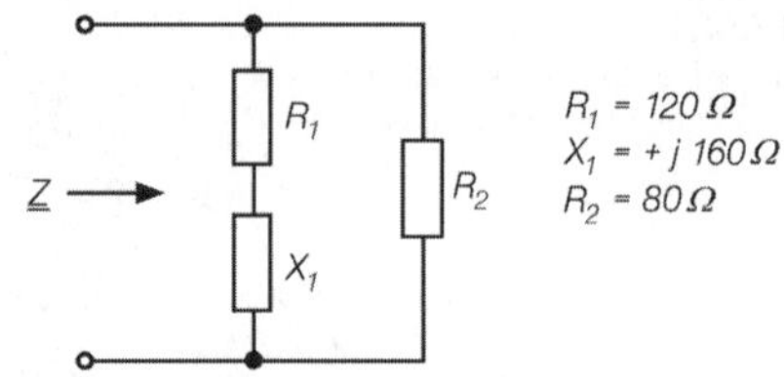

Bild 32.4.5
Schaltung zu Beispiel 1

32.4.3.2 Parallelschaltung von Widerständen

Parallelschaltungen von Widerständen untersucht man am zweckmäßigsten auf dem Umweg über die äquivalente Leitwertschaltung. Soll zu einem komplexen Widerstand $\underline{Z}_1$ ein zweiter komplexer Widerstand $\underline{Z}_2$ parallelgeschaltet werden, so sind für beide Widerstände zunächst deren Leitwerte zu ermitteln und anschließend zu addieren. Den gesuchten komplexen Widerstand erhält man dann durch die Inversion des resultierenden Leitwertes.

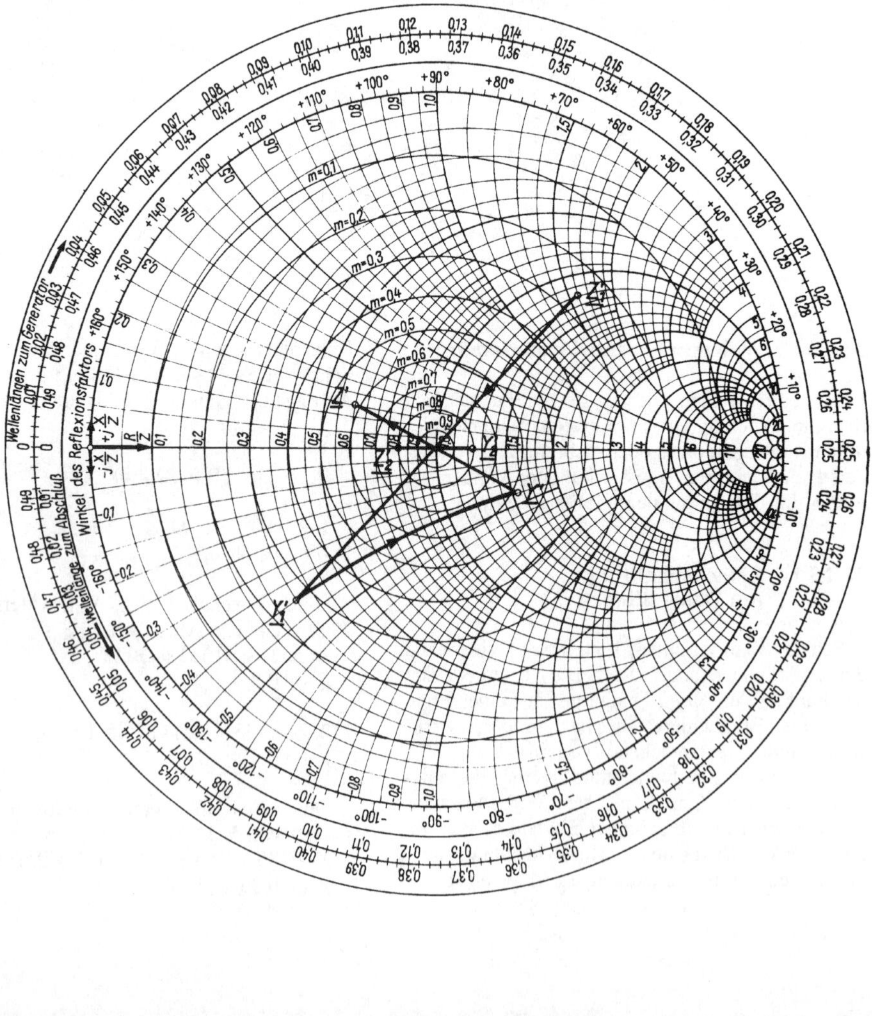

Bild 32.4.6

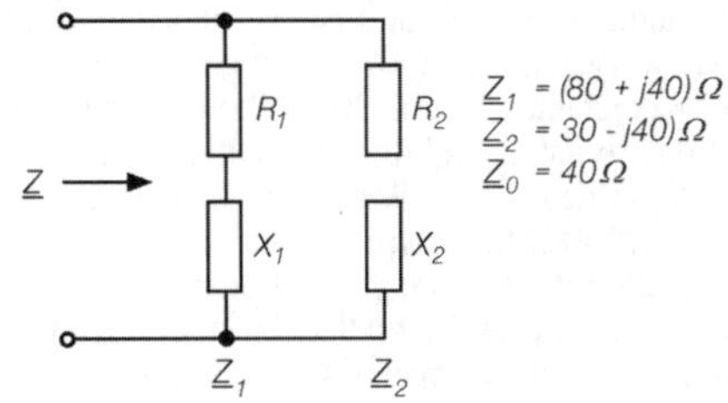

zu Beispiel 2

Bild 32.4.7
Parallelschaltung von komplexen Widerständen (Addition der Leitwerte)

<u>Beispiel 1:</u>
Gesucht ist der komplexe Widerstand der Schaltung nach **Bild 32.4.5**, also die Parallelschaltung eines ohmschen und eines komplexen Widerstandes.

Für die Impedanz der Reihenschaltung $\underline{Z}_1 = R_1 + jX_1 = (120 + j160)\ \Omega$ erhält man mit einem Normierungswiderstand von $Z_0 = 100\ \Omega$ für die normierte Impedanz

$$\underline{Z}'_1 = 1{,}2 + j1{,}6.$$

Die Inversion dieses normierten (bezogenen) Widerstandes liefert den normierten Leitwert

$\underline{Y}'_1 = 0{,}3 - j0{,}4.$

Der zu $R_2 = 80\ \Omega$ gehörende normierte Leitwert $\underline{Y}'_2$ errechnet sich zu

$$\underline{Y}'_2 = \frac{\frac{1}{R_2}}{Y_0} = \frac{Z_0}{R_2} = 1{,}25$$

(selbstverständlich kann dieser Wert auch über grafische Inversion von R_2 im *Smith*-Diagramm erhalten werden). Dieser Wert wird zu $\underline{Y}'_1$ addiert.

Der normierte Leitwert der gesamten Schaltung ist somit

$$\underline{Y}' = 1{,}55 - j0{,}4.$$

Die Inversion ergibt $\underline{Z}' = 0{,}6 + j0{,}15.$

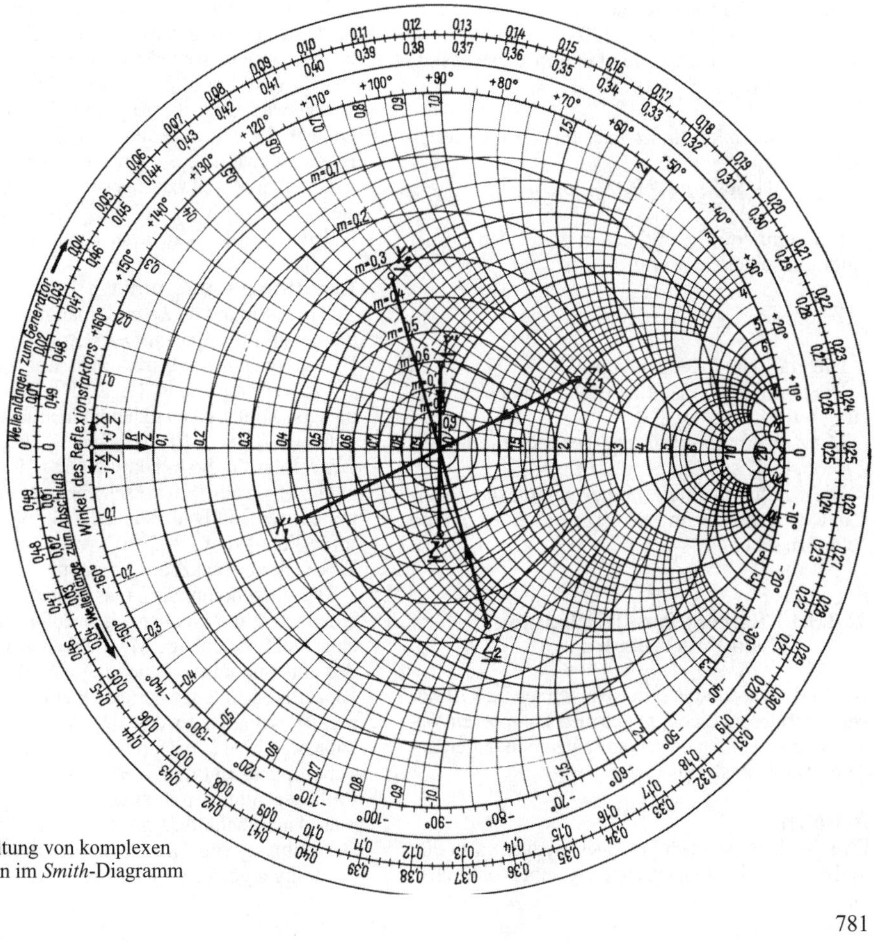

Bild 32.4.8
Parallelschaltung von komplexen Widerständen im *Smith*-Diagramm

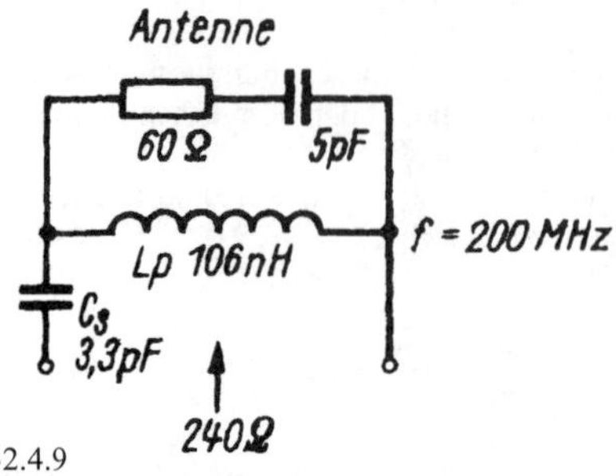

Bild 32.4.9
Transformation mit Blindwiderständen

Die gesuchte Impedanz ist dann
$\underline{Z} = Z_0 \cdot \underline{Z}' = (60 + j15)\ \Omega$.

Die Parallelschaltung eines ohmschen und eines komplexen Widerstandes (Beispiel 1) im *Smith*-Diagramm ist in **Bild 32.4.6** zu sehen.

Beispiel 2:
Gesucht ist der komplexe Widerstand der Schaltung nach **Bild 32.4.7**, also die Parallelschaltung zweier komplexen Widerstände.

Die beiden Impedanzen sind
$Z_1 = (80 + j40)\ \Omega$; $Z_2 = (30 - j40)\ \Omega$

Die mit $Z_0 = 40\ \Omega$ normierten Impedanzen sind
$\underline{Z}'_1 = 2 + j1$; $\underline{Z}'_2 = 0{,}75 - j1$.

Durch Inversion findet man für die normierten Admittanzen
$\underline{Y}'_1 = 0{,}4 - j0{,}2$; $\underline{Y}'_2 = 0{,}48 + j0{,}64$.

Der normierte Gesamtleitwert ergibt sich aus der Addition beider Leitwerte

$$\underline{Y}' = \underline{Y}'_1 + \underline{Y}'_2 = 0{,}88 + j0{,}44.$$

Die grafische Inversion von $\underline{Y}'$ liefert $\underline{Z}'$.

Die normierte Gesamtimpedanz ergibt sich dann zu $\underline{Z}' = 0{,}91 - j0{,}45$.

Mit $Z_0 = 40\ \Omega$ folgt daraus die Gesamtimpedanz $\underline{Z} = (36{,}4 - j18{,}2)\ \Omega$.

Die Parallelschaltung zweier komplexer Widerstände (Beispiel 2) im *Smith*-Diagramm ist in **Bild 32.4.8** zu sehen.

32.4.3.3 Reihen-/Parallelschaltung von Widerständen

Durch Reihen- und Parallelschalten je eines Blindwiderstandes zu einem gegebenen komplexen Widerstand kann man diesen auf einen beliebigen anderen Wert transformieren.

Beispiel:
Eine Antenne läßt sich bei einer Frequenz von 200 MHz durch die Reihenschaltung eines ohmschen Widerstandes von 60 Ω und einer Kapazität von 5 pF ersatzweise darstellen. Der damit gegebene komplexe Widerstand $\underline{Z}'_1$ soll durch Parallelschaltung einer Induktivität L_p und Reihenschaltung einer Kapazität C_s in den reellen Wellenwiderstand der Zuleitung von 240 Ω transformiert werden.

Das Schaltbild der Transformation mit Blindwiderständen ist in **Bild 32.4.9** dargestellt. Als Bezugswiderstand wählt man zweckmäßig den angestrebten Endwert $Z_0 = 240\ \Omega$, der Bezugsleitwert ist dann $Y_0 = 1/Z_0 = 4{,}17$ mS.

$\omega = 2\pi f = 1{,}257 \cdot 10^9 \cdot 1/\text{s}$

Der komplexe Widerstand der Antenne ist

$$\underline{Z}_1 = R + j\frac{1}{\omega C} = (60 - j159)\ \Omega$$

die Normierung ergibt $\underline{Z}'_1 = 0{,}25 - j0{,}663$.

$\underline{Z}'_1$ wird durch die parallele Induktivität, die längs eines Kreises (Ortskurvenkreis des entstehenden Parallelschwingkreises), der durch den Punkt $\underline{Z}'_1$ und den Punkt 0 (links) geht, nach rechts verschoben bis $\underline{Z}'_2$. Das ist der Punkt, wo der Kreis des konstanten Wirkwiderstandes $R' = 1$ getroffen wird. Es ergeben sich dabei zwei Schnittpunkte, nämlich im induktiven Bereich (oben) und im kapazitiven Bereich (unten). Dabei ist der induktive Schnittpunkt richtig, der entsprechende Wert dort ist $\underline{Z}'_2 = 1 + j1$. Mit einer Reihenkapazität wird dann die Anpassung im Mittelpunkt 1 erreicht. Da eine Induktivität parallel geschaltet wird, ist $\underline{Z}'_1$ zu invertieren. $\underline{Y}'_1$ muß nun durch die Parallelinduktivität so weit verschoben werden, daß die Inversion von $\underline{Y}'_2$, also $\underline{Z}'_2$, auf dem Kreis konstanten Wirkwiderstandes $R' = 1$ zu liegen kommen (**Bild 32.4.10**).

Ermittlung von L_p und C_s:
Zur Ermittlung von L_P muß man auf die Leitwertdarstellung übergehen. Der Betrag des normierten Blindleitwerts, der erforderlich war, um $\underline{Y}'_1$ nach $\underline{Y}'_2$ zu verschieben, ist 1,3 + 0,5 = 1,8. Das Vorzeichen ist Minus, da es sich um eine Induktivität handelt, also $B'_p = -j1{,}8$. Mit $B_p = Y_0 \cdot B'_p$ und $B_p = -1/\omega L$ folgt für die Induktivität $L_p = 106$ nH.

Um $\underline{Z}'_2$ nach 1 zu verschieben, ist ein negativer normierter Blindwiderstand der Größe $X'_s = -j1$ erforderlich. Mit $X_s = Z_0 \cdot X'_s = -1/\omega C$ ergibt sich für die Serienkapazität $C_s = 3{,}3$ pF.

Die vorgenommene Transformation gilt nur für eine bestimmte Frequenz, hier 200 MHz. Sie stellt aber nicht die einzige Möglichkeit zur Anpassung der Antenne an die Zuleitung dar. Wenn man zur kapazitiven Antenne nur eine kleine Induktivität L_P parallel schaltet, so daß der Parallelschwingkreis kapazitiv bleibt, entspricht das dem o.a. unteren Schnittpunkt mit den Werten (1 – j1). Durch eine Reihenschaltung mit einer Induktivität L_S kann man dann ebenfalls Anpassung erreichen. Für die Bestimmung von L_P muß wieder in die Leitwertdarstellung gewechselt werden.

32.4.4 Leitungstransformation

Das *Smith*-Diagramm ist nicht nur zur Analyse von Netzwerken mit konzentrierten Bauelementen geeignet, sondern es leistet als Leitungsdiagramm auch bei der Behandlung von Leitungsproblemen, besonders im VHF- und UHF-Bereich, gute Dienste.

Schaltet man einer Impedanz eine Leitung vor, so transformiert sich die Impedanz vom Leitungsende zum Leitungsanfang. Dabei ändert sich der Betrag und der Phasenwinkel bzw. Real- und Imaginärteil. Die Welligkeit auf der Leitung bleibt aber gleich. Die Leitung wird dabei als verlustlos angenommen.

32.4.4.1 Reflexionsfaktor und Welligkeit

Auf einer Leitung bildet sich neben der hinlaufenden Welle auch eine rücklaufende Welle aus, wenn die Leitung nicht mit ihrem Wellenwiderstand, sondern mit einem von diesem abweichenden komplexen Widerstand R abgeschlossen ist (siehe auch Abschnitt 5.8.1).

Der komplexe Reflexionsfaktor ist

$$\underline{r} = |\underline{r}| \cdot e^{j\varphi} = r \cdot e^{j\varphi} = \frac{\underline{U}_r}{\underline{U}_h} = \frac{\underline{I}_r}{\underline{I}_h} \qquad (32.4.5)$$

$|\underline{r}| = r$ ..... Betrag, φ .... Phasenwinkel
$\underline{U}_r$, $\underline{U}_h$..... Spannung der rück-, bzw. hinlaufenden Welle
$\underline{I}_r$, $\underline{I}_h$ ..... Srom der rück- bzw. hinlaufenden Welle

Durch Abschlußwiderstand $\underline{R}_a$ und Wellenwiderstand der Leitung Z ausgedrückt, beträgt der Reflexionsfaktor

$$\underline{r} = \frac{\underline{R}_a - Z}{\underline{R}_a + Z} \qquad (32.4.6)$$

Im allgemeinen Fall ist $\underline{r}$ komplex, aber der Betrag ist reell $r = |\underline{r}| \leq 1$.

Bei Anpassung ($R_a = Z$) ist damit $r = 0$.

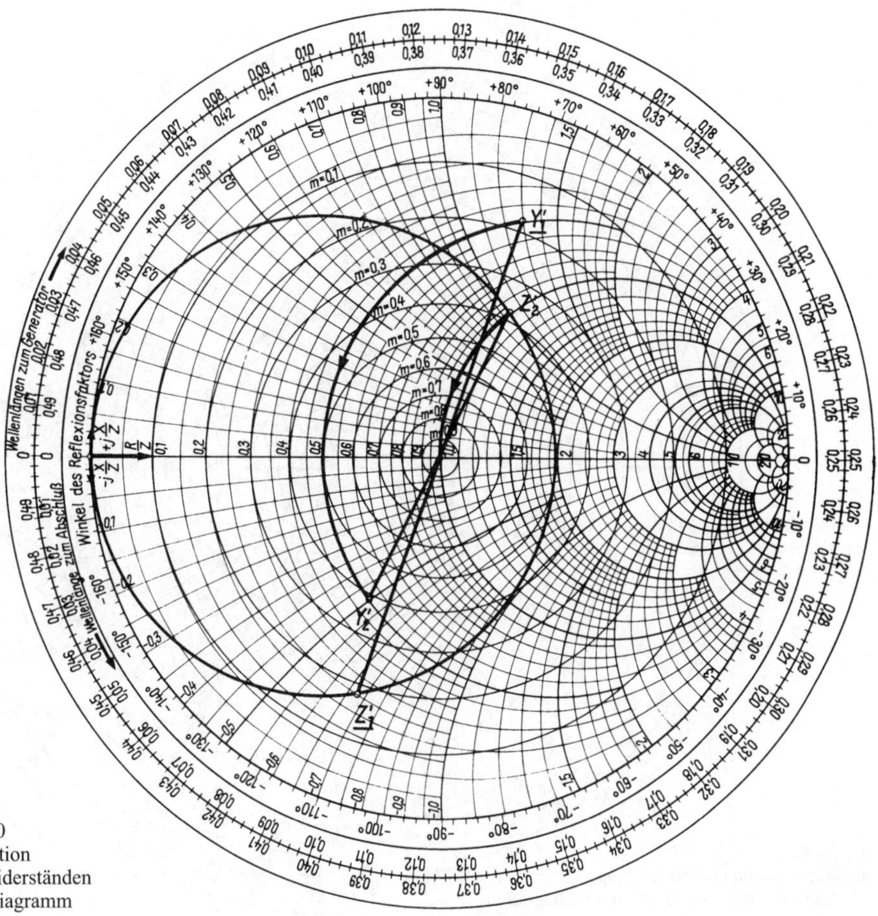

Bild 32.4.10
Transformation
mit Blindwiderständen
im *Smith*-Diagramm

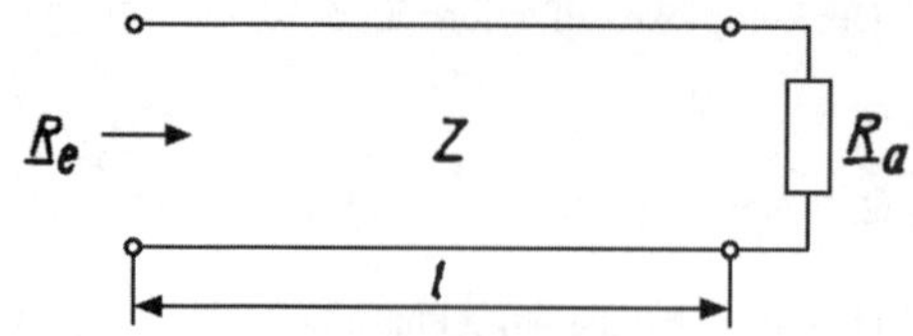

Bild 32.4.11
Leitung mit Widerstand

Zwischen Welligkeit *s* , Anpassungsfaktor *m* und Reflexionsfaktor (Betrag) *r* bestehen folgende Beziehungen:

$$s = \frac{1+r}{1-r} \tag{32.4.7}$$

$$m = \frac{1-r}{1+r} \quad m = \frac{1}{s} \tag{32.4.8}$$

$$r = \frac{s-1}{s+1} \tag{32.4.9}$$

Dabei sind *s* und *m* keine komplexen Größen. Sie bestehen nur aus einem Betrag.

Besonders vorteilhaft ist, daß im *Smith*-Diagramm Welligkeit *s* und Anpassungsfaktor *m* direkt enthalten sind. Die Kurven konstanten Anpassungsfaktors sind konzentrische Kreise um den Mittelpunkt des *Smith*-Diagramms, wobei der Maßstab der reelen Achse direkt dem Anpassungsfaktor zwischen dem Wert 0 und 1 und der Welligkeit zwischen 1 und ∞ entspricht (**Bild 32.4.12**).

Bei Abschluß mit reellem Widerstand R_a gelten folgende Beziehungen:

$$R_a < Z \quad s = \frac{Z}{R_a} \quad m = \frac{R_a}{Z}$$

$$R_a > Z \quad s = \frac{R_a}{Z} \quad m = \frac{Z}{R_a}$$

Den Anpassungsfaktor *m* verwendet man nur mehr bei den Leitungsdiagrammen.

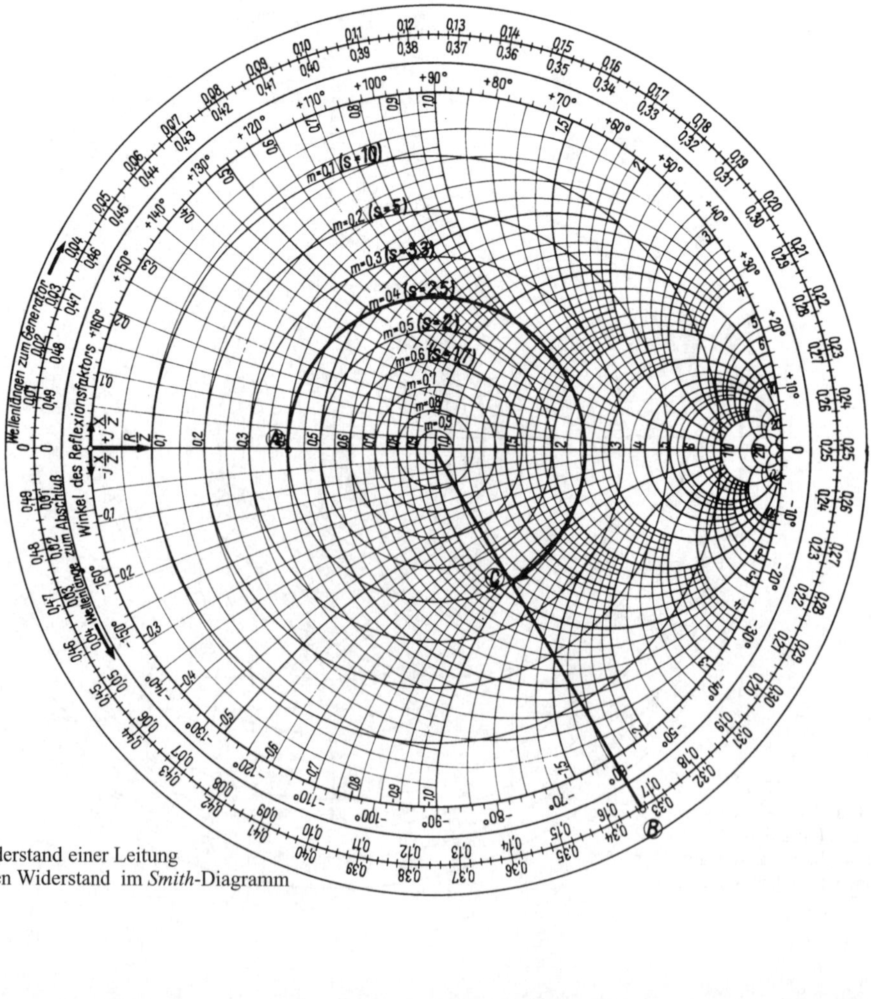

Bild 32.4.12
Eingangswiderstand einer Leitung
mit ohmschen Widerstand im *Smith*-Diagramm

Bild 32.4.13
Eingangswiderstand einer Leitung
mit komplexem Widerstand
im *Smith*-Diagramm

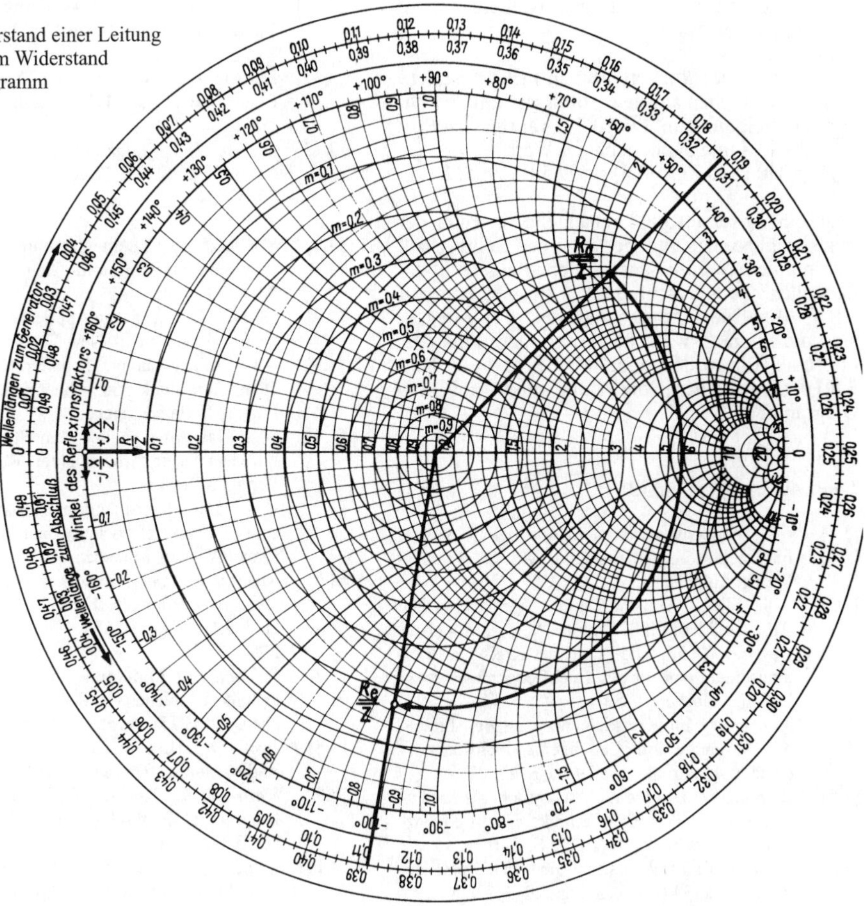

32.4.4.2 Eingangswiderstand einer Leitung

Der Eingangswiderstand $\underline{R}_e$ einer verlustlosen Leitung mit dem Wellenwiderstand *Z*, die mit einem komplexen Widerstand $\underline{R}_a$ abgeschlossen ist (**Bild 32.4.11**) beträgt

$$\underline{R}_e = \underline{R}_a \cdot \frac{1 + j\dfrac{Z}{R_a} \cdot \tan\left(2\pi \dfrac{l}{\lambda}\right)}{1 + j\dfrac{R_a}{Z} \cdot \tan\left(2\pi \dfrac{l}{\lambda}\right)} \qquad (32.4.10)$$

Auf der äußeren Skale des *Smith*-Diagramms ist das Verhältnis l/λ direkt aufgetragen und damit die grafische Lösung der Gleichung (32.4.10) besonders einfach möglich.

Da bei Leitungstransformationen die Welligkeit *s* bzw. der Anpassungsfaktor *m* auf der Leitung gleichbleiben bewegt sich der Eingangswiderstand $\underline{R}_e$ auf konstanten *s*- bzw. *m*-Kreisen.

Beispiel 1:
Eine Leitung mit dem Wellenwiderstand $Z = 75\ \Omega$ ist mit einem Widerstand $R_a = 30\ \Omega$ abgeschlossen. Die Leitungslänge *l* beträgt 1 m, die Wellenlänge ist 3 m. Gesucht ist der Eingangswiderstand $\underline{R}_e$.

Zunächst trägt man den normierten Wert $\underline{R}_a/Z = 0{,}4$ in das Smith-Diagramm ein (Punkt (*A*) in **Bild 32.4.12**). Um zum Punkt (*B*) zu gelangen, muß man auf der l/λ-Skala eine Strecke von $l/\lambda = 1\ \text{m}/3\ \text{m} \approx 0{,}333$ hinzuzählen, und zwar in Richtung Generator (Uhrzeigersinn). Damit erhält man Punkt (*B*), von dem aus zum Mittelpunkt des Diagramms eine Gerade gezogen wird, die auf dem Anpassungskreis $m = 0{,}4$ (oder $s = 2{,}5$) den gesuchten bezogenen Eingangswiderstand liefert (Punkt (*C*)).

Damit ist

$\underline{R}_e = 75\ \Omega\,(1{,}1 - j0{,}98)$, $\underline{R}_e = (82{,}5 - j73{,}5)\ \Omega$

Beispiel 2:
Eine Leitung mit $Z = 240\ \Omega$ wird mit dem komplexen Widerstand $\underline{R}_a = (240 + j480)\ \Omega$ abgeschlossen. Wie groß ist der Eingangswiderstand bei einer Lei-

tungslänge von 1,6 m und einer Wellenlänge auf der Leitung von 8 m?

Lösung:

$\underline{R}_a/Z = 1 + j2$; $\underline{R}_e/Z$ erhält man in **Bild 32.4.13** durch Verschieben auf dem Hilfskreis um den Diagrammittelpunkt um $1/\lambda = 0,2$. Es ergibt sich $\underline{R}_a/Z = 0,27 - j0,8$ und damit auch der Wert

$\underline{R}_a = 240\ \Omega\ (0,27 - j0,8) = (0,65 - j192)\ \Omega$

Das im Abschnitt 5.8.3 behandelte Verhalten der kurzgeschlossenen und leerlaufenden Leitung läßt sich mit dem *Smith*-Diagramm ebenfalls recht gut darstellen. Da Kurzschluß ($R_a = 0$) bzw. Leerlauf ($R_a = \infty$) auf dem Anpassungskreis $m = 0$ liegen, sind die Eingangswiderstände in jedem Fall wieder reine Blindwiderstände. Man liest die in **Bild 5.8.10** dargestellten Sonderfälle direkt aus dem Diagramm ab.

Literatur zu Abschnitt 32

[3.1] -----: Widerstandstransformation bei Leitungen. Funktechnische Arbeitsblätter Mth 86. Franzis-Verlag, München

[3.2] -----: Das Kreisdiagramm. Funktechnische Arbeitsblätter Mth 87. Franzis-Verlag, München

[3.3] *Geschwinde, H.:* Die Praxis der Kreis- und Leitungsdiagramme in der Hochfrequenz. Franzis-Verlag, München, 1959

[3.4] *Meinke, H.:* Ein Kreisdiagramm zur Berechnung der Vorgänge auf Leitungen. Hochfrequenztechn. u. Elektroak., 57 (1941), S. 17–23

[3.5] *Schmidt, O.*: Das Paralleldrahtsystem als Meßinstrument in der KW-Technik. Hochfrequenztechn. u. Elektroak., 41(1933), S. 2–16

[3.6] *Smith, P.H.:* Transmission Line Calculator. Electronics, 12(1939), January, pp. 29–31

[3.7] *Smith, P.H.*: An improved Transmission Line Calculator. Electronics 17(1944), January, pp. 130–135, 318–325

[3.8] *Carter, P.S.*: Charts for Transmission Line Measurements and Computations. RCA-Review, Vol. 3, January 1939, pp. 355–368

[3.9] *Simonsen, O.*: Impedance Transfer Ring. Electronics, July 31 1959, pp. 33–34

[3.10] *Clement*, P.R.: High Frequency Transmission Line Chart. Electronics 22(1949), No. 8, pp. 104–105

[3.11] *Mathis, H.F.*: Extended Transmission-Line Charts. Electronics, September 23 1960, pp. 76–78

[3.12] *Hudson, A.C.*: A Logarithmic Transmission Line Chart. IRE Trans., MTT-7, April 1959, pp. 277–281

[3.13] *Mathis, H.F.*: Logarithmic Transmission-Line Charts. Electronics, December 21 1961, pp. 48, 50, 52, 54

[4.1] *Schwarzbeck, G.:* Antennenimpedanz und Transformation mit dem Smith-Diagramm. CQ-DL 9/78, S. 396–v401

[4.2] *Smith, P.H.:* Electronic Applications of the Smith Chart. McGraw-Hill, New York, 1969

[4.3] -----: Antennenanpaß-Schaltungen im Smith-Diagramm. Funktechnische Arbeitsblätter Fi 32. Franzis-Verlag, München

[4.4] -----: Das Arbeiten mit dem Smith-Diagramm. Funktechnische Arbeitsblätter Mth 88. Franzis-Verlag, München

[4.5] -----: Das Kreisdiagramm (Anwendungsbeispiele). Funktechnische Arbeitsblätter Mth 89. Franzis-Verlag, München

[4.6] *Nicolai, K.:* Das Kreis-(Smith-)Diagramm und seine Anwendungen. Funk-Technik, 25 (1970), H. 5, S.161–164; H. 6, S. 197–200; H. 7, S. 235–238

[4.7] P*elikan, M.:* Einführung in die Impedanzmeßtechnik (II), Neues von Rohde & Schwarz, München, 69 (1975), April, S. 32–35

[4.8] *Fisk, J.R.:* How to use the Smith-Chart. Ham Radio, March 1978, pp. 92–101

[4.9] *Westphal, R.:* Tips zur Anwendung des Smith-Diagramms. Funkschau 1979, H. 14, S. 70-74; H. 15, S. 63–66

[4.10] *White, J.F.*: The Smith Chart: an endangered species. Microwave Journal, November 1979, pp. 49–54

[4.11] *Stadler, E.:* Smith-Diagramm: Handhabung und Anwendung. UKW-Berichte 4/83, S. 206–211

[4.12] *Stadler, E.:* Einfache Ortskurven im Smith-Diagramm. UKW-Berichte 1/84, S. 23–28

[4.13] *Silence, N.C.:* The Smith Chart and its Usage in RF-Design. RF Design, April 1992, pp. 85–88

[4.14] *Gerig, L.A.:* Smith Chart Impedance Matching on your PC. ARRL Antenna Compendium Vol. 3. ARRL, Newington, CT, 1992

33 Praktischer Antennenbau

33.1 Werkstoffe

Neben den elektrischen Anforderungen müssen Werkstoffe für Antennen auch einer Reihe von mechanischen Anforderungen genügen.

Die Lebensdauer der Antennen ist weitgehend von den verwendeten Werkstoffen und den mechanischen Verbindungselementen abhängig [1.1].

Stahl

Für die meisten tragenden Antennenteile (Maste) werden Stahlsorten aus der Gruppe der allgemeinen Baustähle verwendet. Meistens kommen Stähle der Güte St33 bis St37 zum Einsatz, die die Vorteile großer Festigkeit und einfacher Bearbeitung vereinen. Der Korrosionsanfälligkeit dieser Stähle wird durch Feuerverzinken der gesamten Oberfläche, auch innen, entgegengewirkt. Die dabei entstehende Zinkschicht bringt zudem eine Verbesserung der elektrischen Leitfähigkeit bei strahlenden Masten.

Edelstahl

Für Standorte mit extremen Umweltbelastungen (Küstengebiete und Industriegebiete) werden Befestigungsmaterial, Abspannungen und manchmal auch Antennen aus Edelstahl eingesetzt, um eine angemessene Lebensdauer und Betriebssicherheit zu erreichen. „Edelstahl rostfrei“ wird als Niro-Material (Nirosta) oder Inox bezeichnet. Nichtrostende Stähle sind Chrom-Nickel-Legierungen (CrNi) mit mindestens 16% Chromanteil und mindestens 8% Nickelanteil. Durch Zusatz von Molybdän wird die Säurebeständigkeit erhöht. Legierungen mit Chrom, Nickel und Mangan sind hitze- und korrosionsfest. Rost- und säurebeständige Stähle werden oft noch mit den älteren Bezeichnungen V2A und V4A, oder kurz A2 und A4 benannt. VA ist eine von der Firma *Krupp* geschützte Bezeichnung und bedeutet **V**ersuchsreihe-**A**ustenit. Austenitischer Stahl ist unmagnetisch und nicht härtbar. Unmagnetische Körper, die von einem Magneten kaum angezogen werden sind „paramagnetisch“. Rostfreier Stahl kann aber leicht „ferromagnetisch“ werden, also von einem Magneten angezogen werden, wenn entweder der Nickelanteil hoch ist oder durch maschinelle Bearbeitung (z.B. bei Schrauben) oder bei Oberfächenpolierung eine metallurgische Veränderung erfolgt. Ein Test mit einem Magneten ist daher nicht immer aussagekräftig! Die Kurznamen für die Stahlsorten sind nach DIN 17006, die Werkstoffnummern nach DIN 17007 gebildet [1.2]. So hat der Sonderstahl V2A oder A2 den Kurznamen „X5CrNi189“ und die Werkstoffnummer „1.4301“ oder auch „X10CrNiTi189“ bzw. „1.4541“. Für den Sonderstahl V4A oder A4 sind die Bezeichnungen dann „X5CrNiMo1810“ und „1.4401“ oder auch „X10CrNiMoTi1810“ bzw. „1.4571“. V2A wird manchmal auch nach der Prozentangabe der Legierung (18% Chrom und 8% Nickel) als Werkstoff 18/8 bezeichnet, V4A als Werkstoff 18/10 (18% Chrom und mindestens 10% Nickel). Die Korrosionsbeständigkeit von Edelstahl beruht auf der Ausbildung einer dichten, korrosionsverhindernden Passivschicht aus Chromoxid, unter dem Einfluß von Sauerstoff aus der Umgebung und dem in der Legierung vorhandenen Chromanteil. Diese Deckschicht bildet sich ab einem Mindestchromgehalt von 13%. Edelstahl rostfrei besitzt ähnliche Festigkeitseigenschaften wie Normalstahl, jedoch höhere Zähigkeit. Die elektrischen Eigenschaften (wesentlich geringere Leitfähigkeit) müssen bei der Verwendung als Antennenleiter berücksichtigt werden. Bei der Verarbeitung von Edelstahl rostfrei muß darauf geachtet werden, daß die Oberfläche nicht mit Eisenpartikeln oder Fremdrost in Berührung kommt. Schleifmittel müssen unbedingt eisenfrei sein. Sonst kommt es zu Fremdrostbildung auf der Edelstahloberfläche, und bei längerer Einwirkung kann auch der nichtrostende Stahl selbst angegriffen werden. Als chemische Oberflächenbehandlungen hat sich das Elektropolieren (elektrochemisches Polieren) bewährt. Dabei wird während des Prozesses Metall von der Oberfläche abgetragen, bevorzugt von Spitzen und Kanten, was eine Fein- und Feinstentgratung ohne Gefügeveränderungen bewirkt. Elektropolierte Oberflächen haben den Vorteil, daß sie metallisch rein, korrosionsbeständig und leicht zu reinigen sind. Verbindungselemente aus rost- und säurebeständigen Stählen werden oft noch mit den älteren Bezeichnungen V2A oder V4A benannt. Die neuere Kennzeichnung der Schrauben beinhaltet die Stahlgruppe, die Festigkeitsklasse und das Herkunftszeichen (Beispiel: A2-70 XYZ). A1/A2/A4 sind austenitische Stähle mit unterschiedlichen chemischen Zusammensetzungen. 50/70/80 ist die Angabe der Festigkeitsklasse und ist ein Zehntel der Zugfestigkeit in N/mm^2, berechnet und bezogen auf den Spannungsquerschnitt des Gewindes [1.3]. Die Festigkeitseigenschaften dieser Edelstahlschrauben werden im allgemeinen überschätzt. Edelstahlschrauben werden daher sehr leicht überzogen.

Aluminium
In reinem Zustand hat Aluminium eine geringe Festigkeit und ist sehr weich. Im Antennenbau werden daher nur Aluminiumlegierungen eingesetzt, die bei fast so guten Festigkeitseigenschaften wie Stahl, um 2/3 leichter sind. Der Nachteil von Al-Legierungen ist aber ihre geringe Dauerfestigkeit. Bevorzugt werden Aluminium-Magnesium-Legierungen (AlSiMg) verwendet, da sie hohe Festigkeit mit guter Korrosionsbeständigkeit, auch gegen Seewasser, vereinen. Weitere Legierungen sind Dural, Aldrey und Aludur. Durch Bildung von oxydischen Schutzschichten verfügt Aluminium über eine ausgezeichnete Beständigkeit gegen Witterungseinflüsse, die durch Chromstieren im chemischen Bad noch verbessert werden kann. Durch Zusetzen von Blei (Pb) kann die Zerspanbarkeit verbessert werden. Da Aluminium eine gute elektrische Leitfähigkeit besitzt, werden auch stromdurchflossene Bauteile, z.B. Strahler daraus gebaut. Aluminium läßt sich gut mit glasfaserverstärkten Kunststoffen (GFK) kombinieren, da es einen ähnlichen Wärmeausdehnungskoeffizienten aufweist.

Alu-Titan
Aus der Raumfahrt und dem Sport kommt die Alu-Titan-Legierung [1.4]. Während man bei Aluminiumlegierungen Antennenrohre auf der Strangpresse erzeugen konnte, ist dies bei der Alu-Titan-Legierung nicht mehr möglich. Hier muß das Material wegen der enormen Festigkeit zu Blech gewalzt werden. Anschließend wird das Blech in Streifen geschnitten, zu einem offenen Rohr gewalzt und anschließend das offene Rohr mit HF erhitzt und verschweißt. Auf diese Weise erhält man Rohre von 18 mm bis 40 mm Außendurchmesser und mit Wandstärken von 0,8 mm bis 1,2 mm. Das bei der Erzeugung noch endlose Rohr wird dabei auf Standardlängen von 6 m geschnitten. Nach einer Spezialbehandlung ergibt sich dann der Endzustand T 64. Die Legierung hat eine Zugfestigkeit, die einem Stahl der Qualität St 52 entspricht. Die Alu-Titan-Legierung ist härter als Stahl und so leicht wie Aluminium! Neben der hohen Zugfestigkeit hat die Alu-Titan-Legierung auch einen hervorragenden Elastizitätsmodul, d.h. das Material geht nach der Belastung wieder in die urspüngliche Form zurück, und noch dazu eine ausgezeichnete Leitfähigkeit. Dadurch ist es möglich hohe Antennen mit geringem Gewicht bei hoher Festigkeit herzustellen /1/.

Kupfer
Die technische Bedeutung des Kupfers liegt vor allem in seiner guten elektrischen Leitfähigkeit. Für stromdurchflossene, aber mechanisch nicht hoch beanspruchte Bauteile wird vor allem das durch Elektrolyse gewonnene Kupfer (SE-Cu) verwendet. Dieses sauerstofffreie, desoxydierte Kupfer mit hoher elektrischer Leitfähigkeit hat gute Schweiß- und Hartlöteigenschaften und ist wasserstoffbeständig.

Messing
Als Messing (Ms) werden Kupfer-Zink-Legierungen mit einem Mindestanteil von 50% Kupfer bezeichnet. Da es sich leicht spanabhebend bearbeiten und löten läßt, wird es gerne für stromdurchflossene Teile verwendet. Die Leitfähigkeit beträgt nur 25% der von Kupfer oder Silber. Wenn besonders geringe ohmsche Verluste gewünscht werden, z.B. bei Bauteilen für sehr hohe HF-Leistung, kann die Leitfähigkeit durch galvanisches Verkupfern und Versilbern erhöht werden.

Teflon
Teflon zeichnet sich durch besonders niedrige dielektrische Verluste und gute Wärmebeständigkeit aus. Es wird daher in der Antennentechnik zur besonders dämpfungsarmen und leistungsfesten Isolierung verwendet. Bei der Verarbeitung ist zu beachten, daß es unter Druck zu fließen beginnt. Teflon ist nicht klebbar.

Polystyrol
Vernetztes Polystyrol ist ein sehr verlustarmes und transparentes Isoliermaterial. Die Vernetzung verbessert die Schlagfestigkeit. Es ist mechanisch gut zu bearbeiten und verträgt auch hohe Temperaturen.

Glasfaserverstärkte Kunststoffe (GFK)
GFK besteht aus Glasfasern und Polyester-Kunstharz. Wegen der ausgezeichneten mechanischen Eigenschaften und der guten elektrischen Isolierfähigkeit wird es in der Antennentechnik als Trägermaterial und für Schutzabdeckungen verwendet. Eine GFK-Haube verhindert den Ansatz von Schnee und Eis. Zur besseren Lichtbeständigkeit wird entweder das Harz eingefärbt, oder die Aussenseite mit einer dunklen Lackierung versehen.

33.2 Korrosion

33.2.1 Allgemein

Unter Korrosion versteht man die schädliche Wechselwirkung eines metallischen Werkstoffes mit einem Elektrolyten. Die Reaktion ist chemischer oder elektrochemischer Natur. Die Folge ist die Zerstörung des Metalls. Eine Aussage über das Korrosionsverhalten der metallischen Werkstoffe ergibt sich aus der Stellung ihrer Normalpotentiale in der elektrochemischen Spannungsreihe. Die Spannungsreihe geht von Gold (Au) mit +1,4 V (edel) über Wasserstoff (H) mit 0 V bis Aluminium (Al) mit -1,6 V (unedel).

Von zwei leitend miteinander verbundenen Metallen korrodiert das unedlere Metall. Die Korrosion ist umso stärker, je größer die Fläche und je grösser der Unterschied der Korrosionspotentiale ist.

Bei Eisen und Stahl heißt die Korrosion „Rost".

Die Korrosion ist in den Normen [2.11] behandelt.

33.2.2 Korrosionsschutz

Es gibt mehrere Methoden des Korrosionschutzes.

Überzüge
Metallische Überzüge
Bei starken Korrosionseinflüssen schützen metallische Überzüge: Plattieren, Galvanisieren, Schmelztauchen (z.B. Feuerverzinken). Eine Möglichkeit für Amateure ist die Kaltbezinkung mit Zink 62, einem Spray /12/.
Nichtmetallische Überzüge
Bei mittleren Korrosionseinflüssen schützen nichtleitende Überzüge: Eloxieren, Chromatieren.

Anstriche
Bei geringen Korrosionseinflüssen schützt ein nichtleitender Anstrich. Er soll aus einer Grundierung (Primer) und einem guten wasserdichten Anstrich bestehen.

Schutzschichten
Durch eine dünne Schutzschicht aus flüssigem säurefreiem Fett, Öl oder Spray bzw. Wachs wird eine Korrosion verhindert. Die Wirkung dieser Korrosionschutzmittel besteht in erster Linie auf dem Fernhalten athmosphärischer Feuchtigkeit von der Metalloberfläche. Dabei sollten Verbindungselemente (z.B. Schrauben, Muttern, Bolzen) mit Fett, Kontaktelemente (z.B. Stecker, Buchsen, Klemmen) mit Öl oder Spray behandelt werden. Die Fette sind auf Vaselinebasis, die Sprays sollen PCB-, Halogen- und FCKW-frei sein.

Fette: Antenol 10 (dunkle grüne Paste) /13/, Vaseline (weiße Paste),

Öle: Ballistol (farblos-hellgelb) /14/, [2.12], Cito Waffenöl (gelblich) /15/,

Sprays: Kontakt 40 (gelbliche Farbe) /12/, Kontakt 61 (blaue Farbe) /12/, Vaseline 701 (weiße Farbe) /12/.

Wachs: meist auf Paraffinbasis.

Ein in Amateurkreisen gebräuchlicher Korrosionsschutz ist das Auftragen von in Brennspiritus gelöstem Kolophonium. Die dunkelbraune klebrige Masse wird mehrfach mit einem Pinsel aufgetragen [2.13].

Zum Abdichten von korrosionsgefährdeten Stellen verwendet man auch /16/:

Dichtmassen
Silikonkautschuk (säurefrei),
Acryldichtmasse.

Vergußmassen
Epoxidharz,
Polyuretan.

Isolierbänder
(selbstverschweißende Klebebänder)
PIB (Polyisobutylen),
PE (Polyäthylen),
BR (Butylkautschuk).

Allgemeine Literaturstellen über Korrosion und Korrosionsschutz [2.14]–[2.16].

33.3 Antennenmaterial

Das Antennenmaterial soll elektrisch gut leitend, mechanisch stabil und wetterfest sein. Aus Korrosionsgründen verwendet man möglichst gleiche Materialien.

Für den Aufbau von Antennen werden Drähte oder Litzen, Rohre, Abspann- und Mastzubehör verwendet.

33.3.1 Antennenleiter

33.3.1.1 Antennendrähte/-litzen

Für den Bau von Drahtantennen (Dipol, Langdraht- und Quadantennen) nimmt man als Material oft Kupfer, als Volldraht oder günstiger als Litze.

Kupfervolldraht, der gegen Witterungseinflüsse durch Lack oder Kunststoffisolation geschützt ist, wurde früher oft verwendet. Manche Amateure nehmen zur Tarnung ihrer Antenne einen dünnen Kupferdraht. Ein Kupferdraht von 0,15 mm (38 SWG) ist in einer Entfernung von größer 4,5 m mit bloßem Auge nicht mehr zu erkennen [3.1]. In 10 m Höhe, das ist die meist übliche Antennenhöhe bei Amateuren, ist ein Draht von 0,3 mm Durchmesser schon unsichtbar [3.2]. Dieser Durchmesser ist nach [3.1] auch ausreichend um eine Gefährdung der Vögel zu verhindern; nach [3.3] soll man im Freien Drähte unter 1 mm Durchmesser nicht verwenden.

Der HF-Widerstand aufgrund des Skineffektes ist direkt proportional der Wurzel aus der Frequenz und umgekehrt proportional dem Durchmesser und der Wurzel aus dem spezifischen Leitwert [3.4].

Im Verhältnis zum Strahlungswiderstand muß der Verlustwiderstand halbiert werden, da wegen der sinusförmigen Stromverteilung auf der gesamten Länge des Halbwellendipols nur der halbe Strom wirksam ist [3.5]. Drähte mit einem Durchmesser von unter 1 mm können daher mit voller Leistung betrieben werden.

Tabelle 33.1
Antennenlitzen

	Kupfer	Bronze	Bronze	Stahl	Edelstahl	Edelstahl
Typ					TW 45	TW 85
Aufbau	7x7x0,2	7x7x0,2	7x7x0,4	1x19x0,45 (1x0,5 CuSn) (18x0,45 FeZn)	verkupfert	verkupfert
Nenn-∅ in mm	1,8	1,8	3,6	2,1	0,45	0,85
Bruchlast in kp in daN	 41 40	 66 65	 265 260	 410 400	 23 22	 90 88

Von der Leitfähigkeit her würde sich auch Aluminiumdraht gut eignen. Legierte Alu-Drähte haben eine höhere Zugfestigkeit als Kupfer und sind bei grösseren Antennenlängen gewichtsmäßig vorteilhafter. Kritisch sind Biegungen. Man kann Alu-Draht praktisch nur einmal biegen. Kupferlegierungen (z.B. „halbhart“) sind sehr gut geeignet für Quadantennen. Bronzematerial ist sehr gut wetterbeständig.

Eine interessante Drahtart war der Stahlkupferdraht (Staku), ein Doppelmanteldraht mit Stahlkern und aufgewalztem Kupfermantel. Der Staku-Draht oder auch Staku-Seile wurden im 2. Weltkrieg für Fernmeldeleitungen verwendet.

Wenn man statt Kupfer oder Aluminium, Bronze, verzinktes Eisen oder Edelstahl verwendet, wird die Antenne durch den größeren Verlustwiderstand etwas breitbandiger und die Stehwellenkurve wird etwas flacher. Die Antennenbandbreite erhöht sich aber nur geringfügig. Der elektrische Verlustwiderstand des Antennenleiters spielt im Verhältnis zu den übrigen Verlustwiderständen (Erdverluste, Umgebungsverluste, Zuleitungs- und Anpassungsverluste) keine bedeutende Rolle.

Als Antennenleiter verwendet man heute statt Volldraht aber Litze mit einem Kunststoffmantel als Wetterschutz. Der Leiteraufbau besteht dabei aus verdrillten Einzeldrähten, die anschließend eventuell nochmals verdrillt sind. **Tabelle 33.1** zeigt die Daten von Antennenlitzen.

So bedeutet die Angabe:

7 x 7 x 0,2 = 7 mal 7 Einzeldrähte von 0,2 mm Durchmesser. (**Bild 33.3.1**)

1 x 19 x 0,4 = 1 mal 19 Einzeldrähte von 0,4 mm Durchmesser (**Bild 33.3.2**)

Der Seil- oder Leiterdurchmesser (Nenndurchmesser oder Kerndurchmesser) ist dabei der Durchmesser des umhüllenden Kreises (ohne Isolation). In beiden Fällen sind das hier 2 mm. Der Seilquerschnitt ist die Summe der Querschnitte aller Drähte im Seil. Für die Belastung oder die Festigkeit ist der Drahtquerschnitt maßgebend. Der Wetterschutz wird durch einen Mantel aus Polyvinylchlorid (PVC) oder Polyurethan (PUR) sichergestellt.

Folgende Antennenlitzen werden verwendet:
Kupferlitze blank,
Kupferlitze mit PVC-Mantel,
Bronzelitze blank,
Bronzelitze mit PUR-Mantel,
Verzinkte Stahllitze mit PVC-Mantel,
Verzinkte Stahllitze
mit Kupferseele und PVC-Mantel,
Edelstahllitze verkupfert,
Edelstahllitze blank
Edelstahllitze mit PVC-Mantel.

Bei den Kupferlitzen gibt es im Handel noch 7x7x0,15 und 7x7x0,25 beide kunststoffummantelt. Angaben über entsprechende Bruchlasten sind nicht erhältlich.

Bei Bronzelitzen sind unterschiedliche Legierungen im Einsatz (Bz I bis Bz III) mit unterschiedlicher Zugfestigkeit.

Bei Edelstahllitzen hat man schon einen größeren HF-Widerstand. Edelstahl hat nur etwa 1/50 der Leitfähigkeit von Kupfer [3.6], [3.7], daher erhöht sich der HF-Widerstand nach Gl. (4.4.3) mit $\mu_r \approx 1$ um $\sqrt{50}$ auf den rd. 7-fachen Wert! Der elektrische Nachteil von Edelstahl wird aber durch die mechanischen Vorteile, besonders in Industrie- und Küstengebieten, wieder ausgeglichen [3.8]–[3.10]. Das neueste Produkt hier ist verkupferter Edelstahl, eine patentrechtlich geschützte Entwicklung der Firma *Titanex* /1/ mit den Bezeichnungen TW 45 und TW 85, (TW = Titanex Wire). Das ergibt eine hohe Leitfähigkeit bei großer Festigkeit und geringem Gewicht.

Antennen werden mit einer gewissen Vorspannung (Zugkraft, Zugbelastung) installiert. Das Drahtmaterial muß dabei eine ausreichende Festigkeit haben, sonst ergibt sich aufgrund der Zugbelastung ein „Auszug“ der Antenne. Das bedeutet, daß bei einer resonanten Antenne z.B. Halbwellendipol die Resonanzfrequenz allmählich aus dem Band herausrutscht.

Um die Zugfestigkeit des Materials nicht zu überschreiten ist ein Mindestdurchhang der Antenne erforderlich. Dieser Durchhang ist vom Mate-

Tabelle 33.2
Abspannseile (Drahtseile)

	Edelstahl	Edelstahl	Edelstahl	Edelstahl	Edelstahl	Edelstahl	Edelstahl
Aufbau	7x7x0,11	1x19x0,31	7x7x0,22	7x19x0,16	7x19x0,2	7x19x0,23	7x19x0,26
Nenn-∅. in mm	1,0	1,5	2,0	2,5	3,0	3,5	4,0
Bruchlast in kp	75	215	300	430	670	813	1045
in daN	74	211	294	422	657	798	
1025							

rial, der Temperatur und der Spannweite abhängig, nicht aber vom Drahtdurchmesser.

Der Mindestdurchhang einer Antenne mit 40 m Spannweite ist nach [3.11]:

Material/Temperatur	0° C	20° C	40° C
Kupfer	30 cm	45 cm	60 cm
Bronze	21 cm	33 cm	48 cm

33.3.1.2 Antennenrohre

Für den Bau von horizontalen oder vertikalen Richtantennen (Beams) und vertikalen Rundstrahlantennen (Groundplane, J-Antenne) im HF- und VHF/UHF-Bereich verwendet man als Material gezogene Leichtmetall-Rohre.

Die Aluminiumlegierungen sind korrosionsbeständig und haben eine hohe Festigkeit (275 bis 310 N/mm^2).

Beispiel:
RO 50 x 1 D1795 AIMgSi F31 - Rohr, 50 mm Aussendurchmesser, 1 mm Wandstärke, DIN 1795 Toleranz, Aluminium-Magnesium-Silizium Legierung, Festigkeit 31 kp.

Gut gestaffelte Durchmesser-/Wandstärkenverhältnisse erlauben den Aufbau von abgestuften Strahlern. z.B.: 20 x 1,9 mm bis 40 x 1,9 mm in Durchmesserabständen von 4 mm.

33.3.2 Abspannseile

Abspannseile werden zum Abspannen von Horizontal-Antennen und Masten benötigt. Man verwendet Drahtseile, meist aus Edelstahl, mit 2 bis 4 mm Drahtdurchmesser und Kunststoffseile (Kunstfaserleinen) mit 4 bis 10 mm Durchmesser.

33.3.2.1 Drahtseile

Stahlseile
aus verzinkten Stahldrähten ohne oder mit PVC-Mantel.

Die Nennfestigkeit ist abhängig vom Werkstoff, (mit Fasereinlage FE besonders flexibel).
Leiteraufbau:
1 x 7 (7 Einzeldrähte)
1 x 19 (19 Einzeldrähte)
6 x 7 + 1 FE (6mal 7 Einzeldrähte + 1 Fasereinlage) entspricht 7 x 7
6 x 19 + 1 FE entspricht 7 x 19
Edelstahlseile
aus nichtrostendem Sonderstahl V4AS = Werkstoff 1.4401 mit Nennfestigkeit 1770 N/mm^2 (180 kp/mm^2) mit oder ohne Kunststoffmantel.
Eigenschaften: beständig gegen Rost, Seewasser, Säure; antimagnetisch
- laufendes Gut, flexibel (Steuerseile), Leiteraufbau 7 x 7 (**Bild 33.3.1**) oder 7 x 19,
- stehendes Gut, relativ steif (Wantenseile), Leiteraufbau 1 x 19 (**Bild 33.3.2**).

Tabelle 33.2 enthält die Daten von Abspannseilen aus Edelstahl.

33.3.2.2 Kunststoffseile

Vorteile der Kunststoffseile (Kunstfaserleinen, Abspannschnüre) sind:
- hohe Festigkeit bei geringem Gewicht
- sehr gute elektrische Eigenschaften (hoher spezi fischer Widerstand, kleiner Verlustwinkel)
- Wartungsfreiheit und lange Nutzungsdauer

Kunststoffseile bestehen aus einem äußeren Geflecht (Mantel) und einem inneren Faserstrang (Kern). Die Aufgabe des Mantels ist es, die Leine vor Abrieb und UV-Strahlung zu schützen, während der Kern für eine möglichst geringe Dehnung und hohe Festigkeit sorgt. Mantel und Kern können aus verschiedenen Materialien bestehen.

Die zulässige Belastung soll bei den Abspannschnüren 30% der Bruchlast nicht überschreiten (3-fache Sicherheit), besser sind 20% (5-fache Sicherheit).

Polyamid (PA)
(Handelsnamen: Perlon, Nylon, Enkalon)
Hohe Festigkeit, sehr hohe Dehnung, gute Lichtbe-

ständigkeit, große Wasseraufnahme (dadurch Festigkeitsverlust), sehr gute Abriebfestigkeit.

Durchmesser / mm	4	6	8	10
Bruchlast / daN	320	740	320	2040

Polypropylen (PP)
(Handelsnamen: Norfil, Avova, Betelon, Hostalen, Softlene)
Geringe Festigkeit, hohe Dehnung, nur mit schwarzer Einfärbung gute Lichtbeständigkeit, keine Wasseraufnahme, befriedigende Abriebfestigkeit.

Durchmesser / mm	6	8	10
Bruchlast / daN	540	940	1400

Polyester (PES)
(Handelsnamen: Trevira, Dacron, Terylen, Tergal, Diolen)
Hohe Festigkeit, geringe Dehnung, sehr gute Lichtbeständigkeit, geringe Wasseraufnahme, sehr gute Abriebfestigkeit

Durchmesser / mm	4	5	6	8	10
Bruchlast / daN	400	540	750	1400	2550

Dacron
Polyester-Leine mit den oben angegeben Eigenschaften.

Größe / Zoll	3/32	3/16	5/16
Durchmesser / mm	2,4	4,8	7,9
Bruchlast / daN	120	360	830

Die Dacron Antennenabspannseile kommen aus den USA. Die Seilstruktur ist ein Doppelgeflecht (double braid). Der Kern besteht aus einem weißen Geflecht, der Mantel aus einem schwarzen Geflecht, beide aus Dacron von der Firma *Dupont* (USA).

Parafil A
Polyester-Leine mit den oben angegebenen Eigenschaften.

Durchmesser / mm	4,6	7,1	8,6	11
Bruchlast / daN	220	490	980	2040

Diese speziellen Antennenabspannseile kommen aus England und werden von der Antennenindustrie schon über 20 Jahre erfolgreich eingesetzt, bei den Amateuren aber sind sie nahezu unbekannt [3.12]. Der Kern besteht aus parallelen Terylenfasern, der Mantel aus einer widerstandsfähigen geschmeidigen schwarzen Polyäthylenhülle (Alkathen) der Firma *ICI* (England).
Die Seile sind in Deutschland bei /7/ zu bekommen.

Debeglass wire
Polyester-Leine mit den oben genannten Eigenschaften. Über die UV-Beständigkeit ist nichts bekannt.

Durchmesser / mm	4	5	6
Bruchlast / daN	420	550	950

Dieses Abspannseil aus Fiberglas (Glasfiber) kommt aus Japan. Der Kern besteht aus einem Fiberglasgeflecht 1 x 19 vom Typ E, der Mantel aus blaugefärbtem Polyvinylchlorid (PVC).

Polyethylen (PE)
(Handelsnamen: Dyneema, Spectra, Vectran) speziell modifiziert „multifil"
Sehr hohe Festigkeit, sehr geringe Dehnung, keine Wasseraufnahme, gute Lichtbeständigkeit, befriedigende Abriebfestigkeit.
Durchmesser / mm 6 8
Bruchlast / daN 900-1500 1400-2700

Aramid
(Handelsnamen: Kevlar, Twaron, Technora) Sehr hohe Festigkeit, sehr geringe Dehnung, geringe Wasseraufnahme, schlechte Lichtbeständigkeit, mangelhafte Abriebfestigkeit

Durchmesser / mm	4	6	8
Bruchlast / daN	540	1270	2350

Neue High-Tech-Kevlarseile mit einem Kern aus 100% Aramid und einem Polyester-Mantel, 16-fach geflochten als UV-Schutz wird von der Firma *Titanex* /1/ hergestellt.

Durchmesser / mm	2,0	2,5	3,5	5,0
Bruchlast / daN	160	210	500	800

Die Antennenvorspannung kann z.B. durch ein Gegengewicht gebildet werden, das an einem Abspannseil hängt, welches über eine Umlenkrolle geführt wird. Dadurch wird die Vorspannung konstant gehalten. Normalerweise wird die Vorspannung durch einen stärkeren Zug am Abspannseil beim Befestigen hergestellt. Dabei soll der Wert nicht zu hoch angesetzt werden. Für Längen von 20 bis 80 m ist ein Wert von 10 bis 15 daN (ca. 10 bis 15 kg) ein guter Kompromiß. Das Gegengewicht wird z.B. gebildet durch 3 Stück lackierte Kalksandsteine mit je 6 kg Gewicht, zusammengeschraubt mit Winkel und Gewindestangen.

Eine höhere Vorspannung verringert zwar den Durchhang, aber es erhöhen sich die Seildehnung und die Beanspruchung der Befestigungsmaterialien und die Montage- und Servicearbeiten werden erschwert.

Ungeeignet zum Abspannen sind Kunststoff-Wäscheleinen. Diese bestehen aus einem PVC-Mantel mit weißlichen unbeständigen Kernfasern meistens mit Stahleinlage. Die Fasern dehnen sich und der Eisendraht rostet.

Ebenso ungeeignet ist Perlon-Draht, der nicht rollen- und umlenkfest ist und nach einiger Zeit Längs- und Querrisse bekommt.

Geeignet sind „Flechtschnüre" aus Polyester z.B. Jalousieschnur, Flaggenleine, Regulierleine.

Abspannseile nicht zu dünn wählen, sonst schneidet das Seil in die Finger!

Kunststoff-Seilenden mit kleiner Flamme zusammenschmelzen, sonst franst das Seil aus! (Aramid verkohlt!).

33.3.3 Belastbarkeit

Bei Drähten oder Litzen (Seilen) wird entweder die Belastung oder die Festigkeit angegeben.

Belastung

Die Belastung von Drähten oder Seilen wird als Bruchkraft, Bruchlast, Höchstzugkraft, max. Zugbelastung, max. Tragkraft bezeichnet.

Die Größe der Belastung wird angegeben als Kraft mit der Einheit „Newton“, und dem Zeichen „N“, bzw. Vielfachen davon, z.B. daN (deka Newton), kN (kilo Newton).

Die alte Einheit war „Pond“, oder gebräuchlicher „Kilopond“ mit dem Zeichen „kp“. Das ist die Gewichtskraft einer Masse von 1 kg. Manchmal wird dafür auch vereinfacht „kg“ verwendet. Die Zahlenwert ist dann etwa wie bei der Einheit daN.

Die Umrechnung ist wie folgt:

$1\ N = 1\ kg\ m/s^2 = 0{,}102\ kp$ (33.3.1)

$1\ daN = 10\ N \approx 1 kp$ (33.3.2)

$1\ kN = 1000\ N = 100\ daN \approx 100\ kp$ (33.3.3)

$1\ kp = 9{,}81\ N \approx 10\ N$ (33.3.4)

Die zulässige Belastung soll zweckmäßig 30% der Bruchlast nicht überschreiten (dreifache Sicherheit). Die Bruchkraft oder Bruchlast ist der Wert, bei dem das Seil reißt. (rechnerisch oder tatsächlich).

Festigkeit

Die Festigkeit wird als Nennfestigkeit, Reißfestigkeit, Bruchfestigkeit, maximale Zugfestigkeit bezeichnet.

Die Größe der Festigkeit wird angegeben als Druck in „Newton pro Quadratmillimeter“ also „N/mm^2“ bzw. „N/qmm“ oder in der alten Einheit „Kilopond pro Quadratmillimeter“ also „kp/mm^2“.

z.B.: $180\ kp/mm^2 = 1770\ N/mm^2$

Nennfestigkeit oder Bruchfestigkeit der Einzeldrähte mal tatsächlicher Seilquerschnitt ergibt die rechnerische Bruchkraft oder Bruchlast.

Da der Durchmesser quadratisch in die Flächenformel eingeht, ergibt eine Verdopplung des Seildurchmesser eine Vervierfachung der Bruchlast.

Beispiel:
Edelstahl V4A = Werkstoff 1.4401 hat eine Festigkeit 1570 N/mm^2. Ein flexibles Seil aus **Tabelle**

Bild 33.3.1
Antennenseil – Leiteraufbau: 7 x 7 Einzeldrähte

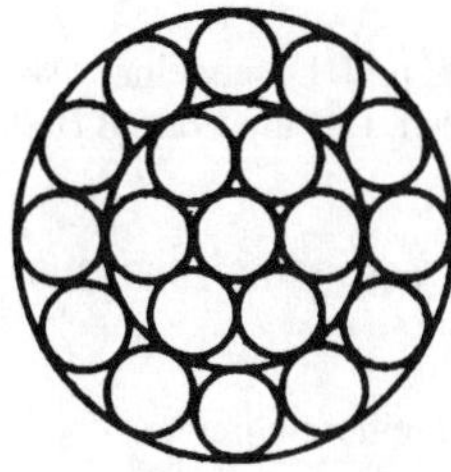

Bild 33.3.2
Antennenseil – Leiteraufbau: 1 x 19 Einzeldrähte

33.2 mit dem Aufbau 7x7x0,11 nach **Bild 33.3.1** hat einen Nenndurchmesser von $9 \cdot 0{,}11\ mm = 0{,}99\ mm \approx 1\ mm$. Der Seilquerschnitt ist aber nicht 1 mm^2, wie man vielleicht glauben möchte, sondern nur etwa die Hälfte, wie auch aus **Bild 33.3.1** ersichtlich ist. Die Querschnittsfläche eines einzelnen Drahtes ist 0,0095 mm^2, es gibt davon $7 \cdot 7 =$ 49 Stück. Der tatsächlich Drahtquerschnitt im Seil ist somit $49 \times 0{,}0095\ mm^2 = 0{,}466\ mm^2$. Die Bruchlast ist Fläche · Festigkeit.

$0{,}466 \cdot 1570\ N/mm^2 = 730{,}8\ N/mm^2$ oder 0,73 kN/mm^2.

Mit der Umrechnung 1 N = 0,102 kp folgt daraus 74,55 kp/mm^2. Die rechn. Bruchlast des Seils ist rd.: 0,73 kN, 73 daN oder 75 kp.

33.3.4 Abspannzubehör

Das Abspannzubehör (**Bild 33.3.3**) sollte aus Edelstahl (Inox, Nirosta) sein.

Kauschen

Zum Sichern der Seilenden.

Rillenbreite in mm	3	4	5	6	7	8

Seilklemmen

Bestehend aus Klemmbügel, Klemmbacke und 2 Sechskantmuttern von M3 bis M8. Die Klemmbügel sind stets auf das kurze Seilende zu setzen! Zweckmäßig verwendet man 2 Seilklemmen mit einem Abstand von einer Klemmenbreite.

Nenngrößen	2	3	4	6	8	10

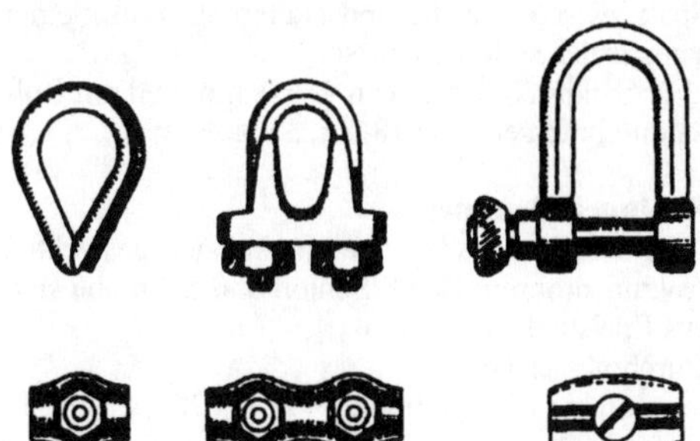

Bild 33.3.3
Abspannzubehör
obere Reihe: Kausche, Seilklemme, Schäkel
untere Reihe: Simplex-, Duplex-, KO-Klemme

Schäkel
Zum einfachen Verbinden und Lösen einer Abspannung mit Schraubbolzen. Definiert durch Bolzendurchmesser/Öffnung.

Bolzendurchmesser / mm	4	5	6	8
Bruchlast / daN	500	1200	2000	3000

Simplexklemmen
Zweiteilige Kastenform mit einer Schraube.
Seildurchmesser in mm

	2–2,5	3–3,5	4–4,5	5–5,5	6–6,5
Schraube	M3	M4	M5	M5	M6

Duplexklemmen
Zweiteilige Kastenform mit zwei Schrauben.
Seildurchmesser in mm

	2–2,5	3–3,5	4–4,5	5–5,5	6–6,5
Schrauben	M3,5	M4	M5	M5	M6

KO-Klemmen
Zweiteilige verzinkte Eiform mit einer Schraube.
Seildurchmesser in mm: 2 3 4 5 6

Preßhülsen
Ovale Kupfer- oder Aluminium-Hülsen. Für optimale Anwendung wird eine Presszange oder ein Presswerkzeug benötigt. Die Hülsendurchmesser sind für Seile von 0,8 bis 6 mm Durchmesser gestaffelt.

Seilspanner
(Ösenspanner, Wantenspanner, Spannschloß) Beidseitige Gabeln mit Bolzen und Sicherungsring auf Gewindestangen in Hülse mit Kontermutter oder beidseitige Gewindeösen in Hülse.

Gabelweite / mm	7	7	8	10
Gewinde	M5	M6	M8	M10
Bruchlast / daN	1000	1500	2300	3400

Rollen
Auch Blöcke oder Bockrollen genannt. Seitenteile aus Niro, Rolle aus Kunststoff (Polyäthylen, Carbon Fiber). Die Kanten sollen abgerundet sein, der Spalt zwischen Rolle und Halterung muß kleiner sein als der Seildurchmesser.

Für Seildurchmesser von 4, 6, 8 mm und mit Rollendurchmessern von 18, 25, 32, 40 mm

Schlauchklemmen
Zum Klemmen von zwei ineinander gesteckten Antennenrohren; Band, Schloß und Schraube sind aus Edelstahl.
Durchmesser / mm
6 bis 16 14 bis 27 21 bis 38 27 bis 51

Klampen
Aus Kunststoff, zum Festlegen des Abspannseiles. Das Abspannseil wird daran aufgewickelt.

Endisolatoren
Anstelle von Eierisolatoren aus Porzellan verwendet man heute schlanke Endisolatoren aus Kunststoff z.B.:
UNI-ISO 120 x 18 x 18 mm Polystyrol schwarz mit einer Bruchlast von 4000 daN.

Antennenfedern
Gegen heftige Windböen hilft eine Antennenfeder besser als ein mechanisches Gegengewicht. Aus einem größeren Sortiment seien zwei Typen genannt: 14 x 1,2 und 17 x 1,5 (Winkeldurchmesser mal Drahtstärke). Die Lieferlänge ist 1 m. Von den Federn werden jeweils 50 cm verwendet und auf 1,2 m gedehnt. Weil Federstahl keinen Korrosionsschutz verträgt, sind die Federn im Lieferzustand nur gefettet. Man muß mit etwas weißer Vaseline in regelmäßigen Abständen nachhelfen.

Rohrklemmen
(Kreuzklemme, Kreuzplatte, Kreuzschelle)
Zwei Rohre mit unterschiedlichen Durchmessern können mit Klemmen im 90°-Winkel montiert werden. Aluminium wird für die Winkelelemente verwendet, die anderen Einzelteile sind aus Edelstahl.

Allgemeine Hinweise zum Abspannzubehör:
Alle Seilenden sind mit Kauschen zu sichern, das ergibt eine bessere Handlichkeit und eine sichere Lastverteilung.

Bei ummantelten Seilen (Parafil, Debeglass wire) sollte man nicht zu kleine Kauschen verwenden, damit der Seilmantel durch die starke Krümmung keine Risse bekommt.

Seilklemmen sollte man nur bei Drahtseilen verwenden. Simplex-, Duplex- und KO-Klemmen sind für Draht- und Kunststoffseile geeignet. Die Klemmen sollen gut entgratet sein, sonst besteht die Gefahr einer Verletzung des Abspannseils.

Seilverbindungen oder Seilverlängerungen werden nicht direkt von Seil zu Seil durchgeführt, sondern man verwendet immer einen Schäkel. Zum Verbinden zweier Seilenden werden Kauschen mit Schäkel benutzt. Statt eines Schäkels kann man auch ein Kettennotglied mit Schraubverschluß verwenden.

Seile sollten nicht geknotet werden! Nur für eine vorübergehende Verbindung oder Verlängerung benutzt man einen Knoten, z.B. Doppelknoten (Englischer Knoten).

Die bei den Seilen angegebenen Bruchlasten werden nur mit sicheren Endverbindungen erreicht.

In der Antennenindustrie werden bei den Antennenabspannseilen (Parafil) immer Endverbinder eingesetzt. Bei kleinen Seildurchmessern wird das Seilende umgebogen, mit einer Kausche gesichert und dann mit einer speziellen einfachen oder doppelten Preßklemme (Talurit) aus Alulegierung mit dem Seil verbunden. Für das dazu notwendige stufenweise Pressen werden Spezialwerkzeuge benötigt. Bei den größeren Seildurchmessern gibt es spezielle selbstklemmende kegelförmige Endverbinder in Form einer Gabel aus Alulegierung. Damit wird die Belastung in der Endverbindung auf die einzelnen Fasern des Kerns verteilt.

Bei den Amateuren wird ersatzweise als Endverbindung eine Kausche mit einer Duplexklemme verwendet. Anstelle einer Duplexklemme können ersatzweise zwei Simplexklemmen oder zwei KO-Klemmen eingesetzt werden.

Bei Simplexklemmen, KO-Klemmen und Knoten kann man die Werte der Bruchlast nicht erreichen, es ergibt sich eine Reduzierung um 30 bis 50%. Da nicht alle Fasern geklemmt sind, reißt das Seil schon bei geringerer Belastung. Dabei wird entweder der Kern aus dem Mantel gezogen, oder das Seil aus der Klemme.

33.5 Rotoren

Rotoren dienen zum Drehen von Richtantennen in Antennenanlagen. Man unterscheidet zwischen Horizontal-Rotoren (Azimuth) und Vertikal-Rotoren (Elevation) /2/, /8/ und /23/.

Die wichtigsten technischen Kennwerte [5.1] sind:

Tragfähigkeit in kg

Die Tragfähigkeit oder vertikale Belastbarkeit ist meist von geringer Bedeutung. Da KW-Beams max. 50 kg und UKW-Beams max. 15 kg wiegen, reichen Rotoren mit einer max. Tragfähigkeit von 200 kg völlig aus.

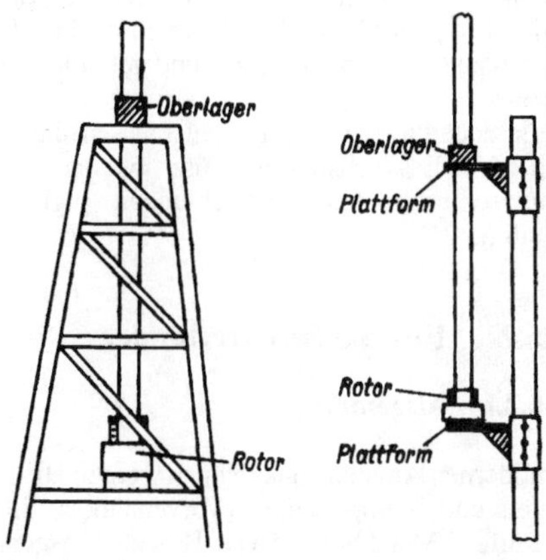

Bild 33.5.1
Oberlagerbefestigung
links: Gittermast
rechts: Rohrmast

Biegemoment in Nm

Das zulässige Biegemoment ist der wichtigste Kennwert eines Rotors. Die Windlast der Antenne ergibt mit der Länge des Drehrohres das Biegemoment am Rotor. Mit einem Oberlager wird der Rotor entlastet. **Bild 33.5.1** zeigt die Möglichkeiten der Montage eines Oberlagers auf einem Gittermast und an einem Standrohr.

Eine weitere Möglichkeit der Rotorentlastung ist der Einbau in ein „koaxiales Drehrohr“ mit „Rotor unter Dach“ /17/.

Manchmal ist in der Biegemomentangabe auch noch ein Sicherheitsfaktor enthalten.

Manche Hersteller geben die max. Windfläche der Antenne an in m^2, ohne den zugehörigen Hebelarm. Dieser ist oft 1 m.

Bremsmoment

Das Bremsmoment ist bei großen Antennenanlagen wichtig.

Der Rotor soll eine Bremse haben, welche die Antenne in jeder gewählten Richtung bei jedem Wind festhält. Es gibt Scheibenbremsen und Sperrkeilbremsen. Eine Bremse schützt das Getriebe.

Drehmoment

Das Drehmoment ist normalerweise nur beim Start der Drehbewegung wichtig. Für die Drehung selbst ist sehr wenig Moment notwendig. Die Umlaufzeit für eine Umdrehung liegt bei 50 bis 70 s. Die Motorspannung beträgt meist 24 bis 26 V, selten 28 V. Der Drehwinkel von Horizontal-Rotoren ist in der Regel 360 bis 390°, von Vertikal-Rotoren 180 bis 185°. Die Anzeige ist meist analog mit einem Drehspulinstrument, selten digital. Manche Rotoren haben eine einstellbare Richtungsvorwahl. Besonderheiten wie einstellbare Drehzeit finden sich seltener, ein Computeranschluß ist aber inzwischen öfters zu finden.

33.6 Verbindungen

33.6.1 Verbinder

Im Antennenbau werden bei Antennen folgende Verbinder eingesetzt:

Steckverbinder
Klemmverbinder
Schraubverbinder
Quetschverbinder
Spleißverbinder

Nachdem diese Verbinder nicht zugfest sind müssen an den Verbindungsstellen Zugentlastungen durch Isolationseier o.ä. vorgesehen werden.

Steckverbinder

Diese aus der Fahrzeugtechnik stammenden Kfz-

Steckverbinder ermöglichen ein einfaches und schnelles Trennen von Antennenleitungen. Diese Stecker gibt es als Flachstecker oder Rundstecker. Die Gegenstücke zu den Steckern sind die entsprechenden Hülsen. Die Verbinder bestehen aus Kupfer oder Messing, verzinnt und haben meistens eine Kunststoffisolation (PVC oder Nylon), deren Farbe die Kabelstärke markiert. Die Anschlüsse der Steckverbinder werden nicht gelötet, sondern gequetscht. Das dazu notwendige Werkzeug ist eine „Quetsch- und Abisolierzange", auch „Crimpzange" genannt.

Die Flachstecker gibt es in Breiten von 2,8 ; 4,8 und 6,3 mm und 8 mm Länge. Standard sind die 6,3-mm (= ¼") -Flachstecker mit einem Anschluß von 6,3 x 0,8 mm, entweder offen oder isoliert. Die Isolationsfarbe entspricht der Kabelstärke. Rot ist für Kabeldurchmesser 0,5 bis 1,25 mm, blau für 1,25 bis 2,5 mm und gelb für 2,5 bis 5,0 mm.

Die Rundstecker gibt es mit den Durchmessern 4 mm und 5 mm und einer Länge von 9 mm. Die Isolationsfarbe entspricht wieder der Kabelstärke. Rot für Kabelquerschnitte 0,5 bis 1 mm^2, blau für 1,5 bis 2,5 mm^2 und gelb für 4,0 bis 6,0 mm^2.

Klemmverbinder

Die Verbindung erfolgt über Lüster- bzw. Lusterklemmen oder Anschlußklemmen. Dabei gibt es einpolige Klemmen, zwei- und dreipolige Klemmenblöcke und mehrpolige (12-polige) teilbare Klemmenleisten. Das Material der Blöcke kann weißes Porzellan glasiert sein, das Material der Klemmleisten sind transparente oder farbige Kunststoffe (Polycarbonat, Nylon, Polyamid, Polyäthylen oder Thermoplast). Die Klemmbolzen sind meist aus Messing, die Schrauben aus chromatisiertem Stahl. Die Schrauben müssen vor einem Einsatz im Freien durch rostfreie Schrauben ersetzt werden. Es ist zweckmäßig für Antennenlitzen bei Klemmverbindern Adernendhülsen zu verwenden. Das sind kleine dünnwandige Metallröhrchen, die auf die mehrdrähtigen Leitungsadern aufgeschoben werden. Die Hülsen werden anschliessend mit einer Quetschzange festgedrückt, damit alle Adern beim Klemmen elektrischen Kontakt haben. Es gibt bei den Adernendhülsen blanke und teilisolierte Ausführungen.

Schraubverbinder

Die Verbindung erfolgt über Kabelschuhe oder Kabelösen, die mit einer Schraube verbunden werden. Die Kabelschuhe können Ringform oder Gabelform haben. Das Material der Kabelschuhe ist Kupfer verzinnt. Die Lochdurchmesser sind: 3,2; 4,3; 5,3 und 6,5 mm entsprechend für M3, M4, M5 und M6. Die Anschlüsse der Kabelschuhe werden mit einer Crimpzange gequetscht. Es gibt Kabelschuhe mit und ohne Isolation. Die Farbe der Isolation markiert wieder die Kabelstärke. Rot für Kabelquerschnitte 0,5 bis 1 mm^2, blau für 1,5 bis 2,5 mm^2 und gelb für 4,0 bis 6,0 mm^2. Es gibt auch lötfreie Kabelschuhe ohne Isolation für metrische Lochdurchmesser z.B. 5 und 6 mm.

Vorsicht: Löten ist bei Litzen und im Freien problematisch. Die Adern brechen am Lötende, wenn sie bewegt werden und das Lötzinn ist nicht korrosionsfest. Kabelschuhe nur zum Löten, bestehen aus hartem Material, meistens verzinktem Eisen und rosten daher im Freien nach kurzer Zeit.

Quetschverbinder

Diese Verbinder werden auch als Crimpverbinder oder Stoßverbinder bezeichnet. Die voll isolierten Crimpanschlüsse sind mit einem trichterförmigen Leitungseingang und einem Leitungsstop versehen. Die Isoliermuffe wird dabei nicht auf die Kabelisolierung gepreßt. Das Isoliermaterial (Nylon) steht links und rechts über das Klemmmaterial (verzinnte Kupferlegierung) hinaus. Zur Prüfung der Crimpverbindung sind die Verbinder oft mit einer durchsichtigen Isolierung versehen. Es gibt auch Quetschverbinder mit Schrumpfschlauch und Kleber. Nach dem Einführen der beiden Leitungen bis zum Leitungsstop wird das Klemmmaterial mit einer Crimpzange gequetscht und anschließend mit einem Heißluftgebläse die Stelle solange erhitzt bis der Kleber an den Enden austritt. Die Leitungsverbindung ist dann feuchtigkeitsdicht.

Spleißverbinder

Das sind isolationsdurchstoßende Schnellverbinder, für einfache meist kurzzeitige Anschlüsse. Dabei kommen selbsttätig abisolierende Schneidklemmenkontakte zum Einsatz. Der Spleißverbinder wird mit einer Standardzange (Flachzange) bedient. Diese Verbindungsmethode geht für Voll- oder Litzendrähte von 0,5 bis 6,0 mm^2. Die Farbe des Spleißverbinders markiert wieder die Kabelstärke. Rot geht für den Drahtbereich 0,50 bis 0,75 mm^2, blau für ,1,0 bis 2,5 mm^2 und gelb für 4,0 bis 6,0 mm^2.

Für dauerhafte Verbindungen müssen die Verbinder noch korrosionsgeschützt werden durch Schutzschichten bzw. Abdichtungen (vgl. Abschnitt 33.2.2).

33.6.2 Koaxial-Steckverbinder

33.6.2.1 Allgemein

In modernen Amateurfunkanlagen werden HF-Leitungen und Komponenten (Vorverstärker, Filter, Endstufe, Matchbox, SWR-Brücke, Antenne) hauptsächlich über koaxiale HF-Stecker miteinander verbunden [6.1] - [6.6].

HF-Steckverbinder sind lösbar, entweder einrastend gesteckt oder verschraubt. Sie bestehen aus zwei Teilen, die elektrisch und mechanisch miteinander verbunden werden können und in die HF-Leitung eingefügt werden. Durch den koaxialen Aufbau sind sie weitgehend unempfindlich. Ihre konstruktive Ausführung wird bestimmt durch mechanische, elektrische und klimatische Forderungen.

Um gute Übertragungseigenschaften einer Steckverbindung zu erhalten, muß der Wellenwiderstand des Steckers dem Wellenwiderstand der HF-Leitung entsprechen.

HF-Stecker können allgemein in zwei Gruppen eingeteilt werden:

symmetrische (geschlechtslose) Stecker

Dabei werden zwei Stecker mit gleichem Aufbau zusammengesteckt. Zur Erzeugung einer stabilen Verbindung lassen sich die Stecker federnd verbinden und fixieren.

z.B.: Dezifix, PC7 und Twin-Stecker

unsymmetrische (polarisierte) Stecker

Hier wird ein starrer Stecker mit einer federnden Buchse zusammengesteckt.

Zur Erzeugung einer stabilen Verbindung besitzen die HF-Stecker meist eine Überwurfmutter oder einen Bajonettverschluß. Die Stecker können gelötet und gecrimpt sein. Es ist empfehlenswert die Steckverbindung nach der Montage zu kontrollieren. Häufig auftretende Fehler sind Kurzschlüsse zwischen Innen- und Außenleiter. Aufgrund der großen Stromdichte, den kleinen Kontaktflächen und der vergleichsweise geringen mechanischen Stabilität von koaxialen HF-Steckverbindungen ist besonderes Augenmerk auf die Innenleiter zu legen.

Hochwertige HF-Steckverbinder besitzen kompensierte Querschnittsübergänge, galvanische Mehrfachkontakte, zentrische Innen- und Außenleiter, selbstreinigende Kontakte und plane metallische Flächen. Um durch Korrosion verursachte Übergangswiderstände zu vermeiden, werden die äußeren Metallteile aus rostfreiem Stahl, Messing, BE-Bronze oder Kupfer mit versilberter Oberfläche gefertigt. Der Innenleiter ist immer versilbert oder vergoldet ausgeführt.

Die maximale zulässige Betriebsfrequenz eines Steckers ist durch das Auftreten von Hohlraumresonanzen bestimmt und somit vom Steckertyp abhängig.

33.6.2.2 Steckertypen

Die folgenden Steckertypen sind unsymmetrische (polarisierte) Stecker.

Typ UHF

Erster Koaxialstecker, Mitte der 30er Jahre in USA aus dem 4 mm Bananenstecker entwickelt, in dieser Zeit wurden Frequenzen über 30 MHz als UHF bezeichnet, kein definierter Wellenwiderstand, technische Werte sind abhängig vom Hersteller, aber brauchbar bis 150 MHz, mit Schraubverschluß, nicht spritzwasserdicht, durch Stirnzahnung verdrehsicher, Isolierteile: Bakelit (braun), Makrolon (weiß), bekanntester HF-Stecker, auch Amphenol-Stecker oder PL-Stecker genannt [6.7] - [6.12], der UHF-Stecker wird scherzhaft auch bezeichnet als: **U**ngeeignet für **H**och-**F**requenz.

Die Miniatur-UHF-Serie ist die verkleinerte UHF-Version, sie besitzt einen definierten Wellenwiderstand von 50 Ω und ist einsetzbar bis 2,5 GHz.

Typ N

Erster richtiger Koaxialstecker mit Reaktanzkompensation, während des Krieges in USA für RADAR entwickelt, nach dem ersten Buchstaben seines Entwicklers *Paul Neill* benannt, brauchbar bis 10 (18) GHz, für höhere Leistungen geeignet, 50 Ω oder 75 Ω Wellenwiderstand, mit Schraubverschluß, spritzwasserdicht und trittfest. Die 75 Ω Variante hat einen kleineren Innenleiterdurchmesser. Stecker mit verschiedenen Wellenwiderständen dürfen nicht miteinander gekoppelt werden!

Schraubverbindungen stellen die sicherste und dämpfungsärmste Verbindungsart dar. Es sind verschiedene Modelle von N-Steckern erhältlich, wobei diejenigen mit einer Fixierung des Innenleiters am zuverlässigsten sind. Hier wird der „Mittelpin" mit Teflonteilen festgehalten, wodurch das Vor- bzw. Zurückgleiten des Innenleiters bei großen Kabellängen und Temperaturdifferenzen verhindert wird.

Typ C

Wurde auch während des Krieges in USA für RADAR entwickelt, nach dem ersten Buchstaben seines Entwicklers *Carl **C**oncelman* benannt, erster Bajonett-Stecker für HF, brauchbar bis 10 GHz, 50 Ω Wellenwiderstand, für höhere Leistungen geeignet, spritzwasserdicht.

Typ BNC

Kleiner Bajonett-Stecker für HF, gemeinsam von *Neill* und *Concelman* entwickelt, Bezeichnung BNC = **B**ayonet **N**eill-**C**oncelman, für rasches Umstecken, 50 Ω und 75 Ω Wellenwiderstand, bei 50 Ω bis 4 GHz, bei 75 Ω bis 1 GHz geeignet, alle 50 Ω und 75 Ω Verbinder können untereinander gekoppelt werden, weit verbreiteter HF-Stecker.

BNC-Stecker werden meist im VHF- und UHF-Bereich und in der Meßtechnik eingesetzt. Ihre leichte Lösbarkeit und die geringen mechanischen Abmessungen sind sehr vorteilhaft. Sie besitzen allerdings den Nachteil, daß sie nur wenig mechanisch belastbar und nicht trittfest sind.

Typ TNC

Für Flugzeuganwendung (Vibration) wurde der BNC mit Schraubanschluß entwickelt, (TNC = **T**hreaded **N**eill-**C**oncelman), 50 Ω und 75 Ω Wellenwiderstand, bei 50 Ω bis 11 GHz, bei 75 Ω bis 1 GHz geeignet, alle 50 Ω und 75 Ω Stecker sind miteinander koppelbar, Anwendung: Flugzeug-, Schiffs- und Fahrzeugbau.

Typ SM

Kleine und preiswerte Koaxialverbinder für den Mikrowellenbereich sind die SM-Stecker (SM = **S**ub **M**iniatur). Subminiatur-Stecker der Typen A, B, C und G werden meist für die Verbindung von Baugruppen in Gehäusen oder Einschüben benutzt. Isolation ist Teflon (PTFE), Kontakte sind vergoldet, Wellenwiderstand ist 50 Ω, einsetzbar ohne Spezifikationen je nach Typ.

SMA: mit Schraubverschluß, Anfang der 70er Jahre als Typ JMC von der Fa. *Johnson* für Vollmantelkabel (semirigid) entwickelt, bis max. 25 GHz einsetzbar, bis 18 GHz für Vollmantelkabel, bis 12 GHz für flexible Kabel. SMA-Stecker ohne Innenleiter werden auf Festmantelkabel montiert, wobei der Innenleiter des Kabels als Innenleiter des Steckers wirkt.

SMB: steckbar mit mit Schnappverschluß (Nut und Feder), bis max. 10 GHz geeignet, anders polarisiert: Buchse hat einen Stift, Stecker hat eine Hülse!

SMC: steckbar mit Überwurfmutter, bis maximal 10 GHz geeignet, anders polarisiert: Buchse hat einen Stift, Stecker hat eine Hülse!

SMG: steckbar für Einschübe, ähnlich der Serie SMB.

Typ Cinch

Wird in USA und Japan bei älteren Geräten als HF-Stecker für Kurzwelle verwendet.

Typ DIN/IEC

Allgemeiner Koaxialsteckverbinder für Rundfunk- und Fernsehantennen. 75 Ω, nach DIN 45325 und IEC 169-2.

Typ F

Koaxialverbinder dieser Reihe werden bei Gemeinschafts-Antennenanlagen und bei Satellitenanlagen eingesetzt, 75 Ω (Wellenwiderstand nicht konstant). einsetzbar bis 1 GHz, Schraubanschluß.

Typ FME

Wird auch als SAP bezeichnet. Miniaturisierte koaxiale Steckverbinder speziell für den Einsatz im Mobilfunkbereich, durch die kleinen Abmessungen ist ein Einbau in Fahrzeugen möglich, einsetzbar bis 2 GHz, 50 Ω Wellenwiderstand, Crimpanschluß, Isolation ist Teflon oder PP

Mit Adapter sind die einzelnen Steckverbindersysteme untereinander umrüstbar.

Bezugsquellen für koaxiale Steckverbinder sind /2/, /3/, /4/, /8/, /9/, /10/, /11/, /24/ und /25/.

33.7 Antennenaufbau

Es gibt verschiedene Methoden seine Drahtantenne hoch zu montieren. Sei es, daß man hohe Bäume als Befestigungspunkte benötigt oder daß man den Draht über Hindernisse, wie Häuser, Bäume oder Büsche spannen muß.

Wurfmethode
Schleudermethode
Pfeil- und Bogen-Methode
Rotationsmethode
Ballonmethode
Drachenmethode
Raketenmethode

Wurfmethode

Als Wurfleine empfiehlt sich ein etwa 0,3 mm dünner Perlonfaden, der im Angler-Geschäft (Angelrolle) oder als Drachenschnur im Spielwarenladen erhältlich ist. Die Leine soll am Boden auf einer Plastikunterlage kreisförmig oder achterförmig locker ausgelegt werden und am Ende haltbar befestigt sein. Die Länge der ausgelegten Leine muß deutlich größer sein, als die anvisierte Höhe. Am freien Ende der Wurfleine wird in einem Zwiebelnetz oder Tomatennetz ein Gewicht befestigt. Im Freien kann das ein Stein, einige Schrauben oder eine Handvoll Bleikugeln aus einem Angler-Geschäft sein. Im bebauten Gebiet ist es aus Sicherheitsgründen zweckmäßiger einen kleiner Vollgummiball („Flummi“) von etwa 5 cm Durchmesser zu verwenden [7.1], [7.2]. Ein anderes für diesen Zweck leicht herstellbares Gewicht ist eine kleine mit Wasser gefüllte Plastiktüte [7.3].

Wenn der Wurf erfolgreich war, kann die Wurfschnur durch eine stärkere Zugschnur ersetzt werden und damit dann der Antennendraht hochgezogen werden. Die Wurfübung ist nicht ganz leicht und es können nur mittlere Höhen von 6 bis 8 m erfolgreich überwunden werden. Die eigene Wurfkraft kann aber durch mechanische Hilfsmittel verstärkt werden.

Schleudermethode

Eine Wurfschleuder bietet sich dafür an. Eine einfache Schleuder läßt sich aus einer Astgabel und einem Gummizug basteln. Als „Steckdosenamateur“ kann man diese auch in einem Jagdwaffen- oder Anglergeschäft kaufen (Fischfutterschleuder). Komfortabler ist die Kombination aus einer Schleuder und einer Aufspulvorrichtung für Anglerleinen (Wurfangelrolle) [7.4]. In USA gibt es solche „EZ Hang Kits“ zu kaufen, wie aus Inseraten in Amateurfunkzeitschriften ersichtlich ist.

Pfeil- und Bogen-Methode

Pfeile werden an ihrem hinteren Ende, in der Nähe der Sehnenkerbung, jedoch nicht in ihrem Plastik-

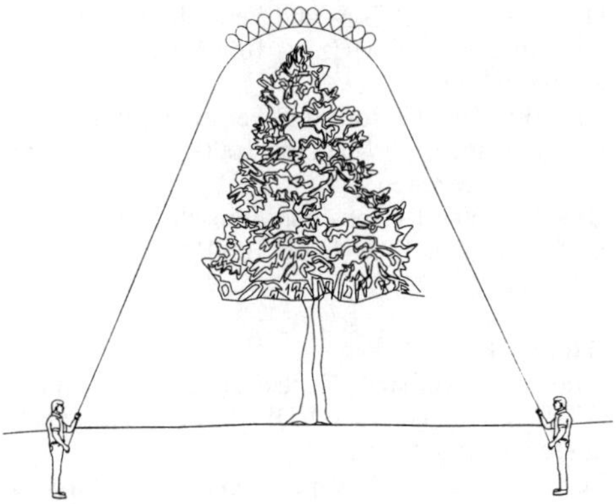

Bild 33.7.1
Antennenaufbau nach der Ballonmethode

Endteil selbst, mit einer feinen Querbohrung versehen. Durch die Bohrung wird das Ende einer Flugsehne (Flugschnur 0,3 mm ∅) verknotet. Wenn der Pfeil nach erfolgreichen Schuß wieder erreichbar ist, wird die Flugschnur durch eine stärkere Zugschnur ersetzt und die Antenne hochgezogen [7.5]. Mit dieser Methode ist es auch möglich die Schnur durch belaubte Baumkronen zu schießen.

Rotationsmethode
Diese recht vorteilhafte Methode hat *DJ4IJ* aus Afrika mitgebracht [7.6]. Dazu wird ein Stein über ein Stück Schnur mit ausgestrecktem Arm in eine rotierende Bewegung gebracht und nach drei bis vier Rotationen zum geeigneten Zeitpunkt freigegeben. Zweckmäßig übt man dies vorher auf einer freien Wiese. Damit ist es möglich Höhen von 10 m und mehr zu erreichen.

Ballonmethode
Für diese Methode benötigt man etwa 1 Dutzend Partyballons, einen kleinen Heliumtank, zwei Spulen mit leichter Nylonschnur, einen willigen Helfer und einen Tag mit wenig oder keinem Wind [7.7].

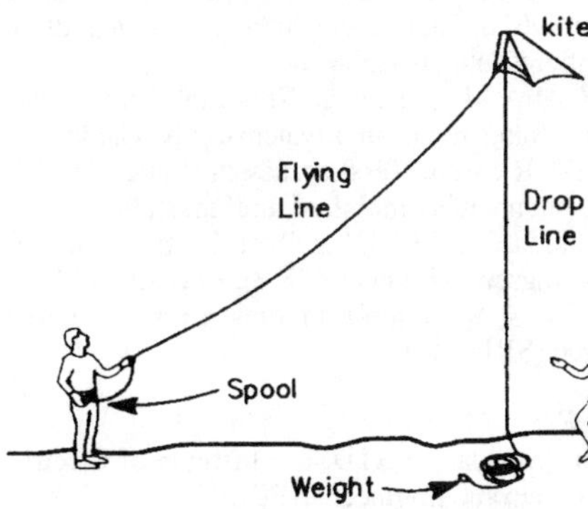

Bild 33.7.2
Antennenaufbau nach der Drachenmethode

Nachdem beide Leinen mit einem Knoten verbunden worden sind werden die Ballons mit Heliumgas gefüllt und an die Nylonschnur geknotet. An beiden Enden der Schnur werden die Spulen von den Personen gehalten. Die Ballons schweben mit der Schnur in die Luft und die Kunst besteht nun darin die Leine mit den Ballons über ein Hindernis zu bringen (**Bild 33.7.1**). Dabei bewegen sich die beiden Personen seitwärts. Wenn man die Leine etwa im Baum z.B. bei einer Astgabel fixieren will wird ein Ende am Baum oder in der Nähe festgemacht und das andere Ende vom Baum weggezogen. Dabei werden die Leinen auf- oder abgespult.

Drachenmethode
Für diese Methode benötigt man einen Drachen mit zwei Schnüren, eine Flugschnur und eine Hängeschnur und eine Hilfsperson [7.8]. Am Ende der Flugschnur ist eine Spule (Spindel), am Ende der Hängeschnur ein Gewicht. Wenn der Drachen über einem Baum in Position gebracht worden ist, zieht die Hilfsperson an der Hängeschnur und holt den Drachen ein (**Bild 33.7.2**). Der Drachen wird abmontiert und das Ende der Flugschnur wird dann am Baum befestigt. Das andere Ende der Flugschnur wird über einen Isolator mit dem Antennendraht verbunden. Es ist nicht sinnvoll anstelle der Flugschnur einen dünnen Antennendraht zu verwenden. Einerseits kann sich ein Draht leichter in den Bäumen verwickeln und andererseits besteht in der Nähe von Freileitungen dabei Lebensgefahr.

Raketenmethode
Nachdem Funkamateure findige Leute sind, kamen sie auch auf die Idee Raketen zum Antennenaufbau einzusetzten [7.10]. Mit großen Silvesterraketen lassen sich Steighöhen von über 20 m erreichen. Die Rakete wird schräg nach oben unter 45° ausgerichtet. Als Startrampe genügt ein einfaches etwa 80 cm langes Alu-Rohr. Als Schlepplast dient ein 80 m langer Bindfaden. Eigenbauraketen mit Stab und Treibsatz erreichen mit Bindfaden Höhen von mehr als 60 m bei 60° Abschußwinkel. Damit kann man die Wipfel der höchsten Bäume überfliegen.

33.8. Antennenvorschriften

Für Antennen und Antennenanlagen gibt es eine Vielzahl von Vorschriften (Normen) für Definition, Errichtung, Betrieb, Messung, Prüfung, Abnahme usw. Eine Norm ist das Ergebnis einer auf nationaler, regionaler (europäischer) oder internationaler Ebene durchgeführten Vereinheitlichung als Maßstab für fachgerechtes Verhalten. Die Anwendung ist frei, es kann sich aber aus Rechts- oder Verwaltungsvorschriften oder Verträgen eine Anwendungspflicht ergeben. Man unterscheidet

zwischen deutschen, ausländischen und internationalen technischen Vorschriften:
DIN IEEE
DIN IEC MIL
DIN VDE ITG
EIA Vfg (BMPT)
FTZ VG

In diesem Kapitel verwendete Abkürzungen:
B Blatt
E Entwurf (auf gelbem Papier gedruckt)
Reaff reaffirmed = wieder bestätigt
Rev revision = Überarbeitung
T Teil
V Vornorm (auf hellblauem Papier gedruckt)

DIN

Normen des Deutschen Instituts für Normung (DIN).
Bezugsquelle: Beuth-Verlag GmbH,
Burggrafenstr. 6, 10772 Berlin
DIN 1055 T4 Lastannahmen für Bauten (Windlast)
DIN 4131 Antennentragwerke aus Stahl
DIN 40700 B3 Schaltzeichen, Antennen
DIN 40900 T10 Graphische Symbole,
Kapitel 2 Antennen
DIN 45 003 Meßverfahren für Fernsehrundfunk-Empfangsantennen 30 bis 1000MHz
DIN 45004 Meßverfahren für Antennenverstärker für Ton- und Fernsehrundfunkanlagen 0,1 bis 1000 MHz
DIN 45005 Ortsfeste Rundfunk-Empfangs-Antennenanlagen, Begriffe
DIN 45 030 B2 Antennengattungen und Antennenformen
DIN 45 315 Steckvorrichtung für Antenne und Erde
DIN 45 316 Steckvorrichtung für UKW-Antennen
DIN 45317 Steckvorrichtung für Fernsehrundfunk-Empfangsantennen DIN 45 325 T1-T3 Koaxiale Steckverbinder für Rundfunk-Empfangsantennen

DIN IEC

Eine deutsche Norm, in die eine Norm der International Electrotechnical Commission (IEC) unverändert übernommen wurde.
Bezugsquelle: Beuth-Verlag GmbH, Burggrafenstr. 6, 10772 Berlin
E DIN IEC 12D8 Meßverfahren für Antennen für bewegliche Funkdienste, Begriffe
E DIN IEC 12D20 Meßverfahren, Fahrzeugantennen
E DIN IEC 12D22 Meßverfahren, Schiffsantennen
E DIN IEC 12D26 Meßverfahren, Flugzeugantennen
DIN IEC 489 T8 Meßverfahren, Mobilantennen
DIN IEC 510 T2-1 Meßverfahren, Satelliten-Erdfunkstellen, Antenne (einschließlichNetzwerk)
DIN IEC 597 T1 Ton- und Fernsehrundfunkempfangsantennen, 30 MHz bis 1000 MHz, Eigenschaften
DIN IEC 597 T2 Ton- und Fernsehrundfunkempfangsantennen, 30 MHz bis 1000MHz, elektrische Meßverfahren
DIN IEC 597 T3 Ton- und Fernsehrundfunkempfangsantennen, 30 MHz bis 1000MHz, mechanische Meßverfahren
DIN IEC 597 T4 Ton- und Fernsehrundfunkempfangsantennen, 30 MHz bis 1000MHz, Antennendatenblatt

DIN VDE

Eine vom Verband Deutscher Elektrotechniker (VDE) im Sinne einer VDE-Bestimmung genehmigte deutsche Norm.
Bezugsquelle: VDE-Verlag GmbH, Bismarckstr. 33, 10591 Berlin
DIN VDE 0855 T1 Errichtung und Betrieb von Antennenanlagen
DIN VDE 0855 T2 Funktionseignung von Empfangsantennenanlagen
V DIN VDE 0855 T11 Rundfunk-Empfangsantennenanlagen mit Satelliten-Empfangseinrichtungen
V DIN VDE 0855 T12 Baueinheiten für Rundfunk-Empfangsantennenanlagen mit Satelliten-Empfangseinrichtungen

EIA

Norm der Electronic Industries Association (EIA).
Bezugsquelle: EIA Engineering Department, 2001 Eye Street NW, Washington, DC 20006, USA
RS-329-A Minimum Standards for Land-Mobile Communication Antennas, Part I - Base or Fixed Station Antennas (Rev. of RS-329)

FTZ

Technische Richtlinien des ehem. Fernmeldetechnischen Zentralamts (FTZ) der Deutschen Bundespost (DBP).
Bezugsquelle: Deutsche Bundespost Telekom Forschungszentrum für Entwicklung und Technologie, Postfach 10003, 64276 Darmstadt oder Konrad-Adenauer-Ring 33, 65187 Wiesbaden
1 R 8-15 Bedingungen und Empfehlungen für den Anschluß privater Breitbandan-lagen/ Rundfunk-Empfangsantennenanlagen
17 R 24 A Messungen an Rundfunk-Empfangsantennenanlagen und an privatenBreitbandanlagen
171 R 9 Richtlinie für die zulässige Länge der Fahrzeugantennen bei mobilenLandfunkstellen
174 TL 2 u. TL 3 Satelliten-Kommunikations-Empfangseinrichtungen (SKE); Ersatzfür 174 TL
174 TL 4 Satelliten-Rundfunk-Empfangseinrichtungen (SRE)

IEEE

Norm (Standard = STD) des Institute of Electrical and Electronic Engineers (IEEE).
Bezugsquelle: IEEE Inc., 345 East 47th Street, New York, NY 10017, USA

Std 145-1983 Definition of Terms for Antennas
Std 149-1979 Test Procedures for Antennas (Reaff 1986)

MIL
Militär (MIL) Spezifikationen und Standards (STD) des US-Verteidigungsministeriums (Army, Navy, Air Force).
Bezugsquelle: Superintendent of Documents, US Government Printing Office, Washington, DC, USA
MIL-E-5400H General Specification for Airborne Electronic Equipment
MIL-A-25708/1C General Specification for L-Band Blade Antenna
MIL-A-25730C General Specification for Antenna Subsystems for Airborne Identification and Navigation
MIL-STD-877 Criteria for Design and Location of Airborne Antenna Subsystems

ITG / NTG
Empfehlungen der in Informationstechnische Gesellschaft (ITG) im Verband Deutscher Elektrotechniker (VDE), früher Nachrichtentechnischen Gesellschaft (NTG).
Bezugsquelle: Informationstechnische Gesellschaft im VDE (ITG), Stresemannallee 15, 60596 Frankfurt
ITG 2.1/02 Begriffe aus dem Gebiet der Antennen, Elektrische Eigenschaften und Kenngrößen. früher NTG 2.1/01 (Empfehlung 1986), (Weiterentwicklung der NTG Empfehlung NTG 1301 aus dem Jahre 1969)
NTG 1302 Antennengattungen und Antennenformen, Begriffe (Entwurf 1961)

Vfg (BMPT)
Technische Vorschriften der ehem. Deutschen Bundespost (DBP). Verfügung (Vfg) des Bundesministers für Post und Telekommunikation (BMPT), früher Amtsblattverfügung (AmtsblVfg) oder Postverfügung (Vfg).
Bezugsquelle: Institut für Rundfunktechnik (IRT), Floriansmühlstr. 60, 80939 München
Vfg 1071/1985 Bedingungen und Empfehlungen für den Anschluß privater Breitbandanlagen/ Rundfunk-Empfangsantennenanlagen
Vfg 191/1986 Änderung der Bestimmungen über Rundfunk-Empfangsantennenanlagen (Gemeinschaftsantennenanlagen mit aktiven elektronischen Bauteilen)
Vfg 983/1986 Allgemeine Genehmigung für Rundfunk-Empfangsantennenanlagen
Vfg 985/1986 Ergänzung der Technischen Vorschriften für Rundfunk-Empfangsantennenanlagen (Satelliten-Empfangseinrichtung)
Vfg 519/1987 Erteilen von Genehmigungen für Satelliten-Kommunikations-Empfangseinrichtungen (SKE)
Vfg 641/1987 Erteilen von Genehmigungen für SKE; (Zusammenstellung derFrequenzen)
Vfg 1106/1988 Technische Spezifikationen für Rundfunk-Empfangsantennenanlagen/private Breitbandverteilanlagen und für verwendete Baueinheiten
Vfg 873/1989 Technische Spezifikationen für Rundfunk-Empfangsantennenanlagen/private Breitbandverteilanlagen (Verlängerung der Übergangszeit) '
Vfg BMPT 64/1990 Erteilen von Genehmigungen für private SKE(Fernmeldefrequenzen)
Vfg BMPT 175/1990 Genehmigungen für Gemeinschaftsantennenanlagen mit aktiven elektronischen Baueinheiten im Beitrittsgebiet

VG
Normen der Bundeswehr. Verteidigungs-Geräte (VG) Norm des Bundesamtes für Wehrtechnik und Beschaffung (BWB).
Bezugsquelle: Beuth-Verlag GmbH, Kamekestr. 2-8, 50672 Köln
VG 95371 T1 Elektromagnetische Verträglichkeit, Allgemeine Grundlagen, Kapitel 2.1 Schaltzeichen Antennen
VG 95377 T13 Elektromagnetische Verträglichkeit, Meßeinrichtungen und Geräte, Meßantennen und Meßspulen

33.9. Errichtung von Antennen

33.9.1. Genehmigungen

Wer Antennen errichten will braucht Genehmigungen. Wie kommt man zu einer Antenne? Wie ist die Rechtslage für den Aufbau?

Entsprechende Informationen findet man in [9.1] bis [9.7].

Baugenehmigungen
Grundsätzlich sind Antennen bauliche Anlagen und damit genehmigungspflichtig. Beim Errichten von Antennenanlagen sind die Bauordnungen der Länder zu beachten. In den meisten Bauordnungen sind Antennenanlagen bis zu einer Höhe von 10 m genehmigungsfrei.

Das bedeutet, daß der Amateur bis zu dieser Höhe Antennenanlagen errichten kann ohne eine Baugenehmigung bei der Gemeinde zu beantragen. Höhere Antennenanlagen benötigen eine Baugenehmigung. Diese wird nicht immer erteilt!

Besonderheiten bestehen in folgenden Ländern:
Hamburg: Genehmigungsfrei sind Antennenanlagen mit stabförmigen Antennen und Antennenträger bis zu einer Gesamthöhe einschließlich An-

tennenträger von 6 m. Nicht freigestellt sind Sendeantennenanlagen mit einer Strahlungsleistung von mehr als 10 W (EIRP).

Hessen: Genehmigungsfrei sind Antennenanlagen bis zu 5 m Höhe und einer Strahlungsleistung bis 10 W (EIRP). Antennenanlagen über 5 m bis 12 m Höhe, bei einer Gesamtstrahlungsleistung von mehr als 10 W (EIRP), wenn die gesundheitliche Unbedenklichkeit durch eine Genehmigung, Zulassung oder amtliche Bescheinigung festgestellt wird.

Sachsen-Anhalt: Genehmigungsfrei sind Antennenanlagen bis zu 10 m Höhe, ausgenommen Sendeanlagen ab 10 W.

Der Begriff Antennenanlage umfaßt den Antennenmast einschließlich Ausleger und Antennen. Die Höhe ist dabei gerechnet vom Mastfuß bis zum höchsten Punkt der Antennenanlage. Die Höhe des Gebäudes, auf dem die Antenne steht, wird nicht berücksichtigt. Bei einem Flachdach eines Hochhauses, 30 m über Grund, kann die Anlagenspitze 40 m über Grund sein. Bei einem Giebeldach kommt es nicht darauf an wo der Mast die Dachhaut durchstößt, sondern nur an welcher Stelle der Mastfuß aufsteht [9.8]. Bei selbstständigen Antennenanlagen ist die Höhe von der Geländeoberfläche zu messen. Der Bauantrag ist schriftlich bei der Gemeinde einzureichen, die ihn mit ihrer Stellungnahme an die Bauaufsichtsbehörde (= Baugenehmigungsbehörde) weiterleitet. Mit dem Bauantrag sind alle für die Beurteilung und Bearbeitung erforderlichen Unterlagen (Bauvorlagen) einzureichen. Auf die Erteilung einer Baugenehmigung für eine Antennenanlage besteht ein Anspruch, wenn dem Vorhaben keine öffentlich-rechtlichen Vorschriften entgegenstehen. Es kommt darauf an, ob für die Gegend ein Bebauungsplan existiert und ob dieser die Errichtung von Antennenanlagen einschränkt oder ausschließt. Im Einzelfall kann – unter gewissen Voraussetzungen – davon abgewichen werden. Die Antennenanlage darf der „Eigenart des Baugebietes nicht widersprechen", oder wenn kein Bebauungsplan existiert muß sie sich „in die Eigenart der näheren Umgebung einfügen".

Es kommt also im Baurecht immer auf die Umstände des Einzelfalls an. Bei Rechtsstreitigkeiten mit den Baubehörden ist es daher immer zweckmäßig einen Anwalt vor Ort zu bemühen, der sich mit dem Ortsrecht (Bebauungsplan), dem Landesrecht (Landesbauordnung) und mit dem Bundesrecht (Baugesetzbuch und Baunutzungsverordnung) auskennt.

Die statischen Berechnungen von Masten sind **nicht** typengeprüft d.h. wenn eine Baugenehmigung beantragt wird, kann das Bauamt eine Nachberechnung der Statik durch einen bestellten Prüfstatiker vornehmen lassen. Diese Nachrechnung ist aber gebührenpflichtig. Der Antragsteller kann einen Prüfstatiker eigener Wahl vorschlagen. Auch bei Antennen innerhalb der Freigrenze, also unter 10 m, können von der Behörde Störungen des Straßen-, Orts- oder Landschaftsbildes geltend gemacht werden (Verunstaltungsverbot). Die Behörde beruft sich dabei auf geltendes Recht. Demnach müssen Bauten (Antennen) „nach Form, Maßstab, Verhalten, Werkstoff und Farbe" mit der Umgebung in Einklang sein. Die Frage wann eine „Verunstaltung" des Straßen-, Orts- und Landschaftsbildes vorliegt ist nicht einfach zu beantworten. Es handelt sich dabei um einen, zwar verwaltungsgerichtlich nachprüfbaren, aber unbestimmten Rechtsbegriff. Entsprechende Urteile „pro und contra" liegen inzwischen vor. Es gibt zu diesem Thema viele Literaturstellen, einige davon sind hier angegeben [9.9] bis [9.20]. Sogar generelle Antennenverbote beim Angebot von Breitbandkabelanschlüssen, selbst in historischen Stadtkernen, ist rechtlich nicht zulässig. Das wurde vom Bayrischen Verfassungsgerichtshof 1985 festgestellt. Die Rechtssprechung ist aber weiterhin unterschiedlich je nach Bundesland. So schlägt einmal Informationsrecht Baurecht, ein anderes Mal wird die Rücksichtnahme gegenüber den Nachbarn höher bewertet als die Informationsfreiheit oder das Interesse an einer Freizeitbeschäftigung.

In neuerer Zeit werden Funkamateure beim Behördengang mit dem „EMVU-Problem" konfrontiert. Die Ämter verlangen vielfach den Nachweis des Personenschutzes. Dazu wird der Funkamateur aufgefordert von der *RegTP* (Regulierungsbehörde für Telekommunikation und Post), der Nachfolgeorganisation des *BAPT* (Bundesamt für Post und Telekommunikation) eine entsprechende Bescheinigung beizubringen. Diese soll dem Funkamateur gemäß der Amtsblattverfügung 95/92 des *BMPT* (Bundesministerium für Post und Telekommunikation) bestätigen, daß für seine Funksendestelle die technischen Daten nach DIN VDE 0848 eingehalten werden. Anhand dieser Norm wird ein Sicherheitsabstand errechnet. Darin dürfen sich Personen zeitlich unbegrenzt ohne Gesundheitsgefährdung aufhalten.

Parabolantennen waren zunächst grundsätzlich genehmigungspflichtig. Später kam es zu einigen Freistellungsverordnungen, wo Parabolantennen mit Reflektorschalen bis zu 0,5 m^2 Fläche oder bis zu 0,8 m Durchmesser genehmigungsfrei wurden. Inzwischen gibt es viele Urteile wonach ausländischen Mieter erlaubt werden muß Parabolantennen aufzustellen, sogar dann wenn im Haus ein Breitbandkabel vorhanden ist.

Bei Satellitenempfangs-Antennen gibt es auch entsprechende Urteile, einige davon sind hier angegeben [9.21] bis [9.30].

Fernmelderechtliche Genehmigungen

Seit Beginn der Satellitensendungen waren von der Post fernmelderechtliche Bedenken gegen deren freizügigen Empfang vorgetragen worden.

Am 22.5.1990 stellte der Europäische Gerichtshof für Menschenrechte das Recht auf private Antennen fest und entschied für freien Satellitenempfang [9.31]. Die Schweizer Regierung unterlag der kleinen Firma Autronic AG Zürich, das Urteil ist für alle Mitgliedsstaaten gültig. Dieses Urteil ist von europäischer Tragweite. Es hat die Medienpolitik der europäischen Postverwaltungen nachhaltig beeinflußt.

In der **Bundesrepublik** sind ab 1.2.1991 Satelliten-Empfangsantennen anmelde- und gebührenfrei. Gleichzeitig wird damit der Empfang von Hörrundfunk- und Fernsehsendungen über Satelliten allgemein freigegeben. Die Antennen und Empfangsgeräte müssen aber weiterhin eine Prüfnummer des ZZF (Zentralamt für Zulassungen im Fernmeldewesen) haben bzw. ein europäisches CE-Zeichen tragen.

In **Österreich** ist ab 1.1.1991 der Empfang der von Satelliten des festen Funkdienstes ausgesendeten Fernseh- und Radioprogramme auch genehmigungsfrei. Eine Typenzulassung oder Einzelprüfung ist keine Voraussetzung mehr für die Errichtung und den Betrieb von diversen „Schüsseln". Eine individuelle Verständigung der Bewilligungsinhaber von der in Kraft tretenden Gebühreneinstellung ist aus verwaltungsökonomischen Gründen nicht vorgesehen.

In der **Schweiz** ist rückwirkend ab 23.5.1990 für den Empfang von Radio- und Fernmeldesatelliten keine Betriebsfunkkonzession mehr notwendig. Der Schweizer Bundesrat hat damit die Konsequenz aus einem europäischen Gerichtsentscheid gezogen und die Verordnung zum Telegrafen- und Telefonverkehrsgesetz entsprechend geändert.

Allgemeine Genehmigung

In Mietwohnungen oder Eigentumswohnungen müssen Genehmigungen eingeholt werden. Dabei kann es auch Probleme geben. Wohnungseigentümer haben es dabei gelegentlich schwerer als Mieter. In einem Haus mit mehreren Eigentumswohnungen kann es mit anderen Wohnungseigentümern Probleme mit der Antennengenehmigung geben. Ein Mieter beispielsweise ist berechtigt, eine Außenantenne anzubringen, soweit keine Gemeinschaftsantenne vorhanden ist. Man kann die Antenne entweder in einen Mietvertrag einbinden, oder in einem eigenen Antennenvertrag behandeln.

So ein Antennenvertrag, allerdings speziell für Amateurfunk, ist im Kapitel 33.9.3 beschrieben.

33.9.2 Antrag zur Errichtung einer Außenantenne

Antrag

Zur Errichtung einer Außenantenne wird ein schriftlicher Antrag benötigt. Darin wird um die Genehmigung zur Errichtung einer Außenantenne für eine Amateurfunkanlage ersucht.

Bild 33.9.1 zeigt einen vom *DARC* (Deutscher Amateur-Radio-Club e.V.). herausgegebenen Antrag. Diesem Antrag sollten entsprechende Anlagen beigefügt werden z.B. eine Skizze bzw. Beschreibung der geplanten Anlage, eine Fotokopie der Amateurfunkgenehmigung, und eine Befürwortung durch den *DARC* mit einer Information über die Haftpflichtversicherung für Mitglieder des *DARC* und *VFDB* (Verband der Funkamateure in Telekommunikation und Post e.V.).

Befürwortung

Darin wird erklärt, daß der Antragsteller Funkamateur und Inhaber einer Amateurfunkgenehmigung ist, welche vom Bundesamt für Post und Telekommunikation (*BAPT*) bzw. nunmehr von der Regulierungsbehörde für Telekommunikation und Post (*RegTP*) ausgestellt worden ist. Ferner, daß nur an Personen diese Zulassung erteilt wird, welche die im Amateurfunkgesetz festgelegten Anforderungen erfüllen. Dazu gehört die Ablegung einer Prüfung bei der Behörde mit dem Nachweis von Kenntnissen über Funktechnik, Funkbetrieb, Sicherheitsvorschriften und gesetzliche Bestimmungen. Ferner enthält diese Befürwortung Informationen über den Amateurfunk als wissenschaftliche Tätigkeit und den Einsatz bei Notfällen und Katastrophen. Außerdem wird in diesem Brief darauf hingewiesen, daß Funkamateure eine eigene Sendeantenne benötigen und daß diese nach den Bestimmungen des Verbandes Deutscher Elektroniker errichtet wird. Abschließend wird noch bestätigt, daß die Funkamateure im Rahmen ihrer Mitgliedschaft haftpflichtversichert sind, wobei die Deckungssummen aus einer beigefügten Anlage zu entnehmen ist.

Informationsblatt

Vom *DARC* wird ein Informationsblatt beigefügt mit dem Titel „Amateurfunk ist mehr ...", aus dem einige Informationen über den Amateurfunk zu entnehmen sind:

Gesetzlich anerkannt,
Internationaler Funkdienst,
Kommunikation über alle Grenzen hinweg,
Weltweiter Austausch von QSL-Karten,
Humanitäre Hilfeleistung über Funk,
Selbstbau von Funkgeräten,
Wissenschaftliche Experimente,
Funkbetrieb über Satellit,
Wie wird man Funkamateur.

Faltblatt

Zusätzlich wird vom *DARC* auch noch ein Faltblatt beigefügt mit der Aufschrift „Mein Nachbar hat eine Antenne ...", aus dem wissenswerte Informationen über Funkamateure und Antennen zu entnehmen sind.

Aus dem Faltblatt geht hervor:

daß es in Deutschland 80 000 Funkamateure (Frauen, Männer und Jugendliche) gibt,

Absender:

____

____

____

An

____

____

____

Antrag zur Errichtung einer Außenantenne für den Amateurfunkbetrieb

Sehr geehrte Damen und Herren,

ich ersuche hiermit um die Genehmigung zur Errichtung einer Außenantenne für meine Amateurfunkanlage auf dem Grundstück

____

Wie aus den beigefügten Unterlagen hervorgeht, bin ich Funkamateur und Inhaber einer Sende- und Empfangsgenehmigung des Bundesamtes für Post und Telekommunikation (BAPT; nunmehr Regulierungsbehörde für Telekommunikation und Post) bzw. verfüge über eine Zulassung zur Teilnahme am Amateurfunkdienst durch die Regulierungsbehörde, welche mir am

____

aufgrund des „Gesetzes über den Amateurfunk vom 14.03.1949/23.06.1997" erteilt wurde. Dabei wurde mir das Rufzeichen

____

zugewiesen.

Um diese Genehmigung benutzen zu können, ist eine entsprechend bemessene, möglichst hoch und frei installierte Außenantenne erforderlich. Eine Skizze bzw. Beschreibung der geplanten Antennenanlage ist beigefügt. Die Errichtung der Antennenanlage wird in Übereinstimmung mit den VDE-Vorschriften erfolgen. Hinsichtlich der Aufbauarbeiten erkläre ich mich bereit, Ihre Anweisungen zu befolgen.

Sollte wider Erwarten ein Schaden an Ihrem Eigentum entstehen, so wird dieser von mir erstattet bzw. behoben werden. Im Rahmen meiner Mitgliedschaft im Deutschen Amateur-Radio-Club e. V. bin ich in dieser Beziehung haftpflichtversichert. Eine entsprechende Bescheinigung ist in der Anlage beigefügt.

Mit freundlichen Grüßen

Anlage
Skizze bzw. Beschreibung der geplanten Anlage;
Fotokopie der Amateurfunkgenehmigung;
Befürwortung des DARC e.V.;
Bestätigung

Bild 33.9.1
Antrag zur Errichtung einer Außenantenne für den Amateurfunkbetrieb

daß der Amateurfunk ein anerkannter Funkdienst ist, wie Seefunkdienst, Flugfunkdienst oder Sicherheitsfunkdienste,

daß zwar jeder Amateurfunksendungen hören darf, aber nur lizensierte Funkamateure mit amtlicher Prüfung senden dürfen,

daß der Europäische Gerichtshof auch Antennen als Kommunikationsmittel unter den Schutz des Artikels 10 der Menschenrechtskonvention gestellt hat,

daß der Amateurfunkdienst unter den Schutz der Informationsfreiheit nach Artikel 5 des Grundgesetzes der Bundesrepublik Deutschland fällt,

daß für den Schutz von Personen in elektromagnetischen Feldern, also rings um Sendeantennen, verbindliche Grenzwerte festgelegt sind, die der Funkamateur einhält, worüber auch ein Nachweis geführt wird,

daß es zusätzlich strenge Grenzwerte zum Schutz von Herzschrittmacherträgern gibt

daß die Antennenanlage des Funkamateurs nach verbindlichen Bestimmungen und Normen errichtet ist und der Vermieter der Anlage zugestimmt hat.

33.9.3 Antennenvertrag

Ein Antennenvertrag über die Errichtung und Benutzung einer Einzelantenne für eine Amateurfunkstelle ist in **Bild 33.9.2** zu sehen.

Der Wortlaut dieses Vertrages wurde unter Berücksichtigung der Besonderheiten des Amateurfunks in Anlehnung an den Antennenvertrag des Fachverlags für Wohnwirtschaft, Hamonia Verlags-GmbH, Hamburg, erstellt. Es lag dabei der Wortlaut des Antennenvertrages des Gesamtverbandes gemeinnütziger Wohnungsunternehmen zugrunde. Die wichtigsten Punkte des Antennenvertrages sind:

ANTENNENVERTRAG

über die Einrichtung und Benutzung einer Einzelantennenanlage für eine Amateurfunkstelle.

____

(Vermieter)

schließt mit

____

(Nutzungsberechtigter bzw. Mieter)

(im folgenden Antenneninhaber genannt) den nachstehenden Vertrag.

§ 1

Der Vermieter erteilt dem Antenneninhaber die Erlaubnis zur Anbringung einer Antenne für den Amateurfunk unter den nachstehenden Bedingungen.

§ 2

Der Standort der Antenne wird im gegenseitigen Einvernehmen festgelegt. Der Antenneninhaber macht hierfür einen oder mehrere Vorschläge. Die Antenne ist an einem Platz anzubringen, der nicht nur einwandfreie Abwicklung des Amateurfunks, sondern auch den größtmöglichen Ausschluß von Beeinflussungen fremder Anlagen gewährleistet.

§ 3

Die Antennenanlage muß gemäß den VDE-Bestimmungen über Außenantennen - VDE 0855 und 0866 nebst Ergänzungen - fachgerecht angebracht werden. Es wird dabei unterstellt, daß der von der Regulierungsbehörde für Telekommunikation und Post geprüfte Funkamateur die hierfür erforderlichen Fachkenntnisse besitzt.
Die Arbeiten müssen so ausgeführt werden, daß nach dem heutigen Stand der Technik Beschädigungen des Gebäudes durch das Anbringen und den Gebrauch der Antennenanlage nicht zu erwarten sind. Schornsteine, Schornsteinaufsätze, Tonrohre und Dachrinnen dürfen zur Befestigung nicht benutzt werden. Verunstaltungen des Gebäudes müssen ebenso vermieden werden wie eine Behinderung des Schornsteinfegers bei seinen Arbeiten.

§ 4

Der Vermieter kann den Nachweis über das Bestehen einer angemessenen Haftpflichtversicherung verlangen. Der Mieter haftet für alle Schäden, die im Zusammenhang mit der Anbringung, Unterhaltung oder dem Betrieb der Anlage, auch in Fällen von Blitzschlag oder Sturm, entstehen, entsprechend seinem Mietvertrag und der Haftpflichtversicherung.
Der Antenneninhaber ist verpflichtet, die Anlage abzubauen, wenn er sie trotz Mahnung nachweislich nicht in ordnungsgemäßem Zustand erhält oder sonstige Obliegenheiten nicht erfüllt.

Bild 33.9.2
Antennenvertrag über die Errichtung und Benutzung einer Einzelantenne für eine Amateurfunkstelle

die Erlaubnis zur Errichtung einer Amateurfunkantenne,
die Festlegung des Standortes im gegenseitigen Einvernehmen,
die fachgerechte Errichtung der Antenne,
der Hinweis auf die Haftpflichtversicherung,
die Übernahme der Schadensregulierung durch den Funkamateur, bei Ablehnung der Versicherungsleistung,
die notwendigen Maßnahmen im Störungsfall,
die notwendigen Maßnahmen bei Gebäuderenovierung,
die Antennenentfernung bei Ablauf des Mietverhältnisses.

33.9.4 Versicherung

Haftpflichtversicherung

Für Mitglieder des DARC (Deutscher Amateur-Radio-Club e.V.) und des VFDB (Verband der Funkamateure in Telekommunikation und Post e.V.) ist im Rahmen eines Vertrages mit einer Versicherungsgesellschaft (Generali Lloyd Versicherung AG) eine Haftpflichtversicherung abgeschlossen. Die Prämie dafür ist jeweils mit dem Mitgliedsbeitrag abgegolten [9.32].
Folgende Deckungssummen sind je Schadensereignis vereinbart:

DM 2 Millionen für Personenschäden, max. DM 1 Million je geschädigte Person;
DM 500.000,- für Sachschäden aufgrund gesetzlicher Haftung;
DM 50.000,- für Sachschäden aufgrund vertraglicher Haftung;
DM 12.000,- für Vermögensschäden mit einer Selbstbeteiligung in Höhe von 10%, mindestens DM 50,- .

Zur besonderen Beachtung:
Die Haftpflichtversicherung erstreckt sich nur auf Schäden, die nicht der Versicherte selbst, sondern andere Personen erlitten haben. Es ist hier der glei-

§ 5

Lehnt die Versicherungsgesellschaft, bei der die Haftpflichtversicherung abgeschlossen ist bzw. bei der zur Zeit alle ordnungsgemäß gemeldeten Mitglieder des DARC/VFDB gegen Haftpflichtansprüche betr. der Antennen versichert sind, nach fristgemäßer Schadensanzeige des Antenneninhabers die Übernahme eines Schadens aufgrund haftungsbefreiender Bestimmungen ab, so ist der Vermieter, sofern der Antenneninhaber nicht entweder den Schaden innerhalb einer angemessenen Zeit beseitigen läßt, oder Schadenersatz leistet und etwaige Mängel der Anlage repariert, berechtigt, die Beseitigung der Anlage zu verlangen.

§ 6

Falls mehrere Antennen auf einem Dach oder an der Außenfront vorhanden sind, müssen im Sinne einer vertrauensvollen Hausgemeinschaft gegenseitige Störungen vermieden werden. Hierzu dient in erster Linie die Wahl des Antennenstandortes gem. § 2. Im Störungsfalle gelten die einschlägigen gesetzlichen Bestimmungen (Gesetz über den Amateurfunk vom 28.06.97; Verordnung zur Durchführung des Gesetzes über den Amateurfunk; Gesetz über die elektromagnetische Verträglichkeit von Geräten einschließlich dazu ergangener Verordnungen). Kann in einem Störungsfall keine Einigung erzielt werden, so werden die Überprüfung und die Entscheidung der Regulierungsbehörde für Telekommunikation und Post als Hoheitsbehörde als für alle Beteiligten rechtsverbindlich anerkannt.

§ 7

Der Antenneninhaber erklärt sich bereit, bei Überholungsarbeiten am Gebäude oder an Teilen des Gebäudes für die Dauer der Arbeiten auf seine Kosten den Zustand herzustellen, der eine reibungslose Durchführung der Überholungsarbeiten gestattet oder aber die Anlage für diese Zeit ganz zu entfernen, wenn die Antennenanlage diese Überholungsarbeiten über Gebühr behindern würde.

§ 8

Der Vertrag gilt als befristet für die Dauer des Mietverhältnisses. Bei Beendigung des Mietverhältnisses ist die Anlage vom Antenneninhaber zu entfernen. Eventuell entstandene Schäden hat der Antenneninhaber auf seine Kosten zu beseitigen.

_______________, den _______ _______________, den _______

_______________________ _______________________

(Vermieter) (Antenneninhaber)

che Unterschied gegeben, wie zwischen einer KFZ-Haftpflicht- und einer Vollkaskoversicherung. Die Versicherung deckt keine Eigenschäden, insbesonders nicht an der eigenen Station.

Die Versicherung zahlt nur, wenn der Versicherte nach dem Gesetz zur Zahlung verpflichtet ist.

Die Versicherung zahlt auch, wenn der Versicherte im Rahmen eines Antennenvertrages sich verpflichten mußte für alle Schäden zu haften, gleichgültig durch wessen Verschulden die Schäden entstehen werden.

Für reine Rundfunk- und Fernseh-Empfangsantennenanlagen (einschließlich Satellitenschüssel) besteht bei der Gebühreneinzugszentrale (GEZ) eine Haftpflichtversicherung [9.33]. Diese Pflichtversicherung, die mit der Rundfunk- und Fernsegebühr automatisch eingezogen wird, können Sie immer dann in Anspruch nehmen, wenn ein Dritter durch Ihre Empfangsantennenanlage persönlich oder materiell zu Schaden kommt.

Elektronikversicherung

Eigenschäden, also Schäden an der eigenen Station, können über eine eigene Sachversicherung (Elektronik-Versicherung oder Amateurfunkgeräte-Versicherung) versichert werden [9.34] - [9.36]. Es können sämtliche Amateurfunk-Geräte, Antennen inklusive Masten, Zubehör versichert werden. Der Beitragsatz ist bei stationären Anlagen (DM 10,- bis 15,- pro Tausend) und bei mobilen Anlagen (DM 30,- pro Tausend). Versicherungssumme ist der gültige Neupreis oder Neuwert eines gleichwertigen Gerätes. Mindestjahresbeitrag ist DM 50,- bis 150,- zuzüglich 15% Versicherungssteuer. Mindestversicherungsdauer 1 Jahr mit Kündigungsfrist. Die Objekte dürfen bei Vertragsbeginn nicht älter als 10 Jahre sein! Es gelten die „Allgemeinen Bedingungen für die Elektronikversicherung (ABE)", sowie „Besondere Bedingungen für die Versicherung von Amateurfunkanlagen".

Klauseln sind: Anpassung der Beiträge und Versicherungssummen, sowie Selbstbehaltsvereinbarungen für stationäre Anlagen.

Selbstbehalte sind z.B.: bei Antennenanlagen 10%, mindestens DM 250,- je Schadensfall und bei Entwendung 25%, mindestens DM 250,- je Schadensfall. Bei Antennenanlagen ist die Versicherungssumme = Neuwert + Fracht + Montage +

Fundament + Abspannung. Versicherbar sind bei elektronischen Bauteilen nur Schäden durch Einwirkung von außen. Nicht versicherbar sind Schäden durch: Vorsatz, Abnutzung bzw. Verschleiß, Erdbeben, Kernenergie, Kriegsereignisse oder innere Unruhen, chemisch aggressive Atmosphäre und Alterung bei Antennen und Kabeln. Ansprechpartner sind *DF4GU* (Gothaer Versicherung) und *DL5HCL* (EA-Generali Versicherungen) [9.37].

Der Antrag auf Antennenerrichtung, der Antennenvertrag, das Befürwortungsschreiben, das Faltblatt und die Anlage zur Haftpflichtversicherung sind für Mitglieder bei der Geschäftsstelle des *DARC* /26/ erhältlich.

Literatur zu Abschnitt 33

[1.1] *Geyer, H.*: Werkstoffe für Rundfunkantennen. (*Gotthard, O. (Hrsg.)*: FM- und TV-Sendeantennensysteme. Kap. 6.2). Kathrein, Rosenheim, ´89

[1.2] *DIN*: Nichtrostende Stähle, Gütevorschriften. DIN 17440

[1.3] *Spatz, H-G.*: Mechanische Verbindungselemente für Amateurfunkantennen. cq-DL 10/92, S. 613

[1.4] *Hille, K.H.*: Alu-Titan – Ein neues Material für den Antennenbau. Funk 4/96, S. 38–39

[2.1] *DIN*: Korrosion der Metalle, Allgemeine Begriffe. Din 50900 Teil 1

[2.2] *DIN*: Korrosion der Metalle, Elektrochemische Begriffe. DIN 50900 Teil 2

[2.3] *DIN*: Korrosion der Metalle, Begriffe der Korrosionsuntersuchung. DIN 50900 Teil 3

[2.4] *DIN*: Korrosion der Metalle, Chemische Korrosionsuntersuchungen. DIN 50905 Teil 1 bis Teil 3

[2.5] *DIN*: Korrosion der Metalle, Freibewitterung. DIN 50 917 Teil 1

[2.6] *DIN*: Korrosion der Metalle, Korrosionswahrscheinlichkeit metallischer Werkstoffe bei äußerer Korrosionsbelastung. DIN 50929 Teil 1 bis 3

[2.7] *DIN*: Korrosion der Metalle, Korrosionsverhalten von metallischen Werkstoffen gegenüber Wasser. DIN 50930 Teil 1 bis Teil 5

[2.8] *DIN*: Korrosionsschutz durch Feuerverzinken. DIN 50976

[2.9] *VG*: Korrosion von Metallen in Seewasser, Kontaktkorrosion. VG 81249 Teil 1

[2.10] *VG*: Korrosion von Metallen in Seewasser, Freie Korrosion. VG 81249 Teil 2

[2.11] *VG*: Korrosion von Metallen in Seeatmosphäre, Begriffe. VG 81250

[2.12] *Gräwe, A.*: Kontaktpflegetips vom Jäger. CQ-DL 7/2000, S. 491

[2.13] *Kellas, H.*: Korrosionsschutz. Funkamateur 10/94, S. 905

[2.14] *Geyer, H.*: Korrosion und Korrosionsschutz. ((*Gotthard, O. (Hrsg.)*: FM- und TV-Sendeantennensysteme. Kap. 6.3). Kathrein, Rosenheim, 1989

[2.15] *Roleson, S.*: Fighting Antenna Corrosion. QST April 1993, pp. 24–26

[2.16] *Cooper, B.*: Corrosion between dissimilar plastics. (Technical Topics). Radio Communication, February 1995

[3.1] *Gordon, T.J.*: Invisible antennas. QST, Nov 1965, p. 87

[3.2] *Del Arthur:* An invisible DX antenna for 14 MHz. Radio Communication, October 1987, pp. 746–747

[3.3] *Mende, H.G.*: Praktischer Antennenbau. Franzis-Verlag, München, 1975, S. 27

[3.4] *Hille, K.H.; Krischke, A.*: Das Antennen-Lexikon. Verlag f. Techn. u. Handw., Baden-Baden, ´88, S. 243

[3.5] *Moxon, L.A.*: HF antennas for all locations. RSGB, London, 1993, p. 25

[3.6] *ITT*: Reference Data for Radio Engineers. (Properties of Materials, p. 45). ITT, New York, 1963

[3.7] *Jessop, G.R.*: Radio Data Reference Book. (Properties of Metals, p. 206). RSGB, London, 1985

[3.8] *Böttcher, K.*: Drahtseile aus Edelstahl im Antennenbau (Tips und Tricks). CQ VFDB 3/94, S. 11; (Nachlese) CQ-VFDB 4/94, S. 8

[3.9] *Böttcher, K.*: Drahtantennen aus Edelstahllitze. Funkamateur 4/97, S. 449

[3.10] *Hoffmann, J.W.*: Drahtantennen aus Edelstahllitze (Nachlese). Funkamateur 9/97, S. 1067

[3.11] *DARC*: Spannweite und Durchhang für Drahtantennen, Archiv für Kurzwellen-Technik A2/3d

[3.12] *Krischke, A.*: Neue Antennenabspannseile. QRV 1/1980, S. 20 bis 22

[4.1] *Schleenbecker, E.*: Dimensionierung des mechanischen Aufbaus von Antennenträgern. cq-DL 5/82, S. 222-225; cq-DL 6/82, S. 278–281

[4.2] *Günther, W.*: Einfache Antennenträger-Berechnung. Qsp 12/87, S. 31–39

[4.3] *Günther, W.*: Festigkeitsberechnung von Antennenanlagen. UKW-Berichte 1/88, S. 45–51

[4.4] *Günther, W.*: Einfache Antennenträger-Berechnung. Funk 4/88, S. 62–65

[5.1] *Bittan, T.*: Rotoren und ihre zweckmäßige Anwendung. UKW-Berichte 1/77, S. 37–41

[6.1] *Atkins, B.*: RF Connectors (The New Frontier). QST, September 1982, p. 67

[6.2] *Hahn, A.*: HF-Steckverbindungen. cq-DL 3/85, S. 136–138

[6.3] *Reisert, J.*: RF connectors part 1 (VHF/UHF world). Ham Radio, September 1986, p. 77

[6.4] *Paulus-Rieth, F.*: HF-Steckverbindungen. QRP-Report 1.97, S. 24–27

[6.5] *Entsfellner, Ch.*: Koaxial Steckverbinder – Anwendung und Montage. Fachtagung VHF-UHF 1998, München, DARC Bayern-Süd, S. 35–57

[6.6] *Sichla, F.*: Stecker richtig montieren. CQ-DL 3/99, S. 215–216

[6.7] *Newkirk, D.*: Variations on the PL-259 theme (Hints and Kinks). QST Aug 1988, pp. 47–50

[6.8] *Schetgen, B.*: Easy PL-259 Connections (Hints and Kinks). QST November 1995, pp. 83–84

[6.9] *Tangermann, W.P.*: PL-Stecker-Montage (Newcomer Fragen – wir antworten). CQ-DL 1/96, S. 41

[6.10] *Kurnik, W.*: Noch mal PL-Stecker-Montage. CQ-DL 7/96, S. 533

[6.11] *Bryce, M.*: Connectors (QRP). 73 Amateur Radio Today, March 1997, p. 84

[6.12] *Lass, M.*: Ungeeignet (für) Hoch-Frequenz: UHF-Stecker. CQ-DL 1/98, S. 22–24

[7.1] *Kippels, W.*: Antennen spannen – über Hindernisse. CQ-DL 1/87, S. 21

[7.2] *Schulze, U.*: Antennen spannen über Hindernisse. CQ-DL 5/87, S. 301

[7.3] *Heffner, A.*: Tip: Wurfantenne. CQ-DL 2/96, S. 115

[7.4] *Calvert, W.A.*: The EZY Launcher. QST June 1991; ARRL's Wire Classics, 1999, pp. 8-5 - 8-6

[7.5] *Janz, I.*: Antennenaufbau mit Pfeil und Bogen. CQ-DL 9/92, S. 554

[7.6] *Schips, K.C.*: Die 4IJ-Methode. CQ-DL 12/99, S. 985

[7.7] *Evison, D.*: The W7DE Balloon Erection Scheme. QST February 1999, p. 54

[7.8] *Liebeck, M.*: Antennenbau mit Flugdrachen. CQ-DL 10/86, S. 592–593

[7.9] *Gibilisco, S.*: A New Way to Tree A Wire. ARRL Antenna Compendium Vol. 3, 1992, pp. 211-213; ARRL's Wire Antenna Classics, pp. 8-7 - 8-8

[7.10] *Bertram, P.*: Raketen – Eine neue Technologie für Funkamateure. Funk 1/99, S. 52–55

[9.1] *Dettmers, B.*: Das Recht des Funkamateurs auf eine Amateurfunk-Antenne in Literatur u. Rechtsprechung. CQ-DL 2 /83, S. 56-61; CQ-DL 3/83, S. 114–118

[9.2] *Dettmers, B.*: Das Recht des Funkamateurs auf Installation seiner Antenne und dessen Absicherung im Zivilrecht. CQ-DL 10/84, S. 489–491

[9.3] *Dettmers, B.*: Der Funkamateur im Rechtsstreit. DARC Sonderdruck, DARC-Verlag, Baumtal

[9.4] *Wendt, M.*: Rechtstips für Funkamateure und Kurzwellenhörer. Siebel Verlag, Meckenheim, ´93

[9.5] *Wendt, M.*: Das Recht auf Information-Außenantennen aus rechtlicher Sicht. Antennen Funk Spezial 21, 1993, S. 6–9

[9.6] *Siegert, F.*: Antennengenehmigung – Anspruch oder Goodwill des Vermieters. Funkamateur 2/96, S. 142–144

[9.7] *Volmer, Ch.*: Baurechtliche Aspekte bei der Errichtung einer Amateurfunkstation. Referat für angewandte EMV/EMVU-Arbeit des DARC, Okt. 97

[9.8] *Röll, L.*: Baugenehmigungsfreiheit für Antennenanlagen. CQ-DL 8/86, S. 454

[9.9] —: Wie häßlich dürfen Antennenmaste sein? Funkschau 17/1985, S. 10–11

[9.10] —: Keine Störung des Ortsbildes durch Antennengittermast. Siedlung und Eigenheim 1.86, S. 5-6

[9.11] —: Antennenverbot abgeschmettert. Funk 2.86, S. 33

[9.12] —: Paragraphen-Dschungel. Funkschau 16/1988, S. 22

[9.13] *Müller-Römer, F.*: Was Recht ist, muß Recht bleiben. Funkschau 18/1988, S. 42

[9.14] —: Schlechte Karten für hohe Antennen. Funkschau 4/ 1991, S. 46–48

[9.15] *Röll, L.*: Zwei neue Gerichtsentscheidungen zur Frage der Errichtung von Antennen. CQ-DL 1/91, S. 29–30

[9.16] —: Wohnungseigentümer mußte CB-Funkantenne dulden. Funk 1.92, S. 68

[9.17] *Hille, K.H.*: Neuer Erfolg im Antennenrecht. Funk 10.92, S. 74

[9.18] *Hille, K.H.*: Eine Antenne darf auch mal die Aussicht stören. Funk 2/93, S. 77–78

[9.19] *Volmer, Ch.*: Rechtsstreit um Antennenmast gewonnen. CQ-DL 9/97, S. 692–694

[9.20] *Kühn, N.*: Geschichte einer Amateurfunkantennenanlage. CQ-DL 4/99, S. 276–277

[9.21] *Kaltenegger, G.*: Endlich Schluß mit Genehmigung und Gebühren für Satellitenempfang. TELE-Satellit 2/91, S. 66–67

[9.22] *Hille, K.H.*: Antenne wird nicht immer erlaubt. Funk 1/92, S. 68

[9.23] *Bülow, R.*: Das Recht auf die Schüssel. Tele-Satellit 7-8/92, S. 38–39

[9.24] *Otto, H-J.*: Freiheit ohne Grenzen. Funkschau 13/1992, S. 51

[9.25] *Hille, K.H.*: Antennenfreiheit ist gewährleistet. Funk 6/94, S. 74

[9.26] — : Parabolantenne für Mieter wegen Informationsfreiheit. Funk 11/94, S. 76

[9.27] *Otto, H.-J.*: Ihr Recht auf Sat-Empfang. Funkschau 12/1994, S. 27

[9.28] — : Harter Kampf für den freien Empfang. Funkschau 17/1994, S. 48–49

[9.29] — : Sat-Empfang: Was ist erlaubt? Funkschau 23/94, S. 40

[9.30] *Körner, H.J.*: Bundesverfassungsgericht zum Recht von Wohnungseigentümer auf Parabolantennen. Funk 2/97, S. 97

[9.31] *Röll, L.*: Europäischer Gerichtshof für Menschenrechte gegen Antennenverbot. CQ-DL 9/90, S. 578

[9.32] — : Die Haftpflichtversicherung für Mitglieder des DARC und VFDB. CQ-DL 2/91, S. 105–106

[9.33] *Kriegel, H.*: Kein Geld bei mangelhafter Antennenmontage. Funkschau 12/1992, S. 52–53

[9.34] *Pohl, Ch.*: Versicherungsschutz bei Blitzschlag. CQ-DL 10/86, S. 605

[9.35] *Panzer, P.*: Absicherung des Restrisikos bei Blitz- und Überspannungseinwirkungen auf Komponenten von Amateurfunkanlagen. CQ-DL 7/90, S. 438–439

[9.36] *Rabe, A.*: Absicherung des Restrisikos bei Blitz- und Überspannungseinwirkungen auf Komponenten von Amateurfunkanlagen. CQ-DL 11/90, S. 726

[9.37] *Kaibel, L.*: Elektronikversicherung für Mitglieder. CQ-DL 3/94, S.158–159

Bezugsquellen zu Abschnitt 33

/1/ *Titanex Antennentechnik*, Burgstall 2, 94339 Leiblfing

/2/ *WiMo Antennen und Elektronik*, Am Gäxwald 14, 76863 Herxheim

/3/ *Andy's Funkladen*, Admiralstr. 119, 28215 Bremen

/4/ *Conrad Electronic*, Klaus-Conrad-Str. 1, 92240 Hirschau

/5/ *Schwaiger Segelsport*, Ledererstraße 9, 80331 München

/6/ *Wenkemann Bootszubehör*, Mainkai 36, 60311 Frankfurt

/7/ *Schweiger's Wwe Tauwerk*, Dagelfingerstr. 67/ 69, 81929 München

/8/ *UKW-Berichte*, Postfach 80, 91081 Baiersdorf

/9/ *Kusch, Kabel u. Stecker*, Auf dem Sonneborn 20, 44309 Dortmund

/10/ *Entner, Afu-Geräte u. Zubehör,* Landshuter Straße 1, 94339 Leiblfing

/11/ *Dathe, Elektronik-Service*, Gartenstr. 2c, 04651 Bad Lausick

/12/ *Kontakt Chemie*, Am Krebsbach 26, 76437 Rastadt

/13/ *Hirschmann GmbH*, Postfach 110, 73702 Esslingen

/14/ *Klever GmbH*, Hauptstraße 20, 84168 Aham

/15/ *Hoffman Sonax KG*, Münchener Str. 75, 86633 Neuburg

/16/ *RS Components GmbH*, Nordendstraße 72-76, 64546 Mörfelden-Walldorf

/17/ *Tatzel Maschinenbau*, Bahnhofstr. 20/1, 75038 Oberderdingen

/18/ *Hofi, HF-Technik GmbH & Co.* KG, Wittenbacher Str. 12, 91614 Mönchsroth

/19/ *Hummel Al-Towers*, Industriestr. 14/1, 75417 Mühlacker

/20/ *Von der Ley Kunststoff Technik*, Laupendahler Weg 19, 42579 Heiligenhaus

/21/ *Frick Gerätebau GmbH*, Wessemerstr. 15, 63500 Seligenstadt

/22/ *Pfleiderer Verkehrstechnik GmbH*, Ingolstädterstr. 51, 92318 Neumarkt

/23/ *bogerfunk Funkanlagen GmbH*, Grundesch 15, 88326 Aulendorf, Steinenbach

/24/ *Hunstig, Steckverbinder*, Nottulner Landweg 81, 48161 Münster

/25/ *Reichelt Elektronik*, Elektronikring 1, 26452 Sande

/26/ *Deutscher Amateur-Radio-Club e.V. (DARC*), Lindenallee 4, 34225 Baunatal

34 Blitzschutz, Erdung und Überspannungsschutz

34.1 Einführung

Die Geschichte der Blitzforschung und des Blitzschutzes wurde von *P. Hasse* und *J. Wiesinger* beschrieben [1.1]:

Als erster erkannte *Otto v. Guericke* im Jahre 1670 in Magdeburg die Analogie zwischen einer elektrostatischen Entladung und der Blitzentladung. Im Jahre 1746 publizierte *J. H. Winkler* in Leipzig die Ansicht, daß die elektrische Wolkenladung die Ursache eines Gewitters sei und sich durch Blitze zur Erde entladen. In der Praxis realisierte *T.F. Dalibard* in Paris 1752 einen Vorschlag von *Benjamin Franklin* und zog während eines Gewitters Funken aus einer hohen Eisenstange. *B. Franklin* selbst konnte ein Monat später aus der feuchten Schnur eines Drachens kleine Funken ziehen.

Messungen des Scheitelwertes von Blitzströmen aus der Magnetisierung wurden schon um die Jahrhundertwende vorgenommen. Magnetstäbchen wurden ab 1925 bis 1940 in der Nähe von Blitzableitungen bei Freileitungsmasten eingesetzt. Als höchster Wert wurde 60 kA ermittelt.

Ab 1925 wurden Blitzüberspannungen mit Oszillographen registriert. *H. Norinder* aus Uppsala und *K. Berger* aus München waren hier erfolgreich tätig. Dabei wurden Werte von einigen 100 kV bis mehrere MV ermittelt. Diese Messungen waren die Basis für den Standardblitz 1/50 (1 s Stirnzeit und 50 s Rückenhalbwertszeit). Heute gilt für eine Blitzstoßspannung 1,2/50 s.

Im Jahre 1942 wurde die Blitzmeßstation auf einem Rundfunkturm auf dem Monte San Salvatore am Luganer See errichtet. 30 Jahre lang wurden dort die einschlagenden Blitzströme über einen Shunt geleitet und mit Oszillographen aufgezeichnet. Gleichzeitig wurden die Blitzeinschläge mit einer bewegten Linse und später mit einem rotierenden Film bei geöffneter Blende aufgezeichnet.

Seit Ende der 70er Jahre wird in Deutschland auf dem Sendeturm des Peißenbergs im bayrischen Voralpenland die Tradition der Blitzmessungen fortgesetzt, wobei anstelle des Shunts eine Induktionsschleife verwendet wird. Blitzzählungen durch Registrierung der durch Blitzentladung abgestrahlten Felder über eine Antenne und einen selektiven Empfänger in einem begrenzten Gebiet dienen seit Anfang der 60er Jahre der Bestimmung der jährlichen Blitzdichte. Ende der 70er Jahre traten anstelle der Blitzzählungsanlagen Blitzortungssysteme, die mit weniger Stationen größere Gebiete überstreichen können. Heute wird die weltweite Gewittertätigkeit mit Hilfe von Satelliten registriert. Die Erforschung des vom Blitzkanal abgestrahlten elektromagnetischen Feldes (LEMP – **L**ightning **E**lectro **M**agnetic **P**ulse) ist heute weltweit ein aktuelles Ziel.

Die Nachbildung der Blitzentladung im Labor im Modellversuch an aus Karton gefertigten Häusern und Türmen erfolgte schon 1781 durch *N.A.J. Kirchhof* in Hamburg. Die Simulation des Blitzstromes im Labor mittels einer durch Hochspannung auf 120 kV aufgeladenen Kondensatorbatterie gelang erstmals 1921 durch *E.B. Steinmetz*.

Der erste Plan für den Bau eines Blitzableiters stammte 1753 von *J.H. Winkler* in Leipzig. Zur selben Zeit veröffentlichte *B. Franklin* seine Idee mit der stillen Entladung einer Wolke über geerdete Fangstangen und Firstdrähte. Erst 1755 veröffentlichte er seine Meinung, daß die geerdete Fangstange den Blitz gefahrlos in die Erde leiten soll.

Im Jahre 1760 wurde in Philadelphia auf dem Haus eines Kaufmanns die vermutlich erste *Franklin*'sche Fangstange errichtet. Noch im gleichen Jahr bekam der *Eddystone*-Leuchtturm in Plymouth den ersten *Franklin*'schen Blitzableiter in Europa. In weiterer Folge wurden alle Leuchttürme und viele Schiffe damit ausgerüstet.

Die ersten Blitzableiter in Deutschland wurden 1769 errichtet: auf der Sankt-Jakobi-Kirche in Hamburg und auf der Stadtpfarrkirche in Sagan in Niederschlesien. In München bekam den ersten Gebäude-Blitzableiter 1776 das Gasthaus „Schwarzer Adler".

In Deutschland erschien die erste ausführliche Ursachenbeschreibung von Blitzeinschlägen 1769 [1.2] und die ersten Blitzschutzrichtlinien wurden 1774 zusammengestellt [1.3]. Zur damaligen Zeit konkurrierten zwei grundlegende Prinzipien des Gebäudeblitzableiters: das *Gay-Lussac*'sche und das *Melsen*'sche System. Das *Melsen*'sche Prinzip, das damals bereits den heute als unverzichtbar geltenden Blitzschutz-Potentialausgleich, d.h. Anschluß aller ins Gebäude eintretenden metallischen Leitungen und aller größeren Metallteile im Gebäude an die Blitzschutzanlage, beinhaltete, hat sich inzwischen weltweit durchgesetzt. Im Jahre 1885 wurde der Ausschuß für Blitzschutz und Blitzforschung (ABB) gegründet, dem bedeutende Männer angehörten: *Werner v. Siemens*; *Ferdinand v. Helmholtz*, *Leonhard Weber*, *Gustav Robert Kirchhoff* [1.4].

Im Jahre 1951 wurde die erste Internationale Blitzschutzkonferenz (International Conference on Lightning Protection – ICLP) ins Leben gerufen.

34.2 Begriffe

34.2.1 Begriffe – Blitz

Ableitungen
Der Teil der äußeren Blitzschutzanlage, der den Blitzstrom von der Fangeinrichtung zur Erdungsanlage ableitet.

Blitz
Eine elektrische Entladung atmosphärischen Ursprungs zwischen Wolke und Erde (Erdblitz oder Wolke-Erde-Blitz), bestehend aus einem oder mehreren Blitzschlägen.

Blitzimpuls, Elektromagnetischer
Impulsförmiges elektromagnetisches Feld, hervorgerufen durch einen Blitz (LEMP – **L**ightning **E**lectro-**M**agnetic **P**ulse).

Blitzschlag
Eine einzelne elektrische Entladung in einem Blitz.

Blitzschutzanlage
Das gesamte System zum Schutz einer baulichen Anlage gegen die Auswirkungen des Blitzes. (Äussere und Innere Blitzschutzanlage.)

Blitzschutzanlage, Äußere
Sie besteht aus der Fangeinrichtung, den Ableitungen und der Erdungsanlage.

Blitzschutzanlage, Innere
Alle zusätzlichen Maßnahmen, die die magnetischen und elektrischen Auswirkungen des Blitzes vermindern.

Blitz-Schutzzone
(Blitz-Schutzzone – BSZ). Räumliche, nicht notwendigerweise mechanisch abgegrenzte Zone, in der bestimmte Grenzwerte für Blitz-Störgrößen nicht überschritten werden. (BSZ0: volles Blitzfeld, direkter Einschlag möglich mit elektromagnetischen Feld; BSZ0/E: kein direkter Einschlag möglich,aber elektromagnetisches Feld; BSZ1: reduziertes Blitzfeld innerhalb der Anlage; BSZ2: weiter reduziertes Blitzfeld innerhalb eines Geräteschirms).

Blitzstrom
Strom, der durch den Blitzkanal fließt und am Einschlagspunkt gemessen werden kann.

Fangeinrichtung
Der Teil der äußeren Blitzschutzanlage, der die Blitze auffangen soll.

Potentialausgleich
Die Teile der inneren Blitzschutzanlage, welche die vom Blitzstrom hervorgerufenen Potentialunterschiede reduzieren.

Schutzklasse
(Schutzklasse – SK). Begriff der Klassifizierung von Blitzschutzanlagen entsprechend deren Wirksamkeit. (Anmerkung: Wahrscheinlichkeit, mit der eine Blitzschutzanlage einen Raum gegen Blitzeinwirkung schützt). Schutzklassen I bis III.

34.2.2 Begriffe – Erdung / Korrosion

Ableitung
Die elektrisch leitende Verbindung zwischen der Fangeinrichtung und der Erdungsanlage.

Anode
Eine Elektrode, aus der ein Gleichstrom in den Elektrolyten austritt.

Ausbreitungswiderstand
= Erdungswiderstand

Banderder
= Oberflächenerder

Berührungsspannung
Teil der Erdungsspannung, der vom Menschen überbrückt werden kann, wobei der Stromweg über den menschlichen Körper von Hand zu Fuß oder von Hand zu Hand verläuft.

Bezugselektrode
Eine Meßelektrode zum Bestimmen des Potentials eines Metalls im Elektrolyten.

Bezugserde
Auch neutrale Erde genannt, ist ein Bereich der Erde, der außerhalb des Einflußbereiches des Erders oder der Erdungsanlage liegt, wobei zwischen beliebigen Punkten keine vom Erdstrom herrührenden Spannungen auftreten.

Elektrode
Ein elektronenleitender Werkstoff in einem Elektrolyten. Das System Elektrode-Elektrolyt bildet eine Halbzelle.

Erde
Das ist die Bezeichnung sowohl für den Ort als auch für den Stoff, z.B. Humus, Lehm, Kies, Sand usw.

Erder
Ein oder mehrere Teile der Erdungsanlage, die den direkten elektrischen Kontakt zur Erde herstellen und den Blitzstrom in die Erde verteilen soll.

Erdung
Gesamtheit aller Mittel und Maßnahmen zum Erden.

Erdungsanlage
Der Teil der Äußeren Blitzschutzanlage, der den Blitzstrom in die Erde ableiten, verteilen und die in die Erde fließenden Blitzströme auffangen soll.

Erdungsspannung
Zwischen Erdungsanlage und Bezugserde auftretende Spannung.

Erdungswiderstand
Ist der Widerstand eines zwischen dem Erder oder der Erdungsanlage und der Bezugserde („neutrale" Erde). Er wird auch als Ausbreitungswiderstand bezeichnet mit dem Formelzeichen RA und der Einheit Ω. Der Erdungswiderstand ist praktisch ein Wirkwiderstand. Er ist proportional dem spezifischen Erdwiderstand, einem Erderprofilfaktor und umgekehrt proportional der Erderlänge. Kann mit Erdungsmeßgeräten gemessen werden.

Erdwiderstand, Spezifischer
Ist der spezifische ohmsche Widerstand der Erde. Es handelt sich um einen Materialbeiwert, der nicht konstant, sondern abhängig ist von der Bodenart, der Bodenfeuchtigkeit und der Bodentemperatur. Das Formelzeichen dafür ist ρE (griechischer Buchstabe Rho mit tiefgestelltem E), die Einheit dafür ist $\Omega \cdot$ m (Ohm x Meter). Entspricht dem Widerstand eines Erdwürfels von 1 m Kantenlänge zwischen zwei gegenüberliegenden Würfelflächen. Kann mit Erdungsmeßgeräten gemessen werden.

Fundamenterder
Ein Leiter (Ringerder), der im Betonfundament des Gebäudes eingebettet ist.

Kathode
Eine Elektrode, in die ein Gleichstrom aus dem Elektrolyten eintritt.

Korrosion
Reaktion eines metallischen Werkstoffes mit seiner Umgebung, die zu einer Beeinträchtigung der Eigenschaften des metallischen Werkstoffs und/oder seiner Umgebung führt. Die Reaktion ist meist chemischer Art.

Neutralleiter
Ein mit dem Mittelpunkt bzw. Sternpunkt des Netzes verbundener Leiter, der auch elektrische Energie überträgt. Die Bezeichnung (Symbol) ist N.

Oberflächenerder
Ein Erder, der in geringer Tiefe, mindestens 0,5 bis 1 m, eingebracht wird und aus Band-, Rund- oder anderem Profilmaterial besteht. Wird auch Banderder genannt.

PEN-Leiter
Ein geerdeter Leiter, der zugleich die Funktionen des Schutzleiters und des Neutralleiters erfüllt. Die Bezeichnung PEN ist die Kombination der beiden Symbole PE für den Schutzleiter und N für den Neutralleiter.

Potential
Ladungs- oder Feldeigenschaft von metallischen Teilen (z.B. Elektroden). Potentialdifferenz zwischen zwei elektrisch leitenden Teilen = Spannung.

Potentialausgleichsleitung
Eine zum Herstellen des Potentialausgleichs dienende elektrisch leitende Verbindung.

Potentialausgleichsschiene
Eine metallene Schiene zum Anschließen der Erdungsleitungen, der Potentialausgleichsleitungen und ggf. des Schutzleiters. Die Bezeichnung (Symbol) ist PAS.

Ringerder
Ein Erder, der eine geschlossene Schleife um ein Gebäude unter oder auf der Erdoberfläche bildet.

Schrittspannung
Teil der Erdungsspannung, der vom Menschen in einem Schritt von 1 m Länge überbrückt werden kann, wobei der Strom über den menschlichen Körper von Fuß zu Fuß verläuft.

Schutzleiter
Ein Leiter, der für Schutzmaßnahmen gegen gefährliche Körperströme eine elektrisch leitende Verbindung zur Potentialausgleichsschiene (PAS) oder zum Erder herstellt. Die Bezeichnung (Symbol) ist PE – **P**rotective **E**arth.

Staberder
Ein im allgemeinen senkrecht in die Erde eingebrachter einteiliger Stab.

Stoßerdungswiderstand eines Erders
Der beim Blitzstromdurchgang zwischen dem Erder und der Bezugserde wirksame komplexe Widerstand. Das Formelzeichen ist Rst .Verhältnis der Scheitelwerte der Erderspannung und des Erderstromes, die im allgemeinen nicht gleichzeitig auftreten. Er wird üblicherweise dazu benutzt, die Wirksamkeit des Erders zu beschreiben.

Tiefenerder
Ein Erder, der im allgemeinen senkrecht in größe-

re Tiefen eingebracht wird. Er ist meist zusammensetzbar aus mehreren Teilen von Rund-, Rohr- oder anderem Profilmaterial.

Trennstelle
Eine lösbare Verbindung in einer Ableitung zur meßtechnischen Prüfung der Blitzschutzanlage.

34.2.3 Begriffe – Ableiter / Überspannung

Ableiter
(Überspannungsableiter, Überspannungsbegrenzer) Betriebsmittel, die aus Funkenstrecken, Gasentladungsableiter oder spannungsabhängigen Widerständen (Varistoren, Suppressordioden) bestehen. Sie dienen zum Schutz gegen Überspannungen.

Ableitstoßstrom
(Nennableitstoßstrom, Stoßstrom, Bemessungsableitstrom, Stromfestigkeit). Scheitelwert eines Stromimpulses von bestimmter Impulsform z.B. Prüfimpuls 8/20 (Anstiegszeit 8 µs, Halbwertszeit 20 µs). Angabe in kA (Kiloampere).

Abtrennvorrichtung
Eine in einem Ableiter für Netzanwendung integrierte Vorrichtung, die den defekten Ableiter vom Netz trennt.

Anforderungsklassen
Einteilung der Ableiter je nach Einsatzort, Schutzpegel und Belastbarkeit von Anforderungsklasse A (bei Freileitungen mit einer Zerstörung bei Blitzeinschlag) bis Anforderungsklasse D (bei Festinstallation oder Steckdosen mit einer entsprechenden Belastbarkeit) (nach VDE 0675 T.6).

Ansprechspannung
(Ansprech-Gleichspannung, Statische-Ansprechspannung, Nenn-Ansprechspannung, Nenn-Zündspannung). Der Spannungswert, bei dem der Ableiter bei langsamen Spannungsanstieg (<100 V/ms) zündet oder anspricht. Der höchste Augenblickswert der Spannung vor dem Ansprechen.

Ansprechzeit
Zeit zum Ansprechen eines Ableiters. Hängt von der Anstiegszeit der Überspannung ab. Wird in Mikrosekunden (µs) oder Nanosekunden (ns) angegeben.

Anstiegszeit
Spannungsanstieg pro Zeiteinheit zwischen 10% und 90% des Spitzenwertes (Scheitelwert) der Überspannung.

Bemessungsspannung
Maximal zulässige Betriebsspannung als Effektivwert der maximalen Spannung, die an den Ableiter angelegt werden kann, ohne das Schutzelement zu aktivieren.

Blitzstromableiter
Für direkte Blitzeinschläge bei Einsatz an den Schnittstellen zwischen den äußeren Blitzschutzzonen 0 und 1. (Überspannungskategorie IV, Anforderungsklasse B).

Bogenspannung
(Bogen-Brennspannung). Entspricht der Spannung am gezündeten Ableiter bei Bogenentladung (> 0,1 A). Sie ist zwischen 10 und 20 V. Bei Strömen von 0,1 bis 0,2 A, je nach Ableiter, geht eine Glimmentladung in eine Bogenentladung über.

Einfügungsdämpfung
Die Dämpfung eines Nutzsignals bei HF-Anwendung eines Ableiters. Wird angegeben in „dB“ .

Glimmspannung
(Glimm-Brennspannung). Entspricht der Spannung am gezündetem Überspannungs-Ableiter bei Glimmentladung (10 mA).

Grenzfrequenz
Die Frequenz, die am Ableiter eine Einfügungsdämpfung von 3 dB hervorruft.

Halbwertszeit
(Halbwertsbreite, Rückenhalbwertsbreite). Gibt die Breite der Überspannung bei 50% des Maximalwertes (Spitzenwert, Scheitelwert) an. Also die Zeit für den Abfall auf den halben Wert. Angabe in Mikrosekunden (µs).

Nennstrom
Der höchste zulässige Betriebsstrom, der dauernd am Überspannungsableiter fließen kann. Bei Wechselspannung als Effektivwert angegeben.

Nennspannung
Die höchste zulässige Betriebsspannung, die dauernd am Überspannungsableiter angelegt werden kann. Bei Wechselspannung als Effektivwert angegeben.

Restspannung
Entspricht der dynamischen Ansprechspannung des Ableiters. Abhängig von der Anstiegsgeschwindigkeit des Störimpulses bleibt am Ausgang des Ableiters ein Restimpuls übrig.

Rückflußdämpfung
(Reflexionsdämpfung). Die Dämpfung der reflektierten Welle bei HF-Anwendung eines Ableiters. Wird angegeben in „dB“. Ist ein Maß für die Anpassung des Schutzgerätes an den Wellenwider-

stand des Systems. Soll bei Datensystemen > 20 dB sein, um Bitfehler zu vermeiden.

Schutzpegel
Der Scheitelwert der an der „geschützten Seite“ des Ableiters beim Fließen des Ableitungsstromes (Nennableitungsstrom) auftretenden Restspannung.

Stromableitfähigkeit
Entspricht dem Ableitungsstromstoß und ist spezifiziert als Spitzenwert für bestimmte Normimpulse.

Überspannungsableiter
Für Fern- und Naheinschläge, sowie Schaltüberspannungen bei Einsatz an den Schnittstellen zwischen den inneren Blitzschutzzonen 1 und 2. (Überspannungskategorien III und II, Anforderungsklassen C und D).

Überspannungskategorien
Einteilung der Ableiter nach der Bemessungsstoßspannung von Überspannungskategorie IV (6 kV) bis Überspannungskategorie I (1,5 kV). (nach IEC/VDE, DIN VDE 0110 T.1).

34.3 Grundlagen

34.3.1 Blitz

Jährlich gehen über 1 Million Blitze auf die Fläche der Bundesrepublik nieder. Die Zahl der Gewitter und Einschläge steigt von der Küste zum Gebirge. Im Norden (Schleswig-Holstein) sind es etwa 20 Tage mit ≈ 3 Blitzeinschlägen je Quadratkilometer, während im Süden (Bayern) etwa 30 Tage mit ≈ 7 Blitzeinschlägen/km^2 auftreten [2.9].

34.3.1.1 Entstehung

Voraussetzung hierzu ist Feuchtigkeit und Aufwind. Feuchtigkeit entsteht unter Sonneneinwirkung durch Verdunsten von Wasser. Die Erwärmung bewirkt ein Aufsteigen der bodennahen Luftschichten. Diese Faktoren verursachen die Bildung von Gewitterzellen von einigen Kilometern Durchmesser, die sich bis in Höhen von etwa 10 km über der Erde erstrecken. Die Wolkengrenze liegt bei ca. 1 bis 2 km Höhe. Im Zentrum der Gewitterzelle herrscht starker Aufwind, der für die elektrische Ladungstrennung verantwortlich ist. Im oberen Teil der Zelle befinden sich auf Eiskristallen (Temperatur ca. −50°C) vorherrschend **positive Ladungen**, im unteren teil auf Regentröpfchen (Temperatur ca. 10°C) vorherrschend **negative Ladungen**.
Wenn infolge dieser elektrischen Ladungen die Feldstärken in den Gewitterzellen Werte von einigen 100 kV/m erreicht werden, wird eine Blitzentladung eingeleitet [2.10].

Blitztypen

Wolke – Erde – Blitze
Von der Gewitterwolke schiebt sich ein mit elektrischen Ladungen gefüllter Schlauch (einige 10 m ∅) ruckweise zur Erde vor. Dieser s.g. **Leitblitz** bewirkt auf der Erde eine Feldstärkeerhöhung. Sobald die Isolationsfestigkeit der Luft überschritten wird, wachsen von der Erde aus **Fangentladungen** dem Leitblitz entgegen. Treffen die beiden zusammen erfolgt eine schlagartige Entladung in Mikrosekunden, so daß ein sehr hoher kurzzeitiger Stromstoß auf die Erde fließt. In den meisten Fällen erfolgen in relativ kurzer Zeit weitere Teilblitzentladungen, so daß man von Mehrfachentladungen sprechen kann. Bei einem *negativen Wolke-Erde-Blitz* steigt der Stroßstrom der Blitzentladung im Mikrosekundenbereich auf seinen Maximalwert von einigen 10 kA an und sinkt dann exponentiell innerhalb von 30 bis 100 Mikrosekunden auf 50% des Maximalwertes ab. Einen prinzipiell ähnlichen Verlauf haben die *positiven Wolke-Erde-Blitze*. Bei der Entladung dauern die Stoßströme allerdings rund 10 mal länger und transportieren somit eine fast 10 mal größere Ladung. Deshalb stellen sie eine besondere Gefährdung für die getroffenen Objekte dar. Wolke-Erde-Blitze sind rein äußerlich an den zur Erde gerichteten Verästelungen zu erkennen.

Erde – Wolke – Blitze
Bei diesem Blitztyp schiebt sich meist von exponierten Objekten (z.B. Turmspitzen, Bergspitzen) ein Ladungsschlauch zur Wolke vor und es fließt dann von der Erde aus ein Blitzstrom zur Gewitterwolke. Erde-Wolke-Blitze sind an den zur Wolke gerichteten Verästelungen erkennbar.

Wolke – Wolke – Blitze
Bei dieser Entladungsform erfolgt der Ladungsausgleich ausschließlich von Wolke zu Wolke.

34.3.1.2 Wirkungen und Schäden

Wirkungen
direkte Wirkungen
- Thermische Wirkungen (Wärmeentwicklung).
- Elektrische Wirkungen
- Elektrodynamische Wirkungen (Entstehung von Kräften).
- Elektrochemische Wirkungen (galvanische Zersetzung).
- Akustische Wirkung (Donner).

indirekte Wirkungen
- Elektromagnetische Wirkungen

Schäden
In *metallischen Leitern* mit ausreichendem Querschnitt treten trotz der Stromverdrängung keine sichtbaren Folgen der Erwärmung auf. In *schlechten Leitern* dagegen wird bei Stromdurchgang viel Energie als Wärme frei. Durch Verdampfen von Wasser in Holz oder Mauerwerk kann durch den Überdruck explosionsartig eine Sprengwirkung hervorgerufen werden. In schlecht leitendem Erdboden (Quarzsand) kann es zu Schmelzungen (Verglasungen) kommen. *Schlechte Kontakte* können geschmolzen werden und dabei „abspritzen“. Ist in der Nähe leicht entzündliches Material, so kann es zu einer indirekten Zündung kommen. Die stärksten Beschädigungen treten bei Direkteinschlag auf. Die Erdungsleitung leitet zwar den größten Teil des Blitzstroms zur Erde ab, es treten aber Überschläge auf durch die sehr hohen induzierten Spannungen. Teilblitzströme verteilen sich über Antennen- und Netzzuleitung. Direkteinschläge treten aber selten auf. Viel häufiger sind die indirekten Einwirkungen. Die Schadenstatistik zeigt eine rapide Zunahme von indirekten Blitzschäden durch Blitzeinwirkungen [2.11].

34.3.2 Erdung

Entsprechend den DIN VDE-Normen wird für jede zu schützende Anlage eine eigene Erdungsanlage gefordert.

34.3.2.1 Werkstoffe

Feuerverzinkter Stahl (St/tZn)
Das Material ist geeignet für Fundamenterder (Einbettung in Beton) und für Potentialausgleichsschienen und für Ableitungen. Die Beschichtung ist zwischen 55 und 70 µm. Im Erdreich erfolgt durch Eigenkorrosion eine Abtragung der Zinkschicht. Die Formen sind: Band (20 x 2,5 mm bis 40 x 5 mm), Rohr (25 mm ∅, 2 mm), Rundstab (20 mm ∅) und Runddraht (8 und 10 mm ∅).

Stahl mit Bleimantel (St/Pb)
Das Material ist geeignet für viele Bodenarten, nicht für direkte Einbettung in Beton. Blei liegt in der Mitte zwischen „edlen“ Metallen (z.B. Kupfer) und „unedlen“ Metallen (z.B. Zink). Die Beschichtung ist 1000 µm. Form: Runddraht (8 mm ∅) für Oberflächenerder.

Aluminium (Al)
Nicht als Erder geeignet, als Ableitungen und Verbindungsleitungen. Material AlMgSi. Form: Runddraht (8 und 10 mm ∅).

Kupfer blank (Cu)
Als edles Material sehr beständig aufgrund der elektrolytischen Spannungsreihe. Formen: Band (2 mm), Rohr (10 mm ∅, 2 mm)

Kupfer verzinkt (St/tZn)
Als Band (2 mm) mit abgerundeten Kanten. Die Beschichtung ist zwischen 20 und 40 µm.

Kupfer mit Bleimantel (Cu/Pb)
Dabei steht bei Erdungsanlagen mit hohen Strömen die gute elektrische Längsleitfähigkeit des Kupfers zur Verfügung. Nicht für direkte Einbettung in Beton geeignet. Die Beschichtung ist 1000 µm. Form: Runddraht (8 mm ∅) für Oberflächenerder.

Nichtrostender Stahl (Niro)
Bestimmte hochlegierte nichtrostende Stähle nach DIN 17 440 sind im Erdboden passiv und korrosionsbeständig. das Korrosionspotential liegt in der Nähe von Kupfer. Zusammensetzung mind.: 18% Chrom, 9% Nickel und 2% Molybdän. Werkstoffnr. 1.4571 = V4A; Werkstoffnr. 1.4301 = V2A. Formen: Band (3 mm), Rundstab (20 mm ∅), Runddraht (8 und 10 mm ∅)

Mindestquerschnitte für Ableiter, Erder und Verbindungsleitungen sind in der **Tabelle 34.1** aufgelistet.

34.3.2.2 Korrosion

Korrosion kann ganz allgemein als Zerstörung von metallischen Werkstoffen infolge chemischer oder elektrochemischer Reaktionen mit der Umgebung angesehen werden. Metalle, die unmittelbar mit

Tabelle 34.1
Mindestquerschnitte und Abmessungen für Ableiter, Erder und Verbindungsleitungen

Materialien	Erder	Ableiter		Verbindungsleitungen mit wesentl. Blitzstrom		Verbindungsleitungen ohne Blitzstrom	
	mm^2	mm^2	mm ∅	mm^2	mm ∅	mm^2	mm ∅
St/tZn	80	50	8	50	8	16	4,5
Al	----	25	5,7	25	5,7	10	3,6
Cu	50	16	4,5	16	4,5	6	2,8

nach DIN VDE 0185 T.100

Erdboden oder Wasser (Elektrolyten) in Verbindung stehen, können korrodiert werden. Die Korosionsgefährdung hängt vom Werkstoff und von der Art und Zusammensetzung des Bodens ab.

Man unterscheidet zwischen:
- Eigenkorrosion
- Kontaktkorrosion

Eigenkorrosion
Eigenkorrosion ist die chemische Reaktion eines metallischen Werkstoffes mit seiner Umgebung, die zu einer Beeinträchtigung der Eigenschaften des metallischen Werkstoffes führt. Ursache für die Bildung von Eigenkorrosion im Erdreich verlegter metallischer Werkstoffe ist der Belüftungsgrad des Bodens, sowie der ph-Wert (neutral, sauer, alkalisch) des Bodens. Im Erdreich verlegte Erder sind der Eigenkorrosion ausgesetzt. Bei verzinkten Erdern gibt es einen Massen- oder Dickenverlust durch Abtragung der Zinkschichte. Man rechnet aber theoretisch mit einer Lebensdauer von 25 Jahren.

Kontaktkorrosion
Die Reaktion ist in den meisten Fällen elektrochemischer Art. Die elektrochemische Reaktion läuft in Gegenwart eines Elektrolyten (Bodenfeuchtigkeit) ab. Bei der Kontaktkorrosion wird der unedlere Werkstoff angegriffen.

Man dachte lange Zeit, daß technische Wechselströme mit Frequenzen von 16 2/3 und 50 Hz eine Ursache der Korrosion an den heute im Erdboden üblichen blanken Werstoffen sein könnten.

Mit der veränderten Bauweise – größere Stahlbetonbauten und kleinere freie Metallflächen im Erdboden – wird das Oberflächenverhältnis Anode zu Kathode immer ungünstiger, dabei nimmt die Korrosion der unedleren Metalle zwangsläufig zu Es bleibt daher nur der Weg Korrosionsgefährdung durch die Wahl von geeigneten Erderwerkstoffen zu verringern.

Zur Erzielung einer ausreichenden Lebensdauer müssen Werkstoff-Mindestabmessungen eingehalten werden. Bei Schutz- und Betriebserdern dürfen keine Trennstellen installiert werden, weil diese Erder mit den Anlagen immer verbunden sein müssen. Unterirdische Verbindungsleitungen im Erdreich aus verzinktem Stahl sind entweder mit Betonumhüllung oder mit Kunststoffumhüllung zu versehen.

Erdeinführungen aus verzinktem Stahl müssen von der Erdoberfläche ab mindestens 0,3 m gegen Korrosion geschütz werden. Bitumenanstriche sind nicht ausreichend. Schutz bietet eine nicht Feuchtigkeit aufnehmende Umhüllung z.B. Butyl-Kautschuk oder Schrumpfschlauch.

Unterirdische Anschlüsse und Verbindungen im Erdboden müssen so ausgeführt sein, daß die Korrosionsbeständigkeit der Korrosionsschutzschicht des Erders gleichwertig ist. Bei nicht gleichwertig korrosionsgeschützten Verbindungsteilen sind Verbindungen mit Hohlräumen sind Korrosionsschutzbinden anzuwenden. (Korrosionsschutzbinden nach DIN 30672 sind elektrisch isolierende Binden als Bitumenbinde mit Glasfaserträger oder Kunststoffbinde mit Folie oder Gewebe).

Beim Verfüllen von Gräben und Gruben, in denen Erder verlegt sind, dürfen Bauschutt, Schlake oder Kohleteile nicht unmittelbar mit dem Erderwerkstoff in Berührung kommen.

34.3.2.3 Erdungsmessung

Jeder der Erder oder Erdungsanlagen für Blitzschutzanlagen errichtet ist verpflichtet, bei der Inbetriebnahme und in regelmäßigen Abständen Erdungsmessungen durchzuführen. Für Blitzschutzanlagen mit Potentialausgleich ist dabei in Bestimmungen kein Widerstandswert festgelegt. Für Blitzschutzanlagen ohne Potentialausgleich ist nach DIN VDE 0185 Teil 1 (Allgemeines für das Errichten einer Blitzschutzanlage) ein Erdungswiderstand von

$R \leq 5 \cdot D$ gefordert.

Dabei ist: R ..... Erdungswiderstand in Ω
D .... geringster Abstand in m zwischen oberirdischen Blitzschutzleitungen und größeren Metallteilen oder einer Starkstromanlage.

Erdungswiderstand
Wird auch als Ausbreitungswiderstand bezeichnet und ist der Widerstand zwischen dem Erder oder der Erdungsanlage und der Bezugserde („neutrale" Erde). Der Erdungswiderstand wird mit dem Formelzeichen R_A und der Einheit Ω bezeichnet. Der Erdungswiderstand ist praktisch ein Wirkwiderstand. Er ist proportional dem spezifischen Erdwiderstand, einem Erderprofilfaktor und umgekehrt proportional der Erderlänge. In **Tabelle 34.2** gibt es die Formeln zur Berechnung des Ausbreitungswiderstandes R_A für verschiedene Erder bei bekanntem spezifischem Erdwiderstand [3.9]. In **Tabelle 34.3** sind die Ausbreitungswiderstände R_A von Stab- und Banderdern für verschiedene spezifische Erdwiderstände ρ_E in homogenem Erdreich nach DIN VDE 0141 A1 aufgelistet.

Spezifischer Erdwiderstand
Ist der spezifische ohmsche Widerstand der Erde. Es handelt sich um einen Materialbeiwert, der nicht konstant, sondern abhängig ist von der Bodenart, der Bodenfeuchtigkeit und der Bodentemperatur. Er kann in weiten Grenzen schwanken. Der spezifische Erdwiderstand wird mit dem Formelzeichen ρ_E (griechischer Buchstabe Rho mit tiefgestelltem E) und der Einheit Ω · m (Ohm x Meter) bezeich-

Formeln zur Berechnung des Ausbreitungswiderstandes R_A für verschiedene Erder

Erder	Faustformel
Banderder (Oberflächenerder)	$R_A = \frac{2 \cdot \rho_E}{l}$
Staberder (Tiefenerder)	$R_A = \frac{\rho_E}{l}$
Ringerder	$R_A = \frac{2 \cdot \rho_E}{3 \cdot D}$
Maschenerder	$R_A = \frac{\rho_E}{2 \cdot D}$
Plattenerder	$R_A = \frac{\rho_E}{4{,}5 \cdot a}$

R_A .... Ausbreitungswiderstand in Ω
ρ_E .... spezifischer Erdwiderstand in Ω m
D ..... Durchmesser eines Ringerders, Durchmesser des Ersatzkreises eines Maschenerders
a ..... Kantenlänge einer quadratischen Erderplatte, bei Rechteckplatten ist für a einzusetzen: √(b·c), wobei b und c die beiden Rechteckseiten sind

Tabelle 34.2

Tabelle 34.4
Mittlerer spezifischer Bodenwiderstand verschiedener Bodenarten

Bodenart	spez. Erdwiderstand / Ωm
Ton	5 bis 20
Schlick	5 bis 30
Marsch	10 bis 30
Humus	10 bis 40
Mergel	10 bis 100
Löß	30 bis 100
Torf (Moor)	80 bis 120
Letten	50 bis 200
Schiefer	300 bis 700
Lehm	300 bis 1000
Kalk	200 bis 3000
Schotter	400 bis 3000
Sand	200 bis 5000
Kies	400 bis 5000

nach [3.12]

net. Das entspricht dem Widerstand eines Erdwürfels von 1 m Kantenlänge zwischen zwei gegenüberliegenden Würfelflächen.

Entsprechend der in der Elektrotechnik üblichen Angabe „Ohm pro Meter“ ist hier das Flächenmaß 1 m^2 und das Längenmaß 1 m, damit ergibt sich die Dimension $\Omega \cdot m^2/m = \Omega \cdot m$.

Tabelle 34.4 gibt eine Übersicht über den mittleren spezifischen Erdwiderstand von verschiedenen Bodenarten [3.12].

Erdungsmeßgeräte

Erdungswiderstand (Ausbreitungswiderstand) und spezifischer Erdwiderstand werden mit Erdungsmeßgeräten gemessen. Die Meßfrequenz ist dabei zwischen 45 und 140 Hz. Die Prinzipschaltung eines Erdungsmeßgerätes (Geohm der Fa. *Gossen*) zeigt **Bild 34.3.1**. Dabei handelt es sich um eine vierpolige Wechselstrommeßbrücke mit den Anschlüssen E1, E2 (Erder), S (Sonde) und HE (Hilfserder). Im Gerät ist ein Zerhacker, der eine Wechselspannung (ca 108 Hz) erzeugt und die Meßspannung für das Galvanometer gleichrichtet. Mit dem Drehschalter sind verschiedene Meßbereichsfaktoren (0,1; 1; 10; 100) einzustellen. Der veränderliche Vergleichswiderstand (*R*a) für den Nullabgleich hat eine von 0 bis 50 bezifferte Skala. Damit ergeben sich die Meßbereiche 0 bis 5/50/500/5000 Ω. Neuere Meßgeräte brauchen nicht mehr auf Nullausschlag abgeglichen werden. Sie arbeiten nach dem Strom-Spannungs-Meßverfahren (z.B. M5030 der Fa. *ABB Metrawatt* oder *ABB Goerz*). Das Meßergebnis wird direkt digital mit Komma angezeigt. Die Frequenz beträgt 128 Hz. Der Meßbereich geht von 0,01 Ω bis 1999 Ω.

Eine Bauanleitung für ein Erdmeßgerät wurde von *DK6HJ* veröffentlicht [3.1]. Dabei handelt es sich um eine dreipolige Wechselstrommeßbrücke mit Ausgängen für Erder, Meßsonde und Hilfserder. Der NF-Generator ist ein astabiler Multivibrator.

Literatur über die Messung von Erd-Widerständen ist zu finden bei [3.2]–[3.5]. Einfache Vorschläge für die Messung der Bodenleitfähigkeit über Strom- und Spannungsmessung bei Netzspannung sind zu finden in [3.6]–[3.8].

R_A-Messung

Für eine Erdungsmessung werden bei diesen Gerä-

Tabelle 34.3
Ausbreitungswiderstände von Erdern

Erdboden		Ausbreitungswiderstand / Ω					
		Staberder			Banderder		
Bodenart	spez. Widerstand / Ωm	(1,5 m)	3 m	6 m	5 m	10 m	20 m
Sumpf	50	35	17	10	20	12	7
Ackerboden	100	70	35	17	40	23	13
Sandboden feucht	200	140	70	35	85	43	25
Kies feucht	500	350	170	90	200	120	62
Sandboden trocken	1000	700	350	180	400	230	130
Steiniger Boden	2000	2000	(1000)	(500)	(1000)	430	250

nach DIN VDE 0141 A1

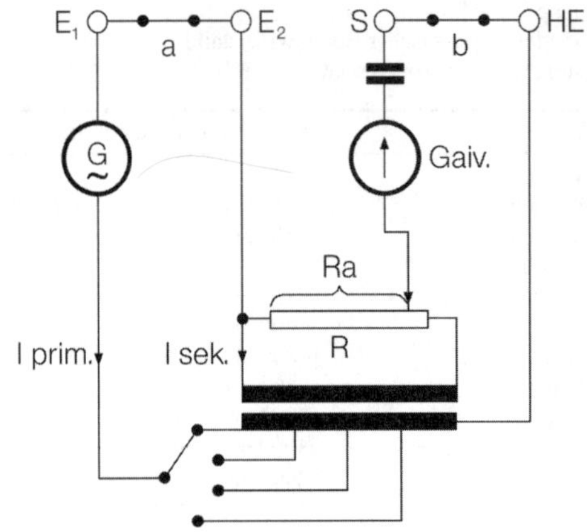

Bild 34.3.1
Prinzipschaltung eines Erdungsmeßgerätes

ten ein Hilfserder *H* bzw. *HE* und eine Sonde *S* benötigt. Eine Sonde ist ein Hilfserder, der bei abgeglichener Meßbrücke keinen Strom führt. Die Erdspieße sind etwa 450 mm lang. Der Abstand Erder – Sonde ist etwa 20 m, der Abstand Sonde – Hilfserder ist etwa 20 m, damit ist der Abstand Erder – Hilfserder etwa 40 m. Man bemißt das Sondenkabel mit 30 m und das Hilfserderkabel mit 50 m. Das Erdungsmeßgerät befindet sich in der Nähe des Erders. **Bild 34.3.2** zeigt den Meßaufbau.

Wesentlich für die Messung des Ausbreitungswiderstandes R_A ist die Anordnung der Sonde *S* und des Hilfserders *HE*. Die Sonden- und Hilfserderabstände betragen i.a. 20 bzw. 40 m. Die Sonde muß zwischen Erder und Hilfserder in der s.g. neutralen Zone eingesetzt werden. Bei kleineren Erdungsanlagen (Tiefenerder, Banderder bis 10 m Länge oder Ringerder bis 5 m Durchmesser) verläuft die Widerstandskurve innerhalb der neutralen Zone horizontal. Zur Kontrolle, ob sich die Sonde *S* tatsächlich in der neutralen Zone befindet, wird der Sondenstandort um etwa 2 m verändert. Die Werte für R_A müssen annähernd gleich sein. Ergeben sich abweichende Meßwerte für R_A, muß entweder der Abstand vom Hilfserder zum Erder vergrößert werden, oder der Sondenstandort verlegt werden senkrecht zur Linie Erder – Hilfserder.

Messung:
Die Kabel werden gemäß **Bild 34.3.2** angeschlossen. Schalter „*a*" ist geschlossen, Schalter „*b*" ist geöffnet. Bei eingeschaltetem Gerät wird der entsprechende Meßbereich gewählt und mit dem Rändelknopf der Widerstand *R*a solange verändert bis das Galvanometer „Null" anzeigt. Der Skalenwert multipliziert mit dem Meßfaktor ergibt den Erdungswiderstand R_A in Ω.

ρ_E - Messung
Zur Ermittlung des spezifischen Erdwiderstandes ρ_E wird eine Erdungsmeßbrücke mit 4 Klemmen, die nach der Nullmethode arbeitet, verwendet.

Die Meßmethode stammt von *F. Wenner* [3.10]. In der *Wenner*-Methode bilden vier Elektroden mit gleichen Abständen eine gerade Linie auf der Erdoberfläche. Die beiden äußeren Elektroden leiten den Strom durch die Erde, die beiden inneren Elektroden (Sonden) messen das Potential [3.11]. Bei der vierpoligen Messung verursachen Übergangswiderstände an Sonden und Hilfserdern wegen der getrennten Strom- und Spannungszuleitung keine Meßfehler. Die Elektrodenanordnung nach *Wenner* ist in **Bild 34.3.3** zu sehen.

Messung:
Die Kabel werden gemäß Meßaufbau **(Bild 34.3.4)** angeschlossen. Die Schalter „*a*" und „*b*" sind geöffnet. Bei eingeschaltetem Gerät wird der entsprechende Meßbereich gewählt und mit dem Rändelknopf der Widerstand *R*a solange verändert bis das Galvanometer „Null" anzeigt. Der Skalenwert multipliziert mit dem Meßfaktor ergibt den gemessenen Widerstand *R* in Ω. Daraus ergibt sich der spezifische Erdwiderstand nach der Formel

$$\rho_E = 2\pi \cdot e \cdot R \qquad (34.3.1)$$

e .... Sondenabstand in m
R .... gemessener Widerstand in Ω

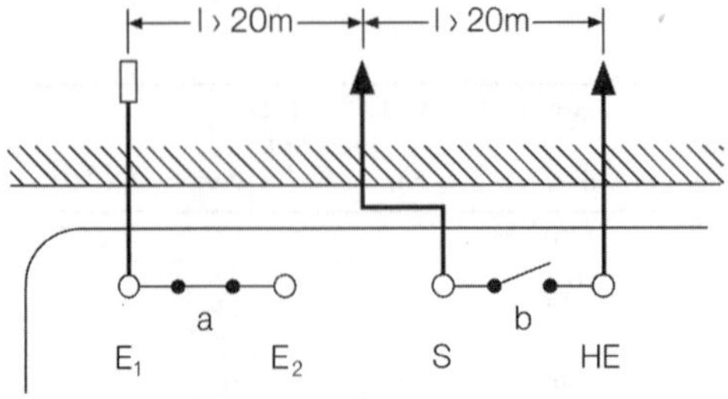

Bild 34.3.2
Meßaufbau zur R_A - Messung

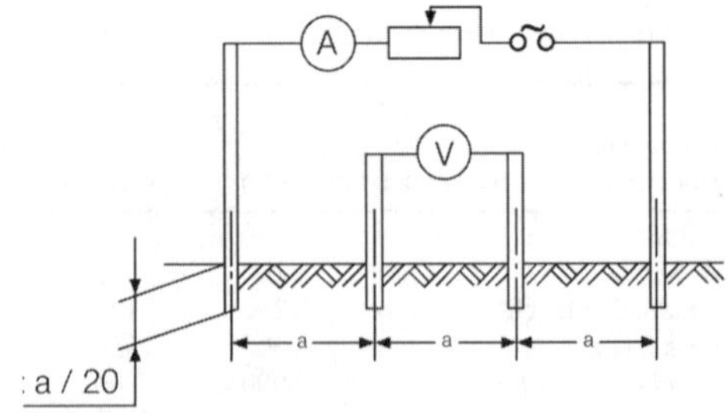

Bild 34.3.3
Elektrodenanordnung nach *Wenner*

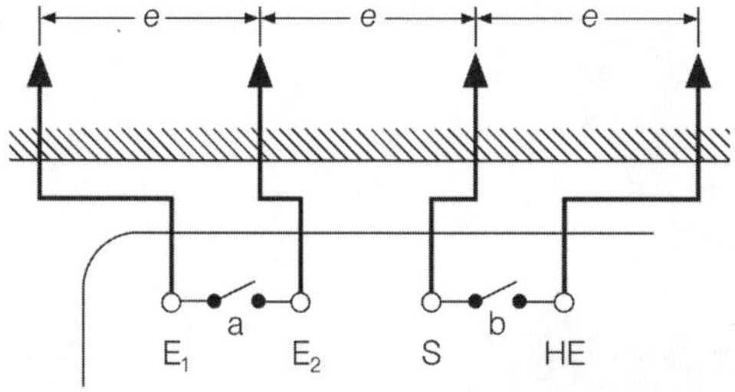

Bild 34.3.4
Meßaufbau zur ρ_E - Messung

Der Wert ρ_E wird als „mittlerer spezifischer Erdwiderstand" in Ωm bezeichnet und gilt bis zu einer Tiefe entsprechend dem Sondenabstand „*e*". Durch Vergrößern des Sondenabstandes *e* und erneuter Messung kann der Verlauf des spezifischen Erdwiderstandes von der Tiefe ermittelt werden. Bleibt bei Vergrößerung des Sondenabstandes der Wert für ρE konstant, so ist der Untergrund homogen (gleichförmig).

34.3.3 Ableiter

Überspannungen können elektrische Anlagen oder Geräte beschädigen oder ihre Funktion beeinträchtigen [3.13] und [3.14].
Die Einkopplung von Überspannungen von einem System in ein anderes kann galvanisch, induktiv oder kapazitiv erfolgen. Überspannungen oder Störströme lassen sich von Geräten oder Anlagen fernhalten, indem man sie durch Ableiter begrenzt bzw. ableitet oder durch geeignete Sperren abblockt bzw. sperrt. Beide Methoden werden oft kombiniert. Das ist dann ein Stufenschutz oder Staffelschutz (DIN VDE 0845 T.1). **Bild 34.3.5** zeigt so einen kombinierten Schutz bestehend aus der Hintereinanderschaltung von einem Grobschutz, einem Feinschutz und einem dazwischen liegenden Entkopplungsglied.

34.3.3.1 Funkenstrecken

Auch Trennfunkenstrecken genannt. Es handelt sich dabei um gekapselte Luftfunkenstrecken für Blitz- oder Teilblitzströme. Sie dienen bis zum Auftreten ihrer Ansprechspannung zur elektrischen Trennung und stellen beim Zünden für den Blitzstrom eine elektrische Verbindung dar (Sollüberschlagsstelle). Das Zünd- und Löschverhalten der Trennfunkenstrecke wird maßgebend von der Elektrodenform und dem Abstand bestimmt.

34.3.3.2 Gasentladungsableiter

Gasgefüllte Überspannungsableiter bestehen aus einer Elektrodenanordnung in einem Keramik- oder Glaskörper. Zwischen den Elektroden befindet sich ein Edelgas (Argon oder Neon). Bei Überspannung zündet der Ableiter und geht vom hochohmigen in den niederohmigen Zustand über. Nach der Zündung steht am Ableiter eine sogenannte Bogen-Brennspannung von etwa 10 V. Eingesetzt werden sie bei Melde-, Signal- und Regelleitungen (MSR) und auch bei Koaxialkabeln. Ein gasgefüllter Überspannungsableiter hat die deutsche Kurzbezeichnung ÜsAg (**Ü**ber**s**pannungs-**A**bleiter **g**asgefüllt), die internatinale Bezeichnung ist „surge protector" oder „surge arrestor", mit der Kurzbezeichnung SVP (**S**urge **V**oltage **P**rotector). Die Ableiterpatrone wird auch als Zünd-Dynode oder als Pille bezeichnet.

Koaxiale Ableiter

Koaxiale Ableiter bestehen aus einem koaxialen Leitungsstück mit direkt zwischen Innen- und Außenleiter montierter Funkenstrecke oder Ableiterpatrone. Einer der ersten *Koaxial-Ableiter*, noch mit einer Luftfunkenstrecke in der Koaxialleitung war der patentierte „*Blitz-Bug*" der Firma *Cushcraft* [3.15]. Eine interessante Konstruktion eines selbstlöschenden *Koaxial-Ableiters* mit einer spiralförmigen Funkenstrecke in der Koaxialleitung ist bei der Firma *HyGain* zu finden [3.16].

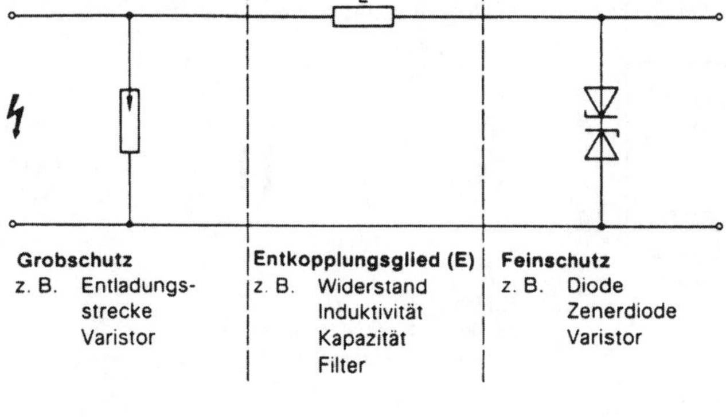

Bild 34.3.5
Stufenschutz (Abbau der Überspannung in Stufen)

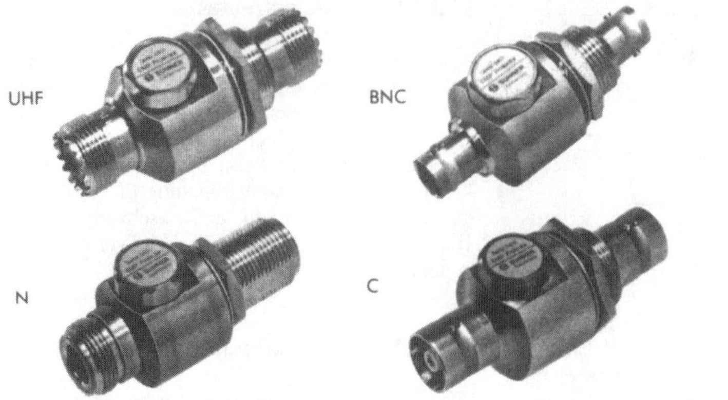

Bild 34.3.6
Koaxial-Ableiter
für verschiedene
Steckersysteme
(*Suhner*)

Hochwertige *Koaxial-Ableiter* sind als Durchführung zur Wandmontage konstruiert mit leicht auswechselbarer Ableiterpatrone. Die *Koaxial-Ableiter* sind genau für 50 Ω dimensioniert und die Zusatzkapazität der Ableiterpatrone ist durch eine Zusatzinduktivität des Innenleiters kompensiert. **Bild 34.3.6** zeigt *Koaxial-Ableiter* der Firma *Suhner* für verschiedene Steckersysteme und für einen Frequenzbereich von 0 bis 300 (1000) MHz mit einem VSWR ≤ 1,2 und einer Dämpfung von ≤ 0,1 dB.

Ein verbesserter *Koaxial-Ableiter* entsteht durch Einbringen einer Ableitdrossel gegen Masse. **Bild 34.3.7** zeigt einen solchen koaxialen Blitzschutz, der für Außenanlagen von Funksystemen nicht-öffentlicher Netze von *DJ2NN* entwickelt worden ist. Dieser Überspannungsschutz hat zwischen Innenleiter und Kabelmantel einen extrem niederohmigen galvanischen Ableiter in Form einer HF-Drossel *L*. Dadurch ergibt sich ein galvanischer Dauerkurzschluß zur Ableitung statischer Aufladungen. Zur sicheren Blitzstromableitung ist ein solider Masseleiter aus einem Messingstab *E* mit M8-Muttern vorgesehen. Durch die Verwendung der Ableitdrossel *L* ergibt sich eine untere Grenzfrequenz von etwa 60 MHz. Durch diese Hochpaßbildung werden Störungen aus dem LMK-Rundfunkbereich spürbar gemindert. Eine weitere Verbesserung ergibt sich, wenn zwischen Ein- und Ausgang zusätzlich noch ein Trennkondensator und auf der geschützten Seite ein Ableitwiderstand gegen Masse eingesetzt wird. **Bild 34.3.8** zeigt einen solchen *Koaxial-Ableiter* mit vier Bauteilen (*Z*, *L*, *C* und *R*) der Firma *ICE*, der auch patentiert ist [3.17].

Eine Selbstbauanleitung für einen einfachen *Koaxial-Ableiter* findet man in [3.18].

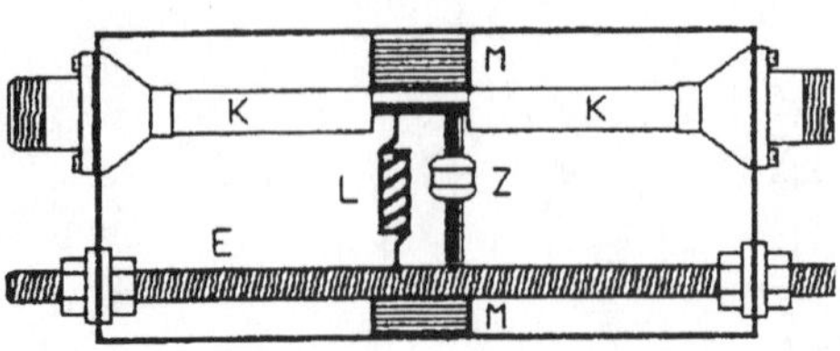

M = Masse-Brücken, K = Kabel-Strecken

Bild 34.3.7
Koaxialer Blitzschutz
(*Rohrbacher, DJ2NN*)

34.3.3.3 Varistoren

Das sind symmetrische Bauelemente (bipolar), deren Widerstand stark spannungsabhängig ist (VDR = voltage dependent resistor) mit einem ausgeprägten Knick in der Spannungs-/Stromkennlinie.
Bei Überschreiten der Knickspannung bricht der Widerstand in kurzer Zeit vom Wert > 1 MΩ auf < 1 Ω zusammen. Man unterscheidet zwischen ZnO-*Varistoren* (Zinkoxyd) und SiC-*Varistoren* (Siliziumkarbid). Erstere nennt man auch Metalloxyd-*Varistoren*. Die *Varistoren* haben eine hohe Stoßstrombelastbarkeit und Energieabsorptionsfähigkeit [3.19].

Varistoren werden auch bei Geräteschutzsteckern bzw. Überspannungs-Zwischenstecker verwendet. Das sind in Netzsteckdosen einsteckbare Geräte. Diese *Varistoren* sind sowohl zwischen L und PE als auch zwischen N und PE geschaltet.

Ein Geräteschutz-Überspannungfilter (kombinierte Netz- und Antennenadapter) der Firma *Kopp* zeigt **Bild 34.3.9**.

Eine Selbstbauanleitung für ein kombiniertes Tiefpaß-Netzfilters findet man in [3.20].

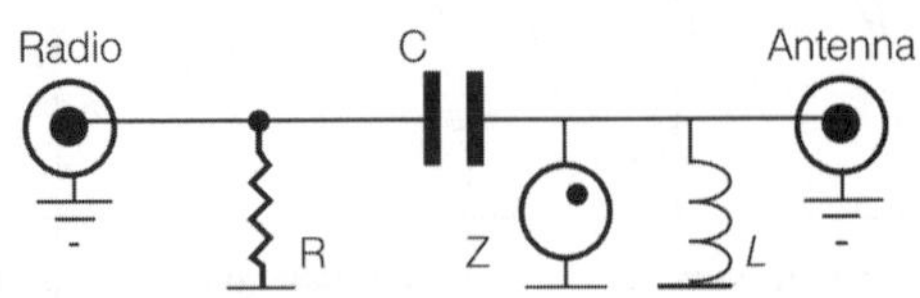

Bild 34.3.8
Moderner Koaxialer Blitzschutz,
Schaltungsprinzip (*ICE*)

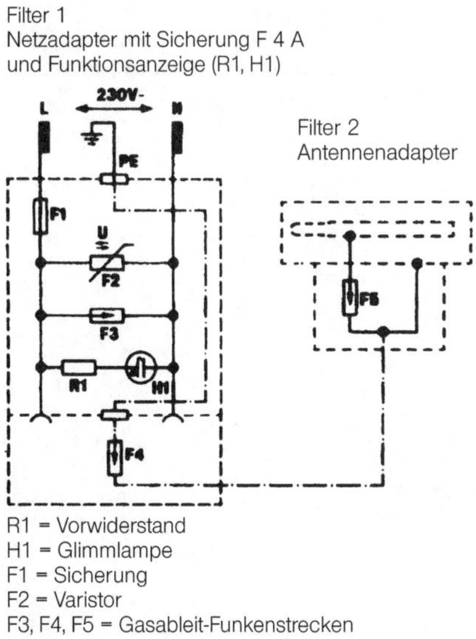

Bild 34.3.9
Geräteschutz-Überspannungsfilter
(*Kopp*)

34.3.3.4 Dioden

Als Feinschutz werden Dioden zur Überspannungsbegrenzung verwendet. Sie zeichnen sich aus durch geringe Eigenkapazitäten, kurze Ansprechzeiten und niedrige Begrenzungsspannungen.

Z-Dioden (Zenerdioden)

Nach Ansprechen der Z-Dioden wird die Spannung der Diode auf die Zenerspannung begrenzt.

Suppressordioden

Das sind Si-Überspannungs-Schutzdioden mit extrem kurzer Ansprechzeit ≈ 1 ps. Sie sind gekennzeichnet durch steil ansteigenden Sperrstrom und hohe Impulsbelastung im Durchbruchsgebiet (z.B. Pmax = 1,5 kW für 1 ms).

Suppressordioden sind bipolar ausgeführt.

Bild 34.3.10 zeigt drei Überspannungsschutz-Bauelemente (Gasentladungsableiter, Varistor und Suppressordiode). Die Symbole für die Schutzelemente sind nicht ganz einheitlich. So gibt es für Gasentladungsableiter rechteckige oder runde Ausführungen, mit Pfeil oder mit Punkt.

Informationen über Ableiter und Überspannungsschutz sind zu finden in [3.21]–[3.27].

34.4 Anwendungen

Eine Blitzschutzanlage kann die Ausbildung eines Blitzes nicht verhindern und auch keinen absoluten Schutz für Anlagen, Personen oder Einrichtungen garantieren. Sie vermindert aber die Gefahr eines Blitzschadens in der Anlage erheblich.

Der Schutz elektronischer Geräte und Funkanlagen gegen Blitzschäden ist wichtig. Elektronische Anlagen sind bis zu einer Entfernung von etwa 1 km vom Blitzeinschlagsort gefährdet. Die Betriebsunterbrechungen und Zerstörungen haben nicht zuletzt dadurch zugenommen, daß immer mehr Halbleiter und hochintegrierte Schaltkreise (Chips) verwendet werden.

Ein Blitzeinschlag in unmittelbarer Nähe erzeugt einen sehr hohen elektromagnetischen Impuls (LEMP – **L**igthning **E**lectro **M**agnetic **P**ulse). Dieser Impuls verursacht eine direkte Einstrahlung in die Elektronik, Einkopplung auf Leitungen und mit dem Auftreten Überspannungen auf Leitungen.

Die direkte Einstrahlung wird durch geeignete Abschirmung gedämpft, die Einkopplung auf Leitungen wird durch beschirmte Kabel reduziert und die Leitungen werden durch Überspannungsbegrenzer geschützt. Erdungsmaßnahmen spielen in der Blitzschutztechnik – insbesondere im Hinblick auf den Potentialausgleich – eine bedeutende Rolle.

34.4.1 Blitz- und Überspannungsschutz bei Antennenanlagen

Die Anwendung hier wird für Amateurfunkanlagen beschrieben.

In der Vergangenheit war es die Norm DIN VDE 0855 Teil 1 vom Mai 1984 mit dem Titel „Antennenanlagen, Errichten und Betrieb", die z.B. Mindestanforderungen zur Festigkeit von Antennenträ-

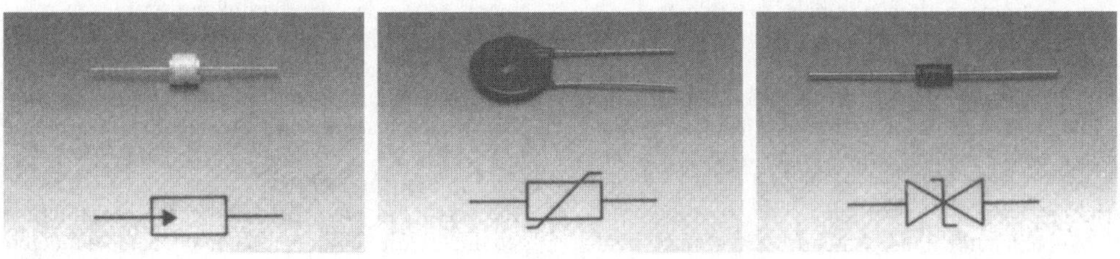

Bild 34.3.10
Überspannungschutz-Bauelemente (Gasentladungsableiter, Varistor, Suppressordiode) mit zugehörigen Symbolen
(*Phönix*)

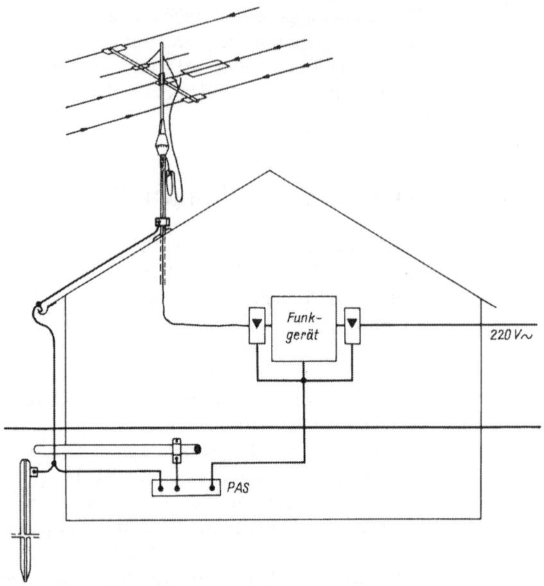

Bild 34.4.1
Blitz- und Überspannungsschutz bei einer Funkstation (*Conrad*)

gern, zur Erdung und zum Überspannungsschutz formulierte. Diese Bestimmung wurde vollständig durch eine für Amateurfunkanlagen nichtrelevante Norm DIN VDE 0855 Teil 1 vom März 1999 mit dem Titel „Kabelverteilsysteme für Ton- und Fernsehrundfunk-Signale" ersetzt.

Für die Funkamateure existiert momentan keine umfassende Vorschrift. Die Errichtung einer Blitzschutzanlage erfolgt zur Zeit noch nach der alten DIN VDE 0855 mit den Teilen 1 und 2. Die neuesten Erkenntnisse haben ihren Niederschlag gefunden in der europäischen Vornorm ENV 61024-1 (DIN V ENV 61024-1), die die alte DIN VDE 0185 Teil 100 ablösen wird. Leider sind in der Vornorm wichtige Informationen, z.B. zu Werkstoffen und deren Abmessungen nicht enthalten. Die Blitzschutzanlagen dürfen deshalb entweder **nur** nach der alten Vorschrift DIN VDE 0855 Teile 1 und 2 oder **nur** nach DIN V ENV 61024-1 (VDE V 0185 Teil 100) errichtet werden. Da in beiden angesprochenen Normen zum Teil unterschiedliche Anforderungen festgelegt sind, ist eine Vermischung beider Normen nicht zulässig. Für leitungs- und feldgebundene Störgrößen ist die Norm DIN VDE 0185 Teil 103, Schutz gegen den elektromagnetischen Impuls, zu beachten.

Antenne und Erde

Bei Errichtung einer Antenne muß diese bzw. das Antennenstandrohr in eine vorhandene Blitzschutzanlage einbezogen werden, wenn keine vorhanden ist, muß dafür eine eigene Blitzschutzeinrichtung geschaffen werden.

Außenantennen und Antennenträger müssen mit einem Ableiter von ausreichendem Querschnitt (16 mm^2 Cu, 25 mm^2 Al, 50 mm^2 Stahl verzinkt) mit der Erde verbunden werden. Ausgenommen sind Innenantennen und Außenantennen, die 2 m unterhalb der Dachkante und 1,5 m vom Gebäude (Fensterantennen) angebracht sind.

Ist eine Blitzschutzanlage vorhanden, so müssen die Antenne bzw. Antennenträger auf kurzem Wege mit einer Potentialausgleichsleitung von mindestens 4 mm^2 Querschnitt aus Kupfer blank oder isoliert (grün/gelb) mit der Blitzschutzanlage verbunden sein.

Antennenstandrohre (einseitig eingespannte Träger) müssen bestimmte Mindestabmessungen und ein vorgeschriebenes Biegemoment einhalten. So darf bei Masten bis zu einer freien Länge von 6 m an der Einspannstelle das Biegemoment 1650 Nm nicht übersteigen. Die Einspannstelle soll 1/6 der Gesamtlänge sein. Die Werte sind gültig für Antennenanlagen bis 20 m über Grund. Antennen – auch innerhalb von Gebäuden – an Schornsteinen zu befestigen ist bundesweit verboten.

Von einem Gebäude abgesetzt errichtete Antennenanlagen sind mit einer Ableitung von ausreichendem Querschnitt (16 mm^2 Cu, 25 mm^2 Al, 50 mm^2 Stahl verzinkt) mit einem Staberder aus verzinktem Stahl von mindestens 1,5 m Länge oder einem Banderder aus verzinktem Stahl von mindestens 3 m Länge, der mindestens 0,5 m tief im Erdreich verlegt ist, verbunden sein.

Die Antennen müssen von Starkstromanlagen einen Mindestabstand von 1 m einhalten.

Überspannungsschutz

Auf Netzleitungen, Steuerleitungen, Koaxialleitungen und Telefonleitungen können Überspannungen auftreten. Eventuelle Überspannungsableiter für Netzleitungen müssen mit dem zuständigem Energieversorgungsunternehmer (EVU) abgeklärt werden. Ähnliches gilt für Telefonleitungen, da muß man sich für eventuelle Überspannungsableiter mit dem Netzbetreiber (Telekom) in Verbindung setzen. Heute sind viele Leitungen schon als Erdkabel verlegt, so daß das Problem der Überspannung durch Einkopplung auf die Leitungen weitgehend entschärft ist. Bei Steuerleitungen z.B. für den Antennenrotor werden beim Eingang ins Gebäude, für jede Ader getrennt, Gasentladungsableiter und Suppressor-Dioden vorgesehen. Bei Koaxialleitungen werden auch beim Eingang ins Gebäude Koaxialableiter (koaxiale Gasentladungsableiter) eingesetzt. Bei längeren Leitungen (> 10 m) wird auch noch vor dem Funkgerät ein koaxialer Ableiter vorgesehen. **Bild 34.4.1** zeigt Blitz- und Überspannungsschutz bei einer Funkstation. Außer der Überspannung können durch das kräftige Magnetfeld des Blitzes bei geschlossenen Erdleitungsschleifen durch Induktionswirkung Spannungen von 10 bis 100 kV induziert werden, die eventuell Schäden am Funkgerät hervorrufen. In **Bild 34.4.1** wird die Induktionsschleife von der Erdungsschelle (1) am Antennenmast aus gebildet durch den Koaxialkabelaußenmantel, über den Koaxialableiter (5) durch die Potentialausgleichsleitung zur Potentialausgleichsschiene (3), durch die Potentialausgleichsleitung zum Staberder (2) und durch die Ableitung wieder zurück zur Erdungsschelle (1). Dagegen hilft eine Unterteilung der Schleife durch eine weitere Potentialableitung z.B. direkt von Punkt (1) nach Punkt (3).

Entsprechende Literaturstellen über Blitz- und Überspannungsschutz für Amateurfunk-Anlagen sind [4.1]–[4.10].

Allgemeine Literaturstellen sind [4.11]–[4.12].

34.5 Bestimmungen

Für Blitzschutzanlagen gibt es eine Anzahl von Bestimmungen oder Normen für Definition, Errichtung, Betrieb, Messung, Prüfung, Abnahme usw. Eine Norm ist das Ergebnis einer auf nationaler, regionaler (europäischer) oder internationaler Ebene durchgeführten Vereinheitlichung als Maßstab für fachgerechtes Verhalten.

Man unterscheidet zwischen deutschen, europäischen und internationalen Bestimmungen.

CEI IEC

CEI IEC 1024-1/03-1990 (Din V ENV 61024-1/08.91)
Protection of structures against lightning. Part 1: General principles

---

DIN

DIN 48801/03.85	Leitungen, Schrauben und Muttern
DIN 48802/08.86	Fangstangen und Erdeinführungen
DIN 48803/03.85	Anordnungen von Bauteilen und Montagemaße
DIN 48804/03.85	Befestigungsteile für Leitungen und Bauteile
DIN 48805/08.89	Stangenhalter
DIN 48806/03.85	Benennungen und Begriffe für Leitungen und Bauteile
DIN 48807/08.86	Dachdurchführungen
DIN 48809/12.76	Klemmen für Blitzschutzanlagen
DIN 48810/08.86	Verbindungsteile und Trennfunkenstrecke
DIN 48811/03.85	Dachleitungshalter; Spannkappe
DIN 48812/03.85	Dachleitungshalter; Holzpfahl
DIN 48814/08.86	Schornsteinrahmen
DIN 48818/08.86	Schellen
DIN 48819/08.86	Klemmschuh
E DIN 48820/07.84	Graphische Symbole für Zeichnungen (Entwurf)
DIN 48821/07.64	Nummernschilder
E DIN 48826/01.87	Dachleitungshalter (Entwurf)
DIN48827/03.85	Dachleitungshalter; Traufenstützen und Spannkloben
DIN 48828/01.89	Leitungshalter
DIN 48829/03.85	Dachleitungshalter; Befestigungsteile für Flachdächer
DIN 48830/03.85	Beschreibung
DIN 48831/03.85	Bericht über eine Prüfung (Prüfbericht)
DIN 48832/03.85	Fangpilz
DIN 48833/08.86	Abstandshalter für Fundamenterder
DIN 48834/08.86	Keilverbinder für Fundamenterder
DIN 48835/08.86	Trenn- und Verbindungsstücke
DIN 48837/08.86	Verbinder
DIN 48838/08.71	Schraubenlose Leiterstützen für Blitzableiter

DIN 48839/03.85	Trennstellenkasten und -rahmen
DIN 48840/03.85	Anschlußklemmen für Bleche
DIN 48841/03.85	Anschluß- und Überbrückungsbauteile
DIN 48842/03.85	Dehnungsstück
DIN 48843/03.85	Kreuzverbinder; leichte Ausführung
DIN 48845/03.86	Kreuzverbinder; schwere Ausführung
DIN 48850/03.87	Erdeinführungsstangen
DIN 48852 T1/03.85	Staberder einteilig (Profilstaberder)
DIN 48852 T2/03.85	Staberder mehrteilig (Tiefenerder)
DIN 48852 T3/03.85	Staberder; Anschlußschelle für Tiefenerder

DIN VDE

DIN VDE 0100 T.200/07.85:	Starkstromanlagen bis 1000 V; Allgemeine Begriffe
DIN VDE 0100 T. 410: 1997-01	Starkstromanlagen bis 1000 V; Schutz gegen gefährliche Körperströme
E DIN VDE 0100 T. 534/A1:	1996-10 Elektrische Anlagen von Gebäuden, (Entwurf)
DIN VDE 0100 T. 540: 1991-11	Starkstromanlagen bis 1000 V; Erdung, Schutzleiter, Potentialausgleichsleiter
DIN VDE 0141:	1989-07 Erdungen für Starkstromanlagen über 1 kV
DIN VDE 0150:	1983-04 Schutz gegen Korrosion durch Streuströme aus Gleichstromanlagen
DIN VDE 0151:	1986-06 Werkstoffe und Mindestmaße von Erdern bezüglich der Korrosion
DIN VDE 0185 T.1:	1982-11 Blitzschutzanlage; Allgemeines für das Errichten
DIN VDE 0185 T.2:	1982-11 Blitzschutzanlage; Errichten besonderer Anlagen
E DIN VDE 0185 T.100/10.87	Gebäudeblitzschutz; Allgemeine Grundsätze; (Entwurf)
DIN VDE 0185 T. 103:	1987-09 Schutz gegen elektromagnetischen Blitzimpuls (LEMP)
DIN VDE 0185 T. 110	Leitfaden zur Prüfung von Blitzschutzsystemen
DIN VDE 0190/05.86	Einbeziehen von Gas- u. Wasserleitungen in den Hauptpotentialausgleich von elektrischen Anlagen
DIN VDE 0618 T.1:	1989-08 Betriebsmittel für den Potentialausgleich; PAS
DIN VDE 0664 T.1/10.85	Fehlstrom-Schutzeinrichtungen; Fehlstrom-Schutzschalter bis 500 V und bis 63 A
DIN VDE 0675 T.1:1994-12	Richtlinien für Überspannungsschutzgeräte; Überspannungs ableiter mit nichtlinearen Widerständen und Funkenstrecken
DIN VDE 0675 T.2/08.75	Überspannungsschutzgeräte; Anwendung
DIN VDE 0675 T.3/11.82	Überspannungsschutzgeräte; Schutzfunkenstrecken
E DIN VDE 0675 T.5/10.88	Überspannungsschutzgeräte; Metalloxydableiter (Entwurf)
E DIN VDE 0675 T.6: 1989-11	Überspannungsableiter für Wechselstromnetze 100 bis 1000 V (Entwurf)
DIN VDE 0683 T.1/03.88	Ortsveränderliche Geräte zum Erden und Kurzschließen; Freigeführte Geräte
DIN VDE 0683 T.2/03.88	Ortsveränderliche Geräte zum Erden und Kurzschließen; Zwangsgeführte Geräte
DIN VDE 0800 T.1: 1989-05	Fernmeldetechnik; Allgemeine Begriffe, Anforderungen und Prüfungen
DIN VDE 0800 T.2: 1985-07	Fernmeldetechnik; Erdung und Potentialausgleich
DIN VDE 0800 T. 10: 1991-03	Übergangsfestlegungen für Errichtung und betrieb der Anlagen
DIN VDE 0845 T.1: 1987-10	Schutz von Fernmeldeanlagen; Maßnahmen gegen Aufladungen und Überspannungen
DIN VDE 0845 T.2: 1993-10	Schutz von Einrichtungen der Informationstechn. und Telekom munikation; Maßnahmen gegen Aufladungen und Überspannungen
DIN VDE 0855 T.1: 1999-03	Kabelverteilersysteme für Ton- und Fernsehrundfunk-Signale, Sicherheitsanforderungen
DIN VDE 0870 T.1A1/08.87	Elektromagnetische Beeinflussung; Begriffe, Änderung 1

IEC

IEC 664/ 1980	Insulation coordination within low-voltage Systems incl. clearances and creepage distances for equipment

VG

VG 96 900/09.89	Schutz gegen NEMP und Blitzschlag; Übersicht
VG 96 901 T.1/12.84	Schutz gegen NEMP und Blitzschlag; Allg. Grundlagen; Begriffe
VG 96 901 T.4/10.85	Schutz gegen NEMP und Blitzschlag; Bedrohungsdaten
VG 96 902 T.3/08.86	Schutz gegen NEMP und Blitzschlag; Programme und Verfahren; Verfahren für Systeme und Geräte
VG 96 907 T.1/12.85	Schutz gegen NEMP und Blitzschlag; Konstruktionsmaßnahmen und Schutzeinrichtungen; Allgemeines
VG 96 907 T.2/12.86	Schutz gegen NEMP und Blitzschlag; Konstruktionsmaßnahmen und Schutzeinrichtungen

Beim Aufbau von Antennen sind noch zu beachten:
Verdingungsordung für Bauleistungen (VOB) Teil C: Allgemeine Technische Vorschriften für Bauleistungen (DIN 18384/9.88 Blitzschutzanlagen).
Standardleistungsbuch (STLB) für das Bauwesen Leistungsbereich (LB) 050 (LB050/10.78 Blitzschutz- und Erdungsanlagen).

Die Bauordnungen (BauO, BO, LBO) der einzelnen Länder sind:

Baden-Württemberg:	LBO - 1995 - § 15
Bayern:	BayBO - 1994 - Art. 16
Berlin:	BauO Bln - 1996 - § 15
Brandenburg	BbgBO - 1994 - § 17
Bremen:	BremLBO - 1995 - § 17
Hamburg:	HBauO - 1995 - § 17
Hessen:	HBO - 1994 - § 17
Mecklenburg-Vorpommern:	LBauO M-V - 1994 - § 14
Niedersachsen:	NBauO - 1995 - § 20
Nordrhein-Westfalen:	BauO NW - 1995 - § 17
Rheinland-Pfalz:	LBauO - 1995 - § 15
Saarland:	LBO - 1996 - § 18
Sachsen-Anhalt:	BauO LSA - 1994 - § 17
Sachsen:	SächsBO - 1994 - §17
Schleswig-Holstein:	LBO - 1994 - § 19
Thüringen:	ThürBO - 1994 - §17

Bezugsquellen:

DIN, VOB, STLB:	Beuth-Verlag GmbH, Burggrafenstr. 4-10, 10787 Berlin
DIN VDE:	VDE-Verlag, Bismarckstr. 33, 10625 Berlin
VG:	Beuth-Verlag GmbH, Kamekestr. 2-8, 50672 Köln

Erläuterungen zu den Bestimmungen findet man in [5.1] bis [5.4].

Literatur zu Abschnitt 34

[1.1] *Hasse P.; Wiesinger J.*: Handbuch für Blitzschutz und Erdung. Pflaum Verlag, München, (VDE-Verlag, Berlin), 1989

[1.2] *Reimarus, J.A.H.*: Die Ursachen des Einschlagens vom Blitz. Langensalza, 1769

[1.3] *Guden, P.P.*: Von der Sicherheit wider die Donnerstrahlen. Göttingen und Gotha, 1774

[1.4] *ABB*: 100 Jahre ABB. Jehle Verlag, München, '85

[2.1] *Golde, R.H.*: Lightning. Vol. 1 Physics, Vol. 2 Protection, Academic Press, London, 1977

[2.2] *Hart, W.C.; Malone, E.W.*: Lightning and Lightning Protection. ICT Publ. Gainesville, VA, 1984

[2.3] *Martindale, A.*: Lightning. Radio Communication, January 1984, pp. 28–31, 36

[2.4] *Block, R.R.*: The Grounds for Lightning and EMP Protection. Polyphaser Corp., Gardnerville, NV, 1987

[2.5] *Hasse, P.; Wiesinger, J.*: Blitz-Schutzzonen-Konzept. Pflaum Verlag, München, (VDE-Verlag, Berlin), 1993

[2.6] *CCIR*: World Atlas of Ground Conductivities. Rep. 717-2, ITU, Geneva, 1988

[2.7] *Vogt, D.*: Fundamenterder nach DIN 18014. ETZ, Bd. 115, 1994, H. 20, S. 1168–1173

[2.8] *Wiesinger, J.*: Zur Berechnung des Stoßerdungswiderstandes von Tiefen- und Oberflächenerdern. ETZ-A Bd. 99 (1978) H. 11 S. 659–661

[2.9] *Baatz H.:* Mechanismus der Gewitter und Blitze. VDE-Schriftenreihe, Band 34, VDE-Verlag, Berlin, ´85

[2.10] *DEHN*: Blitz-Planer – Arbeitsunterlagen, Informationen und Listen über den Blitzschutz. Dehn & Söhne, 92306 Neumarkt, 1999

[2.11] *Buck, W ; Hasse, P.; Wiesinger, J.:* Gefährdung von Fernseh- und Radiogeräten durch indirekte Blitzeinwirkungen und Schutzmaßnahmen. NTZ 37 (1984) H.10, S. 632–635

[3.1] *Clorius, K.A.*: Erdungsmessung. Funk-Telegramm 8/2000, S. 27–29

[3.2] *Krönert, J.*: Messung von Erd-Widerständen. ATM V 35192-1, 1932

[3.3] *Pflier, P.M.*: Mesung von Erdungs-Widerständen. ATM V 35192-2, 1933

[3.4] *Fritsch, V.*: Messungen an Blitzableitererdern. ATM V 35192 -5 bis 7, 1942

[3.5] *Haug, A.*: Verfahren und Fortschritte bei der Erdungsmessung. ATM V 35192-10, September 1966, S. 209–212

[3.6] *Carr, K.F.*: Ground currents measuring in 160-meter antenna systems. Ham Radio, June 1979, pp. 46–47

[3.7] *McNally, I.L.*: Notes on ground systems. Ham Radio, May 1980, pp. 27–29

[3.8] *Sevick, J.*: Measuring Soil Conductivity. QST March 1981, pp. 38–39

[3.9] *DEHN*: Blitz-Planer – Arbeitsunterlagen, Informationen und Listen über den Blitzschutz. Seite C4 02. Dehn & Söhne, 92306 Neumarkt, 1999

[3.10] *Wenner, F.*: A method of measuring earth resistivity. US Nat. Bur. Stand. Bull. 12(3), 1916, pp. 469–478

[3.11] *Weyl, F.G.*: Das Tripol-Feld zur Messung des Erdwiderstandes. ATM V 35192-11, Dezember 1970, S. 265–268

[3.12] *Gey, Ch.*: Der spezifische Bodenwiderstand als Kriterium zur Beurteilung von Kabel- und Rohrtrassen für den Blitz- und Korrosionsschutz. Fernmeldepraxis, Bd. 64, H. 11, Juni 1987, S. 413–430

[3.13] *Cordes, H.:* Überspannungsschutz-Bauelemente und Strombegrenzer. HF-Report November 1990, S. 54 bis 60

[3.14] *Panzer, P.:* Praxis des Überspannungs- und Störspannungsschutzes elektronischer Geräte und Anlagen. Vogel Verlag, Würzburg, 1986

[3.15] *L.A. Cushman* – US 2,922,913 – 1958

[3.16] *H.R. Person* – US 3,112,429 – 1961

[3.17] *M.R. Koss* – US 5,122,921 – 1990

[3.18] *Panzer, P.:* Überspannungsschutz für koaxiale Leitungen. CQ-DL 6/85, S. 306–309

[3.19] *Trinkwald, J.*: Neue Überwachungseinrichtung für Überspannungsfeinschutzgeräte in Zinkoxidtechnologie. Mikrowellen & HF Magazin, Bd. 16, H. 7, 1990, S. 481–482

[3.20] *Bürgers, N.*: Kombiniertes Tiefpaß-Netzfilter zur Entstörung und Überspannungschutz. QSP 10/98, S. 65–66

[3.21] *Jessop, G.R.*: Lightning and your aerial. Radio Communication, January 1972, pp. 18–19

[3.22] *Tyrrel, D.R.*: Lightning Protection A New Era. CQ April 1982, pp. 22–24

[3.23] *Wells, B.*: Lightning and electrical transient protection. Ham Radio, December 1983, pp. 73–78

[3.24] *Buck, W ; Hasse, P.; Wiesinger, J.:* Gefährdung von Fernseh- und Radiogeräten durch indirekte Blitzeinwirkungen und Schutzmaßnahmen. NTZ 37 (1984) H.10, S. 632–635

[3.25] *Cordes, H.:* Überspannungsschutz-Bauelemente und Strombegrenzer. HF-Report November 1990, S. 54–60

[3.26] *Schimanski, J.:* Grundlagen des Überspannungsschutzes. EMV-Journal 2/94, S. 28–30, 32–33

[3.27] *König, R.; Loidiller, M.*: Blitzschutz an Sat-Anlagen. Funkschau 3/95, S. 40–43

[4.1] *Panzer, P.:* Erdung von Antennenanlagen. DL-QTC 9/71, S. 530–535

[4.2] *Panzer, P.:* Gewitter-Schutz der Antennenanlage und der Amateurfunkanlage. CQ-DL 3/78, S. 98–101

[4.3] *Neinbuch, R.:* Antenne erden – genügt das? CQ-DL 12/81, S. 591–593

[4.4] *Panzer, P.:* Blitzschutz für Amateurfunk-Anlagen. Karamanolis Verlag, Neubiberg, 1983

[4.5] *Schröder, R.; Müller, K.P.*: Blitz-/Überspannungsschutz von Funkanlagen. CQ-DL 3/92, S. 157–158

[4.6] *Müller, K.P.*: Blitz-/Übersopannungsschutz von Funkanlagen. UKW-Berichte 2/93, S. 86–92

[4.7] Manek, H.J.: Blitzschutzsystem für die Amateurstation. Funkamateur 3/96, S. 306–310

[4.8] Bissinger, N.: Das nächste Gewitter kommt bestimmt. CQ-DL 11/96, S. 876–880

[4.9] Sichla, F.: Blitzschutz & Co: Funken – aber sicher! CQ-DL 5/99, S. 401–402

[4.10] Bürgers, N.: Blitz- und Überspannungsschutz für Amateurfunk-/Antennenanlagen. Amateurfunk 2/2000, VTH, Baden-Baden, 2000

[4.11] *Panzer, P.:* Praxis des Überspannungs- und Störspannungsschutzes elektronischer Geräte und Anlagen. Vogel Verlag, Würzburg, 1986

[4.12] Trommer, W.; Hampe, E.: Blitzschutzanlagen. Hüthig, Heidelberg, 1997

[5.1] *Neuhaus H.:* Blitzschutzanlagen (Erläuterung zu DIN VDE 0185). VDE-Schriftenreihe, Band 44, VDE-Verlag, Berlin, 1983

[5.2] *Loidiller, M.; Strauss, O.; Thurl, W.:* Erläuterungen zu den Bestimmungen für Antennenanlagen DIN VDE 0855 mit Berechnungsbeispielen. VDE-Schriftenreihe, Band 6, VDE-Verlag, Berlin, 1985

[5.3] *Vogt D.:* Potentialausgleich, Fundamenterder, Korrosionsgefährdung. (DIN VDE 0100, DIN VDE 0190 u.a.), VDE-Schriftenreihe, Band 35, VDE-Verlag, Berlin, 1987

[5.4] *Boy, J. u.a.:* Erläuterungen zu DIN VDE 0845, Schutz von Fernmeldeanlagen gegen Überspannungen. VDE-Schriftenreihe, Band 38, VDE-Verlag, Berlin, 1981

35 Sonderantennen

35.1 Stationäre Sonderantennen

35.1.1 Rundfunk-Sendebereiche

Die Rundfunkbänder der Region I (Europa, Afrika, vorderer Orient und ehemalige UdSSR) umfassen folgende Frequenzbereiche:

Langwelle
LW (AM) 150 bis 285 kHz (LF)
Mittelwelle
MW (AM) 525 bis 1605 kHz (MF)
Kurzwelle
KW (SW) 2300 bis 26100 kHz (HF)
Fernsehen
Bd. I 47 bis 68 MHz (VHF)
Ultrakurzwelle
UKW (FM) 87,5 bis 108 MHz (VHF)
Fernsehen
Bd. III 174 bis 230 MHz(VHF)
Bd. IV/V 470 bis 860 MHz (UHF)

Eine genaue Einteilung, speziell der einzelnen Kurzwellen-Rundfunkbereiche, findet man im Anhang.
Die Bandgrenzen innerhalb der Region I gelten für alle Länder, einzelne Bereiche können aber in verschiedenen Ländern kleiner sein.

35.1.1.1 LW- und MW-Sendeantennen

Rundfunk-Sendeantennen für Lang- und Mittelwelle sind vertikale Strahler, sogenannte Monopolantennen, die isoliert montiert sind und am unteren Ende gegen Erde eingespeist werden [1.1]–[1.2]. Die Höhe variiert zwischen 0,1 und 0,6 λ. Das horizontale Strahlungsdiagramm im Azimuth ist rundstrahlend, das vertikale Strahlungsdiagramm in der Elevation ist abhängig von der Strahlerhöhe. **Bild 19.1.1** zeigt die theoretische Strom- und Spannungsverteilung von Monopolantennen für elektrische Höhen von 0,1 (36°), 0,25 (90°), 0,5 (180°), 0,53 (190°) und 0,625 (225°) Lambda. **Bild 19.2.1** zeigt die zugehörigen theoretischen Vertikaldiagramme der Monopolantennen über ideal leitender Erde. Die Gewinne sind angegeben in dBi (dB über Isotopstrahler).

Direkt gegen ideale Erde erregte Vertikalstrahler weisen gegenüber den entsprechenden Freiraumstrahlern Gewinne auf. Ein Viertelwellen-Vertikalstrahler (90°) hat z.B. einen Gewinn von ≈ 5,2 dBi oder ≈ 3 dBd (dB über Halbwellendipol im freien Raum).

Das bedeutet aber nicht, daß ein Viertelwellenstrahler besser strahlt als ein Halbwellendipol. Durch Reflexion an der idealen Erde ergibt sich für

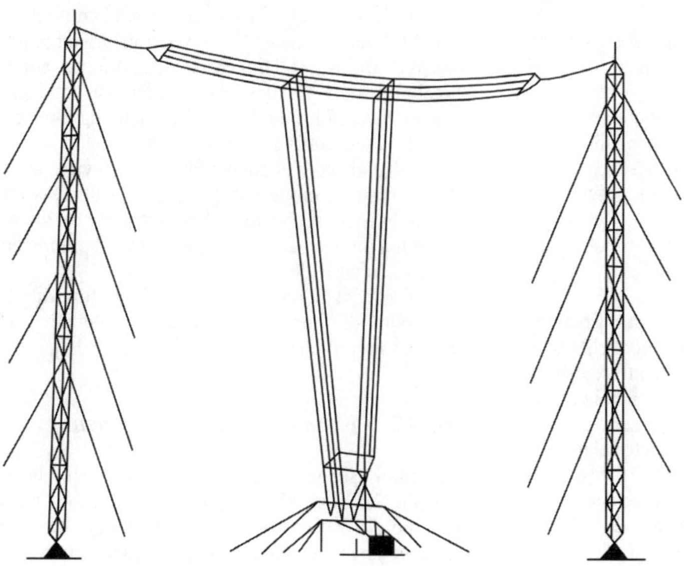

Bild 35.1.1
Antenne eines 100-kW-Langwellen-Rundfunksenders

einen Halbwellendipol eine Feldstärkeverdopplung, das entspricht einem Gewinn von ≈ 6 dB.

Dadurch hat ein Halbwellendipol über idealer Erde tatsächlich einen Gewinn von 3 dB gegenüber dem Viertelwellenstrahler.

Langwelle
Um für die untere Frequenzgrenze zwischen 150 und 160 MHz eine für Rundfunkzwecke ausreichende Bandbreite, kombiniert mit hohem Wirkungsgrad, zu erreichen, wäre ein Vertikalstrahler von etwa 450 m Höhe zu errichten. Aus verschiedenen Erwägungen (Baukosten, Wartungsprobleme, Sicherheitsanforderungen im Luftverkehr) entwickelte man Bauformen, die mit geringeren Höhen auskommen. Diese Formen sind T-Antennen mit Mehrfachleiter oder gefaltete Monopolantennen mit symmetrisch angeordnetem System aus 1 Mittelmast und 3 Außenmasten. **Bild 35.1.1** zeigt die Antenne eines 100 kW-Langwellen-Rundfunksenders.

Mittelwelle
MW-Antennen strahlen Boden- und Raumwellen ab. Die Bodenwellenkomponente der Feldstärke ist während des Tages und in der Nacht gleich. Die Raumwellenkomponente ist abhängig vom Abstrahlwinkel und der Tageszeit. Durch Interferenz zwischen Boden- und Raumwellen ergeben sich Schwunderscheinungen (Fading).

Antennen, bei denen die Steilstrahlung in einem gewissen Bereich des Erhebungswinkels unterdrückt wird, z.B. durch eine Nullstelle, bezeichnet man als „Antifading Antenne" [1.3]. Antennen mit ≈ 190° elektrischer Länge haben eine geringe Steilstrahlungskomponente.

Weitere Methoden um einen Antifadingeffekt zu erreichen sind
- Mastunterteilung mit Obenspeisung [1.4] und
- Mittenspeisung einer Halbwellenantenne (Höhendipol).

Die Antennen haben einen komplexen Impedanzverlauf am Einspeisepunkt und benötigen daher eine Anpaßschaltung. Zur elektrischen Verlängerung werden Dachkapazitäten eingesetzt. Gespeist wird meist am Fußpunkt.

Die Sendeleistungen im MW-Bereich liegen zwischen 100 kW und 500 kW, die Spitze liegt bei 2000 kW.

Wichtig für Vertikalantennen ist das Erdsystem [1.5]. Um die Erdverluste im Boden möglichst gering zu halten, werden mit großem Kostenaufwand ausgedehnte Erdnetze verlegt. Diese bestehen üblicherweise aus in etwa 15 cm Tiefe eingegrabenen verzinkten Eisenbändern oder Kupferdrähten unterschiedlicher Länge (0,25 bis 0,4λ) und Anzahl (30 bis 60 bei Kleinanlagen und 90 bis 120 bei Großanlagen).

Die Einwirkung des Erdnetzes auf die Abstrahlung hängt von der Strahlerlänge ab [1.6]:

Bild 35.1.2
Drehbare logarithmisch-periodische Antennenanlage für Kurzwelle (*Rohde & Schwarz*)

0,1 und 0,25λ:
starke Erdnetzabhängigkeit
0,375 und 0,625λ:
geringe Erdnetzabhängigkeit
0,5λ und Höhendipol:
keine Erdnetzabhängigkeit.

Die Verbindungen der Erddrähte mit der Masse des Antennenisolators müssen sehr gut sein; keine Schraubverbindung, sondern Lötverbindung mit Hartsilber.

Bei Masten über 45 m müssen nach Empfehlungen der Internationalen Civil Aviation Organization (ICAO) alle 45 m Hindernisbeleuchtungen angebracht werden. Da der Mast isoliert ist, muß die Spannungszuführung für die Beleuchtung über einen HF-Trenntrafo geführt werden.

Im Rundfunkwellenbereich (MW) wird auch Richtstrahlung eingesetzt [1.7] und [1.8]. Das ermöglicht eine Erhöhung der Strahlung in einer Richtung und eine Verringerung der Strahlung in einer anderen Richtung.

Weitere interessante Sendeantennen für Mittelwelle sind die horizontale Drehkreuzantenne [1.9] und der asymmetrische Vertikal-Dipol [1.10].

35.1.1.2 Kurzwellen-Sendeantennen

Rundfunk-Sendeantennen für Kurzwelle sind horizontale Strahleranordnungen, die einzeln oder als Gruppe aufgebaut werden. Die Gewinne bei den Kurzwellen-Sendeantennen gibt man auch als

Richtfaktor an. In diesem Wert sind 6 dB wegen der Reflexion am Erdboden enthalten. Man unterscheidet folgende Antennenformen:

Rhombusantenne

Diese schon aus den dreißiger Jahren bekannte und auch nach dem Krieg vielfach gebaute Antennenform wird heute kaum noch verwendet.

Die Vorteile sind ihr großer Frequenzbereich (2:1) und der relativ hohe Gewinn (18 dBi).

Die Nachteile sind ihr großer Platzbedarf, die Frequenzabhängigkeit von Gewinn und Richtdiagramm und der Verlust der halben Leistung (3 dB) im Abschlußwiderstand.

Fächerdipol

Bis zu 4 Rundfunkbänder können mit einem Breitbandfächerdipol (wideband fan dipole) abgedeckt werden. Die Antenne besteht aus mehreren Halbwellen- oder Ganzwellendipolen unterschiedlicher Länge. Die Höhe über Grund bestimmt den vertikalen Abstrahlwinkel (siehe **Bild 9.1.9**). Mit einer Höhe von etwa $0{,}2\lambda$ ergibt sich eine Reichweite von etwa 300 km. Die große Steilstrahlung hat fast keine Richtwirkung. Durch Anordnung von weiteren Fächerdipolen lassen sich auch Gewinne und Richtwirkungen erzielen.

Logarithmisch-periodische Antenne

Diese Antenne wird bei der Versorgung auf mittlere Entfernungen von 500 bis 2000 km eingesetzt [1.9]. Die Höhe über Grund bestimmt den Abstrahlwinkel und damit die Reichweite. Das Horizontaldiagramm ist frequenzunabhängig. Der Gewinn (Richtfaktor) ist etwa 10 dBi, davon kommen wieder 6 dB durch die Reflexion am Erdboden. Durch V-Anordnung ergibt sich eine Gewinnerhöhung um ca. 3 dB. Durch eine mäanderförmige Struktur der Strahler verringert sich die Strahlerlänge und bei großen Leistungen (500 kW) tritt auch kein Koronaeffekt auf. **Bild 35.1.2** zeigt eine drehbare Antennenanlage für den Frequenzbereich 5 bis 26,5 MHz.

Quadrantantenne

Das sind horizontale Ganzwellendipole in V-Form (Winkeldipole) mit 90° Öffnungswinkel. Bei diesem Winkel ist das Horizontaldiagramm annähernd kreisförmig (siehe auch **Bild 9.4.2**). Die Quadrantantenne wurde 1943 von *N. Wells* (*Marconi*) in England entwickelt. Der Gewinn ist etwa 6 dBi. Die Antenne wird für Leistungen von 100 bis 300 kW eingesetzt. Das Horizontaldiagramm ist rundstrahlend, das Vertikaldiagramm ist wieder höhenabhängig (siehe **Bild 9.1.9**).

Vorhangantenne

Das ist eine horizontale Gruppenantenne, die aus Dipolkombinationen (Dipollinien und Dipolreihen) besteht. Die Antennen sind vorhangartig nebeneinander bzw. übereinander aufgehängt und werden über einen gemeinsamen Speisepunkt erregt. Ihr Aufbau läßt sich als quadratische oder rechteckför-

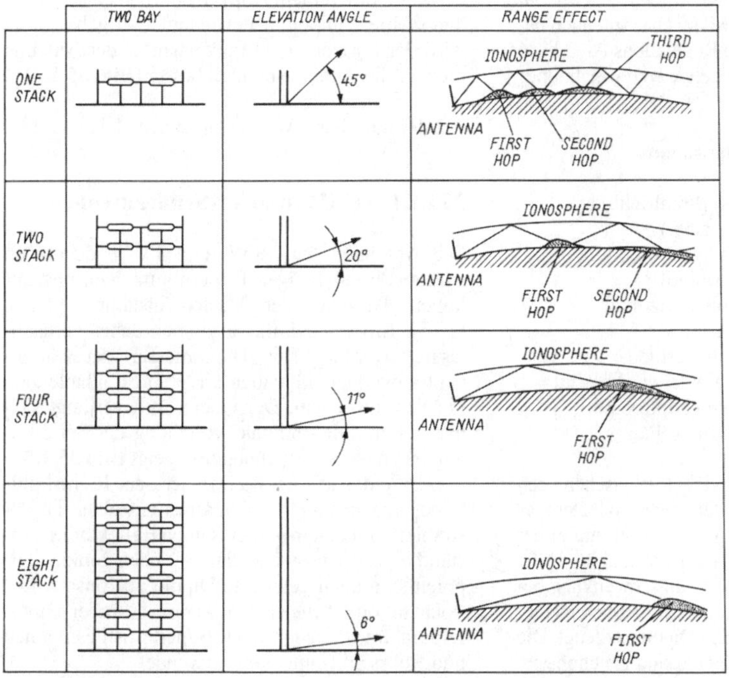

Bild 35.1.3
Abhängigkeit des Abstrahlwinkels von der Höhe der Vorhangantenne

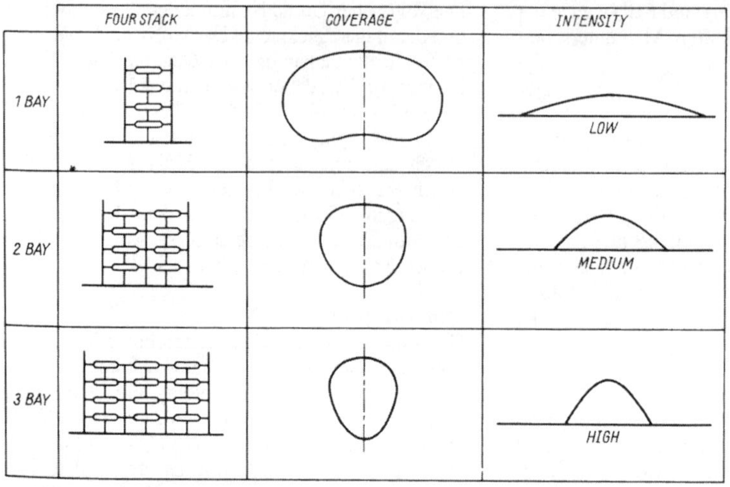

Bild 35.1.4
Abhängigkeit des Öffnungswinkels von der Breite der Vorhangantenne

mige Anordnung aus Halbwellen- oder Ganzwellendipolen charakterisieren.

Ältere Vorhangantennen verwenden abgestimmte Reflektoren mit dem Vorteil der Umschaltung der Strahlungsrichtung, aber mit dem Nachteil der geringeren Bandbreite.

Moderne Vorhangantennen bestehen aus dicken Dipolen mit einer niedrigen Güte $Q \approx 2$ vor einem Reflexionsschirm im Abstand von etwa 0,25 bis 0,3 Wellenlängen. Dadurch ergibt sich eine Welligkeit von 1,5 über eine ganze Oktavbandbreite (Frequenzverhältnis 2). Mit einer Vorhangantenne können 4 bis 5 Rundfunkbereiche abgedeckt werden, z.B.: 6/7/9/11 MHz oder 9/11/13/15/17 MHz. Die Antennen haben international (ITU Radio Regulations AP 2 bis 6 bzw. VO Funk Anhang 2) folgende Kennzeichnung:

HRRS m/n/h

H	Horizontale Polarisation R Reflektor
R	(falls vorhanden) Strahlrichtung umkehrbar (reversibel)
S	(falls vorhanden) Strahlrichtung schwenkbar (slewable)
m	Anzahl der Dipole horizontal, Breite in Halbwellen
n	Anzahl der Dipole vertikal, Stockung mit Halbwellen-Abstand
h	Höhe der untersten Dipolreihe über Grund in Ganzwellen

Der horizontale Öffnungswinkel (zwischen den 3-dB-Punkten) hängt ab von der Breite „m“. Der vertikale Erhebungswinkel (TOA = Take-off angle) der Hauptkeule wird von der Stockung „n“ und der Höhe „h“ bestimmt. Die horizontale Strahlschwenkung beträgt normal ± 10° und wird durch Phasenverschiebung zwischen den horizontalen Dipolen erzeugt. Die übereinander angeordneten Dipole sind gleichphasig.

Beispiel:
HRS 4/4/.5 = Horizontales System mit Reflektor, schwenkbar, 4 horizontale Dipolreihen, 4fach gestockt, die unterste Dipolreihe ist 0,5 Wellenlängen über dem Erdboden.

(Gewinn je nach Reflektorabstand: 21,7 bis 20,9 dBi; horizontaler Öffnungswinkel: 24°; vertikaler Erhebungswinkel: 10°; geeignet für 750 kW = 4 MW PEP).

Je mehr Dipole übereinander aufgehängt werden, desto kleiner wird der vertikale Abstrahlwinkel **(Bild 35.1.3)**. Desto weiter kommt man mit einer Reflexion (einem Hop) an der Ionosphäre. Werden mehrere Dipole nebeneinander aufgehängt, so wird der horizontale Öffnungswinkel der Antenne kleiner, die Antenne bündelt besser (**Bild 35.1.4**).

Literatur über KW-Richtantennen [1.12]–[1.13].

35.1.1.3 UKW- und TV-Sendeantennen

Die Antennen für UKW- und TV-Sendeanlagen sind aus breitbandigen Feldern aufgebaut und auf hohen Türmen oder Masten installiert [1.14], [1.15]. Erdbodeneinflüsse können daher vernachlässigt werden. Der Durchmesser der Antennentragwerke soll dabei für Rundstrahlantennen nicht zu groß sein. Der Querschnitt verjüngt sich nach oben. Die optimale Verteilung der Sendeantennen an einem Antennenturm zeigt **Bild 35.1.5**.

Die Felder werden Richtfelder oder Richtstrahlfelder genannt und bestehen aus einzelnen Dipolstrahlern mit einem gemeinsamen Reflektor im Abstand einer Viertelwellenlänge. Neben geraden Dipolen sind auch geknickte Dipole im Einsatz. Die Polarisation ist meistens horizontal. Außer Dipolfeldern werden auch noch Superturnstileantennen und Rohrschlitzantennen verwendet.

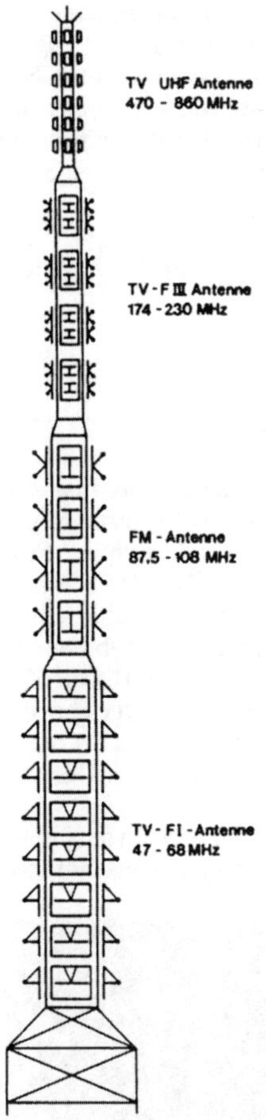

Bild 35.1.5
Optimale Verteilung der Sendeantennen an einem Antennenturm

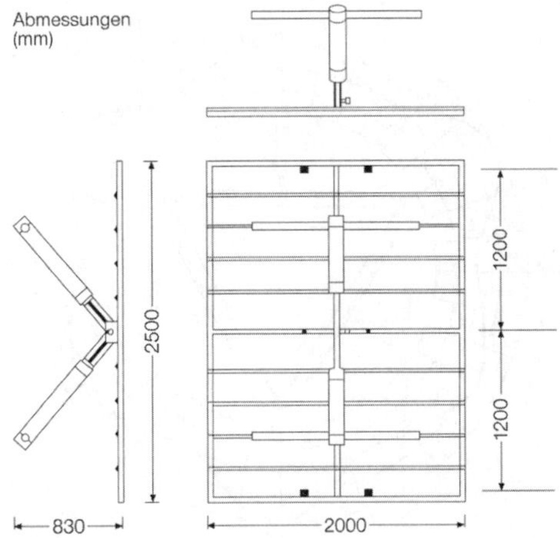

Bild 35.1.6
VHF-FM-Richtstrahlfeld

Man unterscheidet bei Dipolen zwischen:
Viererfeld
Achterfeld

Viererfeld
Ein Viererfeld ist eine Gruppenantenne aus vier Halbwellendipolen, die zu zwei Ganzwellendipolen zusammengefaßt sind. Viererfeldantennen haben nahezu gleiches Horizontal- und Vertikaldiagramm und können daher beliebig polarisiert montiert werden.

Bild 35.1.6 zeigt ein VHF-FM-Richtstrahlfeld für den Frequenzbereich 87,5 bis 108 MHz.

Ein Viererfeld für UKW oder Band I hat folgende typische Daten:
Gewinn etwa 7 dBd
Öffnungswinkel (E-Ebene) rd. 90°
Vor-/Rückverhältnis rd. 20 dB
Welligkeit < 1,2

Achterfeld
Ein Achterfeld besteht entsprechend aus acht Halbwellendipolen in Form von vier Ganzwellendipolen vor einer Reflektorwand. Ein Achterfeld für Band III oder Band IV/V hat folgende typische Daten:
Gewinn etwa 11 dBd
Öffnungswinkel (E-Ebene) rd. 90°
Vor-/Rückverhältnis rd. 20 dB
Welligkeit < 1,1

Ein höherer Gewinn kann nur durch Kombination von Einzelfeldern in der Vertikalebene erreicht werden. Verdoppelt man die Zahl der Felder übereinander, so erhält man ungefähr den doppelten Gewinn oder 3 dB.

Bei Gewinnerhöhung wird das Vertikaldiagramm stark gebündelt. Das führt zur Überstrahlung des Horizonts und zur Nullstellenbildung. Im Nahbereich der Sendeantenne ist dadurch die Versorgung nicht mehr gewährleistet.

Gegenmaßnahmen sind Diagrammabsenkung durch Speisung mit unterschiedlicher Phase und Nullstellenauffüllung durch Speisung mit unterschiedlicher Leistung.

Durch passende Anordnung und Speisung von mehreren Richtstrahlfeldern können im Horizontaldiagramm Richtstrahl- oder Rundstrahlcharakteristik erzeugt werden.

Runddiagramme lassen sich durch Anordnung von entsprechenden Feldern auf einem Kreis um den Antennenträger erzielen. Bei dreieckigen Querschnitten werden 3er-Anordnungen (**Bild 35.1.7**), bei quadratischen Querschnitten 4er-Anordnungen (**Bild 35.1.8**) verwendet.

Bei sehr großen Mastdurchmessern verwendet man Vielfelderantennen, mit mehr als vier Feldern in einer Ebene oder sogenannten „Skew-Anordnungen" [1.15]. Darunter versteht man die Verdrehung der Einzelfelder, so daß die Abstrahlung tangential zum Mast und nicht wie üblich radial erfolgt. Die Anwendung kann an runden Türmen,

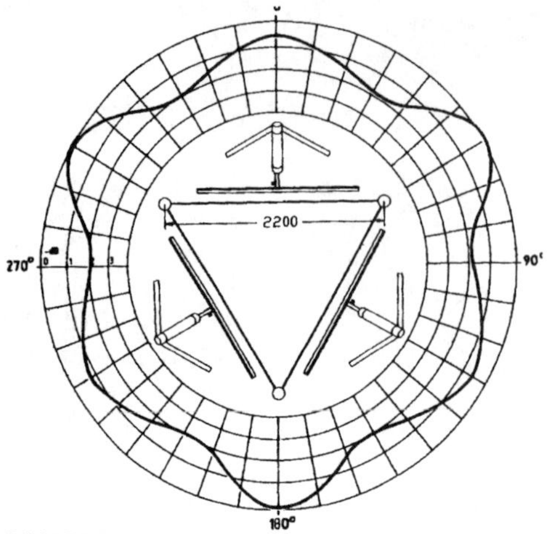

Bild 35.1.7
Rundstrahlcharakteristik bei einem Mast mit dreieckigem Querschnitt

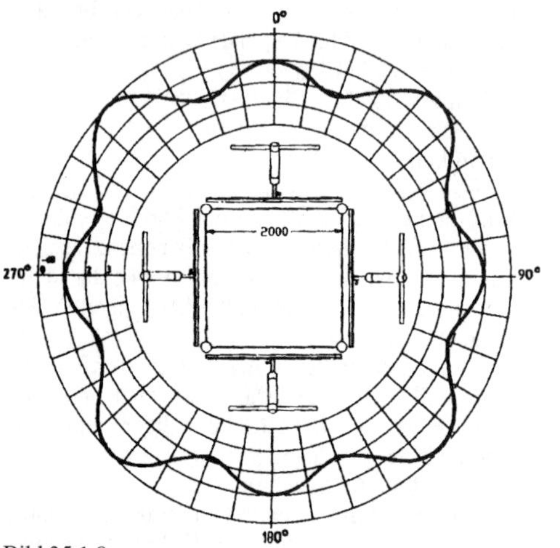

Bild 35.1.8
Rundstrahlcharakteristik bei einem Mast mit viereckigem Querschnitt

dreieckigen oder quadratischen Masten verwirklicht werden.

35.1.2 Mobilfunk-Basisstationsantennen

Für den Einsatz in Mobilfunknetzen werden *Basisstationsantennen* benötigt.
Man unterscheidet dabei:
Rundstrahlantennen
Sektorantennen

Nach den nicht immer optimalen Erfahrungen, nämlich Lücken in der flächendeckenden Versorgung im 900-MHz-Bereich (GSM = Global System for Mobile Communications), sind die neueren Antennen für den 1800-MHz-Bereich (DCS = Digital Cellular Telecommunication System) und (PCN = Personal Communication Network) mit einer anspruchsvolleren Technik, wie Nullstellenauffüllung und Absenkung des Vertikaldiagramms, ausgestattet [1.16].

Die Forderung an die *Basisstationsantennen* sind:
- Große Bandbreite,
- Hoher Gewinn
- Geforderte Richtcharakteristik
- Niedrige Nebenzipfel
- Nullstellenauffüllung

Grundsätzlich bestehen alle *Basisstationsantennen* aus vertikal gestockten Dipolen. Wenn nicht das gesamte Gebiet, sondern nur ein Ausschnitt (Sektor) versorgt werden soll, sind die Dipole vor einem Reflektor angebracht. Es ist üblich, solche Antennen nach ihrer horizontalen Halbwertsbreite im Richtdiagramm zu klassifizieren und z.B. von 65°-Antennen zu sprechen (**Bild 35.1.9**). Der Gewinn ist proportional zur Anzahl der übereinander angebrachten Strahler und damit zur Länge der Gesamtantenne.

Welche Werte für Gewinn und Halbwertsbreite zu wählen sind, hängt in erster Linie von der Topo-

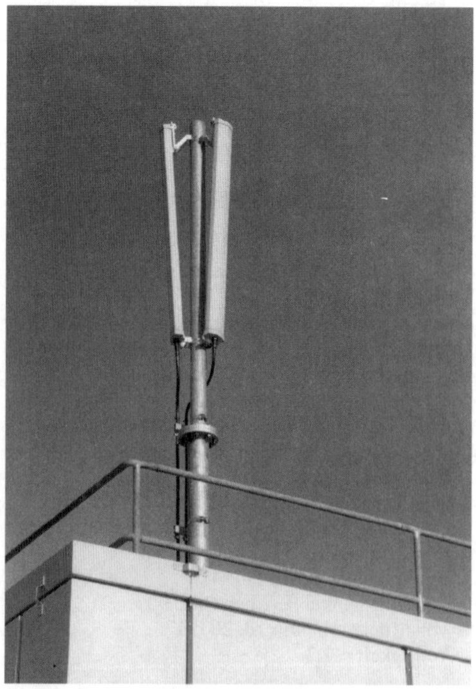

Bild 35.1.9
65°-Sektorantenne für das 1800-MHz-Band (*Rohde & Schwarz*)

Tabelle 35.1
Auswahl der Halbwertsbreite nach Topographie und Verkehrsaufkommen

Halbwertsbreite	Topographie	Verkehrsaufkommen
Rundstrahler	ländlich	niedrig
160°- und 120°-Antennen	Berghänge, Staatsgrenzen	beliebig
120°- und 90°-Antennen	ländlich	hoch
65°-Antennen	städtisch	hoch
33°-Antennen	Verkehrswege	beliebig

nach [1.17]

graphie des zu versorgenden Gebietes und dem zu erwartenden Verkehrsaufkommen ab. **Tabelle 35.1** zeigt diesen Zusammenhang [1.17]. Rundstrahler werden hauptsächlich in Gebieten mit schwachen Verkehrslasten eingesetzt und auch dort bei wachsender Teilnehmerzahl nicht selten nachträglich durch Richtstrahler (Sektorantennen) ersetzt.

Strahlungsdiagramme

Das Vertikaldiagramm einer Basisstationsantenne wird durch die Speisung der übereinander angeordneten Dipole geformt. Speist man sämtliche Strahler mit gleicher Amplitude und Phase, so erhält man den maximal möglichen Gewinn. Dies ist nicht immer die optimale Lösung; häufig erweist es sich zum Beispiel als vorteilhaft, die Hauptkeule der Antenne elektrisch abzusenken (Downtilt), um so einerseits das Versorgungsgebiet besser ausleuchten zu können und andererseits die Gefahr gegenseitiger Interferenz mit einer Nachbarzelle zu reduzieren. Übliche Werte für den Downtilt liegen zwischen 1° und 6°. In der Praxis wird bei Sektorantennen sehr häufig eine Kombination aus elektrischem und mechanischem Downtilt verwendet. Über den Downtilt hinaus empfehlen sich weitere Maßnahmen zur Optimierung des Abstrahlverhaltens von *Basisstationsantennen* (Beamforming, Beamshaping). Grundsätzlich gilt, daß mit der Anzahl der übereinander angebrachten Strahler zwar der Gewinn, aber auch die Anzahl der Nebenkeulen und Nullstellen (Minima) ansteigt. Da alle Nebenkeulen oberhalb der Hauptkeule keinen Beitrag zur Versorgung liefern können, sondern vielmehr das Interferenz-Risiko mit Nachbarzellen erhöhen, ist es sinnvoll, sie so weit wie möglich zu unterdrücken, was zugleich auch dem Antennengewinn zugute kommen kann. Die Minima zwischen den Nebenkeulen unterhalb des Strahlungsmaximums führen zu „Feldstärkelöchern" insbesondere in der näheren Umgebung der Basisstation, die auch in digitalen Netzen durchaus zum Verbindungsabbruch führen können. Von einer *Basisstationsantenne* wird daher in der Regel nicht nur eine Nebenkeulenunterdrückung, sondern auch ein gewisses Maß an Nullstellenauffüllung gefordert (**Bild 35.1.10**) [1.17].

Antennenspeisung

Die Speisung der einzelnen Strahler mit Spannungen genau definierter Amplitude und Phase erfolgt über ein Leistungs-Verteilnetzwerk, das als Streifenleiter ausgeführt ist: Dieser Streifenleiter besteht aus einem einzigen Stück und enthält alle benötigten Verzweigungen, Umwegleitungen, Transformations- und Anpaßglieder. Damit entfallen fehlerträchtige Justier- und Abgleicharbeiten, und die hohe Fertigungspräzision kann konstant über die gesamte Stückzahl gehalten werden. Bei der Fertigung ist lediglich eine einzige Lötverbindung, nämlich die zwischen Antenneneingangsbuchse und Streifenleiter herzustellen. Ein weiterer, nicht zu unterschätzender Vorzug dieses Konzepts ist der extrem niedrige Intermodulationspegel.

In der Antenne ist der Streifenleiter zwischen zwei leitenden Metallflächen angebracht, unverrückbar fixiert durch dielektrische Stützen. Diese sogenannte Triplate-Technik gestattet eine extrem verlustarme Speisung der Einzelstrahler und wurde deshalb dem allgemein üblichen Verfahren, bei dem die Streifenleitung auf ein Dielektrikum direkt aufgebracht wird (vergleichbar mit einer Leiterplatine), vorgezogen. Ein weiterer Vorteil des Gesamtkonzepts ist die geringe Fertigungsstreuung der elektrischen Antennendaten.

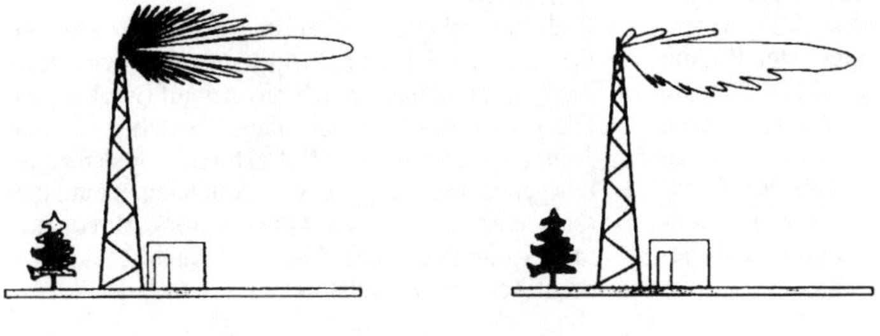

Bild 35.1.10
Nullstellenauffüllung und Nebenkeulenabsenkung

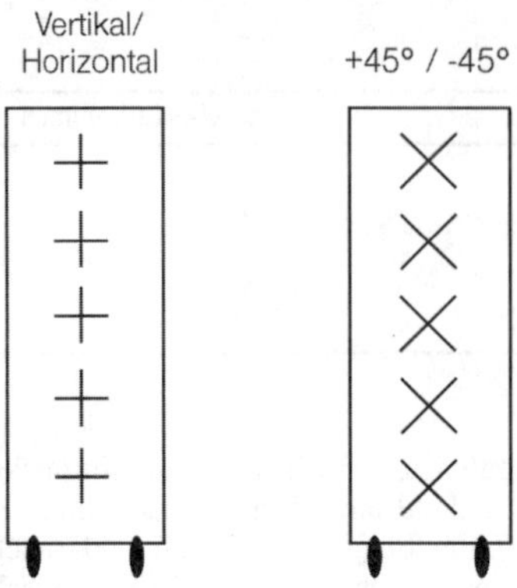

Bild 35.1.11
Varianten dual polarisierter Antennen

Diversity
Viele moderne Mobilfunknetze sind heute zur Verbesserung der Empfangsqualität mit Diversity-Systemen ausgerüstet. Dabei wird Polarisations-Diversity verwendet. Pro Zelle wird eine dual polarisierte Antenne benötigt. Während bisher horizontal und vertikal polarisierte Antennen im Einsatz waren, ist der neue Trend der Einsatz von Antennen mit um +45° und -45° geneigten Polarisationsebenen (s.g. slanted dual polarized oder X-Pol-Antennen) (**Bild 35.1.11**) [1.18].

Der Gewinn durch Polarisation-Diversity (Diversity-Gewinn) wird mit 4 dB angegeben. Wenn sich die Antenne der Mobilstation und der Basisstation nicht in einer parallelen Position befinden, können durch Depolarisation Pegeleinbußen auftreten. Im coplanaren Fall stehen die Polarisationsebenen der Sende- und Empfangsantenne parallel zueinander, das ist der optimale Fall. Im crosspolaren Fall sind die Polarisationsebenen um 90° gegeneinander verdreht. In diesem ungünstigsten Fall kann die Pegeleinbuße im idealen Freiraum 20 dB betragen. Im realen Umfeld verringert sich dieser Wert durch Mehrwegeausbreitung. Je häufiger das Signal reflektiert wird, desto mehr Signalenergie wird auch in andere Polarisationsebenen verteilt. Aus statistischen Analysen ergab sich eine Pegeleinbuße durch Polarisationsverluste von etwa 2 dB.

Abschließend sei hervorgehoben, daß nicht nur die elektrischen Daten, sondern auch die hohe Resistenz der *Basisstationsantennen* gegenüber mechanischen Umweltbelastungen für Netzbetreiber eine entscheidende Rolle spielen. Alle Antennenteile sollen daher in einem wetterfesten Radom gegen Umwelteinflüsse bestens geschützt werden. Durch eine besonders schlanke Bauweise trotzen die Antennen Windgeschwindigkeiten von bis zu 200 km/h (zum Vergleich: ein Orkan der Windstärke 12 bläst mit etwa 125 km /h) ohne wesentliche Änderung der Strahlungsdiagramme und dienen damit der Versorgungssicherheit.

35.1.3 Richtfunkantennen

Richtfunk
Richtfunkverbindungen verlaufen bei „quasioptischer Sicht" immer von einem festen Punkt zum nächsten Punkt (Richtfunkstelle). *Richtfunk*, abgekürzt „Rifu", ist eine Punkt-zu-Punkt-Verbindung in der Fernmeldetechnik [1.19]–[1.21]. Die ersten einkanaligen Richtfunkstrecken gab es ab 1930. Bis 1975 wurde analoge Frequenzmodulation verwendet, danach kamen digitale Systeme zum Einsatz. Es gibt in der Bundesrepublik das öffentliche Richtfunknetz der ehemaligen Deutschen Bundespost (DBP) und nichtöffentliche Richtfunknetze (z.B. Sondernetze). Das öffentliche Richtfunknetz dient zur Ergänzung und Absicherung der Kabelverbindungen für den Fernsprech-, Fernschreib- und Datenverkehr. Richtfunknetze werden auch verwendet für Rundfunk- und Fernseh-Übertragungen zwischen Rundfunkanstalten und als Zubringer zu den Sendern. Von der International Telecommunication Union (ITU) wurden Frequenzbereiche für *Richtfunk* als „Fester Funkdienst" von 273 MHz bis 275 GHz freigegeben.

In Deutschland wird für Richtfunk der Bereich von 2 bis 22 GHz benutzt. Es gibt aber heute schon Anwendungen bis 40 GHz.

Band- und Frequenzbereiche für den zivilen *Richtfunk* sind:

1,5 GHz	1,4– 1,5 GHz
2 GHz	1,7– 2,7 GHz
4 GHz	3,4– 4,2 GHz
5 GHz	4,4– 5,0 GHz
6 GHz	5,9– 7,1 GHz
7 GHz	7,1– 7,7 GHz
8 GHz	7,7– 8,5 GHz
11 GHz	10,4–11,7 GHz
13 GHz	12,1–13,3 GHz
15 GHz	14,4–15,4 GHz
19 GHz	17,7–19,7 GHz
22 GHz	21,2–23,6 GHz
27 GHz	25,2–29,5 GHz
38 GHz	37,5–39,5 GHz

Band- und Frequenzbereiche für militärischen *Richtfunk* sind z.B.:

Band 1	225– 400 MHz
Band 2	610– 960 MHz
Band 3	1350–1850 MHz

Antennen
Richtfunkanlagen sind meist an exponierten Stellen installiert, auf Fernmeldetürmen, auf Fernsehtürmen, auf Hochhäuserdächern oder auf Bergkuppen. Die Richtfunk-Antennenanlagen bestehen aus den Antennen (Strahler und Reflektoren) und den zugehörigen Einrichtungen, wie Antennenzuleitungen (Hohlleiter), Weichen (Polarisation-, Frequenz- und Systemweichen), Filter (Frequenz- und Modemfilter) und Zirkulatoren [1.22]–[1.24].

Bei den Antennen sind zur starken Bündelung Richtantennen notwendig. Die untere Frequenzgrenze ergibt sich aus technischen Gründen. Vernünftige Antennengrößen lassen sich erst ab Frequenzen oberhalb 200 MHz realisieren. Die obere Frequenzgrenze ist mehr wirtschaftlicher Art. Mit steigender Frequenz erhöht sich die Dämpfung, wird auch noch witterungsabhängig, die Reichweite sinkt und die Kosten für Antennen, Bauteile und höhere Richtfunkstellen steigen.

Als Richtantennen bis 1000 MHz verwendet man Dipole (Halbwellen- oder Ganzwellendipole) und Wendelantennen. Für höhere Frequenzen verwendet man Spiegelantennen mit parabolischer Reflektorfläche (**Bild 35.1.12**). Als Strahler (Erreger) für Reflektorantennen (z.B. Parabolantennen) wird im einfachsten Fall (lineare Polarisation) ein rechteckförmiger Trichterhohlleiter verwendet. Für zirkulare Polarisation oder zwei senkrecht aufeinander stehende lineare Polarisationen verwendet man quadratischen Trichterhohlleiter (Diagonalhorn) oder runde Trichterhohlleiter (Rundhorn oder Rillenhorn).

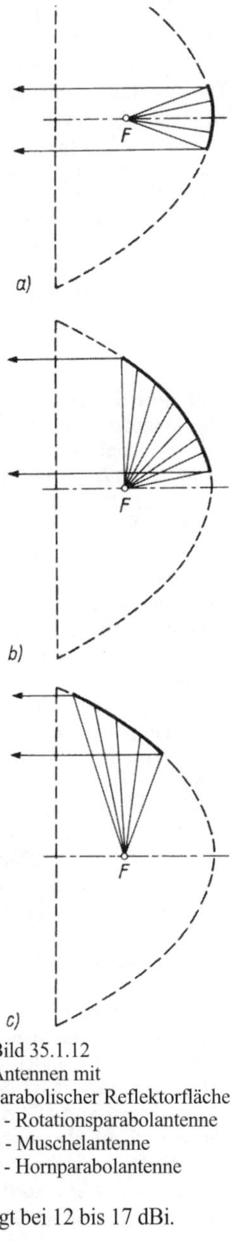

Bild 35.1.12
Antennen mit parabolischer Reflektorfläche
a - Rotationsparabolantenne
b - Muschelantenne
c - Hornparabolantenne

Antennen für 200 MHz bis 2 GHz:

Dipolfeld

Es besteht aus einer Gruppe von Halbwellen- oder Ganzwellendipolen. Für eine größere Bandbreite verwendet man Ganzwellendipole mit einem Schlankheitsgrad von 20 und einem gegenseitigen Abstand von 5/8 λ. Der Frequenzbereich geht bis 1 GHz. Der Gewinn für Dipolfelder liegt bei 12 bis 17 dBi.

Bild 35.1.13
Militärische Parabolantenne mit austauschbaren Erregern für Band 2 und 3 (*CSA*)

Winkelreflektorantenne

Dabei liegt ein Dipol auf der Winkelhalbierenden des Reflektors im Abstand von 0,25 bis 0,5 λ. Günstige Öffnungswinkel liegen im Bereich von 60° bis 100°. Der Frequenzbereich geht bis 1 GHz. Der Gewinn liegt bei einer Reflektorantenne bei 9 bis 12 dBi, bei einem Reflektorfeld (z.B. 4 x 4 Ganzwellendipole) bei 19 bis 22 dBi.

Wendelantenne

Für bestimmte Anwendungsfälle, in denen zirkulare Polarisation erwünscht ist, verwendet man meist Doppelwendelantennen. Der Frequenzbereich geht von 500 bis 2000 MHz. Die Strahlungseigenschaften lassen sich durch Wahl der Wendelabmessungen in weiten Grenzen ändern.

Parabolantenne

Entweder als direkt gespeiste Parabolantenne (Rotationsparaboloid) oder als angestrahlter Parabolausschnitt mit Offsetspeisung, d.h. der Erreger liegt nicht im Strahlengang. Der Frequenzbereich geht bis 2000 MHz. Der Gewinn liegt je nach Frequenz und Reflektorgröße bei 12 bis 22 dBi. **Bild 35.1.13** zeigt eine militärische Parabolantenne mit Gitterreflektor und austauschbaren Erregern für Band 2 und 3.

Bild 35.1.14
Mast mit wettergeschützten Parabolantennen (*Andrew*)

Antennen für 2 GHz bis 22 GHz:

Parabolantenne
Das sind rotationssymmetrische Parabolspiegel mit zentrischer Erregung direkt von vorn (**Bild 35.1.12a**), oder indirekt von hinten über einen konvexen rotationshyperbolischen Hilfsreflektor (*Cassegrain*-System). Parabolantennen werden gefertigt in Durchmessern von: 0,6; 1,2; 2; 3; 4; 6; 10 und 18 m.

Nachteil: geringe Kreuzpolarisationsdämpfung (XPD).

Die Gewinne liegen je nach Frequenz und Reflektorgröße bei 30 bis 45 dBi mit zugehörigen Öffnungswinkeln von 3° bis 0,9°. **Bild 35.1.14** zeigt einen Mast mit geschützten Parabolantennen.

Muschelantenne
Muschelantennen werden exzentrisch erregt. Ein ausserhalb der Rotationsachse liegender Teil des Reflektors (Parabolausschnitt) wird in Offset-Anordnung, d.h. das Erregersystem liegt nicht im Strahlengang, von einem Hornstrahler schräg angestrahlt (**Bild 35.1.12b**). An den Reflektor schließen sich die ebene Grundplatte und die Seitenflächen an, die sich nach unten verjüngen (Muschelform). Innen sind die Flächen mit RF-absorbierendem Material belegt. Die Öffnung ist mit einer Fiberglas-Abdeckplatte gegen Witterungseinflüsse geschützt.
Man unterscheidet:

Direkte Einspeisung

Dabei befindet sich der Hornstrahler im Brennpunkt des Reflektors

Indirekte Einspeisung (*Gregory-System*)

Dabei strahlt der im Brennpunkt befindliche Hornstrahler über einen konkaven elliptischen Hilfsreflektor (Subreflektor) schräg den Hauptreflektor an.

Vorteile:
große Bandbreite, beste Nebenzipfeldämpfung, optimale Kreuzpolarisationsdämpfung (Polarisationsentkopplung). Die Gewinne liegen bei etwa 40 dBi.

Hornparabolantenne
Die Antenne ist die Kombination eines Hornstrahlers mit dem Ausschnitt eines Parabolreflektors (**Bild 35.1.12c**). Die Seitenwände des Hornstrahlers werden dabei bis zum Parabolausschnitt herangeführt. Das Horn befindet sich außerhalb der Öffnungsfläche, so daß keine Abschattung oder Rückwirkung auf den Erreger eintritt. Die Öffnung ist mit einer Fiberglas-Abdeckplatte gegen Witterungseinflüsse geschützt. Strahler und Reflektor bilden baulich eine Einheit.

Vorteil:
große Bandbreite, kleine Nebenzipfel, große Rückstrahldämpfung. Der Gewinn liegt bei etwa 40 dBi.

Moderne Richtfunkantennen haben folgende Eigenschaften:

scharfe Bündelung (≈1° Öffnungswinkel)
hoher Gewinn (30 bis 50 dBi)
hohe Nebenzipfeldämpfung (≥ 30 dB)
hohes V/R-Verhältnis (50 bis 70 dB)
hohe Kreuzpolarisationsdämpfung (30 bis 40 dB)
große Bandbreite (≥ 1 Oktave)

Umlenkantenne
Mit Hilfe von passiven Umlenkantennen können Stationen miteinander verbunden werden, zwischen denen es keine optische Sicht gibt [1.25]–[1.27]. Meist ausgeführt als ebene Reflektorwand (ebener Umlenkspiegel). **Bild 35.1.15** zeigt Richtfunkverbindungen mit Umlenkantennen.

Man kann Reflektorflächen nicht beliebig groß machen. Die Halbwertsbreite nimmt mit wachsen-

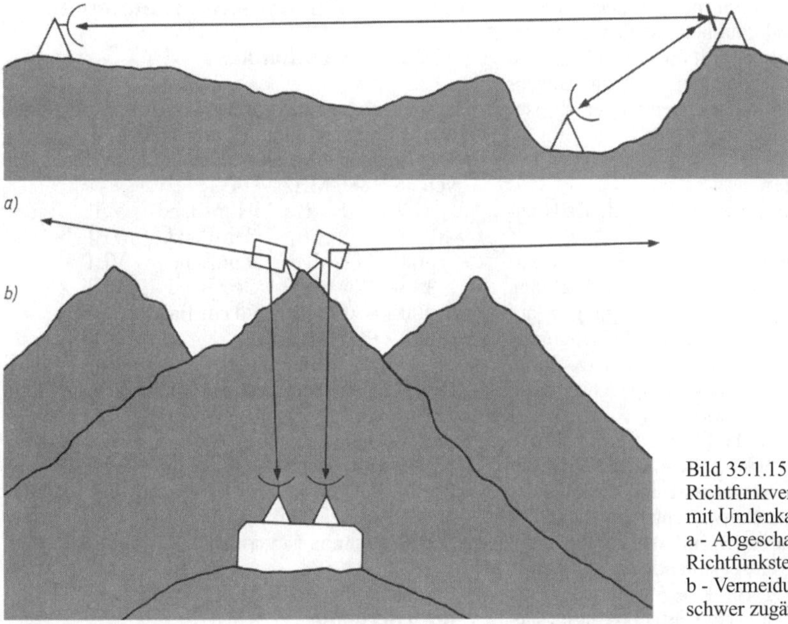

Bild 35.1.15
Richtfunkverbindungen
mit Umlenkantennen
a - Abgeschattete
Richtfunkstelle
b - Vermeidung eines
schwer zugänglichen Standorts

der Fläche ab und sollte den Wert von etwa 1° nicht unterschreiten. Die Antennen bestehen aus Aluminium, ausgelegt für sehr hohe Windgeschwindigkeiten (220 km/h) und für 25 cm Eisansatz.

Es gibt verschiedene Formen und Größen von Umlenkantennen.

Europa: rhombusförmig mit Flächen von 5, 8, 16, 32 u. 48 m².

USA: quadratisch oder rechteckförmig (8x10 bis 40x60 ft).

Vorteile: keine Wartung, keine Betriebsspannung notwendig.
Nachteile: große Reflexionsflächen, mögliche Strahlauslenkung durch Antennenträgerbewegung, kleine Versorgungsgebiete.

In der Praxis rechnet man bei Richtfunkverbindungen mit Freiraumausbreitung, wenn der Halbmesser des Rotationsellipsoids der ersten *Fresnel*-Zone weniger als 30% durch die Erdoberfläche oder Hindernisse gestört ist.

Außer den üblichen Verlusten (Abschattungsverluste, Absorptionsverluste, Streuverluste und Duktverluste) tritt bei Richtfunkstrecken um 10 GHz noch die Überhorizontdämpfung auf, sobald die Freiraumausbreitung durch Hindernisse gestört ist. Schon unmittelbar hinter dem Horizont muß man bei ebener Erde mit Zusatzverlusten von 30 bis 40 dB rechnen.

35.1.4 Radarantennen

Radar

Radar ist die Abkürzung von RAdio Detecting And Ranging und dient zur Ortung von Zielen. Eine drehbare oder schwenkbare Antenne sendet laufend hochfrequente Signale aus, die von Zielen reflektiert und auf einem Bildschirm als Echo dargestellt werden. Durch Messung der Laufzeit der Signale von der Aussendung beim Sender bis zur Rückkehr zum Empfänger wird die Entfernung der Ziele ermittelt.

Die Sichtweite eines Radars hängt von drei Faktoren ab: der mögliche Reichweite des Radars, der Antennenhöhe und Zielhöhe. Durch die Erdkrümmung ist eine natürliche Grenze gesetzt. Je höher die Antenne und das Zielobjekt sind, desto größer ist die Reichweite des Radars.

Antennen

Obwohl der Frequenzbereich von Richtfunk und Radar ähnlich ist besteht für die Strahlungscharakteristik ein großer Unterschied zwischen den Antennen.

Die Strahlungscharakteristik der Radarantennen ist so ausgebildet, daß in einer Ebene (z.B. Horizontalebene) die Halbwertsbreite bei hohen Nebenzipfeldämpfungen (zur Vermeidung von Fehlpeilungen) sehr klein ist, während in der anderen Ebene (z.B. Vertikalebene) die Charakteristik den Bedingungen des leichten Auffindens durch besondere Wahl der Form angepaßt wird (cosec-Diagramm). Breitbandigkeit wird nicht gefordert.

Die Radar-Antennen für den Frequenzbereich 1,5 bis 22 GHz sind Parabolantennen in unterschiedlichster Ausführung mit hohem Gewinn und für sehr hohe Impulsleistungen. Je nach Anwendung entweder rotierend, wippend oder stillstehend.

Zivile Anwendungen

In der zivilen Luftfahrt werden folgende Radaranlagen verwendet:

- Rollfeldüberwachungsradar (ASDF = Airport Surface Detection Equipment) zur Beobachtung der Flugzeug- und Fahrzeugbewegungen auf Start- und Landebahnen und dem Abfertigungsvorfeld. Benutzte Wellenlänge 3 cm (X-Band) und 0,8 cm (K_a -Band). Reichweite wenige Kilometer, aber sehr hohe Auflösung.
- Nahverkehrbereichsradar (TAR = Terminal Area Surveillance Radar oder ASR = Airfield Surveillance Radar) zur Überwachung und Lenkung des Verkehrsablaufs in Nahverkehrsbereichen. Die meisten Anlagen arbeiten mit Wellenlängen um 10 cm (S-Band), einige mit 23 cm (L-Band). Reichweite bis etwa 100 km, Ausblendung von Festzeichen- und Niederschlagsechos durch spezielle Einrichtungen (z.B. Zirkularpolarisation).
- Präzisionsanflugradar (PAR = Precision Approach Radar) zur Landung und Überwachung von Landeanflügen bei schlechter Sicht. Wellenlänge 3 cm (X-Band). Reichweite 10 bis 40 km. Unterteilung in Azimut- und Elevationskomponente mit getrennten Antennen und (im allgemeinen) getrennter Darstellung auf gleichem Bildschirm.
- Streckenrundsichtradar (RSR = Route Surveillance Radar) zur Überwachung und Lenkung des Verkehrsablaufes auf Luftstraßen und vorbestimmten Strecken. Wellenlänge 23 cm (L-Band) oder 10 cm (S-Band). Reichweiten bis 400 km, teilweise noch größer. Ausblendung von Festzeichen und Niederschlagsechos durch spezielle Einrichtungen.

Militärische Anwendungen:

Überwachungsradar:

- L-Band 1250 bis 1350 MHz, horizontal polarisiert, 27 dB Gewinn, rotierende Antenne, 750 kW Spitzenleistung.
- S-Band 3400 bis 3600 MHz, vertikal polarisiert, 40 dB Gewinn, rotierende Antenne, 2500 kW Spitzenleistung.

Feuerleitradar:

- X-Band 10 bis 10,25 GHz, horizontal polarisiert, 31 dB Gewinn, stehende Antenne, 10 W.

Such- und Verfolgungsradar:

- Doppelradarsystem mit einer rotierenden und einer stillstehenden Parabolantenne, zur Raketenabwehr.

35.2. Mobile Sonderantennen

35.2.1 Mobilfunk

Ist die allgemeine Bezeichnung für ein ortsungebundenes Telekommunikationsnetz.
Der Frequenzbereich des zivilen Mobilfunks geht von 26–1880 MHz :

26– 41 MHz	11 m-Band	VHF
	8 m-Band	VHF
68– 88 MHz	4 m-Band	VHF
146– 174 Mhz	2 m-Band	VHF
400– 470 MHz	70 cm-Band	UHF
890– 960 MHz		UHF
1710–1880 Mhz		UHF

Die Frequenzbereiche des militärischen Mobilfunks sind:

1,5(2)–30 MHz	HF-Bereich
30–76(90) MHz	VHF-Bereich

Die Leistungen sind im HF-Bereich bis 1 kW und im VHF-Bereich bis 70 W.
Die Polarisation ist vertikal.

Übersicht über zivile Mobilfunkdienste [2.1]:

für jedermann

Schnurlostelefone (CT1, CT2, DECT)
Funktelefon (D-, E-Netz)
Funkruf, Pagersysteme (Eurosignal, Cityruf, ERMES, QUIX)
Mobiler Satellitenfunk

für einen eingeschränkten Personenkreis

Betriebsfunk (Chekker)
BOS-Funk (Polizei usw.)
Funknetz der Deutschen Bahn

Man kann die Unterscheidung auch zwischen **öffentlich** und **nicht öffentlich** vornehmen:

- öffentlich mobiler Landfunk (ömL) (öffentlich beweglicher Landfunkdienst (öbL))
- nicht öffentlicher mobiler Landfunk(nömL) (nicht öffentl. bewegl. Landfunkdienst (nöbL)) Zu den öffentlich mobilen Funkdiensten gehören Funktelefon (Autotelefon) und Bündelfunk [2.2]–[2.3].

Die nicht öffentlichen (privaten) Funkdienste werden von Behörden, Firmen und Privatpersonen betrieben. Zu diesen Funkdiensten gehört der Betriebsfunk. Im weiteren Sinn kann man auch CB-Funk, Amateurfunk, allgemein Fernwirken und Fernmessen dem Mobilfunk zurechnen.

Beim öffentlichen Mobilfunk unterscheidet man mehrere Systeme (D- und E-Netz).

Nicht mehr in Betrieb sind A-, B- und C-Netze.

Die Funktelefone der neueren Generation (D- und E-Netz) sind vorwiegend „Handys“, die im Auto oder tragbar im Freien verwendet werden.

Fax- und Datenübertragung sind auch möglich.

Mehr Fahrsicherheit und Komfort beim Funkbetrieb während der Fahrt ergibt sich durch „Freisprecheinrichtungen“. Sie bestehen aus Halterung, Anschlußbox, Lautsprecher und Mikrofon.

Der erste angegebene Frequenzbereich ist der Sendebereich, der zweite Bereich ist der Empfangsbereich. Zum Mobilfunk werden auch Portabelfunkgeräte, Handys und Schnurlostelefone gezählt. Die zugehörigen Leistungen sind kleiner [2.4].

A-Netz
Erstes Funktelefonnetz (Versuchsnetz) in der Bundesrepublik. Handvermittlung.
Von 1958–1977 in Betrieb.
Frequenzbereiche:
157,5–158,3 MHz / 162,0–162,8 MHz
165,2–166,0 MHz / 169,7–170,5 MHz
165,6–166,0 MHz / 170,1–170,5 MHz
Duplexabstand: 4,5 MHz
Kanalabstand: 50 kHz

B-Netz
Zweites Funktelefonnetz in der Bundesrepublik.
Von 1972–1994 in Betrieb. Direkte Anwahl.
Frequenzbereiche:
148,4–149,1 MHz / 153,0–153,7 MHz(B1)
157,6–158,3 MHz / 162,2–162,9 MHz(B2)
Duplexabstand: 4,6 MHz
Kanalabstand: 20 kHz

C-Netz
Von1984–2001, analoges flächendeckendes Netz, nur nationale Verwendung durch nationale Norm, nicht abhörsicher, seit 1995 in C-Tel umbenannt.
Anrufnr.: 01610 - 01619
Frequenzbereiche:
451,3–455,7 MHz / 461,3–465,7 MHz
Duplexabstand: 10 MHz
Kanalabstand: 20 kHz
Zellengröße: 2 bis 35 km
Typ. Leistungen:
Basisstation / Kanal 8 W
Handys 0,5 W
Autotelefon (fest eingebaut) 15 W
Portables 5 W

D-Netz
Seit 1992, digitales Netz (ISDN-fähig), flächendeckend ab 1995, gepulste digitale Signale, auch GSM 900 genannt, weltweite Verwendung durch europäischen Standard GSM (Global System for Mobile Communication), je nach Netzbetreiber wird unterschieden zwischen *D1* (T-Mobil = Dt. Telekom) und *D2* (vodaphone).

D1-Handies sind auch für *D2*-Netz verwendbar und umgekehrt.
Anrufnr.: 0160, 0170, 0171, 0175 für *D1*; 0162, 0172, 0173, 0174 für *D2*.
Frequenzbereich: 890,2–914,8 MHz / 935,2–959,8 MHz
Duplexabstand: 45 MHz
Kanalabstand: 200 kHz
Zellengröße: 0,5 bis 35 km
Typ. Leistungen:
Basisstation / Kanal 15 W
Handys 2 W
Autotel./Portables (mit abgesetzter Ant.) 2 W / 8 W
(2 W Pulsleistung ≅ 0,25 W mittl. Leist.)

E-Netz
Digitales Netz, gepulste digitale Signale, auch GSM 1800, DCS (Digital Cellular System), oder PCN (Personal Communication Network) genannt, telefonieren im Ausland nur eingeschränkt möglich, je nach Anbieter kann man unterscheiden zwischen *E-Plus* (Veba und Thyssen) und *E2* (Viag Interkom). *E-Plus* besteht seit 1994, *E2* seit 1997.
Anrufnr.: 0163, 0177, 0178 für *E-Plus*; 176, 0179 für *E2*.
Frequenzbereich: 1710–1785 MHz / 1805–1880 MHz
Duplexabstand: 95 MHz
Kanalabstand: 200 kHz
Zellengröße: 0,2 bis 10 km
Typ. Leistungen:
Basisstation / Kanal 15 W
Handys 1 W
(1 W Pulsleistung ≅ 0,125 W mittl. Leist.)

Zellulare Funknetze:
Zellulare Netze sind das D- und E-Netz. Das Versorgungsgebiet ist in gleiche Funkzellen aufgeteilt mit einer fest installierten Basisstation z.B. in Form eines Sendeturmes. Dabei ist die Frequenzaufteilung so, daß Zellen mit gleichen Frequenzen maximal entkoppelt sind und sich dadurch die Interferenzen verringern. Die einzelnen Basisstationen sind untereinander über Kabel, Richtfunk oder Glasfaser verbunden. Mit dem Einschalten des „Handys“ weiß der Zentralrechner in welcher Funkzelle sich der Teilnehmer befindet. Entfernt sich der Teilnehmer aus der ursprünglichen Zelle wird das Telefongespräch automatisch ohne Unterbrechung zur nächsten Zelle weitergeleitet.

Bündelfunk
Der öffentliche regionale Bündelfunkdienst soll alle bisherigen Frequenzprobleme beim Betriebsfunk (nömL) in Ballungsgebieten beseitigen [2.5], [2.6], [2.7].

Die Verbindung erfolgt nicht mehr über eine feste Frequenz, sondern über ein ganzes Frequenzbündel, das zentral gesteuert wird. Bündelfunk stellt mit diesen besonderen Leistungsmerkmalen eine sinnvolle Ergänzung zu den allgemeinen Mobilfunknetzen dar.

Durch den modularen und flexiblen Aufbau läßt sich Bündelfunk sowohl für öffentliche Netzwerke als auch für private Anwendungen wie Versorgungsdienste, wie z.B. Gas- und Wasserwerke einsetzen.

Frequenzbereich:
410–420 MHz / 420–430 MHz
Duplexabstand: 10 MHz
Kanalabstand: 12,5 kHz (25 kHz)
Öffentliche Bündelfunknetze im Ausland (Europa) sind:

England:	176–224 MHz
Frankreich:	165–171 MHz
Italien:	157–164 MHz
Niederlande:	403–420 MHz
Spanien:	222–235 MHz

Betriebsfunk
Darunter versteht man den nichtöffentlichen mobilen Landfunk (nömL) in Betriebsart „Simplex" (d.h. jeweils nur in einer Richtung) zwischen mobilen Teilnehmern und einer Feststation. Betriebsfunk-Systeme sind private Anlagen, für die Frequenzen beantragt werden müssen.

In Zukunft wird für den Betriebsfunk überwiegend Bündelfunktechnik zum Einsatz kommen.

Die folgenden Frequenzbereiche sind im Bundesgebiet von Behörden und Organisationen mit Sicherheitsaufgaben (BOS) belegt. Das sind Polizei, BGS, BKA, BMI, Zoll, Feuerwehr, Katastrophenschutz, DRK, THW u.a. Hilfsorganisationen.

Das Funkmeldesystem des BOS ist ein Beispiel für ein privates Sprechfunknetz mit zusätzlicher Datenübertragung. Digitale Kurztelegramme stehen anstelle von analoger Sprache für definierte Meldungen.

8 m-Band:
34,36–35,74 MHz / 38,46–39,84 MHz
Duplexabstand: 4,1 MHz
Kanalraster: 20 kHz

4 m-Band:
74,21–77,65 MHz / 84,01–87,45 MHz
Duplexabstand: 9,8 MHz
Kanalabstand: 20 kHz

2 m-Band:
165,21–169,52 MHz / 169,81–174,12 MHz
Duplexabstand: 4,6 MHz
Kanalabstand: 20 kHz

70 cm-Band:
443,59–444,97 MHz / 448,59–449,97 MHz
Duplexabstand: 5 MHz
Kanalabstand: 12,5 kHz
Die typische Leistung der Basisstation je Kanal im UHF-Bereich ist 6 W.

35.2.1.1 Auto-Funkantennen

Antennentyp:
$^1/_4$-Wellenlängen-Antenne, $^5/_8$-Wellenlängen-Antenne, gestockte Antenne mit Phasenumkehr (Kollinearantenne), Peitsche, Whipantenne, Wendelantenne.

Polarisation:
Vertikal

Elektrische Länge:
$\lambda/4$, $^5/_8$-λ oder Kombinationen davon.

Gewinn:
Bezogen auf den Viertelwellen-Strahler, z.B.: 0 dB bis max. 9 dB, -1,5 dB bei verkürzten gewendelten Antennen.

Impedanz:
Der Eingangswiderstand ist generell 50 Ω unsymmetrisch (koaxial).

Welligkeit:
Angabe des kleinsten Werts bei der Betriebsfrequenz z.B.: VSWR ≤ 1,2; max. Werte: Sendebereich ≤ 1,5, Empfangsbereich ≤ 2.

Bandbreite:
Angabe für eine bestimmte Welligkeit z.B.: 2 MHz für VSWR 2; normal schmalbandig: nur einige Prozent der Betriebsfrequenz; selten breitbandig.

Leistung:
Nominal 15 W, maximal 25 W.
Unterscheidung zwischen HF-Sendeleistung und äquivalenter Strahlungsleistung bezogen auf den Halbwellendipol.

Abstimmung:
Durch Strahlerkürzung, selten durch Abstimmschrauben bei eingebauten Anpaßgliedern oder Schwingkreis.

Steckverbindung:
Mit Normsteckern (UHF, BNC, TNC, N), seltener mit Spezialsteckern (Minicrimp, Mini-UHF gecrimpt).

Montagetyp:
Dachantenne, Anbauantenne, Klemmantenne, Magnet-Haftantenne, Klebeantenne.

Material:
Edelstahl, Fiberglas, Messing verchromt.

Befestigung:
Fuß: Ein- oder Mehrlochbefestigung
Strahler: schraubbar mit Gelenk abnehmbar, seltener über Anschlußstecker.

Bild 35.2.1 zeigt zwei Mobilantennen für den VHF-Bereich (146 bis 174 MHz). Die elektrischen Längen betragen $^1/_4\lambda$ bzw. $^5/_8\lambda$. Beide Antennen haben ein Gelenk mit Flügelschraube.

Bild 35.2.2 zeigt zwei Mobilantennen für den UHF-Bereich (400 bis 470 MHz). Eine Antenne ist $^1/_4\lambda + {}^5/_8\lambda$ lang mit Phasenspule dazwischen, die andere 2 mal $^5/_8\lambda$ mit einer wasser- und stoßsicheren Phasenspule.

Besonderheiten der militärischen Antennen:
Die militärische Antenne für den HF-Bereich mit einer Länge von 16" ≈ 5 m, hat einen komplexen Eingangswiderstand.

Bei 2 MHz: etwa 1500 Ω (kapazitiv), Serienresonanz bei ca. 15 MHz, Parallelresonanz bei ca. 22 MHz. Die Antenne ist dadurch schmalbandig und benötigt ein Anpaßgerät.

Im VHF-Bereich werden breitbandige Antennen verwendet, oder schmalbandige durch Konstruktion oder Schaltmittel breitbandig gemacht. Der Strahler besteht meist aus Fiberglas, die Befestigung erfolgt über einen stabilen großen Isolator.

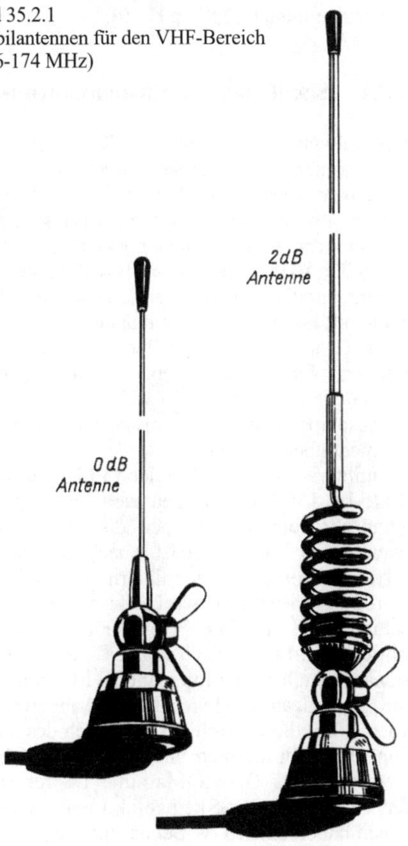

Bild 35.2.1
Mobilantennen für den VHF-Bereich
(146-174 MHz)

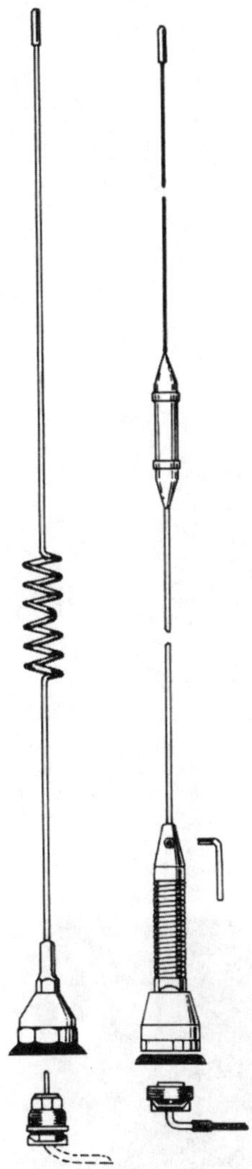

Bild 35.2.2
Mobilantennen
für den UHF-Bereich
(400 bis 470 MHz)

Beispiele für die Militärcodebezeichnung nach AN (Army-Navy) früher JAN (Joint Army-Navy) sind: AT-1011/U für eine HF-Antenne und AS-1729/VCR für eine VHF-Antenne. AS und AT sind dabei die Abkürzungen für „antenna(s)“.

Bild 35.2.3 zeigt eine Mobilantenne für den taktischen VHF-Bereich 30 bis 76 MHz montiert am Heck eines Jeeps.

Allgemeine Hinweise:
Vertikal polarisierte Antennen sind im Sendefall rundstrahlend, wenn sie in der Mitte des Daches oder mindestens $\lambda/5$ vom Rand entfernt montiert sind.

Bei Kunststoffdächern muß nachträglich ein Gegengewicht in Form einer mit dem Antennenfuß kontaktierten Metallplatte von mindestens $\lambda/2$ Seitenlänge eingebaut werden.

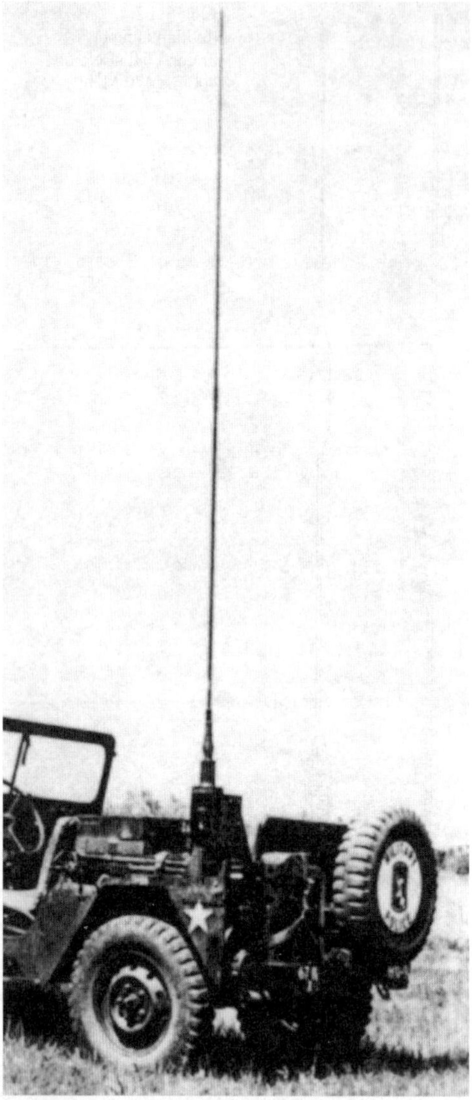
Bild 35.2.3
Mobilantenne für den militärischen VHF-Bereich (30 bis 76 MHz)

Dadurch werden die Anpassung, der Gewinn und die Rundstrahleigenschaft sichergestellt. Antennen, die im Heck- oder Frontbereich montiert sind und nicht über das Fahrzeugdach hinausragen, haben mehr oder weniger ausgeprägte Einzüge im Horizontaldiagramm.

Im Mobilfunk sind die Wellen stets vertikal polarisiert. Aus diesem Grund sollen die Antennen möglichst senkrecht stehen. Schrägstehende Antennen schauen zwar sportlich schick aus, haben aber eine geringere Rundstrahleigenschaft und einen reduzierten Gewinn.

Bei der Montagebohrung ist eine dauerhafte Kontaktierung zwischen Antennenfuß und Karosserie durch Korrosionsschutz des Bohrlochrands sicherzustellen.

35.2.2 Seefunk

Die Notwendigkeit, Schiffe mit Funkeinrichtungen auszurüsten, entstand aus dem Sicherheitsbedürfnis der Schiffahrt.

Der Untergang der „Titanic" 1912 beschleunigte die Ausrüstung der Schiffe mit Funk. Heute gibt es bei Schiffen Anwendungen bei Kommunikation, Peilung, Navigation, Radar, Meteorologie und elektronischer Kriegsführung.

Die Kommunikation (Nachrichtenübermittlung) wird als beweglicher Seefunk bezeichnet. Weltweit sind dafür folgende Frequenzen zugewiesen worden:

Mittelwelle	MW 415 bis 526,5 kHz
Grenzwelle	GW 1606,5 bis 3800 kHz
Kurzwelle KW	4,063 bis 25, 500 MHz
Ultrakurzwelle	UKW 156 bis 174 MHz

Eine genauere Einteilung, speziell der einzelnen Kurzwellenbereiche und Details zum Thema Seefunkdienst enthalten [2.8] und [2.9].

35.2.2.1 Schiffs-Kommunikationsantennen

Für Mittelwelle, Grenzwelle und Kurzwelle werden Drahtantennen verwendet. Für Kurzwelle sind auch Stabantennen (7 bis 12 m) im Einsatz. Um die Antennen abzustimmen oder anzupassen sind Abstimmgeräte oder Anpaßgeräte notwendig.

Im zivilen VHF-Bereich (2-m-Band) werden abgestimmte und angepaßte Vertikalantennen ohne Gewinn mit horizontalem Runddiagramm verwendet z.B. Groundplane. Sie sollen frei stehen, d.h. mindestens 4 m Abstand haben zu allen großen Metallteilen und nicht höher als 12 m über der Einsenkungsmarke liegen. Die Ausgangsleistung soll 25 W nicht überschreiten.

Im militärischen VHF-Bereich (30 bis 76 MHz und 115 bis 156 MHz) werden auch Antennen mit Gewinn z.B. logarithmisch periodische Antennen verwendet. Die Polarisation ist je nach Anwendung vertikal oder horizontal. Im militärischen UHF-Bereich (220 bis 400 MHz) wird außer vertikaler Polarisation auch zirkulare Polarisation verwendet. Nachrichtenverbindungen können über geostationäre Satelliten der International Maritime Satellite Organization (INMARSAT) abgewickelt werden. Über diese Satelliten läuft auch das internationale Seenotrufsystem im L-Band (1,6 GHz), das weltweit als Global Maritime Distress and Safety System (GMDSS) eingeführt wird. Seenotrufbojen haben einen 1-W-Sender im Frequenzbe-

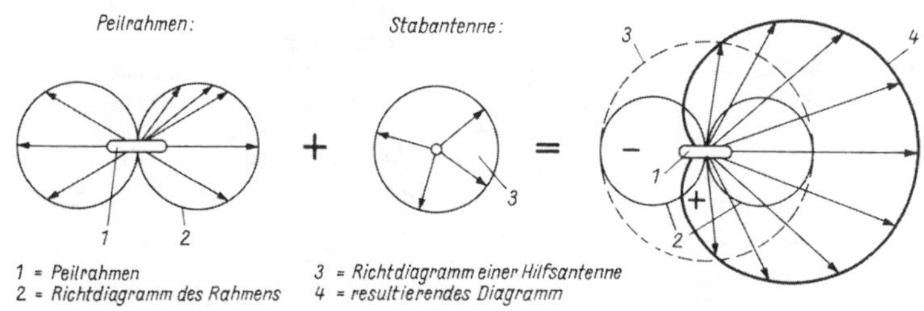

Bild 35.2.4
Entstehung des Summendiagramms bei einer Peilantenne

reich 1644 bis 1647 MHz. Die Antenne dazu ist zirkular polarisiert.

Für militärische Zwecke wird im UHF-Bereich zusätzlich auch Satellitenkommunikation (SATCOM) eingesetzt. Die Antennen müssen direkte Sicht zu den Satelliten haben, daher wird ein Erhebungswinkel von 90° mit Rundcharakteristik gefordert. Die Antennen bestehen aus gekreuzten Dipolen über einem Gegengewicht. Mit 90° Hybrids erhält man dann rechts- oder linkspolarisierte Anordnungen. Heute sind die SATCOM-Frequenzen bei 7/8 GHz (down-/ uplink).

35.2.2.2 Schiffs-Peilantennen

Darunter versteht man Antennen zur hochfrequenztechnischen Richtungsbestimmung (Peilung) von Sendern [2.10]. Aus mehreren Richtungen ergibt sich dann die Standortbestimmung (Ortung).

Drehpeilrahmen

Die älteste Peilantenne ist die drehbare Rahmenantenne (Drehrahmen) in quadratischer oder runder Form als Ein- oder Mehrwindungsrahmen mit einer Doppelkeule in der Rahmenebene. Mit einer zusätzlichen Hilfsantenne (Stabantenne) ergibt sich ein resultierendes herzförmiges Richtdiagramm (Kardioide). Dadurch ist die Seitenerkennung möglich (**Bild 35.2.4**). Man bezeichnet diese Anordnung als Radio- oder Funkkompass. Die moderne Ausführung des Peilrahmens ist die Ferritstab-Peilantenne. Der Frequenzbereich ist 200 bis 500 kHz und 0,5 bis 30 MHz.

Kreuzrahmen

Ein fester Kreuzrahmen bestehend aus zwei um 90° versetzte Rahmenantennen, eine Hilfsantenne und ein Goniometer bilden einen Peiler. Das Goniometer (Winkelmesser) ist mit dem Kreuzrahmen verbunden und besteht aus zwei gekreuzten Feldspulen (Stator) und einer Suchspule (Rotor). Das Drehen der Suchspule ersetzt das Drehen des Rahmens. Heute ist das Goniometer durch Elektronik ersetzt. Der Rahmendurchmesser ist etwa 1 m, der Frequenzbereich etwa 190 bis 550 kHz, die Impedanz 95 Ω.

Adcock-Antenne

Die Antenne besteht aus 4 Vertikaldipolen (H-Adcock), die mit einem Goniometer verbunden sind. Das Arbeitsprinzip ist wie beim Kreuzrahmen. Eine Verdopplung der Antennenanzahl erhöht die Genauigkeit. Der Frequenzbereich ist z.B. 225 bis 400 MHz. **Bild 35.2.5** zeigt eine kombinierte Peilantenne mit einem Kreuzrahmen (0,25–4 MHz),

Bild 35.2.5
Kombinierte Peilantenne für den Bereich 250 kHz bis 180 MHz (*AEG-Telefunken*)

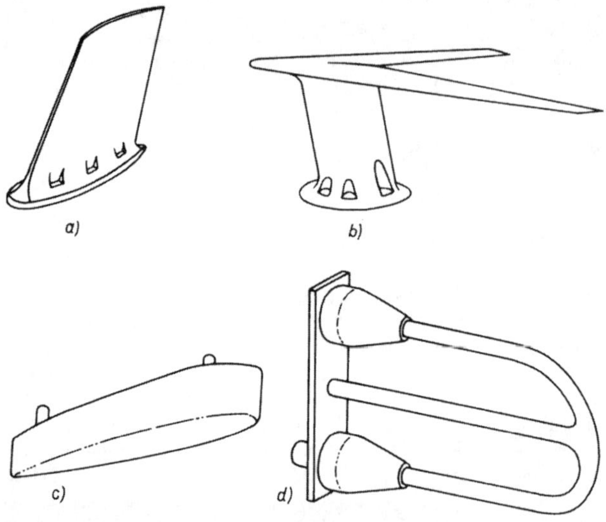

Bild 35.2.6
Flugzeugantennen
a - Kommunikationsantenne
b - Kommunikationsantenne
c - Navigationsantenne (Marker)
d - Navigationsantenne (Gleitweg)

einer Ferritpeilantenne (0,25–30 MHz) und einer *Adcock*-Antenne (20–180 MHz).

Doppler Antenne
Auf einem Kreis sind Vertikaldipole angeordnet. Elektronisch wird ein umlaufendes Empfangsdiagramm erzeugt. Die Anzahl der Dipole hängt von Verhältnis Kreisdurchmesser zu Frequenz ab. Übliche Dipolanzahlen sind 8, 16 oder 32 Dipole.

Der Frequenzbereich ist z.B. 225 bis 400 MHz.

35.2.2.3 Schiffs-Navigationsantennen

Entsprechend den heute gebräuchlichen Navigationsverfahren unterscheidet man zwischen VLF/LF- und VHF/UHF-Navigation.

VLF/LF Navigation
Geeignete Empfangsantennen sind kurze Stabantennen, die durch Induktivitäten angepaßt werden.

OMEGA: 10 bis 14 kHz, 3-m-Antenne mit Anpaßglied auf 95 Ω angepaßt.

LORAN A: 1750 bis 1950 kHz, 1 $^1/_2$-m-Antenne mit Antennenkoppler auf 50 Ω angepaßt.

LORAN C: 110 bis 130 kHz, 2-m-Antenne mit Antennenkoppler auf 50 Ω angepaßt.

VHF/UHF Navigation
Die Empfangsantennen dafür sind je nach Frequenz Monopolantennen, Spiralantennen oder Wendelantennen.

NAVSAT: 5 Navigationssatelliten im Bereich von 150 bis 400 MHz (abhängig vom System), 50 cm Monopol.

NAVSTAR: 18 Navigationssatelliten, Global Positioning System (GPS), im L-Band 1227,6 MHz (militärisch) 1575,42 MHz (zivil), konische Spiralantenne oder aber Wendelantenne (Quadrifilarhelix).

TACAN: Tactical Air Navigation System im Frequenzbereich 962 bis 1213 MHz, Monopolantenne.

Meteorologie-Antennen
Daneben gibt es noch jeweils unterschiedliche Antennen für den Wetterfunk, entsprechend den benutzten Bereichen. Die Seewetterberichte und Vorhersagen des Deutschen Wetterdienstes (DWD) werden auf Langwelle 147,3 kHz und auf einigen Kurzwellenfrequenzen ausgestrahlt. Fast alle grösseren Küstenfunkstellen (KFSt) strahlen Wettermeldungen auf Kurzwelle aus. Als Empfangsantennen benutzt man Kommunikationsantennen oder aktive Empfangsantennen. Wetterballonmeldungen werden im UHF-Bereich 310 bis 410 MHz z.B. mit Faltdipol-Groundplaneantennen empfangen. Der Empfang von Wettersatellitenmeldungen erfolgt z.B. im S-Band 2,2 bis 2,3 GHz mit Parabolantennen mit 30 dB Gewinn in rechtszirkularer Polarisation. Allgemeine Informationen über Schiffsantennen sind zu finden in [2.11].

35.2.3 Flugfunk

Der Funkverkehr zwischen Bodenfunkstellen und Luftfunkstellen einerseits und Luftfahrzeugen untereinander wird als beweglicher Flugfunkdienst bezeichnet. Flugfunksendungen kann man in drei Kategorien einteilen, die mit dem Oberbegriff „CNI“ (C = Communication, N = Navigation, I = Identification) bezeichnet werden [2.12].

Antennen

Für die verschiedenen Aufgaben sind unterschiedliche Antennentypen im Einsatz [2.13]. **Bild 35.2.6** zeigt konventionelle Flugzeugantennen.

Die Anordnung der Antennen auf einem Luftfahrzeug (Flugzeug, Hubschrauber) bringt auch einige Probleme mit sich.

Verkopplung

Wegen des beengten Platzes kann der Abstand für eine gute gegenseitige Antennenentkopplung nicht eingehalten werden. Ein Ausweg ist die Verwendung von Kombinationsantennen. Das sind Antennenanlagen, in denen verschiedene Antennen kombiniert sind z.B. Kommunikation und Navigation oder Navigation und Identifikation. **Bild 35.2.6b** zeigt eine Kombinationsantenne für Navigation (horizontaler Teil) und Kommunikation (vertikaler Teil). Beide Antennenanteile haben dabei eine horizontale Rundcharakteristik.

Polarisation

Bei der Montage muß man die Polarisation berücksichtigen, d.h., Monopolantennen sind nur vertikal polarisiert, wenn sie auch vertikal eingebaut sind.

Diagrammbeeinflussung

Je nach Einbauort und Abstand zu anderen Antennen oder Metallteilen werden die Strahlungsdiagramme beeinflußt. Das gilt für horizontale und vertikale Strahlungsdiagramme. Kommunikationsantennen (VHF COM) sollen nach oben und unten strahlen, Satellitenkommunikationsantennen (SATCOM) nur nach oben, Höhenmeßantennen (RAD ALT) nur nach unten. Navigationsantennen nach unten und symmetrisch zur Flugzeugachse.

Das führt zum Einbau von jeweils zwei gleichen Antennen entweder auf der Ober- und Unterseite, oder auf der linken und rechten Seite.

35.2.3.1 Flug-Kommunikationsantennen

Diese Antennen werden für Nachrichtenverbindungen und für Wettermeldungen verwendet. Die Nachrichtenübermittlung erfolgt als Sprechfunkverkehr im Wechselsprechverfahren (Simplex) mit Amplitudenmodulation auf einer Frequenz. Ziviler Funkverkehr wird vorwiegend im VHF-Bereich und militärischer im UHF-Bereich abgewickelt. Für Überseeflüge verwendet man den HF-Bereich (Kurzwelle) mit Einseitenbandmodulation. Auch Satellitenfunk wird eingesetzt.

HF-Bereich (zivil/militärisch)	2 bis 30 MHz
VHF-Bereich (zivil)	118 bis 144 MHz
UHF-Bereich (militärisch)	220 bis 400 MHz

Sprechfunk auf VHF/UHF: ATC (Air Traffic Control)
Flugfunkinformationen:
FIS (Flight Information Service)
ATIS (Automatic Terminal Information Service)
VOLMET Wetterfunk mit METREPORT und FORCAST
SIGMET (Significant Meteorological Events)

HF-Bereich

Im Kurzwellenbereich sind die Antennenlängen kurz gegen die Wellenlänge, entsprechend gering ist der Wirkungsgrad. Das Flugzeug strahlt auch, entweder als Gegengewicht, oder weil es selbst einen Teil der Antenne bildet (Schlitzantenne). Alle Antennen benötigen einen Antennenkoppler.

Drahtantennen

Diese Antennenform ist die älteste und wird auch heute noch bei Propellermaschinen (Sportflugzeugen) verwendet. Ausführung: Entweder als gerade Langdrahtantenne ca. 8 m, geknickte V-Antenne ca. 6 m oder kurze geerdete Antenne < 6 m, vom Kabinendach zur Spitze des Seitenleitwerks. Oder als horizontale Stabantenne (towel bar) mit Abstandsisolatoren aus Fiberglas. Kann auch als Navigationsantenne verwendet werden für OMEGA, LORAN und als ADF-Hilfsantenne.

Wendelantennen

Diese Antennenform findet Anwendung bei Düsenflugzeugen. Verkehrsflugzeuge und Hubschrauber sind damit ausgerüstet.

Ausführung: Stachelantenne (stinger) oder probe antenna. Auf einem dielektrischen Dorn aufgewickelte Wendelantenne mit einem Radom aus Fiberglas. Die Antenne ist waagrecht montiert vorne an der Spitze der Kabine, an der Spitze des Seitenleitwerks oder an der Spitze der Tragfläche. Die Polarisation der Antenne ist horizontal.

Schlitzantennen

Diese Antennenform ist seit den 50er Jahren bekannt und wird bei vielen modernen Verkehrsflugzeugen verwendet.

Ausführung: Notch- bzw. Shunt-Antenne, die im Seitenleitwerk oder in der Tragfläche als ein mit Dielektrikum verkleideter Schlitz ausgebildet ist. Die Polarisation eines vertikalen Schlitzes ist horizontal.

VHF/UHF-Bereich

Im VHF/UHF-Bereich werden vertikal polarisierte Viertelwellen Monopolantennen verwendet. Die Antennen werden als Blattantenne (blade), Flossenantenne (fin), Schwertantenne (sword) oder Stummelantenne (stub) bezeichnet. Es gibt auch Schlitzantennen (notch) für den VHF-Bereich.

35.2.3.2 Flug-Navigationsantennen

Über Land werden für Navigation folgende Systeme verwendet:

ADF (Automatic Direction Finder), **NDB** (Non Directional Beacon), **VOR** (VHF Omnidirectional Range), **DVOR** (Doppler VOR), **DME** (Distance Measuring Equipment), **TACAN** (Tactical Air Navigation), **ILS** (Instrumental Landing System), **MLS** (Microwave Landing System).
Über See: **LORAN-A** (Long Range Navigation)
Bei Langstreckens **OMEGA, CONSOL, TRANSIT**

OMEGA	10–14 kHz
LORAN-C	110–130 kHz
CONSOL	190–372 kHz
NDB (Funkfeuer)	200–800 kHz
ADF	190–1800 kHz
LORAN-A	1750–1950 kHz
ILS Marker	75 MHz
ILS Localizer	108–118 MHz
VOR/DVOR	112–118 MHz
ILS Gleitweg	328–336 MHz
TRANSIT	150, 400 MHz
DME/TACAN	950–1250 MHz
MLS	4,9–5,2 GHz

OMEGA
10 bis 14 kHz, aktive Stabantenne, vertikal polarisiert.

LORAN-A
1750 bis 1950 kHz, horizontale Stabantenne (towel rail) mit einer Kapazität von etwa 16 pF/m, auch verwendet als Hilfsantenne für ADF.

ADF/NDB
200 bis 2000 kHz, dient zur Peilung, Kreuzrahmenantennen oder in Flachbauweise als gekreuzte Ferritspulen auf der Flugzeugunterseite. Als Hilfsantenne wird die HF-Kommunikationsantenne (HF COM) verwendet z.B. towel bar oder die LORAN Antenne towel rail. Die Gesamtantenne wird auch als Radiokompaß bezeichnet.

ILS Marker
75 MHz, ermöglicht Entfernungserkennung beim Landeanflug, flache Horizontalantenne, horizontal polarisiert.

VOR / ILS Localizer
108 bis 118 MHz, dient zur Abweichungserkennung beim Landeanflug, Antennensystem besteht aus einem Paar symmetrisch zur Flugzeugachse am Seitenleitwerk oder am Rumpf angebrachter Halbschleifenantennen, wird auch verwendet für VOR/DVOR, horizontal polarisiert.

ILS Gleitweg
328 bis 336 MHz, ermöglicht die Höhenerkennung beim Landeanflug, Viertelwellen-Monopolantenne in der Mitte geerdet, horizontale Polarisation.

DME/ TACAN
950 bis 1250 MHz, im alten L-Band, Viertelwellen-Monopolantenne, vertikal polarisiert.

MLS
4,9 bis 5,2 GHz, im alten C-Band, Viertelwellen-Monopolantenne, vertikal polarisiert.

35.2.3.3 Flug-Identifikationsantennen

Zur Überwachung und Identifizierung von Flugzeugen wird im Flugfunk **SSR** (Secondary Surveillance Radar) mit entsprechenden Transpondern an Bord verwendet. Die Signale des zivilen SSR entsprechen etwa denen des militärischen IFF (Identification Friend or Foe).
SSR 1030,1090 MHz

Diese Antennen werden IFF-Antennen oder Transponderantennen genannt. Sie sind meist als Kombinationsantennen ausgeführt. Die Polarisation ist vertikal. Man unterscheidet:
Monopolantenne (blade)
Kreisschlitzantenne (annular slot)
Schlitzgruppenantenne (slot array)

Weitere Anwendungen: Höhenmessung (Radio Altimeter), Rettung (ELT = Emergency Locator Transmitter), Radar, SATCOM und in der Elektronischen Kriegsführung [2.14].

Literatur zu Abschnitt 35

[1.1] *Behne, F.:* Rundfunk-Sendeantennen im Lang-, Mittel- und Kurzwellenbereich. Funkschau, H. 26/ 1975, S. 44-47; H. 1/1976, S. 23–25

[1.2] *BM/E Magazine (Eds.):* Broadcast Antenna Systems Handbock. TAB Bocks, Blue Ridge Summit, PA, 1973

[1.3] *Brueckmann, H.:* Antifading Broadcast Antenna. Electronics, May 1950, pp. 82–85

[1.4] *Graziadei, H.:* Ein neues Verfahren zur Obenspeisung von schwundmindernden Funkmasten. FTZ, H. 4/1951, S. 159–167

[1.5] *Tippe, W.:* Zur Dimensionierung von Erdnetzen für vertikale LW- bzw. MW-Monopolantennen. Rundfunktechnische Mitteilungen, 24 (1980). S. 154–164

[1.6] *Potschkat, G.:* Modelltechnische Nachbildung realer Erdnetzsysteme für vertikalpolarisierte Sendeantennen. Rundfunktechnische Mitteilungen, 31 (1987), S. 119–125

[1.7] *Gaigal, G.; Jaworek, H.:* Richtantennenanlage im Mittelwellenbereich. Technische Mitteilungen RFZ 19 (1975), H. 3, S. 77–80

[1.8] *El-Raheb, G.:* Directional Antennas for MF Broadcasting. Part 1 ABU Tech. Rev. No. 55, March 1978; Part II ABU Tech. Rev. No. 56, May 1978; Part III ABU Tech. Rev. No. 57, July 1978

[1.9] *Brugger, P.; Reiche, J.*: Horizontale Drehkreuzantenne für Mittelwellen-Rundfunksender. NTG-Fachbericht 78 (Antennen' 82), S. 150–154, VDE, Berlin, 1982

[1.10] *Trainotti, T.*: Asymmetrical Vertical Dipole Antennas for MF AM Transmitting. IEEE Antennas and Propagation Magazine, Vol. 35, No. 3, June 1993, pp. 47–50

[1.11] *Stark, A.*: Einfluß des Erdbodens auf Vertikaldiagramme und Gewinn horizontaler logarithmisch-periodischer HF-Antennen. Neues von Rohde & Schwarz (1976) Nr. 75, S. 15–19

[1.12] *CCIR*: Handbook on high-frequency directional antennas. ITU, Geneva, 1966

[1.13] *Becker, R.*: Kurzwellen-Richtantennen für Sender großer Leistung. Telefunken-Zeitung, Jg.40 (1967), H. 4, S. 348–360

[1.14] *Scheuerecker, F.*: Zur Projektierung von VHF-Antennenanlagen, insbesondere FM- und FS-Sendeantennenanlagen. Rohde & Schwarz Mitt., Nr. 14/1960, S. 362–380

[1.15] *Gotthard, O. (Hrsg.)*: FM- und TV-Sendeantennensysteme. Kathrein, Rosenheim, 1989

[1.16] *Stark, A.; Nielsen, L.; Rohner, Ch.*: Kostengünstige Rundstrahl- und Sektorantennen für PCN-Basisstationen. Neues von Rohde & Schwarz H. 143, Herbst 1993, S. 35

[1.17] *Rohner, Ch.*: Für jede Mobilfunk-Basisstation die richtige Antenne. Neues von Rohde & Schwarz, H. 155 (1996 II), S. 22–24

[1.18] *Bischof, S.; Lüdtke, G.*: Einsatz von dual polarisierten Basisstationsantennen bei GSM 1800. ITG Fachbericht 149 (Antennen). S. 377–382, Fachtagung München April 1998, VDE, Berlin, 1998

[1.19] *Pooch, H. (Hrsg.)*: Richtfunktechnik. Schiele & Schön Verlag, Berlin, 1974

[1.20] *Brodhage, H.; Hormuth, W.*: Planung und Berechnung von Richtfunkverbindungen. Siemens AG, Berlin, 1977

[1.21] *Heinrich, W. (Hrsg.)*: Richtfunktechnik. R. v. Decker's Verlag, Heidelberg, 1988

[1.22] *Brunner, A.; Leupelt,* U.: Moderne Antennensysteme für neue Richtfunknetze. Fernmelde-Praxis, 13/85

[1.23] *Kühne, H.-D.; Neideck, G.; Kaffenberger, E.*: Antennen mit hoher Kreuzpolarisationsentkopplung und Antennenleitung. Fernmelde-Praxis, 16/87

[1.24] *Preibisch, H.*: Neuerungen bei Richtfunk-Antennenanlagen. Fernmelde-Praxis, 21/89, S. 892–911

[1.25] *Norton, M.L.*: Microwave System Engineering Using Large Passive Reflectors. IRE Trans. on Comm. Systems, September 1962, pp. 304–311

[1.26] *Thrower, R.*: Passive Repeaters for amateur UHF and microwave systems. 73 Magazine, Oktober 1971

[1.27] *Shepherd, M.J.*: 187 GHz Passive Repeaters Considerations. Microwave Journal, Oktober 1980, pp. 60–62

[2.1] ---: Stichwort Mobilfunk. Bayerisches Staatsministerium für Landesentwicklung und Umweltfragen. München, 1/1997

[2.2] *Gusbeth, H.*: Mobilfunk-Lexikon. Franzis-Verlag, München, 1990

[2.3] *Gabler, L.; Picken, D.*: Mobilfunk-Praxis. Franzis-Verlag, München, 1990

[2.4] *BfS*: Mobilfunk und Sendetürme. Bundesamt für Strahlenschutz, Salzgitter, 1995

[2.5] *Iselt, P.*: Technik der Bündelfunknetze. telekompraxis (Fernmelde-Praxis), 22/90, S. 937–953

[2.6] *Funkschau Spezial*: Start frei für Bündelfunk. Beilage zu Funkschau 18/1990 (24. August 1990)

[2.7] *Striebel, P.*: Die Chekker-Philosophie. Funkschau I Spezial, S. 13–15

[2.8] *Siebel, W.*: Seefunk auf allen Meeren. Siebel Verlag, Meckenheim, 1987

[2.9] *DBP*: Handbuch für den Dienst bei Seefunkstellen. Bundesmin. f. Post und Fernmeldetechn., Bonn, 1988

[2.10] *Grabau, R.; Pfaff, K. (HRSG.)*: Funkpeiltechnik, Frankh'sche Verlagshandlung, Stuttgart, 1989

[2.11] *Law, P.E.*: Shipboard Antennas. Artech House, Dedham MA, 1986

[2.12] *Siebel, W.; Klawitter, G.; Kloth, R.D.*: Flugfunk, Siebel Verlag, Meckenheim, 1990

[2.13] *Hesse, F.; Hesse, W.*: Elektrotechnik und Avionik. Hitzeroth Verlag, Marburg, 1988

[2.14] *Grabau, R.*: Funküberwachung und Elektronische Kampfführung. Frankh'sche Verlagshandlung, Stuttgart, 1986

36 Mikrowellen-Antennen

Mikrowellen nennt man den Frequenzbereich über 1 GHz. Dieser Bereich wird im Deutschen als Dezimeterwellen-, Zentimeterwellen- und Millimeterwellenbereich bezeichnet. Auf Englisch nennt man diese Bereiche UHF, SHF und EHF (vgl. Abschnitt 42, Anhang). Die üblichen Band-Bezeichnungen für die Mikrowellen-Frequenzbereiche sind ebenfalls im Anhang zu finden.
In den Mikrowellenbereich fallen die Amateurfunkbänder von 23 cm bis 1,2 mm entsprechend 1,24 GHz bis 250 GHz (vgl. Abschnitt 42.1.2).

Die wesentlichen Eigenschaften der Mikrowellen-Antennen sind [0.1]:

- Antennen sind klein in den Abmessungen, aber groß gegenüber der Wellenlänge
- Antennen haben eine scharfe Bündelung (großer Richtfaktor/Gewinn und schmale Diagramme)
- Antennen sind nicht mehr einzelne Strahlerelemente, sondern Gruppen, Strukturen oder Flächen

Als Antennen werden verwendet:

- Strahlergruppen
- Gruppen von Einzelstrahlern (*Yagi*, Quad, Dipolgruppen)
- Strahlerstrukturen
- Strahlende Strukturen (Wendelantenne, Microstripantenne)
- Aperturstrahler
- Strahlende Öffnungsflächen (Parabolantenne, Schlitzantenne, Hornantenne)

Ein Überblick über die geschichtliche Entwicklung ausgewählter Mikrowellen-Antennen ist in [0.2] zu finden.

36.1 *Yagi*-Antennen

Die Verwendung von Lang-*Yagi*-Antennen (41 und 47 Elemente) auf 13 cm und 18 cm (METEOSAT) und 23 cm (15 Elemente) sind in [1.1]–[1.4] beschrieben.

36.1.1 2-Element-*Yagis* für 23 und 13 cm

2-Element Print-Yagis für 23 und 13 cm mit der Bezeichnung „PCB-Antennen" wurden von *OE9PMJ* in [1.5] und [1.6] beschrieben.

Der Aufbau ist auf 1,6 mm Epoxy Printmaterial, doppelseitig kaschiert, mit einer Dielektrizitätszahl von 5,5 mit einem Balun 1:4, fertig gedruckt.

Als Gewinn werden 5,5 dB über Isotropstrahler (3,4 dBd) angegeben. Die maximale Rückflußdämpfung ergibt sich bei 23 cm mit –35 dB und auf 13 cm mit –38 dB. Als Belastbarkeit wird 50 W Dauerlast angegeben.

Die Antenne kann durch Variation des gedruckten Kondensators für die benutzte Frequenz getrimmt werden.

36.1.2 4-Element-*Yagi* für 23 cm

Von *DJ5XA* stammt diese 4-Element-*Yagi*-Antenne für 23 cm [1.7]. Der Gewinn beträgt etwa 6 dB. Die Antenne besteht aus einem 7 mm Ø Tragrohr und Elementen aus 2,3 mm Ø Kupferdraht. Die Elemente stecken in Bohrungen im Tragrohr und sind festgelötet. **Bild 36.1.1** zeigt die Antenne.

Wesentlich ist die einfache Speisung und Anpassung. Dies wird durch einen Streifenleitungsbalun [1.8] erreicht.

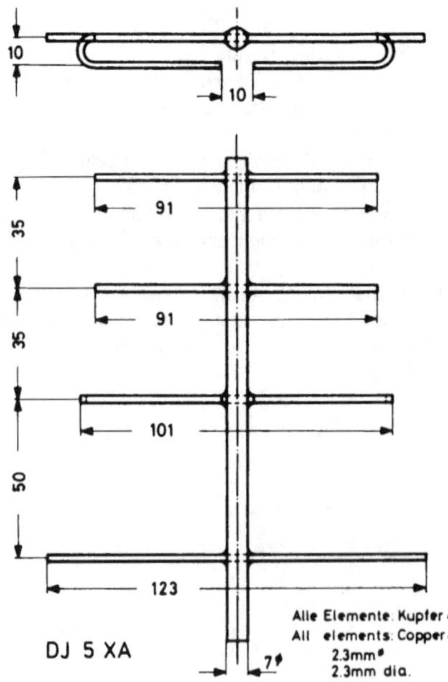

Bild 36.1.1
4-Element-*Yagi*-Antenne für 23 cm

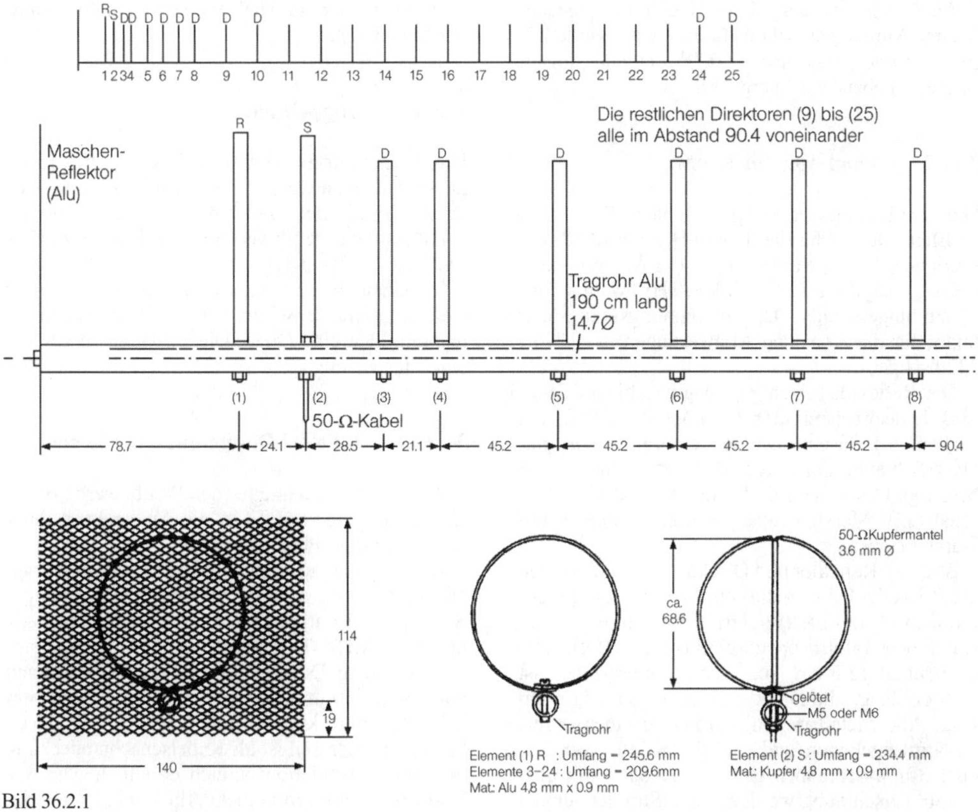

Bild 36.2.1
Konstruktionsdetails der Loop-*Yagi*

36.2 Loop-*Yagis*

Bei Aktivitäten an Portabelstandorten ist eine *Loop-Yagi* eine leistungsstarke Antenne mit kleinen Abmessungen. Die *Loop-Yagi* wurde in der professionellen Antennenliteratur im Jahre 1967 von *Lindsay* (*W0HTH*) erwähnt [2.1]. Grundlegende Artikel über *Loop-Yagis* sind in [2.2] – [2.4] zu finden. In die Amateurfunkliteratur wurde die *Loop-Yagi* durch *G8AZM* und *G3JVL* (1971 und 1974) gebracht und 1975 von *G3RPE* beschrieben [2.5]. Weitere Veröffentlichungen darüber sind [2.6]–[2.8].

36.2.1 Loop-*Yagi* für 23 cm

*R. Lentz DL3*WR hat diese *Loop-Yagi* mit 25 Elementen beschrieben [2.9]. Der Strahler besteht aus Kupferstreifen, für alle anderen Elemente aus Aluminium. Die Elemente werden auf das Tragrohr geschraubt. Es werden keine gleichbleibenden, sondern gestaffelte Elementabstände benutzt, ähnlich wie bei Long-*Yagi*s. Außer einem Loopreflektor wird auch noch ein rechteckiger Reflektor aus Metallgitter verwendet. Die Symmetrierung besteht aus einem Kupfermantel-Kabel mit 50 Ω Impedanz, das durch den Strahler und das Tragrohr geht und nach etwa $\lambda/4$ durch eine Lötung auf Masse liegt. Das Balun-Prinzip ist der „offene Sperrtopf", ähnlich wie eine Tonna-Einspeisung. **Bild 36.2.1** zeigt die Details der Antennenkonstruktion.

Die Antennenlänge ist 190 cm, der Reflektorumfang ist 245,6 mm, der Strahlerumfang ist 234,4 mm, der Umfang aller Direktoren ist 209,6 mm. Der Strahler besteht aus Kupferblech 4,8 x 0,9 mm, der Reflektor und alle Direktoren aus Alublech 4,8 x 0,9 mm. Der Strahler ist auf die Schraube durch das Tragrohr gelötet, alle anderen Elemente sind durch das Tragrohr geschraubt und mit Kontermuttern gesichert.

Abmessungen:

Reflektorgitter – Reflektor	78,7 mm
Reflektor – Strahler	24,1 mm
Strahler – 1. Direktor	28,5 mm
1. Direktor – 2. Direktor	21,1 mm
2. Direktor – 3. Direktor	45,2 mm
1. Direktor – 2. Direktor	21,1 mm

Dann folgen vier Direktoren im Abstand von 45,2 mm, danach die restlichen Direktoren, alle im Abstand 90,4 mm voneinander.

Als Gewinn werden 22 bis 20 dB(i) angegeben. Spätere Messungen haben für eine verbesserte 27-Element-*Loop-Yagi* nach *G3JVL* einen Gewinn von etwas über 16 dBd ergeben.

36.2.2 Loop-*Yagi* für 13 cm

Die Ausführung der Loop-*Yagi* nach *DJ6PI* mit 23 Elementen ist für das 13-cm-Band in [2.10] beschrieben. Dabei wurde die 23-cm-Antenne nach *G3JVL* aus dem *RSGB* VHF-UHF-Manual auf 13 cm umgerechnet. Der Umrechnungsfaktor oder faktor für die Antennen-Abmessungen ist 1296 : 2320 = 0,56.

Der Reflektor besteht aus engmaschigem Gitter (z.B. Lautsprechergitter oder Vollmaterial) mit den Maßen 75 x 65 mm. Das Reflektorgitter wird mit einer Schraube am Träger der Antennenelemente befestigt. Das Trägerrohr besteht aus lötbarem Material (z.B. Messing mit 1 m Länge und 10 mm Durchmesser).

Strahler, Reflektor und Direktorelemente werden aus 0,35 oder 0,5 mm starkem Messing- oder Kupferblech (3 mm breit) gefertigt bzw. mittels einer Hand- oder Tafelschere geschnitten. Das Reflektorelement ist 13,6 cm lang, das Strahlerelement ist 12,9 cm lang, alle Direktorelemnete sind 11,6 cm lang. Alle Metallstreifen werden zu einem Kreis zusammengebogen und auf die Köpfe von 2,5- oder 3-mm-Schrauben gelötet, die dann mit dem Boom verschraubt werden. Das Strahlerelement wird zusammengebogen und an ein „semi-rigid"-Kabel (3,5 mm ∅) verlötet. Das Kabel wird dann durch das Boomrohr geführt

Abstände:

Reflektorgitter – Reflektor	43,6 mm,
Reflektor – Strahler	14 mm
Strahler – 1. Direktor	16 mm
1. Direktor – 2. Direktor	25 mm
2. Direktor – 3. Direktor	25 mm
3. Direktor – 4. Direktor	50 mm

Danach folgen 16 weitere Direktoren, alle mit gleichen Maßen und im gleichen Abstand (50 mm). Trägerrohr und Elemente sollen mit einem wetterfesten Lack versehen werden. Teflon- oder Plastikspray eignet sich dafür und für alle Lötstellen.

Eine andere Ausführung der 13-cm-Loop-*Yagi* mit 25 Elementen wird in [2.11] beschrieben. Eine Loop-*Yagi* für das 9-cm-Band in [2.12].

36.3 Quadantennen

Ein gutes Gewichts-/Leistungsverhältnis haben Doppelquad- oder Vierfachquad-Antennen. Sie sind relativ leicht und haben einen verhältnismäßig hohen Gewinn.

36.3.1 Doppelquad

Die Antennenform geht auf *DL7KM* zurück [3.1]. Diese Antennen wurden von *DJ9HO* als „DQ-Antenne" bezeichnet, als Abkürzung für „*Doppelquad*", und wurde für verschiedene Frequenzen beschrieben [3.2]–[3.3].

Man kann die Antenne als „4-Elemente vor einer Reflektorplatte" ansehen. Jeweils 2 Halbwellenelemente bilden eine Quad. Die *Doppelquad* hat nur eine Einspeisung.

36.3.1.1 *DJ9HO*-Doppelquad für 23 cm

Als Portabelantenne für den Wettbewerb „Bayerischer Bergtag" (BBT) ist die Antenne mit ihren ca. 250 Gramm ideal geeignet.

Die Seitenlänge eines λ/4-Strahlerstücks beträgt 56 mm und ist genau einzuhalten. Eine Verlängerung um ca. 1 mm pro Seite verlagert die Resonanz um ca. 20 MHz. Der Strahler besteht aus ca. 2 mm Cu oder CuAg. Der Reflektor hat die Abmessungen von 230 x 130 mm. Als Reflektorplatte wurde ein gelochtes und kunststoffüberzogenes Stahlblech benutzt. Dieser Teil ist als Kabelschachtabdeckung im Elektroinstallationsbereich erhältlich. Die Reflektorplatte wird mit einem Alu-Winkel verstärkt.

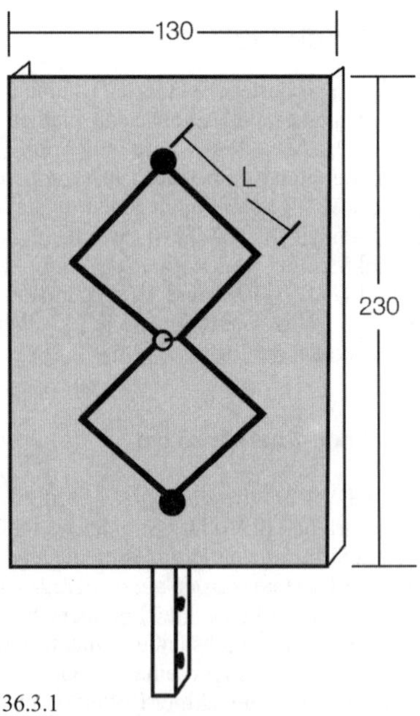

Bild 36.3.1
DJ9HO-Doppelquad für 23 cm (Prinzip)

Die Antenne wird oben und unten mittels Polyaethylen (PE)-Stützen gehalten. Der Abstand Doppelquad–Reflektorplatte ist 31 mm. **Bild 36.3.1** zeigt den prinzipiellen Aufbau [3.3].

Der Gewinn ist etwa 9 dBd. Die Welligkeit (SWR) ist bei Resonanz 1,1 und an den Bandenden 1,5. Die Bandbreite dafür liegt bei 30 MHz. Die Speisung erfolgt über ein semi-rigid-Vollmantelkabel (50 Ω). Die spezielle N-Buchse (Einloch) ist durch die Reflektorplatte geführt. Auf eine Symmetrierung wurde verzichtet. Die Antenne verträgt eine Leistung von 100 W.

Eine Beschreibung der *DJ9HO-Doppelquad für 23 cm* mit Bildern und Konstruktionsdetails ist im Kapitel K.6.4 von [3.3] zu finden.

36.3.1.2 *DJ9HO*-Doppelquad für 13 cm

Als Portabelantenne für den Wettbewerb „Bayerischer Bergtag" (BBT) und als Fernsehantenne für ATV-Betrieb ist die Antenne mit ihren ca. 200 Gramm ideal geeignet.

Die Seitenlänge eines $\lambda/4$-Strahlerstücks beträgt (innen) 30 mm und ist genau einzuhalten. Der Strahler besteht aus ca. 1.5 mm CuAg. Der Reflektor hat die Abmessungen von 150 x 130 mm. Als Reflektorplatte wurde ein gelochtes und kunststoffüberzogenes Stahlblech benutzt. Die Antenne wird oben und unten mittels Polyaethylen (PE)-Stützen gehalten. Der Abstand Doppelquad–Reflektorplatte ist 15 mm. Der Gewinn ist etwa 9,5 dBd. Die Welligkeit (SWR) ist bei Resonanz 1,1 und an den Bandenden 1,5. Die Bandbreite dafür liegt bei 40 MHz. Die Speisung erfolgt über ein semi-rigid-Vollmantelkabel (50 Ω). Die spezielle N-Buchse (Einloch) ist durch die Reflektorplatte geführt. Auf eine Symmerierung wurde verzichtet.

Eine Beschreibung der *DJ9HO-Doppelquad für 13 cm* mit Bildern und Konstruktionsdetails ist im Kapitel K.6.4 von [3.3] zu finden.

36.3.2 Vierfachquad

Die Antennenform geht auf *DL6SW* zurück [3.4]. Diese Antennen wurden von *DJ9HO* in rechteckiger, runder und quadratischer Form, als auf der Spitze stehendes Quadrat aufgebaut. Als Antennenbezeichnung wurde „DA-Antenne" gewählt, als Abkürzung für *„Doppelacht*". Die Antenne wurde für verschiedene Frequenzen beschrieben [3.5]–[3.6].

Man kann die Antenne als „8-Elemente vor einer Reflektorplatte" ansehen. Jeweils 2 Halbwellenelemente bilden eine Quad. Die *Vierfachquad* hat nur eine Einspeisung.

Durch die Stockung erhöht sich der Gewinn um etwa 2 bis 2,5 dB auf 11 bis 11,5 dBd.

36.3.2.1 *DJ9HO*-Doppelacht für 23 cm

Zum Nachbau muß gesagt werden, daß ohne Hilfsmittel wie Spektrumanalyzer und Wobbler fast keine Chance besteht, die Resonanzfrequenz genau zu treffen. Der Grund liegt darin, daß durch die Stockung die Antenne sehr schmalbandig wird. Es ist daher ratsam, den Abstand des Strahlers zum Reflektor veränderlich auszuführen. Damit hat man die Möglichkeit, die Resonanz über einen bestimmten RF-Bereich zu variieren. Die Seitenlänge eines $\lambda/4$-Strahlerstücks beträgt 55 mm und ist genau einzuhalten. Der Strahler besteht aus ca. 2,5 mm Cu. Der Reflektor hat die Abmessungen von 460 x 130 mm. Als Reflektorplatte wurde ein gelochtes und kunststoffüberzogenes Stahlblech benutzt. Die Reflektorplatte wird mit einem Alu-Winkel verstärkt. Die Antenne wird oben und unten mittels Polyaethylen (PE)-Stützen gehalten. Der Abstand Doppelquad–Reflektorplatte ist 25–30 mm. Das Gewicht ist etwa 450 Gramm. Der Gewinn ist etwa 11,5 dBd. Die Welligkeit (SWR) ist bei Resonanz 1,1 und an den Bandenden 1,5. Die Bandbreite dafür liegt bei 50 MHz.

Eine Beschreibung der *DJ9HO-Doppelacht für 23 cm* ist im Kapitel K.7.3 von [3.3] zu finden.

36.3.2.2 *DJ9HO*-Doppelacht für 13 cm

Mit steigender Frequenz wird es immer schwieriger, eine *Doppelacht* zu gestalten, da es auf Millimetermaße ankommt.

Die Seitenlänge eines $\lambda/4$-Strahlerstücks beträgt (innen) 30 mm und ist genau einzuhalten. Der Strahler besteht aus ca. 2 mm CuAg. Der Reflektor hat die Abmessungen von 260 x 85 mm. Als Reflektorplatte wurde ein gelochtes und kunststoffüberzogenes Stahlblech benutzt. Die Antenne wird oben und unten mittels Polyaethylen (PE)-Stützen gehalten. Der Abstand Doppelquad–Reflektorplatte ist 15 mm. Das Gewicht ist etwa 250 Gramm. Der Gewinn ist etwa 11,5 dBd. Die Welligkeit (SWR) ist bei Resonanz 1,1 und an den Bandenden 1,5. Die Bandbreite dafür liegt bei 60 MHz.

Die Speisung erfolgt über ein semi-rigid-Vollmantelkabel (50 Ω). Die spezielle N-Buchse (Einloch) ist durch die Reflektorplatte geführt. Auf eine Symmerierung wurde verzichtet.

Eine Beschreibung der *DJ9HO-Doppelacht für 13 cm* ist im Kapitel K.7.4 von [3.3] zu finden.

36.4 Gruppenantennen

Eine Gruppenantenne besteht aus der Kombination von kollinearen Dipolen (Dipollinien) mit vertikal gestockten Dipolen (Dipolzeilen), wobei horizontale Polarisation vorausgesetzt wird (siehe Ab-

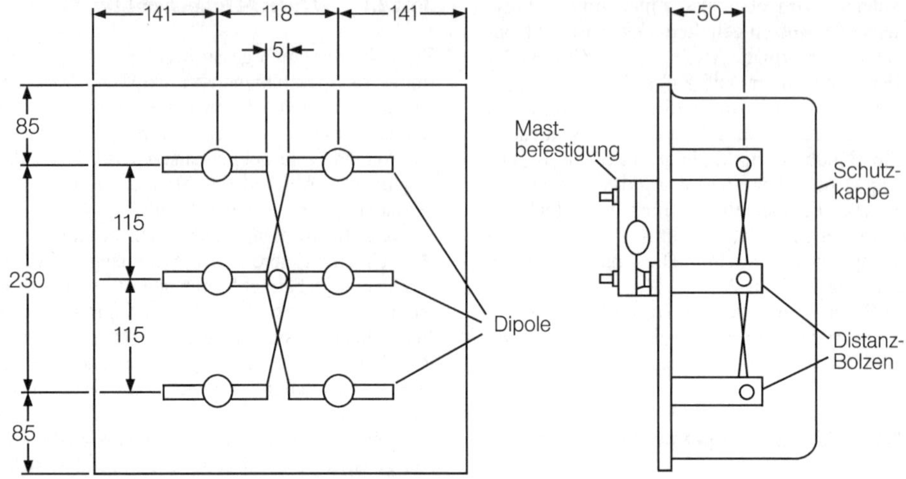

Bild 36.4.1
6-Element-Gruppe für 23 cm

schnitte 13.1 und 13.2). Die einfachste Gruppenantenne besteht demnach aus 2 gestockten Ganzwellendipolen, wobei ein Ganzwellendipol aus 2 kollinearen Halbwellendipolen, also insgesamt aus 4 Elementen besteht. Die Ganzwellendipole werden gleichphasig erregt. Diese Antenne wird daher als 4-Element-Gruppe oder Vierer-Feld-Gruppe bezeichnet (siehe **Bild 25.0.1**).

Auffälliges Kennzeichen bei den gespeisten Ganzwellendipolen sind die gekreuzten „Phasenleitungen" zwischen den Elementen.

Die Reflektorfläche soll etwa $\lambda/2$ die Dipolpfläche überragen. Der größte Gewinn ergibt sich wenn die Reflektorwand $5\lambda/8$ hinter dem Strahler angeordnet ist. Das beste Vor/Rückverhältnis ergibt sich bei einem Abstand von 0,1 bis $0{,}3\lambda$. Bei $0{,}2\lambda$ beeinflußt die Reflektorwand den Fußpunkt der Dipole nicht mehr.

36.4.1 6-Element-Gruppe für 23 cm

Eine *6-Element-Gruppe* oder *Sechser-Feld-Gruppe* besteht aus 3 Ganzwellendipolen oder 6 Halbwellendipolen [4.1]–[4.2].

Mit den angegebenen Dimensionen hat jedes Dipolpaar einen Speisepunktwiderstand von 600 Ω symmetrisch. Bei drei parallelen Paaren ergibt sich somit ein Speisepunktwiderstand von 200 Ω. Mit einem einfachen 4:1-Balun (Halbwellen-Umwegleitung, vgl. Abschnitt 7.3.2.1) erfolgt die Symmetrierung und Transformation auf 50 Ω unsymmetrisch. Da auf dieser Frequenz die Kabellänge schon sehr klein ist und die Schleife einige Probleme ergibt, hat *DJ5XA* einen Streifenleiter-Balun der Größe 47,5 x 30 mm vorgesehen [4.1]. Die eine Leiterplatte trägt eine in U-Form gebogene Halbwellen-Umwegleitung, die andere Leiterplatte eine 50-Ω-Leitung, die mit einem Ende unter einem U-Schenkel angeordnet ist. Die Reflektorplatte besteht aus einer massiven 2 mm dicken Alu-Platte oder ein Maschengeflecht, wobei die Maschenweite kleiner als $\lambda/20$ sein soll. Der Abstand zwischen Reflektorplatte und Dipolfläche ist 50 mm. Die ganze Antenne kann wettergeschützt in einer einfachen Plastikbox untergebracht werden. **Bild 36.4.1** zeigt den Antennenaufbau nach [4.2].

Eine *8-Element-Gruppe* für 23 cm, für die ein Gewinn von 13,5 dBd und ein V/R-Verhältnis von 17 dB angegeben wird, ist in [4.3] beschrieben.

36.4.2 6-Element-Gruppe für 13 cm

DJ1EE hat 1973 auf der Münchner UHF-Tagung eine Sechser-Feld-Gruppe für 13 cm vorgestellt [4.4]. Diese Antenne wurde mehrfach als Antenne für 13-cm-Relais eingesetzt. Als Gewinn werden 10 dBd angegeben. Der Strahler (Ganzwellendipol) besteht aus 5 mm Messingrohr, versilbert mit der mechanischen Länge von 105 mm (2 x 50 mm und 5 mm Abstand). Die Dipolabstände sind 65 mm Der Abstand zur Reflektorplatte ist 28 mm. Die Strahler werden in 5 mm Plexiglas eingeklebt mit UHU-Plast. Die Phasenleitungen bestehen aus Kupferdraht 1,5 mm ∅ versilbert.

Als 4:1-Balun wird eine Halbwellen-Umwegleitung aus Teflon-Kupfermantel-Kabel vorgeschlagen mit einem Verkürzungsfaktor von rd. 70%.

36.4.3 40-Element-Gruppe für 23 cm

Diese Vierziger-Feld-Gruppe aus 40-$\lambda/2$-Elementen vor einer Reflektorwand stammt von *DK2LR*

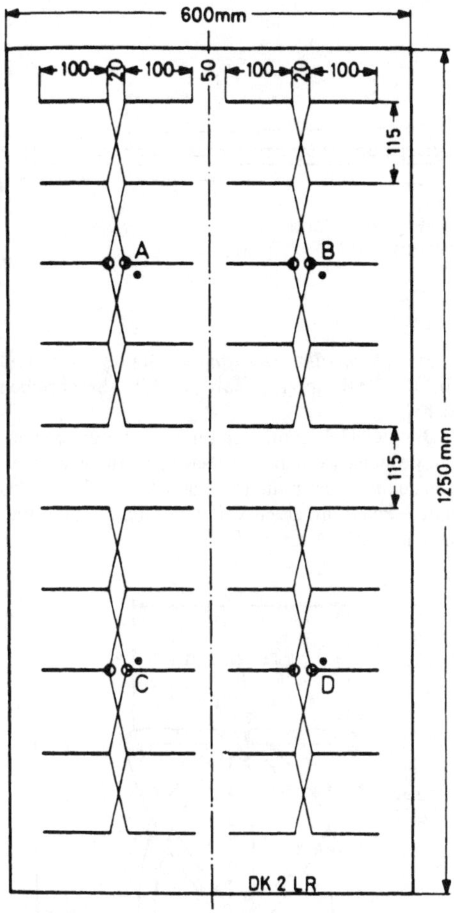

Bild 36.4.2
40-Element-Gruppe für 23 cm

[4.5]. Der Gewinn wird mit etwa 17 dB angegeben. Elektrisch besteht sie aus 4 Untergruppen mit je 10 Halbwellen-Elementen.

Bild 36.4.2 zeigt die Antenne. Jede Untergruppe wird am mittleren Doppelpaar über einen Balun gespeist, dabei ist es wichtig, daß die vier Baluns gleichsinnig angeschlossen werden – also z.B. alle Innenleiter am rechten mit einem Punkt gekennzeichneten Dipol. Der Balun ist ein Halbwellenbalun aus Teflon Kupfermantel-Kabel (Semirigid-Kabel) mit 1:4 Transformationsverhältnis [4.6]. Die vier weiterführenden Sammelkabel von *A*, *B*, *C* und *D* sind elektrisch 2,5 λ lang; die elektrische Leitungslänge ist n mal $\lambda/2$ exakt einzuhalten. Die vier Leitungen führen zu einem „Doppelten Transformationsglied", wo der resultierende Wellenwiderstand auf 50 Ω transformiert wird. Der Abstand zwischen Reflektorplatte und Strahlerfläche beträgt 45 mm.

36.5 Wendelantennen

Die *Wendelantenne* wird auch als *Helixantenne* oder *Helix-Beam* bezeichnet (vgl. Abschnitt 24.9).

Eine kreisförmig umlaufende Polarisation entsteht, wenn ein Leiter zu einer Wendel aufgewickelt wird. Dabei muß die Länge je Windung 1λ betragen. Das entspricht unter Berücksichtigung des Verkürzungsfaktors einem Windungsdurchmesser *D* von etwa $0{,}31\lambda$. Voraussetzung ist weiterhin, daß mindestens 3 Wdg. vorhanden sind; die Reinheit der Zirkularpolarisation steigt mit der Wendungsanzahl. Eine Wendelantenne mit den obengenannten Abmessungen strahlt bidirektional aus der Längsachse der Wendel (axial mode). Die Strahlung wird durch eine Reflektorscheibe einseitig gerichtet, wodurch eine verstärkte einseitig axiale Abstrahlung eintritt.

Die Vorteile von Wendelantennen sind [5.1]:
- zirkulare Polarisation (je nach Wicklungssinn)
- gute Bündelung über einen weiten Frequenzbereich
- konstanter Fußpunktwiderstand über einen weiten Frequenzbereich
- problemlose Speisung mit Koaxialkabel (ohne Symmetriermittel)
- einfacher, leichter und winddurchlässiger Aufbau

Mit zwei entgegengesetzt gewickelten Wendeln läßt sich lineare Polarisation erzeugen.

zwei horizontal angeordneten Wendeln: vertikale Polarisation

zwei vertikal angeordneten Wendeln: horizontale Polarisation

36.5.1 Wendelantenne für 23 cm

Von *H.-J. Griem DJ1SL* wurde für OSCAR 10 eine Helix-Antenne beschrieben [5.2]. Die *Wendelantenne* besitzt 18 Windungen und ist leicht konisch ausgebildet. **Bild 36.5.1** zeigt den schematischen Aufbau. Die technischen Daten sind aus **Tabelle 36.1** zu entnehmen. Die Wendel wird nach jeder halben Windung durch eine Isolierstütze gehalten. Diese besteht aus entsprechend langen Stücken der Isolierung von RG-213/U-Koaxialkabel. Als Wendeldraht wird 3 mm Kupferlackdraht verwendet. Das Tragrohr ist ein Vierkantrohr aus 15 mm x 15 mm Aluprofil. Der Reflektor ist aus Alublech gefertigt. Die Kreisform des Reflektorkragens ist durch ein 22-Eck angenähert.

Die Transformation vom Eingangswiderstand der Wendel auf 50 Ω erfolgt durch eine Art Exponentialleitung, die in **Bild 36.5.2** dargestellt ist.

Weitere Literaturangaben über Amateurfunkanwendung im Mikrowellenbereich finden sich in [5.3] bis [5.6] und über Wendelantennen allgemein in [5.7]–[5.9].

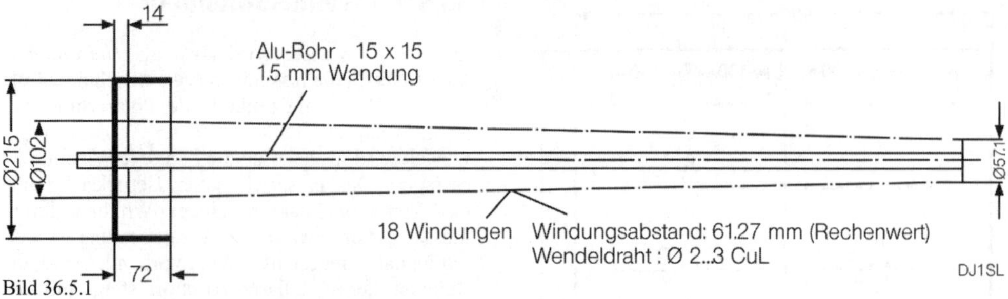

Bild 36.5.1
Schematischer Aufbau der Wendelantenne für 23 cm

36.5.2 Quadrifilar-Helixantenne

Die beste Antenne für Satelliten-Navigation ist die vierarmige Helixantenne (*Quadrifilar-Helix*, auch *Volute Antenne* genannt). Die Antenne geht auf *C.C. Kilgus* (USA 1966) zurück [5.10]–[5.12]. Die Antenne ist auch zirkular polarisiert. Das Strahlungsdiagramm ist eine nach oben gerichtete Kardioide.

Tabelle 36.1
Technische Daten der Wendelantenne

Frequenzbereich	1240-1300 MHz
Gewinn	15,8 dBi, rechtsdrehend zirkular (RHC)
Nebenkeulen	-20 dB
Achsenverhältnis	0,6 dB = 1,07
VSWR	1,2
Gesamtlänge	1117 mm
Wendellänge	1103 mm
Wendeldurchmesser	
am Speisepunkt	102 mm
am Strahlerende	57,1 mm
Wendeldraht	3 mm Ø Kupfer-Lack-Draht
Windungsabstand	61,27 mm (Rechenwert)
Reflektordurchmesser	215 mm
Reflektorkragen	72 mm
Tragrohr-Abmessungen	15 x 15 x 15 mm Aluminium

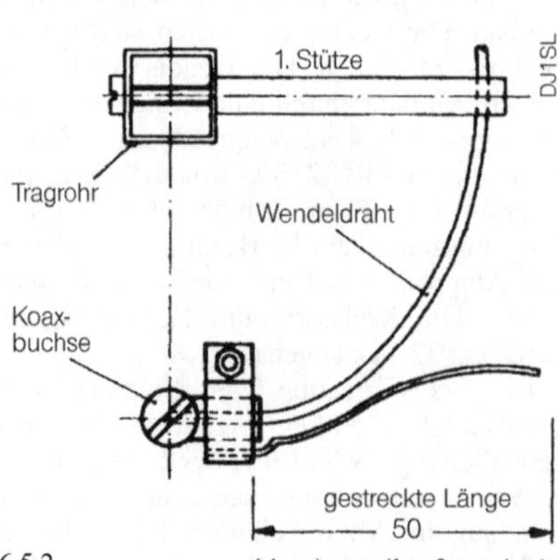

Bild 36.5.2
Anpaß-Anordnung

Eine *Quadrifilar-Helixantenne* für den GPS- und GLONASS-Empfang hat *S53MV* beschrieben [5.13].

Die vier Drähte müssen um 90° phasenverschoben gespeist werden. Ein Paar der Drähte wird etwas gekürzt, damit die Impedanz kapazitiv ist. Das andere Paar wird etwas verlängert, damit die Impedanz induktiv wird.

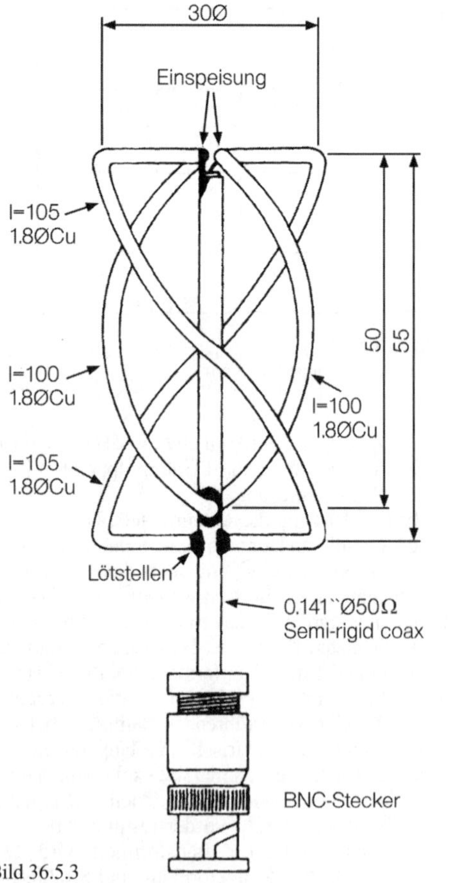

Bild 36.5.3
Quadrifilar-Helixantenne

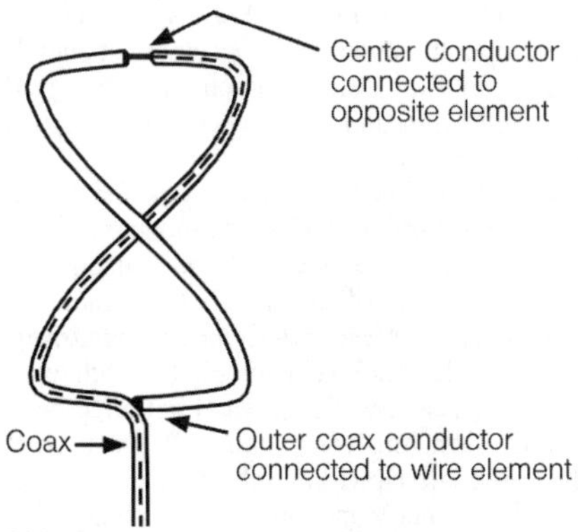

Bild 36.5.4
Infinite Balun

Um bei einer Helix eine rechtszirkulare Polarisation zu erhalten, muß die Wendel mit einem Rechtsgewinde ausgeführt werden. Hier ist es umgekehrt, da muß die Wendel mit einem „linken“ Wicklungssinn ausgeführt sein, wie eine Schraube mit Linksgewinde. Die Antenne benötigt keinen Reflektor. Die vier Drähte werden an einem Ende der Helix gespeist und am anderen Ende zusammengeschlossen. Da die Hauptstrahlrichtung vom Kurzschlußende weg in Richtung Speisepunkt zeigt, wird die Antenne Backfire-Antenne genannt. Die Impedanz im Speisepunkt ist 50 Ω. **Bild 36.5.3** zeigt die Antenne. Mit den angegeben Maßen ist sie für die L_1-Frequenz von GPS (1575,42 MHz) dimensioniert. Die Antenne ist eigentlich nicht symmetriert.

Normal werden *Quadrifilar-Helixantennen* mit einem „Infinite Balun“ (unendlicher Balun) symmetriert. Das ist eine Balun-Sonderform, die ähnlich einer gedrehten *EMI*-Schleife aufgebaut, erstmals 1974 beschrieben worden ist [5.14]. **Bild 36.5.4** zeigt diesen Balun.

Von der Spitze fließt nach rechts über den Koaxialaußenleiter und nach links über die Nachbildung je ein Strom. Am unteren Schleifenende, am Kurzschlußpunkt, heben sich beide Mantelströme auf und der Koaxialaußenleiter ist von hier an nach unten stromlos. Für diesen Balun wird auch die Bezeichnung „Inherent-Balun“ (eigener Balun) verwendet. Die beiden anderen Helixdrähte sind räumlich um 90° versetzt angeordnet und parallel angeschlossen.

Neuere Literaturstellen über *Quadrifilar-Helixantennen* (für Satellitenempfang im VHF-Bereich) sind [5.15]–[5.16].

36.6.1 Ebener Reflektor

Ein *Ebener Reflektor* besteht im Idealfall aus einer großen Blechwand mit gut leitfähiger Oberfläche (im theoretischen Idealfall: unendlich große Fläche mit unendlich großer Leitfähigkeit). Dabei ist der Einfallswinkel gleich dem Ausfallswinkel.

Man kann das Problem einer Antenne in einem Abstand d vor einem *ebenen Reflektor* mit der „Spiegelbild-Methode“ behandeln. Der Reflektor wird dabei durch ein Spiegelbild im Abstand von $2d$ ersetzt. Parallel zum Reflektor angeordnete elektrische Antennen haben ein gegenphasiges Spiegelbild. Senkrecht zum Reflektor angeordnete elektrische Antennen haben ein gleichphasiges Spiegelbild. Schräge Antennen entsprechend der Zerlegung in horizontale und vertikale Komponenten. Das **Bild 36.6.1** zeigt Halbwellendipole über einer Metallfläche (Leitfähigkeit $\kappa \to \infty$) [6.1].

Die Feldstärkediagramme einer idealen Halbwellenantenne im Abstand von $\lambda/4$ und $\lambda/8$ vor einem *ebenen Reflektor* zeigt **Bild 36.6.2** [6.2]. Die Feldstärke liegt bei $\lambda/4$ etwas unter 2 und bei $\lambda/8$ etwas über 2. Der Gewinn G errechnet sich aus dem

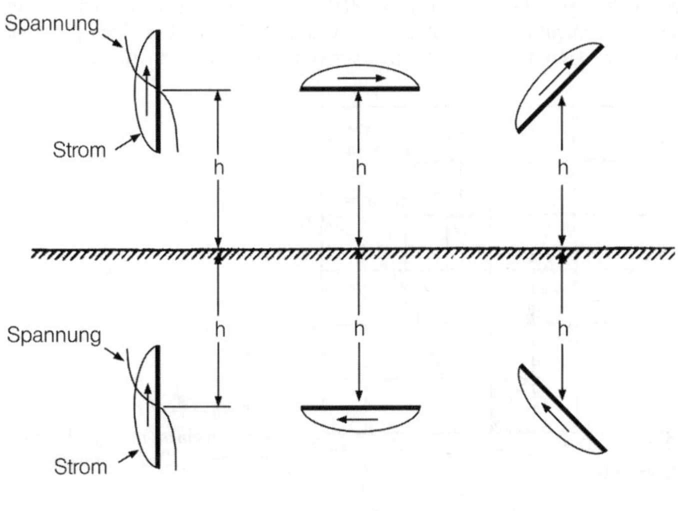

Bild 36.6.1
Halbwellendipole über einer Metallfläche (Leitfähigkeit $\kappa \to \infty$)

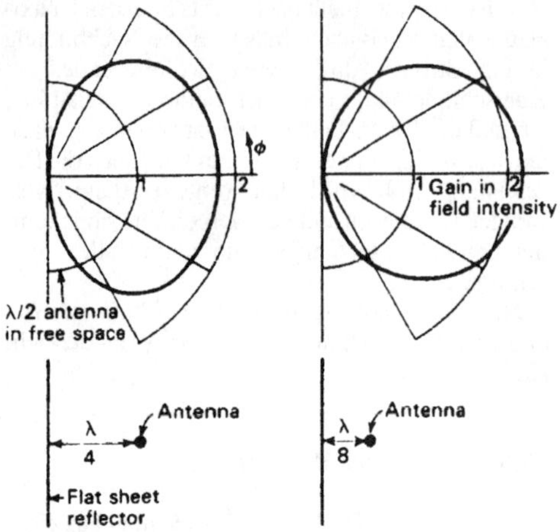

Bild 36.6.2
Diagramme von Halbwellendipolen vor ebenem Reflektor nach [6.2]

Quadrat der Feldstärke. Der maximale Gewinn ergibt sich als logarithmisches Leistungsverhältnis (Gewinnmaß) zu g = 6,8 dBd = 8,9 dBi. Theoretisch ergibt sich der maximale Gewinn also mit etwas über 6 dB, sofern man den Halbwellendipol unmittelbar vor der Reflektorwand anordnet (Abstand 0,05λ). Das setzt jedoch eine unendlich große und ideal leitfähige Reflektorwand voraus. In der Praxis kann man diese extrem kleinen Dipolabstände nicht verwenden, weil die starke Annäherung erhöhte ohmsche Verluste auf dem Halbwellendipol und dem Reflektor verursacht; außerdem wird die Eingangsimpedanz sehr klein. Hinsichtlich des Gewinnes sind Reflektorabstände von etwa 0,1 bis 0,2λ günstig. Einen Abstand von 0,5λ soll man vermeiden; denn in diesem Bereich spaltet sich die Hauptkeule in 2 starke Nebenkeulen auf. Der Gewinn senkrecht zum Dipol ist dabei Null. Sehr geeignet ist darüber hinaus wieder ein Abstand von 0,7 bis 0,8λ. Innerhalb der genannten Abstände liegt der praktisch erreichbare Gewinn dann bei etwa 6 dBd oder etwa 8,1 dBi. Der Gewinn eines Halbwellendipols vor einem ebenen Reflektor ist in **Bild 36.6.3** zu sehen. Links ist der Feldstärkegewinn und rechts der Antennengewinn in dBi aufgetragen [6.2].

Noch höhere Gewinne werden mit abgewinkelten oder gekrümmten Reflektorwänden erzielt.

Für die Größe des *ebenen Reflektors* gilt allgemein eine Faustregel: *Er soll in jeder Richtung um wenigstens $\lambda/2$ über die Abmaße der Antenne hinausragen.* Ein horizontaler Halbwellendipol, der sich in $\lambda/4$ Abstand vor einem Reflektorwand befindet, hat ein Vor-/Rück-Verhältnis von etwa 25 dB, wenn die Reflektorwand eine Höhe von 0,8λ aufweist; es steigt auf 38 dB bei einer Wandhöhe von 2λ und auf 45 dB, wenn die Reflektorwand 4λ hoch ist. Eine große Reflektorwand macht aus einer bidirektionalen (zweiseitigen) Antenne eine unidirektionale (einseitige).

Eine Fläche aus Maschendrahtgeflecht kommt der Reflektorwirkung einer ebenen Metallfläche annähernd gleich, wenn dabei die Maschenweite nicht zu groß ist. Untersuchungen von *Moullin* [6.3] haben gezeigt, daß sich die kompakte Reflektorwand auch durch ein Netz von Paralleldrähten ersetzen läßt, wenn ein bestimmtes Verhältnis zwischen Drahthalbmesser und Abstand der Drähte in Abhängigkeit von der Wellenlänge eingehalten wird. Dieser Zusammenhang ist aus **Bild 36.6.4** zu ersehen, *Moullin* hat gleichzeitig bewiesen, daß der Drahtdurchmesser viel kleiner sein kann als in der Kurve angegeben; trotzdem verschlechtert sich die Wirksamkeit der Reflektorwand nicht merklich. Bei vielen Reflektorwänden mit stabförmiger Struktur wählt man aus Gründen der Materialeinsparung und des geringeren Windwiderstandes Stababstände von etwa $\lambda/20$ = 0,05λ oder 5% der Wellenlänge. Viele Amateure stellen sich Reflektorwände aus engmaschigem Drahtgeflecht her, wie es zum Einfrieden von Kükenausläufen verwendet wird. Das Geflecht soll so ausgespannt werden, daß dessen verdrillte Ecken parallel zur Strahlerlängenausdehnung verlaufen. Aus parallelen Rohren bestehende Reflektorflächen verwendet der Amateur selten. Sie sind

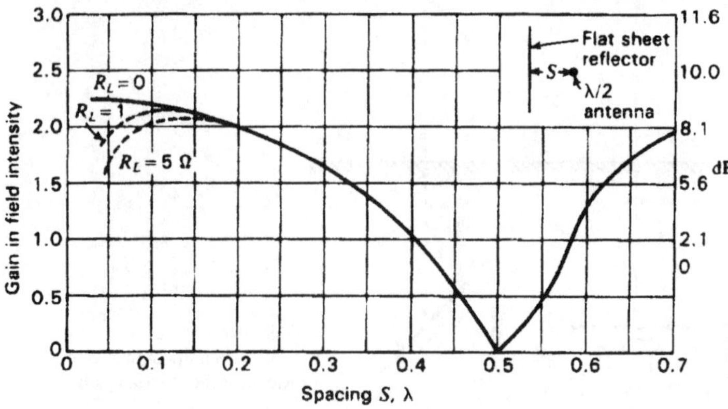

Bild 36.6.3
Gewinn eines Halbwellendipols vor ebenem Reflektor nach [6.2]

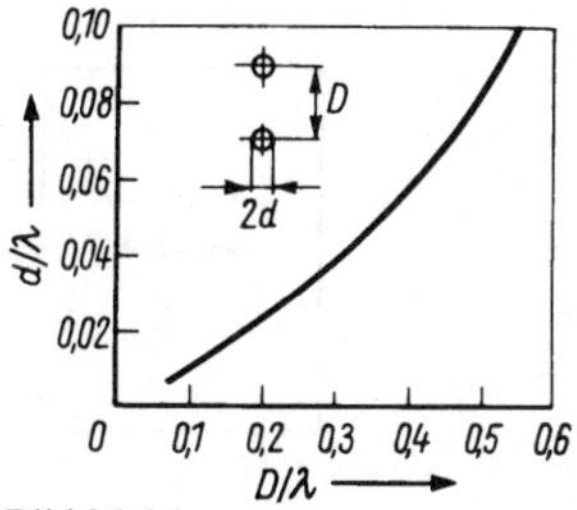

Bild 36.6.4
Zusammenhang zwischen Drahthalbmesser d und Drahtabstand D, bezogen auf die Wellenlänge λ nach [6.3]

teuer und bieten gegenüber den weitaus billigeren Maschendrahtwänden elektrisch keine Vorteile.

36.6.2 Reflektorwand-Antenne

Flächenreflektoren sind im VHF-Bereich noch etwas unhandlich; sie werden deshalb hauptsächlich im Gebiet der Dezimeterwellen verwendet. Besonders eignen sich ebene Reflektorflächen in Verbindung mit Breitbanddipolen, da ein Flächenreflektor im Gegensatz zum abgestimmten, stabförmigen Reflektor kein Resonanzgebilde darstellt und somit den Frequenzbereich nicht einschränkt. Ein Breitbanddipol oder Flächendipol nach **Bild 12.2.9** hat einen Gewinnverlauf nach **Bild 12.2.11**. Eine einfache Breitband-Reflektorwandantenne ist in **Bild 36.6.5** dargestellt, der zugehörige Gewinnverlauf in **Bild 36.6.6**. Der Abstand des Flächendipols vom Flächenreflektor beträgt 120 mm. Bedingt durch den großen Spreizwinkel von 70° liegt der Eingangswiderstand bei etwa 170 Ω. Speist man über eine 240-Ω-Leitung, so ist die Welligkeit s über den ganzen Frequenzbereich kleiner als 2. Das Speisen mit Koaxial-Kabel über eine Halbwellenumwegleitung ist ohne weiteres möglich, der Frequenzbereich wird dadurch nur geringfügig eingeschränkt [6.4]. Soll die Eingangsimpedanz annähernd 240 Ω betragen, muß der Spreizwinkel α auf etwa 45° verkleinert werden. Der Frequenzbereich fällt durch diese Maßnahme etwas ab, der Frequenzgang der Eingangsimpedanz steigt an.

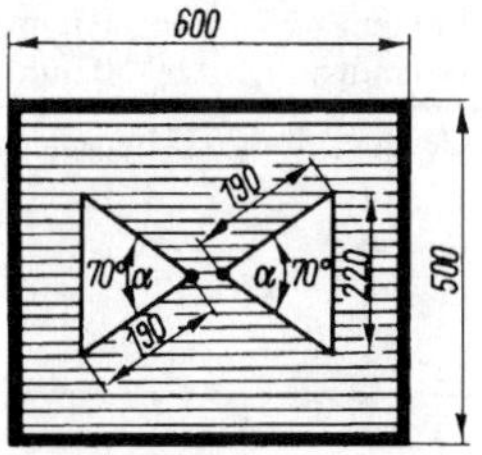

Bild 36.6.5
Breitband-Reflektorwandantenne mit 70°-Spreizdipol, Abstand zur Reflektorwand ist 120 mm.

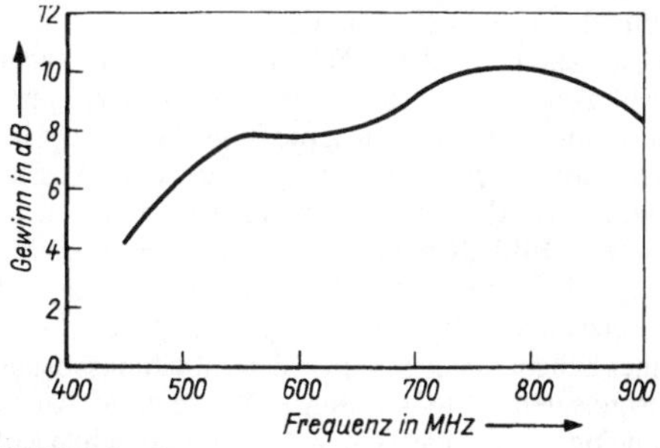

Bild 36.6.6
Gemessener Gewinnverlauf in Abhängigkeit von der Frequenz für eine Breitband-Reflektorwandantenne nach Bild 36.6.5

Stockung

Beim Stocken von Breitbanddipolen ergeben sich hauptsächlich Speisungsprobleme, denn die Erregung der einzelnen Ebenen soll keine oder nur eine geringfügige Einengung der Breitbandeigenschaften verursachen. Deshalb sind abgestimmte Transformationsglieder möglichst zu vermeiden; eine reine Widerstandsanpassung ist anzustreben. Sollen zwei Ganzwellenflächendipole gestockt werden, wäre eine Eingangsimpedanz des Einzeldipols von etwa 480 Ω günstig, denn aus der Parallelschaltung beider Eingangsimpedanzen würden dann am zentralen Antenneneingang 240 Ω verfügbar sein. Allerdings würde nach **Bild 12.2.10** der Spreizwinkel α des Flächendipols nur etwa 15° betragen. Die Folge wäre ein relativ geringer Frequenzbereich durch den Frequenzgang der Eingangsimpedanz. Kleine Spreizwinkel bieten deshalb keine günstige Lösung. Sollen nur zwei Ebenen gestockt werden, ist es zweckmäßiger, den Spreizwinkel α mit etwa 50° zu wählen, wodurch die Eingangsimpedanz nach **Bild 12.2.10** annähernd 240 Ω wird. Die Parallelschaltung am zentralen Antenneneingang ergibt dann eine Impedanz

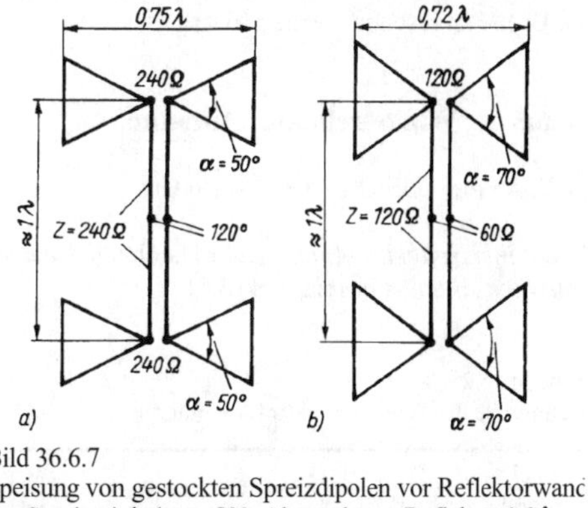

Bild 36.6.7
Speisung von gestockten Spreizdipolen vor Reflektorwand
a) - Spreizwinkel $\alpha = 50°$, Abstand zum Reflektor $0{,}2\lambda$
b) - Spreizwinkel $\alpha = 70°$, Abstand zum Reflektor $0{,}1\lambda$
(Reflektorwand nicht mitgezeichnet)

von 120 Ω. Schließt man dort eine 240-Ω-Leitung an, so beträgt die durch Fehlanpassung verursachte Welligkeit $s = 2$. Sie kann als eine Kompromißlösung zumindest im Empfangsbetrieb zugelassen werden, denn ihre Vorzüge gegenüber Ausführungen mit kleinem Spreizwinkel überwiegen bei weitem. **Bild 36.6.7a** zeigt diese Kompromißlösung für gestockte Flächendipole mit 50° Spreizwinkel. Die Verbindungsleitung besteht aus einer beliebig langen, durch den Stockungsabstand festgelegten 240-Ω-Leitung. Der zentrale Antenneneingang befindet sich in der geometrischen Mitte dieser Leitung. Den Abstand der Anordnung von der Reflektorwand wählt man mit 0,2λ, bezogen auf die größte Betriebswellenlänge. Bei diesem Abstand wird die Eingangsimpedanz nur geringfügig verringert. Eine andere, günstigere Möglichkeit zeigt **Bild 36.6.7b**. In diesem Fall wurde ein Spreizwinkel von 70° gewählt, wobei der Eingangswiderstand des Einzeldipols nur noch etwa 170 Ω beträgt (siehe **Bild 12.2.10**). Nähert man den Dipol der Reflektorwand auf etwa 0,15λ (bezogen auf die größte Betriebswellenlänge), wird seine Eingangsimpedanz - allerdings etwas frequenzabhängig - auf annähernd 120 Ω sinken. Somit könnte man beide Dipole über eine beliebig lange 120-Ω-Leitung miteinander verbinden. Am zentralen Antenneneingang ist dann ein symmetrischer Eingangswiderstand von annähernd 60 Ω vorhanden. Über einen breitbandigen Symmetriewandler (siehe Abschnitt 7) läßt sich dort ein handelsübliches Koaxialkabel anschließen. Häufig kann man auch auf den Symmetriewandler verzichten und das Kabel direkt anschließen. Wird der Stockungsabstand zweier Ganzwellenflächendipole mit 1λ bemessen, darf mit frequenzabhängigen Gewinnen zwischen 9 und 12 dBd gerechnet werden. Voraussetzung dafür ist, daß sich die gestockten Flächendipole vor einer ausreichend groß bemessenen Reflektorwand befinden. Als ausreichend darf im vorliegenden Fall eine Reflexionsfläche von etwa 2λ Höhe und 1λ Breite angesehen werden [6.4].

36.6.3 Winkelreflektor-Antenne

(*J.D. Kraus* – US 2,270,314 – 1940)

Die *Winkelreflektor-Antenne* wird auch als *Cornerreflektor-Antenne* bezeichnet [6.5].

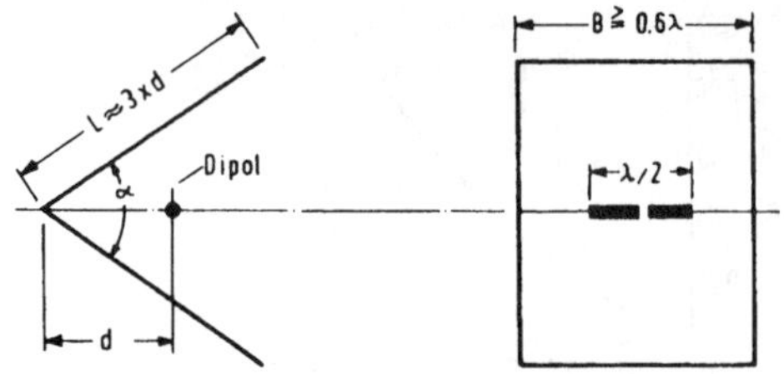

Bild 36.6.8
Winkelreflektor-Antenne

Sie besteht aus zwei ebenen Reflektorflächen, die einen Winkel bilden und aus einem Dipol (vgl. auch Abschnitt 24.11).

Bild 36.6.8 zeigt eine *Winkelreflektor-Antenne*. Ihr einfacher Aufbau und die erzielbaren Gewinne von 10 bis 12 dBd machen diese Antennen für den Selbstbau sehr interessant. Die Abmessungen des Reflektors sind recht unkritisch, für den Dipolabstand „*d*" gibt es jeweils ein Optimum bei verschiedenen Winkeln (siehe **Bild 24.11.3**) [6.6]. Der Fußpunktwiderstand ändert sich auch mit den Winkeln.

Tabelle 36.2 und **Tabelle 36.3** geben die Informationen wieder. Bei den Dipollängen wurde mit einem Verkürzungsfaktor von 0,9 gerechnet, da der Dipol im Verhältnis zur Wellenlänge bei diesen Frequenzen sehr dick ist.

Zur Speisung verwendet man Koaxialkabel. Bei einer Eingangsimpedanz von 50 Ω wird als Balun ein Viertelwellen-Sperrtopf direkt eingesetzt. Bei 120 Ω wird zusätzlich mit einem Viertelwellen-Transformator mit 75 Ω Wellenwiderstand die Impedanz auf 50 Ω transformiert. Angaben für einen Öffnungswinkel von 45°, bei dem der Gewinn 14 dBd sein soll, waren nicht erhältlich. Die seinerzeit von *Jasik* veröffentlichten Angaben [6.7] wurden von seinem Nachfolger *Johnson* in der Neuauflage [6.8] nicht mehr aufgenommen. Daher wurden auch die damals von *DL3WR* entsprechend umgerechneten Werte [6.9] nicht mehr berücksichtigt.

Tabelle 36.3
Abmessungen der Winkelreflektor-Antennen

Amateurband	1296 MHz	2304 MHz
Reflektorlänge *L*	315-420 mm	180-235 mm
Reflektorbreite *B*	min. 140 mm	min. 80 mm
Dipolabstand *d*	105-140 mm	60-80 mm

60° Öffnungswinkel; 12 dBd Gewinn; 50-120 Ω Impedanz

Tabelle 36.2
Kennwerte der Winkelreflektor-Antennen

Winkel	90°	90°	60°	60°
Abstand d_{opt}	0,3 λ	0,47 λ	0,45 λ	0,6 λ
Gewinn	10 dBd	10 dBd	12 dBd	12 dBd
Fußpunktwiderstand	50 Ω	120 Ω	50 Ω	120 Ω

36.6.4 Parabolantenne

Die Aufgabe einer *Parabolantenne* ist es aus einer im Brennpunkt befindlichen nahezu punktförmigen Strahlungsquelle eine weitgehend parallele Strahlung zu machen.

Die *Parabolantenne* besteht aus einem Parabolspiegel (Reflektor) und einem Erreger (eigentliche Antenne). Mit der Form und Größe des Parabolreflektors werden auch die elektrischen Daten der Antenne festgelegt z.B. Öffnungswinkel oder Halbwertsbreite (vgl. Abschnitt 4.13.5). Je größer der Reflektor, desto kleiner ist der Öffnungswinkel.

Normal ist der Erreger so dimensioniert, daß der -10-dB-Winkel auf den Spiegelrand fällt. Der -3-dB-Winkel ergibt sich empirisch durch Division durch 1,85.

Bild 36.6.9 zeigt eine *Parabolantenne* mit den zugehörigen Parametern [6.10].

Wichtige Parameter einer *Parabolantenne* sind:

D = Spiegeldurchmesser
f = Brennweite
T = Spiegeltiefe

Üblich sind Spiegel mit einem *f/D*-Verhältnis von 0,3 bis 0,7 mit Schwerpunkt bei 0,4 bis 0,6. Dafür benötigt man Erreger mit 7 dBd bis 10 dBd Gewinn.Die Formel für den Gewinn einer *Parabolantenne* ist

$$G = \eta \cdot \left(\frac{\pi \cdot D}{\lambda} \right)^2 = \eta \cdot \frac{4\pi \cdot A}{\lambda^2} \qquad (36.6.1)$$

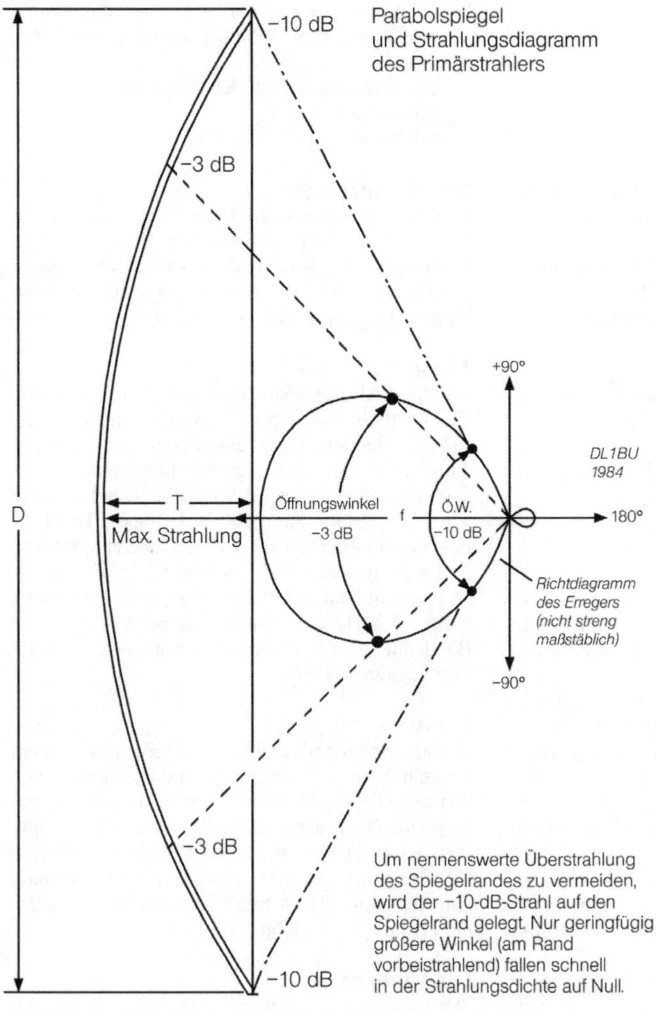

Bild 36.6.9
Parabolantenne

G ...Gewinn über Isotropstrahler bzw.
g / dBi = 10 · lg G
η = 0,5 bis 0,65 ... Wirkungsgrad (je nach Bauweise und Genauigkeit)
D ... Spiegeldurchmesser in m
$A = (D^2/_4) \cdot \pi$ ... Aperturfläche in m^2
λ ... Wellenlänge in m

Der Gewinn von Parabolantennen ist nach [6.11]:

$$g / \text{dBi} = 17{,}82 + 20 \lg D + 20 \lg F \qquad (36.6.2)$$

Der Öffnungswinkel von Parabolantennen ist nach [6.11]:

$$\Delta\varphi = \Delta\vartheta = \frac{21{,}3}{D \cdot F} \qquad (36.6.3)$$

D ...Spiegeldurchmesser in m
F ...Frequenz in GHz
Δ ...Öffnungswinkel
(Halbwertsbreite oder 3-dB-Breite) in °

Beispiel:
Ein Parabolspiegel mit einem Durchmesser D = 1 m hat auf 23 cm und 13 cm welchen Gewinn und welchen Öffnungswinkel?

Nach Gl. (36.6.2) ergibt sich für 23 cm ein Gewinn von 20 dBi und für 13 cm 25 dBi.

Nach Gl. (36.6.3) sind die Öffnungswinkel 16,4° bei 23 cm und 9,3° bei 13 cm.

Der Gewinn von Parabolantennen mit einem Wirkungsgrad η = 55% ist nach [6.12]:

$$g / \text{dBi} = -42{,}1 + 20 \lg D + 20 \lg F \qquad (36.6.4)$$

D ... Spiegeldurchmesser in m
F... Frequenz in MHz

Ein Diagramm für die Ermittlung des Gewinns und des Öffnungswinkels von Parabolantennen mit einem Wirkungsgrad η = 55% ist im Quadbuch von *DJ9HO* zu finden [6.13].

Danach sind die Werte für einen 1-m-Spiegel auf 23 cm: 19 dBi (16°) und auf 13 cm: 24 dBi (9°).

Bei einer *Yagi*-Antenne ergibt eine Verdopplung der Boomlänge bzw. eine Stockung nur ca. 2,5 dB Gewinn. Beim Parabolspiegel hingegen ergibt eine Durchmesserverdopplung eine Vervierfachung des Gewinns, also 6 dB Gewinn.

Bessere Wirkungsgrade lassen sich z.B. mit einem *Cassegrain*-System erzielen, allerdings müssen dabei relativ hohe Nebenkeulen in Kauf genommen werden.

Der Selbstbau von Parabolspiegeln bereitet keine größeren Schwierigkeiten [6.14]–[6.15]. Dabei wird eine Konstruktion aus Rippen verwendet, die mit Maschendraht bespannt wird. Die maximale Maschenweite sollte nicht größer als 5 % der Wellenlänge sein.

Weitere Angaben über Parabolantennen sind zu finden bei [6.12], [6.16] und [6.17].

36.6.5 Erreger

Zur jeweiligen Parabolform gehört der passende *Erreger*. Dabei muß der *Erreger* das Paraboloid optimal ausleuchten, wobei normal der –10dB-Öffnungswinkel des *Erregers* an den Rand der Parabolapertur gelegt wird. Die Form des Reflektors bestimmt somit auch die Form des *Erregers*.

Als *Parabolerreger* wird eine Ganzwellen-Ringantenne nach *DJ9HO* empfohlen [6.18]. Für kommerzielle Parabolantennen werden vorzugsweise Hornstrahler verwendet. Die Formen dafür sind: Vielstegehorn, Diagonalhorn, Rundhorn und Rillenhorn.

Man unterscheidet bei den *Erregern* zwischen:
– Monobanderreger
– Multibanderreger

Monobanderreger
Monobanderreger nach *DJ9HO* sind Ganzwellen-Ringantennen und zeichnen sich durch einfachen Aufbau, gute Funktion und sauberes Strahlungsdiagramm aus. Die *Erreger* sind ausgelegt für einen Parabolspiegel mit f/D = 0,5 und $D \geq 1$ m.

23 cm:
Auf einer Alu-Reflektorplatte mit 150 mm ∅ ist ein Kreisstrahler mit einem Innendurchmesser von 71 mm befestigt. Der Strahler besteht aus CuAg mit 4 mm ∅. Die Einspeisung erfolgt über eine N-Spezialbuchse für semi-rigid-Vollmantelkabel (3,5 mm ∅). Die Leistung kann 100 W betragen. Der Umfang des Strahlers ist 1 λ. Der Abstand zum Reflektor ist 28 mm. Die Welligkeit ist 1,1 bei Resonanz, an den Bandenden 1,5. Damit wird die Bandbreite dafür 40 MHz. Die Bandbreite bei s = 2 an den Bandenden ist 60 MHz. Der Gewinn ist 5 dBd, der Öffnungswinkel 69°.

13 cm:
Auf einer Alu-Reflektorplatte mit 150 mm ∅ ist ein Kreisstrahler mit einem Innendurchmesser von 36 mm befestigt. Der Strahler besteht aus CuAg mit 3 mm ∅. Die Einspeisung erfolgt über eine N-Spezialbuchse für semi-rigid-Vollmantelkabel (3,5 mm ∅). Der Umfang des Strahlers ist 1 λ. Der Abstand zum Reflektor ist 14 mm. Der Gewinn ist 6 dBd, der Öffnungswinkel 66°.

Duobanderreger
Der *Duobanderreger* ist der verbreiteste Multiband-

erreger. Der Unterschied von *Duobanderregern* zu Monobanderregern ist der, daß gleichzeitig zwei Amateurbänder aktiviert werden können. das ist z.B. bei Amateurfunkfernsehen (ATV) ein Vorteil. Ein *Duobanderreger* für 23 und 13 cm von *DJ9HO* besteht aus 2 Ganzwellenschleifen. Außen ist die 23-cm-Schleife und innen die 13-cm-Schleife, die zugehörigen Koaxialbuchsen sind am Umfang um 180° gedreht, also gegenüber, angeordnet. Für diesen *Duobanderreger* hat *DJ9HO* einen deutschen Gebrauchsmusterschutz.

Die Entkopplung zwischen diesen beiden Schleifen ist aber unterschiedlich. Vom 23-cm-Band zum 13-cm-Band sind es 30 dB, während es vom 13-cm-Band zum 23-cm-Band nur 16 dB sind. Der Grund dafür sind die unterschiedlichen Strahlungsdiagramme von 1λ- und 2λ-Ringantennen. Die 1λ-Ringantenne strahlt senkrecht zur Strahlerfläche, während die 2λ-Ringantenne kleeblattförmig seitlich strahlt. Abhilfe dagegen schafft ein Saugkreis für das 13-cm-Signal am 23-cm-Erreger.

Manchmal ist es erwünscht bei ATV die Polarisation beim *Duobanderreger* unterschiedlich zu gestalten. Dies wird erreicht, indem man die Ringe zwar mittig positioniert, aber dann eine der Koaxialbuchsen nach Drehung am Umfang um 90° anordnet.

Im Amateurfunkbereich werden als *Erreger* bis etwa 6 GHz auch noch Kreuzdipol (Turnstile) und Hornstrahler verwendet [6.19] bis [6.20]. Darüber hinaus verwendet man hier als *Erreger* auch noch Rohrstrahler [6.21] und Plättchenstrahler [6.22].

36.7 Schlitzantennen

(*A.D. Blumlein* – GB 515,684 – 1938)

36.7.1 Ebene Schlitzantenne

Schneidet man gemäß **Bild 36.7.1** aus der Mitte einer großen Metallplatte einen Streifen heraus, so kann der entstandene Schlitz als Strahler verwendet werden. Dieser Schlitz, dessen Breite im Verhältnis zur Länge klein sein muß, wird in der Mitte seiner Längsseiten bei *XX* erregt [7.1] - [7.4]. Der Schlitz zeigt die gleichen Strahlungseigenschaften wie ein Halbwellendipol, jedoch mit umgekehrter Verteilung der magnetischen und elektrischen Feldkomponenten. Infolgedessen wird auch die Polarisationsebene der Strahlung vertauscht. Ein senkrechter Schlitz strahlt wie ein waagrechter Dipol, und ein horizontaler Schlitz hat vertikale Polarisation. Bei einem sehr schmalen Schlitz beträgt die Eingangsimpedanz an *XX* etwa 485 Ω. Der Eingangswiderstand erhöht sich, wenn man den Schlitz verbreitert. Diese Erscheinung steht im Gegensatz zum Verhalten eines stabförmigen Dipols. Dagegen muß der Schlitz wie ein Dipol gegenüber $\lambda/2$ etwas verkürzt werden, um in Resonanz zu kommen. Ein breiter Schlitz erfordert eine stärkere Verkürzung als ein schmaler. Der Schlitzstrahler wird in der Schlitzmitte symmetrisch gespeist. Bei *XX* könnte gemäß **Bild 36.7.1** eine symmetrische Doppelleitung mit etwa 500 Ω Wellenwiderstand impedanzrichtig angeschlossen werden. Diese Speiseleitung ist jedoch sehr unhandlich, weil für die beiden Leiter ein Abstand/Durchmesser-Verhältnis von etwa 30:1 notwendig wäre (siehe **Bild 5.5.3**).

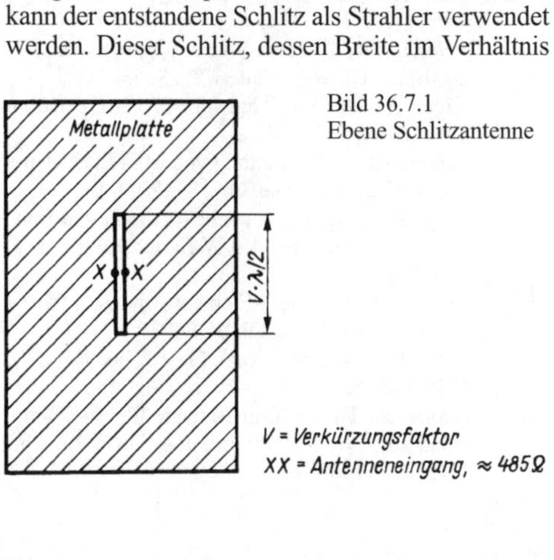

Bild 36.7.1
Ebene Schlitzantenne

Da aber nach den Schlitzenden hin der Widerstand abfällt, kann der Schlitz selbst zur Impedanztransformation herangezogen werden. Durch Verlagerung der beiden Punkte *XX* aus der Schlitzmitte in Richtung zu einem Schlitzende hin erhält man einen niedrigeren Eingangswiderstand. Infolge dieser Maßnahme wird die Strahlungscharakteristik nur unwesentlich verändert. Analog zum Dipol kann bei einem Schlitzstrahler der Frequenzbereich durch Verbreitern des Schlitzes und insbesondere der Schlitzenden vergrößert werden.

Wird der Schlitz nach **Bild 36.7.2** in der Form eines Faltdipols gestaltet, so verringert sich die Eingangsimpedanz im Verhältnis 4:1. Ein solcher Faltschlitz kann dann, wie angegeben, über ein Koaxialkabel mit 75 Ω Wellenwiderstand erregt werden. Auch in diesem Fall verhält sich die Schlitzantenne genau entgegengesetzt wie ein Dipol; denn bei einem Dipol wird bekanntlich die Impedanz bei gefalteter Ausführung in Verhältnis 1:4 heraufgesetzt.

Bild 36.7.2
Gefaltete Schlitzantenne

Literatur über Schlitzantenne: [7.5]–[7.6].

36.7.2 Rohrschlitzantenne

(*W. Darling* – US 2,513,007 – 1945)

Von praktischer Bedeutung in der kommerziellen Antennentechnik ist besonders der *Rohrschlitzstrahler* auch *Pylonantenne* genannt. Für diesen

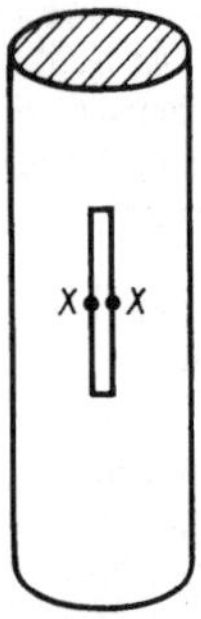

Bild 36.7.3
Rohrschlitzantenne

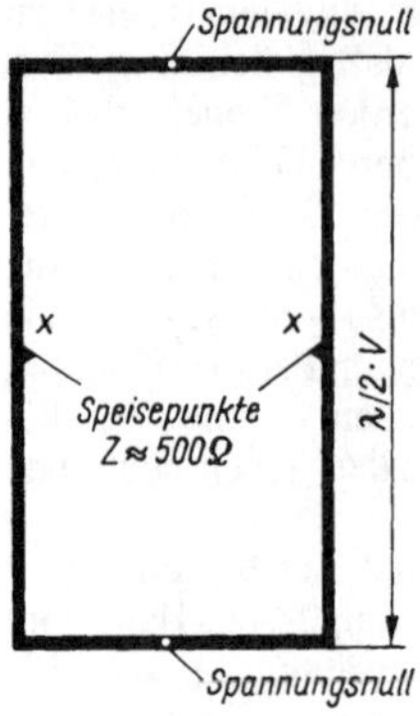

Bild 36.7.4
Skelettschlitzantenne

Anwendungsfall biegt man die Metallplatte so, daß ein Rohr entsteht, in dessen Wandung sich ein senkrechter Schlitz befindet (**Bild 36.7.3**). Dieser senkrechte Rohrschlitz strahlt horizontal rund und bündelt vertikal. Der Eingangswiderstand steigt bei der Rohrausführung auf 600 bis 1000 Ω. Stockt man mehrere Rohrschlitzstrahler senkrecht übereinander, so bleibt die horizontale Rundstrahlung erhalten, und die vertikale Halbwertsbreite wird kleiner. Die Speiseleitungen werden im Rohrinneren zu den Anschlußpunkten der Schlitze geführt. Es ergibt sich beim Rohrschlitz ein sehr stabiler Aufbau in meist selbsttragender Ausführung. Der Windwiderstand ist sehr klein, er kann durch Verkleiden der offenen Schlitze mit Kunststoffabdeckungen noch verringert werden. Auch die Strahlungseigenschaften kommen den Wünschen vieler Funkdienste entgegen, so daß die *Rohrschlitzantennen* im VHF- und UHF-Bereich sehr verbreitet sind. Ein Pionier dieser Antennenform war *Alford* [7.7] - [7.9].

36.7.3 Skelettschlitzantenne

(*J.F. Ramsay* – US 2,755,465 – brit. Prior. 1949)

Verkleinert man die den Schlitz enthaltende ebene Metallfläche immer mehr, bleibt schließlich nur noch eine schmale Umrandung des Schlitzes stehen, die jedoch immer noch die charakteristischen Eigenschaften eines ebenen Schlitzstrahlers aufweist. In **Bild 36.7.4** ist ein solcher *Skelettschlitz* dargestellt. *G2HCG* hat diesen Antennentyp 1953 in England in einem Artikel über eine 2-m-Antenne dokumentiert [7.10] und hat auch ein Patent auf diese Antenne. Da der Eingangswiderstand der *Skelettschlitzantenne* mit etwa 500 Ω recht hochohmig ist, bereitet es teilweise Schwierigkeiten, eine einwandfreie Anpassung an die Speiseleitung herbeizuführen [7.11]. Das mag auch ein Grund für gelegentliche Mißerfolge mit dieser Antennenform sein. Der begreifliche Wunsch, eine sehr leistungsfähige Antenne zu besitzen, deren Materialaufwand und Raumbedarf nur einen Bruchteil des Üblichen beträgt, förderte einen häufigen Nachbau des Skelettschlitzes. Nach Messungen hat die *Skelettschlitzantenne* vergleichbare Strahlungseigenschaften wie ein gestreckter Halbwellendipol. Ein Gewinn gegenüber diesem war nicht festzustellen.

Wenn der *Skelettschlitzantenne* Eigenschaften zugeschrieben wurden, die sie aus physikalischen Gründen nicht aufweisen konnte, so bedeutet das keineswegs, daß es sich um eine unbrauchbare Strahlerform handelt. Man verwendet sie z.B. gern und mit gutem Erfolg im VHF/UHF-Bereich als Erregerelement in gestockten *Yagi*-Antennen (Fa. *Jaybeam*) und sogar im HF-Bereich als resonante Einzelantenne (vgl. Abschnitt 22.5) oder als nichtresonante Multibandantenne [7.12]. Es gibt auch Hohlleiterschlitzantennen mit Längs- oder Querschlitzen, endgespeist oder mittengespeist [7.13]–[7.14]. Mehr Literaturstellen sind zu finden bei [7.15].

Literatur zu Abschnitt 36

[0.1] *Berner, H.*: Wesentliche Eigenschaften und Besonderheiten von Antennen im GHz-Bereich. UKW-Berichte 4/1975, S. 194–205

[0.2] *Rohner, Ch.*: Ausgewählte Mikrowellenantennen und ihre geschichtliche Entwicklung. AFM-Nachrichten 12/99, S. 9–18

[1.1] *Prinz, P.*: 41-Element-Vormast-Yagi für das 13-cm-Band. UKW-berichte 1/89, S. 58–61

[1.2] *Jäger, R.*: DL6WU-Yagi for 2320 MHz. Dubus Technik III, S. 32–34

[1.3] *Schaumburg, A.*: Empfang von METEOSAT mit Yagis. UKW-Berichte 3/87, S. 177–180

[1.4] *Lentz, R.*: Langyagi-Antenne für das 24-cm-Band mit 13 dB Gewinn. UKW-Berichte 3/1974, S. 130–131

[1.5] *Riml, P.*: Gedruckte 2-Element Antennen für das 23 und 13-cm-Band. DUBUS 2/86, S. 109

[1.6] *Riml, P.*: 2-Element Yagi für 1,2 bis 1,4 GHz. QSP 3/86, S. 14–16

[1.7] *Lübbe, B.*: Kleine Yagi-Antenne für das 23-cm-Band mit Streifenleitungsbalun. UKW-Berichte 3/1974, S. 148–149

[1.8] *Münich, M.; Lübbe, B.:* Sechser-Feld-Gruppenantenne für das 24-cm-Band. UKW-Berichte 4/1973, S. 210–213

[2.1] *Lindsay, J.E.:* A Parasitic End-Fire Array of Circular Loop Elements. IEEE Trans., AP-15, September 1967, pp. 697–698
[2.2] *Ito, S.; Inagaki, N.; Sekiguchi, T.:* An Investigation of the Array of Circular-Loop Antennas. IEEE Trans., AP-19, July 1971, pp. 469–476
[2.3] *Appel-Hansen, J.:* The Loop Antenna with Director Arrays of Loops and Rods. IEEE Trans., AP-20, July 1972, pp. 516–517
[2.4] *Shen, L.C.; Raffoul, G.W.:* Optimum Design of Yagi Array of Loops. IEEE Trans., AP-22, November 1974, pp. 829–830
[2.5] *Evans, D.:* A long quad-Yagi for 1,296 MHz. Radio Communication, January 1975, pp. 24–25
[2.6] *Harrison, R.:* Loop-Yagi Antennas. Ham Radio, May 1976, pp. 30–32
[2.7] *Evans, D.:* The G3JVL Loop-Yagi. Radio Communication, July 1976, p. 525
[2.8] *Suckling, Ch.:* The G3JVL loop-Yagi antenna. Radio Communication, September 1978, pp. 782–783
[2.9] *Lentz, R.:* Loop-Yagi-Antennen. UKW-Berichte 2/1977, S. 82–88
[2.10] *Weiner, K. (Hrsg.):* Eine 23 Element-Loop-Yagi für das 13 cm-Band in Leichtbauweise. UHF-Unterlage III, E. 4.2.3, S. 572–574. Weiner, Hof, 1982
[2.11] *Grimm, J.:* Loopyagi-Antennenanordnungen für 13 cm. UKW-Berichte 1/1985, S. 2–8
[2.12] *Weiner, K. (Hrsg.)* Eine einfache Loop-Yagi für das 9 cm-Band (23 Elemente). UHF-Unterlage IV, E. 4.2.4, S. 724-726. Weiner, Hof, 1984

[3.1] *Roggensack, D.:* Hybrid-Doppelquad-Antenne für VHF/UHF. Funk-Technik, 9/1974, S. 326–328
[3.2] *Weiner, K (Hrsg.):* Die Doppelquad für 70 cm bzw. 23 cm. UHF-Unterlage I/II, E.4.6, S. 91–97. Weiner, Hof, 1980/1989/1992
[3.3] *Weiner, K.:* Die Cubical-Quad und ihre Sonderformen. DARC-Verlag, 1999
[3.4] *Ragaller, M.:* Die 4-Quad-Serie, eine leistungsfähige tragbare Antenne für das 2-m-Band. UKW-Berichte 4/1970, S. 200–202
[3.5] *Weiner, K.(Hrsg.):* Vierfach-Quad für 432- und 1296 MHz (DJ9HO-Doppelacht). UHF-Unterlage I/II, E.4.7, S. 369-371. Weiner, Hof, 1980/1989/1992
[3.6] *Weiner, K.(Hrsg.):* Eine DJ9HO-Doppelacht-Antenne für das 13 cm-Band. UHF-Unterlage IV, E.4.7.3, S. 734-737. Weiner, Hof, 1984/1989

[4.1] *Münich, M.; Lübbe, B.:* Sechser-Feld-Gruppenantenne für das 24-cm-Band. UKW-Berichte 4/1973, S. 210–213
[4.2] *Eisenwagner, R.:* Breitband-Beam für das 23cm-Band. QSP 11/97, S. 18–19
[4.3] *Eisenstecken, R.:* Gruppenstrahler 23 cm für Packetlinks und Baken. QSP 2/96, S. 57–63
[4.4] *Hupfer, K.:* Eine Gruppenantenne für das 13-cm-Band. UKW-Berichte 2/1975, S. 80–82
[4.5] *Körner,* G.: 40er-Feld-Gruppenantenne für das 23-cm-Band. UKW-Berichte 4/1974, S. 209–211
[4.6] —: Balun-Transformatoren aus Kupfermantel-Kabel. UKW-Berichte 3/1976, S. 170

[5.1] *Köhler, A.:* Wendelantennen für Peilzwecke im Dezimeterbereich. Elektron. Rundschau 5/1955, S. 190–195
[5.2] *Griem, K.-J.:* Wendelantenne für das 23-cm-Band. UKW-Berichte 3/83, S. 180–185
[5.3] *Scott, E.A.; Banta, H.E.:* Using the Helical Antenna at 1215 Mc. QST, July 1962, pp. 14–16
[5.4] *Troetschel, W.O.:* A Quadhelix Antenna for the 1215 Mc Band. QST, August 1963, pp. 36–38
[5.5] *Schwarzbeck, G.:* VHF/UHF-Antennen-OSCAR Antennen. (Streifzug durch den Antennenwald). CQ-DL 11/83, S. 524–530
[5.6] *Richter, R.:* Erfahrungen mit Helix-Antennen für 23-cm-uplink OSCAR-13 Mode L. AMSAT-DL 4/90, S. 19–20
[5.7] *Kraus, J.D.:* A Helical-Beam Antenna Without A Ground Plane. IEEE Trans., AP-37, April 1995, p. 45
[5.8] *Eisenwagner, R.:* Vereinfachte Wendelantenne. QSP 11/95, S. 76–77
[5.9] *Emerson, D.:* The Gain of an Axial-Mode Helix-Antenna. ARRL Antenna Compendium, Vol. 4, 1995, pp. 64–68
[5.10] *Kilgus, C.C.:* Multielement Fractional Turn Helices. IEEE Trans., AP-16, July 1968, pp. 499–500
[5.11] *Kilgus, C.C.:* Resonant Quadrafilar Helix. IEEE Trans., AP-17, May 1969, pp. 349–351
[5.12] *Kilgus, C.C.:* Resonant Quadrifilar Helix Design. Microwave Journal, December 1970, pp. 49–54
[5.13] *Vidmar, M.:* Eine Quadrifilar-Backfire-Helix-antenne für GPS- und GLONASS-Empfang. UKW-Berichte 3/1976, S. 214–216
[5.14] *Bricker, W.; Rickert, H.H.:* S-Band Resonant Quadrifilar Antenna for Satellite Communications. IEEE AP-S Symposium Digest, Atlanta 1974
[5.15] *Ruperto, E.F.:* The W3KH Quadrifilar Helix Antenna. QST August 1996, pp. 30–34
[5.16] *Burchard, D.:* Eine Quadrifilar-Helix-Antenne für umlaufende Wettersatelliten. UKW-Berichte 2/2000, S. 117–122

[6.01] *Gresky, G.:* Die Wirkungsweise von Reflektoren bei kurzen elektrischen Wellen. Dissertation Universität Jena, 1928
[6.02] *Gothe, A.:* Über Drahtreflektoren. ENT, H. 11, 1928, S. 427–430
[6.03] *Sammer, F.:* Die Wirkungsweise von Drahtreflektoren. Telefunken-Zeitung, Nr. 53, Dezember 1929, S. 61–71
[6.04] *Köhler, W.:* Die Wirkungsweise von Vollmetall- und Gitterreflektoren bei ultrakurzen wellen. HF-Techn. u. Elektroakustik 1932, S.207–219
[6.05] *Roth, O.-H.:* Über die Wirkungsweise ein- und mehrdrähtiger Reflektoren. Dissertation Universität Jena, 1935

[6.06] *Brendel, R.*: Berechnung von Reflektoren. Funk und Ton, Nr. 2, 1950, S. 93–99
[6.1] *Würtz, H.*: Erklärung der Spiegelung von Antennen (DX-Antennen mit spiegelnden Flächen, Teil 1). CQ-DL 8/79, S. 353–358
[6.2] *Kraus, J.D.*: Antennas.(Chapter 12-2, p. 545), McGraw-Hill, New York, 1988
[6.3] *Moullin, E.B.*: Radio Aerials (Chapter 5, Chapter 11). Oxford University Press, New York, 1949
[6.4] *Jasik, H.*: Antenna Engineering Handbook (Chapter 24.8.). Mc Graw-Hill Book Company, New York, 1961
[6.5] *Kraus, J.D.*: The Corner-Reflektor Antenna. Proc. IRE, November 1940, pp. 513–519
[6.6] *Kraus, J.D.*: Antennas.(Chapter 12-3, p. 549), McGraw-Hill, New York, 1988
[6.7] *Jasik, H.*: Antenna Engineering Handbook. Mc Graw-Hill, New York, 1961
[6.8] *Johnson, R.C.*: Antenna Engineering Handbook. McGraw-Hill, New York, 1993
[6.9] *Lentz, R.*: Winkelreflektor-Antennen. UKW-Berichte, 3/1976, S. 164-165
[6.10] *Schwarzbeck, G.*: Primärstrahler für Parabolantennen (1 GHz-6 GHz). CQ-DL 8/84, S. 378–383
[6.11] *Pfiester, W.E.*: Parabolic reflector gain. Ham Radio, July 1975, pp. 50–52
[6.12] *Reiser, J.*: Reflector Antennas (VHF/UHF World). Ham Radio, February 1986, pp. 51–59
[6.13] *Weiner, K.*: Die Cubical-Quad und ihre Sonderformen. (Seite K.1.5.3), DARC-Verlag, 1999
[6.14] *Reithofer, S.*: Parabolspiegel für Mikrowellen im Eigenbau. UKW-Berichte 2/80, S. 106–112
[6.15] *Bojan, von B.*: Selbstbau eines Parabolspiegels. Funk 11.85, S. 62–63
[6.16] *Reiser, J.*: Reflector Antennas (VHF/UHF World). Ham Radio, March 1986, pp. 68–77
[6.17] *Weiner, K (Hrsg.)*: Parabolantennen in Theorie und Praxis. UHF-Unterlage II, E.4.8, S. 372–374. Weiner, Hof, 1980
[6.18] *Weiner, K.*: Die Cubical-Quad und ihre Sonderformen. (Seite K.5.1 ff.), DARC-Verlag, 1999
[6.19] *Kölpin, T.*: Hilfsdaten zum Aufbau von 10-GHz-Hornantennen. UKW-Berichte 2/1977, S. 107
[6.20] *Fleckner, H.*: Zweiband-Primärstrahler (1,2 GHz-2,4 GHz) für Parabol-Antennen. UKW-Berichte 4/85, S. 219–224
[6.21] *Griem, H.J.*: Rohrstrahler als Erreger für eine Parabolantenne für das 13-cm-Band. UKW-Berichte 1/1976, S. 2-9; 4/1977, S. 254
[6.22] *Schlüter, H.*: Rückwärts gespeister Plättchenstrahler mit Korrugationshorn. UKW-Berichte 3/87, S. 170–171

[7.1] *Booker, H.G.*: Slot aerials and their relations to complementary wire aerials (Babinet's Principle). Journal IEE, Pt. IIIA, Vol. 93, 1946, pp. 620–626
[7.2] *Jordan, E.C.; Miller, W.E.*: Slotted-Cylinder Antenna. Electronics, February 1947, pp. 90–93
[7.3] *Begovich, N.A.*: Slot Radiators, Proc. IRE, July 1950, pp. 803–806
[7.4] *Frood, D.G.; Wait, J.R.*: An investigation of slot radiators in rectangular metal plates. Proc. IEE, Vol. 103, P. B, 1956, pp. 103–109
[7.5] *Lindenblad, N.E.*: Slot Antennas. Proc. IRE, December 1947, pp. 1487–1493
[7.6] *Cary, R.H.J.*: The Slot Aerial and ist application to aircraft. Proc. IEE Vol. 99, P. III, 1955, pp. 187–196
[7.7] *A. Alford* – US 2,600,179 – 1946
[7.8] *Suckling, C.*: A horizontally-polarized omnidirectional Alford slot antenna for 1.3 GHz. (Microwaves). Radio Communication, August 1981, p.732
[7.9] *Suckling, C.*: An Alford slot antenna for 2.3 GHz. (Microwaves). Radio Communication, June 1983, p.527
[7.10] *Sykes, B.*: Skeleton Slot Aerials. RSGB Bulletin, January 1953
[7.11] *Dent, H.B.*: Skeleton Slot Aerial. Wireless World, Vol. 60, August 1954, pp. 399–401
[7.12] *Dodd, P.*: The HF Skeleton Slot Antenna. ARRL Antenna Compendium, Vol. 6, 1999, pp. 70–73
[7.13] *Heller, T.*: Langschlitz-Antennen. NTZ 9/1961, S. 441–444
[7.14] *Nell, O.; Solbach, K.; Dreier, J.*: Rundumstrahlende Hohlleiter-Schlitzantenne für Horizontalpolarisation. UKW-Berichte 1/91, S. 50–55; 2/91, S.71–77
[7.15] *Johnson, R.C.*: Antenna Engineering Handbook (Chapter 8 and 9). McGraw-Hill, New York, 1993

37 Antennenzubehör

37.1 Abschlußwiderstände

Ein Abschlußwiderstand (engl.: dummy load) ist ein ohmscher Widerstand, der an eine HF-Leitung so angepaßt ist, daß keine Energie reflektiert wird.

Abschlußwiderstände lassen sich vielseitig verwenden. Nicht nur beim Senderabgleich, sondern auch zur Leistungsmessung und zum Eichen von Antennenmeßgeräten. Es wird dabei vorausgesetzt, daß der Abschlußwiderstand ein reiner Wirkwiderstand ist, der dem Wellenwiderstand der Leitung gleich ist.

37.1.1 Lampen

Der primitivste, aber bei Funkamateuren manchmal anzutreffende Abschlußwiderstand besteht aus Glühlampen, die mit möglichst kurzen Leitungen an die Senderendstufe angeschlossen werden. Von einem reellen Abschluß kann in diesem Fall keine Rede sein, abgesehen davon, daß der Widerstand von Metallfadenlampen sehr stark temperaturabhängig ist. Das Verhältnis von Kaltwiderstand zu Warmwiderstand beträgt 1:10 bis 1:15! Günstiger sind da Kohlefadenlampen, deren Widerstand sich nur etwa im Verhältnis 1:2 verändert. Diese Lampen gibt es aber heute nicht mehr. Durch den Skineffekt ist der Wirkwiderstand bei Hochfrequenz größer als der Gleichstromwiderstand.

Das Ersatzschaltbild einer Glühlampe ist eine Serienschaltung aus R und L. Durch Einschaltung einer Kapazität in Reihe kann man die Anpassung erheblich verbessern. Parallelgeschaltete Glühlampen mit einem Drehkondensator in Serie ergeben eine preiswerte „Dummyload" [1.1], [1.2].

Neuerdings verwendet man Halogenstrahler als Dummyload. *DJ1UGA* hat eine Bauanleitung für eine Dummyload bis 1000 W mit einem 1000-W-Halogenstab veröffentlicht. Dieser hat bei 1 kW etwa 53 Ω Widerstand, die Induktivität wurde mit 1,5 μH gemessen. Für den Abgleich von 160 bis 10 m wird ein Kondensator mit 10 bis 1200 pF benötigt. Der Drehkondensator muß 1,5 mm Plattenabstand haben für 1100 V Spannung, der Schleifer muß 8 A Strom verkraften [1.3].

37.1.2 Widerstände

Es gibt Abschlußwiderstände aus einem dicken, belastbaren, nichtinduktivem 50 Ω Widerstand (**Bild 37.1.1**). Über eine gekoppelte Leitung wird ein Teil der RF-Spannung zu Meßzwecken ausgekoppelt. Andere Abschlußwiderstände bestehen aus einer Reihe von parallel geschalteten Schichtwiderständen (**Bild 37.1.2**). Brauchbare Abschirmbehälter für Selbstbau-Kunstantennen sind Weißblechdosen mit Druckdeckel (z.B. leere Farbbüchsen, leere Kaffeedosen). Man befestigt die Koaxialbuchse zentrisch im Druckdeckel. Entsprechend der Länge der einzufügenden Widerstände wird der Innenleiter der Koaxialbuchse verlängert und mit einer Metallscheibe nach **Bild 37.1.2b** abgeschlossen. Konzentrisch zum Innenleiteranschluß enthält diese Kreisscheibe Bohrungen für die Befestigung der Widerstände. Da der Außenleiteranschluß der Koaxialbuchse leitend mit dem Metalldeckel verbunden ist, lassen sich die oberen Widerstandsenden direkt mit dem Dosendeckel verlöten.

Die schädliche Induktivität eines Widerstandes vermindert sich um so mehr, je größer die Anzahl der parallelgeschalteten Widerstände ist; gleichzeitig summiert sich die Gesamtbelastbarkeit. Darüber hinaus addieren sich aber bei der Parallelschaltung die unerwünschten Kapazitäten der Widerstände.

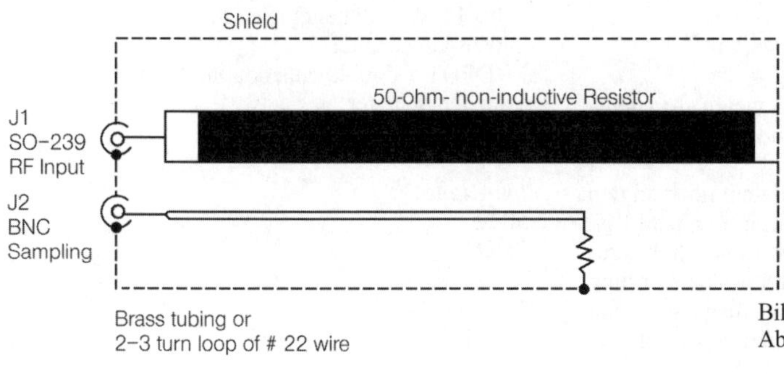

Bild 37.1.1
Abschlußwiderstand mit Meßausgang

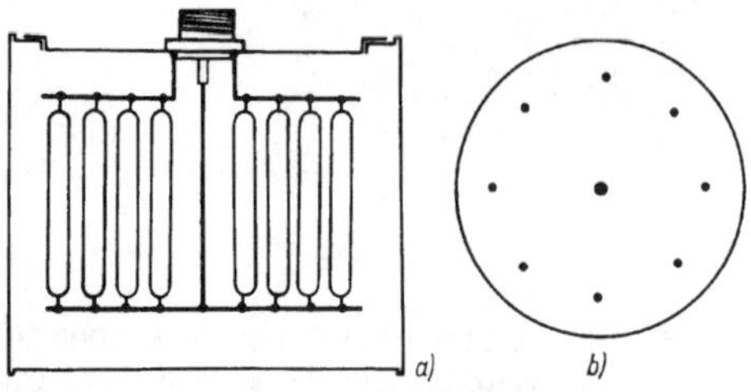

Bild 37.1.2
Abschlußwiderstand (koaxiale Bauweise)
a) - Schnittansicht
b) - untere Anschlußscheibe (Innenleiterplatte)

Im Bedarfsfall läßt sich jedoch die schädliche Kapazität durch eine entsprechende Induktivität kompensieren. Fast immer vorhandene induktive Reaktanzen können durch Parallelschaltung von 10 bis 50 pF im Frequenzbereich 0,5 bis 30 MHz kompensiert werden. Die Belastbarkeit kann auf etwa den 3fachen Nennwert erhöht werden, wenn man die Dose mit Transformatorenöl – notfalls auch mit dünnflüssigem Motorenöl – füllt. Durch das Ölbad wird dann die Verlustwärme schneller abgeführt, die Widerstände können somit höher belastet werden. Es wird darauf hingewiesen, daß synthetisches Transformatorenöl (PCB) hochgiftig ist, der Amateur sollte es deshalb nicht verwenden!

Für trockene Dummyloads werden Hochlastwiderstände auf Berylliumoxydbasis verwendet. Berylliumoxyd ist auch giftig, ein Staub bei eventueller Bearbeitung darf nicht eingeatmet werden.

Größere Abschlußwiderstände werden durch Ventilatoren luftgekühlt, und über etwa 5 kW sind wassergekühlte gebräuchlich.

Literaturstellen [1.4]–[1.13].

37.2 Antennenschalter

Man unterscheidet zwischen mechanischen Schaltern (Koaxialschalter, Koaxialrelais) und elektronischen oder Halbleiter-Schaltern (Diodenschalter, FET-Schalter).

37.2.1 Koaxialschalter

Koaxiale Handschalter sind in vielen Amateurfunkstationen zu finden. Sie sind als Dreh- oder Kippschalter im Einsatz.

Ältere OMs erinnern sich vielleicht noch an den Koaxialschalter HD-1234 der Firma *Heathkit* [2.1]. Das war ein einpoliger koaxialer Handschalter für 2 KW PEP und 200 MHz in Keramikausführung mit Messerkontakten, mit vier Ausgängen und automatischer Erdung der unbenutzten Anschlüsse.

Neuere Ausführungen von Koaxialschaltern mit zwei oder vier Ausgängen stammen von den Firmen *MFJ*, *Daiwa* oder *Diamond*. Die technischen Daten sind: Leistung etwa 2 kW PEP, höchste Frequenz 500 MHz, Einfügungsdämpfung etwa 0,2 dB, SWR etwa 1,2, die Isolation etwa 50 dB (zwei Ausgänge) und etwa 30 dB (vier Ausgänge).

Präzisions-HF-Schalter, wie z.B. die der Firma *Hofi*, haben mit doppelter Kontaktbelegung und N-Buchsen eine Einfügungsdämpfung von < 0,04 dB und ein SWR < 1,06.

Preisgünstige „low power" Koaxialumschalter bis 30 MHz mit 50 Ω oder 75 Ω Impedanz sind käuflich zu erhalten. Die Umschalter sind mit BNC-, TNC-, N- oder SMA-HF-Anschlüssen ausgestattet. Technische Daten: Leistung etwa 5 W; VSWR < 1,3; Einfügungsdämpfung < 0,3 dB; Isolation > 40 dB.

Professionelle HF-Schalter, wie z.B. die der Firma *Hofi*, gehen bis 500 MHz, können bei 145 MHz bis 300 W und haben ein VSWR von < 1,04.

Im Selbstbau kann man HF-Umschalter entweder mit definiertem Wellenwiderstand bei beliebigen Abmessungen oder mit gegenüber der Wellenlänge kleinen Abmessungen ohne Rücksicht auf den Wellenwiderstand aufbauen. So ein preisgünstiger Antennenumschalter nach der zweiten Version mit einem handelsüblichen Miniatur-Kippschalter wurde von *DL8MCX* beschrieben [2.2].

37.2.2 Koaxialrelais

Komfortabler und für Fernschaltung geeignet sind Koaxialrelais.

Konfigurationen (für den stromlosen Zustand):
Ausgangskontakte offen, abgeschlossen
(terminiert) oder an Masse
ein Kontakt durchgeschaltet,
alle anderen offen, terminiert oder an Masse
alle Ein- und Ausgänge terminiert

Schalterart:
1-Weg-Schalter
(SPST = single pole single throw)
bis 12-Weg-Schalter (SP12T)
2-Weg-Umschalter
(DPDT = double pole double throw)
Transfer-Schalter
Bypass-Schalter

Impedanz:
50 Ω
75 Ω

Frequenzbereich:
Gleichstrom (DC) bis GHz

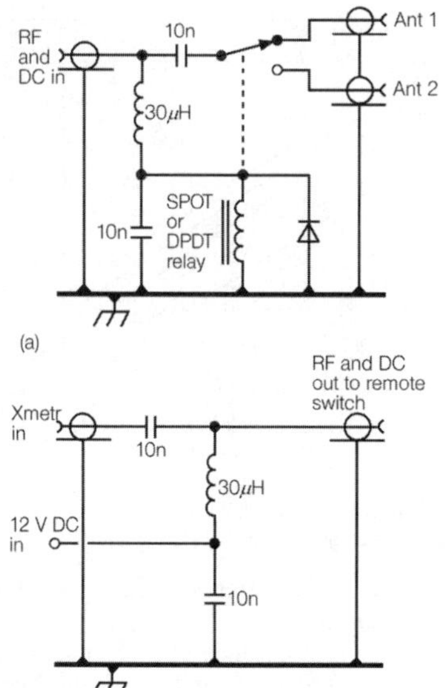

Bild 37.2.1
Antennenrelais Fernspeisung
a) - Außenteileinheit
b) - Innenteileinheit

Anschlüsse:
UHF, N, BNC, TNC, SMA
Spulenspannung:
Gleichspannung 5 V, 12 V, 24 V

Weitere Daten für Koaxialrelais sind:
Welligkeit (1,05 bis 1,2)
Schaltzeit (20 bis 50 ms)
frequenzunabhängiger Übergangswiderstand (10 bis 100 mΩ)
frequenzabhängige Isolation oder Übersprechdämpfung (20 bis 50 dB)

Es gibt es auch Kombinationen aus mehreren Relais, z.B. ein Dual-Schalter (Antennenschalter für 2 Antennen und 2 Empfänger) [2.3].

Für fernbediente Antennenschalter wird die Spannung an das Koaxialkabel gelegt. Die Anordnung der entsprechenden Entkopplungen ist aus **Bild 37.2.1** zu entnehmen [2.4].

Im Interesse einer erhöhten Lebensdauer der Koaxialrelais ist ein leistungsloses Schalten notwendig. Dazu ist beim Schalten von mehreren Stufen (Vorverstärker, Transceiver, Endstufe und Antennenrelais) das Zeitverhalten wichtig. Für diesen Zweck werden Ablaufsteuerungen s.g. „Sequenzer“ eingesetzt [2.5]–[2.8].

37.2.3 Halbleiterschalter

Waren frühe elektronische Antennenrelais, auch T-R-Schalter (T-R = Transmit-Receive) genannt, noch mit Röhren aufgebaut [2.9], so wurden später Halbleiterdioden als Schalter eingesetzt [2.10]. Etwas später wurden dann Halbleiterbauteile wie MOSFETs dazu verwendet [2.11]. In neuerer Zeit werden GaAs-Antennenschalter als Sende-/Empfangsumschalter oder als Antennen-Diversity-Schalter im Frequenzbereich von 100 MHz bis 2 GHz verwendet für mobile und schnurlose Telefone.

PIN-Dioden

Das sind elektrisch steuerbare Widerstände. In Sperrichtung bleibt nur die Sperrschichtkapazität, in Vorwärtsrichtung wird die Diode mit ansteigendem Strom immer niederohmiger, wodurch sie als HF-Abschwächer und Schalter verwendbar ist [2.12], [2.13]. Bei PIN-Dioden-Schaltern ist der TTL-Treiber zur Steuerung meistens schon integriert. Es gibt, bedingt durch die Laufzeit der Ladungsträger im Zonenbereich, eine untere Grenzfrequenz. Im Vergleich zu mechanischen Schaltern hat die PIN-Diode einen relativ hohen Durchlaßwiderstand von 1 bis 5 Ω. Die Durchgangsdämpfung wird dadurch bestimmt. Zur Steuerung der Dioden, Trennung der Stromwege, sind Drossel und Trennkondensator erforderlich. Für den Steuerstrom soll die Drossel einen niederohmigen Widerstand mit einer Strombelastbarkeit von 10 bis 100 mA darstellen. Für die HF soll sie einen hochohmigen Widerstand darstellen. Die Drosselimpedanz soll etwa das 10-fache des System-Wellenwiderstandes betragen. Am unteren Bandende soll die Induktivität hoch sein, am oberen Bandende soll die Eigenkapazität vernachlässigbar klein

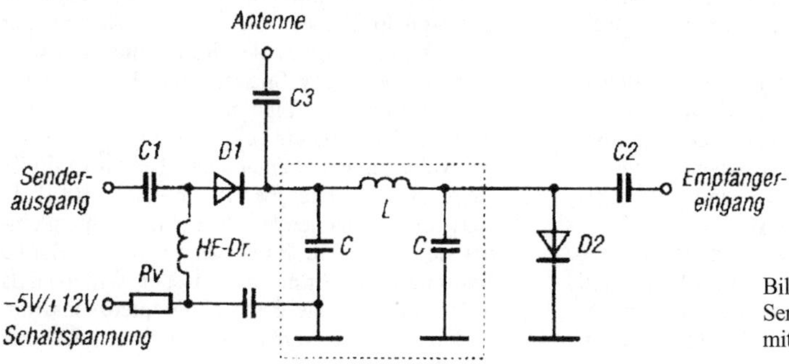

Bild 37.2.2
Sende-/Empfangsumschaltung
mit PIN-Dioden

sein. Kleine Ferrit-Drosseln werden durch den Steuerstrom in die Sättigung getrieben, so daß die Drossel unwirksam wird oder sogar durch magnetische Nichtlinearitäten Oberwellen erzeugt werden [2.14].

Eine Sende-/Empfangsumschaltung mit negativer Schaltspannung zur sicheren Sperrung ist in **Bild 37.2.2** [2.15] zu sehen.

37.3 Antennenvorverstärker

37.3.1 Einleitung

In Empfangsanlagen werden Verstärker verwendet um Verluste in Kabeln, Anpaßgliedern oder Leistungsteilern auszugleichen.

Je nach Einsatzort werden diese Verstärker entweder als Antennenverstärker, Mastvorverstärker oder Kabelverstärker bezeichnet. Man könnte meinen, je höher die Verstärkung ist, desto besser würden schwächere Signale empfangen werden [3.1].

Das trifft aber nicht zu!

- Ein Vorverstärker rauscht und setzt dem verstärkten Nutzsignal und Störsignal sein eigenes Rauschen zu.
- Ein Vorverstärker erzeugt Nichtlinearitäten und verschlechtert dadurch das Großsignalverhalten der Anlage.
- Ein Vorverstärker gleicht nur die Kabelverluste aus, verbessert aber nicht die Daten einer Empfangsanlage.

37.3.2 Begriffe

37.3.2.1 Rauschen

Das sind kleinste Wechselspannungen, die durch die nicht-gleichförmige Bewegung von Ladungsträgern beim Stromfluß durch aktive und passive Bauelemente entstehen [3.2], [3.3].

Das Frequenzspektrum reicht nun je nach Rauschquelle von der Frequenz Null bis nahezu Unendlich, also über den gesamten Bereich der technischen Frequenzen. Wegen ihrer typischen Eigenschaften unterscheidet man zwischen einer Reihe spezifischer Rauschquellen:

1. Widerstandsrauschen entsteht in jedem ohmschen Widerstand. Es wird auch „weißes Rauschen“ genannt. Das Frequenzspektrum erstreckt sich über den gesamten meßbaren Frequenzbereich, wobei die Energieverteilung pro Hertz Bandbreite in allen Frequenzbereichen gleich ist.
2. Kreisrauschen entsteht am Wirkwiderstand eines Schwingkreises in Resonanz. Im Mittel- und Langwellenbereich muß man mit Parallelresonanzwiderständen von 100 bis 300 kΩ rechnen, während im KW-Bereich Werte von 10 bis 50 kΩ einzusetzen sind.

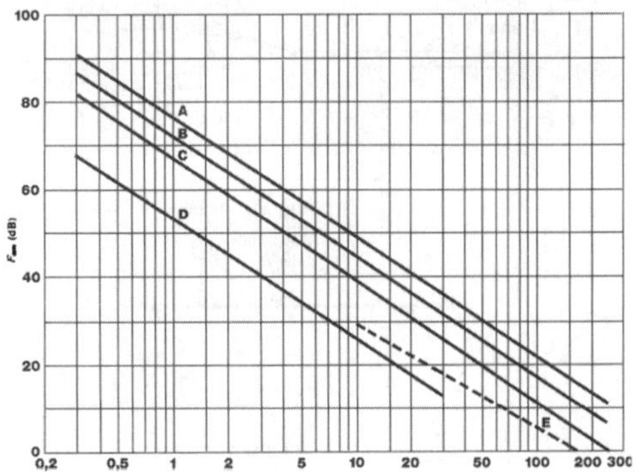

Bild 37.3.1
„Man-Made Noise“ nach *CCIR*
für verschiedene Umgebungskategorien

3. Das Antennenrauschen setzt sich aus dem Rauschen des Strahlungs- und des Verlustwiderstands der Antenne und dem sogenannten „galaktischen“ Rauschen zusammen, das von der Antenne aus dem Raum empfangen wird. Diese kosmische Rauscheinstrahlung ist auf atmosphärische Störungen zurückzuführen, die frequenzabhängig sind. Im Lang- und Mittelwellenbereich muß man mit starken Prasselstörungen unterschiedlicher Amplitude rechnen, die bei höheren Frequenzen zu einem gleichförmigen „Wasserfall“-Rauschen werden. Da die atmosphärischen Störungen mit dem Quadrat der Wellenlänge zunehmen, ist das Antennenrauschen im LW-Bereich um einige Größenordnungen stärker als im KW- und vor allem im UKW-Gebiet. **Bild 37.3.1** zeigt die Mittelwerte des „Man-Made Noise“ ausgedrückt in dB über der Rauschtemperatur von T0 = 288 K aus dem CCIR Report 258 [3.4] als Kurven A bis D, für Industriegebiet (business), Wohngebiet (residential), Landgebiet (rural) und ruhiges Landgebiet (quiet rural). Die Kurve E ist das Galaktische Rauschen von Report 322 [3.5].
4. Das Transistorrauschen ist auf halbleiterphysikalische Vorgänge zurückzuführen. Es hängt in besonderem Maße vom Frequenzbereich, vom Kollektorstrom und auch vom Innenwiderstand der Signalquelle ab. Zwischen 1 kHz und der Grenzfrequenz *fg* ist das Rauschmaß konstant (weißes Rauschen). Sperrschicht-FETs rauschen weit weniger als bipolare Transistoren. Dies macht sich besonders bei größeren Generatorinnenwiderständen bemerkbar. Bei MOSFETs steigt das Rauschen bereits unterhalb 100 kHz stark an. Zur mathematischen Untersuchung eignet sich das weiße Rauschen am besten, da die Rauschleistung *P*r eines ohmschen Widerstands homogen über das gesamte Frequenzspektrum verteilt ist. Sie verhält sich proportional zur

Bandbreite B. Die Rauschleistung ist zudem abhängig von der absoluten Temperatur To in K (Kelvin, 0°C = 273 K, 0 K = -273°C), da die mit der Temperatur zunehmende Molekularbewegung im Leiter zu einem ungleichförmigeren Ladungsträgertransport (Stromfluß) führt.

Rauschzahl, Rauschmaß

Die Rauschzahl F (Noise Figure) eines Vierpols ist das Verhältnis von Signal/Rauschleistung am Eingang $(S/N)_{Eingang}$ zu der am Ausgang $(S/N)_{Ausgang}$.

$$F = \frac{(S/N)_{Eingang}}{(S/N)_{Ausgang}} \qquad (37.3.1)$$

Die Rauschzahl gibt an, um welchen Faktor der Signal/Rauschabstand durch den Vierpol verschlechtert wird.

Rauschzahl = Rauschfaktor (noise factor)

Die logarithmierte Rauschzahl oder die Rauschzahl *F* in dB wird als Rauschmaß bezeichnet und ist gegeben durch

$$F\,(\mathrm{dB}) = 10 \cdot \log F \qquad (37.3.2)$$

Der kT_0-Wert ist nichts anderes als die Rauschzahl F.

Rauschzahl *F* in kT_0	1	2	4	8	10	16	20	40
Rauschmaß *F* in dB	0	3	6	9	10	12	13	16

Rauschzahl *F* in kT_0	1	1,1	1,2	1,3	1,4	1,5
Rauschmaß *F* in dB	0	0,41	0,79	1,14	1,46	1,76

Rauschabstand

Die Leistungsfähigkeit einer Empfangsanlage hängt vom Verhältnis Nutzsignal zu Rauschsignal oder Störsignal ab [3.2], [3.3].

Dieses Verhältnis nennt man auch: Signalzu-Rausch-Verhältnis, Signal/Rauschverhältnis, Rauschabstand, Störabstand oder SINAD-Verhältnis.

S = signal, *N* = noise, *D* = distortion

Der Rauschabstand wird auch in dB angegeben.

$$S/N\,(\mathrm{dB}) = 10 \cdot \log(S/N) \qquad (37.3.3)$$

Um ein Nutzsignal richtig hören zu können, muß ein bestimmter Rauschabstand vorhanden sein.

S/N = 0 dB = Grenzempfindlichkeit
S/N = 10 dB = minimale Sprachverständlichkeit
S/N = 20 dB = gute Sprachverständlichkeit
S/N = 30 dB = minimale Musikwiedergabe

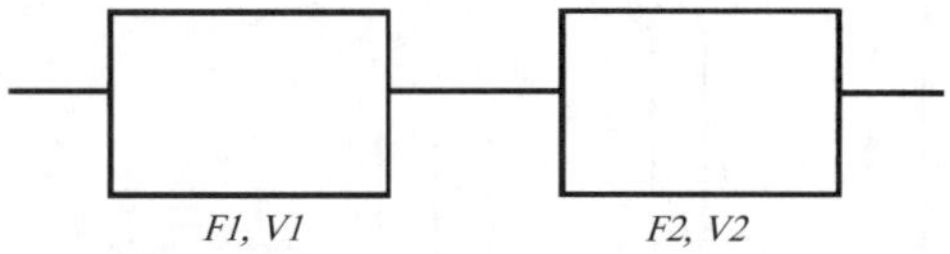

Bild 37.3.2
Kettenschaltung zweier Vierpole

Gesamtrauschzahl

Die Kettenschaltung (Kaskade) zweier Vierpole zeigt **Bild 37.3.2**. Die Gesamtrauschzahl dieser zweistufigen Kaskade lautet

$$F_G = F_1 + \frac{F_2 - 1}{V_1} \qquad (37.3.4)$$

F_G = Gesamtrauschzahl
F_1 = Rauschzahl 1. Vierpol
F_2 = Rauschzahl 2. Vierpol
V_1 = Verstärkung 1. Vierpol

Die Werte für *F* und *V* müssen linear (als Leistungszahl), nicht logarithmisch (in dB) eingesetzt werden [3.6].

Die Gesamtrauschzahl ist immer größer als die Rauschzahl der 1. Stufe.

Je größer die Verstärkung der 1. Stufe ist, desto weniger geht die Rauschzahl der 2. Stufe in die Gesamtrauschzahl ein.

Kabel rauschen selbst nicht. Sie verschlechtern aber den Rauschabstand um den Wert ihrer Dämpfung. Die Rauschzahl eines dämpfenden Vierpols (Kabel, Dämpfungsglied) ist gleich seiner Dämpfung!

Dämpfung 3 dB: $V = 1/2$, $F = 2$ (≡ 3 dB)

Rauschen in der Praxis

Wegen des unvermeidlichen Antennenrauschens kann man auch zusätzliches Verstärkerrauschen akzeptieren.

37.3.2.2 Intermodulation

Bei der Intermodulation mischen sich die Signale zweier starker Nachbarsender an einem nichtlinearen Element z.B. gekrümmte Kennlinie mit kubischem Anteil. Durch Summen- und Differenzbildung der Nutzsignale treten am Ausgang Intermodulationsprodukte verschiedener Ordnung auf [3.2], [3.7].

Bild 37.3.3 zeigt das Intermodulationsspektrum mit den einzelnen Mischprodukten. Die Mischprodukte gerader Ordnung (2., 4., 6. usw.) liegen weiter ab und brauchen daher nicht weiter beachtet werden.

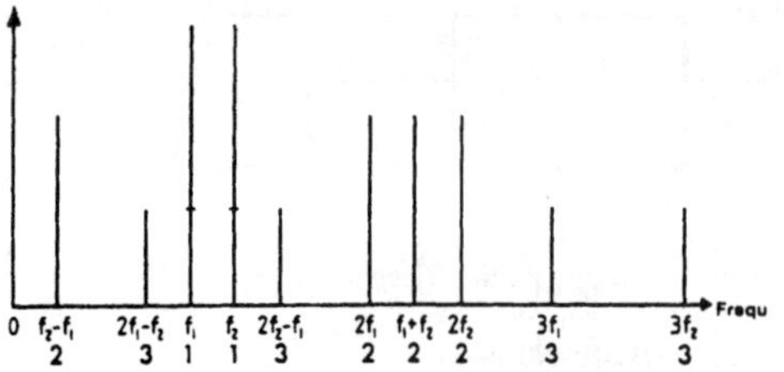

Bild 37.3.3
Intermodulations-Spektrum

Die Mischprodukte ungerader Ordnung (3., 5., 7., usw.) liegen aber im engeren Bereich der Nutzsignale und können durch Filterung nicht beseitigt werden.

Für zwei Signalfrequenzen f_1 und f_2, dicht neben der Empfangsfrequenz, entstehen IM-Störprodukte zweiter Ordnung (IM2) bei:

$$2f_1,\ 2f_2,\ f_1+f_2,\ f_2-f_1$$

IM-Störprodukte dritter Ordnung (IM3) bei:

$$2f_1-f_2,\ 2f_2-f_1,\ 3f_1,\ 3f_2$$

Die beiden Produkte $3f_1$, $3f_2$ liegen aber schon weiter ab.

IM-Störprodukte fünfter Ordnung (IM5) bei:

$$3f_1\text{-}2f_2 \text{ und } 3f_2 - 2f_1$$

IM-Störprodukte siebenter Ordnung (IM7) bei:

$$4f_1 - 3f_2 \text{ und } 4f_2 - 3f_1 \text{ usw.}$$

An linearen oder quadratischen Kennlinien entstehen zu den Grundwellen nur Mischprodukte (Summen- und Differenzfrequenzen), sowie die Oberwellen (Klirrfaktor).

Beispiel:
Im 40-m-Band befinden sich zwei starke Signale auf den Frequenzen f_1 = 7,020 MHz und f_2 = 7,000 MHz, die am nichtlinearen Eingang eines Empfängers Intermodulationsstörungen erzeugen. Am Ausgang ergeben sich dann die Produkte 3. Ordnung:

2 · 7,020 MHz - 7,000 MHz = 7,040 MHz
2 · 7,000 MHz - 7,020 MHz = 6,980 MHz
die Produkte 5. Ordnung:
3 · 7,020 MHz - 2 · 7,000 MHz = 7,060 MHz
3 · 7,000 MHz - 2 · 7,020 MHz = 6,960 MHz
die Produkte 7. Ordnung:
4 · 7,020 MHz - 3 · 7,000 MHz = 7,080 MHz
4 · 7,000 MHz - 3 · 7,020 MHz = 6,940 MHz

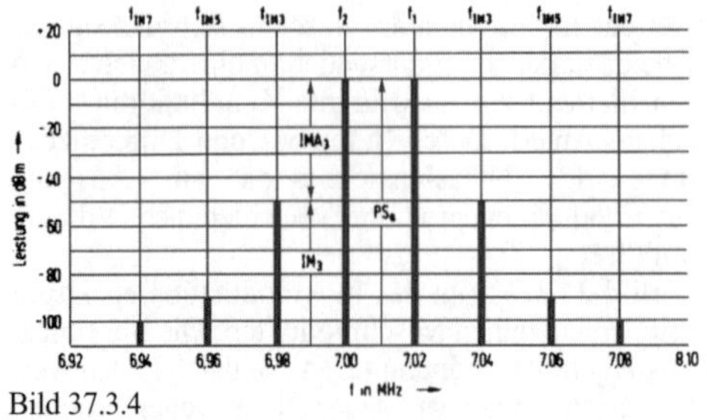

Bild 37.3.4
Intermodulations-Spektrum im 7-MHz-Bereich

Bild 37.3.4 zeigt das Intermodulationsspektrum am Ausgang eines Verstärkers im 7 MHz-Bereich [3.2].

IMA_3 = Intermodulationsabstand 3. Ordnung (50 dB)
IM_3 = Intermodulationsleistung (-50 dBm)
PS_a = Sollausgangsleistung (0 dBm)

Die Intermodulationsprodukte treten somit beiderseits neben den erzeugenden Signalfrequenzen f_1 und f_2 um Vielfache des Abstandes $\Delta f = f_1 - f_2$ ($f_1 > f_2$) auf, wobei sich das Spektrum mit der Ordnung der Mischprodukte ausweitet.

Sind eine Reihe starker Sender vorhanden, wie es in der Nähe oder in einem Rundfunkband zu erwarten ist, wird der Empfang bei schlechtem Großsignalverhalten völlig unbrauchbar.

Intermodulations-Störsignale in den Amateurbändern können auch durch starke Kurzwellen-Rundfunksender in den Rundfunkbändern entstehen. Dies wurde von *DL1BU* sehr anschaulich in einer Tabelle dargestellt [3.8].

Beispiel:
Im 20-m-Amateurband erscheint auf 14,2 MHz das Intermodulationsprodukt 3. Ordnung, nämlich $2 \cdot f_1 - f_2$ der Rundfunkfrequenzen f_1 = 11,95 MHz im 25 m Rundfunkband und f_2 = 9,7 MHz im 31 m Rundfunkband.

37.3.2.3 Intercept-Punkt

Der Intercept-Punkt ist ein Maß für Verzerrungen am Ausgang eines zu untersuchenden Verstärkers in Abhängigkeit von der Amplitude des Eingangssignals. Zwischen den Pegeln der Eingangs- und Ausgangssignale gleicher Frequenz besteht bei einem linear arbeitenden Vierpol auch ein linearer Zusammenhang. Ist diese Linearität gestört, so treten zusätzlich zu diesen Signalen weitere Signale auf, deren Pegel nicht mehr linear abhängig vom Eingangspegel sind.

Der Intercept-Punkt (IP) ist derjenige fiktive Wert, bei dem das Eingangssignal und die Intermodulation den gleichen Pegel erreichen [3.9], [3.10]. Es ist ein rein theoretischer Wert (**Bild 37.3.5**).

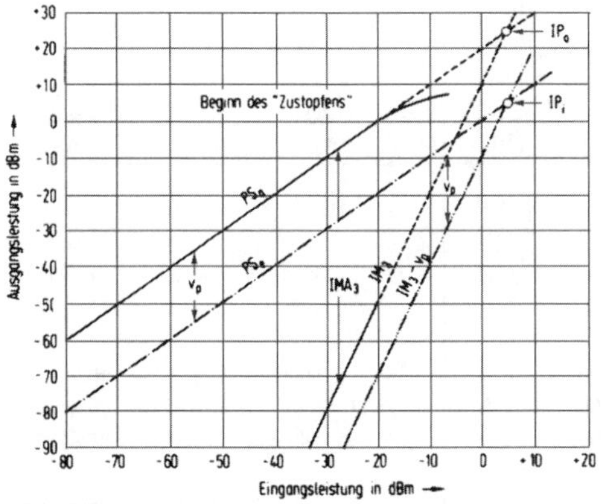

Bild 37.3.5
Darstellung der Intercept-Punkte
IP_i .... Eingangs-Intercept-Punkt
IP_o .... Ausgangs-Intercept-Punkt

Bei Änderung des Eingangspegels steigt der Pegel (dBm) der IM-Produkte dritter Ordnung theoretisch dreimal so schnell an wie der Pegel (dBm) der Eingangssignale. Die Steigung der Intermodulation *IM3* ist 3 (3:1).

Die Steigung von *IM2* ist im Vergleich dazu 2 (2:1). Durch die geringere Steigung ist der IP_2-Wert größer.

IP_2 = S.O.I. (Second Order Intercept-point)
IP_3 = T.O.I. (Third Order Intercept-point)

Eingangs- / Ausgangs-Intercept-Punkt
Nach **Bild 37.3.5** werden meßtechnisch meist alle Werte am Ausgang eines aktiven Elements (hier für IP_3) gemessen. Man nennt den so ermittelten Wert den Ausgangs-Intercept-Punkt IP_{3out}. Dieser ist jedoch in der Praxis weniger gebräuchlich, da er von der Verstärkung des aktiven Elements abhängt und damit manipulierbar ist und geschönte Werte liefert. (Index o = output).

Der Eingangs-Intercept-Punkt IP_{3in} wird nach Ermittlung des IP_{3out} und Abzug der Verstärkung bestimmt. (Index i = Input).

Dieser Eingangs-IP_{3in} ist ein seriöses Vergleichskriterium und wird überwiegend verwendet.

Die dargestellten idealen Verhältnisse treffen nicht für alle aktiven Bauelemente zu. So zeigen z.B. Feldeffekttransistoren über den linearen Aussteuerbereich deutliche Schwankungen der Intercept-Punkte. Ebenso können in der Praxis Abhängigkeiten von der Frequenz nachgewiesen werden.

Die Intercept-Punkte werden überwiegend in dBm angegeben, und man strebt möglichst hohe Werte an, um große störungsfreie Aussteuerbereiche zu erzielen. Laut Definition ist die obere Grenze der Aussteuerung dann erreicht, wenn die Pegel der IM-Störprodukte gleich dem Empfindlichkeits-Rauschpegel des Verstärkers sind $(S+N)/N = 3$ dB.

Dieser Wert ist ein rein theoretischer Wert, da bei solcher Übersteuerung des Vierpols zuvor Sättigungseffekte (Kompression) auftreten.

Zu beachten ist:
Wird vor das aktive Element, dessen IP man bestimmt hat, ein Verstärker geschaltet, so verschlechtert sich der IP um den Faktor der Vorverstärkung.
Wird vor das aktive Element, dessen IP man bestimmt hat, ein Dämpfungsglied geschaltet, so verbessert sich der IP um den Wert der Dämpfung.

Letzteres wird in der Praxis häufig angewendet, um bei großen Nutzsignalen das Linearitätsverhalten zu verbessern.

37.3.2.4 1-dB-Kompressionspunkt

Mit wachsender Aussteuerung eines Vierpols wird der Zusammenhang zwischen Ausgangs- und Eingangssignal nichtlinear. Die bis dahin lineare Kurve krümmt sich am oberen Ende nach rechts. Derjenige Pegel P_{in}, bei dem die Ausgangsleistung P_{out} um den Wert 1 dB gegenüber der Verstärkung zurückbleibt, wird als 1-dB-Kompressionspunkt bezeichnet. Als Faustregel gilt, daß der 1-dB-Kompressionspunkt etwa 10 dB bei hohen Frequenzen bis etwa 15 dB bei tiefen Frequenzen unter dem IP_3 liegt.

37.3.2.5 Dynamikbereich

Als Dynamikbereich in dB definiert man die Eingangspegeldifferenz zwischen einem minimalen erkennbaren Signal am Ausgang in dBm und dem 1-dB-Kompressionspunkt in dBm [3.11].

Intermodulationsfreier Dynamikbereich
Das ist die Pegeldifferenz zwischen dem kleinsten und dem größten zulässigen HF-Signal; also der Bereich zwischen Rauschpegel am Eingang und dem Signalpegel, bei dem die Störprodukte in Höhe des Rauschpegels liegen.

37.3.3 Systemdaten von Empfangsanlagen

Empfangsanlagen werden heute mit Systemprogrammen durchgerechnet. So ein Programm beruht z.B. auf dem Tabellenkalkulationsprogramm MS-Excel. Es ermöglicht die schnelle und sichere Berechnung aller relevanten Parameter von mehrstufigen Anlagen. Damit ist es möglich alle Parameter einer Anlage zu erfassen und hinsichtlich bestimmter Anforderungen zu optimieren.

Die Daten zweier sehr einfacher Empfangsanlagen wurden damit berechnet. Die Ergebnisse sind aufgelistet und erläutert.

	KW-Anlage								
NF-Bandbr. [kHz]:		3,00							
Frequenz [MHz]	**Variante**	*V* [dB]	*IP2* [dBm]	*IP3* [dBm]	*F* [dB]	*Vges* [dB]	*D2* [dB]	*D3* [dB]	*Fges* [dB]
14	**Zweistufig**								
	Kabel (30m RG 213)	-0,90	200,00	200,00	0,90	-0,90	169,61	226,15	0,90
	RX	0,00	60,00	30,00	12,00	**-0,90**	**93,61**	**104,82**	**12,90**
14	**Dreistufig**								
	Kabel (30m RG 213)	-0,90	200,00	200,00	0,90	-0,90	169,61	226,15	0,90
	Vorverstärker	10,00	75,00	45,00	6,00	9,10	99,11	112,15	6,90
	RX	0,00	60,00	30,00	12,00	**9,10**	**90,22**	**101,14**	**8,28**
14	**Dreistufig**								
	Vorverstärker	10,00	75,00	45,00	6,00	10,00	99,11	112,15	6,00
	Kabel (30m RG 213)	-0,90	200,00	200,00	0,90	9,10	99,10	112,14	6,03
	RX	0,00	60,00	30,00	12,00	**9,10**	**90,45**	**101,54**	**7,66**
								DJ0TR /	OE8AK

Tabelle 37.1
Systemdaten einer KW-Anlage

Ähnliche, frei erhältliche Programme, gibt es als Software RFD-390 [3.12] und RFD-1093 [3.13] von der Zeitschrift *RF Design*.

Legende zu den Systemdaten:
V .... Verstärkung in dB, *IP2* .... Interceptpunkt 2. Ordnung in dBm, *IP3* .... Interceptpunkt 3. Ordnung in dBm, *F* .... Rauschmaß in dB, *Vges* .... Gesamtverstärkung in dB, *D2* .... Dynamikbereich 2. Ordnung in dB, *D3* .... Dynamikbereich 3. Ordnung in dB, *Fges* .... Gesamtrauschmaß in dB.

37.3.3.1 KW-Anlage

Bei einer Empfangsanlage mit einem KW-Empfänger mit dem Rauschmaß von F = 12 dB, einem 30 m Koaxialkabel mit 0,9 dB Dämpfung mit / ohne Vorverstärker mit dem Rauschmaß von 6 dB ergeben sich bei 14 MHz und bei einer NF-Bandbreite von 3 kHz für drei Varianten nachfolgende Systemdaten (**Tabelle 37.1**).

Zweistufig, ohne Vorverstärker: Gesamtverstärkung V_{ges} ist –0,9 dB, entsprechend der Kabeldämpfung. Gesamtrauschmaß F_{ges} ist 12,9 dB, (0,9 dB vom Kabel und 12 dB vom Empfänger).

Dreistufig, Vorverstärker beim Empfänger: Gesamtverstärkung ist 9,1 dB (10 dB vom Verstärker und -0,9 dB vom Kabel). Das Rauschmaß des Vorverstärkers von 6 dB erhöht sich um den Wert der Kabeldämpfung auf 6,9 dB. Das Rauschmaß des Empfängers geht nicht mehr voll ein, nur mehr mit rd. 1,4 dB zu den 6,9 dB von Kabel und Verstärker. Die Dynamikbereiche sind kleiner, das Gesamtrauschmaß ist auch geringer, rd. 8,3 dB.

Dreistufig, Vorverstärker an der Antenne: Gesamtverstärkung ist ebenfalls 9,1 dB. Es ist für die Gesamtverstärkung egal, wo der Vorverstärker plaziert ist. Das Rauschmaß des Vorverstärkers bleibt mit rd. 6 dB fast gleich. Das Rauschmaß des Empfängers geht auch nicht mehr voll ein, nur mehr mit rd. 1,7 dB zu den 6 dB von Kabel und Verstärker. Die Dynamikbereiche sind geringfügig größer als bei Variante 2. Das Gesamtrauschmaß ist aber jetzt geringer, nur mehr rd. 7,7 dB.

37.3.3.2 UKW-Anlage

Bei einer Empfangsanlage mit einem UKW-Empfänger mit dem Rauschmaß von F = 6 dB, einem 30 m Koaxialkabel mit 2,7 dB Dämpfung mit / ohne Vorverstärker mit dem Rauschmaß von 3 dB ergeben sich bei 144 MHz und bei einer NF-Bandbreite von 30 kHz für drei Varianten nachfolgende Systemdaten (**Tabelle 37.2**).

Zweistufig, ohne Vorverstärker: Die Gesamtverstärkung ist –2,7 dB, entsprechend der Kabeldämpfung. Das Gesamtrauschmaß ist 8,7 dB, (2,7 dB vom Kabel und 6 dB vom Empfänger).

Dreistufig, Vorverstärker beim Empfänger: Gesamtverstärkung ist 9,3 dB (12 dB vom Verstärker und -2,7 dB vom Kabel). Zu den 5,7 dB von Kabel und Verstärker geht das Rauschmaß des Empfängers nur mehr mit rd. 0,4 dB ein. Die Dynamikbereiche sind kleiner, das Gesamtrauschmaß ist auch geringer rd. 6,1 dB.

Dreistufig, Vorverstärker an der Antenne: Gesamtverstärkung ist ebenfalls 9,3 dB. Es ist für die Gesamtverstärkung wieder egal, wo der Verstärker

	UKW-Anlage								
NF-Bandbr. [kHz]:		30,00							
Frequenz [MHz]	**Variante**	*V* [dB]	*IP2* [dBm]	*IP3* [dBm]	*F* [dB]	*Vges* [dB]	*D2* [dB]	*D3* [dB]	*Fges* [dB]
144	**Zweistufig**								
	Kabel (30m RG 213)	-2,70	200,00	200,00	2,70	-2,70	164,61	219,49	2,70
	RX	0,00	40,00	10,00	6,00	**-2,70**	**81,61**	**88,82**	**8,70**
144	**Dreistufig**								
	Kabel (30m RG 213)	-2,70	200,00	200,00	2,70	-2,70	164,61	219,49	2,70
	Vorverstärker	12,00	70,00	30,00	3,00	9,30	92,11	96,15	5,70
	RX	0,00	40,00	10,00	6,00	**9,30**	**76,78**	**82,53**	**6,09**
144	**Dreistufig**								
	Vorverstärker	12,00	70,00	30,00	3,00	12,00	92,11	96,15	3,00
	Kabel (30m RG 213)	-2,70	200,00	200,00	2,70	9,30	92,06	96,07	3,12
	RX	0,00	40,00	10,00	6,00	**9,30**	**77,88**	**84,03**	**3,80**

DJ0TR / OE8AK

Tabelle 37.2
System-Daten einer UKW-Anlage

plaziert ist. Zu den rd. 3,1 dB von Kabel und Verstärker geht das Rauschmaß des Empfängers nun mit 0,7 dB ein. Die Dynamikbereiche sind geringfügig größer als bei Variante 2. Das Gesamtrauschmaß ist aber jetzt geringer, nur mehr 3,8 dB.

Auf 144 MHz ist eine Rauschzahl von rd. 1 dB für terrestrische Anwendungen und von rd. 0,5 dB bei Weltraumanwendungen (EME oder Satellit) ausreichend.

Die Verstärkung von ca. 20 dB ist auch ausreichend. Höhere Verstärkungen sind nachteilig, da sie das Großsignalverhalten verschlechtern.

Bei beiden Anlagen ist zu erkennen, daß sich die Dynamikbereiche 2. Ordnung (*D2*) und 3. Ordnung (*D3*) vergrößern, wenn vor dem Empfänger die Kabeldämpfung ist. Denselben Effekt hat das Einschalten eines Dämpfungsgliedes beim Empfänger oder Transceiver.

37.3.4 Bauanleitung

Verschiedene Antennenverstärker, vom Langwellenbereich über Kurzwelle bis zum UHF-Bereich sind enthalten in [3.14].

Einen 2 m/70 cm-Vorverstärker von *DJ7VY* [3.15] zeigt **Bild 37.3.6**. Der Verstärker besteht aus einem *BFT 66* und einem *BFR 34A*. Die Transistoren sind durch ein neuartiges Gegenkopplungsverfahren viel linearer und rauschärmer als FETs. Das Gegenkopplungsprinzip beruht auf einer gegenphasigen Rückkopplung mit Ferrit-Doppellochkern-Transformatoren. Auf 70 cm müssen entsprechende Filter vor- und nachgeschaltet werden. Der Eingang ist durch vier antiparallele Schottky-Dioden geschützt. Aufgebaut ist der Verstärker auf einer 45 mm x 35 mm großen Platine.

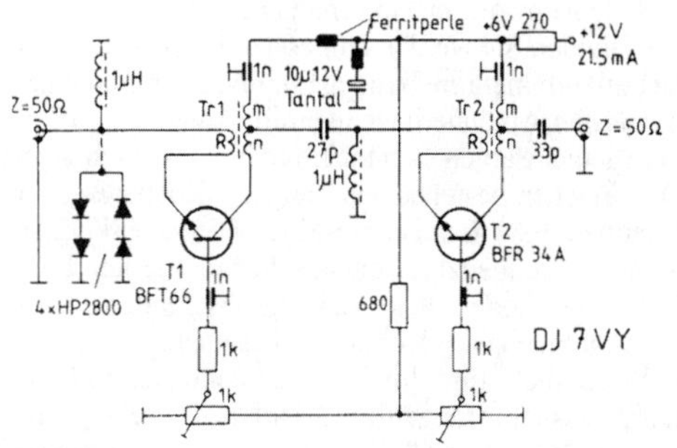

Bild 37.3.6
2-m / 70-cm-Vorverstärker

Technische Daten:

Verstärkung:	18,5 dB (2 m) 19,5 dB (70 cm)
Rauschzahl:	1,35 ≡ 1,3 dB (2 m)
	1,6 ≡ 2,0 dB (70 cm)
IP_3:	14 dBm, am Ausgang
	33 dBm (14 + 19 = 33)
1-dB-Kompression:	18 dBm ≡ 63 mW Ausgangsleistung
Rückflußdämpfung:	22 dB
Bandbreite:	70 bis 570 MHz
Eingangs-SWR:	1,4 (2 m)2,8 (70 cm)
Intermodulationsfreier Dynamikbereich:	102 dB
Versorgung:	12 V / 21,5 mA

Weitere Vorverstärker sind in [3.16] bis [3.20] zu finden.

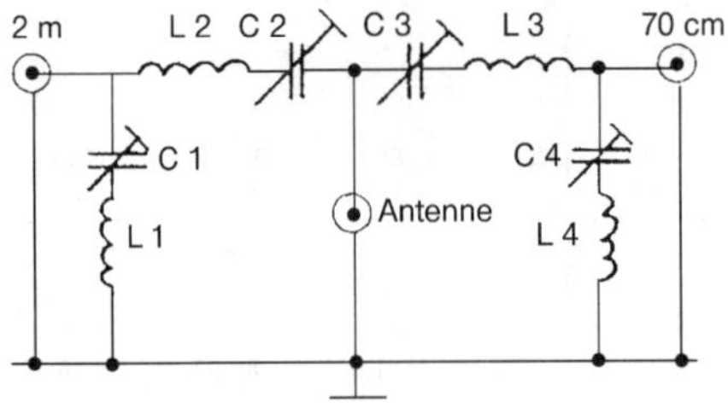

Bild 37.4.1
VHF/UHF-Diplexer für 2 m / 70 cm

Theoretische Grundlagen über Rauschquellen, rauschende Zweipole und Vierpole, sowie Anwendung der Theorie auf Verstärker sind zu finden in [3.21].

37.4 Antennenweichen

Andere Bezeichnungen für Antennenweichen sind: Frequenz-, Kanal- oder Trennweichen.

Antennenweichen sind frequenzselektive Kombiner/Divider. Sie werden eingesetzt in der Antennentechnik um mehrere Sender/Empfänger auf eine gemeinsame Antenne oder mehrere Antennen auf einen gemeinsamen Sender/Empfänger zu schalten. Die Weichen bestehen aus Tiefpaß-, Hochpaß- oder Bandpaß- bzw. Bandsperre-Filter. Die Filter können je nach Frequenzbereich aus konzentrierten L/C-Elementen oder aus Leitungsabschnitten (Koaxialleitungen oder Hohlleiter) bestehen.

Wesentlich für alle Weichen sind sehr kleine Durchlassdämpfungen (< 0,5 dB) und sehr große Entkopplungen (> 50 dB).

37.4. Frequenzweichen

Das sind Mehrbereichsweichen mit verschiedenen Frequenzbereichen. Eine andere Bezeichnung dafür ist „Multiplexer".

Die Frequenzweichen bezeichnet man je nach Anzahl der Ein- bzw. Ausgänge als:
Diplexer... (2 Anschlüsse)
Triplexer ... (3 Anschlüsse)
Quadruplexer ... (4 Anschlüsse)

37.4.1.1 Diplexer

Ein Diplexer ist eine Antennenweiche zum Zusammenschalten von zwei Geräten auf eine Antenne oder von zwei Antennen auf ein Gerät. Dabei können die beiden Frequenzbereiche frei wählbar sein z.B.: KW/UKW (Rundfunk oder Amateurfunk), oder VHF/UHF (Flugfunk oder Amateurfunk).

Beim Empfang soll der Diplexer dafür sorgen, daß die Nutzsignale möglichst ungedämpft zu den entsprechenden Eingängen gelangen. Die Schaltung eines einfachen Diplexers für 2 m / 70 cm zeigt **Bild 37.4.1** [4.1]. Zwischen den Anschlußbuchsen für 2 m und 70 cm und der gemeinsamen Antennenbuchse liegen die beiden Serienkreise *L*2/*C*2 (2 m) und *L*3/*C*3 (70 cm). Für die Resonanzfrequenzen wirken die Kreise als Kurzschluß.

Beim Senden muß der Diplexer verhindern, daß zu viel Leistung an die anderen Eingänge gelangt. Für die jeweils anderen Frequenzen haben die Kreise einen großen induktiven bzw. kapazitiven Widerstand und wirken als Sperre.

Von den Anschlußbuchsen für 2 m und 70 cm liegen außerdem die beiden Serienkreise *L*1/*C*1 (70 cm) und *L*4/*C*4 (2 m) gegen Masse. Diese Kreise schließen an den Buchsen die jeweils anderen Frequenzen nach Masse kurz.

$C1 = C3 \approx 5$ pF, $C2 = C4 \approx 15$ pF
$L1 = L3 \approx 27$ nH, $L2 = L4 \approx 80$ nH
$f1 = f3 = 435$ MHz, $f2 = f4 = 145$ MHz

Zum Abgleich werden bei angeschlossener Zweibandantenne die Empfänger an die entsprechenden Buchsen angeschlossen. Leise Signale auf 2 m bzw. 70 cm werden durch Abgleich der Kreise *L*2/*C*2 bzw. *L*3/*C*3 auf ein Maximum optimiert.

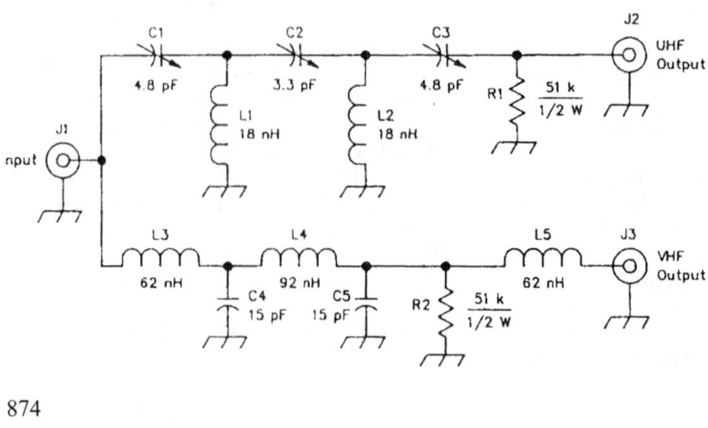

Bild 37.4.2
VHF/UHF-Diplexer
für 2 m / 70 cm

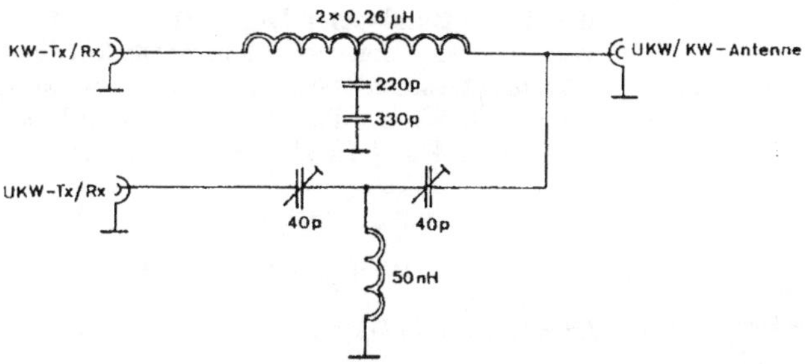

Bild 37.4.3
KW/UKW-Diplexer

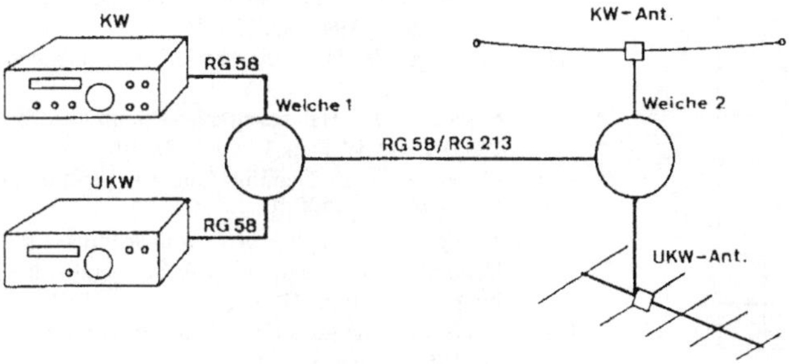

Bild 37.4.4
KW/UKW-Diplexer

Dann werden die Empfängeranschlüsse vertauscht und starke Signale auf 70 cm bzw. 2 m durch Abgleich der Kreise *L*1/*C*1 bzw. *L*4/*C*4 auf ein Minimum optimiert.

Zur Sicherheit sollte man den Abgleich noch einmal wiederholen. Anstelle der Serienkreise (Bandpaßfilter) können auch Tiefpaß- und Hochpaß-Filter verwendet werden, wie im VHF/UHF-Diplexer in **Bild 37.4.2** gezeigt wird [4.2].

Ein KW/UKW-Diplexer ist in **Bild 37.4.3** dargestellt [4.3]. Der Diplexer hat einen einfachen Tiefpaß mit 35 MHz Grenzfrequenz und einen einfachen Hochpaß mit 90 MHz Grenzfrequenz. Bei Verwendung von zwei Stück Antennenweichen kommt man mit einem Koaxialkabel zwischen den Transceivern und den Antennen aus. So ein Anwendungsbeispiel für einen KW/UKW-Diplexer zeigt **Bild 37.4.4**.

Weitere Literaturstellen für Dipexer sind [4.4]–[4.9].

37.4.2 Kanalweichen

Das sind Mehrbereichsweichen mit zwei verschiedenen Kanälen in einem Frequenzbereich. Diese Weichen bezeichnet man nach der Anzahl der Ein- bzw. Ausgänge (2 Anschlüsse) auch als „Duplexer".

37.4.2.1 Duplexer

Ein Duplexer dient zur Trennung von Sende- und Empfangssignalen bei Duplexbetrieb, also bei gleichzeitigem Betrieb auf zwei Kanälen in einem Frequenzband. An einer gemeinsamen Antenne werden über Duplexer Sender und Empfänger angeschlossen [4.10]. Anwendungen sind beim Relaisfunk und beim Mobilfunk. Der Abstand zwischen beiden Signalen (Unterband und Oberband) wird als Ablage, Frequenzabstand oder Duplexabstand bezeichnet. Dieser Abstand ist meist gering, daher muß die Entkopplung zwischen beiden Kanälen hoch sein (typ. > 60 dB).

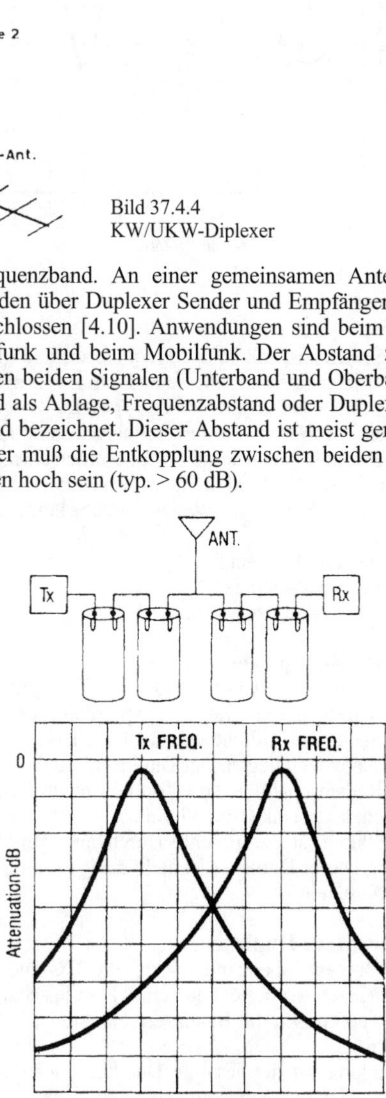

Bild 37.4.5
Bandpass-Duplexer

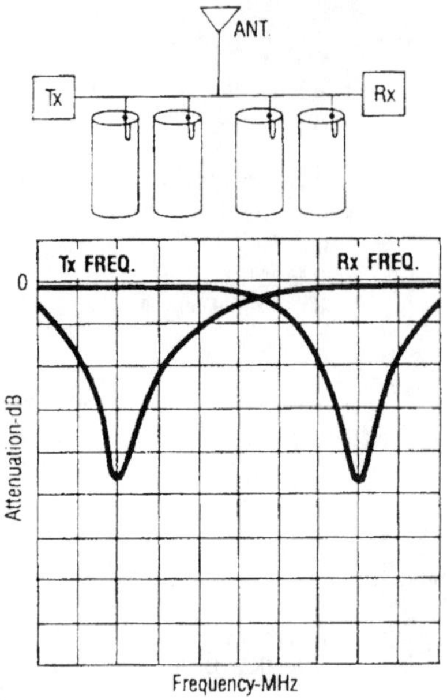

Bild 37.4.6
Bandsperre-Duplexer

Beim Relaisfunk ist der Frequenzabstand („Ablage“) je nach Band unterschiedlich. Bei 2 m sind es 0,6 MHz, bei 70 cm sind es 7,6 MHz.

Beim Mobilfunk ist der Frequenzabstand („Duplexabstand“) auch je nach Band unterschiedlich. Beim D-Netz ... 45 MHz, beim E-Netz ... 95 MHz.

Je nach Aufbau der Weiche unterscheidet man zwischen:

Bandpaß-Duplexer
Bandsperre-Duplexer
Bandpaß/Bandsperr-Duplexer

Bandpaß-Duplexer
Der Duplexer läßt nur selektiv die TX- und RX-Frequenzen durch. Die max. Sperrdämpfung tritt bei Frequenzen auf, die von den Durchlassfrequenzen relativ weit liegen. Der Duplexer besteht aus einer Reihenschaltung von Topfkreisen mit Bandpasscharakteristik (**Bild 37.4.5**).

Dadurch ist die gesamte Durchgangsdämpfung höher. Dieser Duplexer ist nicht geeignet für „kleine“ Abstände.

Bandsperre-Duplexer
Der Duplexer sperrt nur selektiv die TX- und RX-Frequenzen. Er besteht aus einer Parallelschaltung von Topfkreisen mit Bandsperrcharakteristik (**Bild 37.4.6**).

Dadurch ist die gesamte Durchgangsdämpfung kleiner. Dieser Duplexer ist geeignet für „kleine“ Abstände, läßt sich klein aufbauen und ist auch günstiger hinsichtlich Senderrauschen.

Bandpaß / Bandsperre-Duplexer
Wie schon der Name verrät ist dieser Duplexer eine Kombination aus den beiden anderen Typen. Dabei kommen jeweils nur die Vorzüge der beiden Typen zur Geltung. Die Nachteile werden vermieden.

Literatur zu Abschnitt 37

[1.1] *Parker, B.E.*: VHF Dummy Antennas. Electronics, October 1949, pp. 100–101

[1.2] *Pühringer, H.*: Die billigste aller Kunstantennen. QSP 5/90, S. 52

[1.3] *Nussbaum, H.*: Halogenstrahler-Dummyload bis 1.000 Watt CW. Funk 12/99, S. 38-40

[1.4] *Cutler, S.*: VHF Dummy Antenna. Electronics May 1945, pp. 129–131

[1.5] *Kraus, A.*: Über den Aufbau von Dezimeter-Balastungswiderständen. Rohde & Schwarz-Mitteilungen, Nr.1, 1952, S. 36–39

[1.6] *Koch, E.*: Eine künstliche Antenne. Funk-Technik 1964, Nr. 14, S. 520

[1.7] *Rohrbacher, H.A.*: Abschlußwiderstände bis 900 MHz. DL-QTC 6/68, S. 339–341

[1.8] *Wildenhein, B.*: Experimental dummy loads. Ham Radio, September 1968, pp. 36–43

[1.9] *Stolzenberg, P.*: Induktionsarme frequenzunabhängige Hochlastwiderstände. Funkschau 1979, H. 17, S. 113–114

[1.10] *Böttcher, K.*: Dummy-Load. CQ-DL 2/85, S. 71–72

[1.11] *Perner, M.*: Dauerlastfester Abschlußwiderstand 50 Ohm/100 W. Funkamateur 6/95, S. 638–640

[1.12] *Hille, K.H.*: Eine selbstgebaute Dummyload. Funk 6/97, S. 46–47

[1.13] *Nussbaum, H.*: Ein 100-W-SSB-Meßabschluß-Widerstand bis 30 MHz. Funk 11/99, S. 34–36

[2.1] *Stevens, R.F.*: Heathkit coaxial switch HD-1234. Radio Communication, February 1974, p. 95

[2.2] *Eitzenberger, P.*: Low-Cost-Antennenumschalter. CQ-DL 12/96, S. 969

[2.3] *Kuhl, H.*: Aus eins mach zwei: Dierking GD 73 Dual-Schalter. Funk 11/96, S. 28

[2.4] *Salas, P.*: How to build a low-cost remote antenna switch. CQ January 1996, pp. 23, 28, 30

[2.5] *Dierking, H.J.*: Was tut ein Sequencer? CQ-DL 11/97, S. 879

[2.6] *Dierking, H.J.*: Sequencer für risikolose Sende/Empfangs-Umschaltung. Funkamateur 12/97, S. 1477

[2.7] *Schneider, W.*: Ablaufsteuerung zur TRX-Umschaltung (Sequencer). UKW-berichte 1/98, S. 45–49

[2.8] *Köllner, G.*: Analyse der Problematik bei Sende-/Empfangsumschaltungen. Fachtagung VHF-UHF 2000, München, DARC Bayern-Süd, S. 79–93

[2.9] -----: Elektronisches Antennenrelais. DL-QTC 12/62, S. 544–545

[2.10] *Stoner, D.L.; Earnshaw, L.A.*: The Diode Switch. CQ Antenna Roundup. 1965, pp. 150–153
[2.11] *Hawker, P.*: Solid-state t-r switch. (Antenna Topics), Radio Communication, February 1972, p. 93
[2.12] *Claar, A.*: Regelbares PIN-Dioden-Dämpfungsglied. CQ-DL 11/85, S. 631–634
[2.13] *Schäk, W.*: Wirkungsweise und Anwendung der PIN-Diode. Funkamateur 1/92, S. 67–68
[2.14] *Jirmann, J.*: HF-Schalter mit Dioden, FETs und Relais. 43. Weinheimer UKW-Tagung 1998, S. 15.1–15.9
[2.15] *Perner, M.*: PIN-Dioden als Dämpfungsglied und Schalter. Funkamateur 10/99, S. 1148–1149

[3.1] *Dobricic, D.:* Vorverstärker – Pro und Contra. UKW-Berichte 3/87, S. 141–153
[3.2] *Pietsch, H.-J.:* Theoretische Betrachtungen von Empfängerdaten und -größen. (1) CQ-DL 10/93, S. 692-695; (2) CQ-DL 11/93, S. 747–751; (3) CQ-DL 12/93, S. 929–831
[3.3] *Lentz, R.:* Rauschen in Empfangsanlagen. UKW-Berichte 3/75, S. 164–180
[3.4] *CCIR*: CCIR-Report 258-4, Man-made radio noise. ITU, Geneva, 1986
[3.5] *CCIR*: CCIR-Report *322,* Characteristics and applications of atmospheric radio noise data. ITU, Geneva, 1983
[3.6] *Danzeisen, K.*: Ermittlung der Rauscheigenschaften einer Empfangsanlage. Neues von Rohde & Schwarz 60, April/Mai 1973, S. 31–32
[3.7] *Schnorrenberg, W.:* Messungen nichtlinearer Verzerrungen. CQ-DL 5/91, S. 283–285
[3.8] *Schwarzbeck, G.*: CQ-DL 8/88, Seite 484
[3.9] *McVay, F.C.*: Don't guess the spurious level. Electronic Design, February 1967, pp. 70–73
[3.10] *Brandt, H-J.:* Bedeutung des Intercept-Punktes. Funk 6.86, S. 56–57
[3.11] *Drentea, C.:* Receiver dynamic range. Ham Radio, December 1982, pp. 77–79
[3.12] *Hawkins, R.:* Combining Gain, Noise Figure and Intercept Points for Cascaded Circuit Elements. RF Design, March 1990
[3.13] *Donohue, J.:* A Program for Design and Analysis of Receivers. RF Design, October 1983, pp. 101–102, 104–105
[3.14] *Dorsch, D.:* Kleines Praktikum Antennenverstärker. Frech Verlag, Stuttgart, 1990
[3.15] *Martin, M.:* Neuartiger Vorverstärker für 145-MHz und 435-MHz-Empfänger. UKW-Berichte 4/1977, S. 194–201
[3.16] *Schleicher, S.:* Rauscharmer 2m-Mastvorverstärker mit Relaisumschaltung. Beam 12/85, S. 29–34
[3.17] *de Guchteneire, F.:* 70cm-Vorverstärker für Satellitenbetrieb. AMSAT DL 3/93, S. 18–22
[3.18] *Köhler, A.:* Antennenverstärker mit der IS NE 5205. Funkamateur 10/93, S. 641
[3.19] *Rousselet, M.:* Ein rauscharmer Vorverstärker für 1296 MHz. Beam 1/94, S. 24–26
[3.20] *Richter, E.:* Universeller Breitbandverstärker. CQ-DL 1 /94, S. 30
[3.21] *Henne, W.:* Rauschkenngrößen der Antennen, HF- und NF-Verstärker. Oldenbourg Verlag, München, 1972

[4.1] -----: Diplexer für 2m/70cm. Beam 3/89, S. 22–24
[4.2] *Jenkins, D.C.:* A Simple VHF/UHF Diplexer. QST, October 1991, pp. 18–20, 25
[4.3] *Brückner, W.*: Weiche zum gleichzeitigen Betrieb eines 2 m- und eines Kurzwellengeräts. CQ-DL 8/90, S. 498
[4.4] *Kestler, J.*: Eine Antennenweiche für Rundfunk/2m-Band. UKW-Berichte 4/77, S. 201–205
[4.5] *Kestler, J.:* Eine Antennenweiche 2m/70cm. UKW-Berichte 4/87, S. 247–251
[4.6] *Hawker, P.*: Using car-radio antennas on 144 MHz. (Technical Topics). Radio Communication, December 1987, pp. 910–911
[4.7] *Witmer, J.R.*: A Modular Two Band Diplexer. RF Design, December 1991, pp. 30–34
[4.8] *Regnault, J.*: Diplexers for the VHF Bands. Radio Communication, March 1996, pp. 63, 65; April 1996, pp. 61–63
[4.9] Nagy, G.: Einfacher Diplexer für 2 m / 70 cm. CQ-DL 7/98, S.532–533
[4.10] *Lehning, R.A.*: Duplexers and Repeaters – Some Basic Information. CQ, July 1992, pp. 48, 52, 54, 56

38 EMV

Drei Buchstaben machen seit einiger Zeit Furore nicht nur in Fachkreisen der Elektronikindustrie oder bei Funkamateuren, sondern auch in der breiten Öffentlichkeit.

EMV = Elektromagnetische Verträglichkeit

EMV beschreibt ein neues Arbeitsgebiet, daß sich mit Wechselwirkungen von elektromagnetischen Effekten auf technische Einrichtungen befaßt.

Im EMV-Gesetz (EMVG) [0.1] ist die elektromagnetische Verträglichkeit definiert als die Fähigkeit eines Gerätes, in der elektromagnetischen Umwelt zufriedenstellend zu arbeiten, ohne dabei selbst Störungen zu verursachen (oder von anderen gestört zu werden). Geräte sind laut Gesetz alle elektrischen und elektronischen Apparate, Anlagen oder Systeme, die elektrische oder elektronische Bauteile enthalten.

Mit dieser EMV-Definition wird ein Zustand beschrieben, in dem elektrische Geräte aller Art sich gegenseitig weder stören noch in ihrer Funktion beeinträchtigen oder durch elektromagnetische Erscheinungen (z.B. Gewitter) beeinträchtigt werden.

In früheren Zeiten war das Problem der EMV nicht so gravierend, da einerseits der Verbreitungsgrad von elektronischen Einrichtungen noch nicht so hoch war, andrerseits die gesetzlichen Bestimmungen auch noch nicht so einschneidend waren.

Im Gegensatz zum früheren Funkschutz verlangt die neue Richtlinie neben der Störaussendung auch die Betrachtung der Störfestigkeit von Geräten. Das ist letztlich der zwingende Schluß aus der Tatsache, daß durch die immer stärker werdende Verbreitung von elektrischen und elektronischen Geräten die aktive Begrenzung der Störaussendung allein nicht mehr ausreicht, sondern auch die passive Unempfindlichkeit der Geräte gegen elektromagnetische Einflüsse immer wichtiger wird [0.2].

Der Funkschutz hat in Deutschland eine lange Tradition. Ursprünglich war, wie der Name schon sagt, der Schutz von bestehenden Funkdiensten die eigentliche Aufgabe dieses Arbeitsgebietes, die sich im Laufe der Zeit wesentlich ausgeweitet hat. Im Rahmen des Funkschutzes entstanden in Deutschland Normen (vorwiegend als DIN VDE) und durch Postverfügungen wurden die Anforderungen festgelegt.

Nach diesem „nationalen Weg" ergibt sich nun durch die Anwendung des EMVG der „europäische Weg".

Literatur zu EMV: [0.3]–[0.11].

38.1 Begriffsdefinitionen

EMV = Elektromagnetische Verträglichkeit
Die elektromagnetische Verträglichkeit ist die Fähigkeit einer elektrischen Einrichtung, in ihrer elektromagnetischen Umgebung zufriedenstellend zu funktionieren, ohne dabei diese Umgebung, zu der auch andere Einrichtungen gehören, „unzulässig" zu beeinflussen.
(engl.: EMC = Electromagnetic Compatibility)

EME = Elektromagnetische Emission
Die elektromagnetische Aussendung, die ein Elektroniksystem als Störquelle anseine Umwelt durch Kopplung bzw. Strahlung, abgibt. Sie wird auch als elektromagnetische Störaussendung bezeichnet.
(engl.: EME = Electromagnetic Emission)

EMI = Elektromagnetische Interferenz
Die Bezeichnung EMI entspricht der Bezeichnung EME. Sie wird auch als elektromagnetische Störaussendung, oder aktives Störvermögen bezeichnet.
(engl.: EMI = Electromagnetic Interference)

EMS = Elektromagnetische Sensibilität
Die elektromagnetische Sensibilität ist die Empfindlichkeit, mit der ein Elektroniksystem auf elektromagnetische Einwirkungen durch Kopplung bzw. Strahlung reagiert. Sie wird auch als elektromagnetische oder passive Störfestigkeit bezeichnet.
(engl.: EMS = Electromagnetic Susceptibility)

EMB = Elektromagnetische Beeinflussung
Die elektromagnetische Beeinflussung ist die Einwirkung von Störgrößen auf elektrische Einrichtungen. Die Beeinflussung führt zu Qualitätsverlust, Fehlfunktion, Ausfall (Zerstörung).

Elektrische Einrichtung
Sammelbegriff für Gerät oder Anlage.

Gerät
Einzelnes Betriebsmittel z.B. Empfänger.

Anlage
Die Gesamtheit von zueinander in Beziehung stehenden Geräten. Eine Anzahl zusammengefaßter Einzelgeräte und untergeordneter Einheiten. Eine Anlage wird manchmal auch als System bezeichnet.

Funkstörspannung
Bestimmt wird das Störvermögen im Frequenzbe-

Bild 38.2.1
Kopplung auf dem Übertragungsweg

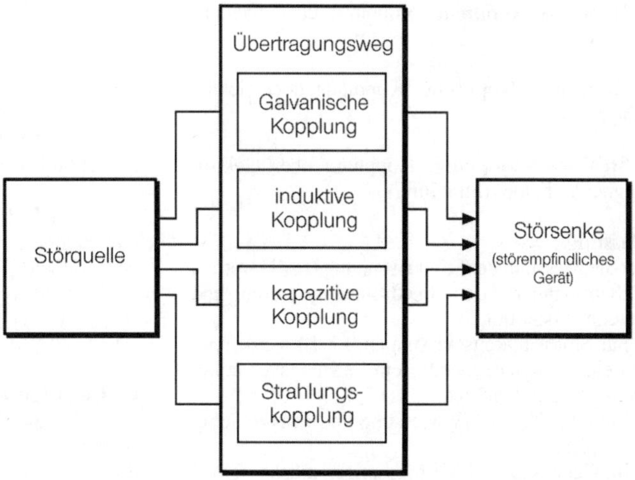

reich zwischen 9 kHz (150 kHz) bis 30 MHz auf Stromversorgungsleitungen z.B. mit einer Netznachbildung, auf Signal- und Datenleitungen mit z.B. einem Tastkopf.

Funkstörfeldstärke
Gemessen wird die elektrische Störfeldstärke im Frequenzbereich zwischen 30 MHz und (300 MHz) 1000 MHz mit Hilfe einer Antenne.

Funkstörleistung
Bestimmt wird die Störenergie auf den Leitungen von netzbetriebenen Elektrogeräten im Frequenzbereich zwischen 30 MHz und 300 MHz mit Hilfe einer absorbierenden Meßzange.

Funkstörstrahlungsleistung
Mit einem Substitutionsverfahren (Meßsender mit Sendeantenne) wird das Störvermögen eines Gerätes im Frequenzbereich von 1 GHz bis 18 GHz gemessen.

Störgröße
Elektromagnetische Größe, die in einer elektrischen Einrichtung eine unerwünschte Beeinflussung hervorrufen kann. Störgrößen sind: Spannung, Strom, Feldstärke, Leistung.

Störquelle
Ort, bzw. elektrische Einrichtung als Ursprung von Störgrößen.

Störsenke
Ort, zu dem Störgrößen gelangen, bzw. elektrische Einrichtung, deren Funktion dadurch beeinflußt werden kann.

Störfestigkeit
Fähigkeit einer elektrischen Einrichtung Störgrössen bestimmter Höhe ohne unerwünschter Beeinflussung zu ertragen.

Eingangs-Störfestigkeit
Hier wird geprüft, ob der Empfänger Fremdsignale, die zusätzlich zum Nutzsignalan den Anteneneingang gelangen, ausreichend unterdrückt.

Einströmungs-Störfestigkeit
Hier wird geprüft, ob der Empfänger hochfrequente Fremdsignale – die in die NF-Eingänge, Lautsprecherausgänge oder über die Netzleitung eingespeist werden – ausreichend unterdrückt.

Einstrahlungs-Störfestigkeit
Hier wird geprüft, ob der Empfänger ein Störsignal als elektromagnetisches Feld in einer offenen Streifenleitung (Jacky) oder durch eine Einstrahlung mit einer Antenne ohne Beeinflussung übersteht.

38.2 Kopplung und Messung

Kopplung
Zwischen Störquelle und Störsenke findet auf dem Übertragungsweg eine Kopplung (Störkopplung) statt (**Bild 38.2.1**). Dabei unterscheidet man galvanische, induktive, kapazitive Kopplung sowie Strahlungskopplung.

Kopplung: Wechselbeziehung zwischen Stromkreisen, bei der Energie von einem Stromkreis auf einen anderen Stromkreis übertragen wird.

Galvanische Kopplung: Kopplung über eine gemeinsame Impedanz Z, bei der auch Gleichstrom übertragen werden kann.

Induktive Kopplung: Kopplung über magnetische Felder.

Kapazitive Kopplung: Kopplung über elektrische Felder.

Strahlungskopplung: Kopplung über elektromagnetive Felder (Strahlung).

Messung
Für die Messung der Störaussendung (EMI) werden Meßempfänger oder Spektrumanalysatoren und Antennen benötigt.

Für Störfestigkeitsmessungen (EMS) werden neben einem Signalgenerator ein Leistungsverstärker und Antennen benötigt.

Literatur über EMV-Messung und Entwicklung: [2.1]–[2.5].

Im Gegensatz zu EMI-Messungen müssen EMS-Messungen in geschirmten Räumen durchgeführt werden. Die relevanten Normen schreiben eine geschirmte Halle vor, teilweise mit Absorbern ausgekleidet.

Da der Bau und die Einrichtung einer Absorberhalle technisch und finanziell sehr aufwendig ist, wurden preisgünstigere Alternativen auf den Markt gebracht. Beispiele dafür sind: TEM-Zelle (Transversal Elektro-Magnetische Zelle) [2.6], GTEM-Zelle (GHz-TEM-Zelle) [2.7], sowie S- und M-Line Meßzelle [2.8].

Auf EMV-Meßplätzen werden heute Messungen nicht mehr manuell durchgeführt, sondern vollautomatisch rechnergesteuert [2.9]–[2.13].

38.3 EMV-Antennen

Bei EMV-Antennen unterscheidet man
EMI-Antennen
EMS-Antennen

EMI-Antennen
EMI-Antennen sind EMV-Meßantennen zur Nahfeldmessung von Störfeldstärken (elektrische Feldstärke = E-Feld oder magnetische Feldstärke = H-Feld) der Geräte.

Der Antennenfaktor bzw. das Antennenmaß gibt dabei den Zusammenhang zwischen der Antennenspannung und der Feldstärke (vgl. Abschnitt 4.14). Der Antennenfaktor ist bei passiven Antennen frequenzabhängig, uzw. mit der Frequenz fallend bei Rahmenantennen und steigend bei Dipolantennen. Bei aktiven Antennen ist der Antennenfaktor frequenzunabhängig.

H-Feld ≤ 30 MHz:	Kleine Spulenantenne (passiv)
E-Feld ≤ 30 MHz:	Kurzer Monopol (aktiv) oder kurzer Dipol (aktiv)
30 bis 300 MHz:	Dipol (abgestimmt oder breitbandig) oder Doppelkonus-Antenne (Bikonal-Antenne)
300 bis 1000 MHz:	Log.-per. Antenne
≥ 1000 MHz:	Hornantenne

Die für EMI-Messungen zu verwendenden Antennen sind in den entsprechenden Normen genau beschrieben.

Hersteller von EMI-Antennen sind z.B.: *AH Systems* (USA); *Rohde & Schwarz*, *Schwarzbeck* (Deutschland).

EMS-Antennen
EMS-Antennen sind EMV-Sendeantennen zur Einstrahlung von Störsignalen in die Geräte bei der Störfestigkeitsmessung.

10 kHz bis 30 MHz:	E-Feld-Generatormax. 1 kW
10 kHz bis 20 (100) MHz:	E-/H-Feld-Generatormax. 15 (3) kW
20 bis 200 MHz:	Bikonal-Antenne max. 2 kW
200 bis 1000 MHz:	Log.-per. Antenne max. 1 kW
≥ 1000 MHz:	Hornantennemax. 300 W

Der Typ der EMS-Antenne hängt sehr stark von der notwendigen Feldstärke und Größe des Testobjektes ab.

Typische Feldstärkekonfigurationen aus der Praxis sind: 10 V/m-, 40 V/m-, 100 V/m- und 200 V/m-Systeme

Mit Ausnahme des E-Feld- und E-/H-Feld-Generators sind EMS-Antennen auch für EMI-Messungen verwendbar.

Hersteller von EMS-Antennen sind z.B.: *Amplifier Research*, *ARA*, *EMCO* (USA); *FSA* (Deutschland).

38.4 EMV-Vorschriften

Eine Voraussetzung für das Funktionieren eines gemeinsamen Marktes sind gegenseitig anerkannte technische Vorschriften (Normen).

Bereits 1934 wurde in Paris von fünf europäischen Staaten das Sonderkomitee CISPR gegründet, das 1946 ein Unterkomitee der IEC in Genf wurde. 1948 wurde CENELEC gegründet, um einheitliche europäische EMV-Normen zu schaffen. Zusätzlich wurden vom ETSI, dem Normeninstitut der CEPT, der Europäischen Konferenz für Post- und Telekommunikation, auch EMV-Normen veröffentlicht. 1990 wurde eine Arbeitsteilung zwischen ETSI und CENELEC vereinbart: ETSI bearbeitet Nachrichten-Übertragungsgeräte (z.B. Amateurfunkgeräte), Vermittlungseinheiten und Endeinrichtungen. CENELEC bearbeitet Rundfunkgeräte, Modems, ISDN- und CATV-Geräte.

Je nach Herkunft werden EMV-Normen einem der drei Nummernkreise zugeordnet:

CENELEC	50 000
CISPR	55 000
IEC	60 000

Für die Hersteller oder Importeure von Geräten bedeutet EMV, daß die Einhaltung der EG-Richtlinien, d.h. die Richtlinien der Europäischen Gemeinschaft, in einer Erklärung, der s.g. Konformitätserklärung dokumentiert sein muß. Die Geräte müssen ein CE-Zeichen (CE = Communautés Européennes) tragen. Der Inhalt der Richtlinie geht den nationalen Bestimmungen in allen EU-Staaten rechtlich vor und ist dort überall rechtsverbindlich.

Der Gesetzgeber räumt der Industrie ein, mit Hilfe von privaten Normengremien Grenzwerte zu bestimmen, die dann zu entsprechenden rechtsverbindlichen Normen werden, wenn sie von der Reg TP (Regulierungsbehörde für Post und Telekommunikation) in einem Amtsblatt veröffentlicht werden.

Es gibt Grundnormen, Fachgrundnormen und Produktnormen.

Grundnormen (Basic Standards)

Grundnormen definieren und beschreiben das Problem EMV, die Meß- und Testmethoden, die grundsätzlichen Meßmittel und Meßanordnungen. Sie enthalten keine Grenzwerte – allenfalls eine Grenzwertauswahl – und stellen keine Beeinträchtigungskriterien auf. EMV Grundnormen sind z. B.:

CISPR 16/1987: Letzte Gesamtausgabe: Spezifikation für Funkstörmeßgeräte und -verfahren

CISPR 16-1/1993: Erster Teil der Neuausgabe: Spezifikation für Funkstörmeßgeräte und -verfahren. Teil 1: Geräte zur Messung von Funkstörungen und der Störfestigkeit.

(Anmerkung: zu dieser Norm ist keine EN geplant)

IEC 1000 mit folgenden Hauptteilen („-x" steht für die Unterabschnitte):

IEC 1000-1-x Teil 1: Allgemeines: Einführung, Grundprinzipien, Definitionen

IEC 1000-2-x Teil 2: Elektromagnetische Umgebung: Klassifikation, Kompatibilitätspegel

IEC 1000-3-x Teil 3: Grenzwerte: Störaussendung im niederfrequenten Bereich, Störfestigkeit

IEC 1000-4-x Teil 4: Meßgeräte und Meßverfahren

IEC 1000-4-1 Übersicht über die Störfestigkeits-Meßverfahren

IEC 1000-4-2 Störfestigkeit gegen elektrostatische Endladungen (ESD)

IEC 1000-4-3 Störfestigkeit gegen hochfrequente elektromagnetische Felder

IEC 1000-4-4 Störfestigkeit gegen schnelle transiente Störungen (Bursts)

IEC 1000-4-5 Störfestigkeit gegen Stoßspannungen (Surges)

IEC 1000-4-6 Störfestigkeit gegen leitungsgeführte hochfrequente Störungen

IEC 1000-4-7 Allgemeine Einführung in Verfahren und Geräte zur Messung von Harmonischen und Interharmonischen von Wechselstromnetzen und angeschlossenen Geräten.

IEC 1000-4-8 Störfestigkeit gegen netzfrequente Magnetfelder

IEC 1000-4-9 Störfestigkeit gegen impulsförmige Magnetfelder

IEC 1000-4-10 Störfestigkeit gegen gedämpft schwingende Magnetfelder

IEC 1000-4-11 Störfestigkeit gegen Spannungseinbrüche, kurzzeitige Unterbrechungen und Spannungsänderungen

IEC 1000-5-x Teil 5: Hinweise zum EMV-gerechten Geräte und Systemaufbau

IEC 1000-9-x Teil 9: Verschiedenes

Die Abschnitte 1 bis 6 entstammen dem EMV-Produktfamilienstandard IEC 801 für Industrielle Prozeßmeß- und -steuereinrichtungen. Aus IEC 801-2 wird also beispielsweise IEC 1000-4-2. Die in der Norm enthaltenen Grenzwerte sind Vorschläge an die Produktkomitees zur Auswahl.

Fachgrundnormen (Generic Standards)

Fachgrundnormen sind Normen, die sich auf eine bestimmte Umwelt beziehen. Sie legen eine entsprechende Reihe von Anforderungen und Prüfungen fest, die für alle in dieser Umwelt eingesetzten Produkte und Systeme anwendbar sind, vorausgesetzt, es gibt keine für diese Produkte und Systeme bestimmten EMV-Normen. Fachgrundnormen werden für folgende Einsatzgebiete spezifiziert:

Wohnbereiche, Geschäfts- und Gewerbebereiche, sowie Kleinindustrie

Industrie

Die Fachgrundnormen für die elektromagnetische Störfestigkeit (EMS) enthalten drei verschiedene Kategorien der Beeinträchtigung, wenn das Gerät oder die Anlage elektromagnetischer Störenergie ausgesetzt wird:

Das Meßobjekt arbeitet ungestört (Kategorie A).

Das Meßobjekt wird gestört, funktioniert aber nach Abschalten der Störgröße wieder einwandfrei (Kategorie B).

Funktionsverlust während des Tests, aber korrekte Funktion nach Neueinstellung des Meßobjektes (Kategorie C).

Das Erfüllen der Anforderungen der Fachgrundnorm stellt formal sicher, daß die wesentlichen EMV-Anforderungen, die an ein Produkt zu stellen sind, erfüllt werden.

Produktnormen (Product Standards)

Produktnormen werden eingeteilt in:
Produktfamilien-Normen
Spezielle Produktnormen.

Den Produktfamilien-Normen gehören die meisten der heute angewendeten EMV-Normen an. Sie enthalten für eine bestimmte Gerätekategorie (z. B. tragbare Elektrowerkzeuge oder Rundfunkempfänger) spezielle Grenzwerte für die Aussendung und die Störfestigkeit sowie genaue Anweisungen, wie die Messungen durchzuführen sind, vor allem aber, wie dabei das Meßobjekt zu betreiben ist. Die Grenzwerte dieser Normen sollen immer mit denen der Fachgrundnormen harmonisiert sein. Sie dürfen auf keinen Fall geringere Anforderungen an das Meßobjekt stellen als diese. Ihre Anwendung hat, wenn sie für eine bestimmte Produktfamilie vorhanden sind, immer Vorrang vor der Anwendung der Fachgrundnormen.

Von speziellen Produktnormen spricht man dann, wenn die EMV-Anforderungen an ein Produkt in eine andere Norm für dieses Produkt eingebettet sind. In diesem Fall müssen die Abschnitte, die die EMV betreffen, klar herausgestellt und als solche bezeichnet sein.

Die Nummern folgender Normen wurden im Amtsblatt 4/94 des Bundesministers für Post und Telekommunikation in der Vfg 43/1994 veröffentlicht und sind deshalb zusammen mit dem EMVG (die deutsche Umsetzung der EMV-Richtlinie) verbindlich:

Europäische EMV-Normen

Fachgrundnormen für die Störaussendung:

EN 50 081-1/1.92 Teil 1 Elektromagnetische Verträglichkeit; Fachgrundnorm Störaussendung Wohnbereich, Geschäfts- und Gewerbebetriebe sowie Kleinbetriebe.
In Deutschland: VDE 0839 Teil 81-1/3.93

EN 50 081-2/7.93 Teil 2 Elektromagnetische Verträglichkeit; Fachgrundnorm Störaussendung Industriebereich.
In Deutschland: VDE 0839 Teil 81-2/3.94

Fachgrundnormen für die Störfestigkeit

EN 50 082-1/1.92 Elektromagnetische Verträglichkeit; Fachgrundnorm

Teil 1 Störfestigkeit Wohnbereich, Geschäfts- und Gewerbebetriebe sowie Kleinbetriebe.
In Deutschland: VDE 0839 Teil 82-1/3.93

Produktnormen für Niederfrequenzstörungen:

EN 60 555 Rückwirkungen in Stromversorgungsnetzen, die durch Haushaltsgeräte und ähnliche elektrische Einrichtungen verursacht werden
Teil 2 Oberschwingungen (IEC 555-2).
Deutsche Norm: DIN VDE 0838 Teil 2/06.87
Teil 3 Spannungsschwankungen (IEC 555-3).
Deutsche Norm: DIN VDE 0838 Teil 3/06.87 und 1. Änderung hierzu: EN 60 555 Teil 3 A1/10.91
Deutsche Norm VDE 0838 Teil 3 A1/04.93

Produktnormen für Hochfrequenzstörungen

EN 55 011/03.91 Grenzzwerte und Meßverfahren für Funkstörungen von industriellen, wissenschaftlichen und medizinischen Hochfrequenzgeräten (ISM-Geräten).
Deutsche Norm: DIN VDE 0875 Teil 1 1/07.92

EN 55 013/06.90 Grenzwerte und Meßmethoden für die Funkstöreigenschaften von Rundfunkempfängern und angeschlossenen Geräten.
Deutsche Norm: DIN VDE 0872 Teil 13/08.91

EN 55 014/04.94 Grenzwerte und Meßverfahren für Funkstörungen von Geräten mit elektromotorischem Antrieb und Elektrowärmegeräten für den Hausgebrauch und ähnliche Zwecke, Elektrowerkzeugen und ähnlichen Elektrogeräten.
Deutsche Norm: DIN VDE 0875 Teil 14/12.93

EN 55 015/02.93 Grenzwerte und Meßverfahren für Funkstörungen von elektrischen Beleuchtungseinrichtungen und ähnlichen Elektrogeräten.
Deutsche Norm: DIN VDE 0875 Teil 15/12.93

EN 55 022/04.87 Grenzwerte und Meßverfahren für Funkstörungen von informationstechnischen Einrichtungen (rM)- Neue Version der CISPR 22 ist 12.93 erschienen.
Deutsche Norm: DIN VDE 0878 Teil 3/11.89

Produktnormen für die Störfestigkeit

EN 55 020/06.88 Störfestigkeit von Rundfunkempfängem und angeschlossenen Geräten.
Deutsche Norm: DIN VDE 0872 Teil 20/08.89

Sondernorm für Störungen von Signalen in Übertragungsnetzen

EN 50 065-1/91 Signalübertragung auf elektrischen Niederspannungsnetzen im Frequenzbereich 3 kHz bis 148,5 kHz

Teil 1 Allgemeine Anforderungen, Frequenzbänder und elektromagnetische Verträglichkeit.
Deutsche Norm: DIN VDE 0808 Teil 1/12.91

ENV 50 102 EMV-Anforderungen an ISDN Endeinrichtungen
Teil 1: Grenzwerte und Meßverfahren für die Störaussendung
Teil 2: Immunitäts-Anforderungen

ENV 50 140 Störfestigkeit gegen elektromagnetische Felder 80–1000 MHz

ENV 50 141 Störfestigkeit gegen Gleichtaktstörungen auf Leitungen 0,15–80 MHz

EN 50 160 Merkmale der Spannung in öffentlichen Elektrizitätsversorgungsnetzen.
Deutsche Fassung: VDE 0839 Teil 160

EN 60 601-1-2 Medizinische Elektrische Geräte; Teil 1: Allgemeine Anforderungen an die Sicherheit: Teil 2. Ergänzungsnorm EMV.
Deutsche Fassung VDE 0750 Teil 1-2

EN 61 000-4-11/1993 Störfestigkeit gegen Spannungseinbrüche, kurzz. Unterbrechungen und Spannungsänderungen

ETS 300 159/12.92 Satellitenbodenstationen: VSATs (Very Small Aperture Terminals) für Senden/Empfangen von Daten im Bereich des festen Satellitendienstes in den Frequenzbändern 11/12/14 GHz; enthält auch EMV-Anforderungen.

Übersicht über VDE-Vorschriften

Im DIN-VDE-Normenwerk nimmt das Thema EMV nur einen kleinen Teil ein. Trotzdem enthält es einen vollständigen Satz an Normen für EMV-Meßgeräte, EMV-Meßverfahren, sowie Grenzwerte für die Störaussendung praktisch aller Produkte. Eingeordnet sind die EMV-Normen im DIN-VDE-Normenwerk unter den Nummern 0838 bis 0879. Ihre Entstehung reicht teilweise bis in die Jahre vor dem Zweiten Weltkrieg zurück. Die VDE-Normenkomitees für die Funk-Entstörung für den Bereich der Normen 0871 bis 0879 haben immer international aktiv in den Spiegelgremien von CISPR mitgearbeitet mit dem Erfolg, daß es zwischen den CISPR-Publikationen und den VDE-Vorschriften keine grundsätzlichen Widersprüche gibt. Ebenso erfolgte deutsche Zuarbeit zu den in den siebziger Jahren entstandenen EMV-Komitees des IEC.

Nachstehend werden nur die Nummern mit dem Inhalt als Stichwort aufgezählt. Der folgende konzentrierte Überblick enthält sowohl europäisch harmonisierte wie auch nationale Normen.

VDE 0838 Rückwirkungen von Geräten auf Stromversorgungsnetze (s. EN 60 555 Teile 1 bis 3)

VDE 0843 EMV von industriellen Meß-, Steuer- und Regeleinrichtungen, identisch mit den entsprechenden Teilen der internationalen Vorschrift IEC-801 (es ist vorgesehen, die Neuausgaben der IEC 801- bzw. IEC 1000-4-Normen unter der Serie VDE 0847 zu veröffentlichen)

VDE 0845 Schutz von Femmeldeanlagen gegen Überspannungen und Blitze

VDE 0846 Meßgeräte zur Beurteilung der EMV. Hier sind vor allem Geräte zur Messung von Rückwirkungen auf das Netz und Störfestigkeitsmeßgeräte aufgeführt

VDE 0847 Meßverfahren zur Beurteilung der EMV, Anwendungsbereich wie VDE 0846

VDE 0848 Gefährdung durch elektromagnetische Felder. Dieses heiß diskutierte Thema wird heute separat unter den Begriff „EMVU" (EMV in der Umwelt) eingeordnet und fällt deshalb nicht unter das hier behandelte Thema „EMV"

VDE 0870 Begriffe der elektromagnetischen Beeinflussung

VDE 0871 Funk-Entstörung von Hochfrequenzgeräten. Nach Übernahme der ISM-Geräte in VDE 0875 Teil 1 1 verbleibt bei VDE 0871 nur das Beiblatt zur Festlegung von Grenzwerten für ISM-Geräte (CISPR 23)

VDE 0872 Funk-Entstörung von Ton- und Fernsehrundfunkempfängem und Videogeräten

VDE 0873 Maßnahmen gegen Funkstörungen durch Anlagen der Elektrizitätsversorgung und durch elektrische Bahnen

VDE 0875 Funk-Entstörung von elektrischen Betriebsmitteln und Anlagen (Elektro-Haushaltsgeräte, handgeführte Elektrowerkzeuge und ahnliche Elektrogeräte)

VDE 0876 Geräte zur Messung von Funkstörungen (Funkstörmeßempfänger und Zubehör)

VDE 0877 Verfahren zum Messen von Funkstörungen

VDE 0878 Funk-Entstörung und elektromagnetische Verträglichkeit von Einrichtungen der Informationsverarbeitungs- und Telekommunikationstechnik

VDE 0879 Funk-Entstörung von Fahrzeugen, von Fahrzeugausrüstungen und von Verbrennungsmotoren

Die zulässigen Grenzwerte für die Störstrahlung orientieren sich teilweise im Detail an der funktechnischen Nutzung der Frequenzbereiche: Sie sind dort besonders niedrig, wo schützenswerte Dienste arbeiten. Das ist auf jeden Fall der Rundfunk, aber auch der Flugfunk, zu dessen Schutz für bestimmte Aufstellungsorte von störenden Geräten durch die zuständigen Behörden besonders niedrige Funkstörstrahlungswerte festgelegt werden können.

72/245/EWG 1970: Störaussendungen von Verbrennungsmotoren mit Fremdzündung und Elektromagnetische Verträglichkeit (EMV) von Kraftfahrzeugen.

95/54/EG 1995: Anpassung der Richtlinie 72/245/EWG zur Angleichung der Rechtsvorschriften der Mitgliedsstaaten über die Funkentstörung von Kraftfahrzeugen mit Fremdzündung an den technischen Fortschritt.

Bezugsquellen für Normen

Die Normen des CENELEC und des IEC sind im allgemeinen von nationalen Stellen verfügbar. In Deutschland ist das der VDE-Verlag in Berlin.

IEC, EN und DIN VDE-Vorschriften

VDE-Verlag GmbH
Bismarckstraße 33
10625 Berlin

Beuth Verlag GmbH
Burggrafenstraße 6
10787 Berlin

EMV-Gesetz (EMVG)
Verlag Dr. Hans Heger
Postfach 20 13 63
53143 Bonn

Amtsblatt der Europäischen Gemeinschaften
EMV-Richtlinie 89/336/EWG

Bundesanzeiger
Breite Straße
50667 Köln

Literatur über EMV-Vorschriften: [4.1]–[4.4].

38.5 Störungen

Man unterscheidet zwischen *Störungen* bei Funkdiensten, den Funkstörungen und den durch unzureichende EMV verursachten *Störungen* bei allen anderen Geräten und Anlagen.

Funkstörungen

Störungen für Funkdienste sind im Gesetz über den Internationalen Fernmeldevertrag rechtlich geregelt und damit international rechtsverbindlich und bindend (BGBL II Nr. 11/1985). Die Vollzugsordnung Funk (VO Funk), die Bestandteil des Internationalen Fernmeldevertrages ist, definiert im Artikel VII unter der Überschrift „Gemeinsame Benutzung von Frequenzen“ *Störungen* als

– *zulässige Störung*
– *hingenommene Störung*
– *schädliche Störung*

Störungen können somit rechtlich nur auftreten, wenn zwei oder mehrere Funkdienste gemeinsame Frequenzen benutzen. Das ist z.B. der Fall wenn zwei Fernsehsender, die auf dem selben Kanal arbeiten, räumlich aber weit auseinander liegen bei besonders guten Ausbreitungsbedingungen (Überreichweiten) sich dann gegenseitig stören.

Wenn es zu *Störungen* kommt, wenn unterschiedliche Funkdienste, etwa Amateurfunk- und Rundfunkdienst, keine gemeinsamen Frequenzen, sondern unterschiedliche Frequenzen benutzen, dann sind dies rechtlich gesehen keine *Störungen*, sondern „störende Beeinflussungen“ [5.1] [5.2]. Dieser Fall kann eintreten durch unzulässige Ober- oder Nebenwellen von Amateurfunksendern [5.3]. Unzulässige Ausstrahlungen von Amateurfunksendern sind auf der Senderseite durch geeignete technische Maßnahmen zu eliminieren. *Funkstörungen* können also nur bei Funkempfängern und nicht bei anderen elektrischen oder elektronischen Geräte auftreten.

Störungen von Geräten und Anlagen

Alle übrigen Geräte, Anlagen oder Netze fallen in Bezug auf *Störungen* unter das Gesetz über Elektromagnetische Vertäglichkeit von Geräten, kurz EMV-Gesetz (EMVG) vom 24.9.98, das dadurch überall in der EU rechtsverbindlich ist. Unter das EMV-Gesetz fallen Geräte mit *Störungen* durch mangelnde Störfestigkeit (Eingangs-, Einströmungs- und Einstrahlungs-Störfestigkeit). Sind Geräte nicht im Rahmen dieser Normen störfest, muß der Hersteller sie dann im Bedarfsfall kostenlos (auch über die Garantiezeit hinaus) nachbessern, um die Forderung zu erfüllen. Alle Geräte, die unter das EMV-Gesetz fallen, werden nur dann vorschriftsmäßig betrieben, wenn sie die Bedingungen einhalten und keinen bestimmungswidrigen Nebenempfang durch unzureichende Störfestigkeit verursachen.

Das EMV-Gesetz hat, gegenüber früher, eine gewisse Änderung der Rechtslage gebracht [5.4].

38.6 Filter

Filter sind Koppeleinrichtungen, die je nach Aufbau einzelne Frequenzen oder Frequenzbereiche sperren oder durchzulassen. Kennzeichnend für solche Filter sind ihre Durchlaß- und Sperrbereiche. Innerhalb des Durchlaßbereiches soll das Filter alle Frequenzen verlustlos übertragen. Innerhalb des Sperrbereiches soll keine oder nur sehr wenig Wirkleistung übertragen werden. Die Schaltelemente dieser Filter sollen keine Wirkleistung verbrauchen. Die Filter werden deshalb aus Kapazitäten und Induktivitäten aufgebaut, die im Idealfall wie reine Blindwiderstände wirken. [6.1], [6.2].

Der Übergang vom Durchlaßbereich zum Sperrbereich müßte im Idealfall sprunghaft sein. Da die Schaltelemente jedoch nicht verlustfrei sind, ist er mehr oder weniger steil. Die Frequenz, bei der der Übergang vom Sperrbereich zum Durchlaßbereich eintritt, nennt man *kritische Frequenz* oder *Grenzfrequenz* f_{gr}. Bei dieser Frequenz ist der induktive Widerstand gleich dem kapazitiven Widerstand des Filters.

Es gibt verschiedene Filtertypen, wie *Butterworth*-, *Tschebyscheff*-, Elliptische und *Bessel*-Filter. Am meisten werden die beiden ersten Typen verwendet. Die *Butterworth*-Filter haben einen möglichst konstanten Dämpfungsverlauf im gesamten Durchlaßbereich. Beim *Tschebyscheff*-Filter wird eine gewisse relativ geringe Welligkeit im Durchlaßbereich zugelassen. Das hat zur Folge, daß der Übergang in den Dämpfungsbereich steiler wird. Beim *Butterworth*-Filter wird als Grenzfrequenz der Dämpfungsanstieg auf 3 dB definiert, während man beim *Tschebyscheff*-Filter als Grenzwert den Punkt definiert, an dem der Wert der zulässigen Welligkeit überschritten wird [6.3], [6.4].

Symmetrische Filter haben am Eingang und Ausgang die gleiche Impedanz, während unsymmetrische Filter mehr oder weniger transformieren, d.h. Eingangs- und Ausgangsimpedanz sind unterschiedlich. Ferner muß auch die Erdsymmetrie gewahrt bleiben; eine unsymmetrische Speiseleitung erfordert ein (erd)unsymmetrisch aufgebautes Filter, während erdsymmetrische Filter für symmetrische Speiseleitungen bestimmt sind.

Entsprechend dem Verwendungszweck unterscheidet man folgende Grundfilterarten:

Tiefpaß
Hochpaß
Bandpaß
Bandsperre

Bei der Berechnung von Filtern geht man von folgenden prinzipiellen Gleichungen aus, die in der gesamten Hochfrequenztechnik grundsätzliche Bedeutung haben:

Kreisfrequenz:

$$\omega = 2\pi f = 6{,}28 f \qquad (38.6.1)$$

$\pi = 3{,}14$ (Konstante),
f - Frequenz

Impedanz:

$$Z = \sqrt{\frac{L}{C}} \qquad (38.6.2)$$

L - Induktivität,
C - Kapazität;

Induktiver Widerstand:

$$R_L = \omega L; \qquad (38.6.3)$$

Kapazitiver Widerstand:

$$R_C = \frac{1}{\omega C} \qquad (38.6.4)$$

Resonanzbedingung:

$$\omega_{gr} L = \frac{1}{\omega_{gr} C} \qquad (38.6.5)$$

Kreisfrequenz der Grenzfrequenz:

$$\omega_{gr} = 2\pi f_{gr} \qquad (38.6.6)$$

Aus diesen Grundgleichungen können durch Umstellen neue Gleichungen gebildet werden, die eine einfache Berechnung der Filteranordnungen ermöglichen. Filter werden heute nicht mehr berechnet, sondern die Werte aus Filterkatalogen entnommen. Diese Kataloge enthalten die Filterdaten in normierter Form für alle möglichen Kurvenverläufe von den einfachsten bis zu sehr umfangreichen Formen.

38.6.1 Tiefpaß

Ein Tiefpaß hat die Eigenschaft, von einer bestimmten Grenzfrequenz f_{gr} ab alle tiefer liegenden Frequenzen passieren zu lassen (Durchlaßbereich); alle höheren Frequenzen werden gesperrt (Sperrbereich). In seiner einfachen Form als Halbglied besteht der Tiefpaß nach **Bild 38.6.1a** aus einer Längsinduktivität L und einer Querkapazität C. Die Sperrwirkung von Halbgliedern ist jedoch meist zu gering. Deshalb bevorzugt man das sogenannte Vollglied, das in **Bild 38.6.1b** dargestellt ist. Bemißt man es z.B. für eine Impedanz Z von 50 Ω, so eignet es sich zum Einfügen in eine Speiseleitung, die aus 50-Ω-Koaxialkabel besteht (Eingangsimpedanz Z_e = Ausgangsimpedanz Z_a = Wellenwider-

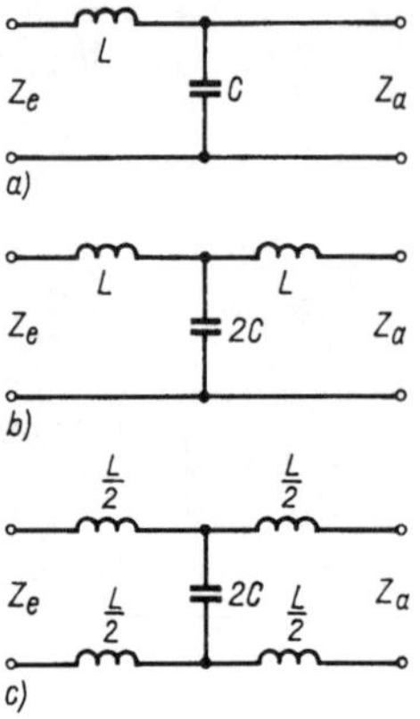

Bild 38.6.1
Tiefpässe
in T-Grundschaltung;
a – unsymmetrisches Halbglied
b – unsymmetrisches Vollglied,
c – symmetrisches Vollglied

stand Z der Speiseleitung = Wellenwiderstand des Filters Z_{fi}). Als 3. Variante zeigt **Bild 38.6.1c** ein erdsymmetrisches Vollglied, das bei symmetrischen Speiseleitungen (z.B. UKW-Bandleitungen, „Hühnerleitern" usw.) verwendet wird.

Für die Berechnung eines Tiefpasses werden folgende Gleichungen benötigt:

Induktivität $$L = \frac{Z_{fi}}{\omega_{gr}} \qquad (38.6.7)$$

Kapazität $$C = \frac{1}{\omega_{gr} \cdot Z_{fi}} \qquad (38.6.8)$$

Häufiger als in der T-Schaltung werden Tiefpässe als Pi-Schaltung (π-Schaltung) nach **Bild 30.6.2** ausgeführt. Dieses Filter ist jedem Funkamateur als *Collins*-Filter bekannt. Auch für diese Schaltung werden L und C nach Gl. (38.6.7) und Gl. (30.6.8) berechnet.

In der Praxis ergeben sich kleine Bemessungsunterschiede zwischen T- und π-Schaltung. Der Wellenwiderstand über den Durchlaßbereich eines

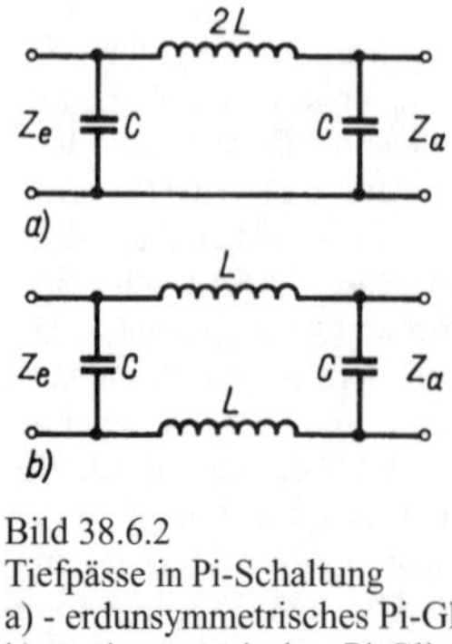

Bild 38.6.2
Tiefpässe in Pi-Schaltung
a) - erdunsymmetrisches Pi-Glied
b) - erdsymmetrisches Pi-Glied

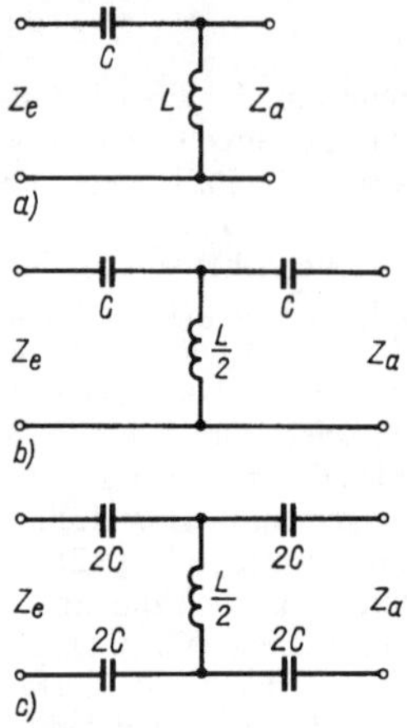

Bild 38.6.3
Hochpässe in T-Grundschaltung
a) - erdunsymmetrisches Halbglied
b) - erdunsymmetrisches Vollglied
c) - erdsymmetrisches Vollglied

Tiefpaßfilters ist reell, in seinem Wert jedoch nicht konstant. Bei der T-Schaltung fällt er zur Grenzfrequenz hin ab, während er in der π-Schaltung mit Annäherung zur Grenzfrequenz steigt. Deshalb soll in der T-Schaltung die Nennimpedanz des Filters Z_{fi} etwas größer gewählt werden, als der Anschluß- bzw. Abschlußwiderstand Z_s beträgt. Die π-Schaltung erfordert dagegen eine etwas kleinere Filterimpedanz Z_{fi}. Günstige Verhältnisse ergeben sich, wenn man die Filterimpedanz Z_{fi} beim Tiefpaß in T-Schaltung mit $1{,}25 \cdot Z_s$ bemißt; dagegen soll in π-Schaltung: $Z_{fi} = 0{,}8 \cdot Z_s$ betragen. Will man z.B. ein Tiefpaßfilter mit T-Schaltung in ein koaxiales Speisekabel mit einem Wellenwiderstand Z_s von 50 Ω einfügen, so wird als Filterimpedanz Z_{fi} der Wert von $1{,}25 \cdot 50\ \Omega = 62{,}5\ \Omega$ in die Formeln eingesetzt. Handelt es sich um eine π-Schaltung, so ergibt sich unter gleichen Bedingungen $Z_{fi} = 0{,}8 \cdot 50\ \Omega = 40\ \Omega$.

Einen Tiefpaß setzt man häufig ein am Ausgang von Sendern, um die Oberwellendämpfung zu erhöhen.

38.6.2 Hochpaß

Ein Hochpaß hat die Eigenschaft, von einer bestimmten Grenzfrequenz f_{gr} ab alle höheren Frequenzen durchzulassen. Alle Frequenzen, die niedriger als die Grenzfrequenz sind, werden gesperrt. Der Schaltungsunterschied zum Tiefpaß besteht darin, daß beim Hochpaß die Kapazität im Längsweg und die Induktivität quer liegt. Auch in diesem Fall wird zwischen der T-Grundschaltung (**Bild 38.6.3**) und der π-Schaltung (**Bild 38.6.4**) unterschieden. Die beim Tiefpaß angegebenen Berechnungsformeln

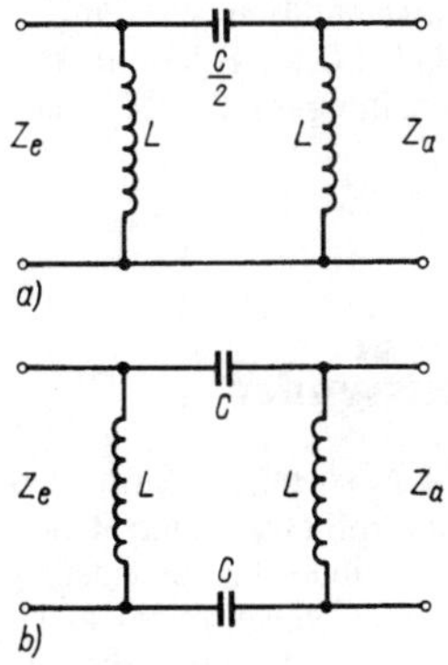

Bild 38.6.4
Hochpässe in Pi-Schaltung
a) - erdunsymmetrisches Pi-Glied
b) - erdsymmetrisches Pi-Glied

Gl. (38.6.7) für L und Gl. (38.6.8) für C sind auch für den Hochpaß gültig. Ebenfalls ist für die T-Schaltung $Z_{fi} = 1{,}25 \cdot Z_s$, und bei der π-Schaltung ergibt sich $Z_{fi} = 0{,}8 \cdot Z_s$. Einen Hochpaß setzt man häufig ein am Eingang von Empfängern – vorzugsweise Fernsehempfängern –, um die Eingangsstörfestigkeit zu erhöhen.

38.6.3 Bandpaß

Wie schon der Name sagt, ist der Bandpaß für ein bestimmtes Frequenzband durchlässig. Dieser Durchlaßbereich wird durch die definierten Frequenzen f_h (höchste Frequenz) und f_t (tiefste Frequenz) begrenzt.

Alle Frequenzen, die höher als f_h und tiefer als f_t liegen, werden gesperrt. Wie **Bild 38.6.5** zeigt, besteht ein Bandpaß aus Serienresonanzkreisen im Längsweg (L_1-C_1) und aus einem Parallelresonanzkreis im Querweg (L_2-C_2). Zur Berechnung eines Bandpasses müssen aus der oberen Grenzfrequenz f_h und der unteren Grenzfrequenz f_t die Kreisfrequenzen ω_h, und ω_t nach Gl. (38.6.1) errechnet werden. Aus f_h und f_t wird außerdem die mittlere Resonanzfrequenz f_m (Durchlaßbereichsmitte) ermittelt und daraus die mittlere Kreisresonanzfrequenz ω_m nach Gl. (38.6.1) gebildet. Liegen die Werte für ω_h, ω_t und ω_m fest, können die Dimensionen für die Bauelemente nach folgenden Gleichungen errechnet werden:

$$L_1 = \frac{Z}{(\omega_h - \omega_t)} \qquad (38.6.9)$$

$$L_2 = Z \cdot \frac{(\omega_h - \omega_t)}{\omega_m{}^2} \qquad (38.6.10)$$

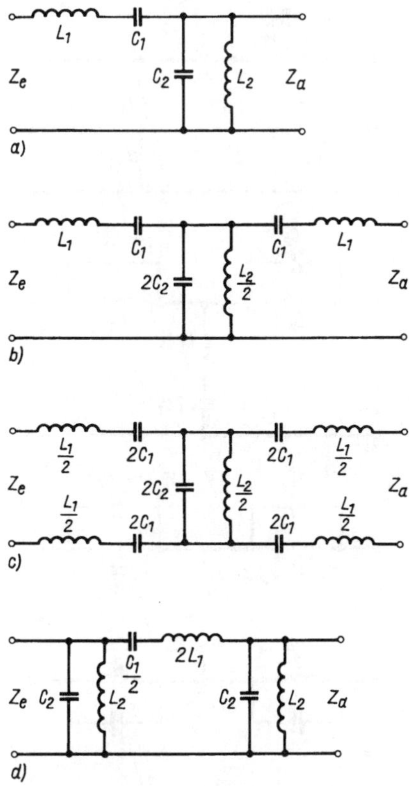

Bild 38.6.5
Bandpässe in T- und Pi-Schaltung
a) - erdunsymmetrisches Halbglied
b) - erdunsymmetrisches Vollglied in T-Schaltung
c) - erdsymmetrisches Vollglied in T-Schaltung
c) - erdunsymmetrisches Vollglied in Pi-Schaltung

$$C_1 = \frac{(\omega_h - \omega_t)}{\omega_m{}^2 \cdot Z} \qquad (38.6.11)$$

$$C_2 = \frac{1}{Z \cdot (\omega_h - \omega_t)} \qquad (38.6.12)$$

Obige Gleichungen beziehen sich auf die in **Bild 38.6.5** dargestellten Bandpässe in T-Schaltung und in π-Schaltung.

38.6.4 Bandsperre

Die Bandsperre hat einen Sperrbereich, der durch die definierten Frequenzen f_h und f_t begrenzt wird. Alle oberhalb von f_h und unterhalb von f_t liegenden Frequenzen werden durchgelassen. Nach **Bild 38.6.6** hat eine Bandsperre in ihrem Längsweg Pa-

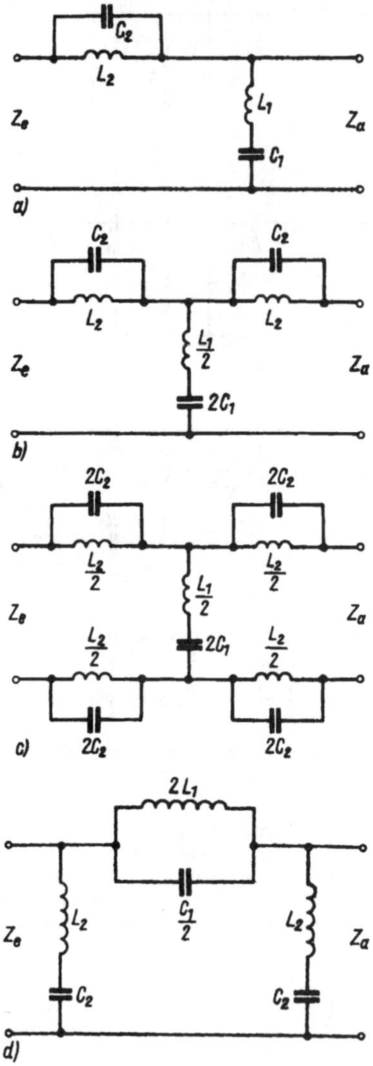

Bild 38.6.6
Bandsperren in T- und Pi-Schaltung
a) - erdunsymmetrisches Halbglied
b) - erdunsymmetrisches Vollglied in T-Schaltung
c) - erdsymmetrisches Vollglied in T-Schaltung
d) - erdunsymmetrisches Vollglied in Pi-Schaltung

rallelresonanzkreise; der Querweg wird durch einen Serienresonanzkreis gebildet.

Als Bestimmungsgleichungen für die Bauelemente einer Bandsperre haben Gl. (38.6.9) bis Gl. (38.6.12) Gültigkeit. Ebenso setzt man auch ω_h, ω_t und ω_m ein. Der Berechnungsvorgang weist demnach keine Unterschiede gegenüber dem des Bandpasses auf. Lediglich durch die Schaltungsanordnung der Serien- und Parallelresonanzkreise wird aus dem Durchlaßbereich ein Sperrbereich und umgekehrt. Auch für Bandpässe und Bandsperren gilt, daß die Filterimpedanz Z_{fi} bei der T-Schaltung mit $1{,}25 \cdot Z_s$ und bei der π-Schaltung mit $0{,}8 \cdot Z_s$ angesetzt werden soll.

38.7 Entstörmittel für Amateursender

Der Funkamateur betreibt Anlagen, die Störungen verursachen können. Er ist verpflichtet, seine Station technisch einwandfrei zu betreiben, d.h. mit entsprechend gedämpften Ober- und Nebenwellen [7.1]. Neuere Transceiver zeigen eine gute Oberwellenabsenkung, so daß Störungen durch Oberwellen selten geworden sind. Eine übersteuerte Endstufe kann diese Situation aber deutlich negativ verändern.

Die Antennenanlage selbst ist keine Störungsquelle, da sie keine elektromagnetischen Schwingungen erzeugt, sondern diese nur überträgt. Das bedeutet, daß eine Antenne oder ihre Speiseleitung nur dann Störschwingungen abstrahlt, wenn diese vom Sender „geliefert“ werden. Störungsquellen in einer Amateurfunkanlage sind in erster Linie alle Oszillatoren, die bekanntlich neben der gewünschten Grundfrequenz noch ein ganzes Spektrum von Oberwellen und durch unbeabsichtigte Mischvorgänge auch Nebenwellen erzeugen können. Hochfrequenzverstärkerstufen und Frequenzvervielfacher können bei unsachgemäßem Aufbau und fehlender Neutralisation Eigenschwingungen hervorrufen. Weitere Störungen können durch Übersteuerungs- oder Gleichrichtereffekte entstehen. Die Übertragung der Störungen kann verschiedene Wege nehmen. Bei mangelhaft abgeschirmtem Sender und schlecht gefilterten oder entkoppelten Leitungen breitet sich die Störstrahlung direkt über elektrische Leiter der Hausinstallation (Netzleitung, Telefonleitung, Steuerleitung oder Erdleitung) aus. Die größte Reichweite haben im allgemeinen Störungen, die über die Antennenanlage abgestrahlt werden. Es werden nachfolgend solche Maßnahmen zur Entstörung beschrieben, die man an der Antennenanlage durchführt. Sie können aber nur dann vollen Erfolg haben, wenn der Hauptanteil der Störstrahlung tatsächlich auch von der Antennenanlage herrührt. Das setzt voraus:

Die Sendeanlage ist gut abgeschirmt und ggf. auch geerdet. Die aus dem Sender herausführenden Bedienungs- und Energieleitungen sind gut gefiltert (verdrosselt). Die Erdung bzw. Erdleitung kann manchmal ein Problem sein. Aus Sicherheitsgründen soll ein Sender geerdet sein. Für die Hochfrequenz sind Erdleitungen meistens viel zu lang. Bei symmetrisch aufgebauten Antennen (Dipol, Beam) stört dies nicht. Wenn Baluns (Symmetrier- oder Sperrglieder) verwendet werden sind keine Ausgleichsströme auf den Koaxialkabeln zu erwarten. Bei unsymmetrisch betriebenen Antennen

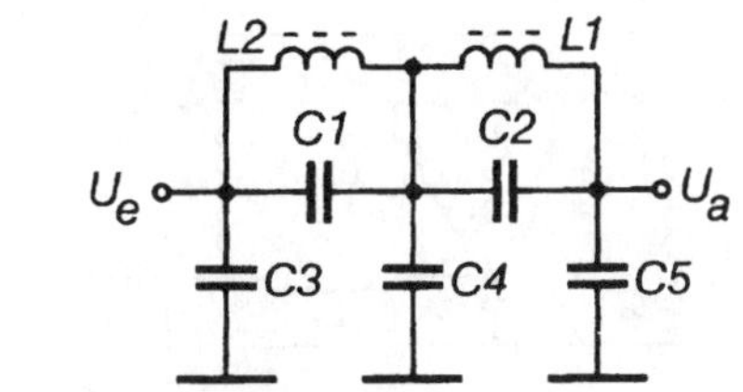

Bild 38.7.1
Tiefpaßfilter für QRP-Sender

Filterdimensionierung Bild 38.7.1

Band/MHz	1,8	3,5	7	14	21	28
L1 / Wdg	26	18	15	10	9	8
L2 / Wdg	23	16	13	9	8	7
C1 / pF	200	100	51	24	15	10
C2 / pF	680	300	160	75	51	39
C3 / pF	1000	560	270	150	100	68
C4 / pF	2000	910	500	250	160	120
C5 / pF	820	390	200	100	68	51

Tabelle 38.1

(Groundplane-Antenne), endgespeisten Antennen (Langdrahtantenne) oder asymmetrisch gespeisten Antennen (*Windom*-Antenne) muß man mit Ausgleichsströmen (Mantelströmen) rechnen, die Störstrahlungen verursachen.

Entsprechende Entstörmittel kann man heute auch schon käuflich erwerben.

38.7.1 Tiefpaßfilter für QRP-Sender

QRP-Sender (QRP = kleine Leistung) haben meist keine Pi-Filter-Abstimmung. Es ist daher sinnvoll auch bei QRP einen Tiefpaß am Senderausgang einzusetzen.

Die Schaltung **Bild 38.7.1** stammt von *G3ZPF* und wurde im *G-QRP-Club* 1983 veröffentlicht. Die Spulen werden mit 1 mm CuL-Draht auf *Amidon*-Ringkerne *T-80-2* gewickelt. Die Durchgangsdämpfung ist 0,1 dB bei 160 m und 0,3 dB bei 10 m. Eingangs- und Ausgangsimpedanz ist 50 Ω [7.2].

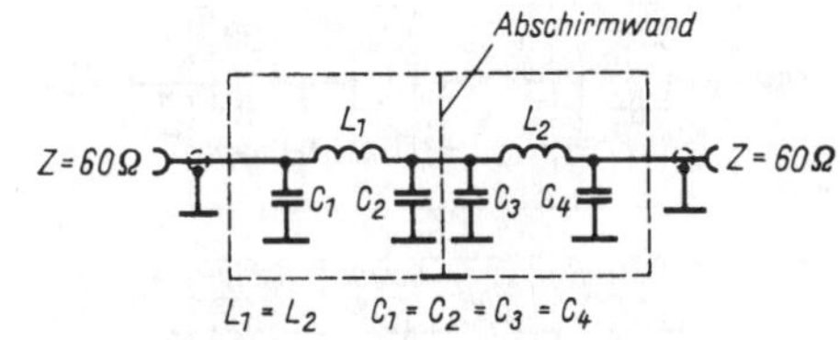

Bild 38 7.2
Zweifachtiefpaßfilter

Tabelle 38.1 gibt die Filterdimensionierung für die klassischen Amateurbänder an.

38.7.2 Zweifachtiefpaßfilter

Besonders bei größeren Ausgangsleistungen und kräftiger Ansteuerung der Senderendstufe im C-Betrieb kommt es vor, daß noch Oberwellen über das Speisekabel zur Antenne gelangen und abgestrahlt werden. Unter der Voraussetzung, daß die Antenne über ein Koaxialkabel gespeist wird und daß dieses sauber angepaßt ist, kann man in den Kabelweg ein Tiefpaßfilter nach **Bild 38.7.2** einfügen. Diese aus zwei gleichartigen, fest abgestimmten Pi-Filtern bestehende Oberwellensperre dämpft die 2. Harmonische um etwa 30 dB, die 3. mit etwa 48 dB und die 4. Harmonische um etwa 60 dB. Theoretisch steigt die Oberwellendämpfung mit der Ordnungszahl der Harmonischen laufend, in der Praxis wird sie aber bei sehr hohen Frequenzen durch die komplexen Eigenschaften der Filterbauteile und deren Verdrahtung begrenzt.

Das Filter baut man in ein allseitig geschlossenes Metallgehäuse ein. Beide Sektionen sind innerhalb des Gehäuses durch eine Abschirmwand voneinander getrennt. Das Metallgehäuse wird auf dem kürzesten Weg mit dem Nullpotential der Senderendstufe verbunden. Solche Antennenfilter werden im allgemeinen für jedes Amateurband gesondert optimal bemessen, wobei man sich auf die Bänder beschränken kann, bei deren Benutzung Funkstörungen auftreten. Verwendet man verlustarme Bauteile, dann ist die Durchgangsdämpfung dieser Filter (Dämpfung der Betriebswelle) < 0,5 dB.

Bemessungsdaten für ein Tiefpaßfilter nach Bild 38.7.2

Amateurband in m	Kapazitäten C_1 ... C_4 in pF	Induktivitäten L_1 und L_2 in µH	Richtwerte für L_1 und L_2: Spulendurchmesser in mm	Spulenlänge in mm	Windungen
80	820	2,2	25	50	13
40	390	1,3	25	25	8
20	220	0,57	20	20	7
15	150	0,38	13	18	6
10	100	0,30	13	22	6

Tabelle 38.2

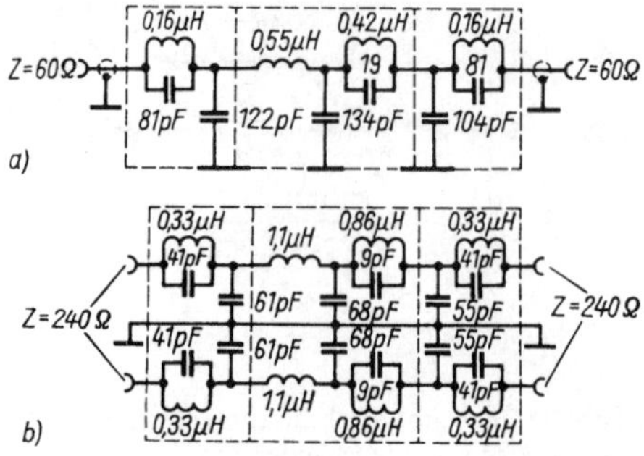

Bild 38.7.3
Dreifachtiefpaßfilter, Sperrbereich ab 35 MHz
a) - erdunsymmetrische Ausführung
für 60-Ω-Koaxialleitung
b) - erdsymmetrische Ausführung
für 240-Ω-Bandleitung

Mit den in **Tabelle 38.2** aufgeführten Kapazitäts- und Induktivitätswerten ist das Filter ohne besonderen Abgleich betriebsfertig.

Alle Spulen werden freitragend aus 2 mm dickem Draht gewickelt, sie lassen sich durch Auseinanderziehen oder Zusammendrücken auf den Sollwert der Induktivität abgleichen. Da Funkamateure nur selten über ein Induktivitätsmeßgerät verfügen, gleicht man das Filter mit dem Dip-Meter ab. Dazu werden zunächst die beiden Kondensatoren C_2 und C_3 kurzgeschlossen, indem man die durch die Abschirmwand führende Verbindungsleitung mit je einem Kupferband an das Gehäuse legt. Damit sind 2 voneinander unabhängige Parallelresonanzkreise entstanden (L_1-C_1 und L_2-C_4). Beide müssen mit Hilfe des Dip-Meters durch Deformieren der Spule auf die Betriebsfrequenz abgeglichen werden. Danach entfernt man die beiden Kurzschlußbänder wieder, und das Filter ist einsatzfähig. Die Kondensatoren sollten verlustarm sein; an ihre Spannungsfestigkeit werden keine hohen Ansprüche gestellt. Bei einer RF-Leistung von beispielsweise 100 W beträgt

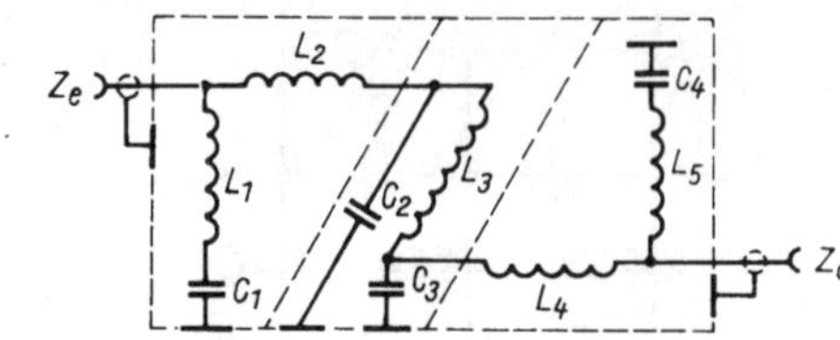

Bild 38.7.4
Dreifachtiefpaßfilter, Sperrbereich ab 35 MHz

die Spannung etwa 78 V. Keramische Kondensatoren mit Prüfwechselspannungen von 350 V reichen deshalb für Leistungen bis 100 W. Dabei muß aber sichergestellt sein, daß auf der Speiseleitung keine stehenden Wellen vorhanden sind (exakte Anpassung!), da andernfalls große Spannungsspitzen auftreten können, die die Kondensatoren zerstören.

38.7.3 Dreifachtiefpaßfilter

Höheren Ansprüchen der Oberwellenunterdrückung genügt das versteilerte Dreifachtiefpaßfilter nach **Bild 38.7.3**. Die unsymmetrische Ausführung **Bild 38.7.3a** ist zum Einschleifen in eine koaxiale 60-Ω-Speiseleitung bestimmt, während die Ausführung **Bild 38.7.3b** in Verbindung mit einer symmetrischen 240-Ω-Leitung verwendet wird. Die Filter werden in einer allseitig geschlossenen Abschirmbox mit 3 Kammern untergebracht. Der Sperrbereich beginnt bei 35 MHz, es lassen sich somit alle Störungen in den Fernsehbereichen sowie im UKW-Rundfunkband unterdrücken. Im gesamten Sperrbereich beträgt die Oberwellenunterdrückung etwa 60 ... 70 dB. Die Filter können für alle Kurzwellensender verwendet werden, deren Betriebsfrequenz unterhalb 30 MHz liegt.

Eine ähnliche Filterschaltung zeigt **Bild 38.7.4**. Es stellt ebenfalls ein Dreifachtiefpaßfilter dar, das in drei abgeschirmten Kammern untergebracht ist.

Bemessung und Abgleichfrequenzen für ein Tiefpaßfilter nach Bild 38.7.4

	Filterimpedanz $Z = Z_e = Z_a$		
	52 Ω	60 Ω	75 Ω
Kapazität C_1 C_4 in pF	50	46	35
Kapazität C_2, C_3 in pF	170	150	120
Spulendaten L_1, L_5	5 Wdg.	51/2 Wdg.	6 Wdg.
Spulendaten L_2, L_4	8 Wdg.	9 Wdg.	11 Wdg.
Spulendaten L_3	9 Wdg.	10 1/2 Wdg.	13 Wdg.
Sperrfrequenz f_{gr} in MHz	36	36	36
Abgleichfrequenz f_1 in MHz	44,4	45,5	47
Abgleichfrequenz f_2 in MHz	25,5	25,4	25,2
Abgleichfrequenz f_3 in MHz	32,5	32,2	31,8

Tabelle 38.3

Während in der Schaltung nach **Bild 38.7.3** im Längsweg des Filters Parallelresonanzkreise angeordnet sind, befinden sich im Filter nach **Bild 38.7.4** Serienresonanzkreise im Querweg. Die Resonanzkreise versteilern den Dämpfungsanstieg im Sperrbereich. Parallelresonanzkreise im Längsweg wirken als Sperrkreise für ihre Resonanzfrequenz, d.h., die Resonanzfrequenz wird nicht durchgelassen. Serienresonanzkreise im Querweg sind *Saugkreise.* Sie lassen ihre Resonanzfrequenz durch und führen sie somit zum Nullpotential ab; alle anderen Frequenzen werden gesperrt. Die praktische Wirkung ist deshalb in beiden Fällen die gleiche. In **Tabelle 38.3** werden die Bemessungsdaten für das Filter nach **Bild 38.7.4** angegeben und die noch zu erläuternden Abgleichfrequenzen aufgeführt.

Alle Spulen bestehen aus 1,5 bis 2,0 mm dickem Kupferlackdraht. Sie werden über einen Dorn von 11 mm Durchmesser gewickelt, so daß der Spuleninnendurchmesser nach dem Abnehmen vom Dorn 12 bis 13 mm beträgt.

Zum einwandfreien Abgleich des Filters benötigt man ein Dip-Meter mit einem Frequenzbereich von 20 bis 50 MHz. Zunächst werden die beiden Spulen L_2 und L_4 aus dem Filter entfernt, die beiden Anschlußbuchsen Z_e und Z_a schließt man zunächst gegen Masse (Abschirmung) kurz. Damit hat man zunächst drei voneinander unabhängige Parallelresonanzkreise geschaffen: L_1-C_1, L_5-C_4 und L_3-C_2-C_3. Durch Zusammendrücken oder Auseinanderziehen der Spule L_1 wird nun der Kreis L_1-C_1 auf die in **Tabelle 38.2** aufgeführte Abgleichfrequenz f_1 abgeglichen (Dip-Meter-Kontrolle). Ebenso verfährt man mit dem Kreis L_5-C_4. Nun wird der Kreis L_3-C_2-C_3 durch Deformieren der Spule L_3 auf die Abgleichfrequenz f_2 eingestellt. Anschließend lötet man die abgeglichene Spule L_3 vorsichtig aus, sie soll dabei mechanisch nicht verändert werden. Gleichzeitig entfernt man auch die Kurzschlußleitungen von der Eingangs- und Ausgangsbuchse und lötet dann die Spulen L_2 und L_4 in das Gerät ein. Nun wird die Spule L_2 mechanisch so verändert, daß das Dip-Meter für den Komplex C_1-L_1-L_2-C_2 bei der Abgleichfrequenz f_3 Resonanz anzeigt. L_1 darf bei diesem Abgleich nicht verändert werden. Ebenso verfährt man mit der Spule L_4, für deren Komplex C_4-L_5-L_4-C_3 die Abgleichfrequenz f_3 ebenfalls gültig ist. Nun wird die bereits abgeglichene Spule L_3 vorsichtig wieder eingebaut; damit ist das Filter abgeglichen und betriebsbereit. Eine Endkontrolle mit dem Dip-Meter empfiehlt sich. Dabei muß an jeder Spule (L_1 bis L_5) die Sperrfrequenz f_{gr} mit etwa 36 MHz als Resonanzfrequenz angezeigt werden.

38.7.4 Mantelwellensperre

Einige Ferritkerne auf dem Koaxialkabel (siehe Abschnitt 7.4.3.1) und/oder einige Koaxialkabelwindungen als Kabeldrossel (siehe Abschnitt 7.4.2.2) verhindern im Sendefall die Ausbildung von Mantelwellen auf dem Außenleiter des Kabels. Dadurch werden BCI und TVI verhindert bzw. reduziert. Diese Anordnung unterdrückt auch im Empfangsfall beim Transceiver die Störstrahlungsaufnahme z.B. von einem Computer wie in **Bild 38.7.5** dargestellt.

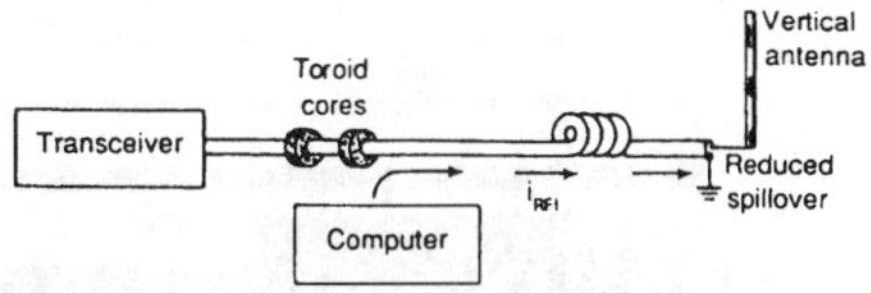

Bild 38.7.5
Mantelwellensperre

38.7.5 Tiefpaßfilter für VHF-Sender

Die von der Endstufe eines 2-m-Senders erzeugten Oberwellen fallen in die Bereiche 288 bis 292 MHz, 432 bis 438 MHz, 576 bis 584 MHz usw. Es dürfen demnach nur Störungen der Kanäle im Fernsehband IV/V auftreten (Kanal 34 bis 35 und Kanal 52 bis 53). Leider erzeugen aber die vor der Endstufe angeordneten Frequenzvervielfacher neben der gewünschten Harmonischen auch noch eine Reihe unerwünschter Oberwellen, die in der Endstufe verstärkt, vervielfacht und gemischt werden können. Es ist deshalb häufig notwendig, den 2-m-Sender zur Vermeidung von Oberwellenstörungen im FS-Band III ebenfalls mit einem Filter zu versehen.

Bild 38.7.6 zeigt zweigliedrige Tiefpaßfilter für 2-m-Sender in erdunsymmetrischer und erdsymmetrischer Ausführung. Auch die Schaltung des Dreifachtiefpaßfilters nach **Bild 38.7.4** kann bei entsprechender Bemessung verwendet werden. Da-

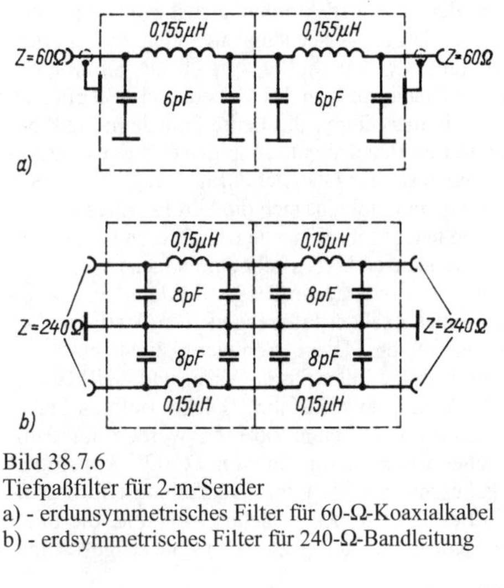

Bild 38.7.6
Tiefpaßfilter für 2-m-Sender
a) - erdunsymmetrisches Filter für 60-Ω-Koaxialkabel
b) - erdsymmetrisches Filter für 240-Ω-Bandleitung

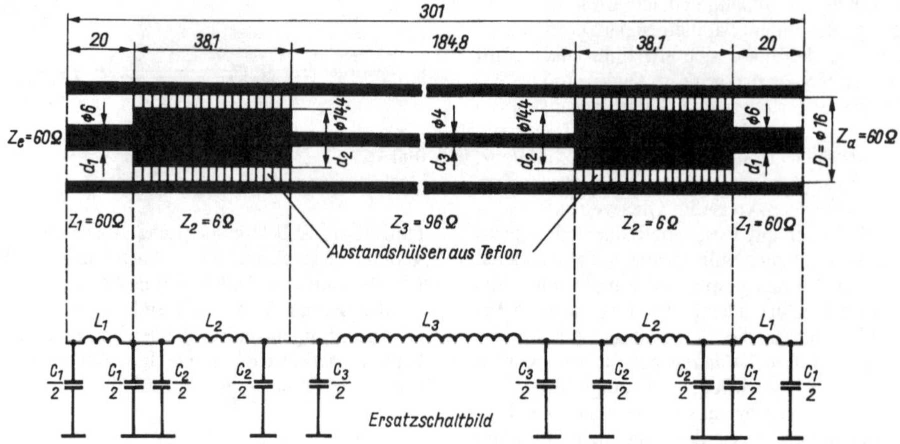

Bild 38.7.7
Koaxiales Tiefpaßfilter für 2-m-Sender nach *DJ3QC* mit Ersatzschaltbild

bei ergeben sich auf der Grundlage von **Tabelle 38.2** folgende Daten:

C_1, C_4 = 10 pF; C_2, C_3 = 40 pF;
L_1, L_5 = 3 Wdg.; L_2, L_4 = 2 Wdg.;
L_3 = 5 Wdg.

Die Spulen bestehen aus 1 mm dickem Kupferlackdraht und werden über einen 6-mm-Dorn gewickelt. Der Abgleichvorgang verläuft analog dem für die Kurzwellenausführung beschriebenen, dabei sind folgende Abgleichfrequenzen zu beachten: Sperrfrequenz f_{gr} =160 MHz; Abgleichfrequenzen f_1 = 200 MHz; f_2 =112 MHz; f_3 = 144 MHz. Ein 2-m-Sender kann nicht nur den Fernsehempfang stören, sondern auch andere wichtige Funkdienste; die in einer Vielzahl im VHF- und UHF-Bereich vorhanden sind. Mit Recht bestehen deshalb bezüglich der Nebenausstrahlungen von VHF-Sendern strenge Bestimmungen. Vorhandene Oberwellen verfälschen außerdem die Reflektometeranzeige und täuschen bei der Durchgangsleistungsmessung eine höhere Leistung der Grundwelle vor, da die Summe der Oberwellenleistung in das Meßergebnis mit eingeht. Nicht immer führen die herkömmlichen, aus konzentrierten Bauelementen (Spulen und Kondensatoren) hergestellten Oberwellenfilter im VHF-Bereich zum vollen Erfolg, da sich die Verdrahtungsinduktivitäten und Eigenresonanzen der Spulen bei den hohen Frequenzen bereits sehr störend auswirken. Zudem ist es mit amateurmäßigen Mitteln kaum möglich, einen exakten Filterabgleich im VHF-Bereich durchzuführen. Diese Schwierigkeiten entfallen, wenn man die Filter für das VHF- und UHF-Gebiet in Koaxialtechnik ausführt. Solche Tiefpaßfilter in der Form von Leitungskreisen wurden für 2-m-Amateursender erstmalig von *DJ3QC* konstruiert und beschrieben [7.3]. Ihre Herstellung erfordert einen bestimmten mechanischen Aufwand, die Filter sind jedoch sehr kompakt, haben eine ausgezeichnete Sperrwirkung und bedürfen keines Abgleiches.

Ein einfaches koaxiales Tiefpaßfilter nach *DJ3QC* zeigt **Bild 38.7.7** als Schnittzeichnung. Der Außenleiter besteht aus einem 301 mm langen Messing- oder Kupferrohr mit 16 mm Innendurchmesser. Der metallische Innenleiter ist in einzelne Sektionen mit verschiedenen Durchmessern aufgeteilt. Die beiden 38,1 mm langen Innenleiterabschnitte von 14,4 mm Durchmesser werden mit einer passenden Isolierstoffhülse überzogen, die einerseits als Dielektrikum wirkt, andererseits die stabile mechanische Halterung des Innenleiters innerhalb des Außenrohres unterstützt. Für die Originalausführung verwendet man dazu *Teflon*-Hülsen (Teflon = Handelsname für PTFE, ε_r = 2,0), andere hochwertige Kunststoffe sind ebenfalls geeignet, wenn man ihre Dielektrizitätskonstante beachtet. Das Filter wird beidseitig mit passenden Koaxbuchsen abgeschlossen, diese sind in **Bild 38.7.7** nicht eingezeichnet.

Bild 38.7.7 zeigt auch das Ersatzschaltbild des Filters. Dabei wird berücksichtigt, daß jedes Leitungsstück für sich schon als Pi-Glied zu betrachten ist. Alle Induktivitäten und Kapazitäten sind in diesem Fall frequenzunabhängig. Der Filterberechnung muß das genaue Ersatzschaltbild zugrunde gelegt werden. Sie ist einfach, aber sehr zeitraubend und läßt sich praktisch nur mit einem Rechner bewältigen. Mit den von *DJ3QC* berechneten Abmessungen werden die Optimalwerte erreicht.

Die Dämpfungskurve des eingliedrigen Filters nach **Bild 38.7.7** weist bereits im Fernseh-Band III Werte um 8 dB auf, die 2. Harmonische (290 MHz) wird mit 20,5 dB bedämpft, bei der 4. Harmonischen erreicht das erste Dämpfungsmaximum 33 dB. Weitere Dämpfungsmeßwerte sind aus **Bild 38.7.9** zu ersehen. Die Durchgangsdämpfung für 145 MHz liegt unter 0,1 dB.

Bild 38.7.8
Mehrgliedrige koaxiale Tiefpaßfilter nach *DJ3QC*
a) - zweifaches-Pi-Filter
b) - dreifaches Pi-Filter

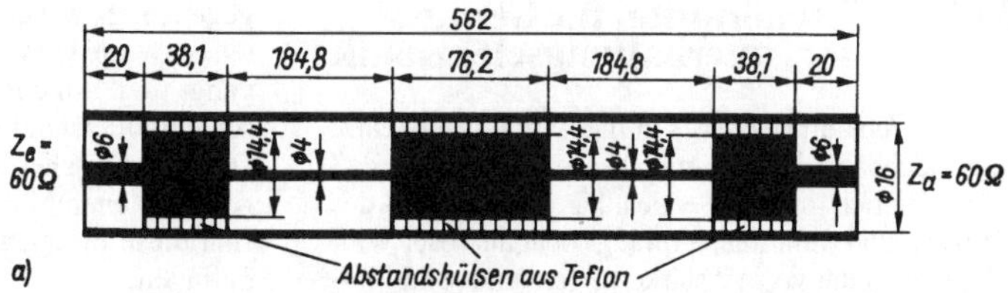

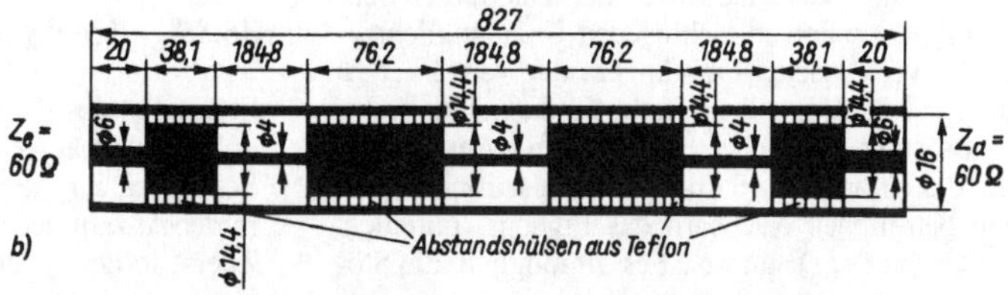

Wie **Bild 38.7.8** zeigt, können mehrere Grundfilter aneinandergereiht werden. Dabei sind jeweils die mittleren 6-Ω-Leitungsstücke von 38,1 mm Länge zu einem durchgebenden Stück doppelter Länge (76,2 mm) zusammengefaßt. Bei einem mehrgliedrigen Filter steigt die Dämpfung der Oberwellen entsprechend an, und der Kurvenverlauf wird versteilert. In **Bild 38.7.8a** werden die Abmessungen für ein Zweifach-Pi-Filter angegeben. **Bild 38.7.8b** stellt ein Dreifachfilter dar. Die für die verschiedenen Filterausführungen gemessenen Dämpfungskurven gibt **Bild 38.7.9** wieder. Es läßt sich auch eine bestimmte Dämpfung für die Frequenzen unterhalb 144 MHz erkennen. Daraus geht hervor, daß 48,72 MHz und sonstige in diesen Bereichen vorhandenen Nebenfrequenzen etwas unterdrückt werden. Für die durch die 4. und 5. Harmonische von 2-m-Sendern besonders gefährdeten Kanäle des Fernseh-Bereiches IV/V ist die Dämpfung sehr hoch.

Die gleichen Filter lassen sich auch für 70-cm-Amateursender herstellen, wenn man alle angegebenen Längenabmessungen auf ein Drittel verkürzt. In [7.3] sind ausführliche mechanische Angaben und Konstruktionszeichnungen für diese hervorragenden Koaxialfilter enthalten.

Alle Filter erreichen nur dann volle Wirksamkeit, wenn sie mit ihrem Eingangswiderstand Z_e und dem Ausgangswiderstand Z_a an den angeschlossenen Sender bzw. die Speiseleitung genau angepaßt werden. Das bedeutet gleichzeitig, daß die Antenne resonant und an ihre Speiseleitung angepaßt sein muß. Stehende Wellen auf der Speiseleitung stören bekanntlich die Anpassung und beeinträchtigen somit die Filterwirkung. Auf die unterschiedliche „Anfälligkeit" der verschiedenen Antennenformen zur Abstrahlung von Störfrequenzen wurde bereits hingewiesen. Grundsätzlich gilt, daß Antennenanlagen mit niederohmigen exakt angepaßten Speiseleitungen die geringste Störstrahlung verursachen. Zur exakten Anpassung gehört auch die Wahrung der Symmetrie, d.h., ein Koaxialkabel darf z.B. nur über einen Balun (Symmetrierglied oder Sperrglied) an eine symmetrische Antenne angeschlossen werden.

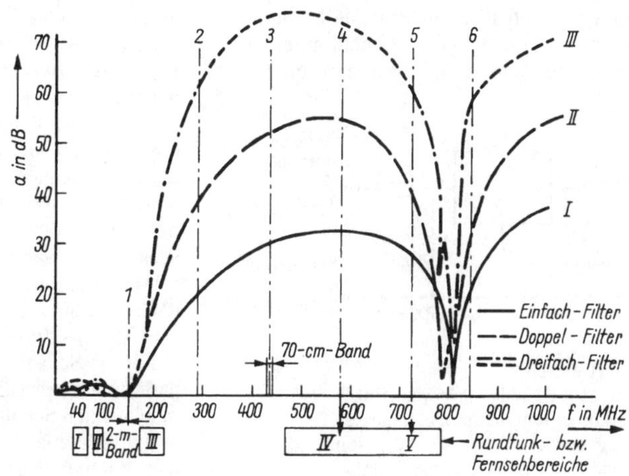

Bild 38.7.9
Gemessener Dämpfungsverlauf von ein- und mehrgliedrigen Koaxialtiefpaßfilter für 145 MHz

38.8 Entstörmittel für Geräte der Unterhaltungselektronik

Für den Funkamateur ist es immer sehr unangenehm, von Nachbarn darauf hingewiesen zu werden, daß beim Betrieb seiner Sendeanlage Störungen des Fernseh- und Rundfunkempfangs oder auch der Wiedergabequalität von Verstärkern, Tonband- und Phonogeräten auftreten würden. In den meisten Fällen ist die Störungsursache nicht bei einer fehlerhaften Sendeanlage, sondern in technischen Unzulänglichkeiten der verwendeten Empfänger oder Verstärker zu suchen. Trotzdem sollte sich der Funkamateur im Interesse gutnachbarlicher Beziehungen darum bemühen, die Ursache der Störungen herauszufinden, und dem betroffenen Nachbarn das Ergebnis mitteilen. Auf Grund der Diagnose ist es oft möglich, die Störungsursache mit verhältnismäßig primitivem Aufwand selbst zu beseitigen; in schwierigeren Fällen, die Eingriffe in das gestörte Gerät erfordern würden, sollte man dem Gerätebesitzer raten, sich an den Hersteller des gestörten Geräts zu wenden.

Grundlegende Untersuchungen zur Einstrahlfestigkeit von Geräten der Unterhaltungselektronik und deren Verbesserung wurden seinerzeit von *Egon Koch, DL1HM,* durchgeführt und veröffentlicht [8.1]–[8.3].

Die nachfolgenden Ausführungen zur Verbesserung der Einstrahlfestigkeit basieren zu einem großen Teil auf den dabei gewonnenen Erkenntnissen. Entsprechende Entstörmittel kann man auch schon käuflich erwerben.

38.8.1 Tiefpaßfilter (LW/MW)

Für den Fall, daß der Rundfunkempfang auf Mittelwelle oder Langwelle durch die Grundwelle des Amateursenders gestört wird, helfen keine Hochpaßfilter, sondern man muß Tiefpaßfilter einsetzen, die alle Frequenzen oberhalb etwa 1700 kHz sperren. Ein solcher Tiefpaß ist in **Bild 38.8.1** dargestellt. Die Spulen L_1 und L_2 dürfen nicht miteinander koppeln, ihre Achsen sollen deshalb um 90° gegeneinander versetzt werden. Diese Filter arbeiten teilweise besser, wenn man zwischen Filterausgang und Antennenbuchse einen 400-Ω-Kohleschichtwiderstand einfügt (gestrichelt gezeichnet). Durch ein solches Filter wird selbstverständlich der Kurzwellenempfang weitgehend unterbunden, da sich diese Frequenzen im Sperrbereich des Filters befinden.

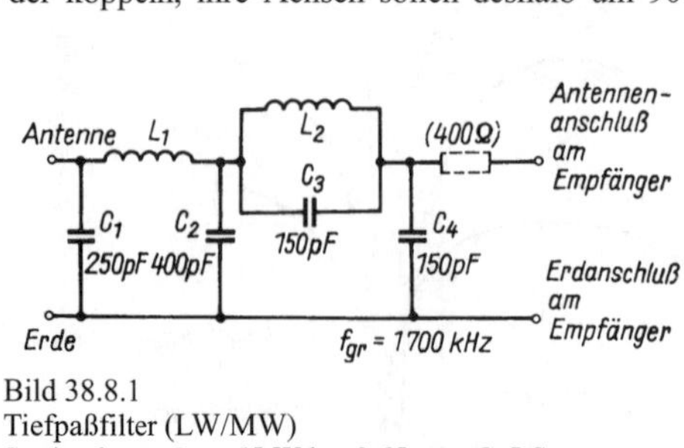

Bild 38.8.1
Tiefpaßfilter (LW/MW)
Spulendaten: L_1 = 65 Wdg., 0,65-mm-CuLS auf Zylinderkörper mit 38 mm Durchmesser. Wdg. an Wdg. gewickelt; L_2 = 41 Wdg., sonst wie L_1. L_1 und L_2 müssen entkoppelt sein!

38.8.2 Hochpaßfilter

Störungen des Fernsehbildes sind für den Zuschauer besonders ärgerlich und bereiten daher auch dem Sendeamateur die meisten Sorgen. Leider liegen sie in der Anzahl der Beanstandungen an erster Stelle. Zuerst sollte immer überprüft werden, ob die Empfangsantennenanlage ordnungsgemäß aufgebaut und geerdet ist. In diesem Zusammenhang sei der Hinweis gegeben, daß die noch oft benutzten alten Breitbandantennenverstärker, die keine Selektionsmittel am Eingang haben, den Einstrahlungsstörungen Tür und Tor öffnen. Sie können sogar in Selbsterregung geraten und so als Störsender wirken.

Die meisten Fernsehbildstörungen entstehen infolge ungenügender Weitabselektion durch zu hohe Fremdsignale am Vorstufentransistor im Tuner. Stammen die Fremdsignale von AM- und SSB-Sendern, so sind diese durch Kreuzmodulationsstörungen in Form von mehr oder weniger breiten horizontalen Streifen oder durch Moirébildung auf dem Bildschirm zu bemerken. Dabei fällt oft sogar die Bild- oder Zeilensynchronisation aus, und es kann auch zu Störungen in der Farbwiedergabe kommen. Vielfach ist dabei der Ton gestört, und man hört die Modulation des unerwünschten Senders. Starke FM-Sendersignale hingegen verursachen ein Zustopfen des Vorstufentransistors, was durch mehr oder weniger starkes Dunkelsteuern des Bildes zu erkennen ist.

Alle Störungen, die durch zu große Fremdsignale am Vorstufentransistor entstehen, können ohne Eingriffe in das gestörte Gerät bekämpft werden, indem man zwischen Antennenstecker und Antennenbuchse ein Hochpaßfilter schaltet.

Hochpässe können nach Gl. (38.6.1) bis Gl. (38.6.8) berechnet werden, wobei man zweckmäßig die Grenzfrequenz f_{gr} mit 35 bis 45 MHz bemißt. Abhängig davon, ob der gestörte Fernsehempfänger mit Koaxialkabel oder über Flachbandleitung gespeist wird, wählt man erdunsymmetrische Hochpässe mit 75 Ω Wellenwiderstand oder erdsymmetrische mit 300 Ω. Die Antennenindustrie bietet solche Filter als Zubehör an.

Für die Selbstanfertigung von geeigneten Hochpaßfiltern zeigt **Bild 38.8.2** einige Beispiele. Wie man aus den Schaltungen ersieht, ist das hierzu benötigte Material - einige keramische Scheibenkondensatoren und etwas Kupferlackdraht - wohl in je-

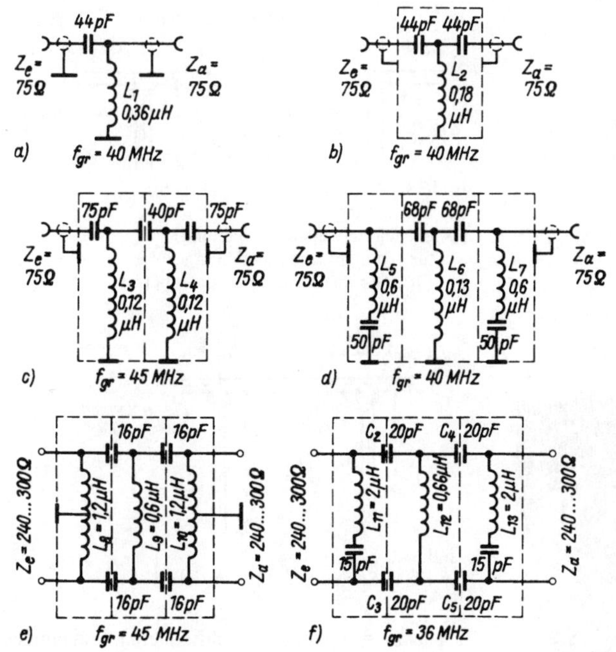

Bild 38.8.2
Hochpaßfilter für Fernsehempfänger

der Bastelkiste vorhanden. Die erforderlichen kleinen Abschirmgehäuse können aus kupferkaschiertem Basismaterial zusammengelötet werden. Sie sind so groß zu bemessen, daß der Abstand der Spulen von den sie umgebenden Metallflächen mindestens dem Spulendurchmesser entspricht. Für die Spulenherstellung werden in **Tabelle 38.4.** Richtwerte gegeben, die sich auf die Schaltungen in **Bild 38.8.2** beziehen. Den Abgleich nimmt man nur an den Induktivitäten vor, die auf ihren Sollwert gebracht werden müssen. Steht kein Induktivitätsmeßgerät zur Verfügung, schaltet man die betreffende Spule mit einem eng tolerierten Kondensator *C* zu einem Parallelresonanzkreis zusammen und mißt mit dem Dip-Meter die Resonanzfrequenz f_{res}. Aus *C* und f_{res} kann dann in bekannter Weise die unbekannte Induktivität *L* der Spule errechnet werden. Der Abgleich auf die Soll-Induktivität ist durch Zusammendrücken oder Auseinanderziehen der Spule möglich.

38.8.3 RF-Trenntransformator

Eine weitere Ursache von Tunerstörungen sind Mantelströme, die sich auf der Antennenzuleitung aufbauen. Sie werden besonders stark, wenn sich die Länge der Leitung zufällig in Resonanz mit der Wellenlänge des störenden Senders befindet. Bei koaxialen Antennenzuleitungen sind Hochpaßfilter

Richtwerte für die Spulenbemessung von Hochpaßfiltern nach Bild 38.8.2

Schaltung Bild	Spule	Induktivität in µH	Windungsanzahl	Spulendurchmesser in mm	Spulenlänge in mm	Drahtdurchmesser in mm
38.8.2a	L_1	0,36	12	8	14	0,8
38.8.2b	L_2	0,18	8	8	14	0,8
38.8.2c	L_3, L_4	0,12	6,5	8	14	0,8
38.8.2d	L_5, L_7	0,60	16	8	16	0,8
	L_6	0,13	7	8	14	0,8
38.8.2e	L_8, L_{10}*	1,2	16	12	20	0,6
	L_9	0,6	16	8	16	0,8
38.8.2f	L_{11}, L_{13}	2,0	26	12	34	0,8
	L_{12}	0,66	17	8	16	0,8

* Spulen L_8 und L_{10} mit Mittenanzapfung

Tabelle 38.4

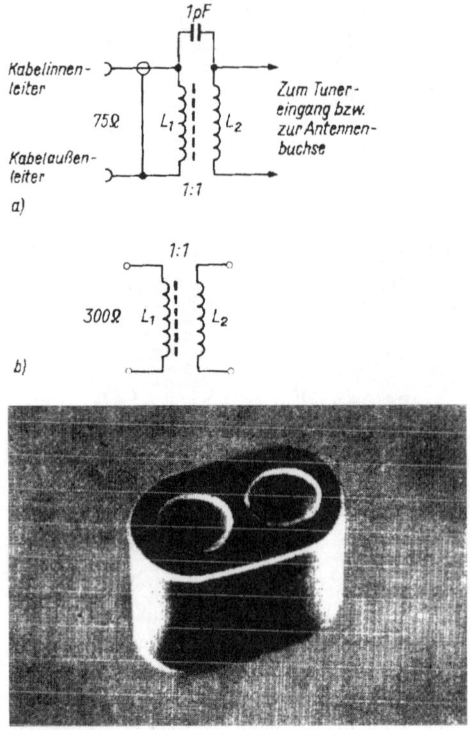

Bild 38.8.3
RF-Transformatoren
a) - 75-Ω-Koaxialkabel
b) - 300-Ω-Bandleitung
c) - Doppellochkern

in diesem Fall nutzlos, weil sich die Mantelströme auf dem Kabelaußenleiter fortpflanzen und auf diese Weise unter Umgehung des Hochpasses den Empfängereingang erreichen, wenn Erdungsprobleme beim Kabelaußenmantel vorliegen. Besonders anfällig dafür sind Fernsehgeräte mit unsymmetrischem 75-Ω-Eingang, bei dem es sich um keinen echten Koaxialanschluß herkömmlicher Art handelt. Die Seele und der Abschirmmantel sind hier über Trennkondensatoren mit dem Tunereingang und dem Gerätechassis verbunden, was aus Sicherheitsgründen wegen der am Chassis liegenden Netzspannung erforderlich ist. Der Trennkondensator verhindert somit die zuverlässige Erdung des Kabelmantels. Er bewirkt ferner, daß Oberwellen vom Zeilenoszillator des angeschlossenen Fernsehempfängers über den Kabelaußenleiter abgestrahlt werden. Dadurch kann es zu mehr oder weniger starken Störungen im 15 625-Hz-Rasterabstand beim Rundfunkempfang auf Lang-, Mittel- und Kurzwelle kommen.

Störungen durch Mantelströme können durch einen RF-Trenntransformator für den Frequenzbereich 40 bis 800 MHz beseitigt werden. (RF = Radio

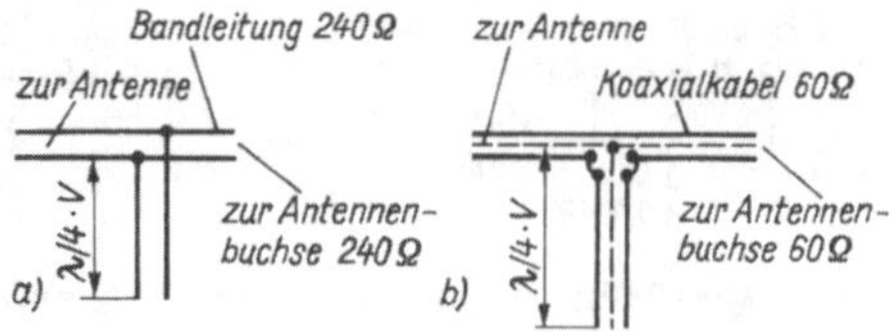

Bild 38.8.4
RF-Stichleitung
(Offene Viertelwellen-Stichleitung)
a) - für symmetrische Bandleitung
b) - für unsymmetrisches Koaxialkabel

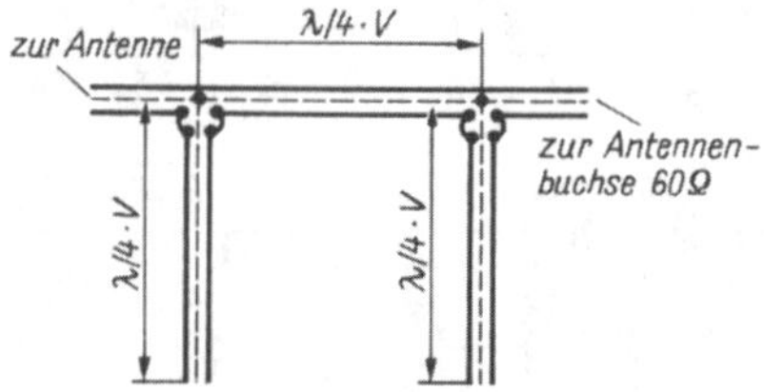

Bild 38.8.5
Zweifach-Stichleitung für Koaxialkabel

Frequenz = allgemeine Hochfrequenz). Von einigen Geräteherstellern gibt es Ausführungen für 300-Ω- und 75-Ω-Eingänge, die einfach zwischen Antennenbuchse und Anschlußkabel gesteckt werden, so daß kein Eingriff in den Empfänger nötig ist. Diese Trenntransformatoren vermindern auch die Einstrahlung des Zeilengenerators auf das Antennenkabel. Der Selbstbau von RF-Trenntransformatoren ist sehr einfach. **Bild 38.8.3a** zeigt die Prinzipschaltung für Koaxialkabel und **Bild 38.8.3b** für symmetrische 300-Ω-Leitungen. Sie unterscheiden sich nur etwas in der Beschaltung und in der Windungsanzahl. Man wickelt sie bifilar (zweidrähtig), daraus ergibt sich das geforderte Übersetzungsverhältnis von 1:1. Als Wickelkörper benutzt man Doppellochkerne aus Ferrit. Der zu verwendende Drahtdurchmesser richtet sich nach der Größe der Löcher, die die Wicklung aufzunehmen haben. Für die 75-Ω-Ausführung genügen 2 x 2 Wdg., für 300 Ω sind ebenfalls geeignet. Notfalls kommt man auch ganz ohne Ferritkörper aus, muß dann aber die doppelte Windungsanzahl aufbringen. Richtwerte 2 x 4 Wdg. bzw. 2 x 6 Wdg., 1-mm-CuL, bifilar mit 1 mm Windungsabstand auf einen Spulenkörper von 7 mm Durchmesser wickeln. Solche RF-Trenntransformatoren lassen sich auch gut zum Unterdrücken störender Kurzwellen- und Mittelwellensignale vor Breitband-Antennenverstärkern einsetzen.

38.8.4 RF-Stichleitung

Leistungsstarke 2-m-Amateursender können den Fernsehempfang in ihrer nächsten Umgebung beeinträchtigen, wobei in leichten Fällen nur eine Kontrastminderung des Fernsehbildes auftritt. Schuld ist meistens die zu geringe Eingangsselektivität des Fernsehempfängers. Abhilfe schafft meist eine offene Viertelwellen-Stichleitung, die auf die Sendefrequenz in 2-m-Band abgestimmt ist und nahe der Antennenbuchse des Fernsehempfängers angeschlossen wird (**Bild 38.8.4**). Eine solche offene Stichleitung, die aus dem gleichen Kabel wie die Antennenableitung besteht, wirkt wie ein Saugkreis (Reihenresonanzkreis) für die Störwelle und dämpft diese um 35 bis 45 dB. Bei der Längenbemessung der Viertelwellenleitung ist der Verkürzungsfaktor *V* des verwendeten Kabels zu berücksichtigen. Gleiche Wirkung hat auch eine geschlossene Halbwellen-Stichleitung (siehe Bild 5.8.10). Stichleitungen bewähren sich ferner als Saugkreise für störende VHF-Frequenzen vor Breitband-Antennenverstärkern.

Reicht die Dämpfung einer einfachen Stichleitung nicht aus, kann eine zweite, gleichartige Stichleitung im $\lambda/4$-Abstand an der Speiseleitung angebracht werden (**Bild 38.8.5**). Dabei verdoppelt sich die Dämpfung der Störwelle auf etwa 70 dB. Bei der Bemessung des $\lambda/4$-Abstandes zwischen den beiden Stichleitungen muß der Verkürzungsfaktor *V* der verwendeten Speiseleitung ebenfalls berücksichtigt werden. Stichleitungen, die auf 145 MHz abgestimmt werden, dämpfen auch das Nutzsignal am niederfrequenten Anfang, des Fernsehbandes III (Kanal 5) mit etwa 12 dB. Nach höheren Frequenzen hin fällt diese Nutzsignaldämpfung jedoch bis auf etwa 0 dB im Kanal 12 ab.

38.8.5 RF-Notchfilter

Eine weitere Methode die „Außer-Band-Signale" zu dämpfen ist der Einsatz eines abstimmbaren Notchfilters (notch = Kerbe). Das ist besonders bei Breitbandantennen im VHF/UHF Bereich empfehlenswert. **Bild 38.8.6** zeigt das Prinzipschaltbild eines käuflichen Notchfilters (*SNF* 170 der engl. Fa. *Scanmaster*) [8.11]. Es handelt sich dabei um einen einstellbaren Reihenschwingkreis (85 bis 170 MHz) als Saugkreis.

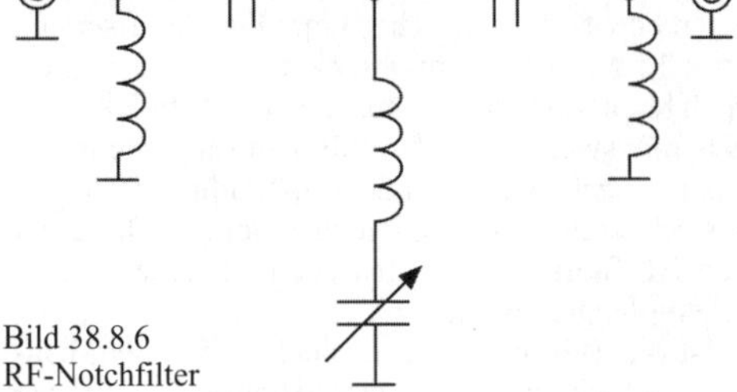

Bild 38.8.6
RF-Notchfilter

Das Notchfilter wird vor dem Antenneneingang des Empfängers, z.B. bei Scannern, in die Antennenleitung eingeschleift. Bei Abstimmung auf die Störfrequenz bildet der Kreis einen sehr geringen Widerstand (idealerweise Null Ohm) nach Masse und schließt das Störsignal kurz. Die Größe der Dämpfung wird mit 30 dB angegeben. Je geringer der Abstand zwischen Störsignal und Nutzsignal ist, desto stärker wird auch das Nutzsignal gedämpft. Für Signale im Kurzwellenbereich wirkt das Notchfilter als Hochpaß.

38.8.6 Andere Entstörmittel

Lassen sich mit Hochpaßfiltern und RF-Trenntransformatoren die Einstrahlungsstörungen nicht beseitigen, ist das ein Zeichen dafür, daß die Hochfrequenz auf dem Weg über die an das Fernsehgerät angeschlossenen Leitungen oder durch Direkteinstrahlung in die Geräteschaltung eindringt. Um das zu prüfen, entfernt man zunächst alle Anschlüsse, wie Fernbedienkabel oder Zweitlautsprecherleitung und versieht den Netzeingang mit einer Netzverdrosselung.

Gelangen starke Hochfrequenzstrahlungen in den NF-Teil eines Rundfunkempfängers, Verstärkers, Magnetband- oder Phonogerätes, so können sie an einem Bauteil gleichgerichtet werden und sind dann als Niederfrequenz im Lautsprecher hörbar. Als Urheber kommen AM- und SSB-Sender

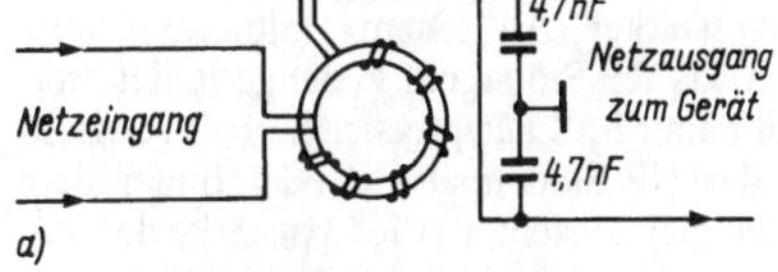

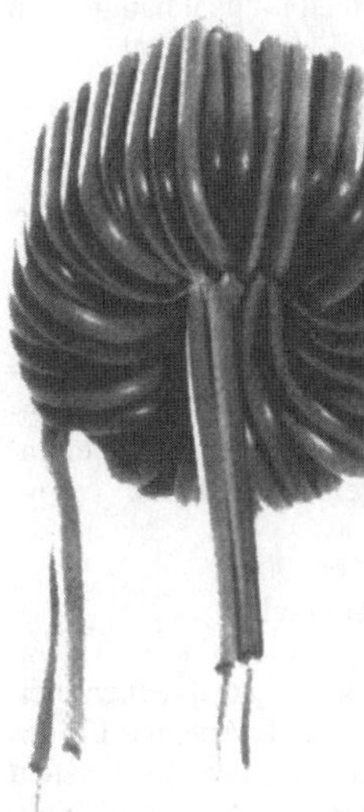

Bild 38.8.7
Netzdrossel
a) - Prinzipschaltung
b) - bewickelter Ringkern
(Foto: *DL1HM*)

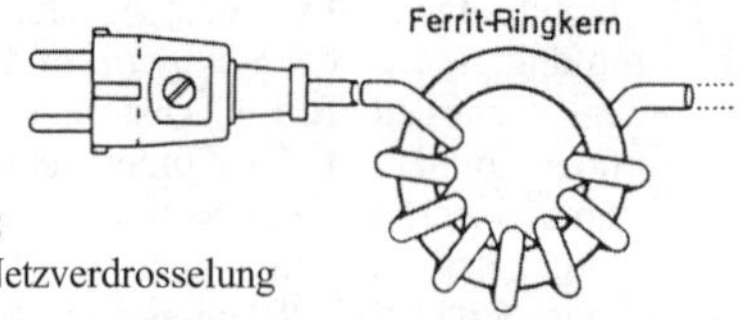

Bild 38.8.8
Einfache Netzverdrosselung

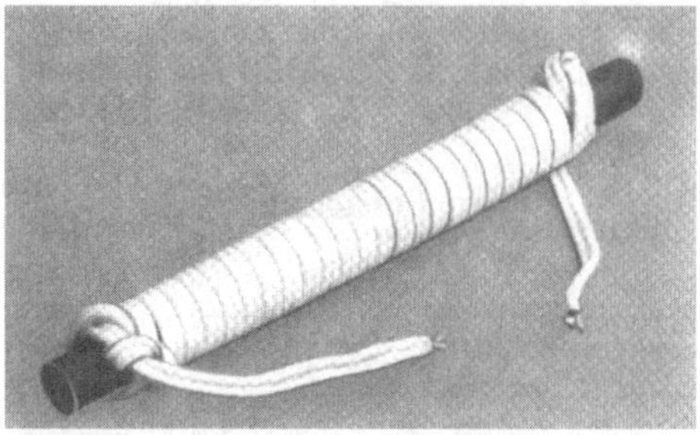

Bild 38.8.9
Lautsprecherdrossel auf Ferrit-Antennenstab
(Foto: *DL1HM*)

sowie RTTY (Funkfernschreiben) und SSTV (Schmalbandfernsehen) in Frage. Dagegen können frequenzmodulierte RF-Signale im allgemeinen nicht stören, weil eine FM-Demodulation im NF-Verstärker nicht möglich ist. In den meisten Fällen gelangen die unerwünschten RF-Signale über die an die Geräte angeschlossenen Netzzuleitungen, Mikrofon-, Plattenspieler- und Magnetbandgerätekabel, sowie über Außenlautsprecherleitungen in den NF-Verstärker. An einem Halbleiterbauelement wird das RF-Störsignal gleichgerichtet, verstärkt und damit im Lautsprecher hörbar. Je nachdem, ob das NF-Störsignal vor oder hinter dem Lautstärkeregler entsteht, ist die Lautstärke der Störung einstellbar, oder sie bleibt - unabhängig von der Stellung des Lautstärkereglers konstant.

38.8.6.1 Netzdrossel

Die Netzdrossel kann nach **Bild 38.8.7** geschaltet werden. Bild 38.8.7a zeigt die Prinzipschaltung mit einen bewickelten Ringkern. Die bifilar mit Zwillingslitze (Doppellitze) bewickelte Ferrit-Ringkerndrossel (**Bild 38.8.7b**) hat je Wicklung eine Induktivität von näherungsweise 1,8 mH. Eine einfachere Netzverdrosselung zeigt **Bild 38.8.8**.

38.8.6.2 Lautsprecherdrossel

Manchmal sind es die langen Lautsprecherzuleitungen von Stereogeräten, die als Antenne für das störende RF-Signal wirken. Zur Abhilfe versieht man den Lautsprecherausgang der Anlage mit einer

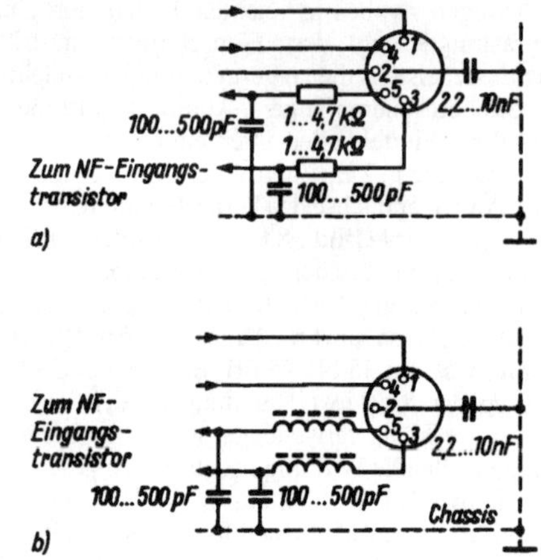

Bild 38.8.10
Beschaltung der NF-Eingangsbuchse
a) - für mittel- und hochohmige Quellen
b) - für niederohmige Quellen

RF-Entstördrossel nach **Bild 38.8.9**. Sie besteht aus einem etwa 140 mm langen Ferrit-Antennenstab von 10 mm Durchmesser, der mit 25 Wdg. einer flachen Doppellitze 2 x 0,5-mm-Cu eng bewickelt ist. Ebenfalls gut geeignet ist ein bifilar bewickelter Ferrit-Ringkern nach **Bild 38.8.7b**.

38.8.6.3 Entstörglieder

Stellen sich andere Zuleitungen (z.B. Phono-, Mikrofon- oder Magnetbandkabel) als „Störstrahlungsempfangsantennen" heraus, wird man zuerst überprüfen, ob der Anschluß 2 der Norm-Eingangsbuchse (siehe **Bild 38.8.10**) direkte Verbindung mit dem Gerätechassis hat. Ist das nicht der Fall, schaltet man - wie eingezeichnet - einen Kondensator von 2,2 bis 10 nF zwischen Punkt 2 und Masse. Die NF-Leitungen 3 und 5 können dann nach Bild **Bild 38.8.10a** für mittel- und hochohmige Quellen (Magnetbandgeräte, Kristalltonabnehmer, Kristallmikrofone) durch *RC*-Glieder entkoppelt werden. Handelt es sich um niederohmige Quellen (Magnettonabnehmer, dynamische Mikrofone), setzt man *LC*-Glieder nach **Bild 38.8.10b** ein. Miniatur-RF-Drosseln sind handelsüblich; sie können auch selbst angefertigt werden, indem man einen Ferritstift von 2,5 bis 3 mm Durchmesser und etwa 15 mm Länge mit 40 Wdg. eines 0,3 mm dicken Kupferlackdrahtes eng bewickelt (Induktivität näherungsweise 10 μH). Will man Eingriffe in das Gerät umgehen, können die Entstörglieder in einen ansteckbaren Adapter eingebaut werden. Diese Art von NF-Störungen können auch bei einem Fernsehempfänger auftreten.

Ist die Störung trotzdem noch vorhanden, handelt es sich um eine Direkteinstrahlung in den

Schaltungsaufbau. In der Hauptsache wirken hier längere Leitungen zu den Baugruppen und Leiterplatten als Antenne, über die die unerwünschten Störsignale zu kritischen Schaltungsteilen gelangen. Auch ungünstige Masseverbindungen an den einzelnen Leiterplatten kommen als Ursache in Frage. Das Beseitigen der Störungen durch Direkteinstrahlung erfordert Eingriffe in das Gerät.

Bei Direkteinstrahlung sollte man den Gerätehersteller zu Rate ziehen.

38.8.7 Ferrite

Ferritringe, Ferritperlen und zusammengesetzte Ferritkerne können bei der Unterdrückung von unerwünschter Hochfrequenz sehr nützlich sein.

Ferrit ist eine Mangan-Zink- oder Nickel-Zink-Eisenlegierung in Pulverkernform.

Die Hauptanwendung sind Ferritkern-Spulen (Drosseln). Die Drosseln werden oft als stromkompensierte Drosseln aufgebaut. Das sind zwei mechanisch eng verbundene und magnetisch eng gekoppelte Leitungen, die von gleichgroßen Strömen entgegengesetzt durchflossen werden. Dieser s.g. Gegentaktstrom (Nutzstrom) erzeugt kein Magnetfeld, da sich beide Teilfelder aufheben. Im Störfeld fließt in beiden Adern ein Gleichtaktstrom (Störstrom), der ein Magnetfeld erzeugt mit einer wirksamen Induktivität.

Zur Beschreibung der Kernverluste definiert man eine komplexe Permeabilität $\underline{\mu}$, die aus dem relativen Realteil μ_S' (Induktivitäts-Anteil) und dem relativen Imaginärteil μ_S'' (Verlustanteil) besteht. Mit dem üblichen Impedanzersatzschaltbild aus einer verlustfrei gedachten Induktivität und einem in Reihe geschalteten Verlustwiderstand erhält man für den Verlustfaktor

$$\tan \delta_S = \frac{\mu_S'}{\mu_S''} \qquad (38.8.1)$$

Je größer das Verhältnis μ_S''/μ_S' wird, umso größere Verluste hat der Kern.

Die Impedanz soll möglichst groß sein. Für die tiefste Frequenz soll die Impedanz mindestens 1 kΩ betragen [8.12].

Zur Auswahl des Ferritmaterials ist zu sagen, daß mit möglichst wenigen Windungen eine möglichst große Induktivität erreichbar sein soll. Das erfordert ein Material mit einer hohen Anfangspermeabilität $\mu_i > 1000$, wenn die Wirksamkeit einer Verdrosselung auch auf 160 und 80 m noch wirksam sein soll. Bei runden Netzkabeln der üblichen Stärke passen etwa 7 Windungen auf einen Ringkern mit 40 mm Außendurchmesser. Die US-Firma *AMIDON* empfiehlt zur Störunterdrückung für den Frequenzbereich 1 bis 40 MHz das Ferritmaterial Nr. 77 ($\mu_i = 2000$) und für 20 bis 400 MHz das Ferritmaterial Nr. 43 ($\mu_i = 850$). Das Material hat eine zu geringe Permeabilität, vom relativ hohen Preis ganz abgesehen. Günstiger für den Kurzwellenbereich ist das Material „Siferrit" der Firma *Siemens* mit der Kernbezeichnung N30 ($\mu_i = 4300$). Das Material ist leicht verfügbar und relativ preisgünstig. Die daraus gefertigten Ringkerne haben abgerundete Kanten und einen Überzug aus Polyamid. Lieferquellen sind die Firmen *Bürklin* und *Reichelt*.

Mit vier Ringkerngrößen R10, R25/10, R34/12,5 und R40 kann man die meisten Störfälle abdecken.

Ferritringkerne ohne elektrische Kennwerte, sind nicht unbrauchbar. Wie die magnetischen Eigenschaften und der Betriebsfrequenzbereich ermittelt werden kann ist in [8.13] beschrieben.

Literatur zu Abschnitt 38

[0.1] *EMVG*: EMV-Richtlinie 89/336/EWG, novellierte Fassung des EMV-Gesetzes (EMVG) vom September 1998

[0.2] *Scheffel, R.*: Die EMV-Richtlinie. EMC-Journal, 1/95, S. 66–67

[0.3] *Stoll, D.*: EMC-Elektromagnetische Verträglichkeit. Elitera, Berlin, 1976

[0.4] *Wilhelm, J.*: EMV. VDE-Verlag, Berlin, 1981

[0.5] Schlicke, H.M.: Electromagnetic Compatibility. Dekker, Basel, 1982

[0.6] *Hölzel, F.*: EMV, Theoret. und praktische Hinweise. Hüthig-Verlag, Heidelberg, 1983

[0.7] *Keiser, B.E.*: Principles of EMC. Artech-House, Dedham, MA, 1983

[0.8] *Peier, D.*: Elektromagnetische Verträglichkeit. Hüthig-Verlag, Heidelberg, 1990

[0.9] *Schwab, A.J.*: Elektromagnetische Verträglichkeit. Springer-Verlag, Berlin, 1991

[0.10] *Habiger, E.* u.a.: Handbuch elektromagnetische Verträglichkeit. Verlag Technik, Berlin, 1992

[0.11] *Weber, A.*: EMV in der Praxis. Hüthig-Verlag, Heidelberg, 1993

[2.1] *Sutter, X.; Gerstner, A.*: EMV-Meßtechnik von A-Z. Franzis-Verlag, Poing, 1994

[2.2] *Göpel, K.D.; Genz, D.*: Die Konzeption von EMV-Meßplätzen. Franzis-Verlag, Poing, 1995

[2.3] *Sutter, X.; Gerstner, A.*: EMV-Einstrahlungs-Störfestigkeits-Meßtechnik. Franzis-Verlag, Poing, 1993

[2.4] *Durcansky, G.*: EMV-gerechtes Design. Franzis-Verlag, Poing, 1995

[2.5] *Nedtwig, J.; Lutz, M.* (Hrsg.): Elektromagnetische Verträglichkeit. Bd. 1: Physikal. Prinzipien der EMV, Bd. 2: EMV-gerechte Entwicklung. WEKA-Verlag, Augsburg, 1997

[2.6] *Menke, N.*: EMV-Meßzelle für den Amateurfunk. CQ-DL 1/98, S. 42–43

[2.7] *Stumpf, M.; Lehmann, M.*: EMV-Testsysteme ... - GTEM-Zelle, die preisgünstige Alternative zur

Absorberhalle. Neues von Rohde & Schwarz (1992/93), H. 140, S. 8–10

[2.8] *Wuschek, M.*: Preisgünstige Alternativen zum Absorberraum. Neues von Rohde & Schwarz, H. 168 (2000/III), S. 7–9

[2.9] *Stecher, M.*: Rechnergesteuerte Messung elektromagnetischer Störungen (I). Neues von Rohde & Schwarz, H. 128, Winter 1989/90, S. 26–29

[2.10] *Wolle, J.*: EMI-Software ES-K1 – Windows in der EMV-Meßtechnik. Neues von Rohde & Schwarz, H. 142 (1993), S. 22–23

[2.11] *Benthues, M.; Göpel, K.D.*: Automatische Störfestigkeitsmessungen nach IEC 1000-4-6. Neues von Rohde & Schwarz, H. 147 (1995/I), S. 42–43

[2.12] *Göpel, K.D.*: Automatische Messung der elektromagnetischen Störfestigkeit. Neues von Rohde & Schwarz, H. 148 (1995/II), S. 12–15

[2.13] *Janssen, V.*: ESxS-K1 - eine preisgünstige Windows-Software für die EMV-Meßtechnik. Neues von Rohde & Schwarz, H. 151 (1996/II), S. 40–41

[4.1] *Sutter, X.; Gerstner, A.*: EMV-Meßtechnik von A-Z. Franzis-Verlag, Poing, 1994

[4.2] *Rahmes, D.*: EMV-Rechtsvorschriften und ihre Anwendung in der Praxis. Franzis-Verlag, Poing, 1995

[4.3] *Kramer, W.*: Die Kfz-EMV-Richtlinie 95/54/EG und der mobile Amateurfunk in Europa. CQ-DL 3/97, S. 176–177

[4.4] *Hillmer, C.*: EMV-Vorschriften und Mobilfunkbetrieb. CQ-DL 10/97, S. 789–792

[5.1] *Weidemann, A.*: Funkstörungen, Teil 1. Funkschau 16/1986, S. 38–41; Teil 2. Funkschau 17/1986, S. 36–39

[5.2] *Weidemann, A.*: Funk-“Störungen“ - Funk-“störende Beeinflussungen“, Teil 1. Beam 12/88, S. 33-35; Teil 2. Beam 1/89, S. 20–21

[5.3] *Schwarzbeck, G.*: TVI und BCI durch Oberwellen. CQ-DL 12/1982, S. 593–600

[5.4] *Weidemann, A.*: Störungen sind nicht gleich Störungen!, Teil 1. Funkamateur 9/00, S. 960–962; Teil 2. Funkschau 10/00, S. 1071–1073

[6.1] *Peltz, G.:* Berechnung von Filtern. Funk-Technik 6/1966, S. 206–208

[6.2] *Allen, W.H.:* Modern filter design for the radio amateurs. Radio Communication, August 1971, pp. 532–535

[6.3] *Schmitzer, D.E.*: Entwurf von Tschebyscheff-Filtern für die Praxis. Teil 1, UKW-Berichte 4/96, S. 233–238; Teil2, UKW-Berichte 1/97, S. 35–42

[6.4] *Schmitzer, D.E.*: LC-Filter mit Dämpfungspol auf der Basis von Tschebyscheff-Filter. UKW-Berichte 2/97, S. 79–89

[7.1] *Schwarzbeck, G.*: TVI und BCI durch Oberwellen. CQ-DL 12/1982, S. 593–600

[7.2] *Sichla, F.:* Antennen-Tiefpaßfilter für KW-QRP-Sender. Funkamateur 5/95, S. 519

[7.3] *Dohlus, H.-J.:* Koaxiale Tiefpaßfilter für VHF und UHF. UKW-Berichte 1/1964, S. 5–17

[8.1] *Koch, E.:* Einstrahlfestigkeit „nachgerüstet“ 1. Teil, Funkschau 23/1975, S. 73–76; 2. Teil, Funkschau, 24/1975, S. 83–86

[8.2] *Koch, E.:* Störende Beeinflussungen von Empfangsanlagen durch Amateurfunkstellen. Funkschau 13/1977, S. 52–54

[8.3] *Koch, E.:* Beseitigung störender Beeinflussungen bei Unterhaltungsgeräten durch Amateurfunkstellen. QRV 11/1979, S. 643–652

[8.4] *Schwarzbeck, G.:* Videorecorder – Beeinträchtigung durch Funksendeanlagen (TVI, VRI). CQ-DL 11/84, S. 542–545

[8.5] *Weidemann, A.:* Funkstörungen – Rechtslage/Tips zur Entstörung. Funkschau 16/1986, S. 38–41; Funkschau 7/1986, S. 36–39

[8.6] *Lamb, M.:* RFI and Computers in the Shack. CQ, November 1987, pp. 66–68

[8.7] *Blechert, G.:* Zum Bedarf an Einstrahlungs-Störfestigkeit bei elektronischen Geräten in Wohngebieten. CQ-DL 11/88, S. 690–693

[8.8] *Brandt, H.-J.:* Videorekorder-Entstörung im eigenen Haushalt. CQ-DL 6/89, S. 373

[8.9] *Stanley, J.*: Front-End Overload, A Worst Case Example. ARRL Antenna Compendium, Vol. 3, 1992, pp. 214–217

[8.10] *Knapp, B.*: TVI – (k)ein Problem. Funkamateur 2/94, S. 149

[8.11] *Palme, G.*: Abstimmbare HF-Notch-Filter gegen Außer-Band-Störungen. Funk 3/96, S. 18–19

[8.12] *Gall, H.*: Ferritringkerne zur Störunterdrückung. Tagungsheft 3. Kurzwellen-Fachtagung München, März 1997, S. 85–97

[8.13] *Janzen, G.*: HF-Messungen an unbekannten Ringkernen. Funkamateur 4/98, S. 448–45

39 EMVU

Diese vier Buchstaben haben seit einiger Zeit für Funkamateure eine ganz besondere Bedeutung.

EMVU = Elektromagnetische
Verträglichkeit Umwelt

EMVU ist die Fähigkeit eines Apparates, einer Anlage oder eines Systems, in der Umwelt zufriedenstellend zu arbeiten, ohne dabei selbst Störungen zu verursachen, die für alle in dieser Umwelt vorhandenen lebenden Wesen (Makro- und Mikroorganismen, Menschen, Tiere, Pflanzen) unannehmbar wären, sie umfaßt damit *thermische* und *nichtthermische* Einwirkungen von elektromagnetischen Erscheinungen auf biologische Systeme. (Definition nach EG-Richtlinien).

Das Thema EMVU und damit der Schutz von Personen in elektromagnetischen Feldern ist spätestens seit der Veröffentlichung der Amtsblattverfügungen des BMPT (Bundesministerium für Post und Telekommunikation) Vfg 95/92 [0.1] für Feststationen und Vfg 306/97 [0.2] für Amateurfunkstellen ein bedeutendes Thema.

Danach muß der Personenschutz in geeigneter Weise bei der Nachfolgerin des BAPT (Bundesamt für Post und Kommunikation) nämlich der RegTP (Regulierungsbehörde für Telekommunikation und Post), als nachgeordnete Behörde BMWT (Bundesministerium für Wirtschaft und Technologie) nachgewiesen werden.

Für feste Funksendestellen (Feststationen) aller Funkdienste nach dem TKG [0.3] (mit Ausnahme des Amateurfunkdienstes) erfolgt dies in Form einer Standortbescheinigung, die bei der RegTP beantragt werden muß und kostenpflichtig ist.

Für ortsfeste Amateurfunkstellen mit einer Leistung von 10 W EIRP oder mehr erfolgt dies nach dem AFuG [0.4] in Form einer Selbsterklärung, die bei der RegTP eingereicht werden muß.

Alle Funkamateure, die ihre Amateurfunkstelle nach Inkrafttreten des AFuG (28.06.97) erstmals betreiben, müssen diesen Nachweis vor der Betriebsaufnahme leisten. Funkamateure, die vor dem Inkrafttreten des AFuG (28.06.97) bereits ihre Amateurfunkstelle betrieben haben, brauchen diesen Nachweis aufgrund einer Übergangsfrist in der AFuV [0.5], bzw. in der 2. Verordnung der Änderung der AFuV [0.6] zunächst bis 31.12. 2001 vorzulegen.

Die Selbsterklärung ist speziell an den Amateurfunkdienst angepaßt. So wird dem Funkamateur, der von der RegTP als technisch qualifiziert anerkannt ist, ein großer Freiraum bei der Ausgestaltung dieser Papiere gegeben. Einige Formulare, die es auszufüllen gilt, sind der Verfügung 306/97 als Anlage beigefügt. Die vom Funkamateur eingesendeten Papiere, werden von der RegTP dann nur auf Plausibilität geprüft.

Die Verfügung 306/97 ist für Mitglieder des DARC (Deutscher Amateur-Radio-Club e.V.) gegen SASE (adressierter und mit DM 3 frankierter Rückumschlag DIN C4) in der Geschäftsstelle erhältlich oder kann bei jedem OVV (Ortsverbandsvorsitzender) kopiert werden. Sie ist außerdem im Internet auf der DARC-Homepage [0.7] abrufbar.

39.1 Elektromagnetische Strahlung

39.1.1 Einführung

Funkanwendungen, wie etwa Funk und Fernsehen, die Flugsicherung sowie auch die Kommunikation mittels tragbarer Mobilfunktelefone, sind heute zur Selbstverständlichkeit geworden. Mit der Einführung der mobilen Kommunikationstechnik zu Beginn der neunziger Jahre hat eine stürmische Entwicklung in der Verbreitung von Autotelefonen und „hand-gehaltenen Mobilfunkgeräten" (Handies) sowie im Bereich der schnurlosen Telefone eingesetzt.

Neben dieser von seiten der Technik und Wirtschaft als außerordentlich positiv eingeschätzten Entwicklung wird mit wachsendem Umfang des Netzaufbaus, der Installation der notwendigen Feststationen und dem immer häufigeren Gebrauch von Handies die Diskussion über die zunehmende Belastung durch elektromagnetische Wellen immer größer: Funkwellen – jahrzehntelang „dienstbare Geister" – sind ins Gerede gekommen.

Das griffige Schlagwort der Umweltdiskussion, unter dem alle potentiellen Strahlungsquellen zusammengefaßt werden, lautet „Elektrosmog". Dieser Elektrosmog, so befürchten manche Bürger, könnte körperliches Unbehagen, Schlafstörungen, Allergien, Herzrhythmusstörungen, Nervenleiden und Wetterfühligkeit und sogar Krebs und Erbgutschäden zur Folge haben. Auslöser dieser gegenwärtigen öffentlichen Diskussion ist offensichtlich der weiter fortschreitende, sichtbare Aufbau neuer Mobilfunknetze.

Spektakuläre Meldungen in Boulevardblättern über angebliche Krebsgefahren und Erbgutschäden durch Funkwellen in der Form von: – „Blind und impotent“, „Erste Krebstote“ – haben die Diskussion emotional angeheizt und zur Verunsicherung der Bevölkerung geführt.

Eine sachgerechte Diskussion wird auch durch den großen Kreis betroffener Personen und Institutionen (Hersteller, Konsumenten, Wissenschaftler, Gerichte, Verbände, betroffene Anwohner funktechnischer Anlagen usw.) erschwert. Hinzu kommt, daß einzelne Gruppen versucht sind, die Auseinandersetzung für sich zu instrumentalisieren: Politiker benutzen das Thema, um Aufmerksamkeit zu erzeugen, Wissenschaftler sehen die Möglichkeit, sich langfristig Fördermittel zu sichern; Verbraucherverbänden bietet sich die Gelegenheit, sich in Produkthaftungsprozessen zu profilieren; den Medien und Journalisten erschließt sich ein weites Feld schlagzeilenträchtiger Berichterstattung [1.1].

Die Angst vor der unsichtbaren Gefahr ruft auch Selbsthilfegruppen auf den Plan. Zu Wort melden sich so manche selbsternannte „Experten“ oder unschuldige „Opfer“. Es sind auch auffallend viele aus der Außenseiter-Szene bekannte Personen, die sich dem aktuellen, da publikumswirksamen Thema „Elektrosmog“ angenommen haben. Panoramawechsel ist da angesagt. Vorgestern noch auf den Spuren „bioelektrischer Astralkörper“ wandelnd, gestern in Sachen „ultrafeinstofflicher“ Umtriebe mit der Wünschelrute unterwegs, stehen sie heute als Fachberater der elektrogestreßten Gemeinde zur Seite.

Fachleute haben, erschöpft von den fruchtlosen Debatten, es mittlerweile aufgegeben, auf jeden Nonsens der Elektrosmog-Fundamentalisten einzugehen [1.2].

Der hohe Emotionsgrad in der öffentlichen und wissenschaftlichen Diskussion über die biologischen Wirkungen elektromagnetischer Felder erschwert jede objektive, sachliche Auseinandersetzung mit diesem Thema.

Die Gründe hierfür sind vielschichtig: Die vermeintliche Bedrohung ist unsichtbar; Fachwissen ist oft nicht vorhanden; die Folge ist, daß scheinwissenschaftliche Argumente allzu oft unreflektiert übernommen werden. Unter den Experten besteht Unsicherheit und Uneinigkeit über tatsächliche Gefahren; der Sachverhalt ist außerordentlich komplex, und exakte wissenschaftliche Erklärungen sind schwierig zu vermitteln.

DL1VU hat in einem Leitartikel der Zeitschrift „Funk“ über eine Studie eines amerikanischen Wissenschaftlers berichtet, die gewaltiges Aufsehen erregt hat, auch hier in Europa zitiert worden ist, aber gefälscht war [1.3].

Das Problem „Elektrosmog“ ist inzwischen bei der Bevölkerung zu einer Hysterie geworden. Die Gemeinden möchten keine Antennenmasten für Mobilfunk mehr in ihren Orten. Es gibt genug Lokalpolitiker, die sich damit gerne profilieren möchten.

Es gibt auch einige selbsternannte Gesundheitsapostel, die die Sache öffentlich weiter schüren.

„Wenn die Oma nicht schlafen kann, der Säugling schreit, oder die Kühe zu wenig Milch geben sind nur die Funkanlagen schuld daran“.

Schlagzeilen wie: „Wir lassen uns nicht verstrahlen!“ heizen die Diskussion weiter an. So gibt es bereits an einigen Stellen Verbote für Handys und auch für Amateurfunkantennen.

Die Angst der Bevölkerung vor Elektrosmog hat auch viele Firmen dazu gebracht dubiose Schutzprodukte auf den Markt zu bringen und sich dabei eine goldene Nase zu verdienen. Die Angebotspalette reicht vom elektronischen Entstörgerät, Smog Neutralizer, Elektrosmog Absorber und E-Smog Transformator über Handy Protector Sets und Bildschirm-Entstrahlungskegel bis hin zur Salzkristallampe und Hydro-Kristall Störfeldharmonisierer. Die Zeitschrift „ÖKO-Test-Magazin“ hat darüber einen Artikel verfaßt mit der Überschrift „Wer's glaubt, wird selig“ [1.4].

Veröffentlichungen in der Tagespresse, die aus medizinisch oder technischer Sicht von zweifelhaftem Nutzen oder oft nur polemisch sind, sowie verschiedene Gerichtsverfahren, haben auch nicht zur Beruhigung oder Aufklärung beigetragen.

Die Gemüter sind erhitzt, die Stimmung schwankt zwischen Hysterie und Ignoranz.

Sensible und esoterisch gestimmte Menschen werden weiter von den Ängsten um den Elektrosmog verfolgt werden.

39.1.2 Begriffe

Antennengewinn

Antennengewinn oder Gewinn ist das Verhältnis der von einer Antenne in Hauptstrahlrichtung im Fernfeld erzeugten Leistungsflußdichte in W/m^2 zu der von einer Bezugsantenne in gleicher Entfernung bei gleicher zugeführter Leistung erzeugten maximalen Leistungsflußdichte. Der Antennengewinn wird bei Berechnungen in dBi (über Isotrop) und nicht in dBd (über Dipol) angegeben. Die Umrechnung der beiden Gewinne ist: dBd + 2,15 = dBi. (Beispiel: Eine Antenne mit 0 dBd hat 2,15 dBi).

EIRP

Die äquivalente isotrope Strahlungsleistung (EIRP = equivalent isotropically radiated power) ist das Produkt aus der der Antenne zugeführten Leistung und dem Antennengewinn, bezogen auf die Strahlungsleistung einer isotropen Antenne. EIRP ist die Wirkleistung, die anstelle der Antenne einem verlustlosen isotropen (nach allen Richtungen gleichmäßigen) Strahler zugeführt werden muß, damit dieser die gleiche Leistung liefert wie die Antenne in Hauptstrahlrichtung.

Elektrische Feldstärke
Die elektrische Feldstärke (*E* in V/m) ist der ortsabhängige Effektivwert der elektrischen Komponente eines sich sinusförmig ändernden elektromagnetischen Feldes.

EMF
Electromagnetic field = Elektromagnetisches Feld

EMR
Electromagnetic radiation = Elektromagnetische Strahlung

EMV
Elektromagnetische Verträglichkeit. EMV umfaßt im weitesten Sinne die Wechselwirkung der gewollten und ungewollten elektromagnetischen Beeinflussung der technischen Geräte untereinander. Der Begriff EMV ist schon länger bekannt.

EMVU
Elektromagnetische Umweltverträglichkeit. EMVU beschreibt die Einwirkung elektromagnetischer Wellen auf die Umwelt. Der Begriff EMVU ist neueren Datums.

Ersatzfeldstärke
Die elektrische Ersatzfeldstärke in V/m wird aus den Komponenten E_x, E_y und E_z der elektrischen Feldstärke gebildet. Die elektrische Ersatzfeldstärke ergibt sich zu:

$$E_e = \sqrt{E_x{}^2 + E_y{}^2 + E_z{}^2}\ .$$

Die gegenseitigen Phasendifferenzen der Feldstärken bleiben hierbei unberücksichtigt.

Felder
Elektromagnetische Felder sind Wechselfelder und breiten sich mit Lichtgeschwindigkeit ($c \approx 300\,000$ km/s) aus. Die Wellenlänge (λ) hängt von der Frequenz (f) ab.
Elektromagnetische Felder kommen vor:
- Sendeanlagen (Funk, Radar)
- Industrieanlagen (Induktionserwärmung, Kunststoffschweißen, Mikrowellen)
- Medizinische Geräte (Diathermie, Hyperthermie, Kernspintomographie)

Fernfeld
Beträgt der Abstand zur Feldquelle mehr als eine Wellenlänge, befindet man sich im Fernfeld. Hier genügt das Messen einer Feldstärkengröße, die zweite kann aufgrund des konstanten Verhältnisses errechnet werden. Die Beträge der elektrischen bzw. magnetischen Feldstärke sind umgekehrt proportional zur Entfernung. Die elektrische und die magnetische Feldstärke stehen senkrecht aufeinander und senkrecht zur Ausbreitungsrichtung und haben keine Phasendifferenz. Die Umrechnung von elektrischer in magnetische Feldstärke und umgekehrt erfolgt über den Feldwellenwiderstand des freien Raumes $Z_0 = (120 \cdot \pi)\ \Omega \approx 377\ \Omega$.

Grenzwerte
Zum Schutz der Menschen wurden in internationaler Zusammenarbeit Basisgrenzwerte festgelegt. Bei Niederfrequenz (bis 30 kHz) als Stromdichte (*J* in mA/m^2), bei Hochfrequenz (von 30 kHz bis 300 GHz) als spezifische Absorptionsrate (*SAR* in W/kg).

HSM
Herzschrittmacher. HSM-Gerät ist ein implantiertes Herzschrittmacher-Gerät.

Kabeldämpfung
Frequenzabhängige Dämpfung des Antennenkabels in dB für 100 m bei gegebener Frequenz.

Leistungsflußdichte
Die Leistungsflußdichte *S* in W/m^2 ist der Quotient aus elektromagnetischer Leistung und der Fläche, durch die diese Leistung senkrecht hindurchtritt, also Leistung pro Flächeneinheit. Die Leistung ist dabei das Produkt aus elektrischer und magnetischer Feldstärke. Je weiter man von der Antenne entfernt ist, desto geringer wird die Leistungsflußdichte.

Magnetische Feldstärke
Die magnetische Feldstärke (*H* in A/m) ist der ortsabhängige Effektivwert der magnetischen Komponente eines sich sinusförmig ändernden elektromagnetischen Feldes.

MPG
Medizin Produkt Gesetz. Regelt die Eigenschaften und die Konstruktion aller auf den Menschen angewandten medizinischen Geräte.

Nahfeld
Wenn der Abstand zur Feldquelle kürzer als eine Wellenlänge ist befindet man sich im Nahfeld. Im Nahfeld ist das Verhältnis von elektrischer und magnetischer Feldstärke nicht konstant, beide müssen getrennt gemessen werden.

Personenschutz
Der Schutz von Personen in elektrischen, magnetischen oder elektromagnetischen Feldern wird in DIN VDE 0848 beschrieben. Die RegTP unterscheidet bei Amateurfunksendestellen in Vfg 306/97 zwischen Personenschutzwerten und Herzschrittmachergrenzwerten.

Sicherheitsabstand
Der Sicherheitsabstand ist bezogen auf die untere Kante der Sendeantenne und stellt den kürzesten Abstand zu dem Bereich dar, von dem an die Personenschutzgrenzwerte für einen zeitlich unbegrenzten Aufenthalt von Personen eingehalten werden.

Spezifische Absorptionsrate
Die Spezifische Absorptionsrate *SAR* in W/kg ist die vom Körper aufgenommene Strahlungsleistung. Es ist die anerkannte Basisgröße für thermische Wirkung der HF-Strahlung. Die *SAR* berücksichtigt nicht nur den Betrag der HF-Energie. sondern auch in welcher Zeit diese Energie übertragen wird. Die elektromagnetische Energie wird im Körper absorbiert und in Wärme umgewandelt. Der Grad der Erwärmung ist u.a. abhängig von der Dauer der Einwirkung (Exposition), dem Abstand zur Antenne, der Frequenz, der Sendeleistung und der stofflichen Zusammensetzung des betroffenen Körperteils.

Strahlungsleistung
Die Strahlungsleistung ist die gesamte in den Raum abgestrahlte Leistung. Sie ist das Produkt aus der der Antenne zugeführten Leistung und dem Antennengewinn.

Winkeldämpfung
Die Winkeldämpfung gibt an, um wieviel dB geringer die Strahlungsleistung einer Antenne bei einem von der Hauptstrahlrichtung abweichenden Winkel wird. Bei horizontal strahlenden Richtantennen wird die vertikale Winkeldämpfung für den Personenschutz unterhalb der Antenne benötigt.

39.1.3 Wirkungen

Die Anzahl von speziellen Forschungen über das Thema EMVU ist beachtlich. So wurden bisher weltweit unzählige wissenschaftliche Arbeiten von verschiedenen Organisationen durchgeführt.

Eines der besten Bücher über Ursachen und Auswirkungen von Strahlen, Wellen und Felder auf Umwelt und Gesundheit, als Taschenbuch allgemein verständlich geschrieben, wurde vor rund 10 Jahren verfaßt [1.4].

Von den vielen Veröffentlichungen über Wirkungen der elektromagnetischen Strahlung auf biologische Systeme sind nachfolgend einige aufgeführt [1.5]–[1.25].

Thermische Effekte
Die Existenz thermischer Effekte, hervorgerufen durch die Einwirkung von elektromagnetischen Feldern, ist unstrittig; die elektromagnetische Energie wird im Körper absorbiert und in Wärme umgewandelt. Der Grad der Erwärmung ist u.a. abhängig von der Dauer der Exposition, dem Abstand zur Antenne, der Frequenz, der Sendeleistung und der stofflichen Zusammensetzung des betroffenen Körperteils. Eine Erwärmung des Körpergewebes durch elektromagnetische Felder ist nicht grundsätzlich als schädlich anzusehen; in der Medizin werden derartige Verfahren, z.B. die Diathermie, bereits seit Jahrzehnten zur Heilbehandlung allein in Deutschland mit mehr als 30 Mio. Anwendungen pro Jahr eingesetzt .

Um bei intensiver Hochfrequenzbestrahlung biologische Wirkungen auszulösen, z.B. zum Beeinflussen des zentralen Nervensystemes, zur Verhaltensveränderung, zum Herbeiführen von Stoffwechselstörungen, zum Auslösen von grauem Star und Temperaturerhöhungen über 1° C, müssen bestimmte Schwellenwerte der Energieabsorption überschritten werden. Diese können für verschiedene biologische Wirkungen quantitativ durch die spezifische Energieabsorption (Joule pro kg Körpermasse) oder die spezifische Absorptionsrate (SAR-Wert in W pro kg Körpermasse) angegeben werden. Eine Erwärmung um mehr als 1 Grad wird als problematisch bewertet, ist jedoch erst bei einer zugeführten Leistung von mehr als 4 W pro kg Körpergewicht zu erwarten. Da die Wärmeregulierung überwiegend auf der Wärmeabfuhr durch Flüssigkeitkreisläufe beruht (z.B. Blutzirkulation ist die zu erwartende Temperaturerhöhung von der Zusammensetzung der betroffenen Körperstellen abhängig. Der gesunde menschliche Körper verfügt über ein Thermoregulierungssystem, das Temperaturerhöhungen bis 1 Grad problemlos kompensiert. Um das thermische Gleichgewicht wiederherzustellen, werden ca. 6 min benötigt. Im Nahbereich der Sendeantenne eines Mobilfunkgerätes treten sehr inhomogene Energieabsorptionen im Körper auf. Die Größe und Verteilung des SAR-Wertes, z.B. im menschlichen Kopf, ist hierbei nicht nur von der Ausgangsleistung und der Frequenz des Gerätes, sondern auch vom Antennentyp, vom Abstand und von der Position der Antenne zum Kopf sowie von der Betriebsart abhängig. Es muß gewährleistet sein, daß sich kein Körperteil oder Organ als Folge der Hochfrequenzabsorption um mehr als 0,5 bis 1° C erwärmt. Wegen der fehlenden Blutzirkulation kann das Auge in diesem Fall als kritisches Organ betrachtet werden. Bei einer Begrenzung des Teilkörper-SAR-Wertes auf 100 mW pro 10 g Körpergewebe bleibt auch bei Hochfrequenzbestrahlung unter ungünstigen Bedingungen die Erwärmung überall unter 0,5 bis 1°C. Zum Schutz gegen thermische Effekte existieren Grenzwerte mit einem hohen zusätzlichen Schutzfaktor. Durch eine Begrenzung des zulässigen SAR-Wertes auf 0,08 W/kg, gemittelt über den ganzen Körper und über 6-min-Intervalle, kann ein vorbeugender Schutz der gesamten Bevölkerung sowie ein ausreichender Schutz auch für Personen mit reduzierter Thermoregulation erreicht werden.

Bei der Ganzkörperbelastung wirkt der komplette Körper als Antenne, mit einer maximalen Absorption im Bereich von 50 bis 200 MHz ist zu rechnen. Bei einer Teilkörperbelastung z.B. des Kopfes muß mit einem Absorptionsmaximum im Bereich von 300 bis 2000 MHz gerechnet werden.

Besonders betroffen sind Organe mit niedriger Wärmeleitfähigkeit (z.B. Augenlinse) oder temperatursensible Organe (z.B. Hoden). Die Auswirkungen thermischer Effekte sind erhöhte Krebswahrscheinlichkeit, Stoffwechselstörungen, grauer Star bis hin zu Störungen der Drüsenfunktionen und des Blut- sowie Nervensystems.

Athermische Effekte

Das Thema der nichtthermischen oder athermischen Wirkungen elektromagnetischer Felder hat innerhalb kürzester Zeit durch die rasante Verbreitung neuer Mobilfunknetze, unterstützt durch ein gewandeltes Umweltbewußtsein, eine ungeheure Bedeutung erlangt.

Der Nachweis dieser Effekte ist nicht eindeutig; die entsprechenden Interaktionsmechanismen sind nicht geklärt. Die meisten bisher erfolgten Untersuchungen unterhalb des „thermischen" Bereichs betreffen den molekularen Bereich und die Zellebene. Dort vermutete Effekte bedeuten jedoch nicht zwangsläufig, daß der Gesamtorganismus Schaden nimmt.

Untersuchungen über den Einfluß von HF-Feldern auf Struktur und Innentransfer der Zellmembran ergab, daß bisher kein Einfluß der hochfrequenten elektromagnetischen Felder auf die Kalzium-Konzentration nachgewiesen werden konnte.

Bei cytogenetischen Untersuchungen (Veränderungen des genetischen Materials und deren Auswirkungen auf die Zellen) an menschlichen peripheren Lymphozyten (weiße Blutkörperchen) konnte ebenso bisher keine Beeinflussung der Erbsubstanz nachgewiesen werden.

Die Aussagekraft vieler Untersuchungen ist oft als nicht sehr hoch einzuschätzen, weil die Experimente teilweise nicht reproduzierbar sind, Ergebnisse von Tierversuchen nicht ohne weiteres auf den Menschen übertragen werden können, statistische Methoden zu kleine Vergleichsgruppen erfassen, Versuche an Menschen nur schwer durchführbar sind und mathematische Berechnungen an Modellen oft zu starke Vereinfachungen enthalten. Bei zahlreichen Untersuchungen liegt auch der Verdacht nahe, daß Falschmessungen präsentiert wurden.

Bei Tierversuchen (Ratten, Hühnerembryonen, genmanipulierte Labormäuse etc.) mit gepulster und teilweise wesentlich erhöhter Strahlung wurden einige Veränderungen festgestellt. Solche Studien sind aber wissenschaftlich umstritten. Die nachgewiesenen Effekte sind oft spezieller Natur und eine abschließende Bewertung praktisch nicht möglich.

In weiteren Untersuchungen wurde auch das Erbgut von Bakterien und Viren durch ein konventionelles portables Mobilfunktelefon elektromagnetischen Feldern ausgesetzt. Im Vergleich zu unbestrahlten Proben konnten keine signifikanten Änderungen festgestellt werden.

Die Unsicherheit führt auch unter den Wissenschaftlern zu Spekulationen und extremen Positionen. Trotz einer Vielzahl von Untersuchungen ist derzeit keine bekannt, die wissenschaftlich fundiert bestimmte negative athermischen Wirkungen auf den lebenden Organismus nachweisen kann und in der Wissenschaft entsprechende Anerkennung gefunden hätte.

39.1.4 Grenzwerte und Mindestabstände

Mit der Inbetriebnahme von Hochleistungssendern im Mikrowellenbereich z.B. Radarsender kamen Fragen über mögliche Einflüsse elektromagnetischer Felder auf die Gesundheit von Personen auf.

Zunächst betrachtete man nur den Mikrowellenbereich, später jedoch den gesamten Frequenzbereich bis 300 GHz.

Die ersten gegen Ende der 50er Jahre vorgeschlagenen Grenzwerte der Leistungsflußdichte differierten zwischen den USA und der UdSSR um den Faktor 1000. Später begann die WHO (Weltgesundheitsorganisation der UNO) mit der Ausarbeitung von Richtlinien für den Aufenthalt von Personen in elektromagnetischen Feldern mit der Angabe von spezifischen Absorptionsraten (SAR) und Expositionszeiten (Aufenthaltszeiten).

Eine der ersten Veröffentlichungen über die Gefährdung durch HF-Strahlung mit einer Zusammenfassung der damaligen Grenzwerte ist in [1.26] zu finden.

Die **Tabelle 39.1** gibt eine Übersicht über die Abstände, typische Expositionswerte und Strahlenschutzwerte von verschiedenen Strahlungsquellen [1.27].

Die **Tabelle 39.2** zeigt die Mindestabstände der Antenne von Mobilfunkgeräten zum Körper nach den Empfehlungen der Strahlenschutzkommission des Bundesamtes für Strahlenschutz [1.13] an. Bedingung ist die Einhaltung des Teilkörper-SAR-Wertes von 2 W/kg (Mittelwert über 10 g Gewebe und 6 Minuten-Intervalle). Bei digitalen Betriebsarten ist die pulsförmige Abstrahlung (Puls/Pause = 1/8) berücksichtigt worden.

Für die allgemeine Bevölkerung wurde international ein **SAR-Basisgrenzwert** von **0,08 W/kg** (über den ganzen Körper gemittelt) festgelegt. Dieser Wert gilt für **Dauerbelastung.**

Tabelle 39.1
Abstände, Expositionswerte, Strahlenschutzwerte

Quelle	Frequenz	Abstand/ Bemerkungen	Typische Werte der Exposition	Strahlenschutz-Richtwerte
Rundfunksender				
– Mittelwelle	1,4 MHz	Leistg. 1,8MW		
		50 m	450 V/m	
		300m	90 V/m	73,5 V/m*
		Grenzwerte ab ca. 350 m eingehalten		
– Kurzwelle	6-10 MHz	Leistg. 750 kW		
		50 m	121,5 V/m	27,5-36 V/m*
		220 m	27,5 V/m	
		Grenzwerte ab ca. 220 m eingehalten		
– UKW	88-108 MHz	Leistg. < 100 kW		
		ca. 1,5 km	<0,05W/m²	2 W/m²
		Grenzwert ab ca. 250 m eingehalten		
– CB-Funk, Walkie-Talkies	27 MHz	Leistung wenige Watt	bis 1000 V/m	SAR<2 W/kg
		5 cm	und 0,2 A/m	
		Der SAR-Grenzwrt wird bei diesen Geräten für Sendeleistungen bis 4 W eingehalten.		
Fernsehsender				
– VHF	174-216 MHz	Leistg. < 300 kW		
		ca. 1,5 km	< 0,02 W/m²	2 W/m²
		Grenzwert ab ca. 150 m eingehalten		
– UHF	470-890 MHz	Leistung < 5 MW		
		ca. 1,5 km	< 0,005 W/m²	2-4 W/m²
		Grenzwert ab ca. 75 m eingehalten		
Mobilfunk				
– Basisstation D-Netz	890-960 MHz	Leistg. max. 50 W je Kanal		
		ca. 50 m	0,001 W/m²	4 W/m²
- Antenne am mobilen Sender (Telefonhörer)		3 cm	< 2 W/m²	SAR<2 W/kg
		SAR-Grenzwert wird im D-Netz für Geräte mit Sendeleistungen bis 2 W eingehalten		
Mikrowellen-kochgerät	2,45 GHz	Mittelwerte aus 130 Messungen		Gerätestandard: 5cm Abstand von der Oberfläche:
		5 cm	0,62 W/m²	
		30 cm	< 0,06 W/m²	< 50 W/m²
Diebstahl-sicherungssysteme	0,9-10 GHz	zugänglicher Bereich im Nutzstrahl	< 0,002 W/m²	5-10 W/m²
Radargeräte				
– Flugüberwachung und Militär	1 -10 GHz	Leistg. 0,2-20 kW		
		100 m	10 W/m²	10 W/m²
		1 km	0,1 W/m²	
– Verkehrsradar	9-35 GHz	Leistung 0,5–100 mW		
		3 m	0,25 W/m²	10 W/m²
		10 m	< 0,01 W/m²	
HF-Belastung in Ballungs-räumen	Rundfunk- u. Fernseh-sender	Höchstwerte an wenigen Orten Deutschlands	0,1-0,4 W/m²	2-4 W/m²

* ... Grenzwert nach 26. BImSchV

Frequenz	Spitzenleistung	Mindestabstände
450 MHz analog	bis 0,5 W	kein Mindestabstand
(C-Netz)	bis 1 W	ca. 4 cm
	bis 5 W	ca. 20 cm
	bis 20 W	ca. 40 cm
900 MHz analog	bis 0,5 W	kein Mindestabstand
	bis 1 W	ca. 5 cm
	bis 5 W	ca. 25 cm
	bis 20 W	ca. 50 cm
900 MHz digital	bis 2 W	kein Mindestabstand
	bis 4 W	ca. 3 cm
(D-Netz)	bis 8 W	ca. 5 cm
	bis 20 W	ca. 8 cm
1800 MHz digital	bis 1 W	kein Mindestabstand
	bis 2 W	ca. 3 cm
(E-Netz)	bis 8 W	ca. 7 cm
	bis 20 W	ca. 12 cm

Tabelle 39.2
Mindestabstände der Antenne von Mobilfunkgeräten zum Körper

Die **Tabelle 39.3** gibt eine Übersicht über die Mindestabstände von der Antenne nach DIN VDE 0848 bei einer typischen Amateurfunk-Kurzwellenstation nach [1.28]. Gemessene Feldstärken bei einer Amateurfunkstation finden sich in [1.29]. Die Sicherheitsabstände im UKW-Amateurfunk werden in [1.30] behandelt.

39.1.5 Zusammenfassung

Die Ängste der Bürger sind angesichts der widersprüchlichen Meldungen verständlich und sollten ernst genommen werden. Neue Techniken oder Technologien bedeuten immer auch Veränderungen der Gewohnheiten und lösen damit zunächst Ängste und Sorgen aus. Für die Akzeptanz der neuen Technik gilt:

„Erst wenn die Vorteile und der Nutzen für den Benutzer allgemein bekannt sind, wird auch die Technik akzeptiert" [1.1].

Dies gilt ebenso für den Funkbetrieb.

Generell, mangelt es den Berichten über diverse hypothetisch erhobene Wechselwirkungsmechanismen zwischen Mikrowellen und Körperzellen an ihrem experimentellen Nachweis. „Relevante Auswirkungen hochfrequenter Strahlung sind bisher nur aufgrund ihrer Wärmewirkung nachgewiesen." [1.2].

Sicher ist, daß elektromagnetische Felder Wirkungen auf den Organismus haben können, und zwar Hochfrequenzfelder viel stärkere als Niederfrequenz- und Gleichfelder.

Vorsicht ist also geboten, auf der anderen Seite ist aber jede irrationale Panik fehl am Platze. Der erste Schritt ist die Einhaltung der DIN/VDE-Grenzwerte. Darin sind die athermischen Wirkungen nicht berücksichtigt – weil darüber noch nicht genug bekannt ist. Vielfach sind einige Effekte, die zunächst als athermisch angesehen wurden, in Wirklichkeit thermische Erscheinungen, beispielsweise aufgrund fehlerhafter Interpretation oder fehlerhafter Meßtechnik [1.18].

Es erscheint denkbar, daß für athermische Wirkungen die Grenzwerte künftig niedriger und die Sicherheitsabstände höher angesetzt werden müssen.

Im Alltag werden die aktuellen Grenzwerte für HF-Strahlung in der Regel eingehalten, oft sogar unterschritten. Ängste diesbezüglich sind meist unbegründet. Aus Gründen der Vorsorge ist es aber dennoch zu begrüßen, wenn unmittelbare starke Feldeinwirkungen soweit wie möglich und wirtschaftlich vertretbar herabgesetzt werden. Insbesondere gilt das für die Neuentwicklung von Geräten [1.27].

Das Thema Herzschrittmacher (HSM) bewegt zur Zeit die Gemüter. Auf der einen Seite ist das ein EMV-Problem im Rahmen der Produkthaftung und andererseits auch ein EMVU-Problem, das unser

Frequenz	1,8 MHz	3,5 MHz	7 MHz	14 MHz	21 MHz	28 MHz
Leistung	75 W	750 W	750 W	750 W	750 W	750 W
Antenne						
Dipol	15,6 m	14,7 m	9,3 m	7,4 m	7,4 m	7,4 m
3-Element-Yagi	20,5 m	19,4 m	16,9 m	16,9 m	16,9 m	16,9 m

Tabelle 39.3
Mindestabstände von der Antenne nach DIN VDE 0848 bei einer typischen Amateurfunk-Kurzwellenstation

Hobby sehr stark berührt (HSM-Grenzwerte). Untersuchungen der Forschungsgemeinschaft Funk (FGF) zum Thema HSM und Handies haben ergeben, daß 90% der heute verfügbaren HSM so störfest sind, daß sie von C- und D-Netz Handies, die in der linken Brusttasche getragen werden, nicht beeinflußt werden. E-Netz Handies erbrachten überhaupt keine Beeinflussungen [1.18].

Das Thema Elektrosensibilität wird auch ernst genommen und wissenschaftlich untersucht. Eine Hochrechnung aus bisherigen Versuchsreihen ergibt ein Potential von 2% Elektrosensiblen [1.18].

39.2 Messung der elektromagnetischen Strahlung

Die elektromagnetische Strahlung wird durch die Leistungsdichte beschrieben. Andere Bezeichnungen dafür sind: Energiestromdichte, Strahlungsdichte und Leistungsflußdichte.

Die Leistungsflußdichte S in W/m^2 ist elektromagnetische Leistung je Flächeneinheit und ist das Produkt aus elektrischer Feldstärke E in V/m und magnetischer Feldstärke H in A/m.

Die Messung der elektromagnetischen Strahlung läuft also auf eine Messung der Feldstärken hinaus. Dabei sind die Feldstärken die ortsabhängigen Effektivwerte der jeweiligen Feldkomponenten eines sich sinusförmig ändernden elektromagnetischen Feldes. Die Definition der Feldstärke ist prinzipiell frequenzunabhängig [2.1]. Man unterscheidet bei den Feldstärkemessungen zwischen Fernfeldmessungen und Nahfeldmessungen.

39.2.1 Fernfeldmessung

Wenn der Abstand zur Feldquelle mehr als eine Wellenlänge ist, praktisch ab 3λ oder 4λ, befindet man sich im Fernfeld. Die elektrische und die magnetische Feldstärken stehen senkrecht aufeinander und senkrecht zur Ausbreitungsrichtung und haben keine Phasendifferenz.

Hier genügt das Messen einer Feldstärkengröße, die zweite kann aufgrund des konstanten Verhältnisses errechnet werden. Die Umrechnung von elektrischer in magnetische Feldstärke und umgekehrt erfolgt über den Feldwellenwiderstand des freien Raumes $Z_0 = (120 \cdot \pi)\ \Omega \approx 377\ \Omega$.

Bei Messung der magnetischen Feldstärke mit einer Rahmenantenne kann das Ergebnis dann als elektrische Feldstärke in V/m angezeigt werden. Die Beträge der elektrischen bzw. magnetischen Feldstärke sind umgekehrt proportional zur Entfernung.

Allgemein wird die elektromagnetische Leistungsdichte, Strahlungsdichte oder Leistungsflußdichte durch den *Poynting*schen Vektor $\boldsymbol{S}$ beschrieben (vgl. Abschnitt 1.1.7). Der Betrag von $\boldsymbol{S}$ läßt sich deuten als Leistung, die durch ein senkrecht zur Energieausbreitung befindliches Flächenelement hindurchtritt, dividiert durch die Größe dieses Flächenelements. Die drei Vektoren $\boldsymbol{S}$, $\boldsymbol{E}$ und $\boldsymbol{H}$ stehen im Fernfeld senkrecht aufeinander. Wenn die Feldstärken in Effektivwerte angegeben sind wird die Leistungsflußdichte

$$S = |\boldsymbol{S}| = E \cdot H. \qquad (39.2.1)$$

Mit dem Feldwellenwiderstand Zo (Wellenwiderstand des freien Raums) $Zo = E / H$

wird $S = E^2 / Z_0$ damit ergibt sich für die elektrische Feldstärke

$$E = \sqrt{Z_o \cdot S} \qquad (39.2.2)$$

Die Strahlungsleistung P_S eines Isotropstrahlers (Kugelstrahlers) ist

$$P_S = S \cdot A_K \qquad (39.2.3)$$

wobei $A_K = 4\pi D^2$ die Oberfläche einer Kugel mit dem Radius D ist.

Damit wird aus Gl. (39.2.3)

$$E = \sqrt{\frac{Z_0}{4\pi}} \cdot \frac{\sqrt{P_S}}{D} \qquad (39.2.4)$$

Ersetzt man den Kugelstrahler durch eine Antenne mit dem Gewinn G bezogen auf den Kugelstrahler erhält man für die Feldstärke in Hauptstrahlrichtung

$$E = \sqrt{\frac{Z_0}{4\pi}} \cdot \frac{\sqrt{P_S \cdot G}}{D} \qquad (39.2.5)$$

Für einen Halbwellendipol mit $G = 1{,}64$ folgt daraus die bekannte Formel

$$E = 7 \cdot \frac{\sqrt{P_S}}{D} \qquad (39.2.6)$$

Wenn die Strahlungsleistung P_S in Watt und der Abstand D in km eingesetzt wird ergibt sich die direkte Freiraumfeldstärke E in mV/m [2.2].

In der Praxis ist aber immer der Erdboden vorhanden, so daß sich die Gesamtfeldstärke aus einem direkten und einem refektiertem Anteil zusammensetzt. Die tatsächliche Feldstärke ist das Produkt aus der Freiraumfeldstärke der direkten Strahlung und einem Aufstellungsfaktor. In diesem sind die direkten und die indirekten (reflektierten) Abstände, der Bodenreflexionsfaktor und ein frequenzabhängiger Phasenfaktor enthalten.

Die Leerlaufspannung U_0 einer Antenne wird durch den Ausdruck *wirksame Länge* l_w oder auch *effektive Länge* definiert.

$$U_0 = E \cdot l_W \qquad (39.2.7)$$

Die Antenne wirkt als Generator mit der Leerlaufspannung U_0 und der Quellenimpedanz $R_i \approx R_S$ (Strahlungswiderstand). Zur Messung dieser Spannung wird ein Meßempfänger (Feldstärkemesser) verwendet mit einer Eingangsimpedanz von $50\ \Omega$.

Um aus der gemessenen Spannung auf die Feldstärke zu schließen wird ein Wandlungsfaktor benötigt. Dieser Faktor wird als Antennenfaktor oder K-Faktor bezeichnet.

Die Feldstärke wird bestimmt aus der Eingangsspannung U_E am Meßempfänger und dem Antennenfaktor K

$$\frac{E}{\mathrm{V/m}} = \frac{U_E}{\mathrm{V}} \cdot \frac{K}{1/\mathrm{m}} \qquad (39.2.8)$$

Für einen Halbwellendipol ist:
wirksame Länge $l_W = \lambda : \pi$ (39.2.9)
Antennenfaktor $K = 2\pi : \lambda$ (39.2.10)
$K = 1 : l_W$ (39.2.11)

Es ist zweckmäßig den *Antennenfaktor* als logarithmisches Spannungsverhältnis mit der Bezeichnung *Antennenmaß*, *Feldmaß* oder *Wandlungsmaß* in Dezibel (dB) anzugeben.

$k = 20 \cdot \lg K$ (39.2.12)

Bei großen Feldstärkeunterschieden ist es zweckmäßig die Feldstärkeangabe in dB zu verwenden. Die elektrische Feldstärke wird dann in dB über 1 µV/m angegeben. Dieser Wert wird als logarithmische Feldstärke oder Feldstärkepegel F bezeichnet.

$$F/\mathrm{dB} = 20 \cdot \lg\left(E \Big/ \frac{\mu\mathrm{V}}{\mathrm{m}} \right) \qquad (39.2.13)$$

mit $k = 20 \lg K$ ergibt sich dann der Feldstärkepegel F in dB über 1µV/m

$$\frac{F}{\mathrm{dB}\left(\frac{\mu\mathrm{V}}{\mathrm{m}}\right)} = \frac{U_E}{\mathrm{dB}(\mu\mathrm{V})} + \frac{k}{\mathrm{dB}} \qquad (39.2.14)$$

Im Fernfeld nimmt die Feldstärke E mit der Entfernung D ab, die Strahlungsdichte S mit D^2.

Oft wird die Feldstärke oder der Feldstärkepegel für 1 km Abstand definiert.

Die allgemeine Formel für die Feldstärke in Hauptstrahlrichtung ist

$$F/\mathrm{dB} = 74{,}8 + 10 \cdot \lg(P/\mathrm{W}) + 10 \cdot \lg G - 20 \cdot \lg(D/\mathrm{km}) \qquad (39.2.15)$$

mit Feldstärkepegel F in dB über 1 µV/m, Leistung P in Watt,
Gewinn G als Faktor und Abstand D in km

Beispiel:
Bei einem Halbwellendipol mit $G = 1{,}64$ wird aus Gl.(39.2.15)

$F/\mathrm{dB} = 76{,}9 + 10 \cdot \lg(P/\mathrm{W}) - 20 \cdot \lg(D/\mathrm{km})$

39.2.1.1 Feldstärkemesser

Die elektrische Feldstärke (E in V/m) und die magnetische Feldstärke (H in A/m) werden mit Feldstärkemeßgeräten oder Feldstärkemessern gemessen. Ein Feldstärkemesser ist ein selektiver Meßempfänger mit stabiler und treffsicherer Frequenzabstimmung [2.3]. Er weist eine hohe Festigkeit gegen Spiegel-, ZF- und Nebenempfindlichkeiten auf. Ausserdem ist er gut gegen Fremdfelder geschirmt.

Die Aufgaben der Feldstärkemeßtechnik sind entweder die Messung von Nutzfeldstärken an Empfangsstellen oder von Sendestellen oder die Messung von Störfeldstärken auf Meßplätzen. Störmessungen werden mit einer Spitzenwertanzeige nach MIL (Militärvorschriften der USA) oder mit einer bewerteten Anzeige (Quasi-Peak) nach CISPR (Internationales Kommitee für Radio Störungen) gemessen.

Die Anzeigearten sind:

Mittelwertanzeige
Verwendung bei Messung von AM-, FM- und unmodulierten Signalen. Die Anzeige ist unabhängig vom Modulationsinhalt, sie wird auf den Effektivwert eines unmodulierten Sinussignales bezogen.

Spitzenwertanzeige
Verwendung bei Fernsehbildsignalen, Pulssignalen, Breitbandstörungen nach MIL. Es wird dabei eine kurze Ladezeitkonstante und eine lange Entladezeitkonstante (1 s) angewendet. Die Anzeige ist auf den Effektivwert eines unmodulierten Sinussignales bezogen.

Quasispitzenwertanzeige
Das ist eine bewertete Anzeige nach CISPR (VDE). Verwendung für Störsignale und Pulsstörungen. Hohe Pulsfolge ergibt eine Spitzenwertanzeige bei niedriger Pulsfolge ergibt sich ein starker Abfall der Anzeige bei sehr tiefen Frequenzen. Die Anzeige ist auf den Effektivwert eines unmodulierten Sinussignales bezogen, bzw. mit einem festgelegten Pulssignal kalibriert.

Moderne Geräte sind programmierbare Meßempfänger [2.4]. Sie besitzen eingebaute Mikroprozessoren und ermöglichen einen automatischen

Meßablauf. Dadurch wird die Messung beschleunigt und erleichtert. Die Geräte haben einen impulsfesten Eichteiler (HF-Pegelschalter), ein geringes Eigenrauschen, einen zuschaltbaren 10-dB-Vorverstärker, einen großen Dynamikbereich, digitale und analoge Anzeigen und eine leistungsfähige Schnittstelle (IEC-Bus). Eine automatische Kalibriereinrichtung ist eingebaut, K-Faktorkurven für bestimmte Meßantennen sind auch einprogrammiert und Grenzwertlinien können ebenfalls gespeichert werden.

Für die weitere Auswertung der gemessenen Signale sind umschaltbare Bandbreiten, Ausgänge für die ZF, NF und Registrierspannung vorhanden. Die Ausgabe der Meßergebnisse erfolgt in Form von Listen und Diagrammen auf Drucker bzw. Plotter.

39.2.1.2 Meßantennen

Bei allen Frequenzen sollte auf eine freie Umgebung Rücksicht genommen werden.

Vertikale Antennen für tiefe Frequenzen sind abhängig von der Bodenleitfähigkeit. Bei vertikalen Antennen bleibt die Feldstärke bis zu einer gewissen Höhe konstant und ändert sich dann zyklisch mit steigender Antennenhöhe. Bei horizontalen Antennen variiert die Feldstärke zyklisch bei steigender Antennenhöhe.

Die Feldstärke wird bei der Messung in einer Meßantenne oder Meßsonde in eine Spannung umgewandelt. Der entsprechende Wandlungsfaktor ist der s.g. Antennen- oder K-Faktor [2.5]. Der Antennenfaktor beinhaltet die geometrischen Abmessungen in Abhängigkeit der Wellenlänge und die Verluste im Strahler, im Anpaßglied oder Symmetrierglied und in der Zuleitung. Zu den einzelnen Meßantennen gibt es Kurven oder Tabellen. Dabei wird das Antennenmaß k in dB angegeben, vgl. Gl. (39.2.12). Bei Rahmenantennen wird im Fernfeld zwar die magnetische Feldstärkekomponente gemessen aber mit Umrechnung über den Feldwellenwiderstand (377 Ω) wird dann die elektrische Feldstärke angezeigt.

Als Meßantennen für Feldstärkemessungen werden auch aktive Antennen eingesetzt [2.6]. Aktive Antennen haben einen konstanten K-Faktor, bzw. ein konstantes Antennenmaß k.

Bei der Messung ist, mit Ausnahme der Stabantenne, bei allen anderen Antennen die Richtwirkung zu beachten. Die Messung wird im Maximum durchgeführt.

Die Frequenzbereiche der einzelnen Meßantennen sind für verschiedene Vorschriften unterschiedlich.

Stabantenne
Messung der elektrischen Feldstärke. Vertikalpolarisation. Aufstellung direkt am Erdboden mit Gegengewicht. Breitbandige aktive Stabantenne mit konstantem Wandlungsmaß (z.B. 10 dB oder 20 dB). Frequenzbereich 9 kHz bis 30 MHz.

Rahmenantenne
Messung der magnetischen Feldstärke, angezeigt nach Umrechnung wird aber die elektrische Feldstärke. Aufstellung ist unkritisch. Schirmung gegen das elektrische Feld. Frequenzbereich 9 kHz bis 30 MHz. Frequenzabhängige Antennenfaktorkurve. Bei der Messung ist die Richtwirkung des Rahmens zu beachten. Moderne Rahmenantennen sind breitbandige aktive Rahmenantennen mit einem konstanten Antennenfaktor von 10, das Wandlungsmaß beträgt 20 dB, bezogen auf 1/m, für das E-Feld [2.7].

Breitbanddipol
Messung der elektrischen Feldstärke. Die Frequenzabhängigkeit der Antennenimpedanz ist kompensiert. Breitbandig mit einem Frequenzbereich 30 bis 300 MHz. Antennenwandlungskurve annähernd konstant z.B. 15 dB oder 20 dB.

Halbwellendipol
Messung der elektrischen Feldstärke. Abstimmung auf Meßfrequenz. Abstimmbare Halbwellendipole dienen zur Kalibrierung von VHF/UHF-Breitbandantennen. Frequenzbereiche 30 MHz bis 300 MHz und 300 MHz bis 1000 MHz. Antennenfaktor = $2\pi/\lambda$.

Bikonische-Antenne
Auch Bikonalantenne genannt. Messung der elektrischen Feldstärke. Breitbandig mit einem Frequenzbereich 20 bis 300 MHz.

Logarithmisch-periodische Antennen
Messung der elektrischen Feldstärke. Breitbandig mit einem Frequenzbereich 200 bis 1000 MHz.

Ultra-Breitbandantenne
Auch Bilog- oder BiConiLog- oder Ultralog-Antenne genannt. Vereint in einer Antenne die Eigenschaften einer bikonischen und einer log.-periodischen Antenne. Breitbandig mit einem Frequenzbereich 30 MHz bis 1000 (3000) MHz.

Konische Spiralantenne
Zirkulare Polarisation. Keine Abstimmung erforderlich. Frequenzbereich 200 bis 1000 MHz.

Hornantennen
Lineare Polarisation. Keine Abstimmung erforderlich. Frequenzbereiche 1 bis 18 GHz, 18 bis 26 GHz, 26 bis 40 GHz.

39.2.2 Nahfeldmessung

Als Nahfeld wird das Reaktive Nahfeld bezeichnet, von der Antenne bis $\lambda/2\pi$ d.h. bis 0,159 λ (λ = Wel-

Tabelle 39.4
Nahfeldabstände für Amateurbänder

Band in m	**Frequenz** in MHz	**reakt. Nahfeld** in m
160	1,810	26,38
80	3,500	13,64
40	7,000	6,82
30	10,100	4,73
20	14,000	3,41
17	18,068	2,64
15	21,000	2,27
12	24,890	1,92
10	28,000	1,71
6	50,080	0,95
2	144,000	0,33
0,70	430,000	0,11
0,23	1240,000	0,04

lenlänge). **Tabelle 39.4** zeigt die Nahfeldabstände für Amateurfunk.

Früher wurden im Nahfeld für Antennenabgleicharbeiten Feldstärkemesser, eigentlich Feldstärkeindikatoren, zur Anzeige der relativen Feldstärke eingesetzt [2.8]–[2.10]. Heute werden zur Ermittlung des Sicherheitsabstandes Nahfeldstärkemesser zur Messung der absoluten Feldstärke verwendet.

Man mißt dabei die magnetische Feldstärke (H in A/m) und die elektrische Feldstärke (E in V/m) getrennt voneinander, oder die Leistungsdichte (S in W/m^2).

39.2.2.1 Nahfeldstärkemesser

Eine Meßanordnung zur Messung der Nahfeldstärke besteht im Prinzip aus einer Meßsonde (Antenne) zur Felderfassung und einem kalibrierten Pegelmesser zur Anzeige des Sondenpegels [2.11]. Dabei erfordert der Wandlungsfaktor von Feldstärke in Sondenpegel eine besondere Beachtung.

Kommerzielle Geräte mit auswechselbaren Meßsonden wie z.B. das EMR200 von *Wandel & Goltermann* bieten einen hohen Meßkomfort. Die Sonden erfassen die Feldstärken mit drei Einzelsensoren dreidimensional, also richtungsunabhängig (isotrop). Dadurch werden die Sonden unabhängig von der Gebrauchslage. Im Anzeigegerät werden die drei Komponenten rechnerisch verknüpft und angezeigt mit den Dimensionen V/m oder mA/m. Die Anzeige kann als gemittelter Effektivwert in einer einstellbaren Meßzeit, oder als maximaler Effektivwert, oder bei gepulsten Signalen als Spitzenwert erfolgen. Diese Geräte haben aber auch ihren Preis.

Pegelmesser

Dank moderner Mikroelektronik können einfache und kostengünstige Lösungen zur Anwendung kommen. Eine Selbstbaulösung für Pegelmesser und Sonden wurde von *DL7AV* beschrieben [2.12]–[2.13]. Ein Fertiglösung für Pegelmesser und Sonden bietet die Firma *DARC Verlag* an.

Beim Pegelmesser können zur Messung kleiner HF-Leistungen bis 500 MHz Schaltungen mit dem logarithmischen Verstärker/Demodulator AD8307 aufgebaut werden. Die Anzeige erfolgt logarithmisch in dBm-Werten. Kalibriert wird der dBm-Messer bei den Eckwerten 0 dBm und –60 dBm durch ein Normal oder Eichgenerator [2.15].

H-Feld-Sonde

Eine H-Feld-Sonde besteht aus einer Ringschleife im Kurzschlußbetrieb mit einem geschirmten Stromwandler. Im Gegensatz zu einer offenen Ringschleife, die eine frequenzabhängige Spannung liefert, wird in einer kurzgeschlossenen Schleife ein frequenzunabhängiger Strom induziert. Zur Auskopplung wird ein Stromwandler mit einem Übersetzungsverhältnis von 1:10 verwendet, der mit dem Eingangswiderstand (50 Ω) des Pegelmessers belastet ist. Ein besonderer Wandlungsfaktor in Verbindung mit einem in dBm anzeigenden Pegelmesser ergibt eine dBA/m-Anzeige mit korrektem Vorzeichen. Der Wert 0 dBA/m entspricht 0 dBm, mit einem Wandlungsfaktor 1.

E-Feld-Sonde

Eine E-Feld-Sonde besteht aus einem kurzen Meßdipol mit Balun zur Symmetrierung. Dieser kurze Dipol liefert eine frequenzabhängige Spannung mit einem Anstieg von etwa 6 dB/Oktave. Zur Frequenzkompensation wird der Dipol kapazitiv oder mit einer RC-Kombination geshunted. Durch diese kapazitive Impedanz wird eine Spannungsabsenkung um etwa 6 dB/Oktave erreicht, so daß die Ausgangsspannung dann frequenzunabhängig wird. Ein besonderer Wandlungsfaktor in Verbindung mit einem in dBm anzeigenden Pegelmesser ergibt mit einer Addition von 70 dB zur dBm-Anzeige eine dBV/m-Anzeige mit korrektem Vorzeichen. Der Wert 0 dBV/m entspricht –70 dBm, dabei ist der Wandlungsfaktor $3{,}162 \cdot 10^{-4}$ Die Kalibrierung von Pegelmesser mit Sonden kann z.B. in einer TEM-Zelle erfolgen. Diese TEM-Zelle kann man sich als aufgeweitete widerstandsrichtige Leitung vorstellen, in der sich ein **T**ransversal-**E**lektro-**M**agnetisches Feld ausbildet [2.16]–[2.17]. Das Feld besteht aus einer magnetischen und einer elektrischen Komponente, die wie im Fernfeld senkrecht aufeinander stehen. TEM-Zellen sind kleiner und auch kostengünstiger als eine EMV-Absorberkammer [2.18]–[2.20].

Mit vektoriellen Sonden muß man eigentlich in allen 3 Raumrichtungen (y, x und z) messen und den

Betrag der Feldstärke mathematisch als Quadratwurzel aus $x^2 + y^2 + z^2$ errechnen [2.21]. Bei (streng) linearer Polarisation hat der Feldvektor eine konstante Richtung z.B. die x-Richtung. Die Feldkomponenten othogonal dazu, also in y- und z-Richtung sind Null. Der Wert in x-Richtung liefert somit schon das Endergebnis. Bei einer Feldstärkemessung mit vektoriellen Sonden im Nahfeld von linear polarisierten Strahlungsquellen genügt somit die Ausrichtung der Sonde auf die jeweilige maximale Feldrichtung (Anzeigemaximum). Es ist also nicht erforderlich, in allen drei Raumrichtungen zu messen [2.22].

Eines der ersten Nahfeldstärkemeßgeräte war das NFM 1 [2.23]. Über die Kalibrierung von Feldstärkemeßgeräten informiert ein Beitrag von *DJ3ON* [2.24].

Die Umrechnung der dB-Werte in die Maßeinheiten des magnetischen und elektrischen Feldes geht einfach mit einem preiswerten (ab etwa 14 DM) Schul-Taschenrechner mit wissenschaftlichen Funktionen. *DJ3RW* hat seine diesbezüglichen Erfahrungen mit einem Feldstärke-Meßkoffer beschrieben [2.25].

Beispiel:
Mit der H-Feld-Sonde wird am Pegelmesser –34,3 dB (dBm) abgelesen. Die Umrechnung von dB in B ergibt –3,43 B. Die Potenz davon (berechnet) ergibt 10 hoch -3,43 = 0,00037 und die Quadratwurzel daraus (berechnet) ergibt 0,0193. Der Wert hat die Dimension A/m. Drei Kommastellen abstreichen ergibt 19,3 mit der Dimension mA/m. Die magnetische Feldstärke ist also 19,3 mA/m.

Mit der E-Feld-Sonde wird am Pegelmesser –45,4 dB (dBm) abgelesen. Zu diesem Wert 70 dB addiert gibt +24,6 dB. Die Umrechnung von dB in B ergibt 2,46 B. Die Potenz davon (berechnet) ergibt 10 hoch 2,46 = 288,4 und die Quadratwurzel daraus (berechnet) ergibt 16,98. Der Wert hat die Dimension V/m. Die elektrische Feldstärke ist also rd. 17 V/m.

Der *DARC-Verlag* [2.37] bietet für die EMVU-Messungen folgendes an:

- Bausätze für den Pegelmesser nach *DL7AV* inkl. Gehäuse, gebohrter Platine und allen benötigten Bauteilen.
- Bausatz für den Eichgenerator für obigen Pegelmesser nach *DL7AV* inkl. Gehäuse, gebohrter Platine und allen benötigten Bauteilen.
- Kalibrierungen der selbstgebauten Pegelmesser mit H-Feldsonde und Pegelmesser mit E-Feldsonde an der *Fachhochschule Jena*.
- Fertiggerät Pegelmesser PWRM 1 von *DL3KS* kalibriert.
- H-Feld-Sonde HFS 1 von *DL3KS*, kalibriert mit PWRM 1.
- E-Feld-Sonde EFS 1 von *DL3KS*, kalibriert mit PWRM 1.
- Meßkofferset von *DL3KS* inkl. PWRM 1, HFS 1, EFS 1 und BNC-Verbindungskupplung, kalibriert.

39.2.3 Strahlungsmesser

Es gibt kein Meßgerät, das die Leistungsdichte bzw. Leistungsflußdichte messen kann. Die Sonden sind ausgelegt zur Messung entweder der elektrischen Feldstärke aus der Spannung einer Dipolantenne oder der magnetischen Feldstärke aus dem Strom einer Schleifenantenne.

Die Anzeige ist daher entweder V/m oder A/m. Alternativ dazu kann die Anzeige auch in W/m² erfolgen. Diese Anzeige entspricht der Leistungsflußdichte und beruht auf der Fernfeldbeziehung zwischen den E- und H-Feldern.

Die Leistungsflußdichte ist jeweils proportional dem Quadrat der entsprechenden Feldstärken.

$$S = E^2 / 377 = H^2 \cdot 377 \qquad (39.2.16)$$

Meßgeräte mit einer Skala in W/m², mW/cm² oder mW/cm² gelten für die Strahlungsdichte in einer ebenen Welle, also eigentlich für Fernfeldmessungen. Im Nahfeld müssen die beiden Felder getrennt gemessen werden.

$$\text{E-Feld-Sonde: } 1\ \text{mW/cm}^2 = 3763 \cdot \text{V}^2/\text{m}^2 \qquad (39.2.17)$$

$$\text{H-Feld-Sonde: } 1\ \text{mW/cm}^2 = 0{,}02657 \cdot \text{A}^2/\text{m}^2 \qquad (39.2.18)$$

Die Meßgeräte sind daher oft auch mit Skalen in V^2/m^2 bzw. $(V/m)^2$ und/oder A^2/m^2 bzw. $(A/m)^2$ versehen.

Die Dynamik gibt das Verhältnis zwischen größter und kleinster zu messender Feldstärke an. Strahlungsmesser haben meistens eine Dynamik von 30 dB (30:1), also 100 V/m : 3 V/m, ganz selten 60 dB (1000:1).

Strahlungsmeßgeräte dieser Art [2.26]–[2.29] werden von verschiedenen Firmen hergestellt: *Narda* (*Loral*), *General Microwave* (*Raham*), *Holaday Industries*, *Wandel & Goltermann*.

Als Sonden werden kleine isotrope dreidimensionale, also richtungsunabhängige, Sensoren verwendet. Sie arbeiten mit Detektordioden und die drei Kanäle werden im Anzeigegerät normgerrecht zur Ersatzfeldstärke (vgl. Abschnitt 39.1.2) zusammengeführt. Durch die Verwendung von Dioden statt Thermoelementen haben die Sensoren einen größeren Meßbereich, sind schneller in der Anzeige und wesentlich überlastungssicherer.

Literatur über Sonden: [2.30]–[2.32], Patente über Sonden: [2.33]–[2.36].

39.3 Hinweise für Messung und Berechnung

Die Grenzwertanforderungen und die grundsätzliche Vorgangsweise zum Nachweis des Schutzes von Personen im elektromagnetischen Feldern wurden durch das Plausibilitätsüberprüfungsverfahren geregelt nach Amtsblattverfügung 306/97 des ehemaligen Bundesministeriums für Post und Telekommunikation (*BMPT*) [0.2].

Nach der Amtsblattverfügung 306/97 muß der Funkamateur eine „Selbsterklärung" abgeben, die von der zuständigen RegTP Außenstelle auf Plausibilität geprüft wird. Darin muß der Funkamateur die Einhaltung von Feldstärkegrenzwerten nachweisen.

Von der *RegTP* wurde kein detailliertes Berechnungs- oder Meßverfahren für die Plausibilitätserklärung (Selbsterklärung) festgelegt. Hinweise zum Plausibilitätsüberprüfungsverfahren sind zu finden unter [3.1]–[3.3].

Im Fernfeld genügen Berechnungen, wie sie auch in den EMVU-Programmen (vgl. Abschnitt 40) zu finden sind. Häufig werden dazu auch Messungen zweckmäßig sein, z.B., wenn eigene Berechnungen überprüft werden sollen oder Zweifel über den Einfluß der Umgebung bestehen.

Im Nahfeld sind Messungen notwendig oder spezielle Nahfeldberechnungen.

39.3.1 Praktische Hinweise für die Messung

Die verwendeten Meßgeräte sollen kalibriert sein. Bei Messungen < 10 MHz ist es sinnvoll auch magnetische Sonden einzusetzen. Bei Messungen > 144 MHz ist es aufgrund der Fernfeldbedingungen fast nie erforderlich die magnetische Komponente zu messen. Es reicht also ein Meßgerät mit E-Feld-Sonde aus.

Als Zubehör wird empfohlen: Holzstativ – Schreibunterlage – wissenschaftlicher Taschenrechner – Meßprotokoll – Handfunkgeräte – Fotoapparat – Thermometer – Durchgangs-Wattmeter – Dummyload 50 Ω (100 Watt).

Die Meßpunkte sind zu nummerieren und in einem Lageplan einzuzeichnen. Die Festlegung der einzelnen Meßpunkte und der Zugang dazu soll vor der Messung geklärt sein. Es ist notwendig vor der Messung eventuelle Maximas zu erkennen und an diesen Punkten zusätzliche Meßpunkte aufzunehmen. Alle Meßergebnisse sind im Meßprotokoll einzutragen. Zu den Daten gehören auch Angaben über die Meßperson, Meßhöhe, Datum, Uhrzeit und event. Wetter (Temperatur).

Die E-Feldsonden sollten auf einem Holzstativ in einer Höhe von etwa 1,7 m befestigt sein (entspricht auch etwa der Höhe von Herzschrittmachern). Die H-Feldsonden können auch in der Hand gehalten werden (möglichst weit vom Körper und von metallischen Gegenständen entfernt). Elektrische Sonden reagieren dabei auf die Umgebung empfindlicher als magnetische Sonden.

An jedem Meßpunkt ist vor Einschalten des Senders die Grundbelastung zu messen. Die dabei angezeigte Feldstärke (Fremdsender, Leuchtstofflampen, Trafo's etc.) braucht nicht berücksichtigt werden, soll aber vermerkt werden. Nach dem Einschalten des Senders ist bei einachsigen Sonden durch Drehen der Feldstärkesonde der achsiale Maximalwert zu suchen. Die Messung wird im Anzeigenmaximum durchgeführt. Bei isotropen (dreiachsigen) Sonden ist dies nicht erforderlich.

Die Messung wird ohne Modulation durchgeführt! (Stellung CW, Dauerstrich, mit kurzen Durchgängen). Dabei wird der Sender mit einer konstanten Leistung, z.B. 100 W auf Kurzwelle, betrieben. Es empfielt sich die Messungen zu Zeiten von leeren Bändern durchzuführen. Ist der HF-Grundpegel nicht zu hoch (in der Nähe kein Mittelwellensender, keine D- und E-Netz-Relaisstationen oder Betriebsfunk usw.) kann man die Messung mit 10 W statt 100 W durchführen. Zu den ermittelten dB-Werten sind dann 10 dB zu addieren um die Werte für 100 W zu erhalten.

Die Anzeige bei Feldstärkemessern und auch bei den Pegelmessern erfolgt in Effektivwerten. Die ermittelten Feldstärkewerte müssen mit den Effektiv-Grenzwerten verglichen werden.

Zur Ermittlung des jeweiligen Grenzwertes kann die Sendeleistung solange erhöht werden, bis der Grenzwert laut Tabelle gerade noch nicht erreicht wird. Diese Sendeleistung wird dann dokumentiert. Während der Messung ist die Sendeleistung mit einem Durchgangs-Wattmeter ständig zu überprüfen.

Die Meßunsicherheit und die Temperaturabhängigkeit des Meßgerätes und der Sonde ist zu berücksichtigen. Dabei ist die Meßunsicherheit vom jeweils erlaubten Grenzwert abzuziehen.

Grenzwert – Meßunsicherheit = zu messender Maximalwert Man sollte mit einer Gesamtunsicherheit von ±3 dB rechnen.

Literatur dazu: [3.4]–[3.10].

39.3.2 Praktische Hinweise für die Berechnung

Die Berechnungen für die Selbsterklärung gelten nur für das Fernfeld.

Im „reaktiven Nahfeld", von der Antenne bis 0,159 λ, entsprechend **Tabelle 39.4**, sollte man Messungen vornehmen.

Im „strahlenden Nahfeld", von 0,159 λ bis 4 λ, ergeben sich bei einer Fernfeldrechnung größere Sicherheitsabstände. Allgemein führt eine Fernfeldrechnung im „strahlenden Nahfeld" zu ungünstigeren Werten für den Funkamateur. Man wäre aber dadurch auf der „sicheren Seite“.

Einem Vorschlag des *DARC* (Deutscher Amateur Radio Club e.V.) für die Selbsterklärung eine Fernfeldberechnung als hinreichend anzusehen ist seitens der Regierungsbehörde (*RegTP*) bislang nicht entsprochen worden.

39.3.2.1 EIRP-Berechnung

EIRP = equivalent isotropic radiated power = equivalent isotrop abgestrahlte Leistung. Diese Leistung muß man einem isotropen Strahler zuführen, damit dieser dieselbe Feldstärke erzeugt, wie eine reale Antenne, in die eine Antenneneingangsleistung P_{Ant} eingespeist wird.

Die äquivalente isotrope Strahlungsleistung P_{SI} oder *EIRP* einer realen Antenne errechnet sich unter Berücksichtigung des Antennengewinn (Antennengewinnfaktor) G über isotropem Strahler

$$EIRP = P_{SI} = P_{Ant} \cdot G \quad (39.3.1)$$

Der Gewinn kann auch als Antennengewinnmaß g in dBi angegeben sein mit der Umrechnung

$$g\,/\,\mathrm{dB} = 10 \cdot \lg G \quad (39.3.2)$$

Die Umrechnung von Gewinnmaß g in Gewinnfaktor G ergibt

$$G = 10^{\frac{g}{10}} \quad (39.3.3)$$

Der Gewinn (Antennengewinnfaktor) G_D bezogen auf den Halbwellendipol ist kleiner als der Gewinn G bezogen auf den Isotropstrahler

$$G_D = \frac{G}{1{,}64} \quad (39.3.4)$$

Ausgedrückt in dB $g_D = g - 2{,}15$ dB (39.3.5)

Beispiel:
Eine Antenne hat einen Gewinn von 3 dBd, also g_D= 3 dB oder (g = 3 dBd), die Antenneneingangsleistung P_{Ant} ist 100 W. Wie groß ist die äquivalente Strahlungsleistung P_{SI} oder *EIRP*?

Gewinn g als Gewinnmaß :
g = 3 dB + 2,15 dB = 5,15 dB.
Gewinn G als Gewinnfaktor: G = 3,27
Die äquivalente Strahlungsleistung P_{SI} oder *EIRP* = 327 W.

Zwischen Sender und Antenne befinden sich Kabel, Stecker, Umschalter, SWR-Meßgeräte und weitere Dinge, die eine gewisse Dämpfung haben. Diese Dämpfungen werden ermittelt und summiert. Die Antenneneingangsleistung P_{Ant} verringert sich dann um diesen Dämpfungsfaktor D, der einen Wert kleiner als 1 hat. P ist dabei die Senderausgangsleistung.

$$P_{Ant} = D \cdot P \quad (39.3.6)$$

Der Buchstabe D bezeichnet sonst den Richtfaktor, bzw. eine Distanz.

39.3.2.2 Feldstärkegrenzwerte

Die Grenzwerte für Personenschutz und Herzschrittmacher gelten außerhalb der kontrollierbaren Umgebung und müssen eingehalten werden. Die Herzschrittmachergrenzwerte (HSM-Grenzwerte) sind dabei wesentlich geringer als die Personenschutzgrenzwerte.

Kontrollierbare Umgebung sind umliegende Bereiche, z.B. eigenes Haus, eigene Wohnung, eigener Grund und Boden, einsehbare Nachbarbereiche, wo der Funkamateur verbindliche Angaben über die Verweilzeit von Personen machen kann.

Der Begriff „geringe Verweilzeit“ nach der Vfg 306/97 gilt für Gänge, Flur, Treppenräume, Toiletten, Vorratsräume, Abstellräume usw., aber auch für öffentliche Straßen, Wege, Haltestellen usw., wo die Verweilzeit als gering anzusehen ist. Eine Begründung für die Verweilzeit muß in der Erklärung aber angegeben sein.

Als gering kann die Verweilzeit angegeben werden, wenn die Aufenthaltsdauer geringer ist als die Sendezeit.

Personenschutz-Grenzwerte
Die Grenzwerte der elektrischen und magnetischen Feldstärken E_{PS} und H_{PS} für den Personenschutz sind in Vfg. 306/97 zu finden. Bis 10 MHz gelten dabei die Grenzwertempfehlungen nach ICNIRP, über 10 MHz die Grenzwerte nach der 26. BImSchV. **Tabelle 39.5** zeigt entsprechenden Formeln.

Herzschrittmacher-Grenzwerte
In Vfg. 306/97 ist festgelegt, daß die Grenzwerte der elektrischen und magnetischen Feldstärken E_{HSM} und H_{HSM} für Herzschrittmacher nach DIN VDE 0848 T2 zu ermitteln sind. In dieser Vorschrift sind Beeinflussungsschwellen für Herzschrittmacher von 50 kHz bis 50 MHz mit den entsprechenden Umrechnungsformeln angegeben. Diese wurden als Grenzwerte für die Amateurbänder umgerechnet und in [3.11] veröffentlicht. 1999 Der Entwurf der Vorschrift DIN VDE 0848 T3-1 brachte günstigere HSM-Grenzwerte für Kurzwelle. Eine Gegenüberstellung findet sich in [3.12].

Die Herzschrittmachergrenzwerte (HSM-Grenzwerte) sind an Orten einzuhalten, an denen von einem nicht nur vorrübergehenden Aufenthalt aus-

Tabelle 39.5
Personenschutz-Grenzwerte

Frequenz in MHz		elektrischeFeldstärke E in V/m	magnetische Feldstärke H in A/m
0,003–	0,15	87	5
0,15 –	1	87	$0{,}73/f$
1 –	10	$87/\sqrt{f}$	$0{,}73/f$
10 –	400	27,5	0,073
400 –	2 000	$1{,}375\sqrt{f}$	$0{,}0037\sqrt{f}$
2 000	–300 000	61	0,16

Bei Frequenzen ober 100 kHz sind E^2 und H^2 über 6-Minuten-Intervalle zu mitteln, die Effektivwerte der Feldstärken sind also quadratisch gemittett über 6 Minuten.

Zusätzlich darf bei gepulsten elektromagnetischen Feldern der Spitzenwert der Feldstärken das $10^{(0{,}665*\log(f(\mathrm{kHz})/10\hat{}5)+0{,}176}$ der Grenzwerte nicht überschreiten.

Bei Frequenzen über 10 MHz darf bei gepulsten elektromagnetischen Feldern der Spitzenwert der Feldstärken das 32 fache der Grenzwerte nicht überschreiten.

Tabelle 39.6
Feldstärkegrenzwerte für Personenschutz und Herzschrittmacher nach Vfg. 306/97 / DIN VDE 0848 T2 (HSM alt) und DIN VDE 0848 T3-1 (HSM neu)

Amateurband	E_{Ps} V/m	E_{HSM} (V/m) alt	E_{HSM} (V/m) neu
160 m	63,28	15,11	25,37
80 m	44,63	10,43	30,56
40 m	32,65	9,34	22,03
30 m	27,50	8,70	12,33
20 m	27,50	6,56	12,33
17 m	27,50	5,40	12,33
15 m	27,50	4,51	12,33
12 m	27,50	3,59	9,92
10 m	27,50	2,76	7,38
6 m	27,50	1,17	2,93
2 m	27,50	---	in Bearbeitung
70 cm	28,51	---	in Bearbeitung
23 cm	48,42	---	in Bearbeitung

gegangen werden muß. Das sind Wohngebäude, Krankenhäuser, Schulen, Kindergärten, Spielplätze, Marktplätze, Büro- und Geschäftsräume, Werkstätten, Gaststätten, Kirchen usw. Nur gelegentliche Besuche von Herzschrittmacherträgern beim Nachbarn reichen nicht aus.

Öffentliche Straßen, Wege und Plätze sind nur diejenigen, die durch Widmung öffentlich wurden, dagegen nicht Privatwege. Nicht angewendet müssen die HSM-Grenzwerte bei Hauseingängen, privaten Zugangswegen, Vorgärten oder Feldwegen.

Tabelle 39.6 zeigt Personenschutz- und Herzschrittmacher-Grenzwerte aus der Vfg. 306/97 / DIN VDE 0848 T2 und DIN VDE 0848 T3-1.

Es wird zur Zeit angestrebt, daß DIN VDE 0848 T3-1 und der Anhang DIN VDE 0848 T3-1 /A1 dann DIN VDE 0848 T2 abschnittsweise ersetzt. Man geht davon aus, daß die RegTP die neuen HSM-Werte in einer Verordnung für Funkamateure umsetzt. Dies würde dann zu einer erheblichen Erleichterung beim Amateur-Funkbetrieb führen.

39.3.2.3 Ermittlung des Sicherheitsabstandes

Die elektrische Feldstärke E im Abstand r eines isotropen Strahlers, der mit der Leistung P gespeist wird ergibt sich nach Gl. (39.2.4) zu

$$E = \sqrt{\frac{Z_0}{4\pi}} \cdot \frac{\sqrt{P_{\mathrm{SI}}}}{r} \tag{39.3.7}$$

dabei ist jetzt der Abstand D mit r und PS mit P_{SI} bezeichnet.
Wenn man die Formel nach r aufgelöst ergibt sich

$$r = \frac{\sqrt{30 \cdot P_{\mathrm{SI}}}}{E} = \frac{\sqrt{30 \cdot EIRP}}{E} \tag{39.3.8}$$

Der Sicherheitsabstand folgt dann zu

$$r = 5{,}477 \cdot \frac{\sqrt{EIRP}}{E_{\mathrm{G}}} \tag{39.3.9}$$

r .... Sicherheitsabstand in Meter (m)
EIRP .... äquivalente Strahlungsleistung in Watt (W)
E_G .... Grenzwert der elektrischen Ersatzfeldstärke für Personenschutz oder Herzschrittmacher als Effektivwert in Volt pro Meter (V/m)

Der Sicherheitsabstand ist laut Vfg. auf den Punkt mit der geringsten Montagehöhe der Antenne bezogen [3.11]. Bei horizontalen oder vertikalen Antennen auf einem Mast ist der Sicherheitsabstand vom untersten Punkt der Antenne als vertikaler oder schräger Abstand und bei vertikalen Antennen am Boden von der Antenne als horizontaler Abstand zu den Personen.

Üblicherweise sind Antennen auf einem Mast angebracht, so daß der Abstand zwischen Antenne und zu schützender Person in einem Abstand vom Mast größer ist als die Montagehöhe. Der wirkliche Abstand *d* von der Antenne ergibt sich aus dem horizontalen Abstand *s* und dem vertikalen Abstand *a* mit Hilfe des Satzes von *Pythagoras* zu

$$d = \sqrt{a^2 + s^2} \qquad (39.3.10)$$

Es ist zulässig die Berechnung des Sicherheitsabstandes (ohne Umfeld) ausschließlich anhand der Grenzwerte der elektrischen Ersatzfeldstärke (E_G) zu ermitteln.

Dem Funkamateur ist es außerdem gestattet Eigenschaften seiner Sendeanlage bei der Berechnung des Sicherheitsabstandes zu berücksichtigen.
Dazu gehören:
Berücksichtigung der Betriebsarten
Berücksichtigung der Winkeldämpfung

39.3.2.4 Berücksichtigung der Betriebsarten

Bei der Errechnung der Sicherheitsabstände für den Personenschutz darf die Betriebsart Berücksichtigung finden, da die Grenzwerte sich über ein 6-Minuten-Intervall quadratisch gemittelter Feldstärken beziehen. Dies bedeutet vereinfacht, daß die durchschnittliche Ausgangsleistung des Senders zur Berechnung verwendet werden kann. Demzufolge wird die maximale Ausgangsleistung mit einem Faktor multipliziert, der je nach Betriebsart variiert. Da die Vfg. selbst keine Faktoren für die Betriebsarten vorschlägt und die deutsche Norm DIN VDE 0848 Teil 1 nicht durch die Verfügung rechtsgültig angezogen wird, empfiehlt der *DARC* die Verwendung der Faktoren, die sich an den Richtlinien der *FCC* (Fernmeldebehörde der USA) für Funkamateure orientieren. **Tabelle 39.7** zeigt die Faktoren für die verschiedenen Betriebsarten.

Tabelle 39.7
Berücksichtigung der Betriebsarten

Betriebssart	Bezeichnung	C_{mode}
SSB	J3E	0,2
SSB (mit Speech Prozessor)	J3E	0,5
CW	A1A	0,4
(A)FSK, SSTV	J2B, F2B, J3F	1,0
Abstimmen	NON	1,0
FM	F3E	1,0
AM (Modulationsgrad 50%)	A3E	0,5
AM (Modulationsgrad 100%)	A3E	0,3
ATV (AM, mit Bildinhalt)	C3F	0,6
ATV (AM, Schwarzbild)	C3F	0,8
ATV (FM)	F3F	1,0

Die maximale Ausgangsleistung errechnet dann zu

$$P_{6min} = c_{mode} \cdot P \qquad (39.3.11)$$

Das 6-Minuten-Intervall bedeutet aber auch, daß wenn ein Durchgang (Aussendung) innerhalb dieses Intervalls nicht länger als 3 Minuten ist und während der folgenden 3 Minuten keine weitere Aussendung mehr folgt, ein weiterer Reduktionsfaktor $c_{3min} = 0{,}5$ Berücksichtigung finden kann.

Der Funkamateur ist dann an die in seiner Selbsterklärung zum Ausdruck kommende Betriebsweise für den Bereich, für den er sie angibt natürlich gebunden.

Beispiel:
Die durchschnittliche Ausgangsleistung P_{6min} errechnet sich aus der maximalen Ausgangsleistung *P* mit $c_{3min} = 0{,}5$ für 3-Minuten-Aussendungen wie folgt:

$$P_{6min} = c_{mode} \cdot c_{3min} \cdot P \quad = \quad c_{mode} \cdot 0{,}5 \cdot P$$

Mit der so ermittelten durchschnittlichen Ausgangsleistung P_{6min} kann dann weiter gerechnet werden.

Wichtiger Hinweis:
Eine Berücksichtigung der Betriebsart und des 6-Minuten-Intervalls kann bei Errechnung der Sicherheitsabstände für Herzschrittmacherträger jedoch **nicht** stattfinden, da eine Störung von Herzschrittmachern auch bei kurzzeitigen Erreichen der maximalen Ausgangsleistung und den dadurch an den Elektroden des Herzschrittmachers hervorgerufenen maximalen Spannungsspitzen auftritt.

Tabelle 39.8
Vertikalabhängige Gewinne
von 2- bis 7-El.-Monoband-Richtantennen

	Gewinn in dBi					
Winkel	2-El.	3-El.	4-El.	5-El.	6-El.	7-El.
0°	5,89	6,66	8,36	10,20	11,32	12,55
10°	5,84	6,59	8,25	9,92	11,04	12,13
20°	5,69	6,38	7,89	9,04	10,13	10,72
30°	5,44	6,03	7,27	7,50	8,37	7,81
40°	5,07	5,53	6,35	5,21	5,23	1,92
50°	4,57	4,87	5,09	2,26	-0,67	-11,70
60°	3,93	4,03	3,42	-0,43	-21,26	-2,43
70°	3,13	3,00	1,28	-1,37	-5,80	-1,24
80°	2,16	1,77	-1,45	-1,57	-2,40	-6,12
90°	1,01	0,33	-4,92	-2,75	-3,43	-9,24

Die Berechnungen wurden für den Freiraum durchgeführt. In Bodennähe verzerrt sich das Vertikaldiagramm.

39.3.2.5 Berücksichtigung der Winkeldämpfung

Werden Antennen mit horizontaler und vertikaler Richtcharakteristik verwendet, kann bei einer rechnerischen Betrachtung der Strahlungsleistung eine Winkeldämpfung geltend gemacht werden. Dies ist durch geeignete Antennendiagramme zu dokumentieren. Bei einer Messung kann eine Winkeldämpfung nicht angerechnet werden, da diese schon während der Messung erfaßt wird.

Meistens ist die Berücksichtigung des vertikalen Strahlungsdiagramms von Interesse, da sich unter einem gewissen Winkel ϑ unter der Antenne Personen befinden können. Am einfachsten ist es bei der Berechnung der äquivalenten isotropen Strahlungsleistung (*EIRP*) den Gewinnfaktor *G* winkelabhängig zu machen.

Wenn dieses Diagramm vorliegt können die Werte der winkelabhängigen Dämpfungen daraus entnommen werden. Oft sind solche Diagramme normiert, d.h. der maximale Gewinn (Hauptstrahlrichtung) als Gewinnfaktor wird gleich 1 oder als Gewinnmaß gleich 0 dB gesetzt.

Für die winkelabhängige äquivalente isotrope Strahlungsleistung *EIRP* (ϑ) gilt

$$EIRP\,(\vartheta) = G\,(\vartheta) \cdot P_{\mathrm{Ant}} \qquad (39.3.12)$$

Beispiel:
Eine Richtantenne hat im 2-m-Band einen Gewinn von 11 dBd in Hauptstrahlrichtung. Bei einem Winkel ϑ von 30° ist eine normierte Winkeldämpfung $a\,(\vartheta)$ von 6 dB. Wie groß ist bei diesem Winkel die *EIRP* für 100 W Antenneneingangsleistung und der Sicherheitsabstand ?

Der Gewinn $g\,(0°) = 11$ dBd = 13,15 dBi, $g\,(30°) = 7{,}15$ dBi. Mit Gl.(39.3.3) wird $G\,(30°) = 5{,}19$ und

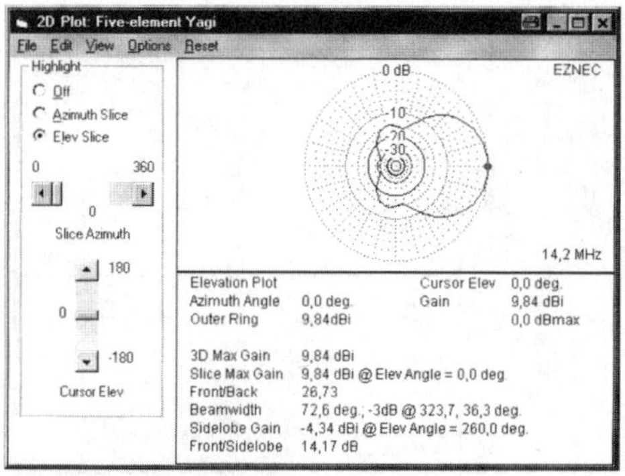

Bild 39.3.1
5-Element-Yagi
Elevationsdiagramm
(Punkt bei Winkel von 0°)

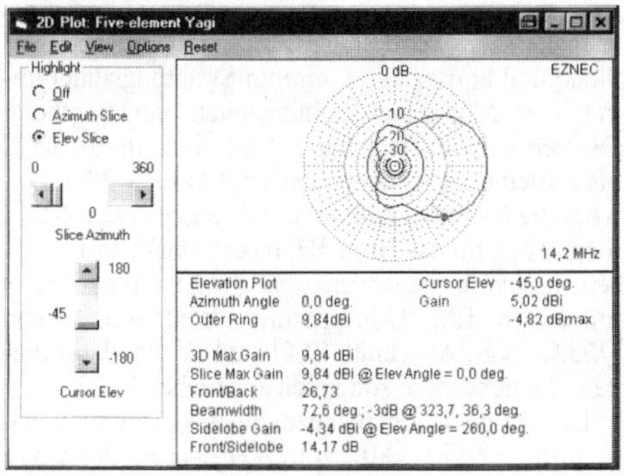

Bild 39.3.2
5-Element-Yagi
Elevationsdiagramm
(Punkt bei Winkel -45°)

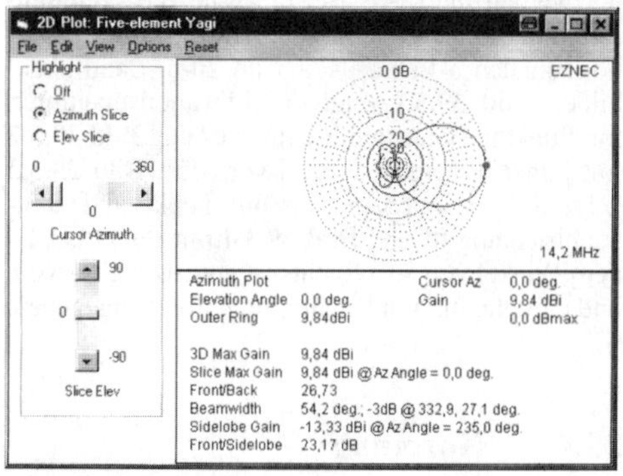

Bild 39.3.3
5-Element-Yagi
Azimutdiagramm
(Punkt bei Winkel 0°)

daraus wird mit Gl. (39.3.12) die Strahlungsleistung *EIRP* (30°) = 519 W. Mit **Tabelle 39.5** und Gl. (39.3.9) ergibt sich ein Sicherheitsabstand von r = 4,54 m.

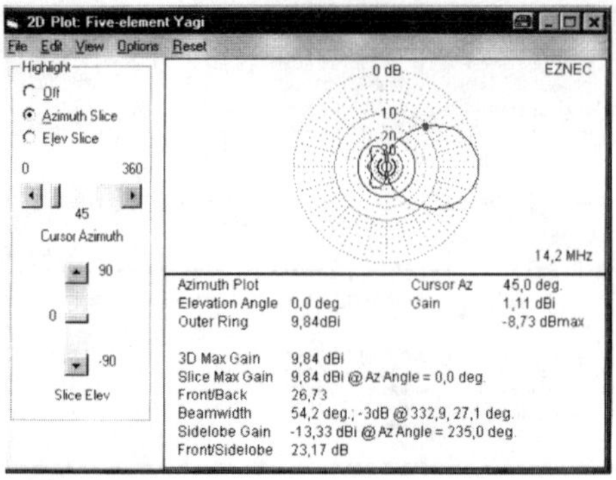

Bild 39.3.4
5-Element-Yagi
Azimutdiagramm
(Punkt bei Winkel 45°)

In der *DARC*-Broschüre [3.2] sind berechnete vertikale und horizontale Freiraum-Strahlungsdiagramme von Monoband-Richtantennen veröffentlicht. Die vertikalwinkelabhängigen Gewinne in dB für 2- bis 7-Element Richtantennen zeigt **Tabelle 39.8**. Obwohl die Richtdiagramme, mit Ausnahme der 2-Element-Yagi, für das 10-m-Band berechnet wurden lassen sie sich für die anderen Bänder anwenden. Auch im neuen EMVU-Programm „Watt 2.5.5“ von *DF3XZ* (vgl. Abschnitt 40.4) sind Winkeldämpfungen von bekannten Antennen angegeben [3.13].

Es gibt auch ein ausgezeichnetes Antennenprogramm „EZNEC 3.0“ von *W7EL* (vgl. Abschnitt 40.2), mit dem man den Gewinn bzw. die Winkeldämpfung für horizontale und vertikale Winkel leicht ermitteln kann. Der Nachteil dabei ist, daß die entsprechende Antenne zuerst simuliert und berechnet werden muß. Als Beispiel sind die Freiraum-Strahlungsdiagramme (Elevation und Azimut) einer horizontalen 5-Element-Yagi im 20-m-Band abgebildet. **Bild 39.3.1** zeigt das Elevationsdiagramm mit Punkt in Hauptstrahlrichtung 0° und **Bild 39.3.2** mit Punkt bei einem Winkel von -45°. **Bild 39.3.3** zeigt das Azimutdiagramm mit Punkt in Hauptstrahlrichtung 0° und **Bild 39.3.4** mit Punkt bei einem Winkel von 45°. Rechts ist jeweils der Gewinn und darunter die Winkeldämpfung in dB angegeben.

39.4 Normung

39.4.1 Organisationen

ANSI
American National Standards Institute

BEMS
Bioelectromagnetics Society, mit Sitz in den Vereinigten Staaten.

BfS
Bundesamt für Strahlenschutz, Bonn, Geschäftsstelle der Strahlenschutzkommission (SKK).

BG
Berufsgenossenschaft der Feinmechanik und Elektrotechnik, Köln

BIA
Bundesanstalt für Arbeitsschutz und Arbeitsmedizin, Dortmund

BUWAL
Bundesamt für Umwelt, Wald und Landwirtschaft, CH-3003 Bern

CENELEC
Europäisches Komitee für elektrotechn. Normung

DIN VDE
Deutsches Institut für Normung e.V. und Verband Deutscher Elektrotechniker e.V.

EBU
European Broadcasting Union, Genf, CH

ETSI
Europäisches Telekom Standardisierungs Institut

FCC
Federal Communications Commission, USA

ICNIRP
International Commission on Non-Ionizing Radiation Protection.

IEC
International Electrotechnical Commission

IEEE
Institute of Electrical and Electronics Engineers, USA

IRPA
International Radiation Protection Association

NRPB
National Radiological Protection Board, UK

SKK
Strahlenschutzkommission der Bundesrepublik Deutschland

39.4.2 Vorschriften

ANSI
Draft C95.1-1990, American National Standard Safety Levels with Respect to Human Exposure to

Radio Frequency Electromagnetic Fields, 3 kHz to 300 GHz.

BGV
Berufgenossenschaftliche Vorschrift für die Sicherheit und Gesundheit bei der Arbeit. BG-Vorschrift BGV B11, Elektromagnetische Felder, Fachausschußentwurf Dezember 1998

BImSchV
Bundes-Immissionsschutzgesetz Verordnung. 26. BImSchV, Verordnung über elektromagnetische Felder, 16.12.1996

BUWAL
Begrenzung der Immisionen von nichtionisierender Strahlung - Frequenzbereich 0 Hz bis 300 GHz No. 164, Messung nichtionisierender elektromagnetischer Strahlung T. 1: 100 kHz bis 300 GHz.

CENELEC
ENV 50166-1, Human exposure to electromagnetic fields, low frequency (0 Hz to 10 kHz), January 1995
ENV 50166-2, Human exposure to electromagnetic fields, high frequency (10 kHz to 300 GHz), January 1995
Draft, Safety considerations for human exposure to e.m.fs from mobile telecommunication equipment (MTE) in the frequency range 30 MHz-6 GHz, March 1996

DIN VDE
Deutsche Norm Entwurf DIN VDE 0848 Teil 2, Sicherheit in elektromagnetischen Feldern; Schutz von Personen im Frequenzbereich 30 kHz bis 300 GHz, Oktober 1991
Deutsche Norm Entwurf DIN VDE 0848 Teil 3-1, Schutz von Personen mit aktiven Körperhilfsmitteln im Frequenzbereich 0 Hz bis 300 GHz, Juni 1999

EBU
Tech. 3278-E, Radiofrequency radiation hazards, Exposure limits and their implications for broadcasters, February 1995

FCC
FCC 96-326, Guidelines for Evaluating the Environmental Effects of Radiofrequency Radiation, August 1996
Evaluating Compliance with FCC Guidelines for Human Exposure to Radiofrequency Electromagnetic Fields.

ICNIRP
Guidelines for Limiting Exposure to Time-Varying Electric, Magnetic and Electromagnetic Fields (up to 300 GHz), April 1998

IEC
Draft IEC1566, Measurement of exposure to radiofrequency electromagnetic fields - field Strength in the Frequency Range 100 kHz to 1 GHz,
Draft IEC1786, Definitions and methods of measurement of low frequency magnetic and electric fields with particular regards to effects on human beings, June 1996

IEEE
IEEE P1308, Recommended practice for instrumentation Specifications for Magnetic Flux-Density and Electric Field Strength Meters 10 Hz to 3 kHz.
IEEE Std C95.3-1991, Recommended Practice for the Measurement of Potentially Hazardous Electomagnetic Fields - RF and Microwave

NRPB
NRPB-GS11, Guidance as Restrictions on Exposure to Time Varying Electromagnetic (EM) Fields and the 1988 Recommendations of the International Non-Ionizing Radiation Committee.

Literatur zu Abschnitt 39

[0.1] *BMPT*: Vfg 95/1992: Personenschutz für Feststationen. Amtsblatt 12/92
[0.2] *BMPT*: Vfg 306/1997: Personenschutz für Amateurfunkstellen. Amtblatt 34/97; Korrektur in Vfg 2/98. Amtblatt 1/98
[0.3] *BMPT*: Telekommunikationsgesetz (TKG) 1997
[0.4] *BMPT*: Amateurfunkgesetz (AFuG), 18.3.1997
[0.5] *BMPT*: Amateurfunkverordnung (AFuV), 23.12.1997
[0.6] *BMWT*: 2. Verordnung zur Änderung der AFuV, 13.12.2000
[0.7] *DARC*: Homepage: www.darc.de/ges_norm

[1.1] *Friedrich, G.*: Biologische Wirkung elektromagnetischer Wellen im Forschungsprogramm der Forschungsgemeinschaft Funk. Telekom Praxis 12/94, S. 18–22
[1.2] *Schwing, C.*: Elektromagnetische Exposition: Wie gefährlich ist Hochfrequenzstrahlung? (1) Funkamateur 3/94, S. 187-189; (2) Funkamateur 4/94, S. 271–273
[1.3] *Hille, K.H.*: Folgenschwere Fälschung. Funk 10/99, S. 3
[1.4] *Leitgeb, N.*: Strahlen, Wellen, Felder. - Ursachen und Auswirkungen auf Umwelt und Gesundheit. Deutscher Taschenbuch Verlag, München, 1991
[1.5] *König, H. et al.*: Biologic Effects of Environmental Electromagnetism. Springer, New York, 1981
[1.6] *Neukomm, P.A.*: Wechselwirkungen zwischen Mensch und elektromagnetichem Feld im Frequenzbereich von 10 bis 1000 MHz. Mikrowellen Magazin, (8) 1982, H. 6, S. 691–693

[1.7] *Frucht, A.H; Krause, G.; Schaefer, H.*: Die Wirkung hochfrequenter elektromageischer Felder auf den Menschen (1 kHz ... 1000 GHz), Medizinisch technischer Bricht, Berufsgenossenschaft der Feinmechanik und Elektrotechnik, Köln, 1984

[1.8] *Brun, K.*: Der Mensch im Strahlungsfeld. Funkschau 19/1985, S. 52–56

[1.9] *Bernhardt, J.H.* (*Hrsg*.): Biological effects of static extremly low frequency magnetic fields. Medizin Verlag, München, 1986

[1.10] *Tippe, W.*: Personengefährdung im Bereich leistungsstarker UKW- und TV-Sendeantennen. Rundfunktech. Mitt. 34(1990), H. 5, S. 233–239

[1.11] *Brinkmann, K.; Schaefer, H.* (*Hrsg*.): EMV biologischer Systeme. Bd. 1: Gesundheitsrisiken durch magnetische Gleichfelder. VDE-Verlag, Berlin, 1991

[1.12] *Brinkmann, K.; Schaefer, H.; Eberle, P.* (*Hrsg*.): EMV biologischer Systeme. Bd. 2: Einwirkungen magnetischer Wechselfelder auf menschliche periphere Lymphozyten und tierisches Knochenmark. VDE-Berlag, Berlin, 1992

[1.13] *BfS*: Schutz vor elektromagnetischen Feldern. Empfehlungen und Stellungnahmen der Strahlenschutzkommission (SSK/6-93/EMF). Bundesamt für Strahlenschutz, Bonn, 1993

[1.14] *Hölzel, R.; Lamprecht, I.*: Wirkungen elektromagnetischer Felder auf biologische Systeme. Nachrichtentech. Elektron., 44(1994) 2, S. 28–32

[1.15] *Haubrich, H.J.*: Der Mensch im elektrischen und magnetischen Niederfrequenzfeld. ETZ 115 (1994) H. 3, S. 128–133

[1.16] *David, E.; Palic, M.*: Elektrosmog – Wirkungen elektrotechnischer Felder auf den Menschen. ETZ 115 (1994) H. 3, S. 134–139

[1.17] *Garn, H.; Kremser, H.; Kremser, R.; Neubauer, G.*: Beurteilung der Strahlungsexposition bei D-Netz-Hand-Mobilfunktelefonen. Frequenz 48 (1994) 7/8, S. 153–162

[1.18] *Wickenhäuser, H.*: EMVU – Athermische Wirkungen. Fachtagung VHF-UHF 1996, München, DARC Bayern-Süd, S. 83–111

[1.19] *Unger, E.*: Wechselfelder und biologische Systeme. CQ-DL 8/96, S. 632–633

[1.20] *Elschenbroich, R.*: Biologische Wirkungen elektromagnetischer Felder und Wellen. (1), CQ-DL 9/96, S. 716-718; (2) CQ-DL 10/96, S. 792–797

[1.21] *Kröling, P.*: Krank durch Elektrosmog. (GWUP), Skeptiker 3/98, S. 89-96

[1.22] *Elschenbroich, R.*: Aktuelles zur biologischen Wirkung hochfrequenter Strahlung. CQ-DL 9/98, S. 700–701

[1.23] *Swiatek, P.*: Menschliches Gewebe im Hochfrequenzfeld – thermische und nichtthermische Effekte. UKW-Tagung Weinheim, 1998, S. 27.1–27.17

[1.24] *BfS*: Strahlung und Strahlenschutz. Bundesamt für Strahlenschutz, Salzgitter, 1998

[1.25] *Bernhardt, J.H.*: Gesundheitliche Aspekte des Mobilfunks. Funkamateur 9/99, S. 976–979 (Nachdruck aus der Zeitschrift Deutsches Ärzteblatt H. 13/1999, S. A-845 bis A-852)

[1.26] *Kussmann, H.*: Gefährdung durch hochfrequente elektromagnetische Felder. Fernmelde-Praxis, Bd. 52/1975, Nr. 10, S. 411–426

[1.27] *BfS:* Radio- und Mikrowellen. Bundesamt für Strahlenschutz, Salzgitter, Nov. 1994

[1.28] *Schwarz, W.*: Sicherheitsabstände zu Amateurfunk-Antennenanlagen zum Schutz von Personen vor elektromagnetischen Feldern. CQ-DL 11/92, S. 678–682

[1.29] *Vigoureux, S.:* Feldstärken im Hause einer Amateurfunkstation. CQ-DL 2/93, S. 103

[1.30] *Schorn, R.P.:* Sicherheitsabstände nach DIN/VDE 0848 im UKW-Amateurfunk. CQ-DL 1/93, S. 22–24

[2.1] *Brandt, H.J.*: Zur Veranschaulichung der elektrischen und magnetischen Feldstärke. CQ-DL 7/89, S. 433

[2.2] *Meinke, H.; Gundlach, F.W.*(*Hrsg*.): Taschenbuch der Hochfrequenztechnik. (Kap. H). Springer,Berlin,1968

[2.3] *Danzeisen, K.*: Meßempfänger ESH 2 und Feldstärkemeßgerät HFH 2 für 10 kHz bis 30 MHz. Neues von Rohde & Schwarz (1979) Nr. 87, S. 4–7

[2.4] *Stecher, M.; Wolle, J.*: Automatischer Meßempfänger ESH 3 für 10 kHz bis 30 MHz. Neues von Rohde & Schwarz (1980) Nr. 89, S. 8–12

[2.5] *Bennett, W.S.*: Properly Applied Antenna Factors. IEEE Trans. EMC-28, February 1986, pp. 1–6

[2.6] *Demmel, F.; Klein, A.*: Vorteile aktiver Antennen für Feldstärkemessungen. Nachrichtentech., Elektron., H. 5, 1993, S. 236–240

[2.7] *Aykan, A.*: Präzisionskalibrierung für Rahmenantennen mit Primärnormal-Genauigkeit. Neues von Rohde & Schwarz, H. 131, Herbst 1990, S. 29

[2.8] *Michaelis, M.*: Einfaches Feldstärke-Meßgerät. Funk 1/95, S. 79

[2.9] *Salas, A.*: Souping Up a Surplus Field Strength Meter. 73 Amateur Radio Today, February 1996, pp. 18–19

[2.10] *Hille, K.H.*: Der neue Feldstärkemesser von Annecke. Funk 8/96, S. 31

[2.11] *Zander, H.-D.*: HF-Feldstärkemessungen mit Leistungsmeßgerät PWRM1 und Magnetfeldsonde HFS1. Funkamateur 11/99, S. 1302–1305

[2.12] *Moliere, T.; Schreglmann, U.*: Feldstärkemessungen leicht gemacht (T. 1). Frequenzunabhängige H-Feld- und E-Feld-Sonden. CQ-DL 6/99, S. 484–488

[2.13] *Moliere, T.*: Feldstärkemessungen leicht gemacht (T. 2). Ein universeller Pegelmesser für Feldstärkesonden. CQ-DL 7/99, S. 564–567

[2.14]

[2.15] *Moliere, T.*: Feldstärkemessungen leicht gemacht. T. 4. Selbstabgleichender Eichgenerator für Kurzwelle. CQ-DL 9/99, S. 747–749

[2.16] *Moliere, T.*: Feldstärkemessungen leicht gemacht (T. 3). Eine TEM-Zelle zur Kalibrierung. CQ-DL 8/99, S. 668–670

[2.17] *Menke, N.*: EMV-Meßzelle für den Amateurfunk. CQ-DL 1/98, S. 42–43

[2.18] *Stumpf, M.; Lehmann, M.*: EMV-Testsysteme ... - GTEM-Zelle, die preisgünstige Alternative zur Absorberhalle. Neues von Rohde & Schwarz (1992/93), H. 140, S. 8–10

[2.19] *Göpel, K.D.*: EMV-Meßzelle S-Line – Kompakte EMV-Meßzelle mit hoher Feldhomogenität und weitem Frequenzbereich. Neues von Rohde & Schwarz H. 151 (1996/II), S. 7–9

[2.20] *Wuschek, M.*: Preisgünstige Alternativen zum Absorberraum. Neues von Rohde & Schwarz, H. 168 (2000/III), S. 7–9

[2.21] *Zander, H.-D.*: Plausibilität von Feldstärkemeßverfahren mit nicht-isotropen Meßsonden. Funkamateur 6/00, S. 655–659

[2.22] *Schneider, U.*: Anmerkungen zur vektoriellen Feldstärkemessung. Funkamateur 1/00, S. 101

[2.23] *Ciolek, W.*: Nachweis von elektromagnetischen Feldern – das Nahfeldstärkemeßgerät NFM 1. CQ-DL 8/93, S. 542–543

[2.24] *Scherz, H.*: Feldstärkemeßgeräte und ihre Kalibrierung. CQ-DL 4/98, S. 303–306

[2.25] *Böttcher, K.*: Erfahrungen mit einem Feldstärke-Meßkoffer. Funk 3/2000, S. 62–63

[2.26] *Aslan, E.E.*: Electromagnetic Radiation Survey Meter. IEEE Trans. IM-19, November 1970, pp. 368–372

[2.27] *Aslan, E.*: Broadband Isotropic Electromagnetic Radiation Monitor. IEEE Trans. IM-21, Nov 1972, pp. 421–424

[2.28] *Aslan, E.*: The Maturing of Electromagnetic Radiation Hazard Instruments. Microwave Journal, May 1979, pp. 83–84, 88, 90

[2.29] *Browne, J.*: Radiation monitors measure potential health hazards. Microwaves & RF, March 1983, pp. 121–128, 154

[2.30] *Hopfer, S.*: The Design of Broad-Band resistive Radiation Probes. IEEE Trans. IM-21, November 1972, pp. 416–421

[2.31] *Hoff, D.; Türkner, K.-H.*: Feldstärkemessonde zur Beurteilung der Personengefährdung im Nahfeld von leistungsstarken Funksendern. Rundfunktech. Mitt., H. 4, Jg. 27, 1983, S. 171–178

[2.32] *Kanda, M.*: Standard Probes for Electromagnetic Field Measurements. IEEE Trans. AP-41, October 1993, pp. 1349–1364

[2.33] *E.E. Aslan* – US 3,641,439 – 1969

[2.34] *E.E. Aslan* – US 3,789,299 – 1971

[2.35] *S. Hopfer* – US 3,931,573 – 1972

[2.36] *S. Hopfer* – US 4,207,518 – 1978

[2.37] *DARC-Verlag GmbH,* Lindenallee 6, 34225 Baunatal, Tel.: 0561-94988-73, Fax: 0561-94988-55, E-Mail: verlag@darcverlag.de, Internet: www.darcverlag.de

[3.1] *RegTP*: Internetseiten der RegTP zum Plausibilitätsüberprüfungsverfahren. www.regtp.de/tech_reg_tele/start/in_06-04-03-00-00_m/index.html

[3.2] *DARC*: EMVU. (Kootz, T.;Loose, R.; Vögele, K.E.). EMV-Referat. DARC e. V., 2/2000

[3.3] *DARC*: Ausgewählte Artikel aus der CQ DL zum Thema: EMVU. Technische Verbandsbetreuung, DARC e. V., 5/2000

[3.4] *DARC*: Leitfaden zur EMV-Messung an Amateurfunkstellen. EMV-Referat. DARC e. V., 10/1999, www.darc.de

[3.5] *Zander, H.-D.*: HF-Feldstärkemessungen mit Leistungsmeßgerät PWRM1 und Magnetfeldsonde HFS1. Funkamateur 11/99, S. 1302–1305

[3.6] *Schneider, U.*: Anmerkungen zur vektoriellen Feldstärkemessung. Funkamateur 1/00, S. 101

[3.7] *Böttcher, K.*: Erfahrungen mit einem Feldstärke-Meßkoffer. Funk 3/2000, S. 62–63

[3.8] *Zander, H.-D.*: Plausibilität von Feldstärkemeßverfahren mit nicht-isotropen Meßsonden. Funkamateur 6/00, S. 655–659

[3.9] *Zander, H.-D.*: Feldstärke-Meßtechnik für den KW-Amateur. Funkamateur 9/00, S. 1022–1024

[3.10] *Plate, H.*: Praktische Messung von Feldstärken. CQ-DL 1/2001, S. 20–21

[3.11] *Kootz, T.*: Errechnung von Sicherheitsabständen - wie geht das? CQ-DL 3/98, S. 191–193

[3.12] *Schlink, W.*: Herzschrittmacher-Grenzwerte für Kurzwelle günstiger. CQ-DL 9/99, S. 719

[3.13] *Markert, F.; Bertram, P.*: Winkeldämpfungsdaten von weitverbreiteten Antennen. CQ-DL 1/2000, S. 10

[4.1] *Maaß, H.*: Normen, Gesetze und Grenzwerte zur Sicherheit von Personen in elektromagnetischen Feldern im Frequenzbereich von 30 kHz – 300 GHz. Telekom-Praxis, 7/91, S. 30–39

[4.2] *Förster, H.-J.*: Electromagnetic Radiation: Regulations and Standards in Europe. Wandel & Goltermann, Eningen

[4.3] *Förster, H.-J.*: National and International Standards on the Measurement of Electromagnetic Fields and State of the Art Measurement Instruments. Wandel & Goltermann, Eningen

40 Programme (Software)

40.1 Allgemeines

Der Computer ist heute aus unserem Leben nicht mehr wegzudenken. Daher hat er auch im Amateurfunk seinen Einzug gehalten und es gibt inzwischen eine große Anzahl von Programmen für Funkamateure [1.1]. In diesem Abschnitt wird auf Programme für Antennen, Ausbreitung und EMVU eingegangen.
Programme für die Berechnung von Antennen und Ausbreitung gibt es schon seit fast 50 Jahren, Programme für EMVU-Berechnungen aber erst seit etwa 4 Jahren. Zuerst waren es Computerprogramme, die auf Großrechnern in Universitäten, Forschungszentren und großen Firmen gelaufen sind. Die Programme wurden dann vereinfacht und für PCs modifiziert. Waren die ersten Programme für Funkamateure noch für kleine Rechner mit 64 kB RAM-Speicher, so wird jetzt immer mehr Speicherplatz benötigt.

Die einfachen Programme arbeiten meistens mit Näherungsformeln, die anspruchsvolleren Programme mit mathematischen Näherungsverfahren (Iterationsverfahren). Von der Wahl der Rechenparameter (Auflösung oder Zahl der Rechengänge) hängt letztlich die Genauigkeit ab. Die Rechenzeit ist außer vom Rechner auch von der Programmiersprache abhängig.

Die Programmiersprachen reichen von GW-BASIC und Quick-BASIC über Turbo-C und FORTRAN bis hin zur Assemblersprache.

Als Hardware sind IBM-kompatible PCs notwendig. Datenträger waren zu Beginn 8"-, dann 5,25" und jetzt nur noch 3,5"-Disketten (HD) oder CD-ROMs.

Die Programme sind urheberrechtlich geschützt. Mit dem Kauf erwirbt man das Recht (Lizenz), dieses Programm zu verwenden. Software-Hersteller akzeptieren oft die Bezahlung mit Kreditkarten. Das ist für den Kauf im Ausland günstig. Einige Programme haben einen Kopierschutz, der ein einmaliges Überspielen des Programms von Diskette auf Harddisk zuläßt.

Manchmal sind die Programme auch als Shareware, Public Domain oder Freeware erhältlich.

Shareware
Bei Shareware handelt es sich nicht um eine bestimmte „Art" von kostenloser Software, sondern um ein Vertriebskonzept für Software. Die Programme sind urheberrechtlich geschützt also „copyright geschützt". „Share" bedeutet „teilen", die Autoren verteilen ohne Verpackung und Werbung – quasi kostenlos – eine Testversion ihrer Programme, die jedermann ausprobieren und testen kann. Wenn das Programm gefällt und man es regelmäßig einsetzen möchte, ist der Kaufpreis fällig, die s.g. „Registrierung" [1.2], [1.3].
– Testversion; mit „download" aus dem Internet, Paketradio oder von einer CD-ROM bekommt man eine lauffähige, meist leistungsbeschränkte Version mit oder ohne Dokumentation, oft auch zeitlich begrenzt z.B. für 30 Tage. Nach Ablauf dieser „Testphase" geht das Programm dann nicht mehr und der Benutzer wird aufgefordert, das Programm zu erwerben, oder es kommen pausenlos die Aufforderungen zum Kauf. Diese Testversionen dürfen aber frei kopiert und unverändert weitergegeben werden.
– Vollversion; gegen eine Registrierungsgebühr beim Urheber oder Versandhändler erhält man eine vollwertige aktuelle Version, meist mit Handbuch (Dokumentation auf Papier). Der Vorteil einer Registrierung: Man erhält immer die aktuellste Version ohne Shareware-Hinweise.

Wenn ein Shareware-Programm über einen Versand bezogen worden ist und dafür ein bestimmter Betrag bezahlt worden ist, heißt das nicht, daß damit das Programm bezahlt worden ist, sondern, daß damit lediglich die Gebühren für das Kopieren und den Versand beglichen worden sind. Der Autor sieht von diesem Geld nichts.

Public Domain
Dieser Begriff kommt im deutschen Recht nicht vor. In den USA kann ein Autor sich dafür entscheiden, das Copyright (Urheberrecht) an seinem Programm aufzugeben und das Programm in die Öffentlichkeit zu geben. Die Rechte am Programm werden aufgegeben bzw. gehen an die Allgemeinheit (Public) über. Jeder darf ein solches Produkt kopieren, weitergeben und nach Belieben verändern. Eine kommerzielle Nutzung ist aber ausgeschlossen.

In Deutschland ist dieses Verfahren nicht möglich; das Copyright kann nicht aufgegeben werden. Man kann als Autor aber auf die Wahrnehmung des Urheberrechtes verzichten.

Freeware
Dieser Begriff wird oft irrtümlich mit Public Domain gleichgesetzt. Ein Freeware-Programm ist zwar kostenlos, unterliegt jedoch uneingeschränkt

dem Urheberrecht des Autors. Er bestimmt in welcher Form er das Copyright wahrnehmen will. Es ist z.B. völlig legitim, wenn ein Autor verbietet sein Programm in eine Mailbox zu stellen. In diesem Fall darf man das Programm weder in seine eigene Mailbox aufnehmen, noch in andere Boxen hochladen. Auch Veränderungen am Programm sind verboten.

Careware
Das ist eine besondere Form der Shareware. Der Programmautor will selbst kein Geld, sondern erwartet als Gegenleistung für das Programm eine Spende an eine bestimmte gemeinnützige Organisation. Diese Art der Registrierung ist aber trotzdem ernst zu nehmen.

Cardware
Das ist eine besondere Form der Software. Der Programmautor will kein Geld, möchte aber als Gegenleistung eine Postkarte als Information, wie oft und wo überall sein Programm verwendet wird. Das Programm darf beliebig oft kopiert und weiterverbreitet werden, solange es nicht kommerziell genutzt wird. Es wird damit nicht nur dem Spendenempfänger geholfen, sondern es motiviert auch den Autor zu weiterer Arbeit.

Copyleft
Manche Autoren benutzen die Verballhornung des Begriffs Copyright, um klarzumachen, daß sie ihr normales Urheberrecht nicht ausüben wollen. Es wird oft auch als Synonym für General Public Licence (GPL) verstanden, obwohl diese Interpretation nicht verbindlich ist.

General Public Licence
Diese Art von Software wird unter einer speziellen Lizenz, der s.g. GPL, vertrieben. Die wichtigsten Punkte der GPL: Es darf nicht nur das kompilierte Programm weitergegeben werden, sondern außerdem muß auch noch der Quellcode zugänglich sein. Jeder darf ein GPL-Programm beliebig ändern. Die entstehenden Produkte unterliegen wieder der GPL. Der Autor muß im Programm und in der Dokumentation unmißverständlich darauf hinweisen, daß er sein Programm der GPL unterstellt. Die Programme sind kostenfrei. Lediglich für Versand und Kopieraufwand dürfen Kosten in Rechnung gestellt werden.

Hinweis:
Man sollte den Programmen nicht blind vertrauen, denn die Ergebnisse der Programme sind nicht immer richtig. Manche Programme arbeiten mit Formeln, die den Benutzern nicht bekannt sind. Bei den Programmen sind Angaben von Literaturstellen oder Formeln sehr selten. Oft sind die Anwendungsgrenzen der Formeln nicht berücksichtigt. Andere Programme arbeiten mit reduzierten Parametern, um die Rechenzeit erträglich zu halten. Viele Stellen nach dem Komma sind nicht immer ein Zeichen von hoher Rechengenauigkeit, es kann sich dabei auch um eine nicht optimale Programmierung handeln.

40.2 Antennenprogramme

Es folgt eine Auswahl von Antennenprogrammen für private Anwendung mit Angabe der jeweils aktuellen Version und mit einer Kurzbeschreibung der Programme. Angegeben sind auch die Be-zugsquellen und Preise. Die genannten Preise sind Richtpreise ohne Versandspesen. Ältere Preise sind dabei in Klammer gesetzt.

40.2.1 CCIR-Antennenprogramme

Anfang der 80er Jahre wurden vom Internationalen Beratenden Ausschuß für Funkwesen (CCIR), einer Unterorganisation der Internationalen Fernmelde Union (ITU) in Genf, Antennenprogramme entwickelt. Diese Programme sind in BASIC unter CP/M oder MS-DOS für Microcomputer geschrieben [2.1] bis [2.4].
Das war der Start für kleine und preislich erschwingliche Antennenprogramme.

HFARRAYS
Für horizontale Halbwellendipole vom Einzeldipol bis hin zu komplexen Vorhangantennen in willkürlicher Höhe über tatsächlichem Erdboden (Leitfähigkeit, Dielektr. Konstante).

HFRHOMBS
Für horizontale Rhombusantennen mit willkürlicher Seitenlänge, Spreizwinkel und Höhe über tatsächlichem Erdboden.
(beide zusammen: SFr. 100.-)

HFMULSLW
Für Mehrband schwenkbare oder nicht schwenkbare horizontale Halbwellen-Vorhangantennen mit aperiodischem (nicht abgestimmten) Reflektor über tatsächlichem Erdboden.

HFDUASLW
Für Einzel- oder Doppelband schwenkbare oder nicht schwenkbare Halbwellen-Vorhangantennen mit abgestimmtem Dipol-Reflektor über tatsächlichem Erdboden. (beide zusammen: SFr. 100.-)

HFANT
Für die Berechnung der Strahlungsdiagramme verschiedener HF-Antennen. Es ermöglicht die grafische Darstellung von Horizontal-, Vertikal-

Diagramm und Sanson-Flamsteed Projektion des Antennendiagramms. Die Ergebnisse von Richtfaktor und Bandbreite sind in Tabellenform. Die Ausgabe auf Plotter ist möglich.

FMTVANT
Für VHF- und UHF-Antennensysteme bis zu 60 Einzelstrahler. Diese Strahler können Dipole, Yagis oder andere Antennen mit bekanntem Diagramm sein. (SFr. 300.-)

LFMFANT
Für Vertikalantennen im Lang- und Mittelwellenbereich bis zu 4 Elementen in beliebiger Höhe über idealem oder tatsächlichem Erdboden. (SFr. 100.-)
International Telecommunication Union
General Secretariat – Sales Section
Place des Nationes, CH-1211 Geneva 20

40.2.2 MININEC-Antennenprogramme

Der Durchbruch für die Personal Computer (PCs) kam mit der Programmreduzierung des Großrechnerprogramms Numerical Electromagnetics Code (NEC) [2.5] auf ein Mini-NEC = MININEC, das in BASIC für IBM-kompatible PCs geschrieben wurde [2.6].

Diese Antennenprogramme ermöglichen die schnelle Berechnung von Gewinn, Impedanz, Welligkeit, Strom- und Spannungsverteilung sowie die Ermittlung der Strahlungsdiagramme. Letztere gibt es zweidimensional für die E- und H-Ebene, also horizontale und vertikale Strahlungsdiagramme in Tabellenform oder als Grafik, oder als dreidimensionales Diagramm.

Antennen Analyse
Bei der Antennenberechnung kann eine Integralgleichung in eine Reihe von gleichen algebraischen Gleichungen in Matrixform transformiert werden, die dann auf numerischem Weg gelöst werden können. *Harrington,* Autor des 1968 erschienenen Buches „Feldberechnungen mit der Momentenmethode" [2.7], hat verschiedene Lösungsarten in einer allgemeinen Momentenmethode (MM) vereinheitlicht [2.8]. Diese Momenten-Methode ist die Grundlage für die allgemeine Antennenanalyse und des Antennenprogramms NEC, sowie MININEC und aller darauf basierenden anderen neuen Antennenprogramme. Bei der Antennenberechnung, besser Antennensimulation, wird die Antenne aus einem oder mehreren miteinander verbundenen geraden Drähten (wires) mit wählbarem Durchmesser und Leitermaterial aufgebaut. Die Endpunkte der Drähte werden im XYZ-Koordinatensystem (= Kartesisches Koordinatensystem) angegeben. Jeder Draht wird dann in eine Anzahl von Teilstücken (Segmente) zerlegt, in denen ein gleichförmiger Strom fließt. Diese Stromregion in der Mitte der Segmente wird als Puls bezeichnet. Mit größerer Anzahl der Teilstücke steigt zwar die Genauigkeit etwas, aber dafür erhöht sich die Rechenzeit quadratisch mit der Anzahl der Teilstücke. Für die Programme gibt es aber eine Grenze der Anzahl der Teilstücke.

Eine empfohlene Anzahl pro Halbwellenlänge ist 10 Teilstücke. Am Speisepunkt der Antenne wird eine Quelle (source) angebracht. Es können auch zusätzlich Belastungen (loads) in Form von *R*, *L*, *C*

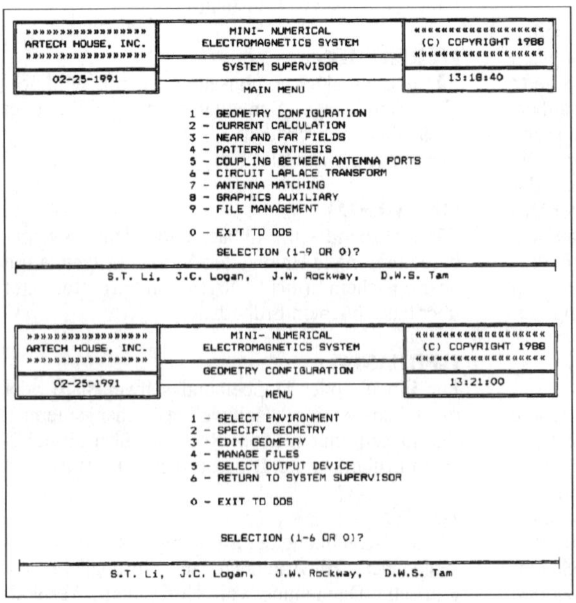

Bild 40.2.1
MININEC, Menüoberfläche

eingebracht werden. Die Antenne kann im Freiraum, über idealem oder über realem Grund modelliert werden. Es ergeben sich bei allen Programmen aber Grenzen der Anwendung bzw. Genauigkeit.

Vom Benutzer sind die Anzahl der Drähte, Segmente je Draht, Radien der Drähte, Anfangs- und Endkoordinaten der Drähte, Verbindungen, Anzahl der Speisepunkte, Einfügungselemente und Frequenz einzugeben.

Informationen über Antennensimulation mit MININEC finden sich bei [2.9]–[2.14].

Eine sehr brauchbare Vorlage zum Eintragen der notwendigen Parameter für die Berechnungen im Adobe PDF-Format ist im Internet auf einer Website der ARRL zu finden [2.15].

Bei den Versionen der NEC-Programme unterscheidet man NEC-2 und NEC-4. Das Programm NEC-2 ist eine hoch entwickelte Version des Codes und ist ein Public Domain-Programm, also allgemein freigegeben. Es hat gewisse Einschränkungen, es kann nicht eingegrabene Radialsysteme berechnen, aber Erdsysteme knapp über der Erdoberfläche. Es hat aber eine hohe Genauigkeit für horizontale Antennen knapp über realer Erde. Alle üblichen Antennenprogramme stammen von NEC-2 und haben weitere Einschränkungen, wie etwa bei der Segmentanzahl, oder bei winkligen Verbindungen, oder bei Antennen unter 0,2 λ über Erde.

Das Programm NEC-4 ist die letzte Version von NEC und hat nicht mehr die Einschränkungen der Vorversionen. Es kann eingegrabene Radials berechnen, Elemente mit unterschiedlichen Durchmessern, nahe Paralleldrähte, sowie alle anderen Möglichkeiten der Vorversionen. Das Programm ist Eigentum der Universität von Kalifornien, die Benutzerlizenzen vergibt. Es unterliegt der Exportbeschränkung, darf also nicht exportiert werden.

MININEC

Von *A.J. Julian, J.C. Logan, J.W. Rockway,* 1982 [2.6].

In der Anwendung war es allerdings etwas umständlich. Der Quellcode ist in Basic (BAS) und auch in kompilierter Form (EXE) enthalten. MININEC hatte einen Public Domain Status.

MININEC (Version 3)

Von *S.T. Li, J.C. Logan, J.W. Rockway, D.W.S. Tam,* 1986.

Die überarbeitete und mit einer guten Benutzeroberfläche versehene Folgeausgabe [2.16] ist als MININEC-3 eigentlich public-domain, aber als Beilage zu einem Buch [2.17] gelten hier die üblichen Urheberschutz-Bedingungen. Im Buchpreis ist die Lizenzgebühr enthalten. Das Programm ist in BASIC und kompiliert vorhanden. Für die kom-

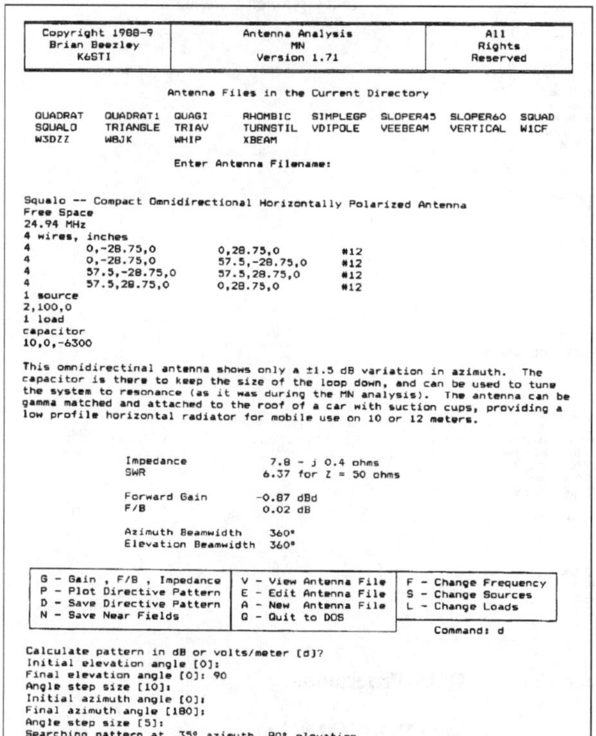

Bild 40.2.2
MN, Menüoberfläche

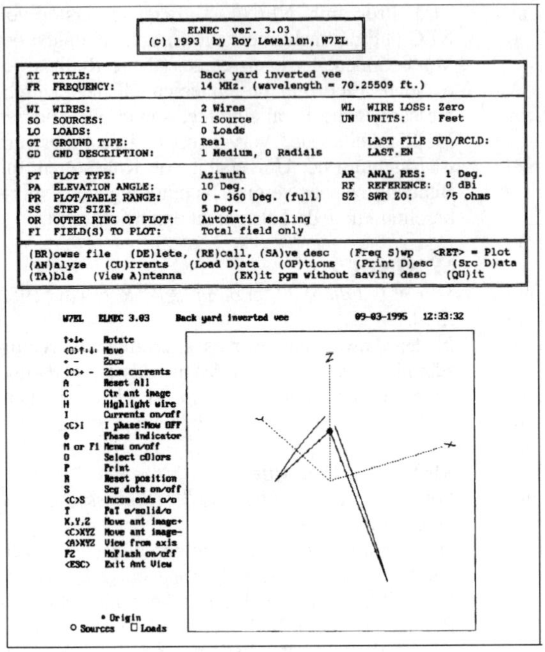

Bild 40.2.3
ELNEC, Menüoberfläche
und Antennenansicht

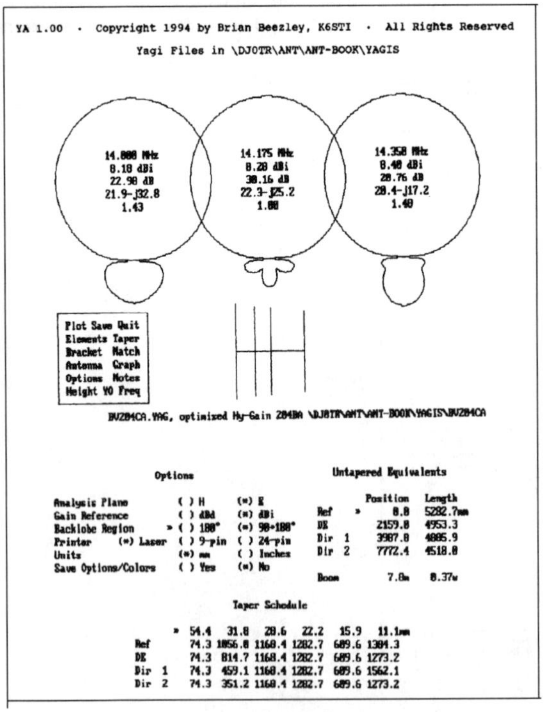

Bild 40.2.4
YA, Menüoberfläche
und Optionen / Elemente

pilierten Codes ist ein Koprozessor notwendig. (**Bild 40.2.1**). (£ 110.-)
Artech House Books
Portland House Stag Place, London, SW1E5 XA, UK

DOS-Programme:

MININEC (MN 4.5)
Von *B. Beezley, K6STI,* [2.18], [2.19].

Das ist eine benutzerfreundliche MININEC-Version mit einer verbesserten Version des MININEC-Algorithmus und mit deutlichen Vorteilen hinsichtlich der Anwendung. Pop-up Menü, 3D-Antennenabbildung. Auch wurde die Geschwindigkeit gesteigert. DOS-Programm. (**Bild 40.2.2** zeigt eine ältere Version).
Amateur-Vers. (256 Pulse) ($ 88.-)
Prof.-Vers. (MN-Pro) ($ 200.-)
Brian Beezley
3532 Linda Vista, San Marcos, CA 92069, USA

MININEC for Amateurs
Von *B. Haviland, W4MB*, [2.20].
Ein Programm in MS-DOS mit Designprogrammen: Dipol, Vertikal, Yagi, Quad; mit Supportprogrammen: Antennengeometrie, Umrechnung auf andere Frequenzen, Dimensionen und/oder Standorte, sowie Dokumente und Datenfiles. ($ 40.-)
Minilab Books
P.O. Box 21086, Daytona Beach, FL 32019, USA

ELNEC 3.0
Von *R. Lewallen, W7EL*, [2.21], [2.22], [2.23].
Ein ausgezeichnetes und sehr benutzerfreundliches Analyseprogramm in DOS. Das Programm ist menügeführt und ermöglicht auch eine 3D-Antennenansicht. Es liefert neben Azimut- und Elevations-Diagramm, Gewinn, Fußpunktimpedanz, Welligkeit, Halbwertsbreite, Winkel zwischen den 3-dB-Punkten, Vor-/Rückverhältnis, Haupt- und Nebenkeule mit Größe und Winkel. 256 Pulse, Voraussetzungen: 512 kB, CGA, EGA, VGA und Hercules; mit oder ohne Koprozessor erhältlich. (**Bild 40.2.3**). $ 49.-
Roy Lewallen
P.O. Box 6658, Beaverton, OR 97007, USA

Antenna Optimizer (AO 6.5)
Von *B. Beezley, K6STI*, [2.24].
Optimiert automatisch die Antennen: maximaler Gewinn, bestes Strahlungsdiagramm, minimale Welligkeit, Impedanz und Resonanz. Geeignet für die meisten Antennenarten. Ermöglicht 3D-Antennengeometrie, 3D-Strahlungsdiagramme und 2D-Ausdrucke (polar. und rechtwinklig). DOS-Programm. Voraussetzungen: 640 kB, Koprozessor, VGA. Kopierschutz. ($ 70.-)
Brian Beezley
3532 Linda Vista, San Marcos, CA 92069, USA

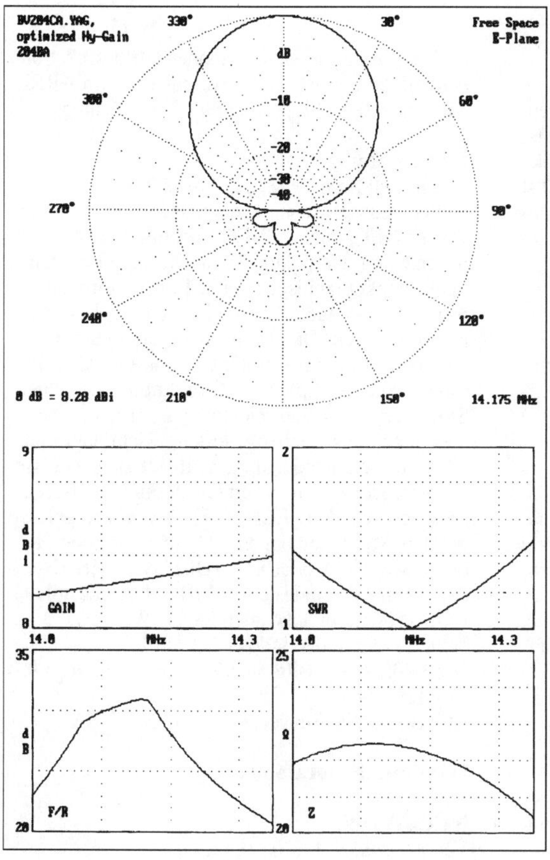

Bild 40.2.5
YA, Horizontaldiagramm
und Kurven (Gewinn, Welligkeit, V/R-Verhältnis, Impedanz)

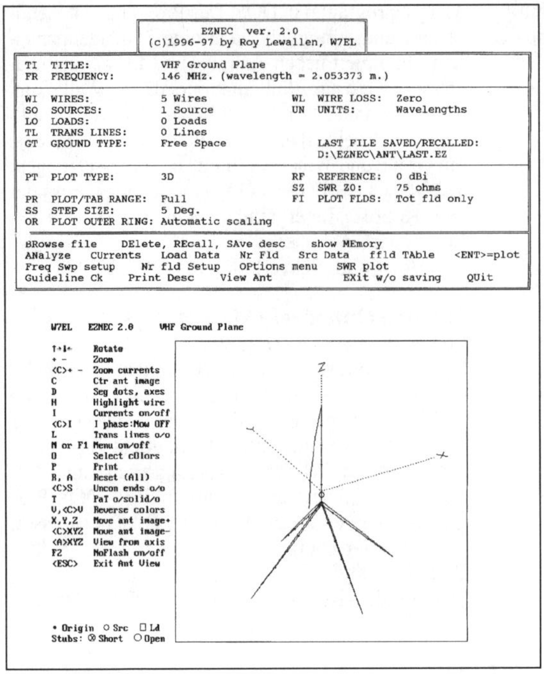

Bild 40.2.6
EZNEC 2.0, Menüoberfläche und Antennenansicht

NEC/ Wires 2.0

Von *B. Beezley, K6STI.*

Berechnet Erdverluste und komplexe Antennen, hochliegende Radials, Beverage, Deltaloop, LPDA und wirebeams. 3D-Schirmbilder, 2D-Ausdrucke (rechtwinklig und polar). DOS-Programm. ($ 70.-)
Brian Beezley
3532 Linda Vista, San Marcos, CA 92069, USA

NEC/Yagi 2.5

Von *B. Beezley, K6STI.*

Berechnet mit höchster Genauigkeit und Geschwindigkeit Yagi-Antennen ohne Elementeinschränkungen. Leichte Modellierbarkeit von Yagi-Anordnungen. DOS. ($ 70.-)

Yagi Optimizer (YO 5.0)

Von *B. Beezley, K6STI*, [2.25], [2.26].

Optimiert automatisch Monoband-Yagis: maximaler Gewinn, bestes Strahlungsdiagramm, minimale Welligkeit. Für einzelne oder gestockte Yagis, einfach oder doppelt gespeist, Anpaß-Netzwerke, Skineffekt, Erdreflexionen, bis zu 50 Elemente, von HF bis UHF. DOS-Programm. Voraussetzungen: 640 kB, VGA. Kopierschutz. ($ 70.-)
Brian Beezley
3532 Linda Vista, San Marcos, CA 92069, USA

Yagi Analyzer (YA)

Von *B. Beezley, K6STI.*

YA ist eine vereinfachte Version von YO. Ein einfaches, aber genaues, schnelles und auch preiswertes Programm für Yagi-Antennen.(**Bild 40.2.4** und **Bild 40.2.5**). Es ist als Softwarediskette im ARRL-Antennenbuch (17. Auflage) [2.27] enthalten.

EZNEC 2.0

Von *R. Lewallen, W7EL*, [2.28] [2.29].

Außer den schon ausgezeichneten Eigenschaften von ELNEC kann EZNEC Spannung, Strom, Impedanz und Welligkeit für jeden angenommenen Speisepunkt graphisch oder in Tabellenform ausgeben. Es bietet auch die Möglichkeit HF-Leitungen zu modellieren. Das Wire-Menü kann auch ganze Gruppen von Wires editieren, was die Modellierung von komplexen Strukturen erleichtert. Stromverteilung und Richtdiagramm kann dreidimensional ausgegeben werden, Richtdiagramme können übereinander dargestellt werden. Die Betriebsfrequenz kann in einem definierten Bereich gesweept werden. ELNEC-Files können gelesen werden. Voraussetzungen: PC 386 oder höher, Koprozessor, VGA oder EGA-Display, 2 MB Extended Memory, mindestens 9 MB auf der Festplatte. DOS-Programm das auch unter Windows 3.xx, Windows 95 und Windows NT läuft.
(**Bild 40.2.6** und **Bild 40.2.7**) ($ 69.-)
Roy Lewallen
P.O. Box 6658, Beaverton, OR 97007, USA

Windows-Programme:

NEC4WIN95

Von *M. Boukri, VE3GMI*, [2.30].

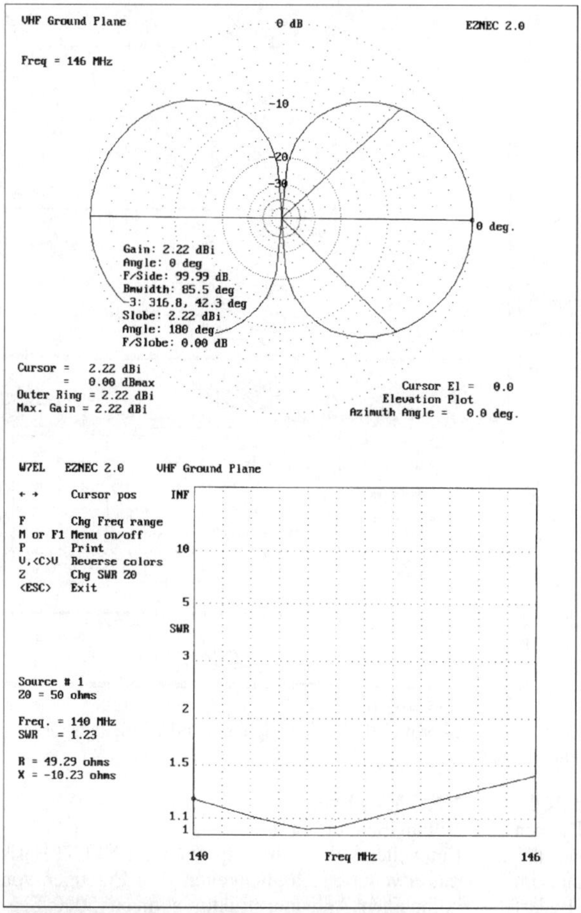

Bild 40.2.7
EZNEC 2.0, Vertikaldiagramm und Welligkeitskurve

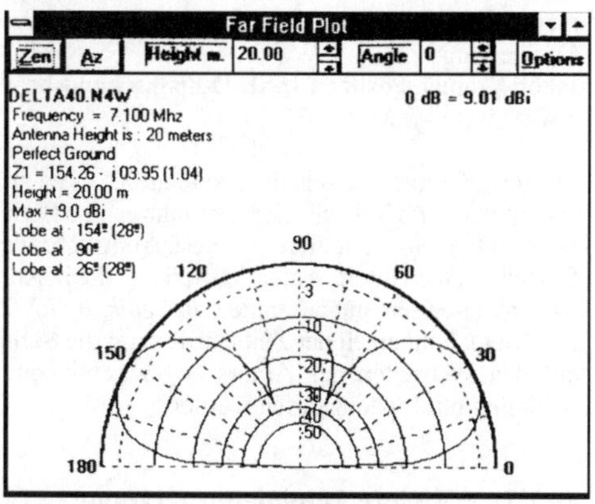

Bild 40.2.8
NEC4WIN95, Vertikaldiagramm

Das Programm ist eine Windows95/98/NT 32-bit-Version von MININEC. Es läßt sich leicht bedienen. Azimut- und Elevationsdiagramme können 2-dimensional oder auch als 3-dimensionale Ansicht gedruckt werden. Eine wesentliche Eigenschaft von NEC4WIN95 ist die Möglichkeit die Antennenhöhe direkt zu ändern, ohne daß eine komplette Neuberechnung durchgeführt wird. (**Bild 40.2.8**). $ 60.-
Orion Microsystems
Madjid Boukri, 197 Cr. Joncaire, Ile Bizard,
Quebec, Canada, H9C 2P7
www.cam.org/~mboukri

EZNEC 3.0

Von *R. Lewallen*, *W7EL*, [2.31], [2.32].
Das bekannte Programm EZNEC gibt es nun auch für Windows 95/98/NT/2000 (es läuft nicht unter Windows 3.1). Neben den bekannten Möglichkeiten des DOS-Programms bietet das Windows-Programm eine sehr gut verständliche Bedienoberfläche. Man kann nun in einem Fenster die Antennengeometrie ändern und sieht in einem anderen Fenster sofort die Auswirkung davon. Die Arbeit mit dem Programm ist wesentlich komfortabler als vorher. Fehler bei der Antennendefinition fallen sofort auf. Ein „Guideline Check" (Prüfung der Grunddaten) meldet sich bei falscher Segmentierung. Die Ergebnisse können graphisch (2D und 3D) und numerisch dargestellt wer-

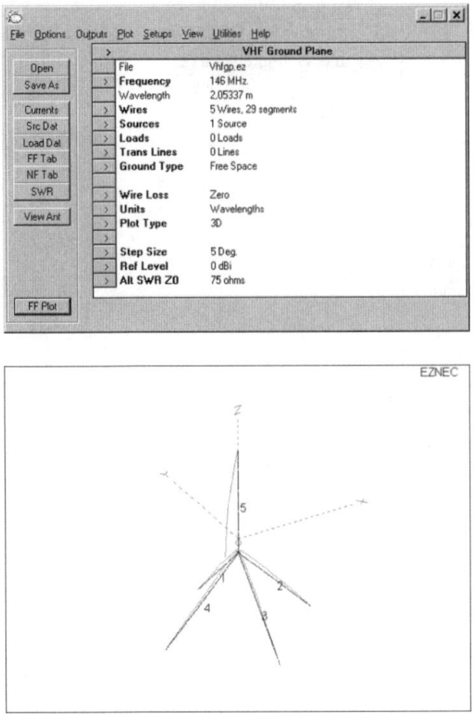

Bild 40.2.9
EZNEC 3.0, Menüoberfläche und Antennenansicht

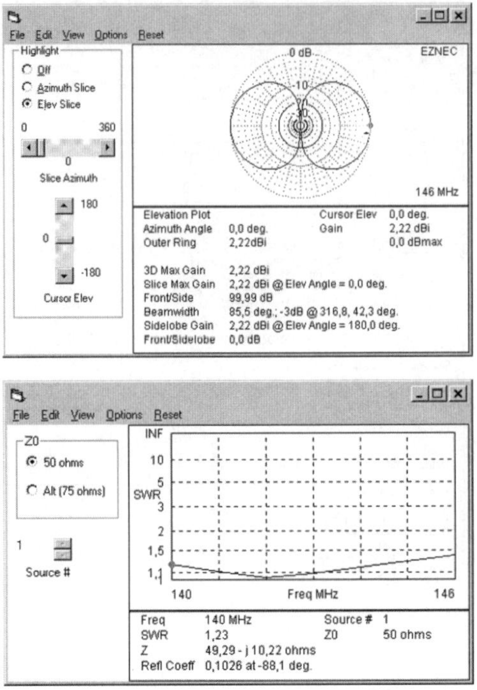

Bild 40.2.10
EZNEC 3.0, Vertikaldiagramm und Welligkeitskurve

den. Die neue Version arbeitet 20% schneller als die bisherige. EZNEC-2.0-Antennen-Daten und Dateien können problemlos übernommen werden. Das Manual ist integraler Teil des Programms und kann im Hauptfenster über „Help“ aufgerufen und bei Bedarf themenweise ausgedruckt werden. Ein Update-Service per Internet ist ein weiterer Höhepunkt des Programms. Das Programm EZNEC hat sich einen sehr guten Namen verschafft. Es bietet im Augenblick wohl den besten Kompromiß zwischen Preis und Genauigkeit und wird weltweit nicht nur von vielen Amateuren, sondern auch in verschiedenen Organisationen, Firmen, Schulen und Universitäten angewendet. (**Bild 40.2.9** und **Bild 40.2.10**).
Internet-Download $ 89.-
CD-ROM $ 99.-
Roy Lewallen
P.O. Box 6658. Beaverton, OR 97007, USA
http://eznec.com

MININEC for Windows
Von *J. Rockway; J. Logan.*
Ein neues Windows-Antennenprogramm für Langdraht, *Yagi-* und Quad-Antennen von den Erfindern von MININEC. $ 125.-
EM Scientific
2533 N. Carson Str., Suite 2107
Carson City, NV 89706, USA www.emsci.com

NEC-Win Pro
Nittany Scientific USA
Ein weiteres Windowsprogramm auf NEC-2 Basis mit erweiterten Möglichkeiten zum Erzeugen von komplexen Antennenstrukturen, max. 5000 Segmente. In Deutschland erhältlich bei Spectrawave Engineering. $ 425.-
Jakob Krämer. Postfach 1651, D-86886 Landsberg
www.spectra-wave.com

In der Online-Zeitschrift „antenneX“ (www.antennex.com) läuft seit über drei Jahren eine Serie über Antennen-Modellierung, die ausführlich alle Einzelheiten erläutert. Autor der Serie ist der in Antennenkreisen sehr gut bekannte *L.B. Cebik, W4RNL.* Für Nichtabonnenten der Zeitschrift kann die Serie auf den Webseiten des Autors (www.cebik.com/modeling.html) nachgelesen werden.

40.2.3 Andere Antennenprogramme

HornCalc 2.7
Von *Arnold Tibus, DK2WT; Stefan Tibus, DG2GTS,* [2.33].
Ein Programm zur einfachen aber präzisen Dimensionierung eines Pyramiden-Horns im Bereich von 320 MHz bis 325 GHz für Meßzwecke (Gewinn-

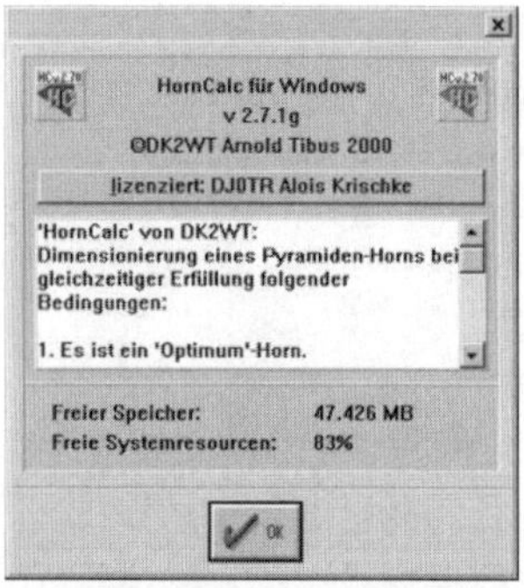

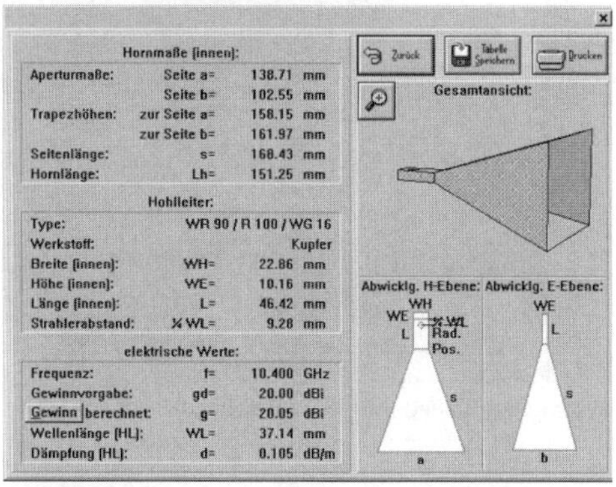

Bild 40.2.11
HornCalc, Info und Ergebnisse

standard) und Anwendung ohne Parabolreflektor. Das bei vorgegebenem Gewinn berechnete Horn ist ein „Optimum-Horn“ mit nahezu gleicher E- und H-Feld-Öffnung. In der Regel liegt die errechnete Genauigkeit bei ± 0,1 dB. Es können aber auch Horninnenmaße vorgegeben und so Hörner nachgerechnet werden. Zusätzlich enthält das Programm eine umfangreiche Hohlleiterdatenbank verschiedenster Normen für den ganzen Frequenzbereich, erlaubt sind auch Abwandlungen der Standardmaße. Die Oberflächenwerkstoffe werden bei der Hohlleiterdämpfung berücksichtigt. Betriebssysteme: WIN 3.1/95/98/NT/2000. Sprache deutsch, englisch möglich. (**Bild 40.2.11**).
DM 50.- bzw. EUR 25.-
Arnold Tibus
Im Bühl 1, D-88682 Salem

Terrain Analyzer (TA 1.0)

Von *B. Beezley, K6STI.*
Das Programm ist in Assemblersprache geschrieben, verwendet keine Momenten-Methode, sondern GTF (Geometrical Theory of Diffraction) und 2D-Erdprofile um den Erhebungswinkel über irregularem Gelände zu errechnen. Es ermöglicht auch topographische Daten in inch oder cm zu verwandeln. ($ 70.-)
Brian Beezley
3532 Linda Vista, San Marcos, CA 92069, USA

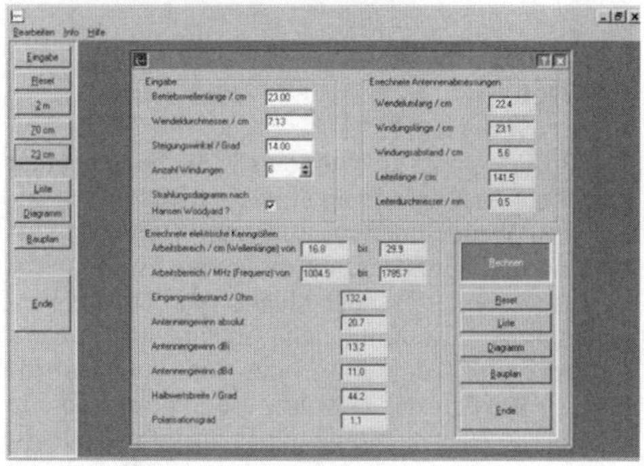

Bild 40.2.12
WinHelix, Info und Rechenfenster

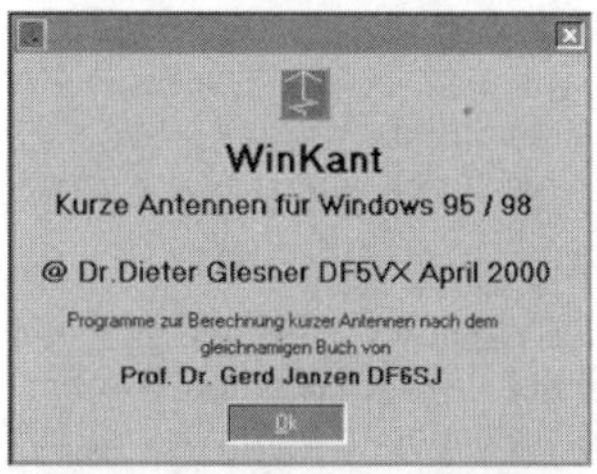

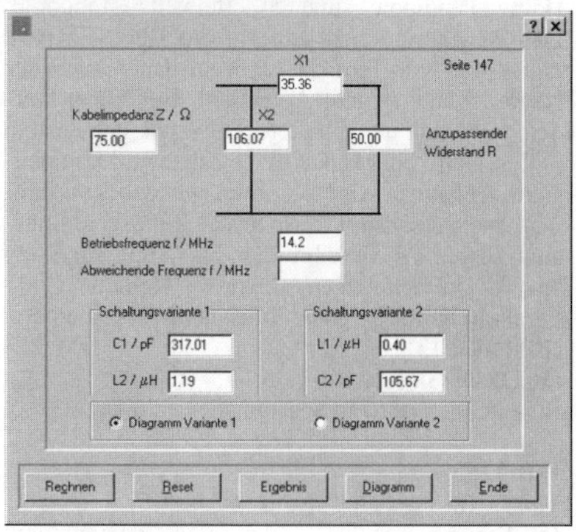

Vertikalantennen

Von *J. Dernochod, OE1DEW,* [2.34].
Die Programmsammlung besteht aus Programmen zur Berechnung der Kennwerte von üblichen Verti-

kalantennen über idealer Erde, sowie zur Berechnung der Anpassung von induktiv verlängerten oder kapazitiv verkürzten Vertikalantennen. Auch Programme zur Berechnung von Anpaßleitungen bzw. Stichleitungen, Zusatzdämpfungen durch Fehlanpassung und optimierten Zylinderspulen sind vorhanden. Die Programme sind Freeware und dürfen frei weitergegeben und kopiert werden. ÖS 20.-
Hans Dernochod
Sildgasse 3/7
A-1210 Wien

WinHelix
Von *D. Glesner, DF5VX.*
Das Programm ist für Windows 95/98 geeignet und berechnet ausgehend von einer Betriebswellenlänge, dem Wendeldurchmesser, dem Steigungswinkel und der Windungszahl die geometrischen Abmessungen einer Wendelantenne. Vorbesetzte Eingabedialoge mit optimalen Antennenparametern für das 2 m-, 70 cm- und 23 cm-Band sind vorhanden. Er werden der Gewinn, die Halbwertsbreite und das Achsenverhältnis der Polarisation berechnet. Das Antennendiagramm kann in Polarkoordinaten oder kartesischen Koordinaten dargestellt werden ebenso wie ein Bauplan mit den Antennenabmessungen. (**Bild 40.2.12**). DM 30.-
Dr. Dieter Glesner
Bergstr. 33, D-66740 Saarlouis

WinKant
Von *D. Glesner, DF5VX.*
Das Programm ist für Windows 95/98 geeignet und berechnet die elektrischen Eigenschaften von kurzen Antennen, also Antennen, die kürzer sind als Halbwellendipole und Viertelwellenmonopole. Das Programm stützt sich auf das Buch „Kurze Antennen" von Prof. Dr. Janzen, daher auch der Name „Kant" (Kurze Antennen). Berechnet werden gestreckte und gefaltete Antennen, unbelastete und induktiv oder kapazitiv belastete und kompensierte Antennen. Als Hilfsmittel sind dabei vorhanden: Widerstandstransformation, Grundschaltungsanalyse, einfache und breitbandige Anpassung, sowie Umrechnungen von Reihen- ⇔ Parallelschaltung, Blindwiderstand ⇔ Element. (**Bild 40.2.13**). DM 35.-
Dr. Dieter Glesner
Bergstr. 33, D-66740 Saarlouis

WinMglp
Von *D. Glesner, DF5VX.*
Das Programm ist für Windows 95/98 geeignet und berechnet die elektrischen Eigenschaften von magnetischen Ringantennen in allen Amateurfunkbändern sowohl im MF/HF-Bereich (160 m bis 10 m) als auch in VHF/UHF-Bereich (6 m bis 23 cm). Berechnet werden Strahlungs- und Verlustwiderstand, Ringinduktivität und -kapazität, Wirkungsgrad,

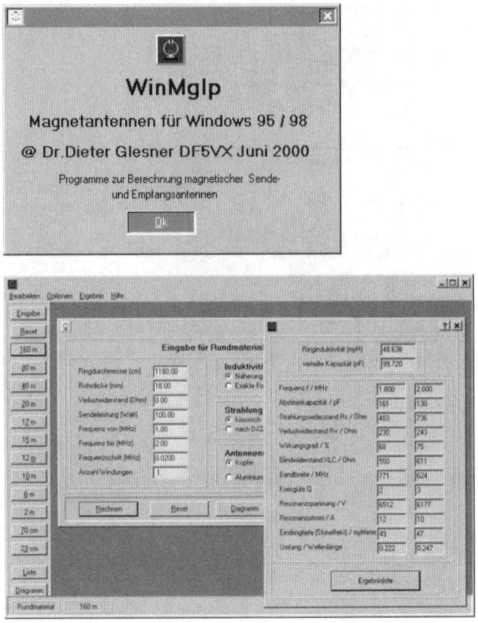

Bild 40.2.14
WinMglp, Info und Eingabe- / Ergebnisfenster

Resonanzspannung und -strom und die Eindringtiefe des Antennenstroms (Skineffekt). Als Antennenmaterial kann Kupfer, Aluminium, Messing und Silber gewählt werden. Der Querschnitt des Antennenleiters kann rund oder rechteckig sein. (**40.2.14**). DM 45.-
Dr. Dieter Glesner
Bergstr. 33, D-66740 Saarlouis

Yagi Stress (YS 2.15)
Von *Kurt Andress, K7NV.*
Programm zur mechanischen Strukturanalyse von horizontal polarisierten *Yagi*-Antennen aus rundem Rohrmaterial. Es ermittelt die Windfläche, Drehmoment, Gewicht, Drehradius und Schwerpunkt der Antenne. Es kann ein individueller Sicherheitsfaktor berücksichtigt werden. Zusätzlich enthält das Programm eine Datenbank für Standardrohre, die in USA erhältlich sind. Die Berechnung kann in US/UK-. oder metrischen Einheiten erfolgen.$ 79.-
Array Solutions
350 Gloria Rd., Sunnyvale, TX 75182, USA

Daneben gibt es noch unzählige kleinere Antennenprogramme, die in Mailboxen auf CD-ROMs oder im Internet zu finden sind.

Professionelle Antennenprogramme
Zum Abschluß eine kleine (nicht vollständige) Auflistung von Programmen für kommerzielle Anwendung.

ALDAS	£ 8.000.-
AWAS	$ 2.100.-
CONCEPT II	DM 40.000.-
CORHORN	£ 5.000.-
FITNEC	DM 6.000.-
IE3D	$ 10.000,-
SPHREX	£ 2.500.-
SUITE-2R	$ 10.000.-
SuperNEC	$ 6.800.-
WIREZEUS	£ 2.500.-

40.3 Ausbreitungsprogramme

Funkprognoseverfahren liefern Voraussagen über die zu erwartenden Feldstärken. Die Entwicklung mit Computern setzte Anfang der 50er Jahre ein mit der computergestützten Analyse der MUF-Karten. Zur Berechnung werden Daten aus dem CCIR-Report 340: „CCIR-Atlas of ionospheric characteristics" benutzt (MUF 3000). Der Atlas ist die Standarddatenbank für die Berechnung. Zur damaligen Zeit waren dazu Großrechner notwendig. Später in den 80er Jahren wurden dafür dann Kleinrechner (Home Computer) eingesetzt. Das dazu verwendete rechnerische Ionosphärenmodell war MINIMUF [3.1] bis [3.3]. Das Programm verzichtete auf die Benutzung einer Datenbank. Die Ionosphäre wird als Lösung einer Differentialgleichung dargestellt, aktiviert mit Eingabedaten (Uhrzeit, Koordinaten, Sonnenfleckenzahl) [3.4]. Ein weiteres Modell war IONCAP [3.5], das ein explizites Elektronendichtemodell benutzte. Dabei werden die E-, Sporadic-E-, F1- und F2-Schichten berücksichtigt. Die Programme wurden von Echomeßstationen mit sogenannten Chirpsoundern (CCIR-Report 249: Ionospheric sounding at oblique incidence) überprüft. Eine weitere Verbesserung erfolgte durch das FTZ mit dem Programm FTZMUF2 [3.6] für die MUF-Berechnung und MINIFTZ4 [3.7] für die Feldstärkeberechnung.

Mit den Ausbreitungsprogrammen kann man die optimale Frequenz und beste Zeit für eine bestimmte Übertragungsstrecke ermitteln.

Nach Eingabe von Datum, Sonnenfleckenzahl, Koordinaten, Sendeleistung und Antennengewinnen werden dann MUF, LUF, Richtung, Entfernung, sowie Empfangspegel in Abhängigkeit von Uhrzeit und Frequenzen berechnet. Die Datenausgabe erfolgt meist in Tabellen- oder Kurvenform.

Angaben zur allgemeinen Funkprognose findet man in [3.8], über Ausbreitungsprogramme in [3.9] und [3.10]. Das Angebot an Ausbreitungsprogrammen ist schon bald unübersehbar geworden.

Es folgt eine Auswahl von Ausbreitungsprogrammen für private Anwendung mit Angabe der jeweils aktuellen Version und mit einer Kurzbeschreibung der Programme. Angegeben sind auch die Bezugsquellen und Preise. Die genannten Preise sind Richtpreise ohne Versandspesen. Ältere Preise sind dabei in Klammern gesetzt.

ASAPS (4.0)

Aus Australien stammt dieses praxisbezogene Ausbreitungs-Programm. Die Bezeichnung steht für Advanced Stand Alone Prediction System und beschreibt ein von der Regierung in Auftrag gegebenes Programm. War die erste Ausführung noch ein DOS-Programm, so ist die neueste Version für Windows verfügbar mit einigen neuen Verbesserungen. Die Leistungsfähigkeit ist beachtlich. Es wird nicht nur die Qualität der Funkverbindung berechnet, sondern auch die Ausbreitung auf einem Teil der gesamten Erdoberfläche. Es ermöglicht auch die Modellierung bestimmter Antennenformen mit unterschiedlichen horizontalen und vertikalen Diagrammen. Man kann die Ausbreitung auch dreidimensional darstellen. [3.11], [3.12]. (DM 400.-)
IPS Radio and Space Services, Level 10, 477 Pitt Street, Sydney NSW 2000, Australia

CAPMan (3.1)

Von *D. Lucas, W0OMI* und *J. Tabor, KU5S* [3.13] - [3.15]. Die Bezeichnung steht für Computer Assisted Prediction Manager bzw. Communications Analysis Prediction Manager. Das DOS-Programm wurde vom Großrechnerprogramm IonCAP abgeleitet und bedienerfreundlich und komfortabel mit menügeführter Oberfläche inklusive Online-Hilfe, sowie einiger Hilfsprogramme ausgeführt. Voraussetzungen: 386er PC, Koprozessor empfohlen. $ 89.-
Kangaroo Tabor Software
Rt. 2 Box 106, Farwell, TX 79325, USA
www.taborsoft.com

HFx

Ein starkes Windows-Ausbreitungsprogramm, das den Ray-Tracing-Algorithmus für die Ausbreitungsvorhersage verwendet. Im Gegensatz zu der klassischen Methode einer einzigen virtuellen Reflexionshöhe und mit konstanten Parametern folgt *HFx* den individuellen Sprüngen und berechnet die relevanten Parameter entlang des Pfades für alle Reflexionen. Dies erhöht besonders für tiefe Frequenzen die Genauigkeit der Vorhersage. Voraussetzungen: 386er, besser 486er mit 4 MB RAM, 8 MB erhöhen das Rechentempo. [3.16] - [3.18]. ($ 129.-)
Pacific Research Corporation
2901 28th Street Suite 300
Santa Monica, CA 90405, USA

IONCAP

Das HF-Ausbreitungsprogramm IonCAP (Ionospheric Communications Analysis and Prediction) wurde um 1970 von der US-Regierung in Auftrag gegeben. Unter den Entwicklern war auch *D. Lucas, W0OMI*, der später mit *J. Tabor, KU5S* das Ausbreitungsprogramm CAPMan herausbrachte.

```
Today's Date        ************* IONSOUND HDX by W1FM *************
 02-28-2001         *  Copyright (C) 1994  SkyWave Technologies  *
                    **********************************************
      (CURRENT VARIABLES)          |          (SELECTION CHOICES)
Tx Location:  Western Europe       |  Pick Time/Display 24 Hour Summary      0
   Lat= 51.5    Lon=  .2  deg      |  TX/RX Locations & S/L Path             1
   Tx Location Noise: RES          |  Sunspot/Solar Flux Number (SSN/SFN)    2
Rx Location:  East Coast (USA)     |  Frequency Menu (ALL MF/HF AMATEUR)     3
   Lat= 39    Lon= 77  deg         |  Month Menu                             4
   Rx Location Noise: RES          |  Variables (Noise/Ant/BW/SNR/Pwr...)    5
Tx-->Rx Bearing= 288 deg  Path= S  |  Propagation Mode Menu                  6
Distance=  3653 mi      5879 km    |  TX Power Level                         7
   Tx Power= 1 kw                  |  Minimum Elevation Angle Menu           8
   Rx Bandwidth= 3000  Hz          |  Swap TX/RX Locations                   9
   Rx min. S/N Ratio= 10  dB       |  Color Selection Menu                   10
   Tx Ant: (Y)agi-Uda              |  Go to DOS (Type 'EXIT' To Return)      11
   Rx Ant: (Y)agi-Uda              |  E/F Layer Height Menu                  12
Su  spot Num= 77  Solar Flux= 125  |  Tabulate TX/RX Antenna Gains           13
Layer Ht HF2= 313 km   HE= 115 km  |  Calculate Antenna Lobes/Nulls          14
Min Elev Ang= 0   E/F Ht Change= N |  Choose New Lat/Lon/Cty File            15
Min F Hops= 2F   F Hop Ang= 5 deg  |  Print Distance/Bearing Table           16
24 Hr Summary Types=  3 (8 max.)   |  Select 24 Hour Summary Types/Order     17
Last Selected Mon= 2  Next Mon= 2  |  Store or Load Default Variables/EXIT   18

         Enter Choice: <Default=Pick Time/Display: Type 0 or ENTER>



UTC MUFo MHz  1.8    3.5    7.0   10.1   14.0   18.1   21.0   24.9   28.0     TOTREL%
 0    8.6      0     82     99     61                                         ==========
 1    8.7      0     86     99     63                                         Western Eu
 2    9.0      0     88     99     69     5                                   rope->
 3    9.3      0     88     99     74     14                                  East Coast
 4    9.2      0     87     99     71     11                                   (USA)
 5    9.4      0     85     99     75     16                                   (S PATH)
 6    9.4      0     60     99     66                                         BRNG= 288
 7    9.1      0     36     99     69                                          3653 mi
 8    8.6      0     0      99     61                                          5879 km
 9    6.8      0     0      78     11                                         MinEL= 0
 10   6.8      0            0      7                                          Min F Hop=
 11   9.4      0     0      1      25     5                                   2F 5 deg
 12   7.6      0     0      0      12                                         SSN= 77
 13  14.6      0     0      0      5      58     52     11                    SFN= 125
 14  17.6      0     0      0      0      91     97     62     15             Rx Noise=
 15  20.2      0     0      0      0      90     98     96     54     20        RES
 16  21.7      0     0      0      1      91     98     99     73     41      Ant= Y/Y
 17  22.5      0     0             8      94     99     99     82     51      BW= 3000
 18  22.2      0     0      0      47     96     99     92     57     28      Kw= 1
 19  21.2      0     0      2      69     73     78     46     4              SNR= 10
 20  19.3      0     0      0      84     77     22                           Mon=  2
 21  17.0      0     0      79     44     19                                  ==========
 22  13.6      0     1      99     67                                         Screen 1/3
 23  10.7      0     50     99     63                                          <C/Q>
```

Bild 40.3.1
IONSOUND HDX

IONCAP ist ein DOS-Programm mit der Programmiersprache FORTRAN. Es ist das wohl leistungsstärkste Programm für die Ausbreitungsvorhersage. Dieses Programm kann als Quelle der meisten Programme angesehen werden mit seinen Begriffen: FOT, MUF, HPF, LUF, F-days, S/N-Verhältnis und Zuverlässigkeit. In der Bedienung ist es allerdings etwas sperrig. Trotzdem wird es noch in über 100 Staaten und in über 200 verschiedenen Organisationen in den USA verwendet. $ 350.-
National Technical Information Service
5285 Port Royal Road
Springfield, VA 22161, USA

IONSOUND (4.0)

Von *J. Handwerker, W1FM*, [3.19].
Die Software gibt es in vier Versionen. Die komfortabelste Version (PRO) benutzt für die Vorhersage neben den DXCC-Länderlisten, auch präzise geografische Koordinaten, bietet die Ausgabe von Ionogrammen, sowie LUF- und MUF-Kurven als Farbgrafik und acht Tabellenausgaben. Das Programm ist einfach und führt zu schnellen Resultaten, die für etwa 75% des Funk-Alltages ausreichen. $ 75.-
SkyWave Technologies
17 Pine Knoll Road, Lexington, MA 02173, USA

IONSOUND HDX (2.0)

Von *J. Handwerker, W1FM*.
Das Programm *HDX* ist die einfachste Version Version von IONSOUND. Ein einfaches und leicht bedienbares Programm für Ausbreitungsvorhersage von 1,8 MHz bis 28 MHz Kurzwelle. Einfache Menüauswahl für TX- und RX-Standorte weltweit aus 21 Gegenden (**Bild 40.3.1**).

Das Programm war als Softwarediskette im ARRL Antennenbuch (17. Auflage) enthalten [3.20].

MINIPROP (3.0)

Von *S.C. Shallon, W6EL*, [3.21].
Ein DOS-Programm für Ausbreitungsberechnung geschrieben in Turbo Pascal 5.0. Programm und Dokumentation sind in englisch. Voraussetzungen: 320 kB RAM, Koprozessor werden unterstützt, sind aber nicht erforderlich. Tabellarische oder grafische Darstellung der Feldstärke oder MUF-Kurven, Berechnung der Entfernung und Beamrichtungen. **Bild 40.3.2** zeigt eine ältere Version. ($60.-)
W6EL Software
11058 Queensland St
Los Angeles, CA 90034, USA

MINIPROP PLUS (2.5)

Von *S.C. Shallon, W6EL* [3.13], [3.22], [3.23].
Das Programm ist eine Weiterentwicklung des MINIMUF-Algorithmus und ist menügesteuert. Man kann zwischen zwei Berechnungsformen wählen. Die erste Möglichkeit heißt Quicklook für Computer ohne Koprozessor. Dabei wird die E-Schicht vernachlässigt und eine minimale Anzahl von Hops angenommen. Die zweite Möglichkeit ist Mode-Searching. Dabei wird die Absorption der D-

```
                              MINIPROP
                             02-28-2001
     Sunspot Number :  75.0   Flux : 123.4   Min. Radiation Angle :  1.5 deg

          TERMINAL A : DJ0TR                 TERMINAL B : ZS6AUB
            Latitude :  48.19 N                Latitude :  33.55 S
           Longitude :  11.81 E               Longitude :  18.22 E


MINIPROP (TM) SHORT-PATH PREDICTIONS     02-28-2001     Path Length :  9105 km
Sunspot Number :  75.0   Flux : 123.4   F Hops :  3   Radiation Angle :  4 deg
TERMINAL A : 48.19 N    11.81 E   DJ0TR               Bearing to B : 174.6 deg
TERMINAL B : 33.55 S    18.22 E   ZS6AUB              Bearing to A : 355.7 deg
Terminal A Sunrise/Set : 0601/1650 UTC  Terminal B Sunrise/Set : 0439/1721 UTC

                              ----------- SIGNAL LEVELS ABOVE 0.5 uV -----------
UTC      FMUF     ECOF      7.0 MHZ   14.1 MHZ   21.2 MHZ   24.9 MHZ   28.5 MHZ

0000     18.3      2.3      43.1 A     36.8 A     32.9 B     31.3
0200     14.2      2.3      43.1 A     36.8 A     32.9
0400     13.0      3.9      43.1 A     36.8 B
0600     20.0     12.4      14.7 a     28.1 A     28.8 B     28.3       27.6
0800     26.7     16.3     -18.1 a     18.0 a     24.0 A     24.8 A     24.9 B
1000     31.5     17.9                 12.0 a     21.2 A     22.7 A     23.3 A
1200     33.9     17.9                 11.5 a     21.0 A     22.5 A     23.2 A
1400     33.4     16.5                 16.5 a     23.3 A     24.3 A     24.5 A
1600     30.7     12.9       8.0 a     26.0 A     27.8 A     27.6 A     27.1 A
1800     27.5      6.6      42.9 A     36.8 A     32.9 A     31.3 A     30.0 B
2000     20.6      3.3      43.1 A     36.8 A     32.9 B     31.3       30.0
2200     20.1      2.3      43.1 A     36.8 A     32.9 B     31.3       30.0

<G>raph, <T>able, <P>rint table, <Q>uit, <M>enu, or <L>ong path ?


SHORT-PATH PREDICTIONS                02-28-2001                   DJ0TR TO ZS6AUB
Sunspot Number :  75.0   Flux : 123.4   F Hops :  3   Radiation Angle :  4 deg
         MHZ              X = FMUF          O = ECOF              MHZ
         30 -----------------XX+++++++++++XXX------------- 30
         28                 X                XX            28
         26               XX                  X            26
         24             XX                     X           24
         22                                     X          22
         20 ------------X-------------------------XXXXXXX-- 20
         18 XX                 OOOOOOOOOO                XX 18
         16   XX        X   OOO          OOO               16
         14     XXXXXXX  OO                 O              14
         12             O                    OO            12
         10 -----------O----------------------O------------- 10
          8           O                        O            8
          6          O                          OO          6
          4         O                             OOO       4
          2 OOOOOOOO                                 OOOOOOOO  2
          0 ---------------------------------------------- 0
            0   0   0   0   0   1   1   1   1   1   2   2   0 U
            0   2   4   6   8   0   2   4   6   8   0   2   0 T

<G>raph, <T>able, <P>rint table, <Q>uit, <M>enu, or <L>ong path ?
```

Bild 40.3.2
MINIPROP

Schicht und die Reflexion an der E-Schicht berücksichtigt. Die Vorhersage kann für max. 7 Frequenzen (80 bis 10 m) berechnet werden. Das DOS-Programm läuft auf einem 286er, ein Koprozessor ist empfehlenswert, aber nicht notwendig. ($ 65.-)
W6EL Software
11058 Queensland St
Los Angeles, CA 90034, USA

Propagation Prediction (PP 1.6)

Von *B. Büttner, DL6RAI,* [3.24].
Ein vom Bavarian Contest Club (*BCC*) entwickeltes und unter DOS laufendes Programm zur Ausbreitungsvorhersage von 2 MHz bis 50 MHz. Es basiert auf dem MINIFTZ-Algorithmus und wurde von *OE1TKW* in PASCAL übersetzt. Das zugehörige Handbuch ist in englisch. In der neuesten Version (2000) wurde MINIFTZ auf Version 4.6 aktualisiert. Zu der Länderdatei mit Amateurfunk-Calls wurde auch eine Länderdatei mit ITU-Kennern hinzugefügt. Voraussetzungen: min. 350 kB RAM, CGA/EGA oder VGA, letztere wird automatisch erkannt. Farbmonitor ist vorteilhaft, da die Feldstärkewerte für mehrere Frequenzen gleichzeitig farbig ausgegeben werden. (**Bild 40.3.3** und **Bild 40.3.4**). DM 30.-
Stephan Schmieg, *DL6RDR*
Fichtenstraße 9, D-84030 Ergolding

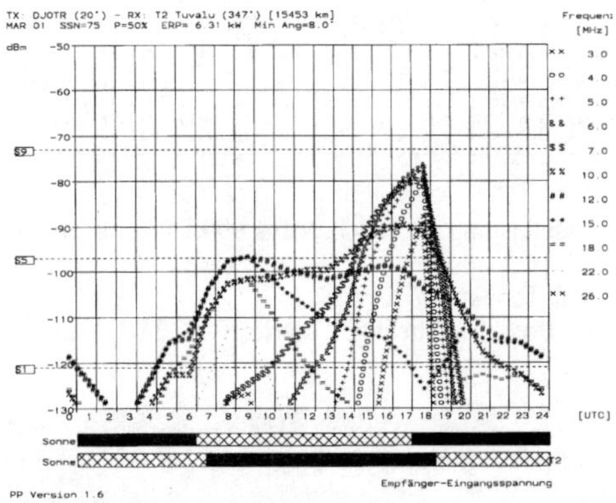

Bild 40.3.3
PP (1.6), Empfänger-Eingangsspannung

Proplap-Pro (2.0)

Aus Kanada stammt dieses Ausbreitungs-Programm. Die Vorläuferversion hieß Skycom-Pro 2.0. Damit es nicht mit dem amerikanischen Programm Skycom 2.0 verwechselt wird wurde es umgetauft. Das DOS-Programm bietet eine außergewöhnlich exakte Darstellung der Signalwege zwischen zwei Punkten. Die Berechnungen laufen nach dem Ray-Tracing-Verfahren ab, was zu einer deutlichen Verbesserung der Vorhersage führt. Die

```
HF-FIELD STRENGTH ESTIMATED BY MINIFTZ 4.6
Circuit : DJ0TR to T2 Tuvalu                              Month   :      MAR  1
Location:  48.2N  11.8E    8.7S 178.6E                   SSN     :          75
Azimut  :  20.1°           346.6°                        Power   :   1.000 kW
Distance:  15453 km                                      TX-Gain:     8.0 dB
Min ang.:   8.0 deg.

      FIELD STRENGTH in dB above 1 uV/m for 50% of time
UTC MUF dBuV  FOT    3.0  4.0  5.0  6.0  7.0 10.0 12.0 15.0 18.0 22.0 26.0

 1  9.1  ...  6.8    ...  ...  ...  ...  ...  -38  -27  -25  -31  ...  ...
 2  8.7  ...  6.6    ...  ...  ...  ...  ...  ...  -32  -30  -37  ...  ...
 3  8.3  ...  6.3    ...  ...  ...  ...  ...  ...  -34  -34  ...  ...  ...
 4  8.6  ...  6.6    ...  ...  ...  ...  ...  -34  -26  -26  -34  ...  ...
 5  9.9  -28  7.7    ...  ...  ...  ...  ...  -27  -18  -17  -22  -37  ...
 6 12.0  -17  9.3    ...  ...  ...  ...  ...  -27  -17  -13  -17  -29  ...
 7 14.2  - 4 11.0    ...  ...  ...  ...  ...  -13  - 6  - 5  - 9  -20  -36
 8 16.5    1 12.8    ...  ...  ...  ...  -35  - 7  - 1    2  - 1  -10  -23
 9 16.7    1 12.5    ...  ...  ...  ...  -32  - 5    1    3  - 1  - 9  -22
10 14.6  - 1 10.9    ...  ...  ...  ...  -29  - 5  - 1  - 1  - 6  -19  -35
11 12.7  - 2  9.5    ...  ...  ...  -38  -24  - 5  - 2  - 5  -14  -30  ...
12 11.6  - 3  8.6    ...  ...  ...  -32  -19  - 4  - 3  - 9  -20  -40  ...
13 10.9  - 3  8.0    ...  ...  ...  -26  -15  - 3  - 4  -12  -25  ...  ...
14 10.5  - 2  7.7    ...  ...  -32  -18  - 9  - 1  - 4  -13  -28  ...  ...
15 10.2    3  7.6    ...  -29  -12  - 3    2    3  - 2  -15  -32  ...  ...
16 10.1    5  7.6    -33  -11    0    6    8    6  - 1  -15  -34  ...  ...
17  9.6    7  7.3    -15    1    8   11   12    6  - 3  -19  ...  ...  ...
18  9.0    8  6.9    - 2    9   13   14   13    4  - 6  -26  ...  ...  ...
19  9.3  - 3  7.2    ...  ...  -27  -14  - 7  - 3  - 8  -21  -40  ...  ...
20 10.9  -11  8.5    ...  ...  ...  ...  -37  -14  -10  -13  -22  ...  ...
21 10.7  -19  7.9    ...  ...  ...  ...  ...  -22  -15  -15  -22  -38  ...
22  9.9  -26  7.3    ...  ...  ...  ...  ...  -25  -17  -17  -23  -39  ...
23  9.6  -30  7.0    ...  ...  ...  ...  ...  -27  -19  -17  -22  -37  ...
24  9.3  -36  6.9    ...  ...  ...  ...  ...  -31  -22  -19  -25  -40  ...

MODES AND ELEVATION ANGLES ESTIMATED BY MINIFTZ4.6
Circuit : DJ0TR to T2 Tuvalu                              Month   :      MAR  1
Location:  48.2N  11.8E    8.7S 178.6E                   SSN     :          75
Azimut  :  20.1°           346.6°                        Power   :   1.000 kW
Distance:  15453 km                                      TX-Gain:     8.0 dB
Min ang.:   8.0 deg.
                        MODES AND ELEVATION ANGLES
UTC MUF MODE  FOT    3.0  4.0  5.0  6.0  7.0 10.0 12.0 15.0 18.0 22.0 26.0

 1  9.1 ....  6.8   .... .... .... .... .... 7F13 7F13 .... .... .... ....
 2  8.7 ....  6.6   .... .... .... .... .... .... .... .... .... .... ....
 3  8.3 ....  6.3   .... .... .... .... .... .... .... .... .... .... ....
 4  8.6 ....  6.6   .... .... .... .... .... 7F12 .... .... .... .... ....
 5  9.9 7F12  7.7   .... .... .... .... .... 7F12 7F12 .... .... .... ....
 6 12.0 7F12  9.3   .... .... .... .... .... 7F12 7F12 7F12 .... .... ....
 7 14.2 7F11 11.0   .... .... .... .... .... 7F11 7F11 7F11 7F11 .... ....
 8 16.5 7F11 12.8   .... .... .... .... 7F11 7F11 7F11 7F11 7F11 7F11 ....
 9 16.7 7F11 12.5   .... .... .... .... 7F11 7F11 7F11 7F11 7F11 7F11 ....
10 14.6 7F11 10.9   .... .... .... .... 7F11 7F11 7F11 7F11 7F11 .... ....
11 12.7 7F11  9.5   .... .... .... 7F11 7F11 7F11 7F11 7F11 .... .... ....
12 11.6 7F11  0.6   .... .... .... 7F11 7F11 7F11 7F11 7F11 .... .... ....
13 10.9 7F11  8.0   .... .... .... 7F11 7F11 7F11 7F11 7F11 .... .... ....
14 10.5 7F11  7.7   .... .... 7F11 7F11 7F11 7F11 7F11 .... .... .... ....
15 10.2 7F11  7.6   .... 7F11 7F11 7F11 7F11 7F11 7F11 .... .... .... ....
16 10.1 7F11  7.6   7F11 7F11 7F11 7F11 7F11 7F11 7F11 .... .... .... ....
17  9.6 7F11  7.3   7F11 7F11 7F11 7F11 7F11 7F11 7F11 .... .... .... ....
18  9.0 7F11  6.9   7F11 7F11 7F11 7F11 7F11 7F11 7F11 .... .... .... ....
19  9.3 7F11  7.2   .... .... 7F11 7F11 7F11 7F11 7F11 .... .... .... ....
20 10.9 7F11  8.5   .... .... .... .... 7F11 7F11 7F11 .... .... .... ....
21 10.7 7F12  7.9   .... .... .... .... .... 7F12 7F12 7F12 .... .... ....
22  9.9 7F12  7.3   .... .... .... .... .... 7F12 7F12 .... .... .... ....
23  9.6 7F12  7.0   .... .... .... .... .... 7F12 7F12 ,... .... .... ....
24  9.3 7F13  6.9   .... .... .... .... .... 7F13 7F13 .... .... .... ....
```

Bild 40.3.4
PP (1.6), Feldstärke und Erhebungswinkel

Sendeleistung ist von 1 W bis 999 kW einstellbar.
[3.25]. US $ 150.-
Solar-Terrestrial Dispatch
P.O. Box 357, Stirling, Alberta, TOK 2E0, Kanada

PropMan

Dieses Programm stammt von *Rockwell-Collins* [3.26], [3.27]. Wie auch CAPMan ist dieses Programm vom Großrechnerprogramm IonCap abge-

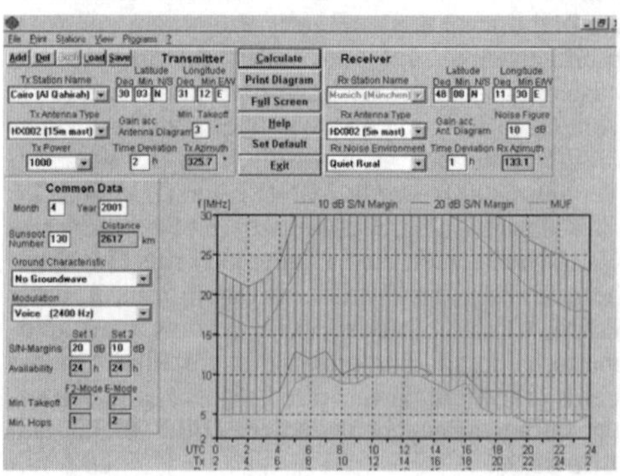

Bild 40.3.5
PropWiz (1.4), Info und Oberfläche mit Ergebnis

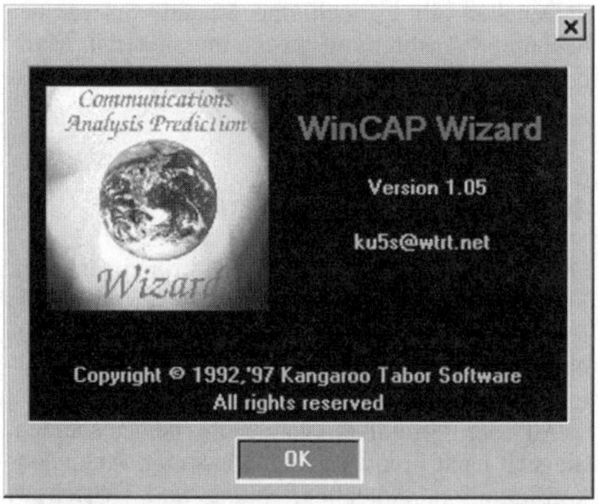

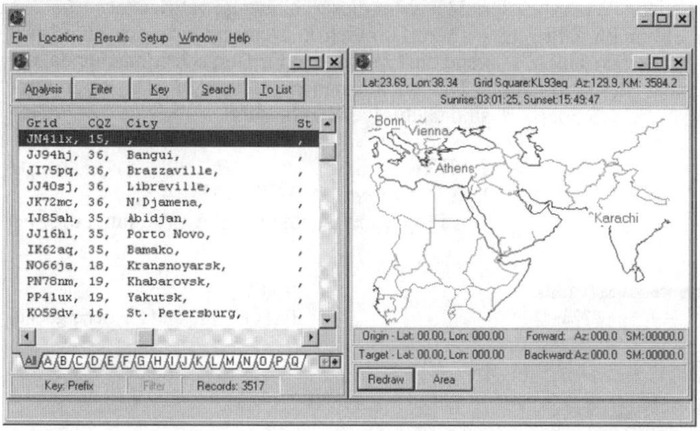

Bild 40.3.6
WinCAP Wizard (2.0), Info und Windowsfenster

leitet. Die Ortsbibliothek umfaßt rd. 5.000 Orte, die Sendeleistung ist von 10 W bis 10 kW einstellbar. Das Programm hat einige interessante Features, z.B. die Real-time-Funktion und der 24-Stunden-Plot. Voraussetzungen: 386er oder 486er PC mit Koprozessor, 490 kB RAM und 2 MB Festplattenspeicher, EGA- oder VGA-Monitor. Die letzte Version „PropMan 2000" benutzt VoACAP, eine von der Voice of America modifiziert-verbesserte Fassung von IonCAP. ($ 57.-)

Rockwell-Collins GmbH
350 Collins Rd. NE,
Cedar Rapids, IA 52498, USA

PropWiz (1.4)

Dieses Programm stammt von Rohde & Schwarz [3.28]–[3.31]. PropWiz ist die Abkürzung für „Propagation Wizard" (engl.: wizard = Zauberer). Es ist eines der komfortabelsten und leistungsfähigsten Ausbreitungsprogramme. Das Programm für Windows 3.1/95/NT überzeugt durch die einfache Bedienung, die schnelle Berechnung und die Qualität der Aussage. Die Ergebnisse erscheinen als Grafik am Bildschirm und können ausgedruckt werden. Die kostenlose Demoversion mit einer fixen Empfangsstation (*R&S München*) bietet den gleichen Funktionsumfang wie die Vollversion und berechnet für eine beliebige Sendestation mit frei wählbaren Parametern die Ausbreitung (**Bild 40.3.5**). Voraussetzungen: min. 386er PC, 8 MB RAM, 2 MB freier Festplattenspeicher, VGA. Die Vollversion mit frei wählbarer Empfangsstation hat die Typenbezeichnung GR 856 S6, kostet DM 1860.- und wird mit einem Dongle ausgeliefert.

Die Demoversion, die sehr gut geeignet ist für Funkamateure in Deutschland, Österreich und Schweiz, kann kostenlos aus dem Internet geholt werden von der R&S-Homepage (www.rohde-schwarz.com). Weg: Products & More - Radiocommunications - Army & IT Systems - IT-Systems & Software Solutions - Propagation Wizard - Download area - Update 1.43.

Rohde & Schwarz
Mühldorfstraße 15
D-81671 München

SKYCOM (2.0)

Das Programm ist für Windows 3.1/95 und einfach zu bedienen, ist aber etwas konservativ. Die Tabelle listet MUF, FOT und S/N für 24 Stunden auf [3.12].

($ 60.-)

Fuentez Systems Concepts Inc.
11781 Lee-Jackson Hwy, Suite 700
Fairfax, VA 22033, USA

WinCAP Wizard (2.0)
Von *J. Tabor, KU5S*, [3.32].
Ein Ausbreitungsprogramm für Windows 3.1/95. Das Programm benutzt, wie schon CAPMan, auch den Algorithmus IonCAP+ und ermöglicht Reports in Tabellenform und in grafischer Form. Eine 3D-Grafik ist auch möglich. Die Datenbank hat etwa 6.400 Orte gespeichert. Die Landkarte in Mercator-Projektion wird mit der Maus gesteuert und zeigt weltweit: Geografische Koordinaten, Locator, Sonnenauf- und -untergang, Distanz und Azimut. Die Weltkarte läßt sich mit der Maus auch zoomen. Im WinCAP Wizard 2 ist auch noch Beacon Wizard integriert, ein Programm, das parallel zur PC-Uhr die aktiven Baken in roter Farbe erscheinen läßt. **Bild 40.3.6** zeigt eine ältere Version des Programms. $ 50.-
Kangaroo Tabor Software
Rt. 2 Box 106
Farwell, TX 79325, USA
www.taborsoft.com

Daneben gibt es noch eine Anzahl von weniger bekannten Ausbreitungsprogrammen, die in Mailboxen, auf CD-ROMs, oder im Internet zu finden sind.

40.4 EMVU-Programme

Der „Schutz von Personen in elektromagnetischen Feldern" mit der Verfügung 306/97 erforderte die Entwicklung von EMVU-Programmen. Diese Programme sind außerhalb des Nahfeldes (0,16 Wellenlängen), also für das Fernfeld geeignet.

Auf der Grundlage von Sicherheitsabständen, die sich nach Frequenz, Sendeleistung, Antennenkonfiguration, Antennenrichtung und Betriebsart richten wird dieser Schutz gewährleistet.

Dazu kommen in Deutschland noch einschränkend die Grenzwerte für Herzschrittmacher dazu.

Die wichtigsten deutschen EMVU-Programme sind nachfolgend aufgeführt.

EMVU
Von *D. Glesner, DF5VX*, [4.1] - [4.3].
Das Programm ist eine DOS-Anwendung, die aber

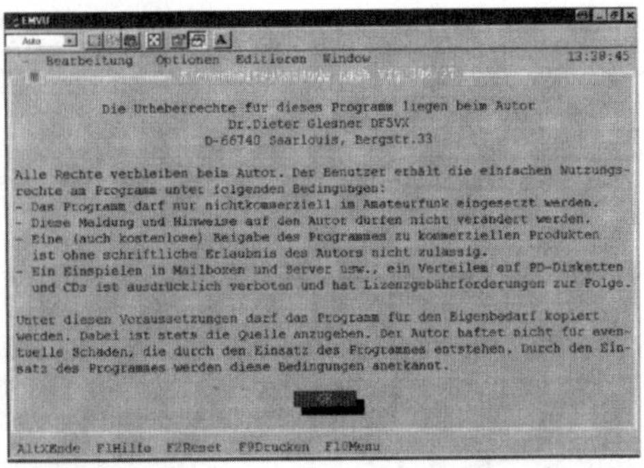


```
---------- Sicherheitsabstand nach Vfg. 306/97 ----------

Erstellungsdatum..................:  9.März 2001
Band:.............................: 14.0...14.35 MHz
Betriebsart.......................: SSB (mit Sprachprozessor)
Faktor Cmode......................:   0.50
Kabeltyp..........................: RG213
Kabeldämpfung in dB/100m..........:   2.32
Kabellänge / m....................:  25.00
Kabeldämfung / dB.................:   0.58
Zusätzlich Dämpfung / dB
(Stecker, Zusatzgeräte, usw)......:   0.20
Gesamte Dämpfung / dB.............:   0.78
Gesamte Dämpfung als Faktor.......:   0.84
Antennengewinn / dBi..............:   7.70
Personenschutzgrenzwert in V/m....:  27.50
Aussendung........................: normaler Betrieb
Faktor C3min......................:   1.00
Senderleistung / W................: 100.00
EIRP / W..........................: 246.02
Errechneter Sicherheitsabstand / m:   3.12
E Feld in Sich.abstand in V/m.....:  27.50
H Feld in Sich.abstand in A/m.....:   0.07

---------- Sicherheitsabstand nach Vfg. 306/97 ----------
```

Bild 40.4.1
EMVU, Info und Rechenergebnis

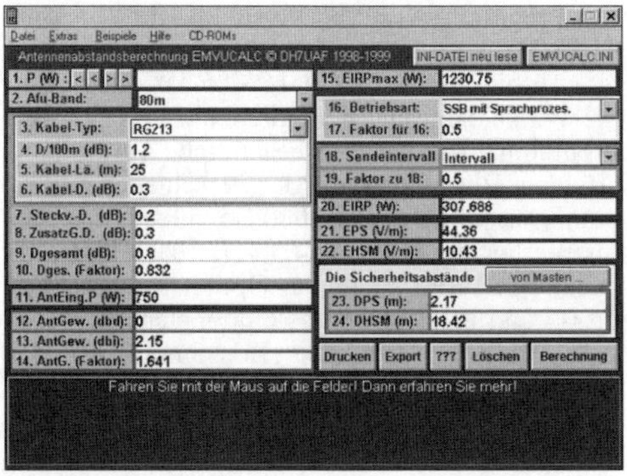

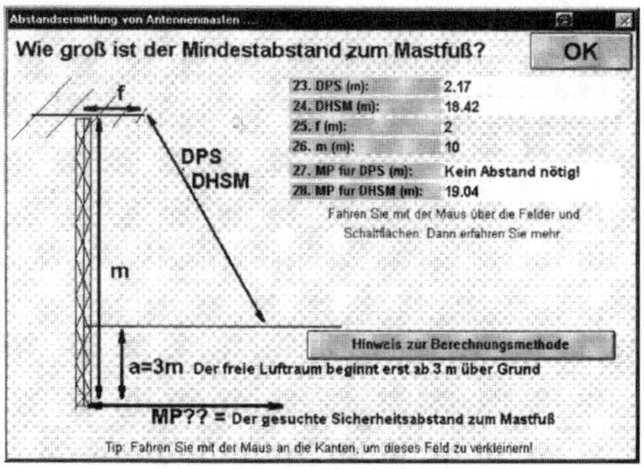

Bild 40.4.2
EMVUCALC (2.0), Menüoberfläche und Mastabstand

auch problemlos auf der DOS-Ebene von Windows 3.xx oder im DOS-Fenster von Windows 9x läuft. Als Voreinstellung kann PS (Personenschutz) oder HSM (Herzschrittmacher) gewählt werden. Für jede Berechnung kann ein eigenes Datenblatt ausgedruckt werden. **Bild 40.4.1** zeigt die Programm-Info und das Rechenergebnis.

Das Programm wird zum Selbstkostenpreis von DM 10.- abgegeben.
Dr. Dieter Glesner
Bergstraße 33 , D-66740 Saarlouis.

EMVUCALC (2.0)

Von *V. Lange-Janson, DH7UAF*, [4.4], [4.5].
Das Programm ist eine Windows-Anwendung für Windows 3.1 oder Windows 95/98.
Das Programm berechnet auch den Abstand zum Sendemast und stellt für die Selbsterklärung ein Formular zur Verfügung. In einer INI-Datei können die aktuellen Grenzwerte selbst eingetragen und abgespeichert werden. **Bild 40.4.2** zeigt die Menüoberfläche und das Optionsfenster „Mastabstand berechnen“.

Das Programm wird zum Selbstkostenpreis von DM 10.- abgegeben oder kann auch aus dem Internet (www.qsl.net/dh7uaf) heruntergeladen werden.
Volker Lange-Janson
Talbachstraße 7, D-75015 Bretten.

KyD (2.02)

Von *R.P. Schorn, DC5JQ*, [4.6].
KyD steht für Keep your Distance. Das Programm ist für Windows 95/98, Windows NT 4.0/2000. Es ermöglicht komfortabel die EMVU-Berechnung. Im Menü befinden sich die Gewinndaten handelsüblicher Amateurfunkantennen und die Dämpfungswerte handelsüblicher Koaxialkabel und gesetzliche Bestimmungen. Wenn der Sicherheitsabstand sich im Nahfeld befindet, erfolgt eine Warnung. Der Ausdruck liefert dann das Ergebnis auf zwei entsprechenden Formularen für die Plausibilitätserklärung im Amateurfunk. Voraussetzungen: 486er-PC, min. 16 MB RAM, empfohlen 32 MB, Bildschirmauflösung min. 800x600 Pixel, empfohlen 1024x768 Pixel.

Das Programm kostet für Amateurfunk, Forschung und Lehre, Behörden DM 40.- und kann aus dem Internet (www.schorn-emvsoft.de) geladen werden, benötigt aber einen Aktivierungscode, der per E-Mail zugeschickt wird. Zusendung auf Medium (Diskette, CD) kostet DM 10.- extra. Updates via Internet-Download sind kostenlos.
Dr. Ralph P. Schorn
Martinusstraße 30,
D-41849 Wassenberg-Steinkirchen

Watt 32 (2.5.5)

Von *Ehrhart Siedowski*, *DF3XZ*, [4.7]–[4.10].
Das EMVU-Berechnungsprogramm wurde in enger Zusammenarbeit mit *DL9KCE* und *DG2HA*

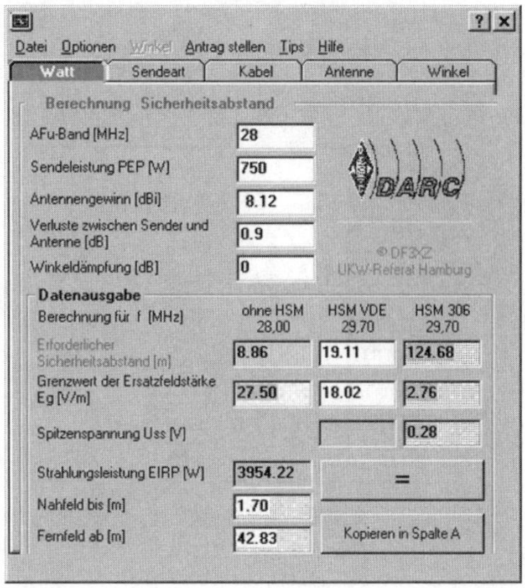

Bild 40.4.3
Watt32 (2.5.5), Hauptfenster „Watt“

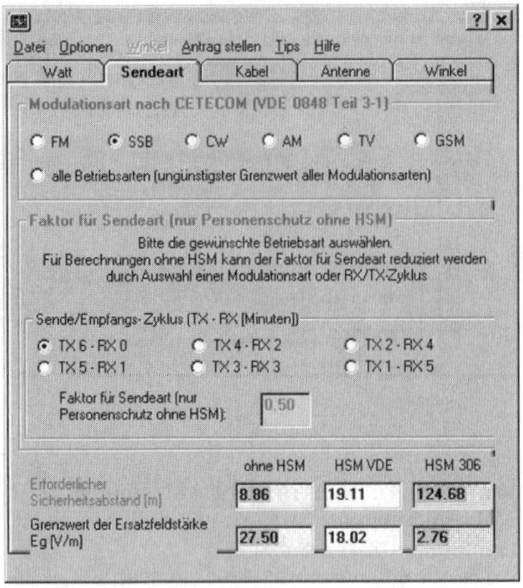

Bild 40.4.4
Watt32 (2.5.5), Optionsfenster „Sendeart“

entwickelt. Im Menü befinden sich die Gewinndaten handelsüblicher Amateurfunkantennen und die Dämpfungswerte handelsüblicher Koaxialkabel und gesetzliche Bestimmungen. Das Programm berechnet den erforderlichen Sicherheitsabstand oder die maximale Senderleistung. Das Ergebnis wird auf entsprechenden Formularen für die Plausibilitätserklärung im Amateurfunk ausgedruckt. In die neueste Version sind auch Winkeldämpfungsdaten von Amateurfunkantennen von *DJ2ZS* und *DM2BLE* eingeflossen.

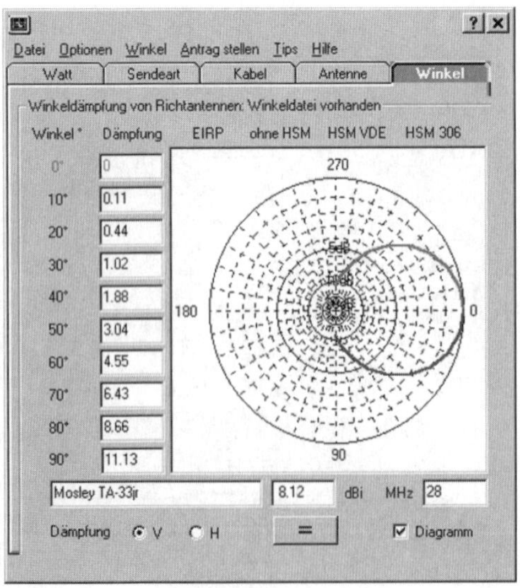

Bild 40.4.5
Watt32 (2.5.5), Optionsfenster „Winkel“

Das Programm als 32-bit Version ist für Windows 95/98/NT geeignet. Für Windows 3.xx geht die ältere 16-bit Version „Watt 16 (2.5.1)“, aber ohne die Winkeldämpfungs-Möglichkeit. Das EMVU-Programm *Watt* hat eine beachtliche Verbreitung erfahren. Bisher sind von den verschiedenen Programmversionen über 50.000 Downloads aus dem Internet erfolgt. **Bild 40.4.3** zeigt das Hauptfenster „Watt“, **Bild 40.4.4** das Optionsfenster „Sendeart“ und **Bild 40.4.5** das Optionsfenster „Winkel“. Bei der gezeigten Berechnung ist die Winkeldämpfung auf 0 dB gesetzt.

Das Programm steht für Mitglieder des DARC (Deutscher Amateur-Radio-Club e.V.) und VFDB (Verband der Funkamateure in Telekommunikation und Post e.V.) auf der DARC-Homepage (www.darc.de) im Internet kostenlos zum Download bereit. Amateure ohne Internetmöglichkeit oder Nichtmitglieder können für DM 20.- eine CD-ROM mit beiden Programmen von der DARC-Geschäftsstelle erhalten.
DARC , Lindenallee 4, D-34225 Baunatal

Ein professionelles Programm zur Nahfeldberechnung kommt von der Firma *EMV-Beratung & Software*.

KyD-NEC (1.0)

Von *R.P. Schorn, DC5JQ*, [4.11].
Als promovierter Physiker hat *DC5JQ* auch beruflich im Forschungszentrum Jülich mit elektromagnetischen Feldern zu tun. Das Nahfeldprogramm ist von NEC-2 abgeleitet und rechnet nach der Momentenmethode. Damit ist es möglich den Schutzabstand maximal ohne pauschalierende Abschläge auszunutzen. Das Programm läuft unter Windows 95/98/ME/2000/NT4. Voraussetzung: Pentium II-Prozessor mit 333 MHz Taktfrequenz, min. 128 MB RAM, empfohlen wird 256 MB, min. 60 MB freier Speicher auf der Festplatte, mindestens 800x600 Pixel, empfohlen werden 1024x768 Pixel.

Das Programm kostet für Amateurfunk, Forschung und Lehre, Behörden DM 490.- und kann aus dem Internet (www.schorn-emvsoft.de) geladen werden, benötigt aber einen Aktivierungscode, der per E-Mail zugeschickt wird. Zusendung auf Medium (CD) kostet DM 10.- extra. Updates via Internet-Download sind kostenlos.
Dr. Ralph P. Schorn
EMV-Beratung & Software
Martinusstraße 30
D-41849 Wassenberg-Steinkirchen

Literatur zu Abschnitt 40

[1.1] *Stehlik, C.:* Software für Funkamateure (1). Funkamateur-Bibliothek Bd. 2. Theuberger Verlag, Berlin, 1994

[1.2] *Steindl, R.*: Shareware & Co – Fachchinesisch (Shareware). PC-Welt 3/96, S. 151, 152, 154, 157, 160

[1.3] *Hennig, R.*: WWW-Tips: Shareware. Funkamateur 12/98, S. 1361

[2.1] *ITU*: Circular Letter No. 22, 3. 12. 1984, ITU, Geneva

[2.2] *ITU*: Circular Letter No. 64, 26. 6. 1986, ITU, Geneva

[2.3] *ITU*: Circular Letter No. 95, 13. B. 1986, ITU, Geneva

[2.4] *ITU*: Circular Letter No. 135, 25. 10. 1988, ITU, Geneva

[2.5] *Burke, G.J.; Poggio, A.J.:* Numerical Electromagnetics Code (NEC) – Method of Moments. Technical Document 116, Naval Ocean Systems Center, San Diego, CA, January 1981

[2.6] *Julian, A.J.; Logan, J.C.; Rockway, J.W.:* MININEC: A Mini-Numerical Electromagnetics Code. Techn. Doc. 516, Naval Ocean Systems Center, San Diego, CA, September 1982

[2.7] *Harrington, R.F.*: Field Computation by Moment Methods. Macmillan, 1968

[2.8] *Kraus, J.D.:* Antennas. McGraw-Hill, New York, 1988, p. 384–408

[2.9] *Lewallen, R.*: MININEC: The Other Edge of The Sword. QST February 1991, pp. 18–22

[2.10] *Cebik, L.B.*: A Beginner's Guide to Using Computer Antenna Modelling Programs. ARRL Antenna Compendium Vol. 3, 1992, pp. 148–155; nachgedruckt in: ARRL Vertical Antenna Classics, ARRL, Newington CT, 1995, pp. 10–17

[2.11] *Belrose, J.S.*: Modeling HF Antennas with MININEC – Guidelines and Tips fom a Code User's Notebook. ARRL Antenna Compendium Vol. 3, 1992, pp. 156–164

[2.12] *Haviland, R.P.*: Programs for Antenna Analysis by the Method of Moments. ARRL Antenna Compendium Vol. 4, 1995, pp. 69–73

[2.13] *Straw, R.D.*: QST Compares: Antenna-Modeling Software. QST October 1995, pp. 72–74

[2.14] *Cebik, L.B.*: A Beginner's Guide to Modeling with NEC. QST November 2000, pp. 34–38; December 2000, pp. 40–44; January 2001, pp. 44–48; February 2001, pp. 31–35

[2.15] *ARRL*: www.arrl.org/notes/qst/am2-f.pdf

[2.16] *Logan, J.C.; Rockaway, J.W.:* The new MININEC (Version 3): A Mini-Numerical Electromagnetics Code. Techn. Doc. 928, Naval Ocean Systems Center, San Diego, CA, September 1986

[2.17] *Li, S.T.; Logan, J.C.; Rockway, J W.; Tam, D.W.S.:* The MININEC System: Microcomputer Analysis of Wire Antennas. Artech House, London, 1988

[2.18] *Orr, B.:* MN Analysis Program. Ham Radio, February 1990, pp. 34–39

[2.19] *Healy, R.:* MN and Yagi Optimizer Antenna Analysis Software. QST, August 1990, pp. 41–42

[2.20] *Miller, E.K.:* PCs for AP. IEEE AP-Magazine, February 1991, pp. 35–36

[2.21] *Clarke, B.:* The ELNEC Antenna Modeling Program. 73 Magazine, January 1991, pp. 52–54

[2.22] *Carr, P.:* ELNEC – The Smart MININEC-Based Antenna Analysis Program. CQ, August 1991, pp. 42, 44

[2.23] *Najmann, K.:* Antennen-Analyse mit ELNEC. Beam 8/93, S. 16–19

[2.24] *Conrad, A.:* Software Optimizes Antenna Designs (AO). Microwaves & RF, June 1994, pp. 126, 130

[2.25] *Orr, B.:* The Yagi Optimizer (YO). Ham Radio, April 1990, pp. 68–71

[2.26] *Conrad, A.:* PC Software Helps Optimize Yagi Antennas (YO). Microwave & RF, August 1994, pp. 178, 180

[2.27] *ARRL*: The ARRL Antenna Book. ARRL, Newington, CT, 1994

[2.28] *Koch, B.; Kritzer, D.*: EZNEC: Lohnt sich der Umstieg von ELNEC/NEC-2? QSP 8/96, S. 46–48

[2.29] *Bergner, L.*: Das Antennensimulationsprogramm EZNEC von Roy Lewallen, W7EL. QRP-Report 1.97, Sommer 1997, S. 20–23

[2.30] *Schiffhauer, N.*: NEC4WIN: Ein Gewinn für Antennen-Freaks. Funk 8/98, S. 46–47

[2.31] *Tracy, M.*: EZNEC 3.0 for Windows. QST September 2000, p. 66

[2.32] *Janzen, G.*: EZNEC 3.0 – Antennensimulation unter Windows (1). Funkamateur 10/00, S. 1110–1112; (2) Funkamateur 11/00, S. 1238–1241; (3) Funkamateur 12/00, S. 1362–1365

[2.33] *Tibus, A.; Tibus, S.*: „HornCalc 2.50". DUBUS 2/1995, S. 30–34

[2.34] *Dernochod, H.*: Vertikalantennen – rasch berechnet. QSP 1/98, S. 10–12

[3.1] *Rose, R.B.; Martin, J.N.; Levine, P.:* MINIMUF-3: A simplified HF MUF Prediction Algorithm. Techn. Rep. 186, Naval Ocean Systems Center, San Diego, CA, February 1978

[3.2] *Rose, R.B.; Martin, J.N.:* MINIMUF-3.5: Improved Version of MINIMUF-3, a simplified HF MUF Prediction Algorithm. Techn. Doc. 201, Naval Ocean Systems Center, San Diego, CA, October 1978

[3.3] *Rose, R.B.:* MINIMUF: A simplified MUF-Prediction Program for Microcomputers. QST, December 1982, pp. 36–38

[3.4] *Damboldt, Th.; Süssmann, P.:* Die Berechnung von foF2, M (3000) und von Vorhersagen der Raumwellenfeldstärke im Kurzwellenbereich mit Hilfe eines Home Computers. Kleinheuerbacher Berichte, Bd. 30, 1987, S. 189–204

[3.5] *LLoyd, J.L.; Haydon, G.W.; Lucas, D.L.; Teters, L.R.:* Estimating the performance of ... . Institute for Telecomunication Sciences, Nat. Telecom. and Inf. Admin., US Department of Commerce, Boulder, CO, September 1978

[3.6] *Damboldt, Th.; Süssmann, P.:* A simple method of estimating foF2 and M (3000) with the aid of a home computer. DBP Forschungsinstitut beim FTZ, Darmstadt, 1988

[3.7] *Damboldt, Th.; Süssmann, P.:* FTZ high-frequency sky-wave field-strength prediction method for use an home computers. DBP Forschungsinstitut beim FTZ, Darmstadt, 1988

[3.8] *Greiner, G.:* Kurzwellenkommunikation. (Kompendium 7 (I) der telekom-praxis). Schiele & Schön, Berlin, 1990

[3.9] *Rush, C.M.:* Ionospheric Radio Propagation Models and Predictions – a Mini Review. IEEE Trans. AP-34, Sept. 1986

[3.10] *D'Avignon, J.:* Propagation Programs – A Review of Current Forecasting Software. Grove Enterprises, Brasstown, NC, 1992

[3.11] *Schiffhauer, N.*: ASAPS – Australiens Ausbreitungs-Analyseprogramm. Funk 2/96, S. 30–33

[3.12] *Schiffhauer, N.*: Ionosphärenwetter aus Australien – ASAPS 4.0 glänzt mit neuen Funktionen. Funk 11/98, S, 56–58

[3.13] *Stehlik, C.:* Software für Funkamateure (1). Funkamateur-Bibliothek Bd. 2. Theuberger Verlag, Berlin, 1994

[3.14] *Straw, R.D.*: Heavy-Duty HF Propagation-Prediction/Analysis Software. Part 1: QST September 1996, pp. 28–32; Part 2: QST October 1996, pp. 28–30

[3.15] *Schiffhauer, N.*: Professionelle Vorhersage für Kurzwellen-Verbindungen: CAPMAN. Funk 7/95, S. 48–49, 52–53

[3.16] *Stehlik, C.*: HFx - ein Ausbreitungsprogramm unter Windows. Funkamateur 12/96, S. 1414–1416

[3.17] *Schiffhauer, N.*: Ausbreitungs-Software: Mit HFx erstmals interaktiv! Funk 2/97, S. 46–49

[3.18] *Lubash, R.*: HFx from Pacific Sierra Research Corporation. 73 Amateur Radio Today, January 1997, pp. 35–37

[3.19] ----: IONSOUND. Funk 5/97, S. 54–56

[3.20] *ARRL*: The ARRL Antenna Book. ARRL, Newington, CT, 1994

[3.21] *Jensen, C.*: Miniprop – Funkprognose mit dem PC. Kurier 23-24/90, S. 20

[3.22] *Kratzer, C.*: NCJ Reviews: Miniprop Plus Propagation-Prediction Software. NCJ March/April '93, p. 21

[3.23] *Stehlik, C.:* Eigene Funkwettervorhersagen: mit Miniprop Plus. Funkamateur 11/93, S. 730

[3.24] *Klawitter, G.*: Propagation Prediction. Funk 10/2000, S. 62–63

[3.25] *Klawitter, G.*: KW-Ausbreitungsprogramm Proplab-Pro 2.0. Funkamateur 9/99, S. 982–984

[3.26] *Schiffhauer, N.*: Collins PropMan oder: Wie ist das Funkwetter? Funk 1/97, S. 46–48

[3.27] *Schiffhauer, N.*: PropMan 2000 von Rockwell-Collins: VoACAP-Vorhersage in Windows. Funk 12/2000, S. 44–46

[3.28] *Waibel, H.; Maurer, P.*: PropWiz, ein Windows-Programm zur Prognose von Kurzwellen-Funkverbindungen. Neues von Rohde & Schwarz, H. 152 (1996/III). S. 46–47

[3.29] *Stehlik, C.*: Berechnung der KW-Ausbreitung mit PropWiz von R&S. Funkamateur 3/97, S. 350–351

[3.30] *Hein, S.*: KW-Ausbreitungsvorhersage mit dem Propagation Wizard. CQ-DL 9/97, S. 716–717

[3.31] *Kneidel, T.; Waibel, H.*: Prognose von Kurzwellen-Verbindungen mit neuer PropWiz-Software noch komfortabler. Neues von Rohde & Schwarz, H. 156 (1997/IV), S. 28

[3.32] *Schiffhauer, N.*: Bunte Brille für IONCAP: WinCap Wizard. Funk 2/2000, S. 48–52

[4.1] *Glesner, D.*: Das Programm „EMVU". CQ-DL 7/98, S. 544

[4.2] *Schiffhauer, N.*: Der schnelle Überblick von DF5VX: Personenschutz in elektromagnetischen feldern. Funk 3/99, S. 54–55

[4.3] *Glesner, D.*: Einfache Berechnung von Sicherheitsabständen mit dem Programm EMVU. Funkamateur 9/99, S. 1021–1022

[4.4] *Bauer, W.*: Entwarnung! CB-Funk und Sicherheitsabstände. CB-Funk 3/99, S. 14–16

[4.5] *Schiffhauer, N.*: Abstand halten – aber welchen? EMVUCALC gibt eine Antwort. Funk 5/99, S. 54-55

[4.6] *Schiffhauer, N.*: Sicherheitsabstände zuverlässig und schnell berechnen: Software KyD 1.0Afu. Funk 4/98, S. 44–47

[4.7] *Siedowski, E.*: EMVU-Berechnungsprogramm „WATT". CQ-DL 4/98, S. 280–281

[4.8] *Siedowski, E.*: „WATT" - wie haste dir verändert. CQ-DL 11/98, S. 848–849

[4.9] *Siedowski, E.*: Korrektur für WATT. CQ-DL 3/99, S. 187

[4.10] *Siedowski, E.*: Watt32 v2.5.5 – Watt denn nu schon wieder? CQ-DL 10/2000, S. 702

[4.11] *Schiffhauer, N.*: KyD-NEC von Dr. Ralph Schorn: Professionelle Nahfeldberechnung – einfach, anschaulich und preiswert. Funk 9/2000, S. 48–50

41 Literaturverzeichnis

41.1 Allgemeines

Im Literaturverzeichnis sind aufgelistet:
Antennenbücher
Antennenberichte
Fachzeitschriften
Klubzeitschriften

Aufgeführt sind nur solche *Bücher* und *Berichte*, die im Titel entweder die Bezeichnungen „Antenne" (antenna, aerial, array), „Strahler" (radiator, beam), oder die Bezeichnung eines Antennentyps, z.B. „*HB9CV*" tragen.

Bei den *Büchern* wird, soweit es möglich ist, die Originalsprache und die jeweils letzte bekannte Auflage berücksichtigt. Bei Nachdruck (reprint) ist das Nachdruckdatum angegeben, bei neuen Nachdrucken von alten Büchern wird dies vermerkt. Bei vorhandener deutscher Übersetzung wird diese bevorzugt angegeben. Als Erscheinungsort ist bei mehreren Orten meistens der Hauptsitz des Verlages genannt. Bei ausländischen Verlagsorten wird das Land (abgekürzt) vermerkt. Bei amerikanischen Orten z.B. mit der Abkürzung der jeweiligen Bundesstaaten. Manche amerikanischen Verlage haben für europäische Ausgaben einen Verlagsort in England. Bei englischen Orten wird ggf. die Grafschaft und „UK" (United Kingdom) angegeben.

Nicht aufgenommen sind allgemeine Bücher über Hochfrequenz oder Elektronik mit Kapiteln über Antennen, außer wenn die Bezeichnung „Antennen" im Titel eigens aufgeführt sind, z.B. „Nachrichtentechnik ...., Teil 1: Funkmittel und Antennen". Ebenfalls nicht aufgenommen sind spezielle Bücher über Antennenanalysen z.B. „Momentenmethode", oder Bücher über Ausbreitung, Felder, Strahlung, Anpassung, Leitungen, Transformationen oder Wellen. Diesbezügliche Buchangaben finden sich im Literaturteil bei den entsprechenden Kapiteln.

Als *Antennenberichte* sind Veröffentlichungen von Instituten, Organisationen, Universitäten, Behörden oder Firmen aufgelistet. z.B. „*ARRL*: The ARRL Antenna Handbook".

Als *Fachzeitschriften* werden allgemeine Zeitschriften und Firmenschriften, die regelmäßig oder gelegentlich Beiträge über Antennen enthalten, sowie spezielle technische Zeitschriften aufgelistet. Dabei sind auch die Anzahl der Ausgaben pro Jahr und die Gründungsjahre der Zeitschriften, soweit diese bekannt sind, angegeben. Kleinschreibweisen werden mit Großbuchstaben am Anfang geschrieben z.B. ham radio als Ham Radio, Abkürzungen werden groß geschrieben z.B. ntz als NTZ.

Als *Klubzeitschriften* werden Amateurfunkmagazine geführt, die von offiziellen Amateurfunkorganisationen herausgegeben werden, z.B. CQ DL vom *DARC* (Deutscher Amateur-Radio-Club e.V.).

41.2 Antennenbücher

Adler, R.; Chu, L.J.; Fano, R.: Electromagnetic Energy Transmission and Radiation. MIT, Cambridge, MA, 1969

Aharoni, J.: Antennae – An Introduction to Their Theory. Clarendon, Oxford, UK, 1946

Ajsenberg, G.S.: Antennen für Fernübertragung. (russ.), Sviazizdat, Moskva, 1948

Ajsenberg, G.S.: Kurzwellenantennen. Fachbuch, Leipzig, 1954

Ajsenberg, G.S.: Ultrakurzwellenantennen. (russ.), Sviazizdat, Moskva, 1957

Alberti, M.: Adaptive Gruppenantennen mit digitaler Signalverarbeitung und diskret optimierten Gewichtskoeffzienten. Shake, Aachen, 1996

Amitay, N.; Galindo, V.; Wu, C.P.: Theory and Analysis of Phased Array Antennas. Wiley, New York, 1972

Ancona, C.: Antennes aérospatiales de bord. (franz.), Option Radar-Espace, Paris, 1967

Arai, H.: Measurement of Mobile Antenna Systems. Artech House, Norwood, MA, 2001

Auerbach, R.: Amateurfunk-Antennen. Franzis, München, 1980

Ayzenberg, G. Z.: Shortwave antennas. Clearinghouse, Springfield, 1970

Bach-Andersen, J.: Metallic and dielectric antennas. Polyteknisk Forlag, Lyngby, DK, 1971

Bahl, I.J.; Bhartia, P.: Microstrip Antennas. Artech House, Dedham, MA, 1980

Bailey, A.B.: TV and other Receiving Antennas. Rider, New York, 1950

Balanis, C.A.: Antenna Theory: Analysis and Design. McGraw-Hill, New York, 1996

Banos, A.: Dipole Radiation in the Presence of a Conducting Half Space. Pergamon, New York, 1966

Barberio, R.: L'antenna promessa – L'emittenza radiofonica locale in Gran Bretagna. (ital.), ERI/RAI, Torino, 1984

Baumgart, M.: Praktischer Rahmen-Empfang. Springer, Berlin, 1925

Baumgartner, R.: Der HB9CV-Beam. Körner, Gerlingen, 1961

Belocerkovskij, G.B.: Antenny. (russ.), GIOP, Moskva, 1955

Benson, R.K.: Amateur Radio RV Antennas. Tigre, Lake Geneva, WI, 1992
Bergtold, F.: Antennen-Handbuch. Schneider, Berlin, 1965
Bergtold, F.: Antennen-Taschenbuch. Schneider, Berlin, 1960
Bergtold, F.; Graff, E.: Antennen-Handbuch. Pflaum, München, 1977
Best, S.W.: Aktive Antennen für DX-Empfang. (RPB 182). Franzis, München, 1987
Bevense, R.M.: Handbook of Conical Antennas and Scatterers. Gordon/Breach Science, New York, 1973
Bhartia, P.: Millimeter Wave and Microstrip Antennas. Artech House, Norwood, MA, 1990
Bhartie, P.; Ittipiboon, A.; Bahl, I.J.: Microstrip Antenna Design Handbook. McGraw-Hill, New York, 2000
Bhartia, P.; Rao, K.V.S.; Tonrar, R.S.: Millimeter-Wave Microstrip and Printed Circuit Antennas. Artech House, Norwood, MA, 1991
Bienkowski, Z.; Lipinski, E.: Amatorskie Anteny KF i UKF. (poln.), WKL, Warszawa, 1978
Blackband, W. T. (Ed.): Radio antennas for aircraft and aerospace vehicles. Technovision Services, Maidenhead, UK, 1967
Blake, L.V.: Antennas. Munro, 1991
Blaschke, D.: Rechnergestützte polarmetrische Feldanalyse rotationssymmetrischer Antennen und Strukturen. Shaker, Aachen, 1994
Boggel, G.: Antennentechnik, Empfangsanlagen für Ton- und Fernseh-Rundfunk. Hüthig, Heidelberg, 1994
Bohac, S.: Passport Evaluation of Popular Outdoor Antennas. I.B.S. Ltd., 1993
Brault, R.; Piat, R.: Les antennes. (franz.), Dunod, Paris, 1997
Briggs, G.A.; Roberts, R.S.: Aerial Handbook. Rank Wharfedale, Idle, UK, 1964
Brookner, E. (Ed.): Practical Phased Array Antenna Systems. Artech House, Norwood, MA, 1991
Brown, J.: Microwave Lenses. Methuen, London, 1953
Brown, R.G.; Post, R.T.E; Hughes, W.M.L.; Sharpe, R.T.A.: Lines, Waves and Antennas. Krieger, 1992
Brückmann, H.: Antennen, Theorie u. Technik. Hirzel, Leipzig, 1939
Bürgers, N.: Antennenbau für den Praktiker. VTH, Baden-Baden, 1999
Bui-Han, N.: Antennes micro-ondes. (franz.), Masson, Paris, 1978
Burberry, R.A.: VHF and UHF antennas. Peregrinus, London, 1992
Burghardtsmaier, W.: Antennen- und Anlagetechnik bei AEG. Hüthig, Heidelberg, 1988
Burrow, M.L.: ELF Communications Antennas. Peregrinus, Stevenage, UK, 1978

Caha, V.; Prochazka, M.: Anteny. (tschech.), SNTL, Praha, 1958
Caron, W.N.: Antenna Impedance Matching. ARRL, Newington, CT, 1994
Carr, J.J.: Newnes Antenna Toolkit with CD-ROM. McGraw-Hill, New York, 1997
Carr, J.J.: Antenna Data Reference Manual. TAB, Blue Ridge Summit, PA, 1979
Carr, J.J.: Practical Antenna Handbook. McGraw-Hill, New York, 1998
Carr, J.J.: Joe Carr's Loop Antenna Handbook. Universal Radio Research, Reynoldsburg, OH, 1999
Carr, J.J.: Joe Carr's Receiving Antenna Handbook. HighText, Solana Beach, CA, 1993
Cebik, L.B.: Basic Antenna Modelling – A Hands-On Tutorial. Nittanysientific, Riverton UT, 1999
Cebik, L.B.: Cubical Quad Notes Vol.1. Autennex, Corpus Christi TX, 2000
Cebik, L.B.: Cubical Quad Notes Vol.2. Autennex, Corpus Christi TX, 2000
Cesky, M.: Anteny pro prijem rozhlasu a televize. (tschech.), SNTL, Praha, 1978
Cesky, M.: Televisni prijimaci anteny. (tschech.), SNTL, Praha, 1959
Chang, K.: Handbook of Microwave and Optical Components, Vol. 1: Microwave Passive and Antenna Components. Wiley, New York, 1997
Chang, K.: Microwave Ring Circuits and Antennas. Wiley, New York, 1996
Chatterjee, R.: Advanced Microwave Engineering. Wiley, Chichester, 1988
Chatterjee, R.: Antenna Theory and Practice. Wiley Eastern, New Delhi, 1988
Chatterjee, R.: Dielectric and Dielectric-Loaded Antennas. Wiley, New York, 1985
Christiansen, W.N.; Hugbom, J.A.: Radiotelescopes. University, Cambridge, UK, 1985
Clarke, R.H.; Brown, J.: Diffraction Theory and Antennas. Wiley, New York, 1980
Clarricoats, P.J.B. (Ed.): Advanced Antenna Technology Vol. 1. MEPL, London, 1981
Clarricoats, P.J.B. (Ed.): Advanced Antenna Technology Vol. 2. MEPL, London, 1987
Clarricoats, P.J.B.; Olver, A.D.: Corrugated Horns for Microwave Antennas. Peregrinus, London, 1984
Claude, S.R.: An Intruduction to Electromagnetic Wave and Propagation and Antennas. Springer, New York, '96
Collin, R.E.: Antennas and Radiowave Propagation. McGraw-Hill, New York, 1985
Collin, R.E.; Zucker, F.J. (Eds.): Antenna Theory. McGraw-Hill, New York, 1969
Compton, R.T.: Adaptive Antennas. Prentice-Hall, Englewood Cliffs, NJ, 1988
Connor, F.R.: Antennas. Edward Arnold, London, 1989
Cornbleet, B.S.: Microwave Optics – The Optics of Microwave Antenna Design. Academic, London, 1976
Cornell, K.: Active Antenna Scapbook. Cornell, Point Pleasant Beach, NJ, 1995
Corzine, R.G.; Mosko, J.A.: Four-Arm Spiral Antennas. Artech House, Norwood, MA, 1990
Cunningham, J.E.: The Complete Broadcast Antenna Handbook. TAB Books, Blue Ridge Summit, PA, 1977

Damiamayan D.: Analysis of Aperture Antennas in Ihomogenous Media. Scholarly, 1969
Darr, J.: Television Antenna Handbook. Sams, Indianapolis, IN, 1959
David, E.: HF Antenna Collection. RSGB, Potters Bar, Herts, UK, 1991
Davidson, I. A.: Receiving aerial systems. Heywood, London, 1957

DeMaw, D.: Novice Antenna Notebook. ARRL, Newington, CT, 1988
DeMaw, D.: W1FB's Antenna Notebook. ARRL, Newington, CT, 1987
Devoldere, J.: Antennas and Techniques for Low-Band DXing. ARRL, Newington, CT, 1994
Diaz, L.; Milligan, T.: Antenna Engineering Using Physical Optics: Practical CAD Techniques and Software. Artech House, Norwood, MA, 1996
Diefenbach W.W.: Kurzwellen-Amateurantennen für Sendung und Empfang. (RPB 44). Franzis, München, 1963
Diefenbach, W.W ; Geyrhalter, W.: KW- und UKW-Amateurfunkantennen. (RPB 44). Franzis, München, 1987
Dietsche, F.: Innen-Antenne und Rahmen-Antenne. Springer, Berlin, 1925
Dinsing, U.: 70-cm-Antennen selbst gebaut. Beam, Marburg, 1989
Djordjevic, A.R.; Bazdar, M.B.; Yitosevic, G.M.; Sarkar, T.K.; Harrington, R.F.: Analysis of Wire Antennas and Scatterers. Artech House, Norwood, MA, 1990
Dodd, P.: Backyard Antennas. RSGB, Potters Bar, Herts, UK, 2000
Dodd, P.: The Antenna Experimenter's Guide. RSGB, Potters Bar, Herts, UK, 1995
Dombrowski, L A.: Antennen. Ports, München, 1957
Dorsch, D.: Kleines Praktikum Antennenverstärker. Frech, Stuttgart, 1983
Drabowitch, S.: Antennes. (franz.), Masson, Paris, 1978
Drabowitch, S.; Ancona, C.: Antennas Vol. 1 & 2. North Oxford Academic, London, 1988
Drabowitch, S.; Papiernik, A.; Encinas, J.: Modern Antennas. IEEE, New York, 1998
Dubost, G.: Flat Radiating Dipoles and Applications to Arrays. Research Studies, Chichester, UK, 1981
Dubost, G.; Zisler, S.: Antennes à large bande. (franz.), Masson, Paris, 1976
Dubost, G.; Zisler, S.: Breitband-Antennen. Oldenbourg, München, 1977

Elliott, R. S.: Antenna Theory and Design. Prentice-Hall, Englewood Cliffs, NJ, 1981
Engeln, C.H.: Breitbandige planare Millimeter-Wellen-Antennen für Radio in the Local Loop. Shaker, Aachen, 2000
Evans, A. J.; Britain, K.E.: The Right Antenna. Promp Publ., 1998
Evans, G.E.: Antenna Measurement Techniques. Artech House, Norwood, MA, 1990
Eyraud, L.; Grange, G.; Ohanessian, H.: Theorie et technique des antennes. (franz.), Vuibert, Paris, 1973

Farina, A.: Antenna-Based Signal Processing Techniques for Radar Systems. Artech House, Norwood, MA, 1992
Feld, J.N.: Slot antennas fundamental theory. (russ.), Soviet Radio, Moskva, 1948
Felsen, L.B.; Marcuvitz, N.: Radiation and Scattering of Waves. Prentice-Hall, Englewood Cliffs, NJ, 1973
Fiebranz, A.: Antennenanlagen für Rundfunk- und Fernsehempfang. Radio- Foto- Kinotechnik, Berlin, '93
Fietsch, G.: Nachrichtentechnik der Nationalen Volksarmee Teil 1: Funkmittel und Antennen 1956–1990. VTH, Baden-Baden, 1995
Fradin, A.Z.: Microwave Antennas. Pergamon, Elmsford, NY, 1961
Fränz, K.; Lassen, H. (Hrsg.): Antennen und Ausbreitung. Springer, Berlin, 1956
Frank, J ; Lawrie, R.E.: Phased Array Antenna Design. Technology Service Corp., Silver Spring, MD, 1974
Franz, K.; Lassen, H.: Antennen und Ausbreitung. Springer, Berlin, 1956
Freeman, E.R.: Interference Suppression Techniques for Microwave Antennas and Transmitters. Artech House, Norwood, MA, 1982
Freyer, U.: Antennentechnik für Funkpraktiker. Franzis, Poing, 2000
Fry, D.W.; Howara, F.K.: Aerials for Centimetric Wavelengths. University, Cambridge, UK, 1950
Fuchs l Collins: HB9CV-Richtstrahlantenne. Frech, Stuttgart, 1984
Fujimoto, K.; Henderson, A.; Hirasawa, K.; James, J.R.: Small Antennas. Research Studies, Letchworth, UK, 1988
Fujimoto, K.,; James, J.R. (Eds.): Mobile Antenna Systems Handbook. Artech House, London, 2001

Galejs, J.; Cullen, A.: Antennas in Inhomogeneous Media. Pergamon, Oxford, 1969
Garg, R.; *Bhartia, P.; Bahl, I., Ittipiboon, A.*: Microstrip Antenna Design Handbook. Artech House, Norwood, MA, 2001
Gibson, S.: Radio Antennas. Reston Publ., Reston, VA, 1983
Gierlach, W.: Antennen und Funkwellenausbreitung. DARC, Baumtal, 1985
Gierlach, W.: Das DARC AntennenBuch. DARC, Baunatal, 1996
Glanzer, K.: Antenna Handbook Vol 1. Cowan, Port Washington, NY, 1966
Godara, L.C.; Barosso, V.A.N.; Arai, H.: Handbook of Antennas in Wireless Communications. CRC, Boca Raton Florida, 2001
Gosling, W.: Radio Antennas and Propagation. Butterworth-Heinemann, 1998
Gotthard, O. (Hrsg.): FM- und TV-Sendeantennensysteme. Kathrein, Rosenheim, 1989
Goudet, G.; Chavance, P.: Ondes centimétriques: Lignes, circuits, antennas. (franz.), Editions Chiron, Paris, 1955
Grantham, D. J.: Antennas, Transmission Lines and Microwaves. GEC Publ., 1977
Greif, R.: Bodenantennen für Flugsysteme. Oldenbourg, München, 1974
Griffiths, J.: Radio Wave Propagation and Antennas. Prentice-Hall, Englewood Cliffs, NJ, 1987
Grigorov, I.: Urban Antennas Vol. 1. Antennex, Corpus Christi TX, 2001
Grove, B.: Antenna Factbook. Grove Enterprises, Brasstown, NC, 1995
Gründler, H.: Gemeinschaftsantennen. Franckh, Stuttgart, 1963
Günther, H.; Hell, R.: Antenne und Erde. Franckh, Stuttgart, 1926. Nachdruck: Herbst, Köln, 1994
Gupta, K.C.; Hall, P.S. (Eds.): Analysis and Design of Integrated Curcuit Antenna Modules. Wiley, New York, 1999
Gupta, K.C.; Benella, A. (Eds.): Microstrip Antenna Design. Artech House, Norwood, MA, 1988

Halim, M.A.: Adaptive Array Measurements in Communications. Artech House, Norwood, MA, 2001
Hall, P.S.; Gupta, K.C.: Analysis and Design of Integrated Circuit Antenna Modules. Wiley, New York, 1999
Hansen, J.E. (Ed.): Spherical Near-Field Antenna Measurements. Peregrinus, London, 1988
Hansen, R.C. (Ed.): Microwave Scanning Antennas, Vols. 1–3. Academic, London, 1966
Hansen, R.C. (Ed.): Moment Methods in Antennas and Scattering. Artech House, Norwood, MA, 1990
Hansen, R.C.: Phased Array Antennas. Wiley, NY, 1998
Hansen, R. C. (Ed.): Significant Phased Array Papers. Artech House, Norwood, MA, 1973
Hansen, V.W.: Numerical Solution of Antennas in Layered Media. Research Studies, Letchworth, UK, 1989
Harper, A.E.: Rhombic Antenna Design. Van Nostrand, New York, 1950
Harrington, R. F.: Analysis of Wire Antennas and Scatterers. AWAS for Windows. Artech House, Norwood, MA, 1995
Hart, T.: Small High Efficiency Antennas alias The Loop. Antenna Products, Melbourne, FL, 1989
Hart, T.: The Rule of the Antenna Game. Antenna Products, Florida
Haviland, R.P.: Practical Antenna Design and Analysis. MiniLab Books, 1988
Haviland, B.: The Quad Antenna. CQ Communications, Hicksville, NY, 1993
Haykin, S.: Array Processing Applications to Radar. Dowden, Hutchison & Ross, Stroudsburg, PA, 1980
Haykin, S. (Ed.): Array Signal Processing. Prentice-Hall, Englewood Cliffs, NJ, 1985
Heberling, D.: Konforme Microstrip Antennen, Shaker, Aachen, 1993
Heilmann, A.: Antennen I–III. Bibliograph. Institut, Mannheim,1970
Helenyi, L.: Televizie es URH antennak. (ungar.), MHS, Budapest, 1959
Hellwege, D.: Spezielle Anregungsstrukturen für verborgene Antennen auf Schiffen und Fahrzeugen. Shaker, Aachen, 2000
Henne, W.: Rauschkenngrößen der Antennen, HF- und NF-Verstärker. Oldenbourg, München, 1972
Heys, J.D.: Practical Antennas for Novices. RSGB, Potters Bar, Herts, UK, 1992
Heys, J.D.: Practical Wire Antennas. RSGB, Potters Bar, Herts, UK, 1989
Hille, K. H.: Der Dipol in Theorie und Praxis. (FAB 7). Theuberger, Berlin, 1995
Hille, K.H.: Windom- und Stromsummen-Antennen (FAB 15). Teuberger, Berlin, 2000
Hille, K.H.; Krischke, A.: Das Antennen-Lexikon. Technik und Handwerk, Baden-Baden, 1988
Hiller, E.: Antennen 1 – Empfangsantennen. Philler, Minden, 1962
Hiller, E.: Antennen 2 – Sendeantennen. Philler, Minden, 1962
Hintz, D.; Lax, A.; Pöppel, K.G.: Neue Antennen, Don Bosco, München, 1996
Hirasawa, K.; Haneishi, M.: Analysis, Design, and Measurement of Small and Low-Profile Antennas. Artech House, Norwood, MA, 1992
Hirsch, H.L.; Grove, D.C.: Practical Simulation of Radar Antennas and Radomes. Artech House, Norwood, MA, 1988
Hock, A.; Pauli, P. u.a. (Hrsg.): Antennentechnik. Expert, Ehningen, 1988
Hock, A.; Tscharmi, A.: Antennenpraxis. Expert, Renningen, 1995
Hofmeister, M.: Entwurfskriterien für Antennen von Schnurlostelefonen, Shaker, Aachen, 2000
Hollis, J.S.; Lyon, T.J.; Clayton, L. (Eds.): Microwave Antenna Measurements. Scientific-Atlanta, Atlanta, GA, 1970
Hood, W.: Home-brew HF/VHF Antenna Handbook. TAB, Blue Ridge Summit, PA, 1980
Hooton, H.D.: Amateur Antenna Tests and Measurements. Sams, Indianapolis IN, 1977
Hooton, H.D.: Amateur Radio Antennas. Sams, Indianapolis, IN, 1967
Hooton, H.D.: Amateur Radio Antenna Handbook. Sams, Indianapolis, IN, 1964
Hopengarten, F.: Antenna Zoning for the Radio Amateur. ARRL, Newington CT, 2001
Hopf, J.; Lindenmeier, H.: Kurzwellenantennen. Hüthig, Heidelberg, 1992
Hoult, D. (Ed.): Digest of Horizontal Wire Aerials. SBS, Spalding, UK, 1978
Hovanessian, S.A.: Introduction to Synthetic Array and Imaging Radars. Artech House, Dedham, MA, 1980
Howley, L.E.; Beach, B.A.: Satellite Dishes and Other Antennas. CAI, 1997
Hristov, H.D.: Fresnel Zones in Wireless Links, Zone Plate Lenses and Antennas. Artech House, London, UK, 2000
Huber, U.: Plaudereien unter der Antenne. Union Deutsche Verlagsgesellschaft, Berlin, 1937
Hudson, J.E.: Adaptive Array Principles. Peregrinus, Stevenage, UK, 1981
Hughes, F.P.: Easy Shortwave Antennas. Tiare, Lake Geneva, WI,
Hughes, F.P.: Hidden Ham Antennas. Tiare, Lake Geneva, WI, 1994
Hughes, F.P.: Limited Space Shortwave Antenna Solutions. Tiare, Lake Geneva, WI, 1995
Hughes, F.P.: Long Wire Antennas. Tiare, Lake Geneva, WI, 1994

Ingram, D.: The Easy Wire Antenna Handbook. Universal Electronics, Columbus, OH, 1992
Ikrenyi, I.: Amaterske Kratkovlnne Anteny. (tschech.), SVTL, Bratislava, 1964

Jahoda, J.R.; Mills, L.E.: Aircraft Antennas. Artech House, Norwood MA
James, J.R.; Hall, P.S.; Wood, C.: Microstrip Antenna Theory and Design. Peregrinus, London, 1982
James, J.R.; Hall, P.S. (Eds.): Handbook of Microstrip Antennas Vol 1 & 2, Peregrinus, London, 1989
Janaswami, R.: Radiowave Propagation and Smart Antennas for Wireless Communication. Kluwer Academic, Dortrecht, NL, 2000
Janzen, G.: Kurze Antennen. Franckh, Stuttgart, 1986
Janzen, G.: Monopolantennen und Vertikalantennen. Janzen, Kempten, 1999

Jasik, H. (Ed.): Antenna Engineering Handbook. McGraw-Hill, New York, 1961
Johnson, D.H.; Dudgeon, D.E.: Array Signal Processing. Prentice-Hall, Englewood Cliffs, NJ, 1993
Johnson, R.C.: Antenna Applications Guidebook. McGraw-Hill, New York, 1987
Johnson, R.C.: Antenna Engineering Handbook. McGraw-Hill, New York, 1993
Johnson, R.C.: Designer Notes for Microwave Antennas. Artech House, Norwood, MA, 1991
Johnson, R.C.; Jasik, H.: Antenna Applications Reference Guide. MeGraw-Hill, New York, 1987
Johnson, R.C.; Jasik, H. (Eds.): Antenna Engineering Handbook. McGraw-Hill, New York, 1993
Jones, R.A.: Directional Antenna Handbook. Intertec, Overland Park, KS, 1978
Jordan, E.C.: Electromagnetic Theory and Antennas Vol. 1 & 2. Pergamon, Oxford, 1963
Jordan, E. C.: Electromagnetic Waves and Radiating Systems. Prentice-Hall, Englewood Cliffs, NJ, 1968
Jordan, E.C.; Balmain, K.G.: Electromagnetic Waves and Radiating Systems. Prentice-Hals, Englewood Cliffs NJ, 1968
Judd, F.C.: Two-Metre Antenna Handbook. Butterworth, London, 1980
Jull, E.V.: Aperture Antennas and Diffraction Theory. Peregrinus, Stevenage, UK, 1981

Kammerloher, J.: Hochfrequenztechnik I – Elektromagn. Schwingkreise ... Antennen. Winter, Füssen, 1957
Kappelmayer, O.; Engel, H.-G.: Die besten Antennen. Schneider, Berlin, 1937, Nachdruck: Herbst, Köln, 1985
Karamanolis, S.: CB-Antennen. Elektra, Neubiberg, 1989
Karamanolis, S.: Handbuch der CB-Antennen. Elektra, Neubiberg, 1990
Kiely, D.G.: Dielectric Aerials. Methuen, London, 1953
King, R.W.P.: Antennas and Waves. MIT, Cambridge, MA, 1969
King, R.W.P.: Tables of Antenna Characteristics. IFI, New York, 1971
King, R.W.P.: The Theory of Linear Antennas. Harvard University, Cambridge, MA, 1956
King, R.W.P.; Harrison, C.W.: Antennas and Waves. MIT, Cambridge, MA, 1969
King, R.W.P.; Mack, R.B.; Sandler, S.S.: Arrays of Cylindrical Dipole Antennas. University, Cambridge, UK, 1968
King, R.W.P.; Mimno, H.R.; Wing, A.H.: Transmission-Lines, Antennas and Wave Guides. Dover, New York, 1965
King, R.W.P.; Smith, G.S.; Owens, M.; Wu, T.T.: Antennas in matter fundamentals, theory and applications. MIT, Cambridge, MA, 1981
Kitsuregawa, T. (Ed.): Advanced Technology in Satellite Communication Antennas. Artech House, Norwood, MA, 1990
Klüß, A.: Kurzwellen-Drahtantennen für Funkamateure. (FTB 36). VTH, Baden-Baden, 1995
Knitter, M.G. (Ed.): Beverage and Long Wire Antennas Design and Theory. National Radio Club, Cambridge, WI, 1983
Knitter, M.G. (Ed.): Loop Antennas – Design and Theory. National Radio Club, Cambridge, WI, 1983
Knudsen, H. L.: Antennesystemer med hel eller delvis rotationssymmetrie. (dänisch), Teknisk Forlag, København, 1953
Kollak, R.; Wehde, H.: DASD Kurzwellen-Antennen. Weidmann, Berlin, 1938
Kong, J.A.: Antenna radiation in stratified media, research topics in electromagnetic theory. Pergamon, New York, 1981
Korshenewsky, N. v.; Runge, W. T.: Lehrbuch der drahtlosen Nachrichtentechnik, Bd. 2 – Antennen und Ausbreitung. Springer, Berlin, 1956
Kozakoff, D.J.; Schrank, H.E. (Eds.): Analysis of Random Enclosed Antennas. Artech House, Norwood, MA, 1997
Kozler, F.J.: Antennas and Antenna Systems (1993–1998 Analysis). Allied Business Intelligence, 1998
Koszeghy, J.: High Performance Cubical Quad Antennas. Koszeghy, Lexington Park, MD, 1996
Kraus, J.D.: Antennas. McGraw-Hill, New York, 1988
Krüger, R.: Praktischer Antennenbau für Radio-Amateure. Schmidt, Berlin, 1925
Kuecken, A.: Antennas and Transmission Lines. MFJ, Mississippi State, MS, 1997
Kuecken, J.A.: Exploring Antennas and Transmission Lines by Personal Computer. Van Nostrand, New York, 1986
Kühn, R.: Mikrowellenantennen. VEB Verlag Technik, Berlin, 1964
Kumar, A.: Antenna Design with Fiber Optics. Artech House, London, UK, 1996
Kumar, A.: Fixed and Mobile Terminal Antennas. Artech House, Norwood MA, 1991
Kumar, A.; Hristov, H.D.: Microwave Cavity Antennas. Artech House, Norwood MA, 1989
Kuzmin, A.D.; Salomovich, A.E.: Radioastronomical Methods of Antenna Measurements. Academic, New York, 1967

Lacharnay, S.: Antennes pour la radiodiffusion: Radiodiffusion sonore et television. (franz.), Télédiffusion de France, Paris, 1984
Landstorfer, F.M.; Sacher, R.R.: Optimisation of Wire Antennas. Research Studios, Letchworth, UK, 1985
Laport, E.A.: Radio Antenna Engineering. McGraw-Hill, New York, 1952
Lavrov, G. A.; Knyazev, A. S.: Near earth and buried antennas. (from Russian). US Department of Commerce, Washington, DC, 1967
Law, P.E.: Shipboard Antennas. Artech House, Norwood, MA, 1986
Lawson, J.L.: Yagi Antenna Design. ARRL, Newington, CT, 1986
Layton, J.: Directional broadcast antennas. TAB Books, Blue Ridge Summit, PA, 1974
Lee, K.F.; Chen, W. (Eds.): Advances in Microstrip and Printed Antennas. Wiley, New York, 1997
Lee, K.F.: Principles of Antenna Theory. Wiley, Chichester, W. Sussex, UK, 1984
Lee, P.H.: The Amateur Radio Vertical Antenna Handbook. Cowan, Port Washington NY, 1984
Leeson, D.B.: Physical Design of Yagi Antennas. ARRL, Newington, CT, 1994
Liberti, J.; Rappaport, T.: Smart Antennas for Wireless Comm. Prentis Hall, Upper Saddle River, NJ, 1999

Lichte, R.; Scheunemann, W.: Kurzwellen-Empfangsantennen. Scheunemann, Köln
Lickfeld, K.G.: VHF- und UHF-Richtantennen. Franckh, Stuttgart, 1964
Lindenmeier, H.; Hopf, J.: Kurzwellenantennen. Hüthig, Heidelberg, 1992
Linsley, P.; Nicholson, T. (Eds.): The G-QRP Club Antenna Handbook. G-QRP Club, Rochdale, Lancs., UK, 1992
Lo, Y.T.; Lee, S.W. (Eds.): Antenna Handbook, Theory, Applications and Design. Theory Vol. 1–4, Wiley, NY, *Loidiller, M.:* Kabelverteilsysteme für Ton- und Fernsehrundfunkempfang (mit Sendeanlagen). VDE, Berlin, 1996
Love, A.W.: Electromagnetic Horn Antennas. IEEE, New York, 1976
Love, A.W. (Ed.): Reflector Antennas. IEEE, New York, 1978
Luchi, L.R.: Technician Antenna Handbook. MFJ Enterprises, Mississippi State, MS

Ma, M.T.: Theory and Application of Antenna Arrays. Wiley, New York, 1974
Maclean, T.S.M.: Principles of Antennas, Wire and Aperture. University, Cambridge, UK, 1986
Macnamara, T.M.: Handbook of Antennas for EMC. Artech House, London, 1995
Magne, L. (Ed.): Rdi Evaluates Popular Outdoor Antennas. IBS Ltd., 1988
Mailloux, R. J.: Phased Array Antenna Handbook. Artech House, Norwood, MA, 1994
Markov, G.T.: Antenny. (russ.), Gosenergoizdat, Moskva, 1960
Marks, A.: Antenna Syndrom. Dorchester, 1979
Maxwell, M.W.: Reflections – Transmission Lines and Antennas. ARRL, Newington, CT, 1990
McCarthy, G.: More About Cubical Quads. Worldradio, Sacramento, CA, 1994
McCoy, L.: Lew McCoy on Antennas. CQ, Hicksville, NY, 1995
Mende, H.G.: Antennen für Rundfunk- und Fernsehempfang. (RPB 6). Franzis, München, 1983
Mende, H. G.: Antennenpraxis. Franzis, München, 1965
Mende, H.G.: Fernsehantennen-Praxis. (RPB 84). Franzis, München, 1985
Mende, H.G.: Praktischer Antennenbau. (RPB 50). Franzis, München, 1983
Merz, A.: Leicht konfigurierbare planare Mikrowellen-Gruppenantennen. Shaker, Aachen, 1996
Mideke, M. (Ed.): Transmitting Antennas and Ground Systems for 1750 Meters. Max Carter, Wheatland, WY, 1987
Mikavica, M.; Nesic, A.: CAD for Linear and Planar Antenna Arrays of Various Radiating Elements. Artech House, Norwood, MA, 1992
Milligan, T.A.: Modern Antenna Design. McGraw-Hill, New York, 1985
Misek, V.A.: The Beverage Antenna Handbook. Misek, Hudson, NH, 1997
Mittra, R.; Imbriale, W.A.; Maanders, E.J. (Eds.): Satellite Communication Antenna Technology. Elsevier, Amsterdam, 1983
Monser, G.: Antenna Design – A Practical Guide. McGraw-Hill, New York, 1996
Monzingo, R.A.; Miller, T.W.: Introduction to Adaptive Arrays. Wiley, New York, 1980
Mott, H.: Antennas for Radar and Communications, Wiley, New York, 1992
Mott, H.: Polarization in Antennas and Radar. Wiley, Chichester, UK, 1986
Moullin, E.B.: Radio Aerials. Clarendon, Oxford, UK, 1949
Moxon, L.: HF Antennas for all locations. RSGB, Potters Bar, Herts, UK, 1995
Mushiake, Y. (Ed): Antenna Engineering Handbook. OhmSha, Tohoku, 1980
Mushiake, Y.: Self-Complementary Antennas. Springer, Umuiden, NL, 1996
Myers, R.M.: Practical Antennas for the Radio Amateur. Scelbi, Milford, CT, 1979

Nadenenko, S.I.: Antenny. (russ.), Moskva, 1959
Nakano, H.: Helical and Spiral Antennas. Research, London, 1987
Navarro, J.A.; Chang, K.: Integrated Active Antennas and Spatial Power Combining. Wiley, NY, 1996
Neukomm, P.A.: Body-Mounted Antennas. Juris, Zürich, 1979
Neri, N.: Antenne – 1. volume – linee e propagatione. (ital.), C&C edizione radioelettroniche, Faenza, 1989
Neri, N.: Antenne – 2. volume – progettazione e construzione. (ital.), C&C edizione radioelettroniche, Faenza, 1987
Nesper, E.: Eine gute Rundfunk-Fernseh-Antenne. VEB Wilhelm Knapp, Halle, 1956
Nesper, E.: UKW- und Fernsehempfangs-Antennen. Elektro-Verlag, Mindelheim, 1955
Newham, P.; Morris, G.: Handbook of Micro-Strip Antennas. Peregrinus, London, 1989
Nicholson, J.D.: Short Wave Antennas. Lund Johansen, Hellerup, 1971
Nicolau, E.; Zaharia, D.: Adaptive Arrays. Elsevier, Amsterdam, 1989
Nicolau, E.; Zaharia, D.; lonescu, R.S.: Anteni active si adaptive. (rumän.), Editura Academiei, Bucharest, 1983
Nikolskii, V. V.: Antennas (from Russian). Foreign Technology Div., 1972
Nitschke, W.: Datensammlung für Kurzwellenantennen. Franzis, München, 1987
Noll, E.M.: Easy-up Antennas for Radio Listeners and Hams. MFJ Enterprises, MS, 1991
Noll, E. M.: 25 Simple Amateur Band Aerials. (BP 125). Babani, London, 1983
Noll, E.M.: 25 Simple Indoor and Window Aerials. (BP 136). Babani, London, 1992
Noll, E.M: 25 Simple Shortwave Broadcast Band Aerials. (BP 132). Babani, London, 1989
Noll, E.M.: 25 Simple Tropical and MW Band Aerials. (BP 145). Babani, London, 1984
Noll, E.M.: 73 Dipole Antennas. MFJ Enterprises, MS, 1992
Noll, E.M.: 73 Dipole and Longwire Antennas. Editors & Engineers, New Augusta, IN, 1969
Noll, E.M.: 73 Vertical Beam Antennas, MFJ Enteroprises, MS, 1992
Noll, E.M.: 73 Vertical, Beam and Triangle Antennas. Editors & Engineers, New Augusta, IN, 1970
Noll, E.M.; Mandl, M.: TV & FM Antenna Guide. Macmillan, New York, 1951

Okamoto, G.T.: Smart Antenna Systems and Wireless LANs. Kluwer Academic, Dordrecht, NL, 1998
Oliner, A.A.: Phased Array Antennas. Polytechnic, 1970
Oliner, A.A.; Knittel, G.H.: Phased Array Antennas. Artech House, Dedham, MA, 1972
Orr, W. I.: W6SAI HF Antenna Handbook. CQ, Hicksville, NY, 1996
Orr, W.I.; Cowan, S.D.: All about Cubical Quad Antennas. Radio Publications, Wilton, CT, 1985
Orr, W.I.; Cowan, S.D.: All about Vertical Antennas. Radio Publications, Wilton, CT, 1986
Orr, W.I.; Cowan, S.D.: The Truth about CB Antennas. Radio Publications, Wilton, CT, 1993
Orr, W. I.; Cowan, S. D.: Cubical Quad Antennas. Radio Amateur Callbook, Lakewood, NJ, 1993
Orr, W.I.; Cowan, S.D.: Beam Antenna Handbook. Radio Publications, Wilton, CT, 1993
Orr, W.I.; Cowan, S.D.: Simple low-cost Wire Antennas for Radio Amateurs. Radio Publications, Wilton, CT, 1990
Orr, W.I.; Cowan, S.D.: The Radio Amateur Antenna Handbook. Radio Publications, Wilton, CT, 1978
Oxley, G.C.; Nowak, A.: Antennentechnik. Schütz, Hannover, 1957

Page, H.: Principles of Aerial Design. Van Nostrand, London, 1966
Pattan, B.: Robust Modulation Methods and Smart Antennas in Wireless Communications. Prentis Hall, Upper Saddle River, NJ, 2000
Pehl, E.: Mikrowellentechnik Bd. 2 – Mikrowellenantennen ... Hüthig Verlag; Heidelberg, 1989
Penfold, R.A.: Aerial Projects. (BP 105). Babani, London, 1991
Pensel, K.: Signalverarbeitung für Mobilfunksystem mit intelligenten Antennen. Shaker, Aachen, 1999
Peroni, B.: Antenne e propagazione delle onde elettromagnetiche. (ital.), Michele Dell'Alra, Roma, 1945
Peters, B.: Rahmenantennen. Herbst, Köln, 1992
Pfeifer, F.-G.: Satellitenantennen, Kosten und Risiken. Deutsche Wohnungswirtschaft, Düsseldorf
Pidduck, F.B.: Currents in Aerials and HF Networks. University, Oxford, UK, 1949
Pickard, J.: Scanner Modifications & Antennas. Palladin, 1999
Pillai, U.S.: Array Signal Processing. Springer, New York, 1989
Pils, E.P.: Praxis der UHF-Fernsehantennen. Franckh, Stuttgart, 1962
Pilz, D.: Planare periodischen und quasi-periodische Strukturen zur Erzeugung von Polarisatoren und Antennen. Shaker, Aachen, 1999
Pistolkors, A.A.: Antenny. (russ.), Sviazizdat, Moskva, 1951
Popovic, B.D.: CAD of Wire Antennas and Related Radiating Structures. Research Studies, Letchworth, UK, 1991
Poole, I.D.: Antennas for VHF and UHF. Babani, London, 1994
Popovic, B.D.; Dragovic, M B.; Djordjevic, A.R.: Analysis and Synthesis of Wire Antennas. Wiley, New York, 1983
Popovic, D.B.; Kolundzija, B.M.: Analysis of Metallic Antennas and Scatters. IEE, 1995
Pozar, D.: Antenna Design using Personal Computers. Artech House, Norwood MA, 1986
Pozar, D.M.; Schaubert, D.H.: Microstrip Antennas.

Radike, S.: Antennen im Kundendienst. Telekosmos, Stuttgart, 1966
Randierin, S.: Sistemi di Antenna TV. (ital.), 1996
Rao, C.S.R.: Manual on HF Antennas. Asia-Pacific Broadcasting Union, Kuala Lumpur, 1990
Rappaport, T.S. (Ed.): Smart Antennas. IEE, NY, 1998
Ray, V.M.: Broadcast Antenna Systems Handbook. TAB, Thurmont, 1966
Red, E.T.: KW-Drahtantennen selbst gebaut. Beam, Marburg, 1993
Reithofer, J.: Praxis der Mikrowellenantennen. UKW-Berichte, Baiersdorf, 1987
Reithofer, J.: UHF-Amateurfunk-Antennen. (RPB 30). Franzis, München, 1977
Rhodes, D.R.: Synthesis of Planar Antenna Sources. Clarendon, Oxford, UK, 1974
Richardson, J.L.: Radio Aerial Concept. RAC, Clarksville, AR, 1998
Riemenschneider, K.: Der Antennenbau. Schmidt, Berlin, 1925
Rockway, J.W.; Logan, J.C.; Tam, D.W.S.; Li, S.T.: The MININEC System – Microcomputer Analysis of Wire Antennas. Artech House, Norwood, MA, 1988
Rodinov, V. M.: SHF transmission lines and antennas (nomogramms) (from Russian). Clearinghouse, Springfield, 1968
Röpke-Doerr, P.; Hilgefort, U.: Satelliten Antennen. Falken, Niedernhausen, 1993
Roth, K.-H.: Antennentechnik und Wellenausbreitung. Elektra, Neubiberg, 1990
Rothammel, K.: Praxis der Fernsehantennen Teil I. Deutscher Militärverlag, Berlin 1971
Rothammel, K.: Praxis der Fernsehantennen Teil II. Deutscher Militärverlag, Berlin 1971
Rothe, G.; Spindler, E.: Antennenpraxis. VEB Verlag Technik, Berlin, 1971
Roubine, E. (Ed.): Antennes I & II. (franz.), Masson, Paris, 1978
Roubine, E.; Sanders, M.; Bolomey, J.C.: Antennas Vol. 1 & 2. Hemisphere , 1987
Roubine, E.; Bolomey, J.C.: Antennas. Oxford Academic, London, 1987
Rudge, A.W.; Milne, K.; Olver, A.D.; Knight, P. (Eds.): Handbook of Antenna Design Vol. 1. Peregrinus, London, 1982
Rudge, A.W.; Milne, K.; Olver, A.D.; Knight, P. (Eds.): Handbook of Antenna Design Vol. 2. Peregrinus, London, 1983
Rüdenberg, R.: Aussendung und Empfang elektrischer Wellen. Springer, Berlin, 1926
Rulf, B.; Robertshaw, G.A.: Understanding Antennas for Radar, Communications and Avionics. Van Nostrand, Wokingham, 1987
Ruoß, H.O.: Auf der Momentenmethode basierende Berechnungsverfahren zur Untersuchung der Wechselwirkung von Antennen und biologischen Körpern. Shaker, Aachen, 1996

Rumsey, V.H.: Frequency Independent Antennas. Academic, London, 1966
Rusch, W.V.T ; Potter, P.D.: Analysis of Reftector Antennas. Academic, London, 1970

Sainati, R.A.: CAD of Microstrip Antennas for Wireless Applications. Artech House, Norwood, MA, 1996
Salema, C.; Fernandes, C.; *Jha, R.K.*: Solid Dielectric Horn Antennas. Artech House, London, UK, 1998
Saunders, S.R.: Antennas and Propagation for Wireless Communication Systems. Wiley, New York, 1999
Sawicki, J.: Anteny. (poln.), WKL, Warszawa, 1965
Savickii, G.A.: Antenny ustroistva. (russ.), Sviazizdat, Moskva, 1961
Savitskii, G.A.: Calculations for Antenna Installations. Amerind, New Delhi, 1982
Schelkunoff, S.A.: Advanced Antenna Theory. Wiley, New York, 1952
Schelkunoff, S.A.: Electromagnetic Waves. Van Nostrand, New York, 1948
Schelkunoff, S.A.; Früs, H.T.: Antennas Theory and Practice. Wiley, New York, 1952
Scherer, J.P.: LAARAN – Linear Antenna Array Analysis Software and User's Manual. Artech House, Norwood, MA, 1990
Schroth, A.; Stein, V.: Moderne numerische Verfahren zur Lösung von Antennen- und Streuproblemen. Oldenbourg, München, 1985
Schulz, W.: Die Beverage-Antenne zum Empfang der Mittel- und Langwelle. Herbst, Köln, 1985
Schulz, W.: The Wave Antenna for reception of Medium and Long-waves. Schulz, 1993
Schulz, W.: Wireless Antenna History. Herbst, Köln, 1988
Schwenzfeier-Hellkamp, E.: Broadband Planar Feeds for Reflector Antennas in 12 GHz-Range. Shaker, Aachen, 2000
Scott, C.R.: Modern Methods of Reflector Antenna Analysis and Design. Artech House, Norwood, MA, 1990
Setian, L.: Practical Communication Antennas with Wireless Applications. IEE, New York, 2000
Shifrin, Y. S.: Statistical antenna theory (from Russian). Golem Press, Boulder, CO, 1971
Shiu, D.S.: Wireless Communication Using Dual Antenna Array, Kluwer Academic, Dordrecht, NL, 1999
Sichla, F.; Wetzel, R.: Selbstbau-Aktivantennen für VLF bis VHF. VTH, Baden-Baden, 1997
Siebel, W.; Klawitter, G.: Antennen-Ratgeber – Empfangsantennen für alle Wellenbereiche. Siebel, Meckenheim, 1998
Silver, S. (Ed.): Microwave Antenna Theory and Design. Peregrinus, London, 1984
Sinnema, W: Electronic Transmission Technology: Lines, Waves & Antennas, Prentice Hall, 1987
Sims, H.V.: An Introduction to Wideband Aerials. BBC Engineering Training Department, London, 1963
Siwiak, K.: Radiowave Propagation and Antennas for Personal Communications. Artech House, Norwood, MA, 1998
Sjobbema, D.J.W.: Aerials, TV and FM Receiving Aerials. N.V. Philips, Eindhoven, 1964
Slater, D.: Near-Field Antenna Measurements. Artech House, Norwood, MA, 1991
Sletten, C.J. (Ed.): Reflector and Lens Antennas – Analysis and Design using PCs. Artech House, Norwood, MA, 1991
*Small, W.*C.: The Antenna Handbook. Grove Enterprises, Brasstown, NC, 1993
Smit, H.J.A.; Dirksen, A.J.: Antennes voor FM. (holl.), De Muiderkring, Bussum, 1959
Smith, C.E.: Directional Antennas. IRE, Cleveland, OH, 1946
Smith, C. E.: Directional antenna patterns. Cleveland IRE, Cleveland, OH, 1958
Smith, C.E.: Log Periodic Antenna Design Handbook. Smith, Cleveland, OH, 1979
Smith, C.E.: Theory and Design of directional Antennas. Smith, Cleveland, OH, 1969
*Smith, M.*S.: Introduction to Antennas. Macmillan, London, 1988
Smith, B.L.; Carpentier, M.H. (Eds.): Microwave Engineering Handbook. Microwave Circuits and Propagation Vol. 2. Chapman & Hall, 1992
Smith, R.A.: Aerials for Metre and Decimetre Wavelengths. University, Cambridge, UK, 1949
Smith, W.: Antenna Manual. Editors & Engineers, San Barbara, CA, 1948
Spindler, E.: Antennen – Anleitung zum Selbstbau. VEB Verlag Technik, Berlin, 1990
Spindler, E.: Das große Antennen-Buch. Franzis, München, 1989
Spindler, E.: Empfangsantennen. Franzis, München, 1991
Stanley, J.A.: Ham Antenna Construction Projects. Sams, Indianapolis, IN, 1964
Steinberg, B.D.: Principles of Aperture and Array System Design. Wiley, New York, 1976
Steinberg, B.D.: Microwave Imaging with Lange Antenna Array. Wiley, New York, 1983
Sterba, K.N.; Paddle.L.: Aerials I. Worldradio, Sacramento, CA, 1993
Sterba, K.N.; Paddle, L.: Aerials II. Worldradio, Sacramento, CA, 1994
Sterba, K.N.; Paddle, L.: Aerials III. Worldradio, Sacramento, CA, 1998
Stirner, E.: Antennen 1 – Grundlagen. Hüthig, Heidelberg, 1984
Stirner, E.: Antennen 2 – Praxis. Hüthig, Heidelberg, 1986
Stirner, E.: Antennen 3 – Meßtechnik. Hüthig, Hdbg. '85
Straw, R.D. (Ed.): The ARRL Antenna Book. ARRL, Newington, CT, 1994
Stutzman, W.L.; Thiele, G.A.: Antenna Theory and Design. Wiley, New York, 1998
Suckrow, S.; Böttcher, M.; Bashir, M.; Edelmann, B.: Stationäre und mobile Antennen. VT, Berlin, 1995

Taeger, W.: UKW- und Fernseh-Empfangsantennen. VEB Verlag Technik, Berlin, 1961
Tech, J.: Antennen zum Selbstbauen. Frech, Stuttgart, 1985
Teschner, J.: CB-Funk-Antennen Teil 1.(FTB 37). VTH, Baden-Baden, 1996
Thourel, L.: Les antennes. (franz.), Dunod, Paris, 1971
Thurl, W.; Ilsanker, A.: Antennen für den Satellitenempfang. Franzis, München, 1993

Traister, R.J.: How To Build Hidden, Limited-Space Antennas That Work. TAB, Blue Ridge Summit, PA, 1981
Traister, R.J.: The Shortwave Listener's Antenna Handbook. TAB, Blue Ridge Summit, PA, 1982
Tsoulus, G.V.: Adaptive Antennas for Wireless Communications. McGraw-Hill, New York, 2000
Turner, R.P.: The Antenna Construction Handbook for HAM, CB & SWL. TAB, Blue Ridge Summit, PA, 1978
Tyras, G.: Radiation and Propagation of Electromagnetic Waves. Academic, New York, 1969
Tyrrell, R.: Troubleshooting Antennas and Feedlines. MFJ, Mississippi State, MS, 1992

Uchida, H.: Fundamentals of Coupled Lines and Multiwire Antennas. Sasaki, Sendai, 1967
Uchida, H.; Mushiake, Y.: VHF Antennas. Coronasha, Tokyo,1955
Uda, S.; Mushiake, Y.: Yagi-Uda Antenna. Maruzen Co., Tokyo, 1954
Uher, J.; Bornemann, J.; Rosenberg, U.: Waveguide Components for Antenna Feed Systems. Theory and CAD. Artech House, London, 1993
Ulianov, B.I.: Antenny. (russ.), Sudpromgiz, Leningrad, 1975

Villemagne, P.: Les Antennes Lévy – clés en main. (franz.), Editions Spirales, 1996
Villemagne, P.: Antennen für die unteren Bänder 160–30 m. VTH, Baden-Baden, 1999

Wait, J.R.: Introduction to Antennas and Propagation. Peregrinus, London, 1986
Walter, C.H.: Traveling Wave Antennas. Dover, New York, 1972
Watson, W.H.: The Physical Principles of Wave Guide Transmission and Antenna Systems. University, Oxford, 1947
Weeks, W.L.: Antenna Engineering. McGraw-Hill, New York, 1968
Weiner,K.: Die Cubical-Quad und ihre Sonderformen. DARC, Baunatal, 1999
Weiner, M.M.; Cruze, S.P.; Li, C.C.; Wilson, W.J.: Monopole Elements on Circular Ground Planes. Artech House, Norwood, MA, 1987
Westcolt, B.S.: Shaped Reflector Antenna Design. Research Studies, Letchworth, Herts, UK, 1983
Williams, H.P.: Antenna Theory and Design Vol. 1 & 2. Pitman, London, 1966
Wiskin, G. W.; Manton, R. G.; Causebrook, J. K.: Masts, antennas and service planning. Butterworth-Heinemann, Oxford, 1992
Wolff, E.A.: Antenna Analysis. Artech House, Norwood, MA, 1988
Wood, P.J.: Reflector Antenna Analysis and Design. IEEE, Piscataway, NJ, 1986
Wolter, J. A.: Antennes voor DX-ersen Amateurs. (holl.), Michiel Schaay, Doorn, NL, 1986
Wong, K.L.: Design of Nonplanar Microstrip Antennas and Transmission Lines. Wiley, New York, 1999
Wright, H.C.: An Introduction to Antenna Theory. (BP 198). Babani, London, 1992
Wright, H.C.: Experimental Antenna Topics. (BP 278). Babani, London, 1990

Yoder, A.: Build Your Own Shortwave Antennas. TAB, Blue Ridge Summit, PA, 1994

Zakharev, L.M.: Radiation from Apertures in Convex Bodies: Flush-Mounted Antennas. Golem, 1970
Zhuk, M. S.; Molochkov, Y. B.: Antenna and feeder design (from Russian). Clearinghouse, Springfield, 1969
Zinke, O.; Brunswig, H.: Hochfrequenztechnik 1 – Hochfrequenzfilter ... Antennen. Springer, Berlin, 1995
Zisler, H.: Praxiserprobte Kurzwellen-Antennen. (RPB 235). Franzis, München, 1991
Zürcher, J.-F.; Gardiol, F.: Broadband Patch Antennas. Artech House, London, 1995
Zuhrt, H.: Elektromagnetische Strahlungsfelder. Springer, Berlin, 1953
Zwaraber, H.: Praktischer Aufbau und Prüfung von Antennenanlagen. Hüthig, Heidelberg, 1991
Zwaraber, H.; Starke, L.: Praktischer Aufbau und Prüfung von Antennenanlagen. Hüthig, Heidelberg, 1994

41.3 Antennenberichte

AGARD: A comparison of two L-band aircraft antennas for aeronautical satellite applications. (CP-139), AGARD, Neuilly sur Seine, 1973
AGARD: GTD/UTD-Applications to antennas on ships and aircraft. (LS-165), AGARD, Neuilly sur Seine, 1989
AGARD: Microwave Antennas for Avionics. (LS-151). AGARD, Neuilly sur Seine, 1987
AGARD: Modern Antenna Design using Computers and Measurement: Application to Antenna Problems of Military Interest. (LS-165). AGARD, Neuilly sur Seine, 1989
AGARD: Roll plane analysis of an-aircraft antennas. (CP-139), AGARD, Neuilly sur Seine, 1973
AGARD: UHF linear phased arrays for aeronautical satellite communications. (CP- 139), AGARD, Neuilly sur Seine, 1973
AGARD: Upper L-band telemetry aerials for rockets and missiles. (CP-139), AGARD, Neuilly sur Seine, 1973
ARRL: ARRL's Wire Antenna Classics. ARRL, Newington, CT, 1999
ARRL: More Wire Antenna Classics Vol. 2, ARRL, Newington, CT, 2000
ARRL: The ARRL Antenna Anthology. ARRL, Newington, CT, 1978
ARRL: The ARRL Antenna Compendium Vol. 1. ARRL, Newington, CT, 1985
ARRL: The ARRL Antenna Compendium Vol. 2. ARRL, Newington, CT, 1989
ARRL: The ARRL Antenna Compendium Vol. 3. ARRL, Newington, CT, 1992
ARRL: The ARRL Antenna Compendium Vol. 4. ARRL, Newington, CT, 1995
ARRL: The ARRL Antenna Compendium Vol. 5. ARRL, Newington, CT, 1996
ARRL: The ARRL Antenna Compendium Vol. 6. ARRL, Newington, CT, 1999
ARRL: The ARRL Antenna Handbook. ARRL, Newington, CT, 2000
ARRL: Vertical Antenna Classics. ARRL, Newington, CT, 1995

ARRL: Yagi-Antenna Classics. Yagis, Quads, Loops and other Beam Antennas. ARRL, Newington CT, 2001
ARRL: Your Ham Antenna Companion. ARRL, Newington, CT, 1995

BEAM: Antennenführer. (Spezial 4). Beam, Marburg, 1985
BMBW: Mikrowellenantennen für Nachrichtensatelliten. (FB W 70-14 Bd 3). Siemens AG, München, 1970
BMBW: Kombinierte 4°/10,5°-Satelliten-Bordantenne. (FB W 70-42). AEG-Telefunken, Backnang, 1970
BMFT: Elektrische Entwicklung der 30 m- Antenne der HELIOS-Kommandostation bei Weilheim. (FB W 76-04). Siemens, Oberpfaffenhofen, 1975
BMFT: Turmmeßstrecke für Antennen der DFVLR. (FB W 74-01). DFVLR, Oberpfaffenhofen, 1974
BMFT: Konzept einer Satelliten Sende-Bord-Antenne, Teil 1. (FB W 77-05). AEG-Telefunken, Ulm, 1974
BMFT: Konzept einer Satelliten Sende-Bord-Antenne, Teil 2. (FB W 77-06). AEG-Telefunken, Ulm, 1975
BMFT: Satellitenfunkantennen für Frequenzen um und über 30 GHz. (FB W 79-37). Siemens AG, München, 1979
BMIE Magazine (Eds.): Broadcast Antenna Systems Handbook. TAB, Blue Ridge Summit, PA, 1973
BMWF: Verminderung von Antennenrauschen und Rückstrahlung. (FB W 68-49). AEG-Telefunken, Ulm, 1968

CCIR: Antenna Diagrams. ITU, Geneva, 1978
CCIR: Book of Antenna Diagrams. ITU, Geneva, 1984
CCIR: Handbook on HF-Directional Antennae. ITU, Geneva, 1966
CQ: 1992 Antenna Buyer's Guide. CQ Communications, Hicksville, NY, 1992
CQ: Antenna Roundup Vol.1. Cowan, Port Washington, NY, 1965
CQ: Antenna Roundup Vol.2. Cowan, Port Washington, NY, 1966

DFVLR: Bestimmung charakteristischer Strahlungseigenschaften einer Torusantenne. (DFVLR-FB 87-46). DFVLR, Oberpfaffenhofen, 1987
DFVLR: Eichung eines Radiointerferometers mit schwenkbaren Antennen. DFVLR, Oberpfaffenhofen, 1969
DFVLR: Entwicklung einer linear polarisierten Short-Backfire-Antenne für ein Flugzeug-L-Band-Scatterometer.(DFVLR-Mitt. 85-15). DFVLR, Oberpfaffenhofen, 1985
DFVLR: Entwurf, Berechnung, Konstruktion und Vermessung von Offset-Reflektorantennen. (DFVLR-Mitt. 81-33). DFVLR, 1981
DFVLR: Polarimetric Calibration Using Passive Corner Reflectors. (DFVLR-FB 89-21). DFVLR, Oberpfaffenhofen, 1989
DFVLR: Vorschlag einer Bodenstationsantenne für geostationäre Satelliten nach dem Konzept einer einfachen Strahlnachführung. (DFVLR-Mitt. 81-05). DFVLR, Oberpfaffenhofen, 1981
DLR: Bestimmung der scheinbaren Phasenzentren einer Flugzeugantenne zur Eichung des Interferometers der Zentralen Deutschen Bodenstation. (DLR-FB 73-112). DFVLR, Oberpfaffenhofen, 1973
DLR: Die Theorie der Beugung am idealleitenden Winkel beliebiger Öffnung zur Anwendung auf Antennendiagramme. (DLR-FB 77-05). DFVLR, Oberpfaffenhofen, 1977
DLR: Effiziente Rechenverfahren zur Analyse von komplexen Einzel- und Gruppenantennen in Streifenleitungstechnik. (DLR-FB 90-53). DLR, Oberpfaffenhofen, 1990
DLR: Eine konforme Flugzeug-Array-Antenne mit schwenkbarer Strahlungscharakteristik zur Satellitenkommunikation im L-Band. (DLR-FB 86-47). DFVLR, Oberpfaffenhofen, 1986
DLR: Ein L-Band-Patch-Antennen-Array mit integrierten Phasenschiebern. (DLR-FB 89-63). DFVLR, Oberpfaffenhofen, 1989
DLR: Eine phasengesteuerte Antennengruppe für den Satellitenmobilfunk. (DLR-FB 91-21). DLR, Oberpfaffenhofen, 1991
DLR: Globale und hochaufgelöste Radarrückstrahlquerschnitts-Messungen... (DLR-Mitt. 91-10). DLR, Oberpfaffenhofen, 1991
DLR: Omnidirektionale UKW-Antennen auf Schiffen für Satellitenempfang. (DLR-FB 71-05). DFVLR, Oberpfaffenhofen, 1971
DLR: Untersuchungen zum Strahlungsverhalten einer Dipolantenne in einem inhomogenen, kompressiblen und nichtlinearen Weltraumplasma. (DLR-FB 91-05). DLR, Oberpfaffenhofen, 1991
DVL: Bau einer Langwellen-U-Adcock-Peilanlage. (DVL-Bericht Nr. 37). DVL, Mühlheim, 1956/57
DVL: Breitbandantennen. (DVL-Bericht Nr. 256). DVL, Porz-Wahn, 1963
DVL: Das Beugungsfeld von Mikrowellen-Aperturantennen (Fresnel- und Fraunhofertyp) für Antennenmeßstrecken. (DVL-Bericht Nr. 108). DVL, Mühlheim, 1959/60
DVL: Externe Störungen und Antennenrauschtemperaturen bei Satellitenbeobachtungen im 136- und 400 MHz Bereich. (DVL-Bericht Nr. 576; DLR-FB 67-12). DVL, Oberpfaffenhofen, 1965/67

EBU: Towers and Masts for VHF and UHF Transmitting Aerials (Bolt, F.D.). Technical Monograph No. 3103. European Broadcasting Union Techn. Centre, Brussels, 1965
FTZ: Gemessene Richtdiagramme und Gewinnkurven von Sende- und Empfangsantennen im KW-Bereich. FTZ, Darmstadt, 1970
FTZ: Gemessene Richtdiagramme und Gewinnkurven von Sendeantennen im KW- und MW-Bereich (Ausg. 2). FTZ, Darmstadt, 1971
FUNK: Amateurfunk, Amateurfunk-Antennen – selbst gebaut. funk Spezial 34). VTH, Baden-Baden, 1995
FUNK: Antennen, Empfangsantennen für den Kurz-, Mittelwellenhörer und Funkamateur. (funk Spezial 29). VTH, Baden-Baden, 1994
FUNK: Antennen, Empfangsantennen für den Kurzwellenhörer und Funkamateur. (funk Spezial 39). VTH, Baden-Baden, 1997
FUNK: Antennen, Amateurfunk. VTH, Baden-Baden, 2000
FUNK: Funk Antennen-Report 1978-1993. VTH, Baden-Baden, 1993
FUNKAMATEUR: Digest-Amateurfunktechnik & Antennen. Theuberger, Berlin, 1998

G-QRP CLUB: Antenna Handbook. RSGB, Potters Bar, Herts, UK, 1992

IBA: Developments in Aerials for Broadcasting. Technical Review No. 23. Independent Broadcasting Authority, Winchester, Hampshire, UK, 1986
IEC: Methods of measurement of antennas in the mobile service. IEC 489 Part 2, IEC Geneva
IEE: Conference on large steerable Aerials for Satellite Communication, Radio Astronomy and Radar. IEE, London, 1966
IEE: Proc. Intl. Conf. on Antennas and Propagation, Part 1: Antennas. (London), IEE, London, 1978
IEE: Proc. 2nd Int. Conf. on Antennas and Propagation, Part 1: Antennas. (York, UK), IEE, London, 1981
IEE: Proc. 3rd Int. Conf. on Antennas and Propagation, Part 1: Antennas. IEE, London, 1983
IEE: Proc. 4th Int. Conf. on Antennas and Propagation, Part 1: Antennas. (Warwick, UK), IEE, London, 1985
IEE: Proc. 5th Int. Conf. on Antennas and Propagation, Pan 1: Antennas. (York, UK), IEE, London, 1987
IEE: Proc. 6th Int. Conf. on Antennas and Propagation (ICAP'89). (Coventry, UK), IEE, London, 1989
IEE: Proc. 7th Int. Conf. on Antennas and Propagation ICAP'91. (York, UK), IEE, London, 1991
IEE: Proc. 8th Int. Conf. on Antennas and Propagation ICAP'93. (Edinburgh, UK), IEE, London, 1993
IEE: Proc. 9th Int. Conf. on Antennas and Propagation ICAP'95. (UK), IEE, London, 1995
IEEE: Antennas and Propagation – ICAP 83.1EEE. New York 1983
IEEE: Antennas and Propagation. IEEE, New York, 1993
IEEE: Antennas and Propagation for Wireless Communications (Antennas and Propagation Sodety Conference). IEEE. New York, 2000
IEEE: Antennas and Propagation Sodety Meeting, IEEE, New York, 1997IEEE: Antennas and Propagation Sodety International Symposium, IEEE, New York, 1998
IEEE: APS Conference on Antennas and Propagation for Wireless Communications. IEEE, New York, 1998 *IEEE:* Antennas and Propagation Sodety International Symposium and URSI National Radio Sdence Meeting (Ortando, FL), IEEE. New York, 1999
IEEE: International Conference on Antennas and Propagation – ICAP 95. IEEE, New York, 1995
IEEE: International Conference on Antennas and Propagation – ICAP '97. IEEE, New York, 1997
IEEE: International Convention Record, Part 1: Antennas and Propagation. IEEE, New York, 1963
IEEE: International Convention Record, Part 2: Antennas, Devices etc. IEEE, New York, 1964
IEEE: International Convention Record, Part 5: Antennas, Microwaves etc. IEEE, New York, 1965, 1966
IEEE: Dig. International Symposium Antennas and Propagation AP-S. (Atlanta, GA), IEEE, New York, 1974
IEEE: Dig. International Symposium Antennas and Propagation AP-S. (Amherst, MA), IEEE, New York, 1976
IEEE: Dig. International Symposium Antennas and Propagation AP-S. (Quebec, Canada), IEEE, New York, 1980
IEEE: Dig. International Symposium Antennas and Propagation AP-S. (Syracuse, NY), IEEE, New York, 1988
IEEE: Dig. International Symposium Antennas and Propagation AP-S. (San Jose, CA), IEEE, New York, 1989
IEEE: Dig. International Symposium Antennas and Propagation AP-S. (Dallas, TX), IEEE, New York, 1990
IEEE: International Symposium on Phased Array Systems and Technology. IEEE, New York. 1996IEEE 2000 Millenium Conference on Antennas and Propagation. (Davos, Switzerland), IEEE, New York. 2000
IEEE: Proc. International Symposium Antennas and Propagation AP-S. (London, Canada), IEEE, New York, 1991
IEEE: Proc. International Symposium Antennas and Propagation AP-S. (Chicago, IL), IEEE, New York, 1992
IEEE: Proc. International Symposium Antennas and Propagation AP-S. (Ann Arbor, MI), IEEE, New York, 1993
IEEE: Proc. International Symposium Antennas and Propagation AP-S. (Seattle, WA), IEEE, New York, '94
IEEE: Proc. International Symposium Antennas and Propagation AP-S. (Newport Beach, CA), IEEE, New York, 1995
IEEE: International Symposium on Phased Array Systems and Technology. IEEE, New York. 1996IEEE 2000 Millenium Conference on Antennas and Propagation. (Davos, Switzerland), IEEE, New York. 2000
IEEE: Test Procedures for Antennas (Std 149-1979). IEEE, New York, 1979
IEEE: 2000 IEEE Antennas and Propagation Sodety and URSI National Radio Sdence Meeting. (Salt Lake City, UT), IEEE. New York, 2000
IEEE: 2000 5'" International Symposium on Antennas, Propagation & EM Theory – ISAPE – 2000. (Beijing, China), IEEE, New York, 2000
IEEE: 2000 International Symposium on Antennas & Propagation. (Fukuoka, Japan), IEEE, New York, 2000
IEEE: 2000 IEEE-APS Conference on Antennas and Propagation for Wireless Communications. (Waltham. MA), »EEE. New York, 2000
IEEE: 2001 IEEE Antennas and Propagation Sodety International Symposium and URSI National Radio Sdence Meeting. (Boston, MA), IEEE, New York, 2001
IEZ: Seminare über Antennentechnik. Internationales Elektronik Zentrum, München, 1973
IRE: Convention Record, Part 2: Antennas and Communications. IRE, New York, 1953
IRE: Convention Record, Part 1: Antennas and Propagation. IRE, New York, 1954, 1955
IRE: Convention Record, Part 1: Telemetry, Antennas and Propagation. IRE, New York, 1956
IRE: Convention Record, Part 1: Antennas, Propagation & Microwaves. IRE, New York, 1957
IRE: Convention Record, Part 1: Antennas and Propagation. IRE, New York, 1958, 1959, 1960, 1961, 1962
IRE WESCON: Convention Record, Part 1: Antennas and Propagation. IRE, New York, 1957, 1958, 1959
IRE WESCON: Convention Record, Part 1: Antennas, Microwaves. IRE, New York, 1960, 1962
ISAE: International Symposium on Antennas and EM Theory – ISAE'93. (Nanking, China), 1993
ISAP: International Symposium on Antennas and Propagation – ISAP'92. (Sapporo, Japan), IEICE, Tokyo, 1992
ITG: Antennen. (Fachberichte 99). Fachtagung Würzburg März 1987, VDE, Berlin, 1987
ITG: Antennen. (Fachbericht 111). Fachtagung Wiesbaden März 1990, VDE, Berlin, 1990
ITG: Antennen. (Fachbericht 128). Fachtagung Dresden April 1994, VDE, Berlin, 1994
ITG: Antennen. (Fachbericht 149). Fachtagung München April 1998, VDE, Berlin, 1998

ITG: Antennen für mobile Systeme. Diskussionssitzung Starnberg, 1996
ITG: Die Antenne, ein systembestimmendes Element. Diskussionssitzung Lindau, 1988
ITG: Mehrelementeantennen. Diskussionssitzung Bad Dürkheim, 1992
ITG: Mehrfachausnutzung von Antennen. Diskussionssitzung Meersburg, 1984
ITG: Neuere Antennenmeßverfahren und ihre Probleme. Diskussionssitzung Baden-Baden, 1979
ITG: Systeme mit intelligenten Antennen. Diskussionssitzung Zürich, 1996

MEPL: Phased Array Radars (Pell, C. (Ed.)). MEPL, London, 1988

NBS: Methods for accurate measurement of antenna gain (Cottony, H.V.). Report 5539. NBS, Boulder CO, 1957
NBS: Near-field antenna measurements on a cylindrical surface (Yaghjian A.D.). Technical Note TN-696. NBS, Boulder, CO, 1977
NBS: Yagi Antenna Design (Viezbicke, P.P.). Technical Note TN-688. NBS, Boulder CO, 1976
NBS: Plane wave scattering-matrix theory of antennas and antenna-antenna interactions (Kerns, D.M.). Monograph 162, NBS, Boulder CO, 1981
NRC: Loop Antennas, Design and Theory. (National Radio Club), Universal Radio, Reynoldsburg, OH, 1997
NRC: Antenna Reference Manual Vol. 1. (National Radio Club), Universal Radio, Reynoldsburg, OH, 1985
NRC: Antenna Reference Manual Vol. 2. (National Radio Club), Universal Radio, Reynoldsburg, OH, 1989
NRC: Beverage and Longwire Antennas, Design and Theory. (National Radio Club), Universal Radio, Reynoldsburg, OH, 2000
NTF: Mikrowellentechnik und Antennen (Band 23). Vieweg, Braunschweig, 1961
NTG: Antennen (Fachberichte 45). VDE, Berlin, 1972
NTG: Antennen (Fachberichte 57). VDE, Berlin, 1977
NTG: Antennen' 82 (Fachberichte 78). VDE, Berlin, 1982
NTG: Antennen und elektromagnetische Felder. VDE-Bezirksverein, Frankfurt, 1967
NTG: Neuere Antennenmeßverfahren und ihre Probleme. (Diskussionssitzung Baden-Baden), 1979

RSGB: The Antenna File. RSGB, London, 2001

TH: Antennas integrated with transistors and varactor diodes *(Meinke, H.H.: Flachenecker, G.; Landstorfer, F.; Lindenmeier, H.)*. Institut für Hochfrequenztechnik der Technischen Hochschule München, München, 1968
TH: Research on Antennas *(Meinke, H.H)*. Final Report Contract AF 61 (052)-506. Inst. f. HF-Technik TH Mchn., München, 1966
TH: Transistorized Receiving Antennas *(Meinke, H.H.)*. Inst. f. HF-Technik TH München, München, 1967
TH: Receiving antennas integrated with transistors *(Meinke, H.H.; Flachenecker, G.; Landstorfer, F.; Lindenmeier, H.)*. Inst. f. HF-Technik TH München, München, 1969
TM: Antennas and Antenna Systems. (Technical Manual). War Department, Washington DC, 1943
TM: Antennas and Radio Propagation. (Technical Manual TM 11-666). Department of the Army, Washington DC, 1953
TU: Aktive Empfangsantennen (*Meinke, H.; Lindenmeier, H.*). Lehrstuhl für Hochfrequenztechnik der Technischen Universität, München, 1977
TU: Research on Antennas *(Meinke, H.H.; Flachenecker, G.; Landstorfer, F.; Lindenmeier, H.)*. Inst. f. HF-Techn., München, 1970
TU: Wellenablösung von einer Antenne *(Meinke, H.H.; Landstorfer, F.; Liska, H.; Mönich,* G.). Inst. f. HF-Technik, München, 1972

VDE: Erläuterungen zu den Bestimmungen für Antennenanlagen DIN VDE 0855 mit Berechnungsbeispielen. (VDE-Schriftenreihe H. 6), *(Loidiller, M.; Strauss, O.; Thurl, W.)*, VDE, Berlin, 1985

WESCON: Technical Papers, Part 1: Antennas, Microwaves. WESCON, Los Angeles CA, 1962
WESCON: Technical Papers, Part 1: Antennas. WESCON, Los Angeles CA, 1963
WESCON: Technical Papers, Part 1: Antennas & Microwaves. WESCON, Los Angeles CA, 1964
WESCON: Technical Papers, Part 1: Antennas, Microwaves, Communication. WESCON, Los Angeles CA, 1966

ZWB: Ausgewählte Fragen über Theorie und Technik von Antennen. (Hrsg. L. Brandt), Zentrale für wissenschaftliches Berichtwesen der Luftfahrtforschung, 1943

73 Magazine: The Giant Book of Amateur Radio Antennas. TAB, Blue Ridge Summit, PA, 1979
—: Behelfsmäßige Mast- und Antennen-Bauten der Funkertruppe. Siwinna, Kattowitz, 1917
—: Merkblatt über Aufbau und Ausführung von Antennen. D 1034/1, 1942
—: 2000 Antenna Industry Directory and Buyers Guide. Webcom Communications Corporation, 2000

41.4 Fachzeitschriften

AATiS, (Arbeitskreis Amateurfunk & Telekommunikation in der Schule e.V.), Praxishefte für Amateurfunk und Elektronik in Schule und Freizeit, W. Lipps, Harsum
ABU TECHNICAL REVIEW, (6 issues per year), Asia-Pacific Broadcasting Union (ABU), Kuala Lumpur, Malaysia
AEÜ, (Archiv für Elektronik und Übertragungstechnik), (6 Hefte jährlich), Hirzel Verlag, Stuttgart, (1947–)
AFM-Nachrichten, (Förderverein Amateurfunkmuseum e. V.), (unregelmäßige Ausgaben), DJ2WC, Ebersberg
AMSAT-DL JOURNAL, Offizielles Organ der AMSAT-DL e.V., (4 Hefte jährlich), AMSAT-DL e.V., Marburg, (1974–)
AntenneX, The Magazine About Antennas, (12 issues per year), Franklin-Belle Publisher, Corpus Christi, TX, USA, (September 1988–November 1989)
Applied MICROWAVE & WIRELESS, (12 issues per year), Noble Publ. Corp., Tucker, GA, (1989–)

BEAM, Zeitschrift für Amateurfunk, HF-Technik, Elektronik, (12 Hefte jährlich), beam-Verlag, Marburg, (1982– 8/95), danach vereinigt mit Funk

CABLE AND SATELLITE EUROPE, Leading Journal of International Satellite and Cable Communications, (12 issues per year), Cable and Satellite Magazines, London
CB-Funk, Magazin für den Funkeinsatz im Alltag, (12 Hefte jährlich), VTH-Verlag, Baden-Baden, (1990–)
CELLULAR & MOBILE International, Journal of Mobile Communication, (10 issues per year), Intertec Publ. Corp., Metcalf, KS, (1991–1998)
COMMUNICATIONS INTERNATIONAL, (12 issues per year), International Thomson Publishing Ltd., Warley, West Midlands, UK, (1974–)
COMMUNICATIONS QUARTERLY, Journal of Communications Technology, (4 issues per year), CQ Communications Inc., Hicksville, NY, USA
CONNECT, Amateur Packet Radio Bayern, (4 Hefte jährlich), AMPACK-Bayern Verlag, München, (1989–)
CQ, The Radio Amateurs Journal, (12 issues per year), CQ Communications Inc., Hicksville, NY, USA, (1946–)
CQ VHF, Ham Radio Above 50 MHz, (12 issues per year), CQ Communications Inc., Hicksville, NY, (1995–)

Der Fernmelde Ingenieur, Zeitschrift für Ausbildung und Fortbildung, (6–8 Hefte jährlich), Verlag für Wissenschaft und Leben, Erlangen
D-i-Y RADIO, An Introduction to Amateur Radio, (6 issues per year), RSGB, Potters Bar, Herts, UK, (1991–)
DUBUS, (4 Hefte jährlich), DUBUS Verlag, Hamburg, (1972–)

ELECTRONIC DESIGN, Technology Application Products Solutions, (28 issues per year), Penton Media Inc., Cleveland, OH, (1953–)
ELECTRONIC & RADIO ENGINEER, (12 issues per year), UK, (1957–)
Electronics, (12 issues per year), Penton Publishing Inc., Cleveland, OH, USA
ELECTRONICS & COMMUNICATION Engineering Journal, (6 issues per year), Institution of Electrical Engineers (IEE), London, UK, (1989–)
ELECTRONICS LETTERS, (25 issues per year), Institution of Electrical Engineers (IEE), Stevenage, Herts, UK, (1965–)
ELECTRONICS WORLD + WIRELESS WORLD, (12 issues per year), Quadrant House, Sutton, Surrey, UK
ELEKTOR, Elektronik-Zeitschrift, (12 Hefte jährlich), Elektor-Verlag, Aachen, (1970–)
ELV Journal, Fachmagazin für angewandte Elektronik, (6 Hefte jährlich), Elektronik-Literatur-Verlag GmbH, Leer
EMC JOURNAL, Fachzeitschrift für EMV, (4 Hefte jährlich), KM Verlag & Kongress, München, (1990–)
EMC TEST & DESIGN, (12 issues per year), Argus Business, Atlanta, GA, USA, (1990–)

FERNMELDE-PRAXIS, Zeitschrift für Technik und Betrieb des Nachrichtenwesens, (24 Hefte jährlich), Fachverlag Schiele & Schön GmbH, Berlin, (1924–1989)
FREQUENZ, Zeitschrift für Telekommunikation, (6 Hefte jährlich), Fachverlag Schiele & Schön GmbH, Berlin, (1947–)
FTZ, (Fernmeldetechnische Zeitschrift), (12 Hefte jährlich), VDE Verlag GmbH, Berlin, (1948–1954)
Funk, Internationales Magazin der Funktechnik, (12 Hefte jährlich), Verlag für Technik & Handwerk GmbH, Baden-Baden, (1977–)
FUNKAMATEUR, Magazin für Funk, Elektronik, Computer, (12 Hefte jährlich), Theuberger Verlag GmbH, Berlin, (1952–)
Funkschau, Magazin für Telekommunikation und Unterhaltungselektronik, (26 Hefte jährlich), Franzis Verlag GmbH, München
FUNKSPIEGEL, Zeitschrift für die Funkdienste, (4 Hefte jährlich), Thiele-Versand, Wuppertal, (1981–)
FUNK TECHNIK, Fachzeitschrift für Funk-Elektroniker und Radio-Fernseh-Techniker, (12 Hefte jährlich), Hüthig Verlag GmbH, Heidelberg, (–1986)
FUNK TELEGRAMM, Magazin für Funkamateure, (12 Hefte jährlich), Verlag Rojahn + Kraft, Hamburg, (1989)
FUNK UND TON, HF-Technik und Elektroakustik, (12 Hefte jährlich), Verlag für Radio-Foto-Kinotechnik, Berlin, (1947–1954)

HAM RADIO, (12 issues per year), Communications Technology Inc., Greenville NH, USA, (März 1968–Juni 1990)
Ham Radio Today, (12 issues per year), Argus, Redhill, Surrey, UK
HF-PRAXIS, Zeitschrift für Funktechnik und Kommunikation, (12 Hefte jährlich), beam-Verlag, Marburg, (1986)
HF-Report, Hochfrequenztechnik Optoelektronik EMV Mikrowellentechnik Kommunikationstechnik, (4 Hefte jährlich), Baltz Verlag und Werbung GmbH, München, (1987–)
HOCHFREQUENZTECHNIK UND ELEKTROAKUSTIK, Jahrbuch der drahtlosen Telegraphie und Telephonie, (6 Hefte jährlich), Akademische Verlagsgesellschaft, Leipzig, (1907–1944)

IEE PROCEEDINGS PART H MICROWAVES, ANTENNAS AND PROPAGATION, (6 issues per year), Institution of Electrical Engineers (IEE), Stevenage, Herts, UK
IEEE Antennas and Propagation Magazine, (6 issues per year), Institute of Electrical and Electronics Engineers Inc. (IEEE), New York, NY, USA, ([1959]1990–)
IEEE Antennas and Propagation (Society) Newsletter, (6 issues per year), Institute of Electrical and Electronics Engineers Inc. (IEEE), New York, NY, USA, (1959–1989)
IEEE TRANSACTIONS ON AEROSPACE AND ELECTRONIC SYSTEMS, (AES), (6 issues per year), IEEE, New York, NY, USA, (1965–)
IEEE TRANSACTIONS ON ANTENNAS AND PROPAGATION, (AP), (12 issues per year), IEEE, New York, NY, USA, (1953–)
IEEE TRANSACTIONS ON BROADCASTING, (BC), (4 issues per year), IEEE, New York, NY, USA, (1955–)
IEEE TRANSACTIONS ON COMMUNICATION SYSTEMS, (CS), (4 issues per year), IEEE, New York, NY, USA, (1953–1964)
IEEE TRANSACTIONS ON COMMUNICATION TECHNOLOGY, (COM), (4 issues per year), IEEE, New York, NY, USA, (1964–)
IEEE TRANSACTIONS ON ELECTROMAGNETIC COMPATIBILITY, (EMC), (4 issues per year), IEEE, New York, NY, USA, (1959–)

IEEE TRANSACTIONS ON MICROWAVE THEORY AND TECHNIQUES, (MTT), (12 issues per year), IEEE, New York, NY, USA, (1953–)
IK Ingenieur der Kommunikationstechnik, Europäische Zeitschrift für Informations- und Kommunikationstechnik, (6 Hefte jährlich), Verlag Technik GmbH, Berlin, (1996–)
INFOSAT, Europas Nr. 1 zum Thema SAT-Empfang, (12 Hefte jährlich), Infosat Verlag u. Werbe GmbH, Daun, (1987–)
Internationale Elektronische Rundschau, Hochfrequenztechnik Fernsehen Elektroakustik, (12 Hefte jährlich), R. v. Decker's Verlag, Heidelberg, (1946–1975)

Kurier, Fachzeitschrift für internationalen Rundfunkempfang, (21 Hefte jährlich), ADDX e.V., Düsseldorf, / (–1998)
Kurier mit weltweit hören, Fachzeitschrift für internationalen Rundfunkempfang, (21 Hefte jährlich), ADDX e.V., Düsseldorf, (1999–)

MICROWAVE ENGINEERING EUROPE, (8 issues per year), Morgan-Grampian Ltd., London, UK
Microwave Journal, (12 issues per year), Horizon House Publications Inc., Norwood, MA, USA, (1958–)
Microwaves & RF, for designs at higher frequencies, (19 issues per year), Penton Publishing Inc., Cleveland, OH, USA, (1962–)
MIKROWELLEN & HF MAGAZIN TELECOMMUNICATIONS, Euro Global Magazine, (6–8 Hefte jährlich), Sprechsaal Publishing Group, Coburg, (1975–)
MSN & CT, Microwave Systems News & Communications Technology, (12 issues per year), EW Communications Inc., Palo Alto, CA, USA, (1971–)
MOBILE europe, European Mobile Communications Magazine, (12 issues per year), Nexus Business Communications Ltd. Swanley, Kent, UK

NCJ, National Contest Journal, (6 issues per year), ARRL, Newington, CT, USA, (1973–)
NE Nachrichtentechnik Elektronik, Europäische Zeitschrift für Telekommunikation und Informationstechnik, (6 Hefte jährlich), Verlag Technik GmbH, Berlin, (–1995)
NET, Erfolgreiches Kommunikationsmanagement, (10 Hefte jährlich), R. v. Decker's Verlag, Heidelberg, (1947–)
Neues von Rohde & Schwarz, (4 Hefte jährlich), Rohde & Schwarz, München, (1960–)
NTZ, (Nachrichtentechnische Zeitschrift), Fachmagazin für Telekommunikation und Informationstechnik, (12 Hefte jährlich), vde-verlag gmbh, Berlin, (1948–)
NTZ Archiv, Wissenschaftl. Zeitschrift für Informationstechnik, vde-verlag gmbh, Berlin, (1948–1990)

Practical Wireless, UK Magazine for Amateur Radio Enthusiasts, (12 issues per year), PW Publishing Ltd. Broadstone, Dorset, UK, (1925–)
PROCEEDINGS OF THE IEEE, (12 issues per year), Institute of Electrical and Electronics Engineers Inc. (IEEE), New York, NY, USA, ([1913] 1963–)
PROCEEDINGS OF THE IRE, (12 issues per year), Institute of Radio Engineers, New York, NY, USA, (1913–1962), danach Proc. of the IEEE

QEX, The ARRL Experimenter's Exchange, (12 issues per year), ARRL, Newington CT, USA
QRP-REPORT, Zeitschrift der Arbeitsgemeinschaft QRP und Selbstbau, (4 Hefte jährlich), Theuberger Verlag, Berlin, (1997–)
QRV, Amateur-Radio, (12 Hefte jährlich), Körner GmbH, Gerlingen, (1972–1980)

RADIO FERNSEHEN ELEKTRONIK, Zeitschrift der Unterhaltungselektronik, (12 Hefte jährlich), Verlag Technik GmbH, Berlin, später als RFE
RADIO Hören, Hobby-Magazin für weltweiten Rundfunkempfang, (6 Hefte jährlich), Verlag für Technik und Handwerk, Baden-Baden, vereint mit RadioWelt, (–1991)
RADIO JOURNAL, Das Medien-Magazin, (12 Hefte jährlich), Verlag Anita Pospieschil, Bad Neuenahr-Ahrweiler
Radiohören & Scannen, Hobby-Magazin für weltweiten Funkempfang, (12 Hefte jährlich), VTH-Verlag, Baden-Baden, (1992–)
RADIO-SCANNER, Hör-und Abhör-Magazin, (4 Hefte jährlich), RMB-Verlag, Burgdorf, (1996–)
RADIO SCIENCE, (6 issues per year), American Geophysical Union, Washington, DC, USA, (1966–)
RadioWelt, Fachzeitschrift für internationale Kommunikation, (12 Hefte jährlich), beam-Verlag, Marburg, (1984–)
RF Design, engineering principles and practices, (13 issues per year), Argus Business, Atlanta, GA, USA, (1978–)
RFE (RADIO FERNSEHEN ELEKTRONIK), Zeitschrift der Unterhaltungselektronik, (12 Hefte jährlich), Verlag Technik GmbH, Berlin, (1998–)
RTM, Rundfunktechnische Mitteilungen, Fachzeitschrift für Hörfunk- und Fernsehtechnik, (6 Hefte jährlich), Institut für Rundfunktechnik GmbH (IRT), München, (1957–)
SCHWEIZER ARCHIV für angewandte Wissenschaft und Technik, (12 Heften jährlich), Vogt-Schild Verlag, Solothurn, CH, (1935–)
Short Wave Magazine, PW Publishing Ltd., Broadastone, Dorset, UK
SIX NEWS, Journal of the U.K. Six Metre Group, (4 issues per year), Amersham, Buckinghamshire, UK, (1982–)
SPRAT, The Journal of the G-QRP Club, (4 issues per year), G-QRP Club, Rochdale, Lancs, UK

TECHNISCHE MITTEILUNGEN DES RFZ, (4 Hefte jährlich), Deutsche Post, Rundfunk- und Fernsehtechnisches Zentralamt (RFZ), Berlin, (1957–1990)
TELECOMMUNICATION JOURNAL, (12 issues per year), International Telecommunication Union (ITU), Geneva, Switzerland, (1934–)
TELECOMMUNICATIONS, Mikrowellen HF-Magazin, (6 Ausgaben jährlich), Sprechsaal Publishing Group, Coburg, (1975–)
Telekom Praxis, Zeitschrift für Technik und Betrieb des Nachrichtenwesens, (12 Hefte jährlich), Fachverlag Schiele & Schön GmbH, Berlin
TELE-Satellit, Fachzeitschrift für Satellitenkommunikation, (12 Hefte jährlich), TELE-audiovision Medien GmbH, München, (1981–)
The DX Magazine, Magazine for DXers, (6 issues per year), The DX Bulletin, Fulton, CA, USA, (1989–)
TV-AMATEUR, Zeitschrift der Arbeitsgemeinschaft Amateurfunkfernsehen, (4 Hefte jährlich), AGAF, Dortmund,

UKW-Berichte, Zeitschrift für Nachrichten- und Hochfrequenz-Technik, HF-, VHF-, UHF-, SHF-Funk, (4 Hefte jährlich), Verlag UKW-Berichte, Baiersdorf, (1961–)

VHF Communications, Publication for the Radio-Amateur Especially covering VHF, UHF and Microwaves, (4 issues per year), KM-Publications, UK, (1969–)

Weltweit Hören, Fachzeitschrift für Rundfunk- Fernempfang, (12 Hefte jährlich), AGDX e.V., Erlangen, (1973–1998), danach vereinigt mit Kurier
WIRELESS ENGINEER, (12 issues per year), UK, (1924–1956)
Wireless Technology International, The authority on wireless communications networks, (10 issues per year), Primedia Intertec, Metcalf, KS, (1999–)
Wireless World, Electronics Radio Television, (12 issues per year), Riffs & Sons Ltd., London, UK, (1911–)

73 Magazine, (12 issues per year), Wayne Green Inc., Peterborough, NH, USA
73 Amateur Radio Today, (früher: 73 Magazine), (12 issues per year), WGE Center, Peterborough, NH, USA

41.5 Klubzeitschriften (Amateurfunk)

Amatérské Radio, CRK (Cesky Radio Klub), Praha, (Tschechien), (–1995)
Amateur Radio, Journal of the Wireless Institute of Australia (WIA), Caulfield, (Australien)
Amator Radio, NRRL (Norsk Radio Relae Liga), Oslo, (Norwegen)
ARO, RSM (Radioamateriski Sojuz na Makedonija), Skopje (Mazedonien), (2000–)
Break-in, NZART (New Zealand Association of Radio Transmitters), Upper Hutt, (Neuseeland)
Bulletin du R.L., RL (Reseau Luxembourgeois des Amateurs d'Ondes Courtes), Dudelange, (Luxemburg)
CQ, DARC (Deutscher Amateur-Radio-Club), Kiel, (Deutschland), (1948–1950), danach *DL-QTC*
CQ DL, DARC (Deutscher Amateur-Radio-Club e.V.), Baunatal, (Deutschland), (1972–)
CQ-QSO, UBA (Unie van de Belgische Amateur-Zenders), Brusseles, (Belgien)
CQ VFDB, VFDB (Verband der Funkamateure der Deutschen Bundespost e.V.), danach (Verband der Funkamateure in Telekommunikation und Post e.V.) Geilenkirchen, (Deutschland)
CQ-ZRS, ZRS (Glasilo Zveze Radioamaterjev Slovenije), Ljubljana, (Slowenien) (1990–)
DL-QTC, DARC (Deutscher Amateur-Radio-Club e.V.), Kiel, (Deutschland), (1951–1971), danach *CQ DL*
Electron, VERON (Vereniging voor Experimenteel Radio Onderzoek in Nederland), Arnhem, (Niederlande)
Funkamateur, GST (Gesellschaft für Sport und Technik), Berlin, (DDR), (1954–1990), danach Fachzeitschrift *Funkamateur*
IRTS Newsletter, IRTS (Irish Radio Transmitters Society), Dublin. (Irland)
KW-Journal, URR (Union of Radioamateurs of Russia), Moskva, (Rußland), (–1998)
LZ-73, BFRA (Bulgarian Federation Of Radio Amateurs), Sofia (Bulgarien) (– 1993)
Monitor, PZK (Polski Zwiazek Krotkofalowcow), Bydgorozcz, (Polen)
OEM, ÖVSV (Österreichischer Versuchssenderverband), Wien, (Österreich), (1933–1973), danach *qsp*
OE3M, Mitteilungen des LV Niederösterreich (OE3) des ÖVSV (Österreichischer Versuchssenderverband), Langenlois, (Österreich), (1961–1975)
old man, USKA (Union Schweizerischer Kurzwellen-Amateure), Brittnau, (Schweiz)
OZ, EDR (Experimenterende Danske Radioamatoerer), Odense, (Dänemark)
qsp, ÖVSV (Österreichischer Versuchssenderverband), Wien, (Österreich), (1974–)
QST, ARRL (American Radio Relay League), Newington, (USA)
QST Canada, RAC (Radio Amateurs of Canada), Ottawa, (Kanada)
QTC, SSA (Föreningen Sveriges Sändareamatörer), Solentuna, (Schweden)
Radio, REF-Union (Union Francaise des Radioamateurs), Tours, (Frankreich)
Radio, RSF (Radio Sport Federation of the USSR), Moskva, (UdSSR), (–1990)
Radio Amater, SRJ (Savez Radioamatera Jugoslavije), Beograd, (Jugoslawien)
Radio Amaterske, CRK (Ceskeh Radioklub), Praha, (Tschechien), (2000 -)
Radio Amator, UARL (Ukrainian Amateur Radio League), Kiev, (Ukraine)
Radio-Amatööri, SRAL (Suomen Radioamatööriliittory), Helsinki, (Finnland)
Radiocommunicatii si Radioamatorism, FRR (Federatia Romana de Radioamatorism), Bucuresti, (Rumänien)
Radio Communication, RSGB (Radio Society of Great Britain), Potters Bar, (Großbritannien), (1968–)
Radio HRS, HRS (Hrvatskia Rad Com Radioamaterski Saveza), Zagreb, (Kroatien)
Radio-Hobby, UARL (Ukrainian Amateur Radio League), Kiev, (Ukraine)
Radioljubitel (KW-UKW), BFRR (Belorussian Federation of Radio Amateurs and Sportsmen), Minsk, (Weißrußland)
Radio Rivista, ARI (Associazione Radioamatori Italiani), Milano, (Italien)
Radio T9, ARABiH (Asocijacija Radio Amatera Bosne i Hercegovine), Sarajevo (Bosnien - Herzgowina)
Radio Zurnal, SZRARA (Slovakian Amateur Radio Association), Bratislava, (Slowakei)
Radio ZS, SARL (South African Radio League), Strubensvalley, (Südafrika)
Radiotechnika, MRASZ (Magyar Radioamator Szovetseg), Budapest, (Ungarn), (–1997)
RSGB Bulletin, RSGB (Radio Society of Great Britain), London, (Großbritannien), (1925–1967), danach *Radio Communication*
URE, URE (Union de Radioaficionados Espanoles), Madrid, (Spanien)

42 Anhang

42.1 Frequenzübersicht

Tabelle 42.1.1 Frequenz- und Wellenbereich

Deutsche Bezeichnung	Deutsche Abkürzung	Englische Bezeichnung	Englische Abkürzung	Frequenzbereich	Wellenlängen-bereich
–	–	Extremely Low Frequencies	ELF	– ... 300 Hz	– ... 1000 km
–	–	Ultra Low Frequencies	ULF	300 ... 3000 Hz	1000 ... 100 km
Längstwellen	–	Very low Frequencies	VLF	3 ... 30 kHz	100 ... 10 km
Langwellen	LW	Low Frequencies	LF	30 ... 300 kHz	10 ... 1 km
Mittelwellen	MW	Medium Frequencies	MF	300 kHz ... 3 MHz	1000 ... 100 m
Kurzwellen	KW	High Frequencies	HF	3 ... 30 MHz	100 ... 10 m
Meterwellen	UKW	Very High Frequencies	VHF	30 ... 300 MHz	10 ... 1 m
Dezimeter-wellen	–	Ultra High Frequencies	UHF	300 MHz ... 3 GHz	10 ... 1 dm
Zentimeter-wellen	–	Super High Frequencies	SHF	3 ... 30 GHz	10 ... 1 cm
Millimeter-wellen	–	Extremely High Frequencies	EHF	30 ... 300 GHz	10 ... 1 mm

Die englischen Abkürzungen werden auch in der deutschsprachigen Fachliteratur vielfach verwendet. Der in der Vergangenheit benutzte Begriff für Meterwellen (UKW) bezeichnet heute im allgemeinen das FM-Rundfunkband II.

Bild 42.1.1 **Mikrowellen-Frequenzbereiche**

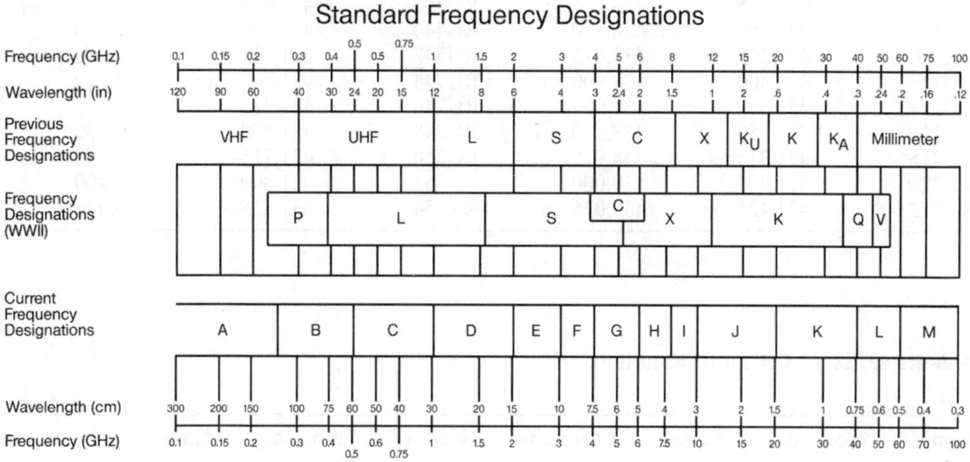

Tabelle 42.2.1 **Amateurfunk-Relais-Kanäle**

Kanal	Eingangs-frequenz MHz	Ausgangs-frequenz MHz	Kanal	Eingangs-requenz MHz	Ausgangs-frequenz MHz
28 MHz					
KW1	29,560	29,660	KW3	29,580	29,680
KW2	29,570	29,670	KW4	29,590	29,690
50 MHz					
RF81	51,210	51,810	RF91	51,310	51,910
RF83	51,230	51,830	RF93	51,330	51,930
RF85	51,250	51,850	RF95	51,350	51,950
RF87	51,270	51,870	RF97	51,370	51,970
RF89	51,290	51,890	RF99	51,390	51,990
144 MHz					
RV48	145,000	145,600	RV56	145,100	145,700
RV49	145,0125	145,6125	RV57	145,1125	145,7125
RV50	145,025	145,625	RV58	145,125	145,725
RV51	145,0375	145,6375	RV59	145,1375	145,7375
RV52	145,050	145,650	RV60	145,150	145,750
RV53	145,0625	145,6625	RV61	145,1625	145,7625
RV54	145,075	145,675	RV62	145,175	145,775
RV55	145,0875	145,6875	RV63	145,1875	145,7875
430 MHz					
RU692	431,050	438,650	RU724	431,450	439,050
RU694	431,075	438,675	RU726	431,475	439,075
RU696	431,100	438,700	RU728	431,500	439,100
RU698	431,125	438,725	RU730	431,525	439,125
RU700	431,150	438,750	RU732	431,550	439,150
RU702	431,175	438,775	RU734	431,575	439,175

RU704	431,200	438,800	RU736	431,600	439,200
RU706	431,225	438,825	RU738	431,625	439,225
RU708	431,250	438,850	RU740	431,650	439,250
RU710	431,275	438,875	RU742	431,675	439,275
RU712	431,300	438,900	RU744	431,700	439,300
RU714	431,325	438,925	RU746	431,725	439,325
RU716	431,350	438,950	RU748	431,750	439,350
RU718	431,375	438,975	RU750	431,775	439,375
RU720	431,400	439,000	RU752	431,800	439,400
RU722	431,425	439,025	RU754	431,825	439,425

Tabelle 42.2.2 CB-Funk-Kanäle

Kanal	Frequenz	Kanal	Frequenz	Kanal	Frequenz	Kanal	Frequenz
1	26965 kHz	21	27215 kHz	41	26565 kHz	61	26765 kHz
2	26975 kHz	22	27225 kHz	42	26575 kHz	62	26775 kHz
3	26985 kHz	23	27255 kHz	43	26585 kHz	63	26785 kHz
4	27005 kHz	24	27235 kHz	44	26595 kHz	64	26795 kHz
5	27015 kHz	25	27245 kHz	45	26605 kHz	65	26805 kHz
6	27025 kHz	26	27265 kHz	46	26615 kHz	66	26815 kHz
7	27035 kHz	27	27275 kHz	47	26625 kHz	67	26825 kHz
8	27055 kHz	28	27285 kHz	48	26635 kHz	68	26835 kHz
9	27065 kHz	29	27295 kHz	49	26645 kHz	69	26845 kHz
10	27075 kHz	30	27305 kHz	50	26655 kHz	70	26855 kHz
11	27085 kHz	31	27315 kHz	51	26665 kHz	71	26865 kHz
12	27105 kHz	32	27325 kHz	52	26675 kHz	72	26875 kHz
13	27115 kHz	33	27335 kHz	53	26685 kHz	73	26885 kHz
14	27125 kHz	34	27345 kHz	54	26695 kHz	74	26895 kHz
15	27135 kHz	35	27355 kHz	55	26705 kHz	75	26905 kHz
16	27155 kHz	36	27365 kHz	56	26715 kHz	76	26915 kHz
17	27165 kHz	37	27375 kHz	57	26725 kHz	77	26925 kHz
18	27175 kHz	38	27385 kHz	58	26735 kHz	78	26935 kHz
19	27185 kHz	39	27395 kHz	59	26745 kH2	79	26945 kHz
20	27205 kHz	40	27405 kHz	60	26755 kHz	80	26955 kHz

Tabelle 42.2.3 Europäische Fernsehkanäle

(Deutschland, Dänemark, Finnland, Griechenland, Niederlande, Norwegen, Österreich, Portugal, Schweden, Schweiz, Spanien, Jugoslawien, Türkei, Zypern.)

Standard B für VHF, G für UHF

	Kanalgrenzen in MHz	**Bildträger** in MHz	**Tonträger** in MHz	**Mittlere Wellenlänge** in m
Band I				
Kanal E-5	47 ... 54	48,25	53,75	6,00
Kanal E-2A	48,5 ... 55,5	49,25	55,75	5,80
Kanal E-3	54 ... 61	55,25	60,75	5,20
Kanal E-4	61 ... 68	62,25	67,75	4,65
Band III				
Kanal E-5	174 ... 181	175,25	180,75	1,69
Kanal E-6	181 ... 188	182,25	187,75	1,63
Kanal E-7	188 ... 195	189,25	194,75	1,57
Kanal E-8	195 ... 202	196,25	201,75	1,51
Kanal E-9	202 ... 209	203,25	208,75	1,46
Kanal E-10	209 ... 216	210,25	215,75	1,41
Kanal E-11	216 ... 223	217,25	222,75	1,37
Kanal E-12	223 ... 230	224,25	229,75	1,33
Band IV				in cm
Kanal 21	470 ... 478	471,25	476,75	63
Kanal 22	478 ... 486	479,25	484,75	62,5
Kanal 23	486 ... 494	487,25	492,75	61
Kanal 24	494 ... 502	495,25	500,75	60
Kanal 25	502 ... 510	503,25	508,75	59
Kanal 26	510 ... 518	511,25	516,75	58
Kanal 27	518 ... 526	519,25	524,75	57,5
Kanal 28	526 ... 534	527,25	532,75	56,5
Kanal 29	534 ... 542	535,25	540,75	55,5
Kanal 30	542 ... 550	543,25	548,75	55
Kanal 31	550 ... 558	551,25	556,75	54
Kanal 32	558 ... 566	559,25	564,75	53
Kanal 33	566 ... 574	567,25	572,75	52,5
Kanal 34	547 ... 582	575,25	580,75	51,5
Kanal 35	582 ... 590	583,25	588,75	51
Kanal 36	590 ... 598	591,25	596,75	50,5
Kanal 37	598 ... 606	599,25	604,75	50
Band V				
Kanal 38	606 ... 614	607,25	612,75	49
Kanal 39	614 ... 622	615,25	620,75	48,5
Kanal 40	622 ... 630	623,25	628,75	48
Kanal 41	630 ... 638	631,25	636,75	47
Kanal 42	638 ... 646	639,25	644,75	46,5
Kanal 43	646 ... 654	647,25	652,75	46
Kanal 44	654 ... 662	655,25	660,75	45,5
Kanal 45	662 ... 670	663,25	668,75	45
Kanal 46	670 ... 678	671,25	676,75	44,5
Kanal 47	678 ... 686	679,25	684,75	44
Kanal 48	686 ... 694	687,25	692,75	43,5

	Kanalgrenzen in MHz	**Bildträger** in MHz	**Tonträger** in MHz	**Mittlere Wellenlänge** in m
Kanal 49	694 ... 702	695,25	700,75	43
Kanal 50	702 ... 710	703,25	708,75	42,5
Kanal 51	710 ... 718	711,25	716,75	42
Kanal 52	718 ... 726	719,25	724,75	41,5
Kanal 53	726 ... 734	727,25	732,75	41
Kanal 54	734 ... 742	735,25	740,75	40,5
Kanal 55	742 ... 750	743,25	748,75	40,3
Kanal 56	750 ... 758	757,25	756,75	39,8
Kanal 57	758 ... 766	759,25	764,75	39,3
Kanal 58	766 ... 774	767,25	772,75	38,9
Kanal 59	774 ... 782	775,25	780,75	38,5
Kanal 60	782 ... 790	783,25	788,75	38,2
Kanal 61	790 ... 798	791,25	796,75	37,9
Kanal 62	798 ... 806	799,25	804,75	37,5
Kanal 63	806 ... 814	807,25	812,75	37,1
Kanal 64	814 ... 822	815,25	820,75	36,8
Kanal 65	822 ... 830	823,25	828,75	36,4
Kanal 66	830 ... 838	831,25	836,75	36,1
Kanal 67	838 ... 846	839,25	844,75	35,7
Kanal 68	846 ... 854	847,25	852,75	35,4
Kanal 69	854 ... 862	855,25	860,75	35,0

Der Bereich von 790 ... 862 MHz wird in der Region 1 mit anderen festen Funkdiensten geteilt (Kanal 60 ... 69).

42.3 Antennenlängen

Tabelle 42.3.1 Strahlerlängen für die Amateurkurzwellenbänder (Langdrahtantennen nach Ganzwellen geordnet)

160-m-Band

λ	1810 kHz	1830 kHz	1850 kHz	1870 kHz	1890 kHz
0,5	80,33 m	79,46 m	78,60 m	77,76 m	76,93 m
1,0	163,15 m	161,37 m	159,62 m	157,92 m	156,25 m
1,5	245,97 m	243,28 m	240,65 m	238,08 m	235,56 m

80-m-Band / *40-m-Band*

λ	3500 kHz	3600 kHz	3700 kHz	3800 kHz	λ	7000 kHz	7100kHz
0,5	41,55 m	40,39 m	39,30 m	38,26 m	0,5	20,77 m	20,48 m
1,0	84,37 m	82,03 m	79,81 m	77,71 m	1,0	42,19 m	41,59 m
1,5	127,20 m	123,67 m	120,33 m	117,16 m	1,5	63,60 m	62,71 m
2,0	170,03 m	165,31 m	160,84 m	156.61 m	2,0	85,02 m	83,82 m
2,5	212,86 m	206,95 m	201,35 m	196,05 m	2,5	106,43 m	104,93 m
3,0	255,69 m	248,58 m	241,87 m	235,50 m	3,0	127,84 m	125,04 m

30-m-Band

λ	10100 kHz	10150 kHz
0,5	14,40 m	14,33 m
1,0	29,24 m	29,09 m
1,5	44,08 m	43,86 m
2,0	58,92 m	58,63 m
2,5	73,76 m	73,40 m
3,0	88,60 m	88,17 m
3,5	103,45 m	102,94 m
4,0	118,29 m	117,71 m

20-m-Band

λ	14000 kHz	14250 kHz	14350 kHz
0,5	10,39 m	10,20 m	10,13 m
1,0	21,09 m	20,72 m	20,58 m
1,5	31,80 m	31,24 m	31,03 m
2,0	42,51 m	41,76 m	41,47 m
2,5	53,22 m	52,28 m	51,92 m
3,0	63,92 m	62,80 m	62,36 m
3,5	74,63 m	73,32 m	72,81 m
4,0	85,34 m	83,84 m	83,26 m

17-m-Band

λ	18068 kHz	18168 kHz
0,5	8,05 m	8,00 m
1,0	16,34 m	16,25 m
1,5	24,64 m	24,51 m
2,0	32,94 m	32,76 m
2,5	41,23 m	41,01 m
3,0	49,53 m	49,26 m
3,5	57,83 m	57,51 m
4,0	66,12 m	65,76 m
4,5	74,42 m	74,01 m

15-m-Band

λ	21000 kHz	21250 kHz	21450 kHz
0,5	6,92 m	6,84 m	6,78 m
1,0	14,06 m	13,89 m	13,77 m
1,5	21,20 m	20,95 m	20,76 m
2,0	28,34 m	28,01 m	27,74 m
2,5	35,48 m	35,06 m	34,73 m
3,0	42,61 m	42,11 m	41,72 m
3,5	49,75 m	49,17 m	48,71 m
4,0	56,89 m	56,22 m	55,70 m
4,5	64,03 m	63,28 m	62,69 m

12-m-Band

λ	24890 kHz	24990 kHz
0,5	5,84 m	5,82 m
1,0	11,86 m	11,82 m
1,5	17,89 m	17,82 m
2,0	23,91 m	23,81 m
2,5	29,93 m	29,81 m
3,0	35,95 m	35,81 m
3,5	41,98 m	41,81 m
4,0	48,00 m	47,81 m
4,5	54,02 m	53,81 m
5,0	60,04 m	59,80 m

10-m-Band

λ	28000 kHz	29000 kHz	29700 kHz
0,5	5,19 m	5,01 m	4,90 m
1,0	10,55 m	10,18 m	9,94 m
1,5	15,90 m	15,35 m	15,00 m
2,0	21,25 m	20,52 m	20,04 m
2,5	26,61 m	25,69 m	25,09 m
3,0	31,96 m	30,86 m	30,13 m
3,5	37,31 m	36,03 m	35,18 m
4,5	42,67 m	41,20 m	40,23 m
5,0	48,02 m	46,37 m	45,27 m
5,0	53,38 m	51,54 m	50,32 m

Errechnet nach der Formel $l\,(m) = 299800 \cdot (N - 0{,}015) : f\,(kHz)$: nach umgestellter Gl. (11.1);

N ... Anzahl der Ganzwellen auf der Antenne

42.4 Koaxialkabel

Tabelle 42.4.2 Koaxialkabel, Ersatztypen

Aufstellung der nach MIL-C-17 ungültigen Kabeltypen und ihr Ersatz durch die nach MIL-C-17E gültigen

(Kabeltypen nach Ml L werden von vielen namhaften Kabelherstellern gefertigt)

ungültige Typen	Ersatz durch	ungültige Typen	Ersatz durch	ungültige Typen	Ersatz durch
RG5/U ... B/U	RG212/U	RG22/U ... A/U	RG22B/U	RG108/U	RG108A/U
RG6/U	RG64/U	RG23/U	RG23A/U	RG111/U	RG 111 A/U
RG8/U ... AN	RG213U	RG24/U	RG25A/U	RG115/U	RG115A/U
RG9/U ... A/U	RG214U	RG29/U	RG58C/U	RG116/U	RG227/U
RG10/U ... A/U	RG215/U	RG34/U ... A/U	RG34B/U	RG133/U	RG133A/U
RG11/U	RG11A/U	RG35/U ... A/U	RG35B/U	RG142/U ... A/U	RG142B/U
RG12/U	RG12A/U	RG58/U ... B/U	RG58C/U	RG159/U	RG142B/U
RG13/U ... A/U	RG216/U	RG59 ... A/U	RG59B/U	RG174/U	RG174A/U
RG14/U ... A/U	RG217/U	RG62/U ... C/U	RG62A/U	RG178/U ... A/U	RG178B/U
RG15/U	RG11A/U	RG63/U ... A/U	RG63B/U	RG179/U ... A/U	RG179B/U
RG17/U ... B/U	RG218IU	RG65/U	RG65A/U	RG180/U ... A/U	RG180B/U
RG18/U ... A/U	RG219/U	RG71/U ... A/U	RG71B/U	RG211/U	RG211A/U
RG19/U ... A/U	RG220/U	RG74/U ... A/U	RG224/U	RG228/U	RG228A/U
RG20/U ... A/U	RG221/U	RG79/U ... A/U	RG79B/U	RG307/U	RG307A/U
RG21/U ... A/U	RG222/U	RG87/U ... A/U	RG225/U		

Ersatzlos gestrichene MIL-Kabeltypen:

RG16/U; RG36/U; RG54/U ... A/U; RG55/U ... B/U; RG57/U ... A/U; RG72/U; RG73/U; RG86/U; RG94/U ... A/U; RG117/U ... A/U; RG118/U ... A/U; RG140/U; RG141/U ... A/U; RG143/U ... A/U; RG147/U; RG148/U; RG149/U; RG150/U; RG181/U; RG187/U ... A/U; RG188/U ... A/U; RG195/U ... A/U; RG196/U ... A/U; RG229/U; RG282/U; RG293/U ... A/U; RG294/U ... A/U; RG295/U; RG324/U; RG325/U; RG326/U; RG366/U; RG388/U; RG389/U.

Tabelle 42.4.3 Koaxialkabel, Neue Typen

(nach Hersteller- und Verkäuferunterlagen)

	Aircell 7	**Aircom Plus**	**H 100**	**H 155**	**H 500**	**H 2000 Flex**	**Ecoflex 10**	**SP3000 plus**
Verkürzungsfaktor	0,85	0,85	0,84	0,79	0,81	0,83	0,86	0,83
Kapazität in pF/m	74	84	80	92	82	80	77	80
Innenleiter	Litze 19x0,37	Draht	Draht	Litze 19x0,28	Draht	Draht	Litze 7x0,95	Litze 19x0,54
Innenleiter-∅ in mm	1,85	2,7	2,5	1,4	2,5	2,6	2,85	2,65
Dielektrikum	PE-Schaum	Luftzellen	PE-Schaum	PE-Schaum	PE-Schaum	PE-Schaum	LLC-PE	PE-Schaum
Mantel-∅ in mm	7,3	10,8	9,8	5,4	9,8	10,3	10,2	10,3
Biegeradius min. in mm	25	55	150	35	75	50	40	50
Gewicht in kg je 100 m	7,2	15	13	3,9	13	14	13,1	–

Dämpfung in dB je 100 m

	Aircell 7	Aircom Plus	H 100	H 155	H 500	H 2000 Flex	Ecoflex 10	SP3000 plus
7 MHz	0,9	0,7	1,1	1,9	1,1	1,0	1,0	1,4
28 MHz	3,7	1,6	2,4	4,9	2,7	2,0	2,0	2,3
144 MHz	7,9	4,5	5,2	11,2	5,6	4,8	4,8	5,5
430 MHz	14,1	8,2	9,1	19,8	9,3	8,5	8,9	10,0
1240 MHz	26,1	15,2	16,2	34,9	16,8	15,7	16,5	18,5

Belastbarkeit in Watt

	Aircell 7	Aircom Plus	H 100	H 155	H 500	H 2000 Flex	Ecoflex 10	SP3000 plus
7 MHz						7600		
10 MHz	2960	5550	–	–	–	–	2900	–
28 MHz						3800		
100 MHz	850	1275	–	–	–	–	1200	–
144 MHZ						1600		
430 MHz						900		
1000 MHz	190	280	–	–	–	–	350	–
1240 MHz						500		

Impedanz 50 Ω

Außenleiter (Folie + Geflecht)
Mantel (UV-beständiges PE oder PVC)

42.5 Einheiten

Tabelle 42.5.1 SI-Basiseinheiten

Größe	Einheit Name	Zeichen
Länge	Meter	m
Masse	Kilogramm	kg
Zeit	Sekunde	s
Elektrische Stromstärke	Ampere	A
Thermodynamische Temperatur	Kelvin	K
Stoffmenge	Mol	mol
Lichtstärke	Candela	cd

Ergänzende SI-Einheiten

Größe	Einheit Name	Zeichen
Ebener Winkel (Winkel)	Radiant	rad
Räumlicher Winkel (Raumwinkel)	Steradiant	sr

Tabelle 42.5.2 Vorsätze und Vorsatzzeichen

Vorsatz	Zeichen	Faktor	Benennung
Yotta	Y	10^{24}	Quadrillion
Zetta	Z	10^{21}	Trilliarde
Exa	E	10^{18}	Trillion
Peta	P	10^{15}	Billiarde
Tera	T	10^{12}	Billion
Giga	G	10^{9}	Milliarde
Mega	M	10^{6}	Million
Kilo	k	10^{3}	Tausend
Hekto	h	10^{2}	Hundert
Deka	da	10^{1}	Zehn
Dezi	d	10^{-1}	Zehntel
Zenti	c	10^{-2}	Hundertstel
Milli	m	10^{-3}	Tausendstel
Mikro	µ	10^{-6}	Millionstel
Nano	n	10^{-9}	Milliardstel
Piko	p	10^{-12}	Billionstel
Femto	f	10^{-15}	Billiardstel
Atto	a	10^{-18}	Trillionstel
Zepto	z	10^{-21}	Trilliardstel
Yocto	y	10^{-24}	Quadrillionstel

Tabelle 42.5.3 Abgeleitete SI-Einheiten

Größe	**Einheit**		ausgedrückt in	
	Name	**Zeichen**	**SI-Einheiten**	**SI-Basiseinheiten**
Frequenz	Hertz	Hz		s^{-1}
Kraft	Newton	N		m • kg • s^{-2}
Druck, mechanische Spannung	Pascal	Pa	N • m^{-2}	m^{-1} • kg • s^{-2}
Energie, Arbeit, Wärmemenge	Joule	J	N • m	m^{2} • kg • s^{-2}
Leistung[1], Energiefluß	Watt	W	J • s^{-1}	m^{2} • kg • s^{-3}
Ladung, Elektrizitätsmenge	Coulomb	C		A • s
Spannung, Potentialdifferenz,	Volt	V	W · A^{-1}	m^{2} • kg • s^{-3} • A^{-1}
Widerstand	Ohm	Ω	V • A^{-1}	m^{2} • kg • s^{-3} • A^{-2}
Leitwert	Siemens	S	A • V^{-1}	m^{-2} • kg^{-1} • s^{3} • A^{2}
Kapazität	Farad	F	C • V‘1	m^{-2} • kg^{-1} • s^{4} • A^{2}
Magnetischer Fluß	Weber	Wb	V • s	m^{2} • kg • s^{-2} • A^{-1}
Magnetische Flußdichte	Tesla	T	Wb -m^{-2}	kg • s^{-2} • A^{-1}
Induktivität	Henry	H	Wb. A‘1	m^{2} • kg. s^{-2} • A^{-2}
Lichtstrom	Lumen	Im		cd • sr
Beleuchtungsstärke	Lux	Ix	Im • m^{-2}	m^{-2} • cd • sr
Aktivität (ionisierende Strahlung)	Becquerel	Bq		s^{-1}
Energiedosis, spezifische Energie	Gray	Gy	J • kg^{-1}	m^{2} • s^{-2}
Äquivalentdosis	Sievert	Sv	J • kg^{-1}	m^{2} , s^{-2}

1) Besondere Namen für die Einheit der Leistung:

Voltampere - Einheitenzeichen VA - für die Angabe von Wechselstrom-Scheinleistungen
Var - Einheitenzeichen var - für die Angabe von Wechselstrom-Blindleistungen.

42.6 Umrechnungen

Tabelle 42.6.1 Frequenz : Wellenlänge

Umrechnungen von Frequenz in Wellenlänge und umgekehrt. In der nachstehenden Tabelle kann jede Spalte kHz bzw. m bedeuten; die Umrechnung ist also in jeder Richtung möglich (gilt auch für MHz und mm).

240000	1,25	17100	17,544	11900	25,210	6800	44,118	1700	176,47
120000	2,5			11800	25,424	6700	44,777	1600	187,50
60000	5,0	17000	17,647	11700	25,641	6600	45,455	1500	200,00
40000	7,5	16900	17,751	11600	25,862	6500	46,154	1490	201,34
30000	10,0	16800	17,857	11500	26,087	6400	46,874	1480	202,70
29500	10,17	16700	17,964	11400	26,316	6300	47,619	1470	204,08
29000	10,34	16600	18,072	11300	26,549	6200	48,387	1460	205,48
28500	10,51	16500	18,182	11200	26,786	6100	49,180	1450	206,90
28000	10,71	16400	18,293	11100	27,027			1440	208,33
27500	10,91	16300	18,405			6000	50,000	1430	209,79
27000	11,11	16200	18,519	11000	27,273	5900	50,847	1420	211,27
26500	11,32	16100	18,633	10900	27,523	5800	51,724	1410	212,77
26000	11,54	10800	27,778			5700	52,631	1400	214,28
25500	11,76	16000	18,750	10700	28,037	5600	53,571		
25000	12,00	15900	18,868	10600	28,302	5500	54,545	1390	215,83
24500	12,24	15800	18,987	10500	28,521	5400	55,555	1380	217,39
24000	12,50	15700	19,108	10400	28,846	5300	56,604	1370	218,98
23500	12,77	15600	19,231	10300	29,126	5200	57,692	1360	220,59
23000	13,04	15500	19,355	10200	29,412	5100	58,824	1350	222,22
22500	13,33	15400	19,480	10100	29,703			1340	223,88
22000	13,63	15300	19,608			5000	60,000	1330	225,56
21500	13,97	15200	19,737	10000	30,000	4900	61,224	1320	227,27
21000	14,28	15100	19,867	9900	30,303	4800	62,500	1310	229,01
20500	14,63			9800	30,612	4700	63,830	1300	230,77
15000	20,000			9700	30,928	4600	65,217		
20000	15,000	14900	20,134	9600	31,250	4500	66,667	1290	232,56
19900	15,075	14800	20,270	9500	31,579	4400	68,182	1280	234,38
19800	15,151	14700	20,408	9400	31,915	4300	69,767	1270	236,22
19700	15,228	14600	20,548	9300	32,258	4200	71,429	1260	238,10
19600	15,306	14500	20,690	9200	32,608	4100	73,171	1250	240,00
19500	15,385	14400	20,833	9100	32,967			1240	241,93
19400	15,464	14300	20,979			4000	75,000	1230	243,90
19300	15,544	14200	21,127	9000	33,333	3900	76,923	1220	245,90
19200	15,625	14100	21,276	8900	33,708	3800	78,947	1210	247,93
19100	15,707			8800	34,091	3700	81,080	1200	250,00
14000	21,428			8700	34,483	3600	83,333		
19000	15,789	13900	21,583	8600	34,884	3500	85,714	1190	252,10
18900	15,873	13800	21,739	8500	35,294	3400	88,235	1180	254,24
18800	15,975	13700	21,898	8400	35,714	3300	90,909	1170	256,41
18700	16,043	13600	22,059	8300	36,145	3200	93,750	1160	258,62
18600	16,129	13500	22,222	8200	36,585	3100	96,774	1150	260,87
18500	15,216	13400	22,388	8100	37,037			1140	263,16
18400	16,304	13300	22,556			3000	100,00	1130	265,49
18300	16,393	13200	22,727	8000	37,500	2900	103,45	1120	267,86
18200	16,483	13100	22,901	7900	37,975	2800	107,14	1110	270,27
18100	16,574			7800	38,461	2700	111,11	1100	272,73
		13000	23,077	7700	38,961	2600	115,38		

18000	16,667	12900	23,256	7600	39,474	2500	120,00	1090	275,23
17900	16,760	12800	23,437	7500	40,000	2400	125,00	1080	277,78
17800	16,854	12700	23,622	7400	40,540	2300	130,43	1070	280,37
17700	16,949	12600	23,810	7300	41,096	2200	136,36	1060	283,02
17600	17,045	12500	24,000	7200	41,667	2100	142,65	1050	285,71
17500	17,143	12400	24,193	7100	42,254			1040	288,46
17400	17,242	12300	24,390	7000	42,857	2000	150,00	1030	291,26
17300	17,341	12200	24,590			1900	157,89	1020	294,12
17200	17,442	12100	24,793	6900	43,478	1800	166,67	1010	297,03
								1000	300,00
		12000	25,000						

Tabelle 42.6.2 DB : Strom-Spannung : Leistung

	Current or Voltage Ratio		Power Ratio	
dB	**Gain**	**Loss**	**Gain**	**Loss**
0.0	1.000	1.0000	1.000	1.0000
0.1	1.012	0.9888	1.023	0.9772
0.2	1.023	0.9772	1.047	0.9550
0.3	1.035	0.9681	1.072	0.9333
0.4	1.047	0.9550	1.098	0.9120
0.5	1.059	0.9441	1.122	0.8913
0.6	1.072	0.9333	1.148	0.8710
0.7	1.084	0.9226	1.175	0.8511
0.8	1.098	0.9120	1.202	0.8318
0.9	1.109	0.9016	1.230	0.8128
1.0	1.122	0.8913	1.259	0.7943
1.2	1.148	0.8710	1.318	0.7586
1.4	1.175	0.8511	1.380	0.7244
1.6	1.202	0.8318	1.445	0.6918
1.8	1.230	0.8128	1.514	0.6607
2.0	1.259	0.7943	1.585	0.6310
2.2	1.288	0.7782	1.680	0.6026
2.4	1.318	0.7588	1.738	0.5754
2.6	1.349	0.7413	1.820	0.5495
2.8	1.380	0.7244	1.905	0.5248
3.0	1.413	0.7079	1.995	0.5012
3.2	1.445	0.8918	2.089	0.4786
3.4	1.479	0.6761	2.188	0.4571
3.6	1.514	0.6807	2.291	0.4365
3.8	1.549	0.8457	2.389	0.4169
4.0	1.585	0.6310	2.512	0.3981
4.2	1.622	0.8166	2.630	0.3802
4.4	1.680	0.6026	2.754	0.3631
4.6	1.698	0.5888	2.884	0.3467
4.8	1.738	0.5754	3.020	0.3311
5.0	1.778	0.5623	3.162	0.3162
5.2	1.820	0.5495	3.311	0.3020
5.4	1.862	0.5370	3.467	0.2884
5.6	1.905	0.5248	3.631	0.2754
5.8	1.950	0.5129	3.802	0.2630
6.0	1.995	0.5012	3.981	0.2512

dB	Current or Voltage Ratio Gain	Loss	Power Ratio Gain	Loss
6.2	2.042	0.4898	4.169	0.2398
6.4	2.089	0.4786	4.365	0.2291
6.6	2.138	0.4677	4.571	0.2188
6.8	2.188	0.4571	4.786	0.2089
7.0	2.239	0.4467	5.012	0.1995
7.2	2.291	0.4365	5.248	0.1905
7.4	2.344	0.4286	5.495	0.1820
7.6	2.399	0.4169	5.754	0.1738
7.8	2.455	0.4074	6.026	0.1660
8.0	2.512	0.3981	6.310	0.1585
8.2	2.570	0.3890	6.807	0.1514
8.4	2.630	0.3802	6.918	0.1445
8.6	2.692	0.3715	7.244	0.1380
8.8	2.754	0.3631	7.586	0.1318
9.0	2.818	0.3548	7.943	0.1259
9.2	2.884	0.3487	8.318	0.1202
9.4	2.951	0.3388	8.710	0.1148
9.8	3.020	0.3311	9.120	0.1098
9.8	3.090	0.3238	9.550	0.1047
10.0	3.162	0.3182	10.000	0.1000
10.5	3.350	0.2985	11.22	0.08913
11.0	3.548	0.2818	12.59	0.07943
11.5	3.758	0.2861	14.13	0.07079
12.0	3.981	0.2512	15.85	0.08310
12.5	4.217	0.2371	17.78	0.05823
13.0	4.467	0.2239	19.95	0.05012
13.5	4.732	0.2113	22.39	0.04487
14.0	5.012	0.1995	25.12	0.03981
14.5	5.309	0.1884	28.18	0.03548
15.0	5.823	0.1778	31.82	0.03182
15.5	5.957	0.1879	35.48	0.02818
16.0	6.310	0.1585	39.81	0.02512
16.5	8.883	0.1496	44.87	0.02239
17.0	7.079	0.1413	50.12	0.01985
17.5	7.499	0.1334	56.23	0.01778
18.0	7.943	0.1259	63.10	0.01585
18.5	8.414	0.1189	70.79	0.01413
19.0	8.913	0.1122	79.43	0.01259
19.5	9.411	0.1059	89.13	0.01122
20.0	10.00	0.1000	100.00	0.01000
25.0	17.78	0.0582	3.162×10^2	3.162×10^{-3}
30.0	31.62	0.0316	10^3	10^{-3}
35.0	58.23	0.0178	3.182×10^3	3.162×10^{-4}
40.0	100.00	0.0100	10^4	10^{-4}
45.0	177.80	0.0056	3.162×10^4	3.162×10^{-4}
50.0	316.20	0.0032	10^5	10^{-5}
55.0	562.30	0.0018	3.162×10^5	3.162×10^{-5}
60.0	10^3	10^{-3}	10^6	10^{-6}
65.0	1.778×10^3	5.623×10^{-4}	3.162×10^6	3.162×10^{-6}
70.0	3.162×10^3	3.162×10^{-4}	10^7	10^{-7}
75.0	5.623×10^3	1.78×10^{-4}	3.162×10^7	3.162×10^{-7}
80.0	10^4	10^{-4}	10^8	10^{-8}
85.0	1.778×10^4	5.623×10^{-5}	3.162×10^8	3.162×10^{-8}
90.0	3.162×10^4	3.162×10^{-5}	10^9	10^{-9}

dB	Current or Voltage Ratio Gain	Loss	Power Ratio Gain	Loss
95.0	5.623 x10^{4}	1.78 x10^{-5}	3.162 x10^{9}	3.162 x10^{-9}
100.0	10^{5}	10^{-5}	10^{10}	10^{-10}
110.0	3.162 x10^{5}	3.162 x10^{-6}	10^{11}	10^{-11}
120.0	10^{6}	10^{-6}	10^{12}	10^{-12}
130.0	3.162 x10^{6}	3.162 x10^{-7}	10^{13}	10^{-13}
140.0	10^{7}	10^{-7}	10^{14}	10^{-14}
150.0	3.162 x10^{7}	3.162 x10^{-8}	10^{15}	10^{-15}
160.0	10^{8}	10^{-8}	10^{16}	10^{-16}
170.0	3.162 x10^{8}	3.162 x10^{-9}	10^{17}	10^{-17}
180.0	10^{9}	10^{-9}	10^{18}	10^{-18}

Tabelle 42.6.3 Leistungs-Tabelle

dBW	dBm	P		dBW	dBm	P
+ 40	+ 70	10	kW	- 50	- 20	10 pW
+ 37	+ 67	5		- 53	- 23	5
+ 33	+ 63	2		- 57	- 27	2
+ 30	+ 60	1		- 60	- 30	1
+ 27	+ 57	500	W	- 63	- 33	500 nW
+ 23	+ 53	200		- 67	- 37	200
+ 20	+ 50	100		- 70	- 40	100
+ 17	+ 47	50		- 73	- 43	50
+ 13	+ 43	20		- 77	- 47	20
+ 10	+ 40	10		- 80	- 50	10
+ 7	+ 37	5		- 83	- 53	5
+ 3	+ 33	2		- 87	- 57	2
0	+ 30	1		- 90	- 60	1
- 3	+ 27	500	mW	- 93	- 63	500 pW
- 7	+ 23	200		- 97	- 67	200
- 10	+ 20	100		- 100	- 70	100
- 13	+ 17	50		- 103	- 73	50
- 17	+ 13	20		- 107	- 77	20
- 20	+ 10	10		- 110	- 80	10
- 23	+ 7	5		- 113	- 83	5
- 27	+ 3	2		- 117	- 87	2
- 30	0	1		- 120	- 90	1
- 33	- 3	500	µW	- 123	- 93	0,5 pW
- 37	- 7	200		- 127	- 97	0,2
- 40	- 10	100		- 130	- 100	0,1
- 43	- 13	50				
- 47	- 17	20				

P / dBW = 10 lg P / W
P/dBm =10 lg P/W +30

Tabelle 42.6.4 Welligkeit *s* : Reflexionsfaktor *r* : Rückflußdämpfung *a*

s	***r*** in %	***a*** in dB	***r*** in %	***a*** in dB	***s*** in	***a*** dB	***s***	***r*** in %
1	0	∞	0	∞	1	0	∞	100
1.01	0,5	46,1	0,5	46,0	1,01	0,5	34,75	94,4
1.02	1,0	40,1	1,0	40,0	1,02	1,0	17,39	89,1
1.03	1,5	36,6	1,5	36,5	1,0	1,5	11,61	84,1
1.04	2,0	34,2	2,0	34,0	1,04	2,0	8,72	79,4
1.05	2,4	32,3	2,5	32,0	1,05	3,0	5,85	70,8
1,07	53,6	28,8	3,0	30,5	1,06	4,0	4,42	63,1
1,10	4,8	26,4	4,0	28,0	1,08	5,0	3,57	56,2
1,15	7,0	23,1	5,0	26,0	1,11	6,0	3,01	50,1
1,2	9,1	20,8	7,5	22,5	1,16	7,0	,61	44,7
1,25	11,1	19,1	10,0	20,0	1,22	8,0	2,32	39,8
1.3	13,0	17,7	15,0	16,5	1,35	9,0	2,10	35,5
1.4	16,7	15,6	20,0	14,0	1,50	10,0	1,93	31,6
1.5	20,0	14,0	25,0	12,0	1,67	12,0	1,67	25,1
1,75	27,3	11,3	30,0	10,5	1,86	14,0	1,50	20,0
2,0	33,3	9,5	35,0	9,1	2,08	16,0	1,38	15,8
2,5	42,9	7,4	40,0	8,0	2,33	18,0	1,29	12,6
3,0	50,00	6,0	45,0	6,9	2,64	20,0	1,22	10,0
4,0	60,00	4,4	50,0	6,0	3,00	25,0	1,12	5,6
5,0	66,7	3,5	60,0	4,4	4,00	30,0	1,07	3,2
10,0	81,8	1,7	70,0	3,1	5,67	35,0	1,04	1,8
20,0	90,5	0,9	80,0	1,9	9,00	40,0	1,02	1,0
40,0	95,1	0,4	90,0	0,9	19,00	45,0	1,01	0,6
∞	100	0	100	0	∞	∞	1	0

Tabelle 42.6.5 Leistungen : Spannungen (nach *DL1BU*)

	Leistung dB über 1 mW	Leistung	dB über 1 pW	Spannung an 50 Ω	dB über 1 μV
10^{3} W	+60 dBm	1 kW	150 dB (pW)	300 V	170 dB (μV)
10^{2}	+50 dBm	100 W	140 dB (pW)	100 V	160 dB (μV)
10^{1}	+40 dBm	10 W	130 dB (pW)	30 V	150 dB (μV)
10^{0} W	+30 dBm	1 W	120 dB (pW)	10 V	140 dB (μV)
10^{-1}	+20 dBm	100 mW	110 dB (pW)	3 V	130 dB (μV)
10^{-2}	+10 dBm	10 mW	100 dB (pW)	1 V	120 dB (μV)
10^{-3}	0 dBm	1 mW	90 dB (pW)	300 mV	110 dB (μV)
10^{-4}	-10 dBm	100 μW	80 dB (pW)	100 mV	100 dB (μV)
10^{-5}	-20 dBm	10 μW	70 dB (pW)	30 mV	90 dB (μV)
10^{-6}	-30 dBm	1 μW	60 dB (pW)	10 mV	80 dB (μV)
10^{-7}	-40 dBm	100 nW	50 dB (pW)	3 mV	70 dB (μV)
10^{-8}	-50 dBm	10 nW	40 dB (pW)	1 mV	60 dB (μV)
10^{-9}	-60 dBm	1 nW	30 dB (pW)	300 μV	50 dB (μV)
10^{-10}	-70 dBm	100 pW	20 dB (pW)	100 μV	40 dB (μV)
10^{-11}	-80 dBm	10 pW	10 dB (pW)	30 μV	30 dB (μV)
10^{-12}	-90 dBm	1 pW	0 dB (pW)	10 μV	20 dB (μV)
10^{-13}	-100 dBm	100 fW	-10 dB (pW)	3 μV	10 dB (μV)
10^{-14}	-110 dBm	10 fW	-20 dB (pW)	1 μV	0 dB (μV)
10^{-15}	-120 dBm	1 fW	-30 dB (pW)	300 nV	-10 dB (μV)

10^{-16}	-130 dBm	0,1 fW	-40 dB (pW)	100 nV	-20 dB (µV)
10^{-17}	-140 dBm	0,01 fW	-50 dB (pW)	30 nV	-30 dB (µV)
10^{-18}W	-150 dBm	0.001 fW	-60 dB (pW)	10 nV	-40 dB (µV)

Tabelle 42.6.6 Feldstärke : Leistungsdichten (nach *Don White*)

Volts/m	dBµV/m	Watts/m²	dBW/m²	Watts/cm²	dBW/cm²	mW/cm²	dBm/cm²
10,000	200	265,000	+ 54	27	+ 14	26,500	+ 44
7,000	197	130,000	+ 51	13	+ 11	13,000	+ 41
5,000	194	66,300	+ 48	6,6	+ 8	6,630	+ 38
3,000	190	23,900	+ 44	2,4	+ 4	2,390	+ 34
2,000	186	10,600	+ 40	1,1	0	1,060	+ 30
1.000	180	2,650	+34	,27	- 6	265	+ 24
700	177	1,300	+ 31	,13	- 9	130	+ 21
500	174	663	+ 28	,066	- 12	66	+ 18
300	170	239	+ 24	,024	- 16	24	+ 14
200	166	106	+ 20	,01	- 20	11	+ 10
100	160	27	+14	27 x 10^{-4}	-26	2,7	+ 4
70	157	13	+ 11	13 x 10-4	-29	1,3	+ 1
50	154	6,6	+ 8	6,6 x 10“4	- 32	,66	- 2
30	150	2,4	+ 4	2,4 x 10‘4	- 36	,24	- 6
20	146	1,1	0	1,1 x 10‘4	- 40	0,11	- 10
10	140	,27	- 6	27 x 10‘5	- 46	,027	- 16
7	137	,13	- 9	13x10^{-6}	- 49	,013	- 19
5	134	,066	- 12	6,6 x10^{-6}	- 52	66 x10^{-4}	- 22
3	130	,024	- 16	2,4 x10^{-6}	- 56	24 x10^{-4}	- 26
2	126	,011	-20	1,1 x10^{-6}	- 60	11 x10^{-4}	- 30
1	120	27x10^{-4}·	- 26	27x10^{-8}	- 66	2,7 x10^{-4}	- 36
0,7	117	13x10^{-4}	-29	13x10^{-6}	-69	1,3 x10^{-4}	- 39
0,5	114	6,6 x10^{-4}	- 32	6,6 x10^{-8}	- 72	66 x10^{-4}	- 42
0,3	110	2,4 x10^{-4}	- 36	2,4 x10^{-8}	- 76	24 x10^{-6}	- 46
0,2	106	1,1 x 10^{-4}	- 40	1,1x10^{-6}	- 80	11x10^{-6}	- 50
0,1	100	27x10^{-6}	- 46	27x10′′10	- 86	2,7 x10^{-6}	- 56
70 x10^{-3}	97	13x10^{-6}	- 49	13x10^{-10}	- 89	1,3 x10^{-6}	- 59
50 x10^{-3}	94	6,6 x10^{-6}	- 52	6,6 x10^{-10}	- 92	66 x10^{-8}	- 62
30 x10^{-3}	90	2,4 x10^{-6}	- 56	2,4 x10^{-10}	- 96	24 x10^{-8}	- 66
20 x10^{-3}	86	1,1 x10^{-6}	- 60	1,1 x10^{-10}	- 100	11 x10^{-8}	- 70
10 x10^{-3}	80	27x10^{-8}	- 66	27x10^{-12}	- 106	2,7 x10^{-8}	- 76

Volts/m	dBμV/m	Watts/m^2	dBW/m^2	Watts/cm^2	dBW/cm^2	mW/cm^2	dBm/cm^2
7 x 10^{-3}	77	13 x 10^{-8}	- 69	13x10^{-12}	-109	1,3 x10^{-8}	- 79
5 x 10^{-3}	74	6,6 x 10^{-8}	- 72	6,6 x10^{-12}	-112	66 x10^{-10}	- 82
3 x 10^{-3}	70	2,4 x 10^{-8}	- 76	2,4 x10^{-12}	-116	24 x10^{-10}	- 86
2 x 10‘3	66	1,1 x 10^{-8}	- 80	1,1 x10^{-12}	-120	11 x10^{-10}	- 90
1 x 10^{-3}	60	27 x 10^{-10}	- 86	27 x 10^{-14}	-126	2,7 x10“10	- 96
700 x 10^{-6}	57	13 x 10^{-10}	- 89	13 x 10^{-14}	-129	1,3 x 10^{-12}	- 99
500 x 10^{-6}	54	6,6 x 10^{-10}	- 92	6,6 x 10^{-14}	-132	66 x 10^{-12}	- 102
300 x 10^{-6}	50	2,4 x 10^{-10}	- 96	2,4 x 10^{-14}	-136	24 x 10^{-12}	- 106
200 x 10^{-6}	46	1,1 x 10^{-10}	- 100	1,1 x 10^{-14}	-140	11 x 10^{-12}	- 110
100 x 10^{-6}	40	27 x 10^{-12}	-106	27 x 10^{-16}	-146	2,7 x 10^{-12}	- 116
70 x 10^{-6}	37	13 x 10^{-12}	- 109	13 x 10^{-16}	-149	1,3 x 10^{-12}	- 119
50 x 10^{-6}	34	6,6 x 10^{-12}	- 112	6,6 x 10^{-16}	-152	66 x 10^{-14}	- 122
30 x 10^{-6}	30	2,4 x 10^{-12}	- 116	2,4 x 10^{-16}	-156	24 x 10^{-14}	- 126
20 x 10^{-6}	26	1,1 x 10^{-12}	- 120	1,1 x 10^{-16}	-160	11 x 10^{-14}	- 130
10 x 10^{-6}	20	27 x 10^{-14}	- 126	27 x 10^{-18}	-166	2,7 x 10^{-14}	- 136
7 x 10^{-6}	17	13 x 10^{-14}	- 129	13 x 10^{-18}	-169	1,3 x 10^{-14}	- 139
5 x 10^{-6}	14	6,6 x 10^{-14}	- 132	6,6 x 10^{-18}	-172	66 x 10^{-16}	- 142
3 x 10^{-6}	10	2,4 x 10^{-14}	- 136	2,4 x 10^{-18}	-176	24 x 10^{-16}	- 146
2 x 10^{-6}	6	1,1 x 10^{-14}	- 140	1,1 x 10^{-18}	-180	11 x 10^{-16}	- 150
1 x 10^{-6}	0	27 x 10^{-16}	- 146	27x 10^{-20}	-186	2,7 x 10^{-16}	- 156

42.7 Diagramme

Bild 42.7.1 **Welligkeit : Reflexionsfaktor : Rückflußdämpfung**

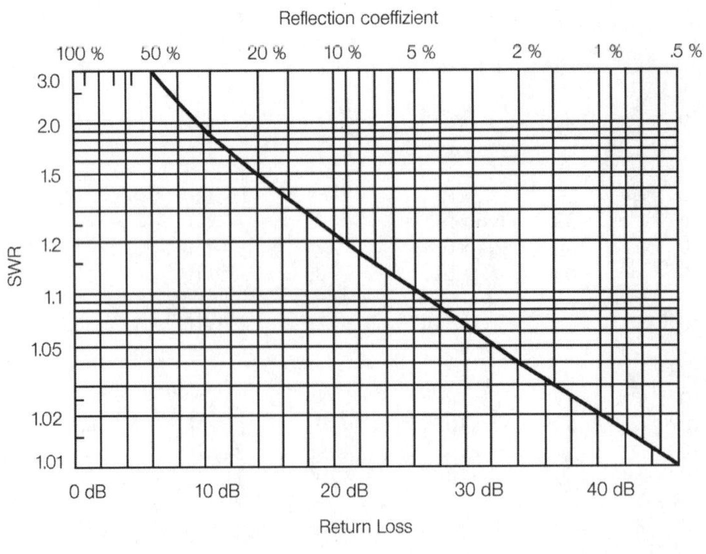

Bild 42.7.2 **Vorlauf: Rücklauf : Welligkeit (nach *Rohde & Schwarz*)**

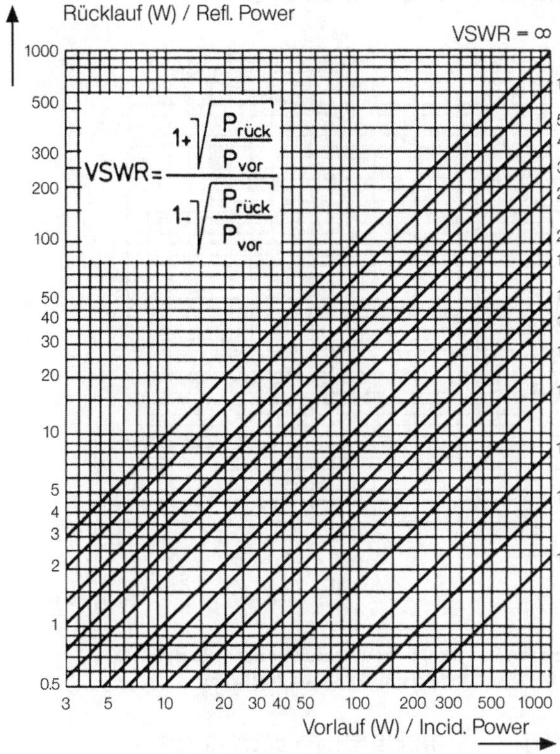

$$VSWR = \frac{1+\sqrt{\frac{P_{rück}}{P_{vor}}}}{1-\sqrt{\frac{P_{rück}}{P_{vor}}}}$$

Bild 42.7.3 **Reduzierung der Welligkeit (nach *Kathrein*)**

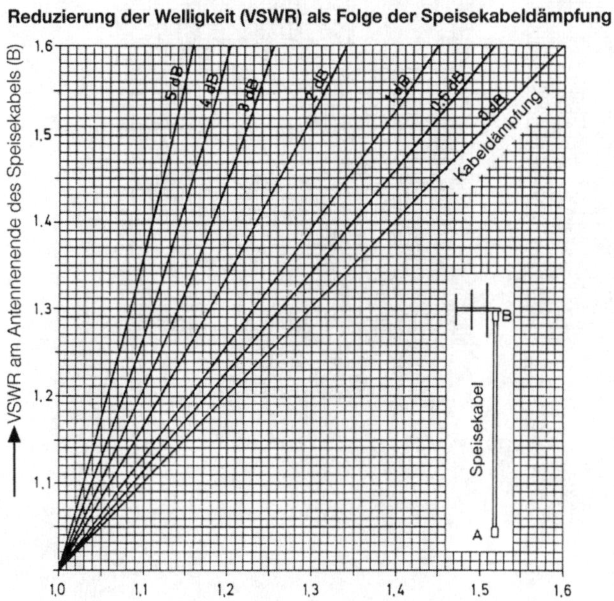

Bild 42.7.4 **Koppeldämpfung zwischen zwei vertikal übereinander angeordneten Halbwellenstrahlern mit vertikalem Abstand *s* (nach *Kathrein*)**

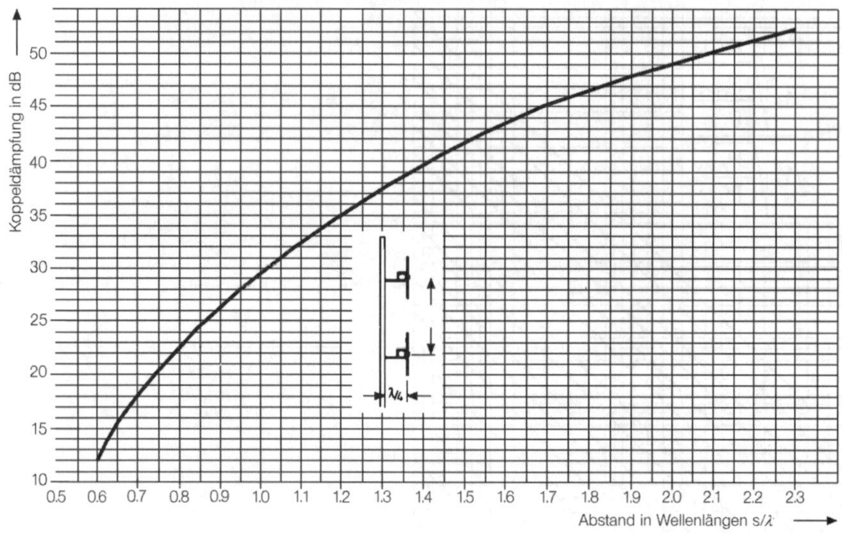

Bild 42.7.5 **Koppeldämpfung zwischen zwei vertikal nebeneinander angeordneten Halbwellenstrahlern mit horizontalen Abstand *s* (nach *Kathrein*)**

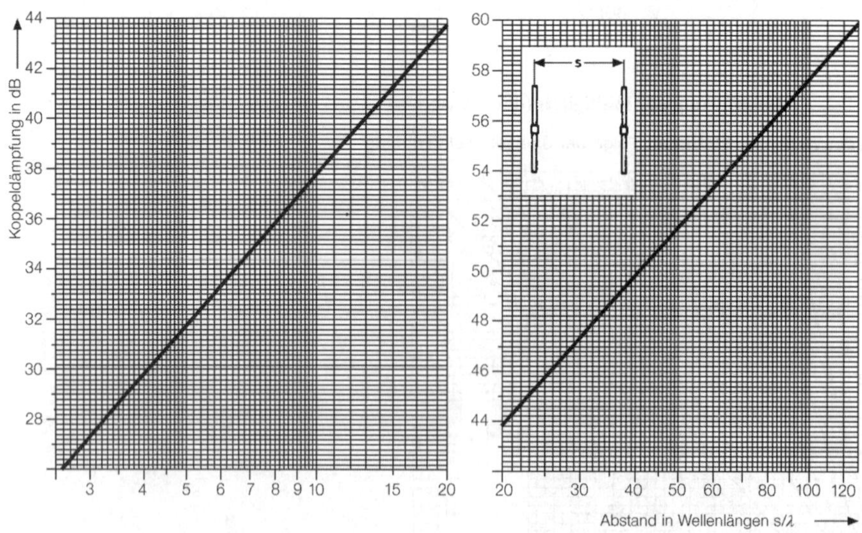

Bild 42.7.6 **Freiraumdämpfung zwischen isotropen Antennen**

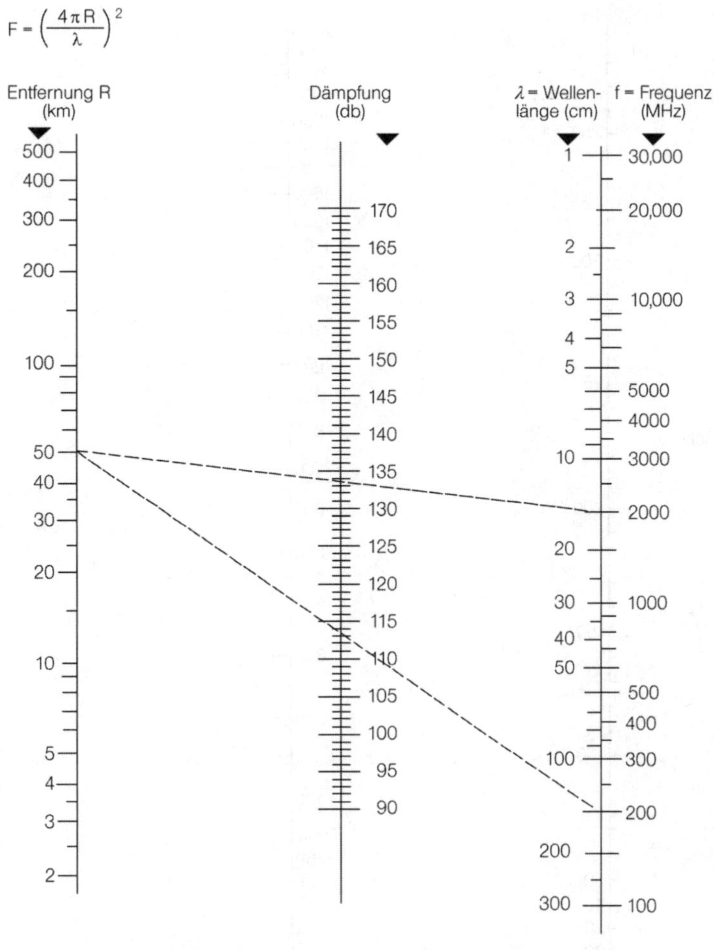

Beispiele: Entfernung 50 km, Frequenzen 200 MHz (2000 MHz)

F/dB = 121,98 - 20 lg λ/cm + 20 lg R/km   F/dB = 32,45 + 20 lg f/MHz + 20 lg R/km

Bild 42.7.6 **Maximale Reichweite bei VHF/UHF (nach *Rohde & Schwarz*)**

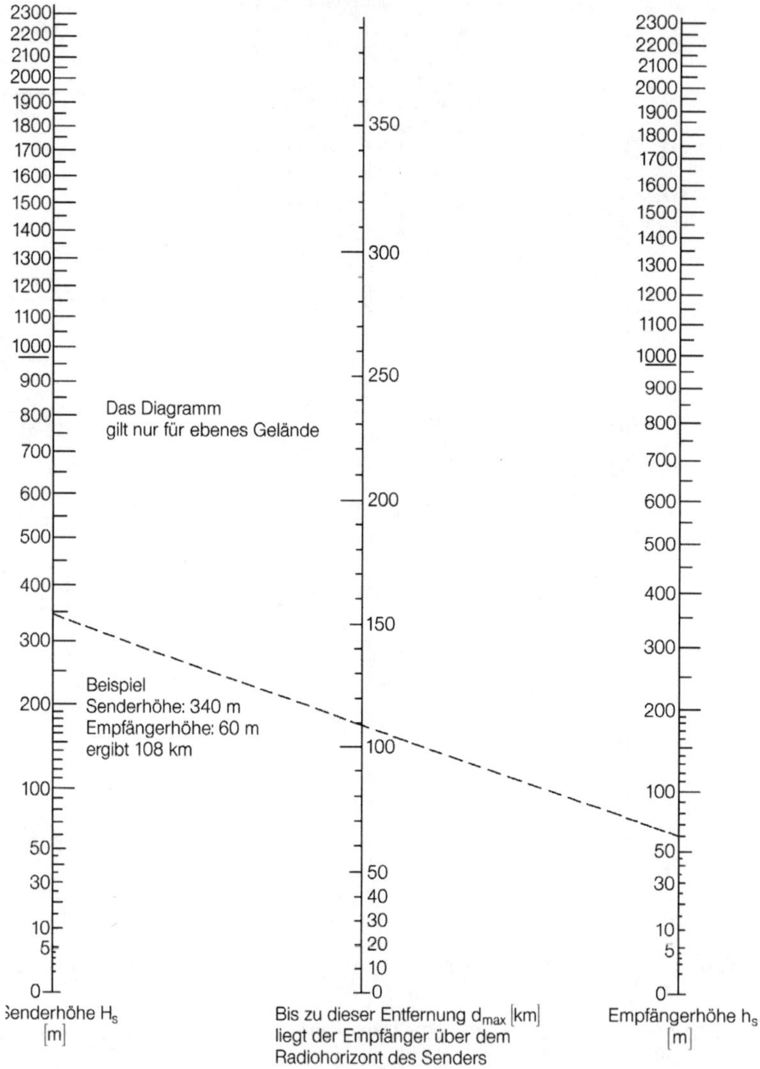

$$d_{max} = 4{,}12\,(\sqrt{h_{s/m}} + \sqrt{h_{e/m}})$$

42.8 UK-/US-Tabellen

Tabelle 42.8.1 Anglikanische Einheiten : Metrische Einheiten

(Englische und amerikanische Einheiten und ihre Beziehungen zu den metrischen Einheiten)

Großbritannien und USA	Abkürzung	Europa	Umrechnungsfaktor
1 inch (Zoll) = 10 lines = 1000 mils	(*) in	2,54 cm	0,3937
1 foot (Fuß) = 12 inches	(′) ft	30,48 cm	$3{,}281 \cdot 10^{-2}$
1 yard (Elle) = 3 feet = 36 inches	yd	91,44 cm	$1{,}094 \cdot 10^{-2}$
1 fathom (Faden) = 6 feet	fath	1,8288 m	0,547
1 int. nautical mile (Seemeile) = 6076 feet	naut. mile	1,852 km	0,5399
1 Statute mile (Landmeile) = 1760 yards = 5280 feet	stat. mile	1,6093 km	0,6214
1 mile per hour	MPH	1,6093 km/h	0,6214
Isquarefoot	sqft	0,0929 m^2	10,7643
1 pound (Pfund)	Ib	0,4536 kg	2,2046

Der in der letzten Spalte angegebene Umrechnungsfaktor wird angewendet, wenn Angaben aus dem metrischen System in englische bzw. in amerikanische Einheiten umgerechnet werden sollen (z.B. 40000 km = 0,54 • 40000 = 21600 naut. miles).

Tabelle 42.8.2 Zollbruchteile: Millimeter

(Umrechnung für Bruchteile und Dezimalwerte von Zoll in Millimeter)

in Zoll	in mm	in Zoll	in mm	in Zoll	in mm
1/64 = 0,015	0,396	23/64 = 0,359	9,127	45/64 = 0,703	17,858
1/32 = 0,031	0,793	3/ 8 = 0,375	9,525	23/32 = 0,719	18,255
3/64 = 0,047	1,190	25/64 = 0,391	9,921	47/64 = 0,734	18,652
1/16 = 0,063	1,587	13/32 = 0,406	10,318	3/ 4 = 0,750	19,050
5/64 = 0,078	1,984	27/64 = 0,422	10,715	49/64 = 0,766	19,446
3/32 = 0,094	2,381	7/16 = 0,438	11,112	25/32 = 0,781	19,842
7/64 = 0,109	2,778	29/64 = 0,453	11,508	51/64 = 0,797	20,239
1/ 8 = 0,125	3,175	15/32 = 0,469	11,905	13/16 = 0,813	20,637
9/64 = 0,141	3,571	31/64 = 0,484	12,302	53/64 = 0,828	21,033
5/32 = 0,156	3,968	1/ 2 = 0,500	12,700	27/32 = 0,844	21,429
11/64 = 0,172	4,365	33/64 = 0,516	13,096	55/64 = 0,859	21,827
3/16 = 0,188	4,762	17/32 = 0,531	13,492	7/ 8 = 0,875	22,225
13/64 = 0,203	5,159	35/64 = 0,547	13,890	57/64 = 0,891	22,621
7/32 = 0,219	5,556	9/16 = 0,563	14,287	29/32 = 0,906	23,017
15/64 = 0,234	5,952	37/64 = 0,578	14,683	59/64 = 0,922	23,414
1/ 4 = 0,250	6,350	19/32 = 0,594	15,080	15/16 = 0,938	23,812
17/64 = 0,266	6,746	39/64 = 0,609	15,477	61/64 = 0,953	24,208
9/32 = 0,281	7,143	5/ 8 = 0,625	15,875	31/32 = 0,969	24,604
19/64 = 0,297	7,540	41/64 = 0,641	16,271	63/64 = 0,984	25,002
5/15 = 0,313	7,937	21/32 = 0,656	16,667	1 = 1,000	25,400
21/64 = 0,328	8,334	43/64 = 0,672	17,064		
11/32 = 0,344	8,730	11/16 = 0,688	17,462		

Zoll = engl. inch (′′) 1′′= 0,0254 m

Tabelle 42.8.3 Fuß : Meter
(Umrechnung von Fuß in Meter)

Fuß	0″	1″	2″	3″	4″	5″	6″	7″	8″	9″	10″	11″
0	0,000	0,0254	0,0508	0,0762	0,1016	0,1270	0,1524	0,1778	0,2032	0,2286	0,2540	0,2794 m
1′	0,305	0,330	0,356	0,381	0,406	0,432	0,457	0,483	0,508	0,533	0,559	0,584 m
2′	0,610	0,635	0,660	0,686	0,711	0,737	0,762	0,787	0,813	0,838	0,864	0,889 m
3′	0,914	0,940	0,965	0,991	1,016	1,041	1,067	1,092	1,118	1,143	1,168	1,194 m
4′	1,219	1,245	1,270	1,295	1,321	1,346	1,372	1,397	1,422	1,448	1,473	1,499 m
5′	1,524	1,549	7,575	1,600	1,626	1,651	1,676	1,702	1,727	1,753	1,778	1,803 m
6′	1,829	1,854	1,880	1,905	1,930	1,956	1,981	2,007	2,032	2,057	2,083	2,108 m
7′	2,134	2,159	2,184	2,210	2,235	2,261	2,286	2,311	2,337	2,362	2,388	2,413 m
8′	2,438	2,464	2,489	2,515	2,540	2,565	2,591	2,616	2,642	2,667	2,692	2,717 m
9′	2,743	2,769	2,794	2,819	2,845	2,870	2,896	2,921	2,946	2,972	2,997	3,023 m
10′	3,048	3,073	3,099	3,124	3,150	3,175	3,200	3,226	3,251	3,277	3,302	3,327 m
11′	3,353	3,378	3,404	3,429	3,454	3,480	3,505	3,531	3,556	3,581	3,607	3,632 m
12′	3,658	3,683	3,708	3,734	3,759	3,785	3,810	3,835	3,861	3,886	3,912	3,937 m
13′	3,962	3,988	4,013	4,039	4,064	4,089	4,115	4,140	4,166	4,191	4,216	4,242 m
14′	4,267	4,293	4,318	4,343	4,369	4,394	4,420	4,445	4,470	4,496	4,521	4,547 m
15′	4,572	4,597	4,623	4,648	4,674	4,699	4,724	4,750	4,775	4,801	4,826	4,851 m
16′	4,877	4,902	4,928	4,953	4,978	5,004	5,029	5,055	5,080	5,105	5,131	5,156 m
17′	5,182	5,207	5,232	5,258	5,283	5,309	5,334	5,359	5,385	5,410	5,436	5,461 m
18′	5,486	5,512	5,537	5,563	5,588	5,613	5,639	5,664	5,690	5,715	5,740	5,766 m
19′	5,791	5,817	5,842	5,867	5,893	5,918	5,944	5,969	5,994	6,020	6,045	6,071 m
20′	6,096	6,121	6,147	6,172	6,198	6,223	6,248	6,274	6,299	6,325	6,350	6,375 m
21′	6,401	6,426	6,452	6,477	6,502	6,528	6,553	6,579	6,604	6,629	6,655	6,680 m
22′	6,706	6,731	6,756	6,782	6,807	6,833	6,858	6,883	6,909	6,934	6,960	6,985 m
23′	7,010	7,036	7,061	7,087	7,112	7,137	7,163	7,188	7,214	7,239	7,264	7,290 m
24′	7,315	7,341	7,366	7,391	7,417	7,442	7,468	7,493	7,518	7,544	7,569	7,595 m
25′	7,620	7,645	7,671	7,696	7,722	7,747	7,722	7,798	7,823	7,849	7,874	7,899 m
26′	7,925	7,950	7,976	8,001	8,026	8,052	8,077	8,103	8,128	8,153	8,179	8,204 m
27′	8,230	8,255	8,280	8,306	8,331	8,357	8,382	8,407	8,433	8,458	8,484	8,509 m
28′	8,534	8,560	8,585	8,611	8,636	8,661	8,687	8,712	8,738	8,763	8,788	8,814 m
29′	8,839	8,865	8,890	8,915	8,941	8,966	8,992	9,017	9,042	9,068	9,093	9,119 m
30′	9,144	9,169	9,195	9,220	9,246	9,271	9,296	9,322	9,347	9,373	9,398	9,423 m

1′= 12″
1′ = 0,3048 m

Tabelle 42.8.4 US- und UK-Drahtlehren

USA: AWG (= American Wire Gange)
Großbritannien: BWG (= Birmingham Wire Gange)
ISWG (= Imperial Standard Wire Gange) bzw. SWG

Bezeichnungs-Nr.	AWG Durchmesser in Inch	AWG in mm	BWG Durchmesser in Inch	BWG in mm	ISWG (SWG) Durchmesser in Inch	ISWG (SWG) in mm
0000(4/0)	0,460	11,68	0,454	11,53	0,40	10,16
000(310)	0,409	10,41	0,425	10,80	0,372	9,45
00(2/0)	0,365	9,27	0,380	9,65	0,348	8,84
0(1/0)	0,325	8,25	0,340	8,64	0,324	8,23
1	0,289	7,35	0,300	7,62	0,300	7,62
2	0,258	6,54	0,283	7,21	0,276	7,01
3	0,229	5,83	0,259	6,58	0,252	6,40
4	0,204	5,19	0,238	6,05	0,232	5,89
5	0,182	4,62	0,220	5,59	0,212	5,38
6	0,162	4,11	0,203	5,16	0,192	4,88
7	0,144	3,66	0,179	4,57	0,176	4,47
8	0,128	3,26	0,164	4,19	0,160	4,06
9	0,114	2,90	0,147	3,76	0,144	3,66
10	0,102	2,59	0,134	3,40	0,128	3,25
11	0,091	2,30	0,120	3,05	0,116	2,95
12	0,081	2,05	0,109	2,77	0,104	2,64
13	0,072	1,83	0,095	2,41	0,092	2,34
14	0,064	1,63	0,083	2,11	0,081	2,03
15	0,057	1,45	0,072	1,83	0,072	1,83
16	0,051	1,29	0,065	1,65	0,064	1,63
17	0,045	1,15	0,058	1,47	0,056	1,42
18	0,040	1,02	0,049	1,24	0,048	1,22
19	0,036	0,91	0,042	1,07	0,040	1,02
20	0,032	0,81	0,035	0,89	0,036	0,92
21	0,028	0,72	0,081	0,81	0,032	0,81
22	0,025	0,64	0,028	0,71	0,028	0,71
23	0,023	0,57	0,025	0,64	0,024	0,61
24	0,020	0,51	0,023	0,56	0,023	0,56
25	0,018	0,45	0,020	0,51	0,020	0,51
26	0,016	0,40	0,018	0,46	0,018	0,46
27	0,014	0,36	0,016	0,41	0,016	0,41
28	0,013	0,32	0,014	0,36	0,014	0,36
29	0,011	0,29	0,013	0,33	0,013	0,33
30	0,010	0,25	0,012	0,305	0,012	0,31
31	0,009	0,23	0,010	0,254	0,011	0,29
32	0,008	0,20	0,009	0,229	0,011	0,27
33	0,007	0,18	0,008	0,203	0,010	0,25
34	0,006	0,16	0,007	0,178	0,009	0,23
35	0,006	0,14	0,005	0,127	0,008	0,20
36	0,005	0,13	0,004	0,102	0,007	0,18
37	0,004	0,11	–	–	0,007	0,17
38	0,004	0,10	–	–	0,006	0,15
39	0,004	0,09	–	–	0,005	0,13
40	0,003	0,08	–	–	0,005	0,12

Die Kommastellen sind gerundet.

42.9 Abkürzungen

Tabelle 42.9.1 Länder-Codes für Patente

Code	Land / Institution
AR	Argentinien
AT	Österreich
AU	Australien
BE	Belgien
BG	Bulgarien
BR	Brasilien
BX	Benelux
CA	Kanada
CH	Schweiz
CO	Kolumbien
CS	Tschechoslowakei
CU	Kuba
DD	DDR
DE	Deutschland (Bundesrepublik)
DK	Dänemark
DZ	Algerien
EG	Ägypten
EP	Europäische Patentorganisation
ES	Spanien
Fl	Finnland
FR	Frankreich
GB	Großbritannien
GR	Griechenland
HU	Ungarn
IE	Irland
IL	Israel
IN	Indien
IT	Italien
JP	Japan
KR	Korea (Republik)
LU	Luxemburg
MX	Mexiko
NL	Niederlande
NO	Norwegen
OA	O.A.P.I. (Afrikan. Org. f. geistiges Eigentum)
PH	Philippinen
PL	Polen
PT	Portugal
RO	Rumänien
SE	Schweden
SU	Sowjetunion
TR	Türkei
TW	Taiwan
US	Vereinigte Staaten von Amerika
VE	Venezuela
WO	WIPO (Weltorganisation f. geist. Eigentum)
YU	Jugoslawien
ZA	Südafrika

Schlagwortverzeichnis